E-Book inside.

Mit folgendem persönlichen Code erhalten Sie die E-Book-Ausgabe dieses Buches zum kostenlosen Download.

80184-80x6p-56r1w-0028i

Registrieren Sie sich unter **www.hanser-fachbuch.de/ebookinside** und nutzen Sie das E-Book auf Ihrem Rechner*, Tablet-PC und E-Book-Reader.

* Systemvoraussetzungen: Internet-Verbindung und Adobe® Reader®

Tilo Pfeifer, Robert Schmitt

Masing Handbuch Qualitätsmanagement

Tilo Pfeifer
Robert Schmitt

Masing Handbuch Qualitätsmanagement

6., überarbeitete Auflage

HANSER

Die Herausgeber:

Prof. Dr.-Ing. Dr. h.c. mult. Prof. h.c. Tilo Pfeifer war bis zu seiner Emeritierung im September 2004 Inhaber des Lehrstuhls Fertigungsmesstechnik und Qualitätsmanagement am Werkzeugmaschinenlabor WZL der RWTH Aachen und leitete im Fraunhofer-Institut für Produktionstechnologie IPT die Abteilung Mess- und Qualitätstechnik. Er ist Vorsitzender des wissenschaftlichen Beirates der Deutschen Gesellschaft für Qualität e.V. (DGQ) und war über viele Jahre Vorsitzender der Gesellschaft für Qualitätswissenschaft (GQW).

Prof. Dr.-Ing. Robert Schmitt ist Inhaber des Lehrstuhls Fertigungsmesstechnik und Qualitätsmanagement. Er ist Direktor des Werkzeugmaschinenlabors WZL der RWTH Aachen. Darüber hinaus ist er Direktoriumsmitglied des Fraunhofer-Instituts für Produktionstechnologie IPT und Vorstandsmitglied der Deutschen Gesellschaft für Qualität (DGQ).

Bibliografische Information Der Deutschen Bibliothek:
Die Deutsche Bibliothek verzeichnet diese Publikation in der Deutschen Nationalbibliografie; detaillierte bibliografische Daten sind im Internet über <http://dnb.ddb.de> abrufbar.

ISBN 978-3-446-43431-8
E-Book-ISBN 978-3-446-43992-4

www.hanser-fachbuch.de
Lektorat: Dipl.-Ing. Volker Herzberg, Julia Stepp
Herstellung: Steffen Jörg
Satz: Kösel Media GmbH, Krugzell
Coverconcept: Marc Müller-Bremer, Rebranding, München, Germany
Titelillustration: Atelier Frank Wohlgemuth, Bremen
Coverrealisierung: Stephan Rönigk
Druck und Bindung: Firmengruppe Appl, aprinta druck, Wemding
Printed in Germany

Vorwort

1980, vor fast 35 Jahren, erschien die erste Auflage des Handbuchs Qualitätsmanagement von Walter Masing. Seine Idee, zusammen mit mehreren Autoren aus dem Fachgebiet, das Thema aus verschiedenen Blickwinkeln zu durchleuchten und so dem Leser einen umfassenden Eindruck über den Stand der Entwicklung dieses weit gespannten Themenfeldes zu vermitteln, wurde schlagartig ein voller Erfolg. Eigentlich gar nicht überraschend, denn immerhin ist Qualität der Schlüssel zu wirtschaftlichem Erfolg. Zwar haben sich im Laufe der Zeit Schwerpunkte verschoben und neue Themen sind hinzugekommen, jedoch gilt nach wie vor, dass neben einer kritischen Analyse der globalen Wettbewerbssituation die richtige Unternehmenspositionierung im Beziehungsgeflecht der drei Treiber und Erfolgsfaktoren „Qualität", „Kosten" und „Zeit" gefunden werden muss. Nicht von ungefähr gebührt hier der Qualität die erste Stelle. Auch wenn heute, insbesondere in den Leitungsebenen und beim Topmanagement, immer noch eine Fixierung auf die Faktoren „Kosten" und „Zeit" erfolgt, wird vielfach übersehen, dass Qualität nicht nur aus Kundensicht der Wettbewerbsfaktor „Nummer 1" ist, sondern dass nur mit einer auf Qualität fokussierten Unternehmensausrichtung ein außerordentlich wirksamer Hebel zur Kostensenkung sowie auch zur Reduzierung der „Time to Market" gegeben ist. Eine Einengung des Qualitätsbegriffs auf die Folgen von Nicht-Qualität und die resultierenden Kosten, welche sich z. B. im Zusammenhang mit den in letzter Zeit dramatisch gestiegenen Kosten für Rückrufaktionen, Entwicklungsänderungen unmittelbar vor Produktionsbeginn oder Nacharbeits- und Fehlleistungskosten manifestieren, vernachlässigt seine gestalterischen und präventiven Ordnungsmerkmale.

In der Vielzahl der derzeit diskutierten Managementphilosophien wird häufig übersehen, dass ausschließlich ein auf die Erfüllung der Kundenforderungen ausgerichtetes Handeln den Spielraum bietet, ökonomische, ökologische und unternehmensstrategische Zielsetzungen miteinander zu verbinden. Oder um es mit Masing zu sagen: „In einer vom Markt geprägten Wirtschaftsordnung ist ein Unternehmen nur dann auf Dauer erfolgreich, wenn es Waren oder Dienstleistungen mit Gewinn anbieten kann, die bei den potenziellen Konsumenten durch Beschaffenheit, Preis und Lieferzeit genügend Kaufanreiz auslösen."

Das heißt, das Qualitätsmanagement moderner Prägung mit seinen technischen, operativen und strategischen Dimensionen bietet den wirkungsvollsten Bezugsrahmen für eine aussichtsreiche Marktpositionierung und den nachhaltigen Unternehmenserfolg in der sich stetig verschärfenden globalen Wettbewerbsarena.

Das vorliegende Handbuch in seiner sechsten, wiederum vollständig überarbeiteten Auflage, basiert nach wie vor weitgehend auf der von Professor Masing konzipierten und bewährten Struktur. In 49 Kapiteln, die von „Qualitätsmanagement in der Unternehmensführung" über „Qualitätsgerechte Organisationsstrukturen" bis hin zu „Eignungsnachweisen für Messprozesse" reichen, haben über 50 führende Experten aus Wissenschaft, Verbänden und Industrie ihr Erfahrungswissen und ihre Sichtweisen zu den unterschiedlichen Aspekten des Qualitätsmanagements dokumentiert. Neben bereits in der letzten Auflage vertretenen Autoren konnten weitere hinzugewonnen werden, welche die Themenfelder durch neue Perspektiven bereichern.

So wurden Themen wie „Ein Qualitätsleitbild für Deutschland", „Eignungsnachweise für Messprozesse" und „Führung und Qualität" neu aufgenommen und runden das Buch ab. Aufgenommen wurde ganz bewusst auch ein Kapitel über den Werdegang und das Schaffen von Professor Walter Masing, dem geistigen Vater des Handbuches. Bei all unseren Überlegungen versuchen wir, auch in seinem Sinne zu handeln.

Ihm und allen Autoren gilt unser Dank für ihre detaillierten und prägnanten Arbeiten. Sie belegen mit ihren Erfahrungen und der Darstellung der zahlreichen Facetten des Qualitätsbegriffs die These, die Walter Masing einmal so formuliert hat: „Qualität ist nicht alles, aber ohne Qualität ist alles nichts wert."

Das in dieser Auflage komplett überarbeitete Layout erhöht die Attraktivität des Handbuchs weiter und gewährleistet durch die verbesserte Übersichtlichkeit den Zugang zur gesamten Bandbreite des Qualitätsmanagements. Während die Einzelbeiträge die wesentlichen Inhalte in komprimierter Form darstellen, erlauben zahlreiche Literaturangaben das Erschließen der eingangs genannten, breiten und sehr fundierten Wissensbasis durch den Leser.

Frau Julia Stepp und Herrn Volker Herzberg vom Carl Hanser Verlag gebührt Dank für die Koordination des Werkes und ihr Engagement, das die präzise und termingerechte Erstellung ermöglichte. Ebenso gilt der Dank dem Verlag und seinen Mitarbeiterinnen und Mitarbeitern für ihre Mühen und die angemessene Ausstattung des Handbuchs, sowie Herrn Dr. Reinhard Freudenberg vom WZL der RWTH Aachen, der die Herausgeber intensiv aus wissenschaftlicher Sicht unterstützt hat.

Aachen, März 2014
Die Herausgeber

Inhalt

Vorwort V

Über die Herausgeber XXV

Walter Masing – eine Autobiografie XXVII

Autorenverzeichnis XXXV

TEIL I Qualitätsmanagement als Basisaufgabe für den Unternehmenserfolg

1 Das Unternehmen im Wettbewerb 4
Walter Masing

1.1 Kunde und Lieferer 5
1.2 Qualitätspolitik 6
1.3 Außenverhältnis 7
1.3.1 Wertfunktion 7
1.3.2 Informationsdefizit 7
1.3.3 Produkttragende Tätigkeiten 8
1.4 Innenverhältnis 8
1.4.1 Prozessqualität 8
1.4.2 Denkmodelle 9
1.4.2.1 Qualitätskreis 9
1.4.2.2 Qualitätspyramide 9
1.4.3 Wirtschaftlichkeit 11
1.5 Innovation 11
1.5.1 Bekannte Produkte 12
1.5.2 Neue Produkte 13
1.6 Zusammenfassung 13

2 Die Entwicklung des Qualitätsmanagements im 20. und 21. Jahrhundert 16
Hans-Dieter Zollondz

2.1 Einführender Bezugsrahmen 17
2.1.1 Historische Impressionen: Jurans Versuch einer „History of Managing for Quality“ (1955) 17
2.1.2 Der Qualitätsbegriff – kurze Geschichte und lange Vergangenheit 17
2.1.3 Die Konstanten von Qualität als voraussetzende Annahmen 17
2.1.3.1 Qualität als quasi-anthropologische Konstante 17
2.1.3.2 Qualität als sozio-technische Konstante 18
2.1.3.3 Überformung 18
2.1.4 Qualität im Wissenschaftssystem: Qualitätswissenschaft 18
2.2 Zur Organisation von Qualität seit der Industriellen Revolution 19
2.2.1 Vorindustrielle Versuche, die Qualität zu sichern 19
2.2.2 Qualitätsmanagement als Element der Massenproduktion 20
2.2.3 Die Bedeutung militärischer Forderungen für die Entwicklung des Qualitätsmanagements 21
2.2.4 Die Bedeutung der Normung für die Entwicklung des Qualitätsmanagements 22
2.2.5 Die Bedeutung von Metrologie/(Fertigungs-)Messtechnik für die Entwicklung des Qualitätsmanagements 25
2.2.6 Die Bedeutung der Statistik für die Entwicklung des Qualitätsmanagements 26
2.2.7 Zusammenschau: Normung, Messtechnik und Statistik 28
2.3 Die Wegbereiter des Qualitätsmanagements 28
2.3.1 Produktionssysteme als Ausgangspunkt: Whitney, Taylor und Ford 29
2.3.2 Die Geburt des Qualitätsmanagements aus dem Geist der Statistik: Shewhart, Taguchi, Shainin und Akao 30
2.3.3 „Also sprach General Douglas MacArthur“ – Wie in Japan eine „koloniale Revolution“ begann, die nicht nur Demokratie und westliche Werte, sondern auch westliches Managementwissen brachte 32
2.3.4 Ohno Taiichi: Der Spur des Lean Managements folgen und das TPS finden 32
2.4 Modell- und Systembildung im Qualitätsmanagement 34
2.4.1 Deming Application Prize 35

2.4.2 Malcolm Baldrige National Quality Award ... 35
2.4.3 EFQM-Modell mit dem European Excellence Award (EEA) ... 35
2.4.4 Shingo Prize ... 35

2.5 Zusammenfassung ... 35

3 Ein Qualitätsleitbild für Deutschland 40
Benedikt Sommerhoff

3.1 Perzeption von Qualität und Qualitätsmanagement ... 41
3.1.1 Der Begriff Qualität ... 41
3.1.2 Die Perzeption von Qualität und Qualitätsmanagement in der Gesellschaft ... 41
3.1.3 Die Perzeption von Qualität und Qualitätsmanagement im Unternehmen ... 42

3.2 Qualitätsführerschaft in Gefahr ... 43
3.2.1 Produktlebenszyklen ... 43
3.2.2 Blackbox Qualität ... 44
3.2.3 Qualitätsimage ... 44
3.2.4 Preisfokus ... 44
3.2.5 Quality Made in China ... 44
3.2.6 Irrationalität ... 45

3.3 Eine Allianz für Qualität ... 45
3.3.1 Brauchen Wirtschaft und Gesellschaft institutionelles Engagement für Qualität? 45
3.3.2 Wollen Wirtschaft und Gesellschaft Engagement für Qualität? ... 46
3.3.3 Wie können die Institutionen Qualität und Qualitätsmanagement voranbringen? 46

3.4 Die nationale DNA für Qualität ... 46

3.5 Ein Qualitätsleitbild für Deutschland – Anforderungen und Erarbeitung ... 47
3.5.1 Wie wirken Leitbilder? ... 47
3.5.2 Ein Leitbild für ein Land? ... 48
3.5.3 Anforderungen an ein Qualitätsleitbild für Deutschland ... 48
3.5.4 Der Prozess der Leitbilderarbeitung ... 48

3.6 Transfer in die unternehmerische Praxis ... 49

4 Qualitätsgerechte Organisationsstrukturen ... 52
Robert Schmitt, Tilo Pfeifer, Patrick Beaujean

4.1 Organisationsstrukturen ... 53
4.1.1 Organisationstheorie ... 53
4.1.2 Organisationsformen ... 54

4.2 Gestaltung qualitätsgerechter Organisationsstrukturen ... 55

4.3 Einflussfaktoren auf qualitätsgerechte Organisationsstrukturen ... 59

4.4 Unternehmerisches Qualitätsmanagement ... 61
4.4.1 Das Aachener Qualitätsmanagement-Modell ... 61
4.4.2 Kernelemente ... 62
4.4.3 Perspektiven ... 63

4.5 Fazit ... 64

5 Vom Qualitätsmanagement zum strategischen Geschäftsprozessmanagement ... 68
Horst Ellringmann

5.1 Was ist Geschäftsprozessmanagement und was kann es leisten? ... 69

5.2 Projektvorbereitung ... 70
5.2.1 Geschäftsprozessmanagement-Konzepte 70
5.2.2 Prozessmodelle ... 71
5.2.3 IT-Unterstützung ... 73
5.2.4 Methoden des Geschäftsprozessmanagements ... 74
5.2.5 Projektmanagement ... 74

5.3 Strategieorientierung ... 75
5.3.1 Wettbewerberanalyse, SWOT-Analyse und Erfolgsfaktoren ... 75
5.3.2 Strategien und Unternehmensziele ... 77

5.4 Prozessgestaltung ... 78
5.4.1 Prozessarchitektur und Prozesslandkarte ... 78
5.4.2 Prozessdefinition und Prozessdokumentation ... 78
5.4.3 Prozessleistungsziele ... 80
5.4.4 Schnittstellen ... 82

5.5 Prozessorganisation ... 83

5.6 Implementierung ... 84
5.6.1 Kommunizieren ... 84
5.6.2 Ausbilden ... 84

5.7 Prozesscontrolling ... 84
5.7.1 Messen und Bewerten ... 85
5.7.2 Berichten und Steuern ... 85

5.8 Prozessoptimierung ... 85

5.8.1 Methoden und Werkzeuge ... 85
5.8.2 Prozessaudit und Prozess-Assessment . 86

5.9 Aufwand, Nutzen und Risiken ... 87
5.9.1 Projektplan für den Aufbau eines GPM 87
5.9.2 Nutzen des GPM ... 87
5.9.3 Risiken ... 88

6 Qualitätsbezogene Kosten ... 92
Roland Jochem, Colin Raßfeld

6.1 Einleitung ... 93

6.2 Sicht auf Qualität und Kosten im Zeitverlauf ... 93

6.3 Betrachtung von Qualitätskosten ... 93

6.4 Wirtschaftlichkeitsbetrachtung des Qualitätsmanagements ... 96
6.4.1 Value- und Performance-Generatoren des Qualitätsmanagements ... 96
6.4.2 Qualitätscontrolling ... 98
6.4.3 Reifegradmodelle als Bewertungsraster 99

6.5 Das Quality Effect Model on Value Added (QEMOVA) ... 100

6.6 Studie 2013: Kosten und Nutzen des Qualitätsmanagements in deutschen Unternehmen ... 101

7 Qualitätsmanagement und Normung 104
Jürgen Jacob

7.1 Einführung ... 106

7.2 Die Bedeutung der Begriffsnormung zum Qualitätsmanagement ... 107

7.3 Aufgaben der Normung: Beiträge zu Qualitätsmanagement, Qualitätssicherung und Qualitätsverbesserung 108

7.4 Die Arten von Normen und ihre Beziehung zum Qualitätsmanagement 109

7.5 Fachübergreifende Normen zu Qualitätsmanagement, Statistik und Zertifizierungsgrundlagen ... 110

7.6 Die Bedeutung der Normen über Qualitätsmanagementsysteme in der Europäischen Union ... 112

7.7 Rechtliche Aspekte ... 114

7.8 Ausblick ... 114

7.9 Anhang ... 115

8 Qualitätsmanagement und Recht .. 127
Jürgen Ensthaler

8.1 Juristische Aspekte des Qualitätsmanagements ... 128

8.2 Haftung nach der (deliktsrechtlichen) Produzentenhaftung und nach dem Produkthaftungsgesetz ... 129

8.3 Qualitätssicherungsvereinbarungen 133
8.3.1 Regelungsinhalte und rechtliche Einordnung der QS-Vereinbarungen ... 133
8.3.2 Qualitätssicherungsvereinbarungen und Wareneingangskontrolle ... 134
8.3.2.1 Untersuchungs- und Rügeobliegenheit nach § 377 HGB ... 134
8.3.2.2 Ausschluss der Untersuchungs- und Rügeobliegenheit ... 135
8.3.2.3 Rügeobliegenheit und Qualitätsmanagementsysteme ... 136
8.3.2.4 Wahl des Untersuchungsortes ... 137
8.3.3 Fixgeschäftsklauseln und Verzugsschadensersatzklauseln ... 137
8.3.4 Veränderung der Gewährleistungssituation ... 138
8.3.4.1 Abschied vom klassischen Gewährleistungssystem? ... 139
8.3.4.2 Einzelne Klauselbeispiele ... 139
8.3.4.3 Probleme der anhand eines Musters getroffenen Qualitätssicherungsvereinbarung ... 139
8.3.5 Verteilung des Produkthaftungsrisikos 140
8.3.5.1 Außenverhältnis ... 140
8.3.5.2 Haftungsausgleich im Innenverhältnis 140
8.3.6 Lieferantenbeurteilung ... 141
8.3.6.1 Notwendigkeit ... 141
8.3.6.2 Vorgehensweise ... 142

8.4 Konformitätsbewertung – das System der Zertifizierung, Akkreditierung und Normung ... 142
8.4.1 Ziele und Voraussetzungen der Konformitätsbewertung ... 144
8.4.2 Module ... 145
8.4.3 Umsetzung der Richtlinien in nationales Recht; ProdSG und nationale RechtsVO 146

8.5 Umweltrecht – EMAS-Verordnung der EU ... 147
8.5.1 Rahmenbedingungen des EMAS-Systems 148
8.5.1.1 Sachlicher Anwendungsbereich ... 148
8.5.1.2 Räumlicher Anwendungsbereich ... 149
8.5.1.3 Zeitlicher Anwendungsbereich ... 149
8.5.2 Ziele der EMAS-Verordnung ... 149
8.5.3 Inhalte der EMAS-Verordnung ... 149

8.5.3.1 Aufbauphase ... 149
8.5.3.2 Umwelt-Audit-Zyklus ... 151
8.5.4 Anforderungen an das Umweltmanagementsystem ... 151
8.5.4.1 Umweltaspekte – gesetzliche und andere Forderungen ... 152
8.5.4.2 Zielsetzungen und Einzelziele/Umweltprogramm ... 152
8.5.5 Implementierung und Durchführung ... 153
8.5.5.1 Organisationsstruktur und Verantwortlichkeit ... 153
8.5.5.2 Umsetzung der EMAS-Verordnung ... 154
8.5.5.3 Dokumentation des Umweltmanagementsystems/Lenkung der Dokumente ... 154

TEIL II Qualitätsmanagementsysteme

9 Konzepte – Modelle – Systeme ... 160
Thomas Friedli, Hans Dieter Seghezzi, Christian Mänder, Richard Lützner

9.1 Konzepte und Modelle ... 162
9.1.1 ISO 9001 ... 163
9.1.2 ISO 9004:2009 ... 165
9.1.3 Six Sigma ... 165
9.1.4 Lean ... 167

9.2 Total Quality Management/Business Excellence ... 168
9.2.1 Das Excellence-Modell der European Foundation for Quality Management (EFQM) ... 168
9.2.2 Weitere Award-Modelle ... 169

9.3 Operational Excellence und Lean Sigma ... 171
9.3.1 St. Galler Operational-Excellence-Modell 171
9.3.2 Lean Sigma – eine integrierte Betrachtungsweise ... 172

9.4 Entwicklung und Einführung von Qualitätssystemen ... 173
9.4.1 Aufbau eines Systems ... 173
9.4.2 Ausbau des Führungssystems ... 175

9.5 Aktuelle Herausforderungen für das Qualitätsmanagement ... 176

10 Ausgestaltung von QM-Systemen auf Basis der ISO-9000-Reihe ... 180
Karl Wagner

10.1 Normenfamilie der ISO 9000 ff. ... 181
10.1.1 Entwicklungsgeschichte ... 181
10.1.2 Der Normenfamilie ISO 9000 zugehörige Normen ... 181
10.1.3 Die acht Grundsätze des Qualitätsmanagements aus der ISO 9000:2005 (siehe Kap. 10.3) ... 182
10.1.4 Normenüberblick zum Thema Qualitätsmanagement ... 182
10.1.5 Inhaltliche Neuerungen der ISO-9000-Reihe ... 182
10.1.6 Künftige Entwicklungen der Normenfamilie ... 182

10.2 Inhalte der internationalen Norm ISO 9001:2008 im Überblick ... 184
10.2.1 Zielsetzungen der ISO 9001 ... 184
10.2.2 Die vier Fokuspunkte der ISO 9001 ... 185
10.2.3 ISO 9000:2005-Prozessmodell (DIN EN ISO 9001:2008) ... 186
10.2.4 Inhalte der Kapitel 0 bis 3 der ISO 9001:2008 (vgl. DIN EN ISO 9001:2008) ... 189
10.2.5 Inhalte des Kapitels 4 „Qualitätsmanagementsystem“ der ISO 9001:2008 ... 190
10.2.6 Inhalte des Kapitels 5 „Verantwortung der Leitung“ der ISO 9001:2008 ... 194
10.2.7 Inhalte des Kapitels 6 „Management der Ressourcen“ der ISO 9001:2008 ... 197
10.2.8 Inhalte des Kapitels 7 „Produkt- und Dienstleistungsrealisierung“ der ISO 9001:2008 ... 198
10.2.9 Inhalte des Kapitels 8 „Messung, Analyse und Verbesserung“ der ISO 9001:2008 ... 202

10.3 Inhalte der internationalen Norm ISO 9004:2008 im Überblick ... 206
10.3.1 Erweiterungen und Ergänzungen zur ISO 9001 ... 206
10.3.2 Interessenspartner ... 209
10.3.3 Umsetzungsbeispiele für weitere Anforderungen der ISO 9004 ... 209

11 Integrierte Managementsysteme QM – UM – SIM ... 212
Franz Schreiber

11.1 Einleitung ... 213

11.2 Übersicht zu Regelwerken ... 214
11.2.1 Qualitätsmanagement (QM) ... 214
11.2.2 Umweltmanagement (UM) ... 218
11.2.3 Sicherheitsmanagement (SIM) ... 219

11.3 Grundlagen zum Integrierten Managementsystem (IMS) ... 222

11.3.1 Integrierbarkeit und Synergieeffekte .. 222
11.3.2 Prozessorientierte Darstellung 223
11.3.3 Auswahl von Managementsystem-Modulen 224
11.3.4 Nutzen und Aufwand 227
11.3.5 Konzepterstellung 229
11.3.6 Ablaufplan zur IMS-Einführung 232

11.4 Firmenspezifisches IMS-Handbuch .. 238

12 Six Sigma 254
Markus Kühler, Daniel Frank, Robert Schmitt

12.1 Erfolgspotenziale und Herausforderungen 257
12.1.1 Besonderheiten von Six Sigma 258
12.1.2 Geschichte 258

12.2 Six-Sigma-Prozessverständnis 259

12.3 Six-Sigma-Projektorganisation 261
12.3.1 Rollen und Verantwortlichkeiten 261
12.3.2 Auswahl von Six-Sigma-Projekten 263

12.4 Six Sigma – Vom Methodenbaukasten zum integrierten Verbesserungsmanagement 264
12.4.1 Define 266
12.4.2 Measure 268
12.4.3 Analyze 270
12.4.4 Improve 272
12.4.5 Control 274

12.5 Design for Six Sigma – Durchgängige Absicherung der Produktentstehung 274
12.5.1 Abgrenzung zu Six Sigma 276
12.5.2 DIDOV – Ein Projektmanagementansatz des Design for Six Sigma 277

12.6 Rahmenbedingungen im Unternehmen 281
12.6.1 Planung der Six-Sigma-Einführung 282
12.6.2 Herausforderungen für die Unternehmenskultur 283
12.6.3 Qualifikation und Qualifizierung von Mitarbeitern 284
12.6.4 Kombination von Six Sigma mit anderen Qualitätsoffensiven 286

12.7 Fazit 289

13 Wissensmanagement 294
Tilo Pfeifer, Gabriele Vollmar

13.1 Wozu Wissensmanagement? 295

13.2 Grundlegende Begriffsdefinitionen .. 295
13.2.1 Wissen – mehr als Daten und Informationen 295
13.2.2 Wissensmanagement 296

13.3 Modelle im Wissensmanagement 298
13.3.1 Das Bausteine-Modell nach Probst et al. 298
13.3.2 Das Prozessmodell der Gesellschaft für Wissensmanagement e. V. (GfWM) 299

13.4 Die Erweiterung des ganzheitlichen Ansatzes 300

13.5 Implementierungsstrategien 301
13.5.1 Standards, Normen und Richtlinien ... 301
13.5.2 Elemente einer ganzheitlichen Wissensmanagement-Strategie 302
13.5.3 Anreizmodelle 306

13.6 Erfolgsmessung und Controlling 307
13.6.1 Das Intellektuelle Kapital 307
13.6.2 Konzepte zur Messung und Bewertung 308
13.6.3 Wissensbilanz – Made in Germany 308

13.7 Zusammenhang von Qualitäts- und Wissensmanagement 310
13.7.1 Qualitätsmanager und Wissensmanager 311
13.7.2 Qualitätsmanagement als Vorreiter des Wissensmanagements? 311

13.8 Fazit 312

14 Dokumentation 316
Stephan Killich, Iris Bruns, Alexander Künzer

14.1 Dokumentation im Unternehmensumfeld 318

14.2 Anforderungen an die Dokumentation 319
14.2.1 Auflagen aus Normen und Gesetzen ... 319
14.2.2 Anforderungen aus der betrieblichen Praxis 320

14.3 Dokumentationsarten 322
14.3.1 Dokumentenstrukturen 323
14.3.2 Klassifikation von Dokumenten 323

14.4 Vorgehensweise der Dokumentation im Qualitätsmanagement 324
14.4.1 Partizipation 324
14.4.2 Aufbau eines Qualitätsmanagements .. 326

14.5 Softwaretechnische Unterstützung und Best Practice 329

14.5.1 Personalisierung 330
14.5.2 Prozesslandschaft 331
14.5.3 Pflege des Qualitätsmanagementsystems 332
14.5.4 Berichte 334

14.6 Zusammenfassung 335

15 Audit 338
Joachim Herrmann

15.1 Begriffsbestimmung 339

15.2 Audit als Managementinstrument ... 340

15.3 Arten von Audits 341
15.3.1 Produktaudit 341
15.3.2 Prozessaudit 344
15.3.3 Systemaudit 346

15.4 Ablauf des Audits 347

16 Zertifizierung von Qualitätsmanagementsystemen ... 350
Michael Drechsel

16.1 Zweck und Nutzen der Zertifizierung 352

16.2 Akkreditierung 352

16.3 Voraussetzung für eine Zertifizierung 353

16.4 Vorbereitung auf die Zertifizierung .. 354

16.5 Ablauf der Zertifizierung 354
16.5.1 Information 354
16.5.2 Angebot und Vertrag 355
16.5.3 Systemanalyse (Audit Stufe 1) 355
16.5.4 Systembegutachtung (Audit Stufe 2) ... 355
16.5.5 Systembewertung/Zertifikatserteilung 356
16.5.6 Überwachungsaudits 356
16.5.7 Rezertifizierung/Neuerteilung des Zertifikats 356

16.6 Kosten der Zertifizierung 357

16.7 Anerkennung der Zertifikate 357

16.8 Nutzen der Zertifikate 358

16.9 Zeitaufwand für eine Zertifizierung 358

16.10 Beratung und Zertifizierung 359

16.11 Zusammenfassung 359

17 Funktion und Nutzen von Qualitätsauszeichnungen (Awards) 362
Christian Malorny und Maximilian Dicenta

17.1 Bedeutende Qualitätspreise 364
17.1.1 Der Deming Prize 364
17.1.1.1 Entwicklung 364
17.1.1.2 Kategorien 364
17.1.1.3 Gestaltungsmerkmale, Vergabestrategie, Bewertungssystem 365
17.1.2 Der Malcolm Baldrige National Quality Award 366
17.1.2.1 Entwicklung 366
17.1.2.2 Kategorien 367
17.1.2.3 Gestaltungsmerkmale, Vergabestrategie, Bewertungssystem 367
17.1.3 Der EFQM Excellence Award (Ludwig-Erhard-Preis) 370
17.1.3.1 Entwicklung 370
17.1.3.2 Kategorien 371
17.1.3.3 Gestaltungsmerkmale, Vergabestrategie, Bewertungssystem 373

17.2 Nutzen von Qualitätspreisen 375
17.2.1 Volkswirtschaftlicher Nutzen 375
17.2.2 Nutzen für Unternehmen 376
17.2.2.1 Prestigewert 376
17.2.2.2 Anleitung und Feedbackprozess 376
17.2.2.3 Wirtschaftliche Erfolge (Beispiele) 377
17.2.3 Erfolg von prämierten Unternehmen ... 380

17.3 Zusammenfassung 381

TEIL III Qualitätsmanagement im Produktlebenszyklus materieller Produkte

A Entwicklung 385

18 Qualität und Markt 386
Thomas Prefi, Björn Falk, Robert Schmitt

18.1 Motivation 387

18.2 Logik der Qualitätsmerkmale 387
18.2.1 Nutzen und Wert von Qualitätsmerkmalen 387
18.2.2 Gewicht von Qualitätsmerkmalen 389
18.2.3 Information über und Kommunikation von Qualitätsmerkmalen 389
18.2.4 Stillschweigend vorausgesetzte Merkmale und Begeisterungsmerkmale 390
18.2.5 Subjektive und induzierte Qualitätsmerkmale 391
18.2.6 Merkmale der Protective und Perceived Quality 392
18.2.7 Qualitätsmerkmale von Marken 397

19 Qualitätsmanagement in der Produktentwicklung 402
Thomas Prefi

19.1 Qualitätsmanagement in der Entwicklung – eine Situationsbeschreibung 403

19.2 Befähigung des Produktentstehungsprozesses 404

19.3 Testplanung – Überwachen des Produktentstehungsprozesses 406

19.4 Testmanagement 409

19.5 Synchronisation parallel arbeitender Entwicklungsteams 410

19.6 Quality Gates steuern die Qualität im Produktentstehungsprozess 412

19.6.1 Ablaufsegmentierung des Referenzprozesses 413

19.6.2 Inhaltliche Segmentierung des Referenzprozesses 416

19.6.3 Umsetzung von Quality Gates im Projektplan 419

19.6.3.1 Element 1 – Forderungen vereinbaren 420

19.6.3.2 Element 2 – Weg absichern 423

19.6.3.3 Element 3 – Fortschritt synchronisieren 424

19.6.3.4 Element 4 – Entwicklungsqualität controllen 426

19.6.3.5 Element 5 – Erfahrungswissen nutzbar machen 427

19.7 Qualitätsplanung in der Produktentstehung 428
Christof Jansen, Gero Heidelberger, Thomas Kupka, Thomas Prefi

19.7.1 Einleitung 428

19.7.2 Realisierung in der Praxis 429

19.7.2.1 Funktionsanalyse 430

19.7.2.2 Schnittstellenanalyse 431

19.7.2.3 Produktfunktion 431

19.7.2.4 Parameterdiagramm 432

19.7.2.5 Funktionale Spezifikation 433

19.7.2.6 Design FMEA 434

19.7.2.7 Testplanung und -entwicklung 435

19.7.2.8 Prozess-FMEA 436

19.7.2.9 Produktionslenkungsplan 437

19.7.2.10 Entwicklungs-, Prozess- und Produktfreigabe 437

19.7.3 Organisatorische und weitere Aspekte 439

19.7.4 Zusammenfassung und Ausblick 439

20 Qualitätsgerechte Produktplanung 442
Roman Boutellier, Andreas Biedermann

20.1 Definition und Bedeutung 443

20.2 QFD: Kundenanforderungen konsistent umsetzen 444

20.3 Simultaneous Engineering: Zeitgewinn und bessere Lösungen 447

20.4 Prototypen: Komplexe Zusammenhänge rechtzeitig erkennen 448

20.5 Reviews: Abstand gewinnen und Abhängigkeiten identifizieren 450

20.6 Zusammenarbeit mit Lieferanten: Notwendige Komplexitätsreduktion 451

20.7 Drei Hauptphasen der Produktentwicklung 453

20.7.1 Vorprojektphase 454

20.7.2 Entwicklungsphase 458

20.7.3 Markteinführungsphase 460

20.8 Crowd Sourcing von Innovation 463

20.8.1 Phase 1: Beratung und Zielsetzung 463

20.8.2 Phase 2: Vorbereitung 463

20.8.3 Phase 3: Ausführung 464

20.8.4 Phase 4: Beurteilung 464

20.8.5 Post-Processing der Ideen 464

20.9 Ausblick 464

21 Zuverlässigkeits- und Sicherheitsplanung 469
Peter Zinniker

21.1 Das Langzeitbetriebsverhalten 470

21.2 Erwartungen und Anforderungen . . . 471

21.2.1 Wirtschaftliche und rechtliche Hintergründe 471

21.2.2 Risikobasierter Ansatz 472

21.3 Einflussfaktoren (Übersicht) 473

21.4 Zuverlässigkeit der Komponenten . . . 474

21.4.1 Beanspruchung und Belastbarkeit 474

21.4.2 Lebensdauermodell 475

21.4.3 Lebensdauerstatistik und Lebensdauerprüfungen 477

21.4.4 Empirische Zuverlässigkeit 477

21.4.5 Schätzung der Ausfallrate bei exponentiell verteilten Ausfallzeiten . . . 477

21.4.6 Praktische Grenzen 478

21.4.7 Generische Daten und Ausfallratenmodelle 478

21.4.8 Bayes'sches Verfahren 479
21.4.9 Spezielle Beanspruchungen 479

21.5 Systemarchitektur und Redundanz .. 480
21.5.1 Seriestrukturen 480
21.5.2 Redundanzkonzept 481
21.5.3 Schutz- und Überwachungseinrichtungen 483
21.5.4 Ausfallerkennung und Funktionstests .. 484
21.5.5 Diagnosefunktionen 485
21.5.6 Berechnung redundanter Strukturen .. 485

21.6 Betrieb und Instandhaltung 487
21.6.1 Störungsmanagement und Instandsetzung 487
21.6.2 Präventive Wartung 487
21.6.3 Ersatzteillagerhaltung 488
21.6.4 Ergonomie und menschliche Faktoren . 488

21.7 Zuverlässigkeitssicherung 489
21.7.1 Planungsprozess 489
21.7.2 Bewertung und Nachweis der Zuverlässigkeit, Sicherheit und Verfügbarkeit 490

21.8 Verfahren und Werkzeuge der Zuverlässigkeits- und Sicherheitsplanung 491
21.8.1 Systemanalysen, Modelle und Berechnungsmethoden 491
21.8.2 Zuverlässigkeitsanalysen 491
21.8.3 Instandhaltbarkeits- und Instandhaltungsanalysen 494
21.8.4 Rekonfigurationsanalyse 494
21.8.5 Analyse der menschlichen Einflussfaktoren und Zuverlässigkeit 495
21.8.6 Risiko-, Gefahren- und Operabilitätsanalyse 495
21.8.7 Lebenszykluskostenanalyse 496

22 Statistische Versuchsplanung 501
Wilhelm Kleppmann

22.1 Typische Fragestellungen 502

22.2 Mögliche Vorgehensweisen 503
22.2.1 Intuitives Experimentieren 503
22.2.2 Einfaktorversuche 503
22.2.3 Rasterversuche (= vollständig faktoriell mit mehrstufigen Faktoren) 504
22.2.4 Statistischer Versuchsplan (Beispiel: zentral zusammengesetzt) 505

22.3 Der experimentelle Zyklus 505

22.4 Systematische Vorbereitung 506
22.4.1 Untersuchungsziel und Randbedingungen festlegen 506
22.4.2 Faktoren auswählen und sinnvolle Bereiche festlegen 506

22.5 Die eigentliche Versuchsplanung 508
22.5.1 Typische Versuchspläne 508
22.5.2 Versuchsumfang 510
22.5.3 Reihenfolge der Einzelversuche – Blockbildung und Randomisierung 510
22.5.4 Vorbereitung der Versuchsdurchführung 510

22.6 Auswertung der Versuchsergebnisse 511
22.6.1 Warum Statistik? 511
22.6.2 Regressionsanalyse 512
22.6.3 Varianzanalyse 512
22.6.4 Konsequenzen, Maßnahmen, Bestätigungsversuch 513

22.7 Verfahren zur Optimumsuche 514

22.8 Robuste Prozesse/Produkte nach G. Taguchi 514

22.9 Verbesserungsstrategien nach D. Shainin 515
22.9.1 Multi-Vari-Bild 515
22.9.2 Komponententausch 516
22.9.3 Paarweiser Vergleich 516
22.9.4 Variablenvergleich 517

22.10 Hinweise und Empfehlungen 517

22.11 Software 517

22.12 Beispiel 518
22.12.1 Untersuchungsziel und Randbedingungen festlegen 518
22.12.2 Planung und Durchführung eines Screening-Versuchs 519
22.12.3 Planung und Durchführung der Detailuntersuchung 520
22.12.4 Bestätigungsversuch 521
22.12.5 Hinweise für eigene Versuche 521

23 Prüfplanung 524
Gerhard Linß

23.1 Aufgaben der Prüfplanung 525

23.2 Prüfnotwendigkeit 526

23.3 Methoden der Prüfplanung 526

23.4 Aufbau von Prüfplänen 532

23.5 Methodik zur Auswahl von Prüfmitteln 533

23.5.1 Technische/technologische Prüfmittelauswahl ... 533
23.5.2 Organisatorische Prüfmittelauswahl ... 536
23.5.3 Wirtschaftliche Prüfmittelauswahl ... 536

23.6 Industrielles Beispiel für die Erarbeitung eines Prüfplanes ... 538
23.6.1 Prüfobjekt und Prüfmerkmale für die Endprüfung „Lagerstift" – was zu prüfen ist ... 538
23.6.2 Prüfzeitpunkt und Prüfart ... 539
23.6.3 Prüfhäufigkeit und Prüfumfang für die Prüfung der Hauptmerkmale „Lagerstift" 540
23.6.4 Prüfmethode und Prüfmittel für die Prüfaufgabe „Lagerstift" ... 542
23.6.5 Auswertung, Erfassung und Verwaltung der Prüfdaten ... 542
23.6.6 Prüfplan für den Prüfling „Lagerstift" ... 542

23.7 Tabellen ... 544

B Beschaffung ... 551

24 Lieferantenmanagement ... 553
Stephan M. Wagner

24.1 Einleitung ... 554

24.2 Planung ... 555
24.2.1 Lieferantenstrategien ... 555
24.2.1.1 Strategien für die Lieferantenbasis ... 555
24.2.1.2 Strategien für einzelne Lieferanten ... 556
24.2.2 Segmentierung der Lieferantenbasis ... 556
24.2.2.1 Segmentierung nach Beschaffungsvolumen ... 556
24.2.2.2 Segmentierung nach Bedeutung und Komplexität ... 557
24.2.2.3 Segmentierung nach Lieferantenbeziehungen ... 558

24.3 Management der Lieferantenbasis ... 560
24.3.1 Lieferantenbeurteilung und -auswahl ... 560
24.3.1.1 Risikominimierung ... 560
24.3.1.2 Risikomanagement ... 561
24.3.1.3 Beurteilungsverfahren ... 561
24.3.1.4 Beurteilungskriterien ... 561
24.3.2 Reduzierung der Lieferantenbasis ... 562
24.3.2.1 „Optimale" Lieferantenanzahl ... 562
24.3.2.2 Vorgehen ... 563
24.3.2.3 Tools ... 563
24.3.3 Lieferantenauditierung ... 564
24.3.3.1 Informationen „aus erster Hand" ... 564
24.3.3.2 Vorbereitung ... 564
24.3.3.3 Ankündigung ... 564
24.3.3.4 Vorbereitung durch den Lieferanten ... 565
24.3.3.5 Auditierung vor Ort ... 565
24.3.3.6 Nachbereitung ... 565

24.4 Lieferantenentwicklung ... 566
24.4.1 Lieferantenentwicklung als Ansatz bei „Lieferantenproblemen" ... 566
24.4.2 Typologisierung der Lieferantenentwicklung ... 566
24.4.3 Prozess der Lieferantenentwicklung ... 568
24.4.4 Erfolgsfaktoren der Lieferantenentwicklung ... 568

24.5 Lieferantenintegration ... 569
24.5.1 Integration in die Wissensphase ... 569
24.5.2 Integration in die Industrialisierungsphase ... 570

24.6 Controlling ... 570
24.6.1 Controlling-Unterstützung des Lieferantenmanagements ... 570
24.6.2 Lieferantenbewertung ... 571
24.6.2.1 Bewertungskriterien ... 572
24.6.2.2 Datenerhebung ... 573
24.6.2.3 Durchführung der Bewertung ... 573
24.6.2.4 Festlegung des Ergebnisses ... 574
24.6.2.5 Interne Kommunikation ... 574
24.6.2.6 Kommunikation gegenüber den Lieferanten ... 575
24.6.2.7 Konsequenzen der Bewertung ... 575

24.7 Schlussbetrachtung ... 576

25 Qualitätssicherungsvereinbarungen 580
Michael Kroonder

25.1 Die Bedeutung der Qualitätssicherungsvereinbarung ... 581

25.2 Definitionen ... 581

25.3 Was „fordert" die DIN EN ISO 9001:2008? ... 583

25.4 Sinn und Zweck – Warum braucht man eine QSV? ... 586

25.5 Aufwand und Nutzen – Welchen Preis hat Qualität? ... 588

25.6 Wahl des richtigen Zeitpunktes und Handlungsbedarf ... 589

25.7 Einbindung in das Vertragssystem ... 591

25.8 Anforderungen von außen ... 592

25.9 Inhalt der Vereinbarung ... 593
25.9.1 Vertragsgegenstände ... 593
25.9.2 System des Qualitätsmanagements ... 594
25.9.3 Informations-/Nachweispflicht ... 595
25.9.4 Eingangsprüfungen beim Hersteller ... 595

25.9.5 Ansprechpartner ... 596
25.9.6 Zeitlicher Geltungsbereich ... 596

25.10 Inhalte der Anlagen ... 596
25.10.1 Anlage „n“ - „Vertragsgegenstände“ ... 597
25.10.2 Anlage „n + 1“ - „QM-System“ ... 597
25.10.3 Anlage „n + 2“ - „Anforderungen“ ... 598
25.10.4 Anlage „n + 3“ - „Positivliste“ ... 598

25.11 Einbindung in die Prozesslandschaft 598

25.12 Zusammenfassung ... 598

26 Qualitätsmanagement bei umstrittenen Technologien ... 602
Roman Boutellier, Andreas Biedermann

26.1 Einfluss umstrittener Technologien auf die Qualität ... 603
26.1.1 Kritischer Umgang mit Technologien ... 604
26.1.2 Trends in der Wertschöpfungskette ... 604
26.1.3 Qualitätstrends ... 606
26.1.4 Konsequenzen für Unternehmen ... 607

26.2 Mechanismen im Umfeld sind ausschlaggebend ... 608
26.2.1 Auswirkungen und Betroffene ... 609
26.2.2 Wissenschaft ... 609
26.2.3 Öffentlichkeit ... 610
26.2.4 Regulatoren ... 610
26.2.5 Indirekte Profiteure ... 611
26.2.6 Drei Managementaufgaben ... 612

26.3 Identifizierung einer umstrittenen Technologie ... 612
26.3.1 Identifikation der Kontroverse um eine Technologie ... 612
26.3.2 Bestimmen des eigenen Einsatzes der Technologie ... 613
26.3.3 Anstoß von systematischen Abklärungen 614

26.4 Umgang mit einer umstrittenen Technologie ... 614
26.4.1 Dominantes Design ... 615
26.4.2 Lock-In-Situation ... 616
26.4.3 Zugzwang ... 617
26.4.4 Trade-Off ... 617

26.5 Phase-Out einer umstrittenen Technologie und Clean-Up ... 618
26.5.1 Substitution oder Marktausstieg ... 618
26.5.2 Aufräumarbeiten nach dem Phase-Out 620

26.6 Implikationen für das Qualitätsmanagement ... 620
26.6.1 Umstrittene Technologien - Ein typisches Qualitätsthema ... 620
26.6.2 Fünf Handlungsvarianten ... 620
26.6.3 Langzeitzuverlässigkeit von Technologien frühzeitig adressieren ... 620

C Produktion ... 623

27 Messen und Prüfen ... 624
Albert Weckenmann, Teresa Werner

27.1 Bedeutung des Messens für das Qualitätsmanagement ... 625

27.2 Grundlagen und Begriffe ... 626
27.2.1 Wichtige Begriffe ... 626
27.2.2 Grundsätzlicher Ablauf einer Prüfung 629
27.2.3 Grundvoraussetzungen für das Messen 630
27.2.4 Angabe eines Messergebnisses ... 631

27.3 Mess- und Prüfmittel ... 633
27.3.1 Lehren ... 634
27.3.2 Handmesszeuge ... 636
27.3.3 Normale ... 638
27.3.4 Taktile Messgeräte ... 639
27.3.5 Optische Verfahren ... 644
27.3.6 Verfahren zur Prüfung nicht geometrischer Größen ... 649

27.4 Qualitätssicherung von Mess- und Prüfergebnissen ... 649
27.4.1 Einflüsse auf das Messergebnis ... 649
27.4.2 Qualität eines Mess-/Prüfergebnisses und eines Mess-/Prüfprozesses ... 653
27.4.3 Überwachung der Prüfmittel ... 658
27.4.4 Dokumentation von Messergebnissen ... 658

27.5 Interpretation von Mess- und Prüfergebnissen ... 659
27.5.1 Auswirkungen der Messunsicherheit auf die Konformitätsprüfung ... 659
27.5.2 Auswirkung der Messunsicherheit auf die Prozesslenkung und -optimierung ... 660
27.5.3 Auswirkung der Messunsicherheit auf andere Bereiche ... 661

27.6 Zusammenfassung und Ausblick ... 662

28 Eignungsnachweise für Messprozesse ... 666
Edgar Dietrich

28.1 Einleitung ... 667

28.2 Anforderungen ... 667

28.3 Übersicht der Verfahren ... 669

28.4	**Fähigkeitsnachweise gemäß Firmenrichtlinie**	669
28.4.1	Untersuchung gemäß Verfahren 1	671
28.4.2	Untersuchung gemäß Verfahren 2	672
28.5	**Fähigkeitsuntersuchung gemäß MSA**	674
28.5.1	Unterschiede zu Firmenrichtlinien	674
28.5.2	Systematische Messabweichungs-(Bias-) und Linearitäts-Studie	674
28.5.3	Wiederhol- und Vergleichspräzision %GRR	675
28.5.4	Anzahl unterscheidbarer Kategorien	675
28.6	**Eignungsnachweis gemäß VDA 5 bzw. ISO 22514-7**	676
28.6.1	Definition Messsystem und -prozess	676
28.6.2	Schematisierte Vorgehensweise	677
28.6.3	Minimale Toleranz	677
28.6.4	Formeln zu den Kennwerten	678
28.7	**Vergleich von Firmenrichtlinien, MSA mit VDA 5 bzw. ISO 22514-7**	680
28.8	**Sonderfälle**	683
28.9	**Zusammenfassung**	684
29	**Statistik als Basis qualitätsmethodischen Denkens und Handelns** *Walter Masing*	686
29.1	**Beginn**	687
29.2	**Vor-Moderne**	687
29.3	**Walter Shewhart**	688
29.4	**Wirtschaftlichkeit**	689
29.5	**Stichproben**	690
29.6	**Von TESTA zur Deutschen Gesellschaft für Qualität**	690
29.7	**Denken in Wahrscheinlichkeiten**	691
29.8	**Statistische Arbeit**	692
29.9	**Auslegung durch den Leser**	692
29.10	**Abschluss**	692
30	**Statistische Prozessregelung (SPC)** *Alfred Schulze*	696
30.1	**Einleitung**	697
30.2	**Prozessanalyse**	697
30.2.1	Datenaufnahme	697
30.2.2	Zeitabhängige Verteilungsmodelle	697
30.2.3	Qualitätsregelkarten und Verteilungsmodelle	704
30.2.4	Prozessstabilität	704
30.3	**Prozessbeurteilung durch Fähigkeitskenngrößen**	705
30.3.1	Fähigkeitskenngrößen als Prozessmerkmal	705
30.3.2	Berechnung der Fähigkeitskenngrößen	706
30.3.3	Kennzahlen aus der zweidimensionalen Normalverteilung	707
30.4	**Prozessverfolgung und Langzeitauswertungen**	710
31	**Messmanagementsystem/ Prüfmittelmanagement** *Edgar Dietrich*	714
31.1	**Aufgaben des Messmanagementsystems**	715
31.2	**Zielsetzung des Messmanagementsystems**	715
31.3	**Verantwortung der Leitung**	716
31.4	**Ressourcenmanagement**	716
31.4.1	Personal	716
31.4.2	Informationsressourcen	717
31.4.3	Einsatz von Software	717
31.4.4	Kennzeichnung des Messmittels	717
31.4.5	Materialressourcen	718
31.4.6	Externe Lieferanten	719
31.5	**Metrologische Bestätigung**	719
31.5.1	Anforderungen an ein Kalibrierlabor	719
31.5.2	Aufzeichnung bei der Bestätigung	721
31.5.3	Intervall der Bestätigung/Prüfzyklus	723
31.6	**Messprozess**	723
31.7	**Verbesserung des Messmanagementsystems**	726
31.8	**Aufbewahrungsdauer**	727
31.9	**Einsatz von Software**	727
31.10	**Zusammenfassung**	728
32	**Organisation des Messwesens in Deutschland** *Hans Bachmair, Peter Ulbig*	732
32.1	**Bedeutung des Messwesens für Handel und Wirtschaft**	733

32.2 Grundlagen des Messwesens 734

32.3 Kalibrierwesen 736

32.4 Eichwesen 740

32.5 Rückwirkungen des europäischen Binnenmarkts auf das Eichwesen ... 741

32.6 Internationale Harmonisierung des Messwesens 743

32.7 Ausblick auf die zukünftige Entwicklung 744

D Produktnutzung und Service 747

33 Kundendienst 748
Volker Harms

33.1 Kundendienst – Service für Kunden und Produkte 749
33.1.1 Produktbegleitende Dienstleistung 749
33.1.2 Marktbedeutung des Kundendienstes .. 749

33.2 Leistungsmerkmale des Kundendienstes 751
33.2.1 Leistungsfaktoren 751
33.2.2 Dienstleistungsmerkmale 752

33.3 Die operative Durchführung des Kundendienstes 755
33.3.1 Kundendienstleistungen 755
33.3.2 Kundendienstprozesse 756
33.3.3 Kundendienstfunktionen 757
33.3.4 Enterprise Resource Planning (ERP) im Kundendienst 759

33.4 Kundendienstqualität 760
33.4.1 Abhängigkeit von der Produktqualität 760
33.4.2 Prozessqualität 760
33.4.3 Nutzenerwartung contra Kundendienstleistung 761
33.4.4 Qualitätswerkzeuge im Kundendienst .. 763

33.5 Kundendienstcontrolling 764

33.6 Verkauf von Kundendienstleistungen 766

33.7 Entwicklungstendenzen 767

34 Warenkennzeichnung 770
Rüdiger Wollmann

34.1 Zertifizierung 772
34.1.1 Zertifizierungssysteme und ihre Zeichen 772
34.1.2 Das DIN-Zertifizierungssystem 772
34.1.3 Das VDE-Zertifizierungssystem 773
34.1.4 Das DVGW-Zertifizierungssystem 774
34.1.5 Das GS-Zeichen-System 774
34.1.6 Zertifizierung von Qualitätsmanagementsystemen 774

34.2 Zertifikate/Prüfbescheinigungen ... 775
34.2.1 Das RAL Gütezeichen 775
34.2.2 Die RAL Registrierung 775
34.2.3 Das Umweltzeichensystem – Der Blaue Engel 776
34.2.4 Bio-Siegel 777
34.2.5 Fairtrade-Zeichen 777
34.2.6 Das QS-Prüfzeichen 777
34.2.7 Die LGA-Zeichen 778
34.2.8 FSC-Label 778
34.2.9 PEFC-Zeichen 778
34.2.10 Stiftung Warentest 778

34.3 Die Situation in Europa 779
34.3.1 Die CE-Kennzeichnung 779
34.3.2 Die Keymark 779
34.3.3 Das EMAS-Zeichen 779
34.3.4 Das EU Ecolabel 780
34.3.5 Das EU-Energielabel 780
34.3.6 Das Energy Star-Zeichen 781
34.3.7 Das EU-Bio-Siegel 781

34.4 Das RAL Gütezeichen-System 781
34.4.1 RAL Gütezeichen 782
34.4.2 Art und Gestaltung der RAL Gütezeichen 782
34.4.3 Gütegemeinschaften 783
34.4.4 Festlegung der Güteanforderungen 784
34.4.5 Güteüberwachung 784
34.4.6 RAL Gütezeichen und der Wettbewerb 784
34.4.7 RAL Gütezeichen versus Qualitätsmanagement und Konformitätsbewertung (QM-System) 785
34.4.8 Schnittstellen der RAL Gütesicherungen zu anderen Systemen 785
34.4.9 Bedeutung von RAL Gütezeichen im harmonisierten und globalisierten Markt 785

35 Gebrauchstauglichkeit und Gebrauchswert 788
Markus Bautsch

35.1 Geschichtliche Entwicklung 789

35.2 Begriffsdefinitionen 789

35.3 Grundsätze des vergleichenden Warentests 791

35.4 Ablauf eines Warentests 792
35.4.1 Vorbereitung 792

35.4.2 Prüfprogramm 792
35.4.3 Prüfdurchführung 793

35.5 Qualitätssicherung und Information der Öffentlichkeit 795

36 Juristische Produktverantwortung 799
Christian Thomas Stempfle

36.1 Grundlagen der deutschen Produzentenhaftung 801
36.1.1 Materiellrechtliche Grundlagen der Produkthaftung 801
36.1.1.1 Keine vertragliche Haftung des Herstellers 801
36.1.1.2 Verschuldenshaftung und Gefährdungshaftung des Herstellers 802
36.1.2 Die Verschuldenshaftung gem. § 823 Abs. 1 BGB 802
36.1.3 Die Verschuldenshaftung gem. § 823 Abs. 2 BGB 803
36.1.4 Gefährdungshaftung gemäß § 1 ProdHaftG 804
36.1.5 Wann liegt eine Rechtsgutsverletzung vor? 804
36.1.5.1 Körperverletzung 804
36.1.5.2 Gesundheitsverletzung 804
36.1.5.3 Eigentumsverletzung 804
36.1.6 Wer haftet neben dem Hersteller? 805
36.1.6.1 Haftung von Mitgliedern der Geschäftsleitung und (leitenden) Mitarbeitern ... 805
36.1.6.2 Haftung des Quasiherstellers 806
36.1.6.3 Haftung des Importeurs 806
36.1.6.4 Haftung des Lieferanten 806
36.1.7 In welcher Höhe wird gehaftet? 806
36.1.8 Wann ist ein Produkt fehlerhaft? 806
36.1.8.1 Konstruktions- und Fabrikationsfehler 806
36.1.8.2 Instruktionsfehler 809
36.1.8.3 Wie lange muss das Produkt den Sicherheitsanforderungen entsprechen? 811
36.1.8.4 Entwicklungsfehler 811
36.1.8.5 Produktbeobachtung 812
36.1.8.6 Herstellung und Zukauf 813
36.1.8.7 Befundsicherungspflicht 813
36.1.8.8 Beweislastverteilung 814
36.1.8.9 Rückruf 815

36.2 Produkthaftung und Strafrecht 817

36.3 Staatliche und behördliche Vorgaben an die Produktsicherheit 818
36.3.1 Geltungsbereich 819
36.3.2 Beschränkungen des Geltungsbereichs 819
36.3.3 Die Produktdefinition des ProdSG 819
36.3.4 Rechtmäßige und unrechtmäßige Produkte 820
36.3.4.1 Europäisch harmonisierte Produkte ... 820
36.3.4.2 Europäisch nicht harmonisierte Produkte 821
36.3.4.3 DIN- und EN-Normen 821
36.3.5 Vorhersehbare Verwendung 821
36.3.6 Spezielle Rechtsvorschriften für Verbraucherprodukte (§ 6 ProdSG) 822
36.3.6.1 Zusätzliche Pflichten beim Inverkehrbringen 822
36.3.6.2 Pflichten nach dem Inverkehrbringen .. 822
36.3.7 Gebrauchsanleitung/Nutzerinformation 822
36.3.8 Die CE-Kennzeichnung 823
36.3.9 Das GS-Zeichen 823
36.3.10 Behördliche Marktüberwachung 823
36.3.11 Adressaten der behördlichen Maßnahmen 823

36.4 Produkthaftung und US-Risiko 824

TEIL IV Qualitätsmanagement in der Softwareentwicklung

37 Qualitätsmanagement bei der Software-Entwicklung 830
Bernd Hohler

37.1 Bedeutung der Software 831

37.2 Software 831
37.2.1 Definition von Software 831
37.2.2 Kategorien von Software 832
37.2.3 Besondere Eigenschaften von Software 833

37.3 Normung auf dem Gebiet der Software 835

37.4 Qualitätsmerkmale von Software 837

37.5 Methoden der Software-Entwicklung 838
37.5.1 Erkenntnisse aus der Softwarekrise ... 838
37.5.2 Vorgehensmodelle 838
37.5.2.1 Beschreibung von Vorgehensmodellen 838
37.5.2.2 Klassische, sequenzielle Vorgehensmodelle 839
37.5.2.3 Klassische, iterative Vorgehensmodelle 841
37.5.2.4 Agile Vorgehensmodelle 841
37.5.3 Klassisches Projektmanagement 845
37.5.4 Aufwands- und Kostenschätzung 847
37.5.5 Metriken 847
37.5.6 Wiederverwendung 851
37.5.7 Die Mitarbeiter 853

37.6 Qualitätsbezogene Kosten und Entwicklungsaufwand 854

37.7 Maßnahmen des Software-Qualitätsmanagements 855
37.7.1 Klassifikation der Maßnahmen 855

37.7.2 Konstruktive Maßnahmen 856
37.7.2.1 Phasenunabhängige konstruktive Maßnahmen 856
37.7.2.2 Phasenspezifische konstruktive Maßnahmen 858
37.7.3 Analytische Maßnahmen 859
37.7.3.1 Definition und Ziele analytischer Maßnahmen 859
37.7.3.2 Informelle Nachweisverfahren 859
37.7.3.3 Statische Analysen 860
37.7.3.4 Testen 860

37.8 Prozess-Assessment 863

37.9 Produkthaftung: Maßnahmen zur Risikominderung bei der Software-Entwicklung 863

37.10 Ausblick 864

38 Qualitätsmanagement bei der Entwicklung software-intensiver technischer Produkte 868

Robert Schmitt, Christoph Hammers, Johanna Rauchenberger

38.1 Ausgangssituation – software-intensive technische Produkte und interdisziplinäre Entwicklungsprozesse 869
38.1.1 Chancen und Herausforderungen softwaregeprägter technischer Produkte 869
38.1.2 Problemstellung bei interdisziplinären Entwicklungsprozessen 869

38.2 Grundlagen software-intensiver technischer Produkte 870
38.2.1 Definition und Eigenschaften 870
38.2.2 Interdisziplinäres Umfeld bei der Entwicklung 872

38.3 Besondere Anforderungen an interdisziplinäre Entwicklungsprozesse .. 872

38.4 Bestehende Vorgehensmodelle zur Produktentwicklung der beteiligten Einzeldisziplinen 874
38.4.1 Softwaretechnik 874
38.4.1.1 Wasserfallmodell 874
38.4.1.2 V-Modell 97 und V-Modell XT 874
38.4.1.3 Spiralmodell 877
38.4.1.4 Extreme Programming (XP) 877
38.4.2 Mechanik 877
38.4.2.1 Konstruktionsprozess nach Koller 878
38.4.2.2 Konstruktionsprozess nach Pahl/Beitz 878
38.4.2.3 Konstruktionsprozess nach VDI-Richlinie 2221 – Methodik zum Entwickeln und Konstruieren technischer Systeme und Produkte 878
38.4.3 Elektronik 882
38.4.4 Zwischenfazit 885

38.5 Synchronisation der Entwicklungsprozesse für software-intensive technische Produkte 885
38.5.1 VDI 2206 – Entwicklungsmethodik für mechatronische Systeme 885
38.5.1.1 Der Problemlösungszyklus als Mikrozyklus 885
38.5.1.2 V-Modell als Makrozyklus 887
38.5.1.3 Prozessbausteine für wiederkehrende Arbeitsschritte 887
38.5.1.4 Organisation 888
38.5.2 3-Ebenen-Vorgehensmodell 889
38.5.3 ProMiS-Konzept 893
38.5.3.1 Phasenmodell 893
38.5.3.2 Projektmanagement-Regelkreis 894
38.5.3.3 Beschreibungstechniken zur interdisziplinären Zusammenarbeit 896

38.6 Zusammenfassung und Ausblick 897

39 Software in sicherheitskritischen Systemen 902

Peter Liggesmeyer

39.1 Motivation 903

39.2 Software Engineering für sicherheitskritische Systeme 904
39.2.1 Die Entwicklungsmethoden 905
39.2.1.1 Die Analyse 906
39.2.1.2 Der Entwurf 907
39.2.1.3 Die Implementierung 907
39.2.2 Die Prüfung 907
39.2.2.1 Die Modulprüfung 908
39.2.2.2 Die Integration und die Integrationsprüfung 909
39.2.2.3 Die Systemprüfung 911

39.3 Organisatorische Aspekte 912

39.4 Dokumentation und Auswertung von Prüfungen 913

39.5 Standards 914
39.5.1 Bedeutung von Standards 914
39.5.2 Prozessorientierte Standards 915
39.5.2.1 EN ISO 9001 915
39.5.2.2 ISO/IEC 15504: SPICE 916
39.5.2.3 AQAP-Standards 916

39.5.3 Anwendungsbereichsunabhängige technische Standards ... 916
39.5.4 Anwendungsbereichsspezifische technische Standards ... 916
39.5.4.1 DIN EN 50128 ... 916
39.5.4.2 RTCA/DO-178C ... 917
39.5.4.3 ISO 26262 ... 917
39.6 Zusammenfassung ... 917

40 Integration des Informationssicherheitsmanagements in ein QM-System ... 921
Bernhard Fischer

40.1 Informationssicherheit ... 923
40.1.1 Heutige Situation ... 923
40.1.2 Untersuchung und Gewährleistung der Informationssicherheit ... 923
40.1.3 Systematisches Management der Informationssicherheit ... 924
40.2 Integration des Informationsmanagements in ein QM-System ... 925
40.2.1 Abgleich der Anforderungen ... 926
40.2.2 Prozessorientierter Ansatz ... 926
40.3 Integriertes Managementsystem ... 926
40.3.1 Allgemeine Anforderungen ... 926
40.3.1.1 Einrichtung eines ISM-Systems ... 926
40.3.1.2 Implementierung und Betrieb eines ISM-Systems ... 927
40.3.1.3 Überwachung und Prüfung eines ISM-Systems ... 928
40.3.2 Dokumentationsanforderungen ... 929
40.4 Verantwortung der Leitung ... 929
40.4.1 Selbstverpflichtung der Leitung ... 929
40.4.2 Kundenorientierung ... 930
40.4.3 Qualitätspolitik ... 930
40.4.4 Planung ... 930
40.4.5 Verantwortung, Befugnis und Kommunikation ... 930
40.4.6 Managementbewertung ... 930
40.5 Management von Ressourcen ... 931
40.5.1 Bereitstellung von Ressourcen ... 931
40.5.2 Personelle Ressourcen ... 931
40.5.3 Infrastruktur ... 932
40.5.4 Arbeitsumgebung ... 932
40.6 Produktrealisierung ... 932
40.6.1 Planung der Produktrealisierung ... 932
40.6.2 Kundenbezogene Prozesse ... 932
40.6.3 Entwicklung ... 933
40.6.4 Beschaffung ... 933
40.6.5 Produktion und Dienstleistungserbringung ... 933
40.6.5.1 Sicherheit von Geschäftsprozessen im Rahmen von Notfällen ... 934
40.6.5.2 Besonderer Geschäftsprozess: IT-Service(s) ... 934
40.7 Messung, Analyse und Verbesserung 934
40.7.1 Allgemeines ... 934
40.7.2 Überwachung und Messung ... 935
40.7.2.1 Kundenzufriedenheit ... 935
40.7.2.2 Interne Audits ... 935
40.7.2.3 Überwachung und Messung von Prozessen ... 935
40.7.3 Lenkung fehlerhafter Produkte ... 936
40.7.4 Datenanalyse ... 936
40.7.5 Ständige Verbesserung ... 936

TEIL V Qualitätsmanagement im Produktlebenszyklus immaterieller Produkte

41 Qualitätsmanagement bei immateriellen Produkten ... 942
Walter Geiger

41.1 Gesamtüberblick über Produkte und andere Einheiten ... 943
41.1.1 Das Angebotsprodukt und interne Produkte ... 943
41.1.2 Übergeordnete Kategorien von Angebotsprodukten ... 944
41.1.3 Beim Management betrachtete Arten von Einheiten ... 944
41.1.4 Zusammenhang von Tätigkeiten und Ergebnissen ... 946
41.1.5 Qualitätsmanagement (Beschaffenheitsmanagement) bei immateriellen Produkten und die dabei betrachteten Arten von Einheiten ... 948
41.2 Beachtenswerte Besonderheiten immaterieller Produkte ... 948
41.2.1 Besonderheiten zur Software und ihrer Erbringung ... 948
41.2.2 Allgemeines zu den Besonderheiten einer Dienstleistung und ihrer Erbringung .. 949
41.2.3 Der dienstleistungsbezogene Kernanteil 950
41.2.4 Der Anteil kundenseitig nötiger Tätigkeiten bei Dienstleistungen ... 950
41.2.5 Kombination mit der Einheit „Anwendung anderer Produkte“ ... 951
41.2.6 Kombination mit der Einheit „Transport anderer Produkte“ ... 952

41.2.7 Kombination mit der Einheit „Lieferung anderer Produkte" 952

41.3 Begründung zur Einheitlichkeit der Methoden des Beschaffenheitsmanagements 952
41.3.1 Die Fragestellung, ihre Randbedingungen und Verzweigungen 952
41.3.2 Die Antwort und ihre Konsequenzen .. 954
41.3.3 Die Plausibilität der Antwort 954
41.3.4 Zusammenfassung zur Einheitlichkeit der Methoden des Beschaffenheitsmanagements 955

41.4 Merkpunkte zum Qualitätsmanagement (Beschaffenheitsmanagement) bei immateriellen Produkten mit Beispielen 955
41.4.1 Hinweis zur Benennung „Qualitätsmanagement" 955
41.4.2 Merkpunkte zur Forderungsplanung (bisher „Qualitätsplanung") 956
41.4.3 Merkpunkte zur Beschaffenheitslenkung 960
41.4.4 Merkpunkte zu Qualitätsprüfungen ... 961
41.4.5 Merkpunkte zum Audit 961

41.5 Umfassendes Beschaffenheitsmanagement bei immateriellen Produkten .. 963

41.6 Zusammenfassung 963

41.7 Terminologische Schlussbemerkung 964

42 Qualitätsmanagement von Dienstleistungen 968
Christopher M. Schlick, Andreas Petz, Alexander Nielen, Susanne Mütze-Niewöhner, Sönke Duckwitz

42.1 Die Entwicklung des tertiären Sektors 969

42.2 Der Dienstleistungsbegriff 969
42.2.1 Dienstleistungsmerkmale 969
42.2.2 Typologische Einordnung von Dienstleistungen 970

42.3 Dienstleistungsqualität 970
42.3.1 Dimensionen der Dienstleistungsqualität 971
42.3.2 Bedeutung des Qualitätsmanagements für Dienstleistungsunternehmen 972
42.3.3 Erfolgskette der Dienstleistungsqualität 972

42.4 GAP-Modell der Dienstleistungsqualität 973

42.5 Messung der Dienstleistungsqualität 975

42.6 Produktivitätsmodell von wissensintensiven Dienstleistungen 977

42.7 Zusammenfassung 979

43 Qualitätsmanagement im Labor ... 982
Elvira Moeller

43.1 Das Labor als Dienstleister 983

43.2 Genormte und nicht genormte Qualitätsmanagementsysteme 984

43.3 Anforderungen an das Management 986
43.3.1 Organisation 986
43.3.2 Qualitätsmanagementsystem und Managementbewertung 987
43.3.3 Umgang mit Dokumenten und Aufzeichnungen 988
43.3.4 Prüfung von Anfragen und Verträgen .. 989
43.3.5 Vergabe von Prüfungen im Unterauftrag 989
43.3.6 Beschaffung von Dienstleistungen und Ausrüstungen 991
43.3.7 Dienstleistung für den Kunden und Umgang mit Beschwerden 992
43.3.8 Umgang mit fehlerhaften Prüfarbeiten 994
43.3.9 Korrekturmaßnahmen und vorbeugende Maßnahmen 995
43.3.10 Interne Audits 995

43.4 Technische Anforderungen 996
43.4.1 Personal 998
43.4.2 Räumlichkeiten, Umgebungsbedingungen und Einrichtungen 999
43.4.3 Prüfverfahren und deren Validierung .. 1000
43.4.4 Messtechnische Rückführung 1000
43.4.5 Probenahme 1001
43.4.6 Umgang mit Prüf- und Kalibriergegenständen 1002
43.4.7 Sicherung der Qualität von Prüfergebnissen 1003
43.4.8 Prüf- oder Ergebnisberichte 1003

43.5 Akkreditierung im Interesse des Kunden 1004

TEIL VI Qualitätsmanagement und Unternehmensführung

44 Qualitätsmanagement in der Unternehmensführung – Management der Qualität oder Qualität des Managements? ... 1010
Herbert Schnauber

44.1 Standort Deutschland wettbewerbsfähig gestalten und halten ... 1012
44.2 Die Qualität der Führung ist ganz entscheidend ... 1012
44.3 Führen heißt Motivation zur Entfaltung kommen lassen ... 1013
44.4 Von der Pflicht zur Kür ... 1015
44.5 Ist Qualität nur ein Kostenfaktor? ... 1016
44.6 Wertschöpfung durch Wertschätzung 1017
44.7 Auch die Politik ist gefordert ... 1018
44.8 Mit Konsequenz zum Erfolg! ... 1018
44.9 Resümee ... 1020

45 Führung und Qualität ... 1022
Wolfgang Schirmer

45.1 Einführung ... 1023
45.1.1 Ziel: Eine Stoffsammlung ... 1023
45.1.2 Klärung der Begriffe ... 1023
45.1.3 Wie müssen sich Führungskräfte verhalten, damit Qualität entstehen kann? ... 1024

45.2 Vorbedingungen ... 1025
45.2.1 Wirtschaftliche Rahmenbedingungen .. 1025
45.2.2 Der Kunde im Fokus der Leistung ... 1026
45.2.3 Die positive Vorannahme über den Mitarbeiter und seine Fähigkeiten ... 1026

45.3 Die Motivation der Mitarbeiter positiv unterstützen ... 1028
45.3.1 Grundlagen zum Motivationsbegriff ... 1028
45.3.2 Die Eigenmotivation der Mitarbeiter fördern ... 1029
45.3.3 Die Mitarbeiter wenigstens nicht demotivieren ... 1030

45.4 Über Normen und Werte das soziale Dürfen für Qualität vermitteln ... 1031
45.4.1 Grundlagen zum Begriff der Unternehmenskultur ... 1031
45.4.2 Die Organisation mit den Mitteln der entpersonalisierten Führung positiv gestalten ... 1032
45.4.3 Die Unternehmenskultur positiv beeinflussen ... 1033

45.5 Durch sichtbares Handeln für Qualität überzeugen ... 1035
45.5.1 Qualität als zentraler Inhalt bei der Anwendung der Führungsinstrumente 1035
45.5.2 Vorbild für die Mitarbeiter sein und Qualität vorleben ... 1036

45.6 Fazit: Qualität muss zentraler Bestandteil der Führung sein ... 1038

46 Total Quality Management als Grundlage für die Entwicklung der Unternehmenskultur ... 1042
Christian Malorny

46.1 Total Quality Management (TQM) – Führungsmodell einer qualitätsorientierten Unternehmenskultur ... 1043

46.2 Hemmende und fördernde Faktoren auf dem Weg zu einer qualitätsorientierten Unternehmenskultur ... 1043
46.2.1 Inhalte nicht richtig verstanden ... 1044
46.2.2 Stellhebel nicht erkannt ... 1044
46.2.3 Fehlende Voraussetzungen ... 1045
46.2.4 Programmorientierte Sichtweise ... 1045
46.2.5 Fehlende Orientierung ... 1045
46.2.6 Frühzeitiger Abbruch ... 1045

46.3 Entwicklung einer qualitätsorientierten Unternehmenskultur ... 1046
46.3.1 Voraussetzungen für eine qualitäts orientierte Unternehmenskultur schaffen – Bewusstseinswandel einleiten 1047
46.3.2 Unternehmensweite Anwendung und Entfaltung des TQM-Konzepts – Führungs- und Strukturwandel umsetzen 1050
46.3.3 Beschleunigung des Verbesserungsprozesses – Einzelmaßnahmen vernetzen 1051
46.3.4 Kontinuität und Konvergenz des TQM-Konzepts – Verfeinerung des Qualitätsprozesses ... 1053

47 Aus-, Fort- und Weiterbildung ... 1056
Horst Methner

47.1 Einleitung ... 1057
47.2 Ziele der Bildungsmaßnahmen ... 1057

47.3 Kompetenz- und Qualifikationsprofile 1058

47.4 Aus-, Fort- und Weiterbildungsmöglichkeiten ... 1059
47.4.1 Berufliche Erstausbildung ... 1059
47.4.2 Tertiäre berufliche Bildung ... 1059
47.4.3 Firmenneutrale Lehrgangssysteme ... 1060
47.4.3.1 Das Lehrgangssystem der Deutschen Gesellschaft für Qualität ... 1060
47.4.3.2 Weitere Lehrgangssysteme ... 1061
47.4.3.3 Internationalisierung der Zertifikate ... 1061
47.4.4 Firmeninterne Weiterbildung ... 1062

47.5 Durchführung der Weiterbildung ... 1062
47.5.1 Strategische Überlegungen ... 1062
47.5.2 Systematisierung der Weiterbildung ... 1063
47.5.3 Gestaltung von Bildungsmaßnahmen .. 1063

47.6 Ausblick ... 1063

48 Qualitätsmanagement und Motivation ... 1068
Helmut Lieb

48.1 Ausgangssituation ... 1069

48.2 Implikationen für die Praxis ... 1070

48.3 Motivation ... 1071

48.4 Motivationstheorien ... 1072
48.4.1 Bedürfnistheorie von Maslow ... 1072
48.4.2 Zwei-Faktoren-Theorie von Herzberg ... 1072
48.4.3 XY-Theorie von McGregor ... 1073
48.4.4 Fazit zu den Motivationstheorien ... 1073

48.5 Motivation und Qualitätsmanagementsysteme ... 1073

48.6 Umgang mit diesen Erkenntnissen in der Praxis ... 1075

48.7 Fazit ... 1076

49 Die Transformation des Qualitätsmanagers ... 1080
Hans Weber

49.1 Status quo ... 1081

49.2 Qualität neu denken ... 1082

49.3 Arbeitsmarktsituation im Qualitätswesen ... 1089

49.4 Interim-Management ... 1094

Stichwortverzeichnis ... 1099

Über die Herausgeber

Prof. Dr.-Ing. Dr. h.c. mult. Prof. h.c. Tilo Pfeifer war bis zu seiner Emeritierung im September 2004 Inhaber des Lehrstuhls Fertigungsmesstechnik und Qualitätsmanagement am Werkzeugmaschinenlabor WZL der RWTH Aachen und leitete im Fraunhofer-Institut für Produktionstechnologie IPT die Abteilung Mess- und Qualitätstechnik. Er ist Vorsitzender des wissenschaftlichen Beirates der Deutschen Gesellschaft für Qualität e.V. (DGQ) und war über viele Jahre Vorsitzender der Gesellschaft für Qualitätswissenschaft (GQW).

Prof. Dr.-Ing. Robert Schmitt ist Inhaber des Lehrstuhls Fertigungsmesstechnik und Qualitätsmanagement. Er ist Direktor des Werkzeugmaschinenlabors WZL der RWTH Aachen. Darüber hinaus ist er Direktoriumsmitglied des Fraunhofer-Instituts für Produktionstechnologie IPT und Vorstandsmitglied der Deutschen Gesellschaft für Qualität (DGQ).

Prof. Dr. rer. nat. Dr. oec. h.c. Dr.-Ing. E.h. Walter Masing (* 22. Juni 1915 in St. Petersburg, † 29. März 2004 in Erbach im Odenwald) war ein deutscher Physiker und Unternehmer. Er war maßgeblich an der Etablierung des Qualitätsmanagements in Deutschland und Europa beteiligt.

Walter Masing war 20 Jahre lang Vorsitzender der Deutschen Gesellschaft für Qualität (DGQ) und danach ihr Ehrenvorsitzender. Darüber hinaus war er Präsident der European Organization for Quality (EOQ) und der International Academy for Quality (IAQ). Von 1970 bis 1997 war er Herausgeber der führenden deutschen Zeitschrift für Qualitätsmanagement „QZ – Qualität und Zuverlässigkeit".

1967 erhielt er einen Lehrauftrag für „Qualität" an der Technischen Universität Berlin – die erste Lehrveranstaltung dieser Art in Deutschland. Für seine zahlreichen Verdienste und Leistungen wurde Masing unter anderem mit dem Verdienstorden der Bundesrepublik Deutschland am Bande und 1. Klasse geehrt. Mit dem Walter-Masing-Preis fördert die DGQ seit 1988 Nachwuchskräfte.

Der „Masing", das bis zur vierten Auflage von ihm selbst herausgegebene „Handbuch Qualitätsmanagement", ist richtungsweisend in der Qualitätslehre und gibt Impulse an Industrie und Forschung weiter.

Walter Masing – eine Autobiografie

Frühe Kindheit

Am 22. Juni 1915 wurde ich in St. Petersburg (Russland) geboren. Mein Vater Albert Masing war Sekundarschullehrer für alte Sprachen und gehörte zu den mehr als 80 000 ethnischen Deutschen in St. Petersburg – ebenso wie meine Mutter Elisabeth, geborene von Schroeder. Meine Großväter praktizierten beide als Ärzte in St. Petersburg. Vor dem 1. Weltkrieg waren die Deutschen in Russland hoch angesehene Experten in vielen Berufen, die eine höhere Ausbildung erforderten. Es gab in St. Petersburg drei klassische Sekundarschulen mit Deutsch als Unterrichtssprache. Auch einige russische Jungen und Mädchen waren dort Schüler, da diese Schulen ein hohes Ansehen genossen. Enge Familienbande bestanden zwischen den Deutschen in St. Petersburg und den Deutschen, die in dieser Zeit in den baltischen Provinzen des Russischen Reiches, heute Estland, Lettland und Litauen, wohnten. Auch unsere Familie machte da keine Ausnahme.
Dieses Bild wendete sich während des 1. Weltkrieges zum Schlechten. Die Deutschen, ungeachtet der Tatsache, dass sie russische Bürger waren, wurden jeglicher Art von Druck unterworfen. Eine große Anzahl wurde nach Sibirien verschickt, nie hat man wieder etwas von ihnen gehört. Mein Vater entschied sich, mit seiner Familie die Stadt zu verlassen und nach Finnland auszuwandern, wo meine Schwester Edith geboren wurde. 1917 fand die Familie nach einer dramatischen Reise durch Schweden schließlich in Deutschland Zuflucht.
Im Jahre 1918 endete der Krieg in Deutschland, nicht jedoch in den baltischen Provinzen. Die Menschen dort sahen eine Gelegenheit, sich von der neu formierten Sowjetunion loszusagen. Mein Vater hatte seine Familie nach Tartu (Estland) gebracht, wo wir viele Bekannte und Freunde hatten. Er selbst meldete sich unmittelbar danach beim sogenannten „Balti rügement", welches aus baltischen Deutschen bestand, um Seite an Seite mit ihren estnischen Kameraden unter dem Kommando von General Laidoner gegen die sowjetischen Truppen zu kämpfen, die das estländische Territorium besetzt hatten. Dieser „Krieg für die Freiheit" war ein durchschlagender Erfolg, doch Vater starb im Kampf nicht weit weg von der Stadt Narva im Juli 1919. Sein Leichnam wurde zurück nach Tartu gebracht, wo er auf dem deutschen Teil des Old Jaanikiriku Friedhofs beerdigt wurde. Nahe bei meiner weinenden Mutter am offenen Grab stehend, ist dies meine früheste Kindheitserinnerung. Heute findet sich keine Spur mehr von diesem Grab an dem nun verfallenen Ort.

Schüler in Tartu

Estland hielt die Genfer Konvention über die Rechte ethnischer Minderheiten ein. Dies bedeutete unter anderem, dass der Staat für Minderheiten, die in größerer Anzahl in der Stadt vertreten waren, Schulangebote in der Sprache der Minderheiten zur Verfügung stellen musste. Deshalb gab es in Tartu ein staatliches, deutschsprachiges „Realgymnasium". Darüber hinaus hatte die deutsche Minderheit ein privates, deutschsprachiges Jungengymnasium gegründet, das eine klassisch-humanistische Bildung anbot, die sogenannte „Walteri kool". In dieser Einrichtung verbrachte ich meine gesamte Schulzeit bis zum Abitur im Jahre 1933.
Ich hatte keine Schwierigkeiten in der Schule, aber meine persönlichen Interessen waren schon zu dieser Zeit ganz klar auf Physik und weniger auf Griechisch und Latein ausgerichtet. Physik wurde jedoch nicht auf einem hohen Level unterrichtet, sodass ich mich stets nach Informationen umsah, wo immer ich sie finden konnte. Was ich fand, ging gewöhnlich über mein Verständnis hinaus. Doch dies weckte meinen Appetit erst recht. Ich unterstützte unseren Physiklehrer freiwillig bei der Vorbereitung der Demonstrationen und Experimente. Schon bald war er froh, mich mit all den Dingen allein beauftragen zu können. Dies habe ich mit Freude getan und, indem ich es tat, lernte ich einiges mehr als das, was unserem Unterrichtsstoff entsprach oder was unser Lehrer mir hätte beibringen können.
Zusätzlich opferte ich den letzten Cent meines mageren Taschengeldes, um Ersatzteile zur Erstellung und Bedienung von Funkanlagen zu kaufen, deren Besitz in dieser Zeit ganz unüblich für einen Schüler war. Um mit der Außenwelt über ein Funkgerät zu kommunizieren, benötigte man gute Fähigkeiten für das Senden und Abhören von Morsesignalen. Bald schon war ich ganz gut darin. Ungezählte Nächte habe ich mit Kopfhörern und der Hand auf der Morsetaste versucht, den Kontakt zu anderen Amateurfunkern auf der Welt herzustellen. In Wirklichkeit war ich glücklich, wenn ich jemanden in Finnland oder vielleicht in Schweden fand, mit dem ich einige einfache

Mitteilungen austauschen konnte. Das Meiste davon musste ziemlich heimlich getan werden, da mein Onkel – der, nachdem mein Vater, sein Bruder, gefallen war, meine Mutter geheiratet hatte, – als Medizinprofessor aus seiner auf Gesundheit bedachten Sicht meine nächtlichen Aktivitäten nicht genehmigt hätte.

Militärdienst

Nachdem ich das Gymnasium erfolgreich abgeschlossen hatte, war es meine Intention, meinen Pflichtdienst beim Militär vor meiner Einschreibung an der Universität abzuleisten, um mein Studium ohne Unterbrechung durchzuführen. Als Freiwilliger konnte ich mir aussuchen, in welchen Dienst ich treten wollte. Keine Frage, ich entschied mich für den Dienst in der Nachrichtentruppe. Diese Einheit lag in Nomme, nicht weit weg von Estlands Hauptstadt Tallinn. Wenn ich mich recht erinnere, begann ich im Mai 1933 als Rekrut. Nach einigen Wochen wurden ungefähr 30 Rekruten mit dem Sekundarschulabschluss (Abitur) ausgewählt, um ihren Dienst in der Reserve-Offiziersschule in Tondi, in der Nähe von Tallinn, fortzusetzen. Zu meiner Überraschung war ich unter den auserwählten Männern.
Warum Überraschung? Weil alle meine Offiziere wussten, dass ich deutscher Abstammung war. Bis dahin hatte es kein ethnisch Deutscher jemals in diese Schule geschafft – und dies in den letzten 700 Jahren der Geschichte des Landes. Hier ist weder die Zeit noch der Ort, um ins Detail zu gehen. Ich wollte nur erwähnen, dass ich mich als eine seltene Ausnahme von der Regel empfand. Ich glaube, es hat geholfen, dass ich ziemlich gut im Sport und der Schnellste von all meinen Kameraden beim Morsen war.
Die Offiziersschule bot ihren Aspiranten eine gründliche Ausbildung, sowohl in der Theorie als auch in der Praxis. Sie war nicht leicht zu bewältigen. Doch ich genoss die von jedermann geforderte Disziplin, die Kompetenz des Lehrpersonals und die Chance, exzellente Leistungen zu zeigen, die positiv von den Vorgesetzten aufgenommen und belohnt wurden. Ich erinnere mich daran, als einer der ersten Mitglieder meiner Einheit (die „insenerive kompani side rühm") zum Unteroffizier („aspirant noorem allohvitser") ernannt worden zu sein. Es geschah nicht ohne ein gewisses Gefühl des Stolzes, dass wir am Wochenende in unseren blitzsauberen Uniformen mit weißen Handschuhen durch die Altstadt von Tallinn gingen, die schneidigen militärischen Ehrerbietungen der Soldaten unter unserem Rang entgegennehmend.
Die Abschlussprüfungen waren kein Kinderspiel, aber wir waren alle gut vorbereitet. Besonders schwierig war die Lösung praktischer Übungen. Wir mussten unsere Fähigkeiten in der Führung einer Gruppe von Soldaten unter schwierigen Bedingungen beweisen, wie in unbekannten, stockdunklen Wäldern und Sümpfen bei Nacht, und dabei Radio- und Telefonkontakte mit anderen Gruppen über große Entfernungen herstellen. Ich war unter den glücklichen Finalisten, die als Reserveoffizier ihren Abschluss im Herbst 1934 machten.

Student an der Universität Tartu

Noch während meines Militärdienstes hatte ich mich für das Wintersemester 1934/35 als Student an der Universität in Tartu eingeschrieben und wurde angenommen. Die Universität bot keine speziellen Kurse in Physik an, obwohl es Physik-Vorlesungen gab. Ich immatrikulierte mich als stud. math. Dies störte mich nicht weiter, da ich in jedem Falle Mathematik benötigen würde.
Mein Beginn war schwierig, um es milde auszudrücken. Ich fand mich zwischen Studenten wieder, die eine deutlich bessere mathematische Vorbildung besaßen. Meine Kenntnisse in alten Sprachen konnten dies in keinster Weise ausgleichen. Doch ich war bestrebt, alles zu tun, um dieses Handicap zu überwinden. Ich verfolgte dieses Ziel konsequent, sodass ich im folgenden Sommersemester des Jahres 1935 den gleichen Stand wie der Rest der Klasse erreicht hatte.
Hier muss ich wiederum einen meiner Lehrer würdigen, Professor Rägo, der die Höhere Mathematik als Basis jedweder Folgeveranstaltungen lehrte. Er war ein Meister, komplexe Dinge verständlich darzustellen. Seine Skizzen an der Tafel waren Beispiele für Klarheit. Ich erinnere mich in großer Dankbarkeit und Anerkennung an ihn. Bis heute verwahre ich meine Notizen über „Analysis" aus diesem ziemlich schwierigen ersten Semester in Tartu.
Der zweite bemerkenswerte Lehrer, den ich erwähnen muss, war Professor Wilip. Er war der einzige Physiker an der Universität Tartu. Deshalb musste er eher einfachere Physik für die Studenten der Medizin lehren, verbunden mit der Beaufsichtigung der notwendigen Praktika. Auf höherem Niveau hatte er die zukünftigen Physiklehrer als Studenten. Und dann gab es noch eine Handvoll von Studenten, die sich in Physik spezialisierten. Stellen Sie sich die auseinanderstrebenden Aufgaben vor, die Professor Wilip zu bewältigen hatte! Er selbst war überall in der Welt bestens bekannt für seine bahnbrechende akademische Arbeit über die Messung von Erdbeben. Die Instrumente, die er hierfür benötigte, wurden in Tartu in der Werkstatt von Hugo Masing in der Lai-Straße hergestellt, einem Mechanikermeister von hohem Ansehen. Er zeigte mit Stolz eine goldene Uhr mit eingravierter persönlicher Widmung von Zar Nikolai II. von Russland herum, welche dieser ihm geschenkt hatte, um einige außergewöhnliche Ergebnisse eines seiner Seismographen zu würdigen, den die kanadische Regierung später gekauft und auf ihrem Territorium installiert hatte.

Professor Wilip experimentierte mit diesen Seismographen in einem tiefen Keller von Tartu, dem „Püssirohu kelder". Ich muss zugeben, dass diese geophysikalischen Probleme von Erdbeben nicht im Zentrum meines Interesses lagen, aber dennoch lernte ich viel durch die Teilnahme an den Vorlesungen und den Praktika, die den Studenten der Medizin angeboten wurden.

Student in Rostock

Im Sommer 1935 freute sich meine Familie über den Besuch des besten Freundes meines verstorbenen Vaters Albert aus Studententagen in Tartu, Edgar Tatarin-Tarnheyden. Nach dem 1. Weltkrieg war er nach Deutschland emigriert, wo er eine Professur für Verfassungsrecht an der Universität Rostock innehatte.
Als er erfuhr, dass ich Mathematik und Physik studierte, machte er mir ein mehr als verlockendes Angebot, ich solle nach Rostock kommen, wo das Thema Physik auf einem hohen Niveau vertreten war. Dort gab es Lehrstühle für experimentelle ebenso wie für theoretische Physik, zusammen mit vielen Extra-Angeboten, die begleitet waren von weiteren, derzeit aktuellen Themen. Er würde zusehen, dass ich von der Zahlung der Studiengebühren befreit werde, die an deutschen Universitäten noch zwingend waren. Obendrein lud er mich ein, so lange in seinem Haus zu bleiben, wie ich es wünschte.
Ich brauchte nicht lange, um dieses generöse Angebot zu akzeptieren. Ich packte meine wenigen Dinge und sagte auf Wiedersehen zu Familie und Freunden sowie dem Land, in dem ich meine Kindheit und Jugend verbracht hatte. Der Zug von Tartu brachte mich in drei Tagen und zwei Nächten über Riga, Memel (heute Kleipeda), Königsberg (heute Kaliningrad) und Berlin nach Rostock, herzlich willkommen geheißen durch meinen Onkel Edgar und seine Familie.
Physik wurde dort in der Tat auf einem ganz anderen Level unterrichtet. Zum ersten Mal wurde ich mit theoretischer Physik konfrontiert, die von Professor Pascual Jordan präsentiert wurde. Er war einer aus dem Team von Physikern, die in 1920ern das neue Verständnis von den Atomen und deren Funktionieren durch die Quantenmechanik sowie die Matrix-Berechnungen entwickelt hatten. Er arbeitete mit so herausragenden Persönlichkeiten wie den Nobelpreisträgern Max Born, Paul Dirac, Werner Heisenberg und Erwin Schrödinger zusammen. Die Themen der semesterlangen Kurse waren theoretische Mechanik, Elektrophysik und Optik. In Rostock war ich nicht fortgeschritten genug, Atomphysik auf dem dort üblichen Level zu hören.
Da die Zuhörerschaft klein war, nahm Professor Jordan schon bald Notiz von mir als einem neuen Gesicht. Er war schon seit langer Zeit interessiert an den baltischen Dingen und als er erfuhr, dass ich von diesem Teil des Globus stamme, betrachtete er mich als eine aktuelle Quelle für Informationen über das Land. So engagierte er mich oft nach der Vorlesung zu Diskussionen, wobei ich ihm Informationen aus erster Hand über Estland und zu einem geringeren Grad auch über Lettland geben konnte.

Student in Leipzig

Es war Professor Jordan, der eines Tages zu mir sagte: „Wenn Sie eine akademische Karriere planen, dann muss Ihr Doktorgrad von einer Weltklasse-Universität stammen. Sie sollten Leipzig in Betracht ziehen. Diese Universität zählt zu den weltweit besten, speziell in Physik. Die Lehrstühle sowohl in experimenteller als auch in theoretischer Physik sind mit Nobelpreisträgern besetzt, ersterer ist Professor Debye, letzterer ist mein guter Freund und Kollege Professor Heisenberg. Ich kann ihm einen Brief schreiben und Sie als einen hoffnungsvollen Kandidaten empfehlen." Leipzig war auch unter ökonomischen Gesichtspunkten eine perfekte Wahl. Der älteste Bruder meiner Großmutter war dort Pastor einer lutherischen Kirche und so konnte ich kostenlos in dessen Haus wohnen. Deshalb folgte ich dem Rat von Professor Jordan und setzte meine Studien in Leipzig fort.
Ich habe diese Entscheidung nie bereut. Im Gegenteil – ich konnte mir keinen besseren Ort vorstellen, Physik auf einem hohen Level zu studieren. Als ich in Leipzig zu studieren begann, war Professor Debye nicht mehr dort. Er hatte einen Ruf an eine holländische Universität angenommen und wurde durch Professor Hofmann ersetzt. Sein Forschungsinteresse galt den hoch energetischen Teilchen, die aus dem Weltall kommen und beim Auftreffen auf die Erdatmosphäre mit den Atomen der Luft kollidieren, die dann durch die freigesetzte Energie in eine Vielzahl von Elementarteilchen, die ausgedehnten „Luftschauer", umgewandelt werden. Er war ein begnadeter Lehrer. Irgendwann fiel ich ihm ins Auge, und er machte mich zu seinem Assistenten, der die Experimente vorbereitete, die er den Studenten vorführen wollte. Dies war im Wesentlichen das, was ich schon in der Schule in Tartu getan hatte, aber natürlich war das Niveau in keinster Weise vergleichbar. Professor Hofmann gefiel die Art, wie ich für ihn arbeitete. Hin und wieder führte ich einen neuen Trick in einer ansonsten wohl bekannten Demonstration ein, um sie nicht nur für die Studenten, sondern auch für den Lehrer interessant zu machen.
Bald wurde ich auch zur Unterstützung der Praktika für Medizinstudenten eingesetzt, die diese in ihrem zweiten Semester durchzuführen hatten. Diese Praktika waren gut besucht, der Umfang der Experimente, welche die Studenten durchzuführen hatten, war recht groß. In diesem Zusammenhang war ich zu einem gewissen Grad in des

Lehrers Position. Dies tat ich mit Vergnügen, und so entdeckte ich im Laufe der Zeit mein didaktisches Potenzial. Am Institut war es üblich, dass Professoren, Assistenten und ausgewählte Studenten zu Kolloquien zusammenkamen, um aktuelle Probleme zu präsentieren und in aller Tiefe zu diskutieren. Ganz oft übertrug mir Professor Hofmann die Aufgabe der Präsentation, ungeachtet der Tatsache, dass ich noch Student war, wenn auch schon ein älterer. Dies war eine enorme Herausforderung, und ich fürchte, dass ich nicht immer seinen Erwartungen entsprach.

Das erwähnte Kolloquium war nicht nur für die experimentellen Physiker. Die theoretischen Physiker nahmen ebenfalls teil, was diese Stunden ganz besonders interessant machte. Die experimentelle Physik war mein Studienbereich, hierzu gehörte aber auch ein obligatorisch umfangreicher Stoff theoretischer Physik, gelesen von den Professoren Heisenberg und Hund. Ich hatte mich selbst bei Professor Heisenberg durch das Empfehlungsschreiben von Professor Jordan eingeführt. Er hatte es in einer freundlichen Art und Weise entgegengenommen und mir alles Gute gewünscht. In der Tat fragte er mich von Zeit zu Zeit, wie ich vorankäme. Er war nach den Vorlesungen immer ansprechbar für Fragen, die Studenten aber zogen es eher vor, sich an die Assistenten zu wenden, anstatt den Meister zu stören, aus Angst, dass ihre Fragen vielleicht unter dem erwarteten Niveau liegen könnten.

Da ich von der Universität Rostock und Professor Jordan nach Leipzig kam, waren meine Voraussetzungen gut genug, dem hier noch höheren Level der Vorlesungen in theoretischer Physik zu folgen. Zu dieser Zeit war das Hauptinteressensgebiet das Innere des Atomkerns. Durch Beschuss des Urankerns mit langsamen Neutronen hatten Professor Hahn und seine Mitarbeiter Lise Meitner und Fritz Stratmann in Berlin das entdeckt, was sie zunächst als die Transuran-Elemente bezeichneten. Sie hatten ihre Ergebnisse, die weithin diskutiert wurden, veröffentlicht. Professor Heisenberg war aus rein theoretischen Überlegungen etwas skeptisch gegenüber den Schlussfolgerungen der Berliner Gruppe. Als Professor Hahn, ein Chemiker, einige Zeit später seine ersten Schlussfolgerungen korrigierte und mit der Tatsache begründete, dass die Uranatome unter den Auswirkungen der Neutronen zerfallen würden anstatt bloß schwerer zu werden, hielt Heisenberg diese Einschätzung für sehr viel wahrscheinlicher.

Ich möchte eine kleine Geschichte erzählen, die eine andere Seite von Professor Heisenberg zeigt. Während eines informellen Treffens beim Kaffee in Anwesenheit von Professor Heisenberg erwähnte ich beiläufig, dass ich Geige spiele. Sofort lud mich diese große Persönlichkeit nach Hause ein und erzählte mir, dass er Klavier spiele. Er schlug vor, dass wir eine berühmte Violin-Klavier-Sonate von Brahms versuchen sollten. Ich kannte sie ziemlich gut und stimmte zu. Am nächsten Samstagabend startete das Ereignis. Das Ergebnis war verheerend für mich. Wenn ich doch nur gewusst hätte, dass Professor Heisenberg ein renommierter Konzertpianist war. Er begann das Stück in einem Tempo, das ich nicht halten konnte. Er bemerkte dies und verlangsamte, doch ich hatte immer noch Schwierigkeiten und ließ einige Feinheiten der Partitur weg, nur um voranzukommen. Natürlich bemerkte dies Professor Heisenberg ebenso. Am Ende der Sonate entschuldigte ich mich für meine schlechte Leistung, er aber war gütig genug, eine beruhigende Bemerkung zu machen. Nach einer Tasse Tee und einigen Snacks verließ ich ihn, noch mit roten Ohren. Das Konzert wurde nicht wiederholt.

Bei einer anderen Gelegenheit machte ich eine bessere Figur. Heisenberg schlug am Ende eines seiner Freitagsseminare für fortgeschrittene Studenten im Januar 1938 vor, am nächsten Morgen den Zug in die Gegend des Erzgebirges zu nehmen, das ungefähr zwei Stunden entfernt lag, um dort einen Tag Ski auf den Pisten zu laufen. Natürlich waren wir von diesem Vorschlag einer solchen Persönlichkeit begeistert. Am nächsten frühen Morgen fanden sich etwa zehn Personen zusammen, mit Skiausrüstung ausgestattet und reisefertig. Während der Fahrt erläuterte uns Professor Heisenberg mittels einer Karte, wo wir den Tag verbringen würden. Es war ein perfektes Ereignis von Anfang bis Ende. Heisenberg selbst war beim Skifahren weitaus weniger kompetent als am Klavier. Bei mir war es umgekehrt. Hier nun konnte man eine wirklich große Persönlichkeit sehen. Er schämte sich im Beisein seiner Studenten überhaupt nicht, eine mittelmäßige Leistung auf der Piste zu zeigen. Wenn er fiel, lachte er, stand auf, wischte den Schnee von seiner Jacke und setze seine Fahrt bergab fort. Wir bewunderten ihn für diese Haltung. Jeder von uns fragte sich, ob er selbst unter diesen Umständen ebenfalls Meister dieser Situation gewesen wäre.

Das vorangehend erwähnte Seminar war für Studenten in deren letztem Semester vor dem Examen gedacht. Man stelle sich die Situation vor: Kaum ein Dutzend Studenten an einem Tisch, am Kopf Professor Heisenberg, der ein Thema vorschlug, es kurz einführte und eine Diskussion initiierte, die am Tisch unter Beteiligung eines jeden mit Beiträgen und Fragen vonstattenging. Heisenberg beschränkte sich hin und wieder auf eine Erklärung und regte damit die Diskussion erneut an, wenn sie zu sehr vom Thema abgewichen war. Dies war anspruchsvolle Ausbildung auf einem unübertroffenen Niveau.

Meine Doktorarbeit schrieb ich über ein Problem, was zu dieser Zeit unter den Physikern zu Diskussionen führte, und zwar sowohl bei den experimentellen sowie den theoretischen Physikern. Es handelte sich um das niedrig-energetische Spektrum der RaE-Strahlung der Beta-Elektronen. Professor Heisenberg war ebenso wie mein Doktorvater

Professor Hofmann an den Ergebnissen interessiert. Ich konstruierte einen zweistufigen Verstärker, um die Spuren dieser Partikel zu verfolgen und etwas Licht in das komplexe Problem zu bringen. Ich verteidigte meine These im zeitigen Frühjahr 1940 und erhielt ein „magna cum laude" dafür. Die Urkunde ist von beiden Professoren, Hofmann und Heisenberg, unterschrieben. Es mag interessant sein zu wissen, dass im Universitätsregister der Physik-Doktoranden mein Name nur wenige Zeilen nach Edward Teller erscheint, der nur ein paar Jahre später die ultimative Waffe für die Vereinigten Staaten von Amerika, die Wasserstoffbombe, entwickelte.

Kriegszeit

Der 2. Weltkrieg hatte begonnen und die meisten Männer meines Alters wurden zum Militär einberufen. Ich wurde aber mit meinem estnischen Pass als Ausländer eingestuft, ungeachtet der Tatsache, dass meine Eltern nach Deutschland gekommen waren, um den Bestimmungen des berüchtigten Molotov-Ribbentrop-Abkommens von 1939 zu folgen. Inzwischen waren sie mitsamt meinen Schwestern und Brüdern deutsche Bürger. Auf mich selbst aber, mit meinen 24 Jahren und schon länger in Deutschland lebend, war das Abkommen nicht anwendbar. Die Behörden empfahlen, die reguläre deutsche Staatsbürgerschaft zu beantragen, doch dies würde länger dauern als mein gegenwärtiger Pass gültig war. Verständlicherweise hatte ich Angst, zur sowjetischen Botschaft in Berlin zu gehen und die Gültigkeit meines Passes zu verlängern, der seine formale Basis verloren hatte, da der Staat Estland nunmehr kein souveräner Staat mehr war. Was das Problem noch verschlimmerte, war die Tatsache, dass mein Geburtsort St. Petersburg war. Zu meiner großen Erleichterung fand jemand einen Weg, diese komplexe Situation aufzulösen, sodass ich im Mai 1940 die deutsche Staatsbürgerschaft erhielt. Im selben Jahr heiratete ich.

In der Zwischenzeit hatte ich eine Stelle als Lehrer an einer halbstaatlichen Institution erhalten. Als aber ein privat geführtes Laboratorium in Berlin, im Besitz von und geführt durch den äußerst fantasievollen Dr.-Ing. habil. Hans Erich Hollmann, mir eine sehr viel interessantere Arbeit anbot, wechselte ich den Arbeitsplatz.

Das Labor entwickelte und produzierte militärisch relevante elektronische Getriebe und Teile für größere Einheiten. Ich hatte das Glück, in der ersten Woche meiner Arbeit ein interessantes Problem zu lösen, das meinen Ruf im Labor von Beginn an verbesserte. Es dauerte nicht lange, bis man mir die Verantwortung über eine kleine Gruppe von Ingenieuren übergab. Am Ende des Jahres wurde ich zum Stellvertreter des Chefs ernannt. Offensichtlich erfüllte meine Arbeit die Anforderungen unseres Kunden, des Militärs, ganz besonders die der Luftwaffe und der Marine. Dies erklärt auch, warum ich als junger männlicher deutscher Bürger, der in bester gesundheitlicher Verfassung war, nicht zum Militär eingezogen wurde. Mein Chef war in der Lage, die zuständigen Autoritäten davon zu überzeugen, dass meine Arbeit in seinem Laboratorium für den Kriegserfolg wichtiger sei, als ein Gewehr zu tragen. Bis zum Kriegsende habe ich deshalb keine Uniform anziehen müssen.

1943 war Berlin nicht mehr länger außerhalb der Reichweite der alliierten Bomber, die in England starteten. In einer Nacht im Sommer 1943 fiel eine Bombe in den Garten unseres Laboratoriums und zerstörte eine Seite des Hauses. Während es repariert wurde, arbeiteten wir teilweise in einem provisorischen Zelt im Garten. Zu Beginn des Jahres 1944 wurde das Laboratorium vollständig zerstört und in die kleine Stadt Georgenthal nahe Gotha in Thüringen verlegt. Dort erlebte ich das Ende des Krieges.

Nachkriegsaktivitäten

In Georgenthal waren wir glücklich, von den amerikanischen Truppen überrannt zu werden. Sie verhielten sich im Allgemeinen nach den eingeführten Kriegsgesetzen (Haager Landkriegsordnung). Unsere Landsleute weiter im Osten ereilte ein schlimmeres Schicksal durch die Besetzung der Roten Armee. Da wir den Angriff erwartet hatten, haben wir alles, was von militärischem Interesse hätte sein können, zerstört. Unser Laboratorium wurde inspiziert, aber nichts war von größerem Interesse. So wurde auch nichts beschlagnahmt und niemand wurde inhaftiert. Sie waren hinter den großen Fischen her, wie Wernher von Braun, Werner Heisenberg oder ähnlichen Wissenschaftlern.

Zu unserem Bedauern blieben die Amerikaner nicht lange. Sie tauschten diesen Teil von Deutschland mit den Sowjets gegen einen Teil der deutschen Hauptstadt Berlin. Mit der Übernahme durch die neuen Besatzer änderte sich alles. Sie waren daran interessiert, dass die stark beschädigte Industrie wieder produzierte. Unser Labor wurde aufgefordert, sich am Wiederaufbau der komplexen Steuerungsnetze von Fabriken zu beteiligen, die während des Krieges Benzin und Dieselöl aus Kohle produziert hatten. Unsere Arbeit wurde durch die neuen Autoritäten anerkannt. Zum Beispiel wurde uns erlaubt, ein Fahrzeug auch für den persönlichen Gebrauch zu führen, für das der Kraftstoff von den Sowjets gestellt wurde.

Dennoch fühlten wir uns nicht sicher, weil wir zu sehr von der Gunst der Besatzer abhängig waren. Wir wussten von sehr vielen Spezialisten, die ohne Vorankündigung zu einigen weit entfernten Plätzen in Russland, einschließlich Sibirien, umgesiedelt worden waren. Folglich plante ich, das sowjetisch besetzte Territorium zu verlassen und

im Westen einen Neuanfang zu machen. Dieses ziemlich riskante Unterfangen wurde erfolgreich abgeschlossen, allerdings war die „Operation West“ zu kompliziert, um im Detail darüber zu berichten, und auch im Kontext dieser Abhandlung meiner persönlichen Arbeit nicht interessant genug. Das eigentliche Ergebnis war, dass ich und meine Familie uns im Frühling 1948 in Erbach im Odenwald niederließen, einer kleinen westdeutschen Stadt etwa 50 Kilometer südlich von Darmstadt.
Dort begann nun ein neues Kapitel meines Lebens. Zusammen mit einem begabten Maschinenbauer meines Alters gründeten wir ein Unternehmen mit dem Namen: „Dr. Masing & Co.“ Wir fingen klein an, mein Partner an der Drehbank, ich selbst mit dem Lötkolben und meine Frau an der Schreibmaschine. Wir waren entschlossen, alle Schwierigkeiten zu überwinden, zu wachsen und zu gedeihen.
Eine kurze Beschreibung soll die allgemeine Situation in Westdeutschland (die Besatzungszonen der USA, Großbritannien und Frankreich) in dieser Zeit wiedergeben. Die Städte waren zu einem großen Teil ein Schutthaufen. Die Industrie arbeitete auf einem ganz niedrigen Level, da die Fabriken zerstört und große Knappheit in allen Bereichen zu verzeichnen war. Am Schlimmsten wirkte sich der schreckliche Verlust an Arbeitskräften aus, der aufgrund der Millionen von Verstorbenen und der Hunderttausenden in Gefangenschaft zu verzeichnen war. Unser Geld, die „Reichsmark“, war so gut wie nichts wert, das allgemeine Zahlungsmittel war eine Packung Zigaretten. Lebensmittelkarten sahen 1500 Kalorien am Tag vor. Und das Schlimmste von allem war die lähmende Erkenntnis, dass in unserem Namen unglaubliche Grausamkeiten begangen worden waren.
Trotz all dieser Dinge (oder sollte ich besser sagen: deswegen) war die allgemeine Haltung: „Wir haben den Krieg verloren und deshalb die Konsequenzen zu tragen. Aber jetzt wollen wir alles tun, um den Frieden zu gewinnen!“ Es kostete einige Anstrengung, aber die Geschichte zeigt, dass wir jenseits unserer kühnsten Träume erfolgreich waren. Die Dr. Masing & Co. wurde Teil dieser Erfolgsgeschichte.
Nach zwei eher schlechten Jahren trafen wir auf eine Goldader. Das große Automobilwerk Opel (die Hauptfabrikation war nicht weit weg in Rüsselsheim) hatte ein entscheidendes technisches Problem mit dem Punktschweißvorgang, und zwar dem Hauptprozess zur Erstellung der Fahrzeugkörper. Die Einzelheiten zu beschreiben, ist im Rahmen dieser Zusammenstellung nicht möglich. Opel hatte niemanden gefunden, das Problem schnell zu lösen. Einer ihrer führenden Ingenieure, dessen Bekanntschaft ich nicht lange vorher gemacht hatte, erzählte mir von dieser misslichen Lage. Innerhalb einer Woche hatte ich eine Lösung auf Basis meiner Erfahrungen zur Kriegszeit gefunden, welche die Konstruktion eines elektronischen Steuerungssystems mit eher ungewöhnlichen Merkmalen für Punktschweißmaschinen vorsah.
Dies öffnete uns die Tür nicht nur bei Opel, sondern auch zur gesamten deutschen Automobilindustrie. Die Nachfrage nach unseren Steuerungen stieg entsprechend. Es dauerte nicht lange, bis wir Marktführer in Steuerungen nicht nur für das Punktschweißen, sondern auch für das Widerstandsschweißen in Deutschland wurden. Bald schon konnten wir unsere Steuerungen auch an Firmen außerhalb Deutschlands, wie Fiat, Volvo, Renault, verkaufen. Die Firma Lada in Russland wurde mit unserer Steuerung ausgestattet. Folglich wuchs unser Unternehmen in wenigen Jahren auf mehr als 300 Mitarbeiter an, einschließlich mehr als 100 Technikern/Ingenieuren und 15 Lehrlingen. Im Hinblick auf die noch immer steigende Nachfrage gründeten wir am Stadtrand von Erbach ein Laboratorium und eine Produktionshalle (später kamen noch zwei dazu).

Qualität in Aktion

Im Hinblick auf die Erfüllung dieser Herausforderung mussten wir ein effektives Qualitätsmanagementsystem installieren. Dies geschah zu einer Zeit, als der Begriff Qualitätsmanagement noch nicht geprägt war. Wenn ich auf unsere Aktivitäten zurückblicke, mit denen wir das Problem angingen, bin ich auch heute noch überrascht, wie wir durch „Trial and Error“ zu einem System fanden, das heute als modern bezeichnet wird. Zur gleichen Zeit war unsere Aufmerksamkeit auch auf die Effizienz unserer Steuerungssysteme gerichtet, weil wir so wenig Geld wie möglich zu ihrer Herstellung aufwenden wollten. Ich ließ keine Gelegenheit aus, die Mitarbeiter vom Ingenieur bis zum Hofkehrer zu ermahnen, sich daran zu halten, da dies die Grundlage unseres Erfolges am Markt und die Basis ihrer Beschäftigung sei. Ich sagte: „Verwechseln Sie mich nicht mit den Kunden, denn sie sind es, die Ihre Löhne zahlen. Haltet sie bei Laune oder wir alle, Sie und ich, haben über kurz oder lang keine Arbeit mehr. Die Konkurrenz wartet nur darauf, dass dies geschieht. Lasst sie die nächsten 10 bis 20 Jahre darauf warten!“ Jedermann verstand das. Es war erforderlich, dass unsere Arbeitskräfte Begeisterung für die Details des Systems empfanden. Alle taten ihr Bestes, damit das System funktionierte.

Qualitätswerkzeuge

Das Denken in Qualität war mir überhaupt nicht fremd. Als ich für die deutsche Luftwaffe und die Marine gearbeitet habe, war die Qualität eine wesentliche Voraussetzung meiner Tätigkeiten. Nach dem Ende des Weltkrieges bekam ich Kenntnis davon, dass die Amerikaner anspruchsvolle statistische Methoden verwendet hatten, um die Kosten für die Qualitätssicherung ihrer Waffen – von den Kugeln über die Maschinengewehre bis hin zu den Flugzeugträgern – gering zu halten. Das interessierte mich. Als innerhalb des europäischen Wiederaufbauprogramms ein 4-Tages-Kurs über statistische Qualitätskontrolle in Frankfurt angeboten wurde, geleitet vom amerikanischen Spezialisten Dr. Edwards Deming, meldete ich mich zur Teilnahme an. Es war meine erste Begegnung mit Werkzeugen zur Qualitätskontrolle, die ich interessant fand. Die Aufzeichnungen über diesen Kurs habe ich immer noch in meinen Unterlagen.

Andere Teilnehmer hatten den gleichen Eindruck. Kurz danach wurde entschieden, ein Team zu bilden, um den Wert dieser amerikanischen Methoden für die Situation in Deutschland zu prüfen. So entstand 1952 die „Arbeitsgruppe Technische Statistik“, eine Organisation, aus der schließlich die Deutsche Gesellschaft für Qualität hervorging. Ich war etwas über 20 Jahre deren Präsident und wurde zu deren Ehrenpräsident gewählt, als ich 1984 mein Präsidentenamt abgab.

Ein Jahr nach Dr. Deming kam ein anderer bedeutender Amerikaner, Professor Paul Clifford, in ähnlicher Mission nach Europa. Ich stand ihm als Führer und Dolmetscher zur Seite. Dieses Mal waren die Auswirkungen europaweit und gipfelten in der Gründung der European Organization for Quality (Control) im Jahre 1956 durch die nationalen Qualitätsorganisationen von Frankreich, Deutschland, Großbritannien, Italien und den Niederlanden. Ich wurde auserwählt, ihr erster Präsident zu sein.

Eine akademische Angelegenheit

In Deutschland hat die Qualität eine lange Tradition. Die Handwerkerinnungen führten bereits im Mittelalter strenge Leistungsregeln ein. Jeder Meister musste sie befolgen. Dies setzte sich fort, als das Industriezeitalter begann und wurde weltweit anerkannt („Made in Germany“). Qualität wurde jedoch nie als eine wichtige akademische Angelegenheit empfunden.

Nach dem 2. Weltkrieg waren die Dinge sehr komplex geworden, und die Konsequenzen schlechter Qualität waren zu schmerzlich, um weiterhin so mit Qualität umzugehen. Es wurde Zeit, dieses Problem akademisch anzugehen. Die Technische Universität in Berlin war die erste akademische Einrichtung in Deutschland, die sich dieser Aufgabe annahm. Als Präsident der Deutschen Gesellschaft für Qualität und Eigentümer/CEO eines für die Qualität seiner Produkte und Prozesse bekannten Unternehmens wurde ich gebeten, einen Lehrplan zur Qualitätskontrolle für Studenten höherer Semester der Maschinenbau-Fakultät zu entwickeln und auf Honorarbasis eine zweistündige Vorlesung pro Woche anzubieten. Ich akzeptierte diese Einladung und folglich erhielt die Qualitätskontrolle (später auch das Qualitätsmanagement) im Jahre 1966 akademischen Stellenwert. Heute existieren an den meisten deutschen Technischen Universitäten und Hochschulen Lehrstühle für dieses Gebiet.

Der Kurs erwies sich über alle Erwartungen hinaus als erfolgreich, die Zahl der Teilnehmer wuchs beträchtlich von Semester zu Semester. Die Universität zeigte ihre Anerkennung in meiner Ernennung zum Honorarprofessor im Jahr 1971. Ich lehrte in dieser Funktion bis 1981. Im Jahr 1996 wurde mir der Ehrendoktortitel (Dr.-Ing. Ehrenhalber) von der Universität Berlin verliehen – dies zusätzlich zum Ehrendoktor in Wirtschaft (Dr. oec. h. c.) von der Universität St. Gallen (Schweiz) im Jahr 1995. Eine weitere Honorarprofessur wurde mir von der Universität Stuttgart verliehen, wo ich Qualitätsmanagement von 1974 bis 1984 lehrte.

Viele weitere qualitätsbezogene Aufgaben beschäftigten mich über kürzere oder längere Zeiträume. Dies war möglich, weil ich mein Unternehmen in der Zwischenzeit an die Robert Bosch GmbH verkauft hatte. Dies erlaubte mir, die monatlich erscheinende Zeitschrift „Qualität und Zuverlässigkeit“ herauszugeben und Zeit für die Aktivitäten der International Academy for Quality einschließlich einiger Jahre als Präsident und Vorsitzender aufzubringen. Nun bin ich ihr Ehrenmitglied. Sehr viel Zeit nahm meine Herausgeberschaft des „Handbuch Qualitätsmanagement“ in deutscher Sprache in Anspruch, das nunmehr in der 4. Auflage[1] vorliegt.

Ich bin Mitglied verschiedener Organisationen. Aus dem Qualitätsbereich möchte ich nur zwei nennen: Ich bin Mitglied der American Society of Quality und Ehrenmitglied der Qualitätsgesellschaft von Estland. Letztere führt mich zurück zu meinen Jugendtagen und speziell zu meinem Jahr im dortigen Militär und meinen zwei Semestern als Student der Mathematik und Physik an der Universität Tartu.

Abschließende Bemerkung

Blicke ich auf mein langes und erlebnisreiches Leben zurück, so stelle ich fest, dass nur wenige meiner Leistungen aufgrund der Tatsache zustande gekommen sind, dass ich mich jeweils systematisch für dieses Gebiet vorbereitet hätte. So fußt zum Beispiel meine militärische Karriere in Estland darauf, dass ich als Schuljunge anstrebte, im Fernmeldewesen zu arbeiten, und mir als Amateurfunker gute Kenntnisse erwarb, Morsesignale zu senden und abzuhören. Dies galt auch für meine Studien in Physik. Da

[1] Der vorliegende Text wurde im Jahr 2004 in englischer Sprache verfasst. Er wurde für die vorliegende Auflage ins Deutsche übersetzt. Die 4. Auflage war die letzte von Masing selbst betreute Ausgabe dieses Handbuchs.

meine Schule auf diesem Gebiet nur Informationen auf einem niedrigen Niveau bereitstellte, nahm ich dies selbst in die Hand – stets in der Absicht, Physiker werden zu wollen.
Doch die meisten Dinge, die ich unternahm, waren bloße Reaktionen auf Ereignisse, auf die ich schlecht vorbereitet war. Ich hatte nie geplant, in der Entwicklung und als Konstruktionsingenieur für militärisch relevante Objekte tätig zu sein. Der Ausbruch des Krieges zerstörte meinen Plan, Professor für experimentale Physik zu werden, auch wenn meine physikalische Basis stark genug zur Erfüllung dieser Aufgabe gewesen wäre. Die Probleme, mit denen ich während des Krieges zu kämpfen hatte, waren allerdings weit von denen entfernt, zu deren Lösung ich in der Universität ausgebildet worden war. Doch ich passte mich schnell den neuen Anforderungen an.
Bis heute denke ich, dass ein erheblicher Beitrag meines Weges auf meine Professoren zurückzuführen ist. Insbesondere Professor Heisenberg lehrte mich, mit komplexen und unbekannten Gegebenheiten umzugehen. Ich erinnere mich, in einem Brief an ihn darüber geklagt zu haben, dass so wenig Physik und so viel ingenieurmäßige Entwicklung meine Arbeit bestimme. Ich sehnte mich nach einer Arbeit in der Wissenschaft, wusste jedoch genau, dass dies unter den vorherrschenden Umständen unmöglich war. Seine Antwort war beruhigend: „Egal was Sie tun – solange dies im Sinne der Gewinnung neuer, wertvoller Einblicke in die Welt um uns herum nötig ist, ist es sinnvoll.“

Autorenverzeichnis

Dr.-Ing. Hans Bachmair, ehemaliger Leiter der Abteilung Elektrizität in der Physikalisch-Technischen Bundesanstalt, Braunschweig. Hauptarbeitsgebiete: Elektrische Einheiten, elektrische Messtechnik, internationale Harmonisierung des Messwesens

Markus Bautsch, promovierter Experimentalphysiker, kam 2002 – nach 8 Jahren Tätigkeit als beratender Ingenieur und freiberuflicher Softwareentwickler – zur Stiftung Warentest. Er ist für verschiedene Projekte im nationalen und internationalen Warentest verantwortlich und in der Normung aktiv.

Dr.-Ing. Dipl.-Wirt. Ing. Patrick Beaujean ist Oberingenieur am Lehrstuhl für Fertigungsmesstechnik und Qualitätsmanagement am Werkzeugmaschinenlabor WZL der RWTH Aachen. Er leitet den Bereich Qualitätsmanagement.
P.Beaujean@wzl.rwth-aachen.de
www.wzl.rwth-aachen.de

Dr. Andreas Biedermann ist zuständig für das Key Account Management sowie das technologieintensive Business Development. Zuvor leitete er als stellvertretender CTO den Bereich Prozesse und Materialien. Vor seiner Tätigkeit bei Ammann promovierte der Betriebsingenieur (Wirtschaftsingenieur) im Bereich Technologiemanagement an der ETH in Zürich.
andreas.biedermann@alumni.ethz.ch
www.tim.ethz.ch

Prof. Dr. sc. math. Roman Boutellier ist seit 2004 ordentlicher Professor für Technologie- und Innovationsmanagement am Departement für Management, Technologie und Ökonomie (D-MTEC) der ETH Zürich. Seit 1999 ist er Titularprofessor an der Universität St. Gallen. Herr Boutellier ist Mitglied der Verwaltungsräte mehrerer Schweizer Großunternehmen.
rboutellier@ethz.ch
www.tim.ethz.ch

Dr. rer. pol. Dipl.-Kff. Iris Bruns ist geschäftsführende Gesellschafterin der ConSense GmbH, Aachen. Ihre Schwerpunkte sind Einführung von QM-Systemen, Projektmanagement, Marketing, strategisches Personalmanagement und -marketing, integrierte Managementsysteme, Dienstleistungsentwicklung und -beratung sowie Demographieberatung.
i.bruns@consense-gmbh.de
www.consense-gmbh.de

Maximilian Dicenta, Senior-Berater bei McKinsey & Company, Inc., im Münchner Büro

Dr.-Ing. Edgar Dietrich, Gesellschafter und Geschäftsführer der Q-DAS GmbH & Co. KG, ist seit mehreren Jahren Mitglied im ISO/TC 69 Statistik und hat einen Lehrauftrag „Industrielle Statistik“ an der RWTH Aachen.
edgar.dietrich@q-das.de
www.q-das.de

Ass. Iur. Michael Drechsel, Geschäftsführer der DQS Holding GmbH, Frankfurt am Main, und Präsident von IQNet The International Certification Network, Bern/Schweiz, zuvor: Geschäftsführer der DQS GmbH Deutsche Gesellschaft zur Zertifizierung von Managementsystemen, Frankfurt am Main, und Geschäftsführer der DQS do Brasil, Sao Paulo/Brasilien

Dipl.-Ing. Dipl.-Wirt.Ing. Sönke Duckwitz ist Leiter der Abteilung Arbeitsorganisation am Institut für Arbeitswissenschaft der RWTH Aachen University. Sein Forschungsinteresse gilt der Analyse, Modellierung und Gestaltung schwachstrukturierter Arbeitsprozesse in Produktentwicklung und wissensintensiven Dienstleistungen.

Horst Ellringmann, selbstständiger Unternehmensberater mit Schwerpunkt Geschäftsprozessmanagement sowie Partner in der Unternehmensberatung M+E
www.mpluse.de

Prof. Dr. Dr. Jürgen Ensthaler, Inhaber des Lehrstuhls für Wirtschafts-, Unternehmens- und Technikrecht an der Technischen Universität Berlin, Richter am Bundespatentgericht
j.ensthaler@ww.tu-berlin.de
www.wm.tu-berlin.de/~Technikrecht/

Dipl.-Ing. Dipl.-Wirt. Ing. Björn Falk, Oberingenieur der Abteilung Produktmanagement am Lehrstuhl für Fertigungsmesstechnik und Qualitätsmanagement des Werkzeug-

maschinenlabor WZL an der RWTH Aachen. Zu seinen Tätigkeiten zählen die Erforschung und industrielle Anwendung von neuen Werkzeugen und Methoden der wertorientierten Produktentstehung.
www.engineer2value.de
b.falk@wzl.rwth-aachen.de

Dipl.-Ing. Bernhard Fischer, beratender Ingenieur (Spezialgebiet: Management von Qualität und Informationssicherheit)
Bernhard.Fischer@info-sec.de

Dipl.-Wirt.-Ing. Daniel Frank ist wissenschaftlicher Mitarbeiter der Abteilung Produktmanagement des Lehrstuhls für Fertigungsmesstechnik und Qualitätsmanagement am Werkzeugmaschinenlabor WZL der RWTH Aachen. Herr Frank ist zertifizierter Six Sigma Green Belt und beschäftigt sich unter anderem mit der Entwicklung von Seminaren und Weiterbildungen im Bereich Six Sigma sowie angrenzenden, qualitätsrelevanten Methoden und Techniken. Neben der wissenschaftlichen Arbeit steht dabei die Anwendung der entwickelten Methoden und Erkenntnisse in industriellen Beratungsprojekten im Mittelpunkt seiner Tätigkeit.
d.frank@wzl.rwth-aachen.de

Prof. Dr. Thomas Friedli ist seit 2011 Titularprofessor für Betriebswirtschaftslehre, insbesondere Produktionsmanagement, am Institut für Technologiemanagement an der Universität St. Gallen. Zu seinen wichtigsten Forschungsgebieten gehören das strategische Management produzierender Unternehmen, das Management industrieller Dienstleistungen sowie operative Exzellenz in der Pharmaindustrie.

Prof. Dr.-Ing. Walter Geiger, geboren 1921, humanistisches Gymnasium, Fachhochschule Nürnberg, Prüffeldingenieur bei kabelmetall (Nürnberg), Promotion an der TU München (1961), ab 1972 Vorlesungen zur Qualitätslehre an der Universität Hannover, bis 1982 Leiter zentrales Qualitätswesen bei kabelmetall, bis 2010 beratender Ingenieur Qualitätsmanagement, zuletzt telefonische Beratung zu QM-Spezialfragen

Dr.-Ing. Dipl.-Wirt. Ing. Christoph Hammers promovierte von 2006 bis 2012 an der RWTH Aachen und arbeitete in dieser Zeit als wissenschaftlicher Mitarbeiter am WZL der RWTH Aachen. Von 2011 bis 2013 war er Leiter der Abteilung Produktionsqualität am Fraunhofer IPT. In diesen Funktionen beschäftigte er sich u.a. mit dem Qualitätsmanagement von F&E-Projekten. Seit 2014 ist er in leitender Funktion in der Industrie tätig.

Prof. Dr. Volker Harms lehrte von 1992 bis 2008 an der Hochschule Emden/Leer im Fachbereich Wirtschaft die Fächer Produktionswirtschaft und Wirtschaftsinformatik. Ein besonderer Schwerpunkt seiner Forschungs- und Lehrtätigkeit ist die Dienstleistung, insbesondere der Kundendienst und After Sales Service.
volker.harms@t-online.de

Dr.-Ing. Gero Heidelberger, Partner der P3 aviation GmbH, Hamburg, berät Unternehmen der Automobil- und Flugzeugbauindustrie und des Anlagenbaus zu den Themen Qualitäts-, Prozess- und Kostenmanagement. Darüber hinaus ist er als Lehrbeauftragter der Hochschule Bremen und als Aufsichtsratsmitglied eines mittelständischen Unternehmens tätig.
gero.heidelberger@p3-group.com
www.p3-group.com

Joachim Herrmann, Dr.-Ing., Universitätsprofessor a. D., vormals Leiter des Fachgebiets Qualitätswissenschaft an der Technischen Universität Berlin
dr.joachim.herrmann@t-online.de

Dr. rer. nat. Bernd Hohler, Geschäftsführer der bhn Dienstleistungs GmbH & Co. KG, einem IT-Dienstleistungsunternehmen mit Sitz in Aerzen bei Hameln, und IT-Leiter der Lenze SE
hohler@lenze.com
www.lenze.com

Dipl.-Ing. Jürgen Jacob ist selbständiger Berater und Trainer für Qualitätsmanagement und angewandte Statistik mit Schwerpunkt auf den Bereichen Automobil- und Automobilzulieferindustrie. Er ist seit über 25 Jahren ehrenamtlich in der Normungsarbeit engagiert und derzeit u. a. stellvertretender Obmann des DIN-Arbeitsausschusses Qualitätsmanagement und Vorsitzender des DGQ-Beirates Terminologie.

Dipl.-Ing. Christof Jansen, Leiter Qualitätsplanung und Testen der Vaillant Group, Remscheid, verantwortet weltweit Qualitätsplanung und Testen innerhalb der Produktentstehung. Im Kontext des integrierten Qualitätsmanagements vom Kunden zum Kunden promoviert er gerade über das Thema „Integrierte Verknüpfung von QM-Methoden bei der Entstehung der Produktfunktion entlang des V-Modells".
christof.jansen@vaillant.de

Univ. Prof. Dr.-Ing. Roland Jochem ist Fachgebietsleiter des Lehrstuhls für Qualitätswissenschaft an der Technischen Universität Berlin, Leiter des Geschäftsfeldes Qualitätsmanagement am Fraunhofer Institut für Produktionsanlagen und Konstruktionstechnik, Mitglied im Vorstand der Gesellschaft für Qualitätswissenschaft (GQW) sowie im Deutschen Forum Interoperabilität (DFI) und Extraordinary Professor for Quality Management der Universität Stellenbosch in Südafrika.

Dr.-Ing. Stephan Killich ist geschäftsführender Gesellschafter der ConSense GmbH, Aachen. Seine Schwerpunkte sind Einführung von QM-Systemen, Prozessaufnahme, -gestaltung, -optimierung und -modellierung, Organisationsentwicklung und Change Management sowie Softwarekonzeption, -einführung und -schulung.
s.killich@consense-gmbh.de
www.consense-gmbh.de

Prof. Dr. Wilhelm Kleppmann lehrt an der Hochschule Aalen in den Studiengängen Elektronik/Informatik und Maschinenbau/Fertigungstechnik. Für die DGQ und in Firmen hält er Lehrgänge zur Versuchsplanung und bietet Unterstützung bei Pilotprojekten.
www.elektronik.htw-aalen.de/kleppmann/
www.elektronik.htw-aalen.de/statistik-erleben/

Dipl.-Wirtsch.-Ing. Markus Köhler ist wissenschaftlicher Mitarbeiter und Gruppenleiter der Forschungsgruppe Perceived Quality in der Abteilung Produktmanagement des Lehrstuhls für Qualitätsmanagement und Fertigungsmesstechnik am Werkzeugmaschinenlabor WZL der RWTH Aachen. Herr Köhler ist zertifizierter Six Sigma Black Belt. Er beschäftigt sich schwerpunktmäßig mit der Weiterentwicklung qualitätsrelevanter Konzepte und Methoden zur Produktentwicklung und Prozessverbesserung sowie deren Anwendung in industriellen Beratungsprojekten.
m.koehler@wzl.rwth-aachen.de

Michael Kroonder, in der Business Unit Low & Medium Voltage (Infrastructure & Cities Sector, Low and Medium Voltage Division) der Siemens AG verantwortlich für Aufbau, Weiterentwicklung und Bewertung des QM-Systems entsprechend Normanforderungen, Marktanforderungen und Siemens-Richtlinien.
www.siemens.de/installationstechnik

Dr.-Ing. Dipl.-Inform. Alexander Künzer ist geschäftsführender Gesellschafter der ConSense GmbH, Aachen. Seine Schwerpunkte sind Prozessaufnahme, -gestaltung, -optimierung, integrierte Managementsysteme, Dienstleistungsentwicklung und -beratung, Entwicklung von Prädiktionsalgorithmen, Prädiktion humaner Softwarenutzung sowie Softwareergonomie.
a.kuenzer@consense-gmbh.de
www.consense-gmbh.de

Dipl.-Ing. Thomas Kupka, Group Director Quality der Vaillant GmbH, Remscheid, verantwortet weltweit das Qualitätsmanagement der Vaillant Group. Der Schwerpunkt seiner Arbeit liegt vor allem in der Etablierung eines integrierten operativen Qualitätsmanagements vom Kunden zum Kunden. Darüber hinaus ist er als Koordinator für alle industriellen Aktivitäten in China zuständig.
Thomas.Kupka@vaillant.de

Dr. phil. Dipl.-Psych. Helmut Lieb war bis Mitte 2012 Leiter der Gruppe „Business Excellence & Development" des Lehrstuhls für Fertigungsmesstechnik und Qualitätsmanagement am Werkzeugmaschinenlabor WZL der RWTH Aachen. Der Six Sigma Black Belt leitete in dieser Funktion verschiedene Forschungs- bzw. Beratungsprojekte in produzierenden Unternehmen unterschiedlicher Branchen. Zur Zeit ist er Organisationsentwickler bei einem renommierten deutschen Automobilzulieferer.
Helmut.Lieb@gmx.de

Prof. Dr.-Ing. Peter Liggesmeyer ist Inhaber des Lehrstuhls für Software Engineering: Dependability am Fachbereich Informatik der Technischen Universität Kaiserslautern und Institutsleiter am Fraunhofer-Institut für Experimentelles Software Engineering (IESE). Er ist Sprecher der Fraunhofer-Allianz Embedded Systems sowie Vizepräsident der Gesellschaft für Informatik (GI e.V.). Er ist einer der sechs Autoren der Nationalen Roadmap Embedded Systems (NRMES) und Vertrauensdozent der Studienstiftung des deutschen Volkes. Seine Arbeitsgebiete sind System-Sicherheit und Software-Qualität.

Univ.-Professor Dr.-Ing. habil. Gerhard Linß, Forschungsschwerpunkte: Bildverarbeitung für die Qualitätssicherung, Integration von BV in Messsystemen, automatische Sichtprüfung, Vermessung von Mikrostrukturen, Methoden- und Softwareentwicklung für die Koordinatenmesstechnik, statistische Methoden für das QM, Integration von Produktionsplanung, Prozess- und Qualitätssteuerung.
Gerhard.Linss@tu-ilmenau.de
www.tu-ilmenau.de/qualitaetssicherung/

Richard Lützner ist wissenschaftlicher Mitarbeiter des Instituts für Technologiemanagement an der Universität St. Gallen (HSG), Schweiz. Sein Forschungsschwerpunkt liegt auf globalen Produktionsnetzwerken.

Dr.-Ing. Christian Malorny, Direktor bei McKinsey & Company, Inc., im Berliner Büro, Leiter des Europäischen Maschinenbau-Clusters und Experte für umfassende Qualitätskonzepte.
christian_malorny@mckinsey.com

Christian Mänder ist wissenschaftlicher Mitarbeiter des Instituts für Technologiemanagement an der Universität St. Gallen (HSG), Schweiz. Seine Forschungstätigkeiten konzentrieren sich auf das Operations Management, mit Fokus auf der pharmazeutischen Industrie.

Prof. Dr. Dr. hc. Dr. E.h. Walter Masing war ein deutscher Physiker und Unternehmer. Er war maßgeblich an der Etablierung des Qualitätsmanagements in Deutschland und Europa beteiligt. Bis zur vierten Auflage hat er das „Handbuch Qualitätsmanagement" herausgegeben.

Prof. Horst Methner, Professor und ehemaliger Rektor an der Hochschule Heidelberg (University of Applied Sciences) mit Arbeitsschwerpunkt Qualitätswesen in der Bildung.

Dipl.-Chem. Elvira Moeller ist als freiberufliche Wissenschaftsautorin für Verlage, Organisationen und Firmen tätig. Im WEKA Verlag hat sie zusammen mit Dr. Michael Scheutwinkel das Loseblattwerk „Laborleiter" herausgegeben.

Dr.-Ing. Susanne Mütze-Niewöhner ist Leiterin der Abteilung Arbeitsorganisation am Institut für Arbeitswissenschaft der RWTH Aachen University. Ihr Forschungsinteresse gilt der Analyse, Gestaltung und Optimierung von Arbeitssystemen und -prozessen unter Effektivitäts- und Effizienzkriterien sowie humanen Kriterien.

Dipl.-Wi.-Ing. Alexander Nielen ist wissenschaftlicher Mitarbeiter in der Abteilung Arbeitsorganisation am Institut für Arbeitswissenschaft der RWTH Aachen University. Sein Forschungsinteresse gilt der Analyse, Gestaltung und Optimierung von Arbeitssystemen und -prozessen in Entwicklung, Produktion und Service.

Prof. Dr.-Ing. Dr. h.c. mult. Prof. h.c. Tilo Pfeifer war bis zu seiner Emeritierung im September 2004 Inhaber des Lehrstuhls Fertigungsmesstechnik und Qualitätsmanagement am Werkzeugmaschinenlabor WZL der RWTH Aachen und leitete im Fraunhofer-Institut für Produktionstechnologie IPT die Abteilung Mess- und Qualitätstechnik. Er ist Vorsitzender des wissenschaftlichen Beirates der Deutschen Gesellschaft für Qualität e.V. (DGQ) und war über viele Jahre Vorsitzender der Gesellschaft für Qualitätswissenschaft (GQW).

Dipl.-Ing. Dipl.-Wirt.-Ing. Andreas Petz ist wissenschaftlicher Mitarbeiter in der Abteilung Arbeitsorganisation am Institut für Arbeitswissenschaft der RWTH Aachen University. Sein Forschungsinteresse gilt der Analyse, Modellierung und simulationsgestützten Optimierung von Prozessen im Dienstleistungs- und Produktionsbereich.

Dr.-Ing. Thomas Prefi, geschäftsführender Gesellschafter der P3 GmbH (Aachen), berät die Automobilindustrie, Luftfahrt sowie Telekommunikation und hat einen Lehrauftrag am Lehrstuhl für Fertigungsmesstechnik und Qualitätsmanagement des Werkzeugmaschinenlabors der RWTH Aachen für das Lehrgebiet „Qualitätsmanagement in der Produktentwicklung".
thomas.prefi@p3-gmbh.de
www.p3-group.com

Dipl.-Ing. Colin Raßfeld ist wissenschaftlicher Mitarbeiter des Geschäftsfeldes Qualitätsmanagement am Fraunhofer Institut für Produktionsanlagen und Konstruktionstechnik in Berlin.

Dr.-Ing. Johanna Rauchenberger ist Leiterin des Qualitätsmanagements innerhalb der Business Unit Öl & Gas der MAN Diesel & Turbo. Ihre Arbeitsschwerpunkte umfassen das integrierte, standortübergreifende Managementsystem, die Lieferanten-Qualitätssicherung sowie das Projekt-Qualitätsmanagement zur Begleitung der Großprojekte und die Qualitätssicherung.

Dr.-Ing. Dipl.-Kfm. Wolfgang Schirmer ist Geschäftsführer der Rheinmetall MAN Military Vehicles GmbH mit den Standorten München, Wien, Kassel, Ede und Flensburg. Er ist dort verantwortlich für Produktion, Qualität und Prozesse sowie Auftragsabwicklung. Nebenberuflich hält er Vorlesungen als Lehrbeauftragter an der FH Oberösterreich in Steyr und ist ehrenamtlich Vorsitzender der Jury des Ludwig-Erhard-Preises.

Univ.-Prof. Dr.-Ing. Dipl.-Wirt.-Ing. Christopher M. Schlick ist Leiter des Instituts für Arbeitswissenschaft der RWTH Aachen University. Im Mittelpunkt seiner Forschung steht die Gestaltung und Optimierung von Arbeitsprozessen in Entwicklung, Produktion und Service.

Prof. Dr.-Ing. Robert Schmitt ist Inhaber des Lehrstuhls Fertigungsmesstechnik und Qualitätsmanagement. Er ist Direktor des Werkzeugmaschinenlabors WZL der RWTH Aachen. Darüber hinaus ist er Direktoriumsmitglied des Fraunhofer-Instituts für Produktionstechnologie IPT und Vorstandsmitglied der Deutschen Gesellschaft für Qualität (DGQ).
R.Schmitt@wzl.rwth-aachen.de
www.wzl.rwth-aachen.de

Prof. em. Dr.-Ing. habil. Herbert Schnauber, von 1994 bis 2010 Mitglied des Vorstands der DGQ, 1998 bis 2010 Vizepräsident und seit 2012 Ehrenmitglied der DGQ, Mitglied der International Academy for Quality (IAQ), für den DGQ-Vorstand Herausgeber der Zeitschrift QZ – Qualität und Zuverlässigkeit, seit 1998 Träger des Bundesverdienstkreuzes am Bande.

Prof. Dr. Franz Schreiber, 18 Jahre Hochschultätigkeit als Professor für Projektplanung und Qualitätsmanagement, hält Einführungsveranstaltungen zu QM und führt Auditierungen von Managementsystemen bei mittelständischen Unternehmen durch.

Dipl.-Ing. Alfred Schulze war Gesellschafter und Geschäftsführer der Q-DAS GmbH & Co. KG, verantwortlich für den Bereich Softwareentwicklung. Über einen längeren Zeitraum war er Obmann des DIN Arbeitsausschusses NA 147-00-02 AA „Angewandte Statistik" und Dozent bei der DGQ (Deutschen Gesellschaft für Qualität).
a-e-schulze@t-online.de
www.q-das.de

Prof. Dr. Hans Dieter Seghezzi, geb. 1933, ist Professor emeritus der Universität St. Gallen, wo er von 1988 bis 1998 Vorsitzender des Instituts für Technologiemanagement war. Davor war er seit 1961 bei der HILTI AG Schaan/Liechtenstein tätig, ab 1976 als Mitglied der Konzernleitung. Die Schweizerische Stiftung für Forschung und Ausbildung „Qualität" vergibt seit 1998 einen Förderpreis, den sie „Seghezzi Preis" – in Würdigung der Verdienste von Prof. Seghezzi – nennt.

Dr. Benedikt Sommerhoff leitet die Abteilung DGQ Regional in der Deutschen Gesellschaft für Qualität e.V. (DGQ). In Fachkreisen der DGQ, als Autor und Vortragender befasst er sich intensiv mit der zukünftigen Entwicklung des Qualitätsmanagements und der QM-Berufe. Er wirkt im Projekt „Qualitätsleitbild für Deutschland" mit.
bs@dgq.de
www.dgq.de

Christian Thomas Stempfle, Rechtsanwalt und Solicitor (England and Wales), Partner in der internationalen Anwaltssozietät ReedSmith LLP, München, ist seit 16 Jahren als Prozessanwalt tätig und vertritt Unternehmen und Privatklientel national und international in streitigen Auseinandersetzungen.
CStempfle@ReedSmith.com
www.ReedSmith.com

Dr.-Ing. habil. Peter Ulbig, Leiter der Abteilung für wissenschaftlich-technische Querschnittsaufgaben, Hauptarbeitsgebiete: gesetzliches Messwesen, Akkreditierung in der Metrologie, internationale technische Zusammenarbeit in der Physikalisch-Technischen Bundesanstalt (PTB), Braunschweig und Berlin.

Gabriele Vollmar M.A. beschäftigt sich seit 1997, damals in der Funktion der Qualitätsmanagerin, mit dem Thema Wissensmanagement. Seit 2005 ist sie als Unternehmensberaterin selbstständig. Sie ist außerdem Dozentin für Wissensmanagement u.a. an der Dualen Hochschule Baden-Württemberg, der Hochschule Hannover und der Universität Duisburg-Essen.
gvollmar@wissen-kommunizieren.de
www.wissen-kommunizieren.de

Univ. Lekt. Dipl.-Ing. Dr. Karl W. Wagner, Geschäftsführer der Procon Unternehmensberatung, Vorstand der Gesellschaft für Prozessmanagement und der Projektmanagement Austria, Lehrgangsleiter der Qualitätsmanagementausbildung im Wirtschaftsförderungsinstitut sowie im Rahmen des Internationalen Know-how-Transfers der Wirtschaftskammer Österreich mit den Schwerpunkten Organisation und Führung, Referent für Unternehmensführung an der Fachhochschule Wien, Universitätslektor an der Technischen Universität Wien und Lektor an der Donau-Universität Krems.

Univ.-Prof. Dr. Stephan M. Wagner, Inhaber des Lehrstuhls für Logistikmanagement und Direktor des Executive MBA in Supply Chain Management an der Eidgenössischen Technischen Hochschule Zürich (ETH Zürich).
stwagner@ethz.ch
www.scm.ethz.ch

Hans Weber, Geschäftsführer der Weber Consulting GmbH in München, berät Unternehmen der verschiedensten Branchen bei der Suche und Auswahl von Fach- und Führungskräften für das Qualitätswesen und bei der Optimierung der Qualitätsorganisation.
h.weber@weberconsulting.de
www.weberconsulting.de

Prof. Dr.-Ing. Prof. h.c. mult. Dr.-Ing. E.h. Dr. h.c. mult. Albert Weckenmann, Inhaber des Lehrstuhls Qualitätsmanagement und Fertigungsmesstechnik (QFM) der Friedrich-Alexander-Universität Erlangen-Nürnberg (bis 2011).
Albert.Weckenmann@qfm.uni-erlangen.de
www.qfm.uni-erlangen.de

Dr.-Ing. Teresa Werner arbeitet als Wissenschaftlerin insbesondere im Bereich der Mitarbeiterqualifizierung für die Fertigungsmesstechnik. Sie promovierte zu diesem Themengebiet am Lehrstuhl Qualitätsmanagement und Fertigungsmesstechnik (QFM) der Friedrich-Alexander-Universität Erlangen-Nürnberg.

Rüdiger Wollmann, Rechtsanwalt, seit 2010 bei RAL Deutsches Institut für Gütesicherung und Kennzeichnung e.V.,

Sankt Augustin als Geschäftsführer und Justiziar beschäftigt. Neben der Geschäftsführertätigkeit liegen seine Schwerpunkte im Marken-, Umwelt-, Wettbewerbs- und Vertragsrecht.
Ruediger.Wollmann@ral.de

Dipl.-Ing. Peter Zinniker, Sicherheitsingenieur und Berater für Zuverlässigkeits- und Sicherheitsplanung.

Dipl.-Soz. und Ind.-Kfm. Hans-Dieter Zollondz war von 1986 bis 2008 Schulungsleiter in einem Unternehmen der Allianz Group. Seit 2009 konzentriert er sich auf die Aufarbeitung von Themen der Qualitätsforschung und ist nebenberuflicher Dozent an Universitäten und Hochschulen mit Schwerpunkt Qualitätsmanagement und Marketing.
zollondz@macbay.de

TEIL I

Qualitätsmanagement als Basisaufgabe für den Unternehmenserfolg

1 Das Unternehmen im Wettbewerb 3
2 Die Entwicklung des Qualitätsmanagements im 20. und 21. Jahrhundert 15
3 Ein Qualitätsleitbild für Deutschland 39
4 Qualitätsgerechte Organisationsstrukturen 51
5 Vom Qualitätsmanagement zum strategischen Geschäftsprozessmanagement 67
6 Qualitätsbezogene Kosten 91
7 Qualitätsmanagement und Normung 103
8 Qualitätsmanagement und Recht 125

Das Unternehmen im Wettbewerb

1.1	**Kunde und Lieferer**	**5**
1.2	**Qualitätspolitik**	**6**
1.3	**Außenverhältnis**	**7**
1.3.1	Wertfunktion	7
1.3.2	Informationsdefizit	7
1.3.3	Produkttragende Tätigkeiten	8
1.4	**Innenverhältnis**	**8**
1.4.1	Prozessqualität	8
1.4.2	Denkmodelle	9
1.4.2.1	Qualitätskreis	9
1.4.2.2	Qualitätspyramide	9
1.4.3	Wirtschaftlichkeit	11
1.5	**Innovation**	**11**
1.5.1	Bekannte Produkte	12
1.5.2	Neue Produkte	13
1.6	**Zusammenfassung**	**13**

1 Das Unternehmen im Wettbewerb

Walter Masing

Qualität verkörpert die Übereinstimmung der Beschaffenheit eines Produkts oder einer Dienstleistung mit den Forderungen bzw. Erwartungen des Kunden, welche von diesem stets im Vergleich zu konkurrierenden Produkten und Dienstleistungen bewertet wird. Prof. Masing stellt in diesem Kapitel, das an dieser Stelle aufgrund der hohen Aktualität des Inhalts unverändert aus der vorhergehenden Auflage übernommen wird, die Bedeutung des Qualitätsmanagements für Unternehmen dar und zeigt auf, wie das Qualitätsmanagement diesen hilft im Marktgeschehen zu bestehen. Das für das Marktgeschehen fundamentale Verhältnis von Kunde und Lieferant (Lieferer) wird vor dem Hintergrund der Definition des Qualitätsbegriffs prägnant erläutert.

Ein essentieller Bestandteil der Unternehmenspolitik ist die Qualitätspolitik, die letztlich das Ziel verfolgen muss der Qualität als bedeutsamem Erfolgsfaktor den notwendigen Stellenwert zu verschaffen. Sie ist somit grundlegend für das Qualitätsmanagement.

Im „Außenverhältnis" sehen sich Unternehmen mit der Herausforderung konfrontiert die Erwartungen der Abnehmer zu kennen und zu berücksichtigen. Hierzu werden insbesondere die Wertfunktion von Qualitätsmerkmalen und das Problemfeld des Informationsdefizits auf Seiten des Kunden und des Lieferanten sowie die resultierenden Auswirkungen auf ihre Interaktion betrachtet.

Das „Innenverhältnis" ist durch das Spannungsfeld Zeit, Kosten und Qualität geprägt. Es werden die grundlegenden Zusammenhänge zwischen Produkt- und Prozessqualität, sowie die Denkmodelle des Qualitätskreises und der Qualitätspyramide dargelegt. Darauf aufbauend werden die wesentlichen Zusammenhänge zwischen den Bestrebungen des Qualitätsmanagements den Fehlleistungsaufwand, etwa durch Fehlerprävention, zu reduzieren und dem hierdurch möglichen Beitrag zur Verbesserung der Wirtschaftlichkeit eines Unternehmens aufgezeigt.

Da jedoch die reine Fehlervermeidung, sowohl im Innen- als auch im Außenverhältnis nicht hinreichend ist, um im Wettbewerb erfolgreich zu agieren muss ein weitsichtiges Qualitätsmanagement die technologische Entwicklung berücksichtigen.

Dies umfasst nicht nur Maschinen und Prüfmittel, sondern auch die Qualifikation der Mitarbeiter. Das Qualitätsmanagement steht vor der Herausforderung neue Möglichkeiten früher nicht realisierbarer Verbesserungen zu erkennen und zu nutzen. Dies beschränkt sich nicht nur auf die Verbesserung und Verbilligung bestehender Produkte, sondern schließt auch Forderungen durch die Entwicklung neuer Produktideen mit ein.

Qualität ist eine komplexe Größe die sich nicht in einer einfachen Kennzahl wie die Größen Zeit und Kosten messen lässt. Daher ist es besonders wichtig der Qualität als zentralem Erfolgsfaktor, im Unternehmen in allen Bereichen Geltung zu verschaffen. Dies gelingt nur wenn die Geschäftleitung und alle Vorgesetzten ihrer Vorbildfunktion genügen und nach dieser Maxime handeln. Denn nur dann werden die Mitarbeiter dies in ihrer täglichen Arbeit umsetzen und im Bezug auf das Innen- und Außenverhältnis Produkte oder Dienstleistungen von hoher Qualität erzeugen.

I

1.1 Kunde und Lieferer

In einer vom Markt geprägten Wirtschaftsordnung ist ein Unternehmen nur dann auf Dauer erfolgreich, wenn es Waren oder Dienstleistungen mit Gewinn anbieten kann, die bei den potenziellen Konsumenten durch Beschaffenheit, Preis und Lieferzeit genügend Kaufanreiz auslösen. Der Markt sorgt für den langfristigen Ausgleich der Interessen von Hersteller/Verkäufer und Konsumenten/Benutzer, wobei gesetzliche und quasigesetzliche Regelungen als Rahmenbedingungen in Erscheinung treten (Tab. 1.1).

Tab. 1.1 Qualitätsrelevante Interessen von Verbraucher, Hersteller und Allgemeinheit

Verbraucher	Hersteller	Allgemeinheit
Gebrauchstauglichkeit und Zuverlässigkeit des Produkts	Marktakzeptanz des Produkts	Gefahrbegrenzung für Dritte
Termintreue der Lieferung	Fehlerfreiheit der Prozesse (Produktivität)	Umweltverträglichkeit
Technischer Service	Begrenzung des Risikos aus Garantie und Produkthaftpflicht	Ressourcenschonung
Preiswürdigkeit	auskömmlicher Gewinn	sonstige soziale Aspekte

Der Begriff „Qualität" hat im täglichen Sprachgebrauch unterschiedliche Bedeutungen. Sie reichen vom wertfreien, aus dem Lateinischen „qualis" abgeleiteten „wie beschaffen" („schwere englische Tuchqualität") bis zum „Qualitätserzeugnis", von dem angenommen wird, dass es marktübliche Erfordernisse ohne Wenn und Aber erfüllt und wenigstens zum Teil übererfüllt. In diesem Handbuch wird „Qualität" stets im Sinn von DIN EN ISO 8402 gebraucht. Die Definition lautet: „Gesamtheit der Merkmale einer Einheit bezüglich ihrer Eignung, festgelegte und vorausgesetzte Erfordernisse zu erfüllen". Kompakter und griffiger formuliert Geiger: „realisierte Beschaffenheit bezüglich Forderung" (Geiger 1987).

Abbildung 1.1 erläutert die Zusammenhänge. Der Kunde hat Wünsche einer aufgrund vielfältiger Gegebenheiten von ihm festgelegten Anspruchsklasse. Er artikuliert sie dem Hersteller gegenüber als Qualitätsforderungen oder setzt sie in Form von Erwartungen voraus. Mit beiden verbindet er eine Vorstellung vom Preis, den er zu bezahlen, und vom Liefertermin, den er zu akzeptieren bereit ist.

Der Lieferant[1] (Hersteller/Anbieter) hat ein Produkt[2] mit einer bestimmten Beschaffenheit. Sie ist die wertfreie (!) Gesamtheit aller Merkmale und Eigenschaften des Produkts. Erst der vom Kunden (!) vorgenommene Vergleich

[1] In einer marktwirtschaftlichen Ordnung ist Konkurrenz systemimmanent; der Übersichtlichkeit wegen ist hier nur ein Lieferant dargestellt.

[2] Das Produkt kann materiell oder immateriell sein. Im ersten Fall spricht man von Ware, im zweiten von Dienstleistung.

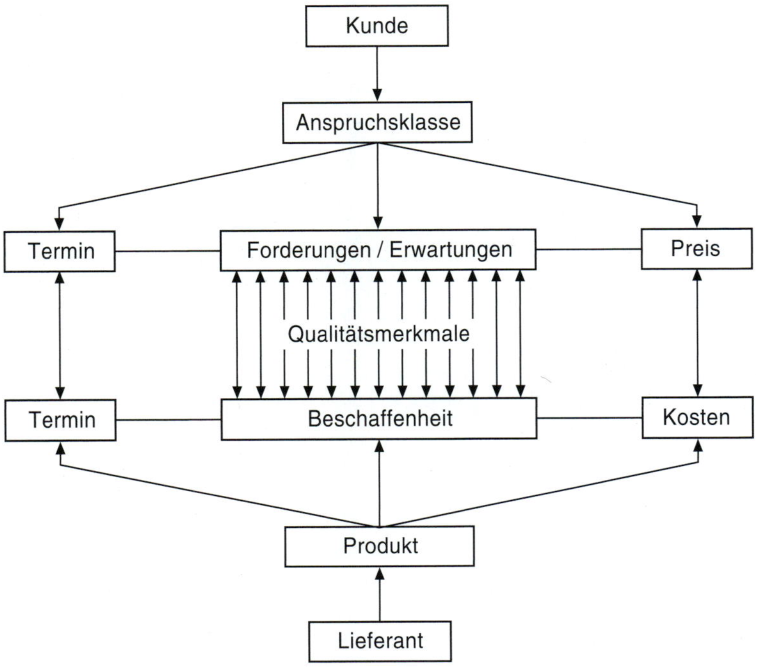

Abb. 1.1
Interaktion von Kunde und Lieferant

der Beschaffenheit mit den Forderungen und Erwartungen führt zu einem Urteil über die Qualität des Produkts. Die Nichterfüllung einer Qualitätsforderung ist ein Fehler. Schon ein Fehler macht das Erzeugnis fehlerhaft. In aller Regel kann ein Fehler nicht durch die Übererfüllung einer anderen Forderung kompensiert werden. Übererfüllung akzeptiert der Kunde, ist jedoch nicht bereit, sie zu bezahlen, wie in Kapitel 1.3.1 ausgeführt wird.
Der Lieferant muss Kosten einsetzen, um ein Produkt bestimmter Beschaffenheit anbieten zu können. In einem Verkäufermarkt sind sie Grundlage einer Kalkulation, die (um den zu erzielenden Gewinn ergänzt) den Preis festlegt, den der Kunde zu bezahlen hat. In einem gesättigten Käufermarkt bestimmen die Anspruchsklasse des Kunden und das Angebot des Wettbewerbs den Preis, den er für angemessen hält, um das Produkt zu erwerben. Unter diesen Umständen ist das Ergebnis der Vorkalkulation des Lieferanten nur ein Indikator dafür, ob er sich am Wettbewerb beteiligen soll. Der erzielbare Preis liegt (nahezu) fest. Gelingt es dem Lieferanten, die Kosten unter diesem Preis zu halten, macht er Gewinn, andernfalls Verlust. Diese Beziehung stellt der rechte Teil der Abbildung 1.1 dar. Der linke zeigt die Tatsache, dass neben der sachlichen und finanziellen auch eine zeitliche Problematik besteht. Der Termin hat jedoch für Kunde wie Lieferant die gleiche Bedeutung.
Forderungen, Preis und Termin stellen die Eckpunkte eines magischen Dreiecks dar. Nur zwei der Parameter lassen sich (in Grenzen) unabhängig voneinander wählen. Der dritte wird zur abhängigen Variablen. Das Gleiche gilt für die Parameter Beschaffenheit, Kosten und Termin.

1.2 Qualitätspolitik

Das Qualitätsverständnis hat im Lauf der Zeit einen großen Wandel durchgemacht. Junghans stellt das besonders übersichtlich dar (Abb. 1.2).
Da Qualität sich heute auf das ganze Unternehmen erstreckt, kann die Geschäftsführung sie nicht mehr wie früher erfolgreich an eine nachgeordnete Stelle delegieren. Qualität ist heute ihre Sache.
Qualität muss gemanagt werden, wie alles andere im Unternehmen auch. Managen heißt: auf ein Ziel hin planen, Ausführung veranlassen, Übereinstimmung von Ergebnis und Planziel prüfen, korrigierende Maßnahmen treffen, neue Ziele setzen usw.
Dazu bedarf es einer wohldurchdachten Qualitätspolitik. Ihr Ziel ist, bei Entwicklung, Fertigung und Vertrieb der Produktpalette die Interessen des Verbrauchers zu berücksichtigen, ohne die materiellen, personellen und finanziellen Ressourcen des Unternehmens zu überfordern. Die Beachtung amtlicher Vorschriften (bei Exportgütern die des Empfängerlandes) darf dabei als selbstverständlich gelten. Auch die Produkthaftpflicht ist stets im Auge zu behalten. Die Qualitätspolitik des Unternehmens läuft letztlich darauf hinaus, der Qualität als bedeutsamem Erfolgsparameter den notwendigen Stellenwert zu verschaffen. Im Außenverhältnis heißt das, die Wünsche der Abnehmer zu kennen und zu berücksichtigen. Dabei sind besonders der technische und administrative Kundendienst zu beachten. Im Innenverhältnis ist dafür zu sorgen, dass Entscheidungen, die das magische Dreieck

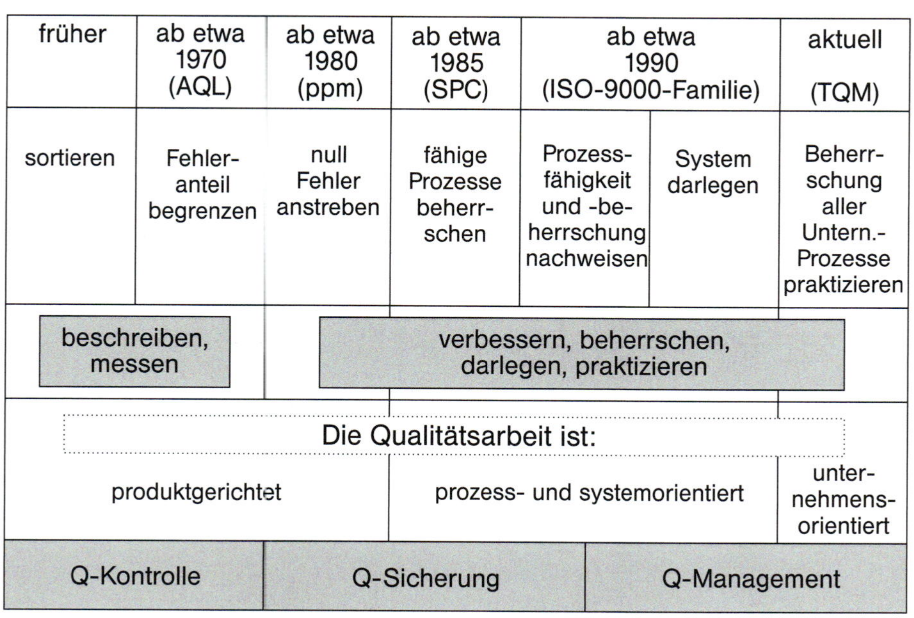

Abb. 1.2
Wandel des Qualitätsverständnisses (nach Junghans)

Kosten-Termin-Qualität betreffen, nicht zu Lasten der Qualität gehen.
Die Qualitätspolitik eines Unternehmens ist wie seine Personal- oder Preispolitik Teil der Unternehmenspolitik. Die Unternehmensleitung trifft damit Grundsatzentscheidungen, die wegen der von ihnen ausgehenden Wirkungen für die nachhaltige Sicherung des Unternehmens von großer Bedeutung sind. Gleichzeitig werden Richtlinien formuliert, die einen Rahmen für das Verhalten der nachgeordneten Stellen und Personen beim Auftreten qualitätsrelevanter Probleme abstecken. Damit wird die wichtigste Voraussetzung für die grundsätzlich wünschenswerte Delegation der Entscheidungsbefugnis auf die niedrigstmögliche organisatorische Ebene geschaffen. Als ein gutes Beispiel von vielen sei hier die Qualitätspolitik des Hauses Bosch genannt, wie sie in den „12 Leitsätzen zur Qualität" der Geschäftsführung niedergelegt ist (Robert Bosch GmbH 1989). Die Einzelbestimmungen müssen den spezifischen Gegebenheiten des Unternehmens und seines Umfeldes angepasst sein. Eine klar formulierte und von der ganzen Unternehmensleitung getragene Qualitätspolitik ist auch Voraussetzung für die Systemzertifizierung eines Unternehmens (siehe Kap. 16, „Zertifizierung von Qualitätsmanagementsystemen").
Damit ist es freilich nicht getan. Die Qualitätspolitik besonders größerer Unternehmen muss alle Aspekte umfassen und daher auch allgemein formuliert sein. Um im praktischen Fall konkrete Entscheidungshilfe zu sein, ist es erforderlich, sie „herunterzubrechen".

1.3 Außenverhältnis

1.3.1 Wertfunktion

Der Benutzer/Verbraucher fällt das letztgültige Urteil über die Qualität des Produkts aufgrund des Nutzens, den es ihm leistet. Daher muss es für diesen Nutzen konstruiert und gefertigt werden. Viele Autoren betrachten „technischen Nutzen", „ökonomischen Nutzen" und „psychologischen Nutzen" („Geltungsnutzen") getrennt. Diese Größen haben bei unterschiedlichen Produkten, etwa Geschenkartikeln im Gegensatz zu Gebrauchsgütern oder militärspezifischem Gerät, sehr verschiedenes Gewicht. Sie müssen daher bei Marketingkonzepten sorgfältig beachtet werden. In unserem Zusammenhang ist die Unterscheidung jedoch nicht bedeutsam.
Das Nutzungskonzept bezieht alle Merkmale des Produkts ein. Bildlich darstellen lässt es sich allerdings nur für ein, allenfalls zwei Merkmale in Form der Wertfunktion. So

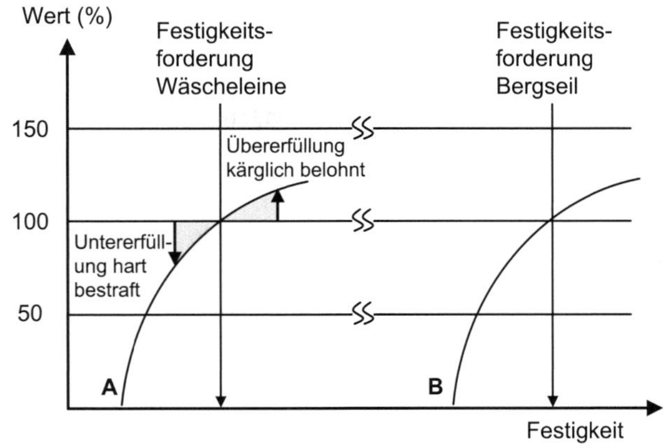

Abb. 1.3 Wertfunktion eines Qualitätsmerkmals

markiert in Abbildung 1.3 die Abszisse die Ausprägung des Merkmals, hier die Reißfestigkeit eines Seils; die Ordinate bezeichnet den Wert, den eine bestimmte Ausprägung dieses Merkmals für den potenziellen Käufer/Benutzer hat, in einem relativen (normierten) Maßstab. Kurve A ist für eine Wäscheleine, Kurve B für ein Bergseil gezeichnet. In beiden Fällen ist eine für die gedachte Anwendung wesentlich zu geringe Festigkeit mit der Wertvorstellung 0 verbunden. Den vollen Wert (100 %) erreichen beide bei durchaus verschiedenen Festigkeiten. Durch die unterschiedliche Anspruchsklasse sind verschiedene Sorten von Seilen, nicht etwa verschiedene Qualitäten (!) gekennzeichnet. Wenn seine Forderung nicht erfüllt ist, kauft der Kunde das Produkt nicht oder nur zu einem erheblich reduzierten Preis. Er bestraft dadurch eine Untererfüllung der Forderung hart. Entsprechend sinkt die Wertfunktion bei Festigkeitswerten unterhalb der Forderung schnell ab. Eine Übererfüllung bedeutet aber für den Kunden keinen adäquaten Wertzuwachs. Er akzeptiert zwar ein „zu gutes" Erzeugnis, ist aber nicht bereit, den Mehraufwand des Herstellers voll zu honorieren. Die Wertfunktion verläuft oberhalb des Erfüllungspunktes zunehmend flacher (Masing 1989).

1.3.2 Informationsdefizit

Richtige Informationen über die (ausgesprochenen) Forderungen und die (stillschweigenden) Erwartungen der Kunden/Verbraucher zu erhalten, ist oft nicht einfach. Selbst wenn ein Unternehmen nur einen Abnehmer hat, kann es Probleme geben. Dessen Forderungen sind oft nicht hinlänglich genau und unmissverständlich formuliert, um in diesem Sinn als „richtig" gelten zu können. Noch immer finden sich in Bestellungen Anweisungen wie: „Auf einwandfreien Sitz ist zu achten." Wenn Einigkeit über die Bedeutung einer derartigen Formulierung

I

besteht, ist daran nichts auszusetzen. Wenn aber ein neuer Lieferant eingeschaltet wird oder das Personal der Eingangsprüfung wechselt, kommt es zu Schwierigkeiten. Man sollte in derartigen Fällen vor Ausführung des Auftrags unbedingt für Klärung sorgen. Besondere Probleme entstehen, wenn Besteller und Lieferer einen Dissens nicht erkennen.

Wendet sich das Unternehmen an eine Vielzahl von Interessenten, nimmt die Komplexität des Informationsproblems zu. Qualitätsmerkmale und ihre Ausprägungen werden von verschiedenen Personen sehr verschieden gewichtet. Eine Befragung, wie sie von der Marktforschungsabteilung der Unternehmen regelmäßig unternommen wird, kann daher nie mehr als gewichtete Mittelwerte im Rahmen bestimmter Vertrauensgrenzen liefern. Zu beachten ist dabei auch noch, dass die Ansichten der Interessenten sich im Lauf der Zeit ändern. Eine repräsentativ festgestellte Meinung kann durchaus ungültig geworden sein, wenn das Produkt nach längerer Entwicklungszeit auf den Markt kommt. Dieser Sachverhalt hat auch außerhalb der Modebranche schon zu sensationellen Verlusten geführt.

Auch der Kunde/Verbraucher hat ein Informationsdefizit. Er kann sich im Moment des Kaufentschlusses nur über die zerstörungsfrei prüfbaren Merkmale des Produkts wie Dimensionen, Gewicht, Farbe und Funktion Gewissheit verschaffen. Selbst das stößt in der Praxis oft auf Schwierigkeiten. Alle nur zerstörend prüfbaren Merkmale einer zu verarbeitenden Einheit entziehen sich grundsätzlich einer Bewertung. Dasselbe gilt für die von äußeren Einflüssen abhängigen Merkmale, wie die Lebenserwartung. Dienstleistungen werden konsumiert, während der Lieferer sie erbringt. Auch hier ist eine Prüfung vor dem Kauf unmöglich.

Deshalb ist Kauf stets ein Vertrauensvorschuss, den der Kunde dem Lieferer gibt. Das gilt sogar für Waren des täglichen Verbrauchs wie Lebensmittel, Schreibmaterial und Toilettenpapier. Sie werden aufgrund eigener Erfahrungen gekauft, aber stets in der stillschweigenden Erwartung, dass sie sich verhalten werden wie die letzthin gekauften. Käufer langlebiger Konsumgüter wie Fernsehgeräte, Waschmaschinen oder Automobile lassen sich ganz wesentlich von den Erfahrungen leiten, die Freunde und Bekannte mit diesen Produkten gemacht haben. Das gilt ganz besonders auch für Dienstleistungen.

Darum sind vertrauensbildende Maßnahmen wichtig, die die Qualität der Produkte glaubhaft machen. Vollmundige Behauptungen in den Medien sind dafür sicher nicht ausreichend, schon gar nicht gegenüber professionellen Einkäufern. Garantieerklärungen haben einen größeren Wert, doch beziehen sie sich nur auf das Produkt selbst. Folgeschäden bleiben unberücksichtigt, obwohl sie meist wesentlich wichtiger sind.

Objektiv vertrauensbildend ist der Nachweis, dass das Unternehmen über ein modernes Qualitätsmanagementsystem verfügt. Er gewinnt an Glaubwürdigkeit, wenn eine dafür akkreditierte Organisation das bestätigt (siehe Kap. 16, „Zertifizierung von Qualitätsmanagementsystemen“).

1.3.3 Produkttragende Tätigkeiten

Technische und wirtschaftliche Zwänge sind neben gesetzlichen Auflagen der Grund dafür, dass Produkte von Funktion und Aussehen her immer austauschbarer erscheinen. Ihre Fehlerfreiheit wird heute ohnehin erwartet. Die etwa vorhandenen Unterschiede sind nicht groß genug, um vom potenziellen Kunden angesichts seines Informationsdefizits kaufentscheidend wahrgenommen zu werden.

Umso wichtiger werden daher Kriterien in der Geschäftsbeziehung, die einfacher zu beurteilen sind. Dazu gehören

- Inhalt und Aufmachung des Informationsmaterials
- Fachkompetenz der Sachbearbeiter
- Pünktlichkeit und Aussagekraft der Korrespondenz
- Richtigkeit von Angebot und Rechnung
- sogar und nicht zuletzt Effizienz und Freundlichkeit der Telefonvermittlung.

Hier liegen große, vielfach noch unausgeschöpfte Möglichkeiten der Profilierung eines Unternehmens gegenüber seinen Mitbewerbern um Kundenaufträge. Sie lassen sich mit vergleichsweise geringen Mitteln erheblich verbessern. Qualitätsmanagement muss sich auf das „Drum und Dran“ ebenso beziehen wie auf das Produkt selbst.

1.4 Innenverhältnis

1.4.1 Prozessqualität

Jedes materielle oder immaterielle Produkt entsteht durch eine Folge von Tätigkeiten. Ihr Ablauf muss zielgerecht und wirtschaftlich gestaltet werden. Dazu sind unterstützende Tätigkeiten in großer Zahl erforderlich. Die Gesamtheit aller Tätigkeiten ist der Herstellprozess im weitesten Sinn des Wortes. Jede einzelne Tätigkeit muss bestimmte Forderungen erfüllen. Sie haben die Form von Anweisungen, in Konstruktionszeichnungen Spezifikationen genannt. Das Maß der Übereinstimmung von Anweisung und Ausführung definiert die Qualität der betreffenden

Tätigkeit. Damit wird Qualität intern vorgebbar, messbar und analysierbar. Es muss aber immer wieder betont werden, dass die bloße Übereinstimmung mit Spezifikationen das Qualitätsurteil des Marktes nicht berührt oder gar vorwegnimmt.

Abbildung 1.4 zeigt das am einfachsten denkbare Beispiel eines Produkts, dessen Herstellung nur einen einzigen Prozessschritt benötigt. Wenn die Prozessqualität gut ist, muss die Produktqualität es auch sein, vorausgesetzt, die Anweisung entspricht der Forderung des Kunden. Das gilt ebenso für komplex zusammengesetzte Prozesse, wie sie in der Industrie die Regel sind. Kapitel 5, „Vom Qualitätsmanagement zum strategischen Geschäftsprozessmanagement", beschäftigt sich mit dieser Problematik.

Im Gegensatz zu den Gegebenheiten des Marktes, die von der Unternehmensleitung (falls überhaupt) nur sehr bedingt beeinflusst werden können, steht das innerbetriebliche Geschehen voll unter ihrer Jurisdiktion.

1.4.2 Denkmodelle

Qualitätsmanagement orientiert sich an zwei Denkmodellen: Qualitätskreis (Masing 1970) und Qualitätspyramide (Stumpf 1976).

1.4.2.1 Qualitätskreis

Der Qualitätskreis (Abb. 1.5) geht von den Forderungen und Erwartungen des Kunden aus und weist jeder Unternehmensfunktion (innerer Kreis) die Verantwortung für ein bestimmtes Qualitätselement (äußerer Kreis) zu. Neben den unmittelbar am Qualitätsgeschehen beteiligten Abteilungen und Funktionen nehmen andere indirekt Einfluss auf die Produktqualität. So das Finanzressort, das die Mittel für qualitätserhaltende und -verbessernde Investitionen zur Verfügung stellen muss, die Personalabteilung, die Aus- und Weiterbildungsmaßnahmen initiiert und durchführt, nicht zuletzt der Betriebsrat durch seine Mitwirkung an betrieblichen Entscheidungen, etwa ob eine Prozessstufe automatisiert wird oder nicht. Hier ist auch das Qualitätswesen zu nennen, dessen Aufgabe es ist, die qualitätsrelevanten Aktivitäten der einzelnen Funktionen zu koordinieren, die Verantwortlichen zu beraten und der Geschäftsleitung zu berichten. Die Gesamtverantwortung für die Qualität der Produkte und der sie tragenden Tätigkeiten kann und soll ihm nicht aufgebürdet werden.

Nun stellt Qualität allein für sich noch keine betriebliche Leistung dar. Qualität muss im Rahmen von vorgegebenen Termin- und Kostenplänen erzeugt werden. Termintreue aller Beteiligten ist die Bedingung dafür, dass der Endtermin eingehalten wird. Das Gleiche gilt für die Kosten. Sie entstehen in allen Abteilungen und stellen in ihrer Gesamtheit die Herstellkosten dar. Darum muss dem Qualitätskreis je ein Kreis für Termin und Kosten überlagert werden, um das Denkmodell zu vervollständigen (Geiger 1983).

1.4.2.2 Qualitätspyramide

Die Qualitätspyramide entsteht durch einen ganz ähnlichen Gedankengang. Abbildung 1.6 zeigt ihn für einen Betrieb mit Teilefertigung und Montage. Er kann jedoch leicht auf andere Industriesparten übertragen werden. An das Endprodukt werden zahlreiche Einzelforderungen (A_1) gestellt. Ihre Gesamtheit stellt die Qualitätsforderung der letzten Konkretisierungsstufe dar. Daraus ergeben sich die Anforderungen an die Baugruppen (A_2), Teile (A_3) und Materialien (A_4). Deren Beschaffenheit (B_4, B_3, B_2) führt zu einer Beschaffenheit des Geräts (B_1), die mit den Anforderungen A_1 verglichen wird und ein Urteil über die Qualität des Geräts erlaubt. Verantwortlich für A_1 ist das Marketing, für A_2, A_3 und A_4 Entwicklung und Konstruktion. Der Einkauf verantwortet B_4 und B_3 sowie B_2, soweit es sich um Zukaufteile und -baugruppen handelt. Im Unternehmen selbst werden auch Teile hergestellt. Das ge-

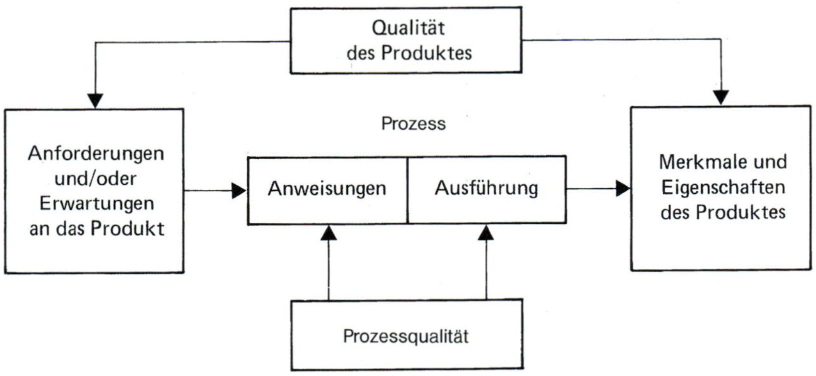

Abb. 1.4
Produktqualität und Prozessqualität

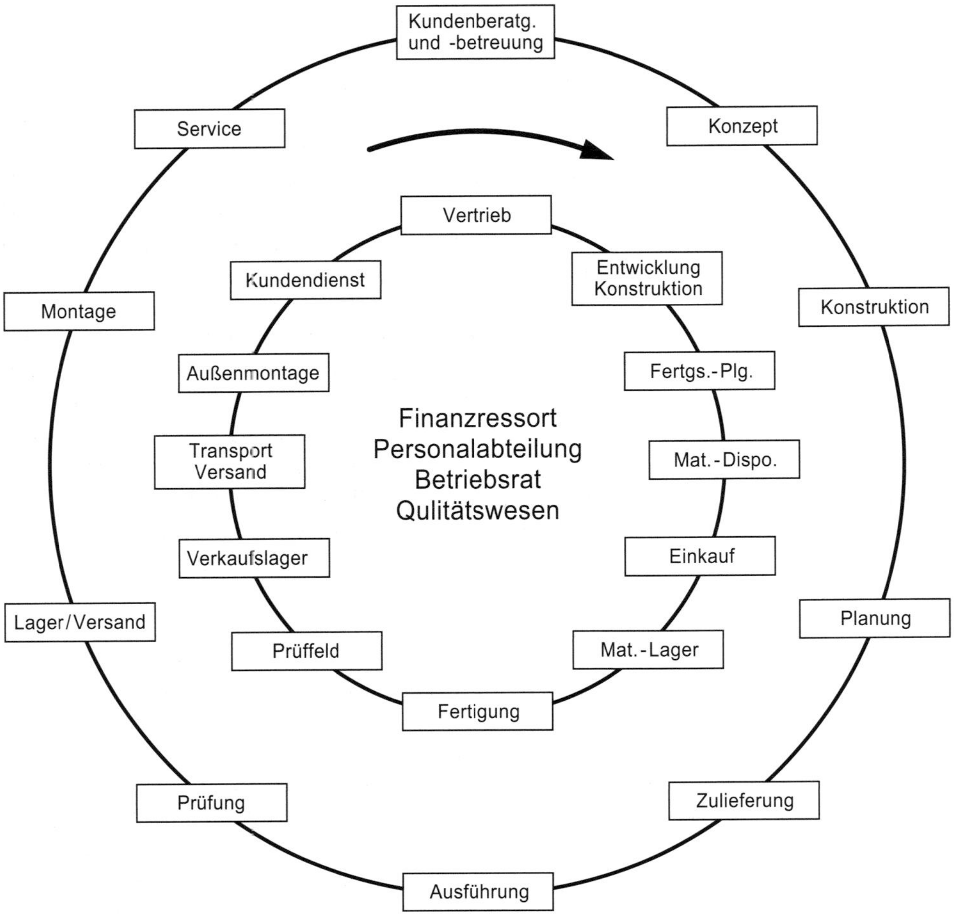

Abb. 1.5
Qualitätskreis

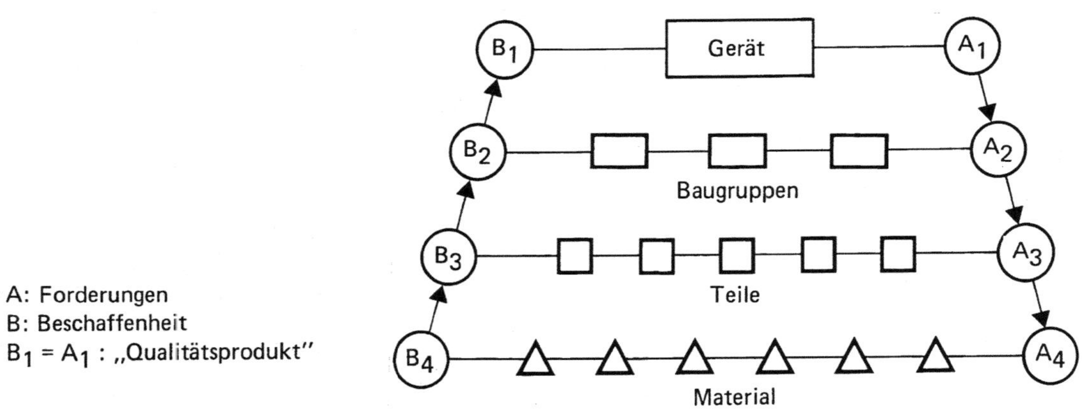

Abb. 1.6 Qualitätspyramide

schieht unter der Verantwortung der Fertigung, wie auch die Montage aller Teile und Baugruppen zum Gerät.

Wenn die Beschaffenheit des Gerätes die Qualitätsforderung an das Gerät nicht erfüllt, gibt es drei seriöse Verhaltensweisen:

1. Durch besseres Material und sorgfältigere Arbeit wird die Beschaffenheit auf das geforderte Niveau gebracht. Das kann unter Umständen die Kosten derart erhöhen, dass das Produkt keinen Markt mehr findet oder unrentabel wird.
2. Die Anforderungen an das Produkt werden offiziell auf das tatsächlich erreichte Niveau gesenkt, d. h. Abstriche von der ursprünglichen Qualitätsforderung gemacht und diese neuen Gegebenheiten publiziert. Allerdings kann das Produkt dadurch sachlich an Interesse verlieren.

3. Man verzichtet auf die Einführung des Produkts auf den Markt.

Unseriös wäre es dagegen, die Nichtübereinstimmung hinzunehmen und das Produkt wider besseres Wissen auf den Markt zu bringen. Nicht weniger unseriös wäre es, ein Produkt auszuliefern, bevor die Erfüllung der vorgegebenen Erfordernisse mit ausreichender Wahrscheinlichkeit nachgewiesen ist, etwa weil die Prüfungen vorzeitig abgebrochen worden sind, um einen Termin zu halten oder innerhalb eines bestimmten Budgets zu bleiben.
Die Feststellung der eigenen Möglichkeiten stößt in der Praxis oft auf Schwierigkeiten. Sie sind in aller Regel für den Großbetrieb bedeutsamer als für den Mittel- und Kleinbetrieb mit seiner größeren Übersichtlichkeit. Dennoch muss größter Nachdruck auf die Wichtigkeit gerade der Kenntnis des eigenen Potenzials gelegt werden, zu dem auch das der Zulieferer gehört. Sie ist Grundlage jedes sinnvollen Qualitätsmanagements: Entschuldigungen kann und darf es hier nicht geben.

1.4.3 Wirtschaftlichkeit

Das Qualitätsmanagement des Unternehmens steht – wie jedes andere Maßnahmenbündel auch – unter dem Diktat der Wirtschaftlichkeit. Hier hilft die Erkenntnis, dass Fehler vermeiden in aller Regel billiger ist, als Fehler machen, suchen, finden und dann beseitigen. Qualität sollte – nach einem viel zitierten Wort – nicht in ein Erzeugnis hineininspiziert werden. Man muss sie hineinkonzipieren, -konstruieren und -produzieren. Das gilt in gleicher Weise für Waren und Dienstleistungen.
Für die Gesamtheit aller Aktivitäten, um Fehler zu finden, sie zu korrigieren und ihre Folgen in Grenzen zu halten, ist die einprägsame Bezeichnung „Fabrik in der Fabrik" (englisch: „Hidden Plant") geprägt worden. In ihr arbeitet meist besonders qualifiziertes Personal, Werker, Meister und Ingenieure, hauptamtlich oder von Fall zu Fall. Nicht selten sind da auch Mitarbeiter aus kaufmännischen Bereichen, ja Vorstandsmitglieder tätig, die sich mit gravierenden Vorkommnissen beschäftigen und z. B. bei wichtigen Kunden wegen fehlerbedingter Terminüberschreitungen persönlich Entschuldigungen vorbringen müssen. Die Fabrik in der Fabrik ist ein Sammelbegriff. Sie besteht aus zahlreichen Teilaktivitäten wie „Labor im Labor", „Büro im Büro", „Werkstatt in der Werkstatt", „Lager im Lager" usw. Insgesamt liegen hier Produktivitätsreserven großen Ausmaßes, die gutes Qualitätsmanagement mobilisieren kann.
Eine weitere hilfreiche Erkenntnis ist, dass die Fehlerverhütung in den frühen Stadien der Produktentstehung besonders wirkungsvoll ist. Je später ein Fehler erkannt wird und beseitigt werden muss, umso höhere Kosten entstehen (Abb. 1.7, Bronner 1968). Im Konzeptstadium genügt das Versetzen eines Bleistiftstrichs; im Prototypstadium muss bereits ein Modell geändert werden. Änderungen in der laufenden Fertigung sind ungleich kostspieliger und der Aufwand zum Beheben von Mängeln am ausgelieferten Produkt (Rückrufaktion!) kann Millionenbeträge erreichen. Die Folgerung für effektives Qualitätsmanagement liegt damit klar auf der Hand.
Die unmittelbar Betroffenen, bei denen ein Fehler aufgetreten ist, haben diesen durchaus nicht immer zu verantworten. Fehler sind häufig verursacht von inadequaten Maschinen, Werkzeugen und Material oder von Lärm und ungeeigneter Beleuchtung. Fehlergründe sind auch ungenügende oder gar falsche Informationen, mangelnde Kompetenz oder Demotivation der Ausführenden. Derartige Fehler sind „systembedingt". Ihre Ursachen kann nur das Management (auf allen Ebenen) beseitigen. Kümmert es sich nicht darum, werden die Fehler früher oder später erneut auftreten. Anders sieht es bei den meist durch Unaufmerksamkeit entstehenden „personenbedingten" Fehlern aus. Das sind Zufallsfehler, die auf allen Ebenen des Unternehmens möglich sind.
Fehler führen zu Erlösschmälerungen, wenn weniger verkaufsfähige Produkte als geplant erzeugt werden. Um die Planzahlen zu erreichen, werden Fehler korrigiert, im Extremfall neue Produkte gefertigt. Beides erhöht die Herstellkosten, ohne sich in einem Mehrpreis niederzuschlagen. Der so entstehende „Fehlleistungsaufwand" ist erheblich. Er liegt selten unter 8 %, oft bei 12 % und erreicht auch 20 % des Umsatzes (Harrington 1987).
Den Fehlleistungsaufwand zu vermindern, ist erklärtes Ziel des Qualitätsmanagements. Das geht oft nicht ohne massive Investitionen. Ihre Berechtigung liegt auf der Hand, wenn die Ursache eines tatsächlich aufgetretenen Fehlers beseitigt werden soll. Sehr viel unübersichtlicher wird alles, wenn es um die Finanzierung vorbeugender Maßnahmen geht. Ein weitsichtiges Qualitätsmanagement sorgt für klare Hinweise zum Handeln auf allen Ebenen des Unternehmens.

1.5 Innovation

Qualitätsmanagement würde zu kurz greifen, wenn es seine Aufgabe ausschließlich darin sähe, im Außen- und Innenverhältnis Fehler zu vermeiden. Da der gesamte Wettbewerb ebenso agiert, lässt sich mit dieser reaktiven Qualitätspolitik auf Dauer keine hervorgehobene Position auf dem Markt halten. Dazu die folgenden Überlegungen.

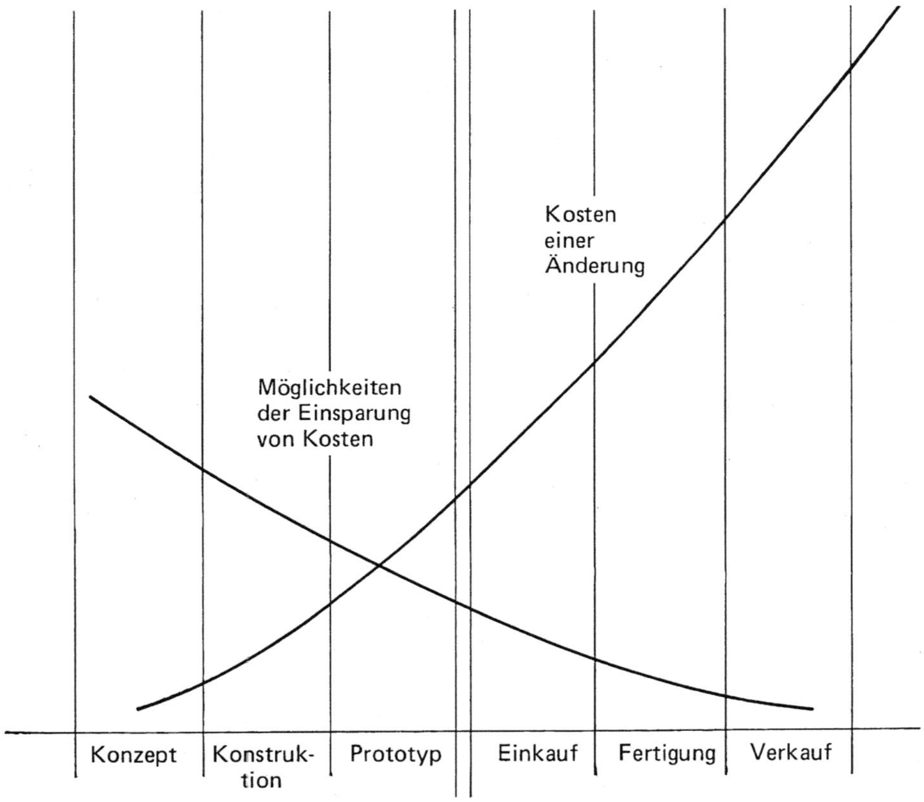

Abb. 1.7
Kosten einer Änderung im Werdegang eines Produkts

1.5.1 Bekannte Produkte

Waren einer bestimmten Gattung (z. B. Flugzeuge, Filmkameras oder Faltschachteln) unterscheiden sich auf dem Markt durch ihren Preis und ihre Technologie. Mehr Technologie bedingt im Allgemeinen höhere Herstellkosten. Der Kunde ist aber auch bereit, dafür einen höheren Preis zu bezahlen. Somit ordnen sich alle Produkte in einer Technologie/Preis-Ebene in Gruppen an, die jeweils eine Produktklasse darstellen. Ihre Verbindungslinie ist der Stand der Technik (Abb. 1.8). Die tatsächliche Konkurrenz der Produkte findet innerhalb der Klassen statt, etwa zwischen den einfachen Filmkameras untereinander, nicht von Klasse zu Klasse.

Nach einem bekannten betriebswirtschaftlichen Gesetz fallen die Herstellkosten eines Produkts mit der kumulierten Produktionsmenge (Bücher 1910). Darin drücken sich einmal die zunehmende Erfahrung des Personals des Herstellers, zum anderen produktivitätserhöhende Maßnahmen aus. Der Marktführer hat danach seinen Mitbewerbern gegenüber eine bevorzugte Stellung erobert: Er kann dem Markt ein besonders ausgereiftes, kostengünstig produziertes Produkt anbieten. Diesen Vorteil mag er zum Teil an die Kunden weitergeben, indem er billiger anbietet. Er mag aber auch die größere Gewinnspanne zur Stärkung seines Potenzials verwenden. In Abbildung 1.8 befindet er sich vor der Stand-der-Technik-Linie. Um ihn zu überholen, muss der Wettbewerb trotz höherer Herstellkosten billiger anbieten oder (bei gehaltenem Preis) seine Produkte mit mehr Technologie ausstatten. Beides drückt den Gewinn. Um im Markt zu bestehen, wird jeder Wettbewerber gezwungen, eine kostengünstigere Lösung für das Produkt und den Produktionsprozess zu finden oder das Nutzenpotenzial des Produkts zu steigern. Damit verschiebt sich der Stand der Technik; die Linie rückt nach rechts. Für jede einzelne Gruppe gilt: Verschiebung nach rechts: besser, Verschiebung nach unten: billiger. Der Fortschritt drückt sich also in einer Verschiebung nach rechts unten aus.

Qualitätsmanagement muss die technologische Entwicklung ständig in Betracht ziehen. Sie bietet einerseits die Möglichkeit früher nicht realisierbarer Verbesserungen, ist aber andererseits Quelle großer Unsicherheit. Der Grund für diese scheinbar überspitzte Behauptung liegt in der Tatsache, dass neue Stoffe und Verfahren den wohlfundierten Erfahrungsschatz aller Mitarbeiter tendenziell wertlos machen. So darf man heute mit einer „Halbwertzeit" des Wissens eines Ingenieurs, der sich nicht laufend weiterbildet, von ca. fünf Jahren rechnen – sicher mit einer großen, von der einzelnen Industriesparte abhängigen Streuung. Daher wird weitsichtiges Qualitätsmanagement nicht nur für ständige Modernisierung des

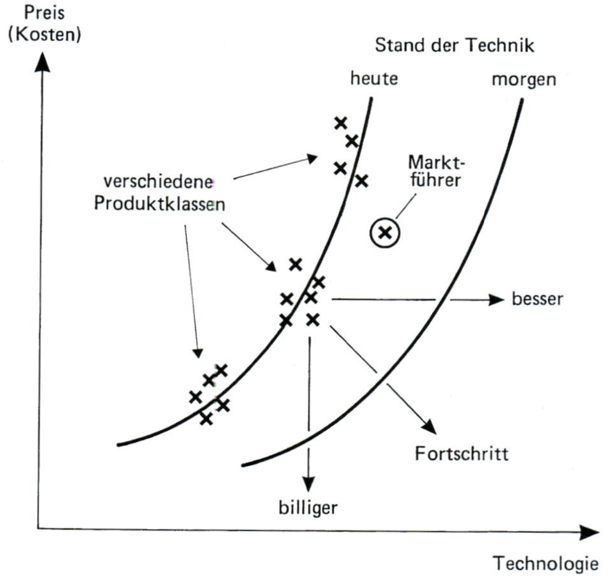

Abb. 1.8 „Stand der Technik" und Innovation

Maschinenparks und der Prüfmittel sorgen, sondern auch den Mitarbeitern Gelegenheit zu intensiver Weiterbildung geben.

1.5.2 Neue Produkte

Die Verbesserung und Verbilligung vorhandener Produkte ist eine wichtige Aufgabe, doch ist es damit allein nicht getan. Um Aufmerksamkeit zu erregen, braucht ein Unternehmen von Zeit zu Zeit eine völlig neue Produktidee oder ein Herstellverfahren, das mit großer Berechtigung „revolutionär" genannt werden darf. Der Autobus ist nicht die logische Weiterentwicklung der Postkutsche, so sehr er deren Funktion übernommen hat. Der Mikrowellenherd arbeitet grundsätzlich anders als der konventionelle Backofen.

Diesen Anforderungen muss sich das Qualitätsmanagement stellen, obwohl gerade hier besonders schwierige Probleme zu lösen sind. Sie werden im Teil III, Abschnitt A angesprochen.

1.6 Zusammenfassung

Der Wettbewerb auf gesättigten, heiß umkämpften Märkten zwingt alle Unternehmen dazu, einer Geschäftspolitik zu folgen, in der Qualität eine besondere Rolle spielt. Diese Aussage findet heute allseits Zustimmung.

Die Praxis sieht leider oft anders aus. Die Erklärung findet sich in Abbildung 1.1. Der Termin wird in der einfachen Messgröße Zeit, Preis und Kosten in Geld ausgedrückt und bewertet. Dagegen bezieht sich Qualität auf unübersichtlich viele Merkmale mit sehr unterschiedlichen Messgrößen. Sie ist also eine äußerst komplexe Größe. Alle Versuche, die Qualität eines Produkts in einer Zahl wiederzugeben, wie es vor allem in der Kommandowirtschaft zentral geplanter Systeme versucht worden ist („Qualimetrie"), sind bisher gescheitert. Es ist daher verständlich, dass sich Unternehmensleitungen lieber mit Preisen, Kosten und Terminen beschäftigen als mit Qualität. Die Verantwortung dafür wird nur zu gern an Fachleute delegiert.

Diese weitverbreitete Handlungsweise ist gefährlich. Die Mitarbeiter sind Menschen, und Menschen richten sich in ihrem Verhalten nach ihren Vorgesetzten. Es gilt das bekannte Wort: „Jedermann arbeitet innerhalb der Grenzwerte des unmittelbaren Vorgesetzten" (Crosby). Der Chef hat Vorbildfunktion. Es genügt nicht, eine noch so gut durchdachte Qualitätspolitik formuliert und bekannt gemacht zu haben. Jeder Mitarbeiter muss im täglichen Betriebsgeschehen merken, dass die Unternehmensleitung zu ihren Formulierungen steht und im Konfliktfall nach diesen Grundsätzen handelt. Solange es unter Termindruck und bei notwendigen Sparmaßnahmen immer wieder zu anderslautenden Entscheidungen kommt, darf sich niemand wundern, dass die veröffentlichte Qualitätspolitik nicht ernst genommen wird. Die Mitarbeiter wissen sehr wohl zwischen den Maximen der Unternehmensleitung, wie sie bekundet und wie sie tatsächlich gemeint sind, zu unterscheiden. Sie handeln entsprechend.

Das Verhalten aller Beteiligten ist durch firmenpolitische Maßnahmen nur langfristig zu beeinflussen und zu fördern. Daher muss Qualitätspolitik im Grundsatz beständig sein, jedoch auf signifikante Veränderungen des Marktes und der Arbeitswelt flexibel reagieren können.

Qualität ist im Marktgeschehen nicht alles, aber ohne sie ist alles nichts. Sie ist eine notwendige, wenn auch nicht hinreichende Bedingung für ein erfolgreiches Bestehen des Unternehmens im Wettbewerb.

Literatur

Bronner, A.: Wertanalyse als integrierte Rationalisierung. Werkstattstechnik Bd. 58, 1968. S. 16/21

Bücher, K.: Das Gesetz der Massenproduktion, ZS f. die ges. Staatswiss. 36, 1910. S. 429/444

Geiger, W.: Der Qualitäts-Termin-Kosten-Kreis (QTK-Kreis). VDI-Z Bd. 125, 1983. S. 313/317

Geiger, W.: Grundlegende Betrachtungen zum Qualitätsbegriff. In: Qualitätssicherung im Spritzgießbetrieb. VDI-Verlag, Düsseldorf 1987

I

Harrington, H. J.: Poor Quality Cost. Marcel Dekker Inc. Verlag, New York und ASQC Quality Press, Milwaukee 1987

Harrod, R. F.: The Law of Decreasing Costs. Economic Journal 41, 1931. S. 566/576

Masing, W.: Qualitätskreis. Qualität und Zuverlässigkeit Bd. 15, 1970. S. 115/116

Masing, W.: Qualitätslehre. DGQ-Schrift 11 - 19. 7. Auflage. Beuth Verlag, Berlin 1989. S. 35

Robert Bosch GmbH: Geschäftsbericht für das Jahr 1989

Stumpf, Th.: Qualitätsplanung. Qualität und Zuverlässigkeit Bd. 21, 1976. S. 34/40

Die Entwicklung des Qualitätsmanagements im 20. und 21. Jahrhundert

2.1	**Einführender Bezugsrahmen**	**17**
2.1.1	Historische Impressionen: Jurans Versuch einer „History of Managing for Quality“ (1955)	17
2.1.2	Der Qualitätsbegriff – kurze Geschichte und lange Vergangenheit	17
2.1.3	Die Konstanten von Qualität als voraussetzende Annahmen	17
2.1.3.1	Qualität als quasi-anthropologische Konstante	17
2.1.3.2	Qualität als sozio-technische Konstante	18
2.1.3.3	Überformung	18
2.1.4	Qualität im Wissenschaftssystem: Qualitätswissenschaft	18
2.2	**Zur Organisation von Qualität seit der Industriellen Revolution**	**19**
2.2.1	Vorindustrielle Versuche, die Qualität zu sichern	19
2.2.2	Qualitätsmanagement als Element der Massenproduktion	20
2.2.3	Die Bedeutung militärischer Forderungen für die Entwicklung des Qualitätsmanagements	21
2.2.4	Die Bedeutung der Normung für die Entwicklung des Qualitätsmanagements	22
2.2.5	Die Bedeutung von Metrologie/(Fertigungs-)Messtechnik für die Entwicklung des Qualitätsmanagements	25
2.2.6	Die Bedeutung der Statistik für die Entwicklung des Qualitätsmanagements	26
2.2.7	Zusammenschau: Normung, Messtechnik und Statistik	28
2.3	**Die Wegbereiter des Qualitätsmanagements**	**28**
2.3.1	Produktionssysteme als Ausgangspunkt: Whitney, Taylor und Ford	29
2.3.2	Die Geburt des Qualitätsmanagements aus dem Geist der Statistik: Shewhart, Taguchi, Shainin und Akao	30
2.3.3	„Also sprach General Douglas MacArthur“ – Wie in Japan eine „koloniale Revolution“ begann, die nicht nur Demokratie und westliche Werte, sondern auch westliches Managementwissen brachte	32
2.3.4	Ohno Taiichi: Der Spur des Lean Managements folgen und das TPS finden	32
2.4	**Modell- und Systembildung im Qualitätsmanagement**	**34**
2.4.1	Deming Application Prize	35
2.4.2	Malcolm Baldrige National Quality Award	35
2.4.3	EFQM-Modell mit dem European Excellence Award (EEA)	35
2.4.4	Shingo Prize	35
2.5	**Zusammenfassung**	**35**

2 Die Entwicklung des Qualitätsmanagements im 20. und 21. Jahrhundert

Hans-Dieter Zollondz

„Für jede Tatsache gibt es eine unendliche Anzahl von Hypothesen."
Pirsig

Wer die Entwicklung des Qualitätsmanagements im 20./21. Jahrhundert ins Zentrum wissenschaftshistorischer Reflexion stellen möchte, kann nicht voraussetzunglos in medias res gehen und diese chronologisch-linear abarbeiten. Für das Verständnis ist es wichtig, zunächst den Rückbezug auf vorausgehende Entwicklungsphasen darzustellen und dann auf die Bestimmung einiger grundlegender Annahmen einzugehen. Auf dieser Basis wird ab Kapitel 2.2 Sir Karl Poppers Vorschlag aufgegriffen, Geschichte immer als Geschichte von Problemsituationen zu begreifen, und dabei die Situationen herauszugreifen, die für die Entwicklung des Qualitätsmanagements bestimmend waren. Auch die hier betrachtete kurze Zeitspanne von einem Jahrhundert verdichtet sich in einzelnen Problemsituationen, die sich überschneiden und sich – je nach Betrachter und eingenommener Perspektive – unterschiedlich darstellen. Auf diese Weise lassen sich differente Facetten bestimmen, wie sich Qualitätsmanagement in verschiedenen Problemkonstellationen entwickelt hat. Ein solches Voranschreiten ist nicht abschließend. In jedem Falle handelt es sich bei der modernen Geschichte des Qualitätsmanagements zugleich um einen Teil der Geschichte der Massenproduktion, die im 20. Jahrhundert begann und die in der Industriellen Revolution ihre Wurzeln hat, welche ab der zweiten Hälfte des 18. Jahrhunderts ihren Lauf nahm. Das im 20. Jahrhundert sich entwickelnde Qualitätsmanagement entspringt folglich nicht direkt aus Produktions- und Handlungszusammenhängen von Handwerksbetrieben, sondern aus denen der industriellen Massenproduktion. Zudem gibt es auffällige Berührungspunkte zur Geschichte des Managements der Produktivität, wenn nicht sogar Überschneidungen, denn das moderne Qualitätsmanagement verfolgt auch das Ziel, die Produktivität zu verbessern.

I

2.1 Einführender Bezugsrahmen

2.1.1 Historische Impressionen: Jurans Versuch einer „History of Managing for Quality" (1955)

Den bisher einzigen Versuch, die Geschichte des Qualitätsmanagements umfassender darzustellen, hat – abgesehen von einigen kurzen Aufsätzen – J. M. Juran vorgelegt. Bei seinem Versuch blieb er leider stecken, vielleicht wandte er sich aber auch einfach nur anderen Interessen zu oder erkannte (was plausibel erscheint), dass die „wahre" Geschichte des Qualitätsmanagements nur als Zeitgeschichte für das 20. Jahrhundert geschrieben werden kann – und da steckte er mittendrin. Sein Buch enthält willkürlich ausgewählte historische Analysen, die in der Antike beginnen. Ein roter Faden ist nicht erkennbar, geschweige denn eine wissenschaftshistorische Positionsbestimmung. Juran tritt als Herausgeber, der die Wurzeln offenlegen wollte, in Erscheinung. Die Gegenwart, das 20. Jahrhundert, ist dabei kaum in Sicht. So bleibt es bei einigen ausgewählten Impressionen.

2.1.2 Der Qualitätsbegriff – kurze Geschichte und lange Vergangenheit

„Wer über Qualitätsmanagement schreibt, kann den Qualitätsbegriff nicht außen vor lassen."
Walter Geiger

Wenn wir von Qualität reden, meinen wir in der Regel, dass etwas positiv sei, dass etwas gut oder bestens gemacht worden ist, zum Beispiel ein Gegenstand, ein Produkt, ein Beratungsgespräch. Auch von Personen wird gesagt, sie hätten Qualität. Die Interpretation des Begriffs Qualität als das positive Ergebnis einer Sache hat eine lange Tradition. Lao-tse hat das schon gewusst, wenn er sagte „Qualität ist Güte", um dann zu zeigen, wo sich die Güte findet (Zollondz 2011, S. 89). Doch der Fachbegriff Qualität, wie er in diesem Handbuch und von Fachleuten in der Praxis verwendet wird, hebt ab vom „positiven Schein" ab und setzt auf die Realität. Qualität kann entsprechend dieser Definition auch mißlingen: „Qualität = Realisierte Beschaffenheit einer Einheit bezüglich ihrer geforderten Beschaffenheit" (Geiger 2013, S. 98). Bei Einheiten, welche die geforderte Beschaffenheit nicht erfüllen, ist dies der Fall. Solche Einheiten sind nicht Gegenstand der Werbung, wo Qualität in glänzendem Licht erscheint, sondern werden eventuell eher vor Gericht verhandelt, wo höchstrichterlich eine Qualitätsprüfung stattfindet (= Bewertung, inwieweit die realisierte Beschaffenheit der betrachteten Einheit die Forderung an diese Beschaffenheit erfüllt). Dass die Qualitätsprüfung am Ende der Produktion nicht der Weisheit letzter Schluss ist, wissen alle, die in diesem Handbuch einen Beitrag geschrieben haben. Genau bei dieser Überlegung, genau an diesem Punkt beginnen die modernen Konzepte zum Managen von Qualität.

2.1.3 Die Konstanten von Qualität als voraussetzende Annahmen

„Der Mensch ist etwas, das überwunden werden soll."
Friedrich Nietzsche

Wie ich bereits in Kapitel 2.1.2 kurz dargelegt habe, hat sich Qualität als einer, wenn nicht *der* Leitbegriff der Moderne entwickelt. Seine Definition muss konstitutiv vorausgesetzt werden.

2.1.3.1 Qualität als quasi-anthropologische Konstante

Doch während über den Begriff Qualität Legenden geschrieben wurden, ist sein subjektiver Stellenwert, sein Sinn, kaum reflektiert worden. Mit dem Phänomen Qualität hat sich wohl als einziger Robert Maynard Pirsig in seinem Versuch über Werte *(Zen und die Kunst, ein Motorrad zu warten)* ausführlich befasst. Der Qualität als phänomenales Ereignis kommt darin eine herausragende Bedeutung zu, indem sie als anthropologische Konstante par excellence gesehen wird. Qualität, also das Streben, etwas als gut zu bewerten, etwas Gutes zu präferieren, entspricht dem menschlichen Sein. Es scheint so, als ob dieses Streben nach Wertungsfindung, diese Suche nach dem Besten eine „conditio sine qua non" menschlicher Existenz überhaupt ist:

> Die Menschen streben danach, Materielles und Immaterielles zu bewerten, also das Plus und das Minus dichotom oder skaliert zu bestimmen, genauso wie es ihnen darum geht, Sachverhalte zu quantifizieren.

Qualität als eine solch elementare Kategorie hat in europäischer Tradition wohl erstmals Aristoteles ausgewiesen (Zollondz 2011, S. 11). Tieren kann dies kategorial umfänglich nicht zugeschrieben werden. Wir finden Qualität – wie in Kapitel 2.1.2 bemerkt – gleichfalls in der Philosophie des Tao-Te-King von Lao-tse verankert, der nach den Orten fragt, wo die Substanz aller Dinge zu suchen ist. Der Vorgang des Wertens (Wertschätzung des Subjekts) vollzieht sich oft anhand einer Skala, die im Schlechten beginnt und im Besten endet. Er scheint dem Menschen angeboren, allerdings wird er im Laufe der Sozialisation auch erlernt (zum Beispiel in Form der Schulnotenskala). So kann hier in aller Kürze festgestellt werden, dass das Bedürfnis zu werten, als eine autochthone Eigenschaft des Menschen anzusehen ist, sich zu orientieren. Auf dieser anthropologischen Konstante muss Qualität basieren. Historische Betrachtungen wären unvollständig, wenn sie dieses Faktum nicht berücksichtigen würden.

2.1.3.2 Qualität als sozio-technische Konstante

Diese subjektbezogene Annahme muss um soziale Dimensionen erweitert werden, zu denen es interessanterweise empirische Belege gibt. Einer der wichtigsten Vertreter der Sozialpsychologie, Salomon Asch, hat experimentell in mehreren Versuchsserien nachgewiesen, dass Menschen ihrer „autochthon erworbenen Bewertungsskala" in der Tendenz dann misstrauen, wenn andere anwesend sind, auch wenn diese offensiv eine objektiv falsche Einschätzung äußern. Die von Stanley Milgram durchgeführten Experimente zum Gehorsam zeigen zudem, dass es unter dem Einfluss von Autoritätspersonen (zum Beispiel Lehrern) zu Handlungen kommt, die der eigenen Bewertung völlig konträr sind. Die Bewertung der Qualität unterliegt also sozialen Einflüssen, denen sich nur derjenige widersetzen kann, der über eine ausreichend große innere Stärke verfügt. Da gerade der im Arbeitsleben stehende Mensch zunehmend in technischen Systemen handelt, muss neben der sozialen Dimension auch die technische berücksichtigt werden, d.h. technische Systeme, die objektiv fehlerfrei wirkend als Arbeitssysteme funktionieren. Doch dies ist nicht der Fall. Wie bereits Toyoda Sakichi beim Webstuhl und später Ohno Taiichi am Beispiel des Toyota Production System aufzeigen, sind Vorkehrungen zu treffen, die bei einem technischen Ausfall greifen (Jidoka, autonome Automation, Bandstopp, Shingos Poka Yoke).

2.1.3.3 Überformung

Die dem Menschen innewohnende Gabe der Bewertung für „gute/schlechte Qualität" ist ein höchst fragiles Instrument, das nur unter idealen Bedingungen optimal seine Funktion erfüllt. Sowohl soziale als auch technische Einflüsse überformen es und können dafür sorgen, dass Bewertungen von Qualität hoffnungslos misslingen. Damit bestätigt sich die These von Arnold Gehlen, dass der Mensch ein Mängelwesen ist, den Institutionen stützen müssen. So gesehen ist das in diesem Buch immer wieder eingeforderte, systematisch betriebene Qualitätsmanagement eine „Krücke", die so auszugestalten ist, dass das subjektive Vermögen des Menschen entlang des gesamten Wertschöpfungsprozesses zur Entfaltung kommen kann – also nicht erst sein Vermögen zur Bewertung in der Endkontrolle, sondern seine ganze kreative Gestaltungskraft unter Einbezug aller nötigen Qualitätstechniken. Wenn dieser Zielsetzung gefolgt wird, fühlt sich der Mensch nicht eingeengt, sondern im Kern seines Wesens von seiner Umwelt gefordert und gefördert.

2.1.4 Qualität im Wissenschaftssystem: Qualitätswissenschaft

Inwiefern lässt sich nun von Qualitätswissenschaft sprechen – einer Disziplin, die besonders das Managen von Qualität als ihren Gegenstandsbereich sieht? Sicherlich nicht im Sinne ausgereifter klassischer Disziplinen wie zum Beispiel der Physik oder der Mathematik. In letzter Zeit sind Bemühungen erkennbar, die Konturen eines Paradigmas (*griech.* paradeigma: Beispiel, Muster) Qualitätswissenschaft zu skizzieren, das sich – gemessen an den sogenannten „reifen" Wissenschaften – im vorparadigmatischen Zustand befindet. Eine so verstandene Qualitätswissenschaft gründet auf den folgenden sieben Disziplinen:

- Ingenieurwissenschaften
- Wirtschaftswissenschaften
- Sozialwissenschaften
- Arbeitswissenschaft
- Umweltwissenschaft
- Informatik
- Rechtswissenschaft

Auf der Basis ihres eigenen Selbstverständnisses formulieren diese Disziplinen den Gegenstand einer Qualitätswissenschaft entsprechend ihres theoretischen und methodischen Fundus. Die von ihnen verfolgten qualitätsrelevanten Fragestellungen entwickeln sie also nicht aus einer „Mutterwissenschaft" heraus. Qualitätswissenschaft ist folglich eine über die genannten Disziplinen verortete Querschnittsdisziplin mit spezifischen Schwerpunktbildungen. Ihre Wissenschaftlichkeit ist über die theoretischen und methodischen Entwicklungen auf der Basis der Ingenieurwissenschaften zu begreifen (Zollondz 2011, S. 20–41). Deshalb ist zu beachten, dass die aufgelisteten sieben Disziplinen ihre Wissens- und Methodenanteile nicht „gleich verteilt" einbringen. Dominant sind – naturgemäß – die Ingenieurwissenschaften, von denen von Anfang an die zentralen Impulse ausgegangen sind. Das gegenwärtige Paradigma einer Qualitätswissenschaft entspricht hiernach eher dem eines Planeten (Ingenieurwissenschaften im Zentrum), um den seine Satelliten, die zuzuordnenden Wissenschaften, kreisen (Abb. 2.1). Die

Praxis an den Universitäten bestätigt dieses Bild: Lehrstühle zur Qualitätswissenschaft existieren ausschließlich im ingenieurwissenschaftlichen Bereich. Weitere Bemühungen um die Entwicklung der Qualitätswissenschaft finden sich im deutschsprachigen universitären Bereich praktisch nicht. Eine seltene Ausnahme ist Prof. Dr. Manfred Bruhn mit seinem Lehrstuhl an der Wirtschaftswissenschaftlichen Fakultät der Universität Basel, an dem Bereiche des Qualitätsmanagements aus wirtschaftswissenschaftlicher Sicht unter Beachtung ingenieurwissenschaftlicher Erkenntnisse abgedeckt werden.

Abb. 2.1 Qualitätswissenschaft auf der Basis der Ingenieurwissenschaften

2.2 Zur Organisation von Qualität seit der Industriellen Revolution

2.2.1 Vorindustrielle Versuche, die Qualität zu sichern

Vor der Industriellen Revolution realisierte sich die Produktion in den Handwerksbetrieben sowie in den im 17./18. Jahrhundert entstandenen Manufakturen, in denen verschiedene Handwerke unter einem Dach ihre Produkte arbeitsteilig herstellten (Abb. 2.2).

Diese Zeit der vorindustriellen Produktionsweise lässt sich noch weiter zurückverfolgen. Unter dem Qualitätsaspekt bildeten die mittelalterlichen Zünfte eine Zäsur. Hinzu kamen die Kommunen, welche die Versorgung mit lebensnotwendigen Gütern regelten und überwachten, damit diese ausreichend und in entsprechender Qualität angeboten werden konnten. „Schon im späten Mittelalter hatten sich gerade in den gewerbereichen Städten ‚Anstalten‘ herausgebildet, die Waren auf Güte und Echtheit prüften. Diesen ‚Schauanstalten‘, an denen die Korporationen der Handwerker, die Zünfte, und die Obrigkeit beteiligt waren, sollten den Markt kontrollieren. Gerade die Versorgung mit Grundnahrungsmitteln war Gegenstand der Versorgungspolitik“ (Reith 2003, S. 128). Es lassen sich also schon in der vorindustriellen Phase Versuche beobachten, die Qualität zu sichern, zum Beispiel durch das Einführen von Warenzeichen und Prüfsiegeln (Reith 2003, S. 129 - 139). Besonders weit vorangetrieben wurde das Qualitätssicherungswesen im Textilgewerbe. Rembrandts (1606 - 1669) Ölbild von den „staalmeesters“ zeigt uns eine Gruppe von „Tuchbeschauern“ die das Tuch mit ihrer Prägezange plombieren und damit am Stoffbal-

Abb. 2.2
Übergang zur Fabrikarbeit – die Manufaktur: Kinderarbeit war an der Tagesordnung (© Industrieviertelmuseum Wiener Neustadt).

len ein unverwechselbares Symbol anbringen. Wie Reith nachweist, unterlagen die Prägezangen strengen Kontrollen (Reith 2003, S. 133). Den Fälschern drohten harte Strafen bis hin zum Tod am Galgen. Trotzdem wurde immer wieder mit gefälschten Zangen Tuch besiegelt. Generell wird aus mittelalterlichen Dokumenten ersichtlich, dass in allen handwerklichen Gewerben trotz der „Qualitätssicherungssysteme“ von Zünften und Staat Missstände und Betrug an der Tagesordnung zu stehen schienen (Reith 2003, S. 127). Die Predigten des Franziskanermönchs Berthold von Regensburg aus dem 13. Jahrhundert geben ein beredtes Zeugnis von diesen „Qualitätsproblemen“, von denen besonders die weniger begüterten Konsumenten betroffen waren, die sich letztendlich damit abzufinden hatten (Ketting 2003, S. 259 – 260).

Über die Produkte, die in den Manufakturen hergestellt wurden, wird nichts dergleichen berichtet. Diese Periode zeichnet sich durch einen Produktivitätssprung aus, der auch durch den Einsatz von Kinderarbeit zustande kam. In der Manufaktur wurde arbeitsteilig gefertigt. Man arbeitete „Hand in Hand“. Die Wege zwischen den einzelnen Arbeitsbereichen verkürzten sich durch den räumlichen Zusammenhang. Die Arbeitszusammenhänge waren transparent. Das Problem der maschinellen Umrüstung stellte sich praktisch nicht. Die Werkzeuge wurden Schritt für Schritt verbessert. Allerdings sind auch nachteilige Effekte festzustellen: „Der frühere Allround-Handwerker war jetzt in der Lage, einen Teil der Arbeiten zu verrichten. Wegen der hohen Repetivität dieser Tätigkeiten musste mit Monotonieeffekten und später gegebenenfalls auch mit arbeitsbedingten Erkrankungen der hoch beanspruchten Organsysteme gerechnet werden. Die positive Erfahrung, ein komplettes Produkt erstellt zu haben, entfiel“ (Landau 2013, S. 22).

Festzuhalten ist, dass in der vorindustriellen Zeit sowohl von staatlicher Seite als auch von den handwerklichen Interessengruppen Einfluss darauf zu nehmen versucht wurde, dass die Handwerker ihre Produkte in „guter Qualität“ auf den Markt brachten. Den Nachweis für „gute Qualität“ sollte anhand von Qualitätszeichen erkannt werden, durch die sich eindeutig der Urheber feststellen ließ. Solche Qualitätszeichen haben sich mittlerweile unter verschiedenen Benennungen – sowohl im Qualitätsmanagement als auch im Marketing – zu Gütezeichen oder Markenzeichen entwickelt und markenrechtlichen Status erlangt. Diese Ausrichtung des Qualitätsmanagements wird auch heute noch, sowohl in der Lehre als auch in der Praxis, unter dem Begriff „Güte“ behandelt.

2.2.2 Qualitätsmanagement als Element der Massenproduktion

„Unter Massenproduktion versteht man die zeitlich unbegrenzte Herstellung eines Produktes in großen Mengen“ (Vahrenkamp 2008, S. 3). Mit Einsetzen der Industriellen Revolution in England, die schließlich auf ganz Europa übergriff, wurde die kleinbetrieblich-handwerkliche Produktion zunehmend durch die industrielle Massenproduktion verdrängt, konnte sich aber weiterhin in vielen Bereichen behaupten (Nischenbildung). Die Produktion vollzog sich kaum noch in Manufakturen, sondern in Fabriken, in denen Arbeiter an Maschinen Produkte „massenhaft“ erzeugten. Damit verschob sich die in Kapitel 2.2.1 skizzierte Problemsituation grundsätzlich auf den maschinellen bzw. von Maschinen unterstützten Produktionsprozess und sein Ergebnis, auch wenn es aus der Sicht der Organisation der Qualität bei Massenprodukten weiterhin darum ging, die Qualität durch Qualitätszeichen zu dokumentieren und Produktmarken zu bilden. Abbildung 2.3 zeigt hierzu ein Beispiel. Es ging zunächst auch nicht um das Fließband, wie manchmal angenommen wird. Dreh- und Angelpunkt des Neuen war die Standardisierung der Teile, aus denen sich das Einheitsprodukt zusammensetzte (Austauschbau) – das standardisierte Produkt selbst, das dann in zigfacher Menge über den

Aus den Predigten des Berthold von Regensburg (Auszug)

Der Bäcker liefert zu kleine Brote, gibt ihnen die rechte Größe durch das Aufschwemmen des Teiges mit Hefe oder schadet der Gesundheit seiner Kunden durch Verwendung verdorbenen Getreides oder durch Zugaben von zu viel Salz …

Der Fleischer verkauft finniges oder von kranken Tieren stammendes Fleisch, gibt Bockfleisch für Schaffleisch aus, Fleisch von einem Mutterschwein als solches eines männlichen Schweins …

Wenn man dem Schneider Stoff liefert, kann man nicht sicher sein, ob er die Hälfte desselben nicht für sich behält und einen unbrauchbaren Rock liefert, indem er ihn zu klein herstellt oder das Tuch dehnt …

Der Schuhmacher röstet die Sohlen am Feuer, damit sie hart und dick erscheinen. Sie halten kaum eine Woche. Er verwendet ungegerbtes, faules Leder anstatt gutes und zähes sowie Hundeleder anstatt Bockleder …

Markt vertrieben wurde: „Das Hauptelement der Massenproduktion war [...] die vollständige passgenaue Austauschbarkeit der Bauteile und die Einfachheit des Zusammenbaus. Diese Neuerungen in der Fertigung machten das Fließband erst möglich" (Womack at 1994, S. 31).

Abb. 2.3 Der Staubsauger – Beispiel für ein frühes Massenprodukt (AEG-Werbung aus den 1930er Jahren)

Die Austauschbarkeit der Teile konnte im industriellen Produktionsprozess nur dann erreicht werden, wenn es gelang, ein einheitliches Meßsystem anzuwenden. Diesen Zusammenhang erkannte Henry Ford als erster. Konsequent drang er darauf und erreichte so, dass die Montagekosten deutlich gesenkt werden konnten, wie beispielhaft in Tabelle 2.1 nachgewiesen wird. Ford kann somit zurecht als Wegbereiter der sich erst viel später entwickelnden Fertigungsmeßtechnik gesehen werden.

2.2.3 Die Bedeutung militärischer Forderungen für die Entwicklung des Qualitätsmanagements

Grundlegend muss bedacht werden, dass unser Betrachtungszeitraum von zwei Weltkriegen unterbrochen wurde. Im Krieg wurde eine ungeheure Menge an austauschbaren, standardisierten Ausrüstungsgegenständen benötigt und verbraucht. Sie musste von den militärischen Materialeinheiten beschafft und von der Industrie produziert werden. Handwerksorganisationen wären hoffnungslos überfordert gewesen. Hier zeigt sich deutlich der Zusammenhang zwischen Massenfertigung und Kriegsführung (Stichwort „Materialschlacht"). Dabei ging es um recht heterogenes Material, zu dem Großgeräte wie Panzer, aber auch militärische Spezialbekleidung wie Kampfanzüge und Ausrüstungsteile wie Kochgeschirr zählten. Militärorganisationen und Rüstungsindustrie spielten gerade bei der Organisation der Qualität, wie wir sie heute verstehen, ein wichtige Vorreiterrolle. Bei der Massenproduktion von Waffen und Rüstungsgegenständen trafen sich Nachfrage und Angebot innerhalb eines geschlossenen Marktes. Die begrenzte Zahl an Rüstungsanbietern reagierte mit ihren Angeboten auf die Ausschreibungen der Beschaffungsstellen des Militärs. Zum Zuge kam derjenige, der sowohl hinsichtlich der Leistungsbereitschaft als auch der Qualität seines Produkts den Nachweis erbringen konnte, der Bessere zu sein. Diesen Nachweis zu erbringen, war zum Beispiel durch Besichtigung der Produktionsstätten durch die Auftraggeber oder durch die Vorlage von Produkt-Prototypen ansatzweise gegeben. Je komplexer jedoch das Produkt war, desto schwieriger war es für den Auftraggeber, seine Entstehung zu begreifen. Deshalb ging es der Nachfrageseite, dem Kunden, darum, auch auf den Produktionsprozess selbst Einfluss zu nehmen, also das „Wie" der Produktion direkter zu bestimmen und kontrollieren zu können. Aus dieser Problemlage heraus entstanden in den 1950er Jahren die ersten Regelwerke als Bestandteile von Verträgen, in denen die Lieferanten anlässlich sogenannter Kundenaudits die Vertrauenswürdigkeit ihres Systems zur Siche-

Tab. 2.1 Vergleich der Montagezeiten im Automobilbau zwischen Handwerk und industrieller Massenfertigung

Aggregate	Späte handwerkliche Fertigung Herbst 1913 (Montage: Minuten)	Massenproduktion Frühjahr 1914 (Montage: Minuten)	Zeitersparnis (in %)
Motor	594	226	62
Magnetzünder	20	5	75
Achse	150	26,5	83
Zusammenbau größerer Aggregate zum Gesamtfahrzeug	750	93	88

nach (Womack/Jones/Roos 1994): Abbildung 2.1, S. 33

I

rung der Qualität darzulegen hatten. Solche Regelwerke wurden Bestandteil des Vertrags zwischen der militärischen Organisation und dem Lieferanten. In den Regelwerken konnte zwar nicht die Qualität der später erzeugten Produkte garantiert werden, allerdings wurde ein vorausgehender Nachweis über die Qualitätsfähigkeit *(quality capability)* der Organisation erbracht – und zwar, dass entsprechend den vertraglich vereinbarten Forderungen ein Produkt realisiert werden musste, das die Forderungen an dieses Produkt erfüllen würde. Die Lieferanten hatten entsprechende organisatorische Maßnahmen zu ergreifen, die dazu führten, dass die Regelwerke, nach denen die Organisation der Produktion zukünftig erfolgen sollte, implementiert wurden. Regelwerke dieser Art wurden von der US-Armee (MIL-Q 9858), vom Vereinigten Königreich (DEF STANS) und den NATO-Streitkräften (AQAP) entwickelt und eingesetzt.

2.2.4 Die Bedeutung der Normung für die Entwicklung des Qualitätsmanagements

Der in Kapitel 2.2.3 erörterte Managementkomplex der Vertrauensbildung im Bereich der Beschaffung militärischer Güter blieb für den zivilen Wirtschaftsbereich nicht folgenlos. Die Bestrebungen gingen dahin, die an die militärischen Zusammenhänge ausgerichteten Regelwerke als Beispiele aufzufassen und allgemeingültig umzuformulieren, um sie branchenunabhängig zu gestalten. Dieser Aufgabe nahm sich die International Organization for Standardization (ISO) an, die 1947 von 25 Ländern in Genf gegründet wurde. Heute sind 163 Länder Mitglieder der ISO. Bei Gründung der ISO dachte noch niemand an die Transformation dieser Regelwerke, die der besseren Organisation dienen sollten, in Managementsysteme. Die amerikanische MIL-Q 9958 aus dem Jahr 1959 diente als Vorbild eines solchen ersten Regelwerkes. Nach deren Einführung konnten, wie in Kapitel 2.2.3 erläutert, die militärischen Beschaffungsstellen über im Voraus festgelegte Auditierungen Einfluss auf die Gestaltung der organisatorischen Prozesse nehmen. Damit verlagerte sich der Fokus vom zu prüfenden Produkt am Ende der Produktion auf den Prozess der Entstehung selbst.

Abbildung 2.4 zeigt, wie sich die Regelwerke entwickelt haben. Im unteren Bereich wird an ausgewählten Beispielen die Vielfalt an branchenspezifischen Regelwerken dargestellt, wie sie auch heute noch in der Praxis vorzufinden sind. Im oberen Bereich lässt sich der bisher skizzierte Zusammenhang in vier Phasen verfolgen (weiße Pfeile):

1. Die im April 1959 in Kraft getretene MIL-Q 9958 mit ihren „quality program requirements" bildet die Basis für alle Folgeregelwerke.
2. Der 1979 in Kraft getretenen und von Großbritannien für den zivilen Bereich entwickelten Qualitätsmanagementnorm BS 5750 diente die MIL-Q 9958 als Vorlage.
3. Das 1979 von der ISO in Genf gegründete ISO/TC 176 war für die Entwicklung von QM-Systemen zuständig. Es orientierte sich bei seiner Entwicklungsarbeit am BS 5750-Standard von Großbritannien. Die erste Sitzung fand 1980 statt. Die Terminologienorm ISO 8402 wurde bereits 1986 veröffentlicht.
4. ISO/TC 176 entwickelte in den Folgejahren die erste internationale QM-Norm mit der Bezeichnung ISO 9000, die 1987 in Kraft trat. Die Darlegung umfasste drei Darlegungsstufen (9001, 9002, 9003), von denen die ISO 9001 die umfassendste war und sich dann auch weltweit durchgesetzt hat.

Diese Abfolge liest sich fast wie eine Gebrauchsanweisung, der die Experten gefolgt sind, um eine internationale Qualitätsmanagementsystemstruktur zu schaffen. Der Erfolg zeigte sich denn auch bald: Nicht nur das Militär, sondern auch andere Nationen stellten ihre Bemühungen ein, Äquivalenz-Regelwerke weiter oder neu zu entwickeln. Hinzu kam der quantitative Erfolg der ISO 9001, gemessen an den durchgeführten Zertifzierungsaudits und den darauf bezogenen QM-Zertifikaten. Die ISO 9000ff hatte sich innerhalb weniger Jahre mit ihrer Darlegungsnorm 9001 als QM-Leitparadigma durchgesetzt. Einziger Wermutstropfen scheint die Proliferation zu sein: In einigen Branchen werden ergänzende QM-Regelwerke verbindlich mit verschärfenden bzw. ergänzenden Forderungen gefordert. So entsteht für den Anwender oftmals eine gewisse Unsicherheit und allgemein eine Unübersichtlichkeit. Nichtsdestotrotz: In Abbildung 2.5 wird überdeutlich demonstriert, dass es ISO/TC 176 gelungen ist, die Norm in regelmäßigen Perioden von sechs bis acht Jahren zu modernisieren (Revision).

Der Schein trügt, wenn man annimmt, dass es sich um einen geplanten, gut vorbereiteten und vom Erfolg gekrönten Arbeitsprozess handelt, an dem auch die Organisationen der deutschen Wirtschaft wie ein monolithischer Block mit der deutschen Delegation des DIN e.V. zusammengewirkt hätte. Das Gegenteil war – anders als zum Beispiel in Großbritannien – in der Bundesrepublik Deutschland der Fall, wie von Experten, die an der Entwicklung mitgewirkt haben, versichert wird (Geiger 1994; Geiger 2013) sowie von Forschern, die dies in akribischer Kleinarbeit nachgewiesen haben (Wagenbach 2000). Auffallend ist, dass die britische Norm BS 5780 bevorzugt wurde und der damalige deutsche Normentwurf DIN 55355 gar nicht in die Diskussion bei ISO/176 TC zum Zuge gebracht wurde.

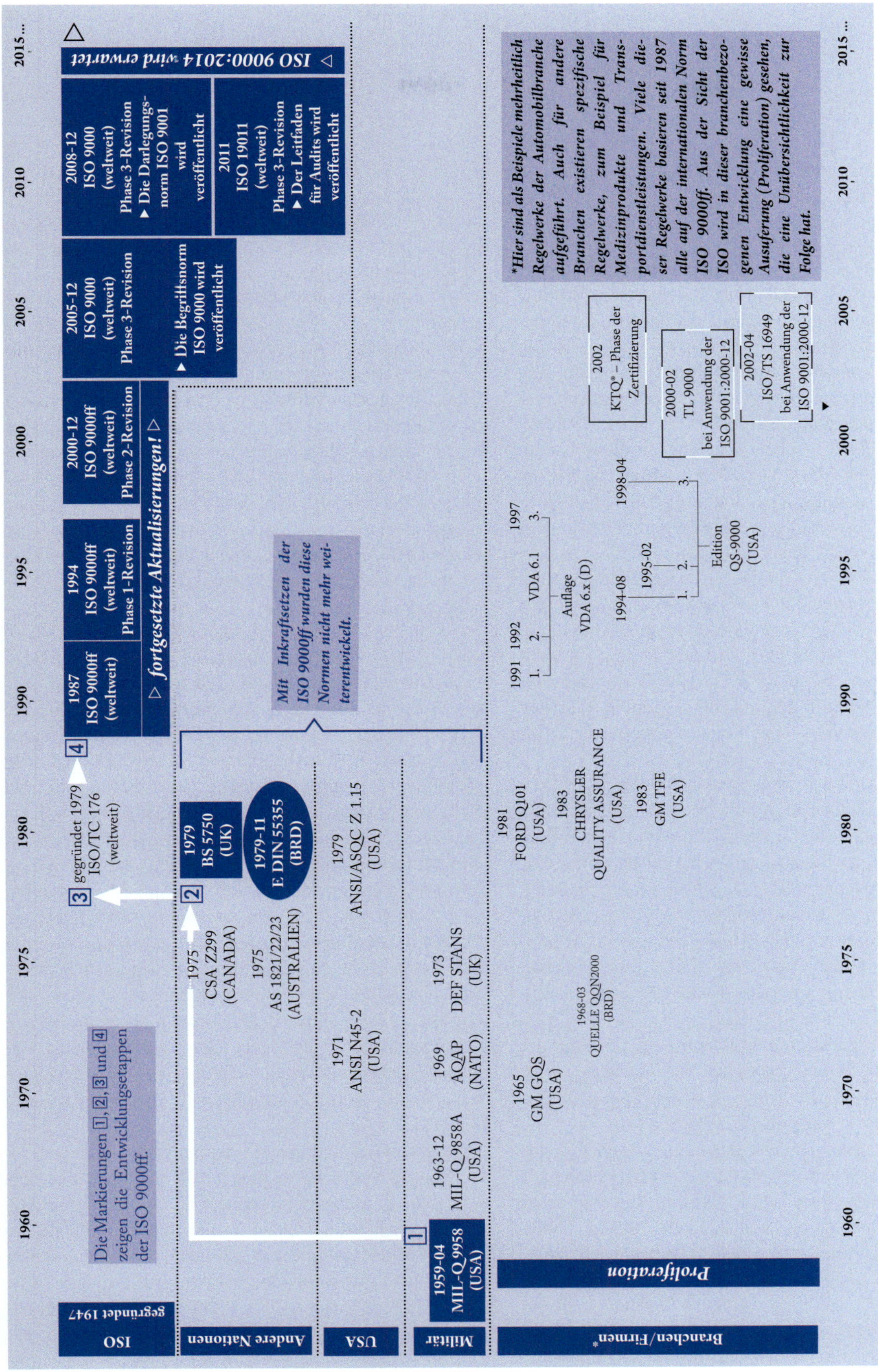

Abb. 2.4 Historische Entwicklung von QM-Regelwerken (Ausschnitt)

I

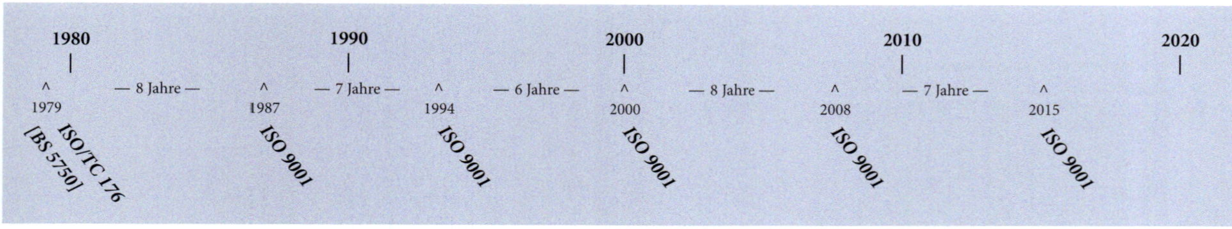

Abb. 2.5 Entwicklungsphasen des ISO 9001-Regelwerks seit Gründung der ISO/TC 176 im Jahr 1979 und Inkrafttreten des BS 5750

So war der deutsche Beitrag damals recht gering und beschränkte sich vor allem auf die Klärung der Terminologie. Dieses eher defensive Verhalten der deutschen Delegation hat seine Ursache in der ablehnenden Haltung großer Industrieverbände gegenüber dem Vorhaben, QM-System-Regelwerke als Managementnormen wirksam werden zu lassen. Begründet wurde dies vor allem wie folgt:
„Alle Ansätze der deutschen Normung, zu diesem wichtigen Arbeitsgebiet ebenfalls einen Beitrag zu leisten, wurden durch die deutsche Großindustrie wegen ihrer jahrelangen Verweigerungshaltung im Keim erstickt. [...] DIN wollte sie nicht gegen das Votum der deutschen Großindustrie aufrechterhalten" (Geiger 2013, S. 156). „Man könne [...] einer solchen Norm angesichts des sich ständig verschärfenden Produkthaftungsrechts nicht zustimmen. Sie werde in der Rechtsprechung zu nicht finanzierbaren Auflagen für das Qualitätsmanagement führen. Das Deutsche Institut für Normung e.V. zog deshalb den Entwurf schließlich zurück" (Geiger 1994, S. 34 f.).
Andere Stellungnahmen (Walgenbach 2000, S. 165 ff.) zeigen, das man deutlich gegen die systembezogene Qualitätssicherung votierte und einer produktbezogenen Qualitätssicherung den Vorzug gab, d.h., auf bekannte und eingeführte Konzepte setzte: „... wurde in den Stellungnahmen immer wieder auf Handwerksordnung, Berufsbildung und daran anschließende Prüfungen hingewiesen, die aus Sicht der Unternehmen und ihrer Verbände die Grundlage für die Güte des Produkts schaffen" (Walgenbach 2000, S. 166 f.).
Man verstieg sich sogar in der Behauptung, „dass für die deutsche Industrie die Werbewirksamkeit des ‚Made in Germany' durchaus hinreiche, um international konkurrieren zu können" (Walgenbach 2000, S. 144).
Schließlich war man aber doch damit einverstanden, wenn das Forderungssystem als Nachschlagewerk erscheinen würde, keinesfalls aber als DIN-Norm. Die folgenden Ablehnungsgründe zum Normwerk ISO 9000ff haben sich schließlich herauskristallisiert (Walgenbach 2000, S. 169):

1. Die mangelnde Differenzierung der Normen in Bezug auf die Größe eines Unternehmens, die Art der Produkte und die Art des eingesetzten Fertigungsverfahrens,
2. die zu hohen Anforderungen in den Normen,
3. der Eingriff in die Organisations- und die Vertragsfreiheit,
4. die Möglichkeit, dass sich die Normen zu einem faktischen Zwang entwickeln können,
5. die Gefahr einer ‚Bürokratisierung' und Erstarrung der Unternehmen,
6. die fragliche Wirtschaftlichkeit und die nicht gesicherte Qualitätswirksamkeit eines Qualitätssicherungssystems, das den Forderungen der Normen entspricht, und
7. die ungeklärten Auswirkungen hinsichtlich einer möglichen Verschärfung der Produkthaftung.

So wurde die „Normungswürdigkeit" einer ISO 9000ff en détail und grundsätzlich abgelehnt, und die schlussendliche Entwicklung im ISO/TC 176 folgte ihrem besonderen Gang ohne nennenswerte deutsche Beteiligung: Die britische Delegation nahm sowohl inhaltlich wie auch organisatorisch (Übernahme des Sekretariats im subcommittee 2: quality systems) starken Einfluss auf den Normungsprozess. Sie hatte die besseren Karten, weil sie einerseits in der BS 5750 ein allgemeines Regelwerk in drei Darlegungsstufen entwickelt hatte, das nur darauf wartete „internationalisiert" zu werden. „Zum anderen fand eben dieses Regelwerk Anfang der 80er Jahre, gefördert durch die Industriepolitik, insbesondere durch die ‚National Quality Campaign' der Regierung unter Thatcher, weite Verbreitung in Großbritannien. Dem BSI war es – so läßt sich vermuten – durch die zentrale Position eher möglich, die eigene Norm zur Darlegung von Qualitätssicherungssystemen in die zu entwickelnden internationalen Normen einzubringen" (Walgenbach 2000, S. 134 f.).
Viele Fragen und Probleme der späteren Implementierung der ISO 9001-Darlegungsforderungen in die organisatorische Betriebspraxis haben also ihren Ursprung darin, dass sich das damalige Normwerk der ISO 9000ff als ein rein britischer Ansatz durchsetzte, der besonders von Deutschland nur halbherzig mitgetragen werden konnte. Erst spätere Revisionen der Norm haben diesen inhaltlichen und konzeptionellen „Überhang" kompensieren können. So wurde schließlich aus der dreigeteilten Darlegungs-

stufung erst in der Phase 2 Revision 2000 ein schlankes Forderungssystem geschaffen, die ISO 9001:2000. Die Zeit heilt alle Wunden – und so haben sich auch nach außen hin die ablehnenden Wogen geglättet.

2.2.5 Die Bedeutung von Metrologie/(Fertigungs-)Messtechnik für die Entwicklung des Qualitätsmanagements

Wie in Kapitel 2.1.3 bereits angeschnitten wurde, muss es darum gehen, die subjektive Fehlbarkeit des Menschen sowohl individuell als auch im soziotechnischen Zusammenhang zu kompensieren. Eine Antwort auf diese Fragestellung gibt das Qualitätsmanagement, indem es die Metrologie, die Wissenschaft und Technik des Messens, bemüht. Ohne Messtechnik (die praktische Variante: Technik des Messens/Fertigungsmesstechnik = Technik des Messens in der industriellen Fertigung) ist Qualitätsmanagement undenkbar. „Unsere Sinne sind die ersten ursprünglichen Messinstrumente, die uns die Natur zur Verfügung gestellt hat." Diesen Ausgangspunkt setzt Jean Perdijon, Wissenschaftler am Institut für Kernforschung in Grenoble (Perdijon 2001, S. 8). Doch die Apparatur unserer Sinne liefert keineswegs exakte Ergebnisse. Sie sind wenig objektiv, manchmal trügerisch oder sogar falsch. Erst durch die Operation des Messens können wir Objektivität erlangen. Sie erlaubt es uns, vom kontinuierlich fließenden Raum des Realen in den diskreten, durch abstrakte Abstände geprägten (unsteten) Raum des Bekannten zu wechseln (Perdijon 2001, S. 8 f.). Wenn wir dort angelangt sind, wissen wir tatsächlich etwas über das vorher nur sinnhaft Wahrgenommene. Das Qualitative ist in Zahlen ausgedrückt: Das Umschlagen ins Quantitative ist erfolgt. Philolaos (470–399 v. u. Z), der Pythagoräer, definierte bereits im 5. Jahrhundert vor unserer Zeit: „Jedes durch Kenntnis erfassbare Wissen besitzt eine Zahl; ohne diese könnte man nichts begreifen und nichts wissen." Was nützen uns aber Zahlen, wenn das Bezugssystem fehlt oder chaotische Verhältnisse walten. Es macht deshalb Sinn, Walter Geigers Vorschlag aufzugreifen, und von einem Messsystem *(measurement system)* zu sprechen – einem System zur Ausführung einer Messung unter den gegebenen Umgebungsbedingungen. Damit wenden wir uns folgenden Fragen zu:

1. Wie (Messprinzip, Messmethode, Messverfahren, Messanweisung)?
2. Wer (Beobachter)?
3. Was (Messobjekt)?
4. Womit (Messmittel)?
5. Welche Einflussgrößen (z. B. Umwelteinflüsse)?

Diese Elemente definieren das Messsystem (Geiger 2008, S. 336), das in ein Messmanagementsystem (DIN EN ISO 10012) einer Organisation einzubetten ist, wie es Edgar Dietrich in Kapitel 31, „Messmanagementsystem/Prüfmittelmanagement", beschreibt. Damit ist der Bogen zum Qualitätsmanagement gespannt: Ein Messmanagementsystem wird (wie ein QM-System nach ISO 9000) als ein geregelter Prozess bezeichnet, mit dem Kundenforderungen an die Messmittel und die Messprozesse als Eingangsgröße und die angestrebte Kundenzufriedenheit als Ausgangsgröße betrachtet werden.

Die Fertigungsmesstechnik befasst sich in diesem Zusammenhang mit allen Tätigkeiten, die mit Mess- und Prüfaufgaben verbunden sind und die beim Entstehungsprozess eines Produktes zu erbringen sind. Sie hat sich damit zu mehr als einer Kontrollinstanz des Qualitätsmanagements entwickelt (Pfeifer/Schmitt 2010, S. 1). In der Fertigungsmesstechnik ist allerdings nicht der Mensch das Maß aller Dinge (Protagoras, 490 - 411 v. u. Z.). Im Gegenteil – einem solchen Anthropozentrismus ist zu mißtrauen. Es ist unübersehbar, dass in der Zeit nach dem Zweiten Weltkrieg auf nationaler und internationaler Ebene immer stärker versucht wurde, den Zuständigkeitsbereich der Fertigungsmesstechnik weit über das Prüfen hinaus auszudehnen und damit den engeren Handlungsspielraum des Menschen einzuengen. Die originäre Aufgabe des Messens wurde immer stärker verfeinert und normativ geregelt. Dieser Prozess hält unvermindert an, was Walter Geiger zu der Aussage veranlasst: „Nationale und internationale Normen zu den Begriffen der Messtechnik ändern sich ständig und werden weiter verbessert" (Geiger 2008, S. 334).

Seit 1960 das bereits 1948 vorgeschlagene Internationale Einheitensystem SI (Systéme International d'Unités) von der Elften Allgemeinen Konferenz für Maße und Gewichte angenommen wurde und in Deutschland am 5. Juli 1970 als Gesetz über Einheiten im Messwesen (Einheitengesetz) in Kraft trat, ist die Vielfalt der verschiedensten Größen als Basiseinheit international weitgehend verschwunden. Eine wichtige Ausnahme bilden die USA, die im Alltagsleben noch immer das in sich uneinheitliche angloamerikanische Maßsystem benutzen. Damit sind die Quellen von Fehlermöglichkeiten und Missverständnissen deutlich verringert worden. Man bedenke nur einmal die Situation vor etwa 200 Jahren, zur Zeit der Französischen Revolution. Damals konnte man mit Recht über den Wildwuchs der unzähligen Maßeinheiten empört sein, der von Land zu Land bzw. von Stadt zu Stadt herrschte. In den Ländern, die per Gesetzesakt das SI-Einheitensystem eingeführt haben, ist diese Situation zum Glück Geschichte.

Was in der Fertigungsmesstechnik vorwärtstreibt, sind optische Verfahren und Fortschritte in der Elektronik und Informationstechnologie. Koordinationsmessgeräte und Bildverarbeitungssysteme liefern eine Genauigkeit, die dem menschlichen Vermögen sehr weit voraus ist. Folglich geht der Trend in der Messtechnik hin zu einer „messbasierten Informatik“. Das ist es, was hinter dem Begriff Messtechnik heute steckt. Wer hätte 1875, als das Bureau International des Poids et Mesures (BIPM) gegründet wurde (Abb. 2.6), schon daran gedacht, dass es zu Beginn des 21. Jahrhunderts möglich sein würde, Merkmale, die im Innern eines Objekts liegen, zu messen. Trotz Unzugänglichkeit ist es heute mittels zerstörungsfreier Prüfverfahren wie der industriellen Röntgen-Computertomografie (RCT) möglich, diese Merkmale zu bewerten (Pfeifer/Schmitt 2010, S. 346).

The Bureau International des Poids et Mesures (BIPM) was set up by the Convention du Metre in 1875 in Paris. Cooperation between BIPM and ISO has been exemplary, and has enabled points of view to be brought closer together.

Abb. 2.6 Hundert Jahre BIPM, hundert Jahre Convention du Mètre: Das BIPM ist für das Einheitensystem SI zuständig.

2.2.6 Die Bedeutung der Statistik für die Entwicklung des Qualitätsmanagements

Die Statistik ist eng mit der in Kapitel 2.2.5 behandelten Messtechnik verbunden. Sie greift auf erfasste Prüfdaten zu, um diese aussagekräftig zu beurteilen. Modernes Qualitätsmanagement ohne Statistik ist undenkbar. Das war nicht immer so.

Historisch gesehen sind ökonomische Veränderungen zum größten Teil immer das Ergebnis von außerökonomischen Kräften, wie zum Beispiel Kriegen. Statistik muss in diesem Sinne als mitbeeinflussender Faktor betrachtet werden. So wurden im Ersten und Zweiten Weltkrieg Techniken der Statistik innerhalb und außerhalb der Produktion eingesetzt. Allerdings ist zu beachten, dass diese statistischen Techniken damals noch nicht in ein systematisch organisiertes Qualitätssicherungssystem eingebunden waren. Es dürfte sich jedenfalls in Deutschland in vielen Fällen um ad hoc-Aktionen gehandelt haben, die erst nach dem Zweiten Weltkrieg weiter vertieft werden konnten, wie folgendes Zitat belegt:

„Karl Daeves [...] trat von sich aus mit verschiedenen Waffenämtern in Kontakt, um ein von ihm entwickeltes statistisches Verfahren zur Fehlerermittlung und Qualitätssicherung bei Heeresgerät einzusetzen. Mit diesem Verfahren sollten die bei Waffen und Geräten vorhandenen Schwachstellen zunächst einmal quantifiziert werden. Eine Reise von Daeves und Ingenieuren der Waffenämter zu einigen Frontwerkstätten [...] im September 1942 zeigte die grundsätzliche Möglichkeit des Einsatzes der Schwachstellen-Zählung, die dann im April 1943 angeordnet wurde. Zur Begutachtung der Mängel wurden sogenannte Schwachstellen-Erfassungstrupps aus Ingenieuren der waffenfertigenden Industrie für einige Monate zu Frontstellen abkommandiert. Die Auswertung der Erfahrungsberichte und Zählkarten erfolgte durch die Schwachstellen-Auswertungs-Zentrale in Düsseldorf [...] Bei der Auswertung wurden u. a. Fehler bei Kühlern von LKW, mangelhafte Schlagbolzen bei Maschinengewehren oder Lagerungen von Geschützen ermittelt. Die Berichte und Zählergebnisse wurden den einzelnen Sonderringen beim Rüstungsministerium übermittelt, die dann in Verbindung mit dem Waffenamt zu entscheiden hatten, ob und welche Änderungen vorzunehmen waren“ (Zilt 1998, S. 210).

Heute würde man diese Tätigkeit als Rückholaktion bezeichnen. Bekanntlich waren es gerade die Jahre 1943/44, die zu einer Kriegswende führten. Folglich war es vor allem in Deutschland gar nicht mehr möglich, die von Daeves geforderten komplexeren statistischen Verfahren der Fehlerermittlung in ein funktionierendes Qualitätssicherungssystem einfließen zu lassen. Um den Stellenwert der Statistik in den Kriegszeiten zutreffend einschätzen zu können, muss sehr genau unterschieden werden, ob sich Nachweise in der sehr spärlichen Fachliteratur finden, die sich auf die Realität des Kriegshandelns beziehen, oder ob das Wunschdenken von Statistikern die Quelle ist. So hat folgende Aussage aus einem kurzen Lehrbuch zur Statistik aus dem Jahr 1927, wo sie auch die „Kollektivmaßlehre“ genannt wurde, wohl eher appellativen Charakter und richtet sich an die Zielgruppe des Top Managements:

„In der Technik beginnt man mehr und mehr, den statistischen Methoden seine Aufmerksamkeit zu widmen. [...] Die Durchdringung mit wissenschaftlicher Statistik ist für die Technik von größter Bedeutung. Sie stellt einen weiteren Schritt auf dem Weg der völlig bewußten Beherrschung aller Bedingungen des Produktionsprozesses dar. Sie bedeutet insbesondere eine Schärfung des kritischen Urteils aller am Fabrikationsprozess Beteiligten, vor allem derjenigen, die mit dem Einzelgegenstand nicht mehr in Berührung kommen, also der leitenden Persönlichkeiten“ (Becker 1927, V].

In den Vereinigten Staaten und Großbritannien zeigte sich ein anderes Bild, wie in Tabelle 2.2 zu sehen ist. Zur Anwendung statistischer Techniken wurden bereits Anfang des 20. Jahrhunderts Institutionen ins Leben gerufen, was der weiteren Entwicklung sehr förderlich war. In den 1920er Jahren entwickelten R.A. Fisher (1890 - 1962) und W.A. Shewhart die methodologischen Grundlagen für die Statistik im Qualitätsmanagement: die statistische Versuchplanung *(Design of Experiments, DOE)* und die statistische Qualitätskontrolle *(Quality Control Chart)*. Zu beiden Verfahren folgten zahlreiche Publikationen. Zu Recht kann diese Zeit sowohl als Beginn der statistischen Qualitätskontrolle als auch der Industriestatistik bezeichnet werden. Dodge und Romig wiesen nach, dass auf Vollerhebungen verzichtet werden kann, wenn sich das Sample auf gut begründete Stichproben bezieht (1928). Ein Meilenstein war das von Shewhart 1931 veröffentlichte Werk *Economic Control of Quality of Manufactured Product*. Trotz dieser bis zum Zweiten Weltkrieg andauernden positiven Entwicklungsphasen kann jedoch nicht davon ausgegangen werden, dass statistische Verfahren in der Industrie eine feste Verankerung gefunden hätten: „However, the value of statistical quality control was not widely recognized by industry“ (Montgomery 2005, S. 8).

Die Erfahrungen in der Kriegszeit änderten grundlegend nichts an dieser Einschätzung, auch wenn die amerikanische Rüstungsindustrie inklusive ihrer Unterlieferanten quasi gezwungen wurde, Shewharts Qualitätsregelkarte einzuführen. Erstmals konnten so im laufenden Produktionsprozess Fehler erkannt und rechtzeitig beseitigt werden. Erst nach Kriegsende änderte sich die Situation mit Gründung der „American Society for Quality Control“ (ASQC) in einigen Aspekten:

„This organization promotes the use of quality improve-

Tab. 2.2 Zeitliche Entwicklung der statistischen Methoden und Techniken im Qualitätsmanagement im 20. Jahrhundert; nach (Montgomery 2005, S. 9–10; Auswahl)

1901	**First standards laboratories established in Great Britain**
1907 - 1908	**AT & T begins systematic inspection and testing of products and material**
1920s	**AT & T Bell Laboratories forms a quality department – emphasizing quality inspection and test, and product reliability** **B. P. Dudding at General Electric in England uses statistical methods to control the quality of electric lamps**
1922-1923	R. A. Fisher published series of fundamental papers on designed experiments and their application to the agricultural sciences
1924	W. A. Shewhart introduces the control chart concept in a Bell Laboratories technical memorandum
1928	Acceptance sampling methodology is developed and refined by H. F. Dodgeand and H. G. Romig at Bell Labs
1931	W. A. Shewhart published *Economic Control of Quality of Manufactured Product – outlining statistical methods for use in production and control* chart methods
1932	W. A. Shewhart gives lectures on statistical methods in production and control charts at the University of London
1932 - 1933	**British textile and woolen industry and German chemical industry begins use of designed experiments for product/process development**
1933	The Royal Statistical Society forms the Industrial and Agricultural Research Sec.
1938	W. E. Deming invites Shewhart to present seminars on control charts at the U. S. Department of Agriculture Graduate School
1940	The U. S. War department publishes a guide for using control charts to analyse process data
1940 - 1943	Bell Labs develop the forerunners of the military standard sampling plans for the U. S. Army
1942	In Great Britain, the Ministry of Supply Advising Service on Statistical Methods and Quality Control is formed
1942 - 1946	Training and courses on statistical control are given to industry; more than 15 quality societies are formed in North America
1944	*Industrial Quality Control* begins publication
1946	W. E. Deming is invited to Japan by the Economic Scientific Services Section of the U. S. War
1946 - 1949	Deming ist invited to give stat. quality control seminars to Japanese industry
1948	G. Taguchi begins study and application of experimental design
1950	W. E. Deming begins education of Japanese industrial managers; statistical quality control methods begin to be widely taught in Japan
1951	JUSE established the „Deming Prize“ for significant achievement in quality control and quality methodology

I

ment techniques for all types of products and services. It offers a number of conferences, technical publications, and training programs in quality assurance. The 1950s and 1960s saw the emergence of reliability engineering, the introduction of several important textbooks on statistical quality control, and the viewpoint that quality is a way of managing the organization" (Montgomery 2005, S. 9).
Trotz der Bemühungen der ASQC gelang es in diesen Jahrzehnten nicht die von Fisher, Shewhart und anderen weiterentwickelten statistischen Verfahren in der amerikanischen Industrie auf breiter Basis zu implementieren. Lediglich die chemische Industrie (zusätzlich zur Rüstungsindustrie) griff die Bemühungen der frühen Protagonisten durchgehend auf und erntete wirtschaftlichen Erfolg, indem sie ihre Wettbewerbsposition deutlich ausbauen konnte („... one of the most competitive in the world" (Montgomery 2005, S. 8).
Die Jahrzehnte nach dem Zweiten Weltkrieg waren durch die Lernanstrengungen der japanischen Industrie auf dem Gebiet der statistischen Methoden und Techniken im Qualitätsmanagement geprägt. W. E. Deming, der als Statistiker das Wissen seines Lehrers Shewhart übernahm, es ausbaute und an japanische Führungskräfte weitergab, war nur ein herausragendes Beispiel für die hohe Beachtung, die den statistischen Methoden in Japan zukam (Tab. 2.2). Den zu Demings Ehren ausgelobten *Deming Prize* konnten Organisationen nur erringen, wenn sie in „quality control and quality methodology" entsprechende Leistungswerte nachweisen konnten.
An Publikationen zu *Statistical Quality Control* und *Design of Experiments* hat es in den 1960er und 1970er Jahren in den entsprechenden angloamerikanischen Fachjournalen nicht gemangelt. Spätestens Ende der 1980er und mit Beginn der 1990er Jahre wurde von der westlichen Industrie erkannt, dass der wirtschaftliche Erfolg auch mit der systematischen Anwendung statistischer Verfahren zusammenhängt. Interessant ist in diesem Zusammenhang die Japanexkursion von George E. P. Box, einem prominenten Statistikexperten: „1986: Box and others visit Japan, noting the extensive use of designed experiments and other statistical methods" (Montgomery 2005, S. 10). 1989, zeitgleich mit Erscheinen des sich später als Standard durchsetzenden Fachjournals „Quality Engineering", startete Motorola die wohl bekannteste auf statistischen Verfahren beruhende Initiative, das Six-Sigma-Programm. Spätestens mit der Verbreitung von Six Sigma in anderen Unternehmen und Branchen war gegenüber weiten Teilen der Management-Fachwelt der Beweis erbracht, dass die Anwendung von Statistik im faktenbasierten Qualitätsmanagement unerlässlich ist – egal, welches System eine Organisation umsetzt: „Various management systems have also emerged as frameworks in which to implement quality improvement" (Montgomery 2005, S. 11).

Wenn heute von Statistik im Qualitätsmanagement gesprochen wird, finden – neben den beiden behandelten – sämtliche statistischen Verfahren ihre Anwendung. Auf die Sammlung statistischer Werkzeuge *(tools for quality)* für praktische Zwecke *(quality circle)*, die sogenannte Q7, soll noch kurz eingegangen werden. Sie geht auf K. Ishikawa zurück, der sie im Zusammenhang mit seinem Buch *What is Quality Control?* Anfang der 1960er Jahre vorstellte. Es handelt sich um Hilfsmittel zur Visualisierung, die auf der Anwendung statistischer Techniken beruhen. Mit ihrer Hilfe sollen Probleme erkannt, verstanden und gelöst werden. Auch hier zeigt sich wieder die praktisch wirksame Originalität der Japaner, die sich nicht darin bemerkbar macht, dass etwas gänzlich Neues entwickelt wird. Das Zusammenstellen für die praktische Anwendung und das „Herunterbrechen" auf die operative Ebene gelang Ishikawa mit den Q7 bestens. Die einzelnen Tools (Elemente) sind Fehlersammelliste, Histogram, Qualitätsregelkarte, Paretodiagramm, Korrelationsdiagramm, Brainstorming und Ursache-Wirkungs-Diagramm. In geplanter Vorgehensweise (Zusammenwirken) sind die Q7 heute fester Bestandteil von Trainingsprogrammen geworden.

2.2.7 Zusammenschau: Normung, Messtechnik und Statistik

In den letzten Kapiteln konnte – aus historischer Perspektive abgeleitet – gezeigt werden, dass Normung, Messtechnik und Statistik den übergreifenden Handlungsrahmen des Qualitätsmanagements bilden. Diese drei Elemente schaffen eine Einheit. Keines der Elemente darf entfallen, wenn es darum geht die Entwicklungsperspektiven des Qualitätsmanagements zu analysieren. Ein Blick auf die herrschende Praxis und die etablierten Systeme wie ISO 9001 und das EFQM-Modell in Europa, den MBNQA in den USA oder den Deming Prize in Japan zeigt, dass Normung, Messtechnik und Statistik unhintergehbare Bestandteile dieser Modelle sind. Allerdings zeigt sich beim japanischen Management, dass die Normung von Managementsystemen dort nicht verbreitet ist.

2.3 Die Wegbereiter des Qualitätsmanagements

Die personenorientierte Geschichte des Qualitätsmanagements ist ein sehr beliebtes Thema in der Managementlehre geworden. Sehr oft wird daraus eine Art „Heldengeschichte" rund um Deming und Juran, die ihre Exkursionen im entfernten Japan durchführten und dabei den lauschenden und alles aufsaugenden japanischen Managern Themen des Qualitätsmanagements näher brachten. Diese Lesart der Geschichte des modernen Qualitätsmanagements muss hinterfragt werden. Im Sinne von Sir Karl Raimund Popper soll es in diesem Kapitel um eine weitere Problemsituation gehen, aus der heraus sich Personen exponiert haben – allerdings nicht losgelöst aus institutionellen Zusammenhängen.

2.3.1 Produktionssysteme als Ausgangspunkt: Whitney, Taylor und Ford

Die Auflistung in Tabelle 2.3 zeigt, dass ein Rückgriff auf den Anfang des 19. Jahrhunderts nötig ist. Eli Whitney hat etwa hundert Jahre vor Henry Ford Produktionsgeschichte geschrieben, indem er seine Musketen-Bauteile standardisierte und am Fließband fertigte. Er griff dabei auf die Ideen von Honoré Blanc zurück, der im Frankreich des beginnenden 19. Jahrhunderts eine Serienfertigungsmethode entwickelte, die auf passgerechten Einzelteilen basierte. So mussten seine Musketen nicht vollständig neu gefertigt werden, sondern ihre Elemente konnten im Austauschverfahren ersetzt werden. Blanc war es jedoch nicht möglich über Regierungsaufträge sein Geschäft zu betreiben. Er ging in Konkurs. Whitney hingegen gelang es, seine Produktion über Aufträge des Staates „abzusichern". Er überlebte trotzdem nicht, weil er nicht in der Lage war, seine Produkte zu patentieren. Die Konkurrenz überholte ihn daraufhin.

Taylor und Ford werden oftmals zusammen betrachtet. Doch die beiden stehen für ganz unterschiedliche Facetten, die aus Sicht des Qualitätsmanagements von Bedeutung sind. Taylor prägte die Entwicklung des Qualitätsmanagements durch sein System der Arbeitsteilung, das prinzipiell die disponierende von der ausführenden Arbeit trennte. Funktionsübergreifende Gruppenarbeit ließ sich in diesem System nicht verorten. Auch sein Funktionsmeisterprinzip bewährte sich nicht im modernen Qualitätsmanagement, das mehr und mehr auf das Prinzip „Quality is everybody's job!" setzte und nicht auf folgende Funktionen:

- den Prüfmeister (*inspector*), der für die Qualität und Kontrolle der Arbeitsprodukte zuständig war

Tab. 2.3 Wegbereiter des Qualitätsmanagements

Wegbereiter	Erkenntnis/Leistung/Wirkung
E. Whitney (1765 - 1825)	Austauschbau/Fließband
F. W. Taylor (1856 - 1915)	Scientific Management/Trennung von disponierender und ausführender Arbeit/Funktionsmeisterprinzip
H. Ford (1863 - 1947)	Austauschbau/Fließband/Massenproduktion/Neues Verständnis von Produktion und Reproduktion
W. A. Shewhart (1881 - 1967)	Statistische Qualitätskontrolle (Quality Control Chart) Shewhart-Kreis
General D. MacArthur (1880 - 1964)	Supreme Commander für Japan nach dem 2. Weltkrieg/Stellte die Weichen für die Entwicklung des QM in Japan
TWI in Japan	U. S.-Trainingsprogramm/Durchführung von Trainings on the Job in japanischen Unternehmen
H. Sarasohn (1916 - 2001)	Zusammen mit Charles Protzman/implementierte die statistische Qualitätskontrolle in der Kommunikationsindustrie Japans nach dem 2. Weltkrieg (1946 - 1950)
W. E. Deming (1900 - 1993)	Reaktionskette/PDCA-Circle/Produktion als Prozess/Vierzehn Managementregeln
J. M. Juran (1904 - 2008)	„Quality is fitness for use"/Qualitätstrilogy: Planung, Regelung, Verbesserung/Drei-Rollen-Konzept
T. Ohno (1912 - 1990)	Toyota Produktionssystem/Just in Time/Kanban/Muda/Fünffache Warum/Autonome Automation
S. Shingo (1909 - 1990)	Poka Yoke/SMED/Shingo Prize: Modell, Principles
A. V. Feigenbaum (1920*)	Total Quality Control-System/Erster TQM-Ansatz
K. Ishikawa (1915 - 1989)	Company Wide Quality Control-System/Zweiter TQM-Ansatz/Quality Circle/Ursache-Wirkungs-Diagramm
G. Taguchi (1924 - 2012)	Qualitätsverlustfunktion/Statistische Versuchsplanung
D. Shainin (1914 - 2000)	Lot Plot/Red X u. Pareto/Statistische Versuchsplanung
Y. Akao (1928*)	QFD/House of Quality/Akao Prize
Ph. B. Crosby (1926 - 2001)	Null-Fehler-Konzept/14 Managementregeln

I

- den Geschwindigkeitsmeister (*speed boss*), der die Maschinenlaufgeschwindigkeit überwachte und die Arbeitsintensität kontrollierte

Ford begriff sehr wohl, dass es bei seinen Montagebändern um Taylors Prinzip der Zeittaktung ging, im Gegensatz zu Taylor ging es bei ihm jedoch nicht um die Koppelung an das Lohnsystem, sondern eher um den Ersatz menschlicher Arbeit durch Maschinenarbeit. So erreichte er sukzessive, dass der Takt der Maschinen die Arbeitsgeschwindigkeit vorgab. Dieser Zusammenhang war eingebunden in das Gesamtsystem einer fließgesteuerten Automobilfabrik. In *Mein Leben und Werk* formuliert er den von ihm begründeten maschinellen Organismus wie folgt: „Unsere Organisation ist so bis ins einzelne durchgeführt und die verschiedenen Abteilungen greifen so ineinander ein, dass es völlig ausgeschlossen ist, den Leuten auch nur vorübergehend ihren Willen zu lassen [...] Persönliche Fühlungnahme gibt es bei uns kaum – die Leute verrichten ihre Arbeit und gehen wieder nach Hause – eine Fabrik ist schließlich kein Salon." Hinzu kommt die Formulierung einer „Geschäftstheorie", die darauf abhebt, den Lohn des Arbeiters ins Zentrum der Betrachtung zu stellen, ihn gewissermaßen als Stellschraube nicht nur für die Befriedigung der individuellen Bedürfnisse (Reproduktion), sondern auch zur Steigerung der Produktion zu sehen. „Die Nachfrage wird einerseits vom Lohn bestimmt, andererseits von etwas, das hier Wunschproduktion genannt wird. Radikal gedacht müsste ein fordistisches Projekt sich zutrauen, die (Güter-)Wünsche der Konsumenten übers Marketing detailliert zu steuern" (Zollondz 2011, S. 78). Die Aussage von Ford hierzu ist nur konsequent: „Löhne und Gehälter sind also eigentlich weiter nichts als ein bestimmter, im voraus bezahlter Gewinnanteil." Hinter der sehr guten Entlohnung seiner Mitarbeiter verbarg sich also ein ganz besonderes gesamtwirtschaftliches Kalküldenken.

2.3.2 Die Geburt des Qualitätsmanagements aus dem Geist der Statistik: Shewhart, Taguchi, Shainin und Akao

In Kapitel 2.2.6 wurde bereits auf die Bedeutung der Statistik für das Qualitätsmanagement eingegangen. Anfang der 1930er Jahre gelang es W. A. Shewhart ökonomische und ingenieurwissenschaftliche Denkweisen in einem statistischen Modell, der statistischen Prozessregelung *(statistical process control, SPC)*, zu vereinen, deren Ziel es ist, einen optimierten, statistisch kontrollierten Fertigungsprozess in diesem Zustand zu halten. Abweichungen werden „ausgeregelt", Informationen über den Prozess werden gesammelt und aufbereitet. Damit sind Ansatzpunkte zur Verbesserung dokumentiert worden. Zur Prozessbeobachtung werden Qualitätsregelkarten eingesetzt, die eine zukunftsorientierte, fehlervermeidende Technik darstellen. Mit SPC gelang eine Abkehr von der vergangenheitsorientierten Technik der Fehlersuche, die am Schluss des Produktionsprozesses oder sogar erst in der Nutzungsphase einsetzte. Das „control" in SPC ist mit „lenken" oder „regeln" zu übersetzen. So gesehen ist SPC mehr als eine Regelkarte für Qualitätsmerkmale. Mit SPC ist ein Modell geschaffen worden, das den Fertigungsprozess nicht isoliert, sondern im Zusammenhang mit seiner Umwelt abbildet. Unternehmen, die SPC in dieser erweiterten Perspektive einsetzen, entwickeln eine SPC-Strategie, in die sie die SPC-Technik integrieren und so zu einer ganzheitlichen Betrachtung gelangen.
Ergänzend zu SPC entwickelte Shewhart ein Kreismodell der kontinuierlichen Verbesserung, in dem folgende Phasen unterschieden wurden, um einen Prozess zu verbessern:

- Plan (P)
- Do (D)
- Check (C)
- Action (A)

Das Modell könnte als Shewhart-Kreis benannt werden. Diese Benennung hat sich allerdings nicht durchgesetzt. Es ist stattdessen üblich, das Modell PDCA-Zyklus zu nennen – eine Bezeichnung, die sich aus dem ersten Buchstaben jeder Phase ergibt. Es wurde später oft auch Deming-Kreis genannt, welcher dieses Kreismodell weit über die Grenzen der Statistik als Managementzyklus bekannt machte, indem er es allgemein auf das Denken in Prozessen übertrug. Inzwischen wird es als Managementmodell weltweit genutzt (in Reinform und in Variationen).
Statistische Versuchsplanung *(Design of Experiments, DoE)* oder Versuchsplanung im Allgemeinen ist der zweite Bereich der Statistik, auf den sich das moderne Qualitätsmanagement gründet. Entgegen der klassischen Versuchsplanung, bei der die möglichst reinrassige Vorgehensweise angewandt wird, die Wirkung eines jeden Einflussfaktors auf den Prozess zu ermitteln, ermöglicht DoE auf statistischer Grundlage die gleichzeitige Variation mehrerer Faktoren. Methodisch ist es möglich, die optimalen Einstellungen der Faktoren zu ermitteln, die sich letztendlich an den Forderungen der Kunden orientieren. Bereits in den 1960er Jahren hatten japanische Unternehmen erkannt, dass 70 Prozent der Fehler nicht im Produktionsprozess, sondern bereits in der Entwicklungsphase entstehen. Die bis dahin in der Produktentwicklung vorherrschende einfaktorielle Versuchsplanung brachte hierzu nur unzureichende Ergebnisse. Schon 1948 hatte G. Taguchi, ein japanischer Ingenieur, die von R. A. Fisher geschaffenen Grundlagen der Versuchsplanung aufgegrif-

fen und weiterentwickelt. 1957 erschien sein Buch *Design of Experiments*, in dessen späteren Auflagen er seine Sicht von DoE weiterentwickelte. Taguchi war von 1949 bis 1961 als Ingenieur im Labor der japanischen Telefon- und Telegrafengesellschaft beschäftigt. Forschung und Entwicklung war sein Einsatzbereich, in dem er sich schwerpunktmäßig mit der Qualitätsverbesserung befasste. Er verfolgte die Zielsetzung, Produkte höchster Qualität und Funktionalität zu niedrigsten Kosten und in kürzester Zeit zu entwickeln. Sein Ansatz, dieses Ziel im Wesentlichen mit DoE zu erreichen, konnte nachweisbar erreicht werden. Im Zentrum seiner theoretische Bemühungen stand der Qualitätsbegriff, den er gesamtgesellschaftlich definierte: Die Qualität eines Produktes muss anhand des gesellschaftlichen Gesamtverlustes definiert werden, d. h., unter Einbezug von Abweichungen in der Produktleistung und gefährlichen Nebenwirkungen. Die ideale Qualität ist dann gegeben, wenn ein Produkt zu jedem Zeitpunkt seiner Verwendung die geplante Leistung erbringt, und zwar unter allen vorgesehenen Betriebsbedingungen und während der gesamten Lebensdauer, ohne dabei Nebenwirkungen hervorzurufen.

Es geht also nicht nur um den finanziellen Verlust, den ein Produzent erzielt, wenn die Produktqualität nicht entsprechend ausfällt. Taguchis Bestimmung von Qualität bricht mit der herrschenden Auffassung von Qualität, die den gesellschaftlichen Qualitätsverlust nur indirekt ins Kalkül zielt. Intuitiv denkt man an Beispiele aus dem Pharmaziebereich, wo die Nebenwirkungen in Beipackzetteln thematisiert werden. Doch auch jedes technisches Gerät, an das die Messlatte dieser Definition angelegt wird, zeigt die Brisanz dieser Begriffsbestimmung, die natürlich auch für Dienstleistungsprodukte gilt. Man denke zum Beispiel an Pauschalreisen, die von Veranstaltern aus zwei Leistungsbündeln (Hotel/Transport) kombiniert werden. Die vom Veranstalter geforderte Gesamtqualität zu lenken, kann (und wird auch) hoffnungslos minimiert, wenn von Unterlieferanten erbrachte Leistungen in schlechter Qualität ausgeführt werden.

Die von Taguchi entwickelten neun „Qualitätsgebote" sollten Beachtung finden. In ihnen spiegelt sich seine Qualitätsphilosophie auf der Basis von SPC wider. Das vierte Gebot erscheint im gegebenen Zusammenhang besonders hervorhebenswert:

„Bevor Produkte in die Produktion gehen, sind Fertigungstoleranzen festzulegen. Der totale Qualitätsverlust nimmt dann mit dem Quadrat der Abweichung vom Zielwert zu, gemäß der Gleichung $L = D^2C$. Dabei steht D für die Abweichung vom Sollwert und die Konstante C für die Kosten von Qualitätssicherungsmaßnahmen, die womöglich in der Fertigung ergriffen werden müssen. Eben diese Gleichung ist nichts anderes als die sogenannte Qualitätsverlustfunktion" (Zollondz 2011, S. 126).

Während DoE nach Taguchi seinen Schwerpunkt in der Produktentwicklung hat, entwickelte D. Shainin in den USA eine DoE-Version für den Produktionsprozess. Diese „zweite Revolution der statistischen Versuchsplanung" wurde möglich, weil bei neuzeitlicher Prozesslenkung inzwischen in aller Regel Online-Messtechnik eingesetzt werden kann: „Diese liefert im Allgemeinen sehr viel Information über die Werte aller wichtigen Prozessmerkmale. Das hat zur Folge, dass zur Prozessoptimierung in vielen Fällen keine besonderen DoE-Versuche mehr benötigt werden. Man kann vielmehr mit der laufend vorhandenen, umfangreichen Information und mit guten, fallangepassten Datenverarbeitungsprogrammen die Prozessoptimierung ebenfalls gleichsam ‚Online' durchführen" (Geiger 2008, S. 459). Hier setzte Shainin an, indem er das paarweise Vergleichen *(paired comparison)* anwandte. Der Vergleich der Merkmalsausprägungen von Gut- und Schlechtteilen diente der Eingrenzung der wesentlichen Störeinflüsse, indem die Unterschiede zwischen ihnen ermittelt werden konnten. Shainin nannte dieses Vorgehen auch ein „Sprechen mit den Teilen". Zusammenfassend kann gesagt werden, dass der wesentliche Unterschied zu Taguchis DoE-Version darin besteht, dass das methodische Vorgehen von Shainin einfacher und zielführender gestaltet ist. In der Praxis der industriellen Fertigung wird heute der Shainin-Methode der Vorrang gegeben. Erst wenn seine „einfachen" Methoden nicht die geforderten Ergebnisse bringen, folgt man der Taguchi-Methodik.

Shainin hat DoE sein gesamtes Leben gewidmet und trat mit seinem eigenen Beratungsinstitut auf. Sein Wirken als Berater quer durch alle Branchen ist schon fast legendär zu nennen. Unter der Vielzahl an Projekten, die er als „Zuverlässigkeitsberater" begleitet hat, muss das Apollo-Projekt der NASA (I: 1961 - 1972) genannt werden, wo er DoE einsetzte und verschiedene Techniken weiterentwickelte. Als Nachweis für die Effektivität seiner statistischen Methoden wird vorgebracht, dass sie bei elf störungsfreien Mondprojekten erfolgreich eingesetzt wurden.

Auch das auf den Japaner Yoji Akao zurückgehende *Quality Function Deployment* (*QFD*) basiert auf statistischen Denkkategorien. Akao entwickelte es 1966 und setzte es erstmalig bei der Bridgestone Kurume Factory in Japan ein. Es dient der Planung der Qualitätsforderungen, berücksichtigt die Forderungen der Kunden und setzt diese in einem weiteren Schritt mit den eigenen Forderungen und gegebenenfalls mit denen des Wettbewerbs in Beziehung. Seine systematische Anwendung zeigt ein umfassendes quantifiziertes Bild des Produktentstehungsprozesses. Der QFD-Prozess wird phasenweise erarbeitet. In jeder Phase wird eine Matrix, das sogenannte House *of Quality* (*HoQ*), entwickelt. Der 1996 ins Leben gerufene Akao Price zeichnet Leistungen aus, die sich um die Weiterentwicklung von QFD verdient gemacht haben. Um diesen Preis herum hat sich eine Qualitätsbewegung entwickelt *(www.qfdi.org)*, die kontinuierlich Veranstaltungen durchführt. Seit den 1980er Jahren ist QFD auch in Deutschland bekannt. Der organisatorische Zusammenhang hat sich um Georg Herzwurm, Universität Stuttgart, gebildet *(www.qfd-id.de)*.

Zusammenfassend kann festgestellt werden, dass die statistischen Grundlagen des Qualitätsmanagements besonders von herausragenden Experten geschaffen wurden, die sich einer jeweiligen Lebensaufgabe verschrieben haben. Die bedeutendsten wurden genannt. Die statistische Ausrichtung ist für das Qualitätsmanagements eine Notwendigkeit, die zunehmend über die IT realisiert wird: „Heute unterstützen benutzerfreundliche Statistiksoftwarepakete den Anwender hervorragend bei der Erstellung und Analyse von Versuchsplänen. Sie entlasten ihn von der Rechenarbeit, sodass er sich auf die Interpretation von Kennzahlen und Grafiken konzentrieren kann. Anwendern wird es dadurch sehr viel leichter gemacht, Zusammenhänge im Prozess zu verstehen“ (Jung et al. 2013, S. 77).

2.3.3 „Also sprach General Douglas MacArthur“ – Wie in Japan eine „koloniale Revolution“ begann, die nicht nur Demokratie und westliche Werte, sondern auch westliches Managementwissen brachte

Eine der ersten ökonomisch-technisch wichtigen Maßnahmen, die nach der Kapitulation Japans vom Supreme Commander MacArthur ergriffen werden mussten, war die Erneuerung der technischen Infrastruktur des japanischen Kommunikationswesens. MacArthur ging es vor allem darum, dass die japanische Bevölkerung die amerikanischen Informations- und Bildungsprogramme im Radio gut empfangen konnte. Ein Experte auf diesem Gebiet war Homer Sarasohn, den MacArthur für die Leitung des Wiederaufbaus der Kommunikationsinfrastruktur gewinnen konnte. Beim Projekt des Wiederaufbaus der Kommunikationstechnik, das Sarasohn von 1946 bis 1950 in Japan leitete, ging es MacArthur aber nicht nur darum, Telefon, Radio und Telegrafie etc. wiederherzustellen. MacArthur sah in Sarasohn auch jemanden, der einen Schwerpunkt seiner Tätigkeit darauf legte, den Führungskräften der japanischen Unternehmen ein gewisses Managementverständnis zu lehren. MacArthur verlangte deshalb, dass diese und die zuständigen Ingenieure an Seminaren teilnahmen, die Sarasohn durchführte (ab 1948 mit Charles Protzmann, einem Ingenieur). Inhaltlich waren diese Seminare an der statistischen Qualitätskontrolle nach Shewhart ausgerichtet. Das Thema Qualität stand im Mittelpunkt statistischer Betrachtungen und auch als Managementkomplex. Es ist weithin bekannt, dass W. E. Deming und Juran hier anknüpften, als sie von MacArthur in Japan engagiert wurden. Kaum bekannt ist, dass es Sarasohn war, der die ersten Jahre nach dem Krieg japanischen Führungskräften statistische Kenntnisse und Wissen zum Qualitätsmanagement lehrte. Deming und Juran haben also nicht bei Null angefangen, als sie ihre Führungskräftetrainings begannen.

Eine weitere Entscheidung, die im Zusammenhang mit Bemühungen um die Weiterbildung von MacArthur getroffen wurde, war der Einbezug der Organisation Training within Industry (TWI) in die den Wiederaufbau Japans unterstützenden Aktivitäten. Bei TWI handelt es sich um eine amerikanische Organisation, die speziell auf die Zielgruppe der Mitarbeiter im operativen Bereich und der mittleren Managementebene in den Unternehmen abgestimmte Trainings „on the job“ durchführt. MacArthur verlangte, dass die japanischen Unternehmen und Verwaltungen mit den Trainern von TWI kooperieren, damit diese vor Ort die Trainings durchführen konnten. Solche Trainings wurden mit einem Zertifikat abgeschlossen, blieben nicht folgenlos und ergänzten in besonderer Weise die Seminare von Sarasohn, Deming und Juran.

Dieser Gesamtzusammenhang klärt, dass es keine Kaskadeneffekte gegeben haben kann, indem sich die Inhalte, die Sarasohn, Deming und Juran an die obere Managementebene vermittelt haben, umstandslos bis zur Mitarbeiterebene durchgesetzt haben. Die kognitive und emotionale Basis in den Betrieben wurde ebenso wie das Management von gezielten, flankierenden Bildungsmaßnahmen der amerikanischen Militärregierung gesteuert. All diese personenzertifizierenden Maßnahmen waren sehr erfolgreich. Sie entwickelten sich nach Ende der Besatzungszeit im Jahr 1952 zum Selbstläufer, da japanische Institutionen die Rolle der amerikanischen Militärregierung übernahmen. So scheint Japans wirtschaftlicher Erfolg die unbeabsichtigte Folge von Entscheidungen zu sein, die MacArthur als Supreme Commander getroffen hatte.

2.3.4 Ohno Taiichi: Der Spur des Lean Managements folgen und das TPS finden

„Wir lernen weit mehr aus Mißerfolgen als aus Erfolgen.
Oft finden wir heraus, was funktioniert,
indem wir herausfinden, was nicht funktioniert.
Und wahrscheinlich hat derjenige,
der nie einen Fehler gemacht hat,
auch nie eine Entdeckung gemacht.“

Samuel Smiles

In Ohno Taiichi erkennen wir den Typ des Machers und Experimentators im Qualitätsmanagement. Schon der Gründer von Toyota, Toyoda Sakichi, war ein solcher Charaktertyp. Mythen ranken sich um Ohno Taiichi, der ein Managementsystem entwickelt hat, das nach Allgemeingültigkeit verlangt und doch nur in einem Unternehmen entstand, dem wohl keiner in der Entstehungsphase zugetraut hätte, dass es in seiner Branche international in wenigen Jahrzehnten zu den Besten zählen würde. Gemeint sind die Toyota Motor Corporation (TMC) und das Toyota Produktionssystem (TPS). In der Tat hat Ohno vieles ausprobiert und entwickelt, aber die Kernelemente des Systems waren schon da – erprobt und angewandt von den Gründern, quasi aus dem Familienbesitz übernommen (Zollondz 2013, S. 78):

- **Jidoka** von Toyoda Sakichi
- **Fünf Whys** von Toyoda Sakichi
- **Just in Time/Kanban** von Toyoda Kiichirō
- **Muda** von Toyoda Kiichirō
- **Prozessbeherrschung** von Toyoda Kiichirō

Ohno musste sie nur übernehmen und intelligent zu einem System zusammenfügen. Darüber hinaus studierte er intensiv die Systeme von Taylor und Ford. Taylors Zusammenstellung der fünf Schritte zur Teilung der Arbeit dürften das unmissverständliche, kontrastrierende Vorbild für Ohnos Verschwendungsansatz gewesen sein. Ebenso verhielt es sich mit Fords Modell der Massenproduktion. Fords Denkweise, die sich im Flußprinzip *(flow)* und in der Realisation des Fließbands widerspiegelt, wur-

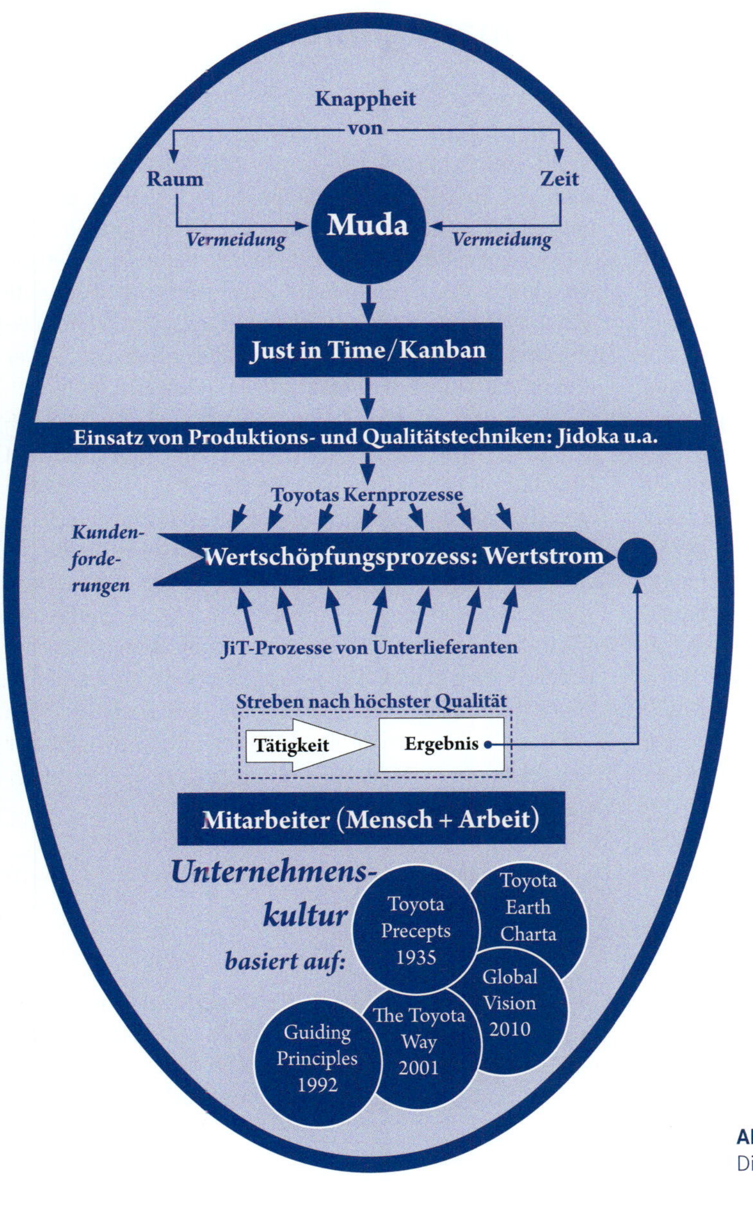

Abb. 2.7
Die Elemente des Toyota Produktionssystems

de maßgebend im Produktionssystem von Toyota umgesetzt. Konträr verhielt es sich mit Fords Push-System. Diesem setzte Ohno das Pull-System entgegen. Fords ökonomisches Gesellschaftsmodell (Fordismus), in dem er einen Zusammenhang zwischen Produktion und Reproduktion über den Lohn herstellte, zeigt sich auch heute noch als ubiquitäres Modell einer auf die Kaufkraft setzenden Ökonomie. Der Erfolg von Toyotas Produktionssystem ist auch der besonderen geografischen Lage und den einmaligen historischen Bedingungen des Japans der Nachkriegszeit zu verdanken. Ohno gelang es in bewundernswerter Weise, die Nachteile von mangelhafter Technik, räumlicher Enge, zeitlichen Einschränkungen und Kapitalnot in Ressourcen umzuwandeln. Raum und Zeit waren die einschränkenden Elemente, die bei Toyota von Anfang an dafür gesorgt haben, sich im organisatorischen Zusammenhang um jegliches Vermeiden von Verschwendung zu bemühen. Abbildung 2.7 verdeutlicht dies. Aus der damaligen Not wurde eine Tugend: *Muda* steht im Zentrum des produktiven Umgangs mit organisatorischen Problemen. Muda bildet den Ausgangspunkt des TPS. Aus ihm folgt zwingend das Element *Just in Time*, das sich im operativen *Kanban* realisiert. In diesem Zuge ist die Vielfalt an Produktions- und Qualitätstechniken aufzugreifen, die sowohl von Toyota als auch von anderen entwickelt wurden. Die Techniken autonome Automation (*Jidoka*) und Produktionsnivellierung (*Heijunka*) sind in diesem Kontext besonders hervorzuheben. Solche Techniken können innerhalb des Managementprozesses in allen Phasen zum Einsatz gelangen. Auch der Wertschöpfungsprozess, in dem sich die Arbeit realisiert, ist nicht frei von der Anwendung der Produktions- und Qualitätstechniken. Er wird wesentlich bestimmt von den Kundenforderungen, die aber nicht für sich alleine die Wertschöpfung bedingen, sondern nur über die Forderungen des Managements Eingang in den Prozess der Produktrealisierung finden. Neben den Toyota-eigenen Kernprozessen stellen die Unterlieferanten, die von Toyota sukzessive in die Wertschöpfung über JiT-Prozesse eingebunden werden, einen wichtigen Teil dar. Das Element Qualität wird bei Toyota als permanentes Streben nach höchster Qualität verstanden. Auch hier gilt: Zwar sind die Qualitätsforderungen der Kunden beachtenswert, aber letztendlich entscheidet das Management, welche Qualitätsmerkmale in welcher Ausprägung zum Zuge kommen sollen. Kaizen ist in Verbindung mit Qualität zu verorten. Das Element „Mitarbeiter“ wird hier in einer erweiterten Bedeutung aufgefasst – der in der Organisation arbeitende Mensch, der vor allem in Gruppenzusammenhängen zu thematisieren ist. Er wirkt eingebettet in der sehr spezifischen, auf der Familientradition basierenden Unternehmenskultur der Toyoda-Familie mit ihren eigenen Regeln auf der Grundlage ihres Leitbildes.

Auf die MIT-Studie von (Womack et al. 1994) zur sogenannten zweiten Revolution in der Autoindustrie wurde bewußt nicht Bezug genommen. In der Tat wurde durch sie Anfang der 1990er Jahre das TPS weltweit bekannt gemacht. Sie war Namensgeber des Begriffs „lean“, sorgte aber gleichzeitig für ein unscharfes Verständnis dieses Managementsystems. Um dieser „Unschärfe“ aus dem Weg zu gehen, werden Lean-Management-Systeme in Deutschland heutzutage als ganzheitliche Managementsysteme bezeichnet (Zollondz 2013, S. 226).

2.4 Modell- und Systembildung im Qualitätsmanagement

In Kapitel 2.2.4 wurde bereits deutlich, dass der historische Entwicklungsprozess des Qualitätsmanagements auch als Modell- und Systembildung begriffen werden muss. Hierbei haben sich neben der ISO 9000-Reihe-Entwicklung im globalen Kontext Modelle herausgebildet, die ein identisches Grundmuster aufweisen: Ihre Elemente leiten sich von übergeordneten gesellschaftlichen Fixpunkten ab, wie sie bereits von Feigenbaum in den 1950er und Ishikawa in den 1960er Jahren in ihren TQM-Modellen formuliert wurden (Zollondz 2011, S. 323 f.). Das Streben nach dem erfolgreichen Anwenden eines solchen Modells soll belohnt werden. Preise und Awards werden öffentlich an diejenige Organisation vergeben, welche die höchste Punktzahl entsprechend einem Bewertungsschema erhalten hat. Als Schiedsrichter treten Assessoren, kompetente und in der Punkteberechnung geschulte und erfahrene Experten auf, die der Organisation auch eine Wiederholung ermöglichen, wenn nicht gleich die nötige Mindestpunktzahl erreicht wurde. Der Deming Prize kennt allerdings keine Punktbewertung. Aus globaler Sicht existieren vier Modelle mit dazugehörigen Preisen:

- Deming Application Prize (Japan)
- Malcolm Baldrige National Quality Award (USA)
- EFQM-Modell mit dem European Excellence Award (EEA) (Europa)
- Shingo Prize (USA/Welt)

Die weiteren, rein nationalen und regionalen Qualitätspreise werden hier nicht betrachtet, da es sich um abgeleitete Modelle handelt (vgl. hierzu auch Kap. 17, „Funktion und Nutzen von Qualitätsauszeichnungen (Awards)“).

2.4.1 Deming Application Prize

In diesem Sinne kann – obwohl deutlich früher entwickelt – das Modell genannt werden, das dem japanischen Deming Prize zugrundeliegt: der *Deming Application Prize*, ein auf Umsetzung und Anerkennung durch die Öffentlichkeit (Award) ausgerichtetes Modell des Qualitätsmanagements.
Die ersten Unternehmen wurden bereits 1951 von der JUSE mit dem Deming Application Prize ausgezeichnet. Westliche Beobachter nahmen an, dass sowohl der Preis selbst als Anreiz als auch die jährlich durch den japanischen Kaiser ausgezeichneten Preisgewinner wesentliche Impulse für die Wettbewerbsfähigkeit der japanischen Wirtschaft gegeben haben. Die ausgezeichneten Unternehmen und diejenigen, die sich um den Preis bemühen, profitieren langfristig von den implementierten Modellelementen, die einen permanenten Qualitätsverbesserungsprozess zur Folge haben.

2.4.2 Malcolm Baldrige National Quality Award

Es hat fast vier Jahrzehnte gedauert, bis die USA als erste westliche Nation dem Beispiel der Japaner gefolgt sind, und 1987 einen eigenen nationalen Qualitätspreis per Gesetzesakt ins Leben gerufen haben. Der Preis wurde nach dem durch ein Flugzeugunglück ums Leben gekommenen Secretary of Commerce, Howard Malcolm Baldige, benannt: *Malcolm Baldrige National Quality Award (MBNQA)*. Wie der japanische Deming Prize wird er jährlich verliehen. Ronald Reagan hat das Gesetz signiert und war der erste Präsident, der 1992 die Preisträger auszeichnete. Offenbar konnten mit dieser Institution folgende drei Ziele erreicht werden: Förderung des Qualitätsbewusstseins; öffentliche Anerkennung von außerordentlichen Unternehmensleistungen (Exzellenz); Zugänglichmachen von Informationen durch die Preisträger an die Öffentlichkeit, indem sich die Preisträger verpflichten ihr Wissen an andere weiterzugeben.

2.4.3 EFQM-Modell mit dem European Excellence Award (EEA)

Europa folgte kurz darauf dem Vorbild der Vereinigten Staaten. 1988 gründete sich die *European Foundation for Quality Management (EFQM)* in Brüssel, deren Netzwerk heute ca. 500 Organisationen umfasst. Das übergeordnete Ziel besteht darin, die Position europäischer Unternehmen auf dem Weltmarkt zu stärken. Das dem *European Excellence Award (EEA)* zugrundeliegende EFQM-Modell, das zusammen mit der *European Organization for Quality (EOQ)* entwickelt wurde, bildet die Basis der Bewertung (*Assessment*). Der Preis soll allen europäischen Unternehmen ein Ansporn sein. Auch diejenigen, die sich nicht bewerben wollen, können ein Self-Assessment durchführen, um so ihren Exzellenzstatus zu erfahren. Im Modell sind einige ethische Prinzipien verankert, die sowohl auf europäischen Werten, zum Beispiel der European Convention on Human Rights (1953) und der European Social Charter (1996) sowie auf der UN Global Compact (2000) beruhen. Von den Bewerbern wird erwartet, diese zu teilen.

2.4.4 Shingo Prize

Der Shingo Prize wurde 1988 ins Leben gerufen und nach dem japanischen Qualitätsexperten Shingo Shigeo benannt, der sich um die Entwicklung des Lean Managements sehr verdient gemacht hat. Shingos Prinzipien lassen erkennen, dass er stark vom Toyota Managementsystem geprägt wurde (Zollondz 2013, S. 181–187). Ein Auszug aus seinen Schriften lautet: Respekt gegenüber jedem Menschen, Bescheidenheit vorleben, nach Perfektion streben, Qualität von Anfang an, Fließ- und Zieh-Prinzip hoch einschätzen, Prozessorientierung steht im Mittelpunkt. Die Basis bilden vier Evaluationsbereiche: *Cultural Enablers, Continous Process Improvement, Enterprise Alignment* und *Results*. Ähnlich den Assessoren im EFQM-Modell wird die Bewertung von sogenannten Examiners durchgeführt, die einen vorgegebenen Fragenkatalog benutzen. Der Preis wird jährlich durch die Jon M. Huntsman School of Business, einer Institution der Utah State University, nach vier Kategorien ausgeschrieben. In Europa gibt es eine Anlaufstelle für Interessenten. Im Jahr 2010 wurden erstmals Unternehmen ausgezeichnet. Inzwischen hat auch ein europäisches Unternehmen aus Dänemark den Preis gewonnen.

2.5 Zusammenfassung

Es musste weit ausgeholt werden, um keinem verkürzten Verständnis der Entwicklung des Qualitätsmanagements in der genannten Zeitspanne das Wort zu reden. Gerade mit der Akzentuierung anthropologischer und soziotechnischer Zusammenhänge in Kapitel 2.1.3 sollte kein negatives Menschenbild in Szene gesetzt werden, sondern ein Begründungszusammenhang geliefert werden, der sich in der Folge im gesamten Text wiederfindet, wenn man die

I

unterschiedlichen organisatorischen Zugänge näher betrachtet. In ihnen wird implizit ein Bild vom Menschen angenommen, das zu vorgegebenen Systemzusammenhängen passen muss *(fit)*. Überdeutlich ist das beim Taylor-System erkennbar, in dem die Teilung der Arbeit eine Wertung des Menschen durch das übergeordnete Funktionsmeistersystem impliziert. Die Möglichkeiten der Bewertung durch Mitarbeiter im operativen Prozess sind ganz bewußt extrem eingeschränkt. Damit gehen die eingeschränkten Möglichkeiten, Qualitätstechniken nutzen zu können, einher. Beim „Mann am Fließband" im Ford-System stellen sich genau dieselben Fragen. Am anderen Ende ist in den modernen Systemen des Qualitätsmanagements, wie zum Beispiel dem Lean Management, oder bei den Modellen zu den Qualitätspreisen (Kap. 2.3.4 und 2.4) der Mensch bewusst in ein interdependentes Muster von Soziotechnik eingebunden, das ihn mental evtl. sogar überfordert, weil er hier an den Grenzen seiner Bewertungsfähigkeiten angelangt ist.

Besonders herausgestellt wurden Normung, Messtechnik und Statistik in ihrer tragenden Bedeutung für das Qualitätsmanagement. Auch hier ist der Mensch keineswegs nur Beobachter. Er handelt direkt und ist eingebunden. Sein volles Vermögen wird verlangt. Die treffenden Worte von der Kunden-Lieferanten-Beziehung, in welcher der Mitarbeiter innerhalb des Wertschöpfungsprozesses steht, kennzeichnen unmissverständlich den sozio-technischen Zusammenhang. Sein Handeln und sein damit verbundenes Werten werden verlangt.

Anknüpfend an die Kapitel 2.2, 2.3 und 2.4, in denen die drei zentralen Problemsituationen herausgearbeitet wurden, welche die Entwicklung des Qualitätsmanagements in neuerer Zeit konstituiert haben, sollten gerade hier die zukünftigen Betätigungsfelder für eine wissenschaftshistorische Forschung ansetzen. Fragestellungen hierzu könnten lauten:

- Welchen Bedingungen der industriellen und handwerklich ausgerichteten Produktion unterliegen Normung, Messtechnik und Statistik in der Zukunft, welche Möglichkeiten ergeben sich daraus und wie sind Dienstleistungen in dieser Hinsicht einzuschätzen?
- Wie wird die Entwicklung des Qualitätsmanagements durch die weiterhin wirkenden „wegbereitenden Praktiker" und die Wissenschaft beeinflusst?
- Welchen Einfluss haben die Modelle und Systeme des Qualitätsmanagements auf die Fortentwicklung des Qualitätsmanagements und der Wirtschaft?

Diese drei übergeordneten Fragen erfordern ein empirisches Vorgehen. Ihre Beantwortung kann uns ein realistisches Bild vom Qualitätsmanagement liefern, das in die Zukunft weist.

Literatur

Becker, R.: Anwendungen der mathematischen Statistik auf Probleme der Massenproduktion. Springer, Berlin 1927

Geiger, W.: Die Entstehung, Erstellung und Weiterentwicklung der DIN ISO 9000-Familie. In: Stauss, B. (Hrsg.): Qualitätsmanagement und Zertifizierung. Von DIN ISO 9000 zum Total Quality Management. Gabler, Wiesbaden 1994. S. 27 – 62

Geiger, W./Kotte, W.: Handbuch Qualität. Grundlagen und Elemente des Qualitätsmanagements: Systeme – Perspektiven. 5. Auflage. Vieweg, Wiesbaden 2008

Geiger, W.: Beschaffenheitsmanagement – Nature Management. Oldenbourg, München 2013

Jung, B./Schweiße, S./Wappis, J.: Qualitätssicherung im Produktionsprozess. Carl Hanser Verlag, München 2013

Kamiske, G. F. (Hrsg.): Handbuch QM-Methoden. Die richtige Methode auswählen und erfolgreich umsetzen. 2. Auflage. Carl Hanser Verlag, München 2013

Ketting, M.: „Wir alle wollen mitgestalten ...". Qualitätsverantwortung in der Organisation. In: *Masing, W./Ketting, M./König, W./Wessel, K.-F. (Hrsg.)*: Qualitätsmanagement – Tradition und Zukunft. Festschrift zum 50-jährigen Bestehen der Deutschen Gesellschaft für Qualität e. V. Carl Hanser Verlag, München 2003. S. 255 – 128

Klein, B.: Versuchsplanung – DoE. Einführung in die Taguchi/Shainin-Methodik. 3. Auflage. Oldenbourg, München 2011

Landau, K.: Mehr tun müssen? 100 Jahre Produktivitätsmanagement. Ergonomia, Stuttgart 2013

Masing, W./Ketting, M./König, W./Wessel, K.-F. (Hrsg.): Qualitätsmanagement – Tradition und Zukunft. Festschrift zum 50-jährigen Bestehen der Deutschen Gesellschaft für Qualität e. V. Carl Hanser Verlag, München 2003

Montgomery, D. C.: Introduction to Statistical Quality Control. Wiley, Hoboken/USA 2005

Ohno, T.: Das Toyota Produktionssystem. Campus, Frankfurt am Main/New York 1993

Perdijon, J.: Das Maß in Wissenschaft und Philosophie. BLT, Bergisch-Gladbach 2001

Pfeifer, T./Schmitt, R.: Fertigungsmesstechnik. 3. Auflage. Oldenbourg, München 2010

Reith, R.: „Gerecht geschaut' Gut" – Qualität im zünftigen Handwerk. In: *Masing, W./Ketting, M./König, W./Wessel, K.-F. (Hrsg.)*: Qualitätsmanagement – Tradition und Zukunft. Festschrift zum 50-jährigen Bestehen der Deutschen Gesellschaft für Qualität e. V. Carl Hanser Verlag, München 2003. S. 127 – 148

Scharlau, W.: Der General und der Kaiser. Die amerikanische Besetzung Japans 1945 – 1952. Hauschild, Bremen 2003

Stauss, B. (Hrsg.): Qualitätsmanagement und Zertifizierung. Von DIN ISO 9000 zum Total Quality Management. Gabler, Wiesbaden 1994

Vahrenkamp, R.: Produktionsmanagement. 6. Auflage. Oldenbourg, München 2008

Walgenbach, P.: Die normgerechte Organisation. Eine Studie über die Entstehung, Verbreitung und Nutzung der DIN EN ISO 9000er Normenreihe. Schäffer-Poeschel, Stuttgart 2000

Womack, J. P./Jones, D. T./Roos, D.: Die zweite Revolution in der Autoindustrie. Konsequenzen aus der weltweiten Studie aus dem Massachusetts Institute of Technology. 8. Auflage. Campus, Frankfurt am Main/New York 1994

Zilt, A.: Rüstungsforschung in der westdeutschen Stahlindustrie. Das Beispiel der Vereinigte Stahlwerke AG und Kohle- und Eisenforschung GmbH. In: Maier H. (Hrsg.): Rüstungsforschung im Nationalsozialismus. Wallstein, Göttingen 1998. S. 183 – 213

Zollondz, H.-D.: Grundlagen Qualitätsmanagement. Einführung in Geschichte, Begriffe, Systeme und Konzepte. 3. Auflage. Oldenbourg, München 2011

Zollondz, H.-D.: Grundlagen Lean Management. Einführung in Begriffe, Systeme, Techniken sowie Gestaltungs- und Implementierungsansätze eines modernen Managementparadigmas. Oldenbourg, München 2013

Ein Qualitätsleitbild für Deutschland

3.1 Perzeption von Qualität und Qualitätsmanagement ... 41
3.1.1 Der Begriff Qualität ... 41
3.1.2 Die Perzeption von Qualität und Qualitätsmanagement in der Gesellschaft ... 41
3.1.3 Die Perzeption von Qualität und Qualitätsmanagement im Unternehmen ... 42

3.2 Qualitätsführerschaft in Gefahr ... 43
3.2.1 Produktlebenszyklen ... 43
3.2.2 Blackbox Qualität ... 44
3.2.3 Qualitätsimage ... 44
3.2.4 Preisfokus ... 44
3.2.5 Quality Made in China ... 44
3.2.6 Irrationalität ... 45

3.3 Eine Allianz für Qualität ... 45
3.3.1 Brauchen Wirtschaft und Gesellschaft institutionelles Engagement für Qualität? ... 45
3.3.2 Wollen Wirtschaft und Gesellschaft Engagement für Qualität? ... 46
3.3.3 Wie können die Institutionen Qualität und Qualitätsmanagement voranbringen? ... 46

3.4 Die nationale DNA für Qualität ... 46

3.5 Ein Qualitätsleitbild für Deutschland – Anforderungen und Erarbeitung ... 47
3.5.1 Wie wirken Leitbilder? ... 47
3.5.2 Ein Leitbild für ein Land? ... 48
3.5.3 Anforderungen an ein Qualitätsleitbild für Deutschland ... 48
3.5.4 Der Prozess der Leitbilderarbeitung ... 48

3.6 Transfer in die unternehmerische Praxis ... 49

3 Ein Qualitätsleitbild für Deutschland

Benedikt Sommerhoff

Qualität ist ein ambivalentes Thema. Einerseits zieht jeder die Qualität der Nicht-Qualität vor, andererseits ist Nicht-Qualität in Wirtschaft und Gesellschaft sehr weit verbreitet – und das, obwohl sich die historische Entwicklung und Leistung der deutschen Wirtschaft maßgeblich auf ihre hohe Qualitätsfähigkeit stützt. Die Tatsache, dass „Made in Germany" zur weltweiten Marke und zum Qualitätssiegel wurde, ist ein starker Indikator dafür, dass Qualität *eine* der Erfolgsursachen für den Exportweltmeister Deutschland war und ist.

Doch Qualität, Qualitätsstreben und die Fähigkeit, Qualität zu entwickeln und herzustellen, geraten an vielen Stellen in Bedrängnis und ins Hintertreffen. Dafür sind sowohl gesellschaftliche Entwicklungen als auch die nivellierende Wirkung der Globalisierung verantwortlich. Ein Rückgang der Qualität schädigt Konsumenten, frustriert Mitarbeiter in den Unternehmen und schädigt letztlich auch die Unternehmen selbst sowie die deutsche Wirtschaft. Deutschland verliert eine seiner bisherigen Stärken im globalen Wettbewerb – mit allen negativen Effekten, die diese Entwicklung für die Gesellschaft hat.

2014 will die Deutsche Gesellschaft für Qualität (DGQ) gemeinsam mit Vertretern der Wirtschaft ein Qualitätsleitbild für Deutschland erarbeiten und veröffentlichen. Sie sieht darin die Möglichkeit, das Qualitätsbewusstsein und damit letztlich auch die Qualitätsfähigkeit in Deutschland wieder zu stärken. Im Zuge dessen ist zu klären, wie ein nationales Leitbild wirkt und welche Anforderungen es erfüllen muss.

3.1 Perzeption von Qualität und Qualitätsmanagement

3.1.1 Der Begriff Qualität

Der Begriff Qualität bereitet einigen Aufwand für diejenigen, die sich beruflich mit ihm auseinandersetzen. Im allgemeinen Sprachgebrauch ist er positiv belegt, d. h., im Alltag und in unserer Konsumentenrolle stufen wir Qualität als etwas Positives und Erstrebenswertes ein. Kombinationen mit negativ belegten Begriffen wie „eine neue Qualität des Terrors“ oder „eine neue Qualität der Zerstörung“ erscheinen irritierend, doch letztlich zeigt auch hier die Hinzunahme des Begriffs Qualität die Steigerung von etwas an.

Fachliche oder wissenschaftliche Begriffsdefinitionen sind nicht immer alltagstauglich und nicht einmal unternehmenstauglich. Qualität ist laut ISO 9000 der „Grad, in dem ein Satz inhärenter Merkmale Forderungen erfüllt“. Diese Definition leistet eine wichtige Abgrenzung, ist sie aber auch ausreichend klar? Zweifel an der Klarheit haben den Lehrstuhl Qualitätswissenschaften der TU Berlin 2012 dazu veranlasst, unter fachöffentlicher Beteiligung eine neue Definition finden zu wollen *(www.was-ist-qualitaet.de)*. Die Diskussionen zur neuen Qualitätsdefinition zeigen allerdings die Schwierigkeiten dieses Unterfangens auf. In der Kunden-Lieferanten-Beziehung ist die ISO-Definition letztlich von sehr geringer Bedeutung – eine bessere Definition wird daran vermutlich nicht viel ändern. Denn zwischen Kunde und Lieferant muss mit Blick auf Kundenzufriedenheit und Markterfolg eine spezifische Konkretisierung des Qualitätsbegriffs stattfinden. Kunde und Lieferant müssen aus ihrer Perspektive jeweils klären:

- Was ist die konkret von mir als Lieferant geforderte Qualität und welche Merkmale beschreiben sie?
- Was ist die konkret von mir als Kunde benötigte Qualität und welche Merkmale beschreiben sie?

Im Geschäftsleben ist Qualität also nicht Definitions- sondern Verhandlungssache. Deshalb ist das „Anforderungsmanagement“ einer der wesentlichen Bausteine des Qualitätsmanagements. Anforderungsmanagement bedeutet die Übersetzung der aus vielen Quellen stammenden Anforderungen in Qualitätsmerkmale des Produktes oder der Dienstleistung sowie der Prozesse, die sie erzeugen. Anforderungen sind damit maßgeblich für jedes Qualitätsmanagementsystem. Das Anforderungsmanagement muss folgende Punkte berücksichtigen:

- Anforderungen an das Produkt oder die Dienstleistung
- Anforderungen an die Leistungsprozesse
- Anforderungen an unterstützende Prozesse und Führungsprozesse
- Anforderungen an die Organisation

Anforderungen werden sowohl von Kunden als auch von Behörden, Gesetzgebern, Branchenverbänden und sonstige Organisationen formuliert. Sie sind in Verträgen, Gesetzen, Verordnungen, Branchenstandards und Normen schriftlich niedergelegt. Dort, wo der Kunde sich an der Vertragsgestaltung nicht beteiligt, wie z. B. im Massengeschäft mit Endverbrauchern, erheben Unternehmen die Anforderungen mit den Werkzeugen der Marktforschung.

Zusätzlich zum Aushandeln dessen, was Qualität für ein Unternehmen und seine Produkte oder Dienstleistungen im konkreten Falle heißt, ist von zentraler Bedeutung, welche Assoziationen und Wirkungen die Begriffe Qualität und Qualitätsmanagement auslösen.

- Wie wirken der Begriff Qualität und die auf ihn gestützten und mit ihm verwandten Begriffe Qualitätsmanagement und Qualitätssicherung auf den Kunden?
- Wie wirken sie auf Führungskräfte?
- Wie wirken sie auf Mitarbeiter?

3.1.2 Die Perzeption von Qualität und Qualitätsmanagement in der Gesellschaft

2008 hat die Deutsche Gesellschaft für Qualität mittels Telefoninterviews eintausend Bürger gefragt (DGQ 2008): „Woran denken Sie spontan, wenn Sie den Begriff Qualität hören?“ Die Bürger assoziieren mit Qualität positive Produkteigenschaften (24 %), bestimmte Produkte oder Unternehmen (19 %), Fehlerfreiheit der Produkte (13 %), Arbeit/Aufwand/Leistung (11 %) bzw. Made in Germany (10 %).

Für den Kauf eines Produkts (erfragt am Beispiel Waschmaschine) oder einer Dienstleistung (erfragt am Beispiel Handwerkerleistung) war Qualität das wichtigste Auswahlkriterium – mit großem Abstand vor dem Preis. Bei Bürgern in vergleichsweise schlechterer wirtschaftlicher Lage verlor die Qualität gegenüber dem Preis an Bedeutung. Qualität lag aber auch in diesem Falle noch um 22 Prozentpunkte vor dem Preis.

Für Kunden und Konsumenten ist der Begriff Qualität untrennbar mit seinem Gegenteil verbunden. Dies erfolgt meist unterschwellig, doch manchmal auch bewusst reflektiert. Interessanterweise gibt es für die Nicht-Qualität gar keinen eigenständigen Begriff. Die Begriffe Fehler, Verschwendung und Unzuverlässigkeit behandeln Teilaspekte der Nicht-Qualität. Nicht-Qualität ist „nicht gut genug“ für den Kunden, weswegen das Klären – wenn ir-

I

gend möglich sogar das Aushandeln – des Qualitätsniveaus so wichtig ist.
Die Menschen benutzen den Begriff Qualität allerdings weit über den Kontext von Konsum und Geschäftsbeziehungen hinaus. Die Begriffe Beziehungsqualität, Freizeitqualität, Qualitätszeit oder Lebensqualität zeigen an, wie wichtig der Gesellschaft Qualität ist. Der Begriff Qualität ist in der Gesellschaft zwar omnipräsent, die Qualitätsdiskussion ist jedoch durch andere Begriffe geprägt. Ein Schlüsselbegriff ist Nachhaltigkeit. Dieser Begriff war vor 30 Jahren kaum gebräuchlich, heutzutage ist er alltäglich. Eine Definition des Begriffs „nachhaltige Entwicklung" leistete 1987 der Brundtland Report (Brundtland 1987). Im Kern ist die Nachhaltigkeitsdiskussion eine Qualitätsdiskussion. Ein weiterer Schlüsselbegriff ist Verbraucherschutz. Das institutionalisierte Qualitätsmanagement stellt allerdings kaum Verknüpfungen zum organisierten Verbraucherschutz her und auch umgekehrt sind Institutionen des Verbraucherschutzes kaum mit dem Qualitätswesen vernetzt.
Der Begriff Qualitätsmanagement ist in der Bevölkerung positiv belegt. Die Funktion des Qualitätsmanagers genießt Respekt. Auf die Frage hin, welche Leitungsfunktion die meiste Achtung genießt, ergibt sich folgende Rangfolge aus der Bevölkerungsstudie (DGQ 2008): Leiter Entwicklung (50 %), Geschäftsführung/Vorstand (48 %), Leiter Qualitätsmanagement (47 %), Leiter Produktion (43 %), Personalleiter (42 %), Leiter Controlling/Buchhaltung/Finanzen (32 %), Leiter Vertrieb (22 %).

3.1.3 Die Perzeption von Qualität und Qualitätsmanagement im Unternehmen

Alle Mitarbeiter und Führungskräfte eines Unternehmens nehmen die Rolle des privaten Konsumenten ein. Wer im Unternehmen intensiv mit Qualitätssicherung und -management in Berührung kommt, entwickelt darüber hinaus ein Bild von Qualität, das durch die konkrete Operationalisierung im Unternehmen geprägt ist. Besonders relevant ist die Sicht der Führungskräfte, weil sie die Rahmenbedingungen für die Umsetzung von Qualitätssicherung und -management setzen. Das Bekenntnis zur Qualität geht Führungskräften leicht von den Lippen. Allerdings gehen reale Prioritätensetzungen allzu häufig zu Lasten der Qualität aus. Viele der jährlich immer mehr Modelle betreffenden Rückrufe von Fahrzeugen sind z. B. nicht durch Problematiken begründet, die trotz aller Bemühungen um Qualität unvorhersehbar auftreten. Vielmehr folgen sie Entscheidungen des Top-Managements, das in letzter Konsequenz Schnelligkeit vor Gründlichkeit, Kostenreduktion vor Lebensdauer und Quantität vor Qualität stellt. Bezüglich des Themas Qualität existiert geradezu eine Zweiklassengesellschaft von Unternehmern und Führungskräften und somit auch der Unternehmen selbst. Die eine Gruppe sieht Qualität und das Streben danach als Unternehmenswert an, die andere Gruppe leistet nur die branchenerforderliche Systembefriedung und folgt anderen, mit Qualität konkurrierenden Werten und Zielen.
Die Haltung der Führungskräfte zum Thema Qualität strahlt zwar auf ihre Haltung zum Qualitätsmanagement und zur Qualitätssicherung ab, ist aber damit nicht deckungsgleich. Dies führt in vielen Fällen zu einer extrem dialektischen Sprech- und Handlungsweise. Qualität ist diesen Führungskräften wichtig und sie setzen entsprechende Prioritäten, das unternehmenseigene Qualitätsmanagement beteiligen sie jedoch nicht angemessen an den eigenen Maßnahmen in Richtung Qualitätssteigerung. So entstehen entrückte, virtuelle Welten, die in erster Linie auf dem Papier existieren und sich nicht in der Umsetzung existierender Qualitätsmanagementsysteme äußern. Mitverantwortlich hierfür sind auch Qualitätsmanager und externe Berater, die sich weder an den Zielen der Organisation noch an den Zielen und Motiven der Leitung bzw. der Führungskräfte orientieren, sondern sehr missionarisch auftreten und sich auf die gängigen Regelwerke und auf externe Zwänge berufen. Sie heben QM-Themen auf die Agenda, deren Bedeutung und vor allem Nutzwirkung die Führungskräfte im Kontext ihrer eigenen Ziele und Motive oft gar nicht erkennen können.
In der universitären Ausbildung von Führungskräften findet das Qualitätswesen keine oder nur eine marginale Behandlung. Die Auswertung einer Stichprobe von Lehr- und Fachbüchern zur Betriebswirtschaftslehre, Organisationstheorie und Unternehmensführung, die typischerweise – bezogen auf das Qualitätsmanagement – fachfremde Autoren schreiben, zeigt dies deutlich (Sommerhoff 2012). Wenn überhaupt, bekommt das Qualitätswesen nur geringen Raum, oft nur eine halbe Seite, und die Behandlung des Themas ist oberflächlich, nicht auf heutigem Stand und liefert kein aktuelles Bild des Fachgebiets. Demgegenüber stehen ausführliche Kapitel zu den Themen Marketing, Controlling oder Personalwesen.
Im Unternehmen wird das QM-Bild der Führungskräfte dann stark durch Auditierungs- und Zertifizierungsprozesse geprägt. In ganzen Branchen ist die Einführung von Qualitätsmanagement stark durch nicht selbst gewollte, d. h., durch Kunden- und Branchenverbandsforderungen, Verordnungen und sogar Gesetze induzierte Zwänge in die Organisationen gedrückt worden. Als Beispiel möge die Forderung nach QM-Systemen für Arztpraxen dienen. Als Folge des Gesundheitsmodernisierungsgesetzes beinhaltet das Sozialgesetzbuch V seit 2004 die Forderung nach einem praxisinternen Qualitätsmanagement für nie-

dergelassene Ärzte, Psychotherapeuten und medizinische Versorgungszentren. Damit startete eine riesige Ressourcenverschwendung hinsichtlich Finanzmitteln und Arbeitszeit, die in der Konsequenz nicht zu einer verbesserten Qualitätssituation in den Praxen führte, das Thema Qualitätsmanagement aber auf Jahre hinaus für die Ärzteschaft diskreditiert hat.

Als Fazit steht im Raum: Der positiven Perzeption von Qualität und Qualitätsmanagement in der Bevölkerung steht eine differenzierte, manchmal auch widersprüchliche Perzeption und eine daraus resultierende dialektische Themenbehandlung durch Führungskräfte in Unternehmen gegenüber. Um die Wirksamkeit von Qualitätsmanagement zu steigern, benötigen Führungskräfte Hilfestellungen, die den Nutzenbeitrag von Qualität als Unternehmenswert einerseits und von Qualitätsmanagement andererseits als Bündel der Maßnahmen und Strukturen seiner Operationalisierung herausstellen.

3.2 Qualitätsführerschaft in Gefahr

Deutsche Produkte gelten weltweit als qualitativ hochwertig. Qualität war über viele Jahrzehnte ein Verkaufsargument, das die starke Weltmarktposition der deutschen Wirtschaft bis heute maßgeblich begründet. Qualität ist für Deutschland und deutsche Unternehmen ein ganz wesentlicher Standortfaktor. Das „Made in Germany", welches ursprünglich entstand, um deutsche Produkte in England als nicht einheimisch zu stigmatisieren und diskreditieren, ist unverzüglich zu einem Qualitätssiegel geworden. Es hat sich zu einer wertvollen Marke entwickelt, die der gesamten Nation gehört.

Das „Made in Germany" bezog sich auf physische Produkte, auf Ergebnisse der weltweit geachteten deutschen Ingenieurskunst. Lange Zeit bedeutete „Made in Germany", dass die komplette Konzeption und Fertigung – von der Entwicklung bis zur Endmontage – in Deutschland erfolgte. Heute ist die Situation schon dadurch verändert, dass Entwicklung und Fertigung häufig in weltweiten Netzwerken erfolgen. In der Konsequenz sind die Fertigungstiefen vieler deutscher Werke gering. Wie viel „in Germany" beinhaltet das „Made in Germany" dann noch? Für globale Konzerne wie Siemens, Bosch oder Volkswagen, die Entwicklungszentren und Werke in vielen Ländern und auf allen Kontinenten besitzen, ist das „Made in Germany" schon sprachlich nicht geeignet.

Dennoch sind ihre Marken durch den deutschen Ursprung der Organisationen nach wie vor positiv aufgeladen. Allerdings gilt jetzt „Made by Siemens, Bosch oder Volkswagen" statt „Made in Germany".

Zusätzlich gewinnt die Dienstleistung an Bedeutung. Sie war ursprünglich nicht mit „Made in Germany" gemeint. Die Ingenieurdienstleitung rund um das physische Produkt lässt sich noch recht leicht darunter subsummieren. Doch viele Dienstleistungstypen entziehen sich der Betrachtung „Made in". Dienstleistungen am Menschen werden ohnehin meist in regionaler Nähe erbracht. Selbst wenn Unternehmen mit Sitz in anderen Ländern hinter der Dienstleistung stehen, hat das Differenzierungsmerkmal „Made in" hierfür geringe Relevanz.

Der deutsche Standortfaktor Qualität gerät heutzutage durch ganz unterschiedliche aktuelle Entwicklungen und Trends in Gefahr:

- Robustheit und Lebensdauer als Attribute von Qualität verlieren durch immer kürzere Produktlebenszyklen an Bedeutung.
- Die Komplexität von Produkten nimmt zu. Nur noch wenige Experten können ihre Qualität erkennen und bewerten.
- Das Image von Qualität ersetzt oft die de facto Qualität.
- Wir werden auf niedrige Einkaufspreise dressiert, d. h., *Total Cost of Ownership*-Betrachtungen fehlen.
- Die anderen Länder holen in ihrer Qualitätsfähigkeit auf.

3.2.1 Produktlebenszyklen

Traditionelle Qualitätsmerkmale sind Robustheit und Lebensdauer. Gerade deutsche Ingenieurprodukte waren durch diese Eigenschaften geprägt. In vielen Produktgruppen, wie beispielsweise Unterhaltungselektronik oder Smartphones, spielen diese Eigenschaften kaum noch eine Rolle, weil bereits nach wenigen Monaten die neue Produktgeneration in den Markt gedrückt wird. Die Werbung und Markenführung sind darauf ausgelegt, dass Konsumenten nach relativ kurzer Nutzungsdauer das Nachfolgegerät kaufen. Hinzu kommt, dass in Deutschland kaum noch Unterhaltungselektronik und Smartphones produziert werden. Hierfür gibt es viele Ursachen, zu denen unter anderem die Lohnkosten zählen. Vielleicht steht dem aber auch das bisherige Ingenieursverständnis von Qualität entgegen und wir haben einfach nicht die richtige nationale Disposition für schnelle Produktzyklen und kurzlebige Produkte. Zusätzlich beobachten Verbraucherschützer das Anwachsen des Phänomens Obsoleszenz. Obsoleszenz ist die künstliche, geplante Reduktion der Produktlebensdauer, um den Ersatzbedarf zu beschleunigen.

I

In einem Markt, der von solch kurzlebigen Produktlebenszyklen geprägt ist, verlagert sich der Qualitätsbegriff letztlich weg von klassischen Merkmalen wie Robustheit und Lebensdauer hin zu sozialem Image, das dem Anwender durch die Produktnutzung verschafft wird, aber auch hin zu technischen Anforderungen an die Wiedernutzbarkeit der verwendeten Rohstoffe und den dafür einzusetzenden Aufwand.

3.2.2 Blackbox Qualität

Produkte und auch viele Dienstleistungen werden immer komplexer – bis hin zu einem Grad, wo nur noch wenige Experten deren Qualität bewerten und vergleichen können. Im Unterschied zu Geschäftskunden, die eigene Experten haben, sind viele Konsumenten mit der Qualitätsbewertung hoffnungslos überfordert. Die echte und vermeintliche Transparenz, die durch frei im Internet zugängliche Informationen, z. B. in Online-Foren, entsteht, schafft dafür oft keine richtige Abhilfe, sondern verstärkt die Überforderung der Kunden nur noch weiter.

3.2.3 Qualitätsimage

Verbunden mit dem Phänomen „Blackbox Qualität" ist auch die Entwicklung hin zu der Annahme, Qualitätsimage sei wichtiger als reale Qualität. Das folgende, sehr plakative Beispiel soll dies deutlich machen: Viele Konsumenten stufen Single Malt Whisky hochwertiger ein als Blended Whisky, der durch den Verschnitt mehrerer Single Malts entsteht. Dabei sind, gemessen an Qualität und Aufwand der Herstellungsprozesse, an den eingesetzten Grundstoffen und am Ergebnis, einige Blended Malts qualitativ deutlich hochwertiger als viele Single Malts. Unter vermeintlichen Whiskykennern gilt das Mischen von Whiskey mit Wasser, flüssig oder als Eis, als unfreundlicher Akt. Das wiederum wundert viele Schotten, die es gewohnt sind, zum Whisky einen Krug mit Quellwasser zu kredenzen. Eine Werbeindustrie, die heute das aktuelle Wissen aus Psychologie und Hirnforschung einsetzt und zudem über ein Füllhorn von Methoden und Kommunikationskanälen verfügt, ist hervorragend in der Lage, einer Marke ein Qualitätsimage zu geben, das nahezu völlig von der realen Qualität eines Produktes entkoppelt ist. Das wiederum lässt Spielraum, die Investition in die reale Qualität zu reduzieren, die in der Folge dieser Entwicklung immer weniger verkaufsrelevant ist.

3.2.4 Preisfokus

„Geiz ist geil" hieß die umstrittene Werbekampagne von Media-Saturn, die von 2002 bis 2010 in vorher kaum gekannter Deutlichkeit den Preis zu Lasten der Qualität in den Fokus rückte. Das vorangehend beschrieben Phänomen „Blackbox Qualität" war die eigentliche Voraussetzung für eine derartige Kampagne. Wo Qualität nicht mehr differenziert, weil sie zu komplex ist und Kunden sie nicht mehr bewerten können, offeriert ein Anbieter den Preis als das eine, simple Unterscheidungsmerkmal. Der Begriff „Geiz-ist-geil-Gesellschaft" wurde zum Ausdruck der Sorge, es handele sich hier um eine langfristige, qualitätsschädigende gesellschaftliche Entwicklung. Mit Ablösung des Slogans war das Phänomen allerdings nicht beendet. Sein Andauern zeigt sich am eindringlichsten im Lebensmittel-Konsumverhalten der Deutschen. Aller Lebensmittelskandale zum Trotz und ungeachtet ihrer gesundheitsschädlichen Wirkung fallen im internationalen Vergleich gerade die deutschen Verbraucher durch Preis- statt Qualitätsorientierung beim Lebensmittelkonsum auf. Doch die Gesellschaft ist hier gespalten. Der Großteil konsumiert Lebensmittel auf möglichst billige Weise – ohne Kenntnis oder zumindest ohne Beachtung qualitativer Aspekte. Ein Teil der Gesellschaft achtet enorm auf die Qualität der Lebensmittel, ist gut informiert und differenziert sich über sein Konsumverhalten bewusst vom Rest der Gesellschaft. Doch auch hier ist die Gefahr groß, dem Image von Qualität und Nachhaltigkeit zu erliegen.

3.2.5 Quality Made in China

Andere Länder holen auf, was die Qualitätsfähigkeit ihrer Unternehmen und ihrer gesamten Industrie angeht. Führungskräfte und Mitarbeiter in deutschen Unternehmen verdrängen, schlimmer noch, sie leugnen diese Entwicklung und gehen viel zu leichtfertig mit ihr um. Die japanische Entwicklung von einer abgeschotteten, feudalen Gesellschaft im beginnenden 20. Jahrhundert über den belächelten Kopisten der 50er Jahre hin zum Qualitätsführer in der Foto-, Unterhaltungselektronik- und Automobilindustrie hat die Antizipation vergleichbarer Entwicklungen in China, Indien oder Brasilien offensichtlich nicht gefördert. Genau diese Entwicklungen finden statt, und sie sind – aus Sicht der Nachhaltigkeit und des Verbraucherschutzes – absolut begrüßenswert, da sie die Produktsicherheit erhöhen und Verschwendung reduzieren. Sie finden mit substanzieller Unterstützung durch deutsche Unternehmen statt, die deutsches Know-How und deutsche Qualitätsphilosophie in die Joint Ventures und Beteiligungen in diesen Ländern einbringen. Deutschland hat bald kein stabiles Qualitätsmonopol mehr. Es muss sich mit Innovationen und massiven Anstrengungen, die sich auf die gesamte gesellschaftliche Infrastruktur von Bildung bis Gesundheitswesen stützen, ein temporäres Monopol immer wieder neu erarbeiten.

3.2.6 Irrationalität

Erschwerend kommt hinzu, dass die Menschen bigotte, irrationale, ignorante und triebgesteuerte Konsumenten sind. Bezüglich Qualität sind wir deshalb allzu oft Idioten und wir wissen das sogar – zumindest im Nachhinein. Die Werbeindustrie nutzt unsere Triebsteuerung sehr wirkungsvoll aus, um Konsumentenverhalten zu manipulieren. Sie fördert gezielt unsere instinktiven Reaktionen und erschwert damit die vergleichsweise immer anstrengenderen, bewussten und rationalen Entscheidungen. Weil mehr Qualität normalerweise mehr Ressourceneinsatz erfordert als Nicht- oder Weniger-Qualität, erhöhen Anbieter ihre Marge, indem sie Investitionen in Qualität minimieren und mithilfe handwerklich guter und effektiver Werbung dennoch hohe Verkaufspreise realisieren. Das funktioniert, solange die Zusatzinvestition in Werbung geringer ist als die in Qualität unter Berücksichtigung der zusätzlich positiven Stimulation der Verkäufe durch wirkungsvolle Werbung.
Alles in allem gibt es also viele Entwicklungen, die Qualität in Deutschland gefährden und die auch für die Exportnation relevant sind, weil der bisherige Standortfaktor Qualität an Wirksamkeit verliert.

3.3 Eine Allianz für Qualität

Qualität ist zuallererst eine Sache zwischen Anbieter und Kunde. Darüber hinaus gibt es institutionelle, „nationale“ Qualitätsverantwortliche. Dazu gehören die Verbraucherschutzorganisationen und Verbraucherschutzministerien auf Bundes- und Landesebene, die Qualitätsmanagementlehrstühle an Universitäten und Fachhochschulen, die Branchen- und Spitzenverbände und – als nationale Fachgesellschaft – die Deutsche Gesellschaft für Qualität (DGQ). Sie alle engagieren sich mit unterschiedlichen Aufgabenstellungen für Qualität in Deutschland. Folgende grundlegende Fragen sind dabei zu klären:

- Brauchen die Wirtschaft und die Gesellschaft dieses Engagement?
- Wollen die Wirtschaft und die Gesellschaft dieses Engagement?
- Wie können die Institutionen Qualität und Qualitätsmanagement voranbringen?

3.3.1 Brauchen Wirtschaft und Gesellschaft institutionelles Engagement für Qualität?

Die Wirtschaft braucht Engagement für Qualität, wenn dieses das Erreichen der Unternehmensziele fördert. Wie vorangehend gezeigt, deutet vieles darauf hin, dass die deutsche Wirtschaft insgesamt von einem Qualitätsimage profitiert. Wie wichtig Qualität für das einzelne Unternehmen ist, ist von Fall zu Fall unterschiedlich. Viele Unternehmen investieren Ressourcen in Qualitätsmanagement, was die Schlussfolgerung zulässt, dass sie Qualität als wichtig erkannt haben und Qualitätsmanagement als Mittel zur Zielerreichung einsetzen. Nationale Initiativen für Qualität unterstützen die Interessen der Unternehmen, weil und wenn sie deren eigene Investitionen in Qualität erleichtern und in ihrer Wirkung verstärken.
Die deutsche Gesellschaft braucht Engagement für Qualität, wenn dieses das Erreichen der Ziele der Gesellschaft fördert. Was sind die Ziele der deutschen Gesellschaft? Die Antworten einzelner Strömungen und Gruppierungen der Gesellschaft unterscheiden sich erheblich. Wichtig sind politische Ziele, weil sie für Regierungsparteien und -koalitionen handlungsleitend sind. Auch diese unterscheiden sich je nach Couleur und Konstellation, dennoch tauchen immer wieder folgende Ziele auf:

- Wachstum und Wohlstand
- gesellschaftlicher Frieden
- eine führende Rolle in der Welt

Darüber hinaus werden globale Menschheitsziele als wichtig erachtet. Dazu gehören:

- Gesundheit/Unversehrtheit
- Teilhabe an Entscheidungen
- Bildung und persönliche Entwicklung

Gerade in den entwickelten, saturierten Gesellschaften haben darüber hinaus auch individuelle Selbstverwirklichung und Lebensqualität eine enorme Bedeutung, allerdings um den Preis, dass auch Zielkonflikte bestehen.
Die Brücke von gesellschaftlichen Zielen zur Qualität ist folgende: Wohlstand ist eine Grundlage für gesellschaftlichen Frieden und dient zur Erreichung weiterer Ziele – nicht als Selbstzweck, sondern als Ressource. Basis für Wohlstand und Wachstum ist die Leistung der deutschen Wirtschaft. Die deutsche Wirtschaft ist – stärker als andere nationale Ökonomien – geprägt durch Produktion (Primär- und Sekundärindustrie) und den Export von Gütern und technischen Dienstleistungen. Die Qualität deutscher

I

Produkte und Dienstleistungen war bisher ein wesentlicher Erfolgsfaktor im globalen Wettbewerb („Made in Germany"). Die Qualität von Ressourcen, Zulieferungen, Qualifizierung und im Lande erbrachter Dienstleitungen (Tertiärindustrie) wirkt verstärkend auf den Erfolg der Exportindustrie. Das bedeutet letztlich, dass Qualität bzw. Qualitätsfähigkeit ein wesentlicher Erfolgsfaktor zur Erreichung nationaler gesellschaftlicher Ziele ist, weil sie dazu beiträgt, der Gesellschaft die dafür erforderlichen Ressourcen zu verschaffen. Insofern brauchen Wirtschaft und Gesellschaft institutionelles Engagement für Qualität.

3.3.2 Wollen Wirtschaft und Gesellschaft Engagement für Qualität?

Auf der einen Seite streben alle nach Qualität und lehnen die Nicht-Qualität ab, was sich in der Existenz vieler Initiativen zur Qualitätsverbesserung zeigt. Andererseits fördern viele die Nicht-Qualität durch ihr Kaufverhalten und auch die Initiativen zur Qualitätsverbesserung sind de facto oft wirkungslos oder kontraproduktiv, weil sie zu einer Überregelung führen. Viele Unternehmen entziehen sich aktiv den Systemen der Qualitätssicherung und des Qualitätsmanagements oder betreiben formelle Systembefriedigung, die hinsichtlich einer Steigerung von Qualität wirkungslos bleibt.
Schlussfolgerung dieser Betrachtung ist, dass Wirtschaft und Gesellschaft nicht jedes Engagement für Qualität wollen, sondern jenes, das ihre eigenen Ziele wirkungsvoll unterstützt und das nicht zu einer zunehmenden Regulierung und damit Einschränkung individueller Freiheiten führt. So versuchen Unternehmen die Einschränkung ihrer unternehmerischer Freiheiten und Bürger die Einschränkung ihrer persönlichen Freiheiten abzuwehren. Gleichzeitig wünschen sich die Bürger aber auch, dass z. B. die Qualitätsniveaus von Bildung oder Lebensmitteln durch ensprechende Regeln und Standards erhöht und abgesichert werden.

3.3.3 Wie können die Institutionen Qualität und Qualitätsmanagement voranbringen?

Es gibt bislang kein abgestimmtes Engagement der vorangehend genannten Institutionen aus Politik, Administration, Verbraucherschutz, der Deutschen Gesellschaft für Qualität sowie der Wissenschaft und Lehre für Qualität und Qualitätsmanagement. Es fehlen auf breiten Konsens gestützte Positionierungen über

- die Bedeutung von Qualität und Qualitätsmanagement in Deutschland,
- eine nationale Vision und abgeleitete Ziele (bezogen auf Qualität),
- die Treiber von Qualität im Kontext der nationalen Strukturen und Ressourcen,
- den Nutzen und die Wirksamkeit von Gesetzen, Normen und Regelwerken,
- den Nutzen und die Wirksamkeit von Kontroll- und Zertifizierungsprozessen.

In der zu zahlreichen und immer neuen Themen permanent alarmierten deutschen Gesellschaft ist es nicht leicht, das Thema Qualität nachhaltig in den Fokus der Aufmerksamkeit zu rücken. Am Beginn einer nationalen Beschäftigung mit Qualität sollte deshalb ein die Institutionen verbindendes und die Unternehmen und die Bevölkerung aktivierendes Qualitätsleitbild für Deutschland stehen.

3.4 Die nationale DNA für Qualität

Gibt es eine besondere Disposition für Qualität in Deutschland, sozusagen eine nationale DNA für Qualität? Zunächst einmal gibt es unterschiedliche Voraussetzungen für nationale Ökonomien und Gesellschaften, verursacht durch die Verfügbarkeit oder das Fehlen von Rohstoffen, den Zugang zu Häfen und somit zur Welt, die sonstige Verkehrsinfrastruktur, die Wirksamkeit von Bildungssystemen, aber auch durch den Grad und die Dauer politischer Stabilität. Viele dieser Aspekte – wenn sie nicht geografisch fixiert sind – sind historisch gewachsen und vergleichsweise schwierig veränderbar, weil diese Veränderungen enormer Ressourcen und Zeit zur Verstetigung bedürfen.
Darüber hinaus gibt es nationale Mentalitäten, ja geradezu nationale Dispositionen, die sich in unterschiedlichen Einstellungen zu Themen äußern und die die Ausprägung besonderer Kompetenzen erschweren oder vereinfachen. Sie stellen Boni oder Mali hinsichtlich der Treiber von Qualität dar. Welche deutschen Eigenschaften weisen auf eine besondere Affinität zum Thema Qualität hin?
Andere Nationen sagen den Deutschen einen besonderen Hang zu Ordnung und Sauberkeit nach. Auch deutsche Gründlichkeit ist sprichwörtlich. Diese Aspekte haben sehr viel mit dem klassischen Qualitätsbegriff zu tun. Mit der Gründlichkeit verwandt sind auch die Attribute Zuverlässigkeit und Verlässlichkeit, für welche deutsche Unternehmen, und vor allem deutsche Ingenieure, in der

Welt geschätzt sind. Die Auswertung von Tiefeninterviews mit Führungskräften zu den Treibern und Hemmnissen von Qualität, welche im Auftrag der Deutsche Gesellschaft für Qualität 2013 durchgeführt wurden, ergab, dass der Terminus „faustischer Trieb zur Verbesserung" einige Aussagen prägnant zusammenfasste. Dieser „faustische Trieb zur Verbesserung" ist sicher nicht nur den Deutschen vorbehalten. Vielleicht wohnt er allen passionierten Ingenieuren der Welt inne, aber in Deutschland, dem Land der Ingenieure, ist er sicherlich besonders ausgeprägt.
Anderen Völkern wiederum messen wir weitere Attribute zu, die auch einen starken Qualitätsbezug haben. Das savoir vivre der Mittelmeeranrainer, das dortige Gespür und Talent für Lebensqualität, wozu gutes Essen, gute Unterhaltung, geschmackvolle Kleidung, die bildenden Künste etc. zählen, wird uns Deutschen – sicher nicht immer zu Recht – von vielen anderen Nationen weitgehend abgesprochen. Die Schweizer wiederum haben den Begriff Swissness geschaffen und mit Qualitätsattributen aufgeladen, Sie benutzen ihn in Kampagnen gezielt, um sich zu positionieren.
Doch gelten solch nationale, sich oft am Rande des Nationalistischen bewegende Stereotype in einer globalisierten Wirtschaft? Zumindest lösen sie sich zunehmend auf. Global agierende deutsche Unternehmen exportieren auch deutsch gefärbte Unternehmenskultur, Werte und Tugenden. Die Globalisierung akademischer Ausbildung, die Auslandsemester und ausländischen Studienabschlüsse vieler deutscher Akademiker, die Auslandskontakte und -aufenthalte deutscher Führungskräfte, aber auch ausländische Investoren, Firmen, Studierende und Führungskräfte, die nach Deutschland kommen, sorgen für einen Austausch von Kulturen, Werten und Grundhaltungen.
Das Internet ermöglicht es dem Konsumenten, sich nicht nur über Produkteigenschaften, sondern auch über die Arbeitsbedingungen, Kulturen und Systeme der Ursprungländer von Produkten zu informieren. Fernreisen, Bildung und Mediennutzung fördern auch hier eine globale Nivellierung von Kulturen, Werten und Grundhaltungen.
Neben den Effekt einer gewissen globalen Nivellierung von qualitätsrelevanten Werten und Eigenschaften tritt der einer nationalen Niveauabsenkung. Eine in Teilen saturierte und in Teilen resignierte deutsche Gesellschaft beginnt den faustischen Trieb zur Verbesserung zu verlieren. Der Ansporn, einen eigenen Beitrag zur Qualitätsverbesserung in einer komplexen, durch viele externe Einflüsse und kurzlebige Hypes geprägten Umwelt zu leisten, geht bei vielen Menschen zurück. Daran hat die moderne Unternehmens- und Arbeitswelt einen erheblichen Anteil. Das Bemühen um die Qualität der eigenen Arbeit wird allzu oft nicht nur nicht belohnt, sondern geradezu bestraft. Häufig haben Unternehmen ihre Mitarbeiter dahin gebracht, Kunden mit dem Anschein von Qualität einzulullen oder gar zu übervorteilen, sodass viele resigniert haben und die eigenen Ansprüche immer stärker nach unten gedrückt haben.
Solange es jedoch noch Spuren bis hin zu Bastionen einer deutschen Disposition für Qualität gibt, gilt es in einer nationalen Kraftanstrengung diese zu stärken und wieder zur breit angelegten nationalen DNA zu entwickeln.

3.5 Ein Qualitätsleitbild für Deutschland – Anforderungen und Erarbeitung

3.5.1 Wie wirken Leitbilder?

Unternehmen setzen Leitbilder ein. Sie dokumentieren entweder die Vorgabe einzelner oder den Konsens weniger oder gar aller Führungskräfte und Mitarbeiter über das, was man gemeinsam anstrebt, wie man sein möchte, welche Werte handlungsleitend sein sollen. Unternehmen erhoffen sich von Leitbildern Klärung, Orientierung und auch Fokussierung auf das Wesentliche. Der Prozess ihrer Erstellung trägt oft schon dazu bei – je nach dem, wie breit die Beteiligung ist und wie er de facto abläuft. Leitbilder sind ein wichtiger Baustein zur aktiven, zielgerichteten Ausgestaltung der Unternehmenskultur. Sie heben kulturrelevante Themen und Aspekte ins Bewusstsein der Führungskräfte und Mitarbeiter und können sie dort eine Zeit lang halten.
Allerdings reicht es nicht aus, wenn Unternehmen im Leitbild auflisten, was sie am meisten vermissen. Die eigentliche Wirkung entfalten Leitbilder durch gezielte Maßnahmen der Operationalisierung ihrer Inhalte. Werte, die das Unternehmen nur bespricht, aber deren Erlebbarkeit es nicht fördert, sind nicht nur wirkungslos, vielmehr werden sie zu latenten Hinweisen auf das Versagen der Organisation.
Das EFQM Excellence Modell (EFQM 2013) verwendet den Begriff Leitbild nicht, beschäftigt sich aber mit seinen typischen Bausteinen. Im Kriterium 1, Führung, heißt das erste Teilkriterium 1a: „Führungskräfte entwickeln die Vision, Mission, Werte und ethischen Grundsätze und sind Vorbilder." Leitbilder müssen immer unter Leitungsbeteiligung entstehen. Es ist die Pflicht der Leitung, der Organisation Orientierung zu geben, und weil ein Leitbild genau dazu da ist, muss die Leitung bei der Leitbilderstellung eine aktive, sogar eine dominierende Rolle einnehmen. Die Leitung kann weitere Führungskräfte und auch Mitarbeiter an der Erstellung beteiligen. Ob und wie

I

sie das gewährt, ist eine Frage des angestrebten Grades von Partizipation. Entscheidend ist auch, ob dadurch besonders positive Ergebnisse und Effekte entstehen.
Zusammenfassend lässt sich Folgendes über das Unternehmensleitbild sagen:

- Es muss durch die Leitung geprägt sein und durch sie verantwortet werden.
- Es verstärkt seine Wirkung, wenn die Leitung weitere Führungskräfte und Mitarbeiter an seiner Erstellung beteiligt.
- Es besteht aus folgenden typischen Fragmenten:
  - Wie wollen wir sein?
  - Was sind unsere Werte?
  - Was streben wir an?
- Es bedarf der Operationalisierung, um seine volle Wirkung zu erreichen.
- Es muss unter realistischen Bedingungen umsetzbar sein.

3.5.2 Ein Leitbild für ein Land?

Es gibt Leitbilder für Länder bzw. Nationen, auch wenn sie nicht so heißen. Interessant ist, dass es in der Lingua Franca der Wirtschaft nicht *den* einen Begriff für den deutschen Terminus „Leitbild“ gibt. Mission statement, concept, guiding principles, guidelines sind englische Übersetzungsmöglichkeiten, die das Bedeutungsspektrum von Leitbild allerdings nicht ganz füllen. Leitbilder für Nationen sind oft durch politische Zielsetzungen der Regierungen geprägt und haben damit einhergehend einen temporären Charakter. Manchmal entsteht ein langfristig aufrechtzuerhaltender partei- und regierungsübergreifender Leitbildkonsens. Der schon erwähnte Begriff Swissness – in der französischen Schweiz auch Suissitude genannt – ist ein geschützter Markenname. Das Projekt Swissness wurde vom Schweizer Bundesrat unterstützt und ist Gegenstand von Gesetzesinitiativen.
Ein Qualitätsleitbild für Deutschland wäre jedoch ob seines Themas ein Unikum. Der Vorstand der Deutschen Gesellschaft für Qualität hat 2012 beschlossen, ein Qualitätsleitbild für Deutschland zu erarbeiten und zur Wirkung zu bringen. Seine Veröffentlichung ist für den 18. November 2014 geplant und angekündigt.

3.5.3 Anforderungen an ein Qualitätsleitbild für Deutschland

Die Anforderungen an ein Unternehmensleitbild, die das vorherige Kapitel umreißt, gelten grundsätzlich auch für ein nationales Qualitätsleitbild. Darüber hinaus mag es weitere Anforderungen geben.

Schon das erste Postulat, ein Leitbild müsse durch die Leitung geprägt sein und verantwortet werden, erweist sich als so schwierig, dass zu überlegen ist, ob es verzichtbar oder relativierbar ist. Die Versuche der Deutschen Gesellschaft für Qualität, den Bundestag, das Bundespräsidialamt oder die Bundesregierung an der Erarbeitung eines Qualitätsleitbildes zu beteiligen, sind de facto gescheitert. Gründe hierfür sind Wahlkämpfe, die Eurokrise, andere Prioritäten der Verfassungsorgane sowie nicht ausreichend vorhandene Lobbykompetenz und -wirksamkeit der das Thema Qualität vorantreibenden Institutionen. Kann die spätere Unterstützung des Parlaments, der Regierung und des Bundespräsidenten für ein ohne ihre Beteiligung entstandenes Leitbild dessen richtungsweisende Wirkung verstärken? Dies muss zumindest ein Bestreben der Leitbildinitiatoren sein.
Gerade weil eine Leitbildgestaltung durch Parlament, Regierung oder Bundespräsidialamt nicht erfolgt, bedarf es der Beteiligung anderer gesellschaftlich führender Gruppen. Da ein Qualitätsleitbild vor allem auch die Wirtschaft erreichen muss, sollte eine Leitbilderarbeitung unter Beteiligung von als Meinungsführern geltenden Führungskräften und Verbänden der Wirtschaft erfolgen.
Dies waren Anforderungen an den Prozess der Erstellung. Darüber hinaus gibt es Anforderungen an die Inhalte, Form und Verbreitung des Leitbildes. Es muss folgende Anforderungen erfüllen:

- Themen adressieren, die auf ein tiefgehendes Interesse stoßen und Bedürfnisse ansprechen
- sehr unterschiedliche Gruppen erreichen, darunter politische Entscheider, Führungskräfte und Mitarbeiter in Unternehmen, Meinungsführer des gesellschaftlichen Diskurses sowie Konsumenten
- gut und prägnant ausformuliert sein sowie Begriffe und Formulierungen anbieten, die sich leicht für den gesellschaftlichen Diskurs übernehmen lassen
- für die heutzutage relevanten Kommunikationsformate jeweils spezifische Darstellungen und Formate erhalten
- Ansätze zur Operationalisierung bieten

3.5.4 Der Prozess der Leitbilderarbeitung

Das DGQ-Projekt zur Leibilderstellung begann bereits 2012. Die DGQ hatte Führungskräfte angesprochen, ihre Aussagen zum Thema Qualität öffentlich zu formulieren. Dazu diente folgender Aufruf, der im Internet *(www.qualitaetsleitbild.de)* veröffentlicht wurde, und der sich in direkter Ansprache an ausgewählte Führungskräfte wendet:

„Damit die Initiative [zur Leitbilderarbeitung] ihr Potenzial entfalten kann, sind wir auf breites Engagement aus Wirt-

schaft, Politik und Gesellschaft angewiesen. Wir freuen uns auf Ihr Statement zu „Was muss passieren, damit Qualität auch in 20 Jahren noch zentrales Differenzierungsmerkmal und entscheidendes Erfolgsprinzip der deutschen Wirtschaft am Weltmarkt ist?“. Bei der Beantwortung der Frage sollten Sie auf folgende Aspekte eingehen:

- *Welche Werte, Tugenden und Stärken haben die deutsche Wirtschaft und die Weltmarke „Made in Germany“ groß gemacht?*
- *Wie können wir als deutsche Wirtschaft das zugrundeliegende Erfolgsprinzip in künftige globale Produktions- und Wertschöpfungsketten übertragen?*
- *Welche Visionen haben führende Unternehmen und Organisationen dazu? Welche innovativen Wege gehen sie?*
- *Gibt es eine gemeinsame Leitidee, ein grundlegendes Qualitätsverständnis innerhalb der deutschen Wirtschaft?*
- *Welche Bedeutung hat Qualität für Sie/Ihr Unternehmen/Ihre Organisation?*

Tragen Sie Ihre Ideen bei. Beziehen Sie Stellung. Greifen Sie unsere Thesen und Positionen auf. Erweitern Sie, kritisieren Sie, diskutieren Sie - mit uns, innerhalb Ihrer Unternehmen und Organisationen, auf Veranstaltungen, auf der politischen Bühne, in den Medien und im Internet. Machen Sie Qualität zum Thema, wo Sie können. Und senden Sie uns Ihre Anregungen, gern auch ganz direkt. Wir freuen uns auf Ihre Beiträge und eine fruchtbare Diskussion!“

60 Aussagen von ebenso vielen Unternehmern und Führungskräften hat die DGQ daraufhin zunächst einmal zusammengefasst und anlässlich ihres 60jährigen Bestehens 2012 mittels Expertenworkshops zu „Leitthesen für Qualität in Deutschland“ zusammengefasst und veröffentlicht - nicht nur auf der genannten Internetseite, sondern auch in einem Sonderdruck des Carl Hanser Verlages, den die DGQ anlässlich des DGQ-Jubiläums herausgab (Kaerkes/Varwig 2012). Diese Leitthesen dienen einerseits als Vorstufe zu einem Leitbild, anderseits erleichtern und stimulieren sie die weitere Leitbilddiskussion. Seitdem sammelt die DGQ weitere Aussagen von Führungskräften zur Qualität.

Zusätzlich hat sie ausführliche tiefenpsychologische Interviews mit Unternehmern, Wissenschaftlern und Führungskräften geführt, um zu erfahren, welche unterstützenden und hemmenden Faktoren sie für Qualität in Deutschland sehen und was sie darüber hinaus mit dem Thema verbinden. Sie fließen in die Konzeption einer repräsentativen Entscheiderbefragung ein, die weitere Erkenntnisse zur Leitbilderstellung verschaffen soll. Darüber hinaus haben Delegierte der DGQ - oberstes Organ der DGQ ist die von den Mitgliedern gewählte, ca. sechzigköpfige Delegiertenversammlung - in Workshops ihre Anforderungen an Inhalte, Form und Operationalisierung des Leitbildes herausgearbeitet.

All diese Ergebnisse sowie die einer weitreichenden Recherche nach geeigneten Beiträgen und Erkenntnissen fließen 2014 in einen Prozess der Leitbildformulierung und -ausgestaltung ein. Die eigentliche, finale Leitbilderstellung erfolgt in Workshops durch ein Expertengremium, das der Vorstand der DGQ einberufen wird.

Weil die politische und administrative Führung des Landes aus den vorangehend genannten Gründen nicht aktiv an der Leitbilderstellung beteiligt werden konnte, gilt es, das Leitbild sofort nach Abschluss seiner Formulierung bei Parlamentariern, Mitgliedern der Regierung und im Bundespräsidialamt bekannt zu machen, deren Zustimmung zu seinen Inhalten zu erhalten und deren Bereitschaft zu seiner Nutzung zu gewinnen.

Insgesamt gilt, dass die Leitbilderstellung allein nicht ausreicht, sondern parallel dazu Pläne für seine Kommunikation, Verbreitung und aktive Nutzung durch Multiplikatoren, aber auch Unternehmen und Bürger entstehen müssen.

Ab 19. November 2014 wird das Leitbild unter *www.qualitaetsleitbild.de* veröffentlicht sein.

3.6 Transfer in die unternehmerische Praxis

Ein Qualitätsleitbild für Deutschland kann eine positive Wirkung sowohl in den Unternehmen allgemein als auch speziell für das Qualitätspersonal, insbesondere die Qualitätsmanager, entfalten. Es stellt zunächst eine wichtige Referenz dar, die deutlich macht, dass Qualität ein zentrales Diskussions- und Entwicklungsthema für Wirtschaft und Gesellschaft ist. Das Leitbild und die dadurch induzierte Diskussion sollen aufzeigen, dass Qualität der deutschen Volkswirtschaft einen Vorteil im globalen Wettbewerb verschafft.

So wie die deutsche Wirtschaft und Gesellschaft insgesamt von einer neu, anders und breiter als bisher geführten Qualitätsdiskussion profitieren können, können das auch einzelne Unternehmen. In vielen Unternehmen ist die Diskussion um Qualität ritualisiert. Sie dreht sich häufig um Auditierungs- und Zertifizierungsprozesse, um Bürokratie und Zusatzaufwand, um Beschwerden und Rückrufe. Ein Qualitätsleitbild für Deutschland kann neue, positive Akzente einbringen, ja sogar eine neue Qualitätsdiskussion in den Unternehmen einleiten, welche die Treiber und positiven Effekte von Qualität und Qualitäts-

I

management besser adressiert. Das Qualitätsleitbild kann Führungskräfte darauf bringen oder darin bestärken, dass Qualität als Thema und eine zur Qualität führende Haltung als Wert genauso wichtig ist wie z. B. das Thema Innovation, das seit Jahren Gegenstand unternehmerischer Diskussion und unternehmerischen Strebens ist.

Zur ritualisierten Behandlung des Thema Qualität gehört auch die Formulierung einer Qualitätspolitik und von Qualitätszielen, welche die ISO 9001 fordert. Allzu oft sind sowohl Qualitätspolitik als auch Qualitätsziele nicht ausreichend an die eigentlich handlungsleitenden Ziele und grundlegenden Positionierungen des Unternehmens angebunden. Eine sich am Qualitätsleitbild für Deutschland entzündende Diskussion sollte Anlass sein, sich zum Thema Qualität neu zu positionieren und eine bessere Integration der Qualitätsziele in die Zielkaskade der Organisation zu erreichen. Abbildung 3.1 zeigt, auf welche anderen Zielfelder Produkt- oder Dienstleistungsqualität einzahlen.

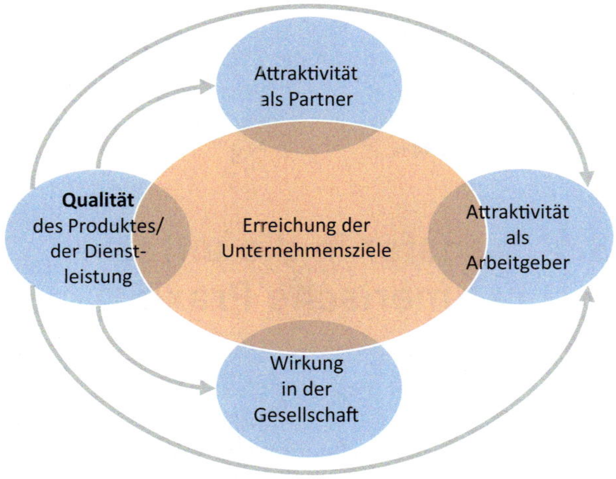

Abb. 3.1 Kollaterale Wirkungen von Produkt- und Dienstleistungsqualität auf weitere Zielfelder des Unternehmens (Sommerhoff 2013)

Das Qualitätsleitbild für Deutschland kann auch das Qualitätspersonal stärken. Bislang haben Qualitätsmanager oder -ingenieure nicht ins Feld geführt, welchen Beitrag sie über die Beeinflussung einer kundenzielgruppenadäquaten Produktqualität ihres Unternehmens hinaus für die gesamte Wirtschaft und Gesellschaft leisten, wie sie zu Gesundheit und Sicherheit beitragen und dabei gegen die Verschwendung von Ressourcen vorgehen. Sie unterstützen damit wichtige gesellschaftliche Ziele. Ein entsprechendes Leitbild, vor allem aber eine öffentliche Diskussion darüber, kann sie in dieser Argumentation und in ihrem Stolz auf ihre Tätigkeit stärken. Ein Qualitätsleitbild kann sogar das Interesse bei Nachwuchskräften für die Arbeit im Qualitätsmanagement wecken helfen.

All diese möglichen, positiven Effekte bedürfen einer intensiven und neu geführten Diskussion um Qualität und die Mechanismen, die sie herbeiführen oder verbessern. Darin liegt die Stärke von Leitbildern: Sie rücken Themen in den Fokus, beleben die Diskussion darüber und geben auch Orientierung.

Das Qualitätsleitbild für Deutschland zu formulieren, wird anstrengend und aufwendig sein, ist aber auf dem skizzierten Wege zu leisten. Viel schwieriger wird es sein, das Leitbild zur Entfaltung und Wirkung zu bringen. Mögen zumindest die Qualitätsmanager und das Qualitätspersonal insgesamt das Leitbild nutzen und zu seiner Verbreitung beitragen! Walter Masing hätte dieses Projekt sicherlich nicht nur unterstützt, sondern ihm wichtige inhaltliche Impulse geben können. Seinen Nachfolgern fällt nun die Verantwortung zu, den Standort Deutschland mit einem Qualitätsleitbild für heute und morgen zu stärken.

Literatur

Brundtland, G. H.: Report of the World Commission on Environment and Development: Our Common Future. Oslo 1987

Deutsche Gesellschaft für Qualität e. V. – DGQ (Hrsg.): Excellence Barometer 2008. Frankfurt am Main 2008

European Foundation for Quality Management – EFQM: EFQM Excellence Modell. Brüssel 2013

Kaerkes, W./Varwig, J.: Leitthesen für Qualität in Deutschland, Deutsche Gesellschaft für Qualität e. V., Frankfurt am Main 2012

Sommerhoff, B.: Entwicklung eines Transformationskonzeptes für den Beruf Qualitätsmanager. Dissertation, Bergische Universität Wuppertal. Shaker Verlag, Aachen 2012

Sommerhoff, B.: EFQM zur Organisationsentwicklung, Hanser Verlag, München 2013

Qualitätsgerechte Organisationsstrukturen

4.1 **Organisationsstrukturen** 53
4.1.1 Organisationstheorie 53
4.1.2 Organisationsformen 54

4.2 **Gestaltung qualitätsgerechter Organisationsstrukturen** 55

4.3 **Einflussfaktoren auf qualitätsgerechte Organisationsstrukturen** 59

4.4 **Unternehmerisches Qualitätsmanagement** 61
4.4.1 Das Aachener Qualitätsmanagement-Modell 61
4.4.2 Kernelemente 62
4.4.3 Perspektiven 63

4.5 **Fazit** 64

4 Qualitätsgerechte Organisationsstrukturen

Robert Schmitt, Tilo Pfeifer, Patrick Beaujean

Die Aufgaben zur Gestaltung von qualitätsgerechten Organisationsstrukturen werden in hohem Maße mit der Gestaltung von Qualitätsmanagementsystemen assoziiert. Diese Systeme basieren auf der Umsetzung von Führungs-, Organisations- und Qualitätskonzepten, denen Begriffe wie beispielsweise Total Quality Management (TQM), Lean Management und Six Sigma zugeordnet werden. Unterstützt wird die Umsetzung durch Modelle wie dem Prozessmodell der DIN EN ISO 9000-Reihe, welche, global gesehen, die meistgenutzte Basis zur Gestaltung von Qualitätsmanagementsystemen darstellt und in einem Großteil von Unternehmen Anwendung findet. Die organisatorische Verankerung von Aufgaben, Abläufen und Verantwortlichkeiten stellt hierbei eine zentrale Herausforderung dar.

Es stellt sich jedoch die Frage, warum die Einführung von qualitätsgerechten Strukturen in der betrieblichen Praxis erhebliche Probleme verursacht. Zum einen ist zu konstatieren, dass Führungs-, Organisations- und Qualitätskonzepte trotz formalisierter Vorgehensweisen im Hinblick auf unternehmensspezifische, organisatorische Gestaltungsempfehlungen sehr allgemein gehalten sind und nur wenige Gestaltungsvarianten vorgeben. Eine formale Übertragung der Konzepte ohne Anpassung und Ausgestaltung vernachlässigt unternehmensspezifische Besonderheiten. Des Weiteren ist die systemimmanente Divergenz zwischen faktischen und formalen Strukturen in Unternehmen zu nennen. Die Adaption von z. B. Managementsystemen auf formelle Strukturen, welche die Unternehmensrealität nur unzureichend widerspiegeln, kann nicht vom erwünschten Erfolg gekrönt sein. Letztlich muss festgestellt werden, dass viele Konzepte nur eine eindimensionale Sichtweise auf das System „Unternehmen“ ermöglichen und unternehmerische Zielkonflikte sowie die in der betrieblichen Praxis auftretende Pluralität nur unzureichend adressiert werden.

Es gilt daher, keine „Patentlösung“ mit einer einzigen, verkürzenden Sichtweise, beispielsweise ausschließlich auf Organisationsstrukturen, zu übernehmen, sondern verschiedene Perspektiven auf das System „Unternehmen“ zuzulassen. Die Herausforderung besteht darin, diese Perspektiven gemeinsam und ausbalanciert in einen unternehmerischen Ordnungsrahmen einzubetten, der die praxisgerechte Ausgestaltung qualitätsbezogener Aufgaben und ihre Integration in ein Managementsystem gestattet. Das Aachener Qualitätsmanagement-Modell spannt diesen Ordnungsrahmen für die Gesamtheit der qualitätsbezogenen Aufgaben im Unternehmen auf und spiegelt so die Leitidee eines unternehmerischen Qualitätsmanagements im Sinne einer agilen Organisationsstruktur wider.

4.1 Organisationsstrukturen

Die Einordnung qualitätsrelevanter Aufgaben in die Unternehmensorganisation zählt zu den grundlegenden Gestaltungsaufgaben des Qualitätsmanagements. Dies erfordert eine Betrachtung von organisatorischen Strukturen und deren qualitätsgerechte Ausgestaltung.

4.1.1 Organisationstheorie

Organisationstheoretische Ansätze erklären das Entstehen, das Bestehen und die Funktionsweise von Organisationen. Es existieren eine Vielzahl von Organisationstheorien, die in verschiedenen Ausprägungen das Objekt „Organisation" beschreiben. Diese lassen sich nach der Zeit ihrer Entstehung in traditionelle und neue Organisationsformen einteilen. Die traditionellen Formen können wiederum in verschiedene Strömungsrichtungen untergliedert werden – beispielsweise klassische, humanorientierte, systemtheoretische oder situative Ansätze. Der Begriff Organisation ist dabei nicht einheitlich belegt. Ohne die zugrundeliegenden Theorien diskutieren oder werten zu wollen, haben sich im Laufe der betriebswirtschaftlichen Organisationsforschung wesentliche Aspekte etabliert.

Bei den grundlegenden Beziehungen in einer Organisation handelt es sich zum einen um Verteilungsbeziehungen, die eine Aufbauorganisation bilden, und zum anderen um Arbeitsbeziehungen, die eine Ablauforganisation bilden.

Aufbau- vs. Ablauforganisation

Organisationsstrukturen lassen sich somit als Bestands- oder Ablaufphänomen betrachten. Bei der Aufbauorganisation stehen Teilaufgaben und Kompetenzen der Aufgabenträger und die zwischen ihnen bestehenden Beziehungen im Vordergrund. Im Gegensatz dazu stehen bei der Ablauforganisation die sachlichen, in Raum und Zeit stattfindenden Leistungsprozesse im Vordergrund, die sich bei und zwischen den Aufgabenträgern vollziehen. Qualitätsgerechte Strukturen können daher immer nur durch eine Abstimmung der Aufbau- und Ablauforganisation erreicht werden, die die Durchführung von qualitätsrelevanten Aufgaben optimal unterstützt.

Einer strikten gedanklichen Trennung muss man jedoch kritisch gegenüberstehen, da die beiden Gestaltungsaufgaben nicht nur praktisch gesehen, sondern auch auf konzeptioneller Ebene so tief ineinandergreifen, dass eine getrennte Optimierung der Beziehungen problematisch ist. Werden beide unabhängig voneinander geplant, führt dies zu Reibungsverlusten, Kommunikationsproblemen und Ineffizienzen.

Dies verdeutlicht, dass Organisation sowohl für die Tätigkeit des Organisierens als auch für das Ergebnis dieser Tätigkeit stehen kann. Der eigentliche Begriff des Organisierens ist prozessbezogen und bezeichnet somit das Herstellen von Regelungen. Diese durch Regelungen geschaffene Ordnung wird als Organisationsstruktur bezeichnet. Die auf formalen Regeln basierende Organisationsstruktur ist ein Instrument zur Steuerung des Verhaltens der Organisationsmitglieder in Hinblick auf das Organisationsziel. Dabei dienen einzelne Elemente der formalen Struktur vor allem dazu, der Organisation Legitimität zu verschaffen und somit ihren Erhalt zu sichern.

Formale vs. faktische Organisationsstruktur

Unter einer formalen Organisationsstruktur wird ein System von gesetzten und akzeptierten Regeln zur Steuerung von Leistung und Verhalten der Organisationsmitglieder verstanden. Die formale Struktur basiert darauf, dass Personen explizite Berechtigungen erhalten und damit die Arbeits- und Aufgabenverteilung festgelegt wird. Hierzu gehören u. a. die Definition von Stellen, die Zuweisung von Aufgaben und Kompetenzen und die Vorgabe von Verfahrensrichtlinien.

Regeln werden dementsprechend begründet, dass sich Organisationsmitglieder auf bestimmte Verfahrensweisen einigen. Traditionen und wahrgenommene Ausbildungssysteme von Mitarbeitern spielen hierbei eine wesentliche Rolle. Regeln dienen allerdings nicht nur der Leistungssicherung und der Effizienz, sondern ebenfalls der „Herrschaftssicherung" über bestimmte zu erbringende Einzelleistungen. Es ist nicht auszuschließen, dass bestehende Organisationsstrukturen auch Regeln beinhalten, die nicht auf das Streben von Leistungssicherung, sondern eher auf das Streben nach einer ungleichen Machtverteilung zurückzuführen sind. Dies führt zu sogenannten „faktischen Strukturen".

Die faktische Organisationsstruktur (auch informale Organisationsstruktur) lässt sich aus dem beobachtbaren Handeln der beteiligten Akteure ableiten. Sie basiert auf persönlichen Zielen und Neigungen und unterliegt somit, im Gegensatz zu den formalen Strukturen, primär sozialen und psychologischen Überlegungen. In dem Maße, wie das Handeln der Akteure von offiziellen Regeln abweicht, weichen formale und faktische Struktur voneinander ab und müssen bei organisatorischen Anpassungen entsprechend berücksichtigt werden (Abb. 4.1).

I

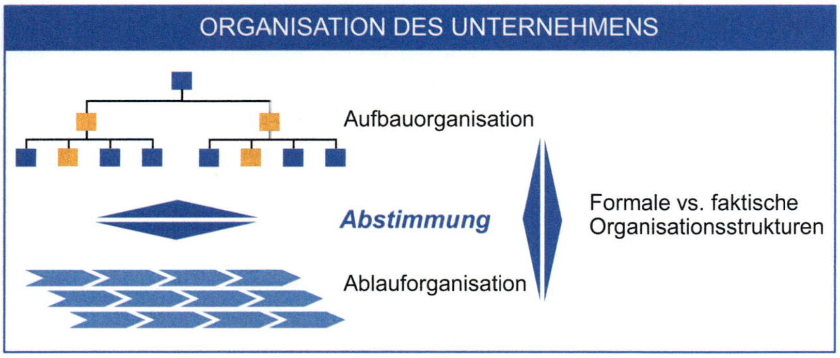

Abb. 4.1
Sichtweisen der Organisation

4.1.2 Organisationsformen

Bei der traditionell in vielen Unternehmen mittlerer Größe vorhandenen Funktionalorganisation ist die Ebene unterhalb der Unternehmensleitung nach dem Verrichtungsprinzip gegliedert, wodurch eine Anzahl spezialisierter Fachbereiche entsteht. Typische Funktionsbereiche sind u. a. Forschung und Entwicklung, Beschaffung, Produktion und Montage, in denen kompetente Spezialisten eingesetzt werden können.

Linien-, Divisionsorganisation

Bedingt durch die Entscheidungszentralisierung in höheren Organisationsebenen werden Entscheidungen oftmals nicht zeit- und sachgerecht getroffen. Die Überlastung der Leitung führt dazu, dass strategische Fragen unzureichend bearbeitet werden. Basierend auf der Schaffung hierarchischer Instanzen (Linien) sind die Kommunikationswege klar geregelt; ein geringer Grad an Selbstabstimmung der Mitarbeiter kennzeichnet diese Organisationsform.
Obwohl Qualitätsstäbe in der Praxis sehr weit verbreitet sind, verändert die Erweiterung durch den Einbau von Stäben diese Situation wenig, da Stäbe vorwiegend beratend tätig sind und, wenn überhaupt, in geringem Umfang Entscheidungs- und Weisungsbefugnisse besitzen. Ihr Ziel ist die Unterstützung einer Führungskraft in speziellen Gebieten durch die Übernahme von Beratungs- und Informationsaufgaben.
Linienorganisationen finden heute vorzugsweise bei Unternehmen Verwendung, die über ein homogenes Produktions- und Absatzprogramm auf stabilen Märkten mit konstanter Nachfrage und langen Produktlebenszyklen bei der Massen- oder Großserienfertigung verfügen. Hierbei können Größen- und Spezialisierungseffekte realisiert werden. Heterogene, diversifizierte Produktions- und Absatzprogramme führen diese Organisationsform an ihre Leistungsgrenze. Zunehmende Marktdynamik sowie Unternehmenswachstum reduzieren die Vorteile. Bedingt durch die zahlreichen entstehenden Interdependenzen wird das Unternehmen intransparent.

Matrixorganisationen

Die funktionsorientierte Aufgabenteilung der Unternehmen wird den steigenden Anforderungen an die Aufbauorganisation nicht immer gerecht. In Matrixorganisationen mit dualen Strukturen werden bewusst Stellen oder Produkt- bzw. Projektteams eingerichtet, deren Inhaber bzw. Mitglieder quer durch alle Funktionsbereiche eine bestimmte Produkt- oder Sachverantwortung haben. Die auf Dauer angelegte Produktmatrix endet erst, wenn das Produkt ausläuft bzw. keine Nachfolgeprodukte mehr entwickelt werden.
Zum Einsatz kommt diese Organisationsform bei Unternehmen, die sich in einem Käufermarkt befinden, in dem die Bedürfnisse zunehmend differenziert werden. Kurze Produktlebenszyklen, hohe Innovationsraten und vermehrte Kundenfluktuation sowie saisonale Nachfrageschwankungen kennzeichnen diese Marktform und wirken sich negativ auf die Planungssicherheit aus.
Dies ist neben der Verbrauchsgüterindustrie bei Gebrauchsgütern und Dienstleistungen zu beobachten, in denen vermehrt individuelle Bedürfnisse zu erfüllen sind. Unternehmen sind in diesen Märken durch ein heterogenes Produktions- und Absatzprogramm charakterisiert, bei dem eine produktbezogene Spezialisierung stattfindet. Unterstützt wird somit eine horizontale, vertikale oder laterale Diversifikation mit neuen Produkten auf fremden Märkten. Allerdings ist für Matrixorganisationen eine Mindestgröße der Unternehmen erforderlich, damit Produkt- bzw. Projektmanager, die bei der Durchführung qualitätsrelevanter Aufgaben oft eine zentrale Verantwortung übernehmen, mit der Betreuung ihres Bereichs ausgelastet werden.

Vertreter neuer Organisationsformen

Im Folgenden werden als Vertreter neuer Organisationsformen die innovative und die modulare Organisation detaillierter beschrieben. Die innovative Organisation wird auch als Adhocratie (engl. adhocracy) bezeichnet. Der Begriff stammt vom lateinischen „ad hoc“ ab, das so viel bedeutet wie „sofort bzw. aus dem Moment heraus". Die Struktur der Adhocratie ist organischer Natur, mit geringer Formalisierung des Verhaltens. Sie beschäftigt viele Experten im betrieblichen Kern und ähnelt damit teilweise der Expertokratie. Die Experten gruppieren sich „ad hoc" um spezielle Projekte. Die Grundstruktur der Adhocratie besitzt folgende relevante Aspekte:

- Starke Dezentralisierung der Macht in interdisziplinären Teams mit relevanten Fachkenntnissen
- Flexible und informelle Handhabung von Informationen und Entscheidungsprozessen
- Neigung zur Matrixstruktur, d. h. Gruppierung von Experten in funktionale Einheiten zur Entwicklung spezialisierter Projekte
- Koordination geschieht vorrangig durch gegenseitige Abstimmung

Es existieren zwei Formen der Adhocratie, die operative und die administrative. Die operative Adhocratie ist besonders für die Auftragsprojektarbeit geeignet. Sie entwickelt Innovationen und Problemlösungen direkt im Interesse ihrer Kunden. Die Planung und Gestaltung der Arbeit sind nur schwer von ihrer Durchführung zu unterscheiden. Der bestimmende Organisationsteil ist der betriebliche Kern. Die administrative Adhocratie ist besonders für die eigene Projektarbeit bei abgetrennter und automatisierter Produktion geeignet. Die Durchführung der Projekte erfolgt aus Eigeninteresse. Der operative Kern ist bei dieser Form abgetrennt, so dass der verbleibende administrative Teil als Adhocratie strukturiert wird.

Das Grundprinzip der Modularen Organisation besteht aus der Bildung weitgehend autonomer Teileinheiten. Ziel der Modularisierung ist die Reduktion organisatorischer Schnittstellen im Leistungsprozess. Die Modularisierung ist eng verbunden mit den Prinzipien der Dezentralisierung und der Prozessorientierung. Die Koordination innerhalb der Module erfolgt über Selbstorganisation. Zur Koordination zwischen den Modulen gibt es beispielsweise die Möglichkeit einer Koordination über Anordnungen oder Vereinbarungen. Durch das relativ einfache Auf- und Abbauen einzelner Module und die Möglichkeit zur Neukombination besitzen modulare Organisationen eine hohe strukturelle Anpassungsfähigkeit. Die konstitutiven Merkmale von modularen Organisationseinheiten sind:

- Abgeschlossenheit und Objektorientierung, d. h. alle zur Erstellung eines Objekts benötigten Teilaufgaben sind in einer Einheit zusammengefasst
- Organisationsinterner und -externer Marktzugang, d. h. die erstellte Leistung einer Einheit ist organisationsinternes Zwischenprodukt oder marktfähiges Produkt
- Spezialisierung, d. h. die Produktion homogener und spezialisierter Leistungen
- Dezentrale Entscheidungskompetenz, d. h. Einheiten besitzen alle zur unabhängigen und eigenständigen Erfüllung ihres Aufgabengebietes notwendigen Entscheidungsbefugnisse und -kompetenzen
- Dezentrale Ergebnis- und Kostenverantwortung, d. h. operative Steuerung der Einheiten durch die Übertragung von Kostenverantwortung
- Überschaubare Größe, d. h. Einheiten verfügen über flache Leitungsebenen

Es wird deutlich, dass neueren Organisationsformen immer der Gedanke einer hohen Agilität zu Grunde liegt. Agilität selbst charakterisiert die Art und Weise, wie sich Strukturen an die sie umgebenden Umstände anpassen. Verschiedene Konzepte zum agilen Qualitätsmanagement präsentieren eine effektive Gestaltung aller notwendigen Aktivitäten zur dynamischen Anpassung. Neben der schnellen Umgestaltung von Strukturen ist allen die Forderung zur Operationalisierung von Qualitätsregelkreisen gemein – zur Messung sämtlicher Qualitätszustände in den Dimensionen Produkt und Prozess sowie zur Regelung bei Abweichung von gewünschten Zuständen. Vermehrt werden diese Regelstrukturen adaptiv ausgelegt, sodass nicht nur das Ergebnis hinterfragt wird, sondern ebenso dessen Zielerreichung. Adaption ist z. B. dann gefordert, wenn aufgrund eines endenden Prozesses eine dezentrale Struktur aufgelöst wird und frei werdende Mitarbeiter gezielt auf neue Projekte verteilen werden, um deren Kompetenzen bestmöglich zu nutzen.
Gleichzeitig nutzen alle Konzepte eine zeitliche Betrachtung, z. B. den Produktlebenszyklus, und allokieren auch hier Ressourcen je nach Bedarf und Zielvorgabe. Traditionelle Konzepte, die einem Prozess statisch Ressourcen über die Laufzeit zuweisen, stoßen an ihre Grenzen. Organisationen, die ausgehend von einer Stammmannschaft den Personaleinsatz bei auftretenden Problemen bedarfsgerecht erhöhen oder vice versa reduzieren, verbessern letztlich ihren Ergebnisbeitrag.

4.2 Gestaltung qualitätsgerechter Organisationsstrukturen

Die Grundstruktur eines Unternehmens wird als Primärorganisation bezeichnet. Sie besteht aus allen Organisationseinheiten (z. B. Stellen, Abteilungen), die durch hierarchische Beziehungen miteinander verbunden sind. Als Sekundärorganisation werden hierarchieergänzende und

I

hierarchieübergreifende Organisationsstrukturen bezeichnet, die der Primärorganisation überlagert sind.
Die Gründe für die Schaffung von Sekundärorganisationen liegen in den Problemen der Primärorganisation. Sie werden meist zur Lösung von Schnittstellenproblemen eingesetzt und als Ausgleich von Defiziten der Primärorganisation bei der Lösung komplexer und innovativer Probleme hinzugezogen. Hierarchische Primärorganisationen sind in der Regel nach Funktionen und Objekten differenziert und zumeist auch zentralisiert. Sie können die Vorteile nur einer der Differenzierungsarten effizient nutzen. Auch die Matrixorganisation, die nach zwei Differenzierungsarten strukturiert ist, hat für die Primärorganisation aufgrund der mit ihr verbundenen Probleme wie Konkurrenzdenken zwischen verschiedenen Organisationsdimensionen keine große Bedeutung, wird aber als Sekundärstruktur eingesetzt. Typische Vertreter der Sekundärorganisation sind Kollegienorganisation oder Gruppenarbeitsmodelle.
Kollegien sind organisatorische Einheiten, die sich aus mehreren Personen, typischerweise aus einer größeren Gesamtmenge, zusammensetzen. Die Mitglieder können unterschiedlichen Abteilungen angehören und auch unterschiedliche hierarchische Positionen außerhalb des Kollegiums bekleiden. Des Weiteren existieren Gruppenarbeitsmodelle, wie KVP-Teams, Qualitätszirkel, Lernstatt, die nicht in der regulären Arbeitsorganisation integriert sind und somit der Gruppe der Sekundärstruktur zuzuordnen sind.
Obwohl Primärstrukturen wichtig bleiben, spielt sich das Geschehen heute oftmals in den Sekundärstrukturen ab. Viele dieser Sekundärstrukturen sind entweder prozessual oder auch projektorientiert ausgelegt.

Prozess

Beim Prozessgedanken führt dies zu einer Auseinandersetzung mit strukturellen und prozessualen Gesichtspunkten von Unternehmungen, wobei eine Schwerpunktverlagerung des Unternehmensgeschehens weg von Abteilungs- und Bereichsdenken hin zu Prozessen erfolgt. Es werden zum einen die Aufgabenträger und zum anderen die zwischen ihnen existierenden Beziehungen ins Zentrum der Betrachtung gerückt.
Die Idee des Business Process Reengineering besteht beispielsweise darin, durch die prozessorientierte Kompetenzzuweisung bei einer Prozessverantwortung die Schnittstellen der Funktionsverantwortung wegfallen zu lassen. Teilbearbeitungsschritte sollen zu einem abgeschlossenen Gesamtbearbeitungsprozess integriert werden. Im Business Process Reengineering soll nicht nur horizontal, sondern auch vertikal komprimiert werden, um die Prozessbeauftragten (process owners) mit allen erforderlichen Kompetenzen zu versorgen. Auf eine differenzierte Hierarchie soll verzichtet werden. Die Informationstechnologie spielt bei der Umsetzung dieses Konzeptes eine entscheidende Rolle. Sie erlaubt den Informationsaustausch, die Speicherung und Anwendung von Expertenwissen sowie schnelle Suchprozeduren.

Projekt

Bei Projekten ist aufgrund des Pioniercharakters der konkrete Lösungsweg nicht von Anfang an vordefiniert. Ein Projekt lässt sich anhand seiner charakteristischen Merkmale Neuartigkeit, Zielorientierung, Komplexität, Dynamik und Interdisziplinarität beschreiben. Projekte dienen in vielen Organisationen zur Erfüllung von Forderungen, denen nicht innerhalb des üblichen betrieblichen Ablaufs nachgegangen werden kann. Das Ziel von Projekten ist in der Regel eine dauerhafte Veränderung, welche wiederum Instabilität in der auf Dauer angelegten Struktur hervorruft.
Um die Projektforderungen zu erfüllen, werden Wissen, Fähigkeiten, Werkzeuge und Verfahren auf bestimmte Projektvorgänge angewendet. Daher befasst sich das Projektmanagement mit der Moderation und Gestaltung des Lösungsprozesses und nicht mit der Lösung selbst. Die Umsetzung erfolgt durch Prozesse wie Initiierung, Planung, Durchführung, Steuerung und Abschluss innerhalb einer jeden Phase.
Das Projektteam ist für das Management der konkurrierenden Ansprüche hinsichtlich Inhalt, Umfang, Zeit, Kosten, Risiko und Qualität verantwortlich. Darüber hinaus muss das Team die Einhaltung der identifizierten Forderungen kontrollieren und den ungleichen Bedürfnissen und Erwartungen der verschiedenen Stakeholder gerecht werden. Grundsätzlich sollen Ziele im Projektmanagement mit allen Beteiligten erarbeitet und schriftlich festgehalten werden.
Der aufbauorganisatorischen Eingliederung von Projekten in einem Unternehmen kommt eine besondere Stellung zu, weil „Projekte in aller Regel in ihrem Wirkungsgeschehen die Grenzen festgelegter Unternehmensbereiche überschreiten" (Schreyögg 2008, S. 192). Die Bearbeitung eines Projektes erfordert die Zusammenarbeit zwischen Stellen aus verschiedenen Bereichen eines Unternehmens. Zur Koordination dieser Zusammenarbeit bedarf es besonderer Koordinationsmechanismen. Diese können beispielsweise die institutionalisierte Selbstabstimmung auf Zeit unter Bildung eines bereichsübergreifenden Ausschusses, die Leitung durch den Projektmanager oder eine Kombination aus Steuerungs- und Leitungsausschuss (Richtlinien und grundsätzliche Entscheidungen) und Projektmanager (laufende Abstimmung, Ausarbeitung von Vorschlägen) sein. Besteht in dem Unternehmen eine

personelle Reservekapazität, kann eine so genannte „Task force“ gebildet werden. Hierfür werden Mitarbeiter aus dem bestehenden Stellengefüge rekrutiert. Werden Mitarbeiter eigens und nur für die Dauer der Bearbeitung der Projektaufgabe eingestellt, wird diese Form als Projektorganisation bezeichnet.

Dekomposition der Qualitätsorganisation

Organisationen lassen sich grundsätzlich immer aus den Perspektiven der Aufbau- und Ablauforganisation betrachten. Der Betrachtungsfokus der Optimierungsanstrengungen des Qualitätsmanagements ist dabei auf der Ablauforganisation zu sehen. Die operativen Tätigkeiten des Qualitätsmanagements sind in die Abläufe integriert. Es stellt sich jedoch die Frage der Dekomposition. Diese untersucht, „ob die unternehmensintern wahrzunehmenden Qualitätsaufgaben mit zentralen, dualen oder hybriden Strukturen am effizientesten zu realisieren sind“ (Fischer 1997, S. 6).

Bei einer **zentralen Qualitätsorganisation** wird parallel zu der Primärorganisation eines Unternehmens eine Qualitätsorganisation aufgebaut, in der sämtliche qualitätsrelevanten Aufgaben zentral zusammengefasst sind. Dadurch wird Expertenwissen in den zentralen Stellen gefördert und die operativen Mitarbeiter weitestgehend von Aufgaben der Qualitätssicherung entbunden. Solch eine Zentralisierung findet man in der Praxis häufig in Form von Stabsabteilungen. Problematisch ist dabei allerdings, dass Stäbe vorwiegend beratend tätig sind und nur in geringem Umfang Entscheidungs- und Weisungsbefugnisse besitzen. Im Gegensatz dazu arbeiten die Mitarbeiter in einer **dualen Qualitätsorganisation** gleichzeitig in der Primärorganisation und in einer Sekundärorganisation, die die Qualitätsverantwortung wahrnimmt.

Die **hybride Qualitätsorganisation** geht noch einen Schritt weiter. Sie dezentralisiert die Aufgaben des Qualitätsmanagements vollständig und integriert sie in die Primärorganisation. Sie ist damit als Spezialform der Sekundärorganisation zu verstehen. Synonym wird auch der Begriff „virtuelle Organisation“ verwendet. Eine virtuelle Abteilung ist dann nicht mehr ohne Weiteres in einem Organigramm zu erkennen, kann jedoch auf Dauer angelegt sein.

Je nach Aufbauorganisation des jeweiligen Unternehmens kann die Zentralisierung bzw. die Dezentralisierung unterschiedlich ausgeprägt sein. Abbildung 4.2 zeigt dies exemplarisch für verschiedene Typen der Aufbauorganisation.

Eine **Dezentralisierung** besitzt den Vorteil der bestmöglichen Integration des Qualitätsmanagements in die einzelnen Bereiche. Hier bieten sich zwei verschiedene Konzepte an: Die abteilungsbezogene Dezentralisierung, wie bei der Matrixorganisation zu sehen, und die programmbezogene Dezentralisierung. Als Vorteil der **Zentralisierung** ist die Unterstützung einheitlicher Konzepte über das ganze Unternehmen hinweg sowie das organisationale Lernen zu sehen, das durch die breite Erfahrungs-/Wissensbasis innerhalb der Zentralabteilung gefördert wird. Nachteilig ist allerdings die Prozessferne der Mitarbeiter einer Zentralabteilung. Bezüglich der Möglichkeiten der Dekomposition der relevanten Aufgaben ist zu sagen, dass aufgrund der eher geringen stellenübergreifenden Abstimmungen innerhalb des Qualitätsmanagements die ef-

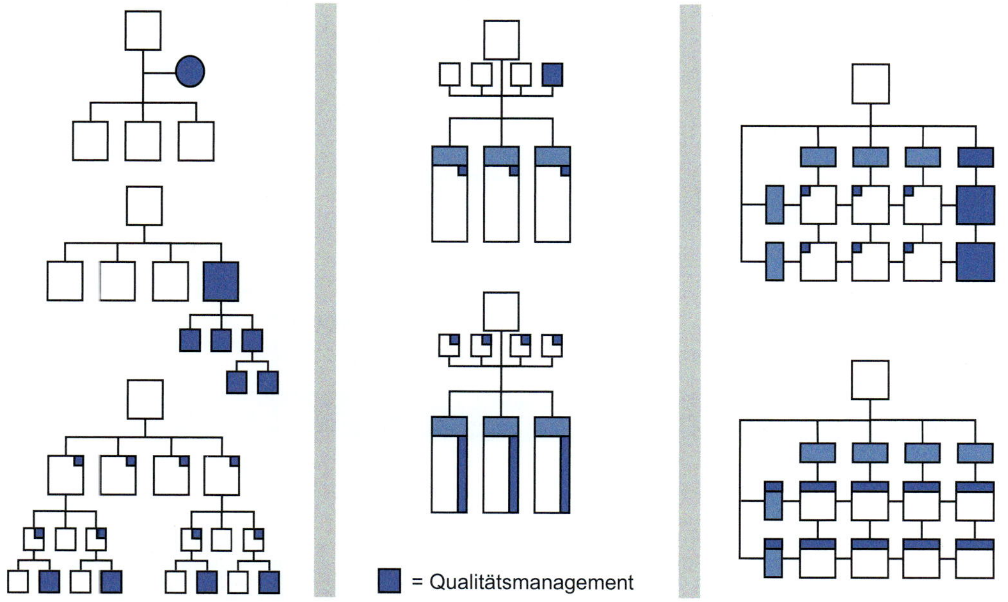

Abb. 4.2 Qualitätsmanagement in verschiedenen Aufbauorganisationstypen

fiziente Ausführung der Aufgaben im Vordergrund steht. Dabei ist eine starke funktionale Spezialisierung im Sinne der integrierten Prozessausführung zu vermeiden. Sofern die qualitätsrelevanten Abläufe durch die entsprechenden Stellen verantwortungsbewusst wahrgenommen werden, ist die Koordination durch persönliche Weisung zu minimieren und die Entscheidungsdelegation zu maximieren. Dieses Vorgehen entspricht einer starken Dezentralisierung und damit einer dualen oder hybriden Struktur. In jedem Fall handelt es sich aber um eine Struktur, die einer Sekundärorganisation gleicht.
Solche Qualitätsabteilungen bzw. solch ein Zusammenschluss qualitätsrelevanter Aufgaben, der als Sekundärorganisation organisiert ist, bergen ähnliche Probleme wie eine Matrixorganisation. Schreyögg führt hierzu generell an:

- Intransparenz; die Dualorganisation verkompliziert alle Abläufe und als Folge tritt Konfusion und Verlust des Verantwortungsgefühls ein.
- Verzögerung von Entscheidungen; der Zwang zum Konsens ist u. U. sehr zeitaufwendig und für alle Beteiligten frustrierend.
- Hohe Koordinationskosten; bedingt durch die zusätzliche zweite Linienorganisation entsteht ein erheblicher Mehraufwand.
- Aufwendige Dokumentation; bedingt durch die vielen Abstimmungssitzungen, Sitzungsprotokolle usw. entsteht ein hoher formaler Aufwand.
- Einige dieser Problemaspekte können auch auf die als Sekundärorganisation organisierten qualitätsrelevanten Aufgaben zutreffen. Diesen Problemen gilt es durch gezielte Maßnahmen entgegenzuwirken.

Die Komplexität der Fragestellungen macht deutlich, dass die organisatorische Einbindung qualitätsgerechter Abläufe und Verantwortlichkeiten ganzheitlich, d. h. unter Betrachtung der gesamten Organisation mit allen qualitätsrelevanten Strukturen erfolgen muss. Hierzu und zur Bewältigung von strukturellen Gestaltungsproblemen existieren im Bereich der Organisationsforschung unzählige Ansätze. In der Regel werden verschiedene Möglichkeiten aus verschiedenen Theorien herangezogen.

Spezialisierung

Die Spezialisierung stellt eine Form der Arbeitsteilung dar, bei der die Gesamtaufgabe des Unternehmens in unterschiedliche Teilaufgaben gegliedert ist, und die für die Aufgabenerledigung Verantwortlichen sich auf eine bestimmte Teilaufgabe konzentrieren. Aus ihr ergeben sich unterschiedliche Forderungen an die Qualifizierung im Hinblick auf die optimale Erfüllung verteilter Aufgaben. Die Varianten sind in Abbildung 4.3 dargestellt. Spezialisierung führt schließlich zur Strukturbildung im Unternehmen.

Koordination

Demgegenüber beinhaltet Koordination die Abstimmung arbeitsteilig vollzogener Teilaufgaben. Das Ziel der Koordination besteht in einem Zusammenwirken der unterschiedlichen Aufgabenträger und Unternehmensteile. Diese sind für die Abstimmung von qualitätsrelevanten Prozessen und Projekten von essenzieller Bedeutung. Zwischen Spezialisierung und Koordination besteht ein positiver Zusammenhang. Je stärker die Spezialisierung, desto größer ist der Koordinationsbedarf. Varianten der Koordination sind in Abbildung 4.4 dargestellt.

Konfiguration

Die Konfiguration beschreibt die äußere Form des Stellengefüges. Sie konkretisiert die Zuordnung von Verantwortlichkeiten, was insbesondere bei der Abstimmung von Qua-

Spezialisierung		
Strukturell nach: ▪ Abteilungen ▪ Gruppen ▪ Stellen	Funktional nach: ▪ Verrichtung ▪ Funktion ▪ Qualifikation	Divisional nach: ▪ Leistungen ▪ Kundengruppen ▪ Regionen

Abb. 4.3 Varianten der Spezialisierung

Koordination			
Voraus- & Feedback-Koordination		Vorauskoordination	
Vertikal: ▪ Persönliche Weisung	Horizontal: ▪ Institutionalisierte Selbstabstimmung	Dokumentation: ▪ Handbuch ▪ Verfahrensanweisung	Pläne: ▪ Strategie ▪ Produktionspläne

Abb. 4.4 Varianten der Koordination

Konfiguration	
▪ Generelle Stellen und Instanzen ▪ Temporäre Stellen und Instanzen	▪ Einliniensysteme ▪ Mehrliniensysteme ▪ Stabsorganisationen ▪ Matrixorganisation

Abb. 4.5
Varianten der Konfiguration

litätsverantwortungen zwischen Linien- und Stabsstellen sowie zwischen Ablauf- und Aufbauorganisation von essenzieller Bedeutung ist. Sie ist teilweise das Resultat von Spezialisierung und Koordination. Allerdings führt ein hierarchisches Stellengefüge nicht zwangsläufig zu hierarchischen Beziehungen zwischen Personen, sodass in der Struktur des Stellengefüges zwischen fachlichen und disziplinarischen Unterstellungen differenziert werden muss. Varianten der Konfiguration sind in Abbildung 4.5 dargestellt.

4.3 Einflussfaktoren auf qualitätsgerechte Organisationsstrukturen

Organisation kann letztlich im Sinne der qualitätsgerechten Strukturgestaltung als eine auf Spezialisierung beruhende, zielgerichtete Strukturierung und Koordination von Personen, Sachmitteln und Informationen zum Zweck der Erreichung der Ziele des Unternehmens verstanden werden. Hierzu existieren jedoch grundlegende Einflussfaktoren, die bei der Strukturgestaltung zu berücksichtigen sind.

Einfluss der strategischen Positionierung

Mit der Positionierung werden strategische Handlungsbedarfe eines Unternehmens abgeleitet und strategische Ziele identifiziert. Der strategische Handlungsbedarf eines Unternehmens wird hierbei unter Berücksichtigung der eigenen Stärken und Schwächen beschrieben. Grundsätzlich können strategische Positionen differenziert werden, die durch unterschiedliche Produktstrategien realisiert werden müssen:
Je nach angestrebter bzw. eingenommener Position im Wettbewerb mit den Produktstrategien werden unterschiedliche qualitätsrelevante Ziele fokussiert. So erfordert ein Schwerpunkt des Wettbewerbes über niedrige Kosten eine konsequente Vermeidung von Verschwendungen, während bei Fokussierung einer Differenzierungsstrategie ein überdurchschnittliches Qualitätsniveau bzw. die wahrgenommene Produktqualität stärker in den Vordergrund der Qualitätsbetrachtungen rückt. Damit beeinflusst die Positionierung die Bestimmung von inhaltlichen und zeitraumbezogenen Schwerpunkten der Ausgestaltung von qualitätsgerechten Strukturen.

Einfluss der Diversifikation

Die Schaffung von divisionalen Organisationsstrukturen unterstützt Unternehmen bei der effizienten Diversifikation des Angebotes nach verschiedenen Produktgruppen. Die Betrachtung der Diversifikation ist notwendig, um den Verantwortungsbereich von Qualitätsstellen und -abteilungen auf Unternehmens- bzw. Divisionsebene klar abgrenzen zu können. Vor einer dezentralen Verankerung von Qualitätsverantwortungen ist beispielsweise genau zu prüfen, inwieweit Koordinationsinstrumente des Unternehmens dezentral ausgerichtet sind, ob Entscheidungsbefugnisse an produktbezogene Hierarchieebenen delegiert sind und ob somit eine reale Divisionalisierung tatsächlich stattgefunden hat.

Einflüsse von Landeskulturen

Vor dem Hintergrund der unterschiedlichen Herkunft sowie des weltweiten Einsatzes verschiedener Qualitätskonzepte muss hinterfragt werden, inwieweit diese für den Einsatz in Deutschland geeignet respektive kompatibel sind.
In den 60er und 70er Jahren hat Hofstede zum Thema „nationale Unterschiede" eine Longitudinalstudie beim Unternehmen IBM durchgeführt. Die Auswertungen der Daten zeigen, dass es insgesamt sechs Dimensionen gibt, in denen sich Mitarbeiter verschiedener Nationen unterscheiden. Diese Unterschiede spiegeln sich primär im Mitarbeiterverhalten wider. Beispielswiese zeigen Vergleiche mit Japan, dass im japanischen Verständnis von Gruppenarbeit (z. B. KVP-Teams) erhebliche Differenzen zur Führungskultur nach deutschem Verständnis bestehen. Dieser Unterschied kann darauf zurückgeführt werden, dass in Japan im Allgemeinen eine größere „Power-Distanz" (engl. Power Distance) herrscht als in Deutschland. Neben Power-Distanz kann auch die Dimension „Unsicherheitsvermeidung" (engl. Uncertainty Avoidance) eine Erklärung für die unterschiedlichen Führungskulturen bieten. Diese Erkenntnisse müssen bei der Gestaltung von qualitätsgerechten Strukturen berücksichtigt werden. Bei einem

weltweiten Engagement deutscher Unternehmen muss im Umkehrschluss überprüft werden, inwieweit landesspezifisch geeignete Strukturvarianten auf ausländische Partnerorganisationen übertragbar sind. Dementsprechend ist ihr Geltungsbereich konsequent zu hinterfragen.

Einflüsse der organisatorischen Entwicklungsphasen

Zur Ermittlung von Forderungen an die Gestaltung formaler Strukturen existieren Phasenmodelle, die diese in Abhängigkeit vom Entwicklungsstadium der Organisation darstellen. Auch wenn nicht von einer zwangsläufigen Abfolge dieser Phasen ausgegangen werden kann, bilden sie einen guten Anhaltspunkt zur Ermittlung der Einflüsse auf die Aufgaben- und Strukturgestaltung. Die Charakteristiken von Unternehmen in verschiedenen Entwicklungsstadien sind im Folgenden exemplarisch dargestellt.
In der Pionierphase besitzen Unternehmen keine profilierte Unternehmenskultur und informelle, durch persönliche Weisungen geprägte, flexible Strukturen. Sie benötigen eine straffe, zentrale Führung. In der anfänglichen Wachstumsphase bildet sich eine Kultur heraus. Aufgrund der steigenden Komplexität von Managementaufgaben müssen Hierarchiestufen ausgebaut werden. Durch die Schaffung spezialisierter Stellen verringern sich die Leitungsspannen.
Bei einem weiteren Wachstum werden verstärkt homogene Stellen ohne weitere Spezialisierung geschaffen. Zur Verbesserung der Steuerung des Unternehmens werden die Vorauskoordination verstärkt, Prozesse mit hohem Wiederholcharakter zunehmend standardisiert, effiziente Managementsysteme eingeführt und die Entscheidungsdelegation ausgebaut. In der Reifephase zeichnen sich Unternehmen durch starke Formalisierung und teilweise Überreglementierung aus. Durch die Entlastung des Managements aufgrund des geringeren Wachstums und damit verbundenen neuen Herausforderungen ist mit internen Macht- und Einflusskämpfen zu rechnen, Strukturen müssen tendenziell durch Selbstabstimmung flexibilisiert, Leistungsbereiche dezentralisiert und die Formalisierung abgebaut werden.
In der Wendephase ist eine Neuorientierung erforderlich, da die Existenz des Unternehmens gefährdet ist. Machtkämpfe nehmen in der Regel zu. Kostensenkungsmaßnahmen und Restrukturierungen können einerseits eine autoritäre Führung erfordern. Andererseits muss eine Kultur gefördert werden, die neue Visionen und die Erschließung neuer Nutzenpotenziale begünstigt.

Einfluss der verwendeten Fertigungstechnologie

Die zentrale Fragestellung bei der Betrachtung der Fertigungstechnologie besteht in der optimalen Abstimmung zwischen den Aufgaben der operativen Prozessen und einer unterstützenden Qualitätssicherung. Differenzierungsmerkmale verschiedener Fertigungstechnologien sind vor allem der Wiederholcharakter der Fertigungsprozesse sowie die Automatisierung der Abläufe.
Eine technische Spezialisierung und damit Unterstützung von qualitätsrelevanten Aufgaben ist beispielsweise in der Fließfertigung bzw. einer vollautomatisierten Fertigung nur notwendig, sofern unterstützende Aufgaben in der Linie wahrgenommen werden. Im Gegensatz dazu erfordert eine Werkstattfertigung mit geringem Automatisierungsgrad den Einsatz von Fertigungsinseln mit hoher Bearbeitungsflexibilität für eine individualisierte Produktion, eine hohe Qualifikation und damit Spezialisierung.
Die Auswahl geeigneter Koordinationsinstrumente wird zudem in hohem Maße durch die eingesetzte Informationstechnologie beeinflusst und ist vor diesem Hintergrund zu betrachten.

Einflüsse von Informations- und Kommunikationstechnologien

Die eingesetzten Informations- und Kommunikationstechnologien (IuK) haben einen zentralen Einfluss auf die Projekt- und Prozesssteuerung und -dokumentation. Insbesondere Internet- und Intranettechnologien führen zu einer Erhöhung organisatorischer Gestaltungsmöglichkeiten, da Informationen durch ein geschicktes Management unabhängig von organisatorischen Hürden im Unternehmen weitergegeben und gruppenübergreifende Interaktionen unterstützt werden können.
Allerdings ist davon auszugehen, dass der Unternehmenserfolg weniger von der Art der eingesetzten Informationstechnologie zur Unternehmenssteuerung und Kommunikation abhängt, sondern vielmehr davon, dass die eingesetzte Technologie und die damit verbundenen Prozesse beherrscht werden. Entsprechend der Ausführungen sollten Forderungen an die Strukturgestaltung so weit wie möglich als Gestaltungsvorgaben für die Auswahl von IuK-Systemen betrachtet werden.

I

4.4 Unternehmerisches Qualitätsmanagement

„In einer vom Markt geprägten Wirtschaftsordnung ist ein Unternehmen nur dann auf Dauer erfolgreich, wenn es Waren oder Dienstleistungen mit Gewinn anbieten kann, die bei den potenziellen Konsumenten durch Beschaffenheit, Preis und Lieferzeit genügend Kaufanreiz auslösen". Dieser von Prof. Masing postulierte Grundsatz für erfolgreiche Unternehmen zeigt das klassische, elementare Qualitätsverständnis auf: Qualität ist der Überdeckungsgrad zwischen artikulierten und impliziten Marktforderungen auf der einen Seite und dem Merkmalssatz von Unternehmensleistungen auf der anderen Seite – mithin der Überdeckungsgrad zwischen „Soll" und „Ist" (Abb. 4.6).

Die Umsetzung dieses Handlungsgrundsatzes in die unternehmerische Praxis ist jedoch verbunden mit der im vorigen Kapitel geführten organisatorischen Diskussion der Qualitätsorganisation weit weniger trivial. Einerseits wird in der klassischen Definition der Fokus auf die Bewertung von Qualität durch den Markt gelegt, andererseits erfolgt jedoch keine Handlungsempfehlung zur Erhöhung des Deckungsgrades. Zur Erzielung eines Wettbewerbsvorteils gilt es, den Markt zu befriedigen bzw. über die Erfüllung der Forderungen hinaus zu begeistern. Unternehmerisches Handeln im wettbewerblichen Spannungsfeld benötigt dazu eine differenziertere Betrachtung der Unternehmensleistungen und damit der Summe aller Produkte, Leistungen und Dienste, die am Markt angeboten und abgesetzt werden.

Im Zeitgeist einer ressourcenoptimalen, nachhaltigen, aber zweifellos auch profitablen Leistungserstellung bedarf es zum einen der Berücksichtigung der Ausrichtung des Unternehmens (z. B. Strategien, Ziele, Werte) und zum anderen der Fähigkeiten des Unternehmens (z. B. Mitarbeiter, Infrastruktur, Betriebsmittel). Die Unternehmensleistungen repräsentieren also weder allein die unternehmerische Absicht noch die potenziellen Fähigkeiten. Sie bilden den Überdeckungsgrad der Unternehmensausrichtung mit den Unternehmensfähigkeiten.

Damit muss die klassische Qualitätsdefinition erweitert und konkretisiert werden. Je besser die Unternehmensfähigkeiten auf die Unternehmensausrichtung abgestimmt werden können, desto wirksamer können diese Unternehmensleistungen auf die zeitlich veränderlichen Marktforderungen ausgerichtet werden. Der momentane Überdeckungsgrad von Marktforderungen, Unternehmensausrichtung und Unternehmensfähigkeiten wird demnach als unternehmerische Qualität definiert (Abb. 4.7).

Die Abkehr von der eindimensionalen Betrachtung des Spannungsfelds zwischen „Soll" und „Ist" hin zur Akzeptanz eines mehrdimensionalen Handlungsrahmens zwischen „Sollen", „Wollen" und „Können" resultiert in neuen unternehmerischen Entscheidungsoptionen – einem unternehmerischen Qualitätsmanagement.

Die klassischen statischen Betrachtungsweisen werden somit durch die unternehmerischen Ansätze abgelöst, welche die Zielkonflikte im Unternehmen konkretisieren und so einen Abgleich systematisieren und vereinfachen. Unternehmerisches Denken wird im Qualitätsmanagement verankert – weg von der rein sichernden, bewahrenden und normativen Sicht, hin zu verantwortlichen Aufgaben, die nachhaltig, marktorientiert und ressourceneffizient angegangen werden müssen.

4.4.1 Das Aachener Qualitätsmanagement-Modell

Um die bisher isoliert betrachteten Aufgaben des Qualitätsmanagements in ein ganzheitliches Konzept zur Unter-

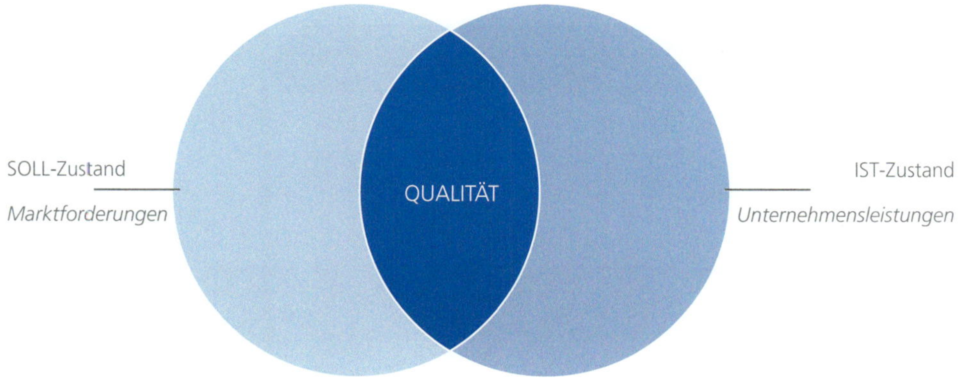

Abb. 4.6 Das klassische Qualitätsverständnis

I

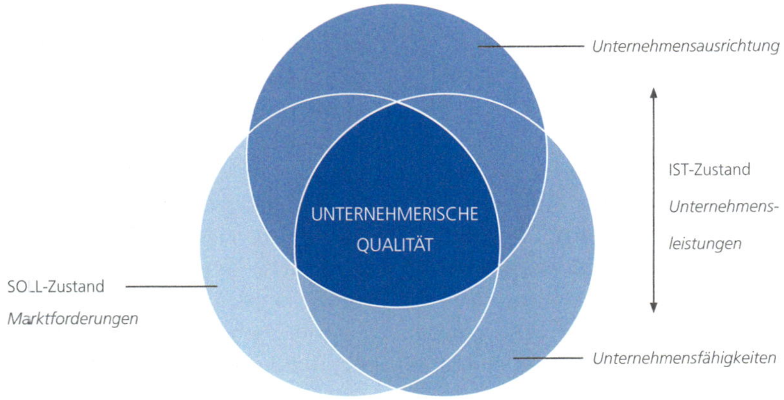

Abb. 4.7 Das unternehmerische Qualitätsverständnis

nehmensführung einzugliedern, wurde am Werkzeugmaschinenlabor WZL der RWTH Aachen das Aachener Qualitätsmanagement-Modell entwickelt (Abb. 4.8).
Das Aachener Qualitätsmanagement-Modell spannt den Ordnungsrahmen für die Gesamtheit der qualitätsbezogenen Aufgaben im Unternehmen auf. Die drei Kernelemente (Management, Quality Stream sowie Ressourcen & Dienste) bilden innerhalb des Beschreibungsmodells den Bezugsrahmen für die operative Umsetzung von Qualitätsmanagement. Die Vielfältigkeit der qualitätsrelevanten Aufgaben und Prozesse im Unternehmen sowie deren Interdependenzen werden so umfassend abgebildet.

4.4.2 Kernelemente

Die drei Kernelemente (Management, Quality Stream, Ressourcen & Dienste) stellen die oberste Strukturierungsebene des Modells dar und sind jeweils in weitere charakterisierende Bausteine untergliedert. Diese stellen lediglich die grundlegenden Wirkzusammenhänge dar und können je nach Unternehmen verschieden ausgeprägt sein.

Management

Erfolgreiche Unternehmen haben erkannt, dass die effiziente Verfolgung von Qualitätsstrategien und Qualitätszielen wie auch die Ausgestaltung der Organisations-

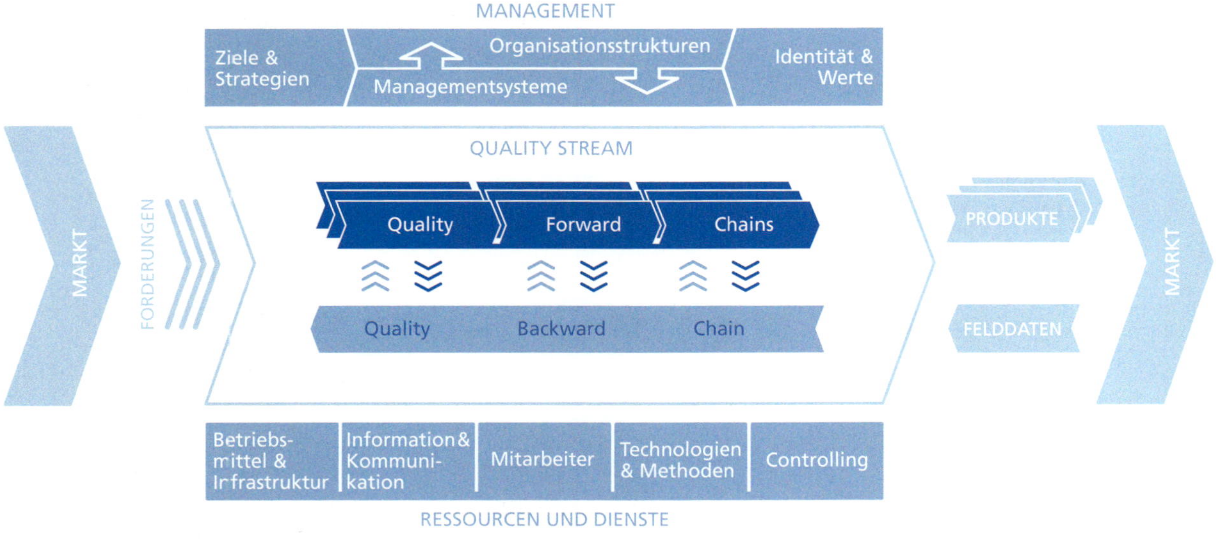

Abb. 4.8 Das Aachener Qualitätsmanagement-Modell

strukturen sowie der Aufbau eines Managementsystems zur Unterstützung der Ablauforganisation eine überzeugende und nachhaltige Führung durch das Top-Management des Unternehmens erfordern. Zur Umsetzung dieser Führungsaufgaben bedarf es einer gewachsenen Unternehmensidentität und einem kommunizierten Wertesystem. Kein Baustein des Kernelements Management kann alleine betrachtet werden, da sie sich gegenseitig inhaltlich oder gar methodisch beeinflussen und bedingen.

Quality Stream

Das zentrale Kernelement des Modells bezieht sich auf die Prozesse und Abläufe in Unternehmen und bildet den qualitätsorientierten Wertstrom (Quality Stream). Dieser Strom führt vom Markt zum Markt und dient der Transformation der Marktforderungen in begeisternde und kundenbindende Produkte unter Berücksichtigung des zeitlichen Versatzes zwischen Forderungserhebung und Lieferung der Leistung. Die zwei Strukturelemente des Quality Stream sind:

- Quality Forward Chain: Proaktive, präventive Aktionen
- Quality Backward Chain: Korrigierende, absichernde Aktionen

Die *Quality Forward Chains* umfassen sämtliche Tätigkeiten, Werkzeuge und Methoden zur Schaffung und Absicherung der Qualität von Produkten, Leistungen und ihrer unmittelbar wertschöpfenden Prozesse. Die Bausteine der Quality Forward Chains sind durch die jeweiligen Lebenszyklen zeitlich und inhaltlich determiniert. Eingangsgrößen der Quality Forward Chains sind die Forderungen des Marktes, die in Leistungsmerkmale und -eigenschaften transformiert werden. Es existieren mehrere Quality Forward Chains, um verschiedenen Unternehmensleistungen und ihren unterschiedlichen Reifegraden in den jeweiligen Lebenszyklen Rechnung zu tragen.

Die *Quality Backward Chain* umfasst neben der produktübergreifenden, kontinuierlichen Nutzung externer und interner Daten aus den Qualitätssensoren vor allem die Ableitung korrektiver, absichernder Maßnahmen für im Markt und in der Entstehung befindliche Produkte und Leistungen sowie für die dazugehörigen wertschöpfenden Prozesse. Darunter sind zum einen die internen Verbesserungsprozesse in die eigene aber auch vorgelagerte (Lieferanten) Leistungserstellung zu subsumieren. Zum anderen sind es die essenziell wichtigen Felddateninformationen, die systematisch in das Unternehmen zurückgeholt werden müssen, um an der richtigen Stelle im Unternehmen wirken zu können. Sowohl kundengetriebene als auch technologiegetriebene Innovationen setzen dieses Wissen und seine Distribution über die beiden Quality Chains zwingend voraus – um Ideen in erfolgreiche Produkte umzusetzen und damit den kontinuierlichen Verbesserungsprozess zu operationalisieren.

Ressourcen & Dienste

Ressourcen & Dienste bilden das dritte Kernelement. Sie sind zur Erreichung der Unternehmensziele unbedingt erforderlich. Folgende Bausteine sind Inhalt dieses Kernelements:

- Betriebsmittel & Infrastruktur (Produktionsanlagen, Messsysteme, Prüfplanung, Prüfmittelmanagement etc.)
- Information & Kommunikation (Wissensmanagement, Dokumentenmanagement, I&K-Technologien etc.)
- Mitarbeiter (Qualifikation, Kompetenzen, Motivation etc.)
- Technologien & Methoden (Fertigungsverfahren, Arbeitstechniken, QM-Methoden etc.)
- Controlling (Leistungsmessungen über Kennzahlen, Reifegradmodelle, Rechnungswesen etc.)

Bei der Ausgestaltung dieser Bausteine müssen stets die Steigerung der unternehmensexternen aber auch internen Kundenzufriedenheit sowie kontinuierliche Verbesserung der Leistungen, Tätigkeiten und Aktionen im Unternehmen als wesentliche Zielsetzungen berücksichtigt werden.

4.4.3 Perspektiven

Die unternehmerische Aufgabe besteht darin, den Deckungsgrad zwischen Marktforderungen und Unternehmensleistungen zu optimieren. Dies bedeutet nicht, dass grundsätzlich ein möglichst hoher Deckungsgrad anzustreben ist, sondern dass die Nebenbedingungen der Optimierungsaufgabe unternehmensspezifisch zu berücksichtigen sind. Um diese komplexe unternehmerische Optimierungsaufgabe für die Praxis greifbarer und handhabbarer zu machen, werden die in Abbildung 4.9 dargestellten drei Perspektiven eingeführt, die im Aachener Qualitätsmanagement-Modell aufgegriffen und konkretisiert werden.

Kundenperspektive

Die Kundenperspektive wird eingenommen, um zwischen den Marktforderungen und den realisierten Unternehmensleistungen abzugleichen. Diese Perspektive steht im Zentrum des unternehmerischen Handelns unter expliziter Berücksichtigung des finanziellen Erfolgs und der Handlungsfähigkeit des Unternehmens. Mit dem Fokus der Produktqualität unterstützt die Kundenperspektive die Transformation der Kundenforderungen in begeisternde Produkte.

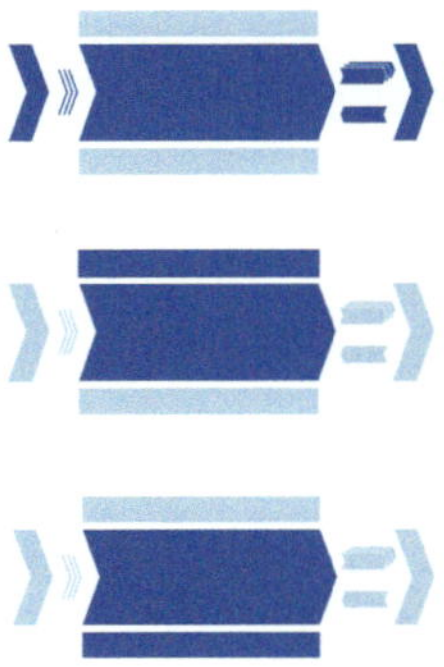

Die Kundenperspektive unterstützt die Transformation der Marktforderungen in begeisternde Produkte. Im Vordergrund steht hier die Umsetzung der »Stimme des Kunden«, mit dem Fokus auf die Produktqualität.

Die Führungsperspektive ermöglicht die Gestaltung der Unternehmensausrichtung. Sie fokussiert die Systemqualität, unterstützt die Bewertung qualitätsschöpfender Prozesse und treibt letztlich die Weiterentwicklung der gesamten Organisation voran.

Die Betriebsperspektive beinhaltet die operative Ausgestaltung und Umsetzung der anderen Perspektiven mit dem Fokus auf die Prozessqualität. Hierdurch wird sichergestellt, dass Ressourcen und Dienste optimal zur Verfügung gestellt werden.

Abb. 4.9 Die drei Perspektiven im Aachener Qualitätsmanagement-Modell

Im Aachener Qualitätsmanagement-Modell wird diese Transformation von Eingangs- zu Ausgangsgrößen des Unternehmens (vom Markt zum Markt) durch den Quality Stream abgebildet. Durch eine kontinuierliche Messung und Anpassung der Transformation wird sichergestellt, dass die Stimme des Kunden entsprechend umgesetzt wird.

Führungsperspektive

Aus der Führungsperspektive heraus werden die Unternehmensausrichtung und die Unternehmensfähigkeiten aus der Sicht der Unternehmensleitung abgeglichen. Jedem Unternehmen ist eine Ausrichtung mit Ausprägungen, wie z. B. Unternehmensidentität und -strategie, zu eigen. Mit der Führungsperspektive wird die Unternehmensausrichtung in den Bezug zu den Leistungsprozessen eines Unternehmens gesetzt. Die Führungsperspektive ist Top-down-orientiert, wobei grundlegende Regelschleifen unter Betrachtung der möglichen Unternehmensfähigkeiten bei der Definition und Justage der Unternehmensausrichtung beinhaltet sind.
Die Führungsperspektive ist auf die Vorgabe von Zielen ausgerichtet und hat dabei die Systemqualität im Fokus. Sie betrachtet die aktive und verantwortliche Gestaltung der Rahmenbedingungen für das Unternehmen mit reflektierender Ausrichtung auf die Prozesse des Quality Stream. Die Führungsperspektive beinhaltet somit die normative und strategische Ausrichtung des Unternehmens und ist für die Sicherstellung der Definition, des Aufbaus und der Einbindung von methodischen und organisationalen Kompetenzen verantwortlich.

Betriebsperspektive

Die Betriebsperspektive fokussiert die Umsetzung der von der Führungsperspektive abgeleiteten Ziele und die Optimierung der dazu erforderlichen Prozesse. Es gilt, die Unternehmensfähigkeiten an die Unternehmensausrichtung anzupassen. Die Betriebsperspektive ist Bottom-up-ausgerichtet. Die erforderlichen Ressourcen und Voraussetzungen sind mit den operativen Erfordernissen in Einklang zu bringen, die aus der Führungs- und Kundenperspektive abgeleitet werden. Die Betriebsperspektive legt dabei den Fokus auf die Prozessqualität. Durch sie wird sichergestellt, dass die Ressourcen und Dienste optimal zur Verfügung gestellt werden, die der Quality Stream zur Umsetzung benötigt.
Das Aachener Qualitätsmanagement-Modell zeigt den Unternehmen mit den drei Perspektiven Kunde, Führung und Betrieb Wege auf, wie übergreifende Qualitätsgedanken durch den Perspektivabgleich in die einzelnen Unternehmenseinheiten überführt werden können. Erst die Einnahme aller drei Perspektiven befähigt Unternehmen, zum einen das unternehmensspezifische Optimum des Überdeckungsgrades zwischen Marktforderungen und Unternehmensleistungen zu erreichen und zum anderen auf dieser Basis unter den gegebenen Rahmenbedingungen agile Organisationsstrukturen auf- und abzubauen.
Jedes Unternehmen ist zudem ein Glied in der globalen Wertschöpfungskette. Die Bausteine „Markt" bilden die Koppelstellen der Quality Streams der einzelnen Entitäten, die in ihrer Verkettung die gesamte Supply Chain geschlossen abbilden. Erst die Abstimmung, Ausrichtung und qualitätsgerechte Ausgestaltung sowie die operative Umsetzung von Qualitätsmanagement aller Interessenspartner einer Wertschöpfungskette garantiert ein erfolgreiches Agieren auf dem Weltmarkt.

4.5 Fazit

Die Veränderungen des wirtschaftlichen Umfelds drücken sich in einer zunehmenden Dynamik, Unsicherheit und Komplexität der Märkte aus und bedingen letztlich die Notwendigkeit struktureller Änderungen. Ein unternehmerisches Grundverständnis von Qualität setzt voraus, dass auch das unternehmerische Handeln zur Realisierung der Qualität stets den veränderlichen Rahmenbedingungen des lokalen und globalen Umfelds angepasst wird. Agile Strukturen tragen hier zu einer bedarfsgerechten Organisation von Qualität im Unternehmen bei.

Dieser Beitrag zeigt in erster Linie die grundlegenden Ansätze und Ideen zur Gestaltung einer qualitätsorientierten Organisationsstruktur auf. Eine Abstimmung qualitätsgerechter Aufgaben sowie deren Einflussfaktoren mit den Organisationsstrukturen selbst bedarf aber einer differenzierten Betrachtung im Unternehmen. Die initiale Gestaltung der Qualitätsorganisation und deren Ausgestaltung über die Zeit sind dabei als Aufgabe des Top-Managements zu sehen, da letztlich unternehmerische Qualität als Basisgedanke einen mehrdimensionalen Handlungsrahmen aufzeigt, der die gesamte Unternehmung umfasst.

Literatur

Adler, N.J.: International Dimensions of Organizational Behaviour. Thomson Higher Education, Mason 2008

Beaujean, P.: Modular gestaltetes reaktives Qualitätsmanagement. Apprimus Verlag, Aachen 2011

Beck, N./Tainio, R./Kieser, A.: Rules and organisational learning. The behavioural theory approach. In: Dierkes, M./Berthoin, A./Child, J.: Handbook of organisational learning. 2. Auflage. Oxford University Press, New York 2003

Betzold, M.: Entwicklung eines Diagnosewerkzeuges für Wissenschaftsmanagement in KMU. Shaker Verlag, Aachen 2006

Bleicher, K.: Organisation. Strategien, Strukturen, Kulturen. 2. Auflage. Gabler Verlag, Wiesbaden 1991

Braßler, A./Grau, C.: Modulare Organisationseinheiten. In: Lorenz, H./Scholl, A. (Hrsg.): Jenaer Schriften zur Wirtschaftswissenschaft. Arbeits- und Diskussionspapiere, Bd. 25. Wirtschaftswissenschaftliche Fakultät der Friedrich-Schiller-Universität, Jena 2004

Bühner, R.: Betriebswirtschaftliche Organisationslehre. 10. Auflage. Oldenbourg Verlag, München 2004

Bund, M.: Modulare Organisation. In: Wirtschaftswissenschaftliches Studium, 29 Jg., 2000, Nr. 6, S. 343 - 346

Chia, R.: The problem of reflexivity in organizational research. Towards a postmodern science of organization. In: Organization, 3. Jg., 1996, Nr. 1, S. 31 - 59

Corsten, H.: Geschäftsprozessmanagement. Grundlagen, Elemente und Konzepte. In: Corsten, H. (Hrsg.): Management von Geschäftsprozessen. Theoretische Ansätze – praktische Beispiele. Kohlhammer Verlag, Stuttgart 1997. S. 9 - 58

Deeg, J./Weibler, J.: Die Integration von Individuum und Organisation. Vs Verlag, Wiesbaden 2008

Faust, M./Brünnecke, K./Deutschmann, C.: Dezentralisierung von Unternehmen. Bürokratie- und Hierarchieabbau und die Rolle betrieblicher Arbeitspolitik. 3. Auflage. Hampp, Mering 1999

Fischer, T.M.: Koordination im Qualitätsmanagement. Analyse und Evaluation im Kontext der Transaktionskostentheorie. Katholische Universität Eichstätt-Ingolstadt, Ingolstadt 1997

Gaitanides, M.: Prozeßorganisation. Entwicklung, Ansätze und Programme prozeßorientierter Organisationsgestaltung. Vahlen, München 1983

Gutenberg, E.: Grundlagen der Betriebswirtschaftslehre. 24. Auflage. Springer, Berlin 1979

Hammer, M./Champy, J.: Business Reengineering. Die Radikalkur für das Unternehmen. 4. Auflage. Campus, Frankfurt/Main 1994

Hofstede, G.: Interkulturelle Zusammenarbeit. Kulturen – Organisationen – Management. Aus dem Englischen von Nadia Hasenkamp und Anthony Lee. Gabler, Wiesbaden 1993

Kieser, A./Walgenbach, P.: Organisation. 6. Auflage. Schäffer-Poschel, Stuttgart 2010

Kosiol, E.: Organisation der Unternehmung. 2. Auflage. Gabler, Wiesbaden 1976

Laux, H./Liermann, F.: Grundlagen der Organisation. Die Steuerung von Entscheidungen als Grundproblem der Betriebswirtschaftslehre. Springer, Berlin 2005

Luhmann, N.: Funktionen und Folgen formaler Organisation. Duncker & Humblot, Berlin 1964

Mintzberg, H.: Die Mintzberg-Struktur. Organisationen effektiver gestalten. mi, Landsberg/Lech 1992

Nadler, D./Tushman, M.: Competing by Design. The Power of Organizational Architecture. Oxford University Press, New York 1997

o. V.: Begriffe zum Qualitätsmanagement – Teil 11: Ergänzung zu DIN EN ISO 9000:2005 (Reihe: DIN 55350-11). Beuth Verlag, Berlin 2008

Osterloh, M./Frost, J.: Prozessmanagement als Kernkompetenz. 5. Auflage. Gabler, Wiesbaden 2006

Patzak, G./Rattay, G.: Projektmanagement. Leitfaden zum Management von Projekten, Projektportfolios und projektorientierten Unternehmen. Linde, Wien 1996

Picot, A./Dietl, H./Franck, E.: Organisation – eine ökonomische Perspektive. 4. Auflage. Schäffer-Poeschel, Stuttgart 2005

Reißiger, W.: Integration von Six Sigma in qualitätsgerechte Organisationsstrukturen. Shaker, Aachen 2007

Schreyögg, G.: Organisation. Grundlagen moderner Organisationsgestaltung. 4. Auflage. Gabler Verlag, Wiesbaden 2008

Seghezzi, H.D.: Integriertes Qualitätsmanagement. Das St. Galler Konzept. 2. Auflage. Carl Hanser Verlag, München 2003

Weuster, A.: Unternehmensorganisation. 4. Auflage. Hampp, Mering 2010

Wolf, J.: Organisation, Management, Unternehmensführung. Theorien und Kritik. 2. Auflage. Gabler, Wiesbaden 2005

Vom Qualitätsmanagement zum strategischen Geschäfts-prozessmanagement

5.1 **Was ist Geschäftsprozessmanagement und was kann es leisten?** 69

5.2 **Projektvorbereitung** 70
5.2.1 Geschäftsprozessmanagement-Konzepte 70
5.2.2 Prozessmodelle 71
5.2.3 IT-Unterstützung 73
5.2.4 Methoden des Geschäftsprozessmanagements 74
5.2.5 Projektmanagement 74

5.3 **Strategieorientierung** 75
5.3.1 Wettbewerberanalyse, SWOT-Analyse und Erfolgsfaktoren 75
5.3.2 Strategien und Unternehmensziele 77

5.4 **Prozessgestaltung** 78
5.4.1 Prozessarchitektur und Prozesslandkarte 78
5.4.2 Prozessdefinition und Prozessdokumentation 78
5.4.3 Prozessleistungsziele 80
5.4.4 Schnittstellen 82

5.5 **Prozessorganisation** 83

5.6 **Implementierung** 84
5.6.1 Kommunizieren 84
5.6.2 Ausbilden 84

5.7 **Prozesscontrolling** 84
5.7.1 Messen und Bewerten 85
5.7.2 Berichten und Steuern 85

5.8 **Prozessoptimierung** 85
5.8.1 Methoden und Werkzeuge 85
5.8.2 Prozessaudit und Prozess-Assessment 86

5.9 **Aufwand, Nutzen und Risiken** 87
5.9.1 Projektplan für den Aufbau eines GPM 87
5.9.2 Nutzen des GPM 87
5.9.3 Risiken 88

5 Vom Qualitätsmanagement zum strategischen Geschäftsprozessmanagement

Horst Ellringmann

Sachgerecht interpretiert und konsequent angewandt, können die Forderungen der Qualitätsmanagement-Normen die Einführung eines strategischen Geschäftsprozessmanagements (GPM) unterstützen, weil sie das Denken in Prozessen fördern und damit die Leistungsfähigkeit des Unternehmens verbessern. Nichts anderes will das aus der Organisationslehre kommende Geschäftsprozessmanagement.

Beim Aufbau eines Geschäftsprozessmanagements steht am Anfang die Analyse der Ist-Situation. Ihre Ergebnisse sind Input für das Entwickeln von Unternehmensstrategien und Unternehmenszielen. Dies geschieht in Workshops mit der Geschäftsleitung.

Es folgt das Definieren der Geschäftsprozesse. Ohne Beachtung der existierenden Organisation wird anhand von Regeln erarbeitet, welche Geschäftsprozesse und Teilprozesse für das Erfüllen der Kundenanforderungen und der internen Strategien und Ziele benötigt werden. Weil für den Unternehmenserfolg nicht alle Prozesse gleich bedeutsam sind, werden auf Basis der Erfolgsfaktoren Schlüsselprozesse ermittelt.

Die definierten Prozesse werden in einer Grafik – der Prozessarchitektur – möglichst vollständig dargestellt. Das Prozessmodell zeigt, welche Prozessarten es gibt und wovon die Prozesse beeinflusst werden. Dokumentiert werden Prozesse durch Prozesskarten (Steuerungsparameter) und Prozesscockpits (Leistungsparameter). Die im Geschäftsprozessmanagement anzuwendenden Methoden und die definierten Rollen werden festgelegt und in Ausbildungen vermittelt, damit das GPM systematisch betrieben, überwacht und gesteuert werden kann.

Die von Prozessen zu erbringenden Leistungen werden im Prozesscontrolling überwacht und gesteuert. Ergebnisse werden dokumentiert, berichtet und visualisiert.

Die funktionale Organisation muss in eine prozessorientierte überführt werden, sonst kann das Konzept Geschäftsprozessmanagement seine Wirkung nicht entfalten. Das geschieht in der Regel durch Matrixorganisationen, in denen Stellenverantwortung neben Prozessverantwortung existiert.

Die formale Prozessstruktur, die Leistungsfähigkeit und der Reifegrad der Prozesse werden in Audits bzw. Assessments regelmäßig überwacht. Für das Optimieren der Prozessleistung werden Methoden wie KAIZEN, PDCA, 20Keys etc. eingesetzt.

Alles hat seine Zeit; auch Managementmethoden. Sie passen nicht immer und überall. Geschäftsprozessmanagement passt in die Zeit des technischen Fortschrittes, der Liberalisierung der Märkte und den damit verbunden Verdrängungswettbewerb.

5.1 Was ist Geschäftsprozessmanagement und was kann es leisten?

Das Konzept der Prozessorganisation wurde schon 1983 von Michael Gaitanides beschrieben. Als wesentliche Prozesse wurden diejenigen angesehen, die die Wettbewerbsfähigkeit fördern. In diesem Sinne wurde dem Managen von Prozessen schon damals strategische Bedeutung beigemessen. Gaitanides definierte den Begriff Geschäftsprozessmanagement wie folgt: „GPM umfasst planerische, organisatorische und kontrollierende Maßnahmen zur zielorientierten Steuerung der Wertschöpfungskette eines Unternehmens hinsichtlich Qualität, Zeit, Kosten und Kundenzufriedenheit." 1998 erschien im Hanser Verlag das wegweisende Buch „Geschäftsprozessmanagement in der Praxis" von Schmelzer und Sesselmann. Erstmalig in Deutschland wurde gezeigt, wie man das von Gaitanides entwickelte Konzept in Unternehmen umsetzen kann, und dafür war die Fachwelt den Autoren dankbar. 2013 erschien bei Hanser die 8., überarbeitete und erweiterte Auflage (Schmelzer/Sesselmann 2013). Das zeigt das große Interesse am Thema Geschäftsprozessmanagement. Trotzdem ist der Umsetzungserfolg bis heute eher bescheiden. In vielen Unternehmen gibt es Teillösungen auf Bereichsebene, eine unternehmensweite Umsetzung ist selten. Die einzige veröffentlichte Konzernlösung bietet die Siemens AG. Das liegt sicher an der Komplexität des Konzeptes, aber auch an der Tatsache, dass viele Unternehmer auf schnelle Lösungen mit Softwaretools hoffen (Tab. 5.1), anstatt das Konzept zu durchdenken und die richtige Vorgehensweise zu suchen. In der Regel werden so zwar Verbesserungen der Ablauforganisation erreicht, aber die erfolgreiche strategische Positionierung des Unternehmens im Wettbewerb bleibt unerreicht.

Ende der 90er Jahre nahm die International Standard Organisation (ISO) die Prozessidee in die Qualitätsmanagement-Norm ISO 9001 auf. Die Begründung war: Erwünschte Ergebnisse lassen sich effizienter erreichen, wenn Tätigkeiten und dazugehörige Ressourcen als Prozess geleitet und gelenkt werden.

Leider gibt es nach wie vor ein unterschiedliches Verständnis des Begriffes Prozess. Das führt dazu, dass Prozessmanagement im Sinne der ISO zwar Aktivitäten der Geschäftsleitung fordert, aber in seiner praktischen Anwendung auf der operativen Ebene bei den Arbeitsabläufen angesiedelt ist. Geschäftsprozessmanagement als Konzept der Organisationslehre dagegen hat die Aufgabe, Unternehmensstrategien und -ziele umzusetzen.

Im Qualitätsmanagement wird unter Prozess „ein Satz von in Wechselbeziehungen oder in Wechselwirkungen stehenden Tätigkeiten, der Eingaben in Ergebnisse umwandelt" verstanden. Ein Prozess ist also eine Menge von Tätigkeiten. Im Geschäftsprozessmanagement dagegen besteht ein Prozess aus funktionsüberschreitenden Aktivitäten: Ein Geschäftsprozess besteht aus der funktionsüberschreitenden Verkettung wertschöpfender Prozesse, die von Kunden und anderen Anspruchsgruppen erwartete Leistungen erzeugen *und* die internen Strategien und Ziele wirtschaftlich umsetzen.

Nachfolgend wird der Begriff Prozess als Sammelbegriff für die Ausprägungen Geschäftsprozess, Kernprozess, Wertschöpfungsprozess, Teilprozess, Führungsprozess, Unterstützungsprozess etc. verwendet.

Und was kann Geschäftsprozessmanagement leisten? Es ermöglicht das Design, die Analyse, die Optimierung und die Automatisierung von Geschäftsprozessen. Das bedeutet

- Zusammenführen der durch die funktionale Organisation zerstückelten Arbeitsabläufe,
- Konzentration auf die wertschaffenden und damit vom Kunden honorierten Aktivitäten,
- Besseres Beherrschen von Arbeitsabläufen,
- Weniger Leistungsverlust an Schnittstellen zu anderen Prozessen oder Stellen,
- Aktivieren brachliegender Potentiale,
- Bessere Reaktionsfähigkeit auf externe Anforderungen,
- Leistungsorientierung bei Fach- und Führungskräften,
- Nicht wertschöpfende Aktivitäten werden ausgelagert bzw. eliminiert,
- Reduzieren der Kosten, Steigern der Prozess- und Produktqualität, Reduzieren der Durchlaufzeit und höhere Kundenzufriedenheit,
- Nicht die eigenen Tätigkeiten und Abteilungsinteressen, sondern der Kunde steht im Mittelpunkt aller Aktivitäten!

Eines von vielen Beispielen zeigt, was Prozessmanagement in einem Unternehmen konkret verbessert hat (Naujoks et al. 2006, S. 69). Innerhalb von drei 3 Jahren wurde

- die Lieferzeit von 22 Wochen auf drei Wochen reduziert,
- die Liefertreue von 60 % auf 99,3 % erhöht,
- die Lieferfähigkeit von 60 % auf 99,4 % gesteigert,
- die Bestände um 40 % gesenkt und
- der Flächenverbrauch um 50 % verringert.

Zusammenfassend kann man sagen, dass Prozessmanagement

- ein Bewusstsein für das Wesentliche – die Kunden – schafft,
- die Zeit für das Bearbeiten von Kundenwünschen reduziert,

I

- die Qualität der Ergebnisse steigert,
- die Kosten senkt,
- die Zusammenarbeit mit Lieferanten, Behörden, etc. optimiert,
- die Kundenzufriedenheit steigert.

5.2 Projektvorbereitung

In den Kapiteln 5.2 bis 5.8 wird eine erprobte Vorgehensweise für den Aufbau eines Geschäftsprozessmanagements beschrieben. Sie beginnt mit Situationsanalysen und der Formulierung von Strategien und Unternehmenszielen, beschreibt dann das Definieren und Dokumentieren von Prozessen und endet mit der Prozessorganisation, dem Prozesscontrolling, und der Prozessoptimierung. Kapitel 5.9 zeigt den Aufwand für den Aufbau eines GPM und erörtert Nutzen und Risiken.

5.2.1 Geschäftsprozessmanagement-Konzepte

Bevor man das eigentliche Projekt zum Aufbau eines GPM startet, müssen vorbereitende Tätigkeiten durchgeführt werden. Dazu gehören das Festlegen

- eines GPM-Konzeptes
- eines Prozessmodells
- eines IT-Konzeptes
- eines Projektmanagements.

Bei der Erarbeitung eines GPM-Konzeptes sollte man sich an vorhandenen Konzepten und Modellen (Referenzmodellen) orientieren und diese für den eigenen Bedarf maßschneidern. Nachfolgend werden beispielhaft die Konzepte nach (Fischermanns 2006), nach (Allweyer 2005), nach (Schmelzer/Sesselmann 2013) und nach Ellringmann/Marx vorgestellt.

Das von G. Fischermanns beschriebene ibo-Prozessfenster ist ein ganzheitliches Konzept, das vier Themenfelder behandelt:

1. die strategische Organisation aller Prozesse
2. die Gestaltung einzelner Prozesse
3. die kontinuierliche Prozessoptimierung
4. das Prozessmanagement.

Die strategische Prozessorganisation richtet alle Prozesse auf die Unternehmensstrategie aus und stellt so eine konsequente Kundenorientierung sicher. Die Prozessgestaltung regelt die Vorgehensweise und die technisch-kulturelle Unterstützung bei der Neuentwicklung oder Überarbeitung von Prozessen. Die kontinuierliche Prozessoptimierung umfasst alle Messungs-, Diagnose- und Steuerungsaktivitäten zur Herbeiführung einer ständigen Verbesserung der Leistungsfähigkeit einer Organisation. Prozessmanagement ist ein Konzept der Organisationsentwicklung zur ständigen Optimierung der Unternehmensleistung.

T. Allweyer beschreibt den Aufbau eines Geschäftsprozessmanagements als Kreislauf. Er beginnt mit der Strategieorientierung. Hierbei geht es um die Ausrichtung der Geschäftsprozesse auf die Unternehmensstrategie. Es werden die Kernprozesse (auch Geschäftsprozesse oder Wertschöpfungsprozesse genannt) des Unternehmens und die zu verfolgenden Ziele definiert. Der Prozessentwurf schließt sich an. Hier geht es zunächst darum, die vorhandenen Geschäftsprozesse zu dokumentieren und zu modellieren. Sie werden auf Schwachstellen untersucht und mithilfe der Prozesskostenrechnung kostenmäßig bewertet. Auf Grundlage der Analyseergebnisse werden Veränderungen oder ganz neue Sollprozesse entworfen. Diese werden im Rahmen der Prozessimplementierung umgesetzt. Größte Herausforderung hierbei ist es, die Akzeptanz und Unterstützung der Mitarbeiter bei der Umsetzung organisatorischer Veränderungen zu gewinnen (Change Management). Schließlich geht es im Rahmen des Prozesscontrollings um die Erhebung von Prozesskennzahlen sowie die zeitliche Planung und Steuerung der Prozessdurchführung. Mit dem Übergang vom Prozesscontrolling zum strategischen Prozessmanagement schließt sich der Kreis.

H.J. Schmelzer/W. Sesselmann haben ein Konzept entwickelt, das sechs Phasen enthält:

1. Strategische Positionierung
2. Identifizierung der Geschäftsprozesse
3. Implementierung der Geschäftsprozesse
4. Implementierung des Prozesscontrollings
5. Operativer Ablauf
6. Prozessoptimierung.

In der Positionierungsphase sind Unternehmensstrategien und -ziele festzulegen und der Handlungsbedarf für das Geschäftsprozessmanagement aufzuzeigen. Die Geschäftsprozesse richten sich an diesen Vorgaben aus. Das Identifizieren der Prozesse orientiert sich an Kundenanforderungen, Erfolgsfaktoren und Zielen. Dafür werden Regeln vorgegeben. Die Implementierungsphase umfasst das Festlegen der Prozessstruktur, das Benennen der Prozessverantwortlichen, das Anpassen der Aufbauorganisation an die Geschäftsprozesse, das Ausbilden aller Betroffenen sowie das Einführen des Prozesscontrollings und des Berichtssystems. Bestandteile der Phase 5 sind das ständige Überwachen der Zielerfüllung und das Korrigie-

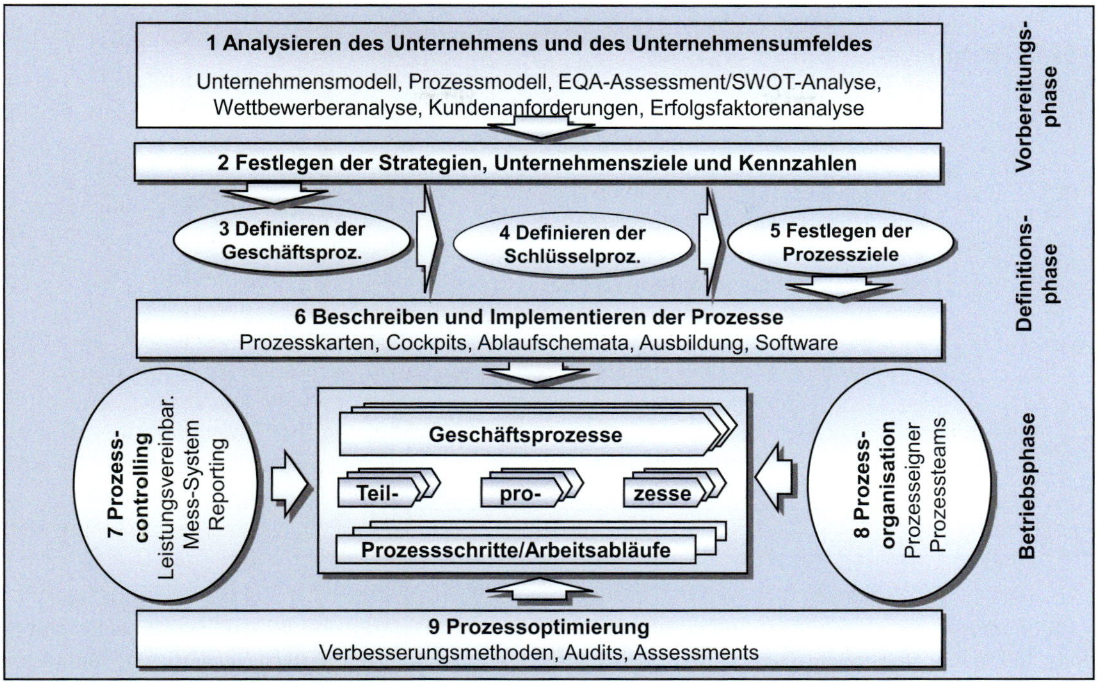

Abb. 5.1 Ein ganzheitliches GPM-Vorgehenskonzept

ren von Abweichungen. Das Optimieren von Prozessen hat eine ständige Leistungsverbesserung zum Ziel. Reicht das nicht aus, werden Prozesse neu gestaltet.

Das Konzept von H. Ellringmann/J. F. Marx (Abb. 5.1) ist an Schmelzer/Sesselmann angelehnt. Es besteht aus drei Phasen und neuen Modulen:

- *Vorbereitungsphase:* Analysieren des Unternehmens und des Unternehmensumfeldes
  Festlegen von Strategien und Unternehmenszielen
- *Definitionsphase:* Definieren der Prozesse und Schlüsselprozesse, Festlegen der Prozessleistungsziele, Dokumentieren der Prozesse, Anpassen der Organisation, Implementieren der GPM
- *Betriebsphase:* Überwachen der Prozessleistung, Optimieren der Prozessleistung.

Zur Vorbereitungsphase gehören das Analysieren der Unternehmens und des Unternehmensumfeldes (EQA-Assessment, SWOT-Analyse, Wettbewerberanalyse, Kundenanforderungsanalyse, Erfolgsfaktorenanalyse) sowie das Festlegen von Unternehmensstrategien, Unternehmenszielen und Kennzahlen. In der Definitionsphase werden Geschäftsprozesse, Schlüsselprozesse und Prozessziele festgelegt, die Prozesse dokumentiert (Prozesslandkarte, Prozesskarten und -cockpits, Ablaufschemata), die Organisation angepasst und das GPM eingeführt. Zur Betriebsphase gehören das Prozesscontrolling (Leistungsvereinbarungen an Schnittstellen, Messen, Steuern, Berichten), die Prozessorganisation (Rollen, Gremien, Anpassung der funktionalen Organisation) und die Prozessoptimierung (Verbesserungsmethoden, Audits, Assessments).

5.2.2 Prozessmodelle

Ein Prozessmodell gibt Hinweise auf die vordefinierten bzw. zu definierenden Prozesse und zeigt, was im organisatorischen Umfeld zu beachten ist. Letzteres ist wichtig, wenn das Prozessmodell seiner Aufgabe gerecht werden soll, allen Betroffenen Orientierung und Handlungsanleitung zu geben. Es muss nicht völlig selbstständig entwickelt werden, sondern kann sich an Referenzmodellen orientieren. Diese Modelle gehen davon aus, dass Unternehmen einer Branche ähnliche Tätigkeiten ausüben und deshalb auch ähnliche Prozesse haben können. Sie schlagen in der Regel vor, welche Prozessarten und Prozesse es geben sollte.

Manche Unternehmen geben die Prozessstruktur für alle Unternehmenseinheiten vor, um eine gewisse Standardisierung zu erzwingen. Vorbildlich wurde das bei der Siemens AG gelöst (Abb. 5.2)

Das Siemens Process Framework bildet die Gesamtheit aller möglichen Prozesse ab, die als Soll-Prozesse weltweit verbindlich bis Level 3 vorgeschrieben sind.

Managementprozesse sind Abläufe, die Zielvorgaben für die Geschäfts- und Supportprozesse definieren und deren Umsetzung initiieren und verfolgen. Sie sind vor allem auf

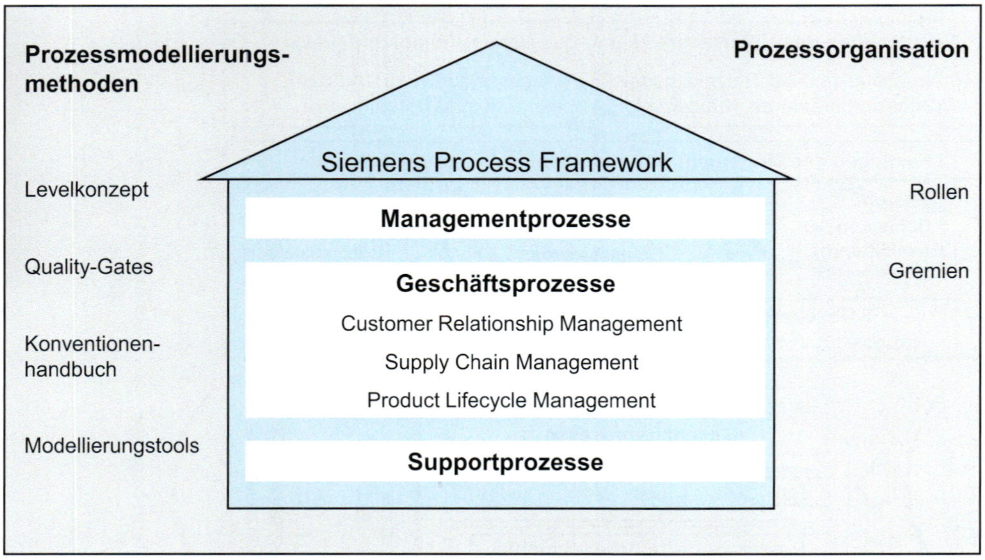

Abb. 5.2 Prozessmodell der Siemens AG

die Unternehmensvorteile ausgerichtet und schaffen entsprechende Rahmenbedingungen. Die im Siemens Process Framework definierten Management-Prozesse sind

- Strategy Planning & Controlling
- Financial Planning & Controlling und
- Internal Audit.

Geschäftsprozesse sind Abfolgen von Tätigkeiten, die mit einer Wertschöpfung verbunden sind und von der Produktidee bis hin zum fertigen Produkt/Lösung reichen. Sie sind vor allem auf den externen Kundennutzen ausgerichtet. Die Geschäftsprozesse sind

- Customer Relationship Management (CRM)
- Supply Chain Management (SCM)
- Product Lifecycle Management (PLM).

Die Kernprozesse (hier als Untermenge von Geschäftsprozessen zu verstehen) des Product-Lifecycle-Managements sind beispielsweise:

- PLAN,
- PRODUCT PORTFOLIO MANAGEMENT,
- DEFINE,
- REALIZE,
- COMMERZIALIZE/OPERATE und
- PHASE OUT.

Der PLAN-Prozess deckt die Planung der Ressourcen, das Controlling und Monitoring für alle PLM-Kernprozesse ab. Im PRODUCT PORTFOLIO MANAGEMENT werden das Product Portfolio, die Product Strategy und die Product Roadmaps festgelegt und gesteuert. Der DEFINE-Prozess definiert das Produkt bezüglich der Funktion, der Fertigung und der Vermarktung. Der REALIZE-Prozess bringt einen gestalteten, entwickelten und getesteten Prototyp hervor. COMMERZIALIZE/OPERATE beobachtet das Produkt während der aktiven Vermarktungsphase und leitet Hinweise für die Verbesserung des Produkts und die Optimierung des Portfolios ab. PHASE OUT schließlich plant und steuert die gezielte Abkündigung.

Supportprozesse dienen der Unterstützung der Geschäfts- und Managementprozesse sowie anderer Supportprozesse. Sie sind je nach Bedarf auf den externen Kundennutzen und/oder auf Unternehmensvorteile ausgerichtet. Beispiele für die im Referenz Prozess Haus definierten Supportprozesse sind

- Human Resources
- Financial Management
- Procurement.

Das *Levelkonzept* umfasst die Grundsätze und Regeln zur Definition einer ganzheitlichen Prozessarchitektur für alle Geschäftsarten des Konzerns. Die Level enthalten

- Level 1 – Basisprozesse – generisch
- Level 2 – Prozesskategorien, -modelle und -varianten – generisch
- Level 3 – Prozessketten – generisch
- Level 4 – Prozessketten – spezifisch.

Die *Prozessmanagement Rollen und Gremien* legen die Entscheidungsstruktur für die Definition und Implementierung der Standardprozesse fest. Rollen sind

- Prozess-Sponsoren
- Prozess-Verantwortliche
- Process-Owner
- Process-Manager.

Gremien sind Process Boards zur Steigerung der Ergebnisbeiträge durch Prozessstandardisierung.

Die *Prozessmodellierungsmethoden* definieren die Struktur und die Regeln für eine einheitliche Modellierung und Dokumentation der Prozesse.

5.2.3 IT-Unterstützung

Geschäftsprozessmanagement kann – zumindest in mittelständischen Unternehmen – perfekt ohne Software betrieben werden. Wichtig ist, genau zu untersuchen, ob und wo Software hilfreich sein kann, und Software nach den erkannten Notwendigkeiten – nicht nach Angeboten – auszuwählen. Ganz falsch ist es, Software zu beschaffen und dann, ohne ganzheitliches GPM-Konzept, nach dem Software-Manual ein Pseudo-Prozessmanagement aufzubauen. Bekannte und am Markt präsente Anbieter von GPM-Software sind in Tabelle 5.1 aufgeführt.
Im Internet findet man mittlerweile insgesamt über 100 Softwarewerkzeuge, die Unterstützung im Geschäftsprozessmanagement anbieten. Die Preisspanne reicht von einigen 100 bis mehreren 10 000 Euro. Dabei unterstützen die Werkzeuge je nach Herkunft auch angrenzende Gebiete, die im Rahmen von GPM interessant sein können (Abb. 5.3).
Bei der Auswahl von GPM-Software sollte ein *eigener* Software-Anforderungskatalog erstellt werden, der nicht vom Angebot der Hersteller, sondern von den eigenen Notwendigkeiten geprägt ist.
Kriterien für die Softwareauswahl können sein:

- Mehrsprachigkeit, wenn heute oder zukünftig erforderlich (zu unterscheiden ist die Mehrsprachigkeit der Benutzeroberfläche und der exportierten Daten)
- Zukunftsfähige Programmierbasis (Programme, die in modernen Entwicklungsumgebungen erstellt werden, können leichter weiterentwickelt werden)
- Zukunftsfähigkeit des Anbieters
- Bedienungsfreundlichkeit (dies lässt sich am besten bewerten, wenn man selber mit dem Programm arbeitet, also Demoversion anfordern)

Tab. 5.1 BPM-Softwareanbieter seit 2005

Produkt	Hersteller
ADONIS	BOC Group
Aeneis	intellior AG
ARIS Design Platform	IDS Scheer
BIC Design	GBTEC Software + Consulting AG
Enterprise Architect	Sparx Systems
ibo Prometheus	ibo Software GmbH
iGrafx	Corel Corporation
Innovator	MID
Modelio Enterprise Edition	Modeliosoft
Signavio Process Editor	Signavio GmbH
Symbio Process	Ploetz + Zeller GmbH

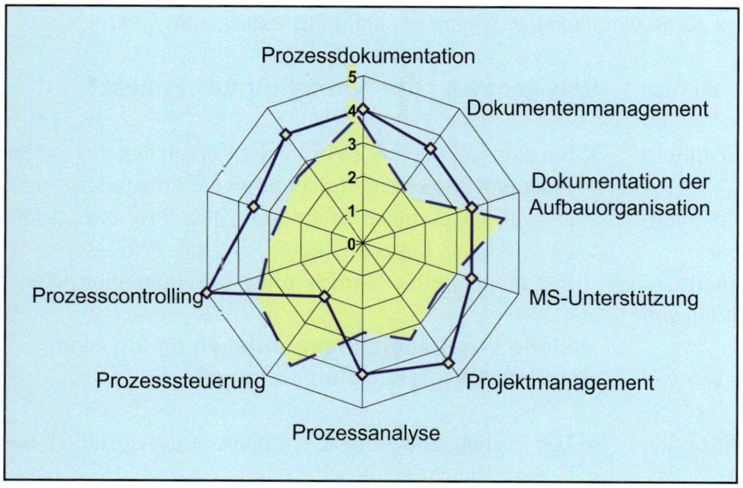

Abb. 5.3
Ist-Profil der Software (gelbe Fläche) mit Soll-Profil (dicke Linie) abstimmen

- Erforderlicher Schulungsaufwand (getrennt nach Aufwand für die Modellierer und ggf. für die Mitarbeiter, die auf Inhalte zugreifen)
- Methodenunterstützung (die besten Ergebnisse erzielt man, wenn man sich an dem Modell orientiert, welches der Software zugrunde liegt)
- Supportangebote (Handbücher, Onlinehilfen, E-Mail, Hotline, Service vor Ort ...)
- Einbindungsmöglichkeiten in die bestehende Softwarelandschaft (Schnittstellen, Importmöglichkeiten ...).

Und natürlich ist der Preis ein wichtiges Kriterium. Fast alle Programme werden nach freigegebenen Arbeitsplätzen berechnet. Dabei ist zwischen named-usern und concurrent-usern zu unterscheiden. Bei Ersteren zählt der namentlich registrierte Mitarbeiter mit seinem Rechteprofil, bei Letzterem die Zahl der User, die zeitgleich im System arbeiten, wobei beliebig viele Mitarbeiter im System verwaltet werden können. Sollen die Mitarbeiter auf breiter Front eingebunden werden, so ist zu prüfen, ob es Enterprise-Lösungen gibt, die keine Beschränkung der Userzahl aufweisen. Wichtig zu prüfen ist die Frage, ob für den rein lesenden Zugriff Lizenzgebühren anfallen. Ein endgültiger Preisvergleich ist erst möglich, wenn man aus den häufig modular aufgebauten Preistabellen vergleichbare Konfigurationen zusammengestellt hat. Hierbei sollten auch Schulungs-, Wartungs- und Supportkosten berücksichtigt werden. Einen hohen Einfluss auf den Preis hat auch die Frage, ob mehrere Personen zeitgleich mit der Software arbeiten müssen.

5.2.4 Methoden des Geschäftsprozessmanagements

In der Vorbereitungsphase soll auch festgelegt werden, mit welchen Methoden im Projekt gearbeitet wird. Für das GPM relevante Methoden und Techniken sind:

- Balanced Scorecard (Festlegen von Zielen und Kennzahlen)
- Barrierenportfolio (Festlegen von Prioritäten für das Auflösen von Barrieren)
- Prozess-Assessment und Reifegradmodell (Ermitteln des Reifegrades von Prozessen)
- EQA-Assessment (Assessment nach dem EFQM-Modell)
- Erfolgsfaktoren (Ausrichten eines Unternehmens)
- Flussdiagramm (Beschreiben von Arbeitsabläufen)
- Geschäftsprozess-Erfolgsfaktoren-Matrix (Ermitteln von Schlüsselprozessen)
- Geschäftsprozessmodell (Modell für das Festlegen von Prozessen)
- Geschäftsprozessportfolio (Bewerten von Prozessen nach Kundennutzen und Unternehmenserfolg)
- Kundenzufriedenheitsmessung (Ermitteln der Kundenzufriedenheit)
- Leistungsvereinbarung (legt an Schnittstellen zu erbringende Leistungen fest)
- PDCA-Zyklus (Verbesserungskreislauf nach Deming)
- Policy Deployment (abgestimmtes Kaskadieren von Zielen)
- Prozessaudit (Überprüfen der Umsetzung der ISO 9001)
- Prozess-Benchmarking (Vergleich eines Prozesses mit einem Best-in-Class Prozess)
- Prozessbericht (Beschreiben der erbrachten Prozessleistung)
- Prozessdokumentation (Beschreiben der Steuer- und Leistungsparameter eines Prozesses)
- Prozesskostenrechnung (verursachergerechtes Zuordnen von Kosten)
- Prozesslandkarte (Darstellen der Beziehungen von Prozessen untereinander)
- Prozess-Organisations-Diagramm (Zuordnen von Verantwortlichkeiten zu Prozessschritten)
- Prozessvalidierung (Überwachen der Prozess-Einflussfaktoren)
- Strategische Geschäftsplanung (Festlegen der langfristigen Unternehmensentwicklung)
- Wertschöpfungsassessment (Ermitteln des Wertschöpfungsbeitrags von Prozessen).

5.2.5 Projektmanagement

Auf Projektmanagement wird hier nicht näher eingegangen. Es ist in einem ca. 400 Seiten starken Body of Knowledge der Deutschen Gesellschaft für Projektmanagement beschrieben (siehe Literaturhinweise). Die Punkte Projektauftrag, Projektorganisation, Spielregeln und Ausbildung, die in der Vorbereitungsphase des Projektes zum Aufbau eines GPM bearbeitet werden müssen, sollen wegen ihrer Bedeutung aber angesprochen werden. Ein *Projektauftrag* kann wie folgt formuliert sein:

Was genau ist der Auftrag für das Projekt?

- Bis zum Jahresende 2014 in allen Bereichen des Unternehmens Prozesse definieren und die Prozessleistungsziele in Form von Prozesskarten und Prozesscockpits beschreiben. Darüber hinaus soll das Prozesscontrolling in einem Pilotbereich in Betrieb genommen sein.

Welche Voraussetzungen müssen erfüllt sein, damit das Projekt gelingen kann?

- Das Projekt und seine Ziele müssen durch die GL bekannt gemacht werden.

- Ein Service-Team zur Unterstützung der Prozesseigner muss aufgebaut werden.
- Die Betroffenen müssen erkennen, dass GPM gut für das Unternehmen ist *und* sie bei der Umsetzung ihrer persönlichen Ziele unterstützt.

Woran werden wir erkennen, dass dieses Projekt erfolgreich abgeschlossen wurde?

- Die Prozessarchitektur ist akzeptiert
- Schlüsselprozesse sind definiert
- Prozessleistungsziele sind dokumentiert (Prozesskarten und -cockpits)
- Das Prozesscontrolling läuft in einem Pilotprojekt
- Schnittstellen sind in einem Pilotprojekt bearbeitet
- Messbare Verbesserungen wurden erreicht
- Es ist verinnerlicht: Process follows Strategy; Structure follows Process

Eine *Projektorganisation* kann bestehen aus
- dem Lenkungsgremium: entscheidet über Zielsetzung und Ergebnisse des Projektes, stellt Ressourcen bereit und klärt Störungen
- dem Projektteam: realisiert den Aufbau des Geschäftsprozessmanagements
- dem Serviceteam: unterstützt die Prozesseignern beim Gestalten, Messen, Berichten und Optimieren der Prozesse und führt Prozessaudits durch.

Tab. 5.2 Ausbildungsplan

Seminarinhalte	Tage	Service-Team	Prozess-eigner
Strategieorientierung und Projektmanagement	0,5		x
Identifizieren von Prozessen; Erstellen einer Prozess-architektur und eine Prozess-landkarte	0,5		x
Ableiten von Prozesszielen aus Unternehmenszielen; Entwickeln von Prozesszielen aus Leistungsparametern	0,5	x	x
Dokumentieren von Prozessen (Prozesskarten und -cockpits)		x	x
Konzipieren des Prozess-controllings	0,5		x
Konzipieren der Prozess-optimierung	0,5		x
Aktivitäten in der Betriebs-phase; Verantwortlichkeiten und Befugnisse		x	x

Spielregeln sollte es mindestens geben für die Arbeit der projektverantwortlichen Personen. Geregelt wird, wer welche Kompetenzen hat, wie bei Uneinigkeit zu verfahren ist, worauf es im Umgang mit Betroffenen (Prozesseigner u. a. m.) ankommt etc.
Die am Projekt direkt beteiligten Personen müssen – bevor das Projekt beginnt – spezielles Wissen erwerben. Tabelle 5.2 zeigt einen möglichen Ausbildungsplan.

5.3 Strategieorientierung

Strategien sollen Handlungsräume definieren. Sie sollen festlegen, was gewollt und was nicht gewollt ist.
Die Erfahrungen der letzten Jahre zeigen ganz eindeutig, dass nur der Ansatz eines strategieorientierten Geschäftsprozessmanagements Unternehmen verändern und konsequent an ihren Märkten ausrichten kann. Geschäftsprozessmanagement ist mehr als kontinuierliche Verbesserung. Diese kann auch mit der Balanced Scorecard, mit persönlichen Zielvorgaben oder mit Methoden wie PDCA oder Kaizen erreicht werden.

5.3.1 Wettbewerberanalyse, SWOT-Analyse und Erfolgsfaktoren

Im Vorfeld der Entwicklung von Strategien und Unternehmenszielen steht das Analysieren des Unternehmensumfeldes und des Unternehmens selbst. Zu den *Umfeldanalysen* gehören
- A eine Analyse der Kunden- und Lieferantenanforderungen
- B eine Wettbewerberanalyse
- C eine Analyse der Stakeholder- und Shareholderanforderungen
- D eine Megatrendanalyse

Zu den *Unternehmensanalysen* gehören
- E eine Erfolgsfaktorenanalyse und Definition der Schlüsselprozesse
- F eine Analyse der Stärken, Schwächen, Risiken und Chancen
- G eine Prognose für die kommenden fünf Jahre

Zu A: Die im Unternehmen bekannten Kundenanforderungen wie pünktliche Auslieferung von Aufträgen, Erreichbarkeit von Spezialisten binnen einer Stunde etc. werden gesammelt und aufgelistet. Darüber hinaus wird eine Kundenzufriedenheitsmessung durchgeführt, um zu

I

erfahren, welche Kritik die Kunden vorbringen. Die schließlich vorliegende Liste der Kundenanforderungen fließt in die Strategiefindung ein.

Neben dem Ermitteln der Kundenanforderungen ist zu fragen: „Welchen Beitrag müssen und können unsere Lieferanten zur Umsetzung unserer Strategien und Ziele leisten?“ Im Rahmen einer partnerschaftlichen Zusammenarbeit zum Wohle des Kunden und der Wirtschaftlichkeit des Unternehmens sind die Lieferanten an das Unternehmen zu binden und in die Unternehmensabläufe einzubeziehen. Dieses häufig in tiefen und langfristigen Geschäftsbeziehungen mündende Vorgehen wird „Supplier Integration“ genannt. Eine solche Zusammenarbeit basiert auf gemeinsam etablierten Prozessabläufen und bedingt eine eindeutige Schnittstellenklärung durch Vereinbarungen hinsichtlich der Liefer- und Leistungsabgrenzungen.

Zu B: Hier geht es um das Erkennen der Ziele, Stärken und Schwächen von Wettbewerbern, um die eigenen Chancen im Markt verbessern zu können. Man beantwortet dazu Fragen wie:

- Wer sind unsere Konkurrenten?
- Gibt es Unternehmen, die in Zukunft unsere Konkurrenten sein könnten?
- Was können unsere Konkurrenten besonders gut?
- Wie gut sind die Produkte/Dienstleistungen der Konkurrenz bezüglich Qualität, Preis, Lieferzeit?
- Über welche Ressourcen verfügt die Konkurrenz bezüglich Vertriebsnetz, Produktionskapazitäten, Personal, Kapital?
- Worin sind unsere Konkurrenten eher schlecht?
- Welche Strategien verfolgen unsere Konkurrenten?
- Gibt es neue Produkte oder Technologien, die uns in der Zukunft gefährlich werden könnten?
- Welche Geschäftsfelder sollten wir meiden, weil die Konkurrenz entweder emotional oder verzweifelt reagieren wird?

Die Ergebnisse der Wettbewerberanalyse fließen in die Strategiefindung ein.

Zu C: Unter Stakeholderanforderungen werden soziale, ökonomische und ökologische Anforderungen seitens Kommune, Nachbarn, Gesetzgeber, anderen Organisationen etc. und Kunden verstanden. Shareholderanforderungen dagegen sind Anforderungen der Kapitaleigner. Es gilt zu analysieren, welchen Forderungen in welchem Grade entsprochen werden muss und wie diese unter Berücksichtigung der Interessen des Unternehmens mittel- und langfristig erfüllt werden können. Den Shareholdern geht es dabei neben den Kenngrößen „Umsatz“ und „Betriebserfolg“ auch um das Image, eine der maßgeblichen Größen des Betriebserfolges. Hier liegt gleichzeitig die Schnittstelle zu den Stakeholdern, die mit ihren Vorstellungen und dem Blick „von draußen“ auf eine Organisation gezielt Einfluss nehmen können.

Zu D: Megatrends sind erwartete gesamtgesellschaftliche Entwicklungen. Sie werden von Zukunftsforschern oder Instituten ermittelt und veröffentlicht. Hier gilt es zu ermitteln, welche Megatrends für das Unternehmen relevant sind und welche Auswirkungen sie haben können (Tab. 5.3).

Tab. 5.3 Megatrends und mögliche Auswirkungen

Megatrend	Mögliche Auswirkung (Beispiele)
1 Globalisierung	1.1 Welt als zollfreier Raum
	1.2 Fundamentalistische Aggressionen
2 Technische Entwicklung	2.1 Abhängigkeit von Rohstofflieferanten im Ausland
	2.2 Dominante Marktposition der US-Hersteller
3 Demographische Entwicklung	3.1 Mangel an qualifizierten Arbeitskräften im Inland
	3.2 Weltweit wachsende Mittelschicht
4 Wertewandel	4.1 Individualisierung
	4.2 Familienorientierung
5 Ökologische Herausforderung	5.1 Wasserknappheit
	5.2 Klimaveränderung
6 Märkte	6.1 Sättigung der Märkte in entwickelten Staaten
	6.2 Zunehmende Wettbewerbsintensität

Zu E: Ein Erfolgsfaktor ist eine Eigenschaft eines Unternehmens (Fähigkeit, Ressource), die seinen Erfolg beeinflusst. Aus einem Erfolgsfaktor ergibt sich ein Erfolgspotenzial, mit dem das Unternehmen Gewinne erzielen kann. Die geschäftskritischen Erfolgsfaktoren sind die Basis für das Ermitteln der Schlüsselprozesse (tragen besonders zum Unternehmenserfolg bei). Erfolgsfaktoren können sein: Time to Market, Innovationsfähigkeit, Nicht-Imitierbarkeit, Produktivität, Produktqualität, Servicequalität, Kundennähe, Anpassungsfähigkeit, Leistungsfähigkeit der Mitarbeiter, Leistungsbereitschaft der Mitarbeiter, Lernfähigkeit der Organisation etc.

Zu F: Die SWOT-Analyse ist eine simple, aber aufschlussreiche Untersuchungsmethode, die Stärken und Schwächen sowie die Chancen und Risiken der eigenen Organisation ermittelt. Einige – bei den bisherigen Analysen schon gestellte Fragen – werden sich wiederholen. Das trägt aber zur Klarheit bei. Bei der SWOT-Analyse zu beantwortende Fragen sind

- Stärken (Strengths)
  Auf welche Ursachen sind vergangene Erfolge zurückzuführen?
  Welches sind die Chancen der eigenen Unternehmung in der Zukunft?

Welche Synergiepotenziale könnten mit neuen Strategien besser genützt werden?
- Schwächen (Weeknesses)
  Welche Schwachpunkte gilt es auszubügeln und künftig zu vermeiden?
  Welches Produkt ist besonders umsatzschwach?
- Chancen (Opportunities)
  Welche Möglichkeiten stehen offen?
  Welche Trends gilt es zu verfolgen?
- Risiken (Threats)
  Welche Schwierigkeiten hinsichtlich der gesamtwirtschaftlichen Situation liegen vor?
  Was machen die Wettbewerber?
  Ändern sich die Vorschriften für Job, Produkte oder Serviceleistungen?
  Bedroht ein Technologiewechsel die Stellung?

Tab. 5.4 Ergebnisse einer SWOT-Analyse

Stärken	Schwächen
Technologien werden beherrscht Infrastruktur/Logistik ist leistungsstark Qualitätssysteme funktionieren Flexibilität ist ausreichend Produktfortfolio ist gut Produktion ist flexibel	Personalfluktuation ist zu hoch Einige Prozesse werden nicht beherrscht Teamarbeit ist unbefriedigend Zu viel Bürokratie Betriebsrat ist zu unflexibel
Chancen	**Bedrohungen**
Innovationen verstärken Standortvorteile ausbauen Mitarbeiterkompetenzen besser nutzen Supply-Chain-Management nutzen Globalisierungseffekte nutzen Sustainable-Company anstreben	Standortfragen, Steuern, Lohnkosten Innovationen der Mitbewerber Abhängigkeit von wenigen Produkten

Die bei der SWOT-Analyse gewonnenen Erkenntnisse fließen in die Strategiefindung ein (Tab. 5.4).

Zu G: Die vorhersehbare Entwicklung von Umfeld und Unternehmen wird schriftlich festgehalten. Inputs ergeben sich aus der Wettbewerberanalyse, der SWOT-Analyse und der Megatrendanalyse. Mit der Prognose wird erreicht, dass die Strategiefindung nicht nur rückwärts orientiert, sondern auf Basis des Vorhandenen zukunftsorientiert ist. Damit sind die Vorarbeiten zur Strategiefindung abgeschlossen.

5.3.2 Strategien und Unternehmensziele

Jetzt wird festgelegt, welche Strategien es geben soll. Möglich sind
- Marketingstrategie
- Produktstrategie
- Innovationsstrategie
- Personalentwicklungsstrategie
- Absatzstrategie
- etc.

Jede Strategieart wird in einem oder zwei Sätzen formuliert. Beispiel: „Die optimale Verknüpfung der Verkehrssysteme Schiene, Straße und Luft sichert das Wachstum unseres Standortes Frankfurt" (Marketingstrategie Flughafen Frankfurt).

Zur *Strategieumsetzung* definiert man Unternehmens-, Bereichs-, Prozess- und persönliche Ziele. Diese Ziele werden von der Unternehmensebene bis zur Prozess- bzw. Personenebene so kaskadiert, dass ihr Ursprung jederzeit nachvollziehbar ist.

Als Methode zur Zielfindung und Zielumsetzung hat sich seit Jahren die Balanced Scorecard (BSC) bestens bewährt. Sie kann als Instrument (card) zur Erarbeitung ausgewogener (balanced) Ziele (score) verstanden werden. Ziele werden nach vier Perspektiven festgelegt. Jedem Ziel muss mindestens eine Kennzahl zugeordnet werden, anhand derer die Zielerfüllung gemessen werden kann. Zielen werden Maßnahmen mit Verantwortlichen, Terminen und Kosten zugeordnet. Die Überwachung der Zielerfüllung wird geregelt.

Die finanzielle Perspektive trägt zur Ergebnisverbesserung bei. Die hierzu festgelegten Ziele und Kennzahlen definieren einerseits die erwartete finanzielle Leistung, andererseits sind sie Input für andere Perspektiven.

Die Kundenperspektive reflektiert die strategischen Ziele in Bezug auf Kunden und Marktsegmente, in denen das Unternehmen tätig sein möchte.

Die Prozessperspektive enthält Ziele, die für das Erreichen der beiden vorgenannten Perspektiven bedeutsam sind. Hier werden u. a. auch Qualitätsziele für Produkte und Prozesse definiert.

Die Mitarbeiterperspektive bildet Ziele ab, die das Erreichen der drei vorgenannten Perspektiven unterstützen. Dabei geht es vornehmlich um Kompetenz, Leistungsfähigkeit, Kommunikation und Motivation.

> Zielformulierungen sind nur dann akzeptabel, wenn sie messbar sind. „Wir wollen unsere Qualität verbessern" ist kein Ziel. „Wir wollen unsere Produktqualität bis 12-2014 um 10 % gegenüber dem Mittelwert 2013 verbessern" ist dagegen ein umsetzbares und messbares Ziel.

Das Arbeiten mit der BSC-Methode zwingt zum Denken in Ursache-Wirkung-Zusammenhängen, erfasst alle Bereiche eines Unternehmens (nicht nur die finanziellen), bezieht alle Führungskräfte ein und macht Ziele messbar. Der

Nutzen der BSC-Methode besteht vor allem darin, dass bestehende - oft viel zu umfangreiche - Kennzahlensysteme überdacht werden, das Unternehmensumfeld (Markt und Kunden) stärkere Beachtung findet und Unternehmensleistungen klar vorgegeben sind sowie systematisch gemessen und verbessert werden können. Die Anwendung der BSC-Methode muss sich niederschlagen in der Verbesserung der Ertragslage, der Leistungssteigerung der Geschäftsprozesse, einer höheren Kundenzufriedenheit und einer messbar besseren Leistungsbereitschaft sowie Leistungsfähigkeit der Mitarbeiter.

5.4 Prozessgestaltung

Zum Gestalten von Prozessen gehört das Vorgeben von Rahmenbedingungen (Welche Arten von Prozessen wollen wir haben? Wie sollen unsere Prozesse detailliert werden? etc.), das Definieren der Prozesse und Teilprozesse, das Ermitteln problematischer Schnittstellen, das Festlegen von Prozesszielen und das Dokumentieren der Prozesse und -ziele.

5.4.1 Prozessarchitektur und Prozesslandkarte

Eine Prozessarchitektur ist die Darstellung aller Prozesse, Teilprozesse etc. einer Organisation in unterschiedlich stark abstrahierten Stufen. Wie bei der Architektur eines Hauses kann das gesamte Haus, aber auch nur die Aufteilung eines Stockwerkes gezeigt werden. In Abbildung 5.4 wird das ganze Haus, also alle Prozesse, gezeigt. Man kann die Prozesse auch in Tabellenform gegliedert auflisten.

Eine Prozesslandkarte (Abb. 5.5) ist die Übersicht der Prozesse mit ihren Beziehungen untereinander. Wie Landkarten verschiedene Sichten auf die Erdoberfläche zeigen (Straßen, Ansiedlungen, Bewuchs, Bodenbeschaffenheit, Klima etc.), können verschiedene Sichten auf Prozesse dargestellt werden. Üblicherweise zeigt man die Beziehungen zwischen Kundenauftrag und Lieferung.

5.4.2 Prozessdefinition und Prozessdokumentation

Prozesse definieren meint festlegen, welche Geschäftsprozesse und Teilprozesse es geben muss, damit die Strategien und Ziele der Organisation optimal umgesetzt werden können. Auf keinen Fall dürfen hier die existierenden Abteilungen mit Prozessen gleichgesetzt werden, denn dann würde die Organisation weder besser auf ihre Kunden ausgerichtet, noch würde ihre Leistungsfähigkeit gesteigert werden.

Basis für das Definieren von Prozessen (Tab. 5.5) sind die in der Vorbereitungsphase ermittelten Zielmärkte, Kundengruppen und Kundenanforderungen sowie die selbst festgelegten Regeln.

Das Definieren der Prozesse erfolgt zusammen mit dem Top-Management. Zunächst legt man fest, welche Prozess-

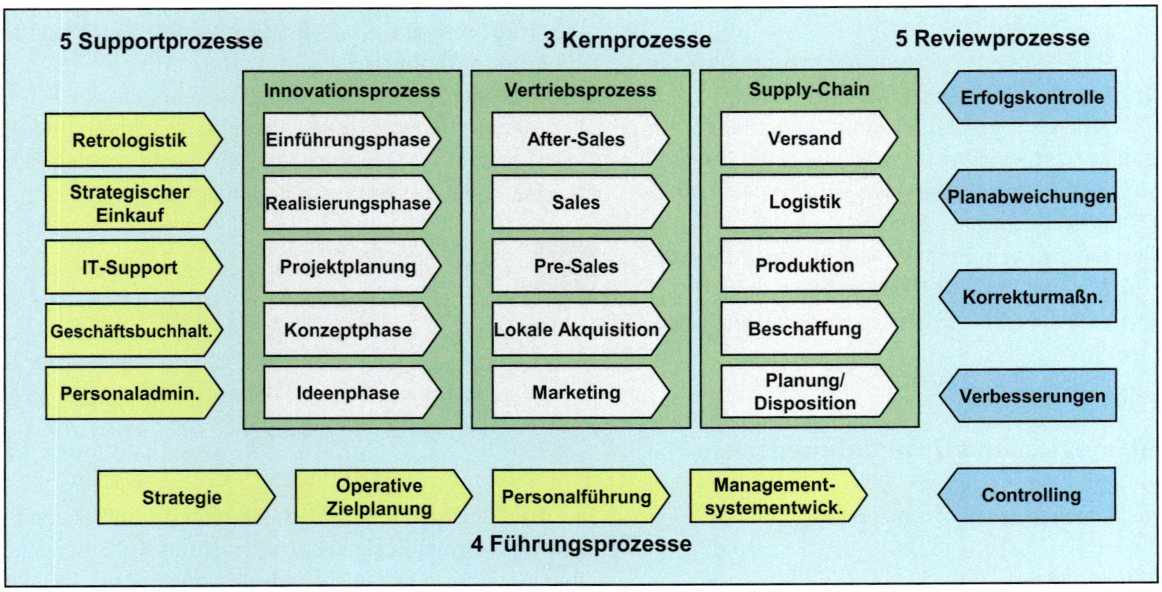

Abb. 5.4 Prozessarchitektur der Merck KGaA

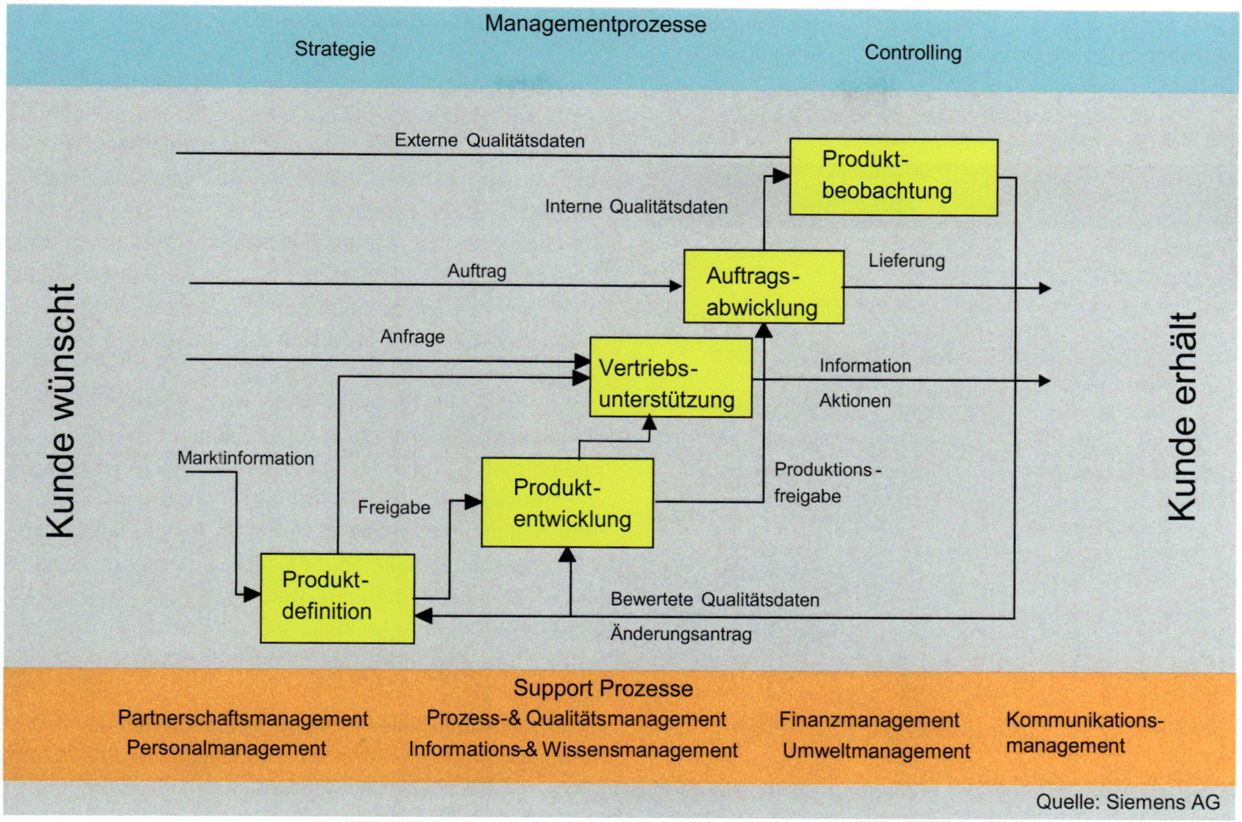

Abb. 5.5 Beispiel einer Prozesslandkarte (Quelle: Siemens AG)

Tab. 5.5 Systematisches Ermitteln von Prozessen eines Verkehrsbetriebes

Kunden-gruppen	Anforderungen	Von … bis	Haupt-prozess	Teilprozesse
Personen	Befördern: pünktlich, bequem, preiswert, rund um die Uhr, in kurzen Takten, mit angemessenem Platzangebot Fahrkarten verkaufen Durchsagen durch freundliches Personal	Von Info einholen über Kartenkauf bis Transport	Personen befördern	▪ Fahrpersonalbedarf feststellen ▪ Fahrpersonal rekrutieren ▪ Fahrpersonal ausbilden ▪ Personal disponieren ▪ Fahrzeug durch eingeteilten Fahrer übernehmen ▪ Betriebs- und Verkehrssicherheit überprüfen ▪ Fahrdienstleistung erbringen ▪ Fahrscheine verkaufen ▪ Fahrzeug übergeben ▪ Fahrzeugschäden dokumentieren ▪ Fahrgeldeinnahmen abrechnen
Behinderte/ alte Menschen	Befördern mit Niederflurfahrzeugen Rollstuhlplätze			
usw.				

arten es geben soll. Infrage kommen Führungsprozesse, Wertschöpfungsprozesse und Unterstützungsprozesse. Man kann auch nur Wertschöpfungsprozesse (= Kernprozesse) und Unterstützungsprozesse unterscheiden. Die Bezeichnungen Primäre Prozesse und Sekundäre Prozesse sind ebenfalls sinnvoll.

Für das Definieren der Prozesse werden Regeln festgelegt, so z. B.:

Regel 1: Jeder Geschäftsprozess beginnt und endet bei externen Kunden und den von ihnen erwarteten Leistungen.

Regel 2: Jeder Prozess ist in Teilprozesse zu gliedern. Wenn der Prozess nicht komplex ist, sollten nicht mehr als sechs Teilprozesse gebildet werden. Ausgangsinformationen für das Definieren von Teilprozessen sind die Inputs des Geschäftsprozesses.

I

Prozesse werden mit *Prozesskarten* beschrieben. Diese enthalten alle Parameter, die für das Steuern eines Prozesses notwendig sind (Tab. 5.6).

Tab. 5.6 Prozesskarte zu einem Teilprozess

Prozessname: Beschwerden managen	**Prozesseigner:** NN
Prozessziele 1 Reduzieren der Beschwerden um 50 % bis 12-2006 2 Umsetzen der relevanten Anforderungen des Qualitätskonzeptes bis 12-2006 3 Reduzieren der Zeit von Beschwerdeeingang bis Stellungnahme des Betroffenen auf max. 24 Std 4 Reduzieren der Zeit von Beschwerdeeingang bis Mitteilung an Kunden auf max. 48 Std.	
Anforderungen an den Prozess: Kundenbeschwerde annehmen und innerhalb einer angemessenen Zeit beantworten	**Prozessergebnisse:** Antwortschreiben an Beschwerdeführer Entschädigung, wenn angemessen
Prozess-Reifegradmessung: Datum: 1. 2. 2006 Ergebnis: 60 % Unterschied zur letzten Messung: + 10 %	**Arbeitshilfen und Dokumente:** Qualitätskonzept Ausbildungsplan Vorgehensweise bei Kundenzufriedenheitsmessungen

Wenn es triftige Gründe gibt, können Prozessabläufe als Ablaufschemata mit VISIO oder einer geeigneten Modellierungssoftware erfasst und grafisch dargestellt werden. Gründe können sei: Es wird ein neuer Prozess gestaltet, im Prozess wechselt häufig das Personal, Kunden oder Institutionen verlangen das Dokumentieren von Prozessabläufen. In funktionsfähigen Organisationen sind Ablaufschemata normalerweise nicht nötig, denn die Mitarbeiter wissen, was zu tun ist.

5.4.3 Prozessleistungsziele

Prozessleistungsziele werden aus Unternehmenszielen abgeleitet. Damit ist die Kopplung zu den Strategien realisiert und es wird sichergestellt, dass die Geschäftsprozesse nicht irgendetwas tun, sondern das Umsetzen der Strategien und Ziele unterstützen. Es wird ermittelt, welche Prozesse zur Erfüllung welcher Unternehmensziele beitragen müssen. Für diese Prozesse werden Leistungsziele, Kennzahlen, Maßnahmen und Messwerte definiert. Abbildung 5.6 zeigt, wovon die Leistung von Prozessen beeinflusst werden kann.

Neben dieser Top-down-Vorgehensweise werden Leistungsziele auch aus der Bottom-up-Vorgehensweise gewonnen, indem man aus den Leistungsparametern Durchlaufzeit, Termintreue, Prozesskosten und Prozessqualität Ziele und Maßnahmen ableitet (Abb. 5.7). Neben diesen Standardparametern können natürlich unternehmensspezifische Parameter definiert werden. Die fett gedruckten Felder enthalten als Ziele formulierte Leistungsparameter. Darunter wird angegeben, was gemessen werden kann.

Prozessleistungsziele werden in Workshops mit den Betreibern des jeweiligen Prozesses erarbeitet. In der Praxis zeigt sich, dass dies schwierig sein kann. Deshalb ist es hilfreich zu erklären, dass mit Leistung Effizienz und Effektivität gemeint sind. Effizienz ist im Geschäftsprozessmanagement ein Maß für die Wirtschaftlichkeit und Wirksamkeit, mit der Ziele erreicht werden. Effektivität ist ein Maß für die Erfüllung des übergeordneten Leitbildes Kundenzufriedenheit. Effizienz und Effektivität eines Prozesses werden beeinflusst von Shareholdern, Stakeholdern und Kunden sowie von Lieferanten und Prozesseignern.

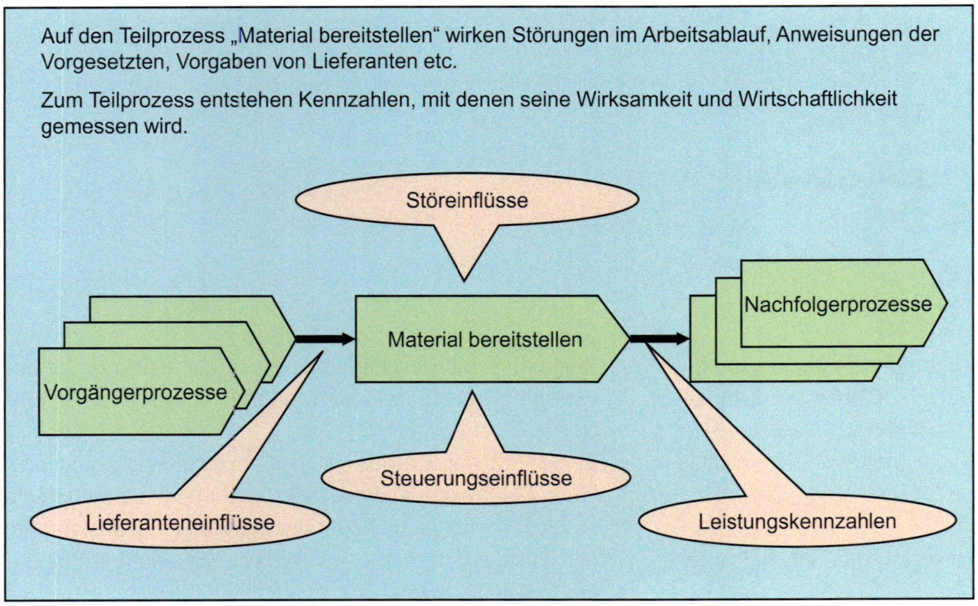

Abb. 5.6 Einflüsse auf Leistungskennzahlen

Abb. 5.7 Leistungsparameter

Abbildung 5.8 zeigt eine Checkliste, die ebenfalls das Finden von Prozesszielen unterstützt. Bevor man Ziele definieren kann, muss man oft die Ist-Situation ermitteln. Das bedeutet, dass es viele Ziele geben wird wie: „Ermitteln der Zeit, die für xxx benötigt wird". Erst wenn die Ist-Situation bekannt ist, können Verbesserungsziele formuliert werden.

Dokumentiert werden Leistungsziele, Kennzahlen, Maßnahmen und Messwerte analog der Prozesskarten durch Prozesscockpits (Tab. 5.7).

Durchlaufzeiten

- Können die Leistungen mit weniger Ressourceneinsatz erbracht werden?
- Können die Leistungen in kürzerer Zeit erbracht werden? (Sind die Bearbeitungszeiten bekannt?)

Wertschöpfung

- Können nicht wertschöpfende Prozessschritte gestrichen werden?
- Dient der Prozess der...
  - Fehlerverhütung?
  - Schadensminimierung?
  - Änderung?
  - Koordination?
- Kann die Prozessleistung an anderer Stelle besser erbracht werden?

Produktivität

- Können Prozessschritte automatisiert werden?
- Sollen Verbesserungsgruppen eingesetzt werden?

Kosten

- Was kostet es, die gewünschten Leistungen pünktlich zu erbringen?
- Können Bestände reduziert werden?
- Können Flächen (z. B. für Büros) reduziert werden?

Abb. 5.8 Fragen zur Steigerung der Prozessleistung

I

Tab. 5.7 Prozesscockpit

Prozessname: Beschwerden managen **Prozesseigner:** NN	
Kennzahl zu 1: Beanstandungsquote	**Formel:** $\frac{\text{Beanstandete Leistungen}}{\text{Leistungen insgesamt}} \times 100$
Definition der Kennzahl: Wird abteilungsspez. festgelegt: Verhältnis der nicht ok-Leistungen zu ok-Leistungen oder nur Anzahl Beanstandungen	
Messwert 1a: Anzahl Beanstandungen/Mon	**Quelle:** Qualitätsmanagement
Messwert 1b: Anzahl Gesamtleistungen	**Quelle:** Versand
Messintervall: monatlich	**Messverantwortlicher:** NN
Berichtsintervall: monatlich	**Verteiler:** X,Y, Z
Kennzahl zu 2:	**Formel:**
Definition der Kennzahl: ...	
Messwert 2a: ...	**Quelle:** ...
Messwert 2b: ...	**Quelle:** ...
Messintervall: ...	**Messverantwortlicher:** ...
Berichtsintervall: ...	**Verteiler:** ...

Zur Klarstellung: Das Ermitteln von Prozesszielen nach der oben gezeigten Methode ist eine von vielen Möglichkeiten. Auch das Dokumentieren von Prozessen in Form von Prozesskarten (Steuerungsparameter) und Prozesscockpits (Leistungsparameter) ist nur *ein* in der Praxis bewährter Vorschlag. Man kann Prozesse auch anders dokumentieren.

Mit dem Erstellen der Prozesscockpits sind die Voraussetzungen für das nach der Implementierung folgende Prozesscontrolling geschaffen.

5.4.4 Schnittstellen

Schnittstellen gibt es zwischen Prozessen, zwischen Prozessen und Stellen, zwischen Prozessen und externen Institutionen (Behörden etc.) und zwischen Prozessen und Kunden/Lieferanten. An Schnittstellen gehen Informationen verloren und werden Bearbeitungsfehler gemacht. Das führt zu Kosten durch Zeit- und Qualitätsverluste. Deshalb müssen Schnittstellen durch Leistungsvereinbarungen (auch Service-Level-Agreements genannt) „entschärft“ oder durch organisatorische Maßnahmen beseitigt werden. Für das Auffinden und Visualisieren von Schnittstellen eignet sich das Funktionendiagramm (Abb. 5.9). Jeder Sprung von einer Funktion zu einer anderen generiert eine Schnittstelle.

Für das „Entschärfen“ von Schnittstellen sind zwei Methoden empfehlenswert: Die Schnittstellenmatrix und Qualitygates.

Die Schnittstellenmatrix (Scheermesser 2003) ist eine Methode zur Zuordnung von Leistungsvereinbarungen zu Prozessschritten (Tab. 5.8). Leistungsvereinbarungen enthalten Daten, Qualitätsmerkmale, Maßnahmen etc.

Ein Qualitygate ist ein bestimmter Zeitpunkt innerhalb eines Projekt- oder Prozessablaufs, an dem die vereinbarten Ergebnisse gemessen und hinsichtlich Qualität und Vollständigkeit bewertet werden. Falls Abweichungen fest-

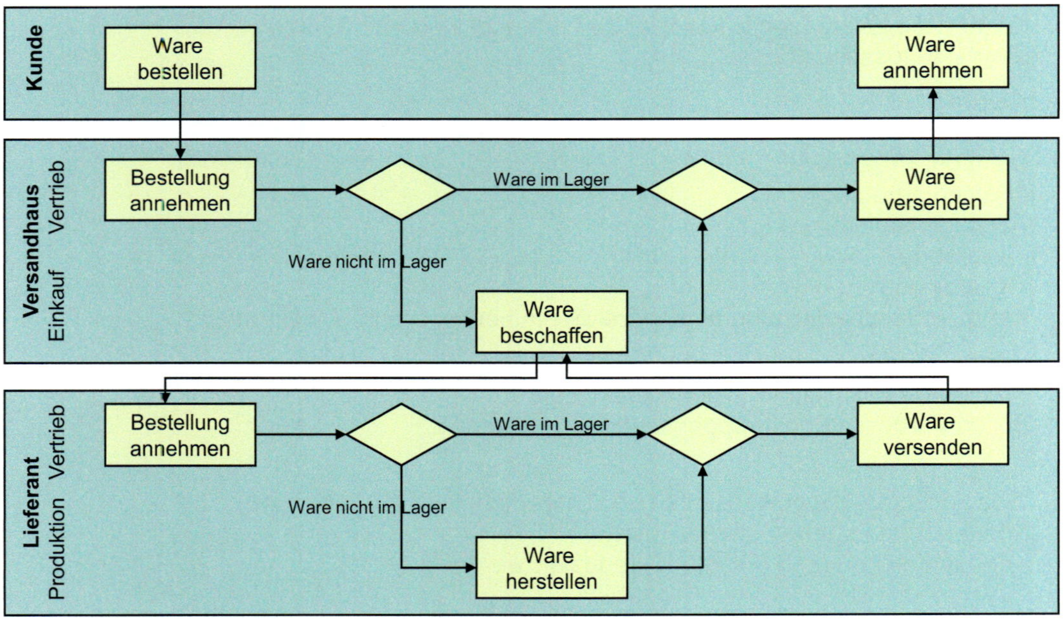

Abb. 5.9 Beispiel für ein Funktionendiagramm (swimlane)

Tab. 5.8 Schnittstellenmatrix (oben) und zugehörige Leistungsvereinbarungen (unten)

Reklamation annehmen	**37**	**31**	**25**	**19**	**13**		**7**	**1**
44	**Berechtigung prüfen**	**32**	**26**	**20**	**14**		**8**	**2**
45	**39**	**Reparatur planen**	**27**	**21**	**15**		**9**	**3**
46	**40**	**34**	**Reparieren**	**22**	**16**		**10**	**4**
47	**41**	**35**	**29**	**Rechnung stellen**	**17**		**11**	**5**
48	**42**	**36**	**30**	**24**	**Ausliefern**		**12**	**6**
Prozessinterne Schnittstellen							**Lieferanten**	**Kunden**

Prozess	Nr.	Geforderte Leistung	Vereinbarte Ausprägung	Vereinbarung mit …	Qualitätsmerkmal/ Kenngröße
Reklamationen bearbeiten	7	Eingang der Reklamation bestätigen	Max. 24 Std.	GL-Vorgabe	Durchschnittliche Antwortzeit
	20	Informieren …	3 Min.	Rewe	–
	usw.				

gestellt werden, wird der Ablauf unterbrochen. Das Problem wird behoben, Ursachen werden analysiert, Alternativen aufgezeigt und Korrekturmaßnahmen getroffen.

5.5 Prozessorganisation

Das Anpassen der gegebenen Organisation an die neue Prozessstruktur ist die heikelste Aufgabe im GPM. Gegen Ängste und Widerstände müssen Stellen in der funktionalen Aufbauorganisation in Rollen des Prozessmanagements überführt werden. Verantwortliche für u. U. große End-to-End-Prozesse (z. B. Auftragsbearbeitung) und Prozesseigner für Teilprozesse (z. B. Arbeitsvorbereitung) müssen benannt werden. Teams für die Prozessüberwachung und -optimierung müssen eingesetzt werden. In den meisten Unternehmen und Verwaltungen ist eine Matrixorganisation entstanden, in der es Funktionsmanager und Prozessmanager gibt. Je präziser Aufgaben und Befugnisse beschrieben und abgegrenzt sind, desto besser funktioniert diese Matrixorganisation.

Rollen, Aufgaben und Befugnisse

Um das Geschäftsprozessmanagement auch in der Organisation abzubilden, werden Prozessverantwortliche, Prozesseigner und Prozessgremien benannt.

Prozessverantwortliche sind für Hauptprozesse bzw. Geschäftsprozesse zuständig, die sich aus Teilprozessen zusammensetzen. Ihre Aufgaben sind:

- Festlegen des Umfangs des Geschäftsprozesses
- Festlegen der Leistungsziele der Teilprozesse zusammen mit den Prozesseignern
- Bereitstellen von Ressourcen
- Ernennen von Teilprozesseignern und Mitarbeitern von Prozessgremien.

Aufgaben der *Prozesseigner* sind:

- Festlegen von Leistungsvereinbarungen an Schnittstellen des Prozesses zu anderen Prozessen, Lieferanten und Kunden
- Kontrollieren der Zielerfüllung
- Planen und Durchführen von Prozessaudits
- Analysieren der Gründe/Ursachen von Fehlern und Abweichungen gegenüber den Zielvorgaben
- Planen und Überwachen der Informationsflüsse
- Visualisieren von Zielen und Ergebnissen für Mitarbeiter und Geschäftsleitung
- Verantworten der Prozessergebnisse
- Mitsprache bei Geschäftsleitungsentscheidungen über den Prozess
- Vergeben von Aufträgen im Rahmen des Prozesses.

Prozessgremien können sein: Prozessteams zur Überwachung von Prozessen und Optimierungsteams zu ihrer Weiterentwicklung. Gremien unterstehen den Prozessverantwortlichen oder sind zentral eingesetzt.

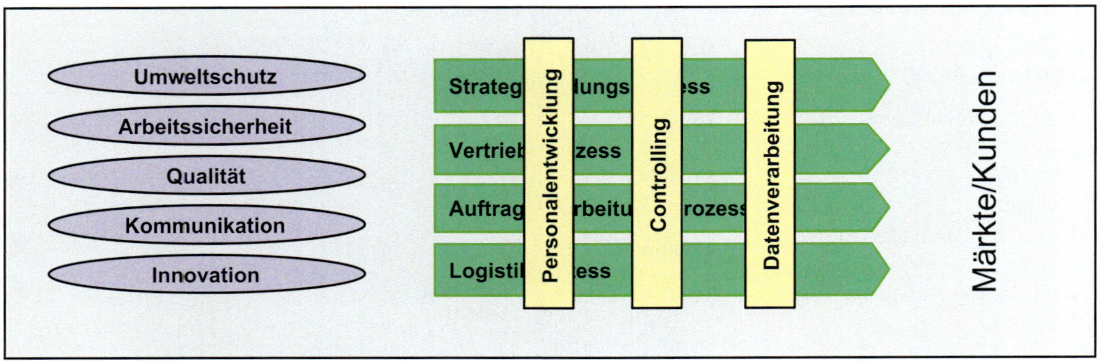

Abb. 5.10 Beispiel für eine Matrixorganisation

Abbildung 5.10 zeigt eine mögliche Matrixorganisation, in der es Funktionsmanager und Prozessmanager gibt. Die Prozessmanager (horizontale Pfeile) haben die Ressourcenverantwortung und die Ergebnisverantwortung. Zwischen Prozesseignern und Funktionsmanagern besteht ein Kunden-Lieferanten-Verhältnis. Die Funktionsmanager (vertikale Balken) handeln im Auftrag der Prozessmanager. Spezielle Aufgaben werden in Kompetenzzentren (Ovale) wahrgenommen, die ihre Leistungen Prozessen und Funktionen zur Verfügung stellen.

5.6 Implementierung

In Kapitel 5.3 bis 5.5 wurden die Schritte zum Aufbau eines GPM beschrieben. Dies geschah in Zusammenarbeit des Projektteams mit den Prozessverantwortlichen. Jetzt folgt der Schritt zur Einführung des GPM im gesamten Unternehmen. Denn was bisher von einer kleinen Zahl von Experten und Führungskräften ausgearbeitet wurde, soll ja zukünftig von allen Beschäftigten gelebt werden.

5.6.1 Kommunizieren

Die unternehmensweite Einführung des Geschäftsprozessmanagements muss sorgfältig vorbereitet werden. Das Kommunizieren von Zielsetzung, Terminen, verantwortlichen Personen etc. kann über das Intranet geschehen. Inhalte können über ein Einführungshandbuch vermittelt werden. Dieses Handbuch gibt konkrete Hilfestellungen: Es wird beschrieben, welche Themen berücksichtigt werden müssen, welche Phasen bei der Umsetzung durchlaufen werden und wie ein Ablaufplan erstellt und umgesetzt wird. Für jedes Handlungsfeld werden die wichtigsten Aktivitäten in einer Checkliste zusammengestellt. Das Handbuch wird sinnvollerweise durch eine Wissensbasis im Intranet ergänzt, die praktische Arbeitshilfen und konkrete Anwendungsbeispiele enthält.

5.6.2 Ausbilden

Die meisten Unternehmen führen ihr GPM in einem repräsentativen Pilotbereich ein. Ausgebildet werden hier mindestens alle Mulitiplikatoren, also Führungskräfte, Beauftragte etc. Die inhaltliche Grundlage dafür kann das Einführungshandbuch sein. Wichtige Ausbildungsthemen sind:

- Welche Termine sind einzuhalten?
- Wo kann Hilfe angefordert werden?
- Wie wurden die Prozessziele, -kennzahlen, -maßnahmen, -messwerte etc. ermittelt?
- Wie arbeitet man mit Prozesskarten und -cockpits?
- Wie wird gemessen und berichtet/visualisiert?
- Wie werden Entscheidungsvorschläge erarbeitet und gestaltet?
- Wie werden Prozesse optimiert?
- Was geschieht im Falle von Meinungsverschiedenheiten auf der Fachebene?

5.7 Prozesscontrolling

Das *Konzipieren* des Prozesscontrollings, also das Festlegen der Überwachung von Prozesszielen, Kennzahlen, Maßnahmen, Messwerten, Messintervallen, Messverantwortlichen ist Bestandteil des Projektes zum Aufbau eines GPM (Kap. 5.4). Das *Ausüben* des Prozesscontrollings gehört in die Betriebsphase und ist eine nie endende Aufgabe.

5.7.1 Messen und Bewerten

Zum Prozesscontrolling gehören:
- das Festlegen von Leistungszielen und Leistungsparametern
- das Definieren von Messgrößen, Messintervallen, Messverantwortlichen
- das Erfassen der Ist-Leistung der Prozesse und das Vergleichen mit den Zielen
- das Ermitteln von Zielabweichungen und deren Ursachen
- das Vorschlagen und Überwachen von Korrekturmaßnahmen.
- das Bereitstellen von Berichten, die die Verantwortlichen für Planung, Kontrolle und Steuerung benötigen
- das Visualisieren von Ergebnissen

Das Überwachen der Umsetzung der Prozessziele erfolgt durch Messungen. Dazu ist festzulegen, was wann von wem gemessen werden soll (Tab. 5.7). Oft ist es möglich, Messwerte (z. B. Zeiten oder Mengen) aus Softwareprogrammen zu beziehen.

5.7.2 Berichten und Steuern

Von großer Bedeutung ist das richtige Konzipieren des *Berichtswesens*. Nach Möglichkeit soll kein neues „Wesen" eingeführt, sondern das existierende und im Tagesgeschäft praktizierte Berichtswesen erweitert werden. Es ist festzulegen, was Berichte aussagen sollen. Sie sollen z. B.
- die Leistungssituation der Prozesse umfassend darstellen
- die Leistungsentwicklung über die Zeit aufzeigen
- Abweichungen hervorheben.

Außerdem ist zu entscheiden, welche Parameter berichtet werden sollen:
- Liefertreue
- Durchlaufzeit
- Produktivität
- Prozessqualität
- Kundenzufriedenheit etc.

Berichte müssen so aufbereitet werden, dass sie für das *Visualisieren* von Ergebnissen (Aushänge im Betrieb oder Grafiken im Intranet) genutzt werden können und die Entscheidungsfindung unterstützen. Entscheidungsunterstützend sind beispielsweise Portfolios, die die Ergebnisse der Zielüberwachung grafisch darstellen (Abb. 5.11). Durch Ergebnisvisualisierung soll Mitarbeitern und Führungskräften ständig ihre Zielerfüllungssituation vor Augen gehalten werden. Dabei ist es wichtig zu wissen, dass gute Ergebnisse eher anspornen, als dass schlechte Druck ausüben.

5.8 Prozessoptimierung

Prozesse werden optimiert, um sie wirksamer und wirtschaftlicher zu gestalten und sie besser auf Kunden auszurichten. Anders formuliert: Prozesse werden optimiert, um das Erreichen der Prozessziele immer besser zu gewährleisten. Es kommt bei der Prozessoptimierung nicht so sehr darauf an, viele Methoden zu kennen und anwenden zu können, sondern es ist wichtig, eine Systematik für das Optimieren festzulegen. Hilfreich ist dazu ein abgestimmtes und von allen Betroffenen verstandenes Konzept.

5.8.1 Methoden und Werkzeuge

Für das Optimieren von Prozessen gibt es eine Vielzahl von Methoden und Tools (siehe auch Kap. 5.2.4). Stellvertretend seien drei genannt:

PDCA Basismethode für jegliche Art von Optimierung nach W. Edwards Deming. Die Buchstaben PDCA

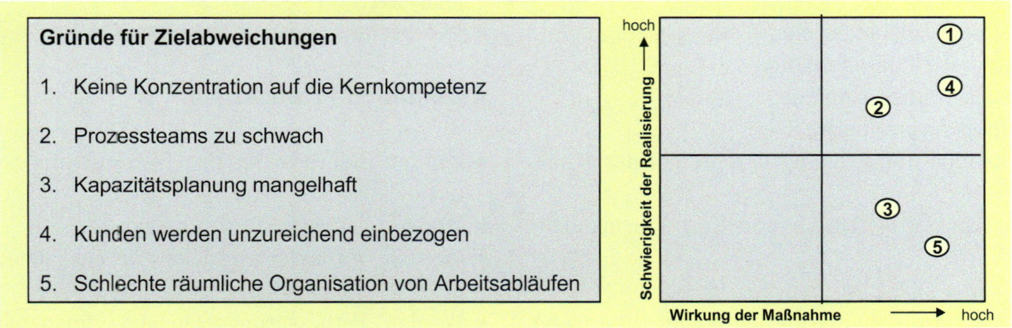

Abb. 5.11 Handlungsportfolio für das Korrigieren von Zielabweichungen

stehen für die Schritte Plan (planen), Do (durchführen), Check (überprüfen), Act (korrigierend handeln).

20 Keys Eine in Deutschland noch wenig bekannte Methode mit 20 Tools, die vor allem die Mitarbeiter in die Leistungssteigerung einbindet.

Kaizen Japanischer Begriff für „Veränderung zum Besseren". Enthält einen Satz von Optimierungstools, die im Prozessmanagement genutzt werden können.

Neben diesen Optimierungsmethoden ist das Wertschöpfungsassessment von Bedeutung. Unter Wertschöpfung wird im Prozessmanagement das Schaffen von Nutzen für Kunden und das eigene Unternehmen verstanden. Betriebswirtschaftlich ist Wertschöpfung = Gesamtleistung − Vorleistung. Um Prozesse zu finden, die keinen Beitrag zur Wertschöpfung für Kunden, und damit auch keinen Beitrag für die Organisation selbst leisten, kann ein Wertschöpfungsassessment durchgeführt werden, in dem folgende Fragen zu beantworten sind:

- Wird die Prozessleistung bereits in einem anderen Geschäftsprozess, Teilprozess, Prozessschritt oder Arbeitsschritt erzeugt?
- Kann die Prozessleistung an anderer Stelle effizienter erbracht werden?
- Basiert der Teilprozess, Prozess- oder Arbeitsschritt auf überholten, überzogenen oder überflüssigen Vorschriften?

5.8.2 Prozessaudit und Prozess-Assessment

Neben der *kontinuierlichen* Prozessüberwachung (das Prozesscontrolling) gibt es *sporadische* Überwachungen (Prozessaudits oder Prozess-Assessments).

Die Zielsetzung von Prozessaudits ist es nicht nur, die Erfüllung von Normen wie ISO 9001 oder ISO 14001 zu prüfen, sondern vor allem die Leistungsfähigkeit der Geschäftsprozesse durch Aufdecken von Schwächen und Vorschlagen von Maßnahmen zu verbessern. Geprüft werden u. a.:

- das Erfüllen der Leistungsziele
- die Aktualität der Dokumentation
- die Ergebnisse früherer Audits
- Rückmeldungen von Kunden
- die Qualifikation und Leistungsbereitschaft der Mitarbeiter
- der Status von Vorbeugungs- und Korrekturmaßnahmen.

Ergebnisse der Prozessaudits werden dokumentiert und der Unternehmensleitung präsentiert.

Prozess-Assessments dienen der Bestimmung des *Reifegrades* von Prozessen. Besonders während der Implementierung des Prozessmanagements ist es wichtig, den Handlungsbedarf zur Erfüllung der Prozessziele zu kennen. In den letzten Jahren wurden unterschiedliche Bewertungssysteme entwickelt. Zu erwähnen sind

- das Reifegradmodell nach ISO 9004
- das Reifegradmodell nach ISO 15504.

Zur Ermittlung der Reifegrade (Tab. 5.9) stellt man Fragen wie:

1 Prozessdefinition

- Ist der Geschäftsprozess vollständig identifiziert (von ... bis ...) und dokumentiert?
- Ist der Geschäftsprozess zusammen mit den anderen Geschäftsprozessen gewichtet?
- Liegt eine aktuelle Prozesslandkarte vor?
- Sind Teilprozesse identifiziert und mit Input, Output und Prozessschritten dokumentiert?
- Entspricht die Prozessdokumentation den relevanten Qualitätsvorschriften?

2 Prozessverantwortung

- Ist der Geschäftsprozessverantwortliche festgelegt (Rollenbeschreibung)?
- Sind Teilprozessverantwortliche festgelegt (Rollenbeschreibung)?
- Hat der Geschäftsprozessverantwortliche ausreichende Befugnisse und Kompetenzen (Personal, Budget)?
- Haben die Teilprozessverantwortlichen ausreichende Befugnisse und Kompetenzen (Personal, Budget)?

3 Prozessmessung

- Sind Messgrößen für den Geschäftsprozess definiert?
- Sind Messgrößen für alle Teilprozesse definiert?
- Werden regelmäßig Messungen durchgeführt?
- Werden Messergebnisse regelmäßig im Prozessteam analysiert?
- Werden Messergebnisse regelmäßig ausgewertet?

4 Definition Prozessziele

- Werden Zielwerte für den Geschäftsprozess systematisch festgelegt?
- Werden Zielwerte jährlich angepasst?
- Werden Verbesserungspotenziale für den Geschäftsprozess ausgewiesen?
- Werden Verbesserungspotenziale finanziell bewertet und in das Budget eingestellt?

5 Kontrolle Zielerreichung

- Liegt ein aktueller und vollständiger Prozessbericht vor?
- Werden regelmäßig Abweichungsanalysen durchgeführt und die Ursachen für Abweichungen systematisch festgestellt und analysiert?
- Werden bei Abweichungen Korrekturmaßnahmen erarbeitet?
- Haben alle Prozessmitarbeiter Einsicht in den Prozessbericht und werden alle Mitarbeiter über die Abweichungsanalysen informiert?
- Zeigen Leistungsparameter einen positiven Trend in Richtung Zielerreichung?

6 Prozessverbesserung

- Liegen aktuelle Problemlisten (z.B. Barrieren-, Verschwendungslisten) vor?
- Liegen Maßnahmenpläne zur Lösung der Problemursachen vor?
- Werden Verbesserungsmaßnahmen kontrolliert und nachweislich durchgeführt?
- Trifft sich das Prozessteam regelmäßig?
- Treffen sich die KAIZEN-Teams regelmäßig (Visualisierung, KAIZEN-Reviews)?

7 Managementunterstützung

- Hat die Geschäftsleitung die Voraussetzungen (finanziell, personell, organisatorisch, technisch) für Leistungssteigerungen in dem Geschäftsprozess geschaffen?
- Wird die Situation des Geschäftsprozesses regelmäßig in dem Managementteam mit der Geschäftsleitung diskutiert?
- Wird der Prozessbericht regelmäßig in dem Managementteam analysiert?
- Unterstützt die Geschäftsleitung den Geschäftsprozessverantwortlichen bei der Realisierung schwieriger Prozessverbesserungen (Nachweise)?
- Werden Veränderungen zu einer prozessorientierten Organisation durch die Geschäftsleitung forciert?

5.9 Aufwand, Nutzen und Risiken

Nachfolgend wird gezeigt, welcher Aufwand mit dem Aufbau eines GPM verbunden ist und welcher Nutzen erwartet werden kann. Abschließend wird erläutert, wo im Projektverlauf welche Risken zu vermeiden sind.

5.9.1 Projektplan für den Aufbau eines GPM

Ein mittelständisches Unternehmen, das an einem Standort ein Geschäftsprozessmanagement von Anfang an – wie hier beschrieben – aufbaut, braucht dafür 9 bis 12 Monate (Tab. 5.10). Wichtig ist, dass ein erfahrener Projektleiter existiert oder ein externer Berater hinzugezogen wird. Anderenfalls kann weder die Zeit eingehalten noch das erwartete Ergebnis erzielt werden.

5.9.2 Nutzen des GPM

Geschäftsprozessmanagement ist das bisher erfolgreichste aller Managementkonzepte für das ganzheitliche Optimieren der Unternehmensleistung. Aber GPM ist komplex und wie alles Wertvolle nicht umsonst zu haben;

Tab. 5.9 Reifegrad des GPM ermitteln

Kriterien	Bewertungsergebnis 1)	Gewicht 2)	Erreichte Punktzahl	Soll-Punktzahl 3)
7 Managementunterstützung	5	6	30	50
6 Erzielte Prozessverbesserung	5	10	50	80
5 Qualität der Zielerfüllungskontrolle	3	10	30	50
4 Qualität der Zieldefinition	8	10	80	80
3 Qualität der Leistungsmessung	7	6	42	60
2 Wahrnehmen der Proz.verantwort.	8	8	64	100
1 Qualität der Prozessdefinition	10	8	80	100
				Gesamtergebnis = 72,3 %

1) 1 = schlecht, 10 = sehr gut 2) 1 = unwichtig, 10 = sehr wichtig 3) zum Zeitpunkt der Reifegradanalyse zu erreichende Punktzahl

Tab. 5.10 Zeitaufwand

Tätigkeit	Jan	Feb	März	Apr	Mai	Jun	Jul	Aug	Sep
Analysieren Strategien finden Unternehmensziele festlegen Modelle festlegen	—	—							
Prozesse definieren Prozessziele festlegen Prozesse beschreiben Prozesscontrolling einrichten			—	—	—	—			
Ausbilden GPM einführen							—	—	
Prozesse überwachen Prozesse optimieren								—	→

man muss es sich mühevoll erarbeiten! Wer sich dieser Herausforderung stellt, kann

- die Umsetzung von Zielen systematisch messen und bewerten
- Arbeitsabläufe konsequent auf die Unternehmensziele ausrichten
- die Arbeit von Fach- und Führungskräften auf die vom Kunden honorierten Aktivitäten fokussieren
- nicht wertschöpfende Tätigkeiten erkennen und eliminieren
- Aktivitäten risikofrei auslagern bzw. eliminieren
- problematische Schnittstellen reduzieren
- personelle und materielle Ressourcen besser nutzen
- nachgelagerte Wertschöpfungsketten erfolgreich integrieren
- von Abteilungsdenken zu einem dynamischen Denken in Prozessen gelangen
- auf externe Anforderungen schnell und zuverlässig reagieren.

Geschäftsprozessmanagement gibt der Führung und den Beschäftigten Orientierung: Nicht unsere Interessen und Verrichtungen, sondern die Anforderungen und die Zufriedenheit unserer Kunden stehen im Zentrum aller unserer Aktivitäten. Durch die funktionale Organisation zerstückelte Arbeitsabläufe müssen durch Prozessmanagement wieder zusammengeführt werden.
Über den Nutzen von GPM gibt es zahlreiche Erfolgsstorys. Beispielsweise hat Mettler Toledo veröffentlicht, dass innerhalb von drei 3 Jahren

- die Durchlaufzeit im Mittel von 30 Tagen auf 5 Tage gesenkt wurde,
- die Bestände um 80 % gesenkt werden konnten,
- 95 % der Bestellungen innerhalb von vier Tagen geliefert wurden.

Aber auch hier, wie bei der Umsetzung aller Managementkonzepte, kommt es auf das Vorbild und die Durchsetzungsfähigkeit der Geschäftsleitung an. Wenn das mittlere Management blockiert und bremst, muss klargestellt werden, wo es langgeht. Als Jack Welch, der legendäre CEO von General Electric, auf Widerstände seiner Führungsmannschaft stieß, hat er 40 % der variablen Vergütung und ihre Karriere davon abhängig gemacht, wie gut sie Strategien, Ziele und Programme umsetzen. Der Erfolg ist bekannt.

5.9.3 Risiken

Risiken in der *Vorbereitungsphase* können im mangelnden Interesse oder fehlenden Engagement von Führungskräften liegen. Ausgelöst wird das oft durch einen fehlenden Projektauftrag, durch eine fehlende oder nicht bekannte Projektorganisation, durch fehlende Spielregeln und einen fehlenden oder schlechten Projektplan (siehe Kap. 5.2.5).
Risikofaktoren in der Phase der *Prozessgestaltung* sind vor allem das Fehlen von Regeln und Methoden für das Definieren von Prozessen und das Festlegen von Prozesszielen.
Der Umgang mit Widerständen ist eine kritische Erfolgsgröße in der *Implementierungsphase.* Zum einen müssen die Betroffenen verstehen können, wohin der Weg geht. Beabsichtigte Veränderungen müssen also rechtzeitig und transparent kommuniziert werden. Zum anderen sind sie so in die Veränderungen einzubinden, dass die sie betreffenden Änderungen tatsächlich von ihnen mitgetragen und umgesetzt werden. Ist das nicht möglich, haben die Führungskräfte einzugreifen. Mit der Veränderung der funktionalen Organisation hin zu einer prozessorientierten Organisation sind oft Ängste um Machtverlust verbunden. Hier muss die Sinnfrage beantwortet, aber notfalls auch gegen Widerstände entschieden werden.

Möglichkeiten, mit Widerständen umzugehen, sind:

- vorbildhaftes, reflektierendes Verhalten der Leitung und der Führungskräfte
- offenkundiges Engagement der Führungskräfte für das Projekt
- Information, Kommunikation und Training
- monetäre, an die Zielerfüllung gebundene Anreize für Führungskräfte und Mitarbeiter
- Unterstützungsangebote der Führung
- Bestätigung von gewünschtem, aber auch Rügen von nicht erwünschtem Verhalten.

Wird das *Prozesscontrolling* nicht mit Nachdruck angegangen, können Probleme nicht erkannt, aber auch Erfolge nicht gemessen werden. Die Zielerfüllung muss visualisiert werden, damit alle jederzeit wissen, wo sie stehen und was zu tun ist.

In der *Optimierungsphase* ist es erfolgsbestimmend, ob die Leistungsbereitschaft der Mitarbeiter und damit die Ergebnisse dauerhaft gesteigert werden können. Hier ist besonders das mittlere Management gefordert, konsequent darauf zu achten, dass vereinbarte Veränderungen auch tatsächlich praktiziert werden. Eine solche Verhaltensweise des mittleren Managements ist alles andere als selbstverständlich. Vielmehr muss sie durch wirksame Anreizsysteme (z.B. besondere Einbeziehung bzw. Belohnung gewünschten Verhaltens) erzeugt bzw. gefördert werden. Es gilt einen Geist zu schaffen, der ein fortwährendes Verbessern begrüßt und die Mitarbeiter in diesem Sinne einbezieht. Wie in den vorangegangenen Projektphasen ist die Kommunikation der Fortschritte auch in dieser Phase elementar wichtig.

Literatur

Allweyer, T.: Geschäftsprozessmanagement. W3l 2005

Binner, H. F.: Handbuch der prozessorientierten Arbeitsorganisation. Carl Hanser Verlag 2004

Ellringmann, H./Schmelzer, H. J.: Geschäftsprozessmanagement inside. Carl Hanser Verlag 2004

Feldmayer J./Seidenschwarz, W.: Marktorientiertes Prozessmanagement. Vahlen 2005

Fischermanns, G.: Praxishandbuch Prozessmanagement. Dr. G. Schmidt Verlag 2006

Freund, Jakob: Vom Geschäftsprozessmanagement zum Workflow. Carl Hanser Verlag 2008

Gaitanides, M.: Prozessorganisation. Vahlen 2007

Hammer, M./Champy, J.: Business Reengineering. Campus 1993

Imai, M.: Gemba Kaizen. Langen Müller/Herbig 1997

Kagermann, H. /Österle, H.: Geschäftsmodelle 2010. Wie CEOs Unternehmen transformieren. Frankfurter Allgemeine Buch 2007

Kaplan, R./Murdock, L.: Core *Process Redesign.* In: The McKinsey, 2-1991

Kaplan, R./Norton, D. P.: Balanced Scorecard. Schäffer-Poeschel 1997

Kobayashi, I.: 20Keys. Adept Media 2000

Malik, Fredmund: Management. Frankfurter Allgemeine Buch 2009

Naujoks, O./Gogoll, A./Ellringmann, H.: Geschäftsprozessmanagement in der Siemens AG. Carl Hanser Verlag, München 2006

Osterloh, M./Frost, J.: Prozessmanagement als Kernkompetenz. Gabler 1998

Project Management Institute: A Guide to the Project Management Body of Knowledge, Project Management Institute 2005

Rüegg-Stürm, Johannes: Das neue St. Galler Managementmodell. Haupt 2002

Scheermesser, S.: Messen und Bewerten von Geschäftsprozessen. Beuth 2003

Schmelzer, H. J.: Methoden und Rollen des GPM. Carl Hanser Verlag 2004

Schmelzer, H. J./Sesselmann, W.: Geschäftsprozessmanagement in der Praxis. Carl Hanser Verlag 2013

Staussberg, M.: Praxishandbuch Kennzahlen im Managementsystem. WEKA 2006

Stöger, Roman: Prozessmanagement. Schäffer-Poeschel 2009

Walter, Johann: Geschäftsprozessmanagement umsetzen. Carl Hanser Verlag 2009

Qualitätsbezogene Kosten

6.1 Einleitung 93

6.2 Sicht auf Qualität und Kosten im Zeitverlauf 93

6.3 Betrachtung von Qualitätskosten 93

6.4 Wirtschaftlichkeitsbetrachtung des Qualitätsmanagements 96
6.4.1 Value- und Performance-Generatoren des Qualitätsmanagements 96
6.4.2 Qualitätscontrolling 98
6.4.3 Reifegradmodelle als Bewertungsraster 99

6.5 Das Quality Effect Model on Value Added (QEMOVA) 100

6.6 Studie 2013: Kosten und Nutzen des Qualitätsmanagements in deutschen Unternehmen 101

6 Qualitätsbezogene Kosten

Roland Jochem, Colin Raßfeld

„Die Kraft steckt in der Qualität!"
Nietzsche

Kritiker des Qualitätsmanagements stellen trotz dieses wichtigen Postulats von Nietzsche immer wieder heraus, dass das Qualitätsmanagement keinen unmittelbar wertschöpfenden Beitrag zum Unternehmenserfolg leistet und der Mitteleinsatz daher auf ein Minimum beschränkt werden sollte. Der Nachweis für die Wirtschaftlichkeit qualitätsbezogener Aktivitäten muss in der Praxis daher stets aufs Neue erbracht werden und ist ohne die Unterstützung durch geeignete Kennzahlen kaum möglich.

Wichtige Größen sind in diesem Zusammenhang die qualitätsbezogenen Kosten. Sie können für die interne Nutzenbewertung des Qualitätsmanagements herangezogen werden und sind für die Berechnung der Wirtschaftlichkeit unabdingbar. Die Qualitätskosten richtig zu erfassen, ist aufgrund ihrer Eigenschaft als Steuergröße von großer Bedeutung und stellt für das Qualitätscontrolling eine besondere Herausforderung dar.

I

6.1 Einleitung

Qualitätskosten belasten die Industrie in hohem Maße. Sie entstehen durch Schwächen in Geschäftsprozessen und können sich auf bis zu 8 % der Gesamtkosten belaufen. So sind bei einem großen deutschen Automobilkonzern weltweit 16,5 Beanstandungen pro Minute zu verzeichnen, die zu Gewährleistungen führen. Dies bedeutet Kosten von 3600 Euro/Minute, welche sich auf 5,2 Millionen Euro täglich bzw. 1,9 Milliarden Euro jährlich belaufen (vgl. Boekhoff 2003, S. M23). Neben Qualitätsproblemen bei den Herstellern selbst ist die Ursache hierfür auch in fehlerhaften Zulieferteilen zu sehen. Dies führt zu einer steigenden Zahl von Rückrufaktionen, Lieferverzögerungen für Neukunden bis hin zu zeitweiligen Produktionsstopps. Deshalb sind ungelöste Qualitätsprobleme Geldvernichter.

6.2 Sicht auf Qualität und Kosten im Zeitverlauf

Über Jahre wurde davon ausgegangen, dass ein höheres Maß an Qualität nur mit höheren Kosten erreicht werden kann. Gleichermaßen spannte sich in den Gedanken ein aus damaliger Sicht unüberwindbares Dreieck aus Qualität, Kosten und Zeit auf, bei dem sich eine der drei Größen immer nur zulasten einer anderen verbessern lässt. Aufgrund dieser Ansicht wurden Ausschuss und aufwendige Nacharbeit vielfach als gegeben hingenommen.

Abb. 6.1 Veränderung des Verständnisses von Qualität anhand des Wirkungsdreiecks; angelehnt an (Töpfer/Günther 2007, S. 9)

Diese Sichtweise hat sich in den vergangenen Jahren gewandelt: Mittlerweile wird die Auffassung vertreten, dass eine Verbesserung der Qualität nicht zwingend mit einer Verschlechterung von Kosten oder Zeit einhergeht, sondern Kosten sogar gesenkt und Lieferzeiten verkürzt werden können. Qualität wurde somit zum wichtigsten Unternehmensziel erklärt (vgl. Jochem/Geers 2010, S. 28, und Abb. 6.1).

6.3 Betrachtung von Qualitätskosten

Bei einer Betrachtung der Qualitätskostendefinition über die letzten Jahrzehnte fällt auf, dass kontinuierlich eine Anpassung stattfand – bis hin zu den Anforderungen an ein ganzheitliches Qualitätssystem. Crosby verfolgte zunächst den Ansatz, dass Qualitätskosten bei einer Nichtkonformität der gewünschten Qualitätsanforderung entstehen. Eben diese Nichtkonformität verursacht Ausgaben in Form zusätzlich notwendiger Maßnahmen wie Nacharbeit und Prüfungen (vgl. Crosby 1979, S. 12). Grynas Ansatz hingegen umfasst zusätzlich zu den bereits beschriebenen Ausgaben auch Kosten für ineffiziente Prozesse sowie die dadurch entgangenen Gewinne (vgl. Gryna 1999, S. 84 ff.).

Eine reine Kostenbetrachtung erscheint mit diesem Hintergrund nicht mehr zielführend. Vielmehr sollten die Kosten mit dem erzielbaren Nutzen des Kunden überlagert werden.

Aus betriebswirtschaftlicher Sicht wird daher die Leistung als Kennzahl favorisiert (siehe Tab. 6.1, vgl. auch Masing 1988, S. 11 ff.).

Gegenwärtig werden vorausgegangene Sichtweisen vereint und der Begriff Qualitätskosten wie folgt definiert: Qualitätskosten entstehen durch ineffiziente Prozesse, die zu vermeidbaren Kosten führen. Sie entstehen außerdem durch präventive Maßnahmen zur Fehlervermeidung und Sicherstellung der Produkt- und Prozessqualität, um der kundenspezifischen Qualitätsanforderung zu entsprechen (vgl. Schneider et al. 2008, S. 212 ff.).

Die DIN 9004 schließt sich dieser Auffassung an und ergänzt, dass Qualitätskosten in jeder Organisation nach eigenen Kriterien abgegrenzt werden sollten. Sie definiert diese selbst als alle entstehenden Fehlerverhütungs-, Prüf- und Fehlerkosten, die im Rahmen des Qualitätsmanagements enstehen (vgl. DIN EN ISO 9004, S. 8).

I

Tab. 6.1 Leistungsarten in der Wertschöpfungskette; nach (Kamiske 2007, S. 97)

Nutzleistung geplant	*werterhöhend* ■ Bearbeitungsopertationen ■ Veredelungsprozesse ■ Montagevorgänge
Stützleistung geplant	*nicht werterhöhend* ■ Arbeitsvorbereitung ■ Rüstvorgänge ■ Einlege- und Entnahmetätigkeit ■ Prüfungen zur Qualitätsregelung ■ Werkzeugwechsel
Blindleistung nicht geplant	*nicht werterhöhend* ■ wartende Mitarbeiter ■ (Material oder Werkzeug fehlen, Maschine gestört) ■ Überproduktion ■ Sortieren nach gut/schlecht
Fehlleistung nicht geplant	*wertmindernd* ■ führt zur Nacharbeit *wertvernichtend* ■ führt zu Ausschuss

Traditionelle Fehlerkosten (Ausschuss, Garantieleistungen etc.) sind oft einfach identifizier- und erfassbar. Sie betragen meist 5 bis 8 % der Gesamtkosten. Viel wichtiger sind die sogenannten „zusätzlichen" Fehlerkosten und fehlerbedingten Verluste, wie der ineffektive Einsatz von Produktionsfaktoren, Abwanderung von Kunden, Imageverlust, überflüssige Kapitalbindung, lange Durchlaufzeiten, verspätete Auslieferung, hohe Bestände etc. Diese sind weniger offensichtlich, beschreiben aber vor allem „entgangene Möglichkeiten". Sie werden mit 15 bis 20 % der Gesamtkosten veranschlagt. Schätzungen gehen davon aus, dass im Durchschnitt gegenwärtig nur ca. 30 % der fehlerbedingten Verluste monetär werden (vgl. Jacobi 2010, S. 95 sowie Töpfer/Günther 2007, S. 13 ff.).

Untersuchungen haben außerdem gezeigt, dass hinsichtlich des Qualitätsaufwands zwischen dem Durchschnitt und „World-Class"-Unternehmen Einsparungspotenziale von bis zu 30 % bestehen. Bei Produktionskosten sind es bis zu 35 %, bei Entwicklungs- bzw. Durchlaufzeiten sogar bis zu 50 % (vgl. Rommel et al. 1995, S. 297 ff.).

Durch den effektiven Einsatz von Qualitätstechniken – insbesondere präventiver Natur (z. B. Quality Function Deployment, Failure Mode and Effects Analysis und Advanced Product Quality Planning) – können Qualitätsverbesserungen (verringerter Ausschuss, reduzierte Nacharbeit, höhere Kundenzufriedenheit etc.) von bis zu 60 % erreicht werden. Dies trägt zusätzlich zur Reduzierung von Fehler-, Material- und Anlaufkosten sowie einer Verringerung von Entwicklungszeiten durch Vermeidung unnötiger Iterationsschleifen bei (vgl. Butz 2010, S. 95 ff.).

Im Zentrum steht hier ein Problembeseitigungsprozess, der Probleme möglichst frühzeitig erkennt (Wachsamkeit), Fehler schnell und wirksam behebt (Schnelligkeit) und Fehler zukünftig vermeidet (Nachhaltigkeit). Auf diese Weise können bereits im Markt befindliche Produkte effizient und wirksam optimiert und der Reifegrad von Neuprodukten erhöht werden.

An dieser Stelle soll auf den Sachverhalt der Zehnerregel hingewiesen werden. Danach steigen die Kosten der Nichtkonformität mit jeder Phase des Produktlebenszyklus, in der ein Fehler nicht entdeckt und behoben wird, um den Faktor 10. Abbildung 6.2 zeigt diesen Zusammenhang grafisch und verdeutlicht, dass bei zielgerichteten Qualitätsmaßnahmen, insbesondere zu Beginn des Produktlebenszyklus, die Fehlerkosten deutlich reduziert werden können (vgl. Pfeifer 2001, XXVII ff.).

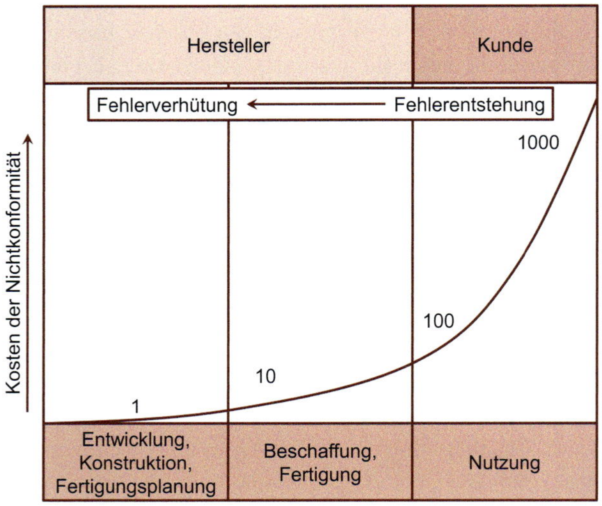

Abb. 6.2 Fehlerkostenentwicklung innerhalb der Zehnerregel; angelehnt an (Pfeifer 2001, XXVII ff.)

Gliederung von Qualitätskosten

Der traditionelle Ansatz mit einer dreiteiligen, tätigkeitsorientierten Gliederung (Verhütungs-, Prüf- und Fehlerbehebungskosten) versucht, den optimalen Punkt der Gesamtkosten, der „Total Costs of Quality", zu quantifizieren. Die Existenz des Optimums basiert auf der Annahme, dass für ein Qualitätskostenoptimum eine bestimmte Fehlerquote toleriert werden muss (vgl. Wildemann 1992, S. 762). In der Schlussfolgerung führen alle zusätzlich unternommenen Qualitätsanstrengungen, die zu steigenden Prüf- und Fehlerverhütungskosten führen, zu Gesamtkosten jenseits des Optimums (siehe Abb. 6.3, vgl. auch Bröckelmann 1995, S. 52).

Die Kritik an diesem Ansatz lautet, dass zwar alle qualitätsbedingten Kostenwirkungen inklusive der Opportunitätskosten betrachtet werden, die Ertragswirkungen der Qualität jedoch vernachlässigt bleiben (vgl. Sakurai 1997, S.175). Daher erfolgte eine Überführung des traditionel-

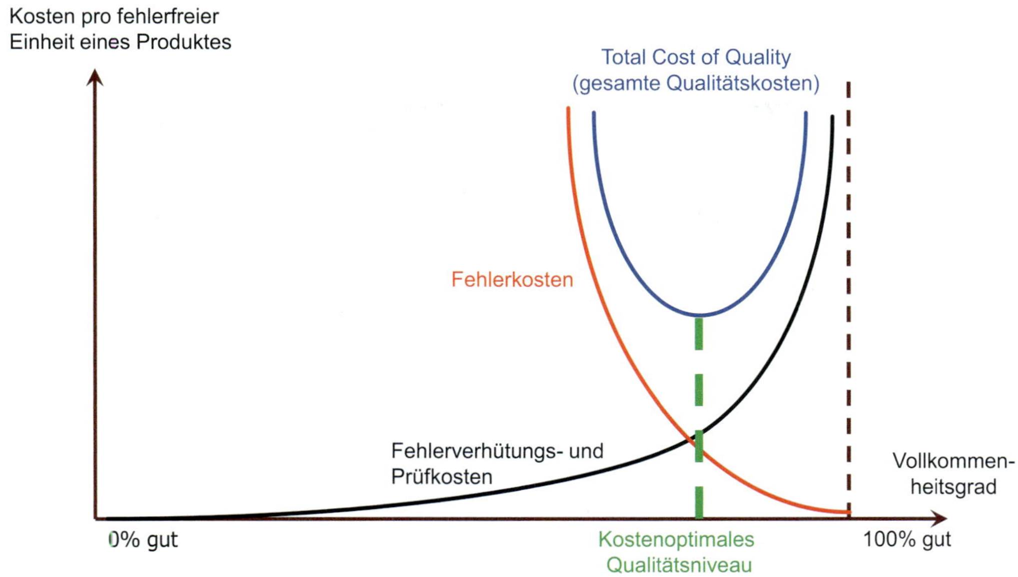

Abb. 6.3 Traditioneller Ansatz der tätigkeitsorientierten Qualitätskostengliederung; nach (Fleck 1995, S. 123)

len Ansatzes in eine wirkungsorientierte Kostengliederung (vgl. Fleck 1995, S. 123). Diese unterscheidet nun zwischen Konformitätskosten – d.h, Kosten, die bei der Erfüllung von Kundenanforderungen entstehen – und Nonkonformitätskosten – d.h., den Kosten, die durch Abweichungen von diesen Anforderungen verursacht werden (siehe Abb. 6.4, vgl. auch Wildemann 1992, S. 762).

Die Konformitätskosten zur Erreichung vollkommener Qualität werden in dieser neuen Betrachtungsweise nicht mehr unendlich hoch eingestuft, während die Nonkonformitätskosten höher als in der traditionellen Sicht eingeschätzt werden. Dies führt zu einer Verschiebung des Kostenoptimums hin zu einem vollkommenen Qualitätsniveau (siehe Abb. 6.5, vgl. auch Gryna 1999, S. 822 ff.).

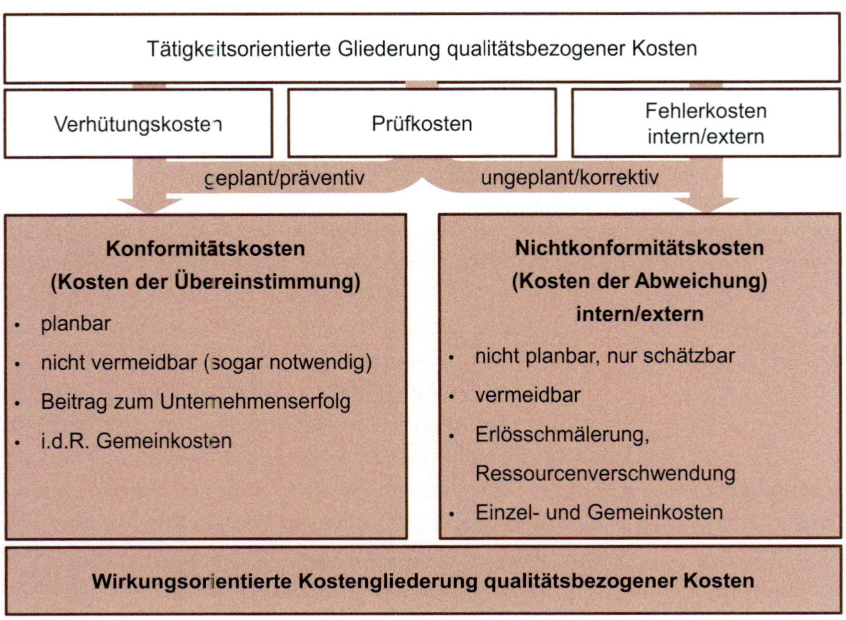

Abb. 6.4 Tätigkeits- und wirkungsorientierte Kostengliederung im Vergleich; angelehnt an (Wildemann 2010, S. 60 f.)

I

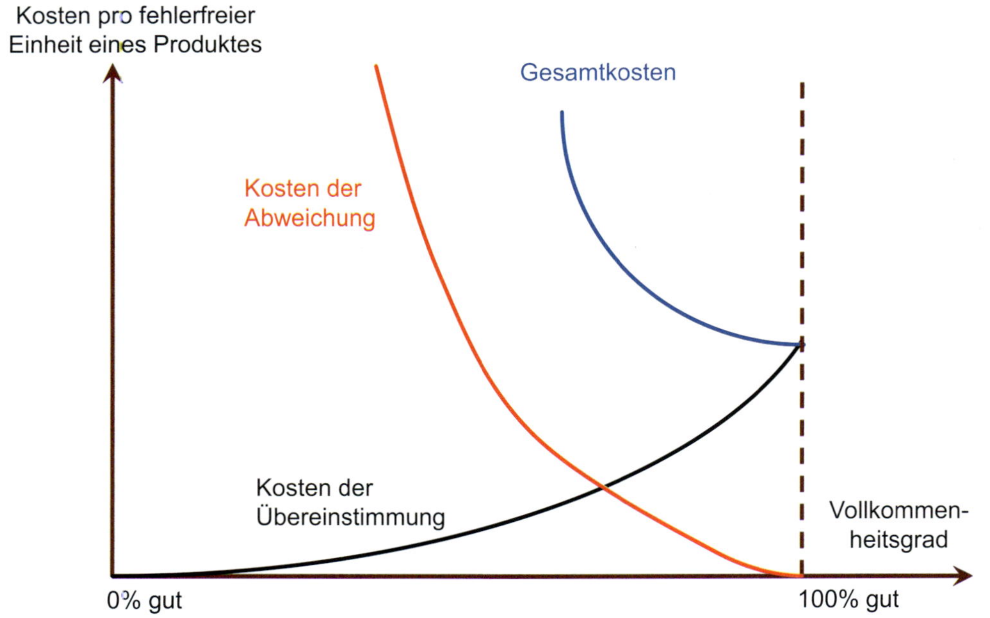

Abb. 6.5 Moderner Ansatz der wirkungsorientierten Qualitätskostengliederung; nach (Fleck 1995, S. 123)

6.4 Wirtschaftlichkeits-betrachtung des Qualitätsmanagements

Für eine Bewertung der Effizienz des Qualitätsmanagements müssen Kosten-Nutzen-Rechnungen aufgestellt werden. Hieraus ergibt sich das grundlegende Problem, den Nutzen qualitätsbezogener Aktivitäten zu messen. Dies kann durch die gezielte Auswahl und das Messen von Indikatoren geschehen. Dem Nutzen muss dann mit geeigneten Kostenrechnungen zur ganzeinheitlichen Erfassung der Qualitätskosten der finanzielle Aufwand der qualitätsbezogenen Aktivitäten gegenübergestellt werden. Neben der Kosten- und Nutzenerfassung kommen im Zuge der Wirtschaftlichkeitsbetrachtung auch Reifegradmodelle zur Anwendung, um die Effizienz des Qualitätsmanagements beurteilen zu können.

6.4.1 Value- und Performance-Generatoren des Qualitätsmanagements

Damit eine Beurteilung der Wirtschaftlichkeit stattfinden kann, bedarf es objektiver Größen zur Orientierung. Dazu können sogenannte Value- und Performance-Generatoren herangezogen werden, die sich aus den Aktivitäten des Qualitätsmanagements ableiten lassen (Abb. 6.6). Aus diesen Aktivitäten ergibt sich eine Vielzahl von Effekten, die mittelbar einen Beitrag zum wirtschaftlichen Erfolg und zur Wertsteigerung eines Unternehmens sowie zur Erhöhung des Stakeholder-Nutzens leisten (Jochem/Geers 2010, S. 33).

Zum besseren Verständnis dafür, welche Auswirkung die einzelnen Indikatoren haben, werden die Aktivitäten des Qualitätsmanagements in Wirkketten dargestellt (Abb. 6.7). Die dargestellten Indikatoren geben hilfreiche Anhaltspunkte und einen Einblick in die vielschichtigen Wirkprinzipien der Qualitätsansätze auf dem Weg zum Unternehmenserfolg.

Im Modell wird dabei zwischen interner und externer Nutzenebene differenziert. Dabei wirken die Aktivitäten des Qualitätsmanagements zunächst auf die vorökonomischen und anschließend über unterschiedliche Wirkungsketten auf die direkten ökonomischen Zielgrößen eines Unternehmens. Auf der externen Nutzenebene wirkt im dargestellten Modell das Qualitätsmanagement in erster Linie auf die Kundenzufriedenheit. Daraus folgen die vorökonomischen Zielgrößen Kundenbindungs- und Kommunikationsnutzen. Diese beiden Größen wirken wiederum auf die ökonomische Zielgröße der Erlössteigerung und münden, als Resultat der Wirkungskette, im angestrebten ökonomischen Erfolg. Auf der anderen Seite wirkt das Qualitätsmanagement durch unternehmensinterne Effekte auf die vorökonomischen Zielgrößen der effizienteren Leistungserstellung und Fehlervermeidung.

Daraus resultieren schließlich Kostensenkungen, die sich positiv auf den ökonomischen Erfolg auswirken (vgl. Jochem/Geers 2010, S. 34 ff.).

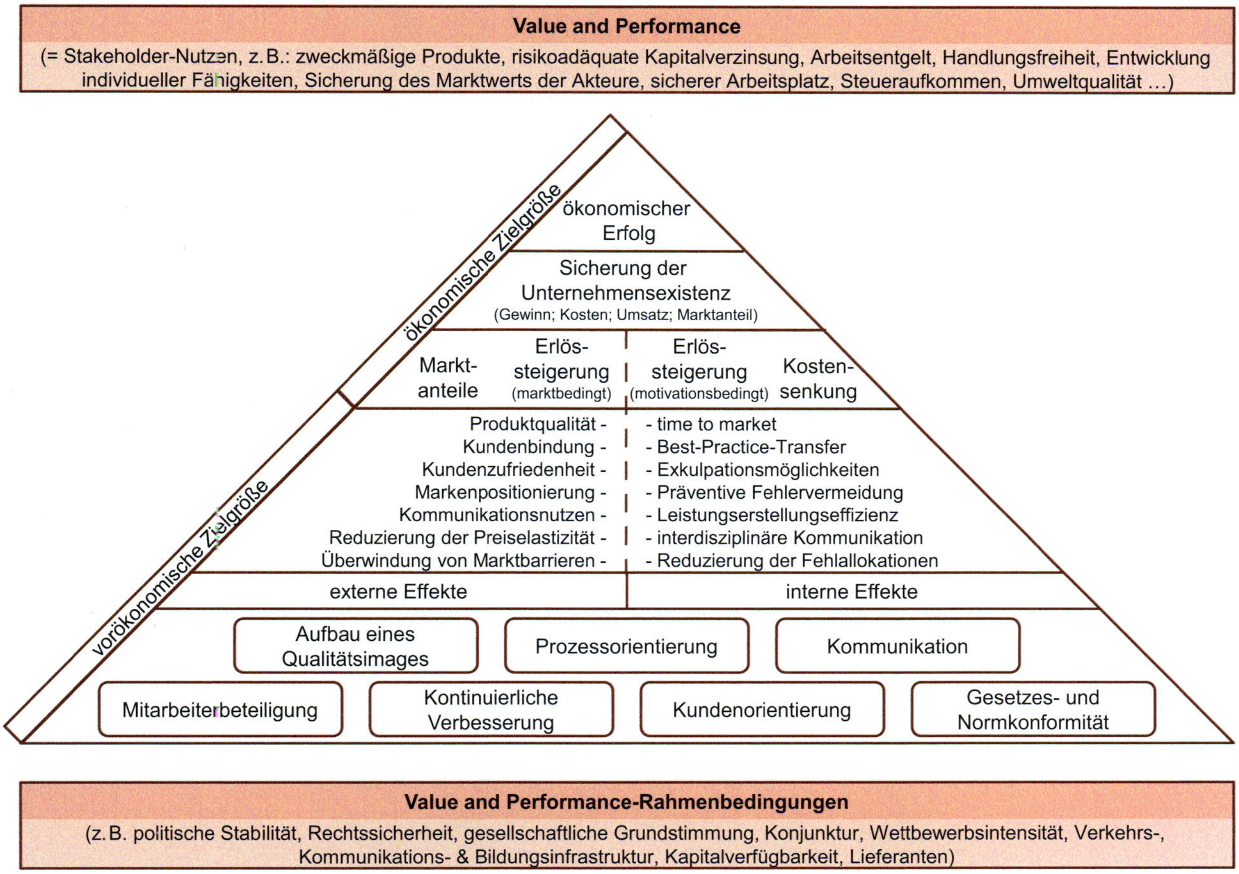

Abb. 6.6 Die Value- und Performance-Generatoren des Qualitätsmanagements; nach (Jochem/Geers 2010, S. 54)

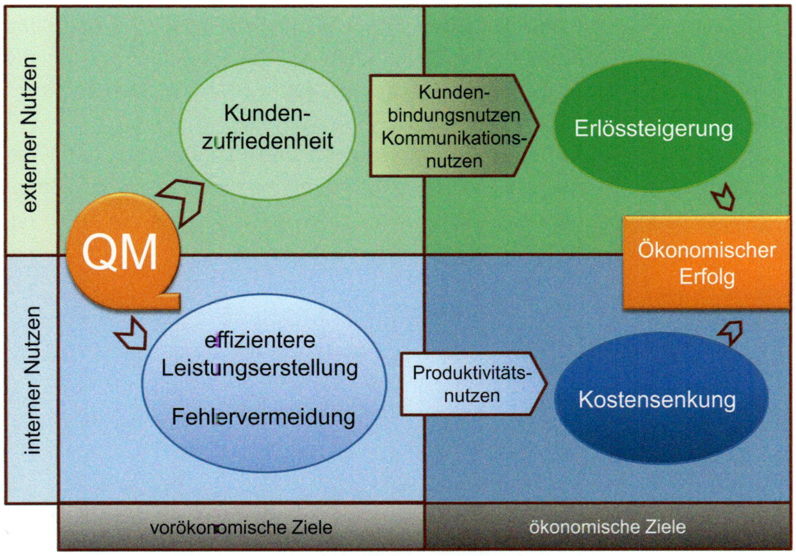

Abb. 6.7 Erfolgskette des Qualitätsmanagements; angelehnt an (Bruhn/Georgi 1999, S. 3)

Die im Modell aufgezeigten Zusammenhänge sind nicht als lineare Abhängigkeiten zu interpretieren. So muss beispielsweise nicht jede qualitätsbezogene Maßnahme auch zwingend zu einer proportionalen Erhöhung der Kundenzufriedenheit führen. Diese Nichtlinearität lässt sich auf moderierende Faktoren zurückführen, die die Stärke der Auswirkung beeinflussen (vgl. Bruhn/Georgi 1999, S. 3 ff.).

I

Bei einer Wirtschaftlichkeitsbetrachtung steht die Summe der Nutzeneffekte den qualitätsbezogenen Kosten entgegen, sodass sich die Wirtschaftlichkeit von Qualität nur bedingt anhand von kostenorientierten Qualitätskennzahlen erfassen lässt (vgl. Jochem/Geers 2010, S. 54). Daher ist es erforderlich, die unternehmensindividuelle Wertsteigerung aus Sicht aller Stakeholder in die Wirtschaftlichkeitsbetrachtung einzubeziehen und eine Balance zwischen den qualitätsbezogenen Kosten und den Nutzeneffekten unter Einsatz eines gezielten Qualitätscontrollings zu erreichen (vgl. Jochem/Geers 2010, S. 34 ff.).

6.4.2 Qualitätscontrolling

Grundsätzlich ist eine Erweiterung der Betrachtungseinheit „Qualität" vom Erzeugnis (materielles Produkt/Dienstleistung) über den Teilprozess hin zum Gesamtsystem „Unternehmen" notwendig. Diese Unternehmensqualität ruft bei Produzenten und Dienstleistern zunehmendes Interesse hervor und erfordert Qualitätsmanagementsysteme, die der großen Komplexität ihrer Einflussfaktoren gerecht werden.

Bei ökonomisch begründeten Entscheidungen für ein Qualitätsmanagementsystem sind Nutzen-, Kosten- und Wirtschaftlichkeitsbetrachtungen von besonderer Relevanz. Sie basieren dabei zunehmend auf unternehmensspezifischen Qualitätscontrollingsystemen mit folgenden Merkmalen:

- Element des unternehmensweiten Controllingsystems
- Integration im Qualitätsmanagement
- auf wirtschaftliche Sicherstellung anforderungsgerechter Qualität gerichtet
- basierend auf entscheidungsrelevanten Informationen zu qualitätsrelevanten Prozessen
- Informationsbasis sind monetäre und nichtmonetäre Bewertungen
- zeigt Kosten- und Nutzenwirkungen von QM-Maßnahmen

Es wird deutlich, dass Kostensenkungen nicht das alleinige Ziel von QM-Systemen sein können. Prozessverbesserungen sollten stets von der Qualität und ihren Konsequenzen für die Wirtschaftlichkeit des Unternehmens ausgehen.

Dies spiegelt sich in der Definition und dem Aufgabenspektrum des Qualitätscontrollings wider: „Unter Qualitätscontrolling ist die Planung, Durchführung und Kontrolle der Unterstützung und Koordination qualitätsbezogener Aktivitäten im Hinblick auf eine wirtschaftliche Ausrichtung des Qualitätsmanagements zu verstehen" (Bruhn 1998, S. 63). Es umfasst außerdem unterstützende operative und strategische Aufgaben für das betriebliche Controlling und bezieht sich inhaltlich auf die unternehmensweite Informationsversorgung, Planung, Kontrolle und Koordination der qualitätsrelevanten Vorgänge (vgl. Jochem/Geers 2010, S. 31, sowie Abb. 6.8).

Durch einen Abgleich der im strategischen Qualitätscontrolling festgelegten Ziele mit den qualitätsbezogenen Kosten werden Wirtschaftlichkeitsbetrachtungen ermöglicht. Um diese Betrachtungen durchführen zu können, ist es zunächst notwendig, qualitätsbezogene Kosten sowie unternehmensspezifische Kennzahlen zu identifizieren. Mindestens die Kosten lassen sich aus dem internen Rechnungswesen ableiten. Die qualitätsbezogenen Kennzahlen sind in Form von Messgrößen abrufbar, die sich wiederum zu einem Kennzahlensystem zusammenführen lassen. Auf diese Weise können die in den Messgrößen enthaltenen Informationen gezielt verdichtet und für die Betrachter sinnvoll aufbereitet werden (vgl. Jochem/Geers 2010, S. 31 ff.).

Ein Grund für eine ungenügende Transparenz der Wirtschaftlichkeit von QM-Systemen ist der Einsatz herkömmlicher Kostenrechnungssysteme. Dem liegt ein sonst be-

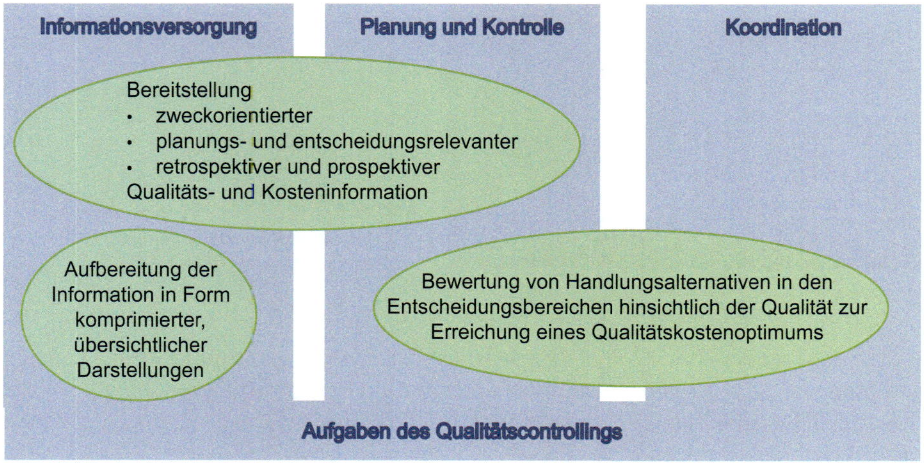

Abb. 6.8
Aufgaben des Qualitätscontrollings; angelehnt an (Eversheim 1997, S. 2 f.)

währtes Prinzip zugrunde: Nur was sich messen und bewerten lässt, kann zielgerichtet verbessert werden. Herkömmliche Kostenrechnungssysteme können wie folgt charakterisiert werden:

- Qualitätsbezogene Kosten werden weitgehend über prozentuale Zuschlagsätze in Gemeinkosten erfasst.
- keine verursachungsgerechte Kostenaufteilung
- Die Aussagefähigkeit der Kostenrechnung für qualitätsbezogene Planung, Kontrolle und Wirtschaftlichkeitsbetrachtung ist eingeschränkt.
- Aktive Kostenbeeinflussung ist daher nur bedingt möglich.

Als eine Lösung des Problems bietet sich hier die Prozesskostenrechnung an. Die Prozesskostenrechnung ist ein Kostenrechnungssystem auf Vollkostenbasis, wobei die Höhe der Kosten wesentlich von der Anzahl der zur Herstellung notwendigen Tätigkeiten (Prozesse) sowie von der Komplexität der angebotenen Produktvarianten bestimmt wird (vgl. Michel et al. 2004, S. 256). Dies wird der Zielsetzung von Kostensenkung und Prozessverbesserung im Rahmen von QM-Systemen eher gerecht. Die qualitätsbezogene Prozesskostenrechnung wird in folgenden Schritten durchgeführt (vgl. Bruhn 1998, S. 170):

1. Hypothesenaufstellung über qualitätsbezogene Hauptprozesse und Kostentreiber
2. Tätigkeitsanalyse zur qualitätsbezogenen Teilprozessermittlung
3. Qualitätsbezogene Kapazitäts- und Kostenzuordnung
4. Qualitätsbezogene Hauptprozessverdichtung

Qualitätsmanagement muss als eine „Investition" in die Zukunft verstanden werden und kann bezüglich seiner Wirksamkeit nicht nur nach kurzfristigen Effekten bewertet werden. Kurzfristig können Kennzahlen wie die Fehlerkostenintensität (Fehlerkosten/Umsatz) als Bewertungsmaßstab dienen. Es müssen jedoch auch mittel- und langfristige Kennzahlen wie die QM-Effizienz (Umsatz/QM-Aufwand), Nutzeneffizienz (Gewinnzuwachs/QM-Aufwand) oder Rückflussdauer (QM-Aufwand/Gewinnzuwachs) berücksichtigt werden, um die wirtschaftliche Wirksamkeit von QM-Maßnahmen und -Systemen bewerten zu können (vgl. Jacobi 2010, S. 26). Das Thema „Controlling" wird auch in Kapitel 13.6, 24.6 und 33.5 behandelt.

6.4.3 Reifegradmodelle als Bewertungsraster

Reifegradmodelle werden als das modellhafte, differenzierte Betrachten und qualitative Beurteilen von wesentlichen Aktivitäten eines Betrachtungsfeldes (z. B. Prozess) in einem Unternehmen definiert (vgl. Geers et al. 2010, S. 115). Sie werden dabei zur Bestimmung des Ist-Zustandes anhand festgelegter qualitativer Kriterien herangezogen (vgl. Giebel/Jochem 2010, S. 71). Damit eignen sie sich insbesondere dann für die Bewertung eines QM-Systems, wenn sich die Messung der qualitätsbezogenen Kosten sowie des Nutzens schwierig gestaltet. Ein bestimmter Reifegradlevel wird erst dann erreicht, wenn alle Kriterien der betreffenden und aller vorgelagerten Stufen nachweislich erfüllt werden (= sequenzieller Charakter; vgl. Geers et al. 2010, S. 115).

Erste Anwendungen von Reifegradmodellen basieren auf den Erkenntnissen von Juran und Crosby. Während Juran sich auf die Verbesserung und Steuerung des Qualitätsmanagements entlang des Produktlebenszyklus konzentrierte (vgl. Wagner/Dürr 2008, S. 8), lag der Fokus bei Crosby insbesondere auf der Generierung praktischer Hilfestellungen bei Entscheidungs- und Problemlösungsprozessen (vgl. Daniel 2008, S. 103 ff.).

Aktuelle Reifegradmodelle basieren auf Crosbys Ansatz und geben Entscheidungsträgern Hilfestellungen zur Weiterentwicklung ihrer Unternehmen. Die methodische Anwendung von Reifegradmodellen hat hier die Bestimmung

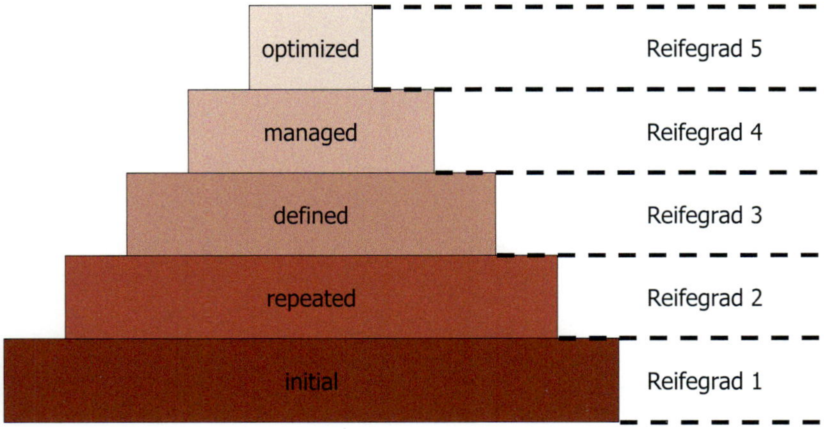

Abb. 6.9
Quality Maturity wissensintensiver Geschäftsprozesse: QmwiGP-Reifegradstufen; nach (Geers et al. 2010, S. 140)

der Prozessqualität und das Aufdecken von Stärken und Schwächen bzw. Verbesserungspotenzialen zum Ziel. Insbesondere in der Softwareentwicklung haben entsprechende Modelle mittlerweile Verbreitung gefunden (vgl. Geers et al. 2010, S. 113 ff.).

Bei der Anwendung wird das zu untersuchende Betrachtungsfeld in Teil- und Obergebiete gegliedert, die anhand bestimmter Anforderungen auf deren Erfüllungsgrad hin überprüft werden. Für die Informationssammlung im Rahmen der Überprüfung stehen drei wesentliche Methoden zur Verfügung: Fragebögen, Interviews und die Analyse relevanter Dokumente (vgl. Geers et al. 2010, S. 119). Anschließend werden die Ergebnisse der Teilgebiete zusammengefasst, woraus sich die Bewertung der Obergebiete ergibt. Aus deren Gesamtheit resultiert die Einordnung des Prozesses in einen der vordefinierten Reifegrade (vgl. Geers et al. 2010, S. 113 ff.).

6.5 Das Quality Effect Model on Value Added (QEMOVA)

Die Notwendigkeit, das Qualitätsmanagement einer Prüfung auf Mehrwert zu unterziehen und damit die Wirtschaftlichkeit von QM-Strukturen und -Aktivitäten zu bewerten, wird durch aktuelle Studien untermauert. Dieser Herausforderung stellt sich das QEMOVA (= Quality Effect Model on Value Added). Es beschreibt die verschiedenen Wirkmechanismen zur Wertsteigerung durch das Qualitätsmanagement und zeichnet ein konsistentes Vorgehenskonzept für dessen Einführung vor. Es verfolgt einen systematischen Ansatz und greift auf Ursache-Wirkungs-Geflechte im Sinne einer Sensitivitätsmatrix zurück, um eine Erfassung und Bewertung der Wirtschaftlichkeit von Qualitätsmanagementmethoden zu ermöglichen.

Das Vorgehensmodell besteht aus sieben Schritten und beschreibt einen Regelkreis im Sinne eines kontinuierlichen Verbesserungsprozesses (vgl. Giebel 2010, S. 142 ff.):

1. Analysebereich abgrenzen und beschreiben
2. Unternehmenswert und -erfolg definieren
3. Einflussfaktoren identifizieren
4. Wechselwirkungsmatrix aufstellen
5. Einflussportfolio und Wechselwirkungsnetzwerk generieren
6. Wirkkreisläufe und Wirkungen des Qualitätsmanagements analysieren (Abb. 6.10)
7. Maßnahmenplanung und -kontrolle durchführen

Ziel des QEMOVA ist eine Aufrechterhaltung des ständigen Verbesserungsprozesses. Es erzeugt Wissen über die Wirkungen von Qualitätsmanagementaktivitäten und -strukturen auf die Erfolgsziele einer Organisation und eignet sich daher besonders zur Maßnahmensteuerung. Die Anwendung des Modells im Rahmen einer Fallstudie lieferte gute Ergebnisse und untermauert so die praktische Relevanz des Modells (vgl. Giebel 2010, S. 218 ff.).

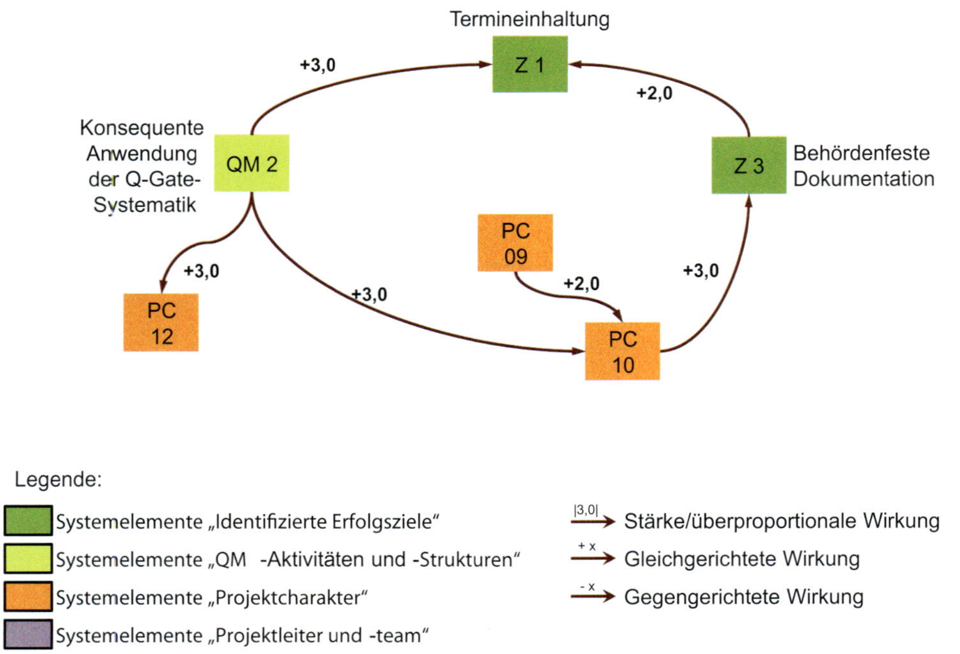

Abb. 6.10 Fallstudienergebnisse für die in Schritt 6 identifizierten Wirkungen zwischen Systemelementen; nach (Giebel 2010)

I

6.6 Studie 2013: Kosten und Nutzen des Qualitätsmanagements in deutschen Unternehmen

Qualitätscontrolling bedeutet die Messung von Kosten und Nutzen sowie die Errechnung der Wirtschaftlichkeit zur Beurteilung der Effektivität und Effizienz eines QM-Systems (siehe Kap. 6.4.1). Hierbei existieren methodisch und inhaltlich Unterschiede in der deutschen Unternehmenslandschaft, wie aus den dargestellten Ergebnissen einer aktuellen Studie des Fachgebiets Qualitätswissenschaft an der TU Berlin ersichtlich wird.

Die qualitätsbezogenen Kosten werden von einer Mehrzahl der Studienteilnehmer erfasst. Weniger als ein Drittel erfasst hingegen die Wirtschaftlichkeit (Abb. 6.11). Insgesamt lässt sich ein positiver Zusammenhang zwischen der Häufigkeit der Kostenerfassung und der Unternehmensgröße erkennen, was auf eine Zunahme des Qualitätscontrollings mit der Mitarbeiterzahl schließen lässt. 64 % der Unternehmen mit 10 bis 49 Mitarbeitern erfassen die Kosten, während dies bei Betrieben mit über 1000 Mitarbeitern zu 90 % der Fall ist.

Diese Tendenz ist ebenfalls bei der Erfassung des Nutzens zu erkennen (25 % und 40 %). Ein uneinheitliches Bild zeigt sich hingegen bei der Wirtschaftlichkeitserfassung, sodass hier keine Tendenz festgestellt werden kann.

Ein Blick auf die verwendeten Kostenkategorisierungen zeigt, dass eine vollständige Erfassung von Vermeidungs-, Prüf-, und Fehlerkosten (PAF) nur in 12 % der Unternehmen praktiziert wird. Nur 2,1 % verfolgen den wirkungsorientierten Ansatz. Die Mehrzahl der Unternehmen erfasst einzelne Kostenarten oder andere Kombinationen, die keinem der wissenschaftlichen Modelle folgen (Abb. 6.12).

Als häufigste Gründe für die Nicht-Erfassung qualitätsbezogener Kosten werden Probleme bei der Isolierung der Kosten von anderen Kostenarten, der mit der Datenerhebung verbundene Aufwand und die Isolierung der Kostenstellen genannt.

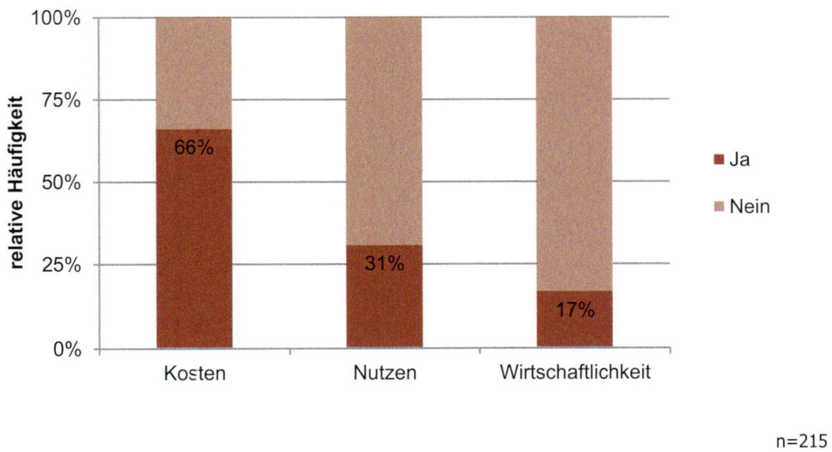

Abb. 6.11
Vergleich der Erfassungshäufigkeiten von Kosten, Nutzen und Wirtschaftlichkeit; nach (TU Berlin 2013)

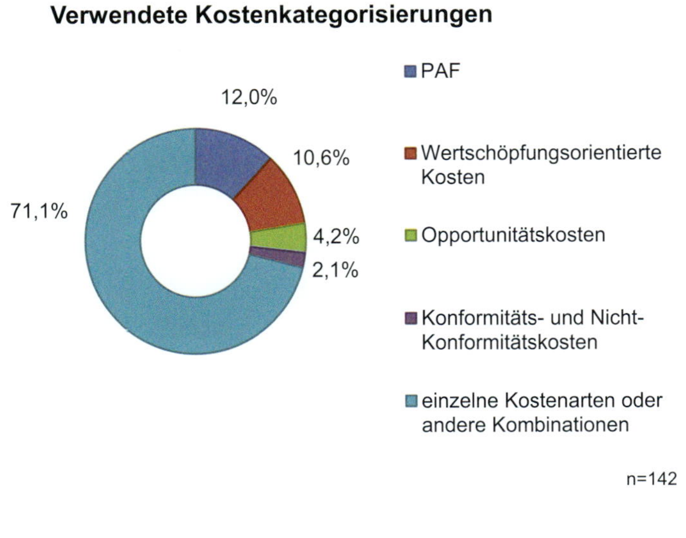

Abb. 6.12
In Unternehmen angewandte Kostenkategorisierungen; nach (TU Berlin 2013)

I

Literatur

Boekhoff, H.: Kältetod, premium. In: Süddeutsche Zeitung, Nr. 32 vom 08./09. 02. 2003

Bröckelmann, J.: Entscheidungsorientiertes Qualitätscontrolling. Ein ganzheitliches Instrument der Qualitätssicherung. Gabler Verlag/Deutscher Universitäts Verlag, Wiesbaden 1995

Bruhn, M.: Wirtschaftlichkeit des Qualitätsmanagements. Qualitätscontrolling für Dienstleistungen. Springer Verlag, Berlin 1998

Bruhn, M./Georgi, D.: Kosten und Nutzen des Qualitätsmanagements. Grundlagen, Methoden, Fallbeispiele. Carl Hanser Verlag, München 1999

Butz, H-J.: Total Quality Controlling. In: Kamiske, G. (Hrsg.): Effizienz und Qualität. Systematisch zum Erfolg. Symposion Publishing, Düsseldorf 2010

Crosby, P. B.: Quality is free. The art of making quality certain. McGraw-Hill, New York 1979

Daniel, K.: Managementprozesse und Performance. Ein Konzept zur reifegradbezogenen Verbesserung des Managementhandelns. Gabler Verlag, Wiesbaden 2008

DIN EN ISO 9004: Leiten und Lenken für den nachhaltigen Erfolg einer Organisation – Ein Qualitätsmanagementansatz. 2009

Eversheim, W.: Prozessorientiertes Qualitätscontrolling. Qualität messbar machen. Springer Verlag, Berlin 1997

Fleck, A.: Hybride Wettbewerbsstrategien. Zur Synthese von Kosten- und Differenzierungsvorteilen. Deutscher Universitäts Verlag, Wiesbaden 1995

Geers, D./Landgraf, K./Jochem, R.: Welchen Beitrag leisten Reifegradmodelle bei der Qualitätsbewertung von Prozessen? In: Jochem, R.: Was kostet Qualität? Wirtschaftlichkeit von Qualität ermitteln. Carl Hanser Verlag, München 2010

Giebel, M./Jochem, R.: Welche Methoden und Modelle zur Bewertung der Wirtschaftlichkeit von Qualität gibt es? In: Jochem, R.: Was kostet Qualität? Wirtschaftlichkeit von Qualität ermitteln. Carl Hanser Verlag, München 2010

Giebel, M.: Wertsteigerung durch Qualitätsmanagement. Dissertation. Universität Kassel, Kassel 2010

Gryna, F. M.: Quality and Costs. In: Juran, J. M./Godfrey, A. B. (Hrsg.): Juran's

quality handbook. 5. Auflage. McGraw Hill, New York 1999

Jacobi, H.-J.: Geschäftsprozesse monetär und nicht monetär bewerten. In: Kamiske, G.: Effizienz und Qualität. Systematisch zum Erfolg. Symposion Publishing, Düsseldorf 2010

Jochem, R./Geers, D.: Was versteht man unter Wirtschaftlichkeit von Qualität? In: Jochem, R.: Was kostet Qualität? Wirtschaftlichkeit von Qualität ermitteln. Carl Hanser Verlag, München 2010

Kamiske, G.: Qualitätsbezogene Kosten. In: Pfeifer, T./Schmitt, R. (Hrsg.): Masing Handbuch Qualitätsmanagement. 5. Auflage. Carl Hanser Verlag, München 2007

Masing, W.: Fehlleistungsaufwand. Qualität und Zuverlässigkeit – QZ, 33, Heft 1. 1988. S. 11 – 12

Michel, R./Torspecken, H.-D./Jandt, J.: Neuere Formen der Kostenrechnung mit Prozesskostenrechnung. Kostenrechnung 2. 5. Auflage. Carl Hanser Verlag, München 2004

Pfeifer, T.: Qualitätsmanagement. Strategien – Methoden – Techniken. 3. Auflage. Carl Hanser Verlag, München 2001

Rommel, G. et al.: Qualität gewinnt. Mit Hochleistungskultur und Kundennutzen an die Weltspitze. Schäffer-Poeschel, Stuttgart 1995

Sakurai, M.: Integratives Kostenmanagement. Stand und Entwicklungstendenzen des Controlling in Japan. Verlag Franz Vahlen, München 1997

Schneider, G./Geiger, I. K./Scheuring, J.: Prozess- und Qualitätskosten. Grundlagen der Prozessgestaltung und Qualitätsverbesserung mit zahlreichen Beispielen, Repetitionsfragen und Antworten. Compendio Bildungsmedien AG, Zürich 2008

Technische Universität Berlin – Fachgebiet Qualitätswissenschaft: Kosten und Nutzen des Qualitätsmanagements in deutschen Unternehmen – Eine empirische Analyse. Studie. Berlin 2013

Töpfer, A./Günther, S.: Steigerung des Unternehmenswertes durch Null-Fehler-Qualität als strategisches Ziel. Überblick und Einordnung der Beiträge. In Töpfer, A. (Hrsg.): Six Sigma. Konzeption und Erfolgsbeispiele für praktizierte Null-Fehler-Qualität. 4. Auflage. Springer Verlag, Berlin 2007

Wagner, K. W./Dürr, W.: Reifegrad nach ISO/IEC 15504 (SPiCE) ermitteln. Carl Hanser Verlag, München 2008

Wildemann, H.: Kosten und Leistungsverteilung von Qualitätssicherungssystemen. In: Zeitschrift für Betriebswirtschaft, 62, Nr. 7, 1992. S. 762 – 782

Wildemann, H.: Qualitätscontrolling. Leitfaden zur qualitätsgerechten Planung und Steuerung von Geschäftsprozessen. 16. Auflage. TCW Transfer-Centrum GmbH & Co. KG, München 2010

Qualitätsmanagement und Normung

7.1 Einführung 106

7.2 Die Bedeutung der Begriffsnormung zum Qualitätsmanagement 107

7.3 Aufgaben der Normung: Beiträge zu Qualitätsmanagement, Qualitätssicherung und Qualitätsverbesserung 108

7.4 Die Arten von Normen und ihre Beziehung zum Qualitätsmanagement 109

7.5 Fachübergreifende Normen zu Qualitätsmanagement, Statistik und Zertifizierungsgrundlagen 110

7.6 Die Bedeutung der Normen über Qualitätsmanagementsysteme in der Europäischen Union 112

7.7 Rechtliche Aspekte 114

7.8 Ausblick 114

7.9 Anhang 115

7 Qualitätsmanagement und Normung

Jürgen Jacob

Normung – nicht nur die auf Qualitätsmanagement bezogene – soll die Rationalisierung und die Qualitätssicherung in Wirtschaft, Technik, Wissenschaft und Verwaltung fördern und der Sicherheit von Menschen und Sachen sowie der Qualitätsverbesserung in allen Lebensbereichen dienen.

Eine einheitliche, genormte Fachsprache des Qualitätsmanagements erleichtert das Gespräch sowohl zwischen den verschiedenen Betriebsbereichen innerhalb einer Organisation als auch zwischen einer Organisation und ihren Kunden und anderen interessierten Parteien.

Unmittelbar oder mittelbar hat ein großer Teil aller Normen mit dem Thema Qualität und Qualitätsmanagement zu tun:

- Jede Produktnorm enthält Einzelanforderungen als Bestandteile der Qualitätsanforderung an das betreffende Produkt.
- Jede Verfahrensnorm enthält Einzelanforderungen als Bestandteile der Qualitätsanforderung an die betreffende Tätigkeit, das betreffende Verfahren oder den betreffenden Prozess.
- Viele Verfahrensnormen (z. B. die produkt- oder fachspezifischen Mess- und Prüfnormen oder die fachübergreifenden Normen z. B. über statistische Verfahren und über Management-Praktiken oder -Systeme) dienen unmittelbar dem Qualitätsmanagement einer Organisation.
- Zahlreiche fachübergreifende Verständigungsnormen betreffen direkt das Qualitätsmanagement und stellen notwendige Bindeglieder zwischen Fachsprachen dar.

Das wesentliche Ergebnis der Qualitätsmanagement-Normung sind die Normen der sogenannten ISO-9000-Familie zu Qualitätsmanagement und Qualitätsmanagementsystemen. Der Weg zu den heute gültigen Normen und ein Ausblick auf die weitere Entwicklung der Qualitätsmanagement-Normung werden aufgezeigt. Speziell bei den Normen ISO 9000, ISO 9001 und ISO 9004 ist nach den Planungen im ISO/TC 176 davon auszugehen, dass diese Normen im Laufe des Jahres 2015 in überarbeiteter Fassung veröffentlicht werden.

Auch in der Europäischen Union haben die Normen über Qualitätsmanagementsysteme eine nicht unbeachtliche Bedeutung:

Bei einigen EG-Richtlinien hat der Hersteller die Möglichkeit, bzw. die Pflicht, im Rahmen des Konformitätsbewertungsverfahrens, das er zur Erlangung der CE-Kennzeichnung durchlaufen muss, gegenüber einer zugelassenen Stelle nachzuweisen, dass sein QM-System die Anforderungen von EN ISO 9001 erfüllt.

Im umfangreichen Anhang dieses Beitrags (Kap. 7.9) werden Normen und Norm-Entwürfe in folgender Ordnung aufgeführt:

A. Normen zu Qualitätsmanagement;

B. Normen zu Qualitätsmanagement und Audit, historische Dokumente;

C. Normen zu Audit, Konformitätsbewertung und Zertifizierung;

D. Normen zu Statistik;

E. Normen zu verwandten Gebieten.

Dieser Beitrag wurde ursprünglich im Wesentlichen von Dr.-Ing. Klaus Petrick, Berlin, erarbeitet, und für die fünfte und die vorliegende Auflage von Jürgen Jacob, Groß-Umstadt, aktualisiert und überarbeitet.

I

7.1 Einführung

Überall, wo es um Anforderungen an die Beschaffenheit von materiellen oder immateriellen Produkten (Dienstleistungen, Software, verfahrenstechnische Produkte, Hardware oder eine Kombination daraus) oder wo es um Anforderungen an die Beschaffenheit von Tätigkeiten oder von Personen und Organisationen geht und wo die Frage der Erfüllung oder Nichterfüllung dieser Anforderungen eine Rolle spielt, ist das Thema Qualität und Qualitätsmanagement angesprochen.
Nun wollen wir hier nur jenes Wirken des Menschen mit seinen Resultaten in das „Korsett" des Themas „Qualitätsmanagement und Normung" stecken, das im Geltungsbereich der Normung zu beobachten ist. Anfangs soll allerdings anhand zweier allgemeiner Beispiele gezeigt werden, wie sich zahlreiche Alltagssituationen durch eine Qualitätsbetrachtung behandeln lassen. Die Beispiele sind die folgenden zwei einfachen Aussagen aus dem täglichen Sprachgebrauch:

- „Der Junge ist schlecht erzogen."
- „Das Fahrrad war hervorragend."

Diese zwei Aussagen spiegeln komplexe Sachverhalte etwa in folgender Art wider: Der Betrachter geht bei dem Urteil über den Jungen intuitiv von seinen Wertvorstellungen ethischer, kultureller, religiöser oder politischer Art aus und er stellt vielfältige Anforderungen an das Ergebnis einer Erziehung des Kindes des betreffenden Bildungsniveaus. Er beobachtet das Kind und kommt zu einem Beobachtungsergebnis. Dieses Ergebnis ist möglicherweise vom Bemühen um hohe Neutralität geprägt. Trotzdem enthält es systematische, subjektive und zufallsbedingte Verzerrungen und es umfasst mangels ausreichender Beobachtungsmöglichkeiten nicht alle Aspekte, die für ein vollständiges Urteil nötig wären. Der Betrachter vergleicht das ermittelte Beobachtungsergebnis nun mit der gestellten Gesamtforderung. Obwohl der Junge einigen Einzelanforderungen genügt, stellt der Betrachter fest, dass einige wichtige Einzelanforderungen nicht erfüllt werden und er somit zu einem Gesamturteil „schlecht erzogen" kommt. Zehn Jahre später mögen sich die allgemeinen Wertvorstellungen und damit seine Anforderungen geändert haben, sodass er einen ähnlich erzogenen Jungen eher positiv beurteilen würde. Wegen der somit starken gesellschaftlichen Färbung einer Erziehungsanforderung und eines festgestellten Erziehungszustandes dürften die Urteile verschiedener Beobachter große Unterschiede aufweisen.
Ähnlich lässt sich das ursprüngliche Urteil über das hervorragende Fahrrad behandeln. Der Betrachter geht hier nicht von kulturellen oder politischen Wertvorstellungen aus wie im ersten Beispiel; er legt den ihm bekannten Stand der Technik zugrunde. Vielleicht weiß er aus technischer Literatur, welche Leistungen ein Fahrrad der gewählten Ausstattungsklasse erbringt. Entsprechend sind seine Einzelanforderungen z. B. an Gewicht, Tragvermögen, erreichbare Geschwindigkeit usw. Nach Prüfung des Fahrrads bei einer Probefahrt stellt er, eine gewisse Unsicherheit seiner Einzelergebnisse in Betracht ziehend, die Erfüllung der Gesamtanforderung an die Beschaffenheit des Fahrrads in allen Einzelheiten fest und urteilt „hervorragend". Möglicherweise revidiert er sein Urteil später noch während der Gewährleistungsdauer, nachdem er feststellen musste, dass einige bei der Probefahrt unprüfbare Merkmale hinsichtlich Zuverlässigkeit nicht in ausreichender Weise seinen Anforderungen und den Versprechungen des Verkäufers genügen. Er macht den Fahrradlieferanten haftbar und versucht, seinen Anspruch gerichtlich durchzusetzen. Der Hersteller oder Lieferer bezieht sich aber auf sein Angebot und die darin enthaltenen Beurteilungskriterien. Er hat eine andere Qualitätsanforderung an das Fahrrad im Sinn. Möglicherweise beurteilt er sie zudem anders.
Dass es sich bei den beiden Beispielen um die Themen Qualität und Qualitätsmanagement handelt, wird nun durch die folgenden Begriffe aus der Normung erläutert, deren Benennungen jeweils kursiv gesetzt sind:

- Das immaterielle Produkt „Erziehungsergebnis" des Jungen bzw. das materielle *Produkt* „Fahrrad" stellt die *Einheit* der Betrachtung, also das „Objekt", dar.
- Das erforderliche Bildungsniveau des Kindes bzw. die gewünschte Ausstattung des Fahrrads bestimmen die *Anspruchsklasse*.
- Alle unter Berücksichtigung der Anspruchsklasse an die *Merkmale* und deren *Merkmalswerte* (also an die Beschaffenheit) gestellten Einzelanforderungen an das Erziehungsergebnis bzw. an das Fahrrad machen die *Anforderung* bezüglich der Beschaffenheit aus (die sogenannte Qualitätsanforderung, die z. B. von den Anforderung bezüglich der Kosten und des Liefertermins für ein Produkt zu unterscheiden ist).
- Das Urteil über das Erziehungsergebnis des Jungen bzw. das Urteil über die Beschaffenheit des Fahrrads betrifft die *Qualität*, nämlich den Grad, in der die (realisierte) Beschaffenheit der Einheit, die Anforderungen erfüllt. Urteile über die Qualität können z. B. das Ergebnis „sehr schlecht" bis „sehr gut" haben (Qualität hat – zumindest in der Fachsprache – einen neutralen und nicht einen nur positiven Begriffsinhalt).
- Das mit *systematischen* und *zufälligen Ergebnisabweichungen* vom *wahren Wert* oder *(konventionell) richtigen Wert* behaftete *Ermittlungsergebnis* für das Erziehungsergebnis aufgrund des Verhaltens des Kindes bzw. für

das Fahrrad aufgrund einer Probefahrt ist jeweils das Ergebnis der Anwendung eines Ermittlungs-/Messverfahrens im Rahmen einer *Qualitätsprüfung* (oft als *Stichprobenprüfung* ausgeführt) mit seiner *Ergebnis-* bzw. *Messunsicherheit*.

- Jede Nichterfüllung einer einzelnen Anforderung (aber nicht etwa jede *Abweichung* von einem *Bezugswert* schlechthin) ist ein *Fehler*, in manchen Zusammenhängen auch *Nichtkonformität* genannt. Ein Fehler (im Beispiel ein nicht zuverlässig arbeitendes Fahrradteil) kann – sofern es ein rechtserheblicher Fehler, also ein *Mangel*, ist, gegebenenfalls Rechtsfolgen verursachen.
- Die Maßnahmen der Erzieher oder der Aufsichtspersonen zur *Prüfung* und Überwachung des Erziehungsergebnisses während der Erziehung des Jungen bzw. die Maßnahmen des Herstellers zur Prüfung und Überwachung während der Entwicklung und der Herstellung von Fahrrädern gehören zum *Qualitätsmanagement*. Dies umfasst die Gesamtheit der Tätigkeiten mit dem Ziel, die Qualitätsanforderung zu erfüllen (normgemäß: Qualitätsmanagement QM – aufeinander abgestimmte Tätigkeiten zum Leiten und Lenken einer Organisation bezüglich Qualität).

Die Beispiele zeigen: Nahezu jegliche vom Menschen geplanten, also zielgerichteten (d. h. mit Anforderungen verbundenen) Tätigkeiten und Ergebnisse sind mittels klarer Begriffe mit eindeutigen Benennungen und Definitionen einer Betrachtung bezüglich Qualität und Qualitätsmanagement zugänglich. Durch Abstraktion und Festlegung in Normen (technische Normen, Rechtsnormen) wird eine notwendige Verständigungsgrundlage über die Fachgebiete und Branchen hinweg geschaffen, auf der universell anwendbare Einheiten (Produkte, Prozesse, Systeme usw.) beschrieben und festgelegt werden können.

7.2 Die Bedeutung der Begriffsnormung zum Qualitätsmanagement

Zur Erinnerung sei an dieser Stelle noch einmal darauf hingewiesen: Der Oberbegriff über alle qualitätsbezogenen Tätigkeiten heißt seit DIN EN ISO 9000:2000 *Qualitätsmanagement* und nicht mehr, wie in Deutschland bis in die 90er Jahre üblich, *Qualitätssicherung*. Letztere umfasst im Schwerpunkt nur (noch) die Tätigkeiten zur Erzeugung von Vertrauen, dass Qualitätsanforderungen erfüllt werden.

Die Terminologienormung und hier die im Vordergrund stehende Norm DIN EN ISO 9000 sowie die Normen der Reihe DIN 55350 über Begriffe zu Qualitätsmanagement und Statistik, aber auch andere terminologische Grundnormen, z. B. über Messtechnik und über Einheiten und Formelgrößen, stellen in vielfacher Hinsicht ein wichtiges Arbeitsmittel und Koordinationselement dar:

- Fachgebiete wie Maschinenbau, Elektrotechnik, Lebensmitteltechnologie, Chemie, Akustik, Abfallwirtschaft usw., die sich historisch unterschiedlich entwickelt haben, auch bezüglich der zugehörigen Fachsprachen, wachsen technologisch und aufgrund der zunehmenden Komplexität der Produkte immer dichter zusammen. An den Nahtstellen muss man sich problemlos verständigen können, besonders im Hinblick auf Qualität; so sollte z. B. der Begriff „Fehler" in der Softwaretechnik genauso wie in der Feinmechanik und beim Qualitätsmanagement definiert und verstanden werden.
- Die genormten Begriffe des Qualitätsmanagements sind aber auch in einer Organisation ein wichtiges Bindeglied zwischen den verschiedenen Betriebsbereichen wie Entwicklung, Konstruktion, Fertigung, Marketing, Verkauf und Kundendienst, in denen die Mitarbeiter teils gewohnt sind, mit komplizierten Fachbegriffen umzugehen, teils aber auch gewohnt sind, nur umgangssprachliche Verständigung oder „Werkstatt-Jargon" ohne klar durchschaubare und voneinander abgrenzbare Begriffsdefinitionen zu verwenden.
- Die einheitliche Terminologie des Qualitätsmanagements erleichtert das Gespräch zwischen einer Organisation und ihren Kunden beim Ausformen der Qualitätsanforderung und der Prozesse, einschließlich Prüfverfahren und (gegebenenfalls statistischer) Annahmekriterien.
- Eine gute Verständigung ist nicht nur innerhalb der Wirtschaft nötig, wo es um die Qualität der Prozesse und Produkte als Angebotsprodukte (einschließlich angebotener Dienstleistungen) und als Nebenprodukte (einschließlich Abfall, Emissionen usw.) geht, sondern auch zwischen der Wirtschaft und dem Staat als Gesetzgeber und Rechtsprecher. Die vom Staat zu setzenden Rahmenbedingungen für materielle und immaterielle Produkte müssen von großer Allgemeinheit sein, um alle Fälle abdecken zu können. Sie müssen für den speziellen Fall eindeutig auslegbar sein. Die genormte Terminologie des Qualitätsmanagements bildet hier ein unentbehrliches Werkzeug, indem z. B. staatliche Anforderungen an Produkte einen Teil der Qualitätsanforderung an diese darstellen und auch als solche erkannt werden, wobei die Erfüllung oder Nichterfüllung der Anforderungen sowohl technisch als auch rechtlich relevant ist. Dieser Gesichtspunkt wird umso bedeutender, je komplexer die Produkte (Güter und Dienstleistungen, Abfälle, Emissionen usw.) und je größer ihre Auswirkungen werden.

I

7.3 Aufgaben der Normung: Beiträge zu Qualitätsmanagement, Qualitätssicherung und Qualitätsverbesserung

Bereits in DIN 820-1:1994-04 hieß es:

> „Normung ist die planmäßige, durch die interessierten Kreise gemeinschaftlich durchgeführte Vereinheitlichung von materiellen und immateriellen Gegenständen zum Nutzen der Allgemeinheit. Sie darf nicht zu einem wirtschaftlichen Sondervorteil Einzelner führen. Sie fördert die Rationalisierung und die Qualitätssicherung in Wirtschaft, Technik, Wissenschaft und Verwaltung. Sie dient der Sicherheit von Menschen und Sachen sowie der Qualitätsverbesserung in allen Lebensbereichen.
>
> Sie dient außerdem einer sinnvollen Ordnung und der Information auf dem jeweiligen Normungsgebiet.
>
> Die Normung wird auf nationaler, regionaler und internationaler Ebene durchgeführt."

Die überbetriebliche Normung ist in der Bundesrepublik Deutschland eine Aufgabe der Selbstverwaltung der Wirtschaft unter Einschluss der interessierten behördlichen Stellen. Das Deutsche Institut für Normung e. V. (DIN) ist der „runde Tisch", um den sich Wirtschaft, Wissenschaft und Staat sowie jedermann, der ein Interesse an der Normungsarbeit hat, zusammensetzen, um den Stand der Technik des betrachteten Normungsgegenstandes zu ermitteln und in Deutschen Normen festzulegen.

Wie aus den oben zitierten Grundsätzen hervorgeht, dient die Normung neben Qualitätsmanagement und Rationalisierung sowie Qualitätssicherung in Wirtschaft, Technik, Wissenschaft und Verwaltung auch der Qualitätsverbesserung in allen Lebensbereichen des Menschen. Diese Begriffe weisen darauf hin, dass die technische Normung ein integrierter Bestandteil der bestehenden Wirtschafts-, Sozial- und Rechtsordnung ist und den Zielen der Gesellschaft dient. Insofern ist die Normung durchaus nicht unpolitisch. Sie bewegt sich jedoch in einer technisch-methodischen Welt, deren Rahmen durch die Normen des Rechts und der Ethik sowie durch die Naturgesetze gegeben ist, in der die anstehenden Probleme jedoch weitgehend als Sachprobleme erkannt und Sachlösungen gefunden werden können. Eine gut funktionierende technische Normung kann als technisch-wirtschaftlicher Optimierungsprozess betrachtet werden. An zahlreichen Normen lässt sich erkennen, dass das Normungsverfahren, eine nach demokratischen Prinzipien ablaufende Vereinheitlichungsarbeit durch Fachleute aus den interessierten Kreisen, sachgerechte Lösungen liefern kann. Die Stärke der Normung liegt auch in ihrer Möglichkeit, dem technischen Fortschritt in angemessener Zeit folgen zu können und mit den erarbeiteten Lösungen den Stand der Technik selbst darzustellen.

Die wesentlichen Einzelanforderungen im Rahmen der Qualitätsanforderung an die Normungstätigkeiten und der Qualitätsanforderung an die Normungsergebnisse sind:

- *Freiwilligkeit*: Die Mitarbeit soll freiwillig sein, die Arbeitsergebnisse sollen Empfehlungen für Wirtschaft, Technik, Wissenschaft und Verwaltung sein und lediglich aufgrund sachlicher Kompetenz wirken.
- *Öffentlichkeit*: Alle Normungsvorhaben und Entwürfe zu DIN-Normen sollen öffentlich bekannt gemacht, Kritiker zum Beitrag von Verbesserungsvorschlägen an den Verhandlungstisch gebeten werden.
- *Beteiligung aller interessierten Kreise*: Jedermann soll mitwirken können, wobei der Staat ein wichtiger Partner ist, nicht weniger, nicht mehr.
- *Einheitlichkeit und Widerspruchsfreiheit*: Das Deutsche Normenwerk soll in allen technischen Disziplinen einheitlich und widerspruchsfrei sein.
- *Sachbezogenheit*: DIN-Normen sollen im Rahmen der naturwissenschaftlichen Erkenntnisse den Stand der Technik widerspiegeln.
- *Ausrichtung an den wirtschaftlichen Gegebenheiten*: Jede Normensetzung soll auf ihre wirtschaftlichen Wirkungen hin untersucht werden. Es soll nur das unbedingt Notwendige geformt werden. Normung soll kein Selbstzweck sein.
- *Ausrichtung am allgemeinen Nutzen*: Ausgehend von naturwissenschaftlichen Erkenntnissen haben DIN-Normen gesamtgesellschaftliche Ziele einzubeziehen. Es gibt keine wertfreie Normung. Der Nutzen für alle ist ihr Ziel. Sie darf nicht zu einem wirtschaftlichen Sondervorteil Einzelner führen.
- *Internationalität*: Das DIN soll sich an einem von technischen Handelshemmnissen freien Welthandel orientieren.
- *Konsens*: Das DIN bzw. seine Arbeitsausschüsse sollen bei Entscheidungen versuchen, Konsens der beteiligten interessierten Kreise zu erlangen.

Die internationalen und europäischen Normen beseitigen Handelshemmnisse und fördern den Welthandel. Sie sind deshalb für ein außenhandelsorientiertes Land wie die Bundesrepublik Deutschland besonders wichtig. Die Normenwerke der hoch entwickelten Industrieländer sind eine jedem Einzelnen leicht zugängliche Informationsquelle über den Stand der Technik. Sie stellen ein wesentliches Hilfsmittel des weltweiten Technologietransfers dar. Sie dienen damit auch der wirtschaftlichen Zusammenarbeit mit Entwicklungsländern.

Normen sind die Voraussetzung für die Lösung vieler technischer und wirtschaftlicher Aufgaben; sie stellen ein eindeutiges Verständigungsmittel für alle Partner des Wirtschaftslebens dar. Viele Schutzfunktionen (Arbeitsschutz, Umweltschutz, Verbraucherschutz usw.) wären ohne Normung kaum möglich.

Genormte Konstruktions- und Bauelemente beschleunigen und verbilligen die Einführung neuer technischer wissenschaftlicher Erkenntnisse in die Praxis. Genormte Begriffe, genormte Anforderungen und genormte Mess- und Prüfverfahren sowie Normen zu Managementpraktiken steigern im eigenen Bereich und im Austausch mit Partnern die Wirtschaftlichkeit. Das gilt im nationalen, im europäischen und im weltweiten Wirtschaftsverkehr.

7.4 Die Arten von Normen und ihre Beziehung zum Qualitätsmanagement

Die Ergebnisse der Normungsarbeit sind bisher etwa 37 000 DIN-Normen und DIN-Normentwürfe, etwa 27 000 internationale Normen und Normentwürfe von ISO (International Organization for Standardization) und IEC (International Electrotechnical Commission) sowie über 21 000 europäische Normen und Normentwürfe von CEN/CENELEC (Comité Européenne de Normalisation/Comité Européenne de Normalisation Electrotechnique) und ETSI (European Telecommunications Standards Institute) einschließlich der Harmonisierungsdokumente.

Was eine Norm ist, ergibt sich aus der Definition des Begriffs Norm in DIN EN 45020: „Dokument, das mit Konsens erstellt und von einer anerkannten Institution angenommen wurde und das für die allgemeine und wiederkehrende Anwendung Regeln, Leitlinien oder Merkmale für Tätigkeiten oder deren Ergebnisse festlegt (...).“

Die nationalen, europäischen und internationalen Normen können nach dem Inhalt der Norm in folgende drei Hauptkategorien eingestuft werden, wobei es auch Kombinationen gibt:

- *Verständigungsnormen* mit Festlegungen zu Begriffen, Zeichen, Systemen
- *Verfahrensnormen* mit Festlegungen zu Abläufen sowie zu Merkmalen und Merkmalswerten für Tätigkeiten/Verfahren/Prozesse zur Anwendung in der Planung, Realisierung und Nutzung von Einheiten oder zu deren Prüfung
- *Produktnormen* mit Festlegungen zu Merkmalen und Merkmalswerten für materielle Produkte (Hardware und verfahrenstechnische Produkte) oder immaterielle Produkte (Dienstleistungen und Software) in Form von Sortenbeschreibungen und von ausgewählten Beschaffenheitsanforderungen, d.h. von Einzelanforderungen im Rahmen von Qualitätsanforderungen. Im Vordergrund stehen dabei spezielle Qualitätsmerkmale wie Kompatibilität, Sicherheit, Instandhaltbarkeit, Umweltschutz usw.

Unmittelbar oder mittelbar hat ein großer Teil aller Normen mit dem Thema Qualität und Qualitätsmanagement zu tun:

- Jede Produktnorm enthält Einzelanforderungen als Bestandteile der Qualitätsanforderung an das betreffende Produkt.
- Jede Verfahrensnorm enthält Einzelanforderungen als Bestandteile der Qualitätsanforderung an die betreffende Tätigkeit, das betreffende Verfahren oder den betreffenden Prozess.
- Viele Verfahrensnormen (z.B. die produkt- oder fachspezifischen Mess- und Prüfnormen oder die fachübergreifenden Normen z.B. über statistische Verfahren und über Managementpraktiken oder -systeme) dienen unmittelbar dem Qualitätsmanagement einer Organisation.
- Zahlreiche fachübergreifende Verständigungsnormen betreffen direkt das Qualitätsmanagement und stellen notwendige Bindeglieder zwischen Fachsprachen dar.

Die oben genannten, in Normen festgelegten Einzelanforderungen an eine Einheit sind ein Bestandteil der gesamten Qualitätsanforderung an die betreffende Einheit. Andere Einzelanforderungen können anderweitig festgelegt sein, z.B. in

- Vorschriften (gesetzlichen Regelungen, Verordnungen, Verwaltungsvorschriften), Lieferverträgen bzw. Spezifikationen des Abnehmers
- firmeninternen Festlegungen in Umsetzung der Kundenerwartungen und in Umsetzung der eigenen Qualitätspolitik unter Einschluss oder besonderer Ausweisung der Umweltpolitik und Arbeitssicherheitspolitik

Hierbei sind Verweisungen auf technische Normen möglich, z.B. in Verträgen, internen Spezifikationen oder in Vorschriften.

Einzelanforderungen an die Einheit können jedoch auch vorausgesetzt sein, ohne als solche ausdrücklich identifizierbar zu sein, z.B.

- als Markterfordernisse
- als Erfordernisse aufgrund ethischer, kultureller oder religiöser Normen

- als sich aus dem jeweiligen Zusammenhang ergebende Selbstverständlichkeiten.

So achtet ein Hersteller von Produkten bei Vertrieb/Marketing und bei der Entwicklung und Konstruktion darauf, dass er alle Einzelanforderungen beachtet und ihre Gesamtheit als Qualitätsanforderung Schritt für Schritt weiterentwickelt und konkretisiert, bis sie als Realisierungsspezifikation freigegeben wird. Er wird sich, soweit zweckmäßig, bei der Entwicklung und Herstellung, bei den Qualitätsprüfungen, bei Verpackung und Lagerung, bei Betrieb und Instandhaltung unter Anwendung seiner eigenen Technologie an genormte Verfahren der einzelnen Fachgebiete halten, so wie er gegebenenfalls auch staatlich vorgeschriebene oder von ihm selbst oder seinen Kunden festgelegte Verfahren beachtet.

7.5 Fachübergreifende Normen zu Qualitätsmanagement, Statistik und Zertifizierungsgrundlagen

Vom DIN und von den internationalen Normungsorganisationen wurden, besonders in den letzten 30 Jahren, zahlreiche fachübergreifende Normen zum Thema Qualitätsmanagement und zu dem mit diesem Thema eng verbundenen Gebiet der technischen Statistik erarbeitet.
Im DIN liegt der Schwerpunkt dieser fachübergreifenden Normung beim NA 147 Normenausschuss Qualitätsmanagement, Statistik und Zertifizierungsgrundlagen (NQSZ) mit seinen Arbeits- und Unterausschüssen. Teilgebiete oder verwandte Bereiche werden auch in anderen Normenausschüssen behandelt, z. B. das Gebiet Zuverlässigkeit in der Deutschen Kommission Elektrotechnik Elektronik Informationstechnik im DIN und VDE (DKE), messtechnische Grundlagennormen im Normenausschuss Technische Grundlagen (NATG) und sensorisch-statistische Prüfverfahren im Normenausschuss Lebensmittel und landwirtschaftliche Produkte (NAL).
Die entsprechende internationale Normung wird vor allem in den folgenden Technischen Komitees (TC) der International Organization for Standardization (ISO) und der International Electrotechnical Commission (IEC) durchgeführt:

- ISO/TC 69 „Application of Statistical Methods“
- ISO/TC 176 „Quality Management and Quality Assurance“
- IEC/TC 56 „Dependability“

In der Vergangenheit ist oft gefragt worden, ob es notwendig ist, auf all den angeführten Gebieten über Begriffsnormen hinaus Normen zu erarbeiten, wenn doch die meisten Verfahren in Lehrbüchern nachgeschlagen werden können. Auch wurde die Meinung vertreten, dass sich jede Branche oder jedes Fachgebiet um eine eigene Normung der jeweils benötigten Verfahren zu Qualitätsmanagement und Statistik kümmern könne, dass also eine allgemeine fachübergreifende Normung zu diesen Themen entbehrlich sei. Die folgenden Argumente aber belegen die Notwendigkeit und Zweckmäßigkeit einer fachübergreifenden Normung besonders in der Bundesrepublik Deutschland:

- Es gibt in der Bundesrepublik Deutschland eine Wissenschaftsdisziplin Qualitätslehre, die sich erst in den letzten Jahren langsam entwickelt hat. Auch gibt es auf den deutschen Hochschulen oftmals nur eine sehr unterentwickelte Ausbildung auf dem Gebiet der technischen Statistik. Hier ist die Normung gefordert, mit Verständigungs- und Verfahrensnormen eine Lücke zu schließen.
- Verfahren zu Qualitätsmanagement und Statistik können in nahezu allen Fachgebieten verwendet werden. Eine einheitliche Terminologie und genormte Verfahren in anwendungsfreundlicher Darstellung bieten enorme Rationalisierungsmöglichkeiten in allen Fachbereichen. Dazu wird in den Anwendungsnormen auf die genormten grundlegenden Verfahren verwiesen und auf eine eigene, vielfach wiederholte Darstellung verzichtet. Unzweckmäßige Branchengewohnheiten und -jargons können damit abgebaut werden. Damit steigt auch das Verständnis der Fachexperten für die Probleme in Nachbargebieten bei ähnlich gelagerten Fällen und im Handelsverkehr.
- Das Zusammenwachsen der Wissenschaftsdisziplinen, der technischen Fachgebiete und der Managementgebiete erhöht die Notwendigkeit einer sinnvollen Koordinierung. Diese kann nur geleistet werden, wenn die fachübergreifenden Probleme auch mit einer fachübergreifenden Terminologie und mit fachübergreifenden Verfahren behandelt werden.

Das wesentliche Ergebnis der Qualitätsmanagementnormung sind die Normen der sogenannten ISO-9000-Familie zu Qualitätsmanagement und Qualitätsmanagementsystemen. Zur ISO-9000-Familie werden alle Normen und sonstigen normativen Dokumente wie ISO Technical Specifications (ISO/TS), die vom ISO/TC 176 herausgegeben werden, gezählt – unabhängig von der jeweiligen Nummer der Norm. Die Erstausgaben von ISO 9000, ISO 9001, ISO 9002, ISO 9003 und ISO 9004 erschienen 1987, ein Jahr nachdem mit ISO 8402 die zugehörige Begriffsnorm veröffentlicht wurde (siehe Anhang B).
1990 wurden die Normen ISO 9000, ISO 9001, ISO 9002,

ISO 9003 und ISO 9004 von CEN als Europäische Normen EN 29000 bis EN 29004 (heute: EN ISO 9000 usw.) übernommen und als solche dann in die nationalen Normenwerke aufgenommen. (siehe Anhang B)

Im Jahr 1994 wurden die Kernnormen der ISO-9000-Familie ISO 9000-1, ISO 9001, ISO 9002, ISO 9003 und ISO 9004-1 als Ergebnis der sogenannten Phase-1-Revision veröffentlicht. ISO 9000-1 stellte eine komplette Revision von ISO 9000 dar. Mit dieser Norm wurde auf die nächste, umfassendere Überarbeitung der gesamten ISO-9000-Familie vorbereitet. Die anderen vier Normen waren dagegen weniger stark geänderte Fassungen der ursprünglichen Normen. Die Abschnittsstrukturen von ISO 9002 und ISO 9003 wurden an diejenige von ISO 9001 angepasst. In ISO 9002 wurde das QM-Element „Wartung" aufgenommen und ISO 9003 wurde erheblich erweitert. In ISO 9004-1 wurde das QM-Element „Qualitätsverbesserung" aufgenommen (siehe Anhang B).

Die Phase-2-Revision der ISO-9000-Familie orientierte sich an der Strategie ‚Vision 2000" des ISO/TC 176 (siehe DIN-Mitteilungen 70, 1991, Nr. 6, S.344 bis 351):

- Kontinuität, d. h. Vermeidung eines Bruchs mit den bisherigen Normen
- Erfassen, Verstehen und Umsetzen der Erwartungen der Normanwender aller Branchen
- Vermeidung der Ausuferung der Normung durch Vermeidung von Interpretationen für einzelne Produktarten und selbst allmähliches Zurückdrängen der Orientierung an den vier Produktkategorien Hardware, Software, verfahrenstechnische Produkte und Dienstleistungen durch Einarbeitung von ISO 9000-3, ISO 9004-2 und ISO 9004-3 in ISO 9001 und ISO 9004
- Herausstellen der vier Kernnormen ISO 9000, ISO 9001, ISO 9004 und – als Leitfaden für das Audit von Qualitätsssicherungssystemen – ISO 10011 (siehe Anhang B)
- Einarbeitung von ISO 8402 in ISO 9000
- Wegfall von ISO 9002 und ISO 9003 (deren Inhalt Teilmengen von ISO 9001 waren)
- Abgehen von der reinen Kundenorientierung und – besonders in ISO 9004 – stärkeres Eingehen auf die Erfordernisse aller interessierten Parteien, die für die Organisation von Bedeutung sind, wie Kunden, Lieferanten, Eigentümer, Mitarbeiter, Gesellschaft
- Einheitliche Grobgliederung von ISO 9001 und ISO 9004 (konsistentes Normenpaar)
- Gliederung von ISO 9001 und ISO 9004 orientiert an den Geschäftsprozessen und am „PDCA-Cycle" (Plan, Do, Check, Act), mit den Abschnitten „Qualitätsmanagementsystem", „Verantwortung der Leitung", „Management von Ressourcen", „Produktrealisierung" und „Messung, Analyse und Verbesserung"
- Stärkeres Eingehen auf Vorbeugungsmaßnahmen
- Öffnung von ISO 9004 für bereits bewährte Methoden der Selbstbewertung
- Verhinderung des Entstehens neuer unnötiger Normungsprojekte
- Bessere Kompatibilität zwischen den einzelnen Normen
- Sicherstellung der Anwendbarkeit auf Organisationen jeder Größe

Im Rahmen dieser Phase-2-Revision der ISO-9000-Familie wurden im Dezember 2000 die Normen ISO 9000, ISO 9001 und ISO 9004 veröffentlicht. Die Phase-2-Überarbeitung war auch von der Überlegung geprägt, dass es möglich sein muss, alle Managementaspekte in einer Organisation in einem Managementsystem in harmonischer Weise zu behandeln. Managementsystem-Normen müssen hierfür förderlich sein. Man war bemüht, die bisher getrennt behandelten Managementbereiche gesamtheitlich zu sehen. Solche Bereiche betreffen vor allem Umweltmanagement nach den Normen der ISO-14000-Reihe (mit seinen zahlreichen Gemeinsamkeiten mit dem Qualitätsmanagement) sowie z. B. Arbeitssicherheits- und Gesundheitsschutz-Management, Risikomanagement, Finanzmanagement und Personalmanagement. In einigen Ländern existieren nationale Normen zum Thema Arbeitsschutzmanagement. In der Mineralölbranche sind hierzu Zertifizierungen nach SCC („Sicherheits-Certifikat-Contractoren") üblich geworden.

Das ISO/TC 176 „Quality Management und Quality Assurance" und das ISO/TC 207 „Environmental Management" haben 2002 als erste gemeinsam erarbeitete Norm ISO 19011 „Leitfaden für Audits von Qualitätsmanagement- und/oder Umweltmanagementsystemen" herausgegeben.

Des Weiteren wurde zunächst beschlossen, sich wegen der weitreichenden Gemeinsamkeiten von Umweltmanagementsystemen und Qualitätsmanagementsystemen dafür einzusetzen, dass die nächsten Ausgaben der Normen der ISO-9000-Familie und der Normen der ISO-14000-Reihe so weit wie möglich in Inhalt und Aufbau kompatibel gestaltet werden.

Diese Überlegungen führten dann zu dem Wunsch, in allen Managementsystem-Normen (Management System Standards, MSS) von ISO eine einheitliche Grobstruktur (High Level Structure, HLS), gemeinsame generische Textpassagen zu Kernaussagen (identical core text) und eine einheitliche Terminologie (common terms and core definitions) zu verwenden. Diesem Wunsch entsprechend wurden 2012 im Annex SL (normative) zu den ISO/IEC-Direktiven Teil 1 (ISO/IEC Directives Part 1 and Consolidated ISO Supplement – Procedures specific to ISO) Vorschläge für Managementsystem-Normen (Proposals for management system standards) veröffentlicht. Diese Vorschläge müssen soweit wie möglich bei der Erarbeitung

I

und Überarbeitung von Managementsystem-Normen von allen technischen Komitees in ISO befolgt werden.

In den Jahren 2005 bis 2013 folgte bei den Normen zu Qualitätsmanagementsystemen eine Konsolidierungsphase. Es gab einige Überarbeitungen von bestehenden Normen: So wurden bei den Normen ISO 9000:2005 und bei ISO 9001:2008 inhaltlich nur geringfügige Änderungen – insbesondere zur Klarstellung von Anforderungen – vorgenommen, während es bei ISO 9004:2009 deutlichere Änderungen gab. Darüber hinaus wurden einige Normen mit Leitfadencharakter veröffentlicht, insbesondere solche, die verschiedene Aspekte im Zusammenhang mit dem Thema Kundenzufriedenheit behandeln.

Bei der Überarbeitung der Norm ISO 19011:2002, die zu ISO 19011:2011, „Leitfaden zur Auditierung von Managementsystement“, führte, wurden dann bereits alle relevanten Normungsgremien, die mit Audits von Managementsystemen (auch anderen als Qualitäts- und Umweltmanagementsystemen) zu tun haben, bei der Erarbeitung beteiligt.

Im Anhang (Kap. 7.9) wird eine Auswahl von internationalen, europäischen und nationalen (deutschen) Normen und Normentwürfen in folgender Ordnung aufgeführt:

A. Normen zu Qualitätsmanagement;
B. Normen zu Qualitätsmanagement und Audit, historische Dokumente;
C. Normen zu Audit, Konformitätsbewertung und Zertifizierung;
D. Normen zu Statistik;
E. Normen zu verwandten Gebieten.

7.6 Die Bedeutung der Normen über Qualitätsmanagementsysteme in der Europäischen Union

Zur Erlangung eines erhöhten Vertrauens in die Qualitätsfähigkeit eines Lieferers werden im internationalen Handel zunehmend Nachweise über Qualitätsmanagementelemente verlangt, die für den Abnehmer besonders wichtig sind. Eine solche QM-Nachweisführung wird dann vertraglich vereinbart, die QM-Darlegungsanforderung, das Qualitätsmanagementsystem betreffend, wird neben die Qualitätsanforderung an das Produkt gestellt. Die Beurteilung des Qualitätsmanagementsystems eines Lieferers, z.B. durch den Abnehmer, wird Qualitätsaudit genannt.

Zahlreiche Industriebetriebe haben in der Bundesrepublik Deutschland Erfahrungen mit einer solchen QM-Nachweisführung. Die Lieferer militärischen Materials wurden früher mit den Forderungen der Allied Quality Assurance Publications AQAP 1, AQAP 4 oder AQAP 9 konfrontiert. Hersteller von Kernkraftwerken mussten die Bedingungen der technischen Regel KTA 1401 erfüllen, Luft- und Raumfahrtfirmen mussten mit QSF A, B oder C umgehen. Im Energiebereich wurden die kanadischen CSA-Normen (bzw. CAN-Normen) weltweit angewandt. In den Ländern des Commonwealth dominierten früher die rein nationalen britischen Normen BS 4891 und BS 5750.

Der international geltende Status der Normen ISO 9000, ISO 9001 und ISO 9004, welche die erfolgreichsten internationalen Normen überhaupt sind, und die Tatsache, dass diese Normen die nationalen Normen und sogar z.B. auch die militärischen AQAP-Normen ablösten bzw. weitgehend ersetzten, sind ein starkes Argument für ihre Verbreitung auch in der Bundesrepublik Deutschland. Die in den 80er Jahren vehement geäußerten Befürchtungen juristischer Art und die Bedenken einer gelegentlich unflexiblen, unsachgemäßen und bürokratischen Anwendung, z.B. durch Gerichte, sind zwar nicht vollständig unbegründet, haben der Beachtung der positiven Seiten einer solchen Normung jedoch Platz gemacht. Im Vordergrund stehen dabei für eine Organisation, aus eigenem wirtschaftlichem Interesse, die Verbesserungsmöglichkeiten für das eigene Qualitätsmanagementsystem. Immer wichtiger wird aber auch die Schaffung einer Vertrauensbasis bezüglich Qualitätsfähigkeit im Handelsverkehr. Weiterhin bietet die Norm ISO 9001 künftig nicht unerhebliche Rationalisierungsmöglichkeiten überall da, wo gegenüber den unterschiedlichen Abnehmern/Auftraggebern/Kunden eine bisher in der Abwicklung zum Teil noch sehr unterschiedliche QM-Nachweisführung notwendig ist.

In vielen Industrie- und Schwellenländern gibt es Gesellschaften, die Zertifikate über Qualitätsmanagementsysteme von Organisationen ausstellen, wenn diese Systeme die in ISO 9001 genormten Anforderungen erfüllen. Das Zertifikat gibt einerseits dem Abnehmer von Produkten der zertifizierten Organisation die Möglichkeit, der Qualitätsfähigkeit seines Lieferers zu vertrauen und auf ein eigenes Qualitätsaudit, also auf eine eigene Beurteilung der Wirksamkeit des Qualitätsmanagementsystems, zu verzichten. Andererseits zeigt die Erfahrung, dass das der Zertifizierung vorausgehende Verfahren regelmäßig zu Verbesserungen und Rationalisierungen des Qualitätsmanagementsystems führt.

Zur Erfüllung von Abnehmererwartungen und des Wunsches zahlreicher Unternehmen und anderer Organisationen, das für interne Zwecke eingerichtete Qualitätsmanagementsystem einer Prüfung durch eine unabhängige, national und international anerkannte Stelle unterziehen zu lassen, wurden seit Mitte der 1980er Jahre eine Vielzahl von Institutionen (auch in Deutschland) gegründet, die eine Zertifizierung von Qualitätsmanagementsystemen anbieten.

Ein Zertifikat über ein Qualitätsmanagementsystem ist zu unterscheiden von einem Produktzertifikat. Ersteres zielt darauf ab, den potenziellen Abnehmern von Produkten die allgemeine Qualitätsfähigkeit des zertifizieren Lieferunternehmens aufzuzeigen. Das Produktzertifikat soll hingegen die Qualifikation des Produkts belegen, also die nachgewiesene Erfüllung der Qualitätsanforderung durch das Produkt. Bei einer Reihe von Produktzertifizierern wird allerdings als Voraussetzung für die Erlangung eines Produktzertifikats der vorherige Erwerb eines Zertifikats über das Qualitätsmanagementsystem des Produktherstellers verlangt.

So positiv Zertifikate über ein Qualitätsmanagementsystem im Sinne einer Rationalisierung dadurch sind, dass auf eine Vielfachbeurteilung des Qualitätsmanagementsystems eines Herstellers durch die verschiedensten Abnehmer verzichtet wird, so kritisch sind solche Zertifikate für den freien Warenaustausch, wenn sie nur in einem begrenzten geografischen Raum Gültigkeit besitzen oder Anerkennung gefunden haben.

Begrenzt eingeführte Zertifikate, seien es nun Produktzertifikate oder Zertifikate über ein Qualitätsmanagementsystem, stellen potenzielle Handelshemmnisse dar. Wer an einem freien großräumigen Handel interessiert ist, wird deshalb alles tun, dass Zertifikate, die in den unterschiedlichen Ländern erteilt werden, den gleichen Aussagewert besitzen, z. B. indem auf dieselben genormten Prüfgrundlagen zurückgegriffen wird, und dass sie gegenseitig anerkannt werden. Wenn dies nicht ausreichend beachtet wird, können Handelshemmnisse auf unterschiedliche Art entstehen:

- Staatliche Abnehmerorganisationen fordern, dass Produkte nur von solchen Herstellern bezogen werden, die ein entsprechendes nationales Zertifikat über das Qualitätsmanagementsystem vorweisen können, oder die staatliche Stelle kauft im Fall von national eingeführten Produktzertifikaten nur solche Produkte ein, die mit dem nationalen Produktzertifikat versehen sind. In diesen Fällen handelt es sich um staatlich sanktionierte „amtliche" Handelshemmnisse, denn ausländische Anbieter mit eigenen nationalen Zertifikaten werden nicht anerkannt oder müssen sich um die im Verkaufsland gültigen Zertifikate bemühen, was zum Teil unmöglich oder mit Schwierigkeiten verbunden ist. Mit den Richtlinien über einheitliche Kriterien für öffentliche Beschaffer wird im EWR (Europäischer Wirtschaftsraum) gegen diese Handelshemmnisse angegangen.
- Private Abnehmer oder Abnehmerorganisationen machen in ähnlicher Weise wie oben dargestellt das Vorhandensein bestimmter Zertifikate zur Voraussetzung dafür, dass ein Hersteller als Lieferer infrage kommt oder dass Produkte abgenommen werden. Haben die Zertifikate in dem betreffenden Land eine hohe Bedeutung erlangt, stellen sie gegenüber möglichen ausländischen Handelspartnern faktisch Handelshemmnisse dar.
- Als Voraussetzung für die Erteilung eines Produktzertifikats für die Produkte eines bestimmten Herstellers wird vom Produktzertifizierer das Vorhandensein eines Zertifikats über das Qualitätsmanagementsystem des Herstellers verlangt, möglicherweise nur auf nationaler Basis. Dadurch entsteht in ähnlicher Weise wie oben geschildert ein Handelshemmnis gegenüber Anbietern außerhalb des Bereichs, in dem das jeweilige Zertifikat Gültigkeit hat bzw. Anerkennung findet.

Durch nationale Akkreditierungen von Prüf- und Zertifizierungsstellen und durch bi- und multilaterale Vereinbarungen zur gegenseitigen Anerkennung von Akkreditierungen und Zertifikaten der jeweiligen Stellen ist eine Anerkennung der Prüfergebnisse und Zertifikate inzwischen auf breiter Basis erfolgt.

In den Ländern der Europäischen Gemeinschaft existierten noch bis in die 1990er Jahre die unterschiedlichsten Regelungen z. B. über die Sicherheit von Produkten, Maschinen, Geräten und Anlagen und über den Umwelt- und Arbeitsschutz. Zum Teil wurden die technischen Regelungen in staatlichen Vorschriften getroffen, zum Teil wurde auf die Festlegungen in technischen Normen oder in anderen Regelwerken vertraut oder es wurde in Vorschriften auf solche Bezug genommen. So gab es und gibt es in zahlreichen Bereichen auch staatlich geforderte Maßnahmen zum Qualitätsmanagement.

Im Jahr 1985 hatten sich die Regierungen der Europäischen Gemeinschaft vorgenommen, den gemeinsamen Binnenmarkt bis 1992 zu vollenden. Hierzu war und ist unter anderem auch die Harmonisierung der technischen Regeln erforderlich, die Handelshemmnisse erzeugen können. Im Vordergrund stand hier besonders die Harmonisierung technischer Rechtsvorschriften, jedoch auch die Harmonisierung von technischen Normen. Für die Harmonisierung der Rechtsvorschriften hat die Europäische Gemeinschaft die sogenannte „Neue Konzeption" beschlossen. Früher wurden alle technischen Festlegungen in einer EG-Richtlinie, der Festlegungen mit Gesetzeskraft in jedem Mitgliedsstaat folgten, getroffen. Demgegenüber werden nach der „Neuen Konzeption" EG-Richtlinien auf die Festlegung von grundlegenden Anforderungen beschränkt, besonders hinsichtlich der Sicherheit. Einzelfestlegungen hierzu werden dann in Europäischen Normen getroffen. Nach den Richtlinien der „Neuen Konzeption" wird für die Produkte im „geregelten Bereich" (Bereich, in

I

dem nicht nur die Konformität mit europäischen Richtlinien gefordert ist, sondern in dem auch die Art und Weise geregelt ist, wie diese Konformität nachzuweisen ist) die CE-Kennzeichnung als Ausdruck der Erfüllung der Anforderungen aller anzuwendenden Richtlinien und der zutreffenden Europäischen Normen verlangt. Bei einigen Richtlinien hat der Hersteller die Möglichkeit bzw. die Pflicht, im Rahmen des Konformitätsbewertungsverfahrens, das er zur Erlangung der CE-Kennzeichnung durchlaufen muss, gegenüber einer zugelassenen Stelle nachzuweisen, dass sein QM-System die Anforderungen von EN ISO 9001 erfüllt.

7.7 Rechtliche Aspekte

Gute Qualitätsmanagementmaßnahmen wirken präventiv, d. h. der Entstehung von Fehlern und damit auch der Entstehung von Schadensfällen und Haftpflichtrisiken wird vorgebeugt.
Durch den Nachweis angemessener Qualitätsmanagementmaßnahmen kann sich ein Hersteller vom Vorwurf schuldhaften Verhaltens eher entlasten als ein Hersteller, der einen solchen Nachweis nicht führen kann.
Vertragliche Vereinbarungen über eine QM-Nachweisführung durch einen Lieferer entbinden den Empfänger des gelieferten Produkts nicht von seinen Pflichten im Rahmen des eigenen Qualitätsmanagements.
Gute Qualitätsmanagementmaßnahmen wirken vorbeugend gegen alle Arten der Produkthaftung, d. h. der Haftung des Produzenten aus der Nichterfüllung von Qualitätsanforderungen aufgrund gesetzlicher oder vertraglicher Festlegungen, aufgrund von Zusagen in Garantieerklärungen oder aus unerlaubter Handlung. Die Entlastung des Herstellers ist bei verschuldensunabhängiger Haftung, wie sie durch europäisches Recht gesetzt worden ist, nur noch dann möglich, wenn nachgewiesen wird, dass beim Inverkehrbringen Fehler des Produkts nach dem Stand von Wissenschaft und Technik nicht erkennbar waren. Zum Nachweis dieses Sachverhaltes ist ein dokumentiertes Qualitätsmanagement bei der Entwicklung, Produktion, Montage und Betreuung des Produkts hilfreich. Rechtliche Aspekte des Qualitätsmanagements werden in Kapitel 8, „Qualitätsmanagement und Recht“, ausführlich behandelt.

7.8 Ausblick

Laut Vertrag zwischen der Bundesregierung und dem DIN erkennt die Bundesregierung das DIN als die zuständige Normenorganisation für das Bundesgebiet sowie als die Nationale Normenorganisation in nichtstaatlichen Internationalen Normenorganisationen an. Das DIN verpflichtet sich, bei seinen Normungsarbeiten das öffentliche Interesse zu berücksichtigen. Es wird bei der Ausarbeitung der DIN-Normen insbesondere dafür Sorge tragen, dass die Normen bei der Gesetzgebung, in der öffentlichen Verwaltung und im Rechtsverkehr als Umschreibungen technischer Anforderungen herangezogen werden können.
In den Erläuterungen zum Vertrag zwischen der Bundesregierung und dem DIN heißt es: „Im Hinblick darauf, dass die Technik in viele Lebensbereiche vorgedrungen ist und weiter vordringt, stellen Normen einen wesentlichen Ordnungsfaktor bei der Beherrschung der Technik und ihrer Fortentwicklung dar, insbesondere bei der Sicherheitstechnik, dem Gesundheitsschutz, dem Umweltschutz und dem Verbraucherschutz. Sie haben sowohl gesamtwirtschaftlich (z. B. Energieeinsparung) als auch für die Beseitigung von Handelshemmnissen, die aus unterschiedlichen technischen Festlegungen herrühren, wesentliche Bedeutung. Diese erstreckt sich auf den Wirtschaftsverkehr mit der ganzen Welt, insbesondere aber in den Europäischen Gemeinschaften.
Die Europäischen Gemeinschaften erarbeiten für viele die öffentlichen Interessen berührenden Einzelbereiche Richtlinien nach Artikel 100 des EWG-Vertrages zur Angleichung von Rechts- und Verwaltungsvorschriften der Mitgliedstaaten. In diesen Richtlinien ist, so weit möglich, eine Verknüpfung zwischen Rechtsvorschriften und technischen Normen vorgesehen.
Daneben hat auch die Europäische Wirtschaftskommission der Vereinten Nationen (ECE) Vorschläge zur Verknüpfung zwischen Rechtsvorschriften und technischen Normen ausgearbeitet, deren Beachtung den Mitgliedsstaaten empfohlen wird; internationale Verpflichtungen zum Abbau technischer Handelshemmnisse sollen die dem General Agreement on Tariffs and Trade (GATT) [jetzt: Welthandelsorganisation, WTO] angehörenden Mitgliedsstaaten in Form eines Normenkodex übernehmen und Einwirkungsmöglichkeiten auf die Normenorganisationen schaffen, soweit solche nicht bereits durch Gesetz vorhanden sind.“
Wie bereits gesagt, kam es besonders durch die „Neue Konzeption“ der EG-Kommission zu einer Übertragung von staatlichen Aufgaben auf die Europäische Normenorganisationen CEN/CENELEC (Comité Européenne de Normalisation/Comité Européenne de Normalisation Electro-

technique) und ETSI (European Telecommunications Standards Institute), indem diese Normen erarbeiten, auf die in EG-Richtlinien verwiesen werden kann. Durch diese Übertragung früherer staatlicher Kompetenzen in den Normungsbereich haben sich zum Teil auch die mit technischen Problemen zusammenhängenden politischen Konflikte, von denen die Normung bisher verschont war, auf die Normung übertragen.

Zur Vermeidung der Errichtung von Handelshemmnissen gegenüber den Ländern außerhalb Europas ist es wichtig, den Schwerpunkt der Normungsarbeit in die internationale Normung in ISO und IEC zu legen, auch damit je nach Bedarf internationale Normen nach Möglichkeiten unverändert als Europäische Normen eingeführt werden können, die dann als nationale Normen zu übernehmen sind. Eine Beschränkung auf eine nationale Normung wird in Zukunft wohl nur noch sinnvoll sein, wenn das nationale Normungsergebnis erprobt werden soll mit dem Ziel, es nach Bewährung international einzubringen.

In Zukunft wird es immer weniger Aufgabe der Normung sein, nachträglich aus einer Vielzahl von Lösungsmöglichkeiten, die in der Praxis eingeführt sind, die am besten bewährte auszuwählen. Angesichts des schneller werdenden technischen Wandels und der größer werdenden wirtschaftlichen Auswirkungen technischer Lösungen wird es nötig sein, schon während der Einführung neuer Techniken, d.h. während der Forschungs- und Entwicklungsphase, eine weichenstellende entwicklungsbegleitende Normung zu dieser neuen Technik zu betreiben. Auf dem erreichten Normungsergebnis kann sich dann der nächste Forschungs- und Entwicklungsschritt abstützen.

In diesem Sinne sind auch die bereits bestehenden Normen über Begriffe und Verfahren zu Qualitätsmanagement und Statistik sowie die Normen über Qualitätsmanagementsysteme weiterzuentwickeln und zu ergänzen. Sie bilden schon jetzt eine gute Grundlage für die Verständigung und Koordinierung zahlreicher Fachgebiete. Sie stellen wegen ihrer Technologie- und Branchenunabhängigkeit, wegen des ständig wachsenden Qualitätsbewusstseins und des daraus folgenden Wunsches nach erhöhtem Vertrauen in die Qualitätsfähigkeit von Organisationen und damit in die gute Qualität von Produkten, einen Ordnungsfaktor für viele Bereiche des Wirtschaftslebens dar.

Speziell bei den Normen ISO 9000, ISO 9001 und ISO 9004 ist nach den Planungen im ISO/TC 176 davon auszugehen, dass diese Normen im Laufe des Jahres 2015 in überarbeiteter Fassung veröffentlicht werden. Entsprechende Entwürfe (Committee Draft, CD) zu ISO 9000 und ISO 9001 für die weitere Bearbeitung im ISO/TC 176 wurden im Juni 2013 erstellt (ISO/CD 9000 und ISO/CD 9001).

Sowohl innerhalb als auch außerhalb von ISO wurden in den letzten Jahren Normen oder andere normative Dokumente veröffentlicht, die Anforderungen bei der Anwendung von ISO 9001 oder Anleitungen für die Anwendung von ISO 9001 in bestimmten Branchen oder Anwendungsbereichen enthalten. Als Beispiele hierfür mögen dienen:

- ISO/TS 16949 in der Automobilindustrie,
- EN 9100 für die Luftfahrt-, Raumfahrt- und Verteidigungsbranche,
- EN 12798 für die Beförderung gefährlicher Güter,
- IRIS Revision 02.1 für die Eisenbahnindustrie.

Diese Tendenz, branchen- und sektorspezifische Normen auf der Basis von ISO 9001 zu erarbeiten, dürfte sich fortsetzen.

7.9 Anhang

Die folgende Übersicht soll die Orientierung über die existierenden und in Vorbereitung befindlichen Ergebnisse der Normung auf den folgenden Gebieten erleichtern:

A. Qualitätsmanagement;
B. Qualitätsmanagement und Audit; historische Dokumente;
C. Audit, Konformitätsbewertung und Zertifizierung;
D. Statistik;
E. verwandte Gebiete.

Innerhalb der fünf Gruppen sind die Dokumente jeweils in folgender Reihenfolge sortiert: Dokumente internationalen Ursprungs (ISO, IEC, IEV, OHSAS ...), europäischen Ursprungs (EN) und deutschen Ursprungs (DIN). Die verwendeten Abkürzungen bedeuten: DIS = Draft International Standard, FDIS = Final Draft International Standard, TR = Technical Report, TS = Technical Specification und E = Entwurf.

Nach Begriffen sowie deren Benennungen und Definitionen, die in Dokumenten des DIN vorkommen, kann man in der Terminologiedatenbank DIN-TERMinologieportal suchen. Das DIN-TERMinologieportal ist über *www.din-term.din.de* erreichbar.

Nach Begriffen sowie deren Benennungen und Definitionen, die in Dokumenten von ISO oder IEC vorkommen, kann man in der ISO-Begriffsdatenbank (ISO Concept Database, CDB) suchen. Die ISO-Begriffsdatenbank ist über die ISO Online Browsing Platform (OBP) unter *www.iso.org/obp/ui* erreichbar.

Etliche der in diesem Anhang aufgeführten Normen sind in der Loseblattsammlung *Qualitätsmanagement – Statistik – Umweltmanagement. Anwendungshilfen und Normensammlungen* von Klaus Graebig (Beuth-Verlag) abgedruckt.

I

A. Normen zum Qualitätsmanagement (Auswahl)	
DIN EN ISO 9000:2005-12	Qualitätsmanagementsysteme – Grundlagen und Begriffe (ISO 9000:2005)
DIN EN ISO 9001:2008-12	Qualitätsmanagementsysteme – Anforderungen (ISO 9001:2008-12)
DIN EN ISO 9001 Berichtigung 1:2009-12	Qualitätsmanagementsysteme – Anforderungen (ISO 9001:2008-12), Berichtigung zu DIN EN ISO 9001:2008-12
DIN EN ISO 9004:2009-12	Leiten und Lenken für den nachhaltigen Erfolg einer Organisation – Ein Qualitätsmanagementansatz (ISO 9004:2009)
DIN ISO 10001:2008-07	Qualitätsmanagement – Kundenzufriedenheit – Leitfaden für Verhaltenskodizes für Organisationen (ISO/DIS 10001:2007)
DIN ISO 10002:2010-05	Qualitätsmanagement – Kundenzufriedenheit – Leitfaden für die Behandlung von Reklamationen in Organisationen (ISO 10002:2004 + Cor. 1:2009)
DIN ISO 10003:2008-07	Qualitätsmanagement – Kundenzufriedenheit – Leitfaden für Konfliktlösung außerhalb von Organisationen (ISO 10003:2007)
DIN ISO/TS 10004; DIN SPEC 91234:2011-11	Qualitätsmanagementsysteme – Kundenzufriedenheit – Leitfaden zur Überwachung und Messung der Kundenzufriedenheit (ISO/TS 10004:2010)
DIN ISO 10005:2009-05	Qualitätsmanagementsysteme – Leitfaden für Qualitätsmanagementpläne (ISO 10005:2005)
DIN-Fachbericht ISO 10006:2004	Qualitätsmanagementsysteme; Leitfaden für Qualität in Projekten; Deutsche Fassung von ISO 10006 (ISO 10006:2003)
DIN EN ISO 10007:2004-12	Qualitätsmanagement – Leitfaden für Konfigurationsmanagement (ISO 10007:2003)
E DIN ISO 10008:2012-08	Qualitätsmanagementsysteme – Kundenzufriedenheit – Leitfaden für den elektronischen Geschäftsverkehr zwischen Unternehmen und Verbrauchern (ISO/DIS 10008:2012)
DIN EN ISO 10012:2004-03	Messmanagementsysteme – Anforderungen an Messprozesse und Messmittel (ISO 10012:2003)
ISO/TR 10013:2001-07	Leitfaden für die Dokumentation des Qualitätsmanagementsystems
ISO 10014:2006-07	Qualitätsmanagementsysteme – Leitfaden zur Erzielung finanziellen und wirtschaftlichen Nutzens
ISO 10014 Technical Corrigendum 1:2007-03	Qualitätsmanagementsysteme – Leitfaden zur Erzielung finanziellen und wirtschaftlichen Nutzens; Korrektur 1
ISO 10015:1999-12	Qualitätsmanagementsysteme – Leitfaden für Schulung
DIN-Fachbericht ISO/TR 10017:2004-09	Leitfaden für die Anwendung statistischer Verfahren für ISO 9001:2000 (ISO/TR 10017:2003-05)
ISO 10018:2012-09	Qualitätsmanagement – Leitfaden zur Einbeziehung der Menschen und zur Kompetenz
ISO 10019:2005-01	Leitfaden für die Auswahl von Beratern zum Qualitätsmanagementsystem und für den Einsatz ihrer Dienstleistungen
DIN EN ISO 13485:2012-11	Medizinprodukte – Qualitätsmanagementsysteme – Anforderungen für regulatorische Zwecke (ISO 13485:2003 + Cor. 1:2009)
DIN EN ISO 15378:2012-02	Primärpackmittel für Arzneimittel – Besondere Anforderungen für die Anwendung von ISO 9001:2008 entsprechend der Guten Herstellungspraxis (GMP) (ISO 15378:2011)
DIN EN ISO 16106:2006-06	Verpackung – Verpackungen zur Beförderung gefährlicher Güter – Gefahrgutverpackungen, Großpackmittel (IBC) und Großverpackungen – Leitfaden für die Anwendung der ISO 9001 (ISO 16106:2006)
DIN SPEC 1115; DIN ISO/TS 16949:2009-11	Qualitätsmanagementsysteme – Besondere Anforderungen bei Anwendung von ISO 9001:2008 für die Serien- und Ersatzteil-Produktion in der Automobilindustrie (ISO/TS 16949:2009)
DIN EN ISO 22006:2012-02	Qualitätsmanagementsysteme – Anleitung für die Anwendung von ISO 9001:2008 im Pflanzenanbau (ISO 22006:2009)
ISO/IEC TR 90005:2008-07	Richtlinien für die Anwendung von ISO 9001 auf System-Lebenszyklusprozesse
ISO 9001 for Small Business; What to do – Advice from ISO/TC 176:2010-05	ISO 9001 für kleine Organisationen – Hinweise von ISO/TC 176
DIN EN 9100:2010-07	Qualitätsmanagementsysteme – Anforderungen an Organisationen der Luftfahrt, Raumfahrt und Verteidigung (EN 9100:2009)

A. Normen zum Qualitätsmanagement (Auswahl)	
DIN EN 12798:2007-08	Qualitätsmanagementsystem für die Beförderung – Beförderung auf der Straße, mit der Eisenbahn und auf Binnenwasserstraßen – Forderungen des Qualitätsmanagementsystems zur Ergänzung von EN ISO 9001 im Hinblick auf Sicherheit bei der Beförderung gefährlicher Güter (EN 12798:2007)
DIN EN 15224:2012-12	Dienstleistungen in der Gesundheitsversorgung – Qualitätsmanagementsysteme – Anforderungen nach EN ISO 9001:2008 (EN 15224:2012)
DIN 55350-11:2008-05	Begriffe zum Qualitätsmanagement – Teil 11: Ergänzungen zu DIN EN ISO 9000:2005
DIN 55350-15:1986-02	Begriffe der Qualitätssicherung und Statistik; Begriffe zu Mustern
DIN 55350-17:1988-08	Begriffe der Qualitätssicherung und Statistik; Begriffe der Qualitätsprüfungsarten
DIN 55350-18:1987-07	Begriffe der Qualitätssicherung und Statistik; Begriffe zu Bescheinigungen über die Ergebnisse von Qualitätsprüfungen; Qualitätsprüf-Zertifikate

B. Normen zu Qualitätsmanagement und Audit, historische Dokumente (Auswahl)	
ISO 8402:1986-06	Quality – Vocabulary (wurde nicht ins Deutsche Normenwerk übernommen)
DIN EN ISO 8402:1995-08	Qualitätsmanagement; Begriffe (ISO 8402:1994) (ersetzt durch DIN EN ISO 9000:2000-12)
DIN ISO 9000:1987-05	Leitfaden zur Auswahl und Anwendung der Normen zu Qualitätsmanagement, Elementen eines Qualitätssicherungssystems und zu Qualitätssicherungs-Nachweisstufen (ISO 9000:1987) (ersetzt durch DIN ISO 9000:1990-05)
DIN ISO 9000:1990-05	Qualitätsmanagement- und Qualitätssicherungsnormen; Leitfaden zur Auswahl und Anwendung (ISO 9000:1987); EN 29000:1987 (ersetzt durch DIN EN ISO 9000-1:1994-08)
DIN EN ISO 9000-1:1994-08	Normen zum Qualitätsmanagement und zur Qualitätssicherung/QM-Darlegung – Teil 1: Leitfaden zur Auswahl und Anwendung (ISO 9000-1:1994); EN ISO 9000-1:1994 (zurückgezogen 2001-09)
DIN EN ISO 9000:2000-12	Qualitätsmanagementsysteme – Grundlagen und Begriffe (ISO 9000:2000) (ersetzt durch DIN EN ISO 9000:2005-12)
DIN EN ISO 9000-3:1992-06	Qualitätsmanagement- und Qualitätssicherungsnormen – Teil 3: Leitfaden für die Anwendung von ISO 9001 auf die Entwicklung, Lieferung und Wartung von Software (ISO 9000-3:1991) (ersetzt durch DIN EN ISO 9000-3:1998-08)
DIN EN ISO 9000-3:1998-08	Normen zum Qualitätsmanagement und zur Qualitätssicherung/QM-Darlegung – Teil 3: Leitfaden für die Anwendung von ISO 9001:1994 auf Entwicklung, Lieferung, Installation und Wartung von Computer-Software (ISO 9000-3:1997) (zurückgezogen 2005-09)
DIN ISO 9000-4:1994-06	Normen zu Qualitätsmanagement und zur Darlegung von Qualitätsmanagementsystemen; Leitfaden zum Management von Zuverlässigkeitsprogrammen (identisch mit IEC 300-1 und EN 60 300-1) (zurückgezogen 2004-02)
DIN ISO 9001:1987-05	Qualitätssicherungssysteme – Qualitätssicherungs-Nachweisstufe für Entwicklung und Konstruktion, Produktion, Montage und Kundendienst (ISO 9001:1987) (ersetzt durch DIN ISO 9001:1990-05)
DIN ISO 9001:1990-05	Qualitätssicherungssysteme – Modell zur Darlegung der Qualitätssicherung in Design/ Entwicklung, Produktion, Montage und Kundendienst (ISO 9001:1987) EN 29001:1987 (ersetzt durch DIN EN ISO 9001:1994-08)
DIN EN ISO 9001:1994-08	Qualitätsmanagementsysteme – Modell zur Qualitätssicherung/QM-Darlegung in Design, Entwicklung, Produktion, Montage und Wartung (ersetzt durch DIN EN ISO 9001:2000-12)
DIN EN ISO 9001:2000-12	Qualitätsmanagementsysteme – Anforderungen (ISO 9001:2000-09) (ersetzt durch DIN EN ISO 9001:2008-12)
DIN ISO 9002:1987-05	Qualitätssicherungssysteme – Qualitätssicherungs-Nachweisstufe für Produktion und Montage (ISO 9002:1987) (ersetzt durch DIN ISO 9002:1990-05)

B. Normen zu Qualitätsmanagement und Audit, historische Dokumente (Auswahl)	
DIN ISO 9002:1990-05	Qualitätssicherungssysteme – Modell zur Darlegung der Qualitätssicherung in Produktion und Montage (ISO 9002:1987) EN 29002:1987 (ersetzt durch DIN EN ISO 9002:1994-08)
DIN EN ISO 9002:1994-08	Qualitätsmanagementsysteme – Modell zur Qualitätssicherung/QM-Darlegung in Produktion, Montage und Wartung (ersetzt durch DIN EN ISO 9001:2000-12)
DIN ISO 9003:1987-05	Qualitätssicherungssysteme – Qualitätssicherungs-Nachweisstufe für Endprüfungen (ISO 9003:1987) (ersetzt durch DIN ISO 9003:1990-05)
DIN ISO 9003:1990-05	Qualitätssicherungssysteme – Modell zur Darlegung der Qualitätssicherung bei der Endprüfung (ISO 9003:1987) EN 29003:1987 (ersetzt durch DIN EN ISO 9003:1994-08)
DIN EN ISO 9003:1994-08	Qualitätsmanagementsysteme – Modell zur Qualitätssicherung/QM-Darlegung bei der Endprüfung (ersetzt durch DIN EN ISO 9001:2000-12)
DIN ISO 9004:1987-05	Qualitätsmanagement und Elemente eines Qualitätssicherungssystems; Leitfaden (ISO 9004:1987) (ersetzt durch DIN ISO 9004:1990-05)
DIN ISO 9004:1990-05	Qualitätsmanagement und Elemente eines Qualitätssicherungssystems; Leitfaden (ISO 9004:1987); EN 29004:1987 (ersetzt durch DIN EN ISO 9004-1:1994-08)
DIN EN ISO 9004-1:1994-08	Qualitätsmanagement und Elemente eines Qualitätsmanagement-systems – Teil 1: Leitfaden (ISO 9004-1:1994); EN ISO 9004-1:1994 (ersetzt durch DIN EN ISO 9004:2000-12)
DIN EN ISO 9004:2000-12	Qualitätsmanagementsysteme – Leitfaden zur Leistungsverbesserung (ISO 9004:2000) (ersetzt durch DIN EN ISO 9004:2009-12)
DIN ISO 9004-2:1992-06	Qualitätsmanagement und Elemente eines Qualitätssicherungssystems – Leitfaden für Dienstleistungen (ISO 9004-2:1991) (zurückgezogen: 2002-08)
E DIN ISO 9004-3:1992-07	Qualitätsmanagement und Elemente eines Qualitätssicherungssystems – Leitfaden für verfahrenstechnische Produkte (ISO/DIS 9004-3:1992) (Wurde nicht ins Deutsche Normenwerk übernommen)
DIN ISO 10002:2005-04	Qualitätsmanagement – Kundenzufriedenheit – Leitfaden für die Behandlung von Reklamationen in Organisationen (ISO 10002:2004) (ersetzt durch DIN ISO 10002:2010-05)
DIN ISO 10011-1:1992-06	Leitfaden für das Audit von Qualitätssicherungssystemen – Auditdurchführung (ISO 10011-1:1990) (ersetzt durch DIN EN ISO 19011:2002-12)
DIN ISO 10011-2:1992-06	Leitfaden für das Audit von Qualitätssicherungssystemen – Qualifikationskriterien für Qualitätsauditoren (ISO 10011-2:1991) (ersetzt durch DIN EN ISO 19011:2002-12)
DIN ISO 10011-3:1992-06	Leitfaden für das Audit von Qualitätssicherungssystemen – Management von Auditprogrammen (ISO 10011-3:1991) (ersetzt durch DIN EN ISO 19011:2002-12)
DIN EN ISO 13485:2003-11	Medizinprodukte – Qualitätsmanagementsysteme – Anforderungen für regulatorische Zwecke (ISO 13485:2003) (ersetzt durch DIN EN ISO 13485:2012-11)
DIN ISO 15378:2006-06	Primärverpackungen für Arzneimittel – Besondere Anforderungen für die Anwendung von ISO 9001:2000 entsprechend der Guten Herstellungspraxis (GMP) (ISO 15378:2006) (ersetzt durch DIN EN ISO 15378:2012-02)
DIN-Fachbericht 78:2002	Technische Spezifikation ISO/TS 16949 Qualitätsmanagementsysteme – Besondere Anforderungen bei Anwendung von ISO 9001:2000 für die Serien- und Ersatzteil-Produktion in der Automobilindustrie (ISO/TS 16949:2002) (ersetzt durch DIN SPEC 1115; DIN ISO/TS 16949:2009-11)

B. Normen zu Qualitätsmanagement und Audit, historische Dokumente (Auswahl)	
DIN EN ISO 19011:2002-12	Leitfaden für Audits von Qualitätsmanagement- und/oder Umweltmanagementsystemen (ISO 19011:2002) (ersetzt durch DIN EN ISO 19011:2011-12)
DIN EN 9100:2003-10	Luft- und Raumfahrt – Qualitätsmanagementsysteme – Anforderungen (basiert auf ISO 9001:2000) und Qualitätssysteme; Qualitätssicherungsmodelle für Konstruktion, Entwicklung, Produktion, Montage und Wartung (basiert auf ISO 9001:1994) (EN 9100:2003) (ersetzt durch DIN EN 9100:2010-07)
DIN 55350-11:1995-08	Begriffe zu Qualitätsmanagement und Statistik; Begriffe des Qualitätsmanagements (ersetzt durch DIN 55350-11:2008-05)

C. Normen zu Audit, Konformitätsbewertung und Zertifizierung (Auswahl)	
DIN EN ISO/IEC 17000:2005-03	Konformitätsbewertung – Begriffe und allgemeine Grundlagen (ISO/IEC 17000:2004)
DIN EN ISO/IEC 17011:2005-02	Konformitätsbewertung – Allgemeine Anforderungen an Akkreditierungsstellen, die Konformitätsbewertungsstellen akkreditieren (ISO/IEC 17011:2004)
DIN EN ISO/IEC 17020:2012-07	Konformitätsbewertung – Anforderungen an den Betrieb verschiedener Typen von Stellen, die Inspektionen durchführen (ISO/IEC 17020:2012)
DIN EN ISO/IEC 17021:2011-07	Konformitätsbewertung – Anforderungen an Stellen, die Managementsysteme auditieren und zertifizieren (ISO/IEC 17021:2011)
ISO/IEC TS 17022:2012-04	Konformitätsbewertung – Anforderungen und Empfehlungen an den Inhalt eines Auditberichts einer dritten Seite zu Managementsystemen
DIN EN ISO/IEC 17024:2012-11	Konformitätsbewertung – Allgemeine Anforderungen an Stellen, die Personen zertifizieren (ISO/IEC 17024:2012)
DIN EN ISO/IEC 17025:2005-08	Allgemeine Anforderungen an die Kompetenz von Prüf- und Kalibrierlaboratorien (ISO/IEC 17025:2005)
DIN EN ISO/IEC 17025 Berichtigung 2:2007-05	Allgemeine Anforderungen an die Kompetenz von Prüf- und Kalibrierlaboratorien (ISO/IEC 17025:2005); Berichtigungen EN ISO/IEC 17025:2005/AC:2006
DIN EN ISO/IEC 17030:2009-08	Konformitätsbewertung – Allgemeine Anforderungen an Konformitätszeichen einer dritten Seite (ISO/IEC 17030:2003)
DIN EN ISO/IEC 17040:2005-04	Konformitätsbewertung – Allgemeine Anforderungen an die Begutachtung unter gleichrangigen Konformitätsbewertungsstellen und Akkreditierungsstellen (ISO/IEC 17040:2005)
DIN EN ISO/IEC 17043:2010-05	Konformitätsbewertung – Allgemeine Anforderungen an Eignungsprüfungen (ISO/IEC 17043:2010)
DIN EN ISO/IEC 17050-1:2010-08	Konformitätsbewertung – Konformitätserklärung von Anbietern, Teil 1: Allgemeine Anforderungen (ISO/IEC 17050-1:2004, korrigierte Fassung 2007-06-15)
DIN EN ISO/IEC 17050-2:2005-01	Konformitätsbewertung – Konformitätserklärung von Anbietern, Teil 2: Unterstützende Dokumentation (ISO/IEC 17050-2:2004)
DIN EN ISO 19011:2011-12	Leitfaden zur Auditierung von Managementsystemen (ISO 19011:2011)
DIN EN ISO 19011 Berichtigung 1:2013-05	Leitfaden zur Auditierung von Managementsystemen (ISO 19011:2011), Berichtigung zu DIN EN ISO 19011:2011-12
DIN EN 9104-001:2013-07	Luft- und Raumfahrt – Qualitätsmanagementsysteme – Teil 001: Anforderungen an Zertifizierungsverfahren für Qualitätsmanagementsysteme der Luftfahrt, Raumfahrt und Verteidigung (EN 9104-001:2013)

D. Normen zu Statistik (Auswahl)	
DIN ISO 2859-1:2004-01	Annahmestichprobenprüfung anhand der Anzahl fehlerhafter Einheiten oder Fehler (Attributprüfung) – Teil 1: Nach der annehmbaren Qualitätsgrenzlage (AQL) geordnete Stichprobenpläne für die Prüfung einer Serie von Losen (ISO 2859-1:1999 einschließlich Technisches Korrigendum 1:2001)
DIN ISO 2859-1 Berichtigung 1:2008-02	Annahmestichprobenprüfung anhand der Anzahl fehlerhafter Einheiten oder Fehler (Attributprüfung) – Teil 1: Nach der annehmbaren Qualitätsgrenzlage (AQL) geordnete Stichprobenpläne für die Prüfung einer Serie von Losen (ISO 2859-1:1999 einschließlich Technisches Korrigendum 1:2001), Berichtigungen zu DIN ISO 2859-1:2004-01

D. Normen zu Statistik (Auswahl)	
DIN ISO 2859-1/A1:2012-11	Annahmestichprobenprüfung anhand der Anzahl fehlerhafter Einheiten oder Fehler (Attributprüfung) – Teil 1: Nach der annehmbaren Qualitätsgrenzlage (AQL) geordnete Stichprobenpläne für die Prüfung einer Serie von Losen – Änderung 1 (ISO 2859-1:1999/Amd. 1:2011)
DIN ISO 2859-2:1993-04	Annahmestichprobenprüfung anhand der Anzahl fehlerhafter Einheiten oder Fehler (Attributprüfung); Nach der rückzuweisenden Qualitätsgrenzlage (LQ) geordnete Stichprobenanweisungen für die Prüfung einzelner Lose anhand der Anzahl fehlerhafter Einheiten Identisch mit ISO 2859-2:1985
DIN ISO 2859-3:2007-10	Annahmestichprobenprüfung anhand der Anzahl fehlerhafter Einheiten oder Fehler (Attributprüfung) – Teil 3: Skip lot-Verfahren (ISO 2859-3:2005)
DIN ISO 2859-4:2005-09	Annahmestichprobenprüfung anhand der Anzahl fehlerhafter Einheiten oder Fehler (Attributprüfung) – Teil 4: Verfahren zur Beurteilung deklarierter Qualitätslagen (ISO 2859-4:2002)
ISO 2859-5:2005-06	Annahmestichprobenprüfung anhand der Anzahl fehlerhafter Einheiten oder Fehler (Attributprüfung) – Teil 5: System sequenzieller Stichprobenpläne für losweise Prüfung, geordnet nach der annehmbaren Qualitätsgrenzlage (AQL)
DIN ISO 2859-10:2009-12	Annahmestichprobenprüfung anhand der Anzahl fehlerhafter Einheiten oder Fehler (Attributprüfung) – Teil 10: Einführung in das ISO-2859-Attribut-Stichprobensystem (ISO 2859-10:2006)
DIN ISO 3534-1:2009-10	Statistik – Begriffe und Formelzeichen – Teil 1: Wahrscheinlichkeit und allgemeine statistische Begriffe (ISO 3534-1:2006)
DIN ISO 3534-2:2010-02	Statistik – Begriffe und Formelzeichen – Teil 2: Angewandte Statistik (ISO 3534-2:2006)
ISO 3534-3:2013-04	Statistik – Begriffe und Formelzeichen – Teil 3: Versuchsplanung
ISO/DIS 3534-4:2012-09	Statistics – Vocabulary and symbols – part 4: Survey sampling
DIN ISO 3951-1:2008-03	Verfahren für die Stichprobenprüfungen anhand quantitativer Merkmale (Variablenprüfung) – Teil 1: Spezifikation für Einfach-Stichprobenanweisungen für losweise Prüfung, geordnet nach der annehmbaren Qualitätsgrenzlage (AQL) für ein einfaches Qualitätsmerkmal und einfache AQL (ISO 3951-1:2005)
ISO 3951-2:2006-04	Verfahren für die Stichprobenprüfungen anhand quantitativer Merkmale (Variablenprüfung) – Teil 2: Allgemeine Spezifikation für Einfach-Stichprobenanweisungen, geordnet nach der annehmbaren Qualitätsgrenzlage (AQL) für losweise Prüfung unabhängiger Qualitätsmerkmale
ISO 3951-2 AMD 1:2006-04	Verfahren für die Stichprobenprüfungen anhand quantitativer Merkmale (Variablenprüfung) – Teil 2: Allgemeine Spezifikation für Einfach-Stichprobenanweisungen, geordnet nach der annehmbaren Qualitätsgrenzlage (AQL) für losweise Prüfung unabhängiger Qualitätsmerkmale; Änderung 1
ISO/DIS 3951-2:2012-02	Verfahren für die Stichprobenprüfungen anhand quantitativer Merkmale (Variablenprüfung) – Teil 2: Allgemeine Spezifikation für Einfach-Stichprobenanweisungen, geordnet nach der annehmbaren Qualitätsgrenzlage (AQL) für losweise Prüfung unabhängiger Qualitätsmerkmale
ISO 3951-3:2007-05	Verfahren für die Stichprobenprüfungen anhand von quantitativen Merkmalen (Variablenprüfung) – Teil 3: Doppelstichprobenpläne für losweise Prüfung, geordnet nach der annehmbaren Qualitätsgrenzlage, AQL
ISO 3951-4:2011-08	Verfahren für die Stichprobenprüfungen anhand von quantitativen Merkmalen (Variablenprüfung) – Teil 4: Verfahren für die Beurteilung deklarierter Qualitätsgrenzlagen
ISO 3951-5:2006-03	Verfahren für die Stichprobenprüfungen anhand quantitativer Merkmale (Variablenprüfung) – Teil 5: System sequenzieller Stichprobenanweisungen, geordnet nach der annehmbaren Qualitätsgrenzlage (AQL) für losweise Prüfung – Unabhängige Qualitätsmerkmale
DIN EN ISO 4120:2007-10	Sensorische Analyse – Prüfverfahren – Dreiecksprüfung (ISO 4120:2004)
DIN EN ISO 4120 Berichtigung 1:2009-08	Sensorische Analyse – Prüfverfahren – Dreiecksprüfung (ISO 4120:2004) Berichtigung zu DIN EN ISO 4120:2007-10
DIN ISO 5479:2004-01	Statistische Auswertung von Daten – Tests auf Abweichung von der Normalverteilung (ISO 5479:1997)

I

D. Normen zu Statistik (Auswahl)	
DIN EN ISO 5492:2009-12	Sensorische Analyse – Vokabular (ISO 5492:2008)
DIN ISO 5495:2007-10	Sensorische Analyse – Prüfverfahren – Paarweise Vergleichsprüfung (ISO 5495:2005 und ISO 5495:2005/Cor 1:2006)
DIN ISO 5725-1:1997-11	Genauigkeit (Richtigkeit und Präzision) von Messverfahren und Messergebnissen; Teil 1: Allgemeine Grundlagen und Begriffe (ISO 5725-1:1994)
DIN ISO 5725-1 Berichtigung 1:1998-09	Berichtigungen zu DIN ISO 5725-1:1997-11 (ISO 5725-1: 1994/Corr. 1:1998)
DIN ISO 5725-2:2002-12	Genauigkeit (Richtigkeit und Präzision) von Messverfahren und Messergebnissen; Teil 2: Grundlegende Methode für die Ermittlung der Wiederhol- und Vergleichpräzision eines vereinheitlichten Messverfahrens (ISO 5725-2:1994 einschließlich Technisches Korrigendum 1:2002)
DIN ISO 5725-3:2003-02	Genauigkeit (Richtigkeit und Präzision) von Messverfahren und Messergebnissen; Teil 3: Präzisionsmaße eines vereinheitlichten Messverfahrens unter Zwischenbedingungen (ISO 5725-3:1994 einschließlich Technisches Korrigendum 1:2001)
DIN ISO 5725-4:2003-01	Genauigkeit (Richtigkeit und Präzision) von Messverfahren und Messergebnissen; Teil 4: Grundlegende Methoden für die Ermittlung der Richtigkeit eines vereinheitlichten Messverfahrens (ISO 5725-4:1994)
DIN ISO 5725-5:2002-11	Genauigkeit (Richtigkeit und Präzision) von Messverfahren und Messergebnissen; Teil 5: Alternative Methoden für die Ermittlung der Präzision eines vereinheitlichten Messverfahrens (ISO 5725-5:1998)
DIN ISO 5725-5 Berichtigung 1:2006-04	Berichtigungen zu DIN ISO 5725-5:2002-11 (ISO 5725-5: 1998/Corr. 1:2005)
DIN ISO 5725-6:2002-08	Genauigkeit (Richtigkeit und Präzision) von Messverfahren und Messergebnissen; Teil 6: Anwendung von Genauigkeitswerten in der Praxis (ISO 5725-6:1994 einschließlich Technisches Korrigendum 1:2001)
ISO 7870-1:2007	Control charts – Part 1: General guidelines
ISO 7870-2:2013	Control charts – Part 2: Shewhart control charts
ISO 7870-3:2012	Control charts – Part 3: Acceptance control charts
ISO 7870-4:2011	Control charts – Part 4: Cumulative sum charts
ISO 8422:2006-10	Sequentielle Stichprobenprüfung anhand qualitativer Merkmale
ISO 8423:2008-09	Sequentielle Stichprobenanweisungen anhand quantitativer Merkmale auf den Anteil fehlerhafter Einheiten (bei bekannter Standardabweichung)
DIN ISO 10576-1:2009-10	Statistische Verfahren – Leitfaden für die Beurteilung der Konformität mit vorgegebenen Anforderungen – Teil 1: Allgemeine Grundsätze (ISO 10576-1:2003)
DIN ISO 11095:2008-04	Lineare Kalibrierung unter Verwendung von Referenzmaterialien (ISO 11095:1996)
DIN ISO 11453:2005-03	Statistische Auswertung von Daten – Tests und Vertrauensbereiche für Anteile (ISO 11453:1996 einschließlich Technisches Korrigendum 1:1999)
DIN ISO 11843-1:2004-09	Erkennungsfähigkeit – Teil 1: Begriffe (ISO 11843-1:1997 einschließlich Technisches Korrigendum 1:2003)
DIN ISO 11843-2:2006-06	Erkennungsfähigkeit – Teil 2: Verfahren im Fall der linearen Kalibrierung (ISO 11843-2:2000)
DIN ISO 11843-2 Berichtigung 1:2008-06	Berichtigungen zu DIN ISO 11843-2:2006-06 (ISO 11843-2:2000/Cor. 1:2007)
DIN ISO 11843-3:2006-06	Erkennungsfähigkeit – Teil 3: Verfahren zur Ermittlung der Erkennungsgrenze, wenn keine Kalibrierdaten angewendet werden (ISO 11843-3:2003)
DIN ISO 11843-4:2006-06	Erkennungsfähigkeit – Teil 4: Verfahren zum Vergleichen des Erfassungsvermögens mit einem vorgegebenen Wert (ISO 11843-4:2003)
DIN ISO 11843-5:2010-08	Erkennungsfähigkeit – Teil 5: Verfahren in den Fällen der linearen und der nichtlinearen Kalibrierung (ISO 11843-5:2008)
ISO 13053-1:2011-09	Quantitative Verfahren zur Prozessverbesserung – Six Sigma – Teil 1: DMAIC-Verfahren
ISO 13053-2:2011-09	Quantitative Verfahren zur Prozessverbesserung – Six Sigma – Teil 2: Werkzeuge und Techniken

I

D. Normen zu Statistik (Auswahl)	
DIN ISO 18414:2012-02	Annahmestichprobenverfahren anhand der Anzahl fehlerhafter Einheiten – Vertrauensbasiertes Stichprobensystem mit der Annahmezahl Null zur Prüfung der Ausgangs-Qualitätslage (ISO 18414:2006)
DIN ISO 21747:2007-03	Statistische Verfahren – Prozessleistungs- und Prozessfähigkeitskenngrößen für kontinuierliche Qualitätsmerkmale (ISO 21747:2006)
ISO 24153:2009-12	Random sampling and randomization procedures
DIN 1319-1:1995-01	Grundlagen der Messtechnik; Teil 1: Grundbegriffe
DIN 1319-2:2005-10	Grundlagen der Messtechnik – Teil 2: Begriffe für Messmittel
DIN 1319-3:1996-05	Grundlagen der Messtechnik; Teil 3: Auswertung von Messungen einer einzelnen Messgröße; Messunsicherheit
DIN 1319-4:1999-02	Grundlagen der Messtechnik; Teil 4: Auswertung von Messungen; Messunsicherheit
DIN 10950:2012-10	Sensorische Prüfung – Allgemeine Grundlagen
DIN 10961:1996-08	Schulung von Prüfpersonen für sensorische Prüfungen
DIN 10964:1996-02	Sensorische Prüfverfahren; Einfach beschreibende Prüfung
DIN 10966:1997-12	Sensorische Prüfverfahren; Intensitätsprüfung
DIN 10969:2001-05	Sensorische Prüfverfahren; Beschreibende Prüfung mit anschließender Qualitätsbewertung
DIN 13303-1:1982-05	Stochastik; Wahrscheinlichkeitstheorie; Gemeinsame Grundbegriffe der mathematischen und der beschreibenden Statistik; Begriffe und Zeichen
DIN 13303-2:1982-11	Stochastik; Mathematische Statistik; Begriffe und Zeichen
DIN 53803-1:1991-03	Probenahme; Statistische Grundlagen der Probennahme bei einfacher Aufteilung
DIN 53803-2:1994-03	Probenahme; Praktische Durchführung
DIN 53803-3:1984-06	Probenahme; Statistische Grundlagen der Probenahme bei zweifacher Aufteilung nach zwei gleichberechtigten Gesichtspunkten
DIN 53803-4:1984-06	Probenahme; Statistische Grundlagen der Probenahme bei zweifacher Aufteilung nach zwei einander nachgeordneten Kriterien
DIN 53804-1:2002-04	Statistische Auswertungen; Kontinuierliche Merkmale
DIN 53804-1 Berichtigung 1:2003-06	Berichtigungen zu DIN 53804-1:2002-04
DIN 53804-1 Berichtigung 2:2007-12	Berichtigungen zu DIN 53804-1:2002-04
DIN 53804-2:1985-03	Statistische Auswertungen; Zählbare (diskrete) Merkmale
DIN 53804-3:1982-01	Statistische Auswertungen; Ordinalmerkmale
DIN 53804-4:1985-03	Statistische Auswertungen; Attributmerkmale
DIN 55301:1978-09	Gestaltung statistischer Tabellen
DIN 55303-2:1984-05	Statistische Auswertung von Daten; Testverfahren und Vertrauensbereiche für Erwartungswerte und Varianzen
DIN 55303-2 Beiblatt 1:1984-05	Statistische Auswertung von Daten; Operationscharakteristiken von Tests für Erwartungswerte und Varianzen
DIN 55303-7:1996-03	Statistische Auswertung von Daten; Teil 7: Schätz- und Testverfahren bei zweiparametrischer Weibull-Verteilung
DIN 55319-2:2007-09	Statistische Verfahren – Teil 2: Qualitätsfähigkeitskenngrößen zur Beurteilung von Prozessen bei multivariat normalverteilten Merkmalswerten
DIN 55319-3:2007-09	Statistische Verfahren – Teil 3: Qualitätsfähigkeitskenngrößen zur Beurteilung von Messprozessen bei multivariat normalverteilten Messergebnissen
DIN 55350-12:1989-03	Begriffe der Qualitätssicherung und Statistik; Merkmalsbezogene Begriffe
DIN 55350-13:1987-07	Begriffe der Qualitätssicherung und Statistik; Begriffe zur Genauigkeit von Ermittlungsverfahren und Ermittlungsergebnissen
DIN 55350-14:1985-12	Begriffe der Qualitätssicherung und Statistik; Begriffe der Probenahme
DIN 55350-21:1982-05	Begriffe der Qualitätssicherung und Statistik; Begriffe der Statistik; Zufallsgrößen und Wahrscheinlichkeitsverteilungen

D. Normen zu Statistik (Auswahl)	
DIN 55350-22:1987-02	Begriffe der Qualitätssicherung und Statistik; Begriffe der Statistik; Spezielle Wahrscheinlichkeitsverteilungen
DIN 55350-23:1983-04	Begriffe der Qualitätssicherung und Statistik; Beschreibende Statistik
DIN 55350-24:1982-11	Begriffe der Qualitätssicherung und Statistik; Begriffe der Statistik; Schließende Statistik
DIN 55350-31:1985-12	Begriffe der Qualitätssicherung und Statistik; Begriffe der Annahmestichprobenprüfung
DIN 55350-33:1993-09	Begriffe der Qualitätssicherung und Statistik; Begriffe der statistischen Prozesslenkung

E. Normen zu verwandten Gebieten (Auswahl)	
DIN EN ISO 14001:2009-11	Umweltmanagementsysteme – Anforderungen mit Anleitung zur Anwendung (ISO 14001:2004 + Cor. 1:2009)
DIN EN ISO 14004:2010-08	Umweltmanagementsysteme – Allgemeiner Leitfaden über Grundsätze, Systeme und unterstützende Methoden (ISO 14004:2004)
ISO/IEC 20000-1:2011-04	Informationstechnik – Service Management – Teil 1: Spezifikation für Service Management
ISO/IEC 20000-2:2012-02	Informationstechnik – Service Management – Teil 2: Allgemeine Verfahrensregeln für Service Management
E IDIN ISO 21500:2013-06	Leitlinien Projektmanagement (ISO 21500:2012)
DIN EN ISO 22000:2005-11	Managementsysteme für die Lebensmittelsicherheit – Anforderungen an Organisationen in der Lebensmittelkette (ISO 22000:2005)
DIN EN ISO 22000 Berichtigung 1:2006-07	Managementsysteme für die Lebensmittelsicherheit – Anforderungen an Organisationen in der Lebensmittelkette (ISO 22000:2005), Berichtigungen zu DIN EN ISO 22000:2005-11
ISO 22301:2012-05	Sicherheit und Schutz des Gemeinwesens – Managementsysteme für die Planung, Vorbereitung und operationelle Kontinuität – Anforderungen
DIN ISO 29990:2010-12	Lerndienstleistungen für die Aus- und Weiterbildung – Grundlegende Anforderungen an Dienstleister (ISO 29990:2010)
ISO 31000:2009-11	Risikomanagement – Allgemeine Anleitung zu den Grundsätzen und zur Implementierung eines Risikomanagements
DIN EN 31010:2010-11	Risikomanagement – Verfahren zur Risikobeurteilung (IEC/ISO 31010:2009)
DIN EN ISO 50001:2011-12	Energiemanagementsysteme – Anforderungen mit Anleitung zur Anwendung (ISO 50001:2011)
DIN ISO/IEC 27001:2008-09	Informationstechnik – IT-Sicherheitsverfahren – Informationssicherheits-Managementsysteme – Anforderungen (ISO/IEC 27001:2005)
DIN ISO/IEC 27002:2008-09	Informationstechnik – IT-Sicherheitsverfahren – Leitfaden für das Informationssicherheits-Management (ISO/IEC 27002:2005)
DIN IEC 60300-1:2004-02	Zuverlässigkeitsmanagement – Teil 1: Zuverlässigkeitsmanagementsysteme (IEC 60300-1:2003)
E DIN IEC 60300-1:2010-10	Zuverlässigkeitsmanagement – Teil 1: Leitfaden für Management und Anwendung (IEC 56/1368/CD:2010)
DIN IEC 60300-2:2004-02	Zuverlässigkeitsmanagement – Teil 2: Leitfaden zum Zuverlässigkeitsmanagementsysteme (IEC 60300-2:2004)
IEV 191:2002-10	Internationales Elektrotechnisches Wörterbuch – Kapitel 191: Zuverlässigkeit und Dienstgüte (Konsolidierte Fassung einschließlich Änderung 1 und Änderung 2); Identisch mit IEC 60050-191:1990-12 (Konsolidiert mit IEC 60050-191/A1:1993-03 und IEC 60050-191/A2:2002-01)
OHSAS 18001:2007	Arbeits- und Gesundheitsschutz-Managementsysteme – Anforderungen
OHSAS 18002:2008	Arbeits- und Gesundheitsschutz-Managementsysteme – Leitfaden für die Implementierung von OHSAS 18001

I

E. Normen zu verwandten Gebieten (Auswahl)	
IRIS Revision 02.1:2013-04	International Railway Industry Standard - Global business management system for the International Railway Industry
E DIN EN 1325:2011-10	Value Management, Wörterbuch (prEN 1325:2011)
DIN EN 1325-1:1996-11	Value Management, Wertanalyse, Funktionenanalyse - Wörterbuch - Teil 1: Wertanalyse und Funktionenanalyse (EN 1325-1:1996)
DIN EN 1325-2:2004-11	Value Management, Wertanalyse, Funktionenanalyse - Wörterbuch - Teil 2: Value Management (EN 1325-2:2004)
DIN EN 10204:2005-01	Metallische Erzeugnisse; Arten von Prüfbescheinigungen
DIN EN 12973:2002-02	Value Management (EN 12973:2000)
DIN EN 12973 Berichtigung 1:2003-12	Berichtigungen zu DIN EN 12973:2002-02
DIN EN 13306:2010-12	Instandhaltung - Begriffe der Instandhaltung
DIN EN 14065:2003-02	Textilien - In Wäschereien aufbereitete Textilien - Kontrollsystem Biokontamination (EN 14065:2002)
DIN EN 60812:2006-11	Analysetechniken für die Funktionsfähigkeit von Systemen - Verfahren für die Fehlzustandsart- und -auswirkungsanalyse (FMEA); (IEC 60812:2006)
DIN 25424-1:1981-09	Fehlerbaumanalyse; Methode und Bildzeichen
DIN 25424-2:1990-04	Fehlerbaumanalyse; Handrechenverfahren zur Auswertung eines Fehlerbaumes
DIN 31000:2011-05; VDE 1000:2011-05	Allgemeine Leitsätze für das sicherheitsgerechte Gestalten von Produkten
DIN 31051:2012-09	Grundlagen der Instandhaltung
DIN 40041:1990-12	Zuverlässigkeit, Begriffe
DIN 40200:1981-10	Nennwert, Grenzwert, Bemessungswert, Bemessungsdaten; Begriffe
DIN 69900:2009-01	Projektmanagement - Netzplantechnik; Beschreibungen und Begriffe
DIN 69901-1:2009-01	Projektmanagement - Projektmanagementsysteme - Teil 1: Grundlagen
DIN 69901-2:2009-01	Projektmanagement - Projektmanagementsysteme - Teil 2: Prozesse, Prozessmodell
DIN 69901-3:2009-01	Projektmanagement - Projektmanagementsysteme - Teil 3: Methoden
DIN 69901-4:2009-01	Projektmanagement - Projektmanagementsysteme - Teil 4: Daten, Datenmodell
DIN 69901-5:2009-01	Projektmanagement - Projektmanagementsysteme - Teil 5: Begriffe
DIN 69909-1:2013-03	Multiprojektmanagement - Management von Projektportfolios, Programmen und Projekten - Teil 1: Grundlagen
DIN 69909-2:2013-03	Multiprojektmanagement - Management von Projektportfolios, Programmen und Projekten - Teil 2: Prozesse, Prozessmodell
DIN SPEC 91020:2012-07	Betriebliches Gesundheitsmanagement

Qualitätsmanagement und Recht

8.1 Juristische Aspekte des Qualitätsmanagements ... 128

8.2 Haftung nach der (deliktsrechtlichen) Produzentenhaftung und nach dem Produkthaftungsgesetz ... 129

8.3 Qualitätssicherungsvereinbarungen ... 133
8.3.1 Regelungsinhalte und rechtliche Einordnung der QS-Vereinbarungen ... 133
8.3.2 Qualitätssicherungsvereinbarungen und Wareneingangskontrolle ... 134
8.3.2.1 Untersuchungs- und Rügeobliegenheit nach § 377 HGB ... 134
8.3.2.2 Ausschluss der Untersuchungs- und Rügeobliegenheit ... 135
8.3.2.3 Rügeobliegenheit und Qualitätsmanagementsysteme ... 136
8.3.2.4 Wahl des Untersuchungsortes ... 137
8.3.3 Fixgeschäftsklauseln und Verzugsschadensersatzklauseln ... 137
8.3.4 Veränderung der Gewährleistungssituation ... 138
8.3.4.1 Abschied vom klassischen Gewährleistungssystem? ... 139
8.3.4.2 Einzelne Klauselbeispiele ... 139
8.3.4.3 Probleme der anhand eines Musters getroffenen Qualitätssicherungsvereinbarung ... 139
8.3.5 Verteilung des Produkthaftungsrisikos ... 140
8.3.5.1 Außenverhältnis ... 140
8.3.5.2 Haftungsausgleich im Innenverhältnis ... 140
8.3.6 Lieferantenbeurteilung ... 141
8.3.6.1 Notwendigkeit ... 141
8.3.6.2 Vorgehensweise ... 142

8.4 Konformitätsbewertung – das System der Zertifizierung, Akkreditierung und Normung ... 142
8.4.1 Ziele und Voraussetzungen der Konformitätsbewertung ... 144
8.4.2 Module ... 145
8.4.3 Umsetzung der Richtlinien in nationales Recht; ProdSG und nationale RechtsVO ... 146

8.5 Umweltrecht – EMAS-Verordnung der EU ... 147
8.5.1 Rahmenbedingungen des EMAS-Systems ... 148
8.5.1.1 Sachlicher Anwendungsbereich ... 148
8.5.1.2 Räumlicher Anwendungsbereich ... 149
8.5.1.3 Zeitlicher Anwendungsbereich ... 149
8.5.2 Ziele der EMAS-Verordnung ... 149
8.5.3 Inhalte der EMAS-Verordnung ... 149

8.5.3.1 Aufbauphase 149
8.5.3.2 Umwelt-Audit-Zyklus 151
8.5.4 Anforderungen an das Umweltmanagementsystem 151
8.5.4.1 Umweltaspekte – gesetzliche und andere Forderungen 152
8.5.4.2 Zielsetzungen und Einzelziele/Umweltprogramm 152
8.5.5 Implementierung und Durchführung 153
8.5.5.1 Organisationsstruktur und Verantwortlichkeit 153
8.5.5.2 Umsetzung der EMAS-Verordnung 154
8.5.5.3 Dokumentation des Umweltmanagementsystems/Lenkung der Dokumente 154

8 Qualitätsmanagement und Recht

Jürgen Ensthaler

Der nachfolgende Beitrag befasst sich mit den bedeutsamen juristischen Anforderungen an ein Qualitätsmanagement. Die Auswahl der einzelnen Gebiete beruht zum einen auf dem Erfahrungswissen des Autors, sie ist aber auch das Ergebnis einer Befragung mittelständischer Unternehmen verschiedener Branchen über die Anforderungen an ein juristisch orientiertes Qualitätsmanagement. Ausgewählt wurden die Gebiete Produkt-/Produzentenhaftung, Qualitätssicherungsvereinbarungen (Vereinbarungen zwischen Zulieferer und Hersteller), Zertifizierung – insbesondere für die Warenverkehrsfreiheit innerhalb der Europäischen Union – und Umweltrecht. Die Bearbeitung zielt darauf ab, die für das Unternehmen jeweils verbindlichen Rechtsnormen so aufzubereiten, dass sie als Teile von Prozessen verarbeitet werden können, dass Haftung vermieden werden kann, dass Verträge vereinbarungsgemäß erfüllt werden können, und dass die rechtlichen Anforderungen, z. B. für die Warenverkehrsfreiheit oder für die Einrichtung von Umweltmanagementsystemen, von vornherein beachtet werden können. Der Beitrag soll eine konkrete Hilfe dabei sein, Sanktionen zu vermeiden oder die Vorteile rechtlicher Vorgaben auszunutzen.

I

8.1 Juristische Aspekte des Qualitätsmanagements

Der Begriff „Qualitätsmanagement“ kommt in der Rechtslehre nicht oder wohl eher zufällig vor. Das liegt keinesfalls daran, dass es keine juristische Begleitung des Qualitätsmanagements gibt, sondern dieses ist damit zu erklären, dass das Qualitätsmanagement in der Rechtswissenschaft unter anderen Begriffen eingeordnet ist. Dadurch wird angezeigt, dass die für das Qualitätsmanagement bedeutsamen juristischen Kategorien auch in anderen Zusammenhängen behandelt werden als denen, die für die Ingenieurwissenschaften und die Betriebswirtschaftslehre von Bedeutung sind. Das lässt sich gut an einem Beispiel aus der Produzentenhaftung verständlich machen: Die sogenannte Produzentenhaftung (der auch noch die Produkthaftung nach dem Produkthaftungsgesetz zur Seite steht) ist für den Juristen nur ein Teilgebiet aus dem großen Bereich des Deliktsrechts. Dieses Deliktsrecht ist wiederum Teil des großen Gebietes „Schuldrecht“; der Jurist betrachtet die Produzentenhaftung und behandelt sie auch in Wissenschaft und Praxis demnach als ein relativ kleines Teilgebiet des schon größeren deliktsrechtlichen Regelungsbereiches, das aber wiederum in das Schuldrecht eingebunden ist. Vieles ist hier dann auch derart ineinander verwoben, dass z.B. für eine Falllösung alle berührten Gebiete zumindest berücksichtigt werden müssen, um zu einem sachgerechten Ergebnis kommen zu können.

Der mit Haftungsfragen befasste Ingenieur wird darum bemüht sein, ein Produzentenhaftungssystem aufzufinden, das ihm als geschlossene, nicht erst durch andere Rechtsgebiete erfahrbare Materie verständlich wird.

Ebenso wie das durch die Ingenieurwissenschaften definierte Qualitätsmanagement seine Wurzeln in vielen technischen Teilgebieten haben wird, so ist schließlich auch die Produzentenhaftung von vielen juristischen Disziplinen abhängig.

Damit ist ein Problem angesprochen, nämlich das Problem einer sinnvollen und vor allen Dingen verständlichen Aufbereitung des juristischen Stoffes für die Anliegen Fachfremder. Dabei sind die gestellten Anforderungen an die rechtlichen Ausführungen besonders hoch: Es geht im interdisziplinären Bereich weniger darum, noch vorhandene Rechtslücken zu schließen bzw. den Theorienstreit zu bereichern, sondern es geht im Produzentenhaftungsbereich – um noch bei diesem Beispiel zu bleiben – darum, Haftungsvermeidungsstrategien aufzubauen, und es ist regelmäßig schwieriger, darin zu beraten, dass Haftungssituationen erst gar nicht entstehen, als im Falle des Haftungseintritts noch für eine Schadensbegrenzung zu sorgen.

Das zweite Problem liegt regelmäßig in der Stoffbegrenzung. Für diese Stoffbegrenzung gibt es keine methodischen Vorgaben aus der Rechtswissenschaft. Aus juristischer Sicht handelt es sich gegenständlich um das Gebiet des Technikrechts.

Stoffbegrenzung

Das Technikrecht steht erst am Anfang seiner Entwicklung. Die rechtswissenschaftlichen Arbeiten zur Entwicklung eines Technikrechts erschöpfen sich aber bis in die heutige Zeit überwiegend darin, Rechtsgebiete aufzulisten und – in zumeist verkürzter Form – vorzustellen, welche technische Phänomene zum Gegenstand haben. Diese Abhandlungen besitzen weder für Ingenieure noch für Juristen regelmäßig irgendeinen Wert. Für Ingenieure haben sie keinen Wert, weil sie meist nur in erheblich verkürzter Form zu den rechtlichen Problemen Stellung nehmen, und für Juristen sind diese Arbeiten ohne Wert, weil durch sie keine neuen Erkenntnisse vermittelt werden. Im Technikrecht muss es in erster Linie darum gehen, die Erkenntnisse ingenieurwissenschaftlicher Arbeiten, dort, wo es angezeigt ist, in die rechtliche Bewertung aufzunehmen. Die Verletzung von Verkehrssicherungspflichten, welche die Produzentenhaftung begründet, kann nicht ohne Berücksichtigung der Wirkweise eingesetzter und gepflegter Qualitätsmanagementsysteme festgestellt werden. Die Frage nach der Obliegenheit zur Wareneingangskontrolle bei Warenlieferung durch vertraglich an den Hersteller gebundene Zulieferer muss unter Berücksichtigung der vom Zulieferer – meistens in Abstimmung mit dem Hersteller – eingesetzten Qualitätssicherungstechniken (z.B. QFD, FMEA) beurteilt werden. Andernfalls kann nicht bestimmt werden, was Gegenstand der Wareneingangskontrolle sein muss. Es gibt viele weitere Bereiche, denen gemeinsam ist, dass die Erkenntnisse aus den Ingenieurwissenschaften und die aus der Rechtswissenschaft sich hinsichtlich der Bewertung eines Sachverhalts ergänzen, dass also die Technik nicht nur als Phänomen erscheint, das rechtlicher Bewertung unterliegt, sondern dass erst auf der Grundlage von Erkenntnissen aus beiden Wissenschaftsgebieten zutreffende Ergebnisse hergeleitet werden können. Seit längerer Zeit ist Ingenieurwissenschaft in Teilbereichen auch Wissenschaft, die der Sozialverträglichkeit von Technik dient und deshalb auch in die Bewertung von technischen Phänomenen einzubeziehen ist, welche zur Aufgabe hat, Technik nach gesellschaftlicher Akzeptanz zu untersuchen. Hier wird insbesondere der Sachverhalt abgehandelt, der nur interdisziplinär bewertet werden kann (vgl. hierzu Ensthaler/Gesmann-Nuissl/Müller 2012 bzw. Ensthaler 2010, S. 226).

Weiterhin ist das Recht auf vielen Gebieten ein Dienstleister, den man zum Vorteil des eigenen Unternehmens in Anspruch nehmen sollte. Zivilrechtliche Normen, wie insbesondere das Schuldrecht, dienen in erster Linie dazu, den Vertragspartnern ihren Interessen entsprechende und durchsetzbare vertragliche Regeln zur Seite zu stellen. Aufgrund der bestehenden Vertragsfreiheit dienen diese Regeln nicht der Disziplinierung, sondern ermöglichen interessengerechte Rechtssicherheit. Die neue Vertragsform der Qualitätssicherungsvereinbarungen ist hier zu nennen. Es handelt sich um einen Vertrag sui generis, der nur zum Teil in den im BGB ausgeführten Vertragstypen angelegt ist. Qualitätssicherungsvereinbarungen koordinieren das Zusammenwirken vieler Unternehmen im Hinblick auf die Schaffung eines Produkts. Sie sind für die arbeitsteilige Wirtschaft unerlässlich. Als weiteres Beispiel kann das insbesondere zur Verwirklichung der Warenverkehrsfreiheit für den Binnenmarkt entwickelte System von Akkreditierung, Zertifizierung und Normung genannt werden. Jedes Unternehmen, das zumindest europaweit Waren vermarktet – das werden nahezu alle Unternehmen sein –, wird mit diesem System konfrontiert werden. Das System hat zur Aufgabe, Handelshemmnisse, vor allen Dingen solche, die durch Bürokratie entstanden sind, abzubauen.

Die Einteilung geht schließlich dahin, das Umweltrecht einzubeziehen. Ökonomie steht im Spannungsverhältnis zur Ökologie. Das Recht hat dabei nicht nur ein vom Staat verordnetes, durch Zwang durchzusetzendes Umweltrecht anzubieten; es gibt eine Trendwende dahin, Umweltrecht in vorgegebenem Rahmen zur Unternehmenssache werden zu lassen. Die Unternehmen haben es in der Hand, Umweltmanagementsysteme für ihr Unternehmen zu entwickeln und entsprechend zu integrieren. Die Öko-Audit-Verordnung bzw. EMAS der Europäischen Union ist ein Beispiel dafür.

8.2 Haftung nach der (deliktsrechtlichen) Produzentenhaftung und nach dem Produkthaftungsgesetz

Eine ausführliche Darstellung der deliktsrechtlichen Haftung nach dem deutschen Bürgerlichen Gesetzbuch und der sogenannten Gefährdungshaftung nach dem Produkthaftungsgesetz ist in Kapitel 36, „Juristische Produktverantwortung“, bearbeitet worden. An dieser Stelle im engen Zusammenhang mit dem Qualitätsmanagement geht es darum, die Bedeutung dieser Ausführungen für die Entwicklung von Haftungsvermeidungsstrategien zu nutzen. Dies kann außerhalb eines umfangreichen, eigens dafür gefertigten Werkes nur insofern erarbeitet werden, als die Grundlagen solcher Strategien benannt und erklärt werden.

Den Unternehmen bereitet es regelmäßig Schwierigkeiten, die Sachverhalte zu erfassen, die im Hinblick auf die Produzentenhaftung/Produkthaftung gefährlich sind. Das ist nachvollziehbar, weil schon Zurechnungstatbestände der Haftung anders als im allgemeinen Deliktsrecht definiert sind. Zentraler Begriff für das Verständnis der Produzentenhaftung ist der Rechtsbegriff „Verkehrssicherungspflichten“. Wenn dieser Begriff verstanden wird, sind zwei ganz wesentliche Probleme gelöst:

a) Es wird verständlich, dass nicht die Produktion gefährlicher Güter „an sich“ verboten ist, ansonsten wäre bei der hohen Anzahl von Verkehrstoten schon die Produktion von PKWs verboten.
b) Es wird weiterhin erkennbar, dass der Begriff „Verkehrssicherungspflichten“ nicht nur dem Juristen Arbeitshilfe ist, sondern den Unternehmen die konkreten Verhaltensanforderungen nennt, die es zu beachten gilt, wenn sich das Unternehmen keinen Haftungsrisiken aussetzen möchte.

Für eine Verletzung eines Rechtsgutes ist der Schädiger (Unternehmen) auf der Grundlage der deliktsrechtlichen Produzentenhaftung (§§ 823 ff. BGB) nur verantwortlich, wenn diese Verletzung auf ein dem Unternehmen zurechenbares Verhalten zurückzuführen ist. Das Verhalten eines Mitarbeiters oder eines Mitglieds der Geschäftsführung/des Vorstands der Herstellerfirma muss demnach ursächlich für die Verletzung sein. Üblicherweise wird die Zurechenbarkeit nach der Frage entschieden, ob ein erfahrener und sorgfältiger „Beobachter“ mit der Möglichkeit eines Schadens gerechnet hätte. Diese Fragestellung reicht aber bei der Produzentenhaftung zur Begründung der Ursächlichkeit nicht aus. Das liegt daran, dass dem Hersteller nur in Ausnahmefällen die Herstellung und das Inverkehrbringen des Produkts selbst vorgeworfen werden kann; diese Handlungen sind regelmäßig haftungsrechtlich irrelevant.

Demnach dürfen nicht alle Umstände, die für eine Verletzung von Rechtsgütern ursächlich sind, für die Haftung herangezogen werden, weil sonst jedes Inverkehrbringen eines irgendwie gefährlichen Produkts mit Haftung bedroht wäre.

Die Verkehrssicherungspflichten haben dann auch wesentlich die Funktion, den deliktsrechtlich relevanten Verantwortungsbereich der Hersteller zu bestimmen. Sie sagen dem Hersteller, welche Handlungen oder welches Unterlassen zur Haftung führen kann, d.h. welches Verhalten

im Zusammenhang mit der Herstellung und dem Inverkehrbringen eines Produkts geeignet erscheint, für einen bestimmten Schaden ursächlich (kausal) zu sein.
Mit der Verletzung einer Verkehrssicherungspflicht steht auch zugleich fest, dass das Verhalten rechtswidrig war. Die Verkehrssicherungspflichten sind demnach für die Frage nach der Zurechnung eines Verhaltens von Bedeutung und bestimmen zugleich die Rechtswidrigkeit eines Verhaltens, das gegen den entsprechenden Pflichtenkreis verstößt.
Verkehrssicherungspflichten sind deshalb Verhaltensanweisungen an die Unternehmen zur Vermeidung von Haftung.
Ein Unternehmen, das seine Organisation auch im Hinblick auf die Vermeidung von Produkthaftungsfällen organisiert, muss zumindest die seitens der höchstrichterlichen Rechtsprechung genannten Verkehrssicherungspflichten auf die betriebliche Relevanz hin analysieren und dann in klare Verhaltensdirektiven für die Mitarbeiter umsetzen.
Haftung für gefährliche Produkte droht dem Unternehmen aber nicht nur aufgrund der deliktsrechtlichen Produzentenhaftung (siehe Kap. 36, „Juristische Produktverantwortung“). Das zweite für die Unternehmen bedeutsame Haftungssystem ist im Produkthaftungsgesetz enthalten, das auf eine EG-Richtlinie zurückgeht. Dieses Produkthaftungsgesetz bestimmt in seinem § 3, dass bereits die Fehlerhaftigkeit eines Produkts zur Begründung der Haftung ausreicht. Anders als nach der deliktsrechtlichen Haftung (auf der Grundlage des BGB) genügt demnach schon ein fehlerhaftes Produkt, auch wenn dieser Fehler nicht auf die Verletzung einer Verkehrssicherungspflicht zurückzuführen ist, und auch dann, wenn dieser Fehler rein zufällig und vielleicht sogar für das Unternehmen unvermeidbar entstanden ist. Insofern könnte die oben getroffene Aussage, zur Vermeidung von Haftung sind die Verkehrssicherungspflichten von zentraler Bedeutung, wieder relativiert werden.
Diese Annahme wäre aber falsch. Der Fehlerbegriff in § 3 Produkthaftungsgesetz ist recht abstrakt, im Grunde genommen inhaltsleer. Der Fehlerbegriff muss also durch Rechtsprechung und Rechtswissenschaft inhaltlich ausgefüllt werden. Es ist nahezu selbstverständlich, dass der Fehlerbegriff in Anlehnung an die über Jahrzehnte von der Rechtsprechung entwickelten Verkehrssicherungspflichten ausgelegt wird. Es wäre geradezu perplex, wenn die Rechtsprechung bei der Auslegung des Fehlerbegriffs im Hinblick auf die unternehmerische Haftung das außer Acht lassen würde, was sie über nahezu einhundert Jahre unter dem Begriff „Verkehrssicherungspflicht“ für bedeutsam angesehen hat. Dies geschieht auch nicht. Die inhaltliche Bestimmung der Verkehrssicherungspflichten insbesondere durch die Rechtsprechung hat demnach auch grundlegende Bedeutung für die Auslegung des Fehlerbegriffs nach dem Produkthaftungsgesetz. Insofern besteht Konkurrenz zwischen beiden Haftungssystemen.
Überdies ist nur der Endverbraucher nach dem Produkthaftungsgesetz anspruchsberechtigt, weshalb das Produkthaftungsgesetz innerhalb von Zulieferbeziehungen ohne Bedeutung ist. Weiterhin verhält es sich so, dass das Produkthaftungsgesetz nur außerhalb bestimmter Bagatellgrenzen Anwendung findet und auch wieder durch Haftungshöchstsummen begrenzt ist.
Es sei aber wiederholt, der Fehlerbegriff wird in erster Linie anhand des durch die Verkehrssicherungspflichten festgelegten Pflichtenkreises bestimmt.
Die Konkurrenz zwischen den Haftungsvoraussetzungen nach der deliktsrechtlichen Produzentenhaftung (BGB) und denen nach dem Produkthaftungsgesetz ist insbesondere in den Fällen zweifellos nachweisbar, in denen es sich um einen soziologischen Fehlerbegriff handelt, und dies sind die heute wohl üblichen Fälle.
Gemeint ist damit, dass die Sicherheitsvorkehrungen, die ein Unternehmen zu treffen hat, nicht per se vorgegeben sind, sondern sich in den allermeisten Fällen aufgrund gesellschaftlicher Anforderungen ergeben, die sich durch die Zeit hindurch verändern. So ging es in der „Milupa“-Entscheidung (BGHZ 116, S. 60 ff.) darum, in welchem Umfang der Hersteller wegen möglicher Karieserkrankungen bei der Einnahme seines Kindertees in die Haftung genommen wird. Der „Honda“-Fall (BGHZ 99, S. 167 ff.) des BGH thematisiert die Pflicht des Herstellers eines Motorrades, den Markt nach Zubehörteilen zu beobachten, um gegebenenfalls davor warnen zu können, dass bestimmte Anbauteile die Sicherheit des Motorrades gefährden. Es geht also zumindest bei den kostenträchtigen Fällen regelmäßig darum, welches Sicherheitsniveau der Verbraucher verlangen kann. Insofern wird einsichtig, dass hier auf den Begriff der Verkehrssicherungspflichten zurückgegriffen werden muss, um den Fehlerbegriff zu operationalisieren.
Soweit es sich bei dem Fehler allerdings um einen rein technischen Fehler handelt, also etwa um eine Materialermüdung, so sind die beiden Haftungssysteme in der Tat zu unterscheiden. Soweit der Anspruch des Geschädigten auf die deliktsrechtliche Haftung (Produzentenhaftung nach dem BGB) gestellt wird, muss zusätzlich zur Fehlerhaftigkeit (z. B. des Materials) noch dargelegt werden, dass in diesem Zusammenhang eine Verkehrssicherungspflicht verletzt wurde. Bei der Haftung nach dem Produkthaftungsgesetz reicht dann schon aus, dass der Fehler nachgewiesen ist. Allerdings verhält es sich hier auch wieder so, dass bei einem rein technischen Defekt in aller Regel auch die Verletzung einer Verkehrssicherungspflicht vorliegt. Insofern sind die Unterschiede zwischen beiden Haftungssystemen auch in diesen Fällen marginaler Natur.

Einteilung der Verkehrssicherungspflichten und deren Einbindung in DIN EN ISO 9001:2008

Rechtsprechung und juristische Literatur klassifizieren die Verkehrssicherungspflichten nach bestimmten Fehlerkategorien bzw. Fallgruppen. Die folgende Einteilung ist in Rechtsprechung und Literatur üblich geworden: Unterschieden wird zwischen Konstruktionsfehlern, Fabrikationsfehlern, Instruktionsfehlern, Organisationsfehlern und unzureichender Produktbeobachtung. Branchenübergreifend und auch ohne nähere bzw. weitere Produktdifferenzierung ist es schwer, den Pflichtenkreis konturenhaft darzustellen. Durch die Gegenüberstellung von grundsätzlichen Pflichten zu nicht verlangten Maßnahmen und durch erste Hinweise auf technische Anforderungen (Stichwort: „Stand von Wissenschaft und Technik") ist eine Orientierung möglich, die dann schrittweise zu verfeinern ist.

Hinsichtlich der Inhalte der genannten Verkehrssicherungspflichten finden sich weitere Informationen in Kapitel 36.1.8 und in den Ausführungen in der Kommentierung bei (Kullmann/Pfisterer 2007).

Ergänzend zu den Ausführungen zum Inhalt der Verkehrssicherungspflichten soll im Folgenden vorgestellt werden, wie nach der DIN EN ISO 9001:2008 ein Qualitätsmanagementsystem zur Vermeidung von Haftung aufgebaut werden kann. Dabei ist klar, dass diese internationale Norm keine Anforderungen enthält, die für andere Managementsysteme wie Umweltmanagement, Arbeitsschutzmanagement, Finanzmanagement oder Risikomanagement spezifisch sind. Dennoch verhält es sich so, dass Regelungen dieser internationalen Norm mit den Verkehrssicherungspflichten im Zusammenhang stehen und insofern auf den Aufbau eines Haftungsvermeidungssystems ermöglichen.

Die DIN EN ISO 9001:2008 enthält vielfältige Schnittstellen zu juristischen Fragen. Insbesondere sollen nachfolgend Anknüpfungspunkte zwischen der DIN EN ISO 9001:2008 und den zuvor vorgestellten Verkehrssicherungspflichten dargestellt werden, indem zuerst exemplarische Normabschnitte mit dem jeweiligen Normzitat genannt werden und jeweils anschließend der jeweilige Anknüpfungspunkt genannt wird. Zur besseren Orientierung sind den Normzitaten die jeweiligen Abschnitte der Norm, aus denen die Zitate entnommen sind, als Überschrift vorangestellt (siehe Synnatzschke 2011 sowie Ensthaler/Gesmann-Nuissl/Müller 2012, S. 117 ff.).

Qualitätsmanagementsystem

Allgemeine Anforderungen

„Die Organisation muss entsprechend den Anforderungen dieser Internationalen Norm ein Qualitätsmanagementsystem aufbauen, dokumentieren, verwirklichen, aufrechterhalten und dessen Wirksamkeit ständig verbessern.
Die Organisation muss …
d) die Verfügbarkeit von Ressourcen und Informationen sicherstellen, die zur Durchführung und Überwachung dieser Prozesse benötigt werden,
e) diese Prozesse überwachen, messen und analysieren, …

Wenn sich eine Organisation dafür entscheidet, einen Prozess auszugliedern, der die Produktkonformität mit den Anforderungen beeinflusst, muss die Organisation die Lenkung derartiger Prozesse sicherstellen."

Hier angesprochen ist die Organisationspflicht. Außerdem wird der Bereich der Qualitätssicherungsvereinbarung (QSV) mit den ausgegliederten Prozessen und deren Lenkung angesprochen.

Allgemeines

„Die Dokumentation zum Qualitätsmanagementsystem muss enthalten
a) dokumentierte Qualitätspolitik und Qualitätsziele,
b) ein Qualitätsmanagementhandbuch,
c) dokumentierte Verfahren, die von dieser Internationalen Norm gefordert werden, …"

Auch hier wird die Organisationspflicht konkretisiert.

Qualitätsmanagementhandbuch

„Die Organisation muss ein Qualitätsmanagementhandbuch erstellen und aufrechterhalten."

Eine weitere Konkretisierung der Organisationspflicht im Rahmen eines Qualitätsmanagementsystems.

Lenkung von Dokumenten

„Die vom Qualitätsmanagementsystem geforderten Dokumente müssen gelenkt werden. …

Ein dokumentiertes Verfahren zur Festlegung der erforderlichen Lenkungsmaßnahmen muss eingeführt werden, …"

Eine weitere Konkretisierung der Organisationspflicht im Rahmen eines Qualitätsmanagementsystems.

I

Verantwortung der Leitung

Verpflichtung der Leitung

„Die oberste Leitung muss ihre Verpflichtung bezüglich der Entwicklung und Verwirklichung des Qualitätsmanagementsystems und der ständigen Verbesserung der Wirksamkeit des Qualitätsmanagementsystems nachweisen, indem sie
a) der Organisation die Bedeutung … der gesetzlichen und behördlichen Anforderungen vermittelt, …“

Hier werden zwei Verkehrssicherungspflichten angesprochen, die Organisationspflicht und die Instruktionspflicht.

Planung des Qualitätsmanagementsystems

„Die oberste Leitung muss sicherstellen, dass …
b) die Funktionsfähigkeit des Qualitätsmanagementsystems aufrechterhalten bleibt, wenn Änderungen am Qualitätsmanagementsystem geplant und umgesetzt werden.“

Dies bietet auch einen Anknüpfungspunkt für QSV neben der Organisationspflicht.

Verantwortung und Befugnis

„Die oberste Leitung muss sicherstellen, dass die Verantwortungen und Befugnisse innerhalb der Organisation festgelegt und bekannt gemacht werden.“

Hier wird sozusagen der Kern der Organisationspflicht angesprochen.

Management von Ressourcen

Allgemeines

„Personal, das die Produktqualität beeinflussende Tätigkeiten ausführt, muss auf Grund der angemessenen Ausbildung, Schulung, Fertigkeiten und Erfahrungen fähig sein.“

Sozusagen der Kern der Personalorganisation im Rahmen der Organisationspflicht.

Produktrealisierung

Ermittlung der Anforderungen in Bezug auf das Produkt

„Die Organisation muss Folgendes ermitteln: …
c) gesetzliche und behördliche Anforderungen in Bezug auf das Produkt, …“

Hier werden die Organisationspflicht und die Instruktionspflicht angesprochen.

Bewertung der Anforderungen in Bezug auf das Produkt

„Die Organisation muss die Anforderungen in Bezug auf das Produkt bewerten. Diese Bewertung muss vor dem Eingehen einer Lieferverpflichtung gegenüber dem Kunden (z. B. Abgabe von Angeboten, Annahme von Verträgen oder Aufträgen, Annahme von Vertrags- oder Auftragsänderungen) vorgenommen werden … Wenn der Kunde keine dokumentierten Anforderungen vorlegt, müssen die Kundenanforderungen vor der Annahme von der Organisation bestätigt werden.“

Hier wird neben dem Themenbereich der Organisationspflicht der Kern der QSV angesprochen.

Kommunikation mit den Kunden

„Die Organisation muss wirksame Regelungen für die Kommunikation mit den Kunden zu folgenden Punkten festlegen und verwirklichen:
a) Produktinformationen,
b) Anfragen, Verträge oder Auftragsbearbeitung einschließlich Änderungen, und
c) Rückmeldungen von Kunden einschließlich Kundenbeschwerden.“

Hier angesprochen sind die Organisationspflicht sowie die Produktbeobachtungspflicht.

Entwicklungseingaben

„Eingaben in Bezug auf die Produktanforderungen müssen ermittelt und aufgezeichnet werden … Diese Eingaben müssen enthalten …
b) zutreffende gesetzliche und behördliche Anforderungen, …“

Dies spricht sowohl den Bereich der Organisationspflicht als auch den Bereich der QSV an.

Entwicklungsergebnisse

„… Entwicklungsergebnisse müssen …
d) die Merkmale des Produkts festlegen, die für einen sicheren und bestimmungsgemäßen Gebrauch wesentlich sind.“

Dies betrifft den Bereich der Konstruktionspflicht.

Beschaffungsprozess

„… Die Organisation muss Lieferanten auf Grund von deren Fähigkeit beurteilen und auswählen, Produkte entsprechend den Anforderungen der Organisation zu liefern …“

Dies spricht die im Rahmen einer QSV notwendige Lieferantenbeurteilung an und tangiert außerdem die Organisationspflicht.

Validierung der Prozesse zur Produktion und zur Dienstleistungserbringung

„… Die Organisation muss Regelungen für diese Prozesse festlegen, die, soweit zutreffend, enthalten …
b) Genehmigung der Ausrüstung und der Qualifikation des Personals, …“

Dies betrifft den Bereich der Organisationspflicht und auch die QSV.

Kennzeichnung und Rückverfolgbarkeit

„Die Organisation muss, wo angemessen, das Produkt mit geeigneten Mitteln während der gesamten Produktrealisierung kennzeichnen …“

Dies spricht die Organisationspflicht sowie die Produktbeobachtungspflicht an.

Messung, Analyse und Verbesserung

Überwachung und Messung des Produkts

„Die Organisation muss die Merkmale des Produkts überwachen und messen, um die Erfüllung der Produktanforderungen zu verifizieren. Dies muss in geeigneten Phasen des Produktrealisierungsprozesses in Übereinstimmung mit den geplanten Regelungen durchgeführt werden …“

Dies spricht den Bereich der Fabrikationspflicht sowie der QSV an.

Lenkung fehlerhafter Produkte

„Die Organisation muss sicherstellen, dass ein Produkt, das die Anforderungen nicht erfüllt, gekennzeichnet und gelenkt wird, um seinen unbeabsichtigten Gebrauch oder seine Auslieferung zu verhindern …

Wenn ein fehlerhaftes Produkt nach der Auslieferung oder im Gebrauch entdeckt wird, muss die Organisation Maßnahmen ergreifen, die den Folgen oder möglichen Folgen des Fehlers angemessen sind.“

Dies spricht den Bereich der Fabrikationspflicht und der Produktbeobachtung an.

8.3 Qualitätssicherungsvereinbarungen

8.3.1 Regelungsinhalte und rechtliche Einordnung der QS-Vereinbarungen

QS-Vereinbarungen weisen in heutiger Zeit aufgrund von branchen- bzw. produktspezifischen Besonderheiten eine hohe Variationsvielfalt auf. Trotzdem lassen sich im Hinblick auf Erscheinungsform und Inhalt Gemeinsamkeiten feststellen. QS-Vereinbarungen sind Verträge, die der Hersteller mit seinen Zulieferunternehmen abschließt. Sie bilden die rechtliche Grundlage, auf der der arbeitsteilige Produktionsprozess vollzogen wird. Diese Rahmenverträge bestehen unabhängig von den einzelnen kauf- oder werklieferungsvertraglichen Bestellaufträgen bzw. Lieferabrufen bei Just-in-time-Lieferbeziehungen (Franz 1995, S. 56/Martinek 1991, S. 296/Ensthaler 2007, Anhang nach § 377 HGB). Die besonders enge arbeitsteilige Beziehung und das sich daraus ergebende gesteigerte Vertrauens- bzw. Abhängigkeitsverhältnis der Vertragsparteien macht es erforderlich, in den QS-Vereinbarungen über den einzelnen punktuellen Austauschvertrag hinaus Regelungen hinsichtlich aller Kooperationsphasen zu treffen (Martinek 1991, S. 296), wodurch QS-Vereinbarungen nicht mehr eindeutig einem Vertragstyp zugeordnet werden können. Vielmehr sind in ihnen Elemente mehrerer Vertragstypen vereint (sogenannte typenvermischte Verträge). So können QS-Vereinbarungen sowohl werk-, dienst- oder gesellschaftsvertragliche Elemente oder Elemente einer Geschäftsbesorgung beinhalten. QS-Vereinbarungen werden regelmäßig auf zwei Arten in Geltung gesetzt: Die meisten Vereinbarungen sind äußerlich selbstständige Klauselwerke, die mit Einverständnis des Partners in die Transaktionsbeziehung eingeführt werden. Die Alternative besteht darin, dass die QS-Vereinbarungen in die Bestell- und Einkaufsbedingungen der einzelnen Firmen als Unterabschnitte eingearbeitet werden (Quittnat 1989, S. 571 f./Martinek 1991, S. 133). In den ganz überwiegenden Fällen handelt es sich bei den QS-Vereinbarungen um Allgemeine Geschäftsbedingungen i. S. d. § 305 BGB, denn der Hersteller beabsichtigt, die von ihm vorformulierten Vertragstexte, die nicht zwischen den Vertragsparteien ausgehandelt werden, auf eine Vielzahl seiner Zulieferer anzuwenden. (Ein Aushandeln würde erst dann vorliegen, wenn der Endhersteller die vorformulierten QS-Vereinbarungen dem Zulieferer zur Disposition stellt. „Aushandeln" bedeutet dabei mehr als Verhandeln. Anstatt einer bloßen Besprechung der Vertragsklauseln müsste eine gründliche Erörterung vorliegen. Ein Indiz hierfür wären tatsächliche Abänderungen des vorformulierten Vertragstextes.)

In QS-Vereinbarungen legen die Parteien in erster Linie technisch-organisatorische Maßnahmen bzw. Verhaltensregeln fest. Es werden die für die Erreichung der definierten Qualitätsstandards erforderlichen Arbeitsschritte beschrieben und als Teil der Leistungsverpflichtung des Teileherstellers ausgewiesen. Daneben finden sich Regelungen über die Verteilung der Risiken auf die einzelnen beteiligten Unternehmen für den Fall der Gewährleistung und der Produkthaftung. Im Wesentlichen lassen sich hieraus vier Funktionen der QS-Vereinbarungen herausstellen: Zum einen geht es darum, mithilfe von QS-Vereinbarungen die Voraussetzungen für sichere Fertigungsprozesse beim Zulieferer zu schaffen. Neben dieser Präventionsfunktion kommt der QS-Vereinbarung eine Rationalisierungsfunktion zu, da sie eine optimale Kosten-Nutzen-Verteilung und Abstimmung der einzelnen Qualitätssicherungsmaßnahmen im gesamten Produktionsprozess gewährleisten soll, die Mehrfachprüfungen überflüssig macht. Weiterhin haben QS-Vereinbarungen eine Perpetuierungsfunktion, da sie dazu beitragen, die generelle Qualitätsfähigkeit des Zulieferers zu fördern, damit eine jederzeit kurzfristig aktivierbare Bezugsquelle aufgebaut und gleichzeitig eine dauerhafte Versorgungsbeziehung geschaffen wird. Schließlich werden durch QS-Vereinbarungen Verantwortungsbereiche und Haftungsrisiken von Zulieferer und Endhersteller festgelegt und begrenzt. QS-Vereinbarungen haben demnach auch eine Haftungsverteilungsfunktion. QS-Vereinbarungen lassen sich hinsichtlich ihrer Inhalte in produktbezogene, organisatorische und nicht zuletzt rechtliche Aspekte unterteilen.

8.3.2 Qualitätssicherungsvereinbarungen und Wareneingangskontrolle

8.3.2.1 Untersuchungs- und Rügeobliegenheit nach § 377 HGB

Qualitätssicherungsvereinbarungen enthalten regelmäßig Just-in-time-Vereinbarungen. Just-in-time-Vereinbarungen befassen sich u. a. mit dem Problem, dass der Abnehmer bei Übergabe der Ware an ihn zur unverzüglichen Untersuchung der Ware nach Mängeln verpflichtet ist und im Falle der Mängelfeststellung diese rügen muss, wenn er sich seine Gewährleistungsansprüche erhalten will. Die Untersuchungs- und Rügepflicht nach § 377 HGB ist keine Rechtspflicht des Abnehmers, sie ist Obliegenheit. Der Unterschied liegt darin, dass der Abnehmer nicht zur Untersuchung und Rüge verpflichtet ist, im Falle des Unterlassens aber eigene Interessen verletzt, denn er verliert Gewährleistungsansprüche und auch Rückgriffsansprüche im Zusammenhang mit der Produkt-/Produzentenhaftung, welche sich auf die Fehler beziehen, die bei ordnungsgemäßer Untersuchung hätten festgestellt werden können. Der Grund liegt darin, dass bei beiderseitigen Handelsgeschäften das Interesse des Lieferanten an einer endgültigen Abwicklung des Vertrages für schützenswert erachtet wird; nach kurzer Frist soll der Lieferant sicher sein können, dass seine Leistung vertragsgerecht war und er nicht mehr mit Gewährleistungsansprüchen rechnen muss. Dem Abnehmer wird zugemutet, die Ware einer Eingangskontrolle zu unterziehen und für den Fall, dass Mängel festgestellt werden, unverzüglich zu rügen. Mängel, die bei der Lieferung einer einfachen, groben („grobsichtigen" – so die Bezeichnung für die erste Eingangsüberprüfung von Grunewald 1995, S. 1777/1779) Überprüfung festgestellt werden, müssen innerhalb einer sehr kurzen Frist (ein bis zwei Tage) gerügt werden (RG RGZ S. 62/256/258; RGZ S. 106/359/361; OLG München NJW 1955, S. 1560; „Untersuchung, die aufgrund der konkreten Umstände dem Käufer zumutbar ist", Baumbach/Hopt 2006, § 377 Rz. 25, 35; Staub 2004, § 377 Rz. 98). Zeigen sich dann während der Untersuchungsfrist Mängel, kann die Wochenfrist abgewartet werden, sie ist dem Verkäufer zumutbar (vgl. Baumbach/Hopt 2006, § 377 Rz. 23, 36). Hinzuzurechnen sind ein bis zwei Tage für die Rüge selbst. Es brauchen also, außerhalb einer ersten, grobsichtigen Überprüfung, nicht alle Mängel sofort nach ihrer Entdeckung gerügt zu werden. Innerhalb der Wochenfrist kann „das Gesamtergebnis der Untersuchung abgewartet werden" (Baumbach/Hopt 2006, § 377 Rz. 36: Das Gesamtergebnis der Untersuchung könne abgewartet werden). Die sogenannten verdeckten Mängel sind Fehler, die bei einer ordnungsgemäßen Untersuchung nicht in Erscheinung getreten sind oder, was dem gleichbedeutend ist, für den Fall, dass solch eine Untersuchung gar nicht stattgefunden hat, bei einer solchen Untersuchung nicht in Erscheinung getreten wären. Ein Mangel ist danach auch dann verdeckt, wenn gar keine Stichproben entnommen wurden, aber bei der Entnahme von Stichproben mit an Sicherheit grenzender Wahrscheinlichkeit der Mangel nicht entdeckt worden wäre (vgl. Grunewald 1995, S. 1777/1780). Die Frist, die ab Entdeckung des Mangels läuft, beträgt dann wieder ein bis zwei Tage (BGH NJW-RR 1986, 52, 53 = LM § 9 (Ba) AGBG Nr. 10: Ein Tag nach Klärung des Mangels reicht aus). Jeder entdeckte Mangel muss dann unverzüglich für sich gerügt werden (OLG München NJW 1986, S. 1111). Ein Problem kann sich daraus ergeben, dass der Käufer einzelne der gelieferten Stücke für die Untersuchung auswählt und die anderen Teile bereits zur Weiterverarbeitung in die Produktion gegeben werden. Ein Verlust der Rügemöglichkeit ist mit der Weiterverarbeitung nicht verbunden (vgl. BGHZ 107, 331 = NJW 1889, 2532 sowie Grunewald 1995, S. 1777/1780; a. A., vielleicht aber auch nur auf die Umstände des Einzelfalles abstellend: Staub 2004, § 377 Rz. 160, 202). Ergeben die Stichproben Mängel, so kann der Käufer/Besteller, soweit er insofern ordnungsgemäß gerügt hat, nicht nur die Gewährleistungsansprüche hinsichtlich dieser noch nicht eingebauten, sondern auch hinsichtlich der bereits im Produktionsprozess befindlichen Teile geltend machen. Etwas anderes könnte nur gelten, wenn der Verkäufer davon ausgehen darf, dass während der Untersuchung die als Stichproben verwandten Stücke dem Produktionsprozess ferngehalten und irgendwo gelagert werden. Mangels einer hierauf gerichteten vertraglichen Abrede kann der Verkäufer nicht davon ausgehen. Das Gesetz verlangt die Untersuchung im Rahmen eines ordnungsgemäßen Geschäftsganges. Kostenintensive Zwischenlagerungen sind vom Käufer nicht verlangt. Weiterhin ist zu berücksichtigen, dass der Verkäufer auch bei verdeckten Mängeln, die erst lange Zeit nach Anlieferung entdeckt werden, mit Schadensersatzansprüchen wegen des Ausgleichs von Folgeschäden rechnen muss. Dem Abnehmer einer Ware wird zugemutet, die Ware einer Eingangskontrolle zu unterziehen und für den Fall, dass Mängel festgestellt werden, unverzüglich zu rügen.

Die Regelung des § 377 HGB ist dispositiv. Die Vertragsparteien können demnach Vereinbarungen treffen, die bis zum völligen Ausschluss der Untersuchungs- und Rügeobliegenheit reichen (vgl. hierzu Schmidt 1991, S. 144/148). Privatautonome Gestaltungen finden aber durch die §§ 305 ff. BGB ihre Beschränkung. Qualitätssicherungsvereinbarungen und darin regelmäßig enthaltene Just-in-time-Klauseln werden in Form von AGBs vereinbart (vgl. hierzu Steckler 1993, S. 1225/1227). Weiteres hierzu wird im folgenden Kapitel ausgeführt.

8.3.2.2 Ausschluss der Untersuchungs- und Rügeobliegenheit

Der Verzicht auf die Wareneingangskontrolle oder auch nur die Reduzierung der Kontrollmaßnahmen erhöht das Risiko beim Lieferanten; das ist regelmäßig auch dann noch der Fall, wenn es vorgeschaltete substitutive Maßnahmen gibt, namentlich wenn beim Lieferanten eine Ausgangskontrolle geführt wird. Das ist schon deshalb so, weil jede Kontrolle einmal versagen kann; wer dann im Falle des Versagens eines Kontrollsystems haften muss, lebt im Risiko. Die Wertung des Gesetzgebers geht dahin, dem Abnehmer das Risiko unzureichender oder sonst wie fehlgeschlagener Kontrollen aufzubürden. Der BGH hat in seiner Entscheidung vom 19.6.1991 den formularmäßigen Ausschluss der Rügeobliegenheit für unwirksam erklärt (BGH NJW 1991, 2633, 2634). Die Entscheidung steht jedoch nicht im Zusammenhang mit QS-Vereinbarungen, welche dem Lieferanten ja nicht nur Risiken aufbürden, sondern ihm wegen der zahlreichen technischen und organisatorischen Vorgaben auch Risiken nehmen können. In der Literatur taucht deshalb immer wieder das Argument auf, dass Rügeverzichtsklauseln im Rahmen von QS-Vereinbarungen zulässig sein müssten, weil diese Organisationsformen sich aufgrund ihrer betriebswirtschaftlichen Vorteilhaftigkeit für beide Seiten durchgesetzt hätten. Es sei daher auch Aufgabe des Handelsrechts, solche Entwicklungen zu fördern, jedenfalls aber nicht zu blockieren (Lehmann 1990, S. 1849/1852; Canaris 2006). Für die Abbedingung des § 377 HGB bestehe wegen der „betriebs- und volkswirtschaftlich erwünschten Rationalisierungsvorteile der [...] Integration des Zulieferers in den Produktionsprozess" ein unabweisbares Bedürfnis (Martinek 1991, S. 336). Die Argumente für die Möglichkeit der Abbedingung reichen von der betriebswirtschaftlichen Notwendigkeit über die volkswirtschaftliche Vernünftigkeit bis hin zur Wertung, durch solch eine Abbedingung werde die Position des Zulieferers „nicht wesentlich", sondern „nur dadurch" verschlechtert, „dass er selbst die Verantwortung für die ordnungsgemäße Durchführung der Qualitätskontrolle trägt" (Martinek 1991, S. 341). Den Ansichten muss entgegengehalten werden, dass es den Parteien unbenommen ist, anders zu organisieren. Zutreffend erklärt insofern Grunewald: „Zur Debatte steht einzig und allein, wer das Risiko von Mängeln, die trotz aller Qualitätssicherungen nicht vermieden worden sind, zu tragen hat" (NJW 1995, 1777, 1782). Mit anderen Worten: Es ist dem Abnehmer unbenommen, seiner beim Zulieferer installierten Kontrollorganisation zu vertrauen, es soll ihm z. B. aber nicht erlaubt sein, neben der Verlagerung der Eingangskontrolle auf die Ausgangskontrolle auch das Haftungsrisiko auf den Zulieferer zu verlagern. Hinweise auf betriebswirtschaftliche und auch technische Veränderungen reichen demnach als Argumente für die Möglichkeit der Abdingbarkeit von § 377 HGB nicht aus (Baumbach/Hopt 2006, § 377 Rz. 59). Auch das Argument, die der Rüge vorausgehende Untersuchung könne durch vereinbarte Qualitätssicherungsmaßnahmen (Warenausgangskontrolle) überflüssig gemacht werden, steht noch nicht außerhalb der Wertung des Gesetzgebers. Wenn dem Abnehmer die Fehlerwahrscheinlichkeit so gering erscheint, dass selbst die Überprüfung der Ware auf offen zutage liegende Mängel unrentabel scheint, so mag er die Überprüfung unterlassen. Warum dann im Falle eines sich trotzdem einschleichenden Fehlers kein Rechts-

I

verlust für den Abnehmer eintreten soll, ist damit nicht erklärt. Es ist eher schlüssig die Ansicht zu vertreten, dass bei einem Versagen eines vom Abnehmer initiierten Kontrollsystems, welches diesen von der Wareneingangskontrolle befreien soll, auch der Abnehmer die Rechtsverluste hinzunehmen hat. Die Qualitätssicherungsmaßnahmen können das Risiko mindern; dort, wo es noch besteht, soll es doch bei dem bleiben, dem es nach der Wertung des Gesetzgebers obliegt zu kontrollieren. Das Gesetz verlangt nicht die Untersuchung der Ware, weder dort, wo sie mangels QS-Vereinbarung angezeigt ist, noch dort, wo sie wegen der Qualität eines solchen Systems vielleicht schon nahezu überflüssig erscheint. Es bestimmt, dass der Abnehmer, wie funktional auch immer seine präventiven Maßnahmen waren, zur Vermeidung von Rechtsverlusten erkennbare Fehler zu rügen hat. Alle Maßnahmen des Endherstellers, die darauf abzielen, eine Warenausgangskontrolle überflüssig zu machen, könnten nach der Wertung des § 377 HGB nichts daran ändern, dass er Rechtsverluste hinzunehmen hat, wenn sie versagen (so auch Grunewald 1995, S. 1777/1782 ff.). In seiner Entscheidung vom 17. 9. 2002 (X ZR 248/00, BGHReport 2003, S. 285 ff.) stellt der BGH die Bedeutung von § 377 Abs. 1 HGB für den Lieferanten heraus: „Weder ein bestehender Handelsbrauch bzw. eine Branchenüblichkeit noch die Zusicherung einer Eigenschaft durch den Lieferanten kann von jeder Untersuchungspflicht entbinden." Die Interessen des Lieferanten an schneller Mängelrüge besonders hervorhebend heißt es weiter in der Entscheidung: „Ist eine sachlich gebotene und zumutbare Art der Untersuchung nicht branchenüblich, so verdient eine solche Übung keinen Schutz" (unter Verweis auf BGH NJW 1976, 625). Wenn selbst der Handelsbrauch insoweit keinen Schutz verdient, kann auch eine vom Besteller vorformulierte, die Überprüfungsobliegenheit ausschließende Vertragsklausel mit § 307 BGB nicht vereinbar sein. Allgemeine Geschäftsbedingungen können, wenn sie sich durchsetzen, Handelsbräuche begründen. Man kann nur schlecht dahingehend argumentieren, dass einem von § 377 Abs. 1 HGB abweichenden Handelsbrauch der Schutz zu versagen ist, aber dessen Vorstufe, die entsprechenden Allgemeine Geschäftsbedingungen, keinen gegen den Gerechtigkeitsgehalt von § 307 Abs. 1 HGB verstoßenden Inhalt hat (vgl. hierzu Schmidt 1999, § 1 III 3 e. bb.).

8.3.2.3 Rügeobliegenheit und Qualitätsmanagementsysteme

Eine andere Bewertung scheint dann angezeigt, wenn der Lieferant, was im Rahmen von QSV regelmäßig der Fall ist, verpflichtet ist, mit Qualitätssicherungsmaßnahmen (Qualitätsmanagementsystemen) zu arbeiten. Wenn der Lieferant die Produkte z. B. auf der Grundlage anerkannter FMEA-Methoden entwickelt, ist es ihm regelmäßig möglich, aus den Ergebnissen der Methodenanwendung heraus die Fehlerquellen aufzudecken und hinsichtlich ihrer Auftrittswahrscheinlichkeit zu bewerten. Soweit der Verkäufer verpflichtet ist, dem Käufer diese Ergebnisse mitzuteilen (bei QSV ist dies regelmäßig der Fall), wäre es keine unangemessene Benachteiligung des Lieferanten i. S. v. § 307 BGB, wenn der Käufer nur noch entsprechend der danach möglichen Fehler zu untersuchen und ggf. zu rügen hat.[1] Hierbei würde es sich um eine Reduzierung des Umfangs der Untersuchungs- und Rügeobliegenheit bzw. der (technischen) Vorgaben für den genauen Gegenstand der Untersuchung handeln. Diese Reduzierung ist auf der Grundlage von § 377 HGB dadurch zu rechtfertigen, dass nur ein grobsichtige Prüfung verlangt ist, und eine derart vom Umfang reduzierte Prüfung nicht dort zu verlangen ist, wo der Lieferant hinsichtlich des Aufspürens von Fehlern den Einsatz eines geeigneten Qualitätsmanagementsystems zugesagt hat, und für den Abnehmer nicht erkennbar geworden ist, dass der Lieferant dieses System nicht oder nicht richtig einsetzt.

Es geht bei dem Vorhergesagten nicht darum, dass die Wareneingangskontrolle durch vertragliche Abreden zwar nicht abbedungen, aber durch eine Warenausgangskontrolle beim Verkäufer ersetzt werden soll. Eine solche Vereinbarung wäre dort, wo die Wareneingangskontrolle nicht durch entsprechende Methoden während des Produktionsprozesses überflüssig wird, eine Umgehung der Obliegenheit zur Untersuchung und ggf. erforderlichen Rüge, sodass auch diese Vereinbarung gegen § 307 BGB verstoßen würde und unwirksam wäre.[2]

Eine entsprechende vertragliche Vereinbarung wäre auch aus anderen Gründen für den Käufer kaum von Vorteil. Die vertragliche Gestaltung wäre dahingehend auszulegen, dass der Verkäufer die zusätzliche Pflicht auferlegt bekommt, für den Käufer die Wareneingangskontrolle (als Ausgangskontrolle) durchzuführen. Einzuordnen wäre diese Verpflichtung als Dienstvertrag in der Art des Geschäftsbesorgungsvertrages (§§ 611, 675BGB). Dies würde bedeuten, dass der Verkäufer nur im Falle einer ihm vorwerfbaren (§ 276 BGB) Pflichtverletzung (§ 280 BGB) bei Durchführung dieser Dienstleistung dem Käufer gegenüber schadensersatzpflichtig wäre. Damit wäre keine Freistellung von allen Sanktionen im Falle der Nichtbeachtung der Rügeobliegenheit durch den Käufer erreicht. Der Käufer würde nach wie vor, aufgrund von Nichterfüllung dieser Obliegenheit, seine damit im Zusammenhang stehenden Gewährleistungsansprüche bzw. Schadensersatzansprüche verlieren und könnte den Schaden nur dann auf den Verkäufer abwälzen, wenn dieser schuldhaft

[1] Zu untersuchen wäre die Ware weiterhin auf Transportschäden.
[2] Münchener Kommentar 2007, § 377 Rn. 122

seine Pflichten aus der ihm auferlegten Ausgangskontrolle verletzt hat (vgl. dazu Teichler 1991, S. 428/430).
Daher kann selbst eine für den Zulieferer geschaffene Organisationsverpflichtung zumindest grundsätzlich nicht die dem Assembler obliegende „Rügepflicht" ersetzen; die Haftung des Endherstellers bzw. Assemblers ist rigider. Anders gesagt: Der Endhersteller kann innerhalb des Rahmens des gesetzlichen Haftungssystems dem Zulieferer regelmäßig auch nicht durch vertragliche Vereinbarungen die Risiken aufbürden, die ihn im Rahmen des § 377 HGB treffen.
§ 377 HGB würde dann „leer laufen", wenn Zulieferer und Endhersteller haftungsrechtlich auf der gleichen Ebene angesiedelt wären. Dies ist gegeben, wenn der Fehler, den es zu rügen galt, bei pflichtgemäßem Einsatz von Fehlervermeidungsmaßnahmen (Qualitätsmanagementmaßnahmen) nicht eingetreten wäre und dieses Versäumnis auch schuldhaft war. Die Bedeutung der Rügepflicht, ihre Schutzfunktion für den Verkäufer, relativiert sich in dem Maße, wie die Fehlervermeidungsmaßnahmen Teil der geschuldeten Leistung des Zulieferers sind. Wobei mit der geschuldeten Leistung nicht etwa eine dem Lieferanten auferlegte Pflicht zur Ausgangskontrolle gemeint ist, sondern die Pflicht zum Einsatz von Fehlervermeidungsorganisationen.
Die Rügepflicht kann im Wege von AGB auch nicht dadurch ausgeschlossen werden, dass der Verkäufer eine Garantieerklärung abgibt, die eine unbedingte – also auch für den Fall der Verletzung der Rügeobliegenheit bestehende – Einstandspflicht des Verkäufers für die ordnungsgemäße Beschaffenheit der Ware umfasst. Eine solche Garantieerklärung wäre eine unzulässige Abbedingung der Rügeobliegenheit.[3]
Entsprechend den Wertungen der AGB-Inhaltskontrolle, die auf das Verbot einer unangemessenen Benachteiligung gerichtet sind, kann ein AGB-mäßig formulierter Verzicht auf die Rügeobliegenheit wirksam sein, wenn der Nachteil für den Verkäufer durch einen damit im Zusammenhang stehenden Vorteil ausgeglichen wird. So ist der Verzicht z. B. wirksam, wenn – dem Deliktsrecht gleich – Käufer und Verkäufer für den Fall von Mangelfolgeschäden vereinbaren, dass beide zu gleichen Anteilen dafür haften. Gleiches müsste dann aber auch für die Gewährleistungssituation verlangt werden. Das heißt, auch hier müsste der Verzicht auf die Rügeobliegenheit damit einhergehen, dass der Käufer zumindest auf einen Teil des Wertes seiner Gewährleistungsansprüche verzichtet. Da die Rügeobliegenheit regelmäßig aber nur einen Teil möglicher Fehlerquellen abdeckt, und damit verbunden für weitere, sich erst später zeigende Mängel die Gewährleistungshaftung bestehen bleibt, dürfte hier ein Verzicht auf Gewährleistungsansprüche seitens des Käufers in Höhe von 30 % angemessen sein.
Auch die Rügeobliegenheit kann abgemildert werden. Dies bezieht sich auf die dem Verkäufer zur Verfügung stehende Zeit für die Rüge. Rügefristen bei offenen Mängeln sollen auch unter § 307 BGB wirksam sein.

8.3.2.4 Wahl des Untersuchungsortes

Von § 377 HGB nicht erfasst ist die Frage, ob der Käufer in seinen AGB nur den möglichen Ort nennen kann, an den die Ablieferung erfolgen soll und an dem die Ware zu untersuchen ist. In der Literatur wird mit Recht gefolgert, dass kein Ablieferungsort verlangt werden kann, der außerhalb vernünftiger Interessen – auch denen des Käufers – steht.[4] Als Maßstab soll insofern der Grundsatz gelten, dass die Bestimmung des Ablieferungsortes nicht dazu führen darf, dass die Rügeobliegenheit dem Verkäufer nicht mehr von Nutzen sein kann.[5] Somit wäre eine Klausel mit § 307 Abs. 1, Abs. 2 Nr. 1 BGB unvereinbar, wenn die Ware mit der Maßgabe an den Abnehmer des Käufers geliefert werden soll, dass der (End-)Abnehmer die Ware an den Käufer zurückgeben kann, wenn er damit nicht einverstanden ist, und der Käufer erst von diesem Zeitpunkt an verpflichtet ist, zu prüfen und ggf. zu rügen. Mit § 307 BGB vereinbar ist hingegen die Regelung, dass bei Vereinbarung einer Hol- bzw. Schickschuld die Untersuchung erst zu erfolgen braucht, wenn der Käufer bzw. ein Filialunternehmen die Ware tatsächlich erhalten hat. Dass § 269 BGB (als gesetzliches Leitbild) von der Holschuld ausgeht bzw. dass auch bei einer Schickschuld der Leistungsort der Ort der gewerblichen Niederlassung des Verkäufers ist, hat im Hinblick auf § 307 BGB nicht die Unwirksamkeit einer Vertragsklausel zur Folge, nach der auch bei diesen Schuldverhältnissen erst dann zu prüfen ist, wenn die Ware beim Käufer angekommen ist.[6]

8.3.3 Fixgeschäftsklauseln und Verzugsschadensersatzklauseln

Wenn der Zulieferer den vom Hersteller bestimmten Lieferungszeitpunkt nicht einhält, drohen Produktionsverzögerungen, die eventuell zum völligen Stillstand des gesamten Fertigungsprozesses führen können. Der Hersteller muss deshalb auf die unbedingte Einhaltung des beim jeweiligen Teileabruf festgesetzten Lieferzeitpunktes für die einzelnen Sendungen bestehen, d. h. er muss darauf bestehen, dass die bei den einzelnen Abrufen

[3] Martinek 1993, S. 331

[4] Münchener Kommentar 2007, § 377 Rn. 121
[5] Münchener Kommentar 2007, HGB, § 377 Rn. 121
[6] Münchener Kommentar 2007, § 377 Rn. 121

I

vorgeschriebenen Liefertermine „fix“ gelten. Solche Regelungen sind dem positiven Recht bekannt; sie sind in den §§ 323 Abs. 2 S. 2 BGB und 376 HGB im Grundsatz geregelt. Bei Just-in-time-Lieferungen ist allerdings zwischen absoluten und relativen Fixgeschäften zu unterscheiden. Von einem absoluten Fixgeschäft ist die Rede, wenn die Leistung ihrem Inhalt nach nur zu oder bis zu einem fest bestimmten Zeitpunkt erbracht werden kann und sich ein späterer Erfüllungsversuch inhaltlich als etwas anderes als die geschuldete Leistung darstellt. Das absolute Fixgeschäft wird über die §§ 275, 280 ff., 326 BGB geregelt und gehört demnach zu der Fallgruppe der Unmöglichkeit des Leistungsstörungsrechts. Eine Auslegung der Fixgeschäftsklauseln in Just-in-time-Verträgen muss wohl für den Regelfall ergeben, dass die Parteien kein absolutes Fixgeschäft mit der Anwendung des Unmöglichkeitsrechts wollten, sondern ein relatives Fixgeschäft mit den daraus resultierenden verzugsrechtlichen Konsequenzen.[7] Der Hersteller, der keine eigene Lagerhaltung betreibt, ist zur Weiterführung seiner Produktion regelmäßig auch auf die verspätete Lieferung angewiesen. Dem Besteller/Abnehmer kommt es bei der üblichen relativen Fixgeschäftsklausel auf eine Besserstellung seiner Rechtsposition als Gläubiger der Lieferung gegenüber den allgemeinen Voraussetzungen des Schuldnerverzuges nach den §§ 286 ff. BGB an. Er sucht regelmäßig eine günstigere Ausgestaltung der allgemeinen Verzugsfolgen der §§ 286 ff. BGB. Die formularvertragliche Vereinbarung eines Fixgeschäfts mit den Wirkungen der §§ 323 Abs. 2 S. 2 BGB, 376 HGB ist ausweislich der gesetzlichen Wertung in § 309 Nr. 4 BGB, die auf die Generalklausel des § 307 BGB ausstrahlt, auch unter Kaufleuten keineswegs unbedenklich – es sei denn, der Gläubiger kann ein schutzwürdiges Interesse an einer zeitgenauen Lieferung geltend machen.[8] Bei einem Just-in-time-Vertrag wird man ihm aber dieses Interesse grundsätzlich zubilligen müssen, denn das wirtschaftliche Grundkonzept lebt vom Fixcharakter der Liefertermine. Zulieferer und Hersteller müssen in der Regel hohe Investitionen erbringen, um eine exakte mengen- und zeitgerechte Belieferung zu ermöglichen. Wird ein solcher Vertrag individuell ausgehandelt, so ist er angesichts seiner wirtschaftlichen Zielrichtung und der praktischen Gegebenheiten als Fixgeschäft auszulegen – mag auch der ausdrückliche Zusatz „fix“ fehlen. Wird die exakte Lieferverpflichtung des Zulieferers in den Hersteller-AGB festgelegt, so erhält der Zulieferer genau den Vertragsinhalt, den er im Rahmen von Vertragsverhandlungen erwarten müsste. Entsprechende Klauseln sind vor diesem Hintergrund durchaus sachlich gerechtfertigt, werden vom Lieferanten erwartet und können vom Rechtsanwender so wenig wie vom Rechtsverkehr als eine „unangemessene“ Benachteiligung des Zulieferers betrachtet werden.[9] „Der Verkäufer akzeptiert bis 30 Tage vor dem bestätigten Liefertermin Terminverschiebungen ohne Kosten für den Abnehmer.“[10] Eine unangemessene Benachteiligung kann nur dann erwogen werden, wenn die Bedingungen zur Zeitgenauigkeit denjenigen Grad erheblich überschreiten, der nach den technologischen und organisatorischen Vorkehrungen erforderlich ist. Nach § 376 HGB besteht unter der Voraussetzung des Verzugs ein Schadensersatzanspruch. Dieser Anspruch entsteht allerdings nur im Falle des Untergangs des Primäranspruchs; § 376 HGB gewährt einen Schadensersatz „statt der Erfüllung“. Bei Inanspruchnahme der (verspätet erbrachten) Leistung besteht ein Schadensersatzanspruch nach den allgemeinen Vorschriften (§§ 286, 280 Abs. 1 BGB). Hinsichtlich der Schadensersatzansprüche „statt der Leistung“ gibt es zwischen den bürgerlich-rechtlichen Ansprüchen und denen aus § 376 HGB keinen Unterschied. Beim bürgerlich-rechtlichen relativen Fixgeschäft soll im Zusammenhang mit Just-in-time-Vereinbarungen § 281 Abs. 2, 2. Alt. BGB erfüllt sein.[11]

8.3.4 Veränderung der Gewährleistungssituation

Wegen der Vielzahl der technischen Spezifikationen, der Pflicht, ein bestimmtes oder bestimmte Qualitätsmanagementsysteme/Qualitätssicherungssysteme zu unterhalten, wird der für die Gewährleistung maßgebliche Fehlerbegriff ganz wesentlich unter Einbeziehung dieser Vorgaben zu ermitteln sein (vgl. Merz 1997, § 44 Rz. S. 24 ff.). In erster Linie wird es darauf ankommen, ob eine bei dem Produkt festgestellte Abweichung der Ist-Beschaffenheit von der Soll-Beschaffenheit in Zusammenhang mit dem Qualitätssicherungssystem steht. Es muss festgestellt werden, ob das abverlangte System den Fehler hervorbrachte oder ob der Fehler sich einstellte, weil den Anforderungen des Systems nicht genügt wurde, oder aber, ob zwischen Fehler und Qualitätssicherungssystem keine Kausalität besteht. So wird auch in der Literatur gefordert, dass ein Ausschluss der Untersuchungs- und Rügepflicht auch innerhalb von AGB vereinbart werden kann, wenn z. B. eine laufende oder periodische Überwachung der Fertigungs- und Qualitätssicherungsprozesse in der „Vorstufe“ stattfindet (vgl. Quittnat 1989, S. 572; Merz 1992, S. 293; Steinmann 1993, S. 877).

[7] Merz 1992, S. 146 ff.
[8] Vgl. BGH NJW 1990, 2065, 2067; BGH DB 1990, 578, 579; dazu auch Nagel 1991, S. 319/321 f., jeweils zum alten Schuldrecht.
[9] Nagel 1991, S. 319/322
[10] Popp 1992, S. 203
[11] Dazu ausführlich: Herresthal 2006, S. 883/884 f.

I

8.3.4.1 Abschied vom klassischen Gewährleistungssystem?

Die Festlegung bestimmter, vom Zulieferer zu erbringender Qualitätssicherungsmaßnahmen bedingt eine teilweise Ablösung der klassischen Gewährleistung, weil der Abnehmer durch sein Verlangen, bestimmte Qualitätssicherungsmaßnahmen durchzuführen, auch zu erkennen gibt, dass er nunmehr das Auftreten fehlerhafter Teile selbst nicht mehr für möglich hält. Der Zulieferer müsste im Rahmen der Reichweite der Sicherungsvereinbarung nicht mehr für die Qualität des Produkts einstehen, sondern allein für die Einhaltung der Vorgaben des Sicherungssystems. Er bräuchte für einen Mangel der Ware nicht zu haften, soweit ihm der Nachweis der Installierung und Anwendung eines den vertraglichen Anforderungen entsprechenden Qualitätssicherungssystems gelingt. In der Literatur ist dieses Problem von Merz behandelt worden (Merz 1992, S. 229 f.). Nach Merz handelt es sich hier um zwei unterschiedliche und eigenständige wirtschaftliche Leistungen: Herstellung des Gutes einerseits und industrielle Dienstleistung „Qualitätssicherung“ andererseits, die, wenn auch organisatorisch eng verzahnt, inhaltlich streng zu unterscheiden sind. Wesentlich ist dann die Frage nach der Unterscheidbarkeit. Je mehr Spezifikationen für die Produktion und die Beschaffenheit des Gutes durch die Qualitätssicherungsvereinbarung vorgegeben bzw. verbindlich gemacht werden, desto weniger lässt sich haftungsrechtlich zwischen Herstellungsprozess und Herstellungserfolg unterscheiden. Die zur Abklärung haftungsrechtlicher Fragen vorgeschlagene Aufteilung in zwei selbstständige Leistungen müsste im Ergebnis zu dem Kuriosum führen, dass Gewährleistungsansprüche wegen fehlerhafter Produkte durch schuldrechtliche Ansprüche des Zulieferers gegen den Hersteller wegen der Verpflichtung zur Durchführung fehlerhafter Qualitätssicherungssysteme kompensiert würden. Fertigungsprozess und Fertigungsergebnis stellen haftungsrechtlich eine Einheit dar. Für die Frage nach der Fehlerhaftigkeit eines Produkts muss dann auch das Qualitätssicherungssystem selbst Bedeutung haben. Das Qualitätssicherungssystem in seinen Auswirkungen auf die Produktbeschaffenheit hat dann auch Bedeutung für die Definition des Fehlers. Im Prinzip hat zu gelten: Das, was das Sicherungssystem bedingt, hat der Zulieferer nicht zu vertreten.

8.3.4.2 Einzelne Klauselbeispiele

Qualitätssicherungsvereinbarungen enthalten häufig folgende Formulierungen: „Eigene Qualitätsprüfungen des Bestellers sowie Freigabe und Zustimmung, nach bestimmter Qualitätssicherungsvorschrift zu verfahren, entlasten den Auftragnehmer nicht von seiner Gewährleistungspflicht und Verantwortung für die Fehlerfreiheit seiner Leistungen“; häufig findet sich auch pauschal der Zulieferer trägt „volle Verantwortung für die Qualität seiner Erzeugnisse“ (Beispiele bei Popp 1992, S. 162 ff.). Derartige Klauseln sind perplex, sie sind in sich widersprüchlich. Soweit es aufgrund der Formulierung im Einzelfall noch möglich ist, sind sie dahin auszulegen, dass der Zulieferer gewährleistungsverpflichtet bleibt bzw. die „Verantwortung für die Qualität seiner Erzeugnisse“ allein trägt, soweit es um die ordentliche Installierung, Überwachung des Qualitätssicherungssystems und darum geht, Planungen bzw. Verrichtungen außerhalb der Wirkweise des Qualitätssicherungssystems durchzuführen.

8.3.4.3 Probleme der anhand eines Musters getroffenen Qualitätssicherungsvereinbarung

Aus schuldrechtsdogmatischer Sicht bereitet es zumindest im Grundlegenden wenig Schwierigkeiten, eine Beziehung zwischen Qualitätssicherungsvereinbarung und der Gewährleistungssituation herzustellen. Das liegt daran, dass die Parteivereinbarungen, die die Art und Weise der Produktherstellung spezifizieren, nicht isoliert vom Ergebnis der Produktion beurteilt werden können. Komplizierter werden die Dinge, wenn der Vertrag zwischen Lieferanten und Hersteller auf der Grundlage einer „Bemusterung“ der zu fertigenden Erzeugnisse abgeschlossen wird. Insbesondere Großhersteller schließen ihre Verträge mit Zulieferern auf der Grundlage eines oder mehrerer sogenannte Erstmuster. Diese zeichnen sich dadurch aus, dass sie im Idealfall mit den für die Serienfertigung vorgesehenen Einrichtungen und auch Verfahren unter den zugehörigen Randbedingungen gefertigt sind (dazu Merz 1992, S. 99 ff.). Klärungsbedürftig ist hier insbesondere die Reichweite der Festlegung der Leistungsmerkmale mittels einer Bezugnahme auf solch ein Erstmuster. Es stellt sich die Frage, ob das Erstmuster ausschließlich und abschließend zur Ermittlung des Inhalts der vom Lieferanten geschuldeten Leistung herangezogen werden kann oder ob noch zusätzlich weitere Erkenntnisquellen maßgeblich sein können. Die erste sich stellende Frage ist dann die nach dem tatsächlichen Verlauf, d. h. worin liegen die Gründe einer Abweichung später gelieferter Produkte vom Erstmuster. Ein Grund wird darin liegen, dass das Erstmuster vielfach nur „unvollkommen“ unter Serienproduktionsbedingungen hergestellt wurde. Es kommt in der Praxis häufig vor, dass der Lieferant vor Abschluss des Vertrages nicht über die erforderlichen Spezialwerkzeuge für die Serienproduktion verfügt und das Erstmuster eine Improvisation späterer Fertigungsprozesse darstellt. Es kann sich herausstellen, dass die dem Lieferanten zugebilligten Toleranzen selbst auf der Grundlage des zum Vertragsinhalt gewordenen Qualitätssicherungssystems bei Serienproduktion nicht einzuhalten sind. Schließlich kann es so sein, dass die Spezifikationsvorgaben bzw. Begleitabreden zu den realisierten Mustermerkmalen Widersprüchlichkeiten aufweisen. Als eine Lösungsmöglichkeit böte sich die komplette Substitution der vorausgegangenen Spezifikationen und Begleitabreden durch die tatsächlichen Eigenschaften des freigegebenen Musters an. Das erscheint für die Situation, dass das Muster und die durch die Qualitätssicherungsvereinbarung vorgeschriebene Verfahrensweise nicht in Einklang zu bringen sind, nicht interessengerecht (eine ausführliche Diskussion über die Bedeutung des Erstmusters im Falle abweichender Spezifikationsvorgaben findet sich bei Merz 1992, S. 109 ff.). Ohne deutlichen Anhaltspunkt gibt es keinen Grund für die Annahme, dass mit der Freigabeerteilung die Spezifikationsvorgaben bzw. Begleitabreden gegenstandslos sein sollen. Der denkbare Konflikt zwischen dem einerseits durch das Erstmuster klar definierten Leistungsgegenstand und andererseits vereinbarten Vorgaben für den Produktionsablauf, die Abweichungen von dem Erstmuster bedingen, wird sich schuldrechtlich nur über einen Katalog von Nebenpflichten erledigen lassen. Im Grundsatz wird das freigegebene, den Vertragsabschluss begleitende Muster die geschuldete Leistung näher bestimmen; dies aber unter der Einschränkung aus § 242 BGB, dass das Risiko, dass Muster und nach Vorgaben produzierte Waren nicht identisch sind, von dem zu tragen ist, der sich widersprüchlich verhalten hat. Das wird regelmäßig der Abnehmer und Verwender der entsprechenden AGB sein.

8.3.5 Verteilung des Produkthaftungsrisikos

8.3.5.1 Außenverhältnis

Die Verlagerung von Risiken aus der Produkthaftung vom Hersteller auf den Zulieferer ist in zweierlei Art und Weise denkbar. Der Hersteller kann durch eine entsprechende Vereinbarung mit dem Zulieferer versuchen, diesem bereits im Außenverhältnis, regelmäßig im Verhältnis zum Endabnehmer, das Haftungsrisiko aufzubürden (durch Übertragung von Verkehrssicherungspflichten, dazu Merz 1997, §44 Rz. 53 ff.); weiterhin wird er bemüht sein, durch eine umfassende Regressvereinbarung den Zulieferer im Innenverhältnis für den Fall seiner Inanspruchnahme haftbar zu machen. Bei Anwendung des Produkthaftungsgesetzes kommt der Vereinbarung über die Haftungsverlagerung im Außenverhältnis geringe Bedeutung zu. Das 1990 in Kraft getretene Produkthaftungsgesetz schließt wegen seiner Grundkonzeption als Gefährdungshaftung eine auch nach außen wirkende Haftungsreduzierung aus. Außerhalb des eng begrenzten Ausnahmekataloges des § 1 Abs. 2 und Abs. 3 ProdHG wäre die Delegation wirkungslos. Eine „schlichte" Modifizierung des Kreises der Ersatzpflichtigen scheitert schon an § 14 ProdHG. Die Bedeutung von Qualitätssicherungssystemen für die Reduzierung des Haftungsrisikos nach dem ProdHG ist durch diese Feststellungen nicht berührt, weil es dabei zuvörderst um die Frage geht, wie Haftungsrisiken überhaupt reduziert werden können. Der haftungsbegründende Tatbestand des § 3 ProdHG, das „fehlerhafte Produkt", wird in den wohl überwiegenden Fällen nur durch eine Definition von Verhaltensgeboten spezifiziert werden können, also letztlich durch die Verkehrssicherungspflichten, die auch für die Begründung der Produzentenhaftung nach den §§ 823 ff. BGB von Bedeutung sind. Aus diesem Grund ist eine auf Arbeitsverfahren bezogene Qualitätsvereinbarung für die Entlastung von Hersteller und Zulieferer selbstverständlich von Bedeutung.

8.3.5.2 Haftungsausgleich im Innenverhältnis

Für den Haftungsausgleich im Innenverhältnis kommt es nach § 5 S. 2 ProdHG auf den Anteil und das Maß der Schadensverursachung an. Gegen eine vertragliche, durch Qualitätssicherungsvereinbarung geregelte Regresslösung bestehen dabei keine Bedenken (Kreifels 1990, S. 489/495: „Auch das neue Produkthaftungsrecht lässt intern wirkende Regelungen zwischen den Unternehmen der einzelnen Fertigungsstufen zu. Die amtliche Begründung zu § 14 ProdHG wie auch zu § 3 ProdHG bestätigt dies ausdrücklich", BT-Drs. 11/2447 v. 9.6.1988; vgl. auch Nagel 1991, S. 319/325). Im Innenverhältnis können die Qualitätssicherungsvereinbarungen die Ausgleichsregelungen der §§ 426 BGB, 5 S. 2 ProdHG ersetzen. Ob und inwieweit vorformulierte Regressvereinbarungen gegen die §§ 305 ff. BGB verstoßen, insbesondere an § 307 BGB scheitern, ist anhand aller die Risikosituation regelnder Klauseln zu prüfen; insbesondere ist zu beachten, dass risikoverlagernde Klauseln durch andere, risikomindernde, kompensiert werden können und dann innerhalb der dem Verwender zustehenden Gestaltungsfreiheit liegen (BGH NJW 1992, 1628, 1630). Insofern kann auf die Ausführungen zur Gewährleistungssituation verwiesen werden. Hier wie dort ist es möglich, Risikoerhöhungen durch sie kompensierende eigene Verpflichtungen auszugleichen, wie dies bei der Freistellung von der Rügepflicht verbunden mit der Vereinbarung eines Qualitätssicherungssystems der Fall sein kann. Wegen der Haftungsdogmatik des ProdHG, Haftung ohne Verschulden, ist es bedenkenlos, den Innenregress nach dem Verursachungsprinzip auszugestalten. In diesem Zusammenhang hat dann die Aufgabenverteilung zwischen den an der Herstellung beteiligten Produzenten große Bedeutung. Auf das vom Zulieferer bezogene Produkt konzentriert, bedeutet dies, der Fehler und seine schädigende Wirkung beim Dritten bestimmt die Haftung des Zulieferers. Soweit es bei dieser Haftungssituation nicht bleiben soll, sind wegen der Inhaltskontrolle nach § 307 BGB die jeweils einschlägigen gesetzlichen Haftungsmaßstäbe zu ermitteln. Hat der Verwender Verkehrssicherungspflichten delegiert, die über den durch das ProdHG für den Zulieferer bestimmten maßgeblichen Haftungsbereich hinausgehen, so führt grundsätzlich auch nur eine schuldhafte Pflichtverletzung zur Innenhaftung. Gleiches muss für den Fall gelten, dass dem Hersteller eigene „Folgekosten" (Schäden) durch die mangelhafte Zulieferung entstehen, z. B. Prozesskosten, Rückrufaktionen, Nachbesserungen usw. Auch hier ist danach zu differenzieren, ob der Lieferant bei direkter Inanspruchnahme durch den Dritten bzw. nach der gesetzlichen Gewährleistungssituation verschuldensunabhängig oder verschuldensabhängig haften würde (vgl. Popp 1992, S. 169). Es wurde bereits darauf hingewiesen, dass Qualitätssicherungsvereinbarungen nicht nur Austauschelemente enthalten, sondern auch gesellschafts- und dienstrechtliche Komponenten. Diese Komponenten sind nach Ansicht einiger Stimmen in der Literatur häufig derart dominant, dass sie die kaufrechtlichen Aspekte überwiegen und von einem „Kauf" nicht mehr die Rede sein kann (vgl. Steinmann 1993, S. 873/876; Lehmann 1990, S. 1849/1852 f.; krit. v. Westphalen 1993, S. 65/66). Nach der von Merz vertretenen Ansicht handelt es sich schon bei der Verpflichtung des Zulieferers, nach dem vereinbarten Qualitätssicherungssystem zu fabrizieren, um eine „selbstständige industrielle Dienstleistung", die von der dann eigenständigen Verpflichtung zur Herstellung eines mangelfreien Gutes zu trennen ist. Diese Ansicht verhilft u. a. zu einer AGB-konformen Haftungsvereinbarung, nach der der Zulieferer für zahlreiche Risikobereiche die Verantwortung oder Mitverantwortung zu tragen hat, und zwar auch unabhängig davon, in welchem Umfange fehlerhafte Produktionen die Haftung vermitteln (Pflichtenbereiche wären hier: Produktbeobachtungspflicht, Rückrufaktionen, Beteiligung bzw. Übernahme der Prozesskosten im Falle der Inanspruchnahme des Herstellers usw.; abl. v. Westphalen 1993, S. 65/66). Die Folge dieser Ansicht wäre die „Umwandlung" von Sekundäransprüchen in Primäransprüche. Rückrufaktionen etwa oder die Verpflichtung, die Prozesskosten des Herstellers unter bestimmten Voraussetzungen zu tragen, die Verpflichtung, Kosten der Benachrichtigung der Verbraucher zu übernehmen (weitere Beispiele bei Popp 1992, S. 162 ff.), wären als Primäransprüche und somit verschuldensunabhängig durchsetzbar. Mit der Inhaltkontrolle ist das nicht vereinbar, weil die gesetzlichen Gewährleistungsvorschriften für die Lieferung bzw. den Verkauf von Produkten durch die Einbeziehung dienst- oder auch gesellschaftsrechtlicher Momente verdrängt würden. Selbstverständlich ist bei dieser Argumentation die Erklärung dafür erforderlich, warum es die gesetzlichen Gewährleistungsvorschriften des Kauf- oder auch Werklieferungsrechts sein müssen, die hier das für die Anwendung des § 307 BGB maßgebliche Haftungssystem bestimmen. Gesellschaftliche Elemente sind wie dargelegt in den Qualitätssicherungsvereinbarungen „produktionsbezogen" bzw. „organisationsbezogen" und nicht in dem Sinne vorhanden, dass die Tauschbeziehung zwischen den Vertragspartnern aufgehoben wird. Das Zusammenarbeiten von Lieferanten und Herstellern, der Organisationsverbund, endet beim Austausch der Leistungen. Die Parteien wollen insofern „Gegner" bleiben. Bedeutsam muss dann sein, wie das Austauschgeschäft durch das vorangegangene Zusammenarbeiten beeinflusst wird. Die Einflussnahme kann zur Änderung der Soll-Beschaffenheit der zu produzierenden Ware führen und damit auf die Feststellung eines Fehlers Einfluss nehmen. Sie kann aber nicht einen Haftungsverbund herbeiführen, wie er zwischen Gesellschaftern besteht; es fehlt letztlich am gemeinsamen Zweck (§ 705 BGB).

8.3.6 Lieferantenbeurteilung

8.3.6.1 Notwendigkeit

Allgemein obliegt es dem Endhersteller, im Hinblick auf die Anforderungen an das Endprodukt geeignete Zulieferer auszuwählen. Der Endhersteller muss sich daher einen Überblick verschaffen, ob das Zulieferunternehmen genügend Sachkunde und geeignete Produktions- und Kontrollanlagen besitzt, um für das Endprodukt taugliche Produkte mangelfrei herstellen zu können (vgl. Foerste 1997, S. 413; Kullmann/Pfister 2007, Abschnitt 3250, S. 6 f.). Der Umfang der Lieferantenbeurteilung richtet sich u. a. nach der Bedeutung des Zulieferteils für das Gesamtprodukt. Je größer die Bedeutung des Zulieferprodukts für die Gefährlichkeit einer Ware ist, desto höher sind die Anforderungen, die an die Lieferantenbeurteilung gestellt werden. Sind keine besonderen Gefahren (insbesondere keine Personenschäden) durch das Zulieferteil zu erwarten, so dürfte es in der Regel ausreichend sein, dass sich der Lieferant in der Branche als geeignet ausgewiesen hat. Anderenfalls muss der Endhersteller zusätzlich Referenzen einholen oder das Unternehmen vor Ort auf seine Eignung überprüfen (vgl. Foerste 1997, S. 414). Zum anderen wird der Umfang der Lieferantenbeurteilung durch die Art der Lieferbeziehung bestimmt, d. h. es kommt darauf an, ob eine horizontale oder verti-

kale Arbeitsteilung vorliegt. Die horizontale Arbeitsteilung entspricht der sogenannten Auftragsfertigung. Der Endhersteller vergibt hierbei bestimmte Arbeitsgänge oder Produktionsphasen an andere Unternehmen. Im Gegensatz hierzu werden bei vertikaler Arbeitsteilung Zulieferprodukte vom Endhersteller gekauft, da er sie weder besitzt noch selbst fertigen kann. Konstruktion und Fabrikation der Zulieferprodukte liegen bei vertikaler Arbeitsteilung in der Hand des Zulieferers (vgl. hierzu Foerste 1997, S. 409 f.; Kullmann/Pfister 2007, Abschnitt 3250, S. 2 f.).
Werden dem Lieferer im Rahmen der QS-Vereinbarung Verkehrssicherungspflichten übertragen (etwa Konstruktionspflichten), so muss sich der Endhersteller in jedem Fall davon überzeugen, dass der Zulieferer dieser auftragsbezogenen Pflichtenübernahme auch gerecht werden kann. Es reicht hierbei nicht aus, sich auf Zusicherungen des Lieferanten zu verlassen, vielmehr muss der Endhersteller sich selbst vor Ort einen Überblick verschaffen (vgl. Kullmann/Pfister 2007, Abschnitt 3250, S. 12 f.).

8.3.6.2 Vorgehensweise

Da der Umfang der Lieferantenbeurteilung von der Gefährlichkeit des Zulieferprodukts für das Gesamtprodukt abhängt, lässt sich keine allgemeingültige Vorgehensweise beschreiben. Nachfolgend werden daher Verfahrensweisen wiedergegeben, die sich in der Praxis bewährt haben (siehe z. B. das vom VDA empfohlene Beurteilungsverfahren von Zulieferern: VDA 1975, VDA 2004). Zu einer Lieferantenbeurteilung gehört die geeignete Lieferantenauswahl sowie Lieferantenüberwachung bzw. Auditierung des Lieferanten. Die Beurteilung eines Lieferanten ist demnach nicht nur bei Erstlieferanten nötig, vielmehr muss der Endhersteller kontinuierlich die Wahrung der gesetzten Qualitätsanforderungen auch bei langfristigen Lieferbeziehungen überprüfen (vgl. Hollmann 1988, S. 499/500). Die Lieferantenbeurteilung dient neben der Erfassung der Leistungsfähigkeit des Zulieferers auch der Förderung und Entwicklung der Geschäftsbeziehungen (vgl. Pfeifer 2001, S. 472). Die Lieferantenauswahl macht eine Marktforschung notwendig, durch die alle potenziellen Anbieter ermittelt werden. Darauf aufbauend muss eine wertanalytische Betrachtung dieser potenziellen Zulieferer vorgenommen werden. Es gilt dabei für den Endhersteller, Zulieferer zu finden, die seinen Anforderungen an Qualität, Kosten und Liefertermine gerecht werden. Dabei kann es leicht zu Zielkonflikten kommen, die einer individuellen Abwägung bedürfen (vgl. Pfeifer 2001, S. 469 f.). Für die Lieferantenbewertung bietet es sich an, einen Zielekatalog aufzustellen, der z. B. Angaben zu folgenden Bereichen enthalten könnte (Foerste 1997, S. 413 f.):
Zum einen muss aus der Lieferanteneinschätzung die Eignung der Produkteigenschaften zur Erfüllung des Auftrags hervorgehen. Anzeichen hierfür sind die Qualitätsmerkmale, die Zweckmäßigkeit und Funktionstüchtigkeit der Zulieferteile sowie die Verträglichkeit mit anderen Produktteilen des Assemblers. Weiterhin muss der Zulieferer zuverlässig sein, d. h. er muss sich durch eine hohe Termin- und Mengentreue sowie eine gleichbleibende Qualität seiner Zulieferteile auszeichnen. Daneben bieten die Zahlungsbedingungen ein weiteres Beurteilungskriterium. Lange Zahlungszeiten, günstige Preise sowie das Kulanzverhalten im Reklamationsfall oder die Möglichkeit von Gegengeschäften heben Zulieferer positiv ab. Ferner sollten Aspekte wie die Flexibilität des Zulieferers bei kurzfristigen Änderungen, die Ausstattung des Lieferanten oder dessen Deckungsschutz der Haftpflichtversicherung Berücksichtigung finden. Die Leistungsfähigkeit der potenziellen Zulieferer ist an den so aufgestellten Zielen zu messen. Es bieten sich für die Auswertung insbesondere drei verschiedene Verfahren an: das Checklistenverfahren, die Produktbewertungsmethode und das Geldwertverfahren (vgl. Pfeifer 2001, S. 470 ff.).

8.4 Konformitätsbewertung – das System der Zertifizierung, Akkreditierung und Normung

Mit den Begriffen „Zertifizierung“ und „Akkreditierung“ werden unterschiedliche Sachverhalte behandelt.
Angesprochen ist der Sachverhalt, dass in Zeiten „schlanker Unternehmen“ immer mehr Aufgabebereiche aus größeren Unternehmen ausgelagert und von Zulieferbetrieben durchgeführt werden, wobei diese Unternehmen dann den technischen, ökonomischen und auch juristischen Standards des Assemblers genügen müssen. Von den zumeist mittelständischen Zulieferbetrieben wird heute vielfach eine Zertifizierung nach DIN EN ISO 9001 verlangt.
Die Normenreihe DIN EN ISO 9000 ff. enthält Regelungen zum Aufbau eines Qualitätsmanagementsystems. Maßnahmen für die Fehlererkennung und Fehlervermeidung werden erstmalig in größerem Umfange systematisiert, standardisiert, normiert und internationalisiert. Die ISO-Zertifizierung führt von dem unternehmens- und produktbezogenen Qualitätsmanagement zur produktunabhängigen Darstellung von Qualitätsmanagementsystemen.

Die organisatorischen Anforderungen, die an das Unternehmen nach den ISO-Normen gestellt werden, sind geeignet, das Produkthaftungsrisiko zu mindern, dies wurde oben bereits dargestellt.

Von großer Bedeutung sind die Begriffe „Zertifizierung" und „Akkreditierung" für die Ordnung des Europäischen Binnenmarktes und damit zusammenhängend für die Unternehmen, die europaweit vertreiben.

Die Verwirklichung der sogenannten wirtschaftlichen Grundfreiheiten nach dem EG-Vertrag (vormals EWG-Vertrag) ist seit Abschluss der Römischen Verträge das vordringlichste Ziel der Europäischen Gemeinschaft. Die Verwirklichung der Grundfreiheiten bedeutet Verwirklichung der Warenverkehrsfreiheit, der Dienstleistungsfreiheit, der Freizügigkeit der Arbeitnehmer und des freien Kapitalverkehrs unter Beachtung des Gesundheits-, Arbeits-, Verbraucher- und Umweltschutzes. Dabei ist die Harmonisierung der Warenverkehrsfreiheit von zentraler Bedeutung. Diese wohl wichtigste Grundfreiheit im EG-Vertrag wurde durch die sogenannte „Neue Konzeption" - das bedeutsamste Projekt zur Realisierung des Binnenmarktes - verwirklicht. Diese „Neue Konzeption" wurde im Jahr 1985 im Weißbuch der Europäischen Kommission vorgestellt und durch eine Entschließung des Rates rechtlich verankert.

Die vorgeschlagene Konzeption zur Herstellung der Warenverkehrsfreiheit innerhalb des Gebietes der EU bzw. des EWR war neu: Da sich eine vollständige Rechtsangleichung einschließlich aller technischen Sicherheitsanforderungen als zu langwierig und darum als fast unmöglich erwiesen hat, verfolgte die Kommission die Strategie der Mindestharmonisierung. Sie ging dabei - vordergründig - von der Überlegung aus, dass die jeweils einschlägigen Vorschriften der Mitgliedstaaten weitgehend gleichwertig sind, sodass es im Prinzip genügen würde, die einzelstaatlichen Vorschriften gegenseitig anzuerkennen. Die Kommission hat sich diese Auffassung zu eigen gemacht und im Weißbuch das Konzept der Mindestharmonisierung (über Richtlinien) bei größtmöglicher Anerkennung fremder Rechte erarbeitet. Es heißt dort: Die Gemeinschaft soll sich künftig bei der Angleichung von Rechtsvorschriften für das Inverkehrbringen von Erzeugnissen maßgeblich auf die Festlegung von Mindestkriterien für Konformitätsbewertungsstellen und von grundlegenden Anforderungen an Produkte beschränken. Mit den grundlegenden Anforderungen sind - je nach dem Zweck der zu erlassenden Richtlinien - Anforderungen an Sicherheit, Gesundheit, Umweltschutz, Verbraucherschutz u. ä. gemeint.

Allerdings ist die Mindestharmonisierung nur eine Angleichung auf „halbem Wege". Die Mindestharmonisierung war und ist ein Mittel, um den Binnenmarkt rasch zu erreichen, sie ist aber kein Konzept für eine dauerhafte Lösung. Auch dies hat die Kommission erkannt. Für viele Gebiete - auch für Bereiche, in denen es keine harmonisierten Richtlinien gibt - wurde daher innerhalb der „Neuen Konzeption" eine weitere Angleichung durch die Schaffung einheitlicher harmonisierter Normen vorgesehen. Diese Normen haben keinen „Gesetzescharakter", ihre Beachtung bleibt aber dennoch nicht rein fakultativ. Werden die Normen beachtet, haben die Mitgliedstaaten davon auszugehen, dass die entsprechend ausgewiesenen Erzeugnisse bzw. (Fertigungs-)Verfahren mit den Mindestanforderungen der Richtlinien übereinstimmen (Vermutungswirkung). Es wird somit auf die Unternehmen Druck ausgeübt, sich normenkonform zu verhalten.

Das dritte wesentliche Element der „Neuen Konzeption" zur Gewährleistung der Warenverkehrsfreiheit innerhalb des Europäischen Binnenmarktes ist die gegenseitige Anerkennung von Konformitätsnachweisen. Handelsschranken würden dann wieder aufgebaut werden, wenn die jeweils nationalen Kontrollbehörden die in anderen Mitgliedstaaten erbrachten Nachweise über die Erfüllung von Richtlinien und/oder Normen nicht akzeptierten. Früher verlangten die nationalen Behörden - oder im gesetzlich nicht geregelten Bereich die Abnehmer - häufig für eingeführte Produkte oder implementierte Managementsysteme wiederholte Prüfungen oder gar im Bestimmungsland ausgestellte Bescheinigungen. Dadurch wurden Handelshemmnisse verfestigt.

Zur Beseitigung solcher Handelsschranken war es notwendig, ein System zu schaffen, mit dem die Mitgliedstaaten grundsätzlich die durch unabhängige Stellen ausgestellten Bescheinigungen gegenseitig anerkennen. Die Akzeptanz eines derartigen Systems beruht wesentlich auf einem hinreichenden Vertrauen in die Konformitätsbewertungsergebnisse von Stellen anderer Mitgliedstaaten, womit das Vertrauen in einen ausreichenden Gesundheits-, Arbeits-, Verbraucher- und Umweltschutz einhergeht.

Diese Überlegungen veranlassten die Kommission zur Entwicklung ihres „Globalen Konzeptes", das zu einer Transparenz der Konformitätsbewertungssysteme und einer Vergleichbarkeit der Kompetenz der Prüf-, Zertifizierungs- und Überwachungsstellen führen sollte, sodass das Anerkennungskonzept funktionsfähig wird. Wesentliche Idee dabei war, nicht nur einheitliche und transparente Mindestanforderungen für Produkte, sondern auch für die Tätigkeit der Konformitätsbewertungsstellen festzulegen. Vor Verabschiedung des „Globalen Konzeptes" enthielten die EG-Richtlinien nach „Neuer Konzeption" nicht aufeinander abgestimmte, unterschiedliche Konformitätsbewertungsverfahren. Das „Globale Konzept" beinhaltet demzufolge die

1. Harmonisierung der Anforderungen an Produkte, die der Hersteller einzuhalten hat

I

2. Harmonisierung der Vorschriften, die für die Organisation und die Arbeitsweise der nationalen Prüf-, Zertifizierungs- und Überwachungsstellen gelten
3. Harmonisierung der Vorschriften, die für die Organisation und die Arbeitsweise der überwachenden Stellen gelten, welche die unter (2) genannten Stellen zulassen
4. Harmonisierung der nationalen Systeme, die festlegen, wer für die Zulassung der unter (2) genannten Stellen berechtigt ist.

8.4.1 Ziele und Voraussetzungen der Konformitätsbewertung

Das wesentliche Ziel der „Neuen Konzeption" in Verbindung mit dem „Globalen Konzept" ist die Vermeidung technischer Handelshemmnisse – sowohl im harmonisiert gesetzlich geregelten wie im nicht geregelten Bereich – zur Gewährleistung der Warenverkehrsfreiheit im Binnenmarkt unter Beachtung von hinreichenden Mindeststandards für den Verbraucher-, Umwelt- und Gesundheitsschutz.

Erreicht werden soll dieses Ziel durch das schon erwähnte System aus

- Richtlinien nach „Neuer Konzeption", in denen die Mindestanforderungen sowohl an die Produkte, Dienstleistungen und Prozesse als auch an die Kompetenz der Konformitätsbewertungsstellen (in Form allgemeiner Mindestkriterien) geregelt sind.
- Normen, die diese Richtlinien ergänzen, um die genannten Mindestanforderungen zu operationalisieren.

Der europäische Gesetzgeber hat im Jahr 2008 mit dem sog. New Legislative Framework den Rechtsrahmen für die Vollendung des Binnenmarktes modernisiert und dabei sogleich die Grundlagen der Warenverkehrsfreiheit unter Produktsicherheitsgesichtspunkten novelliert. An den Grundlagen des Systems hat sich allerdings nichts geändert. Das New Legislative Framework, das die Überleitung des New Approach in die „Neuzeit" realisieren soll, umfasst im Wesentlichen zwei europäische Rechtsakte. Es umfasst zum einen die Verordnung (EG) Nr. 765/2008 des Europäischen Parlaments und des Rates vom 9. Juli 2008, durch welche zwei Dinge geregelt werden: Die Durchführung der Akkreditierung von Konformitätsbewertungsstellen und die Anforderungen an eine Marktüberwachung von Produkten. Es umfasst zum anderen den Beschluss Nr. 768/2008/EG des Europäischen Parlaments und des Rates vom 9. Juli 2008, durch welchen höhere Anforderungen an die Qualität der Zertifizierer gestellt werden und durch welchen die Module (geringfügig) abgeändert werden.

Die neue europäische Gesamtkonzeption, die unter dem Dach einer Verordnung steht und damit ohne weiteren Umsetzungsakt für alle Mitgliedstaaten seit dem 1. Januar 2010 unmittelbar gilt (Art. 44 EG-VO 765/2008), hält zunächst einmal an einigen bewährten Strukturen fest. So werden auch weiter die „grundlegenden Anforderungen" an technische Produkte abstrakt in Richtlinien festgelegt und die Konkretisierung der Inhalte – die sog. technisch-organisatorischen Spezifikationen – bleibt weitestgehend den „sachnäheren" Normgebern vorbehalten. Das Zusam-

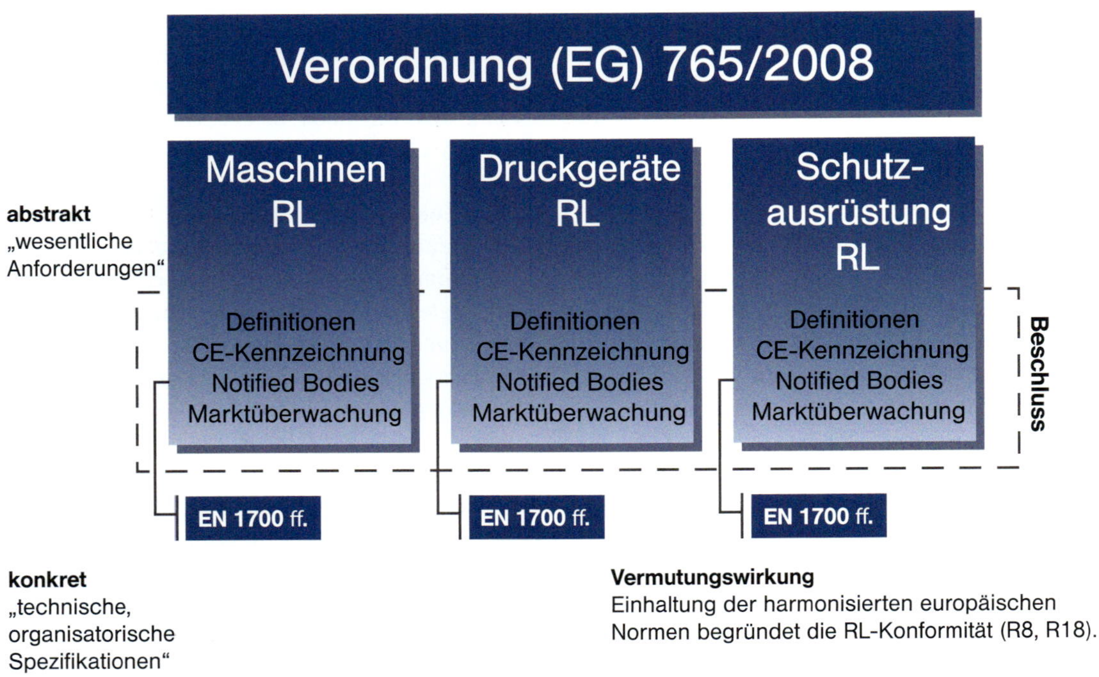

Abb. 8.1 Neue europäische Gesamtkonzeption nach dem New Legislative Framework

menspiel zwischen der Verordnung (EG) Nr. 765/2008 und einschlägigen Produktsicherheitsrichtlinien ist in Abbildung 8.1 graphisch umgesetzt.

8.4.2 Module

Bei dem Konformitätsbewertungsverfahren wird von dem Prinzip ausgegangen, dass die Wahl des am besten geeigneten Verfahrens für die Bewertung der Konformität soweit wie möglich dem Hersteller überlassen bleiben sollte. Neben der Herstellerwahl ist die Benutzung der einzelnen Module von der Intensität der Gefahr, die von einem Produkt ausgehen kann, abhängig. In jeder EU-Richtlinie, die nach der Verabschiedung des „Globalen Konzepts" geschaffen wurde, ist für ihren Geltungsbereich festgelegt, welche nach dem „Globalen Konzept" möglichen Verfahren vom Hersteller benutzt werden dürfen.

Bei der Entwicklung der einzelnen Module wurde davon ausgegangen, dass sich bei einem Herstellungsverfahren die Konformitätsbewertung immer auf zwei Stufen bezieht, und zwar auf die Entwicklungsstufe und die Produktionsstufe. Für jede dieser zwei Stufen gibt es dann modulare Verfahren.

Der Vorstellung der einzelnen Module oder Bausteine ist demnach der Hinweis voranzustellen, dass die Wahlmöglichkeit für den Hersteller nur in dem Umfang besteht, wie die jeweilige Richtlinie sie zulässt. Die einzelnen Maßnahmen oder Module können zu einem kompletten Verfahren zusammengestellt werden. Für die gleiche Funktion können in einer Richtlinie mehrere Module vorgesehen sein, wobei die Ergebnisse einen bestimmten Äquivalenzgrad aufweisen sollen. Die Module beziehen sich auf:

- Herstellererklärung[12]
- Drittprüfung und Zertifizierung
- Baumusterprüfung mit anschließender Herstellererklärung und Produktionsüberwachung
- Baumusterprüfung mit anschließender Herstellererklärung und bestehendem zertifizierten Qualitätssicherungssystem beim Hersteller

Die Module im Einzelnen:

- Interne Fertigungskontrolle (Modul A)
- EG-Baumusterprüfung (Modul B)
- Konformität mit der zugelassenen Bauart (Modul C)
- Qualitätssicherung Produktion (Modul D)
- Qualitätssicherung Produkt (Modul E)
- Prüfung der Produkte (Modul F)
- Einzelprüfung (Modul G)
- Umfassende Qualitätssicherung (Modul H)

Modul A: Interne Fertigungskontrolle

Dieses Modul betrifft sowohl die Entwurfs- als auch die Produktionsstufe. Der Hersteller erklärt hier, ohne Einschaltung dritter Stellen, dass die Produkte den Anforderungen der betreffenden Richtlinie entsprechen, und hält technische Unterlagen zur Verfügung, aus denen Konstruktion, Herstellung und Betrieb des Erzeugnisses ersichtlich sind. Die technischen Unterlagen müssen nationalen Behörden für mindestens zehn Jahre nach Herstellung des letzten Produktes zu Kontrollzwecken zur Verfügung gehalten werden. Der Hersteller bringt an den Erzeugnissen die CE-Kennzeichnung an und stellt die Konformitätserklärung aus.

Modul B: EG-Baumusterprüfung

Dieses Modul bezieht sich lediglich auf die Entwurfsstufe und muss von einem der Module C bis F begleitet sein. Eine benannte Stelle bestätigt und bescheinigt, dass ein für die geplante Produktion repräsentatives Muster den Vorschriften der anzuwendenden Richtlinie entspricht. Sie prüft die technischen Unterlagen, die zum Nachweis der Konformität mit den Bestimmungen der Richtlinie erforderlich sind. Die benannte Stelle muss sich dabei auf das für den Konformitätsnachweis erforderliche Minimum beschränken und stellt abschließend eine EG-Baumusterprüfbescheinigung aus. Die CE-Kennzeichnung wird in dieser Phase nicht angebracht.

Modul C: Konformität mit der zugelassenen Bauart

Dieses Modul bezieht sich nur auf die Produktionsstufe, deren Entwurfsphase durch die gerade beschriebene EG-Baumusterprüfbescheinigung abgesichert wurde. Der Hersteller versichert und erklärt, dass das betreffende Produkt mit der Bauart übereinstimmt, die in der EG-Baumusterprüfbescheinigung beschrieben wurde, und dass es den Anforderungen der betreffenden Richtlinie entspricht. Der Hersteller bringt dann die CE-Kennzeichnung an die Produkte an und stellt die Konformitätserklärung aus. Ferner kann die Richtlinie Stichproben bei den Produkten vorschreiben.

Modul D: Qualitätssicherung Produktion

Das Modul bezieht sich nur auf die Produktionsstufe. Bei Verwendung ohne die EG-Baumusterprüfung müssen die Teile des Moduls A eingefügt werden, damit die techni-

[12] Der Begriff „Herstellererklärung" (manufacturer's declaration) wird international nicht verwendet. Für den internationalen Sprachgebrauch hat man sich auf das Wort „Anbietererklärung" geeinigt.

I

schen Unterlagen in dieses Modul aufgenommen werden können. Der Hersteller versichert und erklärt, dass die betreffenden Produkte mit der Bauart übereinstimmen, welche in der EG-Baumusterbescheinigung beschrieben wurde bzw. dass die grundlegenden Anforderungen erfüllt sind und Übereinstimmung mit der geltenden Richtlinie besteht. Er unterhält ein QS-System für Fertigung, Endabnahme und Prüfung. Der Hersteller bringt die CE-Kennzeichnung an den Erzeugnissen an und stellt eine Konformitätserklärung aus.

Modul E: Qualitätssicherung Produkt

Dieses Modul bezieht sich ebenfalls nur auf die Produktionsstufe. Üblicherweise wird es in Verbindung mit einer EG-Baumusterprüfung angewandt, es kann jedoch auch unter denselben Bedingungen wie bei Modul D allein bzw. in Verbindung mit Teilen des Moduls A zur Anwendung kommen. Der Hersteller versichert und erklärt, dass die betreffenden Produkte mit der Bauart übereinstimmen, welche in der EG-Baumusterbescheinigung beschrieben wurde, bzw. dass die grundlegenden Anforderungen erfüllt sind und die Produkte den Anforderungen der geltenden Richtlinie entsprechen. Der Hersteller unterhält ein zugelassenes QS-System für Endabnahme und Prüfung, nach dem alle Erzeugnisse einzeln untersucht und geprüft werden. Er bringt die CE-Kennzeichnung an den Erzeugnissen an und stellt eine Konformitätserklärung aus.

Modul F: Prüfung der Produkte

Das Modul bezieht sich nur auf die Produktionsstufe. Normalerweise wird es in Verbindung mit einer EG-Baumusterprüfung durchgeführt, es kann jedoch auch unter denselben Bedingungen wie bei Modul D allein zur Anwendung kommen. Die benannte Stelle prüft und bescheinigt, dass die betreffenden Produkte mit der Bauart übereinstimmen, welche in der EG-Baumusterbescheinigung beschrieben wurde, bzw. dass die grundlegenden Anforderungen erfüllt sind und den Anforderungen der geltenden Richtlinie entsprochen wird.

Der Hersteller kann sich hier entweder für eine Prüfung jedes Produktes (Einzelprüfung) oder für eine statistische Prüfung entscheiden. Für letztere Option muss er alle erforderlichen Maßnahmen treffen, um einen einheitlichen Herstellungsprozess zu erreichen; der Herstellungsprozess muss in Übereinstimmung mit der durch die Baumusterprüfung beschriebenen Bauart stehen bzw. die Übereinstimmung der Produktion mit den technischen Unterlagen garantieren. Die CE-Kennzeichnung wird durch das Zeichen der benannten Stelle ergänzt. Die CE-Kennzeichnung wird entweder durch die benannte Stelle oder durch den Hersteller selbst entsprechend den Bestimmungen der Richtlinie an die Produkte angebracht. Die benannte Stelle stellt die Konformitätsbescheinigung aus.

Modul G: Einzelprüfung

Dieses Modul betrifft sowohl die Entwurfs- als auch die Produktionsstufe. Es findet normalerweise in der Einzelfertigung oder bei Kleinserienproduktionen Anwendung. Die benannte Stelle prüft und bescheinigt, dass das betreffende Produkt die Anforderungen der geltenden Richtlinie(n) erfüllt. Die benannte Stelle bringt die CE-Kennzeichnung an und stellt eine Konformitätserklärung aus. Die CE-Kennzeichnung wird durch das Zeichen der benannten Stelle ergänzt.

Modul H: Umfassende Qualitätssicherung

Dieses Modul der umfassenden bzw. vollständigen Qualitätssicherung betrifft sowohl die Entwurfs- als auch die Produktionsstufe. Der Hersteller gewährleistet und erklärt, dass die betreffenden Produkte den Anforderungen der geltenden Richtlinie entsprechen. Er unterhält ein zugelassenes QS-System für Entwurf, Fertigung, Endabnahme und Prüfung. Die Richtlinie kann den Hersteller in bestimmten Fällen verpflichten, eine benannte Stelle damit zu beauftragen, die Konformität des Entwurfs mit den Anforderungen der Richtlinie zu prüfen und zu bestätigen. Er bringt die CE-Kennzeichnung an den Erzeugnissen an und stellt eine Konformitätserklärung aus. Die CE-Kennzeichnung wird durch das Zeichen der benannten Stelle, die die EG-Kontrolle durchführt, ergänzt.

8.4.3 Umsetzung der Richtlinien in nationales Recht; ProdSG und nationale RechtsVO

Richtlinien sind von den nationalen Gesetzgebern in nationales Recht umzusetzen, weil sie – anders als Verordnungen – nicht unmittelbar wirken.

Das öffentlich-rechtliche Produktsicherheitsrecht besteht in Deutschland aus folgenden grundlegenden Rechtsakten: Zuvorderst steht das ProdSG, welches in Umsetzung der allgemeinen Produktsicherheitsrichtlinie eine zentrale Rolle einnimmt. Mit Ausnahme einiger Produktgruppen, die vollständig aus dem Anwendungsbereich des ProdSG herausgenommen werden (siehe § 1 Abs. 3 ProdSG –„gilt nicht" u. a. für militärische Produkte, Lebens- und Futtermittel, Umschließungen für die Beförderung gefährlicher Güter, Medizinprodukte), stellt es das zentrale Gesetz für alle Produkte/Produktgruppen (§ 2 Nr. 22 und Nr. 26) dar

I

und definiert hierfür die „allgemeinen Produktanforderungen".
Demnach dürfen nur „sichere Produkte" auf dem Markt bereitgestellt werden. Dabei benennt § 3 ProdSG die allgemeinen Anforderungen an die Produktsicherheit und § 6 ProdSG formuliert zusätzliche – nämlich schärfere, in der Regel formale – Anforderungen, sofern es sich um Verbraucherprodukte[13] handelt.
Im Einzelnen:
§ 3 Abs. 1 ProdSG gilt für das Bereitstellen von Produkten, die durch eine der elf EG-Harmonisierungsrichtlinien erfasst sind und über § 8 ProdSG eins zu eins in nationale Rechtsverordnungen (ProdSV) umgesetzt wurden. Man spricht insoweit von Produkten im europäisch harmonisierten Bereich. Da in diesem Bereich die EG-Harmonisierungsrichtlinien als europäische Binnenmarkt-Vorschriften inhaltlich dem nationalen Recht vorgehen (s. o.), stellt § 3 Abs. 1 ProdSG klar, dass die darin benannten Anforderungen zwingend einzuhalten sind (Nr. 1), und die Sicherheit und Gesundheit von Personen und Schutzgütern nicht gefährdet werden darf (Nr. 2).
Sofern das Produkt nicht den EG-Harmonisierungsrichtlinien (≙ ProdSV) zugeordnet werden kann (entweder weil es in den RL nicht angesprochen wurde oder weil es aus dem Anwendungsbereich der RL herausgenommen wurde), werden die Anforderungen an die Produktsicherheit allgemein – entsprechend den Vorgaben aus der Allgemeinen ProduktsicherheitsRL 2001/95/EG – in § 3 Abs. 2 ProdSG normiert. Bei diesen Produkten ohne EG-HarmonisierungsRL spricht man vom „nationalen Bereich" bzw. „nicht-harmonisierten Bereich". Nach § 3 Abs. 2 ProdSG darf ein Produkt aus diesem „nationalen Bereich" nur auf dem Markt bereitgestellt werden, „wenn es so beschaffen ist, dass bei bestimmungsgemäßer oder vorhersehbarer Verwendung die Sicherheit und Gesundheit von Personen nicht gefährdet werden". Letzteres wird im Rahmen dieser Auffangvorschrift sodann durch eine Liste von Schutzaspekten und Prüfkriterien weiter spezifiziert.
§ 6 ProdSG gilt für alle Verbraucherprodukte[14] – harmonisiert[15] oder nicht-harmonisiert. Er dient der Umsetzung von Anforderungen der Allgemeinen ProduktsicherheitsRL 2001/95/EG an Verbraucherprodukte. Die dort genannten Anforderungen sind formaler Natur, beschreiben Vor-Markt- und Nach-Markt-Pflichten für Hersteller, Bevollmächtigte sowie Importeure und tragen ihrerseits zur Sicherheit des Produkts bzw. zu dessen Verwendung bei.[16]
Während § 1 Abs. 3 ProdSG enumerativ bestimmte Produkte vollständig vom Anwendungsbereich des ProdSG ausnimmt (s. o.), grenzt § 1 Abs. 4 ProdSG produktbezogene Spezialvorschriften ab – ohne sie ausdrücklich zu benennen und mit der Folge, dass in deren gegenständlichem Bereich das ProdSG doch noch (und zwar daneben) zum Zuge kommen kann, wenn die Spezialvorschriften nicht umfassend regeln. Dies gilt u. a. für Funkanlagen und Telekommunikationseinrichtungen, Kraftfahrzeuge, Kraftfahrzeugteile etc. Gerade in den Bereichen, in denen es Spezialgesetze gibt, die Produktbereiche aber zum Teil auch vom ProdSG erfasst werden, kann es zu organisatorisch-strukturellen Überschneidungen kommen. Darauf wird an späterer Stelle noch einzugehen sein.
Für den Anwendungsbereich des ProdSG und der produktsicherheitsrechtlichen Spezialgesetze bedeutet dies, dass das ProdSG Gültigkeit erlangt, sofern keine weiteren Vorschriften für das zu beurteilende Produkt vorhanden sind (Auffangfunktion des ProdSG). Dies ist auch der Fall, wenn speziellere Vorschriften vorhanden sind, es aber um einen Aspekt geht, der dort nicht hinreichend geregelt ist (Dachfunktion des ProdSG). Wenn ein Produktbereich hingegen umfassend spezialgesetzlich geregelt ist (auch Marktüberwachungs-, Normungs- und Akkreditierungsfragen usw.), wäre die Anwendbarkeit des ProdSG ausgeschlossen – die Produktsicherheit bliebe dann alleine Angelegenheit des Spezialgesetzes.[17] Letzteres beschränkt sich angesichts des breiten, horizontalen Regelungsumfangs des ProdSG auf ganz wenige Produktbereiche.

8.5 Umweltrecht – EMAS-Verordnung der EU

Das Umweltrecht gewinnt in der Unternehmenspraxis zunehmend an Bedeutung. Der Unternehmer ist heute mehr denn je gezwungen, sich mit den Anforderungen des Umweltrechts auseinanderzusetzen und sich umweltrechtskonform zu verhalten. Die Gründe hierfür sind vielschichtig:

---

[13] Produkte sind nach § 2 Nr. 22 ProdSG „Waren, Stoffe oder Zubereitungen, die durch einen Fertigungsprozess hergestellt worden sind"; Verbraucherprodukte sind eine Teilmenge derselben und werden in § 2 Nr. 26 ProdSG umschrieben mit „neue, gebrauchte oder wiederaufgearbeitete Produkte, die für einen Verbraucher bestimmt sind oder unter Bedingungen, die nach vernünftigem Ermessen vorhersehbar sind, von Verbrauchern benutzt werden könnten, selbst wenn sie nicht für diese bestimmt sind …".

[14] Vgl. Utermöhlen 2002, S. 42

[15] Auch Produkte, die unter eine EG-HarmonisierungsRL fallen, können Verbraucherprodukte sein. Die Kommission formuliert, „dass bis zu einem gewissen Grad auch elektrische Ausrüstungen, persönliche Schutzausrüstungen, Gasverbrauchsausrüstungen und Druckgeräte" diesem Verbraucherbereich zuzuordnen sind, vgl. EG-Kommission, Leitfaden Neues Konzept und Gesamtkonzept, Pkt. 2.2.2, S. 17.

[16] BT-Drucks. 17/6276 v. 24. 6. 2011, S. 46

[17] BT-Drucks. 17/6276 v. 24. 6. 2011, S. 39, 40

Zum einen verlangt eine immer umweltbewusstere Bevölkerung von den Unternehmen die Beachtung umweltschutzsichernder Vorschriften, weil Wasser, Boden, Luft sowie die Pflanzen- und Tierwelt Allgemeingüter von existenziellem Wert sind, welche als natürliche Ressourcen auch noch den künftigen Generationen zur Verfügung stehen sollen.

Ferner ist der Unternehmer bzw. das Unternehmen als Adressat umweltschützender Gesetze verpflichtet – z. B. bei der Errichtung von Anlagen, der Planung und Herstellung von Produkten oder beim Anbieten von Dienstleistungen –, die umweltschutzsichernden Vorschriften zu beachten oder, im Rahmen rein innerbetrieblicher Geschehensabläufe, die Sicherheitsanforderungen einzuhalten, die das Umweltrecht z. B. in Form von Lärmschutzverordnungen vorgibt. Verstöße gegen diese Pflichten sind nicht nur haftungsrechtlich sanktioniert (z. B. durch das ProdHaftG oder UmweltHG), sondern führen zumeist auch zu erheblichen Imageverlusten und damit einhergehenden Wettbewerbsnachteilen. Insbesondere bei kleinen und mittleren Unternehmen (KMUs) können daher Gesetzesverstöße unter Umständen eine existenzvernichtende Wirkung haben.

Schließlich nimmt der Staat die Unternehmen zusätzlich in die Verantwortung, indem er sich zusehends von seiner bisher geübten nachträglichen Einschreitementalität distanziert und die Unternehmen stattdessen – ganz im Sinne des Kooperationsprinzips – von vornherein in die Verantwortlichkeit für die Umwelt mit einbezieht. Ausdruck dieser kooperativen Verantwortlichkeit sind nicht nur die zahlreichen Mitwirkungs-, Auskunfts- und Mitteilungspflichten, die er den Unternehmen abverlangt, sondern auch das Bestreben, das Eigeninteresse der Unternehmen an einem effektiven Umweltschutz zu mobilisieren und zu fördern, indem er z. B. rechtliche Rahmenbedingungen und Anreize für eigene umweltsichernde Initiativen der Unternehmen schafft.

Eine solche Rahmenbedingung, die die unternehmerische Umweltverantwortlichkeit durch ein System ständiger Bewertung und Verbesserung von Umweltleistungen in den Unternehmen fördert, stellt die EMAS-Verordnung dar.

So erfreulich die Möglichkeit zur Mitgestaltung für die Unternehmen ist, die durch die Forcierung der Eigenkontrolle und die Einbindung marktwirtschaftlich-ökonomischer Instrumente erreicht werden kann, so bedeutet dies doch zugleich, dass die Unternehmen fundierte Kenntnisse im Umweltrecht haben müssen, um die angebotenen Instrumente überhaupt sinnvoll und nach ihren Bedürfnissen ausgerichtet nutzen zu können. Die Unternehmen müssen daher alle sie betreffenden nationalen und internationalen Umweltgesetze und Verordnungen sowie alle weiteren umweltbezogenen Vorschriften – einschließlich der behördlichen Auflagen – kennen und einhalten; keinesfalls werden die Unternehmen alleine durch ihre Teilnahme am EMAS-System von der Beachtung dieser Regelwerke entbunden. Vielmehr setzt die Teilnahme am EMAS-System – als eine Art „Grundbaustein" – die Einhaltung dieser Vorschriften und Regelwerke voraus.

Darauf weist die EMAS-VO ausdrücklich hin, wenn sie von den teilnehmenden Organisationen fordert, alle relevanten Umweltvorschriften zu ermitteln und für ihre Einhaltung zu sorgen, und weiter klarstellt, dass der Umweltgutachter eine Umwelterklärung nicht für gültig erklären (validieren) darf, wenn er während der Begutachtung z. B. bei Stichproben feststellt, dass die Organisation Rechtsvorschriften nicht einhält. Der Frage des rechtskonformen Verhaltens einer Organisation kommt daher eine ganz zentrale Bedeutung im Rahmen des EMAS-Systems zu.

Das folgende Beispiel vermag diese Aussage noch zu unterstreichen:

Die EMAS-VO fordert z. B. die Durchführung einer Umweltbetriebsprüfung, die auch die Überprüfung beinhaltet, inwieweit eine Anlage den gesetzlich geforderten Genehmigungen entspricht. Eine solche Ist-Zustands-Analyse kann jedoch nur dann sinnvoll durchgeführt werden, wenn der Unternehmer weiß, welche Genehmigungen das Gesetz für seine Anlage voraussetzt. Diesbezügliche Fragen lassen sich jedoch nur unter Heranziehung der Rechtsvorschriften beantworten – Rechtskenntnisse sind daher unverzichtbar.

8.5.1 Rahmenbedingungen des EMAS-Systems

Die Teilnahme an dem EMAS-System ist nach Art. 1 Abs. 1 der EMAS-VO freiwillig. Will sich eine Organisation an dem System beteiligen, hat sie folgende Anwendungsbereiche der Verordnung zu beachten:

8.5.1.1 Sachlicher Anwendungsbereich

Nach Art. 3 Abs. 1 der EMAS-VO kann sich jede Organisation, die ihre Umweltleistungen verbessern möchte, an dem EMAS-System beteiligen.

Durch die neue EMAS-VO entfällt somit die zuvor geltende Begrenzung auf Unternehmen, die eine gewerbliche Tätigkeit nach VO (EWG) 3037/90 verfolgen bzw. Tätigkeiten in der Energie- und Abfallwirtschaft ausüben.

Darüber hinaus besteht die Möglichkeit, auch nur bestimmte Teile des Unternehmens einer Umweltprüfung zu unterziehen. Als kleinste mögliche Organisationseinheit ist der Standort eines Unternehmens anzusehen. Zu diesem Zweck ist es aber notwendig, in der Umwelterklärung deutlich zu machen, um welchen Standort es sich handelt, damit nicht der Irrtum aufkommt, das gesamte Unternehmen sei validiert.

I

8.5.1.2 Räumlicher Anwendungsbereich

Durch das Ersetzen des Standortbegriffes durch den Begriff der Organisation und den damit erläuterten Konsequenzen und Möglichkeiten für die Teilnehmer wird deutlich, dass grundsätzlich jede Organisation an EMAS teilnehmen kann, solange gewährleistet ist, dass die teilnehmende Organisationseinheit ihren Standort in einem der EU-Mitgliedstaaten hat. Für die Organisation gilt der einzelne Standort als kleinste geografische Einheit, während die Staatsgrenze des einzelnen Mitgliedstaates als maximale Ausdehnung anzusehen ist. Dies ergibt sich daraus, dass die teilnehmenden Organisationen bzw. Organisationseinheiten der behördlichen Überwachung von Vollzugsbehörden der jeweiligen EU-Mitgliedstaaten unterliegen.

8.5.1.3 Zeitlicher Anwendungsbereich

Die EMAS-VO ist im April 2001 in Kraft getreten und hat damit die EG-ÖkoAudit-VO abgelöst. Standorte, die bereits vor April 2001 validiert waren, genießen einen sogenannten Bestandsschutz. Sie werden vorerst automatisch in das EMAS-Register übernommen und müssen bis Ende ihres bestehenden Validierungszyklus nicht auf EMAS umstellen.

8.5.2 Ziele der EMAS-Verordnung

Ziel des Systems ist die Förderung einer kontinuierlichen Verbesserung der Umweltleistung von Organisationen.

Damit wird deutlich, dass die Verordnung kein Instrument zur Wirtschaftsförderung ist, obwohl durch betrieblichen Umweltschutz sicherlich auch Kosteneinsparungseffekte realisiert werden können. Das Ziel der EMAS-VO ist vielmehr, die Organisationen dazu zu bringen, umweltbewusst zu handeln, sich der Verantwortung für die Umwelt zu stellen und ihre eigenen Umweltschutzleistungen stetig zu verbessern. Deshalb ist die Verordnung vorrangig ein Instrument zur kontinuierlichen Verbesserung des Umweltschutzes.

In Art. 1 Abs. 2 der EMAS-VO werden zudem folgende strategische und operative Maßnahmen genannt, mit deren Hilfe das gesteckte Ziel erreicht werden soll:

- Schaffung und Anwendung von UM-Systemen (entsprechend des Anhangs I der EMAS-VO),
- systematische, objektive und regelmäßige Bewertung der Leistung des UM-Systems (entsprechend des Anhangs I der EMAS-VO),
- Information der Öffentlichkeit und anderer interessierter Kreise über die Umweltleistung sowie offener Dialog mit diesen Parteien,
- aktive Einbeziehung der Arbeitnehmer sowie deren adäquate Aus- und Fortbildung, um ihre aktive Mitwirkung am UM-System zu ermöglichen.

8.5.3 Inhalte der EMAS-Verordnung

Entschließt sich eine Organisation, am EMAS-System teilzunehmen, muss sie einerseits die (Organisations-)Einheiten festlegen, die sie validieren und registrieren lassen will, andererseits hat sie unterschiedliche Verfahrensschritte einzuhalten, die in der folgenden Abbildung 8.2 vereinfacht dargestellt sind und weiterhin beschrieben werden sollen.

8.5.3.1 Aufbauphase

Grundsätzlich zu unterscheiden sind die Aufbauphase, in der eine Organisation die EMAS-Komponenten einrichten und damit die Voraussetzungen schaffen muss, um am EMAS-System teilnehmen zu können, und der Umwelt-Audit-Zyklus, in dem die Funktionsfähigkeit der verschiedenen installierten Komponenten des EMAS-Systems regelmäßig überprüft wird.[18]

Bei der erstmaligen Beteiligung am System nach der EMAS-VO hat eine Organisation zunächst in schriftlicher Form eine betriebliche Umweltpolitik festzulegen, in der sie ihre Gesamtziele zum Umweltschutz und deren Einbindung in die Organisations- bzw. Unternehmensgrundsätze erklärt. Die Umweltpolitik ist somit das „Dach“ aller Umweltaktivitäten der Organisation.

Mit der betrieblichen Umweltpolitik als Leitbild ist an jedem Standort der zu validierenden Organisationseinheit eine Umweltprüfung durchzuführen, wenn noch kein Umweltmanagementsystem, das den Anforderungen der EMAS-VO entspricht, vorhanden ist. Diese Umweltprüfung stellt eine Bestandsaufnahme des betrieblichen Umweltschutzes dar, bei der die umweltrelevanten Daten eines Standortes erhoben werden. Sie beinhaltet ebenfalls eine erste Bewertung dieser Ausgangsdaten und eventuell vorhandener Defizite.

Auf der Basis der Ergebnisse der Umweltprüfung wird ein Umweltprogramm geschaffen. Darin werden die umweltpolitischen Zielsetzungen und Einzelziele quantifiziert und, soweit schon möglich, mit konkreten Zeitvorgaben versehen. Die Verantwortlichen für die Umsetzung der Maßnahmen und die dafür notwendigen Mittel werden ebenfalls festgelegt. Das Umweltprogramm stellt die Verknüpfung zwischen der Umweltprüfung und dem Umweltmanagementsystem her.

[18] Arbeitsgemeinschaft hessischer IHKs (Hrsg.): Öko-Audit, S. 11

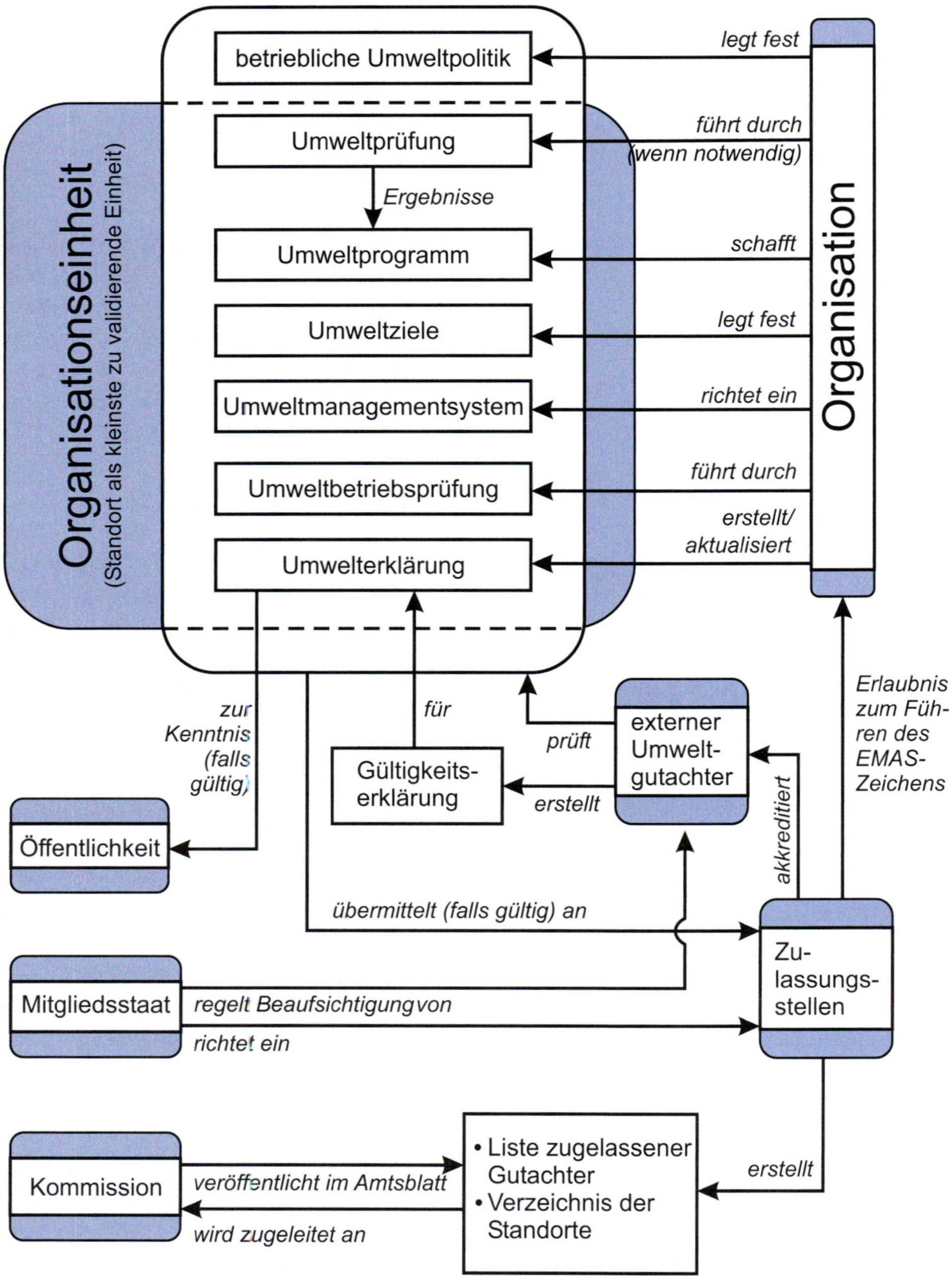

Abb. 8.2
Inhalte der EMAS-Verordnung

Das Umweltmanagementsystem (UM-System) legt die Managementstrukturen fest, die unerlässlich sind, um den betrieblichen Umweltschutz zu handhaben. Als Teil des gesamten Managementsystems der Organisation wird es eingerichtet, um einen lückenlosen Überblick über den Umweltsektor zu geben, um eine Organisationsstruktur aufzubauen, die die Aufbau- und Ablauforganisation etabliert und um eine angemessene Dokumentation zu gewährleisten.

Für die Öffentlichkeit wird – in dem letzten internen Schritt – eine Umwelterklärung erstellt. Darin hat die Organisation über ihre Umweltauswirkungen und ihre Umweltleistung zu informieren sowie über die kontinuierliche Verbesserung dieser Umweltleistung.

Auf der externen Ebene wird zunächst die Einhaltung der von der EMAS-VO gestellten Anforderungen von einem unabhängigen externen Umweltgutachter kontrolliert. Dieser prüft die Umweltpolitik, die Umweltprüfung (wenn durchgeführt), das Umweltprogramm und UM-System sowie die Umwelterklärung auf Übereinstimmung mit der EMAS-VO. Die Umweltgutachter werden von nationalen Stellen akkreditiert, über die jeder Mitgliedstaat der EU verfügt.

Wenn die in der EMAS-VO genannten Voraussetzungen erfüllt sind, erklärt der Umweltgutachter die Umwelterklärung für gültig.

Falls der Umweltgutachter Mängel feststellt, schlägt er der Unternehmensleitung die erforderlichen Maßnahmen zur Behebung der Mängel vor. Die Umwelterklärung wird erst für gültig erklärt, nachdem die Mängel beseitigt wurden.

Die für gültig erklärte Umwelterklärung wird einer national zuständigen Stelle zugeleitet. Diese Stelle trägt den Standort in ein Verzeichnis ein und übermittelt jeweils zum Jahresende der Europäischen Kommission die aktuelle Fassung der Verzeichnisse. Das Verfahren nach der EMAS-VO endet mit der Veröffentlichung des Gesamtverzeichnisses der Standorte im Amtsblatt der EU.

Die Eintragung in das Verzeichnis berechtigt die Organisation zum Führen des EMAS-Zeichens, das bestätigt, dass der Standort über ein UM-System und geprüfte Umweltinformationen verfügt. Die Organisation darf das Zeichen in ihrer Geschäftspost, in Broschüren und für allgemeine Pressemitteilungen verwenden. Untersagt ist dagegen die Verwendung in der Produktwerbung, d. h. auf der Verpackung oder auf dem Produkt selbst.

8.5.3.2 Umwelt-Audit-Zyklus

Um die Teilnahmeerklärung erhalten bzw. das EMAS-Zeichen langfristig führen zu können, muss die Organisation in regelmäßigen Abständen eine Umweltbetriebsprüfung durchführen: das eigentliche Umwelt-Audit. Die Umweltbetriebsprüfung bewertet die Leistungsfähigkeit des UM-Systems und beurteilt die Übereinstimmung der Umweltpolitik mit dem vorgefundenen Status. Zudem überprüft sie den Erfüllungsgrad des Umweltprogramms und die Funktionalität des praktizierten Umweltschutzes.

Aufgrund der Ergebnisse der Umweltbetriebsprüfung sind auf höchster Ebene die Umweltziele festzulegen bzw. anzupassen. Diese Umweltziele sollen auf eine kontinuierliche Verbesserung des betrieblichen Umweltschutzes ausgerichtet sein. Um diese Ziele erreichen zu können, muss gegebenenfalls das Umweltprogramm angepasst werden.

Anhand der Ergebnisse der Umweltbetriebsprüfung sind eventuell auch die Umweltpolitik und das UM-System anzupassen.

Anschließend wird eine neue Umwelterklärung erstellt (alle drei Jahre) bzw. die bestehende aktualisiert (jedes Jahr). Das weitere Verfahren enthält keine Abweichungen von dem Verfahren, das oben für die Aufbauphase beschrieben wurde. Dieser Verfahrenskreislauf wird in regelmäßigen Abständen wiederholt.

8.5.4 Anforderungen an das Umweltmanagementsystem

Ein reibungslos funktionierender betrieblicher Umweltschutz im Unternehmen ist Voraussetzung für die dauerhafte Gewährleistung einer umweltorientierten Unternehmensführung. Für diesen Zweck muss das Unternehmen ein Umweltmanagementsystem einrichten. Dieser Begriff ist wie folgt definiert:

Der Teil des gesamten Managementsystems, der die Organisationsstruktur, Planungstätigkeiten, Verantwortlichkeiten, Verhaltensweisen, Vorgehensweisen, Verfahren und Mittel für die Festlegung, Durchführung, Verwirklichung, Überprüfung und Fortführung der Umweltpolitik betrifft.[19]

Die vielschichtigen Anforderungen an das UM-System ergeben sich aus Anhang I. A. der EMAS-VO. Da während der Überprüfung der ehemaligen EG-ÖkoAudit-VO festgestellt wurde, dass eine Anlehnung an die weltweit anwendbare, privatwirtschaftliche Norm DIN EN ISO 14001 gewünscht wird, sind deren Anforderungen an die Struktur des UM-Systems Bestandteil der neuen EMAS-VO geworden. Das Kapitel 4 der privatwirtschaftlichen Norm („Forderungen an ein Umweltmanagementsystem") wurde in Struktur und Inhalt identisch in den Anhang I.A der EMAS-VO übernommen. Die Anforderungen der Norm an UM-Systeme sind nun vollständig in das EMAS-System integriert. Es existieren nicht mehr zwei unterschiedliche und konkurrierende Anforderungskataloge an betriebliche UM-Systeme, sondern nur noch ein einziger, einheitlicher Katalog.

Auf diese Weise wird nicht nur die Verbindung zwischen der EMAS-VO und DIN EN ISO 14001 gestärkt, sondern gleichzeitig erreicht, dass interessierte, bereits nach DIN EN ISO 14001 zertifizierte Unternehmen mit verhältnismäßig wenig zusätzlichem Arbeits- und Zeitaufwand auch an EMAS teilnehmen können. Umgekehrt kann auch jede Organisation, die sich für eine EMAS-Teilnahme entscheidet, ohne Zusatzaufwand nach DIN EN ISO 14001 zertifiziert werden.[20] Organisationen können damit nun vereinfacht beide Zertifikate erhalten und damit doppelte Vermarktungs- und Werbemöglichkeiten nutzen.

Aufgrund der wörtlichen Übernahme der strukturellen Anforderungen der DIN EN ISO 14001 werden die in der EG-Öko-Audit-VO eher abstrakt beschriebenen Anforderungen in der neuen EMAS-VO übersichtlich und detailliert beschrieben. Gleichzeitig orientiert sich das zu implementierende UM-System nun an dem bekannten Managementzyklus:

---

[19] Art. 2 lit. k) EMAS-VO

[20] Vgl. IHK München (Hrsg.): EMAS - Das neue EG-Öko-Audit in der Praxis. S. 25

I

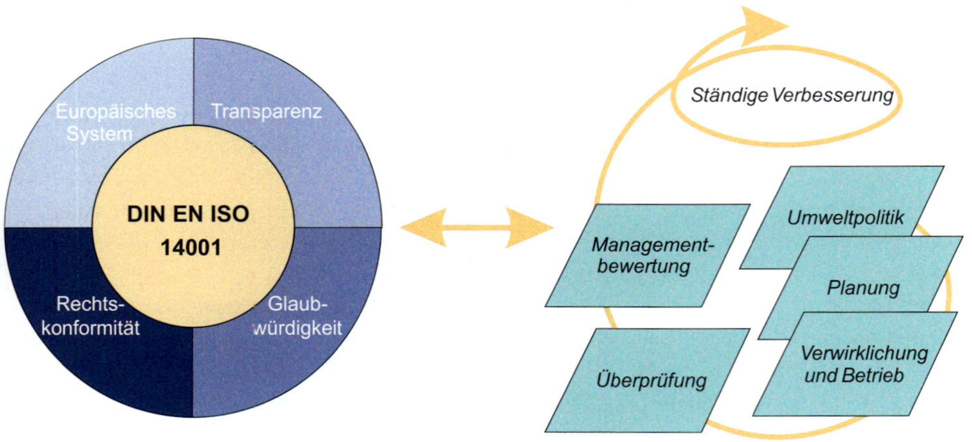

Abb. 8.3 Modell eines Umweltmanagementsystems nach DIN EN ISO 14001

- Planen
- Implementierung und Durchführung
- Kontrollieren und Korrigieren
- Bewerten

Die in diesem Werk gewählte Struktur der in einem UM-System umzusetzenden Elemente orientiert sich an diesem Managementzyklus, dessen Basis die DIN EN ISO 14001 und dadurch auch der Anhang I.A der EMAS-VO ist. Dieser Managementzyklus stellt gleichzeitig die Grundlage für die kontinuierliche Verbesserung der Umweltleistung der Organisation dar. In Abbildung 8.3 ist dieser ursprünglich ausschließlich in der DIN EN ISO 14001 verankerte Managementzyklus grafisch dargestellt und die Einbindung in das EMAS-System verdeutlicht.
Die Ausgestaltung des UM-Systems ist abhängig von der Organisationsstruktur und -größe. Es wird in kleinen Betrieben völlig anders gestaltet sein als in Großunternehmen.[21] Darum bleiben die folgenden Ausführungen oftmals sehr formal und theoretisch und können nur vereinzelt durch praktische Anregungen und Beispiele verdeutlicht werden. Bei der konkreten Ausgestaltung eines UM-Systems muss dieses daher selbstständig an die jeweiligen betriebsinternen Voraussetzungen und Strukturen angepasst werden.

8.5.4.1 Umweltaspekte – gesetzliche und andere Forderungen

Das UM-System, das durch die Organisation aufgebaut wird, muss den Umweltauswirkungen gerecht werden.[22] Deshalb sind schon in der Umweltprüfung alle relevanten Umweltaspekte sowie die gesetzlichen und sonstigen Anforderungen an die Organisation zu ermitteln und zu überprüfen. Die bei der Umweltprüfung festgestellten bedeutenden Auswirkungen sowie die relevanten gesetzlichen und anderen Forderungen bilden die Grundlage für die Festlegung der umweltbezogenen Zielsetzungen.[23]
Die Organisation ist dazu verpflichtet, diese Informationen immer auf dem neuesten Stand zu halten und bei der Festlegung ihrer umweltbezogenen Zielsetzungen und Einzelziele zu berücksichtigen.[24]

8.5.4.2 Zielsetzungen und Einzelziele/ Umweltprogramm

Die Organisation hat die Aufgabe, für jede wichtige Funktion und Ebene innerhalb ihrer Organisationsstruktur entsprechend dokumentierte, umweltbezogene Zielsetzungen und Einzelziele festzulegen. Dabei muss die Organisation sowohl die gesetzlichen und anderen Forderungen als auch die wesentlichen Umweltaspekte bzw. -auswirkungen berücksichtigen.
Definiert sind die wesentlichen Begriffe „Umweltzielsetzung" und „Umwelteinzelziel" wie folgt:
Die Umweltzielsetzung ist ein sich aus der Umweltpolitik ergebendes und nach Möglichkeit zu quantifizierendes Gesamtziel, das sich eine Organisation gesetzt hat.[25]
Das Umwelteinzelziel ist eine detaillierte Leistungsanforderung, die nach Möglichkeit zu quantifizieren ist, für die gesamte Organisation oder Teile davon gilt, sich aus den Umweltzielsetzungen ergibt und festgelegt und eingehalten werden muss, um diese Zielsetzungen zu erreichen.[26]
Umweltbezogene Zielsetzungen und Einzelziele sollten im Einklang mit der Umweltpolitik stehen sowie qualitativ und – soweit möglich – auch quantitativ bestimmt wer-

[21] IHK Nürnberg (Hrsg.): EG-Umwelt-Audit-Wegweiser. S. 20
[22] Vgl. Utermöhlen 2002, S. 42

[23] Vgl. Anhang I. A.3.1 EMAS-VO
[24] Vgl. Anhang I. A.3.1 EMAS-VO
[25] Art. 2 lit. i) EMAS-VO
[26] Art. 2 lit. j) EMAS-VO

den. Sie sind nicht als statisch anzusehen, sondern stetig zu überprüfen und weiterzuentwickeln, um eine kontinuierliche Verbesserung der Umweltschutzleistungen sicherstellen zu können.[27]

Umweltziele können z. B. aus den folgenden Quellen/Verfahren abgeleitet bzw. identifiziert werden:

- Betriebsbegehungen
- Ergebnisse der Umwelt(betriebs)prüfung
- Ergebnisse interner Audits
- Vorschläge von Mitarbeitern
- Anregungen aus Projektsitzungen
- Liste mit technischen und organisatorischen Maßnahmen
- Bewertung der Umweltbilanz/Input-Output-Bilanz

[27] *KPMG (Hrsg.):* Umwelt-Audits, S. 13

Tab. 8.1 Beispielhafte Ansatzpunkte zur Entwicklung von Umweltzielen

Ziele	Maßnahme
Weitere Reduzierung der Abfallmengen	Realisierung von Mehrweg- anstelle von Einwegverpackungen
	Einrichtung einer Planstelle zur Optimierung der Abfallwirtschaft
Vermeidung von Bodenbelastungen	Präventivmaßnahmen beim Umgang mit wassergefährdenden Stoffen
	Bau und Betrieb eines Abfallsammelplatzes
Ständige Reduzierung der Umweltauswirkungen	Erstellung eines Gesamtenergiekonzeptes
	Einbindung der Entsorger in unseren betrieblichen Umweltschutz
	Vermehrter Einsatz neuer Fertigungs- und Härtetechnologien
	Austausch FCKW-haltiger Kühlmedien durch FCKW-freie Medien
	Reduzierung von 659 Hilfs- und Betriebsstoffarten um 10 %
Kontinuierliche Weiterentwicklung des Umweltmanagements	Entwicklung eines rechnergestützten Umwelt-Controllings
	Zeichnen von acht Layoutplänen aller Hallen mit BImSchG-gerechter Darstellung der umweltrelevanten Anlagen
	Umweltspezifische Einbeziehung und Bewertung aller Lieferanten
	Stetige Fortschreibung und Erweiterung des Umwelthandbuches
Förderung des Umweltbewusstseins unserer Mitarbeiter	Mitarbeitersensibilisierung/-information
	Ermittlung des Umweltschulungsbedarfs aller Mitarbeiter
	Durchführung umweltrelevanter Schulungen durch Trainer

Als Orientierungshilfe und Anleitung zur Aufstellung von Umweltzielsetzungen und Umwelteinzelzielen können die beispielhaften Ansatzpunkte in Tabelle 8.1 dienen.

Auf der Grundlage der Ergebnisse der Umweltprüfung und damit in Übereinstimmung mit den umweltbezogenen Zielsetzungen und -einzelzielen sowie im Rahmen der Umweltpolitik muss die Organisation ein Umweltprogramm festlegen, mit dessen Hilfe die Umweltleistung der Organisation verbessert werden soll. Definiert wird der Begriff „Umweltprogramm“ wie folgt:

„Eine Beschreibung der zur Erreichung der Umweltzielsetzungen und -einzelziele getroffenen oder geplanten Maßnahmen (Verantwortlichkeiten und Mittel) und der zur Erreichung der Umweltzielsetzungen und -einzelziele festgelegten Fristen.“[28]

8.5.5 Implementierung und Durchführung

Der Erfolg bei der Umsetzung der Umweltpolitik, der Umweltziele und des Umweltprogramms ist entscheidend von der Effektivität der betrieblichen Organisation abhängig. Ausgehend von der vorhandenen Organisationsstruktur und Unternehmenskultur müssen organisatorische Anpassungsmaßnahmen ausgearbeitet werden. Diese Anpassungen beruhen auf einem doppelten Ansatz: einerseits auf struktureller Ebene mit der Definition von Verantwortungen und Befugnissen zwischen den Beschäftigten in Schlüsselfunktionen, andererseits auf prozessualer Ebene mit der Gewährleistung von Aus- und Weiterbildung. Für den Erfolg des Managementsystems ist es wesentlich, dass keine Insellösungen für den betrieblichen Umweltschutz geschaffen werden.

Um den größtmöglichen organisations- bzw. betriebsinternen Erfolg zu erreichen und die Mitarbeiter nicht zu überfordern, wird empfohlen, die Implementierung des UM-Systems schrittweise vorzunehmen.

8.5.5.1 Organisationsstruktur und Verantwortlichkeit

Um ein UM-System in den laufenden Betrieb integrieren und die im Umweltprogramm festgelegten Maßnahmen durchführen zu können, sollten im Rahmen der Aufbauorganisation des Unternehmens zuverlässige und nachvollziehbare Strukturen und Verantwortlichkeiten geschaffen werden. Dies gilt insbesondere für die Stellen innerhalb des Unternehmens, die sich entsprechend der Umweltprüfung durch eine besondere Umweltrelevanz oder ein besonderes Umweltgefährdungspotenzial aus-

[28] Art. 2 lit. h) EMAS-VO

I

zeichnen; die sogenannten „umweltbezogenen Schlüsselstellen“.
Eine derartige umweltbezogene Schlüsselstelle muss in der Führungsebene zahlreicher Unternehmen schon aufgrund vielfältiger gesetzlicher Anforderungen eingerichtet werden.

8.5.5.2 Umsetzung der EMAS-Verordnung

Zu diesem Zweck ist von der Unternehmensleitung mindestens ein Beauftragter der obersten Leitung - ein sogenannter „Umweltmanagementbeauftragter“ - zu bestellen, dessen Aufgabe es ist,[29]

- sicherzustellen, dass die Forderungen an das UM-System nach EMAS-VO eingehalten werden.
- der obersten Leitung über die Leistung des UM-Systems regelmäßig Bericht zu erstatten und somit die Grundlage für die kontinuierliche Verbesserung der Umweltleistung zu liefern.

Die Aufgaben, Verantwortlichkeiten und Befugnisse des Umweltmanagementbeauftragten sind genau festzulegen und sowohl in dessen Stellenbeschreibung als auch innerhalb des UM-Systems zu dokumentieren.[30] Durch die Bestellung des Umweltmanagementbeauftragten wird der betriebliche Umweltschutz zuverlässig im organisatorischen Aufbau des Unternehmens verankert.[31]
Je nach Betriebsgröße und in Abhängigkeit der Umweltrelevanz der Aktivitäten und Prozesse kann es sinnvoll sein, zur Unterstützung des Umweltmanagementbeauftragten weitere Spezialisten für einzelne Teilaufgaben - sogenannte „Betriebsbeauftragte“ - einzubeziehen.[32]
Umweltbezogene Schlüsselstellen sind - wie oben erwähnt - solche, die Arbeitsprozesse mit Umweltrelevanz leiten, durchführen und überwachen. Sie verteilen sich auf alle Hierarchieebenen der Organisation.[33] In Tabelle 8.2 sind diese Ebenen mit einigen wichtigen Aufgabenbereichen dargestellt. Zu beachten ist, dass sich die Organisationsstruktur bei kleinen und mittleren Unternehmen meist auf zwei Hierarchieebenen reduziert. Die Aufgaben des mittleren Managements verteilen sich dann auf die Unternehmensleitung und auf die operative Ebene.

Tab. 8.2 Wichtige Aufgabenbereiche der betrieblichen Hierarchieebenen

Unternehmensleitung: Festlegung der Umweltpolitik Grundsatzentscheidungen Klärung der Zuständigkeiten Vereinbarung von Informationssystemen
Mittleres Management: Verabschiedung der Ziele Sicherung der Umsetzung Erfolgskontrolle und Berichterstattung Weiterbildung
Operative Ebene: Durchführung von Maßnahmen Datenrückmeldung Verbesserungsvorschläge Verfahrensoptimierung

8.5.5.3 Dokumentation des Umweltmanagementsystems/ Lenkung der Dokumente

Die Organisation muss Informationen in gedruckter und/ oder elektronischer Form zusammenstellen und aufrechterhalten, um zum einen die wesentlichen Elemente ihres UM-Systems (Darstellung von Umweltpolitik, Umweltzielen und -programmen, Beschreibung von Schlüsselpositionen und -verantwortlichkeiten sowie der Umweltleistungen) und ihre Wechselwirkungen zu beschreiben sowie zum anderen Hinweise auf das Auffinden zugehöriger Dokumentationen zu geben.
Die gesamte Dokumentation muss gut lesbar, datiert (mit Datum der Überarbeitung) und leicht identifizierbar sein, in ordentlicher Form geführt und für einen festgelegten Zeitabschnitt aufbewahrt werden.
Die beschriebene Dokumentation erfolgt am sinnvollsten in Form eines Umwelthandbuchs.
Der Umfang des Handbuchs richtet sich nach den Anforderungen des Unternehmens: Je risikogefährdeter der Betrieb ist, desto detaillierter wird das Handbuch ausfallen; es sollte trotz allem kompakt bleiben. Dies ist dann möglich, wenn Verfahren, die sich rasch ändern, nicht direkt in das Handbuch eingebunden werden. Ein Hinweis im Handbuch auf die Auffindbarkeit dieser Dokumente im Unternehmen ist ausreichend.
Da das Umwelthandbuch ständig aktualisiert werden muss, empfiehlt sich eine Gestaltung als Loseblattsammlung. Es sollte überall dort ausliegen, wo wesentliche umweltrelevante Tätigkeiten ausgeführt werden, und entfernt werden, wenn es überholt ist. Werden ungültige Dokumente aufbewahrt, so sind diese angemessen zu kennzeichnen. Indem man das Handbuch einschließlich aller weiteren Umweltmanagementdokumente und -aufzeichnungen z. B. im Intranet der Organisation zur Verfügung stellt, können

[29] Anhang I. A.4.1 EMAS-VO
[30] Vgl. *LfU Baden-Württemberg (Hrsg.):* Der Weg zu EMAS, S. 8
[31] gl. *IHK München (Hrsg.):* EMAS - Das neue EG-Öko-Audit in der Praxis, S. 27
[32] Vgl. *IHK München (Hrsg.):* EMAS - Das neue EG-Öko-Audit in der Praxis, S. 27
[33] *Sächsisches Staatsministerium für Umwelt und Landesentwicklung (Hrsg.):* Umweltmanagement in der Textilindustrie, S. 34

erforderliche Aktualisierungen direkt und ohne großen Aufwand vorgenommen werden. Es ist wichtig, die Mitarbeiter über erfolgte Änderungen zu informieren. Wenn nicht alle Mitarbeiter einer Organisation über einen Computerarbeitsplatz verfügen, müssen diese nach wie vor auf die Papierversion des Umwelthandbuchs zurückgreifen können.

Eine beispielhafte Grobgliederung eines Umwelthandbuches ist in Tabelle 8.3 aufgeführt.

Tab.8.3 Gliederung eines Umwelthandbuchs

Mögliche Grobgliederung eines Umwelthandbuchs	
1. Zielsetzungen des Unternehmens im Umweltschutz 2. Unternehmensspezifische, umweltrelevante Rechtsvorschriften und behördliche Auflagen 3. Umweltschutzorganisation 4. Umweltauswirkungen	5. Umweltziele 6. Umweltprogramme 7. Ablauflenkung 8. Umwelt-Audits 9. Kommunikation 10. Umweltmanagementreview

Während im Umwelthandbuch grundsätzlich übergeordnete umweltrelevante Zusammenhänge festgehalten werden, sind daneben detaillierte Beschreibungen in Richtlinien und tätigkeitsbezogenen Arbeits- und Betriebsanweisungen erforderlich.

Neben der Beschreibung des Soll-Zustandes des UM-Systems muss auch der Ist-Zustand anhand diverser Aufzeichnungen protokolliert werden. Dadurch soll die Einhaltung gesetzlicher und betriebsinterner Normen nachgewiesen werden. Wichtig sind Aufzeichnungen über Ergebnisse von Umwelt- und Umweltbetriebsprüfungen, Kataster über die Umweltauswirkungen der einzelnen Bereiche, Gefahrstofflisten oder Verfahren zur Kontrolle und Überwachung.

Literatur

Baumbach/Hopt: Handelsgesetzbuch. 32. Auflage. C.H. Beck, 2006

Canaris, C.-W.: Handelsrecht. 24. Auflage. C.H. Beck, 2006

Ensthaler, J.: Haftungsrechtliche Bedeutung von Qualitätssicherungsvereinbarungen. NJW 1994, S. 817 ff.

Ensthaler, J.: Zivil- und strafrechtliche Produktverantwortung. In: Masing, W.: Handbuch Qualitätsmanagement. 4. Auflage. Carl Hanser Verlag, 1999. S. 745 ff.

Ensthaler J.: Bedeutung der Zusammenarbeit zwischen Technik und Rechtswissenschaft, ZRP 2010, S. 226 ff.

Ensthaler, J.: Gemeinschaftskommentar zum Handelgesetzbuch (HGB). 7. Auflage. Luchterhand, Neuwied 2007

Ensthaler, J./Gesmann-Nuissl, D./Müller, S.: Technikrecht. Rechtliche Grundlagen des Technologiemanagements. Springer Vieweg, Heidelberg 2012

Foerste, U.: Deliktische Haftung. In: Westphalen, F. Graf von: Produkthaftungshandbuch. Bd. 1, 2. Teil: Deliktische Haftung. 2. Auflage. C.H. Beck, 1997

Franke, H.: Qualitätsmanagement bei Zulieferungen. In: Masing, W.: Handbuch Qualitätsmanagement. 4. Auflage. Carl Hanser Verlag, 1999. S. 425 ff.

Franz, B.: Qualitätssicherungsvereinbarungen und Produkthaftung. Nomos, 1995

Grunewald, B.: Just-in-Time-Geschäfte. Qualitätssicherungsvereinbarungen und Rügelast. NJW 1995, S. 1777/1779

Herresthal, C.: Der Anwendungsbereich der Regelungen über den Fixhandelskauf (§ 376 HGB) unter Berücksichtigung des reformierten Schuldrechts. ZIP 2006, S. 883/884 f.

Hollmann, H.H.: Qualitätssicherungsvereinbarungen. In: Qualität und Zuverlässigkeit (QZ) 1988, S. 499 ff.

IHK München (Hrsg.): EMAS – Das neue EG-Öko-Audit in der Praxis

IHK Nürnberg (Hrsg.): EG-Umwelt-Audit-Wegweiser

Kreifels, T.: Qualitätssicherungsvereinbarungen. Einfluss und Auswirkungen auf die Gewährleistung und Produkthaftung von Hersteller und Zulieferer. ZIP 1990, S. 489/495

Kullmann, H.J./Pfister, B. u.a.: Produzentenhaftung, Erich Schmidt Verlag, Stand 2007

Lehmann, M.: Just-in-Time. Handels- und AGB-rechtliche Probleme. BB 1990, S. 1849/1852

LfU Baden-Württemberg (Hrsg.): Der Weg zu EMAS

Martinek, M.: Moderne Vertragstypen. Band III: Computerverträge, Kreditkartenverträge sowie sonstige moderne Vertragstypen. C.H. Beck, 1993

Martinek, M.: Zulieferverträge und Qualitätssicherung. Verlag Kommunikationsforum Recht, Wirtschaft, Steuern, 1991

Masing, W.: Qualitätssicherung als gemeinsame Aufgabe von Zulieferant und Abnehmer. In: Qualität und Zuverlässigkeit (QZ) 1991, S. 521 ff.

Merz, A.: Qualitätssicherung. In: Westphalen, F. Graf von: Produkthaftungshandbuch. Bd. 1, 3. Teil: Qualitätssicherung. 2. Auflage. C.H. Beck, 1997

Merz, A.: Qualitätssicherungsvereinbarungen. Otto Schmidt Verlag, 1992

Münchener Kommentar: Münchener Kommentar zum Handelsgesetzbuch (HGB). Band 6. 2. Auflage. C.H. Beck, München 2007

Nagel, B.: Schuldrechtliche Probleme bei Just-in-Time-Lieferungen. DB 1991, S. 319/322

Pfeifer, T.: Qualitätsmanagement. Strategien, Methoden, Techniken. 3. Auflage. Carl Hanser Verlag, 2001

Popp, K.: Die Qualitätssicherungsvereinbarung. Carl Hanser Verlag, 1992

Quittnat, J.: Qualitätssicherungsvereinbarungen und Produkthaftung. BB 1989, S. 571 f.

Schmidt, D.: Qualitätssicherungsvereinbarungen und ihr rechtlicher Rahmen. NJW 1991, S. 144/148

Schmidt, K.: Handelsrecht. 5. Auflage. Carl Heymanns Verlag, 1999

Staub: HGB – Handelsgesetzbuch. Großkommentar. Herausgegeben von Claus-Wilhlem Canaris/Wolfgang Schilling/Peter Ulmer. Band 4. 4. Auflage. DeGruyter, Berlin 2004

I

Steckler, B.: Das Produkthaftungsrisiko im Rahmen von Just-in-Time-Lieferungen. BB 1993, S. 1225/1227

Steinmann, C.: Abbedingung der Wareneingangskontrolle durch Qualitätssicherungsvereinbarungen. BB 1993, S. 873/876

Synnatzschke, S.: Verbindung von Qualitäts- und Risikomanagement vor dem Hintergrund juristischer Anforderungen an produzierende Unternehmen in Deutschland und Europa. Dissertation, Fakultät VII - Wirtschaft und Management der Technischen Universität Berlin, 2011

Teichler, M.: Qualitätssicherung und Qualitätssicherungsvereinbarungen. BB 1991, S. 428/430

Utermöhlen, R.: Öko-Audit: Besser geworden. In: UmweltMagazin 6/2002. S. 42

VDA (Hrsg.): Sicherung der Qualität von Lieferungen. 4. Auflage. 2004

VDA (Hrsg.): Sicherung der Qualität von Lieferungen in der Automobilindustrie. Lieferantenbewertung/Erstmusterprüfung. Frankfurt/M., 1975

Westphalen, F. Graf von: Qualitätssicherungsvereinbarungen. CR 1993, S. 65/66

Westphalen, F. Graf von: VDI-Berichte 740. S. 173 ff., S. 180

TEIL II

Qualitätsmanagementsysteme

9 Konzepte – Modelle – Systeme 159

10 Ausgestaltung von QM-Systemen auf Basis der ISO-9000-Reihe 179

11 Integrierte Managementsysteme QM – UM – SIM 211

12 Six Sigma 253

13 Wissensmanagement 293

14 Dokumentation 315

15 Audit 337

16 Zertifizierung von Qualitätsmanagementsystemen . . . 349

17 Funktion und Nutzen von Qualitätsauszeichnungen (Awards) 361

Konzepte – Modelle – Systeme

9.1	**Konzepte und Modelle**	**162**
9.1.1	ISO 9001	163
9.1.2	ISO 9004:2009	165
9.1.3	Six Sigma	165
9.1.4	Lean	167
9.2	**Total Quality Management/Business Excellence**	**168**
9.2.1	Das Excellence-Modell der European Foundation for Quality Management (EFQM)	168
9.2.2	Weitere Award-Modelle	169
9.3	**Operational Excellence und Lean Sigma**	**171**
9.3.1	St. Galler Operational-Excellence-Modell	171
9.3.2	Lean Sigma – eine integrierte Betrachtungsweise	172
9.4	**Entwicklung und Einführung von Qualitätssystemen**	**173**
9.4.1	Aufbau eines Systems	173
9.4.2	Ausbau des Führungssystems	175
9.5	**Aktuelle Herausforderungen für das Qualitätsmanagement**	**176**

9 Konzepte – Modelle – Systeme

Thomas Friedli, Hans Dieter Seghezzi,
Christian Mänder, Richard Lützner

Das Qualitätsmanagement entwickelte sich seit seinen Anfängen von einem begrenzten zu einem umfangreichen Ansatz stetig weiter. Zunächst standen ausschliesslich das Produkt sowie die damit in Verbindung stehenden technischen Spezifikationen und Standards im Fokus. Heute aber zeigen vielfältige Qualitätskonzepte und -modelle auf, dass sich das Unternehmen als Ganzes im Zentrum der Aufmerksamkeit sämtlicher Qualitätsbemühungen befindet und nicht einzelne Produkte oder Parameter. Des Weiteren stellt das zunehmende Engagement von Industrieunternehmen bei Dienstleistungen, die an ihre Produkte gekoppelt sind, neue Anforderungen an das Qualitätsmanagement. Zusätzlich zur klassischen Produktqualität muss nun auch die Servicequalität berücksichtigt werden. Nicht zuletzt sind die in allen Branchen und Unternehmensgrößen zu findenden Ansätze operativer Exzellenz ein Indikator dafür, dass Qualität heute als ein umfassendes und übergreifendes Konstrukt verstanden wird.

Das „integrierte Qualitätsmanagement" von Seghezzi (Seghezzi/Fahrni/Friedli 2013) ist in die allgemeine Unternehmensführung eingebettet und wird – so muss Qualität heute gesehen werden – als Teil des integrierten Managements verstanden. Es basiert auf dem St.Galler Management-Konzept von Bleicher (Bleicher 1992), welches von der „gegenseitigen Durchdringung" der normativen, strategischen und operativen Dimension ausgeht. Jede Dimension findet im Qualitätsmanagement ihr Pendant, beispielsweise die Qualitätsverfassung und -kultur (normatives Management), die Qualitätsstrukturen, -strategie und -systeme (strategisches Management) sowie die Qualitätssicherung, -lenkung und -verbesserung (operatives Management).

Ein Konzept ist die ideelle Basis zur Gestaltung, Implementierung und Übersetzung von Führung und Organisation in die Realität. Das Qualitätskonzept muss daher die Vorstellungen des Unternehmens darlegen, wie die Visionen und die Leitbilder bezüglich Qualität verwirklicht werden können und die Bedürfnisse der Anspruchsgruppen erfüllt werden sollen. Erfolg oder Misserfolg von Unternehmensentwicklungsprogrammen hängen daher wesentlich von der Qualität des zugrundeliegenden Konzepts ab. Systeme stellen ein geeignetes Instrumentarium (Strukturen, Prozesse, Methoden, Werkzeuge) für die Umsetzung von Konzepten zur Verfügung und unterstützen Führungskräfte damit bei ihren Aufgaben. In vielen Firmen ist jedoch der Schritt von der abstrakten Idee eines Konzepts zum realen, in der Wirklichkeit funktionierenden System sehr groß.

Um die Überführung des Konzepts in geeignete Systeme sicherzustellen, können Modelle genutzt werden, welche das Bindeglied zwischen Konzepten und realen Systemen bilden. Betriebswirtschaftliche Modelle bilden die Realität ab, gestatten jedoch in der Regel selten eine quantitative Umsetzung. Sie zeigen die potenziellen Elemente eines Systems auf und lassen ihr Zusammenwirken erkennen. Ihr Wert liegt in einer qualitativen Unterstützung bei der Entwicklung und Einführung von Führungs- und Organisationssystemen.

Das „integrierte Qualitätsmanagement“ stellt zudem den Bezug zum St.Galler Management-Modell her und unterstreicht damit die Einbindung des Qualitätsmanagements in das integrierte Management. So findet die im neuen St.Galler Management-Modell von Rüegg-Stürm (Rüegg-Stürm 2003) vorgenommene Unterscheidung verschiedener Prozessarten ihre Entsprechung im Qualitätswesen: Qualitätsführung und -planung als Managementprozesse, Qualitätslenkung als Geschäftsprozess sowie Qualitätssicherung und -verbesserung als Unterstützungsprozesse des Unternehmens. Diese Sichtweise findet sich auch in vielen anderen Qualitätsmodellen wieder, darunter die prominentesten Vertreter ISO 9001 und ISO 9004.

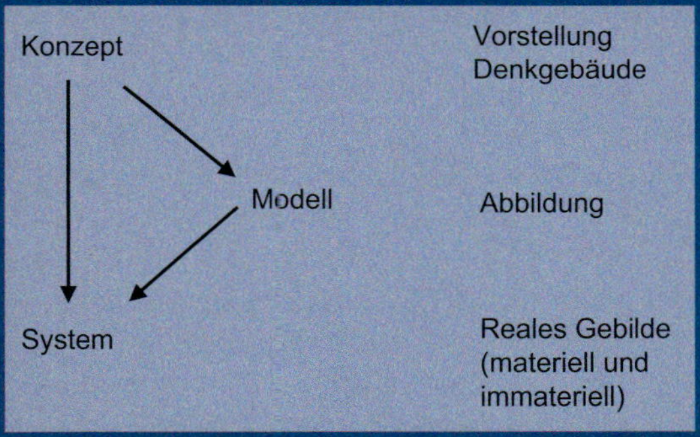

Abb. 9.1
Zusammenhang von Konzepten, Modellen und Systemen

II

9.1 Konzepte und Modelle

Die wichtigsten Konzepte und Modelle im Bereich des Qualitätsmanagements (Tab. 9.1) haben in den letzten 30 Jahren große Verbreitung gefunden. Diese Entwicklung war keineswegs voraussehbar. Im Gegenteil, im Bereich des Managements bestanden und bestehen heute noch erhebliche Zweifel, ob Führungssysteme auf Modellen basieren können, denn Modelle haben eine Tendenz zur Harmonisierung, während im offenen Markt unter harten Wettbewerbsbedingungen die Differenzierung maßgebend ist.

Ein wichtiger Grund für den Erfolg von Managementmodellen, insbesondere der ISO-Normenreihe 9000, besteht darin, dass es sich bei den Modellen nicht um einen eigentlichen Standard gewohnter Art handelt, sondern um einen Metastandard (Uzumeri 1997). Standards gewohnter Art, beispielsweise für Prüfungen oder für Produkte, machen genaue Vorgaben, „wie" etwas geregelt werden soll. Ein Metastandard dagegen ist ein „design code", in dem das „Was" geregelt ist. In Metastandards für Managementsysteme sind die Anforderungen an aufzubauende Systeme niedergelegt, für deren Ausgestaltung ein großer Freiraum erlaubt wird. In vereinfachter Form kann man dies folgendermaßen ausdrücken: Ein Normmodell legt fest, was im Rahmen eines Führungssystems getan werden soll, sagt jedoch nicht, wie dies zu geschehen hat.

Tab. 9.1 Qualitätskonzepte und -modelle

Konzept	Modell
▪ Qualitätsprüfung/Inspektion	
▪ Qualitätslenkung	
▪ Qualitätsverbesserung	▪ Ursprüngliches Modell von Kaizen (Imai) ▪ Toyota-Produktions-System
▪ Qualitätssicherung i. w. S.	▪ Lücken-Modell (Gap-Model)
▪ „Elektrizitätstypus" ▪ „Kulturtypus"	
▪ Prozessorientiertes Qualitätsmanagement	▪ ISO 9001 ▪ ISO 9004
▪ Companywide Quality Control ▪ Lean Manufacturing	
▪ Total Quality Management (TQM)	▪ Deming Prize
▪ Six Sigma	
▪ Excellence (Business~, Performance~, Organisational~)	▪ Malcolm Baldrige National Quality Award Model ▪ EFQM Excellence Model ▪ Operational Excellence (OPEX)

Über von ihm anzuwendende Konzepte und Modelle muss jedes Unternehmen seine eigenen Vorstellungen entwickeln. Es bestehen jedoch zwischen den verschiedenen Konzepten und Modellen Ähnlichkeiten, sodass sie sich in Gruppen gleicher Art zusammenfassen lassen. Bisher wurden zehn derartige Gruppen gefunden (Tab 9.1), für die sinnvolle Bezeichnungen gewählt oder aus der Literatur übernommen wurden (Seghezzi/Fahrni/Friedli 2013).

Das einfachste Konzept ist das Konzept einer reinen Qualitätsprüfung oder Inspektion; dabei wird die Konformität der Ware mit den vorgegebenen Spezifikationen verglichen. Dieses einfache Konzept ist ausreichend bei kleinen Zulieferanten, insbesondere aus Ländern mit niedrigem Entwicklungsstand.

Im Konzept Qualitätslenkung wird danach getrachtet, sich wiederholende, repetitive Prozesse zu beherrschen und fehlerfrei durchzuführen. Es wurde und wird hauptsächlich von Unternehmen angewendet, die keine eigene Innovationstätigkeit haben, sondern im Auftrag ihrer Kunden nach deren Spezifikationen arbeiten. Das Konzept wurde aber auch über den Bereich der Fertigung hinaus auf Geschäftsabläufe aller Art ausgedehnt.

Imai hat wesentlich zur Entwicklung eines Konzepts der umfassenden Qualitätsverbesserung beigetragen, als dessen Namen er das japanische Wort „kaizen" gewählt hat, was kontinuierliche Verbesserung heißt (Imai 1986). Das Konzept, das wesentlich auf Humanfaktoren, Qualifikation, Motivation, Engagement, Bewusstsein und Verhalten abstellt, wurde nach seiner Einführung in der Industrie wie auch insbesondere im Dienstleistungssektor begeistert aufgegriffen und angewendet. Heute sind die Gedanken der Qualitätsverbesserung in allen fortschrittlichen Qualitätsmanagementkonzepten enthalten und umgesetzt.

Qualitätssicherung im weiteren Sinne, also nicht die auf aktives Risikomanagement beschränkte Qualitätssicherung, sondern die Zusammenfassung der operativen Aktivitäten Qualitätsplanung, Qualitätslenkung und Qualitätssicherung, hat in den letzten zwanzig Jahren große Verbreitung gefunden und wird weiterhin angewendet.

Das Qualitätskonzept „Elektrizitätstypus" ist wenig transparent und erhielt seinen Namen aus dem Vergleich mit Elektrizität: Niemand bemerkt, dass Elektrizität zur Verfügung steht, jedem fällt es auf, wenn sie einmal ausfällt. Unternehmen mit dem Qualitätskonzept „Elektrizitätstypus" arbeiten ähnlich. Es entsteht der Eindruck, bei ihnen „entstehe Qualität von alleine". Niemand erwähnt Qualität, solange die Spezifikationen eingehalten sind und der Kunde zufrieden ist. Kommt es aber zu Qualitätseinbrüchen und Fehlern, so ist ihre Führung und Organisation in der Lage, kurzfristig die Fehlerquellen zu eruieren, die Fehler zu beheben und in Zukunft zu vermeiden.

In Mitteleuropa hat das Qualitätskonzept „Kulturtypus" einen hohen Stellenwert, der vom Stolz der Mitarbeiter auf die Leistungen des Unternehmens getragen wird. Die Geschäftsleitungen stellen die notwendigen Mittel und Ressourcen zur Verfügung und unterstützen die Aktivitäten der Führungskräfte (Meister) und Mitarbeiter. Die enge Beziehung dieses Konzepttypus zur Kultur des jeweiligen Landes erschwert eine Übertragung auf Tochtergesellschaften im ferneren Ausland, weil dort die kulturellen Voraussetzungen oft nicht gegeben sind.

Die bisher beschriebenen Konzepte oder Modelle sind immer noch in Verwendung, stagnieren jedoch in ihrer Bedeutung oder gehen sogar zurück. Dagegen sind die übrigen Konzepte und Modelle in Tabelle 9.1 von zunehmender Wichtigkeit.

In den letzten 15 Jahren stellten mehr und mehr Organisationen auf ein Konzept des prozessorientierten Qualitätsmanagements um und benutzten dafür das Modell der ISO 9001:2008 (ISO 2008) oder 9004:2009 (ISO 2009). Eine noch stärkere Ausrichtung auf Prozessmanagement unter Einsatz von statistischen Methoden bietet das Konzept von Six Sigma (Gross 2001).

Das Konzept „Companywide Quality Control" (CWQC) stammt aus Japan, wurde wesentlich von K. Ishikawa (Ishikawa 1985) geprägt und ist als Vorläufer des TQM-Konzepts anzusehen. Bei ihm wird die traditionell starke Konzentration des Qualitätsgeschehens auf die technischen Bereiche aufgehoben, indem Marketing, Verkauf, Administration, Informatik, Finanz- und Personalwesen in vollem Umfang integriert werden.

Bevor auf die weiteren Konzepte und Modelle näher eingegangen wird, muss noch ein wichtiges Unterscheidungsmerkmal behandelt werden. Man muss zwischen sogenannten „gut genug"-Modellen (engl. „good enough" models) und „immer besser"-Modellen (engl. „better and better" models) unterscheiden (Uzumeri 1997). „Gut genug"-Modelle stellen Minimalanforderungen an Führungssysteme, die erfüllt werden müssen, damit Unternehmungen fähig sind, gleichbleibende Qualität zu liefern. Die Erfüllung der Minimalanforderungen lässt sich bewerten und zertifizieren, und Modelle und Zertifikate können in Vertragsverhältnissen zwischen Partnern und für behördliche Regulierungen verwendet werden. Das Ziel der Unternehmensentwicklung ist mit dem abgeschlossenen Aufbau des Systems erreicht. Die Zielerreichung wird durch das erteilte Zertifikat sichtbar gemacht. Zertifikate sind von großem Interesse für das Unternehmen selbst, für die Zulieferanten, für die Kunden, für die Behörden, für die Gesetzgeber und generell für die Gesellschaft.

„Immer besser"-Modelle sind von ganz anderer Art. Sie geben Anleitungen, Hinweise und Hilfestellungen für die Unternehmensentwicklung. Sie geben die Richtung vor, ohne einen allgemein anerkannten Endpunkt zu definieren. Ihre Anwendung bedeutet eine Reise ohne Ende, häufig in Richtung Total Quality Management oder Excellence. Diese Art der Modelle dient vornehmlich dem Unternehmen selbst auf seiner Reise zu ständigen Verbesserungen und ist nur indirekt für das Umfeld maßgebend. Das Modell der Norm ISO 9004:2009 (ISO 2009), ebenso wie das Excellence-Model von EFQM (EFQM 2013) und dasjenige des Malcolm Baldrige National Quality Award (NIST 2006) gehören zu dieser Art von „immer besser"- Modellen.

9.1.1 ISO 9001

1987 kam die International Organization for Standardization (ISO) erstmals mit einer Normenreihe heraus, welche Modelle für die Gestaltung von Qualitätssystemen enthielt. Qualitätssysteme nach der Normenreihe ISO 9000 haben innerhalb weniger Jahre eine enorme Verbreitung gefunden. Ende 2011 waren weltweit nahezu 1 112 000 Organisationen zertifiziert (ISO Survey 2012), d. h. sie haben die Existenz eines funktionierenden Qualitätssystems nachgewiesen. Weltweit haben schätzungsweise eineinhalb bis zwei Million Unternehmungen ihr Qualitätssystem auf die Anforderungen der Normenreihe ausgerichtet. Damit dürfte dieses Modell das am stärksten verbreitete Unternehmensführungsmodell überhaupt sein.

Seit ihrem Erscheinen im Jahr 1987 hat die Normenreihe 9000 viermal eine Überarbeitung erfahren, eine kleinere im Jahre 1990, eine etwas größere (Revision 1) im Jahre 1994 und eine komplette Überarbeitung (Revision 2) im Jahr 2000 und eine aktuelle Anpassung im Jahr 2008.

Die ISO 9000er Reihe basiert auf folgenden acht Grundsätzen des Qualitätsmanagements:

- Kundenorientierung
- Führung
- Einbeziehung der Personen
- Prozessorientierter Ansatz
- Systemorientierter Managementansatz
- Ständige Verbesserung
- Sachbezogener Ansatz zur Entscheidungsfindung
- Lieferantenbeziehungen zum gegenseitigen Nutzen.

Die Norm ISO 9000 ist als Einführung in Qualitätsmanagement zu verstehen. Sie enthält keine Forderungen an das Unternehmen, die es zu erfüllen gilt, sondern stellt die begriffliche und inhaltliche Basis für die Einführung eines Qualitätsmanagementsystems dar. Sie beschreibt Grundlagen für das Qualitätsmanagementsystem und Begriffe zum Thema Qualität und Qualitätsmanagement. Sie gibt einen Überblick hinsichtlich qualitätsbezogener Ziele und Verantwortlichkeiten.

Von zentraler Bedeutung für ein Qualitätssystem ist die Norm ISO 9001:2008. Sie liefert konkrete Hinweise, wie ein Qualitätssystem aufzubauen und im Sinne der ständigen Verbesserung weiterzuentwickeln ist. Das Modell

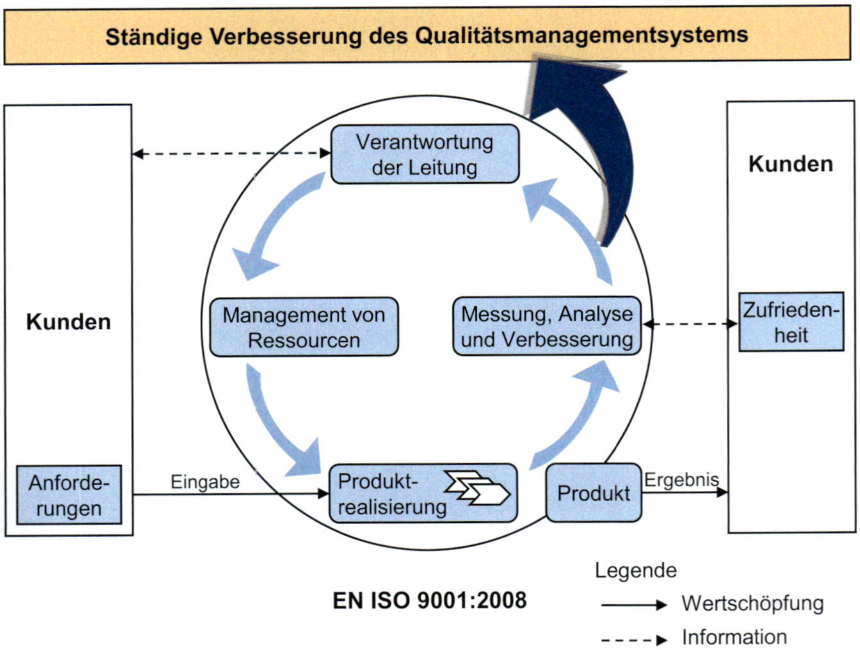

Abb. 9.2
ISO 9001:2008, Modell eines prozessorientierten Qualitätsmanagementsystems

verlangt vom Unternehmen die Anwendung eines „prozessorientierten Ansatzes“. Zur Veranschaulichung eines „prozessorientierten Ansatzes“ wird in der Norm die Abbildug 9.2 aufgeführt. Sie dient als Muster zum Verständnis, aber nicht als bindende Vorgabe.

Alle Aktivitäten starten beim Kunden und dessen Anforderungen, Erwartungen sowie expliziten Forderungen. Sie dienen als Eingabe in die Prozesse der Produktrealisierung, d. h. der Qualitätsplanung und Qualitätslenkung. Als Ergebnis entstehen Produkte und Dienstleistungen, die beim Kunden Reaktionen auslösen. Ziel ist es, Kundenzufriedenheit zu erreichen.

Drei weitere Arten von Prozessen sind gemäß dem Modell notwendig, um zu positiven Ergebnissen zu kommen. Produktrealisierung ist nur möglich, wenn Ressourcen, wie geeignetes Personal, Rohmaterial etc., zur Verfügung stehen, zu deren Bereitstellung unterstützende Prozesse und ein entsprechendes Management der Ressourcen notwendig sind. Da Qualität „nicht von alleine entsteht“ und auch das Unternehmen nicht „von alleine funktioniert“, sind Führungsprozesse notwendig, die unter die Verantwortung der Leitung fallen. Qualitätsmanagement ist ohne Messung, Analyse und Verwendung der Messergebnisse nicht denkbar. Aus diesem Grunde ist es ein Spezifikum jedes guten Qualitätsmanagementmodells, die Prozesse zur Messung, Analyse und Verbesserung herauszustellen. Die Ergebnisse werden als Feedback unmittelbar zur Regelung der Prozesse der Produktrealisierung und Ressourcenbereitstellung verwendet, anderseits aber auch als Input für künftige Managemententscheidungen, womit sich in Abbildung 9.2 der Kreislauf der Prozesse wieder schließt. Diese Feedback-Informationen sind ein wichtiger Teil der Qualitätssicherungsaufgaben, welche über das ganze Modell verteilt sind und nicht einzeln sichtbar gemacht werden, ebenso wie die Aufgaben der Qualitätsverbesserung, die allerdings im Block Messung, Analyse und Verbesserung einen Schwerpunkt haben. In der Norm ISO 9001:2008 erlangt die Forderung, die Wirksamkeit des Qualitätsmanagementsystems immer wieder zu prüfen und zu verbessern - dies unter Nutzung der (internen und externen) Auditergebnisse, der Datenanalysen, der Korrektur- und Vorbeugungsmaßnahmen und der Managementbewertung - einen besonderen Stellenwert.

Das Modell ist in allen Branchen anwendbar, nämlich in der herstellenden Industrie, den Dienstleistungsunternehmen und den öffentlichen Verwaltungen, und zwar bei Organisationen jeglicher Größe.

Trotz der Forderung, dass sich ein Qualitätsmanagementsystem über seine Feedback-Schleifen der Messung, Analyse und Verbesserung (z. B. interne Audits) weiterentwickeln muss, handelt es sich um ein „gut genug“-Modell. Minimalanforderungen sind genannt, die auditiert und zertifiziert werden können. Ein Zertifikat bescheinigt die Erfüllung dieser Minimalanforderungen.

Für die Praxis von nicht zu unterschätzender Wichtigkeit ist, dass es sich bei ISO 9001:2008 um ein generisches Modell handelt, was bedeutet, dass dieses Modell als Gerüst für eine relativ einfach zu vollziehende Integration anderer Managementaufgaben, wie Umweltmanagement, Sicherheitsmanagement etc., verwendet werden kann, wie auch als Grundlage für die Formulierung branchenbezogener Modelle.

9.1.2 ISO 9004:2009

Mit der Überarbeitung der neuen Normenreihe 9000 wurde auch die Norm ISO 9004 geschaffen. Sie enthält ein „immer besser"-Modell zur ständigen Leistungsverbesserung. Ausgangspunkt ist dabei die Erfüllung der Anforderungen aus dem Modell von 9001:2008. Bei der Revision im Jahr 2009 erfuhr das Modell von 9004 eine tiefgreifende Erweiterung. So entstand ein „immer besser"-Modell nach dem Konzept von TQM oder Business Excellence, mit dem man sich auf eine endlose Reise der Unternehmensentwicklung begibt, wobei die einzelnen Zielpunkte oder Zwischenziele vom Anwender selbst festzulegen sind.

Um diese Reise zu erleichtern, wurden ISO 9001:2008 und ISO 9004:2009 als konsistentes Paar geschaffen; dies bedeutet, dass beide Modelle auf den gleichen acht Grundsätzen aufbauen, die gleichen Begriffe verwenden und keine Widersprüche enthalten.

Die inhaltlichen Erweiterungen gehen sowohl in Richtung einer Vertiefung wie einer Verbreiterung. Die Vertiefung der Inhalte betrifft insbesondere unternehmerische Aspekte, mit einem stärkeren Einbezug der normativen und strategischen Aufgaben. Die diesbezüglichen Empfehlungen betreffen das Leiten und Lenken des Qualitätsmanagementsystems und seiner Prozesse, die Verantwortung der Leitung, insbesondere bezüglich Politik, Planung, Managementbewertung, Personalmanagement und Selbstbewertungen. Aber auch operative Aufgaben im Bereich der Produktrealisierung, der Messung und Analyse erfahren bedeutsame Ausweitungen. Mehr oder weniger werden von der angestrebten Leistungsverbesserung alle Punkte aus der Norm ISO 9001:2008 betroffen. Darüber hinaus enthält das Modell aber auch eine Verbreiterung in Bereiche, welche von der Norm ISO 9001:2008 gar nicht behandelt werden. Am auffälligsten ist die Ausdehnung auf alle Anspruchsgruppen, in der Norm als „interessierte Parteien" bezeichnet. Während sich die Norm ISO 9001:2008 auf Kunden als Anspruchsgruppe beschränkt, wird in der Norm ISO 9004:2009 der Kreis der Anspruchsgruppen um die Mitarbeiter, die Investoren, die Lieferanten, die Partner und die Gesellschaft erweitert. Diese Ausweitung ist für alle Arten von Unternehmungen wichtig, jedoch besonders hilfreich für Organisationen im öffentlichen Bereich, bei denen in der Regel neben unmittelbaren Kunden andere Anspruchsgruppen ein hohes Gewicht haben. Verbreitert wurde das Modell von ISO 9004:2009 auch bei den Ressourcen. Im Gegensatz zu ISO 9001:2008 werden in ISO 9004:2009 die Ressourcen Information, Lieferanten, Partner, natürliche Ressourcen und finanzielle Ressourcen einbezogen, inklusive ihrer Bewertung. Die wichtigste Ressource sind die Mitarbeiter, vor allem bei Dienstleistungen und in der Verwaltung, aber auch in der produzierenden Industrie.

Deutliche inhaltliche Veränderungen wurden auch bezüglich der Verbesserungen vorgenommen. Die Norm ISO 9001:2008 enthält die klassischen Verbesserungselemente der Qualitätssicherung wie Korrektur- und Vorbeugungsmaßnahmen. Darüber hinaus verlangt sie Anstrengungen, welche unter Einsatz der Qualitätspolitik, Qualitätsziele, Audit-Ergebnisse, Datenanalyse und Korrekturen, Vorbeugungsmaßnahmen und Managementbewertung zu einer Verbesserung des Qualitätssystems führen. ISO 9004:2009 baut auf diesen Minimalforderungen auf und empfiehlt, eine Verbesserungskultur zu schaffen, Verantwortung für Verbesserungen zu unterstützen, Strukturen und Prozesse der Verbesserung festzulegen, eine systematische Analyse der Daten hinsichtlich Verbesserungsmöglichkeiten vorzunehmen und Werkzeuge des Risikomanagements, des Benchmarkings und der Zufriedenheitsmessung hinzuzuziehen. Erstmals einbezogen wurde das Management von Wissen und Innovation sowie das individuelle und das institutionelle Lernen. Mit der Ausdehnung auf weitere Werkzeuge eines ganzheitlichen Unternehmenscontrollings wird auch die Beschränkung auf Qualitätsmanagement, die in der Norm ISO 9001:2008 noch vorhanden ist, aufgegeben; wesentliche Anforderungen an Finanz- und Rechnungswesen, Risikomanagement und Informationsmanagement werden in der Norm ISO 9004:2009 ebenfalls angesprochen.

Bewertungen sind auch bei ISO 9004:2009 notwendig. Der Fortschritt, den das Unternehmen durch die Anwendung des Modells von ISO 9004:2009 erzielt, muss durch interne Audits verfolgt werden. Innerhalb eines einzigen Audits kann die Konformität mit der ISO 9001:2008 bestätigt und der mit ISO 9004:2009 erreichte Fortschritt analysiert werden.

Sofern vom Unternehmen gewünscht, können auch unabhängige Stellen wie Zertifizierungsorganisationen Audits nach ISO 9001:2008 und ISO 9004:2009 synchron durchführen, d. h. in einem Durchgang sowohl die Konformität mit der ISO 9001:2008 verifizieren unter Bestätigung eines vorhandenen Zertifikats wie auch den Fortschritt des Managementsystems nach ISO 9004:2009 validieren. Allerdings kann die Empfehlung, externe Audits auf der Basis von ISO 9004:2009 durchzuführen, nicht ohne eine deutliche Warnung gemacht werden. Auf der Basis von ISO 9004:2009 kann und darf kein Zertifikat ausgestellt werden. Die Norm betont ausdrücklich, dass sie nicht für Zertifizierungs- und Vertragszwecke vorgesehen ist.

9.1.3 Six Sigma

Verbesserte Qualität, geringere Kosten und erhöhte Kundenzufriedenheit – das sind kurz gefasst die Ziele des Six-Sigma-Konzepts (Gross 2001). Der Name Six Sigma weist auf eine Gauß-Verteilung hin, bei welcher außerhalb des Bereiches von Six Sigma noch zwei von einer Million Teile liegen.[1] Das Ziel ist somit, sehr niedrige Fehlerraten im Bereich von „parts per million" (ppm) zu erreichen. Üblicherweise liegen Firmen bei Fehlerraten von Prozent und Promille, haben somit bei einer Gauß-Verteilung erst drei bis vier Sigma erreicht.

Um überhaupt zu so geringen Fehlerhäufigkeiten zu kommen, ist die Beherrschung der Prozesse notwendig, was über statistische Messgrößen zu überwachen ist. Früher waren kaum Möglichkeiten vorhanden, statistische Messgrößen in breitem Umfang einzusetzen. Die moderne Computerentwicklung hat ermöglicht, dass auch Laien anspruchsvolle statistische Auswertungen durchführen können.

Das Vorgehen ist verhältnismäßig einfach:

1. Man definiert kritische Messgrößen, die kundenbezogen sind (QTC).
2. Man ermittelt die Schlüsselprozesse, welche diese Messgrößen bestimmen.
3. Man setzt sehr harte Ziele für Verbesserungen.
4. Man misst und wertet mit dem Computer aus. Dies geschieht dezentral durch Laien.
5. Man verbessert den Prozess, beseitigt die Ursachen der Fehler und strebt nach höherer Kundenzufriedenheit.

In seinem Kern ist demnach Six Sigma ein Performance Measurement- und Methodikkonzept, das zahlreiche, vornehmlich statistische Werkzeuge benutzt und diese durch den Computereinsatz auch für den nicht mathematisch geschulten Manager anwendbar macht. Dieser methodische Kern von Six Sigma kann mit jedem Modell des Qualitätsmanagements kombiniert werden.

Deshalb ist die Frage angebracht, weshalb bei Six Sigma von einem Konzept gesprochen werden kann. Die Antwort darauf liegt in der Anreicherung, welche dieser Kern durch zusätzliche Managementelemente erfahren hat. Diese Elemente, welche aus Six Sigma ein Konzept machen, lassen sich wie in Abbildung 9.3 darstellen:

Der standardisierte Verbesserungsprozess: Six Sigma unterscheidet zwischen zwei grundsätzlichen Vorgehensweisen bei der Verbesserung:

- DMAIC: **D**efine, **M**easure, **A**nalyze, **I**mprove, **C**ontrol findet Anwendung bei existenten, aber noch zu verbessernden Produkten und Prozessen
- DMADV:**D**efine, **M**easure, **A**nalyze, **D**esign, **V**erify findet Anwendung für neu zu entwickelnde Produkte und Prozesse

Abb. 9.3 Managementelemente des Six-Sigma-Modells

Durch ständige Beteiligung an Verbesserungsprojekten wird eine Änderung der Haltung und somit der Kultur herbeigeführt. Man kann damit zu Recht sagen, dass Six Sigma ein „westliches" Kaizen ist, das die heutigen Möglichkeiten der Computeranwendung im Bereich der statistischen Methoden voll ausnützt.

Ein besonderes Element von Six Sigma ist seine Trägerschaft, die sicherstellt, dass einerseits die erforderliche Qualifikation und andererseits eine durchgängige Unterstützung für permanente und konsequente Verbesserung im Unternehmen erzeugt werden. Für Six Sigma wurde ein ausgefeiltes Ausbildungssystem in statistischen Methoden, Projektmanagement und allgemeiner Führung aufgebaut. In der Schulung durchlaufen die Auszubildenden verschiedene Stufen mit Prüfungen. Die unterste Stufe ist der sogenannte grüne Gürtel (Green Belt). Diesen erhalten die Teilnehmer nach einer Grundschulung und nach Durchführung eines praktischen Projektes. Dann folgt der zweite Schritt der Ausbildung zum Projektmanager mit intensiverer Anwendung von Statistik und einem Zertifikat mit dem Namen schwarzer Gürtel (Black Belt), sobald im Anschluss an die Ausbildung zwei praktische Projekte durchgeführt sind.

Zurzeit ist die Anwendung dieses Konzeptes sehr stark auf die Großindustrie und ihre Zulieferer beschränkt. Es ist jedoch auch im Dienstleistungssektor brauchbar, wobei dort meistens einfachere Statistikmethoden zum Einsatz kommen. Kleine und mittlere Unternehmen, sofern sie nicht zum engeren Zulieferkreis von anwendenden Großfirmen gehören, bringen heute meistens noch nicht die Voraussetzungen mit, um das Modell und seine Methodik ähnlich erfolgreich einsetzen zu können wie die Großindustrie.

[1] Motorola als Pionier von Six Sigma hat aus nachvollziehbaren Gründen 3,4 Teile außerhalb von Six Sigma angeordnet. Entsprechend ist auch das Modell aufgebaut.

9.1.4 Lean

In diesem Abschnitt erfolgt eine Vorstellung des Lean Managements und ein kurzer Überblick über Lean-Methoden, die zur Umsetzung des Lean-Ansatzes dienen. Der Begriff Lean und damit der Lean-Gedanke ist aus dem japanischen Toyota-Produktionssystem entstanden. Der Begründer dieses Systems ist Toyoda Sakichi, welcher mit seinem Ansatz der intelligenten Autonomation (autonome Automation) den Grundstein des Systems geliefert hat. Sein Sohn Toyoda Kiichiro führte die erste Weiterentwicklung durch, welche systematisch von Taiichi Ohno fortgesetzt wurde. Der Hauptgedanke des Lean Managements ist die Vermeidung von Verschwendung im unternehmerischen Umfeld. Der Begriff Lean wird in der Praxis auch häufig mit dem Begriff „schlank" assoziiert, was ebenfalls im Zusammenhang mit verschwendungsfreien Prozessen zu verstehen ist. Das Toyota-Produktionssystem als Gebäude gesehen, gliedert sich in mehrere Säulen, welche durch ein Fundament aus ausgeglichener Produktion, stabilen Prozessen und einem visuellen Management gestützt werden und welchen als Dach das Ziel der minimalen Kosten, der besten Qualität und der kürzesten Durchlaufzeit übersteht. Die kontinuierliche Verbesserung in kleinen Schritten ist als Grundlage für alle Bereiche zu verstehen.

Die beiden äußeren Säulen sind der Just-in-Time-Ansatz sowie der japanische Begriff „Jidoka", welcher die Bedeutung hat, dass kein Fehler zur nächsten Station weitergegeben wird. Die Säule im Zentrum wird den Menschen im Produktionsumfeld zugesprochen. Diese Säule enthält vor allem den Aspekt der kontinuierlichen Entwicklung der Arbeitskräfte durch Training, Job Rotation usw. und den Gedanken der Teamarbeit. Den Säulen übersteht der allgemeine Ansatz der Vermeidung von Verschwendung. Das übergeordnete Ziel des Systems ist die Produktion im Kundentakt. Um dieses Ziel bzw. die Reduzierung der Verschwendung im Unternehmen zu erreichen sind dem Lean Management diverse Tools zu grunde gelegt. Im Folgenden soll ein erster Eindruck über existierende Tools vermittelt werden, indem eine Auswahl von Tools vorgestellt und ihre jeweilige positive Wirkung diskutiert wird. Der übergreifende Effekt von Lean-Tools ist es, die nach Liker (2004) definierten acht Verschwendungsarten zu verringern. Die acht Arten der Verschwendung sind die Überproduktion, die überflüssigen Bestände, die nichtwertschöpfende Bewegung, die Fehlerhaftigkeit im Prozess (Nacharbeit, Ausschuss), allgemeine Wartezeiten, der unnötige Transport, die Überbearbeitung und die nicht genutzte Kreativität der Mitarbeiter. Die Verschwendungsarten mit dem größten negativen Einfluss sind überflüssige Bestände und Überproduktion. Dies ist durch das ungenutzte, gebundene Kapital im Unternehmen zu erklären.

Ein Tool, welches die genannte Verschwendungen im Prozess identifiziert, ist die Wertstromanalyse. Bei dieser Analyseform werden die Produktionsabläufe grafisch dargestellt und mit quantitativen Informationen bewertet. Es wird dabei festgelegt, in welchem Prozess welche Tätigkeiten, von welchen Personen, für welche weiteren Produkte etc. verrichtet werden. Die Prozesse werden durch sogenannte Prozesskästen dargestellt. Diese Prozesskästen enthalten zusätzlich zu den grundsätzlichen Informationen die explizite Bearbeitungszeit im Prozess, die Menge an produzierten Gütern etc. Des Weiteren wird die Zeitspanne festgehalten, die zwischen den jeweiligen Prozessen anfällt. Das Verhältnis zwischen wertschöpfender Zeit (Bearbeitungszeit etc.) und nicht-wertschöpfender Zeit (Transport, Liegezeiten etc.) gibt einen Eindruck darüber wie „lean" der gesamten Prozess ist. Zusätzlich zum Materialfluss wird in einer Wertstromanalyse auch der Informationsfluss abgebildet. Dies gilt auf der einen Seite für den Informationsaustausch zwischen Zulieferer, Produktionsplanung, Produktion und Kunde, und auf der anderen Seite für den Informationsaustausch zwischen den Prozessen.

Aufbauend auf den Ergebnissen einer Wertstromanalyse können Handlungsbedarfe abgeleitet werden. Dies führt uns zum nächsten Lean-Tool, welches als Ziel die Bestandsreduktion im Prozess hat. Es handelt sich hierbei um die Methode der Kanban-Prozesssteuerung. Die Implementierung eines Kanban-Steuerungssystems braucht als Tool eine Kanban-Karte, welche alle nötigen Informationen zum Prozess enthält. Man unterscheidet hierbei zwischen dem Produktionskanban und dem Transportkanban. Die Informationen, welche die Kanban-Karte enthalten, hängen von eben dieser Kanban-Art ab. Beim Produktionskanban dient die Kanban-Karte dazu, die Produktion oder Montage von bestimmten Teile zu authorisieren. In einer Produktion mit Produktionskanbansteuerung ist die Fertigung ohne Kanban-Karte nicht erlaubt. Die Produktionskanbankarte enthält alle nötigen Informationen zur Herstellung, welche individuell variieren können. Hierzu zählen beispielsweise Name des Produkts, benötigte Teile, Menge etc. Der Transportkanban addressiert, wie der Name schon sagt, den Transport von Gütern. Im Detail wird hierbei die Verschiebung von Material von einem vorgelagerten zu einem nachgelagerten Prozess verstanden. Mit dem Wissen über den jeweiligen Produktionsplan und die Bedarfe innerhalb der Prozesse kann die genaue Anzahl an benötigten Kanban-Karten errechnet werden. Wie beim Produktionskanban ist beim Transportkanban eine Verschiebung von Material nur mit einer Kanban-Karte zulässig. Diese Kanban-Karten enthalten wiederum detaillierte Informationen, wie z. B. die Containergröße, der Inhalt an Teilen, die Mengen an Teilen im Container etc. Die Kanbansteuerung hilft die Bestände innerhalb der gesamten Produktion zu reduzieren und gibt beste Rahmenbedingungen für eine ausgewogene Produktionssteuerung.

Ein weiteres Tool, welches durchgängig bei allen Lean-Aktivitäten eingesetzt werden kann, sind Kaizen-Workshops. In diesen Workshops wird mithilfe eines Experten eine Gruppe von Mitarbeitern hinsichtlich Potentialen der Vermeidung von Verschwendung und Potentialen der Implementierung von Lean-Initiativen geschult. Wichtig hierbei ist, dass auch der Prozessverantwortliche mit in die Schulung involviert wird. Bei Kaizen-Workshops werden die Probleme und Möglichkeiten direkt am Beobachtungsobjekt (z.B. Produktion) diskutiert. In diesem Zusammenhang leitet das Team anschliessend gemeinsam Potentiale und Handlungsbedarfe ab. Diese Verbesserungsmöglichkeiten werden festgehalten und zur Umsetzung vereinbart. Das Team selbst ist interdisziplinär zusammenzustellen, um alle Kanäle im Unternehmen zu erreichen und alle verantwortliche Personen zu integrieren.

Die beschriebenen Tools sind nur eine Auswahl aus der gesamten Lean-Toolbox, welche noch deutlich mehr Möglichkeiten und Werkzeuge bietet, Lean in einem Unternehmen zu etablieren. Zusammenfassend lässt sich festhalten, dass eine Lean-Initiative zum Benefit von Firmen beiträgt, da die Verschwendung reduziert wird und damit konkrete monetäre Einsparungen zu erzielen sind.

II

9.2 Total Quality Management/Business Excellence

Diesem Abschnitt sei die Bemerkung vorangestellt, dass sich leider die deutschen Ausdrücke „umfassendes Qualitätsmanagement“ und „Geschäftsexzellenz“ kaum durchgesetzt haben, weshalb hier die englischen Ausdrücke „Total Quality Management“ und „Business Excellence“ verwendet werden. TQM wurde in der westlichen Wirtschaft erstmals Ende der 80er/Anfang der 90er Jahre des vorigen Jahrhunderts eingesetzt. Mit fortschreitender Entwicklung des Konzepts ging man mehr und mehr auf die Bezeichnung Business Excellence, Organizational Excellence o.ä. über. Diese Ausdehnung zwang, Excellence zu definieren, was durch die EFQM in folgender Weise geschah:

Excellence ist (definiert) als die überragende Praxis beim Managen einer Organisation und beim Erzielen von Ergebnissen.

Mit TQM und Business Excellence haben sich zahlreiche Autoren auseinandergesetzt. Hinter dem Konzept steht eine anspruchsvolle Unternehmensphilosophie, die sich durch folgende vier Punkte charakterisieren lässt:

1. schwergewichtige Ausrichtung auf die Kunden, jedoch angemessene Berücksichtigung der Bedürfnisse aller Anspruchsgruppen
2. das Wissen der Mitarbeiter besser nutzen, die verfügbaren Wissensquellen anzapfen und diese Anstrengungen verbinden mit individualem und organisationalem Lernen
3. ständige Verbesserungen sowohl kontinuierlich in kleinen Schritten wie auch radikal in größeren Sprüngen
4. Qualitätsverantwortung jedes Einzelnen, allein und im Team.

Dieser Abschnitt sei den gängigen Modellen gewidmet, welche die Anwendung des anspruchsvollen Konzeptes erleichtern. Der Gebrauch von Modellen wird den Anwendern des Konzepts dringend empfohlen. Eine direkte Umsetzung von Philosophie und Konzept in ein Führungssystem ist recht schwierig.

Am bekanntesten und verbreitetsten sind die Modelle aus den großen Wettbewerben. Schon in den 50er Jahren wurde in Japan der Deming Prize (Deming Prize 1994) geschaffen. 1988 folgte in den USA der Malcolm Baldrige National Quality Award (NIST 2006) und 1992 wurde von der Europäischen Kommission zusammen mit der European Foundation for Quality Management (EFQM) und der European Organization for Quality (EOQ) der European Quality Award (EFQM 2013-1) ins Leben gerufen. Das Modell der EFQM liegt nicht nur dem European Quality Award, sondern auch zahlreichen nationalen Wettbewerben zugrunde. Dies trifft zu für den Ludwig-Erhard-Preis in Deutschland, den österreichischen Qualitätspreis und den Schweizer Qualitätspreis für Business Excellence ESPRIX. Das Modell des europäischen Preises wird nachfolgend vorgestellt. Auf Malcolm Baldrige National Quality Award, Deming Prize und weitere Award-Modelle wird zusammenfassend in einem weiteren Abschnitt eingegangen.

9.2.1 Das Excellence-Modell der European Foundation for Quality Management (EFQM)

Die Unternehmensentwicklung zu Excellence wird in Europa am stärksten gefördert durch das EFQM-Excellence-Modell (EFQM 2013-1). Zu Beginn war das Modell von der Philosophie des Total Quality Management getragen. Im Laufe seiner Anwendung in den 90er Jahren zeigte sich jedoch immer mehr, dass ein Bedarf an einem allgemeinen Unternehmensführungsmodell besteht, das den Unternehmen auf ihrer Reise zu Excellence dient. Deshalb erfolgte 1999 eine komplette Revision. Dabei wurde das

Modell inhaltlich auf den neuesten Stand der Managementlehre gebracht und durch eine systematische Bewertungsmethode ergänzt. Im Jahr 2002 erfolgte ein „Refreshment" des Modells, welches insbesondere bei der Sprache und in der Betonung der „Nachhaltigkeit" seinen Niederschlag fand. Zwei weitere Überarbeitungen wurden 2010 und 2013 vorgenommen, wobei die acht sogenannten Grundkonzepte ausgetauscht wurden und die jahrelangen Erfahrungen sowie die aktuellen und zukünftigen Herausforderungen berücksichtigt wurden.

Die Struktur wurde jeweils beibehalten (Abb. 9.4). Nach wie vor gliedert sich das Modell in neun Kriterien, wobei sich fünf Kriterien auf die Potenziale der Unternehmung, die sogenannten Befähiger, und vier Kriterien auf die Ergebnisse beziehen. Während auf der Seite der Befähiger die Einflussgrößen für den langfristigen Erfolg thematisiert werden, zeigt die Ergebnisseite, dass das Ziel aller Bemühungen die Verbesserung der Geschäftsergebnisse sein muss.

Acht Orientierungen geben dem abstrakten Begriff „Excellence" eine konkrete Bedeutung (EFQM 2013-2):

- Nutzen für Kunden schaffen
- Die Zukunft nachhaltig gestalten
- Die Fähigkeiten der Organisation entwickeln
- Kreativität und Innovation fördern
- Mit Vision, Inspiration und Integrität führen
- Veränderungen aktiv managen
- Durch Mitarbeiterinnen und Mitarbeiter erfolgreich sein
- Dauerhaft herausragende Ergebnisse erzielen

Diese acht Orientierungen sind keine bindende Verpflichtung. Sie werden den Organisationen zur Wahl angeboten. Jede Firma soll ihre eigene Auswahl treffen. Bedeutend ist auch die Gewichtung, welche die jeweilige Firma den einzelnen Orientierungen beimisst. Die Orientierungen betreffen alle wichtigen Anspruchsgruppen, nicht nur die Kunden.

In der Praxis zeigt sich, dass aufgrund der hohen Komplexität die Anwendung des EFQM-Excellence-Modells anspruchsvoll ist und nur Sinn ergibt, wenn über eine Reihe von Jahren konsequent mit dem Modell gearbeitet wird. Erst mit der Zeit werden sich die Führungskräfte und Mitarbeiter aller relevanten Verknüpfungen für ihre Organisation bewusst, und erst wenn dieses Bewusstsein geschärft ist, lassen sich die Maßnahmen und Verbesserungen in Richtung Excellence richtig aufeinander abstimmen. Durch periodische Wiederholungen der Bewertung muss auch geprüft werden, ob die erkannten und anschließend priorisierten Verbesserungspotenziale aus der Bewertung (Self Assessment) in der Folge konsequent mit den richtigen Maßnahmen angegangen wurden und nach einem angemessenen Zeitraum zu entsprechenden Wirkungen bei den Ergebnissen führten. Damit wird auch deutlich, dass die Arbeitsweise mit dem Modell auf einen längerfristigen Erfolgshorizont ausgerichtet ist, da es in der Regel eine geraume Zeit braucht, bis die miteinander verbundenen Veränderungsmaßnahmen in einer Organisation durchgängig umgesetzt und im Betriebsalltag aufgenommen werden, sodass sie nachhaltig Wirkung entfalten können.

9.2.2 Weitere Award-Modelle

Das Modell für den 1988 erstmals vergebenen *Malcolm Baldrige National Quality Award* (Abb. 9.5) wurde in den vergangenen Jahren stark weiterentwickelt (NIST 2006).

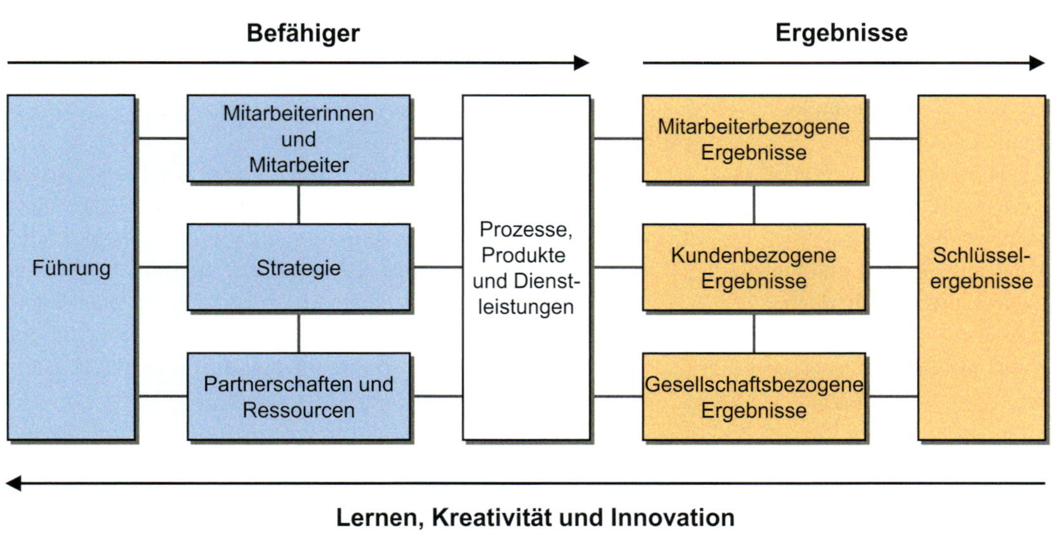

Abb. 9.4 Das EFQM-Excellence-Modell

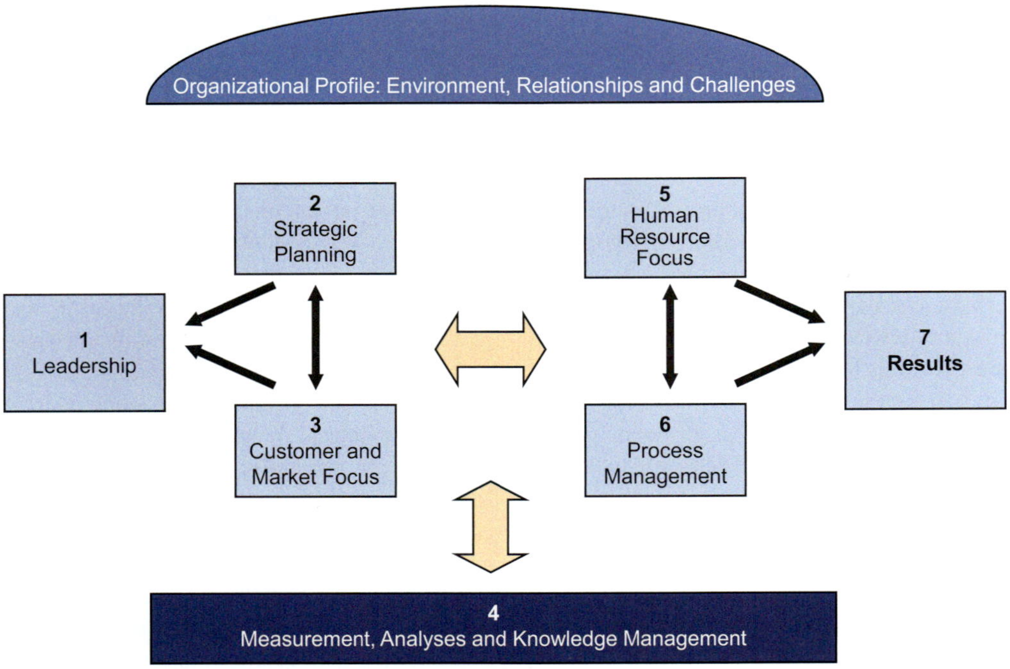

Abb. 9.5 Modell des Malcolm Baldrige National Quality Award

Ein Vergleich mit dem EFQM-Excellence-Modell (Abb. 9.4) zeigt sowohl die starke Ähnlichkeit des europäischen und des amerikanischen Modells wie auch die Unterschiede. So weist das amerikanische Modell eigene Kriterien für Kunden- und Marktfokus und für Messung, Analyse und Wissensmanagement auf, während es alle Ergebnisse in einem einzigen Block zusammenfasst. Demgegenüber sind im europäischen Modell die Ergebnisse auf vier Kriterien verteilt.

Der weltweit bekannteste Preis ist der *Deming Prize* (Deming Prize 1994), der 1951 in Japan eingeführt wurde. Jährlich werden drei verschiedene Arten von Preisen vergeben, wobei an dieser Stelle der Deming Application Prize interessiert. Ihm liegt ebenfalls ein Modell mit den folgenden zehn Punkten zugrunde:

1. Unternehmenspolitik
2. Organisation
3. Information
4. Standardisierung
5. Mitarbeiterentwicklung und Einsatz
6. Qualitätssicherungsaktivitäten
7. Unterhalt und Kontrollaktivitäten
8. Verbesserungsaktivitäten
9. Wirkung
10. Zukunftspläne.

Zusätzlich gibt es eine Checkliste mit sieben Punkten zur Befragung der obersten Führungskräfte.

Im Jahr 1995 ist in Japan ein zweiter Qualitätspreis, der *Japan Quality Award* (JPC-SED 2005) ins Leben gerufen worden. Sein Modell enthält acht Kriterien, die einen sehr viel engeren Bezug zum amerikanischen und europäischen Modell haben, als dies für den Deming Prize zutrifft. In jährlichem Rhythmus werden die Kriterien wie auch ihre Gewichtung den Zukunftsaufgaben der Weltwirtschaft angepasst, eine Dynamik, die in dieser Form bei anderen Modellen nicht zu finden ist.

Erwähnenswert sind ferner die Modelle des *Australian Quality Award* mit sieben Kriterien und des *South African Business Excellence Award* mit elf Kriterien, die enge Verwandtschaft mit dem EFQM-Excellence-Modell aufweisen.

Die Gemeinsamkeiten der wichtigsten Modelle sind:

- Alle sind „immer besser"-Modelle, die für die interne Verbesserung, nicht aber für die Zertifizierung gebraucht werden können.
- Sie bilden die Basis für internationale, regionale, nationale Unternehmenswettbewerbe, welche die Verbesserung von Managementsystemen anregen sollen.
- Alle weisen Bewertungsskalen auf, die von Assessmentteams in einem Konsensusprozess angewendet werden.
- Die Assessments sind sehr anspruchsvoll und können nur von erfahrenen und qualifizierten Managern als Assessoren bewältigt werden.
- Alle betonen die Bedeutung der Selbstbewertung als Quelle für Wissen und für Verbesserungsideen.
- Von Zeit zu Zeit werden alle genannten Modelle verbessert. In größeren Abständen werden sie komplett überarbeitet.

9.3 Operational Excellence und Lean Sigma

9.3.1 St. Galler Operational-Excellence-Modell

Das St. Galler Operational-Excellence-Modell wurde 2006 vorgestellt und enthält die zentralen Punkte, welche zum allgemeinen Unternehmenserfolg führen (Abb. 9.6). Diese Punkte teilen sich in die Ansätze Total Quality Management (TQM), Total Productive Maintenance (TPM), Just in Time (JIT) und ein effektives Managementsystem auf. Die Ansätze TQM, TPM und JIT lassen sich zur technischen Modellebene zusammenfassen, wogegen das Managementsystem als soziale Modellebene zu verstehen ist. Die soziale Ebene unterstützt die Mitarbeiter beim Prozess der kontinuierlichen Verbesserung durch eine gerechte Managementqualität und eine gut strukturierte Arbeitsorganisation. Das Ziel der technischen Modellebene ist es, den Grad der Implementierung der technischen Ansätze zu analysieren. Die jeweiligen Bereiche spiegeln die zu adressierenden Punkte innerhalb eines gut funktionierenden Unternehmens wider.

Dabei befasst sich das JIT mit der Erzielung eines „one-piece flows“ und minimalen Beständen in der Produktion. Als Basis für die Einführung von JIT gelten stabile und robuste Prozesse. TQM ergänzt den JIT-Ansatz, indem es für stabile Prozesse sorgt und damit ebenso Bestände (Sicherheitsbestände) reduziert bzw. teilweise sogar überflüssig macht. Der Ansatz des TPM setzt voraus, dass alle Beteiligten über das Wissen verfügen, wie die Maschinen gereinigt, inspiziert und gewartet werden. Diese Grundlage führt schließlich zu einem exzellenten Produktionsumfeld. Ohne den TPM-Ansatz sind die Ziele des TQM-Ansatzes nicht erreichbar, da stabile Prozesse nicht mit unzuverlässigem Equipment zu erreichen sind.

Innerhalb des Operational-Excellence-Modells werden die einzelnen Ansätze durch Methoden als weitere Subelemente ergänzt. Als Methoden der Total Production Maintenance gelten die präventive Instandhaltung, das Housekeeping und der effektive Einsatz von Technologie. Die Methoden im Bereich des Total Quality Managements sind das Prozessmanagement, die Kundenintegration, die Lieferantenintegration und die funktionsübergreifende F&E. Der Bereich JIT enthält die Methoden der Rüstzeitreduzierung, der Pull-Produktion, der Planungsstabilität und der Layoutoptimierung. Im folgenden Abschnitt wird ausführlicher auf das Konzept des Total Quality Managements eingegangen.

Im heutigen Umfeld ist der Begriff Six Sigma oft geläufiger und populärer als der Begriff TQM. Der Unterschied zwischen den beiden Konzepten liegt in der stärkeren Statistikorientierung von Six Sigma. Des Weiteren versuchen Unternehmen verstärkt Variablen zu identifizieren, welche als Ursache von Abweichungen gelten, wozu Six-Sigma-Tools benutzt werden. Der TQM-Ansatz geht weit über die Statistik hinaus und ist vom gesamten Unternehmen als eine Philosophie anzusehen. TQM adressiert den Kundenfokus, den kontinuierlichen Verbesserungsprozess sowie die Weiterentwicklung bei Zulieferern und Mitarbeitern. Das Prozessmanagement ist definiert als die Dokumentation, Messung, Analyse und Verbesserung von Prozessen sowie die Reduktion von Prozessschwankungen auf ein minimales Level. Das Prozessmanagement bedient sich aller gängigen Qualitätsmanagementtools, wie dem Ursache-Wirkungs-Diagramm, der ABC-Analyse, dem Design of Experiments, der statistischen Prozesskontrolle usw. Die interdisziplinäre Arbeit unterstützt zusätzlich den Erfolg im Prozessmanagement. Des Weiteren sind die Zulieferer mit in den TQM-Ansatz zu integrieren, um ein einheitliches Verständnis bezüglich Qualität zu erreichen. Um exzellente Qualität zu erreichen, ist es zudem wichtig, die Befürfnisse und Anforderungen der Kunden konkret zu kennen. Die angebotenen Produkte müssen die Kundenbedürfnisse erfüllen und diese gesamtheitlich befriedigen. Interdisziplinäre Produktentwicklungsteams sind daher eine Möglichkeit, die Kundenanforderungen in qualitativ hochwertige Produkte zu übersetzen.

Der Just-in-Time-Ansatz gliedert sich in die Subelemente Pull-Produktion, Rüstzeitreduzierung, Layoutoptimierung und Planungseinhaltung. Aus den Ansätzen der technischen Modellebene des Operational-Excellence-Modells haben sich Methoden ergeben, welche die effektive Umsetzung der Ansätze unterstützen. Es handelt sich hierbei um die allgemeine Standardisierung und die Nutzung des visuellen Managements. Zusammenfassend lässt sich als Ergebnis der drei Ansätze ableiten, dass TPM zu einem stabilen Equipment, TQM zu stabilen Prozessen und der JIT-Ansatz zu geringen Beständen im Unternehmen führt.

Die soziale Modellebene, welche als Managementsystem beschrieben wird, dient dazu, die Mitarbeiter zu motivieren und diese dafür zu gewinnen, für ein gemeinsames Ziel zu arbeiten. Dies wird durch die Integration der Mitarbeiter, die klare Richtungsvorgabe und das Management-Commitment erreicht. Diese drei Praktiken führen dazu, dass die Mitarbeiter die Kontrolle über ihren Job haben, eine Teamzugehörigkeit empfinden, anspruchsvolle Aufgaben lösen können und dabei von ihrem Management unterstützt werden. Zielführend für das soziale Subsystem ist ein stetiges Feedback und die optimale Ausnutzung bzw. Entwicklung des Potentials der Mitarbeiter. Im Folgenden werden die drei Praktiken im Detail beschrieben.

II

Die Integration der Mitarbeiter setzt sich zum Ziel, alle Mitarbeiter am kontinuierlichen Verbesserungsprozess zu beteiligen. Dies kann nur funktionieren, wenn alle Mitarbeiter den Gedanken nach kontinuierlicher Verbesserung leben und potentielle Verbesserungen im Arbeitsalltag identifizieren. Ein Instrument, um den Erfolg dieser Praktik zu verbessern, ist es, die Mitarbeiter bereichsübergreifend zu schulen, um ein allgemeines Prozessverständnis zu erreichen. Hiermit wird sichergestellt, dass die Mitarbeiter Kenntniss davon haben, welche Einflüsse Veränderungen im System für andere Abteilungen haben können. Basierend auf diesen Erkenntnissen ist die Mitarbeiterentwicklung die zentrale Säule, um die gesetzten Managementziele zu erreichen.

Das Management-Commitment, welches auf der sozialen Modellebene enthalten ist, spricht vor allem den Bereich TQM an. Ein TQM-Ansatz kann nur funktionieren, wenn dieser sowohl vom Management als auch vom Rest des Unternehmens gelebt wird. Hierfür müssen Ziele klar und deutlich definiert und auch konsequent verfolgt werden. Die genannten Praktiken gelten auch für die Bereiche TPM und JIT, da auch hier eine allgemeine Unterstützung des Managements als Grundlage für den Erfolg gilt. Die genannte Zielsetzung adressiert den Punkt der klaren Richtungsvorgabe, welche essentiell für eine nachhaltige Verbesserung ist. Ohne eine explizite Anweisung des Managements ist es für die Mitarbeiter unmöglich, ganzheitlich an einer Verbesserung zu arbeiten.

Die beschriebenen Komponenten des Operational-Excellence-Modells vereinen verschiedene Konzepte und Systeme zu einer ganzheitlichen Betrachtungsweise. Die jeweiligen Ansätze haben einen gegenseitigen positiven Einfluss aufeinander. Die erwähnten Konzepte führen dazu, die Systeme erfolgreich im Unternehmen zu etablieren und den kontinuierlichen Verbesserungsprozess zu integrieren. Individuelle Anpassungen an verschiedene Unternehmensumfelder sind mit diesem Modell jederzeit möglich. Das St. Galler Operational-Excellence-Modell führt bei konsequenter Anwendung zu einer kontinuierlichen Verbesserung des Unternehmens.

9.3.2 Lean Sigma – eine integrierte Betrachtungsweise

Aufbauend auf den Kapiteln 9.1.3 und 9.1.4 soll ein Überblick über die Kernkriterien von Lean- und Six-Sigma-Konzepten gegeben werden. Anschließend wird durch die Schnittstellendefinition eine Möglichkeit der integrierten Betrachtungsweise diskutiert. Six Sigma übersetzt ein

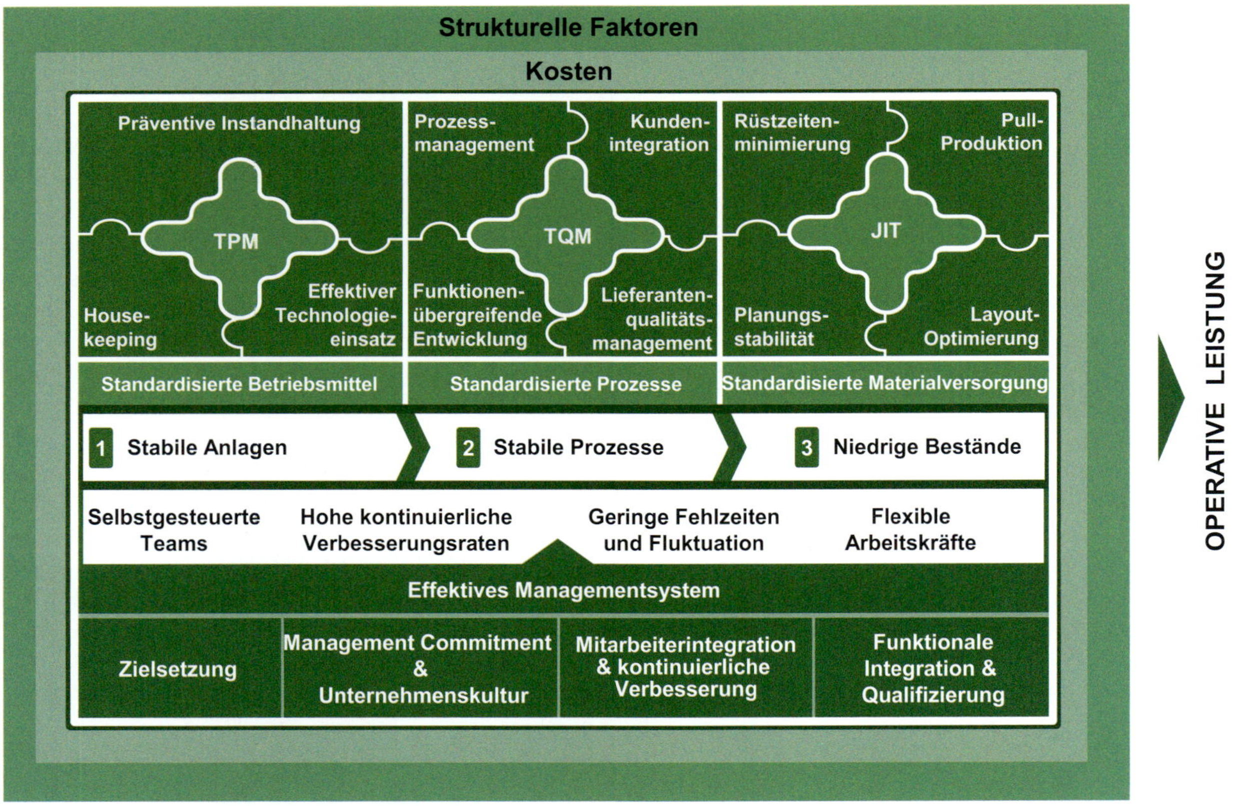

Abb. 9.6 Das St. Galler Operational-Excellence-Modell

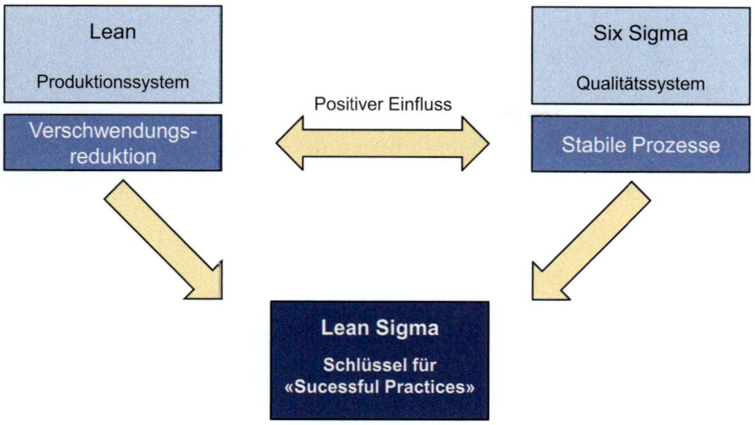

Abb. 9.7
Zusammenspiel von Lean und Six Sigma

II

TQM-Konzept in ein konkretes Qualitätsmodell und schließlich in ein Qualitätssystem. Es muss in der obersten Führungsebene von Unternehmen etabliert werden und über klare Organisationsstrukturen, dem Ansatz des Projektmanagements folgend, in das Unternehmen integriert werden. Wichtig ist hierbei die Integration sämtlicher Mitarbeiter, um den Erfolg des Konzepts sicherzustellen.

Das Lean-Konzept benötigt für die erfolgreiche Umsetzung dieselben Voraussetzungen, beschäftigt sich allerdings nicht wie Six Sigma mit den Prozessvariationen, sondern fokussiert die Reduktion von Verschwendung in jeglichen Prozessen. In Kombination können die beiden Konzepte eine kraftvolle Waffe sein. Six Sigma kann in gewisser Weise als Vorstufe der Lean-Implementierung gesehen werden, da Lean nicht ohne eine gewisse Prozessstabilität funktionieren kann. Abbildung 9.7 zeigt die beschriebenen Abhängigkeiten der beiden Konzepte.

Im Folgenden soll ein Überblick über momentane Gedanken bezüglich des Zusammenhangs von Lean und Six Sigma inklusive eines Ausblicks in die Zukunft gegeben werden. Corbett beschreibt in seinem 2011 erschienenen Artikel, dass Organisationen hybride Lean Sigma-Methoden entwickelt haben. Er identifiziert in seinem Beitrag den Begriff Lean Sigma als eine der bekanntesten hybriden Methoden in Produktionsunternehmen, erklärt aber gleichzeitig, dass es aufgrund der Neuartigkeit des Ansatzes noch keine detaillierten Studien dazu gibt. Dennoch ist im heutigen Umfeld nahezu jedes Operational-Excellence-Programm mit einem Lean Sigma-Programm assoziierbar. De Koning et al. hat 2006 ein integriertes Framework für ein Lean Sigma-Konzept mit folgenden Elementen konzipiert:

- Strukturierter Ansatz, basierend auf Six-Sigma-Organisationsstrukturen, durch strategischen Einsatz von Black Belts, Green Belts etc.
- Projektbasierter Einsatz
- Organisationsentwicklung durch Training von Project Champions und Black Belts in Bezug auf Six Sigma und Lean-Komponenten
- Prozessstandardisierungen von neuen Prozessen und Einführung von Prozesskontrollen, um Lösungen im Unternehmen zu verankern
- Definition von Performance-Indikatoren und taktischen Zielen als Grundlage für die Projektauswahl und die Vereinbarkeit von Projekten mit der gesamtheitlichen organisatorischen Strategie

Lean Sigma-Konzepte werden basierend auf den bisherigen Frameworks und Anwendungsbeispielen zukünftig eine breite Anwendung finden. Dementsprechend wird sich die Wissenschaft in den nächsten Jahren weiterhin mit dem ganzheitlichen Ansatz dieses Konzepts beschäftigen und dieses weiterentwickeln.

9.4 Entwicklung und Einführung von Qualitätssystemen

9.4.1 Aufbau eines Systems

Die Menge jener Unternehmen, die noch kein systematisch aufgebautes Qualitätsmanagementsystem haben, ist trotz der großen Zahl von ISO 9000 zertifizierten Unternehmen nach wie vor sehr hoch. Viele Unternehmen stehen deshalb vor der Frage, ob und wann sie ein systematisches, transparentes System aufbauen sollen. Häufig wirken hierbei äußere Zwänge, indem Kunden von ihren Lieferanten den Nachweis eines Systems verlangen oder indem gesetzliche Auflagen zu erfüllen sind. Beispielsweise schreibt in der Schweiz das 1996 in Kraft gesetzte Krankenversicherungsgesetz in Artikel 58 den Marktanbietern, einschließlich Spitälern und Heimen, vor, ein

Qualitätssicherungssystem aufzubauen und zu unterhalten.

Nicht nur äußere Zwänge bewegen die Unternehmen, ein systematisches Qualitätsmanagementsystem aufzubauen. Bei manchen ist es die Erkenntnis, dass ein solches System im Wettbewerb von Vorteil ist. In einer ausführlichen Studie hat A. van der Wiele (van der Wiele 1998) für Systeme nach ISO 9000 gezeigt, dass interne Entscheidungsgründe zu einem höheren Engagement der Belegschaft und zu besseren Resultaten führen als externe Zwänge. Liegen nur externe Zwänge vor, besteht die Gefahr, dass gerade nur die Minimalforderungen erfüllt und echte Verbesserungsmöglichkeiten nicht wahrgenommen werden.

Für das Qualitätsmanagement ist die Einführung eines Qualitätsmanagementsystems einer der wichtigsten Sprünge in der Unternehmensentwicklung. Im Integrierten Qualitätsmanagement muss die Gestaltung so erfolgen, dass das Qualitätsmanagementsystem ein Teil des gesamten Führungssystems ist und kein isoliertes Eigenleben führt. Das Vorgehen ähnelt sich in fast allen Unternehmungen. Ein häufig verwendetes Vorgehensmodell wird in Abbildung 9.8 gezeigt.

Das Qualitätssystem hat die Aufgabe, die Qualitätspolitik des Unternehmens in die Praxis umzusetzen unter Erfüllung der Anforderungen der Kunden und des Marktes. Basis des Qualitätssystems muss somit die Qualitätspolitik sein, die ihrerseits nicht isoliert im Raum stehen darf, sondern ein integrierter Bestandteil der Unternehmenspolitik ist. Deshalb sind die Aussagen der Qualitätspolitik auf die übrigen Aussagen der Unternehmenspolitik abzustimmen, insbesondere bezüglich der Faktoren Zeit, Kosten und Flexibilität. Die Qualitätspolitik nennt die Ziele für das gesamte Qualitätsgeschehen im Unternehmen auf allen Ebenen und Stufen. Sie vermittelt die Grundorientierung bezüglich Qualität und gibt den Handlungsrahmen für die strategische und operative Umsetzung. Ziele können sich etwa darauf beziehen, durch bessere Qualität als die Wettbewerber eine Spitzenstellung im Markt zu erringen. Die Grundorientierung kann beispielsweise den Stellenwert von Kundenorientierung in Relation zu ökonomi-

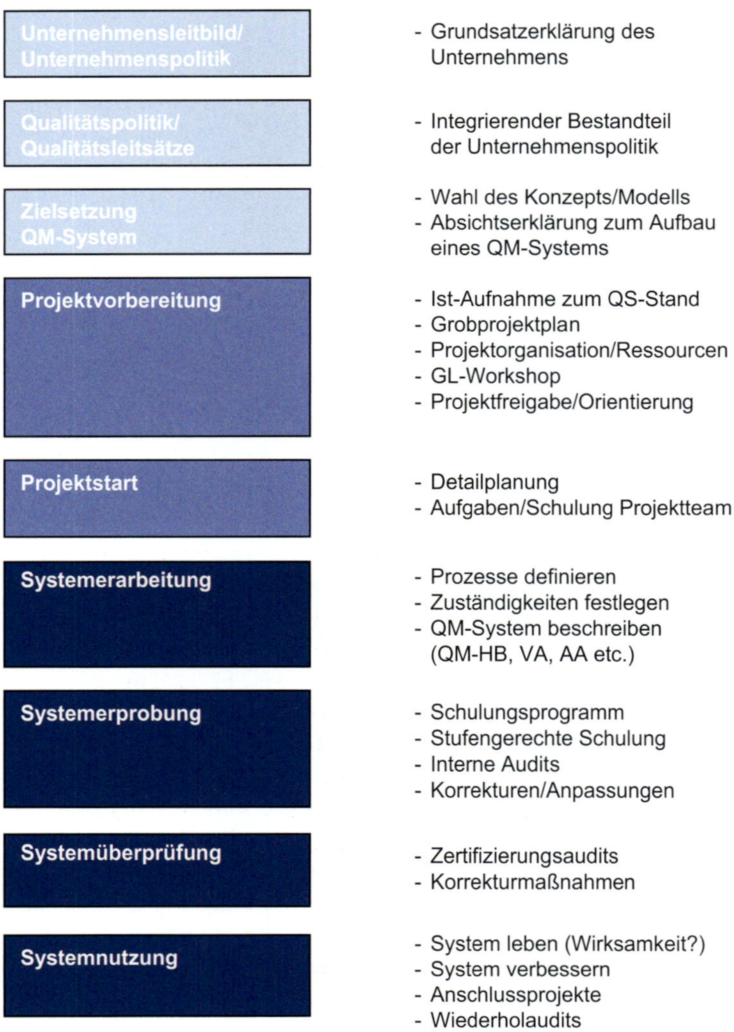

Abb. 9.8
Vorgehensmodell für den Systemaufbau

scher, ökologischer und sozialer Orientierung angeben. Der Handlungsrahmen für die Umsetzung der Qualitätspolitik definiert die Leitplanken, welche bei jedem Projekt, bei jedem Auftrag und bei jeder Maßnahme zu berücksichtigen sind.

Ist die Qualitätspolitik als integrierter Bestandteil der Unternehmenspolitik festgelegt, so sind als Nächstes die Ziele zu nennen, welche in nächster Zeit mit dem aufzubauenden Qualitätssystem zu erreichen sind. Zur Erreichung dieser Ziele gilt es, ein Konzept zu wählen und nachzusehen, ob für dieses Konzept bereits ein brauchbares Modell vorhanden ist.

Die ersten drei Schritte des Vorgehensmodells verlangen eine intensive Mitwirkung, ja sogar eine Führung durch die Geschäftsleitung. Politik, Ziele, Konzept und Modell gehören in den normativ strategischen Bereich, der von den mittleren und unteren Führungskräften allein nicht bearbeitet werden kann.

Dagegen sind die nachfolgenden Schritte aus dem allgemeinen Projektmanagement bekannt. Sie beginnen mit der Projektvorbereitung und dem Projektanlauf und gehen über in die Systementwicklung oder -erarbeitung, gefolgt von der Systemeinführung. Hohen Stellenwert im Rahmen eines Qualitätssystems hat der Schritt Systemüberprüfung durch Audits oder Assessments. Die Erkenntnisse sind in Verbesserungs- und Korrekturmaßnahmen umzusetzen. Werden aus internen oder externen Gründen Nachweise über den vollzogenen Aufbau eines Qualitätssystems erforderlich, schließt dieser Schritt auch eine Zertifizierung ein. Bei der anschließenden Systemnutzung sollte unbedingt ein ständiger Verbesserungsprozess für das System vorgesehen werden.

9.4.2 Ausbau des Führungssystems

Mit dem Aufbau ist es noch nicht getan. Das System muss ein dynamisches System sein, das einer ständigen Weiterentwicklung unterzogen wird, um die Wettbewerbsfähigkeit zu erhalten bzw. zu verbessern. Neuerdings wird die Verbesserung des Systems auch von der ISO-Norm 9001 explizit verlangt.

Die Art und Weise, wie Verbesserungen vorzunehmen sind, ist ungeheuer vielfältig. Sie können aus eigener Kraft erfolgen, mit oder ohne Berater vollzogen werden, unter Verwendung von bekannten Modellen oder aufgrund eigener Überlegungen. Um dem Unternehmen eine Orientierungshilfe zu geben, wurden die angewendeten Wege analysiert und konnten dabei in drei Pfade eingeteilt werden (Abb. 9.9), nämlich

- die Intensivierung von Systemen oder Teilsystemen
- die Integration von Teilsystemen
- die Kombination beider, der Pfad zu Excellence

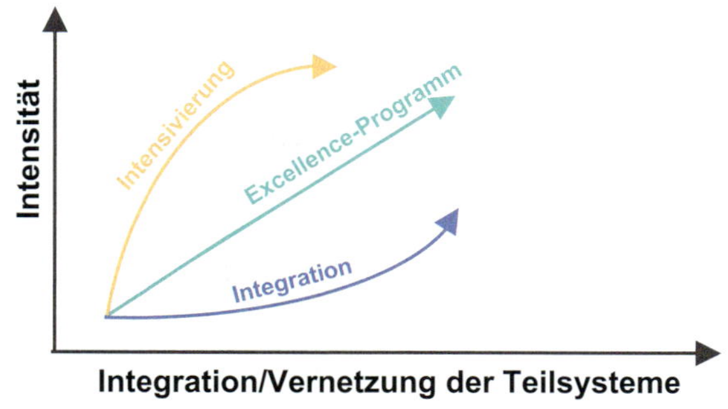

Abb. 9.9 Ausbau des Managementsystems - Drei Pfade

Im Fall der Intensivierung verändert ein Unternehmen seine Strategien, Systeme, Strukturen, Fähigkeiten und Pläne insgesamt oder in Teilbereichen. Dies kann in kleinen Schritten oder in großen Sprüngen geschehen. Die Intensivierung führt zur Erhöhung der Effektivität und der Effizienz des Gesamtsystems oder einzelner Teilsysteme, beispielsweise des Qualitätsmanagementsystems. Nicht das Maximum, sondern das Optimum wird gesucht. Geht man von einem QM-System nach dem Modell von ISO 9001 aus, so bietet sich für dessen Intensivierung die ISO 9004:2009 (Kap. 9.1.2) als Hilfsmittel an.

Unter Integration von Teilsystemen versteht man das Zusammenführen von Aktivitäten und Elementen aus Teilbereichen der Führung und Organisation, beispielsweise das Zusammenführen von Qualitätsmanagement, Umweltmanagement, Risikomanagement, Arbeitssicherheitsmanagement, Rechnungswesen, Informationsmanagement, Personalmanagement, Planung und Budgetierung, Logistikmanagement etc. Üblicherweise sind Teilsysteme voneinander getrennt. Zwischen ihnen bestehen inhaltliche Konflikte, ihre Trennung führt zu Duplikationen oder Multiplikationen von Tätigkeiten und die Benutzung unterschiedlicher Begriffe führt zu Verwirrung. Um ihre Effektivität und Effizienz zu verbessern, sollten sie zusammengeführt werden. Die Zusammenführung bringt Vorteile und Synergien, vor allem durch bessere Kommunikation zwischen den verschiedenen Verantwortlichen, durch bessere Kooperation zwischen den funktionalen Abteilungen und durch das Arbeiten in Prozessen.

Für den Pfad der Integration (Seghezzi 2000) gibt es drei verschiedene Wege, die man als „Addition", „Verschmelzung" und „Integration" bezeichnet. Addition bedeutet eine Abstimmung zwischen den Teilsystemen und geschieht meistens in kleinen Schritten. Verschmelzung heißt das Einbringen von Teilsystemen in ein existierendes Basissystem und Integration bedeutet das Einbringen vieler Teilsysteme in ein ganzheitliches sogenanntes generisches System.

In der zeitlich und kostenmäßig einfachsten Vorgehensweise der „Addition" lässt man die Teilführungssysteme bestehen. Man verpflichtet jedoch deren Beauftragte oder Leiter, sich gegenseitig inhaltlich abzustimmen und einheitliche Begriffe zu verwenden. Dazu müssen die Elemente der Teilführungssysteme transparent gemacht und in einer Referenzmatrix miteinander in Beziehung gesetzt werden. Erst dadurch zeigt sich, wo inhaltliche Abstimmungen notwendig sind und wo nicht.

Der Weg der Addition hat Vorteile. Man kommt relativ schnell und ohne erhebliche Kosten voran. Zudem kann man Anstrengungen und Resultate der Teilbereiche separat vom übrigen Unternehmensgeschehen ausweisen und der Öffentlichkeit oder den Behörden zugänglich machen. Dies ist beispielsweise von Vorteil für die chemische Industrie im Bereich des Umweltmanagements. Umweltbilanzen, Umweltgutachten, Ergebnisse von Umweltprüfungen oder Ähnliches sind für Öffentlichkeit und Behörden von hohem Interesse. Ebenso wird im Bereich Finanzwesen die Transparenz gegenüber Behörden, Banken und Aktionären gefordert. Natürlich sind solche Nachweise auch möglich, wenn die Teilbereiche in einem Gesamtsystem integriert sind, jedoch ist dann der Aufwand für ihre separate Erstellung größer und die Gefahr vorhanden, dass weitergehende Informationen automatisch mitgeliefert würden.

Den Vorteilen steht der Nachteil gegenüber, dass bei der Addition von Teilsystemen die Problematik der Ganzheitlichkeit nur schlecht gelöst ist, weil keine echte Vernetzung der Teilsysteme vorgenommen und somit auch keine zwingende Notwendigkeit zur Abstimmung von Veränderungen geschaffen wird. Schon nach kurzer Zeit können die Inhalte der Teilsysteme wiederum widersprüchlich werden.

Bei dem zweiten Lösungsweg der Verschmelzung wird ein gut strukturiertes, existierendes Teilsystem als Basissystem verwendet, in welches die Inhalte der übrigen Teilsysteme soweit möglich und sinnvoll eingebaut werden. Nicht eingebaute oder nicht einbaubare Teile werden dem Basissystem in zusätzlichen Kapiteln angehängt. Der Weg der Verschmelzung wurde häufig begangen, weil er relativ einfach ist und von Mitarbeitern aufgrund der Vertrautheit mit dem existierenden Basissystem gut akzeptiert wird.

Am konsequentesten ist die Integration, das Zusammenführen aller Teilsysteme in ein generisches Managementsystem. Dieses muss von seiner Struktur her die Aufnahme aller Elemente der Teilsysteme erlauben, gewissermaßen ein Ordnungsraster für alle Aufgaben darstellen.

Wird der Weg der Integration begangen, so steht am Anfang die Wahl des generischen Systems. In der Praxis werden zurzeit eine Reihe von Modellen für solche Systeme diskutiert und auch angewendet. T. Dyllick und H.D. Seghezzi (Dyllick/Seghezzi 1998) haben die Eignung verschiedener Modelle als generische Managementmodelle untersucht und sind zum Schluss gekommen, dass insbesondere Prozessmodelle wie ISO 9001, ISO 9004 und das EFQM-Excellence-Modell von generischer Natur sind. Eine breite Basis zur Integration bietet auch das St. Galler Management Modell (Rüegg-Stürm 2003).

9.5 Aktuelle Herausforderungen für das Qualitätsmanagement

Die Qualität war in global agierenden Unternehmen schon immer ein wichtiges Thema. Dennoch konnten weder Forschung noch Praxis seit der Einführung der Excellence-Modelle in den 90er Jahren des letztens Jahrhunderts große Fortschritte bezüglich Qualität machen. Die derzeit diskutierten Themen und Herausforderungen des globalen Qualitätsmanagements im Kontext der sich schnell verändernden weltweiten Märkte werden im Folgenden kurz vorgestellt. Sie machen ein Überprüfen der bisherigen Qualitätskonzepte, -modelle und -systeme notwendig.

Aktuelle Situation

Innerhalb der letzten Jahrzehnte entwickelten sich die Produktionsprozesse einzelner Produkte und deren Komponenten mehr und mehr zu Prozessen, die auf weltweit verteilten Produktionsstandorten basieren. Daher ist es nicht erstaunlich, dass sich die Qualitätssicherung zu einer viel größeren Herausforderung entwickelt hat als dies noch vor einigen Jahren der Fall war. Die viel komplizierteren Produktionsabläufe verursachen über den gesamten Life Cycle und in sämtlichen Branchen Qualitätsprobleme. Wenn Qualitätsprobleme erst nach der Produktauslieferung bekannt werden, kann dies zu unausweichlichen und sehr kostenintensiven Rückrufaktionen führen. Zwischen 2009 und Anfang 2010 war Toyota dazu genötigt, acht Millionen verschiedene Fahrzeuge aufgrund von Fehlfunktionen im Bremssystem zurückrufen. Dieser Rückruf verursachte Toyota allein für das im März 2010 endende Geschäftsjahr Kosten in Höhe von 1.93 Mrd. US-Dollar. Weitere Unternehmensbeispiele für große Rückrufaktionen sind Apple, Dell, John Deere, Nestlé, Electrolux, Pfizer und viele andere Unternehmen. Im Jahresbericht 2010 der RAPEX (Rapid Alert System for non-food dangerous products) der Europäischen Union ist eine Gesamtzahl von 2244 herausgegebenen Warnungen für Konsumgüter aufgeführt, die eine erhebliche Gefahr für die Gesundheit und Sicherheit der Konsumenten aufgrund von Qualitätsproblemen darstellten. Die betroffenen Produkte verursachten den Herstellern erhebliche wirtschaftliche Schäden. Gemäß dem deutschen Kraftfahrtbundesamt war 2010 das Jahr mit den meisten Produktrückrufen von Automobilen seit Beginn der Datenaufzeichnung. Die Anzahl der Rückrufe hat in den vergangenen fünf Jahren zugenommen.

Berücksichtigt man diese Punkte, wird klar, dass das Management der globalen Qualität ein aktuelles und dringendes Problem darstellt, das bisher nicht wissenschaftlich bearbeitet wurde, aber jedes produzierende Unternehmen mit einem internationalen Profil betrifft. Unternehmen, die auch in Zukunft wettbewerbsfähig sein wollen, müssen die Kontrolle über ihre weltweiten Produktionsprozesse behalten.

Fragestellungen des globalen Qualitätsmanagements

Es ist eine Tatsache, dass die Frage nach der Handhabung von Produktqualität an sich nicht neu ist, weder für die Forschung noch für Manager. Es stellt sich aber für uns die Frage, ob das bisherige Wissen sowie die bewährten Modelle und Systeme für die aktuellen Herausforderungen noch geeignet sind. Was sind beispielsweise die Einflussfaktoren der Produktqualität für Unternehmen mit globalem Footprint? Bis heute gibt es keinen Ansatz, der die Auswirkungen, welche die Globalisierung auf das Qualitätsmanagement hat oder haben sollte, identifiziert. Bisher ist die gängige Annahme, dass weltweit das gleiche Qualitätsniveau in allen Märkten sichergestellt werden muss. Die Kundenbedürfnisse und Erwartungen der einzelnen Märkte unterscheiden sich aber naturgemäß (vgl. dazu: Govindarajan/Trimble 2012). Wie sollten wir damit also umgehen?

Zudem kann eine allgemeine Abschwächung der Qualitätskultur beobachtet werden. Eine ganzheitliche Qualitätskultur ist jedoch elementar für erfolgreiche Unternehmen. Allerdings müssen bisherige Ansätze angepasst werden, um globale Herausforderungen zu adressieren. Weltweite, kontinuierliche Verbesserung wird die Gewinner von den Verlierern trennen.

Es gilt also, die Managementmodelle, Werkzeuge und Ansätze zu identifizieren, die das globale Qualitätsmanagement ermöglichen. Zusätzlich müssen strategische Ansätze für die Adressierung marktspezifischer Qualitätsanforderungen entwickelt werden.

Wir können hier bereits einige Fragestellungen für die Bewältigung der Herausforderungen des globalen Qualitätsmanagements benennen, die es in Zukunft durch intensive Forschung zu beantwortet gilt:

- Wie beeinflusst die Globalisierung die Qualitätsanforderungen und das Qualitätsmanagement?
- Auf welchen Bedingungen basieren die zukünftigen Lösungen der besprochenen Herausforderungen und vor welche Probleme stellen diese die Unternehmen?
- In welchem Ausmaß sollten einheitliche Qualitätsstandards weltweit gelten?
- Wie können diese Standards effizient umgesetzt werden?
- Wie kann die Qualität in einer global verteilten Wertschöpfungsarchitektur sichergestellt werden?

Diese und weitere Fragestellungen werden nach ihrer Beantwortung Auswirkungen auf bisher bewährte und etablierte Modelle und Systeme haben. Somit ist eine dynamische Weiterentwicklung des Qualitätsmanagements, wie wir sie in den vergangenen Jahrzehnten erlebt haben, auch in der Zukunft gegeben.

II

Literatur

Bleicher, K.: Das Konzept Integriertes Management. Campus, Frankfurt/New York 1992

Corbett L. B.: Lean Six Sigma: the contribution to business excellence. In: International Journal of Lean Six Sigma, Vol. 2, Issue 2, 2011. S. 118 - 131

De Koning, H./Verver, J. P. S./van de Heuvel, J./Bisgaard, S./Does, R. J. M.: Lean Six Sigma in healthcare, In: Journal for Healthcare Quality, Vpl. 28, No. 2, 2006. S. 253 - 81

Deming Prize Committee: The Deming Prize Guide for Overseas Companies. Union of Japanese Engineers and Scientists (JUSE), Tokio 1994

Dyllick, T./Seghezzi, H. D.: Integrated Standardized Quality and Environmental Management Systems. A Look at the Current Situation. CEM Business Review 2, 1998. S. 157 - 165

EFQM 2013-1 (Hrsg.): EFQM Excellence Model. European Foundation for Quality Management, Brüssel 2013

EFQM 2013-2 (Hrsg.): Fundamental Concepts of Excellence. European Foundation for Quality Management, Brüssel 2013

Govindarajan, V./Trimble, C.: Reverse Innovation - Create far from home, win everywhere. Harvard Business Review Press, Boston 2012

Gross, J. M.: A Road Map to Six Sigma Quality. In: Quality Progress, Nov. 2001. S. 24 - 29

Imai, M.: Kaizen. The Key to Japan's Competitive Success. Random House Business Division, New York 1986

Ishikawa, K.: What is Total Quality Control? The Japanese Way. Prentice Hall, London 1985

ISO/International Organization for Standardization (2005): Qualitätsmanagementsysteme - Grundlagen und Begriffe (ISO 9000:2005). Genf, ISO 2005

ISO/International Organization for Standardization (2008-1): Qualitätsmanagementsysteme - Anforderungen (ISO 9001:2008). Genf, ISO 2008

ISO/International Organization for Standardization (2009-1): Leiten und Lenken für den nachhaltigen Erfolg einer Organisation - Ein Qualitätsmanagementansatz (ISO 9004:2009). Genf, ISO 2009

ISO Survey: The ISO Survey of Certification 2011. ISO, Genf 2012

JPC-SED (Hrsg.): Japan Quality Award - Framework. Japan Productivity Center for Socio-Economic Development (JPC-SED), Tokio 2005

Kano, N./Yamada, S.: ISO 9000, TQM and Quality Award. In: Proceedings of the 39th ECQ Annual Congress, Vol. 1, Lausanne 1995. S. 172 - 178

Kaplan, R. S./Norton, D. P.: The Balanced Scorecard. Measures that Drive Performance. In: Harvard Business Review 1/1992. S. 71 - 79

Liker, K. L.: The Toyota Way: 14 Management Principles from the World's Greatest Manufacturer. McGraw-Hill, New York 2004

NIST (Hrsg.): The Baldrige National Quality Programm 2006. Criteria for Performance Excellence. National Institute of Standards and Technology, Gaithersburg/MD 2006

Rüegg-Stürm, J.: Das neue St. Galler Management Modell. 2. Auflage. Haupt, Bern 2003

Seghezzi, H. D.: Qualitätsmanagement-Modelle und Assessment-Methoden zur Unternehmensbewertung. In: Wildemann, H./ Reichwald, R. (Hrsg.): Kreative Unternehmen. Spitzenleistungen durch Produkt- und Prozessinnovationen. Schäffer-Poeschel, Stuttgart 1995

Seghezzi, H. D.: Integriertes Qualitätsmanagement. Das St. Galler Konzept. Carl Hanser Verlag, München/Wien 1996

Seghezzi, H. D.: Integriertes Qualitätsmanagement. Das St. Galler Konzept. 2. Auflage. Carl Hanser Verlag, München/Wien 2003

Seghezzi, H. D./Fahrni, F./Herrmann, F.: Integriertes Qualitätsmanagement. Der St. Galler Ansatz. 3. Auflage. Carl Hanser Verlag, München/Wien 2007

Seghezzi, H. D./Fahrni, F./Friedli, T.: Integriertes Qualitätsmanagement. Der St. Galler Ansatz. 4. Auflage. Carl Hanser Verlag, München/Wien 2013

Seghezzi, H. D.: Notwendigkeit und Realität ganzheitlicher Unternehmensführung. In: Seghezzi H. D. (Hrsg.): Ganzheitliche Unternehmensführung. Schäffer-Poeschel, Stuttgart 1997. S. 3 - 24

Seghezzi, H. D.: Die Wirkung der neuen ISO- und EFQM-Modelle. MQ Management und Qualität 04/2000, S. 10 - 16

Ulrich, H./Krieg, W.: St. Galler Management Modell. 3. Auflage. Haupt, Bern 1974

Uzumeri, M. V.: ISO 9000 and other metastandards: Principles for management practices? Academy of Management Executives 11, 1. 1997. S. 21/36

Wiele, A. van der: Beyond Fads: Management Fads and Organizational Change with reference to Quality Management. Eburon, Delft 1998

Ausgestaltung von QM-Systemen auf Basis der ISO-9000-Reihe

10.1 Normenfamilie der ISO 9000 ff. 181
10.1.1 Entwicklungsgeschichte 181
10.1.2 Der Normenfamilie ISO 9000 zugehörige Normen 181
10.1.3 Die acht Grundsätze des Qualitätsmanagements aus der ISO 9000:2005 182
10.1.4 Normenüberblick zum Thema Qualitätsmanagement 182
10.1.5 Inhaltliche Neuerungen der ISO-9000-Reihe 182
10.1.6 Künftige Entwicklungen der Normenfamilie 182

10.2 Inhalte der internationalen Norm ISO 9001:2008 im Überblick 184
10.2.1 Zielsetzungen der ISO 9001 184
10.2.2 Die vier Fokuspunkte der ISO 9001 185
10.2.3 ISO 9000:2005-Prozessmodell (DIN EN ISO 9001:2008) 186
10.2.4 Inhalte der Kapitel 0 bis 3 der ISO 9001:2008 (vgl. DIN EN ISO 9001:2008) 189
10.2.5 Inhalte des Kapitels 4 „Qualitätsmanagementsystem“ der ISO 9001:2008 190
10.2.6 Inhalte des Kapitels 5 „Verantwortung der Leitung“ der ISO 9001:2008 194
10.2.7 Inhalte des Kapitels 6 „Management der Ressourcen“ der ISO 9001:2008 197
10.2.8 Inhalte des Kapitels 7 „Produkt- und Dienstleistungsrealisierung“ der ISO 9001:2008 198
10.2.9 Inhalte des Kapitels 8 „Messung, Analyse und Verbesserung“ der ISO 9001:2008 202

10.3 Inhalte der internationalen Norm ISO 9004:2008 im Überblick 206
10.3.1 Erweiterungen und Ergänzungen zur ISO 9001 206
10.3.2 Interessenspartner 209
10.3.3 Umsetzungsbeispiele für weitere Anforderungen der ISO 9004 209

10 Ausgestaltung von QM-Systemen auf Basis der ISO-9000-Reihe

Karl Wagner

Qualitätsmanagement auf den Punkt gebracht bedeutet: Kunden-, Mitarbeiter-, Prozessorientierung, präventives Verhalten und ständige Verbesserung. Diese fünf Aspekte sind nicht nur an einer Hand abzählbar, sondern auch die Basis für jedes erfolgreiche Unternehmen.

Entscheidend aber ist, ob QM-Normen einen Beitrag leisten können um Unternehmen bei diesem Streben zu unterstützen. Die Antwort ist bei richtiger Umsetzung der Standards und Forderungen, die aus den Normen abgeleitet werden, eindeutig positiv.

Die ISO-9000-Normenreihe hat sich im Laufe der Jahrzehnte zum weltweit gültigen Standard für Qualitätsmanagement-Systeme entwickelt. Die Anwender erstrecken sich über alle Branchen, vom Produktionsunternehmen über Dienstleistungsbetriebe bis zur Non-Profit Organisation, und allen Unternehmensgrößen, von internationalen Konzernen bis zu Klein- und Mittelbetrieben.

Heute gehören nachgewiesene Qualitätsmanagement-Systeme in fast jeder Branche zum guten Ton und werden von einem Großteil der Kunden auch explizit gefordert.

Entscheidend ist und war aber immer die Normen nicht als Ersatz für gutes Management und gute Unternehmensführung zu missbrauchen, sondern sie in Form einer Checkliste zur qualitätsorientierten Unternehmensführung zu sehen und umzusetzen.

So verstanden schaffen Normen, jetzt und in der Vergangenheit, Orientierungshilfen und Richtlinien um die immer stärkeren Anforderungen des Kunden, des Marktes und der Gesellschaft in die Management-Systeme der Unternehmen zu integrieren.

Dieses Kapitel erhebt den Anspruch neben dem Überblick über die ISO 9001:2008 und deren Anforderungen auch durch viele Beispiele zu geben, um die sinnvolle Umsetzung der ISO-9000-Normenreihe zu unterstützen.

10.1 Normenfamilie der ISO 9000 ff.

10.1.1 Entwicklungsgeschichte

Die ISO-9000-Normenreihe hat sich im Laufe der Jahrzehnte zu dem weltweit gültigen Standard für Qualitätsmanagementsysteme etabliert. Die Anwender erstrecken sich über alle Branchen, vom Produktionsunternehmen über Dienstleistungsbetriebe bis zur Non-Profit Organisation, und allen Unternehmensgrößen, von internationalen Konzernen bis zu Klein- und Mittelbetrieben (KMU). Grund dafür ist die immer bessere Anwendbarkeit auf alle betrieblichen Gegebenheiten im Zuge der Revision im Jahre 2000.

Im internationalen Umfeld gewinnt der Nachweis eines funktionierenden Qualitätsmanagementsystems immer mehr an Bedeutung. In fast allen Ländern trägt dieser Nachweis wesentlich zum Wettbewerbsvorteil bei und dient als Marketinginstrument.

Gab es 1994 noch drei Normen (ISO 9001 für Produktionsunternehmen inkl. Entwicklung, ISO 9002 für Produktionsunternehmen ohne Entwicklung, ISO 9003 für Dienstleistungsunternehmen), die für eine Zertifizierung genutzt werden konnten, wurden diese mit der Revision im Jahre 2000 in eine Norm, die ISO 9001, zusammengefasst.

Die ISO 9001:2008 stellt die aktuellste Version für Qualitätsmanagementsysteme dar und ersetzt die ISO 9001:2000. Die ISO 9001:2008 führt im Vergleich zur ISO 9001:2000 keine neuen Anforderungen ein. Der Zweck der Überarbeitung war, die Eindeutigkeit und Verständlichkeit durch eine neue Wortwahl zu steigern, wie z.B. bei den „gesetzlichen und behördlichen Anforderungen", bei der Verwendung des Begriffs „Kompetenz" statt „Schulung", bei der Definition des „ausgegliederten Prozesses" und bei der Einführung des Begriffs „Risiko" in der Einleitung. Zudem enthält die Norm Änderungen, die eine höhere Übereinstimmung mit anderen Normen, z.B. ISO 14001:2004, zum Ziel haben.

Die Internationale Organisation für Normung (ISO) ist eine weltweite Vereinigung von nationalen Normungsinstituten. Die Erarbeitung internationaler Normen obliegt dem Technischen Komitee. Jedes nationale Normungsinstitut arbeitet bei neuen bzw. bei der Revision bestehender ISO-Normen mit. Ebenfalls werden staatliche und nichtstaatliche Organisationen (z.B. Industrie) mit einbezogen. Sollen ISO-Normen auf nationaler Ebene als Norm etabliert werden, so wird dies in der entsprechenden Norm vermerkt, z.B. ist die ISO 9001 eine DIN EN ISO 9001 wie auch eine ÖNORM EN ISO 9001 d.b. Deutschland wie auch Österreich haben die international (ISO) wie auch europäisch (EN) gültige Norm zu einer nationalen Norm (DIN oder ÖNORM) übernommen.

10.1.2 Der Normenfamilie ISO 9000 zugehörige Normen

Zu dieser Normenfamilie zählen drei ISO-Normen in den derzeit gültigen Fassungen:

ISO 9000:2005 Qualitätsmanagementsysteme - Grundlagen und Begriffe

ISO 9001:2008 Qualitätsmanagementsysteme - Anforderungen

ISO 9004:2009 Leiten und Lenken für den nachhaltigen Erfolg einer Organisation - Ein Qualitätsmanagementansatz

- *ISO 9000:2005*
  beschreibt die Grundlagen für Qualitätsmanagementsysteme und legt die Terminologie fest. Sie wird in Verbindung mit den anderen beiden Normen der Normenfamilie als wichtiges Hilfsmittel für eine gemeinsame Sprache im Unternehmen und als Verständnishilfe für die Forderungen der ISO 9001 gesehen. Hier werden die Grundsätze des Qualitätsmanagements definiert (siehe auch Kap. 10.1.3).
- *ISO 9001:2008*
  beschreibt die Anforderungen an ein Qualitätsmanagementsystem und zielt damit auf jene Prozesse, die notwendig sind, um die Kundenforderungen zu erfüllen. Damit stellt die ISO 9001:2008 einen *Mindeststandard zur Umsetzung* von Qualitätsmanagement in der Organisation dar. Dies ist der wesentliche Unterschied zwischen den Forderungen der ISO 9001:2008 und der ISO 9004:2009.
- *ISO 9004:2009*
  geht über die Forderungen der ISO 9001:2008 hinaus. Den Organisationen wird gezeigt, wie sie die in der ISO 9001:2008 beschriebenen Qualitätsmanagement-Forderungen zur Leistungssteigerung und zur Erzielung von Spitzenleistungen einsetzen können. Die ISO 9004:2009 bietet Unterstützung zum Aufbau eines umfassenden prozessorientierten Qualitätsmanagementsystems in Richtung Business Excellence. Darüber hinaus ist darauf hinzuweisen, dass die ISO 9004:2009 nicht als Handlungsanleitung zur ISO 9001:2008 zu sehen ist.

Die ISO 9001 ist so gestaltet, dass die Inhalte in *Forderungen* verpackt sind (*„muss"*), wogegen in der ISO 9004 in Form von *Empfehlungen* (*„sollte"*) formuliert wurde. Hier wird deutlich sichtbar, dass die ISO 9004 auf die ISO 9001 aufbaut und Weiterentwicklungspotenziale für das Unternehmen einbringt.

II

10.1.3 Die acht Grundsätze des Qualitätsmanagements aus der ISO 9000:2005 (siehe Kap. 10.3)

Ein Grundsatz ist eine umfassende und grundlegende Richtlinie oder Überzeugung zur Führung und Leitung einer Organisation, mit dem Ziel ständiger, langfristiger Verbesserung der Leistungen durch Kundenorientierung, während gleichzeitig die Erfordernisse aller, die ein Interesse am Unternehmen haben, angesprochen werden. Die Berücksichtigung der folgenden acht Grundsätze bietet die Grundlage für den Erfolg eines prozessorientierten Qualitätsmanagementsystems:

- kundenorientierte Organisation
- Führung
- Einbeziehung der Personen
- prozessorientierter Ansatz
- systemorientierter Managementansatz
- ständig Verbesserung
- sachbezogener Ansatz zur Entscheidungsfindung
- Lieferantenbeziehungen zum gegenseitigen Nutzen.

Die acht von der Internationalen Qualitätsgemeinschaft verabschiedeten Grundsätze werden in der ISO 9001:2008 und ISO 9004:2009 berücksichtigt. Sie sind an die Leitung der Organisation adressiert und sollen zum Nutzen aller Stakeholder umgesetzt werden.
Der prozessorientierte Managementansatz der ISO 9001:2008 schließt das gesamte Unternehmen ein und geht vom Management der Organisation über das Management der im Unternehmen vorhandenen Prozesse bis hin zum Erkennen und Einleiten von Verbesserungsmaßnahmen (vgl. Eckardstein 1997).

10.1.4 Normenüberblick zum Thema Qualitätsmanagement

Tabelle 10.1 gibt einen Überblick über die wichtigsten Normen und Spezifikationen zum Qualitätsmanagement.
Unter „9000-verwandte Normen" versteht man jene Normen, die in ein bestehendes Qualitätsmanagementsystem nach ISO 9001 integriert werden können, z. B.

- ISO 14000 – Umweltmanagementsysteme
- OHSAS 18002 – Arbeits- und Gesundheitsschutzmanagementsysteme
- ISO 22000 – Lebensmittelsicherheit
- ISO 27001 – Informationssicherheit

10.1.5 Inhaltliche Neuerungen der ISO-9000-Reihe

Die ISO 9000 wurde im Jahr 2005 einer Revision unterzogen.
Die Hauptzielsetzung der Version 2005 gegenüber der Version 2000 bestand darin, die Begriffe aus der ISO 9000 und der ISO 19011 „Leitfaden zur Auditierung von Managementsystemen" zu harmonisieren.
In der ÖNORM EN ISO 9000:2005 bleiben zwar gegenüber der bisherigen Ausgabe 2000 die Grundlagen unverändert, doch wurden neue Begriffe und Definitionen aufgenommen und bestehende geändert.
Unter den neuen Begriffen der ISO 9000 finden sich Kompetenz, Vertrag, Auditplan, Auditumfang, Kunde. Geändert bzw. präzisiert wurden unter anderem „Anforderung" und „Konformität" sowie eine Reihe auditbezogener Begriffe (vgl. DIN EN ISO 9000:2005).

10.1.6 Künftige Entwicklungen der Normenfamilie

Die internationale Norm ISO 9001 wurde vom Technischen Komitee ISO/TC 176 „Qualitätsmanagement und Qualitätssicherung" erstmals 1987 herausgegeben. In den Jahren 1990 und 1994 kam es zu ersten Revisionen, im Jahr 2000 zur umfassenden inhaltlichen Änderungen. Die ISO 9001:2008 ist die aktuell gültige Version, die im Unterschied zur Version 2000 nur redaktionellen Änderungen enthält.
Nach der redaktionellen Überarbeitung von ISO 9001:2000 auf ISO 9001:2008 plant das Technische Komitee ISO/TC 176 „Qualitätsmanagement und Qualitätssicherung" die Veröffentlichung der ISO 9001:2015 für das letzte Quartal 2015.
Die Anforderungen der ISO 9001:2015 werden in 10 statt 8 Normenhauptkapiteln enthalten sein (vgl. Working Draft und Tab. 10.2).
Diese neue Gliederung hat zum Ziel, die Integration von anderen Managementsystemen zu erleichtern. Die Änderungen werden nicht nur redaktioneller Natur sein, wie bei der Revision von 2008, sondern auch inhaltlicher Natur. Als neuer inhaltlicher Aspekt in Form einer neuen Anforderung sei in diesem Zusammenhang insbesondere auf das Thema „Risiko" verwiesen. Die Ermittlung von Risiken, die in der ISO 9001:2008 im Einleitungsteil erwähnt ist, wird sich in der ISO 9001:2015 in den Normenhauptkapiteln wieder finden. Mit dem Schlussentwurf, der im Herbst 2014 erwartet wird, werden alle neuen Anforderungen bekannt gemacht.
Eine weitere ergänzende Serie auf dem Gebiet der Kundenzufriedenheit ist bereits in vielen Organisationen eta-

Tab. 10.1 Überblick über Normen, Leitfäden und Best Practice Modelle rund um das Thema Qualitätsmanagement

Qualität	■ ISO 9000 – Familie: Qualitätsmanagement (ISO 9000:2005, ISO 9001:2008, ISO 9004:2009) ■ ISO 10002:2004 – Kundenzufriedenheit – Leitfaden für die Behandlung von Reklamationen in Organisationen ■ ISO 10005:2005 – Leitfaden für Qualitätsmanagementpläne ■ ISO 10006:2003 – Qualitätsmanagementsysteme – Leitfaden für Qualitätsmanagement in Projekten ■ ISO 10007:2003 – QM-Leitfaden für Konfigurationsmanagement ■ ISO 10012:2003 – Messlenkungssysteme – Anforderungen an Messprozesse und Messmittel ■ ISO TR 10013:2001 – Leitfaden für das Erstellen von Qualitätsmanagement-Handbüchern ■ ISO 10014:2006 – QM-Systeme – Leitfaden zur Erzielung finanziellen und wirtschaftlichen Nutzens ■ ISO 10015:1999 – Qualitätsmanagement – Leitfaden für Schulung ■ ISO 19011:2011 – Leitfaden zur Auditierung von Managementsystemen ■ ISO/IEC 17021:2011 – Konformitätsbewertung – Anforderungen an Stellen, die Managementsysteme auditieren und zertifizieren ■ ISO/IEC 17024:2012 – Konformitätsbewertung – Allgemeine Anforderungen an Stellen, die Personen zertifizieren ■ ISO/IEC 17025:2005 – Allgemeine Anforderungen an die Kompetenz von Prüf- und Kalibrierlaboratorien ■ ÖNORM 9009:2013 Prozesse in Managementsystemen – Anleitung ■ ISO 29990:2010 – Lerndienstleistungen für die Aus- und Weiterbildung – Grundlegende Anforderungen an Dienstleister ■ ISO 13485:2003 – Medizinprodukte – Qualitätsmanagementsysteme – Anforderungen für regulatorische Zwecke
Umwelt	■ ISO 14000 – Familie: Umweltmanagementsystem ■ ISO 14001:2004 – Umweltmanagementsysteme – Anforderungen mit Anleitung zur Anwendung ■ ISO 14004:2004 – Umweltmanagementsysteme – Allgemeiner Leitfaden über Grundsätze, Systeme und unterstützende Methoden ■ EMAS III – Environment Management and Audit Scheme ■ ÖNORM EN ISO 14064-2:2012 – Treibhausgasemissionen ■ V.EFB – Entsorgungsfachbetrieb
Energie	■ ISO 5001:2011 Energiemanagementsysteme – Anforderungen mit Anleitung zur Anwendung ■ ÖNORM EN 16247:2012 Energieaudits (Teil 1 – Teil 4)
Automobil	■ VDA 6.x – QM-Regelwerke für Organisationen in der automobilen Lieferkette ■ ISO/TS 16949:2009 – Qualitätsmanagementsysteme – Besondere Anforderungen bei Anwendung der ISO 9001:2008 für die Serien- und Ersatzteile-Produktion in der Automobilindustrie
Lebensmittel	■ ISO 22000:2005 – Managementsysteme für die Lebensmittelsicherheit – Anforderungen an Organisationen in der Lebensmittelkette ■ IFS 6 0 – International Food Standard
Risiko	■ ISO 31000:2009 – Risikomanagement – Grundsätze und Richtlinien ■ ONR 4900x:2010 – Risikomanagement für Organisationen und Systeme – Umsetzung von ISO 31000 in die Praxis
IT	■ ISO/IEC 27000:2012 – Informationssicherheits-Managementsysteme – Überblick und Terminologie ■ ISO/IEC 27001:2005 Information technology – Security techniques – Information security management systems-Requirements ■ ISO/IEC 27002:2005 Information technology – Security techniques – Code of practice for information security management ■ CMMI V1.3 – Capability Maturity Model Integrated ■ ISO 15504 – Prozess Assessment / SPICE – Software Process Improvement Capability Determination ■ ITIL „2011 Edititon" – Information Technology Infrastructure Library – Best Practice Modell (generisch = technologie- und anbieterunabhängig) ■ ISO 20000-1:2011 – IT-Service-Management ■ ISO 38500:2008 IT Governance Standard ■ COBIT V5
IT Security	■ ISO 17799:2005 – Vorgaben zum Aufbau eines Informationssicherheitsmanagement-Systems basierend auf Best Practice – Implementierungsleitfaden
Aviation	■ JAR – Joint Aviation Requirements ■ AS 9100:2009 – Qualitätsmanagementsysteme – Anforderungen an Organisationen der Luftfahrt, Raumfahrt und Verteidigung ■ Verordnung (EG) Nr. 300/2008 – gemeinsame Vorschriften für die Sicherheit in der Zivilluftfahrt
Sicherheit	■ SCC: Sicherheits Certificate Contractoren ■ BS 8300:2004 – Occupational health and safety management system ■ OHSAS 18001:2007 – Arbeitsschutz-Managementsysteme ■ OHSAS 18002:2008 – Arbeits- und Gesundheitsschutz-Managementsysteme – Leitfaden für die Implementierung von OHSAS 18001:2007
Ethik	■ ONR ISO 26000:2010 – Leitfaden zur gesellschaftlichen Verantwortung

Tab. 10.2 Vergleich der Hauptkapitel in ISO 9001:2008 und ISO 9001:2015

	ISO 9001:2015		ISO 9001:2008
1	Scope	1	Scope
2	Normative reference	2	Normative reference
3	Terms and definitions	3	Terms and definitions
4	Context of the organization	4	Quality management system
5	Leadership	5	Management responsibility
6	Planning	6	Resource management
7	Support	7	Product realization
8	Operation	8	Measurement, analysis and improvement
9	Performance Evaluaticn		
10	Improvement		

bliert. Es sind dies die internationalen Normen ISO 10001, ISO 10002, ISO 10003, wobei eine deutsche Fassung als DIN ISO 10002 bzw. ÖNORM ISO 10002 „Qualitätsmanagement - Kundenzufriedenheit - Leitfaden für die Behandlung von Reklamationen in Organisationen" durch das ON-Komitee ON-K 129 „Qualitätsmanagementsysteme" im Jahr 2005 erschienen ist. Dieser Leitfaden gibt Unternehmen eine Hilfestellung zum Prozess bei der Behandlung von Reklamationen der Produkte und Dienstleistungen, einschließlich der Planung, Gestaltung, Durchführung, Aufrechterhaltung und Verbesserung. Der beschriebene Prozess zur Behandlung von Reklamationen eignet sich dazu, als einer der Prozesse eines umfassenden Qualitätsmanagementsystems angewendet zu werden.

10.2 Inhalte der internationalen Norm ISO 9001:2008 im Überblick

Die Kapitel 0 bis 3 beinhalten allgemeine Hinweise. Die Forderungen zur Darlegung eines Qualitätsmanagementsystems sind in den Kapiteln 4 bis 8 enthalten. Diese stellen den Kern der ISO 9001:2008 dar (Abb. 10.1).
Die Kapitel 4 bis 8 und die sich daraus ergebenden Anforderungen zur Ausgestaltung von Qualitätsmanagementsystemen werden in den folgenden Abschnitten noch näher erläutert.

10.2.1 Zielsetzungen der ISO 9001

Die Norm forciert einen prozessorientierten Ansatz zur Organisation und Steuerung des Unternehmens auf der Basis eines umfassenden Qualitätsbegriffes (Pfeifer 2001). Dieser neue umfassende Qualitätsbegriff ist geprägt vom Wandel des ersteller-/ergebnisbezogenen Zugangs hin zum kunden- und prozessbezogenen Zugang (Abb. 10.2). Die Qualität des Produktes kann nur dann in vollem Umfang zur Geltung kommen, wenn für den Kunden in seiner Erlebniswelt auch die Qualität des Prozesses an den Berührungspunkten mit dem Kunden in Ordnung ist. Die Qualität des Potenzials eines Unternehmens ist die Voraussetzung dafür, überhaupt die Chance zu bekommen, Produkte bzw. Dienstleistungen liefern zu können (Kamiske/Wagner/Zacharnik 2005). Hier sind die wesentlichen Elemente wie Know-how des Unternehmens, Refe-

ISO 9001:2008 – Inhaltsverzeichnis

0 Einleitung
1 Anwendungsbereich
2 Normative Verweisungen
3 Begriffe
4 Qualitätsmanagementsystem
5 Verantwortung der Leitung
6 Management von Ressourcen
7 Produktrealisierung
8 Messung, Analyse und Verbesserung

Anhang A (informativ): Entsprechungen zwischen ISO 9001:2008 und ISO 14001:2004
Anhang B (informativ): Entsprechungen zwischen ISO 9001:2000 und ISO 9001:2008
Literaturhinweise

[Normentextauszug ISO 9001:2008]

Abb. 10.1 Inhaltverzeichnis der ISO 9001:2008

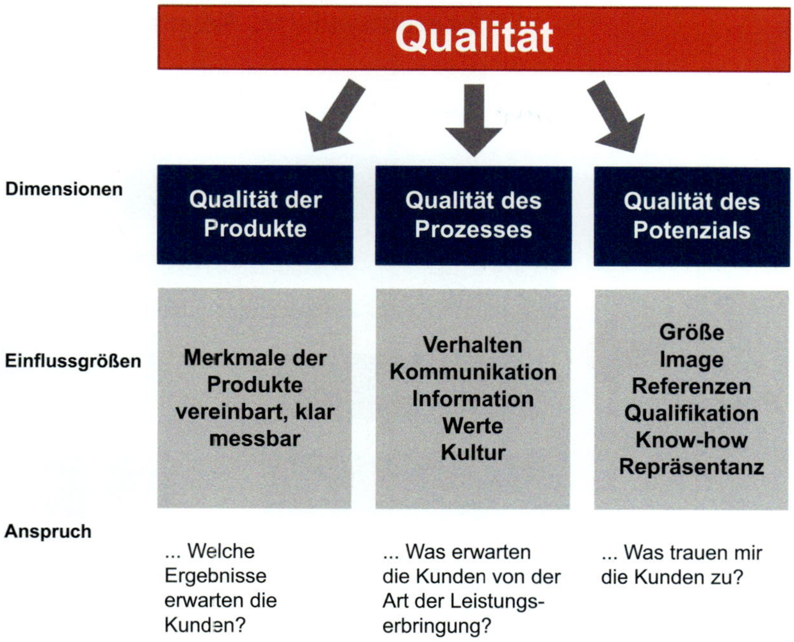

Abb. 10.2
Qualitätsbegriff (Bleicher 1991)

renzen, Image und die Repräsentanz zu nennen. Neben dieser umfassenden Sicht eines Unternehmens ist die ständige Verbesserung ein zentrales Thema.

10.2.2 Die vier Fokuspunkte der ISO 9001

Der Fokus „Prozesse" – prozessorientierter Ansatz und Prozessmodell

Der Prozessfokus stützt sich auf die ausgeprägte Prozessorientierung der Norm. Die Ausrichtung des QM-Systems erfolgt an den Abläufen (Prozessen) im Unternehmen. Führungsprozesse werden ebenfalls mit einbezogen. Definierte Qualitätsziele bilden das Bindeglied zwischen der Qualitätspolitik und den Prozesszielen. Dadurch wird eine Durchgängigkeit der Ziele bis auf Prozessebene sichergestellt inklusive der Überwachung der Prozessergebnisse zur Prozessverbesserung, die ebenfalls festgelegt werden müssen. Werden Prozesse definiert, so werden auch die Schnittstellen und Wechselwirkungen zu anderen Prozessen sichtbar (Wagner 2013).
Abbildung 10.3 zeigt eine Gegenüberstellung einer Ablauforganisation zu einer Aufbauorganisation.

Der Fokus „Management"

Die Managementprozesse gewinnen in einem Qualitätsmanagementsystem immer mehr an Bedeutung. Wurde früher hauptsächlich auf die Produktionsprozesse ein Schwerpunkt gelegt, so verschiebt sich dieser immer mehr in Richtung der Organisationsqualität, in der die Führung eine zentrale Rolle einnimmt. Hier werden insbesondere die Planung und Lenkung aller im Unternehmen vorhanden Prozesse, die Zieldefinition, die Verantwortungen und das zur Verfügungstellen notwendiger Ressourcen (Personal, Budget, Arbeitsmittel) in den Mittelpunkt gerückt. So wird die Grundlage für den Übergang zur ganzheitlichen Sicht der ISO 9004 geschaffen.

Der Fokus „Kunde"

Wie das Prozessmodell (Abb. 10.6) deutlich zeigt, wird das Unternehmen an den Bedürfnissen des Kunden ausgerichtet. Die Kundenorientierung steht dabei im Vordergrund. Hier ist die Kommunikation mit und zum Kunden als zentrales Element zu nennen, um effektive Kundenbeziehungen aufzubauen und die Kundenbedürfnisse zu ermitteln. Dazu zählt auch eine systematische Messung der Kundenzufriedenheit, um das Niveau des Kundenvertrauens in die gelieferten Produkte und Dienstleistungen feststellen zu können.

Der Fokus „Kontinuierliche Verbesserung"

Die Forderung nach der ständigen Verbesserung stellt den letzten wesentlichen Fokus der ISO 9001 dar. Näheres wird in Kapitel 10.2.3 erläutert.

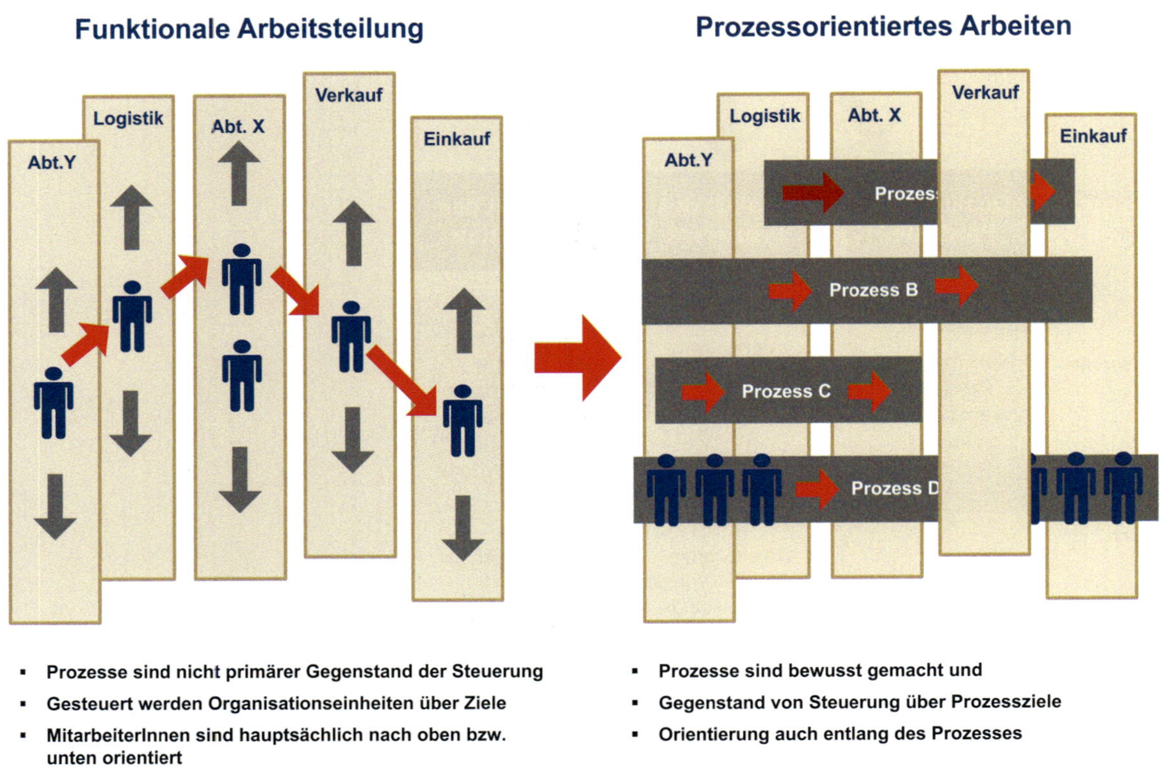

Abb. 10.3 Ablauf- und Aufbauorganisation im Überblick

10.2.3 ISO 9000:2005-Prozessmodell (DIN EN ISO 9001:2008)

Das „Prozessmodell“ ist eine schematische Beschreibung aller Aktivitäten eines Unternehmens, die den Input der Interessenpartner (Kunden, Gesetzgeber etc.) in Form von Wünschen und Forderungen unter Verwendung angemessener Ressourcen in jenen Output umsetzen, der den Wünschen und Forderungen der Interessenpartner entspricht. Das Prozessmodell basiert auf dem kontinuierlichen Verbesserungskreis mit den Schritten Plan-Do-Check-Act, bekannt auch als *PDCA*-Kreis (Deming 1986 und Abb. 10.4).

- **Planen (Plan):**
  Festlegung der Ziele und Planung der Prozesse, die für die Erzielung von Ergebnissen in Übereinstimmung mit den Kundenforderungen und der Politik der Organisation erforderlich sind
- **Durchführen (Do):**
  Umsetzung und Ausführung der Prozesse
- **Prüfen (Check):**
  Überwachung und Messung von Prozessen und Produkten anhand der Vorgaben, Ziele und Forderungen für das Produkt bzw. die Dienstleistung
- **Verbessern (Act):**
  Ergreifen von Maßnahmen zur ständigen Verbesserung der Prozessleistung

Die Anwendung eines Systems von Prozessen in einer Organisation, verbunden mit dem Erkennen der Wechselwirkungen dieser Prozesse untereinander sowie deren Lenkung, kann als „prozessorientierter Ansatz“ bezeichnet werden. Ein Vorteil des prozessorientierten Ansatzes besteht in der ständigen Lenkung, die dieser Ansatz über die Verknüpfung zwischen den einzelnen Prozessen im prozessorientierten Qualitätsmanagementsystem bietet. Der prozessorientierte Ansatz betont vor allem die Bedeutung (Wagner 2013)

- des Verstehens der Forderungen der Kunden und der Interessenspartner und die Wichtigkeit der Erfüllung dieser Forderungen
- der Notwendigkeit, Prozesse aus der Sicht der Wertschöpfungskette zu betrachten
- der Erzielung von Ergebnissen bezüglich Prozessleistung und -wirksamkeit und der ständigen Verbesserung von Prozessen auf der Grundlage objektiver Messungen.

Die Zusammenhänge und Wechselwirkungen von Prozessen des Unternehmens müssen dargestellt werden. Dies erfolgt primär im Prozessmodell (Abb. 10.6) sowie auch mithilfe einer Wechselwirkungsmatrix. In solch einer Matrix werden die Prozesse des Unternehmens aufgelistet und mit sich selbst auf Interaktion verglichen. Diese Matrix ist eine einfache, strukturierte Möglichkeit, die

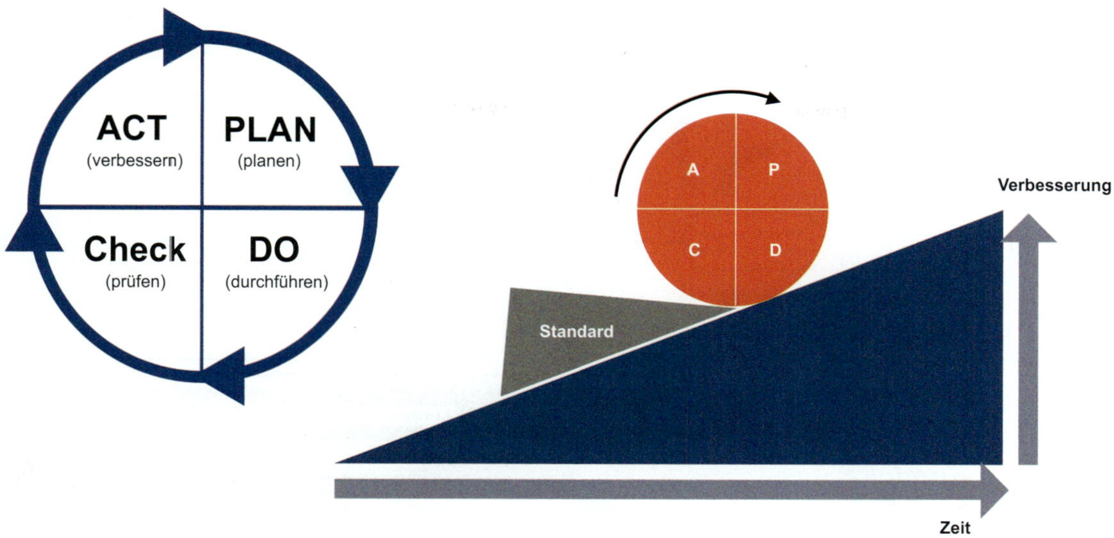

Abb. 10.4 Prozess der ständigen Verbesserung

Korrelationsmatrix – Produktgruppe/Prozess

ISO 9001:2008	ONR 49 001:2010	ISO 14001:2004	OHSAS 18001:2007	ISO 1002:2004	Kapitel	Normforderungen	Norm	IMS-Handbuch	Umwelterklärung	Chancen und Risikomanagement-	strategische Planung durchführen	Kommunikation	Prozesse, DA, SGU's lenken	IMS bewerten
x					0.1	Allgemeines	ISO 9001	x						
x					0.2	Prozessorientierter Ansatz		x						
x					**4.**	**Qualitätsmanagementsystem**	ISO 9001							
		x			**4.**	**Anforderungen an ein Umweltmanagementsystem**	ISO 14001							
			x		**4.**	**A & G-Managementsystemelemente**	OHSAS 18001							
				x	4.2	Sichbarkeit	ISO 1002							
				x	4.3	Zugänglichkeit	ISO 1002							
				x	4.4	Reaktionsbereitschaft	ISO 1002							
				x	4.5	Objektivität	ISO 1002							
				x	4.6	Gebühren	ISO 1002							
				x	4.7	Vertraulichkeit	ISO 1002							
				x	4.8	Kundenorientierte Einstellung	ISO 1002							
				x	4.9	Verantwortlichkeit	ISO 1002							
				x	4.10	Ständige Verbesserung	ISO 1002							
	x				**4.**	**Risikomanagementsystem**	ONR 49001							
	x				4.1	Allgemeines	ONR 49001			x				
x					4.1	Allgemeine Anforderungen	ISO 9001	x						
		x			4.1	Allgemeine Anforderungen	ISO 14001	x						
			x		4.1	Allgemeines	OHSAS 18001	x						
	x				4.1.3	Elemente des Risikomanagementsystems	ONR 49001			x				
x					4.2	Dokumentationsanforderungen	ISO 9001							
x					4.2.1	Allgemeines	ISO 9001						x	x
		x			4.4.4	Dokumentation	ISO 14001						x	x
			x		4.4.4	Dokumentation	OHSAS 18001						x	x
x					4.2.2	Qualitätsmanagementhandbuch	ISO 9001	x						

Abb. 10.5 Auszug aus einem Beispiel einer Korrelationsmatrix von Normen mit Prozessen

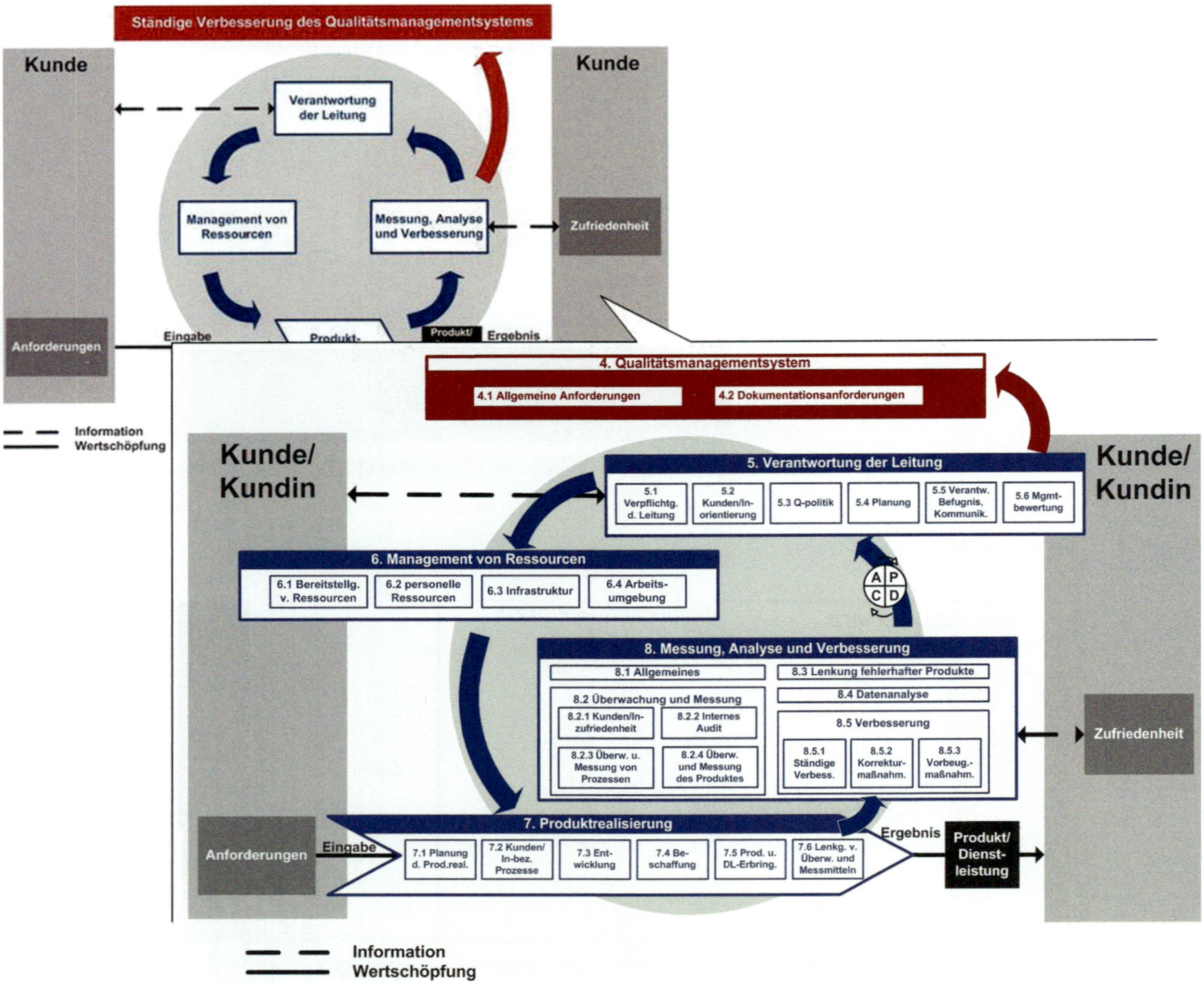

Abb. 10.6 Qualitätsmanagement-Prozessmodell ISO 9001:2008 (DIN EN ISO 9001:2008)

Schnittstellen und Zusammenhänge klar darzustellen und einen Überblick über die Prozesse zu erhalten.

Eine weitere Möglichkeit bietet die Korrelationsmatrix. Sie stellt die Abdeckung der Normforderungen mit den unternehmensspezifischen Prozessen dar. Diese Matrix kann ebenfalls dazu dienen, verschiedene Normen mit ihren Anforderungen zu berücksichtigen. Sie bietet somit zusätzlich noch eine Vergleichsmöglichkeit zwischen den verschiedenen Anforderungen sowie der Abdeckung durch die Prozesse und erweist sich als optimales Instrument für die Durchführung von Audits (Abb. 10.5).

Das Prozessmodell der ISO 9001:2008 stellt eine bildhafte Darstellung der Forderungen dieser Norm dar, gruppiert in folgende Hauptkategorien:

- Verantwortung der Leitung
- Management von Ressourcen
- Produkt- und Dienstleistungsrealisierung
- Messung, Analyse und Verbesserung

Die ISO 9001 stellt hiermit das Unternehmen modellhaft dar. Dieses Modell muss für das jeweilige Unternehmen entsprechend adaptiert werden. Das Modell wird dann zur spezifischen Prozesslandkarte (Abb. 10.7) des dargestellten Unternehmens, in der klar die Kunden, die Prozesse des Unternehmens und die Zusammenhänge (Wechselwirkungen) schematisch dargestellt werden.

Diese Hauptkategorien präsentieren den Inhalt der ISO 9001:2008 und finden sich in den Kapitelüberschriften wieder. Die Inhalte der einzelnen Kategorien sind dabei nicht isoliert und in sich abgeschlossen zu betrachten, sondern stehen in gegenseitiger Verbindung zur Erreichung eines umfassenden prozessorientierten Qualitätsmanagementsystems. Das Qualitätsmanagement Prozessmodell ist für alle Unternehmensbranchen und -größen gleichermaßen anwendbar.

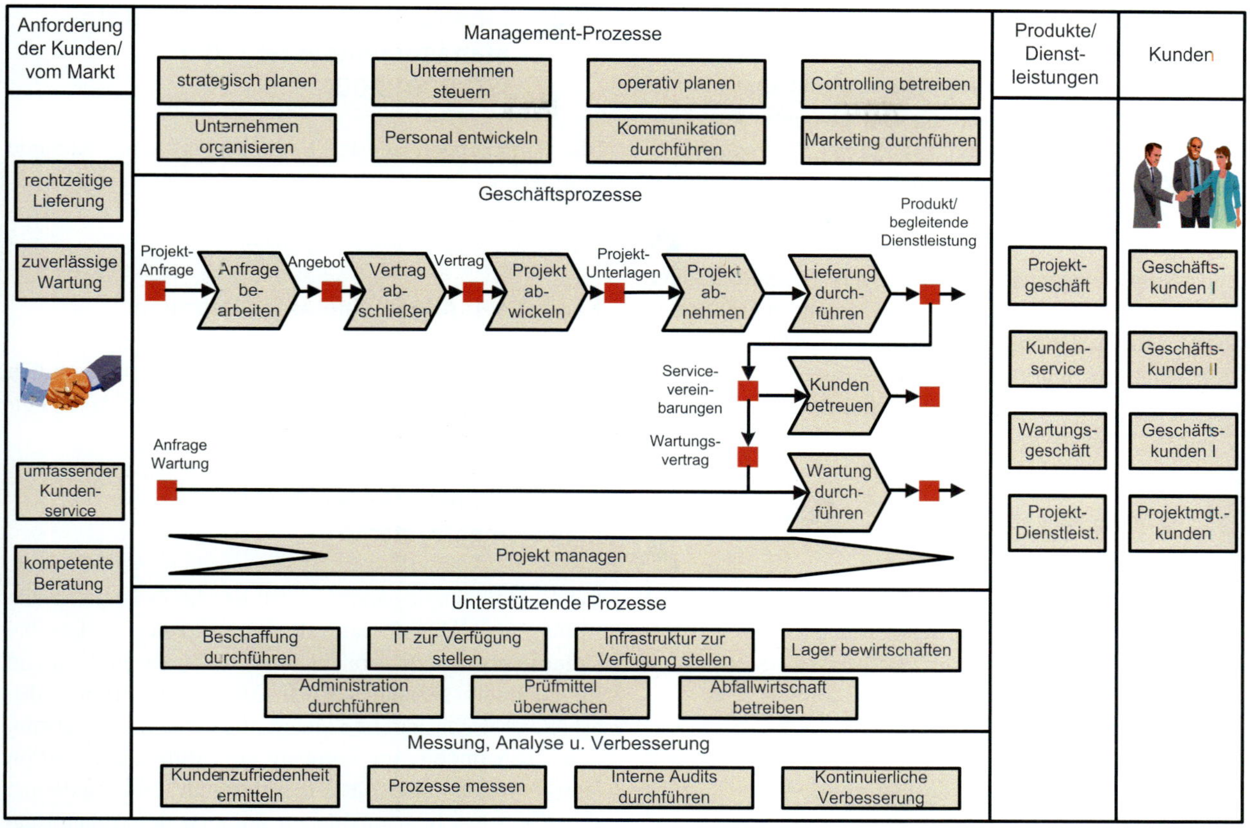

Abb. 10.7 Beispiel einer Prozesslandkarte

10.2.4 Inhalte der Kapitel 0 bis 3 der ISO 9001:2008 (vgl. DIN EN ISO 9001:2008)

Die Norm gliedert sich in neun Kapitel.
Unter *Kapitel 0 „Einleitung“* wird ein Überblick über die Norm gegeben. Hier wird der prozessorientierte Ansatz, das Prozessmodell (Abb. 10.6), die Beziehung zur ISO 9004 und die Verträglichkeit zu anderen Managementsystemen erklärt.
Die zentrale Forderung der ISO 9001 ist, dass die Umsetzung ihrer Forderungen auf das Unternehmen angepasst werden müssen. Hier nimmt das Prozessmodell am Beginn des Aufbaues eines prozessorientierten Qualitätsmanagementsystems eine zentrale Rolle ein. Es kennzeichnet charakteristische Prozesse der Branche, stellt Kunden des Unternehmens dar. Durch die Darstellung der Kunden und der Prozesse im Prozessmodell werden auch die Systemgrenzen sichtbar. Unter Systemgrenze kann entweder die Abgrenzung des Unternehmens zu seinen Kunden und Lieferanten gesehen werden oder zu anderen im Unternehmen befindlichen Einheiten. So ist es z.B. möglich, in internationalen Konzernen bei einzelnen Standorten Qualitätsmanagementsysteme aufzubauen und von den anderen deutlich abzugrenzen.
Dabei gilt aber festzuhalten, dass eine ganzheitliche Sicht eines prozessorientierten Qualitätsmanagementsystems wesentlich zur Leistungsverbesserung und Verbesserung der Schnittstellen zwischen den Abteilung beiträgt.
Neben der Beziehung zur ISO 9004, die in Kapitel 10.1.2 erläutert wurde, wird in Kapitel 0 noch die Verträglichkeit mit anderen Managementsystemen erläutert. Hier ist die Abstimmung mit der ISO 14001:2004 „Umweltmanagementsysteme – Anforderungen mit Anleitung zur Anwendung“ zu erwähnen. Die Abgleichung erhöht die leichtere Umsetzbarkeit für den Anwender.
Weiterhin ist zu erwähnen, dass die ISO 9001 keine Forderungen für andere Managementsysteme (z.B. Umweltmanagement, Arbeitsschutz, Risikomanagement …) beinhaltet, jedoch können diese Forderungen in ein prozessorientiertes Qualitätsmanagementsystem miteinbezogen werden. Hier wird der Begriff „integriertes Managementsystem“ (IMS) verwendet.
In *Kapitel 1 „Anwendungsbereich“* wird beschrieben, dass die Grenzen des Qualitätsmanagementsystems klar beschrieben werden müssen. Hierzu dient neben einer verbalen Beschreibung, meist im QM-Handbuch zu finden,

auch das unternehmensspezifische Prozessmodell (Abb. 10.7).
Ausschlüsse müssen definiert werden und sind klar zu begründen. Aus einem Qualitätsmanagementsystem können nur die Anforderungen aus *Kapitel 7 „Produktrealisierung“* ausgeschlossen werden. Üblich sind Ausschlüsse des Punktes *7.3 „Entwicklung“* und *7.6 „Lenkung und Überwachung von Messmitteln“*. Voraussetzung dafür ist jedoch, dass keine Entwicklung von Produkten oder Dienstleistungen erfolgt bzw. keine Messmittel im Unternehmen in Verwendung sind. Diese Ausschlüsse werden im Zertifikat vermerkt (Abb. 10.8).

II

ZERTIFIKAT

TÜV NORD

für das Managementsystem nach
DIN EN ISO 9001 : 2008

Der Nachweis der regelwerkskonformen Anwendung wurde erbracht und wird gemäß
TÜV NORD CERT-Verfahren bescheinigt für

PROCON Unternehmensberatung GmbH
Saarplatz 17
1190 Wien
Österreich

Geltungsbereich

Managementconsulting und Training in den Bereichen Prozess-, Qualitäts-, Projekt- und Risikomanagement

Zertifikat-Registrier-Nr. 44 100 121656 Gültig bis 2015-11-19
Auditbericht-Nr. 3510 6919

G. Bräutigam
Zertifizierungsstelle
der TÜV NORD CERT GmbH Essen, 2012-11-20

Diese Zertifizierung wurde gemäß TÜV NORD CERT-Verfahren zur Auditierung und Zertifizierung durchgeführt und wird regelmäßig überwacht.

TÜV NORD CERT GmbH Langemarckstraße 20 45141 Essen www.tuev-nord-cert.de

IAF
TGA-ZM-07-06-00

Abb. 10.8 ISO 9001 Zertifikat

In *Kapitel 3 „Begriffe“* wird auf die ISO 9000 verwiesen, die Anwendung findet.
Im Folgenden werden die einzelnen Normenpunkte im Überblick bezüglich ihrer Umsetzung beschrieben. Der Original-Normentext ist in der ISO 9001:2008 (vgl. DIN EN ISO 9001:2008) nachzulesen.

10.2.5 Inhalte des Kapitels 4 „Qualitätsmanagementsystem“ der ISO 9001:2008

Die Forderungen dieses Kapitels umfassen folgende Punkte:
4.1 „Allgemeine Anforderungen“
4.2 „Dokumentationsanforderungen“

Kapitel 4.1: Allgemeine Anforderungen

Dieses Kapitel stellt den generellen Überblick hinsichtlich der Forderungen an das gesamte Qualitätsmanagementsystem eines Unternehmens dar.

Aufgaben und Ziele des Qualitätsmanagementsystems

Das Qualitätsmanagementsystem hat die Zielsetzung, die Aufbau- und Ablauforganisation so festzulegen, dass die Unternehmensziele erreicht werden können und Nutzen für alle Interessenspartner, d. h. Kunden, Eigentümer, Mitarbeiter, Gesellschaft und Lieferanten, erzielt werden können. Instrumente im Rahmen der Aufbauorganisation sind beispielsweise das Organigramm und Stellenbeschreibungen, Instrumente im Rahmen der Ablauforganisation sind beispielsweise die Prozesslandkarte und die Prozessbeschreibungen. Die Festlegung und Beherrschung festgelegter und optimierter Prozesse in der gesamten Organisation kann zu besser vorhersagbaren Ergebnissen, besserer Nutzung der Mittel, kürzeren Entwicklungs- und Ausführungszeiten und niedrigeren Kosten führen.
Beim Aufbau und der Weiterentwicklung des Qualitätsmanagementsystems sollte sich die Organisation auf folgende Punkte konzentrieren:

- gesamtheitliche kontinuierliche Verbesserung und die nachhaltige Kundenzufriedenheit
- Erfordernisse und Erwartungen sämtlicher Interessenspartner
- Vorbeugung von Problemen, statt sich in Abhängigkeit von deren Entdeckung nach dem Auftreten zu begeben

Kapitel 4.2: Dokumentationsanforderungen

Dieses Kapitel beschreibt die Vorgehensweise zur Erstellung der Dokumentation des Qualitätsmanagementsystems. Ebenfalls dargelegt wird die Organisationsstruktur des Qualitätsmanagementsystems. Das Kapitel der Norm gliedert sich in drei Teile: den allgemeinen Anforderungen, den Anforderungen an das QM-Handbuch und an die Lenkung von Dokumenten.

Dokumentation zum Qualitätsmanagementsystem

Die Dokumentation des Qualitätsmanagementsystems (Abb. 10.9) hat die Klärung und Festlegung der Unternehmensprozesse zum Ziel. Sie besteht aus

1. dem QM-Handbuch (QM-HB)
2. den Prozessbeschreibungen/Verfahrensanweisungen bzw.
3. den Arbeits-, Prüfanweisungen, Checklisten, Formularen und anderen Vorgabedokumenten.

In den Prozessbeschreibungen (Abb. 10.10 a und 10.10 b) ist der Prozessablauf, auch Prozessfluss genannt, der wesentliche Teil. Die Darstellung von diesen Abläufen erfolgt auf verschiedenste Art und Weise, wobei die senkrechte Version die gebräuchlichste ist.

Ebenso kann eine waagrechte Darstellungsform gewählt werden, die auch als Swim-Lane-Diagramm bezeichnet wird. Hier werden die beteiligten Stellen und handelnden Personen in Zeilen angegeben und die Tätigkeiten dazu modelliert. Ein Vorteil dieser Darstellungsart ist der bessere Überblick bezüglich der Tätigkeitsverteilung in den beteiligten Stellen, wobei ein wesentlicher Nachteil meist die sich daraus ergebende Länge ist.

Das QM-Handbuch

Das QM-Handbuch beschreibt im Überblick das Qualitätsmanagementsystem der Organisation. Es dient auch zur externen Darlegung der Organisation sowie der Abläufe und Zuständigkeiten gegenüber Kunden. Das QM-Handbuch wird von der Unternehmensleitung in Kraft gesetzt, bezüglich seiner praktischen Anwendung überwacht und jeweils dem neuesten Stand angepasst. Der Hauptzweck eines QM-Handbuchs besteht darin, die Grobstruktur des Qualitätsmanagementsystems darzulegen. Beispielsweise sollte sich ein neuer Mitarbeiter mithilfe des Handbuchs einfach und rasch einen Überblick über das Qualitätsmanagementsystem verschaffen können. Selbstverständlich kann es auch zu Marketingzwecken verwendet werden und entsprechend attraktiv gestaltet werden. Normforderungen, die für die Organisation nicht relevant sind (z. B. Entwicklung, Lenkung von Überwachungs- und Messmitteln) müssen erwähnt werden. Gleichzeitig dient das QM-Handbuch als ständige Referenz bei der Verwirklichung und Aufrechterhaltung dieses Systems. Umfang und Inhalt des Handbuchs sind abzustimmen auf:

- die Organisationsstruktur
- die Produkte und Dienstleistungen
- die Prozesse
- die Unternehmensgröße
- die Unternehmenskultur.

Übliche Inhalte eines QM-Handbuches sind: Deckblatt, Inhaltsverzeichnis, Lenkung des Handbuches, Verbindlichkeitserklärung der Geschäftsführung, Qualitätspolitik, Aufbauorganisation, Geltungsbereich, Prozessmodell, Qualitätsmanagementsystem Aufbau, Ausschlüsse aus dem System, ausgegliederte Prozesse, Kurzbeschreibung der Prozesse, Glossar.

Da das Handbuch im Sinne der Norm kein eigenständiges Dokument sein muss, besteht auch die Möglichkeit, die Strukturen und Inhalte des Qualitätsmanagementsystems nur in der Form eines elektronischen Handbuchs im Rahmen einer Intranetlösung abzubilden.

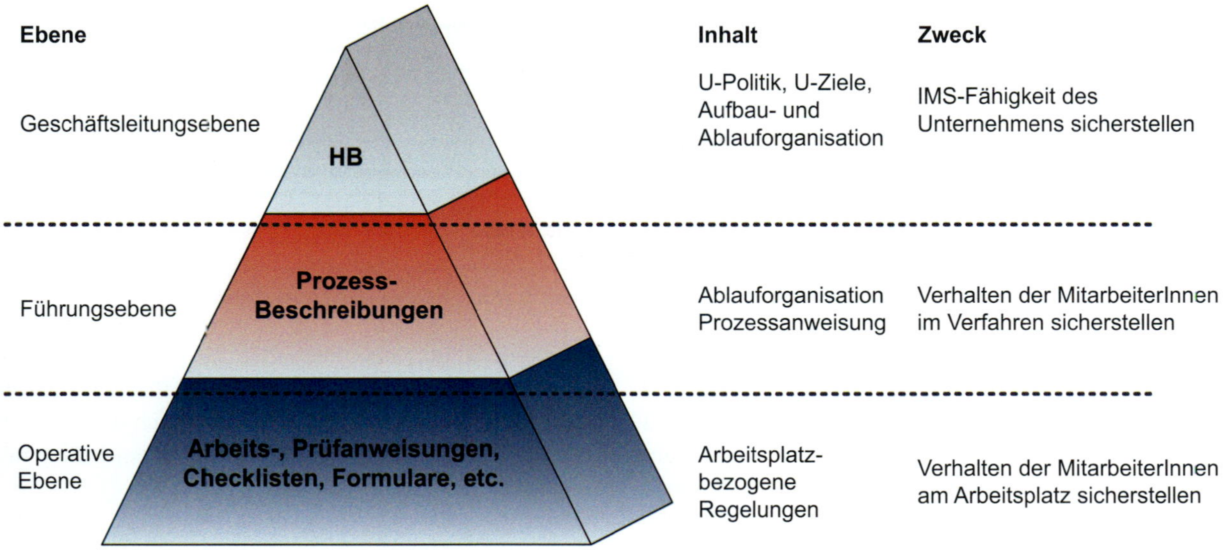

Abb. 10.9 Hierarchie der QM-Dokumentation

Das Verfahren zur Durchführung von Änderungen, Modifikationen, Überarbeitungen oder Ergänzungen des QM-Handbuchs ist festzulegen.

Lenkung von Dokumenten

Alle in der Organisation vorhandenen Dokumente müssen gelenkt werden. Dokumente sind solche Unterlagen, die Vorgabecharakter haben und einen Änderungsdienst aufweisen. So ist beispielsweise das Leerformular einer Prüfcheckliste ein Dokument, da es über den Lauf verschiedene Versionen geben wird, die ausgefüllte Checkliste (Prüfprotokoll) hingegen ist eine Aufzeichnung, da diese Einträge nicht mehr geändert werden dürfen. Lenkung bedeutet, jederzeit zu wissen, wer welche Dokumente und Daten benötigt, wer welche Dokumente und Daten besitzt etc.
Beispiele für zu lenkende Dokumente sind:

- Qualitätsmanagement-Handbuch
- Prozessbeschreibungen, Arbeitsanweisungen, Prüfverfahren und -anweisungen
- Checklisten und Formulare
- Zeichnungen, Preislisten, Spezifikationen, Fertigungspläne.

Die in Tabelle 10.3 dargestellte Dokumentenmatrix bietet beispielsweise die Möglichkeit, für die relevanten Dokumente die Verantwortlichkeiten hinsichtlich der Erstellung/Änderung, Prüfung, Freigabe etc. übersichtlich darzustellen.
Dokumente und Daten sind in einem Unternehmen das Fundament für

- die Kommunikation
- die Schulung
- das Teilen von Wissen und Know-how
- die Bewertung und das Erkennen von Verbesserungspotenzial von Prozessen.

> Da die Papiervermehrung in vielen Unternehmen eine der häufigsten Kritikpunkte beim Aufbau eines Qualitätsmanagementsystems darstellt, sei hier folgender Hinweis angebracht:
>
> **Die Art und das Ausmaß der Dokumentation müssen ihrer Anwendung entsprechend angemessen sein.**

procon	Prozessbeschreibung Management Review durchführen	Release Seite	7 1 von 3

1. Zweck
Überprüfung der Wirksamkeit des IMS und gegebenenfalls Einleitung von geeigneten Maßnahmen bei aufgetretenen Schwachstellen. Identifizieren von Marktchancen betreffend neue Produkte und Beratungsthemen. Aufbereitung der Inhalte in Vorbereitung auf die strategische Planung.

2. Geltungsbereich
Diese Prozessbeschreibung gilt für die gesamte procon.

3. Änderungshinweise
Änderungen zur Vorversion sind grün gekennzeichnet!

4. Prozessziele
Vollständige Prozesszielübersicht: G:\07_MAV-Prozesse\5.5_Prozesse messen\Prozessziele und -erreichung.xls.lnk

5. Begriffe, Definitionen und Abkürzungen

IMS-System	Integriertes Managementsystem

In der Ablaufbeschreibung:

Verantwortung			
E	D	M	I

E entscheidet
D führt durch
M arbeitet mit
I wird informiert

6. Zuständigkeiten
Prozessverantwortlicher: DM

7. Ablaufbeschreibung

erstellt: DM	geprüft: DM	freigegeben: RK
Datum: 19.06.2012	Datum: 19.06.2012	Datum: 19.06.2012

procon	Prozessbeschreibung Management Review durchführen	Release Seite	7 3 von 3

8. Erläuterungen zum Ablauf

Nr.	Element	Erläuterung
01	MR Zeitpunkt gekommen	Der MR wird 1x jährlich durchgeführt
02		
03		

9. Mitgeltende Dokumente/EDV-Systeme
- Die Input- und Outputdokumente aus dem Prozessablauf

10. Verteiler
- QB, GF

Abb. 10.10 a Beispiel einer Prozessbeschreibung (Teil 1)

Dies bedeutet, dass beispielsweise je nach Qualifikation der Mitarbeiter die Arbeitsanweisungen mehr oder weniger detailliert erstellt werden können, sofern es überhaupt notwendig ist, den Arbeitsvorgang genau zu beschreiben. Die ISO 9001:2008 verlangt nicht, dass jeder Handgriff bis ins letzte Detail beschrieben werden muss, sondern dass nur dort, wo es für die Mitarbeiter sinnvoll und hilfreich ist, Vorgaben geschaffen werden. Bei der Befolgung dieses Ratschlages kann es sogar sein, dass nach dem Aufbau des Qualitätsmanagementsystems die Dokumentation weniger Papier als vorher umfasst.

procon	Prozessbeschreibung	Release	7
	Management Review durchführen	Seite	2 von 3

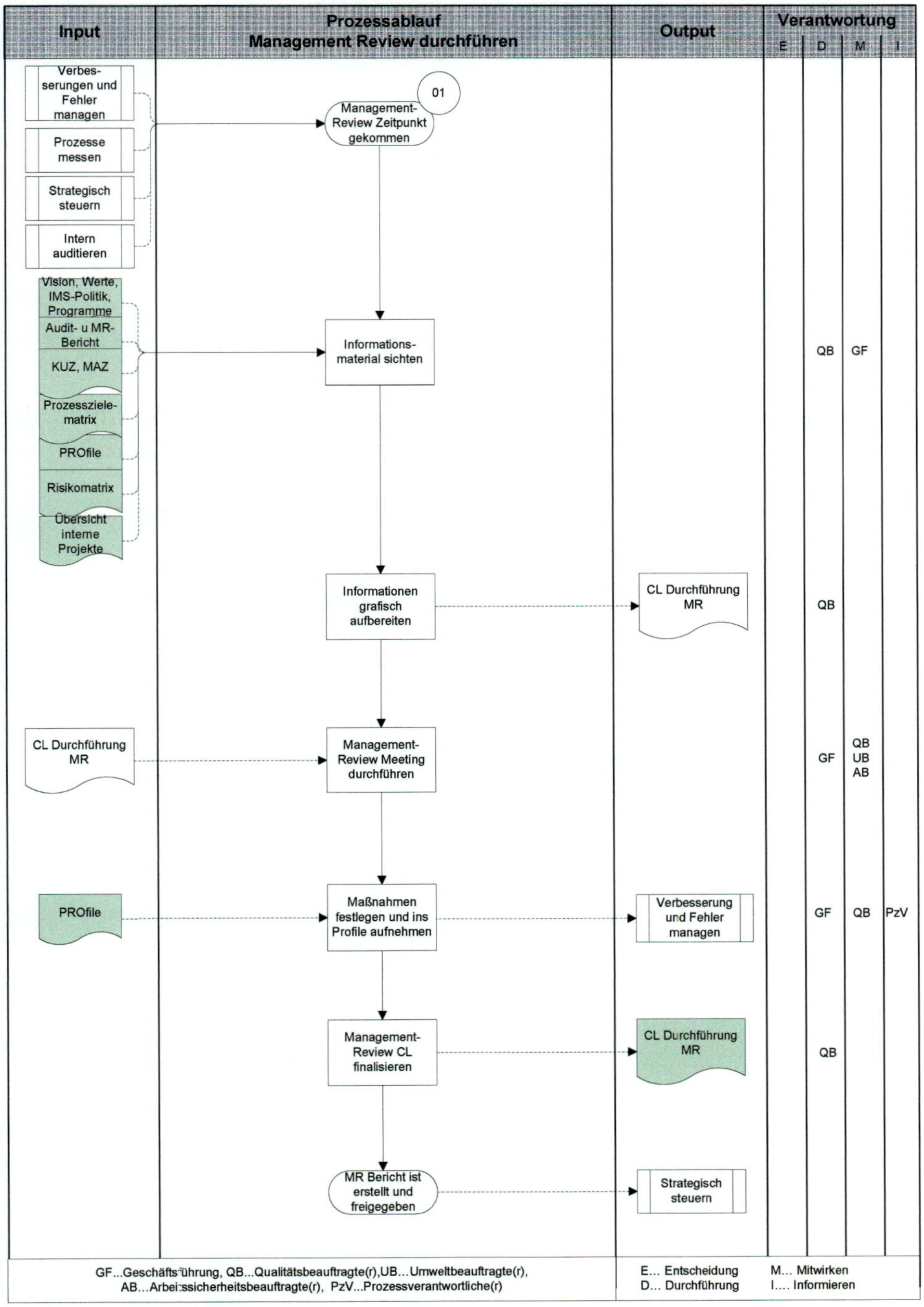

erstellt: DM	geprüft: DM	freigegeben: RK
Datum: 19.06.2012	Datum: 19.06.2012	Datum: 19.06.2012

Abb. 10.10 b Beispiel einer Prozessbeschreibung (Teil 2)

Tab. 10.3 Auszug aus einer Dokumentenmatrix

Dokumente	Erstellung/ Änderung	Prüfung	Freigabe	Ausgabestelle Aufbewahrungsort	Aufbewahrungsdauer
QM-Handbuch	Q-Manager	–	GL	Q-Manager	2 Jahre
Prozessbeschreibungen	Prozesseigner	–	Prozesseigner	Prozesseigner	11 Jahre
Organigramme	GL	GL	GL	GL	10 Jahre
Auditpläne	Q-Manager	GL	GL	Q-Manager	3 Jahre
Preislisten	Verkauf	GL	GL	Verkauf	2 Jahre
etc.					

II

Lenkung von Aufzeichnungen

Qualitätsaufzeichnungen dienen als Nachweis der Erfüllung der Qualitätsforderung, als Beweismaterial und als Ausgangspunkt zur Optimierung des Qualitätsmanagementsystems.
Beispiele für zu lenkende Qualitätsaufzeichnungen sind:

- Nachweise von Prüfungen und Versuchen (Prüfberichte)
- Produkt- und Prozessfreigaben
- Abnahme-/Übergabeprotokolle
- Reklamationsberichte, Auditberichte
- Regelkarten, Fehlersammelkarten
- Prüfmittelkalibriernachweise
- Wartungsberichte.

Im Zusammenhang mit der *„Lenkung von Aufzeichnungen“* müssen folgende Punkte geregelt werden:

- Vorgehensweise zur Identifizierung, Sammlung, Registrierung, Archivierung, Lagerung, Pflege und zum Ausscheiden von Qualitätsaufzeichnungen
- Regelung der Verantwortlichkeiten
- Wer muss Zugang zu diesen Informationen haben und wer darf keinen Zugang zu diesen Informationen haben?
- Was ist zu tun, um die Zugriffsmöglichkeit einfach zu gestalten?
- Wie lange werden die in den Qualitätsaufzeichnungen vorhandenen Informationen tatsächlich benötigt und wie werden nicht mehr benötigte Aufzeichnungen ausgeschieden und vernichtet?
  Beispiel: Diverse Auftraggeber, z.B. Luft- und Raumfahrt, Militär, Automobilhersteller etc., legen meist vertraglich Aufbewahrungsfristen fest. Ebenso spielen die Produktlebensdauer und rechtliche Rahmenbedingungen, wie beispielsweise das Produkthaftungsgesetz oder das Handelsgesetzbuch, eine Rolle.

Die Qualitätsaufzeichnungen eines Unternehmens beinhalten einen gewaltigen „Informationsberg“, der es wert ist, strukturiert und geführt zu werden.

Vor allem die Analyse der vorhandenen Aufzeichnungen (z.B. Fehlerprotokolle, Reklamationsberichte etc.) kann wertvolle Anstöße für Korrektur- und Vorbeugemaßnahmen liefern.

10.2.6 Inhalte des Kapitels 5 „Verantwortung der Leitung“ der ISO 9001:2008

Kapitel 5.1: Verpflichtung der Leitung

Das Engagement und die Beteiligung der „Obersten Leitung“ für die Zufriedenheit der Kunden und allen anderen „Interessenspartnern“ („Stakeholder“) ist Voraussetzung für ein effektives und effizientes Qualitätsmanagementsystem. Effektiv bedeutet, die Dinge richtig zu tun, effizient bedeutet, die richtigen Dinge zu tun. Gerade in der Aufbauphase eines prozessorientierten Qualitätsmanagementsystems sind das Engagement und die Beteiligung der Unternehmensleitung von entscheidender Bedeutung. Qualitätsmanagement muss aus vier Gründen von der Unternehmensleitung top-down initiiert werden:

1. Der „Adlerblick“, um einen Überblick über das gesamte Unternehmen zu haben, wird gefordert.
2. Die Identifikation der Prozesse bedarf einer strategischen Betrachtungsweise.
3. Nur das Top-Management hat die nötige Durchschlagskraft, um funktionale „Fürstentümer“ aufzubrechen.
4. Die Einführung eines prozessorientierten Qualitätsmanagementsystems erfordert erhebliche Human- und Sachinvestitionen, die von der Unternehmensleitung zur Verfügung gestellt werden müssen.

Zentrale Forderungen an die Leitung sind daher die Sicherstellung der notwendigen Ressourcen, die Festlegung von Qualitätszielen, die Definition der Qualitätspolitik und die Erfüllung von Kundenanforderungen sowie die Einhaltung der gesetzlichen und behördlichen Anforderungen.

Kapitel 5.2: Kundenorientierung

Im Sinne der Kundenorientierung ist es für ein Unternehmen entscheidend, die heutigen und morgigen Bedürfnisse und Forderungen der Kunden bzw. des Marktes zu erkennen, systematisch zu ermitteln und das Ziel der Erhöhung der Kundenzufriedenheit sicherzustellen.
Bei der Identifizierung der Bedürfnisse und Forderungen der Kunden bzw. des Marktes ist also auch das Wettbewerbsumfeld (Mitbewerber, Lieferanten etc.) zu berücksichtigen. Dies setzt die enge Zusammenarbeit verschiedenster Disziplinen im Unternehmen voraus, wie z. B. Marketing mit Verkauf, Qualitätsmanagement und Controlling usw. Die Darstellung und Verknüpfung dieser Prozesse (Marketing-, Budgetierungs-, Controlling- Prozess etc.) untereinander sollte in der Prozesslandkarte dargestellt werden (Mintzberg 1995).
Entscheidend ist, dass daraus die Chancen, Schwächen und mögliche künftige Wettbewerbsvorteile erkannt werden.

Kapitel 5.3: Qualitätspolitik

Die umfassenden Absichten und Zielsetzungen einer Organisation zur Qualität müssen durch die oberste Leitung definiert werden. Dazu muss diese Qualitätspolitik für das Unternehmen angemessen sein, d. h. die enthaltenen Punkte müssen der Unternehmensrealität entsprechen. Weiterhin geht die Forderung der Norm hinsichtlich der Qualitätspolitik dahin, dass ein Bekenntnis zur ständigen Verbesserung des Qualitätsmanagementsystems enthalten sein muss, außerdem muss ein Rahmen für zu definierende Qualitätsziele geboten werden (Abb. 10.4). Weitere Forderungen beinhalten die Vermittlung der Qualitätspolitik im Unternehmen und die Beurteilung auf fortdauernde Angemessenheit (Tab. 10.4).
Die Qualitätspolitik muss Bestandteil der Unternehmenspolitik sein, um eine ganzheitliche Sicht gewährleisten zu können. Die Unternehmenspolitik, abgeleitet von der Vision, ist die Gesamtheit von Unternehmensgrundsätzen, die beispielsweise in einem Leitbild schriftlich dargelegt wird. Aufgabe der Unternehmenspolitik ist es, die Vision des Unternehmens so auszudrücken, dass alle auf die unternehmerische Gesamtrichtung fokussiert werden. Die Qualitätspolitik beschreibt die qualitätsrelevante Zielsetzung der Organisation und legt somit fest, was das Qualitätsmanagementsystem leisten muss. Um die Qualitätspolitik im Unternehmen nachhaltig zu verankern, muss diese den Mitarbeitern erklärt werden. Besonders wichtig dabei ist es, den Bezug zur Arbeitssituation herzustellen (wie der einzelne Mitarbeiter seinen Beitrag zu Qualitätspolitik leisten kann), um das Verständnis zu garantieren. Dies kann in Zielbesprechungen, Mitarbeitergesprächen, Betriebsversammlungen, Abteilungsbesprechungen u. ä. erfolgen.

Tab. 10.4 Beispiel einer Qualitätspolitik - Auszug

Die Qualitätspolitik
1. Kundenorientierung
Wir orientieren uns an den Bedürfnissen unserer Kunden und behandeln sie freundlich und zuvorkommend, um eine zuverlässige, langfristige und beständige Partnerschaft zu erreichen. Mit unseren Leistungen erledigen wir die Anliegen unserer Kunden zu ihrer Zufriedenheit und reagieren auch bei Reklamationen schnell und kompetent.
2. Wirtschaftlichkeit
Wir verpflichten uns, unter wirtschaftlichen Gesichtspunkten zu agieren. Wir hinterfragen die Prozesse in unserem Unternehmen hinsichtlich ihrer ökonomischen Sinnhaftigkeit und Effizienz. Um unseren Kunden aktuelle Technologien und ein fundiertes Know-how garantieren zu können, streben wir eine nachhaltige Kostendeckung und leistungsbezogene Stückkosten an.
3. Dienstleistungsqualität
Unsere Tätigkeiten sind im Rahmen von Prozessen definiert, die eine größtmögliche Qualität unserer Dienstleistungen gewährleisten sollen. Verantwortung und Kompetenzen sind eindeutig festgelegt, um einen klaren Informationsfluss und die Regelungen der Schnittstellen sicherzustellen. Die Vermeidung bzw. die rasche Beseitigung von Fehlern ist Teil unseres Prozessorientierten Qualitätsmanagementsystems.

Kapitel 5.4: Planung

Zu diesem Abschnitt der Norm zählen die Unterpunkte Qualitätsziele und Planung des Qualitätsmanagementsystems.
Hier beinhaltet ist die Forderung nach einer Definition der Qualitätsziele und eine Ableitung dieser in Prozess-, Bereichs- bzw. Abteilungszielen. Ein direkter Zusammenhang (roter Faden) bis zur Qualitätspolitik muss ersichtlich und nachvollziehbar sein (siehe *Kapitel 5.6 „Managementbewertung“* der ISO 9001).

Kapitel 5.5: Verantwortung, Befugnis und Kommunikation

Eine Grundlage für ein erfolgreiches Qualitätsmanagementsystem stellt die klare Definition von Verantwortungen und Befugnissen dar. Diese müssen mindestens für jene Bereiche und Mitarbeiter definiert werden, welche die Produkt- und Prozessqualität beeinflussen. Generell empfiehlt sich aber, diese über die ganze Organisation eindeutig und klar festzulegen.
Diese Festlegungen können einfach und zweckmäßig in Form von:

- Organigrammen
- Zuständigkeitsmatrizen

II

- Stellen-, Funktions-, Rollenbeschreibungen
- oder als Teil der Prozessbeschreibungen

definiert werden.
Weiterer Inhalt des Kapitels ist die Forderung nach der Funktion des *Beauftragten der Obersten Leitung*. Dieser muss von der obersten Leitung ernannt werden, um die Interessen bezüglich des Qualitätsmanagementsystems gegenüber allen Führungsebenen wahrzunehmen. Zu diesem Zweck muss er selbst ein Führungsmitglied der obersten Leitung sein.
Die zentralen Verantwortungen und Aufgaben sind:

- Qualitätsmanagementsystem entwickeln, aufbauen und aufrechterhalten
- Sicherstellung des Berichtswesen über Zielerreichung bezüglich des Qualitätsmanagementsystems
- Identifizierung von Verbesserungspotenzialen
- Bericht über Kundenzufriedenheit, Kundenbeschwerden und Ableitung von Maßnahmen
- systematische Evaluierungen der Kundenbedürfnisse und -erwartungen
- Managen von internen Audits
- Durchführung des Management-Reviews

In der Praxis werden vorwiegend in großen Unternehmen viele dieser operativen Aufgaben an Mitarbeiter delegiert. Diese werden meist als Qualitätsmanager oder -beauftragte benannt und werden in der Organisation häufig in Form einer Stabstelle direkt der Leitung unterstellt. Diese gewährleistet eine Unabhängigkeit von allen restlichen operativen Tätigkeiten in einem Unternehmen.
Um ein Qualitätsmanagement effizient betreiben zu können, müssen Informationen intern kommuniziert werden. Auch hier sieht die Norm eine Forderung hinsichtlich der Organisation dieser Kommunikation eines Unternehmens vor. Zu definieren gilt, welche Informationen zu welchem Zeitpunkt welchen Stellen in welcher Art und Weise zur Verfügung gestellt werden müssen bzw. können.

Kapitel 5.6: Managementbewertung

Das Qualitätsmanagementsystem muss auf regelmäßiger Basis bezüglich der Leistung bewertet werden und soll so eine Aussage zur Wirksamkeit geben. Diese Bewertung, auch Management-Review genannt, bildet die Basis für eine Weiterentwicklung und Verbesserung des Systems und der Prozesse (Abb. 10.11).
Eine Managementbewertung gliedert sich in drei wesentliche Phasen, die Planung und Vorbereitung, die Durchführung und die Bewertung der Ergebnisse inklusive Dokumentation.

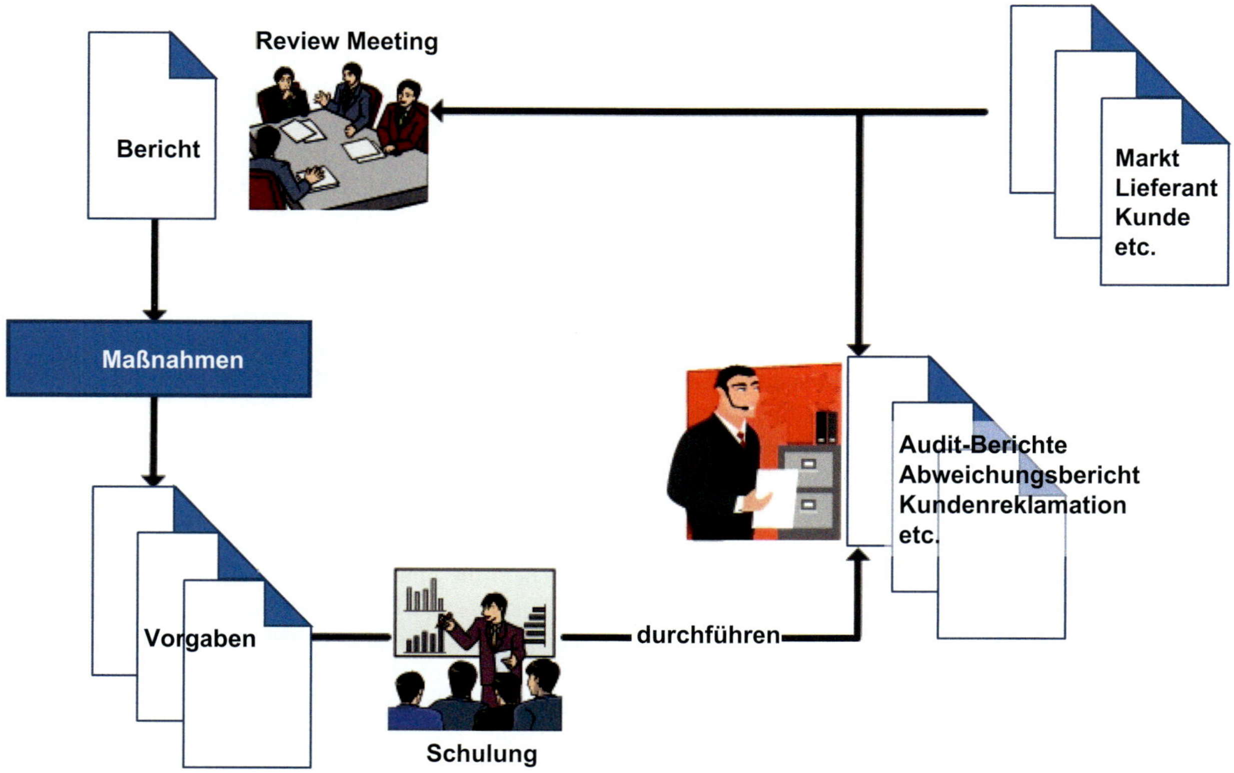

Abb. 10.11 Aufgabe des Management-Reviews

Planung und Vorbereitung

Mindestinhalte der Managementbewertung sind Ergebnisse von Audits (internen und externen), Rückmeldungen von Kunden – hier sind Kundenreklamationsdaten wie auch Ergebnisse aus Kundenbefragungen zu verwenden –, Ergebnisse von Prozessleistung (Prozesskennzahlen) und Produktkonformität, der Status von Korrektur- und Vorbeugemaßnahmen, Folgemaßnahmen aus vorangegangenen Managementbewertungen, Änderungen mit Auswirkungen auf das Qualitätsmanagementsystem, z.B. Ausgliederung von Prozessen und Empfehlungen für Verbesserungen.
Diese Informationen und Daten werden gesammelt, evaluiert und für das Meeting aufbereitet. Dabei ist zu berücksichtigen, dass die Daten so gestaltet sein müssen, dass die Leitung Schlüsse und Entscheidungen betreffend des Qualitätsmanagementsystems treffen kann.

Durchführung

Grundsätzlich werden Managementbewertungen mindestens einmal jährlich durchgeführt. In der Praxis empfiehlt sich jedoch eine kürzere Frequenz (halb- oder vierteljährlich), da hier noch rechtzeitig lenkend eingegriffen werden kann.
Zu dieser Bewertung werden alle betroffenen Manager der Bereiche, Prozessverantwortliche und das oberste Management eingeladen. So wird sichergestellt, dass die Informationen auch in den jeweiligen Bereichen zur Verfügung stehen. Die Ergebnisse der Daten werden präsentiert und einer ganzheitlichen Bewertung unterzogen.

Ergebnisse und Dokumentation

Die Ergebnisse werden in Form eines Berichtes zusammengefasst. Dokumentiert werden Feststellungen, Schlussfolgerungen und Empfehlungen bezüglich des Qualitätsmanagementsystems. Sich daraus ergebende Aufgaben werden am besten in Form eines Maßnahmenplanes dokumentiert, in dem die Maßnahme, die Verantwortung, der Termin und die Überprüfung auf Effektivität enthalten ist. Die Dokumentation ist für eine Nachvollziehbarkeit entsprechend aufzubewahren.

10.2.7 Inhalte des Kapitels 6 „Management der Ressourcen" der ISO 9001:2008

Das Kapitel beschreibt die Verantwortung der Leitung bezüglich des Ressourcenmanagements, um das Qualitätsmanagementsystem aufrechterhalten zu können. Dazu gibt die Norm Vorgaben zur Bereitstellung von Ressourcen und nimmt dabei besonderen Bedacht auf die personellen Ressourcen inklusive Ausbildung und Schulung, der Infrastruktur und der Arbeitsumgebung.

Kapitel 6.1: Bereitstellung von Ressourcen

Um die Kundenanforderungen an die Produkte und Dienstleistungen des Unternehmens zufriedenstellen zu können, bedarf es einer umfassenden Planung der Ressourcen. Darunter versteht man die finanziellen, personellen und materiellen Ressourcen. Diese Planung garantiert eine ausreichende Verfügbarkeit aller Ressourcen zum notwendigen Zeitpunkt der Produktion oder Dienstleistungserbringung. Die Planung sollte unter dem Fokus des optimalen Ressourceneinsatzes erfolgen.

Kapitel 6.2: Personelle Ressourcen

Dem Personal kommt in einem Unternehmen ein Hauptaugenmerk zu. Besonders Mitarbeiter, die mit ihrer Tätigkeit die Produkt- oder Dienstleistungsqualität beeinflussen, müssen entsprechend geschult werden. Dazu müssen solche Tätigkeiten identifiziert werden, ein Mindeststandard bezüglich der Ausbildung und Fähigkeiten dieser Mitarbeiter definiert werden und dies bereits bei der Personalauswahl berücksichtigt werden. Ebenfalls müssen Schulungen bezüglich der Qualitätsanforderungen durchgeführt werden.
Der Schulungsbedarf der Mitarbeiter ergibt sich z.B. aus Stellen-, Funktions- oder Rollenbeschreibungen, aus Mitarbeiterorientierungsgesprächen, auf Grund der Einführung neuer Technologien und Prozesse usw.
Die Durchführung und der Besuch von Schulungen müssen dokumentiert und nachvollziehbar abgelegt sein. Ebenso muss die Wirksamkeit der durchgeführten Schulungen überprüft werden. Dies kann in Form von Tests, Beurteilungen von Arbeitergebnissen oder rückblickend bei Mitarbeiterorientierungsgesprächen erfolgen.

Kapitel 6.3: Infrastruktur

Die Infrastruktur liefert das Grundelement für die Produktion bzw. Dienstleistungserbringung. Darunter einzubeziehen sind Gebäude, Anlagen, Gerätschaften, Werkzeuge und unterstützende Dienstleistungen wie z.B. Wartungen, Reinigungen.
Das Unternehmen muss dazu die Anforderungen erheben, definieren und folgende Punkte dabei berücksichtigen:

- Funktion, Leistungsmerkmale, Sicherheitsbestimmungen, Verfügbarkeit
- Umgebungsbedingungen, Raum-, Platzbedarf
- Investitions- und Erhaltungskosten
- Termine, Kapazitäten.

Um die langfristige Verfügbarkeit der Infrastruktur gewährleisten zu können, müssen Wartungs- und Instandhaltungsprogramme definiert werden. Zu diesen präventiven Maßnahmen empfiehlt es sich, zusätzlich auch Notfallprogramme auszuarbeiten. Diese skizzieren die Eintrittswahrscheinlichkeiten und die damit verbunden Risken.

Kapitel 6.4: Arbeitsumgebung

Im Sinne der Norm muss die Arbeitsumgebung entsprechend ermittelt, bereitgestellt und aufrechterhalten werden, damit die Produkt- oder Dienstleistungskonformität gewährleistet ist. Dazu sind neben den physischen Aspekten wie Lärm, Hitzeeinwirkung, Lichtverhältnisse, Hygienebedingungen, Temperatur-, Feuchtigkeitseinflüsse, Sauberkeit und persönliche Gestaltungsmöglichkeiten auch die psychischen Aspekte zu berücksichtigen. Hierbei sind Weiterentwicklungsmöglichkeiten, Stress, Verantwortungsbelastung, Verantwortung, Zeitdruck usw. zu beachten.

II

10.2.8 Inhalte des Kapitels 7 „Produkt- und Dienstleistungsrealisierung" der ISO 9001:2008

Die Forderungen dieses Kapitels beschreiben die absolut notwendigen Punkte in der Produkt- und Dienstleistungsrealisierung, die erforderlich sind, um eine umfassende Sicherstellung der Produktqualität sowie der Wiederholbarkeit des Prozesses zu gewährleisten.

Kapitel 7.1: Planung der Produktrealisierung

Entscheidend für den Erfolg eines Unternehmens ist die Sicherstellung der Planung, der Optimierung und der kontinuierlichen Verbesserung der Produktions- und Dienstleistungserbringung, um eine beherrschte Produktrealisierung sicherzustellen. Es ist dabei notwendig, die wechselseitigen Abhängigkeiten der Prozesse und deren Abfolge, die für eine konforme Ausführung in der Realisierung der geforderten Produkte notwendig sind, zu erkennen.
Die Dokumentation der Prozesse soll in dem Ausmaß erfolgen, das notwendig ist, um einen wirksamen und effizienten Ablauf zu unterstützen. Dies gilt auch für die Planung der Durchführung von Prüfungen und die klare Festlegung von Verantwortlichkeiten innerhalb der Produktions- und Dienstleistungserbringung.
Um die gewünschten Prozessergebnisse zu erreichen, ist es notwendig, die Prozesse zu messen. Bei der Festlegung der Messgrößen ist darauf zu achten, dass sie im Einklang mit den Q-Zielen des Unternehmens stehen bzw. den Anforderungen an das Produkt entsprechen.

Kapitel 7.2: Kundenbezogene Prozesse

Um die vom Kunden festgelegten Anforderung zu identifizieren, einschließlich der Lieferung und Tätigkeiten nach der Lieferung, ist es notwendig, diese zu ermitteln und in einer geeigneten Form zu dokumentieren. Diese Aufzeichnungen sind innerhalb, oder falls notwendig auch außerhalb, des Unternehmens an die richtigen Stellen zu kommunizieren (z. B.: Lasten-/Pflichtenheft).
Weiterhin müssen die festgelegten und dokumentierten Kundenanforderungen, -bedürfnisse und -erwartungen bewertet werden. Diese Bewertung hat im Vorfeld einer Zusage über die Machbarkeit gegenüber dem Kunden zu erfolgen. Dabei sind folgende Punkte zu berücksichtigen:

- Verfügbarkeit der notwendigen Kapazitäten hinsichtlich Termin und Menge
- das Vorhandensein des notwendigen Fachwissens innerhalb des Unternehmens
- ausreichende Ressourcen (Personal, Material, Maschinen ...)
- Wirtschaftlichkeit des Auftrages.

Im Sinne einer qualitätsgesicherten Leistungserbringung ist die laufende Überprüfung der festgelegten Kundenanforderungen auch während der Erfüllung der Leistungserbringung notwendig.
Eine wesentliche Voraussetzung dafür ist auch die Festlegung einer wirksamen Regelung für die Kommunikation mit dem Kunden. Dies betrifft vor allem die Punkte hinsichtlich von Rückfragen bei Unklarheiten, die Festlegung eines kundenbezogenen Ansprechpartners sowie die Möglichkeit, dem Kunden einzuräumen, Feedback zu geben.

Kapitel 7.3: Entwicklung

Bei der Entwicklung eines neuen Produktes oder einer neuen Dienstleitung ist es wichtig, dass ein erforderlicher Entwicklungsprozess festgelegt ist, d. h. sie muss in geeigneter Weise geplant, überwacht und bewertet werden.

Entwicklungsplanung

Um eine effiziente Durchführung der Entwicklungstätigkeiten zu gewährleisten, ist ein unternehmensspezifischer Entwicklungsprozess notwendig. Es ist gerade für die Entwicklungsschritte während einer Produktenwicklung wichtig, dass diese geplant abgewickelt werden. Dabei ist es wichtig, einige Punkte zu beachten, wie:

- Festlegung von Terminen und Meilensteinen

- Abschätzung der eventuell möglichen Risiken und deren Bewertung durch geeignete Methoden (z. B.: FMEA – Fehler-Möglichkeits- und Einfluss-Analyse, Pfeifer 2001)
- Definition von Prüf- bzw. Messpunkten im Hinblick auf die definierten Entwicklungsziele
- Planung der notwendigen Ressourcen
- Festlegung der Verantwortlichkeiten.

Entwicklungseingaben

Um die Erwartungen der Kunden während der Produkt- bzw. Dienstleistungsentwicklung zu erfüllen, ist es notwendig, die Produktanforderungen genau zu spezifizieren und zu dokumentieren.
Entwicklungseingaben dazu können sein:

- vom Kunden geforderte Funktionalitäten
- nationale und internationale Richtlinien, Verordnungen, Normen oder Kennzeichnungen
- Ergebnisse aus früheren ähnlichen Entwicklungen (Reuse-Faktor)
- interne Entwicklungsrichtlinien.

Entwicklungsergebnisse

Um eine Nachvollziehbarkeit der Entwicklungsergebnisse zu ermöglichen, müssen diese in einer Form vorliegen, die es dem Kunden ermöglichen, diese gegenüber den Entwicklungseingaben zu verifizieren. Dazu zählen:

- Konstruktionspläne
- Prüfspezifikationen
- Prototypen
- Modelle
- Stücklisten.

Entwicklungsbewertung

Im Sinne einer qualitätsgesicherten Produktentwicklung ist es notwendig, nach Abschluss einer Entwicklungsphase die Ergebnisse nach folgenden Kriterien zu bewerten:

- Fortschritt des geplanten Entwicklungsprozesses
- Erfüllung der Vorgaben lt. Lasten-/Pflichtenheft
- Beurteilung der Zuverlässigkeit und Bedienbarkeit des Produktes
- Beurteilungen der Ergebnisse und Vergleich mit den Ergebnissen aus früheren Entwicklungen
- Erfüllung der Forderungen hinsichtlich Kennzeichnung, Beschriftung etc.

Die Ergebnisse der Entwicklungsbewertung sollen dazu dienen, um etwaige Probleme in der Produktentwicklung rechtzeitig zu erkennen und Maßnahmen zu deren Beseitigung treffen zu können.

Entwicklungsverifizierung

Bei der Entwicklungsverifizierung werden alle Ergebnisse auf die Einhaltung der festgelegten Entwicklungsvorgaben geprüft (Tab. 10.5).

Entwicklungsvalidierung

Im Zuge der Entwicklungsvalidierung wird beurteilt, ob die Funktionalitäten den geforderten Kundenanforderungen entsprechen (Tab. 10.5).

Tab. 10.5 Unterschied Verifizierung/Validierung

Verifizierung	Validierung
Bestätigung aufgrund einer Untersuchung und durch Führung eines Nachweises, dass die	
festgelegten Forderungen	besonderen Forderungen für einen speziellen vorgesehenen Gebrauch durch den Kunden
erfüllt worden sind.	

Entwicklungsänderungen

Um die Nachvollziehbarkeit von durchgeführten Entwicklungsänderungen zu gewährleisten, ist es notwendig, das Vorgehen bei der Durchführung von Entwicklungsänderungen genau zu regeln.
Wichtig dabei ist auch zu beachten, welche etwaigen Auswirkungen die Entwicklungsänderung auf die Funktionalität bzw. die Kundenanforderungen hat. Dass dies in der heutigen Zeit in vielen Unternehmen stark vernachlässigt wird, zeigt sich an der steigenden Anzahl von Rückrufaktionen oder Produkthaftungsfällen.

Kapitel 7.4: Beschaffung

Um einen effizienten Produktions- und Dienstleistungserbringungsprozess zu gewährleisten, muss ein Beschaffungsprozess festgelegt werden. In diesem Prozess wird Beschaffung von Produkten oder Dienstleistungen geregelt, da diese direkt die Qualität und Leistung des Unternehmens beeinflussen.

Lieferantenauswahl und -qualifizierung

Um festzustellen, wie gut die Lieferanten die Anforderungen erfüllt haben, sollte laufend eine Bewertung der Lieferanten durchgeführt werden. Dies ist insbesondere wichtig bei Lieferanten, die qualitätsrelevante Produkte und/oder Dienstleistungen zuliefern.
Je größer der Einfluss des zugelieferten Produktes oder der erbrachten Dienstleistung auf die Qualität ist, desto sorgfältiger sollte diese Bewertung durchgeführt werden.

Ziel der Bewertung ist nicht, schlechte Lieferanten auszuschließen, sondern die festgestellten Abweichungen als Grundlage zur Verbesserung zu nutzen.

Beschaffungsangaben

Die erfolgreiche Beschaffung von Produkten und/oder Dienstleistungen beginnt mit einer klaren Festlegung der Forderungen. Der Umfang der Festlegung hängt dabei von der Auswirkung des zu beschaffenden Produkts und/oder Dienstleistung auf die Organisation sowie auf deren Kunden ab.
Üblicherweise sind die Forderungen in den vertraglichen Spezifikationen, Vereinbarungen und Beschaffungsdokumenten enthalten, die dem Lieferanten übergeben werden.
Der Einkauf sollte geeignete Prozesse entwickeln, um sicherzustellen, dass die Forderungen an die Zulieferungen klar festgelegt, übermittelt und – was am wichtigsten ist – vom Lieferanten vollständig verstanden worden sind.

Verifizierung von beschafften Produkten

Eine klare Vereinbarung über die Methoden, mit denen die Erfüllung der Forderungen geprüft wird, sollte mit dem Lieferanten entwickelt werden. Die Vereinbarung schließt auch den Ort der Prüfung ein.
Zweckmäßige Maßnahmen sollten eingeführt werden, um sicherzustellen, dass eingegangene Materialien ordnungsgemäß überwacht werden. Diese Maßnahmen sollten den definierten Gefahrenübergang, Sperrzonen oder andere zweckmäßige Methoden zur Vorbeugung gegen eine unbeabsichtigte Verwendung oder dem Einsatz von ungeeigneten Produkten/Dienstleistungen umfassen.

Kapitel 7.5: Produktion und Dienstleistungserbringung

Lenkung der Produktion und der Dienstleistungserbringung

Die Lenkung der Produktions- und Dienstleistungserbringungs-Prozesse sollten sicherstellen, dass diese unter beherrschten Bedingungen in der spezifizierten Weise und Reihenfolge ablaufen. Die Lenkung bezieht sich sowohl auf materielle als auch auf immaterielle Produkte.

Planung der Produktions- und Dienstleistungserbringungs-Prozesse

Die Organisation sollte Forderungen für die Produktion/Dienstleistungserbringung festlegen. Die Festlegungen für Ausführung, Verifizierung, Aufgaben nach der Produktion/Dienstleistungserbringung und/oder Kundendiensterfordernisse sind unter Berücksichtigung folgender Punkte zu treffen:

- Kapazitätsplanung, Produktmerkmale, Kompetenz der Mitarbeiter
- Prozesseingaben, Prozessausrüstungen, Betriebsmittel, Instandhaltung.

Im Rahmen der Planung sollten auch Prüfungen, Tests, erforderliche Personalqualifikationen und geeignete Arbeitsbedingungen festgelegt werden. Eine Qualitätsprüfung sollte an wichtigen Punkten des Realisierungsablaufs vorgesehen werden, um Auswirkungen von Fehlern zu minimieren und die Erträge zu maximieren.

Validierung der Prozesse zur Produktion und zur Dienstleistungserbringung

Das Ziel der Prozessvalidierung ist die Sicherstellung, dass der Leistungserstellungsprozess konstante Ergebnisse liefert, unter Einhaltung der Spezifikationen.
Eine erfolgreiche Prozessvalidierung führt zu einer gesteigerten Prozesssicherheit, damit zu einer Kostenreduktion und schließlich zu einer gesteigerter Kundenzufriedenheit.

Kennzeichnung und Rückverfolgbarkeit

Die Organisation muss, wo notwendig, das Produkt in sämtlichen Prozessen mit geeigneten Mitteln kennzeichnen. Dies gilt auch für Bestandteile des Produkts, sofern deren Wechselwirkung die Konformität mit den Forderungen beeinflusst.
Wenn Rückverfolgbarkeit gefordert ist, muss die Organisation die eindeutige Kennzeichnung des Produkts lenken und aufzeichnen.

Forderungen nach Kennzeichnung und Rückverfolgbarkeit

Die Forderung nach Art und Umfang der Kennzeichnung und Rückverfolgbarkeit kann sich erheben aus

- Normen und Gesetzen (z. B. Arzneimittelgesetz, Lebensmittelverordnung)
- vertraglichen Vereinbarungen mit dem Kunden
- firmeninternen Überlegungen (z. B. Produkthaftungsaspekt oder Risiko einer Rückholaktion).

Die Festlegung von Art und Umfang der Kennzeichnung ist ein wesentlicher Teil der Planung der Prozesse.

Kennzeichnung

Die Kennzeichnung von Produkten und Materialien sollte leserlich, dauerhaft und entsprechend den Spezifikationen sein und ist stets so zu gestalten, dass eine Beschädigung oder Beeinträchtigung der Funktion des gekennzeichneten Teils ausgeschlossen ist.

Rückverfolgbarkeit

Die Maßnahmen zur Rückverfolgbarkeit sollten ermöglichen, dass für ein bestimmtes Produkt oder eine Dienstleistung

- die eingegangenen Rohmaterialien, Halbfabrikate und Dienstleistungen und deren Lieferanten
- die am Produkt oder im Rahmen der Dienstleistung ausgeführten Tätigkeiten und Prüfungen sowie deren Ergebnisse
- der Produkt- bzw. Dienstleistungsempfänger

nachträglich feststellbar sind.
Das Ausmaß der Rückverfolgbarkeit wird bestimmt durch die getroffenen Vorkehrungen. Während beispielsweise die Seriennummer den Rückschluss auf ein einzelnes Produkt zulässt, grenzen eine Datumsangabe, ein Chargencode oder eine Losnummer nur eine Teilmenge von Produkten ein.

Prüfstatus

Es muss erkennbar sein, ob vorgesehene Prüfungen des Produktes und/oder der Dienstleistung bereits durchgeführt wurden und zu welchem Ergebnis diese geführt haben. Die Konformität oder Nichtkonformität in Hinblick auf die durchgeführten Prüfungen muss durch geeignete Mittel gekennzeichnet werden.

Eigentum des Kunden

Bei Produkten, Materialien, Werkzeugen etc., die vom Kunden zur Leistungserbringung beigestellt werden und in dessen Eigentum verbleiben, sind besondere Sorgfaltsmaßnahmen zu treffen.
Für vom Auftraggeber beigestellte und in dessen Eigentum verbleibende Produkte sind Prozesse der Prüfung, Lagerung und Instandhaltung einzuführen und aufrechtzuerhalten.

Produkterhaltung

Zur Verhinderung von Schäden, Wertminderungen und Missbrauch sind Verfahren für die Handhabung, Verpackung, Lagerung und den Versand vorzusehen.
Die Praxis zeigt, dass Fehler nicht nur während der Produktion und/oder der Erbringung der Dienstleistung entstehen, sondern v.a. auch im „Handling“ davor, dazwischen und danach.
Neben der Handhabung, Verpackung, Lagerung und Lieferung von Produkten, einschließlich vom Kunden beigestellter Produkte, sollten auch Ausrüstungsgegenstände außerhalb ihrer Verwendung geeignet gelagert und geschützt werden.

Kennzeichnung

Die Kennzeichnung des Produktes (z.B.: Adressaufkleber) muss sicherstellen, dass es auch tatsächlich an die richtige Stelle geliefert wird.

Handhabung

Der Umgang mit Produkten während der gesamten Leistungserstellung setzt ein dokumentiertes Vorgehen sowie entsprechende Mittel voraus. Die Handhabung muss sicherstellen, dass Beschädigungen oder Beeinträchtigungen verhindert werden.

Verpackung

Die Organisation muss die Prozesse des Einpackens, Verpackens und Kennzeichnens im nötigen Umfang überwachen, um die Erfüllung der festgelegten Qualitätsforderung sicherzustellen.

Lagerung

Die Organisation muss die Beschädigung oder Beeinträchtigung von Produkten bis zu deren Verwendung oder Lieferung verhindern. Die Bereitstellung von Lagerbereichen oder Lagerräumen bildet die Voraussetzung für die Durchführung einer produktspezifisch festgelegten Art der Lagerung.
Zu einer ordnungsgemäßen Lagerung gehört eine eindeutige Kennzeichnung, damit die Produkte leichter identifizierbar sind und Verwechslungen weitgehend ausgeschlossen werden. Verantwortlichkeiten für Warenannahme, -ausgabe etc. sollten geregelt sein. Wichtig sind Festlegungen für Zeiten außerhalb der normalen Arbeitszeit (Nachtschicht, Wochenende etc.).
Ein Sperrlager kann ein getrenntes, zu verschließendes Lager oder eine besonders gekennzeichnete Lagerfläche sein. Das Personal, das eine Zugangsberechtigung zum Sperrlager hat, muss entsprechend geschult sein. Produkte getrennt aufzubewahren bedeutet, dass z.B. unterschiedliche Produkte nicht in einem Lagerfach oder -behälter zusammengepackt sind.

Schutz

Von entscheidender Bedeutung ist auch der Schutz der Produkte gegen schädliche Einflüsse, die zur Beeinträchtigung oder zur Beschädigung des Produktes führen könnten. Die entsprechenden Vorgaben sollten in den Prozessbeschreibungen und/oder Arbeitsanweisungen definiert werden.

Auslieferung/Versand

Die Organisation hat, wo dies vertraglich festgelegt ist, dafür Sorge zu tragen, dass nach der Endprüfung die Qualität des Produkts bis zur Übernahme durch den Kunden gewahrt wird.
Je nach Art und Empfindlichkeit der Produkte sowie deren Umgebungsbedingungen sind, wenn nötig, entsprechende Vorgaben festzulegen.

Kapitel 7.6: Lenkung von Überwachungs- und Messmitteln

Für alle verwendeten Überwachungs- und Messmittel muss sichergestellt sein, dass sie ein verlässliches Messergebnis in der benötigten Genauigkeit liefern. Voraussetzung dafür ist ein funktionierendes Messmittelüberwachungssystem.

Messmittelbeschaffung

Das verwendete Messmittel muss passend zur Messaufgabe ausgewählt, regelmäßig kalibriert und sorgsam behandelt werden.

Messmittelordnungssystem

Die Organisation einer periodischen Messmittelüberwachung erfordert ein Ordnungssystem, das folgende Funktionen erfüllt:

- eindeutige Identifikation für jedes einzelne Messmittel
- leichte Verwaltbarkeit

Beispiel:

	MSCH	013	10
MSCH ...	Messmittelgruppe (z. B. Messschieber)		
013 ...	lfd. Nr./Jahr je Messmittelgruppe		
10 ...	Anschaffungsjahr		

Die festgelegte Identifikationsnummer muss dauerhaft am Messmittel angebracht werden oder die eindeutige Identifikation und Zuordnung ist über Begleitdokumente sichergestellt.

Messmittelkalibrierung

In jeder Stufe der Kalibrierhierarchie wird das jeweilige Messgerät oder die Maßverkörperung mit einem Normal verglichen, dessen Messabweichung jeweils durch Vergleich (Kalibrierung) mit einem qualitativ höherwertigen (mit geringerer Messunsicherheit behafteten) Normal ermittelt wurde.

Kalibrierstatus

Das Fälligkeitsdatum der nächsten Prüfung sollte am Messmittel ersichtlich sein.

Beispiel:

06	12	13	14	15	16
07	Nächste Kalibrierung				17
08					18
09	23	22	21	20	19

Zusätzlich können auch das Datum der letzten Prüfung und die Genauigkeitseinstufung des Messmittels erkenntlich gemacht werden.

Messmitteldokumentation

In einer Messmitteldatei bzw. -kartei müssen folgende Messmitteldaten aufscheinen:

- Identifikationsnummer/Messmittelart/Benennung
- Messbereich/Genauigkeit/Fehlerklasse
- Zubehör/Prüfhilfsmittel
- Standort/Einsatzort/Prüfplatz
- Prüfnachweis/Prüfintervall
- Überwachungsstelle/Prüfergebnisse
- Datum Ersteinsatz
- Datum letzte Überwachung/Datum letzte Instandsetzung.

10.2.9 Inhalte des Kapitels 8 „Messung, Analyse und Verbesserung" der ISO 9001:2008

Das letzte Kapitel der Norm definiert Forderungen bezüglich der Messung, Analyse und Verbesserungen bezüglich des Qualitätsmanagementsystems, den Produkten und Dienstleistungen eines Unternehmens.

Kapitel 8.1: Allgemeines

Um eine Messung, Analyse und Verbesserung sicherstellen zu können, müssen folgende Punkte definiert werden:

- Was wird gemessen? – sinnvolle und nutzbringende Messung
- Wer misst? – Verantwortungen definieren
- Wie wird gemessen? – Definition der Messmethode
- Wo wird gemessen? – Definition des Ortes bzw. des Prozessschrittes
- Wann und wie häufig wird gemessen?

Die Messergebnisse müssen aufgezeichnet und aufbewahrt werden. Diese fließen in komprimierter Form auch in die Managementbewertung ein.

Kapitel 8.2.1: Überwachung und Messung – Kundenzufriedenheit

Um die Kundenzufriedenheit systematisch ermitteln zu können, müssen zuerst geeignete Methoden ausgewählt werden. Da diese Ermittlung der Kundenzufriedenheit in den meisten Unternehmen organisatorisch eher aufwendig ist, können einzelne Kundensegmente herausgegriffen werden (z. B. regionale Kundengruppen, Großkunden). Gängige Methoden für die Ermittlung von Kundenzufriedenheit sind Kundenbefragungen, direktes Feedback z. B. bei Verkaufsgesprächen und zusätzlich Informationen aus dem Reklamations- und Beschwerdewesen. Reklamationen und Beschwerden lassen aber nur einen kleinen Ausblick auf die Kundenzufriedenheit zu und können für eine umfassende Beurteilung nur in Zusammenhang mit dem Feedback gesehen werden. Diese Daten müssen einer detaillierten Auswertung unterzogen werden und hinsichtlich notwendiger Verbesserungsmaßnahmen überprüft werden.
Im Sinne der ISO 9000:2005 ist der Kundenbegriff auf den internen Kunden ausgeweitet. Auf Grund dessen lässt sich eine Ausweitung in ähnlicher Art und Weise zur Zufriedenheitsmessung auf die internen Kunden durchführen (z. B. Ermittlung von Mitarbeiterzufriedenheit). Diese Ergebnisse stellen einen sehr wertvollen Beitrag für die Weiterentwicklung von Qualitätsmanagementsystemen dar.

Kapitel 8.2.2: Überwachung und Messung – Internes Audit

Um die Konformität mit den internen und externen Anforderungen an das Qualitätsmanagementsystem überprüfen zu können, müssen auf regelmäßiger Basis (sprich jährlich) interne Audits durchgeführt werden. Hier ist neben den Normforderungen der ISO 9001:2008 auch auf die ISO 19011:2011 (EN ISO 19011:2009) zu verweisen, die wertvolle Anleitungen für die Organisation und den Ablauf von Audits gibt.
In den Unternehmen wird zur Lenkung von Audits meist ein Prozess beschrieben, der sich in die Phasen Planung, Durchführung und Berichterstattung gliedert.
Zur *Planung* wird einmal jährlich ein von der Leitung genehmigter Auditplan erstellt, der einen Überblick über alle im Folgejahr geplanten Audits gibt und folgende Punkte enthält:

- Abteilung, Zeitpunkt des Audits
- Was soll auditiert werden? (Prozesse, Produkte, Schlüsselaktivitäten)
- betroffene Mitarbeiter; evtl. Normen und Regularien, die Anwendung finden.

Anhand dieses Auditplanes erfolgt die *Durchführung* von Audits. Dabei ist auf eine ausreichende Qualifikation der Auditoren (umfassendes Normenwissen, internes Qualitätswissen, gesetzliche Anforderungen) und die Unparteilichkeit zu achten.
Ziel eines Audits ist es die Übereinstimmung der Tätigkeiten und der Prozesse mit den internen und externen Vorgaben sowie die Umsetzung des Qualitätsmanagementsystems zu überprüfen und zu bewerten. Auf Grund der Nachweise, die während eines Audits gesammelt werden, können diese Aussagen gewährleistet werden.
Die *Berichterstattung* erfolgt in Form eines Auditberichtes. Hier werden

- auditierte Bereich, Prozesse und Produkte genannt
- Auditbeobachtungen und Verbesserungspotenziale dokumentiert
- Stärken ausgewiesen, Ergebnisse über Korrektur- und Verbesserungsmaßnahmen aus vorangegangenen Audits festgehalten
- weitere Empfehlungen für Verbesserungen aufgezeichnet.

Diese Auditberichte bilden die Grundlage für das Setzen von Verbesserungsmaßnahmen und für das Berichtswesen bei den Managementbewertungen.

Kapitel 8.2.3: Überwachung und Messung – Überwachung und Messung von Prozessen

Der Ausspruch *„Nur was gemessen wird, kann auch gemanagt werden“* liegt dieser Normforderung zugrunde. Um dies gewährleisten zu können, müssen Prozessziele definiert werden, die auf die übergreifenden Qualitätsziele und die Qualitätspolitik abgestimmt sind. Zu den Prozesszielen werden Kennzahlen mit Soll-Werten definiert und diese kontinuierlich gemessen.
Weiterhin sind für prozessbezogene Messungen zu definieren: die Messpunkte (an welcher Stelle gemessen wird), die Messfrequenz (wie häufig), die Verantwortung für die Messung, die Weiterleitung der Daten (an wen und in welcher Form), wie die Daten ausgewertet und analy-

II

Was wird gemessen?

Wie häufig wird gemessen?

Nr.	Prozessziel	Messgröße / Kennzahl	Zielwert	Messmethode	Messfrequenz	Verantwortung
1	Problemlösungszeit gering halten	Anteil der Fälle, wo Zeit von der Meldung des Problems bis zur umgesetzten Lösung des Problems <1Tag (24h)	>98 %	Vermerk der Zeitpunkte am Fehler-meldungs-formular	Pro Anlassfall	Hotline-mitarbeiter/ Innen

Was soll erreicht werden?

Wer ist für die Messung verantwortlich?

Wie wird gemessen?

Abb. 10.12 Beispiele von Prozesszielen

siert werden und wie Verbesserungsmaßnahmen definiert und verfolgt werden (Abb. 10.12).
Die Zielerreichung ist den betroffenen Mitarbeitern in geeigneter Information zur Verfügung zu stellen. Sichtbar gemacht werden die Abweichungen zwischen Soll und Ist bezüglich der Prozessleistung.

Kapitel 8.2.4: Überwachung und Messung – Überwachung und Messung von Produkten

Die Messung und Überwachung der Produkte erfolgt in der Regel in den einzelnen Phasen der Produktentstehung bzw. Dienstleistungserbringung. Hierbei sind die Eingangs-, Zwischen- und Endprüfung zu unterscheiden.
Zur *Eingangsprüfung* zählen die Prüfung der Rohmaterialien, Hilfsstoffe, Packmittel, Halbfabrikate, zugekaufte Dienstleistungen usw.
Die Mindestforderung bezieht sich hier auf eine Identifikationsprüfung, wobei weitergehende gesetzliche Forderungen speziell zu berücksichtigen sind.
Bei der Identifikationsprüfung werden nur grobe Parameter wie Warenart, Menge, Lieferzustand mit den Bestelldaten verglichen.
In vielen Branchen sind aber eigene Abteilungen für Wareneingänge vorhanden, die die physikalischen und chemischen Eigenschaften der zugekauften Waren prüfen.
Zwischenprüfungen dienen zur frühzeitigen Entdeckung von Fehlern bei Produkten. Diese Prüfungen dienen zur Reduktion von Fehlerkosten, da diese nicht bis zum Ende der Produktionskette mitgeschleppt werden. Wie diese Prüfungen durchgeführt werden müssen, wie oft, von wem und an welchen Stellen muss in Prüfplänen vorgegeben werden.
Bei den *Endprüfungen* wird die Konformität des Produktes mit den Spezifikationen beurteilt. Spezifikationen beziehen Kundenforderungen, gültige Normforderungen usw. mit ein. Hat das Produkt die Endprüfung positiv bestanden, kann es zur Auslieferung freigegeben werden.
Die Führung von Aufzeichnungen über diese Prüfungen muss mindestens folgende Punkte enthalten:

- Art und Umfang der durchgeführten Prüfung
- Verweis auf Prüfanweisungen, Prüfspezifikationen
- Referenz zu dem verwendeten Messmittel
- Ergebnis der Prüfung/Messung
- Name und Datum des Durchführenden

Kapitel 8.3: Lenkung fehlerhafter Produkte

Werden bei den oben beschriebenen Prüfungen fehlerhafte Produkte festgestellt so muss der Umgang damit gemäß internen Festlegungen erfolgen. Dabei ist eine klare Kennzeichnung dieser Produkte z. B. in Form von Aufklebern, Sperrlagern oder Kennzeichnung in Begleitdokumenten (auch EDV-mäßig) sicherzustellen.
Der Fehler ist klar zu beschreiben. Dies erfolgt mittels eines Fehlerberichtes, worin Entdeckungsdatum, Beschreibung des Fehlers, Entdecker usw. enthalten sind.
Wie mit den fehlerhaften Produkten in Folge umgegangen wird, bedarf ebenfalls einer klaren Regelung und Festlegung der Verantwortung wer diese Entscheidung treffen darf. So können fehlerhafte Produkte mithilfe von Sonderfreigaben, Nacharbeitungen oder Umarbeitungen gezielt, auch in Absprache mit dem Kunden, freigegeben werden. Wie diese Sonderfreigaben erfolgen, muss ebenfalls detailliert dokumentiert werden.

Kapitel 8.4: Datenanalyse

Alle erforderlichen Daten dienen nach einer umfassenden Analyse zur Beurteilung des Qualitätsmanagementsystems (siehe dazu auch Managementbewertungen).
Die Anwendung von statistischen Methoden unterstützt

diese Analyse. Eine übersichtliche Darstellung der Ergebnisse ist für die einzelnen Bereiche sowie für das Management hilfreich. Hier empfehlen sich Darstellungen wie Balken- und Säulendiagramme. Damit können sehr einfach Vergleiche z.B. zu Vorperioden dargestellt werden.

Kapitel 8.5: Verbesserung

Wie bereits in Kapitel 10.1 beschrieben, stellt die ständige Verbesserung einen wesentlichen Fokus der Norm dar (Abb. 10.13).

Um Verbesserungspotenziale identifizieren zu können, müssen Mitarbeiter, Teams, Prozessverantwortliche usw. diese aufzeigen. Damit dies sichergestellt wird, muss im Unternehmen eine „Fehlerkultur" gelebt werden, d.h. Fehler können aufgezeigt werden und der Umgang damit erfolgt in positiver Atmosphäre.

Ideen für Verbesserungen werden meist in Qualitätszirkeln, Verbesserungsteams, aber auch in den operativen Bereichen vor Ort gefunden. Um diese Ideen auch systematisch erfassen zu können, etablieren viele Unternehmen einen Prozess für ein innerbetriebliches Vorschlagswesen. Hier besteht die Möglichkeit, Ideen einzureichen. Durch verschiedenste Belohnungssysteme können umsetzbare Ideen auch entsprechend honoriert werden.

Um Verbesserungen systematisch durchführen zu können, werden von der Norm drei Begriffe geprägt:

- Korrektur
- Korrekturmaßnahme
- Vorbeugemaßnahme.

Bei der Korrektur spricht man von der Behebung des aufgetretenen Fehlers. Bei der Korrekturmaßnahme wird die Ursache des aufgetretenen Fehlers analysiert und bei der Vorbeugemaßnahme die Ursache von möglichen Fehlern. So stellt sich der wesentliche Unterschied im Umfang der Analyse dar.

Korrekturmaßnahmen können durch Audits, Fehlerberichte, Managementbewertungen, Kundenreklamationen usw. ausgelöst werden. Eine Korrekturmaßnahme richtet den Fokus auf die Ursache des Fehlers, d.h. auf die Frage, warum es überhaupt zu diesem Fehler gekommen ist. Nur so können durch eine umfassende Analyse nachhaltige Qualitätsverbesserungen bewirkt werden.

Die Vorbeugemaßnahme geht noch weiter, indem sie Ursachen von möglichen Fehlern betrachtet.

Hier sei ein Beispiel aus der Praxis erwähnt: Bei einer Produktionslinie, an der flüssige pharmazeutische Produkte abgefüllt werden, tritt eine Unterfüllung der Flaschen auf. Der Fehler ist die Unterfüllung. Als Ursache liegt eine Verstopfung der Füllnadel vor. Würde man nun

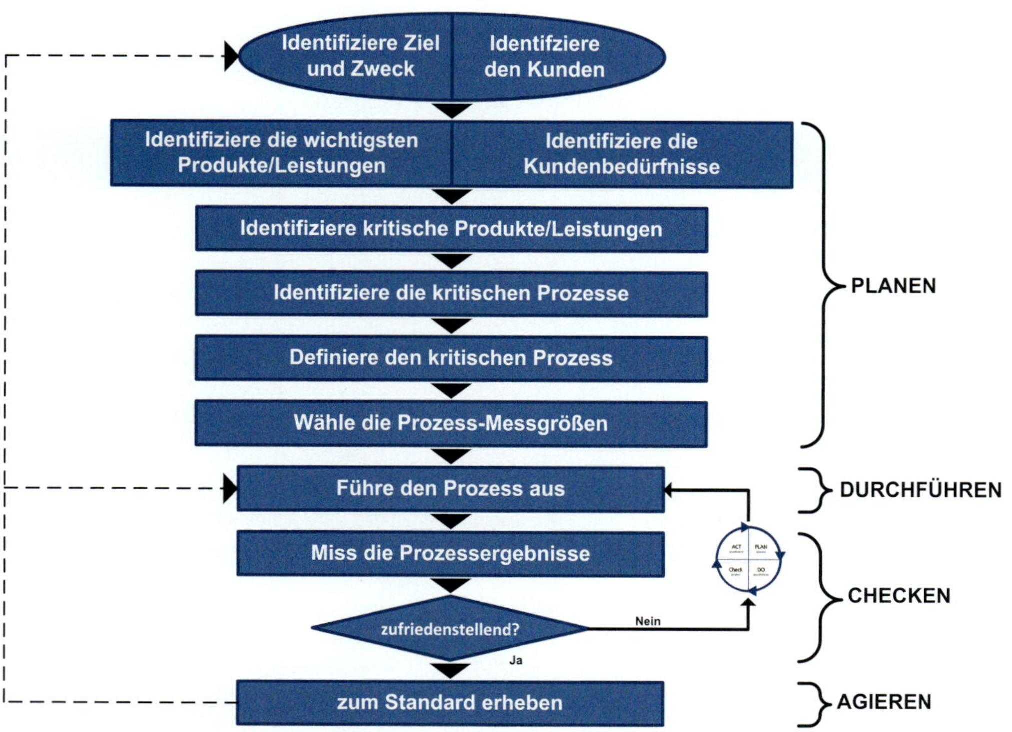

Abb. 10.13 Beispiel eines kontinuierlichen Verbesserungsprozesses

die Füllnadel austauschen, wäre das die Korrektur. Werden zukünftig Maßnahmen getroffen, um das Verstopfen zu verhindern, wie z. B. Definition einer kürzeren Verfülldauer, wäre dies die Korrekturmaßnahme.
Eine Vorbeugemaßnahme wäre es, sich zu überlegen, ob dieser Fehler auch bei anderen Produktionslinien oder aufgrund von anderen Ursachen auftreten könnte, z. B. Verwendung einer Füllnadel mit zu geringem Durchmesser. Alle gesetzten Maßnahmen müssen nach der Umsetzung auch auf die Wirksamkeit überprüft werden.

10.3 Inhalte der internationalen Norm ISO 9004:2008 im Überblick

Um eine Organisation erfolgreich zu führen, ist es notwendig, diese systematisch und wahrnehmbar zu leiten und zu lenken. Dies basiert in der ISO 9004 auf der Anwendung der acht Qualitätsmanagement-Grundsätze (Tab. 10.6).
Diese Grundsätze, deren Definition man auch in der ISO 9000:2005 findet, wurden für die Oberste Leitung entwickelt, um die Organisation zu einer besseren Leistung zu führen.

10.3.1 Erweiterungen und Ergänzungen zur ISO 9001

In der ISO 9004 wurden die wesentlichen Inhalte der Forderungen der ISO 9001 in umrandeten Feldern jeweils hinter dem entsprechenden Abschnitt der ISO 9004 eingefügt und als „Anmerkung“ gekennzeichnet. Nachfolgende Beispiele sollen auszugsweise die Erweiterungen und Ergänzungen zur ISO 9001 veranschaulichen.

ISO 9001:2008-Kapitel 5.2: Kundenorientierung

Die oberste Leitung muss sicherstellen, dass die Kundenanforderungen ermittelt und mit dem Ziel der Erhöhung der Kundenzufriedenheit erfüllt werden.

[Normentextauszug ISO 9001:2008]

Gegenüberstellung Normelement 5.2 ISO 9001/ISO 9004:

Wird in der ISO 9001:2008 nur festgelegt, dass die oberste Leitung die Kundenanforderungen ermitteln muss, damit die Kundenzufriedenheit weiter gesteigert werden kann, wird hingegen in der ISO 9004:2009 von den Erfordernissen und Erwartungen der interessierten Parteien gesprochen.

Tab. 10.6 Die acht Grundsätze des Qualitätsmanagements und die daraus abgeleiteten Ziele

QM-Grundsätze	Inhalte	Ziele
Kunden-orientierte Organisation	Organisationen hängen von ihren Kunden ab und sollten daher gegenwärtige und zukünftige Erfordernisse der Kunden verstehen, deren Anforderungen erfüllen und danach streben, deren Erwartungen zu übertreffen.	▪ Bedürfnisse und Erwartungen der Kunden besser verstehen ▪ Zielorientierung besser auf die Kunden ausrichten ▪ Kundenbedürfnisse und Erwartungen besser intern kommunizieren und umsetzen ▪ Kundenzufriedenheit messen und Maßnahmen ableiten ▪ Kundenanforderungen mit den Anforderungen der anderen interessierten Parteien ausgleichen
Führung	Führungskräfte schaffen die Übereinstimmung von Zweck und Ausrichtung der Organisation. Sie sollten das interne Umfeld schaffen und erhalten, in dem sich Personen voll und ganz für die Erreichung der Ziele der Organisation einsetzen können.	▪ Bedürfnisse aller interessierten Parteien (Kunden, Eigentümer, Mitarbeiter, Lieferanten, örtliche Gemeinschaften, Gesellschaft ...) auseinandersetzen ▪ deutlich Vision für die Zukunft entwickeln ▪ auf allen Ebenen des Unternehmens gemeinsame Wert entwickeln ▪ Mitarbeitern die notwendigen Ressourcen und Schulung zur Verfügung zu stellen
Einbeziehung der Personen	Auf allen Ebenen machen Personen das Wesen der Organisation aus, und ihre vollständige Einbeziehung ermöglicht, ihre Fähigkeiten zum Nutzen der Organisation einzusetzen.	▪ Mitarbeitern die Wichtigkeit der Beiträge und ihrer Rolle im Unternehmen vermitteln ▪ Mitarbeiter in Entscheidungen einbeziehen (partizipatives Management) ▪ Mitarbeitern Leistungsgrenzen aufzeigen ▪ Leistungen anhand von persönlichen Zielvorgaben evaluieren ▪ Mitarbeiter erweitern aktiv ihre Kompetenz, Kenntnisse und Erfahrungen

QM-Grundsätze	Inhalte	Ziele
Prozess-orientierter Ansatz	Ein erwünschtes Ergebnis lässt sich effizienter erreichen, wenn Tätigkeiten und dazugehörige Ressourcen als Prozess geleitet und gelenkt werden.	■ Anwenden von strukturierten Methoden bei der Definition der Kernprozesse ■ klare Definition von Verantwortungen, Rechten und Pflichten für das Leiten, Lenken und Durchführen von Prozessen ■ Kernprozesse identifizieren und diese verstärkt messen ■ Fokussierung auf Ressourcen, Methoden und Materialien für eine Optimierung der Kernprozesse ■ Abschätzung der Risken, Folgen und Auswirkungen der Prozesse auf Kunden und andere interessierte Parteien
Systemorientierter Managementansatz	Erkennen, Verstehen, Leiten und Lenken von miteinander in Wechselbeziehung stehenden Prozessen als System tragen zu Wirksamkeit und Effizienz der Organisation beim Erreichen ihrer Ziele bei.	■ Definition von übergreifenden Prozesszielen zur Erreichung der Strategie des Unternehmens ■ Wechselbeziehungen der Prozesse verstehen anhand der definierten übergreifenden Ziele ■ Optimierung des gesamten Systems durch ständige Messung und Bewertung
Ständige Verbesserung	Die ständige Verbesserung der Gesamtleistung der Organisation stellt ein permanentes Ziel der Organisation dar.	■ Leben der ständigen Verbesserung unternehmensweit ■ Mitarbeiter befähigen, Methoden und Werkzeuge für ständige Verbesserungen anzuwenden ■ transparente Information über durchgeführte Verbesserungen ■ Ziele für Verbesserungen klar definieren und zu überwachen
Sachbezogener Ansatz zur Entscheidungsfindung	Wirksame Entscheidungen beruhen auf der Analyse von Daten und Informationen.	■ Definition der erforderlichen Daten, Kennzahlen und deren Qualität (Detaillierung) ■ kontinuierliche Analyse der Daten ■ Weiterleitung der Daten, wo sie benötigt werden ■ Entscheidungen mithilfe der analysierten Daten und im Einklang der Erfahrung treffen
Lieferantenbeziehungen zum gegenseitigen Nutzen	Eine Organisation und ihre Lieferanten sind voneinander abhängig. Beziehungen zum gegenseitigen Nutzen erhöhen die Wertschöpfungsfähigkeit beider Seiten.	■ Hauptlieferanten erkennen und auswählen ■ Ressourcen und Fachkenntnisse gemeinsam nutzen ■ klare und offene Kommunikationswege etablieren ■ lieferantenseitige Verbesserungen fördern und anerkennen

ISO 9004:2009-Kapitel 5.2: Interessierte Parteien, Erfordernisse und Erwartungen

Die interessierten Parteien sind natürliche oder juristische Personen, die zur Wertschöpfung der Organisation beitragen oder auf andere Weise an den Tätigkeiten der Organisation interessiert oder davon betroffen sind.

Das Erfüllen der Erfordernisse und Erwartungen der interessierten Parteien trägt zum Erreichen eines nachhaltigen Erfolgs der Organisation bei.

Darüber hinaus sind die Erfordernisse und Erwartungen der einzelnen interessierten Parteien unterschiedlich, sie können im Widerspruch zu denen anderer interessierter Parteien stehen oder können sich sehr schnell ändern. Die Mittel, durch die die Erfordernisse und Erwartungen der interessierten Parteien ausgedrückt und erfüllt werden, können eine große Formenvielfalt, einschließlich Zusammenarbeit, Kooperation, Verhandlung, Auslagern, annehmen oder auch das Beenden einer Tätigkeit sein.

[Normentextauszug ISO 9004:2009]

Tab. 10.7 Beispiele für interessierte Parteien und ihre Erfordernisse und Erwartungen

Kunden	Qualität, Preis und Lieferleistung von Produkten
Eigentümer/Anteilseigner	Nachhaltige Rentabilität, Transparenz
Mitarbeiter der Organisation	Gute Arbeitsumgebung, Arbeitsplatzsicherheit, Anerkennung und Entgelt
Lieferanten und Partner	Gegenseitiger Nutzen und Kontinuität
Gesellschaft	Umweltschutz, ethisches Verhalten, Einhalten von gesetzlichen und behördlichen Anforderungen

Durch diesen direkten Vergleich kann man erkennen, dass die Ausrichtung eines Managementsystems in der ISO 9004:2009 einen ganzheitlichen Ansatz verfolgt und die Grundlage für die Bewertung der Wirksamkeit und Effizienz der Organisation bildet.

Ein anderes Beispiel, das diesen ganzheitlichen Ansatz verdeutlicht, findet sich in *Kapitel 6.2 „Personelle Ressourcen“*.

II

ISO 9001-Kapitel 6.2: Personelle Ressourcen

ISO 9001:2008-Kapitel 6.2.1: Allgemeines

Personal, dessen Tätigkeiten die Erfüllung der Produktanforderungen beeinflussen, muss auf Grund der angemessenen Ausbildung, Schulung, Fertigkeiten und Erfahrungen fähig sein.

Anmerkung: Die Erfüllung der Produktanforderungen kann direkt oder indirekt durch Personal, das eine beliebige Tätigkeit innerhalb des QMS ausführt, beeinflusst werden.

ISO 9001:2008-Kapitel 6.2.2: Kompetenz, Schulung, Bewusstsein

Die Organisation muss

a) die notwendige Kompetenz des Personals, dessen Tätigkeit die Erfüllung der Produktanforderungen beeinflusst, ermitteln,

b) wo zutreffend für Schulung sorgen oder andere Maßnahmen ergreifen, um die notwendige Kompetenz zu erreichen,

c) die Wirksamkeit der ergriffenen Maßnahmen beurteilen,

d) sicherstellen, dass ihr Personal sich der Bedeutung und Wichtigkeit seiner Tätigkeit bewusst ist und weiß, wie es zur Erreichung der Qualitätsziele beiträgt, und

e) geeignete Aufzeichnungen zu Ausbildung, Schulung, Fertigkeiten und Erfahrung führen (siehe 4.2.4).

[Normentextauszug ISO 9001:2008]

ISO 9004:2009-Kapitel 6.3.1: Mitarbeiterführung

Die Mitarbeiter stellen für jede Organisation eine entscheidende Ressource dar, und ihre umfassende Einbindung verbessert ihre Fähigkeit, Wert für die interessierten Parteien zu schaffen. Die oberste Leitung sollte durch ihre Führung eine gemeinsame Vision, gemeinsame Werte sowie ein internes Umfeld schaffen und aufrechterhalten, in dem die Mitarbeiter in die Erreichung der Ziele der Organisation in vollem Umfang einbezogen werden können.

Da die Mitarbeiter eine sehr wertvolle und entscheidende Ressource darstellen, ist es notwendig sicherzustellen, dass ihre Arbeitsumgebung zur persönlichen Weiterentwicklung, zum Lernen, zur Weitergabe von Wissen und zur Teamarbeit ermutigt. Das Führen der Mitarbeiter sollte durch einen geplanten, transparenten, ethischen und gesellschaftlich verantwortungsvollen Ansatz durchgeführt werden. Die Organisation sollte sicherstellen, dass die Mitarbeiter die Bedeutung ihres Beitrags und ihrer Aufgaben verstehen.

Die Organisation sollte Prozesse erstellen, die die Mitarbeiter ermächtigen, selbst

- *die strategischen und die prozessbezogenen Ziele der Organisation in eigene individuelle Arbeitsziele zu übersetzen und Pläne für deren Realisierung zu erstellen,*
- *Hemmnisse zu ermitteln, die ihre Leistung einschränken,*
- *Zuständigkeit und Verantwortung für die Lösung von Problemen auf sich zu nehmen,*
- *die persönliche Leistung im Bezug auf die individuellen Arbeitsziele zu bewerten,*
- *aktiv nach Chancen zur Erweiterung ihrer Kompetenzen und Erfahrungen zu suchen,*
- *Teamarbeit zu fördern und Synergien zwischen den Mitarbeitern zu begünstigen und*
- *Informationen, Wissen und Erfahrung mit anderen innerhalb der Organisation gemeinsam zu teilen.*

[Normentextauszug ISO 9004:2009]

Wenn man davon ausgeht, dass Qualität durch Menschen entsteht, so muss der Ausbau des Humanpotenzials ein Kernelement jedes Managementsystems sein.

Personalauswahl

Auf der Grundlage der Anforderungsprofile und der durchzuführenden Tätigkeiten und Aufgaben sollte die Organisation systematisch unter Berücksichtigung des Qualifikationsprofils der Mitarbeiter die Auswahl und Ernennung des Personals nach objektiven Kriterien gestalten und effektiv kommunizieren.

Schulungsbedarf

Die ständige Weiterentwicklung des persönlichen Potenzials und der Qualifikation der Mitarbeiter ist einer der entscheidenden Wettbewerbsfaktoren und somit von besonderer Bedeutung für jedes Unternehmen. Das Thema Schulung betrifft sowohl externe Seminare als auch interne Schulungen (z. B. Einweisung am Arbeitsplatz, innerbetriebliche Weiterbildung, Erfahrungsaustausch etc.).
Für die Ermittlung des Schulungsbedarfes wird das Anforderungsprofil in Form der Stellen-, Rollen- oder Funktionsbeschreibungen herangezogen. Für die ermittelten Ausbildungsbedürfnisse sollten Schulungsmaßnahmen definiert und durchgeführt werden. Nachweise darüber sind zu führen.
Schulungsbedarf ergibt sich nicht nur bei Einführung neuer Technologien oder bei der Übernahme einer neuen Aufgabe, sondern ist permanent vorhanden und muss deshalb auch ständig überprüft und erfasst werden. Insbesondere Qualitätsthemen sollen mittels Schulungen an die Mitarbeiter vermittelt werden. Diese Schulungen von Qualitätsmanagement-Inhalten dienen v. a. zur Bewusstseinsbildung und Darstellung der Bedeutung von Qualität in der täglichen Arbeit. Teilnehmer sind in diesem Fall alle Mitarbeiter der Organisation, wobei neben grundsätzlichen Themen wie der Qualitätspolitik des Unternehmens auch die Schulung der Prozessbeschreibungen Inhalt sein können.

10.3.2 Interessenspartner

Hervorgehoben werden in diesem Zusammenhang auch die Erfordernisse und Erwartung der Interessierten Parteien als Ausrichtung des gesamten Managementsystems und Grundlage für die Bewertung der Wirksamkeit und Effizienz der Organisation. Die Organisation sollte die Informationen für Messungen festlegen, die für die Erfüllung der Erfordernisse anderer interessierter Parteien (keine Kunden) erforderlich sind (Tab. 10.8).

Tab. 10.8 Interessierte Parteien, deren Erfordernisse und Erwartungen

Interessierte Parteien des Unternehmens	Erfordernisse und Erwartungen
Kunden Endabnehmer	Konformität, Sicherheit, d. h. die Organisation soll sicherstellen, dass die Verfügbarkeit, Lieferung, Tätigkeiten nach Lieferung, Preis, Lebenszykluskosten, Produktsicherheit, Produkthaftung, Auswirkungen auf die Umwelt berücksichtigt werden.
Mitarbeiter	Anerkennung, Zufriedenheit, d. h. die Organisation soll die Erwartungen und Erfordernisse ihrer Mitarbeiter in Bezug auf Anerkennung, Arbeitssicherheit und persönlicher Weiterentwicklung ermitteln.
Eigentümer Investoren	Return on Investment, d. h. die Organisation soll Ergebnisse anstreben, welche die Erwartungen der Eigentümer und Investoren treffen.
Lieferanten Partner	Partnerschaftliche Zusammenarbeit, d. h. die Organisation sollte den Aufbau von Partnerschaften mit Lieferanten in Betracht ziehen, da hierdurch Nutzen für beide Seiten entstehen kann.
Gesellschaft	Verantwortungsvolles Handeln, d. h. die Organisation soll sich der Verantwortung für Gesundheit und Sicherheit bewusst sein und eventuelle Auswirkung ihrer Produktion auf die Umwelt und die Erhaltung von natürlicher Ressourcen berücksichtigen.

10.3.3 Umsetzungsbeispiele für weitere Anforderungen der ISO 9004

In der ISO 9004 kommt auch der Begriff der Selbstbewertung vor. Die Selbstbewertung ist eine sorgfältig durchdachte Beurteilung zur Feststellung der Wirksamkeit und Effizienz der Organisation.
Im Regelfall werden diese Selbstbewertungen von der Unternehmensleitung selbst durchgeführt und als Ergebnis erhält man eine Aussage über den Reifegrad des Qualitätsmanagementsystems. Der Vorteil von Selbstbewertungen liegt bei der Messung des Fortschrittes des Unternehmens anhand von Zielen. Durch eine entsprechende Anwendung können die Ergebnisse der Selbstbewertungen auch dazu dienen, das Unternehmen mit anderen Unternehmen oder mit internationalen Spitzenpositionen zu vergleichen (Benchmarking-Möglichkeit).
Es ist dabei aber zu beachten, dass die Selbstbewertungen nicht als Alternative zu internen oder externen Audits zu sehen sind. Das interne Audit dient der Überprüfung auf Einhaltung von bestehenden Policies, Prozesse und Dokumentation. Der Hauptfokus liegt auf dem Qualitätsmanagementsystem.

II

Der Hauptfokus der Selbstbewertungen liegt in der Beurteilung der Leistungsverbesserung des Unternehmens. Die genaue Vorgehensweise für die Selbstbewertung inklusive eines Beispiels ist im Anhang A der ISO 9004 genau beschrieben.

Organisationen, die sich intensiv mit den Ideen eines umfassenden Qualitätsmanagements im Sinne TQM auseinandersetzen, haben die Möglichkeit, sich bei diversen nationalen und internationalen Qualitätspreisen zu bewerben:

- Europäischer Qualitätspreis: European Quality Award
- Amerikanischer Qualitätspreis: Malcolm Baldrige Award
- Japanischer Qualitätspreis: Deming Prize
- Deutscher Qualitätspreis: Ludwig Erhard Preis
- Österreichischer Qualitätspreis: Austrian Quality Award
- Schweizer Qualitätspreis: ESPRIX

Literatur

Bleicher, K.: Organisation – Strategien – Strukturen – Kulturen. 2., vollständig überarbeitete und erweiterte Auflage. Gabler Verlag, Wiesbaden 1991

Deming, W. E.: Out of the Crisis. Cambridge/Mass, 1986. S. 88

DIN EN ISO 9000:2005: Qualitätsmanagementsysteme – Grundlagen und Begriffe

DIN EN ISO 9001:2000: Qualitätsmanagementsysteme – Anforderungen

DIN EN ISO 9001:2008: Qualitätsmanagementsysteme – Anforderungen. Pkt. 0.2 Prozessorientierter Ansatz, Bild 1

EN ISO 19011:2003: Leitfaden für Audits von Qualitäts- und/oder Umweltmanagementsystemen

Eckardstein, D. von/Kasper, H./Mayrhofer, W.: Management. Theorien – Führung – Veränderung. Schäffer-Poeschel, Stuttgart 1997. S. 405 – 420

Kamiske. G. F/Wagner K. W./Zacharnik, M.: Qualitätsmanagement für KMU. Carl Hanser Verlag, München/Wien 2005

Mintzberg, H.: Die strategische Planung. Aufstieg, Niedergang und Neubestimmung. Carl Hanser Verlag, München/Wien 1995. S. 43 – 111

Pfeifer, T.: Praxisbuch Qualitätsmanagement. Aufgaben, Lösungswege, Ergebnisse. Carl Hanser Verlag, München/Wien 2001

Pfeifer, T.: Qualitätsmanagement. Strategien, Methoden, Techniken. 3., vollständig überarbeitete und erweiterte Auflage. Carl Hanser Verlag, München/Wien 2001

Wagner, K. W. (Hrsg.): PQM – Prozessorientiertes Qualitätsmanagement. Leitfaden zur Umsetzung der ISO 9001:2008. 6., vollständig überarbeitete und erweiterte Auflage. Carl Hanser Verlag, München/Wien 2013

Wagner, K. W./Patzak, G.: Performance Excellence – Der Praxisleitfaden zum effektiven Prozessmanagement. Carl Hanser Verlag, München/Wien 2014

Integrierte Managementsysteme QM – UM – SIM

11.1 **Einleitung** **213**

11.2 **Übersicht zu Regelwerken** **214**
11.2.1 Qualitätsmanagement (QM) 214
11.2.2 Umweltmanagement (UM) 218
11.2.3 Sicherheitsmanagement (SIM) 219

11.3 **Grundlagen zum Integrierten Managementsystem (IMS)** **222**
11.3.1 Integrierbarkeit und Synergieeffekte 222
11.3.2 Prozessorientierte Darstellung 223
11.3.3 Auswahl von Managementsystem-Modulen 224
11.3.4 Nutzen und Aufwand 227
11.3.5 Konzepterstellung 229
11.3.6 Ablaufplan zur IMS-Einführung 232

11.4 **Firmenspezifisches IMS-Handbuch** **238**

11 Integrierte Managementsysteme QM – UM – SIM

Franz Schreiber

Unternehmen haben heute die Herausforderung, ihre Wettbewerbsposition weiter zu verbessern, die Prozessabläufe effektiver zu gestalten und die Normen und gesetzlichen Vorschriften anzuwenden. Dabei stellt sich auch die Frage, wie die Anforderungen durch die internationalen Normen und Regelwerke zu Qualitätsmanagement (QM), Umweltmanagement (UM) und Sicherheitsmanagement (SIM) im Unternehmen berücksichtigt werden können. Bei der Umsetzung dieser Normen und Regelwerke im Unternehmen gab es Fehlentwicklungen. Zu den bereits vorhandenen QM-Handbüchern wurden Kapitel ergänzt oder sogar getrennte Handbücher zu UM und SIM eingeführt. Es ist verständlich, dass mit drei Organisationshandbüchern eine effektive Unternehmensführung und Geschäftsabwicklung nicht möglich ist.

Diese Probleme lassen sich erfolgreich mit dem Integrierten Managementsystem (IMS) lösen. Wie ein Lösungsweg erfolgreich beschritten werden kann, zeigen die nachfolgenden Ausführungen in diesem Kapitel. Zunächst werden die zutreffenden Normen und Regelwerke in einer Kurzfassung beschrieben. Jedes Regelwerk hat eine eigene Struktur. Es wird deshalb nach einer Struktur gefragt, bei der die Normenelemente integriert werden können. Die Problemlösung ergibt sich durch die prozessorientierte und firmenspezfische Struktur des Managementsystems. Ein ausführliches IMS-Konzept und ein praktisches Beispiel für ein firmenspezifisches IMS-Handbuch zeigen einen erfolgreichen Weg, der sich in der Praxis bereits mehrfach bewährt hat.

11.1 Einleitung

Einführungen und Zertifizierungen von Qualitätsmanagementsystemen nach DIN EN ISO 9000 ff. begannen in Deutschland in der ersten Hälfte der 90er Jahre und zeigten in den darauffolgenden Jahren einen starken, nahezu exponentiellen Anstieg, der in den ersten Jahren von 2000 abgeflacht ist. Dabei kamen fast ausschließlich nach Normen orientierte Organisationshandbücher zur Anwendung mit einer Gliederung nach Norm und deren Qualitätselementen mit Normenbezeichnungen. Diese Fehlentwicklung konnte zum Teil durch das prozessorientierte Qualitätsmanagementsystem nach DIN EN ISO 9001:2000 korrigiert werden. Bei der aktuellen DIN EN ISO 9001:2008 wurde die Prozessorientierung beibehalten. Allerdings sind auch hier teilweise Handbücher nach Norm gegliedert worden. Inzwischen hat sich erfreulicherweise durchgesetzt, dass die Qualitätselemente der Norm als Checklisten für firmenspezifische und prozessorientierte Anpassungen der Organisationen angewendet werden (Abb. 11.1).

Eine weitere Fehlentwicklung zeigte sich auch bei der Einführung von Managementsystemen zur Umwelt und Arbeitssicherheit. Es wurden zu den bereits vorhandenen Qualitätsmanagement-Handbüchern getrennte Handbücher zu Umweltmanagement und Sicherheitsmanagement eingeführt. Es ist verständlich, dass mit drei Organisationshandbüchern eine effektive Unternehmensführung und Geschäftsabwicklung nicht möglich ist. Diese Probleme lassen sich erfolgreich mit dem Integrierten Managementsystem (IMS) lösen (Abb. 11.1). Dabei werden die Normen- bzw. Regelelemente von Qualitätsmanagement, Umweltmanagement und Sicherheitsmanagement den einzelnen Bereichen der firmenspezifischen und prozessorientierten Organisation zugeordnet. Eine notwendige Anpassung hinsichtlich Aufgaben, Ziele, Kennzahlen, Verfahrensanweisungen und Arbeitsanleitungen ist dann bei der Einführung des Integrierten Managementsystems erforderlich.

Für eine systematische Weiterentwicklung des Integrierten Managementsystems sind interne Audits unumgänglich (Abb. 11.1). Als Basis dazu dient zum Beispiel der Integrierte Fragenkatalog (Pfeufer/Schreiber/Rau 2007) sowie die integrierten Fragenkataloge zu QM mit UM und SIM (Lachenmeir/Schreiber 2011).

Zur IMS-Einführung werden zunächst in einer Kurzfassung die einzelnen Regelwerke zu Qualitätsmanagement nach ISO 9001:2008 und ISO/TS 16949 sowie zu Umweltmanagement nach ISO 14001 und EMAS I/II sowie zu Sicherheitsmanagement nach SCC, OHSAS und OHRIS beschrieben.

Die Integrierbarkeit von Qualitätsmanagement, Umweltmanagement und Sicherheitsmanagement zum Integrierten Managementsystem wird für alle Unternehmensbereiche aufgezeigt und ergänzend dazu auch auf Synergieeffekte verwiesen, die sich auf Fach-, Methoden- und Sozialkompetenz beziehen.

Ausgehend von den Normen werden Management- und Geschäftsprozesse als Basis für die Struktur der Organisationshandbücher dargestellt.

Unter Anwendung der Problemlösungstechnik und ausgehend von der Unternehmensstrategie wird die weitere Vorgehensweise grundlegend bis zur Auswahl der Managementsystem-Module und Ablaufplanung beschrieben.

Mit den Ansätzen zur Nutzwertanalyse für die Einführung und Systembetreuung des Integrierten Managementsystems erfolgt eine qualitative Gegenüberstellung von Aufwand und Nutzen sowie ein Vergleich mit den Einzelprojekten zu Qualitätsmanagement, Umweltmanagement und Sicherheitsmanagement.

Bei der IMS-Konzepterstellung wird auf die bewährte Dokumentationspyramide mit Handbuch I, II und III zurück-

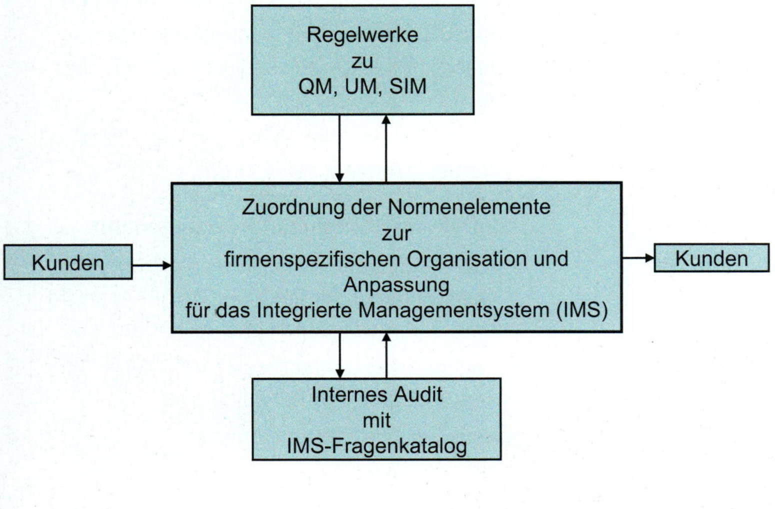

Abb. 11.1
Übersicht zum Integrierten Managementsystem (IMS)

II

gegriffen. Die Struktur der Handbücher ist prozessorientiert und führt zur sogenannten IMS-Standardgliederung, aus der dann die firmenspezifische Gliederung abgeleitet werden kann. Vorzugsweise werden Handbuch I mit einer Organisations- und Verantwortungsübersicht zu IMS und Handbuch II mit den Verfahrensanweisungen zusammengefasst. Bei Handbuch III mit den Arbeitsanweisungen, Checklisten und Formularen liegt die Verantwortung bei den Fachbereichen.
Der Ablaufplan zur Einführung von IMS-Modulen kann, wie beispielsweise gezeigt, stufenweise erfolgen. Der bewährte Projektplan zur Einführung und Umsetzung der IMS-Dokumentation wird mit acht Phasen beschrieben. Ein erfolgreiches Beispiel aus der Praxis zeigt einen konkreten Weg zur Anwendung des Integrierten Managementsystems.

11.2 Übersicht zu Regelwerken

11.2.1 Qualitätsmanagement (QM)

Qualitätsmanagement nach DIN EN ISO 9001:2008

Die vorliegende Norm ist seit Dezember 2008 wirksam. Bis dahin galt noch die alte Norm aus dem Jahr 2000, mit einer Übergangsfrist von drei Jahren.
Die neue Normenreihe ISO 9000 ff. besteht aus

- DIN EN ISO 9000:2005
  Qualitätsmanagementsysteme - Grundlagen und Begriffe
- DIN EN ISO 9001:2008
  Qualitätsmanagementsysteme - Anforderungen
- DIN EN ISO 9004:2009
  Qualitätsmanagementsysteme - Leiten und Lenken

Die Norm DIN EN ISO 9001:2008 als Nachweisstufe zeigt eine starke Anlehnung an das EFQM-Modell (European Foundation for Quality Management). Dabei beziehen sich die Managementaufgaben auf eine starke Kunden- und Mitarbeiterorientierung, prozessorientierte Organisation des Unternehmens, Dokumentation und Bewertung des Qualitätsmanagementsystems. Die Prozessorientierung wird mit der Produktrealisierung beschrieben. Die ergebnisorientierte Prozessbewertung umfasst die Messung, Analyse und Einleitung von Verbesserungen.

Diese Norm beinhaltet folgende Kapitel:

1. Anwendungsbereich
2. Normative Verweisungen
3. Begriffe
4. Qualitätsmanagementsystem
5. Verantwortung der Leitung
6. Management von Ressourcen
7. Produktrealisierung
8. Messung, Analyse und Verbesserung.

Die zutreffenden Forderungen beinhalten die Kapitel 4 bis 8.
Der prozessorientierte Ansatz bei dem QM-System nach ISO 9001:2008 zeigt seine Bedeutung durch

- Erkennen, Erfassen, Bewerten, Festlegen und Erfüllen der Kundenanforderungen
- Zielorientierung auf Prozessleistung und Wirksamkeit mit messbaren Kennzahlen einschließlich der Kundenzufriedenheit
- ständige Verbesserung von Prozessen auf der Basis der Prozessergebnisse
- Managementverantwortung unter Berücksichtigung der Prozessergebnisse und Bereitstellung von Ressourcen.

Das Modell eines prozessorientierten Qualitätsmanagementsystems verdeutlicht Abbildung 11.2 nach ISO 9001:2008.
Zur Orientierung werden nachfolgend die wesentlichen Anforderungen der einzelnen Qualitätselemente mit einigen Stichworten beschrieben.

Zu 4 Qualitätsmanagementsystem

4.1 Allgemeine Anforderungen

- Qualitätsmanagementsystem mit Aufbau, Dokumentation, Verwirklichung
- Aufrechterhaltung und Verbesserung nach den Anforderungen
- Organisation mit erforderlichen Prozessen, Ablaufprozessen und Wechselwirkungen, messbaren Kriterien zum Lenken von Prozessen
- Prozessüberwachung, Analyse und ständige Verbesserungen.

4.2 Dokumentationsanforderungen mit:

- QM-Handbuch mit Qualitätspolitik und Qualitätszielen, Aufbau- und Ablauforganisation, Verantwortungen und Verfahren
- Lenkung von Dokumenten zur Planung, Durchführung und Regelung
- Lenkung von Aufzeichnungen.

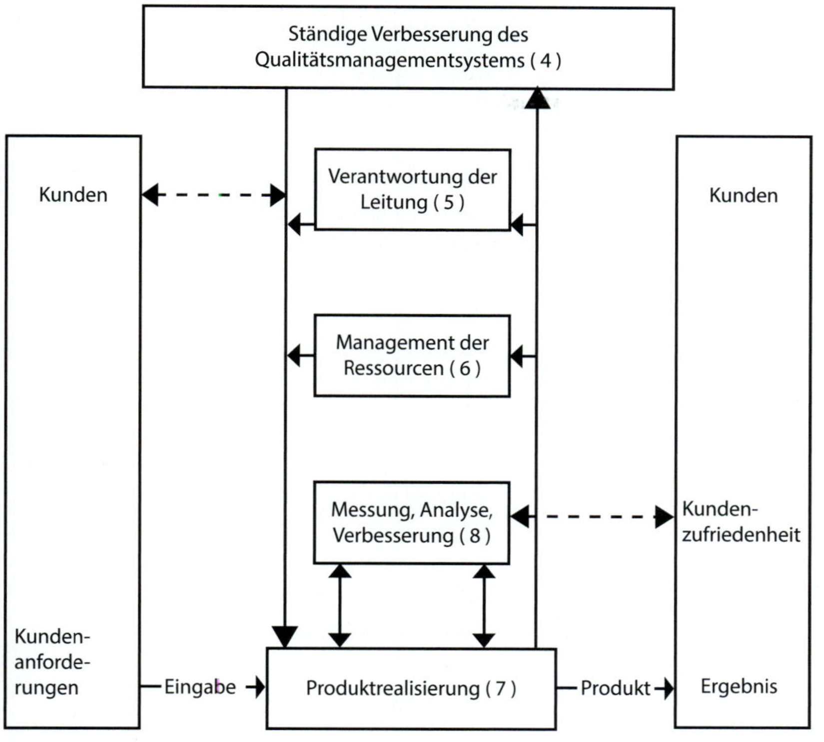

Abb. 11.2
Modell eines prozessorientierten Qualitätsmanagementsystems nach ISO 9001:2008

II

Zu 5 Verantwortung der Leitung

5.1 Verpflichtung der Leitung

Verpflichtung zur Verwirklichung und Verbesserung des QM-Systems durch:

- Organisation zur Erfüllung der Kundenanforderungen sowie
  - gesetzlicher und behördlicher Anforderungen
  - Festlegung der Qualitätspolitik
  - Vereinbarungen von Qualitätszielen
  - Managementbewertung
  - Bereitstellung der Ressourcen.

5.2 Kundenorientierung

Sicherstellen der

- Ermittlung der Kundenzufriedenheit
- Verbesserung der Kundenzufriedenheit.

5.3 Qualitätspolitik

Qualitätspolitik für

- die Organisation zur Erfüllung der Anforderungen und Verbesserung der Wirksamkeit des Qualitätsmanagementsystems
- einen Rahmen zur Festlegung und Bewertung von Qualitätszielen.

5.4 Planung

Sicherstellung

- messbarer Qualitätsziele in den Funktionsbereichen
- einer Planung zur Zielerreichung einer funktionsfähigen Anpassung bei Änderungen.

5.5 Verantwortung, Befugnis und Kommunikation

Sicherstellung

- der Verantwortung in der Organisation
- eines Beauftragten für Einführung, Verwirklichung, Aufrechterhaltung und Verbesserung des Qualitätsmanagementsystems
- der Kommunikation innerhalb der Organisation.

II

5.6 Managementbewertung

- Bewertung des QM-Systems durch Auditergebnisse, Rückmeldung von Kunden, Prozessleistung, Status zu Korrektur- u. Vorbeugungsmaßnahmen
- Wirksamkeit von Managementmaßnahmen

zu 6 Management von Ressourcen

6.1 Bereitstellung von Ressourcen

- zur Verbesserung des QM-Systems
- zur Verbesserung der Kundenzufriedenheit.

6.2 Personelle Ressourcen

- Schulung zur Einarbeitung und Weiterqualifizierung
- Mitarbeiterförderung und Motivation
- Dokumentation von Schulungen und Qualifizierungen.

6.3 Infrastruktur

Ermittlung, Bereitstellung und Aufrechterhaltung der Infrastruktur für

- Gebäude
- Arbeitsplätze
- Dienstleistungen mit Kommunikation.

6.4 Arbeitsumgebung

Ermittlung, Bereitstellung und Aufrechterhaltung der Arbeitsumgebung zur

- Produktherstellung
- Arbeitssicherheit.

zu 7 Produktrealisierung

7.1 Planung der Produktrealisierung

- Qualitätsziele und Anforderungen an das Produkt
- Prozessplanung mit Dokumenten und Ressourcen
- produktspezifische Prüfungen, Prüfstatus und Bewertung nach Abnahmekriterien
- Qualitätsaufzeichnungen.

7.2 Kundenbezogene Prozesse

- Ermittlung der Anforderungen in Bezug auf das Produkt
- Bewertung der Anforderungen in Bezug auf das Produkt
- Kommunikation mit den Kunden und interne Weiterleitung.

7.3 Entwicklung

Entwicklungsplanung mit Phasen, Einplanung der Bewertung und

- Regelung der Verantwortung
- Entwicklungseingaben mit Leistungsanforderung und gesetzlichen Vorgaben
- Entwicklungsergebnisse unter Berücksichtigung von Vorgaben und Informationen für Beschaffung, Produktion, Dienstleistungserbringung und Abnahmekriterien für das Produkt
- Entwicklungsbewertung bezüglich Anforderungen und erforderliche Maßnahmen
- Entwicklungsverifizierung mit Vergleich der Entwicklungsergebnisse und der Vorgaben
- Entwicklungsvalidierung zur Einführung und Anwendung
- Lenkung von Entwicklungsänderungen.

7.4 Beschaffung

Beschaffungsprozess mit Produktanforderung, Prüfung und

- Lieferantenbeurteilung
- Beschaffungsangaben
- Prüfung und Lenkung von beschafften Produkten.

7.5 Produktion und Dienstleistungserbringung

- Lenkung von Produkten und Dienstleistungserbringung (DL)
- Bewertung und Freigabe der Prozesse zur Produktion und DL
- Kennzeichnung und Rückverfolgbarkeit
- Eigentum des Kunden
- Produkterhaltung.

7.6 Lenkung von Überwachungs- und Messmitteln

- Kalibrierung und Überwachung der Messmittel
- Prüfmittelkennzeichnung mit Überwachungsstatus
- Prüfmittelhandling.

zu 8 Messung, Analyse und Verbesserung

8.1 Allgemeines

Planung und Verwirklichung von

- Konformität des Produktes
- Konformität des QM-Systems
- Verbesserung des QM-Systems.

8.2 Überwachung und Messung

- Überwachung der Kundenzufriedenheit
- Planung und Durchführung von internen Audits
- Überwachung und Messung von Prozessen
- Überwachung und Messung von Produkten.

8.3 Lenkung fehlerhafter Produkte

Dokumentiertes Verfahren bezüglich

- Fehlerbeseitigung und Nachprüfung
- Sonderfreigaben
- Aussondern fehlerhafter Produkte
- Fehler- und Maßnahmenprotokolle.

8.4 Datenanalyse

Ermitteln, Erfassen und Analysieren von Daten bezüglich

- Kundenzufriedenheit
- Erfüllung der Produktanforderungen
- Prozess- und Produktmerkmalen
- Lieferanten.

8.5 Verbesserungen

- ständige Verbesserungen des QM-Systems
- Korrekturmaßnahmen mit dokumentiertem Verfahren
- Vorbeugungsmaßnahmen mit dokumentiertem Verfahren.

VDA 6.1, 4. Auflage

Der VDA-Band 6, Teil 1 „QM- Systemaudit“ in der 4. Auflage, aktualisierter Nachdruck von 2003, enthält die Forderungen des Verbandes der Automobilindustrie e.V. (VDA) an QM-Systeme von Unternehmen, die in der Automobil- bzw. Automobilzulieferindustrie tätig sind. Der Band VDA 6.1 ist wie die ISO 9001:2000 bzw. ISO 9001:2008 in einzelne Elemente aufgeteilt und enthält konkrete Fragen pro Element zu den Forderungen an das QM-System. Diese Fragen bilden auch die Grundlage für den Fragenkatalog des Systemaudits. Zu jeder Frage gibt es Erläuterungen zu Begriffen, Forderungen und Umsetzungen.

Die Elemente des Bandes VDA 6.1 sind wie folgt gegliedert:

U Unternehmensführung
01 Verantwortung der Leitung
02 Qualitätsmanagementsystem
03 Interne Qualitätsaudits
04 Schulung, Personal
05 Finanzielle Überlegungen zu QM-Systemen
06 Produktsicherheit
Z1 Unternehmensstrategie
P Produkt und Prozess
07 Vertragsprüfung, Qualität im Marketing
08 Designlenkung (Produktentwicklung)
09 Prozessplanung (Prozessentwicklung)
10 Lenkung der Dokumente und Daten
11 Beschaffung
12 Lenkung der vom Kunden beigestellten Produkte
13 Kennzeichnung und Rückverfolgbarkeit von Produkten (Prozesslenkung, Prüfstatus)
14 Prozesslenkung
15 Prüfungen (Produktprüfungen)
16 Prüfmittelüberwachung
17 Lenkung fehlerhafter Produkte
18 Korrektur- und Vorbeugungsmaßnahmen
19 Handhabung, Lagerung, Verpackung, Konservierung und Versand
20 Lenkung von Qualitätsaufzeichnungen
21 Wartung (Kundendienst, Aufgaben nach der Produktion)
22 Statistische Methoden

Der VDA-Band geht weit über die Forderungen der ISO 9001:2000 bzw. ISO 9001:2008 hinaus. Dies zeigt sich einerseits in den zusätzlichen vier Elementen 05, 06, Z1 und 09 (kursiv), zum anderen in den weitergehenden Forderungen innerhalb der bekannten Elemente, wobei auf weitere Bände der VDA-Reihe verwiesen wird.

Für Dienstleistungsunternehmen ist VDA-Band 6, Teil 2 die Grundlage für Systemaudits. Für Unternehmen, die

II

Produktionsmittel an die Automobilindustrie liefern, gilt VDA-Band 6.4, 2. Auflage 2005.

ISO/TS 16949:2009-06-15

Die dritte Ausgabe mit ISO/TS 16949:2009 folgt vollständig der Struktur und dem Prozessmodell der ISO 9001:2008.
Der Originaltext der ISO 9001:2008 ist eingerahmt und um die automobilspezifischen Anforderungen ergänzt.
Zu den Neuerungen gehört auch der Titel „Qualitätsmanagementsysteme" sowie besondere Anforderungen bei Anwendung von ISO 9001:2008 für die Serien- und Ersatzteilproduktion in der Automobilindustrie; diese sind für die gesamte Lieferkette anwendbar.
Für die Zertifizierung gelten die Anforderungen nach der „Technischen Spezifikation ISO/TS 16949". Die Audits erfolgen abhand der Prozessbeschreibung.
Die in der ersten Ausgabe neu eingeführte Produktentstehung im Zusammenhang mit der Qualitätsplanung vor der Markteinführung wurde in der dritten ISO/TS 16949:2009 der Produktrealisierung den Kapiteln 7.1 bis 7.3 zugeordnet. Die in Kapitel 7.3 aufgeführte Produktentwicklung und Produktionsprozessentwicklung ist auch auf Fehlervermeidung ausgerichtet.

11.2.2 Umweltmanagement (UM)

DIN EN ISO 14001:2009

Die Normenreihe ISO 14000 ff. baut auf der englischen Norm BS 7750 auf. Sie befasst sich ausschließlich mit Managementsystemen zum Schutz der Umwelt. Als Nachweis für Zertifizierungen gilt die DIN EN ISO 14001:2009. Der Überarbeitung der Erstausgabe von 1996 wurde erhebliche Bedeutung beigemessen. Die Struktur für die neue DIN EN ISO 14001:2009 wurde von den Vorgängernormen übernommen.
Änderungen beziehen sich vor allem auf

- eine Verbesserung der Klarheit und Lesbarkeit der Norm
- eine Verbesserung der Kompatibilität zu DIN EN ISO 9001:2008
- eine inhaltliche Ergänzung bezüglich der Bewertungen zum Einhalten von Rechtsvorschriften.

Die Norm ISO 14001:2009 beinhaltet folgende Kapitel:

1 Anwendungsbereich
2 Normative Verweisungen
3 Begriffe
4 Anforderungen an ein Umweltmanagementsystem
4.1 Allgemeine Anforderungen
4.2 Umweltpolitik
4.3 Planung
4.3.1 Umweltaspekte
4.3.2 Rechtliche Verpflichtungen und andere Anforderungen
4.3.3 Zielsetzungen, Einzelziele und Programme
4.4 Verwirklichung und Betrieb
4.4.1 Ressourcen, Aufgaben, Verantwortlichkeit und Befugnis
4.4.2 Fähigkeit, Schulung und Bewusstsein
4.4.3 Kommunikation
4.4.4 Dokumentation
4.4.5 Lenkung von Dokumenten
4.4.6 Ablauflenkung
4.4.7 Notfallsorge und Gefahrenabwehr
4.5 Überprüfung
4.5.1 Überwachung und Messung
4.5.2 Bewertung der Einhaltung von Rechtsvorschriften
4.5.3 Nichtkonformität, Korrektur- und Vorbeugungsmaßnahmen
4.5.4 Lenkung von Aufzeichnungen
4.5.5 Internes Audit
4.6 Managementbewertung

Die Anforderungen an das Umweltmanagementsystem sind im Kapitel 4 enthalten und sollen eine kontinuierliche Verbesserung bewirken (Abb. 11.3).
Im Kern der Normen stehen die Umweltaspekte:

- Emissionen wie Lärm, Geruch, Staub, Erschütterungen, optische Einflüsse
- Energie und Wärme
- Rohstoffe und Abfälle (Recycling)
- Wasser
- Kontaminierung von Erdreich
- Unfälle
- Einhaltung von Vorschriften.

Diese Umweltaspekte sind in allen Bereichen eines Unternehmens regelmäßig zu erfassen. Ein Umweltmanagementsystem soll die stetige Verminderung der Umweltbelastungen durch das Unternehmen sicherstellen.

Öko-Audit-Verordnung (EWG Nr. 761/2001), EMAS II

Im Gegensatz zur ISO 14001, die von Normengremien aufgestellt wurde, hat sich die Öko-Audit Verordnung der EU, auch kurz EMAS (Environmental Management and Audit Scheme) genannt, in der Wirtschaft entwickelt.
Das Konzept der internationalen Handelskammern (ICC) wurde Anfang der 90er Jahre von der EU-Kommission auf-

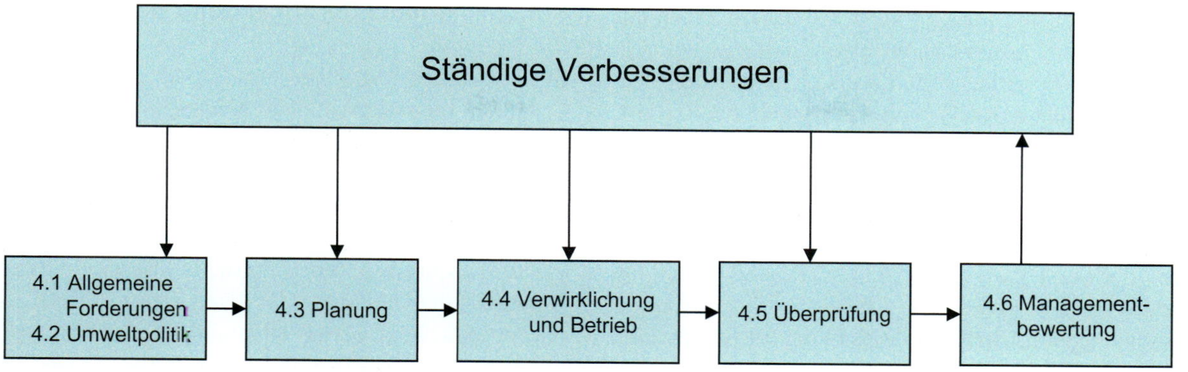

Abb. 11.3 Modell des Umweltmanagementsystems zur kontinuierlichen Verbesserung

II

gegriffen und daraus eine EU-Verordnung abgeleitet. Die Verantwortung zur Prüfung und Überwachung der Einhaltung der Forderungen der Öko-Audit-Verordnung wurde an die Behörden übertragen. Seit dem Jahr 2001 ist die EMAS II (EWG-Nr. 761/2001) gültig.

Wie bei Normen hat die Verordnung zum Ziel, die Umweltbeeinträchtigungen durch Unternehmen stetig zu verringern. Die Öko-Audit-Verordnung schreibt mehr Details zum Managementsystem vor und verlangt ausdrücklich eine Öffentlichkeitsarbeit in Form einer Umwelterklärung, die bei ISO 14001 nicht gefordert ist.

Unternehmen, die bereits das DIN EN ISO 14001-Zertifikat erhalten haben, sollen stufenweise in das europäische Validierungssystem integriert werden können. Deshalb wird die Anwendung der Norm als Basis für eine EMAS-Teilnahme anerkannt.

Ziel der Neuerungen ist eine Steigerung der Attraktivität und des Bekanntheitsgrades sowie eine Verbesserung des Praxisbezugs, d. h.

- Ausweitung auf alle Branchen
- Berücksichtigung indirekter Umweltaspekte, z. B. Investitionen, Dienstleistungen
- Annäherung an die Norm ISO 14001
- Einhaltung der Rechtskonformität
- Verbesserung der Umweltleistung unter Berücksichtigung messbarer Umweltdaten
- Beteiligung der Arbeitnehmer durch Arbeitskreise, betriebliches Vorschlagswesen
- Unterstützung von KMU (kleine und mittlere Unternehmen)

11.2.3 Sicherheitsmanagement (SIM)

Das neue Arbeitsschutzgesetz vom 21. August 1996 setzt die EG-Rahmenrichtlinie Arbeitsschutz in deutsches Recht um. Es gilt für Unternehmer und Beschäftigte in sämtlichen Betrieben.

Der Arbeitsschutz ist in Deutschland seit Jahrzehnten bereits in vielen Gesetzen und Verordnungen, aber auch in den Unfallverhütungsvorschriften der Berufsgenossenschaften geregelt worden. Diese Bestimmungen bleiben weiterhin bestehen.

Da die EG-Richtlinien auch in den anderen Mitgliedsländern umgesetzt werden müssen, bleibt die Wettbewerbssituation für alle Konkurrenten der Europäischen Union im Hinblick auf die geforderten Arbeitsschutzmaßnahmen die gleiche.

Das neue Arbeitsschutzgesetz regelt für alle Tätigkeitsbereiche die grundlegenden Pflichten der Arbeitgeber und die Pflichten und Rechte der Beschäftigten.

Verantwortlich für den Arbeitsschutz ist der Arbeitgeber. Er hat den Arbeitschutz in seinem Betrieb richtig zu organisieren, zu finanzieren, in seine Führungsebene einzubinden und die Mitwirkung der Beschäftigten zu gewährleisten. Darüber hinaus wird der Arbeitgeber zu einer stetigen Verbesserung der Arbeitsbedingungen verpflichtet.

Der Arbeitgeber hat weiter eine umfassende Ermittlung und Beurteilung aller mit der Arbeit verbundenen Gefahren durchzuführen (Gefährdungsbeurteilung), entsprechende Schutzmaßnahmen einzuleiten, sie regelmäßig zu überprüfen und an neue Situationen anzupassen. Außerdem muss er das Ergebnis der Überprüfung in einer Dokumentation festhalten.

Durch eine Einbindung des Arbeitsschutzes in die Unternehmenspolitik ist eine Umsetzung im Rahmen eines Managementsystems sichergestellt.

OHSAS 18001:2007

Der Leitfaden „British Standard 8800“ (BS 8800) wurde 1999 durch die zertifizierungsfähige Spezifikation „Occupational Health and Safety Assessment Series“ (OHSAS 18001) ergänzt. OHSAS 18001:2007 hat den gleichen Aufbau wie die bestehenden Managementsysteme ISO 9001

II

und ISO 14001 und wird vor allem bei Unternehmen mit internationalen Partnerschaften angewandt.
Diese OHSAS-Norm legt Anforderungen an das A&G-Managementsystem (Arbeits- und Gesundheitsschutz) fest, die es einer Organisation ermöglichen, eine Politik sowie Ziele zu entwickeln und umzusetzen, die rechtliche Forderungen und Informationen zu bestehenden A&G-Risiken berücksichtigen. Die Grundlage für diese Vorgehensweise ähnelt der Darstellung in Abbildung 11.3 und enthält folgende Prozessschritte:

- Festlegung der Arbeits- und Gesundheitsschutzpolitik
- Planung
- Implementierung und Durchführung
- Kontroll- und Korrekturmaßnahmen
- Bewertung durch die oberste Leitung
- Kontinuierliche Verbesserung

Der Erfolg des Systems hängt vom Engagement aller Ebenen und Funktionen der Organisation ab, insbesondere vom Engagement der obersten Führungskraft.
Die Anforderungen an A&G-Managementsysteme sind in folgenden Kapiteln beschrieben:

1 Anwendungsbereich
2 Referenzen und Veröffentlichungen
3 Begriffe
4 Anforderungen an ein A&G-Managementsystem
4.1 Allgemeine Anforderungen an ein A&G-Managementsystem
4.2 A&G-Politik
4.3 Planung
4.3.1 Gefährdungserkennung, Risikobeurteilung und Festlegung der Schutzmaßnahmen
4.3.2 Rechtliche Verpflichtungen und andere Anforderungen
4.3.3 Zielsetzungen und Programme
4.4 Verwirklichung und Betrieb
4.4.1 Ressourcen, Aufgaben, Verantwortlichkeit, Rechenschaftspflicht und Befugnis
4.4.2 Fähigkeit, Schulung und Bewusstsein
4.4.3 Kommunikation, Mitwirkung und Beratung
4.4.4 Dokumentation
4.4.5 Lenkung von Dokumenten
4.4.6 Ablauflenkung
4.4.7 Notfallvorsorge und Gefahrenabwehr
4.5 Überprüfung
4.5.1 Leistungsmessung und Überwachung
4.5.2 Bewertung der Einhaltung von Rechtsvorschriften
4.5.3 Vorfalluntersuchung, Nichtkonformität, Korrektur- und Vorbeugungsmaßnahmen
4.5.4 Lenkung von Aufzeichnungen
4.5.5 Internes Audit
4.6 Managementbewertung

SCC: Sicherheits-Certifikat-Contraktoren

In Deutschland wird bisher das System SCC (Sicherheits Certifikat Contraktoren) am häufigsten angewandt. Es sind vor allem Unternehmen, die Anlagen herstellen bzw. betreiben, die dieses Regelwerk eingeführt haben. Das System SCC hat seinen Ursprung in der petrochemischen Industrie. Es beschreibt im Wesentlichen ein Verfahren zur Zertifizierung eines Sicherheits-, Gesundheits- und Umweltschutz-Managementsystems. Den Kern des „Normativen SCC-Regelwerks" bildet eine in zwölf Kapitel gegliederte SCC-Checkliste mit insgesamt 49 Fragen. Eine Auflistung der SCC-Kapitel zeigt Abbildung 11.4.
Die Inhalte beziehen sich auf alle Unternehmensbereiche, wie z. B.

- Management und Beauftragte
- Personalwesen
- Geschäftsprozesse
- unterstützende Prozesse zur Überwachung und Lenkung der Geschäftsprozesse
- Geschäftsprozesssteuerung zur kontinuierlichen Verbesserung.

Für eine Zertifizierung, die nur ein akkreditierter Zertifizierer durchführen darf, müssen

- für ein eingeschränktes Zertifikat mindestens 27 Pflichtfragen zu 100 % erfüllt sein.
- für ein uneingeschränktes Zertifikat 40 Pflichtfragen zu 100 % erfüllt sein und mindestens 5 der möglichen 9 Ergänzungsfragen positiv beantwortet werden.

SCC-Schwellwerte bezüglich Unfallhäufigkeit sind für Erstzertifizierung und Rezertifizierung abgestuft geregelt.
Für Unternehmen mit weniger als 35 Beschäftigten entscheidet der SCC-Auditor bei Überschreitung der zulässigen Unfallhäufigkeit, ob er dem SCC-Koordinator empfiehlt, das Unternehmen zu zertifizieren.

OHRIS:2005

OHRIS als Bayerischer Modellentwurf für Entwicklung, Gestaltung, Einführung/Integration eines Managementsystems für Arbeitsschutz und Anlagensicherheit (Occupational Health and Risk Management) orientiert sich an den ISO-Normen 9001 und 14001.
Die Abfolge und der Aufbau der verwendeten Systemelemente wurden so strukturiert, dass sie sich gut in ein prozessorientiertes IMS zuordnen lassen:

1 Verantwortung der obersten Leitung
1.1 Politik und Strategie für Arbeitsschutz und Anlagensicherheit
1.2 Ziele für Arbeitsschutz und Anlagensicherheit

		VORHANDEN	
		JA	NEIN
1.	**Sicherheit, Gesundheit und Umweltschutz (SGU): Politik, Organisation und Engagement des Managements**		
2.	**Gefährdungsbeurteilung**		
3.	**SGU-Schulung, -Information und -Unterweisung**		
4.	**SGU-Bewusstsein**		
5.	**SGU-Projektplan**		
6.	**Umweltschutz**		
7.	**Vorbereitung auf Notfallsituationen**		
8.	**SGU-Inspektionen**		
9.	**Betriebsärztliche Betreuung**		
10.	**Beschaffung und Prüfung von Maschinen, Geräten, Ausrüstungen und Arbeitsstoffen**		
11.	**Beschaffung von Dienstleistungen**		
12.	**Meldung, Registrierung und Untersuchung von Unfällen, Beinaheunfällen und unsicheren Situationen**		

Abb. 11.4
SCC-Checkliste (Sicherheits Certifikat Contraktoren) Version 2011: Checkliste zur Beurteilung des SGU-Managementsystems von Kontraktoren

II

1.3 Organisatorische Strukturen
1.4 Bereitstellung der Mittel
2 Organisation
2.1 Verknüpfbarkeit von Managementsystemen
2.2 Aufbau und Ablauf im Managementsystem
2.3 Ausschüsse und Arbeitskreise
2.4 Mitwirkung und Mitbestimmung
2.5 Rechte und Pflichten der Beschäftigten
2.6 Eignung der Beschäftigten
2.7 Schulung
2.8 Interne und externe Kommunikation
2.9 Dokumentation
3 Planung und Umsetzung
3.1 Verpflichtungen
3.2 Ermittlung sicherheitsrelevanter Arbeiten, Abläufe und Prozesse
3.3 Ermittlung von Gefährdungen; Bewertung von Risiken
3.4 Minimierung von Gefahren, Gefährdungen und Risiken
3.5 Arbeitsmedizinische Vorsorge, Gesundheitsförderung
3.6 Regelungen für Betriebsstörungen und Notfälle
3.7 Beschaffung
3.8 Zusammenarbeit mit Auftragnehmern
3.9 Berücksichtigung von Änderungen
4 Prüfung und Bewertung
4.1 Bestandsaufnahme
4.2 Überprüfung und Überwachung
4.3 Interne Audits
4.4 Bewertung des Managementsystems
5 Verbesserung
5.1 Kontinuierlicher Verbesserungsprozess
5.2 Korrekturmaßnahmen und
5.3 Aktionsprogramme

Der Bayerische Modellentwurf OHRIS hat sich in der Praxis bewährt, ähnlich wie OHSAS 18001, und ist für die obersten Arbeitsschutzbehörden der Länder in Deutschland die Grundlage, die deutschen Interessen im Rahmen der Mitarbeit an dem internationalen Leitfaden ILO (International Labour Organisation) wirkungsvoll zu vertreten.

II

11.3 Grundlagen zum Integrierten Managementsystem (IMS)

11.3.1 Integrierbarkeit und Synergieeffekte

Managementsysteme umfassen im Wesentlichen
- Managementprozesse zur Unternehmensführung
- Geschäftsprozesse
- unterstützende Prozesse
- Geschäftsprozesssteuerung.

Mit der Integrierbarkeit wird die Frage gestellt, wie sich die Elemente der Normen bzw. Regelwerke inhaltlich bei den o.g. Prozessen zuordnen lassen (Abb. 11.5).
Bei Betrachtung der Dokumentationspyramide erfolgen die inhaltlichen Zuordnungen jeweils zu den firmenspezifischen und prozessorientierten Handbüchern I, II und III. Bei Handbuch I sind es Aufgaben, Ziele, Kennzahlen und Übersichten zu Verfahrensanweisungen mit Verantwortungen, die für alle Kapitel durchgängig mit den zutreffenden Elementen von QM, UM und SIM zu ergänzen sind. Handbuch II mit den Verfahrensanweisungen wird üblicherweise in das Handbuch I integriert. Auch bei den Verfahrensanweisungen sind durchgängig bezüglich der Aktivitäten, Verantwortungen, Mitwirkungen und Dokumente bzw. Aufzeichnungen die zutreffenden Inhalte der QM-, UM- und SIM-Elemente zu berücksichtigen.
Ähnlich verhält es sich bezüglich der Integration bei Handbuch III, das vor allem die Arbeitsanleitungen, Checklisten und Formblätter enthält.
Voraussetzung für eine übersichtliche und vollständige Integration ist, dass alle drei Handbücher (I, II, III) die gleiche Struktur bzw. Gliederung haben. Eine bewährte Struktur umfasst vor allem folgende Kapitel: Management, Geschäftsprozesse, unterstützende Prozesse und Geschäftsprozesssteuerung.
Nachfolgend werden zu den einzelnen Kapiteln Elemente genannt, die sowohl für QM, UM als auch für SIM von Bedeutung sind.
Kapitel Management:
- Unternehmensführung mit Politik, Geschäftsplanung, Aufbau- und Ablauforganisation, Personalentwicklung, Mitarbeiterorientierung, Lieferanten, Strategien und Infrastruktur
- Unternehmensergebnisse und -steuerung, Kunden- und Mitarbeiterzufriedenheit, Geschäftsergebnisse mit Kennzahlen

Kapitel Geschäftsprozesse:
- Marketing, Vertrieb, Entwicklung, Planung der Produktion bzw. Dienstleistungen, Beschaffung, Logistik, Produktion bzw. Dienstleistungserbringung, Service

Kapitel Unterstützende Prozesse:
- Prüfungen, Prüfmittel, Lenkung fehlerhafter Produkte und Prozesse
- Kennzeichnung und Rückverfolgbarkeit, Lenkung von Dokumenten, Daten und Aufzeichnungen

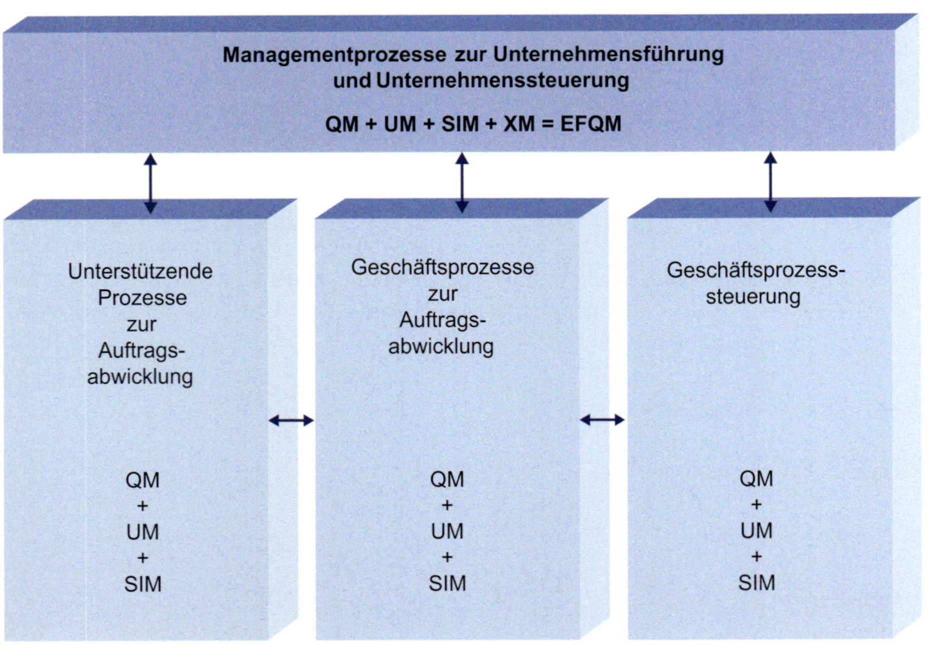

Abb. 11.5
Integration von QM, UM und SIM

Kapitel Geschäftsprozesssteuerung:
- Korrektur- und Vorbeugungsmaßnahmen
- Interne Systemaudits und Prozessaudits
- Datenanalyse und Maßnahmen zu Verbesserungen.

Die Gestaltung der Handbücher mit den Verfahrensanweisungen und Arbeitsanleitungen erfolgt im interdisziplinären Rahmen zu QM, UM und SIM. Daraus resultieren Synergieeffekte, die zu Steigerungen der Fachkompetenz, Methodenkompetenz und Sozialkompetenz der Mitarbeiter beitragen (Abb. 11.6).

Einige Beispiele sollen dies verdeutlichen. Die methodische Vorgehensweise und Kompetenz zum Risikomanagement lässt sich ausgehend vom Qualitätsmanagement auch auf das Umweltmanagement und Sicherheitsmanagement übertragen. Kenntnisse und Erfahrungen von QM bei der Durchführung von Risikoanalysen bei Produkten und Prozessen mit den Arbeitsschritten zu Systemstruktur, Funktionsstruktur, Risikobewertung und Optimierung können für UM und SIM genutzt werden.
Die fachliche Kompetenz wird z. B. durch Teamarbeit zu QM, UM und SIM erweitert. Mitarbeiter, die im IMS-Projekt eingebunden sind, erreichen dadurch praktische Erfahrungen bei der Planung, Einführung und Betreuung von QM-, UM- und SIM- Systemen.
Die soziale Kompetenz, eine nicht zu unterschätzende Komponente, lässt sich ebenso durch Teamarbeit bei der Integration von QM, UM und SIM zu IMS fördern.

11.3.2 Prozessorientierte Darstellung

Die prozessorientierte Struktur eines Managementsystems ist eine Darstellungsform, die in letzter Zeit in den Unternehmen immer häufiger zu finden ist. Seit Einführung der ISO 9001:2000 und in Fortschreibung mit ISO 9001:2008 hat sich dieser Trend verstärkt.
Aufbau und Struktur der Handbücher orientieren sich an den unternehmensspezifischen Prozessen. Dies bedeutet, dass als Grundlage zu ermitteln ist, welche Auftragsarten durch das Unternehmen abgewickelt werden. Dies können z. B. Entwicklungsaufträge, Vorserienaufträge, Projektaufträge, Klein- und Großserienaufträge sein. Da die Abwicklung unterschiedlicher Auftragsarten auch eine unterschiedliche Beteiligung der Abteilungen/Fachbereiche und damit unterschiedliche Geschäftsprozesse bedeutet, ist es hierbei besonders wichtig, die Schnittstellen zwischen den einzelnen Geschäftsprozessen zu definieren.
Management-Handbücher können dementsprechend in die folgenden vier Kapitel gegliedert werden, wobei die Untergliederung der Kapitel direkt von den unternehmensspezifischen Gegebenheiten abhängt, wie z. B.:

I MANAGEMENT
- Unternehmensführung
- Unternehmensergebnisse und Unternehmenssteuerung

II GESCHÄFTSPROZESSE
- Vertrieb
- Entwicklung und Konstruktion

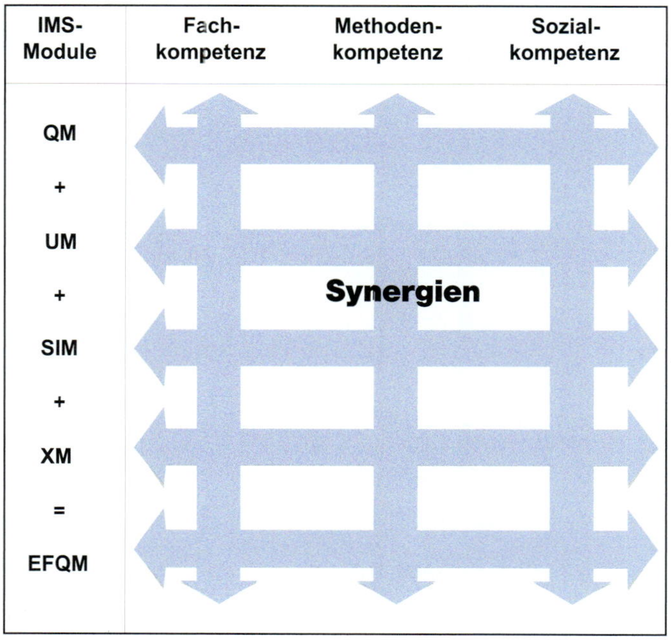

Abb. 11.6
Synergieeffekte durch IMS

- Produktionsplanung
- Materialwirtschaft
- Produktion
- Qualitätssicherung
- Kundendienst

III UNTERSTÜTZENDE PROZESSE
- Projektmanagement
- Lenkung der Produktqualität
- Lenkung der Prozessqualität
- Lenkung von Vorgabe- und Nachweisdokumenten

IV GESCHÄFTSPROZESSSTEUERUNG
- Korrektur- und Vorbeugungsmaßnahmen
- Interne Audits

Basis für diese Struktur war die firmenspezifische Ablauforganisation (Abb. 11.7).

11.3.3 Auswahl von Managementsystem-Modulen

Die Auswahl von Managementsystemen lässt sich methodisch in fünf Grundschritte unterteilen:
1. Festlegung der Unternehmensstrategie
2. Bestandsaufnahme
3. Analyse und Zielvorstellungen
4. Konzeption der Systemübersicht mit IMS-Modulen
5. Bewertung und Auswahl

Der abschließende Grundschritt beinhaltet die Projektplanung und Realisierung.

zu 1 Festlegung der Unternehmensstrategie

Die Unternehmensstrategie wird vorzugsweise von einem Management- Lenkungsgremium entwickelt und festgelegt. Strategien zur Weiterentwicklung leiten sich vor allem aus Visionen ab. Dabei beziehen sich die Unternehmensstrategien auch auf Qualitätsmanagement-, Umweltmanagement- und Sicherheitsmanagementsysteme und das EFQM-Modell (European Foundation Quality Management).
Die QM- Strategie kann beinhalten:
- nur ISO-9001-Elemente
- ISO-9001-Elemente und VDA 6.1
- ISO-9001-Elemente, ISO/TS 16949 und EFQM

Als Kriterien zur Auswahl können herangezogen werden:
- Marktforderungen
- Wettbewerbsvorteile

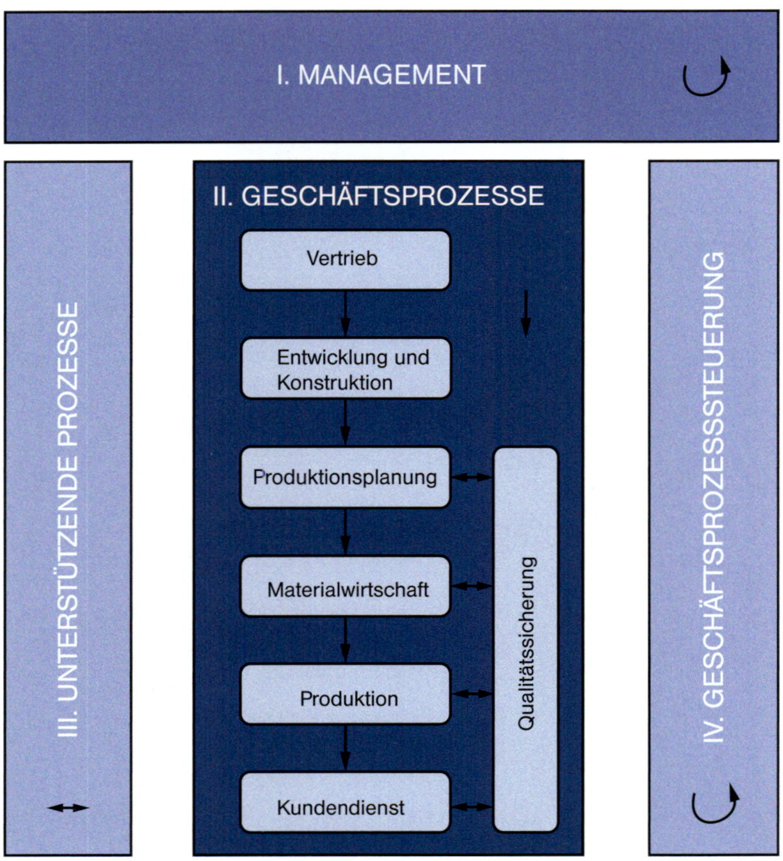

Abb. 11.7
Struktur und Gliederung eines prozessorientierten Management-Handbuches

- Reduzierung des Haftungsrisikos
- Reorganisation und Wirtschaftlichkeit

Die UM-Strategie kann beinhalten:
- eine individuelle Konzeption, wie z. B. Vermeidung, Verwertung, geordnete Ablagerung von Abfällen
- ein UM-System nach ISO 14001
- eine Ausrichtung nach EMAS II (Environmental Management and Audit Scheme)
- eine Kombination von ISO 14001 und EMAS

Als Kriterien zur Auswahl können herangezogen werden:
- Kundenforderungen
- Wettbewerbsvorteile
- Erfüllung der gesetzlichen Vorschriften
- Reduzierung des Haftungsrisikos

Die SIM-Strategie kann beinhalten:
- eine individuelle Konzeption mit Unfallverhütungsvorschriften, Arbeitsschutzgesetz
- ein SIM-System nach SCC bzw. OHRIS

Als Kriterien zur Auswahl können herangezogen werden:
- die notwendige Umsetzung von gesetzlichen Vorschriften
- die Verbesserung der Arbeitsorganisation und Arbeitsplatzgestaltung
- Kundenforderungen

zu 2 Bestandsaufnahme

Die Bestandsaufnahme orientiert sich an der festgelegten Unternehmensstrategie. Dabei sollte die Erfassung des Ist-Zustandes sich auf die Bereiche
- Markt und Produkte
- gesetzliche Rahmenbedingungen
- Unternehmensorganisation

beziehen.
Mit einer Kundenbefragung kann vor allem die Bedeutung der weiteren Qualifizierung des Unternehmens nach Regelwerken zu QM, UM und SIM erfasst werden.
Gesetzliche Vorschriften für Produkte, die im Einsatz eine Gefahrenquelle sein können, fordern die Anwendung entsprechender Regelwerke. Zum Beispiel ergibt sich aus dem Medizinproduktegesetz die notwendige Zertifizierung nach ISO 9001 und EN 46001 bzw. ISO 13485.
Unternehmen, die sich mit den Abfallproblematiken befassen müssen, sind ebenso angehalten, die gesetzlichen Auflagen unter Berücksichtigung der ISO 14001 zu erfüllen.
Sicherheitsvorschriften wie z. B. die Unfallverhütungsvorschriften UVV bzw. BGR, Maschinenschutzgesetz, Arbeitsschutzgesetz u. a. sind auch bei der Bestandsaufnahme mit einzubeziehen.
Für eine Bestandsaufnahme im Unternehmen sind ausgewählte Normen und Regelwerke heranzuziehen. Vorteilhaft ist dabei, eine Checkliste zu verwenden, die die Elemente der ausgewählten Normen und Regelwerke enthält.
Bei der Erfassung des Ist-Zustandes sind alle Unternehmensbereiche einzubeziehen.

zu 3 Analyse und Zielvorstellungen

Durch den Vergleich der Unternehmenssituation mit der Unternehmensstrategie und einer Analyse zu den nennenswerten Abweichungen lassen sich bezüglich
- Markt und Produkte
- Rahmenbedingungen
- Unternehmen

die konkreten Projektziele ableiten.
Die Ziele sollten dann beschrieben werden mit
- Inhalt
- Maßvorgaben
- Terminen

und können sich auf QM, UM und SIM beziehen.
Das nachfolgende Beispiel zu groben Zielvorstellungen zeigt jeweils Inhalt, Maßvorgaben und Terminvorstellungen:

Inhalt

- Einführung eines IMS mit QM, UM und SIM

Maßvorgaben

- Konzeption eines firmenspezifischen IMS-Handbuchs und Zuordnung der IMS-Elemente nach Regelwerken
- Konzeption der Managementprozesse als Regelkreis mit Unternehmensführung und -steuerung und Anwendung von Kennzahlen
- Festlegung der Auftragsarten und Geschäftsprozesse mit den zugeordneten Aufgaben, Kennzahlen und Verfahrensanweisungen
- Anwendung der prozessorientierten Darstellung und weitgehende Visualisierung der Abläufe
- Zuordnung der unterstützenden Prozesse mit Mehrfachanwendung zu einem gemeinsamen Kapitel
- Konzeption der Verfahren zur Geschäftsprozesssteuerung
- Anwendung des Simultaneous Engineering bei der Einführung von IMS.

II

Termin- bzw. Zeitvorgaben

QM-Einführung
Start: IMS-Freigabe durch das Lenkungsgremium
Endtermin: 6 Monate nach Freigabe
UM-Einführung
Start: 3 Monate nach IMS-Freigabe
Endtermin: 9 Monate nach IMS-Freigabe
SIM-Einführung
Start: 6 Monate nach IMS-Freigabe
Endtermin: 12 Monate nach IMS-Freigabe

zu 4 Konzeption der Systemübersicht mit IMS-Modulen

Eine Systemübersicht mit den modularen IMS-Regelwerken kann sich aus folgenden Komponenten zusammensetzen:

- QM mit ISO 9001 als Basiskonzept
- QM mit VDA 6.1 bzw. ISO/TS 16949 als Zusatzmodule
- UM mit ISO 14001 als Zusatzmodul
- UM mit EMAS II als Zusatzmodul
- SIM mit SCC als Zusatzmodul
- SIM mit OHRIS bzw. OHSAS 18001 als Zusatzmodul.

Die Basis für den modularen Aufbau bildet die ISO 9001:2008. Ausgewählte Zusatzmodule werden in das Basiskonzept integriert. Abbildung 11.8 zeigt eine Systemübersicht mit ausgewählten Modulen.
Ein ausführliches unternehmensspezifisches IMS-Konzept wird in Kapitel 11.3.5 beschrieben.

zu 5 Bewertung und Auswahl

Die Bewertung und Auswahl einer unternehmensorientierten IMS-Systemübersicht richtet sich nach den firmenspezifischen Zielvorstellungen unter Berücksichtigung der Maßvorgaben und Terminvorstellungen. Maßvorgaben beinhalten auch Betrachtungen zu Nutzen und Aufwand, die in Kapitel 11.3.4 beschrieben werden. Terminvorstellungen werden im Rahmen eines Ablaufplanes in Kapitel 11.3.6 dargestellt.
Das entscheidungsreife IMS-Konzept mit z.B. ISO 9001, ISO 14001 und OHRIS wird durch das IMS-Team unter Leitung eines IMS-Beauftragten vorbereitet und dem Lenkungsgremium zur Freigabe vorgelegt.
Das nachfolgende Beispiel zeigt in einer Kurzfassung Bewertungskriterien zu Nutzen und Aufwand.

Nutzen

QM-Basiskonzept ISO 9001

- Steigerung der Wettbewerbsfähigkeit
- Verbesserung der internen und externen Zusammenarbeit
- Reduzierung der Prozesskosten und Kosten für Nichtqualität
- Verkürzung der Auftragsdurchlaufzeit
- Verbesserung des Deckungsbeitrags
- Reduzierung des Produkthaftungsrisikos

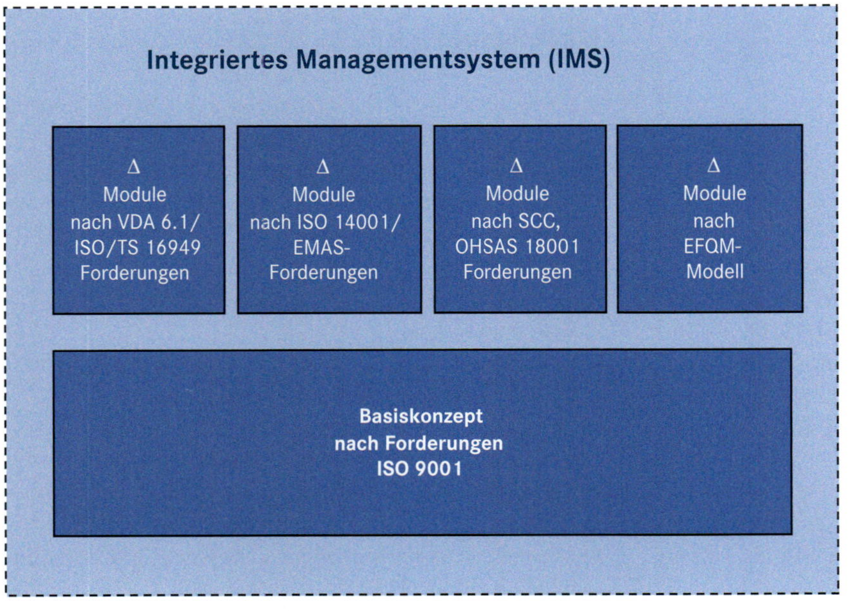

Abb. 11.8
Systemübersicht mit Management-Modulen

UM nach ISO 14001 (EMAS)
- Marktvorteile durch umweltverträgliche Produkte
- Reduzierung der Prozesskosten durch Einsparung bei Energie, Material und Hilfsstoffen
- Verbesserung des Deckungsbeitrags

SIM nach SCC bzw. OHRIS
- Steigerung der Mitarbeiterressourcen durch prozessorientierte Arbeitsplatzgestaltungen
- Reduzierung der Prozesskosten durch entsprechende Arbeitsplatzgestaltung
- Reduzierung bzw. Vermeidung von Sicherheitsrisiken

Aufwand

- sprungfixe Aufwendungen für IMS-Planung
- sprungfixe Aufwendungen für IMS-Einführung
- variable Aufwendungen für IMS-Systembetreuung

11.3.4 Nutzen und Aufwand

Mit den Ansätzen zur Nutzwertanalyse werden dem Nutzen bei der Anwendung des IMS die Aufwendungen für die Planung, Einführung und Systembetreuung gegenübergestellt.

Nutzen

Die möglichen Potenziale gelten für alle IMS-Bereiche QM, UM und SIM und beziehen sich vor allem auf die Bereiche
- Markt und Produkte
- Unternehmensführung
- Geschäftsprozesse
- Mitarbeiter
- Unternehmensergebnisse und Unternehmensweiterentwicklung

Zunächst werden QM, UM und SIM hinsichtlich Weiterentwicklung und Nutzen getrennt betrachtet und dann abschließend der Nutzen durch das IMS qualitativ beurteilt.

QM-ISO 9001 als Basis
Die Einführung und Anwendung eines prozessorientierten QM-Systems nach ISO 9001 kann folgende Vorteile bieten:
- Steigerung der Wettbewerbsfähigkeit
- Verbesserung der Organisationsstruktur und Auftragsabläufe
- klare Leitlinien für Mitarbeiter
- Verbesserung der Zusammenarbeit mit Mitarbeitern
- Reduzierung des Produkthaftungsrisikos
- Verbesserung der Wirtschaftlichkeit

Zusammenfassend kann der Nutzen sein:
- eine Reduzierung der Prozesskosten und Kosten für Nichtqualität
- eine Verkürzung der Auftragsdurchlaufzeit
- eine Verbesserung des Deckungsbeitrages

QM nach VDA 6.1 bzw. ISO/TS 16949
Die Weiterentwicklung des Basiskonzeptes ISO 9001 nach den Regelwerken Band VDA 6.1 bzw. ISO/TS 16949 beinhaltet:
- Einführung/Weiterentwicklung der Geschäftspläne
- Einführung/Weiterentwicklung durch das Risikomanagement
- Weiterentwicklung des Prozessmanagements mit Prozessfähigkeit und Prozessregelung
- strukturierte Dokumentation unter Berücksichtigung der Produzentenhaftung
- kontinuierliche Verbesserung der Produkte, Prozesse und Serviceleistungen
- Bilanzierung der Unternehmensergebnisse und Weiterentwicklung

Zusammenfassend kann der Nutzen sein:
- eine Verbesserung der Auftragsbilanz
- eine Reduzierung der Produkt- und Prozesskosten und Kosten für Nichtqualität
- eine Verkürzung der Durchlaufzeiten bei Entwicklungs- und Kundenprojekten
- eine Verbesserung der Deckungsbeiträge

UM nach ISO 14001 bzw. EMAS II
Die Weiterentwicklung des IMS-Konzeptes mit Ressourcen aus dem Umweltmanagement beinhaltet:
- Integration der Umweltpolitik in die Unternehmenspolitik
- Integration der UM-Elemente bei der Unternehmensführung
- Integration der UM-Elemente bei den Geschäftsprozessen
- Integration der UM-Elemente bei den unterstützenden Prozessen
- Integration der UM-Elemente bei Geschäftsprozesssteuerung

Zusammenfassend kann der Nutzen sein:
- ein Marktvorteil durch umweltverträgliche Produkte
- eine Reduzierung der Prozesskosten durch Einsparung bei Energie, Material, Hilfsstoffen, Wertstoffgewinnung und vorschriftsmäßige Entsorgung
- eine Verbesserung des Deckungsbeitrages

II

II

SIM nach SCC bzw. OHRIS
Die Weiterentwicklung des IMS-Konzeptes beinhaltet:
- Integration der SIM-Politik in die Unternehmenspolitik
- Integration der SIM-Elemente bei der Unternehmensführung
- Integration der SIM-Elemente bei den Geschäftsprozessen
- Integration der SIM-Elemente bei den unterstützenden Prozessen
- Integration der SIM-Elemente bei Geschäftsprozesssteuerung

Zusammenfassend kann der Nutzen sein:
- ein Marktvorteil bei Auftragsvergabe (z. B. bei Anlagenprojekten)
- eine Reduzierung der Prozesskosten durch entsprechende Arbeitsplatzgestaltung
- eine Reduzierung bzw. Vermeidung von Sicherheitsrisiken bei den Prozessen

IMS mit Integration von UM und SIM in QM
Die Anwendung des IMS mit QM, UM und SIM führt zur effektiven Einführung und Nutzung des IMS:
- Vermeidung von separaten Organisationshandbüchern
- Reduzierung der Investitions- und Betreuungskosten (IMS-Audits)
- Reduzierung der Projektzeiten bei der IMS-Einführung
- Förderung der Unternehmensweiterentwicklung
- Erweiterung der Mitarbeiterqualifikationen
- Steigerung der nationalen und internationalen Wettbewerbsfähigkeit

Aufwandsbetrachtung

Die Aufwendungen beziehen sich im Wesentlichen auf die Phasen der Planung, der Einführung und der Systembetreuung.
Generell sind die Investitionen und die laufenden Aufwendungen geringer, wenn folgende Gesichtspunkte berücksichtigt werden:
- gezielte und umfassende Auswahl von IMS-Modulen
- Projektplanung mit Terminüberwachung und Kostencontrolling
- Einbindung von Management und Mitarbeitern bei Planung und Einführung
- Konzeption einer stabilen Aufbauorganisation
- Optimierung der firmenspezifischen Ablauforganisation mit Prozessorientierung

Mit der Einführung und Anwendung des IMS werden Doppelarbeiten vermieden, die dadurch zu Einsparungspotenzialen führen, wie in Abbildung 11.9 qualitativ gezeigt wird.
Im Rahmen der Planungsphase wird hauptsächlich das IMS-Handbuch erstellt, das in der Einführungsphase weiter zu aktualisieren ist. Folgende Projektaufgaben sind vorzugsweise in der entsprechenden Reihenfolge zu bearbeiten:

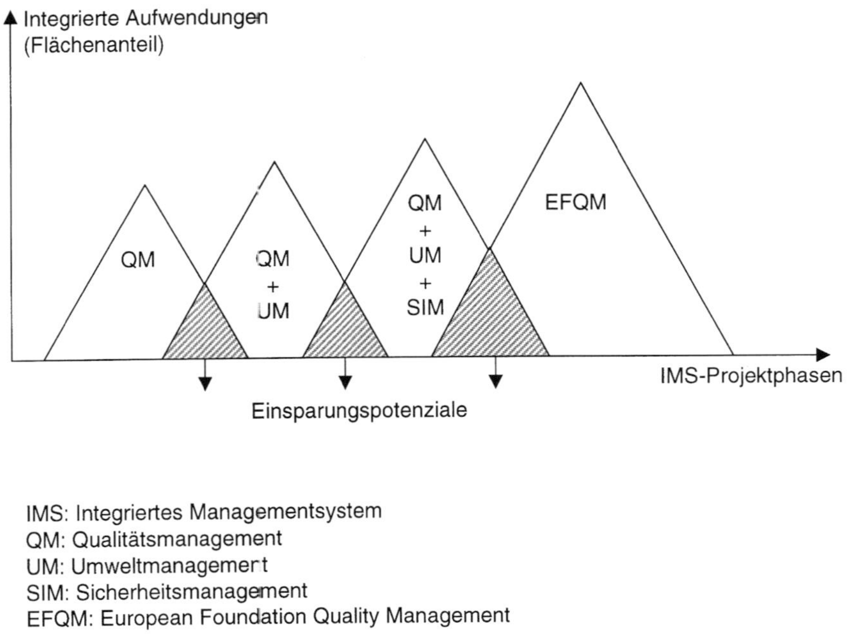

Abb. 11.9
Einsparungspotenziale durch IMS

- die Festlegung der Aufbau- und Ablauforganisation mit den Verantwortlichkeiten
- die Festlegung der Handbuchstruktur
- die Konzeption des Managementkapitels
- die Konzeption der Geschäftsprozesse (Auftragsabläufe)
- die Konzeption der unterstützenden Prozesse (wie z. B. Lenkung von Produkten und Prozessen, Lenkung von Dokumenten und Aufzeichnungen)
- die Konzeption der Geschäftsprozesssteuerung mit Korrektur- und Vorbeugungsmaßnahmen, internen Audits, Datenanalysen und Verbesserungen

Die Einführung und Umsetzung des IMS-Handbuches ist effektiver, wenn bereits bei der Erstellung die verantwortlichen Mitarbeiter eingebunden sind.
Für Planung und Umsetzung von QM nach ISO 9001 liegen Erfahrungswerte bezüglich des Investitionsbedarfs vor (Abb. 11.10). Dabei wird vorausgesetzt, dass bereits ein Erfüllungsgrad bezüglich der Qualitätselemente nach ISO 9001:2008 von ca. 60 % vorhanden ist.
Die laufende IMS-Systembetreuung bezieht sich vor allem auf die Aktualisierung des IMS-Handbuches, die Durchführung von IMS-Audits und die sich daraus ergebenden Weiterentwicklungen.
Aufwendungen für Einführung und Betreuung sind qualitativ in Abbildung 11.11 dargestellt. Sie sind beim IMS deutlich niedriger, verglichen mit separat eingeführten QM-, UM- und SIM-Systemen.

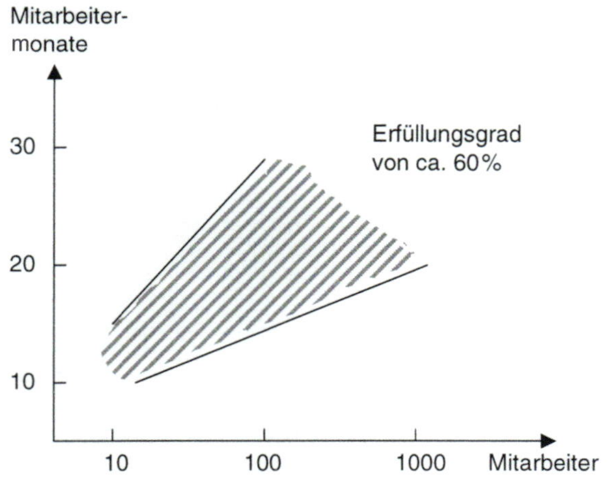

Abb. 11.10 Investitionsbedarf für Planung und Einführung von QM-Systemen

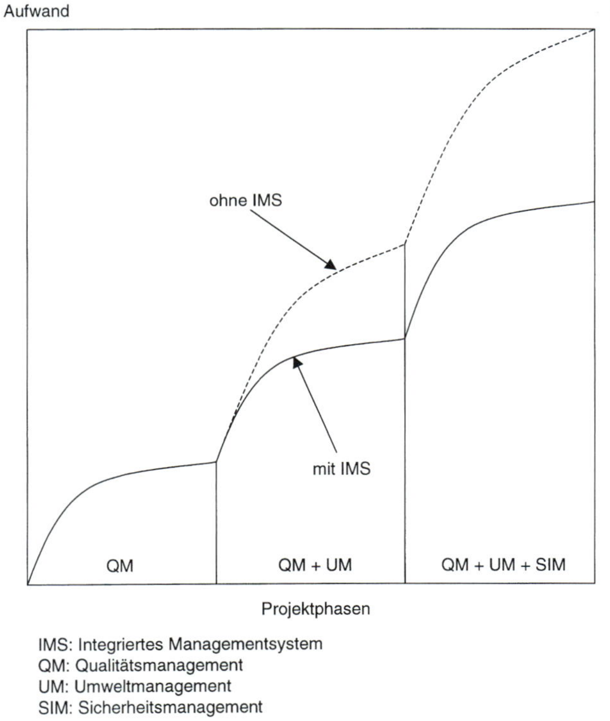

Abb. 11.11 Qualitativer Vergleich von Aufwendungen ohne und mit IMS

11.3.5 Konzepterstellung

Bei der Dokumentation von Qualitätsmanagementsystemen hat sich die Dokumentationspyramide etabliert, die vorzugsweise in drei Ebenen unterteilt wird:

- Aufgaben und Verantwortungen der Unternehmensbereiche
- Verfahrensanweisungen zu den Prozessen der Unternehmensbereiche
- Arbeitsanweisungen, Formulare zu Teilprozessen der Verfahrensanweisungen

Diese bewährte Struktur lässt sich auch auf die IMS-Dokumentation übertragen (Abb. 11.12).

IMS-Handbuch Teil I

Ziel des IMS-Handbuches Teil I ist es, die Politik, Strategie und die Organisation der Unternehmensbereiche zu beschreiben. Zu jedem Kapitel wird eine kurze Übersicht zu Aufgaben, Zielen, Kennzahlen und Prozessverantwortungen sowie Hinweise zu den mitgeltenden Unterlagen und Regelwerken gegeben.

Aufgaben:
Es werden die wesentlichen Aufgaben prozessbezogen zu QM, UM und SIM beschrieben, z. B. in Form von stichwortartigen Aufzählungen.

Ziele und Kennzahlen:
Vorgegebene Ziele und Kennzahlen sind prozessbezogen zu QM, UM und SIM qualitativ aufgelistet und stehen in Zusammenhang mit dem betrieblichen Kennzahlensystem.

II

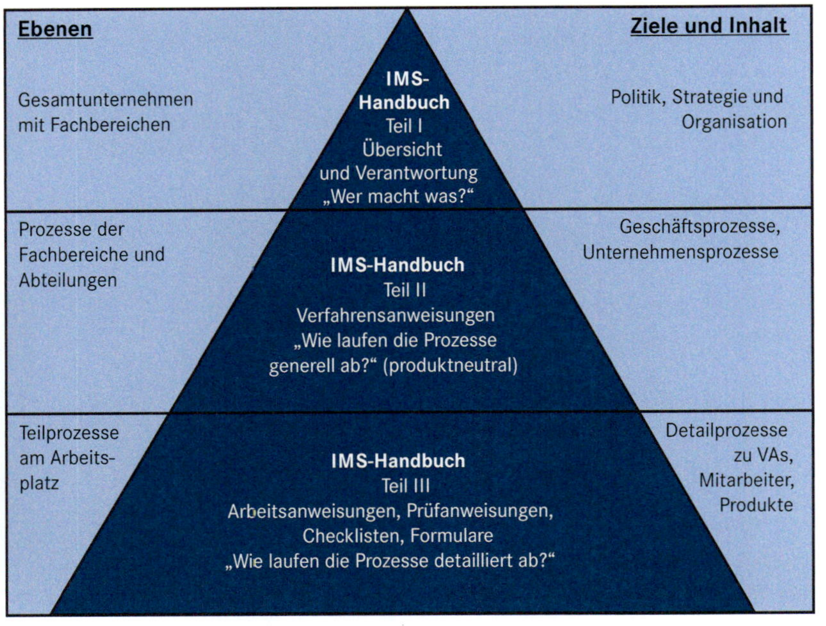

Abb. 11.12
Dokumentenpyramide

Übersicht zu den Verfahrensanweisungen und Verantwortungen:
Aus den Aufgaben werden die wesentlichen Prozesse abgeleitet und in Verfahrensanweisungen festgelegt. Eine Übersicht enthält die wesentlichen Verfahrensanweisungen mit den jeweiligen Verantwortungen und einer Zuordnung von QM, UM und SIM. Bewährt hat sich die Darstellung in Form einer Matrix.
Für die Verantwortung empfiehlt es sich, eine abgestufte Regelung festzulegen:

- G Gesamtverantwortung für Dokumentation und Umsetzung des IMS-Kapitels
- P Prozessverantwortung für die Umsetzung der Verfahrensanweisungen
- T Teilverantwortung für die Umsetzung der Aktivität in der Verfahrensanweisung
- M Mitwirkung bei der Umsetzung der Aktivität in der Verfahrensanweisung.

Mitgeltende Unterlagen und Regelwerke:
An dieser Stelle wird auf die im IMS-Kapitel zutreffenden Normen und Regelwerke verwiesen. Aufgeführt werden auch produktspezifische, technische Normen und Richtlinien, die anzuwenden sind.

IMS-Handbuch Teil II

Während im IMS-Handbuch Teil I die wesentlichen Aufgaben und Verantwortungen beschrieben worden sind, geht es auf der Ebene der Verfahrensanweisungen um den Ablauf bei den Prozessen und die zugeordneten Verantwortungen unter Berücksichtigung von Aktivitäten zu QM, UM und SIM. Eine Übersicht zur Gestaltung von Verfahrensanweisungen in Form eines Flussdiagramms zeigt Abbildung 11.13.
Weitere Möglichkeiten zur Darstellung von Prozessen sind Tabellen und Textbausteine. Die Erfahrung zeigt, dass die Verwendung von grafischen Darstellungen (Flussdiagramme) wesentlich einprägsamer ist und sie durch die Mitarbeiter schneller aufgenommen werden können. Damit reduziert sich auch die „geistige Rüstzeit".

IMS-Handbuch Teil III

Arbeitsanweisungen beschreiben detaillierter als Verfahrensanweisungen, wie einzelne Aktivitäten oder Prozessschritte durchzuführen sind, und beinhalten auch produktspezifische und arbeitsplatzbezogene Ausführungen. Sie sollten nur dort, wo unbedingt notwendig, angewendet werden. Zur Ebene der Arbeitsanweisungen gehören auch weitere Dokumente, wie z.B. Checklisten und Formulare.
Auf das Hilfsmittel wird zurückgegriffen, wenn immer wieder die gleiche Qualität zu QM, UM und SIM gewährleistet werden soll. Der Umfang der Arbeitsanweisungen ist auch abhängig von der Qualifikation der Mitarbeiter. Für die Gestaltung gelten dieselben Hinweise wie bei den Verfahrensanweisungen.

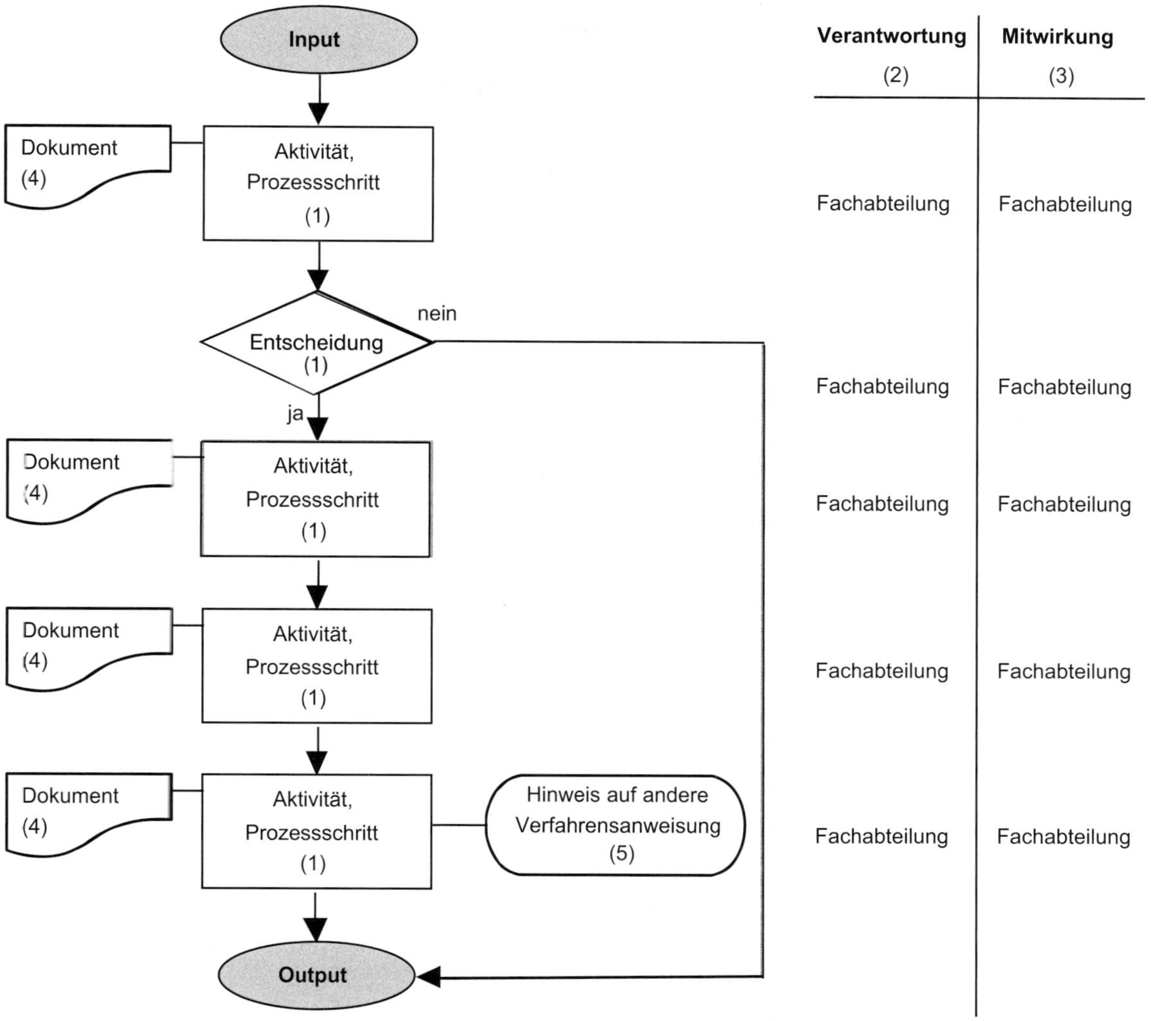

Abb. 11.13 Flussdiagramm mit Erläuterungen

Integration von Handbuch Teil II in Teil I

Den Aufbau der IMS-Dokumentation zeigt beispielhaft Abbildung 11.14.
Die dargestellte Struktur gilt für jedes Kapitel und besteht bei Handbuch Teil I aus

- Seite 1 mit einer Übersicht zu Aufgaben
- Seite 2 mit Zielen, Kennzahlen und einer Matrix zu Verfahrensanweisungen

Handbuch Teil II beinhaltet nur die Verfahrensanweisungen, die zweckmäßigerweise für den internen Gebrauch in das Handbuch Teil I integriert werden.
Arbeitsanweisungen von Handbuch Teil III werden üblicherweise nicht integriert und gelten als Arbeitsgrundlage in den zuständigen Fachbereichen.

Gliederungen von Integrierten Managementsystemen

Jedes Regelwerk der einzelnen möglichen IMS-Module zeichnet sich durch eine eigene Struktur und durch unterschiedliche Inhalte aus. Eine einheitliche Gliederung gibt es nicht. Deshalb wird nach einer Struktur gefragt, die die Inhalte der Regelwerke aufnehmen kann. Die Lösung dieser Problematik ergibt sich mit dem prozessorientierten Ansatz.
Eine grobe Struktur enthält die Bereiche

- Management
- Geschäftsprozesse
- Unterstützende Prozesse
- Geschäftsprozesssteuerung.

Diesen Bereichen und Teilbereichen lassen sich die Normenelemente problemlos zuordnen.

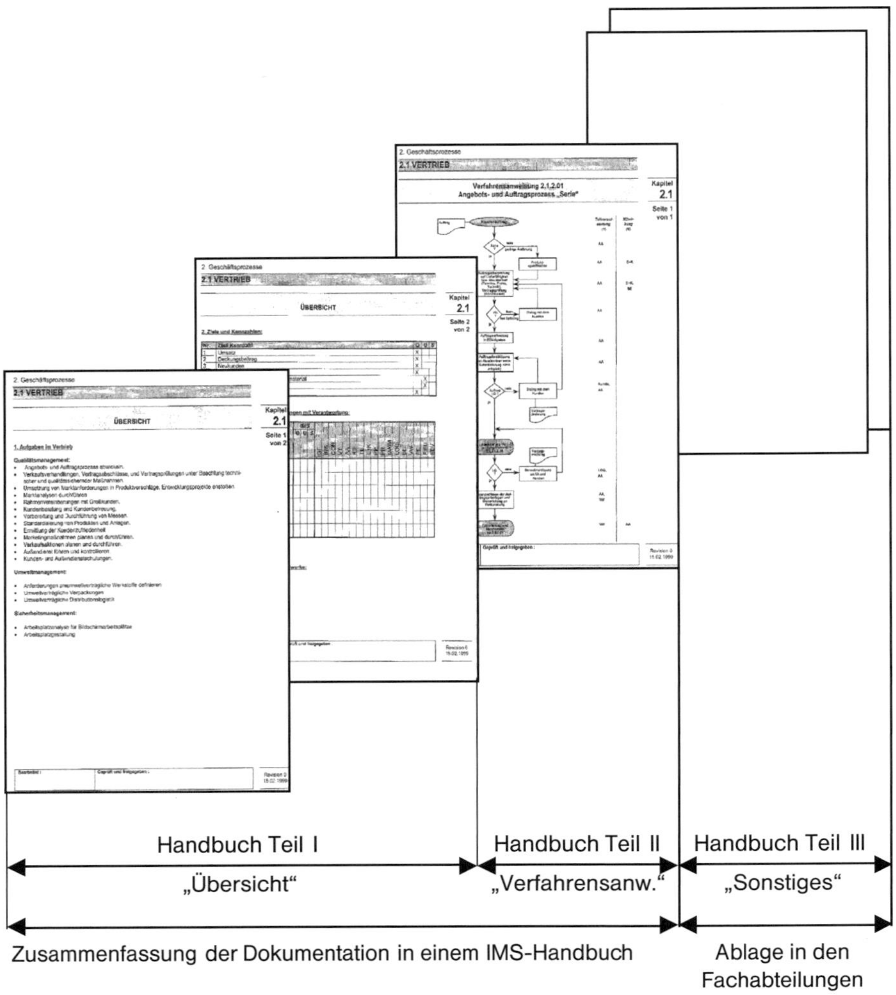

Abb. 11.14
Aufbau einer IMS-Dokumentation

Der Weg führt dann ausgehend von den normenspezifischen Gliederungen zur IMS-Standardgliederung und danach zur firmenspezifischen Gliederung (Abb. 11.15).
Eine umfassende Gliederung mit den IMS-Modulen zeigt Abb. 11.16:

- ISO 9001:2008
- VDA 6.1
- QS 9000 (ist zu ersetzen durch ISO/TS 16949)
- ISO 14001:2009
- SCC (ggf. ersetzen durch OHRIS bzw. OHSAS 18001)
- EFQM

Dabei handelt es sich um eine IMS-Standardgliederung, in der alle Forderungen beschrieben werden können.
Da nicht jedes Unternehmen alle möglichen IMS-Module anwendet, sind aus der IMS-Standardgliederung nur die ausgewählten IMS-Module für die firmenspezifische Gliederung anzuwenden.
Selbstverständlich sollte die firmenspezifische Gliederung hinsichtlich Begriffen und Inhalten angepasst werden. Ein entsprechendes firmenspezifisches IMS-Musterhandbuch ist in Kapitel 11.4 dargestellt.

11.3.6 Ablaufplan zur IMS-Einführung

Die Umsetzung des firmenspezifischen IMS-Konzeptes setzt eine Ablaufplanung voraus, die auf der Managemententscheidung (Lenkungsgremium) basiert. Dabei kommen auch die Ergebnisse aus der Nutzen/Aufwand-Betrachtung zum Tragen.
Abhängig davon lassen sich festlegen:

- die Prioritäten für die IMS-Modulanwendungen
- die Meilensteine für die Umsetzung
- der Stufenplan zur Realisierung.

Ein möglicher Stufenplan zur Einführung der IMS-Module eines Automobilzulieferers zeigt Abbildung 11.17.

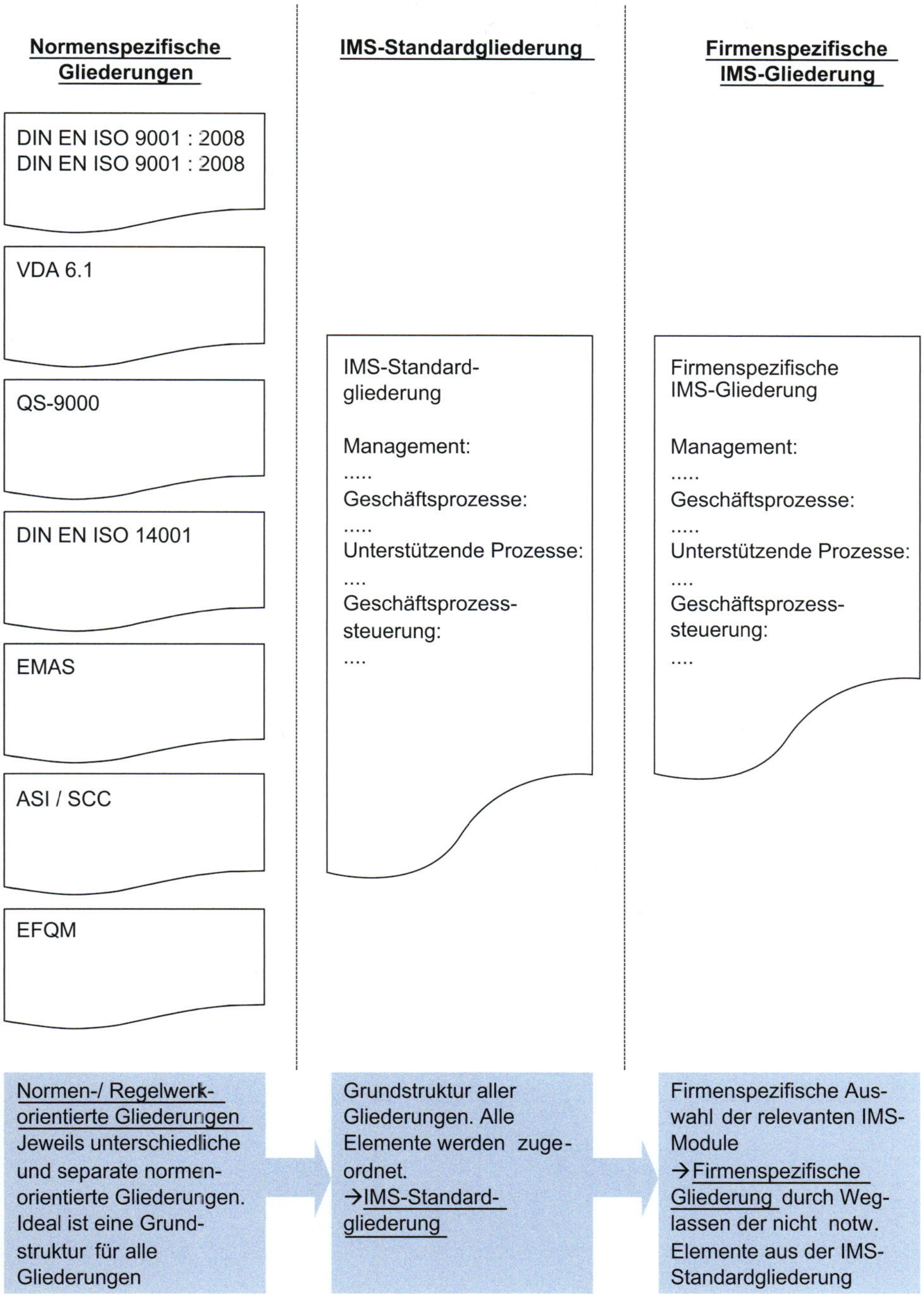

Abb. 11.15
Anwendung der Regelwerke für eine firmenspezifische Gliederung

II

IMS-Baustein	ISO 9001 : 2008	VDA 6.1	QS 9000	ISO 14001	EMAS	SCC, Arbeitssicherheit	EFQM
Gliederungspunkt							
1. Management							
Unternehmensführung							
1.1. Unternehmenspolitik und Strategien	5.1, 5.2, 5.3, 5.4	01	I.4.1	4.2, 4.3, 4.4.6, 4.6	A1-3, B1, D	1.1, 1.3	2
1.2. Geschäftsplanung	5.4, 6.1, 8.5.1	05, Z1	-	4.1, 4.3	A4, A5, C2	1.5	2, 4
1.3. Aufbauorganisation	4.2, 5.5	01, 02	I.4.2	4.1, 4.4.1, 4.4.6	B2, B4a, B5	1.2	5
1.4. Ablauforganisation	4.2 7.1	02	I.4.2	4.1, 4.4.1, 4.4.6	B2, B4a, B5	1.2	5
1.5. Verantwortungsmatrix	5.5.1, 5.5.2	02	I.4.2	4.1, 4.4.1, 4.4.6	B2, B4a, B5	1.2	5
1.6. Lenkungsgremien und Beauftragtenwesen	5.5.2, 5.5.3	01, 02	I.4.2	4.4.1	B2, B4a, B5	1.2, 5, 10	5
1.7. Personalentwicklung und Mitarbeiterorientierung	6.2	04, Z1	I.4.18	4.4.2	B2, C11	2, 3, 4, 6, 8, 10	1, 3, 5
1.8. Lieferantenstrategien	6.3, 7.4	-	-	-	-	9	1, 4
1.9. Ressourcen Kommunikation, Infrastruktur, Arbeitsumgebung	5.5.3, 6.1, 6.3, 6.4	-	-	4.4.3	A5, C12	-	2, 4
Unternehmensergebnisse und Unternehmenssteuerung							
1.10. Mitarbeiterzufriedenheit	-	Z1	-	-	-	-	7
1.11. Kundenzufriedenheit	8.2.1	Z1	-	4.5.1	-	-	6
1.12. Managementreview	5.6	01	I.4.1	4.6	B3, B4, C1	1.4, 7	?
1.13. Geschäfts- und Prozess-ergebnisse	5.6, 8.1	05, Z1	-	4.5.1	-	7	5, 9
1.14. Unternehmen in der Gesellschaft	-	-	-	4.4.3	C12	-	8

Abb. 11.16
IMS-Standardgliederung

IMS-Baustein	ISO 9001 : 2008	VDA 6.1	QS 9000	ISO 14001	EMAS	SCC, Arbeitssicherheit	EFQM
2. Geschäftsprozesse							
2.1. Marketing und Vertrieb	5.2, 7.2	07, 12	I.4.3, I.4.7	4.4.6	C7	6	5, 6
2.2. Entwicklung und Konstruktion	7.3, 8.5	08	I.4.4	4.3, 4.4.6	C7	?	5
2.3. Produktionsplanung und Disposition, Arbeitsgestaltung	7.5, 8.2.3, 8.2.4, 8.4	09, 22	I.4.9, I.4.20	4.3, 4.4.6	B3, B4c, B4d, C5, C6	6	5
2.4. Materialwirtschaft	7.4, 7.5.5	11, 19	I.4.6, I.4.15	4.4.6c	B4b, C8, C3	9	5
2.5. Logistik (Wareneingang, Lager, Versand, Handling)	7.4, 7.5	19	I.4.15	4.3, 4.4.6	C4, C7	6	5
2.6. Produktion und Instandhaltung	7.5	09, 14	I.4.9	4.3, 4.4.6	B3, C6	6	5
2.7. Kundendienst, Service	7.1, 7.2.3, 7.5.1, 8.2.1	21	I.4.19	4.3, 4.4.6	C8	6	5
3. Unterstützende Prozesse							
3.1. Projektmanagement	7.2	02	–	4.4.6	–	6.2	5
3.2. Lenkung der Produktqualität							
Produktprüfungen	7.1, 7.5.1, 8.1, 8.2.4	13, 15	I.4.10	–	–	–	5
Prüfstatus und Lenkung fehlerhafter Produkte und Leistungen (Nacharbeit, Ausschuss, Sonderfreigabe)	7.5.1, 8.3	17	I.4.12, I.4.13	–	–	–	5
3.3. Lenkung der Prozessqualität							
Prüfmittelüberwachung	7.6, 8.2.3	16	I.4.11	4.5.1	B4	–	4
Produktsicherheit und Produkthaftung	–	06	–	–	–	–	–
Arbeits-/Prozesssicherheit und Prävention	–	–	–	4.4.7	C9, C10	6, 7	–
Meldung und Registrierung von Unfällen	–	–	–	–	C10	10	–
3.4. Lenkung von Dokumenten und Daten							
Lenkung von Dokumenten, Daten und Qualitätsaufzeichnungen	4.2.3, 4.2.4	10, 20	I.4.5, I.4.16	4.4.5, 4.5.3	B4, B5	–	4
Identifikation, Kennzeichnung und Rückverfolgbarkeit	7.5.3	13	I.4.8	4.5.4	–	–	5
Statistik und Datenanalyse	8.1, 8.2.3, 8.2.4, 8.4	22	I.4.20	–	–	–	5
4. Geschäftsprozesssteuerung							
4.1. Korrektur- und Vorbeugungsmaßnahmen	8.4, 8.5.2, 8.5.3	18	I.4.14	4.5.2, 4.5.3	B4, C7	7	5
4.2. System-, Prozess- und Produktaudits	8.2.2	03	I.4.17	4.5.5	B4, B6	7	5
5. Benutzerhinweise und Änderungsdienst							

Abb. 11.16
IMS-Standardgliederung (Fortsetzung)

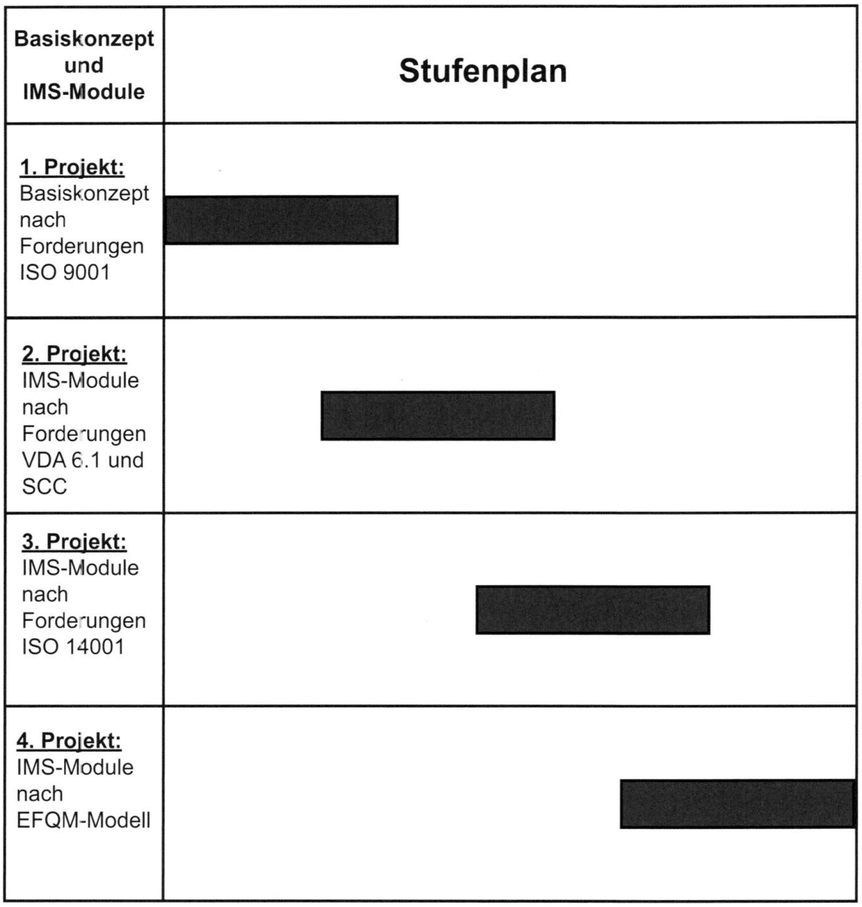

Abb. 11.17
Stufenplan zur Einführung von IMS-Modulen als Beispiel

1. Projekt

Mit dem Basiskonzept einer firmenspezifischen und prozessorientierten Organisation werden bereits die Anforderungen nach ISO 9001:2008 umgesetzt.

2. Projekt

Durch die Marktvorgaben der Automobilhersteller und die Auflagen durch das Arbeitsschutzgesetz ist die zweite Stufe mit den IMS-Modulen VDA 6.1 und SCC bzw. OHRIS vorgegeben.

3. Projekt

Die zunehmende Bedeutung des Umweltmanagements führt zur Einführung und Anwendung des UM-Moduls nach den Anforderungen ISO 14001.

4. Projekt

Langfristig kann die Integration von EFQM-Inhalten die Weiterentwicklung des Unternehmens fördern und die Wettbewerbsfähigkeit steigern.
Bei allen vier Projekten ist die Integration der IMS-Module in das Basiskonzept die Kernaussage. Die Effektivität der Einführung und Umsetzung der IMS-Module kann durch die Anwendung des Prinzips des „Simultaneous Engineering" gesteigert werden, d. h. die Überlappung der Projektaktivitäten und Teamarbeit vor allem bei den Übergangsphasen zu anderen Bereichen.

Projektplanung zur Erstellung und Einführung des IMS-Handbuches

Die Vorgehensweise nach den acht Phasen zur Erstellung und Einführung des IMS-Handbuches hat sich mehrfach bewährt (Abb. 11.18).

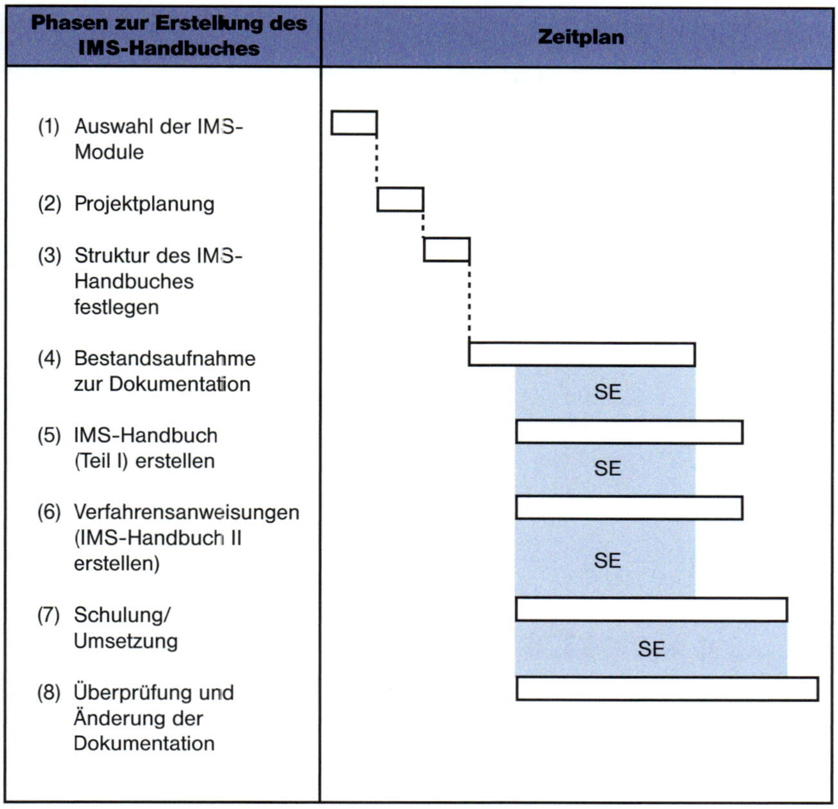

Abb. 11.18
Ablaufplan zur Erstellung der IMS-Dokumentation

II

Phase 1 Auswahl der IMS-Module

Voraussetzung für den Beginn der Erstellung der IMS-Dokumentation ist die Auswahl der IMS-Module, wie in Kapitel 11.3.3 beschrieben.

Phase 2 Projektplanung

Für die Erstellung der IMS-Handbuches I, II, III nach Zielvorgaben ist es erforderlich, eine detaillierte Projektstruktur zu planen und einen davon abgeleiteten Terminplan und Kostenplan vorzugeben. Dazu werden Projektleiter und Projektteam benannt und Gesamt- und Teilverantwortung festgelegt.

Phase 3 Struktur des IMS-Handbuches

Vor der Erstellung des IMS-Handbuches ist es wichtig, die wesentlichen Rahmenbedingungen festzulegen, wie z. B.

- Struktur und Inhalt der Gliederung
- Aufbauorganisation
- Ablauforganisation nach Auftragsarten
- grafische Darstellung des Handbuches mit Layout
- Festlegung der firmenspezifischen Dokumentationspyramide
- Gestaltung der Verfahrensanweisungen
- Gestaltung der Arbeitsanweisungen, Formulare u. a.
- EDV-gestützte IMS-Dokumentation.

Die Gliederung des IMS-Handbuches kann z. B. nach der IMS-Standardgliederung abgeleitet werden. Es sind nur die ausgewählten firmenspezifischen Elemente zu berücksichtigen (siehe auch Kap. 11.3.5).

Phase 4 Bestandsaufnahme

Bei Besprechungen des Projektleiters mit den für die einzelnen Handbuchkapitel verantwortlichen Führungskräften und Mitarbeitern wird der Ist-Zustand bezüglich Anwendung und Dokumentation der ausgewählten IMS-Elemente im vorhandenen Handbuch ermittelt. Weiterhin sind zu den Management- und Geschäftsprozessen die genutzten und erstellten Dokumente bzw. Aufzeichnungen zu erfassen. Daraus lässt sich durch Ist-Soll-Vergleich insgesamt der Handlungsbedarf ableiten.
Empfehlenswert ist es, für die einzelnen Bereiche Checklisten anzuwenden, die die zur Anwendung kommenden IMS-Module beinhalten. Als Basis dient z. B. der Fragenkatalog aus *Internes Audit* (Pfeufer/Schreiber/Rau 2007) und die

Fragenkataloge aus *Arbeitssicherheit und Umweltmanagement für QM-Systeme* (Lachenmeir/Schreiber 2011).

Phase 5 Erstellung von IMS- Handbuch I

Unter Berücksichtigung der in Phase 3 festgelegten Struktur des Handbuches und basierend auf der Bestandsaufnahme aus Phase 4 wird in dieser Phase das IMS- Handbuch I erstellt. In den dazu geplanten Projektbesprechungen mit den verantwortlichen Führungskräften und Mitarbeitern (siehe auch Kap. 11.3.5) sind für die einzelnen Prozessbereiche die

- Aufgaben herauszuarbeiten,
- Ziele und Kennzahlen festzulegen,
- Verfahrensanweisungen zu bestimmen,
- zutreffende Normen und Regelwerke aufzulisten.

II

Phase 6 Erstellung von Verfahrensanweisungen, IMS-Handbuch II

Auch die Verfahrensanweisungen werden durch die verantwortlichen Führungskräfte und Mitarbeiter konzipiert und in den Projektleitersitzungen festgelegt. Bei der Erstellung der Verfahrensanweisungen sind folgende Fragen zu beantworten:

- Wie läuft der Prozess ab?
- Wer ist der Auslöser des Prozesses (Input) und wer erhält das Ergebnis (Output)?
- Welche Aktivitäten und Entscheidungen beinhaltet der Prozess?
- Welche Dokumente werden genutzt bzw. erstellt?
- Wer ist für die Durchführung der Aktivitäten verantwortlich, wer wirkt mit?
- Welche Verknüpfungen gibt es mit anderen Verfahrensanweisungen?

Die entsprechenden Ergebnisse werden noch in den Übersichten der Verfahrensanweisungen im Handbuch I übernommen und die jeweiligen Verantwortlichen für die Verfahrensanweisungen festgelegt.

Phase 7 Schulung und Umsetzung

Eine wesentliche Voraussetzung für ein positives Ergebnis bei internen und externen Audits (Zertifizierungen) ist die Anwendung des Handbuchs I, II, III. Deshalb kommt der Phase der Schulung und Umsetzung eine wesentliche Bedeutung zu. Die Schulungsmaßnahmen können bereits während des Gesamtprojektes stattfinden. Mitarbeiter erhalten im Rahmen dieser Schulungen die für sie relevanten Dokumentationen ausgehändigt. Ziel ist es, dass die vorgegebenen Prozesse umgesetzt werden und die Mitarbeiter die Aktivitäten nach Verfahrens- und Arbeitsanweisungen ausführen.

Phase 8 Überprüfungen und Änderungen von Handbuch I, II und III

Eine erste Überprüfung sollte beim Voraudit des IMS-Systems am Ende der Phase 7 stattfinden. Es ist zu erwarten, dass in der Praxis noch Änderungen anfallen. Nach diesem sogenannten Probelauf und der Aktualisierung des IMS-Handbuches I, II, III erfolgt die Freigabe durch die verantwortlichen Personen.
Bei den weiteren Aktualisierungen ist es empfehlenswert, Änderungen zu sammeln und in einem Intervall zwischen einem halben und einem Jahr den neuen Änderungsstatus bekannt zu geben.

11.4 Firmenspezifisches IMS-Handbuch

Die nachfolgenden Ausführungen sind Auszüge aus Kapitel 5, „Konzeption des betriebseigenen IMS-Handbuchs", des Werks „Das integrierte Managementsystem" (Lachenmeir 2004).
Mit dem hier beschriebenen Beispiel aus der Praxis wird auszugsweise ein IMS-Handbuch Teil I gezeigt. Nur bei den unterstützenden Prozessen sind noch zusätzlich die Verfahrensanweisungen zur Lenkung von Dokumenten und Aufzeichnungen als Teil vom IMS-Handbuch II ergänzt worden. Aufbau und Inhalt basieren auf den Ausführungen von Kapitel 11.3.5.
Die nachfolgenden Abbildungen 11.19 bis 11.32 sind so ausgewählt, dass aus jedem Hauptteil der Gliederung ein Beispiel übernommen wurde, d. h.:

- Management, Kapitel 1.3 Organisation
- Geschäftsprozesse, Kapitel 2.1 Vertrieb
- Unterstützende Prozesse, Kapitel 3.4 Lenkung von Dokumenten, Daten und Aufzeichnungen
- Geschäftsprozesssteuerung, Kapitel 4.2 System-, Prozess- und Produktaudit

II

0. Allgemeines

0.1 GLIEDERUNG

Gliederung

Kap.	IMS-Baustein	Seite	QM	UM	SIM
0.	**Allgemeines**				
0.1	Gliederung	1			
1.	**Management**				
	Unternehmensführung:				
1.1	Unternehmenspolitik und Strategien	1-2	X	X	X
1.2	Geschäftsplanung und Ressourcen	1-2	X	X	X
1.3	Organisation (Aufbau-, Ablauforganisation, Verantwortungsmatrix, Beauftragtenwesen)	1-5	X	X	X
1.4	Personalentwicklung und Mitarbeiterorientierung	1-2	X	X	X
	Unternehmensergebnisse und Unternehmenssteuerung:				
1.5	Managementreview mit Mitarbeiter- und Kundenzufriedenheit	1-2	X	X	X
1.6	Geschäfts- und Prozessergebnisse	1-2	X	X	X
2.	**Geschäftsprozesse**				
2.1	Vertrieb	1-2	X	X	X
2.2	Entwicklung und Konstruktion	1-2	X	X	X
2.3	Produktionsplanung und Disposition, Arbeitsgestaltung	1-2	X	X	X
2.4	Beschaffung	1-2	X	X	X
2.5	Logistik (Wareneingang, Lager, Versand, Handling)	1-2	X	X	X
2.6	Produktion und Instandhaltung	1-2	X	X	X
2.7	Kundendienst, Service	1-2	X	X	X
3.	**Unterstützende Prozesse**				
3.1	Projektmanagement	1-2	X	X	X
3.2	Lenkung der Produktqualität:	1-2	X	X	X
3.3	Lenkung der Prozessqualität	1-2	X	X	X
3.4	Lenkung von Dokumenten, Daten und Aufzeichnungen	1-2	X	X	X
4.	**Geschäftsprozesssteuerung**				
4.1	Korrektur- und Vorbeugungsmaßnahmen	1-2	X	X	X
4.2	System-, Prozess- und Produktaudits	1-2	X	X	X
5.	**Benutzerhinweise und Änderungsdienst**				

QM nach DIN EN ISO 9001
UM nach DIN EN ISO 14001
SIM nach SCC

Abb. 11.19 Gliederung IMS-Handbuch

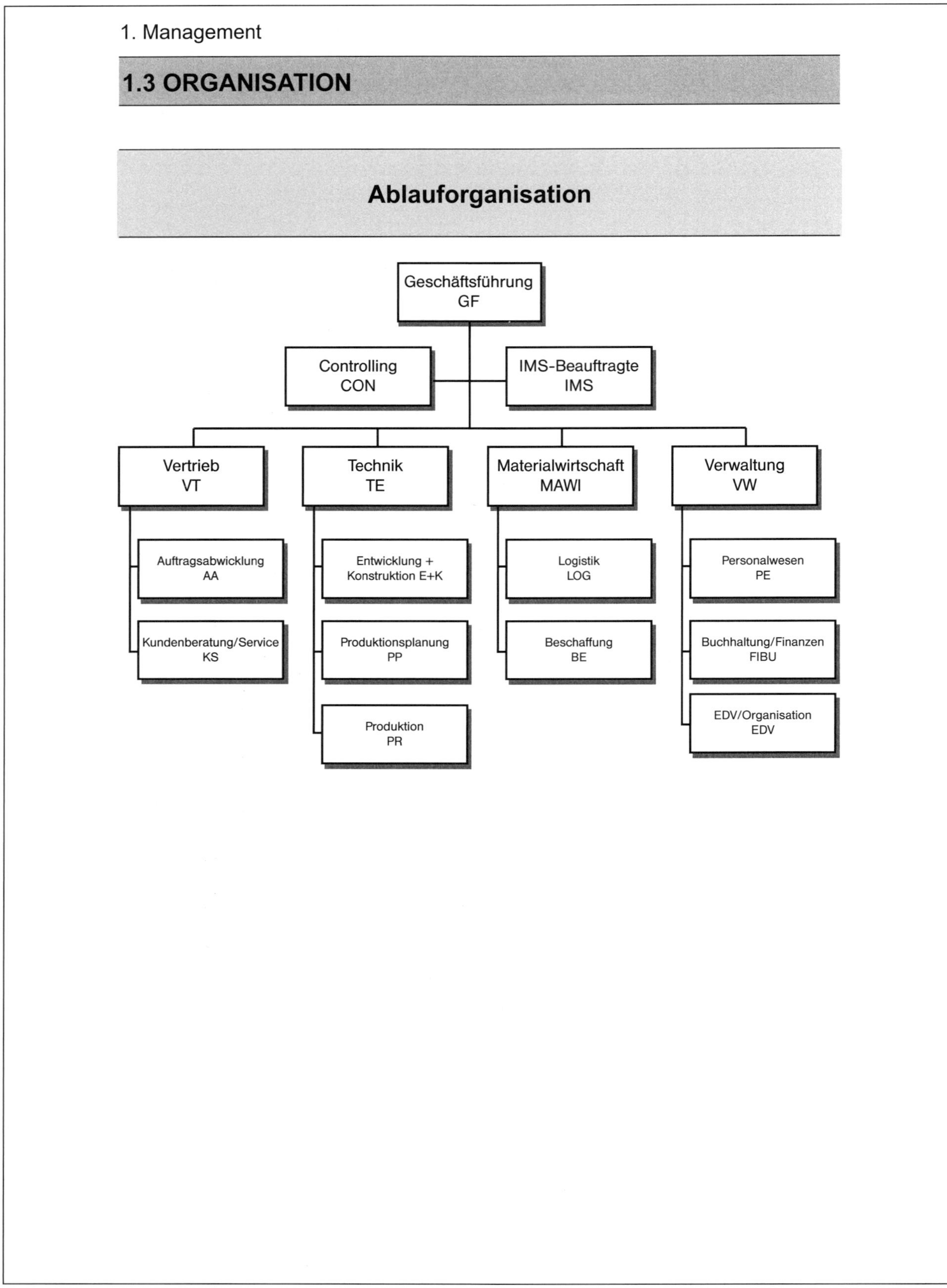

Abb. 11.20 Aufbauorganisation

1. Management

1.3 ORGANISATION

Ablauforganisation

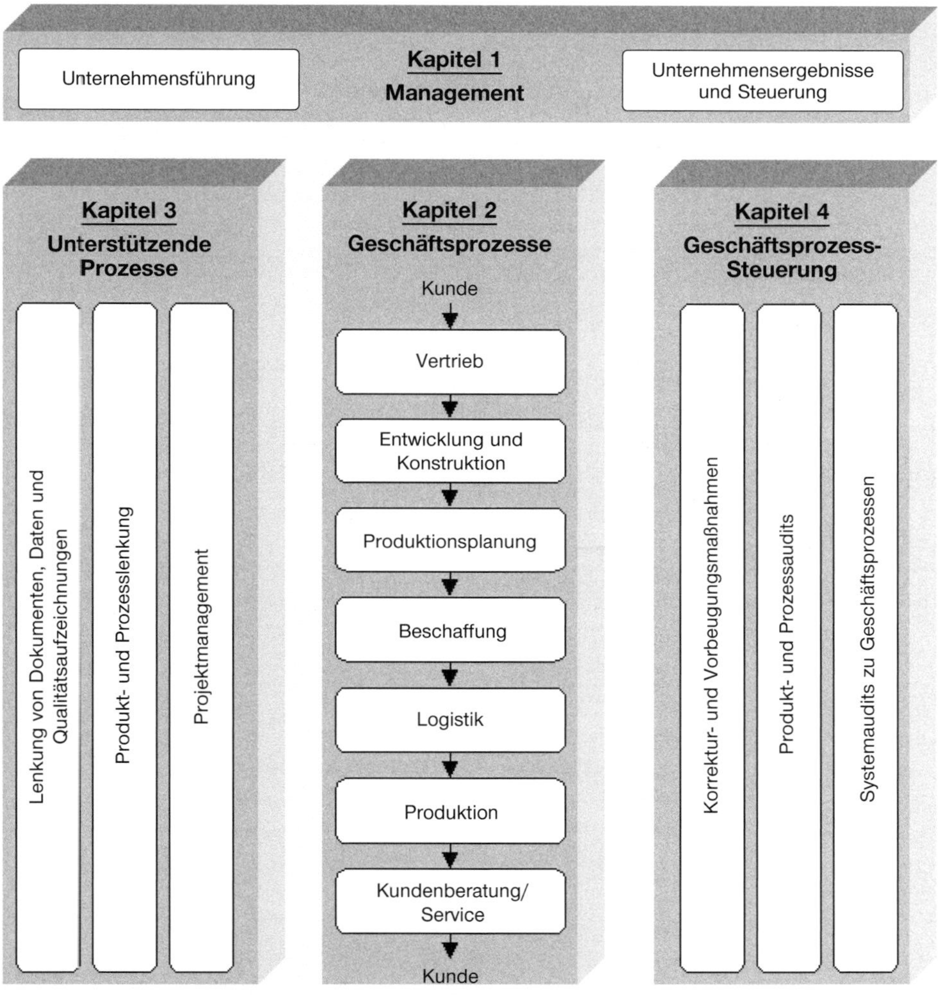

Bearbeitet:	Geprüft und freigegeben:

Abb. 11.21 Ablauforganisation

1. Management

1.3 ORGANISATION

Verantwortungsmatrix

Kap.	IMS-Baustein	IMS Q	IMS U	IMS S	GF	IMS	CON	VT	AA	KS	TE	E+K	PP	PR	MAWI	LOG	BE	VW	PE	FIBU	EDV
1.1	Unternehmenspolitik und Strategien	X	X	X	G																
1.2	Geschäftsplanung und Ressourcen	X	X	X	G						P										
1.3	Organisation (Aufbau-, Ablauforganisation, Verantwortungsmatrix, Beauftragtenwesen)	X	X	X	G																
1.4	Personalentwicklung und Mitarbeiterorientierung	X	X	X	G														P		
1.5	Managementreview mit Mitarbeiter- und Kundenzufriedenheit	X	X	X	G			P											P		
1.6	Geschäfts- und Prozessergebnisse	X	X	X	G		P														
2.1	Vertrieb	X	X	X				G													
2.2	Entwicklung und Konstruktion	X	X	X							G	P									
2.3	Produktionsplanung und Disposition, Arbeitsgestaltung	X	X	X							G		P								
2.4	Beschaffung	X	X	X											G		P				
2.5	Logistik (Wareneingang, Lager, Versand, Handling)	X	X	X											G	P					
2.6	Produktion und Instandhaltung	X	X	X							G			P							
2.7	Kundendienst, Service	X	X	X				G		P				P							
3.1	Projektmanagement	X			G						P										
3.2	Lenkung der Produktqualität	X	X								G			P	G	P					
3.3	Lenkung der Prozessqualität	X	X	X		G					P		P								
3.4	Lenkung von Dokumenten, Daten und Aufzeichnungen	X	X	X		G				P											
4.1	Korrektur- und Vorbeugungsmaßnahmen	X	X	X	G	P				P			P	P							
4.2	System-, Prozess- und Produktaudits	X	X	X	G	P					P										

G: Gesamtverantwortung; P: Prozessverantwortung

Bearbeitet:	Geprüft und freigegeben:

Abb. 11.22 Verantwortungsmatrix

1. Management

1.3 ORGANISATION

Beauftragtenwesen

1. Aufgaben der Lenkungsgremien und des Beauftragtenwesens

Qualitätsmanagement, Umweltmanagement, Sicherheitsmanagement:

- Einhaltung gesetzlicher (geregelter Bereich) und nicht gesetzlicher (ungeregelter Bereich) Bestimmungen.
- Entlastung des Unternehmers von Tätigkeiten, die er aufgrund gesetzlicher Bestimmungen durchzuführen hat.
- Benennung von qualifizierten Mitarbeitern (auch in Doppelfunktionen) zum jeweiligen Beauftragten (z.B. Sicherheitsbeauftragter, Fachkräfte für Arbeitsicherheit, Gefahrgutbeauftragter, Datenschutzbeauftragter, Strahlenschutzbeauftragter, Sicherheitsbeauftragter für Medizinprodukte, Umweltbeauftragter, Qualitätsbeauftragter,...) durch die Geschäftsführung.
- Schriftliche Pflichtenübertragung an die Beauftragten.
- Qualifizierung der ausgewählten Beauftragten und Bereitstellung der Mittel zur regelmäßigen Fort- und Weiterbildung.
- Gewährleistung durch den Unternehmer, dass die Beauftragten ihren Tätigkeiten lt. den gesetzlichen Bestimmungen nachkommen können.
- Initiieren und Durchführen von notwendigen Koordinationssitzungen (z.B. Arbeitsschutzausschusssitzungen) sowie Dokumentation lt. gesetzlicher Forderung (z.B. Arbeitschutzjahresbericht, interne Auditberichte, Unfalluntersuchungen und Statistiken,...).
- Regelmäßiger Bericht an das verantwortliche Management.

Abb. 11.23 Beauftragtenaufgaben

1. Management

1.3 ORGANISATION

Beauftragtenwesen

2. Ziele und Kennzahlen:

Nr.	Ziel/Kennzahl	Q	U	S
1	Kosten des Beauftragtenwesens	X	X	X

3. Übersicht der Verfahrensanweisungen mit Verantwortung

VA-Nr.	Bezeichnung	IMS																			
		Q	U	S	GF	IMS	CON	VT	AA	KS	TE	E+K	PP	PR	MAWI	LOG	BE	VW	PE	FIBU	EDV
1.3.1.01	Benennung und Betreuung von Beauftragten	X	X	X	P	T													T		

P: Prozessverantwortung; T: Teilverantwortung; M: Mitwirkung

4. Mitgeltende Unterlagen und Regelwerke:

DIN EN ISO 9001, DIN EN ISO 14001, SCC, RVO (Reichsversicherungsordnung), SGB II § 22, GbV (Gefahrgutbeauftragtenverordnung), WHG (Wasserhaushaltsgesetz), StrlSchV (Strahlenschutzverordnung), BDSG (Bundesdatenschutzgesetz), Medizinproduktgesetz
Dokumente lt. Dokumentenmatrix Kap. 3.4

Abb. 11.24 Beauftragtenwesen - Ziele und Kennzahlen, Übersicht zu Verfahrensanweisungen

2. Geschäftsprozesse

2.1 VERTRIEB

Übersicht

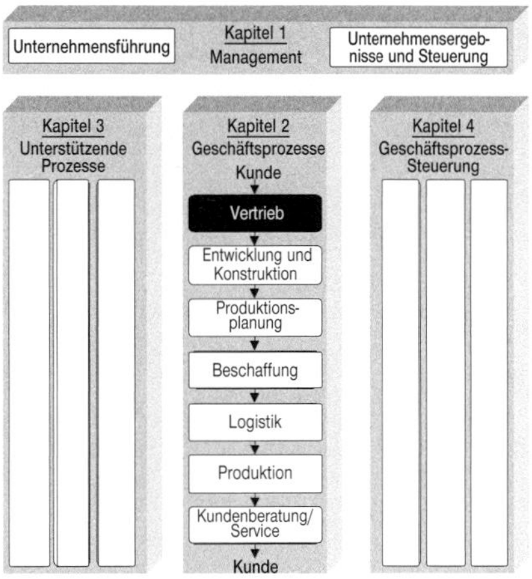

1. Aufgaben im Vertrieb

Qualitätsmanagement:

- Angebots- und Auftragsprozess abwickeln.
- Verkaufsverhandlungen, Vertragsabschlüsse, und Vertragsprüfungen unter Beachtung technischer und qualitätssichernder Maßnahmen.
- Umsetzung von Marktanforderungen in Produktvorschläge; Entwicklungsprojekte anstoßen.
- Durchführung von Marktanalysen.
- Abschluss von Rahmenvereinbarungen mit Großkunden.
- Durchführung von Kundenberatung und Kundenbetreuung.
- Vorbereitung und Durchführung von Messen.
- Definition der Anforderungen zur Standardisierung von Produkten und Anlagen.
- Ermittlung der Kundenzufriedenheit.
- Planung und Durchführung von Marketingmaßnahmen.
- Verkaufsaktionen planen und durchführen.
- Außendienst führen und kontrollieren.
- Kunden- und Außendienstschulungen.

Umweltmanagement:

- Herausarbeiten von umweltrelevanten Alleinstellungsmerkmalen.
- Einführung von umweltverträglichen Produkten.
- Definition von Anforderungen an umweltverträgliche Werkstoffe.
- Beurteilung von Neuentwicklungen hinsichtlich der Umweltverträglichkeit.
- Favorisieren von umweltverträglichen Verpackungen.
- Vertriebswege unter Umweltbedingungen auswählen.
- Umweltverträgliche Distributionslogistik.

Sicherheitsmanagement:

- Vertragsprüfung bezüglich sicherheitsrelevanter Punkte wie z.B. Objektsicherheit, Gefährdungen, Belastungen, notwendiger Schutzausrüstungen,... .
- Durchführung von Arbeitsplatzanalysen für alle Arbeitsplätze
- Arbeitsplatzgestaltung.
- Durchführung von Risikoanalysen.
- Gewährleistung der Transportsicherheit.

Abb. 11.25 Aufgaben im Vertrieb

II

2. Geschäftsprozesse

2.1 VERTRIEB

Übersicht

2. Ziele und Kennzahlen:

Nr.	Ziel/Kennzahl	Q	U	S
1	Umsatz	X		
2	Deckungsbeitrag	X		
3	Neukunden	X		
4	Auftragsquote	X		
5	Spez. Verbrauch Verpackungsmaterial		X	
6	Recyclingquote und Recyclingfreundlichkeit		X	X
7	Kundenzufriedenheit	X	X	X
8	Anteil umweltfreundlicher Produkte am Umsatz		X	

3. Übersicht der Verfahrensanweisungen mit Verantwortung

VA-Nr.	Bezeichnung	IMS																			
		Q	U	S	GF	IMS	CON	VT	AA	KS	TE	E+K	PP	PR	MAWI	LOG	BE	VW	PE	FIBU	EDV
2.1.2.01	Angebots- und Auftragsprozess	X	X	X				P	T		M	M	M	M		T	M			M	
2.1.2.02	Markteinführung von Produkten	X	X	X	T	M	M	P	M	M	T	M	M			M	M		M		M
2.1.2.03	Abwicklung von Ersatzteilaufträgen	X	X					P		T		M	M	M		T	M			M	

P: Prozessverantwortung; T: Teilverantwortung; M: Mitwirkung

4. Mitgeltende Unterlagen und Regelwerke:

DIN EN ISO 9001, DIN EN ISO 14001, SCC, Arbeitsschutzgesetz, UVV, Arbeitsstättenverordnung, Arbeitssicherheitsgesetz, Technische Regeln (DIN, VDE u. a.), Dokumente lt. Dokumentenmatrix Kap. 3.4

Abb. 11.26 Vertrieb – Ziele und Kennzahlen, Übersicht zu Verfahrensanweisungen

3. Unterstützende Prozesse

3.4 LENKUNG VON DOKUMENTEN, DATEN U. AUFZEICHNUNGEN

Übersicht

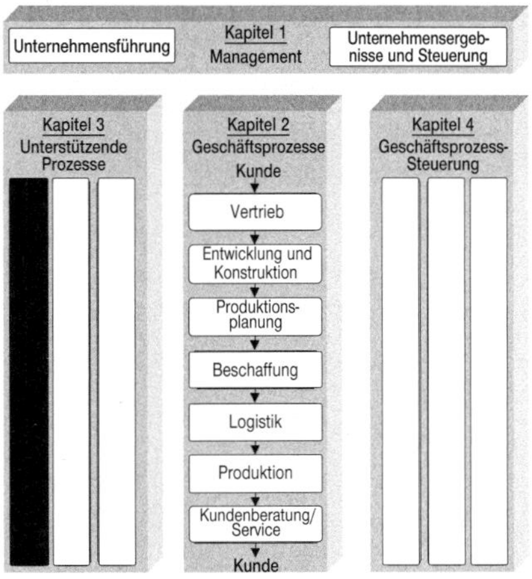

1. Aufgaben der Lenkung von Dokumenten, Daten und Aufzeichnungen:

Qualitätsmanagement:

- **Lenkung von Dokumenten, Daten und Aufzeichnungen:**
- Auswahl der zu lenkenden Dokumente, Daten und Aufzeichnungen.
- Festlegung der Verantwortung für die Erstellung, Prüfung, kontrollierte Freigabe, Verteilung, den Austausch, sowie Ablage der Dokumente.
- Angabe der Aufbewahrungsfristen für die Dokumente entsprechend dem Produkthaftungsgesetz und der Abgabenordnung § 147 AO.
- Die Gewährleistung der Rückverfolgbarkeit für die dokumentationspflichtigen Dokumente muß jederzeit möglich sein, Archivierung.
- Eindeutige Zuordnung von Produkt zu den dazugehörigen Dokumenten muß gewährleistet sein.
- Gewährleistung einer eindeutigen **Identifikation und Rückverfolgbarkeit** bei Dokumenten und Produkten.
- Aufbringen einer Identifikationsnummer (Seriennummer, Chargennummer, Projektnummer,...) bei Produkten und Anlagen.
- Eindeutige Kennzeichnung aller Einzelteile, Baugruppen und Endgeräte.
- Auswahl und Bewertung **statistischer Methoden und Verfahren.**
- Erfassung und statistische Auswertung von Reklamationen sowie Produkt- und Anlagenfehlern mittels EDV.
- Durchführung der Stichprobenprüfung und Prüfplanung.

Umweltmanagement:

- Registrierung aller Gesetze, Auflagen und Vorschriften zum Umweltschutz.
- Archivierung von Auswertungen und Dokumenten der Umweltprüfung, von Audits und Messungen zum Umweltschutz.
- Siehe Dokumentation bei Qualitätsmanagement.

Sicherheitsmanagement:

- Erstellung von Unfallstatistiken und Auswertung.
- Siehe Dokumentation bei Qualitätsmanagement.

Abb. 11.27 Aufgaben zur Lenkung von Dokumenten, Daten und Aufzeichnungen

3. Unterstützende Prozesse

3.4 LENKUNG VON DOKUMENTEN, DATEN U. AUFZEICHNUNGEN

Übersicht

2. Ziele und Kennzahlen:

Nr.	Ziel/Kennzahl	Q	U	S
1	Anzahl von Dokumenten	X	X	X
2	Reklamationsquote	X		
3	Anzahl Sachnummern	X		

3. Übersicht der Verfahrensanweisungen mit Verantwortung

VA-Nr.	Bezeichnung	IMS																			
		Q	U	S	GF	IMS	CON	VT	AA	KS	TE	E+K	PP	PR	MAWI	LOG	BE	VW	PE	FIBU	EDV
3.4.2.01	Lenkung von Dokumenten, Daten und Aufzeichnungen	X	X	X	T	P	T	T	T	T	T	T	T	T	T	T	T	T	T	T	T
3.4.2.02	Identifikation und Kennzeichnung	X				P			T	T		T	T	T		T	T				T
3.4.2.03	Rückverfolgbarkeit	X				P			T	T		T	T	T		T	T			T	T
3.4.2.04	Statistik im Reklamationswesen	X		X						P	T	T		T							
3.4.2.05	Registrierung und Lenkung von Gesetzen, Auflagen und Vorschriften	X	X	X	M	P		M			T	M	M			M		M	M		

P: Prozessverantwortung; T: Teilverantwortung; M: Mitwirkung

4. Mitgeltende Unterlagen und Regelwerke:

DIN EN ISO 9001, DIN EN ISO 14001, SCC, Arbeitsschutzgesetz, UVV, Arbeitsstättenverordnung, Arbeitssicherheitsgesetz, Technische Regeln (DIN, VDE u. a.), Produkthaftungsgesetz, Abgabenverordnung, Dokumente lt. Dokumentenmatrix Kap. 3.4

Abb. 11.28 Lenkung von Dokumenten, Daten und Aufzeichnungen – Ziele und Kennzahlen, Übersicht zu Verfahrensanweisungen

3. Unterstützende Prozesse

3.4 LENKUNG VON DOKUMENTEN, DATEN U. AUFZEICHNUNGEN

Verfahrensanweisung 3.4.2.01
Lenkung von Dokumenten, Daten und Aufzeichnungen

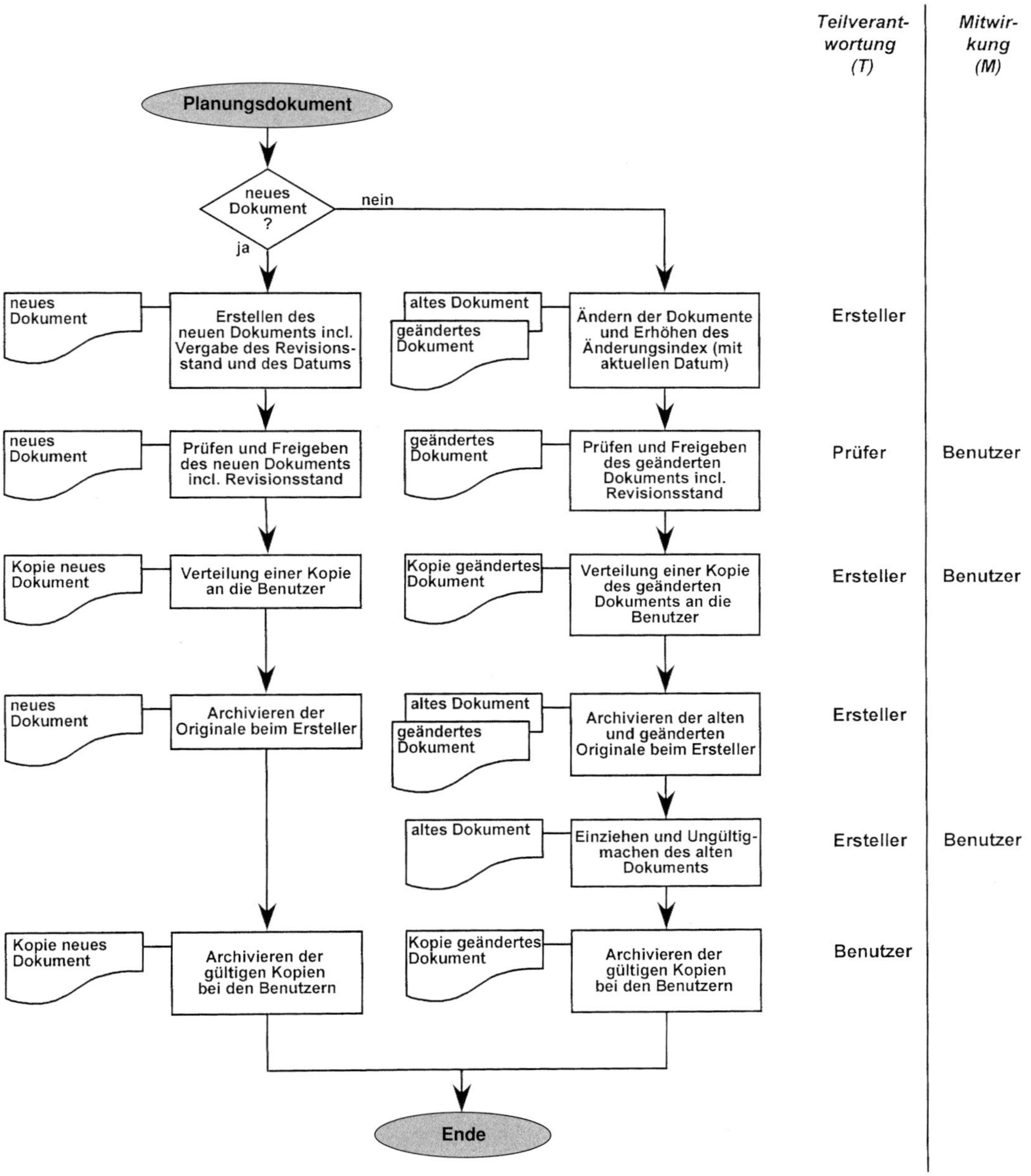

Abb. 11.29 Verfahrensanweisung zur Lenkung von Dokumenten, Daten und Aufzeichnungen

II

3. Unterstützende Prozesse

3.4 LENKUNG VON DOKUMENTEN, DATEN U. AUFZEICHNUNGEN

Verfahrensanweisung 3.4.2.01
Lenkung von Dokumenten, Daten und Aufzeichnungen

Beispielhafter Auszug aus der Dokumentenmatrix für Aufzeichnungen

Dokumentenname	erstellen, ändern ungültig erkl.	prüfen	freigeben	verteilen durch	archivieren	Aufbew.-dauer (Jahre)
Abnahmeprotokoll	KS	Kunde	Kunde	KS	EDV	10
Arbeitszeitbescheinigung	KS	KS	KS	KS	KS	7
Auditbericht	IMS	IMS	Auditor	IMS	IMS	3
Aufstellung sicherheitsrelev. Teile	E+K	E+K	E+K	E+K	E+K	3
Beanstandung	BE	BE	BE	BE	BE	7
Beanstandungsrückantwort	Lieferant	BE	---	BE	BE	7
Checkl. Inbetriebnahme	KS	KS	KS	KS	EDV	10
Checkliste für Angebote	VTP	VTP, E+K	VT	VTP	EDV	10
Einweisungsbericht	KS	KS	Kunde	KS	EDV	10
Fehlersammelkarte	PR	TE	---	PR	PR	3
FMEA	E+K	E+K	---	---	E+K	3
Lieferantenbewertung	BE	BE	MAWI	BE	BE	3
Lieferschein vom Lieferant	Lieferant	LOG	BE	LOG	BE, EDV	7
Liste kritische Lieferanten	BE	BE	MAWI	BE	BE	3
Liste Lieferantenzulassung	BE	BE	MAWI	BE	BE	3
Mängelstatistik	KS	KS	TE	KS	KS	10
Personalakt	PE	PE	---	---	PE	7 nach Austritt
Protokoll - Inbetriebnahme	KS	Kunde	Kunde	KS	EDV	10
Prüfbericht fehlerh. Produkte	LOG	LOG	E+K, BE	LOG	LOG	7
Prüfmittelkarte	LOG	LOG	LOG	---	LOG	7
Prüfprotokoll	PR, LOG	PR, LOG	PR, LOG	PR, LOG	PR, LOG	7
Prüfzeugnis	Lieferant	LOG	---	LOG	BE	7
Reklamation	KS	KS	KS	KS	KS	7
Reparaturbericht	KS	KS	KS	KS	KS	7
Rückmeldung Nacharbeit	PR	TE	---	PR	PR	3
Schulungsnachweis	Referent	PE	---	Mitarbeiter	PE	6 nach Austritt
Tagesprotokoll	LOG	LOG	---	---	LOG	7
Unfallstatistik und Berichte	PE	IMS	GF	PE	PE	7
Warenannahmeliste	LOG	LOG	---	---	LOG	3
Zertifikat	Lieferant	BE	---	BE	BE	3

Abb. 11.30 Verfahrensanweisung - Dokumentenmatrix von Aufzeichnungen

4. Geschäftsprozesssteuerung

4.2 SYSTEM-, PROZESS- UND PRODUKTAUDITS

Übersicht

1. Aufgaben von System-, Prozess- und Produktaudits:

Qualitätsmanagement:

- Permanente Verbesserung von System, Prozessen und Produkten durch Audits.
- Veranlassen, Durchführen und Überwachen von durch Audits veranlaßte Korrekturmaßnahmen.
- Aufzeigen von Schwachstellen und Einleiten von Verbesserungsmaßnahmen.
- Planen der notwendigen Mittel.
- Wirksamkeit der Maßnahmen überwachen.
- Schulen bei Korrekturmaßnahmen.

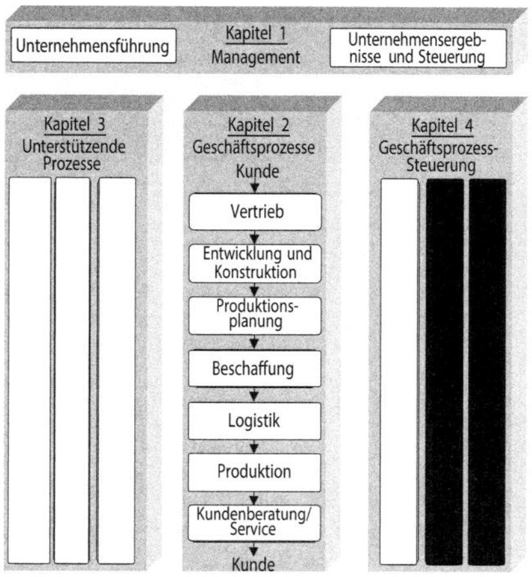

Umweltmanagement:

- Durchführen von Ökoaudits (Umweltschutzaudits).
- Vorgehensweise wie Qualitätsmanagement.

Sicherheitsmanagement:

- Durchführung von Sicherheitsmanagementaudits.
- Vorgehensweise wie Qualitätsmanagement.

Abb. 11.31 Aufgaben von System-, Prozess- und Produktaudits

4. Geschäftsprozesssteuerung

4.2 SYSTEM-, PROZESS-UND PRODUKTAUDITS

Übersicht

2. Ziele und Kennzahlen:

Nr.	Ziel/Kennzahl	Q	U	S
1	Erfüllungsgrad bezüglich Auditergebnisse	X	X	X
2	Umsetzungsgrad von definierten Maßnahmen	X	X	X

3. Übersicht der Verfahrensanweisungen mit Verantwortung

VA-Nr.	Bezeichnung	IMS			GF	IMS	CON	VT	AA	KS	TE	E+K	PP	PR	MAWI	LOG	BE	VW	PE	FIBU	EDV
		Q	U	S																	
4.2.2.01	Durchführung von System- und Verfahrensaudits	X	X	X	T	P	T	T	T	T	T	T	T	T	T	T	T	T	T	T	T
4.2.2.02	Durchführung von Produktaudits	X	X	X	T	T	M	T	T	T	P	T	T	T	T	T	T				

P: Prozessverantwortung; T: Teilverantwortung; M: Mitwirkung

4. Mitgeltende Unterlagen und Regelwerke:

DIN EN ISO 9001, DIN EN ISO 14001, SCC, Arbeitsschutzgesetz, UVV, Arbeitsstättenverordnung, Arbeitssicherheitsgesetz, Technische Regeln (DIN, VDE u. a.), Dokumente lt. Dokumentenmatrix Kap. 3.4

Abb. 11.32 System-, Prozess- und Produktaudits

Literatur

Bayerisches Staatsministerium für Gesundheit, Ernährung und Verbraucherschutz: Managementsysteme für Arbeitsschutz und Anlagensicherheit. Das OHRIS-Gesamtkonzept. München, 2005

DIN EN ISO 9001:2008-12, Beuth Verlag, Berlin

DIN EN ISO 14001:2009-11, Beuth Verlag, Berlin

ISO/TS 16949:2009, VDA QMC – Qualitäts Management Center im Verband der Automobilindustrie e. V.

Lachenmeir, P.: Konzeption des betriebseigenen IMS-Handbuchs. In: Pfeufer, H.-J./Schreiber, F./Rau, W.: Das integrierte Managementsystem. Carl Hanser Verlag, München 2004

Lachenmeir, P./Schreiber, F.: Arbeitssicherheit und Umweltmanagement für QM-Systeme, Carl Hanser Verlag, München 2011

Normatives SCC-Regelwerk Version 2011, DGMK Deutsche Wissenschaftliche Gesellschaft für Erdöl, Erdgas und Kohle e. V., Hamburg

OHSAS 18001:2007, TÜV Media GmbH, Köln

Pfeufer, H.-J./Schreiber, F./Rau, W.: Internes Audit, Carl Hanser Verlag, München 2007

12 Six Sigma

12.1 **Erfolgspotenziale und Herausforderungen** ... **257**
12.1.1 Besonderheiten von Six Sigma ... 258
12.1.2 Geschichte ... 258

12.2 **Six-Sigma-Prozessverständnis** ... **259**

12.3 **Six-Sigma-Projektorganisation** ... **261**
12.3.1 Rollen und Verantwortlichkeiten ... 261
12.3.2 Auswahl von Six-Sigma-Projekten ... 263

12.4 **Six Sigma – Vom Methodenbaukasten zum integrierten Verbesserungsmanagement** ... **264**
12.4.1 Define ... 266
12.4.2 Measure ... 268
12.4.3 Analyze ... 270
12.4.4 Improve ... 272
12.4.5 Control ... 274

12.5 **Design for Six Sigma – Durchgängige Absicherung der Produktentstehung** ... **274**
12.5.1 Abgrenzung zu Six Sigma ... 276
12.5.2 DIDOV – Ein Projektmanagementansatz des Design for Six Sigma ... 277

12.6 **Rahmenbedingungen im Unternehmen** ... **281**
12.6.1 Planung der Six-Sigma-Einführung ... 282
12.6.2 Herausforderungen für die Unternehmenskultur ... 283
12.6.3 Qualifikation und Qualifizierung von Mitarbeitern ... 284
12.6.4 Kombination von Six Sigma mit anderen Qualitätsoffensiven ... 286

12.7 **Fazit** ... **289**

12 Six Sigma

Markus Köhler, Daniel Frank, Robert Schmitt

Six Sigma ist eine strategische Initiative zur Verbesserung der Qualität von Prozessen und Produkten in Unternehmen und Organisationen. Die in der Vergangenheit realisierten Erfolge belegen, dass durch Six Sigma eine deutliche Verbesserung wesentlicher wirtschaftlicher Kennzahlen möglich ist. Eine Auseinandersetzung mit den Herausforderungen der Six-Sigma-Methodik ist für Anwender und Führungskräfte sinnvoll, da mit der Kostenreduktion, der Umsatzsteigerung und der Kundenzufriedenheit bedeutende und aktuelle unternehmerische Themen adressiert werden (siehe Kap. 12.1.1).

In der Methodik von Six Sigma werden Verbesserungen durch die systematische Durchführung von Verbesserungsprojekten realisiert. Die charakteristischen Elemente, Methoden und Vorgehensweisen von Six-Sigma-Projekten sollen im Folgenden anhand eines einfachen Beispiels dargestellt werden.

Ein amerikanisches Unternehmen vertreibt, entwickelt und stellt Haushaltsgüter an mehreren Standorten in Europa her. Unternehmensweit wurde eine Six-Sigma-Initiative mit dem Ziel gestartet, die Produkt- und Prozessqualität durch zahlreiche Six-Sigma-Projekte zu verbessern und die Herstellungskosten zu senken. Ein Problem, welches im Rahmen eines Six-Sigma-Projekts gelöst werden konnte, war die fehlerhafte Brennerzündung bei Gasherden. Dieses Problem wurde durch die Auswertung von Reklamationen detektiert. Zunächst wurde eine interne Untersuchung vorgenommen, um das Problem einzugrenzen. Die Problemdefinition lautete daraufhin, dass das Gas vom Brenner nicht zuverlässig gezündet wird und oft mehrere Betätigungen des Startknopfes hierfür notwendig sind. Die Anzahl der Zündversuche, die zum Entzünden des Gases notwendig war, wurde als die im Projektverlauf zu verbessernde Zielgröße festgesetzt. Diese Rahmendaten des Projektes wurden in einer Project Charter festgehalten. Durch die Anwendung eines Ishikawa-Diagramms wurden die möglichen Faktoren bestimmt, die Einfluss auf das Auslösen der Zündung haben. Dabei wurde zwischen Stellgrößen, die durch die Entwicklung beeinflusst werden konnten, und Störgrößen, die durch den Kunden beeinflusst wurden, unterschieden. Erste Tests wurden mit verschiedenen Gasbrennerbauarten durchgeführt, wobei mittels eines paarweisen Vergleichs festgestellt wurde, dass das Problem speziell bei einer Bauart vermehrt auftrat. Daraufhin wurden mithilfe der statistischen Versuchsmethodik (Design of Experiments, DoE) Versuchsreihen durchgeführt und dadurch der Einfluss der wesentlichen Faktoren auf die Zielgröße analysiert. Aus den Ergebnissen konnten optimale Einstellparameter für die relevantesten Faktoren abgeleitet werden, um die Zündproblematik bei Gasbrennern abzustellen. Die Ergebnisse wurden auf die Serie übertragen, wodurch das Problem des Zündverhaltens behoben werden konnte und keine weiteren Reklamationen zu diesem Problem auftraten. Im Zuge des Projektes war festgestellt worden, dass das Betriebsverhalten des Kunden entscheidenden Einfluss auf die Zuverlässigkeit der Brennerzündung hatte. Daher wurde das im Projekt verwendete Vorgehen zur Untersuchung der Zuverlässigkeit unter verschiedenen kundenabhängigen Faktoren standardisiert. Dieser Standard wurde fortan auf alle neu entwickelten Produkte angewandt, um einen zuverlässigen Betrieb dieser zu gewährleisten. (Töpfer 2004)

Das Beispiel zeigt, dass durch eine systematische Vorgehensweise und den gezielten Einsatz von Methoden eine nachhaltige Verbesserung der Kundenzufriedenheit und des Unternehmenserfolges erreichbar ist. Six Sigma ermöglicht ein solches Vorgehen. Die Erfolgsbedingungen und die Herausforderungen zur Schaffung dieser werden in Kapitel 12.1 gegenübergestellt.

Six Sigma stellt ein Bewertungsmaßstab für die Qualität von Prozessen dar. Um die Qualität gemäß dieses Maßstabes zu steigern, ist eine Analyse des Prozesses und wesentlicher Prozessparameter notwendig. Zu diesem Zweck nutzt Six Sigma ein einfaches, aber aussagekräftiges Prozessmodell, durch das die wesentlichen Parameter eines Prozesses abgebildet werden können. Der Bewertungsmaßstab und das Prozessverständnis von Six Sigma werden in Kapitel 12.2 erläutert.

Durch eine eigene Projektorganisation wird sichergestellt, dass die Six-Sigma-Methodik im Unternehmen einen ausreichenden Stellenwert besitzt und Six-Sigma-Initiativen die erforderliche organisatorische Verankerung erfahren. Verantwortlichkeiten und Rollen sind klar definiert, die Einleitung eines Projektes erfolgt von zentraler Stelle und das Vorgehen bei der Problemlösung sowie die Ergebnisse werden kontinuierlich überwacht. Bei der Einführung eines Six-Sigma-Programms besteht die Herausforderung, eine wirkungsvolle Projektorganisation zu schaffen. Der Erfolgsfaktor von Six Sigma ist die Fokussierung auf Projekte, deren Beitrag zur Verbesserung wesentlicher Kennzahlen absehbar ist. Herausforderungen stellen die Identifikation dieser Kennzahlen aus strategischen Zielen des Unternehmens und die Ableitung einer Auswahlsystematik für Projekte dar. Die Six-Sigma-Projektorganisation sowie Ansätze zur Projektauswahl werden in Kapitel 12.3 vorgestellt.

Ebenso ursächlich für die Stärke von Six-Sigma-Projekten ist der systematische Einsatz von Werkzeugen aus dem Bereich der Statistik, dem Qualitäts- und dem Projektmanagement, innerhalb eines durchgängigen Projektmanagementansatzes. In Kapitel 12.4 wird daher erläutert, wie dieser Projektmanagementansatz ausgestaltet ist und welche wesentlichen Werkzeuge er beinhaltet.

Die Ansätze von Six Sigma können bereits bei der Entwicklung neuer Produkte genutzt werden, um Produkte mit hoher Qualität im Sinne des Kunden zu realisieren. Daher wird Design for Six Sigma (DfSS) als gesonderte Methodik zur Entwicklung neuer Produkte und Prozesse eingesetzt. Die DfSS-Methodik und die Abgrenzung bzw. Verknüpfung zu Six Sigma wird in Kapitel 12.5 behandelt.

Wie im Beispiel verdeutlicht, ist Six Sigma ein programmatischer Ansatz, der über einen entsprechend geplanten Prozess in ein Unternehmen einzuführen ist. Viele Bestandteile von Six Sigma, wie z. B. der Projektmanagementansatz, bauen auf der festen Verankerung der Six-Sigma-Methodik im Unternehmen auf. Bei der Einführung strategischer Initiativen wie Six Sigma ist daher ein Veränderungsprozess notwendig. Ziel dieses Veränderungsprozesses ist es, notwendige Rahmenbedingungen für den Erfolg der Initiative zu schaffen. Zur Schaffung dieser Rahmenbedingungen bedarf es der Planung der Six-Sigma-Initiative, der Auswahl und Qualifikation geeigneter Mitarbeiter in der Six-Sigma-Organisation und der Abstimmung von Six Sigma mit anderen qualitätsfördernden Maßnahmen und Programmen im Unternehmen. Diese Elemente werden in Kapitel 12.6 behandelt.

Dieses Kapitel bildet die wichtigsten Elemente der Six-Sigma-Methodik ab. Diese Kernbestandteile der Six-Sigma-Methodik sind in Abbildung 12.1 dargestellt.

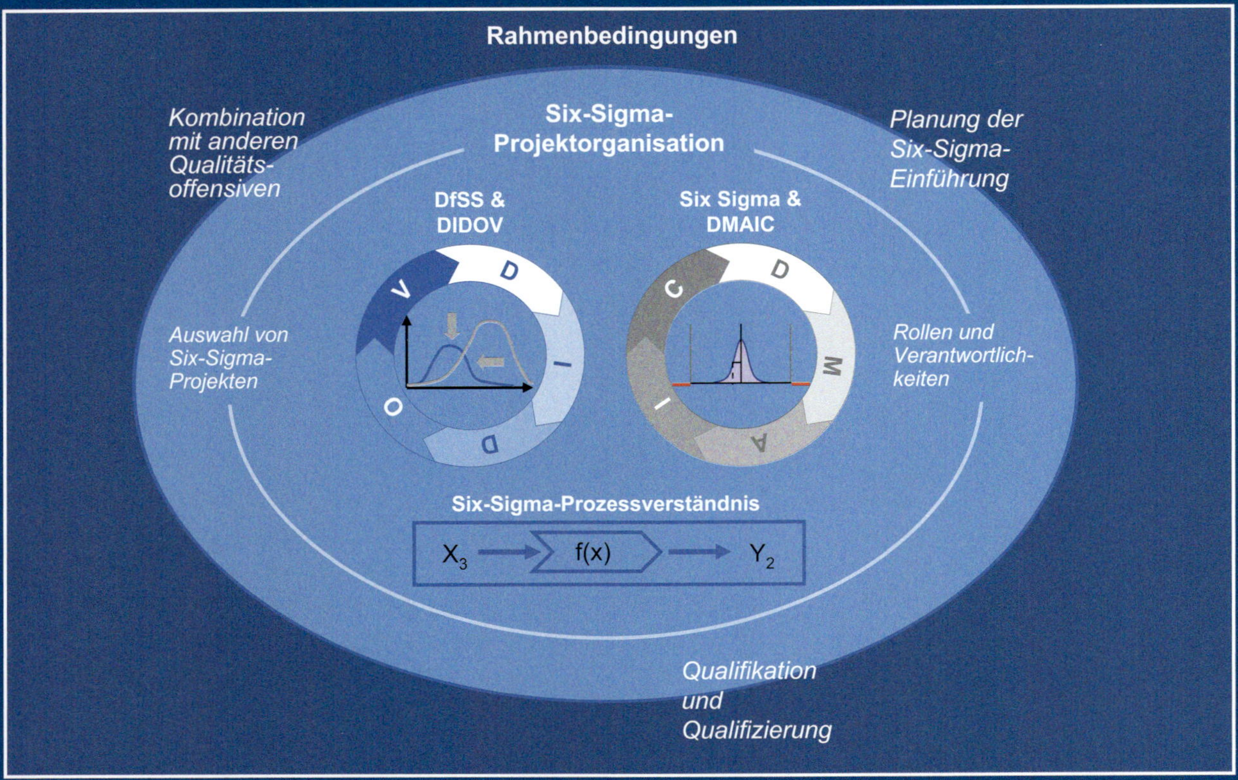

Abb. 12.1 Elemente der Six-Sigma-Methodik

12.1 Erfolgspotenziale und Herausforderungen

Unternehmen, die Verbesserungsinitiativen wie Six Sigma anwenden, leiten nachweislich deutlich häufiger Optimierungsmaßnahmen als Reaktion auf Probleme ein (Schmitt 2011). Die Vermeidung von Fehlern in Produkten und Prozessen durch stabile, beherrschte und leistungsfähige Prozesse ist der wesentliche Verbesserungsansatz von Six Sigma. Auf Basis dieses Verbesserungsansatzes sollen zahlreiche positive Konsequenzen für unternehmerische Aktivitäten abgeleitet werden (Magnusson/Bergman/Kroslid 2004):

- Eine Verbesserung der Profitabilität durch die gesteigerte Prozessqualität und folglich niedrigere Kosten (Material-, Lohn-, allgemeine Gemeinkosten, Verwaltungskosten etc.)
- Die Verbesserung der Kundenzufriedenheit durch genauere Erfüllung der relevanten Anforderungen
- Als Folge dieser verbesserten Kundenzufriedenheit eine Steigerung des Umsatzes, durch höhere abgesetzte Mengen und einen höheren Marktanteil

Diese Ziele sind in den Unternehmen nach wie vor hochaktuell, wie die Antworten auf die Frage „Welches Thema wird in Ihrem Unternehmen in den nächsten drei Jahren die höchste Priorität haben?" einer seit 1993 regelmäßig durchgeführten Studie unter knapp 1200 Führungskräften zeigen (siehe Abb. 12.2).

Wie in Abb. 12.2 dargestellt, sind insbesondere die Umsatzsteigerung, gefolgt von verbesserter Profitabilität, Kostenkontrolle und Kundenzufriedenheit wichtige Zukunftsthemen für Unternehmen. Gleichzeitig werden von 81 % der Befragten noch signifikante Potenziale zur Steigerung von Nachhaltigkeit und Profitabilität in ihren Unternehmen gesehen. Auf Basis dieser Erkenntnisse begründet sich die Notwendigkeit, erforderliche Maßnahmen und methodisches Wissen aufzubauen und auszuweiten, um diese Herausforderungen anzugehen und die Potenziale zu heben. Tatsächlich nutzen erst 29 % der befragten Unternehmen Methoden aus dem Bereich des Total Quality Management (TQM) wie Six Sigma, wodurch sich die Herausforderungen adressieren ließen (Rigby/Bilodeau 2013). Dies lässt darauf schließen, dass Potenzial für die Verbreitung und den erfolgreichen Einsatz von Six Sigma vorhanden ist.

Die im Fokus liegenden Kennzahlen stehen in direkter Abhängigkeit zu dem Qualitätsniveau eines Unternehmens. Qualitativ hochwertige Prozesse und Produkte führen zu niedrigeren Kosten, höherer Kundenzufriedenheit und steigern den Unternehmenserfolg nachhaltig – nicht zuletzt durch Bildung eines entsprechenden Images (siehe hierzu auch Kap. 6, „Qualitätsbezogene Kosten", von Roland Jochem und Colin Raßfeld). Daraus wird deutlich, dass Maßnahmen zur Verbesserung des Qualitätsmanagements und die Ausweitung des Qualitätsgedankens

II

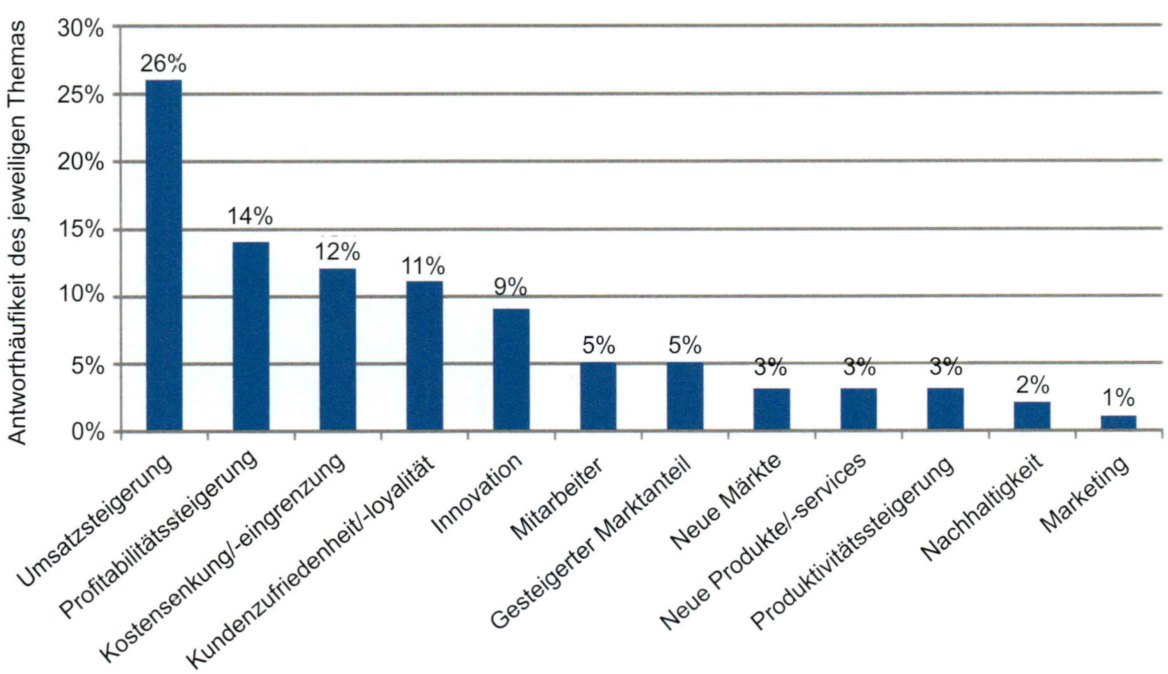

Abb. 12.2 Bedeutung und Priorität unternehmerischer Ziele, nach (Rigby/Bilodeau 2013)

auf die gesamte Unternehmung im Sinne des Total Quality Managements (TQM) nach wie vor zentrales Bestreben von Unternehmen sein sollten. Insbesondere im Bereich der Methodenkompetenz besteht großer Nachholbedarf. So gaben in 2012 nur 29% der befragten Firmen an, Methoden aus dem Bereich des TQM, zu denen auch Six Sigma gehört, zu nutzen. Dies lässt darauf schließen, dass der Einsatz von Six Sigma und der damit verbundenen Methoden des Qualitätsmanagements erheblich zur Hebung der vorhandenen Potenziale in Unternehmen beitragen kann.

Erfolgreiche Anwender verweisen darauf, dass Einsparungen, die mit den Six-Sigma-Projekten realisiert werden, den notwendigen Invest in Projektressourcen sowie in die Weiterbildung von Mitarbeitern in hohem Maße überkompensieren. Diese Erfolge haben die meisten Großunternehmen sowie viele kleine und mittlere Unternehmen in Deutschland ermutigt, sich intensiv mit Six Sigma zu befassen. Beispiele für deutsche Unternehmen, die Six Sigma nutzen oder genutzt haben, sind unter anderem die Deutsche Bahn, die Deutsche Telekom und die Allianz Gruppe (Koch 2011).

12.1.1 Besonderheiten von Six Sigma

Durch den Kerngedanken der systematischen Verbesserung von Prozessen und durch die eingesetzten Qualitätsmanagementwerkzeuge unterscheidet sich Six Sigma zunächst nicht vollständig von anderen Qualitätsinitiativen wie z.B. Kaizen (siehe Kap. 12.6.4). Die Besonderheit ergibt sich vielmehr aus der zielgerichteten Komposition verschiedener bekannter Elemente, wie den Methoden der Statistik und des Qualitätsmanagement sowie eines systematischen Projektmanagementansatzes (Wappis/Jung 2013). Die ISO Norm 13053 formuliert zudem zwei wesentliche Alleinstellungsmerkmale (ISO 13053):

- Bevor Six-Sigma-Projekte gestartet werden, ist – ähnlich wie in einem Business Case – ein klar ersichtlicher Nutzen für das Unternehmen herauszustellen. Zudem ist eine Verfolgung der Wirtschaftlichkeit über die weitere Projektlaufzeit zu gewährleisten. Um das Ziel der Wirtschaftlichkeit im Fokus zu behalten, werden die tatsächlichen Kundenwünsche in allen Projektphasen mit einbezogen.
- Elementar bei der Einführung von Six Sigma in einem Unternehmen ist die Schaffung einer eigenen Infrastruktur, mit klar definierten und verteilten Rollen und Verantwortlichkeiten. Mit der Etablierung dieser Infrastruktur wird auch die kulturelle Verankerung des von Six Sigma getragenen Verbesserungsgedanken bei den Mitarbeitern eines Unternehmens und insbesondere bei dessen Führung angestrebt.

Lösungsansätze für eine Six-Sigma-gerechte Projektauswahl und die Etablierung einer entsprechenden Organisationsstruktur sind Bestandteil dieses Kapitels (siehe Kap. 12.3). Darüber hinaus wird in den Kapiteln 12.4 und 12.5 erläutert, wie die Aspekte der Kunden- und Wirtschaftlichkeitsorientierung in den Projektmanagementansätzen von Six Sigma abgesichert werden. Dazu gehören etwa Methoden zur geeigneten Aufnahme und der zielgerichteten Transformation von Kundenforderungen in Produkt- und Prozessanforderungen.

12.1.2 Geschichte

Die erfolgreiche Etablierung der zuvor dargestellten Alleinstellungsmerkmale hat Six Sigma in der Vergangenheit zu besonderen Erfolgen verholfen. Von den Anfängen bei Motorola über die Verbreitung durch Jack Welch bei General Electric zeigt ein geschichtlicher Abriss, in welchem Problemkontext Six Sigma entwickelt wurde.

Six Sigma entstand aus einer konkreten Problematik heraus beim Elektronikkonzern Motorola. Motorola sah sich 1979 folgenden Problemen ausgesetzt: hohe Kosten für die Nachbehandlung von Fehlern und mindere Qualität der Produkte. Bei der Suche nach Möglichkeiten, Kosten in diesen Bereichen einzusparen, wurde festgestellt, dass die Qualität der späteren Endprodukte entscheidend davon abhing, wie viele Fehler im Laufe der Produktion dieses Produktes korrigiert werden mussten. Ein Produkt, bei dem schon während der Produktion viele Fehler korrigiert werden mussten, versagte häufig zu Beginn der Einsatzzeit beim Kunden und führte bei diesem dadurch zu großer Frustration. Daraus leiteten die Verantwortlichen des Konzerns das Ziel ab, die Fehlerrate bereits in der Produktion zu verringern, um die Kundenzufriedenheit durch eine optimierte Qualität zu steigern. Um dieses Ziel zu erreichen, wurde auf den Einsatz exakter Messtechnik zur Identifikation von Instabilitäten, Trends und Fehlerursachen in den relevanten Prozessen gesetzt. Dadurch konnte eine aktive Steuerung der Qualität erzielt werden. Vorhandene Prozesse wurden auf Grundlage dieser Methodik schrittweise überarbeitet. Zudem wurde die Six-Sigma-Methodik auch in den Entwicklungsbereichen eingeführt. Bereits das erste, auf Basis der neuen Six-Sigma-Methodik entwickelte Produkt war qualitativ so gut, dass Motorola beschloss, die meisten Qualitätskontrollen innerhalb der Produktion des neuen Produktes abzuschaffen. Es war günstiger, die sehr seltenen, fehlerbehafteten Produkte durch neue zu ersetzen (Harry/Schroeder 2005). Six Sigma wurde bei Motorola auf alle relevanten Unternehmensbereiche ausgeweitet. In den ersten zehn Jahren nach der Einführung von Six Sigma (1987 bis 1997) betrugen die Einsparungen laut Unternehmenszahlen ca. 14 Milliarden US-Dollar (Pande/Neuman/Cavanagh 2000).

In der breiten Wahrnehmung ist Six Sigma neben Motorola insbesondere mit General Electric verbunden. Der ehemalige Vorstandsvorsitzende des Konzerns, Jack Welch, begann 1995 damit, Six Sigma bei GE einzuführen – mit dem Ziel die Produkt- und Prozessqualität zu steigern. Six Sigma wurde bei GE zur globalen Kerninitiative ausgerufen: Zehntausende Angestellte und Führungskräfte wurden in der Systematik geschult, um das gesamte Unternehmen auf das Ziel hoher Prozessqualität auszurichten. Währenddessen wurde auch der Projektmanagementansatz vereinheitlicht und eine neue unternehmensweite Terminologie gebildet, die heute als Standard in der Six-Sigma-Methodik gilt (Pande/Neuman/Cavanagh 2000).

12.2 Six-Sigma-Prozessverständnis

Die Six-Sigma-Ansätze können in allen Prozessen und damit allen Unternehmensbereichen angewandt werden – sowohl für die Entwicklung und die Erstellung von Gütern und Dienstleistungen als auch für unterstützende Prozesse (z. B. Buchhaltung, Logistik) und Managementprozesse (Harry/Schroeder 2005). Das Six-Sigma-Prozessverständnis stellt dabei die Grundlage für die Identifikation von Kernursachen in den Six-Sigma-Verbesserungsprojekten dar (siehe Abb. 12.3).

Das Six-Sigma-Prozessverständnis (und im Rahmen von Design for Six Sigma auch das Produktverständnis) aus Abbildung 12.3 lässt sich über den funktionalen Zusammenhang $y = f(x)$ abbilden. In der Nomenklatur stellt y das Ergebnis dar (als Merkmal eines Prozesses oder eines Produktes). Im Einführungsbeispiel handelte es sich um einen Prozess der Brennerzündung. Das Ergebnis des Prozesses ist in diesem Fall, ob der Brenner zündet oder nicht. Dieses Ergebnis ist eine Funktion der eingesetzten, veränderlichen Einflussfaktoren, die x genannt werden. Diese Faktoren können Störgrößen („Topfgröße"), also nicht durch Unternehmensprozesse beeinflussbare Faktoren, oder Stellgrößen („Zündfrequenz") sein.

Über das Six-Sigma-Prozessverständnis lassen sich konkrete Grundsätze für akzeptable Prozessqualität festlegen. Im Rahmen der Prozessverbesserung sind die Einflussfaktoren x zu identifizieren, die das Ergebnis y maßgeblich beeinflussen. Durch eine Veränderung dieses x ist das Ergebnis y zu optimieren. Die Leistung eines Prozesses kann durch die Messung des Prozessergebnisses in Abhängigkeit der relevanten Einflussfaktoren bestimmt werden. Zur Bewertung der Prozessleistung bzw. -qualität kommen sowohl allgemeine Kenngrößen, wie Prozessfähigkeit und -stabilität (siehe Kap. 1.4), als auch Six-Sigma-spezifische Kenngrößen, wie das im Folgenden erläuterte Sigma-Niveau und der *dpmo*, zum Einsatz.

Durch attributive Werte wird im Rahmen von Six Sigma die Leistung eines Prozesses in *defects per million opportunities (dpmo)*, also Fehler pro einer Million Fehlermöglichkeiten, beschrieben. Diese Kenngröße gibt an, mit welcher Wahrscheinlichkeit ein Merkmal innerhalb der zuvor für dieses Merkmal festgelegten Spezifikationsgrenzen (obere und untere Spezifikationsgrenze, OSG und USG) um einen bestimmten Zielwert liegt. Nach der ISO-Norm 13053 ist der dpmo wie folgt zu berechnen (ISO 13053):

$$dpmo = \frac{c}{n_{\text{Teile}} \times n_{\text{CTQC}}} \times 1.000.000$$

Die Variable c entspricht der gemessenen Anzahl an Nichtkonformitäten mit der Toleranz bei den kritischen Qualitätsmerkmalen *(Critical to Quality, CTQ)*. Die Variable n_{Teile} entspricht der vermessenen Anzahl der Teile und n_{CTQC} der Anzahl kritischer Qualitätsmerkmale, die im Produkt vorhanden sind.

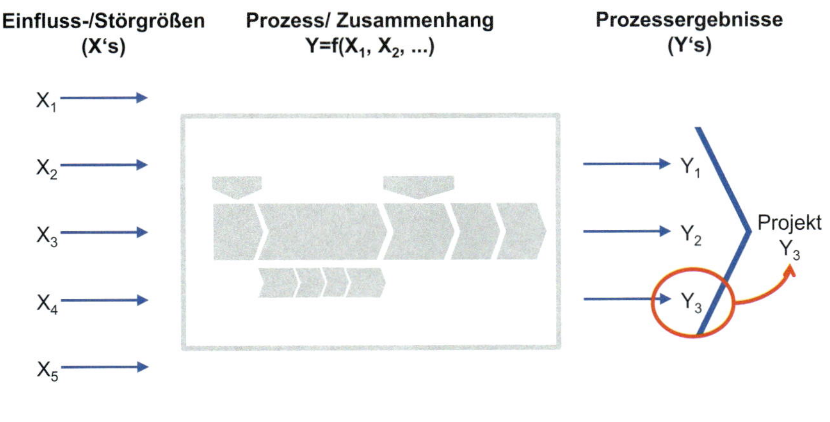

Abb. 12.3
Das Six-Sigma-Prozessverständnis

In der Six-Sigma-Systematik wird der dpmo dazu verwendet, das Sigma-Niveau (auch Sigma-Wert genannt) eines Prozesses zu bestimmen. Das Sigma-Niveau beschreibt die Streuung eines Prozesses um einen Mittelwert als Vielfaches der Standardabweichung Sigma (σ). Wenn mithilfe attributiver Messungen ein dpmo ermittelt wurde, lässt sich das Sigma-Niveau über sogenannte Konversionstabellen ermitteln (siehe Abb. 12.4).

Abbildung 12.4 zeigt, dass mehrere Darstellungsweisen für das ursprüngliche Fehlerniveau existieren, die gleichermaßen auf dasselbe Sigma-Niveau schließen lassen. Werden bei einem betrachteten Prozess 3,4 dpmo festgestellt, ist ein Six-Sigma-Niveau vorhanden. In diesem Fall wird angenommen, dass die obere bzw. untere Spezifikationsgrenze mindestens einen Abstand vom Mittelwert hat, welcher dem 6-fachen der Standardabweichung der betrachteten Ausprägungen entspricht.

Kurzfristige Betrachtung	Langfristige Betrachtung		
σ-Niveau	**dpmo**	**Fehlerfrei**	**Fehler**
1σ	690.000	31%	69%
2σ	308.537	69,2%	30,8%
3σ	66.807	93,32%	6,68%
4σ	6210	99,379%	0,621%
5σ	230	99,977%	0,023%
6σ	3,4	99,99966%	0,00034%

Abb. 12.4 Konversionstabelle dpmo zu Sigma-Niveau, nach (ISO 13053)

Weiterhin wird aus empirischen Erfahrungen angenommen, dass der Mittelwert der betrachteten Ausprägungen sich langfristig um +/– 1,5 σ verschiebt (Sigma-Shift, siehe Abb. 12.5), wodurch der kontinuierliche Bedarf nach Prozessverbesserungen verdeutlicht wird. Diese Annahme entwickelte sich früh zu einem Standard und wird daher bei der Berechnung des Sigma-Niveaus stets berücksichtigt (Magnusson/Bergman/Kroslid 2004, Pande/Neuman/Cavanagh 2000, ISO 13053).

Wie in Abbildung 12.5 zu sehen, beträgt der Abstand des Mittelwertes damit langfristig 4,5 σ (6–1,5) von einer Spezifikationsgrenze und entsprechend 7,5 σ (6 + 1,5) von der anderen. Unter diesen Voraussetzungen beträgt die (langfristige) aus der Six-Sigma-Konversionstabelle abgelesene Fehlerwahrscheinlichkeit 0,0000034 % (oder 3,4 dpmo).

Einen höheren Aussagegehalt als attributive Messungen bieten generell variable Messdaten (beispielsweise der gemessene Durchmesser einer Welle in Millimetern). Liegen diese als Verteilungsfunktion vor, kann das Sigma-Niveau aus den außerhalb der oberen und unteren Spezifikationsgrenze liegenden Werten berechnet werden (für eine genaue Beschreibung zur Berechnung des Sigma-Niveaus auf Grundlage variabler Daten siehe beispielsweise Toutenburg et al. 2009).

Bei der Entscheidung über den zu erreichenden Sigma-Zielwert sollte nicht ohne kritische Abwägung ein Sigma-Niveau von 6 σ angestrebt werden. Stattdessen sind die

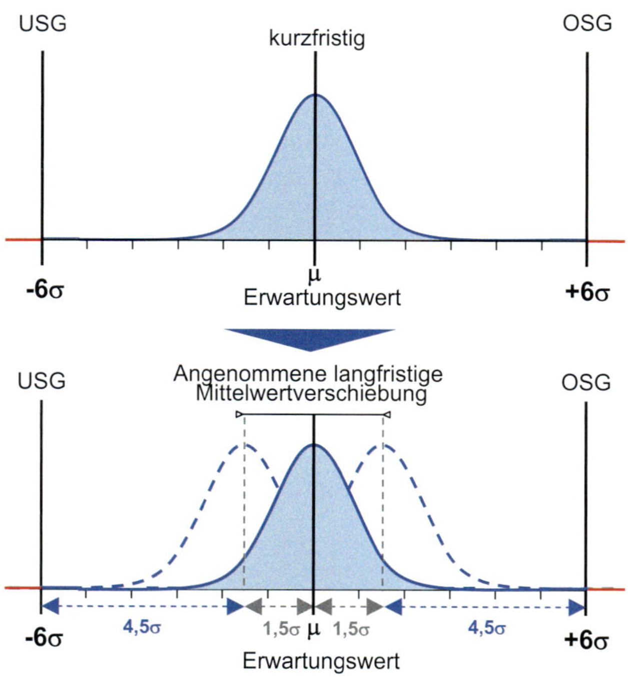

Abb. 12.5
Langfristige Verschiebung des Sigma-Niveaus, nach (ISO 13053)

prozessspezifischen Rahmenbedingungen in die Niveau-Zielfestlegung einzubeziehen. Wenn von einem bestimmten Prozess zur Herstellung eines Produktes 1000 Wiederholungen zu durchlaufen sind, bevor das Produkt fertiggestellt ist, und dieser Prozess ein Six-Sigma-Niveau aufweist, so produziert der Prozesszyklus ein gutes Gesamtergebnis mit einer Wahrscheinlichkeit von $(1-0{,}0000034)^{1000} = 0{,}9966$ oder 99,66%. Bei 150 hergestellten Produkten wäre die Wahrscheinlichkeit für ein schlechtes Produkt $0{,}9966^{150} = 0{,}6$ oder 60%. Das bedeutet, dass mit einer 40%igen Wahrscheinlichkeit mindestens eines der hergestellten Produkte einer Charge von 150 Stück fehlerhaft wäre. Eine höhere Prozessqualität könnte daher in diesem Fall sinnvoll sein. Demgegenüber kann ein Six-Sigma-Niveau auch ein unwirtschaftliches Ziel sein, wenn etwa dessen Erreichung mit einem zu hohen Aufwand verbunden ist oder die höhere Produkt- oder Prozessqualität nicht vom Kunden honoriert wird (Toutenburg et al. 2009).

12.3 Six-Sigma-Projektorganisation

Six Sigma bietet ein Konzept zur organisatorischen Einordnung der für eine Problemlösung notwendigen Rollen und Verantwortlichkeiten. Dieses ist auf die konsequente Durchführung von Verbesserungsprojekten in Unternehmen ausgerichtet und adressiert alle Unternehmensebenen (Harry/Schroeder 2005, Pande/Neuman/Cavanagh 2000 sowie Töpfer 2004). Besondere Verantwortung für den langfristigen Erfolg eines Six-Sigma-Programms liegt in der Bereitschaft und dem Engagement des Managements. Dies bedeutet, dass sich die Unternehmensführung mit Six Sigma beschäftigen muss, und dass die Projekte und Mitarbeiter durch geeignete Ressourcen und Rahmenbedingungen zu unterstützen sind (Wappis/Jung 2013).

Zusätzlich bedarf es der objektiven und systematischen Auswahl von Projekten, um die unternehmensweite Akzeptanz und den Erfolg von Six-Sigma-Programmen abzusichern. Entsprechend der Philosophie von Six Sigma ist auch die Projektauswahl auf einer begründeten Analyse von Zahlen, Daten und Fakten zu treffen. Darüber hinaus ist die Projektauswahl mit den Forderungen aller relevanten Anspruchsgruppen abzugleichen.

12.3.1 Rollen und Verantwortlichkeiten

In der Projektorganisation von Six Sigma sind mehrere Rollen definiert. Der Kompetenzstatus der auf operativer Ebene tätigen Verantwortlichen ist teilweise in Anlehnung an fernöstliche Kampfsportarten mit einem Gürtelsystem gekennzeichnet. Auf Entscheidungsebene existieren je nach unternehmensspezifischer Auslegung mehrere Funktionen, welche die korrekte Ausrichtung und Umsetzung von Six Sigma im Unternehmen sicherstellen. Einen Überblick über die Rollen bietet Abbildung 12.6, welche zudem zur Strukturierung dieses Abschnitts dient (ISO 13053).

Management

Wie in Abbildung 12.6 dargestellt wird, ist die Verankerung von Six Sigma im Management auf mehreren Ebenen notwendig. In der Six-Sigma-Methodik ist das Management u. a. für die folgenden Aufgaben zuständig (Harry/Schroeder 2005):

- Lenkung der gesamten Six-Sigma-Initiative und Überwachung der Implementierung in einem *Steering Committee*
- Festlegung der strategischen Ziele, die mit der Einführung von Six Sigma (siehe Kap. 12.6.1) einhergehen
- Auswahl und Beurteilung von Verbesserungsprojekten auf Basis einer Auswahlsystematik und bestimmter Erfolgsfaktoren (siehe Kap. 12.3.2)
- Motivation und Durchsetzung der geplanten Initiativen über alle Hierarchieebenen (beispielsweise wenn es zu Konflikten bei der Umsetzung erarbeiteter Lösungen kommt)
- Bereitstellung der notwendigen finanziellen und personellen Ressourcen für die gesamte Initiative und die einzelnen Projekte

Die Six-Sigma-Projektorganisation sieht verschiedene Managementrollen vor (beispielsweise Champions, Sponsoren und gegebenenfalls Quality Leader), deren Aufgaben im Bereich der beschriebenen Tätigkeiten liegen. Um Zielkonflikte zu vermeiden, ist der Sponsor der Six-Sigma-Initiative (in diesem Fall das üblicherweise aus Top-Level-Führungskräften bestehende Six-Sigma-Steering-Committee) organisatorisch über allen Involvierten anzusiedeln.

Seniorprojektleiter und Projektleiter

Seniorprojektleiter *(Master Black Belts)* unterstützen das Management vor allem bei der Identifikation, der Auswahl und der Bewertung von Verbesserungsprojekten. Sie koordinieren in der Regel die Qualifizierung von Mitarbeitern (siehe Kap. 12.6.3), die die Projekte in den operativen

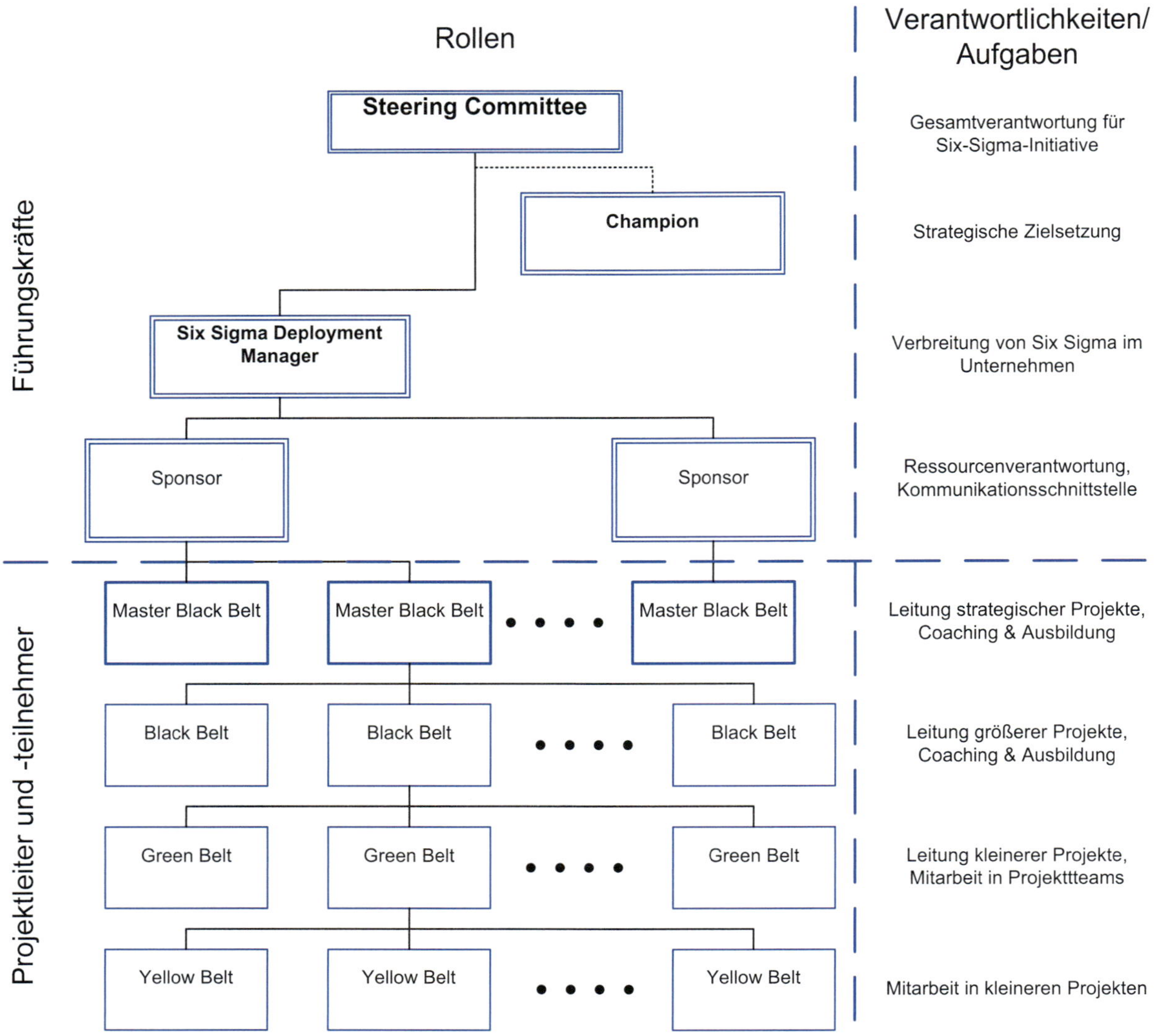

Abb. 12.6 Organigramm und Rollen in der Six-Sigma-Organisation, nach (Toutenburg et al. 2009), (ISO 13053) und (Harry/Schroeder 2005)

Bereichen durchführen. Weiterhin unterstützen sie die Projektleiter gezielt bei komplexen oder abteilungsübergreifenden Fragestellungen. Sie bilden damit eine wichtige Schnittstelle zwischen der Managementebene und der operativen Ebene im Unternehmen.
Projektleiter *(Black Belts)* geben das methodische Vorgehen im Projekt vor und qualifizieren Teammitglieder bei gezielten Fragestellungen (die Teammitglieder verfügen in der Regel über eine „Six-Sigma-Grundausbildung"). Um Projekte mit verschiedenen Teammitgliedern zielgerichtet durchzuführen und zu leiten, müssen Black Belts sowohl über ein großes Know-how an Six-Sigma-relevanten Methoden (siehe Kap. 12.6.3) und Techniken als auch über geeignete Softskills in den Bereichen Coaching und Training verfügen (Harry/Schroeder 2005).

Prozessverantwortliche

Prozessverantwortliche bzw. Teammitglieder *(Green Belts)* arbeiten in der Regel ergänzend zu ihren operativen Tätigkeiten in Verbesserungsprojekten, die die Optimierung von Prozessen in ihren Tätigkeitsfeldern betreffen. Sie sind für die Umsetzung der prozessbezogenen Ziele in den Projekten verantwortlich. Es existieren weitere Rollendifferenzierungen in *Yellow Belts* oder *White Belts* (siehe Abb. 12.6). Diese werden in begrenztem Umfang in die Projekte eingebunden, insofern diese ihre Aufgabenbereiche betreffen (ISO 13053).

Varianten bei der Einbindung von Rollen und Verantwortlichkeiten

Bei der Vergabe der Projektleitung sowie der Verantwortung für den Projekterfolg können verschiedene Varianten in Betracht gezogen werden: Während die meisten Autoren diese Aufgaben bei den Black Belts sehen (vgl. z. B. Harry/Schroeder 2005 sowie Pande/Neuman/Cavanagh 2000), zeigen Erfahrungen deutscher Unternehmen, dass im Sinne einer optimalen operativen Einbindung eine Verankerung bei den Prozessverantwortlichen (in der Regel Green Belts) vorteilhaft sein kann (Schmitt/Pfeifer/Reißiger 2005). Zudem ist eine Kombination beider Varianten denkbar: In der Praxis verfügen viele Unternehmen sowohl über freigestellte Black Belts als Projektleiter, die ausschließlich Six-Sigma-relevante Aufgaben wahrnehmen, als auch über eingebundene Projektleiter, die sich in Six-Sigma-Projekten ergänzend zu ihren Kernaufgaben engagieren. Darüber hinaus wird auch die Variante, eingebundene Black Belts als Projektleiter einzusetzen, angewandt. Die Vor- und Nachteile von eingebundenen bzw. freigestellten Black Belts werden in Kapitel 12.6.1 im Zuge der Rahmenbedingungen für Six Sigma behandelt.

Zur Erarbeitung der Projektorganisation gilt es unternehmensspezifisch festzulegen, wie viele Verantwortliche auf den einzelnen Hierarchieebenen zielführend sind. Mehrere Seniorprojektleiter und Projektleiter können einem einzelnen Sponsor unterstellt sein (siehe Abb. 12.6). Als Größenordnung für die zu qualifizierenden Funktionen schlägt die ISO 13053 vor, einen Green Belt je 30 Beschäftigte (3,3 % bzw. 3300 je 100 000 Beschäftigte), einen Black Belt je 5 Green Belts (ca. 670 je 100 000 Beschäftigte) und einen Master Black Belt je 5 Black Belts auszubilden (ca. 130 je 100 000 Beschäftigte) – vgl. (ISO 13053).

Bei der Einbeziehung von Rollen und Verantwortlichkeiten in eine Unternehmensorganisation ist weiterhin festzulegen, ob eine eigene Six-Sigma-Abteilung geschaffen wird und wie die Six-Sigma-Initiative gesteuert wird. Ferner stellt sich die Frage, in welchen Unternehmensbereichen die Ausbildung von Prozessverantwortlichen zielführend ist und nach welchen Auswahlkriterien geeignete Kandidaten identifiziert werden (Toutenburg et al. 2009).

Die Auswahl geeigneter Mitarbeiter für die Six-Sigma-Organisation stellt eine wesentliche Rahmenbedingung für eine erfolgreiche Implementierung des Konzepts dar. Die Auswahl geeigneter Mitarbeiter wird in Kapitel 12.6.3 thematisiert.

12.3.2 Auswahl von Six-Sigma-Projekten

Aufgrund unterschiedlicher Parameter, wie der Komplexität des Problems, unterscheidet sich das zu erwartende Verhältnis von Aufwand und Ertrag zwischen zwei Projekten in der Regel. Gleichzeitig stehen jedoch nur begrenzte Ressourcen (Zeit, Finanzen, Kompetenzen) zur Durchführung von Verbesserungsprojekten bereit. Aus diesem Grund ist eine Gewichtung von Verbesserungsprojekten anhand bestimmter Erfolgsfaktoren vorzunehmen.

Bevor beispielsweise bei der Ford Motor Company ein Six-Sigma-Projekt gestartet wird, sind zusätzlich zu dem bereits angesprochenen, abgegrenzten Projektumfang weitere Kriterien zu erfüllen: Die dauerhafte Wiederholung des problembehafteten Ablaufs, Verfügbarkeit von Messgrößen bzw. Daten, Betreuung des Projektes durch den Champion, der die Verantwortung für den problembehafteten Prozess hat, Beeinträchtigung der Kundenzufriedenheit durch das Problem und eine prognostizierte Kosteneinsparung von mindestens 250 000 Euro (Töpfer 2004).

Weitere Anhaltspunkte für die Projektauswahl können sein:

- Grad der Übertragbarkeit von Ergebnissen auf andere Geschäftsbereiche
- Ausmaß der Risiken, die den Erfolg des Projektes beeinträchtigen können
- Gesamtaufwand (geplant bzw. abgeschätzt) zur Durchführung des Projektes

Eine Herausforderung stellt die korrekte zeitliche und inhaltliche Eingrenzung von Projekten dar. Erfolgt diese Eingrenzung nicht oder nur teilweise, werden Projekte nicht zum Abschluss gebracht und/oder müssen nach einiger Zeit neu definiert bzw. auf kleinere Projekte heruntergebrochen werden. Daher ist bei der Projektauswahl darauf zu achten, dass das Projekt einen absehbaren und abgegrenzten Umfang hat. In der Regel wird ein maximaler zeitlicher Umfang von 6 Monaten vorausgesetzt, in dem alle Phasen des DMAIC-Zyklus (siehe Kap. 12.4) durchlaufen werden sollen (ISO 13053).

Die aufgestellten Kriterien bilden bedeutende Eingangsdaten für Werkzeuge, die eine systematische Projektauswahl unterstützen. Zu Beginn lässt sich mithilfe einer *K. O.-Analyse* feststellen, welche Projekte wesentliche Muss-Kriterien nicht erfüllen und daher nicht näher zu betrachten sind. Beispiele stellen die Unterschreitung einer zuvor festgelegten Untergrenze für die erwartete Höhe der Einsparungen oder eine eingeschränkte Realisierbarkeit aufgrund bestehender gesetzlicher Vorschriften dar. Zur weiteren Priorisierung und auf Kriterien basierenden Auswahl bieten sich Werkzeuge wie z. B. die *Nutzwertanalyse* an (vgl. Rattay/Patzak 2010), mit der eine strukturierte und objektive Bewertung von Projekten anhand der festgelegten Auswahlkriterien ermöglicht wird (siehe Abb. 12.7).

Nachdem die Auswahlkriterien wie in Abbildung 12.7 aufgelistet wurden, sind diese zu gewichten. Nach der Gewichtung wird für jedes Projekt bewertet, inwieweit es die Auswahlkriterien erfüllt. In Kombination mit der Gewichtung ergibt sich ein Teilnutzwert. Diese Teilnutzwerte werden summiert und die Alternativen nach Erfüllungs-

Nr.			Alternative 1		Alternative 2		Alternativen	
	Kriterien	Gewichte	Zielerfüllungsgrad	Teilnutzwert	Zielerfüllungsgrad	Teilnutzwert	Zielerfüllungsgrad	Teilnutzwert
1	Kriterium 1							
2	Kriterium 2							
3	Kriterium 3							
4	Kriterium 4							
5	Kriterium 5							
6	Kriterium 6							
7	Kriterium 7							
8	Kriterium 8							
Summe		1 (bzw. 100%)	Nutzwert	...	Nutzwert	...	Nutzwert	...
			Rang		Rang		Rang	

Abb. 12.7 Beispielhafte Matrix zur Nutzwertanalyse

II

grad der Auswahlkriterien geordnet. Eine Alternative zur *Nutzwertanalyse* stellt z.B. die *Portfolioanalyse* dar (Rattay/Patzak 2010).

Bei der Projektauswahl ist die Möglichkeit des Vergleichs mit anderen Projekten sinnvoll und hilfreich. Neben den dokumentierten Ergebnissen vergangener Projekte ist es zu diesem Zweck notwendig, zunächst mehrere Projektideen zu sammeln, bevor darüber entschieden wird, ob ein bestimmtes Projekt gestartet wird. Ohne eine solche Auswahlgrundlage besteht die Gefahr, dass akute Probleme als Projekte gestartet werden und dadurch Ressourcen für die Bearbeitung ertragreicherer Projekte mittelfristig nicht verfügbar sind. Grundsätzlich bietet es sich an, Vorschläge mit ergänzenden Qualitätsinitiativen, wie z.B. dem betrieblichen Vorschlagwesen, Prozesszirkeln oder Balanced Scorecards zu generieren (Wappis/Jung 2013).

Die umfangreiche und systematische Projektauswahl ist aufgrund des relativ zeit- und ressourcenintensiven Lösungsprozesses der Six-Sigma-Methodik, die auf komplexe und schwer zu durchdringende Sachverhalte abzielt, notwendig. Häufig kann die Lösung einfacherer Probleme, welche die Kriterien eines vollständigen Six-Sigma-Projektes nicht erfüllen, dennoch einen Beitrag zur Verbesserung des Unternehmens leisten. Hierfür sind die Techniken der Problemlösung aus dem im folgenden Kapitel 12.4 vorgestellten Methodenumfang von Six Sigma zielgerichtet auszuwählen und anzuwenden.

12.4 Six Sigma – Vom Methodenbaukasten zum integrierten Verbesserungsmanagement

Ein wesentlicher Erfolgsfaktor für Six Sigma ist das systematische und kundenorientierte Projektmanagement. Für die Projektdurchführung bietet Six Sigma Projektmanagementansätze, die an den sogenannten Deming-Zyklus angelehnt sind (Pyzdek 2003). Dieser Zyklus folgt dem Grundgedanken, dass jede Aktivität als Prozess aufgefasst und somit verbessert werden kann (siehe Abb. 12.8 sowie Kap. 12.2 zum Six-Sigma-Prozessverständnis). Der Ansatz kann sowohl geschäftsprozessübergreifend (Makro-Ebene) als auch unter Betrachtung einzelner Prozessschritte (Mikro-Ebene) angewendet werden. Der Deming-Zyklus gliedert sich wie folgt:

- **Plan:** Es wird ein Plan für eine effektive Verbesserung entwickelt. Dabei wird die Ist-Situation analysiert. Hierzu sind diverse Qualitätstechniken anzuwenden. Abschließend erfolgt die Festlegung von Verbesserungsmaßnahmen und Prüfpunkten.
- **Do:** Der Plan wird pilotmäßig anhand eines kleineren Problemfalls ausgeführt. Im Weiteren sind die festgelegten Verbesserungsmaßnahmen durch- bzw. auszuführen und, soweit erforderlich, die Mitarbeiter entsprechend zu qualifizieren.
- **Check:** Die Auswirkungen werden beobachtet und die Ergebnisse überprüft. Nach der Ausführung ist die neue Ist-Situation anhand der gesetzten Ziele aus der Planungsphase an den festgelegten Prüfpunkten zu bewerten.
- **Act:** Aus den Ergebnissen werden weitere Verbesserungspotenziale als Eingangsgrößen für den nächsten

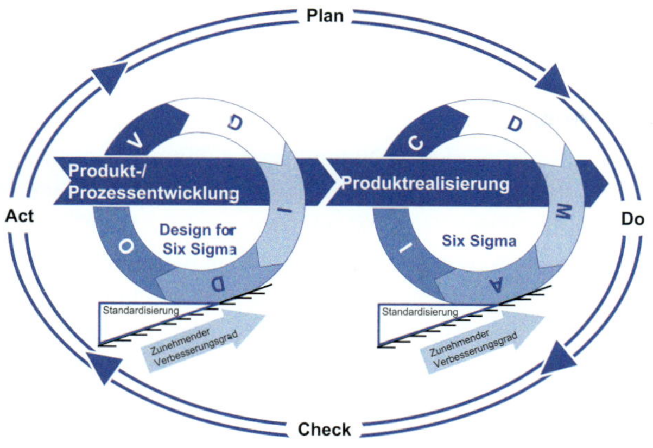

Abb. 12.8 Einordnung des Six-Sigma-Projektmanagement-ansatzes

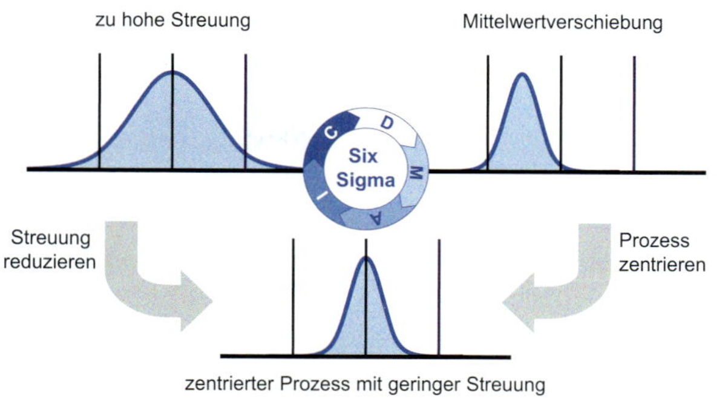

Abb. 12.9 Verbesserung des Prozessergebnisses durch Six Sigma, in Anlehnung an (Jochem/Geers/Giebel 2011)

Durchlauf ermittelt. Anhand der gewonnenen Erkenntnisse aus der vorhergehenden Überprüfungsphase ist zu entscheiden, ob eine Verbesserung zu standardisieren und einzuführen ist, oder ob die Do- und Check-Phasen erneut zu durchlaufen sind, bis die Ergebnisse zufriedenstellend sind (Schmitt/Pfeifer 2010).

Da es sich bei dem Deming-Zyklus eher um ein Erklärungsmodell für die kontinuierliche Verbesserung als um einen Leitfaden für die Projektdurchführung handelt, wurde eine Vielzahl von Implementierungsansätzen entwickelt (Pyzdek 2003, Rois 1999).

Für die Verbesserung bestehender Prozesse wird innerhalb von Six-Sigma-Projekten der DMAIC-Zyklus angewendet, um Entscheidungen systematisch und faktenbasiert abzuleiten (Pande/Neuman/Cavanagh 2000). Diese Verbesserung wird insbesondere in der Steigerung der Qualität, der Bestandsreduzierung sowie der Reduktion der Durchlaufzeiten gesehen (Lunau et al. 2007b). Für Entwicklungsprojekte zur Erstellung fehlerfreier Produkte bzw. Prozesse wurden ergänzende Ansätze entwickelt, da sich die Aufgaben in den einzelnen Projektphasen unterscheiden (Johnson 2002, siehe auch Kap. 12.5 zu DfSS). Das Akronym *DMAIC* setzt sich aus den Anfangsbuchstaben der fünf Projektphasen zusammen: *Define*, *Measure*, *Analyze*, *Improve* und *Control* (Töpfer 2004, Bañuelas/Antony 2003, Harry/Schroeder 2005, Magnusson/Bergman/Kroslid 2004). Ein vollständiges Six-Sigma-Projekt durchläuft alle Phasen, wobei projektspezifisch unterschiedliche Werkzeuge zur Bearbeitung der phasenspezifischen Aktivitäten eingesetzt werden. Dabei ist nicht jedes Werkzeug zwangsläufig einzusetzen. Außerdem ist Six Sigma offen für den Einsatz jedes weiteren nützlichen Tools zur Projektbearbeitung.

Ziel der projektorientierten Vorgehensweise des DMAIC ist die messbare und nachhaltige Ergebnisverbesserung. Die übergeordneten Ziele von Six-Sigma-Projekten sind die Zentrierung von Prozesseergebnissen entsprechend

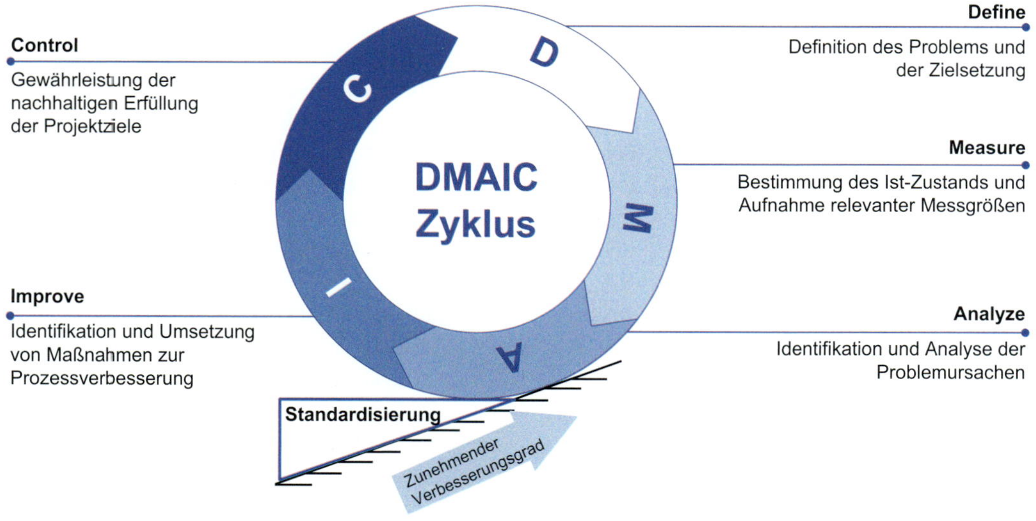

Abb. 12.10 DMAIC-Zyklus als strukturiertes Vorgehen in Verbesserungsprojekten

der Erreichung eines höheren Sigma-Niveaus (siehe Abb. 12.9 bzw. Kap. 12.2).
Ein wesentlicher Aspekt nach Durchführung des Six-Sigma-Projektes ist die Überführung des verbesserten Prozesses in den alltäglichen Geschäftsablauf. Hierbei spielt die Standardisierung eine bedeutende Rolle, um einen zunehmenden Verbesserungsgrad der Prozessabläufe zu bewirken. Abbildung 12.10 stellt den DMAIC-Zyklus – erweitert um die Standardisierung – visuell dar.
Im Folgenden werden die Zielsetzungen, die Hauptaktivitäten sowie die Methoden und Werkzeuge der Phasen des DMAIC dargestellt. Die Beschreibung fokussiert dabei die wesentlichen, häufig in Six-Sigma-Projekten verwendeten Werkzeuge.

12.4.1 Define

In der Define-Phase werden Projektziele und -grenzen, Projektteams, der geplante monetäre Nutzen sowie die geplante Projektlaufzeit definiert. Die Forderungen an die Prozessqualität werden aus den Kundenforderungen bzw. der Stimme des Kunden abgeleitet (*Voice of the Customer, VoC*, siehe Shillito 2001 sowie Stamatis 2003). Das Problem ist spezifisch zu formulieren und Hintergrundinformationen über die Prozesse und die Kundenforderungen sind einzuholen. Gemeinsam mit dem Projektpartner sind Kennzahlen für die Erfolgsmessung des Projektes zu definieren. Ein wesentliches Werkzeug in der Define-Phase, zur Dokumentation des Problems sowie der Hintergrundinformationen, stellt die Project Charter dar. Diese ist Bestandteil jedes Six-Sigma-Projekts und stellt sicher, dass der Projektrahmen definiert und bekannt ist. Kerninhalte der Project Charter – bzw. des Projektauftrages – sind die *allgemeinen Projektinformationen*, die Festlegung des *Ressourcenbedarfes* (immateriell und materiell) sowie *erweiterte Informationen zur Projekteingrenzung und Projektabgrenzung.*
Zu den *allgemeinen Projektinformationen* zählen neben dem Projektnamen auch eine zu vergebende Projektnummer sowie die Festlegung der verantwortlichen Personen für das Projekt und des Projekt-Champions. Hinsichtlich des geplanten *Ressourcenbedarfes* ist zwischen immateriellen und materiellen Ressourcen zu unterscheiden. Zu den immateriellen Ressourcen zählen vordergründig die Teammitglieder. Diese sind sowohl mit ihrer Funktion als auch mit der Zeit, die sie für das Projekt einbringen werden, aufzulisten. Die materiellen Ressourcen sind ebenso aufzuführen und deren zeitliche Verfügbarkeit für das Projekt ist anzugeben. Hierdurch wird eine Verbindlichkeit bezüglich der Kapazität sichergestellt.
Durch die Festlegung *weiterer Projektinformationen* wird eine Detaillierung des Projektes vorgenommen. Zunächst ist eine Beschreibung des Ist-Zustandes vorzunehmen, in dem ausführlich das zugrundeliegende Problem beschrieben wird. Auf Basis dieses Problems ist die Zielvorgabe für das Projekt (Soll-Zustand) zu definieren. Bei der Definition des Ist- und Soll-Zustandes ist auf eine quantitative sowie messbare Formulierung zu achten. Insbesondere die Zieldefinition ist in Anlehnung an die SMART-Regel vorzunehmen (Lunau et al. 2007b). Das Akronym SMART steht für eine **S**pezifische, **M**essbare, **A**mbitionierte, **R**ealistische sowie **T**erminierte Zielformulierung. In einem engen Zusammenhang mit der Zielvorgabe steht darüber hinaus die Quantifizierung des zu erwartenden Nutzens. Ein entsprechend formuliertes Ziel nach den Vorgaben der SMART-Regel könnte z. B. lauten: Steigerung des Umsatzes um 1 Mio. Euro im Bereich X bis zum 30. 06. 2014.
Weiterer wesentlicher Bestandteil einer Project Charter ist die Formulierung des Projektfokus – also des Projektumfanges – sowie der Projektgrenzen. Projektgrenzen stellen die Sachverhalte dar, die nicht innerhalb dieses Projektes betrachtet werden (Crawford/Cabanis-Brewin 2011). Ferner sind ein Grobvorgehen des Projektes entlang des DMAIC-Zyklus sowie der zeitliche Horizont zur Projektbearbeitung festzulegen. Bei der Definition der zeitlichen Abfolge sind insbesondere die dem Projektvorgehen entgegenstehenden Risiken zu bedenken und in der Project Charter aufzuführen. Dabei ist unter anderem das Projektumfeld, z. B. mittels einer Stakeholderanalyse (Freeman 2010), differenziert zu betrachten. Die in der Project Charter manifestierten Inhalte sind abschließend seitens des Projektverantwortlichen und des Projektchampions mittels Unterschrift zu bestätigen, wodurch der Vertragscharakter der Project Charter verdeutlicht wird.
Zur Vervollständigung der Project Charter stehen in der Define-Phase weitere Werkzeuge zur Verfügung. Neben der Erstellung des Projektzeitplans unter Zuhilfenahme von Gantt-Charts wird der Projektfokus unter anderem mittels einer SIPOC-Analyse weiter eingegrenzt (siehe Abb. 12.11).
Die Vorgehensweise zur Erstellung einer SIPOC-Analyse stellt sicher, dass die Forderungen der Kunden, d. h. die Erwartungen aller Interessenten der Projektergebnisse, berücksichtigt werden (Hammer 2002). SIPOC stellt den zu verbessernden Prozess übersichtlich und komprimiert dar und dient der Prozessaufnahme und -visualisierung. SIPOC zielt dabei auf ein einheitliches Verständnis des während des Projekts zu verbessernden Prozesses (Lunau et al. 2007b). Hierbei sind zu jedem Prozessschritt (**P**) einerseits die relevanten und messbaren Outputs (**O**) mit den zugehörigen Kunden (engl. *customer*, **C**) und andererseits die erforderlichen und messbaren Inputs (**I**) mit den zugehörigen Lieferanten (engl. *supplier*, **S**) zu visualisieren. Bei der Definition der Prozessschritte steht weniger die detaillierte Prozessbeschreibung mit Ausnahmen und

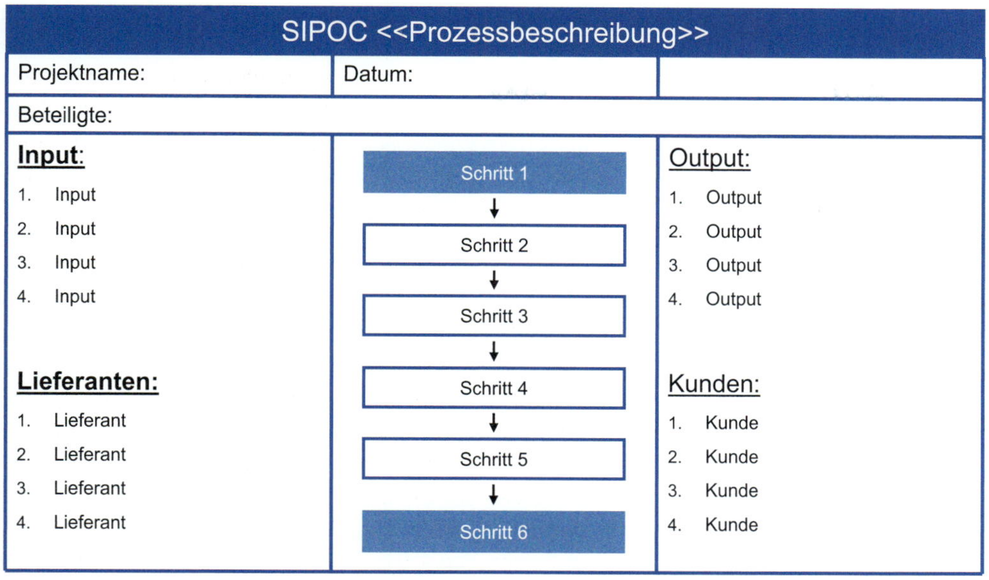

Abb. 12.11 Bestandteile der SIPOC-Analyse

Rekursionen im Vordergrund als vielmehr die Beschränkung auf die wichtigsten (ca. fünf bis sieben) Prozessschritte (Lunau et al. 2007b). Zudem ist zu beachten, dass sowohl die Kunden als auch die Lieferanten intern oder extern sein können.

Ein weiteres Spezifikum von Six-Sigma-Projekten ist die Messbarkeit von Zielen. Die Herausforderung bei der Zieldefinition für die Erstellung der Project Charter besteht darin, die (externe oder interne) Kundenstimme *(VoC)* zu spezifizieren und in messbare Kundenanforderungen zu überführen *(Critical to Quality, CTQ)*. Eine elementare Herausforderung für Unternehmen besteht darin, die Wünsche und Forderungen ihrer Kunden akkurat zu erfassen und in die Produkt- und Prozessentwicklung zu integrieren. Studien, wie in Kapitel 12.1.1 dargestellt, zeigen, dass 50 % der Führungskräfte die mangelnde Kenntnis ihres Unternehmens über die Kundenforderungen und -bedürfnisse als einen Faktor für die Schmälerung des Unternehmensertrages sehen (Rigby/Bilodeau 2013). Entscheidende Steigerungen der Produktakzeptanz sind besonders

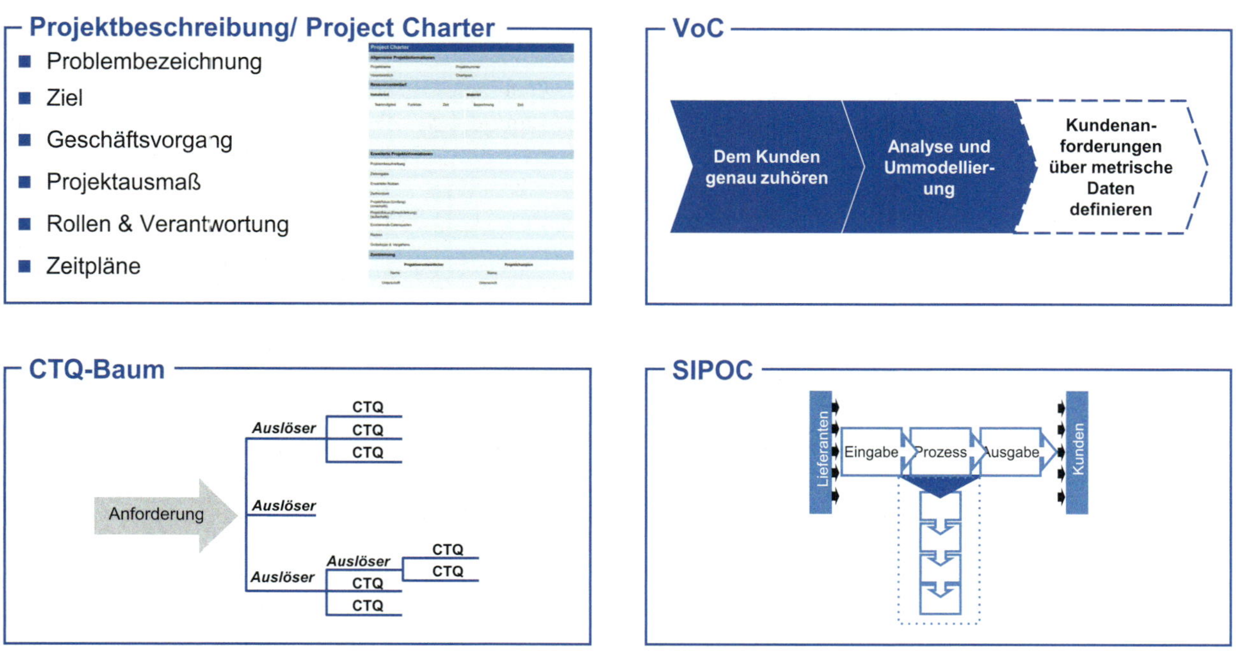

Abb. 12.12 Kernwerkzeuge der Define-Phase; nach (Jochem/Geers/Giebel 2011), (ISO 13053), (Schmitt/Pfeifer 2010)

dadurch zu erreichen, dass die Kundenstimme bereits in die Produktentwicklung mit einbezogen wird (siehe hierzu Kap. 12.5 bzw. Kap. 19, „Qualitätsmanagement in der Produktentwicklung").

Während die *CTQ* auf die Effektivität bzw. die Qualität gerichtet sind, sind bei Projekten, die auch die Effizienz adressieren, auch die prozesskritischen Parameter *(Critical to Process, CTP)* zu betrachten. Die wesentlichen Werkzeuge der Define-Phase sind in Abbildung 12.12 zusammenfassend dargestellt.

Ergebnisse der Define-Phase sind eine klar dokumentierte Projektdefinition mit der Festlegung des Nutzens und der Zielwerte des Projekts. Dies ist in der Project Charter in Vertragsform festgehalten. Ferner sind bereits hier die angestrebten Verbesserungen sowie die anzuwendenden Messverfahren klar beschrieben. Ebenfalls als Resultat dieser Phase sind die wichtigsten Kundenforderungen ermittelt und dokumentiert.

II

12.4.2 Measure

In der Measure-Phase werden alle relevanten Merkmale der Prozessqualität und der Einflussgrößen auf die Prozessqualität bestimmt und gemessen. Die Merkmale der Prozessqualität beschreiben die Fehlermöglichkeiten bei den zu erstellenden Produkten und Leistungen *(CTP)*. Aus den Einflussgrößen auf die Prozessqualität (Prozessstellgrößen oder *CTP*) können potenzielle Ursachen für Prozessfehler ermittelt werden. Das Verbesserungspotenzial kann durch dieses Vorgehen spezifiziert werden.

Wesentliche Zielsetzungen der Measure-Phase und somit auch die Nahtstelle zur vorherigen Define-Phase bilden daher die Festlegung der CTQ-Kriterien, die Definition der Leistungsstandards sowie die Bestätigung des Messsystems (Harry/Schroeder 2005). Hierzu ist zunächst die aktuelle Ausgangssituation aufzunehmen und zu quantifizieren. Für das definierte Problem sind Hypothesen für die Problemursache aufzustellen und die Datenerhebung ist zu planen sowie durchzuführen (siehe Abb. 12.13 sowie Jochem/Geers/Giebel 2011).

Die aktuelle Ist-Situation des Prozesses lässt sich mit Ansätzen der Prozesserfassung darstellen. Die Prozesserfassung und -darstellung *(Process Mapping)* verfolgt das Ziel, den realen Vorgang in vereinfachter Form abzubilden, um dadurch einen Überblick über den Prozess zu erhalten. Diese Darstellungsform dient als Diskussionsgrundlage, mit deren Hilfe sich schnell abzustellende Probleme *(Quick Wins)* erkennen lassen. Hinsichtlich der Prozesserfassung lassen sich verschiedene Formen festhalten:

- Ablaufdiagramm oder Flowchart (siehe Toutenburg et al. 2009)
- Funktionsübergreifendes Flowchart in *swim-lane*-Darstellung (siehe Voehl 2013)
- Prozess-Struktur-Matrix (siehe Ophey 2005 und Prefi 1995)
- Wertstromanalyse (siehe Töpfer 2009 und Shingo 1985)
- Turtle-Modell zur Prozessbeschreibung (siehe Fichter 2005 und Brückner 2009)
- Makigami Process Mapping (siehe Chiarini 2013)

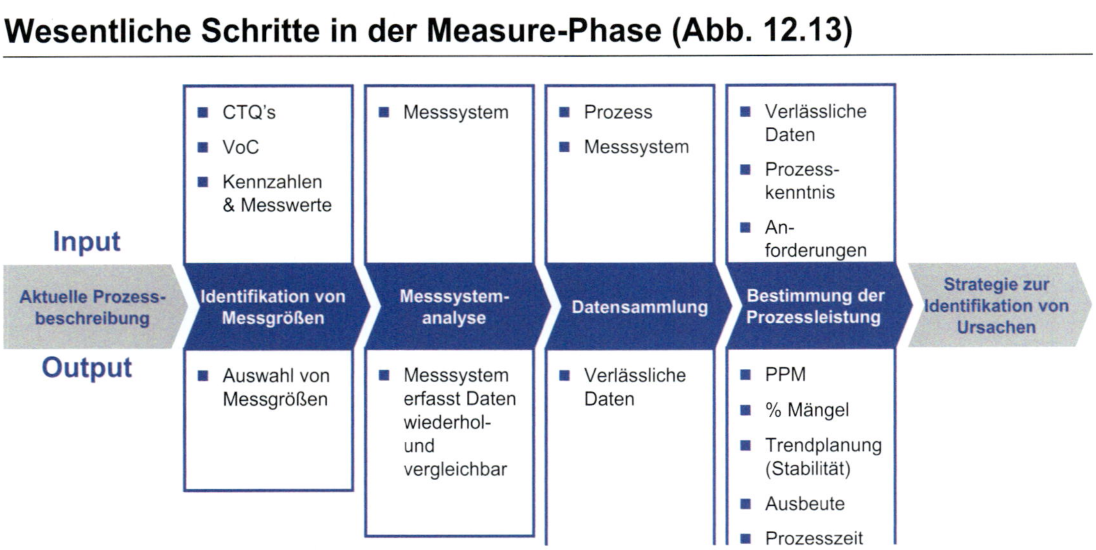

Abb. 12.13 Wesentliche Schritte in der Measure-Phase; vgl. auch (Bergbauer/Kleemann/Raake 2008)

Insbesondere für eine einfache Prozessvisualisierung sowie zur Darstellung von Schnittstellen zwischen verschiedenen Unternehmensbereichen und -funktionen ist das funktionsübergreifende Flowchart hervorzuheben. Diese Darstellungsform stellt eine einfache organisatorische Zuordnung her. Dabei werden die Verantwortlichkeiten in Spalten *(swim-lanes)* aufgeführt. Die Prozessschritte werden visuell gruppiert und den jeweiligen Verantwortlichkeiten zugeordnet. Eine Verantwortlichkeit kann z. B. eine Abteilung, ein Bereich oder eine einzelne Person bzw. Rolle sein.

Auf Basis des beschriebenen und visualisierten Prozesses sind relevante Messgrößen zu identifizieren. Hierbei sollte man sich an der Stimme des Kunden anlehnen und von dieser Kennzahlen und Messwerte ableiten. Zunächst ist die Stimme des Kunden (VoC) aufzunehmen, welche meist in Form von geäußerten Kundenaussagen (z. B. „Die Reisekostenabrechnung dauert zu lange!") vorliegt. Da die Kundenaussagen subjektiven Charakter haben, sind anlehnend daran die dahinterliegenden Kundenbedürfnisse oder -erwartungen zu ergründen (z. B. Der Kunde möchte so schnell wie möglich seine Auslagen rückerstattet haben). In einem weiteren, wesentlichen Schritt erfolgt die Überführung der relevantesten Kundenforderungen in spezifische Forderungen (CTQ) durch Formulierung metrischer und messbarer Daten (z. B. Innerhalb von x Tagen werden die ausgelegten Kosten dem Mitarbeiter von der Buchhaltung überwiesen). Bei der Formulierung dieser CTQ ist sicherzustellen, dass sie dazu beitragen, die ursprünglichen Kundenforderungen zu erfüllen und die definierte Zielgröße zu verbessern. Eine wesentliche Herausforderung bei der Ableitung von CTQ ist die Eruierung derjenigen Kundenforderungen, welche die höchste Relevanz haben. Eine Methode sowohl zur Bestimmung wesentlicher Kundenforderungen als auch zur Klassifizierung der Kundenforderungen in u. a. Basis-, Leistungs- und Begeisterungsmerkmale stellt das Kano-Modell dar (Kano et al. 1984).

Bei der Formulierung von Messgrößen ist zu bedenken, dass zwischen den einzelnen Messgrößen Wechselwirkungen und Abhängigkeiten bestehen können. *Primäre Messgrößen* stellen die eigentlichen CTQ dar und sind auf den Nutzen und die Ziele des Projektes ausgerichtet. Zusätzlich sind *sekundäre Messgrößen* zu definieren, um in Abhängigkeit stehende, jedoch nicht beabsichtigte Auswirkungen bei der Projektdurchführung und -umsetzung zu vermeiden. Um zwischen primären und sekundären Messgrößen zu unterscheiden und Beziehungen herzustellen, ist es erforderlich, Ursache-Wirkungszusammenhänge zu untersuchen.

Auf Basis der für das Problem als relevant identifizierten Messgrößen sind Daten zu erheben. Dabei ist zu unterscheiden, ob Daten hinsichtlich des Prozessergebnisses *(Y)* oder der Prozesseingangsgrößen *(X_i)* zu erheben sind (in Anlehnung an das Six-Sigma-Prozessverständnis in Kap. 12.2). Weiterhin ist zu definieren, an welchen Prozessschritten die Daten zu erheben sind und wie viele Daten zu erheben sind. Kenngröße zur Charakterisierung, welche Datenmenge als repräsentativ zu betrachten ist, stellt die minimale Stichprobengröße dar.

Im Vorfeld der Datenerhebung ist sicherzustellen, dass das eingesetzte Messsystem in der Lage ist, das zu messen, wofür es bestimmt ist. Aufgrund verschiedener Einflussfaktoren beinhaltet jede Messung Fehler und Unsicherheiten. Einfluss auf das Messergebnis haben technische bzw. konstruktive Faktoren (z. B. schwierig zu messende Geometrien), Umgebungsbedingungen (z. B. schwankende Temperaturen) sowie die messende Person selbst. Daher ist die Betrachtung der Messunsicherheit des Messsystems zur Beurteilung der Messergebnisse erforderlich. Die Messunsicherheit ist von folgenden Aspekten abhängig:

- Auflösung
- Wiederholbarkeit
- Reproduzierbarkeit
- Systematische Fehler

Durch das Vorhandensein von Messunsicherheiten besteht Ungewissheit darüber, ob ein Prozessergebnis oder Produkt anzunehmen ist oder nicht. Ferner besteht die Gefahr, dass Prozessänderungen nicht oder zu spät erkannt werden. Weiterhin kann fälschlicherweise angenommen werden, dass der Prozess sich geändert hat oder das Produkt fehlerhaft ist (vgl. AIAG 2010 sowie VDA 2003).

Zur Messung und Bewertung der Messunsicherheit sieht die Six-Sigma-Methodik u. a. die Durchführung einer *Gage R&R* vor, welche Aufschluss über die Messmittelstreuung (Wiederholbarkeit) und die Personenstreuung (Reproduzierbarkeit) gibt. Bei einer solchen Messung wird die gesamte Messstreuung ermittelt, die bei der wiederholten Messung desselben Gegenstandes durch verschiedene Personen mit einem spezifischen Messgerät entsteht.

Ein Prozess ist „fähig", wenn er die vom Kunden gestellten Anforderungen erfüllt (siehe Prozessfähigkeitsuntersuchungen in Kap. 30.3). Notwendige Voraussetzung für die Untersuchung der Prozessfähigkeit ist die Überprüfung, ob ein Prozess „stabil" ist. Prozessstabilität wird angenommen, wenn ein Prozess statistisch unter Kontrolle ist und der Prozess ein zufälliges Streuungsbild aufweist, also keine Sonderursachen (z. B. Ausreißer, Trendverläufe) vorliegen (siehe auch Kap. 30, „Statistische Prozessregelung (SPC)").

Weitere Kenngrößen für die Bewertung der Prozessleistung sind die Effektivität und die Effizienz eines Prozes-

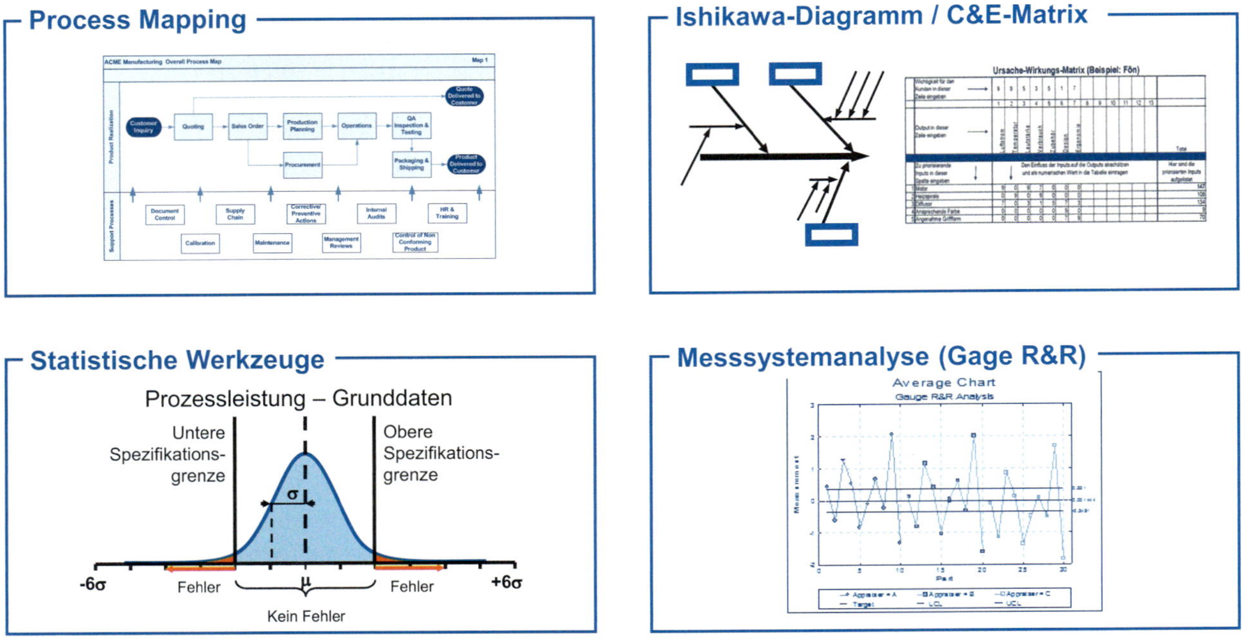

Abb. 12.14 Kernwerkzeuge der Measure-Phase; nach (Jochem/Geers/Giebel 2011), (ISO 13053), (Schmitt/Pfeifer 2010)

ses. Während die Effektivität ein Maß für die Zielerreichung darstellt, indem die Wirksamkeit des Prozesses analysiert wird, stellt die Effizienz ein Maß für die Wirtschaftlichkeit der Zielerreichung dar, indem die Kosten-Nutzen-Relation untersucht wird. Typische Kennwerte zur Untersuchung dieser Dimensionen sind u.a. die *Overall Equipment Effectiveness (OEE)*, der Ertrag (engl. *Yield*) einer Prozesskette sowie der Verlust nach (Taguchi 1993). Die wesentlichen Werkzeuge der Measure-Phase sind in Abbildung 12.14 dargestellt.

Wesentliches Ergebnis der Measure-Phase ist ein erweitertes und vertieftes Prozessverständnis. Darin enthalten ist eine Sammlung von Hypothesen über potenzielle Problemursachen. Ferner sind Basisdaten über die aktuelle Prozessleistung sowie Daten, welche Indikatoren für die Position oder das Auftreten des aktuellen Problems aufzeigen, vorhanden. Diese können im Folgenden ausgewertet werden.

12.4.3 Analyze

Zielsetzung der Analyze-Phase ist im Besonderen die Bestimmung der Ursachen für Abweichungen des Prozess-Ist-Ergebnisses vom Prozess-Soll-Ergebnis (Harry/Schroeder 2005). Dabei ist ein Verständnis über die problemrelevanten Prozesse zu generieren. Die in der Measure-Phase gesammelten Daten sind zu analysieren, um die tieferliegenden Ursachen für die Probleme zu identifizieren. In dieser Phase kann auf vielfältige Methoden zurückgegriffen werden. Je nach Art und Ausprägung des Problems werden z.B. Basiswerkzeuge des Qualitätsmanagements und/oder statistische Methoden (z.B. statistische Versuchsmethodik) eingesetzt. Insbesondere die Anwendung der statistischen Verfahren zur fundierten Entscheidungsfindung ist bezeichnend für den Charakter von Six-Sigma-Projekten. Die Analyze-Phase thematisiert schrittweise insbesondere folgende Aspekte:

- Aufstellung einer Übersicht über potenzielle Ursachen
- Reduktion der potenziellen Ursachen
- Verifikation der Ursachen mittels Experimenten
- Bestimmung und Quantifizierung des Verbesserungspotenzials
- Auswahl der zu behandelnden/abzustellenden Ursachen

Auf Basis der bereits vorgenommenen Prozessvisualisierung (siehe Measure-Phase) bietet die Prozessanalyse das Potenzial zur Bewertung der Prozessqualität. Hierbei fokussiert sich die Prozessanalyse insbesondere auf die Bestimmung von Verlusten sowie das Heben von Verbesserungspotenzialen, welche der Prozess bietet. Zur Untersuchung unternehmerischer Aktivitäten und zur Differenzierung zwischen Verschwendung und Wertschöpfung kann die dem Toyota-Production-System entsprungene Muda-Analyse eingesetzt werden (Liker 2004).

Insbesondere für die Analyse und die Bewertung von Problemen an den Schnittstellen wird die Prozessstrukturmatrix angewandt. Mithilfe dieses Werkzeuges werden die Kunden-Lieferanten-Beziehungen der internen Prozessschritte und der beteiligten, verantwortlichen Rollen festgelegt und analysiert. Dies ermöglicht eine Offenlegung von Kommunikationsproblemen und Schwachstellen im Prozess und bietet Ansätze zur Harmonisierung des Prozessablaufes (Prefi 1995).

Ausgehend vom potenziellen Problem bzw. dem ungewünschten Ereignis ist es eine zentrale Aufgabe der Analyze-Phase, Ursachen für die Fehlerzustände zu identifizieren. Die prinzipielle Vorgehensweise zur Identifikation der Ursachen folgt dem Ablauf, dass das System, dem ein unerwünschtes Ereignis/Fehlzustand zuzuordnen ist, durch eine Systemanalyse schrittweise in seine Komponenten zerlegt wird. Im Rahmen einer sich anschließenden Funktionsanalyse werden diesen Komponenten Funktionen zugeordnet. Um den Ursachen für das Zustandekommen von Fehlzuständen nachzugehen, erfolgt anschließend eine Analyse der Fehlfunktionen der Komponenten. Mithilfe einer Fehlerbaumanalyse können abschließend potenzielle Fehlerursachen ermittelt sowie Fehlerszenarien abgeschätzt und Zusammenhänge zwischen diesen dargestellt werden. Auf Basis des systematischen Ansatzes der Fehlerbaumanalyse werden die Teilsysteme sowie die Einflüsse auf die Funktionsfähigkeit abgebildet und über boolesche Verknüpfungen (UND, ODER, NICHT) in Verbindung gebracht (DIN 25424). Durch die Auswertung des Fehlerbaumes lassen sich Ausfallwahrscheinlichkeiten des Systems berechnen. Weiterhin können Maßnahmen zur frühzeitigen Fehlererkennung und zur Abstellung von Fehlerursachen abgeleitet werden. Ein weiteres Werkzeug zur Ermittlung der Kernursachen eines Problems ist der systematische Vergleich von Paaren von Produkten oder Prozessen, die als „gut" und als „schlecht" klassifiziert wurden. Ziel dieses Vergleiches ist es, Gründe bzw. Merkmale zu ermitteln, die dazu führen, dass ein Produkt oder ein Prozess „gut" bzw. „schlecht" ist.

Da für die Abstellung der Fehlerursachen häufig nur begrenzte Ressourcen zur Verfügung stehen, ist eine Priorisierung vorzunehmen. Ein probates Werkzeug hierfür stellt die Pareto-Analyse dar, welche besagt, dass 80 % der Auswirkungen eines Problems häufig auf ca. 20 % der Ursachen zurückzuführen sind. Demnach lassen sich bereits mit der Abstellung der relevantesten Ursachen große Potenziale heben (Wappis/Jung 2013).

Ein weiterer wesentlicher Schritt innerhalb der Analyze-Phase stellt die Problemstrukturierung dar, in der Probleme strukturiert, Beziehungen zwischen Problemen abgebildet und potenzielle Einflussfaktoren dargestellt werden. Typische Methoden und Werkzeuge, die hierbei Anwendung finden können, sind die 5-Times-Why-Methode, das Ishikawa-Diagramm, die Ursache-Wirkungs-Matrix sowie das Relationendiagramm (siehe Jochem/Geers/Giebel 2011 sowie Schmitt/Pfeifer 2010). Ähnlich der Fehlerbaumanalyse zielen die vorangestellten Methoden neben der Abbildung von Ursache-Wirkungs-Zusammenhängen für ein Problem bzw. für einen Fehler insbesondere auf die strukturierte Darstellung von Einflussgrößen sowie die Identifizierung der relevantesten Ursachen ab.

Zur datenbasierten Entscheidungsfindung sollte insbesondere für die Ergründung potenzieller Fehlerursachen in der Analyze-Phase auf die Anwendung statistischer Qualitätswerkzeuge zurückgegriffen werden. Statistische Qualitätswerkzeuge fokussieren auf eine statistische Aufbereitung der Daten, die in der Measure-Phase erhoben wurden. Daten können einerseits grafisch aufbereitet und repräsentiert werden sowie andererseits analytisch untersucht und verdichtet werden. Für die grafische Repräsentation finden u. a. Histogramme, Streudiagramme oder auch Regelkarten (siehe Kap. 30, „Statistische Prozessregelung (SPC)") ihre Anwendung.

Die Korrelationsanalyse wird eingesetzt, um zu untersuchen, ob eine statistisch signifikante Beziehung zwischen zwei bestimmten Variablen oder Ursachen innerhalb eines Datensatzes vorliegt. Bei der analytischen Untersuchung der erhobenen Einzeldaten ist ferner zwischen der deskriptiven und der induktiven Statistik zu unterscheiden. Im Rahmen der deskriptiven Statistik werden zur Beschreibung der erhobenen Daten wenige charakteristische Kennzahlen (Mittelwert, empirische Standardabweichung, etc.) ermittelt. Die induktive oder schließende Statistik hingegen zieht auf Basis von Daten der Stichprobe (siehe Datenerhebung in der Measure-Phase) Rückschlüsse auf die Daten der Grundgesamtheit.

Häufigen Einsatz in der Analyze-Phase findet die statistische Versuchsmethodik (engl. *Design of Experiments, DoE*, siehe hierzu auch Kap. 22, „Statistische Versuchsplanung"). Hierbei wird der Einfluss von Ursachen bzw. Faktoren auf einen Prozess systematisch und experimentell untersucht. Diese Untersuchungsmethodik kombiniert zahlreiche Werkzeuge der Analyze-Phase und wertet die Ergebnisse statistisch aus. Die Vorgehensweise der statistischen Versuchsmethodik lässt sich grob in vier Schritte gliedern (Stamatis 2002):

- Systemanalyse: Ermittlung der relevanten Produktmerkmale und Prozessparameter
- Versuchsstrategie: Auswahl des Versuchsplans, Festlegung der Faktorstufen und Anzahl der Versuchswiederholungen
- Versuchsdurchführung: Durchführung der Versuche und Erfassung der Versuchsergebnisse
- Versuchsauswertung: Ermittlung der statistischen Kenngrößen und Ergebnisinterpretation

Ergebnisse der Analyze-Phase sind ein tiefgreifendes Prozessverständnis für die dem Prozess inhärenten Probleme sowie die statistische Bestätigung aufgestellter Hypo-

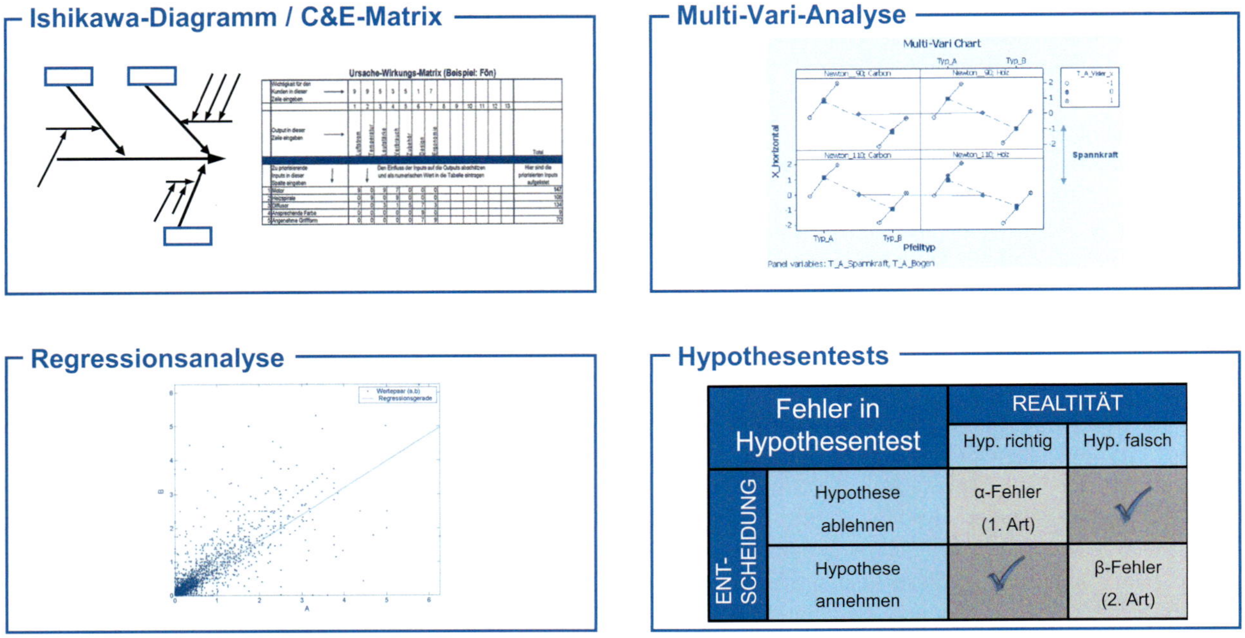

Abb. 12.15 Kernwerkzeuge der Analyze-Phase; nach (Jochem/Geers/Giebel 2011), (ISO 13053), (Schmitt/Pfeifer 2010)

thesen über Problemzusammenhänge. Die wesentlichen Werkzeuge der Analyze-Phase sind in Abbildung 12.15 dargestellt.

12.4.4 Improve

In der Improve-Phase werden Prozessstellgrößen optimiert und Lösungen erarbeitet, um gegenüber Störgrößen robuste und beherrschte Prozesse zu ermöglichen. Es sind Beziehungen zwischen den Variablen darzustellen und Operationstoleranzen zu bestimmen (Harry/Schroeder 2005). Abzuleiten sind geeignete Lösungen, um die Problemursachen abzustellen. Wesentlicher Aspekt in der Improve-Phase ist die Strukturierung, die Bewertung und die Auswahl von verschiedenen Lösungskonzepten. Häufig ist es in Six-Sigma-Projekten erforderlich, bestimmte Lösungen, im Sinne von Pilotanwendungen, zu testen und dadurch Aussagen über deren Wirksamkeit abzuleiten (siehe Abb. 12.16).

Zur gezielten Identifizierung von Lösungen zur Abstellung der analysierten Probleme eignet sich in der Improve-Phase die Anwendung von Kreativitätstechniken. Diese basieren auf dem kreativen Prozess, der darauf zielt, kreative Lösungen insbesondere für innovative Problemstellungen zu ermitteln. Typische Methoden, die den Kreativitätstechniken angehören, sind das Brainstorming, die 6-3-5-Methode, das Affinitätsdiagramm und der Morphologische Kasten (siehe Abb. 12.17). Die Anwendung dieser Methoden garantiert nicht, die qualitativ richtige Lösung zu finden, unterstützt jedoch dabei, das Spektrum an potenziellen, mitunter auch originellen, Lösungsalternativen zu erweitern. Ergebnis der Anwendung von Kreativitätstechniken stellt daher bestenfalls eine Vielzahl möglicher Lösungen bzw. Verbesserungsprojekte dar.

Methoden, welche eine systematische Auswahl und Priorisierung der Lösungsalternativen anhand definierter Kriterien ermöglichen, stellen u. a. die K. O.-Analyse, das Platzzifferverfahren und die Nutzwertanalyse dar (Jochem/Geers/Giebel 2011). Die K. O.-Analyse folgt dem Ansatz, bereits frühzeitig im Entscheidungsprozess die Lösungsalternativen zu verwerfen, welche wesentliche Muss-Anforderungen/-Kriterien nicht erfüllen. Zu diesen Kriterien zählen z. B. Gesetzestexte, umweltrechtliche Vorgaben, Normen oder auch Unternehmensstrategien. Im Rahmen des Platzzifferverfahrens werden die Lösungsalternativen zunächst individuell von Experten bzw. Entscheidungsträgern priorisiert, um anschließend eine aggregierte Bewertung über alle Expertenbewertungen hinweg zu ermitteln. Im Anschluss an die Durchführung einer K. O.-Analyse und/oder eines Platzziffernverfahrens bietet sich für die weitere Selektion und Priorisierung der verbleibenden Lösungsalternativen die Anwendung einer Nutzwertanalyse an (siehe Kap. 12.3.2 sowie Koch 2011).

Nach Auswahl der für das Problem als am geeignetsten eingestuften Lösungsalternative schließt sich die Erstellung eines Implementierungsplanes zur Umsetzung des Lösungskonzeptes an. Der Implementierungsplan basiert auf der Strukturierung der Umsetzung in Einzelaktivitä-

Abb. 12.16 Vorgehen in der Improve-Phase, in Anlehnung an (Jochem/Geers/Giebel 2011)

ten und definiert für diese Aktivitäten die erforderlichen Ressourcen und den notwendigen Zeitbedarf.

Die Improve-Phase endet mit der Definition und der Entwicklung von Kontrollmethoden, um sicherzustellen, dass die Output-Größe nach Implementierung der ausgewählten Lösungsalternative unter Kontrolle ist. Zu den Kontrollmethoden, die auch häufig in Kombination anzuwenden sind, zählen u. a. Verfahrensanweisungen, Poka-Yoke-Prinzipien (Shingo 1986), die FMEA-Methodik (vgl. Stamatis 2003 sowie VDA 2006) bzw. bei Neuentwicklungen auch die Anwendung der DfSS-Systematik (Töpfer 2004).

Ergebnis der Improve-Phase ist eine Auflistung von Lösungskonzepten mit Informationen über deren Wirksamkeit. Zudem ist die vollständig geplante Umsetzung der ausgewählten Lösungsvariante wesentlicher Bestandteil der Improve-Phase.

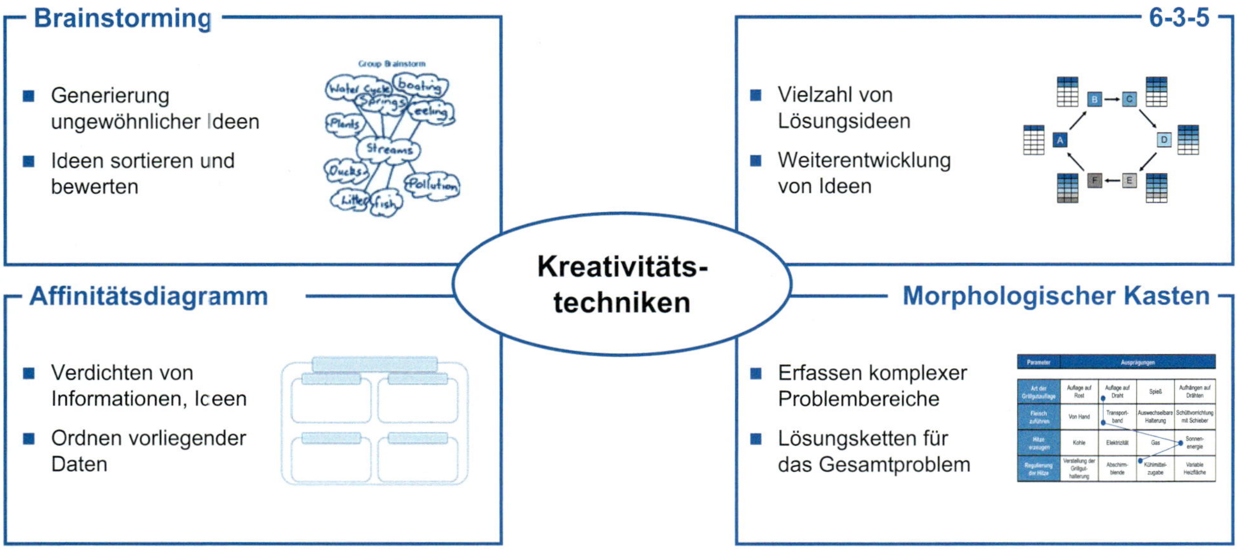

Abb. 12.17 Ausgewählte Kreativitätstechniken; nach (Jochem/Geers/Giebel 2011), (ISO 13053), (Schmitt/Pfeifer 2010)

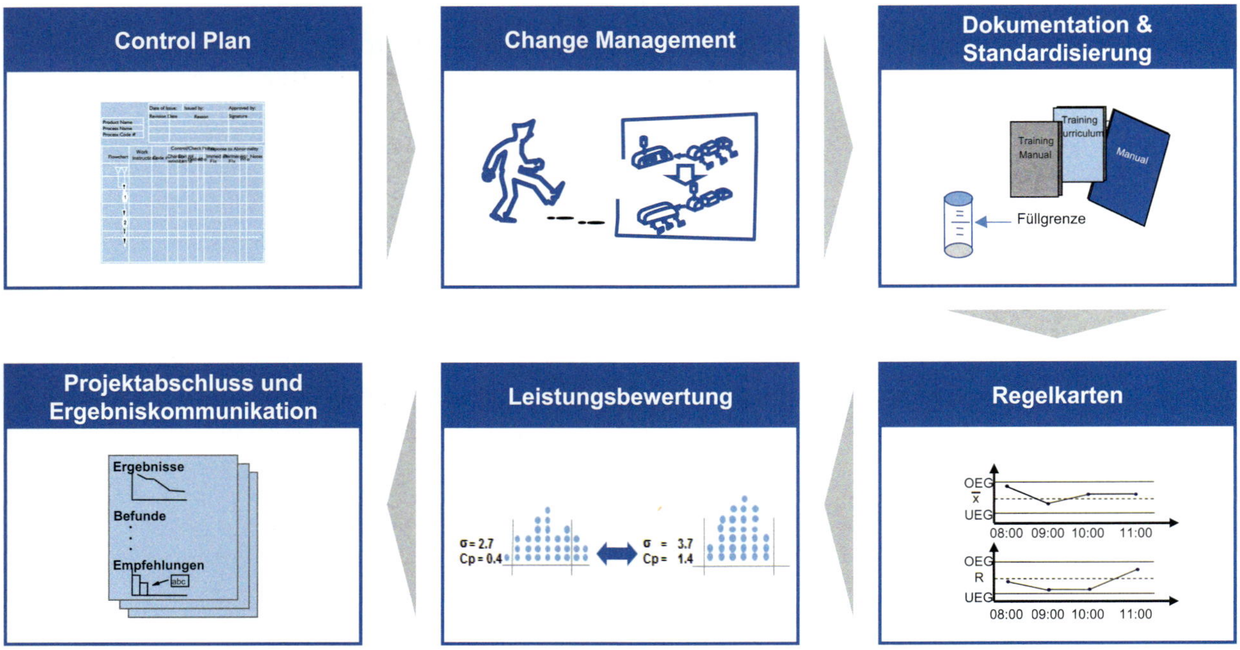

Abb. 12.18 Vorgehen und Kernwerkzeuge der Control-Phase; nach (Jochem/Geers/Giebel 2011), (ISO 13053), (Schmitt/Pfeifer 2010)

12.4.5 Control

Um eine nachhaltige Zielerreichung sicherzustellen, wird in der Control-Phase überwacht, ob die Prozessergebnisse kontinuierlich erreicht werden (Tennant 2002 sowie Schurr 2002). Ziel ist es daher, den verbesserten Prozess umfänglich zu implementieren, die Prozessfähigkeit zu bestimmen und geeignete Werkzeuge zur Überwachung und zur kontinuierlichen Verbesserung zu entwickeln und anzuwenden (Harry/Schroeder 2005). Die durch die Kontrolle bestätigten Verbesserungen sind einer Standardisierung zu unterziehen und abzusichern. Soweit sich dies verwirklichen lässt, ist zu prüfen, ob die erreichten Ergebnisse auf weitere Prozesse übertragbar sind.

Zur Bewertung der Zielerreichung sind die Prozessfähigkeit und das Sigma-Niveau des verbesserten Prozesses zu ermitteln. Weiterhin werden in der Control-Phase die in der Improve-Phase entwickelten Kontrollmethoden aufgegriffen und in Control-Pläne überführt. Der Control-Plan soll nachhaltig sicherstellen, dass der geänderte und im Rahmen des Six-Sigma-Projektes verbesserte Prozess langfristig kontrollierbar ist. Durch die Erstellung von Verfahrensanweisungen ist der neue Prozess zu dokumentieren und zu standardisieren. Darüber hinaus erfolgt in der Control-Phase auch die Übertragung der Verantwortung für den neuen Prozess auf den Prozessverantwortlichen.

Ergebnisse der Control-Phase sind in erster Instanz ein verbesserter Prozess sowie ein etabliertes Control-System. Weiterhin sind die erzielten Projektergebnisse sowie Erkenntnisse und Empfehlungen zielführend zu dokumentieren. Die Dokumentation dient dem gezielten Wissenstransfer innerhalb der Organisation. Sowohl die Überprüfung der Übertragbarkeit der Projektergebnisse auf weitere Prozesse als auch die Potenziale aus identifizierten, jedoch im aktuellen Projekt nicht verfolgten Problemursachen bieten Ansätze für die Bearbeitung weiterer Verbesserungsprojekte. Nach der Projektübergabe an den Prozessverantwortlichen endet das Six-Sigma-Projekt und die verbesserte Prozesslösung wird in den Serienprozess überführt.

12.5 Design for Six Sigma – Durchgängige Absicherung der Produktentstehung

Design for Six Sigma (DfSS) geht über den Einsatzbereich von Six Sigma, welches die Verbesserung existierender Prozesse adressiert, hinaus und bedarf aufgrund der spezifischen Besonderheiten einer gesonderten Betrachtung. Bereits von Motorola wurde Six Sigma gezielt und mit Erfolg zur Entwicklung neuer Produkte eingesetzt (siehe Kap. 12.1.2). DfSS wird vom Verband der deutschen Automobilindustrie VDA wie folgt definiert:

„Design for Six Sigma - DFSS - ist eine strukturierte Vorgehensweise zur systematischen Unterstützung der Entwicklungsarbeit im Laufe einer Produkt- und Prozessentwicklung. DFSS erweitert die Six-Sigma-Philosophie um den Aspekt der Prävention. Six Sigma steht dabei stellvertretend für einen extrem kleinen Fehleranteil im Produkt.“ (VDA 2011)

Durch DfSS wird die abgewandelte Six-Sigma-Methodik für eine nach den Six-Sigma-Maßstäben qualitätsgerechte Entwicklung genutzt. Die Bedeutung einer qualitätsgerechten, kundenorientierten Entwicklung wird anhand der „10er Regel“ des Qualitätsmanagements verdeutlicht und auch in der betrieblichen Praxis bestätigt. Gemäß der 10er Regel verursachen Fehler in F&E-Prozessen in späteren Wertschöpfungsphasen ca. das Zehnfache der Kosten, die zur Verhütung der Fehler in der vorangegangenen Wertschöpfungsphase notwendig gewesen wären. Grund dafür ist, dass mit dem Fortschreiten innerhalb des Produktentwicklungsprozesses auch die Änderungskosten deutlich zunehmen und die Flexibilität für weitere Designkorrekturen abnimmt. Demgegenüber liegt die Kenntnis über die Kundenforderungen erst relativ spät im Produktentwicklungsprozess vor. In Folge von Anpassungen und Änderungen des Produkts bzw. des Produktdesigns zur Umsetzung dieser Kundenforderungen ergeben sich erhöhte Aufwände in späteren Phasen der Produktentwicklung (siehe Abb. 12.19).

Abbildung 12.19 verdeutlicht die mit dem zunehmenden Reifegrad des entwickelten Produktes bzw. Prozesses abnehmenden Änderungsmöglichkeiten. Dieser Sachverhalt hat zur Folge, dass designinduzierte Fehler in späteren Phasen des Produktentstehungsprozesses hohe Kosten verursachen können. Oft können jedoch keine Design- und Konstruktionsmängel als direkte Ursache für Fehlerkosten identifiziert werden. Daher ist eine verursachungsgerechte Kostenerfassung und -zuordnung oft nicht trivial. Nach der VDI-Richtlinie 2234 (VDI 1990) wird die Verursachung von Fehlerkosten oft nachgelagerten Wertschöpfungsphasen zugeordnet, obwohl die eigentliche Verantwortung der Kosten in den frühen Phasen der Planung und Entwicklung zu sehen ist (siehe Abb. 12.20).

Wie in Abbildung 12.20 dargestellt, beträgt in der VDI-Richtlinie 2234 das Verhältnis der realen Kostenverantwortung gegenüber der tatsächlichen Kostenzuordnung im Bereich Entwicklung & Konstruktion 70%/10% (VDI 1990). In der Literatur lassen sich auch größere Werte wie z.B. 70%/5% finden (Harry/Schroeder 2005). Dadurch wird die erläuterte hohe Diskrepanz verdeutlicht. Um diese Kosten zu vermeiden, müssen frühzeitig - das bedeutet bereits in der Entstehungsphase von Produkten und Prozessen - Maßnahmen ergriffen werden, durch die eine hohe Produktqualität erreicht werden kann. Mithilfe von DfSS können Produkte und die dazugehörigen Prozesse komplett neu entwickelt werden. Weiterhin sind auch die Entwicklung neuer Produkte auf der Grundlage vorhandener Prozesse und die Entwicklung neuer Prozesse für bereits vorhandene Produkte durch die DfSS-Systematik möglich (Lunau et al. 2007a). Ziel ist es, die in der Entwicklung notwendigen Entscheidungen auf Grundlage der Kundenforderungen zu treffen und damit subjektive Einflüsse wie die Präferenzen von Entwicklern und Designern zu vermindern (Toutenburg et al. 2009). Zusammenfassend werden vom VDA folgende Aspekte als wesentliche Ziele von DfSS-Projekten angesehen (VDA 2011):

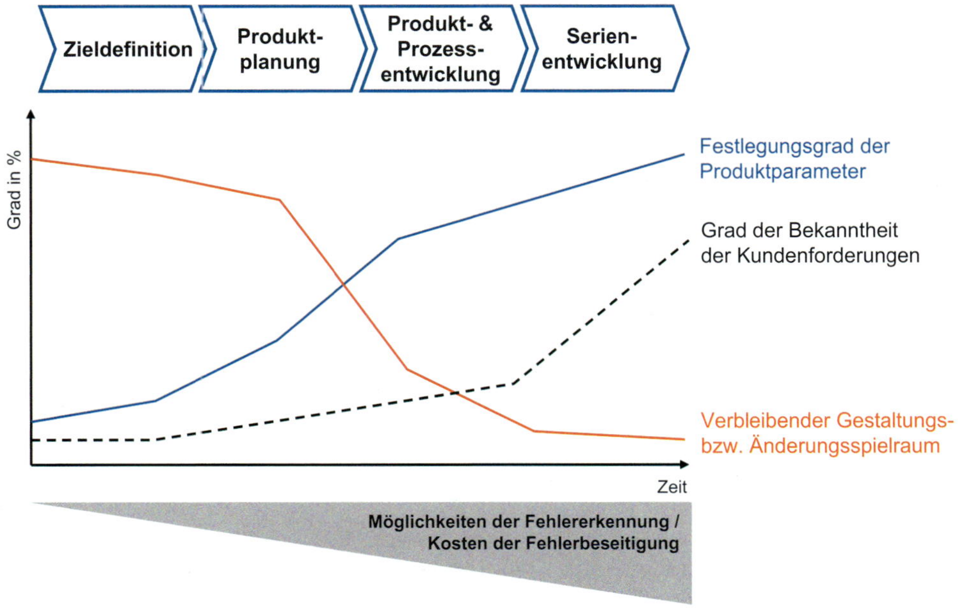

Abb. 12.19 Änderungsmöglichkeiten im Verlauf des Produktentstehungsprozesses

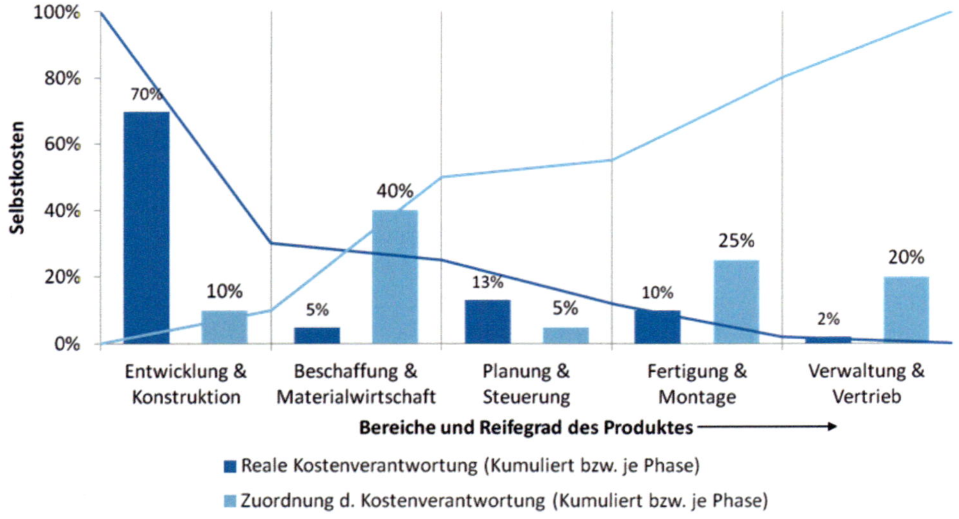

Abb. 12.20
Reale Kostenverursachung vs. Zuordnung der Kosten im Produktentstehungsprozess, nach (VDI 1990)

- Zufriedenstellung des Kunden durch Erfüllung seiner expliziten und impliziten Anforderungen an das Produkt
- Vermeidung von Nachbesserungen in der Serienproduktion
- Robuste Gestaltung des Produktes gegenüber der Streuung in den Fertigungs-, Umgebungs-, Betriebs- und Gebrauchsbedingungen (siehe das Einführungsbeispiel des Gasbrenners)
- Bereitstellung fähiger Fertigungsprozesse zur Erfüllung der vorangehend genannten Ziele

In Kapitel 12.5.1 wird dargestellt, wie sich DfSS durch diese Zielsetzungen von Six Sigma unterscheidet und welche Gemeinsamkeiten in den Methodiken bestehen.

12.5.1 Abgrenzung zu Six Sigma

Six Sigma ist ein reaktiver Qualitätsansatz, bei dem Projekte nur initiiert werden, wenn bereits ein Qualitätsproblem vorliegt. Wie in Kapitel 12.5 gezeigt wurde, ist ein solcher Ansatz aufgrund der progressiven Änderungskosten nicht ausreichend, um Produkte oder Prozesse kosteneffizient zu entwickeln. Daher kommt im Entwicklungsbereich DfSS zur proaktiven Generierung hoher Qualität zum Einsatz.
Der DfSS-Einführung geht häufig ein bereits vorhandenes Six-Sigma-Programm voraus. Diese Einführung von DfSS folgt meist der Annahme, dass zum Erreichen einer sehr hohen Produktqualität die alleinige Anwendung von Six-Sigma-Ansätzen nicht ausreicht. In diesem Zusammenhang wird auch von einer „5-Sigma-Wand" gesprochen. Nach der umfangreichen Etablierung von Six Sigma im Unternehmen soll das Sigma-Niveau durch „anspruchsvolle" DfSS-Projekte in F&E-Prozessen weiter erhöht werden (z. B. Harry/Schroeder 2005, Pande/Neuman/Cavanagh 2000).
Dieses Vorgehen erscheint problematisch: Zu Beginn der Six-Sigma-Implementierung würden lediglich Auswirkungen von Fehlern eines Produktdesigns in den produzierenden Bereichen verringert, anstatt das Design konsequent zu verbessern. Sofern innovative und robuste Produkte durch intensive Entwicklungstätigkeiten schnellstmöglich auf den Markt gebracht werden sollen, ist aufgrund dieser Problematik bei der Implementierung von Six Sigma die gleichzeitige Implementierung von DfSS sinnvoll.
Als kennzeichnend für DfSS wird zum einen ein klar strukturierter und disziplinierter Entwicklungsprozess und zum anderen eine umfangreiche unterstützende Toolbox gesehen (Konert 2004). Um die Spezifikation des Produktes zu objektivieren, werden in DfSS die Six-Sigma-Werkzeuge durch Ansätze zur Ermittlung kundengerechter Produktmerkmale und zur analytischen Bestimmung der Robustheit und Zuverlässigkeit von Entwicklungen ergänzt. Ein Teil der Werkzeuge, die einen Beitrag zu einer erfolgreichen Entwicklung leisten können, wird somit bereits in standardmäßigen Six-Sigma-Schulungen vermittelt. Der Umgang mit den zusätzlichen Werkzeugen, wie z. B. der *Conjoint Analyse*, *TRIZ*, *Target Costing* und der *Quality Function Deployment* wird entweder zusammenhängend im Rahmen von Black-Belt-Lehrgängen, oder in gesonderten Zertifikatskursen geschult (siehe Kap. 12.6.3 sowie Töpfer 2009).
Neben der Anwendung optimaler Methodenkombinationen erfordert ein erfolgreiches DfSS vor allem eine effektive Organisation von Entwicklungsprojekten. Eine starke Kundenorientierung ist zwingend, eine stark parallelisierte Entwicklung (Simultaneous Engineering, siehe z. B. Ribbens 2000) zur Berücksichtigung der Änderungen von

Marktanforderungen ist ebenfalls erforderlich. Notwendige Erfolgsbedingung ist in der Regel auch, dass das Unternehmen mehr Ressourcen für die Bereiche Planung und Entwicklung bereitstellt (Chowdhury 2006).
Um den gesonderten Anforderungen von Entwicklungsprozessen gerecht zu werden, weist DfSS gegenüber Six Sigma einen modifizierten Projektmanagementansatz auf. Dieser Unterschied wird im folgenden Abschnitt anhand eines spezifischen Phasenmodells des DfSS verdeutlicht.

12.5.2 DIDOV – Ein Projektmanagementansatz des Design for Six Sigma

Der Projektmanagementansatz in DfSS gliedert sich anhand eines Phasenmodells. Die Phasen stehen in Analogie zu den Phasen des DMAIC-Zyklus (siehe Kap. 12.4). Anders als bei Six Sigma haben sich zur Anwendung von DfSS eine Reihe verschiedener Phasenmodelle etabliert.
Grundsätzlich sind jedoch alle Phasenmodelle in vier bis fünf Phasen gegliedert und überschneiden sich häufig in der Bezeichnung der einzelnen Phasen. Dabei bietet es sich an, in Analogie an die in der Automobilindustrie verbreitete Reifegrad-Absicherung (siehe Kap. 19, „Qualitätsmanagement in der Produktentwicklung“) Quality Gates bzw. Freigaben als Abschluss der Phasen zu verwenden. Hinsichtlich der Auswahl des optimalen Phasenmodells herrscht keine Einigkeit in der Literatur. Allgemein wird festgestellt, dass mit allen Phasenmodellen eine systematische Durchführung von DfSS-Projekten möglich ist und sich die DfSS-spezifischen Werkzeuge in allen Phasenmodellen einordnen lassen (Bergbauer/Kleemann/Raake 2008, Wappis/Jung 2013, Chowdhury 2006).

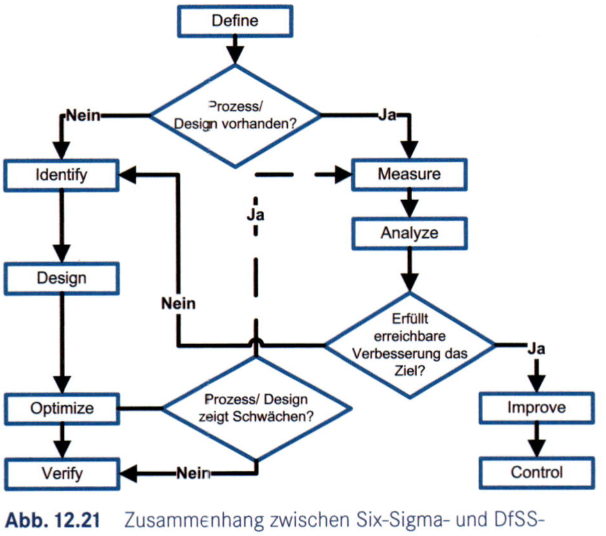

Abb. 12.21 Zusammenhang zwischen Six-Sigma- und DfSS-Projekten (in Anlehnung an Toutenburg et al. 2009)

In Abbildung 12.21 ist weiterhin dargestellt, dass zwischen Six-Sigma- und DfSS-Projekten ein Übergang der Projektarten stattfinden kann: Bei einem bereits laufenden DfSS-Projekt kann die Unterstützung durch Six-Sigma-Teams sinnvoll sein, wenn das Problem in der Verbesserung eines erarbeiteten Konzeptes besteht. Demgegenüber können DfSS-Projekte aus Six-Sigma-Projekten abgeleitet werden, wenn die in einem Six-Sigma-Projekt festgestellten notwendigen Prozessverbesserungen nur durch ein vollständiges Redesign realisiert werden können (Harry/Schroeder 2005).
Während die ISO 13053 einen branchenübergreifenden Standard bezüglich der Methoden, des Phasenmodells und der Ausgestaltung von Six-Sigma-gerechten Strukturen darstellt, existiert für DfSS kein derartiges, branchenübergreifendes Werk. Analog zur *Define*-Phase des DMAIC-Zyklus (siehe Kap. 12.4.1) gilt es vor Projektbeginn, den Umfang und die Zielsetzung des Entwicklungsprojekts zu definieren. Weiterhin sind die involvierten Interessengruppen, Teammitglieder und deren Rollen festzulegen. Durch diese separate Betrachtung der *Define*-Phase wird der Zielfestlegung und der Projektinitiierung ein besonderer Stellenwert beigemessen, wodurch ein bestimmter und zielgerichteter Start des eigentlichen Entwicklungsprojekts begünstigt wird.
Als eine etablierte Vorgehensweise der nachfolgenden Phasen, führt der VDA Band 4 die Anwendung von DfSS im Rahmen des IDOV-Phasenmodells aus: *Identify - Design - Optimize - Verify* (VDA 2011). Da die Auswahl eines bestimmten Phasenmodells nicht über die generelle Einsatzfähigkeit von DfSS bestimmt, wird aufgrund der genannten Vorteile einer separaten Betrachtung der *Define*-Phase im Folgenden der integrierte Projektmanagementansatz von DfSS-Projekten exemplarisch anhand des DIDOV-Phasenmodells, *Define - Identify - Design - Optimize - Verify*, vorgestellt.

Define

Ziel der *Define*-Phase ist es, die Rahmenbedingungen des Entwicklungsprojektes zu klären und einen erfolgversprechenden Businessplan auszuarbeiten, um schließlich eine zielgerichtete *Innovations-* bzw. *Projektfreigabe* geben zu können. Zu diesen Rahmenbedingungen zählen insbesondere das Spannen eines Zielvektors für das zu entwickelnde Produkt/den Prozess, beispielsweise in Hinblick auf den Zeitrahmen, die Kosten sowie die Zielgruppe bzw. das Marktsegment. Zu diesem Zweck ist es sinnvoll, mittels einer *SWOT-Analyse* verschiedene Entwicklungsrichtungen zu analysieren und gegeneinander abzugleichen (siehe Abschnitt 4.3). *Stakeholderanalysen* können dazu verwendet werden, um interne Konfliktpotenziale bei der Kommunikation zu identifizieren und geeignete Maßnah-

II

men abzuleiten, um eine optimale Kommunikation während der Projektphase sicherzustellen (VDA 2011). Den Abschluss der *Define*-Phase im DIDOV stellt schließlich, wie auch im DMAIC, eine vollständig entwickelte *Project Charter* dar (siehe Kap. 12.4.1), in welcher der Projektauftrag festgehalten ist und von Projektverantwortlichen und Projektbeteiligten zu unterzeichnen ist. Dadurch wird eine gemeinsame Verbindlichkeit gegenüber den auf Grundlage des Business Case formulierten Projektzielen unter den gesetzten Rahmen- und Randbedingungen geschaffen.

II

Identify

Ziel in der Identify-Phase ist die *Ermittlung der Kundenwünsche und -forderungen* an das zukünftige Produkt oder den Prozess und deren Gewichtung. Für ein umfassendes Abbild der Kundenforderungen sind neben den artikulierten auch die latenten Anforderungen an die Qualitätsmerkmale des Produktes zu berücksichtigen und zu erheben (siehe hierzu auch Kap. 18.2 sowie Schmitt/Pfeifer 2010). Zur Ableitung von Kundenwünschen wird auch analysiert, inwieweit vorangegangene Produktreihen die Kundenwünsche erfüllen konnten. Durch die Übersetzung der Kundenwünsche in kritische Qualitätsmerkmale (CTQs oder CTPs, siehe Kap. 12.4.) des zu entwickelnden Prozesses oder Produktes mithilfe des *Quality Function Deployment* (QFD) werden die Kundenwünsche für das Design und die Konstruktion in eine Kundenzufriedenheitsfunktion überführt, die sich im *Kano-Modell* visualisieren lässt (siehe Abb. 12.24 bzw. Kano et al. 1984).

Das QFD zur Transformation von Kundenbedürfnissen in ein marktreifes Produkt ist ein zentraler Bestandteil von DfSS. Die dem QFD zugrunde liegende grafische Darstellung ist das *House of Quality* (siehe Abb. 12.22).

In dem in Abbildung 12.22 dargestellten House of Quality (HoQ) werden auf der Basis von Kundenforderungen und dem Vergleich mit Wettbewerbern kritische technische Merkmale identifiziert, die bei der Entwicklung besonders zu berücksichtigen sind. Beim QFD werden mit einer Folge von HoQ das Design und die zur optimalen Produktion des Designs sinnvollsten Prozesse und Prozessparameter spezifiziert (siehe Abb. 12.23).

In Abbildung 12.23 wird die schrittweise Entwicklung eines kundengerechten Designs mittels QFD im Zusammenhang mit DfSS von der Identify- bis zur Verify-Phase verdeutlicht. Ausgehend von verbalisierten Kundenforderungen (VoC, siehe Kap. 12.4.1) werden aufeinanderfolgend kritische Merkmale, wichtige Funktionen, Designelemente und schließlich die optimalen Prozessvariablen für die Fertigung abgeleitet (zur genauen Beschreibung

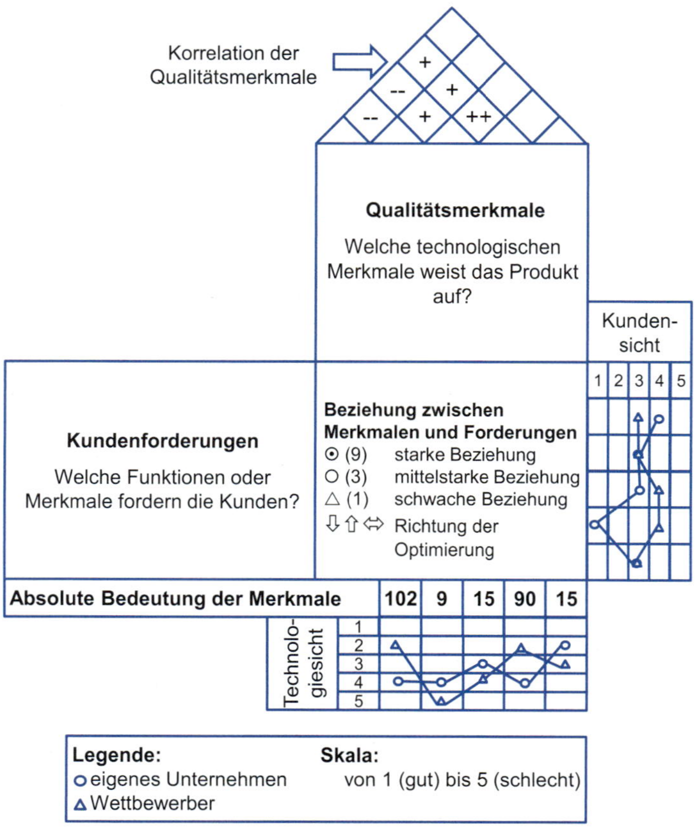

Abb. 12.22
Das House of Quality des QFD nach (Saatweber 2011)

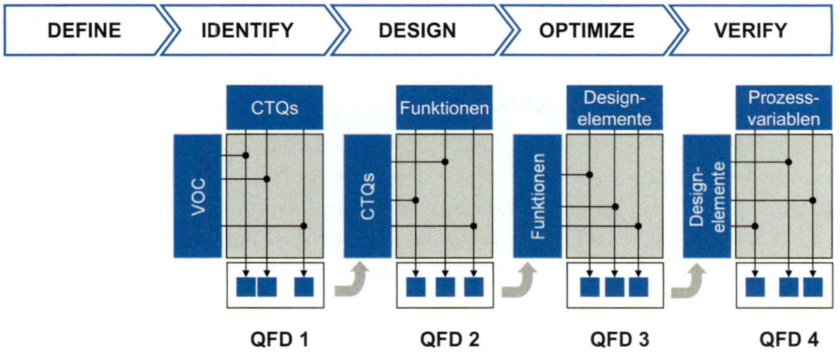

Abb. 12.23
Durchgängige QFD-Methodik in DfSS (Toutenburg et al. 2009)

des QFD siehe Saatweber 2011 bzw. Kap. 20, „Qualitätsgerechte Produktplanung").
Ergebnis der Identify-Phase sind die kritischen Qualitätsmerkmale (CTQ), die zur kundengerechten Produktgestaltung in der Entwicklung berücksichtigt werden müssen. Durch den Einsatz des QFD sind die dahinterliegenden Kundenforderungen nachvollziehbar und für künftige Entwicklungsschritte und -vorhaben dokumentiert. Am Ende der Identify-Phase erfolgt eine Freigabe zur Grobentwicklung des geplanten Prozesses bzw. Produktes.

Design

In der Design-Phase wird anhand festgelegter Kriterien das beste Produkt- bzw. Prozesskonzept ausgewählt, das in der weiteren Entwicklung verfolgt werden soll. Dazu werden die CTQ mithilfe eines zweiten HoQ in funktionale Anforderungen transformiert und auf Grundlage dieser Funktionen zunächst mehrere Konzepte für das spätere Produkt bzw. den Prozess entwickelt.
Da zur Entwicklung neuer Produktideen und Konzepte innovative Lösungsideen notwendig sind, erfolgt der zielgerichtete Einsatz von Kreativitätstechniken wie *TRIZ*, der Theorie der erfinderischen Problemlösung (siehe Altshuller 2004). Die *TRIZ*-Methode beinhaltet eine Reihe von Werkzeugen, um kreative und widerspruchsfreie Lösungen für Probleme zu generieren. Mithilfe der Methode wird das Problem abstrahiert, eine passende Standardlösung für das abstrahierte Problem identifiziert und diese durch Kreativität und Fachkenntnis wieder in eine spezifische Lösung zurückgeführt (Lunau et al. 2007a). Eine weitere, in der Entwicklung verbreitete Kreativitätsmethode ist der *morphologische Kasten* (Zwicky 1989). Das Vorgehen bei der Entwicklung eines Lösungskonzeptes mittels des *morphologischen Kastens* gliedert sich wie folgt:

1. Analyse und gegebenenfalls Verallgemeinerung des Problems
2. Aufspaltung des Gesamtproblems in abgrenzbare Parameter (Merkmale, Komponenten)
3. Ermittlung und Abstufung möglicher Ausprägungen der Parameter (mindestens 3, höchstens 7 Ausprägungen)
4. Analyse der Alternativen und Festlegung möglicher Kombinationen durch Designalternativen
5. Auswahl einer Designalternative, die eine möglichst vorteilhafte Kombination der Einzelparameter darstellt

Der *morphologische Kasten* erlaubt die Identifikation einer innovativen Gesamtlösung auf Grundlage der funktionellen Kundenforderungen. Dazu wird auf bereits vorhandene Lösungsansätze zurückgegriffen, die etwa aus einer Recherche von Patenten, der eigenen Datenbasis oder Benchmarks entstammen können (Wappis/Jung 2013).
Um bereits frühzeitig im Entwicklungsprozess mögliche Fehler und Fehlerursachen in den erarbeiteten Produkt- und Prozesskonzepten festzustellen, sollte die präventive Qualitätsmanagementmethode der *Fehler-Möglichkeits- und Einflussanalyse* (*FMEA*) eingesetzt werden. Ziel der Anwendung der FMEA in der Design-Phase ist es, Fehler an Produkten und Prozessen zu erkennen, Risiken zu bewerten und durch Umsetzung von Maßnahmen (z. B. durch Best-Practice-Betrachtungen) die Fehleranfälligkeit zu vermeiden bzw. zu minimieren (siehe Creveling/Slutsky/Antis 2003, VDA 2006 und Stamatis 2003). Eine weitere Möglichkeit, potenzielle Produktfehler durch geeignete Maßnahmen proaktiv zu vermeiden ist das sogenannte *Poka Yoke* (jap. für „Fehler vermeiden"). Bei dieser Methode werden mögliche Szenarien analysiert, die bei der Verwendung des Produktes auftreten können und das gegenwärtige Konzept auf Fehlermöglichkeiten innerhalb dieses Szenarios untersucht. Daraufhin werden innerhalb des Entwicklungsteams mindestens drei alternative Lösungsideen erarbeitet, durch die dieser Fehler vermieden werden könnte (Lunau et al. 2007a).
Am Ende der Design-Phase wird das finale Konzept mithilfe geeigneter Bewertungswerkzeuge anhand der transformierten Kundenwünsche bewertet, beispielsweise mit einer *Pugh-Matrix*. Die *Pugh-Matrix* dient dazu, die entwickelten Konzepte mit einem Standardkonzept (beispiels-

weise einer Konkurrenzlösung) zu vergleichen und auf Basis dieses Vergleichs das vielversprechendste Konzept auszuwählen (siehe VDA 2011 bzw. Creveling/Slutsky/Antis 2003). Nachdem in der Design-Phase ein grobes Designkonzept entwickelt und definiert wurde, erfolgt als Abschluss eine Freigabe zur gezielten Detailentwicklung innerhalb des vorgegebenen Grobkonzeptes.

Optimize

Für das festgelegte Konzept des zu entwickelnden Produktes/Prozesses werden in der Optimize-Phase die Designparameter und Toleranzen festgelegt. Zu diesem Zweck werden Designelemente entwickelt und mithilfe eines dritten HoQ anhand der spezifizierten Funktionen bewertet.

Zur Six-Sigma-gerechten Bewertung des späteren Fehlerpotenzials werden zudem Methoden wie FMEA und DRBFM (*Design review based on failure mode*, siehe Stamatis 2003) eingesetzt. Simulationen und Versuche werden in dieser Phase genutzt, um die Reaktion des Konzepts auf Störgrößen zu ermitteln. Hierbei kommt, ähnlich wie in der Analyze-Phase von Six-Sigma-Projekten, häufig die DoE-Methodik zum Einsatz. Dadurch kann der Aufwand für die Durchführung von Versuchen verringert werden (zum Vorgehen siehe Kap. 12.4.3 bzw. Stamatis 2002). Auf Basis der daraus entstandenen Ergebnisse erfolgt die iterative Optimierung der Produktbestandteile (Funktionen, Designparameter, etc.), mit dem Ziel eines möglichst robusten Produktes, das die Kundenforderungen bei relevanten Ausprägungen von Störgrößen bestmöglich erfüllt.

Die weitere Verbesserung des Konzepts erfolgt in der Optimize-Phase häufig anhand von Prototypen. Zur systematischen Identifikation von Verbesserungsmöglichkeiten und optimalen Einstellparametern kommen separate Six-Sigma-Projekte infrage. Ziel der Optimierung kann etwa sein, die noch variablen Parameter des Produkts möglichst kostenoptimal einzustellen.

Bei DfSS-Projekten, die auf die Entwicklung von Prozessen fokussieren, ist das *Wertstromdesign* ein hilfreiches Werkzeug, um Konzepte weiter zu optimieren. Mithilfe des *Wertstromdesigns* kann der neu zu entwickelnde Prozess mit bereits existierenden Prozessen abgestimmt und eingestellt werden, um Prozessspezifikationen zu identifizieren, durch die der Prozesskomplex minimale Verschwendung erzeugt (siehe Lunau et al. 2007a).

Ergebnis der Optimize-Phase ist die Freigabe der technischen Produkt-/Prozessspezifikation bzw. bei Produktentwicklungen die Freigabe zur Produktionsprozessplanung. Die Spezifikation kann in der Folge unter realen Bedingungen erprobt und serienreif gemacht werden.

Verify

In der Verify-Phase gilt es, die *langfristige Zuverlässigkeit* und *Prozess- bzw. Produktfähigkeit* des gewählten Designs zu bestätigen und die Serienproduktion vorzubereiten. Erstmals werden die entwickelten Prozesse oder Produkte in den laufenden Betrieb eingegliedert. Es wird überprüft, ob diese Eingliederung problemlos verläuft und ob die neuen Prozesse stabil verlaufen. Durch ein viertes HoQ werden die Designelemente auf konkrete Prozessvariablen abgebildet. Dadurch schließt sich die QFD-Kette und die Verbindung zwischen Produktionsprozessvariablen und Kundenforderungen ist nachvollziehbar. Zur Feineinstellung der Prozessvariablen und zur Analyse der Robustheit werden Zuverlässigkeits- und Dauertests eingesetzt. Dabei kommt z. B. die *Weibullanalyse* zum Einsatz, bei der mithilfe von Stichproben ausgefallener Produkte (beispielsweise reklamierte Exemplare) die Lebensdauer eines Produkts und die statistische Verteilung der Ausfälle abgeschätzt wird (siehe Stamatis 2002 sowie Abb. 12.24). Es folgt die Freigabe des Prozesses bzw. des Produktes sowie der Beschaffung der notwendigen Produktionsressourcen. Diese Freigabe wird durch entsprechende Schulung aller Prozessbeteiligten begleitet (Lunau et al. 2007a).

Eine endgültige Validierung der gewählten Produktparameter kann oft erst nach einer erheblichen zeitlichen Verzögerung erfolgen, beispielsweise nach der Markteinführung neuer Produkte (Tennant 2002, Schurr 2002). Der erwartete Projekterfolg ist daher bereits in der Design-Phase zu prognostizieren. Kann diese Prognose nach Markteintritt verifiziert werden, ist mit der Dokumentation von wichtigen Projektdaten und Ergebnissen sicherzustellen, dass die Informationen als Basis für weitere Verbesserungsprojekte zur Verfügung stehen. Einen Überblick über die Inhalte der Phasen bietet Abbildung 12.24.

Das systematische Vorgehen im Projektmanagementansatz des DIDOV ermöglicht eine durchgehende Ermittlung des Beitrages, welchen einzelne Entwicklungsschritte zur Maximierung der Kundenzufriedenheit leisten können. Die Integration des Konzepts Design for Six Sigma in die kundenorientierte Produktentwicklung bietet Unternehmen somit einen systematischen Ansatz, den Zielgrößen *Produkteffektivität* und *Prozesseffizienz* zielgerichtet nachzugehen. Im Rahmen einer durchgängig anforderungsorientierten Produktentwicklung stellt die *Produkteffektivität* die aktive Gestaltung und Maximierung des wahrgenommenen Produktwertes und die *Prozesseffizienz* die kostenoptimale Transformation und Absicherung der Kundenforderungen in Produkten dar (siehe Schmitt et al. 2013). Durch die zielgerichtete Auswahl und die systema-

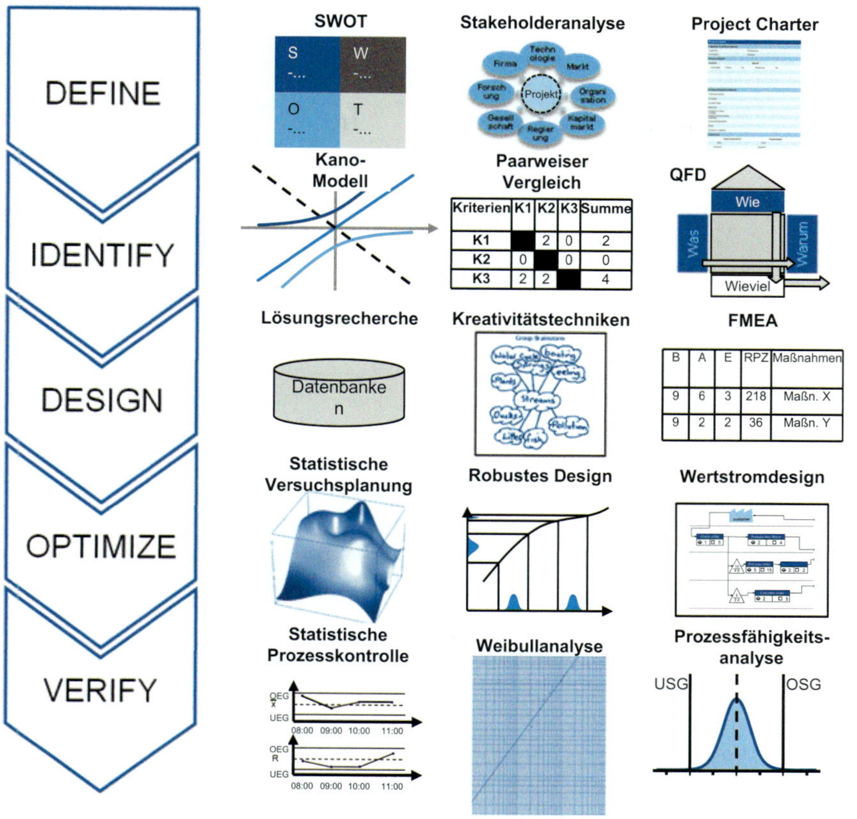

Abb. 12.24 Übersicht über die Bestandteile des DIDOV-Phasenmodells von DfSS, in Anlehnung an (Wappis/Jung 2013)

tische Anwendung geeigneter DfSS-Methoden wird die Ausrichtung des Produktes auf die Kundenforderungen ermöglicht. Dadurch wird insbesondere die Ressourceneffizienz und der Entwicklungsfortschritt konsequent überwacht und bewertet. Die Verfolgung der Entwicklungskosten und die Prognose der zukünftigen Fehlerarten und Auftrittswahrscheinlichkeiten ermöglichen im Anschluss an die Entwicklung die Zuordnung konkreter Gesamtkosten zu den Phasen des Entwicklungsprozesses.

12.6 Rahmenbedingungen im Unternehmen

Neben der Einführung und Etablierung eines bestimmten Methodenbaukastens ist mit der Einführung von Six Sigma auch stets ein organisatorischer Veränderungsprozess verbunden. Dessen Bedeutung und die resultierenden Herausforderungen sind ebenso bedeutende Rahmenbedingungen, wie die Qualifikation der Mitarbeiter im Sinne der Six-Sigma-Methodik. Wesentliche, zu berücksichtigende Aspekte für den Erfolg von Veränderungsprozessen sind dabei insbesondere die Folgenden:

- Eine *eindeutige Zielrichtung* (Seidenschwarz 1997), die klar kommuniziert wird und ambitioniert formuliert ist (Harry/Schroeder 2005). In einer Umfrage in Deutschland gaben 60 % der Arbeitnehmer an, dass ihnen die Unternehmensvision nicht bekannt ist (Becker/Kaerkes 2005). Insbesondere der Fokus auf Kennzahlen der Fehlleistung und Verschwendung, wie das Sigma-Niveau und Prozessfähigkeiten (George 2002, Schmitt/Pfeifer 2010), sowie Maßstäbe und spezielle Indizes zur Abbildung der Kundenzufriedenheit (Schmitt/Pfeifer 2010) bieten sich an. Ansätze für eine geeignete strategische Zielformulierung bietet etwa das Toyota-Produktionssystem (TPS, vgl. Liker 2004).
- Ein *Aktionsplan*, der auch durch Ressourcenbereitstellung umgesetzt werden kann (siehe Kap. 12.6.1). Dieser Aktionsplan sollte insbesondere auch strategische Aspekte zur Schaffung erfolgsentscheidender Voraussetzungen berücksichtigen, wie die Abstimmung mit der Unternehmensstrategie, eine langfristige Ressourcenplanung und ein geeignetes Anreizsystem (Seidenschwarz 1997). Probleme können dagegen entste-

hen, wenn im Führungsbereich mit einer Einführung von Six Sigma nur operative Aktivitäten assoziiert werden. Viele Autoren sehen die zentrale Voraussetzung für den Erfolg eines Six-Sigma-Programms darin, inwiefern es die Führung schafft, Six Sigma strategisch im Unternehmen zu verankern (Harry/Schroeder 2005, Wappis/Jung 2013, Toutenburg et al. 2009, Koch 2011).

- Die erforderlichen Fertigkeiten (siehe Kap. 12.6.3 sowie Seidenschwarz 1997) müssen durch *geeignete Qualifikation* erzeugt werden. Alle Ebenen des Unternehmens sind im Zuge dessen mit den Prinzipien von Six Sigma zu konfrontieren (Harry/Schroeder 2005). Darüber hinaus sind die mit der Methodik konfrontierten Rollen der Projektorganisation geeignet zu qualifizieren. Zu den notwendigen Fertigkeiten zählt insbesondere der Umgang mit Qualitätsmanagementwerkzeugen, Projektmanagement, Teamarbeit bzw. -führung und Techniken der Statistik sowie Prozessanalyse.
- Die *systematische Kombination bestehender Qualitätsprogramme*, wie Lean Management, TQM oder unternehmensspezifischer KVP- bzw. Verbesserungsinitiativen, mit Six Sigma (siehe Kap. 12.6.4). Dadurch werden Redundanzen und Widersprüche zwischen den Programmen verringert. Hierfür ist es erforderlich, etablierte und zweckmäßige Vorgehensweisen sinnvoll zu ergänzen und zu vermeiden, dass qualitätsrelevante Tätigkeiten im Unternehmen unkoordiniert und „parallel" durchgeführt werden.

12.6.1 Planung der Six-Sigma-Einführung

Bei der Einführung von Six Sigma im Unternehmen lassen sich die Vorgehensweisen aus anderen Unternehmen nur bedingt übernehmen. Vielmehr ist der Veränderungsprozess unternehmensspezifisch auszugestalten und zu planen. In die Planung sind u. a. folgende Faktoren einzubeziehen:

- **Organisationsgröße und -art:** Je nach Handlungsbedarf und Unternehmensgröße ist abzuwägen, in welchem Umfang freigestellte und Teilzeit-Black Belts eingesetzt werden (siehe Kap. 12.3.1).
- **Leistungsprogramm:** Es ist zu prüfen, ob gegebenenfalls eine DfSS-Einführung gemeinsam mit der Six-Sigma-Einführung sinnvoll erscheint.
- **Bestehende Unternehmenskultur:** Vor allem in großen, etablierten Unternehmen ist es in der Regel schwieriger, tiefgehende Änderungen umzusetzen (siehe Harry/Schroeder 2005 – dies wird auch unter dem Punkt „Herausforderungen für die Unternehmenskultur" in diesem Abschnitt behandelt).
- **Strategischer Handlungsbedarf:** Es muss sichergestellt werden, dass ein Organ vorhanden ist, welches geeignete strategische Ziele für die Six-Sigma-Initiative und die Projektauswahl setzt (siehe Kap. 12.3.2).

Die Planung erfordert weiterhin eine Analyse der bisherigen Durchführung der qualitätsrelevanten Aufgaben. Ausgangspunkt der Betrachtung sind die formalen Strukturen und Prozesse der betroffenen Organisationseinheiten. Für diese Analyse dienen beispielsweise Organigramme und Prozessdokumentationen.
Zur strukturierten Analyse bietet sich eine Orientierung am Modell des integrierten Qualitätsmanagements an (vgl. Seghezzi/Fahrni/Herrmann 2007 bzw. Kap. 9, „Konzepte – Modelle – Systeme"). Dieser Ansatz wird einerseits der Komplexität der qualitätsrelevanten Strukturen, Aufgaben und Abläufe gerecht. Andererseits werden innerhalb dieses Ansatzes sowohl die operative Produkt- und Prozessverbesserung als auch die wesentlichen Aspekte des normativen, strategischen und operativen Managements berücksichtigt.

Ableitung von Gestaltungsempfehlungen und Implementierung

Durch die systematische Kombination der Ansätze von Six Sigma mit bereits implementierten Qualitätsmanagementkonzepten (siehe Kap. 12.6.3) werden Alternativen für die zukünftige Durchführung qualitäts- bzw. Six-Sigma-relevanter Aufgaben und Prozesse entwickelt, die auf die Situation des Unternehmens zugeschnitten sind. Ein Vorteil ist, dass Unternehmen oder Abteilungen besonders wichtige Ansätze und Methoden von vornherein fokussieren können. Die Vorschläge haben den Charakter eines „Lastenheftes" für die organisatorische Einbindung.
Auf Basis des Lastenheftes werden Gestaltungsempfehlungen und -alternativen für die Organisationsstruktur erarbeitet, die bei den gegebenen situativen Ausprägungen eine optimale Durchführung der resultierenden Aufgaben ermöglichen. Im Vordergrund steht hierbei die organisatorische Einbindung entsprechender Rollen und Verantwortlichkeiten analog zur Projektorganisation von Six Sigma (siehe Kap. 12.3.1).
Es sind nicht nur groß angelegte Initiativen auf Unternehmensebene, die eine Steigerung der Gesamtperformance des Unternehmens versprechen. Gerade die dezentral initiierten Veränderungsvorhaben auf Abteilungs- und Bereichsebene können einen großen Beitrag zur Effizienz des operativen Tagesgeschäfts leisten. Die Ausbildung erster Black Belts sowie Green Belts und erste Projekterfahrungen des Unternehmens finden dann zunächst auf den Abteilungs- und Bereichsebenen statt. Später kann bei einer unternehmensweiten Einführung einer Six-Sigma-Initiative auf diese Erfahrungen zurückgegriffen werden (Toutenburg et al. 2009).

Besonders wirksam sind Six-Sigma-Initiativen dann, wenn diese durch die herrschende Unternehmenskultur getragen und verinnerlicht sind. Gerade qualitätsfördernde Aspekte, wie die Mitarbeiterführung durch Zielvorgaben und die Förderung einer präventiv fehlerfreien und verschwendungsarmen Auslegung von Geschäftsprozessen, kommen in deutschen Unternehmen oft zu kurz (Giesel 2004 sowie Schmitt 2011). Folgen dieser Verhaltensweisen sind u. a. eine mangelnde Akzeptanz von Qualitätsinitiativen bei den Mitarbeitern, ein falscher Einsatz von Methoden und/oder eine unklare strategische Ausrichtung (Droste 2005). Die Erkenntnisse begründen den Bedarf nach einer intensiven Auseinandersetzung mit den Voraussetzungen für die Schaffung einer Six-Sigma-gerechten Unternehmenskultur.

12.6.2 Herausforderungen für die Unternehmenskultur

Der Begriff der Unternehmenskultur bezeichnet Ideen, Vorstellungen und Werte über alle Abläufe in einem Unternehmen, welche die Organisationsmitglieder gemeinsam verfolgen. Die Vorstellungen sind handlungsleitend, ohne dass sich die Organisationsmitglieder dessen immer bewusst sein müssen. Elemente sind somit neben sichtbaren Normen und Standards auch unsichtbare, teilweise unbewusste Werte und Annahmen (Schreyögg 2008). Bei der Planung einer Six-Sigma-Einführung gilt es, die für den Erfolg der Initiative notwendigen kulturellen Veränderungen zu berücksichtigen und aktiv zu fördern. Anhaltspunkte für die Auswahl Six-Sigma-gerechter Vorstellungen und Werte bietet (Töpfer 2004):

- Ganzheitliche Qualität als oberste Priorität
- Steigerung der Kundenzufriedenheit zusammen mit einer Erhöhung des Unternehmenswerts
- Verknüpfung von Organisationsentwicklung und Personalentwicklung (Erfahrungen und die Qualifikation der Mitarbeiter steigen von Projekt zu Projekt.)

Entscheidend für den Erfolg der Six-Sigma-Einführung ist zudem, dass den Mitarbeitern klar ist, welchen Vorteil die Six-Sigma-Initiative ihnen und dem Unternehmen bietet. Hierzu kann es auch sinnvoll sein, gegenwärtige Vorstellungen gezielt aufzubrechen. Qualität bereits im Prozess zu messen kann z. B. Mitarbeitern die Notwendigkeit kontinuierlicher, grundlegender Prozessverbesserungen vergegenwärtigen (Harry/Schroeder 2005).

Gerade in den operativen Bereichen werden die Six-Sigma-Vorgehensweisen nur angenommen, wenn sie mit einer sachgerechten Anpassung der Mitarbeiterführung verbunden sind (Winklund 2002). Für die verantwortlichen Mitarbeiter ist es weiterhin wichtig zu erfahren, welche Position sie mit einer Weiterbildung erreichen können. Hierbei ist der Umstand zu berücksichtigen, dass in der Regel nicht für jeden Six-Sigma-Projektleiter eine höhere Führungsposition verfügbar ist (Moll 2005). Bei der Einführung müssen die bei Veränderungsprozessen berührten emotionalen Faktoren berücksichtigt werden. Insbesondere die Angst vor dem Neuen ist hier ein Faktor, dem durch geeignete Maßnahmen bei der Einführung (u. a. Teambuilding und „Vertrauen schaffende Maßnahmen") begegnet werden muss (Bergbauer/Kleemann/Raake 2008).

Neben den vorgestellten Faktoren gibt es weitere häufige Fehler in Veränderungsprozessen, die auch die Six-Sigma-Einführung gefährden können: Mangelnde Kommunikation mit Beteiligten und Betroffenen, Kompromisse bei den Zielen, unrealistische Planungen und schwindendes Commitment der Unternehmensleitung während den späteren Phasen eines Veränderungsprojektes sind klassische Gründe, die ein Scheitern der Einführung begünstigen (Scheiter/Malkwitz 2003, Becker/Kaerkes 2005, Fischer 2005).

In einem laufenden Programm bieten sich Anreizsysteme zur nachhaltigen Motivation aller Beteiligten an. Mittel- bis langfristig ist Six Sigma schließlich in die Unternehmensprozesse einzubinden, etwa in der Kompetenzschulung zukünftiger Führungskräfte (siehe Kap. 12.6.3).

Anreizsysteme

Im Rahmen der Einführung einer Six-Sigma-Initiative bestehen unterschiedliche Forderungen an die Führung und die Qualifizierung der Mitarbeiter (siehe Kap. 12.6.3). Zur Befähigung für die Umsetzung der strategischen und operativen Aufgaben ist eine konsequente Verhaltensentwicklung der Mitarbeiter erforderlich. Benötigt werden hierzu neben der Qualifikation auch geeignete Anreizsysteme, die zur konsequenten Motivation der damit verbundenen Tätigkeiten beitragen.

Nach Nohria, Joyce und Robertson sind die wichtigsten Anreizaspekte die Forderung nach Höchstleistungen und moralischen Prinzipien. Dies bedingt ein konsequentes Benchmarking der eigenen Leistungen mit denen fremder Bereiche, die Auszeichnung von Erfolgen sowie eine leistungsorientierte Entlohnung. Mit jedem Mitarbeiter sollten persönliche Ziele festgelegt, vereinbart und ein Zeitplan für die Umsetzung aufgestellt werden. Weiterhin ist eine ständige Überprüfung des Fortschritts notwendig (Joyce/Nohria/Robertson 2005). Die Leistungsorientierung wird durch die Six-Sigma-Strategie unterstützt, beispielsweise sind in verschiedenen Abteilungen von General Electric 40 % der jährlichen Manager-Boni an den Erfolg von Black-Belt-Projekten gebunden (Caulcutt 2001). Eine Herausforderung für deutsche Unternehmen stellt somit eine möglichst durchgehende, leistungsorientierte Entlohnung dar.

12.6.3 Qualifikation und Qualifizierung von Mitarbeitern

Six Sigma sowie DfSS basieren auf einer eigenen Vorgehensweise und einer Philosophie der Verbesserung. Die zielgerichtete Anwendung der Methoden und die Umsetzung des Verbesserungskonzeptes erfordern drei wesentliche Voraussetzungen an die Qualifikation der Mitarbeiter (Töpfer 2004):

1. Kenntnis über Methoden und Vorgehensweisen des Projektmanagements
2. Fähigkeiten der statistischen Problemformulierung, Analyse und Lösung
3. Eine entsprechende Six-Sigma-Trainings- und Lernstruktur

Diese Voraussetzungen werden in weitestgehend standardisierten Six-Sigma-Ausbildungskursen in unterschiedlichem Umfang vermittelt (vgl. Magnusson/Bergman/Kroslid 2004):

- Die Kurse zum Six Sigma White Belt bzw. Yellow Belt bieten eine grundlegende Einführung in Six Sigma für Arbeiter, Nicht-Ingenieure oder Schüler.
- Der Kurs zum Six Sigma Green Belt vermittelt weitergehende Inhalte und Methoden und beinhaltet die Anwendung der Verbesserungsmethodik an einem realen Six-Sigma-Projekt. Anwender sind typischerweise Vorarbeiter und Angestellte des mittleren Managements.
- Der Kurs zum Six Sigma Black Belt dient schließlich dazu, Experten auszubilden, die sich im Anschluss häufig in Vollzeit der Umsetzung und Betreuung von Verbesserungsprojekten widmen. Zudem werden diese Experten dazu befähigt, anspruchsvolle DfSS-Projekte durchzuführen. In der Regel wird daher eine gewisse Erfahrung in der Anwendung von Six Sigma in Projekten vorausgesetzt.

In den Six-Sigma-Schulungen werden entsprechend der Belt-Systematik umfassende methodische Qualifikationen vermittelt. Entscheidend ist jedoch auch eine geeignete Kompetenzschulung im Softskill-Bereich. Die von der ISO 13053 empfohlenen Kompetenzausprägungen verdeutlichen die Notwendigkeit verschiedener Softskill-Schulungsinhalte, wie der Sozialkompetenz, der Kundenorientierung, Motivationsfähigkeit, etc. (siehe Abb. 12.25).

Auswahl geeigneter Mitarbeiter

Insbesondere die Managementaufgaben im Rahmen der Six-Sigma-Aktivitäten erfordern vielfältige Qualifikationen sowohl zur Bestimmung von strategischen Verbesserungspotenzialen als auch zur Leitung von umfangreichen Projekten. Die Mitarbeiter müssen zur Ausführung der Managementaufgaben folgende Voraussetzungen erfüllen:

- Hohe Motivation zur Projektarbeit und Eigeninitiative
- Akzeptanz bei den involvierten Mitarbeitern
- Eignung als Führungskraft
- Notwendige Qualifikationen und Ressourcen (Six-Sigma-Methodenkompetenz, fachliche Kompetenzen in den betroffenen Prozessen, „Softskills" zur Projektleitung (siehe Abb. 12.25)

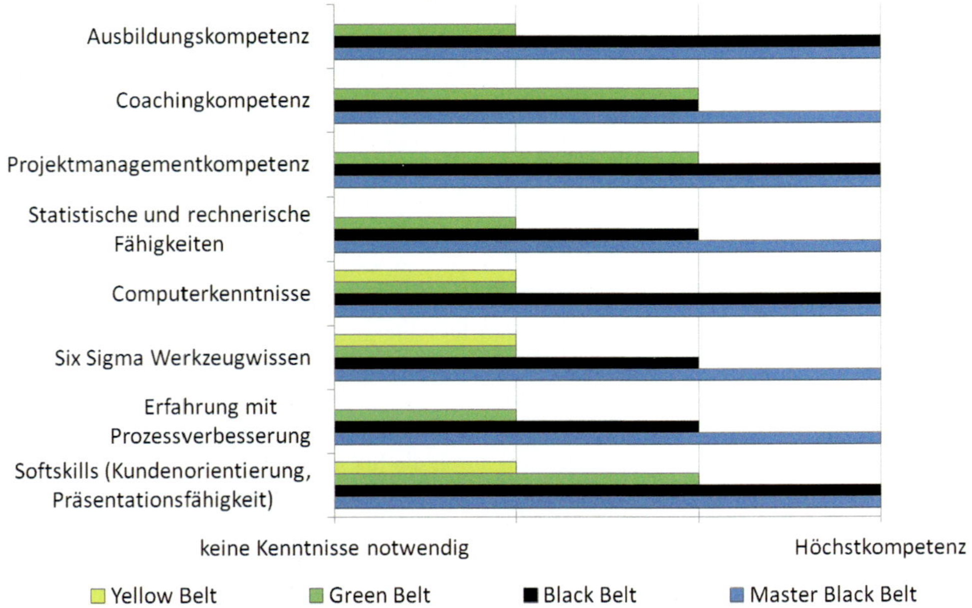

Abb. 12.25 Mindestkompetenzanforderungen an Six-Sigma-Qualifikationsstufen in Anlehnung an (ISO 13053)

Eine aufgabengerechte Qualifizierung der Projektleiter ist somit aufwendig. Daher ist es erforderlich, beispielsweise in Assessment Centern potenzielle Projektleiter auf ihre Eignung zu prüfen, zumal Softskills nur bedingt erlernbar sind. Demgegenüber bietet Six Sigma Möglichkeiten der systematischen Rekrutierung zukünftiger Führungskräfte, da mehrjährige Arbeiten als Projektleiter detaillierten Aufschluss über deren Eignung für gehobene Managementaufgaben liefern. Zudem unterstützen die Tätigkeiten in diesen Positionen die Verankerung des Qualitätsgedankens im Unternehmen.

Forderungen an die Methodenschulung

Häufig dient die Schulung der methodischen Inhalte auf der unteren Führungsebene vor allem der Motivation der Mitarbeiter, sich mit Six Sigma auseinanderzusetzen, und hilft dabei, ein gemeinsames Verständnis für die Ziele und Ansätze zu entwickeln. Die Methodenschulung soll auch dazu befähigen, bei Bedarf Projekte zu unterstützen. Soll eine weitergehende Qualifikation der unteren Führungsebene erfolgen, muss eine differenziertere Betrachtung möglicher Schulungsalternativen erfolgen. Die Qualifizierung und die Schulungsalternativen sind an das Leistungsprofil der Meister, Facharbeiter bzw. Mitarbeiter anzupassen und stets differenziert zu betrachten (Moll 2005). Weiterhin sind die Methoden zu fokussieren, die in dem jeweiligen Unternehmensbereich besonders relevant sind. Eine große Bedeutung bei der Qualifizierung haben durchgehende Anwendungsbeispiele (Case-Studies), die den Gesamtablauf eines Projektes in dem fokussierten Bereich behandeln. Dabei ist aufzuzeigen, wie die verschiedenen Werkzeuge in den gesamten Projektablauf einzubinden sind, da insbesondere der Übergang zwischen den Projektphasen des DMAIC- bzw. des DIDOV-Zyklus den Teilnehmern in der Regel Schwierigkeiten bereitet (vgl. Hoerl 2001).

In Ergänzung zu White Belt-, Yellow Belt-, Green Belt- und Black Belt-Weiterbildungen, lassen sich themenspezifische Schulungen zur Qualifizierung ausgestalten, um für die Bearbeitung bestimmter Projekte gezielt Wissen aufzubauen:

- *Daten- und Informationsmanagement*: Die Entscheidungsfindung in Verbesserungsprojekten ist stets auf Fakten zu basieren. Hierzu sind die Verantwortlichen mit der Aufnahme von Daten und der Strukturierung von Datensätzen sowie deren Abbildung in Informationssystemen zu betrauen.
- *Statistische Grundkenntnisse*: Die erhobenen Daten sind für die jeweilige Problemstellung zielgerichtet auszuwerten. Hierfür sind Kenntnisse über die Grundlagen der Wahrscheinlichkeitsrechnung, zu Hypothesentests sowie im Umgang mit statistischen Verfahren erforderlich.
- *Anforderungsmanagement*: Kenntnisse über die Erhebung und Analyse von Kundenforderungen sind durch entsprechende Methoden zu vermitteln, um Grundlage zu schaffen, die relevanten Anforderungen zielgerichtet und kundenorientiert in Produkt- und Prozessspezifikationen zu überführen.
- *Statistische Prozesskontrolle (SPC)*: Durch den Einsatz der SPC wird die operative Ebene im Unternehmen methodisch dazu befähigt, Prozessänderungen auf systematische Weise zu identifizieren und zu analysieren. Dadurch werden die Grundlagen zur Steigerung der Prozessqualität gelegt.
- *Grundlagen des Qualitätsmanagements*: Hierbei sind den Verantwortlichen sowohl Strategien und Methoden zur Schaffung der erforderlichen organisatorischen Rahmenbedingungen zu vermitteln als auch Werkzeuge an die Hand zu geben, die operativ eingesetzt werden können (z. B. präventive Methoden des Qualitätsmanagements wie FMEA und QFD).
- *Projektmanagement*: Kenntnisse in diesem Bereich sind notwendig, um Projekte in einer festgeschriebenen Zeit mit verfügbaren Ressourcen zu einem erfolgreichen Abschluss zu bringen.
- *Change Management*: Wie in Kapitel 12.6.1 erläutert, besteht bei Veränderungen wie der Einführung von Six Sigma die Herausforderung, die Beschäftigten für diese Veränderung und die damit verbundene kulturelle Neuausrichtung zu begeistern. Zu diesem Zweck sind den verantwortlichen Mitarbeitern Vorgehensweisen, Strategien und Methoden zur erfolgreichen Durchführung von Veränderungsprojekten und zur geeigneten Kommunikation der Veränderungen zu vermitteln.

Bei der Bestimmung von Qualifizierungszielen ist zu berücksichtigen, dass anspruchsvolle und selten benötigte Kompetenzen abteilungsübergreifend in unterstützenden Stellen, wie dem zentralen Prozess- und Projektmanagement verankert und damit verfügbar gemacht werden können. Alternativ kann das Know-how durch externe Unterstützung bezogen werden. Grundsätzlich ist eine Befähigung der verantwortlichen Stellen allerdings unabdingbar.

Solange unternehmensintern eine ausreichende Qualität in der Schulung sichergestellt werden kann, lässt sich prinzipiell zwischen internen und externen Trägern für die Durchführung von Schulungsprogrammen differenzieren. Kriterien zur Auswahl geeigneter Qualifizierungsprogramme sind z. B. (Hoerl 2001, Moll 2005):

- Verfügt der Träger über Erfahrung in dem spezifischen Bereich, in dem geschult werden soll?
- Bezieht die Qualifizierung das Erfahrungswissen der Teilnehmer ein?

II

- Werden umfangreiche, bereichsspezifische Case-Studies angeboten?
- Wie lange bietet der Träger bereits Kurse in diesem Bereich an?
- Ist der Träger darauf ausgerichtet, selbst bedarfsgerechte Kurse zu entwickeln?
- Berät der Träger bei der Auswahl und ist er bereit, auf individuelle Wünsche einzugehen?

Forderungen an die Vermittlung von Softskills

Wie in Abbildung 12.25 deutlich wird, ist die Softskills-Kompetenz sowohl für Projektleiter als auch für Prozessverantwortliche in der Six-Sigma-Organisation von Relevanz. Die gezielte Schulung von Softskills sollte daher integraler Bestandteil der Six-Sigma-Schulungen sein (Töpfer 2004).

Wesentliche Inhalte einer Softskill-Schulung können z. B. Projektleitung, Moderation und Teamarbeit sowie Präsentationstechniken sein. Da sie nur durch praktische Erfahrungen erlernt werden können, erfordert dies eine intensive Begleitung von ersten Pilotprojekten im Rahmen der Qualifizierung (Schmitt/Pfeifer/Reißiger 2005).

Weiterhin können auf verschiedenen Führungsebenen Befähigungen zur Mitarbeiterführung erforderlich sein, vor allem wenn die Abteilungen traditionell streng hierarchisch organisiert waren und die Eigeninitiative gefördert werden soll. Dies beinhaltet die intensive Vermittlung einer veränderten Qualitätspolitik und Philosophie eines Unternehmens, die zumeist nur durch anerkannte, interne Entscheidungsträger vermittelt werden kann (Winklund 2002).

Zusammenfassend ist festzuhalten, dass gezielte Softskill-Schulungen zur Six-Sigma-gerechten Mitarbeiterqualifikation sinnvoll sind, jedoch wie Methodenschulungen eine individuelle Auswahl und Anpassung geeigneter Qualifizierungsinhalte erfordern.

12.6.4 Kombination von Six Sigma mit anderen Qualitätsoffensiven

Neben der Ableitung von Projektzielen aus den strategischen Zielevorgaben existieren weitere Möglichkeiten, Verbesserungspotenziale zu ermitteln. Eine Alternative stellt das betriebliche Vorschlagswesen dar, im Rahmen dessen die Mitarbeiter selbstständig Verbesserungsvorschläge erarbeiten oder sich freiwillig in kleinen Gruppen zu diesem Zweck zusammenfinden (auch als „Qualitätszirkel" bezeichnet, siehe Schmitt/Pfeifer 2010). Weitere Verbesserungspotenziale können aus Produkt-, Prozess- und Systemaudits resultieren. Auf Basis des ermittelten Handlungsbedarfes ist über geeignete Lösungswege zu entscheiden. Bei der Ermittlung und Umsetzung effizienter Lösungen ist es nicht immer angebracht, ein Six-Sigma-Projekt anzustoßen. Bei autonomen Problemlösungen erfolgt die Erarbeitung selbstständig durch die Mitarbeiter, welche die Vorschläge eingebracht haben. Die Problemlösung wird als so unproblematisch angesehen, dass Mitarbeiter in den betroffenen Prozessen ohne Vorgabe systematischer Vorgehensweisen daran arbeiten können. Weiterhin existieren einfache und systematische Ansätze für Problemlösungen, die ebenfalls von einzelnen Mitarbeitern bzw. autonomen Gruppen ohne Unterstützung eines Projektleiters angewandt werden können. Diese Ansätze sind für Probleme geeignet, die etwas komplexer sind und daher strukturierte Vorgaben für den Lösungsweg benötigen. Die Ansätze basieren oft auf dem Deming-Zyklus als Werkzeug für kontinuierliche Verbesserungsprozesse (siehe auch Kap. 12.4). Die Ergebnisse werden im Gegensatz zur autonomen Problemlösung nach Abschluss beispielsweise von einem Green Belt kontrolliert. In vielen Unternehmen haben sich in diesem Zusammenhang 8D-Reports zur systematischen Problemlösung etabliert, die oft an den DMAIC-Zyklus angepasst werden. Bei den Reports handelt es sich um Formblätter mit standardisierten Fragekatalogen. Auf den Formblättern wer-

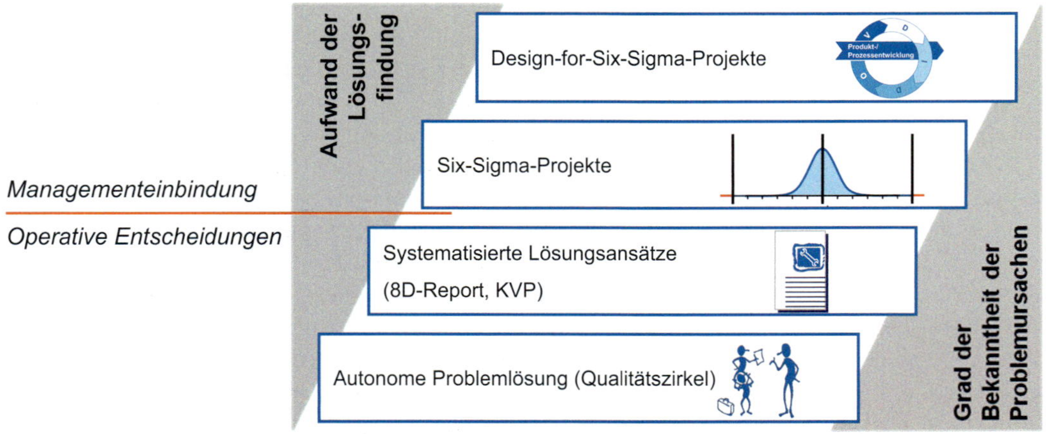

Abb. 12.26 Einsatzbereiche verschiedener Lösungskonzepte des Qualitätsmanagements

den in verschiedenen Phasen das Vorgehen sowie der Fortschritt dokumentiert. Weiterhin wird die Anwendung einfacher Werkzeuge der Problemlösung aus dem Qualitätsmanagement gefördert (für eine detailliertere Beschreibung der 8D-Methodik siehe Schmitt/Pfeifer 2010). Die Reports erfordern somit sehr begrenzte Six-Sigma-Qualifikationen. Können Probleme mit operativ verorteten Maßnahmen wie Qualitätszirkeln oder 8D-Reports nicht gelöst werden, sind Six-Sigma-Projekte zur Prozessoptimierung bzw. DfSS-Projekte bei notwendigen Neu- bzw. Weiterentwicklungen erforderlich (siehe Abb. 12.26).

In Abbildung 12.26 wird die Herausforderung verdeutlicht, die jeweils passende Problemlösetechnik für die gefundenen Probleme im Unternehmen zu finden. Zur Entscheidung über die Art der Problemlösung können folgende Kriterien verwendet werden:

- Die Anzahl der Einflussgrößen sowie der betrachteten Prozesse gibt einen Aufschluss über die Komplexität des Problems sowie die notwendige Zusammensetzung des Projektteams.
- Ein hoher geplanter Ressourcenaufwand zur Lösung des Problems und hohe prognostizierte Einsparpotenziale sprechen für eine aufwendigere Form der Problemlösung wie Six Sigma oder DfSS.
- Wurde ein Problem bereits bearbeitet aber nicht nachhaltig gelöst, ist eine fundiertere Art der Problemlösung als zuvor anzuwenden.
- In Abhängigkeit des Bekanntheitsgrads der Ursachen sind unterschiedliche Ansätze zu wählen. Six-Sigma-Projekte sind dann sinnvoll, wenn die Problemursachen unbekannt sind. Bei bekannten Ursachen kann z. B. die Problemfindung und -lösung innerhalb von Qualitätszirkeln stattfinden.

Die selbstständige Ermittlung und Umsetzung von Verbesserungspotenzialen fördert die Identifikation von Mitarbeitern mit den eigenen Tätigkeiten im Unternehmen. Allerdings werden Gefahren gesehen, wenn Vorgesetzte in unteren oder mittleren Führungsebenen derartige Veränderungen ihrem eigenen Kompetenzbereich zuordnen und ungern fördern („Bremsen des Wandels"). Generell kann ein zu starker Formalismus Verbesserungsinitiativen ausbremsen, wenn schnelle, unbürokratische Entscheidungen notwendig sind (Seghezzi/Fahrni/Herrmann 2007).

Abgrenzung von Lean-Management- und Six-Sigma-Initiativen

Die Optimierung komplexer Produktionsketten erfordert eine Abstimmung von Six-Sigma- und Lean-Management-Aktivitäten. Beide Ansätze werden in der Praxis verknüpft, wobei unter dem Begriff Lean Six Sigma verschiedene Aspekte verstanden werden (siehe Lunau et al. 2007b). Zum einen geht es darum, weniger anspruchsvolle Six-Sigma-Projekte mithilfe einer entsprechenden Formalisierung, eines minimalen Personaleinsatzes und in einem sehr kurzen Zeitraum durchzuführen (ähnlich der Anwendung von 8D-Reports). Zum anderen wird die Kombination von Six-Sigma-Werkzeugen mit den Prinzipien des Lean Management angestrebt.

Kerngedanke des Lean Managements, dessen Ursprünge im Toyota-Produktionssystem liegen, ist die Optimierung des Kundennutzens durch die Vermeidung aller Arten von Verschwendung und die Minimierung nicht wertschöpfender Prozesse im Unternehmen (siehe Liker 2004). Im Fokus der Betrachtungen stehen vor allem die Reduzierung von Durchlaufzeiten und Beständen, aber auch die Steigerung von Qualität sowie die Verminderung von Komplexität. Die Kernelemente des Lean Managements sind folgende:

- Strategische Ausrichtung nach Kaizen bzw. Total Quality Management (Schmitt/Pfeifer 2010)
- Schaffung eines Zugehörigkeitsgefühls bei Mitarbeitern und Systemlieferanten, fairer Austausch von Informationen und Gütern (Bösenberg/Metzen 1995)
- Orientierung an den Produktionsprinzipien des Toyota-Produktionssystems (Schmitt/Pfeifer 2010)
- Simultaneous Engineering zur Verkürzung von Entwicklungszeiten (Brunner/Wagner/Durakbasa 2008)
- Proaktives Marketing und frühzeitige Einbindung von Kundenforderungen in die Entwicklung (Steffenhagen 2008)
- Strategische Investition von Kapital (Bösenberg/Metzen 1995)
- Flache Hierarchieebenen mit hoher organisatorischer Verknüpfung (Traeger 1994)
- Projektorganisation in Anlehnung an Kaizen (Schmitt/Pfeifer 2010)
- Projektmanagement in Anlehnung an den Deming-Zyklus (PDCA) (Schmitt/Pfeifer 2010)
- Methoden des Toyota-Produktionssystems (Schmitt/Pfeifer 2010)
- Gruppeninterne Einarbeitung und Weiterbildung, Jobrotation als Motivationstool (Traeger 1994)

Zur Ausrichtung des Unternehmens an den Lean-Gedanken existiert ein fünfstufiges „Vorgehensmodell". Es fokussiert die Beseitigung von Verschwendungen und gliedert sich wie folgt (Womack/Jones 2013):

- **Value:** Im Value-Schritt wird zwischen wertschöpfenden und nicht wertschöpfenden Prozessen aus Sicht der Prozesskunden differenziert.
- **Value Stream:** Die wertschöpfenden Prozesse werden in einem zweiten Schritt zu einer logischen Kette verknüpft. Hierbei wird analysiert, ob Prozesse eliminiert werden können, die aus Kundensicht keinen zusätzlichen Wert erzeugen.

- **Flow:** Ziel des dritten Schrittes ist die Reduzierung von Durchlaufzeiten in den Prozessketten durch Vermeidung von Wartezeiten und Lagerbeständen und damit die Minimierung der Kapitalbindung bzw. der Prozesskosten.
- **Pull:** Es wird sichergestellt, dass nur Leistungen erbracht werden, für die ein Auftrag bzw. eine Bestellung existiert.
- **Perfection:** Durch die ständige Wiederholung dieser Verbesserungsmaßnahmen werden Prozesse überwacht und die Prozessketten werden kontinuierlich verbessert.

Mit Lean Management werden, neben der kontinuierlichen Verbesserung von Prozessen zur Vermeidung von Produkt- und Prozessfehlern unter anderem folgende Prinzipien und Vorgehensweisen assoziiert:

- Wertstromanalyse zur Visualisierung von Material- und Informationsflüssen (Rother/Shook 2003)
- Kanban-Prinzip zur Produktionssteuerung (Liker 2004)
- 5S-Prinzip zur Gewährleistung von Ordnung und Sauberkeit am Arbeitsplatz (Hirano/Talbot 1995)
- Total-Productive-Maintenance-Prinzip (TPM-Prinzip) zur Maximierung der Verfügbarkeit von Werkzeugen, Maschinen und Anlagen über die Lebenszeit durch präventive, autonome Instandhaltung (Liker 2004)

Ein Großteil der Elemente des Lean Managements wird im Rahmen von Six-Sigma-Schulungen vermittelt. Die Lean-Prinzipien werden in Six-Sigma-Aktivitäten verankert und im Rahmen von DMAIC-Projekten zur Vermeidung von Verschwendungen umgesetzt (George 2002, Lunau et al. 2007b).

Der Schlüssel zum Erfolg bei der kombinierten Anwendung liegt nicht allein in der Integration von Methoden und Werkzeugen, sondern zudem in einem strukturierten Abgleich der Initiativen mit den strategischen Unternehmenszielen. Voraussetzung dafür ist, dass alle Arten von Verschwendungen durch eine Analyse der Nutz-, Stütz-, Blind- und Fehlleistungen (siehe Kap. 6, „Qualitätsbezogene Kosten") sowohl auf der Mikroebene einzelner Prozesse als auch auf der Makroebene komplexer Prozessketten analysiert werden (Abb. 12.27).

Wird ein Handlungsbedarf zur Optimierung einer gesamten Produktionskette erkannt, spricht dies für die Verankerung einer Lean-Management-Initiative auf strategischer Ebene. Dies kann beispielsweise in Form von „Lean Champions" auf Produktionsleiterebene realisiert werden, die die Optimierung gezielt fördern und abstimmen. Die einzelnen Prozesse müssen allerdings fehlerfrei arbeiten, um einen kontinuierlichen Materialfluss umsetzen zu können. Zur Optimierung einzelner Prozesse bietet sich daher in den Phasen „Flow" und „Pull" des Lean-Management-Gestaltungsansatzes eine systematische Unterstützung durch Six-Sigma-Projekte an.

In der Analyze- und Improve-Phase von Six-Sigma-Projekten ist unbedingt sicherzustellen, dass angestrebte Prozessverbesserungen immer in Einklang mit den Forderungen an eine umfassende Prozesskettenoptimierung stehen. Diese exemplarisch aufgezeigten Abstimmungen ermöglichen eine zielgerichtete und strukturierte Fokussierung der wesentlichen Handlungsfelder in komplexen Prozessketten.

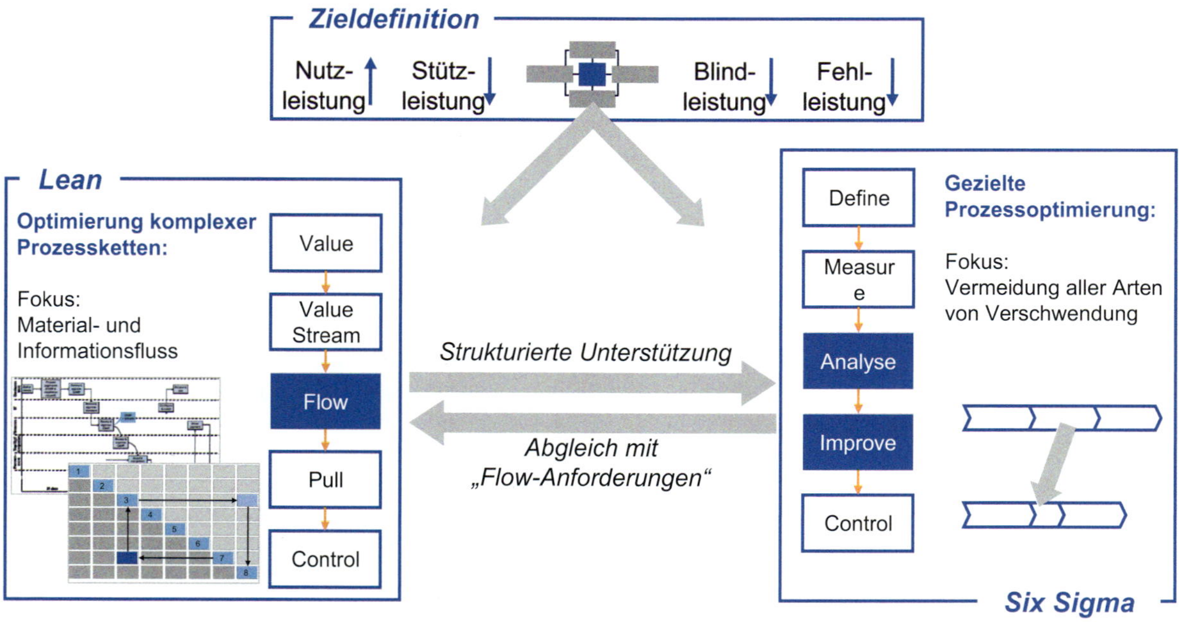

Abb. 12.27 Abstimmung von Lean- und Six-Sigma-Zielen

Qualitätsmanagement-Systeme und Six Sigma

Qualitätsmanagement-Systeme, die im Rahmen der Qualitätslenkung und -verbesserung systematisch genutzt werden, eignen sich insbesondere für kleine Unternehmen als Informationsgrundlage für Six-Sigma-Projekte sowie als Dokumentationsgrundlage von Six-Sigma-Ansätzen und -Projektergebnissen. Diese Verknüpfung zwischen Six Sigma und den Qualitätsmanagement-Systemen manifestiert sich beispielweise in den folgenden Aspekten:

- Dokumentierte Geschäftsprozesse bzw. Prozesslandkarten ermöglichen die Identifikation von Schwachstellen bzw. Handlungspotenzialen für Projekte.
- Prozessaudits decken in regelmäßigen Zeiträumen Verbesserungspotenziale auf.
- Die Auswahl der zu qualifizierenden Mitarbeiter kann gezielt auf Prozessverantwortliche von verbesserungswürdigen Prozessen ausgerichtet werden.
- Das Qualitätsmanagement-System ermöglicht die kontinuierliche Dokumentation von Projektergebnissen und dient der Sicherung des in Verbesserungsprojekten erworbenen Wissens (Erstellung von Lessons-Learned-Datenbanken).

Durch die Vorgehensweisen werden wesentliche Aufgaben der Six-Sigma-Projektdurchführung unterstützt, weiterhin können der Nutzen sowie die Akzeptanz von QM-Systemen verbessert werden.

12.7 Fazit

Die Six-Sigma-Methodik bietet die Chance sowohl bestehende als auch neue Prozesse und Produkte hinsichtlich einer optimalen, Kunden zufriedenstellenden Qualität gestalten zu können. Besonders bei Problemen, die mithilfe traditioneller Techniken bisher nicht gelöst werden konnten oder die aufgrund ihrer Komplexität noch nicht angetastet wurden, ist der umfassende Einsatz von Six Sigma häufig lohnenswert, was die Erfolge in der Vergangenheit sowie die geschichtliche Entwicklung von Six Sigma belegen (siehe Kap. 12.1.2). Das Sigma-Niveau als zentraler Bewertungsmaßstab der Qualität von Prozessen ermöglicht einen vorurteilsfreien Vergleich verschiedener Prozesse und damit die Möglichkeit, ein hohes Qualitätsniveau durchgängig im gesamten Unternehmen zu etablieren.
Der nachhaltige Erfolg eines Six-Sigma-Programms sowie der diesem Programm zugrunde liegenden Ideen und Konzepte erfordert die intensive Auseinandersetzung mit methodischen, organisatorischen und strategischen Aspekten. Die intensive Betrachtung der strategischen Aufgabenbereiche und der Rollen sowie Verantwortlichkeiten bildet die essentielle Voraussetzung für eine effektive Verankerung der qualitätsrelevanten Aufgaben sowie der Philosophie von Six Sigma. Six-Sigma-Initiativen finden ihre konkrete operative Umsetzung in Projekten, deren erfolgreiche Durchführung durch ein systematisches und stets auf den Kunden ausgerichtetes Projektmanagement begünstigt wird. Dabei besteht die inhaltlich-technische Ausgestaltung der Vorgehensweise sowohl für Verbesserungsprojekte als auch für Entwicklungsprojekte stets in der Anwendung und der Verknüpfung zielgerichtet eingesetzter Methoden und Werkzeuge, um faktenbasierte Entscheidungen zu generieren. Die aufgabengerechte Anpassung der Werkzeuge und Konzepte von Six Sigma sowie abgeleitet davon eine effektive, situative Qualifizierung bieten den wesentlichen Mehrwert von Six Sigma und DfSS für die Arbeit von qualifizierten Fach- und Führungskräften. Der konsequente Einsatz der Ansätze und der Konzepte von Six Sigma und DfSS zur Qualitätssteigerung in Prozessabläufen und in Produkten befähigt Unternehmen dazu, die Philosophie der kontinuierlichen Verbesserung des Unternehmens bereichsübergreifend zu realisieren und zukunftsorientiert zu handeln.

II

Literatur

Altshuller, G.: And suddenly the inventor appeared. TRIZ, the theory of inventive problem solving. 6. Auflage. Technical Innovation Center, Worcester/Massachusetts 2004

Automotive Industry Action Group (AIAG): Measurement Systems Analysis (MSA). Reference Manual. 4. Auflage. Automotive Industry Action Group, Southfield/Michigan 2010

Bañuelas, R./Antony, J.: Going from six sigma to design for six sigma: an exploratory study using analytic hierarchy process. In: The TQM Magazine, Jg. 15, Nr. 5 2003. S. 334 - 44

Becker, R./Kaerkes, W.: Verständigung: mangelhaft. In: QZ – Qualität und Zuverlässigkeit, Jahrgang 50, 2005, S. 29 - 34

Bergbauer, A. K./Kleemann, B./Raake, D.: Six Sigma in der Praxis. Das Programm für nachhaltige Prozessverbesserungen und Ertragssteigerungen. 3. Auflage. Reihe: Kontakt & Studium 654. Expert Verlag, Renningen 2008

Bösenberg, D./Metzen, H.: Lean Management. Vorsprung durch schlanke Konzepte. 5. Auflage. Verlag Moderne Industrie, Landsberg/Lech 1995

Brückner, C.: Qualitätsmanagement für die Automobilindustrie. Grundlagen, Normen, Methoden. Mit praktischem Normenwegweiser ISO 9001, TS 16949 VDA 6.2, VDA 6.4). Symposion Publishing, Düsseldorf 2009

Brunner, F. J./Wagner, K. W./Durakbasa, N. M.: Taschenbuch Qualitätsmanagement. Leitfaden für Studium und Praxis. 4. Auflage. Carl Hanser Verlag, München 2008

Caulcutt, R.: Why is Six Sigma so successful? In: Journal of Applied Statistics, Jg. 28, Nr. 3 - 4 2001. S. 301 - 6

Chiarini, A.: Lean Organization. From the Tools of the Toyota Production System to Lean Office. Perspectives in Business Culture 3. Springer, Mailand 2013

Chowdhury, S.: Design for six sigma. The revolutionary process for achieving extraordinary profits. Kaplan Publishing, New York 2006

Crawford, J. Kent/Cabanis-Brewin, J.: The strategic project office. Reihe: PM solutions research. 2. Auflage. CRC Press, Boca Raton/Florida 2011

Creveling, C.M./Slutsky, J.L./Antis, D.: Design for Six Sigma in Technology and Product Development. Prentice Hall, Upper Saddle River/New Jersey 2003

DIN 25424: Fehlerbaumanalyse. Deutsches Institut für Normung, Berlin 1990

Droste, T.: Erfolg nach Konzept? Groß angelegte Qualitätsprogramme sind keine Selbstläufer. In: QZ – Qualität und Zuverlässigkeit, Jg. 49, Nr. 6, 2005. S. 19 ff.

Fichter, K.: Interpreneurship. Nachhaltigkeitsinnovationen in interaktiven Perspektiven eines vernetzenden Unternehmertums. Habilitationsschrift. Reihe: Theorie der Unternehmung 33. Metropolis Verlag, Marburg 2005

Fischer, G.: Oben ist nicht mehr vorn. In: Brand eins Wirtschaftsmagazin, Jahrgang 7, Heft 04, Mai 2005, S. 130

Freeman, R.E.: Strategic management. A stakeholder approach. Cambridge University Press, Cambridge 2010

Freudenberg, R./Koch, R./Kuhn, H./Pfeifer. T./Reißiger, W./Ronge, D./Schmitt, R./Schmutte, A./ Steinbeck, H./ Seidel, U./Wurster, K./Zenner, T.: Six Sigma – Qualität operativ verankern! In: Brecher, C./Schuh, G./Schmitt, R./Klocke, F. (Hrsg.): Wettbewerbsfaktor Produktionstechnik – Aachener Perspektiven. Tagungsband zum Aachener Werkzeugmaschinenkolloquium 2005. Shaker Verlag, Aachen 2005. S. 79 – 115

George, M.: Lean Six Sigma. Combining Six Sigma Quality with Lean Speed. McGraw-Hill, New York 2002

Giesel, M.: Mehr Führungsqualität! In: QZ – Qualität und Zuverlässigkeit, Jg. 49, Nr. 2, 2004. S. 20 ff.

Hammer, M.: Process Management and the future of Six Sigma. In: IEEE Engineering Management Review, Jg. 4, Nr. 4, 2002. S. 56 ff.

Harry, M.J./Schroeder, R.R.: Six sigma. The breakthrough management strategy revolutionizing the world's top corporations. Currency Book/Doubleday, New York 2005

Hirano, H./Talbot, B.: 5 pillars of the visual workplace. The sourcebook for 5S implementation. Productivity Press, New York 1995

Hoerl, R.: Six Sigma Black Belts. What do they need to know? In: Journal of Quality Technology, Jg. 33, Nr. 4, 2001. S. 391 ff.

ISO 13053: Quantitative methods in process improvement – Six Sigma. International Organization for Standardization, Genf 2011

Jochem, R./Geers, D./Giebel, M. (Hrsg.): Six Sigma leicht gemacht. Ein Lehrbuch mit Musterprojekt für den Praxiserfolg. Symposion, Düsseldorf 2011

Johnson, A.: Six Sigma in R&D. In: Research Technology Management, Jg. 49, Nr. 2, 2002. S. 12 – 16

Joyce, W./Nohria, N./Robertson, B.: Wie erfolgreiche Unternehmen arbeiten. Die 4+2-Formel für nachhaltigen Erfolg. Klett-Cotta, Stuttgart 2005

Kano, N. et al.: Attractive Quality and Must-Be Quality. In: The Journal of the Japanese Society for Quality Control, Jg. 14, Nr. 2 1984. S. 166 – 88

Kaplan, R.S./Norton, D.P.: Balanced Scorecard. Schäffer-Poeschel, Stuttgart 1997

Koch, S.: Einführung in das Management von Geschäftsprozessen. Six Sigma, Kaizen und TQM. Springer Verlag, Berlin/Heidelberg, 2011

Konert, T.: Design for Six Sigma. Systematischer Ansatz zur robusten und innovativen Entwicklung neuer Produkte und Prozesse. In: *TU Berlin, Institut für Werkzeugmaschinen und Fabrikbetrieb, IWF (Hrsg.)*: Tagungsband zum Internationalen Produktionstechnischen Kolloquium (PTK). Berlin 2004

Liker, J.K.: The Toyota way. 14 management principles from the world's greatest manufacturer. McGraw-Hill, New York 2004

Lunau, S. et al.: Design for Six Sigma+Lean Toolset. Innovationen erfolgreich realisieren. Springer Verlag, Berlin/Heidelberg 2007

Lunau, S. et al.: Six Sigma+Lean Toolset. Verbesserungsprojekte erfolgreich durchführen. Springer, Dordrecht 2007

Magnusson, K./Bergman, B./Kroslid, D.: Six Sigma umsetzen. Die neue Qualitätsstrategie für Unternehmen. 2. Auflage. Carl Hanser Verlag, München 2004

Moll, K.: Qualifizierung der Mitarbeiter für Business Excellence. In: Kamiske, G.: Digitale Fachbibliothek Qualitätsmanagement. Symposion Publishing, Düsseldorf 2005

Ophey, L.: Entwicklungsmanagement. Methoden in der Produktentwicklung. Springer, Berlin 2005

Pande, P.S./Neuman, R.P./Cavanagh, R.R.: The Six Sigma way. How GE, Motorola, and other top companies are honing their performance. McGraw-Hill, New York 2000

Prefi, T.: Entwicklung eines Modells für das prozessorientierte Qualitätsmanagement. FQS-Schrift 92,02. Beuth Verlag, Berlin 1995

Pyzdek, T.: The Six Sigma handbook. A complete guide for green belts, black belts, and managers at all levels. McGraw-Hill, New York 2003

Rattay, G./Patzak, G.: Projektmanagement. Leitfaden zum Management von Projekten, Projektportfolios und projektorientierten Unternehmen. Linde Verlag, Wien 2010

Ribbens, J.: Simultaneous engineering for new product development: Manufacturing applications. Wiley, New York, 2000

Rigby, D./Bilodeau, B.: Management Tools & Trends 2013. Bain & Company, 2013. Zuletzt aufgerufen am: 18. Sep. 2013 (siehe http://www.bain.de/Images/BAIN_BRIEF_Management_Tools_%26_Trends_2013.pdf)

Rois, A.: Kaizen. Verbesserungsprozesse in der Automobilindustrie. Linde Verlag, Wien 1999

Rother, M./Shook, J.: Learning to see: Value-stream mapping to create value and eliminate muda. Lean Enterprise Institute, Inc., Cambridge/Massachusetts 2003

Saatweber, J.: Kundenorientierung durch Quality Function Deployment. Produkte und Dienstleistungen mit QFD systematisch entwickeln. 3. Auflage. Symposion Publishing, Düsseldorf 2011

Scheiter, S./Malkwitz, A./Feldmann, S.: Renovieren statt reparieren. In: Harvard Business Manager, September 2003. S. 18 – 21

Schmitt, R. (Hrsg.): Qualität in produzierenden Unternehmen Deutschlands 2010. Methoden, Systeme und Erfolgsfaktoren des modernen Qualitätsmanagements. Eine Untersuchung des Fraunhofer-Instituts für Produktionstechnologie IPT. IPT, Aachen 2011

Schmitt, R./Pfeifer, T.: Qualitätsmanagement. Strategien, Methoden, Techniken. 4. Auflage. Carl Hanser Verlag, 2010

Schmitt, R./Falk, B./Stiller, S./Köhler, M./Janßen, C.: Engineer-to-Value. Produkte kundengerecht realisieren. In: Schmitt, R. (Hrsg.): Produktqualität ganzheitlich gestalten und absichern – Tagungsband zum 17. Business Forum Qualität. Apprimus Verlag, Aachen 2013. S. 77

Schreyögg, G.: Organisation. Grundlagen moderner Organisationsgestaltung. 4. Auflage. Gabler Verlag, Wiesbaden 2008

Schurr, S.: Magische 3,4 und mehr – Design for Six Sigma verwirklicht den integrierten Methodeneinsatz. In: QZ – Qualität und Zuverlässigkeit, Jg. 47, Nr. 2, 2002. S. 246 f.

Seghezzi, H. Dieter/Fahrni, F./Herrmann, F.: Integriertes Qualitätsmanagement: Der St. Galler Ansatz. 3. Auflage. Carl Hanser Verlag, München 2007

Seidenschwarz, W.: Nie wieder zu teuer! 10 Schritte zum marktorientierten Kostenmanagement. Schäffer-Poeschel, Stuttgart 1997

Shillito, M. L.: Acquiring, processing, and deploying voice of the customer. St. Lucie Press, Boca Raton 2001

Shingo, S.: A revolution in manufacturing. The SMED system. Productivity Press, Cambridge/Massachusetts 1985

Shingo, S.: Zero quality control. Source inspection and the pokayoke system. Productivity Press, Cambridge/Massachusetts 1986

Stamatis, D. H.: Six Sigma and Beyond. Taylor & Francis, Hoboken 2002

Stamatis, D. H.: Failure mode and effect analysis. FMEA from theory to execution. 2. Auflage. ASQ Quality Press, Milwaukee/Wisconsin 2003

Steffenhagen, H.: Marketing. Eine Einführung. 6. Auflage. Kohlhammer Verlag, Stuttgart 2008

Taguchi, G.: Taguchi on robust technology development. Bringing quality engineering upstream. ASME Press, New York 1993

Tennant, G.: Design for Six Sigma. Launching new products and services without failure. Gower, Burlington (VT) 2002

Töpfer, A. (Hrsg.): Six Sigma. Konzeption und Erfolgsbeispiele für praktizierte Null-Fehler-Qualität. 3. Auflage. Springer Verlag, Berlin 2004

Töpfer, A. (Hrsg.): Lean Six Sigma. Erfolgreiche Kombination von Lean Management, Six Sigma und Design for Six Sigma. Springer Verlag, Berlin 2009

Toutenburg, H. et al.: Six Sigma. 2. Auflage. Springer, Dordrecht 2009

Traeger, D. H.: Grundgedanken der Lean Production. Teubner-Studienskripten Management 147, Teubner Verlag, Stuttgart 1994

Verband der Automobilindustrie, VDA (Hrsg.): Prüfprozesseignung. Verwendbarkeit von Prüfmitteln, Eignung von Prüfprozessen, Berücksichtigung von Messunsicherheiten. Qualitätsmanagement in der Automobilindustrie 5, Verband der Automobilindustrie, Oberursel 2003

Verband der Automobilindustrie, VDA (Hrsg.): Sicherung der Qualität vor Serieneinsatz – Produkt- und Prozess-FMEA. 2. Auflage. 2006 (Loseblattsammlung)

Verband der Automobilindustrie, VDA (Hrsg.): Sicherung der Qualität in der Prozesslandschaft. VDA Band 4 Ringbuch. 2. Auflage. Verband der Automobilindustrie, Frankfurt am Main 2011

VDI-Gesellschaft Entwicklung Konstruktion Vertrieb (Hrsg.): VDI Richtlinie 2234. Wirtschaftliche Grundlagen für den Konstrukteur. Düsseldorf 1990

Voehl, F.: The Lean Six Sigma Black Belt Handbook. Tools and Methods for Process Acceleration. CRC Press, Hoboken 2013

Wappis, J./Jung, B.: Taschenbuch Null-Fehler-Management. Umsetzung von Six Sigma. 4. Auflage. Carl Hanser Verlag, München 2013

Winklund, H.: Widening the Six Sigma Concept. An approach to organisational learning. In: Total Quality Management, Jg. 13, Nr. 2, 2002. S. 233 ff.

Womack, J. P./Jones, D. T.: Lean Thinking. Ballast abwerfen, Unternehmensgewinn steigern. 3. Auflage. Campus Verlag, Frankfurt am Main 2013

Womack, J. P./Jones, D. T.: Lean Thinkinng. Simon & Schuster, New York 1996

Zwicky, F.: Morphologische Forschung. Wesen und Wandel materieller und geistiger struktureller Zusammenhänge. Schriftenreihe der Fritz-Zwicky-Stiftung 4. 2. Auflage. Baeschlin Verlag, Glarus 1989

II

Wissensmanagement

13.1	**Wozu Wissensmanagement?**	**295**
13.2	**Grundlegende Begriffsdefinitionen**	**295**
13.2.1	Wissen – mehr als Daten und Informationen	295
13.2.2	Wissensmanagement	296
13.3	**Modelle im Wissensmanagement**	**298**
13.3.1	Das Bausteine-Modell nach Probst et al.	298
13.3.2	Das Prozessmodell der Gesellschaft für Wissensmanagement e. V. (GfWM)	299
13.4	**Die Erweiterung des ganzheitlichen Ansatzes**	**300**
13.5	**Implementierungsstrategien**	**301**
13.5.1	Standards, Normen und Richtlinien	301
13.5.2	Elemente einer ganzheitlichen Wissensmanagement-Strategie	302
13.5.3	Anreizmodelle	306
13.6	**Erfolgsmessung und Controlling**	**307**
13.6.1	Das Intellektuelle Kapital	307
13.6.2	Konzepte zur Messung und Bewertung	308
13.6.3	Wissensbilanz – Made in Germany	308
13.7	**Zusammenhang von Qualitäts- und Wissensmanagement**	**310**
13.7.1	Qualitätsmanager und Wissensmanager	311
13.7.2	Qualitätsmanagement als Vorreiter des Wissensmanagements?	311
13.8	**Fazit**	**312**

13 Wissensmanagement

Tilo Pfeifer, Gabriele Vollmar

Wissen produktiv zu machen, hat Peter Drucker als die größte Management-Herausforderung für das 21. Jahrhundert identifiziert. Die wachsende Bedeutung wissensintensiver Wertschöpfung auf der einen Seite und ein immer geringer werdender Spielraum in der Rationalisierung der industriellen Fertigungsprozesse auf der anderen Seite haben den Produktionsfaktor „Wissen", der in jedem Produkt, in jeder Dienstleistung, in allen Strukturen und Prozessen steckt, für viele Unternehmen zu einem zentralen Werttreiber gemacht. Eine zielgerichtete und effektive Bewirtschaftung dieses Produktionsfaktors ist daher ein drängendes Anliegen. Seit den 90er Jahren beschäftigen sich sowohl die Wissenschaft als auch die Wirtschaft ausgiebig mit dem Thema Wissensmanagement, sodass eine Fülle an Definitionen, Strategien, Werkzeugen und Methoden vorliegt, aus welcher der Anwender das passende Instrumentarium wählen kann. Und doch oder vielleicht gerade deshalb tun sich Unternehmen in der nachhaltigen Implementierung und Umsetzung von Wissensmanagement nach wie vor schwer.

In diesem Kapitel soll dem Leser ein Überblick über wesentliche Fragestellungen sowie Konzepte des Wissensmanagements gegeben werden und somit Orientierung geschaffen werden. Verweise auf weiterführende Literatur bieten darüber hinaus die Möglichkeit, das Wissen zu vertiefen.

Ausgehend von der Frage „Wozu Wissensmangement?" geben die Kapitel 13.1 bis 13.3 eine komprimierte Einführung in das Themengebiet und dessen grundlegende Begriffe und Modelle. Kapitel 13.4 stellt eine Erweiterung des sogenannten ganzheitlichen Ansatzes vor, der grundlegend für die meisten praxisorientierten Lösungsansätze ist. Kapitel 13.5 erläutert unterschiedliche Implementierungswege: Ausgehend von einem Überblick über verfügbare Normen und Standards werden die Elemente einer Wissensmanagement-Strategie einschließlich Möglichkeiten der Ist-Analyse und Hinweisen zur Maßnahmenplanung pragmatisch dargestellt. Eine wichtige Frage dabei ist die nach der Mitarbeitermotivation. Ein Abschnitt zu Anreizsystemen im Wissensmanagement und deren Vor- und Nachteilen beleuchtet einen möglichen Umgang mit dieser Frage (Kap. 13.5.3). Im Anschluss werden verschiedene Ansätze zur Erfolgsmessung und zum Controlling im Wissensmanagement ausgeführt (Kap. 13.6). Abschließend werden einige Thesen zur Verzahnung von Qualitäts- und Wissensmanagement zur Diskussion gestellt (Kap. 13.7).

13.1 Wozu Wissensmanagement?

Nachdem das Thema Wissensmanagement um die Jahrtausendwende einen Hype erfahren hat, ist es für fast 10 Jahre wieder ziemlich in Vergessenheit geraten. Ein Grund hierfür war, dass zahlreiche Unternehmen mit ihren damals stark IT-getriebenen Lösungen im Wissensmanagement gescheitert sind und in der Folge der gesamte Ansatz als „neue Sau, die durchs Dorf getrieben wird" in Verruf geraten ist.

In der Zwischenzeit haben sich, jenseits der breiten medialen Aufmerksamkeit, zahlreiche Unternehmen erfolgreich daran gemacht, ein ganzheitliches, nicht IT-zentriertes und pragmatisches Wissensmanagement zu implementieren. In den letzten Jahren wurde die zunehmende Beschäftigung mit dem Thema durch die Auswirkungen des demografischen Wandels verstärkt. Immer mehr Unternehmen mussten schmerzlich erfahren, welche Auswirkungen das Ausscheiden erfahrener Mitarbeiter auf Prozesseffizienz, Produktqualität und Kundenzufriedenheit haben kann, wenn aufgrund von mangelndem Wissensmanagement mit dem Mitarbeiter auch das kritische Know-how das Unternehmen verlässt.

Wissensmanagement ist also dabei, sich nachhaltig in den Unternehmen zu etablieren, wenn auch langsam und zögerlich. Warum ist dies so?

Die zunehmende Marktdynamik, die wachsende Komplexität von Produkten und Prozessen sowie die immer wichtiger werdende Informations- und Kommunikationstechnologie (IKT) erzeugen Rahmenbedingungen, in denen die Ressource Wissen zu einem erfolgsentscheidenden Produktionsfaktor geworden ist. In einer Gesellschaft, in der die Möglichkeiten zur Optimierung von Strukturen, Prozessen und Techniken fast ausgereizt sind, liegt vor allem im Wissen der Mitarbeiter das Potenzial für eine Differenzierung zwischen den Unternehmen. Die Erkenntnis, dass der Ressource Wissen eine immer größere Bedeutung zukommt und Wissensmanagement eine strategische Dimension besitzt, ist mittlerweile in den Unternehmen weit verbreitet. Und dennoch realisieren nach wie vor viele Unternehmen den möglichen Wettbewerbsvorteil bislang kaum: Sie nutzen ihr Wissen nicht effizient und bewirtschaften diese wertvolle Ressource nicht systematisch und strategisch im Sinne eines ganzheitlichen Wissensmanagements. Dabei gibt es eigentlich kein Unternehmen, das nicht in irgendeiner Form mit seinem Wissen umgeht. Allzu oft geschieht dies jedoch eher unkoordiniert in Form von Insellösungen oder kurzfristigen Aktivitäten, die ihr eigentliches Nutzenpotenzial aufgrund mangelnder strategischer Integration nicht entfalten können. Auch der Kauf und die Installation einer softwarebasierten Datenbank garantieren – wie die Erfahrungen aus der anfänglichen Hochzeit des Wissensmanagements zeigen – noch kein funktionierendes Wissensmanagement.

Der Nutzen eines systematischen und ganzheitlichen Wissensmanagements liegt in der konsequenten Unterstützung der sogenannten Wissensarbeit und der dazugehörigen Wissensprozesse, wie z. B. dem Wissenserwerb, der Wissensteilung oder -bewahrung. Dass dies positive Effekte auf die Wettbewerbsfähigkeit von Unternehmen haben kann, wurde 2010 von der Universität Chemnitz in einer groß angelegten Studie empirisch untersucht (Pawlowsky 2010). Es lohnt sich also, sich im Unternehmen mit diesem Thema auseinanderzusetzen. Im Folgenden sollen dazu einige konkrete Anhaltspunkte geliefert werden.

II

13.2 Grundlegende Begriffsdefinitionen

Rund um den Begriff des Wissensmanagements gibt es zahlreiche Definitionsversuche unterschiedlicher Abstraktion und Wissenschaftlichkeit. Diese sollen nicht in extenso ausgeführt werden. Nichtsdestotrotz ist ein grundlegendes Verständnis notwendig, um sowohl den Produktionsfaktor Wissen in seinen Eigenheiten als auch die Disziplin des Wissensmanagements begreifen zu können. Einen guten Überblick über die verschiedenen Grundbegriffe sowie die multidisziplinaren Ansätze im Wissensmanagement bietet der „KRC Ordnungsrahmen für Wissensmanagement" des Dresdner Knowledge Research Centers (*http://www.krc-dresden.de/wordpress/?page_id=1129*, aufgerufen am 28. Juni 2013).

13.2.1 Wissen – mehr als Daten und Informationen

Bevor im Folgenden der Begriff des Wissensmanagements definiert wird, soll kurz in den Begriff des Wissens selbst eingeführt werden.

Probst definiert Wissen als „die Gesamtheit der Kenntnisse und Fähigkeiten, die Individuen zur Lösung von Problemen einsetzen. Dies umfasst sowohl theoretische Erkenntnisse als auch praktische Alltagsregeln und Handlungsanweisungen. Wissen stützt sich auf Daten und Informationen, ist im Gegensatz zu diesen jedoch immer am Personen gebunden. Es wird von Individuen konstruiert

und repräsentiert deren Erwartungen an Ursache-Wirkungs-Zusammenhänge.“ (Probst at al. 2003, S. 44)
Grundlage des Wissens sind also unter anderem Daten und Informationen. Dies zeigt auf anschauliche Weise die Wissenstreppe von North in Abbildung 13.1. Wissen entsteht in diesem Modell in einem jeweils individuellen Prozess der Vernetzung und Interpretation von Daten und Informationen, und zwar vor dem Hintergrund von persönlichen Kenntnissen und Fähigkeiten, Erfahrungen und Wertvorstellungen. „Wissen entsteht als Ergebnis der Verarbeitung von Informationen durch das Bewusstsein.“ (North 2011, S. 40)
Bedeutsam für das Managen von Wissen ist, dass Wissen – im Gegensatz zu Daten und Informationen – an Personen gebunden ist, kontextabhängig ist, als Grundlage für Handlungen (Entscheidungen) dient und sich in Handlungen manifestiert. Damit rückt der Mensch als Wissensträger in den Fokus des Wissensmanagements.
Die wohl bekannteste Dichotomie zum Begriff des Wissens ist die von explizitem Wissen versus implizitem Wissen nach (Polanyi 1967). Im Unternehmenskontext hat sich jedoch eine pragmatischere Sicht auf die Wesensart des Wissens bewährt: Das Begriffspaar „öffentliches Wissen“ versus „personales Wissen“ nach (Reinmann 2001). Öffentliches Wissen ist Wissen, das bereits in irgendeiner Form, z.B. als Prozessbeschreibung, Datenbankeintrag, Projektplan, Präsentation usw., materialisiert ist und damit neben derjenigen Person, die das Wissen ursprünglich hervorgebracht hat, auch anderen Personen zur Verfügung steht. Personales Wissen ist dagegen das Wissen „in der Köpfen der Mitarbeiter“, das also zunächst nur der Person selbst zugänglich ist. Dazu gehört auch das sogenannte Handlungs- und Erfahrungswissen sowie intuitives Wissen. Personales Wissen ist teilweise schwer zu verbalisieren und damit auch nur schwer in öffentliches Wissen zu überführen. Teilweise ist es dem Wissensträger, z.B. einem Mitarbeiter mit langjähriger Erfahrung in einer Tätigkeit, selbst nicht bewusst (Routinisierung des Wissens). Gerade das personale Wissen ist aber das erfolgsentscheidende Wissen, denn es ist die eigentliche Quelle von Kreativität und Innovation. Ein ganzheitliches Wissensmanagement muss Wissen in all seinen Facetten adressieren, also nicht nur das öffentliche Wissen im Sinne eines Daten- und Informationsmanagements, sondern auch das personale Wissen.

13.2.2 Wissensmanagement

Bei einer Implementierung von Wissensmanagement im Unternehmen, wird zwangsläufig die Frage gestellt, was denn unter Wissensmanagement zu verstehen sei. Mit Hinblick auf eine möglichst breite Akzeptanz des Vorhabens ist es nützlich, eine verständliche und auf das Unternehmen passende Definition des Begriffes parat zu haben. Definitionen, die in der Literatur zu finden sind, erfüllen den Anspruch an Einfachheit leider oft nicht. Es kann deshalb ratsam sein, eine eigene – die Sprache des Unternehmens sprechende – Definition zu erstellen. Im Folgenden sollen einige Definitionen kurz vorgestellt werden, gewissermaßen als Inspirationsquelle und Textbaukasten für eine mögliche eigene Definition und zur Beantwortung der Frage: Was verstehen wir unter Wissensmanagement?

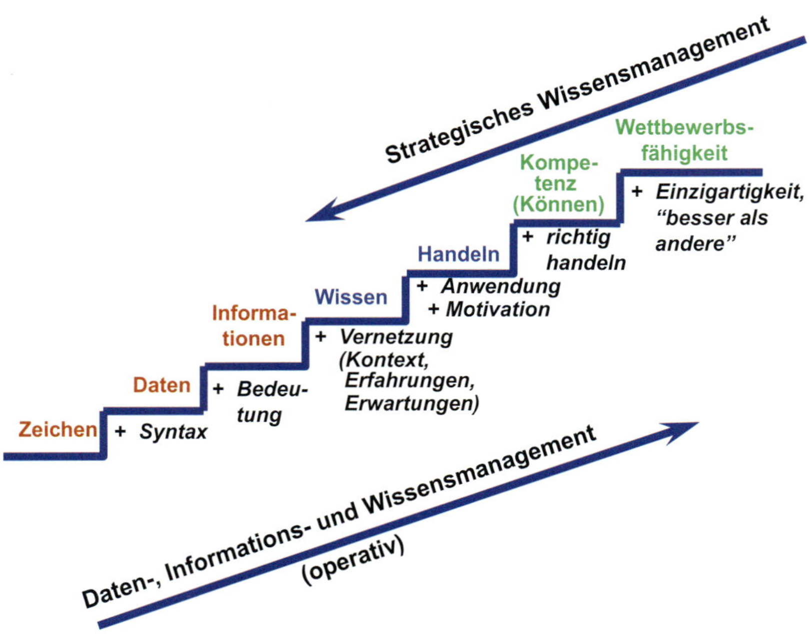

Abb. 13.1
Die Wissenstreppe (nach North 2011)

Hauptaufgaben im Wissensmanagement

In Fortführung der Ausführungen zu den beiden Aggregatzuständen von Wissen als *öffentlich* oder *personal*, lassen sich drei Hauptaufgaben im organisationalen Wissensmanagement definieren (siehe Abb 13.2):

- Das öffentliche Wissen der Organisation aufräumen, also nachvollziehbar strukturieren, ordnen und gemäß seiner Relevanz vorhalten (oder auch entsorgen), damit es, wenn es benötigt wird, schnell und verlässlich im Zugriff ist.
- Personales Wissen, wo möglich und nützlich, in öffentliches Wissen überführen, d.h. dokumentieren, um es effizienter zu machen, um es einer breiteren Zielgruppe zur Verfügung zu stellen und um es nachhaltig für die Organisation zu bewahren. Hierbei ist die spätere Rezeption dieses Wissens angemessen zu berücksichtigen, z.B. in Form einer zielgruppengerechten, angemessen didaktischen Aufbereitung. Denn nur, wenn das Wissen verstanden und wiederum in Handlung umgesetzt werden kann, hat sich der Aufwand seiner Transformation gelohnt.
- Den direkten interpersonalen Austausch von personalem Wissen über förderliche kommunikative Settings ermöglichen – dort wo eine Kodifizierung und damit Überführung in öffentliches Wissen nicht mit einem vertretbaren Aufwand möglich oder wünschenswert ist

Definitionen

Zum Begriff Wissensmanagement finden sich in der Literatur eine Reihe von Definitionen, von denen an dieser Stelle exemplarisch einige aufgeführt werden, um die Vielfältigkeit der Thematik aufzuzeigen.
(Wilke 1998) definiert Wissensmanagement pragmatisch als die Gesamtheit organisationaler Strategien zur Schaffung einer intelligenten Organisation. Der Schwerpunkt liegt dabei auf dem organisationsweiten Niveau der Kompetenz, Ausbildung und Leistungsfähigkeit der Mitarbeiter sowie auf der effizienten Nutzung von Kommunikations- und Informationsstrukturen.
(North 2011) sieht das Wissensmanagement als Gestalten, Lenken und Entwickeln der organisatorischen Wissensbasis. In diesem Zusammenhang spricht er nicht von Wissensmanagement, sondern vielmehr von „wissensorientierter Unternehmensführung". Dabei unterscheidet er bei der Begriffsbestimmung Wissensmanagement zwischen einer technokratischen und einer ökologischen Sichtweise. Bei der technokratischen Sichtweise des Wissensmanagements wird das Wissen als eine Art Betriebsmittel, ähnlich dem Kapital, gesehen und es werden, ausgehend von Unternehmenszielen, deduktiv Wissensziele definiert, anhand derer der Wissensaufbau und die Wissensnutzung mithilfe eines Wissenssystems geplant, gesteuert und gemessen werden kann. Die Wissensökologie, als Ansatz zur Beschreibung des Wissensmanagements, geht davon aus, dass Rahmenbedingungen und Kontexte zu gestalten sind, in denen sich Wissen entwickeln kann und Mitarbeiter motiviert werden, geschäftseinheits- und unternehmens-übergreifendes Wissen zu erwerben und zu nutzen. In diesem Ansatz wird zu den Aufgaben des Wissensmanagements das Schaffen der infrastrukturellen und organisatorischen Voraussetzungen für eine lernende Organisation gezählt.
Nach (Probst et al. 2003) bildet Wissensmanagement „ein integriertes Interventionskonzept, das sich mit den Möglichkeiten zur Gestaltung der organisationalen Wissensbasis befasst".
(Herbst 2000) definiert den Begriff wie folgt: „Wissensmanagement ist im Gegensatz zu Informationsmanagement ein komplexes Führungskonzept, mit dem ein Unternehmen sein relevantes Wissen ganzheitlich, ziel- und zukunftsorientiert als wertsteigernde Ressource gestaltet."
So verschieden diese Definitionen auch sein mögen, lassen sich dennoch gemeinsame Merkmale herausarbeiten: Wissensmanagement ist zielgerichtet, handlungsorientiert und bezieht sich auf das für das Unternehmen rele-

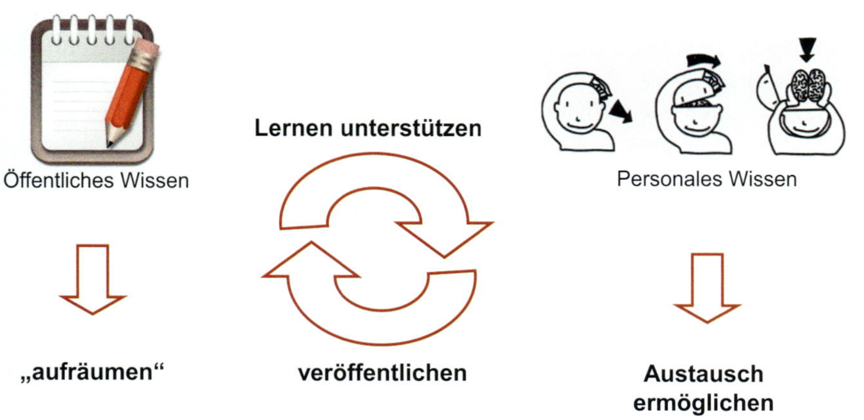

Abb. 13.2
Hauptaufgaben im Wissensmanagement

vante Wissen. Es umfasst in einem systematischen Ansatz sämtliche Werkzeuge, Konzepte und Strategien, um das in einem Unternehmen vorhandene Wissen transparent zu machen, möglichst gut zu nutzen und dadurch letztlich die Wertschöpfung zu verbessern. Es ist dabei durchaus interdisziplinär – was unter Umständen, ähnlich dem Qualitätsmanagement, seine Positionierung in der Aufbauorganisation schwierig macht, da es z. B. Maßnahmen der Personalentwicklung genauso umfasst wie informationstechnologische Werkzeuge.

In den letzten Jahren ist der Begriff des „Management" in diesem Zusammenhang zunehmend in die Kritik geraten. Vor dem Hintergrund des Verständnisses von Wissen als personengebunden, kontextabhängig, dynamisch und im Grunde intangibel, stellt sich zurecht die Frage, ob diese Ressource überhaupt gemanagt werden kann – in einem klassisch tayloristischen Verständnis von Management als direkter Steuerung und Verwaltung. Ein Wissensmanagement, das sich in diesem Sinne mit dem Verwalten von Wissensbeständen, also dem schon vorhandenen öffentlichen Wissen, zufrieden gibt, erschließt nicht das Potenzial, das für Unternehmen in der Mobilisierung des personalen Wissens liegt. Zunehmend hat sich daher im Sinne des ökologischen Ansatzes von North ein Managementverständnis im Kontext von Wissensmanagement durchgesetzt, das die Aufgabe von Wissensmanagement eher im Schaffen von Rahmenbedingungen sieht als im direkten „Managen". Eine weitere Definition von Wissensmanagement könnte daher sein: Wissensmanagement schafft förderliche organisatorische, personelle und infrastrukturelle Rahmenbedingungen für produktive Wissensarbeit. Wissensarbeit ist damit nicht verstanden als Ausdruck eines bestimmten, z. B. akademischen, Qualifikationsniveaus, sondern vielmehr als der tätige Umgang mit Wissen, das in diesem Umgang nicht nur angewandt, sondern auch kontinuierlich hinterfragt, revidiert und weiterentwickelt wird (vgl. Vollmar 2007, S. 26). Laut *D-A-CH-Wissensmanagement Glossar* sind Wissensarbeiter folglich „... Personen, die hauptsächlich aus dem Prozess ihrer Wissensgenerierung zur Wertschöpfung der Organisation beitragen. Wissensarbeiter sind in der Lage, hierbei relevante Zusammenhänge und Vorgänge zu beobachten und unter Einbeziehung ihres gesamten Wissensschatzes zu bewerten und Anwendungen zuzuführen. Sie setzen sich dabei mit gewonnenen Erkenntnissen immer wieder auseinander und entwickeln diese weiter, um neuen Aufgabenstellungen gerecht zu werden." (Quelle: *https://itunes.apple.com/at/app/wm-glossar/id410589794*, aufgerufen am 12. Juni 2013).

13.3 Modelle im Wissensmanagement

Es gibt zahlreiche Wissensmanagement-Modelle in der Literatur, von denen im Folgenden nur zwei knapp dargestellt werden sollen, die sich aufgrund ihrer Praxisnähe und Einfachheit gut eignen, um den Implementierungsprozess von Wissensmanagement im Unternehmen als Orientierungsrahmen zu begleiten. Eine ausführliche Betrachtung weiterer Modelle wurde u. a. von (Pfeifer et al. 2003) und (Hanel 2002) vorgenommen.

13.3.1 Das Bausteine-Modell nach Probst et al.

Das sogenannte Bausteinemodell von Probst et al. orientiert sich am Managementkreislauf und adressiert mit seinen Bausteinen bereits recht konkret die einzelnen Wissensprozesse, die durch ein Wissensmanagement unterstützt werden sollen. Das Modell eignet sich daher gut, um die Vollständigkeit des eigenen Wissensmanagement-Ansatzes zu überprüfen oder um während einer Stärken-und-Schwächen-Analyse prioritäre Handlungsfelder zu identifizieren (Abb. 13.3).

Die operativen Bausteine werden nach (Probst et al. 2003) um zwei strategische Elemente ergänzt: Wissensziele und Wissensbewertung. So wird das Konzept zu einem Managementprozess ausgebaut und umfasst nach (Probst et al. 2003) die Unternehmensebenen des strategischen und operativen Managements, die auch in der Wissenstreppe von North abgebildet werden. Auf der strategischen Ebene wird durch das Festlegen von Wissenszielen die Stoßrichtung zur langfristigen Sicherung von Wettbewerbsvorteilen über das Gestalten und Entwickeln einer organisationalen Wissensbasis erreicht und gleichzeitig durch das Bewerten der Umsetzung ein interner Regelkreis geschlossen.

Die strategische Ebene beeinflusst die Prozesse der operativen Ebene zum einen durch das Festlegen von Relevanzen, d. h. mit Hinblick auf die möglichst konkreten Wissensziele kann entschieden werden, welches Wissen überhaupt für eine Weitergabe, Nutzung oder Bewahrung relevant ist. Zum anderen beeinflusst die strategische die operative Ebene durch das Kenntlichmachen von Wissenslücken: So meint der Baustein „Wissen identifizieren" nicht nur, sichtbar zu machen, wo im Unternehmen welches Wissen vorhanden ist, sondern auch welches Wissen – wiederum im Hinblick auf die gesetzten Ziele – dem Unternehmen fehlt und daher entweder erworben oder entwickelt werden sollte. Erwerben meint, Wissen gewis-

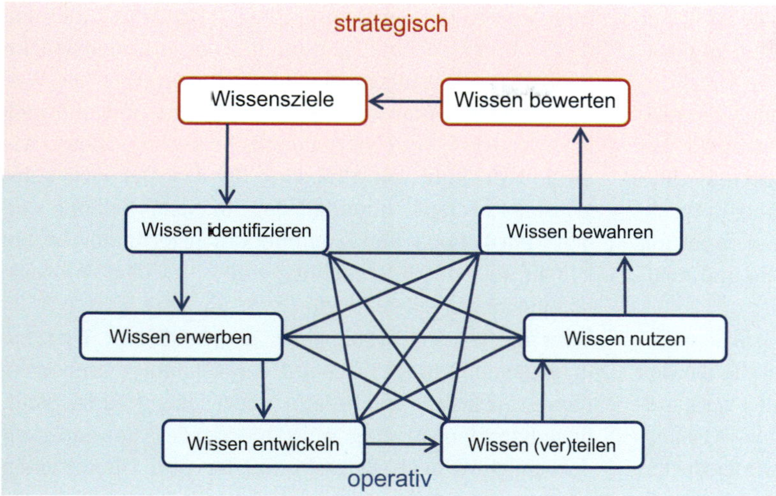

Abb. 13.3
Bausteine-Modell nach (Probst et al. 2003)

sermaßen einzukaufen, z. B. durch die Einstellung entsprechend qualifizierter Mitarbeiter oder das Hinzuziehen von Beratern. Entwickeln bedeutet, das Wissen in der Organisation selbst aufzubauen.

13.3.2 Das Prozessmodell der Gesellschaft für Wissensmanagement e. V. (GfWM)

Das GfWM-Wissensmanagement-Modell stellt die Sicht der Gesellschaft für Wissensmanagement e. V. (GfWM) auf das organisationale Wissensmanagement dar. Das Modell wurde 2007 in einer ersten Version erstellt und lehnt sich an das Qualitätsmanagement nach ISO 9001 (Prozessorientierung und kontinuierliche Verbesserung) an. Es ist unter einer Open-Content-Lizenz freigegeben, damit sich alle Interessierten an einer Weiterentwicklung beteiligen können (Abb. 13.4).

Im Zentrum dieses Modells steht die Organisation, und zwar als Lernende Organisation nach (Senge 2011), in der definierte Prozesse ablaufen, um Anforderungen von Kunden in passende Produkte umzusetzen. Als Prozess wird in diesem Kontext das Handeln der Organisationsmitglieder verstanden.

Für diese Prozesse wird Wissen benötigt, es entsteht aber auch neues Wissen (Lernen). Dieses Wissen fließt im Sinne der lernenden Organisation in die organisationale Wissensbasis ein und kann von dort aus für zukünftige Prozesse verwendet werden (kontinuierliche Verbesserung). Das GfWM-Modell geht davon aus, „... dass es die Aufgabe des Wissensmanagements ist, Organisationen in lernende Organisationen zu transformieren, um Wissen von außen zu akquirieren, selber zu entwickeln, intern zu transferieren und das organisationale Verhalten (= Prozesse) auf der Grundlage neuer Erkenntnisse anzupassen." (GfWM White Paper, *http://www.gfwm.de/files/GfWM-White-Paper_-_Wissensmanagement-Modell-v1-0.pdf*, aufgerufen am 13. Juni 2013).

Die organisationale Wissensbasis beruht in erster Linie auf den Menschen, also den Mitarbeitern der Organisation, als den primären Wissensträgern. Inhalte bezeichnen das für die Organisation unabhängig von den Men-

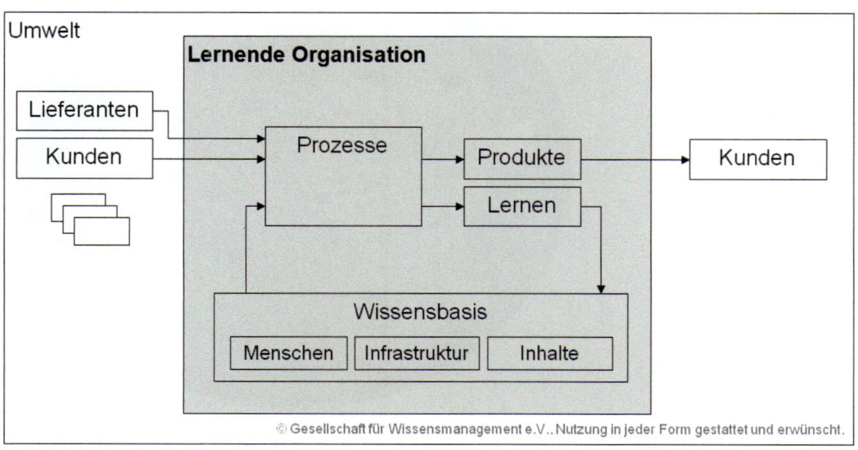

Abb. 13.4
GfWM-Prozessmodell
(http://www.gfwm.de/wm-modell)

schen verfügbare, öffentliche Wissen. Die Vernetzung von Menschen und Inhalten sollte durch eine geeignete Infrastruktur unterstützt werden.

Das Verständnis der Organisation als lernende Organisation ist grundlegend für das GfWM-Modell. Sich zu einer lernenden Organisation zu entwickeln, bei der individuelle, kollektive und organisationale Lern- und Entwicklungsprozesse verzahnt sind, ist für die Implementierung von Wissensmanagement eine anspruchsvolle und motivierende Vision.

Das GfWM-Modell eignet sich durch seine konsequente Prozessorientierung gut für Unternehmen, in denen das Denken in Prozessen sowie ein entsprechendes Verständnis von Qualitätsmanagement gut etabliert sind. Wissensmanagement kann dann im Sinne eines integrierten Managementsystems als Weiterentwicklung des Qualitätsmanagements verstanden werden.

13.4 Die Erweiterung des ganzheitlichen Ansatzes

Die Beantwortung der Frage, was ein erfolgreiches Wissensmanagement ausmacht, bedarf der Analyse und Festlegung einiger Randbedingungen. Die Bewertung des Erfolges unterstellt einen nach bestimmten Kriterien definierten quantitativen Erfolgsmaßstab, der branchen- und unternehmensspezifisch variiert. D.h. Erfolgsmaßstäbe sind die Grundvoraussetzung zur Erfolgserzielung, auch wenn die genaue Definition der einzelnen Maßstäbe von Fall zu Fall variieren kann (Linde 2005). Eine spezifische Definition der Erfolgsfaktoren ist somit auf jeder Unternehmensebene notwendig, um die jeweilige aktuelle Situation und deren Besonderheiten zu berücksichtigen. Erfolg kann somit generell als das Erreichen eines definierten oder als erstrebenswert anerkannten Ziels verstanden und an verschiedenen Aspekten des unternehmerischen Handelns sowie an verschiedenen unternehmerischen Zuständen abgelesen werden. Hierbei existiert eine Vielzahl von Faktoren, die einer Einteilung bedürfen. Bezogen auf die Disziplin Wissensmanagement werden in der Fachliteratur für eine solche Einteilung die Dimensionen Mensch, Organisation und Technik (MOT) unterschieden, anhand derer sich ein erfolgreiches, ganzheitliches Wissensmanagement messen lassen muss.

In diesem, oft auch als ganzheitlich bezeichneten, MOT-Ansatz werden sämtliche im Unternehmen befindlichen Aspekte berücksichtigt. Die Dimension Mensch charakterisiert Aspekte, wie z.B. Motivation der Mitarbeiter, Werte und Ängste. Die Gestaltung einer adäquaten Unternehmenskultur ist ebenfalls Bestandteil dieser Dimension. Im Bereich der Organisation wird die Integration der Wissensmanagementansätze in die formellen und informellen Strukturen des Unternehmens beleuchtet, ebenso wie die Entwicklung von Methoden für das Managen eines Wissenskreislaufs. Innerhalb der Dimension Technik werden Informations- und Kommunikationstechnologien, ein Hilfsmittel zur Unterstützung eines flexiblen Wissensmanagements, subsumiert.

Über die Notwendigkeit eines ganzheitlichen Wissensmanagementansatzes anhand der genannten Dimensionen ist sich die Fachliteratur überwiegend einig. Sämtliche Experten sprechen weiterhin von der Notwendigkeit der gleichwertigen Betrachtung der drei Dimensionen Mensch, Organisation und Technik. Dieser ganzheitliche Ansatz reicht jedoch nicht mehr aus, wenn nicht nur von einem unternehmensinternen, sondern auch von einem unternehmensübergreifenden Wissensmanagement gesprochen werden soll. Die Systemgrenzen des Wissensmanagements müssen sich über die Grenzen des Unternehmens hinaus erweitern und den Markt bzw. den Kunden aktiv und systematisch in das Wissensmanagement integrieren. Es müssen die Prozesse über Kunden und Mitbewerber, über die Erzeugung eines Wissenstransfers mit der relevanten Umgebung, mit den Kunden und Lieferanten beachtet werden. Somit liegt die Forderung nach einer ganzheitlichen Betrachtung in der Erweiterung des bestehenden MOT-Ansatzes, sodass die Systemgrenze des Betrachtungsgegenstandes das Umfeld integriert (Betzold 2006). Aufgrund dieser gewonnenen Erkenntnis wird der ganzheitliche Ansatz durch eine weitere Dimension zweckmäßig erweitert (Abb. 13.5).

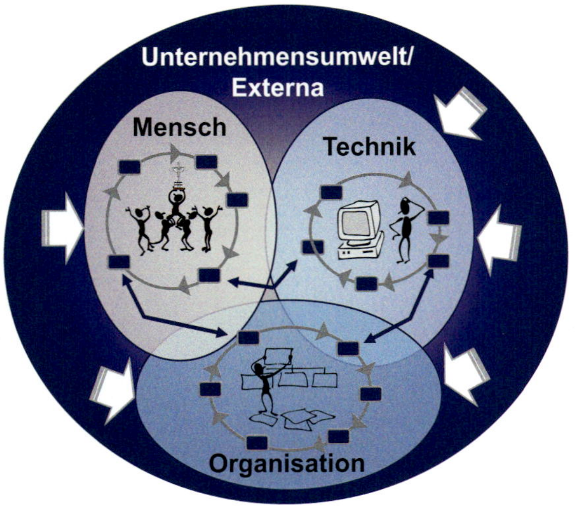

Abb. 13.5 Erweiterung des ganzheitlichen MOT-Ansatzes

13.5 Implementierungs-strategien

So vielfältig wie die Definitionen und Modelle sind auch die Implementierungsstrategien zum Wissensmanagement. Im Folgenden soll daher kein allgemein gültiges Referenzkonzept gegeben werden, sondern ein Überblick über einige gängige Richtlinien sowie einige Hinweise zu wesentllichen Elementen eines unternehmerischen Wissensmanagement-Konzepts.

13.5.1 Standards, Normen und Richtlinien

Ein zentrales Anliegen von Wissensmanagement ist, dass es zu einem ganz normalen Teil der täglichen Arbeit wird. So muss sichergestellt werden, dass die eingesetzten Hilfsmittel zur Unterstützung tatsächlich verwendet werden, dass gemachte Erfahrungen ein wichtiger Bestandteil eines jeden Projekts und Workflows sind (Lessons Learned) und dass für eine offene, wissensfreundliche Kultur gesorgt wird. Es kann allerdings nicht erwartet werden, dass sich von Anfang an alle Beteiligten dieser Notwendigkeiten bewusst sind und sich dementsprechend verhalten. Zunächst müssen die Beteiligten und das gesamte Unternehmen lernen, was Wissensmanagement eigentlich für sie bedeutet. Daher ist es sinnvoll, Schritt für Schritt in kleineren Projekten zu starten und den gewählten Fokus nicht aus den Augen zu verlieren.

Die unterschiedlichen Strategien, die dazu in der Literatur und Praxis vertreten sind, verdeutlichen, dass es keine allgemeingültige Strategie zur Implementierung und Verankerung von Wissensmanagementansätzen in Unternehmen gibt. Die Bandbreite reicht von absolut generischen Modellen (vgl. CEN 2004) bis hin zu Strategien eines konkreten Projektplans (vgl. Schütt 2005). Ein pragmatischer Ansatz ist u. a. die Analyse der vorherrschenden Ist-Situation, um die bereits bestehenden Wissensmanagementansätze zu integrieren, wie dies von (Heisig 2002) vorgeschlagen wird. Der Einstieg ins Wissensmanagement kann mit einer unternehmensinternen Analyse aktueller Prozesse durch die „Wissensmanagement-Brille“ erfolgen. Grundannahme ist, dass Unternehmen daraufhin untersucht werden sollen, ob bereits Kernprozesse des Wissensmanagements in irgendeiner Weise unterstützt werden. Zu den Kernprozessen des Wissensmanagements zählen z. B. die Erzeugung von Wissen, dessen Speicherung, Verteilung oder Anwendung (siehe Bausteinemodell von Probst et al. 2003). Auf Grundlage der Untersuchungsergebnisse sind Gestaltungsfelder zu identifizieren und strategische Zielsetzungen und Maßnahmen zu konzipieren und umzusetzen. Bei dieser Vorgehensweise besteht der wesentliche Ansatz zur Implementierung des Wissensmanagements in der Verknüpfung von Prozessen des Wissensmanagements mit bestehenden Geschäftsprozessen.

Die kurz angerissene Vielfalt der vorangehend genannten wissenschaftlichen Definitionen und praxisbezogenen Sichtweisen zum Thema Wissensmanagement ist bereits sehr umfangreich und u. a. dafür verantwortlich, dass derzeit keine allgemein akzeptierten Wissensmanagementstrategie existiert oder auch nur eine einheitliche terminologische Grundlage präsentiert werden kann. Weltweit wurden bis heute erst zwei Normen bzw. Leitfäden zum Umgang mit Wissensmanagement entwickelt: Im Oktober 2005 wurde die weltweit erste Norm zum Wissensmanagement in Australien veröffentlicht, die AS5037. Die AS5037 wurde von einer Arbeitsgruppe, dem Standards Australia Knowledge Management Committee, bestehend aus führenden Vertretern öffentlicher Institutionen, Firmen und Verbände, mit dem Ziel entwickelt, Ansätze und Grundbegriffe des Wissensmanagements darzulegen. Die AS5037 entspricht in dieser Hinsicht dem „Europäischen Leitfaden zur erfolgreichen Praxis im Wissensmanagement“. Dieser Leitfaden wurde vom Europäischen Normenkomitee (CEN) im Jahr 2003, ebenfalls mit Vertretern aus Wissenschaft und Wirtschaft, entwickelt und im Jahre 2004 in deutscher Sprache publiziert (CEN 2004). Beide Veröffentlichungen haben es sich zum Ziel gemacht, Unternehmen im Umgang mit Aktivitäten im Bereich Wissensmanagement eine umfassende Unterstützung zu bieten.

In den letzen Jahren haben sich einige Initiativen, vor allem im Rahmen der Förderinitiative „Fit für den Wissenswettbewerb“ des Bundesministeriums für Wirtschaft und Technologie *(www.wissenmanagen.net)*, auf die Gestaltung und Einführung von Wissensmanagement in kleinen und mittleren Unternehmen konzentriert. Im Rahmen der Förderinitiative ist unter anderem ein hilfreicher Praxisleitfaden entstanden („Wissensmanagement in kleinen und mittleren Unternehmen und öffentlicher Verwaltung“, Juni 2007: *http://www.bmwi.de/BMWi/Redaktion/PDF/Publikationen/wissenmanagen-leitfaden,property=pdf,bereich=bmwi,sprache=de,rwb=true.pdf*, aufgerufen am 26. Juni 2013). Einen praxisnahen und einfachen Implementierungsansatz bietet auch das sogenannte ProWis-Modell, ebenfalls entwickelt im Rahmen eines Förderprojektes des Bundesministeriums für Wirtschaft und Technologie. Das Vorgehensmodell zur Einführung von Wissensmanagement sieht fünf Stufen vor: die Initialisierung, Analyse, Ziel- und Lösungsdefinition,Umsetzung und Bewertung. Der sogenannte ProWis-Assistent (*http://www.prowis.net/prowis/index.php?q=phasenmodell*, aufgerufen am 18. Juni 2013) bietet mittels Checklisten, Ar-

II

beitsblättern und kurzen Anleitung konkrete Unterstützung für jeden Schritt. Außerdem gibt es aus dem Normenumfeld eine sogenannte öffentlich verfügbare Spezifikation, die PAS 1062 2006-05, „Einführung von prozessorientiertem Wissensmanagement in kleinen und mittleren Unternehmen“. Diese datiert bereits aus dem Jahr 2006, wurde aber seither nie in eine Norm überführt.

II

13.5.2 Elemente einer ganzheitlichen Wissensmanagement-Strategie

Um Wissensmanagement nachhaltig zu implementieren, sollte ein klares Konzept, eine Wissensmanagement-Strategie, entwickelt werden, welche die einzelnen Maßnahmen für alle Mitarbeiter und das Management nachvollziehbar zu einem stimmigen Gesamtbild zusammenfügt, und die deutlich macht, welchen Beitrag Wissensmanagement zur Erreichung der Unternehmensziele leistet. Um Wissensmanagement vom Charakter einer „Alibi-Veranstaltung“ zu befreien, muss es als ganzheitliches, die gesamte Organisation umfassendes Projekt betrachtet werden. Ein adäquates, unternehmensspezifisches Wissensmanagement muss daher systemisch ausgerichtet sein und als Einstieg die Stärken und Schwächen des gegenwärtigen Umgangs mit Wissen und den dazugehörigen Ansätzen im Unternehmen berücksichtigen.

Ziele und Nutzenerwartungen

Wozu investieren wir in dieses Thema? Diese Frage ist grundlegend für eine Wissensmanagement-Strategie, deren Aufgabe nicht zuletzt auch in der Legitimierung von Aufwänden an Zeit und gegebenenfalls Geld besteht.
Die Wissensmanagement-Ziele sollten sich von den Unternehmenszielen ableiten, denn wie alle anderen Initiativen in einem Unternehmen ist Wissensmanagement zu deren Erreichung verpflichtet. Entsprechend dem St. Galler-Management-Modell können die Ziele in strategische, operative und normative Ziele unterteilt werden (siehe Abb. 13.6). Normative Ziele sind Ziele, die auf die Veränderung herrschender Normen, also der Organisationskultur und ihren Heuristiken, ausgerichtet sind. Im Kontext Wissensmanagement sind gerade normative Ziele in der Regel von großer Bedeutung, weil die Einführung von Wissensmanagement oft mit einer kulturellen Veränderung einhergeht, z. B. der Entwicklung einer Grundhaltung des sogenannten Herrschaftswissens hin zu einer Haltung des Wissen-Teilens und Partizipierens. Dabei ist das Führungsverhalten nicht nur erfolgsentscheidend, sondern selbst teilweise tiefgreifenden Veränderungen unterworfen. Eine enge Einbeziehung der Führungskräfte in die Entwicklung der Wissensmanagement-Strategie und deren Implementierung ist daher ratsam. Wissensförderliches Führungsverhalten kann mit Bezug auf definierte normative Ziele thematisiert werden.
Wissensmanagement-Ziele sollten möglichst konkret und, vor allem auf der operativen Ebene, messbar formuliert sein. Der Anspruch der Messbarkeit stellt eine Herausforderung dar, weil Wissensmanagement-Ziele in den meisten Fällen qualitative Ziele sind, eine echte Messbarkeit im Sinne einer harten Quantifizierbarkeit ist daher oft nicht möglich. Die Mindestanforderung an die Messbarkeit eines Zieles ist es jedoch, einen „Messpunkt“ zu definieren, der es erlaubt festzustellen, dass das Ziel erreicht wurde.
Ziele sind verbunden mit Nutzenerwartungen. Auch diese sollten möglichst konkret formuliert werden. Zum einen leisten sie einen wichtigen Beitrag zur Messbarkeit, zum anderen sind sie wichtig für die Akzeptanz von Wissensmanagement durch die Mitarbeiter und das Management. Nutzenerwartungen sollten aus Sicht der Organisation, aber auch aus Sicht des einzelnen Mitarbeiters formuliert werden. Denn Aufwände für Wissensmanagement liegen auch beim Mitarbeiter, sodass diese, soweit wie möglich, durch einen ebenfalls individuellen Nutzen des Mitarbeiters gerechtfertigt werden sollten, um Akzeptanz und Motivation zu schaffen.

Die Analyse der Ist-Situation

Sind die Ziele möglichst konkret definiert, geht es im nächsten Schritt darum, die Ist-Situation im Hinblick auf das Wissensmanaagement zu analysieren und im Abgleich zu den Zielen mögliche Handlungsfelder zu identifizieren. Häufige Handlungsfelder für Wissensmanagement in Unternehmen sind erfahrungsgemäß:

- Wissensverlust durch Personalwechsel
- Fehlender Überblick über Datenbestände und Experten im Unternehmen
- Ungenügender Wissensfluss in Prozessen
- Wissensinseln mit mangelndem Wissensaustausch
- Fehlende systematische Auswertung von Erfahrungen

Doch wo genau sollten unternehmensspezifisch die Handlungsprioritäten liegen? Zur Diagnose der aktuellen Situation im Hinblick auf Wissensmanagement gibt es vielfältige Möglichkeiten. Vier davon sollen im Folgenden näher erläutert werden.
In einem sogenannten Wissensmanagement-Audit wird eine schriftliche Mitarbeiterbefragung mit strukturierten, vertiefenden Interviews kombiniert. Mögliche Fragen sind z. B. solche nach dem individuell geschätzten Aufwand in Prozent, der täglich für die Recherche nach benötigten Informationen betrieben wird, Fragen nach der persönlichen Kenntnis von Fachexperten im Unternehmen,

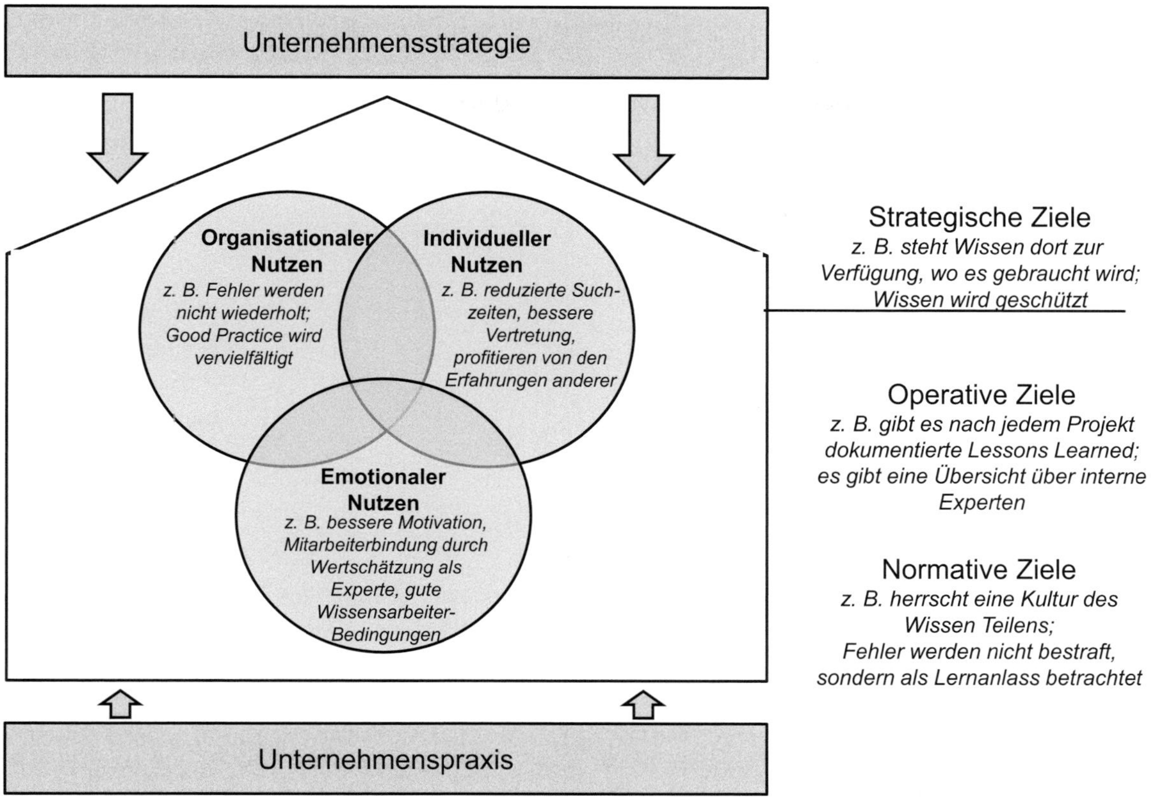

Abb. 13.6 Zielebenen und Nutzendimensionen

Fragen nach der Zugänglichkeit relevanter Informationen usw. Die Ergebnisse der Befragung und der anschließenden vertiefenden Interviews mit ausgewählten Mitarbeitern und Führungskräften, liefern valide Hinweise auf mögliche Handlungsfelder und oft auch schon erste Ideen für entsprechende Verbesserungsmaßnahmen. Sie können außerdem als Indikatoren für die Zielerreichung dienen, indem z. B. der geschätzte Aufwand für die Informationsrecherche vor und nach der Implementierung entsprechender Wissensmanagement-Maßnahmen erhoben wird. Eine weitere Analysemethode ist die wissensorientierte Prozessanaylse. Dabei wird die Qualität des Informations- und Wissensflusses in wissensintensiven Geschäftsprozessen im Unternehmen hinterfragt. Fragen, die dabei zu jedem Prozessschritt gestellt werden, sind die folgenden (die Nummern beziehen sich auf die Nummerierung in Abb. 13.7):

1. Welche Informationen werden benötigt?
   - Wie vollständig/gut sind diese?
   - Gibt es überflüssige Informationen?
   - Wie aufwendig ist die Beschaffung?
2. Welche Informationen werden benötigt?
   - Woher?
   - Wie vollständig/gut sind diese?
   - Wie aufwendig ist die Beschaffung?
3. Welche eigenen Kompetenzen werden eingesetzt?
   - Wie gut ausgeprägt sind diese? Was fehlt (Qualifizierung)?
   - Welche Unterstützung von prozessexternen „Experten" wird benötigt?
   - Wie aufwendig ist die „Beschaffung"?
4. Welche Informationen werden im Prozess weitergegeben?
   - Wie vollständig/gut sind diese?
   - Wie aufwendig ist die Weitergabe?
5. Wird neue Kompetenz aufgebaut/erweitert?
   - Müssen externe Personen informiert werden? Worüber?
   - Wie aufwendig ist dies?
6. Entstehen Informationen, die außerhalb des Prozesses relevant sind?
   - Was geschieht damit? (Weitergabe? Speicherung? Aufwand?)

Eine solche Analyse ist recht aufwendig, kann sich für kritische, wissensintensive Geschäftsprozesse aber lohnen, um möglichst zielgenaue Maßnahmen zu defnieren.
Bestandteil einer Ist-Analyse kann auch eine sogenannte Reifegradbewertung sein. Der Reifegrad der Unternehmung ist im Hinblick auf die Auswahl der spezifisch am

II

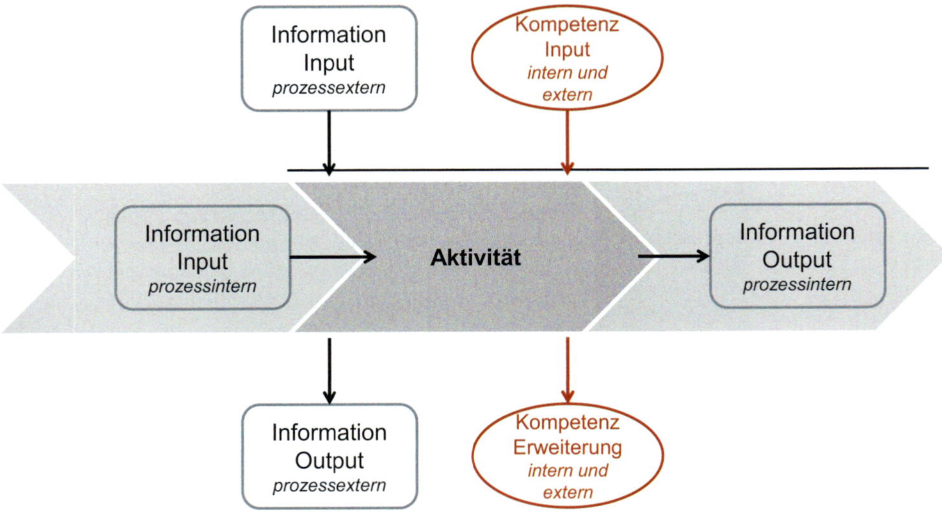

Abb. 13.7 Wissensorientierte Prozessanalyse in Anlehnung an (Heisig 2002)

besten geeigneten Maßnahmen ein wesentlicher Faktor. Bei der Reifegradbewertung werden die Wissensmanagement-Aktivitäten und -Prozesse sowohl qualitativ als auch quantitativ bewertet. Ziel eingeleiteter Maßnahmen ist es, einen höheren Reifegrad zu erreichen.

Ein solches Reifegradmodell für Wissensmanagement ist das *Knowledge Process Quality Model* (*KPQM*) von (Paulzen/Perc 2002). Mehr zu Modellen finden Sie unter *http://www.pacis-net.org/file/2006/1112.pdf*. Das Modell beruht wie die meisten anderen Modelle auf dem fünfstufigen Prozessmodell zur Reifegradbeurteilung und -verbesserung von Softwareentwicklungsprozessen (SPICE).

KPQM beschreibt die Entwicklung der Prozessreife auf sechs Stufen:

- 0 Initial
- 1 Bewusst
- 2 Gesteuert
- 3 Standardisiert
- 4 Quantitativ gesteuert
- 5 Kontinuierliche Verbesserung

Auf jeder Stufe werden hinsichtlich der Wissensprozesse vier sogenannte Entwicklungspfade betrachtet:

- Ablauforganisation
- Mitarbeitereinsatz und Wissensnetzwerke
- Akzeptanz und Motivation
- Rechnerbasierte Unterstützung

Um eine möglichst konkrete Bewertung der Wissensprozesse zu unterstützen, bietet das Modell zu jeder Reifegradstufe und jedem Entwicklungspfad Prozessattribute (z. B. *Ausbildung der Mitarbeiter und Führungskräfte*).

Eine sehr ausgereifte Diagnosemethode ist die MOTEx-Analyse, die am Werkzeugmaschinenlabor WZL der RWTH Aachen entwickelt wurde. Im Folgenden werden die Struktur und die Anwendungsmöglichkeiten dieses Diagnosewerkzeuges beschrieben.

Ziel der MOTEx-Analyse ist es, durch eine strukturierte Vorgehensweise, Transparenz und Handlungssicherheit bezüglich sämtlicher im Unternehmen bestehender Wissensmanagementansätze zu schaffen, durch deren Anwendung Unternehmen befähigt werden, anhand der gewonnenen Ergebnisse und Erkenntnisse zielgerichtete und unternehmensspezifische Maßnahmen einzuleiten und so eine Stärkung der eigenen Markt- und Wettbewerbsposition durch eine Optimierung der Ressource Wissen zu erreichen. Die Unternehmen können den Status quo im Bereich Wissensmanagement regelmäßig selbst überprüfen, um kontinuierliche Verbesserungen einzuleiten und zu erzielen. Die MOTEx-Analyse basiert auf der ganzheitlichen Betrachtung von Wissensmanagementansätzen in Unternehmen und besteht aus drei aufeinanderfolgenden Phasen (Abb. 13.8).

Phase 1 umfasst das Wissensaudit, in dem die Mitarbeiter der Untersuchungseinheit zu den aktuell bestehenden Wissensmanagementansätzen befragt werden. Der Betrachtungsfokus kann dabei ein komplettes Unternehmen, eine Abteilung oder nur eine Gruppe sein. Der Betrachtungsumfang wird somit kundenspezifisch gestaltet. Um in diesem Schritt alle Aktivitäten zu erfassen, wurde der erweiterte MOT-Ansatz zur ganzheitlichen Betrachtung herangezogen, sodass Kunden, Lieferanten, Mitbewerber und weitere externe Know-how-Träger wie Partner und Berater mit in die Betrachtung einbezogen werden. Innerhalb der MOTEx-Analyse bilden die vier Dimensionen Mensch, Organisation, Technik und Externa (M-O-T-Ex) die Basis des Wissensaudits. Jeder Dimension sind inhaltliche Aspekte zugeordnet, die es im Umgang mit Wissensmanagement zu beachten gilt. Sie wurden aus bekannten Erfolgsfaktoren und Barrieren im Umgang mit

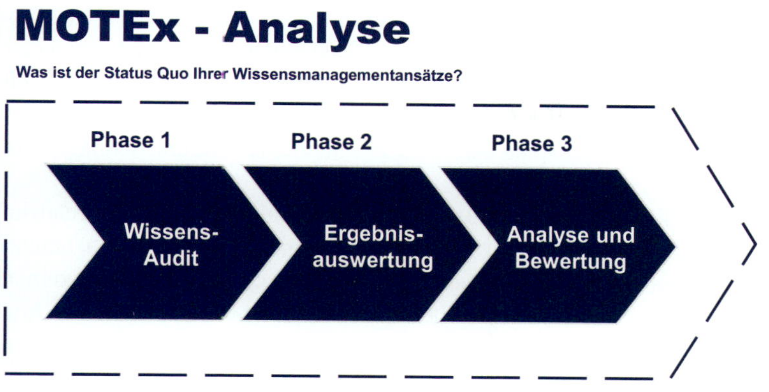

Abb. 13.8
Die drei Phasen der MOTEx-Analyse (Betzold 2006)

II

Wissensmanagementansätzen abgeleitet. Das Audit dient als Grundlage für die in Phase 2 stattfindende Ergebnisauswertung, in der die Antworten der Mitarbeiter mittels umfangreicher Abhängigkeits- und Bewertungsmatrizen bewertet werden. Den Anwendern wird im Anschluss ein Überblick gegeben, welchen Reifegrad bzw. welchen Erfüllungsgrad die untersuchte Einheit in den vier Dimensionen erreicht hat. Die Phase 3 beinhaltet die Analyse und Bewertung der Ergebnisse, anhand derer das Unternehmen zielgerichtete Maßnahmen zur Verbesserung der Wissensmanagementansätze einleiten kann. Durch eine grafische Darstellung der Ergebnisse wird diese dritte Phase abgeschlossen. Das Unternehmen wird dadurch befähigt, Schwachstellen und Potenziale im Umgang mit Wissensmanagementaktivitäten aufzudecken. Das Ergebnis liefert Einstufungen für die vier Dimensionen Mensch, Organisation, Technik und Externa, die anhand speziell definierter und abgeleiteter Bewertungskriterien vorgenommen werden.

Durch gezielt ausgewählte Lösungsansätze kann das Unternehmen nach und nach seine Effizienz und Effektivität steigern. Das Unternehmen entwickelt durch eine regelmäßige Anwendung der MOTEx-Analyse das für sich optimale, unternehmensübergreifende Wissensmanagement und kann damit letztlich einen Beitrag zur Stärkung der eigenen Markt- und Wettbewerbsposition leisten.

Das Alleinstellungsmerkmal der MOTEx-Analyse besteht darin, dass die erzeugte Transparenz und Handlungssicherheit auf allen in der jeweiligen Untersuchungseinheit beschäftigten Mitarbeitern basiert. Demzufolge gilt die komplette Aufmerksamkeit dem Faktor Mensch und seiner Meinung, seiner Wahrnehmung, seinen Belangen und Bedürfnissen. Der Vorzug dieser Vorgehensweise besteht somit darin, dass keine Einzelwahrnehmung das Ergebnis prägt, keine Beraterentscheidungen unreflektiert übernommen und am Mitarbeiter vorbei implementiert werden. Zur praxistauglichen Anwendung wurde die MOTEx-Analyse in ein Software-Tool umgesetzt. Innerhalb des Leitfadens „European Guide to Good Practice in Knowledge Management" ist die MOTEx-Analyse als Diagnosewerkzeug zur Analyse und Bewertung des Status quo von Wissensmanagementaktivitäten eingeflossen und unterstützt Unternehmen auf ihrem Weg zum Wissensmanagement.

Methoden und Werkzeuge des Wissensmanagements

Der Wissensmanagement-Werkzeugkasten ist breit aufgestellt und reicht von Maßnahmen der Personal- und Kompetenzentwicklung bis zu IT-Tools. Eine allumfassende, allgemeingültige, auf jedes Unternehmen und jedes Problem anwendbare Lösung existiert nicht. Unternehmen müssen dazu befähigt werden, ihre Situation in Bezug auf Wissensmanagement selbst und kontinuierlich einzuschätzen, um spezifische, zielgerichtete Maßnahmen zur Verbesserung einzuleiten. Externe Experten sind in diesem Zusammenhang sicherlich eine sinnvolle Unterstützung.

Neben der Angemessenheit und Zielgerichtetheit eine Maßnahme ist auch der sogenannte Reifegrad eines Unternehmens bei der Maßnahmenauswahl zu berücksichtigen. Reifegrad meint hier, ob die gewählte Maßnahme tatsächlich zum Unternehmen passt, sowohl im Hinblick auf die notwendige (technische) Infrastruktur, den damit verbundenen Aufwand, aber auch und vor allem im Hinblick auf die Unternehmenskultur. So ist beispielsweise ein Wiki als Informationspool mit seinem basisdemokratischen und partizipativen Ansatz nicht für jede Organisation geeignet, um das damit verfolgte Ziel des breiten Wissensaustausches und der Wissensbewahrung zu erreichen.

Wichtig bei der Auswahl geeigneter Maßnahmen ist auch, bisherige Instrumente und Prozesse zu berücksichtigen und bestmöglich zu integrieren. Oft bestehen im Unternehmen schon Maßnahmen mit einem großen Potenzial für Wissensmanagement, die aber bisher nicht systematisch unter diesem Gesichtspunkt genutzt wurden. Hier kann es ausreichen, Bestehendes zu optimieren anstatt Neues einzuführen.

Eine Anknüpfung an das Qualitätsmanagement kann hierbei hilfreich sein, bietet das Qualitätsmanagement doch bereits zahlreiche Werkzeuge und Prozesse, die auch einen Beitrag zum Wissensmanagement leisten, zum Beispiel durch die Dokumentation von Prozessen, durch Skill Matrizes, durch FMEA und ähnliche Lessons Learned-Prozesse, durch Qualitätszirkel (im Wissensmanagement *Community of Practice* genannt) usw. Prozessdarstellungen können beispielsweise genutzt werden, um vorhandenes Wissen entlang des Prozesses verfügbar zu machen, nämlich indem in einer sogenannten Prozesswissenslandkarte Expertenprofile, Lessons Learned-Dokumente und andere „Wissens-Nuggets" direkt an den jeweiligen Prozessschritt angebunden werden und darüber auffindbar werden.

Eine gute Übersicht über Methoden und Werkzeuge bietet das vom Bundesministerium für Wirtschaft und Technologie geförderte Projekt ProWis in seiner Lösungsbox (*http://www.prowis.net/prowis/index.php?q=loesungsbox*, aufgerufen am 26. Juni 2013), wo unter anderem nach unterschiedlichen Praxisproblemen gefiltert werden kann.

Eine Governance-Struktur für Wissensmanagement

Teil eines umfassenden Wissensmanagement-Konzepts für das Unternehmen ist die Darstellung einer Governance-Struktur (Abb. 13.9). Ähnlich wie das Qualitätsmanagement strahlt Wissensmanagement als Unterstützungsprozess in alle Unternehmensbereiche und Geschäftsprozesse und ist in seinen Methoden interdisziplinär. Eine Verortung in einem dezidierten Bereich, üblicherweise z. B. dem IT- oder Personalbereich, ist daher für eine vollständige Durchdringung der Organisation oft eher hinderlich. Daher wird Wissensmanagement oft als Stabstelle etabliert oder auch dem Qualitätsmanagement angegliedert.

Zur Unterstützung der unternehmensweiten Durchdringung kann ein interdisziplinäres Wissensmanagement-Team mit sogenannten WM-Botschaftern in den einzelnen Unternehmensbereichen etabliert werden. Letztere fungieren als Ansprechpartner und Promotoren im eigenen Bereich, aber auch als Sensoren hinsichtlich neuer Anforderungen an das Wissensmanagement. Das zentrale WM-Team unterstützt den Wissensmanager dabei, die Wissensmanagement-Strategie einschließlich des Maßnahmen-Portfolios kontinuierlich weiterzuentwickeln und den Erfolg der Maßnahmen zu controllen.

13.5.3 Anreizmodelle

Entscheidend für die nachhaltige Implementierung von Wissensmanagement ist dessen Akzeptanz seitens der Mitarbeiter und deren dauerhafte Motivation für dieses Thema. Im Kontext Wissensmanagement wurden in den vergangenen Jahren zahlreiche Anreizsysteme entwickelt. Im Folgenden sollen, nach einer kurzen Hinführung, zwei grundsätzliche Richtungen beispielhaft dargestellt werden.

Im Wissensmanagement herrscht in gewisser Weise ein Motivations-Dilemma: Bei der Entscheidung zwischen der Handlungsweise „Wissen teilen" und der Handlungsweise „Wissen zurückhalten" fällt das kollektiv rationale

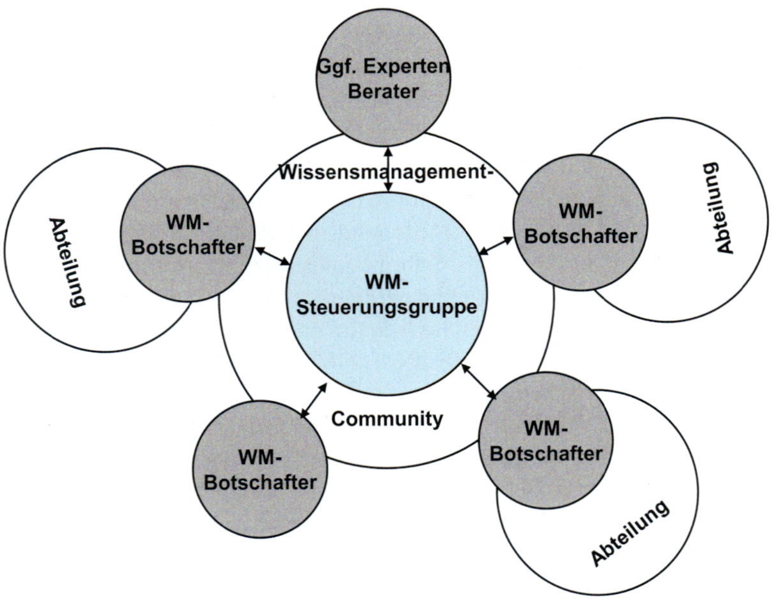

Abb. 13.9
Governance-Modell

Gleichgewicht (Aufwand-Nutzen-Relation) nicht mit dem individuell rationalen Gleichgewicht zusammen, d. h., aus Sicht des Einzelnen wiegt der (individuelle) Aufwand schwerer als der (individuelle) Nutzen. Aus Sicht der Organisation erfährt die Organisation aber dann einen hohen Nutzen, wenn möglichst viele Individuen ihr Wissen teilen. Dieses Dilemma soll nun durch Anreize überbrückt werden.

In der Motivationsforschung wird zwischen der extrinsischen Motivation, d. h. eine Handlung wird von außen durch eine versprochene Belohnung oder angedrohte Sanktion in Gang gesetzt, und der intrinsischen Motivation, d. h. die Ausführung der Handlung ist aus sich selbst heraus die Belohung, unterschieden. Ein Anreizsystem möchte nun durch bewusst gestaltete Bedingungen eine bestimmte Verhaltensweise fördern bzw. unterdrücken. Ein Anreiz motiviert dabei in der Regel extrinsisch. Einen guten Überblick über verschiedene Anreizsysteme im Wissensmanagement bietet (Jahnke 2006).

Weit verbreitet sind virtuelle Bonusprogramme, sogenannte „Wissens-Meilen". Diese Boni werden an alle Mitarbeiter als Grundguthaben ausgegeben und können von diesen an Kollegen weiterverteilt werden, z. B. als Belohnung, weil Wissen geteilt und damit geholfen wurde. Die erworbenen „Meilen" können dann in Sachpreise oder Prämien umgetauscht werden. Neben dem eigentlichen materiellen Anreiz bieten diese Systeme durchaus auch immaterielle Anreize in Form von als Bonus ausgedrückter Anerkennung und Wertschätzung. Ein Nachteil ist jedoch, dass diese Form der Belohnung stark subjektiv und intransparent ist und daher Konfliktpotenzial birgt.

Ein anderer Ansatz ist das *Management by Knowledge Objectives*, basierend auf der MBO-Methodik *(Management by Objectives)* von Peter Drucker. Die Zielvereinbarung zwischen Mitarbeiter und Vorgesetztem/Unternehmung wird um Wissensziele ergänzt, deren Erreichung überprüft und die gegebenenfalls angepasst werden (analog zu den anderen Zielen). So kann z. B. Wissensweitergabe als direktes Ziel oder indirekt über andere Wissensziele definiert werden. Vorteil dieses Anreizsystems ist, dass die Ziele an individuelle Fähigkeiten und Ansprüche angepasst sind, was die Motivation erhöht. Es birgt auch das Potenzial die intrinsische Motivation zu erhöhen. Kritisch zu sehen ist die Frage der objektiven Messung der Zielerreichung.

Aufgrund der kaum herstellbaren Objektivität sind Anreizsysteme im Wissensmanagement oft konfliktreich und wenig nachhaltig. Sie können die Implementierung initial unterstützen, jedoch ein Wissensmanagement erfahrungsgemäß nicht auf Dauer tragen. Nachhaltig funktioniert ein Wissensmanagement nur dann, wenn die Mitarbeiter darin einen klaren Sinn und Nutzen erkennen können. Dabei kommt der Führung eine wichtige Rolle zu: Wertschätzung und Anerkennung als Experte oder guter Wissenskommunikator sind oft die besten Motivatoren (vgl. Vollmar 2007).

13.6 Erfolgsmessung und Controlling

II

Die Zielsetzungen im Wissensmanagement sind in der Regel qualitativ. In Kombination mit dem intangiblen Charakter der Ressource Wissen macht dies eine Erfolgsmessung von Wissensmanagement schwierig. Gleichzeitig steigt in den letzten Jahren mit der Zunahme wissensintensiver Wertschöpfung und einem Auseinanderklaffen sogenannter Buch- und Marktwerte von Unternehmen nicht nur der Ruf nach einem eindeutigen Controlling des Wissensmanagements, sondern auch nach einer Bewertung des sogenannten Intellektuellen Kapitals einer Unternehmung.

13.6.1 Das Intellektuelle Kapital

Mit dem Begriff Intellektuelles Kapital wird „... das Vermögen einer Organisation (...), das nicht direkt greifbar, aber entscheidend für den wirtschaftlichen Erfolg in der Zukunft ist ..." bezeichnet (Mertins 2005, S. VII). Im Bereich der internationalen Rechnungslegung wird in diesem Kontext von *intangible assets* gesprochen. Im deutschen Sprachraum hat sich in den letzten Jahren zunehmend der Begriff Intellektuelles Kapital durchgesetzt (zur Begriffsklärung vgl. Mertins 2005, S. 2 ff.). Zu den immateriellen Werten eines Unternehmens gehören neben Image und Markenwert auch und vor allem das wettbewerbsentscheidende Know-how des Unternehmens sowie seine Innovationskraft. Während die Finanzbilanz immer rückwärtsgewandt ist, weil sie die Finanzkennzahlen des vergangenen Jahres darstellt, soll eine Bewertung des Intellektuellen Kapitals eine Bewertung der Zukunftsfähigkeit eines Unternehmens ermöglichen. Intellektuelles Kapital kann in diesem Sinne auch als die Problemlösefähigkeit einer Organisation verstanden werden.

Beruhend auf dem Modell der Wissensbilanz – Made in Germany (siehe Kap. 13.6.3) werden drei Kapitalarten des Intellektuellen Kapitals unterschieden:

- Humankapital
- Strukturkapital
- Beziehungskapital

Das Humankapital betrachtet zunächst das einzelne Organisationsmitglied mit seinem jeweils individuellen Beitrag zur Organisationsleistung, wie z.B. Fachkompetenz, Motivation und Lernfähigkeit. Strukturkapital bezeichnet das Zusammenwirken der Organisationsmitglieder über eine organisationale Struktur. Dazu zählen beispielsweise Kommunikations- und Kollaborationsprozesse, Führungsprozesse, die Unternehmenskultur, aber auch die technologische oder architektonische Infrastruktur. Mit dem Beziehungskapital geht der Blick über die Grenzen der Organisation hinaus. Bewertet werden die Umweltbeziehungen beispielsweise zu Kunden und Lieferanten, Eignern und Mitarbeiter, Kooperationen und Netzwerken.

13.6.2 Konzepte zur Messung und Bewertung

Laut einer Studie von Arthur Andersen aus dem Jahr 2001werden der Finanzbilanz weniger als 15% Aussagekraft für die Bestimmung des Marktwertes eines Unternehmens beigemessen. 1998 lag dieser Wert noch bei 28%, 1978 gar bei 95%. Demzufolge liegen 85% der werttreibenden Faktoren außerhalb der klassischen Reportingsysteme.

Seit den 60er Jahren werden Modelle entwickelt, mit denen versucht wird, diese intangiblen Assets zu bewerten. Einige der einflussreichsten sollen im Folgenden kurz benannt werden.

So besagt die Markt-Buchwert-Relation von Edvinsson und Malone (Edvinsson/Malone 1998), dass die Differenz zwischen dem Marktwert eines Unternehmens und seinem Buchwert (in der Bilanz) dem Wert der immateriellen Vermögensgegenstände (Intellektuelles Kapital) entspräche. Der Tobins-Quotient (Tobin 1969) stellt den Quotienten aus Marktwert eines Unternehmens durch Substanzwert (Wiederbeschaffungskosten für die materiellen Vermögensgegenstände). Dieser Quotient soll als Kennzahl zur Unternehmensbewertung dienen. Der *Calculated Intangible Value* von Stewart (Stewart 1997) vergleicht zwei Unternehmen mit ähnlichen *tangible assets*. Die Fähigkeit eines Unternehmens einen Mitbewerber mit ähnlichen *tangible assets* zu übertreffen, entspricht dem Wert seiner *intangible assets*, d.h. die *intangible assets* (das Intellektuelle Kapital) machen das Unternehmen bei gleichen materiellen Voraussetzungen performanter als die Konkurrenz.

All diese Bewertungsansätze, die sich bemühen, das Intellektuelle Kapital mit den Mitteln des ökonomischen Diskurses zu fassen, betrachten es letztlich nur indirekt. Es bleibt eine Leerstelle in der Differenz. Das Intellektuelle Kapital wird selbst nicht beschrieben und dadurch greifbarer gemacht.

Eine Reihe weiterer Ansätze setzt die Mittel eines strategischen Diskurses ein. Die meisten dieser Ansätze beruhen auf der Balanced Scorecard nach Kaplan und Norton (Kaplan 1997). Bekannt sind hier vor allem der *Skandia Navigator* (Edvinsson/Malone 1998) sowie der *Intangible Assets Monitor* (Sveiby 1997). Im deutschsprachigen Raum am weitesten verbreitet ist jedoch die Wissensbilanz – Made in Germany, die im Grunde diese beiden Ansätze weiterentwickelt hat und die im Folgenden kurz dargestellt werden soll.

13.6.3 Wissensbilanz – Made in Germany

Die Wissensbilanz – Made in Germany wurde im Auftrag des Bundesministeriums für Wirtschaft und Technologie von einer international besetzten Expertengruppe unter Federführung des Fraunhofer IPK entwickelt. Sie „... ist ein Instrument zur gezielten Darstellung und Entwicklung des Intellektuellen Kapitals einer Organisation. Sie zeigt die Zusammenhänge zwischen den organisationalen Zielen, den Geschäftsprozessen, dem Intellektuellen Kapital (IK) und dem Geschäftserfolg einer Organisation auf und beschreibt diese Elemente mittels Indikatoren." (BMWi 2004, S. 11, und Abb. 13.10).

Die Erstellung einer Wissensbilanz ist ein partizipativer Aushandlungsprozess über drei bis vier Workshops. Diese Workshops sind bereichs- und hierarchieübergreifend besetzt, sodass ein repräsentatives Bild der Organisation entstehen kann.

In einem ersten Schritt wird die Ausgangssituation der Organisation erfasst, d.h. Unternehmensstrategie und Geschäftsumfeld werden beschrieben, der Begriff des Geschäftserfolges wird differenziert betrachtet („Was bedeutet für uns ‚Geschäftserfolg'?") und die Leistungsprozesse, d.h. die wertschöpfenden Kernprozesse, sowie die wesentlichen Einflussfaktoren auf den Geschäftserfolg werden identifiziert. Unter Einflussfaktor wird ein Faktor verstanden, dessen Veränderung sich auf den Geschäftserfolg und die Zielerreichung der Organisation auswirkt. Die Betrachtung der Einflussfaktoren beschränkt sich auf Faktoren des Intellektuellen Kapitals, unterschieden nach Human-, Struktur- und Beziehungskapital.

Die gemeinschaftlich erarbeiteten Einflussfaktoren sowie die Leistungsprozesse und die Elemente des Geschäftserfolges werden erfasst, beschrieben und in einem Self Assessment in den im Folgenden genannten Dimensionen bewertet:

- **Quantität:** Haben wir genug davon?
- **Qualität:** Haben wir das Richtige und stimmt die Güte des Faktors?
- **Systematik:** Wie systematisch entwickeln wir diesen Einflussfaktor weiter? Verbessern und pflegen wir ihn?

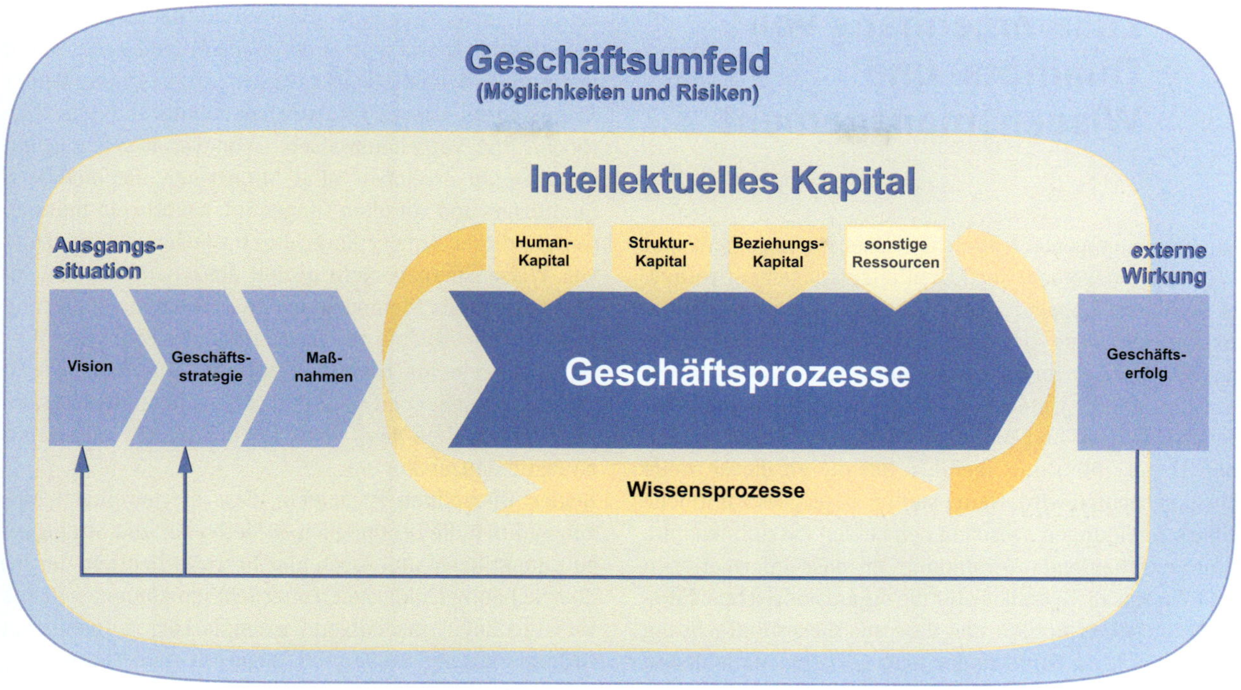

Abb. 13.10 Wissensbilanz-Strukturmodell (Quelle: *http://akwissensbilanz.org/methode/strukturmodell.htm*, aufgerufen am 26. Juni 2013)

Aus der Betrachtung dieser Bewertung ergibt sich bereits ein klares Bild der Stärken und Schwächen einer Organisation hinsichtlich ihres Umgangs mit ihrem Intellektuellen Kapital. Wertschöpfung aus Wissen sowie Wissensprozesse spielen dabei eine zentrale Rolle.

In einem nächsten Schritt geht es nun darum, ebenfalls gemeinschaftlich, mögliche Maßnahmen hinsichtlich einer weiteren Stärkung wahrgenommener Stärken und vor allem hinsichtlich einer Verbesserung in Bezug auf wahrgenommene Schwächen zu entwickeln. Um hierbei die Kräfte einer Organisation gezielt einzusetzen, wird zunächst über eine Sensitivitätsanalyse nach (Vester 2007) Transparenz über Wirkungszusammenhänge zwischen den einzelnen Faktoren geschaffen. Damit werden Hinweise auf mächtige Hebel gegeben, also Einflussfaktoren, die entweder sehr direkt auf den Geschäftserfolg der Organisation einwirken oder sehr viele andere Faktoren beeinflussen, dabei selbst wiederum nur von wenigen anderen beeinflusst werden, und dadurch relativ gut steuerbar sind. Darüber hinaus lässt die Wirkungsanalyse sogenannte selbst verstärkende Generatoren erkennen. Dies sind Kreisläufe starker Wechselwirkungen, die sich quasi gegenseitig „aufschaukeln".

In einem letzten Schritt werden dann Kennzahlen für jedes beschriebene Element definiert, also Faktoren des Geschäftserfolges, Leistungsprozesse und Einflussfaktoren, um die Wirkung eingeleiteter Maßnahmen nachhaltig und gewissermaßen objektiviert beobachten zu können. Abschließend werden die Ergebnisse der Wissensbilanz gegebenenfalls noch textlich aufbereitet, um für die externe Kommunikation, z.B. als Ergänzung zur Finanzbilanz, dienen zu können.

Dieser Bilanzierungsprozess wird in regelmäßigen Abständen in der Organisation wiederholt, um Veränderungen beobachten und sie über Kommunikation ins Bewusstsein der Organisation zu heben. Dabei werden sowohl die definierten Kennzahlen erhoben als auch das Self Assessment in Form der beschriebenen Workshops wiederholt. In einer Vermischung objektiver und intersubjektiver Faktoren entsteht ein schlüssiges Bild.

Durch die Wiederholung kann die Wissensbilanz als Controllinginstrument auch für Maßnahmen des Wissensmanagements eingesetzt werden. Durch die grundlegende und weit gefasste Betrachtung des Intellektuellen Kapitals ist sie jedoch eher als ein Steuerungsinstrument einer wissensorientierten Unternehmensführung zu sehen sowie als Möglichkeit, immaterielle Werttreiber strukturiert zu betrachten und zu kommunizieren, z.B. an Partner, Kunden, Geldgeber, aber auch die eigenen Mitarbeiter. Ein enges Controlling konkreter Wissensmanagement-Aktivitäten ist mit einer Methode wie der MOTEx-Analyse zielgerichteter möglich.

II

13.7 Zusammenhang von Qualitäts- und Wissensmanagement

Qualitätsmanagement braucht Wissensmanagement und Wissensmanagement setzt Qualitätsmanagement voraus. In der einschlägigen Fachliteratur wird immer wieder herausgestellt, dass zwischen Qualitäts- und Wissensmanagement ein enger Zusammenhang besteht.
Eine ausgiebige Untersuchung des Zusammenhangs zwischen Qualitäts- und Wissensmanagement wurde von Hanel (Hanel 2002) durchgeführt, auf die an dieser Stelle zurückgegriffen wird. Hanel stellt fest, dass es zahlreiche Überschneidungen zwischen den beiden Disziplinen gibt. Eine entscheidende Verbindung ist, dass Informationen und Wissen als Grundlage für die organisatorischen Tätigkeiten gesehen werden und dass aus dieser Betrachtung heraus konkrete Forderungen nach gezielten Maßnahmen zum Management dieser Ressourcen erhoben werden. Eine weitere Verbindung ergibt sich aus der Tatsache, dass jeweils der Mensch in den Mittelpunkt der Bemühungen gestellt wird, da erkannt wurde, dass der Erfolg oder Misserfolg von Qualitäts-, wie auch von Wissensmanagementmaßnahmen unmittelbar von der Akzeptanz der Beteiligten abhängt. Dieser Zusammenhang ist in Abbildung 13.11 dargestellt.
Ziel eines jeden Unternehmens ist der Unternehmenserfolg, der auf den zwei Säulen Markt- und Gewinnwachstum beruht. Um mit diesen beiden Größen Wachstum zu erzielen, muss zum einen die Produktqualität und damit die Effektivität und zum anderen die Prozessqualität und damit die Effizienz gestärkt werden. Zur Stärkung beider Säulen bietet das Qualitätsmanagement zahlreiche Methoden und Vorgehensweisen. Grundvoraussetzung, um die Ziele zu erreichen, sind Mitarbeiter, die motiviert, qualifiziert und vor allen Dingen informiert sein müssen. Gerade dieser Aspekt kann durch die Implementierung von Wissensmanagement gezielt ausgebaut werden, indem bestehende Methoden zur Analyse und Optimierung betrieblicher Abläufe verstärkt durch die Brille des Wissensmanagements betrachtet werden. Auf diese Weise können Wissens- und Qualitätsmanagement ideal zusammenwirken, ohne dass es zu Doppelarbeiten und damit zu Redundanzen kommt.
Beiden Disziplinen ist gemein, dass die jeweiligen Aufgaben durch die bestmöglichen Methoden und Strategien zu unterstützen sind. Doch hier herrscht heute in der Industrie häufig Unklarheit. Unternehmen können sich aus verschiedenen, nachfolgend exemplarisch aufgeführten Gründen mit der Vielfalt der Angebote – sowohl im Qualitäts- als auch im Wissensmanagement – nicht auseinandersetzen:

- geringe Verfügbarkeit von Personalressourcen – zeitweise Überlastung der verantwortlichen Mitarbeiter
- QM- oder WM-Spezialisten sind im Unternehmen oftmals nicht vorhanden oder eine fachspezifische QM- bzw. WM-Ausbildung fehlt – unzureichendes Know-how
- hohe Methodenvielfalt (alleine der Unterstützung des ISO-Modells können ca. 60 QM-Methoden zugeordnet werden) – Unklarheit über Einsatzzweck und -nutzen

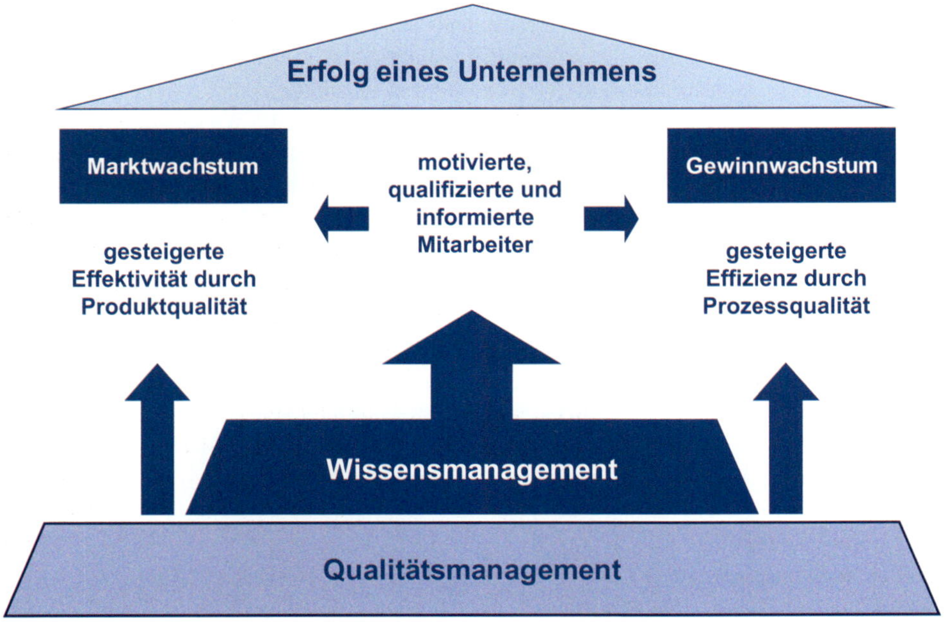

Abb. 13.11 Zusammenhang von Qualitäts- und Wissensmanagement (Pfeifer 2001)

Die aufgeführten Punkte führen u.a. immer wieder dazu, dass Methoden, Konzepte und Strategien, wenn überhaupt, nur halbherzig angewandt werden und das Potenzial und die Chancen des Qualitäts- und Wissensmanagements nicht ausreichend genutzt werden. Viele der Werkzeuge, Methoden und Strategien des Qualitätsmanagements sind in Normen, Richtlinien oder Anweisungen hinterlegt. Für den Bereich des Wissensmanagements gibt es jedoch seit Bestehen weltweit erst zwei Richtlinien (siehe Kap. 13.5.1), sodass hier eine Kopplung zur effektiven Synergienutzung sinnvoll erscheint.

13.7.1 Qualitätsmanager und Wissensmanager

Qualitäts- und Wissensmanager haben viel gemein und nicht grundlos werden beide Funktionen oft in einer Person vereint. So soll der Qualitätsmanager nicht etwa die tatsächliche Produktqualität sichern, sondern er soll Prozesse innerhalb der Organisation steuerbar machen, um die Leistung derselben im Markt zu steigern. Die Aufgabe des Wissensmanagers besteht darin, das riesige Potenzial an Daten, Informationen, Kenntnissen und Fähigkeiten, die ein Unternehmen zur Verfügung hat, um sich an veränderte Marktbedingungen anzupassen und profitabel zu halten, beherrschbar machen. Beide schaffen also qualitäts- oder wissensförderliche Rahmenbedingungen. Und beide nehmen Einfluss auf die Unternehmenskultur, der eine, indem er eine Haltung des „Think Quality“ befördert, der andere, indem er gegebenenfalls die Haltung „Wissen ist Macht“ zugunsten der Haltung „Wissen teilen bringt alle weiter“ aufweichen möchte.
Sowohl Qualitäts- als auch Wissensmanager sind geschickte Psychologen und Kommunikatoren und wissen dem Faktor Mensch Rechnung zu tragen. Denn so wie ein ISO-Zertifikat keine Qualität generieren kann, wenn das Qualitätssystem nicht von allen Mitarbeitern gelebt wird, kann die Wissensbasis einer Organisation nur dann ein fruchtbarer Boden sein, wenn alle Mitarbeiter bereit sind, Wissen zu teilen.
Beide sind außerdem auf das erklärte Engagement des Top-Managements angewiesen. Praktiziertes Wissensmanagement im Sinne von Wissen transparent machen und Wissen teilen ist ein Politikum und bedarf einer eindeutigen Haltung der Geschäftsführung, die z.B. Herrschaftswissen deutlich negativ beurteilt. Position und Tun des Qualitätsmanagers und des Wissensmanagers müssen aktiv vom Top-Management getragen und gefördert werden.
Beide wirken nicht direkt auf die Produktqualität oder etwa auf die Innovationsschnelligkeit. Ihr tatsächlicher Einfluss ist – wenn überhaupt – nur mittelbar nachzuweisen. Dies liegt auch daran, dass sowohl Qualitätsmanagement als auch Wissensmanagement als integrierende Managementsysteme verstanden sein wollen.
Besondere Bedeutung kommt im Wissensmanagement dem Externalisieren von personalem Wissen zu. Dieses Wissen liegt zu einem großen Teil in Routinen, Prozessen und Praktiken verborgen und kann durch das Standardisieren sowie Dokumentieren von Abläufen, wie dies grundlegender Bestandteil des Qualitätsmanagement ist, sicht- und fassbar gmeacht werden. Das Erstellen von Arbeits- oder Verfahrensanweisungen macht Arbeitsabläufe bewusst, erinnerbar und transparent. Sie sind damit zumindest ansatzweise von den durchführenden Personen entkoppelt. Der Qualitätsmanager agiert in diesem Fall als Wissensmanager.

II

13.7.2 Qualitätsmanagement als Vorreiter des Wissensmanagements?

Wissensmanagement kann in unterschiedlicher Weise auf einem Qualitätsmanagement aufbauen:

- Prozessdokumentationen liefern einen wichtigen Grundstock an öffentlichem Wissen.
- Koordinierte Schulungen, wie sie das Qualitätsmanagement fordert, vermitteln Wissen und beeinflussen die Mitarbeitermentalität.
- Im Wechselspiel von Wissens-Dokumentation auf der einen und dessen Verinnerlichung durch Schulungen auf der anderen Seite entwickelt sich Wissen in der Organisation kontinuierlich weiter (Lernende Organisation).
- Die graduelle Veränderung der Unternehmenskultur und Sensibilisierung der Mitarbeiter durch das Qualitätsmanagement bereiten den Boden für das Wissensmanagement.

Des Weiteren lässt sich festhalten, dass viele Qualitätsmanagementansätze in der Vergangenheit erst dann erfolgreich wurden, als begonnen wurde, Qualität zu messen. Dabei ging es um weit mehr als reine Produktqualität. Die Qualitätsmanagementansätze der vergangenen fünfzehn Jahre bezogen sich vielmehr auf die Prozessqualität, also die Sicherstellung, dass bestimmte Methoden und Werkzeuge immer mit einer hinreichenden Zuverlässigkeit eingesetzt wurden. Das Six-Sigma-Konzept (vgl. Kap. 12, „Six Sigma“), das in den letzten Jahren sehr erfolgreich eingesetzt wurde, ist dafür eines der bekanntesten Beispiele. Dies ist ein Bereich, bei dem das Wissensmanagement vom Qualitätsmanagement lernen kann. Dem Wissensmanagement fehlen häufig die konkreten, messbaren Ziele. Mit Methoden wie der MOTEx-Analyse oder der Wissensbilanz Made in Germany werden hier erste Schrit-

te in die richtige Richtung gemacht – auch wenn eine vollständige Quantifizierung im Sinne eines klaren monetären Return on Invest in beiden Disziplinen kaum möglich ist.
Eine Nutzung der Synergieeffekte beider Disziplinen ist also äußerst sinnvoll. Viele der Werkzeuge, Methoden und Strategien lassen sich auf beide Disziplinen anwenden.

II

13.8 Fazit

Das Managen von Wissen, dieser schwer fassbaren Ressource, ist eine facettenreiche Disziplin mit Schnittstellen nicht nur in Richtung Qualitätsmanagement, sondern auch in Richtung Personalentwicklung, Kompetenzmanagement, Innovationsmanagement, Informationstechnologie usw. Vielleicht zögern deshalb so viele Unternehmen sich mit diesem Thema systematisch auseinanderzusetzen. Dabei ist ein hohes Nutzenpotenzial in diesem Thema vorhanden. Dieses gilt es zu entdecken – und zwar spezifisch für jedes Unternehmen. Wissensmanagement ist kein Selbstzweck: Sein Nutzen muss vor der Einführung identifiziert werden, die Implementierung muss konsequent begleitet werden und die zugrundeliegende Wissensmanagement-Strategie muss kontinuierlich angepasst sowie weiterentwickelt werden.
Für die Implementierung von Wissensmanagement und den anschließenden Umgang mit Wissen gibt es keine allgemeingültige Vorgehensweise, die sich ohne Weiteres auf jedes beliebige Unternehmen übertragen und anwenden lässt. Jedes Unternehmen hat seine eigene Kultur, seine eigenen Mitarbeiter, Fähigkeiten, Prozesse und Strukturen. Die passende Wissensmanagement-Strategie mit einem angemessenen Maßnahmen-Portfolio zu definieren, ist eine Herausforderung. Dieses Kapitel hat einige Wege und Hilfsmittel aufgezeigt, die bei der Bewältigung dieser Herausforderung unterstützen können.
Wissensmanagement ist eine Zukunftsinvestition: Ihr Gewinn zeigt sich selten unmittelbar. Akzeptanz, Nutzen und Auswirkung von Wissensmanagement lassen sich zunächst nur prospektiv erheben. Umso wichtiger sind funktionierende Steuerungsmechanismen für erfolgreiche, nachhaltige Projekte.

Literatur

Betzold, M.: Entwicklung eines Diagnosewerkzeuges für Wissensmanagementansätze in KMU. Berichte aus der Produktionstechnik, Band 30/2006. Hrsg. v. Eversheim, W./Klocke, F./Pfeifer, T./Schuh, G./Weck, M./Brecher, C./Schmitt. R. Shaker Verlag, Aachen 2006

Bundesministerium für Wirtschaft und Technologie BMWi (Hrsg.): Wissensbilanz – Made in Germany. Leitfaden 1.0. Dokumentation Nr. 536. Berlin 2004

Bundesministerium für Wirtschaft und Technologie BMWi (Hrsg.): Wissensmanagement in kleinen und mittleren Unternehmen und öffentlicher Verwaltung. Juni 2007 (http://www.bmwi.de/BMWi/Redaktion/PDF/Publikationen/wissenmanagen-leitfaden,property=pdf,bereich=bmwi,sprache=de,rwb=true.pdf, aufgerufen am 26. Juni 2013)

Bundesministerium für Wirtschaft und Technologie BMWi (Hrsg.): ProWis-Assistent (http://www.prowis.net/prowis/index.php?q=phasenmodell, aufgerufen am 18. Juni 2013)

CEN (Europäisches Komitee für Normung)/ISSS (Hrsg.): CEN 14924. Europäischer Leitfaden zur erfolgreichen Praxis im Wissensmanagement. CEN/ISSS Knowledge Management Workshop, Brüssel 2004

D-A-CH-Wissensmanagement Glossar (https://itunes.apple.com/at/app/wm-glossar/id410589794, aufgerufen am 12. Juni 2013)

Edvinsson, L./Malone, Th.: Intellectual Capital. London 1998

Gesellschaft für Wissensmanagement e. V. (GfWM): GfWM White Paper (siehe http://www.gfwm.de/files/GfWM-White-Paper_-_Wissensmanagement-Modell-v1-0.pdf, aufgerufen am 13. Juni 2013)

Hanel, G.: Prozessorientiertes Wissensmanagement zur Verbesserung der Prozess- und Produktqualität. VDI Verlag, Düsseldorf 2002

Heisig, P.: GPO-WM. Methode und Werkzeuge zum geschäftsprozessorientierten Wissensmanagement. In: Abecker, A. et al. (Hrsg.): Geschäftsprozessorientiertes Wissensmanagement. Springer, Berlin 2002

Heisig, P.: Mehrwert durch Wissen. Wissen als Wettbewerbsfaktor: Mit Wissensmanagement zu mehr Innovationskraft. Competence Center Wissensmanagement am Fraunhofer IPK, Lübeck 2005

Herbst, D.: Erfolgsfaktor Wissensmanagement. Wissen als einzigartige Kombination von Informationen und Erfahrungen – Systematische Erfassung, Archivierung und Verbreitung von Wissen – Instrumente des Wissensmanagement. Cornelius Verlag, Berlin 2000

Jahnke, B./Yalcin, E./Bauer, S.: Anreizsysteme zur Verbesserung der Wissensteilung in Unternehmen. Arbeitsberichte zur Wirtschaftsinformatik, Band 31. Tübingen 2006

Kaplan, R./Norton, D.: Balanced Scorecard. Strategien erfolgreich umsetzen. Schäffer-Poeschel, Stuttgart 1997

Knowledge Research Center e. V. KRC (Hrsg.): KRC Ordnungsrahmen für Wissensmanagement (http://www.krc-dresden.de/wordpress/?page_id=1129, aufgerufen am 28. Juni 2013)

Linde, F.: Barrieren und Erfolgsfaktoren des Wissensmanagements. Fachhochschule Köln, Fakultät für Informations- und Kommunikationswissenschaften, Institut für Informationswissenschaften 2005

Mertins, K. (Hrsg.): Wissensbilanzen. Intellektuelles Kapital erfolgreich nutzen und entwickeln. Springer, Berlin 2005

North, K.: Wissensorientierte Unternehmensführung. Wertschöpfung durch Wissen. 5. aktualisierte und erweiterte Auflage. Gabler Verlag, Wiesbaden 2011

North, K.: Knowledge in International Corporations – Outline of Research Area. In: North, K. (Hrsg.): Wissensorientierte Unternehmensführung. Wertschöpfung durch Wissen. 5. aktualisierte und erweiterte Auflage. Gabler Verlag, Wiesbaden 2011. S. 30 – 45

Paulzen, O./Perc, P.: A Maturity Model for Quality Improvement in Knowledge Management. 13th Australasian Conference on Information Systems 2002. S. 243 – 253

Pfeifer, T.: Qualitätsmanagement. Strategien – Methoden – Techniken. 3. Auflage. Carl Hanser Verlag, München 2001

Pfeifer, T./Betzold, M.: Was ist Wissensmanagement? In: Henning, K./Oertel, R./Isenhardt, I. (Hrsg.): Wissen – Innovation – Netzwerke. Wege zur Zukunftsfähigkeit. Springer Verlag, Berlin 2003. S. 178 – 185

Polanyi, M.: The Tacit Dimension. University of Chicago Press, Chicago 1967

Probst, G./Raub, S./Romhardt, K.: Wissen managen: Wie Unternehmen ihre wertvollste Ressource optimal nutzen. 4. Auflage. Gabler Verlag, Wiesbaden 2003

Reinmann-Rothmeier, G.: Wissen managen. Das Münchner Modell. Ludwig-Maximilians-Universität, München 2001

Schütt, P.: Aller Anfang ist leicht. In: Wissensmanagement, Nr. 1, 2005. S. 12 – 15

Senge, P. et al.: Das Fieldbook zur Fünften Disziplin. Schäffer-Poeschel, Stuttgart 1992

Senge, P.: Die fünfte Disziplin. Kunst und Praxis der lernenden Organisation. 11. Auflage. Schäffer-Poeschel, Stuttgart 2011

Stewart, Th.: Intellectual Capital. The new wealth of organizations. Currency Doubleday, London 1997

Sveiby, E.: The New Organizational Wealth. Managing and Measuring Knowledge-Based Assets. San Francisco 1997

Tobin, J.: A General Equilibrium Approach To Monetary Theory. In: Journal of Money, Credit and Banking. 1, 1969

Vester, F.: Die Kunst vernetzt zu denken. Ideen und Werkzeuge für einen neuen Umgang mit Komplexität. 6. Auflage. Deutscher Taschenbuch Verlag, München 2007

Vollmar, G.: Knowledge Gardening. Wissensarbeit in intelligenten Organisationen. W. Bertelsmann Verlag, Bielefeld 2007

Wilke, H.: Systemisches Wissensmanagement. Lucius & Lucius Verlag, Stuttgart 1998

Dokumentation

14.1 Dokumentation im Unternehmensumfeld **318**

14.2. Anforderungen an die Dokumentation **319**
14.2.1 Auflagen aus Normen und Gesetzen 319
14.2.2 Anforderungen aus der betrieblichen Praxis 320

14.3 Dokumentationsarten **322**
14.3.1 Dokumentenstrukturen 323
14.3.2 Klassifikation von Dokumenten 323

14.4 Vorgehensweise der Dokumentation im Qualitätsmanagement **324**
14.4.1 Partizipation 324
14.4.2 Aufbau eines Qualitätsmanagements 326

14.5 Softwaretechnische Unterstützung und Best Practice **329**
14.5.1 Personalisierung 330
14.5.2 Prozesslandschaft 331
14.5.3 Pflege des Qualitätsmanagementsystems 332
14.5.4 Berichte 334

14.6 Zusammenfassung **335**

14

14 Dokumentation

Stephan Killich, Iris Bruns, Alexander Künzer

Der Dokumentation kommt im Qualitätsmanagement eine besondere Bedeutung zu. Sie ist eine notwendige Voraussetzung für ein unternehmensweites einheitliches Verständnis der Qualitätsziele sowie der dazu erforderlichen Vorgehensweisen. Die Beschreibung von Zielen, Vorgehensweisen und Verantwortlichkeiten (also die Definition von Unternehmensstandards) ist dabei eine wesentliche Grundlage, um einen einheitlichen Qualitätsstandard zu realisieren und im Sinne eines kontinuierlichen Verbesserungsprozesses stetig anzuheben. Eine Dokumentation ist daher auch in den entsprechenden Normen zum Qualitätsmanagement verankert und somit für eine Zertifizierung unerlässlich.

In der Praxis kann dem Wunsch nach einer lückenlosen und vor allen Dingen der Realität entsprechenden Beschreibung der Ziele, Vorgehensweisen und Verantwortlichkeiten eines Unternehmens allerdings nicht immer oder nur über einen begrenzten Zeitraum entsprochen werden. Die Komplexität, die im Rahmen einer Dokumentation im Qualitätsmanagement beherrscht werden muss, wächst schnell an. Dies ist abhängig von mehreren Kriterien, wie z. B. der Anzahl der zu beschreibenden Informationen. Darüber hinaus bilden die Beschreibungen keinen statischen Zustand ab, sondern unterliegen einem ständigen Prüf- und Veränderungsprozess, der organisiert, umgesetzt und dokumentiert werden muss. Und letztendlich müssen die entsprechenden Veränderungen den Mitarbeitern transparent gemacht werden, sodass die Maßnahmen im Unternehmen umgesetzt werden können. Eine Verteilung auf mehrere Standorte oder die Sicherstellung der Konformität zu mehreren Normen im Sinne eines integrierten Managementsystems erhöht diese Komplexität zusätzlich.

Die Schwierigkeiten, die damit einhergehen, lassen sich in der Praxis an unterschiedlichen Stellen festmachen:

- Das Erstellen und kontinuierliche Aktualisieren der Informationen ist zeitintensiv und bindet große personelle Ressourcen.
- Veränderungen bzw. Verbesserungen, die sich in der Praxis schon etabliert haben, werden mit großer zeitlicher Verzögerung in die Dokumentation eingepflegt.
- Veränderungen, die in die Dokumentation eingepflegt wurden, kommen bei den Mitarbeitern verspätet oder nicht vollständig an.
- Die in der Dokumentation definierten Standards sind den Mitarbeitern nicht transparent.
- Es werden in einem Unternehmen zeitgleich unterschiedliche Versionen von Dokumenten genutzt.
- Die Dokumentation spiegelt nicht die Realität wider.
- Die Mitarbeiter erkennen die Diskrepanz zwischen QM-Dokumentation und Realität und identifizieren sich nicht mit dem Qualitätsmanagementsystem.
- Dokumentation wird als „lästige“ Pflicht und nicht Chance zur Verbesserung gesehen.

Dies zeigt auf, dass beim Aufbau und der Pflege einer QM-Dokumentation viele Faktoren berücksichtigt werden müssen, die über eine reine Beschreibung von Unternehmensabläufen hinaus gehen. Im folgenden wird daher ein ganzheitlicher Ansatz beschrieben, der neben den inhaltlichen Aspekten die Mitarbeiterpartizipation und eine entsprechende benutzerzentrierte Softwareunterstützung beinhaltet.

II

14.1 Dokumentation im Unternehmensumfeld

Aufgrund ihrer großen Bedeutung ist die Dokumentation im Qualitätsmanagement in den relevanten Normen (wie z. B. in der DIN ISO 9001) verankert. Dabei werden entsprechende Anforderungen an die zu beschreibenden Inhalte sowie der Vorgehensweise zur Beschreibung der Inhalte definiert, denen Rechnung getragen werden muss (z. B. DIN ISO 9001:2008 Kap. 4.2: Dokumentationsanforderungen).

Die Ziele einer Qualitätsmanagementdokumentation beziehen sich allerdings auf mehrere Aspekte, die über die in den Normen definierten Anforderungen hinausgehen (siehe auch Abb. 14.1):

1. Normkonformität sicherstellen:
   Diesen Anforderungen an eine Dokumentation muss für eine erfolgreiche Zertifizierung entsprochen werden.
2. Kontinuierliche Verbesserung:
   Über die Anforderungen aus Normen hinaus muss es das Ziel sein, durch die Dokumentation und Beschreibung von Unternehmensstandards die Voraussetzung für einen kontinuierlichen Verbesserungsprozess zu schaffen.
3. Mitarbeiter motivieren:
   Die Potenziale eines Qualitätsmanagementsystems können erst dann erschlossen werden, wenn die Mitarbeiter sich aktiv daran beteiligen. Dies schließt sowohl die Anwendung als auch die Veränderung von Standards mit ein.

Der erste Schritt einer Dokumentation ist es daher für ein Unternehmen, diese Zielebenen in Teilziele zu untergliedern. Darauf aufbauend sind diese in Aktivitäten zur Erreichung der (Teil-)Ziele zu überführen.

Dazu werden die Gestaltungsfelder einer QM-Dokumentation entsprechend der Anwendungsarten in einem Unternehmen unterschieden: Nutzung, Bearbeitung und Verwaltung. Im Folgenden werden diese Gestaltungsfelder und beispielhafte Verknüpfungen zu den drei Zielebenen beschrieben:

1. Nutzung:
   Die Nutzung beinhaltet die eigentliche Anwendung der in der Dokumentation definierten Standards. Bezieht man dies auf die drei Zielebenen, so können beispielhaft folgende Teilziele identifiziert und als Fragen formuliert werden:
   - Welchen Anforderungen werden in den für das Unternehmen relevanten Normen bezüglich der Nutzung gestellt? Existieren z. B. Anforderungen, welche die Nutzung nicht freigegebener Dokumente verhindern sollen?
   - Welche Nutzungsaspekte müssen auf der Unternehmensebene beachtet werden? In welchen Unternehmensbereichen wird dabei welcher Nutzungsgrad angestrebt? Sollen zusätzlich Kennzahlen integriert werden?
   - Wie kann der Mitarbeiter auf allen Ebenen zur Nutzung des Systems motiviert werden? Welchen Mehrwert besitzt die Dokumentation bezüglich der Anwendung von Standards für den Mitarbeiter? Wie können dem Mitarbeiter Informationen einfach und flexibel zur Verfügung gestellt werden?
2. Bearbeitung:
   Die Bearbeitung stellt die Definition und Überarbeitung der Informationen bzw. Unternehmensstandards dar. In diesem Zusammenhang ist z. B. die Frage relevant, wer welche Verantwortung für die Bearbeitung im Unternehmen übernimmt. Bezogen auf das Zielsystem bedeutet dies:
   - Welche Anforderungen werden in den für das Unternehmen relevanten Normen bezüglich der Bearbeitung einer Dokumentation gestellt? Existieren z. B. Anforderungen bezüglich der Zuweisung und Dokumentation von Verantwortlichkeiten? Welche Verfah-

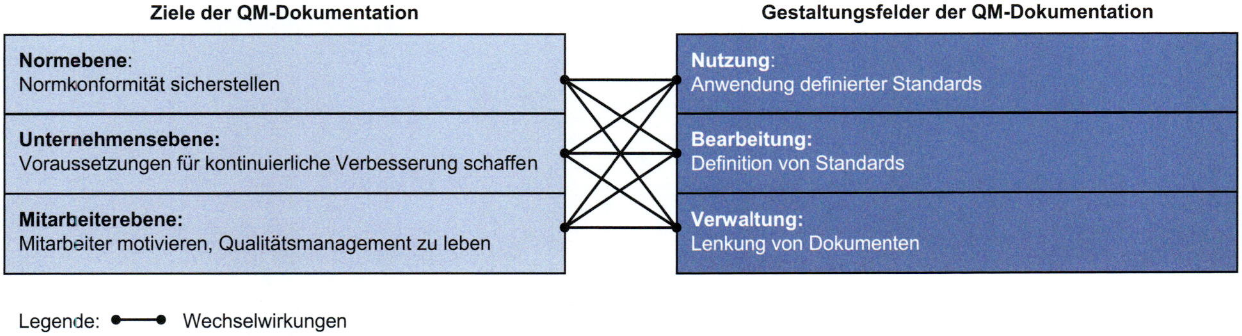

Abb. 14.1 Ziele und Gestaltungsfelder der Dokumentation

ren zur Sicherstellung eines Verbesserungsprozesses kommen zur Anwendung (z. B. Vier-Augen-Prinzip)?
- Wie kann das im Unternehmen vorhandene Potenzial zur kontinuierlichen Verbesserung identifiziert und erschlossen werden? Welche Kompetenzträger werden eingebunden? Wie kann implizites Wissen aufgedeckt werden?
- Wie kann der Mitarbeiter motiviert werden, sich aktiv an der Verbesserung der Prozesse und einer entsprechenden Dokumentation zu beteiligen? Welchen Mehrwert hat der Mitarbeiter davon, Abläufe und Prozesse zu hinterfragen, zu verbessern und dieses Wissens allen Mitarbeitern im Unternehmen zugänglich zu machen?

3. Verwaltung:
Die Verwaltung einer Qualitätsmanagementdokumentation beinhaltet Aktivitäten zur Sicherstellung der oben erläuterten Aspekte von Nutzung und Bearbeitung. In diesem Zusammenhang ist z. B. die Lenkung von Dokumenten relevant. Dabei wird in der Regel eine Abbildung der Aufbauorganisation des Unternehmens erforderlich. Bezüglich des Zielsystems sind dabei folgende Fragestellungen vorrangig:
- Welche Anforderungen werden in den für das Unternehmen relevanten Normen bezüglich der Lenkung von Dokumenten gestellt? Welche Daten müssen im Rahmen der Dokumentation vorgehalten werden (Datum der Erstellung, Datum der Veränderung, Ersteller/Bearbeiter etc.)?
- Welche Informationen und Strukturen müssen im Qualitätsmanagement vorgehalten werden, um einen kontinuierlichen Verbesserungsprozess sicherzustellen? Was ist notwendig, um diesen Prozess zu dokumentieren und zu bewerten?
- Welche Aktivitäten in der Administration wirken motivierend bzw. demotivierend auf den Mitarbeiter (z. B. die angenehme Arbeitserleichterung durch automatisches Versenden von E-Mails bei Veränderungen innerhalb der Dokumentation)?

Anhand der beschriebenen Zielebenen, den Gestaltungsfeldern und deren Wechselwirkungen ist ersichtlich, dass es zahlreiche Einflussfaktoren gibt, die das Verhältnis von Aufwand und Nutzen einer Dokumentation im Qualitätsmanagement beeinflussen. Ein allgemeingültiges Dokumentationssystem, das für alle Unternehmen gleichermaßen zum Ziel führt, existiert nicht. Daher werden im Folgenden die Anforderungen auf den Zielebenen beschrieben, welche der unternehmensspezifischen Gestaltung und Ausarbeitung eines Dokumentationssystems dienen.

14.2 Anforderungen an die Dokumentation

14.2.1 Auflagen aus Normen und Gesetzen

Die Anzahl der Normen und Richtlinien ist in der Vergangenheit stetig gewachsen. Während 1927 die 3000. Norm erschienen ist, erschienen allein im Jahr 2004 2339 Normen und Vornormen. Insgesamt lag in demselben Jahr der Bestand an vorhandenen Normen bei über 28 900 (DIN 2005). Diese Entwicklung zeigt, wie stark die Auflagen durch Normen an Bedeutung gewonnen haben.

Welche Auflagen an die Dokumentation für ein Unternehmen relevant sind, hängt überdies von der jeweiligen Branche, den Produkten sowie Absatzmärkten ab. Der Betrieb von Kernkraftwerken ist beispielsweise stärker durch Auflagen geregelt, als dies in vielen anderen Bereichen der Fall ist.

Die Normreihe DIN ISO 9000:2000 ff. stellt die Basis eines umfassenden Qualitätsmanagementsystems dar. Sie zeichnet sich u. a. dadurch aus, dass sie branchenunabhängig umgesetzt werden kann. Qualität wird dabei als Philosophie verstanden, die über eine technische Komponente hinaus Aspekte wie die Einbeziehung der Mitarbeiter und Lieferanten sowie die Analyse der Zufriedenheit von Kunden integriert.

Tab. 14.1 Branchenspezifische Forderungen an QM-Systeme (Pfeifer 2001, S. 75)

Forderungen an Qm-Systeme	Maschinen und Anlagenbau	Automobilbau	Luft- und Raumfahrt	Medizintechnik	Telekommunikation	Lebensmittel	Dienstleistungen	Externe Prüflabore
DIN EN ISO 9001	●	●	●	●	●	●	●	●
QS 9000		●						
TE Tooling	●							
VDA 6.1		●						
VDA 6.2							●	
VDA 6.4	●							
DIN EN ISO 46001				●				
DIN EN ISO 13485				●				
ALS 9100			●					
TL 9000					●			
HACCP						●		
DIN EN ISO 45002								●
EFQM	●	●	●	●	●	●	●	●

Insbesondere die Prozessorientierung ist an dieser Stelle im Bereich der Dokumentation von besonderer Relevanz, wie sich dies z. B. auch in der Überarbeitung der ISO 9001 in der 2000er Revision widerspiegelt. Aufbauend auf dieser Normreihe können sehr unterschiedliche und unternehmensspezifische Normen und Gesetze zur Anwendung kommen (siehe Tab. 14.1). Im Folgenden werden exemplarisch die Auflagen aus der DIN ISO 9001:2008 beschrieben (siehe Tab. 14.2 bis 14.5).

Tab. 14.2 Dokumentationsanforderungen „Allgemeines" aus der DIN ISO 9001:2008

Allgemeines
Anforderungen nach DIN ISO 9001:2008
Die Dokumentation zum QM System muss beinhalten: ▪ Dokumentierte Aussagen zur Qualitätspolitik und zu Qualitätszielen ▪ Ein Qualitätsmanagementhandbuch ▪ Dokumentierte Verfahren, die normenseitig gefordert werden ▪ Dokumente, die die Organisation zur wirksamen Planung, Durchführung und Lenkung ihrer Prozesse benötigt Der Umfang der Dokumentation richtet sich nach: ▪ Größe und Art der Organisation ▪ Komplexität und Wechselwirkungen der Prozesse (siehe auch Abb. 14.2) ▪ Kompetenz des Personals Das Medium zur Dokumentation kann beliebig sein (Papier, Datei etc.)

Tab. 14.3 Dokumentationsanforderungen „Qualitätsmanagementhandbuch" aus der DIN ISO 9001:2008

Qualitätsmanagementhandbuch
Anforderungen nach DIN ISO 9001:2008
Ein QM-Handbuch muss beinhalten: ▪ Anwendungsbereich des Qualitätsmanagementsystems ▪ Begründung für jegliche Ausschlüsse von Anforderungen dieser Norm ▪ Die für das QM-System erstellten dokumentierten Verfahren oder Verweise darauf ▪ Eine Beschreibung der Wechselwirkungen der Prozesse im QM-System

Tab. 14.4 Dokumentationsanforderungen „Lenkung von Dokumenten" aus der DIN ISO 9001:2008

Lenkung von Dokumenten (Dokument = Information und ihr Trägermedium)
Anforderungen nach DIN ISO 9001:2008
Ein dokumentiertes Verfahren zur Lenkung ist einzuführen, um: ▪ Dokumente bezüglich ihrer Angemessenheit vor ihrer Herausgabe zu genehmigen ▪ Dokumente zu bewerten, sie bei Bedarf zu aktualisieren und erneut zu genehmigen ▪ Sicherzustellen, dass Änderungen und der aktuelle Überarbeitungsstatus von Dokumenten gekennzeichnet werden
Lenkung von Dokumenten (Dokument = Information und ihr Trägermedium)
Anforderungen nach DIN ISO 9001:2008
▪ Sicherzustellen, dass gültige Fassungen zutreffender Dokumente an den jeweiligen Einsatzorten verfügbar sind ▪ Sicherzustellen, dass Dokumente lesbar und leicht erkennbar bleiben ▪ Sicherzustellen, dass Dokumente externer Herkunft gekennzeichnet werden und ihre Verteilung gelenkt wird ▪ Die unbeabsichtigte Verwendung veralteter Dokumente zu verhindern und diese in geeigneter Weise zu kennzeichnen.

Tab. 14.5 Dokumentationsanforderungen „Lenkung von Aufzeichnungen" aus der DIN ISO 9001:2008

Lenkung von Aufzeichnungen (Aufzeichnung = Dokument, das erreichte Ergebnisse angibt oder einen Nachweis ausgeführter Tätigkeiten bereitstellt)
Anforderungen nach DIN ISO 9001:2008
Aufzeichnungen, die erstellt werden, um einen Nachweis der Konformität mit den Anforderungen und dem wirksamen Funktionieren des QM-Systems zu gewährleisten, müssen gelenkt werden. Für Aufzeichnungen muss ein Verfahren installiert werden, um die Lenkungsmaßnahmen festzulegen, die benötigt werden: ▪ zur Wiederauffindbarkeit, Kennzeichnung und Aufbewahrung sowie zum Schutz und zur Verfügung

14.2.2 Anforderungen aus der betrieblichen Praxis

Die Anforderungen aus der betrieblichen Praxis lassen sich anhand der Probleme, die sich beim Aufbau und Betrieb von Qualitätsmanagementsystemen ergeben, aufzeigen. In einer entsprechenden Studie wurden die „Nachholbedarfe" von Qualitätsmanagementsystemen identifiziert und entsprechende Potenziale aus den Ergebnissen abgeleitet.
Auszüge der Ergebnisse sind in Abbildung 14.3 dargestellt. Hier wird speziell auf die Frage geantwortet, wie viel Nachholbedarf von den Befragten in den unterschiedlichen Bereichen gesehen wird.
Grundsätzlich sieht die überwiegende Mehrheit der 165 Unternehmen noch Nachholbedarf in ihrem QM-System (96 %).
Im Vordergrund stehen dabei drei Problembereiche, die die Potenziale bestehender Qualitätsmanagementsysteme aufzeigen. Zum einen existiert nach dieser Studie ein Defizit bei der Umsetzung und Anwendung des QM-Systems durch die Führungskräfte. Zum anderen werden die hohe Bürokratisierung und der damit verbundene Dokumentationsaufwand als problematisch angesehen. Die bestehenden Systeme zeichnen sich dann letztendlich dadurch aus, dass die Akzeptanz bei den Mitarbeitern fehlt. Hier wer-

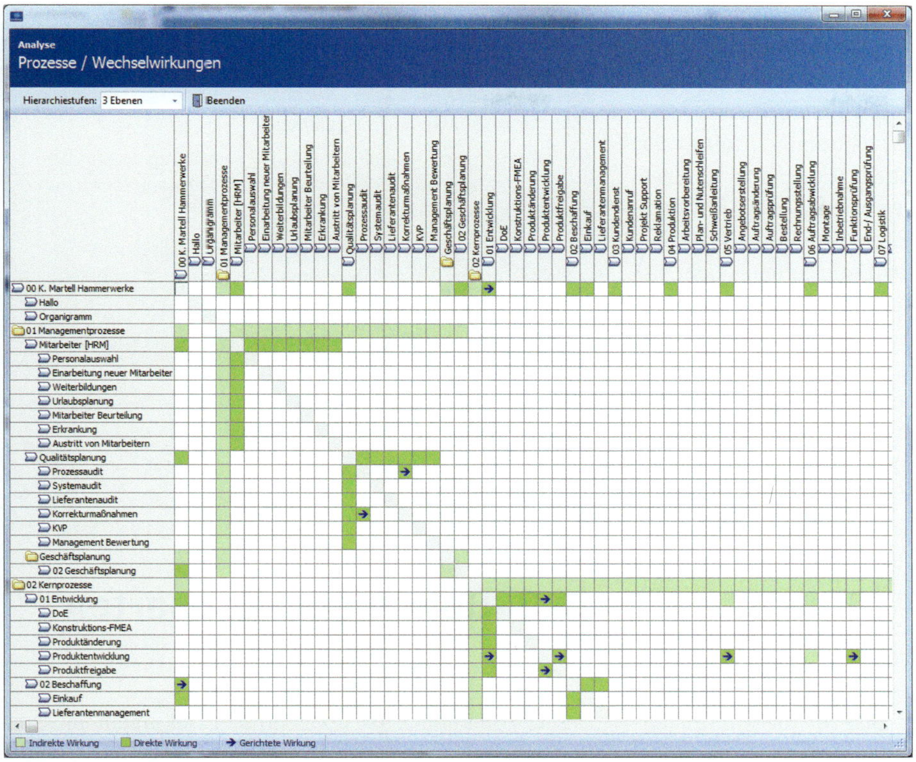

Abb. 14.2
Wechselwirkungsmatrix von Prozessen

Abb. 14.3
„Nachholbedarfe“ bestehender Qualitätsmanagementsysteme (Quelle: Empirische Erhebung (N = 165) des Instituts für Arbeitswissenschaft der RWTH Aachen, 2000)

den die vordringlichen Risikofaktoren sowie Rückkopplungseffekte in der Umsetzung eines QM-Systems offensichtlich:

Eine geringe Unterstützung und „Rückendeckung“ durch die Führungskräfte begründet und verschärft eine mangelnde Akzeptanz durch die Mitarbeiter. Dies wiederum führt dazu, dass die Personen, die in einem Unternehmen für ein Qualitätsmanagementsystem verantwortlich sind, zusätzlich zu den damit verbundenen Aufgaben „Anreize“ schaffen müssen, damit die Mitarbeiter Prozesse hinterfragen, verändern und dies dokumentieren. Dies wird häufig durch unternehmensinterne Regelungen erreicht, was bei allen Mitarbeitern als Bürokratisierung empfunden wird und mit einem hohen Dokumentationsaufwand ver-

II

bunden ist. Dies führt jedoch erneut zu einer geringen Motivation auf Seiten der Mitarbeiter. Wird dieser Effekt aus der Mitarbeiterschaft an die Führung zurückgespiegelt, rückt nicht der Mehrwert, sondern lediglich die Mehrarbeit in den Vordergrund der Betrachtung. So beginnt der Negativzyklus erneut, bis nicht mehr Akzeptanz, sondern eine allgemeine Ablehnung erreicht ist. Das QM-System wird auf ein administratives Pflichtprogramm reduziert.

Ungefähr ein Drittel der befragten Unternehmen sieht zudem Nachholbedarf in der Aussagekraft des QM-Systems hinsichtlich der tatsächlichen Produktqualität, der Einbindung des Kunden und in den Arbeitsprozessen.

Spielten in den anderen Themenfeldern grundsätzliche Probleme der Akzeptanz und der Unterstützung durch die Führungskräfte eine Rolle, so steht weiterhin die Abbildung des tatsächlichen Kerngeschäftes durch das QM-System im Vordergrund und wie die abgebildeten Informationen im betrieblichen Alltag verwendet werden können. Fehlt die wettbewerbsrelevante Schnittstelle zum Kunden, die eine belastbare Aussage über die Unternehmensleistung und somit auch die Leistung des einzelnen Mitarbeiters liefert, und eine realistische Abbildung der Abläufe im Unternehmen, stellt sich für die Mitarbeiter schnell die Frage nach der Existenzberechtigung eines Qualitätsmanagementsystems. Aus Sicht der Mitarbeiter führt dies zu einem weiteren Imageverlust und dem Eindruck von überflüssiger Mehrarbeit für ein System, das den Arbeitsalltag nicht abbildet.

Neben den beschriebenen grundsätzlichen Akzeptanzproblemen kann bei dem einzelnen Mitarbeiter eines Unternehmens zudem nicht davon ausgegangen werden, dass er die Prozessstrukturen des gesamten Unternehmens überblickt. Im Vordergrund für jeden Mitarbeiter stehen zunächst ausschließlich die eigenen Arbeitsprozesse mit den damit verbundenen Informationen und Dokumenten. Das schnelle Auffinden und der leichte Zugriff auf Informationen sind hier gleichermaßen relevant, wie das sofortige Erkennen von Änderungen, um adäquat reagieren zu können.

Und auch die Managementbeauftragten haben erheblichen Unterstützungsbedarf. Sie werden in ihrer eigentlichen inhaltlichen Arbeit am System und in ihrer Motivation durch den zunehmenden administrativen Pflegeaufwand und die auftretenden Probleme (auch bezüglich der internen Abstimmungsprozesse) behindert. In den überwiegenden Fällen sind Managementbeauftragte in ihrem Alltagsgeschäft mit Routine- und Verwaltungstätigkeiten derart ausgelastet, dass für die optimierende Systemgestaltung und -modifikation keine Zeit verbleibt.

Auf Basis der Ergebnisse aus den Unternehmensbefragungen und Studien können mitunter folgende betriebliche Anforderungen an ein QM-System gestellt werden (siehe Tab. 14.6).

Tab. 14.6 Betriebliche Anforderungen an die Dokumentation eines Qualitätsmanagementsystems

Betriebliche Anforderungen
Aktives Einbinden des Managements
Reduzierung des Dokumentationsaufwands durch organisatorische Maßnahmen sowie entsprechende softwaretechnische Unterstützung
Verantwortungsbewusstsein bezüglich des Qualitäts-managementsystems sowie der Dokumentation bei den Mitarbeitern schaffen
Der Realität entsprechende Informationen (Ziele, Prozesse, Anweisungen etc.) beschreiben
Flexibilität und Aktualität der Dokumentation der Veränderungsgeschwindigkeit im Unternehmen anpassen

14.3 Dokumentationsarten

Das QM-Handbuch ist als zentrales Dokument im Qualitätsmanagementsystem anzusehen. „Ohne dieses Handbuch kann dieses System weder dargelegt noch seine Funktionstüchtigkeit nachgewiesen werden." (Pfeifer 2001, S. 95). Somit existieren zwei unterschiedliche Zielsetzungen, die mit der Erstellung eines Handbuches verbunden sind:

1. Darlegung: Im Rahmen der Akquisition und Kundenpflege wird dieses Dokument an Externe ausgehändigt. Vertrauliche Informationen und unternehmensspezifisches Know-how dürfen daher nicht abgebildet werden.
2. Nachweis: Als zentrales Dokument spielt das Handbuch eine grundlegende Rolle bei der Zertifizierung und muss daher eine vollständige, nachvollziehbare Beschreibung des Qualitätsmanagementsystems darstellen.

Diesem Dilemma kann durch einen strukturellen Aufbau des QM-Handbuchs begegnet werden, indem ein öffentliche und ein unternehmensspezifischer Bereich unterschieden wird.

Der öffentliche Teil des QM-Handbuchs besteht dabei aus zwei inhaltlichen Teilen:

Teil I beinhaltet Angaben zur Organisation, zum Gebrauch, zur Herausgabe und Pflege des Handbuchs.

Teil II enthält Ausführungen zu den Qualitätsmanagementelementen.

Der unternehmensspezifische Teil beschreibt darüber hinaus und in Form von Verfahrensanweisungen, Arbeitsanweisungen, Belegen, Formblättern, mitgeltenden Unter-

lagen etc. präzise Angaben zu Abläufen und technischen Verfahren aus dem betrieblichen Alltag.
Diese Struktur kann bezüglich des Detaillierungsgrades der abgebildeten Informationen eines Qualitätsmanagements typischerweise in folgende drei Ebenen unterteilt werden.

Qualitätsmanagementhandbuch

Das Qualitätsmanagementhandbuch als extern zugängiges Dokument beschreibt die Leitlinien, Grundsätze, Ziele sowie Aufbau- und Ablauforganisation des Qualitätsmanagementsystems und beinhaltet somit die Qualitätspolitik eines Unternehmens. Insbesondere die Festlegungen der Verantwortlichkeiten und Befugnisse bezüglich des QM-Systems und Regelungen zu dessen Überwachung mithilfe interner Audits sind in einem Qualitätsmanagementhandbuch ein wichtiger Bestandteil. Dabei wird kein sensibles und unternehmensspezifisches Know-how dargestellt.

Verfahrensanweisungen

Unternehmensspezifische Prozesse und Tätigkeiten, welche das firmeneigene Know-how enthalten, werden in Verfahrensanweisungen beschrieben. Die Dokumentation dieser Prozesse ist erforderlich, um die Kompatibilität der Unternehmensprozesse mit den entsprechenden Normen zu belegen und darüber hinaus kontinuierliche Verbesserungen zu ermöglichen. Die Verfahrensanweisungen regeln bereichsübergreifend die betrieblichen Abläufe, welche durch detaillierte Festlegungen zur Aufgabenteilung und entsprechende Zuständigkeiten ergänzt werden. Verfahrensanweisungen werden folglich in der Regel nicht an externe Personen weitergegeben.

Arbeits- und Prüfanweisungen

Arbeits- und Prüfanweisungen stellen die detaillierteste Form der Dokumentation dar. Sie beziehen sich auf einen Arbeitsplatz und regeln den produktbezogenen Arbeitsablauf. Diese Beschreibungen enthalten somit ebenfalls unternehmensspezifisches Wissen und sind daher nur für den internen Gebrauch bestimmt.

14.3.1 Dokumentenstrukturen

In der Praxis des Qualitätsmanagements hat es sich bewährt, eine einheitliche Dokumentenstruktur sowie ein abgestimmtes Layout zu erstellen und zu nutzen. Dies erleichtert dem Leser die Aufnahme der abgebildeten Informationen und erhöht somit die Verständlichkeit und Transparenz. Eine gängige Struktur für QM-Handbuchabschnitte, Verfahrensanweisungen und Arbeitsanweisungen ist dabei z. B.:

1. Zweck
   An dieser Stelle wird eine kurze Einführung zum Zweck und zur Zielsetzung des Kapitels gegeben. Dies beinhaltet somit eine Beschreibung, was erreicht werden soll und aus welchen Beweggründen dies der Fall ist.
2. Anwendungsbereich
   Die Darstellung des Anwendungsbereiches kann sich auf örtliche, zeitliche und personelle Aspekte beziehen.
3. Begriffe
   Spezifische Begriffe, die für das Verständnis des Kapitels notwendig sind, werden in diesem Kapitel erläutert.
4. Dokumentation und Zuständigkeiten
   In diesem Kapitel erfolgt die eigentliche Dokumentation. In Verfahrensanweisungen werden z. B. die Vorgehensweisen erläutert. In prozessorientierten Dokumentationen finden dabei häufig Flussdiagramme Anwendung. Darüber hinaus ist festzulegen, welche Verantwortlichkeiten und Befugnisse für die dargestellten Inhalte gelten.
5. Mitgeltende Unterlagen
   In diesem Abschnitt werden die Unterlagen, die nicht direkt oder allein den genannten Vorgängen zugeordnet werden können (in diesem Zusammenhang aber dennoch relevant sind), aufgeführt.
6. Anlagen
   Anlagen können z. B. aus Checklisten, Formblättern, Ablaufplänen bestehen. Weiterhin kann es sinnvoll sein, zusätzliche Kapitel zu integrieren, z. B. können aus der in Kapitel 1 definierten Zielsetzung entsprechende Kennzahlen als Qualitätsindikatoren abgeleitet und in einem eigenen Kapitel dokumentiert werden.

14.3.2 Klassifikation von Dokumenten

Die große Anzahl Dokumente in einem Qualitätsmanagementsystem macht eine Klassifikation der Dokumente unerlässlich, um ein Auffinden spezifischer Dokumente zu erleichtern bzw. überhaupt zu ermöglichen.
Es existieren unterschiedliche Ansätze zur Klassifikation, die auch miteinander kombiniert werden können. Eine Anpassung an spezifische Merkmale des Unternehmens, des Produktes oder an zugehörige Prozesse sorgt dabei für eine höhere Akzeptanz bei den Mitarbeitern. Dadurch wird ein direkter Bezug des Qualitätsmanagementsystems zur Realität hergestellt. In diesem Sinne dienen die im Folgenden beschriebenen Ansätze dazu, Herangehensweisen und Unterscheidungskriterien für den Aufbau eines unternehmensspezifischen Klassifikationssystems aufzuzeigen.

II

Inhaltsklassifikation

Die Unterscheidung von Dokumenten begründet sich hier in der Zielgruppe bzw. darauf, auf wen sich die Inhalte der Dokumente beziehen. In diesem Zusammenhang sind mögliche Unterscheidungskriterien:

- kundenbezogene Dokumente (z. B. Kaufverträge, Kunden-Auditberichte, Liefer- und Zahlungsbedingungen, Rahmenverträge, Logistikverträge, QS-Verträge, Marktbeobachtung)
- lieferantenbezogene Dokumente (z. B. Produktankündigungen, Rahmenverträge, Kaufverträge, Schriftverkehr, Protokolle, Abweichungsfreigaben, Lieferanten-Auditberichte)
- interne Dokumente (z. B. Beschreibung von Arbeitsprozessen, Fertigungsunterlagen, administrative Unterlagen, Gesprächsprotokolle)
- andere Dokumente (z. B. Fachartikel, Presseerklärung, Werbung, Versicherungsverträge).

Aufbauklassifikation

Daneben können Dokumententypologien unterschieden werden, die den Inhalt und dessen Aufbau näher beschreiben:

- Arbeitsanweisungen
- Verfahrensanweisungen
- Vorlagen
- Checklisten
- mitgeltende Unterlagen
- Prüfanweisung
- Prüfplan
- Spezifikation etc.

Formatklassifikation

Ein weiteres wichtiges Unterscheidungskriterium für die Klassifikation von Dokumenten ist die Information, in welcher Form dieses Dokument zur Verfügung steht. Dabei werden papierbasierte und elektronische Dokumente unterschieden.
Eine Unterteilung der elektronischen Dokumente ist dabei implizit im jeweiligen Dateiformat enthalten. Die Frage, welche Dateiformate für welchen Anwendungsfall idealerweise eingesetzt werden sollten, hängt von zahlreichen Einflussfaktoren ab. Die Bewertung unterschiedlicher Umsetzungsstrategien eines QM-Handbuchs ist in Tabelle 14.7 dargestellt.

14.4 Vorgehensweise der Dokumentation im Qualitätsmanagement

14.4.1 Partizipation

Partizipative Arbeitsformen sind ein entscheidender Bestandteil neuer Organisations- und Managementkonzepte und fördern in ihren Auswirkungen in vielerlei Hinsicht die Wettbewerbsfähigkeit und Stabilität eines Unternehmens.
Nun stellt auch sinnvolles Qualitätsmanagement die Qualität und deren Beurteilung durch die Beteiligten und Be-

Tab. 14.7 Vergleichende Bewertung bekannter Konzepte für QM-Handbücher (in Anlehnung an Oehme et al. 2002)

Methode / Kriterien	Papier	Verlinkte Word-Dokumente	Verlinkte pdf-Dokumente	CMS-Basierte HTML-Dokumente	Integrierte Komplettlösungen
Verwaltung von Änderungsständen	○	◐	◐	◐	●
Räumliche Entfernung	○	●	●	●	●
Geringer Pflegeaufwand	○	◐	○	◐	●
Zentrale Verwaltung	○	●	●	●	●
Dezentrale Informationsverwaltung	○	○	◐	◐	●
Plattformunabhändigkeit	◐	○	●	●	●
Benutzungsfreundlichkeit nach DIN ISO 9241-10	○	◐	◐	◐	●
Automatische Qualitätsprüfung (technische Qualität)	○	◐	◐	●	●

Legende: ○ nicht erfüllt ◐ bedingt erfüllt ● erfüllt

troffenen in den Vordergrund. Betrachtet man vor dem Hintergrund der Ausführungen zu dem Beteiligungsgedanken noch einmal die maßgeblichen Nachholbedarfe in QM-Systemen aus Kapitel 14.2.2, so zeigt sich, dass Partizipation in der Optimierung von QM-Systemen eine maßgebliche Rolle spielen muss (vergleiche Abb. 14.4).
Partizipation von Mitarbeitern lässt sich in unterschiedlichem Ausmaß gestalten. Je nach vorhandener Betriebskultur kann eine Entwicklung schrittweise geschehen. Stufen des Ausmaßes der Einbindung von Mitarbeitern sind dabei:

- Sie werden vorab informiert.
- Es wird ihre Meinung gehört, diese fließt in die Entscheidung ein.
- Sie können Veränderungen erwirken.
- Sie sind selbst an Entscheidungen beteiligt.
- Sie treffen Entscheidungen autonom.

Ohne Vorabinformation bei Entscheidungen kann man prinzipiell nicht von einer Partizipation von Mitarbeitern sprechen.
Die Stufen der Partizipation sind in Abbildung 14.5 dargestellt. Wie anhand der Stufen ersichtlich wird, lässt sich Partizipation in einem QM-System durch die gezielte und unterschiedliche Vergabe von Mitsprachemöglichkeiten, Verantwortlichkeiten und Entscheidungsspielräumen sehr flexibel gestalten, wobei eine Anhörung der Mitarbeiter und die Berücksichtigung bei Entscheidungen ab

II

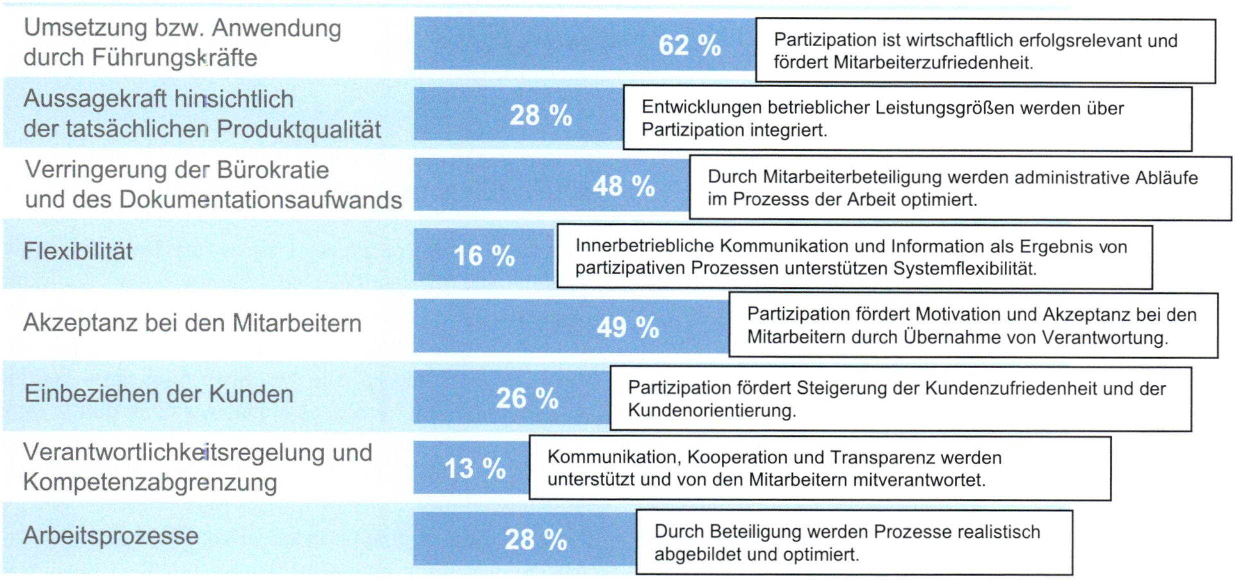

Abb. 14.4 Auswirkungen von Partizipation auf Nachholbedarfe bei QM-Systemen

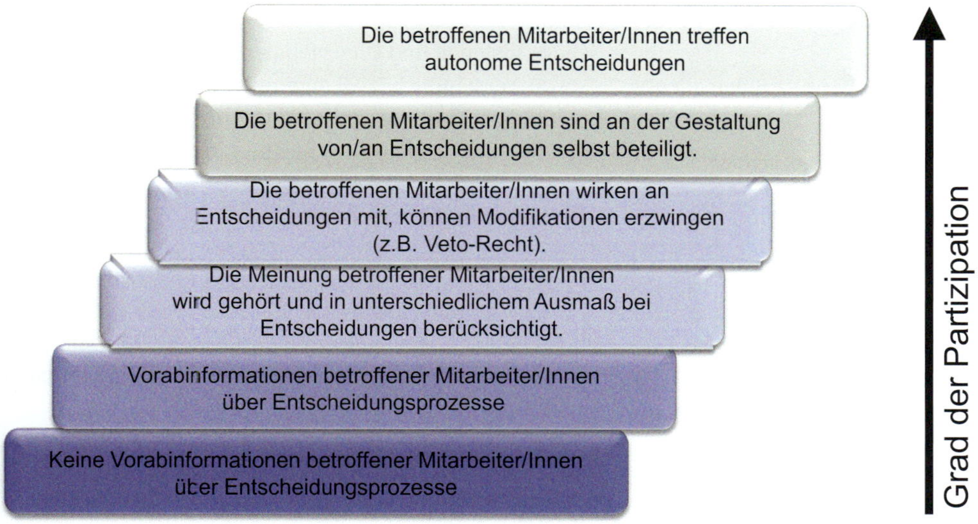

Abb. 14.5 Stufen der Partizipation

Stufe 3 den geringsten Beteiligungsgrad in QM-Systemen darstellen sollte.

Anknüpfungspunkte von QM und Partizipation sind an dieser Stelle die Organisations- und Personalentwicklung. Durch Partizipation werden einerseits Qualitätsstandards formuliert und überprüfbar gemacht und andererseits Verbesserungspotenziale aufgezeigt und deren Realisierung unterstützt.

Qualitätsmanagement sollte gute und professionelle Tätigkeiten der Mitarbeiter unterstützen. Der Vorteil des partizipativen Ansatzes gegenüber „bisherigen" Ansätzen, wie z. B. der Aufgabenzentrierung in der Organisationsentwicklung, liegt neben der Systematik und Transparenz der damit verbundenen Vorgehensweise in der Mitverantwortung sämtlicher Hierarchieebenen der Betriebe und Institutionen bezüglich der Festlegung und Umsetzung hoher Qualitätsstandards.

Dieser Ansatz fördert in Konsequenz nachhaltig den Kooperationsgedanken und die Kommunikation unter den Mitarbeitern auf allen Unternehmensebenen. Dadurch entsteht ein erheblicher Erfolgsfaktor für ein leistungsstarkes und lebendiges QM-System.

Als ein Beispiel erfolgreicher Partizipation im Qualitätsmanagement wird im Folgenden das „Partizipative Qualitätsmanagement nach dem Münchener Modell" vorgestellt (vgl. Gmür/Strauß 1998), das sich bereits in der Praxis bewährt hat.

14.4.2 Aufbau eines Qualitätsmanagements

Die Vorgehensweise zum Aufbau eines Qualitätsmanagementsystems und einer entsprechenden Dokumentation lässt sich in die folgenden Phasen unterteilen (vgl. auch Bobzien 1996):

- Phase 1: Einführung und Vorbereitung des QM-Systems
- Phase 2: Qualitätspolitik entwickeln, Leitbildentwicklung, Ist-Analyse, Zielfindung
- Phase 3: Konkrete Ziele
- Phase 4: Schlüsselprozesse und Schnittstellen identifizieren, gewichten und verbessern
- Phase 5: Ergebnissicherung

Phase 1: Einführung und Vorbereitung des QM-Systems

In Phase 1 ist es die vorrangige Aufgabe der Unternehmensleitung, bei den Mitarbeitern Akzeptanz für das System zu schaffen, da die Sicherung und Verbesserung der Qualität der Tätigkeit die Mitarbeit aller Beteiligten erfordert.

Eine Checkliste für diese Phase ist in Tabelle 14.8 dargestellt.

Tab. 14.8 Checkliste zu Phase 1 des „Münchener Modells" (in Anlehnung an Gmür/Strauß 1998)

Checkliste vor Beginn eines Qualitätsmanagementprozesses
▪ Motivation und Zustimmung der Leitung
▪ Wissen und Motivation bei den Mitarbeiter/Innen
▪ Zustimmung des Trägers
▪ Sind die Ressourcen für die Durchführung vorhanden (Zeit, Geld, Infrastruktur etc.?)
▪ Sind Fragen der Prozessbegleitung und der Qualifizierung der MitarbeiterInnen für das Qualitätsmanagement geklärt?
▪ Sind die Qualitätsbeauftragten bzw. QualitätskoordinatorInnen (QB/QK) gewählt?
▪ Sind die Arbeitsbedingungen des QB/QK geklärt (zeitliche Freistellung, Entlastung von anderen Aufgaben, Aufgabenprofil, technische Möglichkeiten vorhanden, Qualifizierung)?
▪ Wurde ein Kontakt zwischen Prozessbegleitung, QB/QK und Leitung zur Durchführung des QM-Prozesses geschlossen?
▪ Ist die zeitliche Planung und Koordination des Prozesses vorbereitet?

Phase 2: Qualitätspolitik entwickeln, Leitbildentwicklung, Ist-Analyse, Zielfindung

Nach Abschluss von Phase 1 ist es das Ziel, die grundlegende Qualitätspolitik weiterzuentwickeln. Zentraler Bestandteil der folgenden Schritte ist es, die Verantwortlichkeiten zu analysieren, zu hinterfragen und möglicherweise zu modifizieren. Die Verantwortung, dass Leitbilder, Visionen und Verbesserungen entstehen und in eine konkrete Qualitätspolitik umgesetzt werden können, ist eine Führungsaufgabe der Entscheidungsträger und der Führungskräfte.

An dieser Stelle ist zu berücksichtigen, dass sich die Mitarbeiter mit ihrer Arbeit nicht ausschließlich über ihre alltäglichen Aufgaben identifizieren, sondern über Visionen und weiterreichende Zielsetzungen, die sie mit ihrer Arbeit und ihrem Unternehmen bzw. ihrer Institution verbinden.

Diese Visionen und Unternehmensziele herauszuarbeiten sowie verständlich zu kommunizieren, ist das Ziel der Leitbildentwicklung und zugleich die grundlegende Basis für die Qualitätspolitik einer Einrichtung.

Phase 3: Konkrete Ziele

In dieser Phase werden die bedarfs- und die kundenorientierten Qualitätsziele festgelegt und konkretisiert. Weiterhin wird analysiert, inwieweit die eigenen Ziele mit denen der Kunden übereinstimmen. Dazu muss die Kundenperspektive entsprechend erhoben werden.

Daraus entwickelt sich die Überprüfung der Zielerreichung und der -umsetzung, um darüber zu einer transparenten Beschreibung des Produkt- und Dienstleistungsportfolios

zu gelangen. Auch die Erfassung von Kundenerwartungen besitzt hier eine große Relevanz.
Ziel ist es, zu überprüfbaren Qualitätsstandards zu kommen und eine kollektive Verpflichtung zur Realisierung und Überprüfung dieser Standards bei den Mitarbeitern zu schaffen. Hierzu werden Aufgaben und Verantwortungsbereiche präzisiert.

Phase 4: Schlüsselprozesse und Schnittstellen identifizieren, gewichten und verbessern

Erfahrungsgemäß lassen sich in der dritten Phase diverse Problembereiche identifizieren, die eine Zielerreichung erschweren oder sogar gefährden. Übertragen auf das Qualitätsmanagement erfordert die Bewältigung dieser Probleme eine Optimierung von Schlüsselprozessen und Schnittstellen.
Schlüsselprozesse definieren sich durch:

- Wiederholbarkeit
- relevante Beiträge zur Zielerreichung
- Schnittstellen zu externen Kunden
- Innovationspotenziale
- gegebenenfalls eine hohe Fehleranfälligkeit.

Schnittstellen definieren sich als:

- strukturelle Orte von Kommunikations- und Beziehungsgestaltung
- besonders fehleranfällig aufgrund von unsauberen Informationsflüssen
- innerbetriebliche und zwischenmenschliche Probleme (z. B. hierarchiebedingt).

Sowohl Schlüsselprozesse als auch Schnittstellen sind zentrale Bestandteile von konkreten Optimierungsverfahren im Qualitätsmanagement. Bei Schlüsselprozessen ist es das Ziel, die damit verbundenen Aufgaben, Erfolgsgrößen, Umgebungsfaktoren und Ergebnisse zu analysieren und zu bewerten.
Bei der Optimierung von Schnittstellen gilt es, funktionale Ketten zu bilden, um die Anzahl der Schnittstellen zu minimieren und überdies die Qualität zu verbessern.
In der vierten Phase ist es daher folglich die zentrale Zielsetzung, Fehlermöglichkeiten sowie Schwachstellen zu identifizieren. Anschließend sind geeignete Maßnahmen zu ergreifen, um Probleme effizient und wirkungsvoll zu lösen sowie den Qualitätsstandard nachhaltig zu verbessern.

Für diese Zielerreichung steht eine große Zahl von Methoden und Instrumenten zur Verfügung (siehe zum Überblick: Kamiske/Brauer 1996).
Es lassen sich u. a. Analyse-, Moderations-, Zielfindungs- und Bewertungsmethoden unterscheiden. Gemeinsam ist diesen Methoden, dass sie die Kommunikation und den Verbesserungsprozess **systematisieren und optimieren.**

Phase 5: Ergebnissicherung

In der fünften und letzten Phase ist es das Ziel:

- die Dokumentation des Qualitätsmanagementsystems (Handbuch) zu erstellen
- Verfahren und Standards zu festigen und zu etablieren

Die Erstellung der relevanten Dokumente des Qualitätsmanagementsystems erfolgt in der Regel durch mehrere Personen oder Teams. Die Aufgabenteilung ergibt sich durch die jeweiligen Expertisen der Mitarbeiter. Der Qualitätsmanagementbeauftragte ist beispielsweise mit den Elementen der relevanten Normen vertraut und übernimmt daher die Beschreibung der Elemente des QM-Systems (Teil II des Handbuchs). Die Verfahren und Abläufe im Unternehmen sind den Mitarbeitern bekannt. Ein Einbinden des Mitarbeiters, dessen Tätigkeiten dokumentiert werden, ist erforderlich, um ein realistisches Abbild zu erstellen. Die Partizipation selbst und die Erstellung einer realitätsnahen Dokumentation führen dabei zu einer hohen Akzeptanz des Qualitätsmanagementsystems.
Die Beschreibung von Prozessen kann sowohl in Textform als auch in Form von Flussdiagrammen erfolgen. Flussdiagramme besitzen den Vorteil, dass sie einfacher und schneller zu lesen sind, als textuelle Beschreibungen dies in der Regel ermöglichen.
In Flussdiagrammen kommen hierzu unterschiedliche Elemente zur Visualisierung von Abläufen zur Anwendung. Diese Elemente werden durch Pfeilverbindungen in eine zeitliche Reihenfolge gebracht. In Tabelle 14.9 sind exemplarisch einige standardisierte Elemente vorgestellt. Bei der Modellierung der Prozesse ist darauf zu achten, dass die Diagramme einheitlich, eindeutig und für den Adressatenkreis verständlich sind (vgl. Abb. 14.6).

Tab. 14.9 Elemente zur Erstellung von Flussdiagrammen (Beispiele aus der Software ConSense IMS/QMS/PMS)

<table>
<tr><td>
Aktivität</td><td>Aktivitäten sind die am häufigsten verwendeten Prozesselemente. Mit ihnen werden die einzelnen Aktivitäten bzw. Prozessschritte visualisiert.</td></tr>
<tr><td>
Synchronisation</td><td>Die Synchronisation erlaubt das Visualisieren eines zwingenden Zusammenlaufens von verschiedenen vorangehenden Aktivitäten, d. h. das nach dem Synchronisationspunkt kommende Prozesselement kommt erst dann zum Einsatz, wenn alle vor dem Synchronisationspunkt stehenden Aktivitäten bzw. sonstige in Prozesselementen dargestellten Tätigkeiten abgeschlossen sind (UND-Verknüpfung). Alternativ kann mit der ODER-Verknüpfung auch dargestellt werden, dass mindestens eine der einher- und vorhergehenden Aktivitäten abgeschlossen sein muss.
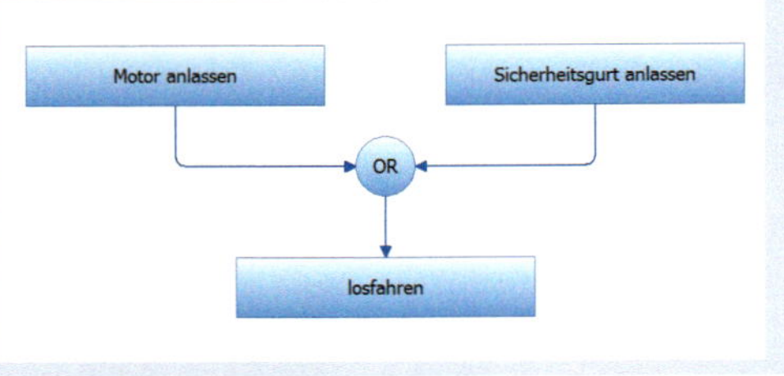
</td></tr>
<tr><td>
Entscheidung</td><td>Bei dem Entscheidungselement können zusätzliche Informationen bzw. dazugehörige Dokumente hinterlegt werden, um z. B. Handlungshilfen für die Entscheidung zu geben.
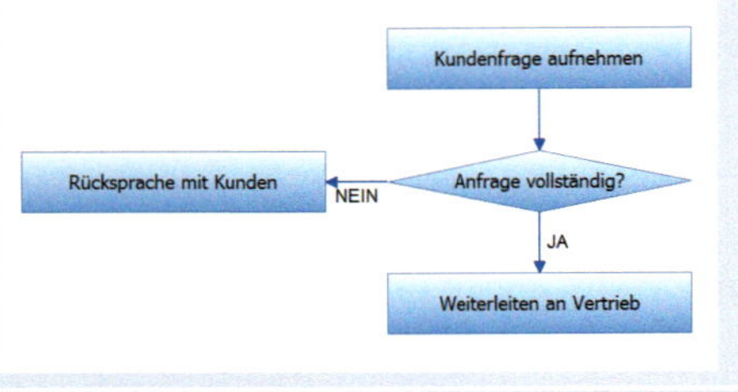
</td></tr>
<tr><td>
Prozess</td><td>Mit dem Element „Prozess" ist es möglich, auf einen anderen definierten Prozess bzw. auf einen Unterprozess zu verweisen.</td></tr>
<tr><td>
Dokumente</td><td>Mit dem Element „Dokumente" können relevante mitgeltende Unterlagen in Prozessen gesondert gekennzeichnet werden. Daneben kann bei Aktivitäten darauf aufmerksam gemacht werden, dass an der entsprechenden Stelle ein bzw. mehrere Dokumente als Input in den Prozess eingehen bzw. als Output (Ergebnis) aus dem Prozess hervorgehen.
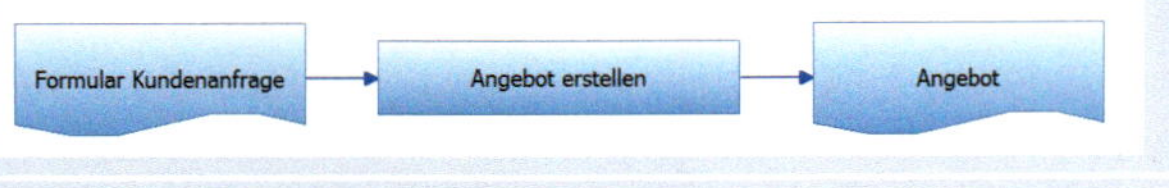
</td></tr>
<tr><td>
Ereignis</td><td>Sind Prozessschritte von etwaigen (Eingangs-) Bedingungen bzw. Ereignissen abhängig, so kann dies mit diesem Prozesselement dargestellt werden. Ebenso kann dieses Prozesselement als Zwischenbedingung verwendet werden, welches zuerst erfolgt sein muss, bevor der nachfolgende Prozessschritt ausgeführt werden soll bzw. darf.
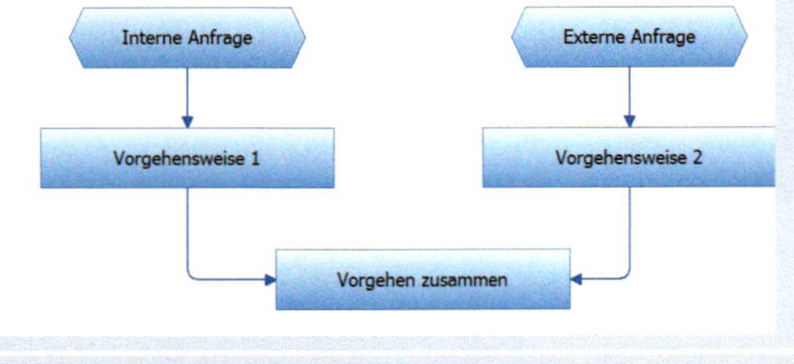
</td></tr>
<tr><td>
Zuständigkeit</td><td>Liegen stark arbeitsteilige Prozesse vor und sollen diese auf einen Blick im Prozessablauf kenntlich gemacht werden, so können die Zuständigkeiten in sogenannten „Swimlanes" eintragen werden. Für den Betrachter des Prozesses wird so direkt erkenntlich, welche Aktivitäten von wem bearbeitet werden müssen.</td></tr>
</table>

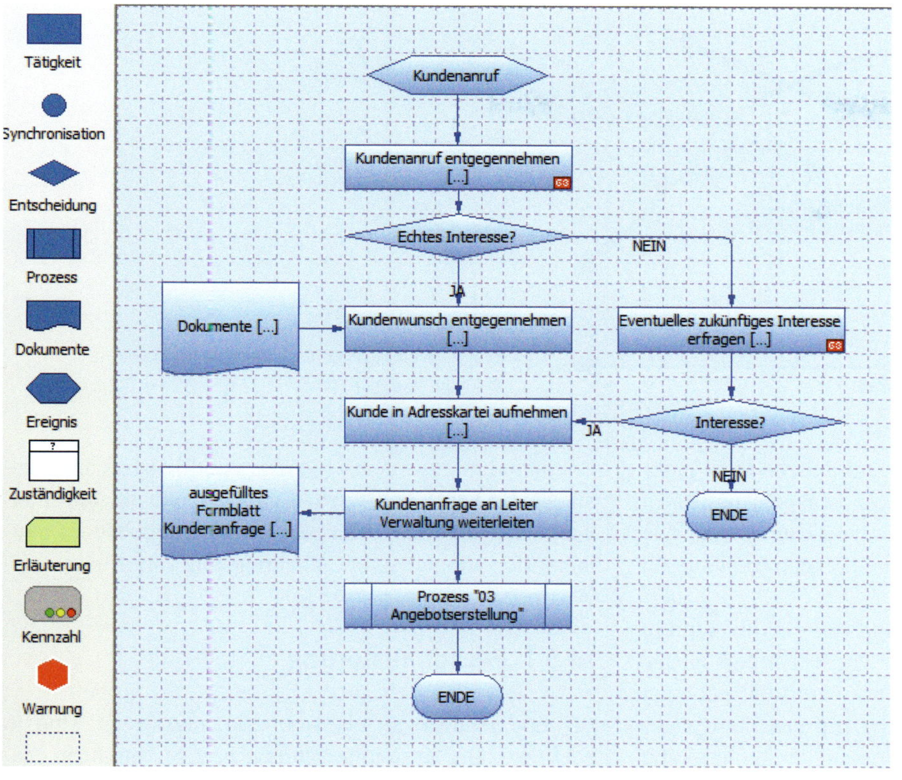

Abb. 14.6
Beispiel eines Flussdiagramms

14.5 Softwaretechnische Unterstützung und Best Practice

Softwaretechnische Systeme zur Unterstützung einer Dokumentation in Qualitäts- oder Integrierten Managementsystemen haben sich in der Vergangenheit kontinuierlich weiterentwickelt (vgl. Abb. 14.7). Den Ausgangspunkt stellten dabei Papierhandbücher dar, bei denen die notwendigen Informationen in ausgedruckter Form in Ordnern an zahlreichen Stellen im Unternehmen zur Verfügung standen. Diese Form der Dokumentation hatte den Vorteil, dass bei der Erstellung und Pflege auf bereits vorhandene und bezüglich der Anwendung bekannte Softwarewerkzeuge, wie z.B. Textverarbeitungsprogramme, zurückgegriffen werden konnte und somit die QM-Dokumentation ohne zusätzliche Investitionskosten bezüglich Software und Schulung erstellt werden konnte.

Dieser geringen Einstiegshürde steht ein großer Aufwand bei der Pflege des Systems gegenüber. Bei der Papierform ist es so z.B. bei Veränderungen erforderlich, in jedem einzelnen Handbuch die betroffenen Teile durch die neue Version auszutauschen. Die Geschwindigkeit, mit der auf Änderungen reagiert werden kann, nimmt daneben ab. Dies zeigte sich z.B. bei einem Unternehmen aus der Dienstleistungsbranche, das an neun Standorten in Deutschland vertreten ist. Sind drei Verfahrensanweisungen, wenn auch nur geringfügig, zu verändern, müssen anschließend 4000 Kopien erstellt und an die 500 Mitarbeiter, die über ein Handbuch verfügen, versendet werden. Diese müssen die alten Exemplare zurücksenden und die neuen einsortieren. Das gesamte Verfahren ist folglich nicht nur sehr kostspielig, sondern auch langwierig. Des Weiteren entsteht bei den Beteiligten der „... Eindruck eines sehr bürokratischen Qualitätsmanagementsystems" (Schmitt/Canales 2004).

Die nächste Stufe softwaretechnischer Unterstützungswerkzeuge hielt die erstellten Dokumente in elektronischer Form vor. Dabei werden die Word-Dokumente in einem im Unternehmen allgemein zugänglichen Dateiordner abgelegt. Diese Form der Dokumentation führte dazu, dass die Verlinkungen innerhalb von Dokumenten möglich wurde und somit eine dynamische Dokumentationslandschaft aufgebaut werden konnte. Der beschriebene Aufwand des Kopierens und Verteilens konnte dadurch reduziert werden. Allerdings erwies sich die Pflege des Systems als sehr aufwendig und fehleranfällig. Die Verknüpfungen zwischen Dokumenten erhöhten die Komplexität der Dokumentation, sodass inhaltliche Veränderun-

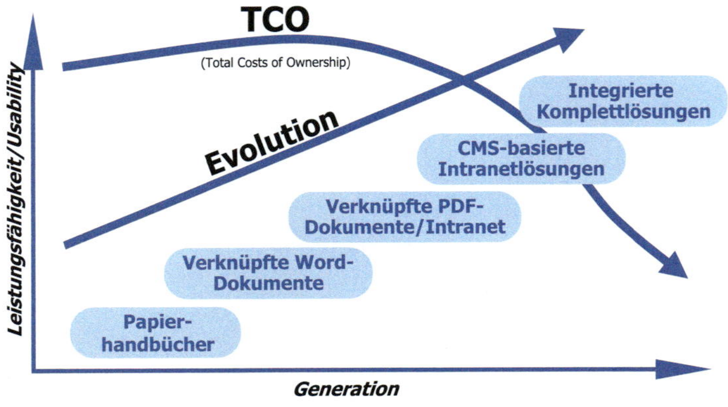

Abb. 14.7
Evolution elektronischer Lösungen für Qualitätsmanagementsysteme

II

gen häufig dazu führten, dass Verknüpfungen nicht mehr auf die richtige Stelle verwiesen und Inkonsistenzen in der Dokumentation auftraten. Dies wiederum wirkte sich negativ auf die Akzeptanz des Qualitätsmanagements im Unternehmen aus.

Durch das Einbinden von Word- und PDF-Dokumenten in das unternehmenseigene Intranet wurde in einem nächsten Schritt die Suche nach relevanten Informationen vereinfacht und die Gestaltung der Intranet-Homepages ermöglichte darüber hinaus eine visuelle Aufbereitung des Qualitätsmanagementsystems. Die Pflege des Systems erfolgte, aufgrund der äußerst begrenzten Möglichkeiten, bei diesem Konzept Verantwortlichkeiten im Unternehmen zu verteilen, zentral. Dies führte zu Engpässen und Überlastungen durch den administrativen Pflegeaufwand an zentraler Stelle.

Mit steigender Komplexität des Qualitätsmanagementsystems wurde daher eine Verteilung dieser Tätigkeiten zur Aktualisierung der Informationen notwendig. Diese Funktionalität wurde durch den Einsatz von Content-Managementsystemen erreicht, die es ermöglichen, dass mehrere Personen für die Pflege der Dokumentation verantwortlich sind, wobei das Werkzeug aber keine QM-spezifischen Zusammenhänge bzw. Abläufe unterstützt.

Dies zeigt sich auch in den gesamten Kosten (TCO, Total Cost of Ownership) der unterschiedlichen softwaretechnischen Unterstützungssysteme, die nicht nur in der Einführungsphase, sondern über den gesamten Lebenszyklus des QM-Systems zu betrachten sind. Obwohl bei Papierlösungen oder vorhandenen Textverarbeitungssystemen keine zusätzlichen Softwarekosten anfallen, sind diese Lösungen durch den hohen Pflege- und Änderungsaufwand bereits nach kurzer Zeit viel teurer als spezifische QM-Softwaresysteme.

Integrierte Komplettlösungen stellen heute den Stand der Technik dar. Diese Systeme bieten zusätzliche Funktionalitäten an, welche die Nutzung, Bearbeitung und Verwaltung einer Dokumentation unterstützen. Mit den integrierten Komplettlösungen wird die Komplexität des Dokumentationssystems reduziert und beherrschbar gemacht. Im Folgenden werden daher denkbare und intelligente Lösungen für relevante Fragestellungen der Dokumentation anhand einer Softwarelösung vorgestellt.

14.5.1 Personalisierung

Die Erwartungen an ein Unterstützungssystem sind je nach Nutzung sehr unterschiedlich, z.B. benötigen Managementbeauftragte andere Funktionen als Prozessverantwortliche (vgl. Abb. 14.8). Aus diesen Gründen können unterschiedliche Benutzeroberflächen angeboten werden, die jeweils auf die Bedürfnisse der Zielgruppen optimal angepasst sind.

Beispielsweise kann für die Nutzer bzw. Informationskonsumenten eines Qualitätsmanagementsystems eine vereinfachte Benutzungsoberfläche angeboten werden. Die Aufgabe dieser Funktionalität ist es dabei, eine einfache und intuitive Benutzung zu ermöglichen, die Fokussierung und Transparenz der Informationen zu erhöhen und somit die Akzeptanz des Qualitätsmanagementsystems zu steigern.

Darüber hinaus muss eine zentrale Schnittstelle für die Managementbeauftragten und Prozessverantwortlichen vorhanden sein, die sie bei der Pflege des Managementsystems unterstützt. Mit diesem Werkzeug werden folglich nur ausgewählte Mitarbeiter eines Unternehmens, die eine Verantwortung im Qualitätsmanagementsystem übernehmen, arbeiten. Dabei stehen insbesondere die Minimierung des Verwaltungs- und Pflegeaufwandes sowie das Sicherstellen der Normkonformität im Vordergrund.

Um die Nutzung einer Dokumentation und somit die Akzeptanz des gesamten Qualitätsmanagementsystems zu beurteilen, ist es erforderlich, die Benutzungsfreundlichkeit aus Sicht eines Mitarbeiters zu betrachten.

In einem Qualitätsmanagementsystem sind für einen einzelnen Mitarbeiter zahlreiche Informationen abgebildet, die für die eigene Arbeit nicht relevant sind. Diesem Problem wird in der Regel mit einer Klassifikation von Infor-

Abb. 14.8
Gestaltungsziele und Entwicklungsansatz eines intuitiv bedienbaren (benutzungsfreundlichen) Managementsystems

mationen und entsprechenden Suchmechanismen begegnet. Der jeweilige Mitarbeiter weiß dementsprechend, welche Prozesse für ihn relevant sind und wo diese zu finden sind, sodass er dorthin navigieren kann. Dazu muss eine geeignete Klassifikationsstruktur aufgebaut werden (siehe Kap. 14.3.2). Darüber hinaus muss gewährleistet werden, dass diese Struktur bei der (Ein-)Pflege von Informationen auch angewendet wird. Das kann insbesondere bei dezentraler Datenpflege zu Problemen führen, sodass für diese Strukturierung einer zentralen Stelle im Unternehmen die Verantwortung für diese Aufgabe übertragen bekommen muss. Innovative Softwarewerkzeuge stellen mit einer automatisch erstellten, personenspezifischen Zusammenstellung relevanter Informationen eine Personalisierung zur Verfügung, die einzelnen Mitarbeitern einen direkten Zugriff auf die für sie relevanten Informationen ermöglicht.
In dem in Abbildung 14.9 dargestellten Beispiel wird dem Mitarbeiter „Herr Müller" zusammengestellt, welche Prozesse und welche Veränderungen in dem Qualitätsmanagementsystem für ihn relevant sind. Darüber hinaus werden ihm relevante Kennzahlen in ihren aktuellen Ausprägungen mit Zielerreichungsgraden zusammengestellt.

14.5.2 Prozesslandschaft

Neben einer personalisierten Übersicht der Informationen, die für eine bestimmte Person in einem Qualitätsmanagementsystem relevant sind, ist in einer softwaregestützten Variante auch häufig die einfache Navigation durch die Prozesslandschaft des Unternehmens möglich. Diese Landschaft besteht aus einzelnen Prozessen und Dokumenten, die miteinander verknüpft sind und somit auch Schnittstellen in der Modellierung abdecken. Bei der Erstellung und insbesondere Pflege dieser Landschaft kann die Software sicherstellen, dass keine leeren Verknüpfungen durch das Löschen von Daten entstehen. Der

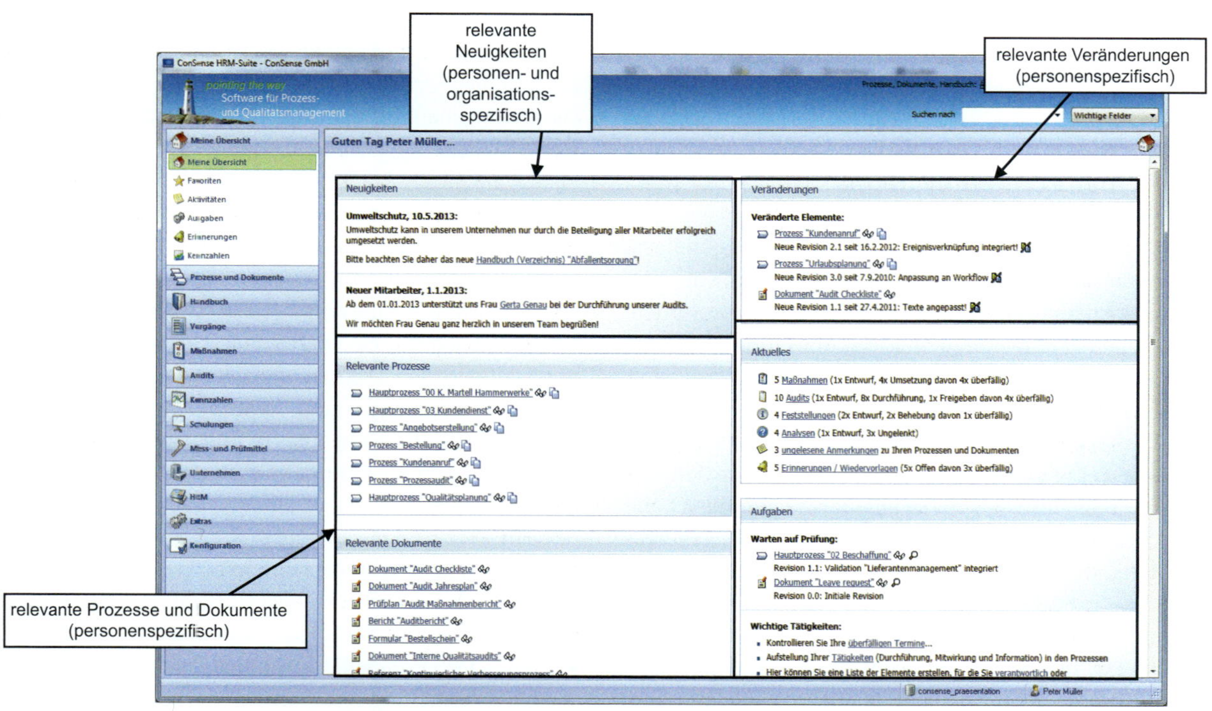

Abb. 14.9 Automatisch generierte, personenspezifische Übersicht eines Qualitätsmanagementsystems

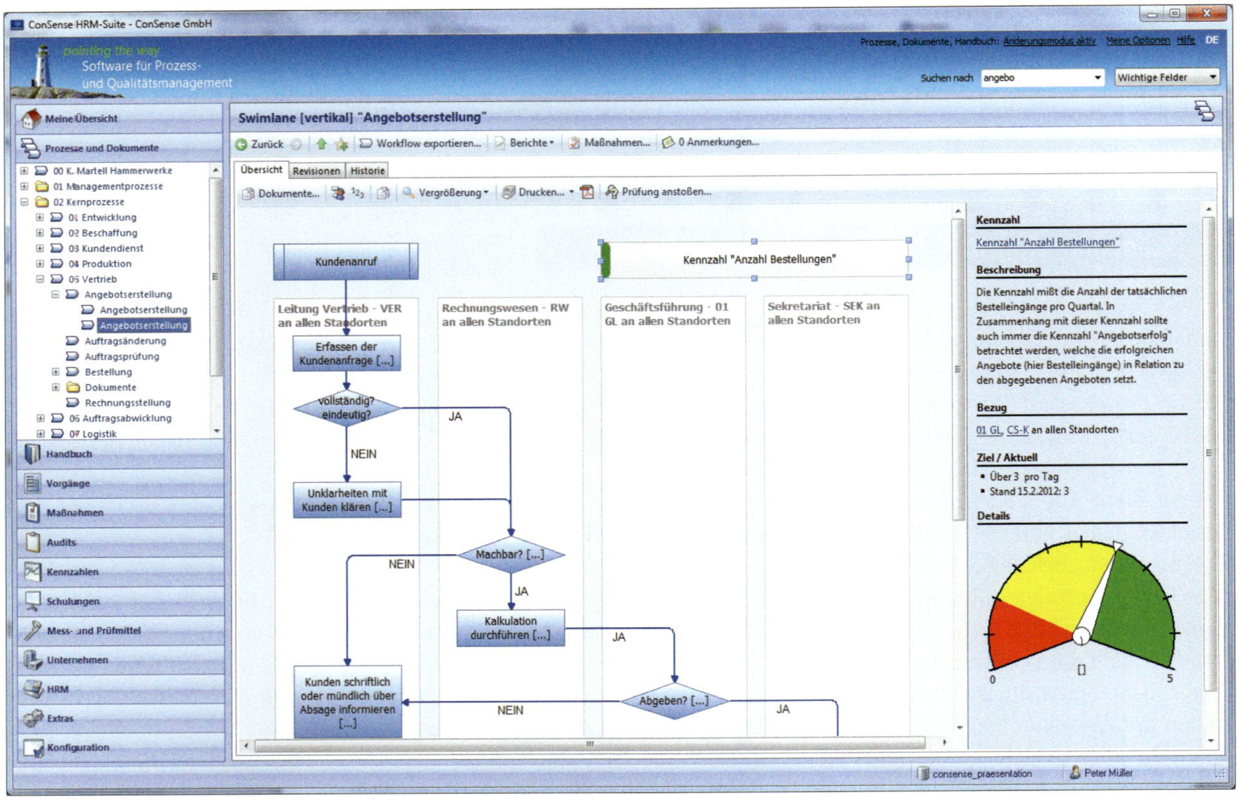

Abb. 14.10 Darstellung der interaktiven (Unternehmens-)Prozesslandschaft

Mitarbeiter eines Unternehmens navigiert somit auf Basis dieser Verknüpfungen durch die für ihn zugängigen Prozesse und sonstigen Elemente des QM-Systems (siehe Abb. 14.10).

14.5.3 Pflege des Qualitätsmanagementsystems

Die Pflege eines Qualitätsmanagementsystems umfasst zahlreiche Aufgaben, die in der Regel von dem oder den Qualitätsmanagementbeauftragten übernommen werden. Dabei fallen Routinetätigkeiten an, die durch geeignete Softwarefunktionalitäten für den QMB erleichtert oder aber ihm ganz abgenommen werden.

Ein aktives Arbeiten mit den QM-Dokumenten bedingt z.B. eine Fortschreibung der unterschiedlichen Revisionen bei Ergänzung und Änderung der Inhalte. Dies beinhaltet die Verwaltung weiterer für das QM notwendiger Parameter, wie z.B. Autor, Erstellungsdatum, Änderungsdatum, freigebende Person, Freigabedatum. Diese Daten wurden häufig manuell gepflegt und in das jeweilige Dokument z.B. in Kopf- und Fußzeilen integriert. Die Revisionen wurden dann durch ein entsprechendes Nummernsystem, das im Namen des Dokumentes verankert wird, vorgehalten. Dies führte zu einem hohen Pflegeaufwand, bei dem es mit zunehmender Anzahl von Dokumenten schwer und selten möglich ist, ein konsequentes Grundlayout der Dokumente (Kopf- und Fußzeilenbereich) zu erreichen.

Diese Aufgaben werden von Qualitätsmanagement-Softwarelösungen übernommen, damit wird der Qualitätsmanagementbeauftragte erheblich entlastet. Dabei kann sowohl das Revisionieren aller Dokumente als auch das Aktualisieren aller Parameter samt Protokollierung im Sinne einer Historienverwaltung automatisiert erfolgen. Dies schließt u.a. eine automatische Anpassung der Kopf- und Fußzeilen mit ein. Zu diesem Zweck werden für die unterschiedlichen Dokumentenarten des Qualitätsmanagementsystems Kopf- und Fußzeilen zentral definiert. Weiterhin werden Systemfelder integriert, welche die zu einem bestimmten Zeitpunkt gültigen Informationen in das spezifische Dokument automatisiert einfügen (siehe Abb. 14.11).

In Analogie dazu können zahlreiche weitere Routinetätigkeiten, die bei der Pflege eines Qualitätsmanagementsystems anfallen, unterstützt oder automatisiert werden:

- Audit (z.B. Protokolle zu einem bestimmten Prozess oder Dokument abspeichern)
- Mitarbeiter über die für sie relevanten Änderungen in-

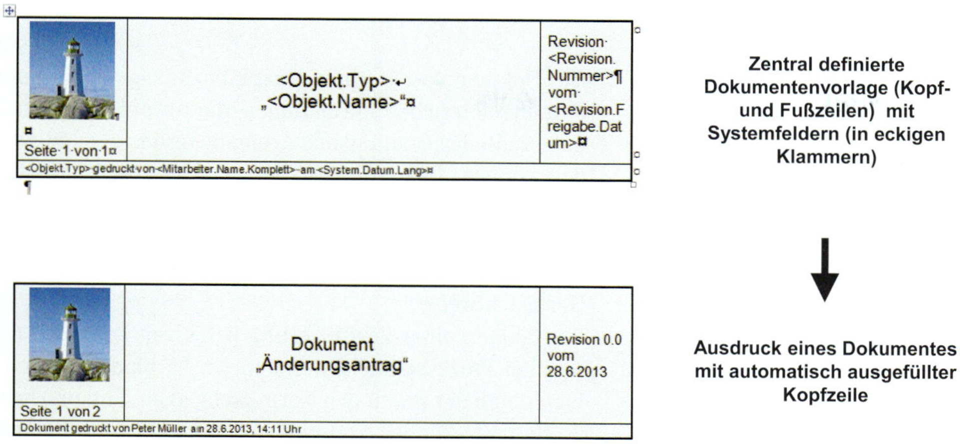

Abb. 14.11 Automatisierte Fortschreibung und Darstellung von Revisionsinformationen

formieren und die Kenntnisnahme sichern (via Bestätigungsbutton)
- inhaltliche Veränderungen unterschiedlicher Revisionsstände dokumentieren und anzeigen (siehe Abb. 14.12)
- Workflow zur Dokumentenlenkung steuern (z. B. Änderung → Prüfung → Freigabe)
- Überprüfung neu vergebener Nummern zur Klassifizierung von Dokumenten

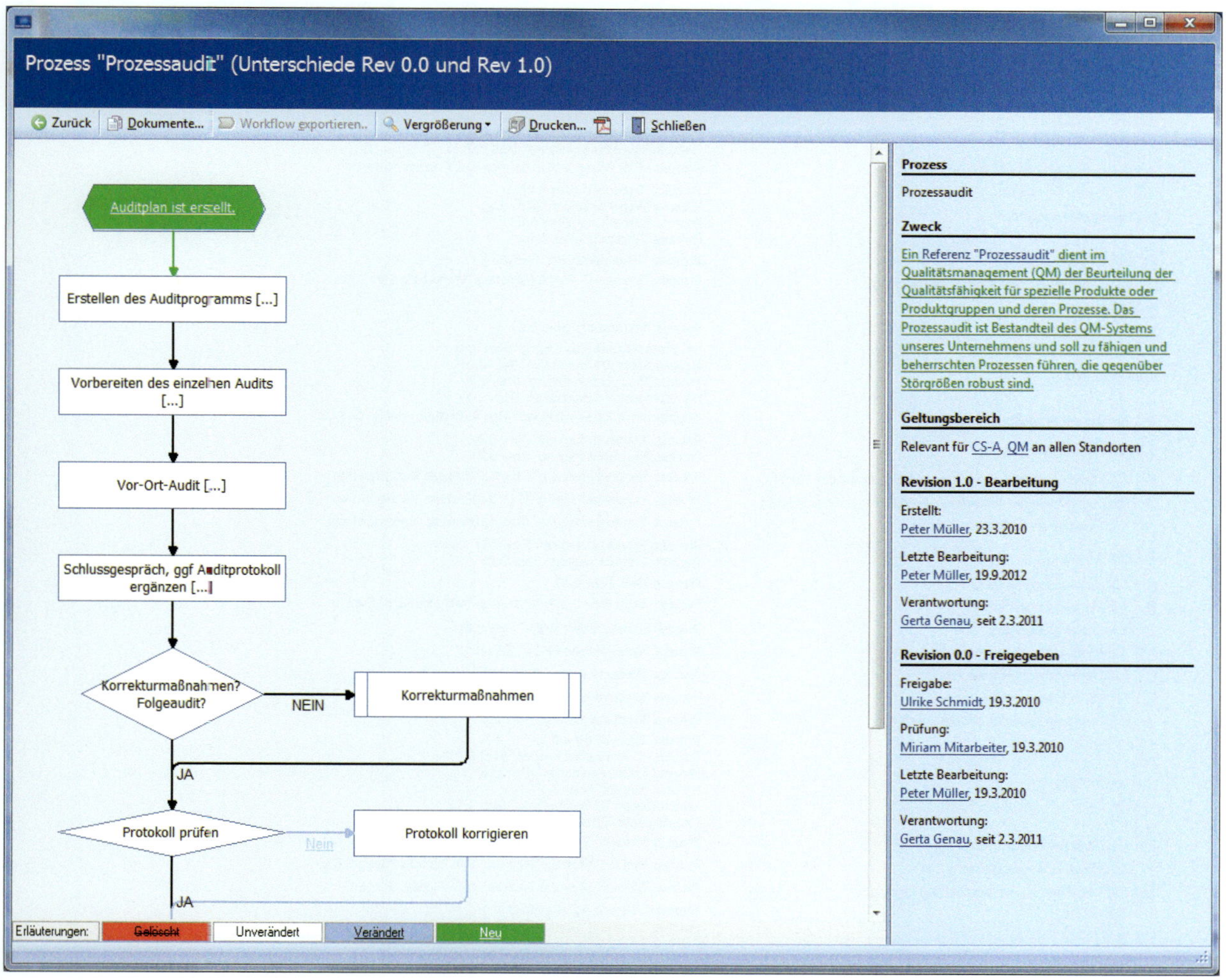

Abb. 14.12 Unterschiedliche Revisionsstände dokumentieren und anzeigen

- Dokumentation der Kenntnisnahme von Veränderungen auf der Ebene einzelner Mitarbeiter
- Zusammenstellen von Papierordnern für einzelne Organisationseinheiten (Abteilungen, Gruppen, Personen etc.) und Überprüfung der Aktualität der Ordner

Insgesamt erlauben es solche Berichte und Funktionen, dass die Bearbeitung des gesamten Systems stärker dezentralisiert erfolgen kann, da die Verantwortlichen mithilfe der Softwarelösungen dennoch einen Überblick über Veränderungen bzw. kritische Stellen erhalten. Auch dies fördert die Akzeptanz im Unternehmen, da es eine aktive und somit partizipative Einbindung aller Beteiligten auf der Ebene der Bearbeitung erlaubt.

II

14.5.4 Berichte

Die Dokumentation eines Qualitätsmanagementsystems enthält zahlreiche Informationen, die sowohl im als auch außerhalb des Qualitätsmanagementwesens genutzt werden können. Dazu können die vorhandenen Informationen unterschiedlich zusammengestellt und aufbereitet werden.

Normsichtweise:
Im Rahmen einer Zertifizierung ist es von Relevanz, die eigenen Prozesse und Dokumente in Verbindung zu den Elementen der jeweiligen Norm zu bringen. Entsprechende Berichte können von einem Softwaresystem automatisch generiert werden (siehe Abb. 14.13). So entfällt der damit verbundene Pflegeaufwand für den (Qualitäts-)Managementbeauftragten.

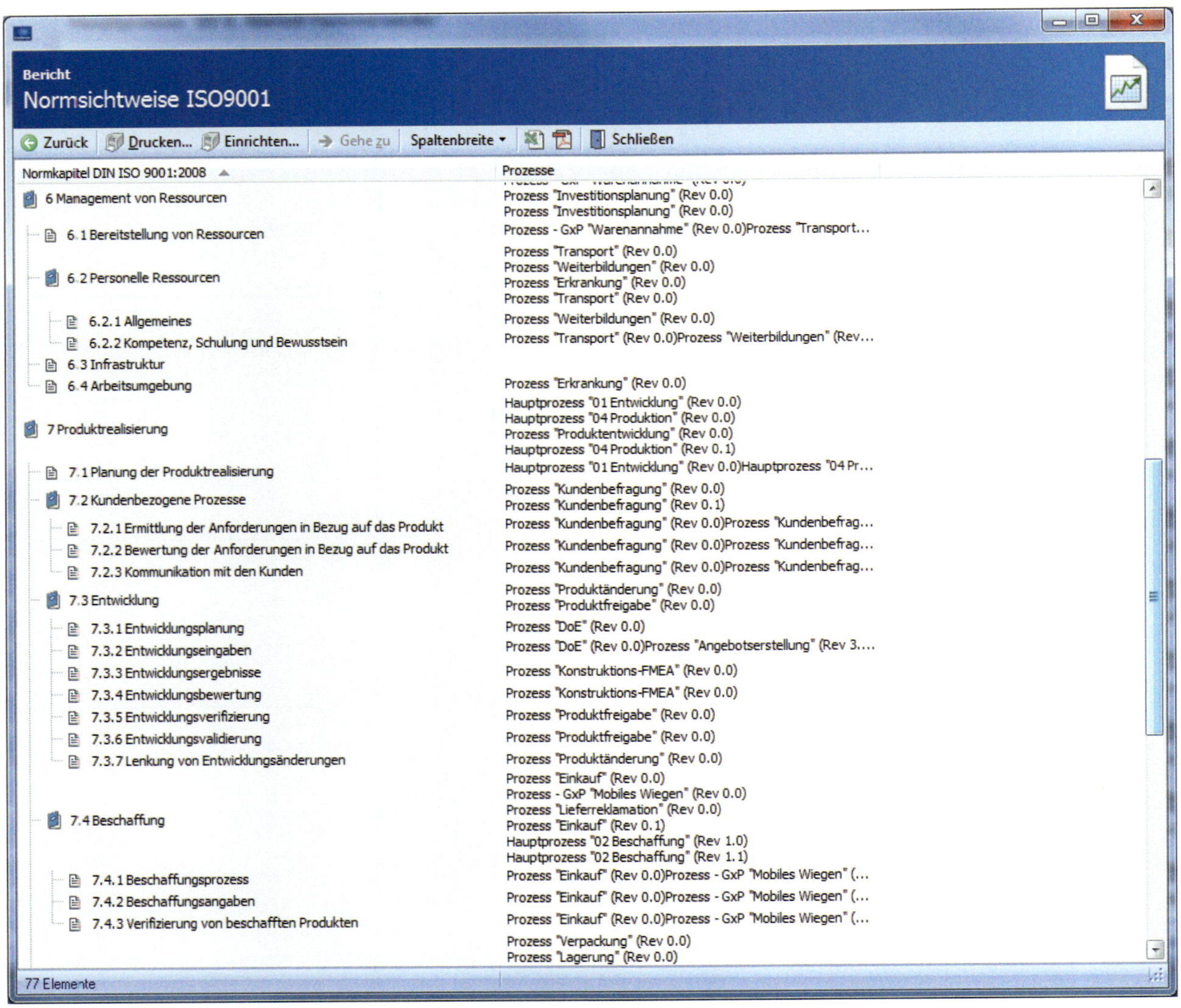

Abb. 14.13 Bericht zur Normsichtweise einer Qualitätsmanagement-Dokumentation

Status des Qualitätsmanagementsystems:
Der Qualitätsmanagementbeauftragte muss den aktuellen Stand des Qualitätsmanagementsystems kennen. Dazu können unterschiedliche Berichte generiert werden, die über Folgendes entsprechenden Aufschluss geben:

- den Status der Audits
- Häufigkeit von Veränderungen
- Revisionsstatus aller Prozesse und Dokumente
- Kennzahlen
- etc.

14.6 Zusammenfassung

Die Dokumentation ist ein zentraler Bestandteil eines Qualitätsmanagementsystems. Dabei sind neben den Anforderungen, die in den relevanten Normen zum Qualitätsmanagementsystem gestellt werden, die Potenziale, die sich auf der Unternehmens- und Mitarbeiterebene durch eine Dokumentation im Qualitätsmanagement ergeben, zu beachten. Um diesen unterschiedlichsten Anforderungsebenen gerecht zu werden, müssen drei Gestaltungsbereiche unterschieden werden: die Nutzung, Bearbeitung und Verwaltung von Dokumenten.
Bei der Erstellung und Pflege einer Dokumentation im Qualitätsmanagement müssen Strukturen und Klassifikationsschemata aufgebaut werden. Das Einbinden der Mitarbeiter bei dem Prozess des (Ein-)Pflegens von Informationen ist für die Transparenz und insbesondere Akzeptanz des gesamten Qualitätsmanagementsystems von erheblicher Bedeutung.
Die Komplexität eines QM-Systems und dementsprechend auch der zugehörige Dokumentationsbedarf wachsen sehr schnell an, sodass die Unternehmen große personelle Ressourcen zur Verfügung stellen müssen, um ein aktuelles und der Realität entsprechendes System aufrechtzuerhalten. Hier bieten heutzutage entsprechende Softwarelösungen Abhilfe und Unterstützung, die durch unterschiedliche zielgruppenorientierte Konzepte und intelligente Funktionalitäten die Komplexität beherrschbar machen und Routinetätigkeiten, die im Rahmen der Dokumentation eines Qualitätsmanagementsystems anfallen, übernehmen oder unterstützen.

Literatur

Bobzien, M./Stark, W./Straus, F.: Qualitätsmanagement. Sandmann, Alling 1996

Brandt, T.: Analyse existierender Ansätze zur Wirtschaftlichkeitsbeurteilung. In: Hansen, W./Kamiske, G.: Qualitätsmanagement. Methoden, Praxisbeispiele, Hintergründe. Digitale Fachbibliothek (CD-ROM). Symposium Publishing 2004

DIN 2005: Normen sind das Öl im Getriebe des Welthandels. Pressemitteilung DIN Verlag, 14. 04. 2005

DIN EN ISO 9001: Qualitätsmanagementsysteme – Anforderungen, Ausgabe 2008

Gmür, W./Straus, F.: Partizipatives Qualitätsmanagement in psychosozialen Beratungsstellen. Hintergründe, Anforderungen und Möglichkeiten von Qualitätssicherung nach dem Münchner Modell. In: Laireiter, A. R./Vogel, H. (Hrsg.): Qualitätssicherung in der Psychotherapie und psychosozialen Versorgung. DGVT, Tübingen 1998. S. 75 – 99

Hansen, W./Kamiske, G. F.: Qualitätsmanagement. Methoden, Praxisbeispiele, Hintegründe. Digitale Fachbibliothek (CD-ROM). Symposium Publishing 2004

Kamiske, G. F./Brauer, J.-P.: ABC des Qualitätsmanagements. Carl Hanser Verlag, München/Wien 1996

Oehme, O./Künzer, A./Kabel, D./Mackau, D.: Entwicklung eines intranetbasierten Wissens- und Qualitätsmanagementsystems. In: wt Werkstatttechnik online, Jahrgang 92, H. 3, 2002. S. 97 – 11

Pfeifer, T.: Qualitätsmanagement. Strategien, Methoden, Techniken. Carl Hanser Verlag, München/Wien 2001

Schmitt, R./Canales, C.: Effizienz von QM-Systemen verbessern. In: Hansen, W./Kamiske, G.: Qualitätsmanagement. Methoden, Praxisbeispiele, Hintergründe. Digitale Fachbibliothek (CD-ROM). Symposium Publishing 2004

15

Audit

15.1 Begriffsbestimmung ... 339

15.2 Audit als Managementinstrument ... 340

15.3 Arten von Audits ... 341
15.3.1 Produktaudit ... 341
15.3.2 Prozessaudit ... 344
15.3.3 Systemaudit ... 346

15.4 Ablauf des Audits ... 347

15 Audit

Joachim Herrmann

Das Audit ist eine besondere Form einer Prüfung, bei der festgestellt wird, inwieweit eine betrachtete Einheit die Forderungen erfüllt, die an sie gestellt werden. Bei der betrachteten Einheit kann es sich um ein Produkt, einen Prozess oder ein System handeln. Die Auditoren sollen organisatorisch nicht zum auditierten Bereich gehören und insofern unabhängig sein. Damit ist das Audit ein bewährtes und wirkungsvolles Managementinstrument. Die mittels Audits gewonnenen Informationen zeigen der Leitung und den geprüften Bereichen den Verbesserungsbedarf und damit die nicht ausgeschöpften Potenziale der Organisation. So können die Auditergebnisse als Ausgangspunkt eines kontinuierlichen Verbesserungsprozesses dienen.

15.1 Begriffsbestimmung

Die Norm DIN EN ISO 9000:2005 definiert Audit wie folgt: „**Audit:** systematischer, unabhängiger und dokumentierter Prozess zur Erlangung von Auditnachweisen und zu deren objektiver Auswertung, um zu ermitteln, inwieweit Auditkriterien erfüllt sind.

Anmerkung 1: Interne Audits, manchmal auch „Erstparteien-Audits" genannt, werden von der Organisation selbst oder in ihrem Auftrag für eine Managementbewertung und andere interne Zwecke durchgeführt. Sie können die Grundlage für eine Konformitätserklärung einer Organisation bilden. In vielen Fällen, insbesondere bei kleinen Organisationen, kann die Unabhängigkeit dargelegt werden durch die Freiheit von Verantwortung für die zu auditierenden Tätigkeiten.

Anmerkung 2: Externe Audits schließen ein, was allgemein „Zweit-" oder „Drittparteien-Audits" genannt wird. Zweitparteien-Audits werden von Parteien, die ein Interesse an der Organisation haben, wie z. B. Kunden, oder von Personen in deren Auftrag durchgeführt. Drittparteien-Audits werden von externen unabhängigen Organisationen durchgeführt, wie z. B. diejenigen, die eine Registrierung oder Zertifizierung der Konformität mit ISO 9001 oder ISO 14001 bieten.

Anmerkung 3: Wenn zwei oder mehr Managementsysteme zusammen auditiert werden, wird dies als „kombiniertes Audit" bezeichnet.

Anmerkung 4: Wenn zwei oder mehr Auditorganisationen zusammenarbeiten, um eine auditierte Organisation zu auditieren, wird dies als „gemeinschaftliches Audit" bezeichnet."

Diese Definition kann man mit einfacheren Worten wie folgt erklären: Das Audit ist eine besondere Form einer Prüfung, bei der festgestellt wird, inwieweit eine betrachtete Einheit die Forderungen erfüllt, die an sie gestellt werden. Diese Prüfung soll in ihrem Ablauf für den jeweiligen Zweck sinnvoll gestaltet und entsprechend dokumentiert sein. Außerdem wird verlangt, dass die Prüfenden – Auditoren genannt – nicht für die üblicherweise an der Einheit durchgeführten Prüfungen zuständig sind. Sie sind in diesem Sinne unabhängig und führen das Audit als zusätzliche Prüfung durch. Die Anmerkungen sprechen für sich selbst.

Je nach der betrachteten Einheit haben sich in der Praxis Audits von Produkten (Produktaudits), von Prozessen (Prozessaudits) und von Systemen (Systemaudits) durchgesetzt. Die drei Auditarten unterscheiden sich dadurch, dass an Produkte, Prozesse und Systeme grundsätzlich anders geartete Forderungen gestellt werden und deren Erfüllung entsprechend unterschiedlich zu prüfen ist. Dieser Sachverhalt ist in Tabelle 15.1 dargestellt, wobei die Aufzählung keinen Anspruch auf Vollständigkeit erhebt, sondern die Begrifflichkeit klären soll.

II

Tab. 15.1 Arten von Audits

	Produktaudit	Prozessaudit	Systemaudit
Gegenstand des Audits	Einzelteile Zusammenbauten Zwischenprodukte Endprodukte Dienstleistungen	Herstellprozesse Verwaltungsprozesse Dienstleistungsprozesse	Elemente von Systemen Untersysteme Gesamtsysteme
Zweck des Audits	Feststellen, inwieweit das Produkt die geforderte Beschaffenheit aufweist	Feststellen, inwieweit der Prozess entsprechend den Vorgaben betrieben wird, und inwieweit er das geforderte Ergebnis zuverlässig hervorbringt	Feststellen, inwieweit das aktuell vorhandene System dem geforderten Zustand entspricht
Forderungen (Spezifikationen)	Maße Gewichte Oberflächenmerkmale Werkstoffmerkmale Funktionsmerkmale Dienstleistungsmerkmale	Betriebsmittel Einstellwerte am Prozess Hilfsstoffe Arbeitsabläufe Umgebungseinflüsse Prozessfähigkeit	Aufbauorganisation Ablauforganisation Betriebsmittelüberwachung Prüfmittelüberwachung Dokumentation
Darlegung der Forderungen	Zeichnungen Tabellen Produktbeschreibungen	Einstellpläne Fertigungs- und Prüfpläne Arbeitsplatzbeschreibungen Instandhaltungspläne Reinigungspläne Umgebungsspezifikationen Qualifikation des Personals	Organisationsrichtlinien Qualitätsmanagement-Handbuch Umweltmanagement-Handbuch Unfallverhütungsvorschriften Arbeitsschutzvorschriften

II

15.2 Audit als Managementinstrument

In einer Organisation sind die jeweils beteiligten Mitarbeiter dafür verantwortlich,

- dass die Produkte, die sie herstellen, den Spezifikationen entsprechen.
- dass die dazugehörigen Prozesse nach den zuvor festgelegten Vorgaben betrieben werden.
- dass die in den Bereichen relevanten Systeme gemäß den gestellten Forderungen aufrechterhalten werden.

Die zuständigen Führungskräfte müssen zunächst die dafür notwendigen Bedingungen schaffen. Darüber hinaus gehört es zu ihren Führungsaufgaben, die Erfüllung der oben genannten Forderungen in einer geeigneten Form zu überwachen. Dafür eignen sich Audits in besonderer Weise:

- Sie stellen Prüfungen dar, die zusätzlich zu den routinemäßigen Tätigkeiten der Qualitätslenkung in den überwachten Bereichen durchgeführt werden.
- Sie werden durch Personen durchgeführt, die unabhängig von den überwachten Stellen arbeiten.
- Sie untersuchen Stichproben von nur wenigen Einheiten, liefern aber dafür sehr detaillierte Informationen.

Mit den Auditergebnissen stehen dem Management damit zuverlässige Informationen zur Verfügung, die mit einem vergleichsweise geringen Aufwand gewonnen werden. Werden Audits planvoll in allen Unternehmensbereichen durchgeführt, liefern sie eine Aussage, inwieweit die gültigen Vorgaben in der Organisation auf Produkt-, Prozess- und Systemebene eingehalten werden.

Audits liefern zunächst einen umfassenden Soll-Ist-Vergleich. Damit bilden sie aber auch die Basis für einen kontinuierlichen Verbesserungsprozess, der allerdings vom Management angeregt werden muss. Die Schritte, die dazu nötig sind, kann man grundsätzlich wie folgt auflisten:

1. Durch Audits Abweichungen feststellen
2. Abweichungen analysieren
3. Ziele setzen und Korrekturmaßnahmen planen
4. Korrekturmaßnahmen durchführen
5. Ergebnisse beobachten
6. Ergebnisse absichern
7. Neue Ziele setzen

Unschwer kann man diese Aktivitäten den Phasen des Deming,schen PDCA-Zyklus zuordnen. Sie entsprechen andererseits auch den typischen Aufgaben des Controllings, weswegen man die Audits in dieser erweiterten Form als Instrument innerhalb eines Qualitätscontrollings ansehen kann (Abb. 15.1).

Das Controlling in den Unternehmen arbeitet bisher weitgehend mit betriebswirtschaftlichen Kennzahlen. Diese ergebnisbezogene Orientierung ist insofern einseitig, als sie nicht die Leistungspotenziale in der Organisation aufzudecken vermag (Wildemann 1994). In diesem Sinne ist ein Qualitätscontrolling eine wertvolle Ergänzung zum finanziellen Controlling:

- Das Produktaudit erlaubt u.a. Rückschlüsse auf die Kundenzufriedenheit und zeigt Potenziale zu deren Steigerung auf.
- Das Prozessaudit lässt Potenziale zur Qualitätsverbesserung an den Produkten erkennen, aber auch solche zur Kostensenkung und zur Verringerung von Durchlaufzeiten.
- Das Systemaudit weist auf Möglichkeiten hin, die Geschäftsprozesse auf Konsistenz und hinsichtlich ihrer Nahtstellen zu verbessern und die Politik des Unternehmens auf allen Führungs- und Ausführungsebenen besser zu verankern.

Da Audits als Überwachungsmaßnahmen des Managements anzusehen sind, werden sie von den überwachten Mitarbeitern häufig als bedrohend empfunden. Hinzu kommt, dass zu den internen Audits auch externe dazukommen, sei es durch Auditoren von Kundenunternehmen, von Regierungsstellen oder von Zertfizierungsgesellschaften. Für die Unternehmensleitung empfiehlt es

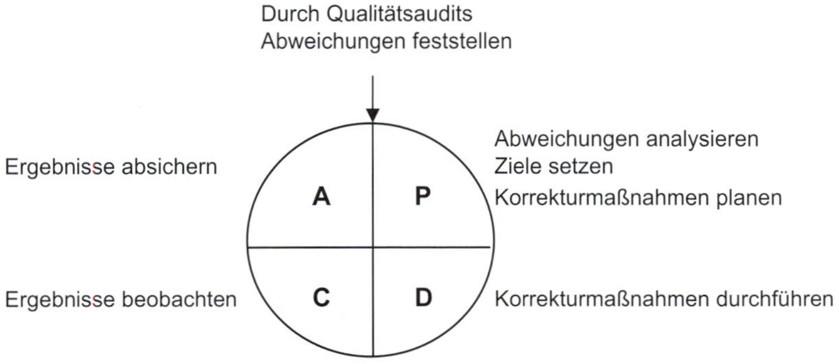

Abb. 15.1
Audits und Qualitätscontrolling

sich daher, eine Kultur zu pflegen, in der Audits als wertvolle Informationsinstrumente erkannt werden. Nicht die Schuldzuweisung als Folge entdeckter Abweichungen steht dabei im Vordergrund, sondern die aufgezeigten Möglichkeiten der Unternehmensentwicklung.
Außerdem sollte in einer zentralen Organisationseinheit ein periodischer Auditplan aufgestellt werden. Sind etwa in einer absehbaren Zeit Qualitätsaudits durch externe Stellen zu erwarten, sollten sie in den Auditplan integriert werden und etwaige interne Audits ersetzen.

15.3 Arten von Audits

15.3.1 Produktaudit

Das Produktaudit ist eine Qualitätsprüfung von Produkten, wobei hierunter auch Dienstleistungen als immaterielle Produkte zu verstehen sind. Im Rahmen des Produktaudits wird festgestellt, inwieweit die Merkmale der betrachteten Produkte die jeweiligen Spezifikationen erfüllen. Das Produktaudit unterscheidet sich wesentlich von Qualitätsprüfungen, wie sie im Rahmen der Qualitätslenkung von den zuständigen operativen Stellen gemäß den Fertigungs- und Prüfplänen durchgeführt werden:

- Es werden Stichproben geprüft, deren Umfang klein ist.
- Die Stichproben beinhalten Produkte, die bereits von den zuständigen Stellen geprüft und freigegeben worden sind.
- In die Prüfung werden möglichst viele Merkmale einbezogen.
- Die Prüfung sollte nach Möglichkeit auch Anforderungen von Kunden berücksichtigen.

Da beim Produktaudit nur kleine Stichproben geprüft werden, sind die Ergebnisse statistisch nicht signifikant. Dabei ist aber auch die folgende Überlegung statistisch begründet: Falls man in einer kleinen Stichprobe einen Fehler findet, ist es wenig wahrscheinlich, dass es sich um einen seltenen Fehler handelt. Vielmehr ist anzunehmen, dass dieser Fehler häufiger vorkommt und daher vorrangig abzustellen ist.
Führt man Produktaudits regelmäßig durch, kann man aus dem Zeitverlauf der Ergebnisse Schlüsse ziehen, auch wenn die Einzelwerte nicht statistisch gesicherte Aussagen ermöglichen. Beispielsweise lassen Trends in der Zeit auf Verbesserungen oder Verschlechterungen des Produktes schließen; auch Vergleiche zwischen Betriebsteilen oder unterschiedlichen Standorten sind schlüssig, wenn sich Einzelwerte aus Produktaudits immer in der gleichen Weise unterscheiden.
Wenn es sich beim auditierten Produkt um ein einfaches Einzelteil handelt, kann man alle seine spezifizierten Merkmale in die Prüfung einbeziehen. Mit zunehmender Komplexität des Produktes wird das nicht mehr möglich sein. Wenn ein Einzelteil sehr viele spezifizierte Merkmale aufweist, wird man nur eine Auswahl davon in die Auditcheckliste aufnehmen. Wenn es sich bei der auditierten Einheit um einen Zusammenbau handelt, lassen sich Einzelteile oft nicht mehr mit vertretbarem Aufwand demontieren und prüfen. In solchen Fällen werden anstatt der Teilemerkmale spezifizierte Funktionen des Zusammenbaus geprüft. Zusätzlich zu Produktmerkmalen und -funktionen kann es sinnvoll sein, weitere Kundenforderungen, etwa an die Verpackung und den Versand in das Audit einzubeziehen. Anhand von zwei Beispielen soll gezeigt werden, wie ein Produktaudit mit den entsprechenden Checklisten aufgebaut sein kann.

Produktaudit für ein elektromechanisches Relais

Beim Produkt handelt es sich um ein elektromechanisches Relais, das zur Steuerung der Kraftstoffpumpe eines Pkw eingesetzt wird. Im Rahmen des Produktaudits entnimmt der Auditor einmal wöchentlich eine Stichprobe von fünf versandfertigen Relais aus ihrer Verpackung und nummeriert sie. Die Prüfung ist in die folgenden vier Abschnitte unterteilt:

1. Versandprüfung (Beschriftung, Verpackung etc.)
2. visuelle und mechanische Prüfung im zusammengebauten Zustand
3. visuelle, mechanische und elektrische Prüfung im teilweise zerlegten Zustand
4. Funktionsprüfung

Die einzelnen Prüfungen sind in einer Checkliste zusammengestellt (Abb. 15.2).
Jeder der vier Abschnitte enthält eine Reihe von Merkmalen, die von den Auditoren geprüft werden. Die Ist- Werte werden dabei mit den Vorgaben verglichen. Treten Abweichungen auf, werden diese durch ein Kreuz in der Spalte für den jeweiligen Prüfling gekennzeichnet.
Die vorletzte Spalte enthält die im Voraus festgelegten Fehlerpunkte pro gefundenen Fehler. Durch die Fehlerpunkte wird eine Gewichtung der Fehler aus Kundensicht vorgenommen. In der letzten Spalte (Fehlerpunkte pro Teil) werden die in der Stichprobe insgesamt gefundenen Fehlerpunkte durch fünf dividiert und damit auf das einzelne Relais bezogen.
Die Prüfmerkmale der Funktionsprüfung am Ende der Checkliste weisen aufgrund der entscheidenden Bedeutung für den Kunden (Funktionsversagen) die maximale

II

Produktaudit Nr. 3
(Allgemeine Merkmale)

Kunde	Artikel Relais 27.0100	Zeichn.-Nr./Index	Blatt von
Anzahl Prüflinge 5	Entnahmeort/Datum		
Prüfer	Unterschrift	Verteiler	

	Merkmal	Soll	Ist	Fehlerpunkte pro Fehler	Fehlerpunkte pro Teil
Entnahme-ort	Teilenummer	o.k.		30	
	Anzahl	o.k.		30	
	Sauberkeit	o.k.		5	
	Verpackungsart	o.k.		30	
	Lage in der Palette	o.k.		30	
	Fi/Fo-Prinzip	o.k.		5	
Über-prüfung mit Kappe	• Bedruckung und Stempel richtig sauber + lesbar	o.k.		30	
	• Lagerichtig eingekappt	o.k.		30	
	• Vernietung der Stecker in Grundplatte sauber und fest	o.k.		50	
	• Stecker gerade und gleitend in Stecklehre	o.k.		50	
Über-prüfung ohne Kappe	• Kappe keine Fremdteile	o.k.		30	
	• Zinnspritzer Lötkugel	o.k.		30	
	• Kalte Lötstelle besonders Steckeranschlüsse	o.k.		100	
	• Kontakte fluchten von Mitte ± 1 mm	o.k.		30	
	• Wicklung hat keine Berührung mit Joch	o.k.		100	
	• Spulenanschlüsse richtig eingelötet	o.k.		30	
	• Zugfeder richtig eingehängt	o.k.		50	
	• Litze nicht ausgefranst (Verschweißung)	o.k.		30	
	• Verstemmung Anker/Blattfeder	o.k.		30	
	• neg. Pol der Elkos in eine Richtung	o.k.		50	
	• Durchzugspannung	≤ 7,9 V		50	
	• Abfallspannung	≥ 2,0 V		30	
	• Kontaktabstand	≥ 0,4 mm		30	
	• Kontaktkraft	≥ 180 cN		50	
Prüfung mit Kappe	• Kontrolle elektr. Parameter				
	• Vorglühzeit	3-5 s		100	
	• Bereitschaftszeit	8-12 s		100	
	• Nachglühzeit	145-215 s		100	
				QWZ	

Abb. 15.2
Checkliste für ein Produktaudit eines elektromechanischen Relais (Quelle: Kräcker)

Fehlergewichtung von 100 auf. Als Gesamtsumme aller Einzelwerte in der letzten Spalte ergibt sich die „Qualitätswertzahl" QWZ als Kennzahl für die Produktqualität der untersuchten Relais.

Die Dauer des Produktaudits mit insgesamt 28 untersuchten Produktmerkmalen beträgt etwa zwei Stunden. Die ausgefüllte Checkliste dient gleichzeitig als Auditbericht und wird an die Geschäftsführung sowie an den zuständigen Produktionsleiter verteilt.

Produktaudit für ein Automobil

Bei einem Auto, das aus mehr als sechstausend Einzelteilen besteht, muss das Produktaudit so gestaltet werden, dass es mit einem vertretbaren Aufwand durchgeführt werden kann. Abbildung 15.3 zeigt eine Seite aus der 82-seitigen Checkliste, die ein Automobilhersteller verwendet. Die erste Spalte dieser Checkliste enthält mögliche Fehlerorte, die zu prüfen sind. Zu jedem Fehlerort

Code	Prüfpunkt	Ort	BA	W/Zone	BA	W/Zone	BA	W/Zone
5522	Frontklappe außen	A						
5522	Frontklappe innen	I						
55229	Dichtung Frontklappe							
55223	Dekorfolie Frontklappe							
66443	Abdeckung/Blende Frontklappe							
55224	Schriftzugfolie Frontklappe							
66042	Frontklappe Lüftungsgitter							
5518	Fanghaken/Frontklappe							
55141	Fanghakenentriegelung Frontklappe							
55801	Schloss Frontklappe							
5038	Schlossträger links	L						
5038	Schlossträger mitte	M						
5038	Schlossträger rechts	R						
5514	Zug Deckelschlossentriegelung vorn							
55191	Zentrierung Frontklappe links	L						
55191	Zentrierung Frontklappe rechts	R						
5530	Stützstange Frontklappe							
5531	Gasdruckfeder Frontklappe vo.							
55225	Anschlag/Gummipuffer Frontklappe							
552210	Folie Anschlagpuffer Frontklappe links	L						
55221	Serviceklappe/Wartungsdeckel vorn							
55222	Dichtung f. Wartungsdeckel vorn							
70171	Dämmmatte Frontklappe							
50956	Verschlussstopfen Frontklappe links	L						
50956	Verschlussstopfen Frontklappe rechts	R						
5525	Deckelscharnier vorn links	L						
5525	Deckelscharnier vorn rechts	R						
55251	Abdeckung Deckelscharnier vo. links	L						
55251	Abdeckung Deckelscharnier vo. rechts	R						
92541	Kabel-/Schlauchführung Frontklappe							
66011	Frontend							
5532	Cw-Leiste links	L						
5532	Cw-Leiste rechts	R						
55321	Cw-Leiste Frontend							
66012	Blende Frontend links	L						
66012	Blende Frontend rechts	R						
66013	Zierleiste Abschluss vo. Frontend							
50955	Verschlussstopfen Vorderwagen							
5011	Abschlussblech vorn un.							
66492	Folien allgemein							
66501	Zertifikat/Klebezettel allgemein							
28204	Hinweisschild Zündanlage/Motorregelung							
19062	Hinweisschild Kühlmittel							

Abb. 15.3 Ausschnitt aus einer Checkliste für ein Produktaudit eines Automobils (Quelle: Volkswagen)

II

können höchstens drei Fehler eingetragen werden, wobei jeder Fehler durch die Beanstandungsart (BA) und eine zugehörige Fehlerpunktzahl (W/Zone) beschrieben wird. Stellt der Auditor beispielsweise eine Verschmutzung durch Schleifmittelreste auf der Frontklappe außen fest, trägt er die Beanstandungsart ODD und 20 Fehlerpunkte ein. Die Buchstabenkombinationen für Beanstandungsarten und die dazu fallweise zu vergebenden Fehlerpunkte sind in einer weiteren Liste festgelegt. Nach Abschluss des Audits werden die Fehlerpunkte addiert und die Summe in eine einzige Kennzahl nach dem Schulnotensystem umgewandelt.

II

15.3.2 Prozessaudit

In der Praxis werden die Begriffe Prozessaudit und Verfahrensaudit häufig synonym verwendet. DIN EN ISO 9000:2005 definiert wie folgt:
„**Prozess:** Satz von in Wechselbeziehung oder Wechselwirkung stehenden Tätigkeiten, der Eingaben in Ergebnisse umwandelt.
Anmerkung 1: Eingaben für einen Prozess sind üblicherweise Ergebnisse anderer Prozesse.
Anmerkung 2: Prozesse in einer Organisation werden üblicherweise geplant und unter beherrschten Bedingungen durchgeführt, um Mehrwert zu schaffen.
Anmerkung 3: Ein Prozess, bei dem die Konformität des dabei erzeugten Produkts nicht ohne Weiteres oder in wirtschaftlicher Weise verifiziert werden kann, wird häufig als „spezieller Prozess" bezeichnet.
Verfahren: Festgelegte Art und Weise, eine Tätigkeit oder einen Prozess auszuführen.
Anmerkung 1: Verfahren können dokumentiert sein oder nicht.
Anmerkung 2: Wenn ein Verfahren dokumentiert ist, werden häufig Benennungen wie ‚schriftlich niedergelegtes Verfahren' oder ‚dokumentiertes Verfahren' verwendet. Das ein Verfahren beinhaltende Dokument kann als ‚Verfahrensdokument' bezeichnet werden."
Insgesamt geht es bei dieser Art von Audit um eine Prüfung, bei der nicht nur die Art und Weise betrachtet wird, in der ein Prozess ausgeführt wird, sondern auch, unter welchen sonstigen Bedingungen und mit welchem Ergebnis das geschieht. Daher greift die Bezeichnung Verfahrensaudit zu kurz, und im Folgenden soll der Name Prozessaudit verwendet werden.
Grundsätzlich können die Merkmale, die einen Prozess beschreiben und an die Forderungen gestellt werden können, den folgenden Hauptursachen zugeordnet werden:

- Mensch: Sind die Mitarbeiter für das Betreiben des Prozesses hinreichend qualifiziert und wurden sie in ihre Arbeitsplätze hinreichend eingewiesen?
- Maschine (Mittel): Werden die richtigen Betriebsmittel eingesetzt und sind sie entsprechend den Vorgaben eingestellt? Werden sie nach Vorschrift gewartet und gereinigt?
- Methode (Verfahren): Werden die Tätigkeiten im Prozess entsprechend den Verfahrensanweisungen durchgeführt?
- Material: Werden die vorgeschriebenen Rohteile, Schneidstoffe, Betriebs- und Hilfsmittel verwendet?
- Umwelt: Sind die Umweltbedingungen so wie in der Planung angenommen?

Man erkennt in dieser Aufzählung unschwer die erweiterten „4M", die das Prozessergebnis grundsätzlich beeinflussen können und deshalb spezifiziert werden sollten. Die nach ihrer möglichen Ursache geordneten Merkmalsgruppen können, je nach der Komplexität des zu auditierenden Prozesses, viele einzelne Merkmale enthalten. In Zusammenhang mit dem Prozessaudit muss man mit Rücksicht auf den Prüfungsaufwand entweder den Prozess in Unterprozesse zerlegen und diese auditieren oder eine Auswahl der betrachteten Prozessmerkmale treffen. Als Grundlage für ein Prozessaudit muss eine eigens darauf abgestimmte strukturierte Checkliste erstellt werden. Es wird selten möglich sein, auf vorgefertigte Checklisten zurückzugreifen. Die Erstellung der Checkliste ermöglicht wiederum erste Erkenntnisse darüber, ob die Dokumentation zum Prozess vollständig ist. Bei der Durchführung eines Prozessaudits werden die notwendigen Informationen nicht nur durch Tätigkeiten wie Messen, Prüfen und Vergleichen, sondern auch durch persönliche Gespräche gewonnen. Dies stellt entsprechende Anforderungen an die Sozialkompetenz der Auditoren.

Prozessaudit für das Nieten einer Telefonanschlussdose

Das folgende Beispiel beschreibt ein Prozessaudit für das Nieten einer Telefonanschlussdose. Für die Bearbeitung der in Abbildung 15.4. wiedergegebenen Checkliste braucht ein Auditor etwa eine Stunde.
Die Abkürzungen wie zum Beispiel F-AW-1 beziehen sich auf eine Arbeitsplatzbeschreibung, die unter anderem Angaben zum Prozess enthält. Auf die Vergabe von Fehlerpunkten wurde verzichtet. Abweichungen vom vorgegebenen Prozessverlauf werden in der Spalte „Bemerkungen" festgehalten und mit den Beteiligten besprochen.

Prozessaudit		**Nieten Telefonanschlussdose**			
Gruppe	Untergruppe	Merkmal	Soll	Ist	Bemerkungen
Mensch		Qualifikation	nach F-MQ-3		
	Kenntnisse	Folgen von Fehlleistungen	nach F-AW-1		
		Arbeitsanweisungen	nach F-AW-1		
		Reinigungs- und Wartungsarbeiten	nach F-AW-1		
		Verhalten im Konfliktfall	nach F-AW-1		
Maschine		Maschine entsprechend Spezifikation	nach F-AW-1		
	Wartung	Stößelführung abschmieren	2´ wöchentlich		
		Maschinenöl	4 E 50		
		Wasser ablassen	täglich		
		Ölvernebler einstellen	alle 2 Tage		
	Reinigung	Schlittenführung reinigen	täglich		
		Arbeitsplatz reinigen	täglich		
		Nietmaschine abwischen	wöchentlich		
Methode	Arbeitsfolge	Arbeitsschritte	nach F-AW-1		
		Prüfvorgänge Produkt	nach F-AW-1		
		Ablage Ausschuss und Nacharbeit	rote Behälter		
		Prozess-Überwachung	täglich nach Checkliste		
	Einstellung	Druckluft	grünes Feld		
		Prozesszeit	2,5 Sekunden		
		Schlüsselstellung	grüne Markierungen		
	Sicherheit	Abstand Nietstempel zu Werkstück	max. 8 mm		
Material		Sockel	Ober- und Unterteil rasten		
		Tragring	gratfrei		
		Gewindebuchsen	nach Lehre		

Abb. 15.4 Checkliste für ein Prozessaudit (Quelle: Kräcker)

15.3.3 Systemaudit

Unter Systemaudit versteht man das Audit eines Qualitätsmanagementsystems (QM-Systems) oder eines seiner Teile wie

- Qualitätspolitik und -strategie
- Qualitätsplanung
- Qualitätslenkung
- Qualitätssicherung
- Qualitätsverbesserung.

Deshalb sind Systemaudits – selbst wenn sie im Sinne einer Stichprobe nur einzelne Teile des QM-Systems prüfen – komplexer und damit aufwendiger als Prozess- oder Produktaudits.

Die DIN EN ISO 9001:2000 enthält die wesentlichen Forderungen, die an ein zeitgemäßes QM-System zu stellen sind. Auf dieser Grundlage sollten Organisationen ein an die eigenen Besonderheiten angepasstes QM-System entwickeln und dieses in einer angemessenen Form dokumentieren. Die Dokumentation fasst man zweckmäßigerweise in einem QM-Handbuch zusammen. Es beschreibt – neben anderen „mitgeltenden Unterlagen" – einen Sollzustand, mit dem das aktuelle QM-System der Organisation im Rahmen eines Systemaudits verglichen werden muss.

Wegen der komplexen Natur von Systemaudits werden in der DIN EN ISO 1901:2002 Hinweise bereitgestellt

- zur Durchführung von internen und externen Systemaudits.
- zur Qualifizierung und Bewertung von Auditoren.

Eine besondere Bedeutung haben Systemaudits erlangt, weil aufgrund ihrer Ergebnisse eine Zertifizierung der Organisation nach DIN EN ISO 9001:2000 erfolgen kann.

Bei der Durchführung des Systemaudits zur Zertifizierung (Zertifizierungsaudit) gehen die Zertifizierungsgesellschaften nach Checklisten in Form von Fragenkatalogen vor. Abbildung 15.5. zeigt als Beispiel einen Ausschnitt des Fragenkataloges zum International Railway Industry Standard (IRIS). Der vorgefundene Stand zu den einzelnen Fragen wird jeweils mit „Poor" (1 Punkt) bis „Optimized" (4 Punkte) bewertet.

In ihren Interviews mit Angestellten der auditierten Organisation stellen die Auditoren zweierlei fest:

IRIS Rev.02 - Fragenkatalog

Nr.:	Frage:	Poor:	Defined:	Qualified:	Optimized:	Feststellungen / Nachweise
6.2	Personelle Ressourcen					
6.2.2	Fähigkeit, Schulung und Bewusstsein					
6.2.2-1	Wie ermittelt die Organisation: a) die notwendigen Fähigkeiten des Personals, das die Produktqualität beeinflussende Tätigkeiten ausübt?	Wesentliche Fähigkeiten für einiges Personal, das die Produktqualität beeinflussende Tätigkeiten ausübt, sind definiert.	Die Organisation hat die notwendigen Fähigkeiten des Personals, das die Produktqualität beeinflussende Tätigkeiten ausübt, ermittelt.	Plus: Kompetenzen für das Personal, welches die Produktqualität beeinflussende Tätigkeiten ausübt, sind systematisch dokumentiert (z.B. in Profilen der Fähigkeiten) und werden periodisch bewertet.	Plus: Alle technischen und Verhaltenskompetenzen für das gesamte Personal, welches Produktqualität beeinflussende Tätigkeiten ausübt, werden mit einem umfassenden und transparenten System verwaltet.	
6.2.2-2	Wie: b) sorgt die Organisation zur Deckung des Bedarfs für Schulung oder ergreift andere Maßnahmen zur Deckung dieses Bedarfs? c) beurteilt die Organisation die Wirksamkeit der ergriffenen Maßnahmen? d) stellt die Organisation sicher, dass ihr Personal sich der Bedeutung und Wichtigkeit seiner Tätigkeit bewusst ist und weiß, wie es zur Erreichung der Qualitätsziele beiträgt?	Gelegentliche Schulung nach Bedarf. Die Mitarbeiter sind sich der Bedeutung und Wichtigkeit ihrer Tätigkeiten in Bezug auf die Produktqualität bewusst.	Wo anwendbar, sorgt die Organisation zur Deckung des Bedarfs für Schulung oder ergreift andere Maßnahmen zur Deckung dieses Bedarfs. Die Organisation beurteilt die Wirksamkeit der ergriffenen Maßnahmen und stellt sicher, dass ihr Personal sich der Bedeutung und Wichtigkeit seiner Tätigkeit bewusst ist und weiß, wie es zur Erreichung der Qualitätsziele beiträgt.	Plus: Die Organisation führt Schulungen an kritischen Prozessen durch, bewertet ihre Wirksamkeit durch den Einfluss auf die Produktqualität. Der Ausbildungsbedarf wird systematisch durch einen Beurteilungsprozess identifiziert.	Plus: Die Organisation hat ihre Schulungsmaterialien regelmäßig überprüft und verbessert die Qualität der Schulungen ständig.	
6.2.2-3	Hält die Organisation e) geeignete Aufzeichnungen zu Ausbildung, Schulung, Fertigkeiten und Erfahrung aufrecht?		Die Organisation hält geeignete Aufzeichnungen zu Ausbildung, Schulung, Fertigkeiten und Erfahrung aufrecht.			
6.2.2-4	Wie stellt die Organisation sicher, dass f) gewährleistet ist, dass ihr Personal sich über die Relevanz und Wichtigkeit ihrer Aktivitäten bewusst ist und weiß, wie es zur Erreichung der Sicherheitsziele beiträgt?	Gelegentliche Schulungen nach Bedarf. Die Mitarbeiter sind sich der Bedeutung und Wichtigkeit ihrer Tätigkeiten in Bezug auf die Produktsicherheit bewusst.	Die Organisation stellt sicher, dass ihr Personal sich über die Bedeutung und Wichtigkeit ihrer Aktivitäten bewusst ist und weiß, wie es zur Erreichung der Sicherheitsziele beiträgt.	Plus: Die Organisation führt Schulungen an kritischen Prozessen durch, bewertet ihre Wirksamkeit durch den Einfluss auf die Produktsicherheit. Der Schulungsbedarf wird systematisch durch einen Beurteilungsprozess identifiziert.	Plus: Die Organisation hat ihre Schulungsmaterialien regelmäßig überprüft und verbessert die Qualität der Ausbildung kontinuierlich.	

Seite 1 von 1 — Fragenkatalog 3.2 - Rev. V3.2.0.0 — gj, 2010 11 15

Abb. 15.5 Ausschnitt aus einer Checkliste für ein Systemaudit (Quelle: UNIFE)

1. Ist die Normforderung im QM-Handbuch oder in anderen verbindlichen Dokumenten enthalten?
2. Kann die Einhaltung der Vorschrift im Betriebsgebaren beobachtet werden?

Nach Abschluss der Untersuchung stellt das Auditteam einen Abweichungsbericht zusammen und stellt diesen der Geschäftsleitung des auditierten Unternehmens vor. Auf Empfehlung des leitenden Auditors wird von der Zertifizierungsgesellschaft das Zertifikat erteilt oder verweigert. Abweichungen können sofort oder zu einem späteren Zeitpunkt korrigiert werden. Im zweiten Fall muss die Zertifizierungsstelle davon schriftlich unterrichtet werden. Sie behält sich vor, die Korrekturmaßnahmen in einem Nachaudit zu überprüfen.
Ein Zertifizierungsaudit kann je nach Größe und Komplexität der zu untersuchenden Organisation von zwei Tage bis zu mehreren Wochen dauern.

Literatur

DGQ-DQS (Hrsg.): DGQ-DQS-Schrift 12 - 64: Audits zur Zertifizierung von Qualitätsmanagementsystemen. 1. Auflage. Beuth Verlag, Berlin 1993

DIN EN ISO 9000:2005: Qualitätsmanagement - Grundlagen und Begriffe

DIN EN ISO 9001:2008: Qualitätsmanagementsysteme - Anforderungen

DIN EN ISO 19011:2002: Leitfaden für Audits von QM- und/oder UM-Systemen

Geiger, W./Kotte, W.: Handbuch Qualität. 4. Auflage. Vieweg+Teubner Verlag, Wiesbaden 2005

Herrmann, J./Fritz, H.: Qualitätsmanagement. Carl Hanser Verlag, München 2011

Russel, J. P.: Process Auditing and Techniques. Quality Progress 39, 6, 2006. S. 71 - 74

Verband der Automobilindustrie e. V. (VDA) (Hrsg.): VDA 6: Qualitätsmanagement in der Automobilindustrie. Teil 3: Prozessaudit. 2. Auflage. Frankfurt a. M. 2010

Wildemann, H.: Auditierung als Führungs- und Controllinginstrument. Controlling 4, 1994. S. 204 - 215

15.4 Ablauf des Audits

Für die Durchführung von Audits hat sich in der Praxis ein Ablauf nach Abbildung 15.6 bewährt. Die dort aufgeführten Tätigkeiten gelten insbesondere für umfangreiche Audits. In einfacheren Fällen kann auch der Ablauf vereinfacht werden, beispielsweise kann anstatt eines Auditteams auch ein einzelner Auditor die Aufgabe übernehmen.

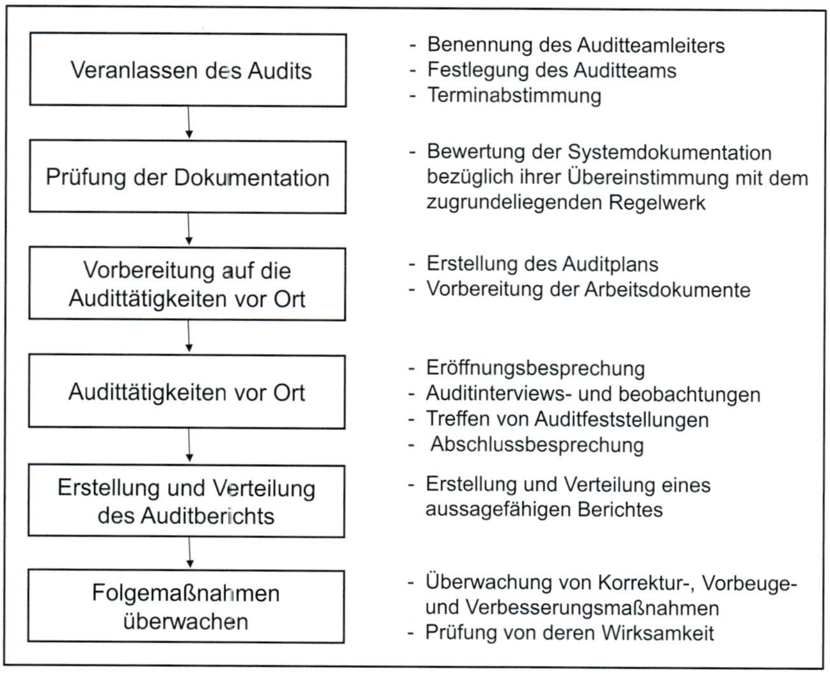

Abb. 15.6
Ablauf eines Audits (nach DIN EN ISO 19011:2002)

Zertifizierung von Qualitätsmanagementsystemen

16.1 Zweck und Nutzen der Zertifizierung ... 352

16.2 Akkreditierung ... 352

16.3 Voraussetzung für eine Zertifizierung ... 353

16.4 Vorbereitung auf die Zertifizierung ... 354

16.5 Ablauf der Zertifizierung ... 354
16.5.1 Information ... 354
16.5.2 Angebot und Vertrag ... 355
16.5.3 Systemanalyse (Audit Stufe 1) ... 355
16.5.4 Systembegutachtung (Audit Stufe 2) ... 355
16.5.5 Systembewertung/Zertifikatserteilung ... 356
16.5.6 Überwachungsaudits ... 356
16.5.7 Rezertifizierung/Neuerteilung des Zertifikats ... 356

16.6 Kosten der Zertifizierung ... 357

16.7 Anerkennung der Zertifikate ... 357

16.8 Nutzen der Zertifikate ... 358

16.9 Zeitaufwand für eine Zertifizierung ... 358

16.10 Beratung und Zertifizierung ... 359

16.11 Zusammenfassung ... 359

16 Zertifizierung von Qualitätsmanagementsystemen

Michael Drechsel

Qualität – und zwar die Qualität der Prozesse und ihrer Ergebnisse – ist und bleibt ein wesentlicher Wettbewerbsfaktor, wenn nicht sogar der entscheidende. Erster Grundsatz und Voraussetzung für jeden geschäftlichen Erfolg ist die Orientierung am Kunden, dessen Erwartungen insbesondere bezüglich Qualität zu erfüllen sind. Von diesem Zusammenhang sind weltweit über eine Million Organisationen (siehe Tab. 16.1) und Unternehmen aller Größenordnungen und Branchen in mittlerweile 180 Ländern mit einem zertifizierten Qualitätsmanagementsystem nach ISO 9001:2008 überzeugt. Sie nutzen ihr Qualitätsmanagementsystem zur Unternehmenssteuerung, um die Bedürfnisse ihrer Kunden zu erkennen und zu verstehen, und verbessern ihre Leistung kontinuierlich durch kluges Wirtschaften mit Ressourcen und ein effizientes Prozessmanagement.

Die Zertifizierung des Qualitätsmanagementsystems von Organisationen jeglicher Art stellt ein wichtiges Mittel dar, um das Vertrauen zu fördern, dass die zertifizierte Organisation fähig ist, Produkte oder Dienstleistungen zu liefern oder zu erbringen, die die festgelegten Anforderungen erfüllen. Das Zertifikat ist somit ein Nachweis der Qualitätsfähigkeit eines Unternehmens. Dabei wird öffentlich ausgedrückt, dass ein Unternehmen fähig ist, gestellte Anforderungen an die Produkte und Dienstleistungen mittels eines Systems zusammenwirkender Prozesse zu erfüllen. Die Zertifizierung selbst ist die Bewertung und Bestätigung des Qualitätsmanagementsystems durch eine kompetente und unabhängige Stelle.

Die Zertifizierung von Qualitätsmanagementsystemen im internationalen Umfeld ist nach Einführung der Normen der ISO-9000-Familie im Mai 1987 möglich geworden. Die Festlegung von Forderungen an Qualitätsmanagementsysteme war die Voraussetzung zur Aufnahme einer Verifizierungstätigkeit zum Nachweis der Qualitätsfähigkeit einer Organisation. Im Jahr 1977 stellte das DIN (Deutsches Institut für Normung e. V.) bei der internationalen Normungsorganisation ISO den Antrag, internationale branchenübergreifende Normen für „Quality Assurance" durch Vereinheitlichung weltweit vorliegender nationaler und branchenbezogener Normen zu schaffen. Dieser deutsche Antrag führte 1980 zur Gründung des Technischen Komitees 176 der ISO, das 1985 den ersten Entwurf der ISO-9000-Normenreihe, basierend auf der britischen BS 5750-Serie, veröffentlichte. Mit der im Jahr 1987 erfolgten Veröffentlichung der Normen ISO 9001, 9002 und 9003, die damals in bis zu 20 Elementen die Anforderungen an ein Qualitätsmanagementsystem beschrieben, war dann die Grundlage für die Zertifizierung geschaffen.

Im Folgenden wird die Zertifizierung von Qualitätsmanagementsystemen nach DIN EN ISO 9001 beschrieben. Darüber hinaus gibt es eine Vielzahl von weiteren branchen- oder produktspezifischen Regelwerken, deren Begutachtungen in ähnlicher Weise, jedoch zum Teil unter Beachtung besonderer Verfahrensvorgaben, erfolgen. Beispielhaft seien hier genannt:

- QM-Systeme nach ISO/TS 16949:2009 oder VDA 6.1 (Automobilindustrie)
- QM-Systeme nach DIN EN 9100/AS 9100 (Luft- und Raumfahrt)

- QM-Systeme nach ISO 13485:2003 (Medizinprodukte)
- QM-Systeme nach ISO 22000, IFS oder BRC (Lebensmittelindustrie)
- Umweltmanagementsysteme nach DIN EN ISO 14001 oder VO (EWG) 761/2001
- Entsorgungsfachbetriebe nach EfbV.

Tab. 16.1 Anzahl der Zertifikate weltweit (Quelle: ISO Survey 2012)

Norm	Zertifikate zum Jahresende 2011
ISO 9001	1111698
ISO 14001	267457
ISO 50001	461
ISO/IEC 27001	17509
ISO 22000	19980
ISO/TS 16949	47512
ISO 13485	20034
Total	1484651

II

16.1 Zweck und Nutzen der Zertifizierung

Gemäß ISO/IEC 17021 ist es das übergeordnete Ziel einer Zertifizierung, Vertrauen darin zu vermitteln, dass ein Managementsystem festgelegte Anforderungen erfüllt. Der Wert der Zertifizierung ist der Grad an öffentlichem Vertrauen, der durch eine unparteiliche und kompetente Bewertung durch eine dritte Seite vermittelt wird. Seiten, die Interesse an einer Zertifizierung haben, können neben den zertifizierten Unternehmen z. B. auch die Kunden der Organisationen, deren Managementsysteme zertifiziert werden, staatliche Stellen, Nichtregierungsorganisationen und/oder Verbraucher sowie andere öffentliche Kreise sein.

Neben der Erfüllung von Kundenforderungen, die heute fast jedes Unternehmen als Unternehmensziel angibt, bietet eine Zertifizierung aber auch die Chance zur Verbesserung des vorhandenen, in den meisten Fällen schon erfolgreich angewandten Qualitätsmanagementsystems. Die Pflicht zur transparenten Darstellung des Systems, z. B. in einem Managementhandbuch, sollte zum Anlass genommen werden, vorhandene Organisationen und vor allen Dingen Abläufe zu überdenken und zu verbessern. Deshalb kann nicht oft genug betont werden, dass der eigentlich interessante Zweck einer Zertifizierung in der Verbesserung des vorhandenen Qualitätsmanagementsystems zu suchen ist.

Der Nutzen der Zertifizierung liegt auf der Hand: Mit einem zertifizierten Qualitätsmanagementsystem nach ISO 9001 werden Fehler vermieden und nicht nur korrigiert. Prozesse und deren Wechselwirkungen werden beherrscht und Qualität wird dadurch dauerhaft sichergestellt. Ein zertifiziertes Unternehmen zeigt, dass sein Qualitätsgedanke fest verankert ist. Dies schafft Vertrauen und steigert die Zufriedenheit der Kunden. Klar strukturierte und transparente Unternehmensprozesse tragen dazu bei, Geschäftsrisiken zu minimieren und auf Marktveränderungen schneller reagieren zu können. Dadurch werden entscheidende Wettbewerbsvorteile geschaffen.

16.2 Akkreditierung

Obwohl in der Öffentlichkeit oftmals von eine „ISO-Zertifizierung“ gesprochen wird, ist diese Bezeichnung irreführend. Die Internationale Organisation für Normung, kurz ISO (International Organization for Standardization), stellt keine Zertifikate aus, sondern schafft mit ihren Normen lediglich die Grundlage der Zertifizierung. Die Zertifizierung selbst wird durch spezialisierte, unabhängige Zertifizierungsgesellschaften durchgeführt. Diese Gesellschaften, die auch „Zertifizierungsstellen“ oder – formal korrekt – „Konformitätsbewertungsstellen“ genannt werden, sind in der Regel „akkreditiert“.

Definition des Begriffs Akkreditierung nach DIN EN ISO/IEC 17011

Akkreditierung ist gemäß ISO/IEC 17011:2004 die Bestätigung durch eine dritte Stelle, die formal darlegt, dass eine Konformitätsbewertungsstelle die Kompetenz besitzt, bestimmte Konformitätsbewertungsaufgaben durchzuführen. Eine Zertifizierungsstelle für Qualitätsmanagementsysteme kann dann akkreditiert werden, wenn sie die Anforderungen der jeweiligen nationalen oder internationalen Norm erfüllen, z. B. der ISO/IEC 17021:2011 „Konformitätsbewertung – Anforderungen an Stellen, die Managementsysteme auditieren und zertifizieren“.

Akkreditierung dient dazu, Vertrauen in die durch die Zertifizierungsgesellschaften ausgestellten Zertifikate zu schaffen. Im Akkreditierungsverfahren weisen die Zertifizierungsgesellschaften gegenüber einer Akkreditierungsstelle nach, dass sie ihre Tätigkeiten fachlich kompetent, unter Beachtung gesetzlicher sowie normativer Anforderungen und auf international vergleichbarem Niveau erbringen. Die Akkreditierungsstelle begutachtet und überwacht das Managementsystem und die Kompetenz des eingesetzten Personals der Konformitätsbewertungsstelle. Akkreditierungen tragen deshalb entscheidend dazu bei, die Vergleichbarkeit von Zertifizierungen zu gewährleisten und Vertrauen in die zertifizierten Qualitätsmanagementsysteme zu erzeugen.

Vereinfacht gesprochen handelt es sich bei dem Akkreditierungsverfahren um eine „Prüfung der Prüfer“. Die Zertifizierungsstelle muss nachweisen, dass sie die einschlägigen Regeln befolgt und über kompetentes Personal verfügt. Die Einhaltung wird von der Akkreditierungsstelle überprüft. Die Begutachtungen werden beim Zertifizierer durchführt und man begleitet ihn bei ausgewählten Audits, um sich von dessen Kompetenz zu überzeugen.

In den meisten Ländern wird die Akkreditierung durch Regierungsstellen geregelt oder es wurden staatliche Akkreditierungsgesellschaften geschaffen, die für die Zulassung („Akkreditierung“) von Zertifizierungsgesellschaften verantwortlich sind. Bis zum Jahr 2009 erfolgte die Akkreditierung von Managementsystemzertifizierern in Deutschland durch die „Trägergemeinschaft für Akkreditierung“ (TGA) unter dem Dach des Deutschen Akkreditierungsrates (DAR), einer von der deutschen Wirtschaft, dem Bund und den Ländern getragenen Arbeitsgemeinschaft, welche die Aufgabe hatte, ein transparentes, einheitliches und international anerkanntes Akkreditierungssystem in Deutschland aufzubauen – sowohl für den gesetzlich geregelten als auch den nicht geregelten Bereich, unter den die Zertifizierung von Managementsystemen fällt.

Nach Veröffentlichung der „Verordnung (EG) Nr. 765/2008 des Europäischen Parlamentes und des Rates über die Vorschriften für die Akkreditierung und Marktüberwachung im Zusammenhang mit der Vermarktung von Produkten" wurde am 31. Juli 2009 zur Umsetzung der Vorgaben das Akkreditierungsstellengesetz (AkkStelleG) als gesetzliche Grundlage für die Akkreditierung in Deutschland verabschiedet. Die Deutsche Akkreditierungsstelle (DAkkS) mit Sitz in Berlin wurde gegründet, die fortan im öffentlichen Interesse als alleiniger Dienstleister für Akkreditierung in Deutschland agiert. Die DAkkS arbeitet nicht gewinnorientiert. Gesellschafter der GmbH sind zu gleichen Teilen die Bundesrepublik Deutschland, die Bundesländer und die durch den Bundesverband der Deutschen Industrie e. V. (BDI) vertretene Wirtschaft.

Um ihre hoheitlichen Akkreditierungsaufgaben ausfüllen zu können, wurde die DAkkS vom Bund beliehen. Als beliehene Stelle untersteht die DAkkS der Aufsicht des Bundes. Bei ihrer hoheitlichen Akkreditierungstätigkeit wendet die DAkkS das deutsche Verwaltungsrecht an.

Für branchenspezifische Regelwerke, wie z. B. für ISO/TS 16949:2009 (Automotive) oder DIN EN 9100/AS 9100 (Luft- und Raumfahrt), gibt es gesonderte Akkreditierer oder Zulassungsstellen, die in der Regel auf eine vorhandene Akkreditierung auf Basis der ISO/IEC 17021 aufbauen.

International haben sich die Akkreditierungsstellen für Managementsystemzertifizierungen im Internationalen Akkreditierungsforum (IAF International Accreditation Forum) zusammengeschlossen und über eine multilaterale Vereinbarung erste Schritte zu einer gegenseitigen Anerkennung der Akkreditierung getan.

Die Akkreditierung ist wichtig für die Glaubwürdigkeit und Akzeptanz eines Zertifikats. Daher sollte ein Unternehmen, das sein Qualitätsmanagement zertifizieren lassen möchte, immer auf die vorhandene Akkreditierung der Zertifizierungsstelle achten und sicherstellen, dass die jeweilige Branche und das gewünschte Regelwerk durch die Akkreditierung abgedeckt sind.

16.3 Voraussetzung für eine Zertifizierung

Voraussetzung für die Zertifizierung ist ein vorhandenes Qualitätsmanagementsystem, das den Anforderungen der DIN EN ISO 9001 entspricht. Nur eine Organisation, die über ein System verfügt, dass entsprechend dokumentiert und wirksam umgesetzt wurde, kann von einer akkreditierten Stelle zertifiziert werden. Während bis zur Revision im Jahr 2000 ein eher formaler Ansatz zur Folge hatte, dass viele Organisationen sehr bürokratische Qualitätsmanagementsysteme mit dem Schwerpunkt auf deren Dokumentation aufbauten, wird nun verstärkt auf deren Wirksamkeit und ständige Verbesserung abgezielt. DIN EN ISO 9001 fordert eine wirksame Lenkung der für das Qualitätsmanagementsystem erforderlichen Prozesse, die Verfügbarkeit der dazu erforderlichen Ressourcen und Informationen sowie Maßnahmen, um die geplanten Ergebnisse sowie eine ständige Verbesserung dieser Prozesse zu erreichen. Gestaltung und Verwirklichung des Qualitätsmanagementsystems einer Organisation werden von sich verändernden Erfordernissen, besonderen Zielen, Produkten, Prozessen und der Größe und Struktur der Organisation beeinflusst. Es wird daher ausdrücklich klargestellt, dass es nicht Ziel der DIN EN ISO 9001 ist, dass Qualitätsmanagementsysteme einheitlich strukturiert oder einheitlich dokumentiert sein müssen. Die wichtigste Voraussetzung für ein funktionierendes Qualitätsmanagementsystem ist die Ausrichtung der Unternehmensphilosophie an den acht Managementgrundsätzen von DIN EN ISO 9004: eine konsequente Kundenorientierung, eine weitsichtige Unternehmensführung, die Einbeziehung der Mitarbeiter, eine konsequente Prozessorientierung, ein systemorientierter Managementansatz, die ständige Verbesserung, ein sachbezogener Ansatz zur Entscheidungsfindung und Lieferantenbeziehungen zum gegenseitigen Nutzen. Wirksam ist ein Qualitätsmanagementsystem in der Regel dann, wenn klare Unternehmensziele formuliert wurden und sich das Erreichen dieser Ziele in messbaren Ergebnissen widerspiegelt – mit aussagekräftigen Kennzahlen aus effizienten und transparenten Prozessen als Basis. Der beste Nachweis für die Qualitätsfähigkeit eines Unternehmens sind kontinuierlich verbesserte Ergebnisse.

16.4 Vorbereitung auf die Zertifizierung

Eine Zertifizierung sollte sorgfältig vorbereitet werden. Oftmals wurde die Zertifizierung bei Kunden und Mitarbeitern bereits angekündigt. Folgt dann ein Misserfolg, kann dies zu Motivationsproblemen in der Belegschaft und zu Vertrauensverlust beim Kunden führen. Zunächst sollte sichergestellt werden, dass das zu zertifizierende Qualitätsmanagementsystem bereits „zertifizierungsreif" ist. Der Prozess sollte nur dann begonnen werden, wenn die Prozesse identifiziert, aufgezeichnet und eingeführt sind, und die Organisation selbst die Umsetzung und Wirksamkeit des Systems bereits anhand interner Audits überprüft hat, deren Ergebnisse in einem Managementreview ausgewertet hat und die notwendigen Verbesserungsmaßnahmen zumindest eingeleitet, besser aber bereits umgesetzt, hat.

Ein wichtiger Schritt ist die Auswahl der Zertifizierungsstelle. Hierbei sollten hohe Maßstäbe angesetzt werden. Kompetenz, Professionalität und partnerschaftliches Auftreten eines Zertifizierers tragen entscheidend zur kontinuierlichen Verbesserung des Managementsystems eines Unternehmens bei. Neben der vorhandenen Akkreditierung ist bei der Auswahl des Zertifizierers auch insbesondere auf die Anerkennung der Zertifikate (siehe Kap. 16.7) durch den nationalen und internationalen Markt und durch Kooperationspartner weltweit zu achten. Referenzen und Empfehlungen von wichtigen Kunden sollten bei der Auswahl berücksichtigt werden. Unabhängigkeit, Neutralität, nicht allein auf Gewinn orientierte Ziele sowie beste Auswahl und Schulung kompetenter Auditoren eines Zertifizierers können der Anerkennung des Zertifikates förderlich sein. Die Entscheidung für einen Zertifizierungspartner sollte auf Grundlage eines aussagefähigen und transparenten Angebots gefällt werden. Nach Abschluss eines Zertifizierungsvertrags beginnt der eigentliche Zertifizierungsprozess.

Um die Begutachtung des Qualitätsmanagementsystems individuell auf die besonderen Gegebenheiten, die Ziele und Erfolgsfaktoren des Kunden abstimmen zu können, steht am Anfang das gegenseitige Kennenlernen. Es ist wichtig, sich bereits vorab über den vorgesehenen Ablauf der Zertifizierung, speziell über den Ablauf des Audits (siehe Abb. 16.1) vor Ort, und über die Kompetenz der infrage kommenden Auditoren zu informieren. Ein Lebenslauf der Auditoren sollte angefordert werden, um eine gewisse Sicherheit hinsichtlich deren Unparteilichkeit zu erhalten, und um Aufschluss darüber zu geben, ob das Auditorenteam über die geforderten Branchenkenntnisse verfügt. Ein persönliches Kennenlernen des Auditleiters ist z.B. bei der DQS durch die notwendige Systemanalyse („Audit Stufe 1") vor dem eigentlichen Zertifizierungsaudit gewährleistet. Gemeinsam mit dem Auditleiter wird der Ablauf des Audits festgelegt und das Verfahren bei Auditierung bzw. Zertifizierung mehrerer Bereiche oder Standorte besprochen.

16.5 Ablauf der Zertifizierung

Nachfolgend wird der Ablauf einer Zertifizierung vom Angebot bis zur Erteilung und Aufrechterhaltung des Zertifikats anhand des Beispiels der DQS GmbH (Deutsche Gesellschaft zur Zertifizierung von Managementsystemen) dargestellt (siehe Abb. 16.1). Die DQS war eine der ersten Zertifizierungsgesellschaften, die das eigentliche Zertifizierungsaudit in zwei Stufen (Systemanalyse und Systembewertung) aufteilte. Ein solches zweistufiges Zertifizierungsverfahren ist nun durch die ISO/IEC 17021 seit einiger Zeit für alle Zertifizierungsgesellschaften zwingend vorgeschrieben.

Das Verfahren, welches auch für die Zertifizierung anderer Managementsysteme angewendet wird, ist in die in Abbildung 16.1 dargestellten Schritte gegliedert.

16.5.1 Information

Hierbei geht es um den Austausch von Informationen über Ziel und Nutzen der Begutachtung, über den Zertifizierungsprozess und den Geltungsbereich des Managementsystems und Zertifikats. Interessierte Organisationen werden telefonisch oder vor Ort informiert und können hierfür vorab Informationsmaterial bei den nationalen und internationalen Geschäftsstellen der DQS anfordern oder es direkt über das Internet herunterladen. In regelmäßigen Zeitabständen werden darüber hinaus Kundenforen in verschiedenen Städten zu neuen Regelwerken und aktuellen Themen durchgeführt. Auf Wunsch besucht ein Gutachter der DQS den interessierten Kunden, um dessen individuelle Bedürfnisse zu erfassen.

In dieser Phase werden die Ziele der Zertifizierung, einschließlich der anzuwendenden Normen, festgelegt. Damit danach ein entsprechendes Angebot erstellt werden kann, müssen Details zur Organisation des Kunden und dessen Managementsystem, zur Größe, zur Mitarbeiterzahl und zum Betätigungsfeld bekannt sein.

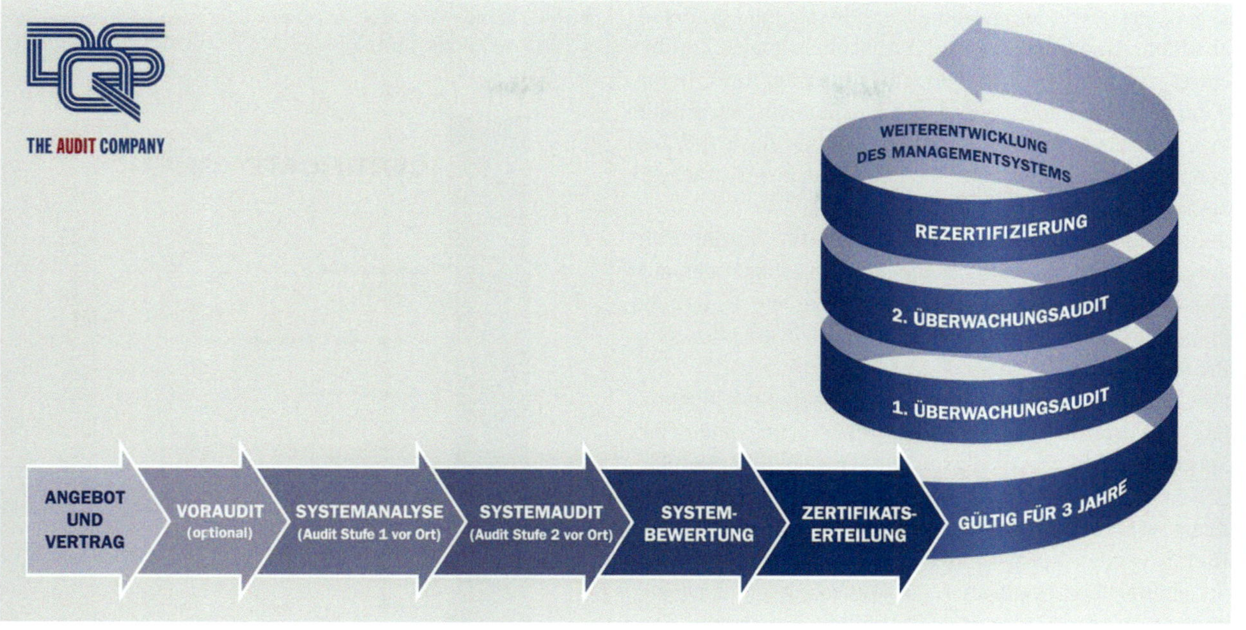

Abb. 16.1 Ablauf der Zertifizierung am Beispiel der DQS

16.5.2 Angebot und Vertrag

Der Kunde erhält ein detailliertes Angebot, in dem die geplanten Schritte des Begutachtungsprozesses übersichtlich dargestellt sind. Der zeitliche Ablauf, der Umfang sämtlicher Leistungen und die Kosten werden transparent und verbindlich festgelegt. Mit der Annahme des Angebots und der Zertifizierungsbedingungen (Vertragsschluss) beginnt das eigentliche Zertifizierungsverfahren.

16.5.3 Systemanalyse (Audit Stufe 1)

Bei der Systemanalyse (Audit Stufe 1) werden vor Ort im Unternehmen die einzelnen Schritte der Zertifizierung vom Auditleiter, der das Unternehmen durch den gesamten Begutachtungsprozess begleitet, vorgestellt. Mit der Prüfung und Bewertung der Systemdokumentation und einem ersten Blick auf Ziele, die Ergebnisse des Managementreviews und der internen Audits, beginnt das eigentliche Begutachtungsverfahren. Dabei wird festgestellt, ob das Managementsystem bereits ausreichend entwickelt und zertifizierungsreif ist. Die Ergebnisse werden erläutert und der weitere Zeitplan und die Inhalte der Begutachtung vor Ort werden abgestimmt. Festgestellte Schwachstellen sind vor der eigentlichen Systembegutachtung zu beheben. Wenn möglich, wird bereits während dieser Stufe gemeinsam mit dem Kunden der Zeitplan für das eigentliche Zertifizierungsaudit erstellt.

Optional: Vorbegutachtung

Zu jedem gewünschten Zeitpunkt kann eine optionale Vorbegutachtung durchgeführt werden. Dabei werden ausgewählte Bereiche oder Prozesse vorab in einem Audit bewertet, um Sicherheit für die Zertifizierung zu gewinnen. Viele Organisationen entscheiden sich für eine solche Vorbegutachtung bereits vor Beginn des eigentlichen Zertifizierungsverfahrens, um so mittels verhältnismäßig geringem Aufwand zu erfahren, ob ihr Managementsystem bereits zertifizierungsreif ist und welche Maßnahmen gegebenenfalls noch erforderlich sind. Erfahrungsgemäß kann durch eine Vorbegutachtung, bei der oftmals auch Überinterpretationen des Regelwerks erkannt werden, erheblicher Mehraufwand vermieden und das Verfahren beschleunigt werden.

16.5.4 Systembegutachtung (Audit Stufe 2)

Am Ort der Leistungserbringung wird das Managementsystem umfassend begutachtet und beurteilt – mit dem Ziel, die Erfüllung der Forderungen an das Managementsystem festzustellen und Verbesserungspotenziale herauszuarbeiten.
Das Audit beginnt mit dem Einführungsgespräch, in dem neben dem Auditleiter bzw. dem Auditorenteam die Unternehmensleitung, der Beauftragte der obersten Leitung sowie gegebenenfalls weitere Führungskräfte und Vertreter des Betriebsrats teilnehmen. Auditplan und die Vor-

gehensweise werden nochmals erläutert und im Detail abstimmt. In der Regel wird im Anschluss an das Einführungsgespräch die Unternehmensleitung auditiert, bevor dann die Wirksamkeit aller Funktionsbereiche sowie aller Prozesse des Managementsystems u. a. auf Basis von Begehungen, Interviews und Einsichtnahme in entsprechende Nachweise bewertet wird.
Beim Audit orientieren sich die Auditoren an den Forderungen des Regelwerks sowie an den Festlegungen des Unternehmens. Schwerpunkt sind dabei die Unternehmensziele und die daraus abgeleiteten Ziele der einzelnen Prozesse.
Die Auditoren dokumentieren die eingesehenen Stichproben und eventuell festgestelltes Verbesserungspotenzial. Schwachstellen, die als Abweichungen gegenüber den Regelwerksforderungen eingestuft werden, müssen in der Regel vor Erteilung des Zertifikats korrigiert werden. Hierzu werden auf gesonderten Maßnahmenplänen von der auditierten Organisation nach eingehender Ursachenanalyse in Absprache mit dem Auditleiter geeignete Korrekturmaßnahmen festgelegt, deren wirksame Umsetzung danach von den Auditoren bestätigt werden muss.
Am Ende des Audits im Unternehmen findet ein Schlussgespräch, in der Regel mit dem gleichen Teilnehmerkreis des Einführungsgesprächs, statt. In diesem Gespräch erläutert das Auditorenteam sowohl die positiven als auch die negativen beim Audit gewonnenen Ergebnisse, insbesondere aber werden die erkannten Schwachstellen und möglichen Verbesserungspotenziale vorgetragen. Nach erfolgreicher Begutachtung empfiehlt das Gutachterteam der DQS die Erteilung des Zertifikates. Bei schwerwiegenden Abweichungen wird ein Nachaudit vor Ort terminiert, um die erfolgreiche Durchführung der Korrekturmaßnahmen zu prüfen. Nach dem Audit bzw. Nachaudit erhält das Unternehmen einen umfassenden, vom Auditleiter erstellten und bewertenden Auditbericht.

II

16.5.5 Systembewertung/Zertifikatserteilung

Auf Grundlage des Auditberichts bewerten unabhängige fachliche Prüfer der DQS, die an dem Audit nicht teilgenommen haben dürfen, die Auditergebnisse und entscheiden über die Erteilung des Zertifikats.
Bei positivem Ergebnis wird das DQS-Zertifikat mit einer Gültigkeit von in der Regel drei Jahren erteilt. Das Zertifikat enthält mindestens folgende Angaben:

- Name und Anschrift der zertifizierten Organisation
- den Geltungsbereich (Scope) der Zertifizierung mit Angabe von Produktgruppen bzw. Dienstleistungen
- die Norm(en), gegen welche die Auditierung des Managementsystems erfolgte
- die Gültigkeitsdauer
- die Zertifikatsnummer

CERTIFICATE

This is to certify that

Musterfirma GmbH

has implemented and maintains a Quality Management System.

Scope:
Design and Production of steel windows

Through an audit, documented in a report, it was verified that the management system fulfils the requirements of the following standard:

ISO 9001 : 2008

Certificate registration no. 123456 QM08
Date of certification 2012-01-02
Valid until 2015-01-01

DQS GmbH

Managing Director

Abb. 16.2 Zertifikatsmuster

16.5.6 Überwachungsaudits

Mindestens einmal jährlich erfolgt eine Auditierung wesentlicher Komponenten des Managementsystems vor Ort. Diese dient dem Nachweis, dass die Organisation das zertifizierte Managementsystem aufrechterhält bzw. weiterentwickelt und Korrekturmaßnahmen aus den vergangenen Audits wirksam umgesetzt wurden. Kernpunkte sind in jedem Fall solche, die die Verantwortung der obersten Leitung, die Grundsätze des Managementsystems sowie dessen Weiterentwicklung betreffen. Mit Blick auf kontinuierliche Verbesserung und anhaltende Wirksamkeit werden Verbesserungspotenziale herausgearbeitet. Nach jedem dieser sogenannten Überwachungsaudits erhält der Kunde einen schriftlichen Ergebnisbericht.

16.5.7 Rezertifizierung/Neuerteilung des Zertifikats

Vor Ablauf der Gültigkeit des Zertifikats (drei Jahre) erfolgt eine erneute umfassende Prüfung und Beurteilung des Systems auf Erfüllung der Forderungen der Norm/des Regelwerks sowie das Herausarbeiten von Verbesserungspotenzialen. Bei positivem Ergebnis wird ein Zertifikat erstellt und der 3-Jahres-Zyklus beginnt erneut.

16.6 Kosten der Zertifizierung

Im Vergleich zu den Kosten, die üblicherweise bei der Einführung eines Qualitätsmanagementsystems anfallen, z. B. für externe Beratung und Schulung der Mitarbeiter, sind die eigentlichen Zertifizierungskosten relativ gering. Sie setzen sich im Wesentlichen aus den notwendigen Personentagen für den Einsatz der Auditoren und Registrierungsgebühren zusammen. Die Anzahl der notwendigen Tage für ein Audit hängen von der Größe der zu auditierenden Organisation, der Anzahl der eingebundenen Mitarbeiter und der Komplexität ihrer Prozesse ab. Hierbei wurden international verbindliche Mindestzahlen festgelegt, die die notwendige Tiefe der Begutachtung sicherstellen sollen und die von der DQS und anderen Zertifizierungsstellen nicht unterschritten werden dürfen. Leider ist immer wieder zu beobachten, dass „schwarze Schafe" unter den Zertifizierern Audits anbieten, deren Dauer teils erheblich unter den erlaubten Mindestzeiten liegt. Hier ist größte Vorsicht geboten, da innerhalb eines solch kurzen Zeitraums ein ordentliches Audit in der Regel nicht möglich ist, und dieses nachträglich auch zu massiven Problemen mit der Akkreditierungsstelle bis hin zur Aberkennung des Zertifikats führen kann.
Entscheidet sich eine Organisation für einen Zertifizierer, der den Schwerpunkt der Begutachtungen nicht alleine auf die Konformitätsbewertung legt, sondern wie die DQS darüber hinaus durch wertschöpfende Auditierung echten Nutzen für die Organisation erzeugt, ist die Frage der Kosten für die Zertifizierung nur zweitrangig.

16.7 Anerkennung der Zertifikate

Ein wichtiger Aspekt ist die Anerkennung des Zertifikats durch den Kunden. Da es sich bei der Zertifizierung von Managementsystemen um den sogenannten nicht geregelten Bereich handelt, beeinflusst und entscheidet über die Anerkennung weitestgehend der freie Markt. Obgleich es eine große Anzahl akkreditierter Zertifizierungsstellen gibt, bedeutet dies nicht, dass der Kunde verpflichtet ist, ein bestimmtes Zertifikat anzuerkennen. Auch bei der Zertifizierung muss den Erwartungen des Kunden Rechnung getragen werden.
Nachstehend sind einige Kriterien aufgeführt, denen eine auch am Markt ernst zu nehmende und erfolgreiche Zertifizierungsstelle genügen sollte:

- Akkreditierung und Zulassungen
  Die Akkreditierung sollte für eine Zertifizierungsstelle als selbstverständlich angesehen werden. Sie ist ein starkes Indiz für eine Mindestkompetenz der Zertifizierungsstelle. Für bestimmte Regelwerke wird neben der Akkreditierung noch eine gesonderte branchenspezifische Zulassung der Zertifizierungsstelle gefordert, die zumeist auf einer bestehenden Akkreditierung für ISO 9001 als Grundvoraussetzung aufbaut. Bei öffentlichen Ausschreibungen wird oftmals ein akkreditiertes Zertifikat gefordert; auch die meisten Kunden akzeptieren ausschließlich akkreditierte Zertifikate.
- Vertretung der Interessenpartner
  Die Zertifizierungsstelle sollte sich auf maßgebende Wirtschaftsverbände und andere an der Zertifizierung interessierte Parteien stützen können und von ihnen getragen werden. Die Zielrichtung, Kompetenz und Unabhängigkeit ihrer Arbeit sollte von diesen unmittelbar überwacht werden. Die DQS stellt dies mittels ihrer Gesellschafter DGQ, DIN, UL, VDMA, ZVEI, Spectaris und HDB sicher, darüber hinaus nehmen bedeutende Unternehmen und Verbände über den Lenkungsausschuss der DQS Einfluss an ihrer Unternehmenspolitik.
- Internationale Anerkennung
  Internationale Anerkennung der Zertifizierung wird im Rahmen einer fortschreitenden Globalisierung immer wichtiger. In einigen Ländern werden beispielsweise nur Zertifikate mit einer nationalen Akkreditierung akzeptiert. Die Anerkennung kann durch eigene Geschäftsstellen und Akkreditierungen in den wichtigsten internationalen Märkten sowie über Kooperationen erreicht werden. So hat die DQS mittlerweile Geschäftsstellen in mehr als 60 Ländern und ist Mitglied von IQNet The International Certification Network. Im IQNet kooperieren Zertifizierungsgesellschaften aus fast 40 Ländern weltweit. Sie offerieren eine koordinierte Zertifizierung besonders von Firmen mit Standorten in mehreren Ländern und sorgen für die gegenseitige Anerkennung ihrer Zertifikate. Zusätzliche weltweite Kooperationen wurden vereinbart
- Kompetenz und Erfahrung der Auditoren
  Besonders wichtig ist die Kompetenz der Auditoren. Die Zertifizierungsstelle muss daher über ein umfangreiches Schulungs- und Trainingsprogramm verfügen, um den Unternehmen die effektivsten Auditoren anbieten zu können. Besonderes Augenmerk sollte auf die Branchenerfahrung der Auditoren gelegt werden, die vor-

II

zugsweise durch mehrjährige Praxiserfahrung mit Führungsverantwortung erworben wurde. Erfahrungsgemäß kann echte Wertschöpfung nur dann erbracht werden, wenn die Auditoren umfassende Kenntnisse über die Prozesse der Kunden haben.

- Kompetenz des Zertifizierers und Nutzen
  Die Qualifikation und Erfahrung ihrer Auditoren bestimmt weitgehend die Kompetenz des Zertifizierers. Kompetenz zeigt sich in dem Nutzen, den Unternehmen aus der unabhängigen Begutachtung ziehen. Schwerpunkt der Tätigkeit sollte nicht alleine die Konformitätsbewertung sein, sondern eine Begutachtung, die zur echten Wertschöpfung beim Kunden beiträgt.
- Erteilte Zertifikate/Referenzen
  Ein wichtiges Indiz für die Anerkennung der Zertifikate ist die Anzahl der ausgestellten Zertifikate einer Zertifizierungsstelle. Jede Zertifizierungsstelle ist verpflichtet, Auskunft über die erteilten Zertifikate zu geben. So kann leicht festgestellt werden, ob bereits Zertifikate in der eigenen Branche ausgestellt wurden, und es können Referenzkunden ausgewählt werden.
- Unparteilichkeit
  Eine Zertifizierungsstelle oder ein mit ihr verbundenes Unternehmen darf nicht gleichzeitig als zertifizierende und beratende Organisation arbeiten. Dies ist wichtig, um mögliche Interessenkonflikte von vornherein auszuschließen.

16.8 Nutzen der Zertifikate

Seit mittlerweile mehr als 25 Jahren steigt weltweit die Anzahl der Unternehmen mit zertifizierten Qualitätsmanagementsystemen. Trotz dieses Erfolges wird immer wieder die Frage nach dem Nutzen gestellt: Zahlt sich die Zertifizierung für die Unternehmen wirklich aus?
Es gibt unterschiedliche Beweggründe für die Einführung und Zertifizierung eines Managementsystems: Kundenerwartungen und -forderungen, Ausschreibungsbedingungen und/oder der Wunsch zur Verbesserung der eigenen Organisation durch systematisches Prozessmanagement.
In der Vergangenheit war das Vorhandensein eines Zertifikats oftmals ein Wettbewerbsvorteil, mit dem sich eine Organisation positiv von ihren Wettbewerbern abhob. Mittlerweile hat sich die Situation grundlegend geändert. In bestimmten Märkten und Branchen ist die Zertifizierung mittlerweile eine Markterfordernis und damit ein „Muss“. Deren Fehlen ist eine negative Differenzierung, die zum Abbruch der Geschäftsbeziehung führen kann. Dies gilt insbesondere in der Automobil- und der Luftfahrtbranche, die mit ihren branchenspezifischen Regelwerken und eigenen verschärften Zertifizierungsregeln Maßstäbe setzen.
Vor jedem anderen Vorteil ist aber der Nutzen für das Unternehmen im Vorhandensein eines funktionierenden und wirksamen Qualitätsmanagementsystems zu suchen. Dadurch werden, im Sinne einer vorausschauenden Unternehmensführung. die organisierten und miteinander abgestimmten Tätigkeiten zum Wohle des Unternehmens, der Mitarbeiter und der Kunden durchgeführt. Vieles spricht dafür, dass zertifizierte Unternehmen in der Regel bessere interne Prozesse haben, die wiederum zu höherer Produktivität und niedrigeren Kosten führen und damit die Wettbewerbsfähigkeit steigern. Studien zeigen, dass zertifizierte Unternehmen in der Regel erfolgreicher sind. Unklar war jedoch bislang, ob ein direkter Zusammenhang zwischen Zertifizierung und ökonomischem Erfolg besteht.
Wissenschaftler haben über einen Zeitraum von zehn Jahren finanzielle Performance-Daten betrachtet und dabei zertifizierte und an der US-Börse gelistete Unternehmen aus drei Branchen (Chemie, Maschinenbau, Elektrotechnik) mit Unternehmen verglichen, die den gleichen Branchen angehören und sich vor der Einführung von ISO 9000 ff. ähnlich entwickelt hatten. Sie wollten feststellen, ob sich die Zertifizierung positiv auf die finanzielle Geschäftsentwicklung der Unternehmen auswirkte. Das Ergebnis der Studie ist erfreulich: Die eingangs gestellte Frage kann eindeutig mit „Ja“ beantwortet werden. Die Kapitalrendite (ROA Return on Assets) der zertifizierten Unternehmen stieg oder blieb unverändert hoch, während diejenige der nicht zertifizierten Unternehmen deutlich abfiel. Sowohl der Marktwert als auch die Verkaufszahlen entwickelten sich bei den zertifizierten Unternehmen deutlich positiver; insgesamt sind diese Unternehmen stabiler und leistungsfähiger. Dies lässt sich auch durch die Insolvenzstatistik der Bundesrepublik Deutschland der letzten Jahre belegen.

16.9 Zeitaufwand für eine Zertifizierung

Hat sich ein Unternehmen einmal zu einer Zertifizierung entschlossen, möchte es in der Regel schnell das Zertifikat erlangen. Dieser Wunsch ist verständlich, setzt aber voraus, dass das Qualitätsmanagementsystem bereits wirksam eingeführt und umgesetzt wurde. Die Zeit für die Einführung eines zertifizierungsreifen Qualitätsmanagementsystems hängt immer davon ab, von welchen Prämissen bereits ausgegangen werden kann und welche Ressourcen zur Verfügung stehen. Erfahrungswerte zeigen bei kleinen Organisationen mit einfachen Prozessen einen Zeitraum von mindestens sechs Monaten intensiver Arbeit, bei größeren Organisationen kann dieser Zeitraum aber auch zwei Jahre betragen. Der Zertifizierungsprozess selbst kann in der Regel innerhalb von zwei bis drei Monaten abgeschlossen werden.

16.10 Beratung und Zertifizierung

Wie vorangehend beschrieben, ist das übergeordnete Ziel von Zertifizierung, Vertrauen darin zu vermitteln, dass ein Managementsystem festgelegte Anforderungen erfüllt. Dabei muss die notwendige Unparteilichkeit der Zertifizierungsstelle sichergestellt sein. Diese Unparteilichkeit könnte gefährdet sein, wenn es durch die Beratung zum Aufbau eines Qualitätsmanagementsystems und dessen Zertifizierung durch ein und dieselbe Organisation zu einem Interessenkonflikt kommt. Daher legt ISO/IEC 17021 fest, dass eine Zertifizierungsstelle sowie Teile derselben juristischen Person keine Beratung zu Managementsystemen anbieten oder bereitstellen dürfen. Auch Beratungsdienstleistungen von verbundenen Unternehmen, beispielsweise von Schwesterunternehmen innerhalb einer Unternehmensgruppe, dürfen nicht aus einer Hand angeboten werden. Nicht unter verbotene Beratung fallen allerdings Voraudits zur Klärung der Ist-Situation oder nicht kundenspezifische, offene Schulungen.

16.11 Zusammenfassung

Die Gründe für eine Zertifizierung können vielfältig sein. Ihr Nutzen und ihre Notwendigkeit ist weitestgehend anerkannt. Ein die genormten Forderungen erfüllendes Qualitätsmanagementsystem aufzubauen, es zu dokumentieren, zu pflegen und zu verbessern, sollte im Sinne einer ständigen Verbesserung der Qualitätsfähigkeit eines Unternehmens, seiner Prozesse und der Qualität der Produkte sowie Dienstleistungen auf jeden Fall vorgenommen werden. Auch wenn keine Kundenforderung besteht, ist die Zertifizierung immer dann sinnvoll, wenn sie diesem Qualitätsverbesserungsprozess dient.

Funktion und Nutzen von Qualitätsauszeichnungen (Awards)

17.1 **Bedeutende Qualitätspreise** ... **364**
17.1.1 Der Deming Prize ... 364
17.1.1.1 Entwicklung ... 364
17.1.1.2 Kategorien ... 364
17.1.1.3 Gestaltungsmerkmale, Vergabestrategie, Bewertungssystem ... 365
17.1.2 Der Malcolm Baldrige National Quality Award ... 366
17.1.2.1 Entwicklung ... 366
17.1.2.2 Kategorien ... 367
17.1.2.3 Gestaltungsmerkmale, Vergabestrategie, Bewertungssystem ... 367
17.1.3 Der EFQM Excellence Award (Ludwig-Erhard-Preis) ... 370
17.1.3.1 Entwicklung ... 370
17.1.3.2 Kategorien ... 371
17.1.3.3 Gestaltungsmerkmale, Vergabestrategie, Bewertungssystem ... 373

17.2 **Nutzen von Qualitätspreisen** ... **375**
17.2.1 Volkswirtschaftlicher Nutzen ... 375
17.2.2 Nutzen für Unternehmen ... 376
17.2.2.1 Prestigewert ... 376
17.2.2.2 Anleitung und Feedbackprozess ... 376
17.2.2.3 Wirtschaftliche Erfolge (Beispiele) ... 377
17.2.3 Erfolg von prämierten Unternehmen ... 380

17.3 **Zusammenfassung** ... **381**

17

17 Funktion und Nutzen von Qualitätsauszeichnungen (Awards)

Christian Malorny und Maximilian Dicenta

Der japanische *Deming Prize* und der amerikanische *Malcolm Baldrige National Quality Award* sind in Japan seit 1951 und in den USA seit 1988 nationale wirtschaftspolitische Instrumente, die die Umsetzung des Total Quality Management (TQM) in den Unternehmen fördern und die Wettbewerbsfähigkeit eines Landes gezielt unterstützen. Hinter diesen Instrumenten verbergen sich Modelle qualitätsorientierter Unternehmen des 21. Jahrhunderts. Durch die systematische Anwendung dieser TQM-Modelle sollen Unternehmen in die Lage versetzt werden, in sämtlichen ihrer Tätigkeitsbereiche Business Excellence zu erreichen. Der Auswahlprozess für die Auszeichnungen selbst soll die Mitarbeiter eines Unternehmens zu höherer Leistung anspornen, zumal der Gewinn in den jeweiligen Ländern für ein weitreichendes positives Echo in den Medien sorgt. Die Entscheidung, am Auswahlprozess teilzunehmen, zwingt die Unternehmen über mehrere Jahre hinweg, das umfassende Qualitätsverständnis, auf dem die Modelle fußen, gezielt umzusetzen.

In Europa wurde 1992 erkannt, welches Potenzial die Vergabe einer Qualitätsauszeichnung, basierend auf dem TQM-Ansatz, bietet. Seither wird der *EFQM Excellence Award* jährlich unter Federführung der *European Foundation for Quality Management* (*EFQM*) für in Europa ansässige Unternehmen ausgelobt. Das dieser Auszeichnung zugrunde liegende TQM-Modell orientiert sich inhaltlich in weiten Teilen am amerikanischen Vorbild. Bis 2005 wurde diese Qualitätsauszeichnung unter dem Titel *European Quality Award* verliehen. 2006 entschloss sich die EFQM zur Umbenennung ihrer Auszeichnung, um die Verbindung von EFQM und Qualitätspreis nach außen hin zu betonen.

Waren zu Beginn der Programme insbesondere Unternehmen im Fokus der Qualitätspreise, so hat sich dies im Laufe der Zeit geändert. Vor allem der EFQM Excellence Award und der Malcolm Baldrige National Quality Award sind heute von ihrer Ausrichtung wesentlich breiter aufgestellt als in der Vergangenheit. So werden nun seit einigen Jahren auch gemeinnützige und staatliche Organisationen mit den Preisen ausgezeichnet.

In Anlehnung an diese drei Awards wurden von den verschiedensten Institutionen Qualitätsauszeichnungen entwickelt. Derzeit gibt es weltweit sowohl nationale als auch regionale Wettbewerbe für unternehmerische Spitzenleistungen. Als nationale Auszeichnung sei der *Ludwig-Erhard-Preis* erwähnt, der seit 1997 unter der Schirmherrschaft des Bundespräsidenten an Unternehmen der Bundesrepublik Deutschland verliehen wird. Inhaltlich basiert er auf den Kriterien des EFQM Excellence Award. Ein regionales Beispiel ist der *Bayerische Qualitätspreis*. Er wird seit 1993 vom Staatsministerium für Wirtschaft und Verkehr an in Bayern ansässige Unternehmen vergeben. Weitere regionale Qualitätspreise gibt es z. B. für Unternehmen aus Thüringen und Berlin-Brandenburg.

Dieses Kapitel beschreibt Funktion und Nutzen der japanischen, amerikanischen und europäischen Auszeichnungen.[1] In Ergänzung zu Kapitel 9, „Konzepte – Modelle – Systeme“, das die TQM-Modelle inhaltlich darlegt, werden die jeweiligen charakteristischen Gestaltungsmerkmale, die Vergabestrategien sowie die Bewertungssysteme der Qualitätsauszeichnungen erörtert. Zusätzlich soll der volkswirtschaftliche Nutzen und der Nutzen für die teilnehmenden Organisationen behandelt werden. Die Reihenfolge der Darstellung ist historisch begründet.

[1] Auf die deutsche Qualitätsauszeichnung, den *Ludwig-Erhard-Preis,* wird in diesem Kapitel nur kurz eingegangen, da sie inhaltlich vollständig dem TQM-Modell des *EFQM Excellence Award* entspricht.

II

17.1 Bedeutende Qualitätspreise

17.1.1 Der Deming Prize

17.1.1.1 Entwicklung

Anfang der 50er Jahre hatte die japanische Industrie mit erheblichen Qualitätsproblemen zu kämpfen. Die *Union of Japanese Scientists and Engineers (JUSE)* nahm sich der Thematik an und entwickelte, unter anderem mithilfe des Amerikaners W. Edwards Deming, einen modellhaften Ansatz zur qualitätsorientierten Unternehmensführung, der in die japanische Literatur unter dem Begriff *Total Quality Control (TQC)* Eingang fand (Ishikawa 1985, Deming 1986). Um die Anwendung des TQC-Modells in den Unternehmen zu forcieren, rief die JUSE im Jahr 1951 eine nationale Qualitätsauszeichnung, den *Deming Prize*, ins Leben.

Bis 1994 wurde der Deming Application Prize in den Kategorien Großunternehmen, Divisionen, kleine/mittlere Unternehmen und nicht japanische (ausländische) Unternehmen verliehen. Die größte Bedeutung besaß der *Deming Prize* für Unternehmen, wobei die Unterkategorie *Deming Application Prize* für Großunternehmen in der Literatur die größte Aufmerksamkeit erfuhr. Im Jahre 2012 kam es zu einer weiteren Namensänderung: der Deming Application Prize wurde in Deming Prize umbenannt (JUSE 2013). Im Zuge dessen wurde auch die Auszeichnung *Japan Quality Medal* in *Deming Grand Prize* geändert. In den folgenden Ausführungen wird schwerpunktmäßig auf den Deming Prize für Unternehmen, kurz Deming Prize, eingegangen.

Bei der Einführung des Deming Prize erhofften die Verantwortlichen sich einen Schneeballeffekt. Von der JUSE ausgezeichnete Unternehmen sollten die Möglichkeit erhalten, ihre Reputation bei Kunden und Wettbewerbern stark zu verbessern – mit der Folge, dass weitere Betriebe angeregt würden, sich mit den Inhalten des TQC zu beschäftigen. Das Konzept hatte Erfolg. Der Anreiz, die prestigeträchtige Auszeichnung zu erlangen, verbreitete das Modell des TQC in der japanischen Industrie. Es wird heute weltweit in der angewandten betriebs- und qualitätswissenschaftlichen Literatur als wichtige Grundlage des japanischen Erfolgs anerkannt. Die originäre Auszeichnung besitzt mittlerweile auch aus internationaler Sicht hohes Ansehen. Im Zuge der weltweiten Verbreitung des TQC-Modells entschloss sich die JUSE 1996, den international etablierten Terminus *Total Quality Management (TQM)* anstatt *Total Quality Control (TQC)* einzuführen.

Das starke Interesse ausländischer Führungskräfte an den Preisträgern mündete häufig in Anfragen bei der JUSE nach einer möglichen Teilnahme des eigenen Unternehmens am Wettbewerb um den Deming Prize. Nach mehrjähriger Diskussion öffnete die Vereinigung 1986 auch ausländischen Unternehmen den Zugang zum Wettbewerb. Bis 2012 ist es bereits 37 nicht japanischen Unternehmen gelungen, den Deming Prize zu erhalten: Zu den ersten gehörten im Jahr 1989 das amerikanische Energieerzeugungsunternehmen Florida Power & Light Company (FP&L), im Jahr 1991 die taiwanesische Tochter des europäischen Konzerns Philips sowie im November 1994 der amerikanische Betrieb AT&T Power Systems.

Seit 2001 verzeichnet die Liste der Deming-Prize-Gewinner einen drastischen Anstieg nicht japanischer Unternehmen. Im Zeitraum von 2001 bis 2012 wurde die Qualitätsauszeichnung an insgesamt 43 Unternehmen vergeben, davon alleine 32 an indische oder thailändische Unternehmen. Nur sieben japanische Unternehmen wurden in diesem Zeitraum mit dem Deming Prize prämiert (JUSE 2013).

17.1.1.2 Kategorien

Unter dem Dach der JUSE und des Deming Prize Committee werden heute Auszeichnungen in folgenden Kategorien verliehen (JUSE 2013):

- *Deming Prize* (bis 2012: *Deming Application Prize*) für Unternehmen, Institutionen und Organisationen sowie deren Untereinheiten
- *Deming Grand Prize* (bis 2012: *Japan Quality Medal*) für Unternehmen, die bereits in einer Kategorie ausgezeichnet wurden und ihre Ergebnisse im Rahmen des TQM nochmals verbessert haben
- *Deming Prize for Individuals* für Einzelpersonen (bisher wurden 75 Personen ausgezeichnet), die sich anerkanntermaßen rund um das Themengebiet des TQM verdient gemacht haben)
- *Deming Distinguished Service Award for Dissemination and Promotion (Overseas)* für Einzelpersonen, die sich für die Verbreitung von TQM außerhalb Japans verdient gemacht haben (wird nur alle drei bis fünf Jahre vergeben; bisher lediglich zwei Preisträger)
- *Nikkei QC Literature Prize* für Literatur, die anerkannt einen Beitrag zur Weiterentwicklung von TQM geleistet hat (mit Forschungsfokus auf Japan)

Die früher bekannte Kategorie *Quality Control Award for Operating Business Units* für Fabriken/Werke (früher: *Quality Control Award for Factories*) wurde 2010 abgeschafft.

17.1.1.3 Gestaltungsmerkmale, Vergabestrategie, Bewertungssystem

Struktur des TQM-Modells

Inhaltlicher Maßstab des Deming Prize ist das TQM-Modell, welches im Oktober 2009 von der JUSE überarbeitet wurde, sowie ein Bewertungssystem auf der Basis einer Punkteskala (vgl. Abb. 17.1).

Für die Beurteilung des sich bewerbenden Unternehmens sind drei Hauptkriterien von entscheidender Bedeutung:

- Durch das Topmanagement formulierte, auf Kunden ausgerichtete Unternehmensziele und -strategien, welche die Managementphilosophie, die Art der Industrie, die Größe und das Umfeld des Geschäftsbetriebs mit einbeziehen
- Einsatz des TQM-Modells zur Verfolgung der vorangehend genannten Ziele und Strategien
- Außerordentliche Ergebnisse, die durch den Einsatz des TQM-Modells auf Ebene der Ziel- und Strategieverwirklichung erreicht wurden

Ablauf der Bewerbung

Der Bewerbungsprozess für den Deming Prize umfasst drei Abschnitte:

- Eine „Voruntersuchung" (*Pre-Application Consultation* und *TQM Diagnosis*)
- Formelle Bewerbung (inklusive der Beschreibung der TQM-Praktiken)
- Vor-Ort-Prüfung (mit anschließender Entscheidung)

Um sich für die Auszeichnung zu bewerben, muss sich das Unternehmen zunächst einer „Voruntersuchung" durch die JUSE unterziehen. Durch diesen Schritt (original: *Pre-Application Consultation* und *TQM Diagnosis*) soll sichergestellt werden, dass sich die bewerbenden Unternehmen bereits eingehend mit der TQM-Philosophie und -Implementierung beschäftigt haben, und dass sich nur Kandidaten formell bewerben, die auch Aussicht auf eine erfolgreiche Auszeichnung haben. Verläuft diese „Voruntersuchung" erfolgreich, so hat das Unternehmen im darauffolgenden Jahr die Gelegenheit, am formellen Bewerbungsprozess teilzunehmen.

Die Bewerbung umfasst einen schriftlichen Bericht, aus dem das in einem Unternehmen praktizierte TQM-Verständnis hervorgehen muss. Von der maximalen Anzahl der einzureichenden Seiten bis zu Hinweisen für die Formatierung des Bewerbungstextes sind sämtliche Rahmenbedingungen vorgegeben, was für ein streng reglementiertes Verfahren spricht. Die inhaltliche Bewertung basiert auf den Kriterien des TQM-Modells.

Innerhalb des Auszeichnungszyklus treten die Bewerber untereinander in keinen direkten Wettbewerb. Alle Unternehmen, die die hohen Anforderungen des Modells erfül-

Bewertungselemente und Punktevergabe des Deming Prize

Inhalte	Max. Punktzahl
1 Unternehmenspolitik und ihr Einsatz im Qualitätsmanagement	**20**
a Eine klare Unternehmenspolitik mit übergeordneten qualitäts- und kundenorientierten Unternehmenszielen und -strategien	(10)
b Die Unternehmenspolitik soll unternehmensweit einheitlich implementiert werden.	(10)
2 Produktentwicklung und/oder Prozessinnovation	**20**
a Das Unternehmen entwickelt qualitätsorientiert neue Produkte (und Dienstleistungen) oder Prozessinnovationen.	(10)
b Die neuen Produkte erfüllen die Kundenwünsche. Prozessinnovationen tragen zur Effizienzsteigerung bei.	(10)
3 Erhaltung und Verbesserung der Qualität von Produkten und Abläufen	**20**
a Tägliche Arbeit; durch Standardisierung sowie Aus- und Weiterbildung findet eine Fehlerreduzierung und Stabilisierung von Standardabläufen statt.	(10)
b Kontinuierliche Verbesserung; es findet eine kontinuierliche und gesteuerte Verbesserung von Unternehmensaktivitäten statt, was die Reklamations- und Defektrate deutlich senkt und die Kundenzufriedenheit steigert.	(10)
4 Etablierung von Qualität-, Quantitäts-, Liefer-, Kosten-, Sicherheits-, Umweltmanagementsystemen und deren effektiver Einsatz	**10**
5 Sammeln und Analysieren von qualitativen Informationen und die Nutzung von Informationstechnologie Das Unternehmen sammelt Informationen und nutzt diese mithilfe von statistischen Verfahren zur Weiterentwicklung der eigenen Produkten und Prozessen.	**15**
6 Mitarbeiterentwicklung Durch systematische Aus- und Weiterbildung tragen die Mitarbeiter aktiv zur Produktion- und Prozessverbesserung bei.	**15**

Abb. 17.1 Inhalte des Deming Prize; nach (Union of Japanese Scientists and Engineers (JUSE) 2013)

len, erhalten die Auszeichnung. Insofern spielt es keine Rolle, wie viele Unternehmen sich bewerben. Kann keiner der Bewerber den Anforderungen gerecht werden, kommt es – wie im Jahr 1957 geschehen – zu keiner Verleihung. Die Bewertung der eingereichten Unterlagen nimmt das Deming Prize Committee vor, dem sowohl Universitätswissenschaftler als auch Führungskräfte aus Unternehmen angehören. W. Edwards Deming war bis zu seinem Tod 1993 Ehrenvorsitzender des Komitees.

Die Durchsicht der Bewerbungsunterlagen durch das Komitee dient zunächst dazu, festzustellen, ob die Methoden des TQM sowohl bekannt sind als auch systematisch in allen Funktionsbereichen des Unternehmens angewandt werden. Kommen die Gutachter zu dem Ergebnis, dass für das Unternehmen Aussicht auf die Auszeichnung besteht, wird eine umfangreiche Vor-Ort-Prüfung geplant und der Termin dem Unternehmen mitgeteilt. Anschließend erfolgt je nach Größe des Betriebs eine mehrtägige Prüfung. Grundsätzlich entscheidet das Komitee, welche Unternehmensbereiche besichtigt und geprüft werden sollen. Die Vor-Ort-Prüfung kann, um einen möglichst objektiven Eindruck vom Bewerber zu vermitteln, auch den Besuch von Zulieferern oder Kunden beinhalten.

Die Entscheidungsgrundlage für die eigentliche Vergabe der Auszeichnung ist ein Punktesystem, auf das hier jedoch nicht näher eingegangen werden soll. Die Befunde der Vor-Ort-Prüfung werden innerhalb des Komitees nochmals diskutiert. Sodann trifft dieses die Entscheidung, welche Unternehmen ausgezeichnet werden. Die Beobachtungen der Gutachter werden in einem Bericht zusammengestellt und dem Unternehmen bei der Verleihung des Awards überreicht.

Kann ein Unternehmen während der Vor-Ort-Prüfung keine ausreichend hohe Anzahl von Punkten erreichen, so wird es in den Status *Continued Examination* gesetzt. Dies bedeutet, dass die Gutachter im folgenden Jahr ausschließlich jene inhaltlichen Kriterien überprüfen, die im Vorjahr mit unzureichender Punktzahl bewertet wurden. Insofern untersuchen die Gutachter nur, ob eine tatsächliche Verbesserung stattgefunden hat. Im Status *Continued Examination* kann ein Unternehmen bis zu drei Jahren verweilen, anschließend scheidet es endgültig aus dem Bewerbungsprozess aus. Die JUSE hat mit dieser Vorgehensweise gute Erfahrungen gemacht, bleibt doch dem Unternehmen der Anreiz, durch Initiierung erheblicher Verbesserungsaktivitäten im folgenden Jahr das Ziel zu erreichen, d. h. die Auszeichnung zu erlangen.

Im Anschluss an die Verleihungszeremonie sind die erfolgreichen Bewerber aufgefordert, ihre TQM-Praktiken und -Fähigkeiten zu präsentieren und der Öffentlichkeit zugänglich zu machen, damit diese als „Benchmark" und Vorbild für andere Organisationen dienen können (JUSE 2013).

Drei Jahre nach der Verleihung durch das Komitee gibt es eine weitere Vor-Ort-Prüfung, welche die Fortentwicklung des TQM-System im Unternehmen zum Gegenstand hat. Kann ein Preisträger hier eine beträchtliche Weiterentwicklung des eigenen TQM-Ansatzes vorweisen, so ist im Anschluss eine Bewerbung für den *Deming Grand Prize* möglich. Diese Auszeichnung konnten bislang erst 25 Unternehmen erlangen, davon 17 aus Japan. Dennoch zeigt sich auch hier ein Trend zu nicht japanischen Unternehmen, gingen die jüngsten fünf Auszeichnungen seit 2007 doch allesamt an indische Unternehmen (JUSE 2013).

17.1.2 Der Malcolm Baldrige National Quality Award

17.1.2.1 Entwicklung

Am 20. August 1987 unterschrieb der damals amtierende Präsident der Vereinigten Staaten, Ronald Reagan, eine staatlich geförderte Qualitätsverbesserungsinitiative, den sogenannten *Malcolm Baldrige National Quality Improvement Act*. Das Gesetz mit der internen Bezeichnung „Public Law 100-107" kann als Fundament aufgefasst werden für eine nationale Kampagne mit dem Ziel, die Qualität amerikanischer Produkte und Dienstleistungen bei gleichzeitiger Verbesserung der Produktivität zu steigern. Die von den Kongressabgeordneten in zahlreichen Diskussionen gesammelten Fakten und Erkenntnisse lesen sich zusammengefasst – aufgelistet in der Gesetzesvorlage – wie folgt (Malorny 2001):

- Die Führungsrolle der Vereinigten Staaten von Amerika bezüglich der Qualität von Produkten und Prozessen ist durch den Wettbewerb mit ausländischen Anbietern stark und zuweilen erfolgreich herausgefordert worden. Das Produktivitätswachstum der US-Wirtschaft fiel im Vergleich zu dem der Konkurrenten in den letzten 20 Jahren geringer aus.
- Unzureichende Qualität kostet ein Unternehmen bis zu 20 % der auf dem Markt zu erzielenden Umsatzerträge.
- Ein verbessertes Managementverständnis für die Belange der Mitarbeiter und die stärkere Betonung der statistischen Prozesssteuerung können zu bedeutenden Verbesserungen im Kostenbereich führen.
- Qualitätsverbesserungsprogramme müssen vom Management geführt und an Kundenforderungen ausgerichtet werden. Dies kann grundlegende Änderungen in der Arbeitsweise von Unternehmen und Behörden erfordern.

Inhaltlich wird mit dem Malcolm Baldrige National Quality Improvement Act die Entwicklung eines nationalen TQM-Modells gefördert. Entsprechend dem japanischen

Deming Prize sollte die Verbreitung des TQM-Modells in der amerikanischen Wirtschaft durch die jährliche Vergabe einer Qualitätsauszeichnung an Unternehmen gefördert werden. Diese wird seit 1988 vom Präsidenten der Vereinigten Staaten persönlich jenen Unternehmen verliehen, die herausragende Qualitäts- und Produktivitätssteigerungen durch die Anwendung des TQM-Modells nachweisen können. Dies wird in einem detaillierten Beurteilungsprozess geprüft. Um eine objektive Bewertung zu gewährleisten, setzt sich das TQM-Modell aus verschiedenen inhaltlichen Prüfkriterien zusammen. Das Modell, der Bewertungsprozess sowie die eigentliche Auszeichnung werden unter dem Begriff *Malcolm Baldrige National Quality Award* zusammengefasst (im Folgenden kurz *Baldrige Award* genannt). Verantwortung und Organisation der Auszeichnung liegen beim *National Institute for Standards and Technology* (*NIST*).

17.1.2.2 Kategorien

Der *Baldrige Award* wird in insgesamt sechs Kategorien vergeben (NIST 2013):

- Produzierende Unternehmen
- Dienstleistungsunternehmen
- Kleinunternehmen
- Gemeinnützige Einrichtungen (seit 2005)

Um die Etablierung des TQM-Ansatzes im Bereich des Bildungs- und Gesundheitswesens verstärkt voranzutreiben, wird der *Baldrige Award* seit 1999 auch in folgenden Kategorien vergeben:

- Bildungseinrichtungen
- Gesundheitseinrichtungen

Dabei spielt es keine Rolle, ob diese Einrichtungen öffentlich oder privat sind, und ob eine Gewinnerzielungsabsicht besteht. Für diese beiden Kategorien gibt es angepasste „Kriterien für Performance Excellence", auf die jedoch in diesem Abschnitt nicht gesondert eingegangen wird.

Ferner besteht für Untereinheiten von großen Unternehmen und Organisationen die Möglichkeit, sich als eigenständige Einrichtung bewerten zu lassen und somit unabhängig von der Gesamtorganisation am Baldrige-Award-Vergabeverfahren teilnehmen zu können.

In jeder Kategorie werden maximal drei Auszeichnungen jährlich verliehen. Ob die Auszeichnung an ein Unternehmen bzw. eine Organisation vergeben wird, hängt von zwei Faktoren ab: Zum einen davon, ob es dem Mindestbewertungsstandard des TQM-Modells genügt, zum anderen davon, ob es zu jenen beiden Unternehmen gehört, die sich gegen die anderen Bewerber in der entsprechenden Vergabekategorie durchsetzen konnten.

Damit verfolgen die Organisatoren des Baldrige Award eine andere Vergabestrategie als die des Deming Prize, den jede sich bewerbende Organisation erhält, die den geforderten – gleichwohl äußerst hohen – Standard nachweislich erreicht hat. Durch die Begrenzung auf höchstens drei Auszeichnungen entsteht eine Konkurrenzsituation. Daher spricht man auch von einem *Competitive Award* im Gegensatz zu einem sogenannten *Threshold Award* (Bovaird/Löffler 2009). Dies führt zu einem verstärkten Wettbewerb, in dem US-Unternehmen versuchen, ihre einheimischen Konkurrenten zu übertreffen. Zugleich haben die Organisatoren beschlossen, ab dem Jahr 2012 auch einen Preis für „Best Practices" zu vergeben: Diese Auszeichnung erhalten Kandidaten mit außergewöhnlichen Leistungen in einer oder in mehreren Kriterienkategorien, die jedoch nicht als Gewinner ausgezeichnet wurden (NIST 2012).

Seit 1988 wurde die Auszeichnung 93 Organisationen verliehen. Unter ihnen befinden sich sowohl größere Konzerne, wie z. B. Motorola Inc., Honeywell Federal M&T LLC oder Xerox Corp., als auch kleinere Betriebe wie der kalifornische Baustoffhersteller Granite Rock Co. Die prämierten Unternehmen gehören sehr unterschiedlichen Branchen an, so z. B. die Ritz-Carlton Company aus dem Hotelgewerbe, die Merrill Lynch Corp. aus dem Investmentbanking, die Cadillac Motor Car Company aus der Automobilbranche sowie die 3M Dental Products Division aus der Medizintechnik. Zudem gibt es in der Sparte „Nonprofit" Preisträger wie die Städteverwaltungen von Coral Springs und Irving, Texas, oder auch das U. S. Army Armament Research, Development and Engineering Center.

Sieben Organisationen konnten bereits zweimal die höchste Qualitätsauszeichnung entgegennehmen: Solectron Corp., Ritz-Carlton Company, Texas Nameplate Company, Sunny Fresh Foods, MEDRAD (jetzt: Bayer HealthCare Radiology & Interventional), MESA sowie North Mississippi Health Services.

17.1.2.3 Gestaltungsmerkmale, Vergabestrategie, Bewertungssystem

Struktur des TQM-Modells

Das TQM-Modell besteht formal aus drei Ebenen, die sich durch ihren zunehmenden Detaillierungsgrad auszeichnen (NIST 2013). Die erste Ebene umfasst sieben Hauptkriterien, die sogenannten *Examination Categories* (Abb. 17.2). Diese gliedern sich auf der zweiten Ebene in 17 Unterpunkte, die sogenannten *Examination Items*. Die Unterpunkte sollen jeweils auf die wichtigsten Elemente eines effektiven Qualitätsverbesserungssystems abzielen, über die ein Unternehmen in seinem Bewerbungsschreiben Auskunft geben muss. Jedem Unterpunkt wird im

II

Hauptkriterien und Unterpunkte des Baldrige Award

Hauptkriterien Categories	**Unterpunkte** Items	**Max. Punktzahl**	
Leadership	• Senior Leadership	70	120
	• Governance and Social Responsibilities	50	
Strategic Planning	• Strategy Development	45	85
	• Strategy Implementation	40	
Customer Focus	• Voice of the Customer	40	85
	• Customer Engagement	45	
Measurement, Analysis and Knowledge Management	• Measurement, Analysis and Improvement of Organizational Performance	45	90
	• Knowledge Management, Information, and Information Technology	45	
Workforce Focus	• Workforce Environment	40	85
	• Workforce Engagement	45	
Operations Focus	• Work Processes	45	85
	• Operational Effectiveness	40	
Results	• Product and Process Results	120	450
	• Customer-Focused Results	85	
	• Workforce-Focused Results	85	
	• Leadership and Governance Results	80	
	• Financial and Market Results	80	
Total Points			**1.000**

Abb. 17.2 Hauptkriterien des Baldrige Award; nach (National Institute of Standards and Technology (NIST) 2013)

Bewertungsprozess eine maximal erreichbare Punktzahl zugewiesen, wodurch inhaltlich eine unterschiedliche Gewichtung vorgenommen wird. Die maximal erreichbare Gesamtpunktzahl aller Unterpunkte beträgt 1000. Jeder Unterpunkt wird durch eine Reihe von Hinweisen, die sogenannten *Areas to Address*, hinsichtlich seiner Intention näher erläutert.

Es gibt noch zwei weitere Unterpunkte in den Bewerbungsunterlagen, die einen Überblick über die Charakteristika und den Zustand der Organisation geben sollen. Diese fließen jedoch nicht in die Ermittlung der Gesamtpunktzahl mit ein.

Um die Relevanz und Nachhaltigkeit des verwendeten TQM-Modells zu gewährleisten, wird dieses regelmäßig überprüft und an die Entwicklungen in der Wirtschaftswelt angepasst. Bei diesen Aktualisierungen werden selten die Struktur des Modells mit seinen Haupt- und Unterkategorien geändert, sondern vielmehr die detaillierteren Beschreibungen der Bewertungskriterien. So wurden in den „Kriterien 2013 bis 2014“ Veränderungen unter anderem dahingehend aufgenommen, dass sie die wachsende Bedeutung von Innovationen und den Umgang mit sozialen Medien widerspiegeln (NIST 2013).

Die Vergabekriterien für Unternehmen, welche sich aus dem TQM-Modell ableiten, unterscheiden sich nur geringfügig von denen für das Bildungs- und Gesundheitswesen. Im Folgenden wird daher exemplarisch auf den Bewertungs- und Vergabeprozess des Baldrige Award für Unternehmen eingegangen.

Ablauf der Bewerbung

Seit 2012 gibt es im Bewerbungsprozess eine Neuerung. So müssen Organisationen, die sich um den Baldrige Award bewerben, bereits den *Performance Award* des jeweiligen Bundesstaates gewonnen haben (NIST 2012).

Unternehmen müssen sich um die Qualitätsauszeichnung schriftlich bewerben. In den Bewerbungsunterlagen haben sie zu jedem der 17 + 2 Unterpunkte des TQM-Modells Aussagen zu treffen. Formal gliedert sich der anschließende Bewertungsablauf in mehrere Auswahlstufen.

Zunächst wird der Bewerbungsbericht von mehreren Gutachtern des Prüfungsausschusses unabhängig voneinander untersucht und bewertet *(Independent Review)*. Danach kommt es zu einer zweiten, gemeinsamen Durchsicht der Bewerbungsunterlagen. Während dem Schiedsgericht nach der ersten Durchsicht die Ergebnisse jedes Gutachters separat zugehen, müssen nach der zweiten Durchsicht die Gutachter ein gemeinsam getragenes Ergebnis präsentieren. Liegt dieses vor, benennt das Schiedsgericht die Unternehmen, deren tatsächliche Qualitätsfähigkeit vor Ort an ihren eigenen Berichten gemessen werden soll. Während dieser Vor-Ort-Prüfung suchen die Gutachter nach einer Bestätigung für die aus dem Bericht resultierenden Einschätzungen. Die Vor-Ort-Prüfung wird je nach Größe des Unternehmens von bis zu zehn Gutachtern durchgeführt und dauert in der Regel eine Woche.

Während des abschließenden *Judges Final Review* inspiziert das Schiedsgericht noch einmal den Bericht der Prüfungskandidaten und die Ergebnisse der Vor-Ort-Prüfung und interviewt die Gutachter zu ihren persönlichen Eindrücken von den besichtigten Unternehmen, um schließlich gegenüber dem NIST Empfehlungen zur Verleihung der Auszeichnung geben zu können. Das NIST reicht diese Vorschläge an das Handelsministerium weiter, wo nun die endgültige Entscheidung über die Wahl der Preisträger getroffen wird.

Im Anschluss erhält jeder Bewerber – unabhängig davon, auf welcher Stufe des Prozesses er ausgeschieden ist – den *Feedback Report*, der vom NIST als „größter Nutzen" für die Teilnehmer beworben wird (NIST 2013, siehe auch Kap. 17.2.2.2).

Bewertungssystem

Die Beurteilung der Bewerbungsunterlagen sowie die spätere Vor-Ort-Prüfung basieren auf einer analytischen Vorgehensweise, die mittlerweile auch von verschiedenen Unternehmen für das interne Self-Assessment übernommen wurde. Das zur Anwendung kommende Bewertungssystem *(Scoring System)* fußt auf zwei Bewertungsdimensionen: zum einen auf der Dimension „Prozess", die die Hauptkriterien 1 bis 6 umfasst, zum anderen auf der Dimension „Ergebnisse", die das Hauptkriterium 7 und seine Unterpunkte beinhaltet (vgl. Abb. 17.2).

Zur Evaluierung der Dimension „Prozess" wurden vier Faktoren bestimmt. Das Feedback, welches eine Organisation nach dem Assessment erhält, zeigt Stärken und Verbesserungsmöglichkeiten bei diesen Faktoren auf (NIST 2013):

Der Bewertungsbereich „Methodik" oder auch „Vorgehen" (engl.: *Approach/A*) beschäftigt sich mit der Vorgehensweise sowie den Maßnahmen und Techniken, die das Unternehmen einsetzt, um die in den Kriterien angesprochenen Ziele zu erreichen. Zu den Bewertungskriterien dieses Bereichs gehören die Angemessenheit und Effektivität eingesetzter Maßnahmen und Techniken sowie der Grad der „systematischen" Herangehensweise/Methodik, d. h. inwieweit sie auf verlässlichen Daten beruht und wiederholbar ist.

Der Bewertungsbereich „Durchdringung" (engl.: *Deployment/D*) betrachtet den Umfang, in dem die Methoden in allen relevanten Unternehmensbereichen praktiziert werden. Bewertungskriterien dieses Bereichs sind die angemessene und effektive Anwendung der Methoden auf alle Geschäfte und Beziehungen zu Kunden, Zulieferern und zur Öffentlichkeit, sowie die angemessene, effektive und konsistente Anwendung durch die Mitarbeiter – sowohl bei allen internen Prozessen als auch bei allen Produkten und Dienstleistungen.

Im Bewertungsbereich „Lernfähigkeit" (engl.: *Learning/L*) wird geprüft, ob das Unternehmen regelmäßige Selbstbewertungs- und Verbesserungszyklen durchläuft, in denen es seine Prozesse und Methodik überprüft. Außerdem ist es relevant, inwieweit die Möglichkeit besteht, durch Innovationen dem eigenen TQM-Ansatz in der Organisation zum Durchbruch zu verhelfen und ob die Organisation fähig ist, Innovationen und Verbesserungen im Unternehmen an relevante Partner zu verteilen.

Der Bewertungsbereich „Integration" (engl.: *Integration/I*) beschäftigt sich mit der Anpassung des TQM-Ansatzes an die Bedarfe der Organisation. Die Bewertungskriterien dieses Bereichs umfassen den Grad, mit dem Pläne, Arbeits- und Lernprozesse aufeinander abgestimmt sind, um die Unternehmensziele zu verfolgen, und auch den Grad der Komplementarität der unterstützenden Systeme.

Zur Evaluierung der Dimension „Ergebnisse" werden ebenfalls vier Faktoren herangezogen:

- Der momentane Leistungsstand (engl.: *Levels/Le*)
- Der Grad der Ergebnisverbesserung sowie die vertikale und horizontale Verteilung dieser Ergebnisverbesserungen (engl.: *Trends/T*)
- Der Leistungsstand der Organisation im Vergleich zu geeigneten Vergleichsgruppen, wie z. B. Konkurrenten oder Industriebenchmarks (engl.: *Comparison/C*)
- Der Grad, mit dem die Messsysteme relevante Themengebieten der Geschäftsentwicklung, wie z. B. Kunden, Produkte, Märkte, Prozesse und Maßnahmenpläne abdecken, und inwieweit diese auch auf die Zukunft ausgerichtet und konsistent in der ganzen Organisation verankert sind (engl.: *Integration/I*).

Welche Art der Information (Aussagen zur Methodik, Durchdringung, Lernfähigkeit, Integration oder zu Ergebnissen) in den Unterpunkten tatsächlich verlangt wird, kann den Bewerbungsunterlagen entnommen werden. Analog zu der Aufteilung der Dimensionen werden die Hauptkriterien 1 bis 6 und das Hauptkriterium 7 nach zwei verschiedenen Bewertungsrichtlinien beurteilt, die beide den Bewertungsrahmen in fünf prozentual abgestufte Klassen aufteilen. Diese sind in Abbildung 17.3 und 17.4 dargestellt. Mithilfe der Bewertungsschemata werden die jeweiligen Unterpunkte hinsichtlich der Bewertungsfaktoren durch die Gutachter prozentual beurteilt. Für das Ergebnis je Unterpunkt ist dabei der Ausgangswert (100 %) die höchstmögliche Punktzahl des Unterpunkts, wie sie durch die Kriterien definiert ist (vgl. Abb. 17.2).

II

Bewertungsmatrix für die Kriterien 1 - 6 des Baldrige Awards

Bewertung	Prozess
0% oder 5%	• Kein **systematisches Vorgehen** erkennbar; Informationen liegen **anekdotenhaft** vor (A) • Geringe oder keine **Umsetzung** eines **systematischen Vorgehens** erkennbar (D) • Eine **Ausrichtung auf Verbesserung** ist nicht erkennbar; **Verbesserung** wird durch Reaktion auf Probleme erreicht (L) • Keine organisatorische **Koordination und Ausrichtung** erkennbar; einzelne Bereiche oder Einheiten arbeiten unabhängig (I)
10%, 15%, 20% oder 25%	• Beginn eines **systematischen Vorgehens** erkennbar, das die **grundlegenden Anforderungen** des Themenkomplexes berücksichtigt (A) • Das **Vorgehen** befindet sich in den meisten Bereichen oder Einheiten in frühen Stadien der **Anwendung**, was Fortschritte bei der Erfüllung der **grundlegenden Anforderungen** des Themenkomplexes behindert . (D) • Beginn eines Übergangs von der Reaktion auf Probleme hin zu einer allgemeinen Ausrichtung auf Verbesserungen erkennbar (L) • Das **Vorgehen** ist durch gemeinsame Problemlösung weitgehend mit anderen Bereichen oder Einheiten **koordiniert**. (I)
30%, 35%, 40% oder 45%	• **Effektives, systematisches Vorgehen** erkennbar, das die **grundlegenden Anforderungen** des Themenkomplexes berücksichtigt (A) • Das **Vorgehen** wird **angewandt**, obgleich sich einige Bereiche oder Einheiten in frühen Stadien der **Anwendung** befinden. (D) • Beginn eines **systematischen Vorgehens** im Hinblick auf Bewertung und Verbesserung der **Kernprozesse** erkennbar (L) • Das **Vorgehen** befindet sich in einem frühen Stadium der **Ausrichtung** an grundlegende organisatorische Anforderungen, die im Rahmen der anderen Kriterienkategorien identifiziert wurden. (I)
50%, 55%, 60% oder 65%	• **Effektives, systematisches Vorgehen** erkennbar, das die **übergreifenden Anforderungen** des Themenkomplexes berücksichtigt (A) • Das **Vorgehen** wird gut **angewandt**, obgleich die **Anwendung** in einigen Bereichen oder Einheiten unterschiedlich ausgeprägt sein kann. (D) • Es besteht ein faktenbasierter, **systematischer** Bewertungs- und **Verbesserungsprozess** und es gibt gewisse organisatorische **Lernprozesse** zur Steigerung von Effizienz und **Effektivität** der **Kernprozesse**. (L) • Das **Vorgehen** ist an die organisatorischen Anforderungen **ausgerichtet**, die im Rahmen der anderen Kriterienkategorien identifiziert wurden. (I)
70%, 75%, 80% oder 85%	• **Effektives, systematisches Vorgehen** erkennbar, das die **vielfältigen Anforderungen** des Themenkomplexes berücksichtigt (A) • Das **Vorgehen** wird gut **angewandt**, ohne wesentliche Lücken. (D) • Faktenbasierter, **systematischer** Bewertungs- und Verbesserungsprozess und organisatorische **Lernprozesse**, einschließlich **Innovation**, als die **wichtigsten** Managementinstrumente; Klare Anzeichen einer **Verfeinerung** und Verbesserung infolge von **Analyse** und Austausch auf Organisationsebene (L) • Das **Vorgehen** ist mit den derzeitigen und zukünftigen organisatorischen Anforderungen **kombiniert und verwoben**, die im Rahmen der anderen Kriterienkategorien identifiziert wurden. (I)
90%, 95% oder 100%	• **Effektives, systematisches Vorgehen** erkennbar, das die **vielfältigen Anforderungen** des Themenkomplexes voll und ganz berücksichtigt (A) • Das **Vorgehen** wird vollständig **angewandt**, ohne wesentliche Schwächen oder Lücken in den verschiedenen Bereichen und Einheiten. (D) • Faktenbasierter, **systematischer** Bewertungs- und Verbesserungsprozess und organisatorische **Lernprozesse** durch **Innovation**, als die **wichtigsten**, organisationsübergreifenden Managementinstrumente; Klare Anzeichen (über die ganze Organisation hinweg) einer **Verbesserung** und **Innovation**, auf Basis von **Analyse** und Austausch in der gesamten Organisation (L) • Das **Vorgehen** ist gut mit den derzeitigen und zukünftigen organisatorischen Anforderungen **kombiniert und verwoben**, die im Rahmen der anderen Kriterienkategorien identifiziert wurden. (I)

Abb. 17.3 Bewertungsmatrix für die Kriterien 1 bis 6 des Baldrige Award; nach (National Institute of Standards and Technology (NIST) 2013)

17.1.3 Der EFQM Excellence Award (Ludwig-Erhard-Preis)

17.1.3.1 Entwicklung

Der *EFQM Excellence Award* wurde am 15. Oktober 1992 vom spanischen König Juan Carlos I. erstmalig vergeben; damals noch unter dem Namen *European Quality Award*. Damit wurde 41 Jahre nach Begründung des Deming Prize in Japan und fünf Jahre nach Einführung des Baldrige Award in den USA auch in Europa eine bedeutende Qualitätsauszeichnung vergeben (EFQM 2013).

Das dem EFQM Excellence Award zugrunde liegende TQM-Modell wurde unter Federführung der *European Foundation for Quality Management* (*EFQM*) in Zusammenarbeit und mit finanzieller Unterstützung der EG-Kommission und der *European Organization for Quality* (*EOQ*) inhaltlich entwickelt. Die EFQM, mit Sitz in Brüssel, wurde am 15. September 1988 von 14 europäischen Unternehmen gegründet.[2] Sie vereint im Jahre 2012 etwa 450 Unternehmen und Organisationen (EFQM Annual Report 2012). In den Statuten der EFQM wurde die Entwicklung und Förderung eines modellhaften europäischen TQM-Verständnisses unter den Mitgliedern des Topmanagements als Ziel definiert. Auf der Suche nach geeigneten unterstützenden Instrumenten erkannte die EFQM schon frühzeitig das große positive Potenzial von Qualitätsauszeichnungen. Dieses Urteil wurde nicht zuletzt durch die Erfolge des amerikanischen Baldrige Award sowie des japanischen Deming Prize gestützt.

Mit der Entwicklung eines europäischen TQM-Modells hoffte die EFQM in Europa auf einen ähnlichen Erfolg, wie er dem NIST innerhalb einer relativ kurzen Zeitspanne in den USA gelungen war. Als geeignetes Basismodell für den EFQM Excellence Award, dessen Kriterien unter den vielfältigen europäischen Mitgliedern zwangsläufig konsensfähig sein mussten, erwies sich das amerikanische TQM-Modell des Baldrige Award. Zwei entscheidende Punkte sprachen für dieses Modell: erstens die vorliegenden weitreichenden Erfahrungen in einem westlichen Land (USA). Zweitens diente das amerikanische Modell bereits verschiedenen europäischen Ländern als Messlatte für ihre nationalen Qualitätsauszeichnungen (*British Quality Award, Swedish Quality Award* u. a.), womit das Mo-

2 Unter ihnen auch zwei deutsche Unternehmen: die Volkswagen AG und die Robert Bosch GmbH.

Bewertungsmatrix für das Kriterium 7 "Results" des Baldrige Awards

Bewertung	Prozess
0% oder 5%	• Es gibt es keine **Leistungsergebnisse**, die auf Organisationsebene berichtet werden, oder die berichteten **Ergebnisse** sind schlecht. (Le) • Es werden entweder keine **Trenddaten** vorgelegt oder diese zeigen hauptsächlich negative **Trends**. (T) • Es werden keine Vergleichsinformationen vorgelegt . (C) • Für Bereiche, die für den **Organisationszweck** von Bedeutung sind, werden keine **Ergebnisse** vorgelegt. (I)
10%, 15% 20% oder 25%	• Es gibt es wenige **Leistungsergebnisse**, die auf Organisationsebene im Hinblick auf die **grundlegenden Anforderungen** der Kriterienkategorie berichtet werden, und erste gute **Leistungsniveaus** sind erkennbar. (Le) • Es werden einige **Trenddaten** vorgelegt, bei denen einige negative **Trends** erkennbar sind. (T) • Es werden nur wenige oder keine Vergleichsinformationen vorgelegt. (C) • Für einige wenige Bereiche, die für den **Organisationszweck** von Bedeutung sind, werden **Ergebnisse** vorgelegt. (I)
30%, 35%, 40% oder 45%	• Es werden gute **Leistungsniveaus** auf Organisationsebene berichtet, im Bezug auf die **grundlegenden Anforderungen** der Kriterienkategorie. (Le) • Es werden einige **Trenddaten** vorgelegt, bei denen die meisten **Trends** positiv sind. (T) • Beginn der Ermittlung von Vergleichsinformationen erkennbar (C) • Für viele Bereiche, die für den **Organisationszweck** von Bedeutung sind, werden **Ergebnisse** vorgelegt. (I)
50%, 55%, 60% oder 65%	• Es werden gute **Leistungsniveaus** auf Organisationsebene berichtet, im Bezug auf die **übergreifenden Anforderungen** der Kriterienkategorie (Le) • Positive **Trends** in Bereichen erkennbar, die für die Erreichung der **Organisationszwecks** wichtig sind (T) • Einige aktuelle **Leistungsniveaus** – bewertet auf Grundlage einschlägiger Vergleiche und/oder **Benchmarks** – zeigen Bereiche mit relativ (zum Benchmark) guten **Leistung** (C) • **Leistungsergebnisse** auf Organisationsebene werden vorgelegt, im Hinblick auf die meisten Anforderungen, die sich bezüglich der **wichtigsten Kunden**, des Marktes und den **Prozessen** ergeben (I)
70%, 75%, 80% oder 85%	• Es werden gute bis exzellente **Leistungsniveaus** auf Organisationsebene berichtet, im Bezug auf die **vielfältigen Anforderungen** der Kriterienkategorie. (Le) • Positive **Trends** werden in den meisten Bereichen nachhaltig über Zeit gehalten, die für die Erreichung der **Organisationszwecks** wichtig sind. (T) • Viele bzw. die meisten der vorgelegten **Trends** und der derzeitigen **Leistungsniveaus** – bewertet auf Grundlage einschlägiger Vergleiche und/oder **Benchmarks** – zeigen Bereiche mit einer Leistungsführerschaft und mit einer relativ (zum Benchmark) sehr guten **Leistung**. (C) • **Leistungsergebnisse** auf Organisationsebene werden vorgelegt, im Hinblick auf die meisten Anforderungen, die sich bezüglich der **wichtigsten Kunden**, des Marktes, den **Prozessen** und den **Maßnahmenplänen** ergeben (I)
90%, 95% oder 100%	• Es werden exzellente **Leistungsniveaus** auf Organisationsebene berichtet, die den **vielfältigen Anforderungen** der Kriterienkategorie voll und ganz genügen. (Le) • Positive **Trends** in den allen Bereichen nachhaltig über Zeit gehalten, die für die Erreichung der **Organisationszwecks** wichtig sind (T) • In vielen Bereichen zeigt sich Industrie- und **Benchmark**-Führerschaft (C) • **Leistungsergebnisse und -prognosen** auf Organisationsebene werden vorgelegt, im Hinblick auf die meisten Anforderungen, die sich bezüglich der **wichtigsten Kunden**, des Marktes, den **Prozessen** und den **Maßnahmenplänen** ergeben. (I)

Abb. 17.4 Bewertungsmatrix für das Kriterium 7 des Baldrige Award; nach (National Institute of Standards and Technology (NIST) 2013)

dell auch seine Tauglichkeit für europäische Länder belegen konnte. Gleichwohl wurden das TQM-Modell und das Auszeichnungskonzept an europäische Verhältnisse angepasst.

Durch die Einführung eines Business-Excellence-Stufenmodells im Jahr 2001 hat die EFQM ihrerseits eine Innovation im Markt der Qualitätspreise geschaffen. Die verschiedenen Hierarchiestufen *(Levels of Excellence)* sollen qualitätsorientierten Organisationen als Meilensteine auf dem Weg zur Business Excellence dienen, da diese nicht nur das höchste Niveau im TQM abbilden, sondern auch die Zwischenschritte auf dem Weg dorthin. Dies soll die Motivation bei den teilnehmenden Unternehmen erhöhen, da diese durch das Stufenmodell frühzeitig

- ein Gefühl für das *EFQM Excellence Model* in der Organisation aufbauen können,
- sich mit anderen Organisationen, die bereits das Excellence Model erfolgreich umgesetzt haben, vergleichen können,
- den Entwicklungsprozess nach der Implementierung von TQM-Maßnahmen verfolgen können.

Auf der Grundlage des europäischen TQM-Modells wird seit 1997 auch in Deutschland jährlich eine Qualitätsauszeichnung ausgelobt, der *Ludwig-Erhard-Preis.* Er wird unter der Schirmherrschaft des Bundespräsidenten von der *Deutschen Gesellschaft für Qualität* und dem *Verein Deutscher Ingenieure* organisatorisch betreut und richtet sich ausschließlich an deutsche Unternehmen. Sowohl die Anforderungskriterien und die Auszeichnungsstrategie als auch der Bewertungsablauf entsprechen dem Vorbild des EFQM Excellence Award.[3] Im ersten Jahr konnte sich keines der sich bewerbenden deutschen Unternehmen für den *Ludwig-Erhard-Preis* qualifizieren.

17.1.3.2 Kategorien

Das Auszeichnungsprogramm des EFQM Excellence Award sieht derzeit Vergabemöglichkeiten vor, in denen sich das Konzept der *EFQM Levels of Excellence* (Abb. 17.5) widerspiegelt: zum einen den eigentlichen *EFQM Excellence Award* – diesen erhält der erfolgreichste Anwender des EFQM Excellence Model – zum anderen den *EFQM*

[3] Da die folgenden Ausführungen in gleichem Maße auf den *Ludwig-Erhard-Preis* zutreffen, wird er im Weiteren nicht mehr gesondert erwähnt.

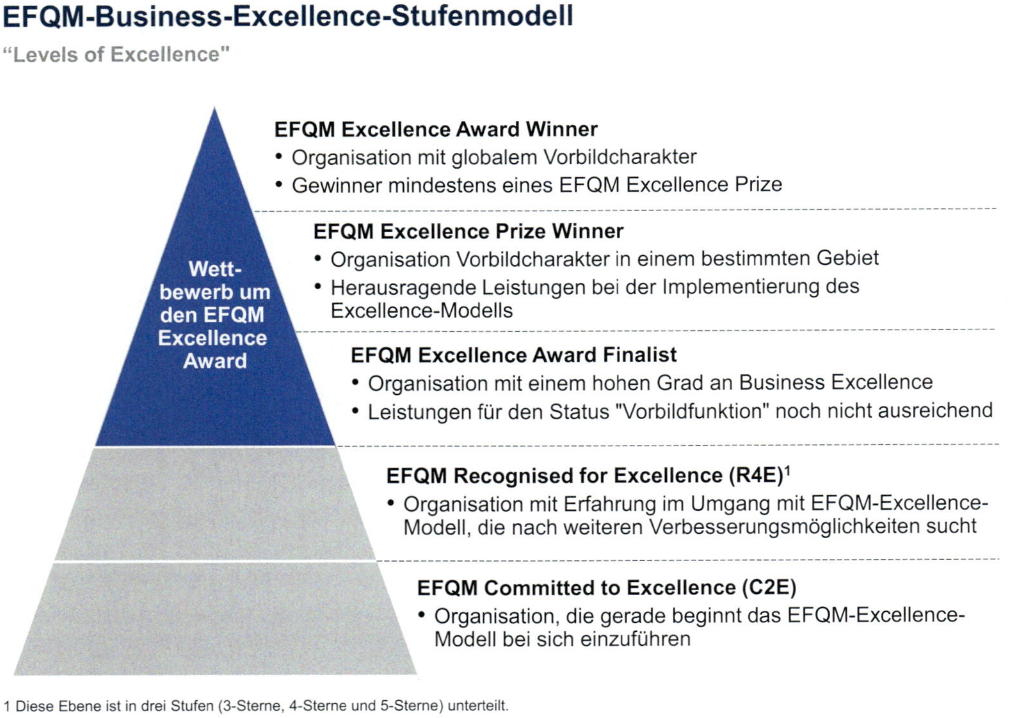

Abb. 17.5 Auszeichnungsstufen des EFQM Excellence Award

Excellence Prize, den jene Bewerber erhalten, die nachweislich ein hervorragendes System für Qualitätsverbesserungen auf einem bestimmten Gebiet entwickelt haben und dort als Vorbild dienen. Diese Gebiete werden von der EFQM auch als „Grundkonzepte der Excellence" (original: *Fundamental Concepts of Excellence*) bezeichnet. Für Aktivitäten in acht verschiedenen Kategorien[4] kann ein EFQM Excellence Prize vergeben werden (EFQM 2013):

- Nutzen für Kunden schaffen
- Die Zukunft nachhaltig gestalten
- Die Fähigkeiten der Organisation entwickeln
- Kreativität und Innovation fördern
- Mit Vision, Inspiration und Integrität führen
- Veränderungen aktiv managen
- Durch Mitarbeiterinnen und Mitarbeiter erfolgreich sein
- Dauerhaft herausragende Ergebnisse erzielen

Der Gewinner des EFQM Excellence Award wird aus der Gruppe dieser Unternehmen benannt und ist demnach auch mit einem Excellence Prize in mindestens einem Gebiet ausgezeichnet. Somit erhalten alle Unternehmen, die den hohen Qualifikationsstandard erreichen, grundsätzlich eine Auszeichnung in Form des EFQM Excellence Prize. Dem „Besten unter den Besten" wird der EFQM Excellence Award verliehen. Diese beiden Vergabemöglichkeiten werden um die Finalisten ergänzt. Die Finalisten zeichnen sich bereits durch einen hohen Grad an Qualitätsorientierung aus, haben aber noch nicht den Status eines Benchmarkingobjekts erreicht.

Seit Einführung des EFQM Excellence Award gab es insgesamt 305 Auszeichnungen, wovon 41 auf *Award*-Gewinner und 112 auf reine *Prize*-Gewinner fielen. Die restlichen 152 Auszeichnungen befanden sich auf der Stufe *Finalist.* Damit ist der EFQM Excellence Award von der Vergabestrategie nicht so restriktiv wie z. B. der Baldrige Award, der im selben Zeitraum (1992 bis 2012) nur 87 Auszeichnungen verzeichnete.

Wie in Kapitel 17.1.3.1 bereits beschrieben, gibt es neben dem eigentlichen EFQM Excellence Award noch zwei weitere, niedrigere *Levels of Excellence.* Die *Committed to Excellence (C2E)*-Zertifizierung zeichnet all jene Organisationen aus, die gerade damit begonnen haben, erste Ansätze des EFQM Excellence Model zu implementieren. Die Stufe *Recognised for Excellence (R4E)* gilt als Vorstufe des EFQM-Excellence-Award-Prozesses und kann erreicht werden, wenn Organisationen in der Bewertung nach dem Excellence Model eine Scoring-Punktzahl von 300 oder mehr aufweisen können. Sie sind dann *Recognised for Excellence 3 star.* Bei mehr als 400 bzw. 500 Punkten wird die zer-

[4] Erläuterungen zu den einzelnen Grundkonzepten der Excellence sind in der Broschüre *EFQM Excellence Model 2013* zu finden.

tifizierte Organisation als *4 star* bzw. *5 star* bezeichnet (EFQM 2013). Im folgenden Abschnitt wird der Bewerbungsprozess, die Vergabe sowie der eigentliche EFQM Excellence Award näher betrachtet.

17.1.3.3 Gestaltungsmerkmale, Vergabestrategie, Bewertungssystem

Struktur des TQM-Modells

Das europäische TQM-Verständnis wird modellhaft durch neun Kriterien beschrieben. Die Kriterien werden in den beiden Bereichen „Befähiger“ sowie „Ergebnisse“ (Abb. 17.6) zusammengefasst. In 32 Unterpunkten werden die Kriterien stichpunktartig erläutert.
Im Jahre 2010 wurden das *EFQM Excellence Model* sowie die Grundkonzepte (original: *Fundamental Concepts*) überarbeitet und stärker in Verbindung gesetzt. Zusätzlich wurde beschlossen, dass das Modell zukünftig alle drei Jahre auf den Prüfstand kommen und bei Bedarf angepasst werden soll (EFQM 2013). Die überarbeitete Version 2013 misst einigen Themen im Vergleich zu früheren Ausgaben eine höhere Bedeutung zu, darunter z.B. der Nachhaltigkeitsgedanke, die Nachwuchsförderung und das strategische Risikomanagement (EFQM 2013).

Ablauf der Bewertung

Um den EFQM Excellence Award kann sich jede Organisation bewerben, die aus einem Land stammt, welches der Europäischen Union angehört oder deren Landesorganisation ein EFQM-Partner ist. Zusätzlich kann auch eine geringe Anzahl von Teilnehmern aus nicht europäischen Ländern zugelassen werden.
Organisationen, die am Auszeichnungsprogramm teilnehmen wollen, müssen zunächst zum Bewerbungsverfahren zugelassen werden. Dazu ist es notwendig, das sogenannte *Qualification File* und wesentliche Informationen zur eigenen Organisation einzureichen sowie Mitglied der EFQM zu sein bzw. zu werden.
Grundlage des klassischen Bewerbungsansatzes ist die Selbsteinschätzung des Unternehmens, die sich auf alle neun Hauptkriterien des TQM-Modells beziehen muss. Die Selbsteinschätzung muss in Form eines ausführlichen, 75 Seiten umfassenden Exposés eingereicht werden. Für den Bereich „Ergebnisse“ muss das Unternehmen darlegen, wie sich finanzielle und qualitätsorientierte Schlüsselkennzahlen entwickelt haben. Es geht dabei vor allem um Aussagen zu Trendverläufen. Unterschieden wird zwischen internen und externen Kennzahlen. Im Bereich „Befähiger“ muss dargestellt werden, durch welche Maßnahmen das Unternehmen zu den Ergebnissen gekommen ist. Es sollte darauf geachtet werden, dass ein Zusammenhang zwischen den beschriebenen Ansätzen und den zuvor ausgeführten Ergebnissen erkennbar wird. Die Bewertung der schriftlichen Unterlagen durch die einzelnen Gutachter mündet in eine Gesamtbeurteilung eines jeden Unternehmens. Weiterführend wird im Rahmen eines Vor-Ort-Termins geprüft, inwieweit die Ausführungen in den Bewerbungsunterlagen der tatsächlichen Situation im Unternehmen entsprechen. Die Jury entscheidet dann ab-

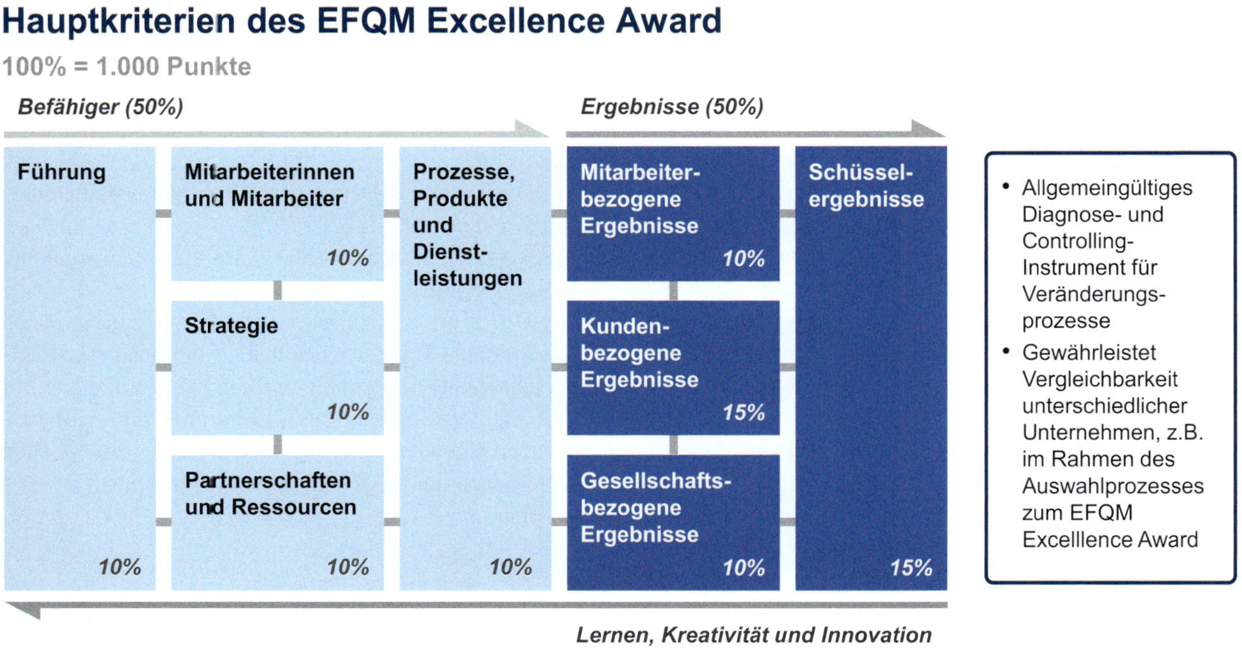

Abb. 17.6 Inhalte des EFQM Excellence Award; nach (EFQM 2013)

schließend über die Vergabe der EFQM Excellence Awards und Prizes in den unterschiedlichen Kategorien.

Im Vergleich zum klassischen Ansatz kann auch ein „interaktiverer" Bewerbungsansatz gewählt werden. Neben dem bereits eingereichten Bewerbungsschreiben *(Qualification File)* ist ferner ein zehnseitiges Dokument *(Enabler Map)* anzufertigen, in dem das Unternehmen Programme, Initiativen und deren Zielsetzung skizziert, die zu Business Excellence im Bereich „Befähiger" führen sollen. Dieses Dokument dient als Grundlage für einen ersten Vor-Ort-Termin, in dessen Rahmen der leitende Prüfer und mindestens ein weiterer Prüfer mit der Geschäftsführung des sich bewerbenden Unternehmens den eigentlichen Vor-Ort-Prüfungstermin – wie beim klassischen Ansatz – vorbereiten und planen. Die EFQM spricht in Bezug auf den „interaktiven" Ansatz davon, dass der Vor-Ort-Termin der Identifizierung von Indizien und Beweisen für eine erfolgreiche TQM-Umsetzung dient, wohingegen der Vor-Ort-Termin im klassischen Ansatz die Validierung der im Bewerbungsbogen genannten Indizien zur Aufgabe hat. Beiden Verfahren liegt aber ein identisches Bewertungssystem zugrunde, welches im folgenden Abschnitt näher erläutert wird.

Bewertungssystem

Das Bewertungssystem des *EFQM Excellence Award* funktioniert folgendermaßen (EFQM 2013): Die zu bewertenden inhaltlichen Kriterien sind nicht alle gleich gewichtet. So gibt es für jedes Kriterium eine maximal erreichbare Punktzahl von 100, für die Kriterien „Kundenbezogene Ergebnisse" und „Schlüsselergebnisse" jedoch 150 Punkte. Die Summe aller erreichbaren Punkte ist 1000.

Darüber hinaus sind die sogenannten Bewertungsdimensionen ein Maßstab, anhand dessen im Bereich der „Befähiger"-Kriterien die Dimensionen „Vorgehen", „Umsetzung" und „Bewertung & Verbesserung", sowie im Bereich der „Ergebnis"-Kriterien die Dimensionen „Relevanz & Nutzen" und „Leistung" beurteilt werden. Die Bewertungsansätze werden aus dem sogenannten *RADAR*[5]-Bewertungskonzept – auf das an dieser Stelle aufgrund seines Umfangs nicht eingegangen werden kann – abgeleitet und empfehlen eine prozentual abgestufte Bewertung in fünf Klassen, entsprechend dem Bewertungsansatz des Baldrige Awards (EFQM 2013).

In der Dimension „Vorgehen" werden folgende Aspekte berücksichtigt:

- Das Vorgehen ist fundiert, da es klar begründet und an die Bedürfnisse der relevanten Interessengruppen angepasst ist.
- Das Vorgehen ist integriert und mit der Gesamtstrategie sowie anderen relevanten Prozessen verwoben.

Bei der Bewertung der „Umsetzung" fließen folgende Themen ein:

- Das Vorgehen ist eingeführt.
- Das Vorgehen ist angemessen und kann angepasst werden.

„Bewertung & Verbesserung" werden an folgenden Aussagen gemessen:

- Eine geeignete Messung des Vorgehens und der Umsetzung findet statt.
- Lernprozesse und Kreativität in der Organisation werden genutzt, um „Möglichkeiten für Verbesserung und Innovationen zu erschließen".
- Aus der Messung und den Lernprozessen ergeben sich Verbesserungsoptionen, die nach einer Priorisierung eingeführt werden.

Bei der Bewertung von „Relevanz & Nutzen" werden folgende Aspekte berücksichtigt:

- Die Ergebnisse decken sämtliche relevanten Organisationsbereiche, deren Strategie und Ziele ab.
- Die Ergebnisse sind aktuell, aussagekräftig und präzise.
- Eine Segmentierung der Ergebnisse auf einem angemessenen Grad ist gegeben.

Die Bewertung der „Leistung" basiert auf folgenden Faktoren:

- Positive Trends sind vorhanden.
- Die Ziele sind definiert und Vergleiche mit diesen fallen positiv aus.
- Vergleiche mit externen Organisationen (Benchmarking) finden statt.
- Das Leistungsniveau auf Basis des eigenen Vorgehens kann in Zukunft gehalten werden.

Sind sämtliche Kriterien der beiden Bereiche des TQM-Modells mithilfe der jeweiligen Dimensionen bewertet, so ergibt sich letztendlich eine Gesamtpunktzahl. Diese ist wiederum Grundlage für die Entscheidung, an welches Unternehmen die Auszeichnung zu vergeben ist.

[5] *RADAR* steht für Result, Approach, Deployment, Assessment, and Review.

17.2 Nutzen von Qualitätspreisen

Die Frage des Nutzens von Qualitätspreisen ist eng verknüpft mit der Frage des Nutzens von TQM im Allgemeinen, da die Qualitätspreise, wie vorangehend dargestellt, als eine Art Zertifizierung für ein erfolgreich implementiertes TQM-System gesehen werden.
Es ist zu unterscheiden zwischen dem Nutzen, den eine Volkswirtschaft von der Schaffung eines solchen Preises hat, und dem Nutzen, das ein individuelles Unternehmen aus der Teilnahme und dem etwaigen Gewinn des Award-Prozesses zieht.
Im folgenden Abschnitt werden sowohl der allgemeine als auch der individuelle Nutzen von Qualitätspreisen beleuchtet.

17.2.1 Volkswirtschaftlicher Nutzen

Sämtliche Qualitätspreise und die öffentlichen Organisationen hinter den Preisen wurden gegründet, um die Philosophie des TQM einem breiten Publikum bekannt zu machen. Getreu dem Motto der EFQM – „EFQM shares what works" – ist und war die Hauptaufgabe der Organisation die Verbreitung von Best Practices in diesem Bereich. Qualitätspreise haben sich zu Beginn der TQM-Bewegung als ein geeignetes Mittel erwiesen, um zum einen Aufmerksamkeit für das Thema zu schaffen und zum anderen den Wirtschaftsakteuren bewährte Methoden und Anleitungen zugänglich zu machen.
So müssen Unternehmen, die sich um den Malcolm Baldrige National Quality Award bewerben, die gesetzliche Grundlage, den *Malcolm Baldrige National Quality Improvement Act*, anerkennen. Dieser besagt unter anderem, dass möglichst nur jene Unternehmen ausgezeichnet werden sollen, die nicht nur die hohen Anforderungen des TQM-Modells erfüllen, sondern ferner bereit sind, ihre Strategie, Ansätze und Erfahrungen zu veröffentlichen, damit weitere Unternehmen davon profitieren können. Insofern sollen Träger der Auszeichnung als konkrete unternehmerische Fallbeispiele des allgemeingültigen TQM-Modells dienen. Tatsächlich veröffentlichen die ausgezeichneten Unternehmen vielfältige Publikationen und halten zahlreiche Informationsveranstaltungen ab, wodurch sie eine erhebliche Aufmerksamkeit genießen.
Aufgrund der erheblichen Nachfrage von außen sind die Auszeichnungsträger gezwungen, eine Strategie des Informationstransfers zu entwickeln. Nach Angaben des Unternehmens Globe Metallurgical Inc. haben im ersten Jahr nach dem Gewinn der Auszeichnung täglich zwischen 25 und 50 Anrufer nach Informationen gefragt, während IBM Rochester sogar von 270 Anrufern pro Tag spricht. Demgegenüber nennt die Ritz-Carlton Company die Zahl von 600 Besuchern, die allein in den ersten drei Monaten nach Gewinn des Baldrige Award an einer Unternehmensbesichtigung und Präsentation teilgenommen haben. Unter Federführung des zweimaligen Baldrige-Award-Gewinners Texas Nameplate Company entstand im Februar 2006 eine neue Form des Erfahrungsaustauschs. In Form eines Internettagebuchs (eines sogenannten Blogs) verfassen vier ausgewählte Autoren, darunter der Präsident und CEO der Texas Nameplate Company, Dale Crownover, nahezu täglich Artikel rund um den Baldrige Award und das Thema TQM. Insgesamt lässt sich festhalten, dass Unternehmen, denen der Baldrige Award verliehen wurde, sehr aktiv die Weitergabe ihres Wissens betreiben.
Des Weiteren helfen die Unterlagen der Bewerberfirmen den jeweiligen staatlichen Organisationen, die TQM-Modelle im Laufe der Zeit immer wieder an aktuelle Entwicklungen anzupassen und stetig zu verbessern (EFQM 2013).
Neben den Qualitätspreisen bedienen sich die staatlichen Organisationen mittlerweile einer Vielzahl von Werkzeugen, um ihrem Auftrag nachzukommen. Die Qualitätspreise dienen weiterhin als „Speerspitze" und „Aushängeschild", werden aber durch verschiedene Methoden ergänzt. Sowohl die JUSE als auch das NIST und die EFQM fördern systematisch den Informationsaustausch durch lizensierte Lehrgänge, Seminare und verschiedene Tagungen, auf denen sich Wissenschaftler und Praktiker austauschen können. Zudem stellen die Organisationen eine Vielzahl von Publikationen zur Verfügung. So hat die EFQM z.B. eine *Knowledge Base* aufgebaut, in der Mitglieder Management- und Bewertungswerkzeuge finden können (EFQM 2013).
Im Jahre 2010 hat das NIST zudem ein Fellowship-Programm, das *Baldrige Executive Fellows Program*, ins Leben gerufen. Dieses Programm richtet sich an aufstrebende Nachwuchsführungskräfte, die sich besonders mit dem Thema Performance Excellence identifizieren können (NIST 2013). Ziel ist es, Teilnehmern intensive Einblicke in prämierte Organisationen zu bieten und deren Verständnis von Performance Excellence durch weitere Lehrveranstaltungen und Coaching zu schärfen. Im ersten Jahrgang 2010 wurden 14 Baldrige Fellows aus verschiedenen Branchen ausgewählt (NIST 2010).
Abschließend ist zu bewerten, inwieweit sich der Aufwand für die staatlichen Programme rund um die Qualitätspreise für eine Volkswirtschaft auszahlt. Das NIST (2013) erklärt, in einer eigenen Studie von 2011 herausgefunden zu haben, dass durch das Baldrige-Programm das Verhältnis von wirtschaftlichen Vorteilen zu den Kosten desselbi-

II

gen bei 820 zu 1 liegt. Eine weitere Studie von (Fisher et al. 2001) legt nahe, dass das Schaffen eines Qualitätspreises durchaus einen positiven Effekt auf die wirtschaftliche Entwicklung eines US-Bundesstaates haben kann. Es wird jedoch angenommen, dass der Qualitätspreis lediglich eine zusätzliche Maßnahme sein kann. In einem Staat mit einem generell niedrigen Bildungsniveau oder einem hohen Maß an Bürokratie würde die positive Wirkung eines Qualitätspreises einfach verpuffen.

Insgesamt bleibt zu sagen, dass es bisher noch zu wenige Untersuchungen gibt, die den Einfluss von Qualitätspreisen auf das gesamtwirtschaftliche Umfeld betrachten, so dass man an dieser Stelle noch keine abschließende Bewertung vornehmen kann.

II

17.2.2 Nutzen für Unternehmen

Der Gewinn der Auszeichnung bietet erfolgreichen Unternehmen zwar keinen direkten finanziellen Vorteil oder gar die Gewähr eines dauerhaften Erfolgs, doch gibt es viele verschiedene positive Effekte, die mit der Auszeichnung und bereits mit der Bewerbung in Zusammenhang stehen.

17.2.2.1 Prestigewert

Der Gewinn eines der großen Qualitätspreise bringt einen erheblichen Prestigezuwachs. Dieser Wert allein kann Marktvorteile bringen. Über ausgezeichnete Unternehmen des Deming Prize wird in den führenden Wirtschaftszeitschriften Japans berichtet. Die Verleihungszeremonie wird im Fernsehen übertragen. Die JUSE fordert ihrerseits von den Preisträgern, dass diese ihre TQM-Methoden anderen Teilnehmern offenlegen, um somit einen Erfahrungsaustausch der Teilnehmer zu fördern. Darüber hinaus sind Veröffentlichungen von Firmenberichten nur vereinzelt üblich. In den Regularien des Deming Prize wird den Gewinnern nahegelegt, mit der Auszeichnung nicht zu werben, auch nicht im Zusammenhang mit Produkten. Allerdings wird in Unternehmensbroschüren auf die Auszeichnung hingewiesen. In der Regel wird die Verleihungsurkunde in der Eingangshalle der Unternehmen in entsprechender Form präsentiert.

Interessant vor diesem Hintergrund ist zudem die Feststellung, dass seit 2001 rund 80 % der Deming-Prize-Auszeichnungen an indische und thailändische Unternehmen gingen. Das „Schmücken“ mit dieser Auszeichnung scheint in diesen Ländern einen erheblichen Nutzen mit sich zu bringen.

Eines dieser Unternehmen ist die indische Rane Group. Als ein international agierender Automobilzulieferer, bestehend aus acht Unternehmen, konnte es sich zwischen 2003 und 2005 mit den Bereichen Bremsbeläge, Motorenventile und Lenkgetriebe jeweils für einen Deming Prize qualifizieren. Die Auszeichnung wird durch die auf Qualitätsprodukte ausgerichtete Gruppe wie die ISO-Zertifizierungen als Qualitätsindikator mit Außenwirkung eingesetzt und dient somit Vermarktungszwecken. Den Ausführungen der Geschäftsführung zufolge wirkt sich die Verleihung des Deming Prize unmittelbar auf die Attraktivität bei internationalen Kunden aus.

Auch der Malcolm Baldrige National Quality Award wird mittlerweile als bemerkenswertes Marketinginstrument begriffen. Dass die Unternehmen die Auszeichnung z. B. für Werbezwecke in der Unternehmens- und Produktwerbung einsetzen, zeigen eindrucksvoll die entsprechenden Anzeigen in einschlägigen Zeitschriften sowie auf den Webseiten der Unternehmen und Institutionen. Die Gewinner werden zudem in einer Ansprache des US-Präsidenten namentlich erwähnt und für ihre Verdienste gelobt (NIST 2013).

Trotzdem bleibt umstritten, inwieweit Unternehmen, denen die Auszeichnung verliehen wurde (wie beim amerikanischen Baldrige Award), Marketingvorteile, z. B. durch Werbung mit der Auszeichnung, erlangen können. Obwohl die EFQM in ihren Publikationen ausführt, dass die Gewinner mit erheblichen externen Nutzeneffekten, resultierend aus Werbe- und Marketingaktivitäten, rechnen können, konnte der tatsächliche Nachweis bisher nicht erbracht werden. Dabei wird als Nutzeneffekt die Gewinnung neuer Kunden und Geschäftsmöglichkeiten genannt. Nach Ansicht der EFQM lassen sich diese Nutzeneffekte aus dem exzellenten Image des EFQM Excellence Award ableiten, da Unternehmen, die diese Auszeichnung erhielten, „die erfolgreichsten Unternehmen Europas“ seien.

17.2.2.2 Anleitung und Feedbackprozess

Besonders bei den Programmen des NIST und der EFQM wird dem Feedbackprozess im Rahmen einer Bewerbung eine besondere Bedeutung beigemessen. Sämtliche Bewerber erhalten unabhängig davon, bis zu welcher Auswahlstufe sie vordringen konnten, einen schriftlichen Feedbackbericht, der die Stärken und Verbesserungspotenziale des Unternehmens zusammenfasst. Der Feedbackbericht gilt unter den Bewerbern als wertvolles Dokument, zeigt er doch aus Sicht externer Gutachter, welche Güte die Bemühungen um systematische Verbesserungen im Unternehmen aufweisen. Insofern stellt er eine fundierte Basis für weitere Verbesserungsschritte dar. Einer der Bewerber umschrieb dies so: „Das ist die preiswerteste Unternehmensberatung, die man bekommen kann“, ein anderer meint: „90 % des Werts des Auszeichnungsprogramms liegen im Feedback“ (Garvin 1991).

Der Feedbackbericht der EFQM-Assessoren beispielsweise zeichnet sich durch folgende Punkte aus:

- Die Basis der Untersuchung bildet mit dem *EFQM Excellence Model* Europas meist verwendetes Management-Framework.
- Die Ortsbesichtigung durch qualifizierte Gutachter garantiert dem Unternehmen einen Stärken-Schwächen-Bericht aus neutralem Blickwinkel.
- Der 50 Seiten umfassende Feedbackbericht weist auf Verbesserungsmöglichkeiten hin.
- Der Vergleich einzelner Ergebnisparameter mit europäischen Normen und Höchstmarken ermöglicht ein Benchmarking auf Ebene des Bewertungsprofils.
- Die Teilnahme soll, wenngleich zeitaufwendig, einen Lernschritt auf dem Weg zu Business Excellence darstellen.

Die Aussagen der bisher ausgezeichneten Unternehmen bestätigen den Wert des Feedbackberichts. So trägt Finbarr Dowling von der Siemens AG vor: „Die Ergebnisse aus dem Prozess im Jahre 2010 waren von höchster Güte und sehr tiefgehend. Wir haben die Ergebnisse direkt in unseren kontinuierlichen Verbesserungsprozess übernommen" (zitiert nach EFQM 2013). Auch der Werksleiter von BMW in Regensburg wusste die externe Perspektive der Bewerter zu schätzen: „The EFQM assessment offers objective, valuable and helpful suggestions regarding strengths and potentials. The external perspective of the assessors clearly expands our viewpoint" (EFQM 2013).
Dass der Qualifikationsstandard, der zum Erhalt des EFQM Excellence Award notwendig ist, Anstrengungen erfordert, zeigen auch Äußerungen wie die des Hauptabteilungsleiters Produktion von ICL, Kelly, der ausführte: „Applying for the award is not something you can decide to do overnight. It is a time-consuming process, and it requires a great deal of education because it involves everyone in the organization." ICL wurde 1993 mit dem European Quality Prize ausgezeichnet. Ein Jahr später gelang es dem Unternehmen, das allerdings zwischenzeitlich seinen Namen geändert hatte und heute unter dem Namen Design to Distribution Ltd. (D2D) fungiert, den European Quality Award zu erringen. Auch dieses Unternehmen konnte offenbar den Feedbackbericht aus dem Vorjahr effektiv nutzen. Kelly führte anlässlich der Verleihung aus, dass die Bewerbung von 1993 sehr hilfreich gewesen sei, da die Stärken des Unternehmensmanagements und die Verbesserungspotenziale im Bericht klar und präzise herausgestellt wurden. Die Entscheidung, TQM einzuführen, wurde bereits im Jahr 1986 getroffen. Folglich kann festgestellt werden, dass es eines mehrjährigen Praktizierens der im Modell verankerten TQM-Ansätze bedarf, um eine realistische Chance auf die Auszeichnung zu haben.

Als ein weiteres Beispiel kann der international aufgestellte Nutzfahrzeug-Bremssysteme-Hersteller Knorr-Bremse hervorgehoben werden, der bereits 1995 die erste Eigenevaluation auf Basis des EFQM Excellence Model durchgeführt hat. Erst zehn Jahre später gelang es dem Unternehmen nach mehreren Bewerbungen und Auszeichnungen bis hin zum Finalistenstatus, den EFQM Excellence Prize für Ergebnisorientierung zu erhalten.
Von den Organisatoren der großen Qualitätspreise wird jedoch nicht nur das Feedback und der „Blick von außen" als wesentlicher Vorteil beschrieben, sondern bereits die Anleitung zum sogenannten *Self-Assessment*, zur Selbstbeurteilung. Jeanes vom Unternehmen Milliken European Division berichtet beispielsweise: „You learn such a lot about your company from the self-assessment process, and even more, of course, if you submit yourself to the scrutiny of the assessors". Zudem wird oftmals der Motivationsaspekt angeführt, den ein gemeinsames Ziel – Auszeichnung mit einem Qualitätspreis – für ein Team haben kann.
Somit ist klar erkennbar, dass der Nutzen eines Qualitätspreises für ein Unternehmen nicht unbedingt im Gewinn desjenigen liegt, sondern vielmehr im Bewerbungsprozess, der dann mit einer Auszeichnung eine gewisse Zertifizierung erhält.

17.2.2.3 Wirtschaftliche Erfolge (Beispiele)

Alle wirtschaftlichen Erfolge sollen so verstanden werden, dass diese auf die Anwendung des jeweiligen TQM-Modells zurückgeführt werden können. Die Auszeichnung mit einem Qualitätspreis bestätigt diese Anwendung.

Deming Prize

Mit dem Deming Prize ausgezeichnete Unternehmen können von weitreichenden Qualitätsverbesserungen berichten, die zu Kostensenkungen sowie zu einer Steigerung der Marktanteile führen. Obwohl der Nachweis einer Kausalität zwischen der Rentabilität und der Anwendung des TQM-Modells schwer zu erbringen ist, beziehen sich die meisten Unternehmen auf diesen Zusammenhang (Abb. 17.7).
1965 führte die JUSE erstmalig eine empirische Untersuchung durch, die aufzeigen sollte, inwieweit das angestrebte Ziel, die Inhalte des TQM möglichst weit zu verbreiten, tatsächlich erreicht wurde. Der Befund war deutlich: In sämtlichen Industriebranchen wurde das Kriterienmodell des TQM von den größeren Unternehmen größtenteils anerkannt und angewendet. Eine Folgestudie des Jahres 1991, die den Zusammenhang zwischen den TQM-Aktivitäten und der wirtschaftlichen Situation der Auszeich-

nungsträger beleuchten sollte, fand innerhalb und außerhalb Japans große Aufmerksamkeit. Das Ergebnis war beachtlich: Gewinner des Deming Prize konnten zwischen 1980 und 1991 durchschnittlich einen doppelt so hohen Gewinn erzielen wie der jeweilige Branchendurchschnitt. Dies resultierte aus Verbesserungen in den folgenden fünf Bereichen:

- Höhere Produktqualität im Sinne eines verbesserten Kundennutzens
- Schnellerer Produktentwicklungsprozess
- Höhere Produktivität durch kontinuierliche Kostensenkung
- Höherer Marktanteil durch aggressives Wachstum
- Höherer finanzieller Gewinn

Verschiedene Autoren weisen darauf hin, dass die umsatzstärksten und profitabelsten japanischen Konzerne mit dem Deming Prize ausgezeichnet worden sind (z. B. Mitsubishi Electric Corp., Komatsu Manufacturing Co. Ltd., Toyota Motor Co. Ltd.). Dass die langjährige Anwendung der Kriterien des TQM-Modells in der Regel zu einem leistungsfähigen Unternehmen auf Weltklasseniveau führt, haben insbesondere die amerikanischen Wissenschaftler B. Collins und E. Huge herausgearbeitet (Collins/Huge 1993). Aus Abbildung 17.7 gehen ihre Kernaussagen über traditionell geführte Unternehmen im Vergleich zu ausgezeichneten Unternehmen in Form von Schlüsselkennzahlen hervor. Die bekannteste unternehmensspezifische Anwendung der Kriterien des TQM-Modells stellt das Toyota Production System dar. Es wurde unter dem Begriff *Fragile Lean Production* in der Bundesrepublik Deutschland bekannt.

FP&L war nach seiner Auszeichnung mit dem Deming Prize Gegenstand zahlreicher Untersuchungen. Der Erfolg war überwältigend und gilt als Durchbruch in der Anwendung des japanischen TQM-Modells in westlichen Unternehmen, besonders in den USA. Unvorhersehbare Ausfallzeiten sanken von 14 % (1986) auf nur noch 4 % (1989). Kundenreklamationen gingen im selben Zeitraum um 60 % zurück. Arbeitsunfälle nahmen von 1,28 pro 100 Mitarbeiter auf 0,39 pro Jahr ab, womit das Unternehmen zu den Besten der Branche gehört.

Ähnlich weitreichende Qualitätsverbesserungen zeigten sich auch bei Philips in Taiwan. So ist die Lieferzuverlässigkeit von integrierten Schaltkreisen innerhalb von drei Jahren von 70 auf 99 % gestiegen und die Ausfallrate von kumulierten 24 Tagen im Jahr 1983 auf vier Tage im Jahr 1991 zurückgegangen. Während dieses Zeitraums arbeiteten 550 Qualitätszirkel an Qualitätsverbesserungen.

Baldrige Award

In der amerikanischen Wirtschaftspresse und -literatur wird dem TQM-Modell große Aufmerksamkeit gewidmet. Folgt man den Aussagen der Empfänger der Auszeichnung, so wird die Zielsetzung des TQM-Modells, wirtschaftlichen Nutzen zu generieren, grundsätzlich auch erreicht. So berichtet beispielsweise das Unternehmen

Betriebswirtschaftliche Kenngrößen japanischer Unternehmen[1]

In Prozent

Spezifische Kenngrößen	Traditionell geführte Unternehmen	TQM-geführte Unternehmen
• Anteil fehlerhafter Teile	1 - 10	< 0,00034
• Anteil zufriedener Kunden	70 - 80	> 99,9
• Fehlleistungsaufwand als Anteil am Umsatz	10 - 50	< 3 - 5
• Anteil der Mitarbeiter, die Verbesserungsvorschläge machen	5 - 10	95 - 100
• Verbesserungsvorschläge pro Mitarbeiter/Jahr	0,5 - 1[2]	30 - 100[2]
• Anteil umgesetzter Vorschläge	15 - 25	85 - 95
• Zeitanteil für Schulungen, Training und Prozessverbesserungen	0,1	> 10
• Krankenstand der Mitarbeiter	3 - 10	1 - 2
• Fluktuationsrate der Mitarbeiter	5 - 40	< 2

Träger des Deming Prize

1 Schwerpunkt: produzierende Unternehmen
2 Angabe in absoluten Zahlen

Abb. 17.7 Mit dem Deming Prize ausgezeichnete Unternehmen zeigen deutlich bessere Ergebnisse als Wettbewerber

Motorola Inc. von Einsparungen in Höhe von 250 Millionen US-Dollar bei einem Umsatz von 12 Milliarden US-Dollar im Jahr nach Gewinn des Baldrige Award. Diese ließen sich direkt auf die Ausrichtung des Unternehmens an den Kriterien des TQM-Modells zurückführen. Globe Metallurgical Inc. schreibt der Anwendung des TQM-Modells Einsparungen von jährlich 10,3 Millionen US-Dollar (Umsatz: 100 Millionen US-Dollar) zu.

Im Jahr 1990 stellten 29 Kongressmitglieder den Antrag, angesichts der in den Medien zunehmend kontrovers geführten Diskussion zum Stellenwert des Baldrige Award und des TQM insgesamt, den Einfluss des TQM-Modells im Rahmen einer Studie untersuchen zu lassen (General Accounting Office 1991). Der Kongress konnte damals keine schlüssige Antwort darauf geben, ob die von ihm zu verantwortende gesetzliche Grundlage des Baldrige Award tatsächlich zu einer Stärkung der amerikanischen Wirtschaft geführt hat. Dem Antrag wurde stattgegeben.

Zur Federführung der Untersuchung wurde das General Accounting Office (GAO) bestimmt. Das GAO ist vergleichbar mit dem deutschen Bundesrechnungshof. Untersucht wurden Unternehmen, die sich in den Jahren 1988 und 1989 um die Auszeichnung des Baldrige Award beworben hatten und in einer Vor-Ort-Untersuchung durch die Prüfer genauer bewertet worden waren. Diese hatten schon bei der Durchsicht der schriftlichen Bewerbungsunterlagen mindestens 600 Punkte der maximal möglichen 1000 Punkte erreichen können und wiesen insofern fortgeschrittene TQM-Konzepte auf. Insgesamt nahmen 20 Unternehmen an der Untersuchung teil. Die methodische Vorgehensweise bestand dabei aus einer empirischen Erhebung auf Basis eines detaillierten Fragebogens sowie Vertiefungsinterviews mit Experten.

Die Resultate der Forscher gingen dahin, dass das TQM-Modell unabhängig von der Unternehmensgröße und der Branche angewendet werden kann, und dass Unternehmen, die die Anwendung konsequent betreiben, durchschnittlich nach zweieinhalb Jahren mit messbaren Qualitäts- und Produktivitätsverbesserungen rechnen können (bei einer Bandbreite von einem bis fünf Jahren). Insgesamt konnte eine positive Korrelation zwischen den Kriterien des TQM-Modells und der Leistungs- bzw. Qualitätsfähigkeit der Unternehmen nachgewiesen werden. Diese Erkenntnis wurde anhand von vier untersuchten Hauptindikatoren herausgearbeitet, die jeweils in weitere Kennzahlen aufgesplittet wurden:

- Mitarbeiterorientierte Kenngrößen
- Produkt- und prozessorientierte Kenngrößen
- Kundenorientierte Kenngrößen
- Finanzorientierte Kenngrößen

Die Aussagen der befragten Unternehmen zu den einzelnen Kenngrößen waren ausnahmslos positiv. So verringerte sich der Krankenstand unter den Industriedurchschnitt und die Anzahl der Verbesserungsvorschläge nahm deutlich zu. Produkt- und Servicezuverlässigkeit stiegen. Erhebliche Kosteneinsparungen konnten direkt der Teilnahme am Wettbewerb zugerechnet werden.

Obwohl die Studie des GAO hinsichtlich ihrer wissenschaftlichen Vorgehensweise kritisiert wird, liefert sie einen wichtigen Beitrag zur Quantifizierung des Einflusses von TQM auf Qualitäts- und Produktivitätsverbesserungen im Unternehmen. Dies kann mit weiteren Beispielen untermauert werden.

Das Unternehmen MESA Products, Inc. konnte im Jahre 2012 bereits zum zweiten Mal nach 2006 den Baldrige Award in der Kategorie Kleinunternehmen für sich gewinnen. Seit dem ersten Gewinn legte das Unternehmen einen noch größeren Fokus auf die Verbindung von strategischer Planung und Umsetzung mit stabilen Prozessen. Zudem wurden die Mitarbeiter noch stärker eingebunden – durch Aus- und Weiterbildungsmaßnahmen, durch direkte Kommunikation (wie z. B. regelmäßige Town-Hall-Meetings), durch eine Mitarbeiterzufriedenheitsstudie und durch ein Gewinnbeteiligungsprogramm. So konnte das Unternehmen durch seine Produkte und seinen Service die Kundenzufriedenheit – bereits 2006 auf hohem Niveau – noch weiter steigern. Zuletzt lag sie weit über der Kundenzufriedenheit seiner nächstbesten Wettbewerber. Im selben Zeitraum wurde das Geschäft um das Feld *Full-Service* erweitert und der Umsatz verdoppelt. Dass MESA kein Einzelfall ist, zeigen Angaben des NIST, wonach zweimalige Baldrige-Award-Gewinner einen Anstieg der Arbeitsplätze um ca. 66 % (Median) im Vergleich zu weniger als 3 % bei der Vergleichsgruppe verzeichnen konnten (NIST 2013).

EFQM Excellence Award

Dass aus der konsequenten Anwendung der Kriterien des TQM-Modells betriebswirtschaftlicher Erfolg resultiert, zeigen auch die publizierten Daten von Preisträgern des EFQM Excellence Award.

Brisa, ein Reifenzulieferer der Automobilindustrie mit Sitz in der Türkei (Preisträger 1996), führte 1996 51 neue Produkte auf dem Markt ein. Die europäische Vereinigung Automotive Industrialists Association verlieh dem Unternehmen 1997 den *Best OEM Supplier Award.* Ferner konnte Brisa 1996 und 1997 bei der Renault-Zuliefererbewertung die höchste Punktzahl aller Renault-Zulieferer erreichen.

SGS Thomson (Träger der Auszeichnung 1997) erreichte zwischen 1990 und 1996 eine 19-fache Steigerung des Aktienwerts. Das operative Ergebnis nach Steuern entwickelte sich von einem Verlust von 21 Millionen US-Dollar im Jahr 1987 zu einem Gewinn von 625,5 Millionen US-

Dollar bei einem Umsatz von 4,1 Milliarden US-Dollar im Jahr 1996. Nach Aussagen des stellvertretenden Vorstandsvorsitzenden Duffin sind diese Zahlen auf die langjährige Anwendung des TQM zurückzuführen.
Knorr-Bremse (ausgezeichnet im Jahr 2005 mit je einem EFQM Excellence Prize für die Nutzfahrzeug- und die Schienenfahrzeugsparte) konnte in den vorausgegangenen Jahren erhebliche Verbesserungen durch einen ergebnisorientierten TQM-Ansatz erreichen. Während im Zeitraum von 2001 bis 2005 der Umsatz mit einer Wachstumsrate von 13 % pro Jahr anstieg, konnte zudem eine Verbesserung der Ergebnismarge (aus gewöhnlicher Geschäftstätigkeit) von 4,8 % im Jahr 2001 auf 9,0 % im Jahr 2005 beobachtet werden. Auch die Mitarbeiter, deren Anzahl von 9200 auf über 12 100 anstieg, profitierten von dieser Entwicklung.
Ähnlich sieht es im Bamberger Werk der Robert Bosch GmbH, dem EFQM-Excellence-Award-Gewinner des Jahres 2012, aus. Trotz Wirtschaftskrise und steigenden Faktorkosten um 20 % konnten dort die Arbeitsplätze im Werk gehalten werden. Die erreichten Kosteneinsparungen von 22 % zwischen 2005 und 2011 sowie die gestiegene Kundenzufriedenheit führt das Management auf eine umfassende Transformation auf Basis des EFQM Excellence Model zurück. So konnte z. B. die Maschineneffizienz um 30 % gesteigert und die Kosten für Störungen und Fehler um 60 % gesenkt werden.

17.2.3 Erfolg von prämierten Unternehmen

In der wissenschaftlichen Literatur geht man davon aus, dass der Erhalt eines Qualitätspreises als Indikator für die Implementierung eines TQM verstanden werden kann. Ausgehend davon wird untersucht, ob sich die Performance von Unternehmen mit Qualitätsauszeichnung von den Unternehmen ohne Qualitätsauszeichnung unterscheiden.
Eine Studie von Corredor und Goñi beispielsweise zeigt, dass spanische Industrieunternehmen, die zwischen 1994 und 2006 einen auf dem EFQM-Modell basierten Preis erhalten haben, eine höhere Durchschnittsprofitabilität als die Kontrollgruppe aufweisen. Gleichzeitig sei es aber möglich, dass sich gerade in den Anfangsjahren der Qualitätspreise jene Unternehmen aus Prestigegründen um diese Preise beworben haben, die sowieso schon eine bessere Performance vorzuweisen hätten. Deshalb seien Aussagen über zukünftige Preisträger schwierig zu treffen (Corredor/Goñi 2010).
Immer wieder befassen sich Studien mit der Fragestellung, ob eine Qualitätsauszeichnung den Shareholder Value eines Unternehmens steigert. Das NIST, auch verantwortlich für das *Baldrige Performance Excellence Program*, analysierte in früheren Jahren die Börsenkurse der Gewinner des Malcolm Baldrige National Quality Award (NIST 2006).
Wurden zum Zeitpunkt der Vergabe des Baldrige Award 1000 US-Dollar in Aktien sämtlicher heute an der Wallstreet notierten Unternehmen investiert, die im Zeitraum der vergangenen zehn Jahre ausgezeichnet wurden (wobei verschiedene Faktoren wie Aktiensplittungen und Übernahmen herausgerechnet wurden), so konnte bis zum 3. Dezember 2001 durchschnittlich 323 % Gewinn realisiert werden. Der Standard & Poor's 500 Index stieg in diesem Zeitraum lediglich um 110 %. In den Jahren 2002 und 2003 ergab die gleiche Analyse der Börsenkurse zum ersten Mal nach neun Jahren eine negative Performance der Baldrige-Werte gegenüber dem S&P 500 Index. Dies ist vor allem darauf zurückzuführen, dass Technologiewerte im Baldrige-Portfolio im Vergleich zum S&P 500 Index stark überrepräsentiert sind. Zudem waren im Zeitraum von 2000 bis 2004 nur vier von 23 Baldrige-Award-Gewinnern an der Börse notiert. Dies bewegte das NIST dazu, die Analyse der Börsenkurse im Jahr 2003 einzustellen, da die geringe Anzahl gehandelter Unternehmen die Leistungsfähigkeit aller Baldrige-Gewinner nicht mehr repräsentieren konnte.
Auch eine Studie von Hendricks und Singhal im Jahre 2001 bestätigte die Hypothese eines positiven Zusammenhangs von Qualitätspreisauszeichnung und Aktienkurs-Performance. Dieser Zusammenhang wurde jedoch nur in der Phase nach der Preisverleihung und nicht in der sogenannten „Implementierungsphase" (fünf Jahre vor der Preisverleihung) entdeckt (Hendricks/Singhal 2001).
Weitere Studien (Balasubramanian et al. 2005) belegen, dass es einen positiven Effekt auf den Shareholder Value eines ausgezeichneten Unternehmens gibt. Dies ist jedoch ein langfristiger Effekt, der sich über einen Zeitraum von fünf bis zehn Jahren ergibt. Kurzfristige Effekte in einem Zeitraum von sechs bis 18 Monaten nach der Preisauszeichnung konnten nicht nachgewiesen werden (Przasnyski 1999 und Pzrasnyski/Tai 2002, zitiert in: Balasubramanian et al. 2005).
Diese Ergebnisse sind durchaus verständlich, wenn man bedenkt, dass es sich bei TQM um einen langfristig orientierten Ansatz handelt, der langfristig angelegte Transformationen in den Prozessen, den Organisationsstrukturen und der Kultur eines Unternehmens mit sich bringt. Es zeigt sich, dass die überwiegende Mehrheit der Studien von einem langfristig positiven Effekt einer Auszeichnung auf die Unternehmens-Performance ausgeht.

17.3 Zusammenfassung

Die Erörterungen zur japanischen, amerikanischen und europäischen Qualitätsauszeichnung zeigen insgesamt eine Reihe von Gemeinsamkeiten. Den unterschiedlichen TQM-Modellen ist im Kern ein umfassendes Qualitätsverständnis gemeinsam, das über die traditionelle Produktqualität weit hinausgeht. Dabei zeigen die Erfahrungen der ausgezeichneten Unternehmen, dass der Schlüssel zum wirtschaftlichen Erfolg in der dauerhaften organisatorischen Verankerung eines kontinuierlichen Verbesserungsprozesses liegt. Diese Unternehmen können als exzellente Benchmarkingpartner dienen.

Die Anwendung der TQM-Modelle wird durch die Methode des Self-Assessment unterstützt. Diese eröffnet die auf einer Punkteskala basierende Möglichkeit, eine unternehmensinterne Standortbestimmung im Verhältnis zu den inhaltlichen Kriterien eines Modells vorzunehmen. Die erreichte Punktzahl verdeutlicht, wie weit ein Unternehmen den Anforderungen des TQM-Modells schon gerecht wird. Aus der Differenz zwischen der erreichten und der Höchstpunktzahl lassen sich gezielte Verbesserungsschritte ableiten, die insgesamt in einen kontinuierlichen Verbesserungsprozess münden können. Verschiedene Unternehmen haben die allgemein gehaltenen Kriterien der TQM-Modelle an ihre unternehmensspezifischen Gegebenheiten angepasst.

Große Aufmerksamkeit zieht das amerikanische Modell durch die öffentliche Verleihung der Auszeichnung auf sich. Die Verkündung der Gewinner des *Baldrige Award* durch den Präsidenten der Vereinigten Staaten erfährt in der amerikanischen Wirtschaft große Beachtung. Zwar hat die Verleihung der Auszeichnung mit den Inhalten des TQM-Modells auf den ersten Blick nichts zu tun, jedoch sollte nicht unterschätzt werden, dass die medienwirksame Zeremonie das TQM-Modell überhaupt erst in den Blickpunkt unternehmerischer Möglichkeiten rückt. Das gilt insbesondere für das Topmanagement. Da die Mitglieder dieser Hierarchieebene anerkanntermaßen die Einführung des TQM verantwortlich gestalten sollten, sind sie die Hauptzielgruppe der Auszeichnungszeremonie. Die umfassende Berichterstattung über die wirtschaftlichen Erfolge der mit der Ehrung ausgezeichneten Unternehmen in Form von wissenschaftlichen und praxisorientierten Publikationen trägt ferner dazu bei, das Topmanagement amerikanischer Unternehmen mit den Inhalten des TQM näher bekannt zu machen.

Da der *EFQM Excellence Award* im Gegensatz zum *Baldrige Award* und zum *Deming Prize* nicht aus dem Geist einer nationalen Herausforderung in enger Partnerschaft von Industrie und Regierung entstanden ist, hatte er Anfang der 90er Jahre noch einen schweren Stand in Europa. Sein Anerkennungsgrad unter länderspezifischen Gesichtspunkten war unterschiedlich stark ausgeprägt. Aber durch zusätzliche Kategorien in Verbindung mit der Einführung des Business-Excellence-Stufenmodells ist es der *EFQM* gelungen, die Kriterien des *EFQM Excellence Award* als das in Europa meistgenutzte Managementmodell zu etablieren – trotz der vielschichtigen kulturspezifischen Gegebenheiten, die in den einzelnen europäischen Staaten überwunden werden müssen. So gibt es in Europa mittlerweile 30 000 Organisationen, die das EFQM Excellence Model für interne Zwecke nutzen. Während der Baldrige Award und der Deming Prize eher die Strategie verfolgten, „den Besten zu krönen", legt das Stufenmodell der EFQM viel Wert darauf, den Organisationen auf verschiedenen Stufen Excellence-Zertifikate auszustellen.

Sowohl das Modell des Baldrige Award als auch das des EFQM Excellence Award wurden in der jüngeren Vergangenheit überarbeitet, und die Organisatoren sind gewillt, die Relevanz der jeweiligen Modelle durch stetige Aktualisierungen zu erhalten bzw. zu erhöhen.

Neben den anekdotenhaften „Success Stories" der Qualitätspreisgewinner gibt es darüber hinaus zunehmend wissenschaftliche Studien, die der Anwendung des TQM-Modells und der damit verbundenen Auszeichnung mit einem Qualitätspreis einen positiven Einfluss auf den wirtschaftlichen Erfolg und somit den Shareholder Value eines Unternehmens bescheinigen.

Literatur

Adamsa, G. et al.: Revisiting the stock price impact of quality awards. In: Omega 27, 1999. S. 595 – 604

Balasubramanian, S. K. et al.: The Impact of High-Quality Firm Achievements on Shareholder Value. Focus on Malcolm Baldrige and J. D. Power and Associates Awards. In: Journal of the Academy of Marketing Science 33 (4), 2005. S. 413 – 422

Bovaird, T./Löffler, E.: More quality through competitive quality awards? An impact assessment framework. In: International Review of Administrative Sciences 75 (3), 2009. S. 383 – 401

Collins, B./Huge, E.: Management by Policy. How Companies Focus Their Quality Efforts to Achieve Competitive Advantage. ASQ-Press, Milwaukee 1993

Corredor, P./Goñi, S.: Quality awards and performance: is there a relationship? In: The TQM Journal 22 (5), 2010. S. 529 – 538

Deming, E.: Out of the Crisis. ASQ-Press, Milwaukee 1986

EFQM (European Foundation for Quality Management): http://www.efqm.org

EFQM (European Foundation for Quality Management): EFQM, Annual Report 2012-2013 (http://www.efqm.org/en/PdfResources/EFQM%20Annual%20Report%202012%20v1.pdf)

EFQM (European Foundation for Quality Management): Assessor Scorebook 2013 (blank)

EFQM (European Foundation for Quality Management): EFQM Excellence Awards 2012 (http://www.efqm.org/en/PdfResources/Recognition%20Book%202012%20for%20website.pdf

II

EFQM (European Foundation for Quality Management): EFQM Excellence Model 2013

Fisher, C. et al.: Economic impacts of quality awards: Does offering an award bring returns to the state? In: Total Quality Management 12 (7&8), 2001. S. 981 – 987

Garvin, D. A.: How the Baldrige Really Works. In: Harvard Business Review, Nov./Dez. 1991. S. 80 – 93

General Accounting Office (Hrsg.): The GAO Report: „Management Practices, US Companies Improve Performance Through Quality Efforts“. GAO/NSIAD, 91 – 190. GAO-Press, Gaithersburg 1991

Hendricks, K. B./Singhal V. R.: Does Implementing an Effective TQM Program Actually Improve Operating Performance? Empirical Evidence from Firms That Have Won Quality Awards. In: Management Science 43 (9), 1997. S. 1258 – 1274

Hendricks, K. B./Singhal V. R.: Firm characteristics, total quality management, and financial performance. In: Journal of Operations Management 19, 2001. S. 269 – 285

Hendricks, K. B./Singhal V. R.: The Long-Run Stock Price Performance of Firms with Effective TQM Programs. In: Management Science 47 (3), 2001. S. 359 – 368

Ishikawa, K.: What is Total Quality Control? ASQ-Press, New York 1985

Malorny, C.: TQM umsetzen. Der Weg zur Business Excellence. Schäffer-Poeschel, Stuttgart 2001

Mavroidis, V. et al.: A comparative analysis and review of national quality awards in Europe. Development of critical success factors. In: The TQM Magazine, 19 (5), 2007. S. 454 – 467

National Institute of Standards and Technology (NIST): http://www.nist.gov/baldrige/

National Institute of Standards and Technology NIST (Hrsg.): NIST 2000 - 2004 Stock Study. 2006

National Institute of Standards and Technology NIST (Hrsg.): The 2013 - 2014 Baldrige Criteria for Performance Excellence. 2013

Union of Japanese Scientists and Engineers (JUSE): http://www.juse.or.jp/e/deming/

Union of Japanese Scientists and Engineers (JUSE): Introduction of the Deming Prize 2013 (http://www.juse.or.jp/e/deming/171/attachs/02_Introduction_DemingPrize2013.pdf)

Union of Japanese Scientists and Engineers (JUSE): The Application Guide for The Deming Prize 2013 (http://www.juse.or.jp/e/deming/171/attachs/03_Guide_DemingPrize2013.pdf)

TEIL III

Qualitätsmanagement im Produktlebenszyklus materieller Produkte

A Entwicklung

18 Qualität und Markt 385

19 Qualitätsmanagement in der Produktentwicklung 401

20 Qualitätsgerechte Produktplanung 441

21 Zuverlässigkeits- und Sicherheitsplanung 467

22 Statistische Versuchsplanung 499

23 Prüfplanung 523

B Beschaffung

24 Lieferantenmanagement 551

25 Qualitätssicherungsvereinbarungen 579

26 Qualitätsmanagement bei umstrittenen Technologien 601

C Produktion

27 Messen und Prüfen 623

28 Eignungsnachweise für Messprozesse 665

29 Statistik als Basis qualitätsmethodischen Denkens und Handelns 685

30 Statistische Prozessregelung (SPC) 695

31 Messmanagementsystem/Prüfmittelmanagement . . . 713

32 Organisation des Messwesens in Deutschland 731

D Produktnutzung und Service

33 Kundendienst 747

34 Warenkennzeichnung 769

35 Gebrauchstauglichkeit und Gebrauchswert 787

36 Juristische Produktverantwortung 797

A Entwicklung

Qualität und Markt

18.1 Motivation 387

18.2 Logik der Qualitätsmerkmale 387
18.2.1 Nutzen und Wert von Qualitätsmerkmalen 387
18.2.2 Gewicht von Qualitätsmerkmalen 389
18.2.3 Information über und Kommunikation von Qualitätsmerkmalen 389
18.2.4 Stillschweigend vorausgesetzte Merkmale und Begeisterungsmerkmale 390
18.2.5 Subjektive und induzierte Qualitätsmerkmale 391
18.2.6 Merkmale der Protective und Perceived Quality 392
18.2.7 Qualitätsmerkmale von Marken 397

18

18 Qualität und Markt

Thomas Prefi, Björn Falk, Robert Schmitt

Ein Kunde hat Bedürfnisse und Wünsche einer aufgrund vielfältiger Gegebenheiten von ihm festgelegten Anspruchsklasse. Er artikuliert sie dem Hersteller gegenüber als Forderungen oder setzt sie stillschweigend, in Form von Erwartungen, voraus. Der Lieferant (Hersteller/Anbieter) verfügt über ein Produkt mit einer bestimmten Beschaffenheit. Unter der Beschaffenheit eines Produktes wird zunächst wertfrei die Gesamtheit aller Merkmale und kennzeichnenden Eigenschaften des Produktes verstanden (N. N. 2000, Masing 1999, Schmitt 2010). Erst der vom Kunden vorgenommene Vergleich der Beschaffenheit des Produktes mit seinen Forderungen und Erwartungen prägt Qualitätsmerkmale (Masing 1999). Ein Qualitätsmerkmal ist somit ein inhärentes Merkmal eines Produktes, welchem eine explizite Forderung oder ein latentes Bedürfnis zugrunde liegt. Dabei stehen dem Kunden zur Wahrnehmung und Bewertung des Qualitätsmerkmals nur begrenzte Möglichkeiten (seine Sinne) zur Verfügung. Diese werden zudem duch Präferenzen und Automatismen gefiltert. Durch den Abgleich dieser „subjektiven Wahrnehmung“ mit eben jenen Forderungen und Bedürfnissen stellt sich der Grad der Kundenzufriedenheit ein (N. N. 2000, Schmitt 2010).

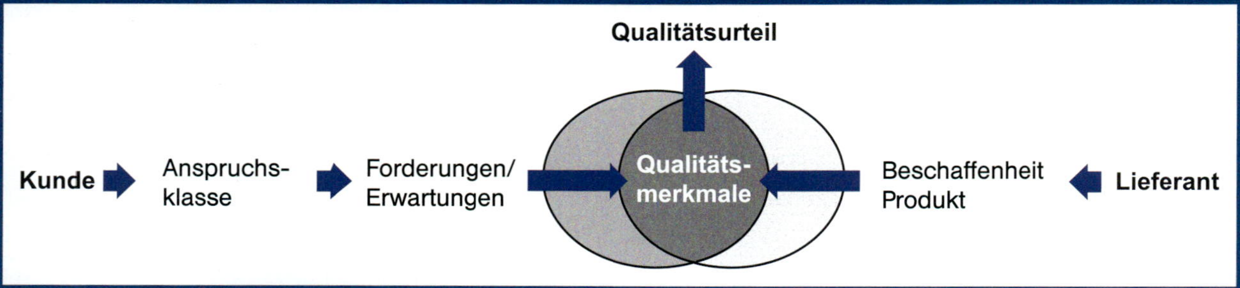

Abb. 18.1 Der Kunde trifft sein Qualitätsurteil auf der Basis von Qualitätsmerkmalen (vgl. Abb. 1.1 in Kap. 1, „Das Unternehmen im Wettbewerb“).

Dieser Beitrag untersucht den Zusammenhang bzw. die Diskrepanz der vom Kunden wahrgenommenen Qualität und der vom Hersteller eines Produktes beabsichtigten Qualität. Es wird gezeigt, dass die „Hineinentwicklung“ von Qualität ein sehr differenzierter Vorgang ist, der nur mit genauer Kenntnis der Kundenbedürfnisse und Urteilsgrundlagen erfolgreich gelingen kann. Technische Produktmerkmale sind dabei immer nur Mittel zum Zweck und können das subjektive Qualitätsempfinden des Anwenders lediglich mitbestimmen.

18.1 Motivation

Produkte zeichnen sich durch einen Komplex von Merkmalen aus, die der Kunde unterschiedlich wahrnimmt, gewichtet und priorisiert. Versteht man unter „Markt" das geregelte Zusammenführen von Angebot und Nachfrage, so wird der Kunde bei einem Überschuss an Angeboten das Produkt nachfragen, welches seinem Forderungs- und Bedürfnisprofil gemäß seiner Wahrnehmung und seinen Erwartungen am besten entspricht. Ingenieure tendieren in ihrem Streben nach technischer Perfektion eher dazu, sich bei der Entwicklung neuer Produkte an technischen Merkmalen zu orientieren. Dagegen legt der Kunde seiner Entscheidung die aus der Wahrnehmung der Produkteigenschaften stammenden Nutzenvorstellungen zugrunde (Herrmann 2000). Da die Produkte immer komplexer werden und sich in ihrer Funktionsweise sowie dem kompletten Umfang ihrer Funktionen zunehmend der Auffassungsgabe des Kunden entziehen, sucht dieser sich immer häufiger Ersatzmerkmale, die ihm vermeintliche Rückschlüsse auf die Nutzenerfüllung bieten. Um mit Produkten und Dienstleistungen von den Kunden akzeptiert zu werden und am Markt Erfolg zu haben, ist es daher notwendig, besser als der Wettbewerb zu wissen - und nicht nur zu glauben zu wissen -, welche Forderungen der Kunde an das Produkt stellt, welche Bedürfnisse diesen zugrunde liegen und woran der Kunde eine mögliche Erfüllung ebendieser festmacht. Diese „Qualitätsmerkmale" gilt es dann entsprechend der Wertvorstellung und den Prioritäten der Zielgruppen am Markt zu planen und abzusichern (Schmitt 2010). Dass diese Aufgabe alles andere als trivial ist, macht bereits Juran (Juran 1993) mit einer einfachen Beobachtung klar:

Ein Fischhändler bot seinen frischen Fisch in transparenter Folie verpackt an und stieß bei vielen Kunden auf Ablehnung, während der Fisch aus dem gleichen morgendlichen Fang unverpackt und auf Eis liegend besten Absatz fand. Die Kundenforderung „frischer Fisch" ist schnell festgestellt. Während wenige Kunden auf die Frische des verpackten Fischs vertrauten, erschien für den größeren Teil der Kunden verpackter Fisch weniger frisch. Für einige Kunden widersprechen sich die Forderung nach Frische und das Merkmal Verpackung. In Ermangelung objektiver Merkmale wie z. B. einer bakteriologischen Untersuchung entscheiden einige Käufer anhand des Ersatzmerkmals „Verpackung".

Die offene Präsentation wird offensichtlich zum Qualitätsmerkmal!

Die Annahme, die Kunden seien sich ihrer Forderungen eindeutig bewusst und mithilfe der Marktforschung könne man diese beschaffen, ist definitiv zu einfach. Tatsächlich wissen die Kunden nur unzureichend um ihre Forderungen und geben in vielen Fällen schlechte Informanten ab. Marktforscher scheuen keinen Aufwand, um zu erfahren, was den Kunden wirklich antreibt. Trendscouts streifen durch Diskotheken und Einkaufsviertel, Forscher sortieren die Bevölkerung nach Alter, Geschlecht und Einkommen, teilen sie in repräsentative Fokusgruppen auf und fahnden mit ausgefeilten Fragetechniken nach ihren Wünschen. Doch obwohl allein in Deutschland über 11 000 angestellte Marktforscher ihrer Aufgabe nachgehen, gilt noch immer das Wort des amerikanischen Kaufhauspioniers John Wanamaker, der im 19. Jahrhundert erkannte, dass die Hälfte seines Marketingbudgets falsch ausgegeben werde - er wisse nur nicht, welche!

Methoden und Theorien im Marketing (Meffert 2012, Steffenhagen 2008, Bruhn 2000) sind eher deskriptiv. Man kann also im Nachhinein ergründen, warum etwas gut oder weniger gut funktioniert hat. Die Bestätigung erfolgt allerdings erst spät - dann nämlich, wenn der Kunde sich für oder gegen den Kauf des in Anbetracht der angenommenen Forderungen fertig entwickelten Produktes entschieden hat.

Das Auswählen, Klassifizieren und Gewichten der Qualitätsmerkmale sowie schrittweises Konkretisieren aller Einzelforderungen an die Beschaffenheit zu Realisierungsspezifikationen und zwar im Hinblick auf die durch den Zweck der Einheit gegebenen Erfordernisse, auf die Anspruchsklasse und unter Berücksichtigung der Realisierungsmöglichkeiten ist nach Definition (N. N. 1995) Aufgabe der Qualitätsplanung. In Anbetracht der Komplexität macht es Sinn, eine logische Klassifizierung der möglichen Qualitätsmerkmale vorzunehmen, sodass der Lieferant angemessen darauf reagieren kann.

18.2 Logik der Qualitätsmerkmale

18.2.1 Nutzen und Wert von Qualitätsmerkmalen

Der Kunde beurteilt den Wert eines Produktes aufgrund des Nutzens, den es ihm bringt. Dieser Produktnutzen setzt sich aus Grund- und Zusatznutzen zusammen. Der Grundnutzen bildet die aus den rein technisch-funktionalen und physikalisch inhärenten Eigenschaften eines Produktes resultierende Bedürfnisbefriedigung ab. Der Zusatznutzen beinhaltet die ästhetischen Facetten (Erbauungsnutzen) sowie die sozialen Wirkungen (Geltungsnutzen) des Produktes (Meffert 2012). Das bedeutet, dass

Produkte, Funktionen, aber auch einzelne Merkmale immer vor dem Hintergrund eines Dreiklangs aus Funktion, Ästhetik und Image bewertet werden. Für Unternehmen ist es daher entscheidend, die verschiedenen Nutzenausprägungen zu kennen und mit Blick auf die (Ziel-)Kundengruppe entsprechend zu bedienen.

Bildlich darstellen lässt sich der Nutzen für einzelne Merkmale z.B. in Form der Wertfunktion (siehe Abb. 1.3 in Kap. 1, „Das Unternehmen im Wettbewerb"). In Abbildung 1.3 markiert die Abszisse die Ausprägung eines Produktmerkmals, hier die Reißfestigkeit eines Seils; die Ordinate bezeichnet in einem normierten Maßstab den Wert, den eine bestimmte Ausprägung dieses Merkmals für den potenziellen Käufer hat. Kurve A beschreibt eine Wäscheleine, Kurve B ein Bergseil. In beiden Fällen ist eine für die gedachte Anwendung wesentlich zu geringe Festigkeit für den Kunden mit der Wertvorstellung 0 verbunden. Den vollen Wert (100%) erreichen beide Produkte bei durchaus verschiedenen Festigkeiten. Durch unterschiedliche Anspruchsklassen sind verschiedene Sorten von Seilen und nicht etwa verschiedene Qualitäten (!) gekennzeichnet. Wird die Forderung des Kunden nicht erfüllt, so kauft er das Produkt nicht oder nur zu einem erheblich reduzierten Preis. Der Kunde „bestraft" die Untererfüllung seiner Forderungen hart. Entsprechend sinkt die Wertfunktion bei Festigkeitswerten unterhalb der Forderung schnell ab. Eine Übererfüllung bedeutet für den Kunden jedoch keinen adäquaten Wertzuwachs. Nur wenige Kunden würden z.B. für eine Wäscheleine einen deutlich höheren Preis zahlen, nur weil diese die Festigkeitsforderungen eines Bergseils erfüllt. Der Kunde akzeptiert zwar ein „zu gutes" Erzeugnis, ist aber nicht bereit, den Mehraufwand des Herstellers voll zu honorieren. Die Wertfunktion verläuft oberhalb des Erfüllungspunktes entsprechend flacher (Masing 1999, Schmitt 2010).

Der Wert des Produktes aus Sicht des Kunden und damit die Preisbereitschaft in der Kaufsituation wird vom antizipierten Nutzen bestimmt. Wie dieser Nutzen aussieht und aus welchen Komponenten er sich zusammensetzt, muss kritisch hinterfragt werden. Kauft der Kunde z.B. ein Waschmittel, so liegt der Nutzen für den Kunden in der sauberen Wäsche. Kunden wollen tatsächlich saubere Wäsche, nicht Waschmittel. Insofern wäre es eher irreführend, z.B. in einer Befragung die Qualitätsforderungen des Kunden im Hinblick auf das Produkt „Waschmittel" zu erheben. Zielführend ist das Verständnis der Qualitätsforderungen an die Wäsche, denn hier liegt der Nutzen. Ebenso verhält es sich beim Kauf einer Bohrmaschine und dem eigentlichen Ziel dahinter: ein Loch in die Wand bohren. Hier zeigt sich der Unterschied zwischen Kunden- und Produktorientierung.

Die „means end"-Theorie fordert dazu auf, bis zum Ende (end) zu hinterfragen, auf welchen Ebenen des individuellen Verhaltens der Nutzen eines Produktes (mean) für den Kunden wahrgenommen wird. Folgt man dem Denkansatz, so kommt die Motivation zum Kauf eines Produktes letztlich dadurch zustande, dass der Kunde das Produkt als geeignetes Mittel wahrnimmt, um angenehme Gefühle zu verwirklichen und seine Triebe zu befriedigen (Herrmann 2000). Auf dieser Basis kann der Anbieter versuchen, den kognitiven Prozess beim Kunden zu seinen Gunsten in Gang zu setzten, die Antriebskräfte des Kunden auf das Produkt zu lenken und eine Kaufmotivation zu erzeugen (Herrmann 2000, Lorenzi 2003).

Abbildung 18.2 zeigt eine „means end"-Kette für einen Sportschuh. Die Grundstruktur besteht aus den Elementen Eigenschaft, Nutzen und Werthaltung. Eine konkrete Eigenschaft – im Beispiel die vorhandene Fersenstütze – lässt sich direkt beobachten und messen. Die abstrakte Eigenschaft „liegt gut am Fuß" beschreibt bereits das individuelle Empfinden des Kunden. Der funktionale Nutzen verkörpert die Zwecktauglichkeit des Produktes. Dagegen umfasst die soziale/psychische Nutzenkomponente Forderungen die z.B. die ästhetische Erscheinung oder die soziale Akzeptanz des Produktes betreffen. Die instrumentale Werthaltung beschreibt moralische und leistungsorientierte Lebensziele, wohingegen die terminale Werthaltung wünschenswerte Endstadien der persönlichen und sozialen Entwicklung repräsentiert, wie z.B. innere Harmonie oder eine friedliche Welt.

Die Konstruktion der „means end"-Kette erlaubt es dem Hersteller, die Produktmerkmale und die Nutzenkomponenten des Produktes mit der Werthaltung der potenziellen Käufer abzustimmen und so zu einem Produkt und Marketingmaßnahmen zu kommen, die Kaufimpulse auf

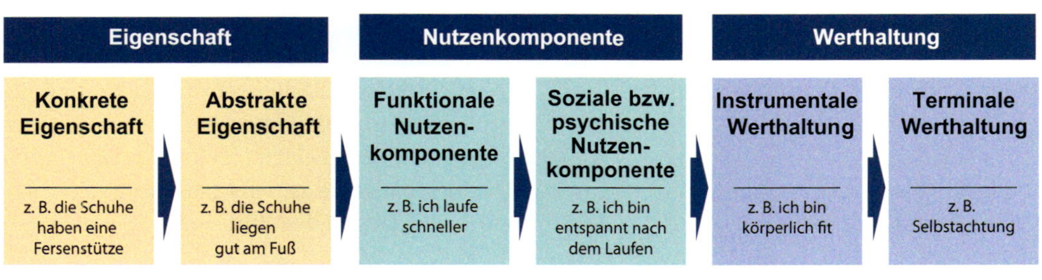

Abb. 18.2
Die „means end"-Kette zeigt Kaufimpulse auf unterschiedlichen kognitiven Ebenen (Beispiel: Sportschuh; nach Herrmann 2000).

unterschiedlichsten Ebenen menschlichen Verhaltens erzeugen.

18.2.2 Gewicht von Qualitätsmerkmalen

Auch innerhalb einer Anspruchsklasse trifft der Kunde für verschiedene Qualitätsmerkmale unterschiedliche Gewichtungen. Nicht alle Merkmale sind gleich wichtig. Das genaue Verständnis der Rangfolge und der kompensatorischen Wirkung hilft, Fehlleistungen zu vermeiden. So betrug noch vor einigen Jahren die übliche innerdeutsche Flugzeit der Lufthansa zwischen München und Düsseldorf 50 Minuten. Als die Unzufriedenheit der Kunden aufgrund häufiger Verspätungen wuchs, reagierte die Lufthansa, indem sie die innerdeutsche Flugzeit um zehn Minuten auf eine Stunde verlängerte. Die Beförderung dauerte nun länger, aber über 90% der Maschinen erreichten ihre Destination nun innerhalb des Flugplans. Der Lösung lag die Erkenntnis zugrunde, dass der Kunde im Vergleich der Qualitätsmerkmale „schnelle Beförderung“ und „pünktliche Ankunft“ die Pünktlichkeit weitaus höher priorisiert (Prefi 2003).
Das tiefere Verständnis der Kundenforderungen führte zu einer pragmatischen und kostengünstigen Lösung. Investitionen zur Absicherung der kurzen Flugzeit wären weitaus kostenintensiver gewesen. Beispiele dieser Art sind gleichermaßen verblüffend wie einleuchtend. So hat z.B. Cray Research, der amerikanische Hersteller von Höchstleistungsrechnern, damals bewusst auf die Zuverlässigkeit seiner Produkte verzichtet, um höchste Rechenleistung erreichen zu können (Garvin 1988). Die Höchstleistungsrechner stürzen hin und wieder ab. McDonalds z.B. setzt auf Konformität: Man erlebt im Restaurant keine Überraschungen. Auf der ganzen Welt ist das Erscheinungsbild identisch, die Speisen und der Service austauschbar. Offensichtlich ist dem Kundenkreis die vertraute Umgebung wichtig und wird entsprechend honoriert (Prefi 2003).
Zwischen Qualitätsmerkmalen besteht jedoch eine kompensatorische Wirkung. So kann die gute Erfüllung wichtiger Merkmale die Nichterfüllung weniger wichtiger Merkmale kompensieren. Exemplarisch sei hier die Auswahl einer Wohnung genannt. Oft kann die Nähe zum Arbeitsplatz andere Schwächen, wie den Mangel an Parkplätzen oder den fehlenden Balkon, kompensieren. Um hier Wettbewerbsvorteile zu erlangen, versuchen Unternehmen, das Entscheidungsverhalten ihrer Kunden zu verstehen, abzubilden und gegebenenfalls zu simulieren (Bruhn 2000).
Zur Identifizierung des Gewichts einzelner Merkmale kann die Conjoint-Analyse (Verbundmessung) zum Einsatz kommen . Dies ist eine multivariate Analysemethode, um die Beziehung zwischen empirisch erhobenen Gesamtbeurteilungen von Objekten (Produkten) und den sie beschreibenden Merkmalen herzustellen [vgl. Hahn 1997, S. 44 sowie Gutsche 1995, S. 75). Im Rahmen der Analyse wird der Kunde mit den Beschreibungen eines Produkts mit jeweils unterschiedlichen Merkmalsausprägungen konfrontiert, und aufgefordert, diese Produkte nach seiner Nutzenvorstellung zu bewerten. Basierend auf einer entstandenen Rangfolge können z.B. die Bedeutung der einzelnen Produktmerkmale und deren Ausprägungen herausgestellt werden. Bei der „traditionellen“ Conjoint-Analyse wird zwischen dem Trade-Off- sowie dem Profil-Ansatz unterschieden. Im Rahmen des Trade-Off-Ansatzes wird dem Kunden jedes mögliche Paar von Produktmerkmalsausprägungen („Stimuli“) aus zwei Ausprägungsarten vorgelegt und dieser bestimmt seine Präferenz. Beim Profil-Ansatz werden dem Kunden Stimuli vorgelegt, die jeweils aus einer Ausprägung sämtlicher Produktmerkmale bestehen (Backhaus 2003, S. 550f.). Einer der Vorteile der Conjoint-Analyse ist, dass auch die Preisbereitschaft des Kunden erhoben werden kann. So können die verschiedenen Merkmalsbündel bereits mit unterschiedlichen Preisen versehen werden und die Preissensitivität einzelner Merkmale kann ermittelt werden.

18.2.3 Information über und Kommunikation von Qualitätsmerkmalen

Der Lieferant kann nur die Forderungen erfüllen, die er kennt und die er verstanden hat. Informations- und Kommunikationsdefizite bezüglich der Kundenforderung müssen daher zwangsläufig zu Fehlern und Qualitätsproblemen führen. Valide Informationen über die Forderungen und Erwartungen des Kunden sind die Basis jeder Qualitätsplanung. Kundenforderungen sind oft nicht hinreichend genau und unmissverständlich formuliert, um als richtig gelten zu können. Anweisungen wie „auf einwandfreien Sitz achten“ finden sich häufig in Kundenspezifikationen. Wenn Eindeutigkeit bezüglich dieser Formulierung besteht, ist daran nichts zu kritisieren. Wenn aber ein neuer Lieferant eingeschaltet wird oder das Personal der Eingangsprüfung wechselt, kommt es zu Schwierigkeiten (Masing 1999). Vielfach besitzt der Kunde nicht die Kompetenz, um seine Forderungen vollständig und widerspruchsfrei zu artikulieren. Um freie Interpretationen durch die Entwicklung zu vermeiden, muss der Lieferant in derartigen Fällen vor Ausführung des Auftrags für Klärung sorgen. Besondere Probleme entstehen, wenn Kunde und Lieferant den Dissens nicht erkennen (Masing 1999).
Jede menschliche Gesellschaft entwickelt aufgrund der im Lauf der Zeit gesammelten Erfahrungen eine für sie cha-

III

rakteristische Struktur aus Sprache, Überzeugungen, Gewohnheiten und Praktiken, die insgesamt das kulturelle Wertesystem dieser Gesellschaft ausmachen (Juran 1993). Bei Lieferungen und Leistungen über die Grenzen der Wertesysteme ist die Wahrscheinlichkeit von Missverständnissen auch auf der Basis scheinbarer Selbstverständlichkeiten folglich besonders hoch. So war z. B. die Wahl des Namens Pajero für einen Geländewagen für den europäischen Markt nicht glücklich, weil Pajero in Spanien eine vulgär beleidigende Bedeutung hat, die wohl keinesfalls zum beabsichtigten Image des Fahrzeugs passt. Selbst bei formaler Identität ergeben sich Fehlermöglichkeiten. Beklagen sich z. B. ein Deutscher und ein Amerikaner über die schwache Leistung eines Automobils, so ist es sehr wahrscheinlich, dass völlig unterschiedliche Kundenforderungen dahinterstecken. Während der Deutsche wohl eher die Höchstgeschwindigkeit auf der Autobahn moniert, geht es dem Amerikaner um die Beschleunigung nach dem Ampelstart. Die Kenntnis der tatsächlichen Forderung findet die technische Umsetzung in unterschiedlichen Getriebeabstufungen für den deutschen und amerikanischen Markt. Auch für den Mobilfunk stellt sich die Frage nach dem Verständnis der tatsächlichen Kundenforderungen. Bereits im Namen festgeschrieben ist die Forderung nach Mobilität des Dienstes. Dies wird jeder Kunde auf Nachfrage bestätigen. Große kulturelle Unterschiede zeigen sich bei der Forderung nach der direkten Erreichbarkeit des Gesprächspartners, d. h. ohne Umwege und Vermittlung durch Dritte, wie z. B. Familienangehörige. Es besteht eindeutig ein Nord-Süd-Gefälle. In offenen skandinavischen Gesellschaften ist die Bedeutung dieses Merkmals weitaus geringer als in südeuropäischen oder arabischen Gesellschaften.

III

18.2.4 Stillschweigend vorausgesetzte Merkmale und Begeisterungsmerkmale

Neben den Forderungen, die der Kunde artikuliert (stated needs), gibt es weiterhin stillschweigend vorausgesetzte Qualitätsmerkmale (implied needs). Diese wird der Kunde – mitunter auch auf Nachfrage – nicht nennen, weil sie für ihn selbstverständlich geworden sind. So erwartet man stillschweigend von einer Airline den sicheren Transport und von einer Bank die verlässliche Auszahlung des Sparguthabens. Die alleinige Erfüllung dieser Merkmale reicht jedoch nicht, um den Kunden zufriedenzustellen. Im umgekehrten Fall führt die Nichterfüllung dieser Basisforderungen zu massivem Vertrauensverlust beim Kunden. Dies stellt Kano in dem nach ihm benannten Modell dar (Abb. 18.3). Das Kano-Modell unterscheidet zwischen Grundforderungen (Basic), Leistungsforderungen (Performance) und der Forderung nach Begeisterungsmerkmalen (Excitement) (Schmitt 2010, N. N. 1989).
Die Erfüllung von Forderungen aus den drei Kategorien bewirkt beim Kunden einen unterschiedlichen Grad der Zufriedenheit. Die Erfüllung von Basisforderungen reicht noch nicht aus, um ein Grundmaß an Kundenzufriedenheit zu erreichen. Es handelt sich häufig um den Grundnutzen, der mit einem Produkt verbunden wird. Die mittlere Kurve im Modell repräsentiert die Leistungsforderungen (Performance), die der Kunde an das Produkt oder die Dienstleistung stellt. Diese Forderungen wird der potenzielle Kunde bei einer Marktuntersuchung explizit nennen. Sie gelten daher als Grundvoraussetzung für den Markteintritt eines Produktes. Werden Erwartungen nicht erfüllt, ist die Enttäuschung des Kunden kleiner als bei einer Enttäuschung bezüglich der Grundforderungen.

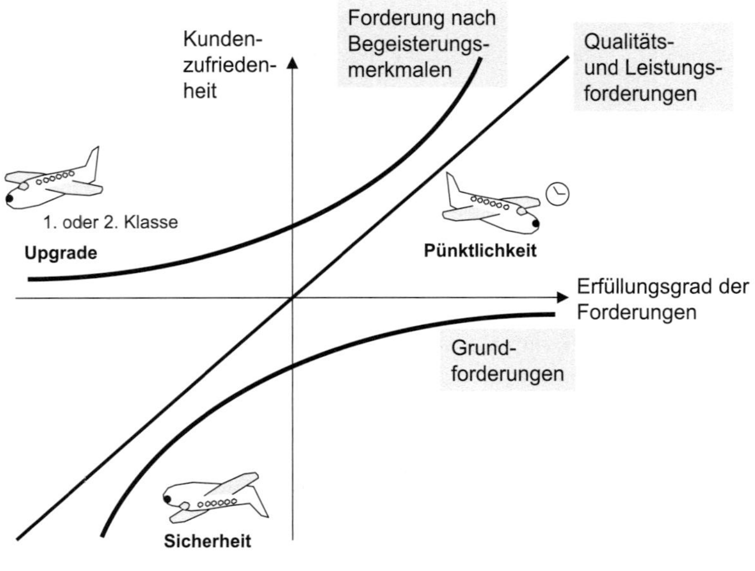

Abb. 18.3
Qualitätsmerkmale im Kano-Modell: Beispiel Luftfahrtgesellschaft

Beispielsweise wird der Grad der Enttäuschung über ein Automobil mit einer niedrigeren Lebensdauer geringer ausfallen als über ein unzuverlässiges oder ein unsicheres Fahrzeug. Andererseits ist mit einer unerwartet hohen Lebensdauer eines Fahrzeugs ein deutlich höherer Grad der Kundenzufriedenheit zu erreichen als mit einem „nur" zuverlässigen und sicheren Fahrzeug.

Die obere Kurve beschreibt die Produktmerkmale, die nach Kano den eigentlichen Unterschied zwischen konkurrierenden Produkten ausmachen. Es sind dies Merkmale, die der Kunde nicht erwartet und folglich bei einer Befragung auch nicht nennen wird. Diese Merkmale lassen das Produkt neu und innovativ erscheinen und lösen beim Kunden stark positive Emotionen (Begeisterung/Excitement) aus. Beim Automobil wären dies z. B. Ausstattungsmerkmale wie eine automatische Parkplatzsuche.

Die Begeisterungsmerkmale bieten dem Unternehmen eine hervorragende Möglichkeit, sich mit dem neuen Produkt vom Wettbewerb abzuheben. Japanische Unternehmen erkannten dies früh und messen den Begeisterungsmerkmalen bei der Produktentwicklung eine hohe Bedeutung zu (N. N. 1989). So haben die Japaner seinerzeit eindrucksvoll vorgeführt, dass z. B. im Automobilbereich mit Ausstattungsmerkmalen wie elektrischen Fensterhebern und Spiegeln beim Kunden mehr Begeisterung ausgelöst werden konnte als mit einer neuen Motorvariante.

Begeisterungsmerkmale können durchaus technisch geringwertig sein. Ingenieure tendieren deshalb gerne dazu, diese in den Bereich der „Spielerei" zu verbannen. Aber auch hier darf keineswegs der Geschmack des Chefingenieurs den Ausschlag geben, sondern vielmehr der Geschmack der Kunden am Markt. So schaffte Apple in der jüngeren Vergangenheit mit einfachen, intuitiven und auf den Kunden zugeschnittenen Funktionen einen weit größeren Markterfolg als technisch ausgereizte Geräte der Konkurrenz.

Kundenforderungen und Qualitätsmerkmale verändern sich mit der Zeit. Dies kann auch im Kano-Modell nachvollzogen werden (Schmitt 2010). Galten Navigationsgeräte in den 90er Jahren noch als Begeisterungsmerkmal und waren zumeist Oberklasse-Limousinen vorbehalten, so haben sie sich mit der Zeit zu bekannten Leistungsmerkmalen entwickelt und befinden sich auf dem Weg, eine Grundvoraussetzung für Mobilität zu werden.

18.2.5 Subjektive und induzierte Qualitätsmerkmale

Eingangs war vom Beispiel des Fischhändlers die Rede. Offensichtlich ist die offene Präsentation des Produkts auf Eis und ohne Verpackung zu einem Ersatzmerkmal für „Frische" geworden. Kunden beurteilen die Erfüllung ihrer Forderungen im Rahmen ihrer subjektiven Wahrnehmung anhand unterschiedlicher Merkmale. Juran spricht in diesem Zusammenhang von subjektiven Qualitätsmerkmalen (Juran 1993). Einige dieser Wahrnehmungen beziehen sich auf das Produkt, während andere scheinbar wenig damit zu tun haben (Abb. 18.4).

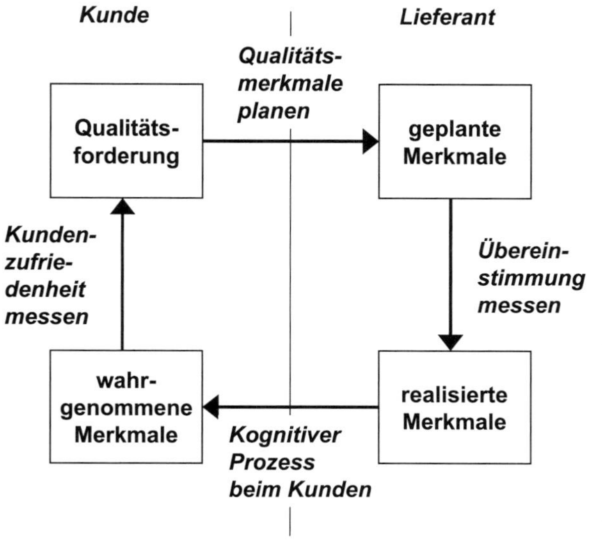

Abb. 18.4 Die wahrgenommenen Merkmale entscheiden über die Kundenzufriedenheit.

Beobachten wir uns bei der Auswahl einer Flasche unbekannten Weines im Supermarkt. Nicht der Geschmack entscheidet! Probieren darf man ja erst nach dem Kauf. Die Farbe der Flasche, das Design und die Geschichte auf dem Etikett, Korken statt Schraubverschluss sowie die Präsentation im Regal und auch der Preis werden subjektive Merkmale oder Ersatz-Merkmale für die Qualität des Weines. Ein Winzer, der nur auf den Geschmack seines Weines vertraut, ist schlecht beraten. Die Liste der Beispiele dafür, wie sehr die Vorstellungen von Kunden und Lieferanten in Bezug auf Qualitätsmerkmale voneinander abweichen können, ist lang. Dies birgt eine potenzielle Gefahr, aber auch eine Chance, wenn das Unternehmen die zugrunde liegenden Merkmale besser versteht als der Wettbewerb.

Wie bereits erwähnt können Kundenforderungen mit den Mitteln der Marktforschung erhoben werden. Neben der Marktforschung stellt die Marktbearbeitung die zweite Kernaufgabe des Marketings dar (Meffert 2012). Die Marktbearbeitung schafft Bedürfnisse, also auch Marketing-induzierte Qualitätsforderungen. Ein Vorteil im Wettbewerb ergibt sich dann, wenn das Unternehmen Qualitätsforderungen in den Markt induziert und gleichzeitig die Randbedingungen schafft, diese zu erfüllen. So ist die Gleichmäßigkeit der Spaltmaße im Automobilbau schon seit Längerem ein Qualitätsmerkmal für die Verarbeitung geworden. Automobilzeitschriften stellen hier Vergleiche zwischen den konkurrierenden Marken an. Zwar wird kein Kunde es schaffen, nur mit dem Augenmaß gleichzeitig z.B. den rechten und den linken Türspalt zu beurteilen. Durch die ständige Berichterstattung ist beim Kunden jedoch das Bewusstsein gewachsen, dass es sich bei der Gleichmäßigkeit der Spaltmaße um ein Qualitätsmerkmal handelt.

Massiv geführt hat die Diskussion um die Spaltmaße der VW-Konzern. Piech spricht nicht mehr von Karosseriespalten, sondern von -fugen, denn „in Spalten kann man fallen". Der Karosserierohbau wurde folgerichtig bei VW in Präzisionsbau umbenannt. Fahrzeuge des VW-Konzerns weisen heute die geringsten und gleichmäßigsten Spaltmaße des internationalen Automobilbaus auf. Durch eine entsprechende Kommunikationsstrategie und Marktbearbeitung ist es den Marken des VW-Konzerns gelungen, dieses Qualitätsmerkmal zu besetzen und die Hersteller im Premiumsegment in ihrer Kernkompetenz der hochwertigen Verarbeitung anzugreifen (Prefi 2003).

Die Marktbearbeitung kann Qualitätsforderungen des Kunden beeinflussen und damit Qualitätsmerkmale prägen. Bei Innovationen z.B. fehlt dem Kunden die Anwenderkompetenz. Hier ist es Aufgabe des Marketings, die Vorteile zu kommunizieren und auf die Unterschiede zwischen Wettbewerbsprodukten hinzuweisen. Passiert dies abgestimmt, sind Wettbewerbsvorteile möglich. Provoziert das Marketing Qualitätsforderungen, die das eigene Produkt nicht erfüllt, kann dies nur negativ wirken.

18.2.6 Merkmale der Protective und Perceived Quality

Der Kunde fordert ein gebrauchstaugliches Produkt sowie die Abwesenheit von Fehlern und Störungen. Dies führt zu den traditionellen Qualitätsmerkmalen „fehlerfreie Verarbeitung", „hohe Zuverlässigkeit" und „lange Lebensdauer". Abbildung 18.5 stellt dies in Anlehnung an eine Weibull-Kurve („Badewannenkurve") für ein Automobil dar (Prefi 2003).

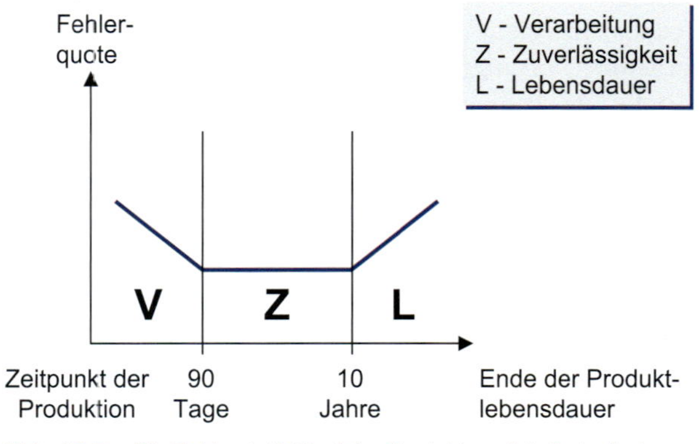

Abb. 18.5 Die Fehlerstatistik vieler Produkte zeigt die typische „Badewannenkurve".

Qualität in der Kategorie „fehlerfreie Verarbeitung" meint die Übereinstimmung (Konformität) des Produktes mit den Vorgaben des Produktentwurfs (z.B. nach Zeichnung). Die fehlerfreie Verarbeitung liegt in der Verantwortung der Produktion. Selbstverständlich ist, dass es der Produktion nur gelingen kann, ein maximales, durch den Produktentwurf begrenztes Qualitätsniveau darzustellen. Der Produktentwurf ist wiederum durch die Produktentwicklung zu verantworten. Erfahrungsgemäß resultieren Fehler, die in den ersten neunzig Tagen der Produktnutzung auftreten, meist aus Unzulänglichkeiten und Streuungen im Produktionsprozess. Das bekannte „Montagsauto" ist ein Beispiel für Defizite in der Verarbeitung.

„Zuverlässigkeit" reflektiert die Wahrscheinlichkeit, nach der ein Produkt innerhalb einer bestimmten Zeitspanne versagt. Charakteristische Größe ist hier die Zeitspanne zwischen dem Auftreten zweier unerwünschter Ereignisse (MTBF, Meantime between Failure). Die Zuverlässigkeit ist im Wesentlichen konzeptbedingt und liegt damit in der Verantwortung der Produktentwicklung.

Die Lebensdauer beschreibt sowohl technische als auch ökonomische Aspekte. Die technische Lebensdauer ist an dem Punkt erreicht, an dem das Produkt seine Gebrauchstauglichkeit verliert und eine Reparatur, z.B. bei einer durchgebrannten Glühlampe, technisch nicht sinnvoll erscheint. Die ökonomische Lebensdauer endet, wenn der Nutzer sich aufgrund der Reparaturkosten zur Investition in ein neues Produkt entscheidet. Hier stehen Lebensdauer und Zuverlässigkeit in einem engen Verhältnis.

Die fehlerfreie Verarbeitung, die hohe Zuverlässigkeit und die lange Lebensdauer eines Produktes schützen den Nutzer vor negativen Erfahrungen und sorgen dafür, dass der Grundnutzen des Produktes erhalten bleibt. Diese Kategorien der Qualität können unter dem Oberbegriff der „Protective Quality" – der schützenden Qualität – zusammengefasst werden.

Doch Qualität ist offensichtlich schon lange mehr als die Abwesenheit von Fehlern (Abb. 18.6). Trägt man für verschiedene Automobile den Grad der Kundenzufriedenheit über die Anzahl von Fehlern und Störungen auf, so zeigt sich, dass Kundenzufriedenheit nur noch schwach mit der Protective Quality (Fehlerfreiheit) korreliert. Es finden sich Fahrzeuge, die sich bei gleichem Fehlerniveau in der Kundenzufriedenheit um Größenordnungen unterscheiden.

Wie erklärt sich das Fazit aus Abbildung 18.6? Die Beherrschung der Protective Quality ist hier die Eintrittsvoraussetzung in den Markt. Im Vergleich zu früheren Fehler- und Ausfallquoten im Automobilbau stellen Fehlerquoten

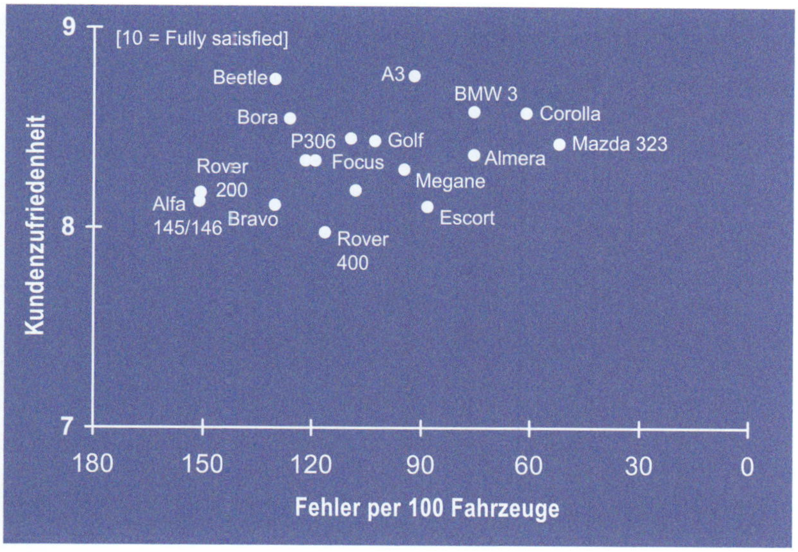

Abb. 18.6
Qualität ist mehr als die Abwesenheit von Fehlern.

um etwa 1 bis 5 Fehler pro Fahrzeug heute keine nennenswerte Einschränkung der Gebrauchstauglichkeit mehr dar. Noch in den 60er Jahren warb ein Fahrzeughersteller mit dem Slogan „der Zuverlässige“. Heute sind beinahe alle Fabrikate zuverlässig (Prefi 2003). Dies liegt vor allem darin begründet, dass viele Prozess- und Technologievorteile egalisiert wurden und Systemlieferanten sich oft über die Branche hinweg entsprechen. Überragende Technik ist immer seltener Differenzierungskriterium im Markt.

Die Protective Quality steht daher für Defizitforderungen. Diese Forderungen bzw. dieser Grundnutzen müssen erfüllt sein, damit der Kunde nicht unzufrieden ist. Aber wenn sie erfüllt sind, ergibt sich keine weitere Motivation daraus. Auf hohem Niveau taugt die Protective Quality nicht mehr zur Differenzierung, sondern hat sich zur Basisforderung entwickelt (Abb. 18.4).

Die Protective Quality ist geprägt von der Vermeidung negativer Erlebnisse. Das Qualitätsurteil entsteht aber im Bewusstsein des Kunden. Qualität muss wahrgenommen werden, bevor sie dem Kunden bewusst werden kann. Erst die bewusste Gestaltung einer positiven Qualitätswahrnehmung macht den Unterschied und schafft die Differenzierungsmerkmale im Verdrängungswettbewerb (Prefi 2003, Schmitt 2010). Zeigen sich an Produkten offensichtliche Fehler nur noch ausnahmsweise, so fehlt dem Kunden das vergleichende Qualitätserlebnis. Da Produkte zunehmend komplexer werden, ist der Kunde nur noch selten in der Lage, seine Forderungen und Bedürfnisse mit den erbrachten Leistungen und Merkmalen abzugleichen. Er sucht daher nach Ersatzmerkmalen, die ihm, seiner Einschätzung nach, Rückschlüsse auf die erbrachte Qualität liefern.

Abbildung 18.7 illustriert das Beispiel „Beschleunigung“ eines Automobils bezüglich der Kategorien Funktionsmerkmale und wahrgenommener Qualität – der „Perceived Quality“. Der Kunde artikuliert die Qualitätsforderung nach kraftvoller Beschleunigung. Diese wird durch die Qualitätsmerkmale in den Disziplinen Zählen, Messen und Wiegen zuweilen nur unzureichend beschrieben. Nur die wenigsten Kraftfahrer schauen beim Beschleunigen auf die Uhr.

Die Perceived Quality ist deutlich komplexer. So zeigt sich im realen Beispiel, dass Kunden Fahrzeuge, die objektiv

Die Stimme des Kunden

Kraftvolle Beschleunigung

Funktion	Was steht im Prospekt?	Was sagt der Kunde?	Was nimmt der Kunde wahr?
Beschleunigung	• Sec 0–100 • Sec 80–160	• 8-Zyl.-Sound • „sprungbereit“ • „hängt“ am Gaspedal	• Verzögerung Drosselklappe • Nickwinkel • Härte der Sitze • Motorgeräusch

Abb. 18.7
Die Perceived Quality ist meist nur indirekt zu messen, dazu müssen die relevanten Merkmale bekannt sein.

gemessen spurtstärker sind, in der subjektiven Wahrnehmung als schwächer einschätzen, weil z.B. der Motor „nicht am Gaspedal hängt" und behäbiger startet. Umgekehrt unterstützen z.B. ein ausgeprägter Nickwinkel der Karosse, ein markantes Auspuff- und Ansauggeräusch sowie straffere Sitzpolster die Wahrnehmung von Spurtstärke.

Ein deutscher Automobilhersteller erhielt von seinen Kunden ständig schlechte Kritiken bezüglich der Leistungsfähigkeit seiner Klimaanlagen, obwohl die objektiven Werte der Kälteleistung dazu keine Veranlassung lieferten. Bei der Analyse der Qualitätswahrnehmung war festzustellen, dass viele Kunden Klimaanlagen subjektiv dann für leistungsfähiger halten, wenn sie den Passagier unmittelbar mit einem starken kühlen Luftstrom direkt „anblasen" und das Auto so zum „Eisfach" machen. Der direkte kühle Luftzug ist jedoch sehr ungesund. Deshalb verwendet der deutsche Hersteller einen hohen Aufwand darauf, eine hohe Abkühlgeschwindigkeit bei möglichst geringem Luftzug zu erreichen.

Im ersten Beispiel konnte die technische Lösung im Hinblick auf die Perceived Quality optimiert werden. Beim zweiten Beispiel ist dies nicht möglich. Hier gilt es, das Informationsdefizit des Kunden auszugleichen und so die Qualitätswahrnehmung gezielt zu beeinflussen. In beiden Fällen ist die genaue Planung der Perceived Quality essenziell für den Markterfolg.

Das Verständnis der Wahrnehmung von Qualität beginnt mit der einfachen Erkenntnis, dass Reize der Außenwelt über genau fünf Kanäle zur menschlichen Großhirnrinde gelangen und uns dort bewusst werden (Abb. 18.8). Es sind dies die Sinne für Sehen, Hören, Tasten, Riechen und Schmecken. Perceived Quality kann also definiert werden als derjenige Teil der Qualitätsforderung, der die Wahrnehmung der Qualitätsmerkmale der betrachteten Einheit über die fünf menschlichen Sinne betrifft.

Abbildung 18.9 zeigt einen systematischen Weg zur Verbesserung der Perceived Quality von Produkten. „Was man nicht messen kann, hat man auch nicht verstanden!" (Fischer 1992). Folglich stellt sich zunächst die Aufgabe, die Perceived Quality bewertbar zu machen. Auf dieser Basis lassen sich Produkte verschiedener Hersteller vergleichen. Der bewertende Vergleich (Benchmark) führt zu einer Rangfolge der Lösungen und der Möglichkeit, Regeln und Mechanismen (Design Rules) abzuleiten und zu verstehen, die eine hohe Qualitätswahrnehmung zur Folge haben. Letzter Schritt ist die Verankerung der Erkenntnisse im Produktentstehungsprozess.

Sinn	Einheit
Sehen	• Formgebung • Oberflächen
Riechen/ Schmecken	• Gerüche
Hören	• Gräusche
Tasten	• Materialien • Oberflächen • Ergonomie

Abb. 18.8 Die Sinne – fünf Kanäle zum menschlichen Bewusstsein

Der Mensch kann Qualitätsmerkmale über seine fünf Sinne wahrnehmen. Hier müssen Verfahren zur Bewertung der Perceived Quality ansetzen. Der Vergleich mit einer Weinverkostung ist hilfreich. Merkmale wie Alkoholgehalt, Jahrgang oder Temperatur können relativ einfach in Zahlen gefasst werden. Das Geschmackserlebnis entsteht jedoch auf der Zunge des Sommeliers. Dieser beschreibt seine Wahrnehmung in Phasen – Nase, Gaumen, Abgang – und vergleicht aus etwa 500 Geschmacksasso-

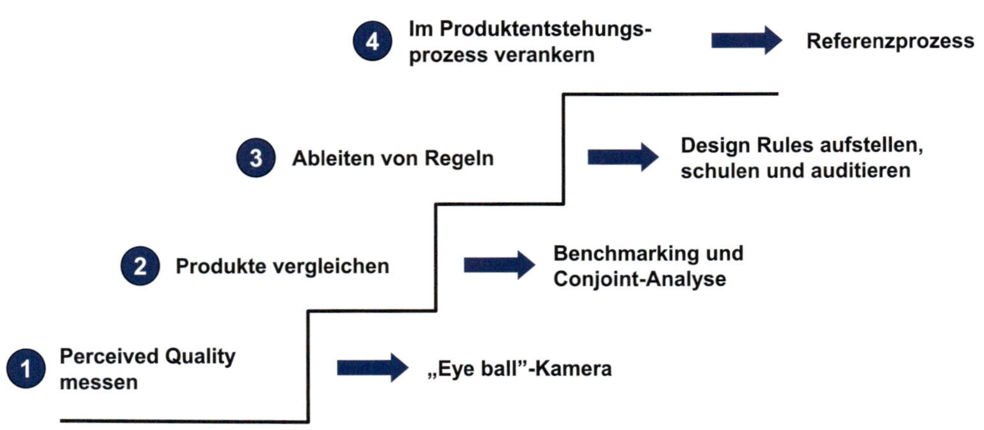

Abb. 18.9 Systematischer Ansatz zur Verbesserung der Perceived Quality

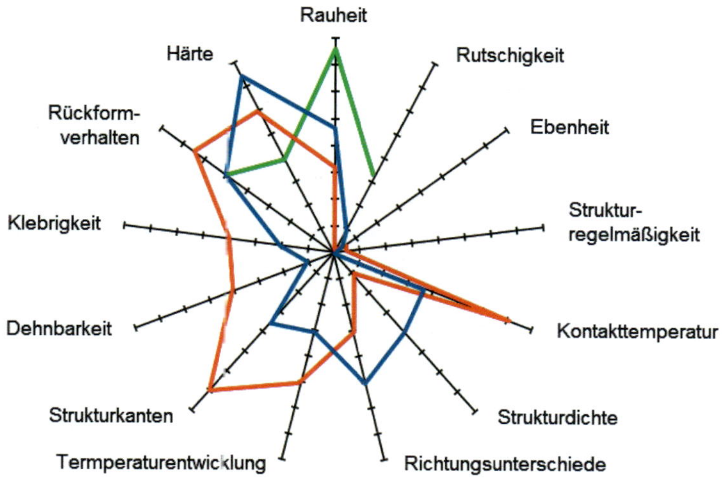

Abb. 18.10 Auszüge aus haptischen Assoziationen für Lederoberflächen

ziationen wie Brombeere, Vanille oder Tabak. Ein Verfahren zur Bewertung der Perceived Quality eines Automobils wurde in ähnlicher Weise realisiert. Auch hier wird eine komplexe Wahrnehmung (hier: die Haptik von Lederoberflächen) in bekannte Phänomene bzw. Assoziationen heruntergebrochen (siehe Abb. 18.10, vgl. auch Schmitt 2013).

Testpersonen sind geschult, genau auf ihre Wahrnehmungen zu achten und diese zu notieren. Wie ein Kunde nähert sich die Testperson dem Produkt und durchdringt wie beim Häuten einer Zwiebel eine Folge von Perspektiven. Aus einiger Entfernung wird das Fahrzeug als Ganzes wahrgenommen. Dabei ist zunächst nur der Sehsinn aktiv. Entscheidend für die Qualitätswahrnehmung ist hier die Harmonie des Designs und der Proportionen. Bei weiterer Annäherung werden Detaillösungen auffällig. Entscheidend ist nun die harmonische Integration von Komponenten und Baugruppen. Erst in unmittelbarer Nähe des Fahrzeugs können einzelne Komponenten beurteilt werden. Zum Gesichtssinn kommen die anderen Sinne hinzu, wenn die Testperson z. B. die Tür öffnet, den Kraftverlauf und die Kinematik des Türgriffs spürt und das Geräusch des Ausrastens des Türschlosses hört.

Die Analyse gleicht einer Kamerafahrt, wobei die Kamera gedanklich am Kopf der Testperson angebracht ist. Zunächst werden die Perspektiven, die die Testperson einnimmt, und die Handlungen, die die Testperson ausführt, notiert (Abb. 18.11). Im zweiten Schritt erfolgt die Zuordnung zu den fünf Sinnen, über die prinzipiell eine Wahrnehmung erfolgen kann. Die so vorbereitete Struktur

III

Kom-ponente	Handlung	Sinne	Produkt A	Produkt B	Ziel	Note	
						A	B
Türgriff	Türgriff betätigen	Sehen	- zu große schwarze Fläche	- passt nicht zum Design, wie Topfgriff (Griffe schwarz)	* integriert ins Gesamtdesign (Farbe, Material, Größe) * Türgriff sollte Akzente setzen, z. B. Chrom - oder aber so gut integriert sein, dass er nicht auffällt	3	2
		Tasten	- labil - instabiler Mechanismus - zu viel Spiel - bei langen Fingernägeln schlecht zu greifen - Abrutschen möglich	+ solide + gut zu bedienen, aber noch Verbesserungs-potenzial		4	2
			- relativ scharfe Kante, zu kleine Berührungsfläche	+ große, abgerundete Fläche	* größere abgerundete Fläche, gute Greifbarkeit, glatte Oberfläche	4	2
		Hören	- Schaben		s. Bedienharmonie	5	1

Abb. 18.11 Die Perceived Quality wird für jede Komponente im Wahrnehmungsbereich analysiert.

dient im nächsten Schritt dem bewertenden Vergleich zwischen mehreren Produktalternativen. Die Testperson trägt für jedes Produkt, jede Perspektive oder Handlung und den jeweils aktiven Sinn positive oder negative Wahrnehmungen ein und bewertet zusammenfassend den Eindruck mittels einer Schulnotenskala. Exemplarisch zeigt dies Abbildung 18.11 für die Betätigung des Türgriffs eines Automobils.

Neben dem Vorgehen der Selbstaufschreibung oder des Interviews existieren auch Messinstrumente, die physiologische Signale aufzeichen können. Hierzu gehören z. B. das Eye-Tracking, welches Blickpfade und -verweildauern mißt, oder Sensoren zur Erfassung von (positivem/negativem) Stress (Schmitt 2012). Der Vorteil dieser Messungen ist, dass der Kunde nicht gezwungen ist, sich zu erklären und das System auch unbewusste Reaktionen aufnimmt. Die Herausforderung besteht in der Interpretation der Ergebnisse. So können lange Blickverweilzeiten durch positives Interesse, aber auch durch Unverständnis entstehen. Schlussfolgerungen müssen also überlegt getroffen werden und die Studien sind mit hohem Aufwand vorzubereiten.

Die folgenden Beispiele für Design Rules für eine hohe Perceived Quality sind dabei nicht auf den Automobilbau beschränkt, sondern weitgehend allgemein gültig. Sie gelten genauso in der Architektur, für Möbel oder andere Gegenstände des täglichen Lebens. Für mechanische Bedien- und Verstellelemente ergibt sich so eine allgemein gültige Checkliste, mit der die Perceived Quality geplant, im Entwicklungsprozess verankert und überprüft werden kann (Abb. 18.12).

Im Vergleich zweier Automobil-Instrumententafeln zeigen sich Regeln für eine hohe Qualitätswahrnehmung im Industrial Design (Abb. 18.13). Wohlgemerkt ist dies kein reines Kostenthema. Die ungeschickte Kombination teurer Materialien kann zu einem schwächeren Qualitätseindruck führen als die durchdachte Ausführung weniger kostenintensiver Materialien. Die Perceived Quality zu steigern, bedeutet daher nicht zwangsläufig, höherwertige Materialien einzusetzen. Die Herausforderung besteht vielmehr darin, eine qualitativ hochwertige Anmutung in einer möglichst günstigen Kostenstruktur darzustellen. Dazu ist die Kenntnis der Regeln und Mechanismen, die zu einer hohen Perceived Quality führen, unerlässlich (Prefi 2003).

Bei genauer Kenntnis der Regeln und Mechanismen ist es denkbar, ein Produkt zu entwerfen, das durch eine hervorragende Qualitätsanmutung besticht, aber in den Kategorien der Protective Quality versagt. Die Qualitätswahrnehmung, die letztlich zum Kaufentscheid führt, hat der Kunde bereits im Showroom. Der kurzfristige Absatzerfolg wäre garantiert, denn die Schwächen in der Perceived Quality wird er erst nach dem Kauf des Produktes erleben. Aufgrund des wohl nur kurzfristigen Absatzerfolges und der gesetzlich geregelten Garantieleistungen sollte es hier jedoch bei einem Gedankenspiel bleiben.

Neben der Erhebung der für die Wahrnehmung durch den Kunden relevanten Qualitätsmerkmale besteht eine weite-

Beim Automobil anwendbar auf:

Türen, Deckel, Klappen, Schalter, Hebel, Blenden etc.

Einheitliche Bediencharakteristik
- Klar definierter Kraftverlauf
- Klar definierte Druckpunkte
- Kontinuierlicher Kraftverlauf
- Steife spielfreie Kraftübertragung
- Sinnvolle nachvollziehbare Dämpfung über die Bewegung und am Anschlag
- Definierte Rastpunkte
- Kraftverlauf mit steilem kurzem Anstieg am Druck-/Rastpunkt

Einheitliches Geräusch
- Geräusche, die während der Bedienung unregelmäßig auftreten, mindern den Qualitätseindruck, z. B. Schleifen, Schaben
- Eine kurze akustische Rückmeldung beim Ein- und Ausrasten
- Ein kurzes dumpfes Geräusch am Anschlag vermittelt Solidität
- Ein helles blechernes Geräusch vermittelt den Eindruck niedriger Qualität

Einheitliche Ergonomie
- Gleiche Formsprache bei verwandten Bedienelementen
- Gleiche Symbole
- Gleiche Beleuchtung, passend in Farbe und Helligkeit
- Gleiche Haptik

Abb. 18.12
Design Rules für eine hohe Perceived Quality bei mechanischen Verstellelementen

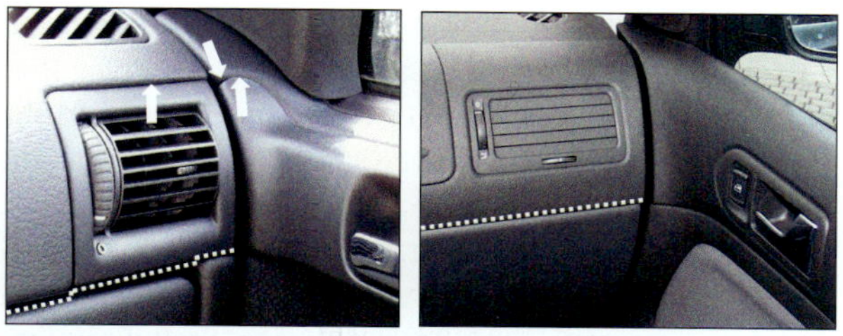

- Klare geometrische Formen behalten ihre Gültigkeit
- Ehrliches Materialkonzept
- Schaffen attraktiver Blickpunkte
- Handwerkliche Details zeigen
- Anzahl der zu passenden Teile reduzieren
- Ansammlung von Fugen vermeiden
- Schmale, gleichmäßige und parallele Fugen

Abb. 18.13 Regeln für eine hohe Perceived Quality im Industrial Design

re Herausforderung in der Realisierung und nachhaltigen Integration emotionaler Informationen in den Produktentwicklungsprozess. Die Rückverfolgbarkeit verschiedener Spezifikationen und Prüfungen zu den ursächlichen Forderungen sowie die Verwendung einer gemeinsamen Datenbasis über den gesamten Produktentstehungsprozess hinweg spielen dabei eine besonders wichtige Rolle – insbesondere, wenn spätere Beschwerden oder negatives Kundenfeedback auf ihre Ursache zurückgeführt werden sollen oder müssen.

18.2.7 Qualitätsmerkmale von Marken

In einer zunehmend anonymen Welt geht es jedem Markenstrategen darum, aus einem mehr oder minder austauschbaren Angebot eine Marke zu kreieren, denn ein positives Markenimage fördert die Kaufentscheidung grundlegend. Jedoch benötigt ein Markenimage Jahre und Jahrzehnte, bis es sich im Bewusstsein der Käuferschaft verankert. Zur Bewertung des Markenwertes können verschiedene Verfahren angewandt werden. Ein Überblick findet sich bei Jenner (Jenner 2001).

Auch wenn unterschiedliche Verfahren zu unterschiedlichen Ergebnissen führen, zeigt sich: Die Marke ist – wenn auch immateriell – eines der wertvollsten Wirtschaftsgüter eines Unternehmens (Tab. 18.1). Neben dem Marketing besteht die Aufgabe des Qualitätsmanagements darin, das Markenimage zu schützen. Das Qualitätsmanagementsystem ist der Stellhebel und das Instrument dazu. Markenqualität beschreibt Qualitätsmerkmale, so wie der Kunde die Marke erlebt. Markenqualität umfasst damit als Qualitätsbegriff die Außenwirkung des Unternehmens. Sie setzt sich zusammen aus allen positiven und auch negativen Erfahrungen des Kunden im Umgang mit dem Unternehmen und seinen Produkten (Abb. 18.14, vgl. auch Fauth 1999).

Einmal im Verkaufsraum eines Unternehmens oder einer Marke angekommen, trifft der Kunde seine Kaufentscheidung letztlich auf der Basis des Markenimages, der Perceived Quality des Produktes und der Produktpräsentation (Showroom-Quality).

Unter einem Markenimage soll das vorgefasste, festumrissene Vorstellungsbild, das ein Einzelner oder eine Gruppe von einem Produkt oder einem Unternehmen hat, verstanden werden (Heitmann 2001).

Die Marke ist ein Qualitätsversprechen, dem der Kunde vertrauen muss, denn viele Eigenschaften des Produktes kann der Kunde erst lange nach der Kaufentscheidung bewerten. Zielsetzung der Mitarbeiter und der Prozesse des Unternehmens muss es sein, dieses Versprechen zu halten.

In der Nutzungsphase des Produktes zeigt sich nun, ob das Vertrauen gerechtfertigt war. Am Ende der Nutzungsphase hat der Kunde einen reichen Erfahrungsschatz bezüglich der Perceived und der Protective Quality des Produktes und des Service. Er hat ein ganz persönliches Bild entwickelt von der Qualität des Produktes und der Marke.

Tab. 18.1 Die Marke ist ein wertvoller Aktivposten des Unternehmens (Quelle: Interbrand).

Rang 2012	Marke	Wert (M$)	Veränderung zum Vorjahr
1.	Coca Cola	77.839	+8%
2.	Apple	76.568	+129%
3.	IBM	75.532	+8%
4.	Google	69.726	+26%
5.	Microsoft	57.853	-2%
6.	GE	43.682	+2%
7.	MCDonald's	40.062	+13%
8.	Intel	39.385	+12%
9.	Samsung	32.893	+40%
10.	Toyota	30.280	+9%
11.	Mercedes-Benz	30.097	+10%
12.	BMW	29.052	+18%
13.	Disney	27.438	-5%
14.	Cisco	27.197	+7%
15.	HP	26.087	-8%
16.	Gilette	24.898	+4%
17.	Louis Vuitton	23.577	+2%
18.	Oracle	22.126	+28%
19.	Nokia	21.009	-16%
20.	Amazon	18.625	+46%

90 von 100 Kunden, die mit der Beschaffenheit eines Produktes unzufrieden sind, werden dieses fortan meiden (Desatnik 1989). Wurde das Qualitätsversprechen gehalten, so ist dies zunächst einmal die Voraussetzung für Loyalität und Sympathie zur Marke.

Das persönliche Markenimage, das letztlich über den Wiederkauf entscheidet, wird jedoch noch von weiteren Einflüssen reguliert. Zum einen ist dies das Image der Marke und des Unternehmens am Markt. Wirkungsvollster Stellhebel des Unternehmens sind die Marketinginstrumente, die auf eine gezielte Beeinflussung der Wahrnehmung der Produkte hinwirken. Aspekte einer positiven Tradition sind dabei genauso wichtig wie das Auftreten des Unternehmens. So zeigt sich, dass Unternehmen mit Premiummarken in Zeiten wirtschaftlicher Krisen Imagewerte verlieren. Unternehmerische Schwäche verträgt sich nicht mit Produkten, die Kraft und Stärke symbolisieren.

Zum anderen beeinflussen Äußerungen und Stellungnahmen von Freunden, Bekannten und Vertrauenspersonen das persönliche Markenimage. Im positiven Fall fördert dies das Markenimage. Jeder unzufriedene Kunde jedoch wird seinen Unmut über die mangelnde Qualität zwischen neun und zwanzig weiteren Personen mitteilen (Desatnik 1989). Das Markenimage wird häufig mit einem Sparbuch verglichen. Einer Marke mit einem soliden Image werden zunächst Fehler verziehen. Ist der Vertrauensvorschuss jedoch verbraucht, ist die ablehnende Reaktion umso stärker.

Die Diskussion zeigt, dass das Markenimage neben rationalen Aspekten auch emotionale Botschaften transportiert. Reinen Gebrauchsnutzen kauft man, wenn man muss, weil die Kosten entscheiden. „Emotion" ist der irrationale Anteil, der den Kunden dazu bringt, mehr Geld auszugeben, als er eigentlich müsste, weil es ganz einfach Spaß macht. So platzierte die Firma Porsche den Werbeslogan: „Wir verkaufen einen Lebensstil, und das Auto gibt es umsonst dazu!" Als Hersteller von Investitionsgütern mit emotionalem Anteil am Markenimage seien hier exemplarisch die Heidelberger Druckmaschinen und ihr Stellenwert im Druckergewerbe sowie die Firma Stihl mit Geräten zu Holzbearbeitung und die Forstwirtschaft genannt. Der Anlagenbau schätzt den Preisvorteil von Marken mit Qualitätsimage – bei gleicher Leistung – auf 10 %. Emotionen werden geweckt durch das Produktdesign, durch Innovationen in der Technik und im Service, durch Tradition, durch Marketingbotschaften wie etwa Sport-Sponsoring. Emotion und Gebrauchsnutzen sind Dipole: Je austauschbarer die Produkte werden, umso entscheidender ist die emotionale Kompetenz – auch weil sie nicht einfach kopiert oder nachgebaut werden kann. Damit werden Emotion zur Qualitätsforderung und emotionale Merkmale neben der wahrgenommenen und der schützenden Qualität zum Bestandteil der Markenqualität (Abb. 18.14).

Überwiegt der emotionale Teil des Markenimages vor dem rationalen Anteil, spricht man auch von Kult. Hier treten negative Produkteigenschaften vollends in den Hintergrund. Dann wird mitunter sogar das Fehlen negativer Eigenschaften als Mangel aufgefasst. Als Beispiel seien hier Motorräder der Marke Harley Davidson genannt.

Die Vielfalt der Aspekte der Qualitätsmerkmale zeigt eine Komplexität, die sich jedenfalls zurzeit als nicht sicher beherrschbar erweist. Zur Aufklärung der Zusammenhänge erscheint der direkte Blick in das Gehirn des Kunden wünschenswert. Was bis vor Kurzem noch Utopie war, ist nun denkbar. Grundlage dafür legt die Neurowissenschaft und die Kernspintomografie. Gut untersucht ist bislang das „Pepsi-Problem" (Schnabel 2003). Seit den 80er Jahren ist bekannt, dass Pepsi-Cola in Blindverkostungen besser bewertet wird als Coca-Cola. Warum, rätseln seither Werbefachleute, hat Coke dennoch die besseren Verkaufszahlen?

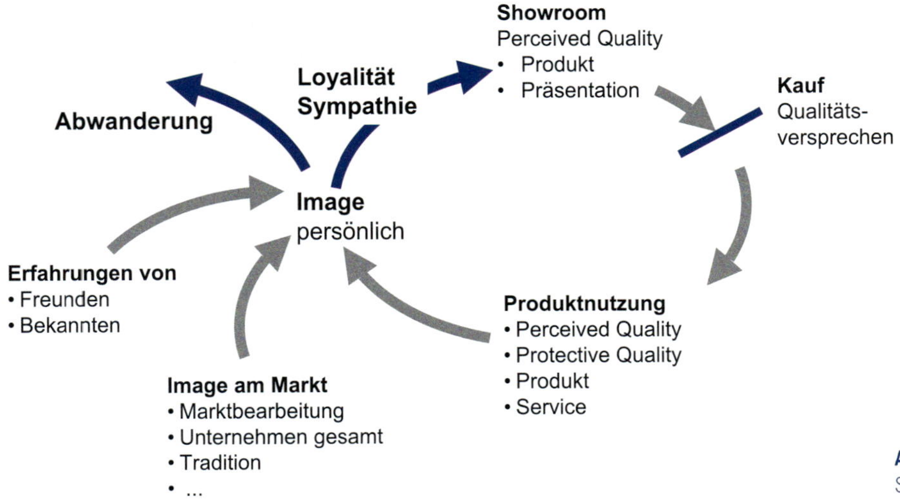

Abb. 18.14
So entsteht Markenqualität.

Eingefleischte Kunden sind felsenfest davon überzeugt, dass ihr Lieblingsgetränk besser schmeckt und der Gaumen das entscheidende Kaufargument ist. Dies ist wohl so nicht richtig. Im Blindversuch im Kernspintomografen zeigt das Belohnungszentrum des Gehirns beim Trinken der Pepsi, wie zu erwarten, stärkere Aktivität. Enthüllt man jedoch die jeweilige Marke, ändert sich nicht nur die Präferenz der Probanden, sondern auch das Muster ihrer Hirnaktivität. Der Name Coca-Cola stimuliert deutlich eine andere Region im Stirnhirn, den medialen präfrontalen Cortex. Dieser ist – wie man aus anderen Versuchen weiß – für höhere kognitive Funktionen zuständig und spielt eine prägende Rolle für das Selbstbild einer Person. Offenbar werden mit dem Namen Coca-Cola positive Assoziationen und Selbstwertgefühle verbunden. Sie und nicht der Geschmack machen den Wert der Marke aus (Schnabel 2003).

Der Coke-Pepsi-Test zeigt, dass rationale Überlegungen wie Nutzen, Kosten und Geschmack durchaus eine Rolle spielen: Doch unser Qualitätsurteil wird auch von anderen Motiven gelenkt. Ob Untersuchungen mit Kernspintomografen bald Teil des Entscheidungsprozesses vieler Unternehmen werden, wird die Zukunft zeigen!

Literatur

Backhaus, K./Erichson, B. P./Plinke, W./Weiber, R.: Multivariante Analysemethoden. 9. Auflage. Springer, Berlin 2003

Bruhn, M.: Das Zufriedenheitskonzept. In: Herrmann, A./Hertel, G./Virt, W./Huber, F. (Hrsg.): Kundenorientierte Produktgestaltung. Verlag Franz Vahlen, München 2000

Desatnik, R.: Long live the King. Quality Progress 22, 4, 1989. S. 24

Fauth, G./Pfeifer, T./Prefi, T./Winkelbauer, W.: Den Anlauf im Griff. QZ – Qualität und Zuverlässigkeit 6, 1999. S. 756–760

Fischer, K./Hertel, G.: Dienstleistungsqualität versus Produktqualität. QZ – Qualität und Zuverlässigkeit 37, 5, 1992. S. 255

Garvin, D. A.: Managing Quality. Free Press, New York 1988

Gutsche, J.: Produktpräferenzanalyse. Duncker & Humblot, Berlin 1995

Hahn, C.: Conjoint- und Discrete Choice-Analyse als Verfahren zur Abbildung von Präferenzstrukturen und Produktauswahlentscheidungen. LIT Verlag, Münster 1997

Heitmann, G.: Image Consulting. Aachener Qualitätsgespräche 2001

Herrmann, A./Huber, F.: Kundenorientierte Produktgestaltung. Ziele und Aufgaben. In: Herrmann, A./Hertel, G./Virt, W./Huber, F. (Hrsg.): Kundenorientierte Produktgestaltung. Verlag Franz Vahlen, München 2000

Jenner, T.: Markenführung in Zeiten des Shareholder-Value. Harvard Business Manager 3, 2001. S. 54

Juran, J. M.: Der neue Juran: Qualität von Anfang an. Verlag Moderne Industrie, Landsberg/Lech 1993

Lorenzi, P.: Entwicklung einer Qualitätsmanagement-Methode für die antizipative Kundenbedarfsanalyse. Shaker Verlag, Aachen 2003

Masing, W.: Das Unternehmen im Wettbewerb. In: Masing, W. (Hrsg.): Handbuch des Qualitätsmanagements. Carl Hanser Verlag, München/Wien 1999. S. 3

Meffert, H./Burmann, C./Kirchgeorg, M.: Marketing. Grundlagen marktorientierter Unternehmensführung. 11. Auflage. Gabler Verlag, Wiesbaden 2012

N. N.: Begriffe zum Qualitätsmanagement. DGQ-Schrift Nr. 11–04. Beuth Verlag, Berlin 1995

N. N.: Qualitätsmanagementsysteme – Grundlagen und Begriffe. DIN EN ISO 9000:2000. Beuth Verlag, Berlin 2000

N. N.: Quality Function Deployment. American Supplier Institute, Dearborn/Michigan 1989

Pfeifer, T./Mayers, B./Steins, D.: Wie man ein Produkt erfolgreich entwickelt. Die Conjointanalyse als Verfahren zur kundenorientierten Produktinnovation. QZ – Qualität und Zuverlässigkeit 3, 1997. S. 290

Prefi, Th.: Qualitätsorientierte Unternehmensführung. P3 GmbH, Aachen 2003

Schmitt, R./Falk, B./Neumann, A.: Correlation Between Haptic Perceived Quality Characteristics and Measured Technical Parameters for Leather Surfaces. In: Schmitt, R./Bosse, H. (Hrsg.): 11th International Symposium on Measurement Technology and Intelligent Instruments (ISMTII) 2013

Schmitt, R./Köhler, M.: Systematic Consumer Evaluation Measurement for Objectified Integration into the Product Development Process. In: Ji, Y. G./Salvendy, G./Karwowski, W. (Hrsg.): Advances in Affective and Pleasurable Design, No. 22, 2012. CRC Press Inc., Boca Raton/FL. S. 503 – 512

Schmitt, R./Pfeifer, T.: Qualitätsmanagement. Strategien – Methoden – Techniken. Carl Hanser Verlag, München/Wien 2010

Schnabel, U.: Der Markt der Neuronen. In: Die Zeit, 47/2003

Steffenhagen, H.: Marketing. Eine Einführung. Kohlhammer Verlag, Stuttgart 2008

III

Qualitätsmanagement in der Produktentwicklung

19.1 Qualitätsmanagement in der Entwicklung – eine Situationsbeschreibung ... 403

19.2 Befähigung des Produktentstehungsprozesses ... 404

19.3 Testplanung – Überwachen des Produktentstehungsprozesses ... 406

19.4 Testmanagement ... 409

19.5 Synchronisation parallel arbeitender Entwicklungsteams ... 410

19.6 Quality Gates steuern die Qualität im Produktentstehungsprozess ... 412
19.6.1 Ablaufsegmentierung des Referenzprozesses ... 413
19.6.2 Inhaltliche Segmentierung des Referenzprozesses ... 416
19.6.3 Umsetzung von Quality Gates im Projektplan ... 419
19.6.3.1 Element 1 – Forderungen vereinbaren ... 420
19.6.3.2 Element 2 – Weg absichern ... 423
19.6.3.3 Element 3 – Fortschritt synchronisieren ... 424
19.6.3.4 Element 4 – Entwicklungsqualität controllen ... 426
19.6.3.5 Element 5 – Erfahrungswissen nutzbar machen ... 427

19.7 Qualitätsplanung in der Produktentstehung ... 428
19.7.1 Einleitung ... 428
19.7.2 Realisierung in der Praxis ... 429
19.7.2.1 Funktionsanalyse ... 430
19.7.2.2 Schnittstellenanalyse ... 431
19.7.2.3 Produktfunktion ... 431
19.7.2.4 Parameterdiagramm ... 432
19.7.2.5 Funktionale Spezifikation ... 433
19.7.2.6 Design FMEA ... 434
19.7.2.7 Testplanung und -entwicklung ... 435
19.7.2.8 Prozess-FMEA ... 436
19.7.2.9 Produktionslenkungsplan ... 437
19.7.2.10 Entwicklungs-, Prozess- und Produktfreigabe ... 437
19.7.3 Organisatorische und weitere Aspekte ... 439
19.7.4 Zusammenfassung und Ausblick ... 439

19 Qualitätsmanagement in der Produktentwicklung

Thomas Prefi

Der Absatz von Produkten ist die Voraussetzung für betriebswirtschaftlichen, aber auch für volkswirtschaftlichen Erfolg. Die zunehmende Globalisierung der Weltwirtschaft öffnet neue Absatz- und Beschaffungsmärkte, stellt aber auch die Unternehmen, die Produkte ohne Alleinstellungsmerkmale liefern, in einen weltweiten Wettbewerb. Neben Protektionismus liegt der einzige konstruktive Weg für Hochlohnstandorte wie die Bundesrepublik Deutschland im ständigen Generieren von Alleinstellungsmerkmalen in Form von Innovationen am Produkt oder im Produktionssystem. Dabei ist Deutschland insgesamt auf einem guten Weg. Der Europäische Innovationsindex 2006 bescheinigt Deutschland und insbesondere dem Südwesten, die innovativste Region Europas zu sein (Mock 2006). Innovationen begründen Kostenvorteile oder fundieren emotionale Entscheidungen, die Kostenargumente zurücktreten lassen. Mit dieser Strategie festigt z. B. die deutsche Automobilindustrie ihre Spitzenposition. Neues zu schaffen birgt aber auch Risiken. Hier ist zunächst das Marktrisiko zu nennen. Es stellt sich die Frage, ob die Anforderungen des Kunden richtig verstanden wurden und die Innovation vom Markt so aufgenommen wird, dass die Renditeziele, die Grundlage für die Investitionsentscheidung waren, erreicht werden können. Das Technologierisiko stellt sich ein, wenn der Markbedarf klar nachweisbar ist, das Unternehmen aber an der Umsetzung scheitert, weil Zeit-, Kosten- oder Qualitätsforderungen nicht erreicht werden. Selten gehen erfolgreiche Innovationen auf Zufälle oder geniale Einzelleistungen zurück. Es wäre auch gefährlich, den Erfolg hiervon abhängig zu machen. Vielmehr geht es darum, systematisch Neues zu schaffen. Organisatorisch stellt sich die Aufgabe, die intellektuelle Leistung vieler Menschen im Unternehmen so zu koordinieren, dass sich Erfolg einstellt. In der betrieblichen Praxis wird diese Aufgabe meist von Projektorganisationen wahrgenommen. Die Steuerung der Projektorganisation und des Produktprojektes ist Aufgabe des Projektmanagements. Studien belegen, dass ein großer Teil aller Produktprojekte – man spricht von bis zu 80 % – einen Teil der Zielstellung im Hinblick auf Zeit, Kosten oder Qualität verfehlen (Tumuscheit 2001). Neigt sich der Terminplan des Projektes dem Ende, ist das Projektbudget meist ausgegeben. Beide Umstände sind leicht festzustellen. Bleibt die Frage nach dem erreichten Qualitätsstand. Hier wird es deutlich schwieriger.

19.1 Qualitätsmanagement in der Entwicklung – eine Situationsbeschreibung

Im Produktentstehungsprozess werden die wesentlichen Merkmale des Produktes entworfen und technisch realisiert. Der Produktentstehungsprozess endet idealerweise mit der Vertriebsfreigabe und dem Produktionsstart des markt- und serienreifen Produktes. Das Qualitätsniveau des Produktentstehungsprozesses kann daher an der erzielten Produktreife gemessen werden. Obwohl die Hauptstellhebel für Produktqualität im Produktentstehungsprozess liegen, beginnt Fehlerbehebung meist erst dann, wenn eigentlich Stabilität für den Produktionsstart notwendig wäre (Abb. 19.1). Die resultierenden Fehlleistungskosten sind enorm. Expertenbefragungen im Automobilbau weisen für den Anteil konzeptbedingter Fehler am Garantie- und Kulanzvolumen zwischen 30 und 40% aus.

Fehlleistungen im Entwicklungsprozess binden bis zu ein Drittel der Entwicklungskapazität in Fehl-, Blind- oder Scheinleistung. Ursachen sind hier mangelnde Klarheit, Stabilität und Richtigkeit der Forderungen, mangelnde Abstimmung zwischen parallelen Entwicklungsteams und mangelnde Verbindlichkeit. Diese Aussagen sind seit über 20 Jahren stabil. Der Verlauf der Rückrufaktionen für Automobile auf dem deutschen Markt zeigt ein deutliches Bild (Abb. 19.2): Fortschritte bezüglich des Qualitätsniveaus im Produktentstehungsprozess wurden durch die steigende Produktkomplexität und kürzere Entwicklungszyklen aufgezehrt.

In der Welle der betrieblichen Umsetzung der Normenfamilie der DIN EN ISO 9000 gab es die Tendenz zu versuchen, die QM-Strategien der als zuverlässig und voll kontrollierbar geltenden Prozesse der Produktionsstufe

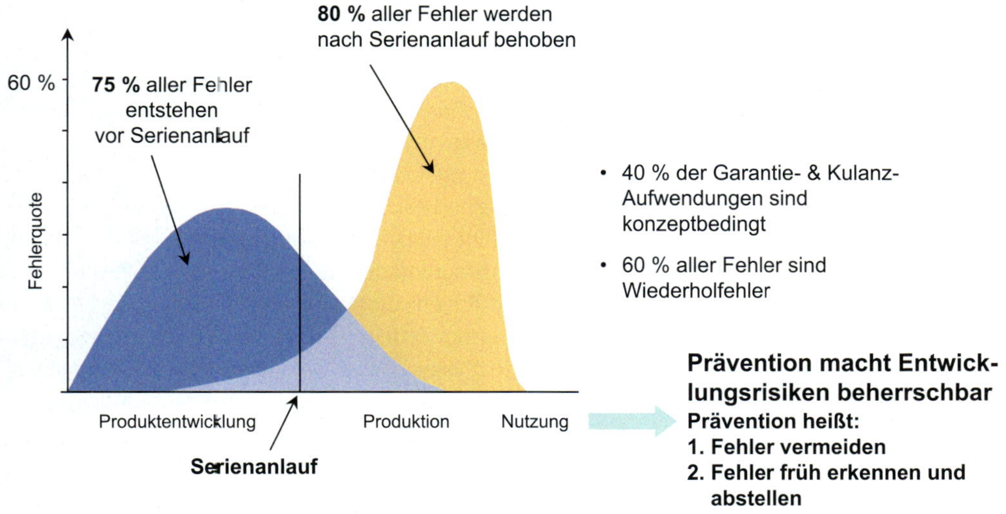

Abb. 19.1 Die Herausforderung annehmen – Prävention (Quelle: Siemens; Studie: WZL RWTH Aachen 1997)

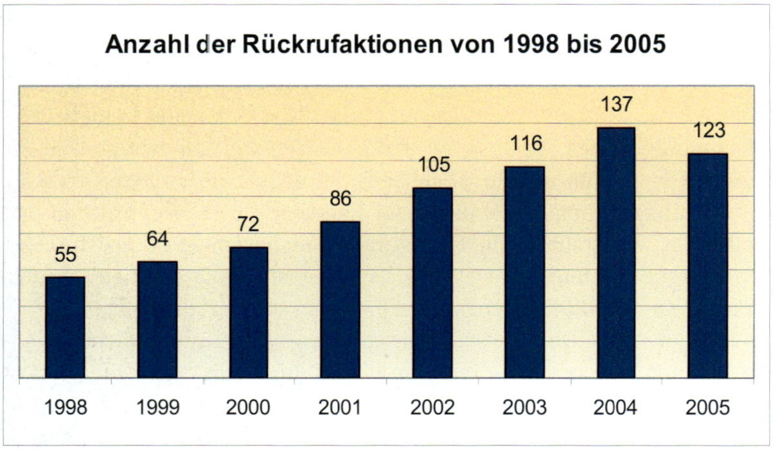

Abb. 19.2 Rückrufaktionen der Automobilindustrie in Deutschland (Quelle: Kraftfahrt-Bundesamt)

auf die Produktentstehung zu übertragen. Gepaart mit einem gewissen Übereifer in der Dokumentation der Qualitätsmanagement-Verfahrensanweisungen war eine übertriebene Regelungsdichte mit Vollzugsnotstand die Folge (Boutellier 1997). Bei vielen Unternehmen schafften ISO-9000-basierte Systeme den Sprung in die Praxis der Produktentstehung nicht und endeten als Fremdkörper mit Folgekosten (Pfeifer 1996a, Pfeifer 1996b, Pfeifer 1996c). Die Ursachen hierfür ausschließlich im normativen Qualitätsmanagement zu suchen, wäre falsch, denn die Forderungen der DIN EN ISO 9001 waren weder unvernünftig noch unangemessen. Viele Entwickler haben jedoch bereits negative Erfahrungen gemacht und lehnen in einer Art Überreaktion grundsätzlich alle Regelungen ab.
Warum tut sich Qualitätsmanagement im Entwicklungsbereich so schwer? Eine provokative Antwort gibt eine Studie von Boutellier unter mitteleuropäischen Unternehmen zum Thema Qualitätsmanagement im Entwicklungsbereich aus dem Jahre 1997, die die subjektive Einstellung vieler Entwickler widerspiegelt (Boutellier 1997):
„Echte Innovation beruht auf Kreativität, die durch formale Regeln nicht gesteuert werden kann. Generalstabsmäßige Planung und Innovation sind unvereinbar!"
Ein kreativer Entwickler fürchtet Reglementierung. Diese Furcht darf man nicht ignorieren, sondern man muss sich der Diskussion stellen und ein System entwickeln, welches dem Rechnung trägt. Denn Kreativität ist gerade durch Qualitätsmanagement zu fördern. Qualitätsmanagement muss den normativen Rahmen darstellen, in dem Kreativität zielgerichtet und marktorientiert wachsen kann (Prefi 2003).

19.2 Befähigung des Produktentstehungsprozesses

Innovationen steigern die Produktkomplexität. Dies ist eine Chance und ein Risiko zugleich, denn der Mensch ist begrenzt im Umgang mit Komplexität (Dörner 2003). Zwar besteht das Risiko, bei der Entwicklung komplexer Produkte zu scheitern. Auf der anderen Seite kann die Beherrschung der Komplexität in der Produktentwicklung einen entscheidenden Wettbewerbsfaktor darstellen.
Am Beispiel der Automobilentwicklung lässt sich dies gut nachvollziehen. Komplexitätssteigernd wirkt sich die Zunahme an Funktionen, der zunehmende Grad an Funktionsvernetzung durch elektronische Systeme sowie die kundenspezifische Individualisierung aus. In den Fahrzeugen von morgen werden 90 % aller Funktionen von Elektronik und Software geprägt sein. Im Jahr 2002 fielen im Durchschnitt 18 % der Produktkosten im Automobilbau auf Elektronik (Hardware) und 4 % auf Software. Im Jahre 2010 werden 22 % durch Hardware und 13 % durch Software verursacht werden (Reder 2004). Das Beherrschen der Komplexität wird Kernkompetenz im Entwicklungsbetrieb.
Die Bildung von Modellen ist ein Weg zur Reduzierung der Komplexität (Prefi 2003), denn durch Modelle entstehen gemeinsame und kommunizierbare Abbilder der Realität. Ein Modell, das zur Befähigung der Entwicklung komplexer Produkte in Theorie und Praxis große Akzeptanz besitzt, ist das V-Modell. Das V-Modell ist der bundesdeutsche Standard für IT-Projekte der öffentlichen Hand. Es wurde im Auftrag des Bundesministeriums für Verteidigung erstellt und 1992 vom Bundesministerium des Inneren für den Bereich der Bundesverwaltung übernommen. Seit 1996 ist das V-Modell hier eine verbindlich einzusetzende Vorschrift. Das V-Modell ist organisationsneutral gestaltet und unterliegt keiner Einschränkung durch Nutzungsrechte (BRD 2006). Dadurch hat es außerhalb der öffentlichen Hand ebenfalls weite Verbreitung gefunden, auch über IT-Projekte hinaus, z. B. im Fahrzeug- und Flugzeugbau (Abb. 19.3; siehe auch Abb. 40.1 in Kap. 40, „Integration eines Informationssicherheitsmanagements in ein QM-System").
„Qualität" ist die Übereinstimmung zwischen geforderter und realisierter Beschaffenheit des Produktes (DIN 2006). Daher beginnt jeder Entwicklungsprozess mit der Analyse und Spezifikation der Forderungen an das Produkt.
Die Entwicklung basiert dabei auf der hierarchischen Verfeinerung durch Zerlegung des Produktes in kleinere Einheiten wie Systeme und Komponenten, bis schließlich eine Realisierung möglich wird. Dabei werden bei jedem Schritt zunächst die Forderungen aus den übergeordneten Elementen übernommen, die Zerlegung entworfen, die Realisierung spezifiziert und schließlich die resultierenden Forderungen der nächsten Ebene zugeordnet.
Für jeden dieser Zerlegungsschritte existiert ein präzises Vorgehen, das auf einem einheitlichen Muster basiert und eine lückenlose Verfolgung der Forderungen ermöglicht. Gebräuchlich ist hier auch der Begriff des Requirement Engineering. Dieser umfasst das Sammeln, Dokumentieren, Analysieren und Verfolgen von Kundenforderungen für ein zu erstellendes Produkt. Im weiteren Verlauf umfasst Requirement Engineering im Wesentlichen das traditionelle Konfigurationsmanagement inklusive Änderungsmanagement. Es sind drei Gründe, die den Umgang mit Kundenanforderungen so schwierig machen:

- Die Anwender beschreiben nur intuitiv, welche Ergebnisse sie vom Einsatz des Produktes erwarten.
- Die Entwickler und Konstrukteure hingegen formulieren eher technische Randbedingungen. Bei einer hohen

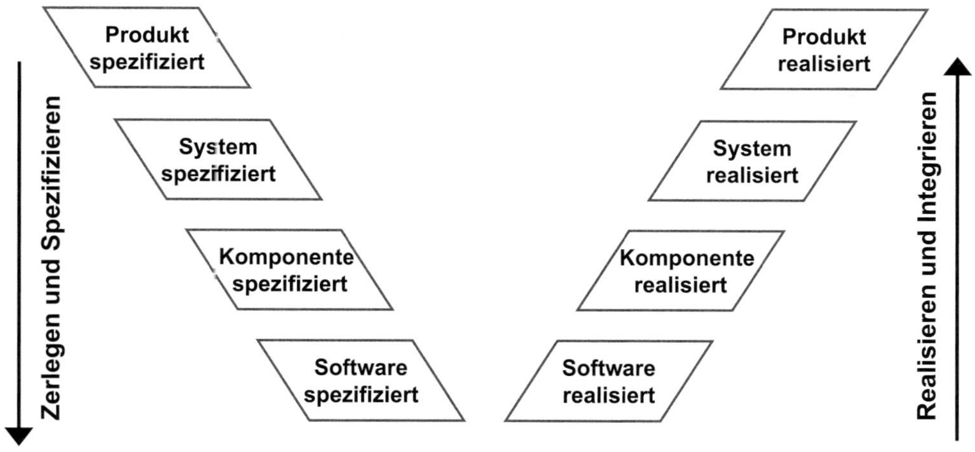

Abb. 19.3
Das V-Modell erklärt die Entwicklung komplexer Produkte.

Innovationsrate gibt es keinen einheitlichen Stand der Technik, der sowohl für Anwender als auch für Hersteller eine gemeinsame Verständigungsbasis darstellen könnte.

- Die Anwender variieren im Laufe der Entwicklung ihre Anforderungen stark.
- Bei Toyota heißt es: „Spend one day in the life of your customer!" – und so zielt die methodische Unterstützung zu Anforderungsanalysen wie Kundenpanel (Pfeifer 2001) oder Quality Function Deployment (siehe Kap. 21, „Zuverlässigkeits- und Sicherheitsplanung") auf ein intensives Einbeziehen des Kunden.

Zu Verbesserung der Produktspezifikation hat sich auch die Darstellung von Anwendungsfällen (engl.: Use Case) bewährt. Ein Use-Case-Diagramm beschreibt eine Interaktion oder einen einzelnen Arbeitsgang eines oder mehrerer Akteure mit dem zu entwickelnden Produkt aus der Sicht des Anwenders (Schröder 2000). Es stehen die Fragen im Vordergrund: Was macht der Kunde tatsächlich mit dem Produkt und welche Forderungen resultieren daraus? Auch ein Use-Case- Diagramm ist ein Medium, das der besseren Kommunikation mit dem Kunden dient und zum besseren Verständnis der Anforderungen beiträgt.

Entsprechend des hierarchischen Aufbaus ist die Zerlegung des Produktes in Module und Systeme Aufgabe der Systemspezifikation. Auf der Grundlage der Forderungen an das Produkt ist die Produktarchitektur das Ergebnis. Kennzeichnend für diese Entwicklungsphase ist die iterative Harmonisierung aller Forderungen der Produktspezifikation. Dabei werden die Anforderungen so auf die Subsysteme und Komponenten verteilt, dass

- eine Basis für paralleles Arbeiten entsteht,
- Komplexität reduziert wird,
- ein hoher Grad an Robustheit erreicht wird,
- die Wiederverwendbarkeit unterstützt wird.

Die Systemarchitektur liefert die Definition von klaren Arbeitspaketen, die an interne oder externe Zulieferer weitergegeben werden können. Man erreicht dies durch die Unterteilung des Systems in kleinere, mit physikalischen oder informationstechnischen Schnittstellen versehenen Komponenten sowie die Beschreibung ihrer Beziehungen untereinander (Schröder 2000).

Bei der Spezifikation der Komponenten werden die vom Zulieferer – intern oder extern – zu implementierenden Anforderungen innerhalb der durch die Architektur vorgegebenen Komponenten definiert. Dabei geht es einerseits um die Forderungen, die die Komponente aus der Sicht des Systems erfüllen muss, und andererseits um die Forderungen, die aus Komponentensicht an das System zu adressieren sind.

Bei mechatronischen Systemen und Komponenten geht es auch um die Architekturfrage, welche Forderungen in Hardware und welche in Software zu realisieren sind. Eingebettete Systeme (engl.: Embedded Systems) vereinigen oftmals in einer sehr hardware-nahen Konstruktion die große Flexibilität von Software mit der Leistungsfähigkeit der Hardware. Die Software dient dabei sowohl zur Steuerung des Systems selbst als auch gegebenenfalls zur Interaktion des Systems mit der Außenwelt über definierte Schnittstellen oder Protokolle. Die Zerlegung erreicht im V-Modell mit der Spezifikation der Software den höchsten Detaillierungsgrad.

Die Realisierung und Integration des Systems erfolgt im Vergleich zu der Spezifikation und Zerlegung in umgekehrter Reihenfolge. Die programmierte Software wird auf die gefertigten Komponenten geladen und die Komponenten zu Systemen und Modulen montiert. Die Module und Systeme schließlich ergeben montiert das Angebotsprodukt.

Qualitätsprobleme in der Entwicklung werden häufig auf die mangelnde Qualität von Spezifikationen, Lasten- oder Pflichtenheften zurückgeführt. Eine entsprechend des V-

Modells entstandene Spezifikation ist eindeutig, vollständig, klar strukturiert und ermöglicht dem Zulieferer eine genaue Planung seiner Leistungen. Der erhöhte Aufwand für eine bessere Qualität der Spezifikation hilft, Folgefehler bei der Realisierung des Produktes zu vermeiden, und ist entsprechend der 10er Regel der Fehlerkosten betriebswirtschaftlich unbedingt sinnvoll (Pfeifer 2001).

19.3 Testplanung – Überwachen des Produktentstehungsprozesses

Innovation heißt, Neuland zu betreten. Hier zeigt sich, dass die Grenze zwischen Innovation und Entwicklungsrisiko eine unscharfe Linie ist. Trotz der Fortschritte beim präventiven Qualitätsmanagement (Pfeifer 2001) ist die Überprüfung und Absicherung der Entwicklungsergebnisse angezeigt. Die fünf Aufgabenschwerpunkte, die sich für das Qualitätsmanagement hieraus im Entwicklungsbetrieb ergeben, lassen sich im V-Modell sehr gut verdeutlichen (Abb. 19.4). Die Feldbeobachtung liefert die Rückmeldung über die Bewährung des fertigen Produktes im Markt. Das Lieferantenmanagement beobachtet und lenkt die Qualitätsfähigkeit der Lieferanten mit Entwicklungsverantwortung für Komponenten und Systeme. Das Risikomanagement hat die Aufgabe, Fehlermöglichkeiten möglichst früh zu erfassen und bei entsprechender Größe des Risikos mit Maßnahmen gegenzusteuern.

Ziel des Testens ist es, Sicherheit darüber zu gewinnen, dass das Produkt den Forderungen entspricht und frei von Fehlern ist. Tests können auf allen Integrationsstufen der Produktarchitektur erfolgen. Gerade in frühen Phasen der Produktentwicklung kommt es darauf an, vorwegzunehmen, was dem Kunden beim Gebrauch des Produktes widerfahren kann, Konzeptfehler frühzeitig zu erkennen und „fitness for use“ festzustellen. Dazu kommen sowohl Prototypentests in Hardware und Test in virtueller Umgebung, wie z.B. Simulationen oder DMU (Digital Mock Up), als auch dokumentenbasierte Überprüfungen der Produkteigenschaften, wie z.B. das Review, infrage. Die Bedeutung des Testens wird klar, wenn man bedenkt, dass die Kosten für Tests im Branchendurchschnitt in etwa bei einem Drittel des Entwicklungsbudgets liegen.

Man unterscheidet Validierungs- und Verifizierungstests. Die Validierung betrifft in der Entwicklung den Prozess der Untersuchung eines Produktes, um Konformität mit Forderungen des Anwenders festzustellen (DIN 2006). Bei der Verifikation geht es um den Prozess der Untersuchung des Produktes, um Konformität mit den gestellten Forderungen festzustellen (DIN 2006).

Im Idealfall erfolgt die Validierung bereits in der Spezifikationsphase, also virtuell oder auf dem Papier ohne Kosten für Prototypen und Hardware zu verursachen. Die Verifizierung erfolgt dann in der Realisierungs- und Integrationsphase gegen die Spezifikation zum Nachweis, dass die Forderungen erreicht wurden (Abb. 19.4).

Was getestet wird, ergibt sich aus der Spezifikation. Ein Testfall (Test Case) beschreibt einen Test, der der Überprüfung einer spezifizierten Forderung dient. Hier zeigt sich die enge Verzahnung zwischen der Produkt- und der Testspezifikation. Es kommt darauf an, dass während der Festlegung der Forderungen an das Produkt unmittelbar die entsprechenden Tests entwickelt werden (Vollerthun

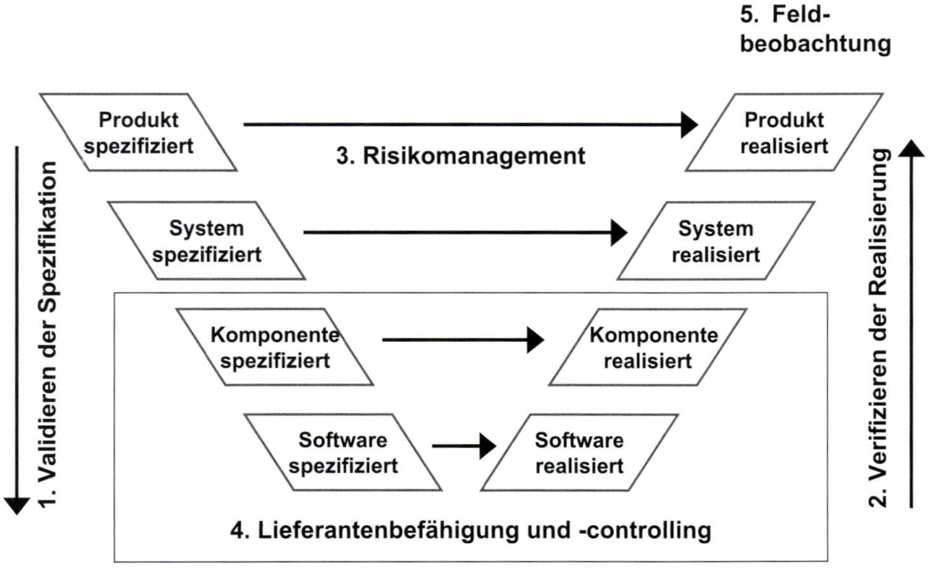

Abb. 19.4 Fünf Aufgaben für das Qualitätsmanagement bei der Entwicklung komplexer Produkte

2006). Dies dient auch der Überprüfung der Produktspezifikation, denn eine unvollständige Spezifikation wirft häufig Fragen bei der Entwicklung der Testfälle auf. Der Testfall beschreibt:

- die Vorbedingungen, die vor der Testausführung hergestellt werden müssen
- die Eingaben/Handlungen, die zur Durchführung des Testfalls notwendig sind
- die erwarteten Ausgaben/Reaktionen des Testobjektes auf die Eingaben
- die erwarteten Nachbedingungen, die als Ergebnis der Durchführung des Testfalls erzielt werden
- die Prüfanweisungen, d.h. wie Eingaben an das Testobjekt zu übergeben sind und wie Sollwerte abzulesen sind.

Testfälle lassen sich in Positiv-Testfälle und Negativ-Testfälle unterteilen. In Positiv-Tests wird das Verhalten des Testobjekts infolge gültiger Vorbedingungen und Eingaben überprüft. In Negativ-Tests (auch Robustheitstest genannt) wird das Verhalten des Testobjekts infolge ungültiger Vorbedingungen und/oder Eingaben überprüft.

Abbildung 19.5 zeigt am Beispiel der Fahrzeugentwicklung der Automobilindustrie den Durchlauf einer Forderung durch den Testprozess im V-Modell. Das Lastenheft fasst die Spezifikation der Forderungen des Marktes und der internen Kunden, wie z.B. Produktion oder Service auf der Produktarchitekturebene Gesamtfahrzeug, zusammen. Der Testplan sieht zur Validierung des Lastenheftes ein Walkthrough-Review vor. Dabei geht es zunächst darum, die Teilnehmer über den Inhalt der Spezifikation zu informieren, um dann eine Einschätzung über die Qualität der Forderungen zu erhalten. Normalerweise organisiert der Autor der Spezifikation das Review und lädt dazu alle qualifizierten Personen ein, die die Festlegungen bewerten können. Der Autor führt Schritt für Schritt (engl.: Walk Through) durch die Spezifikation. Ein Protokollant notiert alle Fehler, potenziellen Risiken und Zielkonflikte, die das Reviewteam nennt. Der Autor ist verantwortlich für die Umsetzung der Maßnahmen. Die Durchführung des Walkthrough-Reviews ist wenig formalisiert. Klar ist, dass das Ergebnis stark von der Disziplin und der Erfahrung der Teilnehmer abhängt. Daher werden bei einem Review die besten Fachleute zusammengezogen. Am realisierten Fahrzeug werden die Forderungen der Spezifikation in Fahrversuchen dann verifiziert.

Der Testplan für das Architekturkonzept als Ergebnis der System- und Modulspezifikation sieht zur Validierung ein

III

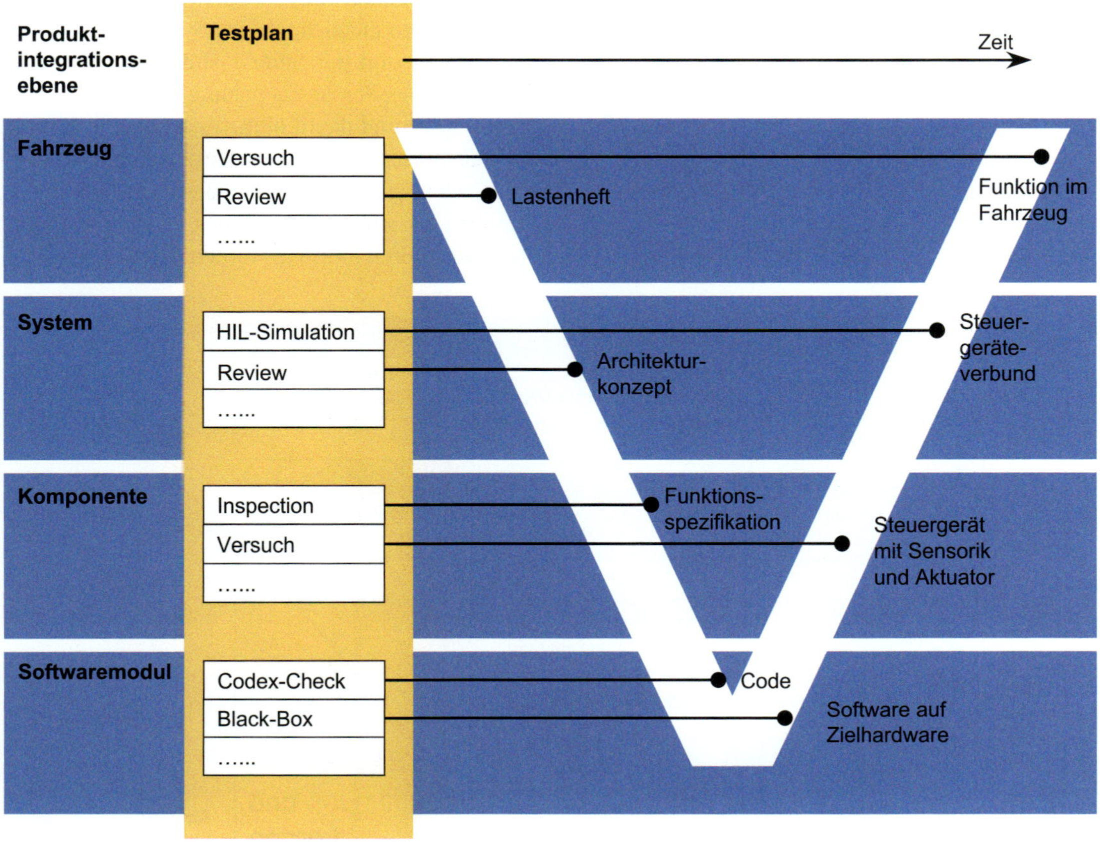

Abb. 19.5 Testplanung für eine automobile Funktion im V-Modell (Vollerthun 2006)

weiteres Review vor. Das realisierte System kann dann z. B. in einem HIL-Aufbau (Hardware in the Loop) verifiziert werden. „Hardware in the Loop" bezeichnet ein Verfahren, beim dem ein eingebettetes System (z. B. ein reales elektronisches Steuergerät oder eine reale mechatronische Komponente) über seine Ein- und Ausgänge an einen HIL-Simulator angeschlossen wird und dadurch den Kreis (Loop) schließt. Der HIL-Simulator bildet die reale Umgebung des Systems nach. Dabei wird das zu steuernde System (z. B. Auto) über Modelle simuliert, um die korrekte Funktion des zu entwickelnden Steuergerätes (z. B. das Motorsteuergerät) zu testen. Um die Reglerschleife (Loop) zu schließen, wird die Reaktion der Ausgänge des Steuergeräts, z. B. das Ansteuern eines Elektromotors, in das Modell zurückgeführt. So kann bereits frühzeitig getestet werden.

Zum Test der Komponentenspezifikation wurde eine Inspektion angesetzt. Hierbei handelt es sich um eine strengere Form des Reviews, bei der durch ein standardisiertes Vorgehen sowie Checklisten die Qualität der Spezifikation beurteilt wird. Ein Punkt der Checkliste könnte z. B. die Prüfung auf Vererbung von Forderungen vom System- auf die Komponentenebene sein. Das realisierte Steuergerät wird der HIL-Simulation unterzogen.

Bei der Software-Entwicklung ist der Übergang von der Spezifikation zur Realisierung fließend. Zum Test des programmierten Codes wurde hier ein Code Check eingeplant. Hierbei handelt es sich um einen automatisierten Test auf programmiersprachenspezifische Einhaltung von Richtlinien und Beurteilung des Codes mit Metriken, z. B. Vermeidung von Schleifen und Rücksprüngen bei C++. Exemplarisch seien hier die MISRA-Regeln (The Motor Industry Software Reliability Association) genannt.

Zur Verifizierung der Software sieht der Testplan einen Black-Box-Test auf der Zielhardware vor. Ziel ist es, die Übereinstimmung der Software mit der Spezifikation zu überprüfen. Auf Basis der Spezifikation werden Testfälle erarbeitet, die sicherstellen, dass der geforderte Funktionsumfang eingehalten wird. Das zu testende System wird dabei als Ganzes betrachtet. Die Bewertung erfolgt nur auf der Basis des Außenverhaltens und von funktionsorientiertem Testen. Im Gegensatz zum White-Box-Test wird beim Black-Box-Test für die Ermittlung der Testfälle nur die Spezifikation (gewünschte Wirkung), aber nicht die Implementierung und innere Funktionsweise des Testobjekts herangezogen. Die genaue Beschaffenheit des Programms wird vielmehr als Black Box behandelt. Black-Box-Tests vermeiden, dass Programmierer Tests „um ihre eigenen Fehler herum" entwickeln und somit Lücken in der Implementierung übersehen. Bei Black-Box-Tests ist daher praktisch ein separates Team zur Entwicklung der Tests erforderlich.

Abbildung 19.6 erläutert je nach Tiefe des Know-hows vier Reifegradstufen des Testens. In der Art und Weise des Testens zeigt sich die Erfahrung des Unternehmens mit dem Produkt. Reife Produkte befinden sich auf den Stufen 2 und 3. Gerade bei Innovationen liegen jedoch wenige Erfahrungen vor und man beginnt mit dem Know-how-Aufbau auf den Stufen 1 oder gar 0. Ohne Kenntnis der Parameter, bei denen ein Versagen eintritt, ist kein systematisches Testen möglich. Auf der Stufe 0 bleibt Versagen ein Phänomen. Auf der Stufe 1 sind die äußeren Randbedingungen des Versagens bekannt. Das Versagen wird reproduzierbar und damit eine systematische Erprobung erst möglich. Auf der Stufe der Erprobung sind die Versagensmechanismen zunächst unbekannt. Das Versagen tritt mehr oder weniger überraschend ein. Erprobungen müssen daher breit angelegt werden. Versuche werden an

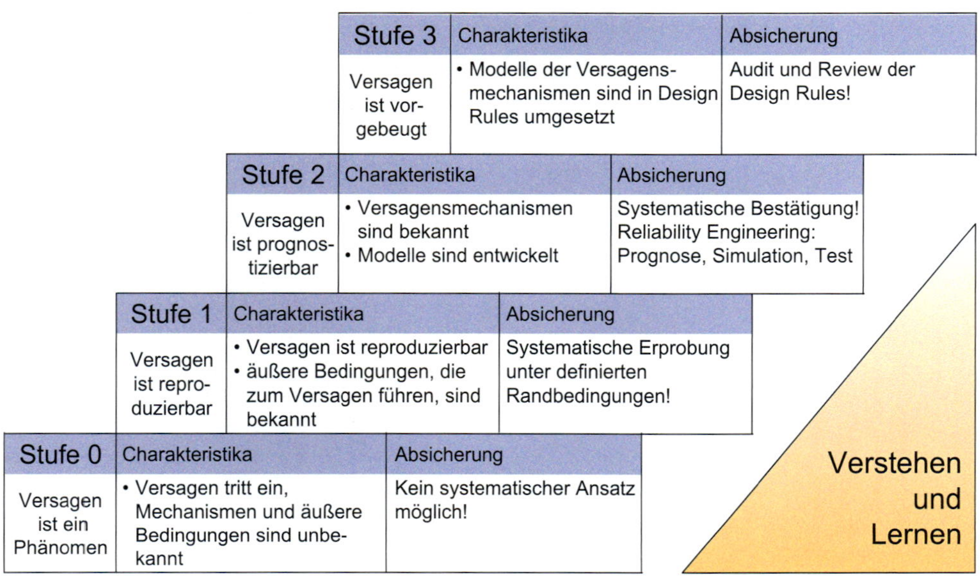

Abb. 19.6
Vier Reifegradstufen des Testens

Hardwareprototypen durchgeführt. Erprobung ist dementsprechend teuer, zeitaufwendig und führt bei schwer kalkulierbaren Restrisiken zu zeitlichen Rücksprüngen im Produktentstehungsprozess. Hier ist es Aufgabe der Vorentwicklung oder Forschung, in entsprechenden Grundlagenuntersuchungen die Voraussetzungen für einen beherrschten Produktentstehungsprozess zu schaffen.

Auf der Stufe 2 sind die Versagensmechanismen bekannt. So wird Versagen prognostizierbar. Eine Bestätigung kann erfolgen durch analytischen Nachweis wie Berechnung oder Simulation oder in Hardware durch Versuche, Bemusterung oder Audit. Im Unterschied zur Erprobung ist der Anteil an überraschendem Versagen jedoch gering. Ziel ist es vielmehr, die Annahmen und das bekannte Risikoprofil aus der Produktentwicklung zu bestätigen. Das bekannte Risikoprofil vermeidet Überraschungen, erlaubt die gezielte Validierung und die Vorbereitung von Reaktionsplänen im Vorfeld eines mit entsprechender Wahrscheinlichkeit prognostizierten Produktversagens. Die Anzahl der notwendigen hardware- und kostenintensiven Versuche kann so reduziert werden. Exemplarisch wären hier die Crashtests der Automobilindustrie zu nennen: Diese dienen der Bestätigung der Entwicklungsarbeit, die auf Crashsimulationen und virtuellen Finite-Elemente-Modellen beruht. Ein Versagen des Hardwareprototypen, der heute erst in einem relativ späten Zeitfenster im Projekt dem Crashtest unterzogen wird, würde den gesamten Projektplan gefährden.

Die Stufe 3 stellt die höchste Stufe des Produkt- und Prozess-Know-hows dar. Bekannte Versagensmechanismen sind in akzeptierte Entwurfs- und Auslegungsregeln gefasst. Bezüglich des Standes der Technik sind Design Rules etwa in DIN-Normen oder unternehmensspezifischen Richtlinien beschrieben. Es reicht dann die Prüfung der Design Rules auf Eignung und Anwendung in Audits und Reviews.

19.4 Testmanagement

Um die Qualität in der Produktentstehung sicherzustellen, gehört zu jeder Forderung an das Produkt ein Testfall. Prototypen sind aus Kostengründen nur in beschränkter Stückzahl vorhanden. Testeinrichtungen sind aus dem gleichen Grund oft Engpassstationen. Entwicklung und Test erfolgen verteilt zwischen OEM und Lieferant. Erst die Durchführung und die Ergebnisdokumentation zum Test erlauben die Aussage über die erreichte Reife. Änderungen an der Produktkonfiguration ziehen Änderungen im Testprozess und eventuelle Wiederholungen nach sich. Bedenkt man, dass an einem einfach erscheinenden Bauteil wie dem Außenspiegel eines Automobils bereits 15 ganz unterschiedliche Forderungen hängen (Braess 2006), so wird die Menge an Information und auch die Komplexität ihrer Struktur deutlich, die für ein lückenlosen Testmanagement notwendig sind (Abb. 19.7). Als Basis schlägt die BMW Group fünf Phasen des Testprozesses vor (Vollerthun 2006):

Testplanung und Testspezifikation stellen sicher, dass das richtige Objekt zum passenden Zeitpunkt mit der richtigen Methode getestet wird. Die Konfiguration des Testobjekts und der Testplatzausrüstung sowie die Mitarbeiterqualifikation sind die Grundlagen für die Testdurchführung. Die Testergebnisse werden in Testberichten festgehalten und ausgewertet. Bei Auftreten von Fehlern startet das

III

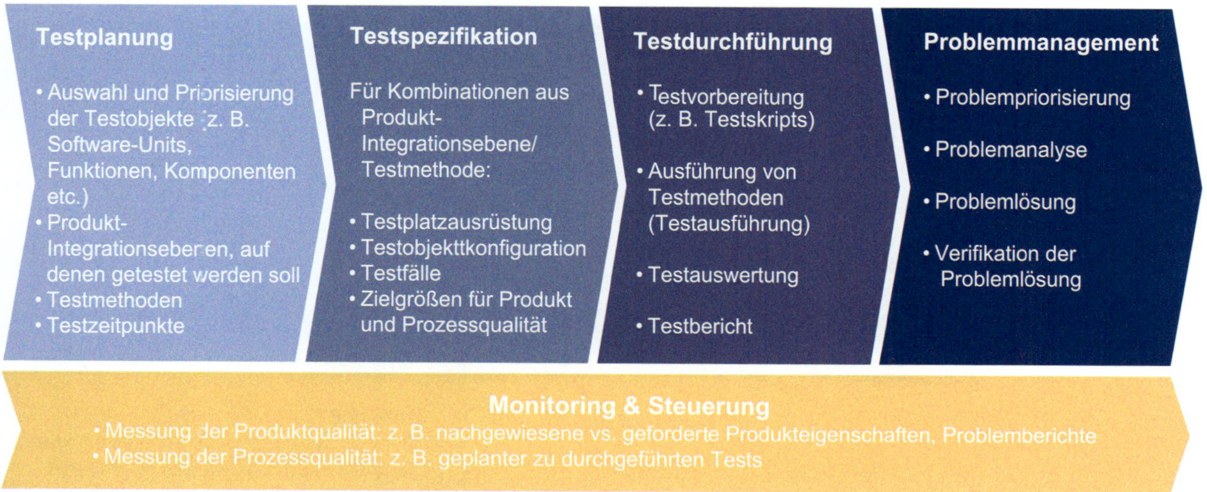

Abb. 19.7 Phasen und Aktivitäten im Testmanagement (Vollerthun 2006)

Problemmanagement. Zur Unterstützung der Ursachenanalyse ist die reproduzierbare Beschreibung der Fehler und der Umgebungsbedingungen von besonderer Bedeutung. Die Zuweisung der Fehler zu verursachenden Organisationseinheiten klärt die Verantwortlichkeiten für die Fehlerabstellung. Mit dem erneuten Test und dem Nachweis, dass der Fehler nicht mehr auftritt, ist das Problemmanagement abgeschlossen. Überwachung und Steuerung liefert mit Aussagen über den Fortschritt des Testprozesses, die Ergebnisse der Tests am Produkt auf allen Integrationsebenen und den offenen Punkten im Problemmanagement der Leitung ein vollständiges Bild über die erreichte Qualität im Produktentstehungsprozess (Vollerthun 2006).

19.5 Synchronisation parallel arbeitender Entwicklungsteams

Entwickeln ist durch paralleles Arbeiten gekennzeichnet. Beim Automobil werden z. B. Karosse, Motor, Interieur oder das Fahrwerk parallel vorangetrieben. Die Synchronisation der parallel arbeitenden Entwickler erhöht die Komplexität der Projektaufgabe. Qualitätsprobleme entstehen, wenn die Teams asynchron laufen und Ergebnisse nicht zusammenpassen.

Sind komplexe Aufgaben zu lösen, scheinen kleine Gruppen talentierter Leute besser dazu geeignet zu sein als große. Diesen Schluss legen praktische Überlegungen und Erfahrungen aus der Industrie nahe (Abb. 19.8). So wurde z. B. das Konzept des ersten Porsche Boxster in seinen wesentlichen Grundzügen in einer kritischen Unternehmenssituation von einem achtköpfigen Entwicklungsteam gestaltet.

Ähnliches gilt für das erste Audi Cabriolet und den ersten Mitsubishi Murata. Kommunikation und Ideenabgleich fallen umso leichter, je weniger Personen einem Team angehören. Kleine Gruppen betreiben eine bessere Zeitplanung und können die Schwierigkeiten leichter überwinden, die sich aus wechselseitigen Abhängigkeiten ergeben. Die Arbeitsteilung in der Planung und die Synchronisation des Fortschritts der Entwicklungsaufgabe erfolgt in Selbstorganisation. Teamarbeit erreicht das Maximum der Effizienz bei einer Teamgröße von etwa zehn Mitarbeitern (Cusumano 1998).

Einem kleinen Team sind bezüglich Kapazität und Kompetenz Grenzen gesetzt. So bindet z. B. die Entwicklung eines Automobils zwischen drei und fünf Millionen Ingenieurstunden. Daraus folgt, dass mindestens 500 und häufig über 1000 Entwickler über drei bis fünf Jahre an einer einzigen Baureihe arbeiten: Ein Team dieser Größe wäre nicht zu führen! Es ergibt sich die Notwendigkeit, systematisch und in der Organisation verankert, Arbeit zu teilen und sicherzustellen, dass die Ergebnisse parallelen Arbeitens zusammenpassen.

Im Produktentstehungsprozess führt dies zu zwei Arten von Schnittstellen: die eine verbindet nacheinander und voneinander unabhängig ablaufende Prozesselemente, die lediglich durch die Übergabe des Ergebnisses miteinander kommunizieren. Dies ist die Schnittstelle des „Over the Wall Approach“ bzw. Wasserfallmodells. Die andere definiert die laufende Kommunikation zwischen parallel ablaufenden Prozesselementen. Die Prozesselemente be-

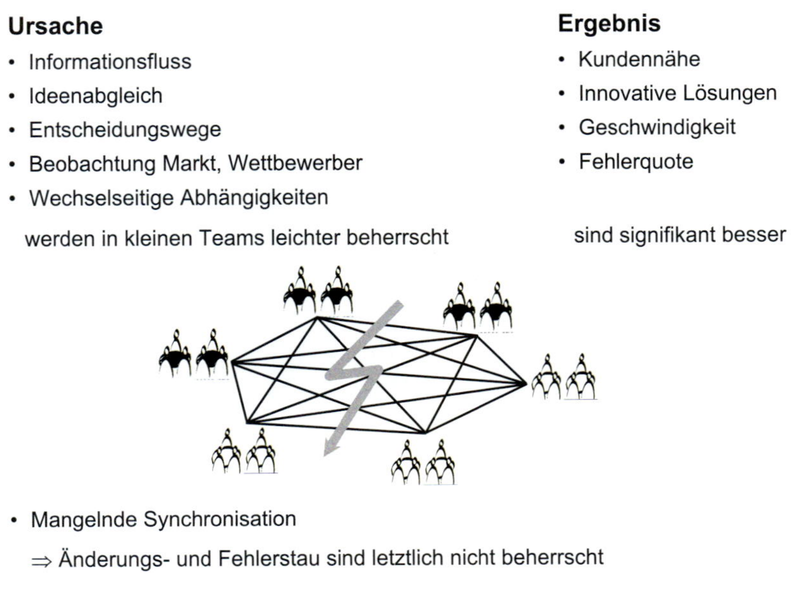

Abb. 19.8
Kleine Entwicklungsteams arbeiten effektiver als große Entwicklungsteams. In größeren Entwicklungsprojekten zehren Abstimmungsprobleme den Vorsprung kleiner Teams auf.

einflussen sich dabei über die Grenzen hinweg. Dieser Schnittstellentyp ist beim Simultaneous Engineering realisiert.

Inhaltliche Schnittstellen ergaben sich früher nach den Regeln Taylors aus der funktionalen Trennung (Mechanikkonstruktion, Elektrokonstruktion, Hydraulikkonstruktion etc.). Heute ist die Zusammenarbeit in vielen kleinen, interdisziplinären Teams nach Funktionen, Produktmodulen und Komponenten organisiert. Beim Automobil wären dies etwa Module wie der Vorderwagen, die Instrumententafel oder der Rohbau. Die Anzahl dieser Teams liegt je nach Hersteller und Produktstruktur zwischen 10 und 30. Die Entwicklung in parallel arbeitenden, interdisziplinär besetzten Teams hat die Effektivität und Effizienz der Produktentstehung seit etwa 1985 bereits deutlich verbessert (Lambeck 1999). Jedoch führen mangelnde Abstimmungsmechanismen zwischen parallel arbeitenden Teams auch heute noch zu einem Fehlerstau, der letztlich nicht beherrscht wird. Wie lässt sich zusammenfügen, was bei der Arbeit vieler Menschen an vielen Komponenten herauskommt? In solchen vernetzten Teamstrukturen wird die Synchronisation des Entwicklungsfortschritts zwischen den parallel arbeitenden Teams wichtiger als der Entwicklungsfortschritt einzelner Teams. Entwickler beklagen sich darüber, dass sie mehr Zeit in Besprechungen und Abstimmungsgesprächen verbringen als mit der eigentlichen Entwicklungsarbeit. Aufschreibungen zufolge liegt der Aufwand für die Beschaffung von Informationen, für das Herausfinden von zuständigen Personen und die Abstimmung in Meetings je nach Aufgabe bei einem Anteil von bis zu 80 % der Entwicklungsarbeit.

Als Beispiel sei die Entwicklung eines Datenbussystems für ein Automobil genannt. Einzelne Teams entwickeln dabei Buskomponenten. Obwohl jedes Entwicklungsteam für sich einen hohen Reifegrad vermutete, scheiterte der erste gemeinsame Interoperabilitätstest am Bus. Es zeigt sich, dass es nicht ausreicht, allein den Entwicklungsfortschritt und Reifegrad einzelner Komponenten zu messen. Nur der abgestimmte, d. h. der synchronisierte Entwicklungsfortschritt entscheidet über den gemeinsamen Erfolg. Neben dem Reifegrad ist daher der Synchronisationsgrad parallel arbeitender Teams entscheidend.

Besondere Schwierigkeit besteht in den frühen Phasen des Entwicklungsprozesses: Die Dinge sind noch nicht zu greifen. Es fällt leichter, Änderungen am eigenen Arbeitsergebnis vorzunehmen, als Auswirkungen auf andere Komponenten abzusehen. Hier sind Gedanken, Ideen oder Visionen zu synchronisieren. Wird die Arbeit konkret in Hard- oder Software greifbar, sind bereits Festlegungen getroffen, von denen man nicht mehr abrücken will oder kann, weil dies mit zusätzlichem Aufwand verbunden ist. Noch später kann man nur noch wenig ändern, weil die Zeit drängt. Man muss nehmen, was da ist. Scheinbar „belohnt“ wird dann der Mitarbeiter, der sich spät synchronisiert.

Der Softwarehersteller Microsoft sieht den Schlüssel zum Erfolg im Prinzip des „Synch-and-Stabilize“ (Abb. 19.9). Entwicklungsprojekte werden Schritt für Schritt in Entwicklung-, Synchronisierungs- und Stabilisierungsphasen vorangetrieben (Cusumano 1998). So gelingt die Kombination, d. h. es gelingt, den Produktivitäts- und Qualitätsvorsprung kleiner Teams auf größere organisatorische Einheiten zu übertragen (Cusumano 1998).

Synchronisieren steht für das regelmäßige Zusammen-

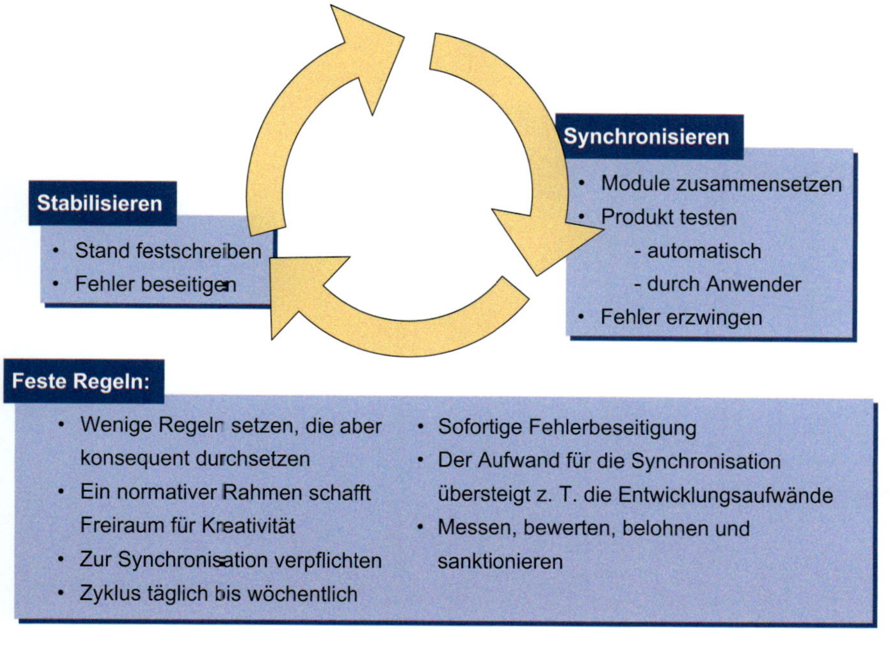

Abb. 19.9
Der Software- und Halbleiterbranche gelingt die Kombination.

fügen der Arbeitsergebnisse aller Teams und Teammitglieder. Befindet der Entwickler seinen Softwarebaustein als reif, so kann er diesen täglich bis zu einem festen Zeitpunkt zentral abliefern. Die Quellcodes werden sodann gelinkt und automatisch wie auch manuell getestet. Dazu gehören auch frühe Tests durch Anwender. Ziel ist es, Fehler früh zu provozieren und festzustellen, welche Funktionen gut arbeiten und welche fehlerhaft sind. Entwicklungsqualität wird unmittelbar und quantitativ messbar. Aufmerksam verfolgt das Management den Fortschritt der täglichen Zwischenversionen anhand der Messgrößen „neu aufgetretene“, „analysierte“, „behobene“ und „noch akute Fehler“.

Stabilisieren heißt, die erkannten Fehler schnell abzustellen und den erreichten Stand als neue Basis festzuschreiben. Derjenige, der Fehler verursacht hat, ist für deren Beseitigung binnen Tagesfrist verantwortlich. Stabilisierung der Software erfolgt im Projekt mit jedem Schritt statt auf einmal zum Projektabschluss. Mit jedem Zyklus gewinnt das Produkt somit an Reife. Durch den periodischen Abgleich wird der Abstimmungs- und Fehlerstau vermieden, der letztlich nicht mehr beherrschbar wäre.

Aus dem „Synch-and-Stabilize“-Ansatz lassen sich wertvolle Schlüsse ziehen (Abb. 19.9). Dieses Qualitätsmanagementsystem hat nur wenige Regeln, die für ein hohes Maß an Koordination und Kommunikation sorgen. Diese werden aber konsequent durchgesetzt. Bezweckt wird, Disziplin in den Entwicklungsprozess zu bringen, ohne jedoch jeden Augenblick im Arbeitstag des Entwicklers zu überwachen. Der Entwicklungsstand wird nach Fehlerbeseitigung festgeschrieben. Der Entwickler kann sich darauf verlassen, dass Dinge, die fest sind, auch fest bleiben und hat dadurch die Zeit und Motivation, die variablen Dinge im Auge zu behalten.

Beispiele aus der Software- und Hardwarebranche sind sicher nicht eins zu eins auf das klassische produzierende Gewerbe übertragbar. Diese Produkte entstehen zu 100 % auf dem Computer und sind daher auch auf dem Computer ohne großen Aufwand an Zeit und Kosten synchronisierbar.

Aber auch die Entwicklung hardware-orientierter Produkte wie Automobile oder Flugzeuge findet heute bereits zu einem großen Prozentsatz in CAE-Umgebungen statt.

Unter dem Stichwort des Digital Mock up (DMU) werden Produkteigenschaften mit – im Vergleich zum konventionellen Prototypenbau – geringem Aufwand an Zeit und Kosten sichtbar und bewertbar, lange bevor der erste Span fällt. Das Qualitätsmanagement kann und wird hier neue Aufgaben finden.

19.6 Quality Gates steuern die Qualität im Produktentstehungsprozess

Bei der Entwicklung komplexer Produkte stellt sich die Herausforderung, eine große Anzahl von Mitarbeitern verteilt über viele Entwicklungsteams über einen Zeitraum von mehreren Jahren auf ein Ziel auszurichten, zu koordinieren und zu synchronisieren. Die Verankerung gemeinsamer Denk- und Vorgehensmodelle ist hierzu zwingend erforderlich. Der gemeinsam getragene Referenzprozess ist der Leitfaden, der die Entwicklungsteams durch das Entwicklungsprojekt führt. Der Referenzpro-

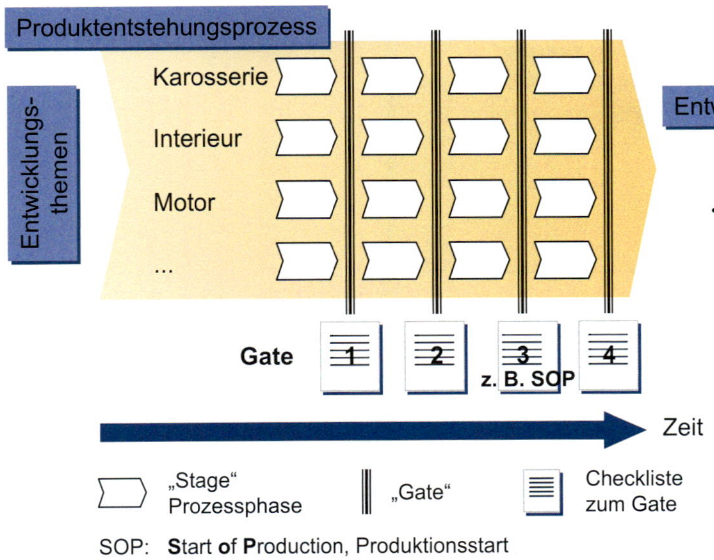

Abb. 19.10
Der Referenzprozess schneidet die Entwicklungsaufgabe in Prozessphasen und Entwicklungsthemen.

zess ist sozusagen das Buch, das die beste im Unternehmen bekannte Art und Weise beschreibt, das komplexe Angebotsprodukt und die zugehörigen Produktionseinrichtungen zu entwickeln. Erst durch den Vergleich mit dem Referenzprozess wird die Reife des Projektes und des Produktes messbar.

Die große Aufgabe wird nur handhabbar, indem man sie in überschaubare Teile segmentiert. Der Referenzprozess schneidet dazu die Entwicklungsaufgabe im Ablauf in Prozessphasen und inhaltlich entsprechend der Produktstruktur in Entwicklungsthemen (Abb. 19.10).

19.6.1 Ablaufsegmentierung des Referenzprozesses

Deterministische Prozessphasen, die termingerecht ausgeführt und überprüft werden, sind jedoch aufgrund der begrenzten Planbarkeit insbesondere in den frühen Phasen der Produktentstehung nicht praktikabel. Dem Anspruch der Steuerung von Prozessen mit wenig planbaren, kreativen und sogar ergebnisoffenen Anteilen wird in der modernen Managementforschung der Ansatz der Stage-Gate-Prozesse gerecht (Gassmann 1997). Entwickelt von Dr. Robert G. Cooper im Jahre 1986 spiegelt sich der Erfolg des Modells in der breiten praktischen Anwendung wider. Die Stufen (Stages), in denen der Entwicklungsfortschritt erzielt wird, sind durch Tore (Gates) getrennt (Abb. 19.10). Gates sind Meilensteine, an denen das Projekt hinsichtlich Reife und veränderter Umwelt umfassend gemessen und anhand vorher definierter Erfüllungskriterien über die Freigabe der nächsten Projektphase entschieden wird. Gate Review Meetings sind vom Top-Management aus unterschiedlichen Funktionen besetzt. Diese „Gate Keeper" entscheiden über die Freigabe der nächsten Phase.

Mit jeder Stufe steigt normalerweise die Kapital- und Ressourcenbindung im Produktentstehungsprozess. Cooper sieht Stage-Gates als Trichter, die durchschnittliche oder zum Scheitern bestimmte Ideen identifizieren und beenden können. Ziel ist es, Entwicklungsrisiken früh zu identifizieren und zu begrenzen. Gates sind folglich die Punkte im Produktentstehungsprozess, an denen die Zuteilung der Ressourcen stattfindet.

Als Ergänzung zu Meilensteinen sind Gates zeitlich flexibler, aber inhaltlich scharf formuliert. In der Praxis sind Meilensteine in erster Linie festgelegte Zeitpunkte, zu denen Ergebnisse fertiggestellt sein müssen. Meilensteine werden deshalb häufig „überfahren". Gates sind Synchronisationspunkte, an denen die Kriterien für die Produktreife (Messgrößen) einer bestimmten Projektphase erfüllt sein müssen. Ist dies nicht der Fall, tritt der Terminbezug in den Hintergrund. Gates können folglich nicht „überfahren" werden. Gates spannen ein Netz von Messgrößen zur Beurteilung der Reife des Projektes. Zum Gate wird mit einer Checkliste entschieden, ob das Projekt auf Kurs ist oder nicht. Gating stellt sicher, dass ein Produktprojekt erst dann in die nächste Phase eintritt, wenn es die erforderliche Reife besitzt.

Die vermutete Einschränkung der kreativen Freiheit des Entwicklers war zuvor als wesentliche Hürde zur persönlichen Akzeptanz und damit zur Wirksamkeit von Planung, Controlling und Prozessmanagement bei der Produktentstehung genannt worden. Während die Gates harte Messpunkte im Prozess darstellen, an denen die Akteure unter Vorsitz des Top-Managements „Farbe bekennen" (vgl. Abb. 19.27), bleibt zwischen den Gates genügend Raum zur individuellen Gestaltung des Projektes (Abb. 19.11, vgl. auch Prefi 1998). Das Konzept der Stage-Gates stellt damit einen guten Kompromiss zwischen hinreichender Kreativität und notwendiger Konformität dar. Der Ansatz der Stage-Gates macht die Produktreife im

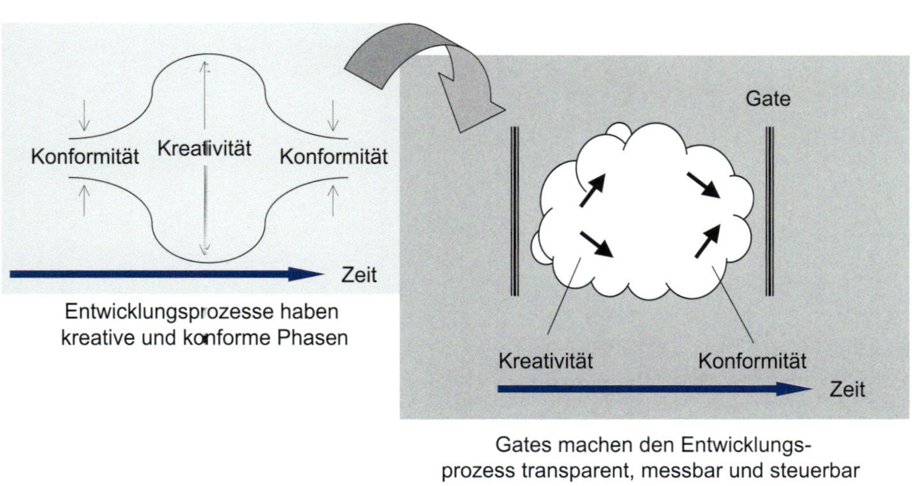

Abb. 19.11
Gates schaffen den normativen Rahmen für Kreativität.

III

Produktentstehungsprozess transparent, messbar und steuerbar. Erst mit der Berücksichtigung der kreativen Aspekte wird Planung und Überwachung akzeptabel.

Aus dem Begriff der Stage-Gates haben sich in der betrieblichen Anwendung viele Ableger entwickelt. Die BMW AG benutzt den Begriff der „Gateways“ und „Syncropunkte“. Hier steht der Aspekt der Synchronisation im Vordergrund. Die Audi AG spricht von „Q-Checks“, dies deutet auf den Schwerpunkt der Reifegradmessung hin. General Motors prägt die Begriffe der „Readiness Reviews“ und der „Moments of Truths“. DaimlerChrysler setzt „Quality Gates“ als Fixpunkte in den Produktentstehungsprozess der Marke Mercedes (Abb. 19.12; vgl. auch Lambeck 1999).

Im Vergleich zu anderen QM-Innovationen der letzten Jahre findet der Begriff „Quality Gates“ auch bei Mitarbeitern außerhalb des Qualitätsmanagements schnell Akzeptanz. Der Begriff ist leicht verständlich und Programm zugleich. Er harmoniert mit dem persönlichen Qualitätsempfinden der Mitarbeiter und des Managements: „Meinen Bereich verlässt nichts, was nicht den Erwartungen oder Notwendigkeiten nachgelagerter Kunden intern oder extern entspricht!“ Aus diesem Grund wird hier der Begriff „Quality Gates“ präferiert und im Folgenden ausschließlich verwendet.

Spätestens zum Produktionsstart werden Mängel hinsichtlich der Produzierbarkeit des Produktes offensichtlich. Bei der Markteinführung zeigen sich Schwächen im Produktkonzept im harten Urteil des Kunden. SOP (Start of Production) und die Markteinführung eines Produktes sind somit „harte“ Quality Gates im Produktentstehungsprozess. Abbildung 19.13 zeigt exemplarisch den vorange-

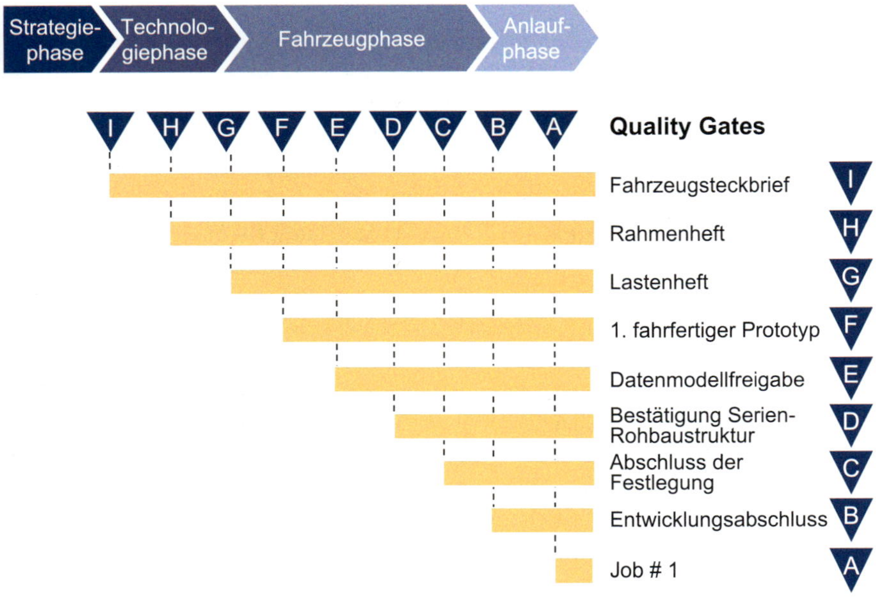

Abb. 19.12
Quality Gates – Fixpunkte im Produktentstehungsprozess (Quelle: Daimler/Chrysler)

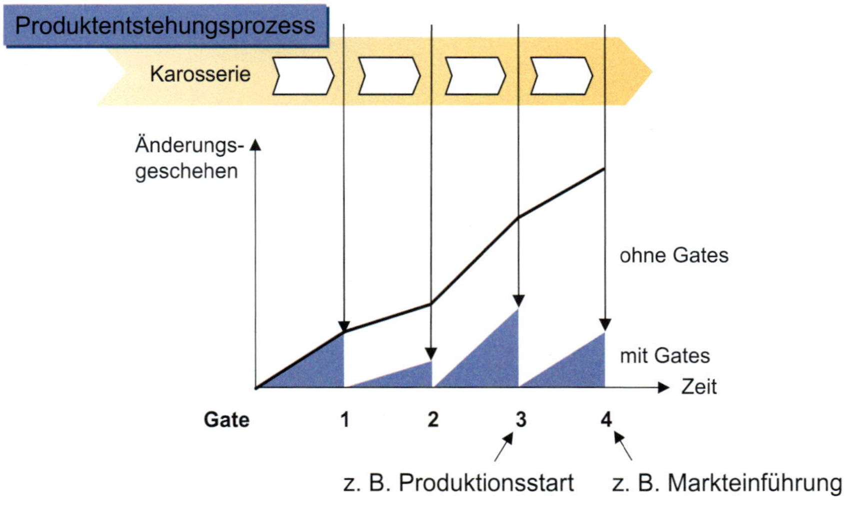

Abb. 19.13
Prozesse mit Projektcharakter – Quality Gates als Schlüssel zur Absicherung

hend beschriebenen Fehlerstau an den „traditionellen" Gates SOP und Markteinführung. Die Einführung weiterer Quality Gates an sinnvollen Stellen führt zur Prävention, d.h. dem frühzeitigen Erkennen und Abstellen von Fehlern und Fehlermöglichkeiten mit entsprechend positivem Effekt auf die Produktreife. Der große „Crash" wird vorweggenommen durch mehrere „kleine" – und daher beherrschbare – „Augenblicke der Wahrheit" mit nachfolgender Stabilisierung.

Im frühen Stadium der Produktentstehung sind Kreativität und Ideengenerierung von hoher Bedeutung, im späteren Effizienz und termingerechte Implementierung. Die Phasenmodelle der Produktentstehung tragen den zeitlich unterschiedlichen Forderungsschwerpunkten Rechnung (Lambeck 1999, Gassmann 1997). Abbildung 19.14 zeigt ein Phasenmodell, wie es für die Entwicklung von Automobilen, Luftfahrzeugen und den Anlagenbau typisch ist.

In der Definitionsphase entsteht das Lastenheft zum Angebotsprodukt. Hier werden die Forderungen des Kunden und/oder des Marktes spezifiziert. Die Lösungsräume sind der frühen Phase entsprechend weit und wenig integriert. Bildlich gesprochen schreiben die Themenverantwortlichen entlang der Produktarchitektur die Kapitel mehr oder weniger unabhängig voneinander und heften diese zum Lastenheft zusammen. Die Produktreife kann in dieser frühen Phase am Inhalt der Spezifikation gemessen werden. Reife heißt, die Kunden- oder Marktspezifikation (z.B. Lastenheft) ist validiert, d.h. die Forderungen an das Produkt sind vollständig beschrieben, angemessen und frei von Widersprüchen.

Mit Start der Integrationsphase werden die Entwicklungsthemen nicht mehr isoliert, sondern im Zusammenhang des gesamten Produktes gesehen. Die ersten Entwürfe werden mittels Prototypen in Hardware oder in einer CAD/CAE-Umgebung im Computer durch Simulationen zusammengefügt und so synchronisiert. Die kreativen Freiräume sind noch hoch, aber die Güte der hier getroffenen Kompromisse entscheidet über den weiteren reibungsarmen Ablauf. Mit Abschluss der Integrationsphase müssen die entscheidenden Integrationsthemen, d.h. die Schnittstellen zwischen den Entwicklungsthemen, wie z.B. ein Packaging oder ein Datenmodell, so festgelegt und spezifiziert sein, dass die Detaillierungsphase nachhaltig darauf aufbauen kann. Reife heißt, die Integrationsthemen sind spezifiziert und der Entwicklungsfortschritt läuft synchron.

Die Detaillierungsphase läuft nun unter Effizienzdruck ab. Ziel ist es, in möglichst kurzer Zeit den Produktentwurf in Realisierungsspezifikationen zu detaillieren. Der Freiheitsgrad nimmt in dieser Phase ab, die notwendige Kreativität ist deutlich geringer. Die Detaillierungsphase läuft eher nach den Spielregeln einer Produktion – eben nur für Bauunterlagen, Zeichnungen und Stücklisten. Reifegradkriterien für die Detaillierungsphase sind daher Vollständigkeit und Richtigkeit der Realisierungsspezifikationen.

Es folgt die Realisierungsphase. Diese beinhaltet die Produktion, Inbetriebnahme, Auslieferung und Abnahme des Produktes. Bei der Abnahme werden die realisierten Merkmale des Produktes gegen die Forderungen der Kunden-/Marktspezifikation geprüft. Reife heißt, das Produkt ist verifiziert.

Mit jeder Phase wird die Produktdefinition schärfer und es sinken die Entwicklungsrisiken. Gleichzeitig steigen die Kosten eines möglichen Projektabbruchs. Die Phasen funktionieren nach unterschiedlichen Spielregeln und Zielsetzungen. In der frühen Phase wird das Projekt von wenigen, aber großen Festlegungen oder Änderungen bestimmt, in den späteren Phasen sind dies eher viele kleinere. Kern der Überlegung ist es, den schwer steuerbaren Start mit seiner Planungsunschärfe vom plan- und kontrollierbaren Projektverlauf zu trennen. Durch die Segmentierung kann das Risiko des Abbruchs aufgrund nicht beherrschbarer Störgrößen in den „billigeren" Vorprojektphasen gebündelt werden.

Am beschriebenen Phasenmodell lassen sich die Schwierigkeiten erklären, in die Projektorganisationen bei der Entstehung komplexer Produkte oftmals geraten: Der Kunde entscheidet spät. Meist fehlen die Instrumentarien oder die Konsequenz, die in dieser Phase zu Disziplin führen. Am Ende der Kette steht der Auslieferungstermin jedoch fest. Zudem haben Realisierung und Detaillierung offensichtliche Durchlaufzeiten. In einer Art Zangenbewegung gerät die Integration unter Druck: „Wenn wir jetzt nicht mit dem Detaillieren beginnen, ist der Liefertermin in Gefahr!" Das ist offensichtlich und kann leicht nachgerechnet werden. Faktisch ist der Liefertermin jedoch schon gefallen, nur fehlen die Argumente, dass mehr Zeit und Reife für die Integration die Folgekosten und die Terminverschiebungen zum Projektende begrenzen helfen. Die Reife der Integration ist schwer messbar. Die Detaillierung startet auf einer unreifen Basis.

Änderungen sind die Folge. Viele Änderungen führen zum Verlust der Konfiguration. Die Ursachen liegen meist in den frühen Phasen. Die Auswirkungen werden erst spät offensichtlich. Die Praxis spricht von einer Täter-Opfer-Beziehung. Tritt diese Situation ein, sind die Terminverschiebungen und der zur Korrektur notwendige finanzielle Aufwand meist hoch. Rückblickend erscheint der Start der Detaillierungsphase dann zwar als termingerecht, aber aufgrund der fehlenden Reife als eklatante Fehlentscheidung. Klar wird dann: Insbesondere in den frühen Phasen entscheidet die Reife, nicht der Termin (Abb. 19.14). Die Reife ist schwierig zu messen; gelebte Quality Gates stellen einen Ausweg dar.

III

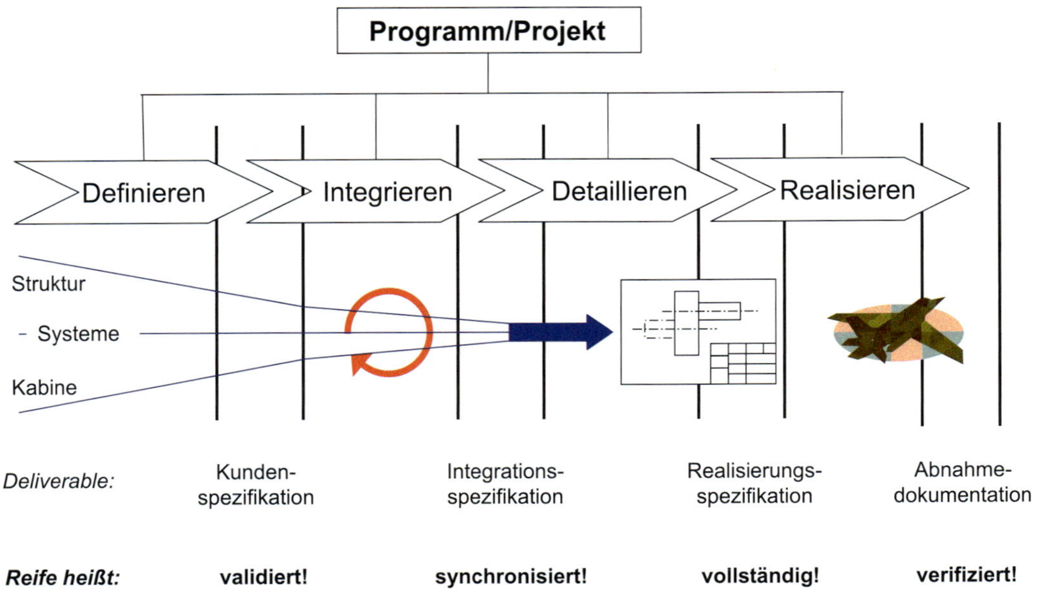

Abb. 19.14 Die Reife entscheidet über den Erfolg.

III

19.6.2 Inhaltliche Segmentierung des Referenzprozesses

Nach der Segmentierung des Ablaufs soll im Folgenden die inhaltliche Segmentierung des Produktentstehungsprozesses besprochen werden. Die früher übliche Segmentierung nach funktionaler Spezialisierung führte zu einer künstlichen Trennung der Ablauf- und der Aufbauorganisation der Produktentstehung. Erst die Segmentierung des Produktes in Module erlaubte die interdisziplinäre Zusammenfassung von Spezialisten in kleinen Teams mit der Aufgabe der durchgängigen Entwicklung und der Verantwortung für ein Modul (Abb. 19.15).

Ziel der Modularisierung der Produktarchitektur ist die Reduzierung von Komplexität. Dies ist gelungen, wenn die Wechselwirkungen zwischen den Modulen geringer sind als die Beziehungen innerhalb des Moduls. Die Modularisierung kann erfolgen nach Produkteigenschaften, Funktionen, Teilsystemen und Produktionsabläufen. So realisiert der Smart der MCC GmbH die bei der Modularisierung am weitesten fortgeschrittene Produktarchitektur im Automobilbau. Hier besteht sogar eine Übereinstimmung zwischen Produktmodul, Projektmodul, Lieferant, Produktionsstätte und Einbauort am Montageband. Die einzelnen Module durchlaufen den Produktentstehungsprozess beim Lieferanten möglichst unabhängig. Die MCC GmbH konzentriert sich auf die wesentliche Herausforderung der Synchronisation der parallel arbeitenden Teams und das System im Ganzen (Boutellier 1997).

Abbildung 19.16 zeigt ein Praxisbeispiel aus dem Auto-

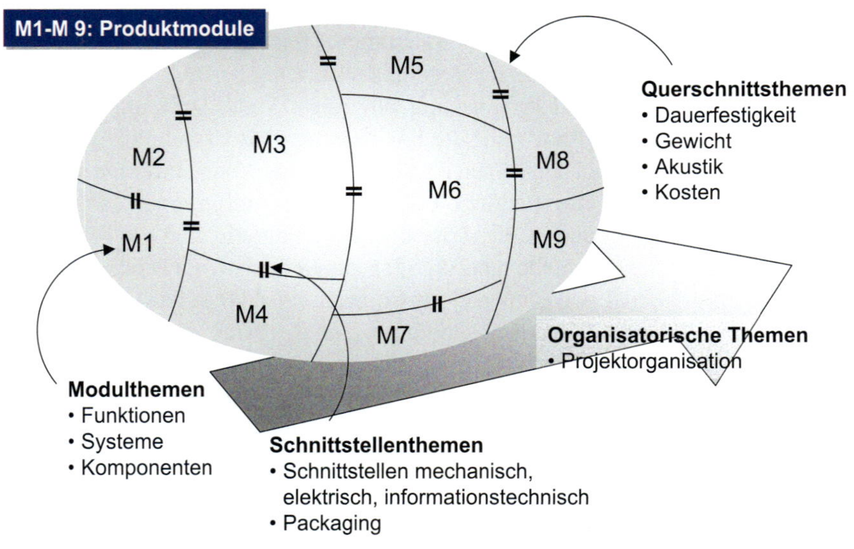

Abb. 19.15 Die Struktur der Entwicklungsthemen wird aus der Produktarchitektur abgeleitet.

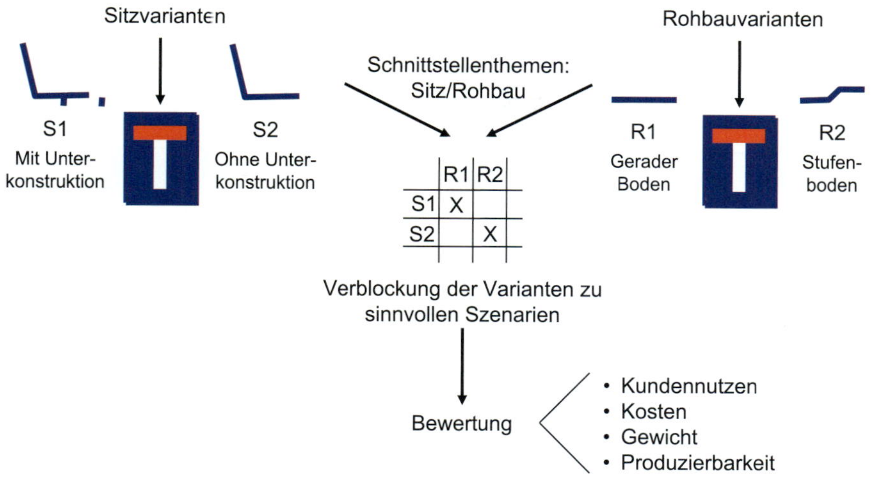

Abb. 19.16
Abteilungsbezogene Betrachtung führt zu Reibleistung. Frühes Erfassen der Entwicklungsthemen fördert die Prozesseffizienz.

mobilbau für Reibleistung, die bei mangelnder Synchronisation zwischen parallel arbeitenden Entwicklungsteams auftritt. Betrachtet werden die Modulteams für Rohbau und Sitze. Für den Rohbau stellte sich die Alternative, einen Rohbau mit flachem Boden oder mit Stufenboden im Bereich des Fond darzustellen. Die Variante mit Stufenboden ist steifer. Daher kann bei gleicher Crashsicherheit ein niedrigeres Gewicht realisiert werden. Einschränkungen ergeben sich beim Kundennutzen hinsichtlich der Variabilität des Innenraums und der Beladung. Für das Team „Sitze" zeigen sich die Alternativen, die Fondsitze mit Unterkonstruktion oder ohne Unterkonstruktion direkt am Boden zu befestigen.

Offensichtlich macht es wenig Sinn, die Rohbau- und die Interieuralternativen unabhängig voneinander zu betrachten. Die Synchronisation der parallel arbeitenden Teams zeigt, dass überhaupt nur zwei Szenarien sinnvoll sind. Je früher dies erkannt wird, umso weniger Aufwand wird für die Betrachtung nicht zielführender Alternativen verbraucht. Aufgabe der Projektleitung ist es folglich, ständig in das Projekt „hineinzuhorchen" und ein Gespür dafür zu entwickeln, welche übergreifenden Themen die Entwicklungsteams gerade beschäftigen. Dies deutet auf Synchronisationsbedarf hin und die Notwendigkeit, zwischen den Modulteams Vereinbarungen zu treffen; dem muss die Projektsteuerung gerecht werden.

Entwickler denken in Themen. Entwicklungsthemen lassen sich in vier Gruppen fassen (Abb. 19.15). Modul-, Schnittstellen-, und Querschnittsthemen ergeben sich unmittelbar aus der Produktarchitektur. Modulthemen beschreiben die Funktionen, Systeme und Komponenten der Module des Produktes. Schnittstellenthemen beschreiben den Synchronisationsbedarf zwischen Modulteams und entsprechen in etwa dem vorangehend gezeigten Beispiel (Abb. 19.16). Querschnittsthemen lassen sich nicht sinnvoll einzelnen Modulen zuordnen, sondern nur dem Produkt im Ganzen. Ein Beispiel wäre hier die Dauerfestigkeit oder die akustischen Eigenschaften des Produktes. So können alle Module solitär betrachtet dauerfest sein oder von der Geräuschentwicklung innerhalb der Toleranzen liegen. Die letztgültige Beurteilung kann jedoch nur im Zusammenbau erfolgen. Querschnittsthemen haben den Anspruch der Übersummenhaftigkeit. Entwicklungsthemen haben – bis auf die organisatorischen Themen – Bezug zum Kunden, das heißt, sie prägen Produkteigenschaften, die für den Kunden wahrnehmbar sind. Organisatorische Themen umfassen die Reife und die Handlungsfähigkeit der Projektorganisation. Hierunter fallen Themen wie Projektplanung, Personalverfügbarkeit, Budget oder Infrastruktur.

Zusammenfassend ziehen sich Entwicklungsthemen wie rote Fäden durch die gesamte Produktentstehung. Abbildung 19.17 zeigt einen Ausschnitt aus der Themenstruktur eines Getriebeprojektes. Hier ließ sich die Zusammenarbeit von 250 Entwicklern in 59 Themen schneiden. Dies zeigt, dass alleine die Modularisierung und die daraus folgende Struktur von 25 Entwicklungsteams die Komplexität und den Synchronisationsbedarf nicht hätten erfassen können. Entwicklungsthemen haben damit starke prozessorganisatorische Eigenschaften, hier wird Entwicklungsleistung messbar. Ziel sollte es daher sein, Projekte themenorientiert zu strukturieren und zu steuern – genauso wie Entwickler denken.

Ist der Synchronisationsbedarf erfasst, zeigen sich in einer Produktarchitektur Zonen mit hohem und weniger hohem Synchronisationsbedarf. Ein typisches Beispiel für eine Zone mit hohem Synchronisationsbedarf ist beim Automobil das vordere Radhaus (Abb. 19.18). Hier berühren sich die Module Fahrwerk, Rohbau und Antriebsstrang. Die Entwicklungsaufgabe erfordert es, hier Kompromisse

Nr.	Entwicklung: Themen	Messgrößen	Messwerte	Termin
Querschnittsthema				
1	Dauerhaltbarkeit	Fahrzeugdauerlauf	500h	09/01
...	...	...	...	...
Funktionen/Systeme				
31	Ölkreislauf	Schwenkstand-untersuchung		...1
...	...	...		...
Komponenten				
54		...weis d. Wirksamkeit	ja/nein	10/01
...	...	...	...	...
Infrastruktur/Organisation				
71	Kosten/Budget	Kostenstand	6 %	10/01
...	...	...	...	...
...	...	...		

Summe: - 59 Themen - ca. 250 Personen

Abb. 19.17 Themenorientierte Strukturierung eines Motorenprojektes

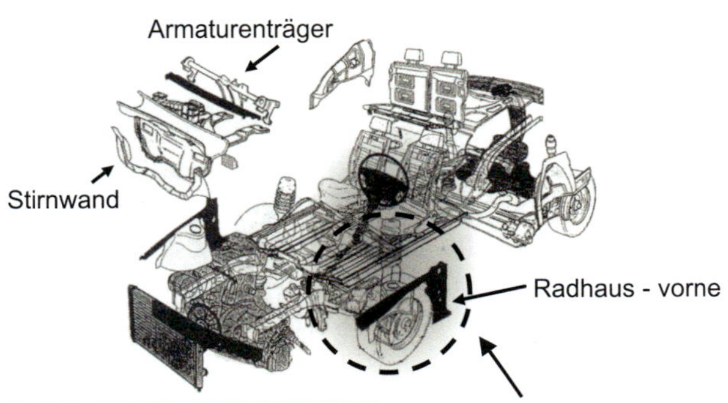

Fazit:
- Brennpunkte im Fahrzeugkonzept identifizieren
- Prozess beschreiben und frühzeitig absichern
- Zielkonflikte offensiv angehen
- Übergreifend standardisieren

Auf die Brennpunkte konzentrieren, den Raum geben für den Rest

- Rohbaustruktur
- Fahrkomfort/-stabilität
- Lenkverhalten, Wendekreis
- Felgen-/Reifendimensionen
- Bremsen
- Crashverhalten
- Produzierbarkeit
- Package, Gewicht, Kosten
- ...

Abb. 19.18 Ein Entwicklungsprojekt wird von wenigen Brennpunkten im Produkt bestimmt.

z.B. bezüglich des Fahrverhaltens, der Crashsicherheit, des Gewichtes und des Wendekreises zu treffen. Die Güte der Kompromisse entscheidet letztlich über die wesentlichen Eigenschaften des gesamten Fahrzeugs. Ähnlich „heiße Zonen" finden sich an der Grenze zwischen Motor- und Fahrgastraum, der Stirnwand und am Armaturenträger.

Bereits der Zuschnitt der Produktmodule sollte dem Synchronisationsbedarf entsprechen. Bei hohem Synchronisationsbedarf zwischen Modulen ist zu prüfen, ob eine Änderung der Produktarchitektur sinnvoll ist. Gegebenenfalls kann durch eine Veränderung des Zuschnitts der Module der Synchronisationsbedarf zwischen Modulteams reduziert werden.

Innovationen können den Synchronisationsbedarf verändern und damit die Optimierung der Produktarchitektur notwendig machen. Insbesondere die fortschreitende elektronische Vernetzung vieler Komponenten schafft neue Herausforderungen. Waren z. B. Motor und Getriebe eines Automobils bisher klar als zwei Module aufzufassen, die über eine einfache Beschreibung der mechanischen Schnittstellen synchronisiert werden konnten, gilt dies heute nicht mehr. Die integrierte Steuerung und Regelung des Antriebsstrangs erfordert neue Ansätze.

Überlagert man Ablauf und Inhalt, so ergibt sich für den Produktentstehungsprozess eine Matrix, wie sie Abbildung 19.19 für die obere Prozessebene einer Kabinenentwicklung im Flugzeugbau zeigt. Über die X-Achse sind die Quality Gates aufgetragen (Bernards 2004). Die Y-Achse repräsentiert die Entwicklungsthemen. Die Matrix wird gefüllt von phasenspezifischen Reifegradkriterien. Es ergibt sich die sogenannte Swim-Lane-Darstellung. Dabei vergleicht man die Matrix mit einem Schwimmbad. Die Verantwortlichen für die Entwicklungsthemen stehen zu Projektbeginn gedanklich auf dem Startblock und durchqueren dann das Schwimmbad (den Prozess) von links nach rechts. Allerdings wird über das Projekt synchroner Entwicklungsfortschritt erwartet. Hier endet dann auch die Analogie mit dem Schwimmbad.

Die Diskussion zur Erstellung der Matrix strukturiert den Produktentstehungsprozess. Was bedeutet „Definition freeze" über die Entwicklungsthemen? Synchroner Fortschritt ist nur zu erwarten, wenn über die Entwicklermannschaft Einigkeit besteht und der Fortschritt abgestimmt ist. Man kann eben erst von der Reife eines CAD-Oberflächenmodells sprechen, wenn der Industrial Designer seine Arbeit beendet hat. Denn Änderungen im Design relativieren sofort die Reife des CAD-Modells. Das gemeinsam getragene Prozessmodell ist im Entwicklungsbetrieb die Voraussetzung für die Reifegradsteuerung und damit für die Qualität der Produktentstehung.

19.6.3 Umsetzung von Quality Gates im Projektplan

Produkte werden in Projekten entwickelt. Ziel der Modellierung von Produktentstehungsprozessen ist die Unterstützung von Produktprojekten. Wenn bis zu 80 % der Entwicklungsleistung aus Informationsbeschaffung, Kommunikation und Abstimmung bestehen, führt ein gutes Prozessmodell dazu, dass die richtigen Leute zum richtigen Zeitpunkt über die richtigen Dinge reden. Prozessmodelle werden also im Projekt von der Projektmannschaft gelebt oder sind wertlos. Jeder, der sich schon einmal mit Prozessmodellen und Prozessvisualisierung beschäftigt hat, weiß, wie „einfach" es ist, Papier zu füllen, und wie ungleich „schwieriger" es ist, konkrete Veränderungen in der betrieblichen Realität zu erzielen. Neben intensiver Schulung sind daher insbesondere zwei Randbedingungen von entscheidender Bedeutung:

III

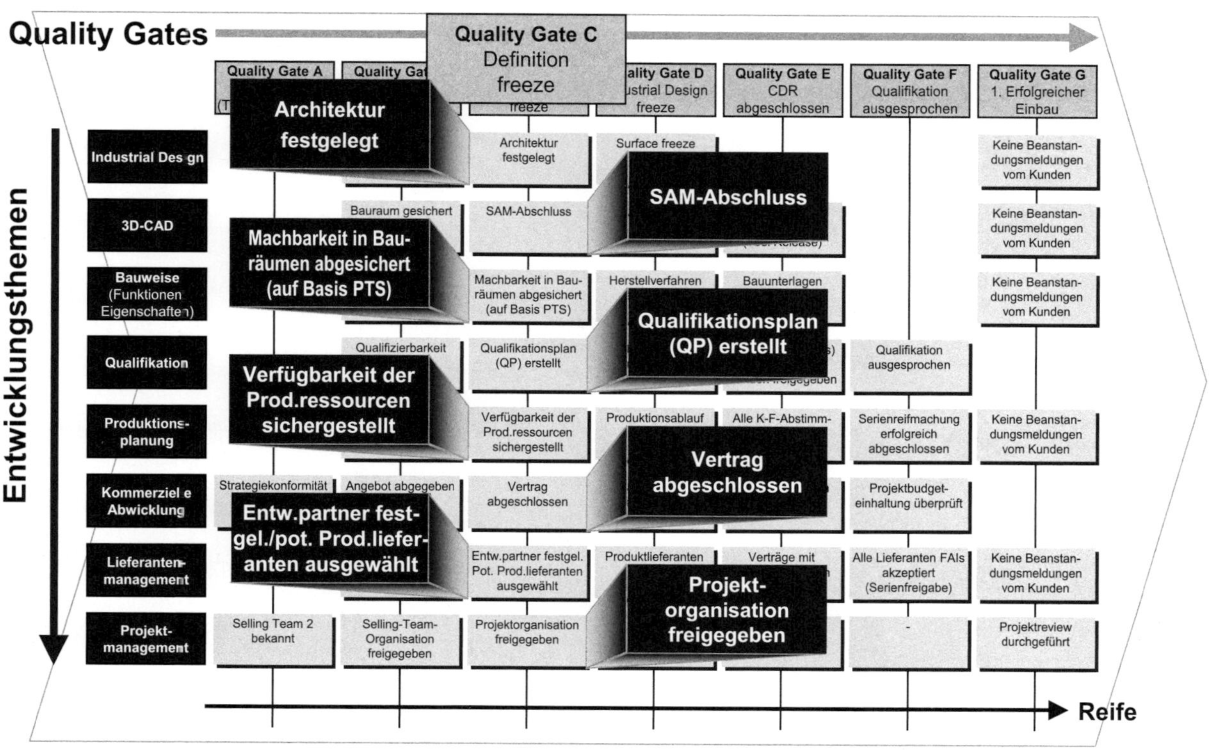

Abb. 19.19 Prozessmatrix der Produktentstehung

- Dokumentierte Prozesse sind per definitionem „alt" und treffen damit zwangsläufig nicht die Spezifika eines Innovationsprojektes.
- Prozesse sollten nicht losgelöst vom Projekt entwickelt und sozusagen übergestülpt werden. Über den Erfolg entscheidet die projektspezifische Ableitung und Vereinbarung des Prozesses mit den Mitarbeitern, die sich im Projektverlauf daran messen lassen müssen; denn nur das persönlich Akzeptierte wird handlungsleitend.

Es bleibt festzuhalten: Ein Modell eines Produktentstehungsprozesses ist nicht mit einem Rezeptbuch zu verwechseln, welches für alle Fälle die richtigen Ratschläge bereithält. Der Referenzprozess ist der projektneutrale Rahmen für die Ableitung des spezifischen Projektplans. Ohne diese Ableitung bleibt das Prozessmodell entweder allgemein gültig und wenig aussagekräftig oder es trifft nicht die Spezifika des Projektes. In beiden Fällen ist die geringe Akzeptanz im Projektteam die Folge.
Zur Ableitung von Projektplänen aus dem Referenzprozess und zur Steuerung der Projektorganisation hat sich in der Praxis eine auf fünf Elementen basierende Quality-Gate-Systematik bewährt (Abb. 19.20). Inhalt von Element 1 und 2 ist es, klare Zielvorgaben und eine abgesicherte Planung zu Beginn des Projektabschnitts zu erreichen. Im Projektabschnitt zielt Element 3 auf einen transparenten Reifegrad und synchronen Entwicklungsfortschritt zwischen parallel arbeitenden Entwicklungsteams. Element 4 beschreibt die Spielregeln, nach denen am Ende des Projektabschnitts Entwicklungsleistung bewertet wird. Der Quality-Gate-Durchlauf endet mit Element 5. Hier gilt es, Erfahrungen aus Produkt und Prozess für Folgeprojekte nutzbar zu machen.

19.6.3.1 Element 1 – Forderungen vereinbaren

Die Produktentstehung läuft in einem komplexen Netz von Kunden-/Lieferantenverhältnissen ab. Daher ist zu Beginn des Projektabschnitts zu vereinbaren, woran sich das Entwicklungsteam in der Rolle des Lieferanten zum Abschluss des Projektabschnitts messen lassen will. Offensichtlich ist, dass der Lieferant nur Forderungen erfüllen kann, die er kennt, und Forderungen erfüllen wird, die er für sinnvoll und machbar hält. In Element 1 werden daher aus verschiedenen Kundenblickwinkeln Forderungen an das Entwicklungsteam ermittelt, abgestimmt und

III

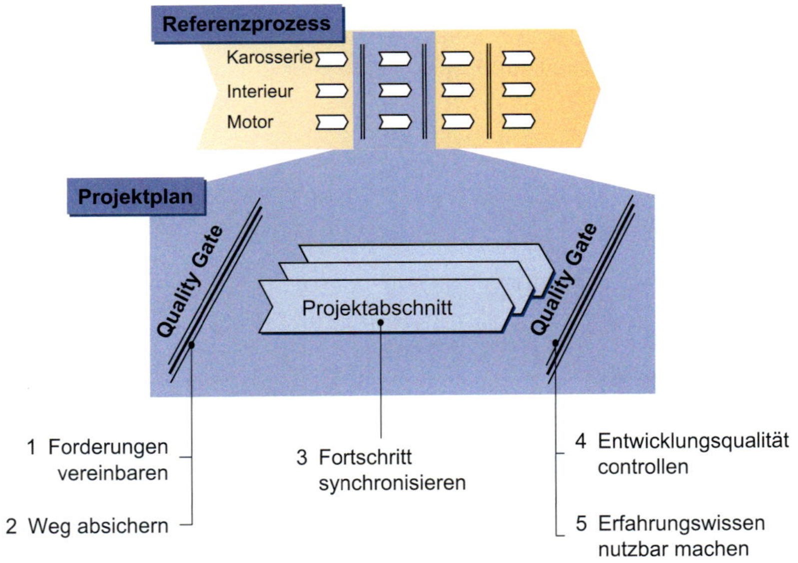

Abb. 19.20 Fünf Elemente zur Quality-Gate-Umsetzung

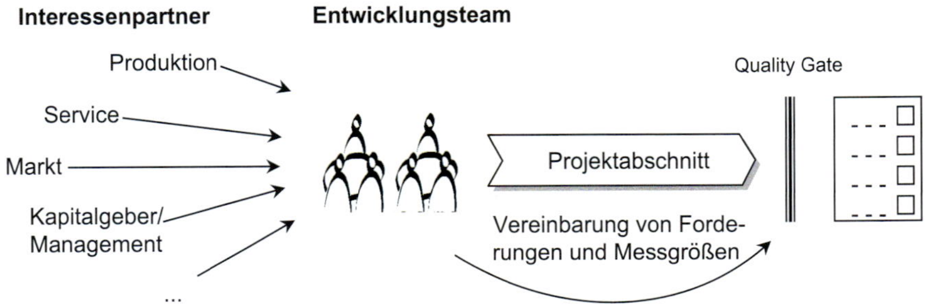

Abb. 19.21 Element 1 – Vereinbarung von Messgrößen (Anforderungen)

für den jeweils nächsten Projektabschnitt zum Quality Gate vereinbart (Abb. 19.21).

In Produktprojekten beschreiben Quality Gates somit Messpunkte, an denen zuvor vereinbarte Entwicklungsergebnisse – Deliverables – bezüglich der Erfüllung der Forderungen interner und externer Kunden beurteilt werden. Ein Quality Gate hat damit eine Filterfunktion und soll für Produkte, die nicht den Forderungen nachgelagerter Nutzer entsprechen, „undurchlässig" sein. Aus dem Blickwinkel der Prävention sind Quality Gates Kommunikationspunkte, an denen die Leistungserwartungen des Kunden und die Leistungsfähigkeit des Lieferanten harmonisiert werden. Auch hier bietet ein Quality Gate für den Kunden die Möglichkeit, den eigenen Prozess vor Fehlleistungen des Lieferantenprozesses zu schützen. Für den Lieferanten bietet ein Quality Gate die Chance, die Leistungsmerkmale und die Absicherung des eigenen Prozesses exakt auf die Forderungen des Kundenprozesses abzustimmen – Forderungen werden durch Messgrößen beurteilbar. Die Messung der Entwicklungsleistung im Projekt ist notwendig, um

- ein gegebenes Leistungsniveau beschreiben zu können,
- eine einheitliche und reproduzierbare Bewertung identischer Sachverhalte zu gewährleisten,
- die Effektivität durchgeführter Maßnahmen zu bewerten,
- unmissverständlich und einheitlich zu kommunizieren (Kanji 1993).

Regelmäßiges Messen und Reporting der Entwicklungsleistung schärft das Problembewusstsein: Messen führt zu Resultaten (Oetinger 2000). Nur, was gemessen, bewertet und belohnt werden kann, wird auch getan. Ziel muss es sein, Transparenz und Anreiz durch Messbarkeit und Bewertbarkeit in das Entwicklungsprojekt hineinzutragen.

Messgrößen müssen spezifisch sein, d. h. aussagekräftig bezüglich des zu beschreibenden Objektes, z. B. eines Problems oder einer Aufgabe.

Die Person, deren Leistungserbringung gemessen wird, sollte wirkungsvolle Stellhebel im Prozess haben, um das Ergebnis positiv beeinflussen zu können. Messgrößen müssen in sinnvoll terminierten Zeiträumen mit hinreichender Präzision und mit vertretbarem Aufwand messbar sein. Ambitionierte Zielsetzungen fördern bei einem hoch motivierten Team die Leistungsbereitschaft. Gleichzeitig sollten Zielsetzungen jedoch realistisch und erreichbar erscheinen. Denn Menschen lassen sich in zwei Gruppen unterteilen; passend ist der Vergleich mit dem Hochsprung. Eine Gruppe wird durch ein hochgestecktes Ziel motiviert. Ist das Ziel jedoch unrealistisch, wird die andere Gruppe demotiviert erst gar nicht Anlauf nehmen. Nur in wenigen Fällen werden Forderungen an Entwicklungsleistung durch abzählbare Messgrößen – wie etwa auf der Produktionsstufe – bewertbar. Messungen der Entwicklungsqualität sind insbesondere in den frühen Phasen durch gewisse Unschärfen und Interpretationsspielräume gekennzeichnet. Liegen keine abzählbaren Messgrößen vor, so ist die Experteneinschätzung die höchstwertige Messgröße. Wünschenswert ist sicherlich ein Maximum an Eigenverantwortung des Entwicklers – jedoch ist es eine Frage der Unternehmenskultur, inwieweit die reine Selbstbewertung (first party) zielführend ist (Abb. 19.22). Viele Unternehmen haben hier Defizite und reagieren nach einigen Enttäuschungen mit der Alternative 2, dem Aufbau einer Kontrollinstanz (third party). Kontrolle an sich stellt zunächst aber keine Wertschöpfung dar und hat somit Akzeptanznachteile.

Darüber hinaus stellt sich die Frage der Kompetenz. Bis zu welchem Detail ist eine prozessexterne Kontrollinstanz überhaupt in der Lage, Inhalte und Zusammenhänge zu beurteilen und zu verfolgen? Die Erfahrung zeigt, dass auch diese Alternative insbesondere bei komplexen Produkten wenig wirksam ist. Es stellt sich die Frage: Wer hat

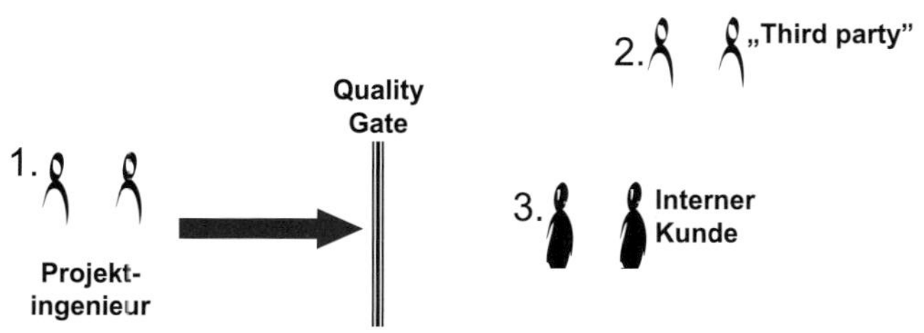

1. Ob die Selbstbewertung wirkt, ist eine Frage der Reife der Unternehmenskultur.
2. Kontrolle durch „Dritte" ist nicht wertschöpfend und scheitert im Entwicklungsbereich am Produkt- und Prozess-Know-how.
3. Der interne Kunde hat sowohl hohes Interesse an der Bewertung der Entwicklungsleistung als auch Produkt- und Prozess-Know-how.

Abb. 19.22
Ist die Unternehmenskultur nicht reif, scheitert die reine Selbstbewertung.

III

ein nachdrückliches Interesse am einwandfreien Ergebnis eines Projektabschnitts und gleichzeitig die Kompetenz, dieses auch fachlich qualifiziert zu beurteilen? In jedem Fall ist dies der interne Kunde der Entwicklungsleistung. Deshalb ist es sinnvoll, den „Kunden" der Entwicklungsleistung in die Rolle zu versetzen und systematisch zu befähigen, den Reifegrad der Entwicklungsleistung des „Lieferanten" anhand der zuvor abgestimmten und verbindlich vereinbarten Messgrößen zu überwachen.

Neben der Fähigkeit zum Umgang mit unscharfen Informationen ist die Akzeptanz der begrenzten Planbarkeit ein weiterer Schlüssel zum Verständnis der Produktentstehung. Man kann nur begrenzt in die Zukunft schauen. Die Ableitung des Projektplanes aus dem Referenzprozess erfolgt daher rollierend. Das Management überprüft zusammen mit dem Projektteam nach jedem Gate für das nächste und in abnehmender Konkretisierung für die darauffolgenden Gates die markt- und technologiebezogenen Annahmen, die der weiteren Produktentwicklung zugrunde liegen sollen, und schneidet den Prozess entsprechend projektspezifisch zu. Dadurch erhält die Entwicklung die erforderliche Flexibilität. Projekte mit geringem Innovationsanspruch benötigen tendenziell weniger Stufen und Gates als solche, die auf radikale Neuerungen abzielen. Erzeugen hohe Komplexität und Dynamik laufend neue Umfeldbedingungen, tauchen am Markt unerwartet neue Konkurrenzprodukte auf oder ändern sich Kundenforderungen, so zeigt sich der Vorteil des Stufenprozesses gegenüber anderen Vorgehensweisen. Am Quality Gate kann der Projektleiter den „Ideentrichter" wieder öffnen. So können neue Ideen, Änderungen bei den Vorgaben und Ergebnisse von Untersuchungen synchronisiert einfließen. Durch die ganzheitliche Beurteilung der Auswirkungen bis hin zum Projektabbruch werden Entscheidungen qualifizierter. Durch die Konzentration dieser Entscheidungen auf die Gates unterbleibt das sonst übliche „Störfeuer" von unabgestimmten Ideen zwischen den Gates und es wird somit eine Beruhigung der Entwicklungsarbeit ermöglicht (Boutellier 1997). Erfahrene Projektleiter optimieren die subtile Balance zwischen Freiheit und Disziplin, zwischen kreativem Chaos und notwendiger Konformität.

Zur Erfassung der Forderungen kommen unterschiedliche Techniken zum Einsatz. Die Spannweite reicht von der Startklausur über Workshops und Interviews bis zur E-Mail- oder Faxabfragen. Priorisierungstechniken erlauben es, risikogesteuert den Fokus dort zu setzen, wo es „wehtun" kann, und effizienzgesteuert den Aufwand dort auf ein Minimum zu reduzieren, wo negative Ergebnisse ohne schwerwiegende Auswirkungen bleiben. Es werden folgende Informationen erhoben:

- die konkreten Forderungen, formuliert durch den Kunden
- die Messgrößen, anhand derer die Erfüllung der Forderungen entscheidbar wird
- der Zieltermin, bis zu dem die Forderung erfüllt sein muss
- der Kunde, der die Erfüllung der Forderung bewertet
- der Lieferant, der die Forderung erfüllen soll.

Voraussetzung für die Vereinbarung ist, dass innerhalb des Teams alle Entwicklungsthemen (Komponenten, Bau-

Entwicklungsthemen		Bemerkung	V		M		I	
Querschnittsthemen								
1	Dauerhaltbarkeit	Prüfstandsdauerlauf, Fahrzeugdauerlauf	K	Müller	B	Wirth	V	Dr. Wernler
2	Komfortverhalten	Akustik, Schwingungen	K	Schulze	E	Siebert	T	Maier
Funktionen/Systeme								
31	Ölkreislauf	Hydraulische Funktionen, Schmierung, Kühlung, Ölfilter	K	Sauhs	E	Erhardt		
32	Ölhaushalt	Ölansaugung, Ölwanne, Ölniveau	K	Gebhard	E	Domm		
Komponenten								
54	Wandler	Auslegung, Dauerhaltbarkeit, Kühlung, Ölversorgung, Ölverbrauch, Abdichtkonzept, Druckdose	K	Frey	E	Dreiser	E	Harder
55	Luftführungs-elemente	Kaltluftansaugung, Ladeluftleitung, Luftfilter, Ladeluftkühler, Ladeluftverteiler	K	Bode	E	Jung	T	Bösefeld
Infrastruktur/Organisation								
71	Kosten/Budget		K	Kern	C	Boll		

Kompetenz

Kompetenzen:
B Berechner
K Mechanikkonstrukteur
C Controlling
PL Projektleitung
EK Einkauf
V Verantwortlich
M Mitwirkend verantwortlich
I Zu informieren

Abb. 19.23
Verantwortung im Projekt wird entsprechend der Kompetenz festgelegt.

teile, Funktionen, Schnittstellen und organisatorische Themen) definiert sind und dass außerhalb des Entwicklungsteams alle Kunden und deren Forderungen bekannt sind und benannt werden. Abbildung 19.23 zeigt die Zuordnung von Entwicklungsthemen und Verantwortlichkeiten in der VMI-Matrix:

Demnach wird für jedes Entwicklungsthema ein Verantwortlicher **(V)** bestimmt. Dieser verantwortet und kommuniziert das Entwicklungsthema „nach außen“ auf der Projektebene und organisiert die Entwicklungsarbeit „nach innen“. Mitwirkend Verantwortliche **(M)** sind entsprechend des Kompetenzbedarfs zu benennen. Der Verantwortliche und die Mitwirkend Verantwortlichen bilden ein interdisziplinäres Team, welches gemeinsam die Kompetenz zur Realisierung des Entwicklungsthemas besitzt. **(I)** steht für Informationspflicht. Hier sind Mitarbeiter in parallel arbeitenden Entwicklungsteams zu benennen, deren Arbeitsfortschritt von Informationen zum Entwicklungsthema abhängig ist.

Abbildung 19.23 zeigt exemplarisch einen Ausschnitt aus der VMI-Matrix eines Projektes zur Entwicklung eines Automatikgetriebes. Betrachtet man das Entwicklungsthema „Steuerung“, so sind hier in der Rolle des **(V)**, **(M)** und **(I)** folgende Fachkompetenzen erforderlich: ein Mechanikkonstrukteur, der die Kinematik realisiert, ein Informatiker, der die Steuerungssoftware erstellt, und ein Elektrotechniker, der die Hardware zur Steuerung entwirft. Einkauf, Prototypenbau und Versuch sind zu informieren **(I)**. Zusammenfassend ist die VMI-Matrix das Werkzeug zur personellen Vernetzung der Entwicklungsthemen und der Synchronisationsplan des Entwicklungsprojektes.

Sind die Forderungen aus der Sicht des Lieferanten inakzeptabel, weil inhaltlich nicht verständlich oder nicht konkret genug, sachlich falsch, nicht hinreichend messbar oder aus technischen oder organisatorischen Gründen nicht umsetzbar, zeitlich nicht machbar oder wirtschaftlich unangemessen, so wird die Harmonisierung notwendig. Diese kann über ein Gespräch erfolgen, an dem der Kunde und der Lieferant teilnehmen. Oft reicht es bereits aus, den Kunden zu bitten, die Forderungen zu detaillieren. Akzeptiert der Kunde die Forderung, gilt sie als im Konsens vereinbart. Verläuft die Harmonisierung negativ, kommt dem neutralen Moderator eine besondere Bedeutung zu. Er wird versuchen, die eigentliche Ursache für den Konflikt herauszuarbeiten. Können sich Kunde und Lieferant dennoch nicht einigen, führt der Projektleiter die notwendigen Entscheidungen herbei. Die Liste der vereinbarten Forderungen wird vom Projektleiter freigegeben und ist für den folgenden Projektabschnitt ein verbindliches Vorgabedokument.

19.6.3.2 Element 2 – Weg absichern

Vereinbarungen – auch zum Quality Gate – sind in der Vergangenheit oft Absichtserklärungen geblieben, weil der Lieferantenprozess nicht die Fähigkeit besaß, die vereinbarten Forderungen zu erreichen. Dies führt zu Frustration und zur Ablehnung des Systems. Entsprechend der Fragestellung: „Haben wir alles ‚an Bord‘ (Ressourcen, Know-how, Methoden), um das Ziel des Projektabschnitts sicher zu erreichen?“, fokussiert Element 2 auf die Befähigung des Entwicklungsprozesses und der Entwicklungsteams vor dem Start des Projektabschnitts.

Wie vorangehend aufgezeigt, sind die spezifische Ableitung des Projektplanes aus dem Referenzprozess sowie die Akzeptanz seitens der Entwicklungsteams die Basis für eine erfolgreiche Projektplanung. Hinsichtlich beider Zielgrößen haben sich Input-Output-Workshops bewährt (Abb. 19.24). Der Referenzprozess bildet den Rahmen für die Projektplanung. Die Entwicklungsthemen werden in der Swim-Lane-Darstellung beschrieben. Die Entwick-

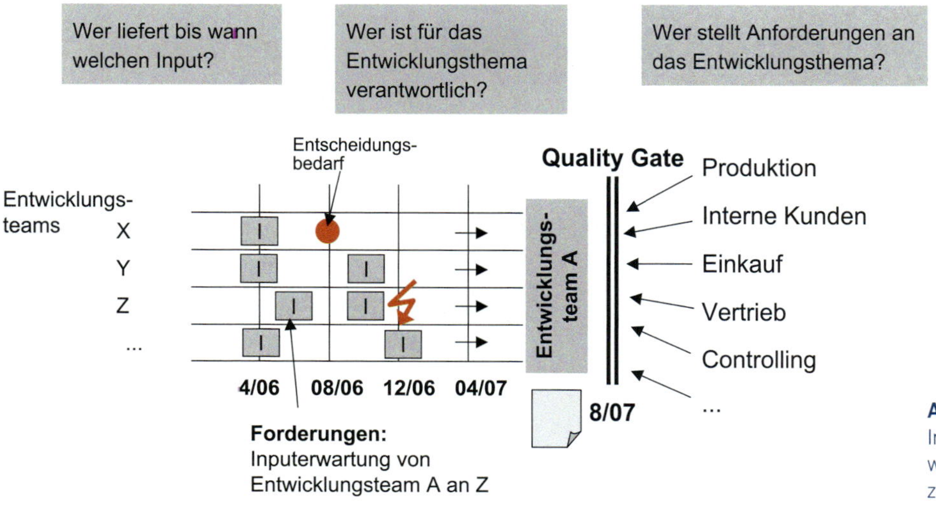

Abb. 19.24
Input-Output-Workshops: Haben wir alles an Bord, um das Projektziel sicher zu erreichen?

lungsteams formulieren z. B. auf Meta-Plan-Karten die Input-Erwartungen als Forderung an die parallel arbeitenden Teams. So zeigt sich schnell der Harmonisierungsbedarf zwischen Kunde und Lieferant. Probleme im Ablauf, z. B. bezüglich der Zeitleiste, Forderungen der Kunden oder parallel arbeitender Entwicklungsteams, werden offensichtlich. Notwendige Entscheidungen können im Sinne eines Entscheidungskalenders kenntlich gemacht werden. Der Workshop führt zu einem robusten Projektplan, fördert das gemeinsame Verständnis und hat Vereinbarungscharakter.

Prävention vermeidet zeitliche und inhaltliche Rücksprünge im Entwicklungsprojekt. Bei der QM-Planung gilt es, Entwicklungsrisiken zu erkennen und vorausschauend in den möglichen negativen Auswirkungen zu begrenzen. Inhalt von Element 2 ist die Konkretisierung der Projektplanung für den aktuellen Projektabschnitt. Im Ergebnis steht der QM-Plan und dessen Integration in den Projektplan. Der QM-Plan klärt, wie das Erreichen der zum Quality Gate vereinbarten Forderungen systematisch abgesichert werden kann. Abbildung 19.25 zeigt den prinzipiellen Ablauf der QM-Planung. Zentrales Werkzeug zur Erfassung und Priorisierung von Entwicklungsrisiken sowie zur Ableitung präventiver Maßnahmen ist die Fehlermöglichkeits- und Einfluss-Analyse (FMEA). Zur Beschreibung der FMEA wird auf die Literatur verwiesen (Pfeifer 2001, VDA 1996).

Die Design-FMEA (D-FMEA) liefert Hinweise auf Risiken im Produktentwurf. Maßnahmen im Sinne des Robust Design führen zur Veränderung des Entwurfs (Abb. 19.25). Durch die Wahl eines z. B. gegen Fehlbedienung oder widrige äußere Einflüsse robusteren Konzeptes können bereits im Entwurfsstadium viele Risiken durch die Reduzierung der Auftretenswahrscheinlichkeit (z. B. mit Hilfe einer FMEA) eliminiert werden.

Liegen die Ausfallursachen des Produktes in einer erwarteten Streuung des Produktionsprozesses begründet und lässt sich das Produktkonzept nicht verändern, so besteht die Maßnahme im Aufzeigen des Risikos und der Übergabe an die FMEA zum Produktionsprozess (P-FMEA).

Wird trotz besonderer Sorgfalt auf der Stufe der Produktionsplanung keine angemessene Maßnahme zur Reduzierung der Auftretenswahrscheinlichkeit gefunden – Robust Design des Produktionsprozesses – und ist Prozessfähigkeit bezüglich des kritischen Produktmerkmals nicht zu erwarten, so bleibt zur Senkung des Risikos nur noch die Erhöhung der Entdeckungswahrscheinlichkeit durch Aufnahme des Merkmals in den Serienabsicherungsplan und die 100 %-Prüfung auf der Produktionsstufe (Verifizierung). Zum Abschluss von Element 2 wird der QM-Plan im Projektplan verankert. Die Entwicklungsarbeit startet.

19.6.3.3 Element 3 – Fortschritt synchronisieren

Bei steigender Komplexität der Produkte und sinkenden Entwicklungszeiten steigt der Synchronisationsbedarf zwischen den parallel arbeitenden Entwicklungsteams. Aus der Praxis wird berichtet, dass je nach Komplexität der Aufwand für Synchronisation die Netto-Entwicklungsleistung übertrifft. Daher werden effiziente Mechanismen zur Synchronisation paralleler Entwicklungsprozesse benötigt. Diese werden in Element 3 beschrieben.

Den Fortschritt zu steuern heißt, Aussagen darüber zu treffen, ob sich das Entwicklungsteam noch im „Zielanflug“ auf die Erfüllung der Forderungen zum Review am Quality Gate (Element 4) befindet. Dazu sind der Projektfortschritt zu messen, Defizite in Bezug auf die vereinbarten Forderungen aufzuzeigen und gegebenenfalls Maßnahmen zu vereinbaren, zu dokumentieren und zu verfolgen (Abb. 19.26).

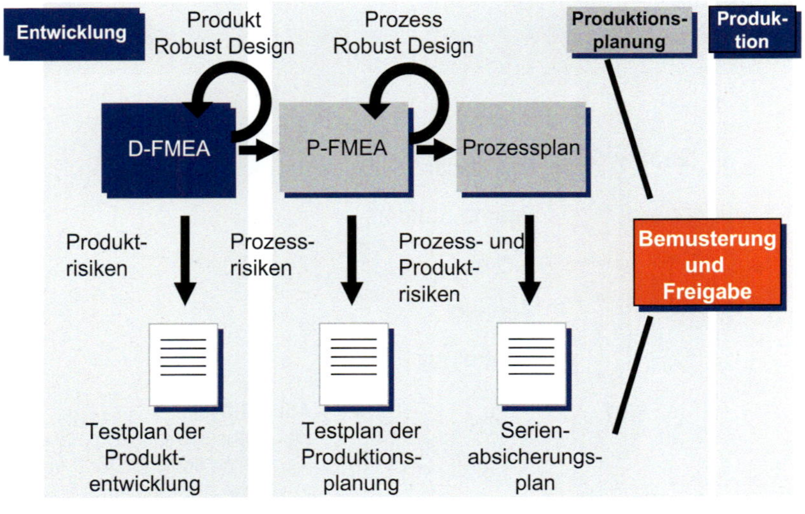

Abb. 19.25
Prinzipieller Ablauf der QM-Planung

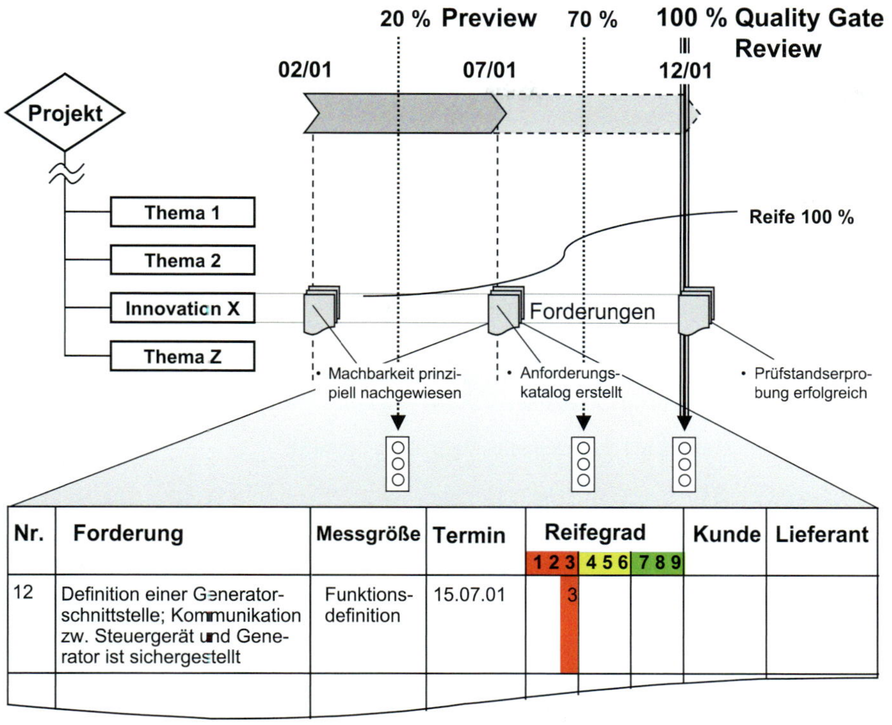

Abb. 19.26
Themen werden durch zeitlich zugeordnete Anforderungen messbar und damit in der Reife beurteilbar.

Im Unterschied zu Element 4 erfolgt hier die Messung des Projektfortschritts als Selbsteinschätzung der Lieferanten (Preview). Die kontinuierliche Synchronisation des Entwicklungsstands ist die Grundlage für die Selbststeuerung des Projektteams zwischen den Quality Gate Reviews. Im Prozessabschnitt dient die kontinuierliche Überprüfung des Reife- und Synchronisationsgrades der qualitätsorientierten Steuerung des Entwicklungsprojektes.

Zur Messung des Reifegrads schätzen die Lieferanten den Reifegrad der durch sie zu verantwortenden Entwicklungsthemen mittels der Ampelsystematik ein (Abb. 19.27). Bei „Grün" entspricht der Entwicklungsfortschritt der Planung. Die Forderungen werden planmäßig zum Quality Gate erfüllt. Bei „Gelb" entspricht der Entwicklungsfortschritt nicht mehr der Planung. Eingeleitete Maßnahmen werden aber voraussichtlich die Erfüllung der Forderungen zum Quality Gate ermöglichen. Zeigt die Ampel „Rot", ist der Entwicklungsfortschritt nicht ausreichend, um die Forderungen zum Quality Gate erfüllen zu können. Maßnahmen sind nicht bekannt oder eingeleitete Maßnahmen haben nicht gegriffen.

Zwischen den Gates soll für den Entwickler größtmögliche Freiheit herrschen. Ob die Selbsteinschätzung funktioniert, ist, wie vorangehend diskutiert, eine Frage der Unternehmenskultur. Die Reifegradbewertung soll transparent machen, ob sich das Projekt im Anflug auf die vereinbarten Ziele zum Quality Gate befindet. Erfahrungen mit Gate Reviews in Unternehmenskulturen mit weniger ausgeprägtem Problembewusstsein – im Vordergrund stand hier die Suche nach Schuldigen – hatten jedoch gezeigt, dass Probleme nicht kommuniziert und erst kurz vor dem Quality Gate offensichtlich wurden. Die Praxis spricht auch vom „Grün-Männer-Syndrom": Probleme werden so lange in der Ampelsystematik „Grün" gemeldet, bis sie sich nicht mehr verbergen lassen. Insbesondere bei zeitlich längeren Abständen zwischen zwei Quality Gate Reviews empfiehlt es sich also – in Abhängigkeit von der Unternehmenskultur – das Projektcontrolling enger zu fassen und zwischen den Quality Gate Reviews „Previews" anzusetzen.

Previews sind projektinterne Statusbesprechungen der Projektleitung, an denen die Projektbeteiligten in geplanten Abständen den Status des Projektes aufzeigen und Maßnahmen im Hinblick auf das anstehende Quality Gate ableiten. Die Anzahl und der Zeitpunkt der Previews werden zu Beginn des Projektabschnitts festgelegt. Die Einplanung kann sowohl zeitlich als auch ereignisbezogen gewählt werden. Folglich richtet sich die sinnvolle Anzahl der Previews nach dem zeitlichen Abstand und der Ereignisdichte zwischen zwei Quality Gates. Bei einem Projektabschnitt bis zu einem halben Jahr ist meist ein Preview zur Halbzeit ausreichend. Darüber hinaus hat sich die Einplanung von zwei Previews bewährt. Zu 20% des geplanten Entwicklungsfortschritts steht die Frage im Vordergrund, ob die Projektorganisation sauber aufgesetzt ist

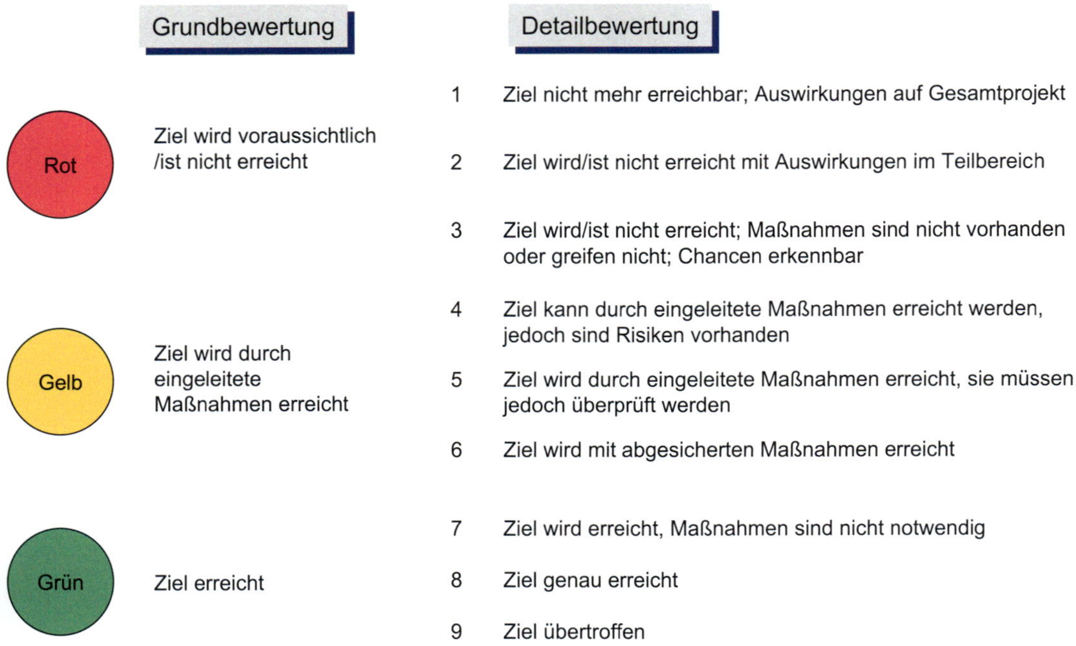

Abb. 19.27 Berichterstattung/Bewertungssystem für die Projektreife

und die Entwicklungsteams planmäßig mit der Arbeit begonnen haben. Denn oft wird in der frühen Phase noch Kapazität durch Terminüberschreitung oder Nachbesserung am Vorgängerprojekt gebunden. Zu 70% des Entwicklungsfortschritts stellt sich die Frage, ob das Gate planmäßig erreicht werden kann. Hier gilt es für den Verantwortlichen, die Reißleine zu ziehen und gegebenenfalls Unterstützung anzufragen. Zeigen sich im Quality Gate Abweichungen, die bereits im 70%-Preview zu berichten gewesen wären, so sind disziplinarische Maßnahmen angeraten, um die Glaubwürdigkeit des Systems nicht zu gefährden.

Etwa zwei Wochen vor den im Projektplan festgehaltenen Preview-Terminen wird seitens der Projektleitung die Selbsteinschätzung der Lieferanten abgefragt. Der Kunde benennt auf Basis der Lieferanteneinschätzung die zu synchronisierenden Forderungen. Anhand der Selbsteinschätzungen der Lieferanten sowie des Synchronisationsbedarfs der Kunden wählt der Projektleiter die im nächsten Preview zu besprechenden Forderungen aus und stellt diese zur Agenda des Previews zusammen. Im Preview berichten die Lieferanten zunächst über den Stand der Forderungserfüllung und darüber hinaus über bereits getroffene oder gegebenenfalls durchzuführende Maßnahmen.

19.6.3.4 Element 4 – Entwicklungsqualität controllen

Die Bewertung und gegebenenfalls Freigabe der Entwicklungsleistung erfolgt zum Ende des Projektabschnitts am Tag des Quality Gates. Element 4 beschreibt die Spielregeln, nach denen Entwicklungsleistung durch den internen Kunden zu bewerten und gegebenenfalls freizugeben ist (Abb. 19.28).

Der Projektabschnitt gilt als erfolgreich abgeschlossen, wenn alle Forderungen erfüllt sind oder für nicht erfüllte

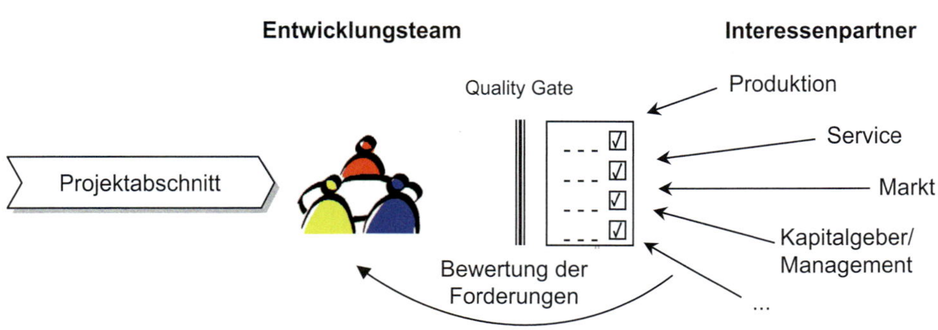

Abb. 19.28 Element 4 – Bewertung der Entwicklungsleistung

Forderungen geeignete Maßnahmen zwischen Kunden und Lieferanten vereinbart wurden. Im Gegensatz zum Preview ist die Teilnahme der Kunden am Quality Gate Review Pflicht.

Mit dem Ziel der Priorisierung und der Begrenzung der Anzahl der Teilnehmer und der zu besprechenden Forderungen wird im Vorfeld des Quality Gate Reviews eine Vorharmonisierung durchgeführt. Dazu fragt der Projektleiter vorab die Reifegradeinschätzungen der Lieferanten ab. Die in der Ampelsystematik mit „Grün" bewerteten Forderungen werden an den adressierten Kunden weitergeleitet. Dieser entscheidet durch Zustimmung der Reifegradeinschätzung über den erfolgreichen Abschluss des Projektabschnitts. Offensichtlich erfüllte Forderungen kann der Kunde im Vorfeld des Reviews abnehmen. Die vorharmonisierten Forderungen werden am Review nicht weiter besprochen und sind als erfüllt zu werten. Alle übrigen Forderungen sind Bestandteil einer näheren Betrachtung am Review.

Der Moderator des Quality Gate Reviews hat die Aufgabe, auch bei gegensätzlichen Interessen und Auffassungen eine sachliche und konstruktive Diskussion zwischen Kunden und Lieferanten sicherzustellen. Im Vordergrund stehen die Trennung von Fakten und Vermutungen und das Ausloten der Bedingungen für Konsens zwischen den Diskussionspartnern. Bei nicht erfüllten Forderungen moderiert er eine zielstrebige Suche nach Maßnahmen, die Kunden und Lieferanten miteinander vereinbaren.

Am Ende der Diskussion legen sich die Kunden auf einen Reifegrad fest. Die Bewertung erfolgt dabei nach der bereits zum Preview beschriebenen Systematik (Element 3). Der Eigenbewertung des Previews wird durch die Fremdbewertung am Quality Gate Nachdruck verliehen. Sind die Forderungen aus Sicht der Kunden erfüllt, so bestätigen diese die Erfüllung der zuvor vereinbarten Forderungen im Quality Gate Review mit ihrer Unterschrift. Die Konsequenz im Umgang mit „roten" Forderungen obliegt der Projektleitung. Das „Durchschreiten" des Quality Gates ist als Ritual auszubauen und aus dem Blickwinkel der Prävention als motivierendes Moment zu verstehen gegenüber der Anerkennung, die dem klassischen „Troubleshooter" entgegengebracht wird.

19.6.3.5 Element 5 – Erfahrungswissen nutzbar machen

Unternehmensinterne Lernprozesse funktionieren nur in seltenen Fällen spontan, sie bedürfen meist der Organisation. Mindestens 60 % aller Fehler sind Wiederholfehler (Pfeifer 2001)! Ziel von Element 5 ist es daher, organisationales Lernen in der Projektabwicklung zu verankern.

Element 4 beschreibt das Projektcontrolling zum Quality Gate. Werden hier Schwachstellen in der Produktreife oder der Projektarbeit offensichtlich, so ist dies für das Projekt mit negativen Konsequenzen verbunden, aber oft leider nicht mehr zu ändern. Es stellt sich die Frage: Wie kann die Organisation systematisch für das Folgeprojekt lernen? Wie ist Erfahrungswissen zu strukturieren, um eine hohe Wahrscheinlichkeit der Wiederverwendung sicherzustellen?

Der Referenzprozess bietet die Koppelstellen, um Erfahrungswissen in das nächste Projekt zu transportieren, denn das Folgeprojekt wird bei der projektspezifischen Ableitung des Projektplans (Element 1 und 2) auf den projektneutralen Referenzprozess zurückgreifen (Abb. 19.29). Wesentliches Ziel des projektübergreifenden Lernens ist daher die Verbesserung des Referenzprozesses auf der Basis bisheriger Projekterfahrungen.

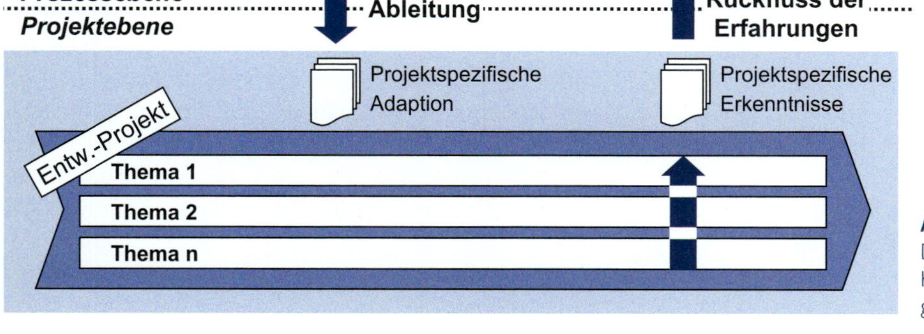

Abb. 19.29
Der Referenzprozess bietet die Koppelstellen für projektübergreifendes Lernen.

Inhalt von Element 5 ist die Sammlung, Bereitstellung und Anwendung von Erfahrungswissen zur ständigen Verbesserung der Entwicklungsprozesse einerseits und der Quality-Gate-Anwendung andererseits. Zu unterscheiden sind spezifisches Wissen sowie Wissen mit hoher allgemeiner Lernrelevanz und hoher Wiederverwendungswahrscheinlichkeit. Daher müssen die in einem Projekt erarbeiteten und als nutzbringend erachteten Inhalte (Lessons Learned) so dokumentiert, adressiert und kommuniziert werden, dass sie künftige Projekte unterstützen. Dies bezieht sich zum einen auf die Quality-Gate-Inhalte wie Forderungs- oder Maßnahmenlisten und zum anderen auf die Prozessgestaltung, z. B. Aufgaben, Zeitpläne oder Kunden-/Lieferantenbeziehungen.

Aufgabe des Prozesscontrolling im Rahmen von Element 5 ist es, jede signifikante Abweichung am Gate oder bei der Projektarbeit, zumindest aber die mit „Rot“ bewerteten Forderungen zu hinterfragen. Es gilt zu analysieren, inwieweit die Ursachen der negativen Bewertung im Versagen des Referenzprozesses oder in der Abweichung zum Prozess während der Projektabwicklung lagen. Der Wissenstransfer kann projektintern zur Vorbereitung des nächsten Projektabschnitts oder projektübergreifend erfolgen. Ziel ist in jedem Fall die Erhöhung der Effektivität und Effizienz zukünftiger Projektabwicklungen.

19.7 Qualitätsplanung in der Produktentstehung

Christof Jansen, Gero Heidelberger, Thomas Kupka, Thomas Prefi

19.7.1 Einleitung

Die Entwicklung eines hochwertigen Produkts orientiert sich an den Bedürfnissen der Kunden und am Wirtschaftlichkeitsinteresse des herstellenden Unternehmens. Daher ist es notwendig, die Kunden- und Unternehmensanforderungen sorgfältig zu ermitteln, diese in konkrete Anforderungen an das neue Produkt zu überführen, die erforderlichen qualitätssichernden Maßnahmen zu planen und entlang der Entwicklung durchzuführen. Die aufgezählten Aktivitäten können unter dem Begriff Qualitätsplanung zusammengefasst werden.

In der Literatur und in der Praxis sind verschiedene Ansätze zur Qualitätsplanung zu finden, die bei der Planung und Absicherung der Produkt- und Prozessqualität im Rahmen von Produktentstehungsprozessen einsetzbar sind. Ohne Anspruch auf Vollständigkeit enthalten beispielsweise die Normenfamilie DIN EN ISO 9000 ff., die ISO/TS 16949, die DIN EN 9100, die amerikanischen QS9000 Standards oder das V-Modell XT Ausführungen zu diesem Thema.

Exemplarisch sei im Folgenden der aus der Automobilindustrie stammende *Advanced-Product-Quality-Planning-Ansatz* (*APQP*) – Teil der QS9000 Standards – dargestellt, um die Zielsetzungen und Charakteristika der Qualitätsplanung zu verdeutlichen. Der APQP-Ansatz bietet, als Ergänzung zu den abstrakt formulierten Anforderungen der ISO/TS 16949, konkrete Hinweise für Umsetzungslösungen zur Qualitätsplanung an.

Generell kann der APQP-Ansatz als Methodensammlung verstanden werden. Die darin angebotenen Methoden werden entlang der verschiedenen Phasen der Produktentwicklung eingesetzt und gliedern sich nach den fünf thematischen Feldern:

a) Qualitätsplanung und -definition
b) Produktentwicklung
c) Prozessentwicklung
d) Produkt- und Prozessvalidierung
e) Rückmeldung, Assessment und Korrekturmaßnahmen

Abbildung 19.30 zeigt schematisch, in welchen Entwicklungsphasen die APQP-Methoden der einzelnen Themenfelder schwerpunktmäßig eingesetzt werden.

Der APQP-Standard umfasst insgesamt 38 Methoden, die im Einzelnen an dieser Stelle nicht ausgeführt werden können. Um einen Eindruck zu vermitteln, seien hier lediglich die Design-FMEA, produktions- und montagegerechtes Produktdesign sowie Design Reviews genannt, die zur qualitätssichernden Unterstützung des Produktentwicklung eingesetzt werden können.

Dem unzweifelhaften Nutzen, den der APQP-Standard stiften kann, stehen bei der Umsetzung oftmals anzutreffende Schwierigkeiten und Hindernisse gegenüber. So führen die Vielzahl an Methoden und die begrenzt zur Verfügung stehenden Ressourcen zur Einführung und Anwendung häufig dazu, dass zwar in der Breite Methoden ausgestaltet und in die Organisation getragen werden, diese jedoch für sich nicht ausgereift sind und nicht konsequent und nachhaltig angewendet werden.

Weiterhin trägt die Tatsache, dass der APQP-Standard die Methoden lediglich skizzenhaft anreißt und nicht im Detail ausführt, dazu bei, dass eine inkonsistente, nicht zusammenhängende Ansammlung an Methoden entsteht, die zwar für sich gesehen wirksam sind, die jedoch die enorme Wirkung, die eine durchgängig und zusammenhängend gestaltete Methodenkette bieten würde, nicht erzielt.

Vor diesem Hintergrund wird in diesem Abschnitt ein für die Praxis entwickelter Qualitätsplanungsansatz beschrie-

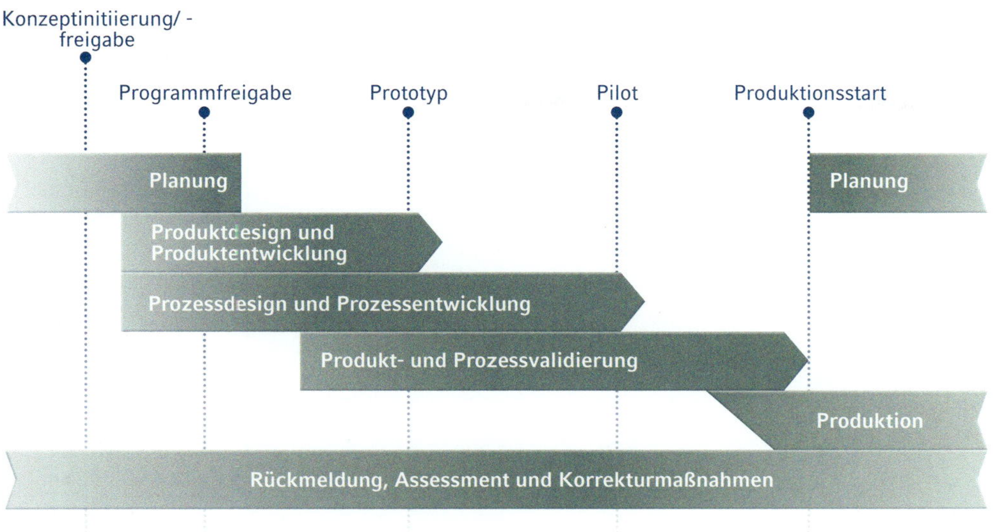

Abb. 19.30 Einbettung der APQP-Methoden in den Entwicklungsprozess

III

ben, der durch die durchgängige Verknüpfung einer gezielten Auswahl von Methoden und die Fokussierung auf die Funktion des Produktes die Wirkung der zur Verfügung stehenden Ressourcen maximiert.

19.7.2 Realisierung in der Praxis

Der im Folgenden beschriebene Qualitätsplanungsansatz wurde von einem führenden Hersteller von Heiz- und Klimatechnologie entwickelt und erfolgreich eingeführt. Das Unternehmen entwickelt seine Produkte an sechs Standorten und produziert in zehn global verteilten Werken für den Weltmarkt, es beschäftigt ca. 12 000 Mitarbeiter und erwirtschaftet einen Jahresumsatz von ca. 2,5 Mrd €/ Jahr.

Ausgangspunkt war eine im Jahr 2007 durchgeführte Marktforschungsstudie, die ergab, dass Kunden von Heiz- und Klimasystemen in Deutschland nicht mehr als einen ungeplanten Ausfall ihres Systems innerhalb von 15 Jahren dulden. Dies legte die Notwendigkeit einer systematischen Steigerung der Produktqualität offen. Zusätzlich erzeugte die unternehmensinterne Zielsetzung, die bereits niedrige Zahl der Kundenreklamationen erneut zu halbieren und damit die Garantie- und Kulanzkosten weiter zu reduzieren, für einen nicht zu unterschätzenden Handlungsbedarf.

Im Rahmen der hierzu initiierten Verbesserungsinitiative entstand über einen Zeitraum von vier Jahren ein praxisbezogener Qualitätsplanungsansatz für Produkte und Service-Dienstleistungen. Dieser hat zum Ziel, den an der Entwicklung von Produkten und Prozessen beteiligten Personen einen durchgängigen Satz an Methoden und Werkzeugen bereitzustellen, um frühzeitig – und von den Kundenerwartungen ausgehend – die funktionalen Anforderungen zu definieren, um die anforderungskonforme Umsetzung entlang des Produktentstehungsprozesses kontinuierlich zu verfolgen, und um schließlich die Produkt- und Prozessfreigabe gut begründet und rechtsicher zu verantworten.

Weiterhin sollte der Qualitätsplanungsansatz auf der Grundidee des APQP-Standards aufsetzen und folgende Anforderungen erfüllen:

a) Produktfunktionsorientierung vom Kunden zum Kunden
b) Fokussierung auf wenige, aber effektive Methoden
c) Durchgängigkeit der Methoden

Abbildung 19.31 illustriert die Einbettung der beschriebenen Methoden in den bereits etablierten Entwicklungsprozess der Unternehmung.

Die aufgebaute Methodenkette stellt – in Anlehnung an den originären APQP-Ansatz – sicher, dass

a) die qualitätsrelevanten Produktaspekte definiert (Funktionsanalyse) und dokumentiert (Funktionale Spezifikation) werden,
b) das Produkt und die zur Herstellung und Bereitstellung des Produktes benötigten Prozesse qualitätsorientiert entwickelt werden (Design FMEA, Prozess FMEA),
c) das Produkt und die Produktherstellungsprozesse validiert werden (Testplanung und -entwicklung, Produktionslenkungsplan, Prozess,- und Produktfreigabe),
d) Erfahrungen in die Produktbewährung und künftige Entwicklungen einfließen.

Im Folgenden sind die einzelnen Methoden charakterisiert und deren durchgängiges Zusammenwirken dargestellt.

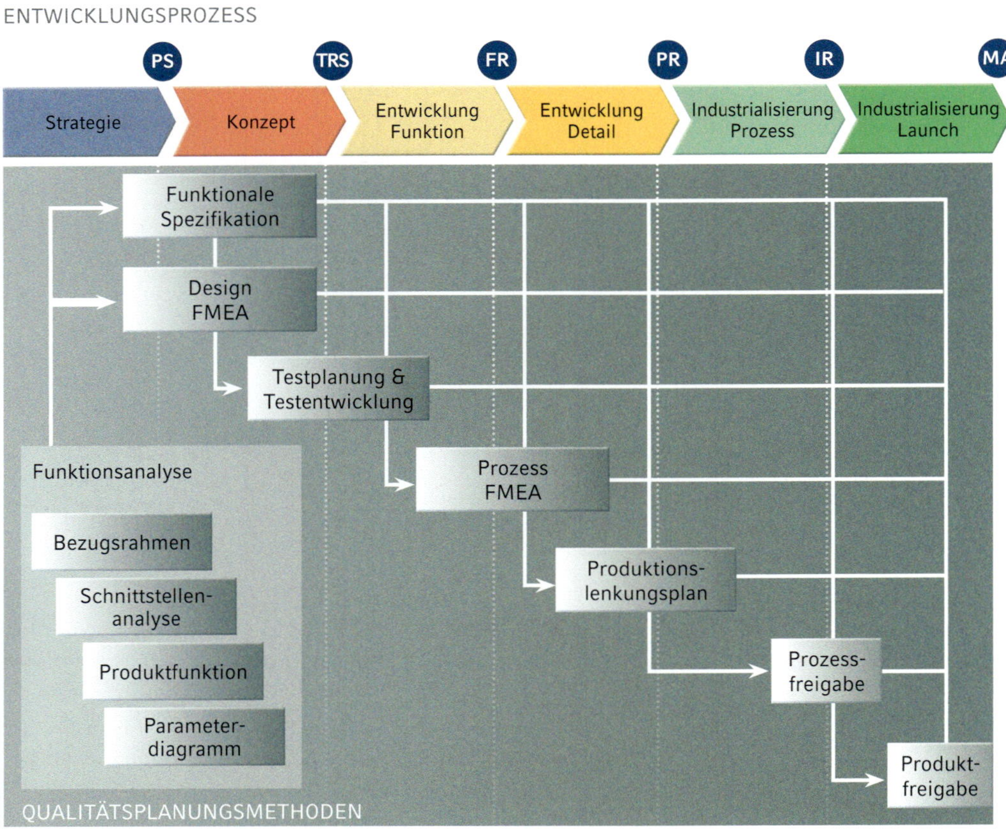

Abb. 19.31 Qualitätsplanungsmethoden im Entwicklungsprozess

III

19.7.2.1 Funktionsanalyse

Das Start- und Kernelement der Planung und Definition der Produktqualität stellt die *Funktionsanalyse* dar. Diese wird in den frühen Phasen des Entwicklungsprozesses (Strategie- und Konzeptphase) angewendet und besteht aus den vier eng miteinander verknüpften Teil-Methoden *Bezugsrahmen*, *Schnittstellenanalyse*, *Produktfunktion* und *Parameterdiagramm*. Die Zielsetzung der Funktionsanalyse besteht darin, die technisch-inhaltliche Grundlage für die anschließende Produktentwicklung und weitere Qualitätsplanungsmethoden zu erarbeiten, durch die funktionsorientierte Produktentstehung zu lotsen und gleichzeitig Entwicklungsfehlerwahrscheinlichkeiten zu reduzieren bzw. zu einer beschleunigten Abstellung von Fehlern beizutragen.
Sukzessive werden im Zuge der Funktionsanalyse der technischen Rahmen des zu entwickelnden Systems festgelegt, die technischen und organisatorischen Schnittstellen zu Systemumgebung bzw. Verantwortlichen definiert, die erforderlichen Produktfunktionen identifiziert und die funktionale Spezifikation bezüglichder technische Anforderungen und entsprechenden Umsetzungsansätzen im Kern erarbeitet.

Bezugsrahmen

In einem ersten Schritt ist im Rahmen der Funktionsanalyse das zu entwickelnde technische System von seinem Umfeld abzugrenzen. Das Ziel besteht darin, den technisch-inhaltlichen Rahmen und die Verantwortlichkeiten innerhalb des Projekts verbindlich festzulegen: „Was gehört zur Produktentwicklung, was liegt außerhalb?" Diese Methode lässt sich auf alle Ebenen der Produktarchitekur anwenden und ist insbesondere sinnvoll, wenn Kunden-/Lieferantenschnittstellen im Produktentstehungsprozess beteiligt sind. Abbildung 19.32 illustriert schematisch die Aufgabe der Methode Bezugsrahmen.
Verdeutlicht wird der technisch-inhaltliche Rahmen, indem man die Eingaben und die Ergebnisse der Entwicklungsaufgabe betrachtet. Was fließt als Eingang ein? Was kommt als Ergebnis heraus? Der Nutzen dieser Vorgehensweise besteht darin, durch bestmögliche Klärung des Entwicklungsumfanges Systemfehler zu vermeiden, die Entwicklungsgeschwindigkeit zu erhöhen und Auswirkungen eventuell auftretender, sekundärer Bereichsinteressen zu minimieren.

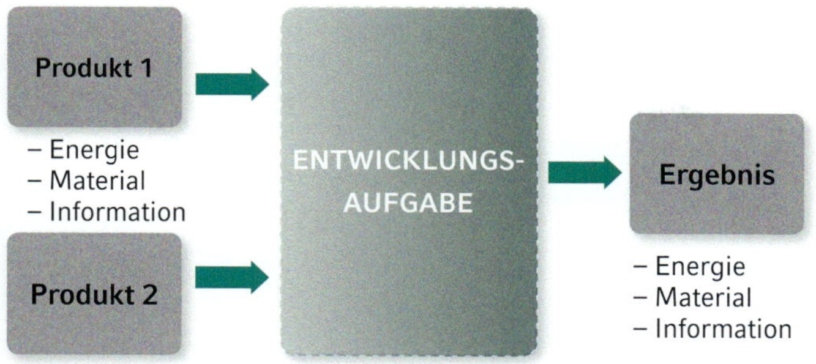

Abb. 19.32
Bezugsrahmen

19.7.2.2 Schnittstellenanalyse

Nach vorangegangener Klärung des inhaltlich-technischen Entwicklungsumfangs und der Projektverantwortlichkeiten werden nun mit der Schnittstellenanalyse systematisch alle Schnittstellen des Bezugsrahmens auf technische Inhalte hin untersucht und die technischen Parameter zur Schnittstellenbeschreibung definiert sowie spezifiziert. Ziel ist die eindeutige Erarbeitung und Festlegung der technischen Spezifikation eines jeden Ein- und Ausgangs, um die Kompatibilität des zu entwickelnden Systems mit den angrenzenden Systemen von vornherein sicherzustellen. Abbildung 19.33 verdeutlicht diese Aufgabenstellung. Vor dem Hintergrund der Entwicklung von Heiz- und Klimageräten sind beispielsweise stets Material-, Energie- und Informationsflüsse und/oder physikalische Interaktionen, die an Systemschnittstellen ausgetauscht werden, zu beschreiben. So sind im Besonderen für die Spezifikation des Mediums Heizwasser die physikalischen Dimensionen Systemdruck, Temperatur, Flussgeschwindigkeit, aber auch chemische Merkmale wie Wasserhärte, pH-Wert und marktspezifische chemische Zusätze zu betrachten.
Die Herangehensweise, zunächst die Schnittstellen zu definieren, hat den Vorteil, dass die Aufmerksamkeit erst einmal auf diejenigen Aspekte gerichtet wird, die für ein reibungsloses Funktionieren des zu entwickelnden Systems innerhalb der Gesamtanwendung entscheidend sind. Des Weiteren können auf diese Weise präventiv System- und Produktfehler sowie unnötige Funktionsentwicklungen bzw. -kosten vermieden werden.

19.7.2.3 Produktfunktion

Die an die Schnittstellenanalyse anschließende Methode Produktfunktion erlaubt es, die Summe aller einzelnen Funktionen, die ein Produkt realisieren und über seine Ausgangsschnittstellen liefern soll, genau zu verstehen und zu spezifizieren. Unter Funktion ist die Beschreibung einer klaren und reproduzierbaren Beziehung zwischen einer definierten Eingangs- und einer gewünschten Ausgangsgröße zu verstehen. Zur Identifikation der Produktfunktion werden alle Ausgangsgrößen mit den zur Verfügung stehenden Eingangsgrößen verbunden.
Mit der Identifikation der Produktfunktion verknüpft die Methode die Anforderungen des Kunden mit dem Wirksystem des Produkts, den Anforderungen an die benötigten Produktkomponenten und den Herstellprozessen der Wertschöpfungskette. Damit spielt diese Methode die zentrale Rolle im Produktentstehungsprozess. Abbildung 19.34 vermittelt einen Eindruck der Planung der haupt-

III

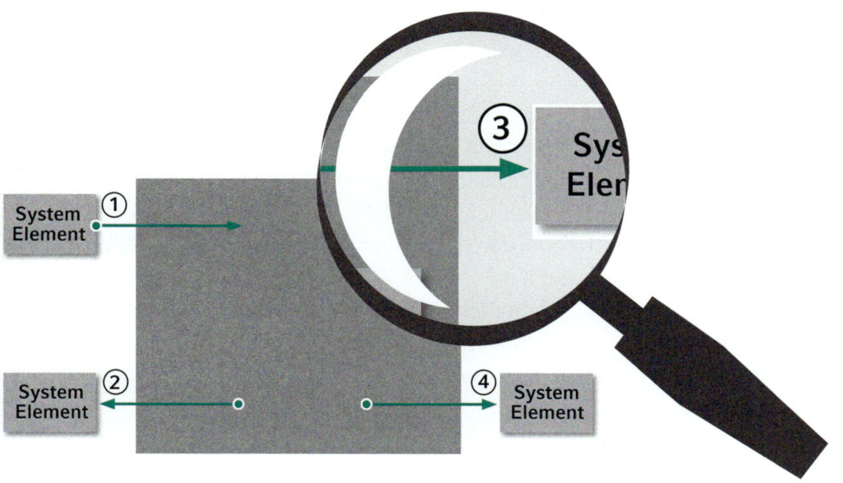

Abb. 19.33
Bezugsrahmen und Schnittstellenanalyse

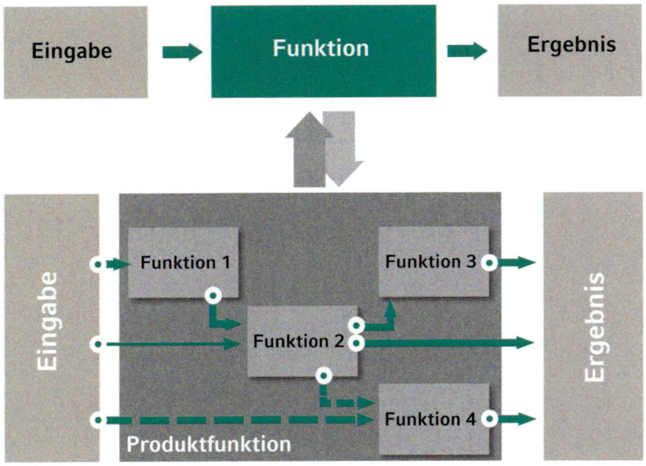

Abb. 19.34
Produktfunktion

sächlichen Produktfunktion und deren Realisierung durch miteinander verknüpfte, produktinterne Unterfunktionen. Im Kontext der Heizgeräteentwicklung spielen beispielsweise folgende Produktfunktionen eine prominente Rolle, zu denen die Methode Produktfunktion ein detailliertes Verständnis und eine belastbare Spezifikation dieser Funktionen für den jeweiligen Anwendungsfall liefert:

- Heizungswasser erhitzen [Leistung]
- Gas verbrennen [Wirkungsgrad; Abgas: CO, CO_2, NOx, ...]
- Heizungswassertemperatur bedarfsgerecht regeln [max. delta T]
- Gerätestatusinformationen über Display ausgeben
- Heizungswasserdruck aufbauen [Delta p über Durchflussmenge]
- Abgasdruck aufbauen [Delta p über Abgasvolumenstrom]
- Gas abdichten [< zugelassener Norm-Grenzwert; m3]
- Abgasleitung abdichten [< zugelassener Norm-Grenzwert]
- Heizwasserleitung abdichten [kein Tropfen über die Zeit]
- Kondensatleitung abdichten [kein Tropfen über die Zeit]
- Mechanische Kräfte an den Schnittstellen kompensieren [N, Nm, ...]

Der Nutzen der Methode Produktfunktion liegt insbesondere darin, die Grundlage für eine rechtsfeste Produktbereitstellung zu legen. Durch Standardisierung von einzelnen Funktionen kann zusätzlich eine signifikante Beschleunigung der Entwicklungszeiten erreicht werden. Mit Standardmodellen wird das Kern-Know-how nachvollziehbar dokumentiert und nachfolgende Entwicklungsteams können ihren Entwicklungsfokus auf die Anpassungen der Funktionsstandards (z.B. induziert durch Kostenoptimierungsmaßnahmen) legen.

19.7.2.4 Parameterdiagramm

Das Parameterdiagramm ist eine Methode, die das Verständnis und die Definition der Produktfunktion komplettiert, indem die jeweiligen Produkt- und Komponentendesignparameter, Störfaktoren und Fehlerzustände zu den bereits definierten Ein- und Ausgangsgrößen hinzugefügt werden und die Realisierung der Produktfunktionen anhand von Komponenten geplant wird. Die Bezeichnung der Methode deutet auf die in der Praxis bewährte Visualisierung der Gesamtheit aller für die Erzeugung von Produktqualität relevanten Funktionsparameter in Form eines Diagramms hin. Insofern besteht das Ziel der Methode Parameterdiagramm darin, die Produktplanung im Rahmen der Funktionsanalyse abzuschließen und das funktionale Produktlastenheft, die Design-FMEA und die Testplanung vorzubereiten.
Am Beispiel des Parameterdiagramms für einen Durchflusssensor, das in Abbildung 19.35 illustriert ist, wird nun die Methode verdeutlicht. Ausgangspunkt sind die vom Auftraggeber definierten Produktdesignparameter (Kennlinie Wasservolumenstrom vs. elektrischer Widerstand, Druckverlust, keine Tropfenbildung). In den methodischen Schritten zuvor (Bezugsrahmen und Schnittstellenanalyse) wurden Massenstrom, Druck, Temperatur und chemische Zusammensetzung der Wasserqualität als Eingabe und Ergebnis definiert und spezifiziert. Die im methodischen Schritt Produktfunktion identifizierte Liste der Funktionen des Durchflusssensors sind:

1. Transfer der Wasserverwirbelung in ein elektrisches Signal
2. Wasser leiten
3. Abdichten gegenüber der Umwelt
4. Kompensation mechanischer Kräfte an den Schnittstellen

Beispielhaft wird die Funktion „Wasser leiten“ in das

Parameterdiagramm übertragen. Weiterhin wird das Realisierungskonzept auf Basis der bisher vorliegenden Informationen durch den Entwickler festgelegt. Im Zusammenhang mit der zu realisierenden Funktion „Wasser leiten“ sind insbesondere die Komponenten Gehäuse und Sensorpaddel zu wählen und Komponentendesignmerkmale (Länge, Durchmesser und Oberfläche) zu definieren. Diese Merkmale müssen robust gegenüber Störfaktoren ausgelegt werden. Zu den Störfaktoren zählen Zeichnungstoleranzen, Verschleiß (25 000 An/Aus-Zyklen bei 130 000 Betriebsstunden), Kundenanwendung (Betrieb auf dem Balkon), Umgebungsbedingungen (Temperatur 0 … 60 °C) und Systeminteraktion (Pumpenvibration).
In Vorbereitung auf die im späteren Verlauf durchzuführende Design-FMEA werden mögliche Fehler (Fehlermodus) identifiziert. So könnte in diesem Beispiel hinsichtlich der Funktion „Wasser leiten“ im Vergleich zur Spezifikation kein Wasser, zu wenig Wasser oder nur manchmal Wasser durchgeleitet werden. Deshalb werden alle Produktkomponenten innerhalb des Durchflusssensors, die Wasser leiten, betrachtet und nach Risiken bezüglich der Funktionserfüllung und Lastenheftkonformität geprüft. Außerdem stellt sich die Frage, ob es Abweichungen zu anderen Kundenanforderungen (z. B.: Geräusche, EMV) gibt. Die Ergebnisse werden im Parameterdiagramm dokumentiert. Der Nutzen der geschilderten Methode Parameterdiagramm liegt insbesondere in der geschaffenen Transparenz über alle produktqualitätserzeugenden Parameter und der Dokumentation dieses Kernwissens, was letztlich zu einer Vermeidung von Produktfehlern, einer Erhöhung der Entwicklungsgeschwindigkeit und zu einer Optimierung der Herstellkosten führt.

19.7.2.5 Funktionale Spezifikation

Nachdem in der Funktionsanalyse die Produktanforderungen und die wesentlichen Produktmerkmale identifiziert, geplant und definiert wurden, erfolgt die Dokumentation derselben in Form eines Produktlastenheftes und eines Pflichtenheftes, zusammengefasst unter dem Begriff der Funktionalen Spezifikation.

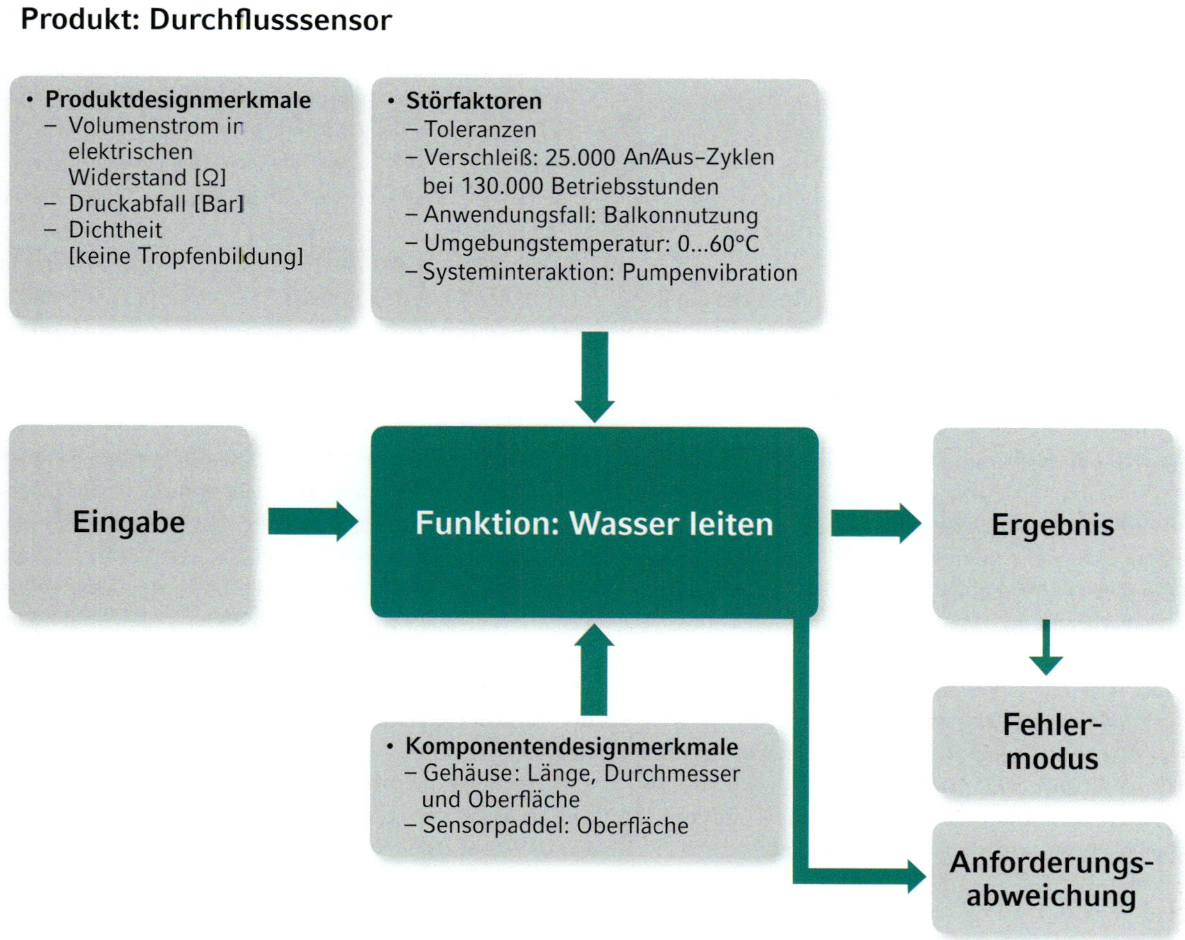

Abb. 19.35 Parameterdiagramm eines Durchflusssensors

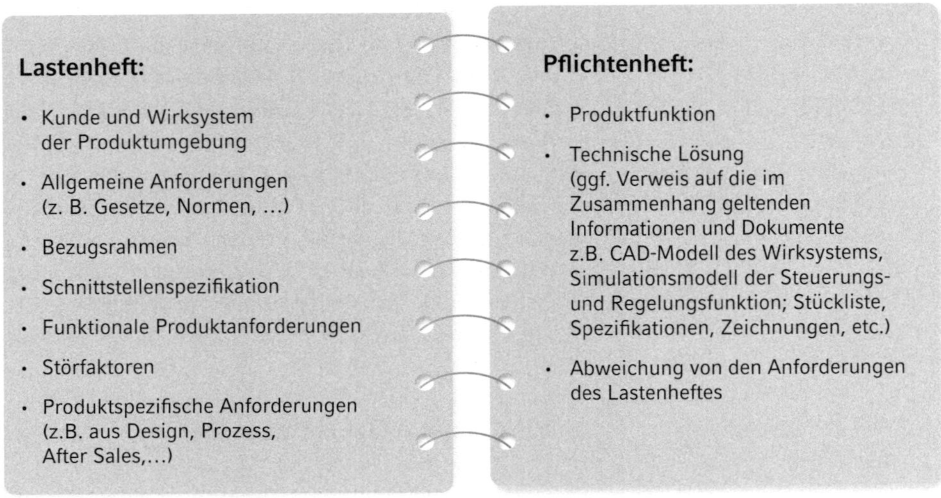

Abb. 19.36 Inhaltsverzeichnis einer Technischen Produktspezifikation

Das Produktlastenheft ist ein Dokument, in dem die vom technischen Auftraggeber definierten bzw. zusammengetragenen Anforderungen und Vorgaben für ein Produkt beschrieben sind. Es enthält Antworten auf die grundlegenden Leitfragen „Was soll das Produkt leisten?“ und „Wie soll das Produkt sich verhalten?“. Das Dokument, in dem die zur Umsetzung der im Lastenheft beschriebenen Anforderungen und Vorgaben vorgesehenen technischen Lösungen beschrieben sind, wird als Pflichtenheft bezeichnet. Lasten- und Pflichtenheft können in Form der Technischen Produktspezifikation zusammengefasst werden. Abbildung 19.36 zeigt auszugsweise darin dokumentierte Themen.

Das Ziel der Technischen Produktspezifikation ist die Bereitstellung einer eindeutigen Dokumentation der Produktanforderungen und der technischen Umsetzungslösungen. Diese Dokumentation dient als Vertragsgrundlage für die Zusammenarbeit zwischen Auftraggeber und Lieferant - sowohl der unternehmensinternen als auch der externen Lieferanten - und als Grundlage für eine geregelte Handhabung von Anforderungsänderungen.

Durch die Technische Produktspezifikation wird bei allen Beteiligten des Entwicklungsprojekts für Klarheit gesorgt, was zu entwickeln ist. Damit kann letztlich die Entwicklungsgeschwindigkeit erhöht, sogenanntes „Over-Engineering“ vermieden und eine effektive sowie schlanke Handhabung von Anforderungsänderungen gewährleistet werden. Durch Zusammenführung von Lasten- und Pflichtenheft zu einem Dokument kann darüber hinaus der Administrationsaufwand verringert und die Transparenz bezüglich der jeweiligen Inhalte erhöht werden.

19.7.2.6 Design FMEA

Das Ziel der Design-FMEA liegt darin, bereits in frühen Stadien der Produktentwicklung mögliche Entwicklungsrisiken transparent zu machen und entsprechende Maßnahmen zu ergreifen, um diese Risiken zu minimieren. Damit ist die Design FMEA ein effektives und bewährtes Hilfsmittel, um Entwicklungsaktivitäten nach Priorität, Zeitverlauf und Ressourceneinsatz zu steuern.

Bei der Identifikation von Risiken orientiert sich die Design-FMEA an Leitfragen wie „Was verbirgt sich hinter der Funktion/Konstruktion?“ und „Welcher Fehler wurde möglicherweise beim Erarbeiten der Anforderung an die Produktkomponenten gemacht?“. Gegenstand der Design-FMEA ist das zu entwickelnde Produkt bzw. dessen Module oder Komponenten. Abbildung 19.37 zeigt eine technische Zeichnung eines Heizgerätes, auf das eine Design-FMEA beispielsweise angewendet werden kann.

Die Identifikation von Fehlermodi erfolgte bereits über das Parameterdiagramm. Die Bewertung der daran geknüpften Risiken erfolgt in den Dimensionen Fehlerbedeutung, Auftretenswahrscheinlichkeit und Entdeckungswahrscheinlichkeit in jeweils einer Skala von 0 bis 10. Die aus der Risikobetrachtung abgeleiteten Maßnahmen sind entweder präventiv oder überprüfend. Im ersten Fall sind konkrete Entwicklungsmaßnahmen zur Ableitung von fehlerfreien Produktmerkmalen, im zweiten Fall Maßnahmen zur Definition von Testanforderungen für die Verifikation und Validierung des Produkts zu verstehen.

Zur Priorisierung von Risiken und entsprechenden risikominimierenden Maßnahmen wird üblicherweise die Risiko-Prioritäts-Zahl (RPZ) verwendet, die sich aus der Multiplikation von Fehlerbedeutung, Auftretenswahrscheinlichkeit der Ursache und Entdeckungswahrscheinlichkeit des Einzelrisikos ergibt.

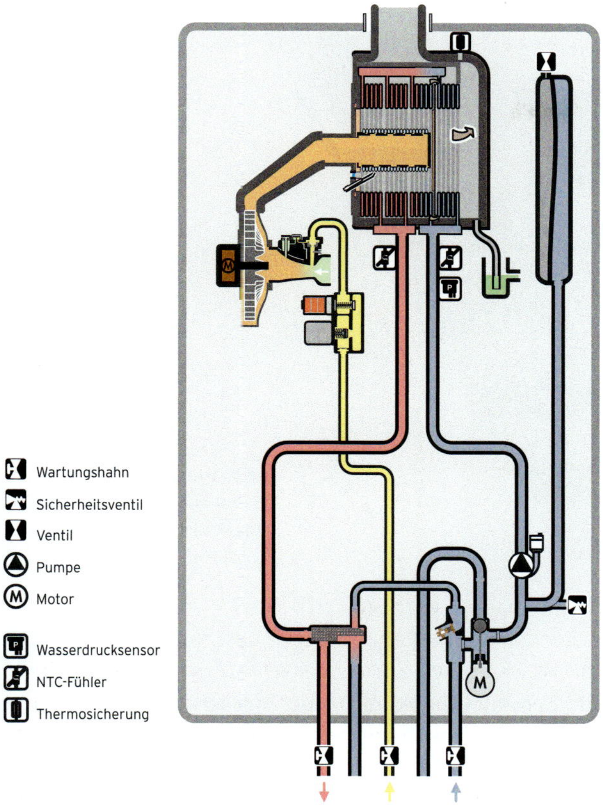

Abb. 19.37 Schematische Darstellung eines Heizgeräts

Als Beispiel für eine Design-FMEA ist im Folgenden auszugsweise die Betrachtung eines Heizkessels beschrieben. In Vorbereitung der FMEA gilt es, die grundlegenden Anforderungen und die Produktfunktionen des Heizkessels zur Verfügung zu haben. Die Anforderung lautet, dass der Heizkessel so viel Wasser durch das Heizsystem pumpen muss, dass auch die oberste Wohnungsetage, die für dieses Heizsystem spezifiziert ist, ausreichend mit zirkulierendem Wasser versorgt wird. Die entsprechende Produktfunktion des Heizkessels besteht folglich darin, einen entsprechenden Wasserdruck aufbauen, um einen ausreichenden Wasservolumenstrom zu erzeugen.
Als erster FMEA-Schritt wird die Fehlermöglichkeit, dass der erzeugte Wasserdruck nicht hoch genug ist, identifiziert. Als Fehlereinfluss wird festgestellt, dass der Fehler zwar nicht sicherheitsrelevant ist, dass die notwendige Wasserzirkulation sich aber nicht einstellt, die oberste Etage der Wohnung nicht ausreichend mit Heizwasser versorgt wird und der Kunde beim Installateur/Kundendienst reklamieren könnte. Als Fehlerursache wird herausgearbeitet, dass der Entwickler eine zu schwache Pumpe eingesetzt haben könnte, da er beispielsweise die im Heizgerät liegenden produkteigenen Druckverluste der Rohre, Biegungen und Wärmetauscher nicht berücksichtigt hat.

Weiterhin folgt nun die Ableitung von Maßnahmen. Als präventive Maßnahme kommt in Betracht, dass weitere Experten, die sich mit Förderhöhen von in Heizkesseln verbauten Pumpen auskennen, zur Beurteilung der Pumpendimensionierung hinzugezogen werden. Als Entdeckungsmaßnahme für unzureichend dimensionierte Pumpen könnte einen Entwicklungstest entwickelt und geplant werden, der die tatsächliche Förderhöhe bezogen auf den definierten Sollwert verifiziert.
Die Notwendigkeit und der Nutzen einer Design-FMEA ist gemeinhin unbestritten und bedarf keiner besonderen Erwähnung. Hervorzuheben ist allerdings der Nutzen, der sich aus der konsequenten Einbettung der Design-FMEA in eine durchgängige Methodenkette wie der vorgestellten ergibt. Die Sammlung und Dokumentation des Kern-Know-hows, das im Rahmen der FMEA entsteht, steht für weitere Entwicklungsaktivitäten zur Verfügung. Zudem wird durch die durchgängige Nutzung der abgeleiteten überprüfenden Maßnahmen der Aufwand für die Testplanung minimiert.

19.7.2.7 Testplanung und -entwicklung

Entlang der methodischen Kette liefert die Testplanung und -entwicklung die Grundlage für eine qualitätsgerichtete Verifikation und Validierung von Produkt- und Prozessmerkmalen während der Produktentwicklung. Unter Verifikation ist die Überprüfung, ob ein Produkt/Prozess den spezifizierten Anforderungen entspricht, zu verstehen. Die Verifikation wird zusammen mit dem Entwickler geplant und entwickelt.
Die Validierung hingegen ist die Überprüfung, ob das Produkt die Kundenerwartung erfüllt und in dessen Systemumgebung funktioniert, und ob der Herstellprozess tatsächlich ein konformes Produkt erzeugt. Die Validierungsplanung und -entwicklung erfolgt gemeinsam mit den jeweiligen internen und externen Kunden. Abbildung 19.38 zeigt die vorgestellten Begrifflichkeiten im Zusammenhang mit dem V-Modell. Das Ziel der Testplanung und -entwicklung besteht darin, die planerischen und inhaltlichen Grundlagen für eine effektive, ressourceneffiziente, dokumentierte und unabhängige Verifizierung und Validierung zu legen und somit auch eine belastbare Produktfreigabeentscheidung vorzubereiten.
Als einfaches, aber praxisnahes Beispiel ist im Folgenden die Absicherung der Dichtheit eines Heizkesselgerätes gegenüber der Umwelt geschildert. Zunächst gilt es, aus dem Produktmerkmal „Dichtheit" im Rahmen der Testplanung und -entwicklung konkrete Testverfahren und -parameter abzuleiten. Als Testverfahren kommen prinzipiell Standarddichtheitstests mit Wasser oder mit Luft in Frage – ohne auf die Vor- und Nachteile der einzelnen einzugehen. Fällt die Entscheidung für das Verfahren mit

III

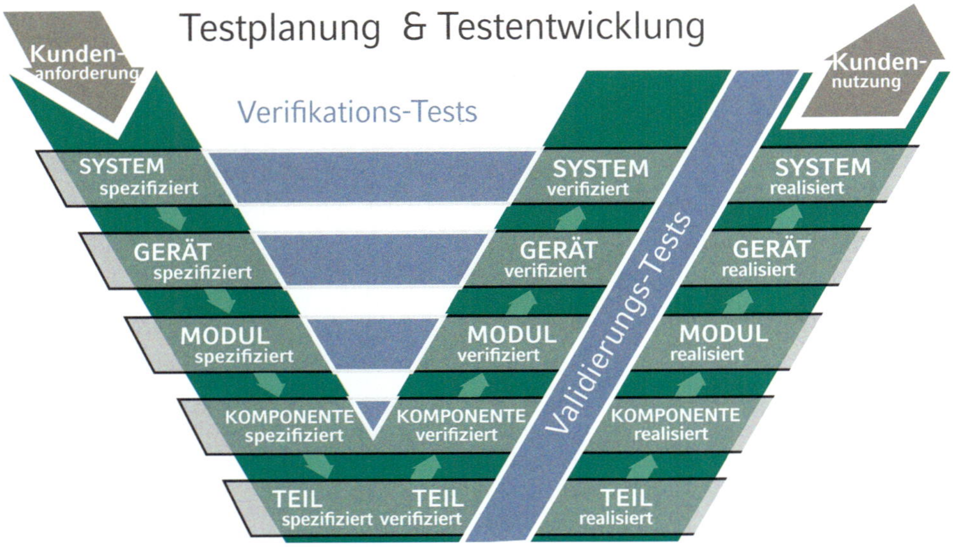

Abb. 19.38
Planung und Entwicklung von Verifikations- und Validierungstests

III

Wasser, dann ist das Akzeptanzkriterium „keine Tropfenbildung über die Zeit“ zu operationalisieren, d.h. der anliegende Wasserdruck und die Zeitdauer für eine tropfenfreie Dichtverbindung wird definiert.
Der Nutzen der in die Qualitätsplanungsmethoden eingebetteten Testplanung und -entwicklung besteht darin, dass zu jedem Produktmerkmal mindestens ein Testverfahren mit relevanten Testparametern existiert. Weiterhin kann durch zur Verfügung stehendes Wissen um Entwicklungs- und Konstruktionsrisiken aus der Design-FMEA der Testaufwand für einzelne Produktelemente priorisiert und gesteuert werden.

19.7.2.8 Prozess-FMEA

Nachdem die Produktentwicklung, abgesichert durch die vorangehend beschriebenen Qualitätsplanungsmethoden, vorangetrieben und auch die Entwicklung der produktherstellenden Prozesse begonnen wurde, findet analog zur Design-FMEA die Prozess-Fehlermöglichkeits- und -einflussanalyse (Prozess-FMEA) zur systematischen Identifikation und Bewertung von Risiken der produktherstellenden Prozesse statt. Das Ziel der Prozess-FMEA liegt darin, bereits in frühen Stadien der Prozessentwicklung mögliche Entwicklungsrisiken transparent zu machen und entsprechende Maßnahmen zu ergreifen, um diese Risiken zu minimieren. Damit ist die Prozess-FMEA ein effektives und bewährtes Werkzeug, um die Prozessentwicklung nach Priorität, Zeitverlauf und Ressourceneinsatz zu steuern und Nacharbeits- und/oder Verschrottungskosten während der Serienproduktion zu minimieren.
Gegenstand der Prozess-FMEA sind die produktherstellenden Prozesse, insbesondere also die Herstellung von Komponenten und die Montage des Produkts, aber auch die Beschaffungs- und Logistikprozesse und weitere für die Serienfertigung relevante Abläufe. Abbildung 19.39 illustriert exemplarisch den Prozess einer „One-Piece-Flow“-Linie zur Heizgerätemontage, auf den eine Prozess-FMEA angewandt werden kann. Während der FMEA können Themen wie beispielsweise die Prozessrobustheit gegenüber menschlichen Fehlern, die Materialbereitstellung, die Material- bzw. Produktkomponentenkonformität als auch die Eignung, Überprüfung und Wartung von Maschinen und Testeinrichtungen adressiert, hinterfragt und verbessert werden. Die Prozess-FMEA folgt denselben Prinzipien wie eine Design-FMEA. Daher sei an dieser Stelle hinsichtlich der Betrachtungsdimensionen, der Priorisierung von Risiken und der Maßnahmenableitung auf die Ausführungen zur Design-FMEA verwiesen.
Exemplarisch ist im Folgenden ein Ausschnitt aus einer Prozess-FMEA zu einem Dichtungsmontageschritt beschrieben: Zunächst werden in Vorbereitung auf die FMEA aus der Produktspezifikation, der Stückliste und der Entwicklungszeichnung die benötigten Informationen bezüglich der abzudichtender Wasserpumpe und den zu montierenden Dichtungsringen und die daraus resultierenden Anforderungen an den Montageschritt zurechtgelegt. Weiterhin wird der Prozess zur Montage der Dichtung bereitgelegt, die zwischen der Pumpe und einem daran angeschraubten Rohr zum Abdichten der Verbindung appliziert wird.
Es folgt dann der erste Schritt der FMEA, in dem eine potentielle Fehlermöglichkeit, nämlich dass die Dichtung nicht montiert wurde, identifiziert wird. Im Anschluss erfolgt die Beschreibung des Fehlereinflusses, der darin besteht, dass die Pumpe/Rohr-Schnittstelle undicht werden kann und Kundenreklamation die Folge sind. Als eine

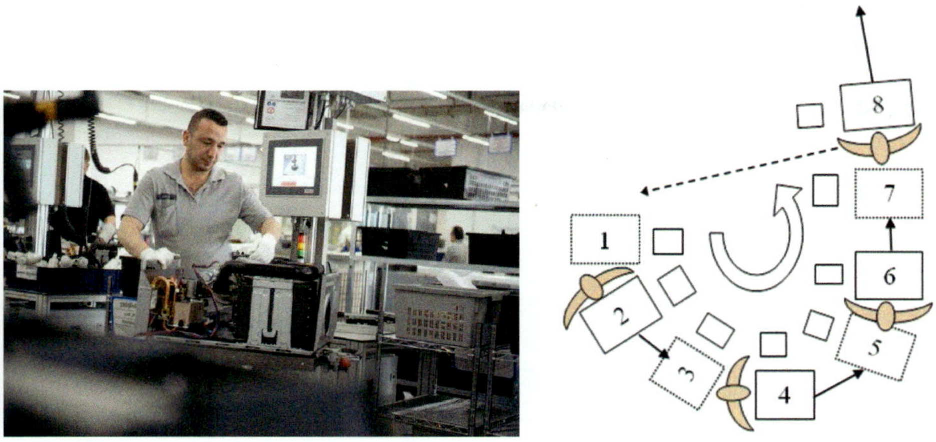

Abb. 19.39
Beispiel eines Montageprozesses für Heizgeräte

Fehlerursache wird der Mitarbeiter identifiziert, der den Arbeitsschritt Dichtungsmontage nicht durchgeführt hat. Die Bedeutung des Fehlereinflusses wird, da Kundenreklamationen die Folge sein können, mit 8 von 10 möglichen Punkten als „hoch" eingestuft. Gleichermaßen wird die Auftretenswahrscheinlichkeit mit 3 von 10 möglichen Punkten als „gering" eingeschätzt. Die Wahrscheinlichkeit, dass die Fehlerursache während der Montage unentdeckt bleibt, wird ebenfalls als „hoch" eingestuft (7 von 10 Punkten). Als Maßnahme zur Erhöhung der Entdeckungswahrscheinlichkeit von Montagefehlern wird eine Kameraüberwachung der Dichtungspositionierung im Prozess eingeplant.

Analog zur Desig-FMEA ist auch für die Prozess-FMEA der Nutzen hervorzuheben, der sich aus der Einbettung der Prozess-FMEA in die durchgängige Methodenkette ergibt. Dadurch, dass Informationen der zuvor durchgeführten qualitätssichernden Methoden als Eingaben für die FMEA zur Verfügung stehen, minimiert sich der Vorbereitungsaufwand und die Wirkung der FMEA wird maximiert. Zudem stehen die identifizierten Risiken und abgeleiteten Maßnahmen für eine qualitativ hochwertige und effiziente Erstellung des Produktionslenkungsplans zur Verfügung.

19.7.2.9 Produktionslenkungsplan

Die Methode Produktionslenkungsplan (engl. *Control Plan*) sieht die Planung und Dokumentation der Prüfparameter und -verfahren vor, die während der Serienproduktion die Qualität der Produkte und die Prozessfähigkeit sicherstellen. Das Ziel der Produktionslenkungsplanung liegt darin, die qualitätssichernden Prüf- und Kontrollmaßnahmen der Produktion festzulegen und zudem Reaktionspläne für den Fall bereitzustellen, falls die Produktion nicht anforderungskonform verläuft.

Der große Nutzen der Einbettung des Produktionslenkungsplans in den Methoden der Qualitätsplanung liegt darin, dass sämtliche Informationen zu Produktanforderungen, -merkmalen, Prozessrisiken, Testparameter und -verfahren, Produktwissen etc., die im Verlauf der Entwicklung erzeugt wurden, Eingang in die Planung der Serienabsicherung finden, und damit eine fundierte und effektive Qualitätssicherung der Serienherstellung des Produktes ermöglicht wird.

III

19.7.2.10 Entwicklungs-, Prozess- und Produktfreigabe

Die Methoden der Entwicklungs-, Prozess- und Produktfreigabe bilden den Abschluss der Methodenkette. Sie stellen jeweils eine unabhängige Freigabeentscheidung nach dem Vier-Augen-Prinzip und im Sinne des Kunden dar.

Im Einzelnen gibt die Entwicklungsfreigabe die Ergebnisdokumente der Produktentwicklung und die Prozessfreigabe die Serienfertigungsprozesse für das Produkt frei. Hierzu gehören neben der Aufzeichnungen der hier vorgestellten Methoden noch weitere Aufzeichnungen, die in diesem Kapitel nicht thematisiert wurden, beispielsweise Machbarkeitsstudien, Prozessflussdiagramme und Messsystemanalysen.

Die Produktfreigabe ist ein Dokument mit dem die Freigebenden insgesamt Folgendes bestätigen:

a) Das Serienprodukt entspricht den definierten Anforderungen.
b) Die Produktfertigungslinie und die Fertigungslinien der Produktkomponenten entsprechen dem Serienstatus. In definierter Taktzeit können prozesssicher anforderungskonforme Produkte hergestellt werden.
c) Die entsprechende Nachweisdokumentation liegt vor.

Abbildung 19.40 zeigt beispielhaft ein Freigabedokument für ein Heizgerät.

Group Part Approval Document

Name of supplier:	Supplier Production Site:	Doc. No.:	
		ECO No.:	
Address of supplier:	Mat. No & SAP Rev		Reason for approval:
	Drawing N°& Rev.		New / Changed part
	Specification N°& version		New / Changed process
	Catalogue order number		New / Changed Location
Material Description	VG R&D		New Supplier
	VG Purchasing		Other:
	VG Quality		Origin part approval level
Requirements defined by:			

Line Reject approach: 0 ppm
Field Reject approach: 0 ppm

Actual approval level

1		Signed Part Approval Document
2		+ Sample parts and documents copy
3		+ control plan and others as marked
4	x	+ audit at suppliers´ site

Audit No.:

Please archive original documents in related chapters - ready for our review.

Chapters		attach documents copy to part approval report	
1	Specification documents	x	with suppliers signature
2	Design FMEA	x	available at suppliers site for review
3	Feasibility: Simulations, Calculations, …	x	
4	Performance- / Functional test reports	x	
5	Lifetime test report	x	
6	Field test report	x	
7	Homologation test report / certificates	x	
8	Dimensional report (relating to measurement drawing)	x	for 3 parts all dimensions
9	Measurement drawing (Measured positions identified on drawing)	x	related to dimensional report (VG drawing)
10	Weight of the product (use the table "weights")	x	
11	Material test certificates (REACH/RoHS)	x	
12	Appearance test report	x	
13	Logistics: Packaging-, labelling advice	x	
14	Process FMEA	x	available at suppliers site for review
15	Process Flow Chart - Control Plan)*	x	
16	Measurement equipment: R&R studies	x	
17	Process Validation and Preliminary Capability Studies (cpk ⊠ 1.67)	x	
18	Shipping audit (Product audit) control plan	x	
19	Part Approval documents of sub-assembly & components	x	
20	Effectiveness Audit report	x	necessary only for level 4

)* CUSTOMER REMARK:
Adequate production tests must have to be derived from the specified product requirements (e.g. specifications and drawings). Due to these continuously performed tests at your location, your contractual partner belonging to the customer, shall be entitled to check supplied parts as to only whether they correspond to the ordered quantity and type and whether there is any visible transportation damage.

DECLARATION OF THE SUPPLIER:
We affirm, that submitted samples are representative of our parts and were produced on series tooling's. There are no deviations to law, customer or other valid requirements. This can be verified at our location at any time. I have noticed and agree with the important customer remark above. Insofar the documents specified in this Part Approval are protected by copyrights, we grant the companies of the customer up a non-exclusive right to use these documents for the purpose of production and distribution of customer products (including any corresponding processes, e.g. quality assurance, data-management) .
I have noted all deviations here :

Department	Name	Date	Supplier's Authorized Signature

Signature required, if marked

	Name (Production)	Date	Signature
manufacturing approval			

Decision

- approved
- rejected

Comment:

	Name (R&D)	Date	Signature
	Name (Quality)	**Date**	**Signature**
agreed			

Abb. 19.40 Beispiel eines Freigabedokumentes für ein Heizgerät

19.7.3 Organisatorische und weitere Aspekte

Auch wenn dieser Abschnitt den Schwerpunkt auf die Darstellung der Qualitätsplanungsmethoden und deren Zusammenhänge gelegt hat, sollen menschliche und organisatorische Aspekte, die wesentlich für den Umsetzungserfolg sind, nicht unerwähnt bleiben. Die Ausgestaltung der Methoden war eng an den konkreten Bedürfnissen der an der Entwicklung beteiligten Parteien orientiert, beispielsweise handhabbare Vorlagen und IT-Werkszeuge, die auch und gerade im Falle von Anforderungs- und Entwicklungsänderungen eine effiziente Administration der Informationen ermöglichen.

Gut ausgebildete, erfahrene und in der Qualitätsabteilung organisatorisch verankerte Qualitätsplaner haben den Entwicklungs- und Einführungsprozess kontinuierlich begleitet und standen mit ausreichend Kapazität und als fester Bestandteil der Projektteams zur Verfügung – als Trainer, Coach und operativer Unterstützer. Für die Nachhaltigkeit der Anwendung der Methoden – insbesondere in den frühen Phasen der Einführung – hat sich eine breite und stabile Unterstützung des Vorhabens durch Führungskräfte als unabdingbar gezeigt.

Für eine anhaltend hohe Motivation der beteiligten Mitarbeiter war entscheidend, dass die stets und proaktiv angepriesenen Vorteile der methodischen Qualitätsplanung einen schnellen, sichtbaren und konkreten Nutzen für die beteiligten Disziplinen nach sich zogen, so beispielsweise bei der effektiven und zeitnahen Lösung von technischen Fragestellungen in komplexen Abstimmungskonstellationen. Auch konnten durch die konsequente Verfolgung und Abstellung aufgedeckter Fehler die Nacharbeitsschleifen minimiert werden und die Fehlerabbaukurve bereits zum Verkaufsstart auf Zielniveau gebracht werden.

Das im Zuge der Methodeneinführung etablierte Vier-Augen-Prinzip, angewendet beispielsweise bei der gleichberechtigten Entscheidungsfindung bei Produkt- und Prozessfreigaben unter Beteiligung von Qualität und Entwicklung, war ebenfalls ein Garant für den Erfolg. Gemeinsames Vorgehen, beispielsweise bei der Testplanung, war generell ein wichtiger Umsetzungsaspekt und kann auf das Prinzip „Produktentwicklung ist ein Vorhaben aller Unternehmensfunktionen" zugespitzt und verallgemeinert werden.

19.7.4 Zusammenfassung und Ausblick

Methodenauswahl, -gestaltung und -einführung orientiert sich an den speziellen Bedürfnissen des jeweiligen Entwicklungsumfeldes. Im vorliegenden Fall waren neben der Qualitätssteigerung der zu entwickelnden Produkte insbesondere eine Stärkung der Produktfunktionsorientierung, die Fokussierung auf wenige, effektive Methoden und die Durchgängigkeit der Methoden die Hauptanforderungen. Entsprechend wurden aus den 38 APQP-Elementen sieben Methoden herausgegriffen. Diese wurden unternehmensspezifisch und durchgängig ausgestaltet, dann wurden sie in den etablierten Entwicklungsprozess eingebettet und die an der Entwicklung beteiligten Mitarbeitern wurden in der Handhabung der Methoden befähigt. So konnten die zur Verfügung stehenden Kapazitäten auf die für die Erreichung der gesetzten Ziele wirksamsten Methoden fokussiert werden.

Neben den methodischen Aspekten waren organisatorische und motivatorische Faktoren wichtig für die Einführung der Qualitätsplanung, darunter Orientierung an den konkreten Bedürfnissen der beteiligten Mitarbeiter, Verankerung von Qualitätsplanern in den Projektteams, breite Unterstützung der Führungskräfte, schnelle und transparente Realisierung eines Nutzens durch die Methoden, das Vier-Augen-Prinzip und das gemeinsame Vorgehen aller Unternehmensfunktionen bei der Produktentwicklung. Über den etablierten Qualitätsplanungsansatz hinaus sind weitere Entwicklungen des Methodenbaukastens sinnvoll und geplant. So wird derzeit bereits an der methodischen Optimierung der Auswahl des geeignetsten Lieferanten für die benötigte Produktkomponente gearbeitet.

III

Literatur

Bernards, B./Prefi, T./Falk, G.: Tore zum Himmel. In: QZ – Qualität und Zuverlässigkeit, Jg. 49, Nr. 9, 2004. S. 20 – 23

Boutellier, R./Grassmann, O.: Wie F + E-Projekte flexibel gemanagt werden. In: Harvard Business Manager, 4, 1997. S. 69

Braess, H.: Es wimmelt von Zielkonflikten. In: VDI nachrichten 32, 2006. S. 2

Bundesrepublik Deutschland: V-Modell XT. 2006

Cusumano, M.: Himmelsstürmer Microsoft: Erfolgreich dank kleiner Teams. In: Harvard Business Manager, 3, 1998. S. 55

Deutsches Institut für Normung DIN (Hrsg.): Qualitätsmanagement DIN EN ISO 9000 ff. – Dokumentensammlung. Beuth Verlag, Berlin 04/2006

Dörner, D.: Die Logik des Misslingens. Rowohlt Verlag, Hamburg 2003

Gassmann, O.: Kreativer Freiraum für Entwickler. In: Io Management, 7/8, 1997. S. 26

Kanji, G. K./Asher, M.: Total Quality Management Process. A Systematic Approach. Carfax Publishing Company 1993

Lambeck, I.: Quality Gates im Produktentstehungsprozess. Aachener Qualitätsgespräche 1999

Mock, W.: In Europa spielt Deutschland vorn mit. In: VDI nachrichten, 48, 2006. S. 4

Oetinger v., B.: Das Boston Consulting Group Strategie-Buch. Econ Verlag, Düsseldorf 2000

Pfeifer, T./Theis, C./Weingarten, T.: Zertifizierung – Was hat's denn wirklich gebracht? (Teil 1). In: Der Betriebsleiter 6, 1996. S. 46 [a]

Pfeifer, T./Theis, C./Weingarten, T.: Zertifizierung – Was hat's denn wirklich gebracht? (Teil 2). Der Betriebsleiter 7/8, 1996. S. 42 [b]

Pfeifer, T./Theis, C.: Qualitätsjoker oder Geldschneiderei? In: Automation und Qualität 3, 1996. S. 68 [c]

Pfeifer, T.: Qualitätsmanagement: Strategien – Methoden – Techniken. 3. Auflage. Carl Hanser Verlag, München 2001

Prefi, T.: Quality Gates. Manage Complexity and Accelerate the Product Development Process. Seminario de Gestao da Qualidade Total, Fundacao Certi, 09/1998. Brasil, Florianopolis 1998

Prefi, T.: Qualitätsorientierte Unternehmensführung. P3 GmbH, Aachen 2003

Reder, B.: Elektronikkompetenz unter einem Dach. In: Elektronik Automotive 2, 2004. S. 33

Schröder, C./Pansa, U.: UML@Automotive. Ein durchgängiges und adaptives Vorgehensmodell für den Softwareentwicklungsprozess in der Automobilindustrie. PRAXIS Profiline, IN-CAR COMPUTING, Vogel Verlag 2000

Tumuscheit, K.: Immer Ärger im Projekt. Orell Füssli Verlag, Zürich 2001

Verband der Automobilindustrie VDA (Hrsg.): Qualitätsmanagement in der Automobilindustrie. Sicherung der Qualität vor Serienanlauf. System-FMEA. VDA Bd. 4, 2, 1996

Vollerthun, A.: Test, Test, Test. In: QZ – Qualität und Zuverlässigkeit, Jg. 51, Nr. 9, 2006. S. 33 – 37

20 Qualitätsgerechte Produktplanung

20.1 Definition und Bedeutung ... 443

20.2 QFD: Kundenanforderungen konsistent umsetzen ... 444

20.3 Simultaneous Engineering: Zeitgewinn und bessere Lösungen ... 447

20.4 Prototypen: Komplexe Zusammenhänge rechtzeitig erkennen ... 448

20.5 Reviews: Abstand gewinnen und Abhängigkeiten identifizieren ... 450

20.6 Zusammenarbeit mit Lieferanten: Notwendige Komplexitätsreduktion ... 451

20.7 Drei Hauptphasen der Produktentwicklung ... 453
20.7.1 Vorprojektphase ... 454
20.7.2 Entwicklungsphase ... 458
20.7.3 Markteinführungsphase ... 460

20.8 Crowd Sourcing von Innovation ... 463
20.8.1 Phase 1: Beratung und Zielsetzung ... 463
20.8.2 Phase 2: Vorbereitung ... 463
20.8.3 Phase 3: Ausführung ... 464
20.8.4 Phase 4: Beurteilung ... 464
20.8.5 Post-Processing der Ideen ... 464

20.9 Ausblick ... 464

20 Qualitätsgerechte Produktplanung

Roman Boutellier, Andreas Biedermann

Die Qualität eines Produktes wird während seiner Entwicklung maßgeblich mitbestimmt. Stimmt die Entwurfsqualität nicht, hat das Unternehmen während der ganzen Produktlebenszeit Mühe, die notwendige Ausführungsqualität zu erreichen. Daher verfügen viele Unternehmen neben dem Strategie- und dem Auftragsabwicklungsprozess auch über einen definierten Innovationsprozess, in welchem sie die Bereitstellung neuer Produkte und Services systematisch bearbeiten. Wir betrachten den Innovationsprozess unter dem Aspekt der qualitätsgerechten Produktplanung und beleuchten die wichtigsten Managementaufgaben in Innovationsvorhaben.

Unternehmen wenden ausgewählte Methoden an, um die Qualität der Innovation sicherzustellen: Quality Function Deployment, Simultaneous Engineering, Prototyping, Reviews, Zusammenarbeit mit Lieferanten und die Aufteilung in drei Prozessphasen. *Quality Function Deployment* dient als Tool, um die Erfüllung der wichtigen Kundenanforderungen sicherzustellen. *Simultaneous Engineering* im Innovationsprozess erlaubt Zeitersparnis und somit eine frühere Markteinführung. Unternehmen können so den Innovationsvorsprung besser ausnutzen. Obwohl die Simulation von Produkten am Computer in den letzten Jahren massive Fortschritte erzielt hat, sind *Prototypen* noch immer unverzichtbar, um Funktionsweisen oder Kundenakzeptanz in einem frühen Entwicklungsstadium zu testen. Regelmäßige *Reviews* im Innovationsprozess erlauben es, den Projektfortschritt zu beurteilen und Abhängigkeiten der kommenden Aktivitäten zu identifizieren. Der Innovationsprozess soll in drei Phasen unterteilt werden: Vorprojekt-, Entwicklungs- und Markteinführungsphase. Die Vorprojektphase zeichnet sich durch eine hohe Unsicherheit in Bezug auf Anforderungen und Realisierbarkeit aus. Die strukturierte Entwicklungsphase setzt demgegenüber beherrschte Technologien und klare Kundenanforderung voraus. Bei der Markteinführung können zwei Ansätze unterschieden werden: Big Bang und Lead Concept. Bei erhöhtem Zeitdruck ist Big Bang vorzuziehen.

Innovation steht heute im Zentrum unternehmerischer Überlegungen. Viele sehen darin den besten Weg, um schwindende Margen, hohe Lohnkosten und Arbeitslosigkeit zu überwinden. Um dies zu erreichen, muss die Qualität neuer Produkte und Services schon während des gesamten Innovationsprozesses berücksichtigt werden (siehe auch Kap. 1.5).

20.1 Definition und Bedeutung

Jedes Unternehmen verfügt über drei Hauptprozesse: Den Strategieprozess, den Innovationsprozess und die Auftragsabwicklungsprozesse (Abb. 20.1). Der Strategieprozess setzt die Ziele für erfolgreiche Innovationen, mit der Innovation „kommt das Neue in die Welt" (von Pierer 1997) und mit der Auftragsabwicklung finden die Produkte ihren Weg auf den Markt. Während der Auftragsabwicklungsprozess vor allem die Effizienz von Routinearbeiten sicherstellt und der Strategieprozess das Unternehmen gegenüber seinen Konkurrenten positioniert, steht und fällt der Innovationsprozess mit der Entwurfsqualität.

Die entwickelten Produkte umfassen Güter und Dienstleistungen für externe Kunden, aber auch Zeichnungen, Arbeitsanweisungen, Schulungsunterlagen etc. für interne Kunden. Die Auftragsabwicklungsprozesse stellen primär Produktion, Distribution und Kundenbetreuung sicher, enthalten aber auch unterstützende Verfahren wie Modellierung, Computer Aided Design oder Schulung der Verkäufer zur Produkteinführung. Trendmäßig gehen viele Bereiche der Dienstleistungen in die gleiche Richtung wie die Industrie: Auch Banken, Versicherungen und Gesundheitsdienstleister sind immer stärker auf Technologie angewiesen. Qualitätsplanung erfüllt deshalb auch in diesen Branchen die wichtige Rolle der Systematisierung des ganzen Innovationsprozesses. Serviceleistungen werden immer stärker „individualisiert" und bewährte Methoden aus der Industrie werden vermehrt im Dienstleistungssektor angewandt.

Die Produktqualität ist zum großen Teil Ergebnis der Entwicklung. In einem schlechten Entwurf sind die Qualitätsprobleme bei nachfolgenden Wertschöpfungsprozessen vorprogrammiert. Viele Probleme heutiger Firmen haben daher ihren Ursprung in einer ungenügenden Systematik der Innovationsaktivitäten (Juran 1988), also einer ungenügenden Qualität des Entwurfes (siehe Tab. 20.1). Diese Qualitätsdefizite lassen sich in den wenigsten Fällen auf menschliches Versagen zurückführen und sind leider häufig systembedingt. Sie wurden unbewusst so „geplant" (Perrow 1984).

Die letzten Jahre haben fünf große Herausforderungen mit sich gebracht:

1. Die Kunden haben höhere und stärker differenzierte Ansprüche.
2. Einige Technologien veralten rasch.
3. Der Wettbewerb findet global statt.
4. Die Simulation mit mathematisch-physikalischen Modellen erlaubt eine bessere theoretische Absicherung.
5. Lieferanten bieten Teilsysteme an und nicht mehr nur Einzelteile.

Unternehmen müssen ihre Entwicklungsgeschwindigkeit erhöhen, was zu höheren technischen Risiken führt, sodass die Anforderungen an die Qualitätsplanung steigen: Einerseits lassen sich nur einfache Konzepte rasch realisieren, andererseits verlangt die hohe Komplexität moderner Produkte umfassende Qualitätsansätze. Daher existiert keine einzelne Best Practice, sondern das Management muss die allgemeinen Konzepte unternehmensspezifisch anpassen. Die situative Anpassung geschieht am einfachsten innerhalb eines generellen Rahmens, wie ihn beispielsweise die ISO-Normen 900X oder etwa das EFQM-Modell bieten. Dabei spielen vier Faktoren bei Entwicklungsprojekten herausragende Rollen: Management, Auswahl, Mitarbeiter und Organisation (Boutellier/Gassmann 1997).

Eine formale Verankerung genügt allerdings nicht. Unternehmen mit ähnlichen formalen Voraussetzungen unter-

Tab. 20.1 Problemfelder mit Ursprung in den Innovationsaktivitäten

Problemfeld	Ursache
Umsatzeinbuße	Konkurrenzprodukte treffen Kundenbedürfnisse besser.
Qualitätskosten	Kinderkrankheiten, Rückrufaktionen, Kundenreklamationen, Ausschuss- und Nacharbeit erreichen in vielen Firmen 30 bis 40 % der Herstellkosten.
Risiken für unsere Wohlstandsgesellschaft	Contergan-Kinder, Nuklearkatastrophe Tschernobyl, Rinderwahnsinn – dies alles zeigt, welchen Gefahren die heutige Gesellschaft ausgesetzt ist und welche Rolle die Qualität von Produkten und das Design von Prozessen heute spielt.

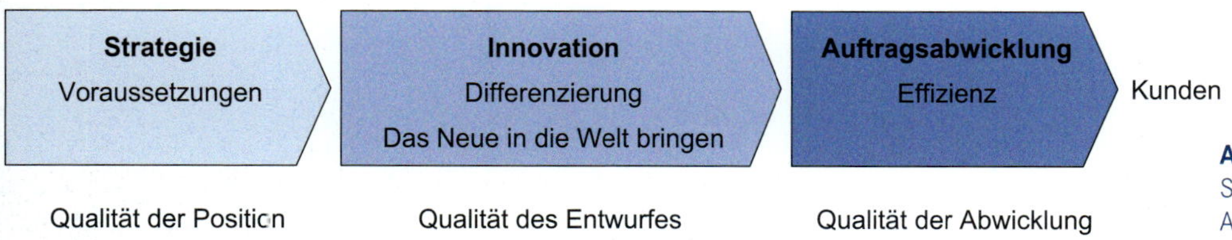

Abb. 20.1 Strategie, Innovation und Auftragsabwicklung

scheiden sich oft stark im Innovationserfolg. Allzu viele formelle Regelungen treiben den Aufwand in die Höhe und lassen sich gerade im kreativen F&E-Umfeld kaum durchsetzen. Gefragt sind deshalb nicht dicke Handbücher, sondern verständliche Abläufe, die sich auf die wesentlichsten Entscheidungen konzentrieren und für situative Anpassungen genügend Flexibilität offenlassen.
Die qualitätsgerechte Produktentwicklung *identifiziert* deshalb *Kundenbedürfnisse* möglichst genau und entwickelt Methoden und Prozesse für diese Bedürfnisse.

Tab. 20.2 Ziele von Quality Function Deployment

Ziel	Beispiele
Treffsicherheit	Der Lieferant versucht, die Bedürfnisse seines Kunden möglichst genau zu treffen.
(Interne und externe Lieferanten resp. Kunden)	
Robustheit	Die gewählte Lösung sollte sich gegenüber Änderungen am Markt, aber auch gegenüber technischen Änderungen tolerant verhalten.
Fehlerfreiheit	Lieferanten versuchen, Fehler möglichst früh auszumerzen.

20.2 QFD: Kundenanforderungen konsistent umsetzen

„Copy the spirit, not the form."
Yoji Akao, Begründer des Quality Function Deployment

Quality Function Deployment (QFD) ist eine weitverbreitete Methode zur Qualitätssicherung in der Produktentwicklung. Die Kundenbedürfnisse werden in spezifische Anforderungen an das Produkt und dessen Module übersetzt, um zu erreichen, dass keine wichtigen Kundenbedürfnisse vergessen werden. Quality Function Deployment verfolgt drei übergeordnete Ziele: *Treffsicherheit*, *Robustheit* und *Fehlerfreiheit* (siehe Tab. 20.2).
Die verschiedenen Funktionsbereiche eines Unternehmens sprechen unterschiedliche Fachsprachen, welche sich aufgrund ihrer Spezialisierung ergeben. Denken Konstrukteure häufig in Funktionen und Baugruppen, so begegnen Verkäufer dagegen oft den Gefühlen der Kunden, die für viele Kaufentscheide den Ausschlag geben. Selbstverständlich gelingt die Übersetzung der Sprache des Kunden in die Sprache des Lieferanten nie vollständig. Es entsteht Over Engineering, oder man lässt gewisse Bedürfnisse unbefriedigt (siehe Abb. 20.2). Diese Unterschiede zwischen Kundenbedürfnis und Funktionserfüllung sind einerseits ein großes Potenzial für Produktverbesserungen und Kosteneinsparungen, andererseits machen sie das Produkt aber auch verwundbar gegenüber Konkurrenzprodukten, welche die Kundenbedürfnisse zielgerichteter erfüllen.
QFD hilft, zwischen den Unternehmensbereichen zu vermitteln und so die verschiedenen Aktivitäten im Entwicklungsprozess konsistent auf den Markt auszurichten. Die Marktanforderungen sollen ohne Einbuße an Präzision auf allen Stufen der Wertschöpfungskette gelten. Hochstehende Qualitätsplanung zeichnet sich aber gerade dadurch aus, dass sie diese prinzipiellen Limite kennt und ihre Auswirkungen immer wieder kritisch hinterfragt, beispielsweise mit periodischen Fehlermöglichkeit- und Einfluss-Analysen (FMEA).

Der QFD-Prozess

Der vollständige QFD-Prozess besteht in der Regel aus einem vorbereitenden Schritt und drei „Übersetzungsschritten", während derer die Kundenanforderungen zunehmend auf einzelne Teile des Produktes und dessen Herstellung übersetzt werden (siehe Tab. 20.3 und Abb. 20.3). In jedem Schritt werden die Anforderungen der vorhergehenden Schritte weiter konkretisiert. Je nach Situation müssen zusätzliche Schritte eingeplant (z.B. bei einem komplexen Produkt) oder auch weggelassen werden. In der Praxis beobachten wir häufig, dass bei einfacheren

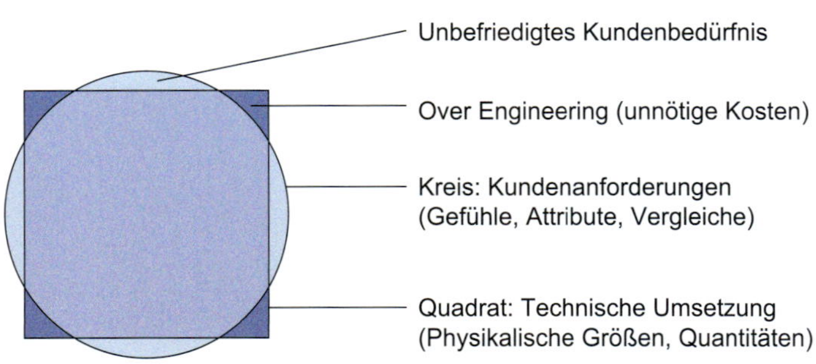

Abb. 20.2
Konsistente Erfüllung der Kundenbedürfnisse als Qualitätsziel in der Produktentwicklung

Abb. 20.3 Vier Phasen des QFD-Prozesses

Innovationsvorhaben nur der zweite Schritt vollzogen wird, die anderen Schritte werden implizit durchgeführt. Der Aufwand für Routinetätigkeiten kann so minimiert werden.

Tab. 20.3 Vier Phasen des QFD-Prozesses

Kundenanforderungen identifizieren	Offene und noch nicht artikulierte Kundenbedürfnisse werden durch Workshops, Interviews oder Marktanalysen identifiziert.
Produkt planen	Kundenanforderungen werden in technische Funktionsmerkmale umgesetzt (vom Lastenheft zum Pflichtenheft).
Baugruppen und Teile planen	Aus den Funktionsmerkmalen entstehen die Merkmale auf der Ebene Baugruppe oder Teil (Pflichtenheft für Baugruppen). Diese entwickeln heute vielfach Systemlieferanten.
Prozess planen	Die technischen Merkmale von Produkt, Baugruppen und Teilen sind Basis für die Gestaltung der betrieblichen Abläufe. Die entscheidenden Prozessparameter und Prüfpunkte sind hier festzulegen (Pflichtenheft für Prozesse).

House of Quality: Das Übersetzungstool im QFD

Der konzeptionelle Kern des QFD ist das „House of Quality“, welches in jeder „Übersetzungsphase“ zum Einsatz kommt, nachdem die Kundenbedürfnisse identifiziert sind. Das House of Quality dient als „Verständigungsmittel“ zwischen den verschiedenen Abteilungen. In jeder Übersetzung werden die Anforderungen in Funktionen überführt, welche die Ziele für die weiteren Aktivitäten bilden. Das House of Quality erlaubt zudem die Gewichtung der Anforderungen und den Vergleich mit der Konkurrenz.

Die Korrelationsmatrix ist ein wesentlicher Bestandteil des House of Quality. Sie zeigt die Verbindung zwischen den Anforderungen und den Funktionen auf. In jedem Schnittpunkt wird ein Zahlenwert von 0 bis 3 eingetragen, welcher aussagt, wie stark die einzelne Funktion zur Erfüllung der jeweiligen Anforderung beiträgt. Überflüssige Funktionen können so identifiziert werden und Over Engineering wird vermieden. Auf der anderen Seite erlaubt es die Matrix auch, untererfüllte Anforderungen zu identifizieren.

Das Grundgerüst des House of Quality wird am einfachsten in den folgenden vier Arbeitsschritten gefüllt (siehe Tab. 20.4 und Abb. 20.4).

Tab. 20.4 Schritte zum Füllen des Grundgerüstes des House of Quality (Die Nummerierung bezieht sich auf Abb. 20.4)

1	Teamauswahl	Der QFD-Erfolg steht und fällt mit der Teamauswahl. Sind lauter Optimisten am Werk, wird mit Sicherheit ein Problemprodukt entstehen. Es ist unbedingt auf eine ausgeglichene Besetzung zu achten.
2	Anforderungen	Die Anforderungen werden auf der linken Seite eingetragen.
3	Funktionen	Die Funktionen, die man für die Erfüllung der Kundenanforderung benötigt, werden oben hinzugefügt.
4	Korrelation von Anforderungen und Funktionen	Gegenseitige Beeinflussung bewertet das Team mit einer einfachen Maßzahl (meist 0 bis 3).

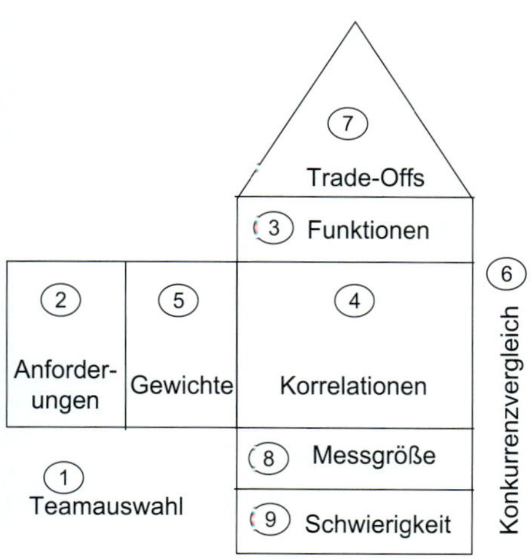

Erforderliche Schritte:

1	Team	Zusammensetzung
2	Anforderungen	nur die wichtigsten
3	Funktionen	aus Kundensicht
4	Korrelationen	bewertet im Team mit 0 bis 3

Optionale Schritte:

5	Gewichte	der Kundenanforderungen
6	Konkurrenzvergleich	besser, schlechter
7	Trade-Offs	gegenläufig, unterstützend
8	Technische Messung	Dimension, für Tests
9	Schwierigkeiten	aus Unternehmenssicht

Abb. 20.4 House of Quality

Das House of Quality kann nach diesen vier grundlegenden Schritten erweitert werden. So kann man die Anforderungen gewichten, um die nachfolgende Priorisierung der Funktionen zu erleichtern. Bei den Kundenanforderungen haben sich drei Kategorien als sinnvoll erwiesen: *Basis-*, *Schlüssel-* und *Schrittmacheranforderungen.* Basisanforderungen sind beispielsweise alle gesetzlich vorgeschriebenen Sicherheitsanforderungen (Schlusslicht beim Auto). Für erhöhte Schlüsselanforderungen zahlt der Kunde auch mehr (mehr PS, höherer Preis) und erst die Schrittmacheranforderungen lösen Begeisterung aus (beim Auto etwa Lieferung innerhalb 24 Stunden). Wird diese grundsätzliche Einteilung übersehen, können sich irreführende Gewichtungen ergeben. Über die Gewichte der Kundenanforderungen und ein Produktkostenziel lassen sich bereits Ideen für die Zielkosten der einzelnen Funktionen im Sinne des Target Costing ermitteln. Aus Gründen der Übersichtlichkeit sollen die Anforderungen auf die wichtigsten Eintragungen beschränkt werden (maximal ca. zehn Anforderungen).

Das Dach des House of Quality (Abb. 20.5) dient dazu, die identifizierten Funktionen paarweise miteinander zu ver-

Tab. 20.5 Optionale Schritte zum Ausbau des House of Quality (Die Nummerierung bezieht sich auf Abb. 20.4)

5	Gewichtung der Kunden-anforderungen	Die Anforderungen werden am besten gleich nach ihrer Auflistung relativ gewichtet. Sinnvollerweise unterscheidet man bei Kundenanforderungen zwischen Basis-, Schlüssel- und Schrittmacheranforderungen.
6	Vergleich mit Konkurrenz oder anderen Varianten	Welche Anforderungen werden durch die Konkurrenz oder andere Varianten besser erfüllt? Welche schlechter? Auch hier nur drei Kategorien „besser", „gleich" und „schlechter" mit Bemerkungen verwenden.
7	Trade-Offs	Welche Funktion korreliert mit den anderen Funktionen (unterstützende oder konkurrierende Beeinflussung)?
8	Technische Maßzahl	Dimensionen für die Qualitätskontrolle
9	Technische Schwierigkeiten	Dies erlaubt die Bereitstellung von zusätzlichen Kapazitäten zur Problemlösung.

III

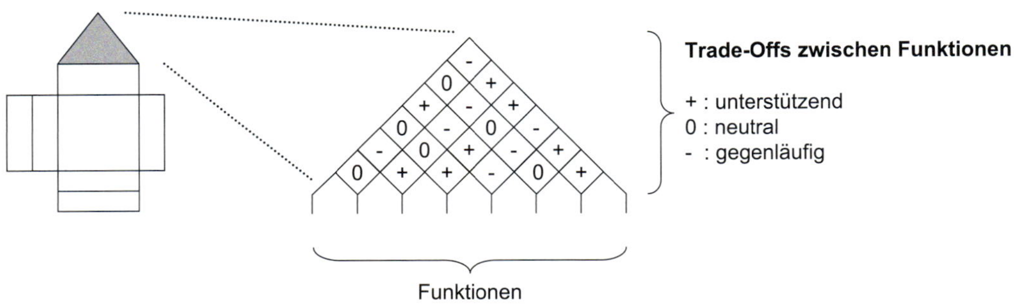

Abb. 20.5 Dach des House of Quality

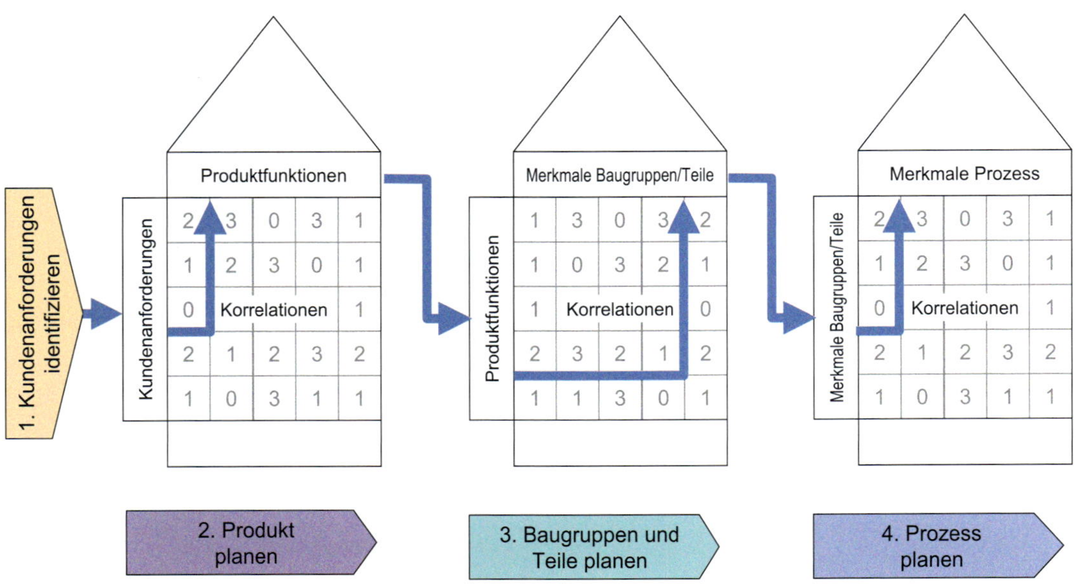

Abb. 20.6 Phasen des Quality Function Deployment

gleichen und zu bestimmen, ob Funktionen sich gegenseitig unterstützen oder sich negativ beeinflussen. Dadurch können kritische Funktionen identifiziert werden, welche mit vielen anderen Funktionen interferieren. Eventuell müssen nach dieser Analyse einzelne Funktionen gestrichen werden, da sie die Erfüllung von anderen Anforderungen verunmöglichen. Das Dach wird oft als Konfliktmatrix bezeichnet.

Bewährt haben sich, je nach Situation, die in Tabelle 22.5 erwähnten fünf Zusatzschritte.

Das House of Quality kommt im QFD-Prozess mehrmals zur Anwendung, wobei die Funktionen des vorhergehenden Hauses jeweils die Anforderungen des darauf folgenden Schrittes sind (Abb. 20.6).

QFD als Dokumentationsmittel des Designprozesses

In späteren Phasen der Entwicklung treten immer wieder zwei Fragen auf:

- „Wie haben wir das Kundenbedürfnis funktional gelöst?“
- „Warum haben wir diese Funktion überhaupt?“

Die erste Frage tritt spätestens dann auf, wenn das Marketing wieder mit Kundenreklamationen zurückkommt. Die zweite wird immer dann gestellt, wenn Funktionen dem Kostendruck weichen sollten oder größere technische Schwierigkeiten aufwerfen. In solchen Situationen ist es notwendig, dass die Wahl der Funktionen nachvollziehbar ist. Die Korrelationsmatrix im House of Quality liefert dazu eine sinnvolle Dokumentation, indem sie die Frage nach dem Warum und die Frage nach dem Wie einfach beantwortet (siehe Abb. 20.7). Diese Dokumentation kann später bei Unsicherheiten immer wieder herangezogen werden.

20.3 Simultaneous Engineering: Zeitgewinn und bessere Lösungen

Simultaneous Engineering erlaubt es, die nachfolgende Phase im Entwicklungsprozess bereits zu beginnen, obwohl die vorhergehende noch nicht vollständig abgeschlossen ist. Aktivitäten können somit parallel ausgeführt werden und die totale Entwicklungszeit verkürzt sich (Abb. 20.8).

Parallelisierung: Bewusst statt unbewusst

Parallel gearbeitet wird in jedem Entwicklungsprojekt, spätestens gegen Ende, kurz vor Markteinführung, wenn das Team den Termindruck nicht mehr anders auffangen kann. Diese ungeplante Parallelisierung führt zu größeren Risiken und ist für einen Großteil der Probleme bei der Markteinführung verantwortlich. Parallelisierung bedeutet, dass die einzelnen Phasen des Innovationsprozesses nicht mehr streng sequenziell erfolgen, sondern dass man gezielt Überlappungen einsetzt.

Die Parallelisierung hat wichtige Auswirkungen auf die Projektorganisation und Kommunikation. Der Informationsaustausch zwischen den beteiligten Abteilungen und Personen sollte frühzeitig einsetzen. Die frühen Informationen sind jedoch unvollständig, bestehen vielfach aus verwirrenden Details und geben bestenfalls grobe Richtlinien für das weitere Arbeiten vor. Aber auch diese „unsicheren Informationen“ erlauben der nachfolgenden Stufe, grundlegende Entscheidungen zu treffen. Dies funktioniert allerdings nur, wenn sich die vorhergehende und die nachfolgende Stelle verstehen und bei Unklarheiten miteinander in Dialog treten. Wird der Werkzeugbauer frühzeitig über das Grobdesign des herzustellenden Teils informiert, lässt sich der Anteil des Werkzeugbaus am zeitkritischen Pfad wesentlich reduzieren.

Ein tragfähiges gegenseitiges Verständnis ergibt sich meist erst nach vielen Jobrotationen und wird durch Großraum-

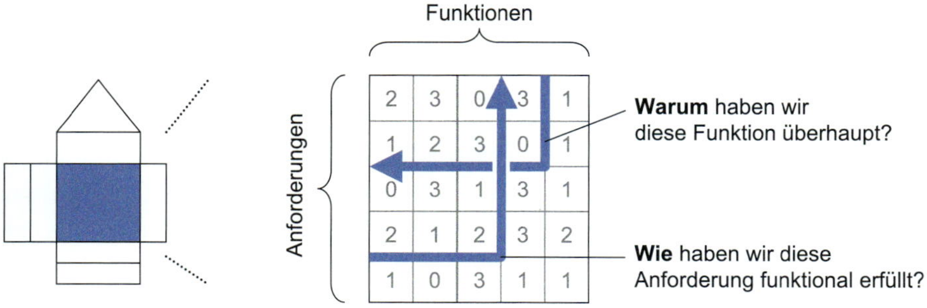

Abb. 20.7
QFD beantwortet das Wie und das Warum

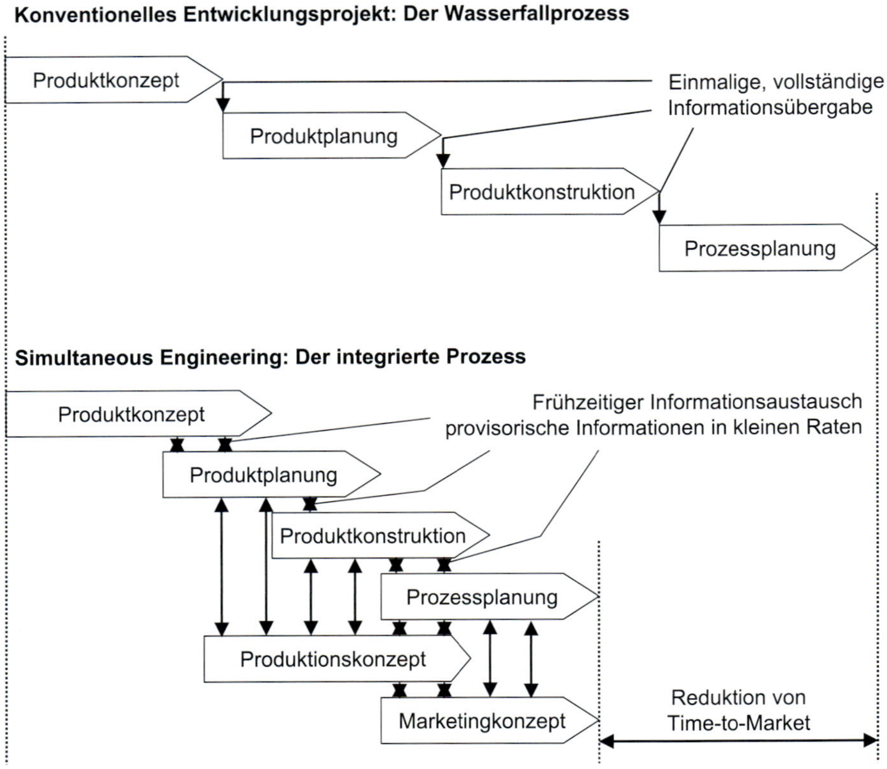

Abb. 20.8 Paralleles Arbeiten ermöglicht Zeitgewinn.

büros, EDV und vor allem eine offene Projektkultur unterstützt. Nur so können provisorische Informationen richtig interpretiert werden. Fehlen diese Voraussetzungen, lassen sich höchstens vollständig unabhängige Module eines Produktes sinnvoll parallel bearbeiten.

Einführung von Simultaneous Engineering

Das Management kann Simultaneous Engineering nicht innerhalb eines Projektes top-down einführen. Simultaneous Engineering benötigt Monate bis Jahre, um schließlich ohne ständige Betreuung zu funktionieren. Die Parallelisierung braucht intensive Managementunterstützung. Sie sollte deshalb bei der Einführung von Simultaneous Engineering im Unternehmen auf den zeitkritischen Pfad beschränkt bleiben. Neben der Verkürzung der Time-to-Market ergibt sich normalerweise eine markante Senkung der Kosten aufgrund der Früherkennung von größeren Fehlern. Teams mit Spezialisten aus verschiedenen Unternehmensbereichen, die in einem parallelisierten Entwicklungsprozess mitarbeiten, erkennen Fehler tendenziell früher als bei sequenzieller Entwicklung. Je früher ein Fehler korrigiert werden kann, desto geringer sind die Folgekosten. Die Entwurfsqualität steigt.

20.4 Prototypen: Komplexe Zusammenhänge rechtzeitig erkennen

Ein Prototyp ist die physische Realisierung von Produkt oder Produktkomponenten in den verschiedenen Phasen der Produktentwicklung. Ein guter Prototyp muss für das zu lösende Problem repräsentativ und einfach zu testen sein. Die Testresultate sollten sich einfach analysieren lassen.

Die hohe Komplexität der Produktentwicklung erfordert handfeste Integrationswerkzeuge: Nicht alle Partner im Innovationsprozess können CAD-Zeichnungen lesen. Der Prototypenbau umfasst nicht nur die Herstellung an sich, sondern auch die vorhergehenden und nachfolgenden Tätigkeiten des Prototypentwurfes sowie des Prototypentests. Bis vor wenigen Jahren wurden Prototypen eingesetzt, um offene technische Fragen zu beantworten, die sich durch Berechnungen und Simulation nicht definitiv abklären ließen. Heute wird dem Prototyp eine wesentlich breitere Funktion zugestanden (Tab. 20.6). In den letzten Jahren hat man vermehrt Prototypenerfahrungen aus der Software-Entwicklung auf die Entwicklung von Geräten und Anlagen übertragen.

Tab. 20.6 Funktionen des Prototyps

Funktion des Prototyps	Beispiele
Funktionalität prüfen	Beantworten offener, technischer Fragen
Risiken vermindern	insbesondere Skaleneffekte bei Serienstart
Lernen aus Experimenten	Risiken bündeln, Simulationen und Berechnungen prüfen
Ermittlung von Kunden-bedürfnissen	Kunde kann etwas in die Hand nehmen
Kommunikation über Schnittstellen hinweg	Verständigung am Objekt, Aufzeigen von Knackpunkten

Tab. 20.7 Arten von Prototypen

Entwicklungsphase	Zielsetzung des Prototyps
Grundlagen-entwicklung	Funktionsnachweis, Funktionsmuster
Konzeptphase	System und Funktion, Funktionsmuster
Konstruktion	Komponenten, Baugruppen, Funktion, System, Produktionsprototypen
Produktion	Komponenten, Baugruppen, System, Erstmuster, Nullserie, Vorserie
Marktforschung	Akzeptanzstudien, Kundenbeobachtung, Klärung der Kundenanforderungen

Einsatz von Prototypen

Der Prozess des Prototypenbaus ist ein wesentliches Instrument zur Steuerung von Entwicklungsprojekten. Die Steuerung umfasst die zeitliche Überwachung, die Fortschrittskontrolle und die Konzentration der Ressourcen auf die wichtigsten Probleme. Dabei besteht ein enger Zusammenhang zwischen den Prototypen und dem standardisierten Produktentwicklungsprozess, vor allem bei Produkten mit kurzer Lebensdauer (z.B. Workstations). Die Verantwortung für die Prototypen geht mit dem Fortschritt des Entwicklungsprozesses von der Entwicklungsabteilung auf die Produktion über.

Im Verlauf einer Produktentwicklung kommen verschiedene Prototypenarten zum Einsatz (Tab. 20.7). Einige Firmen machen deshalb immer noch den Unterschied zwischen Funktionsmuster, Prototyp und Erstmuster. Funktionsmuster dienen der Abklärung, ob eine gewisse Funktion physikalisch überhaupt machbar ist. Demgegenüber baut man Produktionsprototypen bereits mit den später verwendeten Komponenten und Materialien. Erstmuster schließlich werden mit den definitiven Produktionsprozessen angefertigt und dienen zur Erprobung der Produktionsmittel. In der Software-Entwicklung dient der Prototyp häufig zur Abklärung der definitiven Kundenanforderungen.

Der Prototypeneinsatz zeigt große Unterschiede in den Entwicklungsabläufen von Unternehmen auf. Die japanische Autoindustrie baute Anfang der 90er Jahre Prototypen doppelt so schnell wie ihre Konkurrenten in Europa und USA. Bei vielen europäischen Firmen folgen die langen Durchlaufzeiten aus dem alten Auslastungsdenken in Versuchswerkstätten und Labors. Man ist nicht bereit, die verlängerte „Time-to-Market" gegen die höheren Personalkosten aufzurechnen. Der Prototypenbau entwickelt sich zum Engpass in der Entwicklungsarbeit.

Prototypen als Lernobjekte

Das Management hat die Aufgabe, den Prototypenbau auf die Bedürfnisse eines Entwicklungsprojektes abzustimmen. Die Entwicklung einer neuen Technologie stellt andere Anforderungen an den Prototypenbau als die Entwicklung eines neuen Produktes oder einer Variante. Der Prototypenbau wird durch die Anwendung unterschiedlicher Modelle effektiver, der gesamte Entwicklungsverlauf wird verbessert. Während bei der Entwicklung von neuen Technologien das rasche Feedback an die Konstruktionsabteilung im Vordergrund steht, werden in der Variantenentwicklung oder in der Produktpflege häufig Fertigungsprototypen erstellt. Bei integrierten Systemlösungen im Rahmen der Neuproduktentwicklung wird der Prototypenbau oft nach einem festgelegten Zeitplan durchgeführt. Der Plan ist verbindlich, egal ob die bis dahin zur Erfüllung vorgesehenen Aufgaben abgeschlossen sind oder nicht. Größere Softwarefirmen bauen täglich einen Prototyp, um die Integration auf Produktstufe sicherzustellen.

Jeder Prototyp entspricht einem Problemlösungszyklus und leistet einen wesentlichen Beitrag zum Lernprozess in der Entwicklung (Abb. 20.9). Aus dem aktuellen Wissen formulieren Entwickler neue Fragen, die sie so weit wie möglich mit Berechnung und Simulation beantworten. Die bleibenden Entscheidungsalternativen werden durch den Prototypenbau getestet. Die Festlegung der Anforderungen an einen Prototyp ist daher von ausschlaggebender Bedeutung und die Anforderungen sind sorgfältig zu planen (Design of Experiments).

Prototypen als Kommunikationsmedien im Unternehmen und mit Partnern

Die Konzentration der Unternehmen auf Know-how-Schwerpunkte und Schlüsseltechnologien hilft ihnen einerseits, die Anzahl Prototypen zu senken, macht andererseits aber eine intensive Zusammenarbeit mit den Zulieferanten un-

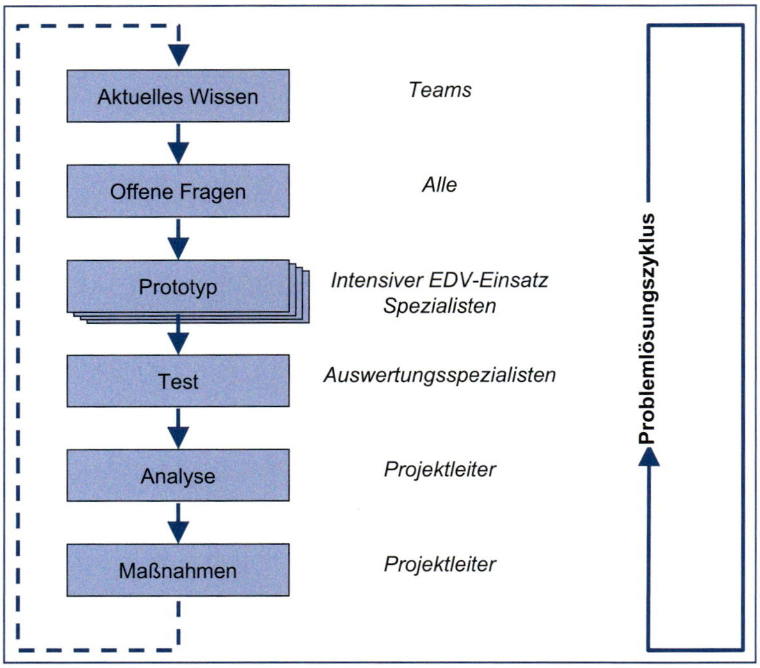

Abb. 20.9
Prototypen unterstützen das Lernen.

III

abdingbar. Der Prototyp dient je länger je mehr als Kommunikationsmittel über Bereichs- und Unternehmensgrenzen hinweg. Der Hersteller der Prototypen erhält in diesem Prozess eine höhere Bedeutung und muss deshalb vor allem nach den Gesichtspunkten *Know-how-Aufbau* (intern oder extern), *Schnittstellenüberwindung* (intern oder extern) und *Planungsmaxime* (minimale Durchlaufzeit oder maximale Auslastung) bestimmt werden.

Prototypen im Einsatz beim Kunden

Um die langwierige Erstellung eines umfangreichen und detaillierten Pflichtenheftes zu umgehen, stellt das Unternehmen dem Kunden möglichst früh einen funktionsfähigen Prototyp ins Haus. Bei ganz neuen Produkten ist dies häufig der einzige Weg, um überhaupt die Bedürfnisse des Kunden herauszufinden und dessen Akzeptanz abzuschätzen. Man führt gemeinsam laufend Verbesserungen durch, um schließlich bei einem definitiven Produkt zu landen (Rapid Prototyping). Das Verfahren bewährt sich vor allem bei Innovationen auf Systemebene, wenn Standardkomponenten zur Verfügung stehen. Der Kunde wird früher und intensiver in den Entwicklungsprozess eingebunden. Er muss dabei nicht komplizierte Zeichnungen interpretieren, sondern kann die Geräte in die Hände nehmen und auch Designfragen einfach abklären. Die Möglichkeit, einen räumlichen Prototyp innerhalb weniger Stunden mittels Stereolithografie oder anderer Verfahren herzustellen, ermöglicht neue Anwendungsgebiete für die Abschätzung der Kundenakzeptanz.

20.5 Reviews: Abstand gewinnen und Abhängigkeiten identifizieren

Während der ganzen Innovationsphase ist es zweckmäßig, von Zeit zu Zeit etwas Abstand zu nehmen und den erreichten Stand zu bewerten (Abb. 20.11). Solche Reviews betreffen in erster Linie die hauptsächlichen Projektziele Qualität, Kosten und Zeit (Abb. 20.10). Die Reviews sind sorgfältig zu dokumentieren, damit im Falle von Produkthaftungsfragen der Nachweis erbracht werden kann, dass kein Konstruktionsfehler vorliegt und die Entwicklung dem damaligen Stand der Technik entsprach. Das Unternehmen trifft dann formal keine Schuld.

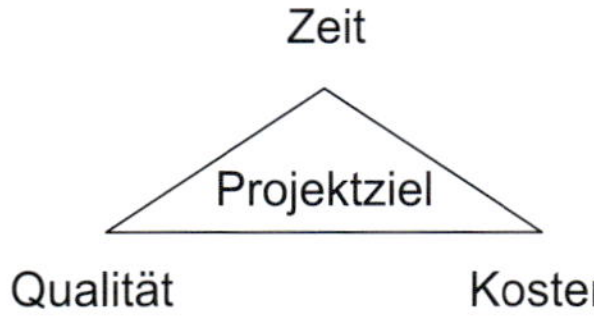

Abb. 20.10 Dreieck der Projektziele: Qualität, Kosten und Zeit

Reviews, um Abhängigkeiten zu identifizieren

Die nachgelagerten Stellen erhalten Gelegenheit, auf Folgen in ihren Bereichen aufmerksam zu machen, wie etwa sich abzeichnende Probleme und Chancen in der Beschaffung, der Produktion oder dem Service. Damit erkennen die Entwickler spätere Probleme frühzeitig und wissen auch, mit wem sie Lösungsansätze diskutieren können. Die Bewertung des Entwicklungsprojekts erfolgt immer im Vergleich mit dem Pflichtenheft; parallel zu der Bewertung soll es auch immer wieder hinterfragt und allenfalls angepasst werden. Ein hartnäckiges Festhalten an den einmal gewählten Zielvorgaben führt meist zu Zeitüberschreitungen. Auf der anderen Seite löst eine laufende Anpassung interne Unsicherheiten aus. Es braucht viel Erfolg und Branchenkenntnis, um das goldene Mittelmaß zu finden.

Reviews zur Entscheidungsfindung

Bei jedem Review entsteht ein Dialog über die neuesten Marktinformationen, technologischen Trends und Projektfortschritte. Kompromisse in Bezug auf Kosten, Termine und Qualität resp. Funktionalität kann das Unternehmen in den meisten Fällen nicht umgehen und sie werden am besten im Rahmen dieser Reviews verabschiedet. Im Zieldreieck Qualität – Kosten – Preis sollte deshalb Klarheit bestehen, bei welchem der drei Faktoren das Unternehmen am ehesten zu Einbußen bereit ist, um die beiden anderen Faktoren am Markt voll auszuschöpfen: Im Hightechbereich lassen Qualität und Zeit meist keine Kompromisse zu, der Kunde ist aber bereit, einen etwas höheren Preis zu bezahlen.

Das Entwicklungsprojekt durchläuft mit jedem Review einen Meilenstein (oder Gate) und erreicht nach erfolgreichem Review eine neue Phase (Stage). In einem solchen Stage-Gate-Prozess sind die Stufen, in denen die Projektfortschritte erzielt werden („Stages") durch diverse Tore („Gates") unterbrochen, bei deren Durchlaufen das gesamte Entwicklungsprojekt mit einem Review ganzheitlich hinterfragt wird. Diese Tore sind unumgehbare Entscheidungspunkte, die aber im Gegensatz zu Meilensteinen zeitlich und inhaltlich flexibel sind. Im Mittelpunkt stehen „Go/NoGo/Kill"-Entscheidungen. Beim Simultaneous Engineering, wo die Phasen parallel ablaufen, soll mindestens jeweils zu Beginn und bei Abschluss einer Phase ein Review stattfinden, da zu Beginn der Phase Ressourcen besprochen werden müssen und bei Abschluss der Phase einige Projektmitarbeiter wieder aus dem Team herausgelöst werden.

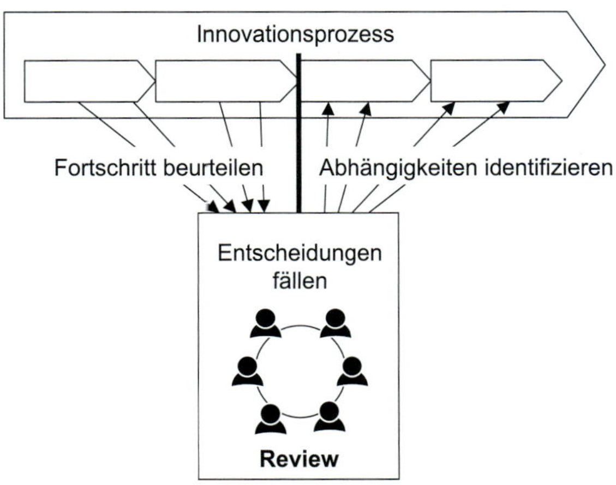

Abb. 20.11 Reviews im Entwicklungsprozess

Zusammensetzung des Reviewteams

Auf jeden Fall müssen diese heiklen Entscheide von jenen Führungsstellen getroffen werden, welche langfristig für den Gesamterfolg des Unternehmens oder des Produktprogramms verantwortlich sind und welche die notwendigen Ressourcen freigeben können. Damit ist auch klar, dass die Zusammenstellung des Reviewteams eine große Rolle spielt: Neben Entwicklung müssen die nachfolgenden Stellen wie Service, Produktion oder Verkauf vertreten sein und mindestens ein Mitglied muss die Auswirkungen auf den Kunden und aus Sicht des Unternehmens beurteilen können.

III

20.6 Zusammenarbeit mit Lieferanten: Notwendige Komplexitätsreduktion

Die Technologievielfalt zwingt moderne Unternehmen, sich auf wenige Kernkompetenzen zu konzentrieren. Der Entscheid zur Fokussierung bedeutet aber gleichzeitig eine Öffnung des Unternehmens nach außen. Lieferanten mit großem Spezialistenwissen füllen die internen Wissenslücken (siehe auch Kap. 24, „Lieferantenmanagement").

Beschaffung als Kontaktknoten zu den Lieferanten

Beschaffung und F&E arbeiten häufig noch zu wenig Hand in Hand. Eine frühzeitige Einbindung der Beschaffung bereits in der Konzeptphase führt zur Realisierung großer Kosteneinsparungspotenziale, denn die Beschaffung weiß, welche Lieferanten welche Leistungen anbieten. Diese Information kann die F&E so nutzen, dass sie nur noch schwierig beschaffbare Produktbestandteile mit hoher strategischer Bedeutung selbst entwickelt. Lieferanten können deshalb bereits in den frühen konzeptionellen QFD-Durchführungen wesentliche Beiträge leisten.

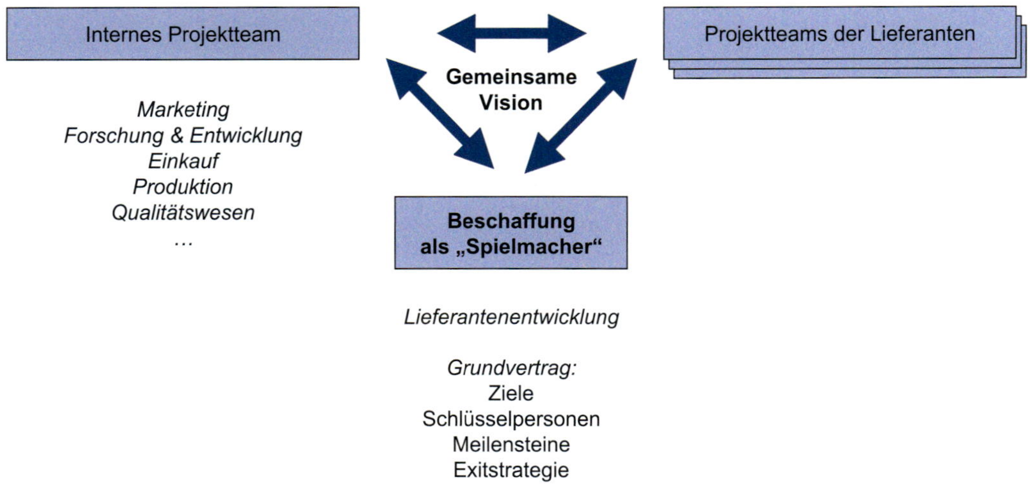

Abb. 20.12 Beschaffung als Spielmacher und Garant für eine gemeinsame Vision aller Beteiligten

Die Möglichkeit der Wertgestaltung in der Konzeptphase löst die Wertanalyse ab, die häufig erst später unter Kostendruck durchgeführt wird und deshalb weit weniger Potenzial bietet.
Damit übernimmt die Beschaffung mehr und mehr die Rolle einer Drehscheibe in der Zusammenarbeit des Unternehmens mit externen Partnern im Innovationsprozess. Sie ist für den Aufbau, die Koordination und die Pflege der Kontakte mit den Lieferanten verantwortlich. Idealerweise verfügen die Mitarbeiter des Unternehmens und der Lieferanten über eine gemeinsame Vision ihrer Partnerschaft (Abb. 20.12).

Regelung der Zusammenarbeit

Die Zusammenarbeit mit Lieferanten von F&E-Leistungen sollte das Unternehmen durch Verträge regeln. Reine Qualitätszertifikate genügen kaum, erleichtern die Zusammenarbeit aber bedeutend. Oft besteht allerdings eine große Zurückhaltung gegenüber Verträgen. Insbesondere scheuen KMUs die „juristische Übermacht“ der großen Abnehmer. Wichtiger als der Vertrag ist aber eine intensive gemeinsame Diskussion des Entwicklungsprojektes. Auch wenn schließlich kein formeller Vertrag zustande kommt, entsteht durch die Diskussion der unterschiedlichen Ansichten eine gemeinsame, ganzheitliche Produktvision. Dieser Prozess ist zwar aufwendig, aber wesentlich fruchtbarer als das Unterzeichnen eines Standardvertrags. Der gemeinsame Wille steht im Vordergrund, nicht die juristische Absicherung. Für eine erfolgreiche Zusammenarbeit sind die vier Erfolgsfaktoren aus Tabelle 22.8 zentral.
Sind die Projektziele nicht klar, müssen sehr viele Eventualfälle berücksichtigt werden, die Verträge werden lang, unübersichtlich und für die meisten Beteiligten unverständlich. Häufig hilft in diesem Fall nur noch die Absicherung über die involvierten Personen: Die Projektleiter sind von zentraler Bedeutung für den Projekterfolg. Deshalb sollten unbedingt Referenzen verlangt und die entscheidenden Schlüsselmitarbeiter namentlich im Zusammenarbeitsvertrag aufgeführt werden. Eine intensive Diskussion der *Exitstrategie* hilft, die wichtigsten Risiken eines Projektes aufzudecken. Nur wenn beide Seiten den Mut aufbringen, einen etwaigen Projektabbruch bei Beginn des Projektes intensiv zu diskutieren, können teure und Ressourcen verschleißende Projektverlängerungen oder gar Streitigkeiten vermieden werden.

Tab. 20.8 Vier Erfolgsfaktoren für eine Entwicklungszusammenarbeit mit den Lieferanten

Erfolgsfaktor	Beispiele
Projektziel	Was soll gemeinsam erreicht werden?
Schlüsselpersonen	Wer ist Projektleiter im Unternehmen?
Wer ist Projektleiter des Lieferanten?	
Wer ist im Projektausschuss des Lieferanten?	
Meilensteine	Wann sollen welche Resultate vorliegen?
Exitstrategie	Wem gehört das erarbeitete Know-how, falls das Projekt scheitert?

20.7 Drei Hauptphasen der Produktentwicklung

Bis vor wenigen Jahren beschränkten auch größere Unternehmen ihre Innovationsaktivitäten auf das Management der eigentlichen Entwicklungsprojekte. Seit den 1950er Jahren hat die Entwicklungspraxis vier Phasen durchlaufen (siehe Abb. 20.13). Viele Firmen mussten feststellen, dass sie das Projektmanagement mehr oder weniger im Griff haben, aber nicht wissen, wie sie von den vielen guten Ideen zu einem machbaren Projekt kommen. Vor allem haben viele Firmen Mühe, zu Beginn ihre Ideen zu bewerten und am Schluss ein Produkt am Markt einzuführen.
Um zu gewährleisten, dass ein Produkt nicht nur effizient entwickelt wird, sondern dass auch die richtigen Entwicklungsprojekte gestartet und die Produkte erfolgreich am Markt eingesetzt werden, unterteilen viele Unternehmen den Innovationsprozess in drei Hauptphasen (Tab. 20.9). Eine Trennung der Produktentwicklung in eine Vorprojekt- und eine Projektphase erhöht die Transparenz wesentlich und verkürzt die kostenintensive Entwicklungsphase stark. Planbares und Nicht-Planbares erhalten so ihre gebührende Berücksichtigung.
Die drei Phasen stellen ganz unterschiedliche Anforderungen an Management und Qualitätswesen. Man versucht sie deshalb voneinander zu trennen und fokussiert sich auf das Management der Schnittstellen. Im Prinzip muss jedes Mal eine Übersetzung geleistet werden: zwischen Vorprojektphase und Projektphase aus der Sprache der Kunden in die Sprache der Entwickler, zwischen Projektphase und Markteinführungsphase von der Sprache der Entwickler in die Sprache der Produzenten, Lieferanten und Verkäufer. Als Unterstützung für die schwierigen Schnittstellen hat Quality Function Deployment (QFD) große Verbreitung gefunden.
Compaq hat bereits 1987 die Entwicklung zweigeteilt. In zwei Jahren wurde in einem funktional übergreifenden Team das Pflichtenheft eines Personal Computers ausgearbeitet (Vorprojektphase). Das eigentliche, kostenintensive Entwicklungsprojekt konnte darauf rasch in neun Monaten durch ein Entwicklungsteam realisiert werden.

Tab. 20.9 Drei Hauptphasen des qualitätsorientierten Innovationsprozesses

Produktentwicklungsphasen	Leitfrage	Resultat
Vorprojektphase	Wie kommen wir zu einem lohnenden Projekt?	Projektplan, Pflichtenheft, Präsentation
Projektphase	Wie führen wir ein Projekt durch?	Pläne (Zeichnungen, Manuals, Schulungsunterlagen etc.)
Markteinführungsphase	Wie erreichen wir eine effiziente Übergabe an Produktion, Logistik sowie eine hohe Akzeptanz in den Verkaufskanälen und bei den Kunden?	Hohe Kundenzufriedenheit bei tragbaren Kosten

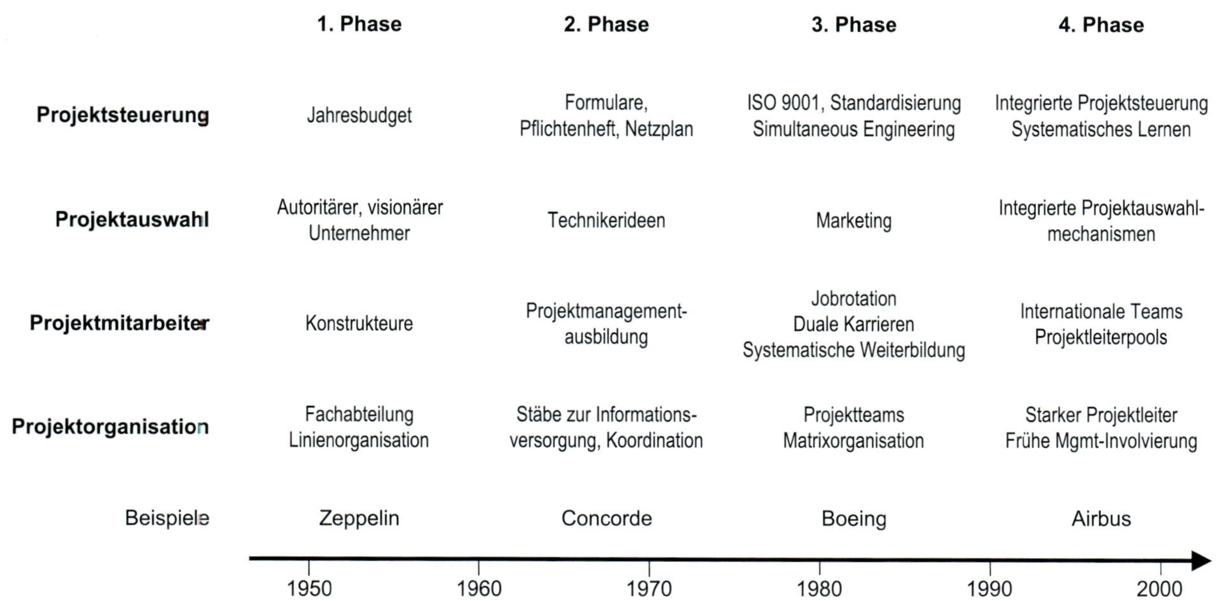

Abb. 20.13 Entwicklungspraxis im Zeitablauf

Heute machen viele Unternehmen die Unterscheidung zwischen Vorprojekt- und Entwicklungsprojektphase noch nicht. Eine solche Aufteilung ist jedoch sinnvoll, weil sich diese beiden Phasen stark unterscheiden (Tab. 20.10). Die Vorprojektphase gleicht einer „Wolkenphase", während die Entwicklungsprojektphase klar strukturiert und abgegrenzt werden kann. Letztere beginnt mit einer genauen Spezifikation, welche oft als Pflichtenheft bezeichnet wird.

Tab. 20.10 Unterschiede zwischen den Phasen

	Vorprojektphase	Projektphase	Markteinführungsphase
Budgetierung	oft keine	fest	situativ
Ziele	grob	detailliert	detailliert
Kosten	gering	hoch	sehr hoch
Abläufe	unstrukturiert	strukturierte Prozesse	situativ
Resultate	unklar	definiert	Einnahmen

III

20.7.1 Vorprojektphase

Die Vorprojektphase besteht aus vier Aktivitäten: *Marktsegment identifizieren, Lastenheft erstellen, Produkt konzeptionieren* und *Pflichtenheft erstellen* (Abb. 20.14). Sie benötigt eine starke Unterstützung durch das Management; hier wird am meisten Erfahrung gebraucht und die besten Leute übernehmen die schwierigsten Aufgaben. Die weichen Managementfaktoren überwiegen häufig und an die Stelle von Prozessmanagement tritt „People-Management".

Wird die Vorprojektphase abgegrenzt und durch erfahrene Kräfte des Managements intensiv betreut, kann garantiert werden, dass nur gesicherte Technologie und gesichertes Marktwissen in die Entwicklungsphase einfließen. Diese kann man dann auf festen Grundlagen als Prozess gestalten und mit hoher Effizienz und Planbarkeit abwickeln.

Eine Überlappung einzelner Projektschritte innerhalb der Vorprojekte und Projekte ist möglich und sinnvoll. Die Trennung der beiden grundsätzlich verschiedenen Phasen Vorprojekt und Entwicklung sollte man jedoch vor allem bei kapitalintensiven Innovationsprojekten einhalten. F&E-Mitarbeiter haben oft große Probleme mit diesem Vorgehen. Tendenziell versuchen Techniker immer wieder, die allerneuesten technischen Ideen in die Produkte einzubringen und vergessen dabei, dass gerade neue, nicht genügend beherrschte Technologien zu nicht planbaren Grundlagenabklärungen führen und die Entwicklungsphase zu einer dauernden Aufholjagd verkommen lassen.

Bei der Software-Entwicklung wird im Rapid Prototyping das Pflichtenheft zusammen mit den Kunden mithilfe von Prototypen erarbeitet, die in rascher Folge aufdatiert und laufend verbessert werden. Dieses Verfahren kann man nur dann auf andere Bereiche übertragen, wenn die Erstellung von Prototypen wenig Zeitaufwand erfordert.

QFD kann sich bereits in der Vorprojektphase als sehr nützlich erweisen, da insbesondere Kunden, Marketing und Vertrieb auf der einen Seite und Entwickler auf der anderen Seite verschiedene Sprachen sprechen. Zur Erstellung vom Lasten- oder Pflichtenheft stellt es einen überschaubaren Rahmen dar und führt rasch zu gut strukturierten Diskussionen. QFD erzwingt eine einfache, aber prägnante Dokumentation der wichtigsten Zusammenhänge.

Marktsegmente identifizieren mit Kundenproblem als Ausgangspunkt

Ausgangspunkt jeder Innovation ist die Identifikation eines akuten oder latenten Kundenproblems. Wird intern nur Problembekämpfung betrieben, können auch die eindeutigsten Signale des Marktes keine Aufmerksamkeit

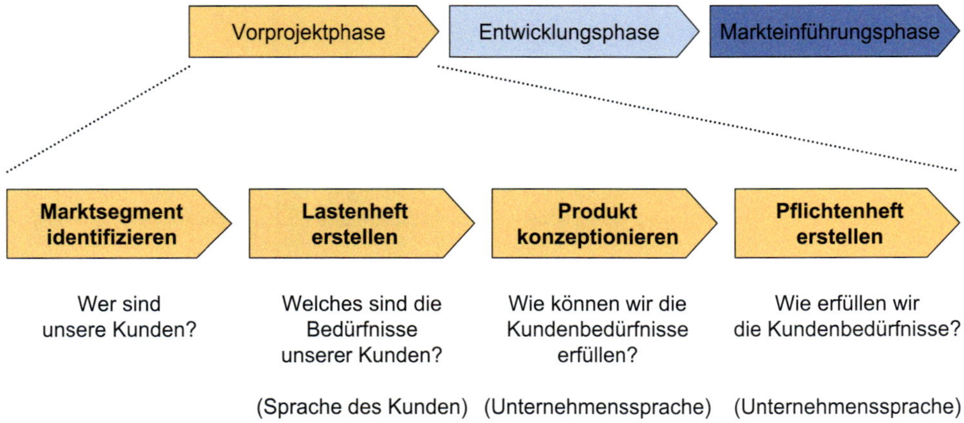

Abb. 20.14 Vier Hauptaufgaben in der Vorprojektphase

erregen. Ist die Identifikation aber durch eine Krise oder durch herausfordernde Zielsetzungen gegeben, genügen auch schwache Signale, um Innovationen auszulösen. Die Innovation kann etwa durch ein altes Problem bei Kunden angestoßen werden oder die Konkurrenz wartet mit einer Neuentwicklung auf, die zu übertreffen ist. Möglich ist natürlich auch, dass neue technologische Möglichkeiten neue Produktfelder erschließen, was vor allem in der Hochtechnologie der Fall ist. Hier muss das Unternehmen manchmal sogar zuerst neue Märkte schaffen: Große Softwarepakete verlangen leistungsfähige Rechner und schnelle Rechner erlauben neue Anwendungen, komplementäre Stärken schaukeln sich gegenseitig hoch.

Ohne detaillierte, präzise Marktsegmente kann auch das beste F&E-Team die Treffsicherheit der neuen Produkte nicht gewährleisten. Dabei spielen geografische und kulturelle Unterschiede eine große Rolle, das Unternehmen muss seine Kunden identifizieren und nach Bedürfnissen zusammenfassen. Der „größte gemeinsame Nenner" bildet damit die Grundlage für eine Plattform oder einen Baukasten, d. h. die Grundlage für Mass-Customization.

Lastenheft erstellen

Die neu abzudeckenden Kundenbedürfnisse erfordern zuerst eine schriftliche Fixierung in der Sprache der Kunden: Die Festlegung findet im *Lastenheft* statt. Ist das Produkt schon auf dem Markt, so leistet Marktforschung gute Dienste. Für die meisten Fälle genügen 30 bis 40 Interviews mit potenziellen Kunden (Reinertsen 1997). Ist das Produkt neu, lohnt sich die Überprüfung der wichtigsten Eigenschaften mit Prototypen. Noch besser ist es, wenn die eigenen Mitarbeiter auch Kunden sind und die eigenen Produkte selber benutzen.

Jedes Lastenheft soll gewisse Grundangaben zum neuen Produkt enthalten. Daneben können weitere, spezifische Kapitel dem Lastenheft hinzugefügt werden (Tab. 20.11).

Tab. 20.11 Inhalt des Lastenhefts

In jedem Lastenheft	Situativ zusätzliche Aspekte
▪ Anforderungen der Kunden ▪ Marktsegmentierung (Plattformen) ▪ Wesentliche Leistungsdaten ▪ Normen und sonstige externe Vorgaben ▪ Einsatzbereich und Einsatzbedingungen ▪ Strategischer Fit	▪ Wirtschaftliche Zielsetzungen ▪ Angestrebtes Marktvolumen ▪ Schätzungen über Produkt- und Projektkosten ▪ Zeitliche Zielsetzungen ▪ Markteinführung, Produktlebensdauer ▪ Gesamteinschätzung ▪ Einbettung in die Unternehmensstrategie, Chancen, Risiken, Alternativen, Varianten

Produkt konzeptionieren

Die Phase der Produktkonzeption ist gerade bei neuen Plattformen oder Durchbruchprojekten notgedrungen nicht im Detail planbar. Dazu sind die Zahl der Möglichkeiten und der technologische Unsicherheitsgrad zu groß. Trotzdem bietet sich eine bestimmte Schrittfolge als Leitlinie an. Die Produktkonzeption läuft in vielen gut organisierten Unternehmen in vier Schritten ab: *Ideen generieren, erste Konzepte erstellen, Grobkonzepte testen* und *Konzepte bewerten* (Tab. 20.12).

Die Schritte Idee – Konzept – Bewertung sind so oft zu „durchlaufen", bis ein überzeugendes Produktkonzept steht. Die Zahl und die Länge der Zyklen hängt in erster Linie vom Zeitdruck ab. Die Zyklen sind keine zeitlich abgrenzbaren Phasen, sondern ein Organisationsrahmen für das Konzeptteam. Das Konzept mündet normalerweise in ein Pflichtenheft.

Tab. 20.12 Schritte der Produktkonzeption

Ideen generieren	Im Team werden Produktideen gesammelt und gesichtet. Auch völlig unkonventionelle und visionäre Vorgehensweisen sind im „ersten Anlauf" gefordert. Nur so kann das Unternehmen Lösungen finden, die das Neuprodukt von Konkurrenzprodukten entscheidend abhebt. Viele Ideen ergeben sich aus Kundenreklamationen.
Erste Konzepte erstellen	Produktideen werden in erste Konzepte umgesetzt. Prototypen, aber auch aussagekräftige Dokumentationen erleichtern die Kommunikation mit „Externen": Kunden, Lieferanten und Experten des eigenen Unternehmens, die nicht im Konzeptteam oder Entscheidungsgremium mitarbeiten.
Grobkonzepte testen	Parallel zur Ausarbeitung der ersten Konzepte kann man mit den Grobkonzepten so weit wie möglich die Produktideen in technische Parameter übersetzen und technische Wirkzusammenhänge offenlegen. Ein sinnvolles Instrument dazu ist das erste House of Quality des QFD.
Konzepte bewerten	Ein funktionsübergreifendes Team bewertet die Konzepte. Technische Realisierbarkeit, notwendige Ressourcen und Marktpotenziale bieten immer wieder große Probleme. Präzise Informationen fehlen häufig. Trotzdem lohnt es sich bereits in dieser Phase, grobe Produktrentabilitätsrechnungen anzustellen. In der Fahrzeugindustrie, aber auch in der Architektur läuft diese Phase unter dem Namen Konzeptwettbewerb: Verschiedene Anbieter erarbeiten Modelle (Pflichtenhefte) innerhalb vorgegebener Rahmenbedingungen.

III

Das Konzeptteam soll von Anfang an aus Mitgliedern verschiedener betrieblicher Funktionalbereiche, wie Entwicklung, Marketing, Produktion oder Service bestehen. Vertreter des Qualitätswesens hinterfragen in dieser Phase immer wieder die Messbarkeit aller Kriterien sowie die Relevanz von Tests. In Abhängigkeit von Projekt und Branche können auch Kunden und Lieferanten miteinbezogen werden. Idealerweise ist der Leiter des Konzeptteams auch derjenige, der das resultierende Entwicklungsprojekt leitet. Damit stellen einige Unternehmen den Wissenstransfer von der Forschung in die Entwicklung sicher.

Im Zusammenspiel mit Personen, welche sich nicht im Konzeptteam befinden, müssen einige Grundsätze beachtet werden, damit sich das Projekt zielstrebig einer befriedigenden Produktkonzeption nähert (Tab. 20.13).

Tab. 20.13 Grundsätze bei der Zusammenarbeit mit externen Partnern in der Produktkonzeption

- Es muss schnell reagiert werden: Kunden, Lieferanten und das Management sollen rasch bewerten.
- Das Vorgehen funktioniert nur, wenn eine offene Unternehmenskultur sowie direkte Kontakte zwischen Projektteam und Partnern aus der Linie bestehen.
- Keine Unterdrückung von Ideen: Alle Ideen sind zunächst gut. Allerdings sind mögliche Risiken der Vorschläge ebenfalls kritisch zu hinterfragen.
- Das Konzeptteam darf sich auch nicht an Ideen „festbeißen“, die ständige Bereitschaft zum Verwerfen erweist sich in frühen Projektphasen als äußerst wichtig. Die Herausforderung besteht gerade darin, die Sichtweise wechseln zu können: Eigene Ideen muss das Team auch aus der Perspektive von Kunden, Lieferanten, Share- und Stakeholdern betrachten.
- Es gilt, „Golf zu spielen“: Ständige Szenenwechsel verhindern das gefährliche „Not-invented-here“-Syndrom.

Pflichtenheft erstellen

Die Aktivitäten der Produktkonzeptionsphase finden im Pflichtenheft ihren Abschluss. Im Wesentlichen stellt es die Übersetzung der Kundenbedürfnisse in technische Spezifikationen dar, während viele Firmen die Kundenbedürfnisse selber im Lastenheft zusammenfassen.

Waren früher vor allem die marktnahen Bereiche für den Inhalt des Pflichtenhefts zuständig, werden heute alle Abteilungen einbezogen, die in irgendeiner Form über den ganzen Produktlebenszyklus der Innovation Einfluss nehmen. Durch frühzeitige Abstimmung aller Beteiligten kann die Projektleitung spätere und teure Koordinationsprobleme vermeiden. Die Erstellung des Pflichtenhefts fällt bereits in den Verantwortungsbereich des Projektleiters, der zu diesem Zeitpunkt benannt sein sollte.

Der Inhalt des Pflichtenhefts richtet sich stark nach der Komplexität von Produkt, Unternehmen und Branche, aber auch nach der Unternehmenskultur. Meist enthält das Pflichtenheft einen detaillierten Projektplan. Er ist von zentraler Bedeutung und legt die einzelnen Ablaufschritte in Reihenfolge und Ausmaß fest. Der Projektplan sollte deshalb gemeinsam mit der Produktarchitektur erarbeitet werden. Das Produkt kann integral oder modular aufgebaut werden. Im Pflichtenheft soll diese Struktur auf jeden Fall grob umrissen werden, da die Produktstruktur sowohl die Projekt- als auch die Lieferantenstruktur beeinflusst. Neben den wesentlichen technischen Spezifikationen kann das Pflichtenheft Projektpläne, den zeitkritischen Pfad, technische Risiken und Marktrisiken sowie Aussagen zu möglichen Alternativen enthalten. Bei größeren Vorhaben sollten die wichtigsten Konzepte zu Beschaffung, Produktion, Distribution und vor allem Markteinführung vorliegen (Tab. 20.14).

Oft ist in der Praxis keine eindeutige Trennung zwischen Lasten- und Pflichtenheft zu finden. Die genauen Bezeichnungen sind auch von untergeordneter Bedeutung. Im Vordergrund steht das Ziel, mit dem Lasten- und Pflichtenheft sinnvoll den „Teufelskreis“ der sich ständig ändernden Anforderungsdefinition zu durchbrechen (Abb. 20.15). Eine mangelhafte oder unvollständige Festlegung der wichtigsten Anforderungen an das neue Produkt führt mit Sicherheit zu grundlegenden Änderungen in der Durchführungsphase. Dadurch verlängert sich die Entwicklungszeit, Markt und Technologie ändern sich und das Produktkonzept muss laufend angepasst werden! Es lohnt sich aber meistens auch nicht, ein allumfassendes Pflichtenheft zu erstellen, in dem jedes Detail geregelt ist. Wichtig ist, die zentralen technologischen und kundenspezifischen Anforderungen so grob zu umschreiben, dass sie in ihrem Kerngehalt nicht mehr geändert werden. Auf dieser Basis kann man dann im weiteren Verlauf das

Tab. 20.14 Inhalt des Pflichtenhefts

In jedem Pflichtenheft	Situativ zusätzliche Aspekte
▪ Detaillierte Funktionen, Aufbau, Materialanforderungen, vorhandene Lösungen, Gliederung in Baugruppen, detaillierte Leistungsdaten, Abmessungen, Design ▪ Normen und Prüfvorschriften wie Normen von Behörden, notwendige Zulassung von Prüfstellen, Toleranzbereiche ▪ Anforderungen hinsichtlich zu beschaffender Teile, detaillierte Leistungsbeschreibungen für kritische Teile (Engpässe)	▪ Wirtschaftliche Ziele wie beim Lastenheft, jedoch detaillierte Daten über Konkurrenzprodukte, Zielpreis, mögliche Absatzmengen pro Vertriebsgebiet, Zielkosten, Garantiedauer, Serviceangebot und Serviceaufwand etc. ▪ Terminziele, Meilensteine und Vorgaben auf Stufe Arbeitspaket ▪ Gesamtwürdigung mit Chancen und Risiken (meist in Form einer Produktrentabilitätsrechnung)

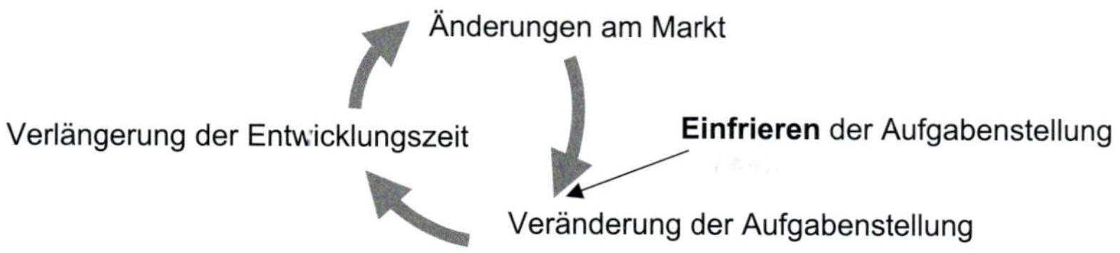

Abb. 20.15
Teufelskreis langer Entwicklungszeiten durch Einfrieren der Aufgabenstellung durchbrechen

Pflichtenheft sukzessive detailliert ausarbeiten. Dieses Vorgehen wird auch „dynamisches Pflichtenheft" genannt. Ab einem vom Unternehmen zu definierenden Zeitpunkt („Freezing Point") ist das Pflichtenheft zu fixieren und weitere Anpassungen sind nur noch in Ausnahmen erlaubt (Abb. 20.16). Viele Unternehmen frieren das Pflichtenheft vor der ersten großen Hardware-Investition, der Werkzeugfreigabe, ein.

Die Forderung, in den folgenden Projektphasen der Entwicklung parallel zu arbeiten, stellt besondere Anforderungen an den Aufbau und die Inhalte eines Pflichtenhefts: Es muss ein „Simultaneous-Engineering-konformes" Pflichtenheft sein. Ein solches Pflichtenheft ist in erster Linie modulorientiert. Dadurch können einzelne Teams die Arbeitspakete getrennt und so weit wie möglich parallel bearbeiten, ohne große Koordination.

Ausgehend von der Funktionsstruktur erarbeitet das Integrationsteam Prinziplösungen für die einzelnen Funktionen. Diese Prinziplösungen bilden die Basis für eine Modularisierung und die Erstellung von „Modulpflichtenheften". Die entstehenden Schnittstellen zwischen den Modulen erfordern ein Schnittstellenkonzept, welches Bestandteil des übergeordneten Pflichtenhefts wird. Schnittstellen können beispielsweise anhand einer Schnittstellenmatrix ins Pflichtenheft integriert werden. Auch bei sorgfältiger Wahl der Module stellt die parallele Entwicklung aber immer wieder eine große Herausforderung für das Management dar. In schwierigen Fällen kann die Projektleitung deshalb die parallele Entwicklung auf den zeitkritischen Pfad konzentrieren.

Neben der besseren Eignung zum Simultaneous Engineering haben Module den Vorteil, dass sie in allen Lebensphasen des Produkts von der Entwicklung über Produktion und Service bis hin zu Upgrades und Entsorgung relativ unabhängig voneinander bearbeitet werden können. Neben Termintreue und Qualität, die das Management mit dem Pflichtenheft und dem Projektplan weitgehend überwacht, spielen die Entwicklungskosten eine immer wichtigere Rolle. Auch hier hilft Modularisierung,

Tab. 20.15 Pflichtenheft am Beispiel eines Herstellers von Präzisionsinstrumenten

Abschnitt des Pflichtenhefts	Spezielle Aspekte
Ziel	Strategie, Marktanteile, Volumen, Finanzen
Projekt-organisation	Leiter, Kernteam, Spezialisten, Lieferanten
Projektplan	kritischer Pfad, Arbeitspakete
Produkt-rentabilitäts-rechnung	Maßstab für späteren Erfolgsnachweis
Marktbedürfnisse	Segmente, Varianten
Marketingkonzept	Markteinführung, Lebenszyklus
Marketing Mix	Produkt, Preis, Promotion, Platzierung (4 P)
Produktion	Make- or Buy-Entscheide
Logistik	Beschaffung, Distribution
Umwelt	Entsorgung, verwendete Materialien
Controlling	Abbruchkriterien

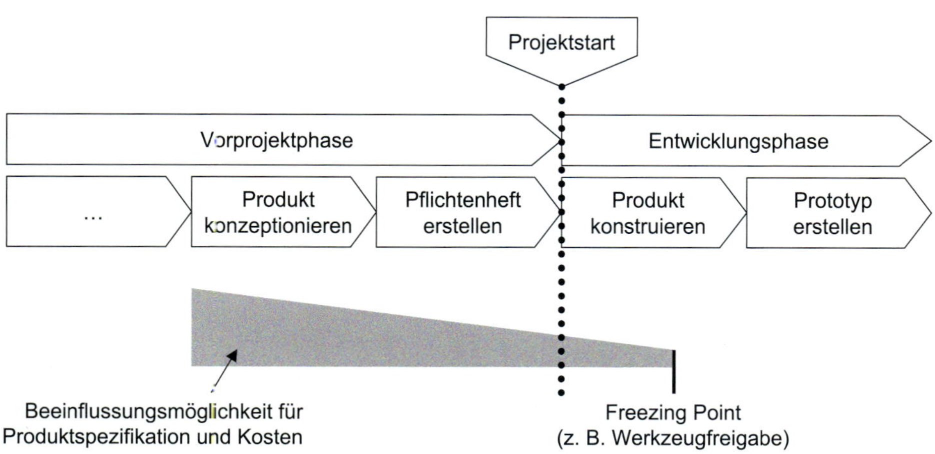

Abb. 20.16
Übergang Vorprojekt – Projekt

indem bereits entwickelte Module erneut eingesetzt werden können. Die Mehrfachverwendung erhöht zwar meist den Initialaufwand für die erste Entwicklung, senkt aber später Kosten und Durchlaufzeiten sehr stark. Dagegen verhindern Module integrale Lösungen, welche häufig unter dem Druck von Miniaturisierung, Kostenreduktion, Gewichtsoptimierung oder anderen Top-Leistungen entstehen.

20.7.2 Entwicklungsphase

Zeit als ein wichtiger Treiber in der Entwicklungsphase

„Die Schnellen fressen die Langsamen": Neue Produkte sollten immer schneller entwickelt werden, um auf den Märkten zu bestehen. Der rasche technologische Fortschritt verkürzt die Innovationszyklen in vielen Branchen. Man könnte nun annehmen, dass dieser Trend durch kürzere Produktlebenszyklen noch verstärkt würde. Mehrere Studien belegen jedoch, dass dies nicht der Fall ist: Die Produktgebrauchsdauern bleiben etwa konstant. Auch die persönliche Erfahrung bestätigt, dass Staubsauger, Autos und andere traditionelle „Investitionsgüter" des täglichen Bedarfs etwa gleich lang im Gebrauch bleiben wie vor zehn Jahren. Die Garantiezeiten haben sich sogar erhöht und die garantierte Ersatzteilverfügbarkeit für Rasenmäher, Kaffeemaschinen oder ähnliche Geräte beträgt heute oft zehn Jahre. Die Anforderungen an die Ausführungsqualität steigen daher enorm. Auch die Abschreibungsdauern für Industrieanlagen haben sich nicht wesentlich geändert. Eine Ausnahme bilden Produkte aus dem ICT-Bereich. Hier handelt es sich um Produkte mit viel Elektronik und Software, die schneller obsolet werden als traditionelle Mechanik.

Die gezielte Beeinflussung der Zeit zwischen der Konzeption eines Produktes und seiner Markteinführung ist heute und morgen ein zentrales Managementproblem. Es geht bei dieser *Time-to-Market*-Problematik nicht nur um die reine Entwicklungszeit, sondern auch um Zeitverkürzungen bis zum positiven Cashflow. Das Qualitätsniveau muss daher bereits beim Markteintritt hoch sein, um den Vorsprung vor der reaktionsschnellen Konkurrenz zu nutzen. So verwendet Hewlett-Packard als wichtigste Bewertungsgröße von Innovationen die Zeit bis zum Break-Even-Punkt.

Mit kürzerer Durchlaufzeit verkleinern sich die Prognose- und Marktrisiken. „Feuerwehraktionen" zum Auffangen von Technologie- und Marktveränderungen reduzieren sich. In der kurzlebigen Modebranche muss man viel weniger Artikel über Sonderaktionen absetzen (Abb. 20.17).

Simultaneous Engineering als Ansatz zur Zeiteinsparung

Simultaneous Engineering (SE) ist der konzeptionelle Ansatz zur Zeiteinsparung in der Entwicklung und wird meist nur als Parallelisierung des Produktentwicklungsprozesses verstanden. Alle Aktivitäten, welche die Entwicklung eines neuen Produktes und des dazugehörigen Produktionsprozesses betreffen, rücken näher zusammen. Für eine kurze Time-to-Market muss das Unternehmen Simultaneous Engineering jedoch ganzheitlicher angehen (Tab. 20.16). Das ganzheitliche Simultaneous Engineering ist ein umfassendes Innovationskonzept,

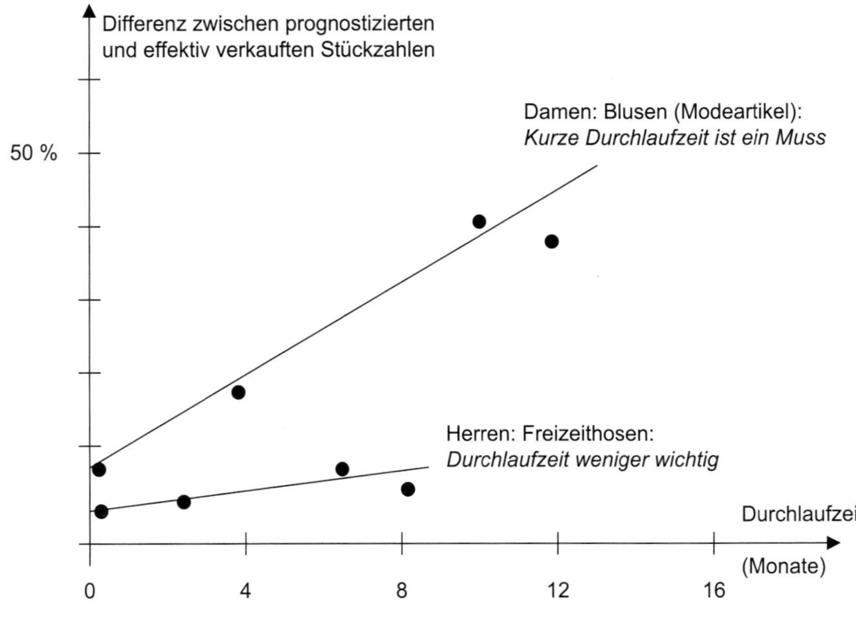

Abb. 20.17
Unsicherheit am Markt steigt mit Durchlaufzeit (Stalk/Hout 1990)

welches sich nicht über Nacht realisieren lässt. Dafür sind die Vorteile entsprechend groß: Die Time-to-Market der Projekte sinkt und die Lerngeschwindigkeit der Teams steigt.

Tab. 20.16 Grundsätze für ein ganzheitliches Simultaneous Engineering im Innovationsprozess

- Intensives Management der Prozesse
- Frühe, intensive Zusammenarbeit mit wenigen Lieferanten (Systemlieferanten)
- Parallele Realisierung auf dem zeitlichen Pfad (Modularisierung)
- Teams mit starken Projektleitern
- Angepasstes Projektmanagement und Qualitätsmanagement; die Anpassung wird im Vorprojekt erarbeitet.

Lernen im Projekt

Folgt ein Team konsequent dem „Plan-Do-Check-Act"-Zyklus (Abb. 20.18), so wiederholen sich nur wenige Fehler und neue Projekte verlaufen nicht nur schneller, sondern auch erfolgreicher. Modernes Projektmanagement versucht deshalb den Lernaspekt stärker zu betonen und Unternehmen führen „Entwicklungsprozess-Coaches" ein, die einerseits den Entwicklungsprozess selber ständig verbessern, andererseits aber helfen, den geeigneten Entwicklungsansatz, d.h. die passende Projektstruktur auszuwählen. Dieser Ansatz ist weitgehend durch den Typ des Projektteams bestimmt und muss mit einem passenden Projektmanagement unterstützt werden.

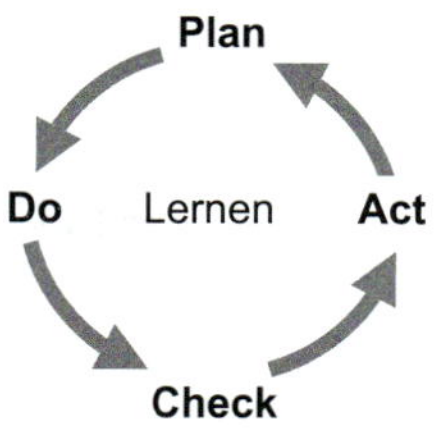

Abb. 20.18 Plan-Do-Check-Act-Zyklus des Qualitätsmanagements (Deming-Kreis)

Die bei einer Qualitätssystem-Zertifizierung im produktneutralen Entwicklungsplan festgelegten Regeln sollten sich auf ein Minimum beschränken, damit genügend Flexibilität erhalten bleibt, auf spezifische Situationen zu reagieren. Nicht jede einfache Produktverbesserung braucht zwanzig Meilensteine, aber sie braucht initiative Mitarbeiter und damit angepasste Projektpläne.

Organisation von Entwicklungsprojekten

Viele Firmen haben ihre Spezialisten nach wie vor in funktionalen Einheiten zusammengefasst. Eine solche Organisation ist allerdings gerade zur Durchführung schneller Entwicklungsprojekte nicht optimal. Bewährt haben sich funktionsübergreifende Teams mit hoher fachlicher und führungstechnischer Kompetenz. Die für alle Zwecke ideale Organisationsform existiert jedoch nicht (Abb. 20.19). Das Management muss stets einen Ausgleich zwischen funktionaler Spezialisierung und Produktorientie-

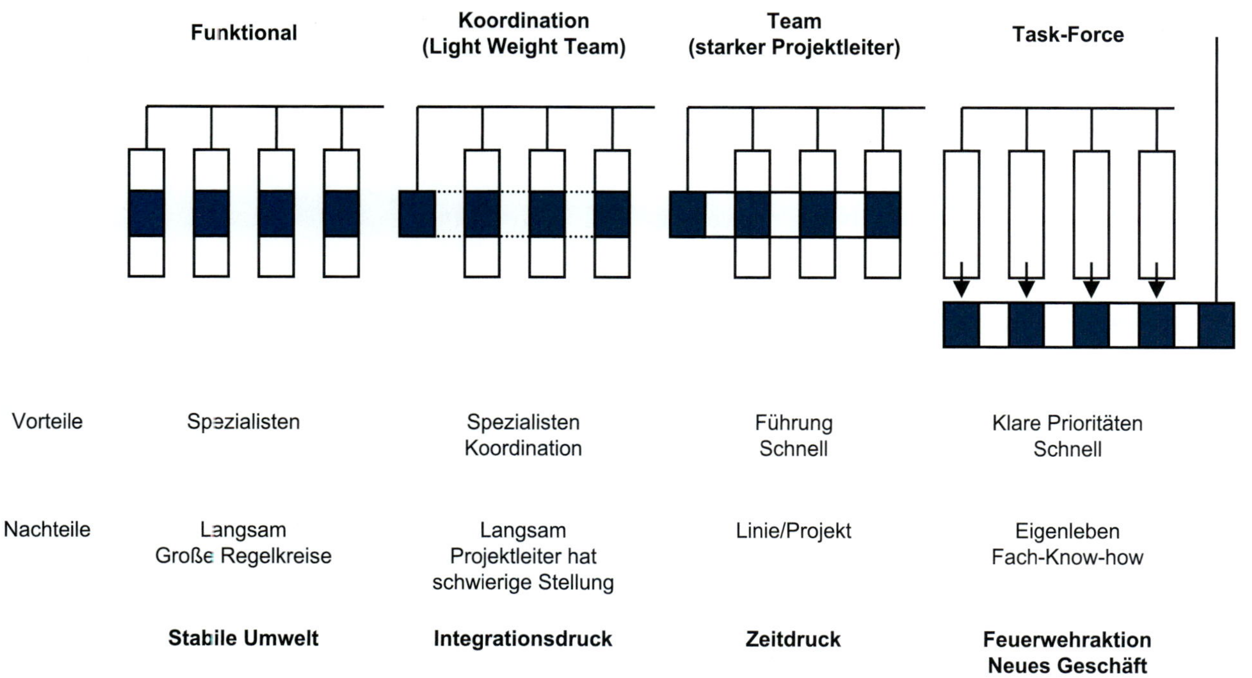

Abb. 20.19 Organisationsformen für Entwicklungsprojekte (Wheelwright/Clark 1994)

rung suchen. So lassen sich etwa Kostenoptimierungen oder einfache Varianten eines bestehenden Produkts in einer funktionalen Organisation sinnvoll durchführen. Muss das Unternehmen hingegen in kürzester Zeit ein völlig neues Produkt auf den Markt bringen, empfiehlt sich der Task-Force-Ansatz. Kaum bewährt hat sich die reine Koordination: Die Stellung des Projektleiters gegenüber der Linie ist zu schwach. Er läuft Gefahr, weder von der Linie noch von seinem Team akzeptiert zu werden. Die Teamorganisation mit einem starken Projektleiter hat sich in vielen Innovationsprojekten unter Zeitdruck bewährt. Allerdings müssen sechs Voraussetzungen erfüllt sein (siehe Tab. 20.17).

Der lokale Zusammenhalt von Entwicklungsteams erleichtert die Arbeit des Projektleiters. Im Allgemeinen wird deshalb in kleinen Teams, die im gleichen Raum arbeiten, auch ohne spezielle Anordnungen parallel gearbeitet. Spätestens wenn die Produktionsprozesse in den Mittelpunkt der Entwicklungsarbeit rücken, werden die Teams allerdings so groß und auch so inhomogen, dass sie nicht mehr unter einem Dach zusammenarbeiten können. Damit steigt die Problematik der Parallelisierung.

III

20.7.3 Markteinführungsphase

Die Markteinführung ist die letzte Hauptphase des Innovationsprozesses und bietet für die meisten Unternehmen drei große Herausforderungen (Tab. 20.18). Der Schlüssel zum Erfolg liegt hier in einem professionellen Projektmanagement. Neben dem eigentlichen Produkt müssen auch die produktbegleitenden Dienstleistungen ihren Weg auf den Markt finden. Obwohl die Bedeutung industrieller Dienstleistungen für den Kauf zunehmend wächst, werden sie in der Praxis nur wenig systematisch eingeführt.

Straffe Planung der Markteinführung notwendig

Um eine Markteinführung getrennt von täglichen Routineaufgaben als Projekt durchzuführen, ist auch hier die Einsetzung eines Projektleiters entscheidend. Dieser wird ähnlich wie in der Produktentwicklung mit umfassenden Kompetenzen ausgestattet (Boutellier et al. 1997). Er trägt die Verantwortung für die gesamte Einführung von der Konzeption bis zur Kontrolle. Der Produktmanager ist in dieser Rolle oft überfordert, da er nicht über die notwendigen Weisungsbefugnisse verfügt.

Die Projektführung koordiniert die Aufgaben von F&E, Marketing, Produktion, Verkauf und Service. Marktdaten des Verkaufs fließen häufig unvollständig in den Entwicklungsprozess ein; auch bleibt die Distribution bei der Entwicklung oft unberücksichtigt. Das Tagesgeschäft absor-

Tab. 20.17 Voraussetzung für die Teamorganisation in Entwicklungsprojekten

Voraussetzung	Erläuterung
Eindeutige Aufgabenstellung und Voraussetzungen	Das Top-Management muss die Aufgabenstellung für das Team eindeutig definieren. Dazu gehören insbesondere abgesicherte Technologien und möglichst aktuelle Marktdaten (Pflichtenheft, Resultate der Vorprojektphase).
Klare Kompetenzen und Ziele	Das Projektteam sollte einen „Vertrag" mit der Geschäftsleitung abschließen. Die Leitung legt Zeitvorgaben, Kosten, Ressourcen und die Messkriterien zur Beurteilung des Projekterfolgs fest.
Akzeptierter Projektleiter	Entscheidend ist die Auswahl des Projektleiters. Der Projektleiter realisiert die Produktvision und moderiert sein Team. Er sollte über eine hohe Akzeptanz bei Mitarbeitern und Management verfügen und auch die Übersetzung von den marktseitigen Anforderungen in die technische Spezifikation mitgestalten.
Vereinbarung Projekt- und Tagesgeschäft	Die Teammitglieder müssen fähig sein, „zwei Hüte zu tragen", d. h. neben ihrer Projekttätigkeit auch noch ihre tägliche Arbeit zu verrichten. Die Praxis zeigt, dass es sinnvoll ist, Teammitglieder zu 50 - 80 % ihrer Arbeitszeit im Team zu haben. Bei zu geringer Beteiligung können sie ihr Wissen nicht voll einbringen und verzetteln sich in zu vielen Projekten. Bei einer 100 %igen Integration verlieren Teammitglieder den Anschluss an ihre Spezialisten, was zu großen Problemen führen kann, da neue Produkte das Wissen aller Spezialisten des Unternehmens benötigen und nicht nur einzelner Projektmitarbeiter.
Intensive Teamkommunikation	Teams funktionieren nur, wenn die Teammitglieder intensiv miteinander kommunizieren. Die geografische Distanz zwischen den Beteiligten spielt hier eine herausragende Rolle. Eine räumliche Zusammenführung erleichtert die informelle Kommunikation. Dies ist jedoch schwierig zu bewerkstelligen, da das Fachwissen der beteiligten Experten auch an deren angestammten Arbeitsorten weiterhin gebraucht wird und sich Top-Spezialisten ohnehin nicht gerne versetzen lassen.
Koordination	Virtuelle Teams, über den ganzen Globus verteilt, nutzen moderne Kommunikationssysteme intensiv und arbeiten zum Teil rund um die Uhr. Die Übergabe einzelner Arbeitspakete an die nächste Zeitzone stellt dabei ganz spezifische Qualitätsanforderungen. Positive Resultate zeigt der Einsatz von Groupware. Allerdings ersetzt Software die wichtigen persönlichen Kontakte nicht. Moderne Telekommunikation kann aber die Abstände zwischen den teuren Meetings verlängern. Moderne Gebäude bieten bewusst Gelegenheit für informelle Kontakte (kurze Wege, größere Büros). Die Praxis zeigt, dass der Arbeitsort von Mitarbeitern wichtiger ist als organisatorische Umstrukturierungen.

biert zudem die beteiligten Mitarbeiter in vielen Fällen stark und es besteht damit die Gefahr, dass sie sich nur wenig mit dem Projekt identifizieren.

Tab. 20.18 Herausforderungen in der Markteinführungsphase

Herausforderung	Erläuterung
Tragweite	■ Markteinführung ist häufig ein globales Projekt. ■ Die Markteinführung verläuft oft über große Distanzen.
Viele Beteiligte	■ Die wenigsten Beteiligten waren zuvor im Projektteam integriert. ■ Nicht alle Beteiligten sind im eigenen Unternehmen. ■ Verschiedene Kulturen treffen aufeinander. ■ Viel Überzeugungsarbeit ist zu leisten.
Hohe Kosten	Die Kosten sind oft höher als in allen vorangehenden Phasen zusammen.

Konflikte treten oft mit den autonomen Tochtergesellschaften und unabhängigen Vertriebs- oder Servicepartnern auf. Verkäufer ignorieren die zentralen Vorgaben, da sie glauben, ihren Markt am besten zu kennen, und führen eigenwillige Anpassungen an die lokalen Marktanforderungen durch. Der Projektleiter muss daher direkten Zugang zum Top-Management haben, um solche Konflikte zu beseitigen. Er stimmt die lokale Anpassung der Produkteinführung ab, koordiniert die dezentralen Aktivitäten und führt auch die abschließende Überführung des Projektes in den routineorientierten Auftragsabwicklungsprozess durch.

Markteinführung: Big Bang vs. Lead Concept

Beim Prozess der Markteinführung geht es um den Zeitpunkt und das zeitliche Vorgehen zur Einführung eines neuen Produktes in den Markt. Untersuchungen bestätigen, dass durch einen frühen Markteintritt die Wettbewerbsposition positiv beeinflusst werden kann. Gegenbeispiele wie der IBM PC oder Glaxos Zantac zeigen jedoch, dass auch ein späterer Eintrittszeitpunkt sinnvoll sein kann, wenn das Unternehmen aus den Fehlern der Pioniere lernen kann. Auch das Beispiel des Gillette Sensor belegt, dass eine lange Innovationszeit bei einem ausgereiften und innovativen Produkt kein Nachteil sein muss. Die Mehrzahl der heutigen Marktführer sind zehn bis zwölf Jahre nach den Pionieren in den Markt eingestiegen! Pioniere hatten harte Zeiten, da die Unsicherheiten noch zu groß waren.

Das zeitliche Vorgehen der Produkteinführung spielt jedoch eine entscheidende Rolle (Tab. 20.19): Die Einführung kann simultan in allen Märkten („Big Bang") oder nacheinander, nach Marktsegment gestaffelt erfolgen („Lead Concept"). Beim *Big Bang* wird das Produkt in allen Zielmärkten gleichzeitig eingeführt. Dieses Vorgehen setzt ein straffes Projektmanagement voraus. Ein Big-Bang-Ansatz ist sinnvoll, wenn die Einführung aufgrund eines intensiven Wettbewerbs unter starkem Zeitdruck erfolgt und die Produktqualität sehr hohen Ansprüchen genügen muss. Bekanntes Beispiel hierfür ist die Vorstellung von Windows 95 mit der weltweiten Live-Übertragung einer Hollywoodshow vor 2500 Gästen. Vorab hatte Microsoft 400 000 Beta-Versionen an ausgewählte Testkunden verschickt und 1500 Spezialisten zur Beantwortung von Fragen ausgebildet. Allein die Werbekampagne kostete US$ 150 bis 200 Mio. Da der Markt eine neue Standardsoftware erwartete und die Einführung unter hohem Zeitdruck stand, war Geschwindigkeit das oberste Ziel. Daneben durfte das Produkt keine größeren Fehler aufweisen, um eine rasche weltweite Marktdurchdringung zu erreichen.

Tab. 20.19 Markteinführung: Big Bang vs. Lead Concept

	Big Bang	Lead Concept
Zeitlicher Verlauf	alle Märkte simultan	gestaffeltes Vorgehen
Organisation	Projektmanager	Kernteam
Controlling	Time-to-Money	Budget
Managementfokus	Zeitmanagement	Ressourcenmanagement
Lernmodel	fehlerfrei gleich zu Beginn	Erfahrungen aus den ersten Märkten
Marktreife	hoch	gering
Zeitdruck	hoch	gering

Beim *Lead Concept* wird das Produkt vorab bei führenden Kunden, in führenden Märkten oder führenden Ländern (Lead Customers, Markets oder Countries) eingeführt. Märkte und Kunden sind meist in unterschiedlichem Maße für die Aufnahme von neuen Produkten bereit und akzeptieren Kinderkrankheiten neuer Produkte mehr oder weniger stark. Die Lead Customers bzw. Lead Countries übernehmen dabei die Rolle von Meinungsmachern und teilweise auch von Pilotanwendern. Im Gegensatz zu europäischen oder amerikanischen Märkten sind beispielsweise japanische Märkte eher bereit, innovative Unterhaltungselektronik zu akzeptieren. Daher wurden die CD-Player von Sony und Philips, aber auch PC-Kopierer von Canon zuerst in Japan eingeführt. Da die Märkte noch nicht reif waren für die neuen Produkte, stand Lernen im Vordergrund. Der geringe Zeitdruck erlaubte es, mit den Erfahrungen der Einführung in den Führungsländern das neue Produkt laufend zu verbessern, und die Kunden wurden nicht überfordert. Wenn die Produkte durch Entwicklung individueller Dienstleistungen an unterschiedliche Märkte und Kunden angepasst werden müssen (Localiza-

III

tion und Customization) und das Unternehmen selbst über wenig Ressourcen verfügt, ist das Lead Concept sinnvoll. Nationale oder regionale Vorschriften und Normen können oft eine Einführung in vielen Märkten gleichzeitig verhindern und eine sukzessive Einführung nach dem Lead Concept erfordern.

Controlling der Markteinführung: Budget vs. Time-to-Money

Die Voraussetzungen für das Projektcontrolling bei der Markteinführung sind quantifizierbare Ziele, ein realistischer Zeitplan mit Aktivitäten und Meilensteinen sowie definierte Arbeitspakete. Vereinfacht lassen sich bei der Kontrolle der allgemeine Budgetansatz und der Time-to-Money-Ansatz unterscheiden.

Bei der Kontrolle mit dem *Budgetansatz* definiert das Top-Management für die Produkteinführung einen allgemeinen Kostenrahmen. Dieses Vorgehen ist geeignet, wenn knappe Ressourcen und damit die Kosten im Mittelpunkt stehen. Im Gegensatz zur Produktentwicklung wird aber meist kein Budget „top-down" vorgegeben. Vielmehr stellen die lokalen Verantwortlichen aufgrund ihrer Einschätzung der spezifischen Marktsituation autonome Budgets auf, die der Lenkungsausschuss „bottom-up" zu einer Prognose über den Erfolg der Produkteinführung zusammenführt. Die lokalen Maßnahmen müssen dabei im Einklang mit der allgemeinen Strategie stehen.

Bei Projekten unter intensivem Zeitdruck empfiehlt sich der *Time-to-Money-Ansatz:* Effizienz und Minimierung des Ressourceneinsatzes stehen kombiniert im Mittelpunkt. Diese werden mit kombinierten Zeit-, Kosten- und Erlöszielen gemessen; so z. B. „Time-to-Money" oder die von Hewlett-Packard angewandte „Money-Back-Period".

Die Ausgestaltung der Ziele ist für jedes Unternehmen spezifisch. Um zu einer Operationalisierung der Zeitziele zu gelangen, müssen sowohl Anfangs- als auch Endzeitpunkte festlegt sein. „Time-to-Money" kann beispielsweise die Zeit von der Produktidee bis zur Zahlung durch den ersten Kunden bezeichnen, obwohl mit dem Zahlungseingang der Erfolg der Einführung noch nicht erwiesen ist. „Time-to-Market" kann bei segmentierten Märkten mit der sukzessiven Einführung an verschiedenen Endzeitpunkten festgemacht werden. Mit zunehmender Anzahl Kunden kann die Akzeptanz des Produktes und somit ein wichtiger Teil des Innovationserfolges nur durch eine professionell durchgeführte Marktforschung ermittelt werden.

Kostencontrolling in der Markteinführung

In den meisten Unternehmen sind die wahren Kosten der Produkteinführung kaum bekannt. Ein Grund dafür ist die allgemein geringe Professionalität im Marketingcontrolling: Zumeist erfasst das Controlling nur die Kosten für Werbung und Verkaufsförderung als Einzelkosten der Produkteinführung; die Kosten für Produktion und Logistik, aber auch für die Koordination werden als Gemeinkosten über alle Produkte verteilt. Während beispielsweise in der F & E mittlerweile die meisten Unternehmen die Arbeitsstunden einzelnen Projekten zurechnen, ist dies bei Marketing und Verkauf unüblich. Solange aber die Kosten der Produkteinführung unbekannt sind, sind auch zeitbezogene Investitionsrechnungen zum Return-on-Investment (ROI) oder zur „Time-to-Break-Even" mit großen systematischen Fehlern behaftet.

Handlungsempfehlungen für die Markteinführung

Aus den Herausforderungen und Lösungsansätzen für die Markteinführung ergeben sich fünf Handlungsempfeh-

Tab. 20.20 Handlungsempfehlungen für die Markteinführung

Handlungsempfehlung	Erläuterung
Projekt mit Zielen und Verantwortlichkeiten	Die Produkteinführung als Projekt gestalten Notwendig sind quantifizierbare Ziele, detaillierte Zeitpläne, definierte Arbeitspakete und klare Verantwortungen in F & E, Produktmanagement, Verkauf und Tochtergesellschaften.
Fokus auf Übergabe	Die Übergabe vom Entwicklungs- zum Einführungsprojekt erfordert präzise Kleinarbeit. Bewährt haben sich geführte, überlappende Phasen und die zeitweise Arbeit im gemeinsamen Team, damit das Wissen nicht verloren geht.
Verkauf frühzeitig einbinden	Bindet man Verkauf, Kundendienst und Tochtergesellschaften frühzeitig ein, erhöht sich die Akzeptanz durch die Außenstellen (Reviews in der Entwicklungsphase).
Klare Ziele und Messgrößen	Das Controlling der Produkteinführung setzt klare Ziele sowie definierte Messgrößen voraus. Um Kostentransparenz zu erreichen, müssen möglichst alle Kosten der Einführung – auch in den Tochtergesellschaften – erfasst werden.
Auswahl des Ansatzes	Big Bang und Lead Concept sind nicht immer gleich gut geeignet. Wenn sich das Unternehmen sicher fühlt und Zeitdruck im Vordergrund steht, ist eine Kombination aus Projektmanager, Paralleleinführung und Time-to-Money sinnvoll. Hingegen ist eine Mischung aus Kernteam, Lead Concept und Budget empfehlenswert, wenn noch Unsicherheiten bestehen und knappe Ressourcen dominieren!

lungen: Projektansatz mit Zielvorgaben, Fokus auf die Übergabe, Verkauf frühzeitig einbinden, klare Ziele und Messgrößen sowie eine sorgfältige Auswahl des Ansatzes (Tab. 20.20).

20.8 Crowd Sourcing von Innovation

Unternehmen haben einen kontinuierlichen Bedarf an Innovationen, um am Markt bestehen zu können. In den letzten zehn Jahren haben daher immer mehr Unternehmen damit begonnen, Zusammenarbeit über die internen Organisationsgrenzen hinweg systematisch zu fördern. Um diese Ansätze zu verstärken, werden vermehrt externe Personen als Ideenlieferanten eingesetzt. Die neuen Ansätze haben unter dem Begriff „Open Innovation" Eingang in den Methodenbaukasten von Innovationsmanagern gefunden.

Auf diese Weise gelangen viel mehr Anstöße für Innovationen in die frühen Phasen des Innovationsprozesses. Eine der eingesetzten Methoden ist das Crowd Sourcing von Innovation. In Anlehnung an den Begriff „Outsourcing" bezeichnet diese Methode die Auslagerung der Ideengenerierung an eine Gruppe freiwilliger Internet-User. Crowd Sourcing bietet große Chancen: Zum einen wird eine externe Sicht auf die Firma und ihre Produkte eingenommen, zum anderen steht eine große Zahl an möglichen Ideenlieferanten zur Verfügung. Allerdings besteht auch die Gefahr, dass die Qualität der Ideen nicht ausreichend ist oder die wirklich guten Ideen nicht aus der großen Anzahl von Vorschlägen herausgefiltert werden können. Ohne einen definierten Prozess kann die Qualität der Ideengenerierung verwässert werden.

Ein fünfstufiger Prozess hilft dabei, Crowd Sourcing-Projekte zu strukturieren (siehe Abb. 20.20 und Tab. 20.21). Die Phasen umfassen Beratung, Vorbereitung, Ausführung, Beurteilung und Nachbearbeitung (Muhdi et al, 2011).

Tab. 20.21 Schritte für ein erfolgreiches Crowd Sourcing von Innovation

Phase	Haupttätigkeiten
Beratung und Zielsetzung	■ Zielsetzung und Analyse des Crowd Sourcing-Ansatzes ■ Reflexion, wie Crowd Sourcing zu Lösungsfindung beitragen kann ■ Internes Buy-In
Vorbereitung	■ Erwartungen an Crowd Sourcing klären ■ Definition und exakte Formulierung der zu beantwortenden Frage ■ Definition von Zeitpunkt und Dauer der Ideensuche ■ Definition von Kriterien zur Beurteilung der Ideen ■ Planung der internen Ressourcen ■ Ergreifen von Maßnahmen, um die Teilnahme am Crowd Sourcing-Projekt zu erhöhen
Ausführung	■ Kontinuierliches Beobachten der eintreffenden Antworten ■ Gruppieren und erstes Beurteilen der Antworten ■ Kommunikation mit den Teilnehmern
Beurteilung	■ Auswahl von Methoden zur Gruppierung der Ideen ■ Definition der internen Bewertungsstrategie ■ Prämierung der besten Ideen
Nachbearbeitung	■ Interpretation der Resultate und Planung der Implementation ■ Nebeneffekte managen

20.8.1 Phase 1: Beratung und Zielsetzung

In einem ersten Schritt sind die Zielsetzungen von Crowd Sourcing zu definieren. Dazu zählen insbesondere die Herausforderungen, welche man mit der Methode angehen will. Dies können zum Beispiel neue Ansätze für einen Marktzugang oder auch neue technische Lösungsansätze sein. Dem innerhalb der Organisation vorhandenen Widerstand gegen Ideen von extern („Not Invented Here"-Syndrom) sollte das Unternehmen bereits in einer frühen Phase mit einem Buy-In der Beteiligten entgegenwirken.

20.8.2 Phase 2: Vorbereitung

Die Vorbereitung beginnt, sobald der Entschluss für die Durchführung von Crowd Sourcing gefasst ist. In der Regel greifen Unternehmen hier auf die Unterstützung von externen Experten zurück, welche die notwendigen Vorbereitungsarbeiten übernehmen, um die Online-Ideengenerierung zu ermöglichen. Zu diesem Zeipunkt stehen die Formulierung der Frage, die Vorarbeiten zur Beurteilung und die Sicherstellung der Mitarbeit im Vordergrund.

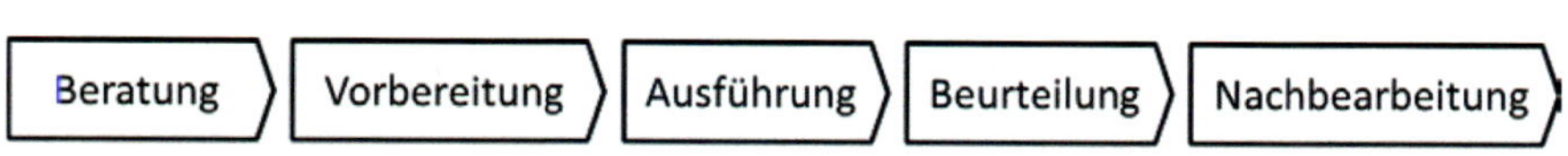

Abb. 20.20 Schritte für ein erfolgreiches Crowd Sourcing von Innovation

Die größte Herausforderung ist die exakte Formulierung der Frage.

20.8.3 Phase 3: Ausführung

Sobald die zu beantwortende Frage auf einer entsprechenden Online-Plattform veröffentlicht ist, beginnt die Ausführung. Während dieser Phase sind die Teilnehmenden aufgefordert, ihre Ideen und Antworten auf die gestellte Frage online zu übermitteln. Die in der vorhergehenden Phase eingeleiteten Maßnahmen, mit denen die Teilnahme erhöht werden soll, zeigen nun ihre Wirkung. Während dieser Phase ist ein aktives Engagement der Firma gefordert. Sie muss mit den Ideenlieferanten kommunzieren. Parallel dazu können die eingehenden Antworten bereits grob analysiert und gruppiert werden.

20.8.4 Phase 4: Beurteilung

III

Die eigentliche Beurteilung beginnt, wenn die Ideenfindung abgeschlossen ist und die zu beantwortende Frage nicht mehr online ist. Die eingegangenen Ideen werden gruppiert und beurteilt. Die besten Ideen werden dabei prämiert. Aufgrund der meist großen Zahl eingegangener Ideen hat sich der Einsatz von speziellen Instrumenten bewährt. Ideen können nach einem definierten Punktesystem bewertet werden oder in einer Mind Map zusammengeführt werden.
Zentraler als die Wahl des Tools ist die Definition der beurteilenden Personen, der angewendeten Kategorien (z. B. Value-added, Strategiekonformität) und des Zeitpunktes der Bewertung.

20.8.5 Post-Processing der Ideen

Zum Abschluss des Crowd Sourcing gilt es, die erhaltenen Ideen in Projekte umzusetzen. Die ausgewählten Ideen werden je nach Situation in neuen oder bereits laufenden Projekten umgesetzt. So können beispielsweise bestehende Businesspläne angepasst oder neue Entwicklungsprojekte gestartet werden.
Crowd Sourcing ist ein sehr anspruchsvoller Prozess. Viele der Ideen lassen sich zwar nicht direkt im beabsichtigten Umfeld umsetzen, beinhalten aber trotzdem ein hohes Potential zur Verwirklichung in einem anderen Kontext innerhalb des Unternehmens.

20.9 Ausblick

Innovation steht heute im Zentrum unternehmerischer Überlegungen. Viele sehen darin den besten Weg, um schwindende Margen, hohe Lohnkosten und Arbeitslosigkeit zu überwinden. Innovation lohnt sich aber nur, wenn sie temporär zu einer gewissen Monopolstellung führt: Einzigartigkeit erlaubt es den Unternehmen, ihre Innovation zu schützen. Um dies zu gewährleisten, entsteht Produktinnovation immer parallel mit Prozessinnovation und immer stärker synchron zur Service-Innovation. Der Kunde will nicht nur Güter, er will Problemlösungen: Er will „nicht Waschpulver, sondern weiße Wäsche". Damit erhält die umfassende Leistungsgestaltung in Zukunft einen hohen Stellenwert.
Unsere Gesellschaft hinterfragt wieder stärker den Sinn technischer Innovationen. So fordert etwa von Weizsäcker in seinem Buch „Erdpolitik" (von Weizsäcker 1992) sieben Kriterien für Technologie-Innovationen der Zukunft (Tab. 20.22). Die Geister spalten sich: „Retour à la nature" oder moderne Technologie? Einig ist man sich, dass nur mit grundlegenden Innovationen neue Wege gefunden werden können, um eine nachhaltige Verbesserung der heutigen Situation zu erreichen.

Tab. 20.22 Kriterien für Technologie-Innovationen der Zukunft (Weizsäcker 1992)

- Sauberkeit
- Energieproduktivität
- Rohstoffproduktivität
- Ökologische Flächennutzung
- Hohe Informationsintensität und Miniaturisierung
- Fehlerfreundlichkeit
- Eignung zur Heimarbeit

Das Unternehmen selbst muss sich mit Sicherheit in der Zukunft nicht nur mit der Systematik der Qualitätsplanung stärker auseinandersetzen, sondern auch in vielen Bereichen die soziale Akzeptanz seiner Produkte stärker infrage stellen. Qualitätsplanung, Umweltfragen und Qualität des Unternehmens in den Augen der Gesellschaft rücken näher zusammen.

Literatur

Boutellier, R./Corsten, D./Lach, C.: Neue Ansätze im Projektmanagement der Produktentwicklung. Thexis, 3, 1997

Boutellier, R./Gassmann, O.: Wie F&E-Projekte flexibel gemanagt werden. Harvard Business Manager, 4, 1997

Boutellier, R./Völker, R.: Erfolg mit innovativen Produkten. Carl Hanser Verlag, München/Wien 1997

Eversheim, W./Bochtler, W./Laufenberg, L.: Simultaneous Engineering. Springer, Berlin 1995

Hauschildt, J.: Innovationsmanagement. Verlag Franz Vahlen, München 1997

Juran, J. M.: Juran on Planning for Quality. The Free Press, New York 1988

Muhdi, L./Daiber, M./Friesike, S./Boutellier, R.: The crowdsourcing process: an intermediary mediated idea generation approach in the early phase of innovation. In: Int. J. Entrepreneurship and Innovation Management, Vol. 14, No. 4, 2011. S. 315 - 332

Patterson, M. L.: Accelerating Innovation. Van Nostrand Reinhold, New York 1993

Perrow, C.: Normal Accidents: Living with high-risk technologies. Basic Books, 1984

Pierer, H. von: Wie kommt das Neue in die Welt? Carl Hanser Verlag, München/Wien 1997

Reinertsen, D. G.: Managing the Design Factory. The Free Press, New York 1997

Seghezzi, H. D.: Integriertes Qualitätsmanagement. Carl Hanser Verlag, München/Wien 1996

Stalk, G./Hout, T.: Competing Against Time. The Free Press, New York 1990

Teboul, T.: La Dynamique Qualité. Les Editions d'Organisations, Paris 1990

Weizsäcker, E. U. von: Erdpolitik. Wissenschaftliche Buchgesellschaft, Darmstadt 1992

Wheelwright, S. C./Clark, K. B.: Revolution der Produktentwicklung. Campus Verlag, Frankfurt 1994

Zuverlässigkeits- und Sicherheitsplanung

21.1	**Das Langzeitbetriebsverhalten**	**470**
21.2	**Erwartungen und Anforderungen**	**471**
21.2.1	Wirtschaftliche und rechtliche Hintergründe	471
21.2.2	Risikobasierter Ansatz	472
21.3	**Einflussfaktoren (Übersicht)**	**473**
21.4	**Zuverlässigkeit der Komponenten**	**474**
21.4.1	Beanspruchung und Belastbarkeit	474
21.4.2	Lebensdauermodell	475
21.4.3	Lebensdauerstatistik und Lebensdauerprüfungen	477
21.4.4	Empirische Zuverlässigkeit	477
21.4.5	Schätzung der Ausfallrate bei exponentiell verteilten Ausfallzeiten	477
21.4.6	Praktische Grenzen	478
21.4.7	Generische Daten und Ausfallratenmodelle	478
21.4.8	Bayes'sches Verfahren	479
21.4.9	Spezielle Beanspruchungen	479
21.5	**Systemarchitektur und Redundanz**	**480**
21.5.1	Seriestrukturen	480
21.5.2	Redundanzkonzept	481
21.5.3	Schutz- und Überwachungseinrichtungen	483
21.5.4	Ausfallerkennung und Funktionstests	484
21.5.5	Diagnosefunktionen	485
21.5.6	Berechnung redundanter Strukturen	485
21.6	**Betrieb und Instandhaltung**	**487**
21.6.1	Störungsmanagement und Instandsetzung	487
21.6.2	Präventive Wartung	487
21.6.3	Ersatzteillagerhaltung	488
21.6.4	Ergonomie und menschliche Faktoren	488
21.7	**Zuverlässigkeitssicherung**	**489**
21.7.1	Planungsprozess	489
21.7.2	Bewertung und Nachweis der Zuverlässigkeit, Sicherheit und Verfügbarkeit	490

21.8 Verfahren und Werkzeuge der Zuverlässigkeits- und Sicherheitsplanung 491
21.8.1 Systemanalysen, Modelle und Berechnungsmethoden 491
21.8.2 Zuverlässigkeitsanalysen 491
21.8.3 Instandhaltbarkeits- und Instandhaltungsanalysen 494
21.8.4 Rekonfigurationsanalyse 494
21.8.5 Analyse der menschlichen Einflussfaktoren und Zuverlässigkeit 495
21.8.6 Risiko-, Gefahren- und Operabilitätsanalyse 495
21.8.7 Lebenszykluskostenanalyse 496

21 Zuverlässigkeits- und Sicherheitsplanung

Peter Zinniker

Dieses Kapitel behandelt das Verhalten von Produkten und technischen Systemen im Betrieb – über die gesamte Nutzungsdauer. Dieses sogenannte Langzeitbetriebsverhalten wird durch die Begriffe *Zuverlässigkeit*, *Verfügbarkeit*, *Instandhaltbarkeit* und *Sicherheit* beschrieben und spezifiziert (engl.: *Reliability*, *Availability*, *Maintainability*, *Safety*, abgekürzt *RAMS*). Wir betrachten die entsprechenden Kenngrößen, z. B. die Ausfallrate oder MTBF, als Qualitätsmerkmale. Es geht einerseits um die Interpretation der Betriebserfahrung, andererseits um die Abschätzung der *zukünftigen* Veränderungen von Eigenschaften. Mit dieser Voraussage soll ein angestrebtes Langzeitbetriebsverhalten geplant werden können. Der Faktor „Zufall" spielt mit; die Zuverlässigkeits- und Sicherheitsplanung erfolgt anhand von probabilistischen *Modellen* und *statistischen Daten*. Die Zuverlässigkeitstheorie gründet denn auch auf der Wahrscheinlichkeitstheorie und der Lebensdauerstatistik. Diese mathematischen Grundlagen werden hier nicht behandelt. Wir beschränken uns auf die wichtigsten Zuverlässigkeitsmodelle, die das Langzeitbetriebsverhalten unterschiedlicher Komponenten und Systeme beschreiben. Die Anwendung sehen wir anhand von einigen typischen Fragestellungen: Redundanzkonzept, Rückfallebenen, Schutz- und Überwachungsfunktionen, Störungsmanagement, Instandhaltungsfragen, Ersatzteillagerhaltung.

Neben der Theorie interessiert die Frage, wie die Zuverlässigkeit, die Verfügbarkeit und die Sicherheit eines Systems in der Praxis planbar sind. Der angemessene Planungsprozess richtet sich nach den Anforderungen, der Art und Komplexität des Systems. Die Aufgabe beginnt also mit dem Festlegen der Zuverlässigkeits- und Sicherheitsziele auf der Grundlage von Risiko- und Kostenanalysen. Die Umsetzung erfolgt über den gesamten Lebenszyklus, wobei spezialisierte Systemanalysen in allen Engineeringphasen von zentraler Bedeutung sind. Aus den Zuverlässigkeits- und Sicherheitsanforderungen ergeben sich auch Anforderungen an den Realisierungsprozess, beispielsweise in Form von ergänzenden Kriterien und Nachweismethoden für die Entwurfsüberprüfung (im Rahmen der Qualitätssicherung). Maßnahmen zur Zuverlässigkeitssicherung erstrecken sich auch – insbesondere für sicherheitsrelevante Produkte und Systeme – auf die Betriebs- und Instandhaltungsprozesse, bei denen u. a. auch menschliche Einflüsse eine Rolle spielen.

In diesem Beitrag werden die Grundzüge der in der Zuverlässigkeitstechnik verwendeten Modelle sowie die Analyse- und Berechnungsmethoden vorgestellt. Die erläuterten Rechenverfahren sind bewusst eingängig und eignen sich für approximative Berechnungen der Zuverlässigkeit, Sicherheit und Verfügbarkeit technischer Komponenten und Systeme mithilfe einfacher Mittel wie Taschenrechner oder Tabellenkalkulationen. Ich bin der Ansicht, dass diese vereinfachten Berechnungen für die meisten, nicht allzu komplexen Systeme zweckmäßig sind und ausreichend genaue Resultate ergeben, und dass einfache „Handmethoden" in manchen Fällen übersichtlicher und besser nachvollziehbar sind als umfangreiche Modelle mit spezialisierten Computerprogrammen. Weiterführende Verfahren sind, mit dem Verweis auf entsprechende Literatur, kurz beschrieben.

21.1 Das Langzeitbetriebsverhalten

Zuverlässigkeit, Sicherheit und Verfügbarkeit beschreiben das Verhalten eines Systems im Betrieb, d. h. von der Inbetriebnahme bis zur Stilllegung. Dabei wird grundsätzlich erwartet, dass die spezifizierten (funktionellen) Eigenschaften über die gesamte geplante Nutzungsdauer eingehalten werden. Andererseits wäre es unrealistisch zu erwarten, dass ein technisches System völlig unterbrechungs- und störungsfrei betrieben werden kann. Zufällig auftretende Komponentenausfälle sind physikalisch bedingt unvermeidbar, äußere Einflüsse können die Funktion beeinträchtigen und auch geplante Betriebsunterbrüche infolge von Wartungsarbeiten sind zu bedenken.

Für die Spezifikation des Langzeitbetriebsverhaltens gibt es eine fast unüberschaubare Anzahl von Begriffsdefinitionen, Normen und Richtlinien (siehe z. B. Rakowski 2001). Einen vollständigen, alphabetisch geordneten Wortschatz der Zuverlässigkeit bietet die VDI Richtlinie 4001, Blatt 2, mit mehr als 1000 Begriffen (VDI Richtlinie 4001, Blatt 2, 2006-07). In IEC 60050-191 sind die Begriffe in Deutsch, Französisch und Englisch kategorisiert (IEC 60050-191, 1990-12). Wir beschränken uns auf die wichtigsten Begriffe, Zusammenhänge und Kenngrößen, ergänzt um praxisbezogene Erklärungen, und verweisen für die exakten Definitionen auf die Normen (Tab. 21.1). Vielen Begriffen und Kenngrößen liegt die Definition des *Ausfalls* (engl. *failure*) zugrunde: die „Beendigung der Fähigkeit einer Einheit, eine geforderte Funktion zu erfüllen" (nach VDI 4001). Dabei ist fallweise festzulegen, auf welche Funktion bzw. Fehlfunktion sich eine Kenngröße bezieht. Beispielsweise kann sich die MTBF auf einen Be-

III

Tab. 21.1 Grundbegriffe zur Spezifikation des Langzeitbetriebsverhaltens

Begriff (dt. und engl.)	Erklärung	Typische Fragestellung	Gebräuchliche Kenngrößen
Zuverlässigkeit *Reliability*	Zuverlässigkeit wird verbunden mit Ausfallfreiheit, d. h. kein Versagen von Funktionen und Komponenten im Betrieb.	Wie viele Störungen, Unterbrüche, Reparaturen etc. sind zu erwarten?	▪ Ausfallrate *(failure rate)* λ ▪ Anzahl der Ausfälle pro Stunde oder pro Jahr ▪ MTTF *(mean time to failure)*, für nicht reparierbare Einheiten ▪ MTBF *(mean time between failures)*, für reparierbare Einheiten
Sicherheit *Safety*	Sicherheit ist definiert wie Zuverlässigkeit, jedoch bezüglich sicherheitsgefährdender Ausfälle.	Wie viele gefährliche Ausfälle sind zu erwarten?	Die Gleichen wie für Zuverlässigkeit, oft ergänzt durch ein *S* für *sicherheitsrelevant*, z. B.: λ_S, MTT*S*F, MTB*S*F, etc.
Risiko *Risk*	Risiko berücksichtigt zusätzlich zur Sicherheit das Ausmaß von sicherheitsgefährdenden Ausfällen und gewichtet nach der Akzeptanz.	Sind die Konsequenzen für Mensch und Umwelt akzeptabel?	Eine Kennzahl oder eine Kategorie, nach einer festgelegten Regel aus der Eintrittshäufigkeit und dem Schadenausmaß ermittelt
Verfügbarkeit *Availability* Nichtverfügbarkeit oder Unverfügbarkeit *Unavailability*	Verfügbarkeit bzw. Unverfügbarkeit berücksichtigt zusätzlich zur Zuverlässigkeit die Ausfalldauer sowie die Standzeit für präventive Wartung.	Wie wahrscheinlich ist es, dass das System gerade dann funktioniert bzw. nicht funktioniert, wenn dies verlangt wird?	▪ Verfügbarkeit A *(Availability)*, eine Wahrscheinlichkeit, entspricht dem Verhältnis der verfügbaren Betriebszeit zur betrachteten Missionszeit ▪ Nichtverfügbarkeit U *(Unavailability)* = 1–A
Instandhaltbarkeit *Maintainability*	Instandhaltbarkeit beschreibt die **Eigenschaften** eines Produkts bezüglich dessen Eignung für die Instandhaltung.	Sind die Bauteile einfach austauschbar, reparierbar, prüfbar etc.?	▪ Mittlere Reparaturdauer, MTTR *(mean time to restoration/repair)* ▪ Wartungsintervall ▪ Mittlere Wartungszeit, MTTM *(mean time to maintain)*
Instandhaltung *Maintenance* Wartung *(Preventive maintenance)* Instandsetzung, Reparatur *(Corrective maintenance, repair)*	Instandhaltung umfasst alle **Maßnahmen** zur Erhaltung und Wiederherstellung des Sollzustandes.	Welche technischen und administrativen Maßnahmen sind erforderlich, damit das Produkt die geforderte Funktion erfüllen kann?	▪ Mittlere Standzeit, MDT *(mean down time)* ▪ Mittlere Betriebszeit, MUT *(mean up time)*

triebsunterbruch oder auf eine sicherheitsgefährdende Ausfallart beziehen.

Weiter gehört zur Spezifikation des Langzeitbetriebsverhaltens die *Brauchbarkeitsdauer* (engl.: *useful life, life utility*). Dies ist die geplante Nutzungsdauer, während der die spezifizierte Zuverlässigkeit, Sicherheit und Verfügbarkeit unter den definierten Instandhaltungsmaßnahmen zu erfüllen sind (zum Thema „Sicherheit" siehe auch Kap. 36.1.8.3). Es stellen sich dabei Fragen wie zum Beispiel: Wie lange ist das Produkt wirtschaftlich instandhaltbar? Wie lange sind Ersatzteile erhältlich?

Der Begriff *Zuverlässigkeit* wird mehrdeutig verwendet: als Produktmerkmal für die Funktionsfähigkeit im Betrieb (engl.: *reliability*), im mathematischen Kontext als Überlebenswahrscheinlichkeit *(probability of surviving)* und im umfassenden Sinn als Synonym für das Langzeitbetriebsverhalten *(dependability)*.

Die **Zuverlässigkeitstheorie** basiert auf der Wahrscheinlichkeitstheorie und Statistik. Die Grundlagen sind teilweise dieselben wie in der medizinischen Statistik (Lebensdauerstatistik). Der Ursprung liegt im englischen Sprachraum, weshalb sich für die meisten Kenngrößen englische Abkürzungen eingebürgert haben, wie zum Beispiel *MTBF (mean time between failures)* für den mittleren Ausfallabstand.

Nomenklatur: Der Begriff *System* wird in diesem Kapitel als Synonym für ein technisches System, eine technische Anlage, Einrichtung, oder ein einfaches Gerät bzw. Produkt verwendet. In der Zuverlässigkeitstheorie besteht ein System aus *Komponenten*. Damit sind die kleinsten Bestandteile des Systems gemeint, die bei einer Systemanalyse betrachtet werden, beispielsweise eine austauschbare Baugruppe oder ein nicht-reparierbares Bauteil. ■

In der **Zuverlässigkeitssicherung** werden zwei Ansätze verfolgt: Neben den deterministischen Nachweismethoden (wie in der klassischen Sicherheitstechnik) werden vorwiegend probabilistische Methoden verwendet. Die beiden Methoden ergänzen sich (mehr dazu in Kap. 21.7). Man sollte sich bewusst sein, dass die Zuverlässigkeitskenngrößen statistischer Natur sind. Man benutzt Zufallsvariablen, Mittelwerte, Punkt- und Intervallschätzer aus einer bestimmten Verteilungsfamilie. Grundlegende Verteilungen sind die Exponentialverteilung und die Lognormalverteilung.

Beispiel: Für ein elektrisches Gerät wird eine MTBF von 5 Jahren angegeben. Mit wie vielen Ausfällen ist zu rechnen?

Wir nehmen eine exponentielle Lebensdauerverteilung an (mit Erwartungswert 5 Jahre). Dann ist die Anzahl der Ausfälle über die Betriebszeit Poisson-verteilt. Daraus ist für die ersten 5 Betriebsjahre

- genau 1 Ausfall mit einer Wahrscheinlichkeit von 37%,
- mindestens 1 Ausfall mit einer Wahrscheinlichkeit von 63%,
- höchstens 1 Ausfall mit einer Wahrscheinlichkeit von 74%,
- kein Ausfall mit einer Wahrscheinlichkeit von 37%

zu erwarten. Je nachdem, ob man auf der Seite des Lieferanten oder des Betreibers ist, mag die eine oder die andere Interpretation interessieren, beispielsweise für Fragen der Gewährleistung oder der Ersatzteillagerhaltung. ■

III

21.2 Erwartungen und Anforderungen

21.2.1 Wirtschaftliche und rechtliche Hintergründe

Die Anforderungen an das Langzeitbetriebsverhalten sind, je nach Produkt und Anwendungsgebiet, sehr unterschiedlich. Auch wenn die Zuverlässigkeit, die Verfügbarkeit und/oder die Sicherheit vom Anwender nicht explizit spezifiziert sind, bestehen dazu doch immer gewisse Erwartungen. Von einem Fernsehgerät beispielsweise erwartet man vielleicht, dass es höchstens einmal ausfällt während der Brauchbarkeitsdauer; eine Taschenlampe sollte „immer" leuchten, wenn sie eingeschaltet wird. (Bei näherer Betrachtung würde man wahrscheinlich folgende Einschränkung vornehmen: Bedingung ist, dass die Taschenlampe ordnungsgemäß bedient und gewartet wird. Dieses Thema verfolgen wir in Kap. 21.6 weiter) Diese Produkteigenschaften offenbaren sich im Laufe der Nutzungszeit. Werden die Erwartungen nicht erfüllt, wird sich das auf das Kaufverhalten für Nachfolgeprodukte auswirken.

Bei industriellen Produkten und Systemen sollte sich der

Betreiber bereits vor dem Kaufentscheid bzw. der Auftragsvergabe einige Fragen stellen: Was passiert bei einem Systemausfall? Wie viele Betriebsstörungen können wir uns leisten? Wie viel kostet uns ein möglicher Betriebsunterbruch? Wie hoch werden die Instandhaltungskosten sein? Kann die Anlage Menschen, Umwelt oder Sachgüter gefährden? usw.
Unfälle infolge von Versagen von technischen Einrichtungen finden in der Öffentlichkeit im Allgemeinen wenig Akzeptanz. Die Gründe sind vielfältig, z.B. weil das Risiko nicht persönlich beeinflussbar ist (siehe Bayerische Rück 1993). Daneben sind gesetzliche Vorgaben bezüglich der Sicherheit einzuhalten, auch wenn dies nicht ausdrücklich im Pflichtenheft steht (siehe auch Kap. 36.1.3). Die „klassischen“ Sicherheitsnormen sind deterministisch, d.h. sie legen die anerkannten Regeln der Technik fest, wie sie allgemein vom Gesetzgeber verlangt werden. Damit ist der typische Weg zum Erreichen der mindestens einzuhaltenden Sicherheitsstandards klar vorgegeben. Der Trend geht aber immer mehr in Richtung Eigenverantwortung und probabilistische Methoden. Anforderungen richten sich auch vermehrt auf Methoden und Verfahren im Herstellprozess und bei der Anwendung (IEC 61508, EN 50126). Die Vorteile sind mehr Flexibilität bei der Produktgestaltung (solange die quantifizierten Sicherheitsziele erreicht werden) und Regeln, die unabhängiger sind vom technologischen Fortschritt. Die weniger bestimmte Ausgangslage, ohne konkrete technische Anforderungen, wird hingegen auch als Nachteil empfunden: Was ist noch sicher genug? Die gesetzlichen Sicherheitsbestimmungen richten sich an Hersteller, Lieferanten und Betreiber. Dabei sind sowohl die strafrechtlichen als auch die zivilrechtlichen (Haftpflicht-)Gesetze und Verordnungen zu berücksichtigen (siehe Kap. 36, „Juristische Produktverantwortung“).
All dies sind gute Gründe, das Langzeitbetriebsverhalten im Anforderungskatalog eines Produkts oder Systems zu spezifizieren und angemessene Maßnahmen im Systemlebenszyklus einzuplanen. Dies betrifft sowohl den Hersteller als auch den Betreiber.

III

21.2.2 Risikobasierter Ansatz

Was sind nun angemessene Zuverlässigkeits-, Verfügbarkeits- und Sicherheitsziele für ein bestimmtes System und seine Komponenten?
Verfolgen wir den Gedanken vom vorigen Abschnitt weiter: Systemausfälle verursachen Umtriebe und Kosten, d.h. **Schäden.** Diese werden anhand der Anzahl der Ausfälle und der Schadenausmaße während der Nutzungsdauer des Systems bewertet. Diese Bewertungsgröße heißt Risiko (siehe Tab. 21.1). Grundsätzlich können mit diesem risikobasierten Ansatz alle Arten von Schäden berücksichtigt werden, also nicht nur Unfallschäden.
Andererseits sind auch alle Maßnahmen zur Reduktion der Ausfallhäufigkeit oder der Schadenausmaße mit Kosten verbunden: höhere Investitionskosten für zuverlässigere Komponenten, zusätzliche, redundante Komponenten etc., sowie höhere Betriebs- und Instandhaltungskosten. Berücksichtigt man die gesamten Lebenszykluskosten, d.h. von der Beschaffung bis zur Stilllegung und Entsorgung, so gibt es offenbar irgendwo ein Optimum.
Sicherheitsrisiken sind jedoch schwer monetarisierbar (Was kostet ein Menschenleben, 1 km^2 verseuchtes Land etc.?). Die Akzeptanz durch technische Systeme verursachter Unfälle unterliegt zudem einem ständigen gesellschaftlichen Wandel. Ein Risiko, das allgemein akzeptiert wurde, kann nach einem schweren Unfall plötzlich auf heftige Ablehnung stoßen. Mögliche weitere Schäden werden nun (emotional) höher gewertet, d.h., die Risikoakzeptanz hat sich verändert (siehe auch Kap. 21.8.6).
Somit gibt es zwei Kriterien für die Spezifikation der Zuverlässigkeits-, Verfügbarkeits- und Sicherheitsziele: 1. die (zum Zeitpunkt der Planung) akzeptierbaren Risiken und 2. die Lebenszykluskosten. Beide werden zusammen mit dem System-, Betriebs- und Instandhaltungskonzept im Rahmen der strategischen Zielsetzung im Planungsprozess eines Systems festgelegt. Aus der Risiko-

Beispiel: Auszug aus einer Spezifikation der Zuverlässigkeit, Verfügbarkeit und Sicherheit für Eisenbahnzüge:

Kenngröße	Definition	Anforderung pro Zug
Zuverlässigkeit	Ausfall: Antriebsleistung < 75 %	MTBF ≥ 1 Jahr
Verfügbarkeit	Ein Zug gilt als unverfügbar, wenn er infolge von Instandsetzungen oder Wartungsarbeiten aus dem Betrieb genommen werden muss oder für den Tagesbetrieb nicht disponierbar ist.	A ≥ 94 %
Sicherheit	Gefahr: Keine oder ungenügende Zugbremse	$\lambda < 10^{-x}$ pro Jahr

Für ein derart komplexes System sind weitere Ausfallarten und Randbedingungen zu spezifizieren. Für die Nichtverfügbarkeit ist beispielsweise der organisatorisch bedingte Anteil der Standzeit für Überführungen der Fahrzeuge in ein Ausbesserungswerk anzugeben etc. ■

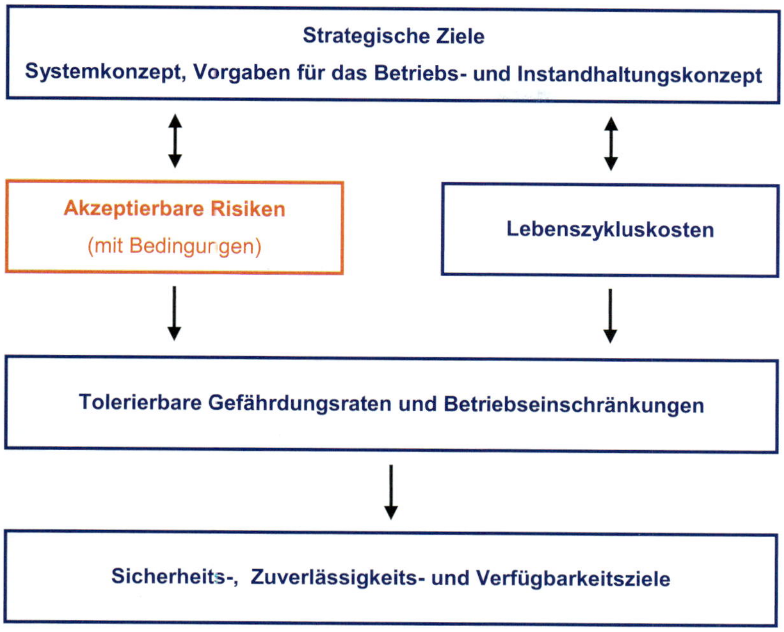

Abb. 21.1
Herleitung der Zuverlässigkeits-, Verfügbarkeits- und Sicherheitsanforderungen

analyse und der Berechnung der Lebenszykluskosten ergeben sich vorerst die tolerierbaren Ausfallhäufigkeiten und Ausfallzeiten für Gefährdungen und Betriebsstörungen. Daraus folgen die quantifizierten Zuverlässigkeits-, Verfügbarkeits- und Sicherheitsziele für die Teilsysteme und Komponenten (siehe Abb. 21.1).

21.3 Einflussfaktoren (Übersicht)

Zuverlässigkeit, Sicherheit und Verfügbarkeit eines Produkts oder eines Systems werden durch verschiedene Faktoren bestimmt. Für die Zuverlässigkeitsplanung ist es sinnvoll, zwei Kategorien zu unterscheiden:

1. Eigenschaften, die bei der Systemdefinition und der Auslegung des Systems festgelegt werden:
   - die Systemarchitektur (Redundanz, Schutz- und Diagnosefunktionen),
   - die Technologie und die Auslastung der Komponenten,
   - die Ergonomie der Bedienungselemente für eine benutzungsfreundliche und fehlertolerante Handhabung,
   - eine instandhaltungsfreundliche Konstruktion

Diese Einflüsse sind in der Herstellphase optimierbar.

2. Betriebliche Einflüsse:
   - die Ausnutzung und Beanspruchung im normalen, störungsfreien Betriebsablauf (beispielsweise die jährliche Laufleistung eines Fahrzeugs oder die zeitliche Auslastung eines Kraftwerks),
   - das Verhalten und Vorgehen bei Störungen: Rekonfiguration des Systems, Notbetrieb einleiten, Instandsetzung der Anlagen etc.,
   - die präventive Instandhaltung (Wartung), wiederkehrende Kontrollen und Funktionsprüfungen

Diese Punkte sind bedingt planbar. Externe Einflüsse ändern sich oft im Laufe der Nutzungszeit.

Einflüsse auf die Systemzuverlässigkeit und Sicherheit

Die Art und Häufigkeit der Ausfälle und Betriebsunterbrüche sind bis zu einem bestimmten Grad beeinflussbar und planbar:

- die Ausfallhäufigkeit insgesamt durch die Wahl, die Qualität und die Beanspruchung der Komponenten,
- die Auswirkungen durch die Systemarchitektur (Redundanz, Schutz- und Überwachungsfunktionen) und das Betriebskonzept (Bedienung, Störungsmanagement, Notfallpläne).

Die Beeinflussungsfaktoren sind für die Zuverlässigkeit und die Sicherheit grundsätzlich die gleichen. Es wird lediglich unterschieden zwischen ungefährlichen und gefährlichen Ausfallauswirkungen, wobei zu beachten ist, dass sich Anforderungen an die Sicherheit und an die Zuverlässigkeit u. U. konkurrenzieren: Ein System, das bei Störungen prioritär einen sicheren Abschaltzustand einnimmt (ein sogenanntes *fail-safe*-Verhalten), ist sicher, aber unzuverlässig. Beispiele sind Fahrsperren bei offenen Zugtüren oder eine Reaktorschnellabschaltung bei Ausfall einer Überwachungsfunktion.

Einflüsse auf die Systemverfügbarkeit

Die Verfügbarkeit eines Systems wird von vier Faktoren bestimmt:

1. der Systemzuverlässigkeit (Anzahl der **ungeplanten** Betriebsunterbrüche, siehe oben),
2. dem Wartungsbedarf des Systems (Anzahl der **geplanten** Betriebsunterbrüche),
3. der Instandhaltbarkeit, d. h. der Eignung des Systems für die Instandhaltung,
4. der Instandhaltung, d. h. den technischen und administrativen Maßnahmen zur Instandsetzung und Wartung der Anlage

Die Zusammenhänge sind aus Abbildung 21.2 ersichtlich. Die wichtigsten Einflussfaktoren werden in den Kapiteln 21.4 bis 21.6 behandelt.

III

21.4 Zuverlässigkeit der Komponenten

Die Zuverlässigkeit der Systemkomponenten bestimmt grundsätzlich die Häufigkeit von Störungen im Betrieb. In der Regel ist jede Störung mit Aufwand und Kosten verbunden.

21.4.1 Beanspruchung und Belastbarkeit

Wir verwenden hier den Begriff *Belastbarkeit* als Synonym für die Begriffe *Kapazität* und *Widerstand* aus der Maschinen- und Bautechnik. *Belastung* steht für die *Last* oder *Einwirkung*, welche die *Beanspruchung* einer Komponente bewirken.

Deterministische Sicht
Komponenten sollen so ausgelegt werden, dass sie den zu erwartenden Beanspruchungen standhalten; die Belastbarkeit soll jederzeit mindestens so hoch sein wie die Beanspruchung. Die zu erfüllende Funktion soll bis zu einer bestimmten Grenzbelastung mit ausreichender Sicherheit gewährleistet sein. Dazu werden bei der Auslegung zwischen der Belastung und der Belastbarkeit sog. Sicherheitsabstände (SA) eingehalten. Diese sind meist in Normen und Richtlinien festgelegt und repräsentieren den aktuellen Stand von Wissenschaft und Technik. Auf diesem klassischen, deterministischen Konzept basieren vorwiegend die Nachweise für ausreichende Tragfähigkeiten von mechanischen Ausrüstungen und Baustrukturen.

Probabilistische Sicht
Belastung und Belastbarkeit sind keine unveränderlichen Größen; beide Werte sind nicht exakt bekannt und können sich ändern; sie streuen. Der deterministiche Sicherheitsabstand bezieht sich meist auf Mittelwerte oder Medianwerte (und wird aufgrund derselben, probabilistischen Überlegung gefordert). Die Unsicherheiten in der Belastung und Belastbarkeit werden durch Wahrscheinlich-

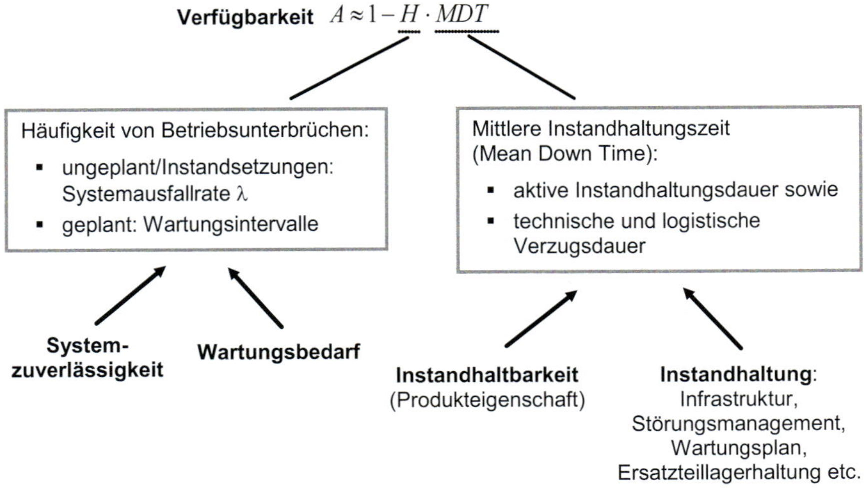

Abb. 21.2 Einflüsse auf die Systemverfügbarkeit

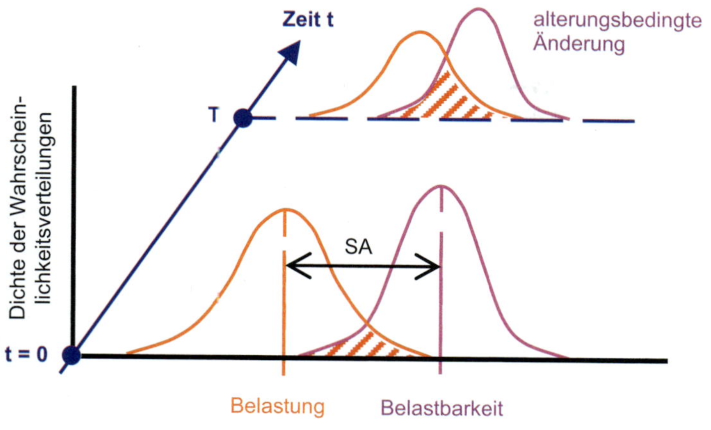

Abb. 21.3
Belastung und Belastbarkeit – probabilistische Sicht mit Wahrscheinlichkeitsverteilungen und deterministische Sicht mit Sicherheitsabstand SA

keitsverteilungen beschrieben. Dementsprechend unterliegt die Sicherheitsmarge ebenfalls einer Streuung.
Abbildung 21.3 veranschaulicht die unterschiedlichen Sichtweisen.
In den idealisierten Modellen der Zuverlässigkeitstheorie geht man davon aus, dass eine Komponente ausfällt, wenn die Beanspruchung grösser ist als die Belastbarkeit. Dieser (gedachte) Zustand an der Grenze zwischen akzeptiertem Verhalten und Versagen heißt *Grenzzustand* (Schneider 1996). Materialeigenschaften können sich nach einer gewissen Betriebszeit schleichend oder sprunghaft ändern. Dadurch kann die Belastbarkeit abnehmen, so dass die Belastung zu einem bestimmten Zeitpunkt nicht mehr aufgenommen werden kann. Die Belastung ist ebenfalls zufälligen Schwankungen unterworfen. Sie kann sich aber auch aufgrund von externen Ereignissen sprunghaft über den in der Auslegung der Komponenten spezifizierten Wert erhöhen. Die zugrundeliegenden physikalischen Prozesse sind zufälliger Natur, weshalb Komponenten zu zufälligen Zeitpunkten ausfallen. Dies wird durch die Ausfallwahrscheinlichkeit bzw. Überlebenswahrscheinlichkeit ausgedrückt.
Die Fähigkeit, Beanspruchungen innerhalb der Auslegung bzw. der zulässigen, spezifizierten Einsatzbedingungen der Komponenten zu überstehen, wird als inhärente Komponentenzuverlässigkeit bezeichnet. Die wichtigste Kenngröße, vorwiegend für elektrische und mechanische Komponenten, für diese zeitlich zufällig auftretenden Ausfälle ist die Ausfallrate. Die mathematischen Grundlagen und Modelle, welche die Komponentenausfallraten definieren und beeinflussen werden nachfolgend beschrieben.
Insbesondere für sporadisch auftretende, mechanische Beanspruchungen, die auch auslegungsüberschreitend sein können (beispielsweise bei Erdbeben oder extremen Winden), wird die Komponentenzuverlässigkeit resp. die Unzuverlässigkeit durch die bedingte Ausfallwahrscheinlichkeit in Abhängigkeit der Belastung, sog. Fragility-Kurven, dargestellt. Das Modell wird in Kapitel 21.4.9 behandelt.

III

21.4.2 Lebensdauermodell

Das Modell für die inhärente Zuverlässigkeit einer nicht-reparierbaren Komponente hat zwei Zustände (Abb. 21.4): Die Komponente ist bei Betriebsaufnahme ($t = 0$) funktionsfähig. Nach einer gewissen Betriebszeit, der Lebensdauer τ, fällt die Komponente aus, d. h. die Funktion versagt auf die eine oder andere Weise.
Die Lebensdauer τ ist eine Zufallsvariable, ihre Wahrscheinlichkeitsverteilung heißt Lebensdauerverteilung, Zuverlässigkeitsfunktion oder Überlebenswahrscheinlichkeit $R(t)$[1] und hat folgende Eigenschaften (siehe Abb. 21.5):

$R(0) = 1$, $R(\infty) = 0$, monoton fallend

$1 - R(t) = F(t)$ ist die Ausfallverteilung.

Ein häufig verwendetes Modell ist die Exponentialvertei-

1 R steht für *Reliability*.

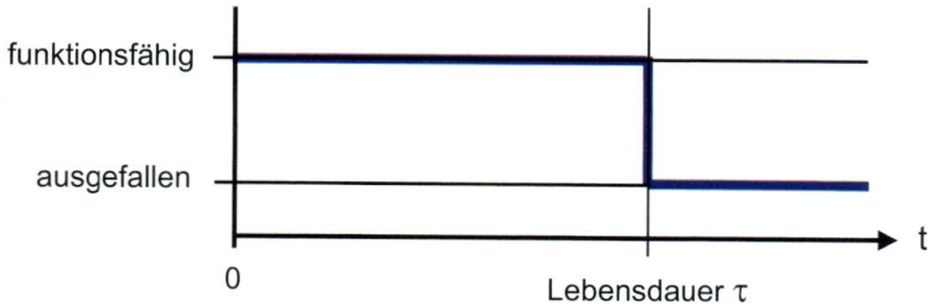

Abb. 21.4
Lebensdauermodell einer nicht-reparierbaren Komponente

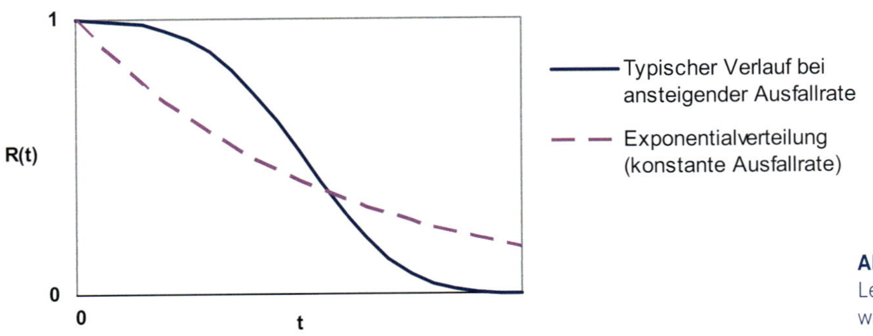

Abb. 21.5 Lebensdauerverteilung bzw. Überlebenswahrscheinlichkeit R(t)

lung: $R(t) = e^{-\lambda t}$ mit der zeitlich konstanten Ausfallrate λ. Die Exponentialverteilung ist jedoch nicht immer das passende Modell. Vielmehr hat der allgemeine Verlauf der Ausfallrate die Form einer Badewanne (siehe Abb. 21.6 und Kap. 18.2.6).

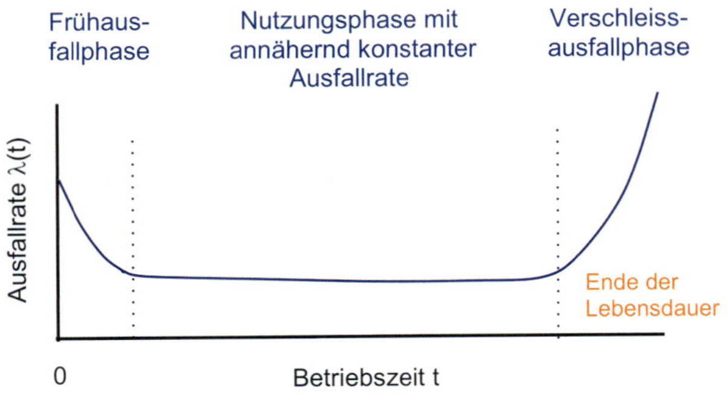

Abb. 21.6 Allgemeiner Verlauf der Ausfallrate (Badewannenkurve)

Frühausfallphase

Die Frühausfallphase ist gekennzeichnet durch eine abnehmende Ausfallrate, bedingt durch latente Ausfälle aufgrund von Materialfehlern, Fertigungsfehlern, Überbeanspruchung, mangelhafter Prozesssicherung (Qualitätsfehler), Softwarefehler, Bedienungsfehler etc. Als mathematisches Modell eignet sich beispielsweise die Weibullverteilung mit einem Formparameter $\beta < 1$. Die Frühausfallphase dauert typischerweise einige Monate bis ein Jahr und variiert je nach Art der Komponente. Das heißt, sie fällt in die Garantiezeit. Eine geeignete Methode zur Vermeidung von Frühausfällen ist das Voraltern oder Burn-in (siehe Kap. 21.7.2).

Nutzungsphase

Nach der Beseitigung der Frühausfälle zeigt sich für die meisten Produkte eine mehrjährige Nutzungsphase mit annähernd konstanter Ausfallrate λ. Die passende Verteilungsfunktion ist, wie vorangehend erwähnt, die Exponentialverteilung. Sie ist auch für nicht exakt konstante Ausfallraten eine brauchbare Näherung, mit dem Parameter λ als mittlere Ausfallrate. Die Ungenauigkeit im Modell ist gegenüber der Unschärfe des Schätzwertes der Ausfallrate meist vernachlässigbar.

Verschleißausfallphase

Mit zunehmendem Alter muss mit einem Anstieg der Ausfallrate gerechnet werden, bedingt durch Materialverschleiß, Ermüdung, Korrosion, Austrocknung etc. Einige dieser physikalischen Effekte können durch geeignete Instandhaltungsmaßnahmen verlangsamt werden. Im mathematischen Modell beeinflusst die präventive Wartung also den Ausfallratenverlauf und damit die Ausfallhäufigkeit (siehe Kap. 21.6.2). Ein passendes Modell ist wiederum die Weibullverteilung, in diesem Fall mit einem Formparameter $\beta > 1$.
Die „Badewannenkurve" in Abbildung 21.6 entsteht durch die Kombination dieser drei Effekte bzw. Verteilungsfunktionen.

Die Formeln für die exponentielle Lebensdauerverteilung sind nur außerhalb der Frühausfall- und Verschleißphasen gültig. Dies betrifft beispielsweise die oft benutzen Beziehungen für den mittleren Ausfallabstand

$$MTBF = \frac{1}{\lambda}$$

und für die mittlere Lebensdauer

$$MTTF = \frac{1}{\lambda}.$$

Es gelten die allgemeinen Beziehungen:

$$\lambda(t) = -\frac{d}{dt} \ln R(t) \quad \text{und} \quad MTTF = \int_0^{\infty} R(t)dt$$

Wie kommt man nun zu den passenden Verteilungen und Daten?

21.4.3 Lebensdauerstatistik und Lebensdauerprüfungen

Die besten Quellen sind Betriebs- und Ausfalldaten des betrachteten Produkts. Sind genügend Daten vorhanden, können Lebensdauerverteilung und Verteilungsparameter mit statistischen Methoden geschätzt werden. In der Praxis sind solche Daten jedoch meist ungenügend oder gar nicht verfügbar. Viele Produkte und Systeme werden während der Nutzungsphase nicht beobachtet - und wenn doch, sind die erfassten Daten oft unvollständig und fehlerhaft. Zudem müssen die Daten über einen längeren Zeitraum erfasst werden, um statistisch signifikante Aussagen zu erhalten. Je zuverlässiger das Produkt, desto länger muss die Beobachtungszeit sein. Die Informationen für die „Voraussage" der Zuverlässigkeit eines Produkts kommen also immer aus der Vergangenheit, von meist nicht exakt gleichen Produkten. Trotzdem: Eine sorgfältige Auswertung der vorhandenen Informationen lohnt sich meist für eine Schätzung der Ausfallraten oder zumindest für einen Vergleich mit anderen, generischen Daten. Eigene Betriebserfahrungen können auch mit Daten aus anderen Quellen verrechnet werden.

Eine Alternative zur Auswertung von Betriebsdaten sind Lebensdauerprüfungen. Dabei wird eine genügend große Anzahl von Komponenten über eine genügend lange Zeit, unter möglichst echten Betriebsbedingungen beobachtet. Es sind auch zeitraffende Prüfungen möglich, z. B. mit erhöhter Umgebungstemperatur. Mit den im nächsten Abschnitt beschriebenen Modellen können die geschätzten Daten auf andere Umgebungsbedingungen umgerechnet werden. Lebensdauerprüfungen sind aber aufwendig und benötigen Zeit. Aus wirtschaftlichen Gründen werden solche Verfahren nur bei Standardkomponenten mit sehr großen Stückzahlen oder bei Produkten mit hohen Zuverlässigkeits- und Sicherheitsanforderungen angewendet.

Das Verfahren zur statistischen Auswertung von Daten aus der Betriebserfahrung oder aus Lebensdauerprüfungen erfolgt in zwei Schritten:

1. Bestimmen der Verteilungsfunktion
2. Schätzen der Verteilungsparameter

Die entsprechenden statistischen Schätz- und Testmethoden findet man u. a. bei (Meeker/Escobar 1998), (Kozlov 1979), (Störmer 1970), (MIL-HDBK-781) und (IEC 60605). Die meisten Statistik-Computerprogramme unterstützen die Verteilungsfunktionen der Zuverlässigkeitstheorie. Ein einfaches Verfahren wird in den folgenden Abschnitten beschrieben.

21.4.4 Empirische Zuverlässigkeit

Die empirische Ausfallverteilung, Überlebenswahrscheinlichkeit oder Ausfallratenfunktion (Abb. 21.7) zeigt die beobachtete Zuverlässigkeit anschaulich. Für diese Statistik müssen die Ausfallzeitpunkte aller Komponenten erfasst werden. Die parameterfreie Auswertung liefert (erste) Hinweise über den Ausfallratenverlauf und die mögliche Lebensdauerverteilung.

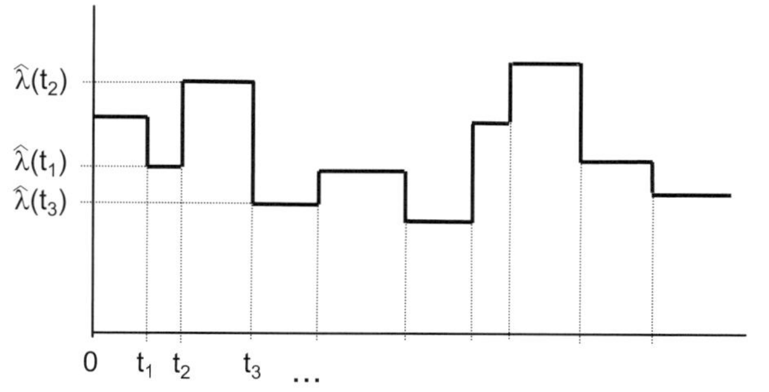

Abb. 21.7 Empirische Ausfallrate

Die Treppenfunktionen werden aus den Ausfallzeiten t_i wie folgt ermittelt:

empirische Ausfallverteilung $\hat{F}(t_i) = 1 - \dfrac{n(t_i)}{N}$

empirische Überlebenswahrscheinlichkeit $\hat{R}(t_i) = \dfrac{n(t_i)}{N}$

empirische Ausfallrate $\hat{\lambda}(t_i) = \dfrac{n(t_{i-1}) - n(t_i)}{n(t_i) \cdot (t_i - t_{i-1})}$

$n(t_i)$ ist die Anzahl noch funktionsfähiger Komponenten zur Zeit t_i.

N ist der Anfangsbestand zur Zeit $t = 0$.

21.4.5 Schätzung der Ausfallrate bei exponentiell verteilten Ausfallzeiten

Exponentiell verteilte Lebensdauern entsprechen einer konstanten Ausfallrate λ. Für die Schätzung der Verteilungsparameter sollte immer auch ein Intervallschätzer verwendet werden. Nur dies schafft Klarheit, ob die geschätzten Werte vertrauenswürdig genug sind. Kann die Exponentialverteilung bestätigt werden, so wird die Ausfallrate λ wie folgt geschätzt:

Punktschätzer $\hat{\lambda} = \dfrac{k}{S}; \quad k > 0$

untere Vertrauensgrenze $\lambda_u = \dfrac{\chi^2_{1-\alpha/2}(2k)}{2k} \cdot \hat{\lambda} \quad k > 0$

obere Vertrauensgrenze $\lambda_o = \dfrac{\chi^2_{\alpha/2}(2k+2)}{2k} \cdot \hat{\lambda} \quad k > 0$

Vertrauensintervall $\lambda_u \leq \lambda \leq \lambda_o$

χ^2 ist die Chi-Quadratverteilung.
α ist das Konfidenzniveau.
k ist die Anzahl der Ausfälle.
S ist die kumulierte, ausfallfreie Betriebszeit aller beobachteten Komponenten.

Untere und obere Vertrauensgrenzen schwanken um den Schätzwert. Je weniger Ausfälle, umso größer ist der Vertrauensbereich. Abbildung 21.8 zeigt das zweiseitige 90 %-Vertrauensintervall: der unbekannte, wahre Wert der Ausfallrate λ liegt mit 90 % Aussagewahrscheinlichkeit im Vertrauensintervall. Die beiden Grenzkurven können bei Lebensdauerprüfungen als Akzeptanz- und Ablehnungskriterien verwendet werden: Mit 95 %iger Gewissheit ist die Ausfallrate kleiner als die obere Vertrauensgrenze; mit 95 %iger Gewissheit ist sie größer als die untere Grenze. Auch beim Zuverlässigkeitsnachweis anhand der Betriebserfahrung sind solche Kriterien anzuwenden.
Falls **kein Ausfall** festgestellt wird ($k = 0$), kann noch die obere Vertrauensgrenze der Ausfallrate berechnet werden.
Die obere 95 %-Vertrauensgrenze ist $\lambda_o = 3/S$
IEC 605-4 (1986) gab auch einen Schätzwert an für $k = 0$: $\hat{\lambda} = 1/3S$

III

21.4.6 Praktische Grenzen

Die praktischen Grenzen der Zuverlässigkeitsstatistik für vertrauenswürdige Aussagen liegen also einerseits bei der Datenmenge und der Testzeit, andererseits aber auch bei der Art der Erfahrungsdaten: Die gesammelten Betriebs- und Ausfalldaten liegen oft nicht direkt in der Form vor, wie sie für die statistischen Tests und Schätzungen benötigt werden, d. h. als Ausfallzeitpunkte bzw. Lebensdauern der einzelnen Komponenten. Typische Situationen sind zum Beispiel:

- Die Komponenten werden zu unterschiedlichen Zeiten in Betrieb genommen. Die Statistik über die Kalenderzeit kann ein anders Bild zeigen als die Statistik über die relative Betriebszeit, beispielsweise infolge von Frühausfällen oder unterschiedlichen jahreszeitlichen Einflüssen.
- Sind die Komponenten reparierbar, können einige mehrmals ausfallen. Das Testlos ist ein Gemisch aus reparierten und nicht reparierten Komponenten. Die Annahme, dass reparierte Komponenten wieder neuwertig sind, ist nur bei exponentiell verteilten Lebensdauern gesichert (die Exponentialverteilung ist „gedächtnislos"). Genau das möchte man aber anhand der Daten testen.
- Die Komponenten werden in unterschiedlichen Betriebsumgebungen eingesetzt, beispielsweise mit unterschiedlichen Umgebungstemperaturen, oder die Komponenten werden unterschiedlich gewartet. In diesem Fall ist es kaum zulässig, alle Daten zusammenzufassen (was aber für den Vertrauensbereich wünschenswert wäre).

Das Aufbereiten der Daten erfordert in diesen Fällen etwas „Fingerspitzengefühl" und ergänzende statistische Methoden zur Beurteilung von Einflussfaktoren.

21.4.7 Generische Daten und Ausfallratenmodelle

Gibt es zur Abschätzung der Komponentenzuverlässigkeit zu wenig eigene Betriebserfahrung, so können auch so-

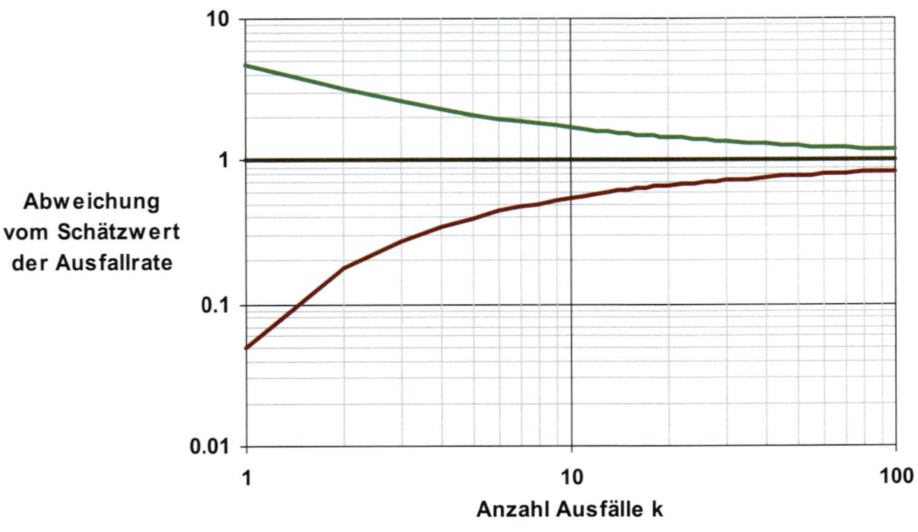

Abb. 21.8
Zweiseitiges 90 %-Vertrauensintervall bzw. einseitige 95 %-Vertrauensgrenzen

genannte generische Daten verwendet werden. Diese basieren auf umfangreichen Sammlungen von Betriebs- und Ausfalldaten, die für ähnliche Komponententypen mit ähnlichen Einsatzbedingungen statistisch ausgewertet und zusammengestellt werden. Sie stellen somit in der Regel verlässliche Aussagen über die Zuverlässigkeit einer Klasse von Komponenten dar (siehe Kap. 21.4.5). Die Daten sollen nicht bedenkenlos aus Publikationen übernommen werden. Die Zuverlässigkeit einer bestimmten Komponente mit speziellen Einsatzbedingungen kann erheblich vom generischen Wert abweichen (vgl. Kap. 21.4.1). Anwendungsspezifischere Berechnungen liefern Ausfallratenmodelle, welche statistische und analytische Modelle kombinieren. Siehe IEC/TR 62380, MIL-HDBK-217F; NSWC Standard 98/LE1 sowie RIAC 217Plus™. Für die Ausfallratenberechnung müssen anwendungsspezifische Modellparameter wie zum Beispiel die Belastung und die Umgebungstemperatur bestimmt werden. Der Mehraufwand lohnt sich. So ist unter anderem auch der Zuverlässigkeitsgewinn durch eine Auslegung mit höheren Margen ersichtlich. Die Ermittlung der Komponentenausfallraten ist Bestandteil der Zuverlässigkeitssicherung während der Produktentwicklung.

MIL-HDBK-217, eine über viele Jahre weit verbreitete generische Quelle für Ausfallraten elektronischer Komponenten, wurde mittlerweile durch 217Plus™ abgelöst, wobei die Berechnungsmodelle überarbeitet und auf den aktuellen Stand der Technik nachgeführt wurden. Die neuen Modelle sind flexibler in der Anwendung und sollen weniger konservative Resultate liefern.

21.4.8 Bayes'sches Verfahren

Generische Daten und produktspezifische Betriebserfahrungen können mit dem Bayes'schen Verfahren miteinander verrechnet werden. Bayes'sche Methoden basieren auf der Idee, zwei Informationsquellen zu nutzen: einerseits Daten aus einer neuen Beobachtung und andererseits Informationen, welche bereits vorliegen (Apriori-Informationen). In der Zuverlässigkeitstheorie wird das Verfahren angewendet um anlagenspezifische Zuverlässigkeitskenngrößen aus eigenen Betriebserfahrungen (zusätzliches Wissen) und generischen Zuverlässigkeitsdaten (Vorwissen) zu bestimmen. Die zu berechnende Zuverlässigkeitskenngröße, zum Beispiel die Ausfallrate, wird dabei als Zufallsvariable betrachtet, was bei mittels Statistik ermittelten Kenngrößen immer der Fall ist (vgl. Kap. 21.4.5). Entsprechend werden die Kenngrößen als Verteilungen dargestellt, welche anhand des Bayes-Theorems miteinander verrechnet werden. Die Methode ist zum Beispiel in (NIST/SEMATECH e-Handbook of Statistical Methods 2012) beschrieben.

21.4.9 Spezielle Beanspruchungen

Ausfälle von Komponenten bei Eintreten seltener (Extrem-)Ereignisse wie Erdbeben, Überflutungen, extreme Winde, Schneelasten etc. werden durch sogenannte *Fragility*-Funktionen (engl. *Fragility Functions*) beschrieben. Eine *Fragility*-Kurve beschreibt die bedingte Versagenswahrscheinlichkeit in Funktion der Beanspruchung. Die Beanspruchung kann innerhalb oder über der Auslegungsgrenze sein. In der Versagenswahrscheinlichkeit drücken sich die inhärenten, zufälligen Schwankungen von Ereignis zu Ereignis in der Beanspruchung und in der Belastbarkeit aus. Sie wird deshalb aleatorische Wahrscheinlichkeit genannt. Der Mangel an Wissen bezüglich Materialeigenschaften, Approximationen bei der Modellierung und Verwendung von Schätzungen anstelle von tatsächlichen anwendungsspezifischen Daten, die sogenannten epistemischen Unsicherheiten, werden ebenfalls durch entsprechende Wahrscheinlichkeitskurven dargestellt. Das Standard-*Fragility*-Modell verwendet für beide Unschärfen lognormal-verteilte Wahrscheinlichkeitsfunktionen. Ein Beispiel von *Fragility*-Funktionen für seismisch bedingte Beschleunigungen als Beanspruchungsgröße zeigt Abbildung 21.9.

Die Eintretenshäufigkeit der Ereignisse wird durch probabilistische Gefährdungsanalysen ermittelt. Im allgemeinen Fall wird auch die Gefährdung durch eine Wahrscheinlichkeitsverteilung über der Beanspruchung dargestellt. Die resultierende Ausfallhäufigkeit einer Komponente ergibt sich dann aus der Faltung der beiden Verteilungen der Gefährdung und der Versagenswahrscheinlichkeit. Die vereinfachte Berechnung erfolgt durch Diskretisierung der Beanspruchungsgröße, indem man den gesamten Beanspruchungsbereich zum Beispiel in 10 Intervalle bzw. repräsentative Ereignisse einteilt und für jedes Ereignis die Eintretenshäufigkeit bestimmt. Im Beispiel von Abbildung 21.9 entspricht dies 10 unterschiedlich starken Erdbeben. Die Ausfallhäufigkeiten ergeben sich aus den Produkten der Eintretenshäufigkeiten und der entsprechenden Versagenswahrscheinlichkeiten aus den *Fragility*-Funktionen. Das Verfahren wird typischerweise bei probabilistischen Sicherheitsanalysen für externe Ereignisse angewendet.

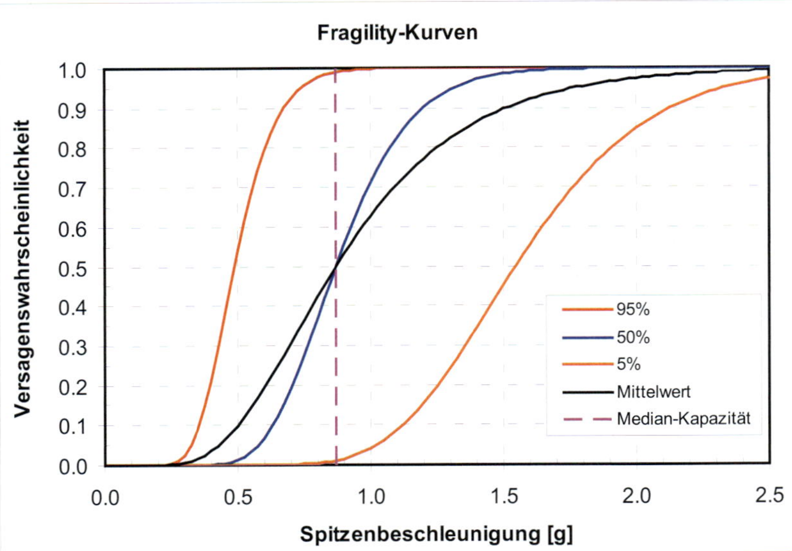

Abb. 21.9
Beispiel von Fragility-Funktionen für seismische Beschleunigungen mit 50 %-, 95 %- und 5 %-Vertrauenskurven der epistemischen Unsicherheit

21.5 Systemarchitektur und Redundanz

Sicherheit, Zuverlässigkeit und Verfügbarkeit werden wesentlich bestimmt durch die Systemstruktur, d. h. die Verknüpfung und Anordnung von Funktionen und Funktionseinheiten. Redundanzen, Schutz- und Überwachungseinrichtungen beziehen sich auf bestimmte Funktionen und Ausfallzustände des Systems; sie legen das Ausfallverhalten des Systems fest. Sicherheit und Zuverlässigkeit bzw. Verfügbarkeit sind oft konkurrenzierende Anforderungen. Die Forderung nach Sicherheit führt u. U. zu mehr Betriebsunterbrüchen, weil bei Störungen entsprechende Schutzmaßnahmen eingeleitet werden (sogenanntes *Fail-Safe*-Verhalten, z. B. Rotlicht/Fahrsperre bei Verkehrssystemen). Die Verbesserung der Sicherheit verschlechtert die Zuverlässigkeit und Verfügbarkeit des Systems. Nutzen und Wirksamkeit dieser zusätzlichen Mittel sind daher mit geeigneten Modellen zu bewerten und zu optimieren.

Die Systemarchitektur wird in der Konzeptphase eines Projekts festgelegt. Während der Realisierungsphase werden die einzelnen Lösungen ausgearbeitet und optimiert.

Grundsatz:
„So einfach wie möglich."
Grundsätzlich soll so wenig Material wie möglich eingesetzt werden. Jede Komponente hat eine mehr oder weniger große Ausfallrate (Unzuverlässigkeit) und benötigt u. U. präventive Wartung und periodische Funktionstests. Dies führt zu Anlagestörungen, Instandhaltungsarbeiten und damit Kosten. Zusätzliche Mittel sollten begründet werden!

21.5.1 Seriestrukturen

Systeme bzw. Funktionen ohne Redundanz werden in der Zuverlässigkeitstheorie als Seriestrukturen bezeichnet. Jeder Komponentenausfall führt unmittelbar zum Ausfall der Funktion. Die Seriestruktur ist die einfachste und zugleich bedeutendste Systemstruktur, da die meisten technischen Systeme oder Teilsysteme funktionell eine Kettenstruktur aufweisen. Für eine Struktur mit n Komponenten werden die Kenngrößen wie folgt berechnet:

Nicht-reparierbare Seriestrukturen

Zuverlässigkeit: $R(t)=\prod_{k=1}^{n} R_k(t)$

Für Komponenten mit konstanten Ausfallraten folgt:

Ausfallrate: $\lambda=\sum_{k=1}^{n} \lambda_k$ und mittlere Lebensdauer: $MTTF=\frac{1}{\lambda}$

Reparierbare Seriestrukturen

Verfügbarkeit $A(t)=\prod_{k=1}^{n} A_k(t)$

Für konstante Ausfallraten: $A=\dfrac{1}{1+\lambda \cdot MTTR} \cong 1-\lambda \cdot MTTR$

21.5.2 Redundanzkonzept

Die Definition von Redundanz lautet: Das Vorhandensein von mehr funktionellen Mitteln in einer Einheit, als für die Erfüllung der geforderten Funktion notwendig wäre (DIN 40041 1990-12).
In der Zuverlässigkeitstheorie spricht man von redundanten Strukturen und unterscheidet für deren Bewertung verschiedene Arten von Redundanz gemäß Tabelle 21.2. Sinn und Zweck von Redundanz ist immer die Vermeidung einer bestimmten Systemausfallart. Redundanz kann Systemausfälle nicht vollständig verhindern, sondern reduziert lediglich deren Häufigkeit. Die Wirksamkeit von Redundanz misst sich am Verhältnis der Häufigkeiten der unerwünschten Ausfallart einer Struktur mit oder ohne diese zusätzlichen Mittel. Es gibt praktisch keine idealen redundanten Strukturen; in den allermeisten Fällen gibt es eine Seriekomponente, welche die Zuverlässigkeit der Struktur bestimmt oder zumindest begrenzt. Abbildung 21.10 illustriert diese Situation mit dem Zuverlässigkeitsblockdiagramm (ZBD): Fällt die Seriekomponente S aus, ist der Funktionspfad unterbrochen und das System ist ausgefallen. Das vergleichbare System ohne Redundanz besteht aus nur einer Komponente P_1.

Systematische Ausfälle (CCF)

Ein wesentliches Problem bei redundanten Systemen sind Ausfälle gemeinsamer Ursache, sog. *Common Cause Failures (CCF)*, oder systematische Ausfälle. Fallen zwei oder mehr Komponenten in redundanten Funktionspfaden innerhalb eines bestimmten Zeitfensters (in der Regel zwei Testintervalle) als Folge einer gemeinsamen Ursache aus, so wird die Redundanz weniger wirksam oder gar unwirksam. Es gibt zahlreiche Gründe für solche Vorgänge:

a) **Inhärente Abhängigkeiten**

- **Funktionelle, anforderungsbedingte Abhängigkeiten:** Typische Beispiele sind sogenannte Notüberbrückungsfunktionen, wie die Notöffnung bei Türen. Wird die Notöffnung fehlerhaft aktiviert, so öffnet die Türe unabhängig von anderen (redundanten) Verriegelungsfunktionen.
- **Funktionelle, eingabe-/versorgungsbedingte Abhängigkeiten:** Der typische Kandidat für solche Auslegungsfehler ist die gemeinsame oder abhängige Energieversorgung für redundante Komponenten.

Tab. 21.2 Arten von Redundanz

Bezeichnung	Beschreibung	Beispiele (Beleuchtung)
r-aus-*n*-Redundanz	Mindestens *r* von *n* Komponenten der Struktur müssen funktionsfähig sein, damit das System funktionsfähig ist.	Mindestens 3 von 5 Leuchten müssen brennen, damit die Beleuchtung ausreichend ist.
Funktionsbeteiligte (heiße) Redundanz	Redundanz, bei der die zusätzlichen Mittel ständig in Betrieb und an der Ausführung der vorgesehenen Aufgabe beteiligt sind	Mehrere Leuchten; doppelte Stromversorgung
Nicht funktionsbeteiligte (kalte) Redundanz	Redundanz, bei der die zusätzlichen Mittel erst bei Störung bzw. Ausfall die vorgesehene Aufgabe übernehmen	Separate Brandnotbeleuchtung
Homogene Redundanz	Redundanz mit gleichartigen Mitteln	Mehrere gleiche Leuchten
Diversitäre Redundanz	Redundanz mit ungleichartigen Mitteln	Unterbrechungsfreie Stromversorgung und Notspeisung ab Batterie; räumlich getrennte Anordnungen
Reparierbare Struktur	Ausgefallene Komponenten werden im Betrieb repariert, d. h. ohne Funktionsunterbruch.	Lampen werden ersetzt, sobald ein Ausfall entdeckt wird, bei eingeschalteter Beleuchtung.
Nicht reparierbare Struktur	Ausgefallene Komponenten werden bis zum Systemausfall nicht repariert oder ersetzt bzw. können nicht repariert werden.	Lampen werden erst ersetzt, wenn die Beleuchtung nicht mehr ausreichend ist (z. B. weil schwer zugänglich).

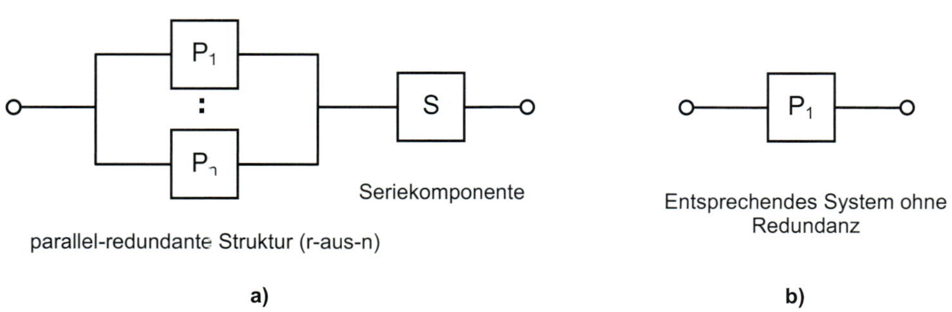

Abb. 21.10 Zuverlässigkeitsblockdiagramm (ZBD) a) eines redundanten und b) des entsprechenden nichtredundanten Systems

- **Folgeausfälle:** Ein typisches Beispiel ist ein Kurzschluss im Motor, der die Stromversorgung unterbricht.

b) **Äußere, nicht beabsichtigte Abhängigkeiten oder Koppelungen**
- **Physikalische/umgebungsbedingte Abhängigkeiten:** Hierzu zählen zum Beispiel galvanische Verbindungen, elektromagnetische Beeinflussungen, Temperatur, mechanische, chemische oder elektrische Überbeanspruchungen (externe Störungen).

c) **Prozessmäßige Abhängigkeiten**
- **Menschliche Einwirkungen:** Typische Beispiele sind der gleiche Instandhaltungsfehler an mehreren Komponenten, ein Alterungseffekt oder ein latenter (verborgener) Ausfall, der nicht entdeckt wird.

Es ist deshalb wichtig, mögliche CCF zu identifizieren und durch geeignete Gegenmaßnahmen zu vermeiden. Dies erfolgt mit einer CCF-Analyse, bei der mögliche Abhängigkeiten, wie vorangehend aufgeführt, untersucht werden. „Feinde" der Redundanz sind Gleichheiten in Software, Herstellung und Materialien, aber generell auch die Alterung. Dagegen hilft Diversität, beispielsweise unterschiedliche Hersteller, unterschiedliche Technologien, andere Bauarten, oder verschieden lange Betriebszeiten (grundsätzlich möglich bei kalter Redundanz). Gegen Beeinflussungen helfen Barrieren, z. B. räumliche Trennung. CCF werden auch als systematische Ausfälle bezeichnet. Trotz CCF-Analyse sind diese meist nicht vollständig vermeidbar und müssen deshalb im Zuverlässigkeitsmodell berücksichtigt werden. Dies erfolgt für identifizierte, inhärente Abhängigkeiten in der Regel durch explizite Modellierung, wie beispielsweise im ZBD als Seriekomponente (siehe Abb. 21.10). Mögliche Abhängigkeiten, die zwar identifiziert, jedoch nicht konkret fassbar sind, werden im Modell implizit durch Parametrisierung berücksichtigt: Die Ausfallraten bzw. Wahrscheinlichkeiten der Modellkomponenten bzw. Ereignisse werden so modifiziert (erhöht), dass der quantitative Effekt von CCF berücksichtigt ist. Dazu werden sogenannte CCF-Gruppen für gleichartige Komponenten bzw. Abhängigkeiten gebildet. Gängige Methoden sind das Beta-Modell, das Multiple-Greek-Letter-Modell (MGL) und das Alpha-Factor-Modell mit sogenannten Koppelungsfaktoren zwischen den einzelnen Komponenten einer CCF-Gruppe. Die Koppelungsfaktoren bewerten die Korrelationseffekte und werden in die Berechnung der Zuverlässigkeitsstruktur einbezogen (siehe z. B. NUREG/CR-4780).

III

Bewertung der Wirksamkeit redundanter Systeme

Die Notwendigkeit und Wirksamkeit von Redundanz bzw. alternativer Redundanzstrukturen wird aufgrund folgender Merkmale und Kenngrößen bewertet:

1. **Systemausfallkosten**
   Jeder Systemausfall (Funktionsausfall der Struktur) führt zu Folgekosten, beispielsweise infolge Produktionsausfall, Sachschäden oder Gefährdung von Personen. Die jährlich zu erwartenden Systemausfallkosten ergeben sich aus der Systemausfallrate und, je nach Art des Schadens, aus der Ausfalldauer. Die Berechnung dieser Kenngrößen einer Struktur erfolgt mit Zuverlässigkeitsmodellen (anhängig von der Art der Redundanz, siehe z. B. Shooman 1990, Meeker/Escobar 1998, Barlow/Proschan 1965). Grundstrukturen können mit einfachen Formeln näherungsweise berechnet werden (siehe Kap. 21.5.6 sowie Frey 1982 und Kozlov 1979). Für komplexere Modelle und Strukturen gibt es Computerprogramme.
2. **Instandsetzungskosten**
   Die Kosten für Instandsetzungen ergeben sich aus den Ausfallraten aller Komponenten der Struktur. Bei reparierbaren Strukturen können die jährlichen zu erwartenden Instandsetzungskosten berechnet werden aus:
   - der Summe der Ausfallraten aller Komponenten der Struktur (ergibt die geschätzte Häufigkeit von Reparaturarbeiten)
   - dem mittleren Reparaturaufwand (z. B. für Pikettdienst, Material- und Arbeitskosten)
   - den Kosten für die Ersatzteillagerhaltung.

   Für die Berechnung von nicht reparierbaren oder teilweise reparierbaren Strukturen ist das Modell entsprechend anzupassen. In den meisten Fällen sind die Instandsetzungskosten nicht vernachlässigbar.
3. **Wartungskosten**
   Kosten erstehen u. U. auch für die präventive Wartung (Gründe für Wartung siehe Kap. 21.6.2). Auch hier gilt zu beachten: Je mehr (Verschleiß-)Komponenten, desto mehr Wartungsarbeiten und Kosten. Auch zusätzliche, periodische Funktionskontrollen bei redundanten Systemen sind zu berücksichtigen (siehe Anwendungshinweise unten). Die zu erwartenden Wartungskosten ergeben sich aus dem Wartungs-/Kontrollintervall und den mittleren Kosten pro Wartung/Inspektion.
4. **Beschaffungskosten**
   Redundanz bedeutet grundsätzlich mehr Mittel und damit teurere Produkte, d. h. für den Betreiber höhere Beschaffungskosten. Dazu gehören u. U. auch Mehrinvestitionen für Ersatzteile (Ersatzteilberechnung siehe Kap. 21.6.3).

Einige Anwendungshinweise zur Bewertung von redundanten Strukturen:

1. Wichtig ist, ob man eine reparierbare oder eine nicht reparierbare Struktur hat. Dies ist nicht immer eine ausschließlich technische Frage, d.h. ob die Systemkomponenten repariert werden *können*. Möglicherweise ist es wirtschaftlich sinnvoller, nicht jeden Ausfall sofort, sondern erst nach einem Systemausfall zu reparieren. Solche Fragestellungen können durch die vorangehend beschriebene Bewertung der entsprechenden Redundanz-Varianten beantwortet werden. Daraus folgt in diesem Fall die Reparaturstrategie für das System.
2. Bei redundanten Systemen ist darauf zu achten, wie einzelne Komponentenausfälle (im parallel-redundanten Funktionspfad) erkannt werden können. Da solche Ausfälle keine oder eine andere funktionelle Auswirkung haben (infolge der Redundanz), sind u.U. zusätzliche Mittel und Maßnahmen notwendig, um verborgenen Ausfälle rechtzeitig aufzudecken. Dazu gibt es grundsätzlich zwei Möglichkeiten: integrierte Funktionstests oder periodische, manuelle Funktionskontrollen (Inspektionen). Beides ist mit Aufwand verbunden und ist bei der Bewertung der Redundanz zu berücksichtigen. Demgegenüber gilt: Je länger die Ausfallerkennungszeit (oder je kleiner die Wahrscheinlichkeit, dass Ausfälle entdeckt werden), desto schlechter die Wirksamkeit der Redundanz. Bei nicht erkennbaren Komponentenausfällen ohne regelmäßige Funktionstests handelt es sich um nicht-reparierbare Strukturen. Wird periodisch getestet, so ergibt das eine reparierbare Struktur. Die Reparaturzeit im Zuverlässigkeitsmodell entspricht dann ungefähr dem Testintervall.
3. Bei komplexen Systemen werden oft mehrere Funktionen mit den gleichen Funktionseinheiten und Komponenten realisiert. Bei modernen Informations- und Kommunikationssystemen ist das sogar die Regel. Redundanz, die auf eine bestimmte Funktion ausgerichtet ist, kann die anderen Funktionen beeinflussen. Der Ausfall einer Komponente wird in der Regel Auswirkungen auf mehrere oder alle Funktionen haben. Für solche Systeme ist die Redundanzstruktur für jede Funktion separat zu untersuchen und gesamtheitlich zu bewerten.

Checkliste Redundanz

- Zweck der Redundanz: Welcher Funktionsausfall soll vermieden werden?
- Ist der Funktionsausfall sicherheitsgefährdend? Wie hoch ist ein möglicher Schaden?
- Hat der Funktionsausfall Betriebsausfälle oder Betriebseinschränkungen zur Folge? Wie hoch ist der mögliche Schaden?
- Sind noch andere Funktionen bzw. Funktionsausfälle betroffen?
- Sind Ausfälle der redundanten Komponenten im Betrieb erkennbar? Wie?
- Sind die Komponenten im Betrieb reparierbar oder austauschbar?
- Sind systematische Ausfälle (CCF) berücksichtigt?
- Rechtfertigen die Kosten für Redundanz den Nutzen?

21.5.3 Schutz- und Überwachungseinrichtungen

Schutzfunktionen sollen gefährliche Ausfallzustände des Systems mit hohem Schadenpotenzial verhindern. Schutzfunktionen sind eine spezielle Anwendung von Redundanz. Im Vergleich zu parallel-redundanten Funktionspfaden ist der Zweck einer Schutzfunktion nicht das Aufrechterhalten einer Systemfunktion, sondern das Überführen in einen sicheren Systemzustand bei bestimmten Ereignissen (externe Störungen oder Ausfälle). Ein solches Verhalten wird auch als „fail-safe" bezeichnet. Der Schutzzustand bedeutet meistens eine Beeinträchtigung der Systemfunktion. Die Folge ist beispielsweise ein Betriebsunterbruch, möglicherweise aber auch eine andere Gefährdung. Beispiel: Bei Brandalarm in einem Straßentunnel wird die Tunneleinfahrt durch Rotlicht sofort gesperrt, was die Gefahr von Auffahrunfällen erhöht.

Schutzfunktionen verbessern in der Regel die Sicherheit des Systems, verschlechtern aber dessen Zuverlässigkeit und Verfügbarkeit.

Weitere Eigenschaften von Schutzeinrichtungen:
Schutzfunktionen haben eine beschränkte Wirksamkeit:

1. Die beschränkte Wirksamkeit kann systembedingt sein, wenn eine Gefahr grundsätzlich nicht vollständig verhindert werden kann (z.B. kann eine Brandmeldeanlage nicht alle Brände rechtzeitig detektieren)
2. Die beschränkte Wirksamkeit kann vorliegen, weil die Schutzfunktion infolge von Ausfällen versagen kann (sogenannte Schutzunterfunktion). Solche Ausfälle sind oft nicht erkennbar, solange kein entsprechendes Er-

III

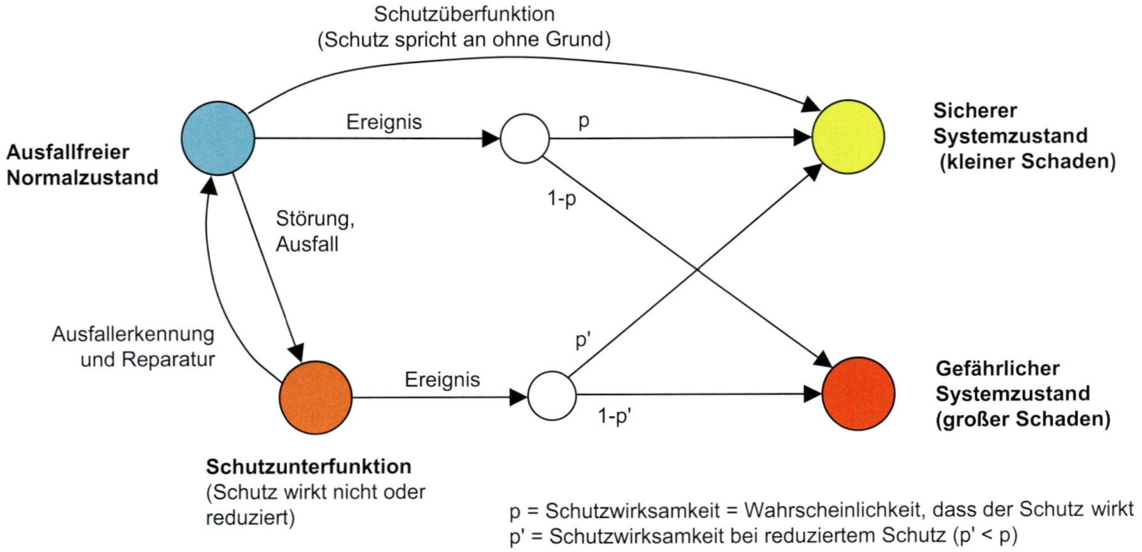

Abb. 21.11 Vereinfachtes Zustandsdiagramm für ein Schutzsystem (Schutzmodell)

III

eignis eintritt, was eine periodische Funktionskontrolle erfordert.

Andererseits kann eine Schutzfunktion ohne Grund ansprechen, d.h. wenn gar keine Gefahr droht (sogenannte Schutzüberfunktion).
Das Zustandsdiagramm in Abbildung 21.11 illustriert dieses Verhalten anschaulich. Das Modell erlaubt zudem die Berechnung der Zuverlässigkeit und Verfügbarkeit des Systems mittels Markoff-Ketten (siehe folgender Hinweiskasten).

Markoff-Prozesse oder Markoff-Ketten beschreiben eine stochastische Folge von Zustandsänderungen. Aus den bedingten Übergangswahrscheinlichkeiten können die Zustandswahrscheinlichkeiten und die mittleren Zeiten für Zustandsänderungen berechnet werden. In der Zuverlässigkeitstheorie werden solche Modelle wie folgt angewendet:

- Eingangsgrößen (die bedingten Übergangswahrscheinlichkeiten) sind Ausfallraten, Reparaturzeiten, Wartungsintervalle usw.
- Berechnet werden die Zustandswahrscheinlichkeiten und die mittleren Zeiten vom ausfallfreien Zustand in einen Ausfallzustand. Daraus werden die Verfügbarkeit bzw. Nichtverfügbarkeit, die Systemausfallrate, MTBF bzw. MTTF ermittelt.

Markoff-Modelle sind geeignet, das Langzeitbetriebsverhalten komplexer Systeme und Instandhaltungsprozesse zu beschreiben und zu berechnen. Auf dem Markt gibt es dazu Computerprogramme.

Die Bewertung der Wirksamkeit von Schutz- und Überwachungseinrichtungen erfolgt wie bei den redundanten Strukturen anhand der möglichen Schäden und Kosten, verursacht durch die gefährlichen und sicheren Ausfallzustände.

21.5.4 Ausfallerkennung und Funktionstests

Wie vorangehend beschrieben, sind bei redundanten Strukturen und Schutzfunktionen bestimmte Ausfälle aufgrund der funktionellen Auswirkung prinzipiell nicht erkennbar, was die Wirksamkeit verschlechtert. Periodische Funktionstests zur Erkennung verborgener Ausfälle verbessern die Zuverlässigkeit der Struktur wesentlich. Dies erfordert zusätzliche technische Mittel und/oder organisatorische Maßnahmen:

- Testfunktionen, Fehleranzeige etc.
- regelmäßige Inspektionen, visuelle Kontrollen etc. (siehe Kap. 21.6.2 zum Thema Wartung).

Für die Bewertung der Zuverlässigkeit von redundanten Strukturen mit Funktionstests sind zwei Merkmale zu berücksichtigen:

Das Testintervall

Je kürzer das Test- oder Kontrollintervall, desto besser die Zuverlässigkeit der Struktur.

Die Testwirksamkeit

Die Testwirksamkeit ist die Wahrscheinlichkeit, dass ein geplanter Funktionstest gemäß Anweisung durchgeführt und dabei der latente Ausfall entdeckt wird. Bei unverlässlichem Test ist die Testwirksamkeit $w < 100\,\%$, was einer Verlängerung des mittleren Testintervalls um ungefähr den Faktor $1/w$ entspricht. Dementsprechend verschlechtert sich die Zuverlässigkeit der Struktur

21.5.5 Diagnosefunktionen

Diagnose ist die Zustandsaussage über ein System oder eine Funktionseinheit. Die dazu notwendigen zusätzlichen Mittel (Sensorik, sonstige Hardware, Software) sind oft störungsanfällig. Unnötige Funktionen können die Bedienbarkeit und Zuverlässigkeit negativ beeinflussen. Wenn immer es möglich ist, sollten Diagnosemittel funktionell von den Hauptfunktionen des Systems getrennt werden. Der Ausfall von Diagnosekomponenten soll den normalen Betrieb nicht beeinträchtigen.
Der Nutzen von Diagnoseeinrichtungen zeigt sich anhand der zwei Diagnosearten Störungsdiagnose und Zustandsdiagnose:

Störungsdiagnose

Zweck der Störungsdiagnose ist die effiziente und schnelle Lokalisierung von Störungen. Diagnoseeinrichtungen können danach bewertet werden, mit welcher Wahrscheinlichkeit ein Ausfall korrekt gemeldet wird und beispielsweise auf die auszutauschende Funktionseinheit hinweist. Der Anteil der durch die Diagnose erfassten Störungen wird auch als Fehleroffenbarung bezeichnet, sagt aber allein wenig aus über die Diagnosequalität. Der eigentliche Nutzen zeigt sich in kürzeren Rekonfigurations- und Instandsetzungszeiten, die im Zusammenhang mit dem Störungsmanagement bewertet werden (siehe Kap. 21.8.4).

Zustandsdiagnose

Mit der Zustandsdiagnose werden schleichende Veränderungen von Zuständen (Materialeigenschaften, Schaltzyklen etc.) erfasst und bewertet. Zweck ist die kontinuierliche Überwachung kritischer Komponenten, um ungewollten Ausfällen durch präventive Wartung vorzubeugen (zustandsorientierte Wartung). Der Nutzen zeigt sich im Rahmen der Wartungsstrategie.

21.5.6 Berechnung redundanter Strukturen

Einfache Grundstrukturen können mit nachfolgenden Näherungsformeln berechnet werden. Komplexere Strukturen sind oft in solche Grundstrukturen zerlegbar und können mit der Substitutionsmethode berechnet werden. Für komplexe Strukturen und Mischformen sind auf dem Markt zahlreiche Computerprogramme erhältlich.

> Große und komplexe Modelle sind nicht unbedingt ein Indikator für Genauigkeit. Bei Zuverlässigkeitsberechnungen sieht man manchmal das Gegenteil: Das Modell ist unübersichtlich und fehleranfällig. Die dominierenden Einflussfaktoren sind schwer erkennbar. Es ist ratsam, große Strukturen hierarchisch zu zerlegen und die zuverlässigkeitsbestimmenden Elemente jeweils hervorzuheben. Dies ermöglicht mit einer einfachen Kontrollrechnung „von Hand" die Modellverifikation.
>
> Sensitivitätsrechnungen sind sinnvoll: Reagiert das Ergebnis (z. B. die Systemverfügbarkeit) stark auf eine Eingangsgröße (z. B. die Ausfallrate einer Komponente), so gibt es wahrscheinlich ein Problem in der Systemarchitektur.

Nicht-reparierbare r-aus-n-Strukturen

Bei nicht-reparierbaren Strukturen gibt es definitionsgemäß keine Instandsetzungsmaßnahmen bis zum Systemausfall. Die Zuverlässigkeitskenngröße ist die mittlere Lebensdauer MTTF. Tabelle 21.3 enthält die Berechnungsformeln einiger einfacher Strukturen für heiße Redundanz und Komponenten mit konstanten Ausfallraten λ.

Reparierbare r-aus-n-Strukturen

Für reparierbare Systeme interessieren die Systemausfallrate λ und/oder die Systemverfügbarkeit A. Die Berechnung für einige einfache Strukturen mit heißer Redundanz ist in Tabelle 21.4 zusammengestellt.
Modellannahmen: Ausgefallene Komponenten werden ohne Funktionsunterbruch des Systems repariert. MTTR ist die mittlere Reparaturzeit, zu verstehen als die Gesamtzeit vom Ausfall einer Komponente bis zur erneuten Funktionsfähigkeit. λ_i sind die konstanten Komponentenausfallraten der Struktur.

III

Tab. 21.3 Berechnung der Zuverlässigkeit für einige nicht reparierbare, redundante Grundstrukturen (heiße Redundanz) (Frey 1982)

Struktur	Zuverlässigkeit R(t)	Mittlere Lebensdauer MTTF
1-aus-*n* mit *n* verschiedenen Komponenten	$1-\prod_{k=1}^{n}(1-R_k(t))$	$\left(\frac{1}{\lambda_1}+...+\frac{1}{\lambda_n}\right)-\left(\frac{1}{\lambda_1+\lambda_2}+...+\frac{1}{\lambda_i+\lambda_j}\right)+\left(\frac{1}{\lambda_1+\lambda_2+\lambda_3}+...\right)-...(-1)^{n+1}\frac{1}{\sum_{i=1}^{n}\lambda_i}$
1-aus-*n* mit *n* gleichen Komponenten	$1-(1-p)^n$	$\frac{1}{\lambda}\cdot\sum_{i=1}^{n}\frac{1}{i}$
(*n*–1)-aus-*n*	$n\cdot p^{n-1}-(n-1)\cdot p^n$	$\frac{1}{\lambda}\cdot\frac{2n-1}{n(n-1)}$
2-aus-3	$3p^2-2p^3$	$\frac{5}{6\lambda}$
2-aus-4	$6p^2-8p^3+3p^4$	$\frac{13}{12\lambda}$
3-aus-5	$10p^3-15p^4+6p^5$	$\frac{47}{60\lambda}$
r-aus-*n*	$\sum_{i=r}^{n}\binom{n}{i}\cdot p^i\cdot(1-p)^{n-i}$	$\frac{1}{\lambda}\cdot\sum_{i=r}^{n}\frac{1}{i};\quad 1\leq r\leq n$
	$p=e^{(-\lambda t)}$ Mittlere Ausfallrate über *T*: $\bar{\lambda}(T)=-\frac{1}{T}\cdot \ln R(T)$	λ = konstante Ausfallrate

Tab. 21.4 Berechnung der Zuverlässigkeit und Verfügbarkeit für einige reparierbare, redundante Grundstrukturen (heiße Redundanz) (Frey 1982)

Struktur	Approximative Systemausfallrate λ	Systemverfügbarkeit A
1-aus-*n* mit *n* verschiedenen Komponenten	$\left(\prod_{i=1}^{n}\lambda_i\cdot MTTR_i\right)\cdot\left(\sum_{i=1}^{n}\frac{1}{MTTR_i}\right)$	$1-\prod_{i=1}^{n}(1-A_i)$
1-aus-*n* mit *n* gleichen Komponenten	$n\cdot\lambda_i^n\cdot MTTR_i^{n-1}$	$1-(1-A_i)^n$
1-aus-2	$2\lambda_i^2\cdot MTTR_i$	$1-(1-A_i)^2$
1-aus-3	$3\lambda_i^3\cdot MTTR_i^2$	$1-(1-A_i)^3$
2-aus-3	$6\lambda_i^2\cdot MTTR_i$	$3A_i^2-2A_i^3$
(*n*–1)-aus-*n*	$n(n-1)\cdot\lambda_i^2\cdot MTTR_i$	$n\cdot A_i^{n-1}-(n-1)\cdot A_i^n$

Die Näherungsformeln für die Systemausfallrate sind anwendbar, falls die mittlere ausfallfreie Zeit viel größer ist als die mittlere Reparaturzeit, d. h. $\lambda \cdot MTTR \ll 1$.
Für die mittlere ausfallfreie Zeit des Systems gilt näherungsweise:

$$MTBF \cong \frac{1}{\lambda}$$

21.6 Betrieb und Instandhaltung

21.6.1 Störungsmanagement und Instandsetzung

Bei technischen Systemen mit hohen Verfügbarkeits- oder Sicherheitsanforderungen muss nach einem Ausfall der Betrieb bzw. die Schutzfunktion möglichst aufrechterhalten oder nach kurzer Zeit wieder erreicht werden. Es ist auch möglich, dass das System während bestimmten Betriebszeiten nicht instand gesetzt werden kann, beispielsweise ein Verkehrssystem während Stoßzeiten. Ist eine schnelle Instandsetzung nicht möglich, muss die Aufgabe durch eine Notfunktion übernommen werden; das System wird rekonfiguriert, ein Notbetrieb wird eingerichtet etc. Das Störungsmanagement beinhaltet die dazu notwendigen technischen und organisatorischen Maßnahmen.
Merkmale einer guten Störungsbewältigung sind:

- Schnelle und verlässliche Diagnose: Welcher Systemzustand ist eingetreten, was sind die möglichen Ursachen und welche technischen Maßnahmen sind einzuleiten? Eine Einteilung der möglichen Ausfallzustände in Prioritäten für die Rekonfiguration und Instandsetzung ist hilfreich.
- Klare Entscheidungskriterien: Welche Maßnahmen sind zu ergreifen? In welcher Reihenfolge? Wer ist zuständig?
- Klare Informationswege: Wer ist zu informieren? Mit welchen Mitteln?

Die Störungsszenarien können anhand der Zuverlässigkeits- und Sicherheitsanalysen im Voraus erarbeitet werden (siehe Kap. 21.8.4, Rekonfigurationsanalyse).

21.6.2 Präventive Wartung

Mit präventiver Wartung sollen ungeplante Ausfälle und die damit verbundenen betrieblichen Auswirkungen vermieden bzw. reduziert werden. Wartung bezieht sich auf Komponenten und bewirkt eine Reduktion der mittleren Ausfallrate. Dies bedeutet somit auch weniger Instandsetzungen. Demgegenüber stehen zusätzliche, zeitlich planbare Wartungsarbeiten, möglicherweise ebenfalls mit betrieblichen Auswirkungen.
Wartung ist dann sinnvoll, wenn die Ausfallhäufigkeit so weit reduziert werden kann, dass die positiven Effekte überwiegen. Die Bewertung von Nutzen und Aufwand erfolgt anhand der möglichen Schäden und der Instandhaltungskosten, im Einzelnen:

A Nutzen: Reduktion der ungeplanten Ausfälle

1. Schaden eines Ausfalls (Gefährdung von Personen, Umwelt und/oder Sachschäden). Die Auswirkung ist aus der FMEA bzw. der System-Ausfallanalyse ersichtlich, die Schadenbewertung aus der Risikoanalyse.
2. Instandsetzungskosten: mittlerer Aufwand für Reparaturdienste, Material und Arbeit
3. Häufigkeit ungeplanter Störungen

B Aufwand: zusätzliche geplante Wartungsarbeiten

4. Schaden einer geplanten Wartung (z. B. falls der Eingriff in das System während der Wartungsarbeiten eine Betriebseinschränkung zur Folge hat)
5. Wartungskosten: mittlerer Aufwand für Dienste, Material und Arbeit
6. Wartungsintervall

Alterung und Verschleiß von Komponenten – wann ist präventive Wartung sinnvoll?

Verschleißkomponenten sind gekennzeichnet durch eine ansteigende Ausfallrate. Ab einem bestimmten Alter treten Ausfälle in immer kürzeren Abständen auf (siehe Abb. 21.6). Ein solches Ausfallverhalten ist grundsätzlich durch Wartung beeinflussbar, sodass die mittlere Ausfallrate kleiner ist als ohne Wartung. Für eine sinnvolle Planung von Wartungsarbeiten müssen einige Fakten bekannt sein:

- das ungefähre Alterungsverhalten, d. h. Indizien für eine ansteigende Ausfallrate der Komponenten; dies kann aus technologischen Gründen bekannt sein oder aus der Betriebserfahrung
- die physikalischen Alterungs- bzw. Verschleißmechanismen, z. B.:
  - Korrosion
  - Materialermüdung
  - Kontaktschweißen
  - mechanischer Abrieb
  - Austrocknen
  - Verschmutzung, Ablagerungen.
- geeignete Wartungsmaßnahmen, die dem Verschleiß entgegenwirken, z. B. fetten, reinigen, auswechseln etc.

III

III

Verschleißfreie Komponenten haben eine konstante Ausfallrate. Diese kann durch Wartung nicht beeinflusst werden, d. h. präventive Wartung bringt hier nichts.

Checkliste Wartung

- Verschleißkomponente?
- Alterungsverhalten und Maßnahmen bekannt?
- Ist der Ausfall sicherheitsgefährdend?
- Verursacht der Ausfall Betriebseinschränkungen?
- Verborgener Ausfall?
- Gibt es eine wirtschaftliche* Methode, um verborgene Ausfälle zu entdecken?
- Gibt es eine wirtschaftliche* Methode, um sich ankündigende Ausfälle zu entdecken (Zustandsdiagnose, Messung charakteristischer Parameter)? Aufgrund der Diagnose wird die nächste Inspektion geplant, die Wartung sofort durchgeführt oder die Wartung geplant.
- Gibt es eine wirtschaftliche* Methode (aufbereiten, ersetzen), um die Ausfallrate zu senken?
- Kann die Wartung ohne Betriebseinschränkungen durchgeführt werden?
- Kann die Wartung ohne Gefährdung durchgeführt werden oder ist der Betrieb während den Wartungsarbeiten nur mit reduziertem Sicherheitsniveau möglich?

* wirtschaftlich: Aufwand/Nutzen gemäß obigem Ansatz

Der Wartungsbedarf wird durch Instandhaltungsanalysen ermittelt (siehe Kap. 21.8.3).

21.6.3 Ersatzteillagerhaltung

Die Verfügbarkeit von Ersatzteilen ist ein wichtiger Einflussfaktor auf die Verfügbarkeit eines Systems. Fehlende Ersatzteile haben längere Ausfallzeiten zur Folge, was je nach betroffener Funktion Betriebsunterbrüche oder Gefährdungen verursachen kann. Andererseits ist die Ersatzteillagerhaltung mit Kosten verbunden.
Die Grundfrage lautet: Wie viele Ersatzteile werden benötigt?
Anzustreben ist eine Ersatzteillagerhaltung mit minimalen Kosten, mit welcher die Verfügbarkeitsziele erreicht werden. Die Kosten für die Ersatzteillagerhaltung werden verglichen mit dem Schaden, der bei Ersatzteilmangel entsteht. Bei einer Maschine sind das beispielsweise Produktionsausfälle, bis ein Ersatzteil anderenorts beschafft werden kann. Die Wahrscheinlichkeit, dass dieser Fall eintritt, wird aus der Ausfallverteilung der Ersatzteile und der Anzahl vorhandener Ersatzteile bestimmt (Frey 1982, Barlow/Proschan 1965).

Ersatzteilberechnung für exponentiell verteilte Lebensdauern

Für Ersatzteile mit konstanter Ausfallrate λ ist die Anzahl Ausfälle bzw. die Anzahl benötigter Ersatzteile Poisson-verteilt mit dem Erwartungswert λt.
N sei die Anzahl benötigter Ersatzteile über einen Zeitraum T.
n sei die vorgesehene Anzahl Ersatzteile an Lager.
Dann ist die Wahrscheinlichkeit, dass N größer n ist:

$$P\langle N(T) > n\rangle = 1 - \sum_{i=0}^{n} \frac{(\lambda T)^i}{i!} \cdot e^{-\lambda T}$$

Die Gleichung kann in beiden Richtungen angewendet werden:

- zur Berechnung der Wahrscheinlichkeit p, dass über die Zeit T mehr als n Ersatzteile benötigt werden
- zur Berechnung der Anzahl benötigter Ersatzteile bei gegebener Wahrscheinlichkeit p: kleinste natürliche Zahl n, welche die Ungleichung $P\langle N(T) > n\rangle \leq p$ erfüllt.

Das Modell liefert auch für mittlere Ausfallraten $\overline{\lambda}(T)$ brauchbare Schätzungen.

Vorsicht: Diese Berechnung berücksichtigt nicht CCF!

21.6.4 Ergonomie und menschliche Faktoren

Menschliche Eingriffe erstrecken sich im Betrieb eines technischen Systems auf die Bedienungselemente für Überwachungs- und Steuerungsaufgaben. Für die geplante und ungeplante Instandhaltung wird direkt in die technische Ausrüstung eingegriffen. Diesen Handlungen mit zunächst positivem Einfluss auf den Systemzustand stehen aber auch mögliche negative Auswirkungen infolge menschlicher Fehlhandlungen gegenüber. Die Kombination von menschlichen Handlungen im Zusammenhang mit Störungen führt oft zur Verschlimmerung der Situation. Fehler bei der Instandsetzung, unvollständig ausgeführte Wartungsarbeiten und Inspektionen können das System in einen zunächst unentdeckt fehlerhaften Zustand versetzen. Risiko-, Zuverlässigkeits- und Sicherheitsanalysen ohne Einbezug menschlichen Versagens wären deshalb unvollständig (siehe Kap. 21.8.5).

Die Gestaltung der Bedienungselemente und Benutzerschnittstellen nach ergonomischen Grundsätzen spielt für die Reduktion der Wahrscheinlichkeit von Bedienungsfehlern eine entscheidende Rolle (Felix/Müller 2005). Allgemeine Gestaltungsregeln sind z. B. in EN 60447, ISO 6385 und ISO 9241 zu finden.

21.7 Zuverlässigkeitssicherung

Unter Zuverlässigkeitssicherung wird das methodische Vorgehen in der Realisierungsphase eines Systems oder Produkts verstanden, um die gesteckten Zuverlässigkeits-, Sicherheits- und Verfügbarkeitsziele zu erreichen. Das heißt, das System ist so zu optimieren, dass die Anforderungen durch die Kombination der Einflussfaktoren mit minimalen Lebenszykluskosten erfüllt werden. Dabei werden an den Planungs- und Realisierungsprozess bestimmte Anforderungen gestellt, die wiederum von den tolerierbaren technischen Risiken abhängen. Dieses Kapitel beschreibt den Planungsprozess, die Nachweis-, Prüf- und Bewertungsverfahren. Die gängigsten Methoden der Systemanalyse, der Bewertung der Zuverlässigkeit, Sicherheit und Verfügbarkeit sind in Kapitel 21.8 beschrieben.
Die Zuverlässigkeitssicherung ist Bestandteil der Qualitätssicherung. Für sicherheitsrelevante Produkte und Systeme ist der Planungs- und Nachweisprozess verknüpft mit dem Sicherheitsmanagement. Ausführliche Anleitungen sind in den Normen IEC 61580 und EN 50126 zu finden.

21.7.1 Planungsprozess

Das Vorgehen bei der Zuverlässigkeits- und Sicherheitsplanung ist grundsätzlich gleich für alle technischen Produkte und Systeme (Abb. 21.12). Je nach Anforderung an die Zuverlässigkeit, Sicherheit und Verfügbarkeit sind während der Entwicklung und Herstellung mehr oder weniger aufwendige Tätigkeiten gerechtfertigt. Ist beispielsweise das Produkt nicht sicherheitsrelevant, so vereinfacht sich das Verfahren.
Aus den tolerierbaren Gefährdungsraten und Betriebs-

III

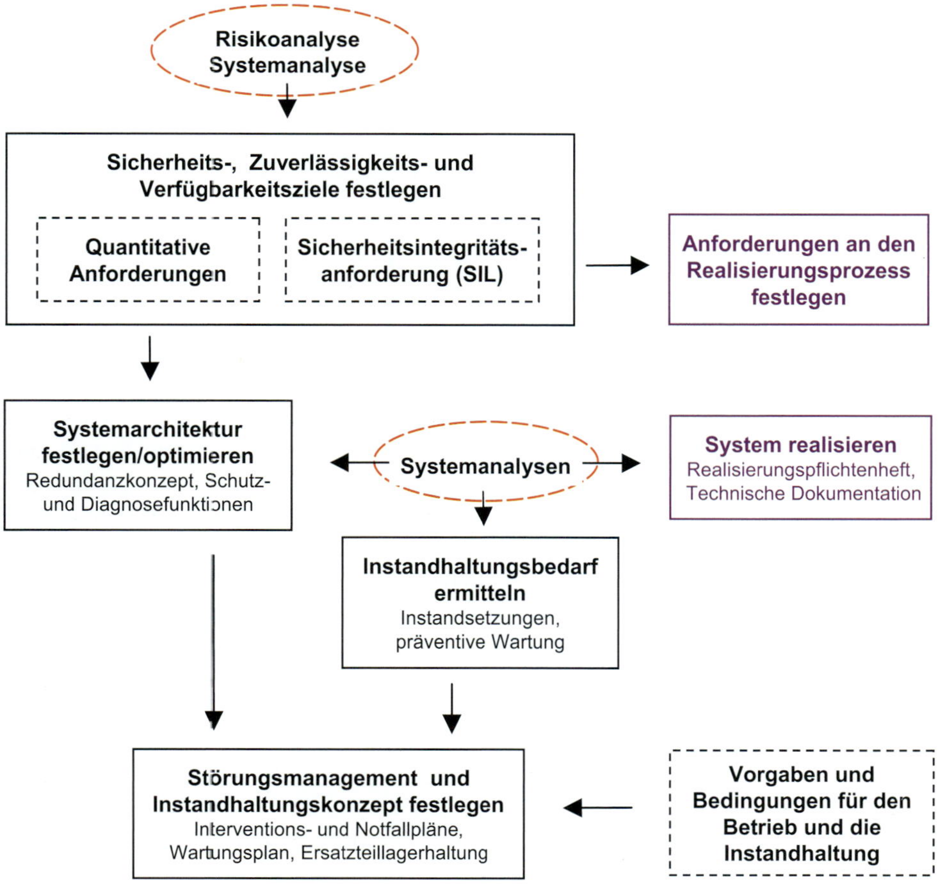

Abb. 21.12
RAMS-Planungsprozess (Herleitung der Anforderungen siehe Abb. 21.1)

einschränkungen (siehe Kap. 21.2.2) werden zwei Arten von Anforderungen festgelegt:

1. quantitative Werte für die Sicherheit, Zuverlässigkeit und/oder Verfügbarkeit
2. die Sicherheitsintegritätsanforderung (*Safety Integrity Level*, SIL).

Aus den quantitativen Anforderungen folgen die Systemarchitektur sowie das Betriebs- und Instandhaltungskonzept, die diesen Anforderungen genügen.
Die Sicherheitsintegrität bezieht sich auf die Fähigkeit eines sicherheitsrelevanten Systems, seine geforderte Sicherheitsfunktion fehlerfrei auszuführen. Damit soll die Sicherheit gegen zufällige Ausfälle und insbesondere gegen systematische Fehler erreicht werden. Letztere beziehen sich auf die zahlenmäßig nicht erfassbaren, menschlichen Fehler in den verschiedenen Lebenszyklusphasen des Systems. Darunter fallen auch Softwarefehler. Die ausreichende Sicherheit gegen systematische Fehler kann nur erreicht werden durch das Qualitäts- und Sicherheitsmanagement.
Mit diesem Verfahren werden aufgrund der Risikobewertung die Analyseanforderungen festgelegt.

III

21.7.2 Bewertung und Nachweis der Zuverlässigkeit, Sicherheit und Verfügbarkeit

Zuverlässigkeit, Sicherheit und Verfügbarkeit beschreiben das zeitliche Verhalten eines Systems oder Produkts im Betrieb, das neben den Produkteigenschaften auch durch äußere Einflüsse bestimmt wird. Ein Funktionstest allein kann dazu keine Aussagen liefern. Bewertung und Nachweis müssen indirekt erfolgen, durch die Kombination verschiedener Prüf- und Analysemethoden. Das Verfahren erstreckt sich über den gesamten Realisierungsprozess, durch:

- die Bewertung der Ergebnisse jeder Realisierungsphase (Verifikation)
- die Schlussbewertung und den Vergleich mit den Zuverlässigkeits-, Sicherheits- und Verfügbarkeitsanforderungen (Validation, Abnahme).

Nachweis

Der Nachweis der Zuverlässigkeit, Sicherheit und Verfügbarkeit erfolgt in Form einer Dokumentation und umfasst:

- den Nachweis des Qualitätsmanagements
- für sicherheitsrelevante Produkte den Nachweis des Sicherheitsmanagements (Sicherheitsorganisation, Sicherheitsplan)
- den Nachweis der funktionalen und technischen Zuverlässigkeit und Sicherheit.

Technischer Sicherheitsbericht

Der technische Sicherheitsbericht (engl.: *safety case*) fasst die Bewertungs- und Nachweisverfahren für sicherheitsrelevante Produkte zusammen. Für den Sicherheitsnachweis gibt es probabilistische und deterministische Methoden.
Der *probabilistische Nachweis* erfolgt durch den analytischen und rechnerischen Nachweis der quantitativen Sicherheitsziele (z.B. muss die berechnete MTBF größer sein als die geforderte MTBF). Der (klassische) *deterministische Nachweis* vergleicht das realisierte System oder Produkt mit vorgegebenen Gestaltungsregeln. Dies sind Normen, Vorschriften und Ausführungsbestimmungen, die dem Stand der Technik entsprechen (z.B. die Verwendung von brandresistenten Materialien). Immer öfter werden Sicherheitsnachweise durch die Kombination der beiden Ansätze verlangt.

Verfahren und Methoden

Die Bewertung der Zuverlässigkeit, Sicherheit und Verfügbarkeit erfolgt durch Systemanalysen und/oder Langzeitprüfungen.
Systemanalysen ermöglichen es, das Langzeitbetriebsverhalten in Modellen abzubilden, zu simulieren und quantitativ abzuschätzen. Die wichtigsten Analysemethoden sind in Kapitel 21.8 beschrieben.
Die Bewertung der Zuverlässigkeit, Sicherheit und Verfügbarkeit durch Tests ist nur bedingt möglich. Die praktischen Grenzen werden durch die Prüfzeit und die Kosten gesetzt. Für statistisch signifikante Aussagen braucht es entsprechend lange Prüfzeiten bzw. Stückzahlen.

Lebensdauerprüfungen

Lebensdauerprüfungen oder Zuverlässigkeitsprüfungen sind Langzeittests zur Ermittlung der Zuverlässigkeit von Komponenten und Baugruppen mit statistischen Methoden. Dabei wird eine genügend große Anzahl Einheiten über eine längere Zeit betrieben und beobachtet. Die Funktion wird laufend oder periodisch überwacht und die Ausfälle werden registriert. Es wird entweder unter normalen Betriebsbedingungen getestet oder mit erhöhter Belastung (zum Beispiel erhöhter Umgebungstemperatur), um die Testzeit zu verkürzen (beschleunigter Test).
Soll mit einer Zuverlässigkeitsprüfung der Nachweis der geforderten Zuverlässigkeit erbracht werden, so müssen das Hersteller- und Abnehmerrisiko spezifiziert und berücksichtigt werden. Das *Herstellerrisiko* ist die Wahrscheinlichkeit, dass das Testergebnis abgelehnt wird, obschon die spezifizierte Zuverlässigkeit erreicht ist. Das *Abnehmerrisiko* ist die Wahrscheinlichkeit, dass das Produkt

zugelassen wird, obschon die Zuverlässigkeit schlechter ist als die Anforderung. Die beiden Risiken bzw. Fehler sind gegeben durch das statistische Bewertungsverfahren (siehe auch Kap. 21.4.3). Ausführliche Beschreibungen sind z.B. in MIL-HDBK-781A und IEC 60605 zu finden.

Vorbehandlung

Die Vorbehandlung (Voralterung, Burn-in) ist ein Screening-Verfahren, um Frühausfälle vor der Betriebsaufnahme aufzudecken und zu beseitigen. Dazu werden die entsprechenden Baugruppen oder Komponenten einem zeitraffenden Test unterzogen, mit erhöhter Umgebungstemperatur. Die Prüfung wird oft kombiniert mit Qualifikationstests zum Aufdecken von systematischen Entwicklungs-, Konstruktions- und Fertigungsfehlern.

Bewertung und Nachweis aus der Betriebserfahrung

Für die Bewertung und den Nachweis der Zuverlässigkeit, Sicherheit und Verfügbarkeit anhand der Betriebserfahrung ist grundsätzlich das Gleiche zu berücksichtigen, wie vorangehend beschrieben bei Zuverlässigkeitsprüfungen. Dazu kommen weitere, praktische Schwierigkeiten:

- Die Erfassung der Betriebs- und Ausfalldaten ist oft schwierig; die Daten werden unvollständig und fehlerhaft erfasst.
- In der ersten Betriebszeit ist mit Kinderkrankheiten zu rechnen (Frühausfälle). Korrekturmaßnahmen verändern das Produkt (manchmal werden sogar neue Fehler „eingebaut“). Systematische Ausfälle verfälschen das Bild; das allfällige Zuverlässigkeitswachstum muss bei der statistischen Auswertung berücksichtigt werden.
- Eine Produktserie wird meist gestaffelt in Betrieb gesetzt, was die statistische Auswertung (insbesondere in Kombination mit obigen Effekten) erschwert.

Andererseits ist die Überwachung in der Betriebsphase durchaus sinnvoll und sollte wo möglich geplant werden. Der Erfahrungsrückfluss erleichtert die Zuverlässigkeitsplanung bei zukünftigen Produkten und verbessert die Datenbasis und Aussagequalität. Zudem ist die konsequente Erfassung und Analyse der Ausfälle von großem praktischen Wert für die Produktverbesserung: die Einflussfaktoren sind bewertbar und Schwachstellen können frühzeitig erkannt und behoben werden.
Mit der Betriebs- und Ausfallstatistik kann auch die Systemverfügbarkeit bewertet und nachgewiesen werden.

21.8 Verfahren und Werkzeuge der Zuverlässigkeits- und Sicherheitsplanung

21.8.1 Systemanalysen, Modelle und Berechnungsmethoden

Wir beschränken uns auf eine kurze Beschreibung der gängigsten Methoden und auf Anwendungshinweise. Ausführliche Anleitungen sind in den Normen zu finden (Beispiele siehe unten). Abbildung 21.13 zeigt eine Übersicht der Systemanalysen mit den wichtigsten Zusammenhängen, wie sie beispielsweise für ein Verkehrssystem angewendet werden. Umfang und Auswahl der Analysen richten sich nach der Risikobewertung sowie nach der Komplexität des Systems und dem betrieblichen Umfeld.

> Die Wichtigkeit solcher Analysen kann nicht genug betont werden. Sie sind das geeignete Werkzeug, um Schwachstellen im Konzept oder in der Auslegung eines Systems rechtzeitig zu erkennen und auszumerzen, oder um alternative Realisierungsvarianten miteinander zu vergleichen und zu bewerten. Sie sind in diesem Zusammenhang auch eine geeignete Plattform für die Besprechung technischer Fragen unter den verschiedenen beteiligten Fachstellen in einem Projekt, insbesondere auch zwischen Hersteller, Betreiber und Aufsichtsbehörde. Die Analysen erfolgen deshalb zeitgleich und projektbegleitend, als Bestandteil des Engineeringprozesses. Die hier beschriebenen Analysemethoden liefern „als Nebenprodukt“ die Daten für die übergeordneten Zuverlässigkeitsmodelle.
>
> Ein systematisches und nachvollziehbares Vorgehen ist unumgänglich.

21.8.2 Zuverlässigkeitsanalysen

Mit Zuverlässigkeitsanalysen wird das Ausfallverhalten eines Systems systematisch untersucht und in einem Modell abgebildet. Die beiden grundlegenden Ausfallanalysemethoden sind die Ausfalleffektanalyse (FMEA) und die Fehlerbaumanalyse (FTA). Mit der FMEA werden alle möglichen Komponentenausfälle und deren Auswirkun-

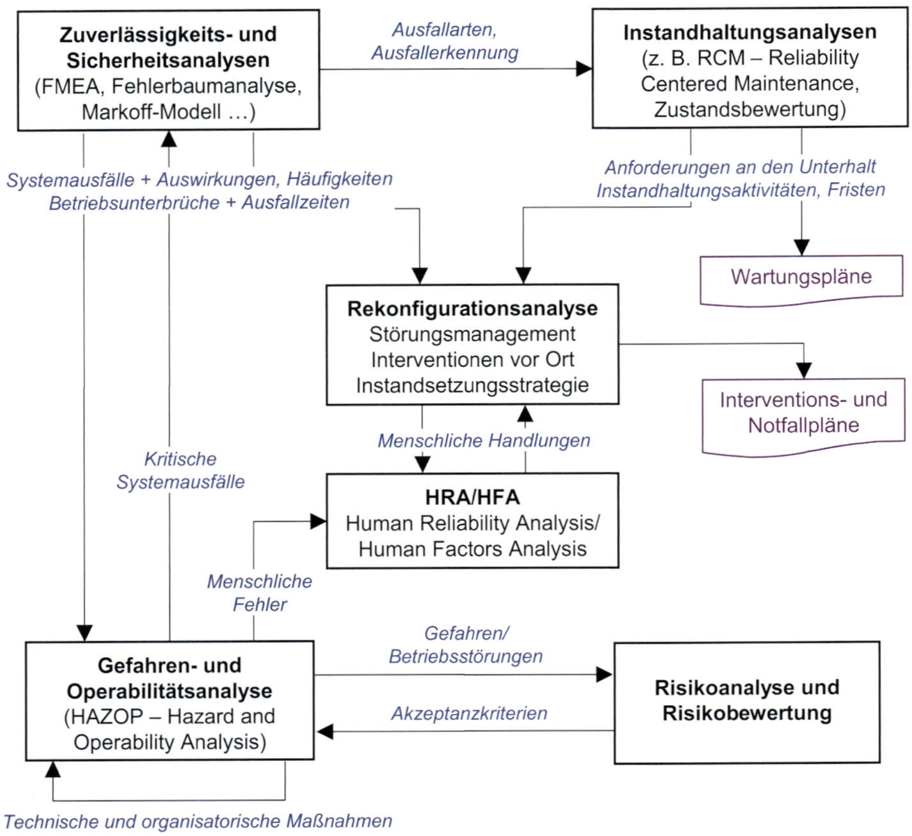

Abb. 21.13
Systemanalysen – Übersicht und Zusammenhänge

gen auf die Systemfunktion(en) untersucht *(bottom-up)*. Die FTA verfolgt das umgekehrte Verfahren *(top-down)*: Ausgehend von einer postulierten Fehlfunktion des Systems werden die möglichen Kombinationen von Ursachen bzw. Komponentenausfällen untersucht. Die beiden Methoden ergänzen sich. Eine andere Standardmethode zur Darstellung des Ausfallverhaltens komplexer, redundanter Systeme ist das Zuverlässigkeitsblockdiagramm (ZBD). Eine ebenfalls sehr anschauliche Darstellung, insbesondere für Systeme mit Instandhaltungsprozessen, sind Zustandsdiagramme bzw. Markoff-Modelle.

Ausfalleffektanalyse (FMEA und FMECA)

Die Ausfalleffektanalyse FMEA *(failure mode and effects analysis)* ist die Grundlage aller Zuverlässigkeitsanalysen. Der Begriff FMECA *(failure mode, effects and criticality analysis)* wird in der Regel verwendet, wenn sicherheitsrelevante Fehlfunktionen eines Systems im Rahmen einer Sicherheitsanalyse analysiert werden. In der FMECA werden zusätzlich zur FMEA gefährliche Systemzustände identifiziert und deren Kritikalität bewertet (siehe Risikobewertung). Die FMEA in der Zuverlässigkeitstechnik ergänzt die Konstruktions- oder System-FMEA gemäß DIN EN 60812. Die Analyse untersucht die Ursachen und funktionellen Auswirkungen von Komponentenausfällen *im Betrieb*. Sie soll systematisch alle möglichen Komponentenausfälle und Ausfallarten betrachten. Deshalb eignet sich als Grundlage die Material- oder Stückliste des Systems. Hilfreich ist auch ein Funktionsblockdiagramm. Somit beschreibt die FMEA alle Einfachausfälle und quantifiziert die Ausfallhäufigkeiten anhand der Komponentenausfallraten. Die Auswirkungen werden klassiert, sodass sie den zu betrachtenden Ausfallzuständen bzw. Fehlfunktionen des Systems entsprechen. Sinnvollerweise überlegt man sich bei der Ausfallanalyse auch, wie die Komponentenausfälle erkannt werden können und ergänzt entsprechend die FMEA-Tabelle mit der Spalte „Ausfallerkennung". Insbesondere bei redundanten Systemen ist diese Information sehr wertvoll, dient der Planung möglicher technischer oder administrativer Maßnahmen (z.B. Online-Diagnose, Fehleranzeige oder periodische Funktionsprüfungen im Rahmen der Instandhaltung) und wird im übergeordneten Zuverlässigkeitsmodell benötigt. Tabelle 21.5 zeigt das Beispiel einer FMECA für eine sicherheitsrelevante automatische Türe mit redundanter Überwachung der Türposition.

Auswertung für Systeme ohne Redundanz

Hat das analysierte System keine redundanten Funktionen, so weist die FMEA direkt die betrieblichen Auswirkungen aus (z.B. eine Türe bleibt zu und kann nicht mehr

Tab. 21.5 Vereinfachtes Beispiel einer FMECA (automatische Sicherheitstüren)

Komponente	Ausfallart	Ausfallrate	Auswirkung	Gefahr	Ausfallerkennung
Motor Türantrieb	Unterbruch oder Kurzschluss		Tür bleibt zu	nein	1) Stromüberwachung (SW) 2) Plausibilitätstest für Öffnungs-/ Schließbefehl/ Rückmeldung (HW & SW)
			Tür bleibt offen	ja	
Getriebe	verklemmt/ blockiert		Tür öffnet und schließt zu langsam	nein	Überwachung der Öffnungs- und Schließzeiten (SW)
Türschalter #1 'Tür geschlossen und verriegelt'	bleibt zu		Türüberwachungsalarm (nach Öffnungsbefehl)	ja	Vergleich Türschalter #1 und #2 (HW)
	bleibt offen		Türüberwachungsalarm (nach Schließbefehl)	nein *(fail safe)*	Vergleich Türschalter #1 und #2 (HW)

geöffnet werden). Jede in der FMEA unterschiedene Auswirkung wird im Zuverlässigkeitsmodell mit einer Seriestruktur abgebildet. Dementsprechend wird die Zuverlässigkeit oder Verfügbarkeit der entsprechenden Systemfunktion anhand der Summen der Ausfallraten und den Formeln aus Kapitel 21.5.1 berechnet.

Auswertung für redundante Funktionen

Ausfälle von Komponenten in einem redundanten Pfad einer Systemfunktion führen nicht unmittelbar zum Ausfall der Funktion, sondern nur in Kombination mit anderen Komponentenausfällen. Zudem ist der Ausfall meistens nicht direkt aufgrund der Auswirkung erkennbar. Die Berechnung der Systemzuverlässigkeit oder -verfügbarkeit erfolgt mit einem übergeordneten Zuverlässigkeitsmodell anhand der Ausfallraten und der aufgrund der Ausfallerkennung bestimmten Ausfallzeiten (siehe Kap. 21.5.4 und 21.8.3). Es ist deshalb wichtig, die Ausfallerkennungsmöglichkeiten im Rahmen der Ausfallanalyse zu untersuchen.

Die FMEA liefert also Informationen für die nachfolgend beschriebenen Methoden. Abbildung 21.14 veranschaulicht dies beispielhaft.

Zuverlässigkeitsblockdiagramm (ZBD)

Mit dem Zuverlässigkeitsblockdiagramm (siehe z.B. EN 61078) können Serie- und parallel-redundante Strukturen dargestellt werden (siehe Abb. 21.10). Das Diagramm illustriert die Erfolgskriterien der Funktion, welche durch die Struktur dargestellt wird. Die Berechnung erfolgt schrittweise durch Zerlegung in Elementarstrukturen (Substitutionsmethode). Es gibt jedoch spezielle Strukturen, die nicht zerlegbar sind. Die Berechnung erfordert dann andere Methoden (z.B. die „minimale Pfade-und-Schnitte-Methode", siehe z.B. Frey 1973) mit geeig-

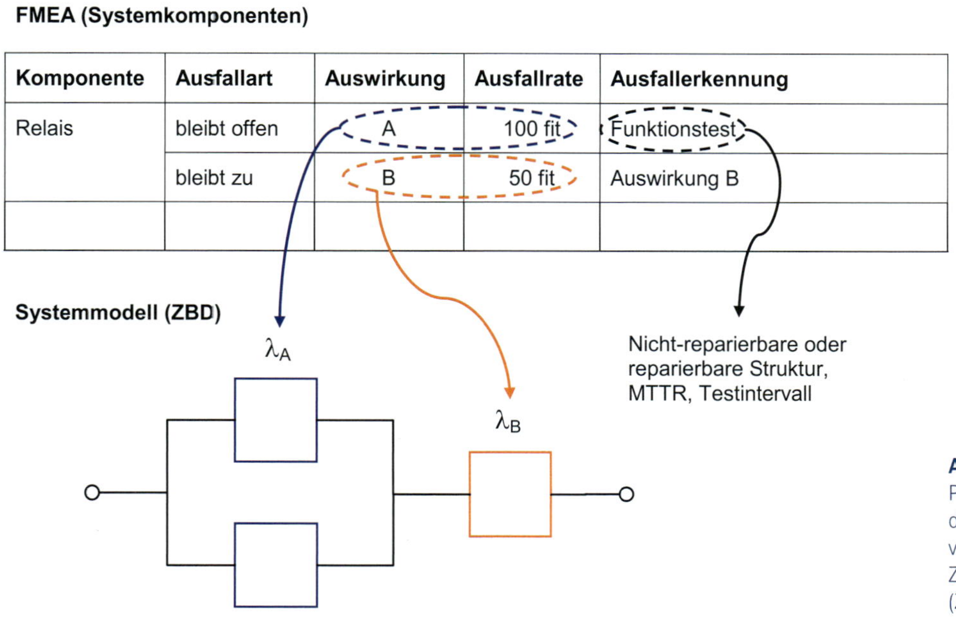

Abb. 21.14 Prinzip der Ausfallanalyse mit der FMEA-Methode und Zuverlässigkeitsmodellen mit dem Zuverlässigkeitsblockdiagramm (ZBD)

netem Computerprogramm. Oft ist aber ein approximatives Modell ausreichend genau, wenn die wesentlichen, zuverlässigkeitsbestimmenden Elemente bestimmt sind.

Zustandsdiagramm/Markoff-Modell

Das Zustandsdiagramm bzw. Markoff-Modell (siehe z.B. EN 61065) ist ein sehr anschauliches Modell für komplexe Systeme mit verschiedenen Betriebszuständen, Schutzfunktionen, Reparatur- und Wartungszuständen (siehe Abb. 21.11). Die Berechnung mit Markoff-Ketten setzt allerdings exponentiell verteilte Ausfall-, Reparatur- und Wartungszeiten voraus. Da dies für Wartezeiten näherungsweise oft zutrifft, ist die Methode in der Zuverlässigkeitstheorie gut geeignet. Zur Berechnung gibt es Computerprogramme.

Fehlerbaumanalyse

Fehlerbäume (siehe z.B. DIN 25424-1, DIN 25424-2 EN 61025, NUREG-0492) sind eine Standardmethode für sicherheitsrelevante Systeme. Die Fehlerbaumanalyse ist eine Top-down-Analyse: Ausgangspunkt ist ein unerwünschter Systemzustand, das sogenannte Top-Ereignis. Dies ist typischerweise eine in der Gefahrenanalyse identifizierte Gefahr. Mit logischen Verknüpfungen werden in einer (umgekehrten) Baumstruktur sukzessive die Ursachen eingezeichnet.

Der Fehlerbaum ist die duale Darstellungsform zum Zuverlässigkeitsblockdiagramm. Die Berechnung erfolgt daher auch mit den gleichen Algorithmen; beim Fehlerbaum wird jedoch die Unzuverlässigkeit bzw. die Nichtverfügbarkeit berechnet.

21.8.3 Instandhaltbarkeits- und Instandhaltungsanalysen

Die Instandhaltungsanalyse verbindet die Instandhaltbarkeit mit dem Instandhaltungsapparat und liefert die Grundlage für das Instandhaltungskonzept mit dem Wartungsplan. Die Instandhaltbarkeitsanalyse ermittelt den Bedarf an Instandsetzungen und präventiver Wartung über die Brauchbarkeitsdauer des Systems. Die Analysen sind die Grundlage für den Wartungsplan, die Planung der Ersatzteillagerhaltung (siehe Kap. 21.6.3) und für die Berechnung der Systemverfügbarkeit (siehe Kap. 21.3).

Instandsetzbarkeit und Instandsetzung

Gegenstand der Instandsetzbarkeitsanalyse sind die Komponentenausfälle. Die Analyse kann als Fortsetzung der FMEA betrachtet werden: Es wird untersucht, welche Reparaturmaßnahmen nach Ausfällen möglich und sinnvoll sind.

Beispiel des Inhalts einer Instandsetzbarkeitsanalyse:

- Reparierbarkeit der Komponente: reparierbar oder nicht reparierbar
- Instandsetzung der Anlage: Komponente ersetzen (Tauschteil) oder vor Ort reparieren
- Mittlere Reparaturzeit (MTTR: *Mean Time to Repair*)
- Mittlere Standzeit der Anlage (MDT: *Mean Down Time*)
- benötigtes Personal und Hilfsmittel

Präventive Wartung

Da jede geplante Wartung Kosten verursacht, sollten Wartungsarbeiten und Wartungsfristen begründet werden und nachvollziehbar sein. Eine bekannte Methode zum Bestimmen des Wartungsbedarfs ist die RCM-Analyse (*reliability centred maintenance*, siehe z.B. EN 60300-3-11). Sie formuliert qualitative Entscheidungskriterien für die Notwendigkeit von Wartungsarbeiten aufgrund der Ausfallanalyse, d.h. der möglichen Auswirkungen auf die Systemzuverlässigkeit und Sicherheit. Die Wirtschaftlichkeitskriterien bzw. die Kosten/Nutzen-Analyse muss allerdings separat erfolgen; die RCM-Methode bietet dazu keine konkreten Ansätze, wie in Kapitel 21.6.2 beschrieben.

Beispiel des Inhalts einer Wartbarkeitsanalyse:

- Wartungsintervalle
- Mittlere Wartungszeit (MTTM: *Mean Time to Maintain*)
- Mittlere Standzeit der Anlage (MDT: *Mean Down Time*)
- benötigtes Personal und Hilfsmittel.

21.8.4 Rekonfigurationsanalyse

Mit der Rekonfigurationsanalyse *(Recovery Analysis)* werden die betrieblichen Maßnahmen für alle identifizierten technischen Störungen und menschlichen Handlungen untersucht. Das Ziel sind optimale Abläufe, um das System bei Störungen in möglichst kurzer Zeit wieder in einen sicheren, funktionsfähigen Zustand zu bringen.

Das Resultat der Analyse sind Beschreibungen der Abläufe möglicher Störungsszenerien:

- Störungsbild, Alarmmeldungen und andere Symptome der Störung
- mögliche Ursachen, geordnet nach der Eintretenswahrscheinlichkeit
- Systemzustand, z.B. Normalbetrieb, Notbetrieb, Instandsetzung, Wartung
- Rekonfigurationsmaßnahmen und Prioritäten (z.B. auf Notspeisung schalten, Türe von Hand verriegeln)
- Instandsetzungsmaßnahmen
- Entscheidungskriterien für alternative technische und organisatorische Maßnahmen.

Eine geeignete Darstellungsform ist ein Ablaufdiagramm mit Aktionen und Verzweigungen (Aktion erfolgreich/nicht erfolgreich). Auslösende Ereignisse sind Ausfälle und externe Störungen, Aktionen sind die Reaktionen des Systems und die zu treffenden Maßnahmen. Menschliche Handlungen spielen dabei eine zentrale Rolle (siehe nächster Abschnitt).

Die Rekonfigurationsanalyse ist die Grundlage für die Betriebshandbücher und Schulungsunterlagen.

21.8.5 Analyse der menschlichen Einflussfaktoren und Zuverlässigkeit

Zweck dieser Analysen (HFA/HRA: *Human Factor Analysis/Human Reliability Analysis*) ist die Erfassung und Bewertung aller menschlichen Handlungen in Betrieb und Unterhalt, welche die Zuverlässigkeit, Sicherheit und Verfügbarkeit des Systems beeinflussen können.

Das Resultat der Analyse umfasst:

- Anlässe für menschliche Handlungen, beispielsweise die Reaktion auf einen Alarm (siehe Rekonfigurationsanalyse)
- Beschreibung der Aktionen (z.B. einen Schalter umstellen)
- mögliche Fehlhandlungen (z.B. keine Reaktion oder den falschen Schalter betätigen)
- Auswirkungen der Fehlhandlungen.

Zur Schätzung der menschlichen Zuverlässigkeit bzw. der Wahrscheinlichkeit von Fehlhandlungen (*human error probability*, HEP) gibt es für verschiedene Anwendungsfälle spezialisierte Methoden (z.B. HEART: *human error assessment and reduction technique*; THERP: *technique for human error prediction*). Damit werden die verschiedenen fehlerfördernden Einflussfaktoren bewertet, wie z.B. die Art der Handlung (vom einfachen Routine-Eingriff bis zu komplexen Handlungen), Zeitdruck, schlechte Sicht, Lärm, Ausbildung, schlechte Benutzerschnittstelle etc. (siehe Kap. 21.6.4).

Wie bei den anderen Systemanalysen besteht auch bei der HFA/HRA durch das systematische Vorgehen der Nutzen hauptsächlich darin, ungünstige Bedingungen zu erkennen und ergonomische Schwachstellen zu beseitigen.

21.8.6 Risiko-, Gefahren- und Operabilitätsanalyse

Mit der Gefahren- und Operabilitätsanalyse werden in der Konzeptphase die möglichen Gefahren und Betriebseinschränkungen identifiziert. Eine gängige Methode ist die HAZOP (*Hazard and Operability Analysis*, siehe z.B. IEC 61882). Die HAZOP besteht in der systematischen Zusammenstellung (im sogenannten Hazard-Log) der möglichen Gefahren und Betriebseinschränkungen in allen vorkommenden Situationen und Betriebszuständen eines Systems. Tabelle 21.6 zeigt den prinzipiellen Aufbau der Analyse mit dem Beispiel einer Straßentunnelbeleuchtung.

Die möglichen Ursachen verweisen auf die Funktionsausfälle, Fehlfunktionen, externen Störungen und menschlichen Fehlhandlungen. Die HAZOP ist das Bindeglied zwischen den verschiedenen Systemanalysen und der Risikobewertung. Die Analysemethode ist speziell geeignet für die Entwicklung von Ereignisbäumen. Die identifizierten Fehlfunktionen und Ursachen werden beispielsweise mit Fehlerbäumen näher untersucht und berechnet. Die Tabelle kann ergänzt werden mit möglichen Schutzmaßnahmen für die Bewertung alternativer Lösungen.

Risikobewertung und Risikoakzeptanz

Für die Risikobewertung werden gleichartige Gefahren und Schäden zusammengefasst und die Eintretenswahrscheinlichkeiten und Schadenausmaße bestimmt. Das Produkt Wahrscheinlichkeit x Ausmaß wird als Risiko bezeichnet und im sogenannten W-A-Diagramm dargestellt. Im Beispiel von Abbildung 21.15 sind drei Gruppen von Risiken (A, B, C) und drei Risiko-Akzeptanzbereiche erkennbar. Die Risiken bzw. Gefahren A sind nicht akzeptierbar und müssen durch geeignete Maßnahmen reduziert werden. Die Gruppe B ist bedingt akzeptierbar. Die Akzeptanzkriterien können z.B. mit den sogenannten ALARP-Kriterien *(as low as reasonably practicable)* festgelegt werden: Falls die Kosten für risikoreduzierende Maßnahmen einen bestimmten Betrag pro gerettetem Menschenleben überschreiten, sind die Maßnahmen nicht mehr gerechtfertigt, andernfalls müssen diese Risiken ebenfalls reduziert werden. Das ALARP-Prinzip gewährleistet, dass die verfügbaren Mittel dort eingesetzt wer-

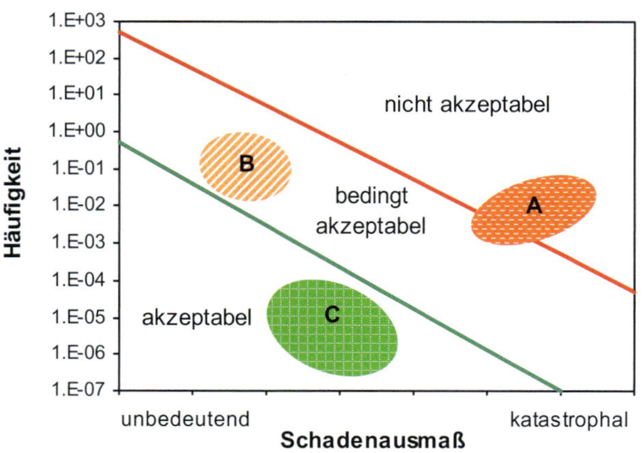

Abb. 21.15 Beispiel eines W-A-Diagramms zur Risikobeurteilung

Tab. 21.6 Prinzip der Gefahren- und Operabilitätsanalyse (HAZOP)

Situation/ Prozess/ Operation	Einrichtung/ Teilsystem	Funktion	Abweichung/ falscher Zustand	Ursache	Auswirkung: Gefährdung/ Betriebseinschränkung
Beispiel:					
Tunneleinfahrt am Tag	Tunnelbeleuchtung	Adaption hell - dunkel	Keine Adaptionsbeleuchtung	Fehlfunktion der Steuerung	Unfallgefahr infolge Black-Hole-Effekt/Red. Maximalgeschwindigkeit (als Schutzmaßnahme)

den, wo sie am meisten nützen. Wie man sieht, gibt es zwei Möglichkeiten zur Risikominderung: Die Eintretenshäufigkeit wird reduziert (z. B. durch Redundanz) oder das Schadenausmaß wird verkleinert. Letzteres dürfte jedoch in den meisten Fällen eher schwieriger zu realisieren sein; beispielsweise müsste der Gefahrenbereich eingeschränkt werden, damit weniger Personen betroffen sind. Für die Gefahren der Gruppe C sind keine weiteren Maßnahmen zwingend; es wird anhand einer Kosten/Nutzen-Analyse entschieden (siehe nächster Abschnitt).

III

21.8.7 Lebenszykluskostenanalyse

Die LCC-Analyse *(Life Cycle Costs)* ist eine Optimierungsmethode. Die Lebenszykluskosten sind die Optimierungsgröße für Redundanzfragen, präventive Wartung etc. Das Modell berücksichtigt alle Kosten von der Beschaffung bis zum Ende einer bestimmten Systemnutzungsdauer, inklusive Stilllegungs- und Entsorgungskosten. Die Instandhaltungskosten werden aus den Daten der Ausfall- und Instandhaltungsanalysen ermittelt. Das LCC-Modell ermöglicht die objektive Bewertung von Varianten: Die bessere Variante ist diejenige mit den tieferen Lebenszykluskosten, welche noch alle Anforderungen erfüllt (insbesondere die Sicherheit bzw. die akzeptierten Risiken). Ein Kostenmodell berücksichtigt alle einmaligen Kosten und die jährlich wiederkehrenden Kosten (z. B. nach Tab. 21.7).

Tab. 21.7 Kosten und Einflussgrößen

Kosten über die spezifizierte Nutzungsdauer	Einflussgrößen, ermittelt aus den Systemanalysen
Einmalige Investitionskosten	
▪ Investitionskosten für das System	
▪ Investitionskosten für den Instandhaltungsapparat: Werkstatt, Werkzeuge, Personal, Ausbildung, Dokumentation etc.	
▪ Investitionskosten für Ersatzteile	*Anzahl benötigter Ersatzteile*
Mittlere jährliche Kosten über die Anzahl der Nutzungsjahre	
▪ Betriebskosten (z. B. Energie)	
▪ Kosten für präventive Wartung	*Wartungsarten, Anzahl Wartungen, mittlere Wartungszeit, Materialaufwand*
▪ Kosten für Instandsetzungen vor Ort	*Anzahl Instandsetzungen, mittlere Instandsetzungszeit*
▪ Kosten für Reparaturen in der Werkstatt	*Anzahl Reparaturen an Ersatzteilen, mittlere Reparaturzeit, Materialaufwand*
▪ Ersatzteilkosten	*Verbrauch an nicht-reparierbaren Ersatzteilen*
▪ Ausfallfolgekosten	*Anzahl Betriebsstörungen, mittlere Ausfallzeit, Folgeschäden*
Einmalige Stillegungs- und Entsorgungskosten	

Literatur

Barlow, R. E./Proschan, F.: Mathematical Theory of Reliability. John Wiley & Sons 1965

Bayerische Rück: Risiko ist ein Konstrukt. Knesebeck, München 1993

DIN 25424-1: Fehlerbaumanalyse; Methode und Bildzeichen. 1981

DIN 25424-2: Fehlerbaumanalyse; Handrechenverfahren zur Auswertung eines Fehlerbaumes. 1990

DIN 40041: Zuverlässigkeit, Begriffe. 1990 - 12

EN 50126: Bahnanwendungen - Spezifikation und Nachweis der Zuverlässigkeit, Verfügbarkeit, Instandhaltbarkeit und Sicherheit (RAMS)

EN 60300: Zuverlässigkeitsmanagement

EN 60447: Bedienungsgrundsätze für die Mensch-Maschine-Schnittstelle (MMI)

EN 60812: Analysetechniken für die Funktionsfähigkeit von Systemen – Verfahren für die Fehlzustandsart- und -auswirkungsanalyse (FMEA)

EN 61025: Fehlzustandsbaumanalyse

EN 61065: Anwendung des Markoff-Verfahrens

EN 61078: Techniken für die Analyse der Zuverlässigkeit – Zuverlässigkeitsblockdiagramm und Boole'sche Verfahren

EN 61508: Funktionale Sicherheit sicherheitsbezogener elektrischer/elektronischer/programmierbarer elektronischer Systeme

EN ISO 6385: Grundsätze der Ergonomie für die Gestaltung von Arbeitssystemen

EN ISO 9241: Ergonomie der Mensch-System-Interaktion

IEC 60050-191: International Electrotechnical Vocabulary. Chapter 191: Dependability and quality of service. 1990 - 12. (zurückgezogen, siehe www.electropedia.org, Area: 191: Dependability and quality of service)

IEC 60605: Equipment reliability testing

IEC 61124: Reliability testing – Compliance tests for constant failure rate and constant failure intensity

IEC 61882: Hazard and operability (HAZOP) studies - Application guide

IEC/TR 62380 (RDF 2000): Reliability data handbook - Universal model for reliability prediction of electronics components, PCBs and equipment

Felix, D./Müller, C.: (Un-)Sicherheit Mensch - Maschine. In: Zeitschrift Sicherheit. Sicherheitsinstitut, Zürich. Heft 2/2005. S. 24 - 26

Frey, H.: Computerorientierte Methodik der Systemzuverlässigkeits- und Sicherheitsanalyse. Diss. Nr. 4244. ETH Zürich 1973

Frey, H.: Zuverlässigkeitsplanung. Lehrgangsmanuskript DGQ. Frankfurt 1982

Kozlov, B. A./Uschakov, I. A.: Handbuch zur Berechnung der Zuverlässigkeit für Ingenieure. Carl Hanser Verlag, München 1979

Meeker, W. Q./Escobar, L. A.: Statistical Methods for Reliability Data. John Wiley & Sons 1998

MIL-HDBK-217F: Reliability prediction of electronic equipment. 1991

MIL-HDBK-781A: Handbook for reliability test methods, plans, and environments for engineering, development, and production. 1996

NIST/SEMATECH e-Handbook of Statistical Methods, 2012 (http://www.itl.nist.gov/div898/handbook/)

NSWC Standard 98/LE1: Handbook of Reliability Prediction Procedures for Mechanical Equipment

NUREG-0492: Fault Tree Handbook. U. S. Nuclear Regulatory Commission, 1981

NUREG/CR-4780: Procedures for Treating Common Cause Failures in Safety and Reliability Studies. U. S. Nuclear Regulatory Commission

Rakowski, U. K.: Wörterbuch der Zuverlässigkeit. LiLoLe-Verlag, Hagen 2001

RIAC 217Plus™: Component Failure Rate Models. Reliability Information Analysis Center (RIAC). http://theriac.org

Schneider, J.: Sicherheit und Zuverlässigkeit im Bauwesen: Grundwissen. vdf Hochschulverlag AG an der ETH Zürich/Teubner Verlag, Stuttgart 1996

Shooman, M. L.: Probabilistic reliability: an engineering approach. 2. Auflage. Robert E. Krieger Publishing Company, Inc., Malabar, Florida 1990

Störmer, H.: Mathematische Theorie der Zuverlässigkeit. R. Oldenbourg Verlag, München 1970

VDI 4001 Blatt 2: Terminologie der Zuverlässigkeit. 2006 - 07

VDI 4003: Zuverlässigkeitsmanagement

Statistische Versuchsplanung

22.1 Typische Fragestellungen **502**

22.2 Mögliche Vorgehensweisen **503**
22.2.1 Intuitives Experimentieren 503
22.2.2 Einfaktorversuche 503
22.2.3 Rasterversuche (= vollständig faktoriell mit mehrstufigen Faktoren) 504
22.2.4 Statistischer Versuchsplan (Beispiel: zentral zusammengesetzt) 505

22.3 Der experimentelle Zyklus **505**

22.4 Systematische Vorbereitung **506**
22.4.1 Untersuchungsziel und Randbedingungen festlegen 506
22.4.2 Faktoren auswählen und sinnvolle Bereiche festlegen 506

22.5 Die eigentliche Versuchsplanung **508**
22.5.1 Typische Versuchspläne 508
22.5.2 Versuchsumfang 510
22.5.3 Reihenfolge der Einzelversuche – Blockbildung und Randomisierung 510
22.5.4 Vorbereitung der Versuchsdurchführung 510

22.6 Auswertung der Versuchsergebnisse **511**
22.6.1 Warum Statistik? 511
22.6.2 Regressionsanalyse 512
22.6.3 Varianzanalyse 512
22.6.4 Konsequenzen, Maßnahmen, Bestätigungsversuch 513

22.7 Verfahren zur Optimumsuche **514**

22.8 Robuste Prozesse/Produkte nach G. Taguchi **514**

22.9 Verbesserungsstrategien nach D. Shainin **515**
22.9.1 Multi-Vari-Bild 515
22.9.2 Komponententausch 516
22.9.3 Paarweiser Vergleich 516
22.9.4 Variablenvergleich 517

22.10 Hinweise und Empfehlungen **517**

22.11 Software **517**

22.12 Beispiel **518**
22.12.1 Untersuchungsziel und Randbedingungen festlegen 518
22.12.2 Planung und Durchführung eines Screening-Versuchs 519
22.12.3 Planung und Durchführung der Detailuntersuchung 520
22.12.4 Bestätigungsversuch 521
22.12.5 Hinweise für eigene Versuche 521

22 Statistische Versuchsplanung

Wilhelm Kleppmann

Versuche werden durchgeführt, um Ursache-Wirkungszusammenhänge quantitativ zu ermitteln. Es geht um Fragen wie: Wie wirken sich die einstellbaren Parameter eines Fertigungsprozesses auf das Prozessergebnis aus? Wie beeinflussen die Entwurfsparameter eines Produktes dessen Eigenschaften? Welche Einstellungen liefern die besten Ergebnisse oder den besten Kompromiss zwischen widersprüchlichen Zielen? In welchen Grenzen muss ich die Prozessparameter halten, damit die Prozessergebnisse gut sind? Wie kann ich auf geänderte Bedingungen (z. B. Umgebung oder Material) reagieren? Wie kann ich möglichst unempfindlich gegenüber solchen Veränderungen werden?

Versuchsplanung bedeutet, wörtlich genommen, nichts anderes als ein geplantes Vorgehen beim Durchführen dieser Versuche – das ist eine Selbstverständlichkeit! Dazu gehört, dass die Einzelversuche begründet ausgewählt, in den betrieblichen Ablauf eingepasst und sorgfältig durchgeführt werden.

Statistische Versuchsplanung berücksichtigt darüber hinaus Aspekte der Datenanalyse bereits in der Planungsphase. Dazu gehören Fragen wie: Wie viele Einzelversuche sind nötig und wie verteilt man sie am besten im Untersuchungsraum, um die gewünschte Information mit möglichst wenigen Einzelversuchen zu erhalten? Wie kann man die Zufallsstreuung möglichst klein halten? Wie kann man sich davor schützen, dass unerkannte Veränderungen im Umfeld die Ergebnisse verfälschen?

Versuche werden mit vielen verschiedenen Zielen durchgeführt. Daher ist die statistische Versuchsplanung auch keine einzelne Methode, sondern eine Ideensammlung im Sinne eines Werkzeugkastens. Je nach Fragestellung sind unterschiedliche Methoden geeignet.

Im Rahmen einer Six-Sigma-Strategie wird mit Versuchsplanung die eigentliche Verbesserung erreicht (= Improve).

Ziel dieses Artikels ist es, die Prinzipien der statistischen Versuchsplanung aufzuzeigen und einen Überblick über die wichtigsten Methoden zu geben. Auf mathematische Einzelheiten wird bewusst verzichtet.

22.1 Typische Fragestellungen

Statistische Versuchsplanung hilft dabei, Versuche so zu planen, durchzuführen und auszuwerten, dass man die gewünschte Information mit möglichst geringem Aufwand erhält. Die Breite der Anwendungsmöglichkeiten soll an Beispielen erläutert werden, eine Prozessoptimierung (Kleppmann 2013) dient als Einstieg:

Aluminiumplatten mit einer bestimmten Dicke sollen mit einem vorgegebenen Laser sauber geschnitten werden. Aus Kostengründen ist ein möglichst hoher Durchsatz erwünscht. Im Versuch werden die Prozessparameter (= Faktoren) Schneidgeschwindigkeit, Druck des Schneidgases, Abstand der Düse von der Platte, Fokuslage des Lasers relativ zur Oberfläche und die Leistung des Lasers in einem aus Erfahrung bekannten, sinnvollen Bereich systematisch verändert. Der Versuchsplan besteht aus einer Liste von knapp 30 Kombinationen der Prozessparameter (= Faktorstufenkombinationen), die gleichmäßig im Untersuchungsraum verteilt sind und in einer festgelegten Reihenfolge abgearbeitet werden. Für jede Kombination werden die Ergebnisse für Barthöhe und Rautiefe (= Zielgrößen) entlang der Schnittkante gemessen. Der Durchsatz ergibt sich direkt aus der Schneidgeschwindigkeit.

Mit statistischen Methoden und geeigneter Software werden empirische Modelle an die Versuchsergebnisse angepasst, die die zufallsbedingte Streuung möglichst herausmitteln und zwischen den untersuchten Parameterkombinationen interpolieren. Diese Modelle beschreiben den Zusammenhang zwischen den Zielgrößen und allen Prozessparametern gleichzeitig. Wie in Abbildung 22.1 kann dann die Abhängigkeit jeder Zielgröße von zwei beliebigen Faktoren grafisch dargestellt werden – die anderen Faktoren können dazu auf beliebigen Werten im untersuchten Bereich festgehalten werden. Mithilfe vieler ähnlicher Darstellungen kann man die Wirkzusammenhänge im untersuchten Problem inhaltlich erfassen und verstehen.

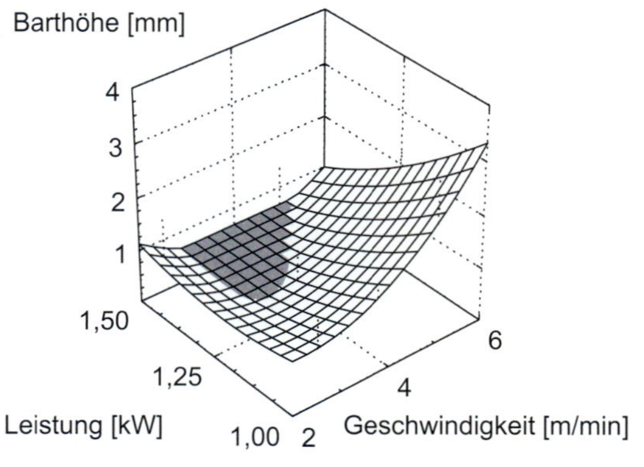

Abb. 22.1 Beispiel für ein an Versuchsergebnisse angepasstes Modell (Teilergebnis)

Häufig sind Parameterkombinationen, die für eine Zielgröße besonders gute Ergebnisse liefern, für andere Zielgrößen ungeeignet – Zielkonflikte treten auf. Da die angepassten Modelle den Zusammenhang zwischen allen Zielgrößen und allen Prozessparametern gleichzeitig beschreiben, kann man mit Softwareunterstützung nach optimalen Kompromissen auch zwischen widersprüchlichen Zielen suchen.

Da aus den Modellen direkt abgelesen werden kann, wie stark die Zielgrößen sich mit den Prozessparametern verändern, können Toleranzgrenzen für die Prozessparameter festgelegt werden, die gewährleisten, dass die Zielgrößen im zulässigen Bereich liegen.

Und wenn sich der Prozess später unvorhergesehen verändern sollte (z. B. wegen veränderten Ausgangsmaterials), kann man ablesen, mit welchen Prozessparametern diese Veränderung am besten kompensiert werden kann.

Weitere Beispiele sollen eine Vorstellung von der Vielfalt der Fragestellungen geben, die mit Methoden der Versuchsplanung angegangen werden:

- Produktentwicklung: Das Saugvermögen einer neu zu entwickelnden Pumpe soll möglichst nahe an einem vorgegebenen Zielwert liegen und der Wirkungsgrad soll gleichzeitig möglichst hoch sein – dann wird man im Versuch verschiedene Konstruktionsparameter an der Pumpe als Faktoren verändern und ermitteln, wie die Zielgrößen Saugvermögen und Wirkungsgrad davon abhängen.
- Produktoptimierung: Die Anteile von Silica, Silan und Schwefel an einer Gummimischung sollen so festgelegt werden, dass ein möglichst guter Kompromiss zwischen den Zielgrößen Abrieb, Elastizität, Bruchdehnung und Härte erreicht wird.
- Produkt-/Prozessoptimierung: Im Steuergerät moderner Pkw-Motoren sind, abhängig von Drehzahl und Last, optimale Werte für Einspritzparameter wie Vor-, Haupt- und Nacheinspritzmengen und -zeiten hinterlegt, um unter Einhaltung von Abgasgrenzwerten Laufruhe und einen möglichst günstigen Verbrauch zu gewährleisten. Zur Festlegung dieser Werte werden Versuche am Motorenprüfstand durchgeführt – die Einspritzparameter werden als Faktoren verändert, Abgaswerte, Laufruhe und spezifischer Verbrauch werden als Zielgrößen gemessen.
- Produktauswahl: Autoreifen von verschiedenen Herstellern sollen für einen Abriebtest unter Einsatzbedingungen so auf verschiedene Autos verteilt werden, dass eventuell vorhandene Unterschiede zwischen den Positionen im Fahrzeug (vorne – hinten, links – rechts) und Unterschiede zwischen mehreren Fahrzeugen erkannt und eliminiert werden können.

- Robuster Prozess: Ein gerolltes Gewinde soll, unabhängig von der Charge des zugelieferten Materials, eine bestimmte Tiefe haben – dann wird man im Versuch Prozessparameter wie den Anpressdruck verändern, gleichzeitig gezielt verschiedene Materialchargen (= Störgrößen) verwenden und ermitteln, bei welchem Anpressdruck sich die Materialcharge möglichst wenig auswirkt.
- Robustes Produkt: Die Ausgangsspannung einer elektronischen Schaltung soll möglichst wenig von der Umgebungstemperatur, der Last und der Versorgungsspannung (= Störgrößen) abhängen. Dazu werden Entwurfsparameter der Schaltung, wie z. B. Widerstände, Transistoren u. Ä. in einem Versuchsplan verändert. Jede Faktorstufenkombination der Entwurfsparameter ist eine andere Schaltung, die dann in einem zweiten Versuchsplan bei verschiedenen Einsatzbedingungen betrieben wird.
- Systematische Beobachtung: Die Durchmesser gedrehter Wellen streuen zu stark. Um die möglichen Ursachen einzugrenzen, werden systematisch Wellen zu verschiedenen Zeiten entnommen und an verschiedenen Stellen vermessen. Zunächst wird untersucht, wo die größten Unterschiede auftreten. So können die möglichen Ursachen eingegrenzt werden.

Statistische Versuchsplanung ist ein Sammelbegriff – eine Art Werkzeugkasten mit vielen, ganz unterschiedlichen Methoden zur systematischen Planung, Durchführung und Auswertung solcher und ähnlicher Versuche. Wie die Beispiele zeigen, wird sie vielfältig eingesetzt: Bei der Neuentwicklung von Produkten und bei der Verbesserung bestehender Produkte, bei der Neuentwicklung und Verbesserung von Fertigungsprozessen, bei Vergleichen und bei der Beurteilung des bereits Erreichten.
Der Schwerpunkt dieser Einführung liegt auf den klassischen Verfahren. Am Ende wird kurz auf die Ideen von G. Taguchi zur Entwicklung robuster Prozesse und Produkte und auf die Ideen von D. Shainin zur systematischen Beobachtung u. ä. eingegangen.

22.2 Mögliche Vorgehensweisen

Im Folgenden werden einige weitverbreitete Vorgehensweisen bei der Durchführung von Versuchen dargestellt und mit einem Beispiel für die statistische Versuchsplanung im engeren Sinne verglichen. Ziel dieses Vergleichs ist es, die Stärken von Versuchsplanung zu verdeutlichen.

22.2.1 Intuitives Experimentieren

Ausgehend vom momentanen Zustand überlegt der Experimentator anhand seines Fachwissens und seiner Intuition, welche Änderung der Faktoren ein besseres Ergebnis liefern könnte. Die geänderten Werte werden getestet. Abhängig von den Ergebnissen wird anschließend ein neuer Versuchspunkt im mehrdimensionalen Versuchsraum festgelegt. Abbildung 22.2 zeigt einen möglichen Ablauf bei drei Faktoren, d. h. in einem dreidimensionalen Versuchsraum.

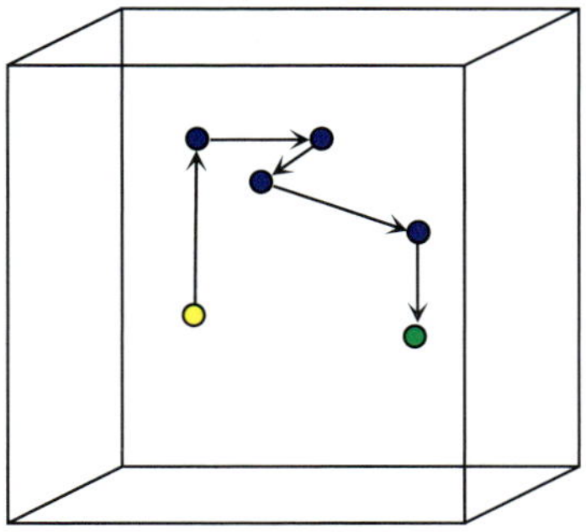

Abb. 22.2 Möglicher Ablauf beim intuitiven Experimentieren

Vorteil

- kann bei entsprechender Erfahrung sehr schnell gute Ergebnisse liefern

Nachteile

- schlechte Dokumentation, die Ergebnisse sind „Herrschaftswissen“
- Man erhält kein Wissen über Zusammenhänge und weitere Verbesserungsmöglichkeiten.
- Der Aufwand ist nicht kalkulierbar – man glaubt immer, der nächste Einzelversuch wird das Problem lösen.

22.2.2 Einfaktorversuche

Ein Faktor wird verändert, bis die optimale Einstellung für diesen Faktor gefunden ist. Alle anderen Faktoren (Parameter) werden dabei auf ihren momentanen Einstellungen konstant gehalten. Dann wird die optimale Einstellung für den nächsten Faktor gesucht usw. – one factor at a time. Abbildung 22.3 zeigt, wie immer nur ein Faktor verändert wird.

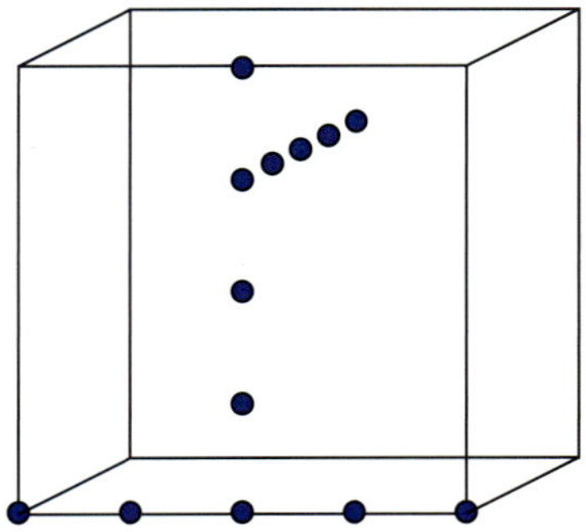

Abb. 22.3 Möglicher Ablauf bei einem Einfaktorversuch (one factor at a time)

Vorteile

- Die Ergebnisse sind leicht und auch ohne Software verständlich.
- Wenig Vorwissen ist erforderlich, weitere Faktoren können jederzeit ergänzt werden.

Nachteile

- Das Optimum wird nicht immer gefunden (siehe Beispiel in Abb. 22.4).
- Man erhält keine Information über Wechselwirkungen (s. u.).
- Die Versuchspunkte sind sehr ungleichmäßig im Versuchsraum verteilt. Was geschieht in den leeren (nicht untersuchten) Bereichen?
- Was tun, wenn das Optimum für verschiedene Zielgrößen unterschiedlich ist?
- Bei Zufallsstreuung ist die Datennutzung nicht effizient.

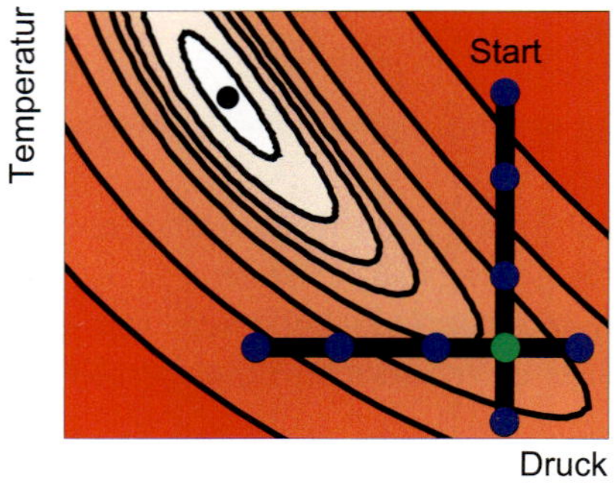

Abb. 22.4 Beispiel: Ausbeute als Funktion von Druck und Temperatur – bei einem Einfaktorversuch wird hier das Optimum nicht gefunden (je heller, desto höher ist die Ausbeute)

Wenn der Effekt (Einfluss) des einen Faktors auf eine Zielgröße vom Wert des anderen Faktors abhängt, dann spricht man von einer Wechselwirkung der beiden Faktoren. Abbildung 22.5 zeigt ein Beispiel: Bei niedrigem Druck ist eine hohe Temperatur günstig und bei hohem Druck eine niedrige Temperatur.

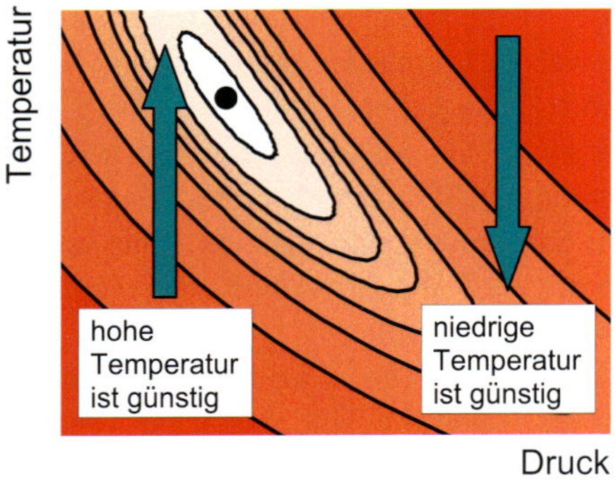

Abb. 22.5 Wechselwirkung zwischen den Faktoren Druck und Temperatur – der Effekt der Temperatur auf die Ausbeute hängt vom Druck ab und umgekehrt

Wechselwirkungen können nur erkannt werden, wenn beide Faktoren gleichzeitig geändert werden, nicht nur immer der eine Faktor und dann der andere.

22.2.3 Rasterversuche (= vollständig faktoriell mit mehrstufigen Faktoren)

Die Faktoren sowie sinnvolle Bereiche für jeden Faktor werden vor Beginn der Versuchsreihe festgelegt. Der sinnvolle Bereich wird jeweils in eine größere Anzahl Stufen (z. B. fünf) unterteilt. Jede mögliche Faktorstufenkombination wird untersucht (siehe Abb. 22.6).

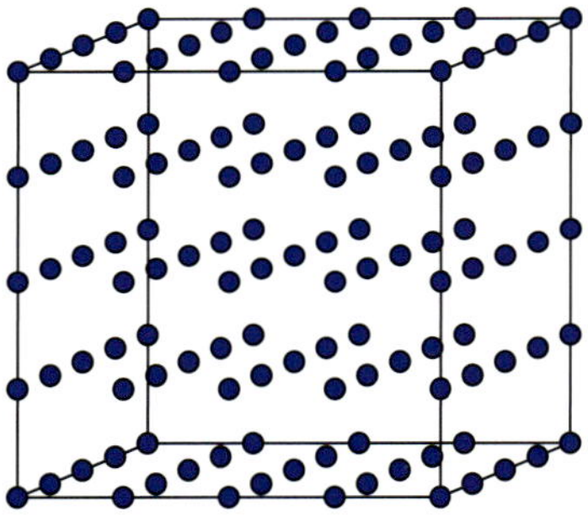

Abb. 22.6 Versuchsplan für einen Rasterversuch mit drei Faktoren auf je fünf Stufen – er enthält $5^3 = 125$ Faktorstufenkombinationen

Vorteile

- Die Ergebnisse sind leicht und auch ohne Software verständlich (wenn die Zufallsstreuung vernachlässigbar ist, kann man einfach die beste Kombination auswählen).
- Man erhält detaillierte Informationen – mit einem ausreichend feinen Raster werden auch komplizierte Zusammenhänge richtig erfasst.

Nachteile

- sehr hoher Versuchsaufwand
- Bei mehr als drei Faktoren praktisch nicht mehr einsetzbar.

22.2.4 Statistischer Versuchsplan (Beispiel: zentral zusammengesetzt)

Wie beim Rasterversuch werden die Faktoren sowie sinnvolle Bereiche für jeden Faktor bereits vor Beginn der Versuchsreihe festgelegt. Die Anzahl der Faktorstufenkombinationen ist jedoch wesentlich geringer. Sie werden so bestimmt, dass später ein vorher festgelegtes empirisches Modell möglichst gut an die Daten angepasst werden kann. Abbildung 22.7 zeigt als Beispiel einen zentral zusammengesetzten Versuchsplan, mit dessen Ergebnissen sehr gut ein quadratisches Modell angepasst werden kann. Dieses Modell erlaubt häufig eine gute empirische Beschreibung des tatsächlichen, komplizierteren Zusammenhangs zwischen den Faktoren und der Zielgröße - formal handelt es sich um die ersten Terme einer Potenzreihe.

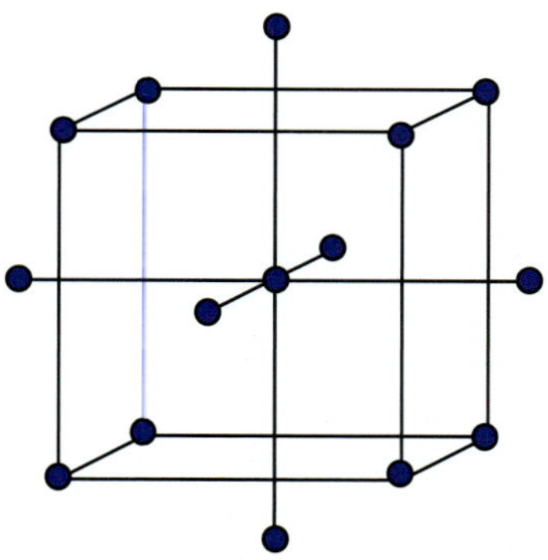

Abb. 22.7 Zentral zusammengesetzter Versuchsplan für drei Faktoren auf je fünf Stufen - er enthält nur 15 Faktorstufenkombinationen

Vorteile

- im Vergleich zum Rasterplan wesentlich reduzierter Aufwand, sodass auch mehr als drei Faktoren untersucht werden können
- Die Versuchspunkte erlauben die Anpassung eines vorgegebenen empirischen Modells
- statistische Beurteilung der Ergebnisse ist möglich
- effiziente Nutzung der Daten bei der Auswertung
- Es gibt Versuchspläne für verschiedenste Fragestellungen (vgl. Kap. 22.5).
- Mit Softwareunterstützung sind vielfältige grafische Darstellungen der Ergebnisse und numerische Optimierungen für mehrere Zielgrößen möglich.

Nachteile

- Wenn der Untersuchungsraum zu groß gewählt wurde, reichen die einfachen empirischen Modelle nicht aus (insbesondere wenn eng begrenzte Minima oder Maxima auftreten, z. B. Resonanzen).
- Eine sorgfältige vorherige Planung ist erforderlich - das ist aber auch ein Vorteil.

22.3 Der experimentelle Zyklus

Lernen erfolgt in Zyklen. Eine Lernschleife beginnt mit einem Problem, das gelöst werden soll, oder Fragen, die beantwortet werden sollen. Daraus wird ein möglichst quantitatives Untersuchungsziel abgeleitet. Nach sorgfältiger Vorbereitung werden die Faktoren festgelegt, die im Versuch verändert werden, mit sinnvollen Bereichen. Diese Vorbereitung ist entscheidend für den Erfolg (vgl. dazu Kap. 22.4). Dann kann der Versuchsplan aufgestellt werden (Kap. 22.5), die Versuche werden durchgeführt, die Ergebnisse ausgewertet (Kap. 22.6). Schließlich werden die ursprünglichen Fragen beantwortet.
Abbildung 22.8 zeigt den experimentellen Zyklus im Überblick. Bei der Entwicklung eines neuen Produktes oder Prozesses werden meist mehrere solche Zyklen durchlaufen.

III

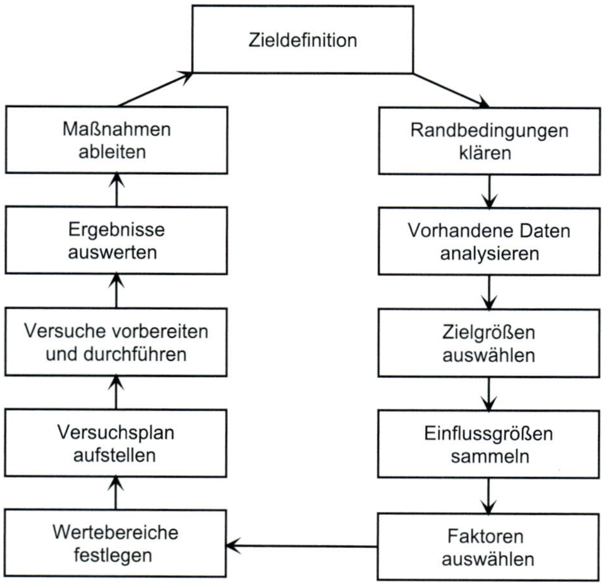

Abb. 22.8 Der experimentelle Zyklus

22.4 Systematische Vorbereitung

Die sorgfältige Vorbereitung ist entscheidend für den Erfolg eines geplanten Versuchs. Zu dieser Vorbereitung gehört

- die richtige und klare Festlegung des Ziels – wenn nicht klar ist, was man erreichen will, wird man auch nicht ans Ziel kommen.
- die Auswahl der Faktoren für den Versuch, jeweils mit sinnvollen Bereichen – die Bedeutung einer Größe, die nicht im Versuch verändert wird, kann auch nicht erkannt werden.

22.4.1 Untersuchungsziel und Randbedingungen festlegen

III

Was ist ein gutes Ziel?

- Das Ziel einer Untersuchung sollte eindeutig, konkret und präzise formuliert sein.
- Das Ziel sollte messbar sein, damit eindeutig nachgewiesen werden kann, wenn das Ziel erreicht ist.
- Das Ziel sollte von allen Beteiligten/Betroffenen akzeptiert sein (von den Teammitgliedern, ihren Vorgesetzten und den Kunden).
- Das Ziel sollte eine Herausforderung darstellen, aber erreichbar sein.

Wie erhält man ein gutes Ziel?

Der Ausgangspunkt ist der Kunde. Er kann extern oder auch firmenintern sein. Wenn nicht klar ist, wer der Kunde ist, hilft die Frage: Für wen wird die Untersuchung gemacht? Zum Ziel führen dann Fragen wie: Was stört den Kunden? Was braucht er? Und was ist ihm die Verbesserung wert?
Von einer Untersuchung sind meist mehrere Interessengruppen betroffen. Um eine falsche oder unvollständige Zielsetzung zu vermeiden, müssen alle Betroffenen in einem Team eingebunden werden.

- Die Entwicklungsabteilung kann ein Untersuchungsziel z. B. nicht ohne Berücksichtigung der Kundenwünsche (Marketing) und der Möglichkeiten der Fertigung und der Zulieferer festlegen.
- Für Versuche in der Fertigung ist der Anlagenbediener das wichtigste Teammitglied. Er kennt das Problem und die Anlage meist am besten. Außerdem ist psychologisch wichtig, dass er aktiv mitwirkt und weiß, worum es geht. Ihm soll geholfen werden, er muss die Hilfe aber auch akzeptieren.

Welche Randbedingungen müssen festgelegt und beachtet werden?

Wie viel Zeit steht zur Verfügung? Daraus ergeben sich ein Terminplan und oft auch Einschränkungen der maximal möglichen Anzahl von Einzelversuchen.
Wie viel Geld steht zur Verfügung? Dies begrenzt die maximal mögliche Anzahl Einzelversuche und erfordert manchmal den Verzicht auf eine Zielgröße, wenn ihre Messung sehr aufwendig ist.
Wie viel Material steht zur Verfügung? Ist es typisch? Ist es homogen oder besteht es aus mehreren Chargen? Bei Material aus mehreren Chargen sollte die Charge als Blockfaktor berücksichtigt werden.
Welche Anlagen, Messgeräte, Personal usw. stehen wann für wie lange zur Verfügung? Eine bestimmte Aufgabe sollte immer nur von derselben Person an derselben Anlage und mit demselben Messgerät erledigt werden. Ist dies nicht möglich, wird die unvermeidliche Veränderung als Blockfaktor berücksichtigt.

22.4.2 Faktoren auswählen und sinnvolle Bereiche festlegen

Was ist bereits bekannt?

Es ist wichtig, dass Erfahrungen mit ähnlichen Problemen aus der Vergangenheit berücksichtigt werden. Dabei gilt: Ein Team weiß mehr als jeder Einzelne. Auch die Fachliteratur enthält oft nützliche Hinweise.
Eine Darstellung des Prozessablaufs (z. B. als Flussdiagramm) hilft, die Diskussion im Team zu fokussieren. Bereits bekannte Zusammenhänge und offene Fragen können übersichtlich eingetragen werden.
Systematische Beobachtung (siehe Kap. 22.9) kann wertvolle Hinweise für die Planung aktiver Versuche liefern. Bei der Fertigungsüberwachung und der Prozessregelung (SPC) fallen viele Daten an. Zwischen Größen, die sich dabei gemeinsam verändern (Korrelation), können Ursache-Wirkungszusammenhänge bestehen – aber auch Scheinkorrelationen sind möglich.

Welche Zielgrößen sind wichtig?

Zielgrößen sind die Größen, die als Ergebnis der Einzelversuche erfasst werden. Sie müssen das zu lösende Problem abbilden und in möglichst engem Zusammenhang zum Untersuchungsziel stehen.
Zielgrößen sind messbar oder zählbar. Bei subjektiven Bewertungen kann eine Notenskala mit Vergleichsmustern verwendet werden.

Welche Größen könnten einen Einfluss auf die Zielgrößen haben?

Um sicherzustellen, dass bei der Planung keine wichtige Größe vergessen wird, wird im Team zunächst eine möglichst umfassende Liste erstellt. Sie wird für einen Prozess (ein Produkt) nur einmal erstellt und dann immer wieder verwendet, gegebenenfalls mit zunehmender Erfahrung ergänzt.

Diese Liste enthält Einflussgrößen, die im Produkt oder Prozess

- als Konstruktions- bzw. Prozessparameter auf einen bestimmten Wert eingestellt werden können (Steuergrößen).
- nicht auf einen bestimmten Wert eingestellt werden können, wie z.B. Umgebungsbedingungen, Materialcharge (Störgrößen).

Für Steuergrößen werden optimale Einstellungen gesucht. Die wichtigsten Steuergrößen werden später als Faktoren für den Versuch ausgewählt.

Die Störgrößen werden im Versuch meist möglichst konstant gehalten, um so die Zufallsstreuung zu minimieren. Ist dies nicht möglich, werden ihre Werte wenigstens erfasst – so kann man ihren Einfluss auf die Zielgrößen erkennen und eliminieren.

Sucht man nach Einstellungen der Steuergrößen, für die die Zielgrößen möglichst unabhängig von bestimmten Störgrößen sind (robuster Prozess/robustes Produkt), so werden diese Störgrößen als zusätzliche Faktoren für den Versuch ausgewählt.

Die Einflussgrößen-Zielgrößen-Matrix (Gundlach 2004) erlaubt eine übersichtliche Darstellung des im Team bereits vorhandenen Wissens. Tabelle 22.1 zeigt ein Beispiel für einen chemischen Prozess mit typischen Einflussgrößen wie Temperatur und Reaktionszeit sowie den Zielgrößen Ausbeute und Kosten (Auszug aus einer wesentlich größeren Matrix).

Tab. 22.1 Beispiel für eine Einflussgrößen-Zielgrößen-Matrix, mit dem im Team erwarteten Einfluss auf die Zielgrößen Ausbeute und Kosten (Kleppmann 2013)

Einflussgröße	Art	Ausbeute	Kosten
Temperatur	Steuergröße	stark	gering
Reaktionszeit	Steuergröße	stark	stark
Katalysatormenge	Steuergröße	stark	gering
Rührrate	Steuergröße	gering	kein
Materialcharge	Störgröße	gering	kein
Bediener	Störgröße	gering	kein
Verunreinigung	Störgröße	stark	gering

Welche Faktoren sollen untersucht werden?

Die Einflussgrößen, die im Versuch gezielt verändert werden, heißen Faktoren. Für den Erfolg eines Versuches ist entscheidend, dass die wichtigsten Einflussgrößen ausgewählt werden. Die Bedeutung einer Größe, die nicht im Versuch verändert wird, kann auch nicht erkannt werden. Die Auswahl erfolgt mit dem Fachwissen und der Erfahrung der Teammitglieder. Das wichtigste Auswahlkriterium ist die vermutete Bedeutung einer Größe für die Problemlösung. Die Einflussgrößen-Zielgrößen-Matrix ist ein nützliches Hilfsmittel.

Es gibt zwei Arten von Faktoren:

- Größen wie Temperatur und Druck können in bestimmten Bereichen verändert werden, die Werte lassen sich auf einer Zahlenskala anordnen – sie heißen quantitativ.
- Größen wie Charge, Werkzeug oder Anlage können nur bestimmte Werte annehmen (z.B. Werkzeug A, B oder C), die sich nicht auf einer Zahlenskala anordnen lassen – sie heißen qualitativ.

Wenn noch wenig über ein Problem bekannt ist, ist es sinnvoll, in zwei Schritten vorzugehen: Zunächst werden in einem Screening-Plan (Kap. 22.5.1) viele Faktoren auf nur je zwei Stufen untersucht – Ziel ist es, die wenigen wichtigen Faktoren zu erkennen. Erst in einem zweiten Schritt werden diese wenigen Faktoren dann mit einem Response-Surface-Plan wie in Abbildung 22.7 im Detail untersucht und Modelle wie in Abbildung 22.1 angepasst.

Welcher Wertebereich ist sinnvoll?

Bei qualitativen Faktoren sind die möglichen Werte vorgegeben (es gibt nur die Werkzeuge A, B und C) oder es werden extreme oder typische Beispiele ausgewählt.

Bei quantitativen Faktoren stellt sich die Frage, in welchem Bereich man sie im Versuch verändern sollte. Dieser Bereich wird mit dem Fachwissen und der Erfahrung der Teammitglieder festgelegt.

Ausgangspunkt ist der bisher beste Fertigungsprozess bzw. das beste Produkt. Wird eine Verbesserung in eine bestimmte Richtung erwartet, sucht man in diese Richtung. Ist unklar, in welche Richtung die Ergebnisse besser werden, sucht man gleichmäßig nach oben und unten.

Für die Breite des Bereichs gibt es eine goldene Mitte: Wählt man einen zu kleinen Bereich, geht der Einfluss des Faktors in der Zufallsstreuung unter. Wählt man einen zu breiten Bereich, passen die einfachen empirischen Modelle nicht mehr.

Die sinnvollen Bereiche für alle Faktoren zusammengenommen stecken den Untersuchungsraum ab (in den Abbildungen 22.2, 22.3, 22.6 und 22.7 mit drei Faktoren

III

ist dies der Würfel). In ihm werden die Versuche durchgeführt, in ihm gelten dann auch die empirischen Modelle.

22.5 Die eigentliche Versuchsplanung

Zur eigentlichen Versuchsplanung (Box 2005, Dean 1999, Kleppmann 2013, Montgomery 2012, Wu 2009) gehört

- die Auswahl eines geeigneten Versuchsplans - um die gewünschte Information zu erhalten.
- die Festlegung des Versuchsumfangs - damit relevante Effekte aus der Zufallsstreuung herausragen.
- die Festlegung der Reihenfolge der Einzelversuche - damit die Ergebnisse nicht durch unvorhergesehene Veränderungen der Versuchsbedingungen verfälscht werden.
- die sorgfältige Vorbereitung der Versuchsdurchführung - um systematische Fehler zu vermeiden und die Zufallsstreuung möglichst klein zu halten.

III

22.5.1 Typische Versuchspläne

Vollständige faktorielle Pläne 2^k

Vollständige faktorielle Pläne 2^k enthalten alle Faktorstufenkombinationen (daher vollständig) von k Faktoren auf je 2 Stufen. Abbildung 22.9 zeigt einen solchen Plan für drei Faktoren - der Versuchsplan enthält alle Eckpunkte eines Würfels. Tabelle 22.2 zeigt denselben Versuchsplan als Liste, der niedrige Wert ist jeweils als -, der hohe als + kodiert. In Tabelle 22.3 ist dieser Versuchsplan beispielhaft auf eine reale Anwendung übertragen, bei der der Faktor Temperatur im Bereich 120 bis 140 °C, der Faktor Zeit im Bereich 2 bis 4 h und der Faktor Katalysator im Bereich 0,1 bis 0,5 % verändert wurde.

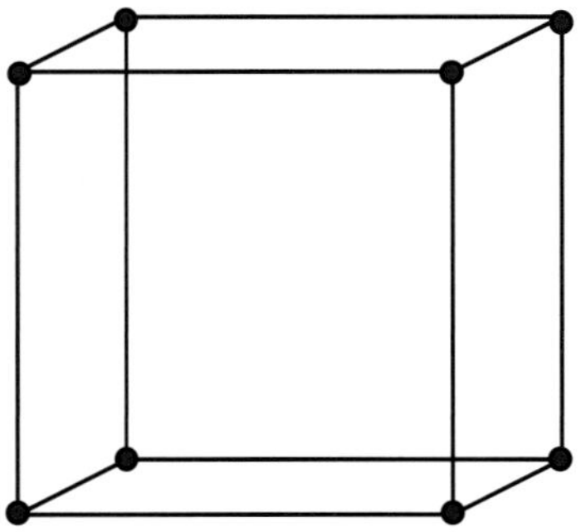

Abb. 22.9 Vollständiger faktorieller Versuchsplan für drei Faktoren

Tab. 22.2 Vollständiger faktorieller Versuchsplan für drei Faktoren x_1, x_2 und x_3 in kodierter Form

Nummer	Faktor x_1	Faktor x_2	Faktor x_3
1	-	-	-
2	+	-	-
3	-	+	-
4	+	+	-
5	-	-	+
6	+	-	+
7	-	+	+
8	+	+	+

Tab. 22.3 Vollständiger faktorieller Versuchsplan für drei Faktoren mit realen Werten

Nummer	Temperatur	Zeit	Katalysator
1	120 °C	2 h	0,1 %
2	140 °C	2 h	0,1 %
3	120 °C	4 h	0,1 %
4	140 °C	4 h	0,1 %
5	120 °C	2 h	0,5 %
6	140 °C	2 h	0,5 %
7	120 °C	4 h	0,5 %
8	140 °C	4 h	0,5 %

Vollständige faktorielle Versuchspläne erlauben es, die Effekte aller Faktoren und aller Wechselwirkungen zu bestimmen. Sie nutzen die Versuchsergebnisse sehr effizient aus - alle Daten werden für die Berechnung aller Effekte genutzt. Der Effekt der Temperatur ist zum Beispiel die Differenz der Mittelwerte aller Ergebnisse bei 140 °C und aller Ergebnisse bei 120 °C. Damit erhält man eine optimale statistische Auswertung, denn über je mehr Daten gemittelt wird, desto besser gleichen sich zufällige Abweichungen aus.

In Anwendungen mit quantitativen Faktoren wird empfohlen, diesen Versuchsplan mit einem Punkt im Zentrum des Würfels zu ergänzen. Im obigen Beispiel ist dies ein zusätzlicher Versuch bei einer Temperatur von 130 °C, einer Zeit von 3 h und mit 0,3 % Katalysator. Mit diesem zusätzlichen Punkt kann erkannt werden, ob die Abhängigkeit von den Faktoren linear ist. Falls eine Nichtlinearität entdeckt wird, kann der Versuchsplan nachträglich zu einem zentral zusammengesetzten Versuchsplan erweitert werden.

Nachteil der vollständigen faktoriellen Pläne ist, dass sich die Anzahl der Faktorstufenkombinationen mit jedem zusätzlichen Faktor verdoppelt und daher schnell zu hoch wird.

Fraktionelle faktorielle Pläne 2^{k-p}

Fraktionelle faktorielle Pläne 2^{k-p} entstehen aus den vollständigen Plänen 2^k, indem nur ein Teil $1/2^p$ der Faktorstufenkombinationen durchgeführt wird. Abbildung 22.10 zeigt einen Plan 2^{3-1} für drei Faktoren - der Versuchsplan enthält nur jeden zweiten Eckpunkt des Würfels, z. B. die Versuche mit der Nummer 1, 4, 6 und 7 aus Tabelle 22.2 bzw. 22.3. Die ausgewählten Punkte sind so gleichmäßig wie möglich über den Würfel verteilt.

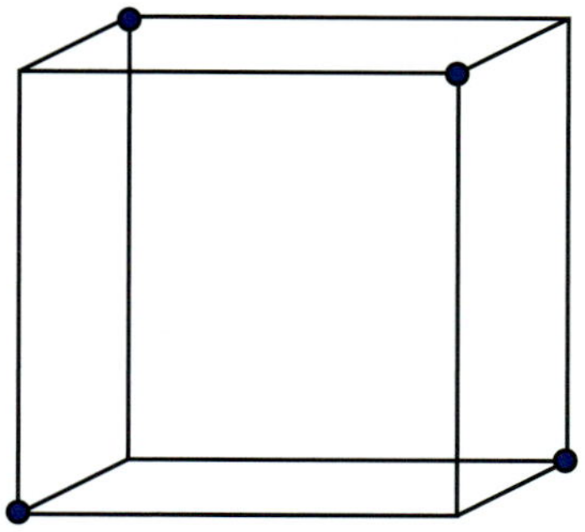

Abb. 22.10 Fraktioneller faktorieller Versuchsplan für drei Faktoren

Mit fraktionellen Plänen kann der Aufwand deutlich reduziert werden. Der Plan in Abbildung 22.10 enthält nur halb so viele Versuchspunkte wie der Plan in Abbildung 22.9. Leider können damit auch nur halb so viele Effekte ermittelt werden, sodass jeweils zwei Effekte miteinander vermengt sind - d. h. sie können im Versuch nicht unterschieden werden, man erhält immer ihre Summe.
Die Vermengung stellt ein Risiko dar: Ergebnisse können falsch interpretiert werden. Die Größe des Risikos hängt von der Auflösung des Versuchsplans ab: Je höher die Auflösung, desto kleiner ist das Risiko. Pläne mit Auflösung IV bieten einen guten Kompromiss zwischen Aufwand und Risiko. Sie werden empfohlen, wenn mit möglichst wenigen Einzelversuchen viele Faktoren gleichzeitig mit dem Ziel untersucht werden sollen, die wenigen wichtigen zu erkennen. Mit diesen Plänen kann man „die Spreu vom Weizen trennen" (Screening) - die wenigen wichtigen Faktoren werden anschließend z. B. mit zentral zusammengesetzten Plänen im Detail untersucht.
Mit Plänen der Auflösung IV können bis zu acht Faktoren in nur 16 Kombinationen und bis zu 16 Faktoren in nur 32 Kombinationen untersucht werden.

Zentral zusammengesetzte Pläne

Abbildung 22.7 zeigt einen zentral zusammengesetzten Plan für drei Faktoren. Sie bestehen aus einem Würfel mit einem vollständigen faktoriellen Plan oder einem fraktionellen Plan mit Mindestauflösung V und einem Stern. Diese Pläne sind sehr gut geeignet, um mithilfe der Regressionsanalyse quadratische Modelle an die Ergebnisse anzupassen, die dann wie in Abbildung 22.1 grafisch dargestellt werden können. Diese Darstellung heißt Response Surface (Wirkungsfläche), daher werden die zugehörigen Pläne auch Response-Surface-Pläne genannt.
Mit vertretbarem Aufwand können bis zu ca. sechs Faktoren untersucht werden. Fünf Faktoren erfordern z. B. mindestens 27 Einzelversuche, sechs Faktoren mindestens 45 Einzelversuche.

Optimale Versuchspläne

Alle bisher beschriebenen Versuchspläne sind optimal für ihre jeweilige Anwendung. Sie decken jedoch nur Standardsituationen ab. Häufig soll der Versuchsplan jedoch zusätzliche Randbedingungen erfüllen, wie z. B.

- Bestimmte Extreme des Untersuchungsraums (z. B. Ecken der Würfel in Abb. 22.7 oder Abb. 22.9) sind nicht realisierbar und sollen daher ausgespart werden
- Bereits vorhandene Ergebnisse von früheren Versuchen sollen mit berücksichtigt werden.
- Aus Erfahrung ist bekannt, dass zusätzliche Modellterme wichtig sind (z. B. kubische Terme).

Für solche Fälle sind optimale Versuchspläne geeignet. Mit Rechnerunterstützung werden der jeweiligen Situation angepasste Versuchspläne aufgestellt, welche die vom Anwender vorgegebenen Randbedingungen und zusätzlich ein Optimalitätskriterium erfüllen. Am weitesten verbreitet sind D-optimale Pläne, bei denen die Versuchspunkte unter Einhaltung der Randbedingungen so ausgewählt werden, dass die Koeffizienten im vorgegebenen Modell möglichst gut ermittelt werden können (das Produkt der Breiten aller Vertrauensbereiche wird minimiert), und I- bzw. V-optimale Pläne, welche die mittlere Varianz der Prognosewerte des Modells minimieren (Goos 2011).

Blockpläne

Blockpläne sind nützlich und wichtig, wenn wichtige Störgrößen nicht konstant gehalten werden können. Dann soll sichergestellt werden, dass diese Störgrößen das Versuchsergebnis nicht verfälschen und die Zufallsstreuung auch nicht erhöhen (eine kleine Zufallsstreuung erlaubt einen kleinen Versuchsumfang, vgl. Kap. 22.5.2).
Dazu können alle üblichen Versuchspläne in Blöcke unterteilt werden, in denen alle Faktorstufenkombinationen möglichst ausgewogen auftreten.
Ein Beispiel mit zwei Blockfaktoren soll das Prinzip verdeutlichen:
Autoreifen aus vier verschiedenen Materialien sollen be-

III

züglich ihrer Abriebfestigkeit verglichen werden. Das Problem besteht darin, dass der Abrieb von der Position des Reifens im Fahrzeug und auch vom Fahrzeug selbst abhängen kann (unterschiedliche Fahrer, Belastung und Umgebungsbedingungen). Daher soll ein Versuchsplan aufgestellt werden mit dem eigentlich interessierenden Faktor Material (Stufen A, B, C und D) und den Blockfaktoren Position (Stufen VR (vorne rechts), VL, HR und HL) und Fahrzeug (Stufen 1, 2, 3 und 4). Tabelle 22.4 zeigt eine Möglichkeit.

Tab. 22.4 Beispiel für einen Versuchsplan mit zwei Blockfaktoren Position und Fahrzeug

Nr.	Material	Position	Fahrzeug
1	A	VR	1
2	A	VL	2
3	A	HR	3
4	A	HL	4
5	B	VR	2
6	B	VL	1
7	B	HR	4
8	B	HL	3
9	C	VR	3
10	C	VL	4
11	C	HR	1
12	C	HL	2
13	D	VR	4
14	D	VL	3
15	D	HR	2
16	D	HL	1

Wie man sich leicht überzeugen kann, ist dieser Versuchsplan in jeder Hinsicht ausgewogen: Jedes Material wird an jeder Position und in jedem Fahrzeug genau einmal eingesetzt. Daher können bei der Auswertung (mit Varianzanalyse - vgl. Kap. 22.6.3) Unterschiede zwischen den Positionen und Fahrzeugen erkannt und aus der Zufallsstreuung herausgerechnet werden.

22.5.2 Versuchsumfang

Der notwendige Versuchsumfang hängt von der Größe der Zufallsstreuung σ und von der gewünschten Empfindlichkeit ab, d.h. welche Effekte $\Delta\mu$ noch mit hoher Wahrscheinlichkeit gefunden werden sollen. Für Pläne mit zweistufigen Faktoren (2^k und 2^{k-p}) kann man folgende Daumenregel für die Gesamtzahl N der Einzelversuche verwenden (Kleppmann 2013)

$$N \approx 60 \cdot \left(\frac{\sigma}{\Delta\mu}\right)^2$$

Das bedeutet: Gelingt es, durch Sorgfalt und gute Messgeräte die Zufallsstreuung um den Faktor 2 zu reduzieren, so genügt bereits ¼ der vorher nötigen Einzelversuche, um dieselbe Genauigkeit zu erreichen - das lohnt sich.

Der Versuchsumfang ist unabhängig von der Anzahl der Faktoren. Bei mehr Faktoren wird der gesamte Versuchsumfang nur auf mehr Faktorstufenkombinationen verteilt - jede Kombination wird dann weniger häufig realisiert.

Bei zentral zusammengesetzten Plänen kann man die Daumenregel auf den Würfelteil anwenden und so ermitteln, wie oft jede Kombination realisiert werden sollte. Jede Kombination im Sternteil sollte dann ebenso oft realisiert werden. Das Zentrum sollte immer deutlich häufiger realisiert werden.

Bei Versuchsplänen mit mehrstufigen Faktoren, wie z.B. in Tabelle 22.4, wird 60 durch 30a ersetzt, wobei a die maximale Anzahl Stufen eines Faktors ist (in Tabelle 22.4 gilt a = 4).

22.5.3 Reihenfolge der Einzelversuche – Blockbildung und Randomisierung

Bekannte Störgrößen, die im Versuch verändert werden müssen (z.B. die Materialcharge, wenn nicht genügend Material einer Charge vorhanden ist), sollten immer als Blockfaktoren behandelt werden. Damit wird sichergestellt, dass für jede Stufe des Blockfaktors die anderen Faktorstufenkombinationen möglichst ausgewogen auftreten. So wird eine Verfälschung der Ergebnisse vermieden und der Einfluss des Blockfaktors kann aus der Zufallsstreuung eliminiert werden - die Ergebnisse werden genauer.

Innerhalb der Blöcke sollten die Versuche grundsätzlich in zufälliger Reihenfolge durchgeführt werden. Diese sogenannte Randomisierung schützt davor, dass unerwartete und unerkannte Veränderungen der Versuchsbedingungen die Ergebnisse verfälschen.

Bei schwer veränderbaren Faktoren muss manchmal auf die Randomisierung verzichtet werden, um den Aufwand vertretbar zu halten. Dann erhält man einen Split-Plot-Plan (Goos 2011, Kleppmann 2013, Montgomery 2012).

22.5.4 Vorbereitung der Versuchsdurchführung

Statistik ist kein Ersatz für fehlende Sorgfalt. Im Gegenteil: Jeder einzelne Messwert wird zur Berechnung aller Effekte verwendet - ein unentdeckter Fehler kann daher auch alle Ergebnisse beeinflussen. Größtmögliche Sorgfalt ist geboten.

Eine sorgfältige Vorbereitung gewährleistet einen reibungslosen und fehlerfreien Ablauf der Versuche. Zur Vorbereitung gehören

- die Überprüfung der Messmittel und Messgeräte
- die Auswahl, Kennzeichnung und Zuordnung der Teile
- die Festlegung des Versuchs- und Messablaufs
- die Zuordnung und Einweisung des Personals.

Mit Pilotversuchen bei einigen extremen Faktorstufenkombinationen wird überprüft, ob alle Punkte im Versuchsplan realisierbar sind. Falls nicht, sollte der Untersuchungsbereich für die kritischen Faktoren angepasst werden, damit der Versuchsplan möglichst vollständig realisierbar ist. Ein weiterer Vorteil der Pilotversuche ist, dass der Versuchsablauf eingeübt wird.
Umgebungsbedingungen werden während der Versuche möglichst konstant gehalten. Was nicht konstant gehalten werden kann, sollte aufgezeichnet werden. So kann ein eventuell vorhandener Einfluss nachträglich erkannt werden. Nach dieser Vorbereitung werden die Einzelversuche in der im Versuchsplan vorgegebenen Reihenfolge durchgeführt. Die Ergebnisse für jede Zielgröße werden gemessen und eingetragen.

22.6 Auswertung der Versuchsergebnisse

Nach Abschluss der Einzelversuche wird zunächst mithilfe der Statistik für jede Zielgröße getrennt ein Modell angepasst, das den Zusammenhang zwischen den Faktoren und dieser Zielgröße beschreibt. Bei quantitativen Faktoren wird dazu meist die Regressionsanalyse verwendet, bei qualitativen Faktoren die Varianzanalyse. Mit diesen angepassten Modellen kann dann die ursprüngliche Problemstellung beantwortet werden.

22.6.1 Warum Statistik?

Trotz aller Sorgfalt bei der Vorbereitung und Durchführung der Versuche erhält man bei der Wiederholung eines Einzelversuchs unter nominell identischen Bedingungen meist nicht genau dasselbe Ergebnis – Zufallsstreuung tritt auf. Unvermeidliche Unterschiede in den Umgebungsbedingungen, im Zustand der Teile, bei der Einstellung der Faktorstufen, bei der Messung der Ergebnisse und viele andere Ursachen sind dafür verantwortlich.
Im Versuch wurden Faktorstufen gezielt verändert, um so zu ermitteln, wie sich diese Änderung auf die Ergebnisse auswirkt. Leider ist auch diesen beabsichtigten Änderungen die Zufallsstreuung überlagert.
Ziel der Statistik ist es nun, den Einfluss der Zufallsstreuung und den Effekt der gezielten Veränderung der Faktorstufen zu unterscheiden. Ein Effekt gilt nur dann als statistisch signifikant, wenn er aus dem Rauschen der Zufallsstreuung herausragt. Der Anwender gibt dafür das Signifikanzniveau α vor, üblich ist 5 % oder 1 %. Software bietet als Entscheidungshilfe den p-Wert: Das ist die Wahrscheinlichkeit dafür, dass der beobachtete Effekt oder ein noch größerer Effekt zufällig auftritt. Nur wenn der p-Wert kleiner als α ist, wird der Effekt als statistisch signifikant bezeichnet. Wird ein nicht vorhandener Effekt als signifikant beurteilt, so macht man einen Fehler – er wird Fehler 1. Art genannt. Er wird direkt durch die Anwendung der statistischen Verfahren begrenzt.
Leider bewirkt die Absicherung gegen den Fehler 1. Art, dass kleine echte Effekte in der Zufallsstreuung untergehen und nicht erkannt werden. Geht ein Effekt in der Zufallsstreuung unter, obwohl er in Wirklichkeit technologisch wichtig ist, so macht man einen anderen Fehler – er wird Fehler 2. Art genannt, die Wahrscheinlichkeit dafür wird mit β bezeichnet. Gegen den Fehler 2. Art sichert man sich mit einem ausreichenden Versuchsumfang ab – dies ist der statistische Hintergrund von Gleichung (1). Tabelle 22.5 stellt Fehler 1. und 2. Art gegenüber.

Tab. 22.5 Fehler 1. und 2. Art

Statistische Entscheidung	Wirklichkeit/ Realität	
	Effekt technologisch wichtig	**kein Effekt vorhanden**
Effekt signifikant	richtige Entscheidung	Fehler 1. Art Signifikanzniveau α, p-Wert
Effekt nicht signifikant	Fehler 2. Art β, ausreichender Versuchsumfang	richtige Entscheidung

Die Zufallsstreuung der Versuchsergebnisse bewirkt auch, dass die an diese Versuchsergebnisse angepassten Modelle einer Zufallsstreuung unterliegen. Der Vertrauensbereich gibt an, welcher Bereich die wahren Werte (z. B. für die Koeffizienten des angepassten Modells) mit einem vorgegebenen Vertrauensniveau enthält. Der Vorhersagebereich gibt an, welcher Bereich einen zukünftigen Messwert mit vorgegebener Wahrscheinlichkeit enthält. So können Ergebnisse von Bestätigungsversuchen richtig eingeschätzt werden – denn diese werden ja auch der Zufallsstreuung unterliegen.
Kurz: Statistik erlaubt rationale Entscheidungen trotz der bei Versuchen allgegenwärtigen Zufallsstreuung. Durch

III

den Einsatz von Statistik kann man vermeiden, dass aus Zufallsergebnissen unnötige und oft teure Maßnahmen abgeleitet werden.

22.6.2 Regressionsanalyse

Mit der Regressionsanalyse wird ein vorgegebenes Modell für den Wirkzusammenhang zwischen quantitativen Faktoren und Zielgrößen so an die vorliegenden Daten angepasst, dass die Übereinstimmung möglichst gut ist. Im nächsten Schritt wird dieses Modell dann zur Optimierung verwendet.
Abbildung 22.11 zeigt diese Anpassung an einem Beispiel: Bei der einfachen linearen Regression werden die Koeffizienten b_0 und b_1 der Geraden $y = b_0 + b_1 \cdot x$ so bestimmt, dass die Summe der quadrierten Abweichungen der Punkte in y-Richtung von der Geraden so klein wie möglich ist.

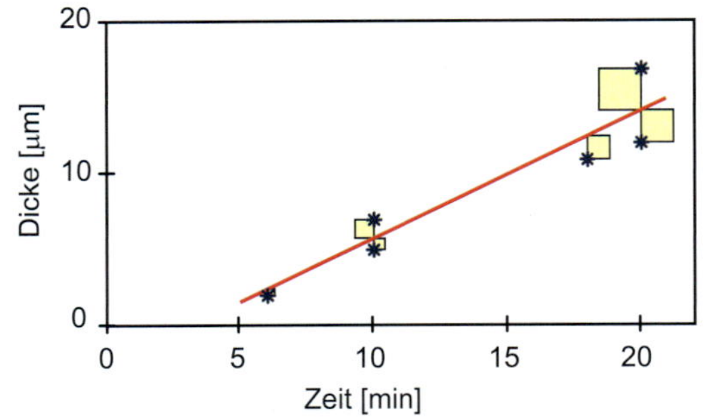

Abb. 22.11 Einfache lineare Regression: Die angepasste Gerade minimiert die Summe der Quadratflächen

Bei der Auswertung von zentral zusammengesetzten Versuchsplänen und anderen Versuchsplänen mit mehrstufigen Faktoren werden meist quadratische Modelle angepasst. Bei zwei Faktoren x_1 und x_2 lautet der Modellansatz:

$$y = b_0 + b_1 \cdot x_1 + b_2 \cdot x_2 + b_{11} \cdot x_1^2 + b_{12} \cdot x_1 \cdot x_2 + b_{22} \cdot x_2^2$$

Die Koeffizienten b_0, b_1, b_2, b_{11}, b_{12} und b_{22} werden wie bei der linearen Regression so angepasst, dass die Summe der quadrierten Abweichungen vom Modell so klein wie möglich ist. Bei der Auswertung von 2^k-Plänen und anderen Versuchsplänen mit zweistufigen Faktoren entfallen die quadratischen Terme b_{11} und b_{22}.
Das angepasste Modell kann dann als Wirkungsfläche (= Response Surface) wie in Abbildung 22.1 oder mit Höhenlinien wie in Abbildung 22.12 dargestellt werden. Die beiden Darstellungen enthalten die gleiche Information und sind zu lesen wie ein Bild und eine Landkarte von derselben Landschaft.

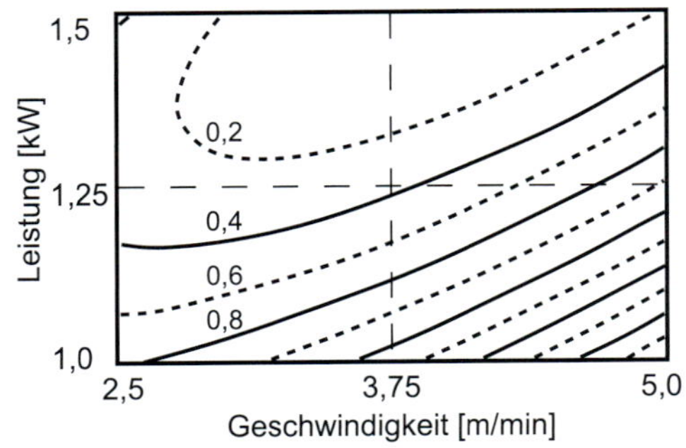

Abb. 22.12 Beispiel: Höhenliniendarstellung eines angepassten quadratischen Modells

In einer einzelnen Abbildung wird die Abhängigkeit einer Zielgröße von jeweils zwei Faktoren grafisch dargestellt. Die anderen Faktoren können auf beliebigen Werten im untersuchten Bereich festgehalten werden. Jede Abbildung zeigt einen „Schnitt" durch den vieldimensionalen Raum, den das angepasste Modell beschreibt. Ein Modell erlaubt daher sehr viele verschiedene Abbildungen. Sie alle helfen, die Wirkzusammenhänge besser zu verstehen. Gute Software bietet vielfältige Möglichkeiten, diese Wirkzusammenhänge interaktiv zu explorieren. Außerdem bietet sie die Möglichkeit, den Untersuchungsraum nach Bereichen zu durchsuchen, in denen alle Zielgrößen gleichzeitig möglichst nahe an bestimmten Zielwerten liegen – so kann man mit Rechnerunterstützung nach Lösungen für Zielkonflikte suchen.

22.6.3 Varianzanalyse

Varianzanalyse (= ANOVA = Analysis of Variance) ist besonders gut zur Analyse von Versuchen mit qualitativen Faktoren geeignet. Die Grundidee der Varianzanalyse ist eine Streuungszerlegung: Die Streuung der Versuchsergebnisse (Summe der quadrierten Abweichungen vom Gesamtmittelwert) wird in einen Anteil, der durch die Veränderung der Faktoren erklärt wird, und eine Reststreuung zerlegt.
Anhand von Abbildung 22.13 soll das Prinzip der einfachen Varianzanalyse (nur ein Faktor) erläutert werden: Von vier Anlagen (qualitativer Faktor) wurden je drei Teile entnommen, die Kreuze zeigen die Messwerte für die Zielgröße. Die Abweichung der Einzelwerte vom Gesamtmittelwert (Linie) wird zerlegt in eine Abweichung des Mittelwerts für jede Anlage (Kreise) vom Gesamtmittelwert und eine Abweichung der Einzelwerte vom jeweiligen Mittelwert. Sind die Unterschiede zwischen den Anlagen nur zufällig, dann sollten die Mittelwerte weniger von der Linie abweichen als die Einzelwerte von ihren Gruppenmittelwerten. Dies ist hier aber nicht der Fall – ein statistischer Test zeigt einen signifikanten Unter-

schied zwischen den Anlagen. Betrachtet man nur die Anlagen 1, 3 und 4, so erhält man keinen signifikanten Unterschied. Das bedeutet: Anlage 2 ist signifikant anders als die anderen drei Anlagen.

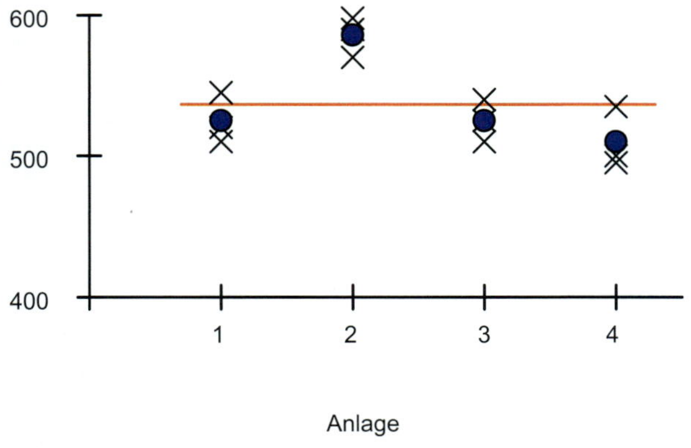

Abb. 22.13 Beispieldaten für eine einfache Varianzanalyse

„Statistisch signifikant" heißt: Die Wahrscheinlichkeit dafür, dass der beobachtete Unterschied zwischen den Anlagen (oder ein noch größerer Unterschied) zufällig auftritt (d. h. wenn in Wirklichkeit alle Anlagen gleich sind), ist kleiner als 1 %.

Bei der Varianzanalyse werden die Gruppenmittelwerte verglichen, ohne dass – wie bei der Regressionsanalyse – eine Kurve angepasst wird. Bei qualitativen Faktoren gibt es keine Zwischenwerte (es gibt keine Anlage 1,5), daher ist hier auch nur Varianzanalyse sinnvoll.

Bei mehreren Faktoren (mehrfache Varianzanalyse) wird die Streuung zerlegt in Anteile für jeden einzelnen Faktor und Wechselwirkungen zwischen den Faktoren. Abbildung 22.14 zeigt ein Beispiel: Für eine chemische Reaktion wird ein Zusatz gesucht, der den Einfluss der Störgröße Temperatur minimiert (sie kann hier nur mit großem Aufwand konstant gehalten werden). Die Zielgröße Reaktionsrate wird daher bei drei verschiedenen Temperaturen (im praktisch relevanten Bereich) mit vier verschiedenen Zusätzen gemessen. Es gibt 12 Faktorstufenkombinationen (jede der drei Temperaturen bei jedem

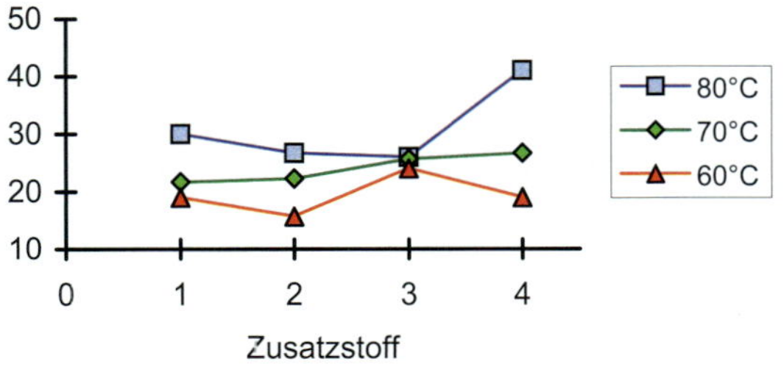

Abb. 22.14 Beispieldaten für eine zweifache Varianzanalyse mit Wechselwirkung zwischen den Faktoren Zusatz (x-Achse) und Temperatur (Linienbeschriftung)

der vier Zusätze). Bei hoher Temperatur ist die Reaktionsrate höher als bei niedriger Temperatur – das ist der Effekt der Temperatur. Bei Zusatz 2 ist die Reaktionsrate im Mittel etwas niedriger als bei Zusatz 4 – das ist der Effekt des Zusatzes. Am auffälligsten ist jedoch, dass sich bei Zusatz 3 die Temperatur wesentlich weniger auswirkt als bei den anderen Zusätzen – das ist der Effekt der Wechselwirkung zwischen Temperatur und Zusatz. Zusatz 3 ist offensichtlich am besten geeignet, um den Einfluss der Temperatur zu reduzieren.

Dies ist ein einfaches Beispiel für die Suche nach einem robusten Prozess (vgl. Kap. 22.8). Wie in diesem Beispiel sind Wechselwirkungen dabei häufig entscheidend: Man sucht nach Einstellungen von Steuergrößen (hier dem Zusatz), bei denen sich Störgrößen (hier die Temperatur) möglichst wenig auswirken.

22.6.4 Konsequenzen, Maßnahmen, Bestätigungsversuch

Die statistischen Auswertungsverfahren Regressionsanalyse und Varianzanalyse sind nur Mittel zum Zweck. Sie liefern Modelle, die den Wirkzusammenhang zwischen den Faktoren und den Zielgrößen quantitativ beschreiben. Und sie helfen bei der Beurteilung der Qualität dieser Modelle. Aber sie beantworten noch nicht direkt die Frage, welche Konsequenzen aus den Ergebnissen zu ziehen sind.

Gute Software unterstützt den Experimentator, indem sie alle rechenintensiven Arbeiten übernimmt und vielfältige grafische Darstellungen der Ergebnisse bietet. Dies erleichtert die Suche nach optimalen Einstellungen der Faktoren wesentlich.

Aber es bleibt Aufgabe des Experimentators, am Ende die richtigen Konsequenzen aus den Ergebnissen zu ziehen. Dabei sind sein Fachwissen und seine Erfahrung gefordert.

Ist das erreichte Optimum zufriedenstellend und sind die Ziele erfüllt, so folgen meist ein Bestätigungsversuch und/oder eine Probeumstellung.

Liegt das Optimum am Rand des untersuchten Bereichs, ist es häufig sinnvoll, weitere Versuche in die Richtung der Verbesserung anzuschließen (vgl. Kap. 22.7). Manchmal ist im nächsten Lernzyklus auch der Einfluss anderer Faktoren zu untersuchen oder andere Teile des Produktes/Prozesses sind zu optimieren.

III

22.7 Verfahren zur Optimumsuche

Ist der Ausgangspunkt noch sehr weit vom Optimum entfernt, so genügt zunächst ein vollständiger oder fraktioneller faktorieller Versuchsplan mit zweistufigen Faktoren, um so festzustellen, in welche Richtung die Ergebnisse am schnellsten besser werden. In diese Richtung schreitet man dann fort, bis die Ergebnisse wieder schlechter werden - dies ist die Methode des steilsten Anstiegs. Abbildung 22.15 illustriert die Vorgehensweise.

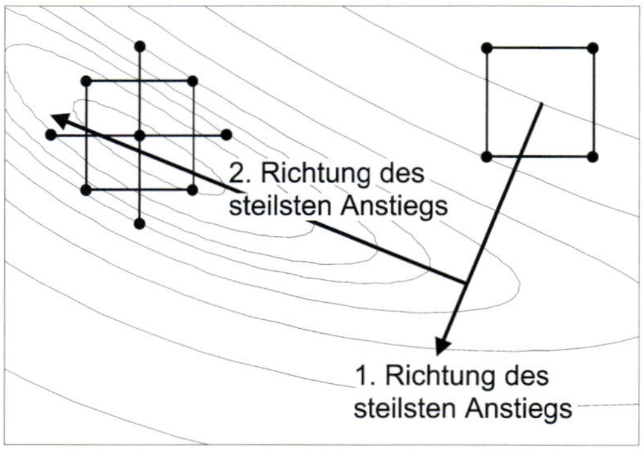

Abb. 22.15 Methode des steilsten Anstiegs zur schrittweisen Suche nach dem Optimum

Nach diesen ersten Verbesserungsschritten befindet man sich meist auf einem Kamm. Um dort die Richtung der steilsten Verbesserung sicher zu erkennen, benötigt man nun z. B. einen zentral zusammengesetzten Versuchsplan. Wieder schreitet man in die Richtung der steilsten Verbesserung, bis auch hier wieder eine Verschlechterung eintritt. Nach wenigen Durchläufen befindet man sich in der Nähe des Optimums. Diese Verbesserung entlang des Kammes wird auch als Kammlinienverfahren bezeichnet.

22.8 Robuste Prozesse/Produkte nach G. Taguchi

Häufig ist das Hauptziel einer Untersuchung, eine möglichst geringe Abhängigkeit einer Zielgröße von bestimmten Störgrößen zu erreichen. Im Fall eines Fertigungsprozesses kann dies z. B. bedeuten, dass das Prozessergebnis möglichst wenig von Schwankungen der Prozessparameter, der Umgebungsbedingungen oder des Ausgangsmaterials beeinflusst wird. Im Fall eines Produktes kann dies auch eine möglichst geringe Abhängigkeit von den Einsatzbedingungen (z. B. Versorgungsspannung und Umgebungstemperatur bei einer elektronischen Schaltung) sein. Man spricht dann von robusten Produkten bzw. Prozessen.

Insbesondere G. Taguchi hat auf die zentrale Bedeutung robuster Produkte bzw. Prozesse hingewiesen und hat eine Qualitätsphilosophie und eine Entwicklungsstrategie darauf aufgebaut (Taguchi 1985/2005, Fowlkes 1995). Abbildung 22.16 zeigt beispielhaft, wie man mit einer Wechselwirkung zwischen einem einstellbaren Prozessparameter und einer Umgebungsbedingung einen robusten Prozess erhalten kann.

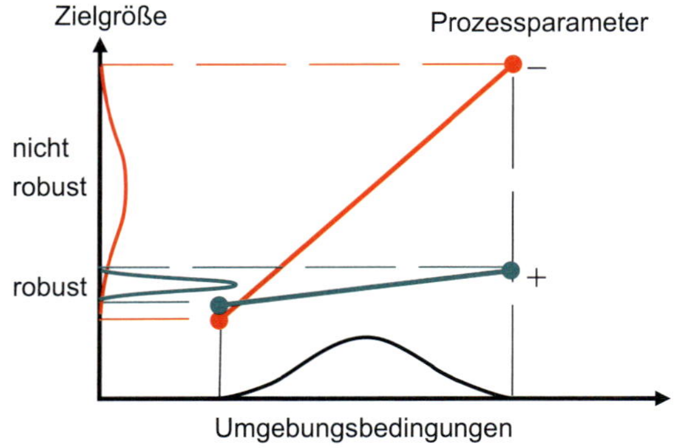

Abb. 22.16 Bei einer Einstellung (hier +) des Prozessparameters wirkt sich die Streuung der Umgebungsbedingungen (z. B. Temperatur) wesentlich weniger aus als bei der anderen Einstellung (hier –): Die Einstellung + ist robust.

Um robuste Einstellungen der Steuerfaktoren zu erkennen, schlägt G. Taguchi Versuchspläne vor, die aus zwei Teilen bestehen: Einem „inner array" für die Steuerfaktoren und einem „outer array" für die Störgrößen (siehe Abb. 22.17). Für jede Faktorstufenkombination des „inner array" werden alle Kombinationen des „outer array" realisiert. Dadurch erfasst man alle Wechselwirkungen zwischen den Steuerfaktoren und den Störgrößen.

G. Taguchi schlägt als „inner array" und als „outer array" sogenannte orthogonale Felder vor. Abgesehen von geänderten Bezeichnungen sind dies hoch vermengte fraktionelle faktorielle und ähnliche Pläne mit Auflösung III. Als „outer array" sind diese Pläne gut geeignet, als „inner array" sind stattdessen Pläne mit Auflösung IV (in Abb. 22.17 erhält man z. B. einen Plan mit Auflösung IV, wenn man die Spalten für die Faktoren x_4, x_5 und x_6 nicht verwendet) zu empfehlen.

Als Zielgröße verwendet G. Taguchi das Signal-Rausch-Verhältnis (SN). In das SN geht ein, wie stark sich bei jeder Faktorstufenkombination des „inner array" die Störgrößen auswirken. Dies ist eine Möglichkeit, Wechselwirkungen zwischen den Steuerfaktoren und irgendeiner der Störgrößen pauschal zu erkennen. Alternativ können

„inner array“ mit Steuerfaktoren

„outer array“ mit Störgrößen

							Störgrößen	1	2	3	4
							S_1	−	+	−	+
							S_2	−	−	+	+
							S_3	+	−	−	+
Nr.	Steuerfaktoren										
	X_1	X_2	X_3	X_4	X_5	X_6	X_7				
1	−	−	−	+	+	+	−				
2	+	−	−	−	−	+	+				
3	−	+	−	−	+	−	+				
4	+	+	−	+	−	−	−				
5	−	−	+	+	−	−	+				
6	+	−	+	−	+	−	−				
7	−	+	+	−	−	+	−				
8	+	+	+	+	+	+	+				

Versuchsergebnisse: zugehörige Zielgrößenwerte

Abb. 22.17 Versuchsplan nach G.Taguchi mit „inner array“ und „outer array“

die Wechselwirkungen auch direkt betrachtet werden, wie z. B. in Kapitel 22.6.3 beschrieben.

Bei vielen Prozessen und Produkten bereitet die Empfindlichkeit des Ergebnisses gegenüber Störungen im Ablauf oder Einsatz Probleme. Dann ist es sinnvoll und wichtig, nach robusten Einstellungen der Steuerfaktoren zu suchen. G. Taguchi beschreibt eine Möglichkeit dazu.

22.9 Verbesserungsstrategien nach D. Shainin

D. Shainin hat ein schrittweises Vorgehen vorgeschlagen, um mit möglichst geringem Aufwand aus einer Vielzahl denkbarer Störeinflüsse die wenigen wichtigen herauszufiltern (Shainin 1988, Bhote 1990/2000). Grundlage ist das Pareto-Prinzip. Je nach Aufgabenstellung sind

- Multi-Vari-Bild,
- Komponententausch und
- paarweiser Vergleich

auch ohne Vorkenntnisse zur Eingrenzung der Problemursachen einsetzbar.

- Variablenvergleich

erfordert gewisse Vorkenntnisse.

- Vollständiger faktorieller Versuch,
- Vergleich A zu B (alt zu neu) und
- Streudiagramme

sind klassische Verfahren der Versuchsplanung und werden daher hier nicht mehr weiter beschrieben.

22.9.1 Multi-Vari-Bild

Das Multi-Vari-Bild ist einsetzbar zur Analyse von Fertigungsprozessen, bei denen eine Zielgröße stark streut. Es hilft dabei, die Streuursache einzugrenzen. Dazu werden Messwerte für die Zielgröße von

- verschiedenen Stellen an einem Teil
- verschiedenen, nacheinander gefertigten Teilen
- zu verschiedenen Zeiten gefertigten Teilen

systematisch gesammelt und gegeneinander grafisch dargestellt. Man beobachtet, wo die größten Unterschiede auftreten. Meist sind nur manche der vielen denkbaren Streuursachen mit dem beobachteten Verhalten vereinbar. Abbildung 22.18 zeigt ein Beispiel aus der Fertigung von Ankerwellen. An jeder Welle wurden vier Messwerte für

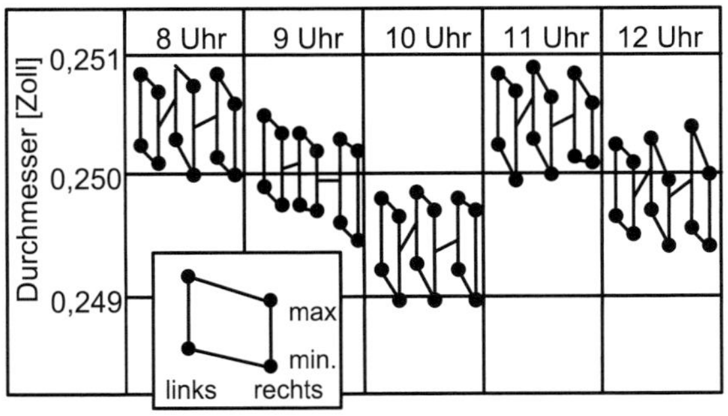

Abb. 22.18 Beispiel für das Multi-Vari-Bild: Fertigung von Ankerwellen (Bhote 1990)

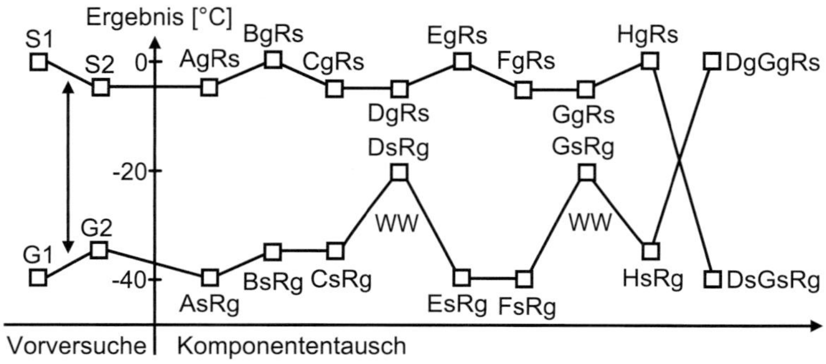

Abb. 22.19
Beispiel für den Komponententausch: Zeitzähler (Bhote 1990)

den Durchmesser erfasst (minimaler und maximaler Durchmesser (Unrundheit) am linken und rechten Ende der Welle). Fünf Stunden lang wurden jede Stunde drei nacheinander gefertigte Wellen vermessen.
Folgende Unterschiede fallen auf:

1. Die Durchmesser nehmen von 8 bis 10 Uhr kontinuierlich ab, nach der Frühstückspause starten sie wieder bei einem hohen Wert. Dieses Muster kann auf eine Erwärmung der Anlage zurückzuführen sein - eine Überprüfung ergab einen zu niedrigen Kühlmittelstand.
2. Die Durchmesser links sind immer größer als rechts - eine Überprüfung ergab, dass das Werkzeug nicht parallel zur Achse ausgerichtet war.
3. Der Unterschied zwischen Minimal- und Maximaldurchmesser ist groß und relativ konstant - eine Überprüfung ergab ein ausgeschlagenes Lager.

In diesem Beispiel konnten die Ursachen direkt identifiziert und beseitigt werden. Normalerweise führt das Multi-Vari-Bild nicht direkt zur Identifizierung der Ursachen. Aber ein bestimmtes Muster im Multi-Vari-Bild ist nur mit manchen Ursachen konsistent und nicht mit anderen. Dadurch können viele Ursachen ausgeschlossen werden. Ein anschließender geplanter Versuch ist dann wesentlich direkter und zielführender als ohne diese Vorbereitung.

22.9.2 Komponententausch

Der Komponententausch ist anwendbar bei der Fehlersuche an Produkten, die zerlegt und wieder zusammengebaut werden können. Der Ausgangspunkt ist je ein gutes und ein schlechtes Produkt. Ziel des Komponententausches ist es, die Komponente zu identifizieren, die für den Ausfall des schlechten Produktes verantwortlich ist.
In einem Vorversuch wird zunächst das gute und das schlechte Produkt zerlegt und unverändert wieder zusammengebaut. Damit wird erkannt, ob Montage oder Komponenten für den Ausfall verantwortlich sind. Voraussetzung für den eigentlichen Komponententausch ist, dass der Unterschied zwischen dem guten und dem schlechten Produkt mindestens fünfmal so groß ist wie montagebedingte Unterschiede. Dann werden anschließend einzelne Komponenten zwischen dem guten und dem schlechten Produkt ausgetauscht. Verändert sich beim Austausch einer Komponente die Zielgröße wesentlich, so trägt diese Komponente zumindest zum Ausfall bei.
Abbildung 22.19 zeigt als Beispiel Messwerte an einem Zeitzähler, der bis - 40 °C funktionieren soll. Das schlechte Produkt war bereits bei Abkühlung auf 0 °C ausgefallen. Aufgetragen sind die Temperaturen, bei denen der Ausfall erfolgte. S1 und S2 sind die Messwerte am schlechten Produkt vor und nach dem Zerlegen und erneuten Zusammenbau, G1 und G2 am guten Produkt. AgRs (= A gut, Rest schlecht) bedeutet, dass Komponente A vom guten Produkt in das schlechte Produkt eingebaut wurde, usw.
Auffallend ist, dass der Einbau der Komponente D vom schlechten Produkt in das gute Produkt zu einer wesentlichen Verschlechterung führt (DsRg), ähnlich für Komponente G. Dies deutet auf ein Zusammenwirken von D und G hin (Wechselwirkung WW). Ein anschließender gleichzeitiger Tausch von D und G bestätigte diesen Verdacht. Eine genauere Analyse zeigte dann, dass Reibung zwischen den betroffenen Komponenten für den Ausfall verantwortlich war.

22.9.3 Paarweiser Vergleich

Der Paarweise Vergleich dient zur Fehleranalyse an Produkten, die nicht zerlegt und wieder zusammengebaut werden können. Mehrere Paare aus je einem guten und einem schlechten Teil mit möglichst ähnlicher Vergangenheit werden auf Unterschiede untersucht. Die Qualitätsmerkmale, die sich auffallend häufig zwischen guten und schlechten Teilen unterscheiden, sind möglicherweise für den Ausfall der schlechten Teile verantwortlich.
Dieselbe Idee kann auch auf den Vergleich zweier Fertigungsprozesse angewendet werden, z. B. wenn bei zwei parallelen Fertigungslinien eine wesentlich bessere Ergebnisse liefert als die andere.

22.9.4 Variablenvergleich

Beim Variablenvergleich wird die Vorgehensweise des Komponententauschs auf Fertigungsprozesse übertragen. Ausgangspunkt ist ein Fertigungsprozess, dessen Ergebnisse zu stark streuen. Eine begrenzte Anzahl von Faktoren (z.B. Prozessparameter innerhalb ihrer Spezifikation, Umgebungsbedingungen innerhalb ihrer üblichen Grenzen, Unterschiede im Ausgangsmaterial) stehen als mögliche Ursachen unter Verdacht. Und für jeden dieser Faktoren sind eine vermutlich gute und eine vermutlich schlechte Einstellung bekannt.

In einem Vorversuch werden zunächst alle Faktoren auf ihrer guten Einstellung gehalten - das Ergebnis muss gut sein. Anschließend werden alle Faktoren auf ihrer schlechten Einstellung gehalten - das Ergebnis muss schlecht sein. Ist dies nicht der Fall, so wurde entweder der wichtigste Faktor übersehen oder eine der Zuordnungen von gut und schlecht ist falsch.

War dieser erste Vorversuch erfolgreich, so wird er wiederholt. Sind die Ergebnisse ausreichend reproduzierbar (Faktor 5 wie beim Komponententausch), so werden nun analog zum Austausch einzelner Komponenten Faktorstufen vertauscht. Der Faktor, der zu einem Umschlag der Ergebnisse führt, ist verantwortlich für das Problem - Shainin nennt ihn das Rote X.

22.10 Hinweise und Empfehlungen

- Die sorgfältige Vorbereitung eines Versuchs ist entscheidend für seinen Erfolg. Die Bedeutung einer Einflussgröße, die im Versuch nicht als Faktor verändert wird, kann auch nicht erkannt werden. Wird ein Faktor in einem zu schmalen Bereich verändert, geht sein Effekt in der Zufallsstreuung unter. Wird ein Faktor in einem zu breiten Bereich verändert, versagen die angepassten Modelle.
- Die Analyse bereits vorliegender Daten (z.B. von Prozessanalyse und SPC, vgl. Kap. 30, „Statistische Prozessregelung (SPC)“), die Darstellung von Zusammenhängen in Streudiagrammen und die Verbesserungsstrategien nach D. Shainin (Kap. 22.9) haben sich bei der Vorbereitung von Versuchen bewährt.
- Six-Sigma-Methoden (vgl. Kap. 12, „Six Sigma“) bieten eine systematische Einbindung der Versuchsplanung in einen Gesamt-Verbesserungsprozess und helfen damit bei der Vorbereitung von Versuchen. Umgekehrt ist Statistische Versuchsplanung das Werkzeug, mit dem die eigentliche Verbesserung (Improve) im Rahmen eines Six-Sigma-Programms erreicht wird.
- Die Verbesserung mit Statistischer Versuchsplanung durchläuft normalerweise mehrere Zyklen. Häufig werden in einem ersten Zyklus aus einer großen Anzahl von Faktoren diejenigen ermittelt, die den größten Einfluss auf die Zielgrößen haben. Dazu eignen sich z.B. fraktionelle faktorielle Pläne mit Auflösung IV als Screening-Pläne (Kap. 22.5.1), manchmal auch der Variablenvergleich (Kap. 22.9.4).
- Liegt der Ausgangspunkt weit vom Optimum entfernt, so nähert man sich zunächst schrittweise dem Optimum an (Kap. 22.7). Dazu genügen zunächst Versuchspläne mit zwei Stufen je Faktor, wie z.B. vollständige faktorielle Pläne oder fraktionelle Pläne mit Auflösung V.
- Befindet man sich in der Nähe des Optimums, benötigt man Versuchspläne, mit denen quadratische Modelle angepasst werden können, z.B. zentral zusammengesetzte Pläne.
- Optimale Pläne sind sinnvoll für nicht standardmäßige Situationen und können den individuellen Bedürfnissen fast beliebig angepasst werden.
- Robuste Produkte/Prozesse erfordern Versuchspläne, in denen Steuerfaktoren und Störfaktoren verändert werden. Robuste Einstellungen für Steuerfaktoren erhält man mithilfe des Signal/Rauschverhältnisses oder durch Ausnutzen von Wechselwirkungen zwischen Steuer- und Störfaktoren (Kap. 22.8).
- Standardversuchspläne können notfalls auch von Hand aufgestellt werden, optimale Versuchspläne erfordern Software. Insbesondere bei der Auswertung erleichtert gute Software die Arbeit wesentlich. Sie ermöglicht zahlreiche grafische Darstellungen zur Diagnose der Daten und der angepassten Modelle, zum besseren Verständnis der Wirkzusammenhänge und zur Suche nach Kompromissen bei mehreren Zielgrößen. Der Einsatz einer geeigneten Software ist daher dringend zu empfehlen.

22.11 Software

Es gibt eine Vielzahl kommerzieller Statistikprogramme für verschiedene Betriebssysteme, mit unterschiedlichen Schwerpunkten. Sie alle erleichtern statistische Analysen wesentlich. Sie führen den Anwender durch die Planung und Auswertung der Versuche und bieten zahlreiche grafische Möglichkeiten zur Beurteilung der Versuchsergebnisse und der angepassten Modelle.

Spezielle Versuchsplanungsprogramme bieten eine besonders einfache Bedienung und klare Benutzerführung. Beispiele sind (in alphabetischer Reihenfolge):

- Design-Expert® *(www.statease.com)*
- MODDE® *(www.umetrics.com)*
- STAVEX™ *(www.aicos.de)*

Umfassende Statistikpakete mit einem umfangreichen Versuchsplanungsteil bieten mehr Flexibilität, wenn auch andere statistische Analysen durchgeführt werden sollen. Beispiele sind (in alphabetischer Reihenfolge):

- JMP® *(www.jmp.com)*
- Minitab® *(www.minitab.com)*
- STATGRAPHICS® *(www.statgraphics.com)*
- STATISTICA™ *(www.statistica.de)*
- Xsel® *(www.crgraph.de)*

III

Die angegebenen Internetseiten bieten weitere Informationen und die Möglichkeit, die Programme für einen zeitlich befristeten kostenlosen Test herunterzuladen.
Neben den hier angesprochenen, breit einsetzbaren Programmen gibt es zahlreiche weitere Programme, die auf bestimmte Anwendungsgebiete oder Verfahren spezialisiert sind. Die Internetseite *www.elektronik.htw-aalen.de/kleppmann/versuchsplanung/* gibt eine ständig aktualisierte Liste der mir bekannten Programme zur Versuchsplanung mit kurzen Hinweisen zu den Anwendungsschwerpunkten.

22.12 Beispiel

Am Beispiel eines Papierhubschraubers wird im Folgenden die Vorgehensweise bei der Versuchsplanung erläutert. Dieses Beispiel ist für jedermann nachvollziehbar und soll zum Ausprobieren und Mitdenken ermutigen.
Abbildung 22.20 zeigt das Schnittmuster für einen Papierhubschrauber, das als Einstieg verwendet werden kann. Für Verfeinerungen des Grundmodells sind der Fantasie keine Grenzen gesetzt. Entlang der durchgezogenen Linien wird geschnitten, entlang der gestrichelten Linien gefaltet. Die beiden Flügel werden in entgegengesetzte Richtungen gefaltet, die Seitenteile des Körpers werden nach innen gefaltet. Eine Büroklammer am unteren Ende des Körpers sorgt für Stabilität und ist zugleich eine Last. Lässt man den Papierhubschrauber fallen, so fängt er wie eine Ahornfrucht an zu rotieren und sinkt nach einer kurzen Stabilisierungszeit nur langsam zu Boden.

22.12.1 Untersuchungsziel und Randbedingungen festlegen

Selbst bei diesem einfachen Beispiel sind verschiedene Ziele denkbar, wie z. B.

- Die Fallzeit aus einer bestimmten Höhe soll möglichst groß sein (einschließlich der Stabilisierungsphase. Da diese unterschiedlich lang sein kann, hängt das Optimum von der Fallhöhe ab).
- Die Sinkgeschwindigkeit im stabilen Zustand soll möglichst klein sein.
- Eine vorgegebene Last (z. B. 5 Büroklammern oder ein rohes Ei) soll mit möglichst kleiner Geschwindigkeit auf dem Boden auftreffen.
- Die Rotationsgeschwindigkeit soll möglichst groß sein.
- Die Stabilisierungsphase soll möglichst kurz sein.
- Die Rotation selbst soll möglichst stabil sein (ist die Flügellänge zu groß oder die Körperlänge zu klein, taumelt der Hubschrauber, statt zu rotieren).
- Die Fallzeit soll möglichst unabhängig von der Flügelstellung beim Start sein (hängende Flügel oder Flügel senkrecht nach oben).

Als Randbedingung kann z. B. vorgegeben sein, dass nur normales Schreibmaschinenpapier der Größe DIN A5 im Querformat verwendet werden darf. Die Gesamtzahl der Blätter, die für den Versuch zur Verfügung stehen, kann z. B. auf zehn begrenzt sein.
Es ist klar, dass Vorgehensweise und Optimum von der genauen Aufgabenstellung und von den Randbedingungen abhängen.
Da die Fallzeit mit einer Stoppuhr von Hand leicht zu messen ist, ist sie eine sinnvolle Zielgröße für einen einfachen

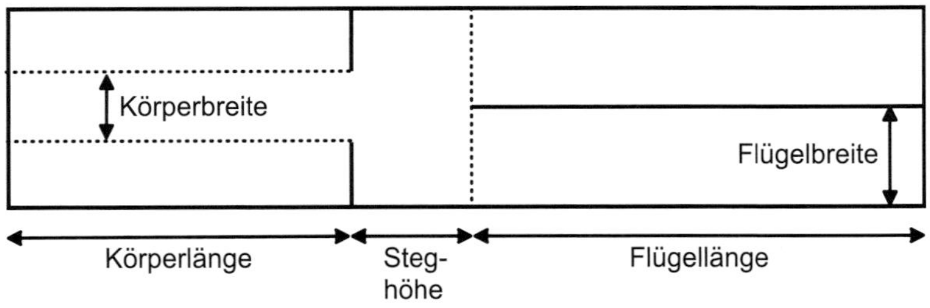

Abb. 22.20
Schnittmuster und Bezeichnungen für den Papierhubschrauber

Versuch. Sie ist jedoch nur ungenau zu messen und hängt sehr von der Stabilisierungsphase und der Art des Starts ab. Daher unterliegt sie einer großen Zufallsstreuung und die Effekte der Faktoren sind nur schwer zu ermitteln. Je größer die Fallhöhe ist, desto größer sind die Effekte der Faktoren und desto weniger stört die Zufallsstreuung.

Mit einer automatisierten Messung mit Lichtschranken kann die Zufallsstreuung im Vergleich zur Handmessung wesentlich reduziert werden. Der Einfluss der Stabilisierungsphase kann ausgeschaltet werden, wenn man die Zeit misst, die der Hubschrauber benötigt, um z. B. von 2 m auf 4 m unterhalb des Startpunktes zu sinken.

Da die Fallgeschwindigkeit im stabilen Zustand sehr stark von der Last abhängt, ist es sinnvoll, eine feste Last (z. B. eine Büroklammer) vorzugeben.

Für das Verständnis der Versuchsplanung ist es wichtig zu erleben, dass

- in derselben Situation unterschiedliche Zielsetzungen möglich sind – und wenn das Ziel nicht klar definiert ist, ist alles Weitere auf Sand gebaut.
- bei jedem Versuch Randbedingungen eingehalten werden müssen – sie begrenzen die Möglichkeiten.
- die Zufallsstreuung durch geeignete Planung, Maßnahmen, Messaufbauten und Vorkehrungen oft wesentlich reduziert werden kann – und damit erhält man aus derselben Anzahl von Einzelversuchen wesentlich mehr Informationen.
- die Berücksichtigung von Vorwissen (hier über den Einfluss von Last und Flügellänge) die Versuche fokussiert – mit den geplanten Versuchen soll neues Wissen erworben werden, das vorhandene Wissen soll erweitert werden und nicht nur bestätigt.

Alle in Abbildung 22.20 bezeichneten Größen sind mögliche Faktoren (Flügellänge, Flügelbreite, Steghöhe, Körperhöhe, Körperbreite). Zusätzlich können die Flügelform, Stegform oder auch die Körperform geändert werden (z. B. durch Anschrägungen). Soweit sie nicht als Randbedingung vorgegeben sind, können auch die Last, die Papierart und viele andere Größen verändert werden.

Typisch ist, dass am Anfang einer Untersuchung nur wenig über die Bedeutung dieser Größen bekannt ist und viele wichtig sein könnten. Daher geht man häufig in drei Schritten vor:

1. Erkennen der wenigen wichtigen Faktoren – Screening, z. B. mit einem fraktionellen Plan mit Auflösung IV
2. Optimierung bezüglich dieser wichtigen Faktoren – Detailuntersuchung, z. B. mit einem zentral zusammengesetzten oder einem D-optimalen Plan
3. Bestätigungsversuch

22.12.2 Planung und Durchführung eines Screening-Versuchs

Im Screening-Versuch werden viele Faktoren mit nur je zwei Stufen untersucht. Hier verwenden wir die Faktoren und Stufen in Tabelle 22.6. Mit diesen Stufenwerten kann jeder Hubschrauber aus einem DIN-A5-Blatt im Querformat ausgeschnitten werden.

Tab. 22.6 Mögliche Faktoren und Stufen für einen Versuch zum Erkennen der wichtigsten Faktoren

Faktor	Stufe –	Stufe +
Flügellänge	6 cm	8 cm
Flügelbreite	1,5 cm	2,5 cm
Steghöhe	1 cm	2 cm
Körperlänge	3 cm	5 cm
Körperbreite	1 cm	2 cm
Anschrägung am Steg	keine	30°

Ein 2^{6-2}-Plan mit Auflösung IV enthält 16 Faktorstufenkombinationen – dazu sind 16 Hubschraubermodelle erforderlich. Es ist sinnvoll, zusätzlich einige (z. B. zwei) Hubschraubermodelle mit Stufenwerten im Zentrum des Würfels zu bauen, d. h. mit allen Faktoren auf dem Mittelwert der obigen Stufenwerte. Für diese Hubschrauber benötigen wir insgesamt vier der zehn DIN-A5-Blätter (je nach Flügelbreite erfordert ein Hubschrauber einen Streifen von 3, 4 oder 5 cm Breite). So bleibt Reserve für die anschließende Optimierung.

Zunächst werden alle 18 Hubschraubermodelle sorgfältig geschnitten, gefaltet und nummeriert. Wenn die Zufallsstreuung bei der Vorbereitung der Modelle vernachlässigbar ist im Vergleich zur Durchführung der eigentlichen Fallversuche, können dieselben Modelle für mehrere Fallversuche verwendet werden, um so die Zufallsstreuung zu reduzieren.

Die sinnvolle Anzahl der Fallversuche je Modell (Realisierungen) hängt von der Zufallsstreuung und damit vom verwendeten Versuchsaufbau ab. Um die Zufallsstreuung zu minimieren, wird in Fallversuchen mit einem Modell zunächst der Versuchsaufbau optimiert, der Ablauf standardisiert und geübt sowie mit dem optimierten Aufbau und Ablauf die Standardabweichung σ der Zufallsstreuung geschätzt. Im verwendeten Versuchsaufbau war $\hat{\sigma} \approx 0{,}07$ s. Sollen Unterschiede von 0,1 s mit hoher Wahrscheinlichkeit entdeckt werden, so benötigt man nach (1) $N \approx 60 * (0{,}07/0{,}1)^2 \approx 30$ Einzelversuche, d. h. es ist sinnvoll, jedes Modell zweimal zu verwenden – und zwar zunächst einmal alle Modelle in einer mit Zufallszahlen bestimmten Reihenfolge (= Randomisierung) und dann ein zweites Mal in einer anderen Reihenfolge.

Die beiden Durchläufe sollten sich nur zufällig unterscheiden. Treten trotzdem Unterschiede auf, so haben sich die Versuchsbedingungen insgesamt verändert, es kann nicht an den Faktoren liegen (= Blockbildung). Tabelle 22.7 zeigt die Ergebnisse, zur besseren Übersicht in eine systematische Reihenfolge sortiert. Die Spalten Nr. 1 und Nr. 2 geben die tatsächlich verwendete Reihenfolge im 1. und 2. Durchlauf, die Spalten Zeit 1 und Zeit 2 die zugehörigen Versuchsergebnisse an. Zwei Fallversuche führten zu einem Absturz (A) und wurden sofort wiederholt.

Der Mittelwert aller Versuchsergebnisse mit Hubschraubern der großen Flügellänge beträgt 6,18 s, der Mittelwert aller Versuchsergebnisse mit kleiner Flügellänge 5,19 s. Der Unterschied von 0,99 s ist ein Maß für die Bedeutung der Flügellänge und heißt Effekt der Flügellänge. Analog werden die Effekte der anderen Faktoren berechnet. Faktoren mit einem großen Effekt sind wichtig, die anderen sind nicht wichtig – so wird die Spreu vom Weizen getrennt: Screening.

Die Flügellänge hat in diesem Beispiel den größten Effekt auf die Zeit, mit Flügellänge 8 cm erhält man eine wesentlich längere Zeit als mit 6 cm. Aber auch die Effekte der Stegbreite (1 cm ist besser) und der Körperlänge (3 cm ist besser) sind signifikant. Die Flügelbreite hat eine signifikante Wechselwirkung mit der Flügellänge – beim langen Flügel ist die größere Breite günstig, bei kurzen Flügeln die geringere Breite. Die Anschrägung ist vor allem bei kurzen Flügeln günstiger (eine weitere Wechselwirkung).

III

Alle beobachteten Effekte sind im Nachhinein physikalisch verständlich: Längere Flügel bilden eine größere Tragfläche, der Steg behindert die Rotation und der längere Körper erhöht das Gewicht. Allerdings zeigen die beiden Abstürze, dass die Rotation instabil wird, wenn der Flügel relativ zu Körper + Steg zu lang wird.

Auch bei vielen technischen Optimierungsaufgaben erhält man optimale Ergebnisse für eine Zielgröße (hier die Zeit) an der Grenze der Möglichkeiten für eine andere Zielgröße (hier die Stabilität der Rotation). Mit Versuchsplanung werden die Zusammenhänge quantitativ ermittelt – es ist dann die Entscheidung des Experten, wie nahe er sich an die Grenze heranwagt.

22.12.3 Planung und Durchführung der Detailuntersuchung

Ziel der 2. Versuchsreihe ist es, die Abhängigkeit der Zielgröße Zeit von den wichtigsten Faktoren quantitativ zu erfassen, um so die Lage des Optimums zu erkennen.

Aufgrund der großen Wechselwirkung zwischen Flügellänge und Flügelbreite ist es sinnvoll, das Zusammenspiel dieser beiden Faktoren genauer zu untersuchen. Da die Flügellänge bei Weitem den größten Einfluss auf die Zeit hat, soll gleichzeitig untersucht werden, ob eine weitere Verlängerung der Flügel möglich ist.

Tab. 22.7 Versuchsergebnisse für den Screening-Versuch mit den Hubschraubern (A = Absturz)

Nr. 1	Nr. 2	Flügellänge [cm]	Flügelbreite [cm]	Stegbreite [cm]	Körperlänge [cm]	Körperbreite [cm]	Anschrägung [°]	Zeit 1 [s]	Zeit 2 [s]
2	22	6	1,5	1	3	1	0	5,22	5,24
16	24	8	1,5	1	3	2	0	6,06 (A)	6,20
3	34	6	2,5	1	3	2	30	5,46	5,51
13	29	8	2,5	1	3	1	30	6,34	6,44 (A)
15	30	6	1,5	2	3	2	30	5,51	5,44
5	32	8	1,5	2	3	1	30	6,08	6,04
1	35	6	2,5	2	3	1	0	5,04	5,08
6	26	8	2,5	2	3	2	0	6,42	6,34
12	31	6	1,5	1	5	1	30	5,26	5,44
18	19	8	1,5	1	5	2	30	6,16	6,15
14	33	6	2,5	1	5	2	0	4,95	4,92
4	21	8	2,5	1	5	1	0	6,45	6,30
9	36	6	1,5	2	5	2	0	5,03	5,03
17	20	8	1,5	2	5	1	0	5,92	5,90
11	23	6	2,5	2	5	1	30	4,91	5,04
8	25	8	2,5	2	5	2	30	5,95	6,11
7	27	7	2	1,5	4	1,5	15	5,61	5,76
10	28	7	2	1,5	4	1,5	15	5,73	5,84

Um die in der 1. Versuchsreihe beobachtete Instabilität der Rotation zu vermeiden, muss die Körperlänge ausreichend groß gewählt werden. Die damit verbundene Verkürzung der Fallzeit wird in Kauf genommen, da sie durch die größere Flügellänge mehr als ausgeglichen wird. Ein Einzelversuch zeigt, dass bei einer Stegbreite von 1 cm und einer Körperlänge von 4,5 cm auch Hubschrauber mit einer Flügellänge von 9 cm stabil rotieren. Die Körperbreite hat im untersuchten Bereich keinen erkennbaren Einfluss auf die Zeit und wird auf 1 cm festgehalten. Die Anschrägung ist günstig und wird daher beibehalten.

Der Einfluss der Faktoren Flügellänge und Flügelbreite auf die Zeit wird in einem zentral zusammengesetzten Versuchsplan weiter untersucht, mit Flügellängen zwischen 7 und 9 cm (Sternpunkte bei 6,8 und 9,2 cm) und Flügelbreiten zwischen 1,5 und 2,5 cm (Sternpunkte bei 1,4 und 2,6 cm). Abbildung 22.21 zeigt die ermittelte Abhängigkeit im untersuchten Bereich als Höhenliniendiagramm – zu lesen wie eine Landkarte.

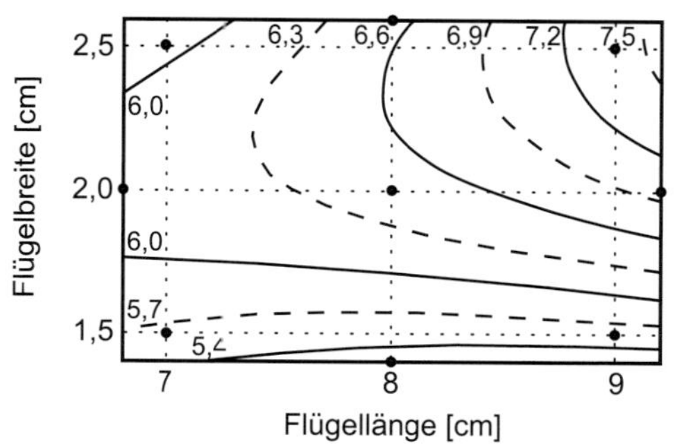

Abb. 22.21 Höhenliniendiagramm der ermittelten Abhängigkeit der Zielgröße Zeit von den Faktoren Flügellänge und Flügelbreite (die Punkte im Versuchsplan sind markiert)

Die Erhöhung der Flügellänge bewirkt eine weitere deutliche Erhöhung der Zeit, bei gerade noch ausreichender Stabilität. Bei einer Flügellänge von 9 cm liefern die breiten Flügel die besten Ergebnisse, bei 7 cm sind schmalere Flügel besser – dies ist wieder die schon in der 1. Versuchsreihe beobachtete Wechselwirkung.

Mit einem zentral zusammengesetzten Versuchsplan wird die Anhängigkeit der Zielgröße(n) von wenigen Faktoren detailliert erfasst.

22.12.4 Bestätigungsversuch

Abbildung 22.21 zeigt, dass das Optimum für die Faktoren Flügellänge und Flügelbreite am Rand des untersuchten Bereichs liegt. Dies legt eine vorsichtige Extrapolation bis an die Grenzen der vorgegebenen Papiergröße nahe. Für einen Bestätigungsversuch wird daher ein Hubschrauber mit folgenden Faktorwerten gefaltet:

- Flügellänge: 9,2 cm (Stern in 2. Versuchsreihe)
- Flügelbreite: 2,6 cm (Stern in 2. Versuchsreihe)
- Stegbreite: 1,0 cm (beste Ergebnisse in 1. Versuchsreihe)
- Körperlänge: 4,5 cm (nutzt vorhandenes Papier, Stabilitätsreserve)
- Körperbreite: 1,0 cm (gemäß 1. Versuchsreihe nicht kritisch)
- Anschrägung: 30° (gemäß 1. Versuchsreihe günstig)

Für diese Kombination ergibt das angepasste Modell als Schätzwert 7,6 s (vgl. Abb. 22.21), mit einem 95 %-Vorhersagebereich von 7,2 bis 8,0 s. Beim Bestätigungsversuch wurden bei drei Flügen 7,55 s, 7,64 s und 7,70 s gemessen, in sehr guter Übereinstimmung mit der Prognose.

Im Vergleich zu den besten Ergebnissen der 1. Versuchsreihe wurde die Zeit um mehr als 1 s verlängert. Eine weitere Verbesserung ist mit den hier verwendeten Faktoren nicht mehr zu erwarten, da eine weitere Verlängerung der Flügel wegen der begrenzten Papierlänge eine Verkürzung des Körpers erfordern würde. Dies führt jedoch zur Instabilität.

22.12.5 Hinweise für eigene Versuche

Der hier vorgestellte Versuch eignet sich gut zum Nachbau, da als Hilfsmittel nur Papier, Schere und Stoppuhr benötigt werden. Folgende Hinweise sollen die Arbeit erleichtern:

- Je größer die Fallhöhe, desto deutlicher sind die Effekte (hier wurde eine Fallhöhe von 6 m verwendet) – man sollte sich einen ausreichend hohen Raum suchen, normale Zimmerhöhe reicht nicht aus.
- Um mit normalem Schreibmaschinenpapier ohne Versteifungen auszukommen, ist das DIN-A5-Querformat als Obergrenze für die Gesamtlänge und eine Büroklammer als Last (wie hier beschrieben) zu empfehlen.
- Mit zunehmender Flügellänge nehmen Rotationsgeschwindigkeit und Sinkgeschwindigkeit ab. Wird die Flügellänge jedoch zu groß, so rotiert der Hubschrauber nicht mehr um seinen Körper, sondern torkelt und stürzt ab. Da ein längerer Körper und eine größere Last die Stabilität verbessern, wird empfohlen, die Stabilitätsgrenze vor Beginn der Versuchsreihe zu bestimmen.
- Wenn man den Hubschrauber zum Start mit den Flügelspitzen senkrecht nach oben hält, setzt die Rotation reproduzierbar ein.

Nun wünsche ich Ihnen viel Spaß für Ihre eigenen Versuche und viel Erfolg bei der Verbesserung Ihrer Fertigungsprozesse und Produkte.

Literatur

Bhote, K. R.: Qualität – der Weg zur Weltspitze. IQM, Großbottwar 1990

Bhote, K. R./Bhote, A. K.: World Class Quality. 2. Auflage. AMACOM, New York 2000

Box, G. E.P./Draper, N. R.: Response Surfaces, Mixtures, and Ridge Analyses. 2. Auflage. John Wiley & Sons, New York 2007

Box, G. E.P./Hunter, W. G./Hunter, J. S.: Statistics for Experimenters. 2. Auflage. John Wiley & Sons, New York 2005

Dean, A./Voss, D.: Design and Analysis of Experiments. Springer Verlag, New York 1999

Fowlkes, W. Y./Creveling, C. M.: Engineering Methods for Robust Product Design. Addison-Wesley, Reading 1995

Goos, P./Jones, B.: Optimal Design of Experiments. John Wiley & Sons, Chichester 2011

Gundlach, C.: Entwicklung eines ganzheitlichen Vorgehensmodells zur problemorientierten Anwendung der statistischen Versuchsplanung. University Press, Kassel 2004

Klein, B.: Versuchsplanung – DoE. 3. Auflage. Oldenbourg Verlag, München 2011

Kleppmann, W.: Versuchsplanung. Produkte und Prozesse optimieren. 8. Auflage. Carl Hanser Verlag, München 2013

Montgomery, D. C.: Design and Analysis of Experiments. 8. Auflage. John Wiley & Sons, New York 2012

Myers, R. H./Montgomery, D. C./Anderson-Cook, C. M.: Response Surface Methodology. 3. Auflage. John Wiley, New York 2009

Shainin, D./Shainin, P.: Better than Taguchi Orthogonal Tables. Quality and Reliability Engineering International 4. 1988. S. 143 – 149

Siebertz, K./van Bebber, D./Hochkirchen, T.: Statistische Versuchsplanung. Springer Verlag, Berlin 2010

Taguchi, G./Chowdhury, S./Wu, Y.: Taguchi's Quality Engineering Handbook. John Wiley, Hoboken 2005

Taguchi, G./Wu, Y.: Introduction to Off-line Quality Control. Central Japan Quality Control Association, Nagaya 1985

Wu, C. F. J./Hamada, M.: Experiments: Planning, Analysis, and Optimization. 2. Auflage. John Wiley & Sons, New York 2009

III

Prüfplanung

23.1 Aufgaben der Prüfplanung ... 525

23.2 Prüfnotwendigkeit ... 526

23.3 Methoden der Prüfplanung ... 526

23.4 Aufbau von Prüfplänen ... 532

23.5 Methodik zur Auswahl von Prüfmitteln ... 533
23.5.1 Technische/technologische Prüfmittelauswahl ... 533
23.5.2 Organisatorische Prüfmittelauswahl ... 536
23.5.3 Wirtschaftliche Prüfmittelauswahl ... 536

23.6 Industrielles Beispiel für die Erarbeitung eines Prüfplanes ... 538
23.6.1 Prüfobjekt und Prüfmerkmale für die Endprüfung „Lagerstift" – was zu prüfen ist 539
23.6.2 Prüfzeitpunkt und Prüfart ... 539
23.6.3 Prüfhäufigkeit und Prüfumfang für die Prüfung der Hauptmerkmale „Lagerstift" ... 540
23.6.4 Prüfmethode und Prüfmittel für die Prüfaufgabe „Lagerstift" ... 542
23.6.5 Auswertung, Erfassung und Verwaltung der Prüfdaten ... 542
23.6.6 Prüfplan für den Prüfling „Lagerstift" ... 542

23.7 Tabellen ... 544

23

23 Prüfplanung

Gerhard Linß

Seit der Einführung der weltweit geltenden Normenfamilie ISO 9000 ff. im Jahr 1987 hat sich das Wissensgebiet Qualitätsmanagement sehr stark weiterentwickelt. Werkzeuge und Methoden des Qualitätsmanagements lassen sich je nach Zielsetzung systematisieren in Methoden und Werkzeuge zur Qualitätsplanung, zur Produktrealisierung, zur Qualitätsauswertung und zur Qualitätsverbesserung. Besondere Bedeutung haben planende und präventive Methoden des Qualitätsmanagements. Die Planung von Prüfungen und Messungen im engeren und erweiterten Sinn ist eine wesentliche Voraussetzung für die Wirtschaftlichkeit im Qualitätsmanagement und reduziert die qualitätsbezogenen Kosten. Bereits in der Frühzeit hat der Mensch Prüfungen und Messungen geplant, wobei er als Maßeinheit die Größen benutzte, die sein Körper bot. Es entwickelten sich örtlich begrenzte Festlegungen für Maße und Gewichte. Sie dienten im Wesentlichen der Orientierung des Menschen in Raum und Zeit, dem Warenaustausch und der Schaffung technischer Hilfsmittel für den Menschen.

„Es ist nötig, alles zu messen, was messbar ist, und zu versuchen, messbar zu machen, was noch nicht messbar ist." (Galileo Galilei, 1564–1642)

Qualität ist ein unscharfer Begriff. Deshalb sind Inhalt, Objektivität, Genauigkeit, Reproduzierbarkeit, Prüfbarkeit und Vergleichbarkeit von Qualität nicht trivial. Durch messbare Stellvertreter verliert Qualität ihre Anonymität und wird beschreibbar. Erst die Planung der Erfassung und Messung von Qualität macht diese steuer- und regelbar. Die Wirtschaftlichkeit und Genauigkeit von Prüfungen und Messungen hängt ganz wesentlich von einer wissenschaftlich begründeten Methodik zur Prüfplanung ab.

In diesem Zusammenhang stellen sich z. B. folgende Fragen:

- Welche Methoden gibt es für die industrielle Prüfplanung?
- Wie wird die Wirtschaftlichkeit von Prüfungen und Messungen gewährleistet?
- Wie kann rechnergestütztes Qualitätsmanagement die Prüfplanung effizient unterstützen?

In diesem Kapitel werden deshalb zunächst einmal Aufgaben und Methoden der Prüfplanung, der Auswahl von Prüfmitteln sowie Beispiele für Prüfpläne beschrieben.

23.1 Aufgaben der Prüfplanung

Die *Aufgabe der Prüfplanung* ist es, Prüfungen für die unterschiedlichen Schritte der Herstellung von Produkten bzw. Erbringung von Dienstleistungen zu planen. Dabei werden Prüfschritte, Vorgehensweisen, Prüfverfahren und Prüfanweisungen/Prüfpläne für die durchzuführenden Prüfungen erarbeitet.

Prüfplanung: Prozess der Festlegung des zu prüfenden Qualitätsmerkmals, des Prüfverfahrens, des Prüfmittels, der Prüfhilfsmittel, des Prüfumfangs, der Prüfperson, der Prüfzeit, des Prüforts, des Ablaufs einer Prüfung und der notwendigen Parameter und Entscheidungsregeln zur Konformitätsermittlung sowie zur Dokumentation

Voraussetzung für die qualifizierte Durchführung der Prüfplanung ist die *Qualitätsplanung.*

Qualitätsplanung: Auswählen, Klassifizieren und Gewichten der Qualitätsmerkmale sowie schrittweises Konkretisieren aller Einzelforderungen an die Beschaffenheit zu Realisierungsspezifikationen, und zwar im Hinblick auf:

- die durch den Zweck der Einheit gegebenen Erfordernisse
- die Anspruchsklasse

und unter Berücksichtigung der Realisierungsmöglichkeiten (DIN 55350 1987)

Die *Prüfplanung* schafft in Abstimmung mit der Fertigungsplanung die Voraussetzungen für die wirtschaftliche und anforderungsgerechte Herstellung und Prüfung von Produkten. Ausgehend von den Ergebnissen der Qualitätsplanung laufen Qualitätsprüfungen stets in vier Phasen ab (Abb. 23.1).

Bei der *Planung der Prüfung* muss sowohl das Verfahren der Prüfung als auch die Entscheidungsgrundlage (Grenzwerte, Toleranzen usw.) nach objektiven Kriterien festgelegt werden.

Die *Beauftragung der Prüfung* umfasst die Entscheidung über den Start des gesamten Prüfprozesses und der Teilprüfungen. Sie ist insbesondere für die rechnerunterstützte Durchführung der Produktion wichtig.

Die *Durchführung der Prüfung* ist die Ausführung der Prüfung entsprechend der Prüfplanung. Da die Prüfdurchführung aus dem Erfassen der Ist-Werte der Prüfmerkmale besteht, wird die Prüfdurchführung auch als *Prüfdatenerfassung* bezeichnet.

Die *Auswertung der Prüfung* beinhaltet die Aufbereitung und Dokumentation der erfassten Daten, damit eine Entscheidung über die Konformität der Werte der Prüfmerkmale mit den an diese gestellten Forderungen erfolgen kann.

Die *Datenbasis* zur Prüfplanung sind sämtliche Dokumente, die über die zu prüfende Einheit vorliegen (Abb. 23.1). Insbesondere sind zu nennen:

- Entwicklungs- und Konstruktionsunterlagen
  - Zeichnungen
  - Pflichtenheft
  - Kundenforderungen
- Fertigungsunterlagen
  - Arbeitspläne
  - Maschinen- und Prozessfähigkeitskennwerte
- Interne und externe technische Unterlagen
  - Normen
  - Richtlinien
  - Sicherheitsvorschriften
  - Prüfmittelkatalog

III

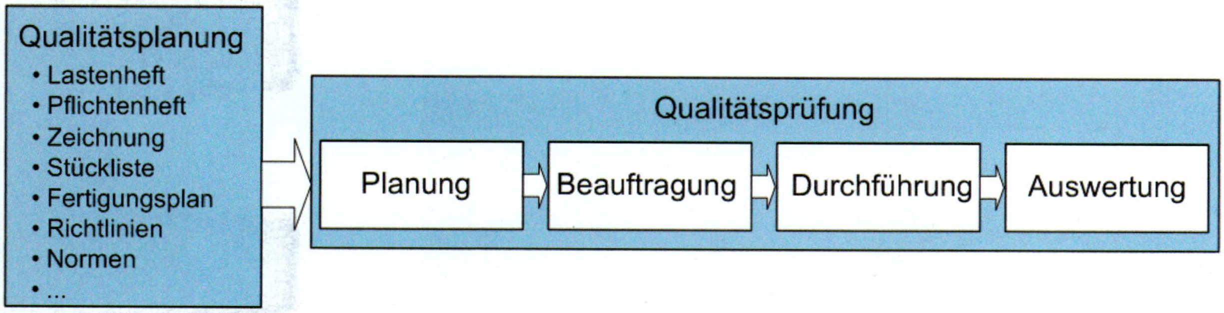

Abb. 23.1 Phasen der Qualitätsprüfung

- Qualitätsbezogene Unterlagen
  - Unterlagen von FMEAs
  - Lieferantenbewertungen
  - Qualitätssicherungsvereinbarungen
  - Reklamationsberichte
  - vorhandene Prüfpläne
  - Kostenstrukturen und -daten

23.2 Prüfnotwendigkeit

Von diesen Informationen ausgehend, muss zunächst bestimmt werden, ob überhaupt geprüft werden soll, d. h. die *Bestimmung der Prüfnotwendigkeit* muss erfolgen (Abb. 23.2).

Für die zu planenden Prüfungen ist im nächsten Schritt zu ermitteln, *welche Merkmale* geprüft werden sollen. Diese *Auswahl der Merkmale* orientiert sich an:

- der Bedeutung des Merkmals für die Qualität der geprüften Einheit
- der Minimierung der Kosten

Prüfmerkmale in der Fertigung können neu erzeugt, verändert oder überwacht werden (Abb. 23.3).

23.3 Methoden der Prüfplanung

Der Ablauf zur Erstellung von Prüfplänen ist in den Abbildung 23.4 bis 23.6 dargestellt. Es werden zuerst die relevanten Unterlagen geprüft (Zeichnungen, Fertigungsunterlagen etc.). Anhand dieser Informationen wird die Auswahl der Prüfmerkmale vorgenommen. Die Auswahl der Prüfmerkmale ist von wesentlicher Bedeutung für die Prüfplanung. Prüfmerkmale können neben Geometriedaten oder physikalisch-chemischen Eigenschaften auch Funktionseigenschaften oder optische Merkmale sein (Pfeifer 2010). Die Auswahl der Prüfmittel ist wegen der damit verknüpften Prüfkosten und Prüfzeiten wesentlich. Abschließend erfolgt die Abstimmung mit den anderen Fachbereichen des Unternehmens und das Erstellen des Prüfplanes, der Prüfanweisung und das Eintragen in den Fertigungsplan (DIN 1998, S. 171 - 188).

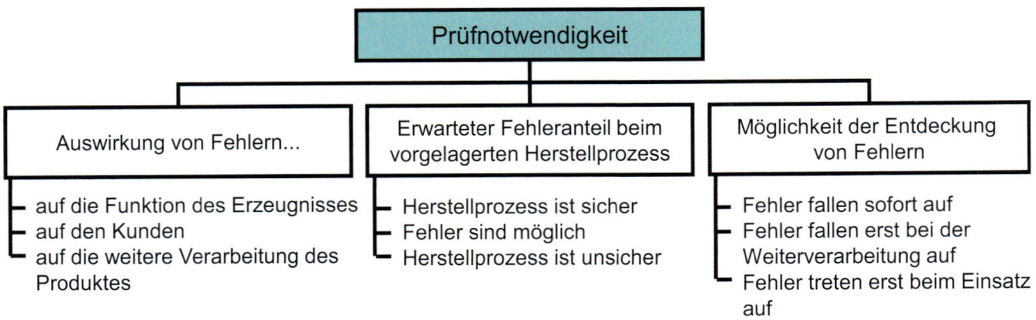

Abb. 23.2 Kriterien zur Bestimmung der Prüfnotwendigkeit der Einheit

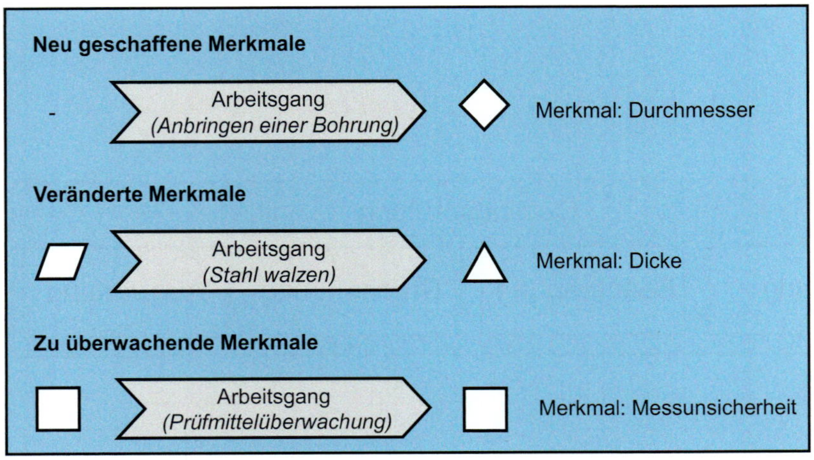

Abb. 23.3 Kategorien von Prüfmerkmalen in der Fertigung (Höppner 2001)

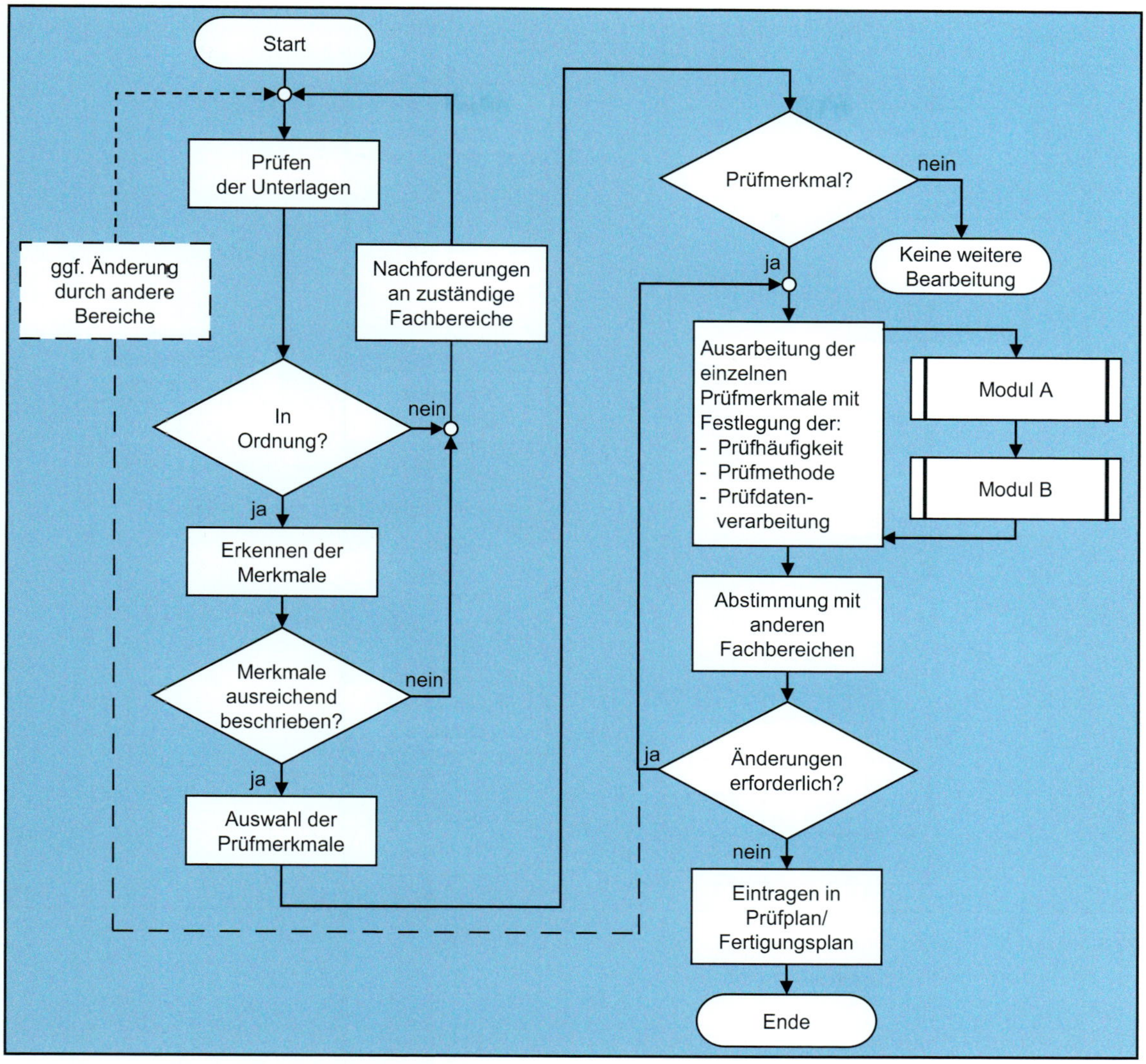

Abb. 23.4 Arbeitsschritte zur Erstellung eines Prüfplanes (VDI 2619 1985)

In vielen mittelständischen und großen Unternehmen wird eine rechnergestützte Prüfplanung durchgeführt. Es werden CAQ-Systeme verwendet, die mehrere Vorteile bieten, wie beschleunigte Datenerfassung, rationale Planung und anpassungsfähige Auswertungsmöglichkeiten (Linß 2011, Kap. 16). Die kreativen Aufgaben des Prüfplaners bleiben hierbei erhalten, lediglich im formalen Bereich und bei der Informationssuche wird seine Arbeit deutlich erleichtert. Für die rechnergestützte Realisierung der Prüfplanung ist ein qualifiziertes innerbetriebliches EDV-System erforderlich.
Um die Prüfung ordnungsgemäß durchführen zu können, werden im Prüfplan für jedes Prüfmerkmal folgende Charakteristika festgelegt:

- **Was?** Beschreibung des Prüfmerkmales
- **Wie oft?** Prüfhäufigkeit
- **Wie viel?** Prüfumfang
- **Womit?** Prüfmittel
- **Wann?** Prüfzeitpunkt
- **Durch wen?** Prüfer
- **Wo?** Prüfort
- **Wie?** Prüfanweisung
- **Prüfdaten?** aufschreiben, sammeln, auswerten, verteilen, verdichten

Die Prüfplanung kann in vier Schritten beschrieben werden.

Schritt 1: Prüfobjekt, Prüfmerkmal – was zu prüfen ist

Die Festlegung der Prüfnotwendigkeit muss mit dem Ziel hoher Produktqualität und minimaler Kosten erfolgen. Die Auswahl der Prüfmerkmale ist von großer Bedeutung

III

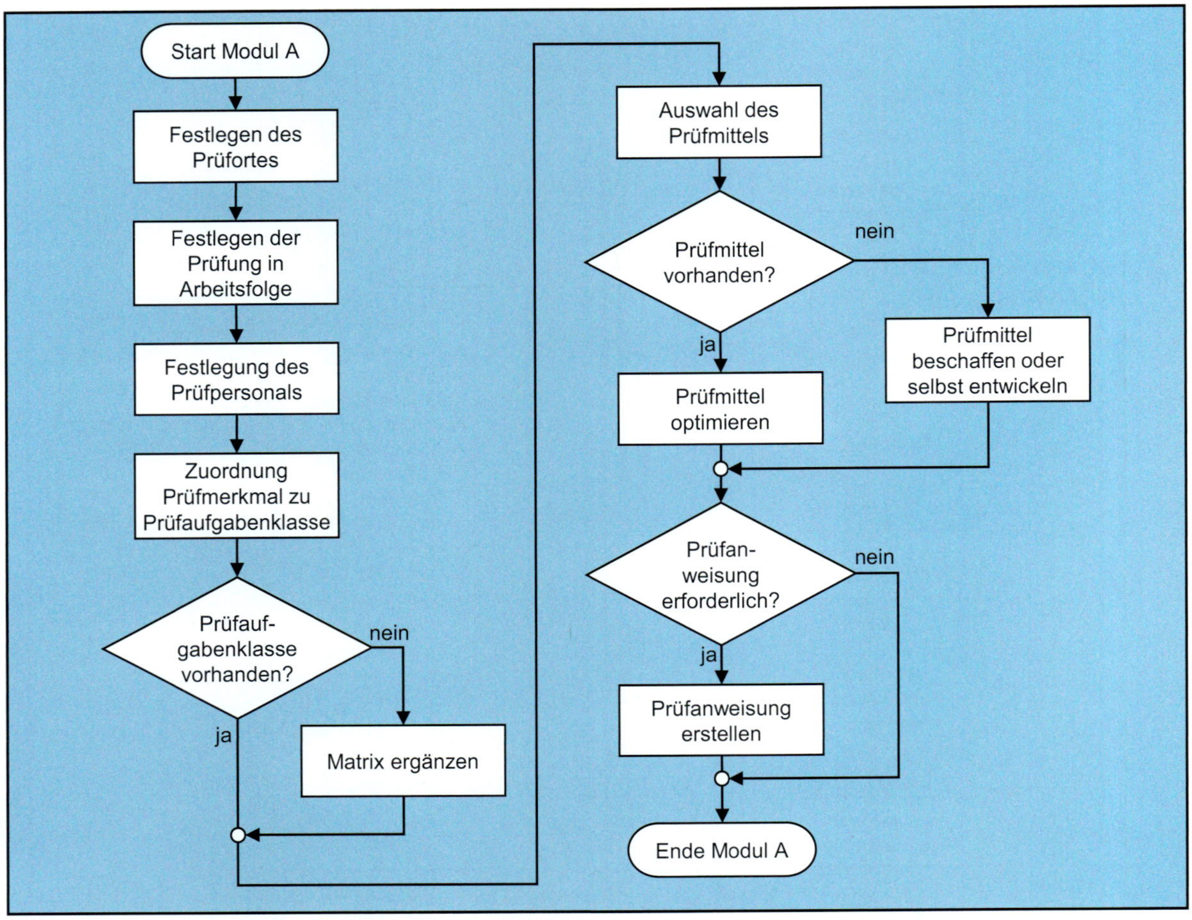

Abb. 23.5 Modul A – Arbeitsschritte zur Erstellung eines Prüfplanes (VDI 2619 1985)

für den Arbeitsumfang und die sich aus der Prüfung ergebende Information. Prinzipiell sind alle Merkmale eines Teiles wichtig. Durch günstige Auswahl der Prüfmerkmale kann jedoch bei gleichem Informationsgehalt Arbeitsaufwand eingespart werden. Wurde die Prüfnotwendigkeit eines Merkmals ermittelt, so wird es zum Prüfmerkmal und Bestandteil des Prüfplans (vgl. VDI 2619 1985 sowie Abb. 23.7).

Schritt 2: Prüfzeitpunkt, Prüfhäufigkeit und Prüfumfang – wann, wie oft, wie viel

Die Festlegung der Prüfhäufigkeit ist für jedes Prüfmerkmal vom Prüfzeitpunkt (integriert oder außerhalb des Fertigungsprozesses) und von der Prüfart (Prüfung anhand qualitativer oder quantitativer Merkmale) abhängig.
Der Umfang einer Qualitätsprüfung ist ein bedeutendes Kriterium, denn er bestimmt Kosten, Dauer, Aussagesicherheit und Zuverlässigkeit der Prüfung (Linß 2011, Kap. 12.3, 12.5, 12.6). Folgende Varianten zum Prüfumfang sind möglich:

100 %-Prüfung:

- Jedes Teil wird geprüft (oft automatisch).
- Anwendung: hauptsächlich in der Automobilindustrie
- Trotzdem ist ein Durchschlupf vorhanden, da der Wirkungsgrad einer Prüfung durch Menschen zwischen 80 % und 95 % liegt (Masing 1999).

Losbezogene Stichprobenprüfung:

- Entnahme einer repräsentativen Teilmenge aus der Grundgesamtheit (Los)
- Mithilfe mathematischer und statistischer Verfahren werden Rückschlüsse auf die Qualität der Grundgesamtheit (Los) gezogen.
- Risiken lassen sich abschätzen (Stichprobensysteme nach ISO 3951 und ISO 2859; vgl. auch DGQ 2002 sowie Linß 2011, Kap. 12.6).
- Anwendung: in allen Bereichen der Industrie, bei zerstörenden Prüfungen

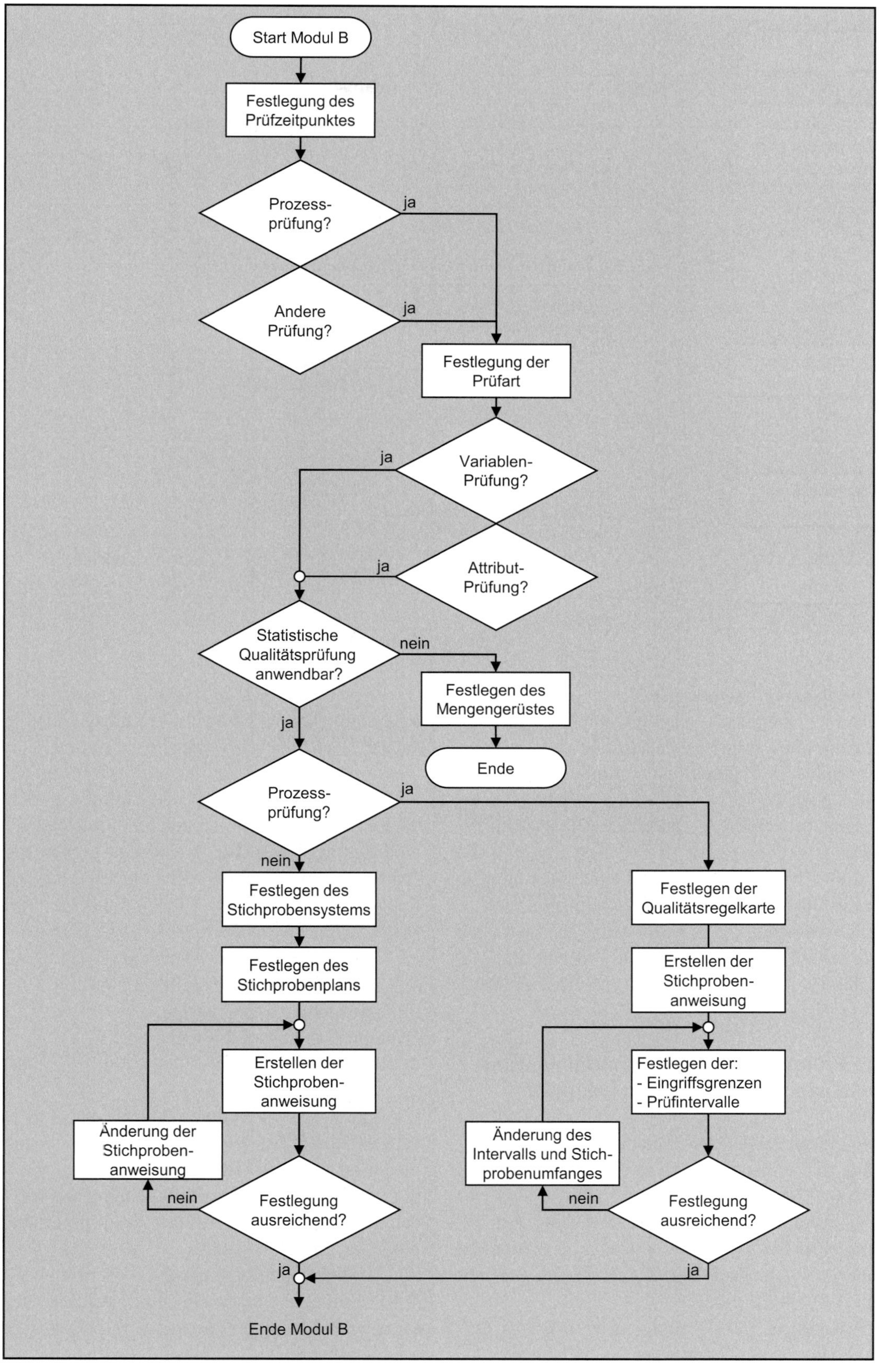

Abb. 23.6 Modul B – Arbeitsschritte zur Erstellung eines Prüfplanes (VDI 2619 1985)

III

III

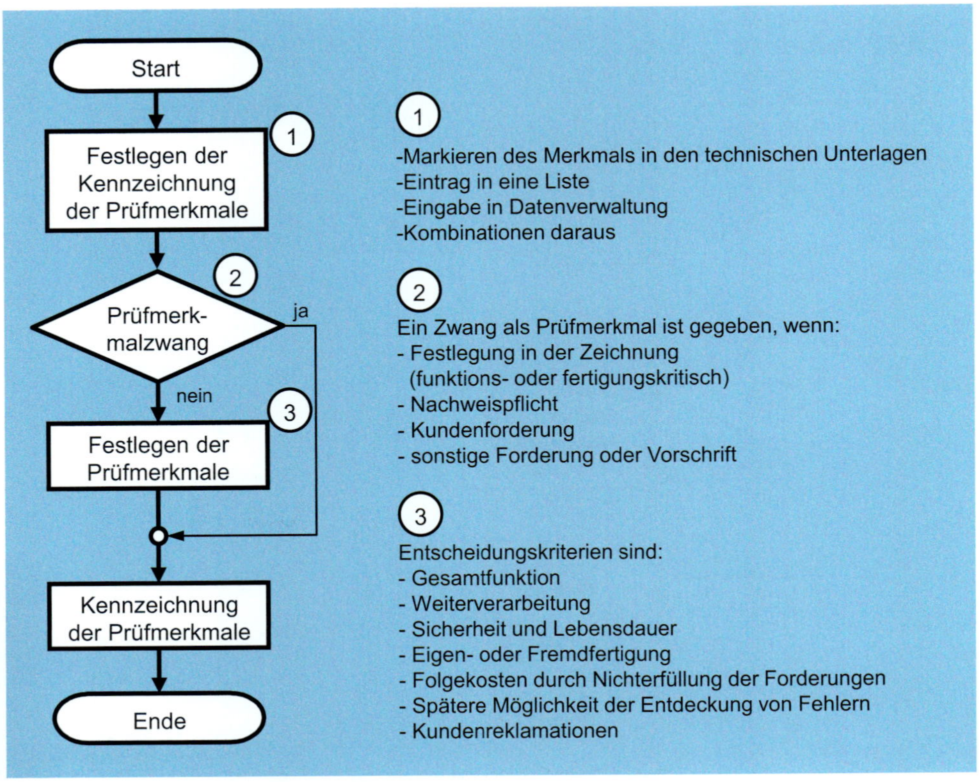

Abb. 23.7 Arbeitsschritte zur Auswahl der Prüfmerkmale (VDI 2619 1985)

Statistische Prozessregelung (SPC):

- In konstanten Zeitabständen wird eine Anzahl Teile entnommen. Danach erfolgt die Prüfung entsprechend der vorgegebenen Prüfmerkmale (Rinne 1989 sowie Linß 2011, Kap. 12.5).
- Die Ergebnisse werden in Qualitätsregelkarten dokumentiert.
- Somit sind Prozessveränderungen erkennbar und es besteht die Möglichkeit, den Prozess zu regeln.
- Wichtige Werkzeuge für die SPC sind Qualitätsregelkarten (Linß 2011, Kap. 12.5) sowie Prozess- und Maschinenfähigkeitsanalysen (Rinne 1989; Dietrich 2009; Linß 2011, Kap. 13.2).

Schritt 3: Prüfmethode und Prüfmittelauswahl – wo, womit, wie zu prüfen ist und wer prüft

Die Festlegung der *Prüfmethode* und die Auswahl des *Prüfmittels* sind von einander abhängig und werden zusammen getroffen (Kap. 23.5).

Um die Frage *„wo zu prüfen ist"* zu beantworten, wird der Prüfort festgelegt. Der Prüfort kann in oder neben der Maschine, aber auch ein Prüfplatz, ein Messraum oder ein Labor sein (VDI 1985).

Für die Durchführung der Prüfung *„wer zu prüfen hat"* kann z. B. der Bearbeiter/Werker, der Qualitätsprüfer oder ein Beauftragter des Abnehmers festgelegt werden.

Die Prüfmethode *„wie zu prüfen ist"* ist vom ausgewählten Prüfmittel abhängig. Für die Prüfungen eines Merkmals stehen verschiedene Prüfmittel mit unterschiedlichen Messunsicherheiten und Eigenschaften zur Verfügung. Prüfmittel müssen so ausgewählt werden, dass mit ihnen die Konformität von Produkten mit festgelegten Qualitätsanforderungen (z. B. Länge, Form, Lage, Rauheit, elektrische Spannung) nachgewiesen werden kann (Linß 2011, Kap. 11.5).

Die *Prüfmittelauswahl* erfolgt für *jedes einzelne Prüfmerkmal* im Prüfplan auf der Grundlage von:

a) technischen/technologischen Kriterien
b) organisatorischen Kriterien
c) wirtschaftlichen Kriterien
d) personellen Kriterien

Die Faktoren für die Prüfmittelauswahl sind in Abbildung 23.8 enthalten. Um Aussagen darüber treffen zu können, inwieweit mit den Prüfmitteln die jeweiligen Qualitätsmerkmale überwacht werden können, werden Untersuchungen zur Prüfprozesseignung/Prüfmittelfähigkeitsuntersuchung durchgeführt.

Zur Qualitätsprüfung eingesetzte Prüfmittel unterliegen der Prüfmittelüberwachung damit gesichert ist, dass die Eignung der Prüfmittel für die vorgesehenen Prüfungen erhalten bleibt.

Die *Prüfstrategie* beschreibt den Ablauf der Prüfung *„wie*

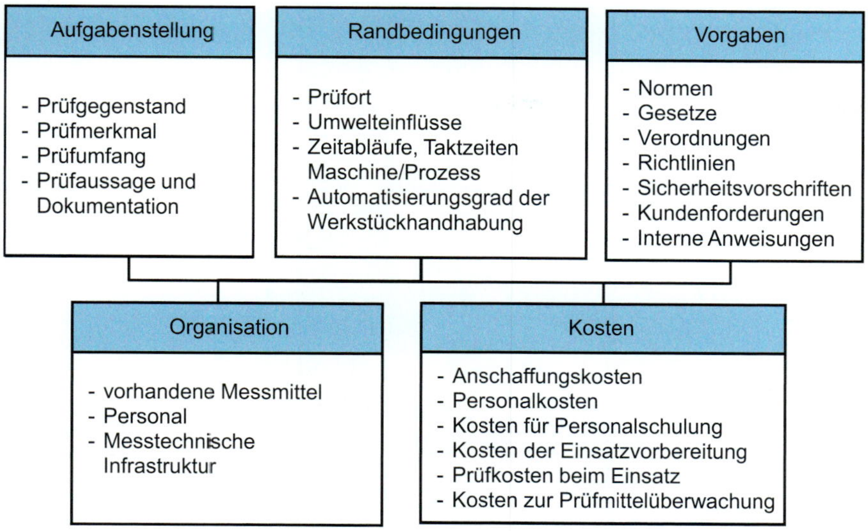

Abb. 23.8
Faktoren für die Prüfmittelauswahl

zu prüfen ist". Der Detaillierungsgrad der Prüfstrategie ist von der Komplexität der einzelnen Prüfmerkmale, der zu verwendenden Prüfmittel und der Qualifikation des Prüfpersonals abhängig. Die Angabe der Prüfstrategie ist dann erforderlich, wenn komplizierte Prüfungen und komplizierte oder neue Prüfmittel einzusetzen sind. Die Festlegung der Prüfstrategie soll komplizierte Messabläufe effektiver gestalten, Bedienabläufe vereinheitlichen und vereinfachen sowie die Prüfergebnisse vergleichbar machen.

Die Prüfstrategien können günstig mithilfe von algorithmischen Vorschriften beschrieben werden, die dann in den Prüfplan zu integrieren sind. Eine algorithmische Vorschrift zur Beschreibung von Prüfstrategien ist eine endlich abgegrenzte und geordnete Menge von Handlungen und Entscheidungen mit dem Ziel der Lösung der Prüfaufgabe (Hofmann 1988).

Schritt 4: Auswertung, Erfassung und Verwaltung der Prüfdaten – wie auszuwerten und zu dokumentieren ist

Für die Ergebnisauswertung werden die Entscheidungskriterien für die in Abhängigkeit vom Prüfergebnis zu treffenden Maßnahmen festgelegt (Abb. 23.9).

Maßnahmen bei Nichteinhaltung der Qualitätsmerkmale können sein:

- Rückweisung des Loses, Abbruch der Stichprobenprüfung, 100%-Prüfung
- Fehlerursachenanalyse, Einleitung von Korrekturmaßnahmen
- Einstufung in Ausschuss, Nacharbeit, Sonderfreigabe

Die Erfassung der Prüfdaten kann nach folgenden Möglichkeiten erfolgen:

- manuell: Dokumentation/Eingabe der Prüfergebnisse durch den Prüfer
- halbautomatisch: Prüfergebnis wird durch CAQ-System übertragen und muss vom Prüfer bestätigt werden
- vollautomatisch: programmgesteuerte Prüfmittel übertragen Prüfergebnisse ohne Einwirkung des Prüfers an das Erfassungssystem

Die Prüfdatenverarbeitung kann gefordert werden:

- extern:
  - Forderungen des Kunden
  - Nachweispflicht
- intern:
  - zur Bestätigung ordnungsgemäßer Arbeit
  - Freigabe für den nächsten Prozess
  - Trendbeobachtungen
  - Aktualisierung der Prüfungen
  - Überwachung der Qualitätsfähigkeit
  - Einleitung von unmittelbaren Maßnahmen (Fehleranalyse, Prozesssteuerung)

Nachweisdokumente der Qualitätsprüfung sind beispielsweise:

- Fehlersammelkarten
- Prüfprotokolle
- Qualitätsregelkarten
- Urwertaufschreibungen.

Bei der Erfassung und Verwaltung der Prüfdaten sollte folgender Grundsatz beachtet werden: „nur die Daten sind zu sammeln und auszuwerten, aus denen Schlussfolgerungen gezogen werden" (VDI 1985).

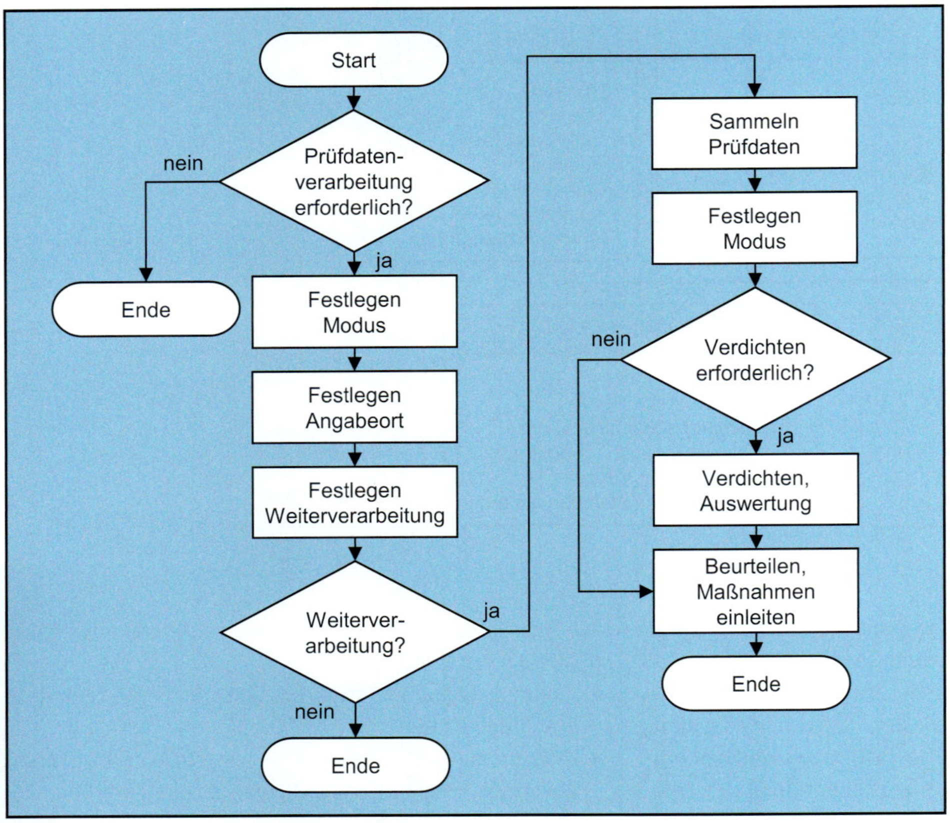

Abb. 23.9
Arbeitsschritte zur Prüfdaten-verarbeitung (VDI 1985)

23.4 Aufbau von Prüfplänen

Das Ergebnis der Prüfplanung ist der *Prüfplan*. Er besteht aus dem Prüfplankopf und dem Prüfplanrumpf (Abb. 23.10).
Der *Prüfplankopf* kann folgende Festlegungen zur zu prüfenden Einheit enthalten (Abb. 23.10):

- Prüfobjekt (Bezeichnung des zu prüfenden Produktes, Prozesses etc.)
- Prüfort
- Einordnung der durchzuführenden Prüfungen in den Produktionsprozess, Arbeitsgangnummer
- Zuständigkeit

Im *Prüfplanrumpf* werden die *Prüfmerkmale* spezifiziert. Zu jedem Merkmal sind alle Festlegungen zu treffen, die für die spätere Prüfung benötigt werden.
Prüfmerkmale können im Prüfplan beschrieben werden durch (Abb. 23.10):

- Korrekturmaßnahme (Maßnahme bei negativem Prüfergebnis - Nichtkonformität)
- Prüfanweisung (Text)
- Benennung des Merkmals
- Merkmalnummer
- Art der Erfassung des Prüfmerkmals
  - quantitative Erfassung
  - qualitative Erfassung
- Prüfmittel und Prüfhilfsmittel
- technische Spezifikation
  - Nennwert
  - Einheit
  - oberer Grenzwert - OGW
  - unterer Grenzwert - UGW
  - Plausibilitätsgrenzen
  - bei Prozessprüfungen: Eingriffsgrenzen
- Prüfskizze
- Wichtung (dokumentationspflichtig, kritischer Fehler, Hauptfehler, Nebenfehler)
- Prüfhäufigkeit und Prüfintervall (mengen- oder zeitbezogen)
- Prüfumfang
- Prüfperson
- Prüfzeit
- Prüfart
- Prüfablauf
- Art der Dokumentation (Papier, Datenbank, Sortierung).

Weitere Festlegungen beziehen sich auf das *Prüfverfahren*:

- Zyklizität und Parallelität

Unternehmen: ABC GmbH	Zn. Nr.: 78414.451.10	**PRÜFPLAN**			Freigabe: 12.04.13	Blatt: 1 von 1
Prüfplan Nr.: 22394	Bezeichnung: Distanzbuchse	Prüfort: Dreherei			Skizze	
AG-Nr.	**Arbeitsgang**	**Prüfmerkmal**	**Prüfumfang**	**Prüfmittel**	**Dokument**	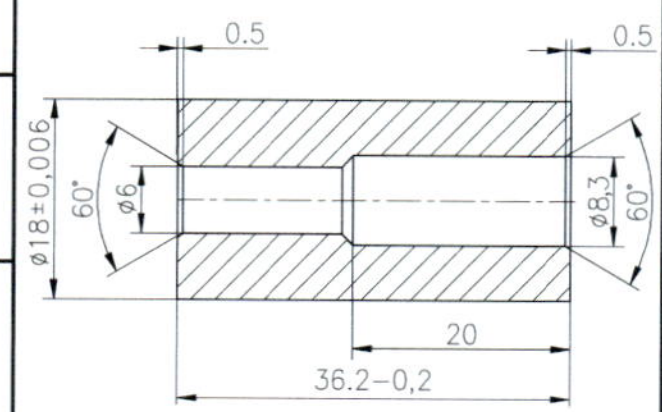 16MnCr5
05	Drehen	Maß $18{,}3_{-0{,}05}$ Maß $36{,}2_{-0{,}2}$ Kanten gradfrei	Jedes 20. Teil	Messschieber Sichtprüfung		
10	Bohren Fräsen	Maß ∅ 6,0 Maß ∅ 8,3 Maß 0,5	bei Werkzeugwechsel	Messschieber Sichtprüfung		
35	Schleifen	Maß $18{,}008_{-0{,}002}$	Jedes 20. Teil	GRL 18,01-0,01		
40	Läppen	Maß 18±0,006	100 %	Aeropanmessgerät mit Lehre 587462	Begleitkarte	

Abb. 23.10 Prüfplan zur Fertigungsprüfung eines Drehteils

- Varietät
- Prüfstrategie
- Gedächtniseigenschaft.

Prüfpläne werden häufig in Tabellenform und mit Prüfskizze dargestellt (Abb. 23.10).

23.5 Methodik zur Auswahl von Prüfmitteln

Die begründete Auswahl von Prüfmitteln für die Durchführung von Mess- und Prüfarbeiten in der Produktion und Dienstleistungserbringung hat für die Prüfplanung grundlegende Bedeutung (Weckenmann 2006). Für *Suchprobleme*, die in der Labormessung auftreten, und speziell für *Wiederholprobleme* aus industriellen Aufgabenstellungen wird deutlich, dass eine *Gewichtung* der Elemente *der Prüfplanung* stattfindet. Neben dem Messobjekt und dem Prüfmerkmal als Prüfaufgabeneigenschaften ist die Auswahl des *richtigen Prüfmittels* am wichtigsten:

> Die Qualität der Prüfung wird entscheidend durch das Prüfmittel bestimmt.

Geeignete Prüfmittel sind für die Gewinnung von Messinformationen in Qualitätsregelkreisen unerlässlich. Die Prüfmittelauswahl erfolgt für *jedes einzelne Prüfmerkmal* eines Prüfplans auf der Grundlage von (Klonaris 1998):

- technischen/technologischen Kriterien
- organisatorischen Kriterien
- wirtschaftlichen Kriterien

23.5.1 Technische/technologische Prüfmittelauswahl

Die technischen/technologischen Kriterien sind die primären Anforderungen an das Prüfmittel. Die Anforderungen entstammen dem Prüfplan nach Prüfart, Prüfprinzip, Prüfgröße, Messbereich, Messauflösung und Messunsicherheit (Abb. 23.11).

Prüfart

Es wird unterschieden zwischen qualitativer und quantitativer Prüfung. Während bei quantitativer Prüfung Zahlen erfasst werden, wird bei qualitativer Prüfung nur zwischen „gut - iO“ und „schlecht - niO“ entschieden bzw. eine Einordnung in bestimmte Gruppierungen durchgeführt.

Physikalische Größe des Prüfmerkmals

Die physikalische Größe des Prüfmerkmals bestimmt das geeignete Prüfprinzip (physikalisch, geometrisch, chemisch etc.) und die Prüfgröße (Position, Form, Länge, Winkel etc.).

Geometrie des Prüflings

Von der Geometrie des Prüflings hängt es ab, welche Prüfmittel für die Messaufgabe verwendbar sind. Dies betrifft

- die messtechnische Zugänglichkeit der Prüfgröße
- die geometrische Aufnahmefähigkeit durch das Prüfmittel

Masse und Handhabbarkeit des Prüflings

III

Von der Masse und Handhabbarkeit (Sperrigkeit, Festigkeit) des Prüflings ist es zusätzlich abhängig, wie die Prüfung durchgeführt wird (z. B. Handmessmittel oder stationäre Messmaschine).

Mechanische Festigkeit des Prüflings

Diese Eigenschaften des Prüfobjektes beeinflussen über die Größe „zulässige Messkraft“ die Entscheidung über taktile (berührende) oder berührungslose Messung.

Umgebungsbedingungen bei der Prüfung (Raumtemperatur, Verunreinigungen, Schwingungen)

Hiervon wird die Entscheidung über Prüfung im Messraum oder im Fertigungsprozess beeinflusst.

Taktzeit des Arbeitsganges

Zur Realisierung der erforderlichen Prüffrequenz muss das Prüfmittel die entsprechende Prüfzeit realisieren können. Gegebenenfalls sind Automatisierungen des Prüfprozesses durchzuführen.

Toleranzbereich des Prüfmerkmals

Der Toleranzbereich des Prüfmerkmals bestimmt den *erforderlichen Messbereich* des Prüfmittels. Die Werte von der unteren bis zur oberen Toleranzgrenze müssen im Messbereich des Prüfmittels liegen; besser ist es jedoch, wenn auch Werte, die außerhalb des Toleranzbereiches liegen, erfasst werden können.
Die Toleranz des Prüfmerkmals stellt weiterhin Anforderungen an die *Messauflösung* und die *Messunsicherheit* des Prüfmittels. Die Messauflösung bezeichnet den kleinsten Wert der Änderung des zu messenden Merkmals, die das Messsystem noch eindeutig erfassen kann.
Die Messauflösung ist immer besser oder gleich der Messunsicherheit. Wenn keine Angaben zur Messunsicherheit vorliegen, kann man ersatzweise die Messauflösung verwenden. Die Zusammenhänge zwischen der Toleranz

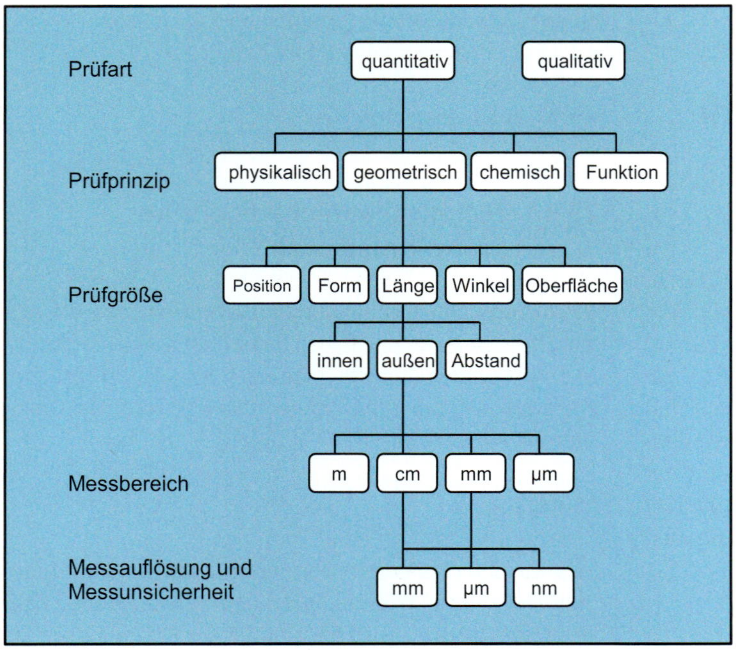

Abb. 23.11
Kriterien der technischen/technologischen Prüfmittelauswahl

des zu prüfenden Merkmals und der Messunsicherheit beschreibt die „Goldene Regel der Fertigungsmesstechnik".

Die „Goldene Regel der Fertigungsmesstechnik"

Die Streuung s der Messwerte des Prüfprozesses setzt sich aus der Streuung der Merkmalswerte s_p (Index p steht für Process), der Standardmessunsicherheit des Prüfmittels s_g (Index g steht für gauge - Prüfmittel) und der Kovarianz zwischen Fertigungs- und Prüfprozess zusammen:

$$s^2 = s_p^2 + s_g^2 + Kovarianz(p,g)$$

Da Prüf- und Fertigungsprozess voneinander unabhängig sind, geht die Kovarianz zwischen beiden gegen 0 und es ergibt sich (Lunze 2000):

> $s^2 = s_p^2 + s_g^2$ mit
>
> s: Standardabweichung der Messwerte des Prüfprozesses
>
> s_p: Standardabweichung der Merkmale des Fertigungsprozesses
>
> s_g: Standardmessunsicherheit des Prüfmittels (hervorgerufen durch zufällige und unvollständig korrigierte systematische Messabweichungen)

Bei vorgegebenen Grenzwerten für s muss die Standardmessunsicherheit des Prüfmittels s_g genügend klein gehalten werden, damit die Fertigungsabweichungen des Prozesses, die durch s_p beschrieben werden, nicht unwirtschaftlich stark begrenzt werden müssen (genauere und damit teurere Maschine). Die Zielstellung ist $\frac{s_g}{s} \Rightarrow Min$, denn wenn $\frac{s_g}{s} \rightarrow 0$, dann $s \rightarrow s_p$.

Durch Umstellung der vorangegangenen Gleichung für s^2 lässt sich der Zusammenhang zwischen den Verhältnissen $\frac{s_g}{s}$ und $\frac{s_p}{s}$ ableiten:

$$\frac{s_g}{s} = \sqrt{1 - \frac{s_p^2}{s^2}}$$

Für unterschiedliche Forderungen an s_p/s ergeben sich die Forderungen an s_g/s (Tab. 23.1).

Tab. 23.1 Geforderte Verhältnisse von s_p/s und s_g/s

Anteil von s_p an s $\frac{s_p}{s}$	Anteil von s_g an s $\frac{s_g}{s}$
≥ 0,980	< 0,20
≥ 0,990	< 0,15
≥ 0,995	< 0,10

Ersetzt man unter Annahme von Normalverteilung s durch die Funktionstoleranz T, s_p durch die Toleranz des Fertigungsprozesses T_p und s_g durch die doppelte erweiterte Standardmessunsicherheit U, so ergibt sich nach (Lunze 2000):

$$T^2 = T_p^2 + (2 \cdot U)^2$$

Die Umformung der Gleichung liefert:

$$\frac{U}{T} = \frac{1}{2}\sqrt{1 - \left(\frac{T_p}{T}\right)^2}$$

Bei Forderung von $\frac{T_p}{T} \geq 98\%$ ergibt sich ein resultierendes Verhältnis von U zu T von $\frac{U}{T} \leq 0{,}1$. Diese Schlussfolgerung wird als „Goldene Regel der Fertigungsmesstechnik" bezeichnet.

> **„Goldene Regel der Fertigungsmesstechnik"**
>
> Für Messungen, in denen die Messunsicherheit U gegenüber der Toleranz des Fertigungsprozesses T_p vernachlässigbar klein sein soll, darf die Messunsicherheit höchstens ein Zehntel der Funktionstoleranz des geprüften Merkmals betragen:
>
> $\frac{U}{T} \leq 0{,}1$

Bemerkungen: Beim Übergang von den Standardabweichungen zu den Toleranzen sind die Fähigkeitsindizes und der Faktor k der erweiterten Standardmessunsicherheit zu beachten. Für kleine Toleranzbereiche (< 5 µm) ist die Einhaltung der „Goldenen Regel der Fertigungsmesstechnik" in der Produktion schwierig bzw. nicht mehr möglich. Daher kann die „Goldene Regel der Fertigungsmesstechnik" lediglich als grobe Orientierung zur Prüfmittelauswahl dienen. Nach (DIN 2257 1982) wird ein Verhältnis der Messunsicherheit des Prüfmittels zur Toleranz des Prüfmerkmals von ≤ 0,2 empfohlen. Zur sicheren Prüfmittelauswahl sollte die *Prüfmittelfähigkeitsuntersuchung* durchgeführt werden.

23.5.2 Organisatorische Prüfmittelauswahl

Unter organisatorischer Prüfmittelauswahl wird die Auswahl des Prüfmittels nach *organisatorisch-praktischen Kriterien* verstanden, wie:

- Vorhandensein des Prüfmittels im Bestand (wenn nicht vorhanden: Entscheidung über anderes Prüfmittel oder Investition)
- Verfügbarkeit des Prüfmittels zum Zeitpunkt (d. h. es wird nicht von anderen Prüfern benötigt)
- erforderliche und vorhandene Qualifikation der Prüfer
- räumliche Gegebenheiten (Platzbedarf, Traglast von Bauwerken, Reinheiten, Temperatur, Luftfeuchte etc.)

Wenn nach der Auswahl von Prüfmitteln nach organisatorischen Kriterien noch verschiedene Prüfmittel einsetzbar sind, sollte eine Prüfmittelauswahl nach *wirtschaftlichen Kriterien* durchgeführt werden.

23.5.3 Wirtschaftliche Prüfmittelauswahl

Bei der wirtschaftlichen Prüfmittelauswahl sollen alle mit dem jeweiligen Prüfmitteleinsatz verbundenen Kosten betrachtet und optimiert werden. Dabei sind nicht nur die direkten Prüfkosten zu beachten, sondern auch die Kosten für Fehlentscheidungen, die aus den Messunsicherheiten der Prüfmittel resultieren. Fehlentscheidungen sind:

- fälschlich abgelehnte Gutteile
- fälschlich angenommene Schlechtteile

Der Einfluss der Messunsicherheit auf diese Fehlentscheidungen wird in Abbildung 23.12 dargestellt.

Das Ziel der wirtschaftlichen Prüfmittelauswahl soll eine wirtschaftliche Gesamtlösung für die Prüfaufgabe sein. Aus einer Anzahl technisch möglicher Prüfmittel *j* ist das Prüfmittel auszuwählen, welches bei der Lösung der Prüfaufgabe ein Minimum an Gesamtkosten K_{PM} verursacht:

$$K_{PM,j} = K_{P,j} + K_{F,ab} \cdot p_{ab,j} + K_{F,an} \cdot p_{an,j} \Rightarrow Minimum$$

mit:

- $K_{PM,j}$ Kosten für den Einsatz des *j*-ten Prüfmittels
- $K_{P,j}$ Prüfkosten beim Einsatz des *j*-ten Prüfmittels
- $K_{F,ab}$ Fehlerkostensatz für ein fälschlich abgelehntes Teil
- $p_{ab,j}$ Anzahl fälschlich abgelehnter Teile
- $K_{F,an}$ Fehlerkostensatz für ein fälschlich angenommenes Teil
- $p_{an,j}$ Anzahl fälschlich angenommener Teile

Zur Berechnung der Anteile fälschlich abgelehnter Teile $p_{ab,j}$ und fälschlich angenommener Teile $p_{an,j}$ sind Faltungsintegrale über eine zweidimensionale Wahrscheinlichkeitsdichteverteilung zu lösen. Dabei wird von einer normalverteilten zweidimensionalen Wahrscheinlichkeitsdichteverteilung mit den unkorrelierten Größen Prozessabweichungen x_1 und Messabweichungen x_2 ausgegangen:

$$f(x_1, x_2) = \frac{1}{2\pi \cdot \sigma_1 \cdot \sigma_2} exp\left(-\frac{(x_1 - \mu_1)^2}{2\sigma_1^2} - \frac{(x_2 - \mu_2)^2}{2\sigma_2^2} \right)$$

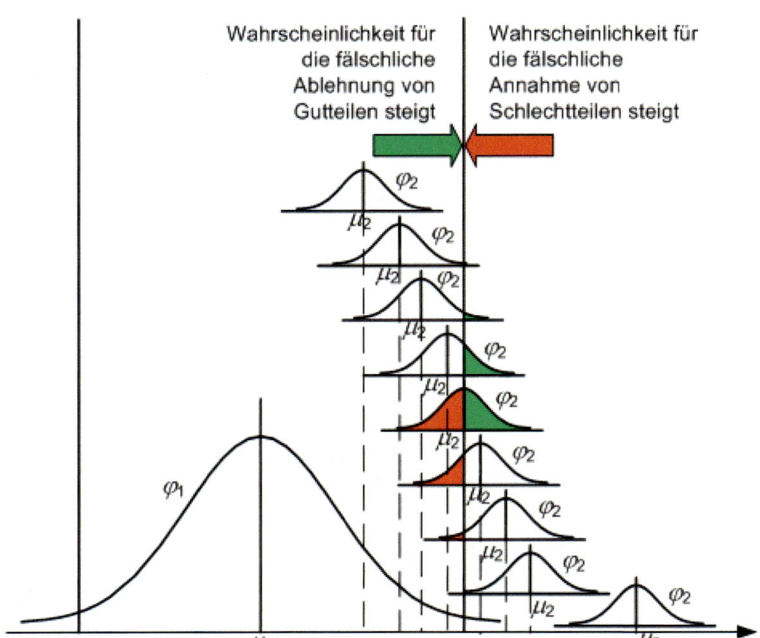

Abb. 23.12
Einfluss der Toleranzen und Messabweichungen auf Fehlentscheidungen (Hofmann 1988)

Diese zweidimensionale Wahrscheinlichkeitsdichtefunktion ist in Abbildung 23.13 grafisch dargestellt.

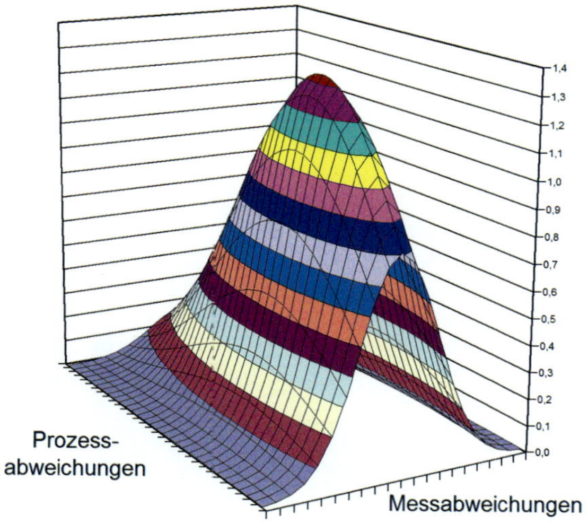

Abb. 23.13 Zweidimensionale Wahrscheinlichkeitsdichtefunktion von Prozessabweichungen und Messabweichungen

Es werden folgende Fälle hinsichtlich der Annahme bzw. Ablehnung der geprüften Teile unterschieden:

- Fall 1: Schlechtteil fälschlich angenommen
- Fall 2: Gutteil fälschlich abgelehnt
- Fall 3: Gutteil richtig angenommen
- Fall 4: Schlechtteil richtig abgelehnt

Für die beiden ersten Fälle, bei denen es sich um Fehlentscheidungen handelt, müssen Fehleranteile bestimmt werden, die zur Ermittlung der Fehlerkosten notwendig sind. Die Fehleranteile berechnen sich durch die zweidimensionale Faltungsintegration der Werkstückabmessungen ϕ_1 und der Messabweichungen ϕ_2.

Fall 1: Schlechtteil fälschlich angenommen

$$p_{an,j} = \frac{1}{2\pi \cdot \sigma_1 \cdot \sigma_2} \left[\begin{array}{l} \int_{T_o}^{\infty}\int_{T_u}^{T_o} exp\left(-\frac{(x_1-\mu_1)^2}{2\sigma_1^2} - \frac{(x_2-x_1-\mu_2)^2}{2\sigma_2^2} \right) dx_2 dx_1 + \\ \int_{\infty}^{T_u}\int_{T_u}^{T_o} exp\left(-\frac{(x_1-\mu_1)^2}{2\sigma_1^2} - \frac{(x_2-x_1-\mu_2)^2}{2\sigma_2^2} \right) dx_2 dx_1 \end{array} \right]$$

Fall 2: Gutteil fälschlich abgelehnt

$$p_{an,j} = \frac{1}{2\pi \cdot \sigma_1 \cdot \sigma_2} \left[\begin{array}{l} \int_{T_u}^{T_o}\int_{T_o}^{\infty} exp\left(-\frac{(x_1-\mu_1)^2}{2\sigma_1^2} - \frac{(x_2-x_1-\mu_2)^2}{2\sigma_2^2} \right) dx_2 dx_1 + \\ \int_{T_u}^{T_o}\int_{-\infty}^{T_u} exp\left(-\frac{(x_1-\mu_1)^2}{2\sigma_1^2} - \frac{(x_2-x_1-\mu_2)^2}{2\sigma_2^2} \right) dx_2 dx_1 \end{array} \right]$$

Fall 3: Gutteil richtig angenommen

Der Anteil der richtig angenommenen Gutteile P_{an} berechnet sich zu

$$P_{an} = \frac{1}{2\pi \cdot \sigma_1 \cdot \sigma_2} \int_{T_u}^{T_o}\int_{T_u}^{T_o} exp\left(-\frac{(x_1-\mu_1)^2}{2\sigma_1^2} - \frac{(x_2-x_1-\mu_2)^2}{2\sigma_2^2} \right) dx_2 dx_1$$

Fall 4: Schlechtteil richtig abgelehnt

Den Anteil der richtig zurückgewiesenen Schlechtteile P_{ab} erhält man aus

$$p_{an,j} = \frac{1}{2\pi \cdot \sigma_1 \cdot \sigma_2} \left[\begin{array}{l} \int_{T_o}^{\infty}\int_{T_o}^{\infty} exp\left(-\frac{(x_1-\mu_1)^2}{2\sigma_1^2} - \frac{(x_2-x_1-\mu_2)^2}{2\sigma_2^2} \right) dx_2 dx_1 + \\ \int_{-\infty}^{T_u}\int_{-\infty}^{T_u} exp\left(-\frac{(x_1-\mu_1)^2}{2\sigma_1^2} - \frac{(x_2-x_1-\mu_2)^2}{2\sigma_2^2} \right) dx_2 dx_1 + \\ \int_{T_o}^{\infty}\int_{-\infty}^{T_u} exp\left(-\frac{(x_1-\mu_1)^2}{2\sigma_1^2} - \frac{(x_2-x_1-\mu_2)^2}{2\sigma_2^2} \right) dx_2 dx_1 + \\ \int_{-\infty}^{T_u}\int_{T_o}^{\infty} exp\left(-\frac{(x_1-\mu_1)^2}{2\sigma_1^2} - \frac{(x_2-x_1-\mu_2)^2}{2\sigma_2^2} \right) dx_2 dx_1 \end{array} \right]$$

Die Berechnung der Faltungsintegrale mit dem Programm FaltINT (Linß 2011, Kap. 11.5.3) als Grundlage für die Risikoquantifizierung kann analytisch durchgeführt werden, da auf diese Weise allgemeingültige und exakte Lösungen erzielt werden können.

Für spezielle Anwendungsfälle dienen Risikoangaben der Prognose von Fehler- und Fehlerfolgekosten; sie sind die Basis für vielgestaltige Optimierungen. In der Industrie werden Prozesse durch die Fähigkeitsindizes C_P und C_{Pk} beschrieben, um die Vergleichbarkeit von verschiedenen Zulieferern, Maschinen und Prozessen zu garantieren. Daher erscheint es sinnvoll, Risikoangaben in Abhängigkeit von Fähigkeitsindizes darzustellen (Abb. 23.14).

Durch einen iterativen Algorithmus kann bei bekanntem Fertigungsprozess und Vorgabe eines Zielrisikos die maximal zulässige Messunsicherheit berechnet werden. Als Zielparameter für das iterative Verfahren eignet sich das Abnehmerrisiko R_A, denn durch das Abnehmerrisiko verursachte Fehler- und Fehlerfolgekosten sind wesentlich höher als interne Kosten, welche durch ein zu hohes Herstellerrisiko hervorgerufen werden. Das Verhältnis von Messunsicherheit und Toleranz beeinflusst das Abnehmerrisiko z. B. für einen fähigen Fertigungsprozess mit C_P = C_{Pk} = 1,33 (Abb. 23.15).

Genau wie bei der Angabe einer Zielmessunsicherheit ist ein Zielrisiko ein vom Management festzulegender Parameter. Risikoangaben für wirtschaftliche Prognosen sind z. B. für die Abschätzung von Reklamationskosten aufgrund von fälschlich angenommenen Schlechtteilen einfacher zu realisieren als auf der Basis von Messunsicherheitsangaben.

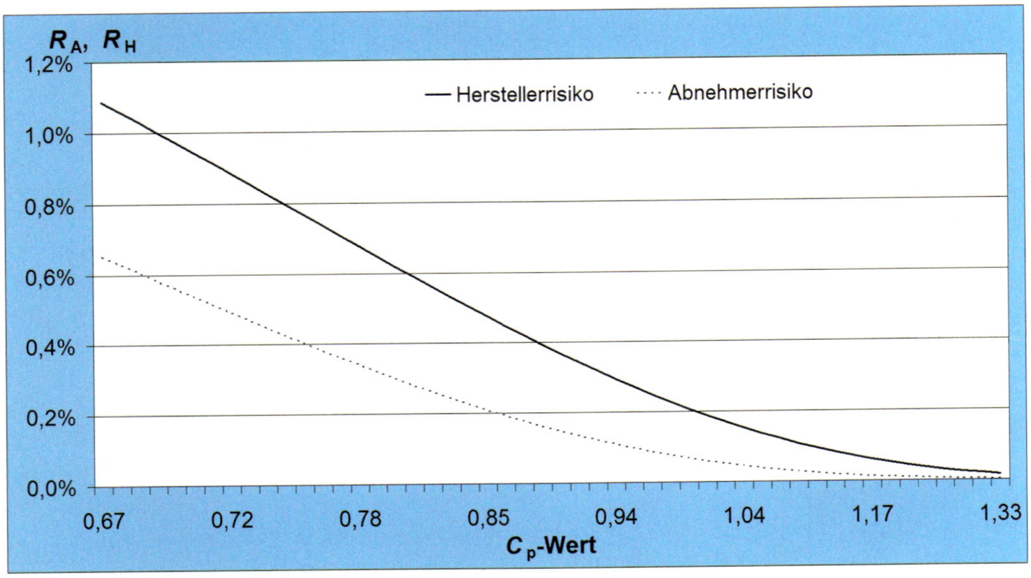

Abb. 23.14 Herstellerrisiko R_H und Abnehmerrisiko R_A in Abhängigkeit vom tatsächlichen Prozessfähigkeitsindex $C_P = T / 6\sigma$ bei einem Unsicherheits-Toleranz-Verhältnis $U / T = 0{,}1$ (Einhaltung der „Goldenen Regel der Fertigungsmesstechnik") (Weißensee 2007)

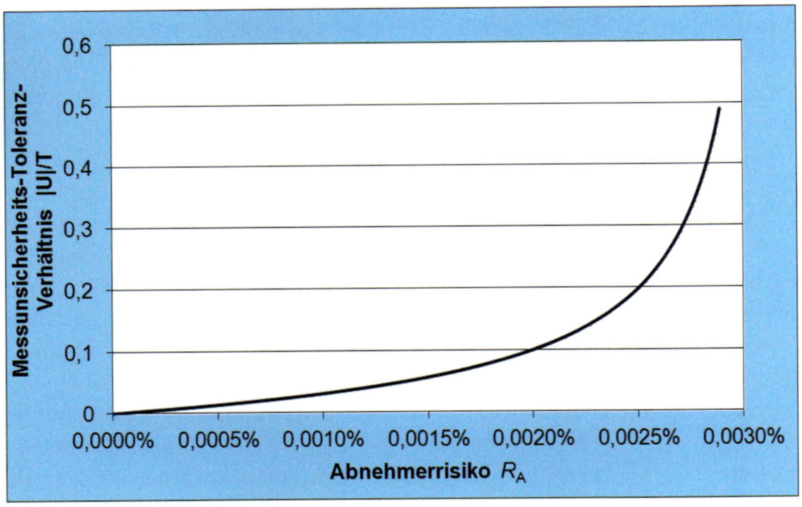

Abb. 23.15 Messunsicherheits-Toleranz-Verhältnis in Abhängigkeit vom Abnehmerrisiko R_A für einen fähigen Fertigungsprozess mit $C_P = C_{Pk} = 1{,}33$ (Weißensee 2007)

23.6 Industrielles Beispiel für die Erarbeitung eines Prüfplanes

Für die Qualitätsprüfung des Lagerstiftes (Abb. 23.16) ist ein Prüfplan zu erarbeiten. Die Herstellung des Lagerstiftes erfolgt an einem CNC-Drehautomaten mit einem einschneidigen Werkzeug und einer Stückzeit von 12 Sekunden pro Einheit. Der CNC-Drehautomat hat einen Rundlauf von ± 0,005 mm. Der Auftrag für das aus Automatenstahl zu fertigende Verbindungselement umfasst 50 000 Teile.

23.6.1 Prüfobjekt und Prüfmerkmale für die Endprüfung „Lagerstift" – was zu prüfen ist

Der erste Arbeitsschritt zur Erstellung des Prüfplans ist die Analyse aller Unterlagen und Informationen zum Prüfling. Dazu stehen am Beispiel des Lagerstiftes (Abb. 23.16) folgende Quellen zur Verfügung:

- Technischer Entwurf mit Maßangaben: Prüfskizze (Abb. 23.16)
- Angaben zum Produktionsumfang: 50 000 Stück
- Fertigungsmaterial: Automatenstahl 11 SMnPb37 blank ∅ 15 mm

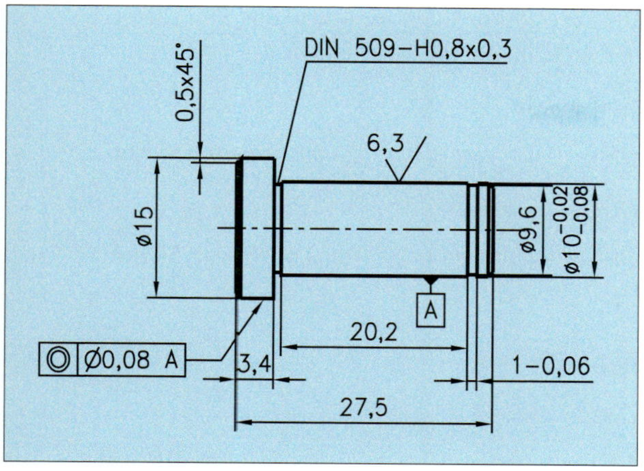

Abb. 23.16 Prüfskizze Lagerstift

- Stückzeit: 12 Sekunden
- Maschinenkennwerte: notwendige Prozessfähigkeit vorhanden

Darauf aufbauend werden die Prüfmerkmale für die Endprüfung festgelegt und technisch beschrieben. Unter Berücksichtigung des zukünftigen Verwendungszwecks können Aussagen zur Prüfnotwendigkeit getroffen werden. Auf der Grundlage einer Voruntersuchung, z. B. einer FMEA, sind die im Folgenden dargestellten Merkmale für eine Prüfung auszuwählen (Linß 2011, Kap. 14.3).

Merkmal 1: Durchmesser d_1 = $10^{-0,02}_{-0,08}$ mm

Der Durchmesser ist das Hauptmerkmal für die spätere Funktion des Lagerstiftes. Aufgrund des sehr kleinen Toleranzfeldes besteht ein erhöhtes Risiko, denn ein Unterschreiten der unteren Toleranzgrenze hat die Unbrauchbarkeit des Lagerstiftes zur Folge. Das erneute Überdrehen des Lagerstiftes zur Beseitigung eines zu großen Durchmessers (Nacharbeit) führt zu einer Verzögerung im Produktionsprozess. Aufgrund eines vernachlässigbar kleinen Rundlauffehlers der CNC-Drehmaschine und der Herstellung mit einem einschneidigen Werkzeug braucht die Koaxialität des Prüflings nicht überprüft zu werden.

Merkmal 2: Länge l_1 = 20,2 mm

Als Verbindungselement soll der Lagerstift gelenkige Verbindungen realisieren. Der Abstand zwischen Kopf und Sicherungsring besitzt eine Allgemeintoleranz und wird vom Werker durch Selbstprüfung überwacht. Die Länge l_1 ist ein Nebenmerkmal.

Merkmal 3: Nutbreite b_1 = 1,0 $_{-0,06}$ mm

Ebenfalls zu den Hauptmerkmalen für die Funktionsfähigkeit zählt die Nutbreite. Bereits geringe Ungenauigkeiten machen im Fall einer zu kleinen Nutbreite die Montage der Baugruppe unmöglich.

Merkmal 4: Nutdurchmesser d_2 = 9,6 mm

Für den Nutdurchmesser ist eine Allgemeintoleranz festgelegt, weil sich geringe Abweichungen des Sollwerts nicht kritisch auf die Funktion auswirken.

Merkmal 5: 2 Fasen 0,5 × 45°

Die Überprüfung der Fasen auf Gratfreiheit wird als Sichtprüfung durchgeführt. Hierbei handelt es sich um eine qualitative Prüfanweisung. Da sich Fehler bei diesem Qualitätsmerkmal nicht als kritisch erweisen, erfolgt eine Zuordnung zu den Nebenmerkmalen.

Merkmal 6: Freistich DIN 509-H0,8 × 3

Ebenso erfolgt die Überprüfung der gratfreien und ordnungsgemäßen Ausführung des Freistichs als Sichtprüfung. Für die Länge des Freistichs besteht keine Prüfnotwendigkeit.

Merkmal 7: Kopfhöhe l_2 = 3,4 mm

Da aus der Sicht der Montage und der Funktion keine besonderen Anforderungen bestehen, ist eine Selbstprüfung der Kopfhöhe durch den Werker ausreichend.

Merkmal 8: Gesamtlänge l_3 = 27,5 mm

Die allgemeintolerierte Gesamtlänge zählt zu den Nebenmerkmalen. Die Nebenmerkmale werden in Selbstprüfung durch die Werker überwacht (Werkerselbstprüfung).

Merkmal 9: Gemittelte Rautiefe R_z = 6,3 µm

Eine Nichteinhaltung der geforderten Oberflächenqualität kann ebenfalls zu einer Funktionsbeeinträchtigung führen, somit handelt es sich hierbei um ein Hauptmerkmal.

23.6.2 Prüfzeitpunkt und Prüfart

Für die Durchführung der Qualitätsprüfung der Hauptmerkmale werden die im Folgenden dargestellten Prüfzeitpunkte und Prüfarten festgelegt (Tab. 23.2).

III

Tab. 23.2 Festlegung der Prüfzeitpunkte und Prüfarten für die Qualitätsprüfungen „Lagerstift"

Nr.	Hauptmerkmal	Prüfzeitpunkt	Prüfart
01	Durchmesser d_1	parallel zur Fertigung	Variablenprüfung (quantitativ)
03	Nutbreite b_1	parallel zur Fertigung	Attributivprüfung (qualitativ)
09	Gemittelte Rautiefe R_z	Endprüfung	Variablenprüfung (quantitativ)

23.6.3 Prüfhäufigkeit und Prüfumfang für die Prüfung der Hauptmerkmale „Lagerstift"

Bei der Herstellung des Lagerstiftes soll die Prüfung in den Fertigungsablauf integriert als statistische Prozessregelung (SPC) mithilfe von Shewhart-Qualitätsregelkarten erfolgen. Bei der Shewhart-Qualitätsregelkarte werden die Eingriffs- und Warngrenzen aus den Verteilungsparametern des Fertigungsprozesses bestimmt (Linß 2011, Kapitel 12.5.5). Die Entnahme der Teile in den Prüflosen erfolgt in konstanten Abständen und in produzierter Reihenfolge (Linß 2011, Kapitel 12.5).

Hauptmerkmal Durchmesser d_1:

Zur Berechnung der Prozessparameter wurde für den Durchmesser $d_1 = 10^{-0{,}02}_{-0{,}08}$ mm eine Vorlaufuntersuchung an 50 Teilen durchgeführt und die Schätzwerte für μ und σ wurden ermittelt. Es wird Normalverteilung angenommen (Tab. 23.3).
Es ergeben sich die Schätzwerte $\hat{\mu} = \overline{x} = 9{,}950\ mm$ und $\hat{\sigma} = s = 0{,}0072 mm$.
Aus den Informationen der Vorlaufuntersuchung müssen die Warn- und Eingriffsgrenzen für die Qualitätsregelkarte berechnet werden. Es soll eine $\overline{x}$-Qualitätsregelkarte eingesetzt werden, da hiermit Prozessveränderungen sehr schnell erkannt werden (Linß 2011, Kapitel 12.5.8). Der Stichprobenumfang wird auf n = 10 festgelegt. Die Stichprobe wird alle 30 min aus dem Prozess entnommen und geprüft.

Die Berechnungen für die Warn- und Eingriffsgrenzen für die $\overline{x}$-Qualitätsregelkarte lauten

$$OEG = \mu + \sigma \cdot A_E$$

$$\boldsymbol{OEG} = 9{,}950\text{ mm} + 0{,}0072 \cdot 0{,}8146 = \mathbf{9{,}956\ mm}$$

$$OWG = \mu + \sigma \cdot A_W$$

$$\boldsymbol{OWG} = 9{,}950\text{ mm} + 0{,}0072 \cdot 0{,}6198 = \mathbf{9{,}954\ mm}$$

$$M = \mu$$

$$\boldsymbol{M} = \mathbf{9{,}950\ mm}$$

$$UWG = \mu - \sigma \cdot A_W$$

$$\boldsymbol{UWG} = 9{,}950\text{ mm} - 0{,}0072 \cdot 0{,}6198 = \mathbf{9{,}946\ mm}$$

$$UEG = \mu - \sigma \cdot A_E$$

$$\boldsymbol{UEG} = 9{,}950\text{ mm} - 0{,}0072 \cdot 0{,}8146 = \mathbf{9{,}944\ mm}$$

Die Faktoren A_E und A_W sind in Tabelle 23.5 tabelliert oder können mithilfe der Quantile der Normalverteilung (Tab. 23.6) berechnet werden (DGQ 1995 sowie Linß 2011, Kap. 12.5.5.2).
Die $\overline{x}$- Qualitätsregelkarte mit Warn- und Eingriffsgrenzen für das Hauptmerkmal Durchmesser d_1 ist in Abbildung 23.17 enthalten.

Hauptmerkmal Nutbreite b_1:

Die Nutbreite soll attributiv mit einer Lehre geprüft werden. Man erhält eine „gut/schlecht"-Aussage. Für die Eingriffsgrenzen wird der 99 %-Zufallsstreubereich und für die Warngrenzen der 95 %-Zufallsstreubereich der Binomialverteilung bestimmt.
Ein Anteil fehlerhafter Einheiten p = 1 % wurde über einen größeren Zeitraum beobachtet und als akzeptabel angesehen. Mit dem Stichprobenumfang n = 50 sollen signifikante Veränderungen im Qualitätsniveau angezeigt werden. Diese Stichprobe wird alle 60 min entnommen und geprüft.
Zur Ermittlung der Wahrscheinlichkeiten der Binomialverteilung können das Larson-Nomogramm (Tab. 23.7), die Tabelle der Binomialverteilung (Tab. 23.8) oder MS Excel™ verwendet werden (Linß 2011, Kapitel 15.5.5.1).

Tab. 23.3 Messwerte der Vorlaufuntersuchung für Hauptmerkmal d_1

9,931	9,941	9,957	9,950	9,943	9,951	9,948	9,958	9,946	9,952
9,945	9,949	9,946	9,958	9,947	9,956	9,946	9,952	9,949	9,941
9,950	9,962	9,954	9,961	9,949	9,947	9,939	9,952	9,952	9,943
9,948	9,959	9,958	9,948	9,940	9,956	9,948	9,938	9,952	9,965
9,944	9,951	9,948	9,964	9,948	9,957	9,950	9,961	9,941	9,950

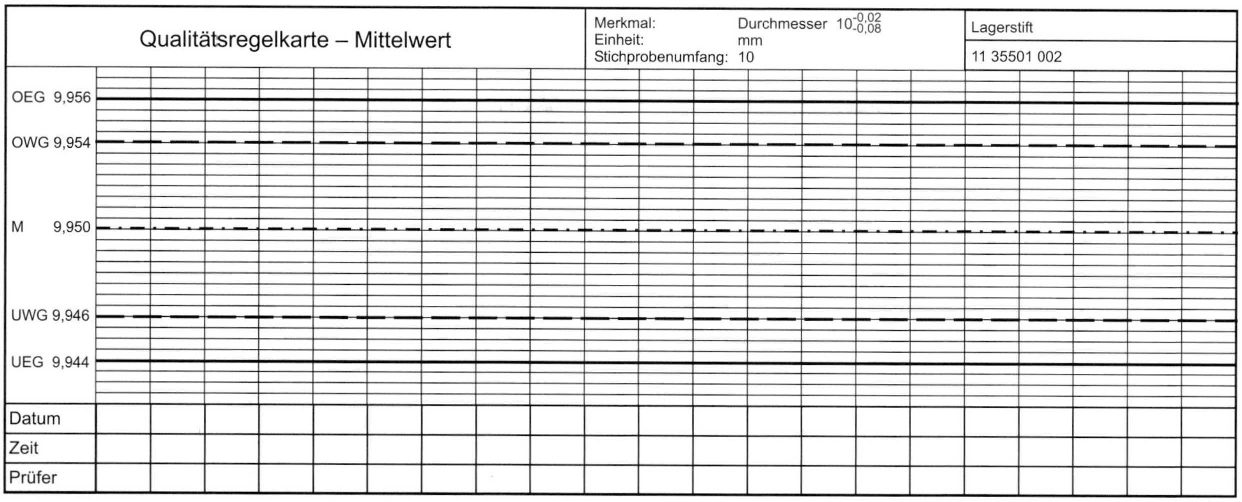

Abb. 23.17 $\overline{x}$- Qualitätsregelkarte mit Warn- und Eingriffsgrenzen für das Hauptmerkmal Durchmesser d_1

$OEG = xob + 0{,}5$ mit $Bi(x = x_{ob} \mid n; p) \geq 99{,}5\,\%$
$> Bi(x = x_{ob}-1 \mid n; p)$

OEG $= 3 + 0{,}5 = \mathbf{3{,}5}$

OWG $= x_{ob} + 0{,}5$ mit $Bi\,(x = x_{ob} \mid n; p) \geq 97{,}5\,\%$
$> Bi(x = x_{ob}-1 \mid n; p)$

OWG $= 2 + 0{,}5 = \mathbf{2{,}5}$

M $= E(x) = n \cdot p = 50 \cdot 0{,}01 = \mathbf{0{,}5}$

UWG $= x_{un} - 0{,}5$ mit $Bi(x = x_{un} \mid n; p) \geq 2{,}5\,\%$
$> Bi(x = x_{un}- \mid n; p)$

UWG $= 0 - 0{,}5 \rightarrow \mathbf{0}$

$UEG = x_{un} - 0{,}5$ mit $Bi(x = x_{un} \mid n; p) \geq 0{,}5\,\%$
$> Bi(x = x_{un}-1 \mid n; p)$

$UEG = 0 - 0{,}5 \rightarrow \mathbf{0}$

Die Qualitätsregelkarte mit Warn- und Eingriffsgrenzen für das Hauptmerkmal Nutbreite b_1 ist in Abbildung 23.18 enthalten.

Hauptmerkmal Gemittelte Rautiefe R_z = 6,3 µm:

Für das Hauptmerkmal Gemittelte Rautiefe R_z wird eine 100 %-Sichtprüfung festgelegt; es sind mindestens 200 Stück mit einem Rautiefenmessgerät zu messen.
Neben den planmäßigen Prüfungen müssen die Qualitätsmerkmale bei jedem Schichtbeginn und Werkzeugwechsel zusätzlich geprüft werden.

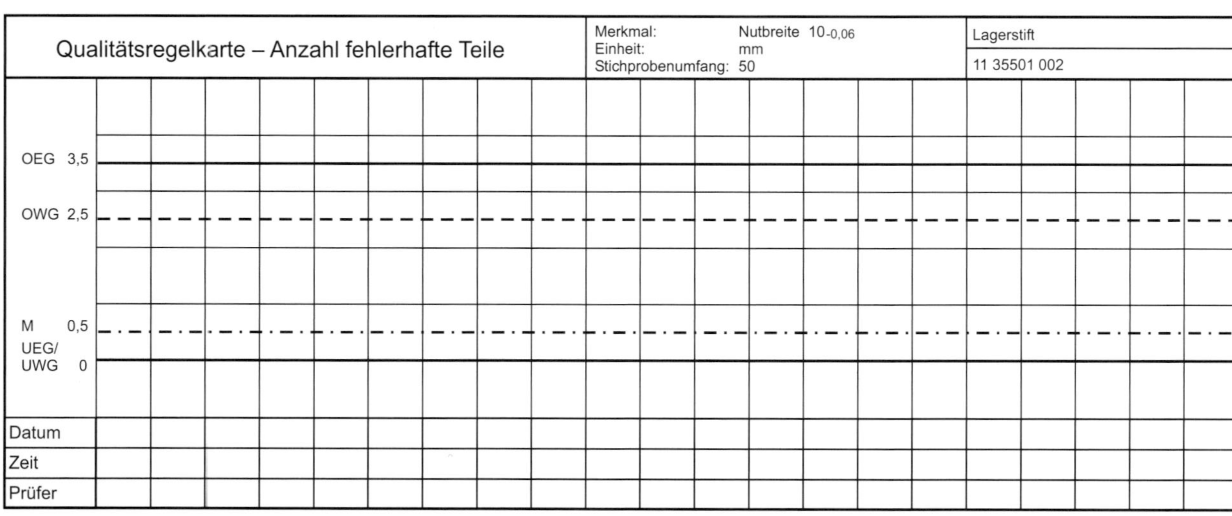

Abb. 23.18 Qualitäts-egelkarte mit Warn- und Eingriffsgrenzen für die Anzahl fehlerhafter Einheiten mit dem Hauptmerkmal Nutbreite b_1

23.6.4 Prüfmethode und Prüfmittel für die Prüfaufgabe „Lagerstift“

- wo zu prüfen ist
- wer zu prüfen hat
- womit zu prüfen ist
- wie zu prüfen ist

Hauptmerkmal Durchmesser d_1:

Die Prüfung des Hauptmerkmals d_1 erfolgt nicht als Arbeitsfolge integriert im Fertigungsablauf, sondern parallel zur Fertigung durch den Werker. Der Prüfort ist der Messplatz Nummer 08 neben dem Arbeitsplatz des Werkers. Am Messplatz wird die Off-line-Prüfung mit der digitalen Feinzeigermessschraube DIN 863-D13-0-25 mit Schnittstellen zur CAQ-Software durchgeführt. Die Feinzeigermessschraube unterliegt der Prüfmittelüberwachung und wurde für die Prüfaufgabe freigegeben.

Der Durchmesser wird im Bereich der halben Länge des Lagerstiftes gemessen und das Ergebnis an das CAQ-System übertragen. Der Werker sieht am Bildschirm das Messergebnis und wird durch eine farbige Anzeige gewarnt, wenn eine Warn- oder Eingriffsgrenze überschritten wird. Werden bei einer Stichprobe die Eingriffsgrenzen überschritten, sind alle gefertigten Teile seit der letzten Prüfung 100 % zu prüfen, die Ergebnisse zu dokumentieren und es muss ein Maschineneinrichter informiert werden.

III

Hauptmerkmal Nutbreite b_1:

Die Nutbreite wird mit einer Lehre (attributiv) geprüft. Dafür steht dem Werker am Messplatz Nummer 08 die Lehre PL 11353-3 zu Verfügung. Das Ergebnis der Prüfung (gut/schlecht) muss manuell in das CAQ-System eingegeben werden. Der Werker sieht am Bildschirm durch eine farbige Anzeige, wenn die Warn- oder Eingriffsgrenze überschritten wird.

Hauptmerkmal Gemittelte Rautiefe R_z:

Die Prüfung der Gemittelten Rautiefe R_z erfolgt als Endprüfung im Messraum der Abteilung durch einen Qualitätsprüfer. Die Prüfung ist mit dem Perthometer, einem Messgerät auf der Basis des Tastschnittverfahrens, nach der Norm DIN EN ISO 4288 durchzuführen.

Folgende Schritte sind dabei einzuhalten (DIN 4288 1998):

- 100 %-Sichtprüfung: Sichtvergleich mit Vergleichsmuster und Auswahl der Prüflinge mit Oberflächenfehler bzw. Überschreitung der Rautiefe zur Rautiefenmessung (mindestens aber 200 Stück)
- Prüfung durch Messung mit Perthometer
- Annahme der Prüfung, wenn
  - der erste Messwert ≤ 70 % des Rautiefensollwertes ist.
  - die ersten drei Messwerte den Rautiefensollwert nicht überschreiten.
  - nicht mehr als einer der ersten sechs Messwerte den Sollwert überschreitet.
  - nicht mehr als zwei der ersten zwölf Messwerte den Sollwert überschreiten.

Andernfalls wird der Prüfling abgelehnt.

23.6.5 Auswertung, Erfassung und Verwaltung der Prüfdaten

Die Auswertung der Prüfergebnisse erfolgt nach der Qualitätsprüfung, dabei sind folgende Entscheidungen zu treffen:

Im Prüfprozess durch den Prüfer:

- Anforderungen erfüllt, Weitergabe der Teile
- Warngrenzen überschritten: Trendbeobachtung
- Eingriffsgrenzen überschritten: Es sind alle gefertigten Teile seit der letzten Prüfung 100 % zu prüfen und zu dokumentieren. Es hat eine Benachrichtigung an den Qualitätsprüfer zu erfolgen.

Im CAQ-System durch Qualitätsprüfer:

- Ausschuss, gesperrt
- Sonderfreigabe
- Nacharbeit
- Wiederholprüfungen
- Fertigungs-/Prüfprozessänderung
- Qualitätsbericht

Durch die Dokumentation der Prüfergebnisse (Tab. 23.4) der Hauptmerkmale auf Qualitätsregelkarten lassen sich Trendbeobachtungen durchführen und die Freigabe an den nächsten Prozess bzw. an den Kunden nachweisen. Dadurch ist die Grundlage geschaffen, um bei Abweichungen vom Sollwert regelnd in den Fertigungs- und/oder Prüfprozess einzugreifen (DGQ 1990).

23.6.6 Prüfplan für den Prüfling „Lagerstift“

Nach Durchführung aller Handlungen und Entscheidungen zur Erarbeitung von Informationen für die Prüfplanung werden die Ergebnisse in den Prüfplan eingetragen (Abb. 23.19).

Tab. 23.4 Erfassung und Verwaltung der Prüfdaten „Lagerstift“

Nr.	Prüfmerkmal	Nachweisdokumente der Qualitätsprüfung
1	Durchmesser $d_1 = {}^{-0,02}_{-0,08}$ mm	Prüfprotokoll mit QRK im CAQ-System
3	Nutbreite $b_1 = 1,0\ _{-0,06}$ mm	Prüfprotokoll mit QRK im CAQ-System
9	Rautiefe $R_z = 6,3\ \mu m$	Prüfprotokoll mit QRK im CAQ-System

Prüfplan

Prüfskizze

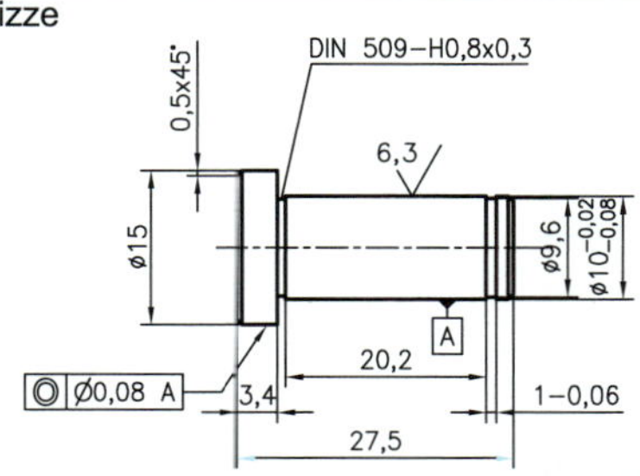

Prüfplan-Nr.:	PL 11 3550 403
Erstelldatum:	15.07.2013
Bearbeiter:	W. Müller
Bezeichnung:	Lagerstift
Zn. Nr.:	11 35501 002
Änderungen:	
Änderungsdatum:	
Bearbeiter:	

		Soll-Wert			Prüfart			Prüfhäufigkeit		Prüfdokumente
Merkmal-Nr.	Merkmal	Nennmaß	obere Toleranzgrenze	untere Toleranzgrenze	attributiv	variabel	Prüfmittel	100 %	Stichprobe	
AG: Drehen										
1	Durchmesser d_1 [mm]	10	9,98	9,92		x	Messplatz 8 dig. Feinzeiger-messschraube - D13-0-25		10 Teile/ 30 min	Prüfprotokoll mit QRK
2	Länge l_1	20,2					Lehre PL 11352-5	Werkerselbstprüfung		
3	Nutbreite b_1 [mm]	1,0	1,0	0,94	x		Messplatz 8 Lehre PL 11353-3		50 Teile/ 30 min	Prüfprotokoll mit QRK
4	Nutdurchmesser d_2 [mm]	9,6			x		Lehre PL 11354-5	Werkerselbstprüfung		
5	Fasen 0,5 x 45°				x		Sichtprüfung	Werkerselbstprüfung		
6	Freistich am Kopf				x		Sichtprüfung	Werkerselbstprüfung		
7	Kopfhöhe l_2 [mm]	3,4				x	Digital-Messschieber 150	Werkerselbstprüfung		
8	Gesamtlänge l_3 [mm]	27,5				x	Digital-Messschieber 150	Werkerselbstprüfung		
AG: Endprüfung										
9	Gemittelte Rautiefe R_z [µm]	6,3	6,3			x	Sichtprüfung Vergleichsmuster Perthometer P03 Verfahren nach DIN EN ISO 4288	x	min. 200 Teile	Prüfprotokoll

Abb. 23.19
Prüfplan „Lagerstift“

III

23.7 Tabellen

Tab. 23.5 Faktoren zur Berechnung der Grenzen von Shewhart-Qualitätsregelkarten

n	E_E	E_W	A_E	A_W	B_{OEG}	B_{OWG}	B_{UWG}	B_{UEG}	a_n
1	2,5758	1,9600	2,5758	1,9600	-	-	-	-	-
2	2,8063	2,2365	1,8214	1,3859	2,8070	2,2414	0,0313	0,0063	0,7980
3	2,9342	2,3877	1,4872	1,1316	2,3018	1,9206	0,1591	0,0708	0,8860
4	3,0223	2,4909	1,2879	0,9800	2,0687	1,7653	0,2682	0,1546	0,9210
5	3,0891	2,5688	1,1519	0,8765	1,9274	1,6691	0,3480	0,2275	0,9400
6	3,1428	2,6311	1,0516	0,8002	1,8303	1,6020	0,4077	0,2870	0,9520
7	3,1876	2,6828	0,9736	0,7408	1,7582	1,5518	0,4541	0,3356	0,9590
8	3,2259	2,7270	0,9107	0,6930	1,7020	1,5125	0,4913	0,3759	0,9650
9	3,2596	2,7655	0,8586	0,6533	1,6566	1,4805	0,5220	0,4099	0,9690
10	3,2893	2,7996	0,8146	0,6198	1,6190	1,4538	0,5478	0,4391	0,9730
11	3,3161	2,8302	0,7766	0,5910	1,5871	1,4312	0,5698	0,4643	0,9750
12	3,3402	2,8579	0,7436	0,5658	1,5596	1,4116	0,5890	0,4865	0,9780
13	3,3624	2,8831	0,7144	0,5436	1,5357	1,3945	0,6058	0,5061	0,9790
14	3,3827	2,9063	0,6884	0,5238	1,5145	1,3794	0,6207	0,5237	0,9810
15	3,4017	2,9278	0,6651	0,5061	1,4957	1,3659	0,6341	0,5395	0,9820
16	3,4191	2,9478	0,6440	0,4900	1,4788	1,3537	0,6461	0,5538	0,9830
17	3,4360	2,9664	0,6247	0,4754	1,4635	1,3427	0,6571	0,5669	0,9850
18	3,4511	2,9840	0,6071	0,4620	1,4495	1,3326	0,6670	0,5789	0,9850
19	3,4657	3,0005	0,5909	0,4496	1,4367	1,3234	0,6762	0,5900	0,9860
20	3,4797	3,0160	0,5760	0,4383	1,4250	1,3149	0,6847	0,6002	0,9870
21	3,4925	3,0307	0,5621	0,4277	1,4142	1,3071	0,6925	0,6097	0,9880
22	3,5053	3,0447	0,5492	0,4179	1,4041	1,2998	0,6998	0,6185	0,9880
23	3,5169	3,0581	0,5371	0,4087	1,3947	1,2930	0,7065	0,6268	0,9890
24	3,5280	3,0707	0,5258	0,4001	1,3860	1,2866	0,7129	0,6345	0,9890
25	3,5390	3,0830	0,5152	0,3920	1,3778	1,2807	0,7188	0,6418	0,9900
26	3,5495	3,0946	0,5052	0,3844	1,3701	1,2751	0,7244	0,6487	0,9900
27	3,5588	3,1058	0,4957	0,3772	1,3628	1,2698	0,7297	0,6552	0,9900
28	3,5687	3,1164	0,4868	0,3704	1,3560	1,2648	0,7347	0,6613	0,9910
29	3,5774	3,1269	0,4783	0,3640	1,3495	1,2601	0,7394	0,6671	0,9910
30	3,5868	3,1368	0,4703	0,3578	1,3434	1,2556	0,7439	0,6726	0,9910
31	3,5949	3,1464	0,4626	0,3520	1,3376	1,2514	0,7481	0,6779	0,9920
32	3,6031	3,1557	0,4553	0,3465	1,3320	1,2473	0,7522	0,6829	0,9920
33	3,6112	3,1646	0,4484	0,3412	1,3267	1,2435	0,7560	0,6877	0,9920
34	3,6194	3,1732	0,4418	0,3361	1,3217	1,2398	0,7597	0,6923	0,9920
35	3,6263	3,1816	0,4354	0,3313	1,3169	1,2363	0,7632	0,6967	0,9930
36	3,6345	3,1898	0,4293	0,3267	1,3123	1,2329	0,7666	0,7009	0,9930
37	3,6415	3,1976	0,4235	0,3222	1,3079	1,2297	0,7698	0,7049	0,9930
38	3,6485	3,2055	0,4179	0,3179	1,3037	1,2266	0,7729	0,7087	0,9930
39	3,6543	3,2128	0,4125	0,3138	1,2996	1,2236	0,7759	0,7125	0,9930
40	3,6613	3,2200	0,4073	0,3099	1,2957	1,2208	0,7788	0,7160	0,9940
41	3,6671	3,2272	0,4023	0,3061	1,2920	1,2180	0,7816	0,7195	0,9940
42	3,6741	3,2340	0,3975	0,3024	1,2883	1,2154	0,7842	0,7228	0,9940
43	3,6799	3,2407	0,3928	0,2989	1,2849	1,2128	0,7868	0,7260	0,9940
44	3,6857	3,2474	0,3883	0,2955	1,2815	1,2103	0,7893	0,7291	0,9940
45	3,6915	3,2538	0,3840	0,2922	1,2782	1,2079	0,7916	0,7321	0,9940
46	3,6974	3,2599	0,3798	0,2890	1,2751	1,2056	0,7940	0,7350	0,9940
47	3,7020	3,2660	0,3757	0,2859	1,2721	1,2034	0,7962	0,7378	0,9950
48	3,7078	3,2719	0,3718	0,2829	1,2691	1,2012	0,7984	0,7405	0,9950
49	3,7125	3,2777	0,3680	0,2800	1,2663	1,1992	0,8004	0,7432	0,9950
50	3,7183	3,2835	0,3643	0,2772	1,2635	1,1971	0,8025	0,7457	0,9950

Tab. 23.5 Faktoren zur Berechnung der Grenzen von Shewhart-Qualitätsregelkarten *(Fortsetzung)*

n	D_{OEG}	D_{OWG}	D_{UWG}	D_{UEG}	d_n	c_n
1	-	-	-	-	-	1,0000
2	3,9720	3,1700	0,0440	0,0090	1,1280	1,0000
3	4,4240	3,6820	0,3030	0,1350	1,6930	1,1600
4	4,6940	3,9840	0,5950	0,3430	2,0590	1,0920
5	4,8860	4,1970	0,8500	0,5550	2,3260	1,1980
6	5,0330	4,3610	1,0660	0,7490	2,5340	1,1350
7	5,1540	4,4940	1,2510	0,9220	2,7040	1,2140
8	5,2550	4,6050	1,4100	1,0750	2,8470	1,1600
9	5,3410	4,7000	1,5500	1,2120	2,9700	1,2230
10	5,4180	4,7840	1,6740	1,3350	3,0780	1,1760
11	5,4850	4,8580	1,7840	1,4460	3,1730	1,2280
12	5,5460	4,9250	1,8840	1,5470	3,2580	1,1870
13	5,6020	4,9850	1,9760	1,6390	3,3360	1,2320
14	5,6520	5,0410	2,0590	1,7240	3,4070	1,1960
15	5,6990	5,0920	2,1360	1,8030	3,4720	1,2350
16	5,7420	5,1390	2,2070	1,8760	3,5320	1,2020
17	5,7830	5,1830	2,2740	1,9440	3,5880	1,2370
18	5,8200	5,2240	2,3360	2,0080	3,6400	1,2070
19	5,8560	5,2620	2,3940	2,0680	3,6890	1,2390
20	5,8890	5,2990	2,4490	2,1250	3,7350	1,2120
21	5,9210	5,3330	2,5000	2,1780	3,7780	1,2400
22	5,9510	5,3650	2,5490	2,2290	3,8190	1,2160
23	5,9790	5,3960	2,5960	2,2770	3,8580	1,2410
24	6,0060	5,4250	2,6400	2,3230	3,8950	1,2180
25	6,0320	5,4530	2,6820	2,3660	3,9300	1,2420
26	6,0570	5,4800	2,7220	2,4080	3,9640	1,2210
27	6,0800	5,5060	2,7610	2,4480	3,9960	1,2430
28	6,1030	5,5300	2,7980	2,4870	4,0270	1,2230
29	6,1250	5,5540	2,8330	2,5240	4,0570	1,2440
30	6,1460	5,5770	2,8670	2,5590	4,0860	1,2250
31	6,1660	5,5990	2,9000	2,5930	4,1130	1,2450
32	6,1860	5,6200	2,9310	2,6250	4,1390	1,2270
33	6,2050	5,6400	2,9620	2,6570	4,1640	1,2450
34	6,2230	5,6600	2,9910	2,6880	4,1890	1,2280
35	6,2410	5,6790	3,0190	2,7180	4,2130	1,2460
36	6,2580	5,6980	3,0460	2,7460	4,2360	1,2300
37	6,2750	5,7160	3,0720	2,7730	4,2580	1,2460
38	6,2910	5,7330	3,0980	2,8000	4,2800	1,2310
39	6,3070	5,7500	3,1230	2,8260	4,3010	1,2460
40	6,3220	5,7660	3,1480	2,8510	4,3220	1,2320
41	6,3370	5,7820	3,1720	2,8760	4,3420	1,2470
42	6,3510	5,7970	3,1950	2,8990	4,3610	1,2330
43	6,3650	5,8130	3,2170	2,9230	4,3800	1,2470
44	6,3790	5,8270	3,2390	2,9450	4,3980	1,2340
45	6,3920	5,8420	3,2600	2,9670	4,4160	1,2470
46	6,4050	5,8560	3,2800	2,9890	4,4330	1,2350
47	6,4180	5,8700	3,3000	3,0100	4,4500	1,2480
48	6,4300	5,8830	3,3200	3,0300	4,4670	1,2350
49	6,4420	5,8960	3,3390	3,0500	4,4820	1,2480
50	6,4540	5,9090	3,3570	3,0700	4,4980	1,2360

III

Tab. 23.6 Tabelle der standardisierten Normalverteilung

$$u = \frac{x - \mu}{\sigma}$$

$$\Phi(-u) = 1 - \Phi(u)$$

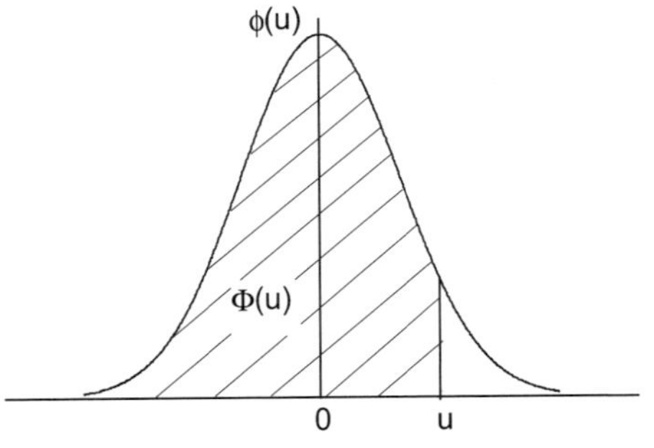

u	Φ(u)	ϕ(u)
0	0,50000	0,39894
0,01	0,50399	0,39892
0,02	0,50798	0,39886
0,03	0,51197	0,39876
0,04	0,51595	0,39862
0,05	0,51994	0,39844
0,06	0,52392	0,39822
0,07	0,52790	0,39797
0,08	0,53188	0,39767
0,09	0,53586	0,39733
0,1	0,53983	0,39695
0,11	0,54380	0,39654
0,12	0,54776	0,39608
0,13	0,55172	0,39559
0,14	0,55567	0,39505
0,15	0,55962	0,39448
0,16	0,56356	0,39387
0,17	0,56749	0,39322
0,18	0,57142	0,39253
0,19	0,57535	0,39181
0,2	0,57926	0,39104
0,21	0,58317	0,39024
0,22	0,58706	0,38940
0,23	0,59095	0,38853
0,24	0,59483	0,38762
0,25	0,59871	0,38667
0,26	0,60257	0,38568
0,27	0,60642	0,38466
0,28	0,61026	0,38361
0,29	0,61409	0,38251
0,3	0,61791	0,38139
0,31	0,62172	0,38023
0,32	0,62552	0,37903
0,33	0,62930	0,37780
0,34	0,63307	0,37654
0,35	0,63683	0,37524
0,36	0,64058	0,37391
0,37	0,64431	0,37255
0,38	0,64803	0,37115
0,39	0,65173	0,36973
0,4	0,65542	0,36827

u	Φ(u)	ϕ(u)
0,41	0,65910	0,36678
0,42	0,66276	0,36526
0,43	0,66640	0,36371
0,44	0,67003	0,36213
0,45	0,67364	0,36053
0,46	0,67724	0,35889
0,47	0,68082	0,35723
0,48	0,68439	0,35553
0,49	0,68793	0,35381
0,5	0,69146	0,35207
0,51	0,69497	0,35029
0,52	0,69847	0,34849
0,53	0,70194	0,34667
0,54	0,70540	0,34482
0,55	0,70884	0,34294
0,56	0,71226	0,34105
0,57	0,71566	0,33912
0,58	0,71904	0,33718
0,59	0,72240	0,33521
0,6	0,72575	0,33322
0,61	0,72907	0,33121
0,62	0,73237	0,32918
0,63	0,73565	0,32713
0,64	0,73891	0,32506
0,65	0,74215	0,32297
0,66	0,74537	0,32086
0,67	0,74857	0,31874
0,68	0,75175	0,31659
0,69	0,75490	0,31443
0,7	0,75804	0,31225
0,71	0,76115	0,31006
0,72	0,76424	0,30785
0,73	0,76730	0,30563
0,74	0,77035	0,30339
0,75	0,77337	0,30114
0,76	0,77637	0,29887
0,77	0,77935	0,29659
0,78	0,78230	0,29431
0,79	0,78524	0,29200
0,8	0,78814	0,28969

u	Φ(u)	ϕ(u)
0,81	0,79103	0,28737
0,82	0,79389	0,28504
0,83	0,79673	0,28269
0,84	0,79955	0,28034
0,85	0,80234	0,27798
0,86	0,80511	0,27562
0,87	0,80785	0,27324
0,88	0,81057	0,27086
0,89	0,81327	0,26848
0,9	0,81594	0,26609
0,91	0,81859	0,26369
0,92	0,82121	0,26129
0,93	0,82381	0,25888
0,94	0,82639	0,25647
0,95	0,82894	0,25406
0,96	0,83147	0,25164
0,97	0,83398	0,24923
0,98	0,83646	0,24681
0,99	0,83891	0,24439
1	0,84134	0,24197
1,01	0,84375	0,23955
1,02	0,84614	0,23713
1,03	0,84849	0,23471
1,04	0,85083	0,23230
1,05	0,85314	0,22988
1,06	0,85543	0,22747
1,07	0,85769	0,22506
1,08	0,85993	0,22265
1,09	0,86214	0,22025
1,1	0,86433	0,21785
1,11	0,86650	0,21546
1,12	0,86864	0,21307
1,13	0,87076	0,21069
1,14	0,87286	0,20831
1,15	0,87493	0,20594
1,16	0,87698	0,20357
1,17	0,87900	0,20121
1,18	0,88100	0,19886
1,19	0,88298	0,19652
1,2	0,88493	0,19419

III

Tab. 23.6 Tabelle der standardisierten Normalverteilung *(Fortsetzung)*

u	Φ(u)	φ(u)	u	Φ(u)	φ(u)	u	Φ(u)	φ(u)
1,21	0,88686	0,19186	1,71	0,95637	0,09246	2,21	0,98645	0,03470
1,22	0,88877	0,18954	1,72	0,95728	0,09089	2,22	0,98679	0,03394
1,23	0,89065	0,18724	1,73	0,95818	0,08933	2,23	0,98713	0,03319
1,24	0,89251	0,18494	1,74	0,95907	0,08780	2,24	0,98745	0,03246
1,25	0,89435	0,18265	1,75	0,95994	0,08628	2,25	0,98778	0,03174
1,26	0,89617	0,18037	1,76	0,96080	0,08478	2,26	0,98809	0,03103
1,27	0,89796	0,17810	1,77	0,96164	0,08329	2,27	0,98840	0,03034
1,28	0,89973	0,17585	1,78	0,96246	0,08183	2,28	0,98870	0,02965
1,29	0,90147	0,17360	1,79	0,96327	0,08038	2,29	0,98899	0,02898
1,3	0,90320	0,17137	1,8	0,96407	0,07895	2,3	0,98928	0,02833
1,31	0,90490	0,16915	1,81	0,96485	0,07754	2,31	0,98956	0,02768
1,32	0,90658	0,16694	1,82	0,96562	0,07614	2,32	0,98983	0,02705
1,33	0,90824	0,16474	1,83	0,96638	0,07477	2,33	0,99010	0,02643
1,34	0,90988	0,16256	1,84	0,96712	0,07341	2,34	0,99036	0,02582
1,35	0,91149	0,16038	1,85	0,96784	0,07206	2,35	0,99061	0,02522
1,36	0,91308	0,15822	1,86	0,96856	0,07074	2,36	0,99086	0,02463
1,37	0,91466	0,15608	1,87	0,96926	0,06943	2,37	0,99111	0,02406
1,38	0,91621	0,15395	1,88	0,96995	0,06814	2,38	0,99134	0,02349
1,39	0,91774	0,15183	1,89	0,97062	0,06687	2,39	0,99158	0,02294
1,4	0,91924	0,14973	1,9	0,97128	0,06562	2,4	0,99180	0,02239
1,41	0,92073	0,14764	1,91	0,97193	0,06438	2,41	0,99202	0,02186
1,42	0,92220	0,14556	1,92	0,97257	0,06316	2,42	0,99224	0,02134
1,43	0,92364	0,14350	1,93	0,97320	0,06195	2,43	0,99245	0,02083
1,44	0,92507	0,14146	1,94	0,97381	0,06077	2,44	0,99266	0,02033
1,45	0,92647	0,13943	1,95	0,97441	0,05959	2,45	0,99286	0,01984
1,46	0,92785	0,13742	1,96	0,97500	0,05844	2,46	0,99305	0,01936
1,47	0,92922	0,13542	1,97	0,97558	0,05730	2,47	0,99324	0,01888
1,48	0,93056	0,13344	1,98	0,97615	0,05618	2,48	0,99343	0,01842
1,49	0,93189	0,13147	1,99	0,97670	0,05508	2,49	0,99361	0,01797
1,5	0,93319	0,12952	2	0,97725	0,05399	2,5	0,99379	0,01753
1,51	0,93448	0,12758	2,01	0,97778	0,05292	2,51	0,99396	0,01709
1,52	0,93574	0,12566	2,02	0,97831	0,05186	2,52	0,99413	0,01667
1,53	0,93699	0,12376	2,03	0,97882	0,05082	2,53	0,99430	0,01625
1,54	0,93822	0,12188	2,04	0,97932	0,04980	2,54	0,99446	0,01585
1,55	0,93943	0,12001	2,05	0,97982	0,04879	2,55	0,99461	0,01545
1,56	0,94062	0,11816	2,06	0,98030	0,04780	2,56	0,99477	0,01506
1,57	0,94179	0,11632	2,07	0,98077	0,04682	2,57	0,99492	0,01468
1,58	0,94295	0,11450	2,08	0,98124	0,04586	2,58	0,99506	0,01431
1,59	0,94408	0,11270	2,09	0,98169	0,04491	2,59	0,99520	0,01394
1,6	0,94520	0,11092	2,1	0,98214	0,04398	2,6	0,99534	0,01358
1,61	0,94630	0,10915	2,11	0,98257	0,04307	2,61	0,99547	0,01323
1,62	0,94738	0,10741	2,12	0,98300	0,04217	2,62	0,99560	0,01289
1,63	0,94845	0,10567	2,13	0,98341	0,04128	2,63	0,99573	0,01256
1,64	0,94950	0,10396	2,14	0,98382	0,04041	2,64	0,99585	0,01223
1,65	0,95053	0,10226	2,15	0,98422	0,03955	2,65	0,99598	0,01191
1,66	0,95154	0,10059	2,16	0,98461	0,03871	2,66	0,99609	0,01160
1,67	0,95254	0,09893	2,17	0,98500	0,03788	2,67	0,99621	0,01130
1,68	0,95352	0,09728	2,18	0,98537	0,03706	2,68	0,99632	0,01100
1,69	0,95449	0,09566	2,19	0,98574	0,03626	2,69	0,99643	0,01071
1,7	0,95543	0,09405	2,2	0,98610	0,03547	2,7	0,99653	0,01042

III

Tab. 23.6 Tabelle der standardisierten Normalverteilung *(Fortsetzung)*

u	Φ(u)	φ(u)
2,71	0,996635789	0,01014
2,72	0,996735852	0,00987
2,73	0,996833231	0,00961
2,74	0,996927987	0,00935
2,75	0,997020181	0,00909
2,76	0,997109875	0,00885
2,77	0,997197128	0,00861
2,78	0,997281997	0,00837
2,79	0,997364539	0,00814
2,8	0,997444809	0,00792
2,81	0,997522864	0,00770
2,82	0,997598756	0,00748
2,83	0,997672537	0,00727
2,84	0,99774426	0,00707
2,85	0,997813974	0,00687
2,86	0,99788173	0,00668
2,87	0,997947576	0,00649
2,88	0,998011558	0,00631
2,89	0,998073724	0,00613
2,9	0,99813412	0,00595
2,91	0,998192789	0,00578
2,92	0,998249775	0,00562
2,93	0,998305122	0,00545
2,94	0,998358871	0,00530
2,95	0,998411062	0,00514
2,96	0,998461736	0,00499
2,97	0,998510932	0,00485
2,98	0,998558689	0,00470
2,99	0,998605044	0,00457
3	0,998650033	0,00443
3,01	0,998693692	0,00430
3,02	0,998736057	0,00417
3,03	0,998777162	0,00405
3,04	0,99881704	0,00393
3,05	0,998855724	0,00381
3,06	0,998893246	0,00370
3,07	0,998929637	0,00358
3,08	0,998964929	0,00348
3,09	0,998999149	0,00337
3,1	0,999032329	0,00327
3,11	0,999064496	0,00317
3,12	0,999095677	0,00307
3,13	0,999125901	0,00298
3,14	0,999155194	0,00288
3,15	0,999183581	0,00279
3,16	0,999211088	0,00271
3,17	0,99923774	0,00262
3,18	0,99926356	0,00254
3,19	0,999288571	0,00246
3,2	0,999312798	0,00238

u	Φ(u)	φ(u)
3,21	0,999336262	0,00231
3,22	0,999358984	0,00224
3,23	0,999380986	0,00216
3,24	0,999402289	0,00210
3,25	0,999422914	0,00203
3,26	0,999442878	0,00196
3,27	0,999462202	0,00190
3,28	0,999480905	0,00184
3,29	0,999499004	0,00178
3,3	0,999516517	0,00172
3,31	0,999533462	0,00167
3,32	0,999549856	0,00161
3,33	0,999565714	0,00156
3,34	0,999581052	0,00151
3,35	0,999595887	0,00146
3,36	0,999610233	0,00141
3,37	0,999624105	0,00136
3,38	0,999637518	0,00132
3,39	0,999650485	0,00127
3,4	0,999663019	0,00123
3,41	0,999675135	0,00119
3,42	0,999686844	0,00115
3,43	0,99969816	0,00111
3,44	0,999709094	0,00107
3,45	0,999719659	0,00104
3,46	0,999729865	0,00100
3,47	0,999739724	0,00097
3,48	0,999749247	0,00094
3,49	0,999758445	0,00090
3,5	0,999767327	0,00087
3,51	0,999775903	0,00084
3,52	0,999784184	0,00081
3,53	0,999792178	0,00079
3,54	0,999799895	0,00076
3,55	0,999807344	0,00073
3,56	0,999814533	0,00071
3,57	0,99982147	0,00068
3,58	0,999828164	0,00066
3,59	0,999834623	0,00063
3,6	0,999840854	0,00061
3,61	0,999846865	0,00059
3,62	0,999852663	0,00057
3,63	0,999858254	0,00055
3,64	0,999863647	0,00053
3,65	0,999868846	0,00051
3,66	0,999873859	0,00049
3,67	0,999878692	0,00047
3,68	0,999883351	0,00046
3,69	0,999887842	0,00044
3,7	0,99989217	0,00042

u	Φ(u)	φ(u)
3,71	0,999896341	0,00041
3,72	0,999900359	0,00039
3,73	0,999904232	0,00038
3,74	0,999907962	0,00037
3,75	0,999911555	0,00035
3,76	0,999915017	0,00034
3,77	0,99991835	0,00033
3,78	0,99992156	0,00031
3,79	0,999924651	0,00030
3,8	0,999927628	0,00029
3,81	0,999930493	0,00028
3,82	0,999933251	0,00027
3,83	0,999935906	0,00026
3,84	0,999938461	0,00025
3,85	0,999940919	0,00024
3,86	0,999943285	0,00023
3,87	0,999945562	0,00022
3,88	0,999947752	0,00021
3,89	0,999949858	0,00021
3,9	0,999951884	0,00020
3,91	0,999953833	0,00019
3,92	0,999955707	0,00018
3,93	0,999957509	0,00018
3,94	0,999959242	0,00017
3,95	0,999960908	0,00016
3,96	0,999962509	0,00016
3,97	0,999964048	0,00015
3,98	0,999965527	0,00014
3,99	0,999966948	0,00014
4	0,999968314	0,00013

Häufig benötigte Quantile der NV

u	Φ(u)
0	0,5
0,25335	0,6
0,52440	0,7
0,84162	0,8
1,28155	0,9
1,64485	0,95
1,95996	0,975
2,32634	0,99
2,57583	0,995
2,80706	0,9975
3,09024	0,999
3,29048	0,9995
3,71947	0,9999
3,89060	0,99995
4,26546	0,99999

III

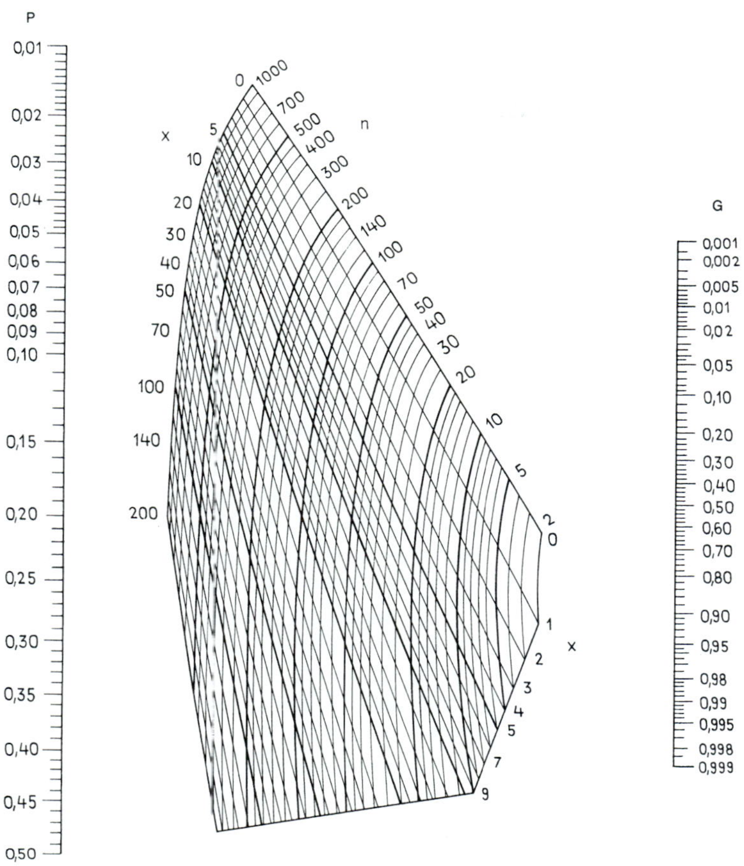

Tab. 23.7
Larson-Nomogramm (Nachdruck mit freundlicher Genehmigung von Prof. Dr. P.-Th. Wilrich)

i \ p	0,01	0,02	0,03	0,04	0,05	0,06	0,07
0	0,13398	0,01759	0,00226	0,00028	0,00004	0,00000	0,00000
1	0,40465	0,08938	0,01625	0,00266	0,00040	0,00006	0,00001
2	0,67668	0,23515	0,05929	0,01249	0,00234	0,00040	0,00006
3	0,85803	0,43149	0,14715	0,03953	0,00905	0,00184	0,00034
4	0,94825	0,62884	0,28098	0,09502	0,02645	0,00638	0,00137
5	0,98398	0,78672	0,44323	0,18565	0,06234	0,01772	0,00442
6	0,99570	0,89144	0,60632	0,30838	0,12374	0,04125	0,01187
7	0,99899	0,95066	0,74610	0,45010	0,21330	0,08288	0,02742
8	0,99979	0,97983	0,85040	0,59257	0,32702	0,14699	0,05564
9	0,99996	0,99252	0,91922	0,71920	0,45471	0,23428	0,10097
10	0,99999	0,99747	0,95987	0,81998	0,58307	0,34071	0,16613
11	1,00000	0,99921	0,98159	0,89251	0,69976	0,45804	0,25084
12	1,00000	0,99977	0,99217	0,94011	0,79648	0,57600	0,35127
13	1,00000	0,99994	0,99690	0,96879	0,87011	0,68489	0,46058
14	1,00000	0,99999	0,99885	0,98475	0,92187	0,77772	0,57048
15	1,00000	1,00000	0,99960	0,99300	0,95564	0,85120	0,67306
16	1,00000	1,00000	0,99987	0,99697	0,97620	0,90542	0,76233
17	1,00000	1,00000	0,99996	0,99876	0,98791	0,94289	0,83506
18	1,00000	1,00000	0,99999	0,99952	0,99418	0,96720	0,89071
19	1,00000	1,00000	1,00000	0,99982	0,99734	0,98207	0,93083
20	1,00000	1,00000	1,00000	0,99994	0,99884	0,99065	0,95817
21	1,00000	1,00000	1,00000	0,99998	0,99952	0,99535	0,97580
22	1,00000	1,00000	1,00000	0,99999	0,99981	0,99779	0,98660
23	1,00000	1,00000	1,00000	1,00000	0,99993	0,99899	0,99289
24	1,00000	1,00000	1,00000	1,00000	0,99997	0,99956	0,99638

Tab. 23.8
Auszug aus der Tabelle der Binomialverteilung für n = 200

III

Literatur

DGQ - Deutsche Gesellschaft für Qualität e. V./Bernecker, K.: SPC 3 – Anleitung zur Statistischen Prozesslenkung (SPC): Qualitätsregelkarten, Prozessfähigkeitsbeurteilungen (Cp, Cpk), Fehlersammelkarte. DGQ-Band 16 - 33. Beuth Verlag, Berlin 1990

DGQ - Deutsche Gesellschaft für Qualität e. V.: SPC 1 – Statistische Prozesslenkung. DGQ-Band 16 - 31. Beuth Verlag, Berlin 1990

DGQ - Deutsche Gesellschaft für Qualität e. V.: SPC 2 - Qualitätsregelkartentechnik. DGQ-Band 16 - 32. 5. Auflage. Beuth Verlag, Berlin 1995

DGQ - Deutsche Gesellschaft für Qualität e. V.: Annahmestichprobenprüfung anhand der Anzahl fehlerhafter Einheiten oder Fehler (Attributprüfung), Verfahren und Tabellen nach DIN ISO 2859-1. DGQ-Band 16-01. 11. Auflage. Beuth Verlag, Berlin 2002

DGQ - Deutsche Gesellschaft für Qualität e. V.: Managementsysteme - Begriffe. Ihr Weg zu klarer Kommunikation. DGQ-Band 11-04. 10. Auflage. Beuth Verlag, Berlin 2012

Dietrich, E./Schulze, A.: Eignungsnachweis von Prüfprozessen. Prüfmittelfähigkeit und Messunsicherheit im aktuellen Normenumfeld. 3. Auflage, Carl Hanser Verlag, München, 2008

Dietrich, E./Schulze, A.: Statistische Verfahren zur Maschinen- und Prozessqualifikation. 5. Auflage. Carl Hanser Verlag, München 2009

DIN - Deutsches Institut für Normung e. V.: Qualitätssicherung und angewandte Statistik. Beuth Verlag, Berlin 1998

DIN 2257, November 1982: Begriffe der Längenmesstechnik. Beuth Verlag, Berlin 1982

DIN 32937, Juli 2006: Prüfmittelüberwachung - Längenprüftechnik. Beuth Verlag, Berlin 2006

DIN 55350, Juli 1987: Begriffe der Qualitätssicherung und Statistik. Teil 13: Begriffe zur Genauigkeit von Ermittlungsverfahren und Ermittlungsergebnissen. Beuth Verlag, Berlin 1987

DIN EN ISO 4288, April 1998: Oberflächenbeschaffenheit: Tastschnittverfahren, Regeln und Verfahren für die Beurteilung der Oberflächenbeschaffenheit

Hofmann, D.: Rechnergestützte Qualitätssicherung. Verlag Technik, Berlin 1988

Höppner, D.: Integration der Qualitätsplanung und -steuerung in Produktionsplanungs- und -steuerungssysteme. Dissertation. Technische Universität, Fakultät für Maschinenbau, Ilmenau 2001

Klonaris, P.: Systemkonzept zur frühzeitigen Einsatzplanung von Prüfmitteln. Dissertation. TH Aachen. Shaker, Aachen 1998

Linß, G.: Qualitätsmanagement für Ingenieure. 3. Auflage. Fachbuchverlag Leipzig im Carl Hanser Verlag, Leipzig 2011

Lunze, U.: Prüfprozesseignung. Tendenzen und Verfahren. In: Messtechnisches Kolloquium anlässlich des 10. Jubiläums der Gründung der Firma MWQ. Tagungsband 29. - 30. Juni 2000. S. 99 - 107

Masing, W. (Hrsg.): Handbuch Qualitätsmanagement. 4. Auflage. Carl Hanser Verlag, München 1999

Pfeifer, T.: Qualitätsmanagement: Strategien, Methoden, Techniken. 4. Auflage. Carl Hanser Verlag, München 2010

Rinne, H./Mittag, H.-J.: Statistische Methoden der Qualitätssicherung. 4. Auflage. Carl Hanser Verlag, München 1989

VDA - Verband der Automobilindustrie e. V.: Qualitätsmanagement in der Automobilindustrie. Band 6, Teil 4. 2. Auflage, 2005

VDI/VDE/DGQ-Richtlinie 2619, Juni 1985: Prüfplanung. Beuth Verlag, Berlin 1985

Weckenmann, A./Westkämper, E./Walz, M.: Welchen Wert haben Messergebnisse? In: QZ – Qualität und Zuverlässigkeit 51, 6, 2006. S. 64 - 65

Weißensee, K.: Quantifizierung von Fehlentscheidungsrisiken bei der Qualitätsprüfung. In: Berichte zum Qualitätsmanagement. Band 9/2007. Shaker Verlag, Aachen 2007

Weißensee, K./Sommer, K.-D./Linß, G./Siebert, B. R. L.: Ermittlung von Fehlentscheidungsrisiken bei der Konformitätsbewertung von Messgeräten. VDI-Tagung „Messunsicherheit praxisgerecht bestimmen". 14./15. November 2006. VDI Verlag GmbH, Düsseldorf 2006 (ISBN 3-18-091947-7)

B Beschaffung

24 Lieferantenmanagement

24.1 Einleitung 554

24.2 Planung 555
24.2.1 Lieferantenstrategien 555
24.2.1.1 Strategien für die Lieferantenbasis 555
24.2.1.2 Strategien für einzelne Lieferanten 556
24.2.2 Segmentierung der Lieferantenbasis 556
24.2.2.1 Segmentierung nach Beschaffungsvolumen 556
24.2.2.2 Segmentierung nach Bedeutung und Komplexität 557
24.2.2.3 Segmentierung nach Lieferantenbeziehungen 558

24.3 Management der Lieferantenbasis 560
24.3.1 Lieferantenbeurteilung und -auswahl 560
24.3.1.1 Risikominimierung 560
24.3.1.2 Risikomanagement 561
24.3.1.3 Beurteilungsverfahren 561
24.3.1.4 Beurteilungskriterien 561
24.3.2 Reduzierung der Lieferantenbasis 562
24.3.2.1 „Optimale“ Lieferantenanzahl 562
24.3.2.2 Vorgehen 563
24.3.2.3 Tools 563
24.3.3 Lieferantenauditierung 564
24.3.3.1 Informationen „aus erster Hand“ 564
24.3.3.2 Vorbereitung 564
24.3.3.3 Ankündigung 564
24.3.3.4 Vorbereitung durch den Lieferanten 565
24.3.3.5 Auditierung vor Ort 565
24.3.3.6 Nachbereitung 565

24.4 Lieferantenentwicklung 566
24.4.1 Lieferantenentwicklung als Ansatz bei „Lieferantenproblemen“ 566
24.4.2 Typologisierung der Lieferantenentwicklung 566
24.4.3 Prozess der Lieferantenentwicklung 568
24.4.4 Erfolgsfaktoren der Lieferantenentwicklung 568

24.5 Lieferantenintegration 569
24.5.1 Integration in die Wissensphase 569
24.5.2 Integration in die Industrialisierungsphase 570

24.6 Controlling **570**
24.6.1 Controlling-Unterstützung des Lieferantenmanagements 570
24.6.2 Lieferantenbewertung 571
24.6.2.1 Bewertungskriterien 572
24.6.2.2 Datenerhebung 573
24.6.2.3 Durchführung der Bewertung 573
24.6.2.4 Festlegung des Ergebnisses 574
24.6.2.5 Interne Kommunikation 574
24.6.2.6 Kommunikation gegenüber den Lieferanten 575
24.6.2.7 Konsequenzen der Bewertung 575

24.7 Schlussbetrachtung **576**

24 Lieferantenmanagement

Stephan M. Wagner

Qualitätsmanagement an der Schnittstelle zum Lieferanten beginnt mit einem umfassenden und integrierten Lieferantenmanagement, also der effektiven Gestaltung, Lenkung und Entwicklung der Lieferantenbasis und der Lieferantenbeziehungen des Unternehmens. In diesem Kapitel wird in Auszügen dargelegt, wie Unternehmen einen Lieferantenmanagement-Prozess aufsetzen sollten, der den Weg zu einer interorganisationalen Ausrichtung des Qualitätsmanagements und der bestmöglichen Ausnutzung der Lieferantenpotenziale ermöglicht. Der Lieferantenmanagement-Prozess umfasst die fünf Hauptsschritte Planung, Management der Lieferantenbasis, Lieferantenentwicklung, Lieferantenintegration und Controlling. Er sollte kontinuierlich durchlaufen werden, um so die Lieferantenbasis und die Lieferantenbeziehungen auf die unternehmensinternen Veränderungen und die Veränderungen im Unternehmensumfeld permanent anpassen zu können.

24.1 Einleitung

Total Quality Management (TQM) und auf dem TQM-Ansatz basierende Auszeichnungen, wie beispielsweise der Deming Application Prize, der Malcolm Baldrige National Quality Award oder der EFQM Excellence Award, umfassen nur ansatzweise Kriterien, welche auf die Zusammenarbeit mit Partnern in der Wertschöpfungskette ausgerichtet sind (Wagner 2007). Aufgrund der zunehmenden Verlagerung von Wertschöpfungsaktivitäten auf Lieferanten und des verstärkten Zukaufs von komplexen und für das Endprodukt kritischen Input-Gütern und Leistungen sind Unternehmen beim Streben nach Qualitätsverbesserungen aber immer stärker auf die Qualitätsfähigkeit ihrer Lieferantenbasis und jedes einzelnen Lieferanten angewiesen. Deshalb gewinnt die Betrachtung des Qualitätsmanagements bei Lieferanten und in der Zusammenarbeit mit Lieferanten immer stärker an Bedeutung (Park/Hartley/Wilson 2001). Dies verlangt die Ausweitung der oftmals intra-organisationalen Ausrichtung des Qualitätsmanagements hin zu einer inter-organisationalen Ausrichtung (Wagner 2007).

III

Qualitätsaspekte bei der Zusammenarbeit mit Lieferanten gehen dabei heute weit über die Qualitätskontrolle beim Wareneingang hinaus. Um ein wirksames Qualitätsmanagement an der Schnittstelle zum Lieferanten betreiben zu können, müssen Unternehmen Fähigkeiten zum Aufbau und Management effektiver Beziehungen zwischen Organisationen (d. h. Lieferantenmanagement-Kompetenz) erwerben und umsetzen. Darunter versteht man die Fähigkeit eines Unternehmens zur Gestaltung, Lenkung und Entwicklung seiner Lieferantenbasis und Lieferantenbeziehungen. Besitzen Unternehmen die Fähigkeit, ihre Lieferantenbasis und die Beziehungen zu ihren Lieferanten effektiv zu gestalten, so können ihnen daraus nachhaltige Qualitätsverbesserungen und Wettbewerbsvorteile entstehen (Terpend/Tyler/Krause/Handfield 2008, Wagner 2010). Ziel dieses Kapitels ist es, einen umfassenden und integrierten Lieferantenmanagement-Ansatz darzustellen, der zu einer inter-organisationalen Ausrichtung des Qualitätsmanagements beitragen kann.

Die erforderliche Kompetenz im Lieferantenmanagement hängt stark von der Lieferantenbeziehung ab. Die beiden Extremausprägungen von Lieferantenbeziehungen sind *opportunistische Beziehungen* auf der einen und *partnerschaftliche Beziehungen* auf der anderen Seite (Wagner 2002). Intensive, partnerschaftliche Lieferantenbeziehungen – die in den letzten Jahren an Popularität gewonnen haben und beispielsweise in Industrialisierungs- oder Entwicklungspartnerschaften zum Ausdruck kommen – erfordern umfassende Kompetenzen, damit sie zum Erfolg führen (Abb. 24.1). Des Weiteren ist der Ressourcenbedarf sehr hoch (Wagner/Boutellier 2002).

Die Umsetzung eines strategischen Lieferantenmanagements sollte sich an einem stringenten Prozess orientieren. Die Forschung auf dem Gebiet des Beziehungsmanagements hat bereits mehrstufige Prozesse vorgeschlagen. So fassen Ellram und Edis ihr Modell zur Entwicklung von Lieferanten-Partnerschaften in den drei Phasen „assess", „plan and do" und „verify" zusammen (Ellram/Edis 1996). Frazier unterscheidet beim Beziehungsmanagement mit Lieferanten vergleichbare Schritte: „initiation", „implementation" und „review" (Frazier 1983). Der von Wagner und Johnson entwickelte Lieferantenmanagement-Prozess (Abb. 24.2) baut auf diesen Überlegungen auf und stellt

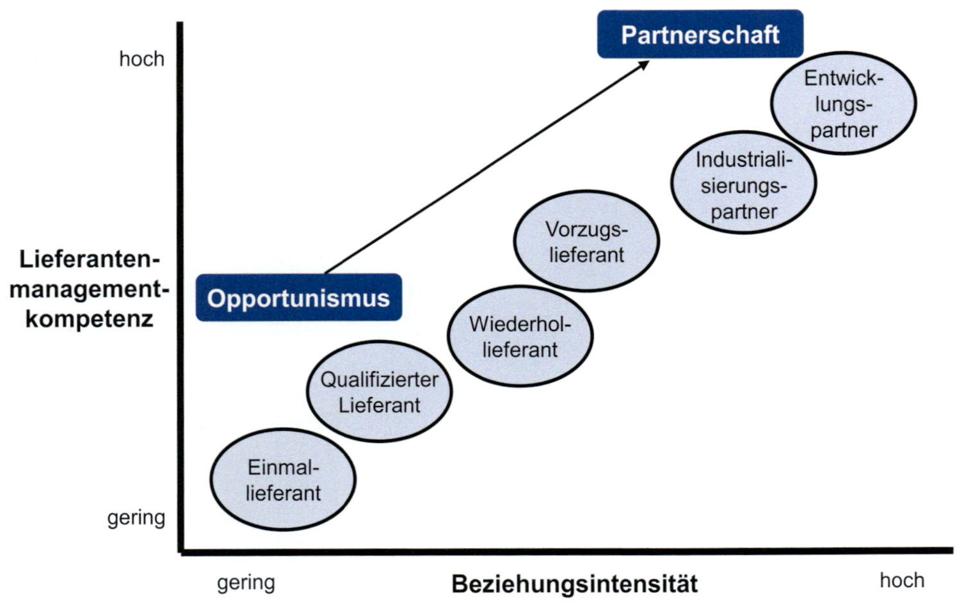

Abb. 24.1
Zusammenhang zwischen Beziehungsintensität und Kompetenz im Lieferantenmanagement

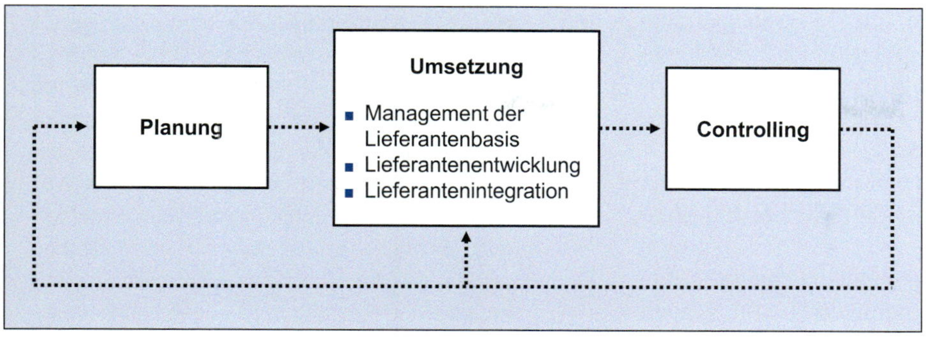

Abb. 24.2
Lieferantenmanagement-Prozess

einen umfassenden, aus fünf Hauptsschritten bestehenden Lieferantenmanagement-Prozess zur Verfügung (Wagner/Johnson 2004):
1. Planung
2. Management der Lieferantenbasis
3. Lieferantenentwicklung
4. Lieferantenintegration
5. Controlling

24.2 Planung

24.2.1 Lieferantenstrategien

Formale strategische Planung erhöht den Markterfolg und führt zu besseren finanziellen Ergebnissen. Dies gilt auch für die Planung im Lieferantenmanagement. Im ersten Schritt geht es daher um die Ausarbeitung von Strategien, also um die Planung der langfristigen Leitplanken für die Entwicklung der Lieferantenbasis und Lieferantenbeziehungen. Ohne Planungen und Strategien besteht keine Möglichkeit, die Umsetzung der Maßnahmen des Lieferantenmanagements im letzten Schritt („Controlling“) nachzuhalten. Plan-/Ziel-Abweichungen können nicht festgehalten werden. Ferner stellen Lieferantenstrategien eine systematische, unternehmensweite Vorgehensweise sicher und ermöglichen eine langfristige Orientierung der Maßnahmen.
Im Mittelpunkt steht die kontinuierliche Beantwortung zweier strategischer Fragestellungen:
- *Mit welchen* Lieferanten soll man in Zukunft zusammenarbeiten (Lieferantenportfolio)?
- *Wie* soll man mit den Lieferanten in Zukunft zusammenarbeiten (Lieferantenbeziehungen)?

Diese Fragen sind von strategischer Bedeutung, da sich die Antworten nicht aus dem operativen Tagesgeschäft heraus, sondern aus einem geregelten Planungsprozess ergeben sollten. Damit Unternehmen die Entwicklung des Lieferantenportfolios und der Lieferantenbeziehungen aktiv steuern können, benötigen sie demzufolge Lieferantenstrategien.
Lieferantenstrategien befassen sich entweder mit der Gestaltung der gesamten Lieferantenbasis eines Unternehmens oder mit der Gestaltung einzelner Lieferantenbeziehungen. Damit ergeben sich zwei Typen. In der Praxis bezeichnet man beide meist als „Lieferantenstrategie“.

24.2.1.1 Strategien für die Lieferantenbasis

In einer Lieferantenstrategie für die Basis legt das Unternehmen die langfristigen Ziele des Lieferantenportfolios bzw. der Lieferantenbasis fest. Die Zielgrößen richten sich nach den Erfordernissen des Unternehmens. Typische Zielgrößen sind beispielsweise:
- *Anzahl der Lieferanten:* Die Optimierung (Reduzierung oder Erhöhung) der Lieferantenanzahl steht hier im Vordergrund.
- *Lieferantenmix:* Ziel ist es, eine Zusammensetzung des Lieferantenportfolios zu erreichen, die den zukünftigen Anforderungen an Lieferanten bezüglich Technologie- und Fertigungskompetenz entspricht. Der Mix an Teile-, Komponenten-, Modul- und Systemlieferanten wird verbessert.
- *Beziehungstypen:* Das gesamte Lieferantenportfolio muss aus unterschiedlichen Beziehungstypen (Opportunismus und Partnerschaft) bestehen. Wenigen Partnerschaften stehen meist zahlreiche opportunistische Beziehungen gegenüber.
- *Regionale Verteilung der Lieferanten:* Ein Lieferantenportfolio kann nach dem Anteil an internationalen Lieferanten und deren regionaler Verteilung gestaltet werden. Die Erhöhung des Anteils ausländischer Lieferanten findet sich als häufiges Ziel.
- *Lieferantenrisiken:* Jede Lieferantenbeziehung beinhaltet das Risiko, dass der Lieferant die geforderte Leistung nicht erbringt. Da der Ausfall nur eines Lieferanten katastrophale Folgen für den Abnehmer nach sich ziehen

III

kann, ist es meist vorteilhaft, das Lieferantenportfolio einer Risikobetrachtung zu unterziehen. Lieferantenstrategien sollen helfen, das Risiko des gesamten Portfolios zu verringern.

- *Anteil an ISO-9000-zertifizierten Lieferanten:* Zur Sicherstellung eines Qualitätsstandards können Unternehmen die aktive Vergrößerung des Anteils an zertifizierten Lieferanten anstreben.
- *Anteil an Woman- or Minority-owned-Lieferanten:* Nationale Gesetze, z.B. in den Vereinigten Staaten, können verlangen, dass Unternehmen bestimmte Lieferanten als Bezugsquelle nutzen.

Lieferantenstrategien für die Basis helfen den Unternehmen bei der Erreichung einer optimalen, an zukünftigen Anforderungen orientierten Lieferantenstruktur.

24.2.1.2 Strategien für einzelne Lieferanten

III

In einer Lieferantenstrategie für einzelne Lieferanten legt das Unternehmen die langfristigen Ziele der Lieferantenbeziehungen fest, identifiziert die Maßnahmen zur Zielerreichung und teilt die notwendigen Ressourcen zu. Das Unternehmen sollte eine hohe Übereinstimmung zwischen vorhandenen oder zukünftigen Lieferantenstärken und Unternehmensanforderungen erreichen. Ebenso müssen frühzeitig die wichtigen Lieferantenrisiken identifiziert und mögliche Maßnahmen zur Behebung abgeleitet werden.

Beispiel:

Der Wafer-Hersteller Siltronic erarbeitet mit den 40 bis 50 wichtigsten Lieferanten der rund 600 Lieferanten umfassenden Lieferantenbasis Lieferantenstrategien, sogenannte „Supplier Roadmaps". Damit überprüft die Beschaffung, ob Lieferanten fähig und bereit sind, den Entwicklungen von Siltronic zu folgen. Individuelle Lieferantenziele spielen dabei eine große Rolle. Supplier Roadmaps sind für Siltronic eine wichtige Voraussetzung für ein zielgerichtetes Lieferantenmanagement. Die Aktualisierung und Überarbeitung erfolgt in meist jährlichen Abständen. Aufwand und Nutzen rechtfertigen die Erstellung von Supplier Roadmaps nur für die A-Lieferanten des Unternehmens. ■

Beispiel:

Der Hersteller von Hochdruckreinigungsgeräten, Alfred Kärcher, unterscheidet drei Ausprägungen individueller Lieferantenstrategien. Sie beinhalten klare Zielrichtungen für die zukünftige Zusammenarbeit mit dem Lieferanten. Abhängig von der festgelegten Strategie erhöht oder verringert Kärcher das Volumen für einen bestimmten Lieferanten oder behält das Volumen bei. Von Lieferanten, mit denen Kärcher eine „Vorwärtsstrategie" verfolgt, erwartet das Unternehmen wichtige Impulse zur Wettbewerbsverbesserung, d.h. kostenwirksame Einsparungen und neue Technologien für Innovationen bei der eigenen Produkt- und Prozessentwicklung. ■

24.2.2 Segmentierung der Lieferantenbasis

Die Segmentierung (Strukturierung bzw. Untergliederung) der Lieferantenbasis bildet den Ausgangspunkt für die Ableitung von Lieferantenstrategien. Dazu muss man zunächst das Beschaffungsportfolio nach den Anforderungen der Industrie und des Unternehmens segmentieren. Hier kommen meist Portfolio-Ansätze zur Anwendung.

24.2.2.1 Segmentierung nach Beschaffungsvolumen

Die einfachste Methode zur Segmentierung der Lieferantenbasis ist die „eindimensionale" Segmentierung nach dem Beschaffungsvolumen – eindimensional deshalb, weil die Lieferanten lediglich nach einer kumulierten Größe geordnet werden. Hierzu wird zunächst eine ABC-Analyse nach dem Beschaffungsvolumen durchgeführt. Derartige Analysen sollten heute zu den Standardauswertungen von ERP-Systemen gehören (Abb. 24.3).
Segmentiert man die Lieferanten nach dem Beschaffungsvolumen, dann liegt der Fokus bei A-Lieferanten in der Regel auf der Optimierung der Materialkosten und der Ausnutzung des Innovationspotenzials der Lieferanten, bei C-Lieferanten auf den Prozesskosten. Bei den A-Lieferanten tritt dieser Fokus beispielsweise durch den Aufbau von Partnerschaften, durch die Organisation eines Key-Supplier-Managements, durch frühzeitige Integration der Lieferanten in Produktentwicklungsprojekte, durch komplexere Objekt-Sourcing-Strategien oder durch gemeinsam mit dem Lieferanten durchgeführte Wertanalyseprojekte zutage. Bei den C-Lieferanten sollte die Optimierung hingegen darauf abzielen, z.B. durch die Optimierung der Beschaffungsprozesse, durch Direktbelieferungskonzepte (z.B. Just-in-Time) oder durch E-Procurement (die Beschaffung über neue elektronische Medien) die Prozesskosten zu verringern.
Die ABC-Analyse und damit die „eindimensionale" Seg-

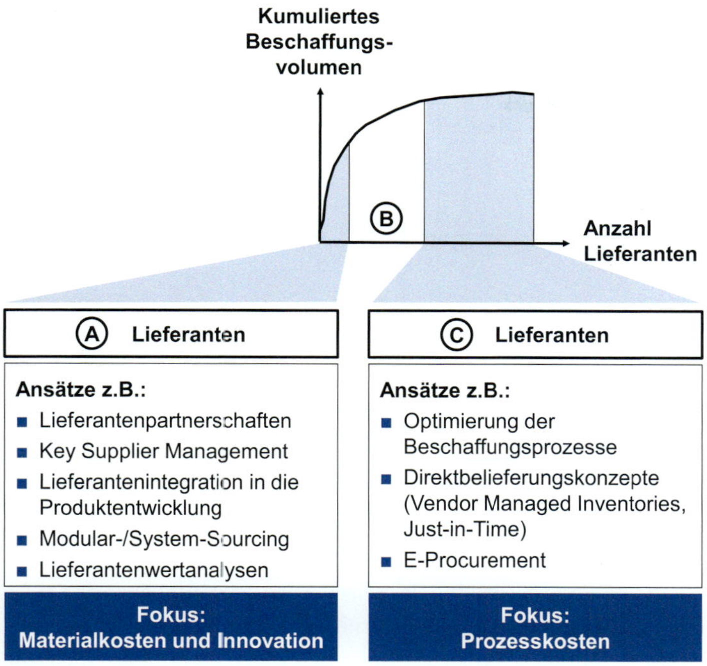

Abb. 24.3
Ansätze einer nach dem Beschaffungsvolumen segmentierten Lieferantenbasis

mentierung könnten aber auch nach folgenden Größen erfolgen:

- nach der Performance der Lieferanten in Bezug auf Technologie, Qualität, Logistik oder Preis
- nach der Entwicklungskompetenz der Lieferanten
- nach der Fertigungskompetenz der Lieferanten
- nach der strategischen Bedeutung der Lieferanten für das Unternehmen.

Unternehmen, die im Beschaffungs- und Lieferantenmanagement bereits weiter fortgeschritten sind, segmentieren ihre Lieferanten nach mehreren Dimensionen. Sehr häufig kommen Portfolios zum Einsatz, wie beispielhaft in den Abbildungen 24.4 und 24.5 gezeigt.

24.2.2.2 Segmentierung nach Bedeutung und Komplexität

Die verwendeten Achsen der Portfolios sind meist sehr ähnlich, sollten aber die Situation und Industrie des Unternehmens widerspiegeln. Auf der einen Seite geht es um die *Bedeutung des Produktes* oder das wirtschaftliche Profil des Produktes, das bei den Lieferanten beschafft wird. Kriterien sind hier z. B.:

- Produktkosten je Lieferung
- Gesamtkosten
- Anteil an der Wertschöpfung
- Einfluss auf den Gewinn
- etc.

Andererseits werden die Produkte und damit die Lieferanten, die diese Produkte liefern, nach der *Komplexität des Beschaffungsmarktes* eingeteilt. Hier geht es z. B. um:

- Anbieter-/Nachfragerstrukturen auf dem Beschaffungsmarkt
- Produktkomplexität
- technische Komplexität
- logistische oder Qualitätsrisiken
- etc.

Werden die Produkte und damit die Lieferanten nach dieser Methode im Portfolio positioniert, ergeben sich vier Segmente, für die Unternehmen unterschiedliche Ansätze bereithalten:

- Strategische Lieferanten:
  Strategische Lieferanten sollten langfristig geplant und gepflegt werden. Sind Unternehmen hier erfolgreich, können sie das Risiko verringern und gleichzeitig ihr Ergebnis erheblich verbessern.
- Engpass-Lieferanten:
  Im Vordergrund steht hier die Verringerung des Risikos, das sich aus einem komplexen Beschaffungsmarkt oder einem komplexen Produkt ergibt. Auch wenn der Einfluss des Produktes auf das Ergebnis gering ist, müssen Maßnahmen ergriffen werden. Unternehmen sollten versuchen, eine Neupositionierung oder Substituierung und damit eine Sicherung der Versorgung herbeizuführen.
- Hebel-Lieferanten:
  Bei geringer Komplexität und geringem Risiko kann

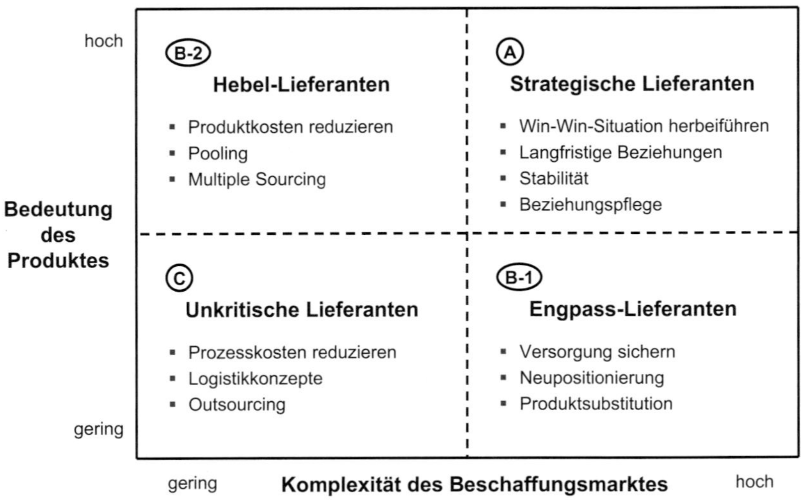

Abb. 24.4
Ansätze einer nach Bedeutung und Komplexität segmentierten Lieferantenbasis

man die Nachfragemacht ausnutzen und über Maßnahmen wie Bedarfsbündelung eine Konsolidierung dieses Segments der Lieferantenbasis herbeiführen. Häufig geht bei den Lieferanten von Hebelmaterialien eine Standardisierung voraus.

- Unkritische Lieferanten:
  Weil relativ unbedeutend für das wirtschaftliche Ergebnis und unkritisch im Hinblick auf die Versorgung kann hier fast ausschließlich auf die Prozesskosten geachtet werden. Um eine Reduzierung des Aufwands zu erreichen, sollten die bereits oben beschriebenen Ansätze für „C-Lieferanten" auch hier zum Einsatz kommen.

24.2.2.3 Segmentierung nach Lieferantenbeziehungen

Unternehmen können ihre Lieferantenbasis noch stärker nach der Art der Lieferantenbeziehung segmentieren und diese damit noch ausgewogener gestalten. Da partnerschaftliche Beziehungen einen enormen Aufwand an Ressourcen zum Aufbau und Unterhalt erfordern und in jedem Unternehmen nur begrenzte Ressourcen zur Verfügung stehen, kann ein Unternehmen nur eine begrenzte Anzahl an Partnerschaften oder gar strategischen Partnerschaften unterhalten. Unternehmen können in der Regel nur bis zu 5 % ihrer Lieferantenbeziehungen derart managen, weil ihnen die Ressourcen und Kompetenzen zum Aufbau und zur Pflege intensiver Beziehungen fehlen (Wagner/Boutellier 2002).

Deshalb sollte man, anstatt eine „Einheitsstrategie" anzuwenden, die Lieferantenbasis nach den beiden Beziehungstypen „Opportunismus" und „Partnerschaft" segmentieren. Nur so lassen sich die Vorteile beider Beziehungstypen mit vertretbarem Aufwand realisieren (Dyer/Cho/Chu 1998).

So präsentiert z. B. Bensaou ein Portfolio, das sehr stark die internen und externen Aspekte von Lieferantenbeziehungen berücksichtigt (Abb. 24.5). Er fasst die Lieferantenbeziehungen in vier Gruppen zusammen, basierend auf den spezifischen Investitionen, die der Lieferant bzw. der Abnehmer zugunsten einer Geschäftsbeziehung tätigt (Bensaou 1999):

- Strategische Partnerschaft:
  Beide investieren in den gemeinsamen Erfolg. Dadurch ist das Risiko für beide hoch und die Geschäftspartner sind gegenseitig voneinander abhängig.
- „Gefangener" Lieferant:
  Der Lieferant investiert mehr in die Beziehung als der Abnehmer. Der Grund kann darin liegen, dass das Geschäft wichtig für ihn ist. Dadurch gerät er in eine Abhängigkeit vom Abnehmer. Wenn dem Abnehmer seine „vorherrschende" Stellung bewusst ist, kann er diese ausnutzen.
- „Gefangener" Abnehmer:
  Diese Situation stellt sich genau umgekehrt dar. Der Abnehmer muss versuchen, seine Investitionen zu sichern.
- Marktlicher Austausch:
  Bei geringen gegenseitigen Investitionen ist das Risiko von Transaktionen gering. Diese Situation findet man meist bei Standard- oder Katalogware, die der Lieferant vielen Kunden anbietet und der Abnehmer häufig bei mehreren Lieferanten beziehen kann.

Investitionen sowohl des Abnehmers als auch des Lieferanten werden als „spezifisch" bezeichnet, wenn sie speziell für eine Geschäftsbeziehung getätigt werden und nicht oder nur schwer auf andere Geschäftsbeziehungen übertragbar sind (Heide/John 1988). Hierbei kann es sich um physische Investitionen in Gebäude, Maschinen oder

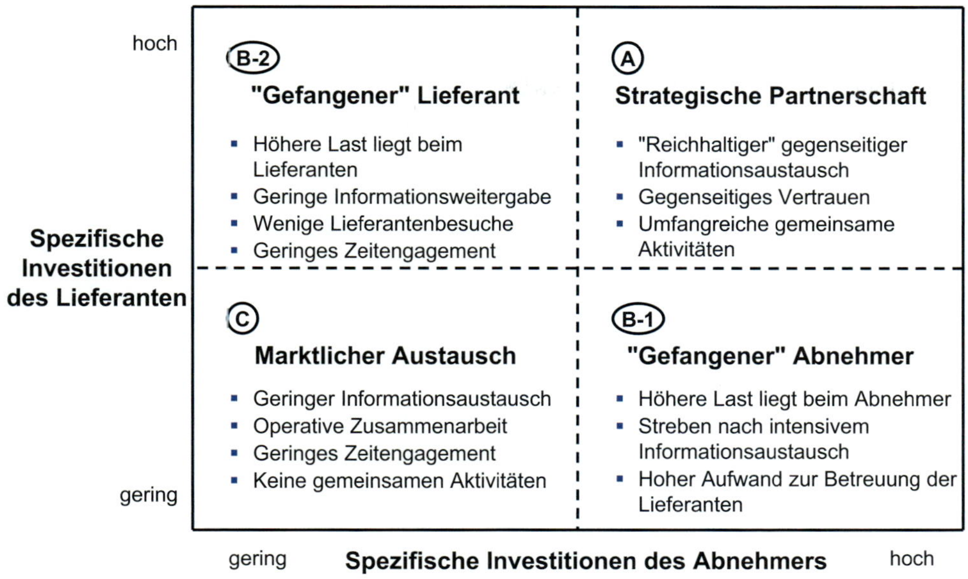

Abb. 24.5
Ansätze einer nach der Verteilung spezifischer Investitionen segmentierten Lieferantenbasis

Werkzeuge sowie um immaterielle Investitionen in Prozesse, ein Vertriebsnetz oder in den Aufbau einer gemeinsamen Marke handeln.

Beispiel:

Bei Robert Bosch sind Global Purchasing Management Teams (GPMT) unter anderem für die Vergabe des Vorzugslieferantenstatus in einer Materialgruppe und damit für die Segmentierung und Optimierung der Lieferantenbasis zuständig. Ziel des Vorzugslieferantenkonzeptes ist eine intensive Zusammenarbeit mit den leistungsfähigsten Lieferanten einer bestimmten Materialgruppe. Daher bestimmt es wesentlich die Aufgaben der GPMT. Die Analyse der Stärken und Schwächen eines Lieferanten durch das GPMT führt zu einer Lieferantenpyramide, die für jede Materialgruppe erstellt wird (Abb. 24.6; Wagner/Rink 2007). ■

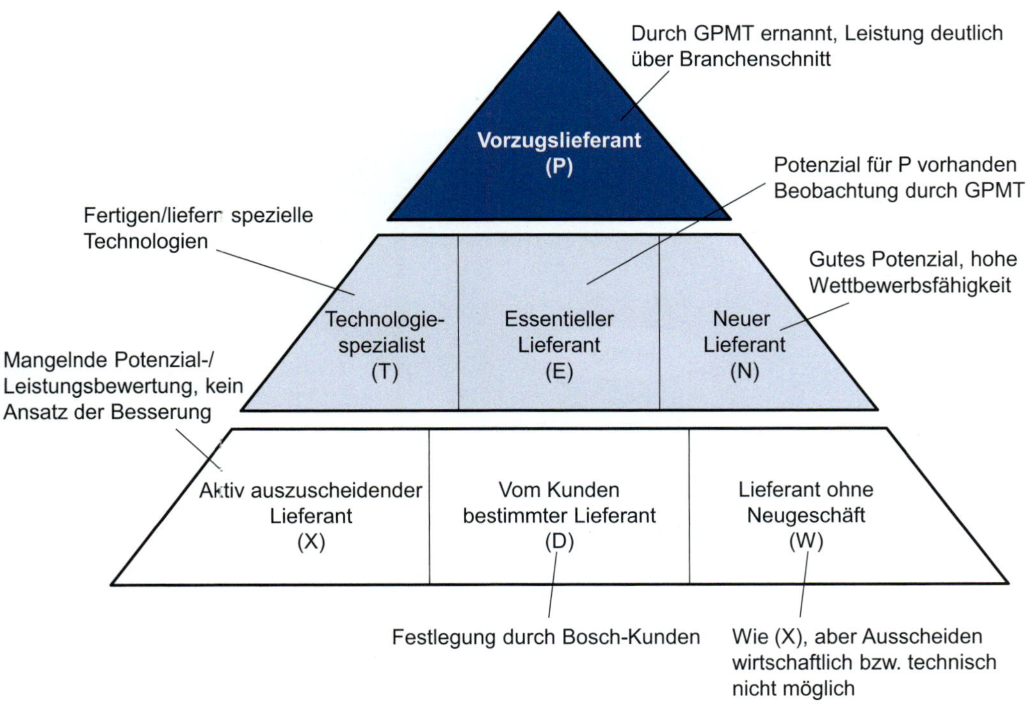

Abb. 24.6
Lieferantenpyramide bei Robert Bosch

24.3 Management der Lieferantenbasis

Aus dem Planungsschritt sollten sich die Anforderungen für die tägliche Arbeit im Lieferantenmanagement ableiten lassen. Das Management der Lieferantenbasis - der zweite Schritt des Lieferantenmanagement-Prozesses - umfasst unter anderem die richtige Vorgehensweise bei der Lieferantenauswahl, eine kontinuierliche Optimierung der Lieferantenanzahl, eine Lieferantenauditierung sowie eine Lieferantenkommunikation. Diese Aktivitäten sind nicht umfassend für diesen Schritt, sondern wurden nur beispielhaft für diesen Abschnitt ausgewählt.

24.3.1 Lieferantenbeurteilung und -auswahl

24.3.1.1 Risikominimierung

Vor dem Hintergrund des sich ständig wandelnden Beschaffungsportfolios (neue Technologien, Standardisierung, Einsatz von Modulen und Systemen anstatt von Teilen und Komponenten) und der Veränderungen auf den Beschaffungsmärkten (Globalisierung, Mergers & Acquisitions) gewinnen die Aufgaben der Lieferantenbeurteilung und Lieferantenauswahl zunehmend an Bedeutung. Erstens erfahren die Kriterien, anhand derer Lieferanten und deren Angebote beurteilt werden müssen, eine andere Gewichtung als früher. So gewinnen Kriterien wie Technologie, Innovationskraft und Gesamt- bzw. Lebenszykluskosten gegenüber günstigen Preisen und Lieferfähigkeit relativ an Gewicht. Zweitens ist es im Zuge der Lieferantenreduzierung und des Single Sourcings extrem wichtig, auf die richtigen Lieferanten zu setzen, da das Unternehmen von den verbleibenden Lieferanten stärker abhängt und Alternativen dann nicht mehr so leicht zur Verfügung stehen. Drittens tragen alle Lieferanten, die qualitativ hochwertige, technologisch aktuelle und kostengünstige Beschaffungsobjekte zur Verfügung stellen, ganz wesentlich zum Erfolg des Unternehmens bei.

Die Lieferantenbeurteilung ist die Vorstufe der Lieferantenauswahl, deren letztendliches Ziel darin besteht, das Risiko bei der Zusammenarbeit mit dem Lieferanten so weit wie möglich zu reduzieren. Die Risiken, den falschen Lieferanten auszuwählen, sind vielfältig. Beispielsweise besteht die Gefahr, dass ein Lieferant ausgewählt wird, der

- sich in wirtschaftlichen Schwierigkeiten befindet, sodass die Erfüllung des Vertrages nicht gewährleistet ist,
- minderwertige Materialien einsetzt,
- den Service für ein Produkt nur unzureichend erbringen kann,
- die Qualität des Produktes nicht sicher im Griff hat,
- bereits von anderen Kunden zu viele Aufträge angenommen hat, so dass die termingerechte Lieferung gefährdet ist,
- nicht den günstigsten Preis bietet.

All diese Risiken lassen sich durch die richtigen Prozesse und Methoden der Lieferantenbeurteilung zwar nicht ganz ausschalten, aber erheblich verringern.

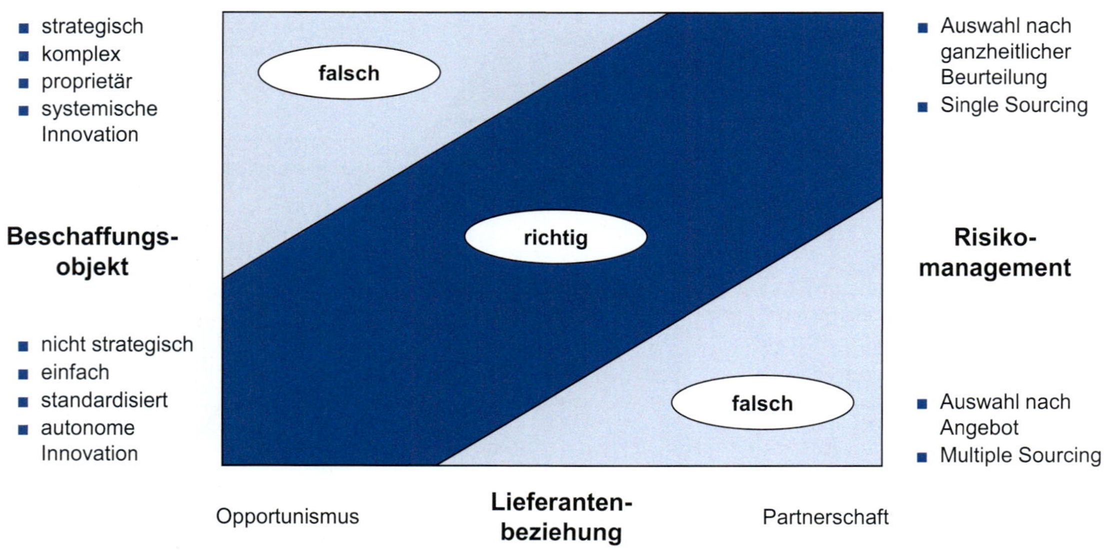

Abb. 24.7 Übereinstimmung von Beschaffungsobjekt, Lieferantenbeziehung und Risiko

24.3.1.2 Risikomanagement

Bei der Lieferantenbeurteilung und -auswahl ist es wichtig, dass die Beschaffung die infrage kommenden Lieferanten so beurteilt und auswählt, dass die Strategie des Risikomanagements mit der Art des Beschaffungsobjektes und der Lieferantenbeziehung übereinstimmt (Boutellier/Wagner 2003, siehe auch Abb. 24.7).
Bei *nicht strategischen Beschaffungsobjekten*, die einfach sind und einen hohen Standardisierungsgrad aufweisen, sowie bei autonomen Innovationen können Unternehmen mit den Lieferanten opportunistisch verfahren. Hier kann die Risikostrategie darin bestehen, die Lieferantenauswahl basierend auf einer kurzen, auf wenigen Kriterien basierenden Lieferantenbeurteilung zu treffen und je nach Angebot auf den günstigsten Lieferanten zurückzugreifen. Der Preis fällt häufig überproportional ins Gewicht. Bei dieser Risikostrategie kann das Risiko auch durch eine Verteilung auf mehrere Lieferanten (Multiple Sourcing) oder einen häufigen Lieferantenwechsel reduziert werden. Man spricht dabei auch von der Strategie der Risikoverteilung (Puto/Patton/King 1985).
Handelt es sich hingegen um *strategische und komplexe Beschaffungsobjekte*, mit einem geringen Standardisierungsgrad, und kommen Innovationen systemisch zustande, d.h. in enger Zusammenarbeit zwischen Abnehmer und Lieferanten, dann bieten sich langfristige, partnerschaftliche Lieferantenbeziehungen an. Unternehmen sollten dem Risiko, einen falschen Lieferanten auszuwählen, durch eine eingehende und ganzheitliche Beurteilung begegnen. Es liegt deshalb nahe, Beurteilungsverfahren einzusetzen und Beurteilungskriterien zu verwenden, die eine möglichst realitätsnahe Abbildung der vorherrschenden Beschaffungssituation erlauben.

24.3.1.3 Beurteilungsverfahren

Wie bereits angesprochen gibt es in der Praxis eine Vielzahl von Lieferantenbeurteilungsverfahren. Wesentliches Ergebnis jeder Lieferantenbeurteilung – ohne Rücksicht auf das Verfahren, die verwendeten Kriterien oder deren Gewichtung – müssen Aussagen zu folgenden Anforderungen sein:

- zum *generellen Leistungsprofil des Lieferanten* (unternehmensspezifische Anforderungen)
- zu den *vom Lieferanten angebotenen Leistungen* (beschaffungsobjekt- und situationsspezifische Anforderungen)

Während beim Controlling der Lieferantenleistung (der Lieferantenbewertung) in der Regel nur die Leistung des Lieferanten als Ganzes gemessen wird, darf bei der Lieferantenbeurteilung das konkrete Beschaffungsobjekt nicht vernachlässigt werden.

Grundsätzlich unterscheidet man zwischen Einfaktoren- und Mehrfaktorenvergleichen:

- Einfaktorenvergleich:
  Beim Einfaktorenvergleich wird die Lieferantenauswahl nur anhand eines Kriteriums – meistens des Preises – getroffen.
- Mehrfaktorenvergleich:
  Durch eine Beurteilung anhand mehrerer Faktoren lässt sich grundsätzlich das Risiko bei der Lieferantenauswahl verringern. Dem stehen ein größerer Aufwand für die Informationsgewinnung und -verarbeitung sowie längere Prozesse für die Entscheidungsfindung gegenüber.

Neben der Anzahl der verwendeten Faktoren unterscheidet man, ob die Lieferantenbeurteilung „absolut“ oder „relativ“ vorgenommen wird. Im Wesentlichen findet man in der Praxis zwei Verfahren:

- Scoring-Verfahren:
  Bei der absoluten Beurteilung werden die einzelnen Kriterien für jedes Angebot mit einem Wert versehen und anschließend aufsummiert. Das Angebot mit dem höchsten Punktwert sollte den Zuschlag bekommen.
- Gap-Verfahren:
  Der Unterschied besteht darin, dass zunächst für jeden Beschaffungsvorfall ein Zielwert festgelegt wird. Dadurch kann man den Anforderungen der unterschiedlichen Beschaffungsobjekte Rechnung tragen. Ferner wird das bewertete Angebot mit dem Sollwert verglichen. Die Lücken (sogenannte „Gaps“) spiegeln dann die Schwachpunkte des jeweiligen Angebots wider. Ist die Lücke gering, kann der Lieferant ohne zusätzliche Maßnahmen eingesetzt werden. Bestehen Lücken und gibt es keine Alternativlieferanten, dann sollte der Abnehmer Lieferantenentwicklungsmaßnahmen in Erwägung ziehen.

24.3.1.4 Beurteilungskriterien

Die traditionellen Kriterien und Methoden der Lieferantenbeurteilung reichen heute häufig nicht mehr aus. Stattdessen verlangen der Wechsel von opportunistischen zu partnerschaftlichen Lieferantenbeziehungen und die steigende Bedeutung strategischer und komplexer Beschaffungsobjekte oftmals umfassendere Kriterien zur Lieferantenbeurteilung (Ellram 1990).
Eine umfassende Beurteilung erfordert zusätzliche und andere Beurteilungskriterien als eine Beurteilung nach Angebot. Neben „weichen“ Beurteilungskriterien, wie Vertrauen oder Kommunikationsbereitschaft, fallen auch komplexere Beurteilungskriterien, wie Technologietransfer oder Risikobetrachtungen, immer mehr ins Gewicht.
Verwenden Unternehmen einheitliche, nicht situations-

III

spezifische Beurteilungskriterien, dann bewerten sie die Leistungsfähigkeit der Lieferanten durchschnittlich anhand von vier bis fünf Kriterien, wobei die Anzahl sehr stark von der betrachteten Branche abhängt. Diese Hauptkriterien werden in der Praxis durch zahlreiche Teilkriterien und Fragen operationalisiert. Es folgen einige Beispiele für die häufig vorzufindenden Hauptkriterien Wirtschaftlichkeit, Qualität, Logistik, Technologie und Ökologie:

Wirtschaftlichkeit:

- Wettbewerbsfähigkeit der Preise
- „Legitimität" von Preisveränderungen
- Abnahme- und Lieferbedingungen
- Bezugsnebenkosten
- Suche nach Kostenoptimierungen
- Weitergabe von Kosteneinsparungen an Kunden
- Gemeinsame Wertanalysen
- Finanzieller Status des Lieferanten

Qualität:

- Vorhandensein von Qualitätsrichtlinien
- Zertifizierungen
- Beherrschung der Qualitätsprozesse
- Qualitätsinfrastruktur
- Qualitätsaufzeichnungen
- Programme zur kontinuierlichen Verbesserung
- Ergebnisse von Erstmusterprüfungen
- Personalqualifikation

Logistik:

- Logistikinfrastruktur
- Beherrschung der Logistikprozesse
- Herstellungsfähigkeit
- Maschinen- und Werkzeugkapazitäten
- Beherrschte Belieferungskonzepte
- Kurzzyklische Reaktionszeiten

Technologie:

- Technologie-Infrastruktur
- Beherrschung der Entwicklungsprozesse
- Produktwissen
- Patente und Lizenzen
- Dokumentation
- Integration von externem Know-how

Ökologie:

- Umweltschutzstandards
- Ökobilanzierung
- Suche nach Substitutionsprodukten
- Verwendung von Recyclingprodukten
- Verwendung recyclingfähiger Materialien

Bisweilen wird gefordert, eine Lieferantenbeurteilung und -auswahl so objektiv wie möglich durchzuführen. In der Praxis sind jedoch keine *vollständig* objektiven (quantitativen, mathematischen) oder *vollständig* subjektiven (qualitativen) Lieferantenbeurteilungsverfahren anzutreffen. Zwar bemühen sich Unternehmen, auch jene Kriterien in die Bewertung einzubeziehen, die man vermeintlich nicht in Zahlen fassen kann, jedoch ist deren Operationalisierung immer noch subjektiv. Man kann Kriterien wie Kosten durch Gesamt- bzw. Lebenszykluskosten, Qualität durch Qualitätskennziffern und Liefer-/Termintreue durch logistische Kennzahlen objektiv bewerten. Weichere, aber unter Umständen nicht weniger wichtige Kriterien, wie Innovationsbereitschaft, Einstellung zu Umweltanforderungen, Bereitschaft zu Teamarbeit, Managementkompetenz oder Ausfallrisiken kann man hingegen nur durch die Operationalisierung einer subjektiven Beurteilung miteinander vergleichen.

24.3.2 Reduzierung der Lieferantenbasis

24.3.2.1 „Optimale" Lieferantenanzahl

In den 80er und 90er Jahren beachteten viele Unternehmen ausschließlich die markt- und wettbewerbsorientierten Strategieansätze. Dabei sollten Unternehmen die Marktkräfte in ihrer Industrie für sich ausnutzen, indem sie mit so vielen Lieferanten wie möglich zusammenarbeiten. Dadurch sollten sie in der Lage sein, die Verhandlungsmacht der Lieferanten zu verringern und sich selbst in eine bessere (Verhandlungs-)Position zu bringen.

Die Strategie, von so vielen Lieferanten wie möglich Materialien zu beziehen und die Marktkräfte zu nutzen, ist heute aber meist nicht mehr erstrebenswert. So kann man beispielsweise mithilfe der Theorie der unvollständigen Verträge erklären, dass Abnehmer ihren Gewinn oftmals erhöhen können, wenn sie die Anzahl der alternativen Lieferanten verringern und ihre eigene Verhandlungsmacht einschränken (Bakos/Brynjolfsson 1993). Hat ein Unternehmen eine reduzierte Lieferantenbasis, dann ist zwar die Verhandlungsmacht der verbleibenden Lieferanten gegenüber diesem Unternehmen höher, die Lieferanten besitzen aber gleichzeitig einen größeren Anreiz, vertraglich nicht vereinbarte Investitionen zu tätigen. Der Lieferant wird häufiger über die kurzfristige Vertragserfüllung hinaus aktiv. Sind also vertraglich nicht vereinbarte Investitionen des Lieferanten, wie z. B. Investitionen zur Verbesserung von Innovation, Informationsaustausch oder Flexibilität, für den Abnehmer von Vorteil, dann stellt sich die Situation für den Abnehmer besser dar, wenn er mit weniger Lieferanten arbeitet.

In jedem Fall sollte man zwischen diesen beiden Strategien – viele oder wenige Lieferanten – differenzieren. Eine

III

geringe Lieferantenanzahl ist ratsam bei komplexeren Beschaffungsobjekten. Eine Reduzierung der Lieferantenanzahl ist aber nicht zwangsläufig sinnvoll, wenn es sich um einfache, standardisierte Beschaffungsobjekte handelt. Hier sollten Unternehmen weiterhin das Angebot und den Wettbewerb auf den Beschaffungsmärkten ausnutzen.
Gleichzeitig können es zahlreiche interne und externe Einflüsse erforderlich machen, die Anzahl der Lieferanten für bestimmte Warengruppen zu erhöhen. Eine optimale Lieferantenanzahl ist deshalb schwer zu ermitteln und niemals ein festes Ziel. Die Lieferantenanzahl erfordert eine kontinuierliche Anpassung.
Der Trend geht aber eindeutig zu weniger Lieferanten. Zahlreiche Unternehmen reduzierten ihre Lieferantenbasis in den vergangenen Jahren ganz beträchtlich (Ogden/Carter 2008, Wagner 2001), weil sie sich dadurch unter anderem folgende Vorteile versprechen:

- eine effizientere Gestaltung der Wertschöpfungskette
- die Bündelung von Beschaffungsvolumina
- die Möglichkeit der Lieferanten zur Erzielung von Skaleneffekten
- die Reduzierung des administrativen Aufwands in Beschaffung und Logistik (z.B. Audits, Bestellungen, Wareneingänge, Kreditorenabrechnungen)
- Bestandsreduzierungen
- die Möglichkeit zum selektiven Aufbau partnerschaftlicher Lieferantenbeziehungen
- die Konzentration knapper Ressourcen auf das Management der verbleibenden (wichtigen) Lieferanten.

24.3.2.2 Vorgehen

Die Lieferantenreduzierung sollte Warengruppe für Warengruppe durchgeführt werden. Maßnahmen des Komplexitätsmanagements und eine Verringerung der Teileanzahl müssen die warengruppenbezogene Vorgehensweise begleiten (Abb. 24.8). Die Erfahrung von Beschaffungsmanagern bei der Lieferantenreduktion zeigt, dass der Abbau anfänglich einfach ist (z.B. von 500 auf 380 Lieferanten), dann aber zunehmend schwieriger wird.

24.3.2.3 Tools

Es gibt zahlreiche – leider aber noch viel zu selten eingesetzte – Tools, die den Unternehmen bei der Reduzierung der Teile- und Lieferantenanzahl helfen können. Neben Warengruppenstrategien, Lieferantenstrategien und Bauteilevorzugslisten können Lieferantenvorzugslisten schnell zu einem guten Erfolg führen.
Lieferantenvorzugslisten geben Lieferanten vor, die jederzeit während der Produktentwicklung einbezogen werden können – in der Regel ohne dass es vorab einer gesonderten Zustimmung der Beschaffung bedarf.

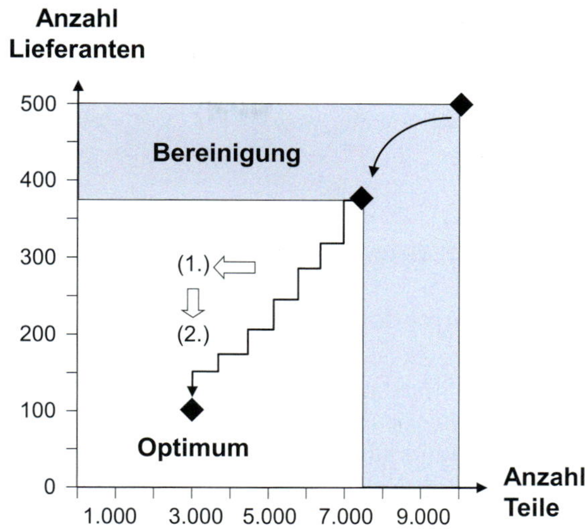

Abb. 24.8 Lieferantenreduktion durch Reduzierung der Teilevielfalt

Existieren Lieferantenvorzugslisten, so gibt es bei den meisten Unternehmen Restriktionen bei der Lieferantenauswahl. Meist dürfen Einkäufer dann gar nicht oder nur in Ausnahmefällen von den in den Lieferantenvorzugslisten verzeichneten Lieferanten abweichen. Ausnahmen liegen z.B. vor, wenn der Vorzugslieferant ein Single-Source-Lieferant ist oder zu wenige Vorzugslieferanten vorhanden sind.
Damit wird die Forschung & Entwicklung gezwungen, für technische Lösungen zunächst auf Lieferanten zurückzugreifen, mit denen das Unternehmen schon in Geschäftsbeziehung steht. Dies erleichtert nicht nur die Auswahl, sondern auch die spätere Einbindung der Lieferanten.

Beispiel:

Mettler Toledo nutzt Lieferantenvorzugslisten als Tool, um Wildwuchs und Willkür im Lieferantenmanagement zu verhindern. Die Liste läuft EDV-unterstützt auf Standardsoftware, wird mit variablen Suchkriterien geführt und beinhaltet folgende Felder:

- Firma
- Adresse
- Ansprechpartner
- Kreditorennummer
- Umsatz
- Technologie
- Typische Teile
- Besonderes

III

Bei standardisierten Materialien kann ferner der Einsatz von E-Procurement (und hier insbesondere von elektronischen Katalogsystemen) helfen, die „Spielwiese" der Bedarfsträger auf wenige, ausgewählte Lieferanten zu beschränken.

24.3.3 Lieferantenauditierung

24.3.3.1 Informationen „aus erster Hand"

In einer langjährigen intensiven Geschäftsbeziehung sollte die Sammlung von Daten für die Lieferantenbewertung und die Durchführung der Lieferantenbewertung zum Tagesgeschäft gehören. Lieferantenrisiken lassen sich dadurch verringern. Lieferantenbewertungen und auch Lieferantenbeurteilungen finden jedoch häufig „am grünen Tisch" statt, ohne dass die Beurteilenden sich ein Bild über die Situation vor Ort machen. Da dies oft nicht ausreicht, um alle Risiken erkennen und alle Chancen ausnutzen zu können, führen Unternehmen bei wichtigen Lieferanten Lieferantenauditierungen durch. Audits basieren nicht nur auf Sekundärdaten oder auf Informationen, welche vom Lieferanten zur Verfügung gestellt werden, sondern auch auf Primärerhebungen und Beobachtungen beim Lieferanten vor Ort. Der Abnehmer verlässt sich nicht nur auf die Auskünfte des Lieferanten bzw. auf die retrospektive Messung der Qualität, wie es bei Wareneingangsprüfungen, Materialprüfungen oder der Messung von Logistikkennzahlen (z. B. Liefertreue) der Fall ist. Unternehmen können auf Basis der Ergebnisse von Audits bei der erstmaligen Zusammenarbeit sicherstellen, dass der Lieferant den Qualitätsanforderungen gerecht wird, und bei weiteren Auditierungen die Qualitätsfähigkeit des Lieferanten ständig verbessern. Lieferantenaudits helfen Abnehmern in vielerlei Hinsicht:

- Sie können sich selbst ein Bild über die Situation des Lieferanten machen.
- Bei Audits kann man gezielt auf Schwachstellen des Lieferanten eingehen und Probleme ausführlicher diskutieren.
- Auditoren können unternehmensspezifische Anforderungen, die an den Lieferanten gestellt werden, gezielter untersuchen.
- Audits zwingen den Beurteilenden, systematisch und zielgerichtet vorzugehen.
- Lieferantenaudits kann man als Basis für Lieferantenentwicklungsaktivitäten verwenden.

Audits bieten auch für Lieferanten einige Vorteile:

- Aufzeigen von Verbesserungsmaßnahmen, die den Lieferanten die Möglichkeit geben, das Qualitätsniveau zu verbessern sowie die Kosten zu reduzieren (z. B. die Kosten durch Ausschuss)
- „Objektivierung" interner Schwachstellen (Auditbericht)
- Know-how-Transfer
- Ein Audit durch den Abnehmer unterstützt den Lieferanten bei der Vorbereitung auf ein Audit durch eine Zertifizierungsgesellschaft (z. B. ISO-Zertifizierung).

24.3.3.2 Vorbereitung

Die Durchführung von Lieferantenaudits ist zeitaufwendig und kostspielig. Je nach Standort des Lieferanten (v. a. im Ausland) kommen erhebliche Reisezeiten und -kosten hinzu. Deshalb müssen Unternehmen Prioritäten für die Durchführung von Audits festlegen und die Audits selbst gründlich vorbereiten. Dazu muss sich die Beschaffung folgende Fragen beantworten:

- Bei welchen Warengruppen wird auditiert?
- Welche Lieferanten werden auditiert (z. B. als Ergebnis der Lieferantenbeurteilung oder -bewertung)?
- Wie umfassend ist ein Audit?
- Wie oft führt man Audits durch?
- Wer führt Audits durch?
- Nach welchen Methoden wird verfahren?

Unternehmen könnten aus den Ergebnissen einer Lieferantenbeurteilung oder -bewertung (Checklisten) feststellen, ob bei Lieferanten Lieferantenaudits durchgeführt werden sollen.

> **Beispiel:**
> GEZE auditiert Lieferanten von Produktionsmaterial mit großem Einfluss auf die Qualität des Endproduktes und hohem Lieferanteil. Beim Audit wird deren Qualitätsfähigkeit ermittelt. GEZE verzichtet unter Umständen auf ein Audit, wenn seitens einer externen Stelle eine neutrale Zertifizierung vorliegt (z. B. ISO 9001).

24.3.3.3 Ankündigung

Das Audit wird dem Lieferanten schriftlich angekündigt. Dazu teilt das Unternehmen dem Lieferanten den festgelegten Auditumfang, den Termin und die Auditoren mit.
Der Umfang des Audits kann sich auf einen Standort, ausgewählte Produkte oder ausgewählte Funktionen im Unternehmen des Lieferanten beschränken. Ein Lieferantenaudit dauert in der Regel einen Tag.
Audits können grundsätzlich durch einen Qualitätsaudi-

tor bzw. ein Auditteam des eigenen Unternehmens oder durch einen unabhängigen Auditor durchgeführt werden.

- **Eigener Auditor:**
  Der unternehmensinterne Auditor arbeitet im direkten Auftrag des Einkaufs. Er ist in der Regel Mitglied der Einkaufs- oder der Qualitätsabteilung. Es ist sinnvoll, ein cross-funktionales Auditteam zu bilden. Dem Team gehören mindestens der Einkauf und die Qualitätssicherung an, eventuell ergänzt um Mitarbeiter aus der Produktion oder der Entwicklung. Für den Lieferanten müssen die Auditoren kompetente Ansprechpartner zu allen Fragen des Qualitätsmanagements sein. Die Gesprächspartner der Auditoren sind – abhängig von der Größe des Lieferanten – Geschäftsführer oder Führungskräfte aus dem Vertrieb, der Entwicklung, der Produktion oder der Logistik.
- **Unabhängiger Auditor:**
  Es gibt zahlreiche Unternehmen, welche die Durchführung von Qualitätsaudits als Dienstleistung anbieten. Für diese Unternehmen ist es unerheblich, ob sie die Qualitätsfähigkeit ihres Kunden oder die Qualitätsfähigkeit eines Lieferanten des Kunden überprüfen. Im zweiten Fall führen sie im Auftrag des Abnehmers beim Lieferanten ein Audit durch. Wählen Abnehmer diese Variante, dann müssen sie darauf achten, dass die externen Auditoren über die notwendige Ausbildung verfügen. Vorsicht ist geboten bei Auditoren, die sich lediglich auf eine von privaten Vereinen initiierte begrenzte Kurzausbildung berufen. Industrie- und Produktkenntnisse sowie Kenntnisse der voraussichtlichen Einsatzbedingungen sollten von einem externen Auditor nachgewiesen werden können.

Beim Einsatz sehr spezifischer Technologien sind die Mitarbeiter des Abnehmers oftmals besser geeignet, weil sie sich seit Jahren mit den Produkten und Technologien beschäftigen und die Anforderungen genau kennen. Der Abnehmer muss aber immer den enormen Aufwand einer eigenen Auditierung berücksichtigen.

24.3.3.4 Vorbereitung durch den Lieferanten

Zur Vorbereitung erhält der Lieferant den im Audit verwendeten Fragebogen. Der Lieferant kann die notwendigen Unterlagen bereitstellen. Gleichzeitig sollte der Lieferant dem Abnehmer (Auditor) QM-Dokumentationen, wie Handbücher oder Prüfabläufe, vorab zur Verfügung stellen.
Auditprotokolle (Fragebögen) sollten sich an den von akkreditierten Zertifizierungsgesellschaften verwendeten Protokollen orientieren und um unternehmensspezifische Anforderungen ergänzt werden, wie:

- Bemusterungen
- Prüfabläufe
- Dokumentationsprozesse und -formate
- Verbesserungsprozesse
- Anforderungen an Fertigung und Logistik.

Die unternehmensspezifischen Anforderungen ergeben sich häufig auch aus spezifischen Kundenanforderungen bzw. Marktanforderungen.

24.3.3.5 Auditierung vor Ort

Audits starten mit einem Einführungsgespräch. Danach wird die Organisation anhand der in den Auditprotokollen festgelegten Kriterien während eines Produktionsdurchlaufes überprüft und die Ergebnisse werden im Auditprotokoll aufgezeichnet. Mit der Abstimmung der weiteren Vorgehensweise in einem Abschlussgespräch endet die Auditierung vor Ort.

Beispiel:

GEZE stuft nach einer Auditierung die Lieferanten in verschiedene Kategorien ein:

Lieferant A: Die Beauftragung des Lieferanten kann ohne Einschränkung erfolgen. Er ist für zukünftige Geschäftsbeziehungen zu favorisieren.

Lieferant B: GEZE benachrichtigt den Lieferanten über die Abweichung und bittet um korrigierende Maßnahmen. Der Lieferant darf nur als Hauptlieferant berücksichtigt werden, wenn kein A-Lieferant verfügbar ist. Wenn keine Verbesserungsaussicht besteht, sollte die Geschäftsbeziehung reduziert werden.

Lieferant C: Die Geschäftsbeziehung wird beendet, falls kurzfristig keine Verbesserung eintritt. ■

24.3.3.6 Nachbereitung

Nach Abschluss des Audits verfassen die Auditoren einen schriftlichen Auditbericht, in dem sie die Schwachstellen nochmals bewerten. Nur so kann man diese im eigenen Unternehmen und beim Lieferanten kommunizieren und diskutieren. Daraus müssen Einstufungen, notwendige Korrekturmaßnahmen und Terminvorgaben zur Umsetzung hervorgehen. Der Lieferant erhält den Auditbericht zugestellt.

III

III

24.4 Lieferantenentwicklung

24.4.1 Lieferantenentwicklung als Ansatz bei „Lieferantenproblemen"

Wenn Unternehmen bei der Erarbeitung einer Lieferantenstrategie oder einer Lieferantenbewertung feststellen, dass ein Lieferant den heutigen oder zukünftigen Anforderungen nicht aus eigener Kraft gerecht werden kann, er folglich ein „zu schwaches Glied" in der Supply Chain bildet, so ist das Unternehmen gefordert. Wenn darüber hinaus aktuelle Probleme, z. B. in Bezug auf Lieferfähigkeit oder Qualität der Beschaffungsobjekte, vorliegen, kann außerdem ein dringender Handlungsbedarf gegeben sein. Es geht dann nicht um die Realisierung von Wettbewerbsvorteilen, sondern um die Vermeidung eines Schadens für andere Unternehmen in der Supply Chain.

Befinden sich Unternehmen in einer derartigen Situation, die mit den stets größer werdenden Anforderungen an die Lieferanten immer häufiger eintreten kann, so haben sie grundsätzlich drei Möglichkeiten, die Supply Chain wieder wettbewerbsfähiger zu machen. Welche der drei Alternativen ein Unternehmen verfolgen sollte, hängt stark vom Produkt, den Technologien, der Situation auf dem Beschaffungsmarkt und vom beschaffungslogistischen Konzept ab (Wagner/ten Hoevel 2003, Wagner 2010).

1. *Übernahme des Lieferanten (In-Sourcing):* Das Unternehmen würde bei dieser Alternative entweder den „schwachen" Lieferanten übernehmen und damit ein bisher von ihm bezogenes Produkt selbst fertigen, oder die Technologie ohne das Zutun des Lieferanten im eigenen Hause aufbauen. Da aber die Integration eines Lieferanten ein schwieriger, kostenaufwendiger und auch risikoreicher Vorgang sein kann, sollte sie nur in Ausnahmefällen, z. B. bei innovativen Produkten oder Prozesstechnologien, in Erwägung gezogen werden. Ferner widerspricht diese Möglichkeit dem allgemeinen Trend der Konzentration auf die Kernkompetenzen.
2. *Wechsel des Lieferanten (Re-Sourcing):* Möglichkeiten und Erfolgsaussichten eines Lieferantenwechsels hängen stark vom bezogenen Teilespektrum, vom Lebenszyklus des Produktes und von den verfügbaren Alternativlieferanten ab. Bei standardisierten, unkritischen Beschaffungsobjekten ist der Wechsel des Lieferanten häufig die bevorzugte Alternative. Im Gegensatz dazu kann bei gegenseitigen Abhängigkeitsverhältnissen, langjährigen Geschäftsbeziehungen oder bei komplexen Objekt-Sourcing-Strategien ein Lieferantenwechsel mit hohen Kosten verbunden sein.
3. *Lieferantenentwicklung (Supplier Development):* Die Verbesserung der Leistungsfähigkeit des Lieferanten durch Maßnahmen der Lieferantenentwicklung stellt die dritte Alternative dar. Sie bietet sich an, wenn von Lieferanten Produkte oder Technologien bezogen werden, die zukünftig zu Wettbewerbsvorteilen für das Unternehmen führen können, oder wenn Lieferanten logistisch stark in das eigene Unternehmen integriert sind.

Vielfach ist ein Wechsel des Lieferanten nicht gewünscht bzw. keine ökonomisch sinnvolle Option. Spezifische Investitionen in den Lieferanten lassen sich nicht oder nur zum Teil rückgängig machen, sodass die Kosten des Wechsels signifikant steigen. Unternehmen wählen deshalb zunehmend die Option der Lieferantenentwicklung und bekennen sich zu einer partnerschaftlichen Beziehung zum Lieferanten. Untersuchungen haben gezeigt, dass diese Vorgehensweise in vielen Punkten Erfolg versprechend ist, da sie z. B. zu besseren Leistungen des Lieferanten und intensiveren Kunden-/Lieferanten-Beziehungen führen kann, welche wiederum die Wettbewerbsfähigkeit des Abnehmers verbessern (Wagner 2010).

Lieferantenentwicklung umfasst diejenigen Tätigkeiten eines Unternehmens, welche die Leistung und/oder Fähigkeit eines Lieferanten steigern und so kurz- und/oder langfristig eine leistungsfähige Lieferantenbasis und die Versorgungssicherheit des Unternehmens sichern. Dies schließt eine Reihe möglicher Entwicklungsaktivitäten ein. Charakteristisch für alle Ausprägungen der Lieferantenentwicklung sind folgende drei Punkte (Wagner 2001):

1. Der Abnehmer tritt in Vorleistung, da er sich durch die Entwicklungsaktivitäten *bessere Leistungen* des Lieferanten hinsichtlich Kosten, Qualität und Liefererfüllung erhofft.
2. Der Abnehmer unterstützt den Lieferanten *aktiv* durch entsprechende Maßnahmen.
3. Der Abnehmer signalisiert dem Lieferanten Interesse an einer *dauerhaften Beziehung.*

24.4.2 Typologisierung der Lieferantenentwicklung

Eine Typologisierung der Lieferantenentwicklung lässt sich anhand von drei Fragen vornehmen:

1. Mit welchen Lieferanten wird eine Entwicklung betrieben?
2. Wie stark ist die Motivation des Abnehmers zur Lieferantenentwicklung?
3. Welche Rolle nimmt der Abnehmer bei den Lieferantenentwicklungsaktivitäten ein?

Betroffener Lieferant: Zielen die Aktivitäten der Lieferantenentwicklung auf die Schaffung von neuen Bezugsquellen, d. h. auf Lieferanten, die bisher noch nicht zum Lieferantenportfolio des Unternehmens gehören, so handelt es sich um Lieferantenentwicklung *im engeren Sinne*. In der Literatur wird dabei von „Reverse Marketing" (Leenders/Blenkhorn 1988) oder auch einer „Narrow Perspective" (Hahn/Watts/Kim 1990) und in der Unternehmenspraxis von „Lieferantenaufbau" gesprochen. Bei Lieferantenentwicklung *im weiteren Sinne* oder der „Broader Perspective" (Hahn/Watts/Kim 1990) geht es um Verbesserungen von Fähigkeiten bei Lieferanten, die bereits zum Lieferantenportfolio des Unternehmens gehören. Ein treffender Begriff, der in der Praxis vorzufinden ist, beschreibt diese Form der Lieferantenentwicklung als „Lieferantenförderung".

Motivation: Unternehmen initiieren und setzen Lieferantenentwicklungsaktivitäten aufgrund unterschiedlicher Motivationen ein. Wird *reaktiv* vorgegangen („Reactive Approach"), werden Maßnahmen bzw. Initiativen der Lieferantenentwicklung aufgrund eines konkreten Problems mit einem Lieferanten veranlasst, welches etwa zu Verzögerungen oder gar zu einem Stillstand in der Produktion des Abnehmers geführt hat. Gehen Unternehmen im Gegensatz dazu Lieferantenentwicklung *strategisch* an („Strategic Approach"), wird sie vermehrt vom Top-Management propagiert und initiiert. Außerdem wird systematisch nach Verbesserungspotenzialen bei Lieferanten gesucht, mit dem Ziel, die Lieferantenbasis für wichtige Warengruppen kontinuierlich zu verbessern und auf Weltklasseniveau zu bringen (siehe Abb. 24.9; vgl. auch Hartley/Jones 1997). Dabei fokussieren reaktive Unternehmen ihre Aktivitäten auf „improving a *single supplier* through a supplier development *project*" und strategisch orientierte Unternehmen auf „the entire *supply base*, which is improved through a supplier development *program*" (Krause/Handfield/Scannell 1998). Ist Lieferantenentwicklung strategisch motiviert, dann kann die Lieferantenbasis eines Unternehmens ein höheres Leistungs-/Fähigkeitsniveau erreichen als bei einer reaktiven Motivation.

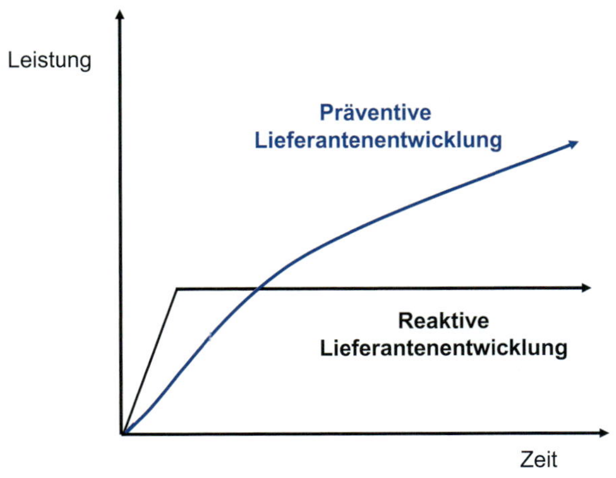

Abb. 24.9 Reaktive und präventive Lieferantenentwicklung im Vergleich

Rolle des Abnehmers: Bei einer *direkten* Lieferantenentwicklung investiert der Abnehmer Ressourcen in die Entwicklung des Lieferanten und ist selbst in die Maßnahmen bzw. Initiativen der Lieferantenentwicklung involviert. Andere Autoren verwenden hierfür die Bezeichnungen „Direct Supplier Development" und „Internalized Supplier Development Activities" (Wagner 2006). Dieser Form der Lieferantenentwicklung werden Aktivitäten zugeordnet wie die Überlassung von Kapital, Maschinen oder Technologie, der Einsatz von unternehmenseigenem Personal beim Lieferanten sowie die Schulung von Mitarbeitern des Lieferanten. Den Gegenpol bilden Aktivitäten der *indirekten* Lieferantenentwicklung, bei denen der Abnehmer dem Lieferanten z. B. seine Defizite aufzeigt und ihn zu Verbesserungen auffordert, aber keine Ressourcen investiert. Zu dieser Form der Lieferantenentwicklung gehören z. B. die Erhöhung des Wettbewerbsdrucks, eine strenge Lieferantenbewertung oder Anreize zur Leistungssteigerung aus eigener Kraft durch Zusage zukünftiger Geschäfte. Hierfür findet man auch Begriffe wie „Indirect Supplier Development" oder „Externalized Supplier Development Activities" (Wagner 2006). Obwohl man sich einig ist, dass Unterschiede zwischen direkter und indirekter Lieferantenentwicklung existieren, gibt es in der Literatur keine einheitliche Zuordnung der von Unternehmen praktizierten Aktivitäten zu einer der beiden Ausprägungen.

Obwohl transaktionskostentheoretische Überlegungen zwar erklären, wann die Entwicklung eines Lieferanten in der Supply Chain *grundsätzlich* in Erwägung gezogen werden sollte und warum Unternehmen Zeit und Ressourcen in die Entwicklung von Lieferanten investieren (Wagner/Boutellier 2003), geben vorhandene Untersuchungen nur wenige Hinweise darauf, was Unternehmen veranlasst, *einen bestimmten Typ* der Lieferantenentwicklung zu betreiben. Lediglich Krause geht auf einige Determinanten ein: Ist der Abnehmer starkem Wettbewerb ausgesetzt, unterstützt das Top-Management die Beschaffung. Sind die Beschaffungsobjekte wichtig für den Abnehmer, dann nimmt der Abnehmer eine strategische Haltung gegenüber Lieferanten ein. Eine strategische Haltung gegenüber Lieferanten wiederum wirkt sich positiv auf das vom Abnehmer wahrgenommene Engagement des Lieferanten aus. Je höher das Engagement des Lieferanten, desto eher unternimmt der Abnehmer Aktivitäten der direkten Lieferantenentwicklung. Eine intensivere Kommunikation zwischen dem Abnehmer und dem Lieferanten wirkt sich ebenfalls positiv auf die Durchführung direkter Lieferantenentwicklungsaktivitäten aus (Krause 1999).

III

24.4.3 Prozess der Lieferantenentwicklung

Der in Abbildung 24.10 dargestellte, siebenstufige Lieferantenentwicklungsprozess (Handfield/Krause/Scannell/Monczka 2000) setzt im Allgemeinen eine strategische Motivation des Abnehmers zur Lieferantenentwicklung voraus. Er wird von erfolgreichen Unternehmen in dieser oder in ähnlicher Form durchlaufen und stellt somit eine Empfehlung für andere Unternehmen dar.

Bei der *Identifikation kritischer Warengruppen* muss das Management prüfen, ob die Situation des Unternehmens (Größe, Ressourcen) Lieferantenentwicklungsaktivitäten zulässt. Im nächsten Schritt müssen Warengruppen aus dem Gesamtportfolio des Unternehmens herausgefiltert werden, bei denen Verbesserungsbedarf besteht. Dies sind insbesondere Teile mit einem hohen Versorgungsrisiko und einem hohen Beschaffungsvolumen.

Innerhalb dieser kritischen Warengruppe müssen *Lieferanten* ausgewählt werden, mit denen sich eine Zusammenarbeit im Hinblick auf die Entwicklung lohnt. Als Kriterium kann z.B. die Leistung des Lieferanten in der Vergangenheit herangezogen werden. Diese Vorgehensweise setzt voraus, dass der Abnehmer die Leistung des Lieferanten kontinuierlich überprüft und bewertet, wie in diesem Kapitel bereits angesprochen.

Ist die Entscheidung für einen Lieferanten gefallen, kann das Unternehmen ein *funktionsübergreifendes Team* bilden - meist unter Federführung des Einkaufs - und die eigentliche Initiative kann beginnen.

Die erste Aufgabe dieses Teams besteht darin, den *Kontakt zum Lieferanten aufzubauen* und die Grundlage zur Zusammenarbeit zu schaffen. Es müssen strategische Ziele geklärt, der Fokus auf den „Total-Cost-of-Ownership"-Ansatz gelegt und die anvisierten Maßnahmen besprochen werden.

Lieferant und Abnehmer werden in der nächsten Phase gemeinsam nach *potenziellen Verbesserungsmöglichkeiten* suchen, diese evaluieren und sie nach Kriterien wie Ressourcen- und Zeitbedarf, Erreichbarkeit und Return-on-Investment beurteilen. Schwerpunkte dieser Verbesserung können z.B. die Behebung eines Problems, die Verbesserung der Prozesse oder aber auch die Einführung von Lean Management sein.

Nach der Auswahl der Projekte muss eine detaillierte *Projektvereinbarung* geschlossen werden. Darin müssen sich beide Parteien u.a. über Metriken zur Messung des Erfolgs einig werden. Diese können vielfältig sein und je nach Schwerpunkt des Projekts u.a. Kosteneinsparungen, Qualitätsverbesserungen und Verbesserungen der Durchlaufzeit enthalten. Neben diesen Metriken muss die Vereinbarung zusätzlich einen Projektplan mit definierten Meilensteinen, Terminen und Zuständigkeiten umfassen.

Wie bei jedem Projekt ist eine *Überwachung des Projektstatus* auch bei der Lieferantenentwicklung erforderlich. Im Laufe des Projektes kann sich der Zeitplan aufgrund neuer Prioritäten, eines höheren Ressourcenbedarfs oder sonstiger Gründe ändern. In diesem Fall muss die ursprünglich festgelegte Strategie überarbeitet werden.

Dieser für eine präventive Lieferantenentwicklung gedachte Ansatz lässt sich auf reaktive Aktivitäten adaptieren. Während beim präventiven Ansatz die ersten beiden Schritte von einem verantwortlichen Team ausgeführt werden, sind sie bei einem reaktiven Ansatz durch die Problemstellung bereits vorgegeben und werden somit obsolet.

24.4.4 Erfolgsfaktoren der Lieferantenentwicklung

Hinsichtlich der Erfolgsfaktoren der Lieferantenentwicklung kann man zwischen beeinflussbaren und strukturellen Größen unterscheiden (Wagner/Boutellier 2003). Zu den *beeinflussbaren Größen* zählen die Prozessorientierung, das Verhältnis zum Lieferanten und die Bereitschaft des Lieferanten zur Kooperation im Rahmen von Lieferantenentwicklungsprojekten. Insbesondere eine präventive Lieferantenentwicklung kann zu nachhaltigen Erfolgen

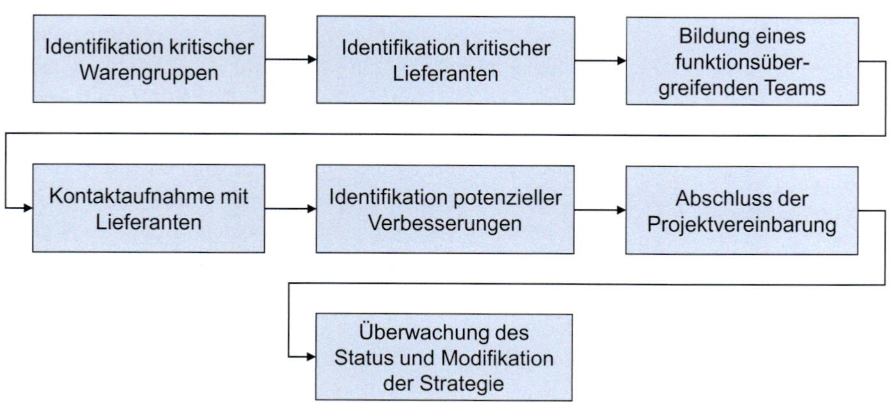

Abb. 24.10
Generischer Lieferantenentwicklungsprozess

führen. Das Verhältnis zum Lieferanten sollte partnerschaftlich orientiert und durch eine offene Kommunikation geprägt sein. Der Lieferant muss zur Zusammenarbeit überzeugt und nicht gezwungen werden. Er muss den Nutzen der Aktivitäten sehen und hinter der Veränderung stehen, da auch er genügend Ressourcen zur Verfügung stellen muss. Zu den erfolgsbestimmenden *strukturellen Größen* gehört insbesondere die Unternehmensgröße des Abnehmers. Große Unternehmen sind hierbei häufig erfolgreicher als kleine und mittelgroße Unternehmen. Dies wird mit größeren personellen und finanziellen Ressourcen begründet, die für eine eher langfristig orientierte, präventive Lieferantenentwicklung eingesetzt werden können. Nicht zuletzt der systematische Prozess ist kritisch für den Erfolg von Projekten zur Lieferantenentwicklung.

24.5 Lieferantenintegration

Unternehmen streben zunehmend nach einer engen Zusammenarbeit mit Lieferanten und integrieren Lieferanten in eigene Geschäftsprozesse. Lieferantenintegration ist die Kombination der Ressourcen eines Unternehmens mit den Ressourcen und Fähigkeiten seines Lieferanten und die Umsetzung gemeinsamer Aktivitäten in den Geschäftsprozessen. Ziel ist die Schaffung und Sicherung eines nachhaltigen Wettbewerbsvorteils. Bei diesem Ansatz ist zwischen der Integration des Lieferanten in die Wissensphase (Innovation und Neuproduktentwicklung) und in die Industrialisierungsphase (Prozessentwicklung und Produktion) zu unterscheiden (Wagner 2003).

24.5.1 Integration in die Wissensphase

Die Integration in die Innovation und Neuproduktentwicklung (Wissensphase) erstreckt sich auf alle Aktivitäten zur Planung, Gestaltung und Entwicklung neuer Produkte. Autoren nennen als Vorteile der frühen Integration u. a. eine Verkürzung der Time-to-Market, geringere Entwicklungs- und Produktkosten sowie eine bessere Produktqualität. Das Mitwirken des Lieferanten ist dabei nicht nur auf die Senkung der Kosten und des Risikos beschränkt, sondern umfasst auch die Anwendung neuer Technologien, mit denen der Abnehmer keine Erfahrung hat. So kann dieser durch die Zusammenarbeit neue Kompetenzen erlangen (Wagner 2001).

Unternehmen haben die positiven Effekte der Lieferantenintegration in die Produktentwicklung erkannt und nutzen diesen Baustein des Lieferantenmanagements immer mehr. Produktabhängig ist der optimale Zeitpunkt der Integration des Lieferanten zu bestimmen. Abbildung 24.11 zeigt mögliche Integrationszeitpunkte. Während die Integration der Lieferanten zum Zeitpunkt der Entwicklung und Kommerzialisierung eines Produktes bereits häufiger vorzufinden ist, setzen führende Unternehmen nun auch zunehmend auf die Lieferantenintegration im „Fuzzy Front End (FFE)" des Innovationsprozesses. Sie kooperieren also bei der Generierung von Ideen und der Ausarbeitung von Konzepten mit den Lieferanten. Diese früh einsetzende Zusammenarbeit hat einen hohen Einfluss auf den späteren Erfolg des Entwicklungsprojekts (Wagner 2012).

Beispiel:

Der Schweizer Automobilzulieferer Rehau profitiert davon, bereits sehr früh im Innovationsprozess mit Lieferanten zusammenzuarbeiten und deren Ideen aktiv in die Entwicklung einzubezie-

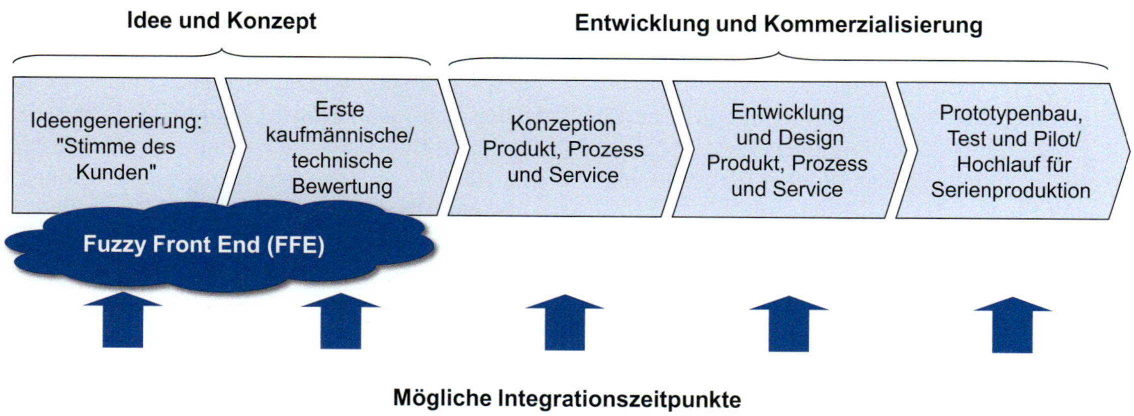

Abb. 24.11 Mögliche Integrationszeitpunkte

hen. Aufgabe des Einkaufs ist es, Innovationen zu identifizieren und für das Unternehmen nutzbar zu machen. Das Unternehmen hat hierzu ein umfassendes System entwickelt, das über dedizierte und dem Einkauf angehörige „Innovationsscouts" den Beschaffungsmarkt und die Innovationspotenziale bei Lieferaten systematisch eruiert. Es werden Potenzialanalysen und Innovationsworkshops mit Lieferanten durchgeführt. Mitglieder der Geschäftsleitung fungieren als Mentoren für dieses System und stellen die Integration von Lieferanteninnovationen in die mittel- und langfristige Geschäftsplanung sicher. Ergebnis dieser Vorgehensweise war beispielsweise eine neue, von Rehau für den Audi Q7 produzierte Radarheizung. ▪

Auch der Lieferant profitiert von der Kooperation in der Wissensphase. Durch die gemeinsamen Aktivitäten wächst sein Verständnis für die Wünsche und Anforderungen des Kunden und er kann sein Angebot dementsprechend ausrichten (LaBahn/Krapfel 1999, Wagner 2003).

Voraussetzung für die Erlangung der genannten Vorteile ist die enge und partnerschaftliche Zusammenarbeit von Abnehmer und Lieferant, sowohl auf der Unternehmens- als auch auf der Projektebene. Hierzu gehört neben der engen Verzahnung von Geschäftsprozessen eine Infrastruktur, welche den Austausch von Daten und Know-how sowie eine regelmäßige und intensive Kommunikation ermöglicht (Wagner/Hoegl 2006, Wagner 2012).

24.5.2 Integration in die Industrialisierungsphase

Nach Abschluss der Produktentwicklung können Unternehmen eine Strategie der Integration in die Prozessentwicklung und Produktion (Industrialisierungsphase) mit ausgewählten Lieferanten verfolgen. Mit Beginn dieser Phase geht die Verantwortung für das Produkt typischerweise von der Entwicklung in die Produktion über. Der aktuelle Entwicklungsstand wird eingefroren und Änderungen am Produkt sind nur noch über ein Änderungsmanagement möglich.

Als Zielsetzung einer Integration treten schnelle, flexible und effiziente Produktionsprozesse in den Vordergrund (Wagner 2003). Um dies zu erreichen, werden die wichtigsten Lieferanten in die eigenen Geschäftsprozesse integriert. Es gilt, den Material- und Informationsfluss nicht nur im eigenen Unternehmen zu optimieren, sondern auch den Fluss zu den Lieferanten. Der Lieferant ist damit die „verlängerte Werkbank" des eigenen Unternehmens (Christopher 2005). Erfolgreiche Unternehmen haben dies erkannt und entwickeln mit ihren Lieferanten Strategien und Konzepte, die eine optimale Integration vorsehen. Gemein ist diesen Konzepten, dass sie versuchen, die Qualität zu verbessern, durch möglichst niedrige Bestände in der Supply Chain die Flexibilität zu erhöhen und die Kapitalbindung sowie die Wiederauffüllzeit zu senken, um so eine produktionssynchrone Beschaffung zu realisieren.

Zu diesen Integrationskonzepten gehören u. a. Collaborative Planning, Forecasting and Replenishment (CPFR), Kanban- bzw. E-Kanban-Systeme, Vendor-Managed Inventory (VMI) oder auch Total Quality Management (TQM) (Wagner 2007). Voraussetzung für die Funktion dieser Konzepte ist ein offener Informationsaustausch unter allen Beteiligten. Dies betrifft vor allem Informationen bezüglich der Produktionskapazität, Materialverfügbarkeit, Bestandsreichweiten und der Fähigkeit der Auftragserfüllung (Wagner 2003).

Für den Abnehmer ergeben sich Kostenvorteile durch niedrigere Bestände, höhere Liefererfüllung und bessere Logistiksysteme. Der Lieferant profitiert von der Integration durch eine bessere Versorgung mit Informationen über den Kunden. Er kann so individueller auf die Produktionsbedingungen des Kunden reagieren, geringere Bestände realisieren und in der Folge die Produktivität erhöhen (Kalwani/Narayandas 1995). Durch die sich einstellende höhere Auftragserfüllung wird langfristig die Kundenzufriedenheit steigen (Christopher 2005).

24.6 Controlling

24.6.1 Controlling-Unterstützung des Lieferantenmanagements

Der Aufbau eines Lieferantenbewertungssystems und die stärkere Einbeziehung von Lieferantenkennzahlen im letzten, dem Monitoring- und Kontroll-Schritt, stehen häufig am Beginn einer umfassenderen Controlling-Unterstützung für das Lieferantenmanagement. Wenngleich die Lieferantenkennzahlen für einzelne Lieferanten stark von der betrachteten Branche abhängen, kommen im Allgemeinen Kennzahlen in Bezug auf Wirtschaftlichkeit/Preis, Qualität, Logistik, Zusammenarbeit/Kooperation, Technologie/Innovation und Ökologie branchenübergreifend zum Einsatz. Die Brauchbarkeit dieser Kennzahlen hängt allerdings stark von der richtigen Operationalisierung und der vorhandenen Datenqualität ab, vor allem wenn eine möglichst objektive Bewertung und ein Vergleich über mehrere Lieferanten hinweg ermöglicht werden soll.

Lieferantenkennzahlen sollten aber auch Kenngrößen umfassen, welche sich auf die Qualität der gesamten Lieferantenbasis und deren „Fit“ mit der Unternehmensstrategie beziehen. Beispiele hierfür sind:

Anzahl der Lieferanten

- Höhe und prozentualer Anteil des Beschaffungsvolumens mit Lieferanten in Region X (z. B. Osteuropa) am gesamten Beschaffungsvolumen
- Höhe und prozentualer Anteil des Beschaffungsvolumens mit Vorzugslieferanten am gesamten Beschaffungsvolumen
- Anzahl und prozentualer Anteil zertifizierter Lieferanten
- Anzahl und prozentualer Anteil Material- vs. Modullieferanten.

Fortschrittliche Unternehmen verfügen über Lieferantenstrategien und setzen während deren Entwicklung und Umsetzung Kennzahlen sowohl für einzelne Lieferanten als auch für die gesamte Lieferantenbasis ein.

Neben den Kennzahlen muss das Controlling Instrumente zur Verfügung stellen, welche in den Planungs-, Umsetzungs- und Kontrollschritten des Lieferantenmanagements eingesetzt werden können. Die Befragung von 126 Unternehmen zur Nutzung von Controlling-Instrumenten zeigt, welche Instrumente in der Unternehmenspraxis zum Einsatz kommen (Abb. 24.12; Wagner/Weber 2007). Die lieferantenfokussierten Controlling-Instrumente setzen an der Schnittstelle zum Lieferanten an. Dies bedeutet, dass Daten beim oder gemeinsam mit dem Lieferanten erhoben und ausgewertet werden. Im Durchschnitt kommen diese jedoch noch seltener zum Einsatz als die beschaffungsfokussierten Controlling-Instrumente. Eine Ausnahme bildet die Lieferantenbewertung, die zum „Handwerkszeug“ einer jeden Einkaufsorganisation gehören sollte. Nur gelegentlich nutzen die Unternehmen Lieferantengespräche zur Festlegung von Zielvereinbarungen und für den Vergleich bzw. das Nachhalten der vereinbarten Ziele. Zwei Controlling-Instrumente an der Schnittstelle zum Lieferanten, die eher selten eingesetzt werden, sind die gemeinsame Strategieerarbeitung mit Lieferanten sowie Open Book. Hierfür sind partnerschaftliche Abnehmer-Lieferanten-Beziehungen erforderlich sowie die Bereitschaft, sich für ein gemeinsames Ziel einzusetzen.

Auf die Lieferantenbewertung wird im Folgenden ausführlicher eingegangen.

24.6.2 Lieferantenbewertung

Während die Aktivität der Lieferantenbeurteilung und -auswahl (vorab) mit der Festlegung eines oder mehrerer Lieferanten endet, ist im Weiteren zu prüfen, ob die Lieferanten bei der späteren, tatsächlichen Leistungserbringung eine angemessene Performance an den Tag legten und deshalb die Auswahl der Lieferanten gerechtfertig und richtig war (im Nachhinein). Gleichzeitig kann das Unternehmen das Bewertungsergebnis zukünftigen Entscheidungen bei der Lieferantenauswahl, Lieferantenentwicklung oder Lieferantenintegration zugrunde legen.

Die Lieferantenbewertung ist ein wichtiges Instrument, um zukünftige Zulieferprobleme vom Unternehmen fernzuhalten und die Lieferanten zur Leistungssteigerung zu erziehen.

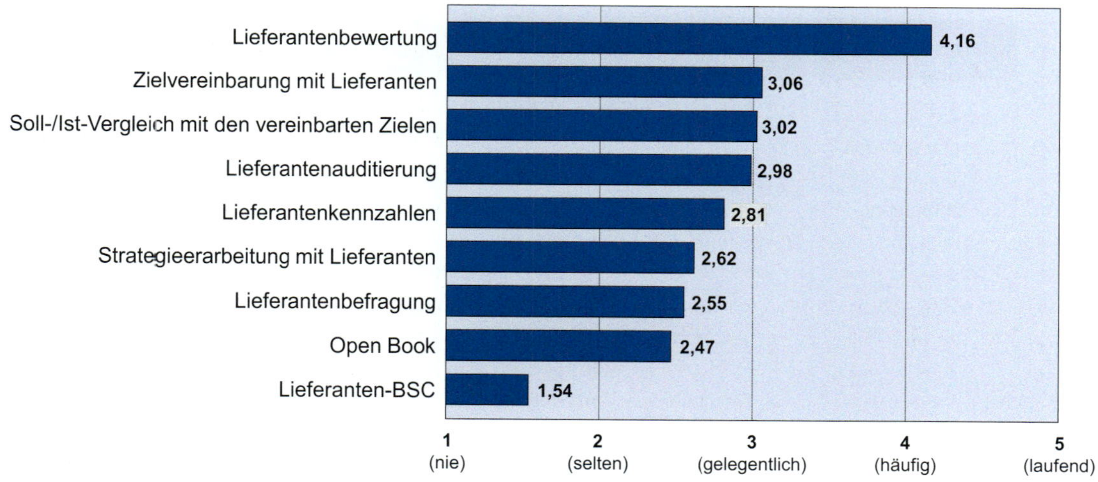

Abb. 24.12 Nutzung ausgewählter Controlling-Instrumente im Lieferantenmanagement

Beispiel:

Boehringer Mannheim führte in den 90er Jahren eine systematische Lieferantenbewertung im Rahmen von SAP R/2 ein. Dabei war es für das Unternehmen wichtig, die Parameter Qualität, Mengen- sowie Liefertreue, mit dem Schwerpunkt Qualität, abzudecken und allen Bereichen des Unternehmens (Qualitätssicherung, Einkauf, Logistik etc.) einen Einblick zu gewähren. Damit wurde die Grundlage für die gezielte Qualifizierung von Lieferanten geschaffen. Es erfolgte eine Weiterentwicklung des Systems, das bis heute bei Roche in Mannheim genutzt wird.

Im Einzelnen deckt es folgende Punkte ab:

- Liefertermintreue:
  Abweichung des tatsächlichen Liefertermins von dem in der Bestellung/Auftragsbestätigung definierten Termin; Kennzahlermittlung anhand von Gewichtungsfaktoren.
- Mengentreue:
  Abweichung der tatsächlichen Liefermenge von der bestellten Menge; Kennzahlermittlung anhand von Gewichtungsfaktoren.
- Qualität:
  Berechnung einer Qualitätskennzahl pro Produkt und Lieferant anhand der routinemäßigen, auf Bestellung erhaltenen Chargen; Ermittlung von Fehlerkennzahlen anhand von Gewichtungsfaktoren. Die Qualitätskennzahl determiniert die Einstufung als zugelassener oder nicht zugelassener Lieferant. Es wird online eine Liste der zugelassenen Lieferanten (Lieferant/Produkt) erstellt. Der Einkauf darf nur bei zugelassenen Lieferanten bestellen.
- Wahlweise sind Bildschirmmasken zur lieferanten- bzw. produktbezogenen Darstellung der Qualitätshistorie sowie Eingabemodule für Einkaufsdaten, Adressen etc. des Lieferanten vorhanden.

Es ist gelungen, die Lieferanten deutlich transparenter in das eigene QS-System einzubinden. Die (Un-)Zuverlässigkeit von Lieferanten ist jetzt sauber dokumentier- und somit auswertbar. Die Qualitätshistorie (Qualitätskennzahl) eines Lieferanten erlaubt eine Trendanalyse, welche zur Problemvermeidung nutzbar ist. Die Tatsache, dass der Einkauf nur bei zugelassenen Lieferanten bestellen darf, hat nachweislich zu keinerlei Behinderung der logistischen Kette oder gar zu Abrisssituationen geführt.

In der Wareneingangsprüfung reduzierten sich die Kosten durch vermehrte Übernahmen von Lieferantenprüfbescheinigungen. Die Stichprobenentnahmen konnten bei Chargen von dokumentiert zuverlässigen Lieferanten reduziert werden.

Audits können aufgrund der durch die Lieferantenbewertung gewonnenen Transparenz besser priorisiert werden. Generell ist die Kommunikation und Akzeptanz beim Lieferanten deutlich erhöht worden. Bei Inspektionen durch Behörden oder Kunden wird das Vorhandensein eines Systems zur Bewertung von Lieferanten verlangt. ■

24.6.2.1 Bewertungskriterien

Die Lieferantenbewertung (im Nachhinein) kann wie die Lieferantenbeurteilung (vorab) anhand einer Vielzahl von Kriterien durchgeführt werden. Traditionell bewerten Un-

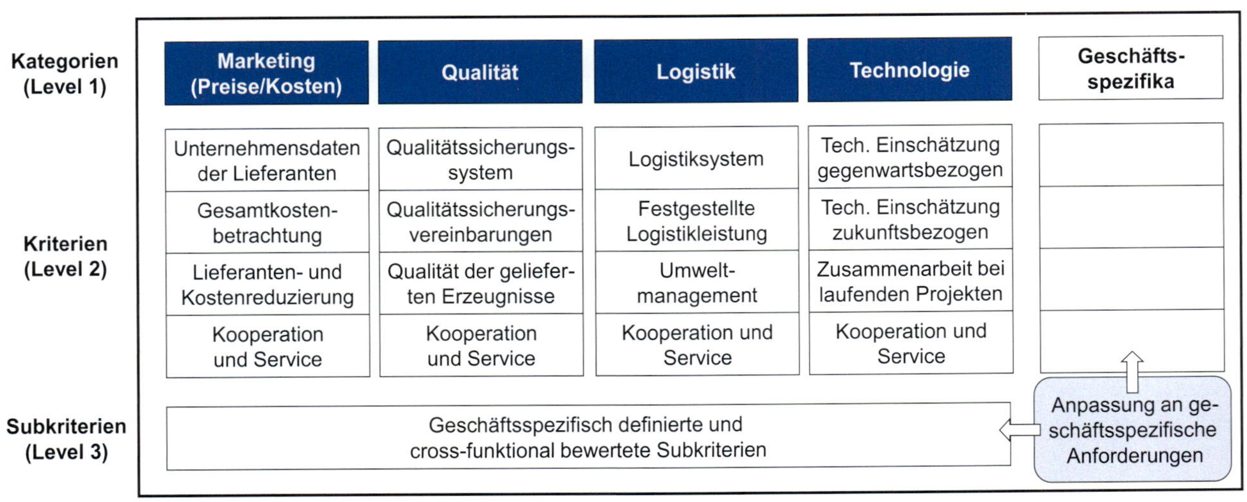

Abb. 24.13 Lieferantenbewertungskriterien bei Siemens

ternehmen ihre Lieferanten durchschnittlich anhand von vier bis fünf Hauptkriterien, wobei folgende Kennzahlen am häufigsten Verwendung finden:

- Preis
- Qualität
- Logistik
- Technologie.

Beispiel:

Transparenz ist bei Siemens die unverzichtbare Voraussetzung für die unternehmensweite Fokussierung auf die besten verfügbaren Lieferanten. Transparenz kann nur durch einheitliche Bewertungskriterien und über einheitliche Bewertungsprozesse erreicht werden. Die Bewertung erfolgt auf Level 1 in den Kategorien Marketing, Qualität, Logistik und Technologie. Daneben können Geschäftsbereiche diese Kategorien um geschäftsspezifische Anforderungen ergänzen. Die Kriterien des Levels 2 sind ebenfalls standardisiert. Auf Level 3 können Geschäftsbereiche wiederum geschäftsspezifische Subkriterien ergänzen (Abb. 24.13).

24.6.2.2 Datenerhebung

Unter Berücksichtigung einer sinnvollen Datenstruktur und -verdichtung, die sich am Informationsbedarf der Empfänger der Lieferantenbewertung ausrichten muss (Einkäufer, Einkaufsleitung, Unternehmensleitung, Lieferanten), sollte der Aufwand für Datenerfassung und das Systemhandling stets in vertretbarer Relation zum Nutzen einer Lieferantenbewertung stehen.
Zur Lieferantenbewertung sollten vorhandene, in Qualitätssicherungs- und ERP-Systemen vorhandene Daten herangezogen werden, z. B.

- Qualitätskennzahlen
- Falschlieferungen
- Reklamationsstatistiken
- Preisveränderungen
- Mengenabweichungen
- Terminabweichungen.

Der Aufwand für die Datenerfassung kann so möglichst gering gehalten werden. Die Großzahl der Unternehmen, die heute eine Lieferantenbewertung durchführen, tut dies auf Basis von Informationen aus unternehmensinternen IT-Systemen. Dies trifft vor allem bei der Ermittlung der Qualitäts-, Termin- und Mengentreue zu, die bei jedem Wareneingang vorgenommen wird.
Die Siemens-einheitliche Lieferantenbewertung mit standardisierten Kriterien kann nur durch eine DV-technische Unterstützung des gesamten Bewertungsprozesses bewerkstelligt werden. Dazu dient das Supplier Evaluation System (SES), welches über vier Module verfügt, die unterschiedliche Funktionen abdecken: das Administrations-, Bewertungs-, Prozesssteuerungs- und Analysemodul. Mit dem SES können via Internet weltweit Bewertungen erstellt und gelesen sowie grafische und tabellarische Auswertungen erstellt werden.
Jede mehrdimensionale Lieferantenbewertung erfordert jedoch auch Daten, die primär erhoben werden müssen bzw. ein subjektives Urteil verlangen. Eine objektive Messbarkeit des Zielerreichungsgrades ist nicht möglich. Für die Gesamtbewertung müssen diese Daten dann in numerische Werte transformiert werden:

- allgemeine Qualitätsfähigkeit
- Zusammenarbeit bei der Fehlerbehebung
- Preis-/Leistungsverhältnis
- Kooperationsbereitschaft
- Offenheit im Informationsaustausch
- Güte der Dokumentation
- Kompetenzen (Technologie, Fertigung, Logistik).

III

Der Einkauf alleine kann all diese Daten nicht bereitstellen. Deshalb werden häufig Bewertungen von Einkauf, Entwicklung, Produktion, Qualitätsmanagement, Controlling und unter Umständen Vertrieb zusammengefasst. Wichtig ist, dass die Definition der Maßstäbe so vorgenommen wird, dass sie von unterschiedlichen Mitarbeitern identisch interpretiert werden und die Datenerhebung in vergleichbarer Form erfolgt, damit die Bewertung zum gleichen Urteil führt.

24.6.2.3 Durchführung der Bewertung

Die eigentliche Berechnung, d. h. die Interpretation und Aufsummierung der Bewertungsdaten, wird durch das Lieferantenbewertungssystem durchgeführt – gleichgültig ob dabei eine SAP-Funktionalität, eine Standardsoftware zur Lieferantenbewertung oder ein eigenes, individuelles System zum Einsatz kommt.
Das vom System „berechnete" Ergebnis erfordert jedoch eine Interpretation und die Diskussion von Maßnahmen. Dies erfolgt dann am besten in einem cross-funktionalen Team. Lieferantenbewertung darf keine Einzel-, sondern muss eine Teamentscheidung sein.

Beispiel:

Siemens Power Generation stimmt die Lieferantenbewertung mittels Frageliste auf die jeweiligen Belange desjenigen ab, der die Bewertung abgeben soll. Zum Ende der Projektlaufzeit wird für alle Turn-Key-Projekte sowie Projekte mit einem Volumen von mehr als 50 Mio. Euro eine Lieferantenbewertung durchgeführt und dokumentiert. Die Bewertung erfolgt durch den Verantwortlichen der Projektleitung in Abstimmung mit

- dem technischen Projektleiter,
- der kaufmännischen Projektleitung,
- der Bauleitung,
- der Einkaufsabteilung.

Der Einkauf koordiniert und wickelt die Lieferantenbewertung federführend ab und kommuniziert das Ergebnis an die betroffenen Lieferanten.

In diesem Fall erfolgt die Bewertung nach der Auftragsabwicklung, d.h. nach der Leistungserbringung. Ähnlich kann die Vorgehensweise bei Lieferantenbeurteilungen im Zuge der Lieferantenauswahl aussehen.

III

Beispiel:

Die qualitative Lieferantenbewertung ist ein Teilprozess des Hauptprozesses Lieferantenmanagement beim Automobilzulieferer Conti Temic microelectronic. An der regelmäßig durchgeführten Lieferantenbewertung arbeiten folgende Abteilungen mit, werden informiert oder sind verantwortlich:

- Einkauf Global Sourcing (Mitarbeit)
- Einkauf Unterstützung Produktbereiche (Mitarbeit)
- Einkauf Unterstützung Operations (Mitarbeit)
- Produktbereich (Information)
- Operations (Mitarbeit)
- Qualitätsmanagement Kaufteile (Verantwortung)
- Zentrale Technik (Information)

24.6.2.4 Festlegung des Ergebnisses

Meist erfolgt in der Praxis eine Unterteilung in A-, B- und C-Lieferanten. A-Lieferanten sind diejenigen Lieferanten, mit denen bevorzugt zusammengearbeitet werden sollte. B-Lieferanten sind jene, die entweder nachgezogen oder als Zweit- bzw. Ausfall-Lieferanten eingesetzt werden. C-Lieferanten hingegen sollten möglichst nicht zum Zuge kommen.

Bei einer quantitativen Bewertung kann z.B. die vom VDA (Verband der Automobilindustrie) vorgeschlagene Klassifizierung verwendet werden. Dabei wird der Lieferant bei einer Qualitätskennzahl von 0 bis 89,9 % als C-Lieferant, bei einer Qualitätskennzahl von 90 bis 95,9 % als B-Lieferant und bei einer Qualitätskennzahl von 96 bis 100 % als A-Lieferant klassifiziert.

Diese Einteilung in A, B und C darf jedoch nicht mit der Segmentierung der Lieferantenbasis nach dem Beschaffungsvolumen verwechselt werden. Auch wichtige „A-Lieferanten" können bei schlechter Leistung qualitätsmäßig als C-Lieferanten klassifiziert sein.

Beispiel:

John Deere klassifiziert bewertete Lieferanten in Abhängigkeit des Bewertungsergebnisses folgendermaßen:

- Partner (sehr gut)
- Key Supplier (gut)
- Approved Supplier (zugelassen)
- Conditional Supplier (ohne Qualifikation)

Diese Bezeichnungen wurden von den Werken aus den USA übernommen.

Beispiel:

Das Ergebnis der Lieferantenbewertung führt bei Siemens zur Eingruppierung der Lieferanten in eine von vier Leistungsklassen, die dann wiederum in den Prozess der Lieferantenentwicklung einfließen:

- Preferred (90 bis 100 Punkte)
- Accepted (70 bis 89 Punkte)
- Restricted (50 bis 69 Punkte)
- Desourced (< 50 Punkte)

24.6.2.5 Interne Kommunikation

Das Ergebnis der Lieferantenbewertung muss eindeutig, klar und transparent sein und den Entscheidern im Einkauf online und in einfacher Form zugänglich sein. So können die Einkäufer

- die Ergebnisse bei der nächsten Lieferantenbeurteilung und -auswahl berücksichtigen
- die Ergebnisse bei Lieferantenkontakten (Gesprächen) diskutieren.

Die Bewertungsergebnisse können in unterschiedlich verdichteter Form aufbereitet werden und sollten dem Einkäufer z.B. folgende Fragen beantworten:

- Wie sieht die Gesamtbewertung aus?
- Wie sehen die Bewertungen in den einzelnen Bewertungskategorien aus?
- Wodurch kommt dieses Bewertungsergebnis zustande?
- Treten Abweichungen zum wiederholten Male auf?
- Treten negative Bewertungen nur bei bestimmten Materialgruppen oder bei allen Materialgruppen auf?

Bei fortgeschrittenen Unternehmen kann man noch eine weitere Forderung formulieren: Die Lieferantenbewertung sollte zum Ersten die Informationen über die Leistungsfähigkeit der Lieferanten bereitstellen und zum Zweiten auf schleichende Leistungsveränderungen aufmerksam machen (Frühwarnung). Intelligente, datenbankgestützte Informationssysteme erleichtern heute die zweite Funktion. Beispielsweise eröffnet die Fuzzy Logic hier neue Möglichkeiten.

24.6.2.6 Kommunikation gegenüber den Lieferanten

Das Ergebnis der Lieferantenbewertung sollte dem Lieferanten regelmäßig schriftlich mitgeteilt werden, damit er so früh wie möglich auf Abweichungen reagieren kann. Idealerweise sollten die Bewertungsergebnisse begründet und die daraus resultierenden Konsequenzen mit dem Lieferanten diskutiert werden. Ein Lieferantengespräch ist dabei entweder der Einstieg in eine gemeinsame Erarbeitung von Verbesserungsmaßnahmen oder in die Umsetzung der Konsequenzen der Bewertung.

Beispiel:

Die Ergebnisse der Lieferantenbewertung werden bei John Deere im Jahresrhythmus mit den Lieferanten diskutiert. Dabei werden neben verbesserungswürdigen Fakten im externen Bereich von den Lieferanten auch solche im eigenen Hause aufgezeigt.

24.6.2.7 Konsequenzen der Bewertung

Die Lieferantenbewertung und die dadurch ermittelte Lieferantenklassifizierung müssen Konsequenzen nach sich ziehen. Zum einen geht es um die Eliminierung ungeeigneter Lieferquellen, zum anderen um die gezielte Entwicklung und Integration geeigneter Lieferanten und um eine kontinuierliche Optimierung der Lieferantenbasis. Im Geschäftsverkehr mit Lieferanten lassen sich einige Konsequenzen häufig beobachten.

Konsequenzen bei gutem Bewertungsergebnis

Grundsätzlich können Unternehmen in diesem Falle drei Philosophien verfolgen. Einige Unternehmen erwarten ganz einfach, dass der Lieferant bei der Erfüllung ein hohes Leistungsniveau an den Tag legt. „Gut"-Leistung ist quasi Bestandteil der Vereinbarung, die nicht extra honoriert werden muss. Andere Unternehmen honorieren herausragende Leistungen, indem sie „weiche" Konsequenzen folgen lassen. Anerkennungsschreiben oder Awards sind Beispiele hierfür. Die dritte Gruppe von Unternehmen lässt „harte" Konsequenzen folgen, indem sie z. B. den Lieferanten als Single-Source-Lieferanten verwendet, mehr Volumen an den Lieferanten gibt oder auf Preisreduzierungen verzichtet bzw. Preiserhöhungen zulässt.

- Anerkennungsschreiben:
  Bei herausragenden Leistungen eines Lieferanten gibt es im Sinne einer offenen, vertrauensschaffenden Kommunikation die Option, ihn durch konkrete Anerkennung der Leistung zu motivieren. Ein einfaches Medium stellen dafür standardisierte Anerkennungsschreiben dar, die vom Einkäufer an die Lieferanten weitergeleitet werden können. Dies ist aber nur als Ergänzung zur regulären Lieferantenkommunikation zu sehen, in der die bewerteten Lieferanten über ihre Leistung im abgelaufenen Geschäftsjahr informiert werden.
- Lieferantenauszeichnungen:
  Die Honorierung herausragender Leistungen kann durch die Vergabe einer Urkunde im Rahmen eines Lieferantentages gesteigert werden.
- Angebot längerer Vertragslaufzeiten:
  Längere Verträge verringern das Risiko für den Lieferanten und gewähren ihm ein gesichertes zukünftiges Geschäft.
- Erhöhung der Lieferquote:
  Eine positive Lieferantenbewertung bietet dem Einkäufer bei zukünftigen Vergaben ein weiteres Entscheidungskriterium für die Lieferantenauswahl. Zwangsläufig ergibt sich dadurch eine Konzentration der Geschäftsbeziehungen auf diejenigen Lieferanten, die in der Vergangenheit ihre Leistungsfähigkeit bewiesen haben.
- Einsatz des Lieferanten als Single Source:
  Steigt ein Lieferant aufgrund einer hervorragenden Bewertung zum Single-Source-Lieferanten auf, hat er zusätzliche Vorteile gegenüber seinen Wettbewerbern – neben dem größeren Volumen.
- Preiszugeständnisse:
  Eine Honorierung guter Leistungen durch Preiszugeständnisse oder Prämien ist in der Praxis zwar selten der Fall, aber in Abhängigkeit der Marktsituation eine zusätzliche Möglichkeit der Honorierung hervorragender Leistungen des Lieferanten.

III

- Intensivere Lieferantenintegration:
  Auf Basis von (strategischen) Partnerschaften werden hervorragende Lieferanten über die reguläre Geschäftsbeziehung hinausgehend in Aktivitäten eingebunden. Einbindungsstrategien können sowohl eine mengenmäßige als auch eine zeitliche Komponente aufweisen. Die einzelne Lieferantenbeziehung wird dann sehr intensiv gestaltet. Hierunter fallen Aktivitäten wie die Einbindung der Lieferanten bei Neuproduktentwicklungen oder die Integration in die Industrialisierungsphase durch moderne Logistikkonzepte (Wagner/Boutellier 2002).

Konsequenzen bei schlechtem Bewertungsergebnis

Bei schlechter Leistung der Lieferanten setzen Unternehmen auf Gespräche mit den Lieferanten, verstärkte Kontrolle, Volumenreduzierung, Lieferantenwechsel, aber immer häufiger auch auf Lieferantenentwicklung.

- Lieferantengespräch:
  Am häufigsten eingesetzt – weil relativ einfach durchzuführen – wird das Lieferantengespräch. Dabei ist es wünschenswert, dass der Abnehmer dem Lieferanten, basierend auf den Bewertungsergebnissen, detailliert die Schwachstellen aufzeigt und bereits erste Optimierungsmöglichkeiten diskutiert.
- Verstärkte Kontrollen:
  Parallel zu allen Maßnahmen bei Schlecht-Leistung sollte die Kontrolle der Lieferantenleistung noch genauer und häufiger durchgeführt werden. Nur so kann man weitere Abweichungen (negativ und positiv) schnell aufdecken und mit Maßnahmen belegen.
- Zielvereinbarung mit Lieferanten:
  Mit denjenigen Lieferanten, deren Leistungen als unzureichend beurteilt werden, die aber dennoch für das Unternehmen einen hohen Stellenwert haben und bei denen der Einkauf einen geringen beschaffungspolitischen Handlungsspielraum besitzt, sollte vor einer erneuten Beauftragung eine detaillierte Dokumentation der Defizite in der Lieferantenleistung durchgeführt und eine Vorgabe von Verbesserungszielen gemacht werden.
- Lieferantenentwicklung:
  Die Lieferantenentwicklung geht einen Schritt weiter als die Zielvereinbarung mit dem Lieferanten. Bei der Lieferantenentwicklung wird der Abnehmer selbst aktiv und unterstützt den Lieferanten bei den Verbesserungsmaßnahmen.
- Reduzierung des Volumens:
  Häufig reagieren Unternehmen auf unzureichende Leistungen mit Quotensenkungen.
- Abbruch der Geschäftsbeziehung:
  In Anbetracht einer häufig übergroßen Lieferantenanzahl ist die Identifikation und Reduktion von „Under-Performern" in Materialgruppen ein wichtiges Ergebnis der Lieferantenbewertung. Ein Lieferantenwechsel kann allerdings nur bei entsprechendem beschaffungspolitischem Spielraum durchgeführt werden. Gibt es Alternativlieferanten in der bestehenden Lieferantenbasis, ist dieses Instrument sehr effektiv.

Erfahrungen zeigen, dass Lieferanten bei einem unterdurchschnittlichen Leistungsniveau nicht unmittelbar mit einer Reduzierung des Volumens zu rechnen haben. Mahnung und Aufforderung zur Leistungssteigerung stehen vor Kürzung der Lieferquoten und Beendigung der Geschäftsbeziehung. Hintergrund ist oftmals der Aufwand für einen Lieferantenwechsel und das vielleicht noch höhere Risiko bezüglich der Leistungsfähigkeit des neuen Lieferanten.

24.7 Schlussbetrachtung

Das Lieferantenmanagement stellt – ebenso wie das Management der Gesamtunternehmung – eine Führungsaufgabe dar. Beschaffungsmanager nehmen die ihnen übertragene Führungsverantwortung jedoch nur dann umfassend wahr, wenn sie *aktiv* handeln.
Grundsätzlich stehen der Beschaffung zwei Verhaltensweisen offen:

- Passives Verhalten:
  Handeln Unternehmen in dieser Weise, schöpfen sie Potenziale innerhalb intern und extern vorgegebener Grenzen durch eher konservative und traditionelle Maßnahmen beim Management der Lieferantenbasis aus. Um eine Lieferantenauswahl kommt kein Unternehmen herum. Die Frage ist nur, auf welcher Informationsbasis sie getroffen wird.
- Aktives Verhalten:
  Ziel ist hier die Ausschöpfung sämtlicher Potenziale der Lieferanten und des Beschaffungsmarktes durch progressives und professionelles Lieferantenmanagement. Unternehmen können z. B. die Kommunikation mit ihren Lieferanten verstärken, eine auf Strategien basierte Lieferantenreduzierung herbeiführen oder aktives Lieferantenmarketing betreiben.

Unternehmensinterne Veränderungen und Veränderungen im Unternehmensumfeld erfordern eine permanente Anpassung des Lieferantenmanagements einer Unternehmung. Während Lieferantenmanagement früher eher als „Begleiterscheinung" der Arbeit des Einkäufers gesehen wurde, geht es heute nicht mehr um die *Verwaltung*, sondern um die *Gestaltung* der Lieferantenbasis und Lieferantenbeziehungen.

Die erwünschten operativen und wettbewerbsstrategischen Ergebnisse stellen sich nur ein, wenn die zahlreichen in diesem Kapitel beschriebenen Aktivitäten des Lieferantenmanagements entsprechend den Anforderungen des Unternehmens auch tatsächlich konzipiert und umgesetzt werden.

Am Anfang muss eine Bestandsaufnahme stehen, was tatsächlich im Unternehmen von den beschriebenen Aktivitäten bereits umgesetzt wurde und wie die Ergebnisse ausfallen. Dieses Kapitel lässt sich als (nicht abschließende) Checkliste und Hilfsmittel zum Vergleich mit „Best Practices" verwenden. Anschließend gilt es, Projekte zur Innovation und kontinuierlichen Verbesserung des Lieferantenmanagements auf- und umzusetzen.

Literatur

Bakos, J. Y./Brynjolfsson, E.: Information technology, incentives and the optimal number of suppliers. In: Journal of Management Information Systems 10, 2, 1993. S. 37 - 53

Bensaou, B. M.: Portfolios of buyer-supplier relationships. In: Sloan Management Review 40, 4, 1999. S. 35 - 44

Boutellier, R./Wagner, S. M.: Sourcing concepts: Matching product architecture, task interface, supplier competence and supplier relationship. In: Österle, H./Winter, R. (Hrsg.): Business Engineering. Auf dem Weg zum Unternehmen des Informationszeitalters. 2. Auflage. Springer, Berlin 2003. S. 223 - 248

Christopher, M.: Logistics and supply chain management: Creating value-adding networks. 3. Auflage. Financial Times Prentice Hall, Harlow 2005

Dyer, J. H./Cho, D. S./Chu, W.: Strategic supplier segmentation: The next ‚best practice' in supply chain management. In: California Management Review 40, 2, 1998. S. 57 - 77

Ellram, L. M.: The supplier selection decision in strategic partnerships. In: Journal of Purchasing and Materials Management 26, 4, 1990. S. 8 - 14

Ellram, L. M./Edis, O. R. V.: A case study of successful partnering implementation. In: International Journal of Purchasing and Materials Management 32, 4, 1996. S. 20 - 28

Frazier, G. L.: Interorganizational exchange behavior in marketing: A broadened perspective. In: Journal of Marketing 47, 4, 1983. S. 68 - 78

Hahn, C. K./Watts, C. A./Kim, K.-Y.: The supplier development program: A conceptual model. In: Journal of Purchasing and Materials Management 26, 2, 1990. S. 2 - 7

Handfield, R. B./Krause, D. R./Scannell, T. V./Monczka, R. M.: Avoid the pitfalls in supplier development. In: Sloan Management Review 41, 2, 2000. S. 37 - 49

Hartley, J. L./Jones, G. E.: Process oriented supplier development: Building the capability for change.In: International Journal of Purchasing and Materials Management 33, 3, 1997. S. 24 - 29

Heide, J. B./John, G.: The role of dependence balancing in safeguarding transaction-specific assets in conventional channels. Journal of Marketing 52, 1, 1988. S. 20 - 35

Kalwani, M. U./Narayandas, N.: Long-term manufacturer-supplier relationships: Do they pay off for supplier firms? In: Journal of Marketing 59, 1, 1995. S. 1 - 16

Krause, D. R.: The antecedents of buying firms' efforts to improve suppliers. In: Journal of Operations Management 17, 2, 1999. S. 205 - 224

Krause, D. R./Handfield, R. B./Scannell, T. V.: An empirical investigation of supplier development: Reactive and strategic processes. In: Journal of Operations Management 17, 1, 1998. S. 39 - 58

LaBahn, D. W./Krapfel, R. E.: Early supplier involvement in customer new product development: A contingency model of component supplier intentions. In: Journal of Business Research 47, 3, 1999. S. 173 - 190

Leenders, M. R./Blenkhorn, D. L.: Reverse marketing: The new buyer-supplier relationship. The Free Press, New York 1988

Ogden, J. A./Carter, P. L.: The supply base reduction process: An empirical investigation. In: International Journal of Logistics Management 19, 1, 2008. S. 5 - 28

Park, S./Hartley, J. L./Wilson, D.: Quality management practices and their relationships to buyer's supplier ratings. A study in the Korean automotive industry. In: Journal of Operations Management 19, 6, 2001. S. 695 - 712

Puto, C. P./Patton, W. E. III/King, R. H.: Risk handling strategies in industrial vendor selection decisions. In: Journal of Marketing 49, 1, 1985. S. 89 - 98

Terpend, R./Tyler, B. B./Krause, D. R./Handfield, R. B.: Buyer-supplier relationships: derived value over two decades. In: Journal of Supply Chain Management 44, 2, 2008. S. 28 - 55

Wagner, S. M.: Strategisches Lieferantenmanagement in Industrieunternehmen: Eine empirische Untersuchung von Gestaltungskonzepten. Peter Lang, Frankfurt 2001

Wagner, S. M.: Gestaltung von Beziehungsmustern in Supply Chains. In: Logistik Management 4, 4, 2002. S. 71 - 88

Wagner, S. M.: Intensity and managerial scope of supplier integration. In: Journal of Supply Chain Management 39, 4, 2003. S. 4 - 15

Wagner, S. M.: Supplier development practices. An exploratory study. In: European Journal of Marketing 40, 5/6, 2006. S. 554 - 571

Wagner, S. M.: Qualitätsmanagement. In: Köhler, R./Küpper, H.-U./Pfingsten, A. (Hrsg.): Handwörterbuch der Betriebswirtschaft (HWB). 6. Auflage. Schäffer-Poeschel, Stuttgart 2007. S. 1517 - 1526

Wagner, S. M.: Indirect and direct supplier development: Performance implications of individual and combined effects. In: IEEE Transactions on Engineering Management 57, 4, 2010. S. 536 - 546

Wagner, S. M.: Tapping supplier innovation. In: Journal of Supply Chain Management 48, 2, 2012. S. 37 - 52

Wagner, S. M./Boutellier, R.: Capabilities for managing a portfolio of supplier relationships. In: Business Horizons 45, 6, 2002. S. 79 - 88

Wagner, S. M./Boutellier, R.: Lieferantenentwicklung in der Supply Chain. Eine Bestandsaufnahme. In: Logistik Management 5, 4, 2003. S. 50 - 70

Wagner, S. M./Hoegl, M.: Involving suppliers in product development: Insights from R&D directors and project managers. In: Industrial Marketing Management 35, 8, 2006. S. 936 - 943

Wagner, S. M./Johnson, J. L.: Configuring and managing strategic supplier portfolios. In: Industrial Marketing Management 33, 8, 2004. S. 717 - 730

Wagner, S. M./Rink, C.: Lieferantenmanagement. Strategien, Prozesse und systemtechnische Unterstützung. In: Brenner, W./ Wenger, R. (Hrsg.): Elektronische Beschaffung. Stand und Entwicklungstendenzen. Springer, Berlin 2007, S. 39 - 62

Wagner, S. M./ten Hoevel, S.: Umsetzung von Projekten zur Lieferantenförderung bei DaimlerChrysler. In: Boutellier, R./Wagner, S. M./Wehrli, H. P. (Hrsg.): Handbuch Beschaffung. Carl Hanser Verlag, München/Wien 2003. S. 1023 - 1041

Wagner, S. M./Weber J.: Beschaffungscontrolling. Den Wertbeitrag der Beschaffung messen und optimieren. Wiley-VCH Verlag, Weinheim 2007

Qualitätssicherungsvereinbarungen

25.1 Die Bedeutung der Qualitätssicherungsvereinbarung 581

25.2 Definitionen 581

25.3 Was „fordert“ die DIN EN ISO 9001:2008? 583

25.4 Sinn und Zweck – Warum braucht man eine QSV? 586

25.5 Aufwand und Nutzen – Welchen Preis hat Qualität? 588

25.6 Wahl des richtigen Zeitpunktes und Handlungsbedarf 589

25.7 Einbindung in das Vertragssystem 591

25.8 Anforderungen von außen 592

25.9 Inhalt der Vereinbarung 593
25.9.1 Vertragsgegenstände 593
25.9.2 System des Qualitätsmanagements 594
25.9.3 Informations-/Nachweispflicht 595
25.9.4 Eingangsprüfungen beim Hersteller 595
25.9.5 Ansprechpartner 596
25.9.6 Zeitlicher Geltungsbereich 596

25.10 Inhalte der Anlagen 596
25.10.1 Anlage „n“ – „Vertragsgegenstände“ 597
25.10.2 Anlage „n+1“ – „QM-System“ 597
25.10.3 Anlage „n+2“ – „Anforderungen“ 598
25.10.4 Anlage „n+3“ – „Positivliste“ 598

25.11 Einbindung in die Prozesslandschaft 598

25.12 Zusammenfassung 598

25 Qualitätssicherungsvereinbarungen

Michael Kroonder

Dieser Beitrag soll es ermöglichen, die für das jeweilige Produktspektrum sowie den zugrunde liegenden Produktentstehungsprozess am besten passende Qualitätssicherungsvereinbarung (QSV) zu erstellen oder auszuwählen. Unter Berücksichtigung der normativen und gesetzlichen Gegebenheiten sind dann die einzelnen Kapitel einer QSV zu bewerten und die Inhalte der QSV und ihre Anlagen exakt auf die Produkte zuzuschneiden.

Des Weiteren soll der Beitrag helfen, eine vorgegebene QSV zu analysieren und die Fallstricke aus Qualitätsmanagement-/Prozess-/Produktsicht rechtzeitig zu erkennen und Anpassungsvorschläge zu erarbeiten, die den Vertragspartnern weiterhelfen.

Als Grundlage für eine modular aufgebaute QSV (Vertragstext plus Anlagen) kann u. a. die Konditionenempfehlung des Zentralverbandes Elektrotechnik und Elektroindustrie e. V. (ZVEI) dienen.

In allen Unterpunkten dieser Abhandlung gibt es Praxishinweise, die die Umsetzung im Unternehmen erleichtern.

25.1 Die Bedeutung der Qualitätssicherungsvereinbarung

Qualitätssicherungsvereinbarungen (QSVen) werden heute aus unterschiedlichsten Beweggründen abgeschlossen. Was sich für den einen (fälschlicherweise) als Knebelvertrag ohne Ausweichmöglichkeiten darstellt, ist für den anderen eine Chance, Fehler schon vor ihrem Entstehen zu vermeiden und damit den Produktentstehungsprozess (PEP) sicher und preiswert zu gestalten.
Der PEP wird heute zum Teil von vielen Partnern miteinander oder nacheinander bedient, was eine genaue Schnittstellendefinition erforderlich macht. Vermiedene Fehler sparen Folgekosten und verringern die Gefahr, zivil- oder strafrechtlich zur Verantwortung gezogen zu werden.
Ziel einer QSV muss es sein, unternehmensübergreifend eine Null-Fehler-Strategie aufzubauen. Das ist Aufgabe des Qualitätsmanagementssystems (QM-System). Dieses bedient sich qualitätssichernder Maßnahmen wie Qualitätsplanung (Advanced Product Quality Planning (APQP), Production Part Approval Process (PPAP), Prüfplanung sowie diverser anderer vorbeugender Werkzeuge wie z. B. Failure Mode and Effect Analysis (FMEA) und ist aus dem Management erfolgreicher Unternehmen nicht mehr wegzudenken.
Diesen Umstand beachtend wird klar, dass sich eine QSV nicht mehr einzig und allein um qualitätssichernde Maßnahmen drehen darf. Vielmehr muss sie das gesamte Management miteinbeziehen, um konstruktive und/oder prozessverbessernde Maßnahmen zu generieren, weshalb das Papier besser als Qualitätsmanagementvereinbarung (QMV) zu bezeichnen wäre.
Da der Begriff QSV, wenn auch nicht geschützt, aber in der Fachwelt doch geläufig ist, wird er hier weiterverwendet.
Der Zeitpunkt, in dem eine QSV unterzeichnet wird, variiert je nach Zielsetzungen und Verständnis.
Manche Vereinbarungen verstehen sich als Grundsatzpapier, in denen (ähnlich einer Norm) die Spielregeln qualitätsgesicherter Produkte und Begrifflichkeiten ohne Bezug auf ein konkretes Produkt definiert sind. Solche Vereinbarungen kann man bereits zu Beginn einer Zusammenarbeit unterzeichnen. Sie eignen sich auch für Hersteller, die mehrere Tochterunternehmen haben, die zum Teil von ein und demselben Lieferanten Produkte beziehen, um unterschiedliche Forderungen zu vermeiden („Coorporate Identity“, „One face to the supplier“); oder aber für einen Industriezweig, der sich selbst, außerhalb bestehender Normen, einheitliche Vorgehensweisen aufgeben will.
Welches Papier das richtige beziehungsweise das zielführende ist, müssen die Vertragspartner entscheiden. Auf jeden Fall muss es eine von beiden Seiten akzeptierte, unterschriebene und gelebte Vereinbarung sein. Sonst wird viel Blindleistung in ein Produkt gesteckt, das im Falle von Unstimmigkeiten teilweise oder komplett infrage gestellt werden kann und im schlimmsten Falle null und nichtig ist. Dies gilt sowohl für qualitätssichernde als auch, was vielleicht kritischer sein kann, für rechtliche Aspekte.
Diese Vorüberlegungen sollen dabei helfen, Umfang, Inhalt und Zeitpunkt der Vereinbarungen auf die gegebenen Verhältnisse hin optimal anzupassen und die QSV zum beiderseitigen Nutzen mit dem Vertragspartner auszuhandeln.

25.2 Definitionen

In diesem Abschnitt werden wichtige Definitionen und Abkürzungen aufgeführt, die im gesamten Beitrag Anwendung finden.

Partner im Produktentstehungsprozess und im Produktlebenszyklus

Lieferant ←(B2B)→ Hersteller ←(B2C)→ Kunde (Endkunde/Verbraucher)
Hersteller steht für eine Organisation oder Person, die ein Produkt empfängt, es weiterbearbeitet und einem Kunden (Verbraucher oder weiterem Verarbeiter/Hersteller) bereitstellt.
Lieferant steht für die Organisation oder Person, die dem Hersteller ein Produkt bereitstellt.
Ein *Produkt* (lat. für Hervorgebrachtes) ist

- das Ergebnis von Tätigkeiten, Prozessen, Dienstleistungen
- ein Wirtschaftsgut, das in einem Wertschöpfungsprozess geschaffen wird
- jede bewegliche Sache, auch wenn sie einen Teil einer anderen beweglichen Sache oder einer unbeweglichen Sache bildet, sowie Elektrizität (vgl. § 2 ProdHaftG).

Es gibt vier übergeordnete Produktkategorien:

- Dienstleistungen (z. B. Transport, Beratung)
- Software (z. B. Rechnerprogramm, Wörterbuch)
- Hardware (z. B. mechanisches oder elektronisches Bauteil)
- verfahrenstechnische Produkte (z. B. Schmiermittel, Anlagen/Systeme).

III

Prozess steht für die Summe der Tätigkeiten und Bearbeitungsschritte im Laufe der Leistungserbringung einer Organisation.

Der *8D-Report* (engl.: 8 Decisions) ist ein Dokument, das bei einer Reklamation zwischen Lieferant und Kunde ausgetauscht wird. Der 8D-Report ist Teil des Reklamationsmanagements und dient der **Maßnahmenverfolgung**. Im 8D-Report werden die Art der Beanstandung, die Verantwortlichkeiten und die Maßnahmen zum (kurz- und langfristigen) Beheben eines Mangels festgeschrieben. Der 8D-Report wird durch die globale Verkettung von Produktionsprozessen in Zukunft weiter an Bedeutung gewinnen.

Maßnahmenverfolgung

- **Maßnahme:** Definierte Handlung/Handlungsweise
- **Ziel:** Wert, ab dem die Maßnahme als durchgeführt gilt
- **Konsequenz:** Vorgabe, die bei Nicht-Erreichen (oder Erreichen) des Ziels eintritt (kann eine weitere Maßnahme sein)

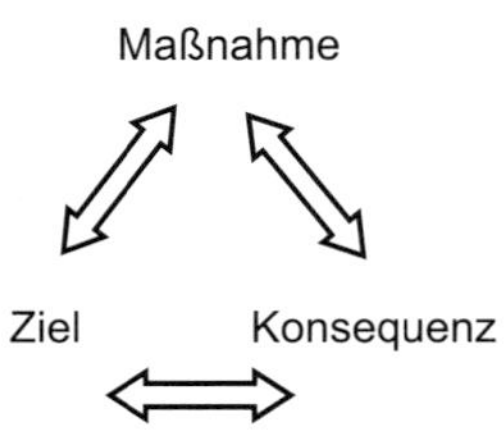

Abb. 25.1 Maßnahmenverfolgung

PDCA-Zyklus nach Deming

Der nach William Edwards Deming benannte Zyklus (PDCA-Zyklus) beschreibt einen Kreislauf zur Verbesserung. Die Buchstaben PDCA stehen für die Schritte Plan (planen), Do (durchführen), Check (überprüfen), Act (handeln, z.B. auswerten, verbessern, standardisieren). Er beginnt mit der Untersuchung der gegenwärtigen Situation, um einen Plan zur Verbesserung zu formulieren. Nach der Fertigstellung wird dieser umgesetzt und überprüft, ob die gewünschte Verbesserung erzielt wurde. Im positiven Fall werden die Maßnahmen Standard. Dieser etablierte Standard kann dann durch einen neuen Plan infrage gestellt und verbessert werden. Die Japaner sahen hierin einen Ausgangspunkt für die stetige Verbesserung ihrer Arbeit.

In einer *Reklamation* teilt der Kunde mit, dass bestimmte, festgelegte (oder erwartete) Eigenschaften des Produktes oder der Dienstleistung nicht oder unzureichend erfüllt wurden. Reklamationen werden im Rahmen eines Reklamationsmanagements verwaltet.

Ein zertifiziertes Reklamationsmanagement (z.B. nach ISO 9001) fordert zusätzlich Maßnahmen zur zukünftigen Vermeidung dieses Fehlers (Korrekturmaßnahmen) oder ähnlicher Fehler (Vorbeugemaßnahmen).

FMEA

Die FMEA (Failure Mode and Effect Analysis – Fehlermöglichkeits- und Einfluss-Analyse) ist ein Werkzeug der Qualitätsplanung zur vorbeugenden Sicherung der Qualität. Damit werden durch vorausschauende Analyse mögliche Fehlerquellen in der Konstruktion, Planung und Produktion erfasst und deren Auswirkungen auf Produkte, Dienstleistungen und den Fertigungsprozess durch Umsetzung präventiver Schritte verhindert.

Die Konstruktions-FMEA untersucht und bewertet alle denkbaren und möglichen Ausfälle des untersuchten Teils bzw. Gesamtsystems.

Die Prozess-FMEA untersucht und bewertet alle denkbaren potenziellen Fertigungs- und Montagefehler.

Lastenheft (engl.: Requirement Specification)

Nach DIN 69905-VDI/VDE 3694 – VDA 6.1 beinhaltet ein Lastenheft die Gesamtheit der Forderungen des Auftraggebers an die Lieferungen und Leistungen eines Auftragnehmers.

Im Lastenheft sind die Forderungen aus Anwendersicht einschließlich aller Randbedingungen zu beschreiben. Diese sollten qualifizierbar und prüfbar sein. Im Lastenheft wird definiert, was für eine Aufgabe vorliegt und wofür diese zu lösen sind.

Pflichtenheft (engl.: Feature Specification)

Nach DIN 69905-VDI/VDE 3694 – VDA 6.1 ist ein Pflichtenheft ein vom Auftragnehmer erarbeitetes Realisierungsvorhaben aufgrund der Umsetzung des Lastenheftes.

Das Pflichtenheft enthält das Lastenheft. Im Pflichtenheft werden die Anwendervorgaben detailliert und in einer Erweiterung die Realisierungsforderungen unter Berücksichtigung konkreter Lösungsansätze beschrieben. Im Pflichtenheft wird definiert, wie und wo die Forderungen zu realisieren sind.

Abkürzungen

PEP	Produktentstehungsprozess
QSV	Qualitätssicherungsvereinbarung
EMP	Erstmusterprüfbericht
ppm	Parts per million (auch dpm „Defects per million“), Quotient aus nichtkonformen Teilen zu konformen Teilen, die ppm-Philosophie dient dem Erreichen des „Null-Fehler-Zieles“

PFU	Prozessfähigkeitsuntersuchung (bei dieser Analyse wird festgestellt, ob die Prozesse in der Lage sind, die gewünschten Qualitätsanforderungen zu erbringen)
Cp	Qualitätsfähigkeit eines Prozesses, Cp ist dabei ein Kennwert zur Beurteilung der Eignung eines Prozesses, Produkte innerhalb der Toleranzen herzustellen
cpk	Prozessfähigkeitsindex (Toleranz für das Prozessmerkmal dividiert durch die Prozessstreubreite des Prozessmerkmals)
MFU	Messmittelfähigkeitsuntersuchung (bei dieser Analyse wird festgestellt, ob die Maschinen in der Lage sind, die gewünschten Qualitätsanforderungen zu erbringen)
Cm	Die Maschinenfähigkeit ist ein Kennwert für die Beurteilung der Eignung einer Maschine, Teile innerhalb der Toleranzen herzustellen.
SPC	Statistical Process Control (deutsch: Statistische Prozesslenkung) Konsequente Anwendung statistischer Methoden, um einen Prozess zu beherrschen. Es können dabei sowohl quantitative als auch qualitative Merkmale eines Produktes oder eines Prozesses überwacht werden. Achtung: Die gelegentlich zu findende Übersetzung „Statistische Prozesskontrolle“ ist falsch, da „control“ nicht mit „Kontrolle“ zu übersetzen ist, sondern eher „Lenkung“ bedeutet.
ProdHaftG	Produkthaftungsgesetz

25.3 Was „fordert“ die DIN EN ISO 9001:2008?

Vorausschickend ist zu betonen, dass eine Norm an sich noch keine Forderung darstellt. Normen werden vielmehr, wie die englische Übersetzung verdeutlicht, als Standard herangezogen, um eine Basis zu definieren, auf die gleichermaßen aufgebaut werden kann. Ist eine Norm aber in eine Vereinbarung (Bestellung, Zeichnung) einbezogen, so sind die Inhalte der Norm durchaus als Forderung zu verstehen.

Der Name Qualitätssicherungsvereinbarung (QSV) sagt schon, dass es sich hierbei um eine Vereinbarung handelt, in der die Qualitätssicherung das Kernthema darstellt. Laut Definition ist Qualitätssicherung ein „Teil des Qualitätsmanagements, der auf das Erzeugen von Vertrauen darauf gerichtet ist, dass Qualitätsanforderungen erfüllt werden“ (vergleiche EN ISO 9000:2005, 3.2.11). Daher ist wohl verständlich, dass die DIN EN ISO 9001:2008, welche die Anforderungen an ein QM-System beschreibt, einzubeziehen ist. Die DIN EN ISO 9001:2008 beinhaltet Anforderungen an ein QM-System, welches die jeweilige Organisation in die Lage versetzen soll, die Kundenzufriedenheit durch die Erfüllung von Kundenanforderungen zu erhöhen. Diese Anforderungen ergänzen die Anforderungen an Produkte!

Darüber hinaus gibt es diverse Normen, die je nach Produkt, welches man herstellt, bzw. Kunde, für den man dies tut, zur Anwendung kommen könnten (EN ISO 16949, EN ISO 14001, QS 9000 etc.). Welche hier zutreffend sind, müssen die Vertragspartner (produkt-/kundenspezifisch) herausfinden.

Betrachten wir aber in erster Linie die Anforderungen, die sich aus der für das QM-System zutreffenden DIN ISO 9001:2008 ergeben.

Im Fokus dieser Norm steht die prozessorientierte Ausrichtung der gesamten Organisation hinsichtlich Entwicklung, Verwirklichung und ständiger Verbesserung des QM-Systems. Damit soll die Kundenzufriedenheit durch die Erfüllung der Kundenanforderungen erreicht werden. Die Norm betont die Bedeutung des Verstehens und der Ermittlung von (Kunden-)Anforderungen, der Notwendigkeit, Prozesse aus Sicht der Wertschöpfung zu betrachten, der Erzielung von Ergebnissen bezüglich Prozessleistung und -wirksamkeit und der ständigen Verbesserung von Prozessen auf Grundlage objektiver Messungen.

Daraus kann man klar ableiten, dass eine Erfüllung der Kundenanforderungen mittels wirtschaftlicher Prozesse oberstes Ziel der Norm ist, denn: „Qualität ist das Erfüllen von Anforderungen und nicht der zufällige Treffer.“

Die DIN EN ISO 9001:2008 an sich fordert keine einheitliche Struktur oder Dokumentation. Sie bildet aber das Gerüst, welches für die Herstellung eines Produktes notwendigerweise benötigt wird, unabhängig von der Art und Größe des Unternehmens und der Art der Produkte. Die in der Norm festgelegten Anforderungen ergänzen die Anforderungen an das Produkt, die vom Kunden (und gegebenenfalls durch Behörden, Gesetze und ggf. die eigene Organisation) vorgegeben werden.

Das bedeutet wiederum: Die Kundenanforderungen (dargestellt z.B. im Lastenheft/Requirement-Specification) müssen erkannt werden, damit das Produkt (in Kombination mit dem gesamten Produktentstehungsprozess) hinsichtlich Realisierung (Pflichtenheft/Feature-Specification) so konzipiert werden kann, dass es den Anforderungen genügt und der Kunde (durch objektive Messungen) zufrieden ist.

Wie sich die Wechselbeziehung zwischen der DIN EN ISO

9001:2008 und einer Qualitätssicherungsvereinbarung (QSV) gestaltet, werden wir im Weiteren gemeinsam aufbauen. Hierzu gehen wir im ersten Schritt gemeinsam die Normpunkte durch und arbeiten heraus, wo die Schnittstellen liegen und welche Problematik sich dahinter verbergen kann.
Die nachfolgende Nummerierung entspricht der DIN-EN-ISO-9001:2008-Gliederung.

Allgemeine Anforderungen (4.1)

Im letzten Absatz dieses Punktes heißt es, dass die Lenkung *ausgelagerter Prozesse* erkennbar sein muss.
Um die Konformität des Produktes mit den Anforderungen des Kunden sicherzustellen und damit Fehler und -kosten zu vermeiden, werden in der QSV gezielt qualitätssichernde Maßnahmen zwischen Lieferant und Hersteller vereinbart. Zur Vermeidung von Doppelaufwendungen werden dann merkmals- und funktionsbezogene Prüfungen zwischen den Vertragspartnern festgelegt, um die - sich auf Stichproben beschränkende - Eingangsprüfung beim Hersteller zu ersetzen. Diese Prüfungsverlagerung als typischer Regelungsinhalt einer QSV stellt einen ausgelagerten Prozess dar.

Lenkung von Dokumenten (4.2.3)

In den Punkten a bis g wird unter anderem ein dokumentiertes Verfahren gefordert, um Dokumente zu genehmigen, zu bewerten, ihren Status und ihre Gültigkeit zu erkennen, um sicherzustellen, dass Dokumente externer Herkunft gekennzeichnet und gelenkt verteilt werden, um die unbeabsichtigte Verwendung veralteter Dokumente zu verhindern.
Die QSV an sich sowie ihre Inhalte und Anlagen, die immer eine Wechselwirkung zwischen Lieferant, Hersteller und Kunden haben, muss in das Dokumentenlenkungssystem integriert werden.

Lenkung von Aufzeichnungen (4.2.4)

Unter das hier beschriebene Lenkungssystem fallen u. a. 8D-Berichte, ppm-Aufzeichnungen, Fehlersammelkarten, statistische Prozesslenkung (SPC) etc., sprich alle in der QSV vereinbarten Aufzeichnungen, die die Konformität der Produkte mit den Anforderungen dokumentieren. Speziell die hier genannten Aufbewahrungsfristen müssen mit externen Vereinbarungen abgeglichen werden.

Verantwortung und Befugnisse (5.5.1)

Hier fordert die Norm Festlegungen (gegebenenfalls in Form von Organisationsdiagrammen), aus denen die Verantwortlichkeiten und Befugnisse klar hervorgehen. Dies ist für das Verfassen einer QSV insofern wichtig, als aus diesen Diagrammen die Unterschriftberechtigungen des benannten Qualitätsmanagementbeauftragten (QMB) bzw. sein Aufgabengebiet und seine Befugnisse ersichtlich sind.

Interne Kommunikation (5.5.3)

Zum hier genannten Kommunikationsprozess können Informationsrunden bei Anpassung der Anlagen oder Inhalte der QSV gehören, speziell wenn die QSV vom Hersteller kommt und Durchgriff bis zum Lieferanten hat. Wenn die Bereiche Sales- und Suppliermanagement zu weit voneinander entfernt sind, kann dies zu erheblichen Komplikationen führen, z. B. wenn vom Hersteller die Genehmigung zu Audits beim Sublieferanten gefordert werden.

Bereitstellung von Ressourcen (6.1)

Sollte im Lieferantenmanagement des Herstellers die Forderung nach QSV-Lieferanten einen wichtigen Punkt darstellen, um den Aufwand der Wareneingangsprüfungen auf das Notwendige zu beschränken, so sind hierfür Kapazitäten einzuplanen. Die Lieferantenbetreuung, was das Qualitätsmanagement betrifft, erfordert andere Qualifikationen als das Prüfen von Wareneingängen auf Konformität mit den Anforderungen.

Produktrealisierung (7)

Die Produktrealisierung nimmt innerhalb des QM-Systems einen enormen Stellenwert ein. Schlüsselfaktoren wie Termine, Kosten und Qualität, aber auch die Betrachtung des gesamten Produktlebenszyklus fordern intensive Beachtung, um Produkte schnell, fehlerfrei und kostengünstig auf den Markt zu bringen. Für die Produktrealisierung ist neben einer umfassenden Absicherung der Qualität auch die Absicherung der Produzierbarkeit wichtig.
Da die Kernprozesse des QM-Systems konsequent auf den Kunden ausgerichtet sein müssen, ist es wesentlich, Produktforderungen bzw. -erwartungen mit dem Kunden abzustimmen. Die DIN EN ISO 9001:2008 fordert von Unternehmen den Nachweis, wie sie Kundenforderungen identifizieren und vereinbaren. Für Entwicklungs-, Beschaffungs- und Produktions- bzw. Dienstleistungsprozesse ist ein nachvollziehbares Prozessmanagement aufzuzeigen.
Dieses „Prozessmanagement" beinhaltet das Planen, die Prüfung von Vorgaben (Spezifikationen), das Realisieren (Konstruktion, Fertigungsplanung, Beschaffung, Fertigung, Montage etc.) und das Bewerten (Designverifizie-

rung und -validierung, Produktprüfung, Bemusterung etc.). In der Produktion ergeben sich weitere spezifische Forderungen, wie z. B. Kennzeichnung, Rückverfolgbarkeit von Teilen, Umgang mit Eigentum des Kunden oder Lagerung, Handhabung sowie Verpackung von Teilen.
Zu alldem müssen Unternehmen ein umfassendes Prüfmittelmanagementsystem einführen und pflegen.
Im Folgenden sind die Normpunkte aufgelistet, die speziell das Thema QSV betreffen.

Planung der Produktrealisierung (7.1)

Hier werden unter anderem Aufzeichnungen gefordert, mit welchen der Nachweis zu führen ist, dass die Produkte die Anforderungen erfüllen (siehe 4.2.4 Lenkung von Aufzeichnungen). Hier ist dezidiert abzuklären, ob die internen/beim Lieferanten festgelegten Aufzeichnungen ausreichen oder ob nicht doch Anforderungen des Herstellers in der QSV oder deren Anlagen über die Normforderungen hinausgehen (siehe auch 4.2.4 Aufbewahrungsfristen).

Ermittlung der Anforderungen in Bezug auf das Produkt (7.2.1)

Hier müssen auch die Anforderungen des Kunden ermittelt werden, die nach Auslieferung an das Produkt gestellt werden (Lebensdauer, Anwendungsbereich etc.).
Da das Thema Lieferung von Berichten in QSVen vorkommt und dann meistens auch speziell mit Lieferfristen belegt ist, müssen Prozesse installiert werden, damit aus einem Lieferverzug keine Nachteile entstehen können.
Auch gesetzliche/behördliche Anforderungen werden hier genannt. Ganz speziell sollte man je nach Produkt und Kundenstandort das Produktsicherheitsgesetz (ProdSG, Gesetz über technische Arbeitsmittel und Verbraucherprodukte) und das Produkthaftungsgesetz in die Risikobetrachtungen miteinbeziehen.

Bewertung der Anforderungen in Bezug auf das Produkt (7.2.2)

Die DIN EN ISO 9001:2008 beschreibt hier eine Anforderungsbewertung vor dem Eingehen einer Lieferbeziehung. Ein Augenmerk muss darauf gelegt werden, dass in der QSV keine Produktanforderungen als „add on“ verpackt sind, die das QM-System als unnötig aufführt. Hier verbirgt sich die Gefahr von Fehlinterpretationen (welches Dokument gilt an erster, führender und welches gilt an zweiter Stelle) sowie ein hoher Wartungsaufwand.

Beschaffungsprozess (7.4.1)

Laut Norm ist sicherzustellen, dass beschaffte Produkte die festgelegten Anforderungen erfüllen, wobei Art und Umfang der Überwachung von Lieferant und Produkt vom Einfluss auf die Produktrealisierung und das Endprodukt abhängig gemacht werden können.
Bei QSVen mit reduzierter Wareneingangsprüfung (Verpackungsident, Ship-to-Stock, Ship-to-line, Line-to-Line, Kanban etc.) muss der Tatsache, dass ein Produktfehler erst relativ spät im Produktentstehungsprozess bemerkt wird, Rechnung getragen werden. Dies kann z. B. durch regelmäßige Audits erfolgen.

Beschaffungsangaben (7.4.2)

Beschaffungsangaben müssen das zu beschaffende Produkt beschreiben, gegebenenfalls mit Anforderungen zu Genehmigungen von Produkten, Qualifikation des Personals und Anforderungen an das QM-System. Hier ist Wert auf eine saubere Trennung zu legen, damit Angaben in der QSV, die ja auf das QM-System gemünzt sind, Angaben in anderen Vertragswerken nicht widersprechen (siehe Kap. 25.7).

Verifizierung von beschafften Produkten (7.4.3)

Aus diesem Normpunkt kann man ablesen, dass bei reduzierter Wareneingangsprüfung förmlich direkt die QSV gefordert wird.

Validierung der Prozesse zur Produktion und zur Dienstleistungserbringung (7.5.2)

Wenn beschaffte Produkte (nach Freigabe durch den Lieferanten) im Wareneingang des Herstellers nicht mehr geprüft (verifiziert) werden, muss sichergestellt werden, dass der Produktentstehungsprozess beim Lieferanten in allen Einzelheiten vereinbart und später auch dort so gelebt wird. Diese Validierung geschieht sinnvoller Weise durch ein in der QSV verankertes Auditrecht. Hierbei sind Regelungen festzulegen, die unter anderem feste Kriterien für die Bewertung und Genehmigung von Prozessen, die Genehmigung von Ausrüstung und Qualifikation des Personals sowie den Gebrauch spezieller Methoden und Verfahren beinhalten.

Kennzeichnung und Rückverfolgbarkeit (7.5.3)

Die Kennzeichnungspflicht dient der Eingrenzung einer mängelverdächtigen oder mangelhaften Produktcharge, um unnötigen Such- und Klärungsaufwand zu vermeiden und die Fehlerfolgekosten zu reduzieren und um dem

Kunden gegenüber diesbezüglich klare Angaben machen zu können.
Ferner wird eine solche Kennzeichnung aber gezielt vom ProdSG gefordert (vergleiche ProdSG § 6 Absatz 1, Nr. 3).

Überwachung und Messung der Produkte (8.2.4)

Hier fordert die Norm das Überwachen und Messen eines Produktes hinsichtlich Produktanforderungen in geeigneten Phasen und in Übereinstimmung mit geplanten Regelungen. Ein Nachweis muss geführt werden und eine Produktfreigabe/Dienstleistungserbringung darf erst nach Erfolg oder Genehmigung durch den Kunden erfolgen.
Wenn derartige Prüfungen vereinbart, gelebt und durch den Kunden validiert werden, sollte eine auf Merkmale oder Funktionen bezogene Wareneingangsprüfung entfallen können. Dann sind nur Prüfungen auf Identität, Menge, Transportschäden und offensichtliche Mängel beim Hersteller erforderlich.
Dies muss aber wirksam (vertraglich) vereinbart werden.

III

Lenkung fehlerhafter Produkte (8.3)

Die Organisation muss in einer oder mehreren der folgenden Weisen mit fehlerhaften Produkten umgehen:

- Maßnahmen ergreifen, um den festgestellten Fehler zu beseitigen
- Genehmigungen erteilen zum Gebrauch, zur Freigabe und Annahme nach Sonderfreigabe durch die zuständige Stelle und, falls zutreffend, durch den Kunden
- Maßnahmen ergreifen, um den ursprünglich beabsichtigten Gebrauch oder die Anwendung auszuschließen

Achtung: Zertifizierte Unternehmen müssen Aufzeichnungen über die Art von Fehlern und der ergriffenen Folgemaßnahmen – einschließlich erhaltener Sonderfreigabe – führen.
Nachgearbeitete Produkte müssen erneut verifiziert werden.
Wenn ein fehlerhaftes Produkt nach der Auslieferung oder im Gebrauch entdeckt wird, muss die Organisation Maßnahmen ergreifen, die den möglichen Folgen des Fehlers angemessen sind.
Hier sind Kommunikationswege sowie Kommunikationsinhalte zwischen den Vertragspartnern zu definieren (z. B. Fehlerprozentsatz, betroffene Fertigungscharge, Lohnwoche Kennzeichnung, Status des Lager-/Umlaufbestandes, Status letzte Lieferungen etc.).

Datenanalyse (8.4)

Im 2. Absatz dieses Normpunktes heißt es:
„Die Datenanalyse muss Angaben liefern über

- Kundenzufriedenheit (Turnus, Messgrößen vereinbaren),
- Erfüllung der Produktanforderungen,
- Prozess- und Produktmerkmale und deren Trends einschließlich Möglichkeiten für Vorbeugungsmaßnahmen,
- Lieferanten.

Wenn diese Daten, speziell Daten über die Qualität und die Konformität der zugelieferten Produkte, wegen einer gelegten QSV nicht im Wareneingang ermittelt werden, sind Feldbeobachtungen und Audits für die Datenbeschaffung vorzusehen (bei Verbraucherprodukten siehe auch § 6 (3) ProdSG).

Korrekturmaßnahmen (8.5.2)

Die Organisation muss Korrekturmaßnahmen zur Beseitigung der Ursache von Fehlern ergreifen, um deren erneutes Auftreten zu verhindern. Korrekturmaßnahmen müssen den Auswirkungen des aufgetretenen Fehlers angemessen sein.
Die Vertragspartner sollten hier ein für alle verbindliches Fehlerbeseitigungs-Management etablieren. Die 8D-Methode drängt sich als systematische Informationsplattform direkt auf.
Der 8D-Bericht kann dabei sowohl als Informations- wie auch als Archivierungsmedium dienen.

25.4 Sinn und Zweck – Warum braucht man eine QSV?

Nachdem nun die möglichen Normforderungen ermittelt sind, stellt sich vielleicht die Frage, was denn zu tun ist, wenn der Lieferant oder der Hersteller nicht nach Norm zertifiziert sind.
Klare Aussage an Lieferanten:
Wenn Sie Geld verdienen und es nicht in Reklamationsbearbeitung oder Mängelbeseitigung stecken wollen, dann muss Ihr Produkt beim Hersteller (Kunden) frei von Mängeln ankommen.
Klare Aussagen an Hersteller:
Wenn Sie Ihren Fertigungsprozess nicht ständig wegen Klärungen aufgrund mängelverdächtiger oder mängelbehafteter Lieferungen unterbrechen wollen, müssen Ihre Anforderungen beim Lieferanten klar und deutlich etabliert und von diesem auch verstanden sein.
Das heißt, die Anforderungen an das Produkt müssen be-

kannt sein, damit im Umkehrschluss Mängel eindeutig definiert und ihrem Entstehen frühzeitig entgegengewirkt werden kann.
Der Sinn der QSV liegt hier in der Vereinbarung von präventiven, die Qualität des Produktes über den gesamten Produktlebenszyklus positiv beeinflussenden Maßnahmen.
Neben der Norm ergeben sich aber auch aus Gesetzen Forderungen, die das QM-System mit abdecken muss. Um die Differenzen und/oder Gemeinsamkeiten zu erkennen, sind in Tabelle 25.1 die Definitionen für Qualität und Fehler einander gegenübergestellt.
Aus den Definitionen ist ersichtlich, dass keine allzu großen Differenzen zwischen der Norm und den Gesetzen bestehen. Das bedeutet im Umkehrschluss, dass konsequentes Qualitätsmanagement eine deutliche, das Risiko minimierende Wirkung hat.
Die Qualität vereinbaren Lieferanten und Hersteller normalerweise in Zeichnungen, Spezifikationen, Lasten-/Pflichtenheften, Katalog-/Norminformationen etc.
Die QSV (die *keine* Qualitätsvereinbarung ist) beinhaltet Maßnahmen, die zum Ziel haben, das Produkt über den gesamten Produktentstehungsprozess frei von Mängeln herzustellen und die dafür notwendigen Prüfungen, die für die Produktentstehung und für die spätere Funktion als wichtig erachtet werden, zu gewährleisten. Welche Prüfungen für die mängelfreie Produktentstehung notwendig sind, muss der Lieferant (Hersteller des Produktes) entscheiden. Welche Prüfungen für die Funktion des Produktes im Verbund mit anderen Produkten, mit dem Endgerät oder beim Kunden für notwendig erachtet werden, kann in der Regel nur der Hersteller sagen.
Daraus ist zu erkennen, dass man, ob man Lieferant oder Hersteller ist, mit seinen Vertragspartnern in Verhandlungen treten muss, um „Spielregeln“ für qualitätssichernde Maßnahmen zu vereinbaren. Das Ziel muss hierbei die *klare Kommunikation und Definition der Anforderungen* sein. Nur so kann der Lieferant notwendige Prüfungen definieren, um die Produktqualität zu sichern, bzw. der Hersteller kann klären, ob die definierten Prüfungen den Anforderungen des Produktes genügen. So können Doppelprüfungen (bei Lieferant und Hersteller werden gleiche Merkmale zu verschiedenen Zeiten geprüft) vermieden werden. Diese Kommunikation muss aber auch geführt werden, um Prüfungen unter abgestimmten Bedingungen stattfinden zu lassen. Nur so können Voraussetzungen geschaffen werden, dass bei Auftreten von Differenzen die richtigen Maßnahmen abgeleitet und durchgeführt werden können.
Der größte Vorteil dieser Kommunikation liegt aber in der Tatsache, dass vom Hersteller aufgestellte Anforderungen (auch die „üblicherweise“ vorausgesetzten) mit den Möglichkeiten des Lieferanten in Deckung gebracht werden können. Dies führt zu einer deutlichen Risikominimierung. Denn es ist hinlänglich bekannt, dass die Auswirkungen eines Mangels umso größer sind, je später dieser im Produktentstehungsprozess/-lebenszyklus entdeckt wird (siehe Abb. 25.2).

Tab. 25.1 Definitionen für Qualität und Fehler

Qualität (EN ISO 9000:2005)	Qualität ist der Grad, in dem ein Satz inhärenter Merkmale (= kennzeichnender Eigenschaften) Anforderungen (= Erfordernisse oder Erwartungen, die festgelegt, üblicherweise vorausgesetzt oder verpflichtend sind) erfüllt. [Alte Definition nach ISO 8402: Qualität ist die Gesamtheit von Merkmalen (und Merkmalswerten) einer Einheit bezüglich ihrer Eignung, festgelegte **und** vorausgesetzte Erfordernisse zu erfüllen.]
Fehler (EN ISO 9000:2005)	Nichterfüllung einer Anforderung (Erfordernisse oder Erwartungen, die festgelegt, üblicherweise vorausgesetzt oder verpflichtend sind) [Alte Definition nach ISO 8402: Nichterfüllung einer festgelegten Forderung (... bei einem oder mehreren Qualitätsmerkmalen (eingeschl. Zuverlässigkeitsmerkmale)]
Mangel (EN ISO 9000:2005)	Nichterfüllung einer Anforderung (Erfordernisse oder Erwartungen, die festgelegt, üblicherweise vorausgesetzt oder verpflichtend sind) in Bezug auf einen beabsichtigten oder festgelegten Gebrauch
Fehler gem. § 3 ProdHaftG	Ein Produkt hat einen Fehler, wenn es nicht die Sicherheit bietet, die unter Berücksichtigung aller Umstände, insbesondere a) seiner Darbietung, b) des Gebrauchs, mit dem billigerweise gerechnet werden kann, c) des Zeitpunkts, in dem es in den Verkehr gebracht wurde, berechtigterweise erwartet werden kann.
Fehler gem. § 3 ProdSG	Inverkehrbringen eines Produktes, welches bei bestimmungsgemäßer Verwendung oder vorhersehbarer Fehlverwendung Sicherheit und Gesundheit von Personen gefährdet.
Sachmangel gem. § 434 BGB	(1) Die Sache ist frei von Sachmängeln, wenn sie bei Gefahrübergang die vereinbarte Beschaffenheit hat. Soweit die Beschaffenheit nicht vereinbart ist, ist die Sache frei von Sachmängeln, 1. wenn sie sich für die nach Vertrag vorausgesetzte Verwendung eignet, sonst 2. wenn sie sich für die gewöhnliche Verwendung eignet und eine Beschaffenheit aufweist, die bei Sachen der gleichen Art üblich ist und die der Käufer nach Art der Sache erwarten kann.

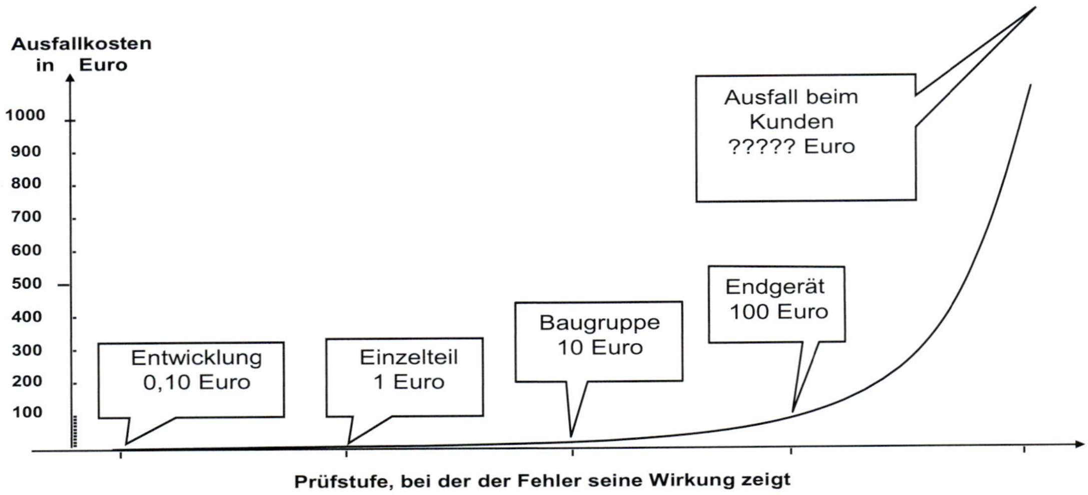

Abb. 25.2 Faktor-10-Regel

III

An dieser Stelle macht es Sinn, messbare Zielkorridore zu definieren und Konsequenzen aufzuzeigen, falls diese Zielkorridore nicht getroffen werden.

25.5 Aufwand und Nutzen – Welchen Preis hat Qualität?

Ohne Fleiß kein Preis! Wenn man sich für die Fertigung eines Produktes entschieden hat, geht man davon aus, dieses gewinnbringend zu vermarkten. Man hat demzufolge den Aufwand (und zwar „total costs") und den Ertrag ermittelt und beides einander gegenübergestellt.

Um diese „Total-Cost-Rechnung" exakt führen zu können muss man sich nochmals die verschiedenen Definitionen von Fehlern ins Gedächtnis rufen. Aus ihnen geht hervor, dass ein Fehler jegliche Nichterfüllung von Qualität bzw. Erfordernissen ist – seien Letztere nun bekannt oder nicht.

Ein Fehler an einem Produkt (Einzelteil, Baugruppe oder Dienstleistung – als Ergebnis von Tätigkeiten und Prozessen – sind hierbei gleichermaßen zu betrachten) birgt immer Nachteile und Risiken für den weiteren Produktentstehungsprozess (PEP) und ist immer mit Kosten verbunden.

Die Wirkung eines Fehlers und die daraus entstehenden Kosten sind umso größer und höher, je weiter der PEP fortgeschritten ist. Die Kosten können sich von Änderungskosten bei Zeichnungen oder Werkzeugen, reinen Sortier- oder Nacharbeitskosten über Kosten für Gewährleistungen bzw. Rückhol-/Rückrufaktionen bis hin zu Regressansprüchen aus Produkthaftungsfällen erstrecken.

Aus alledem folgt logischerweise: Wenn der Hersteller Qualität bestellt (festgelegte *und* vorausgesetzte Erfordernisse sind definiert) und der Lieferant Qualität liefert (festgelegte *und* vorausgesetzte Erfordernisse sind erfüllt), so kann eigentlich kein Grund mehr für Kosten jedweder Art bestehen.

Dies bedeutet aber zugleich:

1. Der Hersteller muss genau wissen, was er braucht (Erfordernisse/beschriebene Merkmalswerte, Verwendung seiner Produkte durch den Kunden, vorhersehbarer Fehlgebrauch), und er muss diese Anforderungen dem Lieferanten auch mitteilen. Anforderungsdokumente wie Lastenheft (Requirement Specification), Zeichnungen, Funktionalbeschreibungen etc. müssen vollständig sein.
2. Der Lieferant muss diese Anforderungen prüfen und mit seinen Möglichkeiten vergleichen (Produkt und Dienstleistung müssen realisierbar sein). Die Anforderungsdokumente müssen von allen betroffenen Abteilungen auf Schlüssigkeit und Vollständigkeit überprüft und offene Punkte geklärt werden. Pflichtenheft (Feature Specification) und Änderungsanfragen (Change requests) müssen die Möglichkeiten des Lieferanten widerspiegeln.
3. Hersteller und Lieferant müssen Differenzen zwischen Anforderungen und Möglichkeiten durchsprechen und aus der Welt schaffen (Festlegung von Erfordernissen beiderseits, auch die Darbietung darf nicht zu Fehlinterpretationen führen). Nur wirksam (rechtskräftig) ausgearbeitete Dokumente ermöglichen es, im Falle von später auftretenden Problemen Verursacher zu er-

mitteln und Verbesserungsmaßnahmen zu vereinbaren.
4. Hersteller und Lieferant müssen Informationskanäle definieren, über die Änderungen des vereinbarten Systems einfließen können.

Im Bereich der konkreten Merkmale (Maße in der Zeichnung, Kataloginformationen, Funktionalbeschreibungen etc.) kann all dies z. B. durch Dokumenten-, Zeichnungs- und/oder Werkzeugänderungen bzw. durch Freigaben erfolgen.
Im Bereich des Qualitätsmanagements tritt die Qualitätssicherungsvereinbarung (QSV) auf den Plan.
Der *Aufwand einer QSV liegt in der notwendigen Offenheit*. Der Hersteller muss dem Lieferanten die Anforderungen an das zu liefernde Produkt/Endprodukt detailliert zukommen lassen. Je mehr Informationen dieser erhält, umso geringer ist das Risiko, dass sein Produkt den Anforderungen nicht gerecht wird.
Der Hersteller sollte das Know-how des von ihm ausgewählten Lieferanten in vollem Umfang nutzen, das heißt, nicht nur sein technologisches Know-how, sondern auch sein Wissen um die Schwächen in seinem Produktentstehungsprozess.
Der Lieferant sollte ebenfalls an so vielen Informationen wie möglich interessiert sein, damit er seinen Produktentstehungsprozess exakt auf das Treffen dieser Anforderungen hin optimieren kann. Der Lieferant muss auch die Forderungen „zwischen den Zeilen" erkennen, denn nur so kann er das Produkt (und sein technologisches Know-how) meistbietend an den Mann (Hersteller) bringen.
Mittels präventiver Qualitätssicherung sparen sich Lieferant und Hersteller nicht nur Ärger. Wie bereits erwähnt, hängen an einer Reklamation nicht nur Ausschuss, Nacharbeit und/oder Gewährleistung, sondern zumindest auch:

- Zeitverlust für Reklamationsbearbeitung
- Zeitverlust für Entscheidung und Planung von Korrektur- und Vorbeugemaßnahmen
- Zeitverlust für notwendige Dokumentationen
- Verschwendung von Ressourcen
- Kapitalbindung
- Produktionsausfälle durch Wiederhol-/Korrekturschleifen
- Umweltprobleme bei zu entsorgenden Produkten
- eine Meldepflicht gemäß ProdSG
- Regressansprüche Dritter aus der Produkthaftung
- Rückrufaktion

All dies wird sich zu immensen Kosten aufsummieren und darüber hinaus geht jede Reklamation auch noch negativ in die Lieferantenbewertung ein. Der Mitbewerb schläft nicht!

Der Nutzen einer QSV, hervorgehend aus der Kommunikation, liegt also darin, all diese möglichen Kosten zu vermeiden, in dem sie beiden Vertragspartnern hilft, Fehler vor ihrem Entstehen zu vermeiden, und wenn dies nicht möglich ist, durch ihre Ausgestaltung dafür sorgt, das der gleiche oder ein ähnlicher Fehler nicht mehrfach unterläuft.

25.6 Wahl des richtigen Zeitpunktes und Handlungsbedarf

Die Frage nach dem *Zeitpunkt*, wann eine QSV in Angriff genommen werden soll, müssen die Vertragspartner diskutieren bzw. aushandeln. Nur gemeinsam können sie den Zeitpunkt nach dem bestmöglichen Erfolg planen. Im Grunde genommen gibt es zwei Zeitpunkte:

III

1. Vor Beginn jeglicher Zusammenarbeit

Von Beginn der Zusammenarbeit zwischen Lieferant und Hersteller an sollten, wie bereits erwähnt, die qualitätssichernden Maßnahmen beim Lieferanten auf die Anforderungen des Herstellers an das Produkt hin optimiert werden. Das erfordert zum einen ein von selbst funktionierendes QM-System, zum anderen den Willen beider Vertragspartner zur offenen Kommunikation. Noch bevor die Anforderungen an das konkrete Produkt bekannt sind, muss der Lieferant seine Produktions- und Prüfmöglichkeiten genau kennen. Der Hersteller, der diese Möglichkeiten nicht kennt, muss die Anforderungen an sein Produkt möglichst detailliert zur Verfügung stellen können und wollen.
Vor Beginn des Produktentstehungsprozesses (PEP) entsteht die QSV als Planspiel. Beide Partner bauen ein Vertragswerk auf, welches den PEP aus qualitätssichernder Sicht begleitet. Ohne konkrete Produktanforderungen zu kennen, werden die Möglichkeiten des Lieferanten auf Risiken hin überprüft. Diese Risiken werden bewertet und es müssen Maßnahmen definiert werden, die im Eintrittsfalle ergriffen werden können. Diese Risikobewertung müssen Lieferant und Hersteller gemeinsam durchführen: der Hersteller, um die zu treffenden Maßnahmen daraufhin bewerten zu können, ob sie eine ausreichende Sicherheit bieten, der Lieferant, um seine Kalkulation (Total-Cost-Rechnung) abzusichern.
Die QM-Systeme (von Lieferant und Hersteller) müssen aufeinander abgestimmt sein, damit Reaktionen möglich

sind und Schnittstellenprobleme gar nicht erst aufkommen können. Auch die Definitionen müssen klar sein, da spätere Diskussionen, wenn das Produkt bereits auf dem Markt ist, nur Verlierer hervorbringen.
Allgemein bekannte Werte der Produktentstehung, wie z. B. cpk, ppm, PFU, MFU, 8D-Bericht etc., müssen in der QSV nicht definiert werden. Diese Definitionen gehören, wenn nicht für beide Vertragspartner geläufig, in ein Dokument, das ähnlich den allgemeinen Geschäfts- und Lieferbedingungen einfach nur ausgetauscht wird.
Definiert werden müssen hingegen die Ziele dieser Einzelpunkte, die erforderlichenfalls einzuleitenden Maßnahmen sowie die Schnittstellenpartner, die für die jeweiligen Punkte, Zielkorridore und Maßnahmen sowie deren Verfolgung verantwortlich sind. Des Weiteren muss definiert werden, wie und wann diese Informationen fließen.
Wenn die vereinbarten Zielkorridore nicht getroffen wurden, muss klar sein, welche Maßnahmen eingeleitet werden und welche Dokumentationen bzw. welche Aufzeichnungen geführt, ausgetauscht und/oder aufbewahrt werden müssen. Des Weiteren ist auch eine Definition der Zeitfenster, in denen bestimmte Maßnahmen ablaufen beziehungsweise Informationen weitergeleitet werden müssen (Definition von Reaktionszeiten), sinnvoll.
Beide Vertragspartner vereinbaren also Ziele, Maßnahmen und Konsequenzen, damit im Eintrittsfalle keine Verlustleistungen erbracht und damit die Durchlaufzeiten unnötig verlängert werden.

Die QSV als präventive „Fehler-Vermeidungs-Sicherstellungs-Vereinbarung“

Das bedeutet, die „Null-Fehler-Strategie“ ist für beide Vertragspartner das Ziel. Um dieses aber zu erreichen, muss sichergestellt werden, dass Fehler vermieden bzw. wenn sie doch auftreten, die Folgen durch konsequentes Zusammenarbeiten reduziert werden und eine Wiederholung ausgeschlossen wird.
Manche Aktionen können in Ruhe ablaufen, andere wie z. B. Lagerüberprüfungen bei Mangelverdacht und bei einem Produkt, welches gegebenenfalls Verbraucher schädigen könnte, sind unverzüglich einzuleiten.
Beispielsweise reagiert ein Lebensmittelkunde anders auf „ältere“ Ware als ein Kunde, der Schrauben kauft. Es sei denn, sie sind bereits angerostet.
Gegebenenfalls sind auch Definitionen über die Lesart von Zeichnungen notwendig, sofern Zeichnungsersteller und Zeichnungsempfänger nicht über das gleiche CAD-System verfügen und in diesem Fall nur noch Daten austauschen.
Dies bedeutet, dass z. B. die Angabe von Messebenen in Zeichnungen gar nicht schlecht ist. Auch ein Durchmesser kann mit verschiedenen Messmethoden und Messmitteln erfasst werden, demzufolge kann das Ergebnis der Messungen unterschiedlich ausfallen.
All diese Definitionen können (in Ruhe) formuliert werden, bevor Fertigungs- und Prüfmittel konzipiert, beschafft und eingesetzt werden.

2. Nachdem konkrete Produkte vorhanden sind und bereits Qualitätsdaten dieser Produkte und/oder des Lieferanten bekannt sind

In diesem Fall kann man die gesammelten Erfahrungen in das Vertragswerk einfließen lassen. Reklamationen aus der Vergangenheit haben die Differenzen bereits aufgedeckt. Zielwertsverletzungen haben die Möglichkeiten des Lieferanten offengelegt und die eingeleiteten und erfolgreich abgeschlossenen Maßnahmen sollten bereits Einzug in die QM-Systeme beider Partner gefunden haben.
Konkret gesagt: Der Hersteller bezieht seit geraumer Zeit ein oder mehrere Produkte von einem Lieferanten und hat von der, möglicherweise gemeinsamen, Entwicklungsphase über die Prüf-/Nullserie, Erstbemusterung/Fertigungsfreigabe bis hin zu diversen Wareneingangsprüfungen einen großen Satz an Messdaten und Beurteilungen angesammelt, aus dem (hoffentlich) die Qualitätsfähigkeit des Partners hervorgeht. Anderenfalls muss wohl eher der Gedanke an Qualifizierung oder Ablösung des Lieferanten aufkommen.
Im positiven Fall macht es Sinn, mittels einer QSV die Zusammenarbeit auf dem Gebiet der Qualitätssicherung zu intensivieren. Jetzt muss noch eruiert werden, ob beim Lieferanten gleich lautende und gleich strukturierte Qualitäts-/Messdaten vorliegen. Zu diesem Zweck ist ein gemeinsames Audit mit ausreichend Vorlauf zu planen und durchzuführen, bei dem auch die Produktion der Vertragsgegenstände in Augenschein genommen werden kann.
Der geplante Vorlauf hat keinen Nachteil. Sollte der Lieferant bislang die Produktqualität nur zufällig getroffen haben, so wird es ihm auch nicht mehr gelingen, ein offensichtlich funktionierendes QM-System zu etablieren.
Sollte der Hersteller seine Anforderungen bislang nicht verletzt gesehen und mit mehr Nachdruck eingefordert haben, wird sich an dieser Tatsache und dem Auditumfang auch nichts Wesentliches ändern.
Die Planung mit Vorlauf soll beiden Vertragspartnern die Möglichkeit bieten, sich optimal auf das Auditziel, nämlich die Feststellung der Konformität des Produktes mit den Anforderungen und mögliche Klärung noch offener Fragen, vorzubereiten.
Ein weiterer Vorteil, eine QSV erst nach Aufnahme der Geschäftsbeziehung abzuschließen, liegt in der Möglichkeit, die Wirkungsweise des QM-Systems anhand konkreter Problemstellungen zu durchleuchten. Über die Liefer-

beziehung hinweg gab es bestimmt die eine oder andere Reklamation.
Nun kann der Hersteller bei seinem Audit prüfen, ob die interne Reklamationsbearbeitung des Lieferanten seinen Ansprüchen gerecht wird und dieser z. B. die 8D-Methode als Korrektur- und Vorbeugemaßnahme nutzt oder ob er nur kurzfristig reagiert, keine vorbeugenden Maßnahmen ergreift und somit das Risiko eines Wiederholungsfehlers besteht.
Im gleichen Atemzug kann der Lieferant eigene Ansprüche an Informationen zu Produkt-/Marktanforderungen und gegebenenfalls Produktbeobachtungspflichten bei seinem Kunden (dem Hersteller) platzieren.
Beide Vertragspartner sollten, wenn sie die Zusammenarbeit schon intensivieren, das Ziel der vorbeugenden Fehlervermeidung nie aus den Augen verlieren, denn, wie bereits mehrfach erwähnt, reduziert jeder im PEP vermiedene Fehler die Kosten.
Stellt sich bei dem Audit heraus, dass die von beiden Vertragspartnern ermittelten Prozess- und Produktdaten identisch sind, ist nicht nur das QM-System deckungsgleich, sondern höchstwahrscheinlich auch die Datenermittlung.
Dies wäre für beide Parteien, egal ob Hersteller oder Lieferant, das Optimum (und die weitere Zusammenarbeit könnte sich auf Informationsaustausch reduzieren lassen).
Treten während des Audits Schwachstellen auf, so können gemeinsam konkrete Maßnahmen definiert, diesbezügliche Ziele vereinbart und unmittelbar mögliche Konsequenzen benannt werden.
Um hier einen möglichst großen Nutzen aus der Zusammenarbeit zu ziehen – und nicht nur wegen möglicher Normkonformitäten ein Audit durchzuführen –, sollten beide Seiten die sich bietende Gelegenheit am Schopf packen.

Das Audit muss keine Probleme aufdecken, sondern es soll Schwachstellen aufzeigen, damit gemeinsam Lösungsmöglichkeiten erarbeitet werden können.

25.7 Einbindung in das Vertragssystem

An dieser Stelle muss die Frage gestellt werden, für welchen Zweck ein Vertrag bzw. eine Vereinbarung abgeschlossen wird.
Verträge und Vereinbarungen dienen dazu, Regeln aufzustellen, an die sich beide Vertragsparteien gebunden fühlen. Werden diese Regeln verletzt, beinhaltet ein guter Vertrag Konsequenzen oder verweist zumindest auf ein entsprechendes Vertragswerk, in dem diese Konsequenzen dann im Detail erläutert werden.
Verträge werden also sinnvoller Weise für eine genau abgegrenzte Thematik erstellt.
Die QSV sollte sich dementsprechend ausschließlich um die Prozesse drehen, die Qualität absichern, und Konsequenzen aus der Nichteinhaltung aufzeigen.
Da an dieser Stelle jedoch die Grenze zu anderen im B-2-B-Geschäft notwendigen Verträgen sehr dünn ist, muss, um Widersprüche zu anderen Vertragswerken zu vermeiden (auch dies ist eine qualitätssichernde Maßnahme) das gesamte Vertragssystem betrachtet werden.
Um Widersprüche oder Überschneidungen zu vermeiden und zum Aufbau klarer Strukturen und Vernetzungen ist es ratsam, alle Verträge und Vereinbarungen in ein „Rahmenvertragswerk" einzubinden (Abb. 25.3).

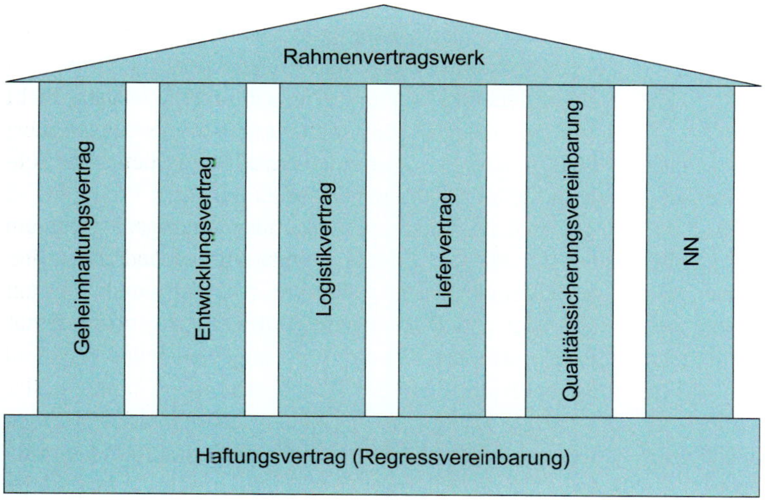

Abb. 25.3
Rahmenvertragswerk

III

Natürlich haben die Partner Einkaufsverträge, in denen Produktpreise und Lieferstückzahlen genannt sind. Hier ist höchstwahrscheinlich auch ein Zahlungsziel des Herstellers eingearbeitet. Wenn also pünktlich die exakte Stückzahl konformer Produkte geliefert wird, sollte auch zum vereinbarten Termin ein Zahlungseingang auf dem Konto verbucht sein.
In umgekehrter Richtung bestehen Logistikverträge, die vernünftigerweise Termine und entsprechende Stückzahlen beinhalten. Hier sind Metriken für Unter- bzw. Überschreitungen von Terminen bzw. Mengen zu hinterlegen.
In Entwicklungsverträgen werden zu bestimmten Aufgabenfeldern Verantwortlichkeiten dokumentiert, gegebenenfalls auch mit Zeitfenstern sowie Geheimhaltungsklauseln.
In einer klassischen QSV werden qualitätssichernde Maßnahmen (z. B. Prüfungen und Schnittstellen) definiert, die, je nach Produkt und Fortschritt des PEP, angewendet werden müssen.
All diese Forderungen aus sämtlichen Einzelverträgen müssen bei Nichteinhaltung Konsequenzen nach sich ziehen, sonst ist jeder Vertrag ein zahnloser Tiger. Es muss beiden Vertragspartnern klar sein, welche Folgen auftreten können. Diese Konsequenzen dürfen sich aber nicht widersprechen, damit im Fall des Eintretens nicht erneut Diskussionen aufflammen, die wieder nur Zeit und Geld kosten.
Wie soll das aber gehen, wenn doch jede Thematik eigene Lösungen fordert? Denkbar ist, in jedem Vertragstyp eindeutige und messbare Ziele zu vereinbaren, z. B.:

- Geheimhaltungsvertrag – bei schuldhafter Zuwiderhandlung Betrag nach „billigem Ermessen"; zuständig: Landgericht XYZ
- Liefervertrag – Zahlungsziel für x Produkte zu y Euro
- Logistikvertrag – Zielfenster ist der bestätigte Termin +0/–1 Tag
- QSV – Anlieferqualität: Null-Fehler
- ppm-Reduzierung in der Produktion nachvollziehbar
- definierte Prüfungen dokumentiert durchführen
- Erstmusterprüfbericht (EMP; z. B. nach VDA Band 2) mit kompletter Dokumentation

Die Konsequenzen aus der Nichterreichung der jeweiligen Ziele aus dem definierten Rahmenvertragswerk müssen dann in eine Art „Haftungsvereinbarung" münden.
Dort kann dann dezidiert beschrieben sein, dass z. B. bei nachgewiesener Nichtdurchführung von vereinbarten Prüfungen außer der geführten Reklamation automatisch eine Abstufung in der Lieferantenbewertung einhergeht. Begründung: Eine vereinbarte Prüfung nicht durchzuführen spart Zeit (Kosten) und birgt Risiken (Kosten).
Ebenfalls kann in dieser Vereinbarung beschrieben sein, dass für eine um zwei Tage verspätete Lieferung eine „Geldstrafe" fällig wird. Begründung: Der geplante Produktentstehungsprozess muss umorganisiert werden.
Auch kann hier eine Matrix hinterlegt werden, in der aufgelistet ist, dass Terminverletzungen, egal ob es die Lieferung von Produkten, 8D-Berichten, EMPs oder Entwicklungsleistungen betrifft, einen vordefinierten, negativen Einfluss auf die Lieferantenbewertung haben werden.
Ein grundsätzlicher Abzug eines vordefinierten Betrages von Rechnungen bei Vertragsverletzungen (sogenannte Reklamationspauschale) ist vielleicht nicht der richtige Weg, ein gemeinsames Ziel zu erreichen. Denkbar wären aber Modelle, in denen vordefinierte „Rücklagen" gebildet werden, die nach Klärung der Sachlage in die eine oder andere Richtung fließen. So sind beide Vertragspartner daran interessiert, eine rasche Klärung herbeizuführen.
Unabhängig vom Vertragstyp, den Zielen und den Metriken muss aus dem gesamten Vertragswerk widerspruchsfrei hervorgehen, welche Absprachen getroffen wurden und dass jede Abweichung von den Zielvorgaben bzw. jede Nichteinhaltung von Vereinbarungen feste Konsequenzen hat – seien es nun geldwerte und/oder „nur" die Lieferantenbewertung negativ beeinflussende Konsequenzen.

25.8 Anforderungen von außen

Zu den Anforderungen von außen zählen in erster Linie Gesetze und Verordnungen. Angesprochen werden sollen nur Punkte der QSV, die im direkten Zusammenhang mit Gesetzen stehen oder stehen könnten.
Wenn die Vertragspartner die Anforderungen und Möglichkeiten gegenüberstellen, wird sich immer wieder die Frage nach Fehlervermeidung stellen. In der DIN EN ISO 9000:2005 ist ein Fehler relativ genau definiert und einem Techniker vertraut. Wenn die Produkte aber, direkt oder als integraler Bestandteil anderer Produkte, an den Endkunden/Verbraucher gelangen, müssen auch die Fehlerdefinitionen aus dem ProdSG und dem ProdhaftG in das Anforderungsprofil mit aufgenommen werden. Wenn der Hersteller in einer QSV mit Bezugnahme auf definierte Prüfungen beim Lieferanten (Ort/Zeitpunkt ...) zum Teil oder gänzlich auf eine Wareneingangsprüfung verzichten will, muss er die Forderungen nach den Prüf- und Rügepflichten des § 377 HGB beachten.
Wenn die Vertragspartner neben den qualitätssichernden Inhalten einer QSV Haftungsthemen mit aufnehmen wollen, sind die allgemeinen Haftpflichtbedingungen der je-

weiligen Versicherer zu beachten. Dort ist in erster Linie nur die gesetzlich bestimmte Haftung berücksichtigt/gedeckt. Mit anders lautenden Klauseln in Verträgen oder Vereinbarungen können hier im Schadensfall Probleme entstehen.

Ganz genau muss man sich aber auch darüber im Klaren sein, dass nach Unterzeichnung einer QSV von beiden Vertragspartnern verlangt wird, dass sie sich an diese auch gebunden fühlen.

Sollten also der vermeintlich schwächere Vertragspartner der Meinung sein, dass Änderungen am Vertragswerk nicht möglich wären, oder sollte er die Vereinbarung nur unterschreiben, um seine Ruhe zu haben, kann ihm im Streitfall eine Verletzung von vertraglich geforderten Pflichten Probleme bereiten.

Aus dem Bürgerlichen Gesetzbuch (BGB) lassen sich weitere Pflichten ablesen, die von den Vertragspartnern beachtet werden müssen. Aus dem § 823 BGB (unerlaubte Handlung) sind Sorgfalts- und Verkehrssicherungspflichten und -verantwortungen abzuleiten. Hierbei handelt es sich um die Entwicklungs-/Konstruktions-/Produktions-/ Instruktions- und Produktbeobachtungsverantwortung. Letztere geht, wie bereits erwähnt, auch aus dem ProdSG hervor, in dem (bei Verbraucherprodukten) explizit eine aktive Produktbeobachtung gefordert wird.

All dies sollte beide Vertragspartner dazu bewegen, nur sachbezogene Themen in die QSV aufzunehmen und ansonsten das Vertragsmanagement so zu pflegen, dass es im Fall der Fälle keine Ungereimtheiten gibt, die, wie bereits mehrfach erwähnt, nur wieder Kosten erzeugen.

25.9 Inhalt der Vereinbarung

Aus den Normforderungen, den Anforderungen von außen und dem Sinn der QSV kann man sich nun die Punkte herausnehmen, die für das Produkt und die Vertragspartner am besten passen.

Dies kann aber bedeuten, dass gegebenenfalls mehrere QSVen im QM-System zu handhaben und auch zu pflegen sind.

Aus diesem Grund sind hier Punkte herausgearbeitet, die es ermöglichen, den Aufwand zu reduzieren und mögliche Fehlerquellen zu eliminieren.

Die nachfolgende Aufzählung von möglichen Vertragsinhalten soll Anhaltspunkte liefern, die wichtig sind. Sie muss auf das Produkt zugeschnitten werden und kann somit keinen Anspruch auf Vollständigkeit erheben.

Als Erstes muss man sich die Frage stellen, welchen Typ von Vereinbarung man wählt: die des Vertragspartners, eine Verbandsempfehlung oder eine auf die ureigensten Belange zugeschnittene QSV.

Die Beantwortung dieser Frage ist sowohl für den Hersteller als auch für den Lieferanten von Interesse. Beide werden dieses Werkzeug, wenn sie sich für dessen Nutzung entscheiden, häufiger einsetzen. Dann ist es sinnvoll, nur ein Papier zu haben, da sonst bei jedem Problem erst langwierig ermittelt werden muss, was genau in diesem Fall mit wem vereinbart wurde. Da logischerweise auf beiden Seiten eigene Interessen im Vordergrund stehen, versteht es sich fast von selbst, dass eine QSV so gestaltet sein muss, dass beide Vertragspartner die Inhalte akzeptieren können. Am einfachsten zu verhandeln ist auf jeden Fall eine Vereinbarung, die man selbst als Hersteller und als Lieferant gleich lautend unterschreiben würde.

Der Nutzen liegt nämlich eindeutig im Anwenden der Vereinbarung. Ein reines Unterschreiben und Ablegen bedeutet zum einen Aufwand, zum anderen kann dies im Streitfall für beide Vertragspartner negative Folgen haben. Der Grund: Auf der einen Seite handelt es sich je nach Inhalt um vereinbarte Tätigkeiten, bei deren Nichteinhaltung, wie bereits oben bemerkt, eine Verletzung von vertraglich geforderten Pflichten zum Tragen kommen kann. Auf der anderen Seite kann eine QSV als Allgemeine Geschäftsbedingung (AGB) gewertet und teilweise oder ganz ungültig sein, wenn sie von einer Vertragspartei als nicht verhandelbar „durchgedrückt" wird.

Als Nächstes ist die Frage zu klären, mit wem als Vertragspartner die Vereinbarung abgeschlossen wird. Hier sollte man sich schon Gedanken machen, ob es nur einen Vertrag mit einem Vertragspartner gibt oder ob es sinnvoll ist, mit jedem Tochterunternehmen des Vertragspartners einzelne Verträge auszuhandeln.

Die nachfolgenden Vorschläge möglicher Formulierungen sind als Muster einer modularen QSV zu verstehen, welche zum Ziel hat, produkt- und branchenunabhängig möglichst flächendeckend eingesetzt werden zu können.

25.9.1 Vertragsgegenstände

Vorrangig ist der Geltungsbereich, sprich sind die Vertragsgegenstände der QSV zu ermitteln.

Hier muss man sich über das Produktspektrum Gedanken machen, denn alle hier aufgelisteten Produkte unterliegen den Regelungen der QSV.

Vorschlag:

a.1 Die Vertragsgegenstände sind in Anlage „n" dieser Vereinbarung beschrieben. Diese Beschreibung stellt keine Beschaffenheitsgarantie im Sinne des § 443 BGB dar.

Der Lieferer hat die Beschreibung der Vertragsgegenstände geprüft und für schlüssig befunden.

a.2 *Erkennt der Lieferer im Zuge der Entwicklung, Fertigung oder Prüfung der Vertragsgegenstände die Beschreibung (Anlage 1) als fehlerhaft, missverständlich, unvollständig oder abweichend vom Muster, wird er den Besteller hiervon unverzüglich schriftlich verständigen und diesem Vorschläge zur Abhilfe unterbreiten.*

a.3 *Schließt der Lieferer mit unterschiedlichen Organisationseinheiten des Bestellers (Werken, Betrieben, Bereichen, Abteilungen) Qualitätssicherungsvereinbarungen über die Vertragsgegenstände ab, gilt die jeweilige Vereinbarung nur für solche Vertragsgegenstände, welche an diejenige Organisationseinheit und die von ihr bezeichneten Stellen geliefert werden sollen, mit der der Lieferer die jeweilige Qualitätssicherungsvereinbarung geschlossen hat.*

III

Hat man z.B. Produktfamilien, die sich untereinander zwar schon unterscheiden, aber dem gleichen System zur Qualitätssicherung unterzogen werden, lohnt sich keine Trennung.
Sind verschiedene Stränge nach Qualitätssicherungs- oder Informationsebenen gefragt, ist eine Aufteilung sinnvoll. Betrachtet werden sollen auch besonders Teile, die von ihrer Risikohaftigkeit, dem Herstellungsprozess oder ihrem Ausfallverhalten stark differieren. Produkte, deren Konformität mit den Anforderungen nach Fertigstellung nur noch aufwendig geprüft werden kann und bei denen ein Ausfall katastrophale Folgen haben könnte, müssen innerhalb eines QM-Systems anders behandelt werden als z.B. einfache Blechscheiben, deren Dicke und Durchmesser fast mit dem Auge beurteilt werden kann. Hier macht eine Trennung Sinn. (An dieser Stelle können gegebenenfalls mehrere Anlagen sinnvoll sein, die für die unterschiedlichen Vertragspartner und Teile variabel zu gestalten sind.)

25.9.2 System des Qualitätsmanagements

Hier werden die Anforderungen an das QM-System von Lieferanten bzw. Hersteller definiert.
Die für das Produkt und den Kunden erforderlichen Systemvoraussetzungen müssen darin Einzug finden. Für die Qualität sind in erster Linie die DIN EN ISO 9001:2008 bzw. die ISO TS 16949 ausschlaggebend. Bei umweltrelevanten Produkten oder Produktionen ist es die DIN EN ISO 14001:2009.
Hat man es mit Vertragspartnern zu tun, die bereits ein zertifiziertes QM-System unterhalten und weiterentwickeln, lässt sich die Anforderungsdefinition an dieses System relativ kurz fassen. Man muss nur die entsprechenden Bezüge zur Norm herstellen.

Hat man aber Vertragspartner, die noch nicht zertifiziert sind, besteht Handlungsbedarf. Dabei liegt es an den Partnern, vertraglich die Mindestanforderungen (in Anlehnung an die jeweilige Norm) zu vereinbaren.
Hat man sowohl zertifizierte als auch nicht zertifizierte Vertragspartner, lohnt es sich auch hier, über mögliche Anlagen nachzudenken.

Vorschlag:

b.1 *Der Lieferer unterhält ein Qualitätssicherungssystem und entwickelt dies weiter, sodass es den in Anlage „n + 1" dieser Vereinbarung dargestellten Anforderungen genügt. Er wird die Vertragsgegenstände nach den Regeln seines Qualitätssicherungssystems herstellen und prüfen.*

b.2 *Ferner wird der Lieferer die Vertragsgegenstände auf jeden Fall nach den in Anlage „n + 1" dieser Vereinbarung genannten Bestimmungen jeweils vor Auslieferung an den Besteller prüfen. Der Lieferer hat diese Bestimmungen auf ihre Schlüssigkeit und Vereinbarkeit mit den Prüfungen nach Maßgabe seines Qualitätssicherungssystems geprüft und diese für gegeben erachtet. Ziffer a.3 dieser Vereinbarung gilt entsprechend.*

b.3 *Der Lieferer wird durch geeignete Kennzeichnung der Vertragsgegenstände (z. B. Herstellerkennzeichen, Herstellungszeitpunkt, Fertigungsort) oder – falls dies nicht möglich ist – in anderer Weise dafür sorgen, dass bei Erkennen eines Fehlers an Vertragsgegenständen sofort festgestellt werden kann, welche Vertragsgegenstände insgesamt von einem solchen Fehler betroffen sind oder betroffen sein können. Über sein System zur Kennzeichnung wird der Lieferer den Besteller so auf dem Laufenden halten, dass diesem jederzeit eine eigene Feststellung möglich ist.*

b.4 *Der Lieferer wird über die Durchführung seiner Qualitätssicherungsmaßnahmen, insbesondere über Messwerte und Prüfergebnisse, Aufzeichnungen anfertigen (Dokumentation) und diese sowie etwaige Muster übersichtlich geordnet verfügbar halten. Art, Umfang und Aufbewahrungsfristen dieser Aufzeichnungen und Muster sind in Anlage „n + 1" zu dieser Vereinbarung beschrieben.*

b.5 *Der Lieferer wird dem Besteller auf Wunsch vollständige Einsicht in seine Aufzeichnungen gewähren und gewünschte Muster (Ziffer b.4) aushändigen. Er wird ferner den Besteller bei Auswertung der Aufzeichnungen und Muster unterstützen.*

b.6 *Der Lieferer wird dem Besteller (oder einem Tochterunternehmen) Zutritt zu seinen Betriebsstätten und -anlagen gewähren, soweit die Überprüfung von Existenz und Funktion des Qualitätssicherungssystems des Lieferers dies erfordert (Reklamations-/Qualitätsaudit). Der Be-*

steller wird den Besuch seiner Beauftragten rechtzeitig ankündigen.

b.7 *Bezieht der Lieferer für die Herstellung oder die Qualitätssicherung der Vertragsgegenstände Vorlieferungen (Vormaterialien, Software, Dienstleistungen, Fertigungs- oder Prüfmittel) von Dritten (Vorlieferer), so sichert der Lieferer die Qualität solcher Vorlieferungen entweder mit eigenen Mitteln oder durch vertragliche Einbindung des Vorlieferers in das Qualitätssicherungssystem des Lieferers.*

25.9.3 Informations-/Nachweispflicht

In diesem Abschnitt wird vereinbart, welche Art von Informationsaustausch stattfindet und wie die erforderlichen Nachweise geführt beziehungsweise archiviert werden.
Ein wichtiger Punkt sind Änderungen am QM-System (z.B. Verlust der Zertifizierung), an Fertigungsverfahren, Materialien und/oder Zulieferteilen, ferner Änderungen des Fertigungsstandortes oder der Prüfverfahren bzw. -einrichtungen. Des Weiteren werden hier sinnvollerweise Vereinbarungen über Audits getroffen. Auch die Produktkennzeichnung als Obliegenheit, speziell bei sicherheitsrelevanten Produkten sowie die Datenarchivierung sollten Einzug finden. Hier bietet sich die Verwendung von Anlagen ebenfalls an, falls mehrere Produktfamilie oder Anforderungen von außen bestehen.

Vorschlag:

c.1 *Der Besteller wird den Lieferer rechtzeitig in Textform informieren, wenn sich die Anforderungen an die Vertragsgegenstände ändern.*

c.2 *Der Lieferer wird den Besteller über Änderungen innerhalb des vereinbarten Systems oder der Verfahren zur Qualitätssicherung sowie über Änderungen von Werkstoffen, Fertigungsstandorten, Fertigungsverfahren, Zulieferteilen, Datenblättern und anderen Unterlagen informieren, es sei denn, der Lieferer kann nachteilige Einflüsse solcher Änderungen auf Eigenschaften und Zuverlässigkeit der Vertragsgegenstände ausschließen. Die Information hat so rechtzeitig und vollständig zu erfolgen, dass der Besteller sie auf ihre Tragweite hin überprüfen und ihr widersprechen kann, bevor die jeweilige Änderung bei den Vertragsgegenständen zur Anwendung kommt. Schweigen des Bestellers entlastet den Lieferer nicht von seiner alleinigen Verantwortung für Eigenschaften und Zuverlässigkeit der Vertragsgegenstände.*

c.3 *Entdeckt der Lieferer bei Prüfung der Vertragsgegenstände (Ziffern b.1 und b.2) eine Zunahme nachteiliger Abweichungen in deren Eigenschaften oder Zuverlässigkeit gegenüber den Anforderungen gemäß Anlage 1 dieser Vereinbarung (Qualitätseinbrüche), so wird er den Besteller hierüber und über Korrekturmaßnahmen, wie Verbesserung von Fertigungsverfahren, Materialien, Teilen, Prüfverfahren, Prüfeinrichtungen usw., unverzüglich informieren. Bis diese Korrekturmaßnahmen wirken, kann der Besteller für einen angemessenen Zeitraum Sondermaßnahmen (z.B. höhere Prüfdichte) verlangen. Hierdurch entstehende Mehrkosten gehen zulasten des Lieferers, sofern der Qualitätseinbruch nicht nachweislich durch den Besteller verursacht wurde.*

c.4 *Erfährt der Besteller, dass Vertragsgegenstände den Anforderungen gemäß Anlage „n" dieser Vereinbarung nicht gerecht werden, so wird er den Lieferer hiervon umgehend verständigen.*

25.9.4 Eingangsprüfungen beim Hersteller

III

Ein wesentlicher Punkt in jeder QSV ist es, wie bereits erwähnt, die Prüfungen dort durchzuführen, wo mögliche Mängel zuerst erkannt und demzufolge möglichst preiswert beseitigt oder noch besser vermieden werden können.
Die Prüf- und Rügepflicht, die sich aus § 377 HGB ergibt, kann zwar nicht komplett abbedungen, spricht auf den Lieferanten abgewälzt werden, es ist aber durchaus angesagt, den tatsächlichen Umfang der Wareneingangsprüfung zu definieren, damit die Schnittstellen und Verantwortlichkeiten klar sind.

Vorschlag:

d.1 *Da die Durchführung der erforderlichen Prüfungen nach Ziffer b.2 dieser Vereinbarung ausschließlich beim Lieferer stattfinden soll, prüft der Besteller die Vertragsgegenstände bei Anlieferung nur hinsichtlich ihrer Warengattung, Menge und etwa äußerlich an der Verpackung deutlich erkennbarer Transportschäden.*

d.2 *Sofern den Besteller im Zusammenhang mit dem Empfang, der Untersuchung nach Ziffer d.1 dieser Vereinbarung oder der sonstigen weiteren Behandlung von Vertragsgegenständen nach deren Anlieferung weitere Pflichten treffen sollen, sind diese in Anlage „n + 3" dieser Vereinbarung geregelt. Diese Regelung ist abschließend (Positivliste). Weitere Bestellerpflichten bestehen nicht.*

Prüfungen auf Maßhaltigkeit und Funktionalität der Produkte werden im PEP an diversen Stellen durchgeführt (dies geschieht schon im eigenen Interesse des Produktherstellers). Es macht also wenig Sinn, Derartiges bei

Stichproben im Wareneingang nochmals nach zu kontrollieren, es sei denn, es besteht ein berechtigter Grund dazu. In diesem Fall muss man aber die gesamte Zusammenarbeit zur Disposition stellen.
Demgegenüber gibt es jedoch keinen Grund, folgende Prüfungen beim Hersteller nicht durchzuführen und bei nicht gegebener Konformität mit den Anforderungen sofort zu rügen:

- Prüfungen auf Mehr- oder Mindermengen
- Prüfungen auf Identität der Ware bzw. Falschlieferung
- Prüfungen auf offensichtliche Mängel
- Prüfungen auf Transportschäden.

Bei der Prüfung auf Identität (Wurde tatsächlich das bestellte Produkt geliefert?) sollt man sich die Möglichkeit einer Vereinfachung offenhalten. Wenn nämlich der PEP dermaßen qualitätsgesichert abläuft und auch die Verpackung und Etikettierung eingeschlossen sind, sollte eine reine Verpackungs-Ident-Prüfung ausreichen. Dies muss aber ebenfalls getrennt vereinbart werden.
Bei dieser Verpackungs-Ident-Prüfung handelt es sich um einen Vergleich zwischen Bestelldokumentation, Lieferdokumentation und Information auf den Verpackungseinheiten. Diese Vorgehensweise setzt voraus, dass die Bestelldaten beim Lieferanten über die Beschaffung und Produktion bis hin zur Lagerung und dem Versand verfälschungssicher mitgeführt werden, in die Lieferpapiere übernommen werden und die Kennzeichnung der Verpackungseinheiten mit diesen Informationen erfolgt.
Auch hier bietet sich die Ausgestaltung in einer Anlage an.

25.9.5 Ansprechpartner

Es kann von entscheidender Wichtigkeit sein, für bestimmte Situationen Ansprechpartner zu definieren. Diese müssen innerhalb der QSV einen vordefinierten Aufgaben-, Entscheidungs- und Befugnisrahmen haben und sollten das „Sprachrohr" zwischen Lieferant und Hersteller in allen Fragen, die das QM-System und die Belange der QSV betreffen, darstellen. Auch ist zu überlegen, ob nicht bestimmte Informationen, wie z. B. Sonderfreigaben, ausschließlich über eine solche vordefinierte Schnittstelle erfolgen dürfen.

Vorschlag:

e.1 Zur Überwachung der Durchführung dieser Vereinbarung und zur Vornahme der in ihrem Rahmen nötigen Abstimmungen wird jeder Vertragspartner einen Qualitätssicherungsbeauftragten bestellen und dem anderen Vertragspartner in schriftlicher Form namentlich benennen.

e.2 Die Vertragspartner werden einander jeden Wechsel in der Person des Qualitätssicherungsbeauftragten unverzüglich schriftlich anzeigen.

25.9.6 Zeitlicher Geltungsbereich

Es ist in jedem Vertrag üblich, dass beide Vertragspartner die Möglichkeit zur Kündigung erhalten. Aber auch hier ist darauf zu achten, dass die in der QSV vereinbarten Kündigungsfristen nicht anderen Verträgen „im Wege" stehen.

25.10 Inhalte der Anlagen

Man hat stets die Wahl, ob man mit oder ohne Anlagen zur QSV arbeiten will. An dieser Stelle sind die Punkte genannt, die für eine modulare QSV mit Anlagen sprechen, und es wird aufgeführt, welches die Vor- und Nachteile dieser Anlagen sind.
Ein großer Vorteil der Anlagen ist darin zu sehen, dass sie durch die Anpassung an die Bedürfnisse beider Vertragspartner verhandelt werden und somit als Individualvertrag/Individualvereinbarung anzusehen sind. Dies unterscheidet sie von einer vorformulierten, nicht verhandelbaren Form, die als AGB zu betrachten ist, welche im Streitfall einer richterlichen Überprüfung unterzogen werden kann, deren Ausgang nicht immer vorauszusehen ist.
In Anlagen kann flexibel auf einen mehr oder weniger „flächendeckenden" Vertrag reagiert werden. Es besteht die Möglichkeit, Nuancen abzubilden und Anpassungen an Produkte, interne Gegebenheiten beider Vertragspartner etc. durchzuführen. Des Weiteren kann bei den Anlagen eine andere Unterschriftenregelung greifen, die den Durchlauf durchaus vereinfachen kann.

Modulare QSV

Der Vertragstext kann allgemein gültig gehalten werden, damit er für alle Vertragspartner/Produkte/Dienstleistungen zur Anwendung kommen kann (One face to the customer/supplier).
In den Anlagen kann dann auf die einzelnen Erfordernisse (teilespezifisch, lieferanten-/herstellerspezifisch, systemspezifisch) eingegangen werden.
Nun gilt es aber, die Anlagen selbst zu definieren. Die Anzahl darf dem Ziel, möglichst nur eine QSV für alle Lieferanten/Hersteller zu haben, nicht entgegenstehen. Auch

hier muss gelten: „weniger ist mehr“. Am einfachsten hangelt man sich an den Inhalten der QSV als dem führenden Papier entlang.
Dort werden als Erstes der Geltungsbereich, die Vertragsgegenstände genannt. Handelt es sich nur um ein Produkt/eine Produktfamilie, auf die sich alle qualitätssichernden Maßnahmen, Dokumentationen und Prozesse anwenden lassen, kann die Produktnennung in dem Vertragstext erfolgen.
Wird das QM-System auf einzelner Produkte/Produktfamilien unterschiedlich angewendet, so empfiehlt sich die Verwendung einer Anlage „n“: „Vertragsgegenstände“. Hier wird definiert, wie die Vertragsgegenstände beschrieben sind (z.B. mittels Zeichnungen, Requirement Specifications/Feature Specifications, Normen, Katalogbezeichnungen etc.) und welche Gruppierungen es gegebenenfalls gibt (Prüf-/Null-Serien-/EMP-/Freigabe-Muster).
Gruppen können aber auch anhand der Risikobetrachtung gebildet werden. In der Herstellung oder im Feld kritische und sicherheitsrelevante Produkte unterliegen in der Regel einem schärferen QM-System mit anderen Dokumentations-/Aufbewahrungsfristen sowie anderen Reaktionszeiten (Dokumentation und Aufbewahrung der Aufzeichnungen von produktionsbegleitenden Prüfungen für sicherheitsrelevante Teile, 8D-Berichten etc.).
Um diesem Umstand Rechnung zu tragen und die Möglichkeit offen zu halten, andere Produkte mit weniger Aufwand zu behandeln, besteht auch die Möglichkeit, die Produkte in Gruppen zusammenzufassen und das QM-System, die Aufzeichnungs-/Dokumentations-Anforderungen und die Reaktionszeiten gemäß dieser Gruppen zu staffeln (diese Staffelung kann dann in anderen Anlagen dargestellt werden).

25.10.1 Anlage „n“ – „Vertragsgegenstände“

Wie die Vertragsgegenstände beschrieben sind, muss hier aufgeführt sein. Es muss klar sein, von welchen Produkten die Rede ist, wenn man sich über vereinbarte Maßnahmen unterhält.
Auch muss klar sein, wer für die Produktbeschreibung verantwortlich ist bzw. wen in diesem Zusammenhang Prüfungs- und Klärungspflichten treffen, sofern Unklarheiten auftreten.
Im Klartext heißt das: Muss der Lieferant die vom Hersteller zur Verfügung gestellten Zeichnungen auf Schlüssigkeit und Normkonformität prüfen oder reicht eine reine Prüfung auf Herstellbarkeit der Produkte aus?
Die Produkte können in den unterschiedlichsten Arten beschrieben sein. Die Liste reicht von eindeutigen Zeichnungen über Lasten-/Pflichtenheft-Kombinationen bis hin zu reinen Funktionalbeschreibungen. Es ist aber auch denkbar, Kataloge oder Normen als Beschreibungsgrundlage heranzuziehen.
Es besteht ferner die Möglichkeit, hier, je nach ihrer Anzahl, eine direkte Aufzählung der verschiedenen Produkte zu hinterlegen. Der große Vorteil liegt hierbei in der Möglichkeit, mit dem Vertragspartner diese Liste als Übersetzungstabelle zwischen den unterschiedlichen Produktbezeichnungen zu verwenden.
Der klare Nachteil liegt im erhöhten Wartungsaufwand, wenn neue Produkte hinzukommen bzw. bereits genannte, alte Produkte auslaufen.
Hier muss auch überprüft werden, ob eine derartige Aufzählung nicht bereits an anderer Stelle (z.B. im Liefervertrag) existiert.
In diesem Falle muss, um Doppelarbeit, Fehlermöglichkeiten und Widersprüche zu vermeiden, einfach ein klarer Verweis auf das führende Dokument erfolgen (siehe Kap. 25.8 sowie § 823 BGB). Aus dieser Anlage geht die Konstruktionsverantwortung für die jeweiligen Produkte hervor.

III

25.10.2 Anlage „n + 1“ – „QM-System“

Hier sind, bezogen auf Vertragspartner und Produkte, die Anforderungen an das QM-System, das dem PEP zugrunde liegt, zu definieren.
Bei zertifizierten Vertragspartnern stellt sich dies einfach dar, indem auf das Zertifikat abgehoben wird. Auch Verweise auf die gültigen Dokumentationen (QM-Handbuch etc.) sind denkbar.
Bei nicht zertifizierten Lieferanten bedeutet diese Anlage einen nicht ganz unerheblichen Aufwand. In diesem Falle müssen die Anforderungen definiert und dokumentiert werden.
Am einfachsten erfolgt dies über ein Audit mit entsprechender Berichterstattung. Aus der Dokumentation muss dann klar hervorgehen, auf welcher Basis das Audit durchgeführt wurde, ob die Zielsetzung, nämlich Überprüfung des vorhandenen Systems auf Konformität mit den Anforderungen des Herstellers, erfüllt ist oder nicht.
Im Falle von Abweichungen muss aus den Aufzeichnungen hervorgehen, wo diese Abweichungen gefunden wurden, wie sie sich darstellen und mit welchen Maßnahmen der Vertragspartner diese Abweichungen zu beseitigen hat.
Ein bereits etabliertes Reklamationsmanagement mit Maßnahmenverfolgung kann hier nur von Vorteil sein.
Man muss sich die Frage stellen, ob es den Aufwand lohnt, den Lieferanten zu qualifizieren, ihn gegebenenfalls mit Hilfestellung zur Zertifizierung zu führen, oder ob es nicht preiswerter ist, auf die QSV zu verzichten und eine Wareneingangsprüfung durchzuführen (siehe Kap. 25.8

sowie § 823 BGB). Aus dieser Anlage geht die Fabrikationsverantwortung für die jeweiligen Produkte hervor.

25.10.3 Anlage „n + 2" – „Anforderungen"

Diese Anlage enthält die Anforderungen des Herstellers, die über das in Anlage „n+1" beschriebene QM-System des Lieferanten hinausgehen (gegebenenfalls die einzelnen Produktgruppen betreffend, sofern in Anlage „n" als solche definiert).
Dies können z. B. sein: gesonderte, die Fertigung begleitende Prüfungsverfahren/-einrichtungen, Dokumentationen und/oder Aufzeichnungen (Prozessregelkarten), Anfertigung und Lieferung von Abnahmeprüfzeugnissen (z. B. 3.1 B nach DIN EN 10204), Reaktionszeiten bei Reklamationen, die Reduzierung der Ausfallzahlen (ppm-Verlauf) im PEP, spezielle Kennzeichnungsvorschriften etc.
Sollten dem Hersteller für das Produkt per Gesetz oder anderweitig bestimmte Dokumentations-/Kennzeichnungspflichten vorgeschrieben sein, ist eine Informationsweitergabe in dieser Anlage am besten aufgehoben, da derartige Verpflichtungen normalerweise über das QM-System des Lieferanten hinausgehen. Es sei denn, für ihn gelten die gleichen Gesetze und Verordnungen (siehe Kap. 25.8 sowie § 823 BGB). Aus dieser Anlage geht die Instruktionsverantwortung für die jeweiligen Produkte hervor.

III

25.10.4 Anlage „n + 3" – „Positivliste"

Diese Anlage enthält alle Aktivitäten des Herstellers, die für eine qualitativ einwandfreie Warenvereinnahmung notwendig sind.
Dies betrifft vor allem die Tätigkeiten, die über die Identitäts-, Mengen- und Transportschadensprüfung hinausgehen. Hier müssen also Prüfungen beschrieben werden, deren Durchführung dem Lieferanten unmöglich sind oder dem Hersteller von gesetzlicher oder behördlicher Seite auferlegt werden, sowie Prüfungen auf Mängel, auf deren Entstehung der Lieferant keinen Einfluss hat (z. B. Transportschäden).
An dieser Stelle ist die Produktbeobachtungsverantwortung angesiedelt. Daher ist es durchaus denkbar, dass in der Anlage „n + 3" auch Produktbeobachtungsmaßnahmen definiert werden, die den Hersteller treffen und die er, in Zusammenarbeit mit dem Lieferanten, durchführt (siehe Kap. 25.8 sowie § 823 BGB). Aus dieser Anlage geht die Produktbeobachtungsverantwortung für die jeweiligen Produkte hervor (siehe auch § 377 HGB – Prüf- und Rügepflicht).

25.11 Einbindung in die Prozesslandschaft

Alle Maßnahmen, die von den Vertragspartnern in der QSV definiert werden, müssen in deren Prozesslandschaft eingebunden sein. Am einfachsten ist dies am folgenden Beispiel zu erklären:
Allen Verantwortlichen muss die Bedeutung von Vereinbarungen klar werden, die seitens des Vertriebs mit dem jeweiligen Kunden getroffen werden. Diese Vereinbarungen betreffen nicht nur den Produktentstehungsprozess, sondern greifen in der Regel bis in die Beschaffung durch. Hier muss der Sublieferant in die qualitätssichernden Maßnahmen eingebunden werden. Verantwortungen, die der Lieferant vertraglich übernimmt, muss er auch tragen. Sollte er also Teilprodukten/Dienstleistungen von einem Sublieferanten zukaufen, so muss er diesen entweder qualifizieren oder vertraglich in die Verantwortungskette miteinbinden (siehe Kap. 25.9.2, Inhalte der Vereinbarung Klausel b.7). Sollte dies nicht möglich sein, bleibt die Verantwortung der Qualitätssicherung allein bei ihm.
Das Hochqualifizieren eines Zulieferanten kostet Aufwand. Verantwortung für etwas zu übernehmen, das man nicht beeinflussen kann, kostet ebenfalls Aufwand, birgt aber zusätzlich enorme Risiken. Verantwortung an den zu delegieren, der sie tragen kann, ist der sauberste Weg, sofern er nicht zu Lasten eines Vertragspartners formuliert ist.
Diese Prozesse müssen aber auch auf Veränderungen von außen reagieren können. Wenn z. B. neue oder geänderte Anfragen vom Hersteller beim Lieferanten ankommen, muss das QM-System diese ohne weitere Verzögerungen begleiten. Änderungen im eigenen QM-System dürfen den vertraglichen Pflichten nicht entgegenwirken. Änderungen/Anpassungen jedweder Art müssen ohne weiteren Aufwand greifen und die Konsequenzen der Änderungen/Anpassungen müssen klar zutage treten und bewertet/kommuniziert werden.
Merke: Produktqualität kann nur durch Prozessqualität erzeugt werden.

25.12 Zusammenfassung

Im Zeitalter von Just in Time (JIT), Ship to Stock (STS), Line to Line und der Globalisierung mit weltweiter Beschaffung kann es sich niemand mehr leisten, auf die Reklamation des Abnehmers zu warten. Jede Rückrufaktion

erscheint umgehend in den Medien und beschädigt das Image, jede Reklamation geht in die Lieferantenbewertung/Kundenzufriedenheitsanalyse ein, belastet die Beziehung und wird über die Vernetzung der Konzerne gegebenenfalls weltweit gestreut!
Je weiter die Entfernungen zwischen Einzelteil-, Baugruppen-, Endgerätefertigung und Kunde sind und je kurzfristiger die Termine werden, umso unverzichtbarer ist ein strukturiertes Zusammenspiel der (Vertrags-)Partner. Nur wenn die Strukturen, sprich die QM-Systeme von Lieferant und Hersteller, miteinander harmonisieren, lassen sich Differenzen ohne großen Aufwand und Zeitverzug bereinigen. Und diese Differenzen wird es auch immer wieder geben, wenn nämlich Optimierungen angesagt sind oder Änderungen vorgenommen werden müssen.
Leider ist dies heute aufgrund der immer komplexerer Zusammenhänge und Prozesse nicht mehr ohne verbindliche Regelungen in Form von Verträgen möglich. Man sollte also die Gespräche nutzen, die zu den Regelungen führen sollen, um Lösungen zu erarbeiten, die hoffentlich nie durch Probleme in die Tat umgesetzt werden müssen.
Jede zwischen den Partnern als qualitätssichernd abgestimmte Maßnahme verursacht keine Qualitätskosten sondern verhindert Fehl- und Blindleistung und hat sich spätestens beim ersten verhinderten Mangel amortisiert. Man sollte mit seinem Partner zusammen an der Problemlösung arbeiten, um Schwachstellen zu erkennen und Schnittstellen zu definieren. Allein schon diese intensive Zusammenarbeit verringert das Risiko, dass ein Problem zu einem Zeitpunkt aufkommt, der für beide Vertragspartner gravierende Folgen haben könnte, und macht einen Vertragsabschluss einfacher.

Literatur

ZVEI - QSV
Unverbindliche Konditionenempfehlung des Zentralverbandes Elektrotechnik- und Elektronikindustrie (ZVEI) e. V.: http://www.zvei.de

VDA - Bände des VDA QMC
Verband der Automobilindustrie e. V.: http://www.vda.de/

III

Qualitätsmanagement bei umstrittenen Technologien

26.1 Einfluss umstrittener Technologien auf die Qualität . . . 603
26.1.1 Kritischer Umgang mit Technologien . . . 604
26.1.2 Trends in der Wertschöpfungskette . . . 604
26.1.3 Qualitätstrends . . . 606
26.1.4 Konsequenzen für Unternehmen . . . 607

26.2 Mechanismen im Umfeld sind ausschlaggebend . . . 608
26.2.1 Auswirkungen und Betroffene . . . 609
26.2.2 Wissenschaft . . . 609
26.2.3 Öffentlichkeit . . . 610
26.2.4 Regulatoren . . . 610
26.2.5 Indirekte Profiteure . . . 611
26.2.6 Drei Managementaufgaben . . . 612

26.3 Identifizierung einer umstrittenen Technologie . . . 612
26.3.1 Identifikation der Kontroverse um eine Technologie . . . 612
26.3.2 Bestimmen des eigenen Einsatzes der Technologie . . . 613
26.3.3 Anstoß von systematischen Abklärungen . . . 614

26.4 Umgang mit einer umstrittenen Technologie . . . 614
26.4.1 Dominantes Design . . . 615
26.4.2 Lock-In-Situation . . . 616
26.4.3 Zugzwang . . . 617
26.4.4 Trade-Off . . . 617

26.5 Phase-Out einer umstrittenen Technologie und Clean-Up . . . 618
26.5.1 Substitution oder Marktausstieg . . . 618
26.5.2 Aufräumarbeiten nach dem Phase-Out . . . 620

26.6 Implikationen für das Qualitätsmanagement . . . 620
26.6.1 Umstrittene Technologien – Ein typisches Qualitätsthema . . . 620
26.6.2 Fünf Handlungsvarianten . . . 620
26.6.3 Langzeitzuverlässigkeit von Technologien frühzeitig adressieren . . . 620

26 Qualitätsmanagement bei umstrittenen Technologien

Roman Boutellier, Andreas Biedermann

Immer wieder kommen Technologien unter Druck der Öffentlichkeit und werden verboten. Unternehmen, welche mit einer solchen Situation konfrontiert sind, bewegen sich im Spannungsfeld zwischen dem Druck aus dem Umfeld, diese Technologie nicht mehr einzusetzen, und der Verfügbarkeit von Alternativtechnologien. Kurze Entwicklungszeiten, globale Märkte und kritische Kunden deuten darauf hin, dass sich Unternehmen in Zukunft vermehrt mit umstrittenen Technologien auseinandersetzen müssen.

Die Qualität von Produkten wird durch die Erfüllung von Kundenansprüchen definiert: Der Kunde entscheidet maßgeblich auch über die Akzeptanz einer Technologie. Wenn eine Technologie in der Öffentlichkeit unter Beschuss gerät, kann die Vermeidung der Technologie zum Qualitätskriterium werden. Qualitätsanforderungen für etablierte Technologien sind höher als Anforderungen, welche an neu am Markt eingeführte Technologien gestellt werden. Alternativtechnologien müssen daher bereits zu Beginn ihrer Anwendung ein hohes Leistungsniveau erreichen.

Eine spezifische Technologie kann in vielen Produkten zur Anwendung kommen. Einige Technologien werden durch das eigene Unternehmen direkt eingesetzt, der Großteil wird aber durch die Lieferanten implizit in zugekauften Komponenten oder Rohstoffen geliefert. Die Beschaffung spielt daher eine wichtige Rolle beim bewussten Umgang mit umstrittenen Technologien. Da sich Lieferanten gegenüber ihren Kunden nicht gerne zum Thema umstrittene Technologien äußern, muss die Beschaffungsabteilung aktiv auf die Lieferanten zugehen und den systematischen Umgang mit solchen Technologien initiieren.

Unternehmen müssen drei Hauptaufgaben erfüllen: Identifikation der Technologie als umstritten, bewusster Umgang mit der umstrittenen Technologie und notfalls geordneter Phase-Out. Auch wenn die Technologie nicht mehr eingesetzt wird, beschäftigt sie Unternehmen auch nach dem Phase-Out noch weiter, da z. B. noch Eratzteilgarantien erfüllt werden müssen. Der Umgang mit umstrittenen Technologien ist oft Aufgabe der Qualitätsabteilungen. Aus diesem Grund ist ein vertieftes Verständnis wichtiger Mechanismen notwendig.

26.1 Einfluss umstrittener Technologien auf die Qualität

Ein Technologiewechsel stellt große Herausforderungen an das Qualitätsmanagement, da oft Erfahrungsdaten fehlen und das Qualitätsverständnis für die neue Technologie noch wenig entwickelt ist. Viele Lehrbücher vertreten die Meinung, dass ein Technologiewechsel durch neu entwickelte Technologien mit erhöhter Leistungsfähigkeit ausgelöst wird. Gesellschaftliche und nicht zuletzt ökonomische Faktoren beeinflussen die Diffusion neuer Technologien und den Lock-In alter Technologien.

Ein wichtiger Mechanismus aus dem gesellschaftlichen Umfeld, welcher in den letzten Jahrzehnten vermehrt zum Technologie-Phase-Out geführt hat, ist die Kritik an eingesetzten Technologien: Das Insektizid DDT, Fluorchlorkohlenwasserstoffe (FCKW) in Kühlschränken oder Asbest als Isolationsmaterial wurden Mitte des letzten Jahrhunderts als bahnbrechende Erfindungen gelobt und fanden weite Verbreitung. Innerhalb weniger Jahre entwickelten sie sich aber in der Wahrnehmung selber zu Problemverursachern und wurden nach der Entdeckung der schädlichen Nebenwirkungen verboten (Tab. 26.1). Zwar sind technologische Unfälle wie Seveso (1976), Tschernobyl (1986) oder Toulouse (2001) seltener geworden, jedoch fordern schleichende Probleme des Technologieeinsatzes und die daraus resultierenden Ängste Unternehmen und Gesellschaft vermehrt. Gerät eine eingesetzte Technologie unter Beschuss, wird deren Vermeidung schnell zum Qualitätskriterium.

Lange ignorierte Zweifel an Technologien und unsichere Resultate

Bereits ein Jahr nach der Entdeckung der Röntgenstrahlen im Jahre 1885 erschienen erste Berichte über bestrahlte Personen mit massivem Haarverlust und starken Verbrennungen. Nichtsdestotrotz wurden Röntgenstrahlen verbreitet angewendet, bevor ein restriktiver Einsatz verfolgt wurde. Auch bei Asbest begleiteten erste Verdachtsmomente auf eine mögliche gesundheitliche Schädigung die Markteinführung Ende des 19. Jahrhunderts. 1927 deckte eine Studie auf, dass zwei Drittel aller Asbestarbeiter anormale Veränderungen der Lungen hatten. Hinweise auf hormonelle Effekte von Bisphenol A waren bereits 1933 vorhanden, dennoch findet diese Substanz als Weichmacher immer noch in einer großen Anzahl von Produkten Verwendung. Der Effekt wurde lange als vernachlässigbar eingestuft. Über die hormonellen Auswirkungen von Bisphenol A bei geringsten Mengen herrscht zurzeit große Unsicherheit (Abb. 26.1).

Diese Fälle folgen alle demselben Muster: Die Vorteile von Röntgenstrahlen und von Asbest waren damals derart überwältigend, dass ihre negativen Effekte akzeptiert oder einfach ignoriert wurden. Zudem war das Wissen über negative Effekte eher von spekulativer Natur. ■

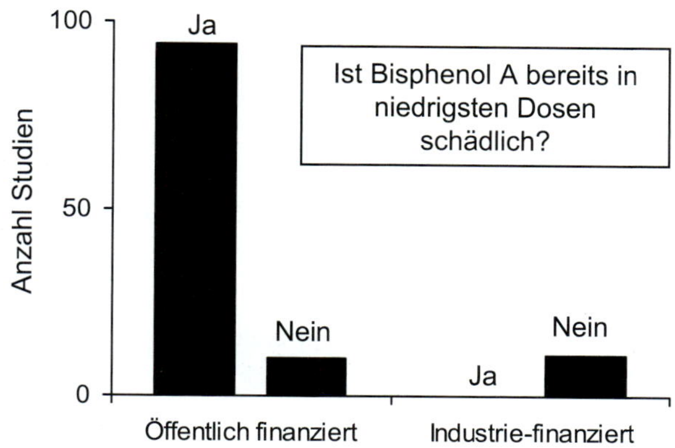

Abb. 26.1 Divergierende Forschungsresultate erhöhen die Unsicherheit (vom Saal/Hughes 2005).

Während die positiven Effekte einer Technologie in der Regel unmittelbar bei ihrer Anwendung sichtbar sind, manifestieren sich negative Auswirkungen oft erst nach einer Latenzzeit von Jahren. Während dieser Zeit diffundieren diese Technologien in eine Vielzahl an Anwendungen und die Unternehmen geraten in Abhängigkeit. Wenn der negative Effekt der Technologie sichtbar wird, ist ein Technologiewechsel bereits mit hohen Aufwendungen verbunden (Collingridge 1980).

Die steigende Wichtigkeit von Corporate Social Responsibility verleiht dem Thema der umstrittenen Technologien Aufwind. Ein verantwortungsvoller Umgang der Unternehmen mit ihrem Umfeld beinhaltet insbesondere auch die bewusste Handhabung von kritischen Prozessen und Technologien. Im Sinne der Triple Bottom Line („People, Planet, Profit") reduziert der bewusste Umgang mit umstrittenen Technologien die mit ihnen verbundenen Risiken für Mensch und Umwelt. Im Sinne des dritten P („Profit") verbessern gezielte Maßnahmen das Image des Unternehmens, beugen neuen Gesetzen vor und vermeiden Folgekosten bei Pannen und Unfällen (siehe auch Kap. 8.2).

III

Tab. 26.1 Umstrittene Technologien lösen Verbote aus.

Technologie	Negative Effekte	Konsequenzen
Insektizid DDT	Unfruchtbarkeit bei Tieren	Verbote ab 1972, Ausnahmen
Fluorchlorkohlenwasserstoffe (FCKWs)	Schädigung der Ozonschicht	Verwendung stark eingeschränkt, Verbot ab 2010
Asbest	Schleichender Tod stark exponierter Menschen	Erste Verbote seit 1980, EU-weites Verbot seit 2005, wenige Ausnahmen
Bleihaltige Lote in der Elektronik	Freisetzung von Blei aus Mülldeponien	Weitgehendes EU-Verbot ab 2006
Quecksilber-Zelle zur Chlorherstellung	Quecksilber-Kontamination von Umwelt	Verbot für neue Anlagen, kompletter Phase-Out geplant

Tab. 26.2 Viele Technologien haben das Potenzial, eingeschränkt zu werden.

Technologie	Negative Effekte	Anzeichen für Kontroverse
Mobilkommunikation	Ängste vor gesundheitlichen Auswirkungen auf Menschen	Starke Vorschriften zum Bau von Antennen, Medienpräsenz des Themas
Computer-Tastaturen	Schädigung des Nervensystems durch Tippen, Muskelschädigungen	Diskussion in der Fachwelt, Auswirkungen unsicher
Toner der Laserdrucker	Toxische Substanzen, Nanopartikel in der Raumluft	Diskussion in der Presse, Aufbau von Interessenverbänden
Explosivzündung von Airbags	Schädigung des Gehörs und der Atemwege, insbesondere bei Kleinkindern	Wissenschaftliche Studien deuten auf einen Zusammenhang hin

III

26.1.1 Kritischer Umgang mit Technologien

Phase-Out von bleifreier Elektronik

Seit Mitte 2006 dürfen auf dem europäischen Markt fast keine elektronischen Geräte mehr verkauft werden, welche Blei enthalten. Da Blei seit Beginn der Elektronik als Legierungsbestandteil im Lötzinn verwendet wird, bedeutete diese Umstellung für die Firmen einen großen Aufwand und verursachte Unsicherheiten. Jahrzehntelange technologische Erfahrung kann man nicht innerhalb weniger Monate substituieren und auch die Anpassung von Geschäftsprozessen benötigt Zeit. ■

Viele Branchen sind heute mit Technologien unter Druck konfrontiert. Firmen in der Telekommunikation befassen sich mit gesundheitlichen Risiken elektromagnetischer Strahlung, Hersteller von Computer-Peripheriegeräten gehen der Frage nach, ob Tastaturen tatsächlich Langzeitschäden des menschlichen Nervensystems auslösen, und Laserdrucker erzeugen möglicherweise toxische Gase (vgl. Tab. 26.2).

Dass technologischer Fortschritt nicht nur positive Seiten hat, ist seit Langem im gesellschaftlichen Bewusstsein verankert. Bei der Einführung fast jeder Technologie gibt es Zweifel an deren Unbedenklichkeit. Sie verstärken sich oft mit zunehmender Verbreitung einer Technologie. Die Beurteilung dieser Zweifel ist eine anspruchsvolle Aufgabe für jedes Unternehmen.

Auch unbegründete Zweifel an Technologien

Die Einführung von Eisenbahnen während der Industrialisierung war von massiven Zweifeln begleitet, ob die „unnatürlich hohen" Geschwindigkeiten schädlich für die Reisenden seien. Bislang konnte dieser Verdacht nicht bestätigt werden.

Ende der 1980er Jahre führte der Hersteller von Alar, einem zugelassenen Pestizid für Obstbäume, Untersuchungen durch, um dessen Unbedenklichkeit zu überprüfen. Vorläufige Untersuchungsergebnisse gelangten an die Öffentlichkeit und führten zu einer panikartigen Reaktion des Marktes, in dem die Nachfrage nach Äpfeln massiv einbrach. Der Hersteller von Alar war von verschiedenen Seiten her gezwungen, das Produkt vom Markt zu nehmen. Ein Panel der Vereinten Nationen stufte Alar einige Jahre später als harmlos ein. ■

26.1.2 Trends in der Wertschöpfungskette

Veränderungen in der Wertschöpfungskette deuten darauf hin, dass sich Unternehmen in Zukunft vermehrt mit umstrittenen Technologien befassen müssen:

- Globalisierung und Ausnützen von Skaleneffekten: Produkte werden so rasch wie möglich eingeführt, ohne große Tests.

- Modularisierung der Wertschöpfungskette: Immer mehr wird eingekauft, Lieferanten entwickeln auf eigene Faust.
- Unbewusster Einsatz von Basistechnologien: Unternehmen wissen nicht mehr, was in ihren Produkten alles enthalten ist.

Globalisierung und Ausnützen von Skaleneffekten

Die OECD (2003) hat Risiken, welche durch Technologien hervorgerufen werden, als eine der größten Herausforderungen in den kommenden Jahrzehnten identifiziert. Heutige Wertschöpfungssysteme sind durch die Globalisierung enger miteinander verknüpft und stärker voneinander abhängig als je zuvor, was deren Beherrschung massiv erschwert oder sogar verunmöglicht (Perrow 1992). Um Skaleneffekte zu nutzen, fokussieren sich Unternehmen auf einige wenige Kerntechnologien. Daher muss ein wachsender Anteil des Technologieportfolios von externen Partnerfirmen zugekauft werden. Dies führt dazu, dass die technologische Übersicht im eigenen Unternehmen abnimmt: Man weiß immer mehr von immer weniger.

Spezialisierung erzeugt „technologische Monokulturen" innerhalb der Unternehmen und auch entlang der Wertschöpfungskette. Die Unternehmen werden so von kritischen Technologien abhängig. Monokulturen stellen ein Klumpenrisiko dar, da sie besonders anfällig gegenüber externen Störungen sind: Zum einen können sich diese Störungen in Form von Zweifeln rasch ausbreiten und zum anderen steigt die Abhängigkeit von einer Technologie mit ihrer Verbreitung, sodass die Auswirkungen der Ablehnung einer Technologie zunehmen.

Die F&E-Aufwendungen für neue Technologien sind zum Teil massiv angestiegen. Damit diese Investitionen einen vernünftigen Return on Invest erarbeiten, müssen neue Technologien innerhalb kürzester Zeit auf voller Breite global eingeführt werden. Die Zeit für intensive Tests fehlt und sie werden nur dort durchgeführt, wo Nebenwirkungen von Anfang an auftreten oder wo Tests vorgeschrieben sind, wie z.B. in der Pharmazie.

Modularisierung der Wertschöpfungskette

US-amerikanische Firmen sind heute durchschnittlich noch in zwei Branchen tätig; 1975 waren es vier (Tapscott 1996). Alle Branchen spezialisieren ihre Arbeit stark entlang der Wertschöpfungskette. Nicht nur die Automobil- und PC-Industrien sind diesem Trend unterworfen. Auch Industrien, welche lange Zeit von stark integrierten Unternehmen geprägt waren, wenden vermehrt Arbeitsteilung über die Unternehmensgrenzen hinweg an. Systementwickler fokussieren auf die Funktionserfüllung und setzen dazu ihr Netzwerk an Lieferanten und Partnern ein. Modullieferanten beherrschen eine Baugruppe produktionstechnisch und realisieren Skaleneffekte, indem ein Modul mehrfach eingesetzt wird. Technologische Weiterentwicklungen werden vereinfacht und beschleunigt.

Modularisierung der PET-Flasche

Bier aus PET-Flaschen feiert zurzeit einen Siegeszug. Lieferanten schätzen, dass in Zukunft ein beachtlicher Anteil des Marktes von Glasflaschen auf diese neue Technologie wechselt, was einem ansprechenden Wachstumspotenzial bei einem weltweiten Markt von jährlich über 400 Milliarden Flaschen entspricht. Neben den Vorteilen von PET in Bezug auf Gewicht, Robustheit und Entsorgungsfreundlichkeit sehen sich die Hersteller mit einer großen Herausforderung konfrontiert: PET ist für Gase und Licht viel durchlässiger, weshalb Sauerstoff und Licht das Bier rasch ungenießbar machen. „Diffusions- und UV-Barrieren" sind daher für den Erfolg der PET-Flaschen entscheidend.

Formgebung, Verschluss, Etikette und Material bestimmen die Barriereneigenschaften einer PET-Flasche. Für jedes dieser vier Module sind Spezialwissen und spezielle, investitionsintensive Produktionstechniken nötig. Die modulare Produktentwicklung wird durch einen Systementwickler koordiniert, welcher im Fall der PET-Flaschen in der Regel gleichzeitig der Hersteller der Flaschen ist.

Der Trend zur Modularisierung der Wertschöpfungskette beruht auf vier Entwicklungen: *steigende Technologievielfalt*, *vereinfachtes Outsourcing*, *steigende Komplexität der Produkte* und *Transparenz entlang der Wertschöpfungskette*.

Wegen der *steigenden Technologievielfalt* ist es kaum mehr möglich, dass ein Unternehmen alle eingesetzten Technologien vollständig beherrscht. Technologiepartner gewinnen an Bedeutung: *Vereinfachtes Outsourcing* wird durch die WTO, EU und NAFTA erwirkt. Diese lassen Binnenmärkte wachsen und vereinfachen den Technologietransfer zwischen Unternehmen. Die *steigende Komplexität der Produkte* zeigt sich dadurch, dass heutige Produkte mehr Funktionen erfüllen: Ein Mobiltelefon ist heute nicht mehr nur Sprachtelefon, sondern Agenda, Musikplayer oder auch Fotoapparat gleichzeitig. *Transparenz entlang der Wertschöpfungskette* zeigt sich dadurch, dass Fortschritte im elektronischen Datenaustausch entlang der

Wertschöpfungskette es erlauben, die Qualität der Produkte und auch die Kosten transparenter zu kontrollieren. Daneben erleichtern sie die operative Koordination zwischen Unternehmen.
Damit steigt die logistische Transparenz. Weil aber Modullieferanten selber entwickeln, sinkt die Technologie-Übersicht. Kein Unternehmen weiß heute noch, welche Produkttechnologien in allen Produkten stecken. Noch schlimmer ist es mit den Prozesstechnologien, da diese oft bewusst geheim gehalten werden.

Unbewusster Einsatz von Basistechnologien

In jedem Produkt wird heute eine große Zahl an Technologien eingesetzt, damit dies den heutigen Ansprüchen genügt. Einige Technologien werden direkt durch den Hersteller der Endprodukte hinzugefügt, der größte Teil wird aber durch vorgelagerte Stellen in der Wertschöpfungskette bei der Erstellung von Halbfabrikaten oder Rohstoffen verwendet. Viele dieser Technologien sind heute nur noch den Experten bei den Zulieferern bekannt und der Beitrag, welchen diese Technologien zum Endprodukt leisten, wird von Laien oft nicht mehr wahrgenommen.

III

Elektrizität wird zur Basistechnologie

Bei der Elektrifizierung vor über hundert Jahren verfügte jedes größere Unternehmen über eine Funktion, welche heute wohl als „Vice-President for Electricity" bezeichnet würde. Die elektrische Grundversorgung war keineswegs gesichert und auch Spannung und Frequenz waren noch nicht standardisiert (Economist 2004). Heute setzen die meisten Verbraucher Elektrizität als Black-Box-Technologie ein und wissen über deren Entstehung und komplexe Verteilung nur noch wenig. Die Komplexität der Stromnetze läuft Gefahr, unterschätzt zu werden. Die Elektrizität wird als selbstverständlich wahrgenommen und die neuen Abhängigkeiten sind vielen Personen nur bei Ausfällen bewusst.

26.1.3 Qualitätstrends

Kundenerwartungen sind das wesentliche Kriterium für Qualität. Neue Technologien steigern diese Erwartungen auf der einen Seite und verhindern den Einsatz gewisser Technologien auf der anderen Seite. Die Qualität wird zum „moving target".

Schleichende Nebeneffekte gewinnen an Relevanz

Technologische Katastrophen haben die öffentliche Wahrnehmung von Technologien entscheidend beeinflusst. Neben diesen ereignisorientierten Risiken existieren auch Risiken, welche ihre Nebenwirkungen schleichend entfalten (z.B. durch Bioakkumulation). Obwohl bei ereignisorientierten Nebeneffekten häufig statistische Daten fehlen, können diesen zumindest annäherungsweise Wahrscheinlichkeiten und Schadensausmaße zugeordnet werden. Bei schleichenden Effekten ist aber bereits der Begriff der Wahrscheinlichkeit schwierig zu definieren, was den Umgang mit diesen Effekten erschwert. Ereignisorientierte Technologierisiken scheinen in den vergangenen Jahrzehnten seltener geworden zu sein (siehe Tab. 26.3).

Tab. 26.3 Schleichende und ereignisorientierte Technologierisiken

Schleichende Probleme		Ereignisorientierte Probleme	
20. Jh.	Asbestbedingte Krankheiten	1961	Contergan (Thalidomid)
Aktuell	Allergieauslösende Substanzen	1984	Chemieunfall in Bhopal
Aktuell	Brennstoffe und Klimaerwärmung	1986	Reaktorunglück in Tschernobyl
Aktuell	Mobilfunk für Handys	2001	Explosion in Toulouse

Da Technologien vor ihrer Markteinführung einem beschränkten Testprozess unterliegen, sind die Nebeneffekte nie vollständig erkennbar und in der Regel schleichend. Darüber hinaus können solche Nebeneffekte oft erst nach einer längeren Latenzzeit nachgewiesen werden, nachdem die Technologie bereits weitverbreitet ist. Sobald aber Nebeneffekte erkannt werden, ist die Verunsicherung groß.

Steigender Technologieeinsatz bietet keine Akzeptanzgarantie

Der zunehmende Technologieeinsatz führt selber dazu, dass Effekte, welche lange als akzeptierbar gegolten haben oder nicht wahrgenommen wurden, in Zukunft als unerträgliche Last gelten: So führte der Anstieg des Elektronikschrottes dazu, dass die ökologischen Konsequenzen von schwermetallhaltigen Elektronikprodukten vermehrt Beachtung fanden. Schwermetalle wurden schließlich Mitte 2006 verboten. Auch die breite Anwendung von gewissen allergenen Substanzen führt zur Sensibilisierung einer größeren Bevölkerungsschicht. Zusätzlich sind breit eingesetzte Technologien auch stärker unter Beobachtung von Behörden.

Verbesserte Messmethoden und gezielte Analysen erhöhen das Bewusstsein

Wissenschaftliche Methoden zum Nachweis von Veränderungen in Organismen und der Umwelt werden immer genauer (Laukenmann 2001). Die Analysekosten sinken, was die Methoden breiter verfügbar macht. Solche Verbesserungen sind langsame und unscheinbare Prozesse, haben aber dazu geführt, dass heute Effekte nachgewiesen werden können, welche vor einigen Jahren noch nicht detektierbar waren. Graduelle Veränderungen erhalten vermehrt Aufmerksamkeit und werden so „real und katastrophal" wie überraschende Ereignisse (Tenner 1997).

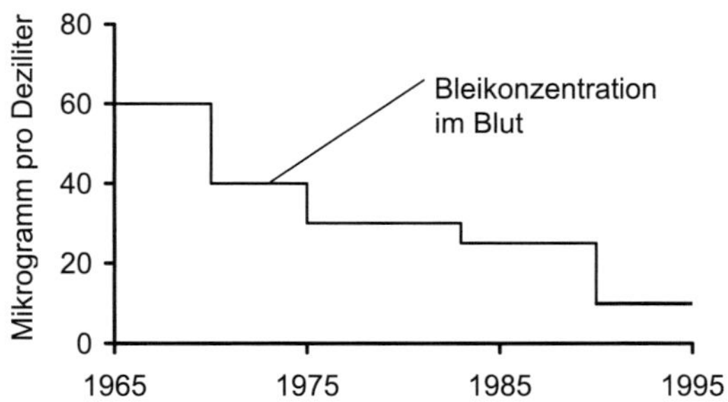

Abb. 26.2 Bleigehalt im Blut zur Definition von Bleivergiftung (Sexton et al. 2004)

Forschungsschwerpunkte werden heute vermehrt unter publizistischen Gesichtspunkten gewählt, da in der Öffentlichkeit präsente Themen eine erhöhte Aussicht auf Forschungsgelder versprechen. Zudem erlaubt dieses Vorgehen die Publikation der Resultate unter Umgehung des wissenschaftlichen Peer-Review-Prozesses in populärwissenschaftlichen Zeitschriften (Weingart 1998). Der wissenschaftliche Qualitätsprüfungsprozess wird so umgangen. Einzelne, in der Öffentlichkeit exponierte Technologien sind daher eher gefährdet, unter intensive Überwachung zu geraten.

Neue Messmethoden decken Mängel auf

„Die neu verfügbaren Analysemethoden zeigten uns, dass unsere Produktionsanlagen wahrscheinlich durch ein Allergen verunreinigt waren, welches in einem kleinen Teil der Produkte eingesetzt wurde und lebensgefährliche Auswirkungen auf allergische Konsumenten haben kann. Zuvor waren wir der Überzeugung, dass keine solchen Verunreinigungen vorliegen. Wir stellen die fraglichen Produkte nun nicht mehr her."

Qualitätsverantwortlicher eines Nahrungsmittelbetriebes

26.1.4 Konsequenzen für Unternehmen

Risiken, welche durch Technologien verursacht werden und Dritte betreffen, werden durch Management, Experten und die Öffentlichkeit unterschiedlich wahrgenommen. Daher ist die Gefahr groß, dass Unternehmen von in der Gesellschaft als hoch eingestuften Risiken überrascht werden. Zweifel an eingesetzten Technologien werden das Management auch in Zukunft auf unterschiedliche Weise beschäftigen:

- Die Verwirrung um eine Technologie *bindet viele Managementkapazitäten* und kann zu einem Einbruch des Unternehmenswertes führen. Die Aktien des Technologiekonzerns ABB stiegen markant, nachdem der Asbestfall in den USA mit einem Vergleich abgeschlossen werden konnte.
- Die resultierende Unsicherheit verhindert *längerfristige Investitionen*. Auf der einen Seite misstrauen Kunden der eingesetzten Technologie, da ihre Zukunft nicht mehr gesichert scheint, auf der anderen Seite kämpfen Alternativtechnologien aber mit Kinderkrankheiten und die neue dominante Technologie ist noch unklar.
- Der Phase-Out einer Technologie läuft in der Regel schneller ab als die Diffusion. Dennoch ist er ein *langer Prozess* (Abb. 26.3). Längerfristige Verpflichtungen binden die Unternehmen teilweise noch über Jahrzehnte.

Lange Erfahrung in der Chemie – Restunsicherheit bleibt

In den 1960er Jahren erregte das Buch „Silent Spring" von Rachel Carson (1962) zu den mittel- und langfristigen Auswirkungen des Insektizids DDT massive öffentliche Verunsicherung über den damaligen großzügigen Einsatz von synthetischen Substanzen. In den folgenden Jahrzehnten hat sich die chemische Industrie intensiv mit dem eigenen Umgang mit Risiken auseinandergesetzt. Die Risikomanagementmethoden (z. B.: mathematische Modelle, Extrapolation von Laborversuchen, Good Manufacturing Practice) in dieser Industrie haben einen hohen Spezialisierungsgrad erreicht.

Aber all diese ausgereiften Methoden und großen Mengen an Daten werden nie alle Zweifel an einer Technologie beseitigen können, da die Beurteilung eines Risikos zum einen selber Unsicherheiten in Bezug auf Annahmen, Wahl der Samples, Verständnis der Kausalitäten und Versuchsführung aufweist und zum anderen immer wieder neue Arten von Risiken identifiziert werden können, welche bislang noch nicht betrachtet wurden.

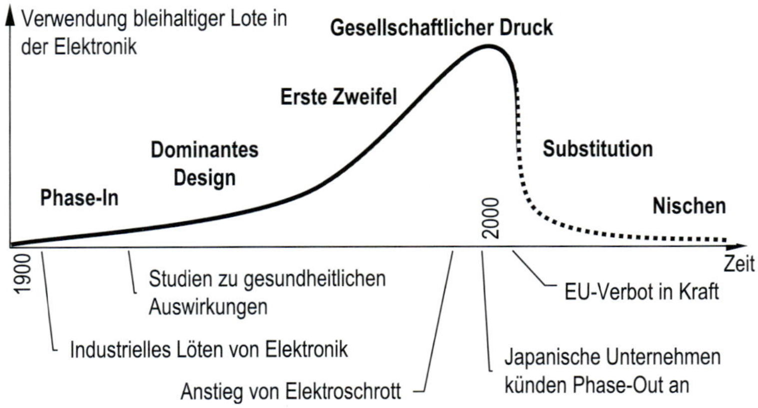

Abb. 26.3 Verbreitung und Phase-Out von bleihaltigen Lötmaterialien in der Elektronik

III

26.2 Mechanismen im Umfeld sind ausschlaggebend

Das unternehmerische Umfeld bestimmt die Akzeptanz von Technologien. Gesellschaftliches System und Wertschöpfungskette sind die wesentlichen Faktoren (Abb. 26.4). Um den Verlauf einer Kontroverse um eine Technologie und die damit verbundenen Qualitätsprobleme zu verstehen, sollte sich das Unternehmen einen Überblick über die wichtigsten Akteure verschaffen.
Das *gesellschaftliche Umfeld* besteht aus Akteuren, welche den Druck zum Phase-Out einer Technologie erzeugen: Betroffene (z.B. Arbeiter oder Konsumenten), Öffentlichkeit und Regulatoren. Daneben beeinflussen zwei weitere Gruppen das Verhalten der drei Hauptakteure: Die Wissenschaft, welche den Nebeneffekt der Technologie untersucht, und indirekte Profiteure, welche von der Ablehnung einer Technologie oder der Kontroverse profitieren. Die Partner in der *Wertschöpfungskette* sind vom Einsatz der Technologie abhängig und daher daran interessiert, entweder die Technologie einsetzen zu können oder aber eine passende Alternativtechnologie zu finden. Durch die Spezialisierung der Unternehmen verfügen die Unternehmen, welche eine umstrittene Technologie einsetzen, häufig nicht mehr über das technologische Wissen und müssen vermehrt ganze Produktionssysteme von externen Technologielieferanten beziehen.

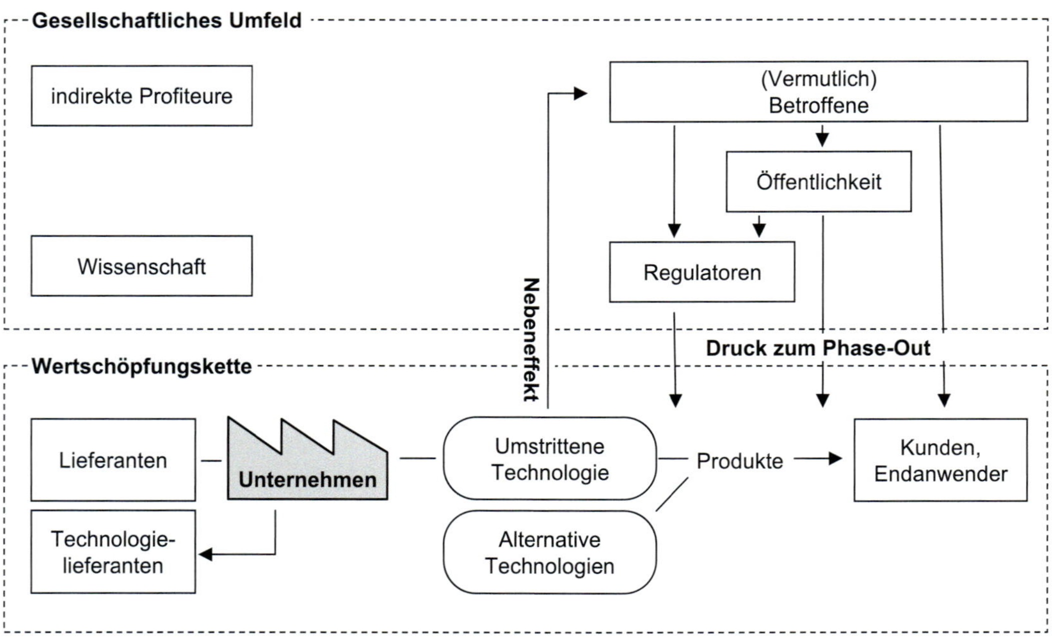

Abb. 26.4 Unternehmerisches Umfeld bei umstrittenen Technologien

Gründe für den Druck zum Phase-Out einer Technologie

Gerät eine Technologie im Laufe der Zeit unter Druck, so kann dies mehrere Ursachen haben:

- Nebeneffekte der Technologie haben sich verstärkt oder sind neu entstanden.
- Nebeneffekte werden neu erkannt.
- Bereits bekannte Nebeneffekte werden nicht mehr akzeptiert.
- Betroffene sind empfindlicher geworden.
- Betroffene sind einflussreicher oder zahlreicher geworden.
- Öffentlichkeit skandalisiert die Technologie.
- Indirekte Profiteure nutzen das Thema für eigene Interessen.

26.2.1 Auswirkungen und Betroffene

Negative Effekte von Technologien treten durch Unfälle, öffentliches Bewusstsein oder durch die Produktbeobachtung von Unternehmen zutage. Wurden bei der Markteinführung einer Technologie ihre möglichen Auswirkungen seriös abgeklärt, beruhen neue Nebenwirkungen in der Regel auf wissenschaftlichen Untersuchungen, die unterschiedlich ausgelegt werden können, da sie den gängigen Annahmen und damit meist bestehenden älteren wissenschaftlichen Untersuchungen widersprechen. Gruppen, welche sich betroffen fühlen, haben zwei wirkungsvolle Möglichkeiten, um sich gegen die Technologie zu wehren: Sie suchen die Unterstützung der Öffentlichkeit oder die der Regulatoren.

26.2.2 Wissenschaft

Wissenschaftliche Resultate können immer bestritten werden. Beweise sind daher keine Voraussetzung für die Ablehnung einer Technologie. Insbesondere sind die Ergebnisse von Laborexperimenten und epidemiologischen Untersuchungen mit beachtlichen Fehlerquoten behaftet. Diese Resultate gelten oft nur unter spezifischen Laborbedingungen, deren Übertragung auf die Realität schwierig ist. Einstimmigkeit in der wissenschaftlichen Gesellschaft über die Schädlichkeit einer Technologie wird oft erst nach Jahren oder gar Jahrzehnten erreicht. In der Öffentlichkeit und vor allem in der Presse wird diese Unsicherheit oft ignoriert.

Obwohl der Wissenschaft heute weniger das Bild anhaftet, unumstößliche Wahrheiten zu liefern, spielt sie in der Frage der Akzeptanz einer Technologie eine wichtige Rolle. Sie liefert in den meisten Fällen Argumente für Befürworter wie Gegner. Ein typisches Beispiel ist die seit Jahrzehnten andauernde Diskussion um den Einsatz von Kerntechnologie.

Erkenntnis um Schädlichkeit von bleihaltigen Lötmaterialien in der Elektronik

Blei wurde bereits 3000 vor Christus als Material zum Verbinden von Objekten verwendet. Römer und Ägypter entwickelten Lotlegierungen auf Zinn-Blei-Basis wegen der geringeren Herstellkosten und der tiefen Schmelztemperatur. Es verwundert deshalb nicht, dass diese Legierungen bis vor Kurzem auch in der Elektronikfertigung die dominanten Lote darstellten. Daneben fand Blei seit über 2000 Jahren als weißes Pigment, als Schutzschicht in Farben sowie als Bestandteil in vielen Gläsern Verwendung. Blei verhinderte lange Zeit das Klopfen von Automotoren und wird noch heute in großen Mengen in Autobatterien eingesetzt.

Die Schädlichkeit von Blei ist seit Langem bekannt. Schon 370 v. Chr. beschrieb Hippokrates eine Bleikolik von Minenarbeitern. Bereits kurze Zeit nach der Einführung von verbleitem Benzin traten in Raffinerien rätselhafte Todesfälle auf. Durch diese Vorfälle motiviert begannen Forscher die Nebenwirkungen von Blei zu untersuchen. Öko-Effekte, welche Schwermetalle verursachen, werden seit den 1920er Jahren systematisch untersucht; seit 1933 ist bekannt, dass Blei in weiten Teilen der Umwelt und im menschlichen Körper gefunden werden kann. Heutzutage beschreibt eine große Zahl an Studien die gesundheitsschädigenden Auswirkungen von Blei im Körper, wie neurologische Störungen oder Unfruchtbarkeit.

Der drastische Anstieg des Elektroschrottes am Ende des vergangenen Jahrhunderts hat die Besorgnis geweckt, dass aus Mülldeponien längerfristig freigesetzte Bleimengen negative Auswirkungen haben könnten. Seit den 90er Jahren ist in den USA ein Vorstoß zum Verbot von bleihaltiger Elektronik hängig, in der EU sind solche Lote seit 2006 weitgehend verboten und die japanische Elektroindustrie hat sich zu einem freiwilligen Verzicht entschieden. In China ist eine analoge Gesetzgebung in Vorbereitung. Die glo-

III

bale Vernetzung der Elektronikindustrie hat dazu geführt, dass wegen des Phase-Outs in Europa die weltweite Elektronikfertigung auf bleifreie Komponenten umgestellt wird.

Während die gesundheitlichen Auswirkungen von Blei innerhalb des Körpers gut erforscht sind, verfügt die Wissenschaft zurzeit noch über keine erhärteten Resultate zur möglichen Gefahr, welche von bleihaltigem Elektronikschrott in Mülldeponien ausgehen könnte.

26.2.3 Öffentlichkeit

Öffentliche Risikoeinschätzung folgt einem anderen Denkmuster als die Naturwissenschaft. Massenmedien spielen eine wichtige Rolle: Sie greifen Resultate von Untersuchungen auf und projizieren Laborbedingungen großzügig auf die Realität. Die wissenschaftliche Logik von Ursache und Wirkung wird durch das mediale Täter-Opfer-Denkschema ersetzt.

Die öffentliche Diskussion entfernt sich oft von den wissenschaftlichen Erkenntnissen und kann durch Dritte verstärkt werden. Die Kontroverse kann rasch auf nicht betroffene Produkte übergehen. Die Ablehnung der Technologie durch die Öffentlichkeit drückt sich in verschiedener Weise aus. Neben Boykotten kann sich auch das längerfristige Kaufverhalten der Konsumenten verschieben oder politischer Druck auf die Regulatoren entstehen.

Keine Diskussion um bleihaltige Elektronik in der Öffentlichkeit

Die schädigende Wirkung von Blei ist bereits seit Langem bekannt. Daneben ist das Thema „Blei" spätestens seit der Debatte um das bleihaltige Benzin in aller Munde. Im Gegensatz zu dieser Debatte wurden nur sehr wenige Artikel in Tageszeitungen zur bleihaltigen Elektronik veröffentlicht. Die große Umstellung in der Elektronikindustrie war der Öffentlichkeit scheinbar nicht bewusst. Auch hatten nur sehr wenige Elektronikunternehmen diesbezüglich Kontakt mit Vertretern der Öffentlichkeit oder Journalisten. Der Druck entstand über die Regulatoren und durch die großen Retailer, welche selber keine Elektronik herstellen.

III

26.2.4 Regulatoren

Regulatoren wägen zwischen dem Schutz der Bevölkerung und den Vorzügen des technischen Fortschrittes ab. Sie müssen bestimmen, wie lange der Nutzen der Technologie die negativen Auswirkungen aufwiegt. Diese Entscheidung ist oft nicht einfach zu treffen, da die Faktenlage typischerweise unscharf ist.

Abwägen zwischen positiven Effekten und negativen Auswirkungen

Die gesundheitlichen Auswirkungen von Chlor sind bekannt. Die Chemikalie wird unter anderem auch zur kostengünstigen Desinfektion von Trinkwasser verwendet. Nachdem in Peru Anfang der 1990er Jahre aufgrund der öffentlichen Ablehnung von Chlor plötzlich auf diese billige Art der Desinfektion von Trinkwasser verzichtet werden musste, brach eine Cholera-Epidemie aus. Sie forderte mehrere tausend Todesopfer.

Die Regulatoren sind in der Regel Behörden, es können aber auch privatwirtschaftliche Stellen wie Biolabels oder Beratungsstellen sein, welche durch ihre Beurteilungen faktisch die Zulassungen zu einem Marktsegment erteilen oder verweigern. Regulatoren steht eine große Zahl an Möglichkeiten zur Verfügung, um den Einsatz einer Technologie zu lenken (Abb. 26.5).

Regulationen greifen häufig regional, d. h. Technologien können in verschiedenen Märkten noch eingesetzt werden. Auch treten neue Regulationen zeitlich versetzt in Kraft. Aus ethischen und wirtschaftlichen Gründen können multinationale Unternehmen solche Gesetzesdifferenzen nur sehr beschränkt ausnützen: Globale Unternehmen definieren sich einen Standard, welchen sie für alle Produkte anwenden. Dieser Standard ist in der Regel so gewählt, dass er die Zulassungsanforderungen in allen Zielmärkten erfüllt.

Anwendung des Vorsichtsprinzips durch die Regulatoren

In den letzen Jahrzehnten hat das Vorsichtsprinzip bei den Regulatoren vermehrt Anwendung gefunden. Dieses Prinzip basiert auf der Annahme, dass Technologien Risiken enthalten, welche eine massive Bedrohung für die Gesellschaft darstellen können. Sie können weder im Voraus identifiziert noch genau bestimmt werden. Das Vorsichtsprinzip hat daher vier Operationalisierungen in der Gesetzgebung gefunden:

	Auszeichnungen	Informationskampagnen	F&E-Fonds	Environmental Accounting	Öko-Audits	Produktlabeling	Life-Cycle-Analysen	Environmental Impact Assessment	Stoppen von Unterstützungen	Handelsvereinbarungen	Öko-Steuern	Handelbare Zertifikate	Umweltstandards	Best Available Technology	Rechtliche Verbote
Staatliche Institutionen	X	X	X	X	X	X	X	X	X	X	X	X	X	X	X
Privatwirtschaftliche Institutionen	X	X	X	X	X	X	X	X							

Abb. 26.5 Vielfältige Interventionsmöglichkeiten von Regulatoren am Beispiel von Umweltfragen (in Anlehnung an Allenby 1999)

- Anordnungen von Vorsichtsmaßnahmen sind auch bei wissenschaftlicher Unsicherheit möglich.
- Regulationen enthalten Sicherheitsreserven.
- Aktivitäten, welche ein unsicheres Gefahrenpotenzial bergen, sollen nach bestmöglichem Stand der Technik ausgeführt werden.
- Falls möglich, sollen diese Aktivitäten ganz eingestellt werden.

Erste staatliche Anwendungen des Vorsichtsprinzips reichen ins Jahre 1854 zurück (Gee et al. 2001). Die europäische RoHS-Richtlinie zur Vermeidung von bleihaltiger Elektronik, das vorübergehende Importverbot von britischem Rindfleisch während der BSE-Krise 1998 oder das Verbot von Weichmachern in Kinderspielzeugen sind Beispiele für die Anwendung des Vorsichtsprinzips.

Ursprünglich war das Vorsichtsprinzip dazu gedacht, Gegenmaßnahmen zu ermöglichen, bevor eine Situation außer Kontrolle gerät. Heute sind Tendenzen spürbar, dass bereits Gerüchte für ein Verbot ausreichen (Kogan 2003).

Regulatoren fordern mehr Gewissheit – Beispiel REACH-Verordnung

In der EU gilt für Chemikalien seit 2008 der Grundsatz „no data, no market" – auch bekannt unter dem Namen REACH-Verordnung[1]. Um möglichen Problemfällen mit eingesetzten Chemikalien in Zukunft vorzubeugen, verlangen die Behörden für die meisten in der EU eingesetzten Stoffe eine Registrierung. In Abhängigkeit von der jährlich importierten oder hergestellten Menge braucht es neben einem technischen Dossier auch einen Stoffsicherheitsbericht. Auf diese Weise versprechen sich die Behörden, die Gesundheit der Bevölkerung und die Umwelt besser vor den Gefahren durch Chemikalien zu schützen. Die Einführung des REACH-Systems bedeutet für die Industrie einen großen Aufwand, da die notwendigen Daten zu beschaffen respektive die notwendigen Studien durchzuführen sind. Im Endeffekt steigt mit diesen Untersuchungen aber die Sicherheit, dass eine Chemikalie auch in Zukunft eingesetzt werden kann.

26.2.5 Indirekte Profiteure

Kontroversen um eine Technologie lassen einige Akteure profitieren. Diese sind daran interessiert, dass die Kontroverse um die Technologie entweder lange anhält oder eine Stimmung gegen die Technologie aufkommt. Typische indirekte Profiteure können Protektionisten, politische Par-

[1] Siehe http://echa.europa.eu/regulations

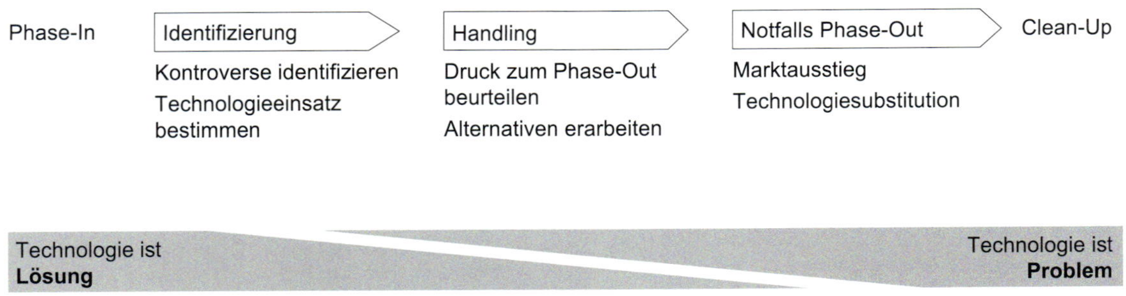

Abb. 26.6 Umstrittene Technologien: Von der Lösung zum Problem für ein Unternehmen

teien, Schadensersatzanwälte oder auch Dienstleistungsunternehmen zum Umgang mit der Technologie sein. Zwischen indirekten Profiteuren und anderen Gruppen kann es zu Allianzen kommen (Beispiel Umweltschützer und Protektionisten in Bernauer/Ruloff 1999).

III

26.2.6 Drei Managementaufgaben

Das Management ist mit drei Aufgaben im Umgang mit einer umstrittenen Technologie konfrontiert: *Identifizierung, Handling* und notfalls *Phase-Out*. Während die Technologie zu Beginn als Lösung wahrgenommen wird, entwickelt sie sich im Laufe der Zeit selber zu einem Problem (siehe Abb. 26.6 und die nächsten Abschnitte).

26.3 Identifizierung einer umstrittenen Technologie

Die Identifikation einer umstrittenen Technologie ist der erste Schritt. Die Schwierigkeit besteht darin, dass aus einer Vielzahl an Umweltveränderungen und einem nur teilweise bekannten Portfolio an eingesetzten Technologien diejenigen Kombinationen identifiziert werden müssen, welche sich auf das Unternehmen auswirken könnten. Der Prozess zur Identifikation besteht daher aus der Identifikation der Kontroverse, der Identifikation der Technologie und dem Start von systematischen Aktivitäten (siehe Abb. 26.7).

Unternehmen, welche mit einer umstrittenen Technologie konfrontiert werden, erleben in der ersten Phase eine große Verunsicherung. Auf der einen Seite erscheint die zukünftige Akzeptanz der Technologie nicht mehr so gesichert und auf der anderen Seite ist auch der eigene Bezug zu der Technologie nicht genau klar.

26.3.1 Identifikation der Kontroverse um eine Technologie

Um Kontroversen um eine Technologie zu identifizieren, bietet sich eine *Outside-In-Perspektive* an, d.h. durch die Beobachtung von Veränderungen im Umfeld wird auf die eigene Betroffenheit geschlossen. Dieses Vorgehen hat den Vorteil, dass nur die im Umfeld potenziell relevanten Themen im Fokus bleiben. In der Regel sind Kontroversen bei ihrer Entdeckung durch die Unternehmen bereits mehrere Jahre alt und es existieren teilweise schon Interessengruppen, sicherlich aber Fachexperten, welche wei-

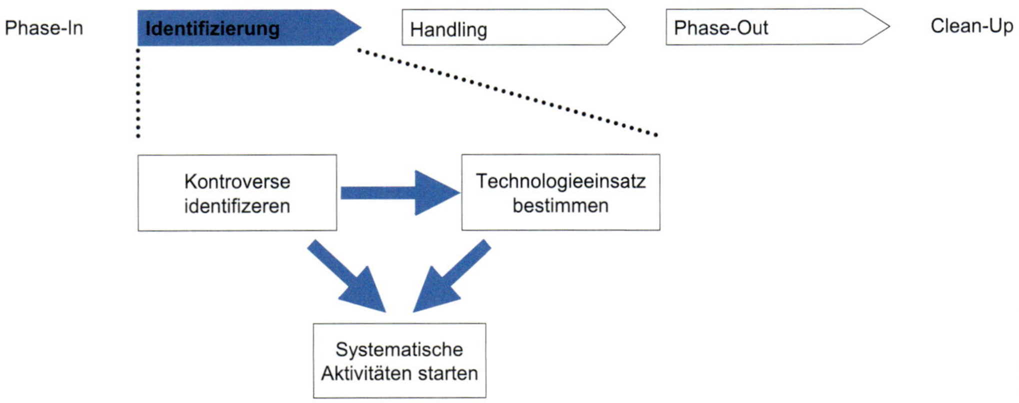

Abb. 26.7 Identifizierung einer umstrittenen Technologie

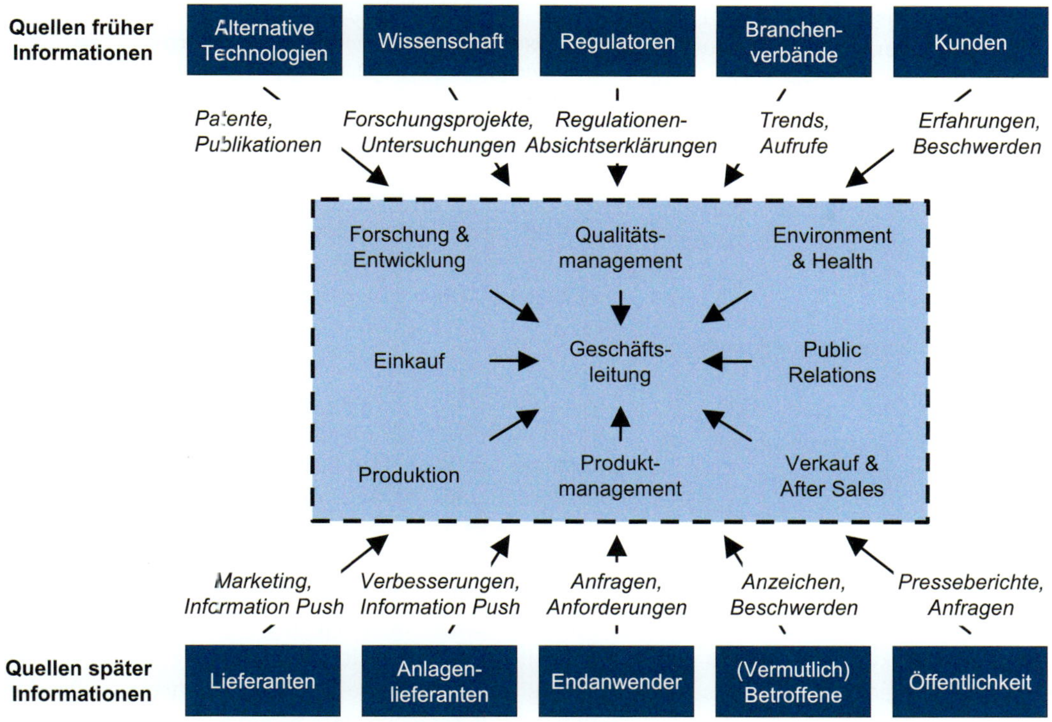

Abb. 26.8
Informationen aus dem gesamten Umfeld müssen verdichtet werden.

tere Informationen liefern können. Diese ersten Anzeichen diffundieren oft über einen längeren Zeitraum in die Unternehmen hinein und erregen zu Beginn kein Aufsehen (siehe Abb. 26.8). Eine gute Quelle für solche frühen Informationen sind Branchenverbände und Regulatoren. Lieferanten machen oft erst später auf solche Probleme aufmerksam, da in diesen Geschäftsbeziehungen nicht gerne über solche Themen gesprochen wird. Informationen aus diesen Quellen sind im Gegenteil oft durch die Eigeninteressen der Informanten geprägt.
Häufig sammelt die Qualitätsabteilung solche Informationen (Abb. 26.9). Sie ist in vielen Staaten zur systematischen Produktbeobachtung verpflichtet und bietet sich daher an, um die ersten schwachen Signale zu einem Gesamtbild zu verdichten. Die Verantwortung zur Sicherstellung von Aufnahme und Analyse dieser Informationen liegt aber in jedem Fall bei der Geschäftsleitung. Ein Erfolgsfaktor in diesem Prozess ist, dass die unterschiedlichen Abteilungen, welche solche frühen Signale wahrnehmen können, diese auch weiterleiten.

26.3.2 Bestimmen des eigenen Einsatzes der Technologie

Zum Abschätzen des eigenen Bezuges zu einer Technologie verfügen Unternehmen über genügend Expertenwissen. Diese Analyse setzt aber voraus, dass die Unternehmung bereits ein klares Verständnis besitzt, welche Technologie es zu analysieren gilt. Personen mit dem not-

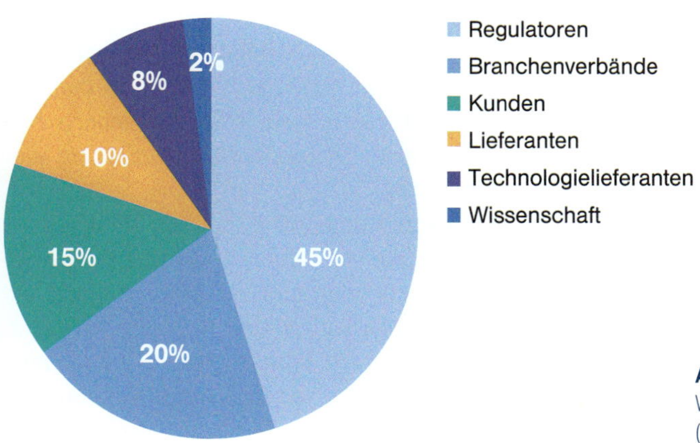

Abb. 26.9
Wie frühe Informationen in die Unternehmen gelangen (Boutellier/Biedermann 2006, Umfrage, N = 42)

wendigen technologischen Fachwissen müssen mit Experten des identifizierten Trends zusammengebracht werden. Diesen Austausch zu garantieren und die Analyse von umstrittenen Technologien voranzutreiben, ist Aufgabe der Geschäftsleitung. Der Schnittstelle zu den Lieferanten kommt bei der Identifikation des möglichen Einsatzes von Technologien eine wichtige Rolle zu, da der Großteil der Technologien durch die Lieferanten und nicht die eigene Firma eingesetzt wird.

Verschiedene Möglichkeiten zum Phase-In einer Technologie

Unternehmen können in verschiedener Weise in Beziehung zu einer Technologie stehen:

- Sie können die Technologie in den eigenen Prozessen oder Produkten anwenden.
- Lieferanten können die Technologie in ihren Prozessen oder Produkten verwenden.
- Die hergestellten Produkte werden erst durch die Kunden zu einer neuen Technologie zusammengesetzt.

Der Einsatz einer Technologie kann bewusst oder unbewusst erfolgen. Der Phase-In einer Technologie wird in der Regel durch einen bewussten Entscheid beschlossen. Bei Basistechnologien liegt dieser Entscheid aber nicht selten mehrere Jahrzehnte zurück oder ihre Anwendung wird von Mitarbeitern oder Geschäftspartnern als selbstverständlich verstanden und ist nur noch wenigen Mitarbeitern bewusst. Unternehmen müssen alle drei Beziehungen überwachen und können spezifische Kontrollmethoden anwenden (Abb. 26.10). Die gestiegene Transparenz entlang der Wertschöpfungskette und die ständig verbesserten Qualitätsmanagementsysteme beugen dem unbewussten Einsatz von Technologien vor. Er kann jedoch nie vollständig ausgeschlossen werden.

Liefervereinbarungen	**Technologieplanung**	**Technologiebeobachtung**	Bewusster Einsatz
Überwachung von Lieferanten	**Internes Qualitätswesen**	**Produktbeobachtung**	Unbewusster Einsatz
Einsatz durch Lieferant	Einsatz durch Firma	Einsatz durch Kunden	

Abb. 26.10 Drei Ansätze zur Kontrolle des Technologieeinsatzes

26.3.3 Anstoß von systematischen Abklärungen

Nachdem Unternehmen eine Technologie als potenziell problematisch eingestuft haben, beginnen systematische Aktivitäten. Der Anstoß zu solchen Aktivitäten wird durch einen internen Promoter gegeben, welcher sich des Themas annimmt. Da die frühen Informationen häufig durch die Qualitätsabteilungen gesammelt werden, bringen meist auch diese Mitarbeiter das Thema auf die Managementagenda. Wenn Handlungsbedarf aufgrund von Kundenforderungen besteht, wird die Verkaufsabteilung das Thema propagieren, bei aufkommenden Beschaffungsproblemen wird der Einkauf aktiv. Der Geschäftsleiter nimmt sich des Themas in der Regel an, wenn es sich um eine unternehmensweite Krisensituation mit hohem Zeitdruck handelt, größere Investitionen notwendig sind, keine prädestinierte Abteilung besteht oder das Thema die Reputation der Unternehmen stark beeinflusst.

Die Auslöser für systematische Aktivitäten sind vielseitig. Obwohl erste Informationen oft bereits seit Langem vorliegen, verhelfen erst die später eintreffenden Anfragen von Kunden oder auch die Abkündigung von Produkten durch Lieferanten dem Thema zur genügenden Relevanz. Durch diese wird die wirtschaftliche Betroffenheit des Unternehmens greifbar.

26.4 Umgang mit einer umstrittenen Technologie

Ist sich das Management der Relevanz einer Kontroverse um eine Technologie bewusst, sind zwei Einflussgrößen für das weitere Vorgehen entscheidend: *Druck zum Phase-Out der Technologie* und *Verfügbarkeit von Alternativen.* Unternehmen befinden sich in einer von vier generischen Situationen: Dominantes Design, Lock-In, Zugzwang oder Trade-Off (Abb. 26.11).

Neben dem Druck zum Phase-Out einer Technologie bestimmt die Verfügbarkeit von Alternativen ebenfalls maßgeblich den Handlungsspielraum der Unternehmen. Die rein technische Machbarkeit genügt hierbei noch nicht. Vielmehr muss das Wertschöpfungsnetzwerk auf die neuen Technologien vorbereitet werden, eventuelle neue Nebenwirkungen brauchen ebenfalls längere Abklärungen.

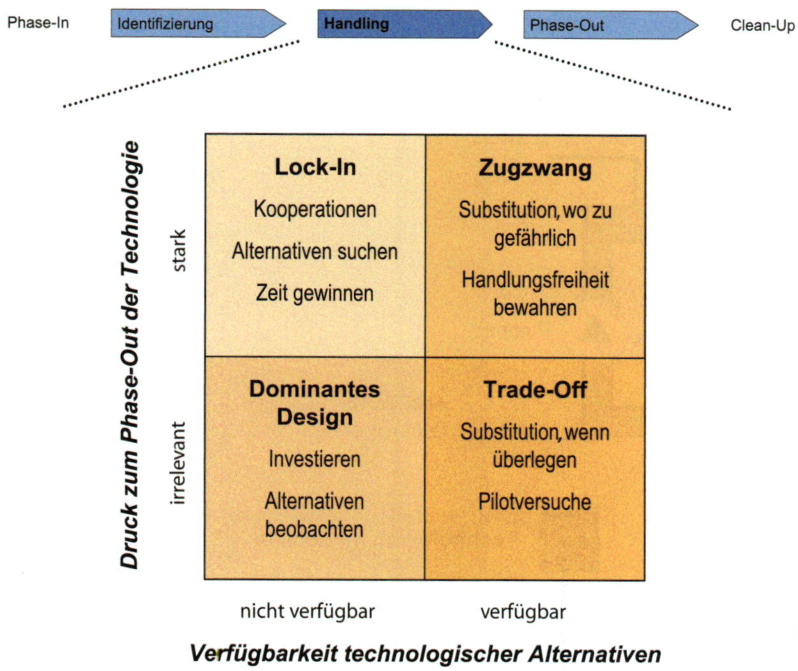

Abb. 26.11
Vier generische Situationen

Druck zum Phase-Out einer Technologie

Druck zum Phase-Out einer Technologie entsteht nicht nur aufgrund von direkten gesellschaftlichen Auswirkungen, sondern wirkt häufig durch das Wertschöpfungsnetzwerk auf die Firma. Es können vier verschiedene Arten unterschieden werden:

- eigene Zweifel
- gesellschaftlicher Druck
- Nachfrageeinbruch
- Beschaffungsprobleme.

Eigene Zweifel können das Management zur Überzeugung bringen, dass der Technologieeinsatz nicht mehr sinnvoll ist. Sie werden oft durch neue wissenschaftliche Resultate oder durch eigene Beobachtungen geweckt. Sie können auch durch einen Strategiewechsel der Unternehmen entstehen. So veranlasste der Tod seines Chief-Engineers Edison damals zur Aufgabe der Röntgentechnologie (Kevles 1997).

Der *gesellschaftliche Druck* manifestiert sich in staatlichen Verboten, Besteuerungen, negativen Medienberichten oder auch öffentlichen Protesten: Asbest wurde verboten.

Der *Nachfrageeinbruch* kündet sich oft durch Kundenanfragen nach alternativen Technologien an: Europäische Kunden wollen keine genetisch modifizierten Pflanzen.

Wenn Lieferanten ihr Sortiment straffen oder die Preise für Rohmaterialien steigen, können *Beschaffungsprobleme* Trends aufzeigen: Viele Chemikalien kann man nur in limitierten Dosen kaufen.

26.4.1 Dominantes Design

Bei Technologien im *Dominanten Design* überwiegen die positiven Eigenschaften in der Wahrnehmung und die Technologien breiten sich rasch aus: In Spraydosen wurden lange Zeit vorwiegend die Ozonschicht schädigenden Fluorchlorkohlenwasserstoffe (FCKWs) eingesetzt; Bleistabilisatoren für Polyvinylchlorid (PVC) haben sich jahrzehntelang bewährt, sie sind aber ab 2015 in der EU generell verboten. Zweifel an der Technologie sind in diesen Phasen von spekulativer Natur.

Dominante Technologien laufen Gefahr, unterschätzt zu werden, da sie aus der Wahrnehmung verschwinden. Parallel zur Entwicklung dominanter Technologien etablieren sich auch Strukturen im Wertschöpfungsnetzwerk, welche deren Einsatz effizienter gestalten, aber zugleich auch die Abhängigkeit von dieser erhöhen. Industriestandards entstehen und Produkte werden für den Einsatz der Technologie optimiert.

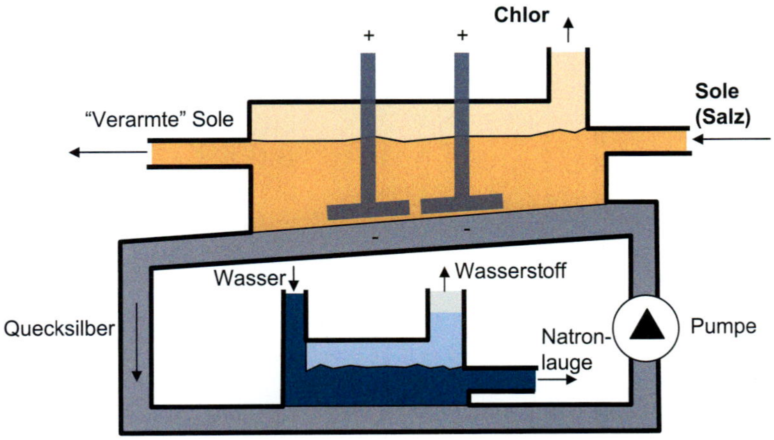

Abb. 26.12
Quecksilber-Zelle zur Chlorherstellung

III

> **Dominante Technologien zur Chlorherstellung**
>
> Chlor wird heute größtenteils elektrolytisch aus natürlichem Salz hergestellt. Diese Art der Chlorgewinnung ist schon über zweihundert Jahre bekannt, aber erst die Entwicklung geeigneter Generatoren und Grafitanoden Ende des 19. Jahrhunderts ermöglichte die industrielle Chlorherstellung mit diesem Verfahren: An der Anode entsteht Chlor, an der Kathode Natronlauge und Wasserstoff. Ein zentraler Prozessschritt ist dabei die Trennung des Chlors von den restlichen Reaktionsprodukten. Dazu setzten sich zwei Trenntechnologien als dominante Prinzipien durch: die Diaphragma-Zelle und die Quecksilber-Zelle (Abb. 26.12). Ende der 1970er Jahre wurden rund 80 % des gesamten Chlors in Westeuropa mittels Quecksilbertechnologie produziert (EuroChlor 2004). Alle anderen Technologien setzten sich nur in Nischen durch.

26.4.2 Lock-In-Situation

Eine Lock-In-Situation entsteht, wenn Druck zum Phase-Out der Technologie besteht, aber keine akzeptablen Alternativen realisierbar sind. Das Unternehmen muss also die umstrittene Technologie weiter einsetzen. Ein Lock-In kann Jahre andauern und Managementkapazitäten binden; die unsichere Zukunft hemmt Investitionen in neue Anlagen.

> **Technologien im Lock-In**
>
> Fossile Brennstoffe, Nuklearenergie, der Einsatz gewisser Pestizide oder die Mobilkommunikation sind Technologien, gegen deren Einsatz Widerstand besteht. Ein Technologiewechsel ist aber nicht ohne Weiteres machbar. Für mobile Datenübertragung bestehen beispielsweise keine akzeptablen Alternativen zu der elektromagnetischen Strahlung.

Die Bedingungen zum Lock-In entwickeln sich bereits im Dominant Design, indem zum einen alternative Technologien nicht mehr weiterverfolgt werden und zum andern die wirtschaftliche Abhängigkeit von der Technologie wächst. Der Lock-In wird deutlich, sobald die Ablehnung der Technologie steigt. Wenn ein Unternehmen in dieser Situation eine Technologie nicht mehr einsetzen will, so bleibt ihm nur der Marktausstieg, der oft mit hohen Abschreibungen verbunden ist.

> **Mittel zum Verringern des Druckes gegen eine Technologie**
>
> Den Unternehmen stehen verschiedene Möglichkeiten zur Verfügung, um den Druck gegen eine Technologie zu verringern:
>
> - End-of-Pipe-Lösungen
> - Optimieren der umstrittenen Technologie
> - positive Beeinflussung der Wahrnehmung der Technologie
> - Hervorheben von Nachteilen der Alternativen.
>
> *End-of-Pipe-Lösungen* verringern den Effekt einer Technologie, ohne dass die Technologie selber

stark verändert wird. Bekannte Beispiele sind die Automobilkatalysatoren, Abschirmungen alter Röhrenmonitore, um die elektromagnetische Strahlung einzudämmen, oder auch Sicherheitsabstände zwischen Anbaufeldern genmanipulierter Pflanzen und biologischen Kulturen. In der Prozessindustrie finden Abluftfilter häufig Verwendung.

Optimierung der umstrittenen Technologie zielt darauf ab, ihren Einsatz zu verringern, um so den negativen Effekt einzudämmen. Das 3-Liter-Auto, verbesserte Isolation von Brennöfen, um den Energieverbrauch zu senken, oder auch effizientere Übertragungsprotokolle in der Mobilkommunikation sind hier Beispiele.

Positive Beeinflussung der Wahrnehmung der Technologie zielt darauf ab, zum einen den Nutzen der Technologie wieder ins Bewusstsein zu rufen und zum anderen auch, den negativen Effekt zu objektivieren. Mobilkommunikationsanbieter oder die PVC-Industrie unterstützen so häufig die wissenschaftliche Erforschung möglicher Effekte.

Hervorheben von Nachteilen der Alternativen dient dazu, den Lock-In zu begründen und Außenstehenden bewusst zu machen, dass eine Substitution auch Nebenwirkungen hat: Nuklearenergie ist CO_2-neutral, Braunkohlekraftwerke nicht. ■

26.4.3 Zugzwang

Der Druck zum Phase-Out erhöht sich erneut, sobald Alternativen verfügbar sind, und Unternehmen geraten in Zugzwang. Sie können die umstrittene Technologie nur noch zeitlich beschränkt einsetzen. Unternehmen wählen dann in der Regel die Technologiesubstitution. Marktausstieg ist wenig attraktiv und die Verringerung des Druckes zum Phase-Out verspricht nur ungewissen Erfolg. Im Gegenteil werden die Konkurrenten, welche die Technologie bereits ersetzt haben, den Druck zu erhöhen versuchen. Marketingmaßnahmen wie die Hervorhebung von Argumenten wie „bleifrei“ beim Autobenzin oder „chlorfrei gebleicht“ bei Papieren sind hier beliebt.
Unternehmen versuchen, Zugzwang wenn immer möglich zu verhindern, da der Zeitdruck zum einen den Aufwand und die Abschreibungen erhöht, zum anderen aber auch für Qualitätsfragen nicht genügend Zeit bleibt. Es fehlt insbesondere an Langzeiterfahrungen. Auch müssen unter Umständen unausgereifte Technologien aus anderen Branchen eingesetzt werden.

Synchronisierung des Phase-Outs mit anderen Prozessen

Die Prozessindustrie wechselt Produktionstechnologien oft im Rahmen der Gesamterneuerung einer Anlage: In Europa sind zur Chlorgewinnung bestehende Quecksilber-Zell-Anlagen noch weiter zugelassen, für Neuprojektierung sind sie jedoch nicht mehr gestattet. Durch die Synchronisierung von Anlagenlebensdauer und Einsatzbewilligung der Technologie können erhebliche Kosten eingespart werden. Der Phase-Out dauert mehrere Jahrzehnte; das aktuell verfolgte Phase-Out-Datum ist 2020. ■

26.4.4 Trade-Off

Beim Trade-Off spielt der Druck zum Phase-Out einer Technologie keine große Rolle und Alternativen sind verfügbar. Der Entscheid zum Phase-Out einer Technologie wird aufgrund von leistungsorientierten und finanziellen Kriterien getroffen. Unternehmen im Trade-Off befinden sich auf dem Pfad der klassischen Substitution. Alternativtechnologien werden bereits in Nischen eingesetzt.
Der Technologiewechsel ist möglich. Obwohl erste Anzeichen einer Kontroverse vorliegen, besteht noch kein Anlass zur sofortigen Substitution. Unternehmen befinden sich in der Lage, den Wechsel mit anderen Abläufen im Unternehmen zu koordinieren und so beispielsweise Produkte im Rahmen der regulären Sortimentserneuerung auf die neue Technologie umzustellen. Der Aufwand ist wesentlich kleiner und die Sicherheit steigt.
Verweilt ein Unternehmen zu lange im Trade-Off, kann es nachträglich mit dem Vorwurf der wissenden Untätigkeit konfrontiert werden, was in den USA im schlimmsten Fall zu „punitive damages“ führen kann: Das Unternehmen wird für seine moralisch verwerfliche Einstellung verurteilt und büßt dafür.

Trade-Off: Bleifreies Löten schon länger in Nischen verwendet

Bleifreie Lötmaterialien weisen einen höheren Schmelzpunkt auf als bleihaltige. Daher wird bleifreies Löten von Elektronikbauteilen in der Elektronikindustrie bereits seit Längerem eingesetzt: zum einen für Spezialanwendungen für hohe Betriebstemperaturen, wie etwa Steuerungselektronik für Verbrennungsmotoren, aber auch für Produktionsprozesse, in welchen mehr-

III

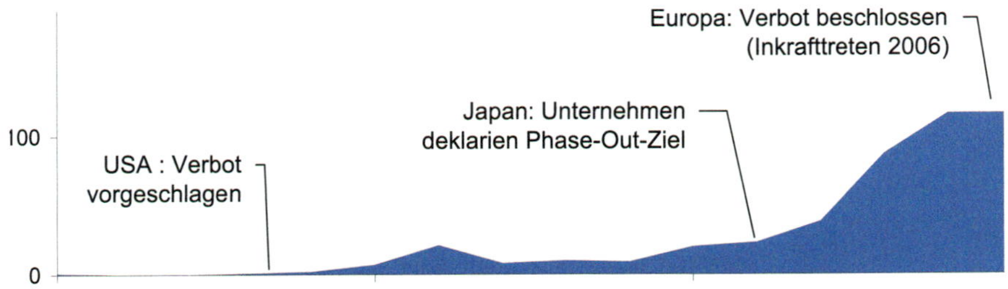

Abb. 26.13
Wissenschaftliche Publikationen zum bleifreien Löten (Daten: Web of Science, 2006)

maliges Löten notwendig ist. In diesen Prozessen sind hoch schmelzende Lote notwendig, um ein Aufbrechen beim zweiten Erhitzen zu vermeiden. Das bleifreie Löten wurde aber nur von wenigen Spezialfirmen angeboten.

Hervorgerufen durch die aufkommende Forderung nach bleifreier Elektronik ist die Anzahl wissenschaftlicher Publikationen in den 1990er Jahren zu diesem Thema massiv angestiegen (Abb. 26.13).

III

26.5 Phase-Out einer umstrittenen Technologie und Clean-Up

Der dritte Schritt im Umgang mit umstrittenen Technologien ist deren Phase-Out. Aus Sicht von einzelnen Unternehmen kann ein übereilter Phase-Out den Verlust eines ganzen Geschäftszweiges bedeuten, für die Gesellschaft kann er einen massiven Einschnitt in die Lebensqualität zur Folge haben. Der Phase-Out kann nach unterschiedlichen Szenarien verlaufen. Diese Szenarien enden entweder mit der Substitution der Technologie, dem Marktausstieg oder einer neuerlichen Akzeptanz der Technologie (Abb. 26.14). Der Marktausstieg wird nur selten gewählt. Ein einfacher Phase-Out ist häufig nicht möglich, da die Unternehmen und die Gesellschaft von Technologien abhängig sind.

26.5.1 Substitution oder Marktausstieg

Den Unternehmen stehen zum Phase-Out einer Technologie zwei Möglichkeiten zur Verfügung: *technologische Substitution* und *Marktausstieg resp. Produktabkündigungen.* Unternehmen wählen oft eine Kombination zwischen Substitution und Marktausstieg: Einzelne Produkte mit noch großem Potenzial werden umgestellt, andere Produkte am Ende des Lebenszyklus werden abgekündet. Teilweise werden auch einzelne Marktregionen nicht mehr bedient, da die Anforderungen lokal nicht mehr erfüllt werden können oder die Risiken zu stark ansteigen. Durch einen teilweisen Ausstieg gehen aber in jedem Fall Skaleneffekte verloren.

Der Phase-Out einer Technologie kann auch intern auf Widerstand stoßen, da das technologische Wissen von Mitarbeitern obsolet wird. Oft ist es für Unternehmen auch nicht möglich, aus einer Technologie vollständig auszusteigen, da einzelne Kunden die Technologie noch immer fordern.

Die Auswirkungen einer Technologiesubstitution auf Unternehmen sind unterschiedlich. Da oft keine 1 : 1-Substitutionen verfügbar sind (Abb. 26.15), ist eine größere Anzahl an Unternehmen entlang der gesamten Wertschöpfungskette von der Umstellung betroffen. Daneben lässt der Einsatz von verschiedenen Substitutionen die bislang erzielten Skaleneffekte sinken. Die Substitution einer Technologie benötigt Zeit. Jahrzehntelange Erfahrung kann nicht innerhalb weniger Monate ersetzt werden.

Auswirkungen des Phase-Out von bleihaltiger Elektronik

Der Ausstieg aus der bleihaltigen Elektronik wurde durch den Ersatz der dominanten Zinn-Blei-Legierungen durch andere Lotlegierungen vollzogen. Von Herstellern der Lötmaterialien bis hin zu den Distributoren der Endprodukte waren sehr viele Unternehmen von der Umstellung betroffen. Viele Prozesse mussten angepasst werden.

Die größte Herausforderung stellt die höhere Löttemperatur dar (Abb. 26.16). Daneben sind die neu verwendeten Legierungen ebenfalls aggressiver und teurer.

Es ist ein schwieriges Unterfangen, Alternativen zu dominanten Technologien verfügbar zu machen: Die Alter-

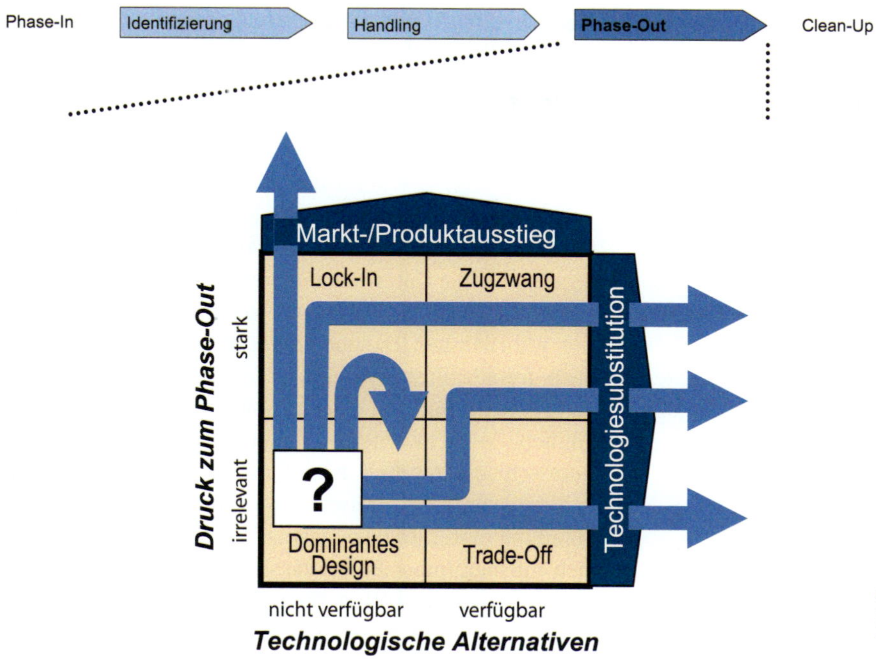

Abb. 26.14 Fünf Szenarien für umstrittene Technologien

Ursprüngliche Anwendung von FCKW	FCKW	notwendige FCKW-Substitute (nicht vollständig)													
		Chlorfreies H-FKW	Ammoniak	flüssiger Stickstoff	Propan-Butan-Gasmischung	Pentan	Kohlenstoffdioxid	Natriumcarbonat-Pulver	Ammoniumsulfat-Pulver	Druckluft	Stickstoff	Dimethylether	Alternative Schädlingsbekämpfung	Nicht-halogenierte Kohlenwasserstoffe	Reinigungsmittel auf Wasserbasis
Kühlgeräte	X	X	X	X	X										
Autoklimaanlagen	X	X													
Treibmittel bei Kunststoffschäumen	X	X				X	X								
Feuerlöscher	X						X	X	X						
Treibmittel in Spraydosen	X				X		X			X	X	X			
Schädlingsbekämpfung	X												X		
Reinigungsmittel	X													X	X
Lösemittel	X													X	X

Abb. 26.15 FCKW: Eine Technologie wird durch viele andere ersetzt.

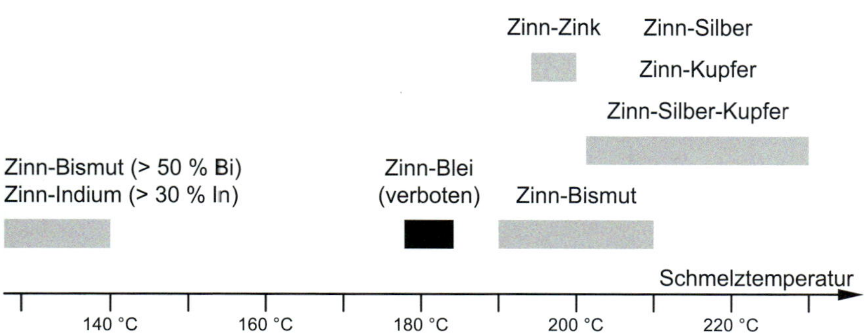

Abb. 26.16 Schmelztemperaturen verschiedener Lotlegierungen (Grossmann 2004)

nativen erreichen das geforderte Leistungsniveau nicht sofort, die notwendigen Wertschöpfungsnetzwerke sind noch nicht ausgereift und das Kundenvertrauen in die neue Technologie fehlt. Alternative Technologien entwickeln sich daher häufig in fremden Anwendungsgebieten und Nischenmärkten.
Unternehmen bewahren sich ihre Flexibilität durch gezielte Kenntnis alternativer Technologien, auch wenn keine konkreten Anhaltspunkte zu Zweifeln bestehen. So konnten Nahrungsmittelhersteller bei der aufkommenden Acrylamid-Panik 2002 rasch auf unbedenklichere Rohstoffe wechseln oder Kunststoffunternehmen konnten durch ständiges Testen von Alternativen alternative Stoffe einsetzen, als Blei-Stabilisatoren unter Beschuss gerieten.

26.5.2 Aufräumarbeiten nach dem Phase-Out

Unternehmen müssen sich auch nach dem Phase-Out einer Technologie noch mit dieser beschäftigen. Wie der Fall des Asbests aufzeigt, können Wiedergutmachungs- oder Strafzahlungen ein Unternehmen noch Jahrzehnte nach der letzten Anwendung einer Technologie beschäftigen und hohe Kosten verursachen. Es bestehen oft Verpflichtungen zum Liefern von Ersatzteilen oder die Firma muss die fachgerechte Entsorgung von Produkten oft noch mehrere Jahrzehnte lang sicherstellen.

26.6 Implikationen für das Qualitätsmanagement

Umstrittene Technologien finden sich in allen Industrien. Neben der Toxizität chemischer Substanzen erscheinen neue Phänomene wie der „Mausarm“ bei intensiver Computerarbeit oder der Elektrosmog. Sie können für Firmen eine existenzielle Bedrohung darstellen. Das Aufkommen von Zweifeln an einer Technologie verändert die Qualitätsansprüche der Kunden an die Produkte, indem nämlich häufig der Einsatz der Technologie nicht mehr akzeptiert wird, und stellt eine große Herausforderung für das Qualitätsmanagement dar.

26.6.1 Umstrittene Technologien – Ein typisches Qualitätsthema

Das Qualitätsmanagement ist in vielen Fällen die erste Anlaufstelle für Anfragen zu umstrittenen Technologien. Es ist wichtig, dass die Qualitätsabteilung solche Anfragen sammelt, auswertet und bei Bedarf systematische Abklärungen vornimmt, da die Anfragen häufig aus unterschiedlichen Unternehmensbereichen stammen. Qualitätsverantwortliche können eine solche Querschnittsfunktion wahrnehmen. Daneben muss der Beobachtungsraum auch fremde Branchen umfassen, da Kontroversen um Technologien leicht in den eigenen Markt überschwappen können. Verschiedene Personen nehmen Technologien unterschiedlich wahr. Ein bleihaltiges Lot ist in der Öffentlichkeit primär ein „Schwermetall“, für die Entwicklungsabteilung eine „SnPb-Legierung“ und der Verkauf genügt sich mit der Information, dass es sich um einen „nicht RoHS-konformen“ Hilfsstoff handelt.
Der Einsatz einiger Technologien ist offensichtlich, viele aber sind in eingekauften Komponenten oder Anlagen versteckt und nur wenigen Mitarbeitern bekannt. Basistechnologien geraten gerne in Vergessenheit und ihr Einsatz ist nicht mehr bekannt. Die Fähigkeit, den eigenen Bezug zu einer Technologie zu eruieren, ist eine notwendige Voraussetzung zum sicheren Umgang mit umstrittenen Technologien.

26.6.2 Fünf Handlungsvarianten

Dem Management stehen fünf Handlungsvarianten zur Verfügung: Akzeptanz erhöhen, Alternativen verfügbar machen, Alternativen verunmöglichen, Technologiesubstitution und Marktausstieg.
Diese Varianten sind je nach Situation sinnvoll anwendbar (Abb. 26.17). Alternativen verfügbar zu machen ist das am häufigsten verfolgte Vorgehen. Unternehmen stehen oft einer zunehmenden Ablehnung von eingesetzten Technologien gegenüber, ohne dass Alternativen verfügbar sind. Sie müssen daher Alternativen unter externem Druck entwickeln. Daneben versuchen Unternehmen auch, den Druck gegen eine Technologie zu verringern, jedoch meist nur mit kurzfristigem Erfolg.

26.6.3 Langzeitzuverlässigkeit von Technologien frühzeitig adressieren

Langzeitzuverlässigkeit von alternativen Technologien ist bei Substitution unter Zeitdruck in der Regel ein Problem, da keine oder nur sehr allgemeine Langzeitstudien zur Verfügung stehen. Die Bedingungen, unter denen die Techno-

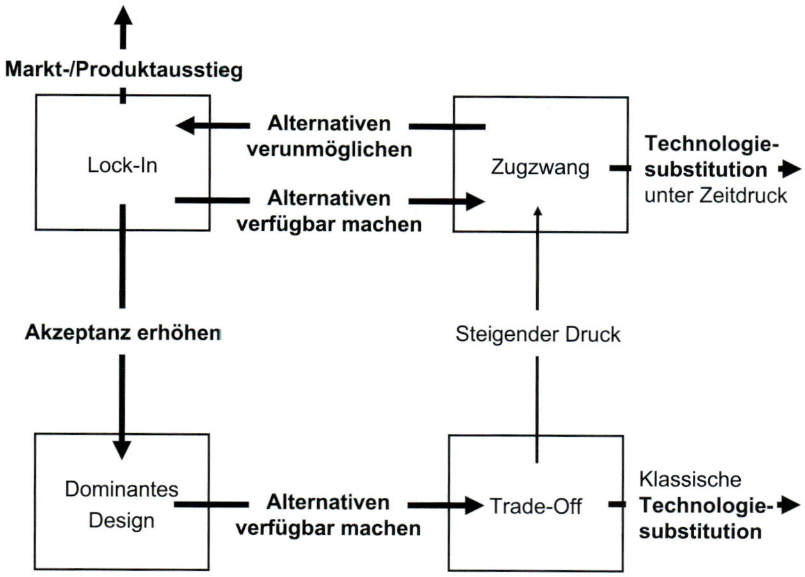

Abb. 26.17
Fünf Handlungsalternativen für die Unternehmen

III

logien eingesetzt werden, variieren von Produkt zu Produkt. Resultate aus allgemein verfügbaren Langzeittests sind daher nur bedingt für das eigene Unternehmen verwendbar. So machte z. B. der Deutsche „Zentralverband Elektrotechnik- und Elektronikindustrie" bereits in den 1990er Jahren die Unternehmen darauf aufmerksam, dass solche Themen in Bezug auf bleifreie Elektronik möglichst frühzeitig zu adressieren seien, um auch in Zukunft die Qualität der Produkte zu gewährleisten (ZVEI 1999). Der bekannteste Langzeiteffekt bei bleifreien Lötmaterialien ist die spontane Bildung von kleinen Dendriten auf der Oberfläche der Lötstellen, welche Kurzschlüsse verursachen können. Daneben tritt z. B. auch eine spontane Zersetzung von Legierungen bei sehr tiefen Temperaturen auf. Dies macht einige Spezialanwendungen schwierig. Blei wurde früher unter anderem auch zur Verhinderung dieser Effekte hinzugefügt. Über Nebenwirkungen der neuen Materialien lässt sich nur spekulieren.

Literatur

Allenby, B. R.: Industrial Ecology. Policy Framework and Implementation. AT & T, Prentice Hall, New Jersey 1999

Bernauer, T./Ruloff, D.: Handel und Umwelt. Zur Frage der Kompatibilität internationaler Regime. Westdeutscher Verlag, Opladen 1999

Boutellier, R./Biedermann, A.: Identification of issues with controversial technologies. In: International Journal of Technology Intelligence and Planning, 2, 3, 2006. S. 225 - 247

Carson, R. L.: Der stumme Frühling. Biederstein, München 1962

Collingridge, D.: The Social Control of Technology. Frances Printer, London 1980

Economist: Now you see it, now you don't. In: The Economist, 30. 11. 2004

EuroChlor: The European Chlor-Alkali Industry. Steps towards sustainable development. Progress Report September 2004. Euro Chlor, Brüssel 2004

Gee, D./MacGarvin, M./Stirling, A./Keys, J./Wynne, B./Guedes Vaz, S.: Late lessons from early warnings: the precautionary principle 1896 - 2000. In: Harremoës, P. (Hrsg.). European Environment Agency, Kopenhagen 2001

Grossmann, G.: Bleifreies Löten: Technik ist bereit. Bulletin SEV/VSE 17, 2004. S. 9 - 14

Kevles, B.: Naked to the Bone. Medical Imaging in the Twentieth Century. Rutgers University Press, 1997

Kogan, L. A.: Looking behind the curtain: The growth of trade barriers that ignore sound science. Executive Summary. National Foreign Trade Council, Inc., Washington 2003

Laukenmann, J.: Drei Sensoren: Nachweis von kleinsten Konzentrationen. In: Neue Zürcher Zeitung, 28. 11. 2001

OECD: Emerging Risks in the 21st Century. An agenda for action. OECD Publications Service, Paris 2003

Perrow, C.: Normale Katastrophen: die unvermeidbaren Risiken der Großtechnik. Campus Verlag, Frankfurt, New York 1992

Sexton, K./Needham, L. L./Prikle, J. L.: Human Biomonitoring of Environmental Chemicals. In: American Scientist 92, 2004. S. 38 - 45

Tapscott, D.: The digital economy. McGraw-Hill 1996

Tenner, E.: Die Tücken der Technik: Wenn Fortschritt sich rächt. Fischer, Frankfurt a. M. 1997

vom Saal, F. S./Hughes, C.: An extensive new literature concerning low-dose effects of Bisphenol A shows the need for a new risk assessment. Environmental Health Perspectives 2005

Weingart, P.: Science and the media. In: Research Policy 27, 1998. S. 869 - 879

ZVEI: Bleifreies Löten. Materialien, Komponenten, Prozesse. Zentralverband Elektrotechnik- und Elektronikindustrie e. V., Frankfurt a. M. 1999

C Produktion

27 Messen und Prüfen

27.1 Bedeutung des Messens für das Qualitätsmanagement 625

27.2 Grundlagen und Begriffe 626
27.2.1 Wichtige Begriffe 626
27.2.2 Grundsätzlicher Ablauf einer Prüfung 629
27.2.3 Grundvoraussetzungen für das Messen 630
27.2.4 Angabe eines Messergebnisses 631

27.3 Mess- und Prüfmittel 633
27.3.1 Lehren 634
27.3.2 Handmesszeuge 636
27.3.3 Normale 638
27.3.4 Taktile Messgeräte 639
27.3.5 Optische Verfahren 644
27.3.6 Verfahren zur Prüfung nicht geometrischer Größen 649

27.4 Qualitätssicherung von Mess- und Prüfergebnissen 649
27.4.1 Einflüsse auf das Messergebnis 649
27.4.2 Qualität eines Mess-/Prüfergebnisses und eines Mess-/Prüfprozesses 653
27.4.3 Überwachung der Prüfmittel 658
27.4.4 Dokumentation von Messergebnissen 658

27.5 Interpretation von Mess- und Prüfergebnissen 659
27.5.1 Auswirkungen der Messunsicherheit auf die Konformitätsprüfung 659
27.5.2 Auswirkung der Messunsicherheit auf die Prozesslenkung und -optimierung 660
27.5.3 Auswirkung der Messunsicherheit auf andere Bereiche 661

27.6 Zusammenfassung und Ausblick 662

27 Messen und Prüfen

Albert Weckenmann, Teresa Werner

Im Rahmen des Qualitätsmanagements sind während allen Phasen der Produktentstehung zuverlässige, quantitative Informationen über Eigenschaften der Produkte, über Parameter der Prozesse sowie über die Eignung und Fähigkeit der eingesetzten Prüfmittel eine unverzichtbare Grundlage für Entscheidungen. Diese quantitativen Informationen sind in der Regel Messergebnisse, welche in Messprozessen gewonnen werden, oder aus dem Vergleich der Messergebnisse mit vorgegebenen Spezifikationen erzielte Prüfergebnisse, welche beispielsweise zur Konformitätsbewertung, zur Feststellung der Fähigkeit eines Fertigungsprozesses, zur Prüfmittelüberwachung und anderes mehr benötigt werden.

Um auf der Grundlage von Mess- und Prüfergebnissen fundierte Entscheidungen treffen zu können, ist es sowohl erforderlich, dass das zuständige Personal für das Durchführen von Messungen über fundierte und tief gehende Kenntnisse der Messverfahren, der sich im Messergebnis auswirkenden Einflussgrößen und der angewandten mathematischen Auswerteverfahren verfügt, als auch, dass der Entscheider mit seinem Wissen über das Zustandekommen des Messergebnisses und den Ablauf der Prüfprozesse die Zuverlässigkeit seiner Entscheidungsgrundlage bewerten kann. Dazu gehören einerseits Kenntnisse über die unterschiedlichen Prüfmittel und ihre typischen Einsatzgebiete, andererseits über die Interpretation der damit gewonnenen Ergebnisse und über die erforderlichen Maßnahmen, die zur Gewährleistung zuverlässiger Informationen notwendig sind.

Es werden Kenntnisse und Wissen über die Durchführung von Messungen und Prüfungen interessierender Merkmale an den Produkten und über die Prozesse sowie über die Bewertung der Ergebnisse benötigt. Beispiele sind:

- Grundlagen des Messens und Prüfens, z. B. über Grundvoraussetzungen des Messens, Messmethoden und über die korrekte Angabe von vollständigen Messergebnissen
- Mess- und Prüfverfahren, ihre Wirkungsweisen und Einsatzbandbreiten
- Sicherung der Verlässlichkeit und Qualität von Mess- und Prüfergebnissen
- Interpretation von Mess- und Prüfergebnissen.

Durch die Rolle der Prüfergebnisse als Entscheidungsgrundlage für Maßnahmen des Qualitätsmanagements ist die Qualität der mess- und prüftechnisch erfassten Informationen letztlich entscheidend für die Qualität der an den Kunden gelieferten Produkte sowie für die Wirtschaftlichkeit aller Fertigungsprozesse. Damit wirkt sich die Qualität der Mess- und Prüfergebnisse direkt auf den Erfolg des Unternehmens aus.

27.1 Bedeutung des Messens für das Qualitätsmanagement

Moderne, komplexe Produkte bestehen meistens aus einer Vielzahl von Bauteilen, die an verschiedenen Orten und von verschiedenen Personen gefertigt wurden – häufig sogar in verschiedenen Ländern – und erst bei der Montage zusammengeführt werden. Die Qualität des Endproduktes und seiner Bestandteile ist davon abhängig, inwieweit seine Merkmale die daran gestellten Anforderungen erfüllen. Für das Qualitätsmanagement ist es daher unverzichtbar, zuverlässige Informationen über die Eigenschaften eines Produktes und über dessen Herstellungsprozesse zu gewinnen. Denn erst dadurch wird es möglich, die Qualität der erzielten Ergebnisse zu beurteilen und geeignete Maßnahmen zu ergreifen, um sie erhalten, sichern und verbessern zu können.

Dieser Vergleich der tatsächlichen Eigenschaften mit den Spezifikationen im Rahmen der Qualitätsprüfung stellt eine wichtige Informationsquelle für Entscheidungen über das weitere Vorgehen dar. Dabei erfolgt die Prüfung längst nicht mehr nur als Endkontrolle zur Identifizierung von fehlerhaften Teilen, die nicht an den Kunden weitergegeben werden können, sondern sie ermöglicht den Aufbau von Qualitätsregelkreisen zur gezielten Steuerung der beteiligten Prozesse.

Üblicherweise werden dazu die Eigenschaften der Produkte nach der Durchführung einer bestimmten Anzahl von Arbeitsschritten gemessen. Die hier gewonnenen Informationen bilden die Voraussetzung für die Regelung der Fertigungsprozesse und dienen als Grundlage für die Entscheidung, ob eine Weiterleitung des Teils an den nächsten Arbeitsschritt oder zum Endkunden sinnvoll ist oder ob das Teil als Ausschuss deklariert bzw. nachbearbeitet werden muss. Dementsprechend werden sie z. B. bei der Führung von Qualitätsregelkarten bzw. bei der klassischen Qualitätskontrolle eingesetzt. Dabei werden an den gefertigten Produkten mit Längen- und Winkelmaßen, Form- und Lageabweichungen oder Rauheitswerten überwiegend geometrische Kenngrößen erfasst. Je nach hergestelltem Produkt müssen Materialkennwerte, wie Härte und Zugfestigkeit, elektrische Größen, wie Widerstand und Kapazität, oder andere Eigenschaften, wie Temperatur oder Masse, sowie nicht-quantifizierbare Merkmale, wie Geruch oder Geschmack, geprüft werden, wenn entsprechende Spezifikationen vorgegeben sind.

Daneben können die geforderten Funktionen von Werkstücken, Baugruppen oder Maschinen auch direkt geprüft werden. Diese Art der Prüfung ist besonders dann nützlich, wenn die Sicherstellung der Funktion durch Anforderungen an die Eigenschaften der einzelnen Werkstücke schwierig ist oder nur schwer geprüft werden kann. Zudem können Funktionsprüfungen auch ergänzend oder abschließend vor Auslieferung des fertigen Produktes durchgeführt werden, z. B. bei der Endprüfung eines Getriebes.

Weiterhin werden auch Parameter des Prozesses direkt erfasst und geregelt, wenn eine Regelung anhand der gefertigten Produkte nicht zweckmäßig oder auch nicht möglich ist. Dies ist z. B. bei der Temperaturüberwachung von Härteprozessen oder der Steuerung der Mengen in chemischen Prozessen der Fall. Dabei müssen so unter-

III

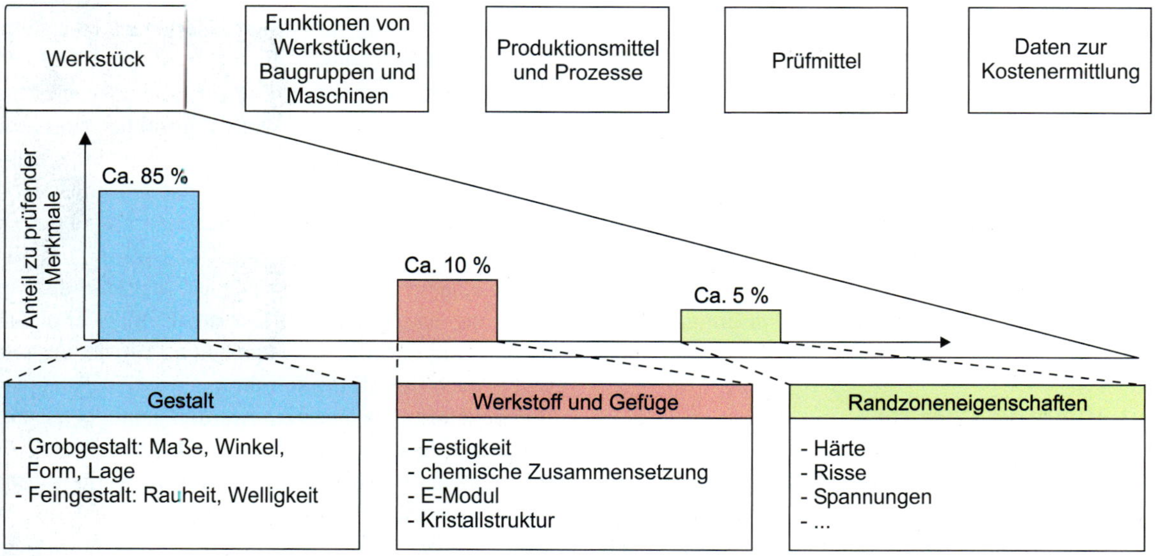

Abb. 27.1 Anwendungsbereiche und Messgrößen der Fertigungsmesstechnik im Maschinenbau

schiedliche Kenngrößen wie Temperatur, Fließgeschwindigkeit, Stoffkonzentrationen und vieles mehr erfasst werden.

Zusätzlich zu Produkten und Prozessen in der Fertigung müssen aber auch die Prüfmittel selbst überprüft werden. Denn von dem Ergebnis der Messung hängt letztlich das weitere Vorgehen ab. Fehlerhafte oder unzuverlässige Prüfergebnisse können zu erheblichem Schaden für den Kunden und das Unternehmen führen. Eine geeignete Überwachung der eingesetzten Prüfmittel ist daher unerlässlich.

Ein weiterer Einsatzzweck von Messungen ist die Beurteilung von Mengen oder Leistungsparametern aufgrund der Messdaten. Darunter fällt die Berechnung der Kosten anhand der gelieferten Menge oder der benötigten Zeitdauer, wofür unter anderem die Erfassung von Masse, Länge, Zeit, Stromdurchfluss oder Ähnlichem notwendig sein kann.

Das Spektrum der in der Qualitätsprüfung zu erfassenden Größen ist breit gefächert und stark abhängig von den gefertigten Produkten. Letztlich kann die Qualität der Erzeugnisse in jedem Fall nur so weit gewährleistet werden, wie sie in der Qualitätsprüfung erfasst werden kann. Die zeit- und kosteneffiziente Fertigung von immer komplexeren Produkten mit immer geringeren Toleranzen erfordert daher auch die Bereitstellung von geeigneten Verfahren zur Messung und Prüfung der Produkte, die präzise und zuverlässige Ergebnisse mit möglichst geringem zeitlichen und finanziellen Aufwand liefern müssen, sowie deren fachgerechte Umsetzung und die gezielte Einbindung der Prüfergebnisse in die Prozesse des Qualitätsmanagements.

27.2 Grundlagen und Begriffe

Trotz der vielfältigen Ausprägung des Messens und Prüfens im Rahmen des Qualitätsmanagements gelten einige grundlegende Prinzipien und Begriffe übergreifend für alle Anwendungsgebiete. Kenntnisse über diese Grundlagen sind eine unverzichtbare Voraussetzung zum Verständnis des Vorgehens bei der Qualitätsprüfung.

27.2.1 Wichtige Begriffe

Ein zentraler Begriff in Bezug auf die Qualitätsprüfung ist das *Merkmal*. Ein Merkmal ist allgemein eine „kennzeichnende Eigenschaft" eines bestimmten Objektes (DIN EN ISO 9000:2005) und dient „zum Erkennen und Unterscheiden von Einheiten" (DIN 55350-12). Dabei wird unterschieden zwischen quantitativen Merkmalen, deren Werte einer bestimmten Skala mit festgelegten Abständen zugeordnet sind, und qualitativen Merkmalen, bei denen dies nicht der Fall ist.

Können die Werte eines qualitativen Merkmals nach einem bestimmten System geordnet werden, sodass eine Rangordnung gebildet werden kann, wie dies etwa bei der Vergabe von Güteklassen bei Lebensmitteln der Fall ist, spricht man von Ordinalmerkmalen, d. h. Merkmalen, die nach einer Ordinalskala angeordnet werden können. Bei Nominalmerkmalen besteht dagegen zwischen den verschiedenen möglichen Werten des Merkmals keine solche Ordnungsbeziehung, d. h. es kann nur die Zugehörigkeit zu einer bestimmten Gruppe festgestellt werden, z. B. bei einer Zuordnung nach der Farbe.

Bei einer Prüfung wird festgestellt, ob das betrachtete Merkmal die gestellte Forderung (Qualitätsforderung, Spezifikation) erfüllt. Die beiden Begriffe Messen und Prüfen sind dabei eng miteinander verbunden. Eine *Prüfung* stellt eine „Konformitätsbewertung durch Beobachten und Beurteilen, begleitet – soweit zutreffend – durch Messen, Testen oder Vergleichen" dar (DIN EN ISO 9000:2005). Der Begriff des Prüfens umfasst damit jede Art des Vergleichs von Eigenschaften eines materiellen oder immateriellen Produktes oder Prozesses mit den daran gestellten Anforderungen. Grundsätzlich können zwei Arten des Prüfens unterschieden werden:

Beim *nichtmaßlichen, subjektiven Prüfen* beurteilt der Prüfer die Erfüllung des Merkmals aufgrund seiner subjektiven Wahrnehmung. Das Ergebnis der Prüfung wird somit stark von der persönlichen Eignung und momentanen Leistungsfähigkeit des Prüfers beeinflusst. Das nichtmaßliche Prüfen wird daher vor allem dort angewandt, wo keine anderen Prüfmethoden möglich sind, insbesondere bei der Bewertung von Geruch, Geschmack oder Ästhetik des Erscheinungsbilds.

Dabei können nur qualitative Merkmale beurteilt werden. Bei Ordinalmerkmalen erfolgt der Prüfentscheid anhand des Vergleichs mit der Vorgabe, bei Nominalmerkmalen kann nur festgestellt werden, ob das geprüfte Merkmal entsprechend seiner Ausprägung zur vorgesehenen Gruppe zählt.

Das *maßliche, objektive Prüfen* ist in der industriellen Fertigung wesentlich häufiger anzutreffen. Hier erfolgt die Prüfung mithilfe von geeigneten Prüfmitteln, mit denen je nach Gestaltung sowohl quantitative als auch qualitative Merkmale beurteilt werden können. Nach den möglichen Beobachtungsergebnissen können zwei Arten der maßlichen Prüfung unterschieden werden: Messen und Lehren (Abb. 27.2).

Beim *Messen* wird die Ausprägung eines Merkmals erfasst. Damit erhält man einen Messwert als quantitative

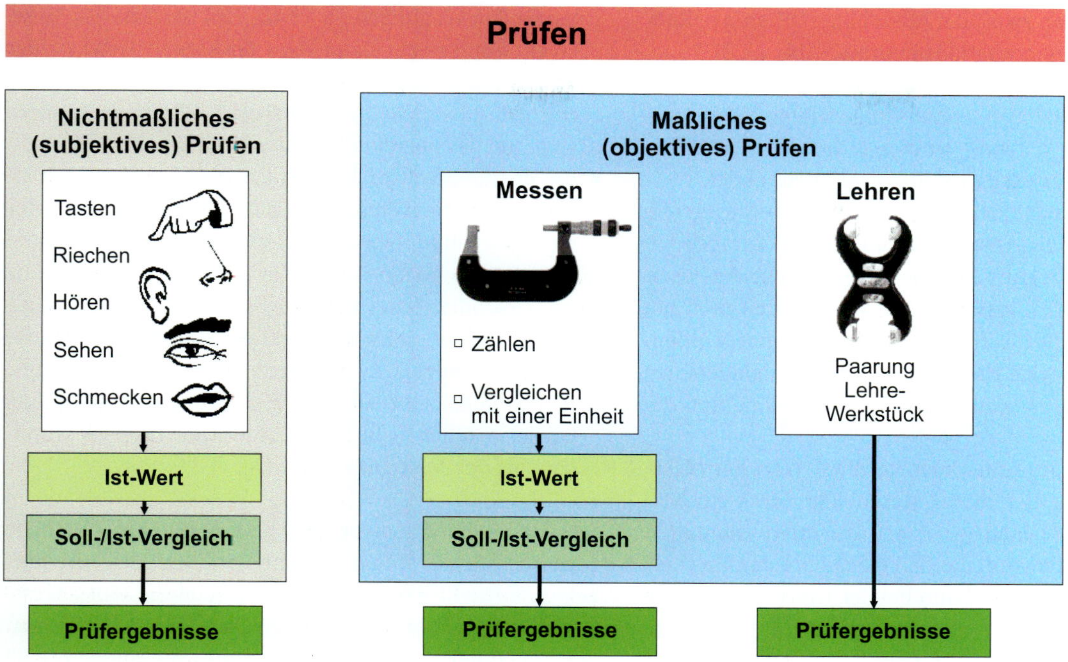

Abb. 27.2 Teilgebiete des Prüfens

III

Aussage und kann diese mit der Forderung an das Merkmal vergleichen. Beim Lehren wird das Merkmal mit einer Verkörperung der zulässigen Merkmalwerte verglichen. Durch Beobachtung (z.B. beim Versuch, die Gutseite der Lehre mit dem Werkstück zu paaren) kann dann unmittelbar festgestellt werden, ob das Merkmal die Anforderungen erfüllt, jedoch erhält man keine Information über die konkrete Ausprägung bzw. den Wert einer eventuellen toleranzüberschreitenden Abweichung.

Subjektives Prüfen und Lehren führen stets zu einer qualitativen Aussage über das Erfüllen oder Nichterfüllen der Spezifikation. Es ist nicht bekannt, wie weit das Merkmal vom Sollwert abweicht. Eine quantitative Aussage über die Abweichung vom Ist-Wert zum Soll-Wert kann nur mit einer Messung erreicht werden. Beim Lehren ist aber vorteilhaft, dass Entscheidungen sehr leicht und schnell getroffen werden können. Zudem ist die Handhabung meist weniger kompliziert als das Messen mit einem geeigneten Messgerät.

Welche Methode des Prüfens für ein bestimmtes Merkmal am besten geeignet ist, hängt von der jeweiligen Prüfaufgabe ab. Die häufigste Art der Prüfung ist das Messen, da hierbei die meisten Informationen über den tatsächlichen Zustand des Prüfobjekts gewonnen werden können.

Messungen können außer zum Vergleich von Ist- und Soll-Werten im Rahmen einer Prüfung auch zur reinen Informationsgewinnung durchgeführt werden, etwa zur mengenabhängigen Kostenberechnung oder zur Gewinnung wissenschaftlicher Erkenntnisse. *Messen* ist definiert als der „Prozess, bei dem einer oder mehrere Größenwerte, die vernünftigerweise einer Größe zugewiesen werden können, experimentell ermittelt werden" (VIM 2010) oder auch als das „Ausführen von geplanten Tätigkeiten zum Vergleich der Messgröße mit einer Einheit" (DIN 1319-1). Die *Messgröße* ist dabei eine „Größe, die gemessen werden soll" (VIM 2010). Dies kann alle Arten von quantitativen Merkmalen umfassen.

Beim *direkten Messen* wird der interessierende Wert ermittelt, indem die Messgröße mit einem Bezugswert derselben physikalischen Größe verglichen wird. Beim *indirekten Messen* wird der interessierende Wert anhand von bekannten Zusammenhängen aus einem oder mehreren anderen, direkt gemessenen Werten bestimmt. Beispielsweise kann die Länge eines Zimmers direkt durch das Anlegen eines Maßbandes, das eine Verkörperung der Größe Länge darstellt, und das Ablesen des Wertes ermittelt werden oder indirekt, indem die Zeitdauer zwischen Aussenden und Aufnehmen eines an der Zimmerwand reflektierten Schallimpulses gemessen wird. Bei bekannter Schallgeschwindigkeit kann daraus dann die Länge des Zimmers errechnet werden.

Jede Messung beruht auf einem bestimmten *Messprinzip*, das die physikalische Grundlage der Messung bildet (DIN 1319-1). Für die Messung werden vor allem physikalische Effekte aus den Bereichen der Mechanik, Optik und Elektrotechnik genutzt, häufig auch kombiniert.

Auf Basis eines Messprinzips können mehrere Möglichkeiten zur Durchführung einer bestimmten Messaufgabe bestehen. Daher muss zur Festlegung des Vorgehens zusätzlich eine *Messmethode* ausgewählt werden. Diese beschreibt die „spezielle, vom Messprinzip unabhängige Art des Vorgehens bei der Messung" (DIN 1319-1). Dabei wird unterschieden zwischen Ausschlag-, Differenz-, Substitutions- und Kompensationsmethode (Abb. 27.3).

- Bei der Ausschlagmethode wird der Wert der Messgröße anhand der Größe eines angezeigten Wertes bestimmt. Diese Methode wird z. B. bei einer Küchenwaage mit Gewichtsskala und Zeiger angewendet.
- Bei der Differenzmethode wird der Wert der Messgröße im Unterschied zu einer bekannten Vergleichsgröße bestimmt. Der Wert kann hier nicht mehr direkt abgelesen werden, sondern muss aus der Anzeige und dem bekannten Wert der Vergleichsgröße bestimmt werden. Diese Methode wird z. B. beim Messen der Länge eines Werkstücks mit Messuhr und Endmaßkombination angewendet.
- Bei der Substitutionsmethode wird der Wert der Messgröße bestimmt, indem das Messobjekt durch ein Normal mit einem bekannten Wert des interessierenden Merkmals ersetzt wird, das den gleichen Ausschlag hervorruft. Beispielsweise kann bei der Gewichtsmessung das Messobjekt auf einer Federwaage durch Wägestücke ersetzt werden, sodass die Auslenkung der Feder bei beiden Wägungen gleich ist. Das Gewicht des Messobjekts entspricht dann dem bekannten Gewicht der Wägestücke. Nachteilig wirkt sich bei der Substitutionsmethode aus, dass meist mehrere Schritte notwendig sind, um das korrekte Ergebnis zu erhalten.
- Bei der Kompensationsmethode wird quasi ein veränderbares Normal eingesetzt. Die Differenz zwischen der Messgröße und dem Normal wird gemessen. In einem Regelkreis wird das Normal verändert, bis die Differenz verschwindet. Dann wird der Wert des Normals abgelesen, welcher gleich dem Wert der Messgröße ist. Diese Methode findet z. B. in einigen digitalen Spannungsmessgeräten oder bei einer Balkenwaage Anwendung, bei der so lange in die Gegenschale Gewichte gelegt werden, bis der Ausschlag null wird.

Aus der Kombination von Messprinzip und Messmethode wird das *Messverfahren* für eine konkrete Messung festgelegt. Es stellt die „praktische Anwendung eines Messprinzips und einer Messmethode" dar (DIN 1319-1) bzw. die „detaillierte Beschreibung einer Messung gemäß

III

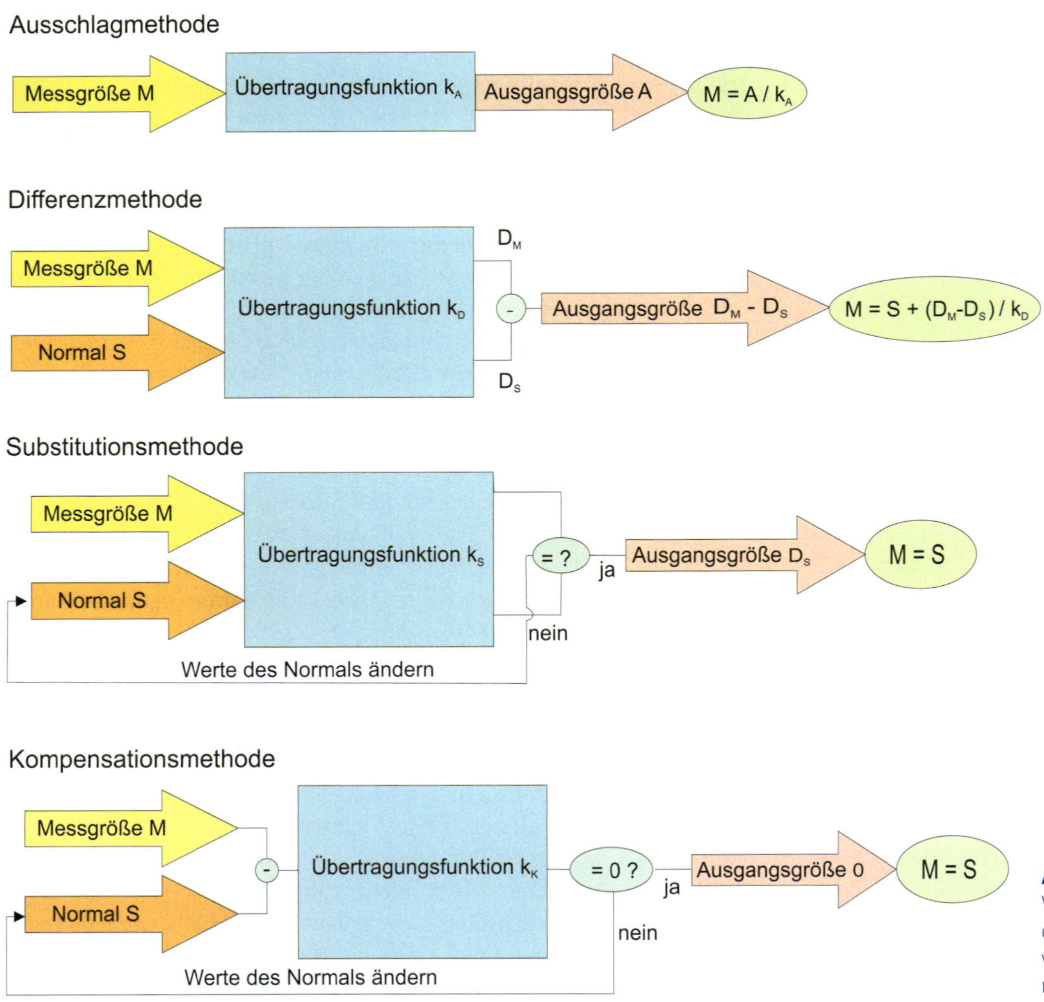

Abb. 27.3 Vorgehensweise bei der Messung bei verschiedenen Messmethoden

einem oder mehreren Messprinzipien und einer Messmethode auf Grundlage eines Modells der Messung und einschließlich aller Berechnungen zum Erhalt eines Messergebnisses" (VIM 2010). Durch die Festlegung des Messverfahrens ist das Vorgehen bei der Messung eindeutig beschrieben.
Das *Zählen* ist als Spezialfall des Messens anzusehen. Hier wird als Einheit die Anzahl gleichartiger Elemente betrachtet. Messen erfolgt häufig durch das Abzählen von Einheiten, aus deren Anzahl dann der Messwert bestimmt wird.

Da für die Anwendung eines Messverfahrens bekannt sein muss, wie Anzeige und Werte der Messgröße zusammenhängen, muss das eingesetzte Messgerät zuvor kalibriert werden. Das *Kalibrieren* umfasst „Tätigkeiten, die unter festgelegten Bedingungen in einem ersten Schritt eine Beziehung zwischen den durch Normale zur Verfügung gestellten Größenwerten mit ihren Messunsicherheiten und den entsprechenden Anzeigen mit ihren beigeordneten Messunsicherheiten herstellt und in einem zweiten Schritt diese Information verwendet, um eine Beziehung herzustellen, mit deren Hilfe ein Messergebnis aus einer Anzeige erhalten wird" (VIM 2010). Dazu wird der angezeigte Wert mit dem Wert eines Normals in Zusammenhang gesetzt. Ein Normal ist dabei eine Maßverkörperung mit bekanntem Wert der Messgröße oder ein Referenzmessgerät mit bekanntem Verhalten. Das unbekannte Verhalten eines Messgeräts wird also bestimmt, indem die Ausschläge bei bekannter Eingangsgröße untersucht werden. So kann später aus den erfassten Ausschlägen auf die unbekannte Eingangsgröße geschlossen werden.
Mit dem Begriff Kalibrieren werden häufig „Justieren" und „Eichen" vermischt. *Justieren* bezeichnet allgemein eine „Reihe von Tätigkeiten, die an einem Messsystem ausgeführt werden, sodass dieses festgelegte Anzeigen liefert, die Werten einer zu messenden Größe entsprechen" (VIM 2010). Dazu kann z. B. das Setzen eines Nullpunktes oder die Einstellung eines Verstärkers anhand eines bekannten Wertes gehören. Es werden im Gegensatz zum Kalibrieren keinerlei Informationen über das Verhalten des Gerätes gewonnen.
Das *Eichen* eines Messgerätes oder eines Normals ist eine hoheitliche Aufgabe staatlicher Eichbehörden und kann daher nur von den zuständigen Eichämtern durchgeführt werden. Dabei wird überprüft, ob das zu eichende Messgerät den Anforderungen genügt, insbesondere ob die zulässigen Fehlergrenzen für Geräte dieses Typs nicht überschritten werden. Dafür gelten spezielle Eichvorschriften. Durch eine Stempelung wird bestätigt, dass ein Messgerät den Vorschriften genügt hat. Erst dann darf es in Aufgabenbereichen, die der Eichpflicht unterliegen, eingesetzt werden. Welche Bereiche davon betroffen sind, ist in der Eichordnung festgelegt (EO 1988).

Neben den hier erläuterten Grundbegriffen bestehen Definitionen für eine große Anzahl von weiteren Begriffen der Messtechnik. Diese sind gesammelt im „Internationalen Wörterbuch der Metrologie", auch kurz VIM genannt (Vocabulaire International de Métrologie). Durch die eindeutige Definition der Begriffe können Missverständnisse vermieden werden, die sonst zu einem fehlerhaften Vorgehen bei der Messung mit möglicherweise schwerwiegenden Folgen führen würden.

27.2.2 Grundsätzlicher Ablauf einer Prüfung

Eine Prüfung gliedert sich in vier Hauptschritte:
1. Prüfplanung
2. Prüfdurchführung durch Feststellen der Beobachtung bzw. durch Erfassen des Merkmals, eventuell Auswerten der erfassten Informationen, Ermitteln des Messergebnisses
3. Feststellen des Prüfergebnisses durch Vergleich des Messergebnisses oder der Beobachtung mit der Qualitätsforderung
4. Dokumentation des Prüfergebnisses

III

Im Rahmen der *Prüfplanung* wird festgelegt, welche Merkmale geprüft werden sollen und auf welche Weise dies geschehen soll. Dazu gehört die Festlegung von Ort, Zeitpunkt und Ausführendem der Prüfung, von Vorgaben bezüglich des Vorgehens, der dafür einzusetzenden Prüfmittel und der vorgesehenen Auswertung der Ergebnisse sowie der Anzahl der zu prüfenden Objekte und die Art und Weise, wie diese ausgewählt werden sollen. Die spätere Verwendung der Prüfergebnisse muss dabei berücksichtigt werden (siehe auch Kap. 23, „Prüfplanung").
Die *Prüfdurchführung* kann je nach Prüfaufgabe anhand der subjektiven Wahrnehmung des Prüfers geschehen oder durch eine objektive, messende oder lehrende Prüfung. Dazu müssen zunächst die im Rahmen der Prüfplanung festgelegten Prüf- oder Hilfsmittel bereitgestellt und gegebenenfalls durch Kalibrieren für den Einsatz vorbereitet werden. Bei einer subjektiven oder lehrenden Prüfung werden die Ausprägungen des Prüfmerkmals beobachtet und gemäß der angewendeten Skala klassiert.
Bei der Durchführung einer messenden Prüfung wird das Merkmal anhand der im Rahmen der Prüfplanung festgelegten Messgrößen – unter den bei der Messung wirkenden Einflussgrößen – erfasst. Diese müssen gegebenenfalls ausgewertet werden, um zu einer Beschreibung der Merkmalausprägung zu gelangen. Dies beinhaltet die Verknüpfung der erfassten Größen zur Bestimmung des Messergebnisses beim indirekten Messen oder auch die Bestimmung eines Messergebnisses aus mehreren Wer-

ten bei der wiederholten Durchführung der Messung. Anhand der erfassten Messgrößen und der Kenntnisse über den Messprozess wird das vollständige Messergebnis bestimmt. Es beinhaltet auch eine quantitative Angabe der aufgrund der wirkenden Einflussgrößen entstehenden Unsicherheit des Messergebnisses.

Durch eine messende Prüfung werden mehr Informationen über das Prüfmerkmal gewonnen als durch eine lehrende oder subjektive Prüfung. Zur Durchführung einer Messung können die oben erläuterten allgemeinen Schritte noch weiter untergliedert werden. Insbesondere muss auf eine eindeutige Festlegung des anzuwendenden Messverfahrens geachtet werden.

Zum *Feststellen des Prüfergebnisses* werden die Beobachtungen bzw. das ermittelte vollständige Messergebnis mit den Qualitätsforderungen an das geprüfte Merkmal verglichen. Bei Messergebnissen muss dabei auch die Unsicherheit des Messergebnisses berücksichtigt werden. Liegen bekannte Einflüsse vor, die zu einer Veränderung der Merkmalsausprägung oder des erfassten Ergebnisses führen können, müssen diese nach Möglichkeit

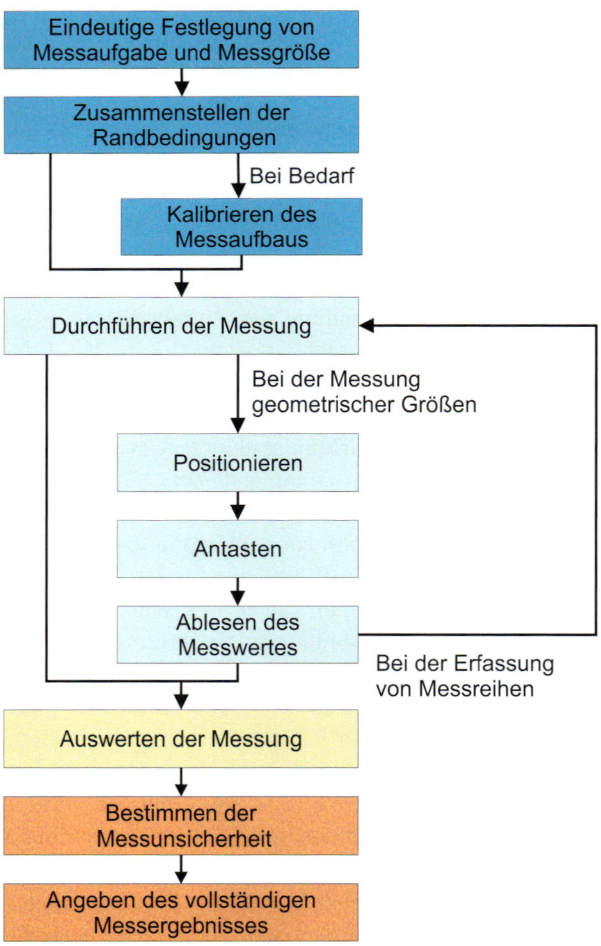

Abb. 27.4 Ablauf einer Messung

vor der Durchführung des Prüfentscheids korrigiert werden.

Abschließend erfolgt die *Dokumentation des Prüfergebnisses*. Dazu gehört neben der Angabe der Beobachtung bzw. des ermittelten Messergebnisses und des danach getroffenen Prüfentscheids auch die Darlegung des Vorgehens bei der Prüfung einschließlich der herrschenden Randbedingungen, sodass mögliche Einflüsse auf das Ergebnis bei Bedarf zu einem späteren Zeitpunkt nachvollzogen werden können. Ist das Prüfergebnis aufgrund einer Messung zustande gekommen, wird das vollständige Messergebnis unter Einschluss der Messunsicherheit angegeben und gegebenenfalls notiert, inwieweit die zur Verfügung stehende Toleranz ausgenutzt wird.

Eine umfassende und nachvollziehbare Dokumentation des Prüfergebnisses und seines Zustandekommens ist die Voraussetzung für eine Verwertbarkeit im Rahmen des Qualitätsmanagements. Denn wenn das angegebene Prüfergebnis nicht mit einer ausreichend geringen, bekannten Unsicherheit reproduziert werden kann, ist die darin enthaltene Information wertlos und kann nicht als Grundlage für Entscheidungen herangezogen werden (vgl. auch Kap. 27.4.4).

27.2.3 Grundvoraussetzungen für das Messen

Für das Gewinnen verlässlicher, quantitativer Informationen über eine physikalische Größe müssen drei Voraussetzungen erfüllt sein:

1. Die zu messende Größe muss eindeutig definiert sein. Bei der Festlegung müssen auch relevante Abweichungen des Messobjekts von idealen Vorgaben berücksichtigt werden. Beispielsweise werden bei einem Werkstück mit nominell parallelen ebenen Endflächen aufgrund von fertigungsbedingten Abweichungen die Endflächen weder parallel noch ideal eben sein. Jede Endfläche kann als 3-D-Gebirge betrachtet werden. Bei der Bestimmung und Angabe der Länge muss eindeutig geklärt sein, welche Punkte zur Abstandsermittlung herangezogen wurden und wie die Auswertung erfolgte.
2. Die Bezugsgröße oder Einheit muss vereinbart oder durch eine Konvention festgelegt werden.
   Bei unklarer Festlegung der Einheit, in der das Messergebnis angegeben wird, wird das Messergebnis wertlos. Dies kann z. B. bei einer gemischten Anwendung von angloamerikanischen und metrischen Einheiten auftreten.
3. Das Messverfahren muss mit allen Randbedingungen, die sich auf den Messwert auswirken, eindeutig festgelegt sein.

Das Ergebnis einer Messung hängt vom gewählten Messverfahren ab, sodass bei einem anderen Vorgehen unter Umständen andere Ergebnisse erzielt werden. Zudem beeinflussen neben der eigentlichen Messgröße auch zahlreiche andere Faktoren (Einflussgrößen) das Messergebnis, deren Auswirkungen berücksichtigt werden müssen. Sind das Messverfahren und die vorliegenden Randbedingungen der Messung nicht in ausreichendem Umfang bekannt, ist das Ergebnis nicht reproduzierbar und damit auch nicht aussagekräftig.

Nur wenn diese drei Grundvoraussetzungen gegeben sind, kann anhand der durchgeführten Messung eine zuverlässige Aussage über den Wert der Messgröße getroffen werden, die sich bei Bedarf im Rahmen der Wiederholbarkeit durch eine erneute Messung bestätigen lässt.

27.2.4 Angabe eines Messergebnisses

Das Ziel einer Messung ist es, Informationen über die Ausprägung der gemessenen Merkmale zu erhalten, die als Messergebnis dokumentiert werden. Ein Messergebnis ist definiert als „Menge von Größenwerten, die einer Messgröße zugewiesen sind, zusammen mit jeglicher relevanter Information" (VIM 2010). Da das Ergebnis einer Messung stets durch wirkende Einflüsse verfälscht wird und grundsätzlich die Randbedingungen sowie das angewendete Vorgehen der durchgeführten Messung nicht vollständig bekannt sein können, entspricht das Messergebnis im Allgemeinen nicht dem Wert der Messgröße. Daher kann ein Messergebnis nur als „aus Messungen gewonnener Schätzwert für den wahren Wert einer Messgröße" (DIN 1319-1) angesehen werden. Ein vollständiges, aussagekräftiges Messergebnis besteht deshalb nicht nur aus der Angabe eines einzelnen Zahlenwertes, sondern umfasst die vier Komponenten Messwert, Einheit, Messunsicherheit und Erweiterungsfaktor, die nur zusammen eine zuverlässige Interpretation des gewonnenen Wertes ermöglichen (Abb. 27.5). Der Erweiterungsfaktor charakterisiert das Überdeckungsintervall, „das die Menge der wahren Werte einer Messgröße mit einer angegebenen Wahrscheinlichkeit enthält ..." (VIM 2010). Die Intervallweite wird auf der Grundlage verfügbarer Informationen berechnet.

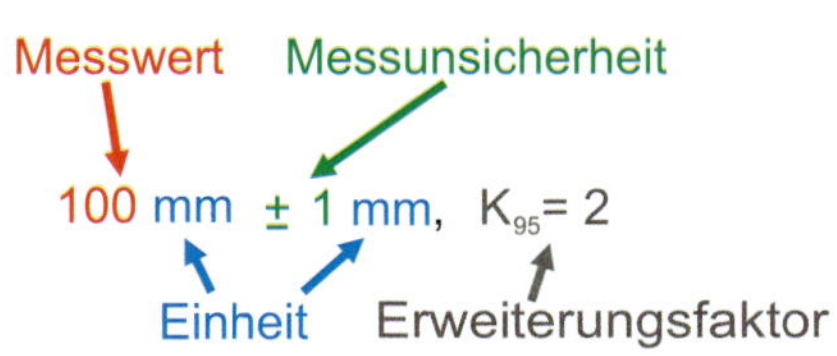

Abb. 27.5 Bestandteile eines vollständigen Messergebnisses

Messwert

Der Messwert ist ein „Wert, der zur Messgröße gehört und der Ausgabe eines Messgerätes oder einer Messeinrichtung eindeutig zugeordnet ist" (DIN 1319-1). Wird dieselbe Messgröße mehrfach gemessen, erhält man eine Messreihe aus mehreren Messwerten. Unter Anwendung statistischer Methoden kann daraus ein Schätzwert, üblicherweise der arithmetische Mittelwert, bestimmt werden, der in die Ermittlung des vollständigen Messergebnisses eingeht. In den meisten Fällen wird das aus einer Messreihe ermittelte Messergebnis genauer sein als ein einzelner Messwert.

Einheit

Erst durch die Angabe der Einheit kann ein bestimmter Zahlenwert mit einer bestimmten Ausprägung des Merkmals verknüpft werden. Die Voraussetzung dafür ist, dass die verwendeten Einheiten eindeutig definiert und allgemein anerkannt sind. Für die Vielzahl der zu messenden Größen werden zahlreiche Einheiten benötigt, die sämtlich aus sieben Basiseinheiten abgeleitet werden können. Dieses Einheitensystem wurde 1960 in der 11. Generalkonferenz für Maß und Gewicht (CGPM) als „Système International d'Unités" vereinbart. Daher werden die darin beschriebenen Einheiten häufig auch als SI-Einheiten bezeichnet (Abb. 27.6).

Die sieben Basiseinheiten sind:

- für die Länge der Meter: Kurzzeichen *m*
- für die Masse das Kilogramm: Kurzzeichen *kg*
- für die Zeit die Sekunde: Kurzzeichen *s*
- für die elektrische Stromstärke das Ampère: Kurzzeichen *A*
- für die Temperatur das Kelvin: Kurzzeichen *K*
- für die Substanzmenge das Mol: Kurzzeichen *mol*
- für die Lichtstärke das Candela: Kurzzeichen *cd*

Für diese Basiseinheiten bestehen eindeutige Definitionen, die von der Generalkonferenz beschlossen wurden. Diese richten sich nach dem Stand der wissenschaftlichen Erkenntnis, um eine möglichst präzise und unveränderliche Festlegung zu ermöglichen. So wurde z. B. 1983 die Definition der Länge eines Meters, die zuvor als Vielfaches der Wellenlänge der von Krypton bei einem Zustandsübergang ausgesandten Strahlung festgelegt war, angepasst und lautet nun:

„Der Meter ist die Länge der Strecke, die Licht im Vakuum während der Dauer von (1 / 299 792 458) Sekunden durchläuft." (PTB 2012)

Die SI-Einheiten sind in Deutschland durch das „Gesetz über die Einheiten im Meßwesen" (MeßEinhG) als gesetzliche Einheiten festgelegt. Alle weiteren benötigten Ein-

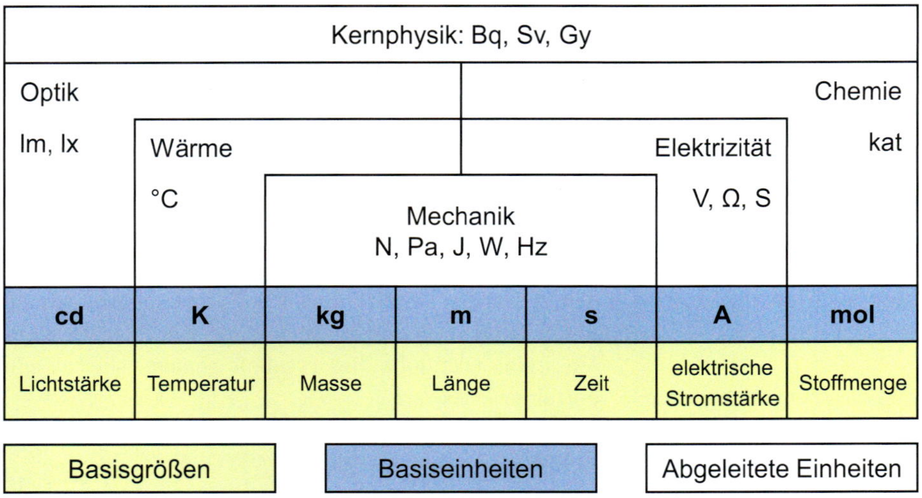

Abb. 27.6
Basiseinheiten und Beispiele für abgeleitete Einheiten des internationalen Einheitensystems (SI)

III

heiten können aus diesen abgeleitet bzw. in SI-Einheiten umgerechnet werden und sind somit ebenfalls eindeutig definiert.
Um die Angabe von sehr großen oder sehr kleinen Zahlenwerten zu vermeiden, können die Einheiten durch Vorsätze erweitert werden, die dezimale Vielfache der Einheiten darstellen (Tab. 27.1).

Messunsicherheit und Erweiterungsfaktor

Bei der Durchführung einer Messung wirken auf den Messprozess stets verschiedene Einflüsse ein, die oft nur teilweise bekannt sind. Daher kann man durch eine Messung niemals mit Sicherheit den „wahren" Wert der Messgröße ermitteln. Durch die Messunsicherheit wird ein Intervall beschrieben, in dem üblicherweise P = 95 % der Werte der Messgröße liegen, die dem durch die Messung ermittelten Wert unter den wirkenden Einflussgrößen zugeordnet werden können. Die Grundlagen zur Bestimmung der Messunsicherheit sind im international gültigen „Guide to the Expression of Uncertainty in Measurement" (GUM 2008) festgelegt, der als DIN V ENV 13005 unverändert auch Eingang in die Normung gefunden hat. Darin ist die Messunsicherheit definiert als „dem Messergebnis zugeordneter Parameter, der die Streuung der Werte kennzeichnet, die vernünftigerweise der Messgröße zugeordnet werden könnte" (DIN V ENV 13005).
Es wird davon ausgegangen, dass jede im Messprozess wirkende physikalische Größe (Messgröße und jede Einflussgröße) durch eine Wahrscheinlichkeitsdichtefunktion mit Erwartungswert und Standardunsicherheit charakterisiert werden kann. Für den Messprozess vom Messobjekt/Aufnehmer bis zur Messwertausgabe wird ein mathematisch-physikalisches Ursache-Wirkungs-Modell aufgestellt, anhand dessen die Wirkung der Einflussgrößen auf den ausgegebenen Messwert beschrieben werden kann. Für jede Einflussgröße wird die Verteilungsform sowie Erwartungswert und Standardunsicherheit ermittelt oder abgeschätzt.
Aus der Invertierung des Ursache-Wirkungs-Modells zum Modell der Auswertung kann im linearen oder linearisierten Fall anhand der Gauß'schen Unsicherheitsfort-

Tab. 27.1 Vorsätze zur Bildung von Vielfachen und Teilen von SI-Einheiten

SI-Vorsatz	Zeichen	Faktor		SI-Vorsatz	Zeichen	Faktor
Deka	da	10^{1}		Dezi	d	10^{-1}
Hekto	h	10^{2}		Zenti	c	10^{-2}
Kilo	k	10^{3}		Milli	m	10^{-3}
Mega	M	10^{6}		Mikro	µ	10^{-6}
Giga	G	10^{9}		Nano	n	10^{-9}
Tera	T	10^{12}		Piko	p	10^{-12}
Peta	P	10^{15}		Femto	f	10^{-15}
Exa	E	10^{18}		Atto	a	10^{-18}

pflanzungsrechnung ermittelt werden, welche Werte der Messgröße unter den wirkenden Einflussgrößen zu dem ausgegebenen Messwert führen. Damit kann der beste Schätzwert für den Wert der Messgröße und die Weite des Intervalls als (kombinierte) Standardunsicherheit angegeben werden, in dem der überwiegende Teil der Werte der zu messenden Größe liegt. Durch Erweiterung mit einem von der Verteilungsform der Ergebnisse abhängigen Faktor k_P wird daraus das Messunsicherheitsintervall ermittelt, welches einen bestimmten Prozentsatz P der Werte abdeckt, die der Messgröße zugeordnet werden können.

Das Messergebnis kann in unterschiedlicher Form angegeben werden.

Tab. 27.2 Beispiele für die korrekte Angabe verschiedener Messergebnisse

Messgröße	Messergebnis
Länge	L = 1,13 cm ± 0,18 cm; K_{95} = 2
Geschwindigkeit	v = (50,00 ± 0,75) km/h; K_{95} = 1,65
Masse	m = 82,50 kg ± 0,30 kg; K_{95} = 2

Ein ermittelter Wert für die Messunsicherheit gilt nur für die betrachtete Messaufgabe und bei Durchführung unter den berücksichtigten Einflüssen und Randbedingungen. Bei Einsatz desselben Messgerätes für eine andere Messaufgabe oder unter anderen Einflüssen ergibt sich ein anderer Wert für die Messunsicherheit. D. h. die Messunsicherheit wird in jedem Fall messaufgabenspezifisch ermittelt und angegeben, z. B. kann die Abstandsmessung zweier Punkte mit dem Koordinatenmessgerät mit einer deutlich anderen Messunsicherheit ausgeführt werden als die Mittelpunktsbestimmung an einem nur teilweise ausgeprägten Kreisprofil.

27.3 Mess- und Prüfmittel

Für die vielen unterschiedlichen Ausprägungen von Größen (Merkmale), die im Rahmen der Qualitätsprüfung erfasst werden müssen, steht eine große Anzahl von Prüfmitteln zur Verfügung. Sie unterscheiden sich hinsichtlich der Komplexität von Aufbau und Anwendung und anhand der erreichbaren Genauigkeit der Prüfung sowie entsprechend der damit prüfbaren Größen.

Die im Rahmen der Fertigungsmesstechnik zur Erfassung geometrischer Größen eingesetzten Prüfmittel können dabei in fünf Kategorien unterteilt werden (Abb. 27.7). Neben Handmesszeugen und Lehren für die einfache und fertigungsnahe Prüfung geometrischer Größen werden komplexe Messgeräte eingesetzt, mit denen detaillierte Informationen über die Gestalt des Werkstücks ermittelt werden können. Ergänzt werden diese Gruppen durch Hilfsmittel, die nur zusammen mit anderen Prüfmitteln eingesetzt werden, und Normale, die Verkörperungen bestimmter geometrischer Größen darstellen. Sie können sowohl direkt als Maßverkörperung bei einer vergleichen-

III

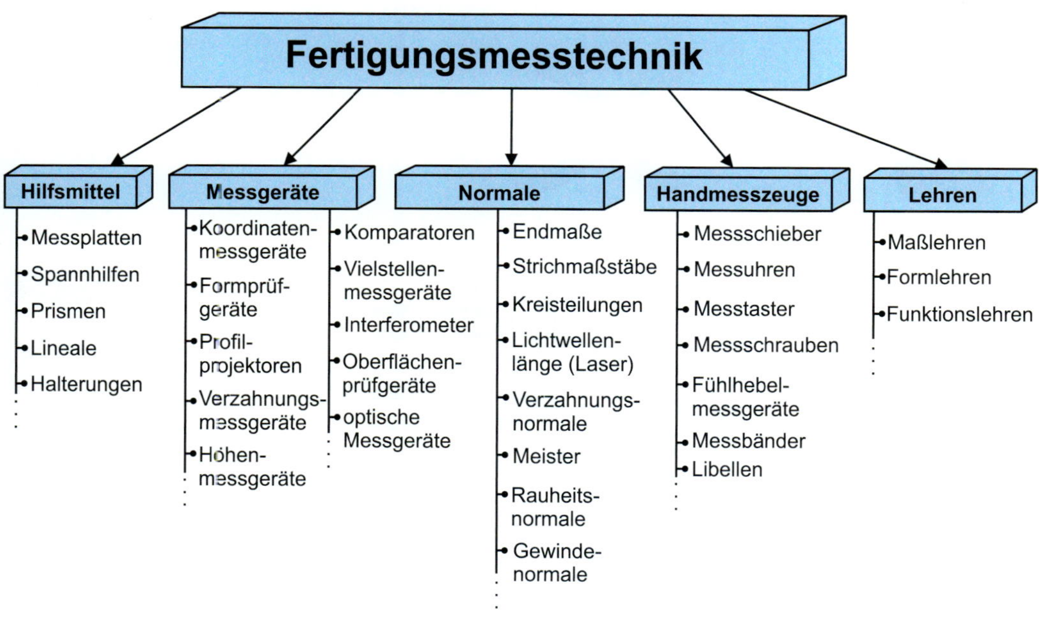

Abb. 27.7 Kategorien von Prüfmitteln in der Fertigungsmesstechnik

den Prüfung als auch zur Kalibrierung und Überwachung anderer Prüfmittel eingesetzt werden.

Früher wie heute stellen Handmesszeuge und Lehren den bei Weitem größten Anteil der eingesetzten Prüfmittel dar, jedoch hat in den vergangenen Jahren der Einsatz leistungsfähiger, komplexer Messgeräte stetig zugenommen. Dabei kommt der kontinuierlich steigenden Verbreitung von taktil oder optisch arbeitenden Messgeräten, welche auf dem Grundprinzip der Koordinatenmesstechnik basieren, eine besondere Bedeutung zu. Dies geht darauf zurück, dass solche Geräte ein breiteres Einsatzspektrum aufweisen als die früher üblichen Ein-Zweck-Messgeräte.

Der im Folgenden gegebene Überblick gibt den zum Zeitpunkt der Drucklegung gültigen Stand der Technik in Bezug auf die am häufigsten eingesetzten Prüfmittel wieder. Detaillierte Informationen zu den verschiedenen Prüfeinrichtungen und -verfahren bieten einschlägige Literaturquellen (u. a. Pfeifer 2010, Dutschke 2005, Weckenmann 2012, Webster 1999, Tönshoff 2001).

27.3.1 Lehren

Die Lehrung ist wohl das älteste Verfahren zur Prüfung der geometrischen Eigenschaften von Bauteilen. Dabei wird das Werkstück mit einem Gegenstück gepaart, das die funktionsrelevanten Eigenschaften eines oder mehrerer Merkmale verkörpert. Während der Prüfung, d. h. während des Versuchs, Werkstück und Lehre zu paaren, kann leicht festgestellt werden, ob das Werkstück die Anforderungen erfüllt oder nicht. Mit lehrenden Prüfverfahren kann die Gestalt eines Bauteils umfassend und funktionsorientiert beurteilt werden, jedoch ist es nicht möglich, quantitative Aussagen darüber zu treffen, wie weit der Ist-Wert des Merkmals vom Soll-Wert abweicht.

Lehren werden häufig fertigungsnah eingesetzt, da sie unempfindlich, einfach zu handhaben und mechanisch stabil sind. Problematisch können sich allerdings unter Umständen Temperaturgradienten auswirken, da eine erhöhte Temperatur zu einer Ausdehnung des Werkstücks oder der Lehre führt. Dieser Einfluss wird minimiert, wenn Lehre und Werkstück aus Materialien mit gleichen oder ähnlichen Temperatureigenschaften bestehen.

Lehren werden – je nach ihrer Beschaffenheit – zur Beurteilung sowohl einfacher als auch komplexer Geometrien verwendet. Dadurch können oft auch Merkmale einfach und schnell geprüft werden, die bei messender Prüfung nur mit hohem Aufwand in ausreichender Genauigkeit erfasst werden können, z. B. Freiformflächen oder Gewinde. Allerdings ist für das Herstellen von nicht standardisierten Lehren ein hoher Planungs-, Konstruktions- und Fertigungsaufwand notwendig. Je nach Anwendungsgebiet werden verschiedene Arten von Lehren unterschieden:

- Maßlehren
- Grenzlehren nach dem Taylor'schen Grundsatz
- Formlehren
- Lagelehren
- Sonderlehren

Einige gebräuchliche Typen von Lehren sind genormt und als Standardprüfmittel auf dem Markt verfügbar (Abb. 27.8).

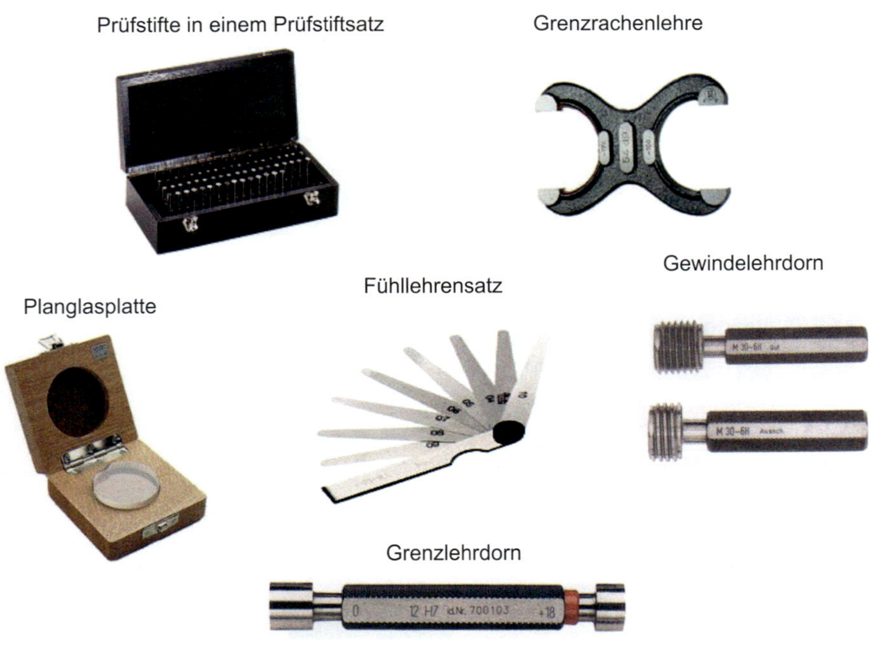

Abb. 27.8
Beispiele für standardisierte Lehren

Maßlehren und Grenzlehren

Maßlehren werden angewendet, wenn ein bestimmtes Mindestmaß nicht unterschritten bzw. ein Höchstmaß nicht überschritten werden darf. Sie erlauben dabei nur eine Aussage über die Einhaltung einer einseitigen Toleranz, wobei die Prüfung einer zweiseitigen Toleranz durch die geeignete Kombination zweier Maßlehren ermöglicht wird. Klassische Maßlehren sind z. B. Fühllehren, Lehrdorne, Prüfstifte, Rachenlehren, Lehrringe und Kugelendmaße.

Grenzlehren bestehen quasi aus der Kombination zweier Maßlehren mit Mindest- und Höchstmaß des zu prüfenden Merkmals. Dadurch muss für die Prüfung eines Merkmals mit zweiseitiger Toleranz nur ein einziges Prüfmittel zur Verfügung gestellt werden. Negativ wirkt sich dabei aus, dass eine bestimmte Grenzlehre nur für einen bestimmten Toleranzbereich eingesetzt werden kann. Daher werden Grenzlehren vor allem zur Prüfung von Passungen gemäß dem IT-Passungssystem nach DIN EN ISO 286 eingesetzt.

Ein wichtiges Prinzip bei der Gestaltung und Anwendung von Maßlehren ist der Taylor'sche Grundsatz, der von Frederick Winslow Taylor 1905 als Grundlage der Konformitätsprüfung mit Lehren am Beispiel der Prüfung von Gewinden aufgestellt wurde. Danach besteht eine Lehre aus zwei Elementen (Gutseite und Ausschussseite) und somit eine lehrende Prüfung aus zwei Schritten (Abb. 27.9):

- Die „Gutlehre" sollte so ausgebildet sein, dass sie die zu prüfende Fläche in ihrer Gesamtwirkung beurteilt, d. h. jedem Flächenelement der zu prüfenden Oberfläche muss im Paarungsfall ein Flächenelement der Lehre gegenüberstehen.
- Die „Ausschusslehre" soll jede einzelne Ausprägung einer zum Ausschuss führenden Abweichung des zu prüfenden Geometrieelementes oder Werkstückes prüfen.

Die Gutseite der Lehre weist daher das Maximum-Material-Maß in – zumindest angenähert – geometrisch idealer Form des zu prüfenden Geometrieelementes auf, sodass dessen Funktionsfähigkeit geprüft werden kann, während die Ausschussseite das Minimum-Material-Maß aufweist, um die Einhaltung des höchstzulässigen Maßes zu überwachen.

Durch diese Forderung wird letztlich sichergestellt, dass die Toleranzgrenzen nicht durch Formabweichungen des Werkstücks überschritten werden.

Formlehren

Formlehren verkörpern die zu prüfende Form des Bauteils. Sie werden zur Überprüfung von Konturen und Profilen eingesetzt. Die Kontur von Freiformflächen konnte vor dem breiten Einsatz von Koordinatenmessgeräten fast ausschließlich durch Formlehren geprüft werden. Dafür wird ein Modell des Gegenstücks zur Verfügung gestellt, dass diesem in den relevanten Eigenschaften entspricht. Kann das Bauteil an dieses Gegenstück gefügt werden, ist die Freiformfläche korrekt ausgeprägt. Zur Prüfung von regelgeometrischen Formabweichungen werden vor allem Haarlineale und Planglasplatten eingesetzt, mit denen allerdings nur eine qualitative Prüfaussage möglich ist.

Lagelehren

Lagelehren verkörpern die vorgesehene Lage von zwei Geometrieelementen zueinander. Sie werden eingesetzt, um die Abweichungen der Lage von zwei Geometrie-

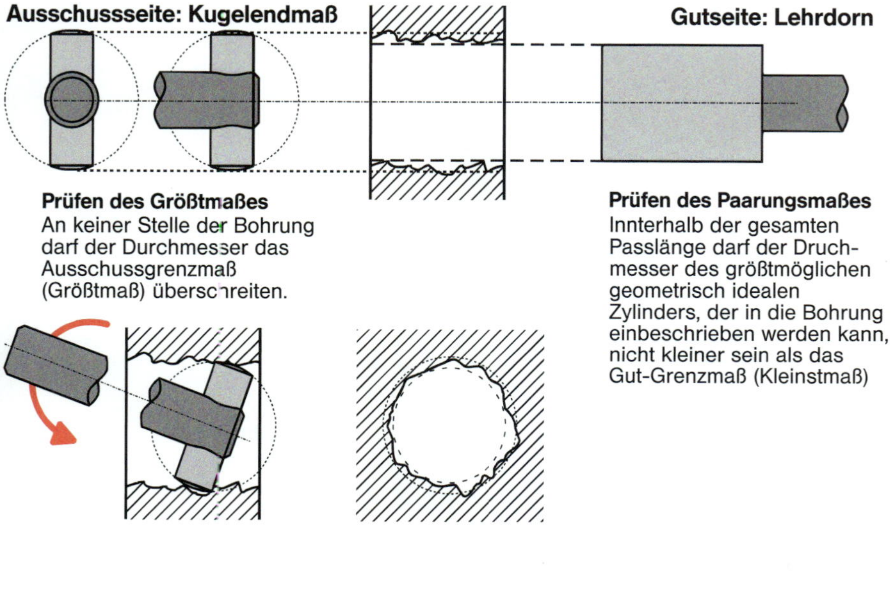

Abb. 27.9
Anwendung einer Maßlehre nach dem Taylorschen Grundsatz

elementen zueinander prüfen zu können. Je nach eingeschränkter Lageabweichung und der Art der Geometrieelemente können die Lehren dabei sehr komplex sein.
Am weitesten verbreitet sind Rechtwinkligkeits- und Winkellehren, mit denen nach dem Lichtspaltverfahren analog zur Anwendung eines Haarlineals die Rechtwinkligkeit von zwei Elementen zueinander geprüft werden kann.

Sonderlehren

Als Sonderlehren werden alle Lehren bezeichnet, die nicht ohne Weiteres in eine der anderen Gruppen fallen. Insbesondere sind dies Lehren zur Prüfung von Gewinden oder Zahnrädern, da hier nicht nur maßliche oder geometrische Abweichungen an Standardgeometrieelementen geprüft werden müssen, sondern sehr komplexe Formen.
Bei der Anwendung von *Gewindelehrdornen* wird geprüft, ob sich der Lehrdorn mit dem zu prüfenden Gewinde paaren lässt. Auch hier können Gut- und Ausschusslehrdorne kombiniert werden.
Bei der Anwendung von *Lehrzahnrädern* für Evolventenverzahnungen werden das Lehrzahnrad und das Werkzahnrad im Eingriff abgewälzt, wobei Abweichungen von der fehlerfrei gleichförmigen Bewegungsübertragung beobachtet werden (Ein- und Zweiflankenwälzprüfung zur Bestimmung von Drehflankenspiel und Ein- bzw. Zweiflanken-Wälzabweichung).

27.3.2 Handmesszeuge

Handmessmittel – oft auch Messzeuge genannt – sind aufgrund ihrer einfachen Handhabung und des kostengünstigen Einsatzes die am weitesten verbreiteten Prüfmittel und werden vor allem zur fertigungsnahen Prüfung eingesetzt (Abb. 27.10). Trotz der vordergründig geringen Anforderungen an den Prüfer muss auch hier berücksichtigt werden, dass eindeutige Vorgaben für die Durchführung der Prüfung bestehen müssen, um nachvollziehbare Messergebnisse zu erhalten und eine falsche Anwendung der Handmesszeuge nach Möglichkeit auszuschließen.

Messschieber

Das meist verwendete Prüfmittel in der Produktionsumgebung ist der Messschieber. Die Schiene des Messschiebers trägt die Maßverkörperung, z. B. eine Strichskala, und den Schieber, auf dem die Noniusskala, eine Rundskala oder bei einem digitalen Messschieber die Ableseeinheit angebracht ist. Bei einer Messung wird der Schieber verschoben, bis die Messflächen an dem Werkstück anliegen, und der Messwert anhand der Skala abgelesen. Mithilfe eines Messschiebers können sowohl Außen- als auch Innenmaße und die Tiefe von Bohrungen bestimmt werden, wobei für letztere Aufgabe auch spezielle Tiefenmessschieber zur Verfügung stehen.
Messschieber werden je nach Einsatzzweck mit verschiedenen Messbereichen angeboten, wobei Werte zwischen 150 mm und 400 mm üblich sind. Mithilfe der Nonius-

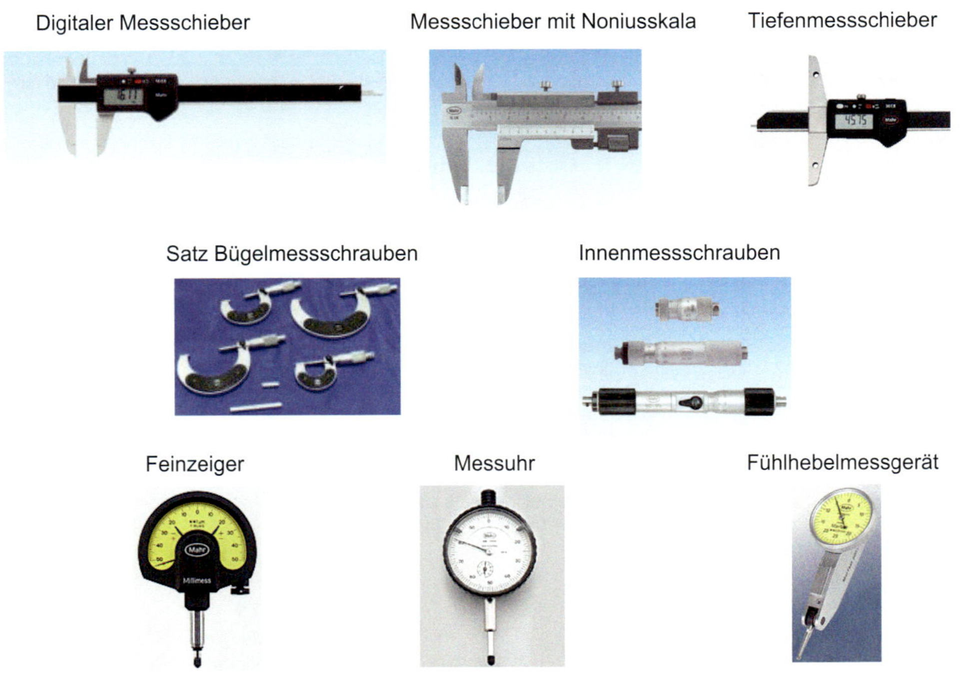

Abb. 27.10 Verschiedene Arten von Handmesszeugen (Quelle der Bilder: Mahr)

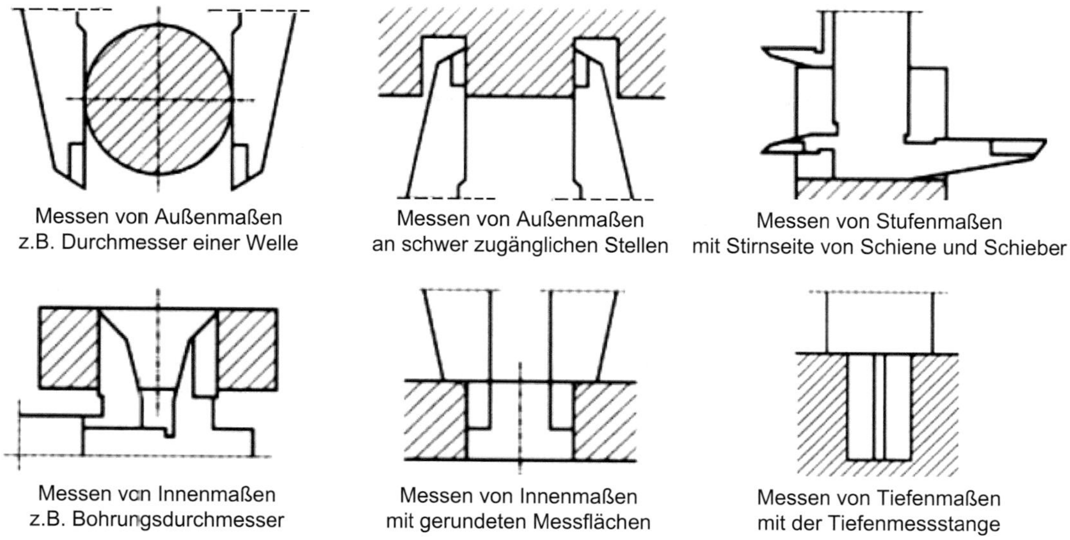

Abb. 27.11 Beispiele für Messungen mit einem Messschieber

skala oder der Rundskala kann eine Auflösung von 0,1 mm, 0,05 mm oder 0,02 mm erreicht werden.

Messschraube (Mikrometer-Schraube)

Messschrauben werden zur Erfassung verschiedener Arten von Maßen in unterschiedlichen Formen, z. B. als Bügel- oder Innenmessschraube, eingesetzt, denen ein gemeinsames Prinzip zugrunde liegt. Durch Drehen an einer Schraube mit Feingewinde wird die Spindel bewegt, bis beide Messflächen am Messobjekt anliegen. Auf einer Skala parallel zur Verschiebungsrichtung kann der Messwert in ganzen Ganghöhen der Schraube, meist ganze oder halbe Millimeter, abgelesen werden; eine zweite Skala entlang des Umfangs dient zur Ablesung jenes Anteils, der nur Bruchteile der Ganghöhe ausmacht. Um zu vermeiden, dass durch die unterschiedlich starke Einbringung von Drehmoment in die Schraube verschiedene Werte erzielt werden, indem durch die Anpresskraft Messflächen oder Messobjekt verformt werden, sind Messschrauben mit einer Rutschkupplung (Ratsche) ausgestattet, die bei Überschreiten der vorgesehenen Messkraft ein weiteres Verfahren der Messspindel verhindert. Der Messbereich einer Messschraube beträgt üblicherweise etwa 25 mm. Für größere Längen sind Messschrauben mit gestaffelten Messbereichen verfügbar. Die Auflösung beträgt typischerweise 0,01 mm bis 0,001 mm und ist damit deutlich besser als bei einem Messschieber. Daher werden Messschrauben auch als Mikrometer-Schrauben bezeichnet und für Prüfaufgaben mit höheren Genauigkeitsanforderungen eingesetzt.

Anzeigender Messwertaufnehmer (Messuhr, Feinzeiger und Fühlhebelmessgerät)

Bei anzeigenden Messwertaufnehmern wird die Auslenkung eines Tasters oder eines Hebels aufgenommen und an einer Rundskala angezeigt. Dabei werden nach Aufbau und Einsatzbereich Messuhren, Feinzeiger und Fühlhebelmessgeräte unterschieden. Mit anzeigenden Messwertaufnehmern können Abweichungen eines Werkstücks von der idealen Gestalt zur Prüfung von Geradheits-, Parallelitäts-, Rundheits- oder Laufabweichungen bestimmt werden, indem die zu prüfende Fläche mit dem Taster abgefahren wird. Anhand der Änderungen der Anzeige können die vorliegenden Abweichungen bestimmt werden. Mit anzeigenden Messwertaufnehmern kann daher nur nach der Differenzmethode gemessen werden. Zur Bestimmung von Längenmaßen ist der Vergleich mit einem Normal, z. B. mit einer Kombination von Parallelendmaßen mit der Solllänge oder mit einem kalibrierten Werkstück, erforderlich, wobei der Messwertaufnehmer auf einem Stativ über einer ebenen Auflagefläche fixiert sein muss. Die Aufnehmer weisen im Allgemeinen eine Umkehrspanne auf, d. h. bei einer Änderung der Auslenkungsrichtung des Tasters wird diese nur verzögert oder bei kleinen Änderungen überhaupt nicht wiedergegeben. Dies muss bei der Messung berücksichtigt werden.

Pneumatische Handmessmittel

Konventionelle Handmessmittel sind überwiegend mechanisch aufgebaut, d. h. das Werkstück wird mithilfe von Messflächen angetastet, aus deren Lage dann der Wert der Messgröße bestimmt werden kann. Eine Alternative dazu

bilden pneumatische Handmessmittel. Aus einer Düse strömt Luft, die auf die Oberfläche des Werkstücks trifft. Abhängig von der Entfernung der Werkstückoberfläche zur Düse ergeben sich Änderungen von Druck oder Durchfluss des Luftstroms, die erfasst werden können.
Vorteilhaft ist, dass durch den Luftstrom kleine Verschmutzungen entfernt werden, die so das Messergebnis nicht verfälschen können, zudem werden etwaige Verformungen des Werkstücks durch eine zu hohe Messkraft vermieden. Allerdings können nur Messbereiche von 0,001 mm bis ca. 1 mm erfasst werden. Daher muss das Messmittel speziell für die jeweilige Aufgabe ausgelegt sein. Aufgrund dieser spezifischen Eigenschaften wurden pneumatische Messmittel seit den 1950er Jahren stark in der Serienfertigung eingesetzt. Heutzutage werden sie mehr und mehr vor allem durch optische Verfahren abgelöst.

Hilfsmittel

III

Zur Anwendung einiger Handmesszeuge sind zusätzlich zum eigentlichen Messmittel verschiedene Hilfsmittel und Normale nötig oder vorteilhaft, um die Einsatzmöglichkeiten zu erweitern. So werden z. B. durch den Einsatz eines Prismas auch Messungen der Rundheit mithilfe einer Messuhr möglich. Die Hilfsmittel stellen dabei ebenso bedeutsame Bestandteile des Messaufbaus dar wie das Messgerät selbst und müssen gleichermaßen sorgfältig ausgewählt, angewendet und gepflegt werden.
Die *Messplatte* dient zur Platzierung des Werkstücks auf einer ebenen Fläche, sodass Einflüsse auf das Messergebnis aufgrund der Auflage reduziert werden. Sie wird auch als Ebenheitsnormal benutzt, insbesondere mit den Messmitteln Messuhr und Feinzeiger, die an einem Messstativ angebracht sind.
Ein *Prisma* wird zur Realisierung einer Dreipunktmessung benutzt, z. B. zur Bestimmung der Rundheitsabweichung mittels einer Messuhr. Durch die Auflage des Werkstücks im Prisma werden zwei Punkte realisiert, den dritten Punkt stellt der Messpunkt dar.
Der *Sinustisch* ist ein wichtiges Hilfsmittel zur Erfassung von Winkelmaßen und Neigungsabweichungen. Grundsätzlich ist ein Sinuslineal ein Balken mit bekannter Länge, der auf zwei Rollen mit definiertem Abstand angebracht ist. Durch die Lagerung einer Seite in einer bestimmten Höhe, z. B. auf einem Stapel von Parallelendmaßen, kann die Auflagefläche um den gewünschten Winkel geneigt werden. Ein auf dem Sinustisch platziertes Werkstück kann dadurch so ausgerichtet werden, dass die zu prüfende Fläche parallel zur Messplatte liegt. Dann kann mithilfe einer Messuhr z. B. die Ebenheit bestimmt werden. Durch eine parallele Ausrichtung der geneigten Fläche zur Messplatte kann auch ihre Neigung gegenüber der Auflagefläche des Werkstücks bestimmt werden. Mit dem Sinustisch lassen sich Winkelunterschiede von 3 bis 10 Minuten ermitteln.

27.3.3 Normale

Eine Messung besteht immer im Vergleich der zu messenden Größe mit einer Einheit. Daher muss die Einheit bei der Messung selbst oder für das Kalibrieren des Messgerätes in geeigneter Form, d. h. als sogenanntes „Normal“ vorhanden sein. Allgemein versteht man unter einem Normal ein fassbares Objekt oder auch ein physikalisches Phänomen, das durch ein bestimmtes und unveränderliches Merkmal das Maß darstellt.
Endmaße sind materielle Maßverkörperungen, d. h. sie verkörpern Längen oder Winkel durch ihre eigene Gestalt. Endmaße werden in Sätzen mit verschiedenen Werten angeboten, aus denen durch Zusammensetzen beliebige Maße gebildet werden können. Diese können als Vergleichswerte für Einstellungen an Maschinen, aber auch zur Prüfung von anderen Maßverkörperungen, Messgeräten oder Lehren eingesetzt werden.
Parallelendmaße sind quaderförmige Körper aus verschleißfesten, formbeständigen Materialien, wie Hartmetall oder auch Keramik, mit ebenen, zueinander parallelen Messflächen. Die Technik des Kombinierens mehrerer Parallelendmaße wird Anschieben oder auch Ansprengen genannt. Die Parallelendmaße haften aneinander ohne zusätzliche Hilfsmittel aufgrund der Adhäsionskraft zwischen den Messflächen. Parallelendmaße werden in verschiedenen Genauigkeitsklassen hergestellt, die sich in den zulässigen Abweichungen vom Nennmaß unterscheiden (Tab. 27.3).

Tab. 27.3 Genauigkeitsklassen von Parallelendmaßen nach DIN EN ISO 3650 und typische Anwendungsbereiche

Bezeichnung	Kennzeichen	Anwendungsbereich
Kalibrierklasse K	K	Überprüfung der Endmaße der darunterliegenden Genauigkeitsklassen
Toleranzklasse 0	0	Genaue Längenmessungen und Kontrolle von in Betrieb befindlichen Endmaßen
Toleranzklasse 1	1	Kontrolle von Lehren und Einstellungen von Messgeräten
Toleranzklasse 2	2	Messung und Prüfung im Vorrichtungs- und Maschinenbau

Zur Verkörperung von Winkeln werden *Winkelendmaße* eingesetzt, die einen definierten Winkel zwischen den beiden Deckflächen aufweisen. Genau wie bei Parallelendmaßen lassen sich verschiedene Winkel durch Ansprengen zusammensetzen, wobei die Winkel der einzelnen Endma-

Abb. 27.12
Verschiedene Arten von Maßverkörperungen

ße je nach Ausrichtung zueinander entweder addiert oder subtrahiert werden. Dadurch kann mit wenigen Endmaßen eine große Zahl von Winkeln realisiert werden. Winkelendmaße sind weniger weit verbreitet, da sie durch die Anwendung eines Sinustischs ersetzt werden können.
Maßstäbe stellen verschiedene Maße durch die Angabe von Markierungen dar. Sie können absolut oder inkremental realisiert werden. In mechanischen Messzeugen werden häufig Strichskalen als *absolute Maßstäbe* genutzt, z.B. im Messschieber oder in der Messschraube. Dabei sind die einzelnen Maße auf der Strichskala angezeichnet. Daneben werden auch codierte Glasmaßstäbe eingesetzt. Auf diesen sind verschiedene Positionen durch bestimmte Kombinationen von hellen und dunklen Feldern markiert. Dieser Code entspricht einem Zahlenwert. Die Codierung kann auf verschiedene Weise erfolgen, sehr verbreitet sind Dualcode und Graycode.
Bei *inkrementalen Maßstäben* wird nicht die absolute Position auf dem Maßstab bestimmt, sondern die Veränderung gegenüber einer früheren Position, aus welcher der aktuelle Wert berechnet werden kann. Bei optischen inkrementalen Maßstäben ist der Maßstab abwechselnd mit hellen und dunklen Feldern markiert, sodass bei einer Bewegung entlang des Maßstabs abwechselnd helle und dunkle Felder detektiert werden. Aus der Anzahl der Wechsel kann unter Nutzung der Information über die Breite der Felder der zurückgelegte Weg bestimmt werden. Da zur Bestimmung einer absoluten Länge die Ausgangsposition bekannt sein muss, werden Inkrementalmaßstäbe durch absolute Referenzmarken ergänzt. Wird eine solche Referenzmarke überstrichen, wird diese Position erfasst, und die aktuelle Stellung ist bekannt. Während des Verfahrens bieten die Referenzmarken auch eine zusätzliche Kontrollmöglichkeit (Abb. 27.12).

27.3.4 Taktile Messgeräte

Neben der Verwendung von Handprüfmitteln für die fertigungsnahe Prüfung nimmt der Einsatz von Messgeräten, deren Funktion durch das Zusammenwirken einer großen Zahl von Gerätekomponenten erreicht wird, immer mehr zu. Diese erfordern eine spezielle Schulung der Anwender, die häufig auch Programmierkenntnisse zur Erstellung von CNC-Ablaufprogrammen für die Messgeräte umfasst.
Bei taktilen Messgeräten wird die Gestalt des Werkstücks erfasst, indem nach dem Positionieren des Werkstücks im Messbereich des Gerätes die Oberfläche mit einem Tastelement angetastet wird. Die Position des Tastelements wird gemessen. Aus den Messergebnissen in mehreren Antastpunkten können Beschreibungsparameter der Geometrieelemente des Werkstücks bestimmt werden. Die dadurch gewonnene quantitative Information über die Werkstückoberfläche wird zur Prüfung herangezogen. Die Antastung der Oberfläche und die Auswertung der erfassten Informationen kann auf verschiedene Weise erfolgen.

Koordinatenmessgeräte

Ein Koordinatenmessgerät besteht aus drei orthogonal aufeinanderstehenden Achsen, die ein dreidimensionales Koordinatensystem aufspannen. Die Gestalt eines Werkstücks wird bestimmt, indem die Oberfläche angetastet und die Stellung des Tastelements in jedem Punkt über Längenmesssysteme an den Achsen erfasst wird, welche die momentane Position des Tastelementes bei der Antastung beschreiben. Aus diesen Informationen kann die Koordinate des angetasteten Punktes in einem Referenzkoordinatensystem ermittelt werden.
Ein Koordinatenmessgerät ist daher allgemein definiert als „Messsystem, geeignet zur Messung räumlicher Koordinaten, ausgestattet mit Mitteln zur Bewegung eines Messkopfsystems zur Bestimmung von räumlichen Koordinaten von Punkten auf einer Werkstückoberfläche" (DIN EN ISO 10360-1).
Das Prinzip der Koordinatenmesstechnik (Abb. 27.13) ist es, das reale Flächenelement eines Werkstücks punktweise anzutasten und die Antastpunkte mathematisch miteinander zu verknüpfen. Dadurch entsteht ein numerisches Bild des Flächenelements in Form eines zugeordneten Geometrieelementes, das die Oberfläche des realen Werkstücks in einer idealisierten Form beschreibt, wobei die Zuordnung abhängig von den interessierenden Prüfmerkmalen erfolgt. Die zugeordneten Geometrieelemente können dann miteinander verknüpft und hinsichtlich verschiedener Parameter ausgewertet werden, um Maß-, Form- und Lageabweichungen des Werkstücks zu bestim-

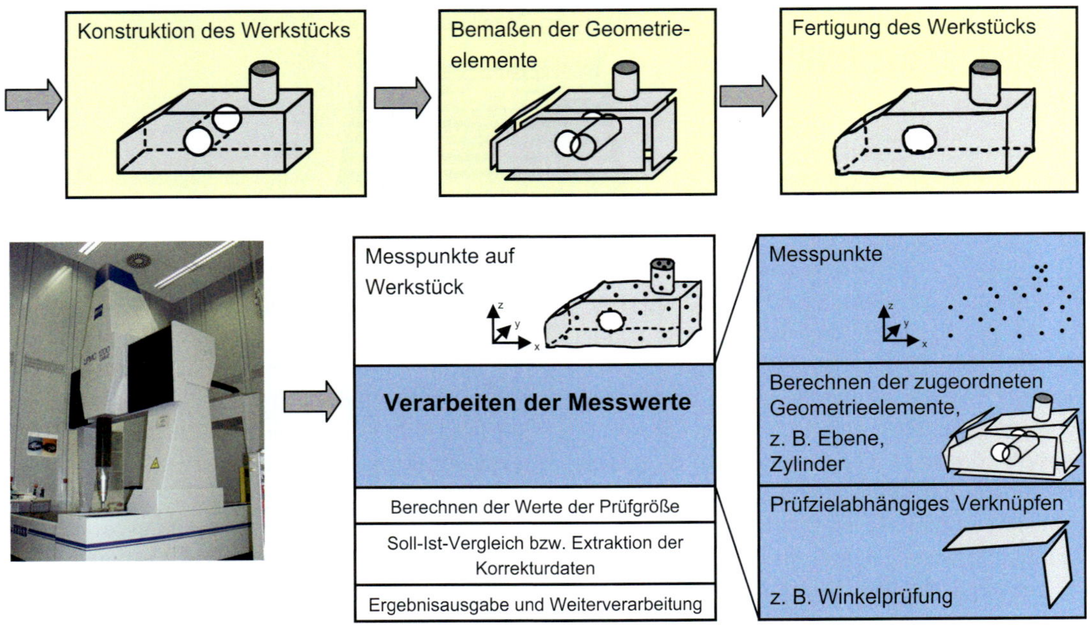

Abb. 27.13 Prinzip der Koordinatenmesstechnik

III

men. Koordinatenmessgeräte ermöglichen die flexible Messung unterschiedlicher Merkmale an komplexen Werkstücken mit sehr guter Genauigkeit. Daher hat ihre Verbreitung in den letzten Jahren stetig zugenommen.

Die prinzipielle Vorgehensweise bei der Durchführung von Messungen auf der Basis der Koordinatenmesstechnik besteht aus sieben Schritten:

1. Analyse der Messaufgabe
2. Festlegen der Werkstückaufspannung, der Taststifte und der Taststiftkombination, Definition des Werkstückkoordinatensystems
3. Festlegen der Messstrategie: Dazu gehören die Reihenfolge, die Art der Erfassung und die Auswertung. Ebenso sind Tasterwechsel und die Verwendung des Drehtisches oder der Tasterschwenkeinrichtung festzulegen.
4. Definition des Messablaufs und eventuell Erstellen des zugehörigen CNC-Messprogramms
5. Durchführen der Messung (Ermitteln der Koordinatenwerte der Antastpunkte) nach Vornahme der Tasterqualifikation eines jeden verwendeten Taststiftes
6. Auswertung der gemessenen Antastpunkte unter Verwendung der Auswertesoftware
7. Ermitteln der Messunsicherheit und Dokumentation der vollständigen Messergebnisse

Koordinatenmessgeräte (KMG) können einerseits nach der Art der Bedienung in handgeführte und numerisch gesteuerte Geräte unterschieden werden, anderseits nach ihrer Bauart. Welche Art von Koordinatenmessgerät eingesetzt werden sollte, hängt von den zu prüfenden Werkstücken und den Rahmenbedingungen der Prüfung ab.

Bei einem handgeführten KMG bewegt der Bediener den Taster von Hand gegen das Werkstück. Bei Berührung des Werkstücks wird ein Messsignal erzeugt und die Koordinaten des Tastelementes werden erfasst. Diese Art der Steuerung erfordert keine Programmierkenntnisse und ist gut geeignet, um Einzelmessungen durchzuführen. Das Ergebnis der Messung ist in hohem Maße von der Erfahrung und der Sorgfalt des Bedieners abhängig.

Bei einem numerisch gesteuerten Gerät erfolgt die Durchführung der Messung automatisch anhand eines Messprogramms, das vom Bediener oder Planer erstellt wird. Die CNC-Steuerung ermöglicht die einfache Durchführung von Serienmessungen über das einmal erstellte Messprogramm und verbessert die Reproduzierbarkeit der Messergebnisse. Für Einzelmessungen sind alle numerisch gesteuerten Geräte auch über ein Bedienpult manuell steuerbar.

Außer durch die Art der Steuerung unterscheiden sich Koordinatenmessgeräte auch in ihrer Bauweise, d. h. durch die Anordnung der Achsen. Dabei sind KMG mit kartesischer Achsanordnung bei Weitem am häufigsten anzutreffen, es werden aber auch Achsanordnungen nach dem Zylinder- oder Kugelkoordinatensystem eingesetzt. Neben der in Abb. 27.14 dargestellten Übersicht finden sich detaillierte Informationen zum Aufbau von Koordinatenmessgeräten in DIN EN ISO 10360-1.

Koordinatenmessgeräte in Portalbauweise bieten geringe Messabweichungen bei gleichzeitig guter Zugänglichkeit und ausreichend großem Messbereich für übliche Werkstücke im Bereich des Maschinenbaus. Daher stellen sie die häufigste Bauweise dar. Koordinatenmessgeräte in

KMG in Auslegerbauweise (Beispiel mit Doppelarmsystem)	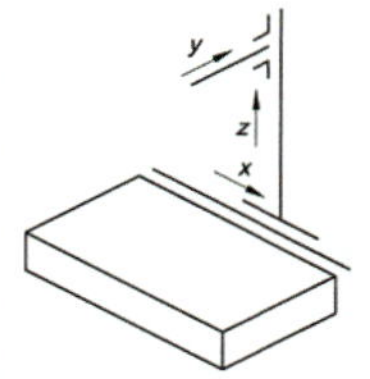	 Quelle: Wenzel
KMG in Portalbauweise mit stationärem Portal	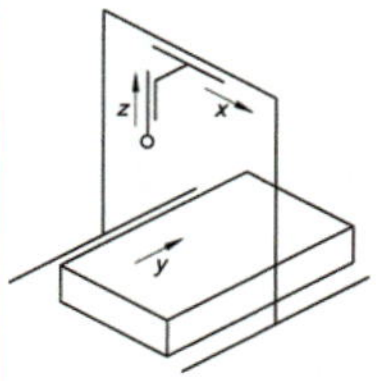	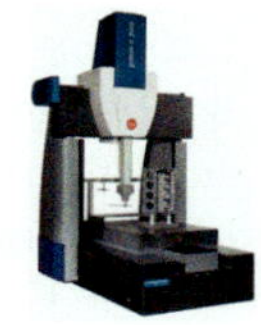 Quelle: Leitz
KMG in Portalbauweise mit beweglichem Portal	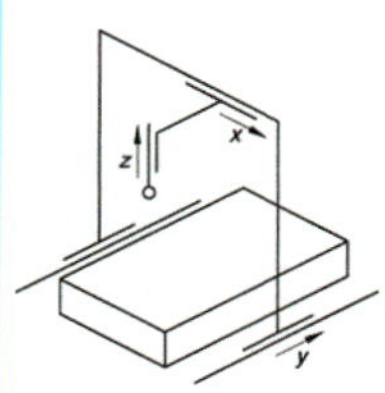	 Quelle: Zeiss
KMG in Brückenbauweise	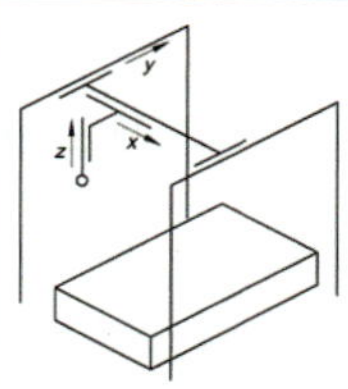	 Quelle: Brown and Sharpe

Abb. 27.14
Übersicht der Bauarten von Koordinatenmessgeräten

Ausleger- und Brückenbauweise ermöglichen dagegen das Erfassen auch sehr großer Werkstücke bis hin zu ganzen Fahrzeugen oder Komponenten aus dem Flugzeugbau.

Die Koordinaten der Messpunkte, die beim Antasten des Werkstücks aufgezeichnet wurden, werden für die Berechnung der Maße und der Lage von Geometrieelementen verwendet. Dazu muss ein ideales Element definiert werden, das den erfassten Punkten zugeordnet werden kann. Da die erfassten Antastpunkte im Allgemeinen nicht auf einem idealen Element liegen, muss das Ersatzelement so definiert werden, dass es die erfassten Antastpunkte möglichst gut annähert. Dafür stehen verschiedene Auswertekriterien (Kleinste Fehlerquadratsumme, Hüllbedingung, Pferchbedingung, Tangentialbedingung, Minimumbedingung) zur Verfügung, die abhängig vom Ziel der Messung und der Funktion des erfassten Elementes ausgewählt werden müssen.

Die Erstellung der Strategie zur Erfassung und Auswertung der Messpunkte erfordert vom Bediener umfassende Kenntnisse und sorgfältiges Vorgehen. Dazu ist sowohl Wissen über mögliche Tastelemente, Vor- und Nachteile verschiedener Anordnungen der Antastpunkte auf dem Werkstück und Auswertekriterien erforderlich als auch über den späteren Verwendungszweck der Messergebnisse sowie über einschlägige geltende Normen. Daher kann dieses komplexe Thema hier nur umrissen werden. Weiterführende Informationen zum Messen mit Koordinatenmessgeräten finden sich bei (Weckenmann 2012).

Formprüfgeräte

Formprüfgeräte ermöglichen die sehr präzise Erfassung und Auswertung von Formabweichungen – insbesondere Kreisform-, Zylinderform- und Geradheitsabweichungen – von Geometrieelementen. Um eine zuverlässige Aussage über die Abweichung der wirklichen Form des Geometrieelementes von der geometrisch idealen Form ableiten zu können, wird das Geometrieelement mit einer großen Zahl von Messpunkten erfasst. Allgemein gilt, dass die wirkliche Gestalt des Elementes umso besser durch das Messergebnis repräsentiert werden kann, je mehr Punkte erfasst werden. Da für die präzise Bestimmung von Form- und Lageabweichungen möglichst genaue Kenntnisse über das Werkstück notwendig sind, werden bei einem Formprüfgerät die Antastpunkte nicht durch eine Einzelantastung erfasst, wie es meistens bei Koordinatenmessgeräten der Fall ist, sondern über sogenannte messende Messkopfsysteme, die zusätzlich zum Positionieren des Tasters durch die Geräteachsen eine Auslenkung innerhalb des Messkopfes ermöglichen, die ebenfalls erfasst wird. Dabei wird das Werkstück einmal angetastet und der Taster dann während der Erfassung eines Geometrieelementes nicht mehr von der Werkstückoberfläche gelöst, wobei der Taster durch den Kontakt mit dem Werkstück ausgelenkt wird. Diese auch in der Koordinatenmesstechnik eingesetzte Art der Erfassung wird als Scanning-Modus bezeichnet und ermöglicht das Aufnehmen von mehreren tausend Punkten auf einer Umfangslinie.

Während der Messung erfolgt bei klassischen Formprüfgeräten eine Bewegung nur in einer Achse (Linearachse bei Geradheitsmessungen bzw. Rotationsachse bei Rundheitsmessungen). Vom Messsystem wird durch die Auslenkung des Tasters die Differenz der tatsächlichen Form des Werkstücks zum Ideal erfasst, das durch die Bewegung der Achse verkörpert wird. Daher verfügen Formprüfgeräte über besonders präzise Führungen an den zur Messung eingesetzten Achsen.

III

Typische Messaufgaben an Formprüfgeräten sind die Erfassung von Rundheits- oder Laufabweichungen mithilfe der Drehführung sowie von Geradheitsabweichungen mithilfe der Linearachse. Darauf aufbauend können auch Zylinderform, Konzentrizität, Koaxialität, Ebenheit, Parallelität und Rechtwinkligkeit bestimmt werden.

Taktile Formprüfgeräte werden in drei Bauarten eingesetzt, die sich vor allem darin unterscheiden, wie die rotatorische Achse realisiert ist. Dies beeinflusst maßgeblich den Einsatzbereich der verschiedenen Bauarten.

Die klassische Bauart von Formprüfgeräten ist das *Drehtischgerät* (Abb. 27.16). Dabei wird die Drehführung durch einen rotierenden Tisch realisiert, auf dem das Werkstück aufgespannt wird. Bei der Messung wird der Taster an das Werkstück herangeführt und das Messobjekt auf dem Drehtisch am stehenden Taster vorbeigedreht. Der Taster ist nur in radialer Richtung empfindlich. Drehtischgeräte ermöglichen sehr präzise Messungen, sind aber in ihrem Anwendungsbereich im Wesentlichen auf rotationssymmetrische Werkstücke begrenzt.

Bei *Drehspindelgeräten* (Abb. 27.16) wird das Werkstück auf einem stationären Tisch aufgespannt und während der Messung nicht bewegt. Die Drehführung wird durch eine Drehspindel realisiert, die das Messkopfsystem entlang einer geometrisch idealen Linie (Kreis oder Gerade) bewegt und dabei durch das Tastsystem die Abweichung der wirklichen Oberfläche von der geometrisch idealen Linie in normaler Richtung zur Werkstückoberfläche erfasst. Da die Masse und Form des Werkstücks durch die Aufspannung auf einen unbewegten Tisch unerheblich ist, können Drehspindelgeräte auch zur Messung von sehr großen, schweren oder nicht rotationssymmetrischen Bauteilen verwendet werden, z. B. zur Prüfung von Motorblöcken im Schiffsbau. Die erreichbare Genauigkeit ist geringer als bei einem Drehtischgerät.

Drehtisch- und Drehspindelgeräte verfügen im Allgemeinen nur über zwei Linearachsen – in axialer Richtung zur Durchführung von Geradheitsmessungen und in radialer Richtung zum Verfahren des Tasters zu dem Werkstück –, die nicht für die absolute Positionsbestimmung ausgerüstet sind. Daher können Maße nur begrenzt erfasst werden und der Bereich der erfassbaren Merkmale ist eingeschränkt, sodass Formprüfungen komplexer, nicht rotationssymmetrischer Werkstücke mit einem Koordinatenmessgerät erfolgen müssen.

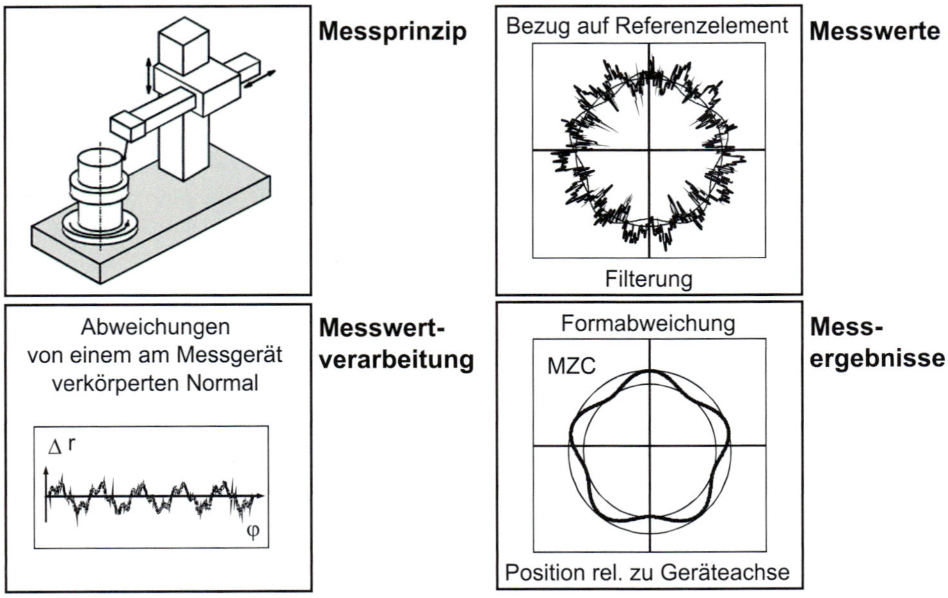

Abb. 27.15
Vorgehen bei der Formprüfung

Drehtischgerät	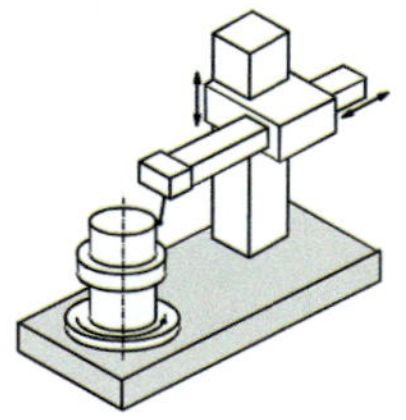	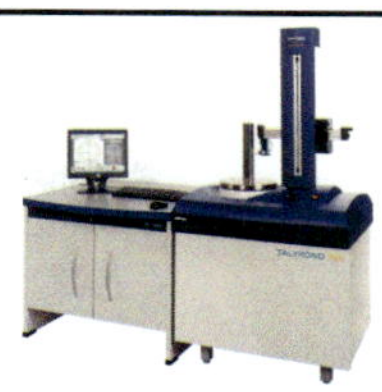 Quelle: Taylor-Hobson
Drehspindelgerät	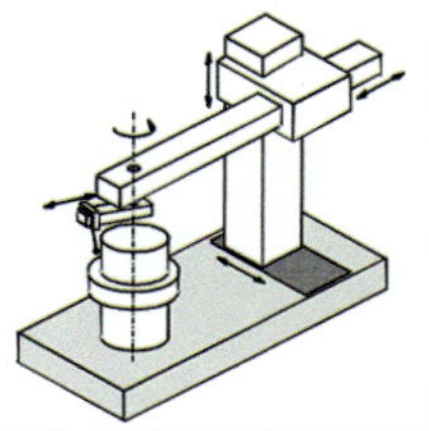	 Quelle: Mahr

Abb. 27.16
Bauarten von Formprüfgeräten

Die aufgenommenen Messpunkte beschreiben die Geometrie des erfassten Elementes. Allerdings überlagern sich dabei Gestaltabweichungen verschiedener Ordnung, also Formabweichungen, Welligkeit und Rauheit. Diese unterscheiden sich durch die typischen Wellenlängen der Abweichungen. Um die gewünschten Informationen zu erhalten, müssen die Messdaten daher gefiltert werden.
Zur Verfügung stehen dabei:

- Tiefpassfilter, die kurzwellige Anteile herausfiltern und daher zur Bestimmung der Formabweichung genutzt werden
- Hochpassfilter, die umgekehrt langwellige Anteile herausfiltern und daher zur Bestimmung der Rauheit eingesetzt werden
- Bandpassfilter, die sowohl sehr langwellige als auch sehr kurzwellige Anteile herausfiltern und daher zur Bestimmung der Welligkeit genutzt werden

Die Auswahl des jeweils benötigten Filters hängt neben dem interessierenden Merkmal auch von der Art und Ausdehnung des erfassten Geometrieelementes ab. Die korrekte Auswahl des Filters kann die Messergebnisse entscheidend beeinflussen. Vorgaben zur Auswahl geeigneter Filter sind in VDI/VDE 2631-3 enthalten.
Weiterführende Informationen zum Vorgehen bei der Messung mit Formprüfgeräten finden sich in den Blättern der Richtlinie VDI/VDE 2631.

Oberflächenprüfgeräte (Tastschnittgeräte)

Neben Maßen und Form beeinflussen auch die Eigenschaften der Oberfläche eines Werkstücks maßgeblich seine Eigenschaften, z. B. bei der Paarung verschiedener Bauteile oder in Bezug auf das Verhalten des Materials bei umformenden Fertigungsprozessen. Zur Beschreibung der Oberfläche bestehen zahlreiche spezifische Oberflächenkennwerte, die in DIN EN ISO 1302 festgelegt sind. Um diese prüfen zu können, sind genaue Kenntnisse über die tatsächliche Oberfläche des Werkstücks notwendig.
Bei der taktilen Erfassung eines Rauheitsprofils wird eine Messspitze über die zu prüfende Oberfläche bewegt. Die Auslenkung der Tastspitze durch die auf jeder Oberfläche vorhandenen Spitzen und Risse wird erfasst und als Profilschnitt entlang der Messstrecke aufgezeichnet. Da auf diese Weise jeweils nur das Profil eines bestimmten Schnittes erfasst werden kann, wird dieses Vorgehen zur taktilen Oberflächenprüfung auch als Tastschnittverfahren bezeichnet. Dabei ist es notwendig, dass die Messspitze einen sehr geringen Durchmesser aufweist, üblicherweise etwa 2 µm, da die zu erfassenden Abweichungen der Oberfläche von einer idealen Ebene nur eine sehr geringe Ausdehnung aufweisen. Eine Spitze mit einer größeren Rundung könnte nicht in Risse eintauchen, was eine unvollständige, fehlerbehaftete Erfassung der Oberfläche zur Folge hätte.
Nach der Aufzeichnung der Profildaten im sogenannten Primärprofil müssen die interessierenden Rauheitsanteile des erfassten Profils durch Filtern von den übrigen erfassten Abweichungen der Oberfläche, wie Formabweichungen und Welligkeit, getrennt werden. Die Tastspitze wirkt dabei bereits wie ein mechanisches Tiefpassfilter, wobei die Stärke der Filterwirkung vom Durchmesser der Tastspitze abhängig ist. Dieses gefilterte Rauheitsprofil kann dann in Bezug auf die interessierenden Kenngrößen ausgewertet werden. Diese Werte werden schließlich zusammen mit dem Profil und den Randbedingungen der Messung dokumentiert (Abb. 27.17). Da die Wahl des Filters, des ausgewählten Messorts und anderer Parameter das erhaltene Rauheitsprofil und damit die letztlich bestimmten Kenngrößen entscheidend beeinflussen, ist es unbedingt erforderlich, die Bedingungen der Messung und Auswertung zusammen mit den Ergebnissen sorgfältig zu dokumentieren.
Oberflächenprüfgeräte müssen in der Lage sein, Struktur-

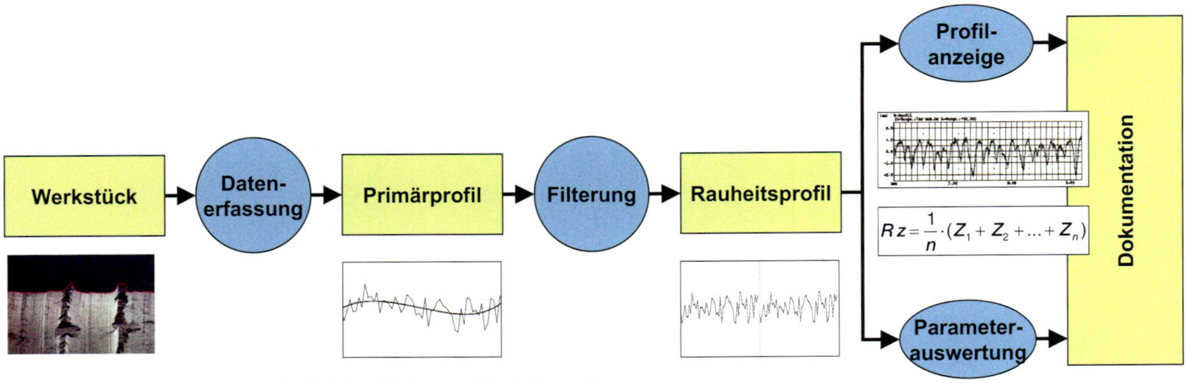

Abb. 27.17 Kette von der Werkstückoberfläche zum Rauheitsprofil

abweichungen von wenigen Nanometern bis hin zu einigen hundert Mikrometern zu erfassen. Zudem müssen Messungen sowohl auf harten Materialien wie Keramiken als auch auf weichen, leicht verformbaren Materialien wie Kunststoffen durchgeführt werden können, ohne die Oberfläche der Prüfobjekte dabei zu beschädigen. Daher werden vor allem an die eingesetzten Taster sowie an die Aufnehmer zur Erfassung ihrer Auslenkung hohe Anforderungen gestellt.

Weitere Informationen zu verfügbaren Verfahren und deren Anwendung finden sich in (Whitehouse 2011).

27.3.5 Optische Verfahren

Neben den weitverbreiteten taktilen Messgeräten werden im Rahmen der Produktprüfung zunehmend auch optische Verfahren eingesetzt. Diese erfassen die Gestalt des Werkstücks nicht über die Berührung mit einem Taster, sondern anhand von Effekten durch die Wechselwirkung der Oberfläche des Werkstücks mit Licht. Optische Verfahren weisen gegenüber taktilen Messverfahren einige spezifische Vorteile auf:

- Beim Messen werden keine Kräfte auf das Werkstück aufgebracht, die es verformen oder sogar beschädigen können.
- Es können auch Objekte erfasst werden, bei denen eine Berührung nicht möglich ist bzw. ein ausreichender Arbeitsabstand zwischen Messobjekt und Messgerät notwendig ist, z. B. glühende Strangprofile oder kontinuierlich laufende Stoffbahnen in der Textilindustrie.
- Eine große Anzahl von Messpunkten kann in kurzer Zeit aufgenommen werden, d. h. eine ganzheitliche Erfassung der sichtbaren Oberfläche ist möglich. Aufgrund der kurzen Erfassungszeiten kann die optische Prüfung oft direkt im Fertigungstakt erfolgen.

Nachteilig ist, dass generell nur sichtbare Merkmale geprüft werden können, also keine Hinterschneidungen, und dass sich Verschmutzungen am Werkstück oder am Messsystem sowie Schattenwurf stark auf das Messergebnis auswirken können. Zudem wird die Anwendbarkeit der Verfahren von den optischen Eigenschaften des Werkstücks beeinflusst, sodass z. B. oft keine spiegelnden oder transparenten Objekte erfasst werden können. Diese optischen Eigenschaften sind in vielen Fällen für die Funktion des Werkstücks nicht relevant und stellen daher zusätzliche Anforderungen dar.

Die Messergebnisse optischer Messgeräte sind nur bedingt mit denen taktiler Geräte vergleichbar. Ein Grund dafür ist die unterschiedliche Wechselwirkung zwischen Werkstück und Sensor. Bei taktilen Verfahren wird zur Erfassung der Gestalt ein Taster verwendet, bei optischen Systemen interagiert Licht mit der Werkstückoberfläche. Das Tastelement ist im Vergleich zu der Oberflächenrauheit oft groß und tastet vorwiegend die Spitzen des Rauheitsgebirges ab. Der Lichtstrahl kann in die Rauheitstäler eindringen und die meist für das Messen verwendete Reflektion auf der Werkstückoberfläche wird in hohem Maße geprägt von den Flanken des Rauheitsgebirges. Bei der Entscheidung, ob ein taktiles oder optisches Messsystem eingesetzt werden soll, müssen diese Aspekte stets berücksichtigt werden.

Zum Bereich der optischen Messtechnik gehören zahlreiche verschiedene Verfahren, die auf unterschiedlichen Aspekten der Wechselwirkung zwischen Licht und Werkstück beruhen. Diese können einerseits nach der Dimension des Messbereichs unterteilt werden in ein-, zwei- oder dreidimensional messende Systeme, die nach der Schnittmenge aus Messbereich und Oberfläche des Messobjekts auch als Punkt-, Linien- und Flächensensoren bezeichnet werden. Andererseits kann eine Ordnung auch anhand der eingesetzten optischen Strahlung erfolgen, wobei unterschieden werden muss zwischen der Verwendung von kohärentem Licht, bei dem eine feste Phasenbeziehung zwischen den einzelnen Lichtwellen besteht, und inkohärentem Licht, bei dem dies nicht der Fall ist. Bei der Messung mit inkohärentem Licht können nur Intensität und eventuell Wellenlänge des Lichtes ausgewertet werden, die Verfahren beruhen wesentlich auf den Gesetzen der Strahlenoptik. Dazu gehören vor allem Verfahren auf der Basis der Auswertung von Kameraaufnahmen. Bei der Messung mit kohärentem Licht kann dagegen auch die Phase des optischen Strahls ausgewertet werden, sodass die Wellenlänge des Lichtes als Vergleichsmaßstab für hochpräzise Längenmessungen herangezogen werden kann. Dabei werden vor allem Laser als Lichtquellen eingesetzt (Weckenmann/Hofmann 2006).

Im Folgenden werden aus der Vielzahl der optischen Messverfahren einige häufig eingesetzte Verfahren exemplarisch erläutert. Ergänzende Informationen zum Einsatz der Verfahren in verschiedenen Arten von Messgeräten sowie zu weiteren Methoden der optischen Messtechnik bietet die einschlägige Literatur (z. B. Rahlves/Seewig 2009, Hering/Martin 2006, Koch 1998).

Interferometer

Interferometrische Messverfahren beruhen auf der Überlagerung der Wellen zweier Lichtstrahlen. Bei einem *Laserinterferometer* (Abb. 27.18) wird dafür kohärentes, monochromatisches Licht verwendet, das von einem Laser ausgesandt wird. Der Strahl wird durch einen Strahlteiler in zwei Strahlen aufgespalten, wobei ein Strahl zu einem stationären Reflektor geleitet wird, der andere dagegen auf einen beweglichen Reflektor, der die zu erfassende Position kennzeichnet. Die beiden Strahlen werden reflektiert, im Strahlteiler wieder vereinigt und auf einen Detektor gelenkt. Sind die zurückzulegenden optischen Pfadlängen zwischen dem Strahlteiler und dem stationären bzw. beweglichen Reflektor nicht gleich, kommt es durch den unterschiedlichen Laufweg zu einer Phasenverschiebung des zweiten Strahls gegenüber dem ersten. Bei der Überlagerung der beiden Strahlen interferieren diese miteinander, sodass die Amplitude des vom Detektor aufgenommenen Signals abhängig von der Stellung des beweglichen Reflektors ist. Das Signal moduliert dabei zwischen null und dem maximalen Wert, wobei sich das Signal beim Verfahren des Reflektors um die Hälfte der Wellenlänge λ wiederholt.

Zur Bestimmung der Positionsänderung des Reflektors 2 müssen die Nulldurchgänge gezählt werden, aus denen bei bekannter Wellenlänge des ausgesandten Lichtes der Verfahrweg berechnet werden kann. Zwischen den Nulldurchgängen kann anhand der Intensität interpoliert werden, um die Auflösung zu verbessern. Mit dem Laserinterferometer wird eine inkrementale Messung durchgeführt, sodass ausgehend von einem bekannten Anfangswert die Position des Reflektors bestimmt werden kann. Ein Laserinterferometer kann eine Auflösung von bis zu 0,1 nm erreichen, der Messbereich kann über 10 m betragen.

Das Hauptanwendungsgebiet von Laserinterferometern liegt in der Positionsmessung in Werkzeugmaschinen in der Präzisionsfertigungstechnik sowie in Messgeräten der Fertigungsmesstechnik, z. B. Koordinatenmessgeräte. Mithilfe von Dreistrahlinterferometern mit Planspiegelreflektor können zusätzlich Nick- und Gierwinkel der den Planspiegelreflektor tragenden Komponente gemessen werden, sodass Messabweichungen aufgrund von Verkippungen des Spiegels vermieden werden (Pöschel 2006).

Bei *Weißlichtinterferometern* wird statt des monochromatischen Laserlichts weißes Licht verwendet, das eine Überlagerung verschiedener Wellenlängen darstellt. Dadurch entsteht bei der Interferenz der beiden Lichtstrahlen ein spezifischer Intensitätsverlauf, der zur Bestimmung des Abstands zwischen Messobjekt und Interferenzebene verwendet werden kann. Da dieses Signal weniger empfind-

III

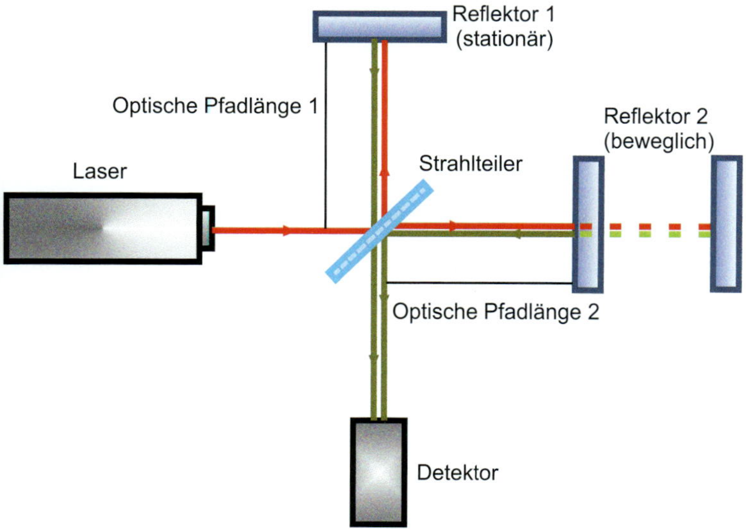

Abb. 27.18
Prinzipieller Aufbau eines Laserinterferometers

lich auf Streuverluste durch einen nicht-idealen Reflektor reagiert, ist es mithilfe der Weißlichtinterferometrie möglich, auch raue Oberflächen zu detektieren und somit das Werkstück direkt zu erfassen. Dabei sind sehr hohe Auflösungen erreichbar, abhängig von der Art der Signalauswertung bis in den Sub-Nanometerbereich. Verfügbare Messgeräte ermöglichen meist eine flächenhafte Aufnahme eines Bereichs bis zu einigen mm^2, wobei eine bessere Auflösung ein kleineres Messfeld bedingt. Durch das Aneinanderheften („Stitching") mehrerer Aufnahmen wird jedoch die Betrachtung eines größeren Bereichs möglich. Weißlichtinterferometer erlauben aufgrund dieser Charakteristika eine umfassende und präzise Erfassung der Feingestalt eines Bauteils. Sie finden daher zunehmend Verbreitung in der Oberflächenmessung sowie bei der Prüfung von Mikro-Strukturen. Allerdings sind die Ergebnisse nur bedingt mit herkömmlichen taktilen Verfahren zur Beurteilung von Oberflächen vergleichbar. Zudem können die Eigenschaften der zu messenden Oberfläche, insbesondere steile Kanten oder Veränderungen der optischen Eigenschaften, z. B. in der Farbe oder im Reflektionsverhalten, die aufgenommenen Daten verfälschen. Diese Aspekte müssen bei Planung, Durchführung und Auswertung der Messung geeignet berücksichtigt werden.

Fokussensoren

Das Funktionsprinzip von Fokussensoren beruht auf der Bündelung des durch eine Linse geleiteten Lichts in deren Brennpunkt. Der Strahl einer Lichtquelle wird durch eine Linse auf das Messobjekt projiziert, dort reflektiert und durch die Linse zu einem Detektor geleitet. Die Größe des auf der Werkstückoberfläche entstehenden Lichtflecks und dementsprechend auch das reflektierte Bild hängen von der Entfernung der Linse zum Werkstück ab.

Bei *Autofokussensoren* (Abb. 27.19) wird als Lichtquelle ein Laser verwendet. Durch Bewegung der Linse wird der Laserstrahl so fokussiert, dass die Ausdehnung des Lichtflecks auf der Oberfläche minimal wird, d. h. der erfasste Punkt des Werkstücks befindet sich im Brennpunkt der Linse. Anhand der Positionsänderung der Linse kann dann der Höhenverlauf der Werkstückoberfläche bestimmt werden.

Der Messfleck auf der Oberfläche des Werkstücks hat typischerweise einen Durchmesser von etwa 1 µm. Bei Verschieben des Werkstücks kann das Oberflächenprofil linienhaft oder rasterförmig erfasst werden. Aufgrund des Funktionsprinzips weisen Autofokussensoren nur einen recht eingeschränkten Messbereich auf, der von wenigen Mikrometern bis ca. 1 mm reichen kann. Bei der praktischen Anwendung in Messgeräten wird dieser Bereich jedoch bei entsprechenden Anwendungen erweitert, indem der Sensorkopf als Ganzes in mehreren Schritten entlang der vertikalen Achse verfahren wird, um einen größeren Höhenbereich zu scannen. Auflösungen (in z-Richtung) bis in den Nanometerbereich werden erzielt.

Bei *konfokalen Sensoren* wird der Detektor ergänzend durch eine Lochblende abgeschirmt, die nur fokussierte Strahlen durchlässt. Die Intensität des erfassten Lichts wird also maximal, wenn sich die beobachtete Werkstückoberfläche im Brennpunkt befindet. Dies kann wie bei klassischen Autofokussensoren zur Bestimmung der Höheninformation verwendet werden, indem eine bewegliche Linse stets so positioniert wird, dass die erfasste Oberfläche fokussiert wird. Dabei kann eine sehr gute Auflösung, teilweise bis in den Sub-Nanometerbereich, realisiert werden. Da jedoch ein geringerer Anteil des re-

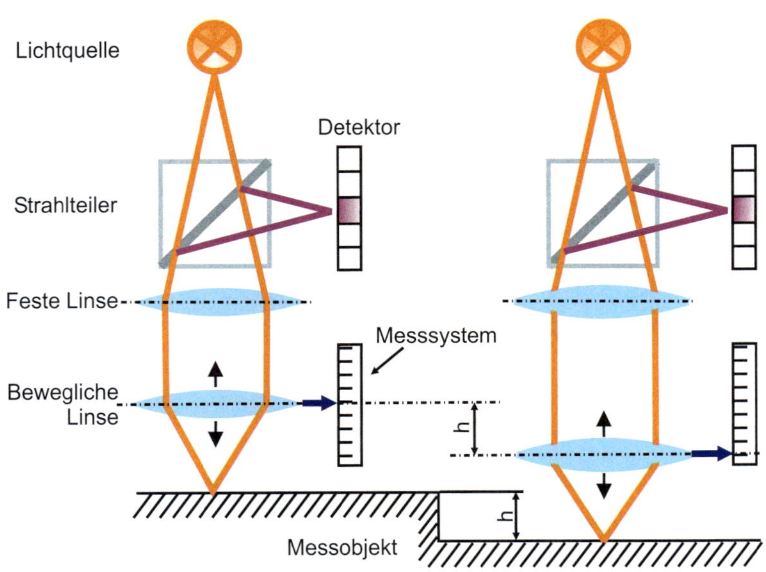

Abb. 27.19
Funktionsprinzip eines Autofokussensors

flektierten Lichts ausgewertet werden kann, können eher raue, also stark streuende Oberflächen nur schlecht erfasst werden.

Chromatisch-konfokale Sensoren nutzen zusätzlich zur Auswertung der Brennpunktlage den Effekt, dass Licht verschiedener Wellenlängen durch die Linse unterschiedlich gebrochen wird. Bei der Verwendung einer Weißlichtquelle, in der Licht mehrerer Wellenlängen überlagert ist, kann daher aus der Wellenlänge des erfassten Lichts auf die Lage der Werkstückoberfläche geschlossen werden. Da bei chromatisch-konfokalen Sensoren keine Abtastbewegung des Sensors erforderlich ist, kann die Datenerfassung sehr schnell erfolgen. Jedoch ist die Auflösung mit einigen zehn Nanometern schlechter als bei anderen Fokus-basierten Verfahren. Messbereiche in vertikaler Richtung von einigen Millimetern sind üblich, bei Objektiven mit starker chromatischer Aberration können aber auch größere Bereiche realisiert werden.

Beim Verfahren der *Fokusvariation* wird das Objektiv bewegt, sodass unterschiedliche Höhen der Oberfläche fokussiert werden. Dabei wird detektiert, welche Bereiche des Messobjekts jeweils im Brennpunkt liegen. Daraus kann die Höhe der erfassten Strukturen ermittelt werden. Mithilfe dieses Verfahrens können vergleichsweise große Messbereiche mit einer Auflösung bis etwa 10 nm abgedeckt werden. Problematisch sind jedoch Bauteile mit schwach ausgeprägten Höhenunterschieden, d. h. mit sehr geringer Rauheit, sowie transparente Materialien, da diese Fehlmessungen verursachen können.

Typische Anwendungen für Fokussensoren sind Messungen zur Bestimmung der Rauheit oder der Topografie. Ergebnisse aus Rauheitsmessungen mit Fokussensoren sind wegen der oben genannten Einflüsse jedoch prinzipiell nur bedingt mit Ergebnissen aus taktilen Messungen vergleichbar. Hinweise zu relevanten Einflüssen bei der Anwendung der verschiedenen Messprinzipien sind in den Teilen 600 ff. der DIN EN ISO 25178 dargelegt.

Optische Koordinatenmessgeräte

Mithilfe von digitaler Bildverarbeitung können zwei- und dreidimensionale Messungen mit sehr guter Genauigkeit ausgeführt werden. Auf diese Weise kann über die Aufnahme von Kamerabildern eine sehr hohe Anzahl von Messpunkten in sehr kurzer Zeit erfasst und mithilfe spezieller Algorithmen ausgewertet werden.

Eine wichtige Anwendung der Messung mithilfe von Kamerabildern bilden optische Koordinatenmessgeräte (Abb. 27.20). Dabei wird mit der Kamera ein Bild des zu messenden Werkstücks erfasst, anhand dessen die Koordinaten verschiedener charakteristischer Bildpunkte, wie z. B. an Kanten und Ecken, mit Methoden der Bildverarbeitung bestimmt werden. Zur Erweiterung des erfassbaren Messbereichs wird das Objekt auf einem x-y-Verschiebetisch bewegt, dessen Position bei der Bestimmung der Koordinaten weiterer Bildpunkte mitberücksichtigt wird. Über die Auswertung der Kameraaufnahmen ist die Erfassung von Koordinaten in zwei Dimensionen möglich, Informationen über die Tiefe können nur durch die Kombination mit weiteren Verfahren gewonnen werden, z. B. durch eine Auswertung der für eine scharfe Bilderfassung einzustellenden z-Position von Werkstück oder Kameralinse mithilfe des Autofokusverfahrens. Die weitere Auswertung der Messpunkte erfolgt anschließend wie bei einem taktilen Koordinatenmessgerät (vgl. Kap. 27.3.4, Absatz „Koordinatenmessgeräte“).

Optische Koordinatenmessgeräte sind sehr flexibel einsetzbar, allerdings können bei der Prüfung von Bauteilen

III

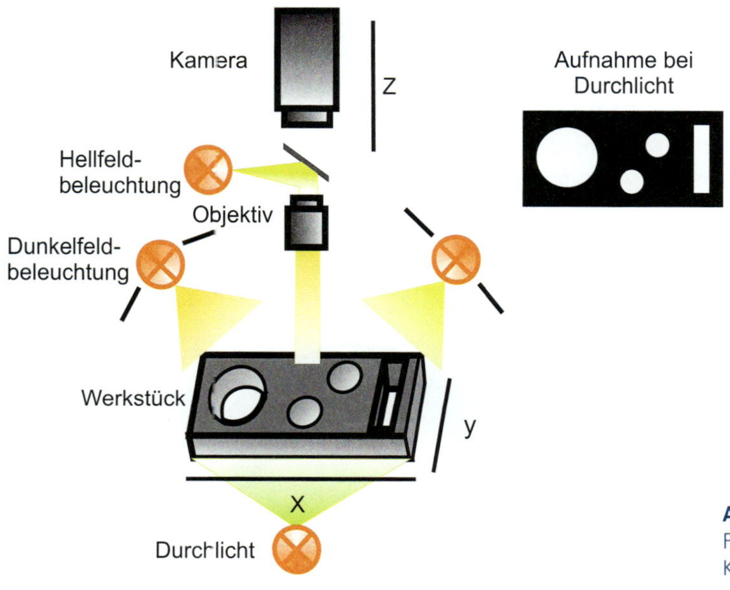

Abb. 27.20
Funktionsweise eines optischen Koordinatenmessgerätes

mit sehr weichen, verrundeten Kanten oder ungünstigen Farb- und Kontrastverhältnissen Messabweichungen auftreten. Sie werden überwiegend zur Messung flächiger Bauteile eingesetzt. Messbereiche in der Größenordnung von einigen hundert Millimetern in x- und y-Richtung sind üblich, der Messbereich in z-Richtung ist typischerweise deutlich geringer.
Häufig werden optische Koordinatenmessgeräte mit weiteren Sensoren ausgestattet, die eine bessere Erfassung der Tiefe des Werkstücks, z.B. in einem charakteristischen Messbereich von einigen hundert Millimetern, ermöglichen, oder optische und taktile Sensoren werden zu sogenannten Multisensorkoordinatenmessgeräten kombiniert, sodass die Vorteile optischer und taktiler Koordinatenmessung verbunden werden können.

Dreidimensionale Kameramesstechnik

III

Zur Erfassung von dreidimensionalen Merkmalen muss das zweidimensionale Kamerabild mit zusätzlichen Informationen kombiniert und gemeinsam ausgewertet werden.
Bei der *Photogrammetrie* (Abb. 27.21) werden Maße anhand von mehreren Kamerabildern berechnet. Dazu werden Aufnahmen des Messobjekts aus verschiedenen Blickwinkeln erstellt und die Bilder gemeinsam ausgewertet, um die Koordinaten von Punkten auf dem Werkstück in drei Dimensionen zu bestimmen. Von jedem einzelnen Kamerabild aus kann dabei der Weg des einfallenden Lichtstrahls für einen bestimmten Punkt nachvollzogen werden, sodass seine Lage in Bezug auf die Richtung relativ zur Aufnahmeposition bestimmt werden kann, aber nicht die Entfernung. Wenn derselbe Punkt am Messobjekt von einem anderen Blickwinkel aufgenommen wird, kann daraus wiederum der zugehörige Einfallswinkel des Lichtstrahls berechnet werden. Aus dem Schnittpunkt der beiden auf diese Weise bestimmten Geraden kann dann die absolute Lage des Messpunktes im Raum bestimmt werden. Theoretisch reichen für diese Berechnung zwei Bilder aus, tatsächlich werden im Interesse einer robusteren Auswertung meist mehr Aufnahmen verwendet.

Als Messpunkte können genau definierte Punkte am Messobjekt gewählt oder zusätzliche Marken zur Kennzeichnung eines Punktes aufgebracht werden. Häufig werden dazu Projektoren eingesetzt, die ein Gitternetz, Fadenkreuze o.ä. auf das Werkstück projizieren, sodass eine Vielzahl von Punkten gekennzeichnet ist.

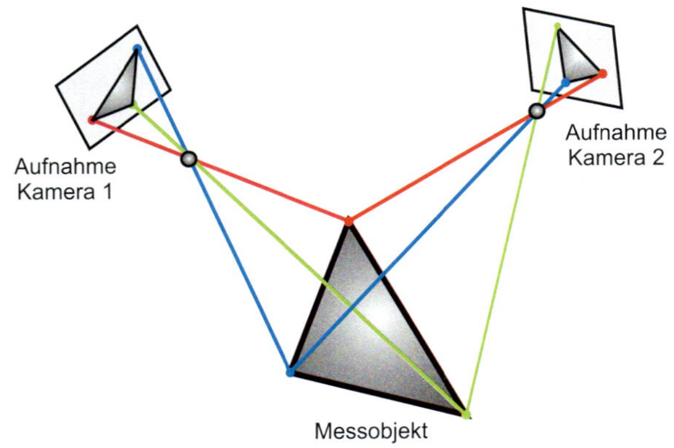

Abb. 27.21 Prinzip der Photogrammetrie

Photogrammetrische Kamerasysteme können in verschiedenen Größen aufgebaut werden, wobei Auflösungen von bis zu 1:100 000 im Verhältnis zur diagonalen Länge des Messbereichs realisiert werden. Mithilfe der Photogrammetrie können nahezu beliebig große Messobjekte erfasst werden, weswegen ein Haupteinsatzgebiet im Flugzeug-, Schiff- und Anlagenbau liegt. Die photogrammetrische Erfassung übernimmt dort die Funktion eines transportablen Koordinatenmessgerätes.
Beim *Streifenprojektionsverfahren* (Abb. 27.22) wird die Bestimmung dreidimensionaler Koordinaten ermöglicht, indem ein regelmäßiges Streifenmuster auf das Werkstück projiziert und aus einer anderen Blickrichtung mit der Kamera erfasst wird. Durch die dreidimensionale Gestalt des Messobjekts wird das Streifenmuster verzerrt dargestellt. Durch die Verbindung des aufgenommenen Bildes mit Informationen über das projizierte Muster kann bei bekannter Lagebeziehung von Projektor und Kamera die Gestalt des Werkstücks durch Triangulation bestimmt werden.

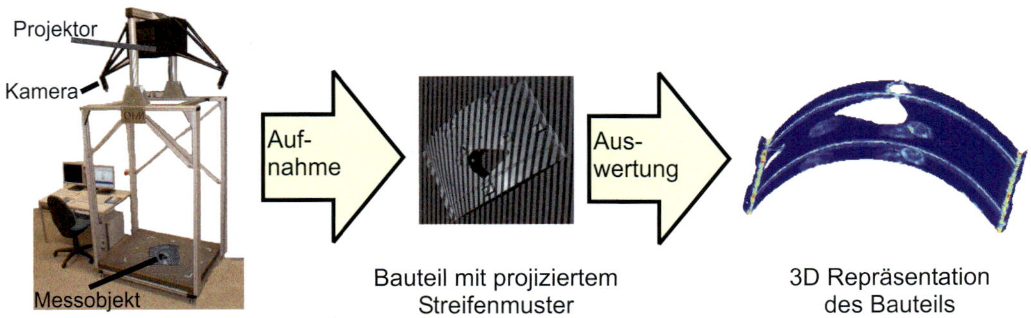

Abb. 27.22 Prinzip des Streifenprojektionsverfahrens

Für die Auswertung muss dabei bekannt sein, welchem Streifen des projizierten Musters ein erfasster heller oder dunkler Bildpunkt zugeordnet werden muss. Daher wird üblicherweise nicht nur eine Aufnahme mit einem bestimmten Streifenmuster gemacht, sondern mehrere Aufnahmen, zwischen denen das projizierte Muster nach einem bestimmten System geändert wird, z. B. durch Verfeinern der Streifen entsprechend einem Binärcode (insbesondere Graycode). Dadurch entsteht für jeden Streifen eine ganz bestimmte Abfolge von heller und dunkler Projektion, die eine eindeutige Zuordnung ermöglicht. Eine sinusförmige Modulation der Streifenintensität und Anwendung der Phasenschiebemethode verbessern die Auflösung.

Mit dem Streifenprojektionsverfahren ist es möglich, mehr als 1 000 000 Punkte in wenigen Sekunden aufzuzeichnen. Eine typische Anwendung von Streifenprojektionsgeräten ist daher die Erfassung von Freiformflächen. Voraussetzung für die sichere Anwendung des Verfahrens ist eine diffus reflektierende Oberfläche. Daher muss das Werkstück vor der Messung gegebenenfalls mit einem diffus reflektierenden Material besprüht werden, z. B. Kreidestaub. Dennoch kann es durch einen ungünstigen Einfallswinkel der projizierten Streifen zu gerichteten Reflexionen kommen, welche die Auswertbarkeit des aufgenommenen Bildes beeinträchtigen können. Die Ausrichtung des Messobjekts zum Projektor muss daher entsprechend gewählt werden, bei Bauteilen mit sehr komplexer Form, bei denen eine entsprechende Ausrichtung nicht möglich ist, sollten mehrere Aufnahmen durchgeführt und kombiniert werden. Die Auflösung und der Messbereich hängen von der Optik des Projektors und der Kamera ab. Dabei können je nach Anwendung und Konfiguration des Systems stark unterschiedliche Abmessungen sowohl für den beleuchteten Bereich als auch für die Tiefe des Fokus, d. h. für den gut messbaren Höhenbereich, realisiert werden.

27.3.6 Verfahren zur Prüfung nicht geometrischer Größen

Neben geometrischen Größen wie Maße, Winkel, Form- und Lageabweichungen und der Oberflächenbeschaffenheit müssen auch andere Parameter geprüft oder zur Prozesssteuerung überwacht werden. Dazu gehören u. a. Konzentrationen und Durchflussgeschwindigkeiten bei chemischen Prozessen, Spannung und Strom an Werkzeugmaschinen oder Härte und Elastizität von Werkstoffen. Zur Prüfung dieser Parameter werden unterschiedliche Messprinzipien genutzt, sodass eine umfangreiche Auswahl von Verfahren zur Erfassung und Prüfung dieser nicht geometrischen Merkmale zur Verfügung steht (Becker 2000, Gevatter 1999, Hoffmann 2012, Lerch 2012, Niebuhr 2011, Schanz 2004, Tränkler 1998, Webster 1999).

27.4 Qualitätssicherung von Mess- und Prüfergebnissen

Messergebnisse bilden die Basis für Entscheidungen. Eine Entscheidung kann nur dann treffsicher und wohlbegründet fallen, wenn die Basis verlässlich ist. Dies trifft insbesondere zu bei Entscheidungen in der Produktentwicklung und -optimierung, bei der Fertigungsprozessfreigabe und -lenkung, bei der Konformitätsprüfung auszuliefernder Teile, Komponenten oder Systeme sowie bei der Diagnose im Falle auftretender Defekte. Mithin kommt in der gesamten Produktentstehung und -nutzung der Qualität der Messergebnisse und damit selbstverständlich auch der gesamten Messprozesse eine enorm hohe Bedeutung zu. Darin liegt der Grund für die großen Anstrengungen für die Qualitätssicherung von Mess- und Prüfergebnissen.

In einem Messprozess wirken vielfältige Einflüsse, welche die Genauigkeit des Messergebnisses beeinträchtigen. Der Qualitätsparameter eines Messergebnisses ist die Messunsicherheit, derjenige eines Mess- oder Prüfprozesses der Fähigkeitsindex. Um die Genauigkeit der Mess- und Prüfergebnisse im Einsatz zu gewährleisten, müssen die eingesetzten Mess- und Prüfmittel einer systematischen Überwachung unterliegen. Um dem „Abnehmer“ eines Messergebnisses alle für die Bewertung des Ergebnisses notwendigen Informationen über dessen Zustandekommen, wie z. B. eingesetztes Messgerät, Umgebungsbedingungen, angewandte Messstrategie, Ort und Zeitpunkt der Messung, Qualität der vorangegangenen Kalibrierung (Rückführung), Qualifikation des Bedieners u. a. m., zu übermitteln, muss eine aussagekräftige Dokumentation erstellt und übergeben werden. Damit kann nachgewiesen werden, dass die Prüfung normgerecht, fehlerfrei und zuverlässig durchgeführt wurde.

27.4.1 Einflüsse auf das Messergebnis

Ein Messergebnis wird durch vielfältige Faktoren beeinflusst (Abb. 27.23). Diese können anhand des Ursache-Wirkung-Diagramms nach den Kategorien Mensch (Bediener), Messgerät, Messobjekt (Werkstück), Methode

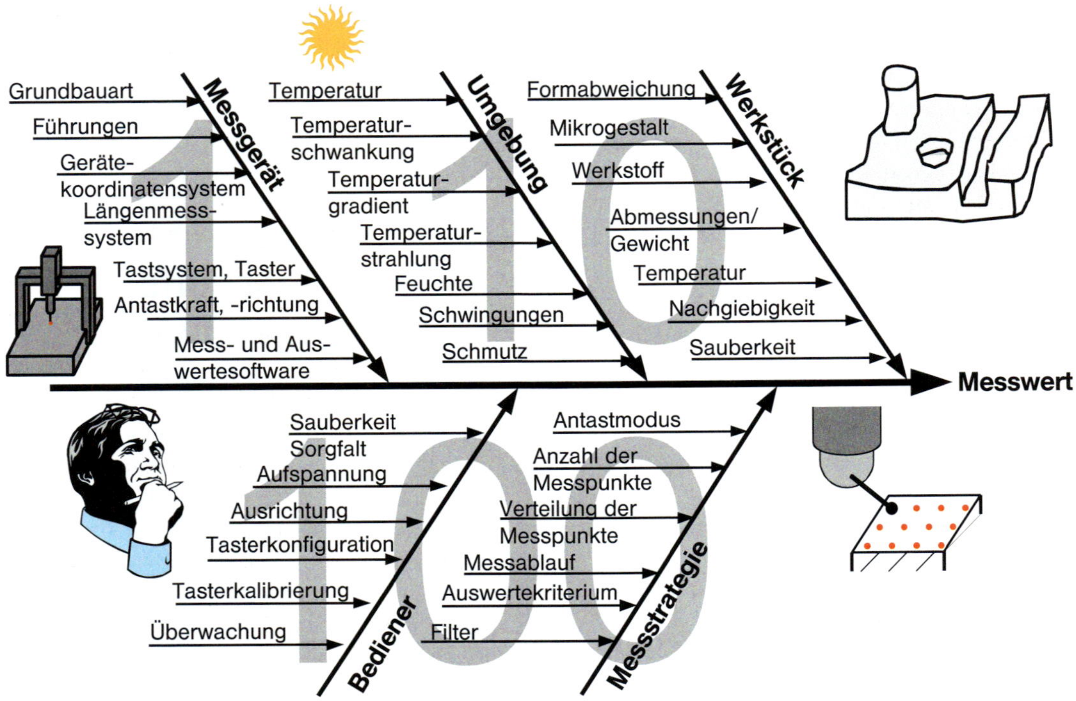

Abb. 27.23 Einflüsse auf das Messergebnis bei der Messung mit einem taktilen Koordinatenmessgerät

III

(Messstrategie) und Mitwelt (Umgebung) strukturiert werden. Die Auswirkung auf den erzielten Messwert kann über die Messunsicherheit als Güteparameter unter Verwendung von analytisch invertierbaren mathematisch-physikalischen Modellen beschrieben, mit Erfahrungswissen abgeschätzt, mithilfe von Computersimulationen (Monte-Carlo-Simulation) in virtuellen Modellen ermittelt oder anhand der Substitutionsmethode unter Verwendung kalibrierter Normale quantitativ festgestellt werden.

Wenn das Messgerät eine Abweichung verursacht, die mit dem Faktor „1“ gewichtet werden kann, dann können erfahrungsgemäß Umgebung und Werkstück die zehnfache Auswirkung auf die Verfälschung des Messwertes haben, und der Bediener sowie die von ihm definierte Messstrategie können einen um den Faktor 100 größeren Einfluss auf die Abweichung des Messergebnisses haben.

Einflüsse der Umgebung

Die Auswirkungen der Umgebung auf das Messergebnis werden durch verschiedene Einflussgrößen hervorgerufen:

- Temperatur (insbesondere Temperaturgradienten und Temperaturschwankungen)
- Schwingungen (fremdinduziert oder eigeninduziert)
- Luftfeuchtigkeit
- Luftgeschwindigkeit
- Schmutz, Reinheit der Luft.

Um diese Auswirkungen gering zu halten, werden Präzisionsmessgeräte in Messräumen aufgestellt und verwendet, in denen die Auswirkungen dieser Größen oder deren

Tab. 27.4 Güteklassen von Messräumen nach VDI/VDE 2627

Güteklasse	Name	Beispiele für typische Aufgaben
1	Präzisionsmessraum	Kalibrieren von Normalen Messen von Maßstäben
2	Feinmessraum	Kalibrieren von Produktions-Normalen Messen von Einzelwerkstücken Prüfung von Präzisionswerkstücken
3	Standardmessraum	Messaufgaben zur Prozessüberwachung Messen von Vorrichtungen und Werkzeugen Überwachung von Prüfmitteln Messen von Erstmustern
4	Fertigungsnaher Messraum	Überwachung der Produktion zur Prozessregelung Überwachung von Maschineneinstellungen Prüfen von Hilfsvorrichtungen (z. B. Spannwerkzeuge)
5	Fertigungsmessplatz	Messen während der Herstellung
0	Sondermessraum	z. B. Messen von Halbleitern – Messräume mit speziellen Anforderungen für spezielle Messaufgaben

Schwankungen gering gehalten werden können. Je nachdem, inwieweit diese Parameter kontrolliert werden können, werden nach VDI/VDE 2627 verschiedene Klassen von Messumgebungen unterschieden (Tab. 27.4).
Um den Einfluss der Umgebungsbedingungen gering zu halten, stehen verschiedene Möglichkeiten zur Verfügung. So können die Messungen in einem Messraum mit definiertem Normklima bei Bezugstemperatur (20 °C für technische Längenmessungen nach DIN EN ISO 1, für elektrische Größen wird als Bezugstemperatur auch 23 °C verwendet) stattfinden, in dem Einflüsse aus der Umgebung auf ein Minimum reduziert werden können. Weiterhin können die Messgeräte gekapselt (eingehaust) werden, sodass die Einflüsse aus der Umgebung für die Durchführung der Messung reduziert werden. Darüber hinaus ist das Messgerät robust zu gestalten, d. h. durch konstruktive Gestaltung des Messgerätes und Auswahl geeigneter Werkstoffe wird dafür Sorge getragen, dass der Einfluss von sich ändernden Umgebungsbedingungen abgeschwächt wird. Immer mehr Messgeräte werden mit speziellen Ausrüstungen versehen, sodass sie auch unter den raueren Bedingungen der Fertigung eingesetzt werden können. Dazu gehören die Abschottung von Lagern und Führungsbahnen gegenüber Staub und Schmutz sowie die Dämpfung von Schwingungen durch ein geeignetes Fundament. Andere Maßnahmen können die rechnergestützte Korrektur der Abweichungen der Geräteführung sein oder die Verwendung von nur wenig von der Temperatur abhängigen Materialien, wie z. B. Invar, Superinvar oder Zerodur®.

Einflüsse des Messobjektes

Die Eigenschaften des Messobjektes selbst können ebenso das Messergebnis beeinflussen und zur Unsicherheit beitragen. Vor allem bewirken dabei Abweichungen von der idealen Gestalt, wie Rauheit, Formabweichung oder Welligkeit eine erhöhte Unsicherheit. Bei sehr vielen Messverfahren wird jedes Geometrieelement des Messobjektes nur stichprobenartig punktweise erfasst und aus der gewonnenen Information die Prüfaussage abgeleitet. Diese ist bei vorhandenen Formabweichungen oder Rauheit abhängig von den für die Prüfung herangezogenen Punkten. So können etwa bei der Prüfung einer elliptisch ausgeprägten Welle verschiedene Werte ermittelt werden, wenn der Durchmesser als Zweipunktmaß über die kurze oder lange Sehne erfasst wird.
Abhängig von der Flexibilität eines Messobjektes werden die erfassten Größen bei Deformation durch die Aufspannung oder bei taktiler Antastung unter Kraft unterschiedlich ausfallen. Bei optischen Messverfahren müssen das Reflexions-, Streu- oder auch Brechungsverhalten berücksichtigt werden. Daneben beeinflussen die Materialeigenschaften des Messobjektes auch dessen Verhalten unter verschiedenen Umgebungsbedingungen. Um die Einflüsse des Messobjektes zu reduzieren, müssen in der Prüfplanung das einzusetzende Prüfverfahren und die Randbedingungen der Prüfung angepasst an die jeweiligen Eigenschaften des Werkstücks festgelegt werden.

Einflüsse des Messgerätes

Das Messgerät trägt zur Unsicherheit der Messung durch sein spezifisches, Messabweichungen verursachendes statisches und dynamisches Verhalten sowie die Auflösung der angezeigten Werte bei. Dabei entstehen Abweichungen vom idealen Verhalten des Gerätes durch Deformationen aufgrund von einwirkenden Kräften oder Erwärmung oder durch Abweichungen von Führungsbahnen und Lagerungen von ihrer idealgeometrischen Form. Beispielsweise weist die Bewegungsbahn des Tastelementes eines Koordinatenmessgerätes – bedingt durch Unvollkommenheiten der Führungselemente – Geradheits- und Rechtwinkligkeitsabweichungen auf. Bedingt durch Unvollkommenheiten der Längenmesssysteme treten Positionsabweichungen des Tastelementes auf, bedingt durch die oben genannten Unvollkommenheiten der Führungselemente treten auch Winkelabweichungen des Tastkopfes auf (Rollen, Nicken, Gieren). Der Tastkopf selber ist verantwortlich für Antastabweichungen. Bei allen Geräten mit bewegten Komponenten ist mit Spiel zu rechnen, welches zu einer Umkehrspanne der Anzeige (Hysterese) führt.

Einflüsse des Messverfahrens

Die Auswirkungen des Messverfahrens umfassen Einflüsse, die aus Messprinzip, Messmethode sowie Vorgaben zur Durchführung der Messung und der Auswertung entstehen. Vor allem das Messprinzip ist von grundlegender Bedeutung für die erreichbare Präzision des Messergebnisses, da durch die Auswahl des verwendeten Effektes die erreichbare Auflösung sowie der Messbereich bereits festgelegt werden.
Weiterhin hat die Definition des Vorgehens bei der Messung und der Auswertung Einfluss auf das Ergebnis, da hierdurch die Messergebnisse erst erhalten werden. Eine ungenügend definierte oder nicht den Erfordernissen der Prüfaufgabe und des Prüfobjekts entsprechende Strategie zur Messung und Auswertung kann dabei zu erheblichen, nicht korrigierbaren Abweichungen führen.

Einflüsse des Bedieners

Die Haupteinflussgröße auf die Unsicherheit eines Messergebnisses ist in den meisten Fällen der Mensch, d. h. der

Messtechniker, der die Prüfung plant, vorbereitet, durchführt, auswertet und dokumentiert. Die Qualität und Aussagekraft eines Prüfergebnisses hängt maßgeblich davon ab, inwieweit die Prüfung fachgerecht – d. h. unter Berücksichtigung der Regeln nach „Good Practice", der geltenden Normen und aller bekannten physikalischen Effekte und Wechselwirkungen – und den Vorgaben des Messverfahrens entsprechend durchgeführt wird.
Die Wirkung physikalischer Effekte kann, soweit sie bekannt und konstant ist, in vielen Fällen rechnerisch oder konstruktiv eliminiert werden. Einflüsse, die auf den Bediener zurückgehen, können gegebenenfalls durch Automatisierung eliminiert werden. In den wenigsten Fällen können Bedienereinflüsse bei manuellen Messvorgängen erfasst und verringert werden, sodass die ermittelten Messergebnisse mit einer im Vergleich zur Genauigkeit der Messgeräte oft hohen, durch den Bediener verursachten Unsicherheit belastet sind.
Der hohe Anteil des Messtechnikers an der zugeordneten Messunsicherheit entsteht z. B. dadurch, dass bei manueller Bedienung nicht alle Details eines Messablaufes einheitlich standardisiert werden können und dass bei der Durchführung der Messung Fehler unterlaufen, welche die ermittelten Resultate verfälschen. Die Ursache dafür können mangelhafte Ausbildung (Qualifikation) oder fehlende Kenntnisse sein. Um die Auswirkungen des Bedieners auf das Prüfergebnis zu verringern, ist es daher notwendig, dafür zu sorgen, dass der Prüfer über genügende Fähigkeiten und ausreichendes Wissen zur kompetenten Bearbeitung der Messaufgabe verfügt, sodass die Beeinträchtigung der Ergebnisse durch Fehler auf ein Minimum reduziert werden kann. Daneben trägt der Prüfer auch die Verantwortung für die korrekte Durchführung der erforderlichen Maßnahmen zur Reduktion des Einflusses aller anderen Parameter, insbesondere die Festlegung des Messverfahrens und der Messstrategie mit allen ihren Elementen.
Der Messtechniker benötigt zur korrekten Durchführung seiner Aufgaben umfangreiches Wissen aus verschiedenen Bereichen (Abb. 27.24):

- aus der Konstruktionstechnik zur korrekten Interpretation der in Zeichnungen dargelegten Prüfanforderungen und Produktspezifikationen
- aus der Fertigungstechnik zur Berücksichtigung zu erwartender Abweichungen der geometrischen Gestalt bei der Festlegung eines geeigneten Messverfahrens
- aus der Statistik für die Behandlung von Messreihen
- aus dem Qualitätsmanagement, um eine geeignete Auswertung und Dokumentation der Messergebnisse für die Verwendung in den vorgesehenen Maßnahmen zu gewährleisten
- aus der Messtechnik für die korrekte Ausführung der Messung und lückenlose Rückführung auf die internationalen Einheiten und für das Berücksichtigen der physikalischen Wechselwirkungen der Einflüsse mit dem Messgerät und dem Messobjekt
- aus Gesetzbüchern und normativen Dokumenten zur Berücksichtigung gesetzlicher Vorgaben, insbesondere bei sicherheitsrelevanten Messungen und beim Gebrauch der Einheiten, und zur Berücksichtigung der „Measurement Good Practice"
- aus dem Bereich der Datenverarbeitung bzw. Programmierung für die Erstellung von Mess- und Auswerteprogrammen
- aus der Geometrie zur geeigneten Erstellung einer Messstrategie, insbesondere in der Koordinatenmesstechnik

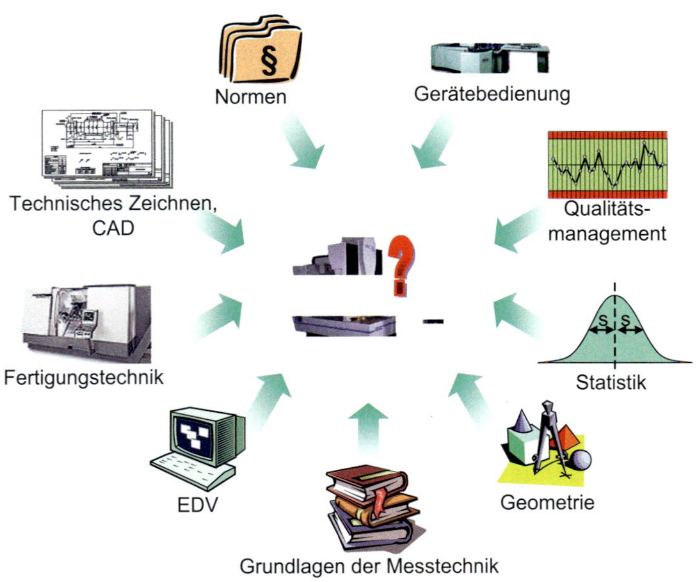

Abb. 27.24
Erforderliches Wissen zur Durchführung von Prüfaufgaben

Da bislang noch keine reguläre Ausbildung zum Messtechniker besteht und zudem die erworbenen Kenntnisse regelmäßig aufgefrischt und um neue Erkenntnisse erweitert werden müssen, ist es unumgänglich, dass die eingesetzten Prüfer in geeigneter Weise geschult werden. Dafür stehen verschiedene Weiterbildungskonzepte zur Verfügung, die einen flexiblen, anwendungsbezogenen Erwerb der erforderlichen Kenntnisse ermöglichen (Weckenmann/Blunt 2005, Werner 2012). Dem Messtechniker kommt die Aufgabe zu, sich am Erwerb von Wissen aktiv zu beteiligen und die erworbenen Kenntnisse umzusetzen. Jede Führungskraft hat auch im Interesse des eigenen Unternehmens die Pflicht, den Prüfern diese notwendige Weiterbildung zu ermöglichen.

27.4.2 Qualität eines Mess-/Prüfergebnisses und eines Mess-/Prüfprozesses

Bei der Durchführung einer Messung wirken die Einflussgrößen derart auf das Messergebnis, dass der angezeigte (ausgegebene) Wert der Messgröße eine Abweichung gegenüber dem korrekterweise auszugebenden, aber unbekannten „wahren" Wert aufweist. Es gilt:
Messabweichung Δy = ausgegebener Wert x_{IND} – „ein richtiger" (wahrer) Wert y

$$\Delta y = x_{\mathrm{IND}} - y$$

Einer physikalischen Größe kann in der Regel nicht nur ein einziger zutreffender Wert zugeordnet werden. Daher wird – unabhängig vom Einsatz eines Messverfahrens oder der Absicht, eine Messung durchzuführen – jede physikalische Größe X_i derart quantitativ spezifiziert, dass man ihr einen Erwartungswert x_i und eine Standardunsicherheit u_{xi} sowie eine wahrscheinliche Verteilung der auftretenden Werte zuordnet. Jeder Wert, der in diesem Intervall „Erwartungswert – Standardunsicherheit" bis „Erwartungswert + Standardunsicherheit" liegt, ist ein richtiger Wert.

Die Ursachen der Messabweichung liegen in dem Wirken der im vorangegangenen Abschnitt erläuterten Einflüsse X_i. Wenn man eine Wirkungskette wie in Abb. 27.25 zugrunde legt, so kann man die Zusammenhänge darstellen durch die Gleichung

$$X_{IND} = f(Y, X_i) = f(Y, X_1, X_2, X_3, \ldots, X_N).$$

Zur Bestimmung des richtigen Wertes müssten also neben der Übertragungsfunktion auch alle wirkenden Einflussgrößen bekannt sein. Dann kann der Wert der Messgröße berechnet werden als

$$Y = g(X_{IND}, X_1, X_2, X_3, \ldots, X_N).$$

Die auftretenden Abweichungen können unterschieden werden in systematische (bekannte oder bekannt machbare) Abweichungen Δx und zufällige Abweichungen δx:

- Bekannte Abweichungen wirken sich bei jeder Durchführung einer Messung unter bestimmten Randbedingungen gleichermaßen aus. Dazu gehört z. B. die Anzeigeabweichung eines Messgerätes oder die Ausdehnung des Werkstücks durch die Messung bei einer zu hohen, konstanten Temperatur. Da systematische Abweichungen sich konstant auswirken, ergibt sich ihr Wert als „Komponente der Messabweichung, die bei wiederholten Messungen konstant bleibt oder sich in vorhersagbarer Weise ändert." (VIM 2010). Die bekannten (systematischen) Abweichungen werden im Rahmen

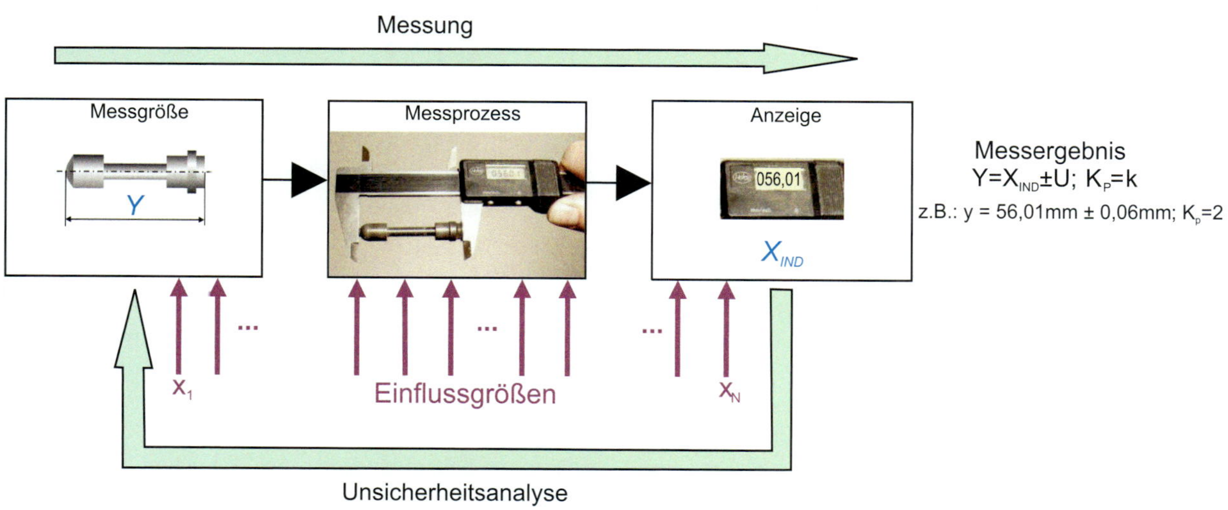

Abb. 27.25 Wirkungskette der Einflussgrößen auf das Prüfergebnis

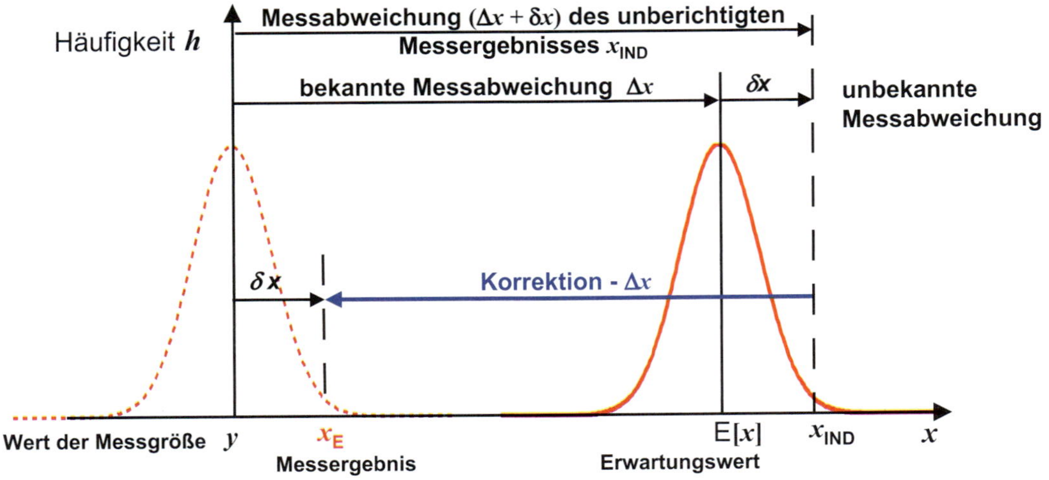

Abb. 27.26 Unterschied zwischen Messabweichung und Messunsicherheit (basierend auf DIN 1319-1 1995)

III

der Messunsicherheitsermittlung automatisch auch zur Korrektur des Erwartungswertes herangezogen.
- Zufällige Abweichungen sind von Messung zu Messung unterschiedlich nach Betrag und Vorzeichen.

Aufgrund der zufälligen Abweichungen und nicht bekannter systematischer Abweichungen wird als Messergebnis der bestmögliche Schätzwert für die zu messende Größe angegeben und das Messunsicherheitsintervall, in dem die der Messgröße zuzuordnenden Werte (unter Berücksichtigung der Anzeige und der bei der Messung wirkenden Einflüsse) zum überwiegenden Anteil (≥ 95 %) liegen.
Die beiden Begriffe Messunsicherheit und Messabweichung müssen voneinander getrennt werden (Abb. 27.26). Während die Messunsicherheit einen Bereich um den angegebenen Messwert definiert, beschreibt die Messabweichung die Differenz des Messwertes zum wahren Wert der Messgröße. Sie kann daher positiv oder negativ sein, während die Messunsicherheit immer als positiver Wert angegeben wird. Die Messunsicherheit schließt zudem die gesamte nicht korrigierbare Messabweichung mit ein.

Bestimmung der Messunsicherheit

Für die Bestimmung der Messunsicherheit ist der von der internationalen Normungsorganisation ISO 1993 herausgegebene „Guide to the Expression of Uncertainty in Measurement" (Deutsche Übersetzung: GUM 1995) heranzuziehen. Die Methode beruht darauf, dass das mathematisch-physikalische Modell der Auswertung aufgestellt wird und jeder Einflussgröße ein Erwartungswert, eine Wahrscheinlichkeitsdichteverteilung (PDF) und eine Standardunsicherheit zugeordnet werden. Diese können entweder anhand von statistischen Beobachtungen der Einflussgröße festgelegt werden (Typ A) oder anhand von anderweitigen, nicht statistischen Kenntnissen, wie etwa Angaben im Kalibrierschein eines Normals oder Kenntnisse über obere und untere Grenzwerte (Typ B). Die der Messgröße selbst zuzuordnende PDF kann aus diesen Informationen im einfachen Fall linearer Zusammenhänge über das allgemeine Gaußsche Unsicherheitsfortpflanzungsgesetz (Fortpflanzung der Varianzen unter Berücksichtigung von Korrelationen) errechnet oder im Fall nicht linearer Zusammenhänge numerisch über die Monte-Carlo-Simulation bestimmt werden.
Aus der ermittelten Wahrscheinlichkeitsdichteverteilung der Messgröße erhält man den besten Schätzwert für die Messgröße und – im linearen Falle nach Multiplikation der ermittelten kombinierten Standardunsicherheit mit einem Erweiterungsfaktor – das Messunsicherheitsintervall, welches einen bestimmten Prozentsatz P der mit der Anzeige des Messgerätes und den bei der Messung herrschenden Einflüssen verträglichen Werten der Messgröße überdeckt.
Neben der Messunsicherheitsermittlung aufgrund des analytischen mathematisch-physikalischen Modells der Auswertung und aufgrund der Monte-Carlo-Simulation gibt es weitere – teilweise in Normen beschriebene – Vorgehensweisen zur korrekten Bestimmung der Messunsicherheit:
- experimentelle Bestimmung aufgrund von Wiederholmessungen und Anwendung des Substitutionsverfahrens
- basierend auf Expertenwissen (bisher noch nicht in Regelwerken festgelegt)
- Nutzung bekannter Daten aus ähnlichen Messvorgängen (genaues Vorgehen derzeit noch nicht festgelegt).

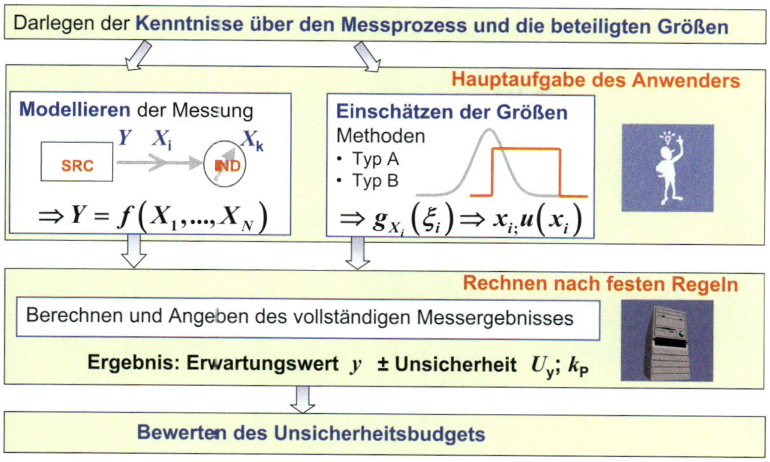

Abb. 27.27
Vorgehen zur Ermittlung der Messunsicherheit (Sommer 2006)

In DIN EN ISO 14253-2 wird erläutert, wie mit der Messunsicherheit umzugehen ist. Beispielsweise wird anhand der „Procedure for uncertainty of measurement management (PUMA)“ erläutert, wie vorzugehen ist, wenn die – in der Regel vom Management des Unternehmens vorzugebende – Ziel-Messunsicherheit nicht erreicht wird (Abb. 27.28).

Zur Kennzeichnung der Genauigkeit von Messergebnissen, Messgeräten und Messprozessen werden basierend auf der Messunsicherheit oder anderen Parametern verschiedene Kenngrößen verwendet.

Messergebnisorientierte Genauigkeitskenngrößen

Auf der Basis von Ursache-Wirkung-Beziehungen der Einflussgrößen zum ermittelten Messergebnis kann die Messunsicherheit anhand des GUM bestimmt werden. Die Messunsicherheit stellt dabei einen wichtigen Güteparameter zur Beurteilung der Aussagesicherheit eines Messergebnisses dar, da sie die Streuung der Ergebnisse bei Durchführung der Messung kennzeichnet.

Die Kenntnis der Messunsicherheit ist eine unabdingbare Voraussetzung für die Interpretation und Bewertung eines Messergebnisses.

Prozessorientierte Genauigkeitskenngrößen

Bei der Auswahl eines Prüfprozesses zur Prüfung von Merkmalen ist es notwendig, einschätzen zu können, ob die mithilfe dieses Prozesses erreichbare Genauigkeit hinreichend ist, um die Einhaltung der gesetzten Qualitätsforderungen prüfen zu können. Das Vorgehen dazu ist vor allem in firmen- oder brancheninternen Richtlinien beschrieben (VDA 5, Bosch 2003).

Der Eignungsnachweis eines messenden Prüfprozesses erfolgt nach VDA 5 auf Basis der messaufgabenspezifischen Messunsicherheit. Aus dem Verhältnis der Messunsicherheit zur Toleranz wird der Eignungskennwert Prüfprozess g_{PP} berechnet, der mit einem vorgegebenen Grenzwert G_{PP} verglichen wird. Die Wahl des Grenzwertes hängt von der zu prüfenden Toleranzklasse ab (VDI/VDE 2617).

$$g_{PP} = 2 \cdot \frac{U}{T} \overset{!}{\leq} G_{PP} = 0{,}2 \ldots 0{,}4$$

Auf diese Weise kann beurteilt werden, ob ein gegebener Messprozess zur Durchführung einer bestimmten Prüfaufgabe geeignet ist. Weitere Ausführungen dazu finden sich auch in Kapitel 28, „Eignungsnachweise für Messprozesse“.

Wenn die Prüfprozesseignung einer lehrenden Prüfung nachgewiesen werden soll, kann dies nicht über die Messunsicherheit geschehen (Abb. 27.29). Stattdessen wird der Nachweis durch die Prüfung von Serienteilen geführt, deren Ist-Werte im Vergleich zu den Spezifikationsgrenzen bekannt sind. Dazu werden sowohl Bauteile innerhalb als auch außerhalb der Toleranz benötigt, die Bestimmung der Ist-Maße muss vorab durch ein geeignetes Messverfahren erfolgen. Die Serienteile werden mit der vorgeschriebenen Lehre unter Wiederholbedingungen geprüft (üblicherweise 20 Teile je zweimal, bei Prüfprozessen mit möglichem Bedienereinfluss zudem von mehreren Bedienern). Liegen dann für jedes Teil gleiche, zutreffende Prüfergebnisse vor, ist der Prüfprozess geeignet.

Analog zu diesem Vorgehen bestehen auch Verfahren zum Nachweis der Fähigkeit eines Messprozesses durch die Durchführung von Wiederholmessungen an einem kalibrierten Referenzteil. Anhand von Streuung und Lage der Messwerte können dann die Prüfprozessfähigkeitsindizes C_g und C_{gk} ermittelt werden:

$$C_g = \frac{0{,}2 \cdot T}{6 \cdot s}; \quad C_{gk} = \frac{0{,}1 \cdot T - \left|\overline{x} - x_m\right|}{3 \cdot s}$$

mit Referenzwert x_m (Bosch 2003).

III

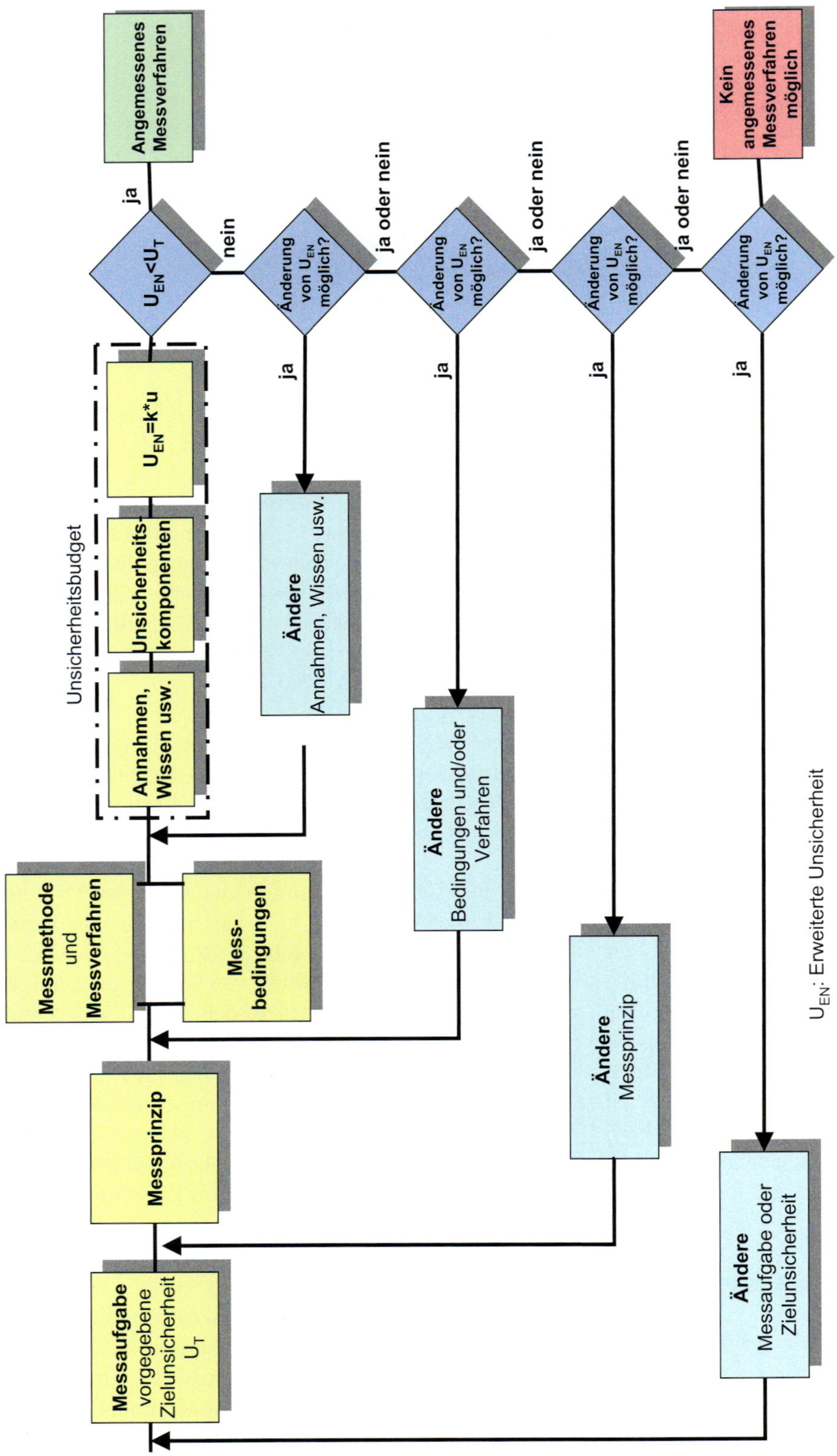

Abb. 27.28 Vorgehen zum Umgang mit der Messunsicherheit nach PUMA (DIN EN ISO 14253-2)

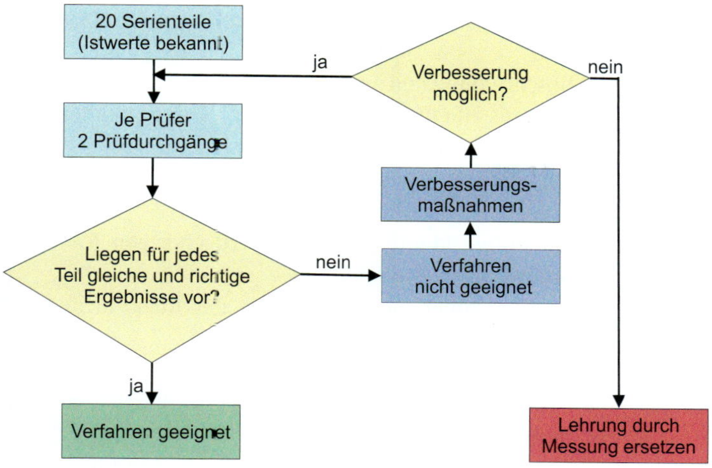

Abb. 27.29
Eignungsuntersuchung von lehrenden Prüfungen nach VDA 5

Die genauen Formeln zur Berechnung dieser Fähigkeitskenngrößen variieren in den verschiedenen Unternehmen (Dietrich 2005). Entsprechen die erhaltenen Fähigkeitsindizes den Anforderungen, ist der Prüfprozess als fähig eingestuft und kann eingesetzt werden. Andernfalls muss das gewählte Prüfmittel an die Anforderungen der Prüfung angepasst werden.

Geräteorientierte Genauigkeitskenngrößen

Die Grundvoraussetzung für die Gestaltung eines Prüfprozesses mit ausreichender Genauigkeit ist die Auswahl eines ausreichend genauen Prüfgerätes. Dessen Genauigkeit kann anhand verschiedener Parameter beschrieben werden.

Die *Auflösung* ist die „kleinste Änderung einer Messgröße, die in der entsprechenden Anzeige eine merkliche Änderung verursacht" (VIM 2010), d.h. sie beschreibt, wie groß der Abstand zwischen zwei gerade noch unterscheidbaren Anzeigewerten ist. Bei Geräten mit Ziffernanzeige ist dies die Änderung der letzten angezeigten Ziffer, bei Geräten mit Skalenanzeige beträgt die Auflösung meist die Hälfte bis ein Fünftel der Skalenteilung. Sie ist hier aber auch von der Leistungsfähigkeit des Prüfers abhängig. Die Auflösung des Messgerätes sollte in jedem Fall weniger als 5 % der zu prüfenden Toleranz betragen (Bosch 2003).

Der Grenzwert für Messabweichungen eines Messgerätes, auch *Fehlergrenze* genannt (*MPE*: Maximum Permissible Error), gibt an, welcher Wert der Messabweichung des Gerätes bei der in normativen Dokumenten genau spezifizierten Annahmeprüfung (einschließlich Grenzen der Einflussgrößen) zulässig ist. Das Einhalten dieses Wertes wird in der Regel auch durch eine regelmäßige Überwachung des Gerätes während dessen Einsatz überprüft. Bei der Auswahl muss berücksichtigt werden, dass der Wert MPE nur ein Beitrag (Kontributor) unter vielen bei der Ermittlung der Messunsicherheit eines Messergebnisses ist.

Die *Empfindlichkeit* beschreibt, wie sich die Ausgangsgröße des Messgerätes bei einer Änderung der Eingangsgröße ändert. Dieser Wert wird in der Regel zusammen mit dem zu erfassenden Messbereich bei der Auswahl der Messeinrichtung berücksichtigt.

III

Merkmalorientierte Genauigkeitskenngrößen

Die Genauigkeitsbeschreibung eines Prüfprozesses kann hinsichtlich einzelner wirkender Einflüsse erfolgen. Diese können dann unter Umständen gezielt kompensiert werden, um die systematische Messabweichung zu verringern.

Dazu gehören z.B. die Abweichungen der Achsen von Koordinatenmessgeräten (zwei Geradheitsabweichungen je Achse, Positionierabweichung in jeder Achse, drei rotatorische Abweichungen je Achse, drei Rechtwinkligkeitsabweichungen). Es wird mehr und mehr versucht, diese Einflüsse mithilfe von Ausgleichsrechnungen im Rahmen der CAA (Computer Aided Accuracy) zu kompensieren.

Weiterhin werden vor allem auch Einflussgrößen der Umgebung erfasst und soweit möglich kompensiert, indem ihre Auswirkung auf das gemessene Werkstück berechnet und bei der Angabe des Messergebnisses berücksichtigt wird.

Durch eine merkmalorientierte Genauigkeitsanalyse kann die Kompensation systematischer Abweichungen verbessert werden, sie ist allerdings niemals vollständig möglich. Zudem muss berücksichtigt werden, dass die einzelnen Einflüsse auch miteinander in Wechselwirkung treten. Das Messergebnis muss daher stets unter Berücksichtigung aller Einflüsse interpretiert werden.

27.4.3 Überwachung der Prüfmittel

Die Aufgabe der Prüfmittelüberwachung ist es, die Einsatzfähigkeit des Prüfmittels zu überprüfen. Sie ist ein wichtiger Bestandteil des Prüfmittelmanagements und des Qualitätsmanagements insgesamt. Denn die Einsatzfähigkeit der Prüfmittel ist die Voraussetzung für eine sinnvolle Steuerung der Prozesse und eine aussagekräftige Prüfung der Produkte.

Eine wirksame Prüfmittelüberwachung ist daher auch eine wichtige Voraussetzung für die Zertifizierung nach DIN EN ISO 9001. Um aussagekräftige Messergebnisse sicherzustellen, werden in dieser Norm einige Anforderungen an das Prüfmittelmanagement definiert:

- Die Prüfmittel sollen in geeigneten Abständen oder vor dem Einsatz kalibriert werden.
- Zur Kalibrierung sollen nach Möglichkeit Normale verwendet werden, die über die Kalibrierkette an internationale oder nationale Normale angeschlossen sind. Die verwendeten Normale und die Durchführung der Kalibrierung muss nachvollziehbar dokumentiert werden.
- Die Prüfmittel sollen vor dem Gebrauch in geeigneter Weise eingestellt werden, z. B. durch Nullpunktabgleich.
- Die Prüfmittel müssen eindeutig identifizierbar sein und ihr gegenwärtiger Kalibrierzustand muss bekannt sein.
- Die Prüfmittel sollen gegenüber Einflüssen geschützt werden, die das Messergebnis verfälschen können, z. B. Verformung durch Temperatureinwirkung.
- Die Prüfmittel sollen vor Beschädigungen aller Art geschützt werden, während der Nutzung, Wartung und Lagerung.

Bei der Überwachung von Prüfmitteln können zwei grundlegende Prinzipien unterschieden werden. Bei der prüfmittelbezogenen Überwachung werden die Eigenschaften des jeweiligen Prüfmittels unabhängig von seiner Nutzung für eine spezielle Prüfaufgabe betrachtet. Vorgaben für die Überwachung verschiedener Prüfmittel sind dabei in Normen und Richtlinien festgelegt, z. B. für Handprüfmittel in den Blättern der VDI/VDE 2618. Bei der prüfaufgabenbezogenen Überwachung müssen dagegen alle Einflussgrößen einer spezifischen Prüfaufgabe mit berücksichtigt werden. Die prüfaufgabenbezogene Überwachung kann über eine Prüfmittelfähigkeitsanalyse erfolgen oder über die Bestimmung der Messunsicherheit des Prüfprozesses.

Dokumentation des Prüfmittelstatus

Unabhängig davon, welche Methode gewählt wird, sollte der Überwachungsstatus eines Prüfmittels jederzeit bekannt sein. Die Aufzeichnungen zur Überwachung von Prüfmitteln sollten dabei mindestens folgende Punkte enthalten:

- Beschreibung und eindeutige Identifikation des Prüfmittels einschließlich Hersteller, Typ, Seriennummer etc.
- Datum, an dem die letzte Überwachung stattgefunden hat, und wie diese durchgeführt wurde
- Ergebnisse der Überwachung
- eindeutige Identifikation aller zugehörigen Kalibrierprotokolle
- Angaben über die Realisierung der Rückführung auf Normale
- vorgesehener Zeitpunkt der nächsten Überwachung
- Grenzwert der Messabweichung (MPE), der dem Prüfmittel zugeordnet ist
- Angaben über einzuhaltende Bedingungen für die Verwendung des Prüfmittels sowie über eventuell durchzuführende Korrekturen
- Unsicherheit der Kalibrierergebnisse
- Aufzeichnungen über alle Wartungs- oder Reparaturmaßnahmen, die durchgeführt wurden
- Angabe der Personen, die für die Korrektheit der dokumentierten Informationen verantwortlich sind

Diese Dokumente sollten nur von autorisierten Personen geändert werden können.

Rückführung von Prüfergebnissen

Die Überwachung der eingesetzten Prüfmittel wird meistens mithilfe von Normalen durchgeführt oder über eine Kalibrierung des Prüfmittels durch ein geeignetes Laboratorium. Die dafür eingesetzten Normale und Messmittel müssen ebenfalls auf die Einhaltung des richtigen Maßes überprüft werden. Dadurch entsteht eine Kette, über die jedes Prüfmittel auf die internationalen Urnormale, mit denen die SI-Einheiten definiert werden, rückgeführt werden kann. Das Grundprinzip der Rückführung wird ausführlich in Kapitel 32, „Organisation des Messwesens in Deutschland“, beschrieben. In Kapitel 31, „Messmanagementsystem/Prüfmittelmanagement“, wird die praktische Umsetzung in der Prüfmittelüberwachung als Bestandteil des Prüfmittelmanagements behandelt.

27.4.4 Dokumentation von Messergebnissen

Messergebnisse müssen grundsätzlich mit allen relevanten Informationen zur Durchführung der Messung in Messberichten aufgezeichnet werden. Die Messergebnisse bilden wichtige Eingangsinformationen für Entscheidungen des Qualitätsmanagements. Ohne Informationen über ihr Zustandekommen sind die Daten nicht nachvollziehbar und damit wertlos. Messberichte sind wichtige

Dokumente im Sinne des Qualitätsmanagements und müssen die vorgenommenen Messprozesse als Ganzes sorgfältig dokumentieren.

Eine umfassende Dokumentation von Messergebnissen ist vor allem dann vorteilhaft, wenn nachgewiesen werden muss, dass die ausgelieferten Produkte den Spezifikationen entsprachen (z.B. bei Sicherheitsteilen). Dies wird wichtig, wenn im Rahmen der Annahmeprüfung beim Kunden die Ware aufgrund anderer Prüfergebnisse abgelehnt wird oder wenn ein Schadensfall eingetreten ist und die Übernahme der Verantwortung im Rahmen der Produkthaftung geklärt werden muss. Dem Lieferanten kommt die Pflicht zu, im Schadensfall den einwandfreien Zustand seiner Produkte bei Auslieferung zu beweisen (ProdHaftG). Dies ist nur durch eine geeignete Qualitätsprüfung und eine sorgfältige Dokumentation der Prüfergebnisse möglich.

Zu Gestaltung und Inhalt des Messberichts bestehen keine einheitlichen Vorgaben aus Normen und Richtlinien. Der Aufbau von Messprotokollen muss so gestaltet sein, dass er allen durchzuführenden Arten von Prüfungen und Kalibrierungen angepasst ist und die Gefahr von Missverständnissen oder Missbrauch auf ein Minimum reduziert wird.

Messberichte sollten mindestens Informationen zu folgenden Punkten enthalten:

- Titel, z.B. „Messbericht“
- eindeutige Referenzierung des Prüfobjekts, z.B. durch eine Identifikationsnummer
- verwendetes Verfahren und Messstrategie, z.B. Angabe des Messgeräts, Durchmesser des Tastelementes, Anzahl und Verteilung der Messpunkte
- Datum, an dem die Messungen durchgeführt wurden
- Umgebungsbedingungen, z.B. Temperatur während der Messung
- vollständige Angabe der Messergebnisse mit eindeutiger Zuordnung zum Merkmal
- Angabe der zugeordneten Messunsicherheit und der gewählten Methode zur Ermittlung
- Name des Messtechnikers

Daneben können bei Bedarf oder entsprechend interner Firmenvorgaben zusätzliche Informationen in den Messbericht aufgenommen werden. Ziel muss es dabei stets sein, das Zustandekommen des Messergebnisses so zu dokumentieren, dass es auch im Nachhinein nachvollziehbar und wiederholbar ist.

27.5 Interpretation von Mess- und Prüfergebnissen

Durch eine Messung wird einer physikalischen Größe ein Wert zugeordnet. Erst durch die Angabe der Qualität der Zuordnung, gekennzeichnet durch die Messunsicherheit, entsteht ein Messergebnis. Der Nutzen eines Messergebnisses kann nur dann beurteilt werden, wenn die Verlässlichkeit und Aussagesicherheit des Messergebnisses nach allgemein vereinbarten Regeln ermittelt und angegeben wird. Die Kenntnis der Messunsicherheit ist Voraussetzung für das Fällen von Entscheidungen aufgrund eines Messergebnisses, wie im Folgenden exemplarisch gezeigt wird.

27.5.1 Auswirkungen der Messunsicherheit auf die Konformitätsprüfung

III

Bei der Konformitätsprüfung wird festgestellt, ob das Produkt vorgegebene Spezifikationen erfüllt. Dies beinhaltet für die Fertigungsmesstechnik vor allem den Abgleich mit den in der Konstruktion festgelegten Toleranzen eines Bauteils oder einer Baugruppe oder die Überprüfung der Merkmale eines Produktes auf Übereinstimmung mit den Kundenanforderungen.

Bei der Feststellung der Konformität muss die zugeordnete Messunsicherheit des Ergebnisses berücksichtigt werden, da der tatsächliche Wert des Merkmals ja nicht bekannt ist, sondern nur mit einer bestimmten Wahrscheinlichkeit innerhalb eines durch die Messunsicherheit bestimmten Intervalls liegt. Eine zuverlässige Aussage über das Erfüllen der Spezifikation kann nur dann getroffen werden, wenn der Erwartungswert sowie das ganze Messunsicherheitsintervall innerhalb des Spezifikationsbereichs liegen. Auf den durch Messung ermittelten Wert bezogen bedeutet dies, dass der Bereich, in dem der Erwartungswert liegen muss (Übereinstimmungsbereich), umso kleiner wird, je größer die Messunsicherheit ist. Diese Betrachtungsweise ist insbesondere dann anzuwenden, wenn Ware an einen Kunden ausgeliefert wird, mit dem die Spezifikation vereinbart wurde.

Andererseits kann nur dann verlässlich ein Teil als nicht konform zurückgewiesen werden, wenn der durch Messung ermittelte Erwartungswert sicher im Bereich der Nichtübereinstimmung liegt. Dieser Fall ist insbesondere dann zugrunde zu legen, wenn der Kunde seinem Lieferanten Teile wegen mangelnder Konformität mit den zugesagten Spezifikationen zurückgeben will.

Teile, bei denen Merkmalwerte im Unsicherheitsbereich festgestellt werden, können weder „ruhigen Gewissens“

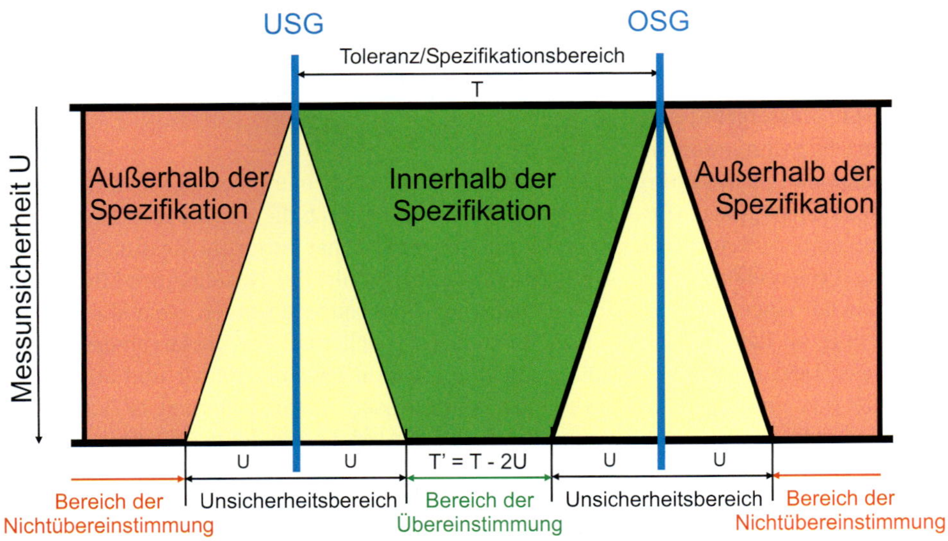

Abb. 27.30
Auswirkung der Messunsicherheit auf die Konformitätsprüfung

ausgeliefert noch stichhaltig zurückgewiesen werden. Die Messunsicherheit wirkt immer zuungunsten desjenigen, der den Beweis führen muss.
Aus wirtschaftlichen Gründen wird jeder Unternehmer bestrebt sein, den Unsicherheitsbereich kleinstmöglich zu halten. Andererseits können dann für das Durchführen der Prüfung hohe Kosten wegen hochgenauer Messgeräte und des Schaffens einer Messraumumgebung entstehen. Als Kompromiss hat bereits 1924 Prof. G. Berndt die „Goldene Regel der Messtechnik" formuliert:
„Die Messunsicherheit U sollte 1/10 bis 1/5 der angegebenen Toleranz T nicht überschreiten."
Zur Feststellung der vollständigen Konformität eines Bauteils mit den vorgegeben Toleranzen darf meistens nicht nur ein einziges Merkmal betrachtet werden, sondern es muss eine Vielzahl geometrischer Größen geprüft werden. Es muss beachtet werden, dass die einzelnen Messergebnisse bei entsprechenden Spezifikationen, z.B. beim Anwenden der Maximum-Material-Bedingung oder des bei älteren Zeichnungen zugrunde gelegten Hüllprinzips, miteinander verknüpft sein können. Dann muss auch die Verknüpfung der zugeordneten Unsicherheiten der betrachteten Merkmale berücksichtigt werden.

27.5.2 Auswirkung der Messunsicherheit auf die Prozesslenkung und -optimierung

Die Anwendung von Qualitätsregelkarten zur Prozesslenkung und die Analyse der Prozessfähigkeit basieren auf Informationen über die gefertigten Werkstücke, die durch Messungen gewonnen werden. Die Messunsicherheit wirkt sich bei der Beobachtung des Prozessverlaufes

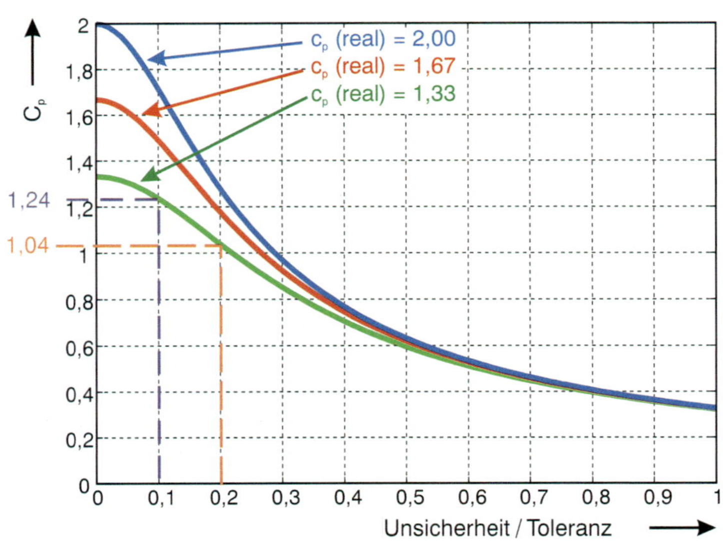

Abb. 27.31
Beobachteter C_p-Wert in Abhängigkeit vom Quotienten Messunsicherheit/Toleranz

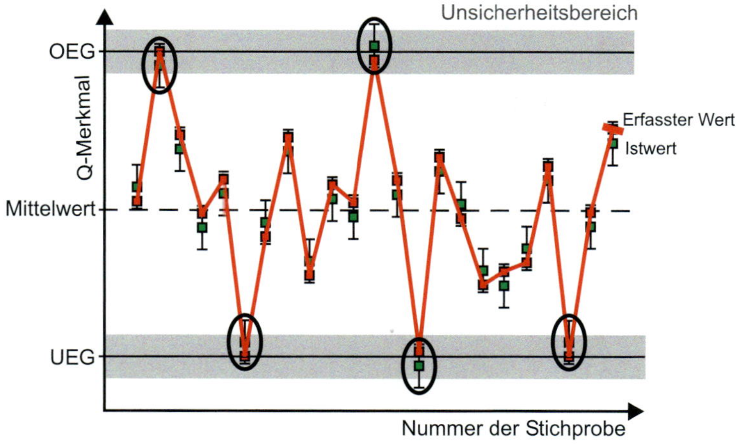

Abb. 27.32
Auswirkungen der Messunsicherheit auf den beobachteten Verlauf des Fertigungsprozesses

aus, da die infolge der Prozessstreuung variierenden Merkmalwerte durch eine Messung, deren Ergebnisse wiederum variieren, festgestellt werden. Dies führt dazu, dass die aufgrund der Messergebnisse festgestellte (beobachtete) Streuung des Prozesses größer erscheint als sie tatsächlich ist, wodurch der Prozess insgesamt schlechter beurteilt wird, da eine größere Streuung zu kleineren Werten der Prozessfähigkeitsindizes führt.
Zudem muss die Messunsicherheit auch bei der Interpretation der Messwerte in Bezug auf die Überschreitung der Eingriffsgrenzen berücksichtigt werden. Hier entsteht durch die Messunsicherheit ein Wertebereich um die Eingriffsgrenzen, in dem nicht entschieden werden kann, ob die Grenze überschritten wurde oder nicht. Daher ist eine eindeutige Entscheidung, ob in den Prozess eingegriffen werden muss, nicht möglich, was entweder zu einem unnötigen Eingriff und damit vielleicht zu einer Verschlechterung des Prozesses führen kann, oder zur Unterlassung eines eigentlich notwendigen Eingriffs, der die Produktion von Ausschuss zur Folge hat.
Ähnlich stellt sich die Situation bei der Erfassung von Messwerten im Rahmen der Versuchsmethodik dar. Auch hier kann die Auswirkung der Messunsicherheit auf die erfassten Ergebnisse der Versuche dazu führen, dass die Effekte der Einflussfaktoren falsch eingeschätzt werden. Um zumindest die Auswirkungen zufälliger Messabweichungen auf die gemessenen Ergebnisse zu reduzieren, sollten daher stets mehrere Stichproben herangezogen werden (Kleppmann 2003).

27.5.3 Auswirkung der Messunsicherheit auf andere Bereiche

Neben Konformitätsprüfung und Prozesslenkung wirkt sich die Messunsicherheit auch in allen anderen Bereichen des Qualitätsmanagements aus, in denen Messergebnisse zur Informationsgewinnung verwendet werden. Dies ist oft mit erheblichen Kosten für das Unternehmen verbunden.
Denn bei der Annahmeprüfung von angelieferten Bauteilen oder der Identifikation von Ausschuss muss der eigentlich zulässige Toleranzbereich von beiden Seiten her um die Messunsicherheit eingeschränkt werden. Um sicherstellen zu können, dass bei einer Annahmeprüfung nur Gutteile angenommen werden, muss das Unternehmen daher vom Lieferanten die Einhaltung einer geringeren Toleranzbreite fordern, als es von der Funktion des Bauteils her erforderlich wäre. Ebenso kann ein Lieferant bei der Prüfung der gefertigten Produkte nur Teile ausliefern, die als spezifikationskonform eingestuft worden sind. Bauteile, über deren Konformität nicht entschieden werden konnte, müssen ebenfalls als Ausschuss behandelt werden.
Die Kosten, die einem Unternehmen durch den Einsatz von Prüfprozessen mit einer zu hohen Messunsicherheit entstehen können, sind in vielen Bereichen sehr hoch. Daher sollten entsprechende Rahmenbedingungen geschaffen werden, um die anfallenden Prüfaufgaben mit ausreichend geringer Messunsicherheit erfüllen zu können. Dazu gehören u.a. der Einsatz präziser Messgeräte, die Prüfung in dafür geeigneten Messräumen und vor allem auch die ausreichende Qualifizierung des Prüfpersonals – höherer Aufwand beim Prüfen ist in der Regel immer preiswerter als die Alternative: einen aufwendigeren oder genaueren Fertigungsprozess einzurichten. Mehraufwand beim Messen macht es möglich, die hohen Kosten, die durch erhöhten Ausschuss, falsche Prozesssteuerung, die Reklamation von nicht spezifikations-konformen Bauteilen oder gar Schadensersatzforderungen im Rahmen der Produkthaftung entstehen können, zu vermeiden. Dennoch wird die Qualitätsprüfung bislang überwiegend als reiner Kostenfaktor angesehen, da sich der monetäre Nutzen präziser Messergebnisse nur schwer quantifizieren

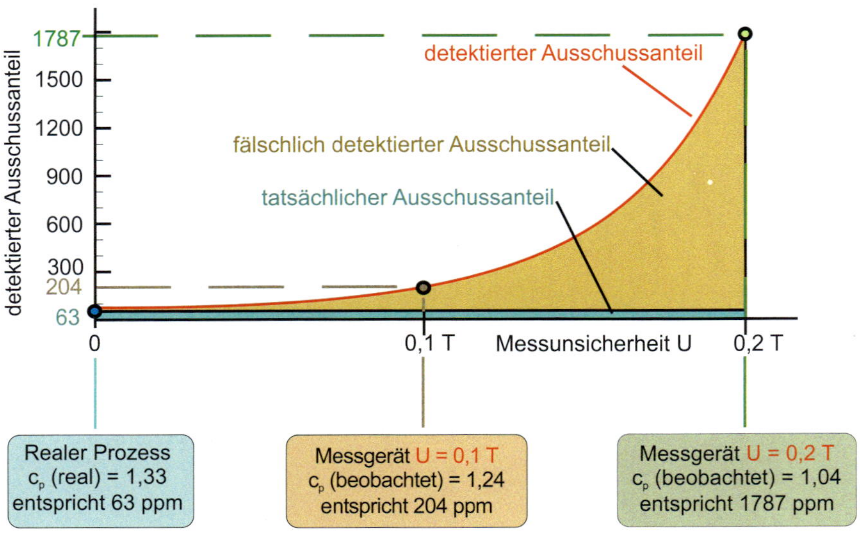

Abb. 27.33 Wirtschaftlich wirksamer Ausschussanteil bei der Konformitätsprüfung

lässt. Derzeit werden daher Verfahren zur Kosten-/Nutzenanalyse von Messergebnissen entwickelt, die eine wichtige Unterstützung bei der Planung geeigneter Prüfprozesse und -bedingungen darstellen (Weckenmann/Walz 2006).

27.6 Zusammenfassung und Ausblick

Die Erfassung von Merkmalen stellt für das betriebliche Qualitätsmanagement eine unverzichtbare Informationsquelle dar. Dabei müssen je nach Anwendungsbereich verschiedene Merkmale erfasst und mit den vorgegebenen Spezifikationen verglichen werden. Dafür stehen für die verschiedenen Prüfaufgaben jeweils spezifische Prüfmittel zur Verfügung, mit deren Hilfe das interessierende Merkmal erfasst werden kann.

Da diese Prüfprozesse nicht ideal ausgeführt werden können, sind die damit ermittelten Messergebnisse stets mit Abweichungen behaftet. Ein Maß für die Qualität der Messergebnisse stellt dabei die Messunsicherheit dar. Bei der Verwendung der Messergebnisse in verschiedenen Bereichen des Qualitätsmanagements muss die Auswirkung der Messunsicherheit stets mit berücksichtigt werden, um nachvollziehbare Entscheidungen aufgrund der vorliegenden Informationen treffen zu können.

Bei der Qualitätssicherung der Messergebnisse kommt dabei vor allem dem Prüfer eine entscheidende Bedeutung zu, der die Prüfung anhand seiner Kenntnisse vorbereiten, durchführen und auswerten muss. Zudem müssen die Messergebnisse zusammen mit umfassenden Informationen über ihr Zustandekommen dokumentiert werden, um die Nachvollziehbarkeit und Reproduzierbarkeit der Messwerte zu ermöglichen.

Obwohl diese Aufgaben im Rahmen der Qualitätsprüfung schon lange bestehen, ist das Gebiet der Messtechnik von raschen Entwicklungen geprägt. Diese entstehen zum einen aus immer höheren Anforderungen an die Genauigkeit der messtechnischen Erfassung immer komplexerer Merkmale. Zum anderen erfordern die Weiterentwicklung von Fertigungstechnologien und der steigende Kostendruck in den Unternehmen neue Lösungen:

- schnellere und ganzheitlich die Werkstückgestalt erfassende Messtechnik
- Verbesserung und Verkürzung der Schulungen für Gerätebediener
- robuste Messgeräte, tauglich für den Fertigungsbereich
- genauere Geräte wegen der gestiegenen, höhere Genauigkeit fordernden Funktionsanforderungen an die Bauteile.

Kenntnisse zur Fertigungsmesstechnik können niemals als vollständig oder unveränderlich betrachtet werden, sondern müssen regelmäßig durch aktiven Wissenserwerb ergänzt werden. Nur dadurch kann gewährleistet werden, dass die anspruchsvolle Aufgabe der Qualitätsprüfung im Unternehmen effizient ausgeführt wird und angemessen genaue, nachvollziehbare, entscheidungsverlässliche Messergebnisse liefert.

Literatur

Becker, W.-J./Bonfig, K. W./Hönig, K.: Handbuch Elektrische Messtechnik. Hüthig GmbH, Heidelberg 2000

Bosch: Qualitätsmanagement in der Bosch-Gruppe. Fähigkeit von Mess- und Prüfprozessen. Heft 10. Robert Bosch GmbH, Stuttgart 2003

Dietrich, E./Schulze, A.: Eignungsnachweis von Prüfprozessen. Carl Hanser Verlag, München 2004

Dietrich, E./Schulze, A./Conrad, S.: Eignungsnachweis von Messsystemen. Carl Hanser Verlag, München 2005

DIN 1319-1: Grundlagen der Meßtechnik – Teil 1: Grundbegriffe. 1995

DIN 55350-12: Begriffe der Qualitätssicherung und Statistik; Merkmalsbezogene Begriffe. 1989

DIN EN ISO 1: Geometrische Produktspezifikation (GPS) – Referenztemperatur für geometrische Produktspezifikation und -prüfung. 2002

DIN EN ISO 286-1: Geometrische Produktspezifikation (GPS) – ISO-Toleranzsystem für Längenmaße – Teil 1: Grundlagen für Toleranzen, Abmaße und Passungen. 2010

DIN EN ISO 1302: Geometrische Produktspezifikation (GPS) – Angabe der Oberflächenbeschaffenheit in der technischen Produktdokumentation. 2002

DIN EN ISO 3650: Geometrische Produktspezifikationen (GPS) – Längennormale – Parallelendmaße. 1999

DIN EN ISO 9000: Qualitätsmanagementsysteme – Grundlagen und Begriffe. 2005

DIN EN ISO 9001: Qualitätsmanagementsysteme – Anforderungen. 2008

DIN EN ISO 10360-1: Geometrische Produktspezifikation (GPS) – Annahmeprüfung und Bestätigungsprüfung für Koordinatenmessgeräte (KMG) – Teil 1: Begriffe. 2003

DIN EN ISO 14253-2: Geometrische Produktspezifikationen (GPS) – Prüfung von Werkstücken und Messgeräten durch Messen – Teil 2: Anleitung zur Schätzung der Unsicherheit bei GPS-Messungen, bei der Kalibrierung von Messgeräten und bei der Produktprüfung. 2011

DIN EN ISO 25178: Geometrische Produktspezifikation (GPS) – Oberflächenbeschaffenheit: Flächenhaft – Teil 601 – 606. 2010 – 2013

DIN V ENV 13005: Leitfaden zur Angabe der Unsicherheit beim Messen. 1999

Dutschke, W./Keferstein, C.: Fertigungsmesstechnik. Praxisorientierte Grundlagen, moderne Messverfahren. 5., neu bearbeitete Auflage. Teubner Verlag, Wiesbaden 2005

EO 1988: Eichordnung. 1988

Gevatter, H.-J.: Handbuch der Meß- und Automatisierungstechnik. Springer Verlag, Berlin 1999

GUM: Evaluation of measurement data. Guide to the expression of uncertainty in measurement. GUM 1995 with minor corrections. JCGM 100. 2008

Hering, E./Martin, R. (Hrsg.): Photonik. Grundlagen, Technologie und Anwendung. Springer Verlag, Berlin 2006

Hoffmann, J. et al.: Handbuch der Messtechnik. 4., neu bearbeitete Auflage. Carl Hanser Verlag, München 2012

Lerch, R.: Elektrische Messtechnik. Analoge, digitale und computergestützte Verfahren. 6., bearbeitete Auflage. Springer Verlag, Berlin 2012

Kleppmann W.: Taschenbuch der Versuchsplanung. Produkte und Prozesse optimieren. 3. Auflage. Carl Hanser Verlag, München 2003

Koch, A./Rupprecht, M./Toedter, O./Häusler, G.: Optische Messtechnik an technischen Oberflächen. Praxisorientierte lasergestützte Verfahren zur Untersuchung technischer Objekte hinsichtlich Form, Oberflächenstruktur und Beschichtung. expert verlag, Renningen-Malmsheim 1998

MeßEinhG: Gesetz über Einheiten im Meßwesen. 1986

Niebuhr, J./Lindner, G.: Physikalische Messtechnik mit Sensoren. 6., aktualisierte Auflage. Oldenbourg, München 2011

Pfeifer, T./Schmitt, R.: Fertigungsmesstechnik. 3., überarbeitete und erweiterte Auflage. Oldenbourg Wissenschaftsverlag, München 2010

Pöschel, W./Dontsov, D./Manske, E.: Der Geometrie auf der Spur. Hochgenaue Längen- und Winkelmessungen mit Dreistrahl-Interferometern. In: Laser + Photonik 2/2006. S. 42 – 45

ProdHaftG: Gesetz über die Haftung für fehlerhafte Produkte (Produkthaftungsgesetz – ProdHaftG). Geltung ab 1990

PTB Physikalisch-Technische Bundesanstalt: Die gesetzlichen Einheiten in Deutschland. 2012 (verfügbar im Internet unter: http://www.ptb.de)

Rahlves, M./Seewig, J.: Optisches Messen technischer Oberflächen. Messprinzipien und Begriffe. Beuth Verlag, Berlin 2009

Schanz, G. W.: Sensoren. Sensortechnik für Praktiker. 3., völlig neu bearbeitete Auflage. Hüthig Verlag, Heidelberg 2004

Sommer, K.-D./Weckenmann, A./Siebert, B.: Qualität für Messergebnisse. Messunsicherheit nach GUM. In: Technisches Messen 4/2006. S. 189–199

Tönshoff, H. K./Inasaki, I.: Sensors in Manufacturing. Wiley-VCH Verlag, Weinheim 2001

Tränkler H.-R./Obermeir, E. (Hrsg.): Sensortechnik. Springer, Berlin 1998

VDA: Qualitätsmanagement in der Automobilindustrie. Prüfprozesseignung. Bd. 5. 2. vollständig überarbeitete Auflage. VDA-QMC, Berlin 2011

VDI/VDE 2617: Genauigkeit von Koordinatenmessgeräten – Kenngrößen und deren Prüfung – Blatt 1–8. 2000–2012

VDI/VDE 2627 Blatt 1: Meßräume. Klassifizierung und Kenngrößen – Planung und Ausführung. 1998

VDI/VDE 2631: Formprüfung – Blatt 1 – 9. 1999–2012

VDI/VDE/DGQ 2618: Prüfmittelüberwachung – Blatt 1 – 27. 1991 – 2006

VIM 2010: Internationales Wörterbuch der Metrologie. 3. Auflage. Beuth, Berlin 2010

Weber, H.: Bestimmung der Messunsicherheit mit kalibrierten Werkstücken nach ISO/TS 15530-3. VDI-Berichte Nr. 1618, 2001

Webster. J.: The measurement, instrumentation and sensors handbook. CRC Press, Boca Raton 1999

Weckenmann, A.: Koordinatenmesstechnik. Flexible Strategien für funktions- und fertigungsgerechtes Prüfen. 2., vollständig überarbeitete Auflage. Carl Hanser Verlag, München 2012

Weckenmann, A./Blunt, L./Beetz, S.: European Training in Coordinate Metrology. In: NA beim BIBB (Hrsg.): Reihe „impuls", Heft 20, Universität Erlangen-Nürnberg 2005

Weckenmann, A./Hoffmann, J.: Möglichkeiten optischer Messverfahren. In: Geiger, M./Polster, S. (Hrsg.): Laser in der Elektronikproduktion und Feinwerktechnik. Meisenbach Verlag, Bamberg 2006. S. 3 – 18

Weckenmann, A./Lorz, J.: Bedeutung der Messunsicherheit in der Fertigungsmesstechnik. In: Technisches Messen 1/2001. S. 33 – 39

III

Weckenmann, A./Walz, M.: Welchen Wert haben Messergebnisse? In: Qualität und Zuverlässigkeit 6/2006. S. 64 – 65

Werner, T.: Erstellen ganzheitlicher Konzepte für die Mitarbeiterqualifizierung am Beispiel der Fertigungsmesstechnik. Shaker, Aachen 2012

Whitehouse, D.J.: Handbook of Surface and Nanometrology. 2. Auflage. CRC Press, Boca Raton 2011

Eignungsnachweise für Messprozesse

28.1 Einleitung ... 667

28.2 Anforderungen ... 667

28.3 Übersicht der Verfahren ... 669

28.4 Fähigkeitsnachweise gemäß Firmenrichtlinie ... 669
28.4.1 Untersuchung gemäß Verfahren 1 ... 671
28.4.2 Untersuchung gemäß Verfahren 2 ... 672

28.5 Fähigkeitsuntersuchung gemäß MSA ... 674
28.5.1 Unterschiede zu Firmenrichtlinien ... 674
28.5.2 Systematische Messabweichungs-(Bias-) und Linearitäts-Studie ... 674
28.5.3 Wiederhol- und Vergleichspräzision %GRR ... 675
28.5.4 Anzahl unterscheidbarer Kategorien ... 675

28.6 Eignungsnachweis gemäß VDA 5 bzw. ISO 22514-7 ... 676
28.6.1 Definition Messsystem und -prozess ... 676
28.6.2 Schematisierte Vorgehensweise ... 677
28.6.3 Minimale Toleranz ... 677
28.6.4 Formeln zu den Kennwerten ... 678

28.7 Vergleich von Firmenrichtlinien, MSA mit VDA 5 bzw. ISO 22514-7 ... 680

28.8 Sonderfälle ... 683

28.9 Zusammenfassung ... 684

28 Eignungsnachweise für Messprozesse

Edgar Dietrich

In jeder Kunden- bzw. Lieferantenvereinbarung sind für die betreffenden Produkte die erforderlichen Merkmalseigenschaften spezifiziert, die beim Austausch der Ware einzuhalten sind. Diese Eigenschaften werden entweder messend mittels Messprozessen beurteilt oder anhand von attributiven Prüfprozessen bzw. mittels Sichtprüfung bewertet. Ziel muss es sein, die Messunsicherheit so gering wie möglich zu halten. Nur so kann bei der Herstellung der Produkte die geforderte Merkmalstoleranz größtmöglich ausgenutzt werden. Jede Einschränkung dieses Toleranzbereichs erhöht zwangsläufig die Kosten.

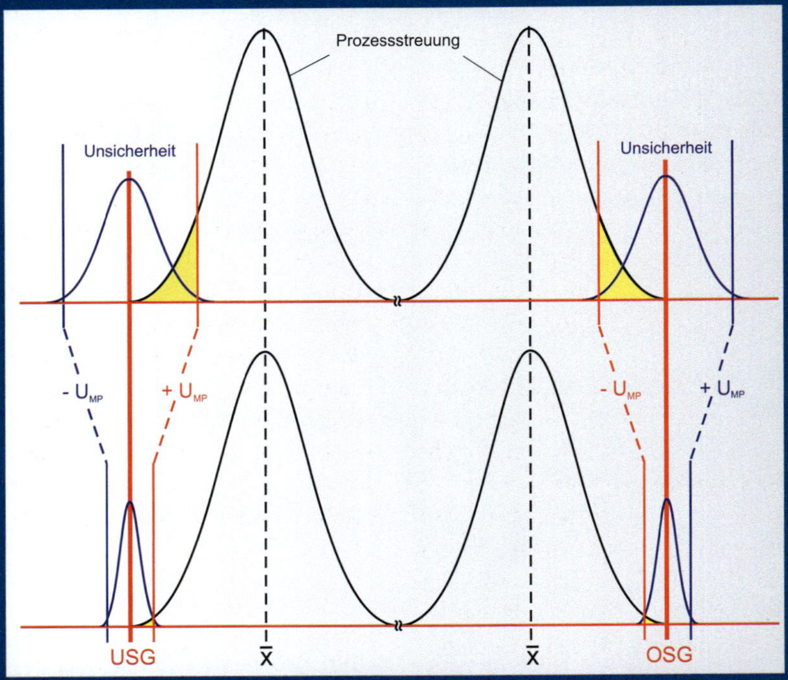

In diesem Kapitel werden für Messprozesse, wie sie an vielen Stellen in der Fertigung und Produktion vorkommen, Verfahren und Vorgehensweisen aufgezeigt, wie die Eignung der Messprozesse im jeweiligen Anwendungsfall festgestellt werden kann. Des Weiteren wird anhand einer vom *GUM (Guide to the Expression of Uncertainty in Measurement)* abgeleiteten, aber vereinfachten Vorgehensweise erläutert, wie für Messprozesse die erweiterte Messunsicherheit bestimmt werden kann.

Die verschiedenen Verfahren werden gegenüber gestellt und deren Vor- und Nachteile bewertet.

28.1 Einleitung

Beim Messen stellt sich immer die Frage, wie „genau" der ermittelte Messwert ist. Es ist nicht der Messwert entscheidend, sondern das Messergebnis. Dieses setzt sich aus dem angezeigten bzw. ermittelten Messwert und der Unsicherheit des Messprozesses zusammen. Daher muss es Ziel einer jeden Messung sein, die sogenannte erweiterte Messunsicherheit des Messprozesses zu kennen, um im konkreten Anwendungsfall eine Aussage über seine Eignung bzw. Fähigkeit einer Messung zu treffen. Mit dieser Thematik hat man sich insbesondere seit der Einführung von *SPC (Statistical Process Control)* verstärkt auseinandergesetzt (siehe Kap. 30, „Statistische Prozessregelung (SPC)"). Da es zunächst keine Normen seitens der ISO (International Organization for Standardization) bzw. des DIN (Deutsches Normungsinstitut) gab, haben sich insbesondere die Automobilkonzerne und die großen Zulieferer der Automobilindustrie dieser Thematik zugewandt. So entstanden Ende der 80er und Anfang der 90er Jahre erste Firmenrichtlinien von General Motors, Ford bzw. Bosch, in denen beschrieben wird, wie anhand von Fähigkeitsuntersuchungen für die jeweiligen Messaufgaben nachgewiesen werden kann, ob diese für den Einsatz geeignet („fähig") sind oder verbessert werden müssen. 1990 wurde erstmals von der AIAG (Automotive Industry Action Group) der Leitfaden „Measurement Systems Analysis" (MSA) herausgegeben. Dieser wurde kontinuierlich weiterentwickelt und ist seit 2010 in 4. Auflage erhältlich. Damit entstand eine Vorgabe, die sich innerhalb der Automobilindustrie weltweit als Referenz durchgesetzt hat. Da dieser Leitfaden mehrere Möglichkeiten bei der Beurteilung von Messprozessen zulässt, entstanden in den folgenden Jahren verschiedene Firmenrichtlinien, welche die Vorgehensweise für das jeweilige Unternehmen in Form einer Verfahrensanweisung spezifiziert haben. Für diese Art der Beurteilung von Messprozessen hat sich der Begriff „Fähigkeitsuntersuchung" eingebürgert. Alle Verfahrensanweisungen bei den Fähigkeitsuntersuchungen bestimmen Kennwerte, anhand derer durch den Vergleich mit vorgegebenen Grenzwerten die Fähigkeit beurteilt wird.

Hinweis: Im deutschsprachigen Raum wird „Measurement Systems Analysis" naheliegenderweise mit „Messsystemanalyse" übersetzt. Deshalb hat sich dieser Begriff im Laufe der Zeit verfestigt. Das Messsystem ist jedoch nur ein Teil des Messprozesses. Da in Wirklichkeit der Messprozess untersucht wird, müsste die Übersetzung genau genommen „Messprozessanalyse" heißen. ■

Seitens der internationalen Standardisierung wurde 1995 der *GUM (Guide to the Expression of Uncertainty in Measurement)* herausgegeben. Dieser hat zum Ziel, die erweiterte Messunsicherheit für jede Messaufgabe bzw. jeden Messprozess zu bestimmen (siehe Kap. 27, „Messen und Prüfen"). Allerdings hat sich sehr schnell herausgestellt, dass aufgrund der Komplexität der darin beschriebenen Verfahren eine Anwendung in der Praxis nahezu ausgeschlossen ist. Dies gilt allerdings nicht für Kalibrierlabore. Um eine Akkreditierung als DKD-Labor zu erlangen, muss für die jeweilige Maßeinheit die Messunsicherheit gemäß des GUM ermittelt werden. Dies fordert die ISO/IEC 17025 (siehe Kap. 31, „Messmanagementsystem/Prüfmittelmanagement"). Erst 2003 wurde vom VDA QMC (Qualitäts Management Center im Verband der Automobilindustrie) der VDA 5 Band „Prüfprozesseignung" herausgegeben. Dieser orientiert sich am GUM und enthält eine vereinfachte Vorgehensweise zur Bestimmung der erweiterten Messunsicherheit für Messprozesse aus Fertigung und Produktion. Er wurde 2010 vollständig überarbeitet und neu herausgegeben. Darauf basierend erschien 2012 die ISO 22514-7 „Capability of Measurement Processes".

Damit stehen sich in der Praxis zwei quasi konkurrierende Verfahren mit gleicher Zielsetzung, nämlich die Eignung von Messprozessen nachzuweisen, gegenüber. Einerseits wird die Vorgehensweise gemäß der MSA-Fähigkeitsuntersuchung (Measurement Systems Analysis), andererseits die Vorgehensweise gemäß ISO 22514-7 (Capability of Measurement Processes) bzw. VDA 5 als Eignungsnachweis bezeichnet. Da die MSA bereits seit 1990 in Anwendung ist, hat diese einen hohen Verbreitungsgrad. Inwieweit sich diese Vorgehensweise – basierend auf der ISO Norm – weltweit verbreiten wird, wird die Zukunft zeigen. Im Folgenden werden beide Verfahren übersichtsartig beschrieben und die jeweiligen Vor- und Nachteile werden anhand eines Vergleichs ausgewertet.

28.2 Anforderungen

Kunden und Auditoren fordern immer mehr Eignungsnachweise für Mess- und Prüfprozesse, die in der Fertigung und Produktion durchgeführt werden. Dazu zählen neben den unterschiedlichsten Messaufgaben auch Sichtprüfungen und die Bewertung von Produkteigenschaften mittels Lehren (auch attributive Prüfung genannt). Letztere werden in diesem Beitrag nicht näher betrachtet. Daher wird im Folgenden immer der Begriff Messprozess verwendet. Ohne diese Eignungsnachweise bzw. Kenntnisse

III

über die Unsicherheit dieser Vorgänge sind keine Aussagen darüber möglich, ob eine geforderte und vereinbarte Anforderung an ein Produkt erfüllt ist oder nicht. Damit steigt beim Lieferanten das Haftungsrisiko, denn aufgrund von falschen Beurteilungen können fehlerhafte Produkte an den Kunden geliefert werden. Dieses Risiko wächst also mit der Unsicherheit der Messprozesse.

Diese Situation hat sich in letzter Vergangenheit verschärft und wird weiter zunehmen, da aufgrund technologischer Herausforderungen, wie z. B. die der Produktion immer kleinerer und leichterer Produkte, die Merkmalstoleranzen immer enger werden. Konsequenterweise müssen die Prüfprozesse diesen Anforderungen angepasst werden, um zumindest das Verhältnis von Unsicherheit zu Toleranz gleich zu halten, wenn nicht zu verringern. In der Fertigung hört man oft die Aussage: „Man kann nur so genau fertigen, wie man messen kann!" Gemeint ist damit, dass nur mit einer bekannten und ausreichend kleinen Unsicherheit des Messprozesses die geforderten Produkteigenschaften korrekt beurteilt und bewertet werden können.

III

In Abbildung 28.1 ist dargestellt, welche Unterschiede zwischen dem beobachteten Fähigkeitsindex $C_{p;Obs}$ und dem realen Fähigkeitsindex $C_{p;Real}$ in Abhängigkeit der Eignungskennwerte Q_{MP} (siehe Kap. 28.6), in dem die erweiterte Messunsicherheit enthalten ist, bestehen. Dieser Zusammenhang kann mathematisch unter der Annahme der einfachen Varianzaddition folgendermaßen hergeleitet werden:

Die mit einem Messprozess beobachtete Gesamt-Varianz σ^2_{Obs} eines Merkmals ist die Summe der beiden Varianzkomponenten „wahre" Varianz des zu messenden Merkmals σ^2_{Real} und Varianz des Messprozesses σ^2_{MP}.

Damit gilt: $\sigma^2_{Obs} = \sigma^2_{Real} + \sigma^2_{MP}$

$$C_{P;Obs} = \frac{TOL}{6 \cdot \sigma_{Obs}} \rightarrow \sigma_{Obs} = \frac{TOL}{6 \cdot C_{p;Obs}}$$

TOL = Merkmalstoleranz

$$C_{P;Real} = \frac{TOL}{6 \cdot \sigma_{Real}} \rightarrow \sigma_{Real} = \frac{TOL}{6 \cdot C_{p;Real}}$$

$$Q_{MP} = \frac{2 \cdot U_{MP}}{TOL} = \frac{2 \cdot 2 \cdot u_{MP}}{TOL} \rightarrow \sigma_{MP} = u_{MP} = \frac{Q_{MP} \cdot TOL}{4}$$

$$\left(\frac{TOL}{6 \cdot C_{p;Obs}}\right)^2 = \left(\frac{TOL}{6 \cdot C_{p;Real}}\right)^2 + \left(\frac{Q_{MP} \cdot TOL}{4} \cdot \frac{6}{6}\right)^2 \rightarrow$$

$$C_{p;Obs} = \left(\frac{1}{C^2_{p;Real}} + \frac{9}{4} \cdot Q^2_{MP}\right)^{-0,5}$$

Abbildung 28.1 zeigt, dass ein „wahrer" $C_{p;Real}$ von 2,0 bei einem Eignungskennwert des Messprozesses von Q_{MP} = 90 % mit $C_{p;Obs}$ von nur 1.1 beobachtet wird. Würde für dasselbe Merkmal stattdessen ein Messprozess mit dem Eignungskennwert Q_{MP} = 10 % verwendet, kann ein $C_{P;Obs}$ = 1.9 für unsere Messwerte erwartet werden.

Je größer die Unsicherheit des Messprozesses ist, desto kleiner ist der Fähigkeitsindex. Daran kann niemand in

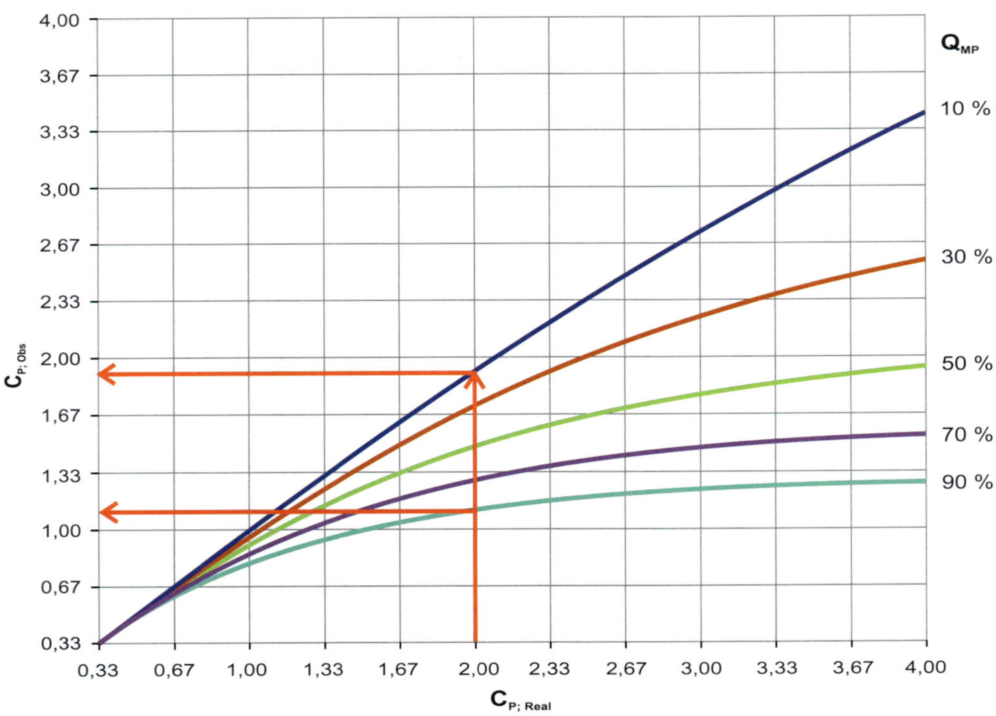

Abb. 28.1
Prozessfähigkeitsindex in Abhängigkeit der Messunsicherheit

Fertigung und Produktion interessiert sein. Deshalb muss es Ziel sein, nicht nur die Messunsicherheit zu kennen, sondern diese möglichst gering zu halten.
Damit wird deutlich, dass neben den vorangehend genannten Gründen durch die Zertifizierung ihres Qualitätsmanagementsystems nach DIN ISO 9001 oder ISO/TS 16949 bei den Unternehmen immer mehr Druck entsteht, da Eignungsnachweise zur Erlangung des Zertifikats gefordert werden. Die folgenden Normen bzw. Richtlinien enthalten Anforderungen zum Eingnungsnachweis von Messprozessen:

ISO/TS 16969:

- *„Für jeden Messmitteltyp müssen geeignete statistische Untersuchungen zur Analyse der Streuung durchgeführt werden. Die Anforderungen müssen dem Referenzhandbuch des Kunden entsprechen."*

DIN EN ISO 10012:

- *„Die Messunsicherheit muss für jeden vom Messmanagementsystem überwachten Messprozess abgeschätzt werden."*

VDA 6.1:

- *„Prüfmittel sind so auszuwählen, dass die zu prüfenden Merkmale mit einer vertretbaren Unsicherheit, die bekannt sein muss, gemessen werden."*

Diese Anforderungen lassen einerseits einen gewissen Spielraum, andererseits muss die Unsicherheit bekannt sein, um überhaupt das Risiko bezüglich eines vertretbaren Einsatzes abschätzen zu können. Diese Frage ist bei den Unternehmen aufgrund der Vielzahl der verwendeten Messprozesse und deren Komplexität oftmals nur sehr schwierig zu beantworten. Dazu werden in den folgenden Abschnitten Vorgehensweisen aufgezeigt, wie sich Anwender diesem Thema nähern können.

28.3 Übersicht der Verfahren

Unabhängig von der Begrifflichkeit, d. h., ob man von Fähigkeitsuntersuchungen, Messsystemanalysen, Fähigkeitsnachweisen, Eignungsnachweisen des Messprozesses oder der Bestimmung der erweiterten Messunsicherheit spricht, können die üblichen Verfahren und Vorgehensweisen in drei Gruppen eingeteilt werden:

- MSA Measurement Systems Analysis
- VDA 5 Band Prüfprozesseignung
- Firmenrichtlinien

Je nach Firma sind die Firmenrichtlinien von der MSA bzw. dem VDA 5 abgeleitet. Diese sind als Verfahrensanweisungen zu sehen und konkretisieren die Vorgehensweise, da MSA und VDA 5 Band noch zu viele Freiheitsgrade zulassen. Die meisten Firmenrichtlinien basieren aufgrund der langen Existenz der MSA auf dieser.
Im Folgenden werden Vorgehensweisen gemäß Firmenrichtlinien, die auf der MSA basieren (Kap. 28.4), gemäß der MSA selbst (Kap. 28.5) und gemäß dem VDA 5 (Kap. 28.6) betrachtet.

28.4 Fähigkeitsnachweise gemäß Firmenrichtlinie

III

Für die Fähigkeitsnachweise von Messprozessen hat sich – verallgemeinert betrachtet – folgende Vorgehensweise eingebürgert (siehe Abb. 28.2):

1. **Auflösung des Messgeräts**
   Bevor eine der genannten Untersuchungen durchgeführt wird, ist zu überprüfen, ob die Auflösung des Messgerätes gegeben ist. Das Messgerät muss eine Auflösung von %RE ≤ 5 % der Toleranz des Merkmals haben, um Messwerte sicher ermitteln und ablesen zu können.
2. **Untersuchung nach Verfahren 1 (siehe Kap. 28.4.1)**
   Das Verfahren 1 wird zur Beurteilung von neuen und vorhandenen Messsystemen vor der Annahmeprüfung beim Lieferanten bzw. am endgültigen Einsatzort beim Kunden durchgeführt. Anhand des Fähigkeitskennwerts kann eine prinzipielle Eignung festgestellt werden. Die Beurteilung erfolgt anhand der C_g, C_{gk}-Werte.
3. **Untersuchung nach Verfahren 2 bzw. 3 (siehe Kap. 28.4.2)**
   Verfahren 2 findet zur Beurteilung von neuen und vorhandenen Messsystemen vor der Annahmeprüfung beim Kunden am endgültigen Aufstellungsort statt. Dieses Verfahren kann auch beim Lieferanten eingesetzt werden. Dies setzt voraus, dass sowohl Teile als auch Prüfer beim Lieferanten vorhanden sind. Dieses Verfahren wird auch im Rahmen von routinemäßigen Audits oder zu Zwischenprüfungen eingesetzt. Die Beurteilung erfolgt dabei unter möglichst realen Bedingungen, d. h. die Untersuchung wird mit Original-Messobjekten am Einsatzort und mit Prüfern vor Ort durchgeführt. Die Beurteilung wird anhand des %GRR-Kennwertes festgestellt.
4. **Linearität**
   Anhand dieser Studie ist zu untersuchen, ob die syste-

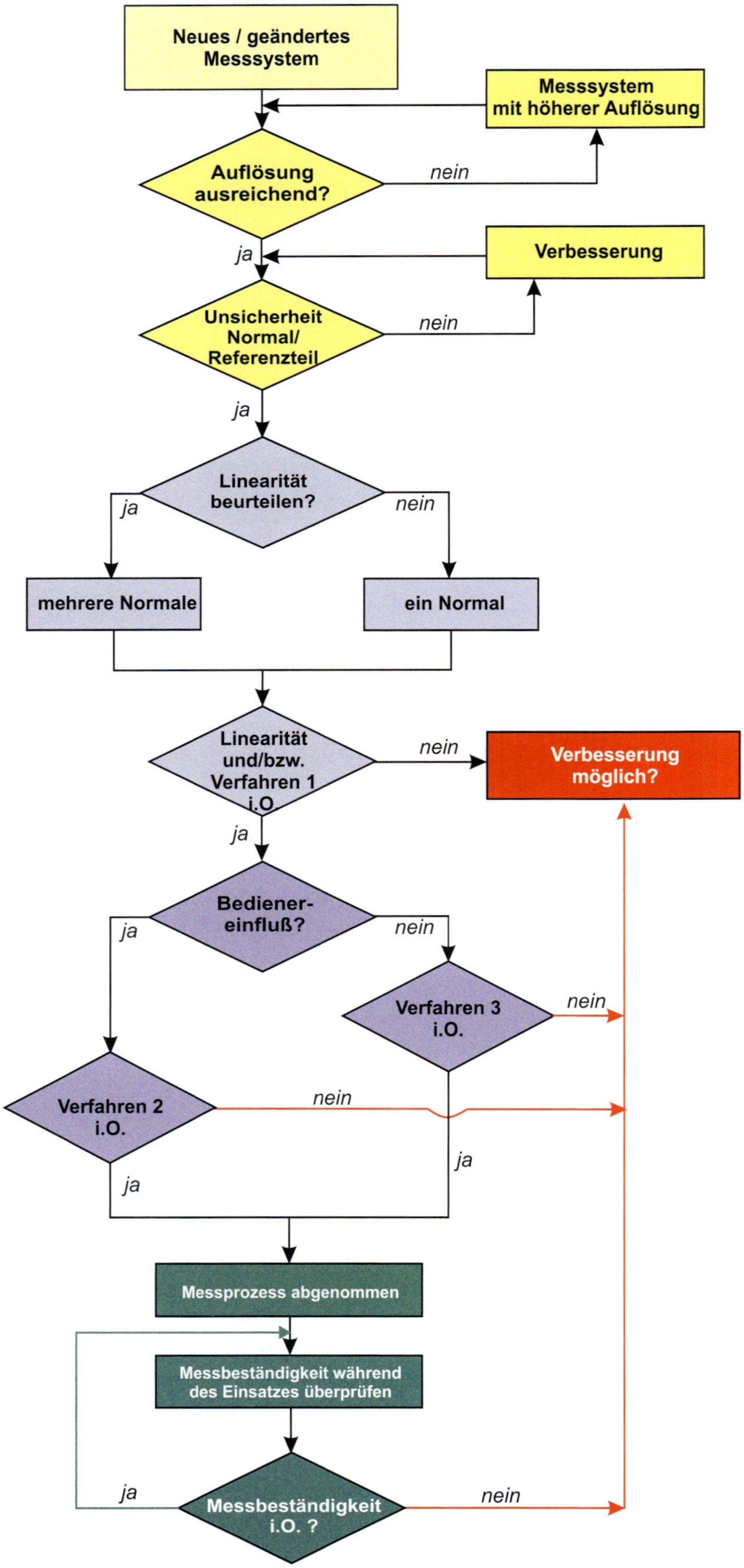

Abb. 28.2
Ablauf und Zusammenhang der Verfahren

III

matische Messabweichung über den gesamten Anwendungsbereich als geeignet angesehen werden kann. Die Untersuchung der Linearität kann sowohl beim Lieferanten als auch beim Kunden am endgültigen Aufstellungsort stattfinden. Ist Linearitätsbetrachtung gefordert, wird diese vor oder in Verbindung mit Verfahren 1 durchgeführt.

5. **Messbeständigkeit/Stabilität**
   Bei den Fähigkeitsuntersuchungen (insbesondere den Verfahren 1, 2 und 3) sowie der Beurteilung der Linearität handelt es sich immer nur um eine Momentaufnahme. Anhand von Stabilitätsuntersuchungen ist nachzuweisen, dass die eingesetzten Messeinrichtungen ihre Eignung über die Dauer des Einsatzes halten.

28.4.1 Untersuchung gemäß Verfahren 1

In den Firmenrichtlinien wird in der Regel mit dem sogenannten Verfahren 1 (oder Studie 1) begonnen. Dabei wird anhand eines Versuchs die Wiederholpräzision und die systematische Messabweichung (Bias) durch Wiederholungsmessung an einem Normal bestimmt. Um die Eignung beurteilen zu können, werden die Fähigkeitskennwerte C_g und C_{gk} aus den Messdaten des Versuchs berechnet.
Anhand eines Vergleichs der Fähigkeitskennwerte C_g und C_{gk} mit vorgegebenen Grenzwerten wird entschieden, ob eine Messeinrichtung unter Verwendung eines Normals prinzipiell für den vorgesehenen Einsatz unter Betriebsbedingungen geeignet ist.

Voraussetzung für die Durchführung des Verfahrens 1

1. Die Messeinrichtung ist entsprechend den Vorschriften des Herstellers einzurichten und gebrauchsfertig zu machen.
2. Es muss ein Normal/Einstellmeister vorhanden sein, dessen richtiger Wert durch Kalibrierung auf nationale

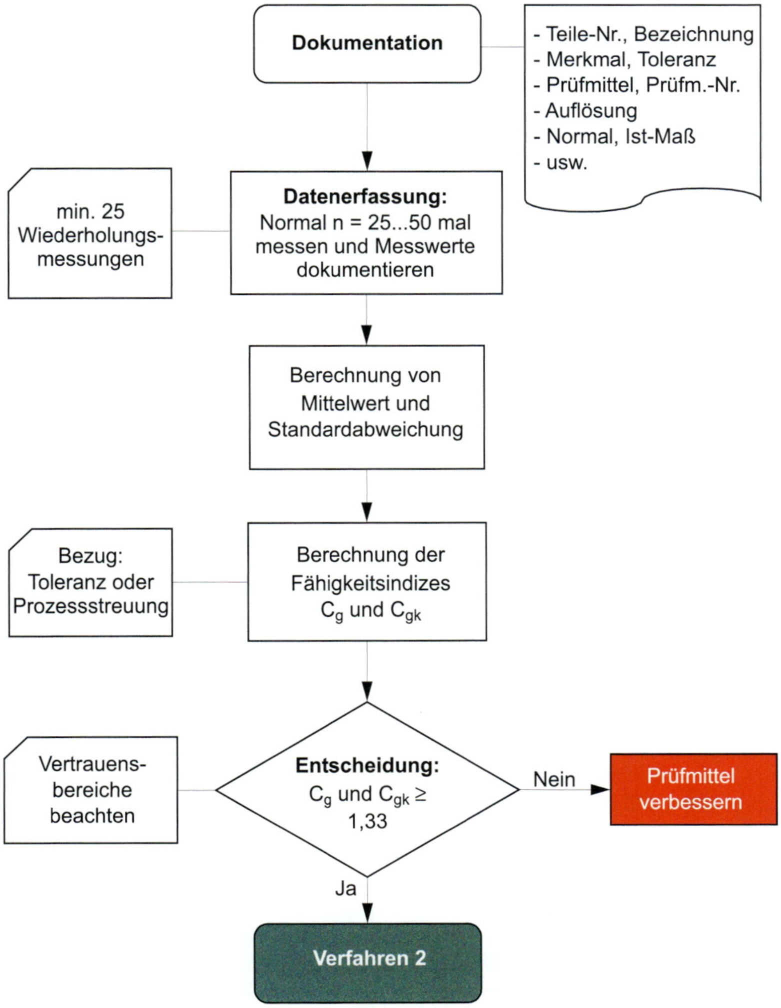

Abb. 28.3
Ablauf bei Verfahren 1

oder internationale Normale rückführbar ist und sich im Laufe des Untersuchungszeitraums nicht verändert.
3. Die Messunsicherheit, mit welcher der richtige Wert des Normals bestimmt wird, ist anzugeben.
4. Steht aus messtechnischen Gründen kein Normal zur Verfügung, entfällt die Berechnung von C_{gk}. In diesem Fall kann mithilfe eines geeigneten Messobjekts (z. B. stabilisiertes Teil aus der Serie) nur die Wiederholpräzision C_g bestimmt werden.

In Abbildung 28.3 sind der Versuchsablauf und die Bewertung der Ergebnisse als Flussdiagramm dargestellt.
Für die Durchführung des Verfahrens 1 und die Bewertung der Ergebnisse empfehlen sich folgende Schritte:
1. Istwert des Normals und Toleranz des Merkmals T in das Auswerteblatt eintragen
2. Beurteilung der Auflösung (RE) der Messeinrichtung (Messwertaufnehmer mit Anzeige):

$$\%RE = \frac{RE}{RF} \cdot 100\%$$

Bei den meisten Firmenrichtlinien wird die Toleranz *TOL* als Referenzgröße *RF* gewählt.
Ist $\%RE \leq 5\%$, dann ist das Messmittel bezüglich der Auflösung geeignet.
Wenn $\%RE > 5\%$, dann ist aufgrund der unzureichenden Auflösung das Messmittel für diese Messaufgabe ungeeignet.
3. Festlegung und Auswahl eines Normals, dessen richtiger Wert x_m im Toleranzfeld des Prüfmerkmals liegen sollte
Die Messposition ist am Normal zu kennzeichnen, zwangsweise zu positionieren oder zu beschreiben. Die Kalibrierunsicherheit des Normals sollte kleiner sein als 5 % der Merkmalstoleranz.
4. Einstellung und Abgleich der Messeinrichtung nach der gültigen Vorschrift
Während der Durchführung der Messung sind Veränderungen an der Messeinrichtung nicht zulässig.
5. Am Standort sind 50 (min. 20) Wiederholmessungen in kurzen Zeitabständen am Normal nach der gültigen Vorschrift (Wiederholbedingungen) durch denselben Prüfer durchzuführen. Das Normal ist vor jeder Messung erneut bei gleicher Messposition in die Messvorrichtung einzulegen. Die Werte sind in das Auswerteblatt (Verfahren 1) einzutragen.
Untersuchungen zeigen, dass sich bei stabilen Messsystemen die Standardabweichungen nach 10 Wiederholungsmessungen nicht mehr signifikant verändern. Deshalb reichen in der Regel 20 Wiederholungsmessungen aus. Die Anzahl der Wiederholungsmessungen ist in Abhängigkeit der Messaufgabe festzulegen und zwischen Kunde und Lieferant abzustimmen.
6. Berechnung des angezeigten Mittelwerts $\bar{x}_g$ und der Wiederholstandardabweichung s_g der angezeigten Werte
7. Berechnung der systematischen Abweichung *Bi* des Mittelwerts $\bar{x}_g$ vom richtigen Wert x_m des Normals:

$$Bi = \bar{x}_g - x_m$$

8. Bestimmung des Fähigkeitskennwerts C_{gk}, der eine systematische und eine zufällige Komponente berücksichtigt:

$$C_{gk} = \frac{0{,}1 \cdot RF - |Bi|}{3 \cdot s_g}$$

mit RF = TOL = Toleranz des Merkmals

9. Bestimmung des Fähigkeitskennwerts C_g, der nur eine zufällige Komponente (Wiederholpräzision) berücksichtigt
Bei zweiseitig begrenzten Merkmalen zeigt die Differenz zwischen C_{gk} und C_g die Verbesserungsmöglichkeit, z. B. durch genaues Einstellen der Messeinrichtung, an, was einer systematischen Messabweichung von $Bi = 0$ entspricht.

$$C_g = \frac{0{,}2 \cdot RF}{6 \cdot s_g};$$

mit RF = TOL = Toleranz des Merkmals

Beurteilung des Ergebnisses erfolgt nach folgenden Kriterien:

1. Fall:
C_g, $C_{gk} \geq 1{,}33$ Das Messgerät ist fähig.
Der Fall $s_g = 0$ ist zu begründen. Dieser Fall kann z. B. unter folgenden Bedingungen auftreten:
a) Die Auflösung der Messeinrichtung reicht nicht aus, um die Einflüsse zu erkennen.
b) Fehler in der Messeinrichtung (z. B. Messtaster klemmt)

2. Fall:
C_g, $C_{gk} < 1{,}33$ Das Messgerät ist nicht fähig.

28.4.2 Untersuchung gemäß Verfahren 2

Beim Verfahren 2 wird im Wesentlichen der Bedienereinfluss und die Wiederholpräzision basierend auf Teilen aus der Fertigung ermittelt. Ist ein Bedienereinfluss bei einer Messeinrichtung gegeben, so muss dieser Einfluss untersucht werden. Ansonsten kann Verfahren 3 (keine Berück-

sichtigung des Bedienereinflusses) angewendet werden. Anhand des Kennwertes %GRR, der aus den Messwerten eines Versuchs ermittelt wird, wird beurteilt, ob eine Messeinrichtung unter Berücksichtigung aller Einflussgrößen für die vorgesehene Messaufgabe geeignet ist.
Das Verfahren 2 darf nur nach erfolgreichem Nachweis der Eignung aus Verfahren 1 durchgeführt werden. Der Ablauf für die Durchführung des Verfahrens 2 ist in Abbildung 28.4 in Form eines Flussdiagramms dargestellt.

Hinweise zu Verfahren 2 und 3

1. Die Beurteilung von Messsystemen mithilfe von Verfahren 2 und 3 erfolgt über die sogenannte *Mittelwert-Spannweiten-Methode* (*Average-Range-Methode, ARM*) oder über die *ANOVA-Methode* (*Analysis of Variance*). Letztere wird aufgrund der genaueren statistischen Betrachtung seit der 4. Ausgabe der MSA empfohlen. Die Vorgehensweise zur Ermittlung der Merkmalswerte und die Interpretation der Ergebnisse ist bei beiden Verfahren gleich. Aufgrund der unterschiedlichen Berechnungsmethoden (ARM bzw. ANOVA) können die Ergebnisse verschieden sein. Dadurch ist eine Vergleichbarkeit nur innerhalb eines Verfahrens möglich. Bei der Beschreibung von Verfahren 2 wird an dieser Stelle der Einfachheit halber nur die ARM-Methode verwendet.
2. Das Verfahren 3 ist eine Untermenge von Verfahren 2 und kommt nur zum Tragen, wenn sicher davon ausgegangen werden kann, dass kein Bedienereinfluss vorhanden ist oder dieser vernachlässigbar klein ist. Daher wird auf Verfahren 3 nicht näher eingegangen.

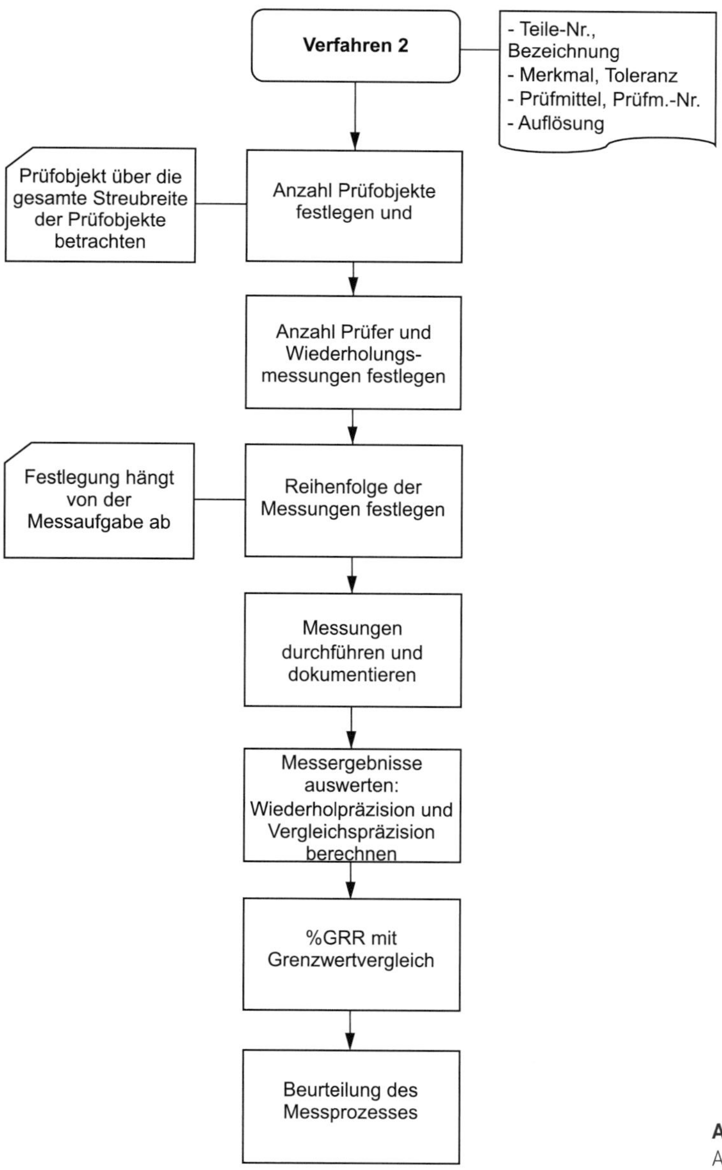

Abb. 28.4
Ablauf Verfahren 2

Für die Durchführung des Verfahrens 2 und die Bewertung der Ergebnisse empfehlen sich folgende Schritte:

1. Festlegung der Anzahl von Prüfern ($k \geq 2$), Auswahl von 10 Messobjekten ($n \geq 5$), die möglichst über den Toleranzbereich verteilt sind, und Festlegung der Anzahl von Messungen pro Prüfer ($r \geq 2$). Dabei muss das Produkt $k \cdot r \cdot n$ größer gleich 30 sein: $k \cdot r \cdot n \geq 30$. Standardfall: 2 Prüfer, 10 Teile mit 2 Messreihen pro Prüfer
   Im Dreischichtbetrieb sind 3 Prüfer (aus jeder Schicht einer) empfehlenswert.
2. Die Teile werden nummeriert. Um den Einfluss des Messobjekts, z.B. die Teilegeometrie, auszuschließen, wird die Messposition gekennzeichnet oder dokumentiert. Die Umgebungsbedingungen (z.B. Temperatur, Bediener, Schwingungen usw.) sind zu dokumentieren.
3. Der erste Gerätebediener stellt die Messeinrichtung ein und ermittelt die Merkmalswerte der Messobjekte - in der durch die Nummerierung vorgegebenen Reihenfolge und nach der gültigen Vorschrift unter Beachtung der Messposition. Die Messwerte werden dokumentiert. In derselben Reihenfolge und nach derselben Verfahrensweise ermittelt der erste Gerätebediener die Merkmalswerte der Messobjekte ein zweites Mal. Die Messergebnisse der zweiten Messung dürfen von den Ergebnissen der ersten Messung nicht beeinflusst werden. Während der Durchführung der Untersuchung sind Veränderungen an der Messeinrichtung nicht zulässig.
4. Schritt 3 ist mit jedem weiteren Prüfer zu wiederholen. Die jeweiligen Messergebnisse sollten den anderen Prüfern während der Durchführung der Messung nicht bekannt sein.
5. Ermittlung der Spannweiten aus den Ergebnissen des ersten Prüfers pro Messobjekt
6. Berechnung des Mittelwertes der Einzelwerte des ersten Prüfers $\overline{x}_1$ und der mittleren Spannweite $\overline{R}_1$ aus den Messreihen des ersten Prüfers
7. Schritt 5 und 6 sind für jeden weiteren Prüfer zu wiederholen.
8. Berechnung der Wiederholpräzision des Messsystems (EV):
   $EV = K_1 \cdot \overline{\overline{R}}$ mit $\overline{\overline{R}}$ Mittelwert der mittleren Spannweiten
9. Berechnung der Vergleichspräzision des Messsystems (AV)
   $$\overline{x}_{Diff} = \overline{x}_{max} - \overline{x}_{min}$$
   $$AV = K_2 \cdot \overline{x}_{Diff}$$

Hinweis: Die Faktoren K_1 und K_2 hängen von *k*, *n* bzw. *r* ab und können einer Tabelle in der MSA entnommen werden.

10. Berechnung der Wiederhol- und Vergleichspräzision GRR:
    $$GRR = \sqrt{EV^2 + AV^2}$$
    mit RF = TOL = Toleranz des Merkmals
    $$\%GRR = \frac{GRR}{RF} \cdot 100\%$$

Beurteilung des Ergebnisses

1. Fall: %GRR ≤ 10 %
Messprozess ist fähig.

2. Fall: 10 % < %GRR ≤ 30 %
Messprozess ist bedingt fähig.

3. Fall: %GRR > 30 %
Messprozess ist nicht geeignet.

28.5 Fähigkeitsuntersuchung gemäß MSA

28.5.1 Unterschiede zu Firmenrichtlinien

Obwohl viele Firmenrichtlinien von der MSA abgeleitet sind, kennt die MSA die Begrifflichkeiten der Firmenrichtlinien „Verfahren 1 und 2 bzw. 3“ nicht. Die in Verfahren 1 an einem Normal beurteilte Wiederholpräzision und systematische Messabweichung wird in der MSA anders bewertet (siehe Kap. 28.5.2). Dies gilt ebenso für die Beurteilung von Linearitätsabweichungen.

Die Versuche durch Prüfung zur Beurteilung des Bedienereinflusses (sogenannte *Vergleichspräzision*) und die Ermittlung der Streuung am Prüfobjekt (sogenannte *Wiederholpräzision*) sowie die Auswertung der Ergebnisse und Bestimmung des %GRR-Wertes sind identisch mit der in Kapitel 28.4.2 beschriebenen Untersuchung und Auswertung gemäß Verfahren 2.

Auch wird die Auflösung des Messmittels nicht nach %RE beurteilt, sondern anhand des *ndc*-Faktors (siehe Kap. 28.5.5).

28.5.2 Systematische Messabweichungs- (Bias-) und Linearitäts-Studie

Die Berechnung von %EV (Gerätestreuung) ist Bestandteil der Bias-Studie. Dieser Wert bestimmt, ob die vorhandene Wiederholbarkeit akzeptabel oder zu groß ist. Bei der Bias-Studie wird mithilfe des t-Tests die systematische

Messabweichung und deren Vergleich mit den Vertrauensgrenzen anhand der Prüfgröße bewertet. Ein hoher %EV-Kennwert lässt jedoch in den meisten Fällen eine relativ große systematische Messabweichung als nicht signifikant zu. Das kann zu Fehlentscheidungen führen. Aus diesem Grund wird die Beurteilung von %EV als Voruntersuchung empfohlen, bevor letztendlich die systematische Messabweichung bewertet wird. Ein Grenzwert für %EV wird allerdings in der MSA nicht angegeben.
Zur Beurteilung des Bias werden die Vertrauensgrenzen zur Bewertung des Prüfergebnisses beim t-Test herangezogen:

$bias_i = x_i - Referenzwert$	mit x_i = Messwerte $i = 1, 2, 3, \ldots, n$
$\overline{x}_{BI} = \frac{1}{n}\sum_{i=1}^{n} BI_i$	n = Anzahl der Wiederholungen
$\sigma_r^2 = \frac{1}{n-1}\sum_{i=1}^{n}\left(x_i - \overline{x}\right)^2$	BI = Bias $\overline{x}_{BI}$ = Mittelwert Bias
$\sigma_b = \frac{\sigma_r}{\sqrt{n}}$ $= t_{bias} = \frac{\overline{x}_{BI}}{\sigma_b}$	σ_r = Streuung Wiederholpräzision

Bias ist auf dem Niveau α akzeptabel, wenn der zu t_{bias} assoziierte p-Wert < α ist oder 0 (zero) im Intervall

$$Bias - \left[\sigma_b\left(t_{\nu,\,1-\frac{\alpha}{2}}\right)\right] \leq zero \leq Bias + \left[\sigma_b\left(t_{\nu,\,1-\frac{\alpha}{2}}\right)\right]$$

mit $\nu = n\text{-}1$, $t_{\nu,\,1-\frac{\alpha}{2}}$ aus t-Tabelle (siehe MSA) und

$\alpha = 0{,}05 \triangleq P = 95\,\%$

liegt. Die gleiche Vorgehensweise wird bei der Linearitäts-Studie verwendet.

28.5.3 Wiederhol- und Vergleichspräzision %GRR

Seit der 4. Ausgabe der MSA wird ausdrücklich betont, dass die ANOVA-Methode *(Analysis of Variance)* für die Bestimmung der %GRR-Werte bevorzugt verwendet werden soll, da bei diesem Auswertungsverfahren zusätzlich die Wechselwirkung zwischen Teil und Prüfer berücksichtigt wird. Da diese Berechnung im Gegensatz zur ARM-Methode *(Average Range)* nicht mehr „per Hand" durchgeführt werden kann, ist die ANOVA-Analyse mithilfe eines geeigneten Computerprogramms durchzuführen.
Die Berechnung der Kennwerte für die Wiederholpräzision %EV *(Equipment Variation)* und darauf basierend der %GRR kann dem Verfahren 2 in Kapitel 28.4.2 entnommen werden.

Der daraus berechnete %GRR-Wert ist die Basis für die Entscheidung über die Eignung. Im Unterschied zu den meisten Firmenrichtlinien kennt die MSA folgende Bezugsgrößen:

- $RF = TV$ (Gesamtstreuung aus allen Messwerten des Versuchs)
- $RF = \sigma_P$ (Prozessstreuung, bei der das Messmittel eingesetzt wird)
- $R = \dfrac{T}{6 \cdot P_{pk}}$ (Toleranz dividiert durch sechs mal dem kritischen Fähigkeitsindex an einer vorläufigen Prozessfähigkeitsuntersuchung)
- $RF = TOL$ (Toleranz des zu prüfenden Merkmals)

Genau genommen ist in der Praxis nur die Bezugsgröße T (Toleranz) relevant.
Begründung:

- TV hängt von der Auswahl der Prüfobjekte ab und kann dadurch beeinflußt werden. Des Weiteren stehen nicht immer Prüfobjekte zur Verfügung, die über die gesamte Toleranz und darüber hinaus verteilt sind.
- Die Prozessstreuung σ_P ist insbesondere bei neuen Prozessen nicht ausreichend sicher bekannt. Selbst bei bestehenden Prozessen kann sich σ_P über die Zeit ändern. Damit ist σ_P keine sinnvolle Referenzgröße.
- Den einfachen Fähigkeitsindex aus einer vorläufigen Prozessstudie zu verwenden, setzt voraus, dass für die Studie selbst überhaupt ein geeigneter Messprozess vorhanden war, was insbesondere bei Neuankäufen nicht gegeben ist.

Daher empfiehlt sich, die Toleranz T zu verwenden, da diese zwischen Kunde und Lieferant vereinbart und damit eine stabile und rechtsverbindliche Größe darstellt.

28.5.4 Anzahl unterscheidbarer Kategorien

Ob die Auflösung des Messmittels für die jeweilige Messaufgabe ausreichend ist, wird anhand des *ndc*-Faktors (*number of distinct categories*) beurteilt. Dieser Faktor ergibt sich aus den Messwerten des Versuchs gemäß Verfahren 2 (siehe Kap. 28.4.2).

$$ndc = \sqrt{2}\,\frac{PV}{GRR} \qquad \text{mit} \qquad PV = K_3 \cdot R_p$$

$$R_p = x_{max} - x_{min}$$

K_3-Faktor siehe MSA

Der so ermittelte *ndc*-Wert muss größer als 5 sein.

III

28.6 Eignungsnachweis gemäß VDA 5 bzw. ISO 22514-7

28.6.1 Definition Messsystem und -prozess

Im Rahmen des VDA Band 5 werden alle Einflusskomponenten eines Messprozesses in zwei Gruppen eingeteilt. Die eine Gruppe besteht aus den Einflussfaktoren des Messprozesses, die vornehmlich dem Messsystem zugeordnet werden können. Die restlichen Einflussfaktoren sind in der zweiten Gruppe enthalten. Die Einflussfaktoren beider Gruppen stellen den Messprozess dar. In Abbildung 28.5 sind die typischen Einflussfaktoren dargestellt. Die Einflussfaktoren in der unteren Hälfte sind die des Messsystems, die Einflusskomponenten in der oberen Hälfte stellen in Ergänzung des Messsystems den gesamten Messprozess dar. Die Aufteilung zwischen Messsystem und Messprozess mit der separaten Angabe der erweiterten Messunsicherheit des Messsystems ist sinnvoll, da das Messsystem weitgehend unabhängig vom realen Einsatzfall bewertet werden kann. Diese Unterteilung hilft den Unternehmen beim Aufstellen von Auswahlkriterien, um für den jeweiligen Messprozess die Abschätzung vornehmen zu können, ob das Messsystem überhaupt in Frage kommt. Andererseits können Hersteller von Messsystemen ohne Kenntnis der jeweiligen Anwendungsfälle die erweiterte Messunsicherheit für ein Messsystem angeben.

Hinweis: Die Bestimmung der erweiterten Messunsicherheit kann bezüglich der Vorgehensweise mit Verfahren 1 (siehe Kap. 28.4.1) verglichen werden.

Da nicht alle Einflusskomponenten individuell untersucht werden können, wurden diese zu Haupteinflüssen zusammengefasst. Beim Messsystem sind dies die Unsicherheiten aufgrund:

- des Normals
- der Aufnahmevorrichtung
- des Messmittels
- der Messmethode

Beim gesamten Messprozess kommen noch die im Folgenden genannten Unsicherheiten hinzu. Es handelt sich dabei um Unsicherheiten aufgrund

- der Umwelt
- der Auswertemethode
- des Messobjekts
- der Bediener

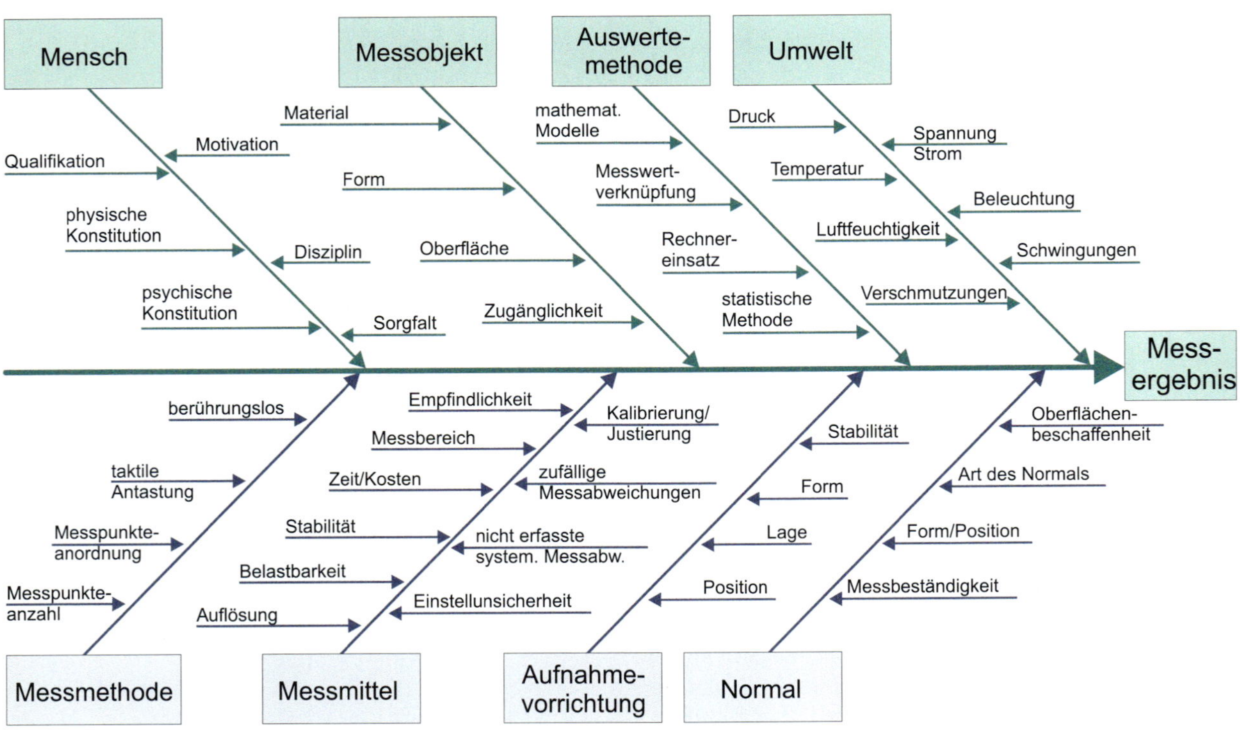

Abb. 28.5 Einflüsse auf ein Messergebnis

Entsprechend dieser Aufteilung wird die erweiterte Messunsicherheit sowohl für das Messsystem U_{MS} als auch für den Messprozess U_{MP} mit den dazugehörigen Eignungskennwerten Q_{MS} bzw. Q_{MP} bestimmt (siehe Abb. 28.6). Anhand eines Vergleichs zwischen dem Eignungskennwert und einem vorgegebenen Grenzwert kann für das Messsystem bzw. den Messprozess die jeweilige Eignung festgestellt werden. Darüber hinaus wird als weitere Kenngröße die Berechnung einer minimalen Toleranz sowohl für das Messsystem T_{MIN_UMS} als auch für den Messprozess T_{MIN_UMP} vorgeschlagen.
Für die zusammengefassten Einflussgrößen kann zur Abschätzung der Auswirkung auf die gesamte Unsicherheit für jede Haupteinflussgröße eine sogenannte Standardunsicherheit berechnet werden. Gemäß GUM erfolgt diese Abschätzung der Standardunsicherheit nach Methode A (Durchführung von Versuchen) oder Methode B (vorhandene Information).

28.6.2 Schematisierte Vorgehensweise

Eignungsnachweise von Messsystemen und Messprozessen können gemäß folgender Vorgehensweise schematisiert durchgeführt werden (Abb. 28.6):

1. Zunächst wird überprüft, ob die Auflösung des Messgerätes kleiner als 5% der Toleranz ist. Diese Forderung ist zwingend einzuhalten. Ist die Auflösung nicht ausreichend, klassiert das Messgerät, was zu einer zu gering abgeschätzten Streuung führen würde. Damit ist keine sinnvolle Beurteilung mehr möglich.
2. Ist aufgrund der regelmäßigen Kalibrierung oder anderer Untersuchungen der M_{PE} *(Maximum Permissible Error)* eines Messgerätes bekannt, kann dieser zur Bestimmung der erweiterten Messunsicherheit des Messsystems verwendet werden. Dies ist in der Regel beim Standardmessmittel der Fall. Der M_{PE} muss allerdings dokumentiert und nachvollziehbar sein. Diese Vorgehensweise sollte nur in Ausnahmefällen verwendet werden.
3. Ist M_{PE} nicht bekannt, bieten sich zur Bestimmung der erweiterten Messunsicherheit des Messsystems U_{MS} vorhandene oder neu durchzuführende Untersuchungen gemäß Verfahren 1 an (Wiederholungsmessungen am Referenzteil zur Abschätzung der Streuung des Messgerätes bzw. der systematischen Messabweichung, siehe Kap. 28.4.1). Ergänzt durch die Unsicherheit des Normals und, falls vorhanden, Linearitätsabweichungen, kann U_{MS} und der Eignungskennwert Q_{MS} berechnet werden. Letzterer wird mit einem vorgegebenen Grenzwert – im VDA bzw. der ISO 22514-7 mit 15% vorgeschlagen – verglichen.
4. Ist die Forderung erfüllt, kann die erweiterte Messunsicherheit des Messprozesses U_{MP} bzw. der dazu gehörige Eignungskennwert Q_{MP} bestimmt werden. Aus Untersuchungen gemäß Verfahren 2 (Wiederholmessung an Prüfobjekten mit mehreren Bedienern, siehe Kap. 28.4.2) ergibt sich der bekannte GRR-Wert (siehe MSA). Zur Berechnung der erweiterten Messunsicherheit des Messprozesses U_{MP} kann dieser Kennwert eins zu eins verwendet werden, da man sich bei der erweiterten Messunsicherheit der gleichen Formeln bedient. Zur endgültigen Bestimmung von U_{MP} muss zusätzlich die Unsicherheit aufgrund des Objekteinflusses, der Temperatur, der Messbeständigkeit und gegebenenfalls weiterer bisher nicht betrachteten Einflusskomponenten berücksichtigt werden. Der Vergleich des Eignungskennwertes Q_{MP} mit dem Grenzwert – im VDA 5 Band bzw. in der ISO 22514-7 mit 30% vorgeschlagen – entscheidet über die Eignung des Messprozesses.
5. Wenn diese Forderungen alle eingehalten sind, kann der Messprozess als geeignet bewertet werden. Anschließend muss im laufenden Prozess seine Stabilität bzw. Messbeständigkeit nachgewiesen werden. Treten signifikante Abweichungen auf, ist der Messprozess umgehend neu zu bewerten.

III

28.6.3 Minimale Toleranz

Als äußerst hilfreich in der Praxis hat sich der Kennwert „Minimale Toleranz“ sowohl für das Messsystem als auch für den Messprozess herausgestellt. Bei der Berechnung des Eignungskennwerts für das Messsystem Q_{MS} wird zwar eine konkrete Toleranz TOL eingesetzt. Geht man aber von einem akzeptierten Grenzwert von x% (im VDA 5 Band wird 15% vorgeschlagen) aus, kann die Formel so umgestellt werden, dass eine minimale Toleranz TOL_{Min_UMS} berechnet wird, bei der das Messsystem gerade noch geeignet ist. Das Gleiche gilt für den Messprozess. Hier beträgt der empfohlene Grenzwert 30%. Daraus ergibt sich die nminimale Toleranz TOL_{Min_UMP}, bei welcher der Messprozess noch geeignet ist.
Mithilfe dieser Kennwerte ist sowohl für Messsystem als auch Messprozess eine Clusterbildung möglich, die eine Übertragbarkeit auf ähnliche oder gleiche Messsysteme bzw. Messprozesse zulässt. Dadurch können oftmals unnötige und aufwendige Untersuchungen für ähnliche Messaufgaben entfallen.

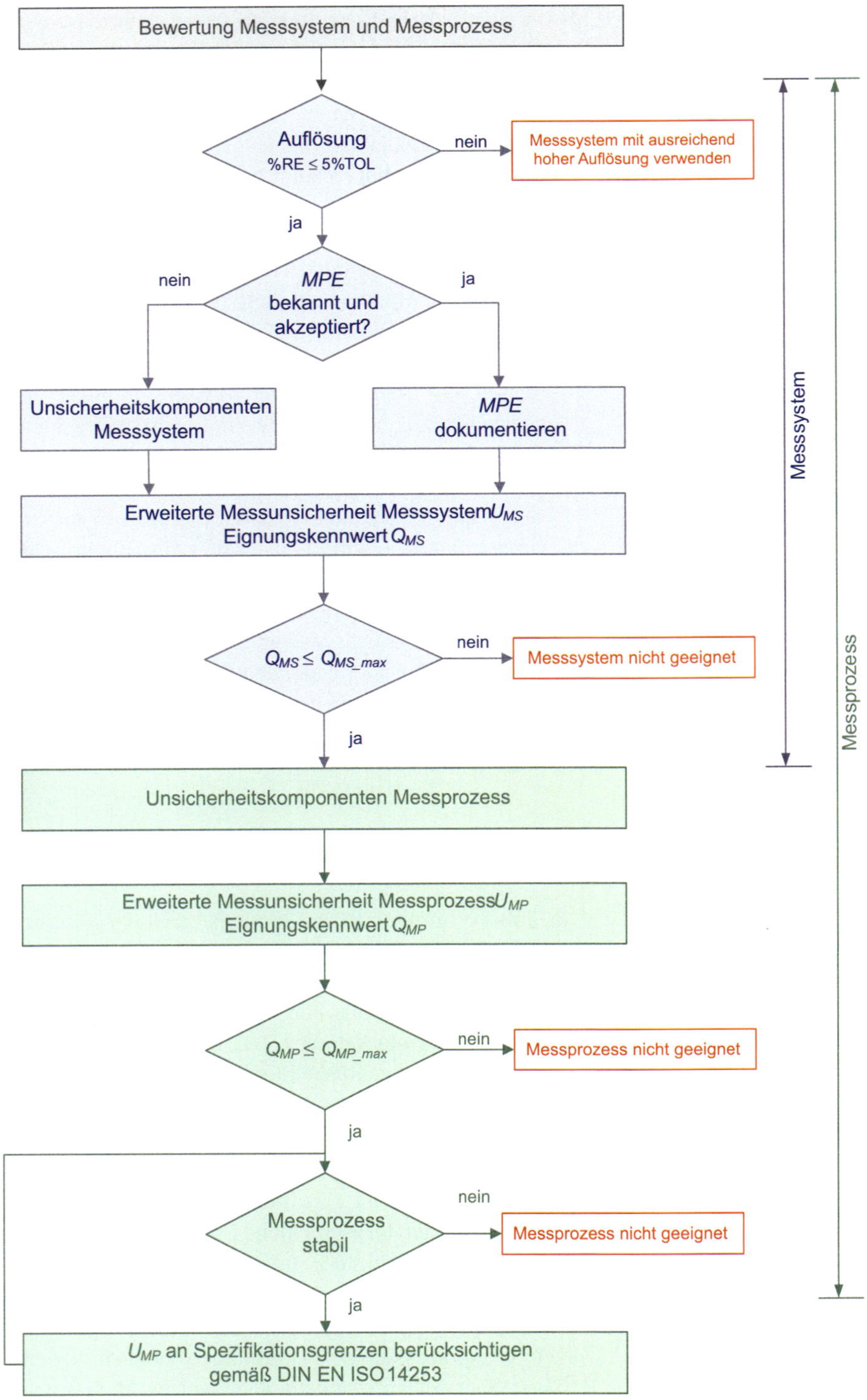

Abb. 28.6
Eignungsnachweis für Messprozesse

28.6.4 Formeln zu den Kennwerten

Die Berechnungsformel der erweiterten Messunsicherheiten bzw. der Eignungskennwerte – sowohl für das Messsystem als auch für den Messprozess – ist in Tabelle 28.1 dargestellt.

Damit reduziert sich das Problem nur auf die Bestimmung der Standardunsicherheitskomponente für die jeweilige Haupteinflusskomponente. Für das Messsystem und den Messprozess sind die Berechnungsmethoden in Tabelle 28.1 und Tabelle 28.3 übersichtsartig aufgeführt.

Tab. 28.1 Kennwerte beim Eignungsnachweis

Unsicherheits-komponenten	Symbol	Kombinierte Messunsicherheiten	Erweiterte Mess-unsicherheiten	Eignung minimale Toleranz
Kalibrierung Normal	u_{CAL}	$u_{MS} = \sqrt{u_{CAL}^2 + max\{u_{EVR}^2, u_{RE}^2\} + u_{BI}^2 + u_{LIN}^2 + u_{MS\_REST}^2}$ oder $\sqrt{\frac{MPE^2}{3}}$ oder $\sqrt{\frac{MPE_1^2}{3} + \frac{MPE_2^2}{3} \ldots}$	$U_{MS} = k \cdot u_{MS}$ mit k = 2 (≙ P = 95%)	$Q_{MS} = \frac{2 \cdot U_{MS}}{TOL} \cdot 100\%$ $T_{MIN-UMS} = \frac{2 \cdot U_{MS}}{Q_{MS\_max}} \cdot 100\%$
Systemtische Mess-abweichung	u_{BI}			
Linearitätsabweichung	u_{LIN}			
Wiederholbarkeit am Normal	u_{EVR}			
Rest MS	u_{MS_REST}			
Grenzwert der Mess-abweichung	MPE			
Wiederholbarkeit am Prüfobjekt	u_{EVO}	$u_{MP} = \sqrt{u_{CAL}^2 + max\{u_{EVR}^2, u_{EVO}^2, u_{RE}^2\} + u_{BI}^2 + u_{LIN}^2 + u_{AV}^2 + u_{GV}^2 + u_{STAB}^2 + u_{OBJ}^2 + u_T^2 + u_{REST}^2 + \sum_i u_{IA_i}^2}$	$U_{MP} = k \cdot u_{MP}$ mit k = 2 (≙ P = 95%)	$Q_{MP} = \frac{2 \cdot U_{MP}}{TOL} \cdot 100\%$ $T_{MIN-UMP} = \frac{2 \cdot U_{MP}}{Q_{MP\_max}} \cdot 100\%$
Vergleichbarkeit der Bediener	u_{AV}			
Vergleichbarkeit der Messvorrichtungen	u_{GV}			
Vergleichbarkeit Zeit-punkte	u_{STAB}			
Wechselwirkung(en)	u_{IAi}			
Inhomogenität Prüfobjekt	u_{OBJ}			
Auflösung Anzeige	u_{RE}			
Temperatur	u_T			
Rest	u_{REST}			

Tab.28.2 Bestimmung der Standardunsicherheitskomponenten (Messsystem)

Unsicherheitskomponenten	Symbol	Versuch/Modell
Auflösung der Anzeige	u_{RE}	%*RE* muss weniger als 5% der Toleranz betragen $u_{RE} = \frac{1}{\sqrt{3}} \cdot \left(\frac{RE}{2}\right) = \frac{1}{\sqrt{12}} \cdot RE$ mit der Auflösung RE (siehe auch Hinweis in Kap. 28.6.2, Punkt 1)
Kalibrierunsicherheit	u_{CAL}	Aus Kalibrierprotokoll der Normale Ist im Protokoll die erweiterte Unsicherheit angegeben, muss diese durch den dazugehörigen Erweiterungsfaktor k dividiert werden: $u_{CAL} = U_{CAL}/k_{CAL}$
Wiederholbarkeit am Normal	u_{EVR}	Je nach Messsystem werden an einem, zwei oder drei Normalen Wiederholungsmessungen durchgeführt. An einem Normal werden in der Regel mindestens 25 Wiederholmessungen durchgeführt und aus deren Streuung $u_{EVR} = s_g$ geschätzt. An zwei Normalen werden in der Regel je mindestens 15 Wiederholmessungen durchgeführt und aus deren Streuung u_{EVR} geschätzt. Es wird das größere der beiden Ergebnisse verwendet. An drei Normalen werden in der Regel je mindestens 10 Wiederholmessungen durchgeführt und aus deren Streuungen u_{EVR} geschätzt. Es wird das größere der Ergebnisse verwendet.

Tab.28.2 Bestimmung der Standardunsicherheitskomponenten (Messsystem) *(Fortsetzung)*

Unsicherheitskomponenten	Symbol	Versuch/Modell
Systematische Messabweichung	u_{BI}	Aus den Messwerten bei der Untersuchung der Wiederholbarkeit an Normalen ergibt sich die Standardunsicherheit u_{BI} infolge der systematischen Messabweichung aus: $u_{BI} = \frac{\lvert \bar{x}_g - x_m \rvert}{\sqrt{3}}$ Bei zwei oder drei Normalen wird jeweils das größere der Ergebnisse verwendet.
Linearitätsabweichung	u_{LIN}	Bei der Linearitätsermittlung wird u_{LIN} mithilfe der ANOVA-Analyse (Mangel an Anpassung) berechnet. Bei Messsystemen mit linearer Maßverkörperung ist die Linearitätsabweichung dem Prüfzertifikat des Herstellers oder einem Kalibrierschein zu entnehmen.
Rest	u_{MS_REST}	Alle weiteren möglichen Einflüsse des Messsystems sind separat, wenn vermutet oder vorhanden, durch Messversuche, aus Tabellen- oder Herstellerangaben zu berücksichtigen.

Tab. 28.3 Bestimmung der Standardunsicherheitskomponenten (Messprozess)

Unsicherheitskomponenten	Symbol	Versuch/Modell
Wiederholbarkeit am Prüfobjekt	u_{EVO}	Minimale Stichprobengröße: 30 Jeweils mindestens 2 Wiederholmessungen: an mindestens 3 Prüfobjekten, für mindestens 2 Bediener (falls relevant), mit mindestens 2 Messvorrichtungen (falls relevant) siehe „Verfahren 2“ MSA Schätzung der Unsicherheitskomponenten mittels Varianzanalyse (ANOVA)
Vergleichbarkeit der Bediener	u_{AV}	
Vergleichbarkeit der Messvorrichtungen (Messstellen)	u_{GV}	
Vergleichbarkeit unterschiedlicher Zeitpunkte	u_{STAB}	
Wechselwirkung(en)	u_{IAi}	
Inhomogenität des Prüfobjekts	u_{OBJ}	$u_{OBJ} = \frac{a_{OBJ}}{\sqrt{3}}$ — mit der max. Formabweichung a_{OBJ}
Temperatur	u_T	Der Einfluss der Temperatur kann unterschiedlich bestimmt werden: ISO 14253-2 Unsicherheit mit Korrektur der unterschiedlichen Längenausdehnung
		Unsicherheit ohne Korrektur der unterschiedlichen Längenausdehnungen
Rest	u_{REST}	Alle sonstigen Einflüsse des Messprozesses sind separat zu berücksichtigen.

28.7 Vergleich von Firmenrichtlinien, MSA mit VDA 5 bzw. ISO 22514-7

Begriffe

Auch bezüglich der Begriffe und Definitionen hat die MSA mangels internationaler Normierung Standards gesetzt. So ist das erste internationale Wörterbuch der Metrologie (VIM) bereits 1989 erschienen, aber erst in der Ausgabe von 1994 wurden Begriffe wie Messsystem, Messprozess und Messunsicherheit definiert. Auch der Leitfaden zur Angabe der Unsicherheit beim Messen (GUM) ist erst 1995 veröffentlicht worden. Die MSA hat sich zwar im Laufe der vier Ausgaben den Begriffen der internationalen Normierung angenähert, aber grundlegende Begriffe beibehalten, was aufgrund des hohen Verbreitungsgrades mehr als verständlich ist.

Ein typisches Beispiel ist der Begriff „Messsystem“ selbst. Wie Abbildung 28.5 zeigt, steht der Begriff „Messsystem“ im Sinne der MSA nicht im Kontext mit der Begriffsdefinition des VIM. Das Messsystem im Sinne der MSA entspricht dem Messprozess im Sinne der internationalen Normierung. Das VIM kennt zwar auch den Begriff „Messsystem“, dieser ist jedoch ein Unterelement des Messprozesses, welcher die typischen Einflusskomponenten zusammenfasst, die primär von Herstellern des Messgerätes beeinflusst werden können. Genau diese separate Betrachtung erreicht man bei Firmenrichtlinien durch die Bestimmung der C_g- und C_{gk}-Werte. Unterschreiten diese

Kennwerte bereits den geforderten Grenzwert von 1,33 ist mit hoher Wahrscheinlichkeit davon auszugehen, dass das Messgerät unter Einbezug der Einflusskomponenten, die im realen Einsatz (z.B. in der Fertigung) hinzukommen, nicht geeignet sein wird. Beim VDA 5 Band bzw. der ISO 22514-7 wird für diese Beurteilung der Eignungskennwert Q_{MS} verwendet.

Vorgehensweise

Die wesentlichen Unterschiede zwischen

- Firmenrichtlinien
- MSA Measurement Systems Analysis
- VDA Band 5 Prüfprozesseignung bzw. ISO 22514-7

liegen in folgenden Themenbereich:
Im Prinzip ist die Vorgehensweise zur Beurteilung des verwendeten Messsystems bzw. Messprozesses bei MSA, den Firmenrichtlinien und VDA 5 sehr ähnlich: Es werden Annahmen getroffen und Anforderungen an die Durchführung der Versuche gestellt. Anschließend werden unter realen Gegebenheiten Untersuchungen durchgeführt, die Messwerte grafisch und numerisch analysiert, Kennwerte bestimmt und diese mit vorgegebenen Grenzwerten verglichen. Anhand dieser Bewertung wird über die Fähigkeit bzw. Eignung entschieden. Der große Unterschied zwischen MSA und VDA 5 liegt in der Berechnung der Kennwerte und der Anzahl der betrachteten Einflussgrößen, die beim Messen wirken (können).

Bewertung nach MSA

Bei der MSA wird die Fähigkeit durch Vergleich des ermittelten %GRR-Wertes (*Gage Repeatability Reproducibility*, siehe Abb. 28.8) mit den vorgegebenen Grenzwerten bewertet. Vor dessen Berechnung wird nur untersucht, ob die systematische Messabweichung bzw. die Linearität (soweit vorhanden) ausreichend klein ist. Des Weiteren wird die Anzahl der Datenkategorien anhand der *ndc*-Werte *(Number of Distinct Categories)* bewertet. Dieser Wert muss größer als 5 sein. Diese Betrachtung ist bei den Firmenrichtlinien und der VDA 5 mit der Forderung von der Zielsetzung, dass die Auflösung kleiner als 5% der Toleranz sein muss, vergleichbar (siehe Auflösung).
Falls der %GRR-Wert die vorgegebenen Grenzen überschreitet, kann aufgrund des Wertes selbst nicht beurteilt werden, wieso es zu dieser Überschreitung kommt. Dazu müssen Zwischenergebnisse herangezogen und gegebenenfalls weitere Untersuchungen vorgenommen werden. Dies ist sicherlich ein großer Nachteil bei der Vorgehensweise gemäß MSA.

Bewertung gemäß VDA 5

Beim VDA 5 wird jede Komponente des Messprozesses, die Einfluss auf die Messunsicherheit hat, einzeln bewertet. Dazu wird für jede Einflusskomponente die sogenannte Standardunsicherheit u_i berechnet (Abb. 28.7) und daraus für Messsystem und -prozess die erweiterte Messunsicherheit sowie ein Eignungskennwert bestimmt. Dabei kann, in Analogie zu den in den Firmenrichtlinien verwendeten Kennwerten C_g und C_{gk}, das Messsystem separat bewertet werden.
In Abbildung 28.7 werden die in VDA 5 betrachteten Einflusskomponenten aufgelistet und angegeben, mit denen die jeweilige Standardunsicherheit bezeichnet und berechnet wird. Zum Vergleich sind die Bewertungselemente der MSA und der Firmenrichtlinien diesen gegenübergestellt.

Die Einflusskomponenten im Einzelnen

- **Auflösung**
  Sowohl gemäß Firmenrichtlinie als auch bei der Vorgehensweise nach VDA 5 wird zunächst bewertet, ob die Auflösung kleiner als 5% der Toleranz des zu prüfenden Merkmals ist. Ist diese Forderung nicht erfüllt, erfolgt keine weitere Untersuchung, da das Messgerät die Realität nicht ausreichend widerspiegeln würde. Trotz Einhaltung der 5% Forderung kann es aber vorkommen, dass bei Wiederholungsmessungen immer der gleiche Wert angezeigt wird. In diesem Falle wird beim VDA 5 die Standardunsicherheit aufgrund der Auflösung u_{RE} verwendet.
- **Unsicherheit Referenzteile**
  Die MSA sagt zu dieser Problematik sehr wenig. In Firmenrichtlinien findet man Hinweise, dass die Unsicherheit des Referenzteils (Normal, kalibrierter Einstellmeister etc.) kleiner als 5% der Toleranz sein muss. Gemäß VDA 5 wird diese Unsicherheit bei der Bestimmung der erweiterten Messunsicherheit explizit berücksichtigt. Dies ist insbesondere bei der Abnahme von Messsystemen sinnvoll, da Einstellmeister sehr häufig mit großer Unsicherheit verwendet werden. Trifft man bei Wiederholungsmessungen nicht immer die gleiche Messposition, erhöht sich die Streuung. Diese Erhöhung ist aber nicht dem Messgerät anzulasten. Ohne den Einbezug der Unsicherheit des Normals führt dies bei Abnahmen immer wieder zu erheblichen Diskussionen zwischen Kunde und Hersteller des Messgerätes, die durch die separate Betrachtung der Unsicherheit des Referenzteiles vermieden werden.
- **Wiederholbarkeit und systematische Messabweichung**
  Um diese Unsicherheitseinflüsse zu bewerten, werden

III

Einflussparameter		MSA 4	Firmenrichtlinien			VDA 5 oder ISO 22514-7	Informationsquelle
Auflösung / Datenkategorie	Messsystem	ndc ≥ 5	%RE ≤ 5% TOL	Messprozess	Messsystem	%RE ≤ 5% und $u_{RE} = \frac{RE}{2\sqrt{3}}$	Anzeige Messgerät
Unsicherheit Referenzteil		*)	U ≤ 5% TOL			$u_{CAL} = \frac{U_{CAL}}{2}$	Kalibrierschein
Wiederholbarkeit am Referenzteil		klein sein	Cg ≥ 1,33			$u_{EVR} = s$	Verfahren 1 (V1)
System. Messabweichung		t-Test	Cgk ≥ 1,33			$u_{BI} = \frac{\lvert \bar{x} - x_m \rvert}{\sqrt{3}}$	Verfahren 1 (V1)
Linearität		t-Test	%LIN ≤ 5% TOL			$u_{LIN} = \max\{u_{Bi_i}\}$	V1 an 3 Normalen
Wiederholbarkeit am Prüfobjekt		EV (ANOVA)				$u_{EVO} = EV$ (ANOVA)	Verfahren 2 bzw. 3
Reproduzierbarkeit am Prüfobjekt		AV (ANOVA)				$u_{AV} = AV$ (ANOVA)	Verfahren 2 bzw. 3
Unsicherheit Prüfobjekt		Wiederholungsmessungen an gleicher Position				$u_{OBJ} = \frac{TOL}{\sqrt{3}}$ oder $\frac{a}{\sqrt{3}}$	Mit a aus: • Zeichnungen • Erfahrungswerte • Abschätzungen • Versuchen • ähnliche Messprozesse • Langzeitbeobachtungen • usw.
Temperatur		———*)				$u_T = \frac{a}{\sqrt{3}}$	
Stabilität		Qualitätsregelkarte				$u_{STAB} = \frac{a}{\sqrt{3}}$	
Andere		———*)				u_{REST}	

*) Keine konkreten Angaben bzw. wird bei %GRR nicht berücksichtigt.

Abb. 28.7 Einflusskomponenten

an einem kalibrierten Referenzteil mit bekanntem Nennmaß Wiederholungsmessungen durchgeführt und die Messwerte ausgewertet:

- Die MSA fordert, dass die Streuung (sprich Standardabweichung) klein sein muss. Wie klein sie sein muss, darüber gibt es keine konkrete Angabe. Bezüglich der systematischen Messabweichung wird ein t-Test durchgeführt. Überschreitet die errechnete Prüfgröße das Vertrauensniveau von 95%, wird die systematische Messabweichung als zu groß bewertet.
- In Firmenrichtlinien wird aus den Messwerten der C_g und C_{gk} berechnet. Sind beide Werte größer als 1,33, wird das Messsystem bezüglich Streuung und systematischer Messabweichung als geeignet angesehen.
- Gemäß VDA 5 wird für beide Einflusskomponenten separat die jeweilige Standardunsicherheit u_{EVR} und u_{BI} bestimmt. Zusammen mit den anderen Einflusskomponenten (Auflösung und Unsicherheit Referenzteil) kann die erweiterte Messunsicherheit des Messsystems U_{MS} und der Eignungskennwerte Q_{MS} berechnet und mit dem empfohlenen Grenzwert von 15% verglichen werden. Ist diese Forderung eingehalten, wird das Messsystem als geeignet bewertet.

- **Wiederhol- und Reproduzierbarkeit am Prüfobjekt**
  Zu deren Bewertung werden beispielsweise an zehn Prüfobjekten, die über die gesamte Toleranz verteilt sein sollten, von drei Prüfern jeweils zwei Wiederholungsmessungen durchgeführt (andere Kombinationen sind ebenfalls möglich) und die Messwerte werden ausgewertet. Sowohl die MSA als auch die meisten Firmenrichtlinien und der VDA 5 Band verwenden dazu die ANOVA-Methode *(Analysis of Variance)*, um die Streuungskomponenten EV *(Equipment Variation)* und AV *(Appraiser Variation)* zu bestimmen. Gemäß MSA und Firmenrichtlinien wird daraus der %GRR-Wert bestimmt. Im VDA 5 Band werden die beiden Komponenten separat als Standardunsicherheiten u_{EV} und u_{AV} ausgewiesen.
- **Formabweichung des Prüfobjekts**
  In Analogie zur Unsicherheit des Referenzteils (des Normals bzw. Einstellmeisters) kann die Formabweichung des Prüfobjekts erheblichen Einfluss auf die Unsicherheit des Messprozesses haben. Daher darf diese bei der Bewertung nicht außer Acht gelassen werden. Während in den ersten beiden MSA-Ausgaben noch empfohlen wird, jedes Prüfobjekt an drei verschiedenen Stellen zu messen, um diese Einflüsse zu ermitteln, wird in den letzten beiden Ausgaben darauf kein Bezug mehr genommen. Der Aufwand ist natürlich immens. Um dieses Thema zu umgehen, wird in der MSA und in Firmen-

richtlinien darauf verwiesen, die Wiederholungsmessung immer an der gleichen Messposition durchzuführen. Dies ist in der Praxis oftmals nicht möglich (typisches Beispiel: automatisierte Messprozesse). Gemäß VDA 5 wird zur Bewertung der Formabweichung die Standardunsicherheitskomponente u_{OBJ} bestimmt. Dazu werden mehrere Berechnungsmethoden vorgeschlagen.

- **Temperatur**
  Weder die MSA noch Firmenrichtlinien betrachten das Thema Temperatur ausreichend. Man setzt quasi konstante Temperaturverhältnisse von Prüfobjekt, Messgerät und Umgebung voraus. Im VDA 5 Band werden die Temperatureinflüsse anhand der Standardunsicherheit u_{TEMP} bewertet. Dazu werden mehrere Berechnungsmöglichkeiten vorgeschlagen.
- **Stabilität**
  Die Bewertung des Messsystems bzw. Messprozesses zu einem bestimmten Zeitpunkt ist die Grundlage für dessen Verwendungsentscheid. Es stellt sich aber die Frage: „Bleibt der einmal als geeignet befundene Zustand über die Einsatzdauer erhalten oder verändert sich das Messsystem bzw. der Messprozess signifikant?" Um diesen Zustand zu überwachen, sind in regelmäßigen Abständen Wiederholungsmessungen an einem kalibrierten Referenzteil durchzuführen und die Ergebnisse in einer Qualitätsregelkarte zu dokumentieren. Werden die vorher festgelegten Eingriffsgrenzen verletzt, ist die Fähigkeit bzw. Eignung von Messsystemen bzw. -prozessen neu zu bewerten. Diese Vorgehensweise wird in allen Dokumenten in gleicher Form empfohlen.
- **Erweiterte Messunsicherheit und Eignungskennwert**
  Diese Kennwerte werden nur im VDA 5 Band verwendet. Sowohl die erweiterte Messunsicherheit des Messprozesses U_{MP} und der Eignungskennwert Q_{MP} können auf einfache Weise aus allen vorher bestimmten Standardunsicherheitskomponenten u_i berechnet werden (siehe Abb. 28.8). Beim Messprozess muss der Eignungskennwert kleiner als 30% sein. Ist diese Forderung erfüllt, wird der Messprozess als geeignet bezeichnet.

28.8 Sonderfälle

Sowohl in der MSA als auch im VDA 5 Band sind strukturierte Vorgehensweisen und Verfahren beschrieben, um Eignungskennzahlen für Mess- und Prüfprozesse zu bestimmen. Hinzu kommen Empfehlungen bzw. Forderungen in Form von Grenzwerten anhand derer die Eignung beurteilt werden kann. Die darin beschriebenen Vorgehensweisen und Berechnungsmethoden werden heute als Standard angesehen. Die Frage lautet allerdings: Lässt sich dieser Standard für alle relevanten Prüfprozesse in der Praxis übertragen? Praktiker behaupten: Mehr als die Hälfte der im Einsatz befindlichen Mess- und Prüfprozes-

III

	MSA 4 / Firmenrichtlinien	VDA 5 oder ISO 22514-7
Eignungskennwert	$\%GRR = \frac{\sqrt{EV^2 + AV^2}}{RF} \cdot 100\%$ mit RF = Gesamtstreuung TV, Prozessstreuung σ, P_p, P_{pk} oder Toleranz TOL, letztere wird insbesondere bei Firmenrichtlinien verwendet	$\%Q_{MS} = \frac{2 \cdot U_{MS}}{TOL} \cdot 100\%$ $\%Q_{MP} = \frac{2 \cdot U_{MP}}{TOL} \cdot 100\%$ mit TOL = Toleranz U_{MS} bzw. $U_{MP} = 2 \cdot \sqrt{\sum_{i=1}^{n} u_i^2}$ i = 1, 2, 3, ... u_i Standardunsicherheit der i-ten Einflusskomponenten für Messsystem bzw. Messprozess
Grenzwerte	%GRR ≤ 10% geeignet 10 < %GRR < 30 bedingt geeignet 30 ≤ %GRR nicht geeignet	Messergebnis $y = x \pm U_{MP}$ $\%Q_{MS} \leq 15\%$ geeignet $\%Q_{MP} \leq 30\%$ geeignet
Grafische Bewertung	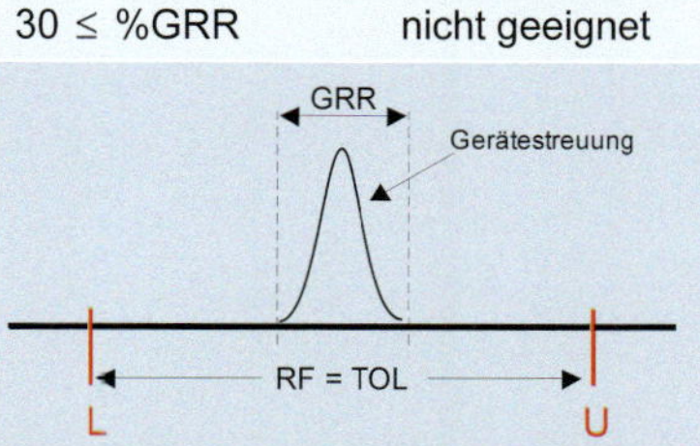	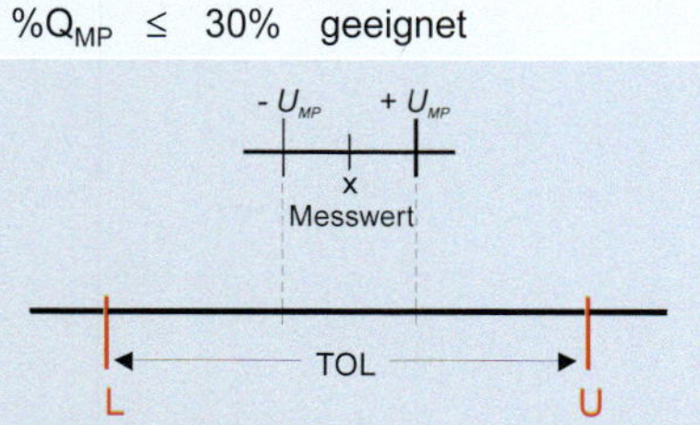
Hinweise:	Bei Messwerten an den Spezifikationsgrenzen (U bzw. L) kann es zu Fehlentscheidungen kommen.	Messergebnis y muss innerhalb der Toleranz TOL liegen (s. DIN EN ISO 14253).

Abb. 28.8 Kennwerte

se können nicht 1:1 mit den oben genannten Standards beurteilt werden. Dies sind Messaufgaben aus den Bereichen Drehmomentmessungen, Leckagen, Unwucht und Härte sowie zerstörende Prüfungen, verschiedene elektrische Messgrößen und insbesondere die Beurteilung der Messunsicherheiten bei ordinalen bzw. nominalen Merkmalen (sogenannte attributive Prüfungen) - und nicht zu vergessen: Eignungsnachweise bei Sichtprüfungen.

Damit stellt sich die Situation heutzutage folgendermaßen dar: Einerseits liegen die Anforderungen auf dem Tisch, Eignungsnachweise durchzuführen bzw. die erweiterte Messunsicherheit von allen Mess- und Prüfprozessen zu kennen. Andererseits ist für eine Vielfalt der Mess- und Prüfprozesse keine verbindliche Vorgehensweise zur deren Beurteilung vorhanden. Darüber hinaus gibt weder bei der internationalen Normierung noch bei Verbänden bzw. Organisationen eindeutige Ansätze, sich dieser Problematik anzunehmen. Damit bleibt dem Anwender nur die Möglichkeit, sich eigenständig oder in Verbindung mit anderen Experten Vorgehensweisen zur Beurteilung dieser Mess- und Prüfprozesse zu erarbeiten, damit Erfahrungen zu sammeln und seine Vorgehensweisen kontinuierlich zu überprüfen.

28.9 Zusammenfassung

Die Notwendigkeit, Messprozesse auf ihre Eignung zu beurteilen, steht außer Frage. Ansonsten laufen Unternehmen im Haftungsfall Gefahr, die Einhaltung von vereinbarten Produktspezifikationen nicht nachweisen zu können.

Um das Risiko zu minimieren, fehlerhafte Produkte zu liefern, können die hier beschriebenen Vorgehensweisen herangezogen werden. Auch wenn der Verbreitungsgrad der in der ISO 22514-7 (inhaltlich identisch mit VDA 5 Band) beschriebenen Verfahren nicht so hoch ist wie der der MSA, sollte dieser aufgrund der besseren Detaillierung der Vorzug gegeben werden.

Literatur

A. I. A. G. - Chrysler Corp./Ford Motor Co./General Motors Corp.: Measurement Systems Analysis. Reference Manual. 4. Auflage. Michigan 2010

Dietrich, E./Schulze, A.: Eignungsnachweis von Prüfprozessen. 3. Auflage. Carl Hanser Verlag, München 2006

DIN - Deutsches Institut für Normung: DIN EN ISO 9001:2008: Qualitätsmanagementsysteme - Anforderungen. Beuth Verlag, Berlin 2008

DIN - Deutsches Institut für Normung: DIN EN ISO 10012:2003: Messmanagementsysteme - Anforderungen an Messprozesse und Messmittel. Beuth Verlag, Berlin 2004

DIN - Deutsches Institut für Normung: DIN V ENV 13005:1999: Leitfaden zur Angabe der Unsicherheit beim Messen. Beuth Verlag, Berlin 1999.
identisch mit: DIN ISO/IEC Guide 98-3:2008: Guide to the expression of uncertainty in measurement (GUM). Beuth Verlag, Berlin 2008

DIN - Deutsches Institut für Normung: Grundlegende und allgemeine Begriffe und zugeordnete Benennungen (VIM) - Deutsch-Englische Fassung ISO/IEC-Leitfaden 99:2007. Beuth Verlag, Berlin 2010

Q-DAS GmbH & Co. KG: Leitfaden der Automobilindustrie zum „Fähigkeitsnachweis von Messsystemen". Birkenau 1999

Robert Bosch GmbH: Schriftenreihe „Qualitätsmanagement in der Bosch-Gruppe". Fähigkeit von Mess- und Prüfprozessen. Heft 10, Ausgabe 5. Stuttgart 2010

VDA - Verband der Automobilindustrie: VDA Band 5: Prüfprozesseignung. VDA, Frankfurt 2010

VDA - Verband der Automobilindustrie: VDA Band 6.1: QM-Systemaudit. VDA, Frankfurt 2010

Statistik als Basis qualitätsmethodischen Denkens und Handelns

29.1 Beginn ... 687
29.2 Vor-Moderne ... 687
29.3 Walter Shewhart ... 688
29.4 Wirtschaftlichkeit ... 689
29.5 Stichproben ... 690
29.6 Von TESTA zur Deutschen Gesellschaft für Qualität ... 690
29.7 Denken in Wahrscheinlichkeiten ... 691
29.8 Statistische Arbeit ... 692
29.9 Auslegung durch den Leser ... 692
29.10 Abschluss ... 692

29

29 Statistik als Basis qualitätsmethodischen Denkens und Handelns

Letzter öffentlicher Vortrag von Walter Masing anlässlich des Q-DAS-Forums in Weinheim am 26. 11. 2003

Meine sehr verehrten Damen, meine Herren,

mir liegt mir viel daran, den Organisatoren dieser Veranstaltung für die Einladung zu diesem Forum zu danken. Sie gibt mir Gelegenheit, vor einem fachlich qualifizierten Auditorium Anmerkungen zu einem Thema zu machen, dem ein guter Teil meiner Lebensarbeit gewidmet war. Zu dieser Thematik hat ja das Unternehmen, dessen Ehrentag wir heute gemeinsam feiern, bedeutsame Beiträge geleistet.

Einleitung

Wir unterscheiden bekanntlich beschreibende und schließende Statistik. Klassische Beispiele beschreibender Statistik finden wir im Statistischen Jahrbuch der Bundesrepublik Deutschland mit seinen Angaben über Tausende von Gegebenheiten und deren Entwicklung in unserem Land, wie Bevölkerung, Flächennutzung, Industrieproduktion, Verkehr und vieles andere mehr. Diese Art Statistik wird sicher schon in prähistorischer Zeit genutzt worden sein. Die Archäologie stellt uns zwar darüber keine Beweise zur Verfügung, doch dürfen wir annehmen, dass schon unsere Altvorderen im Neandertal die Anzahl ihrer Schafe und Rinder festgehalten und untereinander verglichen haben.

Die ersten Beweise für beschreibende Statistik haben wir aus einer Jahrzehntausende späteren Zeit. Es sind statistische Angaben in Keilschrift auf Tontafeln der Sumerer, die knapp 3000 Jahre vor unserer Zeitrechnung entstanden sind. Sie waren gut zwei Jahrtausende in diesem geografischen Raum bis hin nach Ägypten in Gebrauch. Heute zählen zur beschreibenden Statistik z.B. auch die vielen Millionen Daten, die tagein, tagaus in industriellen Produktionsbetrieben anfallen. Ihre Verarbeitung ist nur noch mit den modernsten elektronischen Mitteln möglich, wie sie vor allem unser gastgebendes Unternehmen entwickelt.

So wichtig beschreibende Statistik damals war und heute noch ist: Sie hat in der Öffentlichkeit nicht durchweg den besten Ruf, weil sie bis zum Gehtnichtmehr manipulierbar ist und auch oft und gern manipuliert wird. Churchill soll gesagt haben: „Ich glaube nur einer Statistik, die ich selber gefälscht habe." Und in der Tat: So mancher von uns liest und hört mit großem Unbehagen statistische Angaben, und das besonders, wenn sie von Politikern stammen. Geradezu staunenswert ist ja, wie jemand es durch geschickte Interpretation fertigbringt, auch mit korrekten Daten allein durch deren Auswahl eindrucksvoll zu lügen. Ich habe beim Zuhören gelegentlich den Eindruck, dass der Redner das köstliche Buch von Darrell Huff „How to lie with statistics" recht aufmerksam studiert haben muss. Das gilt übrigens auch für (gewiss nicht alle, aber doch für zu viele) Journalisten und andere Meinungsmacher.

29.1 Beginn

Die Anfänge der schließenden Statistik sind viel jüngeren Datums. Da sind vor allem zwei französische Mathematiker Mitte des 17. Jahrhunderts zu nennen, Blaise Pascal und Pierre de Fermat. Sie haben der Nachwelt nicht hinterlassen, wie sie darauf gekommen sind, sich mit Fragen der Wahrscheinlichkeit zu beschäftigen. Im Umlauf ist aber eine Erklärung, die viel für sich hat. Sie führt uns an den Hof des Sonnenkönigs Ludwigs des XIV. in Versailles. Die einzige Aufgabe der meisten adligen Höflinge dort war es, dem Herrscher auf einen Wink hin jederzeit zu Diensten zu sein.

Doch konnten Stunden, ja Tage vergehen, bis jemand antreten musste. Aus Langeweile vertrieb man sich die Zeit mit Glücksspielen. Wenn nun mitten im Spiel einer aus der Runde zum Dienst befohlen wurde, war das Spiel beendet und musste abgerechnet werden. Doch wie hätte die Partie zum Schluss gestanden? Wie wahrscheinlich war es, dass dieser oder ein anderer gewonnen hätte, und wenn: wie hoch? Es heißt, man habe die Frage den genannten mathematischen Koryphäen vorgelegt. Ob diese tatsächlich zu brauchbaren Lösungen kamen, ist nicht überliefert, doch sollen sie dadurch zu ihren wegweisenden Arbeiten über die Wahrscheinlichkeit angeregt worden sein.

Wie dem auch sei, ihre Erkenntnisse wird man kaum in den qualitätsmethodischen Kontext bringen können, dem mein Referat gilt. Dazu müssen wir im Geschichtsbuch noch gut ein Jahrhundert weiter blättern. Da stoßen wir wieder auf ein mathematisches Genie, in diesem Fall einen Deutschen, Carl Friedrich Gauß. Als ordentlicher Professor der Mathematik und Astronomie an der Universität Göttingen erhielt er den Auftrag seines Landesherrn, das Königreich Hannover zu vermessen. Mit dieser Aufgabe hat er sich 25 Jahre lang immer wieder beschäftigt. Dabei machte ihm die Ungenauigkeit seiner Geräte zu schaffen. Um die Folgen dieser Ungenauigkeiten in den Griff zu bekommen, begann er über die zufälligen Abweichungen seiner Messwerte von ihren Mittelwerten nachzudenken. Er entwickelte dabei die Methode der kleinsten Quadrate und die Normalverteilung (die sogenannte Gaußsche Glockenkurve). So reagiert ein Genie auf nicht zu behebende Unzulänglichkeiten seiner Ausrüstung.

29.2 Vor-Moderne

Wissenschaftlich fundierte statistische Methoden zur Lenkung und Prüfung der Produktion haben erst im Zweiten Weltkrieg auf breiter Basis Eingang in die Waren erzeugende Industrie gefunden, und zwar in den USA. Warum nicht zuerst bei uns? Das hat mich immer gewundert. Es hat ja in Europa schon viel früher nicht an Versuchen gefehlt, den Nutzen dieser Verfahren zu verdeutlichen.

Schon bald nach dem Ersten Weltkrieg beschäftigte sich der Leiter der Versuchsanstalt der Rheinischen Stahlwerke in Düsseldorf, Dr. Karl Daeves, mit einem wichtigen Problem der Eisenhüttenleute, der Identifizierung der Anteile von Mischkollektiven beim Eisenguss. Ihm gelang die Lösung, als er die Häufigkeitsverteilung der Messwerte einer Charge grafisch darstellte und statistisch auswertete. Er nannte seine Methode „Großzahlforschung" und veröffentlichte sie im Jahr 1922. Bemerkenswert sind die Schlusssätze dieser über 80 Jahre alten Arbeit, ich zitiere:

„Man kann sagen, dass die Wahrscheinlichkeitsrechnung sich in allen Forschungszweigen, die auf Erfahrung beruhen, weitgehend verwenden lässt. Sie ist ein Bindeglied zwischen den Erfahrungen der Praktiker und den Forschungen der Wissenschaft, weil sie die in mühsamer langer Praxis erworbenen Ansichten und Anschauungen, die mehr gefühlsmäßig vorliegen, in verwertbare und reproduzierbare Zahlenwerte umsetzt, die dann in den Formeln der Wissenschaftler zu verallgemeinernden Schlüssen und wertvollen Wegweisern für neue Bahnen benutzt werden können."

Daeves hat mit seinem Mitarbeiter August Beckel im Jahr 1948 einen schmalen Band unter dem Titel „Großzahl-Methodik und Häufigkeits-Analyse"[1] veröffentlicht. Das Buch ist übrigens hier in Weinheim im Verlag Chemie erschienen. Zwar blieb auch er ein Rufer in der Wüste, doch war der Verein Deutscher Eisenhüttenleute (VDEh) so beeindruckt, dass er in seinem Stab eine Abteilung Technische Statistik schuf, die sich hauptamtlich mit dem Einsatz mathematisch-statistischer Methoden in der Eisen schaffenden Industrie beschäftigte. Ihre Leitung hatte nach Kriegsende ein Mann, der sich um die Einführung statistischer Methoden in die deutsche Industrie große Verdienste erworben hat, der 1954 leider viel zu früh verstorbene Prof. Ulrich Graf. Mit seinem profunden Wissen und seiner immensen didaktischen Begabung, gepaart mit einer begeisternden Rhetorik, hat er die gute Sache

[1] *Daeves, Karl/Beckel August:* Grosszahl-Forschung und Häufigkeits-Analyse. Ein Leitfaden. Weinheim/Bergstr., Verlag Chemie 1948

III

sehr gefördert. Ich weiß, wovon ich rede, denn als ich mich bald nach dem Anfang meiner unternehmerischen Tätigkeit für Technische Statistik zu interessieren begann, habe ich sehr beeindruckt an mehreren Seminaren teilgenommen, die er an der Technischen Akademie Wuppertal hielt. Doch so weit sind wir noch nicht.

Es ist hier nicht der Ort, auf Einzelheiten der Ergebnisse der „Großzahlforschung“ von Daeves einzugehen. Doch wir sehen hier die erste praktische Anwendung eines wissenschaftlich fundierten statistischen Prinzips bei der Beurteilung industrieller Erzeugnisse.

In Berlin war Technische Statistik zu der Zeit schon ein Thema geworden. 1917 hatte man bei Siemens mathematisch-statistische Verfahren genutzt, um das wirtschaftliche Problem des ständig wachsenden Bedarfs an Telefonverbindungen über den Gleichzeitigkeitsfaktor der Gespräche im Griff zu behalten. Die Firma Osram bemühte sich mithilfe der Statistik die Risiken zu berechnen, die bei Garantieansprüchen wegen der Frühausfälle von Glühlampen auftraten.

III

All das führte zu einer bemerkenswerten Initiative. An der Technischen Hochschule Berlin wurde im Wintersemester 1928/29 eine Vortragsreihe mit dieser Thematik veranstaltet. Sie blieb aber ohne größere Resonanz in der Industrie, ebenso wie ein zweiter Versuch 1936 mit dem Generalthema „Neues über Wahrscheinlichkeiten und Schwankungen“. Dieses Schicksal teilte auch das 1927 erschienene Werk der Herren Becker und Plaut mit Frau Runge: „Anwendungen der mathematischen Statistik auf Probleme der Massenfabrikation“. Es hat also nicht an fundierten Hinweisen gefehlt, dass mathematische Statistik ein sehr nützliches Hilfsmittel für die Beurteilung industrieller Gegebenheiten sein kann.

Warum hat die Industrie dieses ihr so nachdrücklich empfohlene Hilfsmittel links liegen lassen? Meine Erklärung ist einfach genug. Das Denken in Wahrscheinlichkeiten war den Ingenieuren zu fremd, um sich ernsthaft damit zu beschäftigen. Ich gehe so weit, statt von „zu fremd“ von „zu unheimlich“ zu sprechen. Ingenieure waren es gewohnt, streng kausal zu denken. Während ihrer gesamten Schulzeit und ihres Studiums hörten sie von Handlungsfolgen im Sinn von: wenn dies, dann das. Dabei lehrt doch die Erfahrung, dass es in Wirklichkeit in aller Regel heißen muss: wenn dies, dann wahrscheinlich das, aber vielleicht auch nicht.

29.3 Walter Shewhart

Es blieb einem Amerikaner vorbehalten, statistische Verfahren zu erdenken, die für die Industrie auf breiter Front qualitätsrelevant wurden. Das war Walter Shewhart, ein Physiker der Bell Telephone Company. Sein grundlegendes Werk „Economic Control of Quality of Manufactured Product“ erschien 1931, aber seine Erkenntnisse gehen auf das Jahr 1924 zurück. Walter Shewharts Verdienst ist es, in der Industrie das Tor für quantitatives Denken in Wahrscheinlichkeiten geöffnet zu haben. Er selbst hat seine Leistung für das weltweite Qualitätsgeschehen sehr bescheiden kommentiert. Er schreibt:

> *„The solution required the application of statistical methods which, up to the present time, have been for the most part left undisturbed in the journals in which they appeared.“*

Das ist ein klassisches Beispiel für die Richtigkeit eines Satzes des Marketinggurus Peter Drucker in seinem bekannten Werk „The Age of Discontinuity“. Das Buch ist auf Deutsch im Econ Verlag unter dem Titel „Die Zukunft bewältigen“ erschienen. Er schreibt in einem ganz allgemeinen Sinn, ich zitiere:

> *„Ein Großteil der neuen Technik ist nicht neues Wissen, sondern neues Erkennen. Es werden Dinge zusammengesetzt, deren Zusammenstellung zuvor niemandem in den Sinn gekommen ist, die aber längst da waren.“*

Wie war Shewhart zu seinen bahnbrechenden Erkenntnissen gekommen? Historiker mögen sich den Kopf darüber zerbrechen, ob er einen Artikel gelesen hat, den Daeves 1924 in der weitverbreiteten US Zeitschrift „Testing“ unter dem Titel „The Utilization of Statistics“ mit dem Untertitel „A New and Valuable Aid in Industrial Research and the Evaluation of Test Data“ veröffentlicht hat. Manches spricht dafür, doch mehr als eine Anregung könnte es kaum gewesen sein. Shewhart hat sehr selbstständig gedacht.

Ich hatte schon vorhin erwähnt, dass Carl Friedrich Gauß die Gesetzmäßigkeit entdeckt hatte, der die zufälligen Abweichungen der Einzelwerte eines Kollektivs von deren Mittelwert folgen. Shewhart übertrug diesen Gedanken auf die Einzelwerte eines laufenden Produktionsprozesses. Dabei beobachtete er immer wieder Abweichungen, die dieser Gesetzmäßigkeit nicht folgten. Er schloss daraus, dass neben den „zufälligen“ Einflüssen auch „überzufällige“, d.h. systematische Einflüsse wirksam sein müssten. Er nannte die einen „chance causes“ und die anderen „assignable causes“. Erstere muss man hinnehmen, etwa im Rahmen einer Normalverteilung, die Letzteren gilt es zu identifizieren und zu beseitigen. Damit erreicht man die geringste Streuung der Werte, die der Prozess unter gegebenen Umständen bieten kann. Das ist der ideal beherrschte Prozess.

Um diese Unterscheidung machen zu können, trug Shewhart die Mittelwerte und Spannweiten von Stichproben gegebenen kleinen Umfangs aus einer laufenden Fertigung in chronologischer Reihenfolge grafisch in ein Formblatt ein. Das war seine „Control Chart" (zu Deutsch „Qualitätsregelkarte").

Aus den Ergebnissen eines Vorlaufs berechnete er Grenzen, innerhalb derer die Messwerte mit gegebener Wahrscheinlichkeit als zufällig streuend betrachtet werden können. Überschreitet ein Prüfwert diese Grenzen, hat diese Annahme eine nur noch sehr geringe Wahrscheinlichkeit für sich. Alles spricht dafür, dass ein überzufälliger Einfluss aufgetreten ist, den man finden und beseitigen muss.

Nun klingt das einfacher, als es in Wirklichkeit ist. Eine Demonstration mit Würfeln, Perlenbüchse und Galtonbrett funktioniert immer. Die Praxis ist in aller Regel bedeutend komplexer. Moderne Computerprogramme, wie sie im Hause Q-DAS entwickelt werden, lassen wesentlich tiefere Einblicke in das Prozessgeschehen zu, als sie Shewart mit den ihm zur Verfügung stehenden Hilfsmitteln schaffen konnte: Bleistift, kariertes Papier und eine handbetriebene mechanische Rechenmaschine.

Wir können heute dank der Schnelligkeit unserer Computer Datenvolumina ganz anderer Größenordnung wirtschaftlich verarbeiten. Shewharts Bedeutung wird dadurch nicht geschmälert. Denn heute wie damals ist wichtig, dass die Qualitätsregelkarte bereits den Trend zum Entstehen eines Fehlers in einer laufenden Fertigung erkennen lässt. Das ermöglicht es, rechtzeitig gegenzusteuern, die Aufgabe des Qualitätsmanagements einer Produktion.

29.4 Wirtschaftlichkeit

Es ist schlicht und einfach wirtschaftlicher, Fehler vor ihrem Entstehen zu verhüten, als aufgetretene Fehler zu suchen, zu finden und zu korrigieren. Das erfordert einen Zusatzaufwand, dessen Kosten nicht an den Kunden weitergegeben werden können.

Er schmälert also die Gewinnmarge und wird daher richtig mit „Fehlleistungsaufwand" bezeichnet. Die Qualitätsregelkarte ermöglicht es, mit berechenbarer Wahrscheinlichkeit zu erkennen, wie der Prozess in naher Zukunft laufen wird, d.h. ob es sinnvoll ist, korrigierend einzugreifen oder besser nicht.

Der große, kürzlich verstorbene Promotor der Qualitätsoffensive in den USA, Philip Crosby, vergaß nie, seine Zuhörer bei diesem Thema zu ermahnen: „Never forget: It is not what you find. It is what you do about what you find!" Damit werden sehr zu Recht handfeste Aktivitäten gefordert. Die hat es freilich schon immer gegeben. Fehler waren besonders in Deutschland nie eine mit Achselzucken quittierte „quantité négligeable". Das verdanken wir den Gilden und Zünften unserer mittelalterlichen Städte mit ihren geradezu brutalen Sanktionen gegen Pfuscharbeit.

Im Handwerk ist die Tradition von damals im Sinn des Bemühens, fehlerfreie Arbeit zu leisten, auch ohne einen wissenschaftlichen Unterbau noch spürbar. In der anders gelagerten Industrie war es durchaus wichtig, dass ein anerkanntes Instrument quantitative Hinweise auf das mögliche Entstehen von Fehlern gab, um vorbeugende Aktivitäten auszulösen. Ohne ein solches Instrument bleiben Appelle, fehlerfrei zu arbeiten, weitgehend wirkungslos.

Viele von Ihnen werden sich noch jener aus den USA zu uns herübergeschwappten Welle der „Zero-Defects"-Kampagnen erinnern. Es war der Versuch, alle Mitarbeiter eines Unternehmens mit z.T. zirkusreifen Motivationsaktionen zu veranlassen, fehlerfrei zu arbeiten. Sehr bald verlief sich diese Welle im Sand. Immerhin hat sie dazu beigetragen, die existenzielle Wichtigkeit des Faktors Mensch im Qualitätsgeschehen nachhaltig zu unterstreichen.

Seit den Tagen von Daeves und Shewhart hat die Mess- und Regelungstechnik große Fortschritte gemacht. Bei vielen Fertigungen ist es möglich geworden, das Prozessergebnis on-line und on-time quantitativ zu messen und aufgrund dessen in den laufenden Prozess regelnd einzugreifen. Dabei werden wir ebenso unbarmherzig wie nachdrücklich auf das Problem der Fehler gestoßen, die das Messgerät selber verursacht. Auch hierzu hat Q-DAS wichtige Beiträge geleistet.

Zweiter Weltkrieg

Auch die Shewhart'sche Qualitätsregelkarte löste in Amerika anfangs keinen Run der Industrie auf Statistik aus. Aber die militärischen Beschaffungsstellen waren von ihrer Wirksamkeit überzeugt. Bei Ausbruch des Zweiten Weltkriegs sorgten sie mit ihrer enormen Einkaufsmacht dafür, dass die Rüstungsindustrie diese Methoden einführte. Die Rüstungsunternehmen veranlassten wiederum ihre zivilen Zulieferer, sich entsprechend zu verhalten. So wurde die Prozesslenkung mithilfe statistischer Verfahren in den USA zur Methode der Wahl. Nach dem Krieg verbreiteten sie sich auch bei uns, erst zögerlich, aber inzwischen hat man wohl allgemein eingesehen, dass sie – richtig verstanden und eingesetzt – ein sehr effektvolles Instrument der Prozessführung sind.

29.5 Stichproben

Und wenn es noch so gut gelungen ist, einen Fertigungsprozess im Sinn der Statistik „fähig" zu machen, Prüfungen sind und bleiben unverzichtbar, solange Fehler nicht mit absoluter Sicherheit ausgeschlossen werden können. Niemand braucht ein rot glühendes Werkstück auf biologische Kontamination hin zu prüfen. Ansonsten gilt immer noch das berüchtigte Murphy's Law: „If anything can go wrong, it will."

Nur in ganz besonderen Fällen wird man die Erzeugnisse einer Losfertigung Stück für Stück prüfen. In aller Regel prüft man Lose mit Stichproben. Der Begriff „Stichprobe" soll ja ursprünglich eine ganz andere Bedeutung gehabt haben. Die Wachen an den Toren unserer mittelalterlichen Städte hatten die Aufgabe, die einfahrenden Waren zu kontrollieren und Zoll zu kassieren. Kam nun ein Wagen hoch beladen mit Heu an das Stadttor, konnte sich unter dem recht billigen Heu kistenweise wertvolle Konterbande verbergen. Um die Homogenität des Heus zu prüfen, stachen die Wachen mit ihren Spießen hinein. Sie machten eine „Stichprobe" im wahrsten Sinn des Wortes.

III

Wer bei Qualitätsprüfungen auf Stichprobenbasis ohne eine solide mathematisch-statistische Grundlage zu Werke geht, kann leicht zu falschen Ergebnissen kommen. Das habe ich höchst praktisch als Student im Sommer 1936 im Rahmen eines Ferienjobs erlebt. Ich war im Eingangslager eines Leipziger Unternehmens mit der Prüfung von Zulieferungen beschäftigt. Für jede Warengattung gab es eine Anweisung, wie zu verfahren war. Z. B. sollte ich von einer bestimmten Sorte Bolzen jeweils 5 % des angelieferten Loses auf Fehlerfreiheit untersuchen. Wenn ich dabei mehr als zwei fehlerhafte Stücke entdeckte, musste das ganze Los Stück für Stück geprüft werden. Ich tat, wie befohlen. Dabei fiel mir auf, dass die so festgestellte Qualität von kleineren Losen in aller Regel besser war als die der größeren, weil die viel häufiger ausgelesen werden mussten. Ich vermutete, dass der Hersteller die kleineren Lose sorgfältiger prüfte als die größeren, wohl weil er bei diesen den Aufwand scheute. Die Vermutung war falsch. Bei dieser Art Anweisung wächst die Prüfschärfe mit dem Losumfang. Heute gehört die Kenntnis der mathematisch berechneten Operationscharakteristik einer Stichprobenanweisung zur fachlichen Grundausrüstung eines Prüfereileiters, wenn nicht sogar zu der seiner Mitarbeiter. Davon hatten damals weder mein Prüfereileiter noch ich etwas gehört.

Auch hier haben die Amerikaner Pionierarbeit geleistet. Sie verwendeten bei der Annahme von militärspezifischem Gut Stichprobensysteme auf mathematisch-statistischer Basis, nämlich den Military Standard 105 für attributive Prüfung und den Mil St. 414 für Variablenprüfung. Wir erfuhren erst nach dem Krieg von der Existenz dieser Systeme.

Im Jahr 1965 wurde die NATO-AC/250-Gruppe geschaffen, die für Qualitätsfragen der wehrspezifischen Beschaffung zuständig war. Sie sorgte dafür, dass diese mathematisch-statistisch sauberen Verfahren in Europa neu codifiziert und für die Lieferungen von Rüstungsgut verbindlich erklärt wurden. In einem bestimmten Maß akzeptierte die Gruppe Verfahren, die in den einzelnen NATO-Ländern bereits auf dieser Basis eingeführt worden waren. In Deutschland waren es die militärische VG 95083 des Bundesamts für Wehrtechnik und Beschaffung und im zivilen Bereich die ASQ/AWF 1. Sie war 1966 von der Arbeitsgemeinschaft Statistische Qualitätskontrolle entwickelt worden und wurde später zur Norm DIN 40 080 aufgewertet.

29.6 Von TESTA zur Deutschen Gesellschaft für Qualität

Damit sind wir bei der ASQ, ihrer Vorgängerin TESTA und ihrer Nachfolgerin, der Deutschen Gesellschaft für Qualität (DGQ). Sie hat das Qualitätsgeschehen im gesamten deutschen Sprachraum Europas entscheidend beeinflusst und tut es noch heute. Wir müssen uns jetzt mit ihr, wenn schon in Stichworten, beschäftigen.

Im Rahmen des seit dem Ersten Weltkrieg bestehenden Ausschusses für wirtschaftliche Fertigung (AWF) bildete sich im Jahr 1952 eine Arbeitsgruppe, die sich für die Einführung der in den USA entwickelten mathematisch-statistischen Verfahren der Qualitätssicherung und -prüfung einsetzen wollte. Die Gruppe grenzte sich durch ihren Namen TESTA (für Arbeitsgemeinschaft Technische Statistik) von der Aufgabenstellung etwa der Deutschen Statistischen Gesellschaft ab, die an der ihr zunächst angetragenen Thematik kein Interesse gezeigt hatte. Die Aktivitäten der TESTA galten ja auch nicht so sehr der Weiterentwicklung technisch-statistischer Methoden als solcher. Im Mittelpunkt des Interesses stand von Anfang an der Einsatz dieser Methoden zur Qualitätslenkung und -prüfung in der Industrie. Sie sah Statistik als Basis qualitätsrelevanten Denkens und Handelns. Folgerichtig nannte sich die TESTA schon fünf Jahre nach ihrer Gründung „Arbeitsgemeinschaft Statistische Qualitätskontrolle" (ASQ).

Im Jahr 1968 beschloss die Mitgliederversammlung, in Zukunft den Namen „Deutsche Gesellschaft für Qualität", kurz DGQ, zu führen. Die Statistik blieb nach wie vor ein

wichtiger Programmpunkt, doch hatten daneben inzwischen andere Aspekte des industriellen Qualitätsgeschehens stark an Bedeutung gewonnen, besonders solche der Organisation, der Kosten und der Menschenführung, also des Managements der Qualität. Der neue Name sollte dieser Entwicklung Rechnung tragen. Im Jahr 1972 kam es aus sachlichen und vereinsrechtlichen Gründen zur Trennung von DGQ und AWF. Die DGQ wurde als e. V. rechtlich selbstständig und ist es noch heute mit über 8000 persönlichen und korporativen Mitgliedern. So weit die Historie.
In den 50er Jahren hatte es ein Interessent für Technische Statistik in unserem Land nicht leicht, sich über deren Methoden fundiert zu informieren. Das wollten wir ändern. Ich erinnere mich noch gut an den ersten Kurs in Frankfurt 1954. Ich war damals Vormann der noch kleinen Gruppe von Missionaren dieser Denkweise. In dieser Eigenschaft hatte ich es übernommen, an vier aufeinanderfolgenden Wochenenden (Samstagnachmittag mit „open end" und Sonntagvormittag) zunächst einen Überblick über die Grundlagen der Technischen Statistik zu geben, am folgenden Wochenende die Technik der Qualitätsregelkarten zu behandeln, am dritten die Prüfung von Losen mit Stichproben und am vierten die Auswertverfahren der schließenden Statistik darzustellen. Das Ganze war als erster Versuch gedacht, es lagen ja keinerlei Erfahrungen vor. Wir rechneten mit 15 bis 20 Teilnehmern. Zu unserem Erstaunen lief das Telefon mit Anmeldungen heiß, sodass wir ein anderes Lokal anmieten mussten. Die Veranstaltung mit gut 200 Teilnehmern war ein voller Erfolg. Wir zogen daraus die Konsequenz, dass Aus- und Weiterbildung auf diesem Gebiet gefragt war, und veranstalteten eine Folge aufeinander abgestimmte Lehrgänge. Wer wollte, konnte zum Schluss eine Prüfung ablegen, um den sogenannten ASQ-Schein zu erhalten. Dieser wurde sehr bald von den Personalabteilungen der Unternehmen als Befähigungsnachweis für Tätigkeiten in den Prüfabteilungen gesehen und anerkannt – ein sehr guter Grund, ihn zu erwerben. Es verwundert daher nicht, dass es geradezu einen Run auf unsere Kurse gab. Statistische Lehrveranstaltungen waren anfangs der einzige, später lange Jahre der wichtigste Umsatzträger der DGQ. Heute sind sie immer noch ein abrundender Teil des inzwischen stark aufgefächerten Angebots an qualitätsbezogenen Kursen, Seminaren und Workshops, an denen jährlich bis zu 30 000 Interessierte teilnehmen.
Die ASQ/DGQ erarbeitet die Unterlagen für ihre Kurse in Teams, deren Arbeit von einem Lenkungsausschuss Aus- und Weiterbildung (LAW) koordiniert wird. Wir freuen uns, dass auch Herr Alfred Schulze von der Q-DAS Mitglied des LAW ist und seine Erfahrungen einbringt. Lassen Sie mich hier anmerken, wie sehr ich mich über die erfreuliche Zusammenarbeit zwischen der Q-DAS und der DGQ freue.

Wir hatten in der Nische Aus- und Weiterbildung auf dem Gebiet der Technischen Statistik lange Jahre eine Monopolstellung. Aber wir waren nicht traurig, als schließlich auch von der DGQ unabhängige Personen und Organisationen hier ein wirtschaftlich interessantes Arbeitsfeld erkannten. Als gemeinnütziger Verein sahen wir uns in der Pflicht, alle Bemühungen zu fördern, die der Verbreitung unseres Gedankenguts galten.

29.7 Denken in Wahrscheinlichkeiten

Bei unserem Bemühen um die Verbesserung der Qualität der Produktion von Waren und Dienstleistungen mit statistischen Instrumenten dürfen wir aber nie übersehen, dass es existenziell wichtige Voraussetzungen für den erfolgreichen Einsatz dieser Methoden gibt. Beachtet man sie nicht, können einem leicht unangenehme Probleme ins Haus stehen. Wir wollen uns diese Voraussetzungen jetzt ansehen. Sie gelten übrigens für beschreibende wie für schließende Statistik in gleicher Weise.

Herkunft der Ausgangsdaten

Betrachten wir zunächst die Herkunft des Urmaterials. Ich habe mir im Lauf meines Berufslebens zur Regel gemacht, mir vor einer Entscheidung, die auf Ergebnissen einer Untersuchung von Dritten beruht, stets zwei wichtige Fragen zu stellen:

1. War die untersuchende Person oder Organisation für die Aufgabe ausreichend qualifiziert? D. h. sind die Daten richtig oder möglicherweise fehlerhaft?
2. Ist auszuschließen, dass die Daten manipuliert, also gefälscht sind, weil die sie liefernde Person oder Organisation ein eigenes Interesse an der Entscheidung hat, die ich treffen muss?

Diese Fragen verstehen sich ohne Kommentar. Sie stellt sich jeder verantwortungsvolle Entscheidungsträger, und das umso sorgfältiger, je bedeutungsvoller die zu treffende Entscheidung ist. Wir brauchen sie hier nicht zu vertiefen.

III

29.8 Statistische Arbeit

Anders steht es mit der Statistischen Arbeit. Die Aufbereitung des Urmaterials und die Interpretation des Ergebnisses ist Sache des Statistikers. Wir dürfen sachgerechte Arbeit unterstellen, wenn er kompetent ist. Falls nicht, sind fehlerhafte Aufbereitung und irrige Interpretation mit allen Folgen vorprogrammiert. Der Untersuchende kann z. B. recht leicht auf einen Irrweg geraten, wenn er rein formal vorgeht. Die Gefahr ist bei Ursache/Folge-Problemen besonders groß. Das klassische Beispiel einer rechnerisch hohen Korrelation ist die Sache mit dem Tag und der Nacht, ohne dass der Tag die Ursache der Nacht wäre. Gemeinsame Ursache von beiden ist die Erddrehung. Indirekte Korrelationen dieser Art kommen leicht bei Zeitreihen vor, wenn ein Trend beide Größen beeinflusst. Das ist nicht immer so leicht zu sehen wie bei Tag und Nacht.

Aber es gibt auch echte Scheinkorrelationen, im Englischen viel treffender „Nonsense Correlations" genannt. Etwa wenn man liest, dass nach Beobachtungen im Landkreis X die Anzahl der brütenden Storchenpaare mit der der Geburten im Kreiskrankenhaus während der letzten 10 Jahre rechnerisch hoch korreliere.

Fehler bei der Aufbereitung des Materials und Irrtümer bei der Interpretation statistisch errechneter Zusammenhänge sind schlimm genug, aber viel schlimmer wird es, wenn der Statistiker eine bewusst irreführende Interpretation vorlegt, weil er oder seine Hintermänner am Ergebnis persönlich interessiert sind. Beispiele dafür sehen wir immer wieder in den Medien, wenn es um Arbeitsmarktdaten oder um Hochrechnungen des Verkehrsaufkommens und der Energieversorgung geht. Das ist schlichtweg Betrug, ein krimineller Akt, der zu entsprechenden Konsequenzen jeden Anlass gibt. Wir wollen hoffen, dass so etwas in unseren Unternehmen nicht vorkommt. Aber Aufmerksamkeit empfiehlt sich immer.

29.9 Auslegung durch den Leser

Endlich die Auslegung durch den Leser. Dieser Punkt ist wohl der wichtigste von allen. Es möge um die Entscheidung gehen, ob bei der Fertigung eines neuen Produkts das Verfahren A oder B benutzt werden soll. Weil diese Entscheidung erhebliche wirtschaftliche Konsequenzen hat, sind mit beiden Verfahren Messreihen gemacht worden. Dem entscheidenden Gremium liegt das einwandfrei ausgewertete Ergebnis vor. Der Statistiker beschreibt in seiner Vorlage kurz den Ablauf der Versuche und formuliert dann völlig korrekt das Ergebnis seines t-Tests: „Die Wahrscheinlichkeit beträgt 15 % dafür, dass bei Gültigkeit der 0-Hypothese eine Differenz der Mittelwerte beider Verfahren von 10 % oder mehr auftreten kann." Ich überlasse es Ihnen, eine Aussage über die Wahrscheinlichkeit zu machen, dass ein Entscheidungsträger der Wirtschaft dieses Ergebnis der Untersuchung richtig deutet. Vermutlich wird er angesichts der Notwenigkeit, eine Entscheidung so oder so zu treffen, seufzend denken: Paralyse durch Analyse! Doch mehr gibt das Material nicht her. Der große englische Statistiker Ronald A. Fisher, dem wir den so wichtigen F-Test verdanken, hat dazu gesagt:

> *„Ein Statistiker ist kein Alchemist, der aus wertlosem Material Gold machen kann. Er ist eher ein Chemiker, der das Material analysiert. Er kann aber nicht mehr herausholen, als drin ist."*

Die eben geschilderten Gegebenheiten zeigt das folgende Bild im Zusammenhang: Nur in der ersten Spalte kommen wir zu einer zutreffenden Information als seriöse Grundlage einer Entscheidung. In der zweiten Spalte ist die statistische Arbeit falsch, die dritte zeigt missbrauchte Statistik, die vierte endlich eine mehr oder weniger plumpe Lüge. All das verursacht eine falsche Information, die zu einer falschen Entscheidung führt.

29.10 Abschluss

Von Albert Einstein stammt das Wort: „Der liebe Gott würfelt nicht." So formulierte er seine Überzeugung, dass die Natur letztlich determiniert ist. Ich bin nicht vermessen genug, mir dazu eine gültige Meinung zu bilden. Die Erfahrung eines langen Lebens als Gewinn- und Verlustverantwortlicher eines mittelständischen Industriebetriebs hat mich aber mit aller wünschenswerten Deutlichkeit gelehrt, den Zufall im betrieblichen Geschehen nicht zu unterschätzen. Den Begriff Zufall benutze ich hier im Sinn von „Ursachen im Einzelnen unbekannt". Sie merken, dass ich es damit vermeide, einem Genie wie Albert Einstein zu widersprechen, ohne meine Position aufgeben zu müssen.

Dass wir dem so definierten Zufall nicht schutzlos ausgeliefert sind, sondern über Methoden verfügen, ihn uns nutzbar zu machen, verdanken wir der statistischen Ma-

III

thematik, die seit den Herren Pascal und Fermat ständig weiterentwickelt worden ist. In diese Entwicklung hat sich auch das Haus, zu dessen Ehren wir uns heute hier versammelt haben, mit großem Erfolg eingeklinkt. Wünschen wir unseren Gastgebern viele weitere Erfolge, denn sie helfen denen, die mit diesen Methoden arbeiten, Erfolg zu haben. Was könnte befriedigender sein, als sich dafür einzusetzen?

30

Statistische Prozessregelung (SPC)

30.1 **Einleitung** 697

30.2 **Prozessanalyse** 697
30.2.1 Datenaufnahme 697
30.2.2 Zeitabhängige Verteilungsmodelle 697
30.2.3 Qualitätsregelkarten und Verteilungsmodelle 704
30.2.4 Prozessstabilität 704

30.3 **Prozessbeurteilung durch Fähigkeitskenngrößen** 705
30.3.1 Fähigkeitskenngrößen als Prozessmerkmal 705
30.3.2 Berechnung der Fähigkeitskenngrößen 706
30.3.3 Kennzahlen aus der zweidimensionalen Normalverteilung 707

30.4 **Prozessverfolgung und Langzeitauswertungen** 710

30 Statistische Prozessregelung (SPC)

Alfred Schulze

Seit zu Beginn der 70er Jahre die statistische Prozessregelung (englisch: SPC = Statistical Process Control, wobei Control mit „Lenken" oder „Regeln" zu übersetzen und nicht im Sinne des deutschen Verbs „Kontrollieren" zu verstehen ist) für die westlichen Industrieländer „neu entdeckt" wurde, findet eine permanente Diskussion über den „Sinn und Unsinn" der Anwendung von SPC statt.

Als positives Ergebnis dieser Diskussion liegt heute die durch Fakten und Erfahrung untermauerte Erkenntnis vor, dass richtig und sinnvoll angewandte statistische Prozesslenkung im Bereich der industriellen Fertigung und Produktion einen hohen Stellenwert einnimmt. Ein modernes und zukunftsorientiertes Unternehmen wird deshalb nicht auf die Anwendung von SPC und die sich daraus ergebende Qualitätssteigerung seiner Produkte verzichten. Der härter werdende Wettbewerb der Zukunft zwingt dazu, die sich aus der Anwendung von SPC ergebenden Vorteile konsequent als marktwirtschaftlichen Vorteil zu nutzen.

Kein Unternehmen wird also ohne den konsequenten und sinnvollen Einsatz von SPC, als Motor zur Qualitätsverbesserung, auskommen. So betrachtet, ist SPC wesentlich mehr als eine Regelkarte oder ein Fähigkeitsindex. Es ist ein System, das basierend auf Prozessdaten einen Fertigungsprozess in Zusammenhang mit seinem Umfeld modellhaft beschreibt. Damit können die für Entscheidungen wichtigen Informationen ermittelt werden. Nur aus diesem Blickwinkel ist SPC wirtschaftlich und sinnvoll einsetzbar.

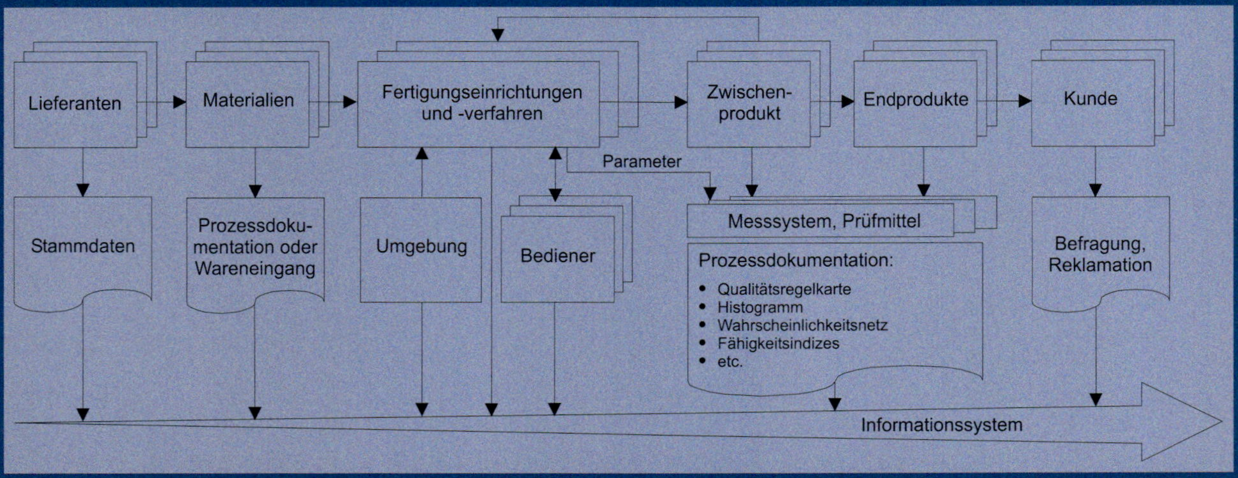

Abb. 30.1 SPC als Prozessinformationssystem

30.1 Einleitung

Der Nutzen von SPC wird heute nicht mehr, wie noch Anfang der 80er Jahre, infrage gestellt. Über einen langen Zeitraum ist es jedoch nicht möglich gewesen, eindeutige Klarheit über die systematische und für alle Anwender einheitliche Anwendung herbeizuführen. Auch ist es bis heute nicht gelungen, eine für die gesamte Industrie einheitlich gültige Methode zur Bestimmung von Qualitätsfähigkeitskenngrößen verbindlich festzulegen. Genau in diesem Bereich ist Handlungsbedarf vorhanden und es wird ein gewaltiger Schritt in Richtung Qualitätssteigerung der Erzeugnisse möglich sein, wenn es gelingt, durch Vereinheitlichung der Vorgehensweise in der gesamten Industrie eine einheitliche Sprache zu sprechen. Ein erster wichtiger Schritt in Richtung dieser Vereinheitlichung wurde durch die Normen DIN 55319 und ISO 21747 sowie die überarbeitete VDA Schrift 4 vollzogen. Als Nachfolgenorm wird die im August 2013 als Norm verabschiedete ISO 22514-2 in das deutsche Normenwerk übernommen und wird die Vorgängernormen ersetzen.

30.2 Prozessanalyse

Zweck der Prozessanalyse ist es, fundierte Kenntnisse über einen Prozess zu gewinnen. Diese Kenntnisse sind nötig, um den Prozess effizient und effektiv so zu lenken, dass die von ihm realisierten Produkte die Qualitätsanforderung erfüllen. Nur im Falle der Erfüllung ist es sinnvoll, diesen Prozesszustand aufrechtzuerhalten. Falls die Qualitätsanforderungen nicht erfüllt werden, muss zunächst eine Prozessverbesserung durchgeführt werden. Hierzu eignen sich beispielsweise die Verfahren der statistischen Versuchsplanung.

Das geeignete Mittel für die Aufrechterhaltung eines befriedigenden Prozesszustandes sind Qualitätsregelkarten (QRK). Dabei stellt jede QRK einen fortlaufenden statistischen Test dar, der aufzeigt, ob eine entnommene Stichprobe aus einer laufenden Produktionsfolge innerhalb errechneter Zufallsgrenzen liegt oder systematisch abweicht. Stichprobenumfang und Entnahmehäufigkeit sollten abhängig von der Art des Prozesses und des Produkts so gewählt werden, dass alle wichtigen Änderungen rechtzeitig entdeckt werden. Die Stichproben sollten repräsentativ für das betrachtete Merkmal sein.

Bei der Auslegung der QRK ist zu berücksichtigen, dass jede QRK ein Spiegelbild der existierenden Prozesssituation ist. Jeder QRK-Berechnung muss daher eine Prozessanalyse vorausgehen.

Vor dem Hintergrund einer Null-Fehler-Strategie aller modernen TQM-Philosophien werden Zählmerkmale nicht berücksichtigt. Die für eine sinnvolle Beurteilung notwendigen, großen Stichprobenumfänge sind hierbei nicht mehr zu handhaben.

30.2.1 Datenaufnahme

Für die Prozessanalyse und für das Auslegen einer QRK ist es erforderlich, das Verhalten der relevanten Merkmale zu untersuchen und die beschreibenden Parameter der Merkmalsverteilungen zu ermitteln. Hierzu ist eine Anzahl von Stichproben über einen „prozessgerechten" Zeitraum zu entnehmen.

Nicht definiert ist der „prozessgerechte" Zeitraum, hier muss der Prozessinhaber zwischen technischen Notwendigkeiten und wirtschaftlichen Überlegungen abwägen. Dabei müssen Stichprobenumfang und -frequenz den typischen Prozessablauf erfassen. Eingestellte Prozessparameter sowie alle Maßnahmen und Ereignisse sind so zu erfassen, dass sie den einzelnen Stichproben bei Bedarf zugeordnet werden können. Um eine ausreichende statistische Aussagefähigkeit zu erreichen, ist die Erfassung von ≥ 125 einzelnen Merkmalsausprägungen anzustreben. Ein Stichprobenumfang von $n = 5$ ist zweckmäßig, $n = 3$ noch möglich. Der Abstand der Stichproben und damit die aufgenommene Prozesslänge muss so gewählt werden, dass alle prozessrelevanten Elemente, die auf die Merkmalsausprägung wirken (Mensch, Maschine, Methode, Material und Umwelt), durch die Prozessaufnahme erfasst werden (Abb. 30.2).

Eine Maschinenabnahme basierend auf einer Kurzzeitfähigkeitsuntersuchung (Abb. 30.2) kommt nur zum Tragen, wenn es bei der Untersuchung gelingt, ausschließlich die Maschine zu beurteilen, d. h. andere Einflusskomponenten wie Material, Mensch, Umwelt usw. während der Betrachtung als konstant anzusehen sind. Kann diese Situation nicht angenommen werden, ist für die Maschinenabnahme die vorläufige Prozessfähigkeit zu wählen.

30.2.2 Zeitabhängige Verteilungsmodelle

Für eine umfassende und korrekte Maschinen- und Prozessqualifikation ist es erforderlich, mithilfe statistischer Verfahren den Sachverhalt ausreichend genau modellhaft zu beschreiben. Je besser dies gelingt, desto exakter sind die Ergebnisse für die Prozessbeurteilung, -lenkung oder -verbesserung.

Erfahrungen haben gezeigt, dass sich reale Prozesse je

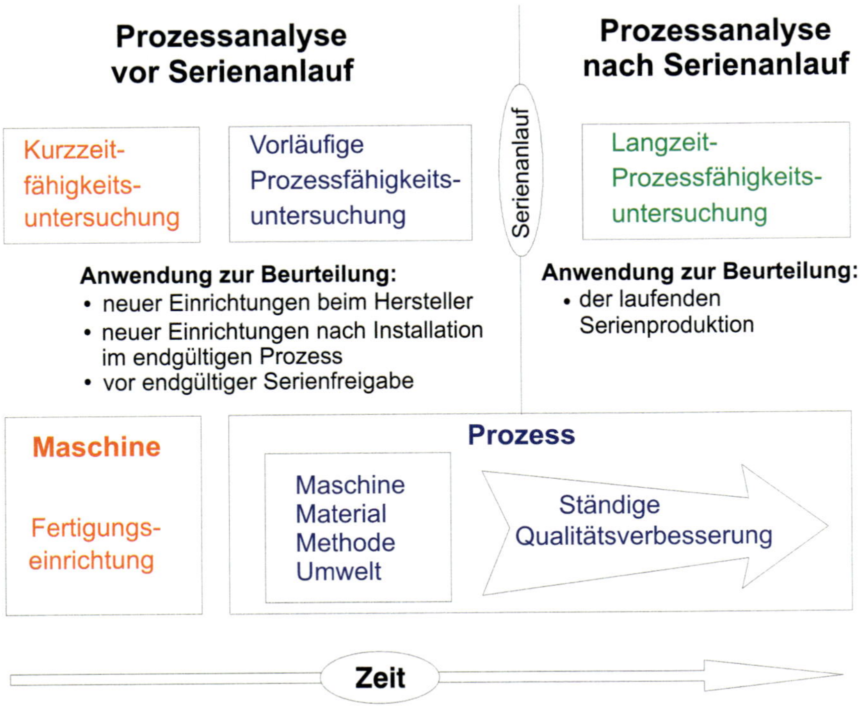

Kurzzeit-fähigkeit	Vorläufige Prozessfähigkeit	Langzeit-Prozessfähigkeit
Mindestumfang 50 Teile bzw. prozess-gerechter Umfang.	Mindestumfang 100 Teile bzw. prozessgerechter Umfang. Zum Führen der erforderlichen Regelkarte sind mindestens 20 Einzelstichproben erforderlich.	Angemessen langer Zeitraum unter normalen Serienbedingungen, in dem sichergestellt wird, dass alle Einflussfaktoren wirksam werden können. Richtwert: 20 Produktionstage.
C_m, C_{mk}	P_p, P_{pk}	C_p, C_{pk}

Abb. 30.2
Prozessbeurteilung vor und nach Serienanlauf (VDA-Band 4)

nach Typ durch verschiedene Prozessmodelle beschreiben lassen. Diese Erkenntnisse waren Grundlagen der DIN 55319 bzw. ISO 21747 und damit von ISO 22514-2. In diesen Normen werden die typischen Prozessmodelle erläutert und die Berechnung der Qualitätsfähigkeitskenngrößen beschrieben.

Die in diesen Normen gezeigten Modelle sind idealisiert dargestellt. In Wirklichkeit gehen die Modelle fließend ineinander über. Daher bleibt es dem Betrachter überlassen, anhand geeigneter Verfahren die richtige Zuordnung zu finden. Insbesondere vergleichende Darstellungen erleichtern die Abschätzung und Fehlinterpretationen können vermieden werden.

Ziel der Beurteilung ist es, mithilfe statistischer Verfahren:

- das geeignete Modell zu finden
- die Güte des Modells zu beurteilen
- die statistischen Kennwerte mit dem Modell zu berechnen
- die Ergebnisse zu interpretieren

Zeitabhängige Verteilungsmodelle können, je nachdem ob die Lage und/oder die Streuung konstant beziehungsweise veränderlich sind, in die folgenden vier Kategorien eingeordnet werden:

a) Ein Prozess, dessen Lage und Verteilung konstant sind, gehört zu den zeitabhängigen Verteilungsmodellen A. Nur in diesem Fall sind alle momentanen Verteilungen untereinander gleich und auch gleich der resultierenden Verteilung.
b) Wenn die Streuung des Prozesses mit der Zeit veränderlich ist, aber die Lage konstant bleibt, gehört der Prozess zum zeitabhängigen Verteilungsmodell B.
c) Wenn die Streuung konstant, aber die Lage zeitlich veränderlich ist, gehört der Prozess zu den zeitabhängigen Verteilungsmodellen C.
d) In allen anderen Fällen gehört der Prozess zum zeitabhängigen Verteilungsmodell D.

Bei sich ändernden Momenten können die Modelle weiter klassifiziert werden, je nachdem ob die Änderungen zufällig und/oder systematisch sind.

Tab. 30.1 Grundlegende Eigenschaften zeitabhängiger Verteilungsmodelle (Quelle: ISO 22514-2)

	Zeitabhängige Verteilungsmodelle							
Merkmal	A1	A2	B	C1	C2	C3	C4	D
Lage [a]	c	c	c	r	r	s	s	s
Streuung [a]	c	c	s	c	c	c	c	s
Momentanverteilung [b]	nd	1m	nd	nd	nd	As	as	as
Resultierende Verteilung [b]	nd	1m	1m	nd	1m	As	as	as
Siehe Bild	29.3	29.4	29.5	29.6	29.7	29.8	29.9	29.10

[a] Lage/Verteilung:
„c" = Parameter bleibt konstant (**c**onstant)
„r" = Parameter ändert sich ausschließlich zufällig (**r**andomly)
„s" = Parameter ändert sich ausschließlich systematisch (**s**ystematically)

[b] Momentan-/resultierende Verteilung:
„nd" = normalverteilt (**n**ormally **d**istributed)
„1m" = nicht normalverteilt, ausschließlich unimodal (**o**ne **m**ode)
„as" = beliebige Form (**a**ny **s**hape)

[c] Die Auswahl des Modells ergibt sich aus der Prozessanalyse.

In Tabelle 30.1 sind die grundlegenden Eigenschaften der einzelnen zeitabhängigen Verteilungsmodelle zusammengefasst. Ihre grafischen Darstellungen sind in den Abbildungen 30.3 bis 30.10 gegeben. Es gibt Unterkategorien der zeitabhängigen Verteilungsmodelle A und C, die unter Beachtung ihrer praktischen Bedeutung vorgestellt werden. Sie unterscheiden sich hinsichtlich der Form der resultierenden Verteilung und hinsichtlich der Ursache für ein Nicht-Beherrschen des Prozesses.

Im Folgenden sind die typischen zeitabhängigen Verteilungsmodelle mit Namensgebung gemäß ISO 22514-2 dargestellt. Zur Verdeutlichung werden die Modelle zusätzlich im Histogramm und im Werteverlauf gezeigt. Die zeitabhängigen Verteilungsmodelle sind durch Lage, Streuung, Schiefe, Kurtosis sowie die momentane Verteilung und die sich daraus über die Zeit ergebende resultierende Verteilung gekennzeichnet. Die Fähigkeit des Prozesses wird anhand der resultierenden Verteilung ermittelt.

Zeitabhängiges Verteilungsmodell A1

Das zeitabhängige Verteilungsmodelle A1 repräsentiert einen idealisierten Prozess, der in der Praxis sehr selten bzw. nie auftritt. Die Forderungen an diesen Prozesstyp lauten, dass die Parameter Lage, Streuung, Schiefe und Kurtosis sich über die Zeit nicht verändern und damit

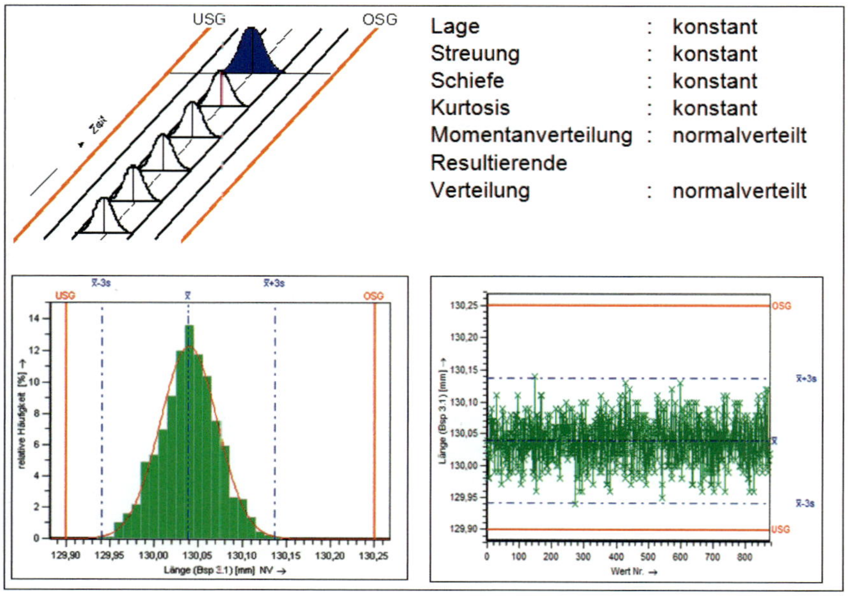

Abb. 30.3
Zeitabhängiges Verteilungsmodell A1

konstant bleiben. Darüber hinaus müssen die jeweiligen Momentanverteilungen normalverteilt sein. Auf Grund von Einflüssen, die auf einen inneren Prozess wirken, kann die Konstanz über längere Zeit in der Regel nicht aufrechterhalten bleiben. Konsequenterweise müssen in solchen Fällen andere Verteilungsmodelle zum Tragen kommen. Speziell im Bereich der Lehre wird dieses Modell gerne herangezogen, weil die mathematischen Verfahren zur Bestimmung des Fähigkeitskennwertes und das Abschätzen der Überschreitungsanteile in diesem Fall sehr einfach dargestellt werden können.

Zeitabhängiges Verteilungsmodell A2

Bei dem zeitabhängigen Verteilungsmodell A2 sind die statistischen Parameter ähnlich wie bei dem Modell A1 konstant, allerdings handelt es sich dabei um eine schiefe Verteilung. Das heißt, der Prozess bleibt bezüglich seiner Lage und Streuung konstant, die beiden Parameter Schiefe und Kurtosis bleiben ebenfalls konstant, weichen aber von den Werten der Normalverteilung ab. Konsequenterweise ist die resultierende Verteilung nicht normalverteilt. Zur Beschreibung dieses zeitabhängigen Verteilungsmodells können folgende eingipflige Verteilungen herangezogen werden: logarithmische Normalverteilung, Betragsverteilung 1. und 2. Art oder Weibull-Verteilung.
Diese Situation tritt immer dann auf, wenn – wie z. B. bei Form und Lage – eine einseitige physikalische Grenze (Null) vorliegt oder wenn der Prozess wie z. B. bei Schichtdicke oder Drehmoment gezielt in Richtung eines Grenzwertes gesteuert wird. Je nach Prozesstyp ist die Verteilung links- oder rechtsschief (Abb. 30.4).

Zeitabhängiges Verteilungsmodell B

Prozesse, die bezüglich der Lage, der Schiefe und Kurtosis konstant sind, deren Streuung sich aber über die Zeit hinweg verändert, können mit dem zeitabhängigen Verteilungsmodell B beschrieben werden. Dabei ist die Momentanverteilung eingipflig und normalverteilt. Konsequenterweise wird dann die resultierende Verteilung ebenfalls eingipflig, aber nicht normalverteilt.
Der Werteverlauf in der Abbildung 30.5 zeigt deutliche Veränderungen des Prozesses bezüglich seiner Streuung. Der Mittelwert bleibt über den gesamten Beobachtungszeitraum konstant. In der Regel ist es schwierig, die Hintergründe für die Streuungsveränderungen herauszufinden bzw. diese durch entsprechende Maßnahmen zu reduzieren. Solche Prozesse können beispielsweise bei Materialschwankungen auftreten, wenn aufgrund der Materialbeschaffenheit (z. B. Naturprodukte) kein oder nur bedingt Einfluss genommen werden kann.

Zeitabhängiges Verteilungsmodell C1

Typisches Merkmal aller zeitabhängigen Verteilungsmodelle, die mit C bezeichnet sind, ist die unterschiedliche Veränderung der Lage. Alle anderen Parameter wie Streuung, Schiefe und Kurtosis bleiben über die Zeit weitestgehend konstant. Bei dem zeitabhängigen Verteilungsmodell C1 verändert sich die Prozesslage zufällig. Allerdings sind die Veränderungen der Prozesslage (z. B. Mittelwerte der momentanen Verteilung) normalverteilt, die momentane Verteilung ist ebenfalls normalverteilt. Hieraus ergibt sich eine normalverteilte resultierende Verteilung (Abb. 30.6).

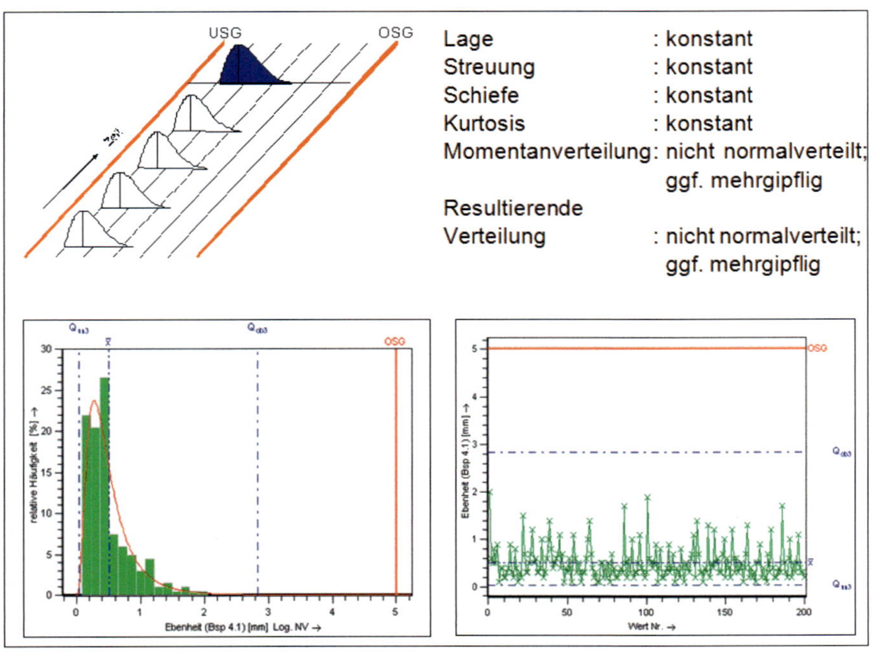

Abb. 30.4
Zeitabhängiges Verteilungsmodell A2

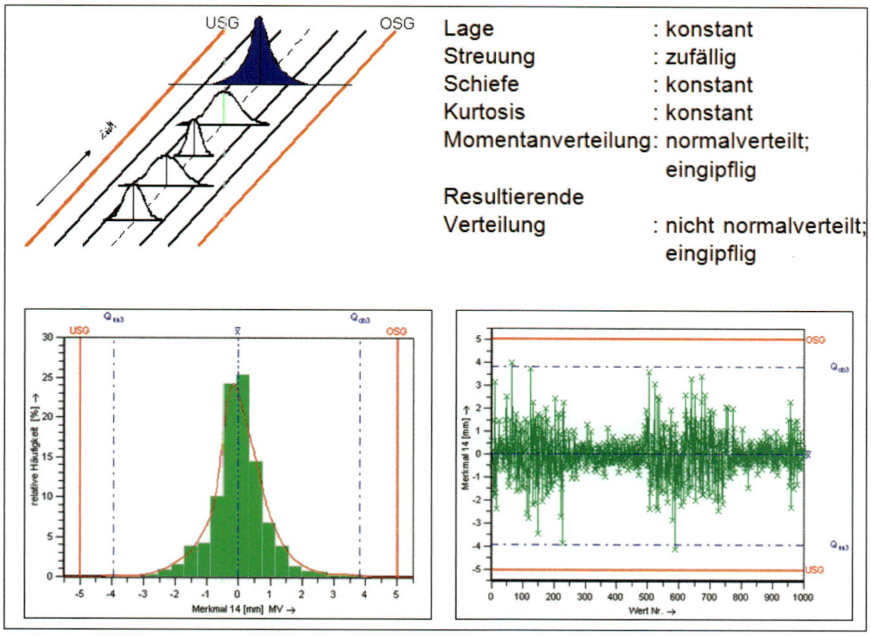

Abb. 30.5
Zeitabhängiges Verteilungsmodell B

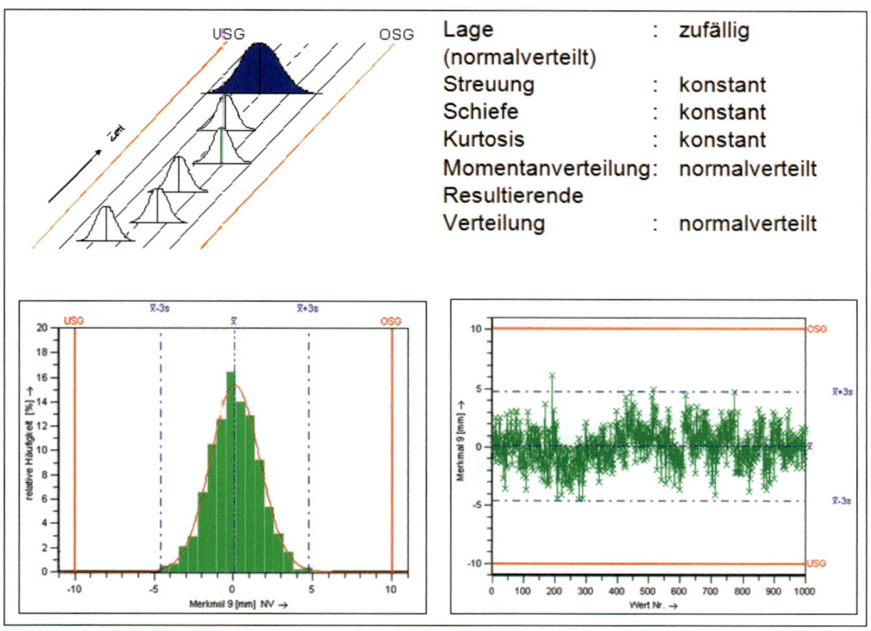

Abb. 30.6
Zeitabhängiges Verteilungsmodell C1

Zeitabhängiges Verteilungsmodell C2

Das zeitabhängige Verteilungsmodell C2 ist analog zu dem zeitabhängigen Verteilungsmodell C1 bezüglich seiner Streuung, Schiefe und Kurtosis konstant. Die Momentanverteilung ist eingipflig normalverteilt, aber aufgrund der Lageveränderungen ergibt sich eine resultierende Verteilung, die nicht mehr als normalverteilt bezeichnet werden kann. Die resultierende Verteilung ist jedoch eingipflig (Abb. 30.7).

Zeitabhängiges Verteilungsmodell C3

Bei dem zeitabhängigen Verteilungsmodell C3 sind Streuung, Schiefe und Kurtosis konstant. Allerdings ändert sich der Prozess bezüglich seiner Lage systematisch. Daraus ergibt sich eine resultierende Verteilung, die beliebig verteilt sein kann. Im Idealfall wäre dies eine angenäherte Rechteckverteilung.
Typische Prozesse sind Trendprozesse, z. B. aufgrund von Verschleiß. Die systematischen Veränderungen können

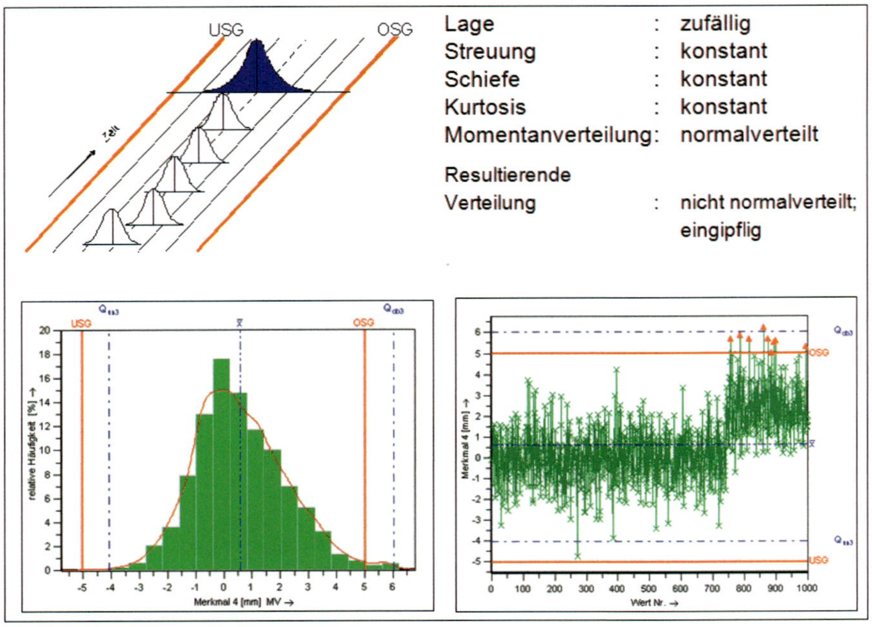

Abb. 30.7
Zeitabhängiges Verteilungsmodell C2

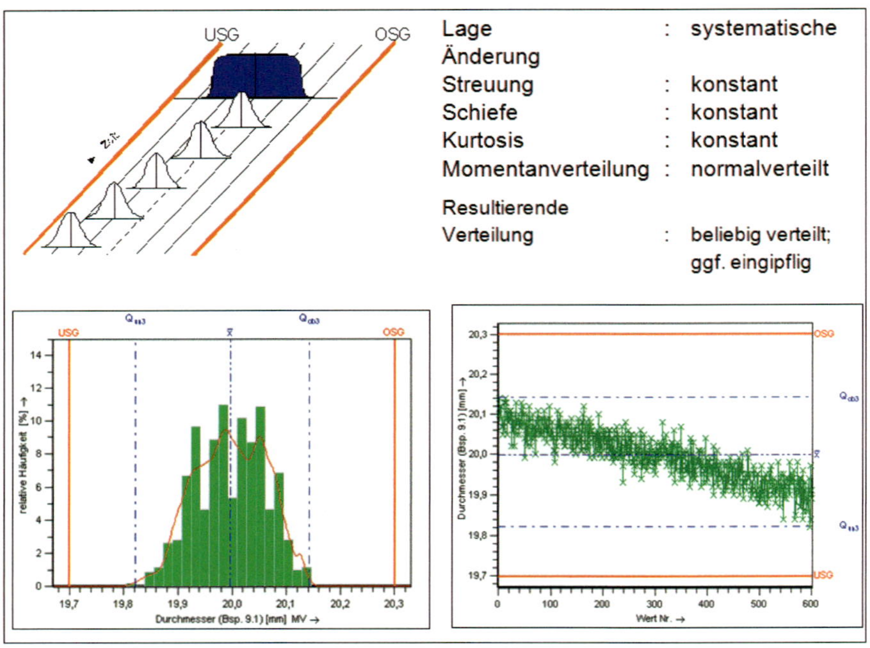

Abb. 30.8
Zeitabhängiges Verteilungsmodell C3

auch zyklisch erfolgen. Dies ist in der Regel dann der Fall, wenn bei einem Verschleiß ein Werkzeug entweder in Abhängigkeit des Grades des Verschleißes oder in festen Zeitabständen nachgestellt wird. Unterliegen bei einem Prozess die Prozessparameter periodischen Einflüssen, kann von ähnlichem Verhalten ausgegangen werden (Abb. 30.8).

Zeitabhängiges Verteilungsmodell C4

Beim zeitabhängigen Verteilungsmodell C4 sind Streuung, Schiefe und Kurtosis konstant. Die Prozesslage kann sich zufällig oder systematisch verändern. Das Ergebnis für die resultierende Verteilung ist damit beliebig und in der Regel mehrgipflig.

Typische Prozesse, bei denen dieses zeitabhängige Verteilungsmodell zum Tragen kommt, sind Prozesse, bei denen die Veränderungen aufgrund von Chargen- oder Werkzeugwechsel entstehen.

Dieses Prozessmodell ist umso deutlicher ausgebildet, je geringer die Streuung der Momentanverteilung im Verhältnis zu der Streuung der Prozesslage ist. Typisches Beispiel sind feststehende Werkzeuge, bei denen die Streuung zwi-

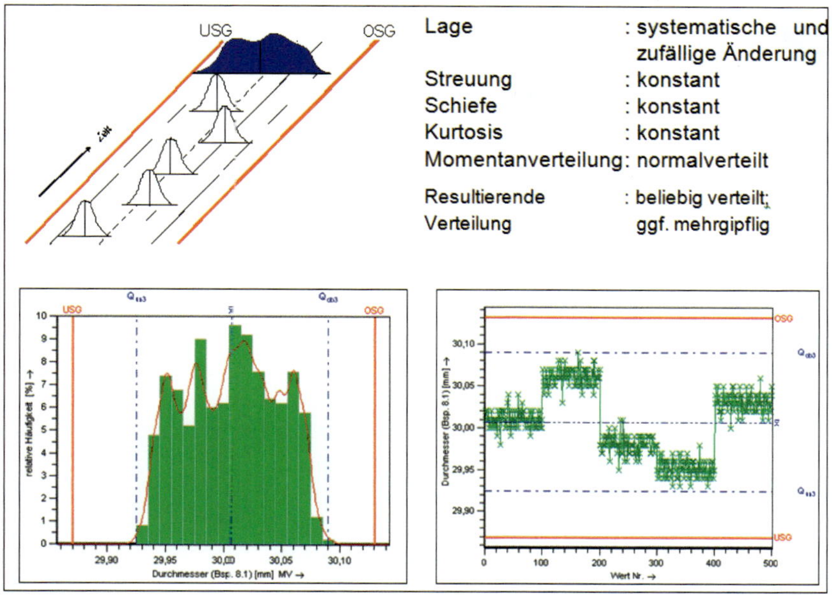

Abb. 30.9
Zeitabhängiges Verteilungsmodell C4

schen den einzelnen Teilen relativ gering ist, bei einem Wechsel aber Veränderungen bezüglich der Lage auftreten. (Abb. 30.9)

Zeitabhängiges Verteilungsmodell D

Bei dem zeitabhängigen Verteilungsmodell D handelt es sich um den Worst Case Fall. Das heißt, alle Parameter wie Lage, Streuung, Schiefe und Kurtosis können sich sowohl systematisch als auch zufällig ändern. Konsequenterweise kann die Momentanverteilung beliebig verteilt bzw. mehrgipflig sein (Abb. 30.10).

Zusammenfassung

Die Beobachtung in der Praxis zeigt, dass die in der Literatur abgehandelten theoretischen Merkmalsverteilungsmodelle nur in verschwindend geringem Maße auftreten.

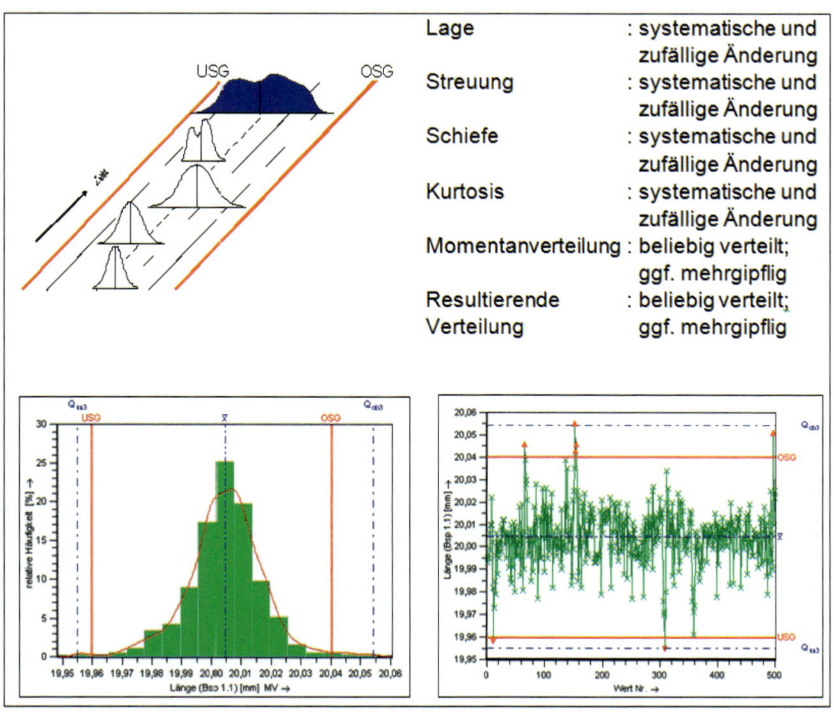

Abb. 30.10
Zeitabhängiges Verteilungsmodell D

Dies ist insbesondere das Modell der Normalverteilung. In geringem Umfang werden eingipflig schiefe Verteilungen behandelt. Modellierungen von mehrgipfligen Verteilungen sind praktisch nicht zu finden.
Bei einer industrieweiten Untersuchung von über 900 Prozessen mit bis zu 250 000 Messwerten war das klassische Merkmalsverteilungsmodell nach Shewhart (zufällige Schwankung der Stichprobenmittelwerte bei konstanter Stichprobenvarianz) nur mit 2 % aller Beobachtungen vertreten (Prozesstyp A1). Hinzu kommt, dass ab ca. 500 Beobachtungen dieser Prozesstyp und das daraus resultierende Merkmalsverteilungsmodell überhaupt nicht mehr anzutreffen ist. Dagegen überwiegen – werden nur ausreichend Daten der Merkmalsausprägung des untersuchten Merkmals aufgenommen und auf ihr Verhalten hin untersucht – die Prozesstypen C3, C4 und D und damit das Merkmalsverteilungsmodell der Mischverteilung. Das sind immerhin 96 % der untersuchten Prozesse. Die restlichen 4 % waren im Wesentlichen dem Prozesstyp A2 bzw. C2 zuzuordnen.

III

30.2.3 Qualitätsregelkarten und Verteilungsmodelle

Ist das zeitabhängige Verteilungsmodell nach ISO 22514-2 bekannt, so kann eine entsprechende Qualitätsregelkarte (QRK) zugeordnet werden. Diese QRK dient zunächst nur zur Beurteilung der Prozessstabilität. Erst wenn die Qualitätsanforderungen erfüllt sind, ist der Einsatz einer QRK zur Prozessregelung sinnvoll.
Es gelten die in Tabelle 30.2 gezeigten Zusammenhänge.

Tab. 30.2 Prozessmodelle mit zugehöriger Qualitätsregelkarte

Prozessmodell	Qualitätsregelkarte
A1	Shewhart-Karte
A2	Shewhart-Karte, alternativ Pearson-Karte[1]
C1, C2, C4, B und D	Shewhart-Karte mit erweiterten Grenzen
C3	Shewhart-Karte mit erweiterten Grenzen

Abbildung 30.11 zeigt typische Prozessverläufe mit zugeordneten Qualitätsregelkarten und Berechnungsformeln für die Eingriffsgrenzen der Karte. Die Beispiele für die Shewhart-Karte mit erweiterten Grenzen und die Zuordnung der Formeln ist als Vorschlag zu verstehen. Jede andere Kombination ist ebenfalls möglich.
Die Streuungskarten sind in der Regel unabhängig von dem Prozesstyp, da eine über die Zeit konstante Streuung angenommen wird. Diese Annahme kann beispielsweise für die Standardabweichung im CHI^2-Netz überprüft werden. Ist dies nicht gegeben, kann für die Berechnung der Eingriffsgrenzen die Pearsonmethode verwendet werden.
Bei Verwendung von Rechnersystemen ist die s-Karte der R-Karte[2] vorzuziehen. Der Anwender muss weiter unterscheiden, ob er die exakte Berechnungsmethode für die Eingriffsgrenzen oder der Einfachheit halber die näherungsweise Berechnung verwenden will. Auch hier würde man bei Einsatz eines Rechnerprogramms der exakten Berechnung den Vorzug geben.

30.2.4 Prozessstabilität

Der Begriff Prozessstabilität ist in der Literatur vielfältig hinterlegt. So definiert z. B. die Norm DIN 55350, Teil 33 bzw. Teil 11 „beherrschter Prozess“ als:
„Prozess, bei dem sich die Parameter der Verteilung der Merkmalswerte des Prozesses praktisch nicht oder nur in bekannter Weise oder in bekannten Grenzen ändern.“
Zu dieser Definition ist anzumerken, dass zum einen zur Verteilung keine weiteren Angaben vorhanden sind und zum anderen die Anmerkungen 1) und 2) dieser Norm die Festlegungen der Definition wieder aufheben.
Die weiterhin zum Begriff „Prozessstabilität“ verwendeten Erklärungen, z. B. „stationär“, „stabil“, „unter statistischer Kontrolle“, Abzählregeln zu bestimmten Punktefolgen innerhalb der Eingriffsgrenzen (Trend, Run und Middle Third) usw. sind ebenfalls ungeeignet, den Begriff inhaltlich auszufüllen. Hinzu kommt, dass die Zählregeln für Punktfolgen nur für N (μ, σ^2) verteilte Prozesse (zeitabhängiges Verteilungsmodell A1) zutreffen!
Der folgende Ansatz stellt einen Versuch dar, durch eine QRK-bezogene Betrachtungsweise eine Festlegung zum Begriff Prozessstabilität zu treffen.
Berechnet man aus einem vorhandenen Datensatz die Eingriffsgrenzen der QRK, gilt ein Prozess dann als „stabil“, bezogen auf den Wert $\bar{x}$, wenn die Anzahl der Eingriffsgrenzenverletzungen in einem zufälligen Bereich liegt. Bei der Abgrenzung der Eingriffsgrenze durch den 99 % Zufallsstreubereich der Stichprobenkennwerte (z. B. $\bar{x}$) dürfen im Durchschnitt 1 % der Beobachtungen außerhalb der berechneten Eingriffsgrenze liegen. Ist dies der Fall, wird der Prozess als stabil bezeichnet.

1 Ob eine Pearson-Karte sinnvoll ist, hängt von der Verteilungsform der Mittelwerte ab. Können diese bei extrem schiefen Verteilungen und bei kleinen Stichprobenumfängen als nicht normalverteilt angesehen werden, empfiehlt sich eine Pearson-Karte. Beurteilt wird diese Situation im W-Netz der Mittelwerte.

2 s steht für Standardabweichung der Stichprobe; R für Range, Spannweite

Modell	Qualitätsregelkarte (Lage)	Formeln für Eingriffsgrenzen
A1	Shewhart 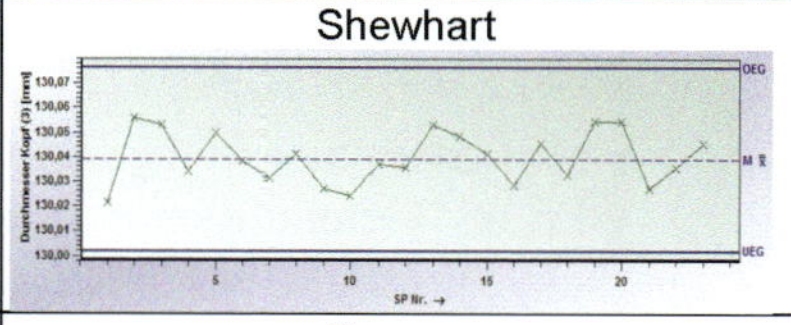	$OEG = \hat{\mu} + u_{1-\alpha/2} \cdot \frac{\hat{\sigma}}{\sqrt{n}}$ $UEG = \hat{\mu} - u_{1-\alpha/2} \cdot \frac{\hat{\sigma}}{\sqrt{n}}$
A2	Pearson 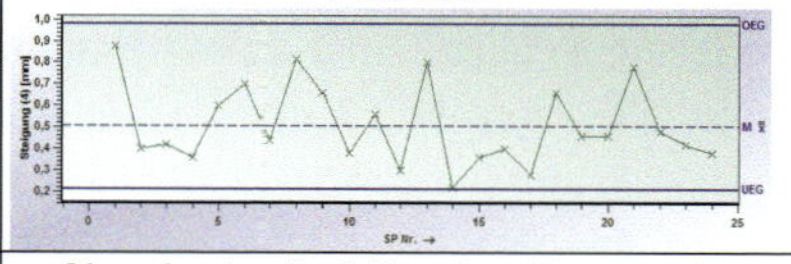	Berechnung nach Pearson aus Schiefe und Wölbung der Einzel- bzw. Mittelwerte
n = 1 (3 Werte zusammengefasst)	Shewhart mit gleitenden Kennwerten 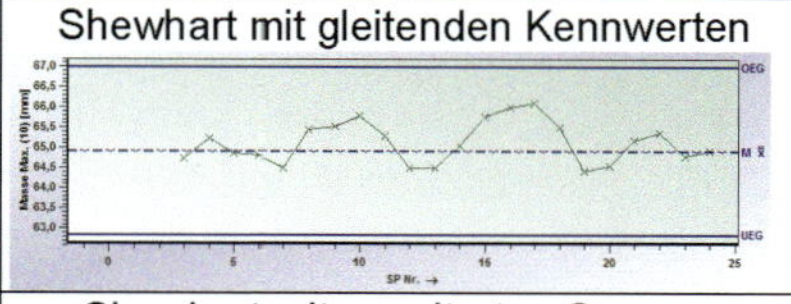	$OEG = \hat{\mu} + u_{1-\alpha/2} \cdot \frac{\hat{\sigma}}{\sqrt{n}}$ $UEG = \hat{\mu} - u_{1-\alpha/2} \cdot \frac{\hat{\sigma}}{\sqrt{n}}$
C1 C2	Shewhart mit erweiterten Grenzen 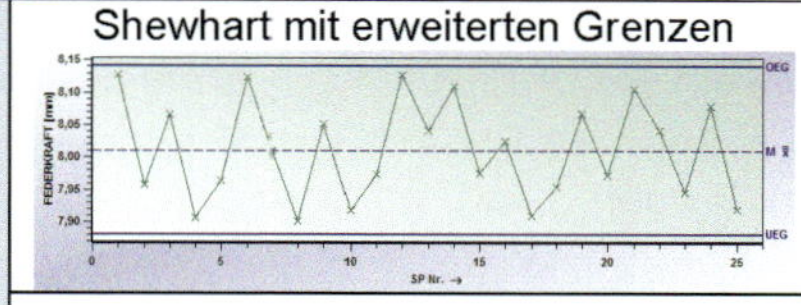	$OEG = \hat{\mu} + \hat{u}_{1-\alpha/2} \cdot \hat{\sigma}_{ges} + u_{1-\alpha/2} \cdot \frac{\hat{\sigma}}{\sqrt{n}}$ $UEG = \hat{\mu} - \hat{u}_{1-\alpha/2} \cdot \hat{\sigma}_{ges} - u_{1-\alpha/2} \cdot \frac{\hat{\sigma}}{\sqrt{n}}$
C4 B	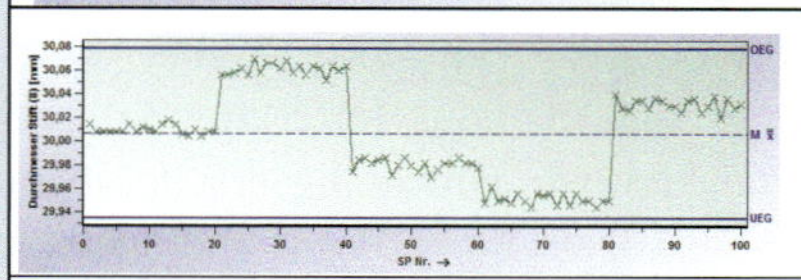	$OEG = \hat{\mu} + \frac{\overline{X}_{zus}}{2} + u_{1-\alpha/2} \cdot \frac{\hat{\sigma}}{\sqrt{n}}$ $UEG = \hat{\mu} - \frac{\overline{X}_{zus}}{2} - u_{1-\alpha/2} \cdot \frac{\hat{\sigma}}{\sqrt{n}}$
D	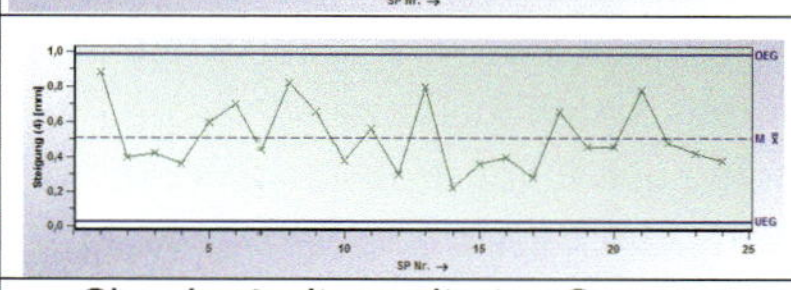	$OEG = \hat{\mu} + u_{1-\alpha/2} \cdot s_{\overline{x}}$ $UEG = \hat{\mu} - u_{1-\alpha/2} \cdot s_{\overline{x}}$
C3	Shewhart mit erweiterten Grenzen 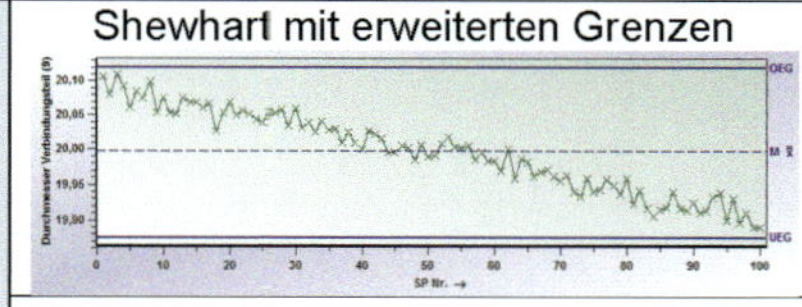	$OEG = \mu_{ob} + u_{1-\alpha/2} \cdot \frac{\hat{\sigma}}{\sqrt{n}}$ $UEG = \mu_{un} - u_{1-\alpha/2} \cdot \frac{\hat{\sigma}}{\sqrt{n}}$
	Annahmekarte 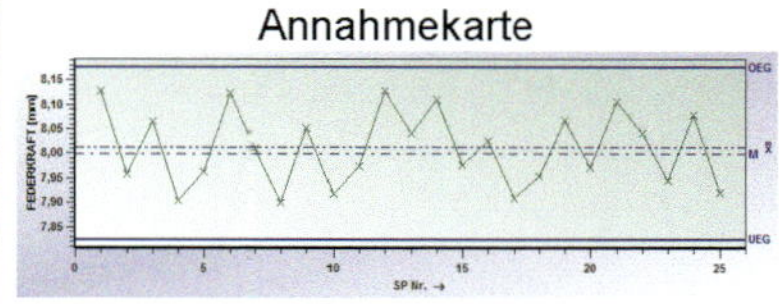	$OEG = OSG - \left(u_{1-p} + \frac{u_{1-P_a}}{\sqrt{n}}\right) \cdot \hat{\sigma}$ $UEG = USG + \left(u_{1-p} + \frac{u_{1-P_a}}{\sqrt{n}}\right) \cdot \hat{\sigma}$ mit $P = 5\%$ $1 - P_a = 90\%$

Abb. 30.11
Typische Qualitätsregelkarten in der Übersicht

30.3 Prozessbeurteilung durch Fähigkeitskenngrößen

30.3.1 Fähigkeitskenngrößen als Prozessmerkmal

Fähigkeitskenngrößen sind eine Information über die Prozessgüte und geben Auskunft darüber, wieweit der installierte Prozess in der Lage ist, die Spezifikationsgrenzen einzuhalten. Sie sind in erster Linie eine Managementinformation. Zunehmend werden diese Kenngrößen Grundlage von Qualitätszielen und -vereinbarungen zwischen Kunden und Lieferanten, wobei diese Betrachtung bei allen TQM-Diskussionen immer interne und externe Beziehungen betrifft.

In der Vergangenheit wurde häufig über die richtige Bestimmung der Qualitätsfähigkeitskenngrößen diskutiert und darüber, ob die eine oder andere Formel für die Berechnung angewandt werden soll. Diese Diskussion erübrigt sich mit der Norm ISO 22514-2. Dort sind nicht nur die typischen Prozessmodelle definiert, sondern eindeutig festgelegt, bei welchem Prozessmodell welche Berechnungsformeln zu verwenden sind.

30.3.2 Berechnung der Fähigkeitskenngrößen

Zur Beurteilung der Fähigkeit (bzw. ob ein Prozess „qualitätsfähig“ ist) wird die Prozessstreubreite ins Verhältnis zur Toleranz gesetzt (Abb. 30.12). Die Prozessstreubreite ist als der Bereich definiert, in dem 99,73 % der Werte liegen bzw. erwartet werden. Die Fähigkeit wird anhand der Kennwerte (nach ISO 22514-2) angegeben.

Prozessleistung (process performance)
Statistisches Maß für das Ergebnis eines Merkmals eines Prozesses, von dem möglicherweise nicht nachgewiesen ist, dass er beherrscht ist.

Potenzieller Prozessleistungsindex (process performance index) P_p
Kenngröße, die die Prozessleistung in Bezug auf eine festgelegte Toleranz beschreibt

$$P_p = \frac{U - L}{X_{99,865\%} - X_{0,135\%}}$$

III

Kleinster potenzieller Prozessleistungsindex

$$P_{pk} = min\left\{\frac{X_{50\%} - L}{X_{50\%} - X_{0,135\%}}; \frac{U - X_{50\%}}{X_{99,865\%} - X_{50\%}}\right\}$$

Prozessfähigkeit (process capability)
Statistischer Schätzwert des Ergebnisses eines Merkmals eines Prozesses, von dem nachgewiesen ist, dass er beherrscht ist, wobei der Schätzwert die Fähigkeit des Prozesses beschreibt, die Merkmalsausprägung so zu erzeugen, dass sie die betreffende Anforderung an das Merkmal erfüllen wird.

Prozessfähigkeitsindex (process capability index) C_p
Kenngröße, die die Prozessfähigkeit in Bezug auf eine festgelegte Toleranz beschreibt

$$C_p = \frac{U - L}{X_{99,865\%} - X_{0,135\%}}$$

Kleinster Prozessfähigkeitsindex

$$C_{pk} = min\left\{\frac{X_{50\%} - L}{X_{50\%} - X_{0,135\%}}; \frac{U - X_{50\%}}{X_{99,865\%} - X_{50\%}}\right\}$$

Hinweis: Auf diesen und den folgenden Seiten werden die Symbole aus ISO 22514-2 verwendet:

U	*Höchstwert (obere Spezifikationsgrenze)*
L	*Höchstwert (untere Spezifikationsgrenze)*
$X_{0,135\%}$	*unterer Punkt (0,135 % Quantil Q_{un3})*
$X_{50\%}$	*50 % Quantil*
$X_{99,865\%}$	*oberer Punkt (99,865 % Quantil Q_{ob3})*

Der 99,73 %-Bereich wird über das jeweilige Verteilungsmodell errechnet. Wird als Verteilungsmodell die „Normalverteilung“ gewählt, entspricht der 99,73 %-Bereich der sechsfachen Standardabweichung. Hier sei nochmals darauf hingewiesen, dass bei einer ausreichenden Datenmenge, von der man ausgehen kann, dass sie das reale Prozessgeschehen widerspiegelt, nur in 2 % aller Fälle eine Normalverteilung zu erwarten ist.
Je besser das theoretische Verteilungsmodell den realen Sachverhalt beschreibt, umso besser spiegelt der Fähigkeitsindex das Prozessverhalten wider.
Die Betrachtungsweise, die Prozessbreite über den 99,73 %-Bereich durch den Quantilsbereich $X_{99,865\%}$ und $X_{0,135\%}$ abzugrenzen, ermöglicht es, für jedes beliebige Verteilungsmodell - auch für Mischverteilungen - eine Prozessbreite zu definieren, die die beobachteten Werte berücksichtigt und nicht durch wahrscheinlichkeitstheoretische Überlegungen beeinflusste Werte vermutet, die nie beobachtet wurden oder im Extremfall überhaupt nicht auftreten können. Notwendig erscheint diese Vorgehensweise deswegen, da ca. 96 % aller oben zitierten Untersuchungen von ca. 900 Industrieprozessen dem Mischverteilungsmodell folgen.
Die Bestimmung des Quantilsabstands kann im W-Netz N (μ, σ^2) erfolgen (Abb. 30.13) oder durch ein DV-Programm mittels der Momentenmethode ermittelt werden.

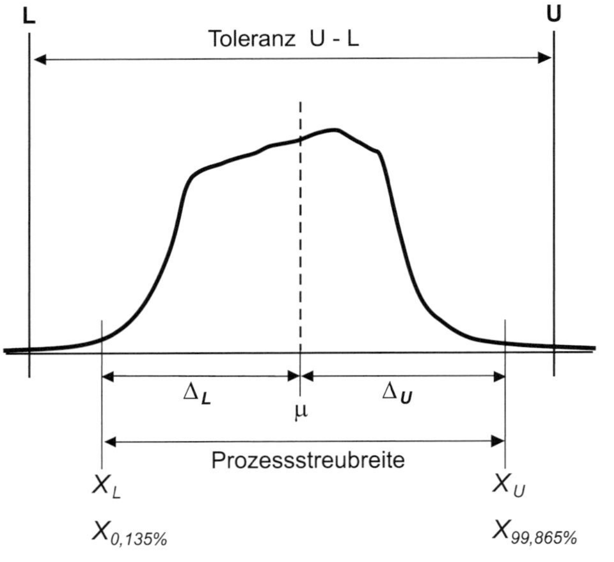

Abb. 30.12 Definition der Fähigkeit

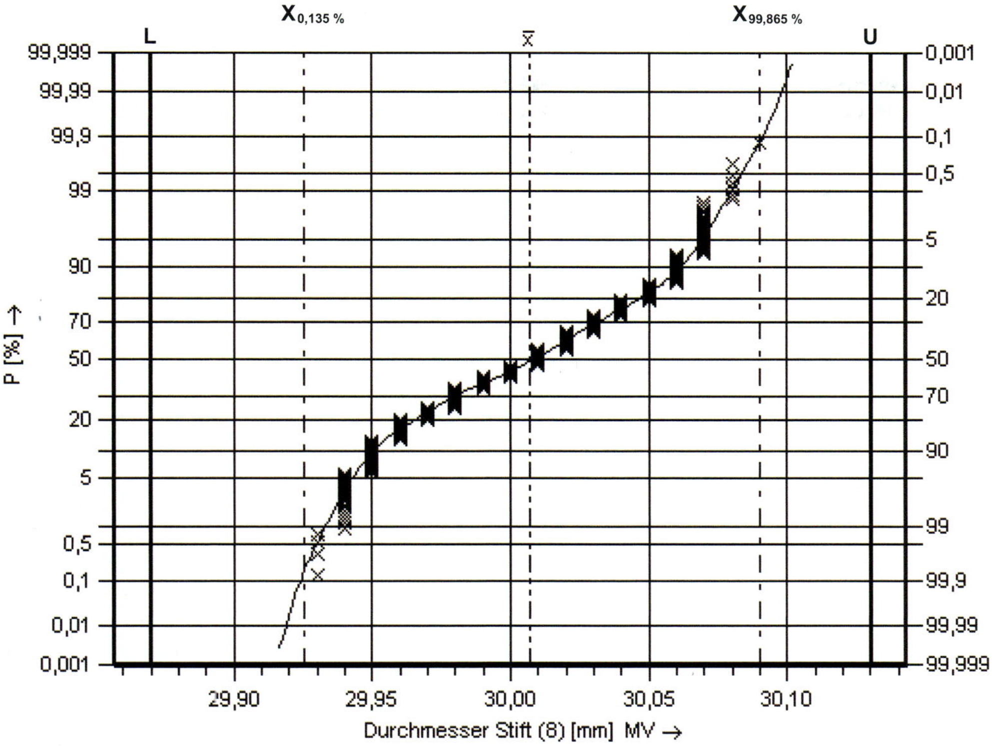

Abb. 30.13
W-Netz

30.3.3 Kennzahlen aus der zweidimensionalen Normalverteilung

Zur Bestimmung der Qualitätskennzahlen für die zweidimensionale Normalverteilung werden in Analogie zur eindimensionalen Normalverteilung die Zufallsstreubereiche in Abhängigkeit einer vorgegebenen Wahrscheinlichkeit (z. B.: $1 - \alpha = 99{,}73\,\%$) betrachtet. Abbildung 30.14 zeigt exemplarisch den Zusammenhang zwischen den Zufallsstreubereichen, den n-Standardabweichungen und den Fähigkeitsindizes. Erforderliche Zwischenwerte können, basierend auf der jeweiligen Dichtefunktion, sowohl für die eindimensionale als auch für die zweidimensionale Normalverteilung berechnet werden.

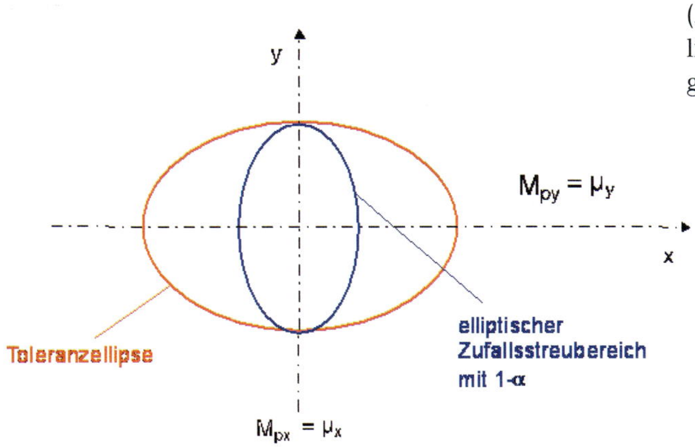

Für eine vorgegebene Wahrscheinlichkeit $1 - \alpha$ ergibt sich im zweidimensionalen Fall ein Zufallsstreubereich, der in Form einer Wahrscheinlichkeitsellipse in den x-y-Plot eingezeichnet werden kann. Dieser Bereich darf bei Erfüllung der Forderung nach einer bestimmten Fähigkeit die Toleranzellipse nicht schneiden.

Prozessleistungsindex P_p/ Prozessfähigkeitsindex C_p

Bei der Bestimmung des elliptischen Zufallsstreubereichs und damit der Fähigkeit wird der Mittelpunkt der Ellipse auf den Toleranzmittelpunkt $(\mu_x = M_{px}, \mu_y = M_{py})$ gelegt. Anschließend ist der elliptische Zufallsstreubereich zu bestimmen, der die Toleranzellipse gerade noch berührt (Abb. 30.14). Die zu diesem Bereich gehörige Wahrscheinlichkeit $1 - \alpha$ wird für die Bestimmung von P_p/C_p herangezogen.

Abb. 30.14
Bestimmung von P_p/C_p

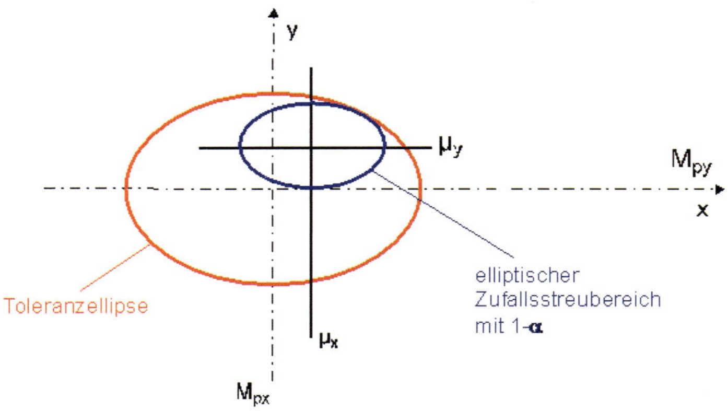

Abb. 30.15
Bestimmung P_{pk}/C_{pk}

Zur Bestimmung von P_{pk}/C_{pk} wird der elliptische Zufallsstreubereich bestimmt, der die Toleranzellipse gerade berührt (Abb. 30.15). Bei der Bestimmung des Mittelpunktes der Ellipse wird von den Schätzwerten der zweidimensionalen Normalverteilung μ_x und μ_y ausgegangen. Die zu diesem elliptischen Zufallsstreubereich gehörige Wahrscheinlichkeit 1 - α bestimmt P_{pk}/C_{pk}.
Normen zu dieser Thematik sind in der Normenreihe ISO 22514-x in Vorbereitung und sollen die E DIN 55319-2, -3 „Qualitätsfähigkeitskenngrößen zur Beurteilung von Prozessen bei multivariat normalverteilten Merkmalswerten/Qualitätsfähigkeitskenngrößen zur Beurteilung von Messprozessen bei multivariat normalverteilten Messergebnissen“ ersetzen.

III

Bewertung der Fähigkeitskenngröße

In der Regel wird der ermittelte Kennwert mit Vorgaben z. B. aus der Qualitätsplanung verglichen. Weiterhin ist es üblich, diese ermittelten Werte mit den Grenzen z. B. 1,33 oder 1,67 zu vergleichen und daraus die theoretische Fehlerrate (Überschreitungsanteile) zu berechnen. Auch hierzu ist anzumerken, dass diese Annahme nur für N (μ, σ^2) verteilte Prozesse stimmt und weiterhin bezüglich der Genauigkeit bei sehr kleinen Überschreitungsanteilen als bedenklich einzustufen ist. Die oben zitierten Grenzwerte sind letztlich nur aus wahrscheinlichkeitstheoretischen Überlegungen vor dem Hintergrund der Normalverteilung entstanden und repräsentieren in der Regel nicht die beobachtete Prozesssituation.
Eine grobe Festlegung der Anforderungen gibt Tabelle 30.3 nach VDA 4 wieder.

Zeitliche Veränderung der Fähigkeitskenngrößen

Bei normalverteilten Grundgesamtheiten kann die Fähigkeitskenngröße mit einem Vertrauensbereich versehen werden. Er weist auf den Zufallscharakter des ausgewiesenen Wertes hin (Abb. 30.16).

Tab. 30.4 Vergleichende Übersicht für die Grenzen der Schätzung des Fähigkeitskennwerts C_p

Vertrauensbereich 1 - α = 0,99 für einen Fähigkeitswert C_p = 1,33 in Abhängigkeit steigender Freiheitsgrade		
$f = (n - 1)$	$C_p = 1,00$	$C_p = 1,33$
4	$0,22 < C_p < 2,07$	$0,30 < C_p < 2,75$
8	$0,37 < C_p < 1,77$	$0,50 < C_p < 2,26$
20	$0,59 < C_p < 1,43$	$0,79 < C_p < 1,89$
48	$0,74 < C_p < 1,26$	$0,99 < C_p < 1,68$
100	$0,82 < C_p < 1,18$	$1,09 < C_p < 1,57$
124	$0,84 < C_p < 1,17$	$1,12 < C_p < 1,56$
500	$0,92 < C_p < 1,08$	$1,22 < C_p < 1,44$
1000	$0,94 < C_p < 1,06$	$1,25 < C_p < 1,41$

Tab. 30.3 Qualitätsfähigkeitskenngrößen

Bezeichnung	Standardanforderung	Bedeutung	Unterscheidungskriterium
C_m, C_{mk}*	≥ 1,67	Maschinenfähigkeitsindex (machine capability index)	Kurzzeituntersuchung
C_p, C_{pk}	≥ 1,33	Prozessfähigkeitsindex (process capability index)	Langzeituntersuchung, stabiler Prozess
P_p, P_{pk}	≥ 1,33	Prozessleistungsindex (process performance index)	Langzeituntersuchung, instabiler Prozess

** Hinweis: Nach ISO 22514-2 werden statt C_m/C_{mk} die Bezeichnungen C_p/C_{pk} für stabile Prozesse verwendet.*

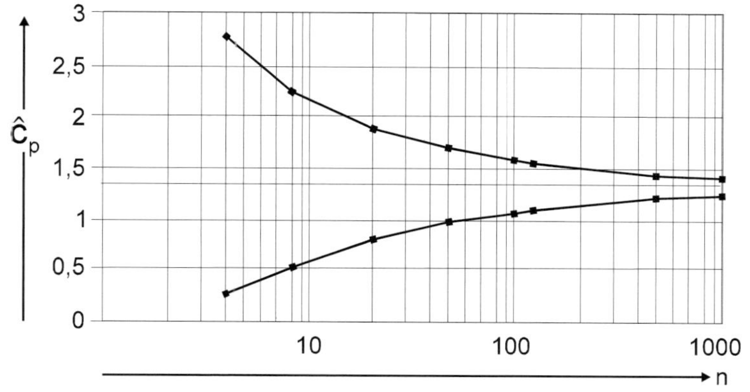

Abb. 30.16 Vertrauensbereich für einen Fähigkeitskennwert $C = 1{,}33$ mit $1 - \alpha = 99\%$

Bei Kurzzeitanalysen, aber auch bei ersten Prozessuntersuchungen, stehen in der Regel nur begrenzte Datensätze zur Verfügung. Sie können daher nur ein eingeschränktes Prozessbild liefern. Die als Einflussgrößen auf das Merkmal wirkenden Prozessparameter haben bei diesen Kurzfristbetrachtungen noch nicht alle zufälligen Ausprägungen durchlaufen. Nicht alle Auswirkungen konnten in diesem Prozessfenster in Form von Merkmalsvarianzen beobachtet werden. Erst über eine längere Prozessachse spiegelt der Werteverlauf des Merkmals die gesamte Pro-

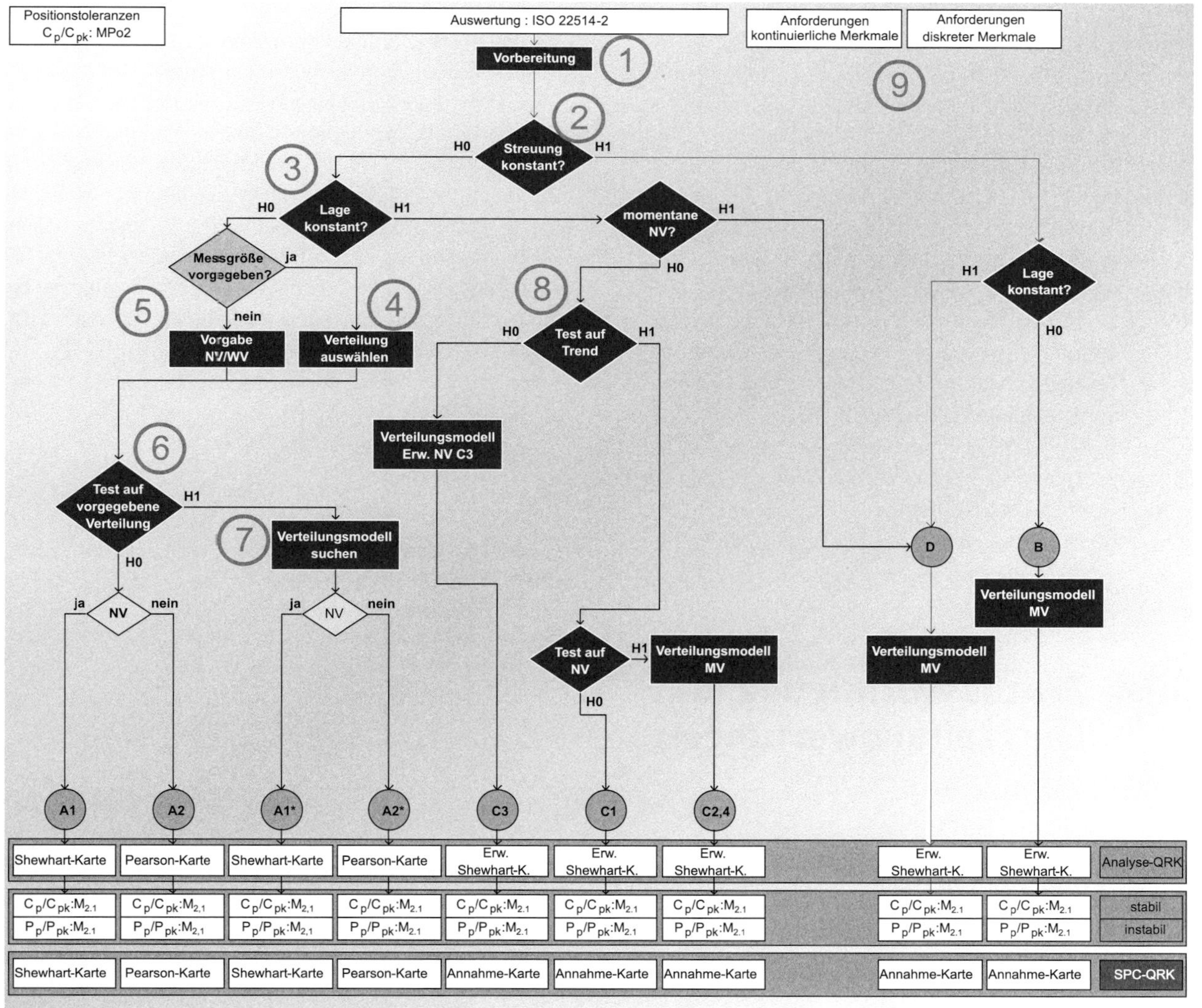

Abb. 30.17 Automatische Datenanalyse

zessvarianz wider. Folge ist, dass sich mit zunehmender Datenmenge die Fähigkeitskenngröße verändert. In der Regel wird der Kennwert kleiner. Umgekehrt kann diese Erkenntnis dazu verwendet werden, um bei Prozessuntersuchungen mit zu geringer Datenbasis die Standardanforderungen entsprechend zu erhöhen. Der VDA Band 4 enthält einen solchen Vorschlag.

DV-gestützte Prozessanalyse und Bewertung

In den bisherigen Abschnitten wurden Hintergrund und Hinweise zur Prozessanalyse und -bewertung gegeben.
Gerade wenn es darum geht, viele Daten auszuwerten, müssen Automatismen geschaffen werden, die in der Lage sind, diesen Vorgang selbstständig durchzuführen. Dabei ist besonders wichtig, dass die von der automatischen Auswertung vorgeschlagenen Ergebnisse den realen Sachverhalt ausreichend genau treffen und beschreiben. Die Werkzeuge hierfür sind in erster Linie die numerischen Testverfahren und der Datenfluss, der durch das Flussdiagramm „gelenkt" wird.

III

Dazu wird zunächst das geeignete Verteilungsmodell gesucht bzw. ein vermutetes bestätigt. Diesem sind eine adäquate Qualitätsregelkarte und die Berechnungsmethode der Qualitätsfähigkeitskenngrößen nach ISO 22514-2 zugeordnet.
Am Ende des Flussdiagramms stehen die Prozessmodelle, die Qualitätsregelkarten und Fähigkeitskennwerte fest.
Die wesentlichen Schritte dieses Ablaufs sind (Abb. 30.17):

1 Datensatz bereinigen – Test auf Ausreißer
2 Test auf konstante Streuung
3 Test auf konstante Prozesslage
4 + 5 Vorgabe eines Verteilungsmodells
6 Test, ob das Verteilungsmodell zutreffend ist
7 alternatives Verteilungsmodell suchen und testen
8 Test des Trendverhaltens
9 Überprüfung, ob die Anforderungen erfüllt sind

30.4 Prozessverfolgung und Langzeitauswertungen

Zur Vorbereitung und Einführung der SPC-Strategie im Betrieb können aus einer Vielzahl von Büchern (siehe Literatur) wertvolle Anregungen und Lösungsvorschläge entnommen werden.
Mit zunehmender Anzahl von Beobachtungen (Messwerten) ist eine periodische Überprüfung des Prozessverhaltens, der Prozessparameter und der Eingriffsgrenzen angebracht. Sicher wird dieser Schritt nur dann realisiert, wenn Messwerte und Zusatzdaten in DV-Systemen gespeichert werden und geeignete Meldesysteme Abweichungen vom gewünschten Prozesszustand anzeigen.
Für eine ganzheitliche Betrachtung von Prozessen, Produkten und Produktkomponenten ist ein „zentraler" Zugriff auf alle wesentlichen Qualitätsinformationen erforderlich. Dazu zählen neben dem Messwert alle beschreibenden Daten, die Rückschlüsse auf den Fertigungs- und Messprozess ermöglichen. Nur so lassen sich die hohen Aufwendungen für die Messdatenerfassung (Investition für Messgeräte, Eignungsnachweise der Messprozesse, Prüfmittelüberwachung, Erfassungsaufwand, Datenhaltung etc.) begründen und die gespeicherten Informationen für Verbesserungspotenziale nutzen.
Für periodische Berichterstattungen an das Management und zur Information der Mitarbeiter sind z. B. Hitlisten der Fähigkeitskenngrößen sinnvoll. Qualitätsniveau und Qualitätsziel können einfach und verständlich dargelegt werden.
Es entsteht zwar oftmals immer noch der Eindruck, dass die SPC-Strategie und die damit verbundene QRK-Technik in der Produktion als Selbstzweck beurteilt werden und die Fähigkeitskenngrößen nur für den Kunden und nicht für den Prozess ermittelt werden. Zur Sicherstellung gleichmäßiger Produkte ist aber aus heutiger Sicht der Einsatz einer sorgfältig geplanten und angewendeten SPC-Technik unabdingbar. Dies gilt besonders für den Teil jeder geplanten SPC-Strategie, der die Prozessanalyse beinhaltet. Sie sollte von allen Betroffenen nicht als Last, sondern als Hilfe angesehen werden.

Literatur

A. I. A. G. – Chrysler Corp./Ford Motor Co./General Motors Corp.: Quality System Requirements. QS-9000. 3. Auflage. Michigan, USA 1998

Abramowitz, M./Stegun, I. A.: Handbook of Mathematical Functions. Dover Publications, New York 1972

Anghel, C./Hausberger, H./Streinz, W.: Unsymmetriegrößen erster und zweiter Art richtig auswerten. Teil 1: Unsymmetriegrößen erster Art. In: QZ 37, 12, 1992 / Teil 2: Unsymmetriegrößen zweiter Art. In: QZ 38, 1, 1993

DaimlerChrysler AG: Leitfaden LF 02 „Maschinenfähigkeitsuntersuchung von variablen Qualitätsmerkmalen". Stuttgart 2002

DaimlerChrysler AG: Leitfaden LF 03 „Prozessfähigkeitsuntersuchung von variablen Qualitätsmerkmalen". Stuttgart 2002

DaimlerChrysler AG: Richtlinie QR 01 „Prozessbeurteilung". V 3.0. Untertürkheim 07/2004

DGQ – Deutsche Gesellschaft für Qualität: Richtlinie 11-04: Managementsysteme – Begriffe, Ihr Weg zu klarer Kommunikation. 7., völlig überarbeitete Auflage. Beuth Verlag, Berlin 2002

DGQ – Deutsche Gesellschaft für Qualität: Lehrgangsunterlagen: QII. Statistische Methoden des Qualitätsmanagements. Frankfurt 2005

Dietrich, E./Schulze, A.: Rechnergestützte Verfahren zur statistischen Prozesslenkung. Ein Modell-Vorschlag. Teil 1: QZ 34, 12, 1989. S. 677 - 681 / Teil 2: QZ 35, 1, 1990. S. 49 - 53

Dietrich, E./Schulze, A.: Qualitätsregelkarten und Fähigkeitsindizes bilden eine Einheit. Berechnung der Fähigkeitsindizes im Vergleich. In: QZ 37, 8, 1992. S. 466 - 472

Dietrich, E./Schulze, A.: Out of Control? In: QZ 39, 4, 1994. S. 416 - 418

Dietrich, E./Schulze, A.: Geeignete Verteilungsmodelle finden. In: QZ 39, 9, 1994. S. 1020 - 1025

Dietrich, E./Schulze, A.: Statistische Verfahren zur Maschinen- und Prozessqualifikation. 6., vollständig überarbeitete Auflage. Carl Hanser Verlag, München/Wien 2009

Dietrich, E./Schulze, A.: Eignungsnachweis von Prüfprozessen. 3., aktualisierte. Auflage. Carl Hanser Verlag, München/Wien 2006

DIN - Deutsches Institut für Normung: DIN 55350-13: Begriffe der Qualitätssicherung und Statistik; Begriffe zur Genauigkeit von Ermittlungsverfahren und Ermittlungsergebnissen. Beuth Verlag, Berlin 1987

DIN - Deutsches Institut für Normung: DIN 55350-11: Begriffe zu Qualitätsmanagement und Statistik; Begriffe des Qualitätsmanagements. Beuth Verlag, Berlin 1995

DIN - Deutsches Institut für Normung: DIN Fachbericht 78: Technische Spezifikation ISO/TS 16949, Qualitätsmanagementsysteme, Besondere Anforderungen bei Anwendung von ISO 9001:2000 für die Serien- und Ersatzteil-Produktion in der Automobilindustrie. Beuth Verlag, Berlin 2002

DIN - Deutsches Institut für Normung: DIN 55319: Qualitätsfähigkeitskenngrößen. Beuth Verlag, Berlin 2002

DIN - Deutsches Institut für Normung: ISO 21747, Ausgabe: 2006 - 07. Statistische Verfahren - Prozessleistungs- und Prozessfähigkeitskenngrößen für kontinuierliche Qualitätsmerkmale. Beuth Verlag, Berlin 2006

DIN - Deutsches Institut für Normung: ISO 22514-2, Ausgabe: 2013. Statistical methods in processmanagement - Capability and performance - Part 2: Process capability and performance of time-dependent process models

Duncan A.J.: Quality Control and Industrial Statistics. Irwin, Homewood 1974

Elderton W.P./Johnson N.L.: Systems of Frequency Curves. University Press, Cambridge 1969

Ford Motor Co./Q-DAS GmbH: EU 883 B: Ford-Testbeispiele, Beurteilung von SPC-Software. Köln 1991

Ford Motor Co.: PTG 02 - 887 MT: Richtlinie zur Untersuchung der vorläufigen Prozessfähigkeit (P_p/P_{pk}). Köln 1998

Franzkowski, R.: Beurteilung der Normalität. In: QZ 26, 4, 1981

Geiger, W.: Gefaltete und Betragsverteilungen. In: QZ 21, 7, 1976. S. 156 - 160. Rudolf Haufe Verlag, Freiburg/Berlin

Graf, U./Henning, H.-J./Stange, K./Wilrich, P.-T.: Formeln und Tabellen der mathematischen Statistik, 3. völlig neu bearbeitete Auflage/ 2. korrigierter Nachdruck. Springer Verlag, Berlin/ Heidelberg/New York 1998

Hartung, J.: Statistik-Handbuch der angewandten Statistik. R. Oldenbourg Verlag, München/Wien 1982

Nowack, H./Kaiser, B.: Nur scheinbar instabil. In: QZ 6, 1999. S. 761 - 765

Rinne, H./Mittag, H.-J.: Statistische Methoden der Qualitätssicherung. 3., überarbeitete Auflage. Carl Hanser Verlag, München/ Wien 1995

Schindowski, E./Schütz O.: Statistische Qualitätskontrolle, Kontrollkarten und Stichprobenpläne. VEB Verlag Technik, Berlin 1966

VDA - Verband der Automobilindustrie: VDA Band 4: Sicherung der Qualität vor Serieneinsatz. 3. Auflage. VDA, Frankfurt 1996

VDA - Verband der Automobilindustrie: VDA Band 5: Prüfprozesseignung. VDA, Frankfurt 2001

Volkswagen AG - Audi AG: Konzernnorm 101 30 - Maschinenfähigkeitsuntersuchung für messbare Merkmale. Wolfsburg 2005

Volkswagen AG - Audi AG: Konzernnorm 101 31 - Prozessfähigkeitsuntersuchung für messbare Merkmale. Wolfsburg 2005

Western Electric: Statistische Qualitätskontrolle. Berliner Union, Stuttgart 1996

Messmanagementsystem/ Prüfmittelmanagement

31.1 Aufgaben des Messmanagementsystems ... 715

31.2 Zielsetzung des Messmanagementsystems ... 715

31.3 Verantwortung der Leitung ... 716

31.4 Ressourcenmanagement ... 716
31.4.1 Personal ... 716
31.4.2 Informationsressourcen ... 717
31.4.3 Einsatz von Software ... 717
31.4.4 Kennzeichnung des Messmittels ... 717
31.4.5 Materialressourcen ... 718
31.4.6 Externe Lieferanten ... 719

31.5 Metrologische Bestätigung ... 719
31.5.1 Anforderungen an ein Kalibrierlabor ... 719
31.5.2 Aufzeichnung bei der Bestätigung ... 721
31.5.3 Intervall der Bestätigung/Prüfzyklus ... 723

31.6 Messprozess ... 723

31.7 Verbesserung des Messmanagementsystems ... 726

31.8 Aufbewahrungsdauer ... 727

31.9 Einsatz von Software ... 727

31.10 Zusammenfassung ... 728

31

31 Messmanagementsystem/ Prüfmittelmanagement

Edgar Dietrich

In der industriellen Produktion wird die Qualität von Teilen, Komponenten, Produkten und Prozessen anhand von ausgewählten Qualitätsmerkmalen beurteilt. Dazu werden mittels Mess- bzw. Prüfprozessen die Qualitätsmerkmale bewertet. Die Prüfergebnisse sind entweder qualitativ, wie z. B. gut/schlecht, oder quantitativ, wie z. B. Messwerte (variabel) oder Anzahl der Fehler (diskret). Sie alle sind aufgrund von immer vorhandenen Einflussfaktoren mit einer Unsicherheit behaftet.

Daher lauten, vereinfacht dargestellt, die Aufgaben des Messmanagementsystems: „Alle an der Ermittlung der Messergebnisse beteiligten Komponenten, Personen, Tätigkeiten und Dokumente so zu koordinieren, dass die Unsicherheiten der Messmittel und der Messprozesse ausreichend genau bekannt sind und bei Bedarf verringert werden können. So wird das Risiko für eine Fehlentscheidung wegen falscher Ergebnisse beherrschbar, es gibt Sicherheit und weckt Vertrauen beim Kunden.“ Dies ist der beste Schutz für ein Unternehmen, um Folgekosten und Imageverlust aufgrund von Messabweichungen zu vermeiden. Diese Forderungen haben kontinuierlich an Bedeutung zugenommen und werden künftig noch stärker in den Mittelpunkt rücken.

Die Hintergründe dazu sind vielschichtig. So nimmt die Konzentration der Unternehmen darauf, viele Produkte in sehr kurzer Zeit zu produzieren (z. B. 2000 Motoren und mehr an einem Standort pro Tag), weiter zu. Geringste Abweichungen bei Qualitätsmerkmalen, die nicht sofort erkannt werden, führen so zu hohen Folgekosten. Um hochwertige, leistungsfähige und langlebige Produkte herstellen zu können, sind die Spezifikationsgrenzen immer enger geworden. Dementsprechend muss die „Genauigkeit“ der Mess- und Prüfprozesse folgen. Gerade unter diesem Aspekt gilt die Behauptung „man kann nur so genau fertigen, wie man messen kann“ umso mehr. Tritt ein Haftungsfall ein, so muss nachgewiesen werden, dass zum Zeitpunkt der Herstellung des fehlerhaften Teils dieses dem Stand der Technik entsprechend produziert wurde. Um diesen Nachweis überhaupt führen zu können, sind nachvollziehbare Ergebnisse von validierten und bestätigten Mess- und Prüfprozessen unabdingbar. Ein funktionierendes Messmanagementsystem ist dabei die grundlegende Voraussetzung.

31.1 Aufgaben des Messmanagementsystems

Je nach Unternehmen und Produkten gibt es die unterschiedlichsten Messmittel, Mess- und Prüfprozesse. Diese reichen von einigen wenigen bis hin zu mehreren Tausend, die für die jeweilige Anwendung zu validieren sind. Um dies gewährleisten zu können, sind u. a. folgende organisatorische Schritte erforderlich:

- interne bzw. externe Kalibrierung der Messgeräte
- zeitgerechtes Zur-Verfügung-Stellen der jeweiligen Messmittel und Messprozesse
- Nachweis der Messunsicherheit und die Validierung der Messprozesse
- Überwachung der Beständigkeit von Messprozessen
- Einweisung und Schulung der Bediener
- Verknüpfung der Messprozesse mit den jeweiligen Fertigungsprozessen, damit der Nachweis geführt werden kann, welches Produkt mit welchem Messmittel und mit welchem Messprozess erfasst wurde (Rückverfolgbarkeit)
- Organisation dieser Tätigkeiten und der Nachweis der Wirksamkeit des Systems
- kontinuierliche Verbesserung der am Messmanagementsystem beteiligten Prozesse aufgrund von Erfahrungen und neuen Erkenntnissen

Falls die Kalibrierung im Unternehmen durchgeführt wird, sind weitere Anforderungen umzusetzen:

- Schaffung und Betrieb eines qualifizierten Messlabors (z. B. durch DKD-akkreditierte Messgröße)
- Nachweis der Rückführbarkeit auf nationale bzw. internationale Normale
- Bereitstellung der erforderlichen Prüfanweisungen
- normgerechte Kalibrierung der Messgeräte
- Erstellung der jeweiligen Kalibrierscheine mit der Festlegung des Betreuungsintervalls
- kontinuierliche Überprüfung der Anforderungen gemäß dem Stand der Technik

Die an diese Aufgaben und Tätigkeiten gestellten Anforderungen sind normativ geregelt.

Im März 2004 erschien die DIN EN ISO 10012 mit dem Titel „Messmanagementsysteme – Anforderungen an Messprozesse und Messmittel“. Erstellt wurde diese Norm vom ISO TC 176 „Qualitätsmanagement und Qualitätssicherung“, der auch für die ISO 9000ff-Serie verantwortlich ist. Gegenüber der 1. Ausgabe von 1992 wurde der Inhalt vollständig technisch und redaktionell überarbeitet. Wie der Titel „Messmanagementsysteme“ schon erwarten lässt, betrachtet man nicht mehr das Messmittel alleine, sondern formuliert auch die Anforderungen an die damit verbundenen Messprozesse. Damit sind die zuständigen organisatorischen Einheiten nicht nur für die Bestimmung der Messunsicherheit bei der Kalibrierung verantwortlich, sondern müssen darüber hinaus die Messunsicherheit beim realen Einsatz nachweisen und validieren. Diese Anforderungen gehen deutlich über die der alten Norm hinaus.

Hinweise:

Der Begriff „Mess“ in Messmanagementsystemen ist insofern verwirrend, da im Messmanagementsystem auch Lehren (sog. Attributive Prüfung) einbezogen sind. Mit diesen können nur Prüfentscheide wie „gut/schlecht“ oder „gut/Ausschuss/Nacharbeit“ getroffen werden. Daher spricht man in der Praxis auch oft von einem Mess- bzw. Prüfprozess. In den nachfolgenden Ausführungen werden diese ebenfalls unter dem Synonym „Messmittel“ subsummiert.

In vielen Unternehmen werden heute noch die mit der Kalibrierung beauftragten Abteilungen mit Prüfmittelüberwachung, Prüfmittelverwaltung oder Prüfmittelmanagement bezeichnet.

III

31.2 Zielsetzung des Messmanagementsystems

In Analogie zur DIN EN ISO 9001:2008 betrachtet die DIN EN ISO 10012 das Messmanagementsystem als einen geregelten Prozess mit Kundenanforderungen an die Messmittel und die Messprozesse als Eingangsgröße und die angestrebte Kundenzufriedenheit als Ausgangsgröße (siehe Abb. 31.1). Bei den Planungen und Festlegungen und dem Betrieb des Systems müssen die Risiken und Folgen bewertet werden, die eintreten können, falls die gestellten Anforderungen nicht ausreichend berücksichtigt wurden. Innerhalb dieses Regelkreises besteht die Aufgabe der obersten Leitung in der Lenkung und Dokumentation der einzelnen Tätigkeiten, dem Nachweis der Wirksamkeit des Systems und der Planung der Ressourcen. Dazu zählen die betroffenen Mitarbeiter, die Informations- und Materialressourcen sowie die bedarfsweise Einbindung von externen Lieferanten.

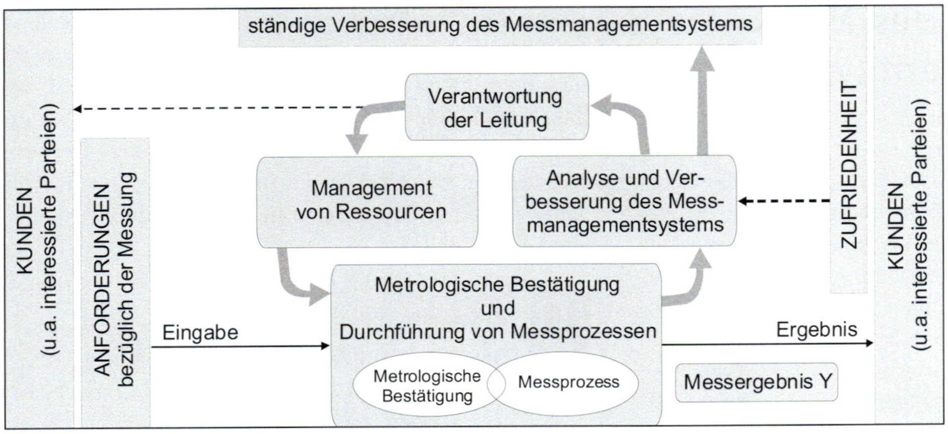

Abb. 31.1 Modell des Messmanagementsystems

Die zeitlich aufwendigsten Aufgaben des Messmanagementsystems sind:

- die metrologische Bestätigung der Messmittel sowie die Festlegung der Intervalle
- die Planung, Validierung und Durchführung der Messprozesse mit den entsprechenden Anweisungen und Aufzeichnungen der Ergebnisse.

Zur Bestimmung der Messunsicherheit sind die Methoden der GUM anzuwenden. Allerdings lässt die Norm auch andere dokumentierte und akzeptierte Methoden zu. Dies sind dann individuelle Vereinbarungen zwischen Kunden und Lieferanten (siehe Kap. 31.6).
Zielsetzung jedes Managementsystems ist die kontinuierliche Verbesserung; dies gilt auch für das Messmanagementsystem. Zur Steuerung des Gesamtregelkreises und zur Erkennung von Verbesserungspotenzialen sollte ein Kennzahlensystem mit entsprechenden Soll- bzw. Grenzwerten aufgebaut und dokumentiert werden, anhand dessen schnell signifikante Abweichungen erkennbar sind. Daraus sind Maßnahmen zur Optimierung des Systems abzuleiten, umzusetzen und deren Wirkung zu bewerten.

31.3 Verantwortung der Leitung

Die Organisation muss den Funktionsbereich „Metrologie" festlegen und dessen Einrichtung sowie Aufrechterhaltung sicherstellen. Um die Wirksamkeit der stetigen Verbesserung nachweisen zu können, sind die einzelnen Prozessschritte zu dokumentieren und zu bewerten.
Bezüglich der Bewertung müssen die Kundenorientierung herausgestellt, die Qualitätsziele definiert und eine Managementbewertung durchgeführt werden. Typische Qualitätsziele könnten sein:

- Kein Messprozess darf mehr als einen Tag ohne Entdeckung fehlerhaft sein.
- Die Kennzeichnung der Messmittel muss jederzeit lesbar sein.
- Alle Messmittel sind stets auffindbar.

Um die Wirksamkeit des Messmanagementsystems nachzuweisen, ist in angemessenen Zeiträumen die Eignung anhand von internen oder externen Audits zu beobachten. Dabei sind alle Ergebnisse der Bewertung bzw. eventuell eingeleitete Maßnahmen aufzuzeichnen und deren Wirkung nachzuweisen.

31.4 Ressourcenmanagement

31.4.1 Personal

Gerade wegen des Haftungsaspekts ist für Mitarbeiter und die oberste Leitung eine klare und eindeutige Festlegung ihrer Aufgaben hilfreich. Die geforderte Qualifikation und Zuständigkeit kann in Form von Organisationsdiagrammen, Stellen- und Aufgabenbeschreibungen bzw. Arbeitsanweisungen hinterlegt werden. Die Einhaltung der geforderten Qualifikation muss durch entsprechende Schulungs- und Trainingsmaßnahmen nachgewiesen werden. Dabei ist die Wirksamkeit der Maßnahmen zu dokumentieren.
Kann die geforderte Qualifikation durch eigenes Personal nicht abgedeckt werden, besteht die Möglichkeit, dieses Wissen durch externe Dienstleister zu ergänzen. Deren Eignung muss allerdings bestätigt sein.

31.4.2 Informationsressourcen

Innerhalb des Messmanagementsystems sind unter Umständen mehrere Tausend Messmittel und mehrere Hundert Messprozesse zeitgleich zu verwalten und die erzielten Ergebnisse sowie Aufzeichnungen langfristig zu dokumentieren. Der Umfang und der damit verbundene Aufwand wird oftmals vom Management nicht ausreichend gewürdigt. Man sieht diese Tätigkeiten häufig als zu kostenträchtig an und unterschätzt schlichtweg die Bedeutung der präventiven Maßnahmen. Die Norm DIN EN ISO 10012 mit ihren eindeutigen Anforderungen an die Aufgaben des Managements lässt allerdings wenig Spielraum, was die Installation und den Betrieb eines Messmanagementsystems anbelangt.
Prinzipiell ist der Aufbau des Messmanagementsystems zu dokumentieren. Vor allem müssen alle dabei verwendeten technischen Verfahren durch die entsprechenden Normen, Verbandsrichtlinien bzw. Kundenanforderungen hinterlegt werden. Diese müssen aktuell verfügbar und den zuständigen Mitarbeitern jederzeit zugänglich sein. Falls diese Mitarbeiter für bestimmte Aufgabenstellungen fehlen, sind Spezialisten heranzuziehen. Dies können Mitarbeiter des Kunden, des Herstellers der Messmittel, externe Berater oder im extremsten Fall der PTB (Physikalisch-Technische Bundesanstalt) selbst sein.

31.4.3 Einsatz von Software

Zur Unterstützung dieser vielfältigen Tätigkeiten ist es heute üblich, entsprechende Software einzusetzen, die geprüft und validiert werden muss. Typische Anwendungen sind:

- Verwaltung der Dokumente und Prüfmittel
- Durchführung, Berechnung und Bestätigung bei der Kalibrierung
- Bestimmung der Messunsicherheit der Messprozesse bzw. die Eignung der Messprozesse nach anderen Verfahren
- Berechnung der Messwerte mit der in den Messgeräten integrierten Software
- Übertragung der Messwerte von den Messgeräten in ein Rechnersystem
- Verwaltung der Messwerte

Damit können sämtliche Aufzeichnungen und Ergebnisse mit Rechnerprogrammen verwaltet werden. Dies trägt wesentlich zur besseren und schnelleren Auffindbarkeit der jeweiligen Dokumente bei. Dabei ist für jede Aufzeichnung die Aufbewahrungsfrist festzulegen. Diese kann aufgrund von gesetzlichen Gegebenheiten bzw. durch Kundenanforderungen bedingt sein. Die Software hat durch entsprechende Schutzmechanismen sicherzustellen, dass die einmal festgehaltenen Daten nicht ohne Angabe von Gründen und des Bearbeiters verändert werden. Der Urzustand muss zusätzlich erhalten bleiben.

31.4.4 Kennzeichnung des Messmittels

Ein für den jeweiligen Einsatz bestätigtes Messmittel bzw. der Messprozess muss eindeutig gekennzeichnet sein, damit ein Nutzer nachvollziehen kann, ob er überhaupt das Messmittel anwenden bzw. den Messprozess durchführen darf. Im einfachsten Fall ist diese Kennzeichnung unter Angabe des Ablaufdatums der Bestätigung, eine am Gerät angebrachte Plakette. Dies sind in unterschiedlichen Größen und Farben erhältliche Folien (siehe Abb. 31.2), die stark haftend sind und über eine hohe Temperaturbeständigkeit verfügen.

Abb. 31.2 Prüfplakette

Kann diese Plakette aufgrund der Größe des Messmittels nicht daran befestigt werden, wird die Kennzeichnung beispielsweise auf der Halterung angebracht, in die das Prüfmittel zurückgelegt wird. Dabei ist zu beachten, dass durch die Form der Halterung eine Verwechslung des Messmittels ausgeschlossen wird. Kommen die Messmittel mit öligen oder ätzenden Flüssigkeiten in Berührung, fallen die Aufkleber mit der Zeit häufig ab. In diesem Fall kann das Messmittel z. B. durch eine Gravur eindeutig identifiziert werden. Über eine zugängliche Liste bzw. über ein Rechnerprogramm kann dann der Anwender jederzeit die Gültigkeit der Bestätigung des Messmittels nachvollziehen. Gerade in solchen Anwendungsbereichen ist die Schulung und Einweisung der Mitarbeiter äußerst wichtig. Häufigere Audits in diesen Bereichen sichern die Nachhaltigkeit der ordnungsgemäßen Anwendung des Messmittels ab.
Unabhängig davon, ob eine Kennzeichnung am Messmittel angebracht werden kann oder nicht, sollte das Messmanagementsystem dafür sorgen, dass Messmittel rechtzeitig vor dem Ablauf des Bestätigungsintervalls vom Einsatzort entfernt werden. Dabei stellt sich die Frage: „Ist dieser Austausch eine Hol-Schuld der Metrologie oder eine Bring-Schuld des Anwenders?“ Dies wird je nach Unternehmen unterschiedlich gehandhabt. In manchen Unternehmen sorgt die Funktion „Metrologie“ eigenständig dafür, dass Messmittel rechtzeitig ausgetauscht werden.

Dies kann unter Umständen sogar ohne Kenntnisnahme des zuständigen Bereiches sein. In anderen Unternehmen informiert die Funktion „Metrologie“ die verantwortlichen Mitarbeiter rechtzeitig über den erforderlichen Austausch bzw. die neue Bestätigung der Messmittel. Diese überlassen die Messmittel dem Bereich Metrologie oder veranlassen die Kalibrierung ggf. auch durch einen externen Dienstleister. Werden diese Messmittel trotz mehrfacher Aufforderung nicht rechtzeitig vom Anwender zur Kalibrierung gebracht, bleibt oftmals nur der Weg, diese über die zuständigen Vorgesetzten anzufordern.

Häufig wird auch die Frage gestellt: „Müssen bestätigte Messmittel überhaupt gekennzeichnet werden?“ Die Norm lässt ausdrücklich zu, dass diese auch auf andere Weise gelenkt werden können. Dann muss das Gesamtsystem dafür sorgen, dass jederzeit die Einsatzorte der Messmittel bekannt sind und diese rechtzeitig vor dem Ablauf des Intervalls dem Einsatzbereich entzogen werden. Problematisch wird diese Handhabungsweise dann, wenn Messmittel dieser Art, aus welchem Grund auch immer, nicht mehr auffindbar sind. Tritt ein solcher Verlust ein, sind diese im System stillzulegen, sollten aber auf keinen Fall entfernt werden. Werden diese zu einem späteren Zeitpunkt wiedergefunden, können sie nach erneuter Bestätigung in dem System weiterverwaltet werden. Dabei ist zu prüfen, ob das Messmittel, falls es zum Zeitpunkt des Wiederauffindens nicht geeignet war, trotzdem verwendet wurde und welche Teile damit gemessen wurden. Diese Teile sind erneut zu prüfen.

Eine andere Fragestellung lautet: „Müssen kalibrierte Messmittel, die nicht zum Einsatz kommen, erneut kalibriert werden oder kann die Kennzeichnung bedenkenlos verlängert werden?“ Kann nachgewiesen werden, dass sich das Messmittel ohne Einsatz nicht signifikant verändert, kann einer Verlängerung problemlos zugestimmt werden. Allerdings dürfte es häufig schwierig sein, diesen Nachweis lückenlos zu führen. Daher ist es in der Regel sinnvoller, Messmittel, die nicht häufig zum Einsatz kommen, unter Verschluss zu halten und erst vor der jeweiligen Anwendung zu kalibrieren und zu bestätigen.

Messmittel, die nicht mehr geeignet bzw. nicht bestätigt sind, müssen entsprechend gekennzeichnet sein und sich möglichst unter Verschluss befinden. Es sind ausreichende Maßnahmen zu ergreifen, dass keines dieser Messmittel in den Einsatz gelangen kann. Daher ist es sinnvoll, Messmittel, die nicht mehr repariert werden, zu verschrotten. Selbst die Vergabe dieser Messmittel an die Mitarbeiter kann problematisch sein, wenn nicht sichergestellt ist, dass diese Messmittel auch definitiv das Unternehmen verlassen.

III

31.4.5 Materialressourcen

Die zentrale Frage des Messmanagementsystems ist immer, welche Messmittel müssen mit diesem System verwaltet werden. Dazu gehören alle Messmittel, anhand derer qualitätsrelevante Merkmale beurteilt werden. Inwieweit dies für die jeweiligen Messmittel zutreffend ist oder nicht, legt der Bereich Metrologie gegebenenfalls in Abstimmung mit Konstruktion, Entwicklung und Fertigung oder Produktion fest. Um Irritationen zu vermeiden, sollten möglichst viele, wenn nicht alle im Unternehmen befindlichen Messmittel in das System aufgenommen werden.

Sicherlich wird an der ein oder anderen Stelle ein Messmittel nur für grobe Abschätzungen eingesetzt. Eine typische Anwendung ist diejenige im Lagerbereich, um beispielsweise unterschiedliche Durchmesser oder Längen schnell identifizieren zu können. Werden die dabei verwendeten Messmittel nicht über das System verwaltet, sind sie entsprechend zu kennzeichnen und die betreffenden Mitarbeiter über diese Besonderheit in Kenntnis zu setzen.

Viel schwieriger ist der Umgang mit in Fertigungs- bzw. Produktionseinrichtungen integrierten Messmitteln bzw. Sensoren. Hier schreibt die Norm eindeutig vor, dass auch diese Messmittel zur Überwachung und Aufzeichnung von Einflussgrößen im System zu verwalten sind. Bei solchen Messmitteln ist die zeitgerechte Kalibrierung und erneute Bestätigung oftmals problematisch, da der Zugang zu diesen Messmitteln im praktischen Einsatz häufig nicht bzw. nur bedingt möglich ist. Daher müssen sich erneute Qualifikationsintervalle an Wartungs- bzw. Instandhaltungsarbeiten orientieren. Vor allem beim Neukauf solcher Einrichtungen ist dafür Sorge zu tragen, dass die integrierten Messmittel bestätigt sind und ihre Eignung anhand von Kalibrierscheinen nachgewiesen ist. Bei solchen Herstellungsprozessen ist dringend anzuraten, die Qualitätsmerkmale an dem hergestellten Produkt zusätzlich zu überprüfen, um sicherzustellen, dass eventuelle Fehlmessungen der integrierten Messmittel keine Auswirkungen auf die Produktqualität haben. Diese Möglichkeit besteht nicht, wenn die Messmittel regelnden oder überwachenden Charakter haben und Überschreitungen von Grenzwerten zu Material- bzw. Personenschäden führen können. Diese müssen regelmäßig bestätigt und überwacht werden.

Auf jeden Fall ist sicherzustellen, dass Messmittel nur in Umgebungen eingesetzt werden, für die sie auch geeignet sind. Die Einschränkungen werden bei der Bestätigung des Messmittels bzw. bei der Validierung des Messprozesses festgelegt. Haben veränderte Umweltbedingungen Einfluss auf die Messergebnisse, sind diese entsprechend zu überwachen und bei Bedarf Korrekturen vorzunehmen. Jegliche Veränderungen am Messprozess sind dabei zu dokumentieren.

Ob ein Messmittel die metrologischen Anforderungen erfüllt oder nicht, ist anhand der Qualitätsmerkmale (Kundenanforderung) der zu überprüfenden Produkte abzuleiten. Die Bestätigung kann auch von Funktionsbereichen außerhalb der Metrologie vorgenommen werden, wenn diese über eine entsprechende Qualifikation verfügen.

31.4.6 Externe Lieferanten

Je nach Größe eines Unternehmens und der zu verwaltenden Messmittel ist es häufig nicht sinnvoll, alle zu überwachenden Messgrößen (Si-Einheit) im eigenen Kalibrierlabor zu überprüfen. Der Aufwand, die entsprechenden Gerätschaften und die dafür erforderlichen Umgebungsbedingungen bereitzustellen, wird in der Regel zu groß sein. Darüber hinaus lohnt es sich für kleinere Unternehmen oftmals nicht, überhaupt ein eigenes Kalibrierlabor zu betreiben. Daher werden solche Tätigkeiten ausgelagert. Werden externe Lieferanten eingesetzt, gelten für diese die gleichen Regeln wie sie im eigenen Haus zum Tragen kämen. Um den Aufwand solcher externen Audits zu minimieren, empfiehlt sich, nur akkreditierte Labors als Lieferant in Betracht zu ziehen. Diese erfüllen die Anforderungen der DIN EN ISO/IEC 17025. Sämtliche Dienstleister mit gültiger Akkreditierung findet man unter *www.dakks.de* (ASkkS steht für Deutsche Akkreditierungsstelle). Die Aufstellung enthält eine Angabe, welche Messgrößen von dem jeweiligen Kalibrierlabor überprüft werden können.

Mittlerweile übernehmen viele Kalibrierlabors auch die Verwaltung der Prüfmittel oder unterstützen den elektronischen Datenaustausch der Kalibrierscheine zwischen dem System des Lieferanten und dem der Organisation. Damit entfällt die Verwaltung der Dokumente in Papierform. Selbst der Zugriff auf alle hinterlegten Daten via Internet ist problemlos möglich. Allerdings sollte vor der Auftragsvergabe an ein externes Kalibrierlabor eindeutig festgelegt werden, in welchem Detaillierungsgrad die Ergebnisse zurückgemeldet werden sollen. Weiter muss der Datenschutz gewährleistet werden. Dadurch kann sich für das Unternehmen der Verwaltungsaufwand reduzieren und die Gesamtkosten können gesenkt werden. Dies ist insbesondere dann zutreffend, wenn alle Messmittel von einem Labor kalibriert werden können. Bei der Auswahl des Labors sind nicht nur die Kosten und die Qualität, sondern auch die Abwicklungszeiten und der Lieferservice zu berücksichtigen. Oftmals können von Kalibrierlabors auch Reparaturen vorgenommen werden, sodass die Funktionsfähigkeit wiederhergestellt oder Hilfestellung bei eventuell erforderlichen Neubeschaffungen gegeben wird. Die zur Kalibrierung nach „extern“ vergebenen Messmittel müssen nach ihrer Rückkehr auf Beschädigung der Verpackung und der Messmittel selbst überprüft werden. Bereits geringste Hinweise auf Veränderungen sind zu verfolgen. Häufig bieten Kalibrierlabors auch die metrologische Bestätigung direkt beim Anwender an. Diese verfügen über ein mobiles Labor, mit dem sie zum Kunden fahren. Dadurch entfallen Transportkosten, die Messmittel stehen quasi jederzeit zur Verfügung und Transportschäden werden vermieden.

31.5 Metrologische Bestätigung

In der Praxis subsumiert man heute noch vielfach unter dem Begriff „Kalibrierung“ die vollständige Freigabe eines Messmittels für den realen Einsatz. Richtigerweise muss dies „Bestätigung“ heißen. Unter Bestätigung versteht man alle Aufgaben und Tätigkeiten, die erforderlich sind, um nachzuweisen, dass die Anforderung an den beabsichtigten Gebrauch erfüllt ist. Dabei ist selbstverständlich das wesentliche Element der Bestätigung die „Kalibrierung“. Hinzu kommen weitere Tätigkeiten, wie gegebenenfalls Reparatur, Plombierung und Etikettierung. Dazu gehören auch Hinweise auf den jeweiligen Verwendungszweck unter den Aspekten Messbereich, Auflösung, Grenzwerte u. a.

Die hier allgemein beschriebene Vorgehensweise bei der Kalibrierung wird in unterschiedlichen Richtlinien detailliert für die jeweiligen Prüfverfahren erläutert. Typische Richtlinien findet man beim Deutschen Kalibrierdienst DKD. Der Deutsche Kalibrierdienst (www.dkd.eu oder www.ptb.de) ist seit 3. Mai 2011 als technisches Gremium bei der PTB (Physikalisch-Technische Bundesanstalt) angesiedelt. Mehrere interessante Dokumente zum Thema Messen stehen kostenlos zur Verfügung. Darüber hinaus gibt es mehrere Prüfanweisungen und Kalibrierrichtlinien in VDI/VDE/DGQ 2618 bzw. VDI/VDE/DGQ/DKD 2622. Aktuelle Informationen dazu können über www.vdi.de abgerufen werden (siehe auch Kap. 32, „Organisation des Messwesens in Deutschland“).

31.5.1 Anforderungen an ein Kalibrierlabor

Um Kalibrierungen innerhalb der Organisation durchführen zu können, sind entsprechende Anforderungen an das Prüflabor zu erfüllen oder externe Lieferanten damit zu beauftragen. Die Anforderung an ein solches Labor (ver-

wendete Messprozesse und Umgebungsbedingungen) sowie die betreffenden Mitarbeiter sind in der ISO/IEC 17025 enthalten. Wesentliche Anforderungen sind die Umweltparameter des Raumes selbst, wie Konstanz der Temperatur, Luftfeuchtigkeit, Vibration, Beleuchtung, Sauberkeit, elektromagnetische Einflüsse und weitere Einflüsse. Diese dürfen sich nur in vorgegebenen Bereichen bewegen und müssen mit den bestätigten Messprozessen überwacht und dokumentiert werden.
Eine weitere Komponente ist die Rückführbarkeit der verwendeten Normale sowie Mess- und Prüfmittel auf nationale bzw. internationale Normale. Das vom Deutschen Kalibrierdienst DKD herausgegebene Dokument DKD-4 beschreibt die Anforderungen, um diesen Nachweis führen zu können. Die wesentlichen Elemente der Rückführung sind:

- eine ununterbrochene Kette von Vergleichen, die auf ein von den beteiligten Parteien anerkanntes Normal zurückgehen
- die Berechnung und Angabe der Messunsicherheit für jeden Schritt in der Kalibrierkette gemäß Stand der Technik
- die Dokumentation jedes Schritts in der Kette; die technische Kompetenz, dies durchführen zu können, ist offenzulegen
- Handelt es sich um eine SI-Einheit, so muss die Kette von Vergleichen beim primären Normal enden.

III

Dieser Vorgang muss in angemessenen Zeitabständen (siehe Tab. 31.1) wiederholt werden. Das Endergebnis dieser Untersuchung ist die Gesamtmessunsicherheit (erweiterte Messunsicherheit) für das verwendete Kalibriernormal. Diese geht in jede Berechnung bei der Kalibrierung des jeweiligen Prüfmittels mit ein.
Dabei kommen folgende Kalibrierhierarchien (siehe Abb. 31.3) zum Tragen:

- internationale Ebene
- metrologische Staatsinstitute (in der Bundesrepublik Deutschland die PTB - Physikalisch-Technische Bundesanstalt)
- akkreditierte Kalibrierlaboratorien wie der Deutsche Kalibrierdienst, Eichämter oder Materialprüfanstalten
- innerbetriebliche Kalibrierung/Werkskalibrierung/zentrales Kalibrierlabor
- der jeweilige Messprozess im Unternehmen

Für die Maßeinheit „Gewicht" sind in der Abbildung 31.4 die drei Hierarchiestufen für eine Waage dargestellt.
Für jede im Kalibrierlabor zu überprüfende Messgröße muss die Messunsicherheit bei der Kalibrierung ermittelt werden. Diese enthält die Messunsicherheit aus der beschriebenen Kalibrierkette des Normals, die Messunsicherheit des verwendeten Prüfmittels und die Unsicherheit aufgrund der Einflüsse bei der Durchführung der Kalibrierung sowie die Einflüsse aus der Umgebung. In dem Dokument des Deutschen Kalibrierdienstes DKD-3 ist beschrieben, wie die Messunsicherheit bei der Kalibrierung bestimmt wird. Zur Bestimmung der erweiterten Messunsicherheit sind basierend auf der GUM folgende Punkte erforderlich:

- Die in den jeweiligen Schritten verwendeten Verfahren müssen erkennbar sein.
- Die Berechnung der Ergebnisse muss nachvollziehbar sein.
- Die einzelnen Punkte sind entsprechend zu dokumentieren.

Je nach Messgröße dürfen vorgegebene Grenzwerte nicht überschritten werden. Sind die oben genannten Anforderungen eingehalten, kann die Kalibrierung der jeweiligen Größen in dem Prüflabor durchgeführt werden. Sind alle Anforderungen der ISO/IEC 17025 erfüllt und das Audit durch eine Akkreditierungsstelle der PTB für die jeweiligen Messprozesse erfolgreich abgeschlossen, wird vom Deutschen Akkreditierungsrat (DAR) die Akkreditierung ausgesprochen und durch ein entsprechendes Zertifikat

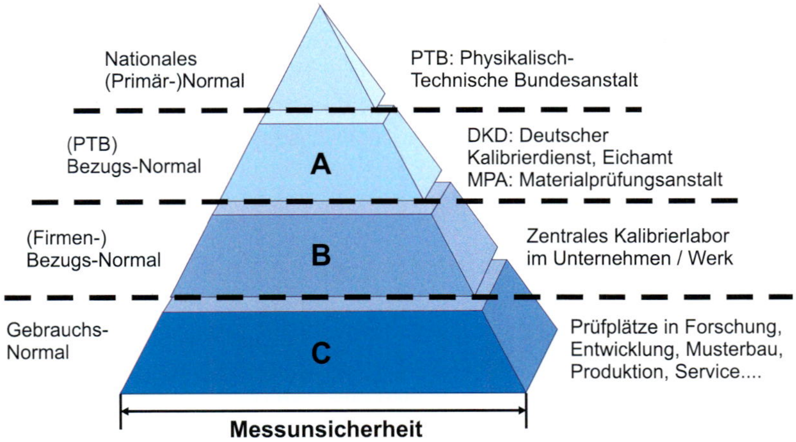

Abb. 31.3
Kalibrierhierarchie der Normale

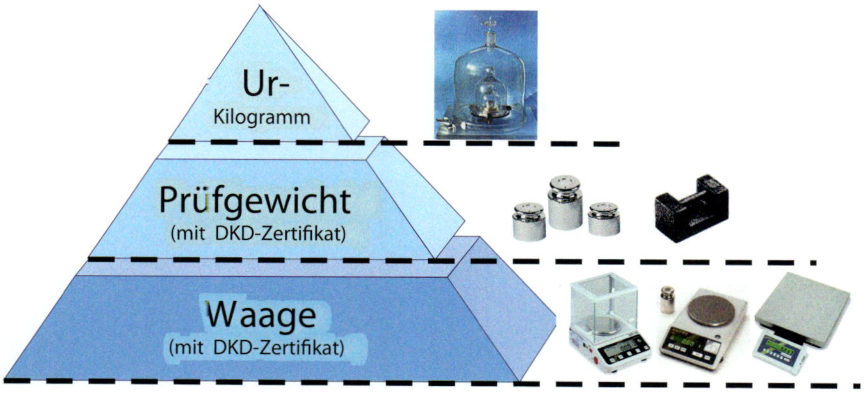

Abb. 31.4 Fallbeispiel für die Einheit „Gewicht"

Tab. 31.1 Bestätigung von Messgrößen (exemplarisch)

Messgröße	Bereich Genauigkeit	Art des Normals	Amt. Überprüfstelle	Prüfrhythmus	Art des Zertifikats
Kapazität	1 µF ± 0,02 %	Normalkapazität GenRad 1409 E	DKD-K-01901	5 Jahre	DKD-Kalibrierschein
Induktivität	1 mH, 10 mH ± 0,1 %	Normal-Induktivitin GenRad 1482	DKD-K-01901	5 Jahre	DKD-Kalibrierschein
Masse	1 mg … 200 kg E2, F1, M1	versch. Kalibriergewichte bzw. Gewichtssätze	Eichamt	4 Jahre	Eichschein
Druck relativ	0,1 … 700 bar ± < 0,04 %	Druckwaage Luckas-Barnet 8250/6	DKD-K-05801	5 Jahre	DKD-Kalibrierschein

III

belegt. Seit Januar 2010 ist dafür die Deutsche Akkreditierungsstelle (DAkkS) zuständig. Innerhalb von vorgegebenen Prüfrhythmen (siehe Tab. 31.1) ist die Akkreditierung zu wiederholen.

Das Ergebnis der Kalibrierung wird in dem sogenannten Kalibrierschein dokumentiert. In der „Anleitung zur Erstellung eines Kalibrierscheins" (DKD-5) vom Deutschen Kalibrierdienst ist die Formatvorlage eines Kalibrierscheins (siehe Abb. 31.5) dargestellt.

31.5.2 Aufzeichnung bei der Bestätigung

Die Norm schreibt sehr genau vor, welche Aufzeichnungen bei der metrologischen Bestätigung erforderlich sind:

- eindeutige Kennzeichnung (Typ, Seriennummer etc.)
- Datum, an dem die Bestätigung abgeschlossen wurde
- erzielte Ergebnisse
- festgelegtes Intervall der Bestätigung
- Identifikation der Verfahrensanweisung der Bestätigung
- Grenzwerte für Abweichungen
- Unsicherheit durch die Kalibrierung
- Umgebungsbedingungen und eine Aussage über gegebenenfalls erforderliche Korrekturen
- Einzelheiten zur durchgeführten Wartung, z. B. Justierung, Reparaturen, Modifikationen
- Einschränkungen hinsichtlich der Verwendung
- Bezeichnung der Person, die die Bestätigung durchgeführt hat
- Bezeichnung der Person, die für die Richtigkeit der aufgezeichneten Informationen verantwortlich ist
- eindeutige Kennzeichnung aller Kalibrierscheine und -berichte und sonstiger relevanter Dokumente
- Nachweis der messtechnischen Rückführung der Kalibrierergebnisse
- metrologische Anforderungen für den bestimmungsgemäßen Einsatz
- Kalibrierergebnisse nach jeder Justierung, Veränderung oder Reparatur

Die metrologische Bestätigung ist von der autorisierten Person freizugeben oder abzulehnen. Die Aufzeichnung ist mit dem Datum zu versehen, an dem die Beurteilung abgeschlossen wurde. Dabei weist die Norm ausdrücklich darauf hin, dass die Aufzeichnungen in Papierform, als Mikrofilm oder auf üblichen Speichermedien vorliegen können. In Verbindung mit der Validierung der dabei verwendeten Software ist nachzuweisen, dass bei Kopiervorgängen auf andere Speichermedien die Originale nicht verändert werden.

Besteht die Möglichkeit, an dem Messmittel selbst Veränderungen für die Justierung vorzunehmen, sind diese

III

DEUTSCHER KALIBRIERDIENST **DKD**

Kalibrierlaboratorium für
Calibration laboratory for

Akkreditiert durch die / *accredited by the*
Akkreditierungsstelle des DKD bei der
PHYSIKALISCH-TECHNISCHEN BUNDESANSTALT (PTB)

Deutscher Akkreditierungs Rat
DAR

(Raum für Firmenname/Logo)

DKD-K-00000

MUSTER

Kalibrierschein
Calibration certificate

Kalibrierzeichen
Calibration mark

00000
DKD-K-00000
jjjj-mm

Gegenstand
Object

Hersteller
Manufacturer

Typ
Type

Fabrikat/Serien-Nr.
Serial number

Auftraggeber
Customer

Auftragsnummer
Order No.

Datum der Kalibrierung
Date of calibration

Kalibrierverfahren/Bedingungen
Procedures/conditions

Ergebnis
Result

Dieser Kalibrierschein dokumentiert die Rückführung auf nationale Normale zur Darstellung der Einheiten in Übereinstimmung mit dem Internationalen Einheitensystem (SI).
Der DKD ist Unterzeichner der multilateralen Übereinkommen der European co-operation for Accreditation (EA) und der International Laboratory Accreditation Cooperation (ILAC) zur gegenseitigen Anerkennung der Kalibrierscheine.
Für die Einhaltung einer angemessenen Frist zur Wiederholung der Kalibrierung ist der Benutzer verantwortlich.
Die den Messwerten beigeordnete erweiterte Messunsicherheit ergibt sich aus der Standardmessunsicherheit durch Multiplikation mit dem Erweiterungsfaktor $k = 2$. Sie wurde gemäß DKD-3 ermittelt. Der Wert der Messgröße liegt mit einer Wahrscheinlichkeit von 95% im zugeordneten Werteintervall.
This calibration certificate documents the traceability to national standards, which realize the units of measurement according to the International System of Units (SI).
The DKD is signatory to the multilateral agreements of the European co-operation for Accreditation (EA) and of the International Laboratory Accreditation Cooperation (ILAC) for the mutual recognition of calibration certificates.
The user is obliged to have the object recalibrated at appropriate intervals.
The expanded uncertainty assigned to the measurement results is obtained by multiplying the standard uncertainty by the coverage factor $k = 2$. It has been determined in accordance with DKD-3. The value of the measurand lies within the assigned range of values with a probability of 95%.

Dieser Kalibrierschein darf nur vollständig und unverändert weiterverbreitet werden. Auszüge oder Änderungen bedürfen der Genehmigung sowohl der Akkreditierungsstelle des DKD als auch des ausstellenden Kalibrierlaboratoriums. Kalibrierscheine ohne Unterschrift und Stempel haben keine Gültigkeit.
This calibration certificate may not be reproduced other than in full except with the permission of both the Accreditation Body of the DKD and the issuing laboratory. Calibration certificates without signature and seal are not valid.

Stempel *Seal*	Datum *Date*	Leiter des Kalibrierlaboratoriums *Head of the calibration laboratory*	Bearbeiter *Person in charge*

(Raum für firmenspezifische Angaben)

Abb. 31.5
Einseitiger Muster-DKD-Kalibrierschein

durch Versiegelung oder Plombierung abzusichern. Der Anwender muss diese erkennen können und Maßnahmen einleiten, falls sie beschädigt oder entfernt sind.
Häufig wird bei der Kalibrierung die Frage diskutiert, inwieweit erfasste Messwerte und die daraus abgeleiteten Rechenschritte bzw. Zwischenergebnisse mit dem Endergebnis dokumentiert werden müssen oder nicht. Dies gilt insbesondere für die externe Kalibrierung. Hier wird oft-

mals nur bestätigt, ob das Messmittel den Anforderungen entspricht, ohne dass der Entscheidungsprozess nachzuvollziehen wäre. Prinzipiell empfiehlt es sich, alle Zwischenergebnisse festzuhalten, da aus diesen historischen Daten quasi ein fortschreitendes Wissen entsteht, das insbesondere für die Festlegung der Kalibrierintervalle herangezogen werden kann.
Vor der Kalibrierung muss auf jeden Fall der Auslieferzustand des Messmittels beurteilt werden. Weiter ist ratsam, eine Bewertung des Messmittels durchzuführen, bevor Veränderungen am Messmittel vorgenommen werden. Wird festgestellt, dass die vorgegebenen Grenzen nicht mehr eingehalten wurden, war das Kalibrierintervall zu lang und sollte künftig verkürzt werden.
Falls sich herausstellt, dass das Messgerät nicht geeignet war, muss der Zeitraum abgeschätzt werden, wann das Messmittel die erforderlichen Grenzen überschritten hat. Die in diesem Zeitraum damit geprüften Teile müssen nochmals überprüft werden. Diese ungewollte Situation kann vermieden werden, wenn der Messprozess mit dem verwendeten Messmittel regelmäßig auf seine Beständigkeit (Stabilität) untersucht wird. Ein typischer Zeitraum ist dabei maximal ein Tag (Schichtanfang und Schichtende). Damit ist die Gefahr gebannt, dass über einen längeren Zeitraum ungeeignete Messprozesse verwendet werden.
Von dem Zustand des zur Kalibrierung gegebenen Messmittels kann sicherlich auch auf den Anwendungsbereich zurückgeschlossen werden. Deutet dies auf einen zu robusten Umgang mit dem Messmittel hin, sollten entsprechende Informationen an die Verantwortlichen des Einsatzbereiches gehen, um Hinweise bezüglich des Umgangs mit dem Messmittel geben zu können.

31.5.3 Intervall der Bestätigung/Prüfzyklus

Nach der Kalibrierung ist das Intervall der metrologischen Bestätigung festzulegen. Dies gilt auch, wenn fehlerhafte Messmittel repariert, justiert oder verändert wurden. Einerseits fehlen für die Festlegung oftmals eindeutige Kriterien, andererseits besteht ein Interessenskonflikt zwischen dem gerade noch vertretbaren Zeitraum und den wirtschaftlichen Interessen. Längere Kalibrierintervalle reduzieren nicht nur die Kosten für die Kalibrierung, sondern auch den Zeitaufwand für das Handling der Messmittel. Sie erhöhen außerdem das Risiko, ein fehlerhaftes Messmittel im Einsatz zu haben. Folgende Kriterien können zur Festlegung des Intervalls herangezogen werden:

- Ergebnisse der zurückliegenden Kalibrierung des Messmittels
- Erfahrungen mit vergleichbaren Messmitteln
- Angaben vom Hersteller
- Trendanalysen, basierend auf den historischen Daten
- Zustand der Messmittel nach Rückkehr vom Einsatzbereich
- Anzahl der Einsätze der Messmittel pro Zeiteinheit

Wird die Messbeständigkeit des Messprozesses überwacht, bei dem das Messmittel verwendet wird, können sicherlich die Kalibrierintervalle etwas großzügiger ausfallen. In diesem Fall ist es sinnvoll, das Kalibrierintervall gleich mit dem Intervall der metrologischen Bestätigung des Messprozesses zu setzen.

31.6 Messprozess

Bei der metrologischen Bestätigung wird das Messmittel quasi unter idealisierten Bedingungen kalibriert. Dazu zählen die konstanten und bekannten Umgebungsbedingungen, die genauen Normale, die verwendeten Prüfmittel mit geringerer Messunsicherheit und das entsprechend qualifizierte Personal. Wird das kalibrierte Messmittel in der industriellen Produktion eingesetzt, gelten ganz andere Rahmenbedingungen. So kann sich die Umgebungsbedingung bezüglich der Temperatur, der Luftfeuchtigkeit, der Vibration, der elektromagnetischen Einflüsse usw. ständig ändern. Weiter erfolgt die Messung an Prüflingen, die in ihrer Form von den idealisierten Normalen abweichen. Die Bediener behandeln oftmals die Prüfmittel nicht so pfleglich, wie dies im Kalibrierlabor der Fall ist. Mit Ausnahme von Standardprüfmitteln sind die Messmittel in der Regel in Messvorrichtungen eingebaut. Auch diese haben erheblichen Einfluss auf das Messergebnis. Das unter diesen Bedingungen verwendete Messmittel wird beim Einsatz ein anderes Messergebnis liefern als im Kalibrierlabor. Bei dieser Art der Anwendung des Messmittels spricht man von einem Messprozess, der das Messergebnis liefert. Dieses setzt sich, wie Abbildung 31.6 zeigt, aus dem vom Messmittel angezeigten Messwert y und der von den Einflussparametern bestimmten Erweiterten Messunsicherheit U zusammen.
Ist zu einem verwendeten Messwert die erweiterte Messunsicherheit nicht bekannt, sind Fehlinterpretationen die zwangsläufige Folge. Dies gilt nicht nur für den einzelnen Messwert selbst, sondern auch für Messwertreihen, anhand derer beispielsweise statistische Auswertungen durchgeführt werden, um Fähigkeitsindizes zur Beurteilung der Prozesse zu berechnen. Gerade bei der Kunden/Lieferanten-Beziehung kommt es häufig zu unnötigen Diskussionen über „Messwerte“. Selbst baugleiche Messgeräte, bei denen eins beim Lieferanten und ein weiteres

III

beim Kunden steht, können bei der Messung ein und desselben Qualitätsmerkmals am gleichen Produkt zu unterschiedlichen Messergebnissen kommen. Um dabei Irritationen zu minimieren, regelt die DIN EN ISO 14253 diesen Sachverhalt für alle GPS-Maße (Geometrische Produktspezifikation) eindeutig und schreibt die Bestimmung der Messunsicherheit sowohl bei den Messprozessen beim Kunden als auch beim Lieferanten vor (siehe Abb. 31.6): *„Vom Lieferanten darf kein Produkt mit Qualitätsmerkmalen, die außerhalb des Übereinstimmungsbereiches liegen, an den Kunden geliefert werden. Der Abnehmer darf kein Produkt zurückweisen, das Qualitätsmerkmale außerhalb des Nicht-Übereinstimmungsbereichs aufweist."* Ist die erweiterte Messunsicherheit korrekt bestimmt und werden diese Regeln eingehalten, ist sichergestellt, dass aufgrund falscher Messungen kein fehlerhaftes Produkt ausgeliefert bzw. kein fehlerfreies Produkt vom Abnehmer abgelehnt wird.

Konsequenterweise ist damit für jeden Messprozess die erweiterte Messunsicherheit zu bestimmen. Die DIN EN ISO 10012 verweist dazu auf die GUM (Guide to the Expression of Uncertainty in Measurement) bzw. DIN V EN V 13005 „Leitfaden zur Angabe der Unsicherheit beim Messen"). Abbildung 31.7 zeigt bei einem Messschieber zu den einzelnen Einflusskomponenten die Unsicherheitsbudgets und deren Verknüpfung zur Berechnung der erweiterten Messunsicherheit nach GUM.

Die darin beschriebenen Verfahren lassen sich aufgrund der Komplexität der eingesetzten Messprozesse nicht oder nur bedingt in dem Prozess verwenden. Daher lässt die Norm ausdrücklich auch andere akzeptierte Methoden zu, diese müssen allerdings zwischen Kunde und Lieferant im Einzelfall abgestimmt und dokumentiert sein. In der Praxis haben sich in der Vergangenheit zwei Leitfäden diesem Thema angenommen. Zum einen ist dies der VDA5-Band, „Prüfprozesseignung", vom Verband der Automobilindustrie und zum anderen die sogenannte MSA (Measurement System Analysis) von der AIAG (Automotive Industry Action Group). Historisch bedingt ist die MSA, da bereits 1990 erstmals erschienen, die weltweit am meisten verwendete Vorgehensweise. Der VDA5-Band ist sehr stark an der GUM angelehnt und kommt deren Vorgehensweise zur Bestimmung der erweiterten Messunsicherheit sehr nahe. Dieser gilt in erster Linie für GPS-Maße (Geometrical Product Specification) und verwendet bei der Berechnung der erweiterten Messunsicherheit eine gegenüber der GUM vereinfachte Betrachtungsweise. Erfahrungen bei der Anwendung der Vorgehensweise gemäß VDA5-Band haben gezeigt, dass diese Verfahren auch für andere Maßeinheiten angewandt werden können.

Als Alternative können auch Fähigkeitsuntersuchungen gemäß MSA (Measurement System Analysis) angesehen werden. Diese bewerten die Streuung des Messprozesses über den sogenannten %GR&R-Wert (Gage Repeatability and Reproducibility – Messmittel-Wiederhol- und Vergleichspräzision). Dieser Streubereich ist allerdings nicht identisch mit der erweiterten Messunsicherheit nach GUM. Im Gegensatz zum VDA5 werden nicht alle Einflussfaktoren berücksichtigt und außerdem unterscheiden sich die Berechnungsmodalitäten. Daher können bei diesem Eignungsnachweis die Regeln der DIN EN ISO 14253 nicht angewandt werden. Ist allerdings der %GR&R Wert

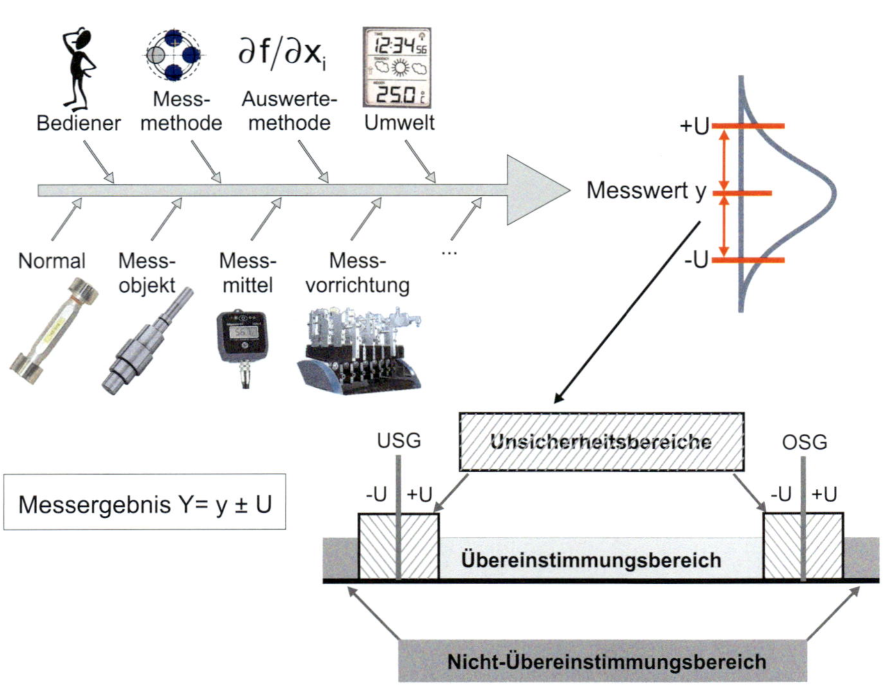

Abb. 31.6
Messergebnis und Forderung aus ISO 14253

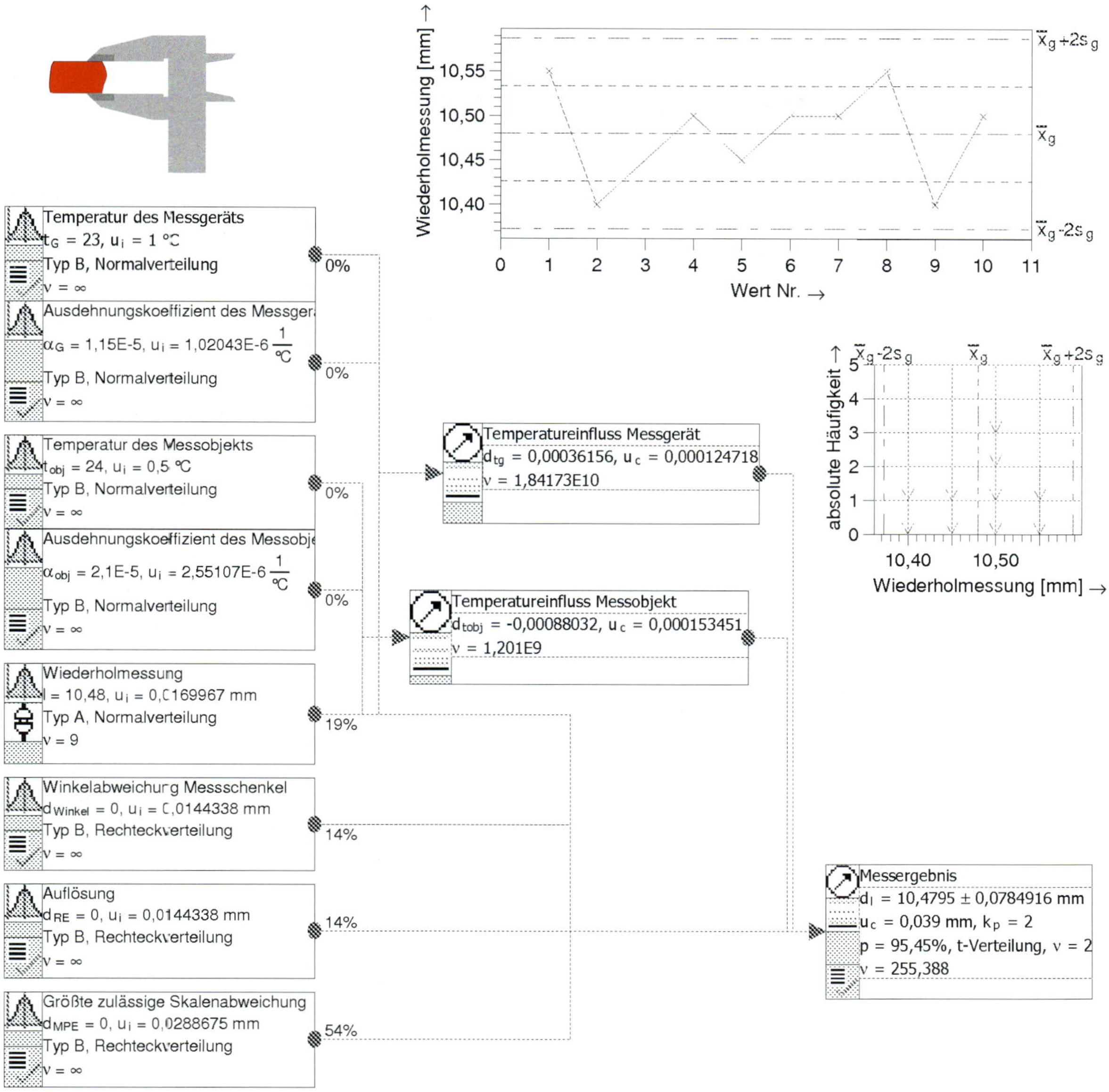

X_i	x_i	Einh.	Typ	E	u	Vert.	k_p	U
Ausdehnungskoeffizient des Messgeräts	α_G	$\frac{1}{°C}$	B	0,0000115	0,00000102	Normalverteilung	1,960	0,00000200
Ausdehnungskoeffizient des Messobjekt	α_{obj}	$\frac{1}{°C}$	B	0,0000210	0,00000255	Normalverteilung	1,960	0,00000500
Temperatur des Messobjekts	t_{obj}	°C	B	24,00	0,500	Normalverteilung	2,000	1,000
Temperatur des Messgeräts	t_G	°C	B	23,00	1,000	Normalverteilung	2,000	2,000
Winkelabweichung Messschenkel	d_{Winkel}	mm	B	0,000	0,0144	Rechteckverteilung	1,000	0,0144
Auflösung	d_{RE}	mm	B	0,000	0,0144	Rechteckverteilung	1,000	0,0144
Wiederholmessung	l	mm	A	10,48	0,0170	Normalverteilung	1,000	0,0170
Größte zulässige Skalenabweichung	d_{MPE}	mm	B	0,000	0,0289	Rechteckverteilung	1,000	0,0289
Messergebnis	d_l	mm	---	10,48	0,0392	Normalverteilung	2,001	0,0785

Abb. 31.7 Messschieber mit erweiterter Messunsicherheit

bezogen auf die Toleranz klein (z.B. kleiner als 10%), dann ist das Risiko einer Fehlentscheidung bei der Beurteilung von Qualitätsmerkmalen gering, da ein solcher Wert zwangsläufig einer kleinen Messunsicherheit entspricht.

Da es sich sowohl beim VDA5-Band als auch bei der MSA um Leitfäden handelt, haben Großkonzerne in der Regel eine Verfahrensanweisung für die Eignung von Mess- und Prüfprozessen erstellt. Ein typisches Beispiel, wie ein solcher Eignungsnachweis aussehen kann, enthält der Leitfaden LF 05 „Prüfprozesseignung" der DaimlerChrysler AG. Andere Konzerne und Zulieferer haben ähnliche Richtlinien. Näheres zum Eignungsnachweis von Mess- und Prüfprozessen finden Sie in Kapitel 28, „Eignungsnachweise von Prüfprozessen", und in der VDI/VDE-Richtlinie 2600.

Während es bei dem Messprozess „Kalibrierung" nahezu für alle Vorgänge konkrete Vorgaben aus Normen oder Richtlinien gibt, liegen diese aufgrund der Vielfältigkeit der Anwendungen bei Messprozessen in der industriellen Produktion häufig gar nicht vor. Daher muss der Messprozess individuell analysiert werden und die zutreffenden Prozesselemente sowie Überwachungsschritte müssen einzeln festgelegt werden. Insbesondere bei der Bestimmung von Grenzen ist das Risiko abzuschätzen, das aufgrund von nicht eingehaltenen Anforderungen entstehen kann. Damit die Messunsicherheit des jeweiligen Messprozesses nicht zu groß wird und dieser beherrschbar bleibt, sollten folgende Randbedingungen von vorneherein beachtet werden:

- nur kalibrierte Messmittel einsetzen, um daraus validierbare Messprozesse ableiten zu können
- Überwachung der Umgebungsbedingungen und Einhaltung von vorgegebenen Grenzwerten
- nur ausreichend qualifiziertes Personal einsetzen und dessen Fähigkeit kontinuierlich beobachten; wenn möglich, sollte der Messprozess so gestaltet werden, dass der Einfluss des Bedieners vernachlässigt werden kann
- Der Messprozess ist regelmäßig zu überwachen, um signifikante Veränderungen zeitnah erkennen zu können.
- Die dabei anfallenden Ergebnisse sind entsprechend zu dokumentieren.

Der vor der Anwendung bestätigte Messprozess ist zusammen mit der Gültigkeitsdauer zu dokumentieren. Dazu gehört eine vollständige Beschreibung des Messprozesses sowie aller zur Ermittlung der Messunsicherheit relevanten Informationen. Die bei der Validierung verwendeten Dokumente sind zu kennzeichnen und die beteiligten Personen sowie deren Qualifikation festzuhalten. Darüber hinaus ist sicherzustellen, dass nur autorisierte Personen mit dieser Aufgabe betraut werden. Vor allem muss sichergestellt werden, dass Aufzeichnungen nicht manipuliert oder verändert bzw. gelöscht werden können.

31.7 Verbesserung des Messmanagementsystems

Der Funktionsbereich Metrologie muss anhand von Überwachungsaudits die Übereinstimmung des aufgebauten und in Betrieb befindlichen Messmanagementsystems mit den gängigen Normen sicherstellen. Werden Normenanforderungen nicht ausreichend berücksichtigt, sind entsprechende Maßnahmen einzuleiten, um einen ausreichenden Erfüllungsgrad zu erreichen. Häufig werden Normenanforderungen auch übererfüllt. Dies gibt Anlass, das Messmanagementsystem effizienter zu gestalten. Insbesondere die Beurteilung der Kundenzufriedenheit gibt wichtige Hinweise auf Verbesserungspotenziale.

Um die Einhaltung der Anforderungen nachweisen zu können, sind regelmäßig Audits durchzuführen, die auch Bestandteil des Managementaudits sein können. Diese können von Mitarbeitern des Unternehmens oder von Außenstehenden durchgeführt werden. Allerdings sollte kein Auditor seinen Verantwortungsbereich selbst auditieren. Das Audit selbst und die Ergebnisse sind zu dokumentieren und die Ergebnisse den betreffenden Organisationseinheiten zur Verfügung zu stellen. Die daraus abgeleiteten Korrekturmaßnahmen sind festzuhalten und deren Umsetzung sowie Wirkung zu überprüfen. Durch diesen Verbesserungsprozess sollen Vorbeugemaßnahmen getroffen werden, um auf entstehende Probleme ausreichend und angemessen einwirken zu können. Dazu ist es sinnvoll, einige Kennzahlen bzw. Bewertungen festzulegen:

- potenzielle Fehler und deren Ursachen
- Bewertung der Notwendigkeit von Korrekturmaßnahmen
- Beurteilung der umgesetzten Maßnahmen
- Aufzeichnung der Ergebnisse
- Bewertung der getroffenen Maßnahmen

Ein so gelenktes Messmanagementsystem trägt wesentlich dazu bei, korrekte Messergebnisse zu liefern, die als sichere Entscheidungsgrundlage herangezogen werden können.

31.8 Aufbewahrungsdauer

Bezüglich der Aufbewahrungsdauer gibt es unterschiedliche Anforderungen. Diese können von Kunden oder vom Gesetzgeber kommen. Einschlägige Richtlinien von Verbänden geben ebenfalls Hinweise. Allerdings sollte sich ein Unternehmen auf den kritischsten Fall einstellen. So regelt der Gesetzgeber in § 823 I BGB die Haftung im Schadensfall wie folgt:
„Wer vorsätzlich oder fahrlässig das Leben, den Körper, die Gesundheit, die Freiheit, das Eigentum oder ein sonstiges Recht eines anderen widerrechtlich verletzt, ist dem anderen zum Ersatz des daraus entstehenden Schadens verpflichtet.“
Dieser Anspruch verjährt erst nach 30 Jahren (siehe Abb. 31.8) ab dem Zeitpunkt des In-Verkehr-Bringens eines Produktes. Das Produkthaftungsgesetz (§ 13 ProdHaftG) kennt zwar kürzere Verjährungsfristen, allerdings obliegt es dem Kläger, nach welchem Gesetz er eine Klage einreicht. Weicht man von der Obergrenze ab und verkürzt die Aufbewahrung, so bleibt ein Risiko. Nicht berücksichtigt sind dabei Rechtsverordnungen anderer Länder. Denn ein Geschädigter kann das Rechtssystem wählen, das für ihn günstiger ist, wenn z. B. Herstellungsort, Marktort oder Schadenseintrittsort in verschiedenen Ländern liegen.
Die heutigen Speichermöglichkeiten lassen es zu, die umfangreichen Dokumente des Messmanagementsystems auch langfristig kostengünstig aufzubewahren. Allerdings ist zu beachten, dass diese regelmäßig auf neue Speichermedien umgelagert werden, damit die Verfügbarkeit erhalten bleibt. Dieser Vorgang ist jeweils zu validieren und sicherzustellen, dass die aktuell vorliegenden Daten mit den Ursprünglichen identisch sind.

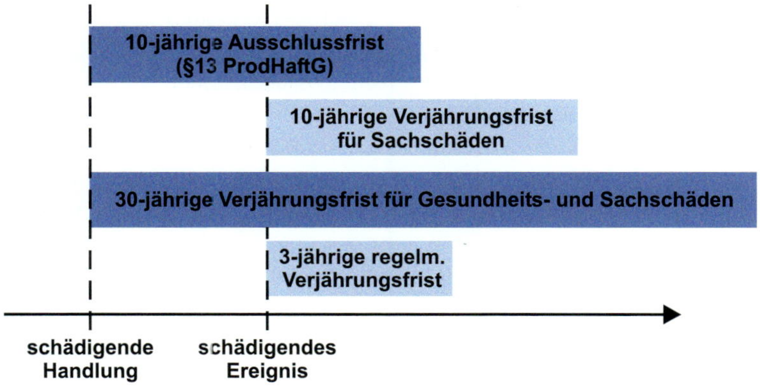

Abb. 31.8
Aufbewahrungsdauer

31.9 Einsatz von Software

Bei nahezu allen Tätigkeiten in Verbindung mit dem Messmanagementsystem werden zu deren Unterstützung Softwareprodukte eingesetzt. Die Eignung ist für die jeweilige Anwendung nachzuweisen. So fordert:

- DIN EN ISO 9001 und/oder ISO/TS 16949 in „7.6 Lenkung von Überwachungs- und Messmitteln“:
  Bei Verwendung von Rechnersoftware zur Überwachung und Messung festgelegter Anforderungen muss die Eignung dieser Software für die beabsichtigte Anwendung bestätigt werden. Dies muss vor dem Erstgebrauch vorgenommen werden und wenn notwendig auch später bestätigt werden.
- DIN EN ISO 10012 in „6.2.2 Software“:
  Die in den Messprozessen und bei der Berechnung der Ergebnisse eingesetzte Software muss dokumentiert, gekennzeichnet und überwacht werden, um ihre Eignung für den fortgesetzten Einsatz sicherzustellen. Die Software und sämtliche aktualisierte Versionen müssen vor dem Einsatz geprüft und oder validiert werden, für den Einsatz freigegeben und archiviert werden.

Die Forderung, dass die verwendete Software für den jeweiligen Anwendungsfall geeignet sein muss, ist leicht formuliert. Die Nachweisführung ist umso schwieriger. Die Variantenvielfalt, die Flexibilität und Konfigurierbarkeit von Software führt dazu, dass es in der Anwendung nahezu „unendlich viele Testszenarien“ geben müsste, um den geforderten Nachweis vollständig zu führen. Daher sind Rahmenbedingungen zu schaffen, damit sich der Aufwand für die endgültige Validierung in Grenzen hält. Weiter ist festzulegen, wann eine solche Validierung durchzuführen ist. Gründe dafür können sein:

- Neuinstallation der Software
- Einspielen eines Updates bzw. eines Upgrades
- Umstellung des Rechnersystems bzw. des Betriebssystems
- Anbindung neuer Messmittel

III

Nützliche Hinweise für die Validierung von Software gibt die DIN ISO 12119. Prinzipiell unterscheidet man bei Software folgende Formen:

- in ein übergeordnetes System eingebettete Software
- frei programmierbare Software
- Standardsoftware

Insbesondere bei einer frei programmierbaren Software kommt man nicht umhin, die Validierung intensiv zu betreiben. Dazu sind ausreichend Testszenarien aufzustellen, die Tests durchzuführen und anhand von Vergleichen die Richtigkeit nachzuweisen. Selbst bei standardisierten Softwareprogrammpaketen ist in der Regel durch die Konfiguration das Verhalten der Software veränderbar. Dabei sind allerdings die Freiheitsgrade wesentlich geringer. Firmen sollten sich daher ihre eigene Konfiguration schaffen, sie dokumentieren und langfristig daran festhalten. Werden bei Standardprogrammen, wie z. B. Excel, eigene Makros geschrieben, ist deren Eignung nachzuweisen. Insbesondere ist bei solchen Programmpaketen auf die Rechengenauigkeit Wert zu legen und die Auswirkung zu überprüfen.

III

Neben der eigentlichen Validierung sollten folgende Tätigkeiten bei Bedarf bzw. regelmäßig durchgeführt werden:

- Überprüfung der Software sowie des Datenbestandes mit einem aktuellen Virenscanner
- Dokumentation der gültigen Version; in der Regel wird die Versionsnummer der Software unter „Hilfe/Info“ angezeigt
- Bei Messgeräten sollten an kalibrierten Werkstücken, bei denen die Sollwerte bekannt sind, Wiederholungsmessungen durchgeführt und die Ergebnisse mit den Vorgaben aus dem Kalibrierschein verglichen werden.
- Bei mathematischen bzw. statistischen Auswertungen sollten vor der Neuinstallation Testdaten, von denen die Ergebnisse bekannt sind, ausgewertet werden; die neu berechneten Ergebnisse sind mit den Referenzergebnissen zu vergleichen.
- Es ist sicherzustellen, dass die einmal validierte Softwareversion nicht ausgetauscht werden kann.
- Es ist sicherzustellen, dass alle Arbeitsplätze mit der aktuellen Version versehen sind; zu empfehlen ist daher prinzipiell eine zentrale Installation der Software, auf die alle Anwender zugreifen.
- Mittels festgelegter Passwörter ist sicherzustellen, dass nur berechtigte Anwender Zugriff auf das System haben.
- Die Berechtigungen für Lesen/Schreiben/Ändern/Löschen sind eindeutig zu regeln, zu dokumentieren und zu überwachen.
- Die regelmäßige Datensicherung bzw. Archivierung unter der Beachtung der Aufbewahrungsfristen und der langfristigen Verfügbarkeit ist durchzuführen.
- Es ist regelmäßig zu überprüfen, ob sich die in der Software abgebildeten gesetzlichen Forderungen, Normen und Richtlinien verändert haben.

Diese Tätigkeiten müssen nicht zwangsläufig von dem Funktionsbereich Metrologie durchgeführt werden. Häufig werden sie von den IT-Abteilungen in den Unternehmen erledigt.
Folgende Sachverhalte geben Hinweise auf die Eignung bzw. „Fehlerarmut“ der Software:

- Ist das QM-System des Herstellers nach DIN EN ISO 9001 zertifiziert?
- Gibt der Hersteller eine Eignungserklärung für seine Software ab?
- Sind die in der DIN ISO/IEC 12119 aufgeführten Anregungen für die Zertifizierung von Software berücksichtigt?
- Erfüllt die Software die Anforderungen von FDA (Food and Drug Administration) Part 11 und ist sie in der Pharma- oder Medizinbranche installiert?
- Ist die Software bei vielen Anwendern installiert?
- Wird die Software bei Großkonzernen mit mehreren Anwendern eingesetzt?

Erfüllt die Software die oben genannten Punkte, reduziert sich der Aufwand bei der Validierung deutlich. Dann ist es in der Regel ausreichend, die Installation zu dokumentieren, einige Referenztests durchzuführen und bei erfolgreichem Abschluss die Version freizugeben.

31.10 Zusammenfassung

Ein gut funktionierendes Messmanagementsystem stellt im Unternehmen sicher, dass alle Messmittel und Messprozesse bestätigt und validiert sind. Die Unsicherheit der angezeigten Messwerte muss bekannt und möglichst klein sein. So wird das Risiko von Fehlinterpretationen aufgrund falscher Messergebnisse minimiert und beherrschbar.
Neben der Kalibrierung und Bestätigung der Messmittel muss die oberste Leitung alle damit verbundenen Tätigkeiten, Ressourcen und Dokumente gemäß der Normanforderung umsetzen. Insbesondere die kontinuierliche Überwachung unter Berücksichtigung der Umsetzung von Kundenanforderungen und Optimierung trägt wesentlich zum erfolgreichen Betrieb des Messmanagementsystems bei.

Literatur

A. I. A. G. - Chrysler Corp./Ford Motor Co./General Motors Corp.: Measurement Systems Analysis. Reference Manual. 4. Auflage. Michigan 2010

DaimlerChrysler AG: Leitfaden LF 05 „Prüfprozesseignung". Stuttgart 2006

Dietrich, E./Schulze, A.: Eignungsnachweis von Prüfprozessen. 3. Auflage. Carl Hanser Verlag, München/Wien 2006

DIN - Deutsches Institut für Normung: DIN EN ISO 9000:2005, Qualitätsmanagementsysteme - Grundlagen und Begriffe. Beuth Verlag, Berlin 2005

DIN - Deutsches Institut für Normung: DIN EN ISO 9001:2008: Qualitätsmanagementsysteme - Anforderungen. Beuth Verlag, Berlin 2008

DIN - Deutsches Institut für Normung: DIN EN ISO 10012:2003: Messmanagementsysteme - Anforderungen an Messprozesse und Messmittel. Beuth Verlag, Berlin 2004

DIN - Deutsches Institut für Normung: DIN ISO/IEC 12119: Informationstechnik - Software-Erzeugnisse - Qualitätsanforderungen und Prüfbestimmungen. Beuth Verlag, Berlin 1995

DIN - Deutsches Institut für Normung: DIN EN ISO 14253-1: Geometrische Produktspezifikation (GPS). Prüfung von Werkstücken und Messgeräten durch Messen. Teil 1: Entscheidungsregeln für die Feststellung von Übereinstimmung oder Nichtübereinstimmung mit Spezifikationen. Beuth Verlag, Berlin 1999

DIN - Deutsches Institut für Normung: DIN EN ISO/IEC 17025: Allgemeine Anforderungen an die Kompetenz von Prüf- und Kalibrierlaboratorien. Beuth Verlag, Berlin 2005

DIN - Deutsches Institut für Normung: DIN V ENV 13005:1999: Leitfaden zur Angabe der Unsicherheit beim Messen. Beuth Verlag, Berlin 1999
identisch mit: ISO/IEC 83-3: Guide to the expression of uncertainty in measurement (GUM) 1995. Beuth Verlag, Berlin 2008

DIN - Deutsches Institut für Normung: ISO/IEC 99: Internationales Wörterbuch der Metrologie. Beuth Verlag, Berlin 2010

DIN - Deutsches Institut für Normung: ISO/TS 16949, Qualitätsmanagementsysteme - Besondere Anforderungen bei Anwendung von ISO 9001:2008 für die Serien- und Ersatzteil-Produktion in der Automobilindustrie. Beuth Verlag, Berlin 2008

DKD - Deutscher Kalibrierdienst: DKD-3: Angabe der Messunsicherheit bei Kalibrierungen. DKD/PTB, Braunschweig 1998

DKD - Deutscher Kalibrierdienst: DKD-4: Rückführung von Mess- und Prüfmitteln auf nationale Normale. DKD/PTB, Braunschweig 1998

DKD - Deutscher Kalibrierdienst: DKD-5: Anleitung zum Erstellen eines DKD-Kalibrierscheines. DKD/PTB, Braunschweig 2005

VDA - Verband der Automobilindustrie: VDA Band 5: Prüfprozesseignung. VDA, Frankfurt 2010

VDI/VDE Technische Regel: VDI/VDE 2600, Blatt 1: Prüfprozessmanagement - Identifizierung, Klassifizierung und Eignungsnachweise von Prüfprozessen, Beuth Verlag, Berlin 2012

VDI/VDE/DGQ Richtlinie: VDI/VDE/DGQ 2618, Blatt 1.2: Prüfmittelüberwachung - Anweisungen zur Überwachung von Messmitteln für geometrische Größen - Messunsicherheit. Beuth Verlag, Berlin 1999

VDI/VDE/DGQ/DKD Technische Regel: VDI/VDE/DGQ/DKD 2622: Kalibrieren von Messmitteln für elektrische Größen - Grundlagen. Beuth Verlag, Berlin 2001

III

32 Organisation des Messwesens in Deutschland

32.1 Bedeutung des Messwesens für Handel und Wirtschaft ... 733

32.2 Grundlagen des Messwesens ... 734

32.3 Kalibrierwesen ... 736

32.4 Eichwesen ... 740

32.5 Rückwirkungen des europäischen Binnenmarkts auf das Eichwesen ... 741

32.6 Internationale Harmonisierung des Messwesens ... 743

32.7 Ausblick auf die zukünftige Entwicklung ... 744

32 Organisation des Messwesens in Deutschland

Hans Bachmair, Peter Ulbig

Genaue Messungen sind ein unverzichtbarer Bestandteil industrieller Qualitätssicherung von der Entwicklung bis zur Auslieferung eines Produktes. Sie sind Voraussetzung für den Handel mit Waren und Gütern, für kompetentes Arbeiten von Kalibrier- und Prüflaboratorien, für den gefahrlosen Einsatz der Technik und für Regelungen im Verbraucher-, Gesundheits-, Arbeits- und Umweltschutz. Und nicht zuletzt tragen Messungen wesentlich dazu bei, unsere Erkenntnisse in Naturwissenschaft und Technik zu erweitern.

Messungen dienen zur Erfassung quantifizierbarer Merkmale. Sie müssen geeignet sein, die Einhaltung von vorgegebenen Anforderungen zu belegen und transparent zu machen. Sie sollen daher auch von dritter Seite anerkannt werden können. Dabei erwartet jeder von einer Messung Betroffene, dass er sich auf deren Ergebnis verlassen kann. Das gilt im beruflichen Umfeld eines Menschen in Wirtschaft und Wissenschaft ebenso wie im privaten Bereich als Käufer einer Warenmenge oder als Patient bei einer medizinischen Untersuchung.

Aus dieser Erwartungshaltung heraus ergeben sich bestimmte Anforderungen an die Durchführung von Messungen, an die dafür verwendeten Messgeräte und Messeinrichtungen sowie an die Kompetenz der ausführenden Stellen. Um sie erfüllen zu können, hat es sich als zweckmäßig erwiesen, dass der Staat eine bestimmte, im Allgemeinen hierarchisch gegliederte, messtechnische Infrastruktur als Rahmen für das gesamte Messwesen in einem Land schafft.

An der Spitze dieser Hierarchie steht ein Nationales Metrologie-Institut (NMI), das für die Grundlagen des Messwesens, insbesondere die Darstellung und Bewahrung der nationalen Normale als Verkörperung der Einheiten im Messwesen, zuständig ist. Die Weitergabe der Einheiten an Wissenschaft, Wirtschaft und Verbraucher erfolgt in Deutschland traditionell auf zwei verschiedenen Wegen: für Industrie, Kalibrier- und Prüfwesen über ein privatwirtschaftlich organisiertes System und im gesetzlichen Messwesen über ein staatlich geregeltes System.

Im Zuge der Globalisierung der Wirtschaft wird zunehmend die internationale Vergleichbarkeit von Messungen gefordert. Dafür ist das Konzept von nationalen Normalen heute nicht mehr ausreichend. Vielmehr muss durch geeignete Maßnahmen sichergestellt werden, dass die nationalen Normale der einzelnen Länder einander äquivalent sind. Dies ist eine der wichtigsten Aufgaben der NMIs im Rahmen ihrer Zusammenarbeit in der Meterkonvention.

32.1 Bedeutung des Messwesens für Handel und Wirtschaft

Ein hoch entwickeltes Messwesen ist eine der tragenden Säulen der technisch-ökonomischen Infrastruktur eines Landes. Zusammen mit einem dichten Netz technischer Regeln und Normen sowie einem gut funktionierenden Prüfwesen ist es eine der wichtigsten Voraussetzungen für die Konformitätsbewertung (Akkreditierung, Zertifizierung ...) und damit für die Qualität von Produkten und Dienstleistungen (Abb. 32.1). Die Entwicklung und Förderung des Messwesens ist deshalb eine wichtige Gemeinschaftsaufgabe von Staat und Wirtschaft. Ziel dabei ist eine sinnvolle Arbeitsteilung und der möglichst rationelle Einsatz aller vorhandenen messtechnischen Ressourcen.

Messen und Prüfen sind eng mit der Qualität von Produkten und damit mit Handel und Wirtschaft verbunden. Sie sind geradezu eine Voraussetzung für den freien Austausch von Waren und Dienstleistungen. Damit stimuliert das Messwesen auch die wirtschaftliche Entwicklung eines Landes. Messungen und auf Messungen basierende Aktivitäten der Nationalen Metrologie-Institute, Eichbehörden, Kalibrier- und Prüflaboratorien sowie der Industrie tragen in den industrialisierten Ländern mit 4 % bis 6 % zum Bruttosozialprodukt bei. Der Anteil des rein staatlich finanzierten Messwesens hängt dabei von dessen Ausbau und zugleich vom Ausmaß etwaiger Privatisierungsmaßnahmen ab; er kann für Deutschland auf etwa 0,02 % dieser Summe abgeschätzt werden. Das Nutzen-Kosten-Verhältnis für messtechnische Aktivitäten beträgt einer EU-Studie der Universität Oxford zufolge in Deutschland etwa 6,3 und liegt damit an der Spitze in Europa (Williams 2002).

Aufgabe eines nationalen Messsystems ist es, sicherzustellen, dass jedermann Kalibrierungen und Prüfungen mit der erforderlichen Genauigkeit selber durchführen oder als Dienstleistung von dritter Seite beziehen kann. Bei der großen Zahl von Vorgängen kann dies nur durch ein hierarchisch strukturiertes System sichergestellt werden. Dabei lassen sich drei Hierarchieebenen klar unterscheiden: Die Nationalen Metrologie-Institute, die akkreditierten Kalibrier- und Prüflaboratorien und das betriebsinterne Messwesen. In diesem System hat der Staat die Aufgabe, die messtechnische Infrastruktur zu stärken, die SI-Einheiten über die Bereitstellung entsprechender Normale zu bewahren und an Dritte weiterzugeben, die messtechnische Kompetenz der Kalibrier- und Prüflaboratorien zu verbessern und damit die messtechnische Grundlage für Kalibrierungen und Prüfungen in der Industrie zu schaffen. Die Akkreditierungssysteme sind geschaffen worden, um einerseits die Kompetenz von Kalibrier- und Prüflaboratorien zu bestätigen und ihre Tätigkeit regelmäßig zu überwachen und andererseits den Bedarf an anerkannten Kalibrier- und Prüfzertifikaten zu decken und damit die Effizienz und Wettbewerbsfähigkeit der Wirtschaft zu stärken.

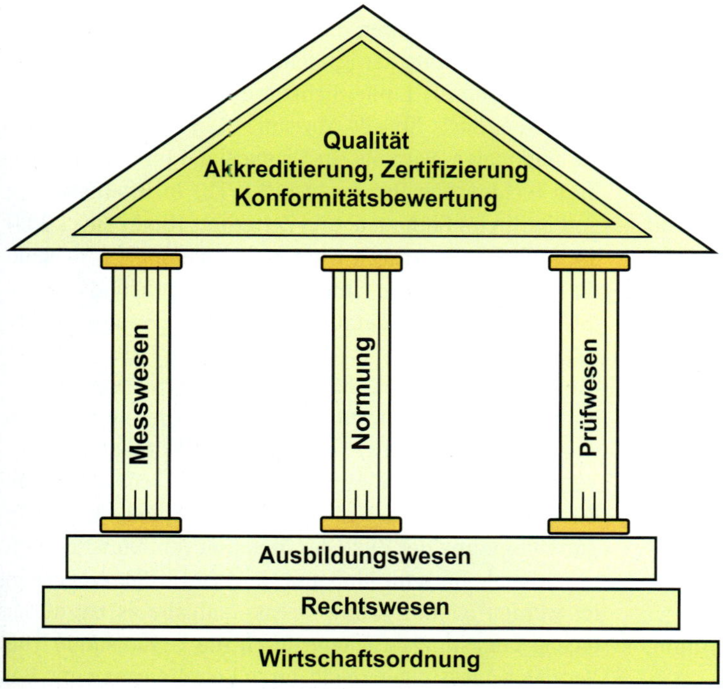

Abb. 32.1
Messwesen, Normung und Prüfwesen als wesentliche Elemente der technisch ökonomischen Infrastruktur

Wann und wo auch immer Messungen durchgeführt werden, wird erwartet, dass diese objektiv, eindeutig, verlässlich, genau innerhalb bekannter Unsicherheitsgrenzen und vergleichbar mit Ergebnissen sind, die an anderer Stelle erzielt wurden. Die Verlässlichkeit von Messergebnissen ist für den, der Gebrauch davon macht oder gar von ihnen abhängt, von vitalem Interesse. Messergebnisse werden häufig herangezogen, um gegenüber Kunden oder Regulierungsstellen den Nachweis zu erbringen, dass Produkte mit bestimmten Anforderungen übereinstimmen. Sie sollen daher auch von dritter Seite anerkannt werden können. Vergleichbarkeit, Zuverlässigkeit und Anerkennung von dritter Seite lassen sich nur dann erreichen, wenn die verwendeten Messgeräte mit Bezug auf nationale oder internationale Normale kalibriert sind, ein Prozess, der als messtechnische Rückführung bezeichnet wird (Bachmair 2005). Abgesehen von einer nicht unterbrochenen Kette von Messungen vom Messmittel bis zum nationalen oder internationalen Normal beinhaltet der Begriff messtechnische Rückführung, dass die einzelnen Schritte in der Messkette von kompetenten Stellen ausgeführt werden, dass allgemein anerkannte und dokumentierte Messverfahren benutzt werden, dass die einzelnen Schritte einer Begutachtung unterzogen werden können und dass die Messunsicherheit bekannt ist und nach anerkannten Methoden berechnet wurde.

III

Handelsabkommen basieren häufig auf Vereinbarungen zur gegenseitigen Anerkennung von Zertifikaten. Diese wiederum setzen klar definierte Wege für die messtechnische Rückführung voraus. Es ist daher unbedingt notwendig, ein transparentes System gegenseitiger Anerkennung zu schaffen, das nicht nur die Akkreditierungsstellen, sondern auch die Nationalen Metrologie-Institute einschließt. Die weltweite Entwicklung des Messwesens ist momentan darauf gerichtet, diese Anforderungen des Welthandels insbesondere hinsichtlich der messtechnischen Rückführung auf das Internationale Einheitensystem (SI) zu erfüllen.

Das Hauptziel dieser Anstrengungen im Hinblick auf einen freien Welthandel (Kose 1998) lässt sich auf die einfache Formel bringen:

„Einmal gemessen und weltweit anerkannt."

Dabei bezieht sich „einmal gemessen" auf den gesamten Weg eines Produktes vom Hersteller bis zum Käufer oder Nutzer. Um sicherzustellen, dass eine an einem beliebigen Platz in der Welt durchgeführte Messung an jedem anderen Platz der Welt anerkannt wird, sollten die folgenden Voraussetzungen erfüllt sein:

- ein Produkt – weltweit nur eine technische Regel
- ein Produkt – weltweit nur eine gültige Norm
- ein Produkt – weltweit nur eine Zertifizierung
- ein Produkt – weltweit nur eine Messung oder Prüfung

Wenn dieses Ziel erreicht wird, lassen sich wiederholte Messungen vermeiden und damit Personal, Zeit und Ressourcen sparen.

32.2 Grundlagen des Messwesens

Das Messwesen ist eng mit der menschlichen Entwicklung verbunden. Anfangs wurden Maßverkörperungen verwendet, die sich an den Abmessungen oder Leistungen des menschlichen Körpers orientierten (z.B. Elle, Fuß, Tagwerk) oder aber an Erscheinungen der Natur (z.B. Erdumlauf um die Sonne), um so die natürliche Umgebung zu „begreifen", mit Gütern zu handeln oder Naturgesetze experimentell zu überprüfen. Von allen alten Kulturvölkern sind Ansätze eines einheitlichen Maß- und Gewichtssystems sowie einfache Messverfahren und Vorschriften über die Maßrichtigkeit im Handelsverkehr überliefert (Vieweg 1962). Die individuelle Verschiedenheit und Unsicherheit vieler Vergleichsgrößen ließen aber schon früh nach verbindlichen Festsetzungen suchen.

Mit dem sich ausweitenden Handelsverkehr und dem aufkommenden Maschinenzeitalter setzte sich Ende des 18. Jahrhunderts immer mehr die Erkenntnis durch, dass der Staat selber die Voraussetzungen schaffen muß, damit in Wirtschaft und Wissenschaft nach einheitlichen Grundlagen richtig gemessen wird (Schulz 1995). Zu diesen Voraussetzungen gehören die Darstellung, Bewahrung und Weiterentwicklung der Einheiten im Messwesen und das Bemühen um die Einheitlichkeit der Normale und Messverfahren. Basis für alle Messungen in einem Land sind die nationalen Normale. In Deutschland ist der Physikalisch-Technischen Bundesanstalt (PTB) in Braunschweig und Berlin im Einheiten- und Zeitgesetz (EinhZeitG 2008) die Aufgabe übertragen worden, die nationalen Normale für die Einheiten des Internationalen Einheitensystems (SI-Einheiten 2006) darzustellen und zur Weitergabe bereitzuhalten.

Die Definitionen für die SI-Einheiten sind international im Rahmen der Meterkonvention festgelegt. Diesem Vertragswerk, das im Jahre 1875 von zunächst 17 Staaten unterzeichnet wurde, gehören heute 55 Mitgliedsländer an. Dazu kommen 37 assoziierte Länder (Stand: 06/2013). Zur Umsetzung der Ziele der Meterkonvention ist das Internationale Büro für Maß und Gewicht (BIPM) eingerichtet worden (Quinn 1985), dessen Aufgabe es ist, durch eigene Forschungsarbeiten, durch die Organisation von Vergleichsmessungen sowie durch Koordinierung und Be-

ratung zur Einheitlichkeit der weltweit verwendeten Einheiten sowie deren Weiterentwicklung beizutragen.
Das SI ist ein kohärentes System. Kohärent in diesem Sinne meint, dass alle Einheiten aus den sieben Basiseinheiten abgeleitet werden können, wobei sie aus Produkten der Basiseinheiten mit geradzahligen Exponenten und einem Vorfaktor eins gebildet werden. Basiseinheiten (SI-Basiseinheiten 2002/2003) sind das Meter (m) für die Länge, das Kilogramm (kg) für die Masse, die Sekunde (s) für die Zeit, das Ampere (A) für die elektrische Stromstärke, das Kelvin (K) für die Temperatur, die Candela (cd) für die Lichtstärke und das Mol (mol) für die Stoffmenge. Einige der abgeleiteten Einheiten haben besondere Namen und Einheitenzeichen, z.B. das Newton (N) für die Kraft und das Volt (V) für die elektrische Spannung.
Abbildung 32.2 zeigt die sieben Basiseinheiten mit dem Jahr ihrer Einführung, der derzeit erreichbaren Unsicherheit bei der Darstellung und ihrer gegenseitigen Verknüpfung. Das Kilogramm ist die einzige Basiseinheit, die heute noch durch einen Prototyp realisiert wird. Die anderen Basiseinheiten sind durch Fundamentalkonstanten (m, s, mol), physikalische Gesetzmäßigkeiten (A, cd) oder Fixpunkte (K) definiert. In Zukunft sollen die SI-Basiseinheiten auf der Grundlage von Fundamentalkonstanten definiert werden (Mills et. al. 2005/2006), die nach heutigem Erkenntnisstand der Physik unabhängig von Ort und Zeit sind. Ihre jeweilige Realisierung würde dann dem Stand von Wissenschaft und Technik entsprechend erfolgen.
Die Realisierung der SI-Einheiten erfordert einen beträchtlichen messtechnischen Aufwand. Jedes Bemühen um eine weitere Verringerung der Messunsicherheit ist mit großem Forschungsaufwand verbunden. Bei den meisten Größen ist es darüber hinaus erforderlich, nicht nur die Einheiten selbst, sondern auch Bruchteile und Vielfache in Form von Skalen bereitzuhalten, die sich über viele Größenordnungen erstrecken können; bei der Einheit des elektrischen Widerstandes zum Beispiel über 21 Dekaden! Daher werden derartige grundlegende Forschungsarbeiten nur in wenigen Nationalen Metrologie-Instituten durchgeführt.
Die Aufgabe eines Nationalen Metrologie-Institutes endet aber nicht mit der Entwicklung, Darstellung und Bewahrung der nationalen Normale und der Sicherstellung ihrer internationalen Vergleichbarkeit. Die Normale müssen vielmehr an Industrie, Wirtschaft und Wissenschaft weitergegeben werden. Dazu ist es erforderlich, die messtechnischen Bedürfnisse im eigenen Land zu kennen, um entscheiden zu können, welche nationalen Normale mit welcher Unsicherheit bereitgehalten werden müssen.
Wirtschaftliche und industriepolitische Überlegungen bilden auch die Grundlage für die Entscheidung darüber, für welche Messgrößen Primärnormale vorgehalten werden

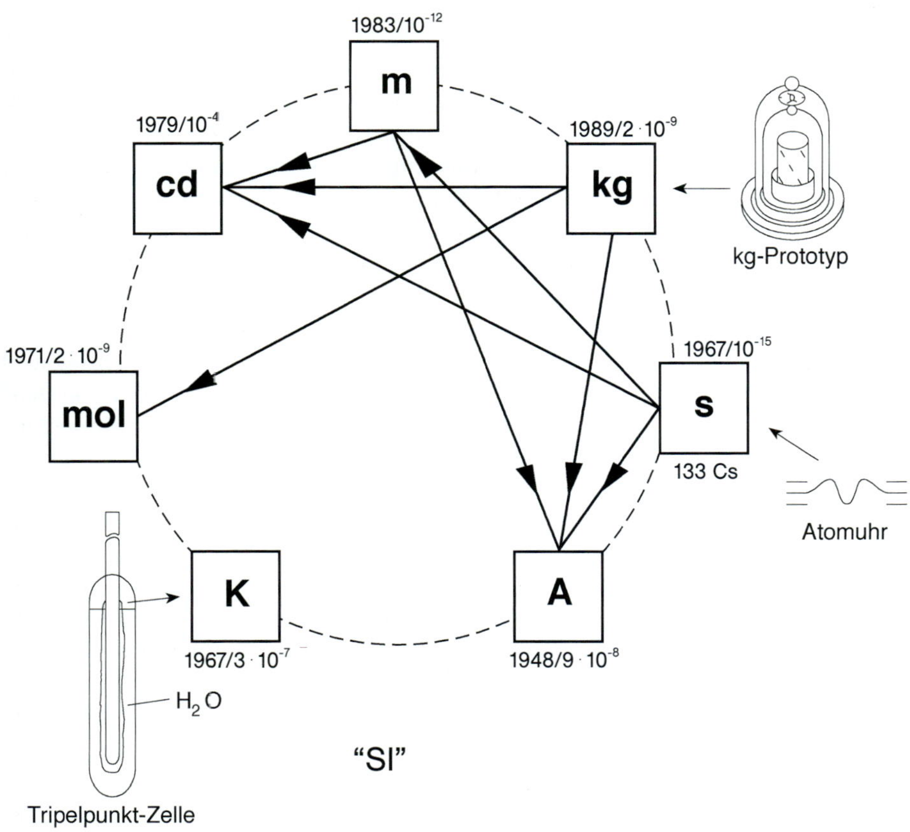

Abb. 32.2
Die SI-Basiseinheiten, ihre gegenseitige Verknüpfung und Unsicherheit bei der Realisierung

sollen, um die Darstellung der jeweiligen SI-Einheit mit der jeweils größtmöglichen Genauigkeit zu gewährleisten, und bei welchen Größen die messtechnische Rückführung über andere Metrologie-Institute erfolgen kann. Die PTB hält für alle wichtigen Größen Primärnormale bereit und bietet damit der deutschen Industrie hervorragende Kalibriermöglichkeiten.

Die Weitergabe der Einheiten geschieht durch das Kalibrieren von Bezugsnormalen, d.h. durch Messung der Abweichung des Wertes des Bezugsnormals vom nationalen Normal. Mithilfe dieser Bezugsnormale können dann nachgeordnete Gebrauchsnormale oder Messgeräte kalibriert werden. So entsteht eine Kalibrierhierarchie mit einer in jedem Schritt vergrößerten Messunsicherheit. Dieses Verfahren stellt sicher, dass jeder von einem Messgerät angezeigte Messwert auf ein entsprechendes nationales oder internationales Normal rückgeführt werden kann (DKD-4 1998).

III

32.3 Kalibrierwesen

Richtige und zuverlässige Messungen sind eine wichtige Voraussetzung jeder modernen Industrieproduktion. Die dazu benötigten Messgeräte werden zum quantitativen Erfassen der Eigenschaften von Bauteilen und fertigen Produkten sowie zum Steuern, Regeln, Automatisieren und Überwachen von Herstellungsprozessen eingesetzt. Die wachsende Komplexität von Industrieerzeugnissen und ihrer Herstellungsverfahren sowie die zunehmende internationale Arbeitsteilung in der Produktion erfordern den Einsatz moderner Messtechniken und den Anschluss der firmeninternen Bezugsnormale an eine gemeinsame messtechnische Basis. Messungen sind daher ein wichtiger Bestandteil der industriellen Qualitätssicherung. Ähnliche Anforderungen gelten auch im Prüfwesen. Prüfergebnisse sind erst dann vergleichbar, wenn sie auf Messergebnissen beruhen, die auf äquivalente Normale rückgeführt sind.

Sowohl die Normenreihe DIN EN ISO 9000 für Qualitätsmanagementsysteme als auch die DIN EN ISO/IEC 17025 – Allgemeine Anforderungen an die Kompetenz von Prüf- und Kalibrierlaboratorien – fordern die Kalibrierung der eingesetzten Mess- und Prüfmittel und deren messtechnische Rückführung auf geeignete Normale. Dabei sind Kalibrierungen im Gegensatz zu Eichungen primär nicht mit einer Aussage über die Einhaltung von Fehlergrenzen verbunden. Die Beurteilung, ob die Genauigkeit eines Messgerätes für eine vorgesehene Messaufgabe ausreicht, liegt allein in der Verantwortung der Benutzer. Der Staat nimmt darauf keinen Einfluss.

Um die Einheitlichkeit im industriellen Messwesen sicherzustellen, erwächst ein großer Bedarf an dokumentierten und rückgeführten Kalibrierungen. Ein Nationales Metrologie-Institut allein wäre heute nicht mehr in der Lage, den gesamten Kalibrierbedarf eines Landes zu decken. Deshalb wurde in Deutschland mit dem Deutschen Kalibrierdienst (DKD) (Bosch 2004) eine marktorientierte messtechnische Infrastruktur geschaffen, mit der eine Brücke zwischen der PTB als Nationalem Metrologie-Institut sowie den Herstellern und Nutzern von Messgeräten in der deutschen Wirtschaft und Wissenschaft geschlagen wurde. Vor diesem Hintergrund ist die Gründung des DKD im Jahre 1977 zu verstehen.

Aufgrund der europäischen Harmonisierung des Akkreditierungswesens, basierend auf der Verordnung EC 765/2008, wurden zum 1. Januar 2010 alle deutschen Akkreditierungsstellen in der Deutschen Akkreditierungsstelle GmbH (DAkkS) zusammengefasst. Die Akkreditierungsstelle des DKD ging somit in die DAkkS über. Die technischen Fachausschüsse des DKD werden seit 2011 durch die Neugründung des DKD als gemeinsames Gremium von akkreditierten Kalibrierlaboratorien und der PTB unter der Schirmherrschaft der PTB fortgeführt.

Die mithilfe von Kalibrierlaboratorien geschaffene messtechnische Infrastruktur in Deutschland ist in Abbildung 32.3 schematisch dargestellt. Für den in der linken Hälfte dargestellten Teil des hierarchisch aufgebauten Systems hat der Staat mit der PTB und der DAkkS den Rahmen geschaffen. Der in der rechten Bildhälfte dargestellte Teil fällt dagegen in den Verantwortungsbereich einzelner Unternehmen. Damit wird deutlich, dass es diesen überlassen bleibt, in welchem Umfang die erforderlichen Kalibrierungen im eigenen Unternehmen im Rahmen des gemeinsamen Managementsystems vorgenommen werden. Auf mindestens einer Ebene im Unternehmensbereich ist jedoch in jedem Fall der Anschluss an das vom Staat bereitgestellte System der messtechnischen Rückführung auf nationale Normale erforderlich.

Grundgedanke war und ist, dass in vielen Industrieunternehmen, Kalibrier- und Prüflaboratorien sowie Hochschul- und Forschungsinstituten hochwertige Messeinrichtungen und Fachleute vorhanden sind, um Kalibrierungen von Messgeräten für den industriellen Bedarf und im Prüfwesen vorzunehmen. Vorhandene Kompetenz allein reicht jedoch unter den heutigen Marktbedingungen nicht mehr aus; man muss diese Kompetenz seinen Kunden gegenüber auch transparent machen. Dazu gilt eine Akkreditierung weltweit als ein geeignetes Instrument. Hierbei erhalten akkreditierte Kalibrierlaboratorien die Bestätigung, dass sie in einem festgelegten Bereich kompetent arbeiten.

Die Mehrzahl der akkreditierten Laboratorien sieht in dieser Kompetenzbestätigung einen Mehrwert. Durch die

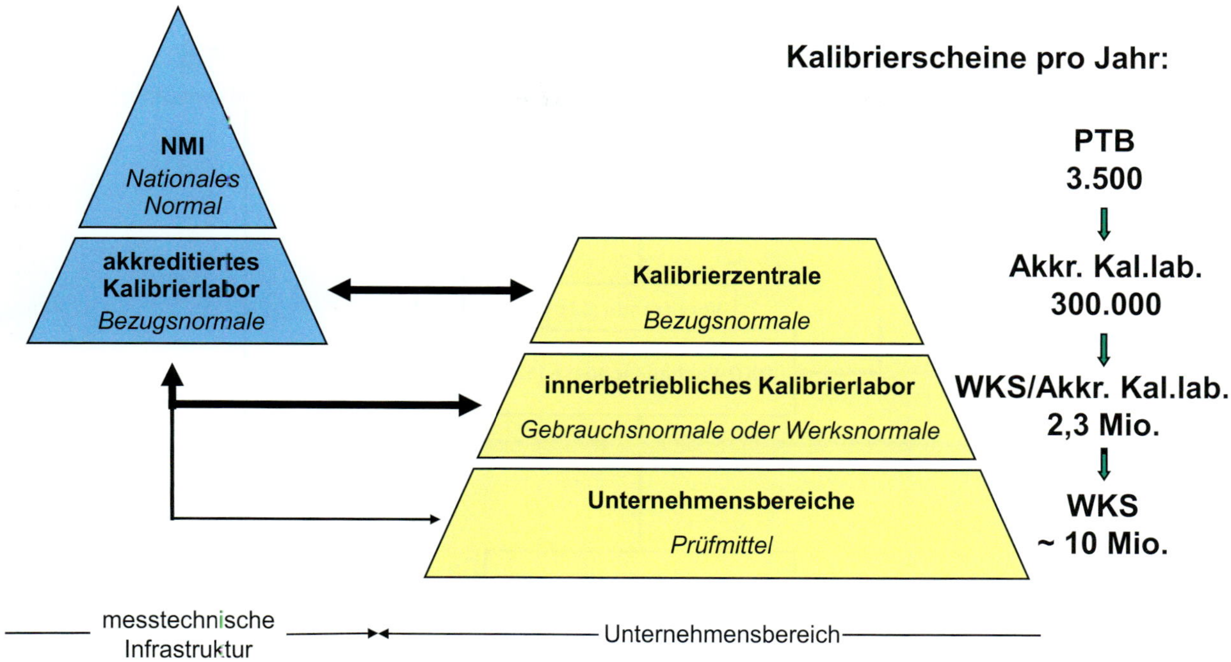

Abb. 32.3 Hierarchie der messtechnischen Infrastruktur im Kalibrierwesen

Begutachtungen des Laboratoriums durch eine externe Stelle und die damit verbundenen Fachdiskussionen ergibt sich neben der stetigen Verbesserung in technischer Sicht auch eine Optimierung des Managementsystems des Labors. Auch der Austausch mit Fachkollegen in den diversen Arbeitskreisen ist von Vorteil. Daneben fordern viele Abnehmer und sogar Branchen vom Lieferanten vermehrt eine Akkreditierung als Qualitätsnachweis. Dies hat sich schon in verschiedenen Normen niedergeschlagen.

Die DAkkS ist eine unabhängige, vom Staat beliehene Stelle. Sie begutachtet, akkreditiert und überwacht die Laboratorien, die bei Erfüllung der relevanten Kriterien berechtigt werden, Kalibrierscheine für den eigenen Bedarf und für Dritte auszustellen. Die DAkkS ist über die Mitgliedschaft in der European co-operation in Accreditation (EA) in das europäische und internationale Akkreditierungssystem eingebunden.

Die akkreditierten Kalibrierlaboratorien arbeiten untereinander und mit Fachleuten aus der PTB in den DKD-Fachausschüssen zusammen. Hier finden ein regelmäßiger Erfahrungsaustausch und ein Know-how-Transfer über neueste Entwicklungen auf dem Gebiet des Messwesens statt. Die DKD-Fachausschüsse erarbeiten u. a. Kalibrierrichtlinien (DKD-R), die Empfehlungen für die praktische Arbeit der akkreditierten Kalibrierlaboratorien darstellen. Der DKD-Vorstand, der sich aus den Fachausschussvorsitzenden und einem Repräsentanten der PTB zusammensetzt, hat beratende und beschließende Funktion. Um eine enge Zusammenarbeit aller an der Akkreditierung von Kalibrierlaboratorien Beteiligten zu ermöglichen, hat die DAkkS die Möglichkeit, an allen Sitzungen des DKD teilzunehmen (Abb. 32.4).

Die bei der Akkreditierung zugrunde gelegten Kriterien berücksichtigen die Anforderungen der DIN EN ISO/IEC 17025, wobei den Aspekten der messtechnischen Kompetenz – Messeinrichtungen (inkl. Kalibrierung und messtechnischer Rückführung), Messräume, Messverfahren und Messunsicherheit, Qualifikation des Personals – besondere Bedeutung beigemessen wird. Das Akkreditierungsverfahren beginnt mit einer eingehenden Prüfung und Bewertung der eingereichten Dokumentation sowohl nach allgemeinen (Management-) Aspekten als auch nach technischen (fachlichen) Aspekten. Dem schließt sich eine Begutachtung vor Ort an, bei der die Umsetzung der Dokumentation in die tägliche Praxis geprüft wird. Parallel dazu werden Vergleichsmessungen unter den Kalibrierlaboratorien durchgeführt, um die messtechnischen Fähigkeiten des Laboratoriums ergänzend zu beurteilen. Die Akkreditierung wird durch eine Urkunde formal bestätigt. In einer Anlage zur Akkreditierungsurkunde werden alle relevanten technischen Akkreditierungsbedingungen, wie zum Beispiel Messgrößen und -bereiche sowie kleinste angebbare Messunsicherheiten, festgelegt. Durch die Akkreditierung wird die technische Kompetenz der Laboratorien für Kalibrierungen im Rahmen der jeweils festgelegten kleinsten angebbaren Messunsicherheit bestätigt. Diese Messunsicherheit wird nach einheitlichen Kriterien auf der Grundlage internationaler Vereinbarungen ermittelt und kann für verschiedene Laboratorien je

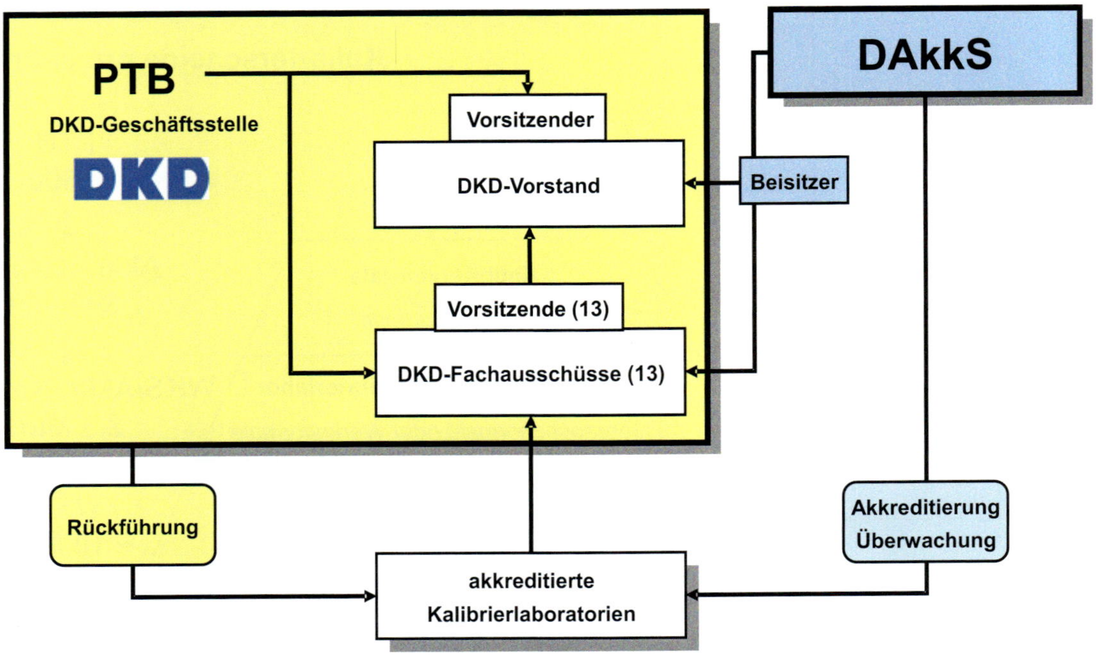

Abb. 32.4 Struktur des DKD als Gremium in der PTB

III

nach den vorhandenen messtechnischen Möglichkeiten um Größenordnungen voneinander abweichen. Das bedeutet, dass nicht der Staat ein bestimmtes messtechnisches Niveau vorschreibt, sondern die Kalibrierlaboratorien in eigener Verantwortung bedarfs- und kundenorientiert operieren können. Die kleinste angebbare Messunsicherheit stellt jedoch ein wichtiges Auswahlkriterium für die potenziellen Kunden dar. Diese werden unter den für eine bestimmte Messgröße akkreditierten Laboratorien dasjenige beauftragen, das die gewünschte Kalibrierung mit der erforderlichen Messunsicherheit und zu den sonst günstigsten Lieferkonditionen anbieten kann. Dabei werden sie eine Preis-Leistungs-Abwägung vornehmen. Eine Kalibrierung mit kleinerer Messunsicherheit ist häufig mit einem größeren Messaufwand und daher auch mit höheren Kosten verbunden.

Zurzeit sind ca. 430 Laboratorien durch die DAkkS akkreditiert (Stand 06/2013), ca. 10 % davon im Ausland. Ihre Verteilung in Deutschland ist ein Spiegelbild des regionalen Wirtschaftspotenzials (Abb. 32.5). Das Leistungsspektrum der Laboratorien erstreckt sich auf alle wichtigen Teilgebiete des Messwesens. Die Kalibriermöglichkeiten haben sich in den letzten Jahren entsprechend dem Bedarf von Industrie und Prüfwesen ständig erweitert. Viele neue Arbeitsgebiete und Messgrößen sind hinzugekommen, neue Laboratorien haben sich vorzugsweise in der Nähe ihrer potenziellen Auftraggeber angesiedelt. Dabei ist seit einigen Jahren eine deutliche Trendwende in der Akkreditierung von der Großindustrie, die vornehmlich an Kalibrierungen für ihren Eigenbedarf interessiert ist, zu kleineren Serviceunternehmen erkennbar, die Kalibrierungen ausschließlich Dritten anbieten. Heute gehören etwa 70 % der Laboratorien zur Gruppe der Klein- und Mittelständischen Unternehmen (KMU).

Die von akkreditierten Kalibrierlaboratorien ausgestellten Kalibrierscheine erfüllen die Anforderungen der einschlägigen Normen und sind damit der sicherste Weg zum Nachweis der messtechnischen Rückführung im eigenen Unternehmen. Beachtlich ist der Multiplikationseffekt der Kalibrierungen auf den verschiedenen Stufen. Die Bedeutung eines gut funktionierenden Messwesens für die Volkswirtschaft lässt sich in beeindruckender Weise mit der Zahl der Kalibrierzertifikate unterstreichen, die jährlich in den drei Hierarchieebenen ausgestellt werden. Die in Deutschland akkreditierten Laboratorien stellen jährlich etwa 300 000 Kalibrierscheine aus. Verglichen mit den 3500 Kalibrierungen der PTB für akkreditierte Kalibrierlaboratorien ist dies eine Steigerung etwa um den Faktor 85. Einen Multiplikator von 3500 erhält man, wenn man die geschätzten 10 Millionen Werkskalibrierscheine jeglicher Art ins Verhältnis zu den PTB-Kalibrierscheinen setzt. Auf diese Art wird die vorhandene messtechnische Kompetenz in Deutschland mit einem Minimum an staatlicher Einflussnahme und Lenkung optimal genutzt. Staat und Wirtschaft profitieren in gleicher Weise davon.

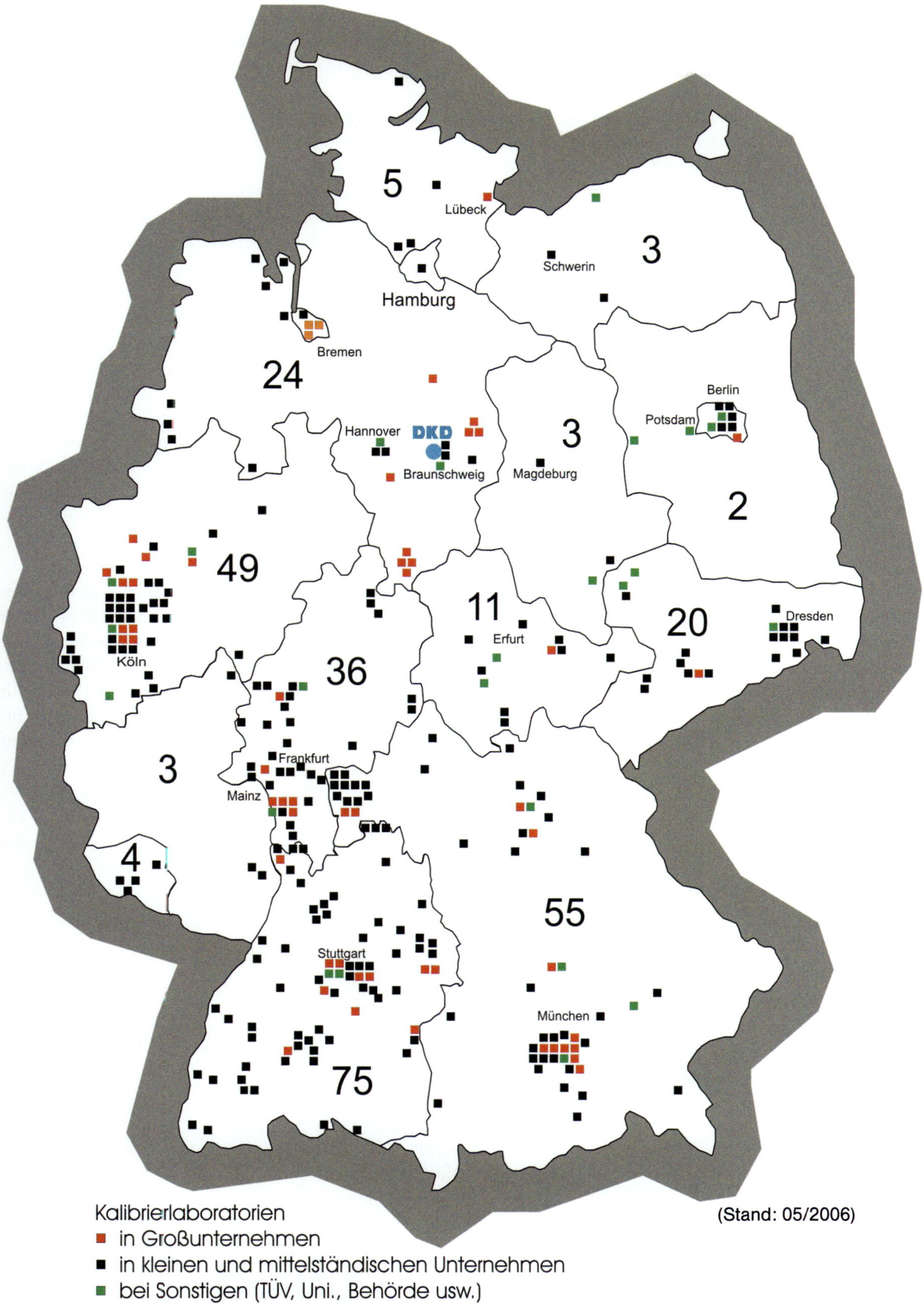

Abb. 32.5 Akkreditierte Kalibrierlaboratorien in Deutschland

32.4 Eichwesen

Das Eichwesen umfasst den Teil des Messwesens, in dem durch staatliche Vorschriften und Kontrollen besondere Interessen der Bürger geschützt werden sollen. Ziel ist es, den Verbraucher beim Erwerb messbarer Güter und Dienstleistungen zu schützen und im Interesse eines lauteren Handelsverkehrs die Voraussetzungen für richtiges Messen im geschäftlichen Verkehr zu schaffen, die Messsicherheit im Gesundheitsschutz, Arbeitsschutz und Umweltschutz sowie in ähnlichen Bereichen des öffentlichen Interesses zu gewährleisten und das Vertrauen in amtliche Messungen zu stärken. Die meisten europäischen Staaten verfügen dafür über eine gut ausgebildete Infrastruktur. Umfang und Organisation sind jedoch von Land zu Land verschieden. Beides hängt u. a. vom Wirtschaftssystem, vom technischen Entwicklungsstand und von gewachsenen Traditionen ab. Durch die fortschreitende Harmonisierung im europäischen Binnenmarkt und nationale Deregulierungs- und Privatisierungsmaßnahmen steht das Messwesen im geregelten Bereich in Deutschland zurzeit am Beginn eines erheblichen Strukturwandels.

Den derzeitigen Rahmen für das gesetzliche Messwesen in Deutschland bilden das Gesetz über das Mess- und Eichwesen (Eichgesetz 2003) und die zu diesem Gesetz erlassenen Durchführungsvorschriften (Eichordnung 2001). Diese Vorschriften werden zum 1. Januar 2015 durch das neue Mess- und Eichgesetz (MessEG) und die Mess- und Eichverordnung (MessEV) abgelöst. Mit diesem Schritt werden die durch die europäische Richtlinie für Messgeräte (Measuring Instruments Directive, MID) seit 2006 eingeführten Konformitätsbewertungsverfahren auch für national geregelte Messgeräte übernommen.

Das Eichwesen ist ein Teilbereich des technischen Ordnungsrechts. Es hat in Deutschland überwiegend präventiven Charakter, d. h. Messgeräte müssen bis Ende 2014 einer Bauartzulassung durch die PTB mit nachfolgender Ersteichung unterzogen werden, bevor sie auf den Markt kommen. Ab 2015 müssen bestimmte Messgeräte durch Konformitätsbewertungsverfahren ihre Konformität mit den gesetzlichen Anforderungen nachweisen. Nach bisherigem und zukünftigem Eichrecht müssen gesetzlich geregelte Messgeräte in jedem Fall regelmäßig geeicht werden.

Das Eichrecht enthält aber auch repressive Elemente, wie eine spätere Richtigkeitsüberwachung der Messergebnisse, z. B. durch Marktüberwachung und Befundprüfungen. Der Eichpflicht, d. h. der gesetzlichen Forderung zur Prüfung auf Einhaltung bestimmter Anforderungen, unterliegen etwa 50 Messgerätearten, vor allem im Bereich des Handelsverkehrs, aber auch im Verkehrswesen und im Umweltschutz. Die metrologischen und technischen Anforderungen sind derzeit in der Eichordnung mit ihren 23 messgerätespezifischen Anlagen sowie in deren Untersetzungen durch anerkannte Regeln der Technik, z. B. PTB-Anforderungen, zusammengefasst. Ab 2015 wird ein durch das Mess- und Eichgesetz eingesetzter Regelermittlungsausschuss technische Regeln ermitteln, bei deren

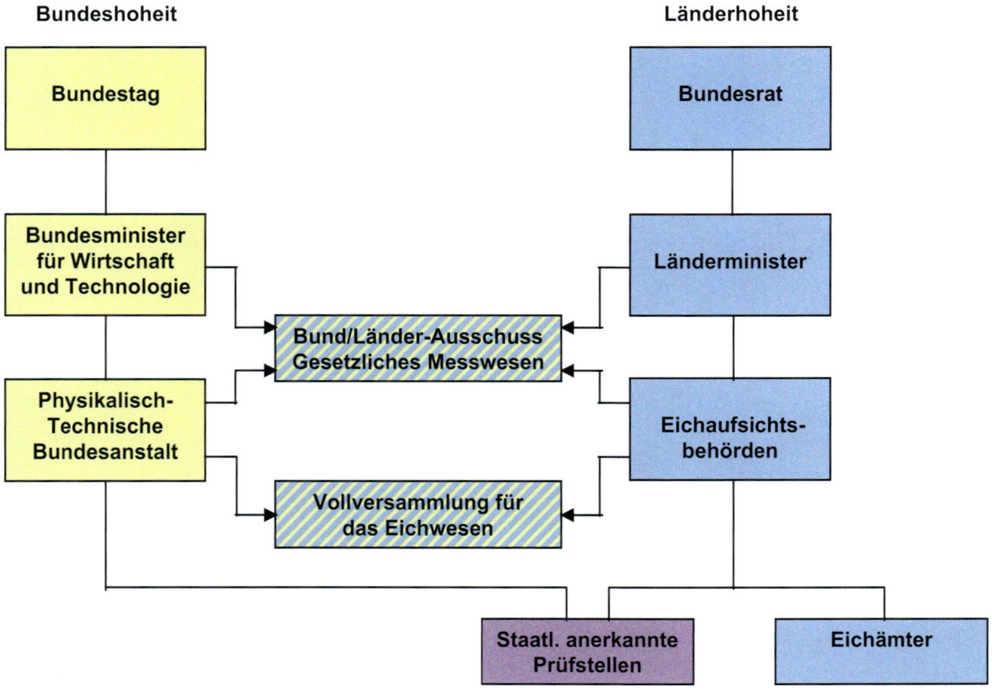

Abb. 32.6 Institutionen des gesetzlichen Messwesens in Deutschland

Einhaltung Konformität mit den geltenden Anforderungen vermutet wird.

Die für den Vollzug des Eichgesetzes geschaffenen Institutionen und ihr Zusammenwirken sind in Abbildung 32.6 dargestellt. Die Rechtsvorschriften im Eichwesen werden von der Bundesregierung erarbeitet. Darin sind die Anforderungen an die Messgerätearten sowie die Zuständigkeiten für deren Prüfung und Überwachung festgelegt. Aufgabe der Physikalisch-Technischen Bundesanstalt (PTB) ist es, die Eichbehörden zu beraten, Forschung und Entwicklung auf dem Gebiet des gesetzlichen Messwesens zu leisten und die Normung auf diesem Gebiet zu unterstützen. Bei der Bauartprüfung bzw. Baumusterprüfung werden die Messrichtigkeit und das Langzeitverhalten (Messbeständigkeit und Zuverlässigkeit) untersucht. Rechnergesteuerte Messgeräte werden zusätzlich einer Softwareprüfung unterzogen (Grottker et. al. 2006).

Eichungen und Marktüberwachung obliegen bisher weitgehend den Eichbehörden oder Landesbetrieben der Bundesländer. Es gibt in Deutschland ein flächendeckendes Netz von etwa 70 Eichämtern. Sie eichen annähernd 3 Millionen Messgeräte pro Jahr. Kriterien für die Festlegung von Eichfristen sind technischer (Messbeständigkeit der Geräte) oder wirtschaftlicher Natur (Abwägung des möglichen Schadens von Falschmessungen gegenüber den Kosten der Nacheichung) und sind für die Messgerätearten individuell festgelegt.

Im Bereich der Elektrizitätsmessgeräte gibt es bereits seit Beginn des vorigen Jahrhunderts eine Delegation hoheitlicher Befugnisse an staatlich anerkannte Prüfstellen, deren Tätigkeit rechtlich und sachlich der staatlichen Eichung entspricht (Schulz 1990). Dieses System ist später auf die gesamte Versorgungswirtschaft ausgedehnt worden, d.h. auf alle Einrichtungen zur Messung von Elektrizität, Gas, Wasser und Wärmeenergie. Zurzeit gibt es in Deutschland ca. 320 Prüfstellen (Stand 06/2013), die jährlich etwa 15 Millionen Messgeräte prüfen. Insgesamt sind in deutschen Haushalten etwa 80 Millionen Zähler installiert, über die elektrische Energie, Gas, Wasser und Wärme im Gegenwert von 75 Mrd. € pro Jahr abgerechnet werden. Die Prüfstellen werden von den zuständigen Eichbehörden anerkannt und unterliegen deren Aufsicht und Überwachung.

Die föderative Aufgabenteilung zwischen Bundes- und Länderbehörden erfordert einen erheblichen Koordinierungs- und Harmonisierungsaufwand. Politische und rechtliche Abstimmungen zwischen dem Bund und den Ländern erfolgen unter dem Vorsitz des Bundesministeriums für Wirtschaft und Technologie (BMWi) durch Beschlüsse im gemeinsamen Bund-Länder-Ausschuss Gesetzliches Messwesen. Die eher technisch orientierten Probleme werden in der von der PTB geleiteten jährlichen Vollversammlung für das Eichwesen und deren Arbeitsausschüssen diskutiert. Die Harmonisierung der Vollzugsaufgaben der Eichaufsichtsbehörden findet in der Arbeitsgemeinschaft Mess- und Eichwesen (AGME) statt, die je nach Bedarf mehrmals im Jahr tagt. Für die notwendige einheitliche Ausbildung der Eichbediensteten sorgt die von allen Eichaufsichtsbehörden getragene Deutsche Akademie für Metrologie (DAM).

32.5 Rückwirkungen des europäischen Binnenmarkts auf das Eichwesen

Das bisherige deutsche Eichwesen war über viele Jahre hinweg sehr erfolgreich und hat für viele andere Staaten als Musterbeispiel gedient. Jedes System stößt jedoch irgendwann an seine Grenzen und muss angepasst werden, wenn sich die Rahmenbedingungen ändern. Hierzu zählen vor allen Dingen die technische Geräteentwicklung, die europäische Harmonisierung, die Europäische Messgeräte-Richtlinie und Tendenzen zur Privatisierung technischer Eichaufgaben in den Bundesländern (Mengersen et. al. 2004).

Die Technik der Messgeräte hat sich stark gewandelt, indem anstelle von einzelnen Messgeräten in zunehmendem Maße komplexe, offene Messsysteme mit örtlich getrennten und austauschbaren Komponenten eingesetzt werden. Wesentliche messtechnische Eigenschaften werden hierbei von Software bestimmt, wodurch Anforderungen an die Software und deren Prüfung einen größeren Stellenwert erlangt (Grottker et. al. 2006). Dazu spielen für den Verbraucher nicht erkennbare Fernanzeigen, Datenübertragung über offene Systeme und eine aus den Messwerten nicht unmittelbar nachvollziehbare Rechnungslegung eine zunehmende Rolle. Daher muss künftig nicht nur das einzelne Messgerät, sondern das gesamte Messsystem zur Weiterverarbeitung der rechnungsrelevanten Daten eichrechtlich erfasst werden.

Eine entscheidende Voraussetzung für die Realisierung des europäischen Binnenmarktes ist der Abbau technischer Handelshemmnisse. Ein erster Schritt dorthin war die Entschließung des Rates der EU über eine neue Konzeption auf dem Gebiet der technischen Harmonisierung und der Normung (New Approach 1985), mit der die Grundlage für eine Politik geschaffen wurde, welche eine gemeinsame Marktordnung mit hohem Qualitätsstandard auf der Grundlage harmonisierter Vorschriften und gegenseitiger Anerkennung von Prüfungen und Zertifizierungen zum Ziel hat. Nach dieser Konzeption werden seitdem Harmonisierungsrichtlinien für den Schutz von Gesundheit, Sicherheit sowie für den Verbraucher und den Umweltschutz erarbeitet. Bei dem New Approach handelt es sich um ein erfolgreiches, vereinfachendes Rechtsinstrument, das sich seit nunmehr 20 Jahren bei der Realisierung eines freien Warenverkehrs bewährt hat. Auf ihm basieren ca. 25 Produktrichtlinien mit einem erfassten Handelsvolumen von mehr als 1500 Mrd. €.

Mit der Harmonisierung der Produktanforderungen ist es jedoch noch nicht getan. Unterschiedliche nationale Prüf- und Zertifizierungsverfahren können ebenfalls zu technischen Handelshemmnissen führen. Deshalb ist dem New Approach eine globale Konzeption zur Vereinheitlichung der Konformitätsbewertungsverfahren an die Seite gestellt worden (Global Approach 1989). Das Konzept basiert unter anderem darauf, dass die Konformitätsbewertung in verschiedene Module aufgeteilt wird, die sowohl die Entwurfs- als auch die Produktionsphase abdecken. Dieses Modulkonzept bildet auch die Grundlage für neue Richtlinien für Messgeräte.

Einheitliche EWG-Richtlinien für bestimmte Messgeräte gibt es bereits seit 1972. 1990 wurde die Richtlinie 90/384/EWG für nicht selbsttätige Waagen eingeführt, bei der erstmals das Modulkonzept angewendet wurde. Die ebenfalls nach diesem Konzept aufgebaute Europäische-Messgeräte-Richtlinie 2004/22/EG (Measuring Instruments Directive, MID) ist vom Rat und vom Parlament der Europäischen Union am 30. April 2004 in Kraft gesetzt worden (MID 2004). Sie musste innerhalb von zwei Jahren in nationales Recht umgesetzt werden und ist seit dem 30. Oktober 2006 anzuwenden. Die MID gilt für vorerst zehn Messgerätearten und enthält nur grundlegende, anwendungsorientierte Anforderungen an die Messgeräte. Bei Messgeräten, deren Aufbau und Wirkungsweise speziellen harmonisierten und im Amtsblatt der Europäischen Gemeinschaft veröffentlichten Normen oder normativen Dokumenten entsprechen, müssen die Mitgliedstaaten davon ausgehen, dass die spezifischen Anforderungen erfüllt sind. Entsprechend dem Subsidiaritätsprinzip beschränkt sich die Richtlinie auf die Regelungen bis zum Inverkehrbringen bzw. zur ersten Inbetriebnahme der Messgeräte und die Verpflichtung der Mitgliedstaaten zur Überwachung der richtigen Anwendung der Richtlinie. Die Mitgliedsstaaten entscheiden in eigener Verantwortung, welche Messgerätearten gesetzlich geregelt werden und welche kompetenten Zertifizierungsstellen als Benannte Stellen die bisherige Rolle des Staates als Zulassungsstelle übernehmen sollen.

Die Konformitätsbewertungsverfahren sind nach verschiedenen Modulen aufgebaut, die EU-weit anerkannt werden und unter denen der Hersteller wählen kann (Abb. 32.7). Für die MID-Konformitätsbewertungsverfahren sind die Module B (Baumusterprüfung), D (Anerkennung des QM-Systems in der Fertigung), F (Prüfung aller Seriengeräte) und H1 (Entwurfsprüfung und Anerkennung des QM-Systems in Entwicklung und Fertigung) von Bedeutung. Eine mögliche Modulkombination B+F besteht aus der Baumusterprüfung (Modul B) und der Prüfung aller Seriengeräte (Modul F). Dieses Verfahren entspricht im Wesentlichen der bisherigen Kombination von Bauartzulassung und Ersteichung. Bei der Modulkombination B+D kann der Hersteller auf die teilweise aufwendige Produktprüfung aller Seriengeräte durch eine benannte Stelle verzichten, indem er seine Qualitätssicherung in der Fertigung durch eine benannte Stelle anerkennen und überwachen lässt. Entscheidet sich ein Hersteller für den Modul H1, muss die Entwurfsprüfung und die Anerkennung und Überwachung des Entwicklung und Fertigung umfassenden QM-Systems durch dieselbe benannte Stelle erfolgen.

Produktionsphasen	Konformitätsbewertungsverfahren			
	Innerstaatlich und EWG-Richtlinien	Messgeräterichtlinie (MID)		
		Module B+F	Module B+D	Modul H1
Entwicklung **Entwurf**				Entwurfsprüfung
Baumuster	Bauartprüfung	Baumusterprüfung (B)	Baumusterprüfung (B)	Vollständiges QM-System
Serienfertigung			QM-System Produktion (D)	
Endprodukt	Eichtechnische Prüfung	Produktprüfung (F)		
	Stempelung	Konformitätserklärung		

Abb. 32.7
MID-Konformitätsbewertungsverfahren

Die PTB ist vom Bundesministerium für Wirtschaft für die Module B, D und H1 benannt worden und in Abstimmung mit dem BMWi, den Messgeräteherstellern und den Eichbehörden tätig geworden. Der steigenden Bedeutung von Querschnittsaspekten im gesetzlichen Messwesen wurde durch die Einrichtung einer Zertifizierungsstelle für Messgeräte Rechnung getragen. Ihr obliegt die Anerkennung von QM-Systemen bei Herstellern und die Entwurfsprüfung. Dazu wurden Kriterien und Verfahren entwickelt, die mit anderen benannten Stellen im Sinne einer europäischen Harmonisierung kompatibel sind, denn die PTB steht im Wettbewerb mit anderen staatlichen oder privaten Benannten Stellen. Parallel dazu ist die PTB als Prüflabor tätig, um die Module B, D und H1 auch fachspezifisch abzudecken.

Um die rechtzeitige Umsetzung der Richtlinie zu gewährleisten, hatte das BMWi entschieden, die MID durch eine Verordnung umzusetzen. Damit blieben bei den nicht von der MID betroffenen Messgerätearten sämtliche nationalen Regelungen einschließlich Bauartzulassung und Ersteichung bis Ende 2014 unverändert bestehen. Damit die Hersteller ihre vor dem Inkrafttreten der MID erworbenen Rechte weiter ausüben können, bleiben die bisherigen nationalen Bauartzulassungen und EWG-Zulassungen maximal bis zum 30. Oktober 2016 gültig.

32.6 Internationale Harmonisierung des Messwesens

Von der Öffentlichkeit vielfach unbemerkt hat sich im Messwesen in den vergangenen Jahren ein Wandel vollzogen, der erst langsam einem neuen Gleichgewichtszustand zustrebt. Ähnlich wie in der Wirtschaft zeigen sich auch im Messwesen Globalisierungstendenzen, die ganz neue Formen der Zusammenarbeit zwischen den Nationalen Metrologie-Instituten, den Akkreditierungsstellen und den Benannten Stellen erfordern. Damit folgt das Messwesen der politischen und ökonomischen Entwicklung und reagiert auf die Bedürfnisse der regionalen und internationalen Märkte (Kose et. al. 1997). Über das nationale Messwesen hinaus ist daher eine regionale und internationale messtechnische Infrastruktur erforderlich, die die Grundlagen des Messwesens, die industrielle Messtechnik und das gesetzliche Messwesen umfasst (Tab. 32.1).

Tab. 32.1 Zusammenstellung der auf dem Gebiet des Messwesens international, regional und national tätigen Organisationen

Bereich des Messwesens	Grundlagen des Messwesens	Industrielles Messwesen	Gesetzliches Messwesen
Institutionen	Nationale Metrologie-Institute	Kalibrierung Prüfung Zertifizierung	Nationale Stellen
International	CGPM CIPM/CCs BIPM/JCRB	ILAC IAF	OIML
Regional (Europa)	EUROMET COOMET	EA	WELMEC
National	PTB	DAkkS DKD (PTB)	(PTB) LME SAP

International:

CGPM	Conférence Générale des Poids et Mesures
CIPM/CCs	Comité International des Poids et Mesures, Comités Consultatifs
BIPM	Bureau International des Poids et Mesures
JCRB	Joint Committee of the Regions and the BIPM
ILAC	International Laboratory Accreditation Co-operation
IAF	International Accreditation Forum (for Certification)
OIML	Organisation Internationale de Métrologie Légale

Regional Institutes (Europa):

EURAMET	European Association of National Metrology
COOMET	Euro-Asian Cooperation of National Metrology Institutes
EA	European (Co-operation for) Accreditation
WELMEC	Western European Legal Metrology Co-operation

National:

PTB	Physikalisch-Technische Bundesanstalt
DKD	Deutscher Kalibrierdienst (in der PTB)
LME	Landesamt für Mess- und Eichwesen
SAP	Staatlich anerkannte Prüfstelle

EURAMET ist die älteste regionale Metrologie-Organisation der Welt und entwickelte sich 1975 aus einer informellen Zusammenarbeit der nationalen Metrologie-Institute (NMI). 1987 wurde die Zusammenarbeit mit einem Memorandum of Understanding (MoU) auf eine formellere Basis gestellt. Heute arbeiten unter dem Dach von EURAMET die NMIs aus 34 Ländern zusammen, mit dem Ziel einer engeren Zusammenarbeit auf dem Gebiet des Messwesens, einer Optimierung der Nutzung von Dienst-

III

leistungen und Ressourcen und einer Verbesserung der Messmöglichkeiten. Die Bemühungen der in EURAMET zusammengeschlossenen NMIs konzentrieren sich auf eine koordinierte regionale Infrastruktur für das Messwesen, die den Anforderungen der Industrie gerecht wird, auf eine bessere Bedienung und Beratung ihrer Kunden, auf die Teilnahme an internationalen Vergleichen und die daraus folgende Anerkennung ihrer Normale sowie auf die Zusammenarbeit mit anderen regionalen Organisationen und dem BIPM. Diese enge Zusammenarbeit hat erheblich dazu beigetragen, die Transparenz der metrologischen Systeme der Mitgliedsländer zu erhöhen und damit innerhalb der Regionen ein System gegenseitigen Vertrauens zu schaffen. Dies ist besonders wichtig im Hinblick auf das Multilaterale Abkommen der Meterkonvention (MRA), das sich in starkem Maße auf die Zusammenarbeit innerhalb und zwischen den Regionen stützt.

Nationale Akkreditierungsstellen und Regelsetzer sind auf multilaterale Vereinbarungen - auch zwischen den NMIs - angewiesen, um die Bedingungen festzulegen, unter denen sie Kalibrier- und Prüfscheine von Laboratorien anerkennen können, die in anderen Ländern akkreditiert wurden. Das Vertrauen in solche Abkommen hängt in starkem Maße von der Genauigkeit und Einheitlichkeit von Kalibrierzertifikaten ab, die von den NMIs ausgestellt werden. Das System der gegenseitigen Anerkennung in den Bereichen Kalibrierung, Prüfung und Zertifizierung hat in der Vergangenheit so große Fortschritte gemacht, dass auch die Beziehungen zwischen den NMIs auf eine neue, formellere Basis gestellt werden mussten, das „Mutual Recognition Arrangement (MRA)“ des CIPM für die gegenseitige Anerkennung der nationalen Normale und der Kalibrierzertifikate der NMIs (CIPM-MRA 1999). Dieses Abkommen wurde am 14. Oktober 1999 ins Leben gerufen, heute sind dem Abkommen 52 Mitglieder der Meterkonvention und 36 Associates der CGPM (Stand 06/2013) beigetreten. Das MRA basiert auf den Ergebnissen internationaler Vergleiche, QM-Systemen und anderen Maßnahmen zur Demonstration von Kompetenz der NMIs.

Akkreditierte Kalibrierlaboratorien haben sich inzwischen in vielen Ländern Europas und in fast allen übrigen industrieorientierten Ländern der Welt etabliert. Regionale Organisationen wie die European Co-operation for Accreditation (EA) wirken darauf hin, dass eine Äquivalenz der Arbeitsweise der Kalibrierdienste und eine gegenseitige Anerkennung ihrer Zertifikate erreicht wird. Damit leistet EA einen wichtigen Beitrag zum Abbau von Handelshemmnissen in Europa. Die in EA zusammenarbeitenden Akkreditierungsstellen vertreten neben den Prüflaboratorien und Zertifizierungsstellen etwa 2500 akkreditierte Kalibrierlaboratorien. Die internationale Anerkennung der Kalibrierscheine wird durch Mitgliedschaft der nationalen Akkreditierungsstellen in der International Laboratory Accreditation Co-operation (ILAC) gewährleistet. Die gegenseitige Anerkennung erfolgt ähnlich wie bei EA über gegenseitige Begutachtungen der einzelnen Akkreditierungsstellen und Vergleichsmessungen.

Seit 1990 gibt es den Zusammenschluss European Cooperation in Legal Metrology (WELMEC) von Vertretern nationaler europäischer Behörden des gesetzlichen Messwesens (37 Mitglieder, Stand 06/2013) mit dem Ziel, einen harmonisierten europäischen Lösungsansatz für die Probleme des gesetzlichen Messwesens zu schaffen. In den vergangenen Jahren sind unter Beteiligung der PTB mehrere WELMEC-Leitfäden verabschiedet worden, die der Harmonisierung der Konformitätsbewertungsverfahren dienen und von allen Mitgliedern angewandt werden. Diese Leitfäden werden in den WELMEC-Arbeitsgruppen erarbeitet.

Die über Europa hinausgehende internationale Zusammenarbeit ist in der International Organisation of Legal Metrology (OIML) organisiert. Bereits seit 1955 sind interessierte Staaten (58 Vollmitglieder, 65 korrespondierende Mitglieder, Stand 06/2013) in der OIML zusammengeschlossen, um gemeinsame, international abgestimmte Anforderungen an Messgeräte zur nationalen Anwendung im gesetzlich geregelten Bereich zu erarbeiten. Die technischen Vorschriften werden als OIML-Empfehlungen herausgegeben, die bei entsprechender Umsetzung in das nationale Recht eine Grundlage für Baumusterprüfung und Eichung eines Messgerätes in dem betreffenden Land bilden können. Die Übereinstimmung einer Messgerätebauart mit den in den OIML-Empfehlungen niedergelegten Anforderungen kann in einem OIML-Zertifikat bestätigt werden. Dieses kann dem Messgerät den Marktzugang erleichtern, unabhängig davon, ob in einem Land für diese Messgeräteart Eich- oder Zulassungspflicht besteht oder nicht. 2004 wurde ein Mutual Acceptance Arrangement (OIML-MAA) zur gegenseitigen Anerkennung von Prüfergebnissen (OIML Test Reports) eingerichtet, das den Rahmen für Declarations of Mutual Confidence (DoMC) für einzelne Messgerätearten bildet.

32.7 Ausblick auf die zukünftige Entwicklung

Mit der Einführung des neuen Eichrechts ab 2015 wird ein einheitlicher, auf europäischen Regelungen basierender Rechtsrahmen für gesetzlich geregelte Messgeräte geschaffen. Das neue Recht schafft mehr Flexibilität für die Hersteller und Betätigungsmöglichkeiten für private Konformitätsbewertungsstellen. Bezüglich der Anerkennung von Konformitätsbewertungen erfolgt diese im harmonisierten Bereich auf der Grundlage der europäischen Richtlinien. Im nicht harmonisierten, national geregelten Bereich werden solche Geräte als gleichwertig behandelt, die in einem Mitgliedsstaat der EU, der EFTA oder der Türkei rechtmäßig hergestellt oder in Verkehr gebracht wurden und die ein vergleichbares Niveau zum Schutz des Verbrauchers, des Wettbewerbs oder anderer im öffentlichen Interesse bestehenden Schutzgüter gewährleisten.

2003 hat der Rat der EU beschlossen, den New Approach zu überarbeiten, um die in der praktischen Anwendung gewonnenen Erfahrungen einfließen zu lassen. Durch den Beschluss 768/2008 wurde das sogenannte „New Legal Framework" definiert, das eine Vereinheitlichung aller nach dem neuen Ansatz geschaffenen EU-Richtlinien ermöglicht. Eine Überarbeitung dieser Richtlinien soll bis Ende 2013 abgeschlossen sein. Im Vordergrund stehen dabei einheitliche Definitionen und Konformitätsbewertungsverfahren.

Die Akkreditierung wird weiterhin die Qualität der Konformitätsbewertung sichern, ihre Organisation bleibt eine staatliche Aufgabe, ausgeführt durch eine staatliche Stelle oder eine staatlich kontrollierte Stelle. Die „European Cooperation for Accreditation (EA)" muss sich zu einem europäischen Akkreditierungssystem weiterentwickeln, welches europaweit einheitliche, grundlegende Vorgehensweisen schafft. Damit wird die zukünftige Entwicklung des Messwesens in Deutschland in starkem Maße von der europäischen Entwicklung bestimmt, was mit Sicherheit größere Änderungen auf der nationalen Ebene mit sich bringen wird.

Literatur

Bachmair, H.: Kalibrierung und Rückführung als Voraussetzung für die weltweite Anerkennung von Messungen. VDI-Berichte Nr. 1913. VDI Verlag, Düsseldorf 2005

Bosch, W.: DKD-Akkreditierung im industriellen Messwesen – mehr als ein formaler Akt. In: PTB-Mitt. 114, 2004. S. 249 - 254

CIPM-MRA: Mutual recognition of national measurement standards and of calibration and measurement certificates issued by national metrology institutes. Bureau International des Poids et Mesures, Sèvres 1999

DKD-4: Deutscher Kalibrierdienst. Rückführung von Mess- und Prüfmitteln auf nationale Normale. Wirtschaftsverlag NW, Bremerhaven 1998

Eichgesetz: Gesetz über das Mess- und Eichwesen. Neufassung vom 23. März 1992, BGBl. I, 1992, S. 711, geändert durch Artikel 115 der Achten Zuständigkeitsanpassungsverordnung vom 25. November 2003, BGBl. I, 2003. S. 2304

Eichordnung: Eichordnung vom 12. August 1988, zuletzt geändert am 13. Dezember 2001, BGBl. I, 2001. S. 3586

Einheiten- und Zeitgesetz: Gesetz über Einheiten im Messwesen und die Zeitbestimmung, Neufassung vom 22. Februar 1985. BGBl. I, 1985 (zuletzt geändert durch Artikel 1 des Gesetzes vom 3. Juli 2008)

Global Approach: Entschließung des Rates vom 21. Dezember 1989 zu einem Gesamtkonzept für die Konformitätsbewertung. In: Amtsbl. Europ. Gem. C 10, 1990. S. 1

Grottker, U./Link, M./Richter, D./Schwartz, R.: Grundprinzipien des neuen europäischen Software-Leitfadens WELMEC 7.2 für MID Geräte. Teil 1. In: Wägen, Dosieren und Mischen 3, 2006. S. 29 - 32/Teil 2. In: Wägen, Dosieren und Mischen 4, 2006. S. 20 - 23

Kose, V.: World-wide trade needs world-wide accepted measurement certificates. In: PTB-Mitt. 108, 1998. S. 125 - 29

Kose, V./Brinkmann, K.: Der Welthandel und die Globalisierung der Metrologie. In: PTB-Mitt. 107, 1997. S. 123 - 131

Mengersen, Chr./Schulz, W./Stolz, H.: Die Rolle der PTB im gesetzlichen Messwesen in Deutschland. In: PTB-Mitt. 114, 2004. S. 123 - 131

MID: Richtlinie 2004/22/EG des Europäischen Parlaments und des Rates vom 31. März über Messgeräte. In: Amtsbl. Europ. Gem. L135/1, 2004. S. 1

Mills, I. M./Mohr, P. J./Quinn, T. J./Taylor, B. N./Williams, E. R.: Redefinition of the kilogramm: A decision whose time has come. In: Metrologia 42, 2005. S. 71 - 80

Mills, I. M./Mohr, P. J./Quinn, T. J./Taylor, B. N./Williams, E. R.: Redefinition of the kilogramm, ampere, kelvin and mole: A proposed approach to implementing CIPM recommendation 1, CI-2005. In: Metrologia 43, 2006. S. 227 - 246

New Approach: Entschließung des Rates vom 7. Mai 1985 über eine neue Konzeption auf dem Gebiet der technischen Harmonisierung und Normung. In: Amtsbl. Europ. Gem. Nr. C 136, 1985. S. 1

Quinn, T. J.: The Bureau International des Poids et Mesures. In : J. Phys. Sci. Instrum. 18, 1985. S. 368 - 371

Schulz, O.: 200 Jahre metrisches System. In: Jeschek, M. (Hrsg.): 125 Jahre Vollversammlung für das Eichwesen. Wirtschaftsverlag NW, Bremerhaven 1995

Schulz, W.: Das gesetzliche Messwesen in der Bundesrepublik Deutschland. PTB-Bericht TWD-36. Wirtschaftsverlag NW, Bremerhaven 1990

Schulz, W./Sommer, K. D.: Messunsicherheiten im Eichwesen. In: PTB-Mitt. 107, 1997. S. 335 - 343

SI-Basiseinheiten: Themenschwerpunkt: Die SI-Basiseinheiten, Teil 1 und 2. In: PTB-Mitt. 112, 2002. S. 291–311 und PTB-Mitt. 113, 2003. S. 3 - 34

SI-Einheiten: Le Système international d'unités. 8. Auflage. Bureau International des Poids et Mesures, Sèvres 2006

Vieweg, R.: Maß und Messen in kulturgeschichtlicher Sicht. Steiner Verlag, Wiesbaden 1962

Williams, G.: The assessment of the economic role of measurements and testing in modern society. Final Report: EU-Project G6MA-2000-2002. Pembroke College, Oxford 2002

D Produktnutzung und Service

Kundendienst

33.1 Kundendienst – Service für Kunden und Produkte 749
33.1.1 Produktbegleitende Dienstleistung 749
33.1.2 Marktbedeutung des Kundendienstes 749

33.2 Leistungsmerkmale des Kundendienstes 751
33.2.1 Leistungsfaktoren 751
33.2.2 Dienstleistungsmerkmale 752

33.3 Die operative Durchführung des Kundendienstes 755
33.3.1 Kundendienstleistungen 755
33.3.2 Kundendienstprozesse 756
33.3.3 Kundendienstfunktionen 757
33.3.4 Enterprise Resource Planning (ERP) im Kundendienst 759

33.4 Kundendienstqualität 760
33.4.1 Abhängigkeit von der Produktqualität 760
33.4.2 Prozessqualität 760
33.4.3 Nutzenerwartung contra Kundendienstleistung 761
33.4.4 Qualitätswerkzeuge im Kundendienst 763

33.5 Kundendienstcontrolling 764

33.6 Verkauf von Kundendienstleistungen 766

33.7 Entwicklungstendenzen 767

33

33 Kundendienst

Volker Harms

Vom sprachlichen Ansatz her ist der Kunde jemand, der uns kundgeworden ist, zu dem wir eine (Verkaufs-)Beziehung aufgebaut haben. Den Begriff Kunde finden wir in Ausdrücken wie etwas zu Kund und Wissen bringen, etwas kundtun oder sich kundig machen. Der Kunde ist jemand, den wir kennen oder kennenlernen wollen. Kundendienst bedeutet, für den Kunden eine Dienstleistung zu erbringen, die über das eigentliche Verkaufsgeschäft hinausgeht. Die nächste, höchst aktuelle Erweiterung dieser Beziehung besteht in einem umfassenden Kundenbindungsmanagement, durch das die Kundenbeziehung vertieft und gefestigt wird.

Die Bedeutung des Kunden und auch des Kundendienstes hat sich erst in den letzten vierzig Jahren entwickelt und ist damit ein noch junges Thema. In Knaurs Lexikon von 1965 sind weder die Worte Kunde noch Kundendienst enthalten. Im Jahre 1982 wird Kundendienst bereits mit dem Begriff Service in Verbindung gebracht. Unter Kundendienst werden heute Maßnahmen zur Erleichterung des Einkaufs und zur Instandhaltung von Gebrauchsgegenständen verstanden. Es wird bereits auf den Wettbewerb bei Kundendienstleistungen im Falle der Preis- und Qualitätsgleichheit von Waren verwiesen.

Bis zur Gegenwart sind die Bedeutung und der Leistungsumfang des Kundendienstes weiter gewachsen. Im Laufe der Jahre sind viele Sachgüter und Dienstleistungen immer ähnlicher und vergleichbarer geworden. Die funktionale Qualität der Produkte ist auf einem hohen Qualitätslevel angekommen, sodass auch hier die Differenzierungsmöglichkeiten gering sind. Damit wird die Kundenbindung durch produktnahe Dienstleistungen immer wichtiger. Hersteller, Händler und Dienstleister haben erkannt, dass der Kaufabschluss durch Kundendienstleistungen, vor allem im After-Sales-Bereich, unterstützt werden muss. Kundendienstleistungen erhöhen die Zufriedenheit des Kunden, tragen zur Marken- und Firmentreue bei und unterstützen die Wirkung der Marketinginstrumente.

Allerdings sind die Erwartungen der Geschäftskunden und der Konsumenten an den Kundendienst inzwischen hoch. Bestimmte Leistungen, wie z. B. die Reklamationsbearbeitung oder die Ersatzteilversorgung, sind schon zu Standardleistungen geworden, für die eine perfekte Abwicklung vorausgesetzt wird. Um wettbewerbsfähig zu bleiben, müssen Hersteller und Händler zukünftig zusätzliche Kundendienstleistungen mit einem zusätzlichen Nutzen für den Kunden anbieten. Die Kundendienstaufgaben, die von Kundendienstabteilungen oder Servicegesellschaften erbracht werden, sollen im Mittelpunkt der folgenden Ausführungen stehen. Die notwendige Servicestrategie ist eine Qualitätsstrategie!

33.1 Kundendienst - Service für Kunden und Produkte

33.1.1 Produktbegleitende Dienstleistung

Die hoch entwickelten westlichen Volkswirtschaften haben sich in den letzten Jahrzehnten zu Dienstleistungsgesellschaften entwickelt, bei denen über 70 % der Wertschöpfung im Dienstleistungssektor erstellt wird. Wesentliche Gründe dafür sind der Rückgang bzw. die Verlagerung der industriellen Produktion, die Auslagerung von Dienstleistung in eigenständige Service Units (statistischer Effekt), aber auch das Entstehen neuer Dienstleistungen wie z. B. im Bereich der Informations- und Kommunikationswirtschaft, bei den Finanzdienstleistern und im Handel. Die meisten dieser Leistungen sind autonome Dienstleistungen, die nicht an ein anderes Produkt gekoppelt sind. So ist zum Beispiel die Beratung bei einem Rechtsanwalt eine autonome Leistung, für die keine weitere Leistungsabhängigkeit besteht (Abb. 33.1).

Bei einem Teil handelt es sich jedoch um abhängige Dienstleistungen, die ergänzend zu einem Sachgut oder einer Dienstleistung angeboten werden. Diese Leistungen werden mit Kundendienst bezeichnet.

In der deutschen Umgangssprache wird für den Kundendienst gerne der Begriff Service verwendet, obwohl Service eigentlich nur das englische Wort für Dienstleistung ist. Wenn ein Kunde am Ende einer Flugreise (= Primärleistung) sagt, der Service sei gut gewesen, meint er eben nicht den Flug, der die Haupt- oder Primärleistung ist, sondern die damit verbundene ergänzende Kundendienstleistung (= Sekundärleistung), also den Snack oder die freundliche Bedienung durch das Bordpersonal. Die Kundendienstleistung, die für Dienstleistungen erbracht wird, hat offensichtlich eine große Bedeutung. Allerdings ist die primäre Dienstleistung häufig nur schwer von der sekundären Kundendienstleistung zu trennen.

Im Mittelpunkt unserer weiteren Betrachtungen sollen dagegen die sachgutbezogenen Kundendienstleistungen bzw. produktbegleitenden Dienstleistungen stehen. Für das Sachgut eines Kunden, einen Anzug, ein Möbelstück, ein Gerät, eine Maschine oder eine Anlage werden zusätzliche, ergänzende Dienstleistungen erbracht. Das können organisatorisch-kaufmännische Leistungen des Allgemeinen Kundendienstes (AKD) oder fachlich-technische Leistungen des Technischen Kundendienstes (TKD) sein (Abb. 33.2.). Allgemeine Kundendienstleistungen werden kaufnah erbracht, also in der Angebotsphase kurz vor dem Kauf, während des Kaufs und kurz danach. Diese Leistungen werden sowohl für technische als auch nicht technische Güter erbracht. Der Schwerpunkt des Technischen Kundendienstes, der für technische Produkte wie Geräte, Maschinen, Anlagen und Systeme erbracht wird, liegt dagegen zu über 90 % im After-Sales-Bereich. Deshalb wird häufig der Begriff After Sales Service verwendet.

Im Markt kann heute praktisch kein Produkt mehr ohne Kundendienst verkauft werden. Bei technischen Produkten ist jedoch die Verbindung zwischen Produkt und Kundendienst besonders eng und zwingend. Eine Flugreise ohne Snack ist möglich, der Betrieb einer Anlage ohne Instandhaltung nicht.

III

33.1.2 Marktbedeutung des Kundendienstes

Der Kundendienst hat bei wachsender Technisierung eine steigende Bedeutung im Markt. Dies bedeutet jedoch nicht zwangsläufig mehr Servicefälle, da die Produktqualität der meisten technischen Anlagen und Geräte in den letzten Jahren deutlich besser geworden ist. Zu den beiden großen Marktsegmenten, dem Konsumentenmarkt (busi-

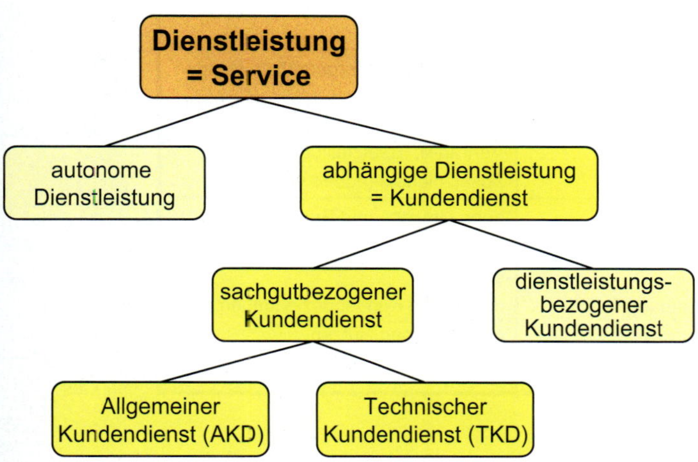

Abb. 33.1
Übersicht Dienstleistungen

III

	Pre Sales Service	Kauf	After Sales Service
Allgemeiner Kundendienst (AKD)	Angebotsunterstützung: Cafeteria, Parkplatz Kinderspielecke Muster, Vorführung, Test Informationen	Zahlungs-bedingungen Finanzierung	Ändern, Einpacken, Ausliefern Umtausch Kundenkontaktprogramm
Technischer Kundendienst (TKD)	Technische Beratung Prüfungen u. Berechnungen Systemplanung	--	Aufstelldienst, Montage, Anpassung ggf. Herstellungssupport Inbetriebnahme Anwenderschulung, Training ——— Hotline Service Garantiearbeiten, Gerätetausch Kulanzarbeiten ——— Inspektion, Wartung, Reparatur Ersatzteildienst Serviceverträge, Zusatz-Services

Abb. 33.2
Kundendienstphasen

	Konsumentenmarkt (b-to-c-Markt)	**Geschäftskundenmarkt (b-to-b-Markt)**
betreute Produkte (Beispiele)	Hausgeräte, Haustechnik (Heizung) Unterhaltungselektronik Informations- und Kommunikations-geräte, Kleinelektrogeräte Fahrzeuge	Geräte, Maschinen, Produktions-anlagen, I&K-Anlagen + -Geräte Medizintechnik Luftfahrtechnik Fahrzeugtechnik, Logistikanlagen
Priorität bei den Kundenansprüchen	niedrige Preise begrenzte Ansprüche an den Servicegrad	fachliche Leistungsfähigkeit hohe Verfügbarkeit der Leistung kurze Reaktionszeit, Schnelligkeit, Zuverlässigkeit, Prozessunterstützung Wirtschaftlichkeit
Leistungsangebot Kundendienst	Garantieleistungen u. Kulanz Außergarantiereparaturen Ersatzteildienst	Garantie- u. Außergarantieleistungen Instandhaltung Komplettangebote (Full-Service-Verträge), Ersatzteillogistik Zusatzdienste (added value)
Profitabilität	gering	hohe Umsatz- und Ertragspotenziale
Kundenorientierung	hoch begrenzte Kundenbindung hohes Wechselpotenzial bei Produkt und Kundendienst	sehr hoch dauerhafte Kundenbeziehungen zum beiderseitigen Nutzen hohes Kundenbindungspotenzial

Abb. 33.3
Merkmale des Kundendienst-marktes

ness to consumer, b to c) und dem Geschäftskundenmarkt (business to business, b to b), gibt es in der Marktentwicklung deutliche Unterschiede (Abb. 33.3).

Im *Konsumentenmarkt* werden vom Kundendienst in Werkstätten und direkt beim Kunden im Haushalt eine Vielzahl von Geräten und Anlagen betreut. Dies reicht von der Heizung über die Waschmaschine, den Fernseher, den Computer, das Telefon bis zur elektrischen Zahnbürste und zum Personenkraftwagen bzw. Reisemobil. Der Privatkunde erwartet eine fachlich einwandfreie Kundendienstleistung in der Garantiezeit und danach. Einer Ausweitung des Leistungsangebotes steht allerdings ein extremes Preisbewusstsein entgegen. Das Kundenbindungspotenzial ist dementsprechend begrenzt, da der Kunde sowohl den Serviceanbieter als auch das Produkt relativ leicht wechselt. Unter diesen Bedingungen sind Umsatzsteigerungen und Gewinne in diesem Marktsegment nur schwer zu erreichen.

Der *Geschäftskundenmarkt* ist in allen Bewertungskriterien der interessanteste Markt. Die zu betreuenden Geräte, Maschinen und Anlagen sind in den Industrie-, Handels-, Logistik- und anderen Dienstleistungsbetrieben als Betriebsmittel eingesetzt. Entsprechend hoch sind die Anforderungen an die Qualität der Produkte sowie deren Verfügbarkeit für die Produktionsaufgaben. Der Kundendienst im b-to-b-Markt bietet dafür umfangreiche Leistungspakete an. Sie reichen über die Instandhaltung, den Ersatzteildienst und Service-Verträge bis zu anspruchsvollen Zusatzdiensten wie einem Betreiberservice. Für Geschäftskunden hat die Anlagenverfügbarkeit höchste Priorität. Maschinenausfälle haben in den heutigen vernetzten Strukturen gravierende Auswirkungen und führen zu hohen Folgekosten. Vom Kundendienst wird Prozessunterstützung erwartet, die durch hohe fachliche Kompetenz, eine Einsatzbereitschaft an sieben Tagen über 24 Stunden im Extremfall, Schnelligkeit und kurze Reaktionszeiten sowie eine perfekte Ersatzteillogistik zu erreichen ist. Die Preise werden nicht isoliert, sondern unter Berücksichtigung des Nutzens betrachtet. Damit sind auch die Umsatz- und Ertragspotenziale für den Kundendienst interessant. Es können strategische Partnerschaften zwischen Kunden und Dienstleister zum beiderseitigen Nutzen aufgebaut werden. Das Kundenbindungspotenzial ist hoch. Dieses Marktsegment wird in den folgenden Ausführungen im Blickpunkt stehen.

33.2 Leistungsmerkmale des Kundendienstes

33.2.1 Leistungsfaktoren

Die Leistungen des Kundendienstes – auch als Serviceprodukte bezeichnet – werden über besondere Produktionsprozesse hergestellt. Im Prinzip werden bestimmte interne und externe Faktoren in einem wertschöpfenden Leistungserstellungsprozess miteinander kombiniert, sodass eine Dienstleistung für den Kunden entsteht (Abb. 33.4).

Wie in anderen Dienstleistungen dominieren im Kundendienst die menschlichen Arbeitsleistungen. Sie erreichen meist eine Größenordnung von 70%. Im nächsten Abschnitt werden sie weiter verdeutlicht. Die im Kundendienst benutzten Mess- und Prüfgeräte, Systeme zur Informationsverarbeitung, Kommunikationssysteme, Fahrzeuge, Lagertechnik sowie Werkzeuge zählen zu den Betriebsmitteln, welche die Basis für rationelles Arbeiten sind. Auch immaterielle Güter wie das fachliche Know-how, Patente und Verfahrensweisen zählen dazu. Durch ihre Langlebigkeit sind die Betriebsmittel in den Herstellkosten nur mit einem Anteil von ca. 10% enthalten. Mit einem Anteil von ca. 20% werden Ersatzteile benötigt. Die genannten drei Input-Faktoren sind die *internen Faktoren*, die vollständig vom Dienstleister gestaltet werden können.

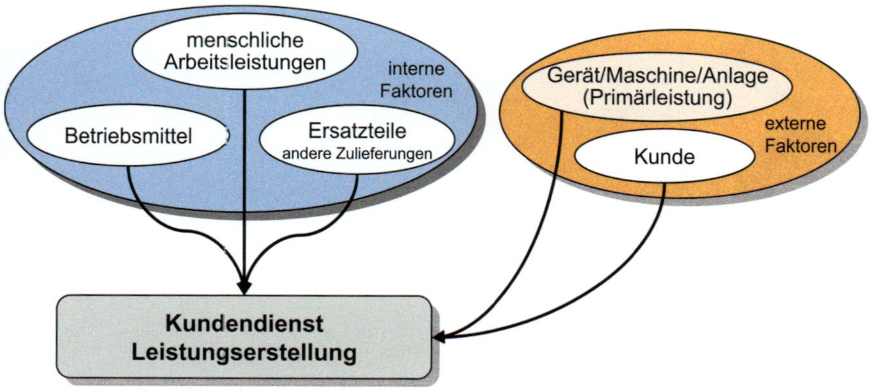

Abb. 33.4
Leistungsfaktoren im Technischen Kundendienst

Die *externen Faktoren* können dagegen nur sehr begrenzt gesteuert werden: Es sind die Geräte, Maschinen und Anlagen des Kunden sowie der Kunde selbst. Die Produkte stellen selten ein Problem dar, da die Kundendienste eine starke Technologie- und Technik-Orientierung haben, d. h. sich mit der Technik gut auskennen. Trotzdem beeinflussen sie den Leistungsprozess.

Der Kunde ist emotional, intellektuell oder auch physisch am Herstellprozess beteiligt. Seine Einwirkung kann den Prozess behindern oder fördern. Der Kunde und seine Mitarbeiter können gezielt in die Prozesskette integriert werden und Teilprozesse selbst durchführen (Self-Service). Die Mitarbeit des Kunden führt zu einem interaktiven Service und entlastet häufig die Kosten für den Serviceeinsatz. Daraus kann eine strategische Partnerschaft entwickelt werden.

III

33.2.2 Dienstleistungsmerkmale

Bei der Erstellung von Kundendienstleistungen müssen die besonderen Merkmale einer Dienstleistung berücksichtigt werden (Abb. 33.5). Die Nichtbeachtung kann zu umfangreichen Qualitätsproblemen führen.

Die *Abhängigkeit der Leistung* von der Hauptleistung beeinflusst den Kundendienst in starkem Maße. Der Einfluss aus der Hauptleistung – einem Gerät, einer Maschine oder Anlage – kann positiv oder negativ sein. Dabei fallen vor allem solche Fälle auf, bei denen die Qualitätsprobleme der Hauptleistung durch den Kundendienst aufgefangen und behoben werden müssen. Der Kundendienst kann zum „Lückenbüßer" für mangelhafte Primärprodukte werden.

Beispiel: Die Abhängigkeit zwischen der Haupt- und Kundendienstleistung wird deutlich, wenn der Technische Kundendienst eine Anlage zu warten hat, die sehr serviceunfreundlich konstruiert ist. Der erhöhte Zeitbedarf und verlängerte Ausfallzeiten bei der Wartung werden dem Kundendienst angelastet, obwohl der Ursprung dafür in der Hauptleistung liegt.

Die *Immaterialität* der Leistung ist das zweite typische Merkmal des Kundendienstes. Auch wenn Teile der Leistung materiell und damit greifbar und anfassbar sind, bleibt ein wesentlicher Teil unsichtbar.

Beispiel: Bei der Reparatur eines Gerätes kann der Kunde das eventuell eingebaute Ersatzteil sehen. Die eigentliche Tätigkeit des Technikers bei der Fehleranalyse und -diagnose sowie die Überlegung, wie die Reparatur durchzuführen ist, bleiben jedoch verborgen.

Gänzlich immateriell ist eine Hotlineberatung. Durch das Telefongespräch werden die Probleme des Kunden aufgenommen, analysiert, vielleicht im Hintergrund reproduziert und simuliert, es wird teilweise hochwertiges Wissen übertragen und schließlich das Problem gelöst.

Die Wertschöpfung für den Kunden ist nur schwer greifbar, insbesondere nach Abschluss des Kundendienstprozesses. Sie ist teilweise an Folgewirkungen erkennbar, also z. B. daran, dass das Gerät wieder funktioniert oder der Kunde aufgrund der Hotlineberatung besser mit einem Computerprogramm umgehen kann. Weil der Wert der eigentlichen Leistung schlecht erkennbar ist, gibt es häufig Probleme mit der Rechnungsstellung und den Preisen, d. h. dem Kunden ist die Leistung einfach zu teuer. Je mehr Zeit seit dem Leistungszeitpunkt verstrichen ist, desto geringer wird die Wertschätzung.

Abb. 33.5
Dienstleistungsmerkmale

Tipp: Die Rechnung für Kundendienstleistungen sollte kurz nach Leistungsende gestellt werden. Weiter sollte der Serviceanbieter versuchen, die Leistung zu materialisieren, um sie greifbarer zu machen. Dies kann z. B. durch schriftliches Niederlegen der Leistungsschritte in der Rechnung oder ein Zertifikat bzw. eine Garantieurkunde geschehen. ■

Die Immaterialität bedeutet auch, dass beim Angebot der Kundendienstleistung nur ein allgemeines Leistungsversprechen gegeben werden kann, z. B.: „Wir werden Ihr Gerät reparieren." oder „Wir unterstützen Sie bei der Nutzung Ihrer Software." Das Einhalten des Leistungsversprechens führt zur Vertrauensbildung beim Kunden, die sich aber erst bei der nächsten Inanspruchnahme auswirkt.

Die *Beteiligung des Kunden* an der Kundendienstleistung führt meist zu erschwerten Arbeitsbedingungen. Bei der Produktion eines Sachguts ist es im Vergleich viel einfacher. Hier läuft der Herstellprozess bis auf Sonderformen (Baustellenfertigung) für den Kunden unsichtbar und ohne dessen Beteiligung in einer Fabrik oder Werkstatt ab. Dem Kunden wird am Ende des Herstellprozesses ein fertiges Produkt übergeben, dessen Werdegang er nicht kennt und nicht miterlebt hat.

Ganz anders sieht die Leistungserstellung im Kundendienst aus. Neben dem Einsatz der Mitarbeiter, Betriebsmittel und in geringem Umfang von Material kommt als zusätzlicher Produktionsfaktor der Kunde mit seinem Gerät oder seiner Anlage ins Spiel. Es gibt einen für den Kunden sichtbaren Bereich des Leistungsprozesses (Front Office) und einen unsichtbaren (Back Office). Beide Teile lassen sich gedanklich durch eine „line of visibility" trennen. Im unsichtbaren Teil ist der Dienstleister frei in der Arbeitsgestaltung. Im sichtbaren Teil ist der Kunde dabei, sieht alles und macht sogar mit. Er ist wie ein zusätzlicher Produktionsfaktor an der Leistungserstellung beteiligt, die für ihn individuell erbracht wird.

Beispiel: Bei einer Vor-Ort-Reparatur muss der Kunde angeben, wann unter welchen Bedingungen der Fehler aufgetreten ist, muss ihn gegebenenfalls vorführen, muss deutlich machen, welche Maschinenparameter wichtig sind, und muss am Ende die Reparatur abnehmen (front office). ■

Beispiel: Der Kunde bestellt ein Ersatzteil für eine ältere Maschine. Der Sachbearbeiter in der Materialwirtschaft versucht, das Teil in alten Unterlagen zu identifizieren, befragt die technischen Experten und bestellt schließlich das Teil im Lager oder lässt es nachfertigen (back office). ■

Tipp: Ein wesentlicher Erfolgsfaktor einer Kundendienstleistung liegt damit in der Gestaltung des synchronen Kontaktes zwischen Kunde und Kundendienst in der Leistungsphase. Der Kunde darf und muss mitgestalten. Trotzdem muss der Prozess vom Dienstleister gesteuert werden, ohne dass der Kunde sich manipuliert fühlt. Häufig ist dies eine Gratwanderung. ■

Die *Koppelung von Produktion und Absatz* ist das nächste Merkmal, das charakteristisch für den Kundendienstprozess ist. Die Kundendienstleistung wird individuell für einen Kunden erstellt. Der Produktionsprozess ist überwiegend bereits das Produkt, das schrittweise auf den Kunden übergeht. Am Ende des Prozesses wird nichts weiter übergeben. Mit dem letzten Prozessschritt ist Schluss. Produktion und Absatz finden also im Gleichschritt statt, weshalb man auch vom *Uno-Actu-Prinzip* spricht.

Zum Vergleich: Bei einem materiellen Produktionsprozess steht das Gut erst am Ende der Prozesskette zur Verfügung. Es kann gelagert und bevorratet werden. Über eine Logistikkette ist der Transport zu einem anderen Verkaufsort oder direkt zum Kunden möglich. Ein Sachgut wird entweder in großen Mengen standardisiert und anonym gefertigt oder in kleinen Stückzahlen bzw. in Einzelfertigung angepasst an Kundenwünsche.

Im Gegensatz dazu ist eine Kundendienstleistung weder transportierbar noch lagerfähig oder auf Vorrat produzierbar. Sie ist zu dem Zeitpunkt und an dem Ort zu erbringen, den der Kunde vorbestimmt hat. Der Dienstleister kann sich auf die Anforderungen und Wünsche nur einstellen, indem er Leistungsbereitschaft vorhält. Den Startschuss für die Erstellung der Kundendienstleistung gibt der Kunde.

Die Koppelung von Produktion und Absatz bei gleichzeitiger Integration des Kunden stellt extreme Ansprüche an die Gestaltung des Kundendienstprozesses. Sie sind höher als in der Sachgutproduktion. Die Fehlermöglichkeiten im Prozess sind hoch und reichen von Kapazitätsproblemen bei Mitarbeitern und Betriebsmitteln, fehlendem Material, falscher Terminabstimmung, Know-how-Problemen, fehlenden Serviceunterlagen und Informationen bis hin zu Eingriffen des Kunden. Diese Qualitätsprobleme bekommt der Kunde mit. Er ist der oberste Qualitätsprüfer. Ein schlechtes Ansehen von Kundendienstleistungen entsteht häufig durch Fehler in der Prozesskette. Kundendienstqualität ist also zum großen Teil Prozessqualität.

Das Uno-Actu-Prinzip kann an Beispielen überprüft werden.

Beispiel: Die Reparatur einer großen Anlage startet mit der Leistungsanforderung des Kunden. Die Kundendienstorganisation ist leistungsbereit: Das Callcenter ist erreichbar, die Spezialisten zur fachlichen Klärung sind bereit, einsetzbare Techniker stehen zur Verfügung und die Materialwirtschaft hält Ersatzteile bereit. Es wird ein Termin vereinbart, zu dem ein Techniker beim Kunden erscheint. Der Kunde erläutert die Probleme mit der Anlage, ist bei der folgenden Fehlersuche des Technikers dabei oder zumindest in der Nähe und schaut ihm bei der Reparatur über die Schulter. Zusammen mit dem Kunden wird die Anlage nach der Instandsetzung wieder in Betrieb genommen und getestet. Der Kunde bestätigt die Leistung und der Kundendiensteinsatz ist, bis auf einen eventuellen administrativen Nachlauf, abgeschlossen. Die Produktion und der Absatz der Kundendienstleistung sind gleichzeitig erfolgt (Uno-Actu-Prinzip). Beide Vorgänge sind abgeschlossen. ■

Beispiel: Der Kunde soll zur Bedienung eines Gerätes geschult werden. Das Serviceunternehmen nutzt dabei seine Leistungsbereitschaft. Das bedeutet: Der Mitarbeiter mit seinem Wissen und seinen Fähigkeiten steht zur Verfügung. Es sind Unterlagen vorhanden. Ein Schulungsraum sowie das Gerät können genutzt werden. Die Schulung beginnt zu dem mit dem Kunden vereinbarten Termin. Es handelt sich um eine personenbezogene Kundendienstleistung, an der der Kunde intensiv mitwirken muss. Die Dienstleistung wird durch den Trainer permanent erbracht und geht direkt auf den Kunden über. Produktion und Absatz finden synchron statt. Das Uno-Actu-Prinzip ist vollständig erfüllt. Der Prozess endet wie geplant am Abend. Es hat eine Wertschöpfung stattgefunden. Der Kunde kann jetzt mit dem Gerät umgehen. Von der immateriellen Leistung ist jedoch nichts mehr zu sehen. ■

Der Begriff *Mitarbeiterdominanz* im Kundendienst macht deutlich, dass der bestimmende Einsatzfaktor die menschliche Arbeit ist (vgl. Kap. 33.2.1). Bei Kundendienstleistungen erreicht die menschliche Arbeit einen Anteil von 70 bis 100 %. Viele Mitarbeiter sind im direkten Kontakt mit dem Kunden mit der Erstellung der Kundendienstleistung beschäftigt, im sogenannten Front Office. Überwiegend sind es einzelne Mitarbeiter, die nach außen das gesamte Unternehmen repräsentieren, manchmal auch Teams. Gedanklich getrennt durch die „line of visibility“ arbeiten einige Mitarbeiter im Back Office. Sie bereiten die Leistungsbereitschaft vor, betreuen die Kundendienstaufträge administrativ, bereiten Teilleistungen vor, steuern und unterstützen die Kolleginnen und Kollegen im Front Office. Sie haben eine wichtige Supportfunktion, ohne die eine Produktionskette im Service nicht möglich ist.

Für die Mitarbeiter müssen die nötigen Rahmenbedingungen geschaffen werden. Dazu gehören die Berücksichtigung der Persönlichkeit des Mitarbeiters, die passende Ausbildung und die Trainings- und Weiterbildungsmaßnahmen. Der ganze Gestaltungsrahmen der Personalpolitik und das Personalmanagement müssen auf die Kundendienstaufgabe zugeschnitten sein. Das betrifft die Arbeitsorganisation, Mitarbeiterbeteiligung und die Lernprozesse, aber auch die Tarifpolitik, die Vergütungs- und Arbeitszeitmodelle. Die Mitarbeiterdominanz lässt sich gut an Beispielen nachvollziehen.

Beispiel: Bei der Reparatur einer Anlage beim Kunden arbeitet der Techniker im Front Office unter den Augen des Kunden. Er muss die passende Berufsausbildung haben, die Anlage durch Schulungsmaßnahmen kennengelernt und die Instandhaltungsarbeiten trainiert haben. Die Serviceaufgabe und das Verhalten gegenüber dem Kunden sollten durch Kommunikationstrainings unterstützt worden sein. Der Techniker ist unternehmerisch tätig. Er wird vom Back Office bzw. der Servicezentrale unterstützt, die den Einsatz vorbereitet hat. Dazu gehören die Fehlerbeschreibung, Informationen zu vorangegangenen Serviceeinsätzen (Logbuch), Reparaturhilfen aus dem Wissensmanagement, Sprengzeichnungen und Ersatzteillisten sowie möglicherweise bereits ein Ersatzteilkit, das Experten der Zentrale definiert haben und das bereits beim Techniker oder beim Kunden eingetroffen ist. Während des Einsatzes sind Rückfragen über das Internet oder telefonisch bei einer zentralen Hotline möglich. Der Techniker ist für den Kunden das Unternehmen. ■

Viele Dienstleister „flüchten“, soweit möglich, ganz gezielt in einen abgeschirmten Werkstattbereich, also hinter die „line of visibility“, um dort in aller Ruhe arbeiten zu können und dem Kundenstress zu entfliehen. Falls der Kunde das merkt oder es ihm bewusst wird, kann dies negative

III

Auswirkungen haben. Es entsteht Misstrauen und Kundenverlust.

Tipp: Kundendienste sollten sich offen vom Kunden über die Schulter schauen lassen. Dies schafft Vertrauen und Kundenbindung. Natürlich sollte die Leistung vorzeigbar sein.

33.3 Die operative Durchführung des Kundendienstes

33.3.1 Kundendienstleistungen

Der Kundendienst erstellt Serviceprodukte für den Kunden und dessen Geräte, Maschinen und Anlagen. Gleichzeitig ist er auch Dienstleister für den Hersteller oder Händler, der die Primärleistung erbringt. So erbringt er in unterschiedlicher Form die Garantie- und Kulanzarbeiten. Er ist der Kundenkontakter, der Informationen über die Produkte, z.B. Qualitätsdaten, den Kunden und den Markt liefert, und damit ein aktiver Teilnehmer an der After-Sales-Kommunikation.

Die Serviceprodukte für den Kunden lassen sich in drei Kategorien einteilen: in Basis-, Differenzierungs- und Erweiterungsleistungen (Abb. 33.6).

Sie werden als Einzelaufträge oder im Rahmen von Serviceverträgen und Service Level Agreements (SLA) erbracht. Serviceverträge können von einfachen Inspektionen bis zum Full-Service-Vertrag eine Mischung unterschiedlicher Kundendienstprodukte enthalten. Im (integrierten) Service Level Agreement können Qualitätsansprüche wie Reaktionszeiten, Bereitschaftsdienste, Eskalationsverfahren, Reporting sowie Sanktionen und Vertragsstrafen bei Nichterfüllung niedergelegt sein (vgl. Ellis/Kauferstein 2004, S. 121 ff.).

Basisleistungen sind obligatorische After-Sales-Leistungen, ohne die eine Primärleistung nicht angeboten werden kann (Baumbach 2002, S. 7). In diesem Kernbereich hat die ergänzende Dienstleistung Kundendienst einen zwingenden Charakter. Zu den Basisleistungen gehören der Aufbau, die Installation und Inbetriebnahme von technischen Produkten. Die klassischen Leistungen der Instandhaltung sind die Inspektion, Wartung und Instandsetzung

III

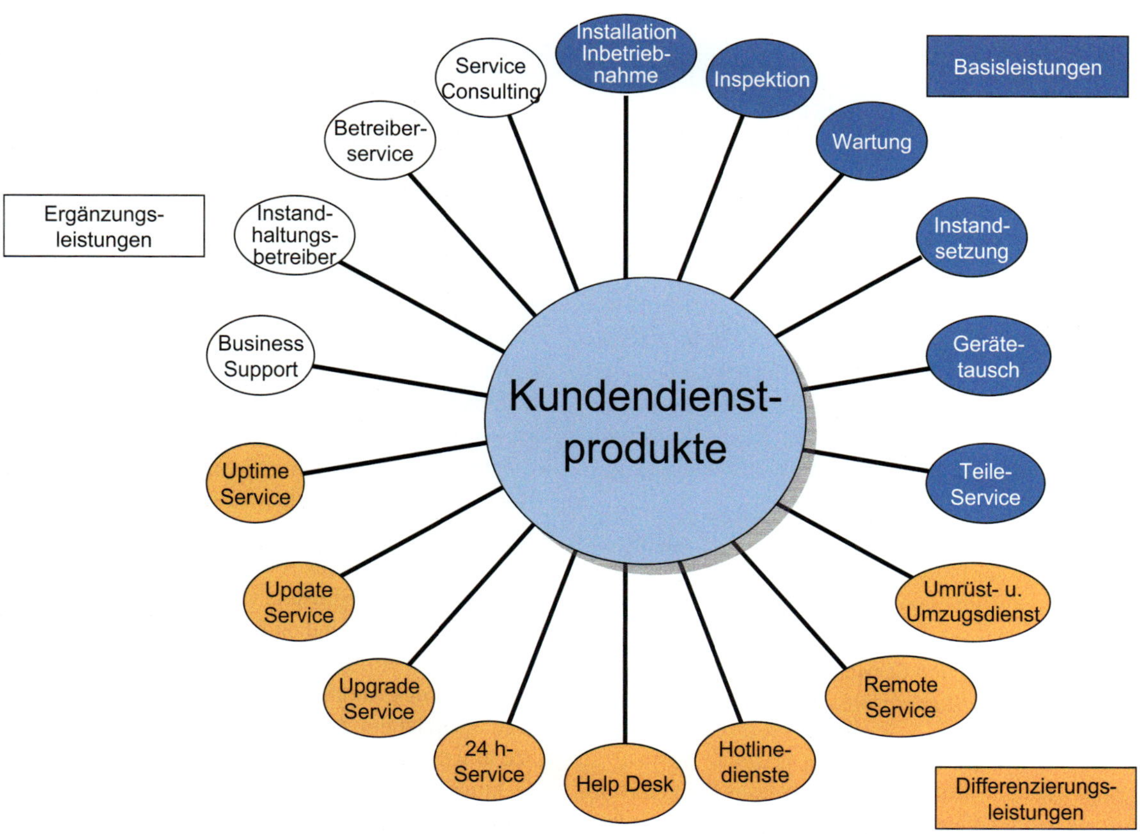

Abb. 33.6 Die Leistungen für den Kunden

(Reparatur). Darüber hinaus sind der Gerätetausch so wie eine umfassende Ersatzteilversorgung und -logistik anzubieten.

Durch *Differenzierungsleistungen* können die Basisleistungen erweitert werden. Typische Leistungen sind ein Umzugs- und Umrüstdienst, die Einrichtung von Remote Service (Fernwartung und -reparatur), Hotline- und Help-Desk-Dienste, Rund-um-die-Uhr-Service (sieben Tage, 24 h-Dienst), Update- und Upgrade-Dienste oder ein Uptime-Service (Verfügbarkeitsgarantie für die Anlage).

Bei den *Ergänzungsleistungen* werden dem Kunden anspruchsvolle unterstützende Leistungen für seine Geschäftsprozesse angeboten, die nur von wenigen, absolut professionell aufgestellten Kundendienstabteilungen oder -unternehmen erbracht werden können. Dazu gehören der Business Support mit der Unterstützung der Prozessketten beim Kunden, die komplette Übernahme der Instandhaltungsaufgaben oder sogar der Betreiberservice, bei dem zusätzlich der Betrieb der Anlage vom Kundendienst übernommen wird. Das Kundendienst-Know-how kann schließlich über ein Service Consulting vermarktet werden.

III

33.3.2 Kundendienstprozesse

Kundendienstprodukte werden über Prozessketten hergestellt. Häufig ist der Prozess bereits das Produkt. Im Rahmen des Service-Engineering sind standardisierte und modularisierte Teilprozesse zu entwickeln, die miteinander verknüpft werden. Zur Rationalisierung werden automatisierte Teilprozesse, meist durch den Einsatz von Informations- und Kommunikationstechnologien, eingefügt. Die kundenorientierte Individualisierung entsteht nicht durch Improvisation, sondern durch die geschickte Kombination geeigneter Dienstleistungsmodule. Die Kundendienstleistung entsteht also aus einem System zusammenhängender Teilprozesse. Die Prozesssteuerung sollte durch ein geeignetes ERP-System (Enterprise Ressource Planning) unterstützt werden. Durch ein Kennzahlen- und Controllingsystem können die Prozesse transparent gemacht und gesteuert werden.

Tipp: Bei der Entwicklung neuer Primärprodukte sollten die Kundendienstleistungen einschließlich der Prozessketten mitentwickelt werden, damit Produkt und Service als Komplettangebot rechtzeitig verfügbar sind.

Die Gestaltung eines Kundendienstprozesses hängt davon ab, ob er im Front Office, also vor den Augen bzw. mit Beteiligung des Kunden, durchgeführt wird oder im Back Office, also im firmeninternen Bereich. Die Kernprozesse der Leistungserstellung liegen überwiegend im Front Office. Back-Office-Prozesse sind vor allem Support-, Steuerungs- und Administrationsprozesse. Auch Mischformen mit einer nur partiellen Beteiligung oder Beobachtung des Kunden treten auf (Tab. 33.1).

Tab. 33.1 Typische Prozesse im Front und Back Office

Typische Kernprozesse im Front Office	Typische Prozesse im Back Office
▪ Auftragsannahme ▪ Inspektion, Wartung, Reparatur im Außendiensteinsatz ▪ Installation ▪ Systemintegration ▪ Hotline-Anfragen ▪ Kundenschulung	▪ Auftragsvorbereitung ▪ Tourenplanung ▪ Ersatzteilbestellung, -einlagerung, -kommissionierung und -versand ▪ Eskalationsprozess ▪ Technikerschulung ▪ Technikerreporting ▪ Buchhaltung ▪ Controlling

Zur Visualisierung von Kundendienstprozessen werden Ablaufdiagramme nach DIN 66001, die Netzplantechnik oder anspruchsvolle rechnerbasierte Prozessplanungswerkzeuge (z. B. ARIS Platform) verwendet. Als Beispiel wird der Grobablauf der Auftragssteuerung in einem Ablaufdiagramm dargestellt (vgl. Abb. 33.7).

Bei der Auftragsannahme und Steuerung ist es wichtig, die Aufträge in die richtigen Abwicklungskanäle zu steuern. Nach dem Eingang des Kundenanrufs in der Leitstelle (Callcenter) müssen neben der Problemabfrage die Kundendaten und Gerätedaten ermittelt werden. Nach einer Kurzberatung ist von der Leitstelle die Entscheidung zu fällen, welcher Abwicklungsweg zu beschreiten ist. Dieser Dispatching-Vorgang läuft in Wirklichkeit in vielen detaillierten Teilschritten ab, die bei einer nachfolgenden Verfeinerung des Ablaufdiagramms dargestellt werden müssen. Dabei ist die Frage zu beantworten, welche Informationen nach Identifizierung des Kunden durch das Informationssystem (EDV-Unterstützung) zugeliefert werden können.

- Wurde vom Dispatcher erkannt, dass ein Außendiensteinsatz erforderlich ist, wird ein Technikereinsatz eingeplant und durchgeführt. Falls das Gerät im ersten Reparaturversuch nicht instand gesetzt werden konnte, wird ein erneuter Einsatz vorbereitet und durchgeführt. Ansonsten wird mit dem Reporting und der Rechnungsstellung der Auftrag abgeschlossen.
- Wird bei der Annahme eine Werkstattreparatur vorgeschlagen, ist der Transport des Gerätes in die Werkstatt zu regeln. Dies gilt auch für den Rücklauf nach Abschluss der Reparatur.
- Kann das Kundenproblem durch die Zusendung oder Übergabe eines Ersatzteiles erledigt werden, wird die

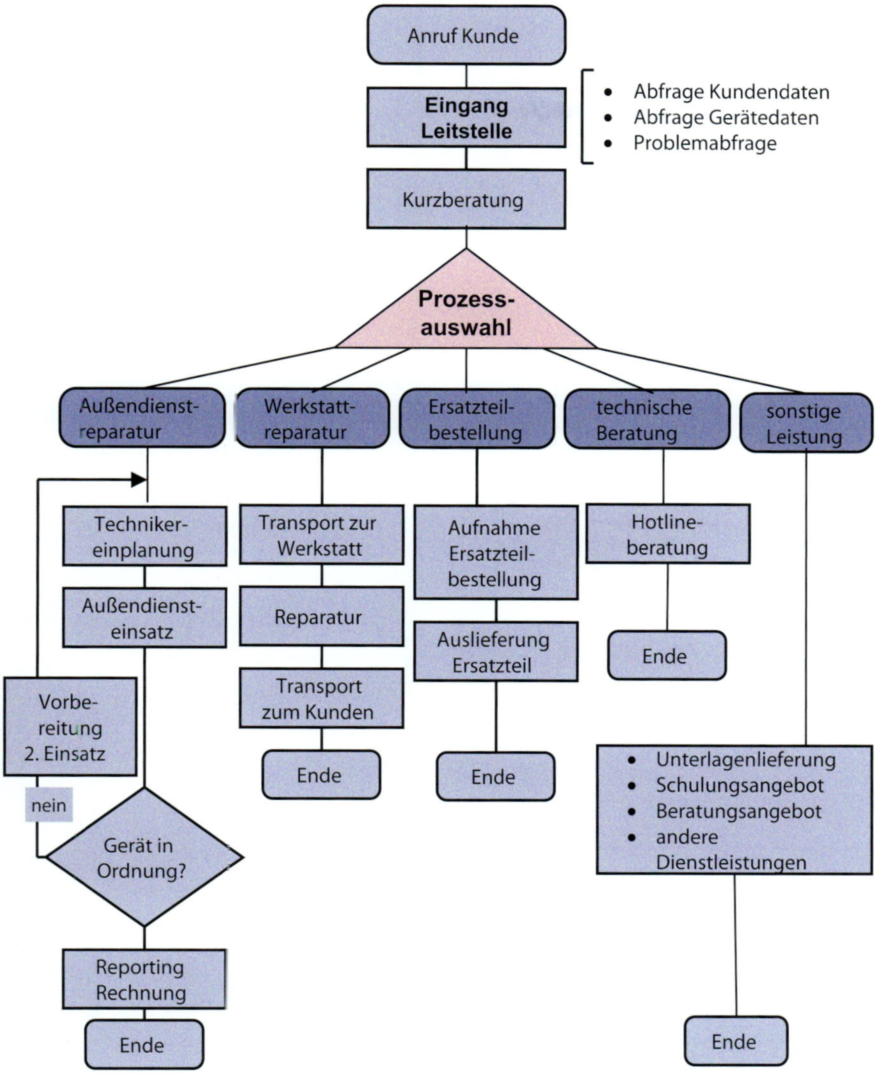

Abb. 33.7
Auftragssteuerung

Aufnahme des Ersatzteilauftrages und die Auslieferung veranlasst.

- Ist die Leitstelle fachlich überfordert oder wünscht der Kunde eine Beratung, wird die Hotline eingeschaltet.
- Als letzte Möglichkeit können unter dem Stichwort sonstige Leistungen Dienstleistungen wie der Versand von Unterlagen, Schulungsangebote oder Beratungsleistungen angeboten und durchgeführt werden.

Es ist erkennbar, dass der beschriebene Prozess an vielen Stellen präzisiert werden kann und dass Rückkopplungen (Schleifen) auftreten können, wie es z. B. beim Zweiteinsatz angedeutet ist.
Für Serviceorganisationen in der Informationstechnologie (IT) wurden in den letzten Jahren Organisationsbausteine entwickelt, die über die Anerkennung als „Best Practice" hinaus den Charakter von Standards bekommen haben. Zu nennen sind die Information Technology Infrastructure Library (ITIL), die Control Objectives for Information Technology (CobIT) und das Microsoft Operations Framework (MOF). Zum Einstieg ist (Tiemeyer 2005, S. 15, 42 – 57) zu empfehlen.

33.3.3 Kundendienstfunktionen

Die Serviceleistungen im Kundendienst werden über Prozessketten realisiert, die einzelnen Prozessschritte von Mitarbeitern durchgeführt. Im Rahmen der Arbeitsteilung und Spezialisierung auf bestimmte Tätigkeitsschwerpunkte werden die Mitarbeiter in bestimmten Funktionseinheiten zusammengefasst. Im Kundendienst sind immer wieder typische Funktionen zu finden, die nach Branche, Kundendienstgröße und Aufgabenumfang zwar unterschiedlich ausgeprägt sein können, aber die gleiche Grundfunktion erfüllen. Die Servicefunktionen werden in

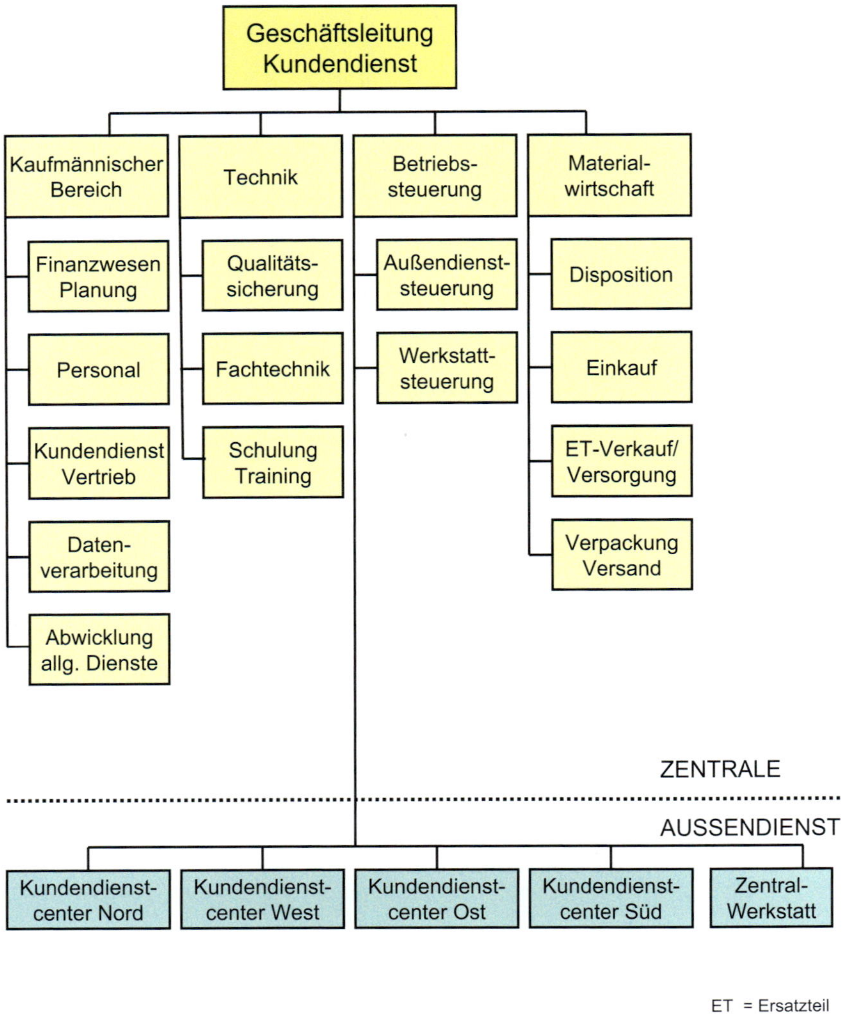

Abb. 33.8
Aufbauorganisation Technischer Kundendienst (Organigramm)

einem Organigramm angeordnet, in dem auch die fachlichen und disziplinarischen Verantwortlichkeiten dargestellt sind. Die Ablauforganisation, in der die Prozessketten gestaltet werden, wird damit um die Aufbauorganisation ergänzt.

Um die Funktionen und die Aufgaben eines Kundendienstes darzustellen, eignet sich in besonderem Maße das Organigramm einer Kundendienstorganisation, die eine detaillierte Funktionsaufteilung hat. Im Musterorganigramm in Abbildung 33.8 ist eine funktional gegliederte größere mittelständische Serviceorganisation dargestellt.

In der Zentrale ist die Geschäftsführung des Kundendienstes bzw. die Kundendienstleitung angesiedelt, der die technischen und kaufmännischen Funktionen direkt unterstehen. Zum *kaufmännischen Bereich* gehören die Basisfunktionen Finanzwesen/Buchhaltung/Planung sowie das Personalwesen, das im Kundendienst als personalintensive Dienstleistung einen besonders hohen Stellenwert hat. Diese Funktion könnte deshalb alternativ auf der ersten Hierarchieebene direkt der Geschäftsführung unterstellt sein. Sofern sich der Kundendienst auf dem freien Markt betätigt, benötigt er eine Vertriebsfunktion, welche die Dienstleistung vermarktet und neue Auftraggeber und Kunden akquiriert. Neben der Informationsverarbeitung (EDV) gehören die administrative Abwicklung der Aufträge und die allgemeinen Dienste wie Fuhrparkmanagement und Hausdienste zu diesem Bereich.

Ein Kernbereich einer Serviceorganisation ist der *Bereich Technik*, in dem das Fachwissen des Kundendienstes gebündelt ist. In den Funktionen Fachtechnik (Servicevorbereitung, Hotline) und Schulung/Training ist das Top-Know-how zu den Technologien und den Produkten angesiedelt. Sofern die Qualitätssicherung nur Koordinierungsstelle (Qualitätsbeauftragter) im Unternehmen ist, kann sie auch in diesen Bereich angesiedelt sein, ansonsten eine Ebene höher.

Die große mitarbeiterintensive Funktion ist die *Betriebssteuerung*, die in zwei Bereiche untergliedert sein kann. Über diese zentrale Funktion werden der gesamte Außendienst und die Zentralwerkstatt gesteuert, mit denen letztlich die Serviceleistung für den Kunden erbracht wird. In der klassischen Außendienstorganisation verfügt der Technische Kundendienst über drei bis vier regionale Kundendienstcenter (Kundendienstniederlassungen), die über einen Servicemanager mit Leitstelle und weitere Servicefunktionen verfügen. Die Techniker sind den Kundendienstcentern zugeordnet.

Eine wichtige Zentralfunktion ist die *Materialwirtschaft*, die Techniker und Kunden mit Ersatzteilen versorgt. Diese Logistikfunktion verfügt über die typischen Aufgabenbereiche Planung/Disposition, Einkauf, Ersatzteilversorgung und -verkauf (Belieferung der Techniker, Kundenanforderungen) sowie Verpackung und Versand.

33.3.4 Enterprise Resource Planning (ERP) im Kundendienst

Praktisch alle Kundendienstfunktionen sind bei der Leistungserstellung auf den Einsatz von Informations- und Telekommunikationssystemen (IT-Systeme) angewiesen. Zum Einsatz kommen verstärkt ERP-Systeme (Enterprise Ressource Planning). Diese aus mehreren Komponenten bestehenden Anwendungssysteme unterstützen die operativen Prozesse in allen wesentlichen Funktionsbereichen des Kundendienstes. Sie basieren meist auf einer zentralen Datenbank und ermöglichen so eine redundanzfreie Integration der Kundendienstprozesse.

Viele Kundendienste nutzen die Servicemodule, die von den großen Anbietern von ERP-Systemen wie SAP angeboten werden. Eine bessere Anpassung an die Bedürfnisse im Kundendienst versprechen spezielle Kundendienst-ERP-Systeme. Durch eine Anpassung an die besonderen Anforderungen der Serviceorganisation (Customizing) und die Möglichkeit der Verlinkung mit den Großsystemen der Muttergesellschaft können derartige Systeme optimiert werden. Das Ergebnis sind Lösungen, die

- den fachlichen Ansprüchen des Kundendienstes genügen,
- zur Verbesserung der Prozesse, zur Effizienzsteigerung und Rationalisierung führen,
- die Beherrschung der großen Komplexität bei der Anzahl der Produkte und Fehlerarten, der Abwicklungsvarianten und Serviceaufgaben erleichtern,
- die Entwicklung neuer IT-basierter Dienstleistungen ermöglichen, und
- wirtschaftlich sind.

Die wichtigsten Komponenten sind in Abbildung 33.9 dargestellt.

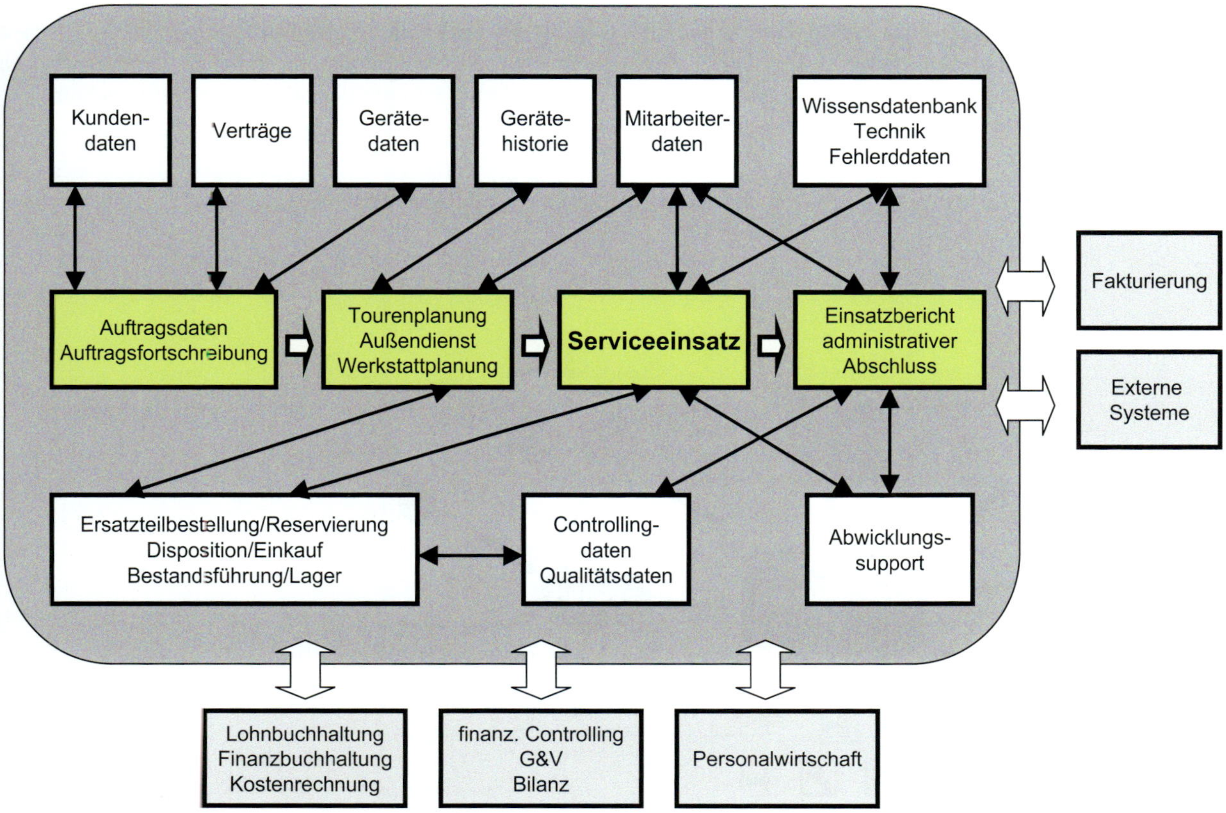

Abb. 33.9 Kundendienst ERP-System

Wichtig ist die Unterstützung des gesamten Auftragsdurchlaufs. Bereits bei der Auftragsannahme sollten die Kunden-, Vertrags- und Gerätedaten im Zugriff sein. Bei der Einplanung und Qualifizierung des Auftrags werden Gerätehistorie und Mitarbeiterdaten benötigt. Gleichzeitig muss ein Link zur Materialwirtschaft bestehen, um Ersatzteile zu reservieren oder zu versenden. Während des Serviceeinsatzes braucht der Mitarbeiter den Zugriff zur Gerätehistorie und zur Wissensdatenbank mit technischen Unterlagen und Fehlertipps. Er benötigt auch den Zugriff zum Materialwirtschaftssystem. Administrative Unterstützung kann über das Modul Abwicklungssupport gegeben werden, durch das auch der administrative Abschluss des Auftrags unterstützt wird. Von hier werden Daten an das Controlling, das Qualitätssystem und die Wissensdatenbank weitergeleitet. Eine Datenverbindung wird zum meist externen Fakturierungsprogramm und zu anderen externen Systemen benötigt. Dazu gehört meist auch die Verbindung zum Finanzwesen und zur Personalwirtschaft.

Wie eine umfassende Softwarelösung für den Kundendienst strukturiert sein kann, ist in Abbildung 33.10 dargestellt.

Hier wird die Vernetzung des ERP-Kundendienstsystems mit anderen Anwendungen deutlich. Neben der selbstverständlichen Verknüpfung zu den Office-Anwendungen müssen das Callcenter, der mobile Service und der Teleservice einbezogen werden. Über das Internet ist das Service Portal mit verschiedenen Anwendungen für den Kunden (z. B. Störungsmeldung, Support, Ersatzteildienst) und Techniker (technischer Support, Wissensdatenbank) zu erreichen.

III

33.4 Kundendienstqualität

33.4.1 Abhängigkeit von der Produktqualität

Kundendienst ist keine autonome Dienstleistung, sondern abhängig von einer Primärleistung. Beim Technischen Kundendienst gibt es die Abhängigkeit von einem Gerät, einer Maschine oder einer Anlage. Er führt einerseits Arbeiten durch, die weitgehend unabhängig von Qualitätsproblemen des Produktes sind, wie z. B. Installationen, Inbetriebnahmen, Inspektionen, Wartungen, Verschleißreparaturen und Schulungen. Andererseits werden Serviceeinsätze gemacht, um Qualitätsprobleme zu beseitigen, also Garantiereparaturen und Kulanzeinsätze. In beiden Fällen ist es möglich, dass der Kundendienst selbst Fehler macht. Für den Kunden ist nicht immer klar erkennbar, woher die Fehler kommen (eigentlich sollten auch gar keine auftreten!). Das sollte für ihn auch nicht wichtig sein, denn Produkt und Service müssen eine Einheit bilden.

Neben dem Beheben von Qualitätsproblemen hat der Kundendienst qualitätsorientierte Zusatzaufgaben:

- Im Qualitätsreporting werden alle Serviceeinsätze nach Fehlerursachen (Fehlercode) und deren Behebung (Arbeitscode) analysiert und Verbesserungsvorschläge gemacht.
- Bei der Entwicklung neuer Produkte sollte der Kundendienst sein Qualitätswissen einbringen und gleichzeitig auf Wartungsfreundlichkeit (Servicebility) achten.

33.4.2 Prozessqualität

Durch die Tatsache, dass Kundendienst eine Dienstleistung ist, ergeben sich für die Qualität besondere, an-

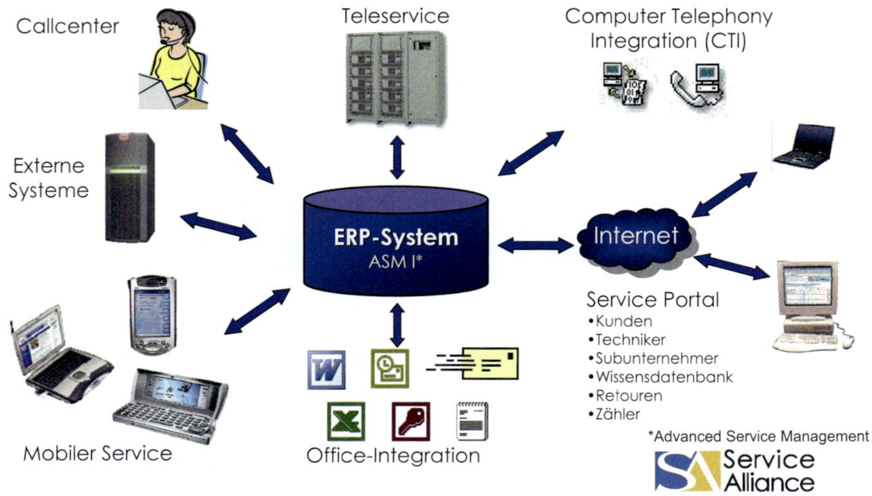

Abb. 33.10
Softwarelösung für den Kundendienst (Bild: © SA Service Alliance GmbH & Co. KG, Willich)

spruchsvolle Rahmenbedingungen. Die besonderen Merkmale der Leistungserstellung (vgl. Kap. 33.2.2) erschweren das Erreichen von Qualitätszielen. Dies erklärt, warum Kundendienstleistungen teilweise misslingen, der Kunde dies mitbekommt und kommuniziert.
Bei den überwiegend immateriellen Produkten sind die Leistungsprozesse und die Qualität dieser Prozesse nur schwer steuerbar. Die *Mitwirkung des Kunden* als externer Produktionsfaktor beeinflusst den Leistungsprozess und damit die Qualität der Leistung direkt. Die Reparatur eines technischen Produktes wird z. B. wesentlich beeinflusst durch die Fehlerangaben des Kunden.
Der *Uno-Actu-Prozess* – die synchrone Leistungserstellung und Übergabe der Leistung an den Kunden – ist qualitätshemmend. Der Kunde bekommt häufig Probleme bei der Leistungserstellung mit und wird negativ geprägt, selbst wenn der Fehler anschließend behoben wird.

Beispiel: Ein Kundendienst, der beim Reparieren einer Maschine nicht das passende Werkzeug oder die nötigen Prüfgeräte dabei hat, wird sofort negativ bewertet werden. ■

Die Erstellung einer Kundendienstleistung kann erst nach der Auftragsvergabe durch den Kunden erfolgen, denn eine Lagerung oder Speicherung der Leistung ist nicht möglich. Je schneller der Leistungsprozess gestartet werden muss, desto besser muss die Leistungsbereitschaft organisiert sein. Die *Qualität der Leistungsbereitschaft* beeinflusst die Qualität der Kundendienstleistung.

Beispiel: Ist bei einem Kundendienst der Zugriff auf die Kundendatenbank für einige Zeit unterbrochen, wird sich der Zeitbedarf für die Reparaturannahme deutlich erhöhen. Die zeitliche Verlängerung der Auftragsannahme ist eine Qualitätsminderung, die der Kunde hautnah mitbekommt. ■

Die *Mitarbeiterdominanz* im Kundendienst macht die Qualität der Leistung mitarbeiterabhängig. Durch die große Transparenz der Kundendienstleistung ist der Kunde voll informiert.

Beispiel: Der ungeschulte Mitarbeiter, der mühsam versucht, den Deckel für die Elektronik zu öffnen, wirkt inkompetent. Der Kunde sieht dies zu Recht als eine Qualitätsminderung an. ■

Die Qualität der Prozesse spielt also für die Qualität des Kundendienstes eine wichtige Rolle. Man kann sagen: *Kundendienstqualität ist Prozessqualität.*

33.4.3 Nutzenerwartung contra Kundendienstleistung

Der Kunde erwartet vom Kundendienst eine einwandfreie Dienstleistung. Der Maßstab dafür ist eine Mischung aus objektiven und subjektiven Kriterien, die es zu ermitteln gilt. Beide Kriterien können und müssen vom Dienstleister beeinflusst werden.
Objektive Kriterien sind durch Daten und Fakten greifbar. Sie können, dem Kundenwunsch entsprechend, für ein Kundendienstprodukt vorgegeben und kontrolliert werden, wie z. B. die Zeitdauer einer Leistung, die Terminierung, der Ort der Leistungserbringung, die Verwendung bestimmter Betriebsmittel und Materialien sowie bestimmte Arbeitsergebnisse.

Beispiel: Mit dem Kunden wird ein Termin vereinbart, an welchem Tag und zu welcher Uhrzeit der Techniker die Wartung der Maschine durchführen wird. Dem Kunden wird die benötigte Zeitdauer für diesen Auftrag mitgeteilt. Für die Arbeit gibt es eine Preispauschale, die Arbeits- und Wegezeit sowie das benötigte Material einschließt. Der Kunde erwartet, dass diese (messbaren) Vorgaben eingehalten werden. ■

Subjektive Kriterien sind durch die Empfindungen des Kunden geprägt und schwierig erfassbar. Trotzdem muss versucht werden, sie greifbar, objektivierbar und messbar zu machen, damit eine – aus Sicht des Kunden – hohe Kundendienstqualität hergestellt werden kann.

Beispiel: Der Kunde möchte seine Waschmaschine „schnell" repariert haben. Der Dienstleister muss herausfinden, was der Kunde unter schnell versteht. Ein Einsatz am selben Tag wird fast nie erwartet. Eine Woche Wartezeit ist zu lange. Der erwartete Einsatztermin liegt im Bereich von ein bis drei Tagen. In diesem Zeitfenster kann geplant und gemessen werden. ■

Kundendienstqualität wird durch die Erfüllung objektiver Anforderungen und subjektiver Kundenerwartungen erreicht. Der Maßstab sind die Qualitätsvorstellungen des Kunden. In Anlehnung an das Lückenmodell von Parasuraman müssen die Nutzenerwartungen des Kunden mit erbrachten Kundendienstleistungen in Deckung gebracht

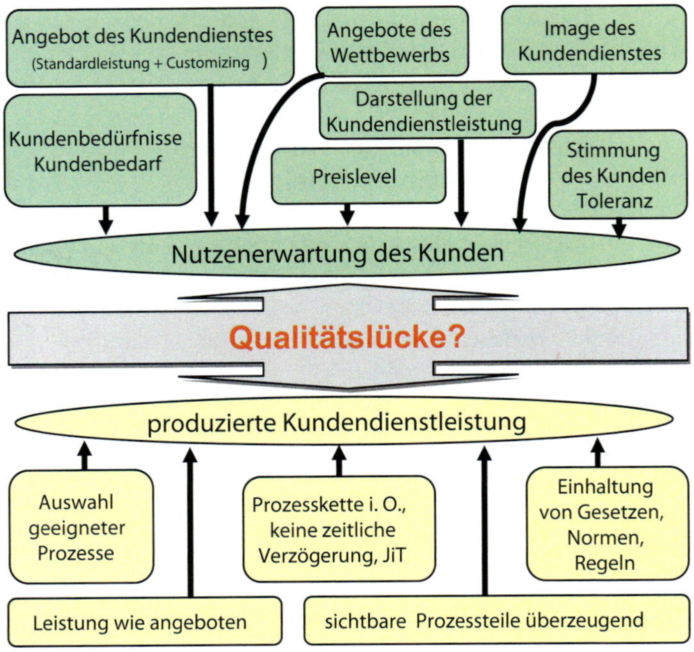

Abb. 33.11
Kundendienstqualität

III

werden (Parasuraman 1985). Sind die Erwartungen des Kunden höher als die erbrachte Leistung, so entsteht eine Qualitätslücke (zum Lückenmodell siehe auch Kap. 42.4). Der Kunde empfindet einen Qualitätsmangel (Abb. 33.11). Die Nutzenerwartungen des Kunden werden von einer Vielzahl von Einflussgrößen bestimmt. Es ist für den Dienstleister wichtig, sowohl die Kundenerwartungen als auch die Einflussparameter zu kennen.

Tipp: Durch gute Information und Kommunikation können einige Parameter der Nutzenerwartung vom Dienstleistungsunternehmen beeinflusst werden. Das Beeinflussen von Nutzenerwartungen des Kunden darf allerdings nicht zur Manipulation des Kunden führen.

Ausgangspunkt für die *Nutzenerwartungen* ist der *Kundenbedarf*, der sich aus dem Kauf und der Nutzung eines Primärprodukts entwickelt.

- Der *Preislevel* des Serviceangebots beeinflusst den Kunden. Bei einem Hochpreisangebot schnellen die Nutzenerwartungen nach oben, bei einem Niedrigpreisangebot sind die Erwartungen tendenziell gedämpft.
- Der Vergleich mit *Angeboten des Wettbewerbs* kann zu einer Veränderung der Erwartungshaltung führen.
- Die *Darstellung der Kundendienstleistung,* z.B. in der Werbung, stellt eine Konkretisierung des Angebots dar. Gerade bei einer immateriellen Leistung sind verständliche Informationen und Visualisierungen, ehrliche und offene Darstellungen, eventuell unter Angaben von Referenzen, dringend erforderlich. Übertriebene Erwartungen können gedämpft und Leistungsvorteile herausgestellt werden.
- Das *Image des Anbieters* hat eine langfristige, schwer messbare Wirkung. Pauschale Bewertungen wie „schnell, gut und teuer" bestimmen stark die Erwartungshaltung.
- Schließlich beeinflussen auch *subjektive weiche Merkmale* die Nutzenerwartungen des Kunden. Dazu gehören Toleranz, Sozialverhalten, Stress und Stimmungen.

Den Nutzenerwartungen steht die tatsächlich *produzierte Kundendienstleistung* gegenüber.

- An erster Stelle muss vom Kundendienst genau die Leistung erbracht werden, die er angeboten hat.
- Es müssen die geeigneten Teilprozesse ausgewählt werden, damit insgesamt die geplante Kundendienstleistung erbracht werden kann.
- Jeder Arbeitsschritt muss zu 100 % in Ordnung sein und jeder Übergang zu einem neuen Arbeitsschritt muss einwandfrei durchgeführt werden. Insbesondere muss jeder Übergang von einem Teilprozess zum nächsten in Ordnung sein. Dazu gehört auch die zeitgerechte Übergabe des Leistungsprozesses „just in time" (JiT).
- Die für den Kunden sichtbaren *Prozessteile* sind besonders überzeugend zu gestalten. Teilweise kann entschieden werden, ob ein Prozessteil sichtbar durchgeführt werden soll (Front Office) oder verdeckt im Hintergrund (Back Office). Ein typischer Back-Office-Prozess ist die Reparatur in einer Werkstatt.
- Selbstverständlich ist die Einhaltung von Gesetzen, Ver-

ordnungen, Normen, Richtlinien der Branchenverbände sowie allgemein anerkannter Regeln.

33.4.4 Qualitätswerkzeuge im Kundendienst

Zur Gestaltung eines Qualitätsmanagementsystems (QM-System) für den Kundendienst stehen eine Vielzahl von Methoden und Verfahren zur Verfügung (Abb. 33.12). Es handelt sich vorwiegend um Standardwerkzeuge, die in ähnlicher Form auch in der Produktion von Sachgütern eingesetzt werden.

- Die Methoden des Total Quality Management (TQM) binden die Mitarbeiter auf allen Arbeits- und Managementstufen mit großer Eigenverantwortung in die Qualitätsziele ein. Oberstes Ziel ist die Kundenzufriedenheit. Die gesamte Wertschöpfungskette von der Vorbereitung des Serviceauftrags (Leistungsbereitschaft) bis zur Übergabe der letzten Teilleistung an den Kunden wird qualitätssichernd gestaltet.
- Die Zertifizierung nach DIN EN ISO 9000:2005 bietet die Möglichkeit, ein funktionierendes QM-System einzuführen. Wichtig für den Kundendienst ist die prozessorientierte Darstellungsweise, welche die funktionsorientierte Betrachtung ablöst. Kundendienstqualität wird durch Prozessqualität erreicht. Neben den Führungs-, Ressourcen- und Realisationsprozessen sind auch Analyse- und Verbesserungsprozesse darzustellen, sodass permanente Qualitätsverbesserungen erreicht werden (siehe auch Kap. 10, „Ausgestaltung von QM-Systemen auf Basis der ISO-9000-Reihe").
- Der Malcolm Baldrige National Quality Award (MBNQA) wird nur in den USA vergeben. Für ein Kundendienstunternehmen kann es jedoch nützlich sein, die sieben Qualitätskriterien, die weit über die Qualitätsanforderungen der ISO-9000-Norm hinausgehen und z. B. die Unternehmensführung, das Informationsmanagement und Betriebsergebnisse miteinbeziehen, als Entwicklungskriterien für das eigene Qualitätsmanagementkonzept zu benutzen.
- Der European Quality Award (EQA) ist das europäische Pendant. Es wird von der European Foundation for Quality Management (EFQM) vergeben. Es wird nach Befähigerkriterien (Führung, Mitarbeiterorientierung, Politik & Strategie, Ressourcen, Prozesse) und Ergebnissen (Mitarbeiterzufriedenheit, Kundenzufriedenheit, gesellschaftliche Verantwortung/Image, Geschäftsergebnisse) unterschieden. Auch diese EQA-Kriterien können

III

Abb. 33.12
Qualitätswerkzeuge für den Kundendienst

zur Entwicklung eines Qualitätskonzeptes im Kundendienst verwendet werden. Selbstverständlich könnte dieses Konzept auch zur Prämierung eingereicht werden.

- Quality Function Deployment (QFD) ist eine handfeste Vorgehensweise, um vom Kunden bzw. vom Markt benötigte Produkte in hoher Qualität zu entwickeln und zu produzieren. QFD stellt systematische Ansätze zur schrittweisen, prozessorientierten Umsetzung von Kundenanforderungen in bewertbare Produkt- und Prozessparameter zur Verfügung.
- Die Fehlermöglichkeits- und Einflussanalyse (FMEA) ist ein Instrument, um neue Kundendienstprozesse und -produkte vor der erstmaligen Durchführung für einen Kunden systematisch zu überprüfen. Insbesondere die Prozess-FMEA ist für Dienstleistungsprozesse geeignet, auch wenn diese Methode ursprünglich für Industrieprozesse entwickelt wurde (siehe auch Kap. 19.7.2.8).
- Das Fischgrätendiagramm (Ishikawa-Diagramm) ist ein Ursache-Wirkungs-Diagramm, das in Teams und Qualitätszirkeln verwendet wird, um aufgetretene Qualitätsprobleme zu lösen.
- Die Stichprobenprüfung nach AQL (Accepted Quality Level = annehmbare Qualitätsgrenzlage) ist ein Prüfverfahren, das eine 100 %-Prüfung durch die Prüfung einer genügend großen Stichprobe ersetzt (z. B. Attributprüfung nach DIN ISO 2859). Es steht ein formalisiertes Verfahren zur Verfügung, bei dem für ein bestimmtes Prüfniveau ein Stichprobenplan vorgegeben ist. Zur Anwendung dieses Verfahrens muss eine genügend große Grundgesamtheit von Prüfobjekten vorliegen. Es ist z. B. auf Werkstattreparaturen anwendbar.
- Das Beschwerdemanagement ist ein wichtiges Qualitätswerkzeug. Alle im Kundendienst eingehenden Reklamationen sind mit verschiedenen Merkmalen zu erfassen und statistisch aufzubereiten. Die Analyse der Daten ermöglicht es, Schwächen in der Dienstleistung zu erkennen und diese zu beseitigen.
- Durch regelmäßige Kundenbefragungen erhält der Kundendienst wichtige Informationen, wie der Kunde die Dienstleistung bewertet. Es gibt unterschiedliche Befragungsmöglichkeiten, z. B. gestützte und nicht gestützte Verfahren, telefonische, persönliche und Internet-gestützte Befragungen. Es gibt offene und geschlossene Fragen, Schulnotensysteme und andere Bewertungsskalen. Hinzu kommen verschiedene Auswertungssysteme. Empfehlenswert ist die Auswertung mit einem Statistikprogramm. Aufgrund der Vielschichtigkeit sollte der Aufbau eines Fragebogens mit professioneller Hilfe vorgenommen werden.

III

33.5 Kundendienstcontrolling

Unter dem Begriff Kundendienstcontrolling sind alle Planungs-, Kontroll- und Steuerungsaufgaben zu verstehen, mit denen der Erfolg im Kundendienst abgesichert wird. Im Servicecontrolling ergeben sich immer wieder zyklische Abläufe. Unabhängig vom Controllingzyklus (Abb. 33.13) werden Visionen zu den Kundendienstaufgaben benötigt, die über Strategien in konkrete Kundendienstziele überführt werden. Diese richtungweisenden Vorga-

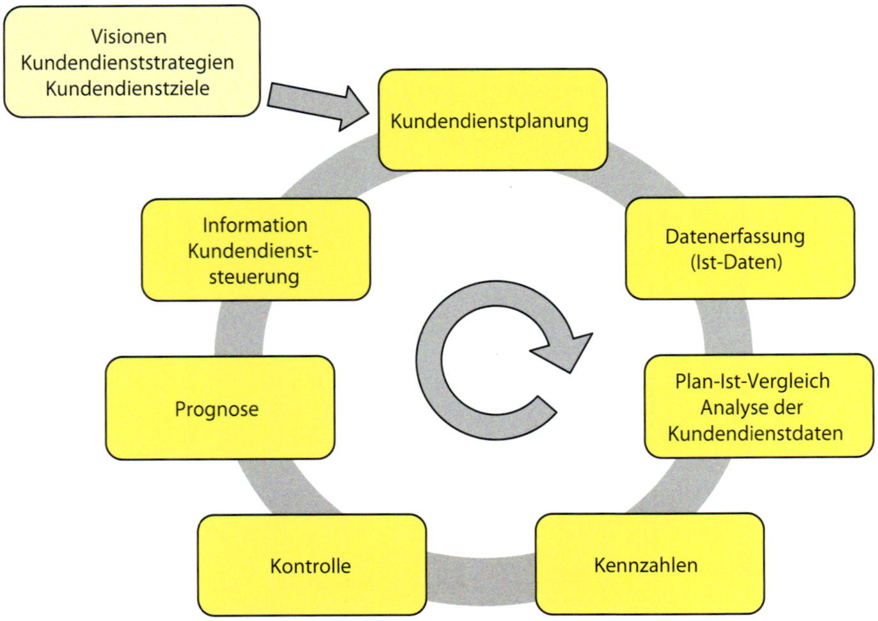

Abb. 33.13
Controllingablauf im Kundendienst

ben werden sporadisch, in größeren Abständen vom Verwaltungsrat, der Geschäftsführung, dem Führungskreis und gegebenenfalls ausgewählten Mitarbeitern erarbeitet.

- Die *Kundendienstplanung* ist der erste Schritt im Controllingablauf. Für den Budgetzeitraum von einem Jahr werden alle relevanten Daten vom Auftragseingang bis zu den Gemeinkosten monatlich geplant.
- In der *Datenerfassung* (Ist-Daten) werden die Monats-, Wochen- und Tagesergebnisse ermittelt.
- Basierend auf dem *Plan-Ist-Vergleich* werden die Daten analysiert und in ein *Kennzahlensystem*, eventuell auch ergänzt um Balanced Scorecards, überführt.
- Sofern bei der *Kontrolle* der Ergebnisse gravierende Veränderungen, z. B. durch veränderte Rahmenbedingungen, festgestellt werden, ist der Plan durch eine *Prognose* auf den neuesten Stand zu bringen.
- Die *Kundendienststeuerung*, der alle diese Informationen zur Verfügung stehen, führt die nötigen Anpassungsmaßnahmen durch und verändert damit das operative Geschehen.
- Ein sachgerechtes Controlling geht nahtlos in ein internes Consulting über, das zur Reorganisation, Diversifikation und Innovation des Kundendienstes führt.

Für das Controlling im Kundendienst wird ein Zahlenwerk benötigt, das die Kundendienstleistung transparent macht. Dazu sind finanzielle und operative Daten und Kerngrößen zu beschaffen, aufzubereiten, zu analysieren und den einzelnen Stellen selektiv zur Verfügung zu stellen. Da es aufgrund der vielfältigen Kundendienststrukturen kein Standard-Controllingsystem gibt, muss jeder Kundendienst sein eigenes Servicecontrolling entwickeln. Das Servicecontrolling liefert Zahlen für eine Vielzahl von Aufgaben im Kundendienst (Abb. 33.14).

- Das Executive Reporting liefert speziell für die Geschäftsführung verdichtete Eckdaten und Analysen über den Geschäftsverlauf.
- Im Performance Reporting werden Produktivitäten und andere Leistungsdaten aufbereitet.
- Mit Prozesskennzahlen wird die Prozesssteuerung und damit der Produktionsprozess der Kundendienstleistung transparent gemacht. Struktur- und Prozessinnovation werden angestoßen.
- Kennzahlen zur Kundenzufriedenheit unterstützen das Kundenmanagement.
- Kennzahlen zu Garantie- und Kulanzleistungen werden vom Kundenmanagement und der Leistungssteuerung benötigt.
- Mitarbeiterkenngrößen wie produktive/unproduktive Zeiten werden zur Personalsteuerung eingesetzt.
- Zur Leistungsverrechnung sind abteilungs- und betriebsübergreifende Daten zu erfassen und aufzubereiten.
- Benchmarkingwerte aus unterschiedlichen Bereichen werden zur Weiterentwicklung des Kundendienstge-

III

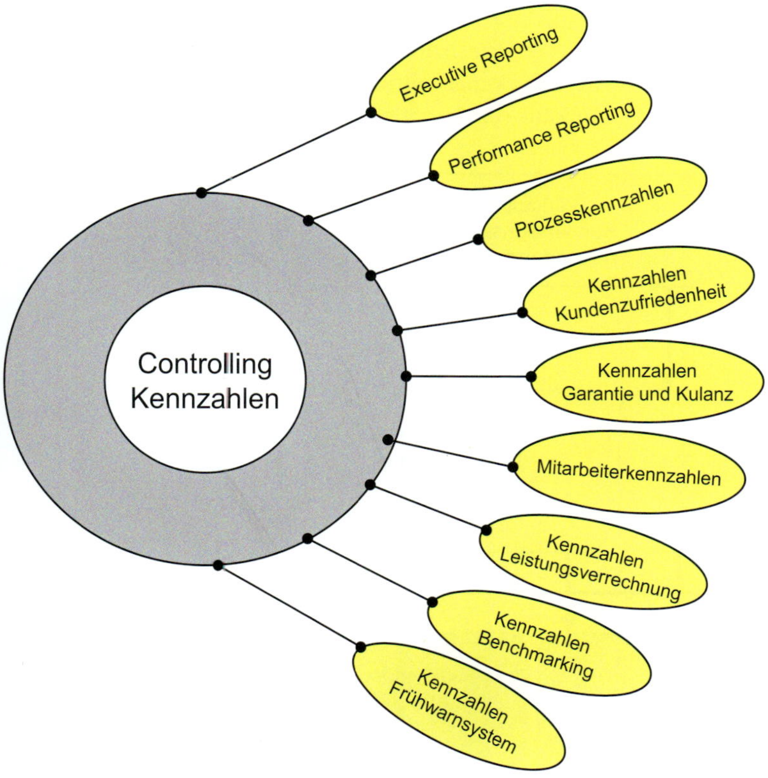

Abb. 33.14
Kennzahlen Servicecontrolling

schäfts ermittelt und aufbereitet sowie mit anderen Unternehmen verglichen.
- Für das Frühwarnsystem werden Prognosen aus internen und externen Kennzahlen erarbeitet.

33.6 Verkauf von Kundendienstleistungen

Der Kundendienst ist eine abhängige Dienstleistung. Damit stellt sich die Frage, ob diese Leistung so eng mit der Primärleistung verbunden ist, dass sie gemeinsam mit dieser vertrieben werden sollte. Tatsächlich gibt es einen Teilbereich der Kundendienstleistung, bei dem diese Kopplung besonders eng ist: Es sind die Gewährleistungs-, Garantie- und Kulanzleistungen, die für den Kunden kostenlos erbracht werden. In diesen Fällen wird der Kundendienst im Prinzip vom Produktvertrieb oder Hersteller beauftragt, bestimmte Kundendienstleistungen zu erbringen. Dieser übernimmt auch die Rechnung, oder es gibt eine interne Verrechnung. Im Übrigen werden Kundendienstprodukte wie andere Dienstleistungen auch verkauft (Abb. 33.15).

Der primäre Vertriebskanal ist der Vertrieb zusammen mit dem Produkt. Eine enge Kopplung ist insbesondere bei den Geräten, Maschinen und Anlagen gegeben, die als Betriebsmittel im b-to-b-Markt eingesetzt werden. Der Nutzen, die Qualität der Leistung und die hohe Verfügbarkeit müssen durch Kundendienstleistungen über die ganze Nutzungsdauer hinweg abgesichert werden. Die Instandhaltungsabteilung des Kunden, die häufig traditionell diese Aufgabe hat, wird zum Konkurrenten oder auch zum Kooperationspartner. Produkt und Service im Anlagenverkauf werden häufig zu einem Paket verbunden. Die Kundendienstleistungen werden in einem Servicevertrag festgehalten und verkauft. Der Leistungsinhalt reicht über Basisleistungen (Inspektion, Wartung, Instandsetzung), Differenzierungsleistungen (z.B. Remote Service) bis zu Ergänzungsleistungen (z.B. Consulting) (vgl. Kap. 33.3.1). Dazu kommen Leistungen aus der Materialwirtschaft wie die Lieferung von Ersatzteilen, Tauschteilen, Verbrauchsmaterial und Zubehör.

Wenn der Produktvertrieb keine Kundendienstleistungen mitverkauft hat, so kann der Kundendienstvertrieb tätig werden. In allen Branchen gibt es eine Vielzahl von Kunden mit technischen Geräten und Anlagen, die für die Nach-Garantiezeit keinen Vertrag haben. Sie alle bieten ein umfassendes Akquisitionspotenzial für Servicearbeiten. Neben Einzelaufträgen können auch Serviceverträge abgeschlossen werden. Zusätzlich werden Kundenbeziehungen aufgebaut und gepflegt, die zum Folgekauf von Produkten führen können.

Darüber hinaus kann der Kundendienstvertrieb Nutzer fremder Fabrikate ansprechen und dort Serviceaufträge akquirieren. Dieses sogenannte Drittgeschäft führt zu einer Ausweitung des Kundendienstgeschäfts, das jedoch nur interessant ist, wenn es fachtechnisch machbar ist, Unterlagen zur Verfügung stehen und Ersatzteile kurzfristig beschaffbar sind. Außerdem müssen Deckungsbeiträge erwirtschaftet werden können.

Gute Deckungsbeiträge und Gewinne können durch den Verkauf von Ersatzteilen, Verbrauchsmaterial und Zube-

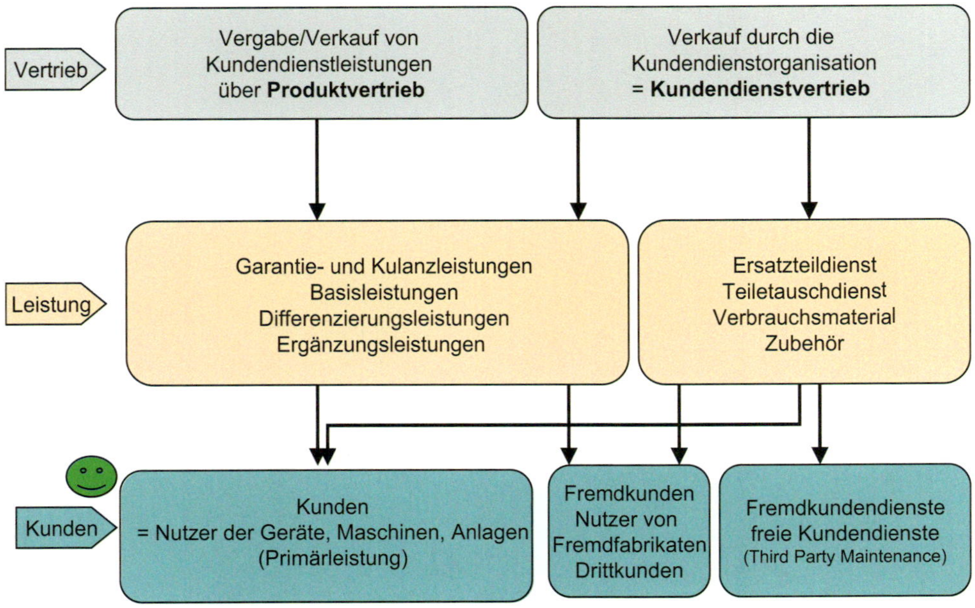

Abb. 33.15 Vertrieb von Kundendienstleistungen

hör erzielt werden. Jeder kann hier kaufen und an jeden kann verkauft werden. Neben den eigenen Kunden aus dem Produktgeschäft werden Drittkunden und Fremdkundendienste beliefert. Obwohl derartige freie Kundendienste, teilweise auch Third-Party-Maintenance-Betriebe (TPM) genannt, Wettbewerber für die eigene Geschäftstätigkeit sind, müssen sie beliefert werden.
Insbesondere wenn der Verkauf im Drittgeschäft und im Ersatzteilgeschäft ausgebaut und zum strategischen Geschäftsfeld erklärt werden soll, wird eine Funktion Kundendienstvertrieb in der Serviceorganisation benötigt.

33.7 Entwicklungstendenzen

Dienstleistungen werden in Deutschland, Europa und international in den nächsten Jahren weiter entwickelt und ausgebaut. Dies gilt auch für die abhängige Dienstleistung Kundendienst, insbesondere für den Technischen Kundendienst bzw. After Sales Service. Dabei haben der Mengenausbau (z. B. Anzahl der Serviceeinsätze, Ersatzteilverkaufsvolumen), die qualitative Weiterentwicklung und die rationelle Gestaltung große Bedeutung. Dies gilt für sowohl für das Inland als auch für die internationalen Märkte.
Dem Kunden wird zukünftig noch mehr Service bei der Nutzung seiner Geräte, Maschinen und Anlagen geboten. Die Remote-Leistungen werden erweitert und verbessert, die Nutzungsmöglichkeiten durch Updating und Upgrading ausgebaut und aktualisiert. Zu den Added-Value-Leistungen gehören der generell erweiterte Produkt-Support, auf den Kunden zugeschnittene Instandhaltungspakete und hier und da bereits ein Betreiberservice. Die Ablauforganisation wird professionell ausgebaut. Der Ausbau und Generationswechsel bei den Kundendienst-ERP-Systemen wird vorangehen. Die Daten- und Kommunikationstechnologie werden eng vernetzt, die Kundendienstprozesse ohne Medienbrüche unterstützt und teilweise automatisiert. Die Unterstützung der Servicetechniker und -ingenieure durch die neuen Technologien kann perfektioniert werden. Der Zugang für den Kunden über Kundenportale wird zur Selbstverständlichkeit.
Die zunehmende Arbeitsteilung in der Dienstleistung wird auch den Kundendienst erfassen. Schon heute stehen externe Dienstleister für bestimmte Serviceaufgaben zur Verfügung, z. B. für die Ersatzteillagerung und -logistik, für Callcenter und Hotlinedienste sowie den Unterlagendienst. Die Vernetzung der Teilleistungen wird zunehmen und die Schlagkraft des Kundendienstes weiter erhöhen.

Im Mittelpunkt aller Veränderungen steht der Kunde, der Dienstleistungen mit einem großen individuellen Nutzen, einer hoher Perfektion und Fehlerfreiheit zeitgerecht und schnell erhalten wird: Auch in Zukunft wird der Kundendienst einen professionellen Service für Kunden und Produkte bieten.

Literatur

Akao, Yoji: QFD – Quality Function Deployment. Verlag Moderne Industrie, Landsberg 1992

Barkawi, K./Baader, A./Montanus, S. (Hrsg.): Erfolgreich mit After Sales Service. Springer Verlag, Berlin/Heidelberg 2006

Baumbach, M./Stampfl, A. T.: After Sales Management. Marketing – Logistik – Organisation. Carl Hanser Verlag, München 2002

Biermann, T.: Kompakt-Training Dienstleistungsmanagement, 2. Auflage. Kiehl Verlag, Ludwigshafen 2007

Bruhn, M./Meffert, H. (Hrsg.): Handbuch Dienstleistungsmanagement. Von der strategischen Konzeption zur praktischen Umsetzung, 2. Auflage. Gabler Verlag, Wiesbaden 2001

Corsten H./Gössinger, R.: Dienstleistungsmanagement. 5. Auflage. Oldenbourg Verlag, München 2007

Ellis, A./Kauferstein, M.: Dienstleistungsmanagement. Erfolgreicher Einsatz von prozessorientiertem Service Level Management. Springer Verlag, Berlin/Heidelberg 2004

Fließ, S.: Dienstleistungsmanagement: Kundenintegration gestalten und steuern. Gabler Verlag, Wiesbaden 2009

Fuchs, W. A.: Handbuch After Sales Communication. Konzepte, Management und Programme zur Durchführung. Cornelsen, Berlin 2000

Haller, S.: Dienstleistungsmanagement. Grundlagen, Konzepte, Instrumente. 5. Auflage. Gabler Verlag, Wiesbaden 2012

Harms, V.: Kundendienstmanagement. Verlag Neue Wirtschafts-Briefe, Herne/ Berlin 1999

Harms, V.: Kundendienst. Serviceleistungen für Kunden und Produkte. Carl Hanser Verlag, München 2002

Herrmann, T./Kleinbeck, U./Krcmar, H. (Hrsg.): Konzepte für das Service Engineering. Modularisierung, Prozessgestaltung und Produktivitätsmanagement. Physica Verlag, Heidelberg 2012

Jovanov, E.: Service-QFD. Mit Quality Function Deployment zu innovativen Dienstleistungen. Symposion, Düsseldorf 2011

Kallenberg, R.: Gestaltung von Geschäftsprozessen im Service. In: Luczak, Holger (Hrsg.): Servicemanagement mit System. Erfolgreiche Methoden für die Investitionsgüterindustrie. Springer Verlag, Berlin/Heidelberg/New York 1999, S. 169 – 190

Maleri, R./Frietzsche, U.: Grundlagen der Dienstleistungsproduktion, 5. Auflage. Springer Verlag, Berlin/Heidelberg 2008

Meffert, H./Bruhn, M.: Dienstleistungsmarketing. Grundlagen – Konzepte – Methoden. 7. Auflage. Springer Gabler, Wiesbaden 2012

Meffert, H./Burmann, C./Kirchgeoerg, M.: Marketing. Grundlagen marktorientierter Unternehmensführung, 11. Auflage. Gabler Verlag, Wiesbaden 2012

III

Parasuraman, A./Zeithaml, V. A./Berry, L. L.: A Conceptual Model of Service Quality and its Implications for Future Research. In: Journal of Marketing, Vol. 49 1985, S. 41 – 50

Pepels, W.: Servicemanagement. 2. Auflage. Oldenbourg Verlag, München 2012

Tiemeyer, E.: IT-Servicemanagement kompakt. Spektrum Akademischer Verlag, München 2005

III

34 Warenkennzeichnung

34.1 Zertifizierung ... 772
34.1.1 Zertifizierungssysteme und ihre Zeichen ... 772
34.1.2 Das DIN-Zertifizierungssystem ... 772
34.1.3 Das VDE-Zertifizierungssystem ... 773
34.1.4 Das DVGW-Zertifizierungssystem ... 774
34.1.5 Das GS-Zeichen-System ... 774
34.1.6 Zertifizierung von Qualitätsmanagementsystemen ... 774

34.2 Zertifikate/Prüfbescheinigungen ... 775
34.2.1 Das RAL Gütezeichen ... 775
34.2.2 Die RAL Registrierung ... 775
34.2.3 Das Umweltzeichensystem – Der Blaue Engel ... 776
34.2.4 Bio-Siegel ... 777
34.2.5 Fairtrade-Zeichen ... 777
34.2.6 Das QS-Prüfzeichen ... 777
34.2.7 Die LGA-Zeichen ... 778
34.2.8 FSC-Label ... 778
34.2.9 PEFC-Zeichen ... 778
34.2.10 Stiftung Warentest ... 778

34.3 Die Situation in Europa ... 779
34.3.1 Die CE-Kennzeichnung ... 779
34.3.2 Die Keymark ... 779
34.3.3 Das EMAS-Zeichen ... 779
34.3.4 Das EU Ecolabel ... 780
34.3.5 Das EU-Energielabel ... 780
34.3.6 Das Energy Star-Zeichen ... 781
34.3.7 Das EU-Bio-Siegel ... 781

34.4 Das RAL Gütezeichen-System ... 781
34.4.1 RAL Gütezeichen ... 782
34.4.2 Art und Gestaltung der RAL Gütezeichen ... 782
34.4.3 Gütegemeinschaften ... 783
34.4.4 Festlegung der Güteanforderungen ... 784
34.4.5 Güteüberwachung ... 784
34.4.6 RAL Gütezeichen und der Wettbewerb ... 784
34.4.7 RAL Gütezeichen versus Qualitätsmanagement und Konformitätsbewertung (QM-System) ... 785
34.4.8 Schnittstellen der RAL Gütesicherungen zu anderen Systemen ... 785
34.4.9 Bedeutung von RAL Gütezeichen im harmonisierten und globalisierten Markt ... 785

34 Warenkennzeichnung

Rüdiger Wollmann

Die Kennzeichnung von Produkten war bereits in der Vergangenheit sehr beliebt. Die Verwendung von Siegeln, Medaillen, Orden oder anderen Zeichen sollte die Herkunft des Produktes, eine hiermit verbundene Qualität und auch Eigentumsrechte dokumentieren – so z.B. das Brandzeichen beim Vieh oder die Zeichen der Zünfte, mit denen schon das mittelalterliche Handwerk erkennbar machte, was gute Wertarbeit ist. Die Warenkennzeichnung ist also kein Phänomen der Neuzeit, sondern ein Muss im Wettbewerb. Die hieraus entwickelte Vielfalt der Kennzeichnungsarten und einzelnen Kennzeichen, die häufig als „Labeldschungel" tituliert wird, ist für den Verbraucher nicht immer leicht zu durchschauen.

Im Ergebnis werden sich aber diejenigen Zeichen auf den Märkten durchsetzen, die transparent und zuverlässig sind sowie einen konkreten Nutzen für den Anwender und/oder den Verbraucher haben. So sind Kennzeichnungen beispielsweise eine wichtige Möglichkeit für Hersteller bzw. Anbieter, ihre Produkte/Leistungen gegenüber der Konkurrenz abzusetzen und hierdurch einen Wettbewerbsvorteil zu erreichen.

Der aufmerksame Verbraucher richtet sich heutzutage bei der Wahl seiner Produkte und Dienstleistungen nach den ihm bekannten Markenzeichen (Firmenmarken, Verbandsmarken etc.). Diese vermitteln ihm nicht unbedingt zusätzliche Informationen über die Herkunft des Produkts. Das Herstellungsland selbst ist für die reine Kaufentscheidung auch nicht unbedingt ausschlaggebend. Der Markenname ist für den Verbraucher aber auch zum Qualitätsbegriff geworden, wie z.B. in der Bekleidungs-, Auto- und Parfümeriebranche. Hier haben die starken Markennamen einen großen Vertrauensbonus und die Verbraucher identifizieren sich mit diesen Marken.

Der Verbraucher verlangt nach zuverlässiger Information. So sind z.B. die Angabe des Verbrauchs an Energie und anderen Ressourcen, ein Hinweis auf eine biologische Herstellungsweise oder andere Einzelaspekte wichtige Angaben für den Verbraucher und die gesamte Volkswirtschaft. Viele Kennzeichnungen greifen diese Aspekte besonders auf.

Insofern achtet der aufmerksame Verbraucher auf die speziellen Kennzeichnungsarten, die nicht zuletzt aufgrund des technischen Fortschritts und der Globalisierung entstanden sind:

- Normungszeichen für genormte Erzeugnisse oder Dienstleistungen (z.B. DIN-Zeichen)
- Prüfzeichen von Prüfanstalten (z.B. TÜV-Zeichen)
- Zeichen für Sicherheitsvorschriften (z.B. GS-Zeichen, VDE-Zeichen)
- Zertifikate und Produktinformationen (z.B. Bio, Fairtrade)
- andere freiwillige Kennzeichnungsarten (z.B. RAL Gütezeichen, das Umweltzeichen Blauer Engel und EU Ecolabel)

Durch die Kennzeichnung von Waren und Dienstleistungen wird dem Verbraucher ein wichtiger Dienst erwiesen. Sie unterstützt sein Urteilsvermögen über den Wert der Ware/Dienstleistung, die er benötigt und erwartet.

Als Definition für die Begrifflichkeit „Waren-/Dienstleistungskennzeichnung" kann somit grundsätzlich folgende Formulierung aufgestellt werden: Waren-/Dienstleistungskennzeichnung ist die begleitende Information über die Eigenschaften und Beschaffenheiten eines Produktes oder einer Dienstleistung, die den Zweck erfüllt, Qualitätstransparenz zu erreichen.

34.1 Zertifizierung

Das Wort Zertifikat kommt aus dem Lateinischen und wurde ursprünglich als eine (amtliche) Bescheinigung oder Beglaubigung verstanden. Der Begriff Zertifizierung hat in der heutigen Zeit den Bescheinigungscharakter verloren, denn Zertifizierung ist heute der Nachweis gegenüber einem Dritten, dass Gesetze, Verordnungen etc. eingehalten werden. Die positive Beurteilung wird mittels einer Zertifizierung dokumentiert.

Wenn es um die Erteilung eines vom Gesetzgeber vorgeschriebenen Prüfzeichens oder Zertifikats geht, wird häufig von „Zulassung“ gesprochen. Das Prüfzeichen selbst wird am Produkt angebracht, während das Zertifikat ein Zeugnis darstellt, das im Original bei seinem Inhaber verbleibt und sich vielfach in den Werbeunterlagen wiederfindet.

Die Zertifizierung von Produkten/Dienstleistungen und Qualitätsmanagementsystemen hat in der Vergangenheit in der Wirtschaft eine große Bedeutung eingenommen. Die Beurteilung von Systemen wird durch die ISO-Normenreihe 9000 ff., die als EN-Normen in das europäische Normenwerk übernommen wurden, wesentlich erleichtert und auch vergleichbar gestaltet.

34.1.1 Zertifizierungssysteme und ihre Zeichen

Es gibt eine Vielzahl von Zertifizierungen, die auf einem festgelegten System basieren. Das gilt z. B. für Gütezeichen, Konformitätszeichen, Prüfzeichen, Übereinstimmungszeichen, Überwachungszeichen, Umweltzeichen, Zulassungszeichen etc.

Wie schon dargelegt, werden für die vielen „Zertifizierungszeichen“ unterschiedliche Begrifflichkeiten benutzt, sodass im Wettbewerb nicht so leicht festzustellen ist, ob die gewählte Begrifflichkeit tatsächlich mit dem Inhalt und der Aussage des Zeichens übereinstimmt. Dies ist eine Frage des Wettbewerbsrechts, die aber nicht in diesem Kapitel behandelt wird. Wenn auch die aufgeführten verschiedenen Arten von Zeichen in ihrer Grundaussage unterschiedlich sind, so drücken sie in der Regel eine Übereinstimmung mit in Normen, Gesetzen oder in anderen Regelwerken festgelegten Anforderungen aus. Sie stehen alle für einen definierten „Qualitäts-, Prüf- bzw. Sicherheitsstandard“.

Aus Gründen der Sicherheit, Gesundheit sowie des Arbeits- und Personenschutzes, aber auch im Interesse der transparenten Darstellung von Qualität und Gebrauchstauglichkeit haben sich in der Bundesrepublik Deutschland für Produkte, Vorprodukte und Dienstleistungen eine Vielzahl von Zertifizierungssystemen entwickelt. Diese ergeben sich einerseits aus Gesetzen und Verordnungen und stellen eine verbindliche Festlegung dar. Andererseits gibt es aber auch freiwillige Zertifizierungen für Produkte und Dienstleistungen.

Was für die Zeichenvielfalt gilt, trifft auch auf die Zertifizierungssysteme zu. Die folgenden Ausführungen erstrecken sich auf die bekannteren, die eine größere Bedeutung für die Wirtschaft haben und beim Anwender bzw. Verbraucher bekannt sind, wie z. B.:

- das DIN-Zertifizierungssystem
- das VDE-Zertifizierungssystem
- das DVGW-Zertifizierungssystem
- das GS-Zeichen-System
- das QM-Zertifizierungssystem
- das Umweltzeichensystem – Der Blaue Engel
- das europäische Umweltzeichensystem – EU Ecolabel
- das RAL Gütezeichensystem
- u. a.

34.1.2 Das DIN-Zertifizierungssystem

Voraussetzung für die Nutzung des Verbandszeichens DIN bzw. DIN EN ist, dass die damit gekennzeichneten Erzeugnisse und Dienstleistungen die in der DIN- bzw. DIN EN-Norm festgelegten Anforderungen erfüllen. Zur Nutzung müssen Anbieter eine Registrierung des entsprechenden Erzeugnisses bzw. der Dienstleistung bei DIN CERTCO Gesellschaft für Konformitätsbewertung mbH beantragen. DIN CERTCO ist die Zertifizierungsstelle des TÜV Rheinland und des DIN Deutsches Institut für Normung. Das Produkt oder die Dienstleistung kann dann eigenverantwortlich mit diesem Zeichen versehen werden (Konformitätserklärung des Herstellers/Anbieters). Die Nutzung des Verbandszeichens ist dann ausgeschlossen, wenn für die Kennzeichnung von Erzeugnissen oder Dienstleistungen ein anderes DIN-Zertifizierungszeichen (z. B. das DIN-Geprüft-Zeichen) vorgesehen ist.

Ein mit den DIN-Verbandszeichen gekennzeichnetes Produkt bzw. eine Dienstleistung signalisiert den Verbrauchern, dass diese die in der Norm bzw. EN-Norm festgelegten Anforderungen erfüllen.

Abb. 34.1
DIN

Abb. 34.2
DIN EN

Das DIN-Geprüft-Zeichen sowie das DIN*plus*-Zeichen sind Zertifizierungszeichen für Normenkonformität von DIN CERTCO. Sie dokumentieren die Übereinstimmung von Produkten, Dienstleistungen, Prozessen oder Personen mit den in DIN-, DIN EN- oder DIN EN ISO-Normen und den in Zertifizierungsprogrammen festgelegten Anforderungen. Beim Qualitätszeichen DIN*plus* gibt es zusätzlich über diese Norm hinausgehende Qualitätsmerkmale. Beide Zeichen werden auf Basis eines Prüfberichts einer von DIN CERTCO anerkannten Prüfstelle vergeben. Das Produkt oder die Dienstleistung werden regelmäßig überwacht. Bei speziellen Produktgruppen, z. B. im Baubereich, kann das Zeichen auch einen erläuternden Hinweis enthalten, z. B. „DIN-Geprüft barrierefrei".

Abb. 34.3
DIN-Geprüft-Zeichen

Abb. 34.4
DIN-*plus*-Zeichen

34.1.3 Das VDE-Zertifizierungssystem

Auf vielen elektrotechnischen Produkten, wie z. B. auf Haushaltsgeräten, Elektrowerkzeugen, Leuchten, medizinischen Geräten, Kabeln etc., ist das VDE-Prüfzeichen zu finden. Die VDE-Zeichen basieren auf sicherheitsrelevanten Aspekten und bestätigen die Konformität eines Produktes mit den VDE-Bestimmungen bzw. den europäischen oder international harmonisierten Normen. Das VDE-Zeichen wird vom VDE Verband der Elektrotechnik Elektronik Informationstechnik vergeben.

Die Vergabe erfolgt nach erfolgreich abgeschlossener Prüfung des VDE-Prüf- und Zertifizierungsinstituts. Es werden sowohl die Produkte als auch die Fertigung getestet, damit auch in der Serie die geforderten Sicherheitsstandards sichergestellt sind. Die Einhaltung dieser Anforderungen und damit die gleichbleibende Beschaffenheit der Produkte nach der Zeichenvergabe wird durch die akkreditierten Laboratorien des VDE regelmäßig kontrolliert.

Abb. 34.5
VDE-Zeichen

Das VDE-Zeichen wird für elektrotechnische Erzeugnisse einschließlich Produkte im Sinne des Produktsicherheitsgesetzes (ProdSG) und Medizinprodukte im Sinne des Medizinproduktgesetzes (MPG) vergeben. Es steht für die Sicherheit des Produktes hinsichtlich elektrischer, mechanischer, thermischer, toxischer, radiologischer und sonstiger Gefährdung. Das VDE-Zeichen bestätigt, dass elektrotechnische Produkte die gesetzlichen Bestimmungen und normativen Anforderungen für die Sicherheit und den Gesundheitsschutz erfüllen.

Wahlweise kann auch das VDE-GS-Zeichen statt des VDE-Prüfzeichens für technische Arbeitsmittel und verwendungsfertige Gebrauchsgegenstände im Sinne des ProdSG verwendet werden. Das GS-Zeichen wird bei Erfüllung der in Deutschland geltenden sicherheitstechnischen Anforderungen vergeben. In Verbindung mit dem VDE-Zeichen wird zum Ausdruck gebracht, dass das VDE-Institut die Prüfung, Zertifizierung und die Produkt- und Fertigungsüberwachung durchgeführt hat.

Abb. 34.6 VDE-GS-Zeichen

Das VDE-EMV-Zeichen zeigt die elektromagnetische Verträglichkeit von Haus- und Bürogeräten, Leuchten, Informationstechnischen Einrichtungen, Elektromedizinprodukten, Kraftfahrzeugen und -komponenten oder Elektrowerkzeugen an. Es bedeutet, dass das Produkt während des Betriebs keine anderen Geräte beeinflusst oder unzulässige Rückwirkungen im Stromnetz verursacht und selbst im elektromagnetischen Umfeld störfest ist. Die VDE Prüf- und Zertifizierungsinstitut GmbH des Verbandes der Elektrotechnik Elektronik Informationstechnik e. V. vergibt das Zeichen, wenn ein Produkt die Normen für elektromagnetische Verträglichkeit (EMV) erfüllt.

Abb. 34.7
VDE-EMC-Zeichen

34.1.4 Das DVGW-Zertifizierungssystem

Die DVGW (Deutsche Vereinigung des Gas- und Wasserfaches e. V. – technisch-wissenschaftlicher Verein, Bonn) und ihre Zeichen stehen als Nachweise für die Einhaltung der anerkannten Regeln der Technik für wasserfachliche sowie gastechnische Produkte.
Ihre Zertifizierungsstelle, die DVGW CERT GmbH, prüft, zertifiziert und überwacht nach DIN EN ISO 9000 ff. und DIN EN ISO 14001 gas- und wasserfachliche Produkte, Qualitäts- und Umweltmanagementsysteme sowie Fachunternehmen, Versorgungsbetriebe und Sachverständige. Bei allen Prüfungen steht die sicherheitstechnische, hygienische und umweltmäßige Unbedenklichkeit im Mittelpunkt.
Basis der Überprüfung ist das DVGW-Regelwerk sowie national und international anerkannte Richtlinien, Normen und Zertifizierungsprogramme.
Mit einer DVGW-Zertifizierung dokumentieren Produkthersteller, Fachunternehmen, Versorgungsbetriebe sowie Sachverständige gegenüber ihren Kunden und Marktpartnern, dass – bezogen auf das jeweilige Tätigkeitsspektrum – der Stand der Technik eingehalten ist. Beispielsweise können Armaturen, Rohrleitungen und Installationsbauteile damit gekennzeichnet werden.
Darüber hinaus ist die DVGW CERT GmbH u. a. für die Konformitätsbewertungsverfahren der EG-Richtlinien für Gasgeräte, Druckgeräte, Bauprodukte und Wirkungsgrade als Zertifizierungsstelle akkreditiert und führt die notwendigen Prüf- und Überwachungsverfahren durch, die zum Führen der CE-Kennzeichnung im Bereich gasfachlicher Produkte berechtigen.

Abb. 34.8
DVGW-Zeichen

34.1.5 Das GS-Zeichen-System

Das GS-Zeichen (GS = geprüfte Sicherheit) basiert auf den Anforderungen des Produktsicherheitsgesetzes (ProdSG). Es handelt sich hierbei um ein „Sicherheitszeichen". Mit dem GS-Zeichen können technische Arbeitsmittel und verwendungsfertige Gebrauchsgegenstände versehen werden, wenn

1. eine unabhängige zugelassene Stelle nach einer Prüfung eines Baumusters bestätigt, dass das technische Arbeitsmittel oder der verwendungsfähige Gebrauchsgegenstand den geforderten sicherheitstechnischen Anforderungen entspricht;
2. eine zugelassene Prüf- und Zertifizierungsstelle kontrolliert, dass nur dem Baumuster entsprechende technische Arbeitsmittel oder verwendungsfähige Gebrauchsgegenstände in den Verkehr gebracht werden.

Die Zuerkennung eines GS-Zeichens ist nur auf diese beiden Bereiche – technische Arbeitsmittel sowie verwendungsfertige Gebrauchsgegenstände – festgelegt. Lebensmittel oder chemische Stoffe können keine GS-Zuerkennung erhalten.
Voraussetzung für die Verwendung ist, dass eine zugelassene Prüfstelle (Liste, veröffentlicht durch die Bundesanstalt für Arbeitsschutz und Arbeitsmedizin) einem Hersteller das GS-Zeichen zuerkannt hat. Durch das GS-Zeichen wird angezeigt, dass bei der bestimmungsgemäßen oder vorhersehbaren Verwendung des gekennzeichneten Produkts die Sicherheit und Gesundheit des Verwenders nicht gefährdet sind. Das GS-Zeichen ist ein freiwilliges Zeichen, d. h. der Hersteller entscheidet, ob ein Antrag auf Zuerkennung des GS-Zeichens gestellt wird.
Die Geltungsdauer des GS-Zeichens beträgt fünf Jahre. Das GS-Zeichen ist mit einem Zeichen zur Identifikation der zugelassenen Stelle zu kombinieren. Das Identifikationszeichen ist in der linken oberen Ecke des GS-Zeichen anzubringen und ersetzt das Wort „Id-Zeichen" in der Darstellung.

Abb. 34.9
GS-Zeichen

34.1.6 Zertifizierung von Qualitätsmanagementsystemen

Das Qualitätsmanagement hat mit der Herausgabe der Norm DIN EN ISO 9000 ff. im Jahr 1987 bis heute eine

breite Anwendung gefunden. Mittlerweile gibt es hierzu auch eine Reihe branchenbezogenener Normen, z. B. DIN EN ISO 46001 (Medizintechnik), TL 9000 (Telekommunikation) oder DIN ISO 29990 (Lerndienstleistungen für die Aus- und Weiterbildung, Anforderungen an Dienstleister).
Qualitätsmanagementsysteme stellen sicher, dass die Systemqualität, Prozessqualität und die Produktqualität in einer Organisation geprüft und verbessert werden. Ziel eines Qualitätsmanagementsystems ist eine dauerhafte Verbesserung der Unternehmensleistung. Das System ist dabei grundsätzlich anwendbar auf alle Branchen, Unternehmensgrößen und -strukturen. Es beschreibt die Methodik und liefert das Handwerkzeug, nach dem die Mitarbeiter im Qualitätsmanagement eines speziellen Unternehmens dann ihre individuellen Verfahren zur Sicherung und Verbesserung der Qualität ausrichten. Es regelt jedoch nicht die eigentlichen Qualitätsparameter des jeweiligen Produktes.
Die Vorteile eines QM-Systems sind unter anderem die Transparenz der Prozessabläufe und die Organisationsstruktur. Verbunden damit sind Leistungssteigerung, Kostenreduktion und Kundenzufriedenheit.
Die Zertifizierung (Überprüfung) von Qualitätsmanagementsystemen erfolgt durch eine anerkannte Stelle, die bei der Deutschen Akkreditierungsstelle GmbH (DAkkS) akkreditiert ist. Die Überprüfung erfolgt durch ein Audit. Dies gilt auch für eine Überprüfung eines Qualitätsmanagements nach DIN EN ISO 9000 ff. Das Zertifikat wird von einer dafür zugelassenen (akkreditierten) Stelle vergeben. Die DAkkS ist in Deutschland die Akkreditierungsstelle für Zertifizierer im Bereich Qualitätsmanagement.

34.2 Zertifikate/ Prüfbescheinigungen

Der Vorgang der Zertifizierung, wie er in Kapitel 34.1 beschrieben ist, gilt nicht nur für Prüfzeichen, sondern auch als Voraussetzung für Zertifikate oder Prüfbescheinigungen. Der Unterschied besteht lediglich in der Dokumentation und Präsentation des Ergebnisses, bedingt durch zwei in der Regel nicht gekoppelte Umstände. Während das Prüfzeichen am Produkt selbst angebracht ist, kann das Zertifikat dem Produkt entweder lose, als Begleitpapier oder auch als Anhänger beigefügt werden. Der erste Grund für ein Zertifikat kann durch die Größe oder Form des Produkts bedingt sein, die ein Anbringen des Prüfzeichens unmöglich machen. Auch für Dienstleistungen sind Zertifikate besonders geeignet. Der zweite Grund kann die Komplexität des Produkts sein, die eine Ja/Nein-Aussage unmöglich und eine zusätzliche Erklärung notwendig macht. So bieten sich Zertifikate oder Prüfbescheinigungen auch dann an, wenn es sich um neue Produkte handelt, für die nur eine unzureichende Normierung vorliegt.
Zertifikate gibt es unter zahlreichen Bezeichnungen und in den unterschiedlichsten Formen. Sie werden auch als Prüfschein, -pass, -zeugnis, -dokument usw. bezeichnet. Auch Gutachten oder beglaubigte Prüfberichte können Zertifikate darstellen. Bei den Zertifikaten oder Prüfbescheinigungen ist anders als bei den Prüfzeichen zu unterscheiden nach solchen, die Bestandteil eines Zertifizierungssystems sind, und solchen, die individuell ohne starres System erstellt werden. Beispielhaft werden im Folgenden einige dieser Kennzeichnungen erläutert, um die Vielfalt dieses Bereichs darzustellen.

34.2.1 Das RAL Gütezeichen

Neben den bereits angeführten Kennzeichnungen (z. B. Konformitätszeichen, Prüfzeichen, Sicherheitszeichen, Umweltzeichen) gibt es die RAL Gütezeichen. Hierbei handelt es sich um ein freiwilliges Kennzeichnungssystem, für das RAL Deutsches Institut für Gütezeichnung und Kennzeichnung e. V., Sankt Augustin, seit 1925 verantwortlich ist.
Der Bereich Gütezeichen wird in Kapitel 34.4 ausführlich behandelt.

34.2.2 Die RAL Registrierung

RAL Registrierungen sind qualitätsfördernde, prüftechnische oder andere ordnende Regelungen für Produkte oder Dienstleistungen. Sie sind in der Regel an der Bezeichnung „RAL-RG" und der entsprechenden Nummer zu erkennen.
RAL Registrierungen sind eine Selbstverpflichtung der jeweiligen Wirtschaftszweige. Sie werden in den Bereichen genutzt, in denen ständige Entwicklungsprozesse eine schnelle Anpassung der Regelwerke erfordern. Zudem dienen sie als interne Regelungen innerhalb der Wirtschaftszweige: Im Kunden-Lieferanten-Verhältnis können Unternehmen durch die Nennung einer „RAL-RG-Nummer" konkrete Anforderungen vereinbaren. Einzelfallbezogene technische allgemeine Geschäftsbedingungen werden somit nicht benötigt und die Zusammenarbeit wird auf diese Weise deutlich vereinfacht.
Bei der Erarbeitung der RAL Registrierungen bezieht RAL die direkt von den Festlegungen berührten Fach- und Verkehrskreise wie Hersteller, Handel und Behörden ein.

RAL Registrierungen können auch die Vorstufe zum RAL Gütezeichen (siehe Kap. 34.4) sein. In zahlreichen Fällen wurden zunächst brancheninterne Regelungen in Form von RAL Registrierungen eingeführt. Durch die Schaffung eines rechtlichen Rahmens in Form der Gründung einer Gütegemeinschaft e. V. war es dann leicht möglich, ein RAL Gütezeichen als Ausweis einer stetig neutral kontrollierten Qualität zu schaffen.

RAL Registrierungen stehen für standardisierte technische Qualitätsanforderungen für Produkte und Dienstleistungen und unterstützen bei internen technischen Abstimmungen und Regelungen zwischen Vertragspartnern. Sie können zeitnah an aktuelle technische Veränderungen und Entwicklungen angepasst werden.

Beispiele für RAL Registrierungen sind RAL-RG 678 Elektrische Anlagen in Wohngebäuden, RAL-RG 903 Nachhaltige Textilpflege in gewerblichen Wäschereien oder RAL-RG 691 Versilberte Bestecke.

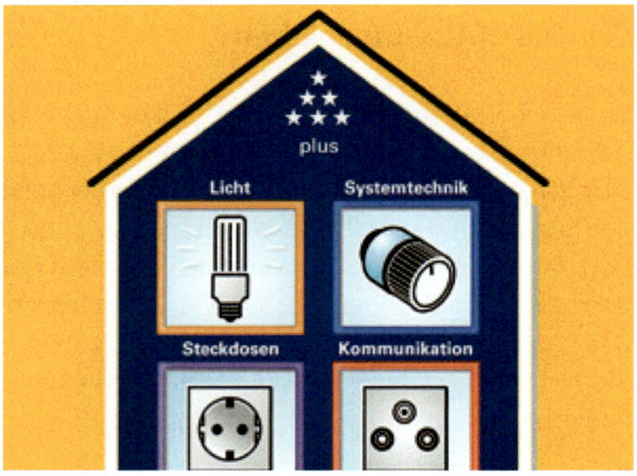

Abb. 34.10 RAL-RG 678 Elektrische Anlagen in Wohngebäuden

Abb. 34.11 RAL-RG 903 Nachhaltige Textilpflege in gewerblichen Wäschereien

Abb. 34.12 RAL-RG 691 Versilberte Bestecke

34.2.3 Das Umweltzeichensystem – Der Blaue Engel

Das Umweltzeichen Der Blaue Engel ist das erste und bekannteste Umweltzeichen in der Zeichenwelt. Inhaber dieses Umweltzeichens ist das Bundesministerium für Umwelt, Naturschutz, Bau und Reaktorsicherheit (BMUB). Die Voraussetzungen für dieses Zeichen wurden bereits 1977 geschaffen. Ziel der damaligen Umweltpolitik war es, die Reduzierung von Umweltverschmutzung durch die Förderung technischer Innovationen zu erreichen. Gleichzeitig sollte dieses Zeichen dem Verbraucher einen Leitfaden geben und damit eine marktwirtschaftliche Unterstützung umweltfreundlicher Produkte und Dienstleistungen sein.

Der Blaue Engel besteht aus drei Elementen: erstens dem Logo der Vereinten Nationen in Form eines blauen Ringes mit Lorbeerkranz und einer blauen Figur mit ausgebreiteten Armen im Zentrum; zweitens der inneren Umschrift: der Blaue Engel mit dem konkreten Hinweis auf die wichtigsten Umwelteigenschaften des damit gekennzeichneten Produkts; drittens dem Hinweis auf das jeweils zentrale Schutzziel eines Produktes oder einer Dienstleistung. Die Vergabegrundlagen werden derzeit in vier verschiedene Schutzziele eingeordnet. Diese sind: „Schützt Umwelt und Gesundheit“, „Schützt das Wasser“, „Schützt das Klima“ und „Schützt die Ressourcen“.

In den letzten Jahren wurden für den Blauen Engel insbesondere Kriterien für klimarelevante Produkte und Dienstleistungen entwickelt. Dadurch ist der Blaue Engel auch das Klimaschutzzeichen der Bundesrepublik Deutschland.

Das Umweltzeichen-Programm begann 1978 mit den Produktgruppen für runderneuerte Reifen, Mehrwegflaschen und Hygienepapier aus Altpapier. Neuere Produktgruppen sind Matratzen, Polstermöbel, Bitumenanstriche, Bürogeräte mit Druckfunktion, Wärmedämmstoffe und Fernseher.

Die RAL gGmbH ist die autorisierte Stelle für die Vergabe des Blauen Engels für Produkte und Dienstleistungen. Der

Blaue Engel kann auf der Grundlage von Zeichennutzungsverträgen mit RAL genutzt werden. Heute gibt es für 120 Produktgruppen und Dienstleistungen die Möglichkeit, den Blauen Engel zu erwerben. Die Anforderungskriterien für den Blauen Engel werden vom Umweltbundesamt als Fachbehörde entwickelt und im Rahmen eines Anhörungsverfahrens unter der Federführung von RAL mit den einschlägigen Fach- und Verkehrskreisen diskutiert. Auf dieser Basis werden sie von einer unabhängigen Jury, die sich aus verschiedenen gesellschaftlichen Gruppen zusammensetzt, beschlossen. Die Jury Umweltzeichen wird vom Bundesministerium für Umwelt, Naturschutz, Bau und Reaktorsicherheit (BMUB) für drei Jahre einberufen. Die Vergabegrundlagen werden von diesem Bundesministerium veröffentlicht.

Der Blaue Engel ist ein wichtiges Instrument der Umweltpolitik und somit flexibler als Gesetze oder Verordnungen – daran lässt sich auch der Erfolg ableiten. Das Blaue-Engel-System wurde von vielen Ländern als Vorlage für eine eigene Umweltkennzeichnung herangezogen.

Abb. 34.13
Der Blaue Engel

34.2.4 Bio-Siegel

Mit dem staatlichen Bio-Siegel können Bio-Lebensmittel freiwillig gekennzeichnet werden, die nach den gültigen EU-Rechtsvorschriften für den ökologischen Landbau erzeugt bzw. hergestellt und kontrolliert werden. Mindestens einmal im Jahr werden die Herstellungsprozesse der Bio-Lebensmittel von staatlich zugelassenen Öko-Kontrollstellen in den Unternehmen geprüft. Die Überprüfungen umfassen alle Erzeugungs- und Verarbeitungsstufen der Wertschöpfungskette. Die Kennzeichnung der Bio-Lebensmittel mit dem Bio-Siegel kann zusätzlich zur Pflichtkennzeichnung mit dem EU-Bio-Logo, dem Kontrollstellencode und der Herkunftsangabe der Zutaten erfolgen. Inhaber des staatlichen Bio-Siegels ist das Bundesministerium für Ernährung, Landwirtschaft und Verbraucherschutz (BMELV). Markenschutz besteht bis mindestens 2021.

Abb. 34.14
Bio-Siegel

Das Bioland-Markenzeichen steht hier exemplarisch für mehrere privatrechtlich organisierte Kennzeichen für biologisch erzeugte Lebensmittel. Es kennzeichnet landwirtschaftliche Erzeugnisse aus organisch-biologischer Landwirtschaft und wird durch den Bioland-Verband für organisch-biologischen Landbau e. V. vergeben. Verbandseigene Richtlinien und die EG-Öko-Basisverordnung Nr. 834/2007 über die Produktion und Kennzeichnung von ökologischen/biologischen Erzeugnissen bilden die Grundlage für die Vergabe des Bioland-Zeichens. Die Nutzung des Zeichens setzt voraus, dass alle Anbauflächen und Produktionszweige den Verbandskriterien entsprechend bewirtschaftet werden. Beauftragte von Bioland und EG-Kontrollstellen prüfen jährlich, ob der Betrieb die Kriterien einhält.

Abb. 34.15
Bioland-Markenzeichen

34.2.5 Fairtrade-Zeichen

Das Fairtrade-Siegel wird Lebensmitteln und anderen Produkten verliehen, die aus fairem Handel stammen. Kriterien sind die Zahlung fairer Löhne, Mindestpreise über dem Weltmarktniveau, ein Verbot von illegaler Kinderarbeit und eine umweltverträgliche Produktion. Vergeben wird das Siegel durch den TransFair e. V. Die Vergabekriterien entsprechen den Standards der Fairtrade International. Die unabhängige internationale Zertifizierungsgesellschaft FLO-CERT überprüft vor Ort, ob Produzenten und Händler die Fairtrade-Standards einhalten.

Abb. 34.16
Fairtrade-Siegel

34.2.6 Das QS-Prüfzeichen

Dieses Zeichen steht für „QS. Ihr Prüfsystem für Lebensmittel“. Das System definiert und kontrolliert Anforderungen an die Produktion und Vermarktung von Lebensmitteln. Nur solche Lebensmittel, die auf allen Stufen nach den Anforderungen des Systems produziert und vermarktet werden, tragen das QS-Prüfzeichen. Gegenwärtig wird

QS in den Produktbereichen Fleisch und Fleischwaren sowie frisches Obst, Gemüse und Kartoffeln angeboten. Produkte mit dem QS-Prüfzeichen sind in mehr als 23 400 Filialen des Lebensmitteleinzelhandels erhältlich. Das QS-System ist eine freiwillige Initiative der Wirtschaft.

Abb. 34.17 QS-Prüfzeichen

34.2.7 Die LGA-Zeichen

Bei den LGA-Zeichen ist zwischen dem „LGA testet"-Zeichen und dem „LGA-tested Quality"-Zeichen zu unterscheiden. „LGA tested" und „LGA tested Quality" sind Prüfzeichen für Produkte wie Haushaltsgeräte, Möbel oder Spielzeug.
Das LGA tested-Zeichen bestätigt, dass das jeweilige Produkt im Hinblick auf einen ausgewählten Einzelaspekt, wie bespielsweise Sicherheit, Hygiene oder Gebrauchstauglichkeit, und die entsprechenden rechtlichen Rahmenbedingungen geprüft wurde.
Das Zeichen „LGA-tested Quality" bescheinigt einem Produkt eine umfassende und dauerhafte Qualität. Es wurde im Hinblick auf Gebrauchseigenschaften, Sicherheit und Gebrauchsanweisung geprüft.

Abb. 34.18 Die LGA-Zeichen

34.2.8 FSC-Label

Das FSC®-Label kennzeichnet Holz sowie Holz- und Papierprodukte, die aus ökologisch und sozial verantwortungsvoller, zertifizierter Waldbewirtschaftung stammen. Die Zertifizierung der Wälder erfolgt nach den weltweit einheitlichen Kriterien des Forest Stewardship Council (FSC), einer unabhängigen und gemeinnützigen Organisation. Damit ein Produkt mit dem FSC®-Label gekennzeichnet werden kann, müssen alle an der Produktion beteiligten Betriebe (im Wald und innerhalb der Verarbeitungskette) die Anforderungen des FSC erfüllen. Die Einhaltung dieser Kriterien wird jährlich durch unabhängige Dritte überprüft. Das Zeichen ist ein internationaler Standard, der sich ausschließlich auf die Art der Holzerzeugung und nicht auf die ökologische Qualität des Endprodukts bezieht.

Abb. 34.19 FSC®-Label

34.2.9 PEFC-Zeichen

Das PEFC-Zeichen kennzeichnet Holz und Holzprodukte aus nachhaltiger Waldwirtschaft. Das Zertifizierungssystem wurde von europäischen Waldbesitzern entwickelt und wird heute international genutzt. Ziel ist eine nachhaltige Bewirtschaftung nach ökonomischen, ökologischen und sozialen Kriterien. Die Standards legt der Deutsche Forst-Zertifizierungsrat, das Expertengremium des PEFC Deutschland e. V., fest. Um das PEFC-Zeichen verwenden zu dürfen, müssen Unternehmen die Einhaltung der Standards in der gesamten Verarbeitungskette – vom zertifizierten Wald bis hin zum Endprodukt – nachweisen.

Abb. 34.20 PEFC-Zeichen

34.2.10 Stiftung Warentest

Die Label der Stiftung Warentest kennzeichnen Produkte und Dienstleistungen, die im Auftrag der Stiftung Warentest von neutralen Instituten geprüft wurden.
Die Produkte werden grundsätzlich anonym im Handel eingekauft und Dienstleistungen verdeckt in Anspruch genommen. Die Ergebnisse veröffentlicht die Stiftung Warentest in eigenen Publikationen, insbesondere in test, Finanztest und test.de.
Die vergleichenden Tests sollen dem Verbraucher Orientierung bei Kaufentscheidungen bieten. Hersteller und Anbieter von getesteten Produkten oder Dienstleistungen dürfen Marken der Stiftung Warentest zu Werbezwecken einsetzen, wenn sie hierfür eine Lizenz erworden haben.

Diese Lizenzen vergibt seit Juli 2013 allein die RAL gGmbH in Sankt Augustin.

Abb. 34.21 Die Label der Stiftung Warentest

34.3 Die Situation in Europa

34.3.1 Die CE-Kennzeichnung

Als Ausdruck der Übereinstimmung mit EU-Richtlinien ist seit Ende der 1980er Jahre die CE-Kennzeichnung eingeführt worden. Die CE-Kennzeichnung stand ursprünglich für ihre Herkunft „Communauté Européenne".
Mit der CE-Kennzeichnung erklärt der Hersteller oder EU-Importeur gemäß EU-Verordnung 765/2008, dass das Produkt den geltenden Anforderungen entspricht, die in den Harmonisierungsrechtsvorschriften der Gemeinschaft über ihre Anbringung festgelegt sind.
Die CE-Kennzeichnung ist kein (Prüf-)Zeichen, sondern ein Verwaltungszeichen, das die Freiverkehrsfähigkeit entsprechend gekennzeichneter Industrieerzeugnisse im Europäischen Binnenmarkt zum Ausdruck bringt.
Die Kennzeichnung besteht aus dem CE-Logo, gegebenenfalls in Verbindung mit der vierstelligen Kennnummer der beteiligten benannten Stelle, falls eine solche mit der Prüfung der Konformität befasst war.

Abb. 34.22 CE-Zeichen

34.3.2 Die Keymark

Die Keymark wurde 1996 gemeinsam von den Normungsorganisationen CEN (Comité Européen de Normalisation) und CENELEC (Comité Européen de Normalisation Electrotechnique) geschaffen.
Sie ist ein europäisches Normenkonformitätszeichen. Bei der Keymark handelt es sich um eine freiwillige Zertifizierung, welche die Übereinstimmung von Produkten mit den Anforderungen europäischer Normen signalisiert.
Ein Produkt oder eine Dienstleistung darf erst dann mit der Keymark gekennzeichnet werden, wenn es im Vorfeld von einer neutralen und unabhängigen Stelle geprüft und zertifiziert wurde. Die mit der Keymark ausgezeichneten Produkte unterliegen einer regelmäßigen Prüfung und Überwachung der Produktion.
Hersteller, Importeure und Händler in Zusammenarbeit mit den Herstellern müssen für die Nutzung der Keymark einen Antrag bei einer für das entsprechende Produkt bevollmächtigten Zertifizierungsstelle einreichen.
Das Zeichen soll so zur Europäisierung und zur Harmonisierung der nationalen Zertifizierungssysteme und -zeichen beitragen. Es stärkt das Vertrauen in die nationalen Zeichen aller beteiligten Länder sowie die Akzeptanz der einheitlichen Qualität der nationalen Zertifizierungsprogramme. Wenn ein Produkt in einem Land geprüft und mit der Keymark zertifiziert wurde, ist eine erneute Prüfung in den anderen am Programm teilnehmenden Ländern nicht erforderlich. Hersteller und Händler können ihr Produkt so effektiver vermarkten. Die Keymark fungiert als Marktöffner – als Schlüssel zum Binnenmarkt.

Abb. 34.23 Keymark

34.3.3 Das EMAS-Zeichen

EMAS ist ein freiwilliges Instrument der Europäischen Union, das Unternehmen und Organisationen jeder Größe und Branche dabei unterstützt, ihre Umweltleistung kontinuierlich zu verbessern.
Unternehmen und andere Einrichtungen, die sich an EMAS (Englisch für *Eco-Management und Audit Scheme*) beteiligen wollen, müssen sich dementsprechend zur Einhaltung der national geltenden Umweltvorschriften und zur angemessenen kontinuierlichen Verbesserung ihres betrieblichen Umweltschutzes verpflichten. Sie müssen sich ferner selbst gewählte umweltbezogene Ziele setzen, ein Umweltmanagementsystem institutionalisieren, sich umweltbezogenen Selbstprüfungen unterziehen, eine für die Öffentlichkeit bestimmte, sogenannte Umwelterklärung erstellen und die Einhaltung aller in der Verordnung näher bestimmten Anforderungen durch einen zugelassenen externen Umweltgutachter überprüfen lassen. Im Erfolgsfall werden sie bei der zuständigen registerführenden Stelle – in Deutschland bei den Industrie- und

Handelskammern und den Handwerkskammern - als Teilnehmer in ein öffentliches Register eingetragen und erhalten eine europäische Registernummer. Sie können dann diese Teilnahme durch die Verwendung eines speziellen Emblems (EMAS-Logo) in ihrer Unternehmenskommunikation herausstellen.

Abb. 34.24 EMAS-Zeichen

34.3.4 Das EU Ecolabel

Das Europäische Umweltzeichen (EU Ecolabel) basiert auf der Verordnung Nr. 880/92 aus dem Jahr 1992. Diese Verordnung wurde zuletzt durch die Verordnung Nr. 66/2010 aus dem Jahr 2009 ersetzt. Auch hierbei handelt es sich um ein freiwilliges Kennzeichnungssystem. Zielsetzung ist es, den Markt zu ermutigen, Produkte und Dienstleistungen für den Verbraucher zur Verfügung zu stellen, die umweltfreundlicher im Vergleich zu herkömmlichen Produkten/Dienstleistungen sind.
Zeicheninhaber des EU Ecolabel ist die Europäische Kommission. Oberstes Gremium ist das European Union Ecolabelling Board (EUEB). Zu seinen Aufgaben gehören die Unterstützung bei der Entwicklung und Überarbeitung der jeweiligen Kriterien für das EU Ecolabel und die Unterstützung bei deren Implementierung. Das EUEB setzt sich aus Vertretern der einzelnen Mitgliedstaaten (den Competent Bodies: In Deutschland sind dies das Umweltbundesamt und die RAL gGmbH) und weiteren Mitgliedern aus Industrie, Umwelt- und Verbraucherverbänden, Gewerkschaften, kleinen und mittleren Betrieben und dem Handel zusammen.
Das Europäische Umweltzeichen wird in den Staaten der Europäischen Gemeinschaft sowie in Norwegen, Island und Lichtenstein anerkannt. Anträge sind bei der jeweiligen Vergabestelle des Mitgliedslandes zu stellen, in dem der Hersteller seine Produktionsstätte hat. In Deutschland ist die RAL gGmbH die Vergabestelle für das Europäische Umweltzeichen.
Zurzeit gibt es insgesamt 33 Vergabegrundlagen, davon zwei für Dienstleistungen. Neben dem EU Ecolabel kann ein verbaler Hinweis auf die wesentlichen Umwelteigenschaften des Produktes/der Dienstleistung abgebildet werden.
Die jeweiligen Anforderungen werden durch das Regulatory Commitee (Vertreter der Mitgliedsstaaten) festgelegt. Die verabschiedeten Vergabegrundlagen werden im Amtsblatt der Europäischen Gemeinschaft veröffentlicht. Die Produktgruppen reichen von Papierprodukten, Reinigungsmitteln im Haushalt bis zu touristischen Dienstleistungen.

Abb. 34.25 Das EU Ecolabel

34.3.5 Das EU-Energielabel

Bestimmte Produkte müssen europaweit mit einem EU-Energieverbrauchsetikett (EU-Energielabel) gekennzeichnet werden. Die Grundlage der Kennzeichnungspflicht ist die Richtlinie 30/2010/EU des Rates über die Kennzeichnung energieverbrauchsrelevanter Produkte. Sie ersetzt die Rahmenrichtlinie 92/75/EWG. Die Umsetzung dieser Richtlinie ist in Deutschland durch das Energieverbrauchskennzeichengesetz (En VKG) und die Energieverbrauchskennzeichnungsverordnung (En VKV) erfolgt.

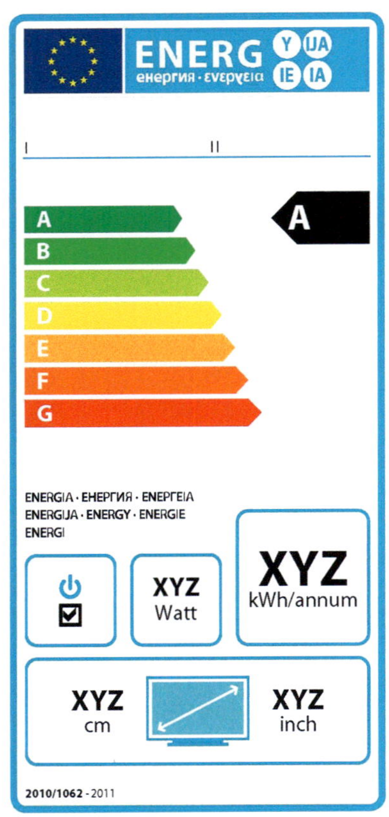

Abb. 34.26 Das EU-Energielabel

Das EU-Energielabel enthält wichtige Verbraucherinformationen, und zwar über den Energieverbrauch bestimmter energieverbrauchsrelevanter Produkte in Abhängigkeit von der jeweiligen Leistung. Die Einteilung der Geräte erfolgt in sieben Effizienzklassen. Die Klasse A steht für einen besonders sparsamen und die Klasse G für einen sehr hohen Energieverbrauch.
2003 führte man für Kühlschränke die Klassen A+ und A++ ein, 2011 wurden für Geschirrspüler, Waschmaschinen und Fernseher die Klassen A+, A++, A+++ eingeführt. Ebenfalls 2011 führte man für Kühlschränke die Klasse A+++ ein.
Mittlerweile ist in Deutschland laut EnVKV eine entsprechende Kennzeichnung für Kühl- und Gefriergeräte, Waschmaschinen, Wäschetrockner, Geschirrspüler, Lampen, Raumklimageräte, Elektrobacköfen und Fernsehgeräte vorgeschrieben.
Das in Abbildung 34.26 dargestellte Label wird seit 2012 auch für die Kennzeichnung der CO2-Effizienz von PKWs und Fahrzeugreifen verwendet.

34.3.6 Das Energy Star-Zeichen

Der ENERGY STAR kennzeichnet stromsparende Bürogeräte wie Computer, Bildschirme, Drucker oder Kopierer. Seit 2002 gibt es eine Vereinbarung zur gemeinsamen Nutzung der in den USA entwickelten freiwilligen Kennzeichnung in der Europäischen Gemeinschaft. Die amerikanische Umweltbehörde (EPA) überprüft regelmäßig in Abstimmung mit der EU-Kommission, technischen Experten und Vertretern der Herstellerverbände die Vergabekriterien und passt sie dem Stand der Technik an. Das Programm ENERGY STAR EU wird vom ENERGY STAR-Büro der Europäischen Gemeinschaft (EGESB) verwaltet. Ansprechpartner in Deutschland ist die Deutsche Energie-Agentur (dena).

Abb. 34.27
Das Energy Star-Zeichen

34.3.7 Das EU-Bio-Siegel

Seit dem 1. Juli 2010 müssen in der europäischen Union vorverpackte Bio-Lebensmittel verpflichtend mit dem EU-Bio-Logo gekennzeichnet werden; auch die Übergangsfrist für noch vorhandenes Verpackungsmaterial ohne die verpflichtende Angabe endete zum 1. Juli 2012.

Zur Pflichtkennzeichnung gehört auch die Angabe der Code-Nummer der Öko-Kontrollstelle oder -behörde, welche die Erzeugung und/oder Herstellung des Bio-Lebensmittels zertifiziert hat. Sie besteht aus dem Länder-Code, für z. B. Deutschland „DE", der Bezeichnung „Öko", „Bio" oder „ORG", und der dreistelligen Nummer der Kontrollstelle.
Unter der Code-Nummer ist außerdem die Herkunftsangabe der Zutaten anzugeben: EU-Landwirtschaft, Nicht-EU-Landwirtschaft, EU-/Nicht-EU-Landwirtschaft oder auch die alleinige Angabe des Landes, wenn alle Zutaten aus diesem kommen.
Zusätzlich zum EU-Bio-Logo können Bio-Lebensmittel mit nationalen Zeichen wie dem staatlichen Bio-Siegel, regionalen Bio-Zeichen, Zeichen der Öko-Verbände oder auch Markenzeichen von Erzeugern, Verarbeitern und des Handels gekennzeichnet werden.
Bio-Lebensmittel, die in Nicht-EU-Ländern produziert werden, müssen nicht zwingend mit dem EU-Bio-Logo gekennzeichnet werden. Der Kontrollstellen-Code ist auf diesen Produkten nach der festgelegten Struktur immer anzugeben.

Abb. 34.28
Das EU-Bio-Siegel

34.4 Das RAL Gütezeichen-System

Eine besondere Form der freiwilligen Produkt- und Dienstleistungskennzeichnung sind die RAL Gütezeichen. Diese Kennzeichnung wird von RAL Deutsches Institut für Gütesicherung und Kennzeichnung e. V. seit 1925 praktiziert. RAL – der damalige Verbandsname lautete „RAL Reichsausschuss für Lieferbedingungen" – hatte von Anfang an die Hauptaufgabe, die Initiativen der Wirtschaftszweige in Fragen der Warenbeschreibung und Warenkennzeichnung zusammenzufassen und in deren Auftrag unter anderem auch das Gütezeichenwesen zu ordnen und zu verwalten.
Die Ordnung des Gütezeichenwesens wird in der Bundesrepublik Deutschland im Wesentlichen durch die Grundsätze für Gütezeichen bestimmt. Sie wurden vom Bundesministerium für Wirtschaft im Bundesanzeiger Nr. 146

vom 9. August 1985 bekannt gegeben. Danach sind Gütezeichen „Wort- oder Bildzeichen oder beides, die als Garantieausweis zur Kennzeichnung von Waren und Dienstleistungen Verwendung finden, die die wesentlichen, an objektiven Maßstäben gemessenen, nach der Verkehrsauffassung die Güte einer Ware oder Leistung bestimmenden Eigenschaften erfüllen und deren Träger Gütegemeinschaften sind, die im Rahmen der RAL Gemeinschaftsarbeit jedermann zugänglich sind, von RAL anerkannte und veröffentlichte Gütebedingungen aufstellen sowie deren Erfüllung überwachen oder die auf gesetzlichen Maßnahmen beruhen."

RAL selbst ist ein gemeinnütziger Verein, der seine Aufgaben gemäß seiner Satzung in strikter Interessenneutralität durchzuführen hat. Das gilt nicht nur für die Güteüberwachung, sondern auch für die Zusammensetzung der Gremien.

Bei RAL gibt es neben der Mitgliederversammlung und dem Präsidium ein Kuratorium. In diesem sind wichtige gesellschaftliche Gruppen vertreten. Sie setzen sich aus Vertretern von Bundesministerien, -behörden und Spitzenverbänden zusammen. Hinzu kommen noch vier ordentliche Mitglieder (RAL Gütegemeinschaften), die jeweils für vier Jahre gewählt werden. Dieses Gremium bestimmt die Richtlinien von RAL Aktivitäten. Die ausgewogene Zusammensetzung des RAL Kuratoriums bürgt für diese Neutralität.

Als Selbstverwaltungsorgan der Wirtschaft trägt RAL nicht die Rolle selbst, technischer Sachverständiger der RAL Gütebedingungen zu sein, sondern RAL ist der Systemverwalter aller von ihm geschaffenen Gütezeichen.

Neben der Schaffung von RAL Gütezeichen ist RAL seit 1927 für die Definition und Standardisierung von Farbtönen zuständig. Über vielerlei Farbkarten zu RAL CLASSIC, RAL DESIGN und RAL EFFECT bis hin zur Darstellung der Farben in Kunststoffen (RAL PLASTICS), in digitalisierter Form (RAL DIGITAL) sowie in Farbauswahl und -anwendungsbüchern (RAL BOOKS) bietet RAL eine breite Palette von RAL Farbvorlagen an. Des Weiteren ist RAL zuständig für die Vergabe des Umweltzeichens Blauer Engel und des europäischen EU Ecolabels. Seit Juli 2013 hat RAL außerdem die alleinige Vergabe der Zeichen der Stiftung Warentest für die Werbung mit Testergebnissen übernommen.

34.4.1 RAL Gütezeichen

RAL Gütezeichen sind freiwillige Maßnahmen der Wirtschaft und kommen auf Antrag der Wirtschaft zustande, die Teile ihres Angebots einer besonderen Qualität (Gütesicherung) und Überwachung unterwerfen wollen. Gütezeichen gewährleisten alle wichtigen Anforderungen an die besondere (höhere) Qualität eines Produktes oder einer Dienstleistung und zielen nicht auf Einzelaspekte ab.

- Durch eine lückenlos durchzuführende Eigen- und eine stetig neutrale Fremdüberwachung wird sichergestellt, dass der versprochenen Einhaltung der Güte entsprochen wird.
- Die festgelegten Anforderungen (ob für ein Produkt oder eine Dienstleistung) sind objektiv reproduzierbar. Sie durchlaufen jeweils ein sogenanntes RAL Anerkennungsverfahren. In dieses Verfahren werden unter Federführung von RAL gemeinsam mit Herstellern, Anbietern, Handel, Verbrauchern, Prüfinstituten und Behörden die spezifischen Anforderungen für die einzelnen Gütezeichen festgelegt.
- RAL Gütezeichen sind transparent und sorgen für Sicherheit.

34.4.2 Art und Gestaltung der RAL Gütezeichen

In der Bundesrepublik Deutschland hat sich kein zentralistisches Einheitsgütezeichen entwickelt. Die Anforderungen an die Gestaltung der Gütezeichen wurden daher allgemein gehalten, um den verschiedenen Produkt- und Dienstleistungsbereichen eine eigene Gestaltungsmöglichkeit einzuräumen. Daraus folgte, dass bei der Existenz vieler verschiedener branchenbezogener Gütezeichen – die alle den Grundsätzen für Gütezeichen entsprechen und unter der Obhut von RAL stehen – diese sich auch äußerlich voneinander unterschieden. Die einzige Verpflichtung war, dass die von RAL anerkannten Gütezeichen das Wort „Gütezeichen" und in hervorgehobener Form den Namen RAL im Zeichenbild enthalten mussten.

Abb. 34.29
RAL Gütezeichen

In der Zwischenzeit besteht eine einheitliche Praxis bei der Gestaltung der RAL Gütezeichen. Es wird ein Rahmen vorgegeben, in den die Gütegemeinschaften ihr eigenes Zeichen integrieren können. Durch diesen Gestaltungsrahmen wird die klare Zugehörigkeit zur Dachorganisa-

Abb. 34.30
RAL Gütezeichen

III

tion und zum Verwalter des Gütezeichensystems erkennbar. Das führt dazu, dass der Wiedererkennungswert der Familie der RAL Gütezeichen gestärkt wird.

RAL Gütezeichen werden im Bundesanzeiger veröffentlicht und beim Deutschen Patent- und Markenamt als Kollektivmarke eingetragen.

34.4.3 Gütegemeinschaften

Träger der von RAL anerkannten Gütezeichen sind die „Gütegemeinschaften". Das sind in der Regel rechtsfähige Vereine, deren Zweck und Aufgaben in der Durchführung der jeweiligen Gütesicherung liegt. Dabei ist eine der

wichtigsten Aufgaben der Gütegemeinschaften, für eine lückenlose Eigenüberwachung der Gütezeichenbenutzer zu sorgen und sicherzustellen, dass eine stetig neutrale Fremdüberwachung durchgeführt wird. Innerhalb der Struktur der Gütegemeinschaften sind hierfür Güteausschüsse eingerichtet, die verantwortlich sind für die Sicherstellung der Güteüberwachung. Daneben ist es auch Aufgabe des Güteausschusses, dem exekutiven Organ der Gütegemeinschaft über den Vollzug der Überwachung zu berichten, wie festgestellte Mängel bereinigt werden können, oder Vorschläge zu unterbreiten, welche Sanktionen bis hin zum Entzug zu treffen sind. Auch wird im Güteausschuss die technische Weiterentwicklung der Gütesicherung erarbeitet.
Die Satzungen der Gütegemeinschaften werden auf Basis von RAL Mustersatzungen erarbeitet.

III

34.4.4 Festlegung der Güteanforderungen

Gütezeichen werden für eine ganze Produkt- oder Dienstleistungskategorie geschaffen. Dabei gilt der Grundsatz, dass jeweils nur ein Gütezeichen für eine bestimmte Produktgruppe oder Dienstleistungskategorie initiiert werden kann. Eine andere Handhabung würde einen Wettbewerb zwischen den einzelnen Gütezeichen innerhalb eines geschlossenen Systems hervorrufen, der nicht verbraucherfreundlich wäre.
Die Gütesicherung eines jeden einzelnen RAL Gütezeichens wird auf Antrag der Gütezeicheninteressenten unter der Federführung von RAL erarbeitet. In einem RAL Anerkennungsverfahren werden die von diesem Gütezeichen betroffenen „Fach- und Verkehrskreise" eingeschaltet und zur Stellungnahme gebeten. Das sind in der Regel die von der Gütesicherung tangierten Verbände der anbietenden Wirtschaft, der Verbraucher/Anwender sowie Verbände des Prüfwesens, betroffene staatliche Stellen und gegebenenfalls sonstige sachkundige Institutionen. Die eingehenden Änderungswünsche/Hinweise werden, soweit sie technisch realisierbar und wissenschaftlich begründet sind, in das Regelwerk (Gütesicherung) eingearbeitet. Neben den technischen Anforderungen, die objektiv reproduzierbar sein müssen, werden auch kartellrechtliche Fragen geprüft. Wenn das Benehmen mit den eingeschalteten Fach- und Verkehrskreisen zu der entsprechenden Gütesicherung hergestellt und eine Gütegemeinschaft als e.V. gegründet ist, kann RAL die Anerkennung der Gütesicherung aussprechen und das entsprechende Gütezeichen an die Gütegemeinschaft verleihen. Das Gütezeichen wird dann in die RAL Gütezeichenliste aufgenommen und die neue RAL Gütegemeinschaft wird Mitglied in der Dachorganisation RAL.

34.4.5 Güteüberwachung

Der wesentliche Kern eines RAL Gütezeichens ist nicht nur, dass ihm hohe Qualitätsanforderungen zu eigen sind, sondern dass dieses Güteniveau auch einer strengen Güteüberwachung unterzogen wird.
Vor der Verleihung eines RAL Gütezeichens durch die Gütegemeinschaft findet eine Erstprüfung anhand der zugrunde liegenden Gütesicherung durch einen Fremdprüfer statt. Wird diese positiv beschieden, so wird das entsprechende RAL Gütezeichen verliehen. Damit die Auslobung einer besonderen Qualität nicht nur eine Momentaufnahme darstellt, sondern eine Kontinuität sichergestellt ist, unterliegen die Produkte/Dienstleistungen einer lückenlosen Eigen- und stetigen neutralen Fremdüberwachung. Dieses Überwachungssystem ist das Herzstück. Im Wege der Eigenüberwachung auftretende Mängel beim Produkt oder der Dienstleistung können so sofort festgestellt und abgestellt werden. Eine einwandfrei durchgeführte Eigenüberwachung spart mehrfache Fremdüberwachung im Jahr und trägt damit zur Kostenersparnis bei. So reicht es unter zuvor angegebener Voraussetzung aus, wenn nur wenige Male im Jahr fremdüberwacht wird.
Um sicherzustellen, dass eine solche Güteüberwachung durch die einzelnen Gütegemeinschaften auch dauerhaft erfolgt, überwacht RAL die tatsächliche Einrichtung und dauerhafte Aufrechterhaltung der jeweiligen Güteüberwachung bei den Gütegemeinschaften.

34.4.6 RAL Gütezeichen und der Wettbewerb

Das RAL Gütezeichensystem ist eine freiwillige Kennzeichnung, die nach einem festgelegten Ordnungsprinzip praktiziert wird. Es steht jedermann – auch jedem ausländischen Anbieter – zur Verfügung, dessen Produkt bzw. Dienstleistung den hohen Anforderungen der jeweiligen Gütesicherung entspricht. Obgleich das RAL Gütezeichen ein nationales Kennzeichnungssystem ist, wird das Gütezeichen in rund 30 Ländern eingesetzt. Ca. 9500 Unternehmen kennzeichnen weltweit ihre Produkte und Dienstleistungen mit RAL Gütezeichen.
Aktuell gibt es 170 Gütezeichen für den Produkt-, aber auch den Dienstleistungsbereich, der immer stärker in den Vordergrund rückt, wie z.B. die Gütesicherungen für Au-pair, Energiehandel, Mittelstandsorientierte Kommunalverwaltung, Nachhilfeschulen usw. Träger dieser Gütezeichen sind 130 Gütegemeinschaften.
Dass das System der Gütezeichen sich einen herausragenden Stellenwert in dieser Vielzahl der Kennzeichnungsarten erarbeitet hat, liegt auch daran, dass der jedem Zeichen innewohnende Begriff „Gütezeichen" gegen miss-

bräuchliche Verwendung Dritter verteidigt wurde. Aufgrund der Rechtsprechung ist gesichert, dass die Begriffe und Bezeichnungen „Gütezeichen“ und „Gütesiegel“ ausschließlich solchen Gemeinschaftszeichen vorbehalten sind, die als Ausweis einer Gütesicherung, d. h. der stetig neutral überwachten Innehaltung öffentlich festgelegter Gütebedingungen, dienen und nach einem besonderen Prüfverfahren als Gütezeichen anerkannt worden sind. RAL geht dieser, in seiner Vereinssatzung festgelegten, Aufgabe stringent nach und verfolgt Missbrauchsfälle.
Damit vermeintliche „Gütezeichen/Gütesiegel“ oder hiermit verwechselbare Zeichen nicht als solche in das Markenregister eingetragen werden, wird vom Deutschen Patent- und Markenamt im Rahmen seiner Prüfung von RAL eine RAL Unbedenklichkeitsbescheinigung verlangt. RAL tritt hier als „Gutachter“ auf. Auf diese Weise kann im Vorfeld die Eintragung einer Marke, die kein Gütezeichen ist, in das Markenregister vermieden werden.

34.4.7 RAL Gütezeichen versus Qualitätsmanagement und Konformitätsbewertung (QM-System)

RAL Gütesicherungen sind nicht mit den Qualitätsmanagementsystemen (QM) gleichzusetzen. Während QM-Systeme reine Prozessbeschreibungen und -optimierungen sind, fordern RAL Gütesicherungen die Güte von Produkten und Leistungen. QM-Systeme sind daher keine Aufgabenfelder von RAL Gütesicherungen.
Auch Notifizierungen, Akkreditierungen und Zertifizierungen gehören nicht zum System der RAL Gütesicherungen. RAL Gütesicherungen sind ein eigenständiges, in sich geschlossenes und privatrechtlich organisiertes System, das im Ergebnis die Güte von Produkten und Leistungen durch RAL Gütezeichen ausweist.
Bestätigungen und Verfahren wie Notifizierungen, Akkreditierungen und Zertifizierungen sowie QM-Systeme bewegen sich vor allem im Bereich der Konformitätsbewertungen. Sie wurden geschaffen, um europaweit das Vertrauen in Produkte zu erhöhen. Dies soll insbesondere dadurch erreicht werden, dass europaweit einheitliche Bewertungsschemata für Konformitätsbewertungen gelten. Betroffen sind vor allem Produkte, die hohe Anforderungen in Bezug auf den Schutz öffentlicher Interessen wie Gesundheit und Sicherheit im Allgemeinen, Gesundheit und Sicherheit am Arbeitsplatz sowie Verbraucher- und Umweltschutz stellen. Konformitätsbewertungsstellen überwachen das System. Grundlagen hierfür sind DIN EN ISO/IEC-Normen. Sie stellen die Vergleichbarkeit der Konformitätsbewertungsstellen sicher.
In Deutschland nimmt die Deutsche Akkreditierungsstelle DAkkS die Aufgaben der Akkreditierung wahr. Sie wirkt als zentrale Anlaufstelle für alle Fragen zu diesem Themenkomplex. Staatliche Akkreditierung greift überall dort, wo einheitliche Anerkennungen, z. B. zur Umsetzung europäischer Grundlagen, notwendig sind. Ein Beispiel einer Konformitätsbewertung zumeist harmonisierter europäischer Regelwerke ist das CE-Zeichen („Freiverkehrszeichen“), das die Funktion eines „grenzöffnenden Schlüssels“ hat.

34.4.8 Schnittstellen der RAL Gütesicherungen zu anderen Systemen

RAL Gütesicherungen weisen natürliche und zum Teil vom System gewollte bzw. benötigte Schnittstellen zu anderen Kennzeichnungs-, Management- und Prüfsystemen auf. So bewegen sich nicht wenige RAL Gütesicherungen in von Bau-, Abfall-, Bodenschutz-, Straßenverkehrs- und/oder Gefahrgutrecht betroffenen Bereichen. Sie erfüllen zum Teil Aufgaben, die den zeichentragenden Gütegemeinschaften vom Gesetz- und Verordnungsgeber übertragen wurden. Somit werden konsequenterweise auch gesetzlich vorgegebene Module in das Satzungswerk adaptiert. Auf diese Weise können beispielsweise auditierte QM-Systeme als Mittel der Eigenüberwachungen in RAL Gütesicherungen Verwendung finden.
Weiterhin kann es eine gesetzliche Vorgabe sein, dass die von den Gütegemeinschaften mit den Aufgaben der Fremdüberwachung beauftragten neutralen Prüfer bzw. Prüfinstitute akkreditiert sein müssen. Dies bedeutet jedoch nicht, dass die adaptierten Systeme gleichwertig neben den Gütesicherungen stehen: Sie bedienen ein zusätzliches Aufgabengebiet.
Somit stehen RAL Gütezeichen auch hier nicht für eine Konformität zum gesetzlichen Auftrag.

34.4.9 Bedeutung von RAL Gütezeichen im harmonisierten und globalisierten Markt

Die damalige Schaffung eines Gütezeichensystems basierte nicht auf einer gesetzlichen Grundlage, sondern auf einer freiwilligen Selbstverpflichtung der Wirtschaft. Mit dem System sollte der Wettbewerb gefördert und gleichzeitig auch dem Export ein verlässliches „gütegesichertes“ Produkt, heute auch eine „gütegesicherte“ Dienstleistung, von gleich bleibender Güte zur Verfügung gestellt werden. Die RAL Gütezeichen hatten ihren Einsatzbereich in der Vergangenheit vornehmlich auf dem deutschen Markt, zumal sie auf deutschem Recht basieren.
Mit der Öffnung des europäischen Marktes haben Produkte/Dienstleistungen mit RAL Gütezeichen in vielen

europäischen Ländern, auch außerhalb des europäischen Marktes, ihren Platz gefunden. Die breite Verankerung des Gütezeichensystems untermauert den Willen weiter Kreise der Wirtschaft, sich durch das RAL Gütezeichen als Garant für verlässliche Qualität, für Innovation und Leistungsfähigkeit zu profilieren.

Die Grundidee des Systems ist auch heute im weitestgehend harmonisierten Markt von entscheidender Bedeutung.

Harmonisierung bedeutet Öffnung der Märkte und den ungehinderten Fremdzugang von Produkten und Dienstleistungen in den Märkten sicherzustellen, wenn sie auf einer harmonisierten Norm oder EU-Richtlinie etc. basieren – eine große Chance für die Industrie. Märkte bestehen aber nicht nur aus uniformierten Produkten oder Angeboten von uniformierten Dienstleistungen, deren Qualität alle auf dem gleichen Standard beruhen, sondern es gibt auch noch eine „besondere" Qualität, die mit der „standardisierten" Qualität nicht vergleichbar ist. Gemeint sind hier die Angebote, deren Qualitätsprofil über diesen Standards liegen, so wie das eben bei RAL Gütezeichen der Fall ist. Gütezeichen sind somit der Garant für besonders hohe Qualität und systembedingt verlässlich. Sie werden den neuen Herausforderungen schnell angepasst und stehen als Ausweis für die Qualitätsdynamik bei Produkten und Dienstleistungen. Die zugrunde gelegten Güteanforderungen sind objektiv reproduzierbar und somit auch eine wichtige Entscheidungshilfe für den Auftraggeber.

Aber auch für den Hersteller hat die Gütesicherung eine wirtschaftliche Bedeutung. Die im Rahmen eines Gütezeichens stets notwendige Güteüberwachung sichert dem Hersteller genaue Kenntnis über die Produktion zu. Die lückenlose Gütesicherung führt zu einer beachtlichen Senkung der Reklamationskosten. Die Gütesicherung ist somit eine gewinnbringende Investition. Ein wichtiges Verkaufsargument, nicht nur für den Hersteller, sondern auch für den Verbraucher, ist die Zuverlässigkeit der Produkt-Dienstleistungsaussage.

Die wirtschaftliche Bedeutung des Gütezeichens zeichnet sich als wichtige Selbstregulierungsmaßnahme der Wirtschaft aus. RAL Gütezeichen haben sich bewährt und schaffen Wirkungen, die – verglichen mit dem Minimum an Verwaltungsaufwand – den Vergleich mit zentralistischen, marktregulierenden Maßnahmen nicht zu scheuen brauchen.

RAL Gütesicherungen stehen auch nicht im Widerspruch zu nationalen und europäischen Bestrebungen, einheitliche Mindeststandards festzulegen und hierfür standardisierte Konformitätsbewertungssysteme zu schaffen. RAL Gütesicherungen drücken immer mehr als die bloße Konformität zu normativen oder gesetzlichen Grundlagen aus. Die RAL Gütesicherung umfasst Produkte und Leistungen in einer Vielfalt von Eigenschaften, die über einen reinen Konformitätsnachweis hinausgeht.

Notifizierungen, Akkreditierungen, Zertifizierungen und QM-Systeme gehören nicht zum System der RAL Gütesicherungen. Das System der RAL Gütesicherungen ist ein gewollt eigenständiges, in sich geschlossenes und privatrechtlich organisiertes System, das im Ergebnis eine besondere Güte von Produkten und Leistungen durch RAL Gütezeichen ausweist.

Gebrauchstauglichkeit und Gebrauchswert

35.1 Geschichtliche Entwicklung 789

35.2 Begriffsdefinitionen 789

35.3 Grundsätze des vergleichenden Warentests 791

35.4 Ablauf eines Warentests 792
35.4.1 Vorbereitung 792
35.4.2 Prüfprogramm 792
35.4.3 Prüfdurchführung 793

35.5 Qualitätssicherung und Information der Öffentlichkeit 795

35

35 Gebrauchstauglichkeit und Gebrauchswert

Markus Bautsch

In diesem Beitrag wird ausgeführt, was unter den Begriffen Gebrauchstauglichkeit und Gebrauchswert zu verstehen ist, und wie diese mit der Bewertung der Qualität von Produkten und Produktinformation im Zusammenhang stehen. Es wird dargelegt, wie anhand grundlegender Produktmerkmale die Gebrauchstauglichkeit und wie durch ergänzende Betrachtungen weiterer objektivierbarer Produkteigenschaften die Qualität auf einer relativen Vergleichsskala ermittelt werden können. Ferner wird gezeigt, wie sich daraus anhand weiterer veränderlicher oder subjektiver Produktmerkmale ein Gebrauchswert beziehungsweise – insbesondere bei Dienstleistungen – ein Nutzwert ergibt.

Die Festlegungen in den entsprechenden grundlegenden Normen werden hierbei berücksichtigt. Da das Thema jedoch nicht vollständig mit den zur Verfügung stehenden normativen Grundlagen behandelt werden kann, wird die praktische Durchführung von Waren- und Dienstleistungstests mit Qualitätsbewertungen anhand des vergleichenden Warentests erläutert, der in Deutschland von der Stiftung Warentest fortwährend weiterentwickelt worden ist. Der vergleichende Warentest hat durch seinen Nutzen für die Verbraucher und seine unmittelbare Wirkung auf die Anbieter eine erhebliche volkswirtschaftliche Bedeutung und führt häufig dazu, dass neue Produkte verbessert werden. Hierzu wird detaillierter auf die einzelnen Bearbeitungsschritte eingegangen, die erforderlich sind, um zu neutralen und sachgerechten Beurteilungen zu gelangen. Abschließend wird erläutert, wie die Testergebnisse für die Veröffentlichung in eine nutzbringende und nachvollziehbare Form gebracht werden können.

Bei der Ermittlung der vielfältigen produktspezifischen Eigenschaften spielen Normen und gesetzliche Vorgaben eine große Rolle. Es wird darüber hinaus erläutert, in welchen Fällen durch strengere Festlegungen über solche grundsätzlichen Anforderungen hinausgegangen werden kann.

35.1 Geschichtliche Entwicklung

Die Gebrauchstauglichkeit von Waren für Konsumenten wurde zuerst von der Consumers Union in den Vereinigten Staaten von Amerika untersucht und veröffentlicht. Seit den 1950er Jahren kam es auch in Europa zur Gründung von Institutionen, welche die privaten Verbraucher unabhängig von den Anbietern mit Information über die Gebrauchstauglichkeit von Produkten versorgten.
1964 wurde von der Bundesrepublik Deutschland die operativ tätige Stiftung Warentest gegründet. Satzungsgemäß ist diese Verbraucherorganisation verpflichtet, die Öffentlichkeit über objektivierbare Merkmale des Nutz- und Gebrauchswerts sowie der Umweltverträglichkeit von Waren und privaten sowie individuell nutzbaren öffentlichen Leistungen zu unterrichten. Die Stiftung Warentest hat den vergleichenden Warentest weiterentwickelt und seit 1966 Tausende von entsprechenden Untersuchungen mit Zehntausenden von Produkten durchgeführt und veröffentlicht. Die Ergebnisse werden von zahlreichen Verbrauchern genutzt, aber auch oft von den Anbietern selbst zu Werbezwecken verwendet (siehe auch Kap. 34.2.10).
Durch die Verbreitung der Untersuchungsergebnisse über die Medien und – eine hinreichend gute Bewertung der Produkte vorausgesetzt – durch die Werbung mit Testergebnissen durch Anbieter und Händler ist den vergleichenden Untersuchungen eine große volkswirtschaftliche Bedeutung zuzuschreiben.
Im Rahmen des seit Anfang der 1990er Jahre weltweit operierenden Verbraucherkonsortiums *International Consumers Research and Testing (ICRT)* ist das Vorgehen zahlreicher Verbraucherorganisationen zur Ermittlung der Qualität von Produkten im vergleichenden Warentest inzwischen weitgehend harmonisiert. Die Zusammenarbeit der organisierten nationalen Institutionen bei internationalen Gemeinschaftstests beruht auf einem Austausch von Erfahrungen, bündelt Kompetenzen und spart Ressourcen.
Seit den 1990er Jahren wird zunehmend auch das Internet verwendet, um die Verbraucher und die Öffentlichkeit über die Gebrauchstauglichkeit, die Qualität und den Gebrauchswert von Produkten zu informieren. Diesem Medium kommt bei der Verbraucherinformation weltweit eine zunehmend wichtige Rolle zu.

35.2 Begriffsdefinitionen

Der Begriff „Gebrauchstauglichkeit" ist in der DIN 66050 *Gebrauchstauglichkeit – Begriff* festgelegt. Die Gebrauchstauglichkeit eines Produkts ist dessen Eignung für seinen bestimmungsgemäßen Verwendungszweck, die auf objektiv und nicht objektiv feststellbaren Gebrauchseigenschaften beruht, deren Beurteilung sich wiederum aus individuellen Bedürfnissen ableitet. Diese Gebrauchseigenschaften können unbedingt erforderlich oder von zusätzlichem Nutzen sein.
Ein Produkt ist nach ISO 9000 *Qualitätsmanagementsysteme – Grundlagen und Begriffe* das Ergebnis eines Prozesses (siehe auch Kap. 10, „Ausgestaltung von QM-Systemen auf Basis der ISO-9000-Reihe"). Für Verbraucher sind hierbei im Wesentlichen die übergeordneten Produktkategorien Hardware, Software und Dienstleistungen relevant. In diesem Zusammenhang ist wichtig, dass das Verhalten von Hardware, die mit Betriebssoftware ausgestattet ist, mit verhältnismäßig geringem Aufwand geändert werden kann, indem die Betriebssoftware ausgetauscht wird. Dadurch kann es in der Praxis unmöglich sein, die Gebrauchstauglichkeit der Hard- und der Software eines Produkts unabhängig voneinander zu bestimmen.
Produkte können durch Merkmale beschrieben werden. Diese kennzeichnenden Eigenschaften können entweder qualitativ oder quantitativ sein. Ferner können sie dem Produkt innewohnen oder dem Produkt zugeordnet sein. Die inhärenten Merkmale beziehen sich auf festgelegte, vorausgesetzte oder verpflichtende Erfordernisse für oder Erwartungen an das Produkt. Die zugeordneten Merkmale sind meist veränderlich, wie zum Beispiel der Marktwert oder der Besitzer, und daher in der Regel nicht als Merkmale im Sinne der Produktqualität geeignet. Ferner gehören zu den indirekt zugeordneten Produktmerkmalen bei vielen Gütern auch Dienstleistungen, wie zum Beispiel eine Hotline, der Kundendienst oder der Reparaturservice (siehe auch Kap. 33, „Kundendienst")..
Zur Bestimmung der Gebrauchstauglichkeit und der Qualität ist es erforderlich, die an das jeweilige Produkt gestellten Anforderungen zu beschreiben (Abb. 35.1). Beim Überprüfen der Anforderungen werden die Werte dieser Merkmale bestimmt (siehe auch Kap. 18.2). Für die Ermittlung der Gebrauchstauglichkeit von Produkten sind insbesondere folgende drei Merkmalgruppen wichtig:

- **Funktionale Merkmale:** vom Anbieter zugesicherte diskrete, maximale oder minimale Produkteigenschaften, die die Funktionsfähigkeit betreffen
- **Quantitative Merkmale:** abzählbare oder technisch messbare mechanische, elektrische, elektronische, chemische oder biologische Produkteigenschaften (siehe

III

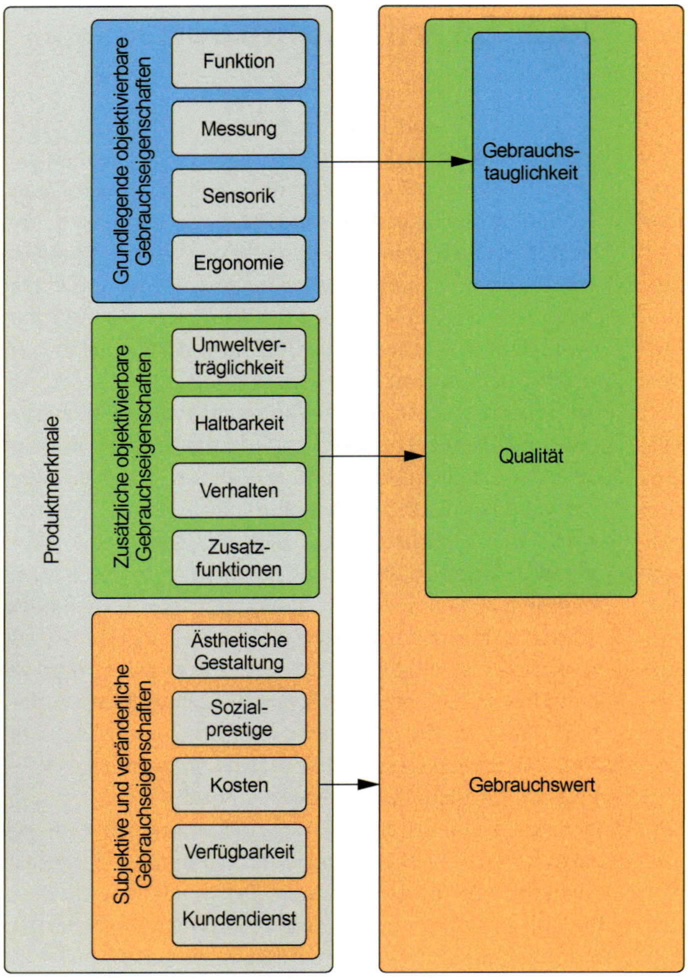

Abb. 35.1
Übersicht Qualität

auch DIN 1319 *Grundlagen der Messtechnik* sowie Kap. 27, „Messen und Prüfen").

- **Ergonomische Merkmale:** Produkteigenschaften, die beispielsweise die Handhabbarkeit, die Benutzung oder die Betriebssicherheit betreffen

Den ergonomischen Merkmalen kann man sich durch Aspekte wie Erlernbarkeit, Einprägsamkeit, Fehleranfälligkeit, Effizienz und Zufriedenstellung nähern. Ob ein Produkt als intuitiv benutzbar eingeschätzt wird, hängt in großem Maße davon ab, welches Verhalten und welche Wahrnehmung der Benutzer zuvor bereits erworben hat.
Solche Klassifizierungen für Gebrauchsgüter passen in der Regel weniger gut für Dienstleistungen oder Verbrauchsgüter wie zum Beispiel Lebensmittel. Für die Bewertung von Produkten können allgemein auch die folgenden Merkmalgruppen eine sehr große Bedeutung haben:

- **Sensorische Merkmale:** subjektive Produkteigenschaften, die durch Tasten, Riechen, Schmecken, Sehen oder Hören wahrgenommen werden können
- **Zeitbezogene Merkmale:** Eigenschaften, die sich auf die Pünktlichkeit, die Verlässlichkeit oder die Verfügbarkeit von Dienstleistungen beziehen
- **Verhaltensbezogene Merkmale:** Eigenschaften, die sich auf die Anständigkeit, die Ehrlichkeit oder die Wahrheitsliebe bei Dienstleistungen beziehen

Es gibt eine Reihe von weiteren Produktmerkmalen, die für die Beurteilung der Produktqualität herangezogen werden können. Hierzu zählen zum Beispiel die Umweltverträglichkeit, die Haltbarkeit oder Zusatzfunktionen, die für den Hauptzweck eines Produkts nicht unbedingt erforderlich sind, aber dennoch wichtig und nützlich sein können. Ferner kann der Ressourcenbedarf, d.h., die Gebrauchs- beziehungsweise Verbrauchskosten während der Gebrauchsphase eines Produkts berücksichtigt werden. Typische Beispiele sind die Energiekosten in verschiedenen Betriebsmodi, aber auch Kosten für Verbrauchsmaterialien wie Tinte oder Toner von Druckern oder Messstreifen für Blutzuckermessgeräte.
Merkmale, die von den Anbietern jederzeit und willkürlich geändert werden können, können einem Produkt

nicht direkt zugeordnet werden. Dazu zählen unter anderem der zu einem Produkt gehörende Kundendienst oder die Kundenberatung. Hier ist in jedem Einzelfall zu entscheiden, ob das entsprechende Merkmal der Produktqualität zuzuordnen ist oder nicht.

Die Qualität eines Produkts ergibt sich grundsätzlich aus dem Grad, in welchem die verschiedenen relevanten Merkmale die aufgestellten Anforderungen erfüllen. Produktspezifische Normen und ähnliche Spezifikationen sind im Zusammenhang mit der Überprüfung von Anforderungen zwar sehr hilfreich und zweckdienlich, beziehen sich allerdings immer nur auf objektivierbare Tatbestände.

Für den Gebrauchswert von Produkten können noch viele weitere Aspekte relevant sein. Zu den entsprechenden Produktmerkmalen gehören zeitlich und örtlich veränderliche Aspekte wie der Anschaffungspreis, die Betriebskosten oder die Unterhaltskosten. Bei einigen Gütern spielen auch individuell und subjektiv empfundene Kriterien wie die ästhetische Gestaltung oder das mit dem Besitz eines Produkts verbundene Sozialprestige eine Rolle (siehe auch Kap. 25.5).

In einigen Fällen ist die eindeutige Klassifizierung schwierig und kann sich – bedingt durch gesellschaftliche Prozesse – sogar ändern. Es wird zum Beispiel sehr unterschiedlich empfunden und kontrovers diskutiert, inwieweit Datensicherheit und Schutz der Privatsphäre zwingend inhärente, nur optionale oder gar unwichtige Produktmerkmale sind.

Über den Umfang und die Art von Merkmalen des Gebrauchs- beziehungsweise Nutzwerts von Produkten konnte keine Einigung erzielt werden, denn es ist äußerst schwierig, variierende Produktmerkmale eindeutig und allgemein zu erfassen und zu beurteilen. Demzufolge gibt es auch keine Norm, anhand der eine Definition des Begriffs „Gebrauchswert" möglich wäre. Gleichwohl spielt der individuelle Gebrauchswert bei der Kaufentscheidung eine große Rolle, sodass die Stiftung Warentest – um ihrer Aufgabe nachzukommen, die Öffentlichkeit auch über den Gebrauchswert von Produkten zu unterrichten, – die Information über die Gebrauchstauglichkeit und die Qualität mit entsprechenden unbewerteten Hinweisen ergänzt. Hierbei muss auch berücksichtigt werden, dass die gleichen Produkte bei verschiedenen Händlern zu unterschiedlichen Preisen angeboten werden, was durch die Angabe von Preisspannen dargestellt werden kann. Bei zeitlich veränderlichen Produktmerkmalen ist es zudem wünschenswert, die entsprechende Information regelmäßig zu aktualisieren, damit zu jedem Zeitpunkt der Verfügbarkeit eines Produkts ein aktueller Gebrauchswert ermittelt werden kann.

35.3 Grundsätze des vergleichenden Warentests

Die Grundsätze des vergleichenden Warentests werden in der DIN 66054 *Warentest - Grundsätze für die technische Durchführung* und im ISO/IEC Guide 46 *Comparative testing of consumer products and related services - General principles* dargestellt. Wenn es nationale oder internationale Normen gibt, die zur Überprüfung einzelner Produkteigenschaften geeignet sind, empfiehlt es sich, diese einzusetzen, damit die Abstimmung mit den zu beauftragenden Prüfinstitutionen einfacher wird. Es ist den Anbietern dann leicht möglich, die erzielten Ergebnisse mit eigenen Prüfergebnissen zu vergleichen. Ansonsten ist es sinnvoll, wissenschaftlich anerkannte Methoden zu verwenden und auf eine hohe Reproduzierbarkeit der angewandten Verfahren zu achten. Bei innovativen Produkten müssen manchmal völlig neue Prüfverfahren entwickelt werden. Aus der Praxis ergibt sich dann häufig eine Rückkopplung zu den Normungsgremien der entsprechenden Organisationen, was zur Aktualisierung von bestehenden oder zur Erstellung von neuen Normen führen kann.

Um ihren Aufgaben gerecht werden zu können, kann es für die Testorganisationen aus praktischen Erwägungen erforderlich sein, die vergleichenden Untersuchungen nicht entsprechend vorhandener Normen oder nur in Anlehnung an diese Normen durchzuführen. Dies ist zum Beispiel der Fall, wenn die Prüfkapazität begrenzt ist und eine große Zahl von Produkten gleichzeitig geprüft werden muss, oder wenn die Verfügbarkeit von Produkten sich auf einen so kurzen Zeitraum beschränkt, dass die Ergebnisse sonst nicht rechtzeitig vor einem Produktwechsel veröffentlicht werden könnten.

Der Bundesgerichtshof hat es im Regelfall für zulässig erklärt, dass sich bei Markenartikeln die Untersuchung auf ein einzelnes Prüfmusters beschränken darf, wenn nicht ersichtlich ist, dass das Prüfmuster individuelle Abweichungen hat (Neue Juristische Wochenschrift 1976, S. 620 ff.). Bei Hinweisen auf solche individuellen Abweichungen werden weitere Prüfmuster in den Warentest einbezogen. Wenn zu erwarten ist, dass Streuungen bei der Produktqualität auftreten oder wenn zerstörerische Prüfungen durchgeführt werden sollen, werden in der Regel von vornherein mehrere Prüfmuster einbezogen.

Wenn die Relevanz einer für den Verbraucher wichtigen Produkteigenschaft als hoch erachtet wird (wenn es zum Beispiel um Betriebssicherheit, Datenschutz oder gesundheitliche Risiken geht), kann von den gesetzlichen Anforderungen oder den Anforderungen in den gültigen Normen abgewichen werden.

III

Der Bundesgerichtshof hat die Zulässigkeit des Abweichens von einer Norm ausdrücklich bestätigt und klargestellt, dass die Stiftung Warentest im Interesse des Verbraucherschutzes strengere Anforderungen stellen darf, als sie in den einschlägigen technischen Normen vorgeschrieben sind, und dass es zu ihren Aufgaben gehöre, die Öffentlichkeit auf entsprechende Mängel hinzuweisen (Neue Juristische Wochenschrift 1987, S. 2222 ff.).
Das Kammergericht in Berlin hat entschieden, dass sich die Stiftung Warentest bei ihren Prüfungen nicht auf die Einhaltung gesetzlicher Vorschriften beschränken muss, insbesondere wenn gesundheitliche Risiken im Spiel sind und im Testbericht auf die Abweichung hingewiesen wird (Urteil vom 20. Februar 1998, 9 U 1536/97).

III

35.4 Ablauf eines Warentests

Die Stiftung Warentest führt vergleichende Warentests durch, die sich an den Normen DIN 66050 *Gebrauchstauglichkeit - Begriff*, DIN 66051 *Untersuchung von Waren - Allgemeine Grundsätze*, DIN 66052 *Warentest - Begriff* und DIN 66054 *Warentest - Grundsätze für die technische Durchführung* orientieren. Die von ihr angewandte Prüfmethodik ähnelt im Wesentlichen den in anderen Ländern praktizierten Abläufen und viele Tests werden sogar gemeinschaftlich im internationalen Rahmen durchgeführt, wobei die Federführung häufig bei der Stiftung Warentest liegt. International sind die Grundsätze des vergleichenden Warentests in den Normen der International Organization of Consumers Unions (IOCU) *Guide to the Principles of Comparative Testing* und dem ISO/IEC Guide 46 *Comparative testing of consumer products and related services - General principles* beschrieben.
Die von der Stiftung Warentest im Laufe der Zeit weiterentwickelte Prüfmethodik erscheint daher als geeignet, um die Abläufe bei einem in der Praxis durchgeführten Warentest für Endverbraucher genauer zu beleuchten und die wichtigsten Schritte zu erläutern.
Die Stiftung Warentest diskutiert bei jedem Warentest die Auswahlkriterien der einzubeziehenden Produkte, den Entwurf des Prüfprogramms, die Grundzüge der Bewertung und redaktionelle Themen, die das Untersuchungsvorhaben betreffen, mit einem individuell einberufenen Fachbeirat. Jedem Fachbeirat gehören sachverständige Vertreter der Verbraucher, des Handels und der Hersteller sowie unabhängige Experten an.

35.4.1 Vorbereitung

Zunächst ist es wichtig, dass von Marktanalytikern ermittelt wird, welche in den Warentest einzubeziehenden Angebote marktgängig und nachhaltig verfügbar sind. Als Quellen für die Recherche kommen Informationsveranstaltungen und Veröffentlichungen der Anbieter in Frage, aber auch die Ergebnisse von direkten Befragungen des Handels und der Hersteller sowie Informationen von gewerblichen Marktforschungsinstituten.
Meist ist es nicht möglich, das gesamte Angebot einer Warenart in einem vergleichenden Test abzudecken. Wegen der Beschränkung der Prüfkapazität ist es oft erforderlich, die Anzahl der einbezogenen Produkte zu begrenzen. Dieses Dilemma kann in vielfältiger Weise gelöst werden, indem zum Beispiel die Auswahl auf Produkte mit bestimmten festgelegten technischen Merkmalen beschränkt wird oder nur Produkte in der am häufigsten verkauften Preisgruppe untersucht werden.
Ferner ist es möglich, mehr als einen Testdurchlauf zu planen, sodass zu späteren Zeitpunkten weitere und aktuellere Modelle einbezogen werden können. Besonders wichtige Produktkategorien können auch in kontinuierlich durchgeführten Warentests untersucht werden. Bei aktualisierten oder kontinuierlich durchgeführten Tests ist eine wesentliche Voraussetzung für die Vergleichbarkeit der Ergebnisse, dass das Prüfprogramm, das beauftragte Prüflabor und das Auswertungsschema unverändert gehalten werden.
Die zu untersuchenden Prüfmuster werden nach der Festlegung der Auswahl der Produkte grundsätzlich anonym durch Prüfmustereinkäufer im Handel beschafft. Es werden also keine Produkte, Prototypen oder Vorserienmodelle geprüft, die von den Anbietern zur Verfügung gestellt werden. Auf diese Weise soll sichergestellt werden, dass die erzielten Untersuchungsergebnisse mit dem übereinstimmen, was der Endverbraucher bei den von ihm erworbenen Produkten vorfindet. In Ausnahmefällen, wenn zum Beispiel Saisonartikel zum Zeitpunkt des Beginns eines Warentests noch nicht im Handel aber in ausreichender Stückzahl in den Warenlagern der Hersteller verfügbar sind, können die Prüfmuster durch Mitarbeiter der Stiftung Warentest dort zufällig „gezogen", gekauft und bezahlt werden.

35.4.2 Prüfprogramm

Im Prüfprogramm sollen möglichst alle Merkmale Berücksichtigung finden, welche die Gebrauchstauglichkeit und die Produktqualität betreffen, insbesondere wenn nach der Auswertung der Untersuchungen Qualitätsurteile vergeben werden sollen. Dazu muss für jedes Untersuchungs-

vorhaben in einem eigenen Prüfprogramm beschrieben werden, welche Produktmerkmale geprüft und in welcher Weise die Prüfungen durchgeführt werden sollen. Bei der Zusammenstellung der Prüfpunkte muss auch berücksichtigt werden, in welchem zeitlichen und wirtschaftlichen Rahmen eine entsprechende Untersuchung möglich ist.
Die Grundlage für diese Festlegungen bilden nationale und internationale Normen und Vorschriften sowie das Fachwissen der verantwortlichen wissenschaftlichen Mitarbeiter und der Stand der Technik in der Fachliteratur. Insbesondere bei Produkten mit schnellen Innovationszyklen gibt es häufig noch keine konsensbasierte Normung, sodass in diese Fällen immer häufiger auf Standards in Form von Spezifikationen wie *DIN SPEC* oder *ISO/TC (Technical Specification)* zurückgegriffen werden kann.
Die Stiftung Warentest arbeitet weltweit mit weit über einhundert Prüfinstitutionen zusammen. Das endgültige Prüfprogramm wird im Anschluss an den Fachbeirat stiftungsintern festgelegt und zum Einholen von Angeboten von geeigneten Prüfinstitutionen verwendet. Die in Frage kommenden unabhängigen Prüflabore müssen nachweislich sachkundig und neutral sein. Ferner müssen sie in der Lage sein, das geplante Untersuchungsvorhaben entsprechend der im Prüfprogramm beschriebenen Anforderungen in annehmbarer Zeit durchführen zu können. Für manche Vorhaben ist es sinnvoll oder erforderlich, bestimmte Teilprüfungen an verschiedene spezialisierte Prüfinstitute zu vergeben.

35.4.3 Prüfdurchführung

Die einbezogenen Prüfmuster werden zum Zwecke der Anonymisierung und der Identifizierung mit einem eindeutigen Kennzeichen verschlüsselt und den beauftragten Prüfinstitutionen angeliefert.
Die von den Prüfinstituten anhand des Prüfprogramms ermittelten Produkteigenschaften werden in einem schriftlichen Gutachten in Form von objektiv ermittelten Messgrößen, subjektiv gewonnenen Bewertungszahlen und Kommentaren in Textform festgehalten und geliefert. Subjektiv gewonnene Bewertungen werden dadurch objektivierbar, dass sie durch den Einsatz von mehreren Probanden unabhängig voneinander ermittelt werden. Bei der Anzahl der Probanden ist ein sinnvoller Kompromiss zwischen der möglichst guten statistischen Absicherung der Ergebnisse und dem hinreichend akzeptablen Aufwand für die Durchführung der Erhebung zu schließen (siehe auch Kap. 22, „Statistische Versuchsplanung“).
Die Prüfungen dauern je nach Anzahl der Produkte und Umfang und Art der Prüfungen typischerweise zwischen zwei und sechs Wochen, bei der Durchführung von Lebensdauerprüfungen entsprechend länger. Falls bei der Auswertung der Prüfergebnisse der Bedarf entstehen sollte, Nachprüfungen durchzuführen, müssen die beauftragten Labore dazu kurzfristig in der Lage sein (siehe auch Kap. 21, „Zuverlässigkeits- und Sicherheitsplanung“).
Im Rahmen der internationalen Zusammenarbeit von Verbraucherorganisationen ergeben sich durch den Austausch von Fachkenntnissen und durch die Angleichung der Arbeitsmethodik Synergieeffekte, die bei international erhältlichen Produkten dazu beitragen, widersprüchliche Testergebnisse zu vermeiden. Ferner ergibt sich auch eine Einsparung von Ressourcen sowie eine Kostenteilung bei der Beschaffung der Prüfmuster und bei der Durchführung der Untersuchungen. Auf der anderen Seite ergibt sich durch die größere Zahl von einbezogenen Produkten und die Vielzahl der Beteiligten ein höherer Verwaltungsaufwand. Nicht zuletzt sind die höheren Ansprüche in Bezug auf die schnelle und zuverlässige Verwendung der Ergebnisse für Publikationen in verschiedenen Medien und Ländern der Welt eine Herausforderung. Hierbei haben sich die im Rahmen des international tätigen Verbraucherkonsortiums *International Consumers Research and Testing (ICRT)* entwickelten standardisierten Arbeitsabläufe und Werkzeuge als sehr hilfreich erwiesen und bewährt.

III

Gutachten und Auswertung

Die Bewertung einer bei der Prüfdurchführung ermittelten Messgröße M erfolgt in der Regel mit einer Bewertungszahl B, die mithilfe einer stetigen Bewertungsfunktion b berechnet wird:

$$B = b(M)$$

Die Bewertung ist umso besser, je größer die Bewertungszahl ist. Die Bewertungszahlen liegen auf einer kontinuierlichen Skala zwischen einer minimalen Bewertungszahl B_{min} und einer maximalen Bewertungszahl B_{max}:

$$B_{min} \leq B \leq B_{max}$$

Als Bewertungsspanne hat sich international der Bereich von $B_{min} = 0{,}5$ bis $B_{max} = 5{,}5$ mit den fünf ganzzahligen Hauptwerten 1, 2, 3, 4 und 5 etabliert.
Die Bewertungszahlen können auf definierte Weise in geeignete Beurteilungen übersetzt werden. Diese können sich an etablierten Vorgehensweisen orientieren, wie zum Beispiel am System und an der Bezeichnung von Schulnoten („Eins minus“, „13 von 15 Punkten“, „sehr gut“), eine eigene Textform haben, wie beispielsweise „sehr geringe Mängel“, oder auch durch geeignete Symbole repräsentiert werden. Tabelle 35.1 gibt die zu den international standardisierten Bewertungszahlen gehörigen und üblicherweise von der Stiftung Warentest verwendeten Beurteilungen an.

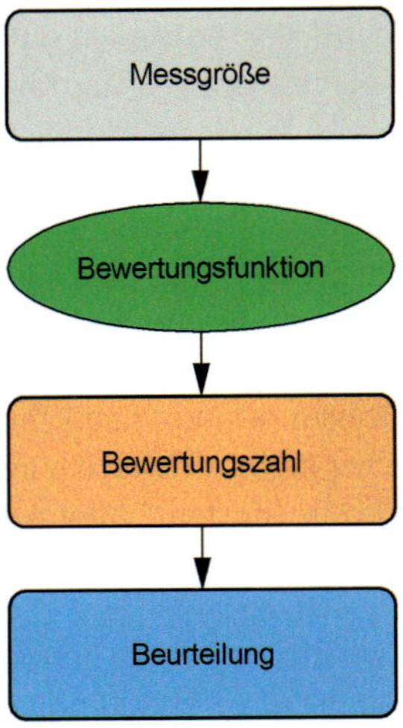

Abb. 35.2 Einzelbewertung

Die numerischen Beurteilungen werden mit einer Nachkommastelle angegeben. Die Angabe weiterer Nachkommastellen würde in der Regel eine Scheingenauigkeit hervorrufen, die im Allgemeinen weder durch die Genauigkeiten der Messungen oder Bewertungen noch wegen der Streuung der Produktqualität zwischen verschiedenen Prüfmustern gerechtfertigt wäre.

III

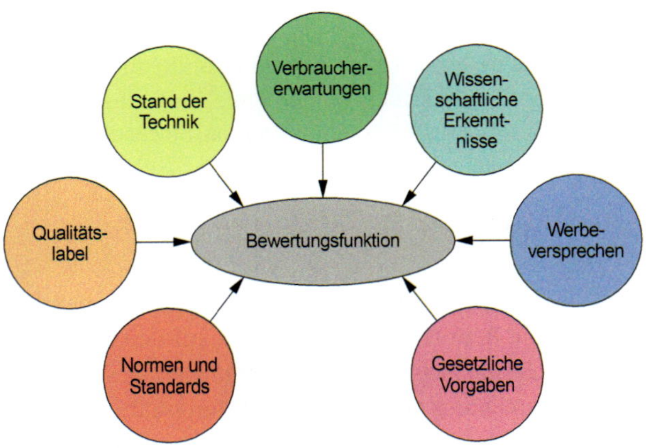

Abb. 35.3 Beispiel für Einflüsse auf die Einzelbewertung

Die Einflussfaktoren für die Bewertungsfunktion sind für eine bestimmte Messgröße und eine bestimmte Warenart spezifisch. Sie ergeben sich zum Beispiel aus dem zeitlich veränderlichen Stand der Technik, aus aktuellen Standards, Normen und gesetzlichen Vorgaben und aus wissenschaftlichen Erkenntnissen, zu denen auch bereits durchgeführte Warentests wertvolle Beiträge leisten können (Abb. 35.3).

Aus einer sachkundigen und sachgerechten Bewertung kann sich ergeben, dass bei einer Bewertungsfunktion nicht der gesamte zur Verfügung stehende Bewertungsspielraum ausgenutzt wird. Dies ist insbesondere der Fall, wenn die Übererfüllung einer maximalen Anforderung zu keiner wirksamen Verbesserung der Produktqualität mehr führt. Ebenso ist denkbar, dass ein Herstellungsprozess eine solch hohe Qualität erreicht hat, dass bestimmte Minimalforderungen ohne Weiteres und regelmäßig erfüllt werden und es dadurch zu keinen schlechten Bewertungen mehr kommt.

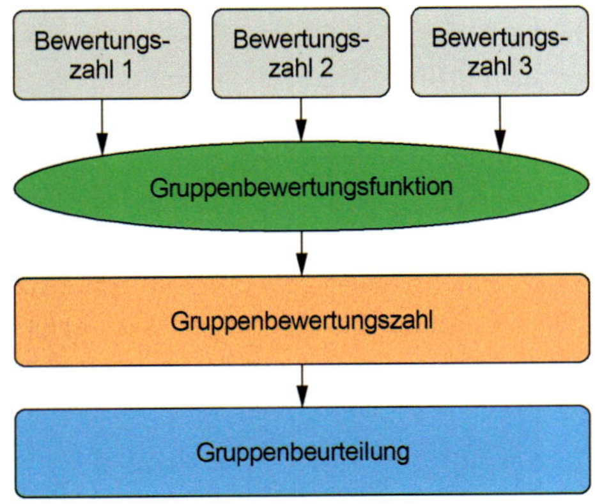

Abb. 35.4 Gruppenbewertung

Aus den N einzelnen Bewertungszahlen B_i von zusammengehörigen Produktmerkmalen, die als N Parameter einer Gruppenbewertungsfunktion g behandelt werden können, wird üblicherweise eine Gruppenbewertungszahl G errechnet:

$$G = g(B_1, B_2 \ldots, B_N)$$

Dieses Prinzip kann bei Bedarf auch mehrstufig angewendet werden, um mehrere Untergruppen zu einer Ober-

Tab. 35.1 International standardisierte Bewertungszahlen und von der Stiftung Warentest verwendete Beurteilungen

Numerische Hauptwerte der Bewertung	5	4	3	2	1
Bewertungszahl	4,5 - 5,5	3,5 - 4,4	2,5 - 3,4	1,5 - 2,4	0,5 - 1,4
Numerische Beurteilung	0,5 - 1,5	1,6 - 2,5	2,6 - 3,5	3,6 - 4,5	4,6 - 5,5
Semantische Beurteilung	sehr gut	gut	befriedigend	ausreichend	mangelhaft
Symbolische Beurteilung	++	+	O	Θ	–

gruppe zusammenzufassen. Die Hauptgruppen entsprechen in der Regel den Gruppen der Produktmerkmale, die zur Bewertung der Gesamtqualität zusammengefasst werden. Für den Wertebereich der Gruppenbewertungszahlen und die Übersetzung von Gruppenbewertungszahlen zu Gruppenbeurteilungen gilt sinngemäß das Gleiche wie bei den einzelnen Beurteilungen (siehe vorangegangene Erläuterungen).

Als Gruppenbewertungsfunktionen werden sehr häufig Ausprägungen des gewichteten verallgemeinerten Mittelwerts nach dem Mathematiker Otto Hölder verwendet. Üblicherweise ist dies das gewichtete arithmetische Mittel, bei dem in der Gruppenbewertungsfunktion g unterschiedliche Wichtungen W_i zwischen null und eins für die einzelnen zu berücksichtigenden Bewertungszahlen B_i eingeführt werden. Die Gruppenbewertungszahl G ergibt sich dann als das gewichtete arithmetische Mittel zu

$$G = g\left(B_1, W_1, B_2, W_2, \ldots, B_N, W_N\right) = \sum_{i=1}^{N} B_i \cdot W_i$$

– mit der Zusatzbedingung, dass sich alle Wichtungen zu eins summieren:

$$\sum_{i=1}^{N} W_i = 1$$

Als Grenzfall des verallgemeinerten Mittelwerts können für die Gruppenbewertungsfunktion in einzelnen Fällen sogar die Minimumfunktion oder die Maximumfunktion sinnvoll sein, bei denen sich die schlechteste beziehungsweise die beste Bewertungszahl durchsetzt. In diesem Fall haben alle abweichenden Bewertungen keinen Einfluss auf die Gruppenbewertungszahl G:

$$G = \min(B_1, B_2, \ldots, B_N)$$

beziehungsweise

$$G = \max(B_1, B_2, \ldots, B_N)$$

Allgemein sollen die Wichtungen für die Bedeutung der jeweiligen Bewertungszahl an der Gruppenbewertung repräsentativ sein (zum Beispiel aufgrund von Erfahrungswerten, sinnvollen Annahmen oder Umfrageergebnissen). Die Wichtung einer einzelnen Bewertungszahl soll für die Gruppenbewertung den Wert eins nicht übersteigen.

Einzelne Bewertungen unterhalb einer festzulegenden Bewertungsschwelle, die bei entsprechend schlechtem Abschneiden besonders ärgerlich oder gar gefährlich für den Nutzer sind, können im Rahmen einer Abwertung mit einem verstärkten Einfluss auf die jeweiligen Gruppenbewertungen berücksichtigt werden. Dabei ist es immernoch sinnvoll, die Gruppenbewertungen mit stetigen Funktionen vorzunehmen, damit kleine Änderungen bei den Bewertungszahlen entsprechend kleine Änderungen bei den dazugehörigen Gruppenbewertungen hervorrufen. Um eine sinnvolle Reihenfolge der zu vergleichenden Produkte in der Qualitätsbewertung zu erhalten, sollen sich diese Abwertungen nicht sprunghaft auswirken und eine Differenzierung durch die Berücksichtigung aller anderen Produktmerkmale soll aufrechterhalten werden. Insbesondere bei kontinuierlich durchgeführten Untersuchungsvorhaben muss gewährleistet sein, dass Bewertungen nahe an der Abwertungsschwelle keine Sprünge bei den dazugehörigen Gruppenbewertungen verursachen – je nachdem, ob die Bewertung zufällig ein wenig oberhalb oder ein wenig unterhalb der Abwertungsschwelle liegt.

Bei nicht tolerierbaren Produktmerkmalen, die zum Beispiel die Gesundheit, die Betriebssicherheit oder Fehlfunktionen betreffen, oder bei Produktmerkmalen, die außerhalb von gesetzlichen Vorschriften oder Normen liegen, können durch die mehrstufige Anwendung von Abwertungen auch bei übergeordneten Gruppenbewertungen durchschlagende Abwertungseffekte erreicht werden. Diese können sich dann zwar nur mittelbar, aber unter Umständen sehr deutlich auf die Gesamtbewertung auswirken.

35.5 Qualitätssicherung und Information der Öffentlichkeit

Die Publikationen der Stiftung Warentest und ihrer internationalen Partnerorganisationen sind werbefrei, um die Unabhängigkeit der Untersuchungen von den Anbietern zu gewährleisten. Aber auch durch qualitätssichernde Maßnahmen vor der Veröffentlichung der Ergebnisse und die Vielzahl der an einem Warentest beteiligten Personen wird der Manipulation von Beurteilungen vorgebeugt.

Ein besonders wichtiger Punkt bei der Qualitätssicherung von Warentests ist die Verifikation der ermittelten Produktmerkmale, der daraus von den Wissenschaftlern abgeleiteten Beurteilungen und der von den Fachredakteuren verfassten Veröffentlichungen. Zur Verifikation der im Prüfprogramm festgelegten, bei der Prüfdurchführung untersuchten, im Gutachten dokumentierten, in der Auswertung bewerteten und in einer Publikation zu veröffentlichenden Anforderungen können verschiedene Tätigkeiten ausgeführt werden. Dazu gehören die Durchführung alternativer Berechnungen, der Vergleich neuer Festlegungen mit bereits bewährten Festlegungen oder die alternative und unabhängige Ermittlung von Produktmerkmalen.

Ferner müssen die Auswertungen und die Veröffentlichungen auf ihre Stimmigkeit und die Übereinstimmung mit den Gutachten geprüft werden. Ein unabhängiger Verifizierer bewertet schließlich Gutachten, Auswertung und geplante Veröffentlichung der Warentestergebnisse und diskutiert dies mit den Beteiligten.

In diesem Zusammenhang werden die im Prüfverfahren ermittelten objektivierbaren Ergebnisse auch den Anbietern in einer Anbietervorinformation mitgeteilt. Die Anbieter können somit überprüfen, ob die im Warentest gewonnenen Erkenntnisse mit den eigenen Produktinformationen im Einklang stehen und gegebenenfalls auf Abweichungen hinweisen. Die Stiftung Warentest kann daraufhin Nachprüfungen durchführen und – wenn zu diesem Zweck erforderlich – weitere Prüfmuster eines Produkts einbeziehen. Wenn zwei von drei Prüfmustern das gleiche Verhalten zeigen, kann ein eventuell abweichendes Verhalten des dritten Prüfmusters unter Umständen als Ausreißer betrachtet und bei der Bewertung nicht berücksichtigt werden. Durch diese qualitätssichernde Maßnahme soll verhindert werden, dass untypische oder fehlerbehaftete Ergebnisse veröffentlicht werden, die für die untersuchten Produkte gar nicht repräsentativ sind.

Das Prüfgutachten, die wichtigsten Einzel- und Gruppenbeurteilungen sowie gegebenenfalls auch die Gesamtbeurteilung der Auswertung eines Warentests werden der Redaktion zum Zwecke der Veröffentlichung zur Verfügung gestellt. Die Redaktion, die den Warentest von Anfang an mitverfolgt und mitkonzipiert hat, bereitet die Ergebnisse in einer für die Allgemeinheit verständlichen Art und Weise auf.

Die Verbraucherinformation geht bei den Publikationen über die Beurteilungen von Gebrauchstauglichkeit und Produktqualität hinaus, indem auch nicht bewertete Ausstattungsmerkmale, typische Handelspreise und Preisspannen ermittelt und veröffentlicht werden. Bei der Darstellung der Ergebnisse in Text-, Listen- oder Tabellenform ist ein Kompromiss zwischen sachlicher Richtigkeit, Ausführlichkeit, Übersichtlichkeit und Nachvollziehbarkeit zu finden, damit möglichst jeder interessierte Leser den für seine persönliche Kaufentscheidung entscheidenden Gebrauchswert aller einbezogenen Produkte ermitteln kann.

Eine zunehmend hohe Bedeutung kommt Veröffentlichungen im Internet zu, da dieses Medium im Gegensatz zu Druckerzeugnissen interaktiv bedient werden kann, praktisch keine Platzbeschränkung kennt und sowohl zeitlich als auch örtlich einen schnellen und flexiblen Zugang ermöglicht. Für die Veröffentlichung von Produkten, ihrer Ausstattungsmerkmale sowie den Beurteilungen ihrer Gebrauchstauglichkeit und ihrer Qualität im Internet ist es möglich, Produktdatenbanken anzulegen und einzurichten, mit denen der Nutzer nach eigenem Ermessen jederzeit individuelle und aktuelle Ergebnisse suchen und finden kann. Produktmerkmale, die einem einzelnen Konsumenten für den Gebrauchswert besonders wichtig sind, können mithilfe einer geeigneten Nutzerführung gefiltert werden. Auf diese Weise lässt sich die Auswahl infrage kommender Produkte schnell auf ein übersichtliches Maß einschränken und ein Produktvergleich wird somit einfacher. Das Internet kann nicht nur zu einer schnellen und bequemen, sondern auch zur umfassenden und individuellen Verbraucherinformation beitragen.

Literatur

DIN 55350-11: Begriffe zum Qualitätsmanagement (2008)

DIN 66050: Gebrauchstauglichkeit – Begriff (1982)

DIN 66051: Untersuchung von Waren – Allgemeine Grundsätze (1967)

DIN 66052: Warentest – Begriff (1971)

DIN 66054: Warentest – Grundsätze für die technische Durchführung (1982)

DIN EN ISO 9000: Qualitätsmanagementsysteme – Grundlagen und Begriffe (2005)

DIN EN ISO 9241-11: Ergonomische Anforderungen für Bürotätigkeiten mit Bildschirmgeräten – Teil 11: Anforderungen an die Gebrauchstauglichkeit; Leitsätze (1999)

International Organization of Consumers Unions (IOCU): Guide to the Principles of Comparative Testing (1985)

ISO/IEC Guide 46: Comparative testing of consumer products and related services – General principles (1985)

Neue Juristische Wochenschrift: Haftung der Stiftung Warentest für vergleichenden Test. Heft 14 (1976). BGH, 9. Dezember 1975 – VI ZR 157/73

Neue Juristische Wochenschrift: Vergleichender Warentest mit über DIN-Normen hinausgehenden Anforderungen. Heft 36 (1987), BGH, 10. März 1987 – VI ZR 144/86

Juristische Produktverantwortung

36.1 Grundlagen der deutschen Produzentenhaftung . . . 801
36.1.1 Materiellrechtliche Grundlagen der Produkthaftung . . . 801
36.1.1.1 Keine vertragliche Haftung des Herstellers . . . 801
36.1.1.2 Verschuldenshaftung und Gefährdungshaftung des Herstellers . . . 802
36.1.2 Die Verschuldenshaftung gem. § 823 Abs. 1 BGB . . . 802
36.1.3 Die Verschuldenshaftung gem. § 823 Abs. 2 BGB . . . 803
36.1.4 Gefährdungshaftung gemäß § 1 ProdHaftG . . . 804
36.1.5 Wann liegt eine Rechtsgutsverletzung vor? . . . 804
36.1.5.1 Körperverletzung . . . 804
36.1.5.2 Gesundheitsverletzung . . . 804
36.1.5.3 Eigentumsverletzung . . . 804
36.1.6 Wer haftet neben dem Hersteller? . . . 805
36.1.6.1 Haftung von Mitgliedern der Geschäftsleitung und (leitenden) Mitarbeitern . . . 805
36.1.6.2 Haftung des Quasiherstellers . . . 806
36.1.6.3 Haftung des Importeurs . . . 806
36.1.6.4 Haftung des Lieferanten . . . 806
36.1.7 In welcher Höhe wird gehaftet? . . . 806
36.1.8 Wann ist ein Produkt fehlerhaft? . . . 806
36.1.8.1 Konstruktions- und Fabrikationsfehler . . . 806
36.1.8.2 Instruktionsfehler . . . 809
36.1.8.3 Wie lange muss das Produkt den Sicherheitsanforderungen entsprechen? . . . 811
36.1.8.4 Entwicklungsfehler . . . 811
36.1.8.5 Produktbeobachtung . . . 812
36.1.8.6 Herstellung und Zukauf . . . 813
36.1.8.7 Befundsicherungspflicht . . . 813
36.1.8.8 Beweislastverteilung . . . 814
36.1.8.9 Rückruf . . . 815

36.2 Produkthaftung und Strafrecht . . . 817

36.3 Staatliche und behördliche Vorgaben an die Produktsicherheit . . . 818
36.3.1 Geltungsbereich . . . 819
36.3.2 Beschränkungen des Geltungsbereichs . . . 819
36.3.3 Die Produktdefinition des ProdSG . . . 819
36.3.4 Rechtmäßige und unrechtmäßige Produkte . . . 820
36.3.4.1 Europäisch harmonisierte Produkte . . . 820
36.3.4.2 Europäisch nicht harmonisierte Produkte . . . 821
36.3.4.3 DIN- und EN-Normen . . . 821

36.3.5 Vorhersehbare Verwendung 821
36.3.6 Spezielle Rechtsvorschriften für Verbraucherprodukte (§ 6 ProdSG) 822
36.3.6.1 Zusätzliche Pflichten beim Inverkehrbringen 822
36.3.6.2 Pflichten nach dem Inverkehrbringen 822
36.3.7 Gebrauchsanleitung/Nutzerinformation 822
36.3.8 Die CE-Kennzeichnung 823
36.3.9 Das GS-Zeichen 823
36.3.10 Behördliche Marktüberwachung 823
36.3.11 Adressaten der behördlichen Maßnahmen 823

36.4 Produkthaftung und US-Risiko 824

36 Juristische Produktverantwortung

Christian Thomas Stempfle

Sicherheit ist (auch) Qualität.

Sicherheitsmängel sind (auch) Qualitätsmängel.

Sicherheitssicherung ist (auch) Qualitätssicherung.

Produkthaftungsprozesse wegen Sicherheitsmängeln sind (auch) Produkthaftungsprozesse wegen Qualitätsmängeln.

Diese pointierten Aussagen haben nicht den Sinn, etwaigen Klischees von unnötig Hysterie erzeugenden Juristen neuerlich Nahrung zu geben, sondern sollen vielmehr frühzeitig den Fokus auf eine sehr zentrale Erkenntnis in der Positionsbestimmung anspruchsvollen Qualitätsmanagements lenken: QM verfehlt seine genuine Aufgabe – jedenfalls sicherlich aus Sicht der persönlich mit Haftungsrisiko bedrohten Unternehmensführung – in der industriellen Warenfertigung, wenn ungeachtet einzelner sonstiger Qualitätsspezifikationen „nicht einmal" das gesetzlich geforderte, notwendige Sicherheitsniveau bei den fabrizierten Waren sichergestellt ist. Aus juristischer Sicht gilt dabei grosso modo die Unterscheidung zwischen gesetzlichen Sicherheitsvorgaben und individuellen Vertragsvorgaben: Sicherheitsvorgaben sind vom Gesetzgeber aus Gründen des politisch gewollten Verbraucher- und Arbeitsschutzes erlassene Vorschriften mit der Stoßrichtung des Dritt-Schutzes, die als solche weder abverhandelbar noch dispensierbar noch ignorierbar sind. Vertragsvorgaben im Binnenverhältnis zwischen Verkäufer und Käufer dienen dagegen allein den betriebswirtschaftlich-kaufmännischen Interessen des Kunden, der über Spezifikationen und Lastenhefte definiert und konturiert, wie er welche Ware angeliefert erhalten will. Ob ein Textil lichtecht ist, ob eine Fertigungsstraße unakzeptable Ausschusszahlen auswirft, ob eine Verkaufsverpackung unsauber bedruckt oder ein Lebensmittel unter Verkaufsgewicht abgewogen ist – all das ist aus Sicht eines potenziellen produktbezogenen Haftungsrisikos gänzlich irrelevant und kann doch selbstredend zu empfindlichen Störungen langjähriger Lieferbeziehungen führen, muss also vermieden werden. Erst recht gilt dies vice versa für Sicherheitsmängel: Ob ein Gehäuse versehentlich unter Strom steht, ob ein Überhitzungssensor vergessen wurde, ob die Metallurgie einem Belastungsdruck nicht standhält, ob eine Granulatmischung einen zu niedrigen Flammpunkt aufweist oder ein Lebensmittel toxisch verunreinigt ist – hier drohen (gegebenenfalls tödliche) Unfälle, Produkthaftungsprozesse, staatsanwaltschaftliche Ermittlungen, versicherungsrechtliche Streitigkeiten. Und natürlich droht erst recht ein unzufriedener Kunde, da die Warendistribution unversehens zu einem Risiko sogar für unbeteiligte Dritte (sogenannte *innocent bystanders*) geführt hat!

Zur Terminologie: Von Produkt- oder Produzentenhaftung spricht man üblicherweise, wenn der Hersteller eines Produktes wegen eines Personen- und/oder Sachschadens, den dieses Produkt verursacht haben soll (ob dies tatsächlich so war, wird erst Ergebnis eines komplizierten, häufig durch diverse Sachverständige begleiteten Gerichtsverfahrens sein), vom Geschädigten auf finanziellen Schadenersatz in Anspruch genommen wird. Zumeist kommt auch ein Anspruch auf Schmerzensgeld hinzu. Dabei stellt dies nur eine von mehreren Facetten der Produkthaftung dar – wie exemplarisch das gegen Verantwortliche eines Pharmaunternehmens wegen infarktauslösender Medikamente eingeleitete Strafverfahren oder der behördlich angeordnete Rückruf von Teichpumpen in den letzten Jahren zeigten. Genauso wenig ist die Produkthaftung – auch wenn man infolge der Berichterstattung in den Massenmedien über spektakuläre amerikanische Produkthaftungsverfahren (etwa im Bereich Tabak, Pharma, Kfz) einen anderen Eindruck gewinnen mag – eine typisch amerikanische Erfindung. Vielmehr sieht bereits eines der ältesten bekannten Gesetzeswerke, der Codex Hamurabi (ca. 1700 v. Chr.), Regelungen für den Fall vor, dass ein schlecht gebautes Haus einstürzt. Stürzt nämlich das Haus ein,

- ohne weiteren Schaden anzurichten, ist der Baumeister zum Aufbau eines Hauses mit verbesserten Wänden zu verurteilen.
- und wird dabei ein Sklave getötet, der in damaliger Zeit als Sache – ähnlich einem Haustier – anzusehen war, ist der Baumeister neben dem Wiederaufbau des Hauses zur Stellung eines gleichwertigen Sklaven zu verurteilen.
- und wird der Bauherr oder dessen Sohn getötet, so ist der Baumeister zum Tode zu verurteilen.

Im römischen Recht, auf das in Teilen das noch heute gültige Bürgerliche Gesetzbuch (BGB) aufbaut, fand sich bereits der Passus:

„Wer Gesundheit oder Eigentum Dritter verletzt, muss den daraus entstehenden Schaden ersetzen."

Wie nachstehende Ausführungen zeigen, wurde dies 2000 Jahre später zum 1. 1. 1900 in etwas konkreterer Fassung in das Deliktsrecht des BGB – nämlich in § 823 BGB – übernommen. Erschwert wird die Schilderung der Situation für Nichtjuristen alleine dadurch, dass 1990 zudem das Produkthaftungsgesetz in Kraft trat, welches wiederum in Deutschland die EG-weit gültige Produkthaftungsrichtlinie in nationales Recht umsetzte. Die Vorschriften des § 823 BGB und des ProdHaftG sind in Vielem vergleichbar; sie sind en detail zuweilen auch unterschiedlich – in jedem Fall beschreiben sie für ein seriös integriertes QM eine nahezu identische Herausforderung, weswegen weitere Unterscheidungseinzelheiten (bei § 823 BGB spricht man traditionell von „Produzentenhaftung", beim ProdHaftG von „Produkthaftung") hier nicht durchgängig durchgehalten werden.

36.1 Grundlagen der deutschen Produzentenhaftung

Um nachfolgender Darstellung besser folgen zu können, insbesondere auch, was die leider komplexe Vernetzung von zivilrechtlicher Produkthaftung, strafrechtlicher Produktverantwortung und verwaltungsrechtlicher Produktsicherheit anbelangt, wird folgendes Fallbeispiel vorangestellt:

Ein Produkthaftungsszenario

Die Firma Horvath ist ein Automobilzulieferer in Süddeutschland. Für den US-Hersteller Speedster baut Horvath den Fireball, ein attraktives Sportcoupé. Pro Tag werden bei Horvath 1000 Fahrzeuge im Dreischichtbetrieb gebaut. Diese Fahrzeuge sind sowohl für den deutschen als auch für den US-Markt bestimmt. Plötzliche häufen sich spektakuläre Unfälle in Deutschland und den USA (Airbag-Systeme lösen nicht aus, Bremssysteme versagen). Im Bundesstaat Alabama rast ein Autofahrer in eine Gruppe wartender Schulkinder. Diesen Unfällen waren Kundenreklamationen mit Hinweisen auf ein plötzliches Versagen der Bremssysteme vorausgegangen. Bei der Untersuchung dieser Kundenreklamationen wird von einem leitenden technischen Mitarbeiter der Firma Horvath, Dipl.-Ing. Emsig, ein Programmierfehler in der Bremselektronik entdeckt. Seitens der Geschäftsleitung der Firma Horvath wird nach einem Bericht dieses leitenden technischen Mitarbeiters gleichwohl wegen der hohen Verkaufszahlen von einem Rückruf abgesehen. Von Geschädigten werden sowohl in Deutschland als auch in den USA Zivilklagen eingereicht und von der Staatsanwaltschaft Ermittlungen gegen Verantwortliche der Firma Horvath eingeleitet. ■

36.1.1 Materiellrechtliche Grundlagen der Produkthaftung

Im deutschen Recht kann im Wesentlichen zwischen den in Abbildung 36.1 dargestellten Haftungsarten unterschieden werden.

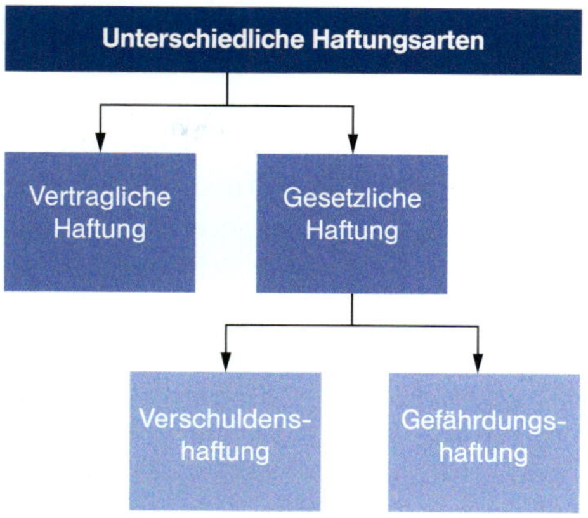

Abb. 36.1 Haftungsarten

Die vertragliche Haftung kommt grundsätzlich nur zwischen Vertragspartnern in Betracht.
Beispiel: A kauft einen Profisportbogen bei V. B leiht sich den Bogen von A, um an einem Profi-Wettbewerb teilzunehmen, verliert aber spektakulär bereits in der ersten Runde gegen einen Anfänger. Es stellt sich heraus, dass der Bogen im Guss verzogen war. Vertragliche Schadenersatzansprüche von B gegen V scheiden aus. Denn B hat den Bogen nicht bei V gekauft.
Bei der rein gesetzlichen Haftung dagegen wird abhängig von dem Inhalt der entsprechenden Vorschrift zwischen Verschuldens- und Gefährdungshaftung unterschieden. Fordert die gesetzliche Regelung ein Verschulden, das im Gesetzeswortlaut entweder als „Vertreten müssen" oder mit den Schuldbegriffen „Vorsatz" und „Fahrlässigkeit" umschrieben wird, handelt es sich um eine sogenannte Verschuldenshaftung. Lässt das Gesetz indes die Verwirklichung eines bestimmten Risikos ausreichen (ohne Interesse für die Frage, ob wenigstens Fahrlässigkeit vorlag), um eine Haftung zu begründen (z. B. im Straßenverkehrsrecht die Schädigung eines Dritten durch ein Kraftfahrzeug für die Haftung des Kraftfahrzeughalters), so spricht man von der sogenannten Gefährdungshaftung.

36.1.1.1 Keine vertragliche Haftung des Herstellers

Grundsätzlich besteht – mangels Existenz eines Vertrags – keine vertragliche Haftung des Herstellers eines Produktes gegenüber durch einen Fehler dieses Produktes Geschädigten. Denn üblicherweise werden Produkte nicht von dem Hersteller selbst vertrieben, sondern geraten über die Lieferkette des Handels in die Hände des eigentlichen Produktbenutzers bzw. Endverbrauchers. Eine vertragliche Haftung des Herstellers kommt hier nur in Betracht, wenn der Hersteller beispielsweise im Rahmen einer sogenannten Herstellergarantie eine eigene, vertragliche Verpflichtung gegenüber dem späteren Er-

werber des Produkts (üblicherweise übrigens nicht: gegenüber jedem Produktbenutzer) übernommen hat.
Zudem ist der Käufer eines Produkts grundsätzlich gehalten, sich wegen etwaiger Mängel des Produkts mit dem Verkäufer - seinem Vertragspartner - auseinanderzusetzen. Welche Rechte dem Käufer gegenüber dem Verkäufer des Produktes zustehen, richtet sich dabei in erster Linie nach dem Inhalt des mit dem Verkäufer geschlossenen Vertrages. Soweit dieser Vertrag die Mängelhaftung nicht gesondert regelt, richtet sich diese allein nach dem Gesetz. Auf Verträge in Deutschland heruntergebrochen: Gemäß §437 BGB kann der Käufer bei Vorliegen eines Sachmangels zunächst Nacherfüllung (Lieferung einer mangelfreien Sache oder Mangelbeseitigung) verlangen und bei Fehlschlagen der Nacherfüllung von dem Kaufvertrag zurücktreten oder den Kaufpreis mindern. Die Geltendmachung eines darüber hinaus gehenden Schadens oder sogenannter vergeblicher Aufwendungen ist zwar gesetzlich vorgesehen, setzt aber ein Verschulden des Verkäufers voraus - an dem es im Regelfall, da der Verkäufer den Sachmangel nicht verursacht haben wird, fehlt. Dabei ist im Handelsverkehr zu berücksichtigen, dass - soweit vertraglich nicht abweichend geregelt - Mängelrechte des Käufers nur bestehen (bleiben), sofern der Käufer das Produkt nach Erhalt unverzüglich untersucht und bei Feststellung eines mit zumutbarem Aufwand auffindbaren Mangels diesen gegenüber dem Verkäufer ebenso unverzüglich gerügt hat. Folgt die Untersuchung/ Rüge nicht unverzüglich gegenüber dem Verkäufer, sind jegliche Sachmängelansprüche des Käufers ausgeschlossen.

III

36.1.1.2 Verschuldenshaftung und Gefährdungshaftung des Herstellers

Schadenersatzansprüche gegenüber dem Hersteller eines Produktes können dagegen nur durchgesetzt werden, soweit das Gesetz selbst - ein Vertrag existiert ja regelmäßig nicht - dies vorsieht und hierfür entsprechende Anspruchsgrundlagen bereitstellt. Man unterscheidet zwischen der in dem Deliktsrecht der §§ 823 ff. BGB vorgesehenen Verschuldenshaftung und der Gefährdungshaftung des ProdHaftG.
Hat der Hersteller den bei dem Erwerber des Produkts oder einem dritten Produktverwender entstandenen Schaden nicht verschuldet, haftet der Hersteller nach der Verschuldenshaftung des Deliktsrechts konsequenterweise auch nicht. Wie nachstehende Ausführungen aber zeigen, hat die deutsche Rechtsprechung besondere Pflichten des Herstellers sowie gewisse Beweiserleichterungen zugunsten des Geschädigten entwickelt, die es dem Hersteller deutlich erschweren, Haftungsansprüche mit dem Einwand des fehlenden Verschuldens zu begegnen.

Parallel hierzu sieht das Produkthaftungsgesetz (ProdHaftG) vom 1.1.1990, das in Umsetzung der EG-Richtlinie 374/85/EWG erlassen wurde, eine Gefährdungshaftung des Herstellers eines fehlerhaften Produkts vor: Bei Vorliegen der Voraussetzungen der §1ff. ProdHaftG haftet der Hersteller für jeglichen Schaden, der in Folge des von ihm hergestellten fehlerhaften Produkts bei Dritten entsteht, allein aufgrund der Inverkehrgabe des (fehlerhaften) Produkts - ohne jede Rücksicht auf ein etwaiges fehlendes Verschulden.

36.1.2 Die Verschuldenshaftung gem. §823 Abs. 1 BGB

Die hierzu maßgebliche Vorschrift des Rechts der unerlaubten Handlungen - §823 Abs. 1 BGB - lautet:

„Wer vorsätzlich oder fahrlässig das Leben, den Körper, die Gesundheit, das Eigentum oder ein sonstiges Recht eines anderen widerrechtlich verletzt, ist dem anderen zum Ersatz des daraus entstehenden Schadens verpflichtet."

Der Wortlaut dieser Vorschrift beschäftigt sich zwar nicht ausdrücklich mit der Haftung des Herstellers für fehlerhafte Produkte. Doch erfasst der weite Wortlaut auch die Haftung für Schäden, die durch ein fehlerhaftes Produkt bei dem Käufer, einem Produktbenutzer oder sonstigen Dritten entstanden sind. Der Wortlaut der Vorschrift macht dabei zwingend folgende Prüfungsreihenfolge notwendig:

1. Handlung oder Unterlassung des Täters („wer ... verletzt")
2. Verletzung von Leben, Körper, Gesundheit, Eigentum oder einem sonstigen Recht (sogenannte Rechtsgutsverletzung)
3. Ursächlichkeit der Handlung oder Unterlassung für die Rechtsgutsverletzung
4. Rechtswidrigkeit („widerrechtlich")
5. Verschulden („vorsätzlich oder fahrlässig")
6. Rechtsfolge: Schadenersatz

Dies lässt sich konkretisiert durch folgendes Prüfungsschema auf die Produzentenhaftung übertragen:

1. Inverkehrbringen eines fehlerhaften Produktes
2. Körper- oder Gesundheitsverletzung, Eigentumsverletzung
3. Körper- oder Gesundheitsverletzung **durch** fehlerhaftes Produkt verursacht - haftungsbegründende Kausalität
4. Rechtswidrigkeit
5. Verschulden - leichteste Fahrlässigkeit genügt!
6. Rechtsfolge: Schadenersatz

Aus dieser Prüfungsreihenfolge werden sogleich folgende Besonderheiten der Produzentenhaftung, soweit sie auf § 823 Abs. 1 BGB gestützt wird, deutlich:
Ein Schaden kann nur ersetzt verlangt werden, soweit durch das fehlerhafte Produkt eine Rechtsgutsverletzung verursacht worden ist. Ein bloßer Vermögensschaden, der nicht aus einer Rechtsgutsverletzung resultiert, wird nicht ersetzt.

Beispiel: Versäumt ein Handelsvertreter, der geschäftlich mit dem Sportcoupé „Fireball" aus unserem Ausgangsfall liegen geblieben ist, aufgrund eines technischen Defekts des Fahrzeugs einen wichtigen Geschäftstermin und entsteht ihm hieraus eine Provisionseinbuße von € 1000,–, so kann er deswegen den Hersteller des Sportcoupés nicht auf Schadenersatz in Anspruch nehmen. Denn dem Handelsvertreter ist ein reiner Vermögensschaden entstanden, für den der Hersteller mangels Rechtsgutsverletzung nicht haftet. Der aufgetretene technische Defekt ist Gegenstand der Sachmangelhaftung, die – soweit von dem Hersteller keine besondere Herstellergarantie übernommen wurde – sich allein gegen den Verkäufer des Produkts richtet. ■

Wurde aber aufgrund des Produktfehlers ein Produktsbenutzer verletzt (Rechtsgutsverletzung) und ist hieraus ein Schaden entstanden (z. B. Behandlungskosten, Reha-Kosten, Schmerzensgeld), so haftet der Hersteller gem. § 823 Abs. 1 BGB bereits bei leichtester Fahrlässigkeit unbeschränkt für den gesamten hieraus entstandenen und künftig entstehenden Schaden!

Beispiel: Aufgrund eines Bremsversagens rast der Handelsvertreter mit dem Sportcoupé in eine Gruppe wartender Schulkinder. Sowohl der Handelsvertreter als auch die wartenden Kinder werden erheblich gesundheitlich verletzt. Hier haftet der Hersteller wegen dem von ihm zu vertretenden Fehler der Bremselektronik für den gesamten Schaden, somit insbesondere für entstehende Behandlungskosten sowie jeglichen weiteren hieraus resultierenden Schaden in unbegrenzter Höhe. ■

36.1.3 Die Verschuldenshaftung gem. § 823 Abs. 2 BGB

Neben § 823 Abs. 1 BGB gibt es noch die deliktische Haftung wegen Verletzung eines Schutzgesetzes. Diese ist in § 823 Abs. 2 BGB geregelt:

„Die gleiche Verantwortlichkeit trifft denjenigen, welcher gegen ein den Schutz eines anderen bezweckenden Gesetztes verstößt. Ist nach dem Inhalt des Gesetzes ein Verstoß gegen dieses auch ohne Verschulden möglich, so tritt die Ersatzpflicht nur im Falle des Verschuldens ein."

Hieraus folgt: Ohne Erfordernis einer Rechtsgutsverletzung haftet der für das Inverkehrbringen eines fehlerhaften Produktes Verantwortliche auch auf Schadensersatz, falls mit dem Inverkehrbringen des Produktes oder dem später hierdurch verursachten Schaden gegen ein sogenanntes Schutzgesetz verstoßen worden ist. Gemäß § 823 Abs. 2 S. 2 BGB tritt eine Haftung in diesem Falle aber nur ein, wenn dieser Verstoß verschuldet war. Das Verschulden ist in § 276 BGB geregelt. Danach hat der Schuldner Vorsatz und Fahrlässigkeit zu vertreten. Fahrlässig handelt, wer die im Verkehr erforderliche Sorgfalt außer Acht lässt (vgl. § 276 Abs. 2 BGB). Vorsatz ist definiert als Handeln mit Wissen und Wollen des rechtswidrigen Erfolges, wobei im Falle des Deliktsrechts (§ 823 Abs. 1 BGB) das Wissen und Wollen der Verletzung des geschützten Rechtes oder Rechtsgutes bzw. der Schutzgesetzverletzung genügt. Auf den eingetretenen Schaden braucht sich der Vorsatz nicht zu beziehen.
Wann liegt nun ein solches Schutzgesetz vor? Diese Frage kann nur im Einzelfall und mit Blick auf jeweils vielleicht einschlägige Rechtsvorschriften beantwortet werden. Nach der klassischen Definition bezweckt eine Gesetzesvorschrift den Schutz eines anderen, wenn sie, sei es auch neben dem Schutz der Allgemeinheit, gerade dazu dienen soll, den einzelnen oder einzelne Personenkreise gegen die Verletzung eines Rechtsgutes zu schützen. Typische Schutzgesetze sind in diesem Zusammenhang Strafvorschriften, z. B. die in der Produkthaftung regelmäßig Anwendung findenden Strafvorschriften der fahrlässigen bzw. vorsätzlichen Körperverletzung sowie der fahrlässigen Tötung bzw. des Totschlages.
Auch sollte man sich in der Produktentwicklung rechtzeitig vor Augen halten, dass bestimmte europäische Sicherheitsgesetze (z. B. diverse EG-Richtlinien mit einer CE-Kennzeichnung, arznei- und lebensmittelrechtliche Vorschriften) Schutzvorgaben für die Benutzer enthalten – es liegt daher nahe, dass im Fall der Fälle der Verstoß gegen derartige Sicherheitsvorschriften argumentativ schnell auch zu einer Haftung nach § 823 Abs. 2 BGB eingesetzt werden kann. Im Maschinenbau sollte daher

z. B. das Sicherheitsprofil der EG-Maschinenrichtlinie, in der Medizinproduktebranche dasjenige der EG-Medizinprodukterichtlinie oder bei Spielzeugherstellern das Sicherheitsprofil der EG-Spielzeugrichtlinie dringend bekannt sein. Jede Branche hat ihre Schutz- und Sicherheitsgesetze, deren Missachtung immer das Risiko einer (späteren) Haftung nach § 823 Abs. 2 BGB erhöhen!

36.1.4 Gefährdungshaftung gemäß § 1 ProdHaftG

Wie bereits ausgeführt, besteht neben der deliktischen Verschuldenshaftung der § 823 Abs. 1 und 823 Abs. 2 BGB eine Gefährdungshaftung gemäß § 1 ProdHaftG. § 1 ProdHaftG lautet:

> *„Wird nur durch den Fehler eines Produktes jemand getötet, sein Körper oder seine Gesundheit verletzt oder eine Sache beschädigt, so ist der Hersteller des Produkts verpflichtet, dem Geschädigten den daraus entstehenden Schaden zu ersetzen. Im Fall der Sachbeschädigung gilt dies nur, wenn eine andere Sache als das fehlerhafte Produkt beschädigt wird und dieseandere Sache ihrer Art nach gewöhnlich für den privaten Verbrauch bestimmt und hierzu von dem Geschädigten hauptsächlich verwendet worden ist."*

III

Wie dem Wortlaut von § 1 ProdHaftG entnommen werden kann, ist auch hier für eine Haftung eine sogenannte Rechtsgutsverletzung, nämlich eine Tötung, Körper- oder Gesundheitsverletzung oder eine Sachbeschädigung erforderlich. Fehlt es daran, tritt gemäß § 1 ProdHaftG keine Haftung ein. Weiterhin ist hervorzuheben, dass gemäß § 1 Abs. 1 S. 2 ProdHaftG die Ersatzpflicht bei Sachbeschädigungen wesentlich eingeschränkt ist. Denn eine Haftung besteht hier nur, wenn durch das fehlerhafte Produkt eine andere Sache beschädigt worden ist, die für den privaten Gebrauch bestimmt und hierzu von dem Geschädigten auch hauptsächlich verwendet worden ist.

In § 1 Abs. 2 ProdHaftG sind eine Reihe von **Haftungsausschlüssen** vorgesehen. Danach tritt keine Haftung des Herstellers ein, wenn

1. er das Produkt nicht in den Verkehr gebracht hat.
2. er das Produkt nicht für den Vertrieb hergestellt hat.
3. das Produkt den Fehler, der den Schaden verursacht hat, noch nicht hatte, als es in den Verkehr gebracht wurde.
4. der Fehler auf zwingenden Rechtsvorschriften beruht. In der industriellen Praxis wird dies vielfach falsch verstanden: Rechtsvorschriften sind nicht rein technische Normen wie DIN, VDE, ETSI-Normen und auch nicht verbandliche Leitlinien wie VDI-Richtlinien, VDMA-Empfehlungen, VCI-Regeln etc.
5. das Produkt einen Fehler aufweist, der nach Wissenschaft und Technik zum Zeitpunkt des Inverkehrbringens nicht erkannt werden konnte.

36.1.5 Wann liegt eine Rechtsgutsverletzung vor?

Die für die Produkthaftung relevanten Rechtsgüter sind in § 823 Abs. 1 BGB und § 1 ProdHaftG abschließend aufgeführt.

36.1.5.1 Körperverletzung

Zu ergänzen ist zur Körperverletzung, dass diese – insbesondere im Anschluss an den Einstellungsbeschluss des Landgerichtes Aachen betreffend das Strafverfahren gegen die Geschäftsleitung der Firma Chemie-Grünenthal („Contergan") aus 1971 – auch dann zu bejahen ist, wenn die eine Körperverletzung begründende Handlung zu einem Zeitpunkt gesetzt wurde, zu dem der Verletzte noch nicht geboren war. Wirkt das in Umlauf gebrachte fehlerhafte Produkt in einer Art und Weise, dass es beispielsweise Einfluss auf Verlauf und Ergebnis einer späteren Schwangerschaft hat, so bietet nach Auffassung der Rechtsprechung der Schutz des auch ungeborenen Lebens, der Verfassungsrang genießt (Art. 1 GG), dass auch insoweit von einer haftungsbegründenden Körperverletzung auszugehen ist.

36.1.5.2 Gesundheitsverletzung

Eine Gesundheitsverletzung (Störung der inneren Lebensvorgänge) wird von der Rechtsprechung auch bejaht, wenn durch das fehlerhafte Produkt eine Infektion zwar ausgelöst, die hierdurch zu erwartende Erkrankung aber noch nicht ausgebrochen ist. Entschieden wurde dies unter anderem von der Rechtsprechung in Zusammenhang mit HIV-kontaminierten Blutprodukten. Hier genügte eine HIV-Infektion für die Haftung des jeweiligen Herstellers, selbst wenn die Immunschwächekrankheit AIDS bei dem Infizierten noch nicht ausgebrochen ist.

36.1.5.3 Eigentumsverletzung

Hinsichtlich des Begriffs der Eigentumsverletzung ist zu ergänzen, dass diese von der Rechtsprechung nicht nur bei einer Zerstörung, Beschädigung oder Entziehung einer Sache bejaht wird. Aus Sicht der Rechtsprechung ist für eine Eigentumsverletzung nicht zwingend eine Beschädigung oder Zerstörung der betreffenden Sache erforderlich. Ausreichend ist vielmehr, wenn der bestimmungsgemäße Gebrauch eingeschränkt wird.

Man mag an dieser Stelle zu Recht fragen, ob dem zu spät kommenden Handelsvertreter in einem unserer obigen Beispiele wegen des versäumten Geschäftstermins nicht doch Schadenersatz hinsichtlich des erlittenen Provisionsausfalls unter dem Begriff einer Eigentumsverletzung zuzusprechen wäre. Denn das Fahrzeug war liegen geblieben und damit der Gebrauch des Fahrzeuges entsprechend eingeschränkt. Blickt man jedoch in den Wortlaut des § 1 Abs. 1 ProdHaftG, so wird deutlich, dass im Falle der Sachbeschädigung jeweils die Beschädigung einer anderen für den privaten Verbrauch bestimmten und hauptsächlich verwendeten Sache erforderlich ist. Dies ist bei dem Sportcoupé, das aufgrund eines eigenen Defektes liegen bleibt, gerade nicht der Fall.

Dasselbe gilt für die deliktische Grundnorm des § 823 Abs. 1 BGB, wonach Eigentumsverletzungen betreffend das fehlerhafte Produkt selbst nur unter höchst eingeschränkten Voraussetzungen ersetzt werden. Dies ist deshalb so, weil andernfalls die Grenze zwischen der Sachmängelhaftung – reine vertragliche Haftung des Verkäufers – zur deliktischen Haftung des Herstellers aufgeweicht würde. Von der Rechtsprechung wird bis heute eine deliktische Verantwortlichkeit hinsichtlich Schäden, die an dem von dem Hersteller in Verkehr gebrachten fehlerhaften Produkt entstehen, nur in einem einzigen Fall bejaht: Dem des „weiterfressenden Fehlers“: Ein solcher weiterfressender Fehler liegt vor, wenn ein Fehler an einem funktionell abgrenzbaren Teil geeignet ist, das hergestellte Endprodukt zu zerstören oder zu beschädigen. Dabei soll eine deliktische Haftung des Herstellers nur dann bestehen, wenn das sogenannte Integritätsinteresse (Interesse des Anspruchstellers an der Unversehrtheit seiner Rechtsgüter) und das Nutzungs- und Äquivalenzinteresse (Interesse des Anspruchstellers an der Benutzung des Produktes) nicht „stoffgleich“ sind. Eine solche Stoffgleichheit besteht – mit der Folge eines Ausschlusses einer deliktischen Haftung des Herstellers –, wenn sich der geltend gemachte Schaden mit dem im Augenblick des Eigentumsübergangs dem Produkt anhaftenden Mangel im Wert deckt. Führt daher das in dem Produkt eingebaute abgrenzbare fehlerhafte Teil lediglich zu einer Funktionsstörung des gesamten Produktes, so liegt hierin keine Eigentumsverletzung. Denn der aus diesem Fehler resultierende Minderwert des Produktes führt zu keinem weiteren Schaden (einschließlich eines Wertverlustes des Gesamtproduktes).

Die Rechtsprechung hat in folgenden Fällen eine Haftung des Herstellers wegen eines sogenannten weiterfressenden Fehlers bejaht:

- Ein funktionell begrenztes Einzelteil (Steuergerät) führt in Folge Versagen an der im Übrigen einwandfreien gesamten Sache (industrielle Anlage) zu einem weiteren Schaden (Brand).
- Ein fehlerhaftes Ventil führt später zur Zerstörung des Motors.
- Eine fehlende Befestigungsschraube des Nockenwellensteuergerätes führt nach 9 Monaten Betriebszeit zur Beschädigung des im Übrigen fehlerfreien Motors.
- Eine fehlerhafte Bereifung und ein deswegen hängen bleibender Gasseilzug führt später zu einer Unfallbeschädigung des Kfz.

36.1.6 Wer haftet neben dem Hersteller?

Wie bereits erläutert, sieht zwar das Produkthaftungsgesetz in § 1 Abs. 1 ProdHaftG grundsätzlich eine Beschränkung der Haftung auf den Hersteller – der im Markt ja als GmbH oder in sonstiger Form gesellschaftsrechtlich/körperschaftlich organisiert auftritt – vor.

Anders ist dies in den deliktischen Grundnormen der §§ 823 Abs. 1 und 823 Abs. 2 BGB. Beide Vorschriften sehen, da sie nicht ausschließlich die Haftung für fehlerhafte Produkte regeln, schon sprachlich keine entsprechende Einschränkung vor. Doch auch hier gilt: Ersatzpflichtig ist zunächst der tatsächliche Hersteller sowie gegebenenfalls neben diesem auf Seiten des Herstellers verantwortlich handelnde natürliche Personen, z. B. Mitglieder der Geschäftsleitung, leitende Mitarbeiter.

III

36.1.6.1 Haftung von Mitgliedern der Geschäftsleitung und (leitenden) Mitarbeitern

Dies bedeutet für (leitende) Mitarbeiter des Herstellers: Nicht nur der Hersteller als einzelkaufmännisches, z. B. mittelständisches Unternehmen oder Industrieunternehmen kann für den durch einen Produktfehler entstandenen Schaden auf Schadenersatz herangezogen werden, sondern grundsätzlich auch jedes Mitglied der Geschäftsleitung sowie jeder Mitarbeiter, der den Produktfehler und den hieraus später entstehenden Schaden zu verantworten hat. Erkennt daher in unserem Ausgangsbeispiel der Mitarbeiter Dipl.-Ing. Emsig den Fehler in der Bremselektronik, unterlässt es Dipl.-Ing. Emsig aber, diesen Produktfehler zu melden, so ist nicht auszuschließen, dass Dipl.-Ing. Emsig bei Verletzung und Schädigung Dritter aufgrund dieses Fehlers in der Bremselektronik des Fahrzeugs persönlich auf Schadenersatz in Anspruch genommen wird.

In der Praxis richten sich Produkthaftungsansprüche häufig ausschließlich gegen die Unternehmung, nicht nur wegen der besseren Liquidität und Versicherungssituation, sondern auch wegen der Problematik des Nachweises der Anspruchsvoraussetzungen gegenüber bestimmten Mitarbeitern der Unternehmung.

36.1.6.2 Haftung des Quasiherstellers

Die Haftung wurde ausgedehnt auf den sogenannten Quasihersteller. Diese Haftung des Quasiherstellers wurde im Produkthaftungsgesetz sogar gesetzlich festgeschrieben. Gemäß § 4 Abs. 1 S. 2 ProdHaftG gilt als Hersteller auch jeder, der sich durch das Anbringen seines Namens, seiner Marke oder eines anderen unterscheidungskräftigen Kennzeichens als Hersteller ausgibt. Dies ist somit jeder, der nach außen hin im Markt den Eindruck erweckt, er sei der tatsächliche Hersteller. Die Haftung des Quasiherstellers hat insbesondere Bedeutung für Versandhäuser und Handelsketten, die für sich herstellen lassen und das Produkt sodann mit Markenzeichen oder Firmen-Label als eigenes im Markt anbieten.

36.1.6.3 Haftung des Importeurs

III

Ferner haftet gemäß § 4 ProdHaftG auch der Importeur des Produkts. Dabei muss die Einfuhr oder Verbringung des Produktes in den europäischen Wirtschaftsraum im Rahmen der geschäftlichen Tätigkeit des Importeurs zum Vertrieb mit wirtschaftlichem Zweck (z. B. Verkauf, Vermietung, Verleasen) geschehen. Über diese Vorschrift soll der Verbraucher geschützt werden, einen Produkthaftungsprozess mit einem Hersteller in einem Drittland führen zu müssen.

36.1.6.4 Haftung des Lieferanten

Schließlich sieht das Produkthaftungsgesetz gemäß § 4 Abs. 3 ProdHaftG noch eine Haftung des Lieferanten (Händler) anstelle des Herstellers vor, wenn der Hersteller des Produkts nicht festgestellt werden kann. Diese Haftung scheidet aus, wenn der Lieferant dem Geschädigten den Hersteller oder seinen eigenen Vorlieferanten benennt oder wenn der Name des Herstellers ohnehin bekannt ist (vgl. § 4 Abs. 3 ProdHaftG).

Darüber hinaus besteht aber nur in eingeschränktem Umfang eine Haftung des Vertriebshändlers und Lieferanten für fehlerhafte Produkte. Diese haften deliktsrechtlich grundsätzlich nicht, wenn sie nicht Hersteller des Produktes sind. Insbesondere trifft den Vertriebshändler und Lieferanten eine Pflicht zur Überprüfung der vertriebenen Produkte auf gefahrgeneigte Beschaffenheiten nur, wenn hierzu aus besonderen Gründen Anlass besteht, z. B. wenn bereits Schadensfälle bekannt geworden sind. Im Übrigen haftet eine Vertriebsgesellschaft deliktsrechtlich für durch fehlerhafte Produkte verursachte Schäden nur, wenn sie den Eindruck erweckt, sie wolle für Haftungsverbindlichkeiten des Herstellers gegenüber den Käufern des fehlerhaften Produktes eintreten.

36.1.7 In welcher Höhe wird gehaftet?

Während das Produkthaftungsgesetz eine Haftungshöchstsumme je Schadensfall von 85 Millionen Euro vorsieht, richtet sich die Haftung nach § 823 BGB nach dem Grundsatz der sogenannten Totalreparation. Dies bedeutet: Sämtliche aufgrund eines fehlerhaften Produktes entstandene Schäden (eine Rechtsgutsverletzung vorausgesetzt) sind zu ersetzen, ohne Beschränkung der Höhe nach.

36.1.8 Wann ist ein Produkt fehlerhaft?

Die Rechtsprechung hat in den vergangenen Jahrzehnten unterschiedliche Fallgruppen entwickelt, wann ein Produkt fehlerhaft ist und eine mögliche Haftung für hierdurch entstehende Schäden auslösen kann. Man unterscheidet zur technischen Abgrenzung potenzieller Fehlerkausalitäten folgende Fehlergruppen:

- Instruktionsfehler (keine ausreichende Produktbeschreibung, keine ausreichenden Warn- und Gefahrenhinweise)
- Konstruktionsfehler: Die gesamte Produktlinie, unabhängig von einzelnen Chargen, weist denselben Fehler im technischen Design auf.
- Fabrikationsfehler: Einzelne Produkte einer bestimmten Charge oder eine gesamte Charge weisen denselben Fertigungsfehler auf.
- Entwicklungsfehler: Das Produkt hat einen Fehler, der aber zum Zeitpunkt des Inverkehrbringens nach Stand von Wissenschaft und Technik von niemandem hätte erkannt werden können. Juristen sprechen also von Entwicklungsfehlern anders als Techniker, die darunter häufig den Konstruktionsfehler als Fehler in der Entwicklung des technischen Designs meinen.

36.1.8.1 Konstruktions- und Fabrikationsfehler

Die Fallgruppen können in vielerlei Hinsicht zusammengefasst werden, da sie sich – wie oben dargestellt – nur dahingehend unterscheiden, ob die gesamte Serie eines bestimmten Produktes oder nur einzelne Produkte oder eine bestimmte Charge einen bestimmten Produktfehler aufweisen. Allerdings ist die Vermeidung von Fabrikationsfehlern vorrangig eine Herausforderung an die firmeninterne Qualitätssicherung (QS), während Konstruktionsfehler bereits mit dem technischen Design, der gesamten Produktentwicklung und -konzeptionierung zu tun haben (können).

Grundsätzlich ist der Hersteller gehalten, das Produkt so sicher herzustellen, dass Schäden für Produktbenutzer sowie sonstige Dritte sicher ausgeschlossen werden. Entscheidend hierbei ist, ob das Produkt die Sicherheit bietet, die die Allgemeinheit unter Berücksichtigung aller Umstände des Einzelfalls erwarten kann. Dabei ist festzuhalten, dass eine „totale Sicherheit" von niemandem erwartet werden kann. Insoweit ist zwischen der absoluten und der relativen Gefährlichkeit des Produktes zu unterscheiden: Jedes Produkt, abhängig von dessen Verwendung im Einzelfall, birgt ein gewisses technisches Gefahrenpotenzial in sich. Dies zeigt die Zahl der bei Benutzung eines Kraftfahrzeugs verunfallten Verkehrsteilnehmer, aber auch die Zahl der Allergien, die durch Haarpflegemittel, Tönungen oder Lebensmittel ausgelöst werden können. Aus diesem Grunde entscheidet über die Gefährlichkeit eines Produktes und damit das Vorliegen eines Konstruktions- oder Fabrikationsfehlers nicht die technische absolute Gefährlichkeit, sondern eine Betrachtungsweise, die als Ausdruck gesellschaftlicher Entwicklungen letztlich eine in Rechtsform gegossene Bewertung akzeptierter Restrisiken ist. Entscheidend ist zudem, wie gefährlich das Produkt – relativ betrachtet – im Vergleich zu anderen im Markt angebotenen, vergleichbaren Produkten ist.

Beispiel: Insoweit kann ein hoch entwickeltes Sportcoupé nicht mit der Sicherheit verglichen werden, die ein Kleinwagen bietet. Doch kann die Sicherheitserwartung an ein Automobil (ESP, Anzahl der Airbags im Fahrzeug) im Laufe der Zeit aufgrund veränderter Gesamtumstände zunehmen und nicht mehr bloße Luxusausstattung sein. ■

In jedem Fall muss das Produkt aber zum Zeitpunkt der Inverkehrgabe dem aktuellen Stand von Forschung und Wissenschaft entsprechen. Von technischen Normen, Standards und Spezifikationen wird gegebenenfalls ein Mindeststandard festgehalten, dessen Unterschreitung die Verletzung der zu erwartenden Sicherheit geradezu nahelegt. Doch können Normen selbstredend bei noch nicht redaktionell umgesetzter technischer Fortentwicklung ergänzungsbedürftig sein oder aus sonstigem Grund inhaltlich vom Stand von Wissenschaft und Technik abweichen. Aus diesem Grunde kann man sich bei Auftreten eines Schadensfalls in Zusammenhang mit einem bestimmten Produkt nicht darauf zurückziehen, dass Produktfehler juristisch ausgeschlossen sind, weil die in technischen Normen vorgesehenen Standards an die (technische) Ausstattung des Produktes eingehalten worden sind. Dies verwechselt letztlich Rechtsvorgaben mit den Vorgaben industrieller Abreden. Zudem haben sich viele technische Normungen inhaltlich nur mit der bestimmungsgemäßen Verwendung, nicht aber mit der vorhersehbaren Fehlanwendung auseinandergesetzt, die indes ja auch ein gewisses Haftungsrisiko auslöst. Normkonformes Produzieren führt daher nicht automatisch zu einem rechtskonformen Produzieren.

Entscheidend für die Frage, ob dem Produkt ein Konstruktions- oder Fabrikationsfehler anhaftet, sind auch äußere Umstände wie die Preisgestaltung oder die sogenannte *Consumer Awareness*, nämlich das Wissen des Produktverwenders um technisch nicht ausschließbare gefahrenträchtige Eigenschaften eines Produktes (z. B. die Schädlichkeit von Nikotin oder Alkohol). Dabei ist bereits bei der Herstellung eines Produktes zu berücksichtigen, in welcher Weise das Produkt später verwendet werden wird. Mit einem nicht ganz fernliegenden fehlerhaften Gebrauch (= vorhersehbare Fehlanwendung) ist dabei ebenfalls zu rechnen. Erst der missbräuchliche, zweckfremde Gebrauch ist hierbei nicht miteinzubeziehen. Allerdings muss der Hersteller sein Produkt nicht gegen jeden Fehlgebrauch von der Konstruktion her sichern. So hat der BGH im sogenannten „*sniffing*"-Fall 1981 entschieden, dass der Hersteller eines Kältemittels keine Vorkehrungen gegen ein Berauschen durch Inhalation der in dem Kältemittel enthaltenen Lösungsmittel treffen muss. Vor einem solchen krassen Missbrauch des Produkts muss der Hersteller auch nicht in der Gebrauchsanleitung warnen, insbesondere dann nicht, wenn es sich um ein für den gewerblichen Gebrauch bestimmtes Produkt handelt.

Auch hierin liegt ein entscheidendes Kriterium für die Sicherheitserwartungen an ein bestimmtes Produkt: Ist das Produkt lediglich für einen bestimmten Kreis von Anwendern bestimmt, so ist auf dessen Sicherheitserwartungen abzustellen. Dies mag sich ändern, wenn der Hersteller erfährt, dass – trotz entgegenstehender Vertriebswege – das Produkt in Hände unerfahrener Endverbraucher gelangt („Produktmigration"). In jedem Fall sollte ein unternehmensintern gut implementiertes Reklamations- und Beschwerdemanagement dazu genutzt werden, unerwartete, „widmungsfremde" Verhaltensweisen mit dem Produkt frühzeitig zu identifizieren, um so darauf reagieren zu können – sei es, durch dies unterbindende Änderungen im technischen Design, sei es durch dies verbietende Sicherheitshinweise in der Bedienungsanleitung.

Keine Haftung für spätere Produktverbesserung

Im Übrigen führt eine spätere Produktverbesserung nicht zur Fehlerhaftigkeit der bisherigen Produktlinie. So hat selbstredend nicht jeder technische Fortschritt zur Folge, dass rückwirkend das Vormodell im juristischen Sinne unsicher und damit fehlerhaft im Sinne der Produkthaftung wird; ansonsten würde ja jede technische Innovation die bisherigen Modelle sicherheitsrechtlich „unterlaufen". Gibt es aber grundsätzliche Verbesserungen der Sicherheit, so ist von jedem Wettbewerber in jedem Einzelfall die Frage zu stellen, ob diese im eigenen Produktsegment auch eingeführt werden sollten, um dem neuen (just veränderten) Sicherheitsstandard weiterhin zu genügen. Daneben bleiben aber zur Beurteilung der Sicherheit eines Produktes auch die gesellschaftliche Akzeptanz sowie die gesellschaftlichen Sicherheitserwartungen an das Produkt ausschlaggebend.

Fragen bei der Produktentwicklung

Folgende Fragen muss man sich daher bei der Entwicklung eines Produktes stellen:

- Gibt es funktionell vergleichbare Produkte?
- Welche Risiken gehen vom eigenen Produkt aus?
- Welche Risiken gehen von vergleichbaren Produkten aus?
- Sollte es keine in Funktion und Risiko vergleichbaren Produkte geben: Was sind die Vorteile des neuen Produktes? Welche Risiken sind zu erwarten? Wird der Markt die mit dem Produkt verbundenen Risiken akzeptieren?
- Wird auf zusätzliche Sicherheit verzichtet, um einen besseren Marktpreis anbieten zu können? Welche Risiken drohen hier für den Produktbenutzer? Bei schwerwiegenden Risiken ist von einer solchen Entwicklung abzusehen, weil unterstellt werden kann, dass der Produktbenutzer diese Risiken nicht allein wegen des günstigeren Preises akzeptiert.

III

Bei dem während der Konstruktion eines Produktes mitzuberücksichtigenden erwartungsgemäßen Gebrauch und naheliegenden Fehlgebrauch sind folgende Fragen zu diskutieren:

- Ist das Produkt für alle zu erwartenden (technischen, klimatischen, zeitlichen etc.) Einsatzbedingungen geeignet?
- Wie leicht muss ein Verschleißteil ausgetauscht werden können?
- Ist der Kreis der potenziellen Nutzer erfasst?
- Sind die vorgesehenen Sicherheitseinrichtungen selbsterklärend oder automatisch wirksam?
- Legen Lebenserfahrungen bzw. Rückmeldungen aus dem Markt mit vergleichbaren Produkten eines gewissen Missbrauch/naheliegenden Fehlgebrauch nahe?

Haftung für Ausreißer?

Eine besondere, aber seltene Haftungseinschränkung der Rechtsprechung aus den 50er und 60er Jahren kann für sogenannte Ausreißer gelten. Dies sind Fertigungs- und Fabrikationsfehler, die trotz aller zumutbaren Vorkehrungen unvermeidbar sind. Dasselbe gilt für Produktschäden, die auf Fehlern zugelieferter Teile beruhen, die trotz der durchgeführten, gebotenen Kontrollen nicht erkennbar waren. Für solche Ausreißer haften der Hersteller und damit auch dessen Organe, Vertreter und leitende Mitarbeiter nach den deliktsrechtlichen Normen der §§ 823 Abs. 1 und 823 Abs. 2 BGB mangels Verschulden nicht. An dieser Stelle unterscheidet sich die Gefährdungshaftung nach dem Produkthaftungsgesetz abermals von der Verschuldenshaftung des Deliktsrechts. Nach § 1 ProdHaftG in Verbindung mit §§ 3 und 4 ProdhaftG haftet der Hersteller auch für Ausreißer. Denn die Gefährdungshaftung des Produkthaftungsgesetzes verlangt gerade kein Verschulden für den hieraus resultierenden Schadenersatzanspruch. Diskussionen über „akzeptable Fehlerquoten“, geduldete Toleranzen oder Aufweichungen von Null-Fehler-Strategien (zero-defect-policy) sind also mehr noch als im reinen Qualitätsbereich im Sicherheitsbereich nicht sinnvoll.

Beispiele für Konstruktionsfehler:

- mangelhafte Befestigung eines Ölablaufrohrs
- Bedienungserschwerung bei Rungenverschluss
- gefährliches Gerät ohne ausreichende Schutzvorrichtung
- betriebsunsichere Kühlmaschine
- fehlende Schutzvorrichtung für Kettenantrieb von Transportbändern
- zu kurze Abstände zwischen Bedienpersonal und rotierenden Schneidwerkzeugen
- falsche Lastauslegungen
- Programmierfehler in der Steuerungssoftware
- fehlende Schutzvorrichtung gegen Entzündung eines Kondensators durch Erwärmung

Beispiele für Fabrikationsfehler:

- Typhusbazillen in Trinkmilch
- salmonellenvergiftete bzw. mit Hepatitisviren infizierte Speise in einer Gastwirtschaft
- Salmonellenvergiftung durch Kuchen
- nicht bruchfester Expander
- falsche Lötungen
- fehlerhafte Montage von Lenkvorrichtung bei Motorroller
- fehlerhaftes Ventil auf Druckbehälter
- Ventilbruch im Motor wegen Materialfehlers
- explodierende Mineralwasserflasche wegen bei der Auslieferung übersehenen Haarrissen
- Bruch des Operationsinstruments wegen Materialfehler

In unserem Ausgangsbeispiel stellt der Programmierfehler in der Bremselektronik einen klassischen Konstruktionsfehler dar, der die Fahrsicherheit des Fahrzeuges und damit die Sicherheit der Insassen maßgeblich beeinflusst. Da der Fehler jedem Fahrzeug des *Fireball* anhaftet, spricht man hier nicht von einem Fabrikations-, sondern einem Konstruktionsfehler.

36.1.8.2 Instruktionsfehler

Eine Produkthaftung kann nicht nur durch einen Fabrikations- oder Konstruktionsfehler, sondern auch durch eine unzureichende Instruktion des Produktverwenders über die richtige Anwendung und Risiken im Abweichungsfall ausgelöst werden.

Was gehört in die Produktbeschreibung/ Gebrauchanweisung?

Ist das Produkt konstruktionsfehlerfrei hergestellt, so bleibt das Risiko, dass das Produkt durch eine fehlerhafte Bedienung gleichwohl zur Gefahr werden kann. Über eine entsprechende Gebrauchsanleitung und die in dieser enthaltenen Warnhinweise (gegebenenfalls auch Hinweise und Piktogramme am Produkt) muss der Hersteller sicherstellen, dass der Produktverwender bei Inbetriebnahme des Produktes über potenzielle Gefahren informiert und auch vor einem zu erwartenden, fehlerhaften Gebrauch gewarnt wird. Hier ist gegebenenfalls durch Tests während der Entwicklung des Produkts zu eruieren, welcher Fehlgebrauch bei Einsatz des Produkts voraussichtlich resultieren kann. Zudem bietet, wie oben erwähnt, ein funktionierendes Reklamations- und Beschwerdemanagement viele Einsichten in Fehlverhaltensweisen.
Dabei ist wiederum auf den Wissensstand des Verwenders abzustellen, für dessen Gebrauch das Produkt bestimmt ist. Die Instruktionspflicht ist deutlich herabgesetzt, wenn das Produkt nur von Fachleuten verwendet werden wird. Grundsätzlich hat jedoch der Hersteller des Produkts Inhalt und Umfang seiner Instruktionen hinsichtlich der – gefahrenfreien – Verwendung seines Produkts nach der am wenigsten informierten und damit nach der gefährdetsten Benutzergruppe auszurichten. Diese Warnhinweise müssen dem Produkt beigefügt werden. Dabei muss die Art der drohenden Gefahr jeweils deutlich herausgestellt werden. Jedenfalls dann, wenn erhebliche Körper- und Gesundheitsschäden drohen, muss der Produktverwender aus dem Warnhinweis erkennen, warum das Produkt gefährlich werden kann.

Im ESTIL-Fall wurde dies besonders drastisch anhand der Fehlanwendung eines Kurznarkosemittels vom BGH schon 1972 erläutert: ESTIL durfte nur intravenös, keinesfalls intraarteriell injiziert werden. In der Packungsbeilage fand sich folgender Hinweis:

„Eine intraarterielle Injektion muss mit Sicherheit vermieden werden."

Trotzdem kam es in der Praxis zu intraarteriellen Injektionen mit der Folge, dass teilweise der ganze Arm des betroffenen Patienten amputiert werden musste.

Der BGH hat hierzu festgestellt, dass an die Aufklärung über mögliche Gefahren, die von Arzneimitteln ausgehen, besonders strenge Anforderungen zu stellen sind. Es wurde daher gefordert, dass auf die bei intraarterieller Injektion drohende Folge – fast sicherer Totalverlust der Extremität – genau in den Anwendungshinweisen hingewiesen wird. Da eine Fehlinjektion besonders bei der Armbeuge häufig war, musste auch darauf hingewiesen werden, dass ESTIL hier nicht zu injizieren ist. ■

Solche Warnhinweise dürfen auch nicht zwischen Teilinformationen über die Darreichungsform, in Reparatur- und Servicehinweisen oder in Werbeaussagen versteckt werden. Dabei ist wiederum ein nicht ganz fernliegender Fehlgebrauch, der durch die Konstruktion des Produktes nicht vermieden werden konnte, in der Gebrauchsanleitung zu berücksichtigen.

In den sogenannten Kinderteefällen hatte sich der BGH mehrfach mit den Zubereitungshinweisen des Herstellers zu beschäftigen. Die stark zuckerhaltigen Tees waren teilweise gemeinsam mit einem von einem Dritten hergestellten Trinkfläschchen vertrieben worden. Die Tees waren teilweise als „Gute-Nacht-Trunk" beworben worden und führten bei längerem Überlassen der mit dem zuckerhaltigen Tee befüllten Trinkfläschchen zu einem Umspülen der Oberkieferschneidezähne und gleichzeitigem Abspülen des Speichelschutzes mit der Folge schwerer Kariesschäden.

Der BGH stellte hierzu insbesondere fest, dass Warnhinweise vor den in dem Produkt liegenden Gesundheitsgefahren so deutlich erfolgen müssen, dass die Gefahren für den Verwender plausibel werden. Daher sind nicht nur allgemeine Verhaltenshinweise zu geben, sondern mit einer

III

sogenannte Folgenwarnung darzustellen, welche Gesundheitsrisiken bei Nichtbeachtung drohen. Ferner dürfen solche Informationen nicht zwischen Teilinformationen über Darreichungsformen oder in Werbeaussagen versteckt werden. Sie sind vielmehr drucktechnisch hervorzuheben. Der BGH hob weiter hervor, dass die entsprechende Warnpflicht nicht nur den Hersteller der Trinkfläschchen, sondern auch die Kindertee-Hersteller betreffe, weil deren Produkt eben hauptsächlich in diesen Fläschchen vertrieben wurde. ■

Schließlich ist zu berücksichtigen: Ist das zur Abwendung von Gefahren bestimmte Produkt unter bestimmten Voraussetzungen ungeeignet oder wirkungslos, so muss hierauf hingewiesen werden. Denn nur dadurch kann vermieden werden, dass der Benutzer im Vertrauen auf die Wirksamkeit des Produktes auf die Verwendung eines im Markt vorhandenen, wirksamen Mittels verzichtet.

III

Beispiel: Erweist sich ein Schädlingsbekämpfungsmittel unter bestimmten Einsatzbedingungen als wirkungslos, so ist hierauf in der Produktbeilage oder auf der Umverpackung deutlich hinzuweisen. ■

Die Warnung vor potenziellen Gefahren des Produktes ist somit ohne jegliche Beschönigung und an der Stelle auszusprechen, an der sie konzeptionell von dem Verwender auch zu erwarten ist. Es ist unzureichend, lediglich vor einem bestimmten Einsatz zu warnen bzw. diesen in der Gebrauchsanleitung zu untersagen, wenn nicht gleichzeitig herausgestellt wird, welcher Folgeschaden bei Missachten dieser Hinweise eintreten kann.
Dabei kann eine unsichere Konstruktion eines Produktes nicht durch eine umfassende Instruktion ausgeglichen werden. Nur Risiken, die durch eine sichere Konstruktion allein nicht ausgeschlossen werden können, dürfen in einer Instruktion bzw. entsprechenden Warnhinweisen aufgenommen werden.

Beispiel: Kann der Hersteller bei einer Anlage zur Stanzung von Computerchips durch eine sichere Konstruktion verhindern, dass der Bediener der Anlage oder ein Dritter bei laufendem Betrieb in die Anlage greifen und hierdurch verletzt werden kann, so ist die Anlage entsprechend zu konstruieren. Ein Warnschild, mit dem vor einem Griff in die Maschine bei laufendem Betrieb gewarnt wird, genügt an dieser Stelle nicht. ■

In welcher Sprache sind die Produktbeschreibung und Gebrauchanweisung abzufassen?

Die Instruktion muss auf die Kenntnis des voraussichtlichen Produktverwenders sowie dessen (technisches) Erfahrungswissen abgestellt sein. Der voraussichtliche Verwender des Produktes muss daher die Gebrauchsanleitung sowie hierin enthaltene Warnungen tatsächlich verstehen können. Folgende Fragen sind zu stellen:

- Aus welchen Personen setzt sich der künftige Verwenderkreis des Produkts zusammen? Welche Vorbildung haben diese?
- Kann der zu erwartende Verwender des Produktes überhaupt lesen?
- Welche Sprachen beherrscht der zu erwartende Produktverwender?

In letzterem Zusammenhang ist die Frage zu beantworten, in welche Landessprachen die Gebrauchsanleitung zu übersetzen ist. Dabei ist – abgesehen von vielen Rechtsvorschriften über zwingende Sprachübersetzungen, etwa nach der EG-Maschinenrichtlinie oder dem ProdSG – selbstverständlich, dass die Gebrauchsanleitung jedenfalls in die Sprache des Landes zu übersetzen ist, in dem das Produkt vertrieben werden soll; gegebenenfalls haben Exportländer auch mehrere Sprachen (z. B. in vielen ehemaligen Kolonialstaaten eine offizielle Amts- und zudem eine Verwendersprache). Der Hersteller kann sich nicht darauf verlassen, dass die Vertriebsgesellschaft, die in einem bestimmten Land den internationalen Vertrieb des Produktes übernimmt, für eine entsprechende Übersetzung der Gebrauchsanleitung einschließlich Warnhinweise in die Landessprache des betreffenden Ziellandes sorgt. Kommt die Vertriebsgesellschaft dieser Pflicht ordnungsgemäß nach, ist dies unproblematisch. Verletzt die Vertriebsgesellschaft aber diese Pflicht, so muss der Hersteller bei Auftreten von Schadensfällen damit rechnen, von dem Geschädigten aufgrund unzureichender Instruktion – weil nicht verständlich – auf Schadenersatz in Anspruch genommen zu werden.
In diesem Fall ist zwar ein entsprechender Freistellungsanspruch gegenüber der Vertriebsgesellschaft, die die ordnungsgemäße Übersetzung der Gebrauchsanleitung nebst Warnhinweisen in die Landessprache des Ziellandes übernommen hatte, denkbar. Doch ziehen Produkthaftungsschäden häufig erhebliche Schadenersatzansprüche der Geschädigten nach sich (Schadenersatz/Schmerzensgeld), die bei Fehlen einer entsprechenden Versicherungsdeckung der Vertriebsgesellschaft häufig deren wirtschaftliche Existenz infrage stellen können. Der im Regress gegenüber der Vertriebsgesellschaft mögliche Freistellungsanspruch kann sehr schnell wirtschaftlich völlig entwertet sein.

Ist dem Hersteller bekannt, dass sein Produkt im Inland voraussichtlich nicht nur von deutschsprachigen Verwendern, sondern auch der deutschen Sprache nicht mächtigen Verwendern benutzt werden wird, so kann die Instruktionspflicht gebieten, für eine entsprechende Übersetzung der Gebrauchsanweisung und Warnhinweise in die entsprechende Sprache Sorge zu tragen. So sollte bei Produkten für den Baustellenbetrieb für die Übersetzung der Gebrauchsanleitung und Warnhinweise in den wichtigsten süd- und osteuropäischen Sprachen Sorge getragen werden. Vor besonders gravierenden Gefahren kann im Übrigen durch das Anbringen von sogenannten Piktogrammen gewarnt werden. Dabei ist für den Export wiederum zu beachten, dass sich beim Versuch der Normungsvereinheitlichung im US-amerikanischen Bereich ganz andere Piktogramme (ANSI) entwickelt haben als im europäischen Bereich (DIN/CEN).

Marketing und Produkthaftung

Die richtige Instruktion mag vor Produkthaftungsansprüchen schützen. Sie kann aber auch Gegenstand eines erfolgreichen Marketings sein. Denn ein Produktverwender, dem der Einsatz des Produkts durch eine aus sich heraus verständliche Gebrauchsanleitung erläutert wird, wird das gegebenenfalls mit einer entsprechenden Treue zu dem Produkt danken und ärgerliche Fehlbedienungen ausschließen. In der Entwicklung kann das Produkt durch unvorbelastete Mitglieder der avisierten Zielgruppe getestet werden und auf diese Weise in Erfahrung gebracht werden, wie das Produkt voraussichtlich eingesetzt werden wird bzw. ob bereits entworfene Gebrauchsanleitungen ausreichend sind.

Zu berücksichtigen ist weiterhin, dass gemäß § 3 Abs. 1 lit. a ProdHaftG ein Produkt fehlerhaft ist, wenn es nicht die Sicherheit bietet, die unter Berücksichtigung aller Umstände, insbesondere seiner Darbietung, berechtigterweise erwartet werden kann. Dieser Gesichtspunkt ist auch im Kaufrecht durch die Einführung des sogenannten Schuldrechtsmodernisierungsgesetzes zum 1. 1. 2002 abermals verstärkt worden. Gemäß § 434 Abs. 1 BGB ist für die der Sachmängelhaftung zugrunde zu legenden Beschaffenheit eines Produkts unter anderem entscheidend, welche öffentlichen Äußerungen der Hersteller, insbesondere in der Werbung, seinem Produkt beigegeben hat. Wirbt ein Kraftfahrzeughersteller damit, dass ein Autofahrer mithilfe eines neuen Spurhaltesystems trotz verbundener Augen sicher über eine schmale Brücke ohne Geländer fahren kann, so werden die Sicherheitserwartungen des späteren Produktverwenders entsprechend nach oben gesetzt. Zwar mag man in einer solchen Konstellation zu Recht argumentieren, dass es sich hierbei nur um eine anpreisende Darstellung handelte, die keinen Einfluss auf die Beschaffenheit des Produkts hat. Doch sollte, um jegliche Haftungsfolgen zu vermeiden, vermieden werden, dass dem Produkt in der Werbung, mag es sich auch um reklamehafte Übertreibungen handeln, eine Beschaffenheit bzw. Sicherheit beigegeben wird, die das Produkt nicht erfüllen kann.

36.1.8.3 Wie lange muss das Produkt den Sicherheitsanforderungen entsprechen?

Wie oben bereits erläutert, ist für den Stand der Sicherheit, die die Allgemeinheit berechtigterweise erwarten darf, der Zeitpunkt entscheidend, zu dem das Produkt in den Verkehr gebracht wurde, also die Werkhalle verlässt. In § 3 ProdHaftG ist klargestellt, dass ein Produkt nicht allein deshalb einen Fehler aufweist, weil später ein verbessertes Produkt in den Verkehr gebracht wurde.

Allerdings muss die Sicherheit des Produkts über seine gesamte, verkehrsübliche Nutzungsdauer (vgl. auch *Product Lifecycle Management* – PLM) aufrechterhalten werden. Dies bedeutet, dass auch an die Materialauswahl und Konstruktion entsprechende Anforderungen zu stellen sind, die gewährleisten, dass das Produkt die zum Zeitpunkt des Inverkehrbringens erwartete Sicherheit auch über die gesamte Nutzungsdauer aufrechterhalten kann. Selbstverständlich sind Abnutzungen und Verschleißerscheinungen nicht auszuschließen. Wo dies technisch nicht ausgeschlossen werden kann, sollte wiederum in der Gebrauchsanleitung hierauf hingewiesen werden, um dem Produktverwender die Möglichkeit zu verschaffen, Verschleißerscheinungen durch Austausch entsprechender Teile Sorge zu tragen und somit die Sicherheit des Produkts aufrechtzuerhalten.

So wird beispielsweise in Gebrauchsanleitungen von Kfz-Herstellern der regelmäßige Austausch der Bremsflüssigkeit in der Betriebsanleitung vorgeschrieben, um einer zu starken Absenkung des Siedepunkts durch Aufnahme von Wasser durch die hydrophile Flüssigkeit rechtzeitig vorzubeugen.

36.1.8.4 Entwicklungsfehler

Bei einem Entwicklungsfehler handelt es sich aus juristischer Sicht um einen Fehler, der zum Zeitpunkt des Inverkehrbringens des Produkts nach dem damaligen Stand der Wissenschaft und Technik nicht erkannt und damit nicht vermieden werden konnte. Ein solcher Fehler ist nicht vermeidbar, wenn die potenzielle Gefährlichkeit des Produkts nach der Summe an Wissen und Technik, die allgemein – nicht nur in der betreffenden Branche und

III

national – verfügbar und anerkannt ist, nicht erkannt werden konnte, weil dieses Wissen zum Zeitpunkt des Inverkehrbringens nicht verfügbar war. Juristen meinen damit mit Entwicklungsfehler ausdrücklich nicht das, was Ingenieure vor Augen haben, wenn sie von einem „Entwicklungsfehler“ sprechen; dieser entspricht im Rechtssinne vielmehr einem Konstruktionsfehler!

Für solche Entwicklungsfehler haftet der Hersteller nach dem Deliktsrecht, d.h. im Grunde genommen der §§ 823 Abs. 1 und Abs. 2 BGB, mangels Verschulden nicht. Dasselbe gilt im Ergebnis auch für die insoweit strengere Gefährdungshaftung nach dem Produkthaftungsgesetz. Hier sieht § 1 Abs. 2 ProdHaftG einen entsprechenden Haftungsausschluss in § 1 Abs. 2 Nr. 5 ProdHaftG ausdrücklich vor. Allerdings ist für diesen Haftungsausschluss grundsätzlich der Hersteller in der Beweislast (§ 1 Abs. 4 ProdHaftG). Dies bedeutet, dass im Falle einer streitigen Auseinandersetzung die Frage eines die Haftung des Herstellers ausschließenden Entwicklungsfehlers mithilfe eines Sachverständigen geklärt werden müsste. Lässt sich dies nicht klären, geht es zu Lasten des Herstellers. Vorsicht: Produkthaftungsgesetze anderer Staaten können auch eine Haftung für Entwicklungsfehler vorsehen. Dies ist gerade auch innerhalb der Staaten der europäischen Gemeinschaft unterschiedlich geregelt und ein steter Diskussionspunkt.

III

36.1.8.5 Produktbeobachtung

Die Pflichten des Herstellers sind mit der Inverkehrgabe des von ihm entwickelten Produktes nicht beendet. Vielmehr obliegt dem Hersteller eine sogenannte Produktbeobachtungspflicht. Hinter diesem von der Rechtsprechung entwickelten Begriff verbirgt sich die Verpflichtung des Herstellers, das Produkt nach erfolgreicher Inverkehrgabe auf dessen Verhalten im Markt hin zu beobachten – was die Verwendung durch die Benutzers des Produktes anbelangt sowie aus dem Markt gemeldeter Gefahren im Zusammenhang mit der Produktverwendung. Dabei wird zwischen der sogenannten aktiven und passiven Produktbeobachtung unterschieden.

Aktive Produktbeobachtung

Bei der aktiven Produktbeobachtung wird der Hersteller selbst tätig. Dies geschieht durch aktive Beobachtung des Produktes und seiner Verwendung in der Praxis durch Auswertung wissenschaftlicher Erkenntnisse in Publikationen, Telemedien und auf Fachveranstaltungen und Messen, durch Beobachtung der Produktentwicklung der wichtigsten Mitbewerber sowie auch durch Beobachtung des Verhaltens des Produktes in Verbindung mit (Zubehör-)Produkten von Wettbewerbern. Abhängig von der Größe des Unternehmens und der Reichweite des Vertriebs des betreffenden Produkts sind nicht nur die Fachmedien auszuwerten, sondern auch die Tagespresse und das Internet. Hier mag hilfreich sein, dass man über Internet-Suchmaschinen anhand von Suchbegriffen wie „Fehler, Produkthaftung, Risiko, Beanstandung, Gefahr“ in Verbindung mit der Eingabe des betreffenden Produktes versucht herauszufinden, ob hier bereits über Produktfehler, z.B. in Chatrooms, berichtet wird (sogenanntes Internet-Screening).

Die im Rahmen dieser aktiven Produktbeobachtung gewonnenen Ergebnisse sind sodann im Hinblick auf etwaige – bei Inverkehrgabe des Produktes unerkannte – Produktfehler auszuwerten. Wichtig ist, dass hierbei festgestellte etwaige Beanstandungen oder Berichte über Produktrisiken zentral erfasst und ausgewertet werden. Sollten sich Berichte über Beanstandungen oder Produktrisiken als zutreffend erweisen, muss sichergestellt sein, dass eine umgehende Reaktion erfolgt.

Werden aus dem Markt Schäden im Zusammenhang mit dem Produkt gemeldet, so ist zu entscheiden, ob

1. die bisherige Konstruktion für künftige Produktreihen zu ändern ist.
2. zusätzliche Gefahrenhinweise für bisherige und künftige Abnehmer aufzunehmen sind.
3. ein Rückruf wegen bereits zum Zeitpunkt der Inverkehrgabe bestandener – unerkannt gebliebener – Produktfehler angezeigt ist.

Passive Produktbeobachtung

Hiervon zu unterscheiden ist die passive Produktbeobachtung, bei der das Produkt nicht aktiv im Markt auf sein Verhalten hin überwacht wird, sondern lediglich auf Rückmeldungen aus dem Markt hin durch Schadensanzeigen oder Mängelanzeigen von Kunden oder Vertriebsgesellschaften reagiert wird (Stichwort: Reklamations- und Beschwerdemanagement). In § 6 Abs. 3 ProdSG wird dem Hersteller von sogenannten Verbraucherprodukten die Verpflichtung zu einer aktiven Produktbeobachtung durch Ziehung von Stichproben und durch Führung eines sogenannten Beschwerdebuchs auferlegt.

Diese von der Rechtsprechung begründete Produktbeobachtungspflicht wirft in der täglichen Praxis häufig Schwierigkeiten auf, da bis heute Umfang und Konsequenzen der Produktbeobachtung bei Feststellen möglicher Sicherheitsrisiken des längst im Verkehr befindlichen Produktes nach wie vor unklar sind.

Besondere Probleme treten auf, wenn im Zuge der Produktbeobachtung festgestellt wird, dass Risiken daraus resultieren, dass das eigene Produkt mit fremdem Zubehör verbunden wird. Hier kommt lediglich eine entsprechende Warnung vor Verwendung des gefahrenträchtigen

Zubehörteils in Betracht sowie gegebenenfalls eine Kontaktaufnahme mit dem Hersteller dieses Zubehörs, um auch in dessen Gebrauchsanweisung die Aufnahme eines entsprechenden Gefahrenhinweises zu erreichen. Ein durchsetzungsfähiger Anspruch hierauf kommt im Regelfall mangels entsprechender vertraglicher Beziehungen zu dem Hersteller des Zubehörs nicht in Betracht. Möglich ist aber, dass man bei Weigerung des Herstellers des Zubehörs die zuständigen Behörden von diesem Sicherheitsproblem in Kenntnis setzt, um eine entsprechende behördliche Verpflichtung des Herstellers des Zubehörs zur Anbringung von Warnhinweisen zu erreichen.
Welche Maßnahmen im Einzelfall zu ergreifen sind, muss von Fall zu Fall abgestimmt werden. Denn eine voreilige Einschaltung der zuständigen Behörden oder eine öffentliche Warnung mag von dem Hersteller des Zubehörs mit einer einstweiligen Verfügung wegen wettbewerbswidrigen oder gar geschäftsschädigenden Verhaltens beantwortet werden. Entscheidend ist an dieser Stelle – wie stets in der Produkthaftung –, welche Risiken tatsächlich im Raum stehen. Besteht infolge der Verbindung des gefahrenträchtigen Zubehörs mit dem Produkt das Risiko eines Sachschadens, so wird eine öffentliche Warnung vor der Verwendung des Zubehörs mit dem Produkt eher zu verneinen sein. Denn dieses Risiko hat der Produktverwender regelmäßig selbst gesetzt. Stehen aber höherwertige Rechtsgüter auf dem Spiel und verweigert der Hersteller des Zubehörs seine Kooperation, so erscheint eine öffentliche Warnung sowie die Einschaltung der zuständigen Behörden zur Vermeidung von unerwünschten Schäden Dritter in jedem Fall als angezeigt. Dies nicht nur wegen möglicher Haftungsfolgen für den Hersteller des Produkts, sondern auch, um eine negative Aufmerksamkeit im Falle von Schäden mit dem eigenem Produkt in jedem Falle zu vermeiden. Ob daneben ein wettbewerbsrechtlicher Unterlassungsanspruch gegenüber dem Hersteller des Zubehörs in Betracht kommt, etwa weil wahrheitswidrig das Zubehör als von dem Hersteller besonders empfohlen angepriesen wird, ist im Einzelfall zu prüfen und zu beantworten.

36.1.8.6 Herstellung und Zukauf

Üblicherweise werden Produkte nicht vollständig von einem Hersteller in toto hergestellt, sondern einzelne Baugruppen von Zulieferern zur Verfügung gestellt. Um bei fehlerhaften Zulieferteilen einem späteren Haftungsvorwurf entgehen zu können, ist erforderlich, das Zusammenspiel sämtlicher Zulieferteile in dem hergestellten Produkt durch angemessene Untersuchung und gegebenenfalls Erprobung sicherzustellen. Hierfür genügt nicht der alleinige Abschluss von vorformulierten Qualitätssicherungsvereinbarungen mit dem Zulieferer. Vielmehr ist hilfreich, wenn man sich von dem Leistungsvermögen des Zulieferers von Anfang an durch eine entsprechende Zertifizierung überzeugt sowie regelmäßige Audits durchführt und dokumentiert.
Im Übrigen sollte jeder der Zulieferer belegen, dass für den Fall eines auftretenden Schadens und eines zur Vermeidung weiterer Schadensfälle notwendigen Rückrufs ausreichende Versicherungsdeckung auch bei dem Zulieferer vorhanden ist. Hierfür genügt nicht die übliche Betriebshaftpflichtpolice, sondern die Versicherungswirtschaft stellt hierfür eigene Rückrufdeckungen zur Verfügung.

36.1.8.7 Befundsicherungspflicht

Daneben hat die Rechtsprechung in den *Mineralwasserflaschen-Fällen* eine sogenannte Befundsicherungspflicht des Herstellers begründet. Über diesen Kunstgriff wurde in folgenden Fallkonstellationen eine Beweislastumkehr zugunsten des Geschädigten begründet:

> In diesen Fällen haben jeweils Kinder erhebliche Verletzungen im Gesichtsbereich erlitten, als in deren Händen Mineralwasser- bzw. Limonadenflaschen explodierten. Problematisch war jeweils, dass wegen des Zersplitterns der Flaschen von den Geschädigten nicht der Nachweis geführt werden konnte, dass die Flaschen bereits zum Zeitpunkt der Inverkehrgabe Fehler aufwiesen, die zu deren späteren Zerbersten führten. ■

Diskutiert wurde in diesen Fällen unter anderem,

- ob der Hersteller verpflichtet war, ein Einvernehmen mit allen Flaschenherstellern zu erzielen, dass in die Flaschenkörper das Herstellungsdatum eingeprägt wird, um so zu vermeiden, dass Flaschen in den Verkehr gelangen, die älter als vier Jahre sind (offensichtlich ein kritisches Datum).
- ob der Gefahr durch einen Warnhinweis hätte begegnet werden können, wonach zur Vermeidung von Explosionen mit den Flaschen besonders sorgsam umzugehen sei. Letzteres wurde verneint, weil nicht davon ausgegangen werden konnte, dass Verbraucher dieser Aufforderung nachgekommen wären.

Der BGH hat die Schadenersatzansprüche schließlich unter Heranziehung einer sogenannten Befundsicherungspflicht bejaht. Danach kommt für die Feststellung, ob der Produktfehler im Verantwortungsbereich des Herstellers entstanden ist, eine Beweislastumkehr in Betracht, wenn der Hersteller im Interesse des Verbrauchers gehalten war, das Produkt auf seine einwandfreie Beschaffenheit hin zu überprüfen und den Befund zu sichern, der Hersteller dieser Verpflichtung aber nicht nachgekommen ist. Hiernach sind jedenfalls Hersteller von Mehrwegflaschen für Sprudelgetränke verpflichtet, den Zustand jeder Flasche vor Inverkehrgabe zuverlässig zu ermitteln und alle gefahrenträchtigen Flaschen von der Wiederverwertung auszuschließen. Dies darf nach den bisherigen Ausführungen des BGH nicht dahingehend missverstanden werden, dass damit dem Hersteller ein besonderes Dokumentationsverfahren auferlegt wird. Sondern Befundsicherung bedeutet die Einrichtung eines Kontrollverfahrens, durch das sichergestellt wird, dass nicht einwandfreie und gegebenenfalls wegen ihres Alters besonders risikoanfällige Flaschen von der Wiederverwertung ausgeschlossen werden.

Ob und inwieweit sich diese Befundsicherungspflicht, die im Falle ihrer Nichterfüllung zunächst (nur) mit Beweisnachteilen verbunden ist, sich auch auf andere Industriezweige übertragen lässt, ist nach heutigem Stand offen. Der BGH hat sie nach eigenen Ausführungen für Produkte geschaffen, die ein erhebliches Risiko in sich tragen, das in der Herstellung geradezu angelegt ist und dessen Beherrschung einen Schwerpunkt des Produktionsvorgangs darstellt. Bei diesen Produkten sind über die übliche Warenendkontrolle hinaus besondere Befunderhebungen des Herstellers erforderlich, weil der Hersteller den Verbraucher nicht sehenden Auges solchen besonderen Gefahren seiner Produktionsentscheidung aussetzen darf. Eben dieses besondere in der Herstellung angelegte Risiko sieht der BGH in der Entscheidung eines Getränkeherstellers, für kohlesäurehaltige Getränke Mehrwegflaschen zu verwenden, die ein besonderes Berstrisiko aufweisen.

36.1.8.8 Beweislastverteilung

Eine der wesentlichen Fragen im Rahmen eines Produkthaftungsprozesses, die letztendlich über Erfolg und Niederlage mitentscheiden kann, ist diejenige nach der Beweislast. Diese Frage wurde eben bereits in Zusammenhang mit der sogenannten Befundsicherungspflicht angesprochen, die allerdings nur einen Ausschnitt der Beweislastverteilung im Rahmen der Produkthaftung darstellt. Hierbei ist zwischen der Darlegungs- und Beweislast des Anspruchstellers (= Geschädigter) und der des Anspruchgegners (= Hersteller, Mitglied der Geschäftsleitung, leitender Mitarbeiter) zu unterscheiden. Dabei ist vom allgemeinen juristischen Grundsatz auszugehen, dass immer der Anspruchsteller sämtliche Voraussetzungen seines Anspruchs zu beweisen hat. Diese prozessuale Regel würde eigentlich bei einem Produkthaftungsanspruch folgende Beweislastverteilung zulasten des Geschädigten ergeben:

- Inverkehrbringen eines fehlerhaften Produktes durch den Hersteller
- Verletzung eines Rechtsguts des Anspruchstellers (Leben, Körper, Gesundheit oder Eigentum) durch das fehlerhafte Produkt (sogenannte haftungsbegründende Kausalität)
- Rechtswidrigkeit
- Verschulden des Herstellers
- Schaden durch das fehlerhafte Produkt verursacht (sogenannte haftungsausfüllende Kausalität).

Die Rechtsprechung hat jedoch diese Beweislastverteilungsmatrix – und zwar um ungerechte Prozessnachteile auf Seiten des Geschädigten zu vermeiden, die allein auf dessen unvermeidbare Ahnungslosigkeit hinsichtlich innerbetrieblicher Abläufe beim Hersteller resultieren – zugunsten des Geschädigten abgewandelt. Die danach dem Geschädigten zugutekommenden Beweiserleichterungen sehen wie folgt aus:

Besondere Beweislast des Geschädigten in der Produzentenhaftung

- Fehler bei Inverkehrbringen
- Ausnahme: Befundsicherungspflicht, dann reicht Fehlernachweis aus
- Rechtsgutsverletzung
- Ursächlichkeit des Fehlers für Rechtsgutsverletzung (Kausalität)
- Schaden
- Ursächlichkeit der Rechtsgutsverletzung für den Schaden

Die den Schädiger treffende Beweislast sieht nach diesem Schema wie folgt aus:

Besondere Beweislast des Herstellers in der Produzentenhaftung

- keine objektive Pflichtverletzung
- Ausnahme: Instruktionspflichtverletzung; diese ist vom Geschädigten nachzuweisen
- kein Verschulden/
- Mitverschulden des Geschädigten

Dies macht Folgendes deutlich: entgegen dem oben dargestellten Grundprinzip muss der Geschädigte zwar einen Fehler beim Inverkehrbringen des Produktes, das ihn geschädigt haben soll, sowie die hierdurch verursachte Rechtsgutsverletzung nebst Schaden nachweisen. Nicht erforderlich ist indes, dass der Geschädigte auch eine sogenannte Verkehrssicherungspflichtverletzung des Herstellers und dessen Verschulden nachweist. Hier ist der Hersteller nach der Rechtsprechung gehalten, sich entsprechend selbst zu entlasten – mit einer Ausnahme: bei der Instruktionspflichtverletzung. Diese hat ebenfalls der Geschädigte nachzuweisen. Denn den Vorwurf, die Rechts-

gutsverletzung und der Schaden seien durch eine nicht ausreichende Gebrauchsanleitung entstanden, kann der Geschädigte regelmäßig belegen: die Gebrauchsanleitung, die er mit dem Produkt erhalten hat, steht ihm zur Verfügung. Der Geschädigte kann insbesondere, ohne Einblick in die Produktionsvorgänge des Herstellers zu haben, darlegen, aus welchen Gründen eine nachträgliche Instruktion der Produktverwender hinsichtlich bestimmter aus dem Produkt resultierender Gefahren zur Vermeidung von Schadensfällen angezeigt gewesen war. Im Übrigen kann bei fehlerhafter Instruktion eine tatsächliche Vermutung dafür sprechen, dass bei ordnungsgemäßer Instruktion der entstandene Schaden nicht eingetreten wäre, weil sich der Verwender entsprechend verhalten hätte.
Die Besonderheiten dieser Beweislastverteilung gehen zurück auf die Entscheidung des BGH im sogenannten *Hühnerpestfall.*

In dieser Entscheidung hatte die Inhaberin einer Hühnerfarm den Hersteller eines Impfstoffs, der gegen die sogenannte Hühnerpest verabreicht wurde, auf Ersatz des Schadens in Anspruch genommen, der nach Impfung durch plötzlichen Ausbruch der Hühnerpest entstanden war – ca. 4000 Hühner starben, über 100 mussten notgeschlachtet werden. Die betreffende Charge des fraglichen Impfstoffs wurde daraufhin vom Paul-Ehrlich Institut untersucht und bakterielle Verunreinigungen sowie aktive Newcastle Disease (ND)-Viren festgestellt, die nicht ausreichend immunisiert worden waren. ■

Der BGH stellte, nachdem von dem Hersteller des Impfstoffs bestritten wurde, dass der Ausbruch der Hühnerpest auf den Impfstoff zurückzuführen sei, folgende – bis heute im Wesentlichen unverändert gebliebenen – Grundsätze auf:

- Zwar hat grundsätzlich der Geschädigte den Fehler des Produktes, die hierdurch verursachte Rechtsgutsverletzung, das Verschulden des Schädigers und die Ursächlichkeit der Rechtsgutsverletzung für den entstandenen Schaden zu beweisen.
- Gerade was den Verschuldensnachweis anbelangt, so hängt die damit zusammenhängende Frage der Beweislast davon ab, inwieweit der Geschädigte den objektiven Geschehensablauf, der zu dem fehlerhaften Produkt und damit zu dem Schaden geführt hat, in allen Einzelheiten aufklären kann.
- Eben dies ist mit besonderen Schwierigkeiten verbunden, wenn es um Vorgänge geht, die sich im Betrieb des Herstellers bei der Herstellung des Produktes abgespielt haben.
- Daher ist auf Seiten des Geschädigten nicht erforderlich – wie bislang von dem BGH entschieden –, dass nach dem bewiesenen Sachverhalt nach aller Wahrscheinlichkeit von einem sogenannten Organisationsverschulden des Herstellers auszugehen ist; denn dies würde dem Hersteller die Möglichkeit geben, alternative Möglichkeiten aufzuzeigen, durch die der Produktfehler auch ohne sein Zutun entstanden sein könnte.
- Vielmehr hat sich der Hersteller zu entlasten, dass ihn hinsichtlich der Herstellung des fehlerhaften Produktes kein Verschulden trifft, und insoweit die eigenen innerbetrieblichen Vorgänge und die Ursache des Fehlers aufzuklären; gelingt dem Hersteller der Nachweis, dass es sich um einen einmaligen Fabrikationsfehler (= Ausreißer) gehandelt hat, oder einen nicht vertretbaren Entwicklungsfehler, dann hat sich der Hersteller ausreichend entlastet.

36.1.8.9 Rückruf

III

Wird im Zuge der Produktbeobachtung festgestellt, dass ein in Verkehr gebrachtes Produkt nicht den Erwartungen der Allgemeinheit an dessen Sicherheit entspricht, ist zu prüfen, ob zur Vermeidung von Haftungsrisiken ein Rückruf des entsprechenden Produkts angezeigt ist. Dabei hat die Rechtsprechung in der Vergangenheit mehrfach deutlich gemacht, dass allein wirtschaftliche Erwägungen kein Argument sind, um die Durchführung eines Rückrufs abzulehnen, insbesondere dann nicht, wenn bedeutende Rechtsgüter auf dem Spiel stehen. Dabei ist nochmals in Erinnerung zu rufen, dass ein Produkt bereits dann nicht die Sicherheit bietet, die die Allgemeinheit von ihm erwartet, wenn es nicht den Sicherheitsvorgaben entspricht, die die Allgemeinheit aufgrund der Darstellung des Produkts erwarten durfte.

Beispiel: So war ein Discounter gezwungen, Rauchmelder zurückzurufen. Von diesen ging zwar keine eigene Gefahr aus, sie waren aber (offenbar als untaugliche Plagiate) unbrauchbar. Sie waren nicht in der Lage, das Auftreten von Rauchgasen zu erkennen und sodann Alarm auszulösen. Das Produkt bot somit nicht die Sicherheit, die sich die Allgemeinheit von diesem Produkt aufgrund seiner Darstellung in der Werbung des Discounters erwarten durfte. Hätten die betreffenden Erwerber dieser Rauchmelder von deren Wirkungslosigkeit gewusst, hätten sie sich unter Umständen für ein anderes – wirksames – Produkt entschieden; Schäden wären ausgeblieben. Um hier eine etwaige zivil- und strafrechtliche Verantwortung bei Auftreten von

Schadensfällen zu vermeiden, war der Discounter, der als Hersteller der Rauchmelder aufgetreten war, gezwungen, dieses Produkt zurückzurufen.

Wann ein Rückruf durchzuführen ist, kann nicht allgemein beantwortet werden. Hier kommt es wieder auf die Umstände des Einzelfalls an. Orientierung bot hierzu bis Ende 2008 unter anderem die – indes unter vielen Aspekten auch vielfach kritisierte – *Lederspray-Entscheidung* des BGH aus 1990. In dieser Entscheidung hatte der BGH unter anderem Mitglieder der Geschäftsleitung der Hersteller- und Vertriebsgesellschaften zur Durchführung eines Rückrufs wegen fehlerhafter Ledersprays für verpflichtet gehalten:

III

Bei den betroffenen Ledersprays handelte es sich um Gegenstände des häuslichen Bedarfs, die massenweise hergestellt worden waren und von denen – wie die bisherige Schadensentwicklung gezeigt hatte – eine ernst zu nehmende Gefahr für die Gesundheit einer unbestimmten Zahl von Verbrauchern ausging. Wirksame Vorkehrungen zur Schadensverhütung waren daher geboten. Weniger einschneidende als der Rückruf reichten nicht aus. Ergänzungen und Verbesserungen der den Dosen aufgedruckten Gebrauchs- und Warnhinweise genügten schon deshalb nicht, weil solche Maßnahmen die bereits in den Handel gelangten Produkte nicht erfassen konnten. (...) Der Rückruf verdiente keinen Aufschub. Dass chemisch-toxikologische Untersuchungen noch keine Klarheit über die eigentliche Ursache der Schadensfälle erbrachten, namentlich nicht zur Aufdeckung der schadensauslösenden Substanz geführt hatten, rechtfertigte ein weiteres Zuwarten nicht.

Der BGH hat in dieser Entscheidung somit folgende bedeutende Aussagen getroffen:

- Ein Rückruf ist insbesondere angezeigt bei fehlerhaften Massenprodukten,
- die eine ernst zu nehmende Gefahr für die Gesundheit einer unbestimmten Vielzahl von Verwendern darstellen,
- weniger einschneidende Maßnahmen zur Beseitigung der Gefahr – z. B. Warnhinweise – nicht bestehen,
- wobei ohne Bedeutung ist, ob die Schadensursache bereits festgestellt werden konnte, solange die Schadensfälle in Zusammenhang mit der Verwendung des Produktes aufgetreten sind.
- Auf die Sichtweise der Behörden kommt es in diesem Zusammenhang ebenfalls nicht an!

Bis Ende 2008 war diese Entscheidung eine Art Richtschnur in der anwaltlichen Beratungspraxis, wenn es um die Beantwortung der Frage ging, ob wegen eines sicherheitsrelevanten Produktfehlers ein Rückruf durchzuführen ist. Ende 2008 wurde dieser Entscheidung die „Pflegebetten-Entscheidung" vom BGH entgegengesetzt.

In dem dieser BGH-Entscheidung zugrunde liegenden Fall klagte eine gesetzliche Pflegekasse gegen die Herstellerin von Pflegebetten auf Ersatz von Nachrüstkosten, die wegen sicherheitsrelevanter Konstruktionsfehler der Pflegebetten angefallen waren. Es bestand die Gefahr einer Brandentstehung bei Eindringen von Feuchtigkeit in die elektrische Antriebseinheit. Der BGH hat im Ergebnis einen Kostenerstattungsanspruch abgelehnt, weil es nicht Aufgabe des Deliktsrechts (als einzig in Betracht kommender Anspruchsgrundlage) sein könne, einem Produktbenutzer insbesondere weit über den Ablauf von Sachmängelfristen ein in jeder Hinsicht fehlerfreies Produkt zur Verfügung zu stellen. Deswegen können nach Auffassung des BGH deliktrechtliche Verkehrssicherungspflichten nicht darauf gerichtet sein, Pflegebetten nachzurüsten. Der geschuldeten Schadensvermeidung könne auch anderweitig begegnet werden.

Insgesamt ist die Diskussion um die Frage, wann Rückrufmaßnahmen angezeigt sind, um Schäden aus fehlerhaften Produkten bei Produktnutzern und Dritten zu vermeiden, noch nicht abgeschlossen. Es muss daher in jedem Einzelfall sorgfältig geprüft werden, wie einem sicherheitsrelevanten Produktfehler zu begegnen ist.

Es gibt verschiedene Arten, einen Rückruf durchzuführen. Im Wesentlichen unterscheidet man den stillen Rückruf von dem öffentlichen Rückruf durch Einschaltung der Massenmedien. Ein stiller Rückruf ohne Nutzung der Medien ist ausreichend, wenn beispielsweise allein durch das Anschreiben der Vertriebshandelspartner sowie der namentlich bekannten Erwerber des Produkts sichergestellt werden kann, dass die Gefahr, die durch das Produkt entsteht, sicher ausgeschaltet werden kann. Ist dies nicht der Fall und sind bedeutende Rechtsgüter gefährdet, so ist – gegebenenfalls mit erheblichem Kostenaufwand – ein öffentlicher Rückruf durch Aufrufe in den Print- und Internetmedien durchzuführen.

Der Gestaltung eines Rückrufs sind hierbei keine Grenzen gesetzt. So mag in einem Fall ein Aufruf in bestimmten Print- und Telemedien sinnvoll sein. In einem anderen Fall mögen Aufrufe in den entsprechenden Fachhandelsmärkten, in denen das Produkt vertrieben wurde, an geeigneter

Stelle hilfreicher sein, um den Verwender zu erreichen. Die Intensität, mit der ein Rückruf durchgeführt wird, hängt wiederum von der Art der bestehenden Bedrohung durch das fehlerhafte Produkt ab. ■

36.2 Produkthaftung und Strafrecht

Gehen wir zu unserem Ausgangsbeispiel zurück, so ist zu erinnern, dass in diesem Fall von den Geschädigten nicht nur Zivilklagen erhoben worden waren, sondern auch Strafanzeigen gegen die Verantwortlichen der Fa. Horvath gestellt wurden.

Die strafrechtliche Verantwortlichkeit von Mitgliedern der Geschäftsleitung und (leitenden) Mitarbeitern des Herstellers stellt eine weitere nicht zu unterschätzende Komponente der Produkthaftung dar. Wie eingangs erwähnt, kann eine entsprechende strafrechtliche Verantwortlichkeit aus dem Vorwurf der fahrlässigen oder vorsätzlichen Körperverletzung, der fahrlässigen Tötung oder des Totschlages resultieren. Spätestens seit dem *Contergan-* und wesentlich später dem *Holzschutzmittel*-Strafverfahren ist strafrechtliche Produktverantwortung aus der Produkthaftung nicht mehr wegzudenken.

Häufig werden von Klägeranwälten („Opferanwälten") Strafanzeigen gegen Verantwortliche des Herstellers eingereicht, um einerseits Druck mit Blick auf die gestellten Forderungen aufzubauen, anderseits aber gegebenenfalls nach Einleitung entsprechender Ermittlungen der Staatsanwaltschaft über den Weg der Einsichtnahme in die Ermittlungsakten an weitere Informationen zu gelangen, die eine Durchsetzung von Schadenersatzansprüchen gegenüber dem Hersteller ermöglichen sollen.

Eine komplette Darstellung der sogenannten strafrechtlichen Produktverantwortung würde hier den Rahmen sprengen. Auf folgende wesentlichen Punkte sei aber hingewiesen:

Es gibt keine strafrechtliche Verantwortung von Unternehmen, die nicht in der Rechtsform des einzelkaufmännischen Unternehmens geführt werden. Nach deutschem Recht strafbar machen kann sicht nicht die juristische Person „Das Unternehmen", sondern nur die hinter dem Unternehmen stehende natürliche Person: die Mitglieder der Geschäftsleitung, die (leitenden) Mitarbeiter. Kommt es daher zu einem Schadensfall in Zusammenhang mit einem Produkt und werden hierbei Personen an Körper, Gesundheit oder gar Leben verletzt, so steht stets die persönliche strafrechtliche Haftung der Personen im Raum, die für die Inverkehrgabe des möglicherweise fehlerhaften Produktes oder seit der Ledersprayentscheidung für die nicht rechtzeitige Durchführung von Gefahrenabwendungsmaßnahmen verantwortlich gewesen sein können.

Vielfach nicht bekannt ist, dass die Staatsanwaltschaft nach den derzeitigen Regelungen der Strafprozessordnung nicht gehalten ist, diejenigen Personen, gegen die sich die Strafanzeige und die Ermittlungen richten (die „Beschuldigten"), hierüber überhaupt zu informieren. Hört dies der Betroffene nicht aus der Presse oder aus entsprechenden Hinweisen der Klägeranwälte, so erfährt er es gegebenenfalls erst dann, wenn er als Beschuldigter von der Ermittlungsbehörde zu einer Vernehmung vorgeladen wird oder die Geschäfts- und Privaträume durchsucht werden. In letzterem Fall sieht die Strafprozessordnung aber sowohl die Möglichkeit der Durchsuchung der Räume von Verdächtigen wie Dritten vor. Erfährt man von solchen Ermittlungen oder können solche drohen, ist es wichtig, dass das hiervon indirekt betroffene Unternehmen sowie die Personen, die als mögliche Beschuldigte in Betracht kommen, unverzüglich entsprechend erfahrene Strafverteidiger hinzuziehen. Diese Aufgabe kann dabei nur selten mangels entsprechender Erfahrung durch die eigene Rechtsabteilung wahrgenommen werden. Und Zeit spielt hier eine große Rolle: Denn nur so kann vermieden werden, dass unbeabsichtigt Fehler begangen werden, die sich nicht mehr „reparieren" lassen.[1] So ist zu Anfang zu entscheiden, ob und zu welchem Zeitpunkt sich der Beschuldigte durch die Polizei oder Staatsanwaltschaft vernehmen lässt. Nicht selten wird der Beschuldigte in solchen Vernehmungen zu einem Beweismittel gegen sich selbst. Es steht dem Beschuldigten aber ohne jeden Rechtsnachteil frei, zu entscheiden, ob er sich zu dem Tatvorwurf einlässt oder von seinem sogenannten Schweigerecht Gebrauch macht.

Die Verweigerung der Einlassung zur Sache ist grundsätzlich zu empfehlen, solange insbesondere nicht durch Einsichtnahme in die Ermittlungsakte bekannt ist, welche Informationen die Staatsanwaltschaft in Händen hat. ■

Letzteres ist insbesondere problematisch bei Durchsuchungen von Wohn- und Geschäftsräumen des Herstellers bzw. der einzelnen beschuldigten Geschäftsleitungsmitglie-

[1] Der Autor Christian Thomas Stempfle hat in einem Fall eine Verteidigung wegen des Vorwurfs des Totschlages geführt, in dem am Ende über eine Einstellung des Verfahrens und eine mehrjährige Haftstrafe allein der Inhalt der Einlassung der Beschuldigten entschied.

III

der/Mitarbeiter. Denn in diesem Zusammenhang kommt es häufig zu sogenannten informellen Gesprächen mit dem die Durchsuchung leitenden Staatsanwalt/Polizeibeamten. Über solche Gespräche werden häufig nach Beendigung der Durchsuchung Gedächtnisprotokolle und Aktennotizen durch den betreffenden Beamten gefertigt, die nicht zwingend das geführte Gespräch vollständig wiedergeben müssen und später gerne vorgehalten werden. Aus diesem Grunde sind solche Gespräche zwingend zu vermeiden bzw. auf das Notwendigste zu beschränken.

Aus diesem und weiteren Gründen ist auch bei Durchsuchung die Anwesenheit wenigstens eines erfahrenen anwaltlichen Vertreters sicherzustellen. Im Übrigen ist zu empfehlen, dass sämtliche Unterlagen, die im Rahmen der Durchsuchung von der Staatsanwaltschaft mitgenommen werden, formell beschlagnahmt werden. Auch dies birgt keinerlei Nachteile, sondern nur den Vorteil in sich, dass man lediglich in diesem Fall nach Abschluss der Durchsuchung eine Entscheidung darüber herbeiführen kann, ob die Durchsuchung der Räume und insbesondere die Mitnahme der Unterlagen zu Recht erfolgte.

Schließlich sollte man in diesem Zusammenhang auf ein Verzeichnis der beschlagnahmten Gegenstände und Unterlagen bestehen. Kopien können in der Regel angefertigt werden, soweit man bestimmte Unterlagen für den Geschäftsbetrieb dringend benötigt. Im Übrigen gilt bei einer Durchsuchung: Kooperation geht vor Konfrontation! Denn auf diese Weise vermeidet man, dass die häufig nicht vermeidbare Maßnahme unnötig lange dauert und gegebenenfalls den Ermittlungsbehörden Unterlagen in die Hände fallen, die zwar nicht Gegenstand des Tatvorwurfs sind, auf dessen Grundlage der Durchsuchungsbeschluss erlassen wurde, aber als sogenannte Zufallsfunde trotzdem verwertet werden können.

Abzuraten ist schließlich von der Vernichtung von Unterlagen, insbesondere bei gegebenenfalls bereits begonnener Durchsuchung. Denn dies verärgert nicht nur den Ermittler zutiefst, sondern kann auch den Haftgrund der Verdunkelungsgefahr begründen, bei dessen Vorliegen ein Haftbefehl erwirkt werden kann.

Durchsuchungsbeschlüsse bedürfen grundsätzlich der richterlichen Anordnung. Zuständig ist der Ermittlungsrichter des örtlich zuständigen Amtsgerichtes. Die Staatsanwaltschaft und die Polizei dürfen nur in einem Ausnahmefall auf einen richterlichen Durchsuchungsbeschluss verzichten: bei Gefahr im Verzug. Aber: Die Staatsanwaltschaft muss sich bemühen, einen richterlichen Durchsuchungsbeschluss zu erwirken – was, da keine besondere Form vorgeschrieben ist, auch telefonisch geschehen kann.

Diese wenigen Details zeigen, wie wichtig es ist, sich in Produkthaftungskonstellationen in entsprechend fachkundige Beratung zu begeben. Von dieser wird auch zu entscheiden sein, für welche Mitglieder der Geschäftsleitung/Mitarbeiter ein Strafverteidiger zu beauftragen ist und von welchem Anwalt die Begleitung von Mitarbeitern in Vernehmungen durch die Polizei/Staatsanwaltschaft übernommen wird, die nicht bereits Beschuldigte sind. Solche Personen haben einen – verfassungsrechtlich – verbürgten Anspruch auf einen sogenannten Zeugenbeistand. Dessen Notwendigkeit zeigt sich bereits daran, dass einem Zeugen ein Aussageverweigerungsrecht zusteht, wenn er sich durch die Beantwortung einer Frage der bloßen Gefahr einer strafrechtlichen Verfolgung aussetzen könnte. Häufig wird von Ermittlungsorganen übersehen, auf dieses Aussageverweigerungsrecht hinzuweisen.

Zu unserem Ausgangsfall ist noch anzumerken, dass sich die Geschäftsleitung unter strafrechtlichen Gesichtspunkten dem Risiko einer Verfolgung wegen Tötung/Körperverletzung durch Unterlassen aussetzt; dies deshalb, weil die Geschäftsleitung in dem Wissen um den gefahrenträchtigen Produktionsfehler davon abgesehen hat, einen gebotenen Rückruf durchzuführen.

36.3 Staatliche und behördliche Vorgaben an die Produktsicherheit

Schließlich muss der Produktentwickler sich darüber klar sein, dass der Gesetzgeber ein politisch bedingt hohes Interesse (Stichwort: Verbraucherschutz, Arbeitssicherheit) an der Sicherheit von Waren und Gütern aller Art hat. Während Qualität ein Parameter ist, der vorrangig den Kunden als Vertragspartner, nicht aber den Staat und seine Überwachungsbehörden interessiert, ändert sich die Aufmerksamkeit staatlicher Stellen (sogenannter Marktüberwachungsbehörden) schlagartig, sobald es um „User-Sicherheit“ geht. Dabei ist es konzeptionell völlig egal, ob es um potenziell unsichere Textilien (z. B. wegen Allergenen), unsicheres Kinderspielzeug (z. B. wegen verschluckbarer Kleinteile), unsichere Haushaltsgeräte (z. B. wegen Stromschlaggefahr), unsichere Düngemittel (z. B. wegen Explosionsgefahr) oder unsichere Maschinenanlagen (z. B. wegen mangelnder Schutzschalter) geht – für all diese Bereich hat die Europäische Union ebenso wie auch die meisten Exportpartnerstaaten Deutschlands längst zwingende Sicherheitsvorschriften verabschiedet.

Im Fall der Fälle, dass ein realer Unfall passiert ist, stehen – wie gezeigt – dem Opfer Produkthaftungsansprüche insbesondere gegenüber dem Hersteller zu. Dieser Schadensersatz dient damit dem Ziel, bei den Geschädigten für

einen finanziellen Ausgleich – gegebenenfalls inklusive eines angemessenen Schmerzensgelds – für das tatsächlich eingetretene Schadensbild zu sorgen.
Behörden müssen indes nicht warten, bis etwas passiert ist; sie können vielmehr tätig werden, bevor etwas passiert. Präziser gesagt steckt sogar in der Verhinderung etwaiger Unfälle eines der Hauptziele behördlicher Interventionen. Das Produktsicherheitsrecht dient damit dem vorbeugenden (präventiven) Verbraucherschutz bzw. im Bereich echter technischer Arbeitsmittel dem Arbeitsschutz.
Als eine der für Deutschland zentralen Vorschriften ist dabei das Geräte- und Produktsicherheitsgesetz (Gesetz über die Bereitstellung von Produkten auf dem Markt, Produktsicherheitsgesetz, ProdSG) vom 1.11.2011 anzusehen. Das Gesetz dient der Umsetzung der europäischen „Muttervorschrift", nämlich der europäischen Richtlinie 2001/95/EG über die allgemeine Produktsicherheit *(product safety)*. Viele inhaltliche Vorgaben der Richtlinie 2001/95/EG finden sich aufgrund ihres europäischen Charakters aber nicht nur im deutschen GPSG, sondern in den vergleichbaren Umsetzungsvorschriften der europäischen Partnerländer.

36.3.1 Geltungsbereich

Insgesamt gilt das ProdSG für das *Bereitstellen* von Produkten *(placing on the market)*. Bereitstellen ist nach § 2 Nr. 4 ProdSG

> *„jede entgeltliche oder unentgeltliche Abgabe eines Produkts zum Vertrieb, Verbrauch oder zur Verwendung auf dem Markt der Europäischen Union im Rahmen einer Geschäftstätigkeit."*

Der präzise Wortlaut ist deshalb einer Erwähnung wert, weil „jede unentgeltliche Abgabe" genau das meint, was dort steht: Die Tatsache des Wechsels eines Produkts aus der Herstellersphäre in eine andere Risikosphäre ist der Moment, der die Einschlägigkeit des ProdSG auslöst. Es ist insbesondere unerheblich, wie die eigentumsrechtliche Situation aussieht: Ob also an dem gehandelten Produkt ein (gegebenenfalls verlängerter) Eigentumsvorbehalt besteht, ob eine Sicherungsübereignung vereinbart wurde, ob die Ware – z. B. eine Maschine – sich noch im Probebetrieb oder in der Einjustierung beim Kunden befindet, sind für die sachen-, bank- oder strafrechtliche Beurteilung möglicherweise hochbedeutsame Faktoren. Dies gilt indes nicht für die Frage, ob sie bereits in Verkehr gebracht wurden. Dabei geht es nur um das Überlassen. Das Ausstellen (noch) unsicherer Produkte auf Messen o. Ä. ist im Übrigen nur erlaubt, wenn ein Schild darauf deutlich hinweist.

36.3.2 Beschränkungen des Geltungsbereichs

Nach § 2 Nr. 4 ProdSG i. V. m. § 1 Abs. 1 ProdSG ist allerdings nicht jedes Bereitstellen durch die vom ProdSG eröffnete behördliche Kontrolle erfasst. Vielmehr geht es nur um diejenigen Tätigkeitsformen, die „im Rahmen einer Geschäftstätigkeit" erfolgen. Ausgeschlossen wird damit die rein private Weitergabe, zu der auch karitative Weitergaben oder Spenden im Rahmen des Sozialsponsorings zählen dürften. Gleichwohl kann die Abgrenzung im Einzelfall hier schwierig fallen (etwa bei Trödelmärkten).

36.3.3 Die Produktdefinition des ProdSG

Anders als noch im Vorgängergesetz, dem Geräte- und Produktsicherheitsgesetz, unterscheidet der Gesetzgeber beim zentralen Begriff „Produkt" nicht mehr zwischen „technischen Arbeitsmitteln" und „Verbraucherprodukten". Stattdessen verwendet er nunmehr einen einheitlichen, weiten Produktbegriff, worunter gem. § 2 Nr. 22 ProdSG alle „Waren, Stoffe oder Zubereitungen" fallen, „die durch einen Fertigungsprozess hergestellt wurden". Das ProdSG kennt hingegen nach wie vor den Begriff der Verbraucherprodukte. Dies ist deshalb so, weil das ProdSG aus Gründen des Verbraucherschutzes besondere Anforderungen an die Abgabe von Verbraucherprodukten stellt. Hierunter zählen nach dem Gesetz nicht nur sämtliche Gebrauchsgegenstände und sonstige Produkte, die dezidiert für Verbraucher bestimmt sind. Vielmehr sind auch die Produkte bereits erfasst, die unter vernünftigerweise vorhersehbaren Bedingungen von Verbrauchern benutzt werden können, selbst wenn sie nicht für diese bestimmt sind (vgl. § 2 Nr. 26 ProdSG). Schließlich gelten als Verbraucherprodukte auch Gebrauchsgegenstände und sonstige Produkte, die dem Verbraucher im Rahmen der Erbringung einer Dienstleistung zur Verfügung gestellt werden. Für Hersteller von Verbraucherprodukten gelten insbesondere zusätzlich die Vorgaben des § 6 ProdSG.
Produktentwickler sollten sich daher fragen, ob ein geplantes Produkt gegebenenfalls unter diesen gesetzlichen Verbraucherprodukte-Begriff fällt:

- Ist ein Produkt dezidiert für einen Verbraucher bestimmt?

Dies werden ohnehin unkritische Fälle sein, da der entsprechende Hersteller ja seinen Markt kennt und die Tatsache seiner „Produktwidmung" bestens weiß.

- Können die Produkte unter vernünftigerweise vorhersehbaren Bedingungen von Verbrauchern benutzt werden, selbst wenn sie nicht für diese bestimmt sind?

III

Es reicht also nicht, in einer Bedienungsanleitung oder Ähnlichem die bestimmungsgemäße Verwendung so zu definieren, dass sie sich nicht an Verbraucher richtet; ein Verbraucherprodukt kann auch sein, was „nicht für diese bestimmt ist". Erfasst werden hier u.a. sogenannte Migrationsprodukte, also Produkte, die „migrieren" (wandern). Gemeint sind damit Produkte, die aus dem ursprünglich gewerblichen Bereich über eine semi-professionelle Anwendung mittlerweile auch in Privathaushalten zu finden sind. Die Palette derartiger Produkte reicht von den Laserstiften, die ursprünglich den gewerblichen Zeigestock ablösen sollten, über eine Vielzahl von Hobby- und Heimwerkergegenständen bis hin zu Kfz-Zubehörartikel, die auch an Endverbraucher abgegeben werden. Mit dem Merkmal der „vernünftigerweise vorhersehbaren Bedingungen", unter denen eine Benutzung durch Verbraucher stattfindet, wird eine Art Korrekturmechanismus etabliert, der es einer verobjektivierbaren Bewertung unterzieht, ob die Benutzung durch den Verbraucher zum Tatbestand des Verbraucherprodukts führt. Hier müssen allerdings europaweit noch die praktischen und richterlichen Bewertungen abgewartet werden.

III

- Werden die Gegenstände vom Hersteller zwar in einem b2b-Geschäft an seinen Kunden abgegeben, wird dieser Kunde sie aber nun wiederum „im Rahmen der Erbringung einer Dienstleistung" Endverbrauchern zur Verfügung stellen?

Wenn und weil das so ist, handelt es sich auch für den Hersteller bereits um ein Verbraucherprodukt im Sinne des ProdSG. Denkbar ist dies etwa für Bereiche der Fitness- und Wellness-Accessoires, die von einem professionellen Hotelausstatter vertrieben werden – letztlich wird das Produkt aber Endverbrauchern zur Verfügung gestellt und es besteht in einer Risikobewertung insoweit aus Sicht des Gesetzgebers offenbar kein Unterschied, ob diese Gegenstände unmittelbar für die Verbraucher vertrieben werden oder als Ausstattung für verbrauchernahe Dienstleister angeboten werden. Zu denken ist hier auch an den großen Bereich technischer Gegenstände, die im Rahmen von Bau- und Heimwerkermärkten (z.B. über das Wochenende) gemietet werden können. Auch dies ist im Rahmen einer Marktbeobachtung für viele Hersteller mittlerweile offenbar und zwingt ihre Produkte in die Position eines Verbraucherprodukts.

36.3.4 Rechtmäßige und unrechtmäßige Produkte

Die zentrale Vorschrift für jeden Hersteller ist § 3 ProdSG. Denn § 3 ProdSG bestimmt, wann Produkte in Verkehr gebracht werden dürfen – und wann nicht: dass dabei in § 3 Abs. 1 und 3 Abs. 2 ProdSG an unterschiedliche Tatbestände angeknüpft wird, ist für die grundsätzliche Erkenntnis irrelevant: Sowohl nach Abs. 1 wie nach Abs. 2 des § 3 ProdSG dürfen andere Produkte zulässigerweise nicht in Verkehr gebracht werden! Es handelt sich im Grunde um eine Vorschrift, die ein öffentlich-rechtliches Warenvertriebsrecht aufstellt, da der Gesetzgeber antritt, zu bestimmen, welche Produkte es geben darf – und welche eben nicht.

Wer entgegen § 3 ProdSG sein Produkt in den Verkehr bringt, wird dies de facto ungehindert tun, da die Gewerbeaufsicht nicht am Werktor eine Warenausgangskontrolle macht. Gleichwohl werden in juristischer Hinsicht unzulässige Produkte in den Verkehr gebracht, was sowohl in Streitigkeiten mit den vertraglichen Kunden oder in Produkthaftungsprozessen wie auch für spätere behördliche oder staatsanwaltschaftliche Ermittlungen eine Rolle spielen kann. Bedenken Sie: Ein dem ProdSG unterfallendes Produkt, das nicht § 3 ProdSG entspricht, ist juristisch gesehen ein unzulässiges Produkt – es dürfte von Rechts wegen gar nicht in den Verkehr gebracht worden sein!

36.3.4.1 Europäisch harmonisierte Produkte

§ 3 Abs. 1 ProdSG gilt für Produkte, für die eine Rechtsverordnung nach § 8 Abs. 1 ProdSG existiert. Dies sind sämtliche Durchführungsverordnungen, mit denen EG-Richtlinien, die eine CE-Kennzeichnung vorsehen, umgesetzt sind. Gemeint sind beispielsweise

- die Verordnung über elektrische Betriebsmittel (1. ProdSV) in Umsetzung der EG-Niederspannungsrichtlinie 73/23/EWG
- die Verordnung über Gasverbrauchseinrichtungen (7. ProdSV) in Umsetzung der EG-Gasverbrauchseinrichtungsverordnung 90/396/EWG
- die Maschinenverordnung (9. GPSGV) in Umsetzung der EG-Maschinenrichtlinie 98/37/EG
- die Aufzugsverordnung (12. GPSGV) in Umsetzung der EG-Aufzugsrichtlinie 95/16/EG

Nach § 3 Abs. 1 ProdSG dürfen all diese Produkte nur in den Verkehr gebracht werden, wenn sie den in der jeweiligen Verordnung (und damit auch in der EG-Richtlinie) vorgesehenen Anforderungen an Sicherheit und Gesundheit und sonstigen Voraussetzungen für das Inverkehrbringen (z.B. erfolgreich bestandene Konformitätsbewertungsverfahren) entsprechen. Dies ist eine offenbare Aussage, da die europäischen Sicherheitsvorschriften ja just dafür erlassen wurden, damit sie eingehalten werden.

36.3.4.2 Europäisch nicht harmonisierte Produkte

Nach § 3 Abs. 2 ProdSG dürfen andere Produkte, die dem Gesetz zwar unterliegen, nicht aber durch eine Rechtsverordnung näher erfasst sind – und damit nicht unter § 3 Abs. 1 ProdSG fallen – nach § 3 Abs. 2 ProdSG nicht in Verkehr gebracht werden, wenn sie so beschaffen sind, dass Sicherheit und Gesundheit von Verwendern oder Dritten gefährdet wird. In derartigen Fällen tritt gewissermaßen der nationale Gesetzgeber an, das Sicherheitsprofil zu bewerten.

Bei der Beurteilung, ob ein Produkt nur diesen Anforderungen entspricht, sind sämtliche Umstände zu berücksichtigen, wobei der Gesetzgeber in § 3 Abs. 2 S. 2 ProdSG verschiedene Aspekte besonders erwähnt, nämlich

- die Eigenschaften des Produkts einschließlich seiner Zusammensetzung, Verpackung, der Anleitung und für seinen Zusammenbau der Installation, der Wartung und der Gebrauchsdauer.
- die Einwirkung auf andere Produkte, soweit die Verwendung mit anderen Produkten zu erwarten ist.
- die Darbietung, Aufmachung im Handel, Kennzeichnung, Warnhinweise, Gebrauchs- und Bedienungsanleitung und Angaben für die Beseitigung sowie alle sonstigen produktbezogenen Angaben oder Informationen.
- die Gruppe von Verwendern, die bei der Verwendung des Produkts einer größeren Gefahr ausgesetzt sind als andere.

36.3.4.3 DIN- und EN-Normen

Wichtig in diesem Zusammenhang zu wissen ist, dass Industriestandards häufig in Normen festgehalten werden. Diese Normen haben keine Gesetzesqualität, geben aber üblicherweise einen gewissen Mindeststandard an einzuhaltenden Sicherheitsanforderungen an bestimmte Produktgruppen, ein bestimmtes Nutzerverhalten oder bestimmte aus Sicherheitsgründen empfohlene Testverfahren vor.

Die technische Entwicklung kann jedoch an diesen Normen vorbeigehen, weil normgebende Institute manchmal mit technischen Entwicklungen nicht Schritt halten können. Dann ist dieser Stand der Technik und nicht nur der Standard in der betreffenden technischen Norm bei der Konzeption eines Produkts zu berücksichtigen.

In diesem Zusammenhang ist außerdem zwischen nationalen DIN- und EN-Normen zu unterscheiden. Nur bei letzteren, den sogenannten harmonisierten Normen, gilt die Vermutung des § 4 ProdSG, wonach davon auszugehen ist, dass das betreffende Produkt die entsprechenden europäischen Sicherheitsanforderungen erfüllt.

36.3.5 Vorhersehbare Verwendung

Auffällig ist sowohl nach § 3 Abs. 1 ProdSG als auch nach § 3 Abs. 2 ProdSG, dass der Gesetzgeber in beiden Passagen davon spricht, dass „bei der bestimmungsgemäßen Verwendung oder bei der vorhersehbaren Verwendung" die Gefährdung ausgeschlossen sein muss.

Mit der vorhersehbaren Verwendung wird auch im technischen Sicherheitsrecht eine neue Kategorie des Sicherheitsbewusstseins etabliert, die dem Produkthaftungsrecht – wie vorangehend in der Fallgruppe der vorhersehbaren Fehlanwendung erwähnt – allerdings schon vorher bekannt war. Neu ist jetzt aber, dass Behörden mit dieser Begründung auch amtlich gegen Produkte und Produkthersteller vorgehen dürfen!

Nach § 2 Nr. 28 ProdSG ist die vorhersehbare Verwendung die

> *„Verwendung eines Produkts in einer Weise, die von derjenigen Person, die es in Verkehr bringt, nicht vorgesehen ist, jedoch nach vernünftigem Ermessen vorhersehbar ist."*

Diese Klausel enthält viele unbestimmte Konjunktive, hinter denen sich ein sehr weiter Hof rund um einen Bedeutungskern bestimmungsgemäßer Verwendung verbirgt. Dem Hersteller muss jedenfalls klar sein, dass sich die behördliche Überwachung nicht auf die bestimmungsgemäße Verwendung beschränkt, sondern auch die vorhersehbare Verwendung mitberücksichtigen darf. So ist immer wieder zu beobachten, dass bestimmte Produkte von der optischen Gestaltung mit einer gewissen „Spielzeug-Anmutung" ausgestattet sind, obwohl sie in der bestimmungsgemäßen Verwendung etwa als Dekoartikel oder sonstiger Haushaltsgegenstand gedacht sind, nicht aber originär als Spielzeug. Gleichwohl ist in solchen Fällen die Benutzung durch Kinder eine vorhersehbare Verwendung des Produkts und muss vom Hersteller – tunlichst konstruktiv, ersatzweise auch im Rahmen der Bedienungs- und Warnhinweise – geschultert werden. Das ist für die Produktentwicklung von erheblichem Belang.

Unternehmen wird, wie schon in Kapitel 36.1.8.5 zur Produktbeobachtung erwähnt, dringend empfohlen, hausintern ihre Kommunikationssichtung (Post, E-Mails, Callcenter) so zu organisieren, dass die Meldungen aus dem Markt, insbesondere die Beschwerden von Benutzern, in größtmöglichem Umfang darauf gesichtet und bewertet werden, welche Verhaltensweisen (insbesondere Fehlverhaltensweisen) mit dem Produkt vorgenommen werden. Vielfach werden Unternehmen durch Kundenbeschwerden insoweit wertvolle Informationen mitgeteilt, die dort firmenintern nicht zu einem Prozess der produktsicherheitsrechtlichen Bewertung führen.

36.3.6 Spezielle Rechtsvorschriften für Verbraucherprodukte (§ 6 ProdSG)

Für Verbraucherprodukte gelten besondere Pflichten, die in § 6 ProdSG niedergeschrieben sind. § 6 ProdSG trennt dabei zwischen Pflichten, die den Hersteller *beim* Inverkehrbringen, und Pflichten, die den Hersteller *nach* dem Inverkehrbringen treffen.

36.3.6.1 Zusätzliche Pflichten beim Inverkehrbringen

Informationspflichten

Nach § 6 Abs. 1 Nr. 1 ProdSG haben die Hersteller (sowie die Bevollmächtigten und Importeure) sicherzustellen, dass der Verwender all die erforderlichen Informationen erhält, damit er „versteckte" Gefahren beurteilen und sich dagegen schützen kann. Diese Bedienungs- und Warnhinweise korrespondieren ganz erheblich mit der in § 3 Abs. 4 ProdSG ohnehin für alle Produktgattungen vorgesehenen Pflicht zur Beifügung einer Gebrauchsanleitung in deutscher Sprache.

III

Hersteller- und Produktinformation

Besonders bedeutsam ist die in § 6 Abs. 1 Nr. 2 ProdSG angeordnete Pflicht, dass der Hersteller – bzw. Bevollmächtigte oder Importeur – seinen jeweiligen Namen und seine jeweilige Adresse (Kontaktanschrift) auf dem Produkt oder der Verpackung anzubringen hat und das Verbraucherprodukt so zu kennzeichnen hat, dass es eindeutig identifiziert werden kann.

Hier ist insbesondere darauf aufmerksam zu machen, dass das Wörtchen „oder" nur zwischen „Produkt *oder* Verpackung" vorgesehen ist; hier besteht also ein Wahlrecht. Dieses Wahlrecht besteht dagegen nicht bei Name *und* Adresse; sie müssen beide angegeben werden. Bedeutsam scheint auch, dass es nicht ausreicht, die Marke oder ein unterscheidungsfähiges Label anzubringen. Denn der Gesetzgeber spricht ausdrücklich vom Namen, während er an anderer Stelle (bei der Definition des Quasi-Herstellers unter § 2 Nr. 14 ProdSG) sehr wohl auch auf Marke oder unterscheidungskräftige Kennzeichen abzustellen vermag. In § 6 ProdSG ist dies ausgeblieben.

Erwünscht ist eine Art Rückverfolgbarkeit (Traceability), wie dies im Lebensmittelrecht in jüngerer Zeit ebenfalls als Rechtspflicht eingeführt wurde. In markenpolitischer Hinsicht muss hier sorgfältig geplant werden, um nicht unterschiedliche Marken auf denselben Hersteller zurückführen zu können und so einer „Kannibalisierung" der Marke Vorschub zu leisten.

Rückrufmanagement

Nach § 6 Abs. 2 ProdSG hat der Hersteller (bzw. der Bevollmächtigte oder der Einführer eine bestimmte hausinterne Wappnung durchzuführen, die vom Gesetzgeber etwas spärlich wie folgt beschrieben ist:

> *„Der Hersteller, sein Bevollmächtigter und der Einführer haben im Rahmen ihrer Geschäftstätigkeit Vorkehrungen für geeignete Maßnahmen zur Vermeidung von Risiken zu treffen, die mit dem Verbraucherprodukt verbunden sein können, das sie auf dem Markt bereitgestellt haben; die Maßnahmen müssen den Produkteigenschaften angemessen sein und reichen bis zur Rücknahme, zu angemessenen und wirksamen Warnungen und zum Rückruf."*

Die wesentliche Bedeutung zeigt sich bereits im Beginn der Passage, wenn davon die Rede ist, dass „Vorkehrungen zu treffen" sind. Es geht also um eine Art Managementauftrag, um eine Sicherstellung all dessen, was unter Notfallplanung oder Rückrufmanagement zu bezeichnen wäre.

36.3.6.2 Pflichten nach dem Inverkehrbringen

Nach dem Inverkehrbringen erwartet der Gesetzgeber gemäß § 6 Abs. 3 ProdSG eine „Nachmarkt"-Kontrolle, die vom GPSG mit den Stichworten der Durchführung gebotener Stichproben, der Prüfung von Beschwerden und der Führung eines Beschwerdebuchs angedeutet wird.

36.3.7 Gebrauchsanleitung/ Nutzerinformation

Hinzu kommt im ProdSG auch die eindeutige Pflicht, erforderlichenfalls eine Gebrauchsanleitung – zudem zwingend in deutscher Sprache – beim Inverkehrbringen mitzuliefern. Nach § 3 Abs. 4 ProdSG ist (vorbehaltlich spezieller Rechtsvorgaben in europäischen CE-Richtlinien und deren deutscher Umsetzungsvorschriften) eine solche Gebrauchsanleitung nämlich zwingend dann mitzuliefern, wenn es zur Gewährleistung von Sicherheit und Gesundheit der Beachtung bestimmter Regeln bedarf. Dabei bezieht sich diese Prüfung nicht nur auf die (bestimmungsgemäße) Verwendung selbst, sondern laut Gesetzestext auch auf andere „Betriebsarten" wie Ergänzung oder Instandhaltung; man wird auch Montage und Demontage dazu zählen dürfen.

Diese Pflicht, jedem Einzelprodukt eine deutschsprachige Gebrauchsanleitung beizulegen, gilt für alle (!) dem ProdSG unterliegenden Produkte, nicht also nur Verbraucherprodukte oder „Hochrisikoprodukte".

36.3.8 Die CE-Kennzeichnung CE

Die CE-Kennzeichnung ist nicht durch das ProdSG, sondern seit Jahren durch eine Vielzahl von europäischen CE-Richtlinien eingeführt, bei denen die CE-Kennzeichnung als optischer Abschluss eines erfolgreichen Konformitätsbewertungsverfahrens steht. Die CE-Kennzeichnung wendet sich daher an Behörden, nicht an den Kunden – wenngleich er sie „sehen und lesen" kann.

36.3.9 Das GS-Zeichen

Eine deutsche Erfindung ist dagegen das GS-Zeichen, wobei „GS" für „Geprüfte Sicherheit" (nicht: German Safety) steht. Das GS-Zeichen wird von einer GS-Stelle nach § 20 ProdSG auf Antrag des Herstellers zuerkannt. Der Prüfmaßstab für ein GS-Zeichen ist in § 21 ProdSG beschrieben. Danach muss der GS-Stelle ein Nachweis der Übereinstimmung des zu prüfenden Baumusters zum einen mit den Anforderungen nach § 3 ProdSG, zum anderen mit den Anforderungen anderer Rechtsvorschriften hinsichtlich der Gewährleistung von Sicherheit und Gesundheit vorliegen. Die Prüfung bezieht sich damit nicht mehr alleine – wie dies noch beim GSG a. F. war – auf das Gerätesicherheitsrecht, sondern auch auf andere (jedenfalls sicherheitsrelevante andere) Rechtsvorschriften. Dies meint etwa die elektromagnetische Verträglichkeit nach dem EMV-Gesetz, den Lärmschutz nach der EG-Outdoor-Richtlinie 2001/14/EG oder hygienerechtliche Vorschriften. Zum anderen ist mit dem Prüfprogramm nach § 3 ProdSG durch die Gesetzesänderungen auch klargestellt, dass die vorhersehbare Fehlanwendung Bestandteil der erfolgreichen GS-Prüfung ist.

36.3.10 Behördliche Marktüberwachung

Unter behördlicher Marktüberwachung versteht man den Vollzug des ProdSG, aus Sicht der Industrie also die Kontrolle des Inverkehrbringens durch staatliche Stellen.
Dies ist ein zentrales Merkmal des europäischen Produktsicherheitsrechts und macht es für die Industrie und den Handel so bedeutsam. Denn die europäischen Marktüberwachungsbehörden sind mit sehr weitreichenden Kompetenzen ausgestattet. Nichts ist schlimmer, als wenn einem Hersteller gleichzeitig in verschiedenen europäischen Mitgliedstaaten der Vertrieb bestimmter Produkte untersagt wird – dies gegebenenfalls mit Bescheiden, die sofort vollziehbar sind und vor Gericht nur sehr schwer angegriffen bzw. erst einmal wieder außer Vollzug gesetzt werden können.

Auf diese Weise kann von einem Tag auf den anderen ein wesentlicher Teil des Vertriebs eines Unternehmens lahmgelegt werden, und dies in verschiedenen europäischen Mitgliedstaaten gleichzeitig. Der Hersteller muss sich dann in der jeweiligen Landessprache mit den betreffenden Marktüberwachungsbehörden auseinandersetzen. Die zentralen behördlichen Ermächtigungen finden sich in § 26 Abs. 2 ProdSG, der den Behörden im Übrigen kein Ermessen einräumt, wenn er formuliert, dass die zuständige Behörde die erforderlichen Maßnahmen „trifft". Insbesondere sind Behörden danach befugt, etwa das Ausstellen eines Produkts zu untersagen, die Anbringung von verständlichen Warnhinweisen anzuordnen oder interimsweise das weitere Inverkehrbringen eines Produkts für den Zeitraum der notwendigen Prüfung zu verbieten.
Als in kaufmännischer Hinsicht besonders gravierende Ermächtigungen stellen sich im Weiteren dann die Erlaubnisse heraus, das Inverkehrbringen von Produkten, die nicht § 3 ProdSG entsprechen, allgemein zu verbieten. Hinter diesem sogenannten Inverkehrbringensverbot verbirgt sich bei Lichte betrachtet ein staatliches Handelsverbot, mit dem dem Hersteller für dieses Produkt das Werktor zugeschlossen wird. Ihm wird mithin untersagt, den weiteren Warenvertrieb überhaupt noch vornehmen zu dürfen – eine in Anbetracht von Vertragsstrafen, Just-in-Time-Lieferungsverträgen und gewachsenen Kundenbeziehungen verheerende hoheitliche Maßnahme.
Zudem kann die Behörde nach § 26 Abs. 2 S. 2 Nr. 7 ProdSG den Rückruf eines Produkts anordnen, was in der Praxis auch bereits erfolgt ist. Der entsprechende Hersteller hatte übrigens vor dem Verwaltungsgericht und dem Oberverwaltungsgericht in zwei Instanzen vergeblich versucht, im Wege des Eilrechtsschutzes diese Rückrufanordnung aufheben zu lassen.
Sind andere wirksame Maßnahmen nicht rechtzeitig möglich, kann die Behörde schließlich sogar selbst an die Öffentlichkeit gehen und vor dem Produkt warnen. Dies kann bei anonymen Produkten, aber auch bei insolventen Firmen die einzig mögliche Form des notwendigen Verbraucherschutzes sein.
Sämtliche behördlichen Maßnahmen haben indes zurückzustehen, wenn der Hersteller selbst hinreichend tätig wird. Dieser Vorrang unternehmerischer Eigenmaßnahmen ist gesetzliche Pflicht und in § 26 Abs. 2 ProdSG ohne jedes Ermessen angeordnet.

36.3.11 Adressaten der behördlichen Maßnahmen

Adressat der behördlichen Maßnahmen können grundsätzlich sämtliche in der Warenvertriebskette des Inverkehrbringens Beteiligte sein, also Hersteller, Bevollmächtigte, Einführer sowie Händler. § 27 ProdSG sieht indes eine aus guten Gründen vorgegebene Reihenfolge vor, indem es ganz vorrangig den Wirtschaftsakteur oder Aussteller nennt und alle anderen erst in einem zweiten Schritt als potenzielle Maßnahmenadressaten genannt werden. Denn die „quellnahe" Bekämpfung produktsicherheitsrechtlicher Risiken beim Hersteller verortet das Problem da, wo es hingehört. Der Händler als reiner Vertriebsbeteiligter wird weder zu tiefer gehenden Aussagen noch zu einer vernünftigen „Verteidigung" des Produkts in der Lage sein.

Ersichtlich wird hinter dem ProdSG eine öffentlich-rechtlich geprägte Steuerung von Warenverkehrsströmen unter Sicherheitsgesichtspunkten. Die Beachtung des ProdSG „fördert" also nicht nur die Schonung vor etwaigen produkthaftungsrechtlichen Sicherheitsrisiken; sie fördert auch einen möglichst von behördlichen Interventionen ungestörten Warenvertrieb.

36.4 Produkthaftung und US-Risiko

Zuletzt soll noch kurz auf die nach wie vor bestehende besondere Situation in den Vereinigten Staaten eingegangen werden. Auch wenn sich dort die Grundlagen der Produkthaftung nicht wesentlich von dem deutschen Recht unterscheiden, so bietet doch das dortige Prozessrecht Besonderheiten, die es einem Geschädigten ermöglichen, Ansprüche in einer Höhe auch gegenüber deutschen Unternehmen durchzusetzen, die dem deutschen Recht fremd sind. Dies gilt insbesondere für die sogenannten *punitive damages* oder *exemplary damages*. Dieser Strafschadenersatz, der - nomen est omen - keinen Ausgleich eines tatsächlich entstandenen Schadens vor Augen hat, sondern allein der Ahndung von grob rechtswidrigem Verhalten dient, kann verhängt werden bei einem Verhalten des Herstellers, das hinsichtlich des entstandenen Schadens ein besonders eigennütziges, rücksichtloses, allein auf Gewinnmaximierung zulasten des einzelnen Verbrauchers gerichtetes Bild abgibt. Der Hersteller muss sich hierzu besonders verwerflich hinsichtlich des aus seinem Produkt resultierenden Risikos verhalten haben. Die Höhe dieses Strafschadensersatzes wird grundsätzlich von einer Jury, bestehend aus juristisch üblicherweise nicht besonders vorgebildeten Geschworenen, festgesetzt und kann jedenfalls in erster Instanz - wie die Vielzahl der ergangenen Entscheidungen zeigt - leicht den Betrag vieler Millionen US-Dollar erreichen. Zwar gibt es zwischenzeitlich Entscheidungen des Federal Supreme Court, die die Höhe der „punitive damages" zu beschränken versuchen. So soll nach einer Entscheidung die Höhe der „punitive damages" gegen den sogenannten „due process" (ordnungsgemäßes Verfahren) verstoßen, wenn der zur Ermittlung dieses Strafschadenersatzes gewählte Faktor nicht nur aus einer Dezimalstelle besteht. Die Verhängung eines Strafschadenersatzes, der aus dem Zehnfachen des tatsächlich entstandenen Schadens besteht, wäre danach unzulässig. Diese Entscheidungen weisen grundsätzlich in die richtige Richtung, eine wirkliche klare Linie ist, da es sich nach wie vor um Einzelfallentscheidungen handelt, nicht zu erkennen.

Doch liegt die wirkliche Problematik des US-amerikanischen Rechtssystems nicht in der Tatsache der „punitive damages", sondern vielmehr in dem äußerst kostenintensiven Verfahren und dem sehr leichten Gerichtszugang für klagefreudige Anspruchsteller. In unserem Ausgangsbeispiel wurde daher nicht aus bloßem Zufall der Bundesstaat Alabama als Unfallort gewählt. Denn US-amerikanische Kläger profitieren von folgenden prozessualen Besonderheiten:

- Die Zuständigkeit US-amerikanischer Gerichte kann erheblich einfacher als in Deutschland begründet werden; nach der Lehre von den sogenannten „minimal contacts" genügt hierfür auch nur eine geringe Berührung mit dem US-amerikanischen Markt, die im Falle einer finnischen Fluglinie bereits mit der Unerhaltung eines Repräsentationsbüros, in dem keine Tickets gekauft werden konnten, für einen Flugzeugabsturz in Paris bejaht wurde
- Der US-amerikanische Kläger hat einen verfassungsrechtlich verbürgten Anspruch auf Entscheidung des Rechtsstreits durch eine Jury, nicht einen Berufsrichter.
- US-amerikanische Klägeranwälte arbeiten auf der Grundlage eines Erfolgshonorars und finanzieren bei interessanten Verfahren gegebenenfalls auch den Prozess für den Kläger; diesem entstehen keinerlei Kosten.
- Die Gerichtsgebühr, die auch in den Vereinigten Staaten von dem Kläger vorgeleistet werden muss, ist nicht abhängig von der Höhe des Streitwerts.
- Nach der sogenannten „American rule of costs" hat jede Partei ihre Kosten selbst zu tragen; dies ist insbesondere für das beklagte Unternehmen schmerzhaft; denn anders als Klägeranwälte arbeiten Beklagtenanwälte auf der Grundlage von Zeithonoraren, die von der Erfahrenheit, Bekanntheit und Seniorität des jeweiligen Anwalts zwischen US-Dollar 250 und 800 je Stunde liegen können.
- Es gibt die sogenannte Dualität der Gerichtszweige in den USA, nämlich die bundesstaatlichen und einzelstaatlichen Gerichte; Letztere zeichnen sich durch eine

besondere Klägerfreundlichkeit aus, die wohl auch daraus resultiert, dass die Richter an den einzelstaatlichen Gerichten nicht ernannt, sondern gewählt werden.

- Deswegen unser Beispiel: Alabama gilt unter US-Anwälten als sogenanntes „hell hole" für beklagte Unternehmen.

Ein Letztes noch zur US-amerikanischen Produkthaftung: Es muss damit gerechnet werden, dass US-amerikanische Urteile auch in Deutschland, sollten sie gegen einen Hersteller ergehen, vollstreckt werden. Hierfür ist ein sogenanntes Vollstreckbarerklärungsverfahren zu durchlaufen, bei dem keine nochmalige inhaltliche Prüfung des US-amerikanischen Urteils stattfindet. Das Urteil wird lediglich anhand formalisierter Kriterien auf seine Anerkennungsfähigkeit geprüft. Dabei ist insbesondere von Bedeutung, ob der verfahrenseinleitende Schriftsatz ordnungsgemäß zugestellt wurde. Soweit dies nicht in den USA geschehen ist, hat die Zustellung nach den Regeln des sogenannten Haager Zustellungsübereinkommens zu erfolgen. Auf die Einhaltung dieser Vorgaben ist zu achten, wenn man eine Zustellung einer Klage aus den USA erhält. Denn solange diese Vorgaben nicht eingehalten sind, ist nach derzeitiger Rechtslage ein US-amerikanisches Urteil nicht vollstreckbar.

Es kann allerdings nicht empfohlen werden, eine Klage aus den USA unbeachtet zu lassen, bloß weil sie nicht ordnungsgemäß zugestellt wurde. Vielmehr ist in jedem Einzelfall zu entscheiden, ob und in welcher Form man sich gegen dort erhobene Ansprüche verteidigt.

Ob „punitive damages" in Deutschland vollstreckbar sind, ist fraglich. Der Bundesgerichtshof hat dies zwar in einer Leitentscheidung wegen eines Verstoßes gegen das sogenannte „ordre public" verneint, aber in seiner Begründung offengelassen, ob dies auch in Fällen gilt, in denen das US-amerikanische Gericht im Einzelnen begründet hat, wie es unter Anwendung US-amerikanischer Rechtsgrundsätze zu der Ermittlung des Schadensbetrages gekommen ist.

TEIL IV

Qualitätsmanagement in der Softwareentwicklung

37 Qualitätsmanagement bei der Software-Entwicklung . . 829

38 Qualitätsmanagement bei der Entwicklung softwareintensiver technischer Produkte 867

39 Software in sicherheitskritischen Systemen 901

40 Integration des Informationssicherheitsmanagements in ein QM-System 919

Qualitätsmanagement bei der Software-Entwicklung

37.1 Bedeutung der Software 831

37.2 Software 831
37.2.1 Definition von Software 831
37.2.2 Kategorien von Software 832
37.2.3 Besondere Eigenschaften von Software 833

37.3 Normung auf dem Gebiet der Software 835

37.4 Qualitätsmerkmale von Software 837

37.5 Methoden der Software-Entwicklung 838
37.5.1 Erkenntnisse aus der Softwarekrise 838
37.5.2 Vorgehensmodelle 838
37.5.2.1 Beschreibung von Vorgehensmodellen 838
37.5.2.2 Klassische, sequenzielle Vorgehensmodelle 839
37.5.2.3 Klassische, iterative Vorgehensmodelle 841
37.5.2.4 Agile Vorgehensmodelle 841
37.5.3 Klassisches Projektmanagement 845
37.5.4 Aufwands- und Kostenschätzung 847
37.5.5 Metriken 847
37.5.6 Wiederverwendung 851
37.5.7 Die Mitarbeiter 853

37.6 Qualitätsbezogene Kosten und Entwicklungsaufwand 854

37.7 Maßnahmen des Software-Qualitätsmanagements 855
37.7.1 Klassifikation der Maßnahmen 855
37.7.2 Konstruktive Maßnahmen 856
37.7.2.1 Phasenunabhängige konstruktive Maßnahmen 856
37.7.2.2 Phasenspezifische konstruktive Maßnahmen 858
37.7.3 Analytische Maßnahmen 859
37.7.3.1 Definition und Ziele analytischer Maßnahmen 859
37.7.3.2 Informelle Nachweisverfahren 859
37.7.3.3 Statische Analysen 860
37.7.3.4 Testen 860

37.8 Prozess-Assessment 863

37.9 Produkthaftung: Maßnahmen zur Risikominderung bei der Software-Entwicklung 863

37.10 Ausblick 864

37 Qualitätsmanagement bei der Software-Entwicklung

Bernd Hohler

Die Informations- und Kommunikationstechnik (IT) hat sich zur dominierenden Basistechnologie für Wertschöpfung und Innovation des 21. Jahrhunderts entwickelt. Aufgrund der exponentiellen Zunahme von Rechenleistung und Speicherkapazität der Computersysteme sowie deren weltweiter Vernetzung und Mobilität beschleunigt sich dieser Trend immer mehr. Computersysteme werden in allen Bereichen der Wirtschaft, Industrie und Verwaltung sowie im öffentlichen und privaten Leben zur Lösung von zunehmend komplexen und verantwortungsvollen Arbeitsaufgaben, aber auch zur Freizeitgestaltung eingesetzt. In den Unternehmen hat die IT längst die Rolle eines Katalysators der Veränderung und der Entwicklung neuer Geschäftsmodelle übernommen. Leistungs- und Wettbewerbsfähigkeit der Unternehmen sind ohne den Produktionsfaktor und das innovative Potenzial der IT nicht mehr denkbar.

In technischen Produkten und Anlagen werden Mikroprozessorsysteme zu Steuerungszwecken eingesetzt, wo sie vielfach auch sicherheitskritische Aufgaben übernehmen. Eine logische Folge dieser Ausbreitung von Computersystemen in alle Lebensbereiche hinein ist eine immer größer werdende Abhängigkeit unserer Gesellschaft von der IT. In einzelnen Bereichen wie Verkehr, Flugsicherung, Medizintechnik, Industrieautomatisierung oder Energietechnik kann die Funktion von Computersystemen entscheidend für Sicherheit und Leben von Menschen sein. In Bereichen wie Verwaltung, Handel und Bankwesen sind als Folge von Computerfehlern extrem hohe wirtschaftliche Schäden möglich.

Ohne Software ist ein Computer jedoch nichts als eine nutzlose Ansammlung von elektronischen Bauelementen. Erst die Software erweckt die Hardware zum Leben. In den Anfängen der noch relativ jungen Geschichte der elektronischen Datenverarbeitung (EDV), die man heute zutreffender als Informations- und Kommunikationstechnik (IT oder IKT) bezeichnet, stand noch die Entwicklung der Hardware im Vordergrund. Software wurde eher als Nebenprodukt betrachtet. In der Zwischenzeit hat sich die Situation ins Gegenteil verkehrt. Während sich die Leistungsfähigkeit der Hardware sowohl hinsichtlich Verarbeitungsgeschwindigkeit als auch Speicherkapazität etwa alle eineinhalb bis zwei Jahre verdoppelte (Moore'sches Gesetz, das nun seit Anfang der siebziger Jahre gilt), lag der jährliche Zuwachs an Produktivität bei der Software-Entwicklung lediglich im einstelligen Prozentbereich. In dem Maße, wie die Hardware immer zuverlässiger und leistungsfähiger wurde, stiegen auch die Anforderungen an die Software. Größe und Komplexität von Programmen nahmen ständig zu. Ein Ende dieser Entwicklung ist derzeit noch nicht absehbar. *Industrie 4.0* beschreibt das Konzept einer weltweit vernetzten Form der Industrialisierung mit *Smart Factories*, *Cyber-Physical Systems* und dem *Internet der Dinge und Dienste* (Kagermann/Wahlster/Helbig 2013).

37.1 Bedeutung der Software

In Fachkreisen spricht man schon seit Ende der 60er Jahre von der sogenannten *Softwarekrise*. Dieser Begriff beschreibt die Schwierigkeiten bei der Software-Entwicklung, die sich in extremen *Kosten- und Terminüberschreitungen* bei Softwareprojekten, einer mangelhaften *Qualität* und hohen *Wartungskosten* der entwickelten Softwareprodukte niederschlagen. Regelmäßig kommen empirische Untersuchungen (z. B. der seit 1994 jährlich erscheinende Chaos Report der Standish Group) zu dem Ergebnis, dass große Softwareprojekte nur zu etwa einem Drittel termingerecht, ohne Kostenüberschreitungen und den Vorgaben der Anforderungsspezifikation entsprechend abgeschlossen werden (Plewan/Poensgen 2011). Durch Terminverzug werden die Marktchancen von Software-Entwicklungen und von technischen Produkten, die eingebettete Software enthalten, verschlechtert. Auch Abstriche bei Qualität und Funktionalität werden in Kauf genommen. Etwa jedes fünfte Projekt scheitert sogar vollständig. Verschiedene Projekte wurden ganz aufgegeben, darunter auch große und teuere (Glass 1998, Gibbs 1994).
Die *Qualitätsdefizite* von Software führten bereits zu zahlreichen, zum Teil spektakulären Ausfällen durch Softwarefehler (Giese 2002). Die Zeitschrift „Software Engineering Notes" des US-Informatikerverbands ACM (Association of Computing Machinery) führt die Rubrik „Risks to the Public in Computers and Related Systems" (Neumann 1995). Hier werden seit 1980 eine Vielzahl von Berichten über Computer- und Softwareversagen, die in einigen Fällen auch Menschenleben gefordert oder vielfach hohe wirtschaftliche Schäden verursacht haben, veröffentlicht und laufend aktualisiert (The Risk Digest 2013).
Eine Auswertung verschiedener empirischer Studien über Qualität und Erfolg von Software-Entwicklungsprojekten zeigt, dass sich die Situation in den letzten Jahrzehnten im Durchschnitt kaum verbessert hat (Plewan/Poensgen 2011). Dies wird damit erklärt, dass ein Großteil der Unternehmen bewährte Entwicklungsmethoden immer noch nicht oder nur unzureichend anwenden. Die Unterschiede zwischen den einzelnen Organisationen sind jedoch erheblich, was auf die Professionalität und die Projektkultur zurückgeführt wird (Plewan/Poensgen 2001).
Trotz all dieser unbestreitbaren Defizite breitet sich die Informations- und Kommunikationstechnik immer schneller aus. Unternehmen können im *globalen Wettbewerb* nur noch bestehen, wenn sie die Produktivitätsvorteile, Rationalisierungseffekte und innovativen Potenziale der IT optimal einsetzen und zur Entwicklung neuer Geschäftsmodelle nutzen. Hinzu kommt, dass verschiedene Aufgaben und Probleme ohne Computer gar nicht mehr lösbar sind. Beispielhaft seien hier nur der schnelle Zugriff auf große Datenbanken, die Waren- und Geldwirtschaft, die Telekommunikation, der Mobilfunk, Simulations- und Spannungsberechnungen, Wettervorhersagen oder die Bewältigung komplexer Aufgaben in Echtzeit wie Anlagensteuerungen und die Flugsicherung erwähnt.
Hinzu kommt, dass moderne Technologien wie soziale Netzwerke, Mobilgeräte (Smartphones, Tablet-Computer) und Cloud Computing verstärkt von den Anwendern in die Unternehmen getragen werden.
Die Softwaretechnik erweist sich daher als *Querschnittstechnologie*, die Bestandteil oder gar Hauptbestandteil verschiedenster Systeme, Produkte oder Dienstleistungen ist. Sie stellt eine *Schlüsseltechnologie* dar, weil sie die Entwicklung modernster Technologien und Wissenschaftsgebiete wie Hirnforschung, Gentechnik, Umwelttechnik, erneuerbare Energien, Energiespeicherung, Materialforschung, Robotik, Cloud Computing, Internet der Dinge, Kommunikationstechnik, kollaboratives Arbeiten und schnelle Verarbeitung umfangreicher Datenmengen (Big Data) im Hauptspeicher (In-Memory Computing) überhaupt erst ermöglicht.
Computerprogramme stellen festgeschriebene Problemlösungsverfahren dar, die beliebig oft anwendbar sind. Das hierfür erforderliche Problemlösungswissen muss nur einmal von den Software-Entwicklern erarbeitet werden. Die Anwender bzw. Nutzer der Software besitzen dieses Problemlösungswissen im Allgemeinen nicht mehr und verlassen sich auf die Korrektheit der Softwarelösung, was eine enorme Vervielfältigungsmöglichkeit intellektueller Leistungen bedeutet. Programme sind damit – in ähnlicher Weise wie menschliche Experten – ein wichtiger *Produktionsfaktor*, wobei sich Problemlösungen mit Software zudem durch eine hohe Reproduzierbarkeit der Ergebnisse auszeichnen.
Aus den dargelegten Gründen ist es einleuchtend und selbstverständlich, dass ein so bedeutsames Produkt wie die Software ähnlichen Qualitätsregeln folgen und einem systematischen Qualitätsmanagement unterzogen werden muss, wie dies für andere industrielle Produkte seit Langem bekannt und anerkannt ist.

37.2 Software

37.2.1 Definition von Software

Bis vor einiger Zeit wurde noch darüber diskutiert, ob Software überhaupt als ein Produkt betrachtet werden soll oder ob sie eher eine Dienstleistung darstellt. Heute wird Software als ein immaterielles Produkt angesehen. Gene-

rell versteht man unter Software programmierten Code, kurz gesagt Programme, die auf einer Hardware lauffähig sind und das so entstandene Computersystem zur Lösung verschiedener Aufgaben nutzbar machen.
Diese Definition reicht jedoch im Allgemeinen noch nicht aus: Die Entwicklung eines Programms erfordert, von der anfänglichen Definition der Anforderungen bis hin zum Laden des endgültigen Codes in den Computer, die Erstellung einer Reihe von Unterlagen wie Konzeption, Anforderungsdokumentation, Spezifikation, Entwurfsdokumentation, Programmtext (Quellcode) und Testdokumentation. Der Begriff Software bezieht auch die Gesamtheit dieser Dokumente mit ein. Software besteht somit aus

- maschinell gespeicherten Instruktionen (Programmen),
- Vereinbarungen über Eigenschaften der zu verarbeitenden Daten,
- Dokumenten, die zur Nutzung und Wartung erforderlich sind.

Demgemäß werden die Begriffe *Software* und *Softwareprodukt* in den einschlägigen Standards und Normen folgendermaßen definiert:

- Software: geistiges Produkt, das aus Programmen, Verfahren und allen dazugehörigen Beschreibungen besteht, die zur Arbeit mit einem Datenverarbeitungssystem gehören; Software ist unabhängig von dem Medium, auf dem sie gespeichert ist.
- Softwareprodukt: vollständiger Satz von Computerprogrammen, Verfahren und dazugehörigen Beschreibungen und Daten, der zur Lieferung an den Anwender bestimmt ist.

37.2.2 Kategorien von Software

Es gibt verschiedene Möglichkeiten der Klassifikation von Software (Abb. 37.1). In diesem Kapitel sollen folgende Kategorien betrachtet werden:
Anwendungssoftware ist Software für den Anwender zur Lösung einer Arbeitsaufgabe. Man unterscheidet *horizontale*, d. h. branchenübergreifende und *vertikale*, d. h. branchenspezifische Anwendungssoftware.
Systemsoftware ist der Sammelbegriff für all diejenigen Programme, die den Betrieb eines IT-Systems und ein rei-

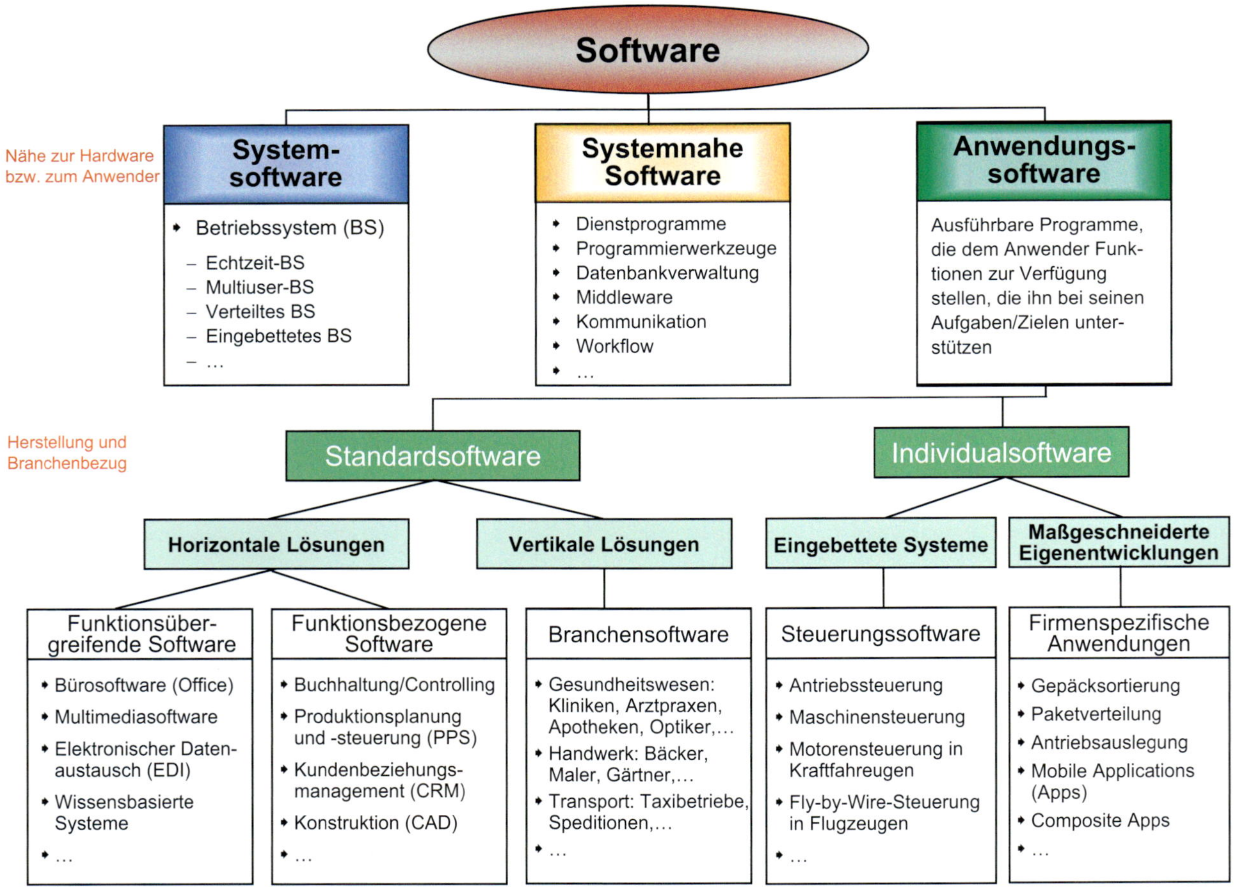

Abb. 37.1 Klassifizierung von Software

bungsloses Zusammenspiel vorhandener Hardwarekomponenten ermöglichen sowie einen koordinierten Ablauf der Anwendungsprogramme sicherstellen. Den Kern der Systemsoftware bildet das Betriebssystem. Zur Systemsoftware zählen darüber hinaus alle Programme und Werkzeuge (Tools) für die Entwicklung von Programmen wie Compiler, Interpreter, Linker, Testwerkzeuge, Debugger sowie Kommunikationssoftware.

Unter *Standardsoftware* oder *Standardanwendungssoftware* fasst man Programme für Aufgabenstellungen zusammen, die in vielen Betrieben gleichartig auftreten und bei ihrer Entwicklung so allgemein gehalten sind, dass sie für einen breiten Anwenderkreis geeignet sind. Standardsoftware wird im Allgemeinen in großen Stückzahlen vertrieben und kann vielfältige Vorteile bieten wie vergleichsweise geringe Anschaffungskosten, sofortige Verfügbarkeit, Ausgereiftheit, Praxisnähe, Einsatz fortschrittlicher Programmiermethoden. Manchmal ist Standardsoftware an die speziellen Belange des Anwenders anpassbar. Diese Anpassung wird *Customizing* genannt.

Individualsoftware ist das Gegenstück zur Standardsoftware und beschreibt Software, die speziell für einen individuellen Anwendungsfall entwickelt wurde und somit exakt auf ein bestimmtes Unternehmen zugeschnitten ist.

Eingebettete Software umfasst Programme zur Steuerung von Geräten, Anlagen und Prozessen, die in die zu steuernde Hardware integriert sind. Steuerungssoftware übernimmt vielfach sicherheitsrelevante Funktionen. Eingebettete Software wird von Unternehmen der sogenannten *Software-Sekundärbranchen* entwickelt, wo Software nicht Produkt, sondern Produktbestandteil ist (Liggesmeyer 2005). Produkte sind hier z. B. Kraftfahrzeuge, Mobiltelefone, Waschmaschinen oder Kernspintomografen. Unternehmen der *Software-Primärbranche* entwickeln Software als zentrales Produkt, z. B. Systemsoftware, Standardsoftwarepakete, Branchensoftware etc.

Zusätzlich kann man Software noch nach dem Nutzungsrecht und der Lizenzierung klassifizieren (Lassmann 2006). Beim *Nutzungsrecht* unterscheidet man z. B. Freeware, Shareware und Open Source. Hinsichtlich der *Lizenzierung* unterteilt man Software in Kaufsoftware, Software mit Nutzungsrecht, Software on Demand sowie Software as a Service (SaaS).

37.2.3 Besondere Eigenschaften von Software

Softwaresysteme haben ganz allgemein den Ruf, nicht besonders zuverlässig zu sein, vor allem in der ersten Zeit ihres Einsatzes nach Auslieferung. Generell gilt, dass Software nicht reibungslos arbeitet, bevor sie nicht längere Zeit unter realen Bedingungen eingesetzt und erprobt wurde (Littlewood/Stigini 1993, Gibbs 1994).

Die Problematik der Zuverlässigkeit von Software wird manchmal darauf zurückgeführt, dass die Informatik eine noch relativ junge Wissenschaft ist. Dies trifft jedoch nicht den Kern, denn in verschiedener Hinsicht unterscheidet sich die Softwaretechnik nämlich grundlegend von anderen Technologien, und es sind genau diese Unterschiede, die beispielsweise eine besondere Vorsicht beim Einsatz von Software für sicherheitskritische Anwendungen erforderlich machen. Verschiedene Problembereiche sind zu unterscheiden und werden nun erläutert (Weber 1992).

Immaterielle Natur

Software ist unsichtbar. Das ist eine der wesentlichen Ursachen dafür, dass Software hinsichtlich ihrer Bedeutung erheblich unterschätzt wird. Nicht selten stellt man unbewusst eine direkte Beziehung zwischen dem Wert einer Sache und ihrer materiellen Ausprägung her. Eine quantitative Abschätzung des *Nutzens* von Software ist – wie auch der Nutzen intellektueller Arbeit – mit großen Schwierigkeiten verbunden. Andererseits sind die *Kosten* für Entwicklung, Erwerb, Anpassung (Customizing) und Einführung von Software meist recht genau bekannt. Dadurch entsteht vor der Einführung von Softwaresystemen ein im Vergleich zum Kauf neuer Maschinen und Anlagen hoher Rechtfertigungsdruck. Zu optimistische Zeit- und Kostenschätzungen, Überschreitungen von Zeit- und Kostenplänen und mangelhafte Qualität der ausgelieferten Softwareprodukte sind die logische Folge.

Komplexität

Software ist aus extrem komplexen Informationsstrukturen aufgebaut. Es wirkt eine sehr hohe Zahl von Komponenten zusammen, zwischen denen ein dichtes Geflecht logischer Verbindungen besteht. Bei großen Softwaresystemen übersteigt die Anzahl der Komponenten die anderer Industrieprodukte wie Flugzeuge, Chemieanlagen oder Kraftwerke. Softwaresysteme mit einem Umfang von einigen Hunderttausend bis zu Hunderten von Millionen Quellcodezeilen sind heute durchaus üblich. Hierbei ist zu beachten, dass der Quellcode nur einen Teil der Dokumentation eines Softwaresystems ausmacht. Zur Veranschaulichung sei angemerkt, dass der Ausdruck von einer Million Zeilen Quellcode (1 MLOC = 1000 KLOC) einen Stapel Endlospapier in Höhe von mehr als einem Meter ergibt. Ein anderes Maß für die Komplexität ist die Zeit, die ein Programmentwickler benötigt, um sich in ein Programm hineinzudenken. Die sogenannte „Verstehensspanne" eines Wartungsspezialisten beträgt nur 7000 bis 15 000 Quellcodezeilen, wobei er für die Einarbeitung in

IV

diesen Codeumfang ungefähr drei bis sechs Monate benötigt (McClure 1993). Software-Entwicklung ist daher längst nicht mehr nur die kreative Arbeit einzelner Entwickler, sondern eine industrielle, arbeitsteilige Tätigkeit großer Teams, ganzer Unternehmen oder gar Unternehmensgruppen geworden.

Hohe Kosten

Software ist nicht preiswert herzustellen. Preiswert ist lediglich die Vervielfältigung eines einmal entwickelten Systems. Die Entwicklung selbst ist personal- und kostenintensiv.

Probleme mit der Skalierbarkeit

Die Programmgrößen wachsen um den Faktor zehn in ca. fünf Jahren. Hieraus resultieren Probleme mit der Entwicklung neuer Software-Technologien. Die alten, wenn auch bewährten Methoden sind nicht auf große Projekte übertragbar. Die Vorstellung vom Ein-Mann-Entwickler ist überholt. Organisatorische Probleme begrenzen die handhabbare Komplexität und bewährte Prozessmodelle sind nicht mehr anwendbar.

Fehleranfälligkeit

IV

Generell enthalten heutige Softwaresysteme – auch wenn sie gründlich ausgetestet sind – noch Fehlerdichten in der Größenordnung von etwa 0,1 % bis 0,3 % des Quellcodes (Jones 2008), d. h. 1 bis 3 Fehler pro 1000 Quellcodezeilen (1–3 Fehler/KLOC). Garantien zur Qualität, Haftung für deren einwandfreie Funktion und Schadenersatz bei Mängeln – bei sonstigen technischen Industriegütern die Regel – sind bei Software unüblich (außer bei nachgewiesener Fahrlässigkeit). Dies hängt mit den einzigartigen Eigenschaften von Software zusammen: Softwaresysteme sind wegen der binären Darstellung und Verarbeitung der Informationen im Rechner *diskrete*, d. h. unstetige Systeme. Aufgrund der kombinatorischen Explosion ist die Zahl der möglichen Zustände astronomisch groß. Da formalisierte Beschreibungen der Semantik von Programmen in der Regel nicht existieren, lassen sich keine Beweise für die Korrektheit, Zuverlässigkeit oder Widerspruchsfreiheit durchführen. Im Gegensatz zu anderen Ingenieurdisziplinen, bei welchen empirisch abgesicherte, formale Modelle wie Differenzialgleichungen zur Berechnung von Systemen (Maschinen, Brücken, Anlagen) zum Einsatz kommen, können Berechnungen zur Absicherung von Software nicht durchgeführt werden. Auch das bei konventionellen Ingenieursdisziplinen gültige Konzept der *Toleranz*, das besagt, dass Maße von Komponenten herzustellender Produkte nicht exakt sein, sondern nur innerhalb eines spezifizierbaren Toleranzbereichs liegen müssen, ist bei Software nicht gültig. Bereits kleinste Änderungen (z. B. ein Komma statt eines Punkts an einer einzigen Stelle in einem Programm mit mehreren Millionen Codezeilen) können zu sprungartigen, unvorhersehbaren und möglicherweise katastrophalen Reaktionen des Systems führen.
Durch Testen werden bevorzugt diejenigen Fehler aufgedeckt, die mit einer hohen Wahrscheinlichkeit auftreten (im Mittel kurze Zeiten zwischen zwei Fehlerereignissen). Fehler, die nur selten vorkommen (im Mittel lange Zeiten zwischen zwei Fehlerereignissen), werden auch durch ausgiebiges Testen kaum gefunden. Grundsätzlich sind größere Softwaresysteme daher nie fehlerfrei, auch wenn sie jahrelang in Betrieb sind (Littlewood/Stigini 1993).

- Die Venussonde Mariner 1 wurde 1962 infolge eines Punktes anstatt eines Kommas an einer einzigen Stelle im Quellcode verloren. Die Kosten beliefen sich auf 18,5 Mio. Dollar (Giese 2002).
- Die Europäische Raumfahrtorganisation ESA musste im Juni 1996 einen schweren Rückschlag hinnehmen: Die neu entwickelte Rakete Ariane 5 explodierte auf ihrem Jungfernflug ca. 42 Sekunden nach dem Start. Die fehlerhafte Software für das redundant ausgelegte Trägheitsnavigationssystem war unverändert vom Vorgänger Ariane 4 übernommen worden, wo der Fehler nicht aufgetreten war. Durch höhere Beschleunigungs- und Geschwindigkeitswerte von Ariane 5 gegenüber Ariane 4 kam es zu einem Datenüberlauf, der zu einer Fehlsteuerung führte. Die Rakete vollzog eine abrupte Drehung und löste damit den Selbstzerstörungsautomatismus aus. Infolge unzureichender Tests war der Fehler nie entdeckt worden. Die Gesamtkosten betrugen ca. 900 Millionen Euro (Majchrzak 2012).

Schwierige Prüfbarkeit

Ein *vollständiger Test* von Software ist – abgesehen von kleinen und trivialen Programmen – nicht möglich. Aufgrund der erwähnten „Diskretheit" von Software und der Ungültigkeit des Toleranzprinzips ist eine Interpolation von Testergebnissen für Situationen „zwischen" zwei Zuständen nicht zulässig. Daher müssen auch dicht benachbarte Zustände geprüft werden. Als Folge der kombinatorischen Explosion tendiert daher die Zahl der möglichen Testfälle gegen *unendlich*.

Korrelation von Fehlerzuständen

Mathematische Beweise der korrekten Umsetzung der Spezifikation in ein Programm sind nur bei relativ kleinen Programmen möglich. Daher setzt man für sicherheitskritische Anwendungen *fehlertolerante* Verfahren ein, insbesondere die Methode der *diversitär-redundanten* Programmierung (n-version programming). Dabei wird ein bestimmtes kritisches Softwaremodul, ausgehend von einer gemeinsamen Spezifikation, von mehreren unabhängig voneinander arbeitenden Programmierteams entwickelt. Im einfachsten Fall, bei zwei Programmversionen, laufen beide Programme parallel. Ein Ergebnisvergleich deckt Abweichungen auf, wodurch Fehlererkennung möglich wird. Bei mehr als zwei parallelen Programmen lassen sich Ausfälle durch Mehrheitsentscheid vermeiden. Verschiedene Untersuchungen haben jedoch gezeigt, dass diese scheinbar unabhängig voneinander entwickelten Programmteile eine überraschend hohe Übereinstimmung von Fehlern aufweisen (Grams 1990). Die Gefahr *neigungsbedingter Fehler* scheint also sehr groß zu sein. Hinzu kommt, dass Spezifikationsfehler in jedem Fall zu fehlerhaftem Systemverhalten führen. Die Zuverlässigkeit diversitär-redundanter Softwaresysteme sollte daher mit Vorsicht abgeschätzt werden. Eine gewisse Erhöhung der Zuverlässigkeit wird allerdings erreicht.

Alterung

Software wird fälschlicherweise als nicht alterndes und verschleißfreies Produkt bezeichnet. Aufgrund der Komplexität sind Änderungen der Software sehr schwierig durchzuführen. Die fortlaufenden Korrekturen und die während des Einsatzes ständig notwendigen Änderungen und Erweiterungen führen zwangsläufig zum Einbau von Fehlern, deren Nebeneffekte zu einer wachsenden Fehlerrate und damit zu einem Alterungsprozess führen. Wie bei der Hardware entsteht dadurch bezüglich der Ausfall- bzw. Fehlerrate über die Zeit hinweg eine sogenannte *Badewannenkurve*.

Der trotz der geschilderten problematischen Eigenschaften weitverbreitete Einsatz von Rechnern und Software für Steuerungszwecke ist auf deren Eigenschaft zurückzuführen, komplexe logische Anforderungen wirtschaftlich und flexibel zu erfüllen. Änderungen an der Software, wenn sie systematisch und kontrolliert mit entsprechender Validierung und Verifizierung vorgenommen werden, sind leichter durchzuführen als bei entsprechenden fest verdrahteten Schaltungen. Zudem kann bei Einsatz von Steuerungssoftware in technischen Anlagen das Bedienpersonal mit wesentlich mehr Informationen versorgt werden, als dies ohne Computereinsatz möglich wäre. Aus diesen Gründen gehen Ingenieure auch bei Anwendungen in der Sicherheitstechnik immer häufiger dazu über, Computer anstelle fest verdrahteter digitaler und analoger Hardware einzusetzen. Umfangreiche Vorkehrungen gegen nicht auszuschließende Softwarefehler sind dann jedoch zwingend erforderlich.

37.3 Normung auf dem Gebiet der Software

Normen werden aufgrund ihrer öffentlichen Erarbeitungsverfahren und Zugänglichkeit sowie der laufenden Anpassung an den sich wandelnden Stand der Technik als anerkannte *Regeln der Technik* angesehen. Rechtlich werden Normen häufig als antizipierte Sachverständigenaussage betrachtet.

Die Voraussetzung für eine sinnvolle Normungsarbeit ist die technische Ausreifung eines Gebietes, die bei Software noch nicht vollständig abgeschlossen ist. Daher sind Software-Entwickler heute mit einer verwirrenden Auswahl von Hunderten verschiedener Normen bzw. Standards konfrontiert, die von Dutzenden von Organisationen entwickelt wurden. Diese Organisationen und ihre Normungsgremien betrachten Software Engineering, je nach Blickwinkel des von ihnen vertretenen Anwendungsbereichs oder Industriezweiges, oft recht unterschiedlich. Die Standards sind daher vielfach inkonsistent, überlappen sich und sind teilweise sogar widersprüchlich (Moore 1998, Wallmüller 2011).

Einige anwendungsspezifische Normen unterschiedlichster Institutionen, die für jedermann zugänglich sind, seien hier kurz erwähnt. Bedeutsam sind der Standard des Bundesministers des Inneren für die Software-Entwicklung, das sogenannte V-Modell XT *(http://www.kbst.bund.de)*, die Prozessnorm zur Entwicklung und Abnahme von Steuerungssoftware für Zivilflugzeuge RTCA/DO-178B, die Software-Engineering-Normen der ESA (European Space Agency), die militärischen Software-Engineering-Normen der NATO (AQAP-Standards) und des US Department of Defence (DOD- und MIL-Standards). Hinzu kommen Normen und Regelwerke aus dem Gesundheitswesen (Medizintechnik), der Eisenbahntechnik und der chemischen Industrie sowie zahlreiche firmenspezifische Normen. Mehr als 50 verschiedene IEEE-Normen (IEEE: Institute of Electrical and Electronics Engineers) liefern detaillierte Festlegungen zu allen wesentlichen Methoden und Verfahren der Software-Entwicklung und Software-Qualitätssicherung (Moore 1998, Wallmüller 2011).

Die wichtigen Organisationen für eine branchenübergrei-

IV

fende und international anerkannte Normung sind ISO (International Organization for Standardization), IEC (International Electrotechnical Commission), DIN (Deutsches Institut für Normung), CEN (Comité Européen de Normalisation), CENELEC (Comité Européen de Normalisation Electrotechnique) und ETSI (Europäisches Institut für Telekommunikationsnormen). Für verschiedene Bereiche der Softwaretechnik sind in den letzten Jahren nationale und internationale Normen bzw. Normenentwürfe ausgearbeitet worden, die sich nach inhaltlichen Gesichtspunkten in Begriffs-, Prozess-, Verfahrens-, Produkt- und Vertragsnormen eingruppieren lassen.

Seit mehreren Jahren wächst der Druck, eine Koordinierung der verschiedenen Normungsgremien und eine bessere Zusammenarbeit der Experten verschiedener Fachgebiete zu erreichen. Dabei unterscheidet das DIN Normen und Standards: Unter *Standards* versteht man verschiedenste in einem Konsensprozess entstandenen Spezifikationen, wobei es hinsichtlich der Ausprägung des Konsenses beträchtliche Abstufungen geben kann. *Normen* sind Standards, bei denen der Konsens in einem öffentlichen Einspruchsverfahren hergestellt wurde. Dabei wird der Öffentlichkeit Gelegenheit gegeben, binnen einer bestimmten Frist (i. d. R. vier Monate) Einwände gegen eine geplante Norm vorzubringen (DIN 820-4, Ziff. 3.4.3).

Im Umfeld der IT ist der *Normenausschuss Informationstechnik und Anwendungen* (NIA) im DIN die Plattform für die Normungsarbeit der interessierten Kreise in Deutschland und ihre Mitwirkung in den europäischen und internationalen Normungsorganisationen *(http://www.nia.din.de)*. Bedingt durch den Vorrang der internationalen Normungsarbeit orientieren sich Struktur und Arbeitsprogramme des NIA an jenen des ISO/IEC JTC 1, dem *Technischen Gemeinschaftskomitee (Joint Technical Committee, JTC)* von ISO und IEC für die Normung auf dem Gebiet der Informationstechnik (http://www.iso.org). Ebenso vertritt der NIA das DIN in den Lenkungsgremien und IT-Komitees des CEN. Hauptaufgabe des ISO/IEC JTC 1 ist die Ausarbeitung Internationaler Standards (IS). Standardentwürfe, sogenannte *Draft International Standards (DIS)*, werden an die nationalen Körperschaften zur Abstimmung weitergeleitet. Die Veröffentlichung eines Internationalen Standards erfordert die Zustimmung von mindestens 75 % aller nationalen Körperschaften, die sich an der Abstimmung beteiligen.

Im Zusammenhang mit dem Qualitätsmanagement und der Produkt- und Prozesszertifizierung von Software sind in Tabelle 37.1 einige repräsentative, international gültige Normen beispielhaft aufgelistet.

Ein wachsender Trend, der bei den zunehmend international tätigen Normungsgremien eindeutig erkennbar wird, ist die Entwicklung und Anerkennung von branchenübergreifenden Normenreihen und Rahmennormen wie

- ISO 9000-Reihe für Qualitätsmanagementsysteme
- ISO/IEC 12207 als Rahmennorm für den Softwarelebenszyklus
- ISO/IEC 15504-Reihe für die Bewertung von Software-Entwicklungsprozessen (SPICE: **S**oftware **P**rocess **I**mprovement and **C**apability **De**termination)
- ISO/IEC 25000-Reihe für Qualitätskriterien und die Bewertung von Softwareprodukten (SQuaRE: **S**oftware Product **Qua**lity **R**equirements and **E**valuation)
- DIN IEC 61508-Reihe für funktionale Sicherheit und Zuverlässigkeit von sicherheitsrelevanten programmierbaren elektronischen Systemen

Tab. 37.1 Beispiele für allgemeingültige Softwarenormen

Kategorie	Norm	Beschreibung/Titel
Produktnormen	ISO/IEC 25000[1]	Software-Engineering – Qualitätskriterien und Bewertung von Softwareprodukten (SQuaRE) – Leitfaden für SQuaRE
	ISO/IEC 25010	Software-Engineering – Qualitätskriterien und Bewertung von Softwareprodukten (SQuaRE) – Qualitätsmodell und Leitlinien
	ISO/IEC 25051	Software-Engineering – Softwareproduktbewertung – Qualitätsanforderungen an kommerzielle serienmäßig produzierte Softwareprodukte (COTS) und Prüfanweisungen
	DIN EN ISO 9241[1]	Ergonomie der Mensch-System-Interaktion – Teil 110: Grundsätze der Dialoggestaltung
Prozessnormen	ISO/IEC 90003	Software- und Systemtechnik – Richtlinien für die Anwendung der ISO 9001:2000 auf Computersoftware
	ISO/IEC 15504[1]	Informationstechnik – Prozess-Assessment (sogenannte SPICE-Norm)
	ISO/IEC 12207	Systeme und Software-Engineering – Software Lebenszyklusprozesse
	ISO/IEC/IEEE 29119[1]	Software- und Systemtechnik – Testen von Software – Teil 1: Konzepte und Definitionen; Teil 2: Testprozesse; Teil 3: Testdokumentation; Teil 4: Testverfahren
Industrielle Sicherheitsnorm	DIN IEC 61508[1]	Funktionale Sicherheit sicherheitsbezogener elektrischer/elektronischer/programmierbarer elektronischer Systeme – Teil 3: Anforderungen an Software
Verfahrensnorm	DIN EN ISO 19011	Leitfaden zur Auditierung von Managementsystemen

[1] mehrteilige Normenreihe

Eine nach wie vor gute Übersicht über den Stand der Normung aus internationaler Sicht findet man in (Moore 1998). Themen der Normungsarbeit des Normenausschusses Informationstechnik und Anwendungen des DIN kann man dem jeweiligen Jahresbericht entnehmen *(http://www.nia.din.de)*. Eine Liste internationaler Normungsinstitute, deren Internetadressen und Software-Engineering-Normen findet man in (Wallmüller 2011). Fragen zur Zertifizierung von Software und weitere anwendungsspezifische Softwarenormen werden von verschiedenen Autoren behandelt (Döttinger/Hohler 1993, Hohler 1993/1995, Thaller 1994).

37.4 Qualitätsmerkmale von Software

Unter *Softwarequalität* versteht man die Gesamtheit der Merkmale und Merkmalswerte eines Softwareprodukts, die sich auf dessen Eignung beziehen, festgelegte oder vorausgesetzte Erfordernisse zu erfüllen.

ISO/IEC 25010:2011 definiert in Kapitel 3.1 die Systemqualität folgendermaßen:

The quality of a system is the degree to which the system satisfies the stated and implied needs of its various stakeholders, and thus provides value.

Dies lässt sich in etwa folgendermaßen übersetzen:

Die Qualität eines Systems ist der Grad, zu dem das System die angegebenen und stillschweigend erwarteten Bedürfnisse seiner unterschiedlichen Interessenvertreter erfüllt und somit einen Wert liefert.

Neu in dieser Definition ist der Hinweis auf die *erwarteten* Bedürfnisse der Anwender und den zu liefernden *Wert* oder *Nutzen*. Hieraus ergibt sich die Forderung nach der Nutzungsqualität (siehe unten).

Mit SQuaRE (Software Product Quality Requirements and Evaluation) wurde eine fünfteilige Normenreihe geschaffen, die ein Qualitätsmanagement-Modell für den Software-Lebenszyklus definiert. Die bis 2011 gültige ISO/IEC 9126 ist in der SQuaRE-Normenreihe aufgegangen. Zwei Teile von SQuaRE betreffen das *Anforderungsmanagement* (Requirements Engineering):

- ISO/IEC 25030:2007 beschreibt die *Qualitätsanforderungen* (Quality Requirements) und definiert ein Modell von Anforderungskategorien wie organisatorische, funktionale, Prozess-, Realisierungs- und Produktanforderungen, sowie interne und externe Qualitätsanforderungen.
- ISO/IEC 25010:2011 definiert die *Qualitätsmodelle* für Systeme und Software (System and Software Quality Models), wobei zwischen Produktqualität (Product Quality) und Benutzungsqualität (Quality in Use) unterschieden wird.

Die *Produktqualität* betrachtet Qualitätsmerkmale ohne jeglichen Nutzungskontext (Tab. 37.3), während die *Benutzungsqualität* die zu bearbeitende Aufgabe, den Nutzer und das Nutzungsumfeld in den Vordergrund stellt (Tab. 37.2). Diese Unterscheidung ist durchaus sinnvoll. Eine Software mit sehr guter Produktqualität kann in einem nicht vorgedachten oder ungeeigneten *Nutzungskontext* zu einer schlechten Gesamtqualität führen. Ein ungeeigneter Nutzungskontext kann beispielsweise dann vorliegen, wenn Expertenwissen, Erfahrung oder Alter von Nutzern nicht berücksichtigt wird oder wenn Funktionen implementiert werden, die vom Nutzer oder vom Unternehmen überhaupt nicht benötigt werden.

Tab. 37.2 Kriterien der Benutzungsqualität (Quality in Use) nach ISO/IEC 25010:2011 (Begriffe ins Deutsche übersetzt; bei Effektivität und Effizienz sind Haupt- und Untermerkmal identisch und es werden keine weiteren Untermerkmale genannt)

Hauptmerkmal	Untermerkmale
Effektivität	Effektivität
Effizienz	Effizienz
Zufriedenheit	Nutzen, Vertrauen, Vergnügen, Komfort
Risikofreiheit	Verringerung des wirtschaftlichen Risikos, Verringerung des Gesundheits- und Sicherheitsrisikos, Verringerung des Umweltrisikos
Kontextabdeckung	Kontextvollständigkeit, Flexibilität

Tab. 37.3 Kriterien der Produktqualität (Product Quality) nach ISO/IEC 25010:2011 (Begriffe ins Deutsche übersetzt)

Hauptmerkmal	Untermerkmale
Funktionelle Eignung	Funktionelle Vollständigkeit, Korrektheit und Eignung
Performance und Effizienz	Zeitverhalten, Ressourcennutzung, Kapazität
Kompatibilität	Koexistenz, Interoperabilität
Benutzerfreundlichkeit	Erlernbarkeit, Angemessenheit, Wiedererkennbarkeit, Bedienbarkeit, Schutz des Anwenders vor Fehlbedienung, Ästhetik der Benutzeroberfläche, Erreichbarkeit
Zuverlässigkeit	Reife, Verfügbarkeit, Fehlertoleranz, Wiederherstellbarkeit
Sicherheit	Vertraulichkeit, Integrität, Zurechenbarkeit (Nichtabstreitbarkeit), Verbindlichkeit, Authentizität
Wartbarkeit	Modularität, Wiederverwendbarkeit, Analysierbarkeit, Änderbarkeit, Testbarkeit
Portabilität	Installierbarkeit, Austauschbarkeit, Anpassbarkeit

Nutzungskontexte sind dynamisch und nur sehr schwer vorherzusehen bzw. zu modellieren. *Agile Methoden* können hier einen Vorteil bieten, da die Einbindung der Nutzer laufend stattfindet und falsche Annahmen spätestens nach jeweils einem Zyklus (Sprint) berichtigt werden können (siehe Kap. 37.5.2.4).

Die in ISO/IEC 25010 definierten Qualitätsmerkmale dienen als Grundlage für die Ableitung von *Qualitätsanforderungen*. Der Nachweis, dass ein System die geforderten Eigenschaften erfüllt, kann mit Hilfe von Messungen auf der Grundlage von Metriken erfolgen. Die Bedeutung der einzelnen Qualitätsmerkmale kann sich für verschiedene Softwarekategorien unterscheiden. Bei *Systemsoftware*, z. B. bei Betriebssystemen, ist vor allem die Zuverlässigkeit von größter Bedeutung, bei Software für *Echtzeitsysteme*, z. B. für Steuerungssysteme, spielen neben der Zuverlässigkeit auch die Performance und Effizienz eine besondere Rolle, während bei Dialogsystemen, d. h. *interaktiver Endbenutzersoftware*, die Benutzerfreundlichkeit im Vordergrund steht. Die Zuverlässigkeit von Software wird generell, noch vor der funktionellen Eignung, als wichtigstes Qualitätsmerkmal betrachtet.

Die Qualitätsanforderungen und Prüfanweisungen für kommerzielle, serienmäßig produzierte Softwarepakete (COTS: **C**ommercial **O**ff-**T**he-**S**helf software products) werden in ISO/IEC 25051 beschrieben. Die früher verwendete DIN ISO/IEC 12119 wurde zurückgezogen.

IV

37.5 Methoden der Software-Entwicklung

37.5.1 Erkenntnisse aus der Softwarekrise

Die Erkenntnisse aus der *Softwarekrise* (Kap. 37.1) und die Bemühungen zur Entwicklung einer verbesserten Programmiertechnologie fanden in der Forschung ihren ersten Niederschlag in zwei von der NATO veranstalteten Konferenzen in Garmisch 1968 und Rom 1969 (Pomberger/Blaschek 1993). Auf diesen Konferenzen wurde darauf hingewiesen, dass Programme *Industrieprodukte* sind, und es wurde die Forderung erhoben, Software-Entwicklung als ingenieurmäßige Disziplin und weniger als kreative Kunstfertigkeit zu verstehen. Der Begriff *Software-Engineering* wurde geprägt.

Unter Software-Engineering, auch Softwaretechnik genannt, versteht man die ingenieursmäßige, d. h. systematische, rationelle, wirtschaftliche und jederzeit kontrollierbare Herstellung und Pflege von Software. Software-Engineering umfasst praxisbewährte, aufeinander abgestimmte Konzepte, Techniken, Methoden und Werkzeuge zur erfolgreichen Durchführung umfangreicher Software-Entwicklungsprojekte. Kenntnisse auf verschiedenen Gebieten wie Prozesse, Werkzeuge, Projektmanagement, Qualitätssicherung, Kommunikation, Dokumentation und Mitarbeiterführung sind notwendig.

Ziel des Software-Engineering ist die produktive Entwicklung von Softwaresystemen mit hoher *Qualität* innerhalb der geplanten *Zeit* und zu den veranschlagten *Kosten* (Magisches Dreieck: Qualität – Kosten – Zeit).

37.5.2 Vorgehensmodelle

37.5.2.1 Beschreibung von Vorgehensmodellen

Die Herstellung komplexer Software ist anspruchsvoll und erfordert professionelles Vorgehen – von der Erfassung der Anforderungen über den Entwurf der Systemarchitektur bis hin zur Umsetzung/Implementierung und zur Überprüfung der danach anfallenden Anpassungen (Wartung). Es leuchtet ein, dass man den Prozess der Software-Entwicklung nicht bei jedem Projekt neu erfinden kann.

Mit der Einführung von Vorgehensmodellen wird die zeitliche und inhaltliche Strukturierung des Entwicklungsprozesses angestrebt. Der Prozess der Software-Entwicklung wird in aufeinander abgestimmte Phasen zerlegt und für jede Phase werden Tätigkeiten und Ergebnisse festgelegt. Synonyme Begriffe für Vorgehensmodell sind *Prozessmodell*, *Phasenmodell* oder *Entwicklungsmethode*.

Vorgehensmodelle beschreiben nach (Brandt-Pook/Kollmeier 2008)

- den Ablauf von Projekten gleicher Art im Unternehmen (z. B. Phasen),
- Rollen und Aufgaben, die im Projekt wahrzunehmen sind,
- Methoden, die zur Erfüllung der Aufgaben eingesetzt werden,
- Artefakte, d. h. dokumentierte Arbeitsergebnisse von Aktivitäten oder Phasen, z. B. Spezifikationen, Klassendiagramme, Programmcode, Testfälle, Testberichte etc.

Einheitliche Vorgehensmodelle sind Grundlage für den gemeinsamen Sprachgebrauch und das gemeinsame Verständnis für die jeweiligen Abläufe. Sie erlauben eine systematische Wiederverwendung von Best Practices, machen Projekte vergleichbar, verkürzen die Einarbeitungszeit von Mitarbeitern in neuen Projekten und stellen somit einen organisatorischen Rahmen für die Durchführung von Software-Entwicklungsprojekten dar (Abb. 37.2).

Es existieren zahlreiche Vorgehensmodelle, die auf unterschiedliche Anforderungen und Charakteristika von

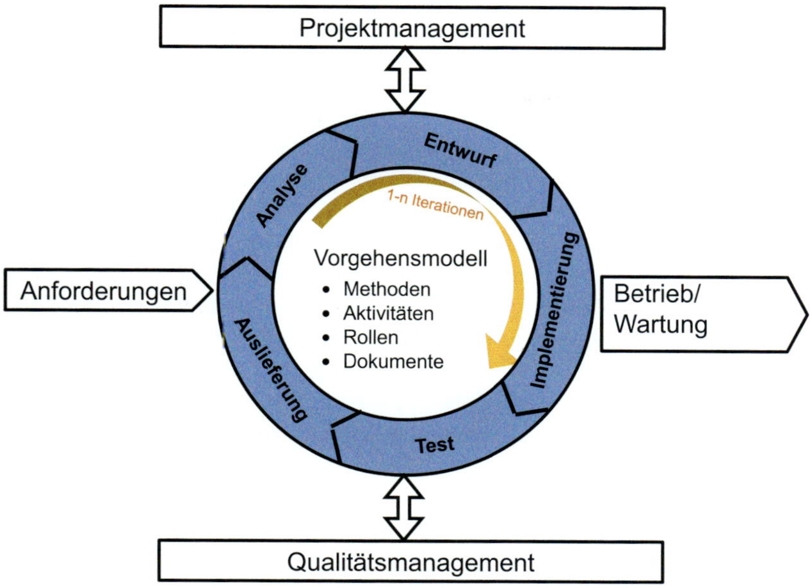

Abb. 37.2 Der Prozess der Software-Entwicklung (Plewan/Poensgen 2011)

Entwicklungsprojekten abgestimmt sind. Wesentliche Unterscheidungskriterien sind Dauer, Größe, Anwendungsdomäne und Komplexität des Projekts. Man unterscheidet sequenzielle, inkrementelle, iterative, prototypische und agile Modelle (Goll 2011, Ludewig/Lichter 2013, Schatten et al. 2010, Sommerville 2012, Wallmüller 2011). Beispielhaft seien folgende Vorgehensmodelle genannt:

- Wasserfallmodell (klassisch)
- V-Modell (V für Verifikation)
- V-Modell XT (Vorgehensmodell der Bundesbehörden)
- Spiralmodell (iterativ, prototypisch)
- Der Rational Unified Process (RUP)
- Agile Vorgehensmodelle, z.B. Scrum als Management-Rahmen, Extreme Programming (XP) als Software-Entwicklungsmethode

In großen Entwicklungsbereichen mit zahlreichen unterschiedlichen Projekten kann ein einziges, monolithisches Vorgehensmodell nicht den Anforderungen aller Projekte gereicht werden. Daher werden meist mehrere angepasste Vorgehensmodelle für die wichtigsten Projekttypen einer Organisation benötigt.

Man kann die Vielzahl der sehr unterschiedlichen Modelle drei Kategorien zuordnen, je nach Entwicklungsphilosophien:

- Klassische, sequenzielle Vorgehensmodelle
- Klassische, iterative und inkrementelle Vorgehensmodelle
- Agile Vorgehensmodelle

37.5.2.2 Klassische, sequenzielle Vorgehensmodelle

Der klassische Entwicklungsprozess folgt dem sogenannten *Wasserfallmodell* (Abb. 37.3). Es gehört zur Kategorie der spezifikationsorientierten Modelle und wird auch noch heute als Grundlage bei Ausschreibungen eingesetzt. Es bietet einen klaren Rahmen, definiert die wichtigsten Tätigkeiten des Software-Entwicklungsprozesses, grenzt diese ab und erleichtert somit die Projektplanung und Abschätzung der Entwicklungskosten. Die Phasen (siehe Tab. 37.4) werden als abgeschlossene Einheiten aus Aktivitäten und Ergebnissen definiert und *sequenziell*

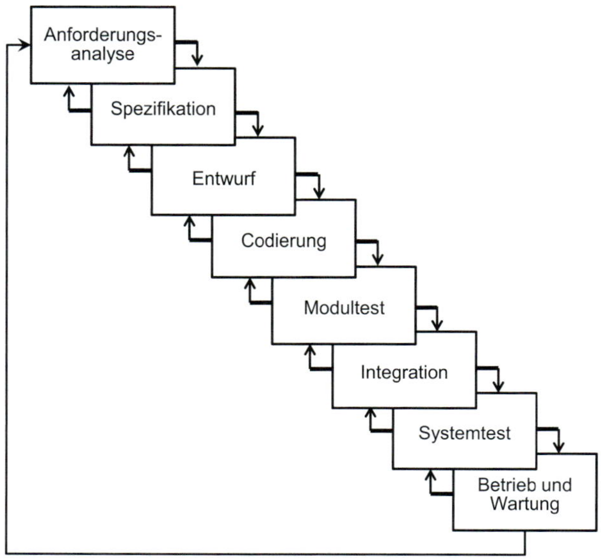

Abb. 37.3 Das Wasserfallmodell nach Boehm und Royce

IV

Tab. 37.4 Phasen der Software-Entwicklung und Nutzung

Phase	Tätigkeit
Anforderungsanalyse	Klärung der Anforderungen (globale Ziele) Planung des Softwareprojekts: Auftraggeber, Bearbeiter, Aufwand, Termine
Spezifikation	Dokumentation der Solleigenschaften des Softwareprodukts: Pflichtenheft
Design/Entwurf	Dokumentation der Problemlösung Modularisierung: Logische Gliederung der Funktionen und Daten Festlegung der Schnittstellen der Module (unabhängig von einer Programmiersprache)
Codierung/ Implementierung	Erstellen der Quelltexte in einer Programmiersprache
Test der Module/ Komponenten	Fehlerbeseitigung durch den Vergleich von Soll- und Ist-Eigenschaften der Programmmodule
Integration/ Integrationstest	Zusammenfügen der Module zum Gesamtsystem
Systemtest/ Abnahmetest	Fehlerbeseitigung durch Vergleich von Soll- und Ist-Eigenschaften des Gesamtsystems
Betrieb und Wartung	Nutzung des Softwareprodukts durch den Anwender: Fehlerbeseitigung und Pflege durch das Wartungsteam

durchlaufen. Das Ende einer Phase wird durch einen *Meilenstein* markiert, an dem geprüfte und bewertete Arbeitsergebnisse vorliegen. In Prozessnormen werden häufig Reviews zur formellen Freigabe der Arbeitsergebnisse gefordert. Diese feste Prüfreferenz ist vor allem bei sicherheitskritischen Anforderungen an eingebettete Softwaresysteme sehr wichtig.

Ein Nachteil des Wasserfallmodells ist, dass die strenge Trennung der einzelnen Phasen eine unzulässige Idealisierung darstellt, da sich die Tätigkeiten überlappen und die Wechselwirkungen zwischen den Phasen komplexer sind als durch das sequenzielle Modell angezeigt. Ein weiteres Problem des sequenziellen Vorgehens ist, dass erst sehr spät greifbare Ergebnisse vorliegen. Änderungswünsche der Anwender können damit erst dann eingebracht werden, wenn der zur Umsetzung erforderliche Änderungsaufwand bereits sehr hoch ist. Diese Erkenntnisse führten zur Entwicklung ausgefeilter, iterativer Modelle, die auch ein Prototyping ermöglichen.

V-Modelle sind Erweiterungen des Wasserfallmodells. V-Modelle haben eine besondere Bedeutung für das Qualitätsmanagement erlangt, weil sie Entwicklung und Test eine gleichwertige Bedeutung geben und die Notwendigkeit von Reviews aufzeigen. Beim V-Modell nach Boehm (Abb. 37.4) stehen die eher konstruktiven, d. h. fehlerverhütenden Aktivitäten (linker Zweig des V) den prüfenden, d. h. verifizierenden und validierenden Aktivitäten (rechter Zweig des V) gegenüber. Das Modell macht deutlich, dass Fehler auf derjenigen Abstraktionsstufe gefunden werden, auf der sie begangen werden. Bei der Systementwicklung wird vom Ganzen, d. h. von der Systemspezifikation, zum Detail, d. h. zur Spezifikation und Codierung der Komponenten, vorgegangen (top down: linker Zweig). Danach wird vom Detail (Komponenten) über Integrations- und Testschritte zum Ganzen, d. h. zum installierten System, zurückgekehrt (bottom up: rechter Zweig). Daher können in den Phasen des rechten Zweiges des V nur jene Fehler gefunden werden, die in der symmetrischen Phase des linken Zweiges des V entstanden sind.

Daraus folgt, dass die frühen Fehler am längsten im System verbleiben und deren Behebung sehr teuer ist (siehe

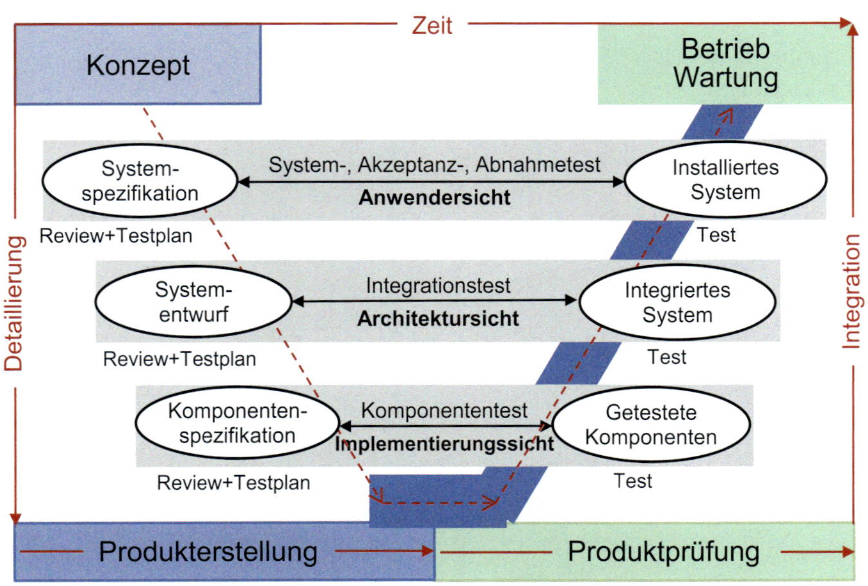

Abb. 37.4
Das V-Modell nach Boehm

Kap. 37.6). Darum ist in den frühen Phasen fast jeder Aufwand für Fehlervermeidung oder Fehlerbehebung gerechtfertigt. Mit Testen werden Fehler aber erst spät entdeckt. Das Mittel der Wahl für die Früherkennung dieser Fehler sind daher *Reviews*. Das V-Modell macht zudem deutlich, dass die *Testplanung* schon in den frühen Phasen erfolgen muss, d. h. bei der Erstellung der Systemspezifikation muss die Planung für den System-, Akzeptanz und Abnahmetest erfolgen und bei der Definition des Systementwurfs müssen die Testfälle für den Systemtest bestimmt werden etc.

37.5.2.3 Klassische, iterative Vorgehensmodelle

Die Nachteile sequenzieller Modelle führten zu *inkrementellen, iterativen* und *prototypischen* Vorgehensmodellen. Zielsetzung ist es, dem Anwender bereits kurze Zeit nach Beginn des Entwicklungsprozesses einen *Prototypen*, d. h. eine Demonstrationsversion des zukünftigen Programms, präsentieren zu können. Dadurch können Missverständnisse ausgeräumt und Änderungswünsche frühzeitig berücksichtigt werden. Durch den Einsatz von Werkzeugen lässt sich die Entwicklung von Prototypen wesentlich beschleunigen *(Rapid Prototyping)*.
Das *V-Modell XT* ist das offizielle Vorgehensmodell der öffentlichen Hand in der Bundesrepublik Deutschland. Es wird von vielen Unternehmen und Behörden als flexibles Modell zum Planen und Durchführen von Systemprojekten eingesetzt. Der Zusatz „XT“ steht dabei für „eXtreme Tailoring“ und unterstreicht die flexible *Anpassbarkeit* (Tailoring) an spezifische Projektumfelder. Das V-Modell XT orientiert sich bereits an *agilen* und *inkrementellen* Ansätzen. Es definiert Aktivitäten (Tätigkeiten) und Produkte (Ergebnisse), die bei der Systementwicklung erforderlich sind, und es legt die Verantwortlichkeiten jedes Projektbeteiligten fest (Höhn/Höppner 2008).
Eine detaillierte Beschreibung und Dokumentation des V-Modells XT kann auf der Webseite der Koordinierungs- und Beratungsstelle der Bundesregierung für Informationstechnik in der Bundesverwaltung heruntergeladen werden *(http://www.kbst.bund.de/)*. Erfahrungen mit dem V-Modell XT zeigen, dass es sich um ein leistungsfähiges Instrument zur Planung und Steuerung von Projekten handelt, aber dass der Aufwand für die Anpassungen an die jeweiligen Bedürfnisse nicht unterschätzt werden sollte (Wallmüller 2011).
Das *Spiralmodell* stellt eine konkrete Ausprägung einer *inkrementellen* Entwicklung dar. Das risikogetriebene Modell eignet sich speziell für sehr lange und große Softwareprojekte mit unklaren Anforderungen. Durch die Planung von *Iterationen* nähert sich das Ergebnis an die definierten Ziele an, auch wenn sich diese im Verlauf des Projekts ändern (Schatten et al. 2010). In der Praxis wird jedoch häufiger vom Spiralmodell gesprochen als es wirklich angewendet wird.
Der *Rational Unified Process (RUP)* ist ein modernes Vorgehensmodell, das aus der Entwicklung der Unified Modeling Language (UML) und dem Unified Software Development Process abgeleitet wurde. UML ist die heute dominierende grafische Modellierungssprache zur Spezifikation von Softwaresystemen. Der Rational Unified Process gehört zur Familie der *iterativen* und *inkrementellen* Software-Entwicklungsmethoden und unterstützt UML als Notationssprache. Er umfasst neben dem Prozessmodell auch die dazugehörigen Modellierungswerkzeuge für allen Phasen und Disziplinen und verbindet die Vorteile der *phasenorientierten* Entwicklung mit nichtlinearen, iterativen Prozessmodellen. Mit dem *zyklischen* Durchlaufen der beteiligten Disziplinen werden erste Ansätze *agiler* Vorgehensweisen geboten. Weitere Prinzipien sind objektorientierte und visuelle Modellierung, Verwaltung der Anforderungen, Testautomatisierung und Kontrolle der Änderungen. Der Rational Unified Process enthält detailliert ausgearbeitete Workflows für alle Bereiche der Software-Entwicklung (Rollen, Aktivitäten, Produkte) sowie zahlreiche Templates, umfangreiche Leitfäden und Tool-Mentoren.
Mit seiner Unterstützung für das Projektmanagement ist der Rational Unified Process für große Projekte sehr gut einsetzbar, ist jedoch nicht für alle Entwicklungstypen geeignet, z. B. nicht für die Entwicklung eingebetteter Software (Sommerville 2012). Kritisiert werden die Komplexität und mangelnde Flexibilität. Die Anpassung an die spezifischen Gegebenheiten einer Entwicklungsorganisation ist aufwendig und die zu erfüllenden Voraussetzungen sind erheblich.

37.5.2.4 Agile Vorgehensmodelle

Agilität als Gegenbewegung

Software muss in immer kürzeren Zeiträumen bei sich häufig ändernden Anforderungen realisiert werden. Die Erwartungen an Qualität, Bedienerführung und Sicherheit steigen dabei ständig, und die Anwender werden immer anspruchsvoller. Die klassischen Phasenmodelle (z. B. Wasserfallmodell, V-Modell XT, RUP) sind sehr *dokumentenlastig* aufgebaut, d. h. der Dokumentationsaufwand ist sehr hoch. Hinzu kommen exponentiell steigende *Änderungskosten*, wenn notwendige Anpassungen erst in den späten Phasen erkannt werden (siehe Kap. 37.6).
Für den Auftraggeber einer Softwarelösung besteht eines der Hauptprobleme zudem darin, dass er bei klassischem, sequenziellem Vorgehen erst nach relativ langer Zeit ein lauffähiges System zu sehen bekommt und dann oftmals seine Wünsche nicht genügend erfüllt sieht. Um hier eine Verbesserung zu erreichen, wurden klassische Prozess-

modelle mit evolutionären, inkrementellen oder iterativen Entwicklungsmethoden und Prototyping erweitert. Gleichzeitig aber wuchsen auch die Probleme der Entwickler, da die mit immer mehr Funktionen ausgestatteten Prozessmodelle und die zugehörigen Modellierungswerkzeuge unflexibel und sehr aufwendig zu erlernen waren. Der Dokumentationsaufwand für Planung und Entwicklung stieg stetig, wobei manches Dokument später kaum mehr gelesen wurde (sogenannte Schrankware).

Diese immer bürokratischere Arbeitsweise provozierte eine Gegenbewegung. Eine Gruppe von Methodenberatern formulierte im Jahr 2001 das sogenannte *agile Manifest* (Manifesto for Agile Software Development), das aus vier Werten und aus zwölf Prinzipien besteht *(www.agilemanifesto.org)*. Die vier Werte lauten:

1. Personen und Interaktionen sind wichtiger als Prozesse und Tools.
2. Funktionierende Software ist wichtiger als umfangreiche Dokumentation.
3. Die Zusammenarbeit mit Projektbetroffenen ist wichtiger als Vertragsverhandlungen.
4. Die Reaktion auf Änderungen ist wichtiger als das Festhalten an einem Plan.

Klassischen, dokumentenlastigen, *reifen Prozessen* werden leichtgewichtige, *agile Prozesse* entgegengesetzt. Diese Tendenz wurde durch die rasch wachsende Bedeutung des Internets und der mobilen Kommunikation beschleunigt. Die Fähigkeit, auf die Wünsche der Kunden oder des Marktes zu reagieren, wird als wichtiger erachtet als langes Vorausplanen und umfangreiches Dokumentieren. Die Definition von agil bedeutet, dass sich der Erfolg eines IT-Projekts an den Anforderungen des Auftraggebers zum Zeitpunkt des Projektendes misst und nicht an einer detaillierten Auftragsbeschreibung beim Beginn des Projekts. Bedingt durch die technische und wirtschaftliche Dynamik sind hohe Flexibilität und Schnelligkeit bei der Berücksichtigung von Änderungen während des Software-Entwicklungsprozesses heute eine absolute Notwendigkeit geworden und kein Wettbewerbsvorteil mehr.

Auf der Grundlage dieser Bewegung wurden in den letzten Jahren zahlreiche agile Prozesse und Methoden entwickelt. Nach *Extreme Programming (XP)* wurde *Scrum* zur bekanntesten Projektmanagement-Methode der agilen Software-Entwicklung. Mit *Lean* und *Kanban* gibt es zwischenzeitlich weitere erfolgreiche Varianten (Hanser 2010, Schneider 2012). Heute haben sich die agilen Methoden durchgesetzt. Auch in großen Softwarehäusern sind sie im Einsatz (Schnitter/Mackert 2011) und ihre Kenntnis gehört heute bereits zum Grundstock einer guten Ausbildung im Software-Engineering (Schneider 2012, BITKOM 2013).

Die Philosophie agiler Software-Prozesse wird am Beispiel von Scrum ausführlicher vorgestellt. Danach erfolgt eine kurze Darstellung der agilen Entwicklungsmethodik Extreme Programming (XP), die ebenfalls sehr verbreitet ist.

Scrum

Scrum hat sich als De-facto-Standard der agilen Software-Entwicklung etabliert (Gloger 2010, Schneider 2012). Es ist ein Rahmenwerk, das die Managementaspekte des Softwareprojekts beschreibt. Scrum macht keine Vorgaben zu den Entwicklungsmethoden. Dies mag einer der Gründe für seine große Verbreitung und Beliebtheit sein, denn Scrum lässt sich problemlos mit unterschiedlichsten Entwicklungsmethoden kombinieren.

Scrum (zu Deutsch „Gedränge“, abgeleitet vom Rugby-Spiel) ist ein agiler Prozess, der sich auf die Auslieferung der wichtigsten Anforderungen innerhalb kürzester Zeit fokussiert. Der Auftraggeber gibt die Prioritäten vor, sich selbst organisierende Entwicklungsteams legen eigenständig das beste Vorgehen zur Auslieferung der höchstpriorisierten Merkmale fest. Scrum ermöglicht somit, innerhalb kurzer Zyklen von circa. zwei bis vier Wochen ausführbare Software-Versionen zu präsentieren. Jeder Beteiligte kann lauffähige Software sehen und mitentscheiden, ob diese ausgeliefert wird oder in einem nächsten Zyklus zu erweitern ist.

Scrum definiert drei zentrale Rollen: Product Owner, Scrum Master und Team (Abb. 37.5).

1. Der *Product Owner* verwaltet die Anforderungen an die Entwicklung, ist Repräsentant des Kunden und gibt regelmäßig Feedback an das Team. Er ist verantwortlich für die Funktionalitäten, den Auslieferungstermin und das finanzielle Ergebnis. Der Product Owner sollte während der gesamten Entwicklung vor Ort sein, damit die Kundenanforderungen flexibel in die Entwicklung einfließen können.
2. Der *ScrumMaster* vertritt das Management gegenüber dem Projekt und agiert als Schnittstelle des Teams zur Außenwelt. Er ist für die Kommunikation mit den Nicht-Teammitgliedern zuständig und schützt dadurch das Team vor äußeren Störungen. Er ist für die Einhaltung der Scrum-Regeln und Scrum-Techniken verantwortlich und fördert die enge Zusammenarbeit zwischen allen Rollen und Funktionen. Der ScrumMaster ist im Projekt hierarchisch nicht über den anderen Team-Mitgliedern angesiedelt.
3. Das *Team* besteht aus fünf bis neun Personen und ist verantwortlich für die Lieferung, technische Umsetzung und Qualität des Produkts sowie die Einschätzung, was es tatsächlich liefern kann. Das kleine, autonom handelnde Team organisiert sich selbst und entwickelt die Software in sogenannten *Sprints* (Iterationen). Die Team-Mitglieder müssen daher unabhän-

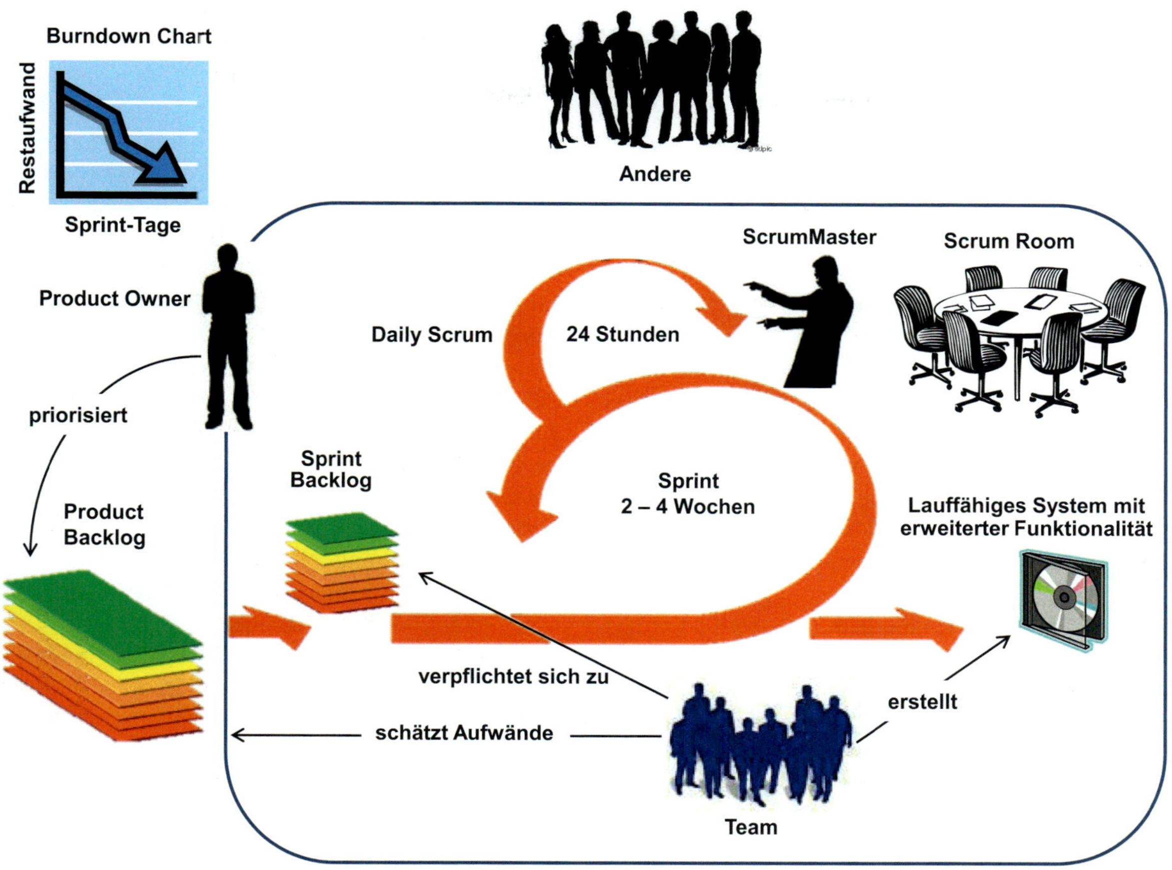

Abb. 37.5 Scrum: Begriffe, Rollen, Abläufe, Produkte

gig von äußeren Einflüssen arbeiten können und sind im Idealfall in Vollzeit tätig. Werden für eine Entwicklung signifikant mehr als neun Personen benötigt, bildet man zusätzliche Scrum-Teams *(Scrum of Scrums)*. Dies führt bei größeren Projekten zu einer Baumstruktur von Teams.

Die Gemeinschaft aus Scrum Master, Product Owner und Team wird als *Scrum Team* bezeichnet. Darüber hinaus existieren weitere Rollen, die nicht Teil des eigentlichen Scrum-Prozesses sind: Benutzer, Käufer und das obere Management. Auch diese Gruppen sollten die Ergebnisse von Sprints in den Review Meetings kommentieren.

Der *Scrum-Prozess*, d. h. der Projektverlauf, lässt sich kurz folgendermaßen beschreiben:

Der Product Owner sammelt und priorisiert alle Anforderungen des Kunden in Form von *Story Cards*. Die Sammlung dieser gewünschten Projektarbeiten heißt *Product Backlog*. Das Scrum-Projekt schreitet iterativ in Serien von *Sprints* voran. Die typische Sprintdauer beträgt zwei bis vier Wochen.

Anlässlich des *Sprint Planning Meetings*, das vor jedem Sprint stattfindet, entscheidet das Team – nicht der ScrumMaster allein – welche Inhalte in Form von Story Cards es im nächsten Sprint abarbeiten kann. Diese Teilmenge von Story Card heißt *Sprint Backlog* und darf während eines Sprints aus Gründen der Stabilität nicht geändert werden. Das lauffähige (Zwischen-)Produkt wird während der Sprints entworfen, kodiert und getestet.

Während des Sprints wird eine *Impediment List* (Problemliste) geführt, die bei den Daily Scrum Meetings besprochen wird. Es ist die Aufgabe des ScrumMasters, diese Probleme zu beseitigen.

Team und ScrumMaster treffen sich täglich zum *Daily Scrum*, das ist eine informelle Kurzbesprechung im Stehen (Stand-up Meeting), die maximal 15 Minuten dauert und möglichst immer zur selben Tageszeit am selben Ort, idealerweise dem Scrum-Raum, stattfindet. Dort liegen alle wichtigen Informationen und Projektdokumente vor. Alle Beteiligten sind eingeladen, doch nur Teammitglieder, der ScrumMaster und der Product Owner dürfen reden. Der ScrumMaster leitet das Treffen und erteilt jedem Projektmitglied das Wort. Innerhalb von zwei Minuten berichtet jedes Teammitglied über drei Punkte:

- Was habe ich seit dem letzten Daily Scrum getan und erreicht?

- Was plane ich, bis zum nächsten Daily Scrum zu tun?
- Was behindert mich bei meiner Arbeit (Problemliste)?

Wird Scrum mit XP kombiniert, so führt man täglich eine Integration der alten und neuen Softwareteile, *Daily Build* genannt, durch. Dann liegt sogar täglich eine lauffähige Version des Programms vor.
Am Ende eines jeden Sprints findet ein *Sprint Review Meeting* statt, in dem das Team dem Product Owner die Ergebnisse vorstellt, typischerweise in Form einer Demo der neuen Produkteigenschaften oder der zugrunde liegenden Architektur. Das Treffen ist informell, es sind keine Folien erlaubt und die Vorbereitung soll auf zwei Stunden begrenzt sein. Alle Interessierten dürfen teilnehmen. Ebenfalls am Ende des Sprints gibt es ein Treffen zur rückwirkenden Betrachtung, die sogenannte *Sprint-Retrospektive*. Das ganze Scrum Team nimmt teil. Es wird darüber diskutiert, was man zukünftig besser machen könnte.
Die Fortschrittskontrolle innerhalb eines Sprints erfolgt mithilfe eines Diagramms, dem sogenannten *Burndown Chart*. Auf der Grundlage von täglichen Aufwandsschätzungen des Teams gibt die Grafik Auskunft über die noch abzuleistende Arbeit ab dem aktuellen Tag. Nicht ein Projektleiter stellt den Fortschritt fest oder gibt Termine vor, sondern das Team und die einzelnen Entwickler selbst. Die gesamte Entwicklung steht und fällt mit dem Team. Durch die Offenheit und das Selbstmanagement wird die Motivation auch langfristig sichergestellt.
Scrum kann als *Paradigmenwechsel* beim Projektmanagement gesehen werden (Gloger 2010). Das agile Vorgehen entwickelte sich aus den gleichen Prinzipien wie das *Toyota Production System* (*TPS*):

- Kleine, selbstbestimmte, funktionsübergreifende Teams *(self-directed and cross-functional work teams)*. Die Teammitglieder können eigenständig alle notwendigen Aufgaben durchführen.
- Kontinuierlicher Verbesserungsprozess *(Deming Cycle)*: *PDCA*-Zyklus *(Plan-Do-Check-Act Cycle)*.
- Konzentration auf nur einen Teil der Aufgabe *(one-piece-flow)*, bei Scrum der „Sprint".
- Vermeiden von Verschwendung *(eliminate waste)*: Verschwendung ist alles, was nicht zur Wertschöpfung beiträgt, bei Scrum die *Impediment List*.
- Pull-Prinzip statt Push-Prinzip

Mit dem kontinuierlichen Liefern fertiger, nutzbarer Software am Ende einer Entwicklungsiteration, dem Sprint, bricht Scrum gänzlich mit traditionellen Projektmanagement-Ansätzen.

IV

Extreme Programming

Extreme Programming (XP) ist eine agile Software-Entwicklungsmethode, bei der die Software nicht in allen Details im Voraus entworfen wird, sondern die Entwicklung in schnellen Iterationen abläuft. Zahlreiche Entwurfs- und Entwicklungsphasen wechseln sich ab, wobei die Zwischenergebnisse ständigen Tests unterzogen werden. Durch die enge Zusammenarbeit mit dem Kunden soll ein erwartungskonformes Softwareprodukt garantiert werden. Um seine Wirkungsweise voll zu entfalten, stellt XP hohe Anforderungen an die Entwickler (Beck 2000, Beck/Fowler 2001).
XP ist ein Rahmenwerk, das aus drei Hauptbestandteilen besteht: Werten *(values)*, Prinzipien *(principles)* und Techniken *(practices)*. Einige Eigenschaften von XP seien hier stichwortartig aufgeführt (siehe auch http://xprogramming.com)

- *Einfachheit:* Das einfachste Design, das die Anforderungen erfüllt, wird implementiert.
- *Kurze Auslieferungs- und Release-Zyklen:* Kunden können den Entwicklern sehr schnell Rückmeldung geben.
- *Planungsspiel (planning game):* Projekte verlaufen iterativ und inkrementell. Vor jeder Iteration werden die Inhalte der nächsten Iteration geplant. Alle Projektmitglieder und der Kunde nehmen daran teil.
- *Testgetriebene Entwicklung (test-driven development, TDD):* Alle Entwicklungen müssen getestet werden. Empfohlen wird, zuerst die Testfälle zu erstellen und dann die Anwendung.
- *Refactoring*: Ständiges Überarbeiten und Vereinfachen der Struktur, ohne die Funktionalität zu verändern.
- *Fortlaufende Integration* (*continous integration*): Alle Änderungen am System werden sehr zeitnah integriert. Dadurch bauen sich nicht zu viele Abhängigkeiten zwischen verschiedenen Änderungen auf.
- *Gemeinsame Verantwortung (collective ownership):* Das gesamte Team ist für das System verantwortlich. Jeder Entwickler darf daher alle Codezeilen ändern und ist so in der Lage, die Aufgabe eines anderen Entwicklers zu übernehmen.
- *Programmieren in Paaren (pair programming):* Stets arbeiten zwei Programmierer gemeinsam an der Entwicklung.
- *Nachhaltiges Tempo (sustainable pace):* Grundlage von XP ist die Kreativität des einzelnen Teammitglieds und seine hochkonzentrierte Arbeitsweise bei der Paar-Programmierung. Mit ungeregelter Arbeitszeit und ständigen Überstunden sind diese Ziele nicht erreichbar.
- *Programmierstandards (coding standards):* Zur gemeinsamen Verantwortung für den Code gehört auch die Festlegung auf einen gemeinsamen Standard für das Codieren.

- *Kunde vor Ort (on-site customer):* Um Fragen und Anforderungen klären zu können, muss ein zentraler Ansprechpartner des Kunden ständig ansprechbar sein.

Als agile Methoden sind sich XP und Scrum sehr ähnlich, aber es gibt auch einige Unterschiede: Im Gegensatz zu XP ist Scrum eine reine Management-Methode und keine Entwicklungsmethode. Sprints sind bei XP mit 1 bis 2 Wochen nur halb so lang wie bei Scrum (2 bis 4 Wochen). Scrum erlaubt keine Änderungen während der Sprints, bei XP wird dies nicht so strikt gehandhabt. Bei XP gibt der Kunde die Reihenfolge der zu entwickelnden Produktmerkmale streng vor, bei Scrum entscheidet das Team über die Reihenfolge.

Die Rolle der Softwarequalität bei agilen Methoden

Der Scrum-Prozess mit mehreren, ineinander verschachtelten Rückkopplungsschleifen fördert die Qualität fast automatisch. Die Abläufe mit den Scrum-Elementen Project Backlog, Sprint, Sprint Backlog, Daily Scrum, der Rollenverteilung und den täglichen Schätzungen führen zu einer frühen Fehlererkennung und Behebung. Im Daily Build von XP werden Fehler bei der Integration verschiedener Softwareteile unmittelbar entdeckt. Die Schätzkurven zeigen früh, ob das Team seinen Zeitplan einhalten kann oder nicht. Nach jedem Sprint hat der Project Owner die Möglichkeit, das Projekt neu zu bewerten und auszurichten. Durch die intensive Kommunikation und die täglichen Treffen lassen sich Abweichungen schnell erkennen und korrigieren. Die bei XP vorgegebenen Techniken wie die testgetriebene Entwicklung, der Einsatz von Programmierstandards und die Paar-Programmierung sind ebenfalls qualitätsfördernd.

Sollten Fehler übersehen werden, so steht in XP mit der *Fehler-Ursachen-Analyse (Root Cause Analysis)* eine neue Praktik zur Verfügung, mit der die Ursache eines Fehlers gesucht und dieser dann zukünftig vermieden werden kann, was ganz im Sinne der Prinzipien des Total Quality Management (TQM) ist (Schneider 2012).

Grenzen agiler Methoden

Die Qualität als Ergebnis agilen Vorgehens mag zwar hoch sein, jedoch sind die Qualitätsmaßnahmen nur wenig dokumentiert und daher schwer nachweisbar. Die Dynamik agiler Methoden ist ja gerade durch Verzicht auf Bürokratie und damit möglichst wenig Dokumentation und Nachweise gekennzeichnet. Traditionelle Entwicklungsmethoden sind jedoch in jedem Fall dann anzuwenden, wenn eine Dokumentation in Form von Nachweisen gesetzlich vorgeschrieben ist. Die Entwicklung *sicherheitskritischer Software*, wie das Fly-by-Wire-System eines Verkehrsflugzeugs oder die eingebettete Software eines Medizingeräts (z. B. Herz-Lungen-Maschine oder Insulinpumpe) ist wegen der unklaren oder fehlenden Prüfreferenz mit agilen Methoden nicht durchführbar. Ebenso sind größere Projekte, die über längere Zeit gewartet und weiterentwickelt werden müssen, für agile Methoden weniger geeignet.

Aufgrund des hohen Abstimmungsbedarfs und der inhärenten Abhängigkeiten sind agile Projekte mit verschiedenen, möglicherweise wechselnden, *externen Dienstleistern* oder mit zahlreichen Stakeholdern nur sehr schwer durchführbar. (Engstler/Oestereich/Wagner 2012). Auch agile *Großprojekte* werden als problematisch angesehen. Es wird aber bereits über einige erfolgreich durchgeführte Vorhaben mit bis zu 300 Projektbeteiligten berichtet und eine entsprechend angepasste, erweiterte agile Vorgehensweise beschrieben (Eckstein 2012). Man kann davon ausgehen, dass sich die Grenzen der agilen Methoden weiter in Richtung eines allgemeinen Einsatzes verschieben werden.

37.5.3 Klassisches Projektmanagement

Sowohl für die Beschaffung und Einführung von Standardsoftware als auch für die Entwicklung von Individualsoftware sind ein systematisches Projektmanagement und die Errichtung einer Projektorganisation erforderlich (Kupper 1993, Grupp 1995).

Dabei wird ein Projekt durch folgende Eigenschaften charakterisiert:

- definierte, *komplexe* Aufgabenstellung, die *einmaligen* Charakter hat und den Einsatz unterschiedlicher Techniken und Methoden erfordert
- zeitliche Begrenzung mit festem *Start-* und *Endtermin*
- *Projektorganisation* mit einem Projektleiter, Projektteam(s), bestehend aus Fachleuten unterschiedlicher Disziplinen, und einem Projektlenkungsausschuss
- vorgegebenes *Projektbudget*

Zur Durchführung von Projekten ist die Festlegung auf ein einheitliches Vorgehensmodell (Kap. 37.5.2) erforderlich. Zur Projektdokumentation hat sich die Erstellung eines *Projekthandbuches* bzw. *Projektordners* mit entsprechenden Regelungen, Checklisten, Formularen etc. als sinnvoll und notwendig erwiesen. Der Projektordner ist die zentrale Sammelstelle für alle Unterlagen, die das Projekt betreffen.

Das *Matrixprojektmanagement* wird heute als angemessene Form der Durchführung von IT-Projekten betrachtet. Hierbei werden für die Zeit des Projektes oder für Projektphasen Mitarbeiter aus den Fach- und Stabsabteilungen dem Projektleiter in fachlicher Hinsicht unterstellt.

Die unterschiedlichsten Funktionen und Bereiche sind an einem IT-Entwicklungsprojekt zu beteiligen, sei es, dass sie ausführen, mitwirken, beraten, steuern, kontrollieren oder prüfen. Besonders wichtig ist die reibungslose Zusammenarbeit zwischen Entwicklern und Anwendern.
Jedes größere Projekt erfordert einen *Projektausschuss* (Lenkungsausschuss, Projektsteuerungskomitee, Kontrollkomitee, steering committee). Der Projektausschuss ist die Instanz,

- die das Projekt kontrolliert und überwacht,
- an die der Projektleiter über den Projektstatus berichtet,
- an die der Projektleiter über Probleme berichtet, die er nicht selbst lösen kann,
- die Entscheidungen über den Fortgang des Projektes, Wiederholungen von Phasen oder den Start der nächsten Phase trifft,
- die allein Zielkorrekturen genehmigen kann,
- die allein dem Projekt zugrunde liegende Randbedingungen ändern kann.

Im Projektausschuss als Steuerungs- und Kontrollorgan der Geschäftsführung wirken Vertreter der Geschäftsführung mit. In bestimmten Phasen kann es sinnvoll sein, Leiter von Spezialabteilungen, die für die Realisierung des Projektes nötig sind (z.B. technische Unterstützung, Anwendungsentwicklung, IT-Abteilung, Hardwarelieferant, Betriebsrat) mit einzubinden.
Der Projektausschuss wird vom Projektleiter bei Erreichung von Projektmeilensteinen und anstehenden Entscheidungen über den Beginn der nächsten Phase, bei besonderen Anlässen wie größeren Termin- und Kostenüberschreitungen etc. einberufen. Der Projektausschuss sollte – unabhängig davon, ob besonderer Entscheidungsbedarf besteht – wenigstens einmal pro Quartal tagen. Wichtig ist, dass Vertreter aus allen beteiligten Organisationen sowie der betroffenen Geschäftsbereiche beteiligt sind.
Der *Projektleiter* wird von der obersten Leitung des Auftraggebers offiziell ernannt.
Aufgaben und Kompetenzen des Projektleiters sind:

- Planung: Personal, Tätigkeiten, Ressourcen, Termine, Tests, Dokumentation, Wartung etc.
- Organisation: Zuordnung von Tätigkeiten zu Personen, Berichtswege
- Schätzungen: Zeitdauern, Aufwände etc.
- Kontrolle: Vergleich von tatsächlichem mit geplantem Aufwand
- Steuerung: Einleitung von Korrekturmaßnahmen
- Information: Management (Auftraggeber), Projektausschuss, Projektgruppen
- Motivation: Die Projektgruppe muss sich mit den Projektzielen identifizieren.

IV

Die Erfahrung zeigt, dass der Aufwand für das Projektmanagement die volle Zeit des Projektleiters erfordert, wenn im Projekt sieben oder mehr Personen mitarbeiten.
Die Projektüberwachung baut auf der Grundlage der Projektplanung auf. Folgende Aufgaben bezüglich der drei konkurrierenden Komponenten *Termin, Budget* und *Qualität* liegen in der Verantwortung des Projektleiters:

- Durchführung von Soll-/Ist-Vergleichen
- Ermittlung von Abweichungen
- Ermittlung der Ursachen für Abweichungen

Es sind *Projektberichte* zu führen, d.h. Tätigkeitsberichte, die anzeigen, an welchem Teilprojekt ein Mitarbeiter wie lange gearbeitet hat und welche Tätigkeiten er ausgeführt hat. Die sich aus den Projektberichten ergebenden Daten werden zu Projektdatenübersichten zusammengefasst. Aus den Projektdatenübersichten wird der Projektfortschritt bzw. werden Abweichungen des Projektfortschritts vom geplanten Soll-Wert ermittelt. Folgende Daten sind vom Projektleiter insbesondere zu überwachen:

- Ist-Aufwand der betrachteten Periode (z.B. wochen- oder monatsweise)
- kumulierter Ist-Aufwand seit Projektbeginn
- Abweichung vom geplanten Soll-Wert
- Schätzung des noch erforderlichen Restaufwands
- Prognose für den Gesamtaufwand

Die Ergebnisse der laufenden Projektüberwachung sind Basis für die Projektsteuerung. Bei festgestellten Soll-/Ist-Abweichungen müssen nach Analyse der Abweichungsursachen Maßnahmen getroffen werden, um diese Differenzen zu verringern oder, wenn möglich, zu beseitigen. Dies kann zu Änderungen bei der Konzeption, bei den Kosten und Terminen oder beim weiteren Vorgehen führen. Hieraus ergibt sich die Notwendigkeit einer Überarbeitung der Projektplanung und der Termin- und Kostenplanung.
Ursachen für Termin- und Kostenüberschreitungen sind schriftlich festzuhalten, um auf die neu erworbenen Kenntnisse bei zukünftigen Projekten zurückgreifen zu können. Hier kann eine IT-Unterstützung, z.B. in Form einer Projektdatenbank, hilfreich sein.
IT-Projekte sollten *nicht länger als zwei Jahre* dauern. Hierzu werden Projekte daraufhin untersucht, ob sie nicht in Teilprojekte unterteilt werden können, die dann parallel oder nacheinander abgewickelt werden.
Weltweit gibt es verschiedene Verbände für das Projektmanagement, z.B. das amerikanische Project Management Institute (PMI) mit der PMP-Zertifizierung, das britische Office of Government Commerce (OGC) mit der PRINCE2-Zertifizierung und die International Project Management Association (IPMA) mit der IPMA-Zertifizierung. Deren Vertretungen in den Ländern, in Deutschland

z. B. die GPM, bieten Zertifizierungen auf unterschiedlichen Stufen an (BITKOM 2010).

37.5.4 Aufwands- und Kostenschätzung

Vor Beginn eines IT-Projektes sollte eine Kosten-Nutzen-Analyse alternativer Lösungen für einen längeren Zeitraum (von bis zu 10 Jahren) durchgeführt werden. Da der Projektleiter für die Einhaltung des Projektbudgets verantwortlich ist, muss er Aufwand und Kosten der Software-Entwicklung abschätzen. Projektzeitplanung und Kostenschätzung laufen parallel. Hauptkomponenten der Projektkosten sind:

- Hardware- und Systemsoftwarekosten
- Reise- und Ausbildungskosten
- Kosten für die Arbeitszeit der Mitarbeiter (Personalkosten).

Den dominierenden Anteil am Aufwand haben die Personalkosten, die sich direkt aus dem zeitlichen Personalaufwand ergeben. Dieser Aufwand ist im Voraus nicht bekannt und muss somit geschätzt werden. Er wird bei größeren Projekten in Mitarbeiter-Monaten (MM) oder Mitarbeiter-Jahren (MJ) angegeben. Die Aufwandsschätzung für Softwareprojekte ist nicht selten zu optimistisch angesetzt, woraus sich zwangsläufig Terminüberschreitungen ergeben. Gefahren hieraus sind:

- Budgetüberschreitungen
- Verschlechterung der Kosten-/Nutzen-Relationen
- Überlastung der Projektmitarbeiter
- mehr Softwarefehler beim Einsatz (Feldfehler) durch verkürzte Testphasen
- insgesamt schlechtere Qualität der Software.

Bei der Software-Entwicklung wird zwischen zwei grundlegenden Verfahren der Kosten- bzw. Aufwandsschätzung unterschieden (Thaller 1994, Software Productivity Consortium 1995):

- Schätzung durch Analogie
- algorithmische Schätzverfahren.

Ein Beispiel der Kostenschätzung durch Analogie ist das Prozentsatzverfahren. Beim Prozentsatzverfahren greift man auf bereits früher durchgeführte vergleichbare Projekte und die hierbei ermittelten prozentualen Anteile der einzelnen Phasen am Gesamtaufwand zurück (Projektdatenbank). Diese Anteile werden auf das aktuelle Projekt übertragen (Analogie) und so der Gesamtaufwand hochgerechnet.

Das *COCOMO-Modell* (Constructive Cost Model) ist ein algorithmisches Verfahren zur Kosten- bzw. Aufwandsschätzung. Mithilfe von mathematischen Funktionen wird dabei ein Zusammenhang zwischen gewissen Softwaremetriken und den Kosten eines Projekts dargestellt (Ludewig/Lichter 2013).

Eine leistungsfähige Methode zur Ermittlung des funktionalen Umfangs eines Projekts bzw. einer Software-Entwicklung ist die *Function-Point-Methode*, die aber erst eingesetzt werden kann, wenn die Anforderungsdefinition, d. h. das Pflichtenheft, vorliegt. Kennt man zudem die *Produktivität* des Entwicklungsteams, so lässt sich der Projektaufwand ermitteln (Jones 2008, Plewan/Poensgen 2011).

37.5.5 Metriken

Metriken sind ein wirksames Instrument des Software-Projektmanagements, um Entscheidungen aufgrund nachvollziehbarer Messgrößen treffen zu können (Thaller 1994, Jones 2008). Den aktuellen Stand ihrer Leistungsfähigkeit kann eine Organisation nur über Messgrößen ermitteln und verfolgen. Modelle der Softwareproduktivität, Zuverlässigkeit, Fehlerdichte etc. sind nur mithilfe von Metriken validierbar und kalibrierbar. Investitionen in Produktivitäts- und Entwicklungs-Tools, Reengineering, Wiederverwendung, agile Prozesse sowie andere Techniken und Methoden lassen sich ohne aussagekräftige Metriken nicht begründen.

Neben der Einteilung in Produkt- und Prozessmetriken ist auch eine Unterscheidung in direkt messbare Messgrößen (Grundeinheiten) und abgeleitete Metriken möglich. Grundeinheiten sind z. B. Lines of Code (LOC bzw. KLOC, 1 KLOC = 1000 LOC) und Function Points (FP). Hieraus lassen sich durch Kombination mit den gefundenen Fehlern relativ leicht abgeleitete Metriken wie Fehlerdichte in Fehler/KLOC bzw. Fehler/FP oder die sogenannte Restfehlerrate bilden.

Kriterien zur Beurteilung von Metriken sind folgende:

- Verständlichkeit: Der Programmierer muss die Bedeutung, Herkunft oder Nützlichkeit der Messzahl einsehen können. LOC ist auf den ersten Blick verständlicher als FP.
- Felderprobung: Metriken sollten im praktischen Einsatz erprobt und nicht nur theoretisch abgeleitet sein.
- Wirtschaftlichkeit: Die Messwerte sollten einfach erfassbar sein und die eigentliche Software-Entwicklung nicht beeinträchtigen, d. h. ein natürliches Nebenprodukt der Entwicklungstätigkeit selbst sein.
- Hoher Wirkungsgrad: Eine gute Metrik reagiert empfindlich und hilft bei der Einkreisung derjenigen Teilbereiche des Software-Entwicklungsprozesses, bei denen kleine Änderungen zu erheblichen Verbesserungen führen.
- Aktualität: Metrikdaten sollten auf Echtzeitbasis verfüg-

bar sein. Viele interessante Metriken werden z. B. bei Walkthroughs/Inspektionen des Designs oder des Pflichtenhefts eines Systems erfasst; die Messergebnisse sollten dem Projektteam innerhalb von 24 Stunden nach Abschluss der Inspektionssitzungen verfügbar gemacht werden können.

Man sollte sich auf die Ermittlung der wesentlichen Messgrößen konzentrieren, insbesondere:

- Softwareumfang (Lines of Code – LOC, Function Points – FP)
- Zahl der Softwarefehler bzw. die Fehlerdichte (Fehler pro KLOC, Fehler pro FP)
- Entwicklungskosten, Entwicklungsaufwand (Mitarbeiter-Monate – MM, Mitarbeiter-Jahre – MJ)
- Produktivität (LOC/MM, LOC/MJ, FP/MM, FP/MJ).

Eine Abschätzung der *Produktivität* des Teams von Programmentwicklern sollte stets durchgeführt werden (siehe weiter unten). Gründe hierfür sind:

- Zeitplanung des Projekts
- Kostenschätzung (siehe Kap. 37.5.4)
- Nachweis des Produktivitätsfortschritts durch Einsatz verbesserter Software-Technologien

Da Software immateriell ist, lässt sich die Produktivität nur indirekt messen. Gewünscht wird eine Abschätzung des Aufwandes für die Entwicklung eines Systems mit einer bestimmten Funktionalität. Diese Funktionalität steht in einem direkten Zusammenhang mit der Größe des Systems. Verschiedene Maßeinheiten werden verwendet:

- Quellcodezeilen pro Monat (LOC/MM)
- Objektcode-Instruktionen pro Monat
- Seiten-Dokumentation pro Monat
- Testfälle, erstellt und ausgeführt pro Monat

Produktivitätseinheiten (Volumen/Zeit) sagen jedoch nichts über die Qualität des fertigen Systems aus. Daher sollte bei der Beurteilung der Produktivität auch die Qualität des entwickelten Systems berücksichtigt werden.

Die Zahl der Quellcodezeilen pro Monat (LOC/MM) ist eines der meistgenutzten Produktivitätsmaße:

$$\frac{\text{Anzahl der Zeilen Quellcode eines ausgelieferten Softwaresystems}}{\text{Gesamtzahl der Mitarbeiter-Monate zur Entwicklung des Systems}}$$

Die Gesamtzeit der Software-Entwicklung umfasst nicht nur die Codierung, sondern auch sämtliche Zeiten für Analyse, Entwurf, Test und Dokumentation (Abb. 37.6). Daher erscheinen die allgemein gemessenen Produktivitätswerte durchschnittlicher Entwickler mit ca. 10 – 20 LOC/Tag bzw. 150 – 300 LOC/MM oder 1800 – 3600 LOC/MJ auf den ersten Blick als sehr gering.

Um eine Vergleichbarkeit von Produktivitätsmaßen zu erreichen, sind zunächst folgende Fragen bei der Definition einer Quellcodezeile zu klären:

- Werden Leerzeilen und Kommentare mitgezählt?
- Wie sind Datendefinitionen zu bewerten?
- Wie werden Makroanweisungen gezählt?

Außerdem spielt die *Programmiersprache* eine wichtige Rolle. Niedere Programmiersprachen (z. B. Assembler) benötigen für die gleiche Funktionalität mehr Programmzeilen als höhere Programmiersprachen (z. B. C, Cobol, Pascal etc.). Höhere Programmiersprachen werden daher gegenüber niederen als *mächtiger* bezeichnet. Dennoch ergibt sich bei niederen Programmiersprachen eine scheinbar höhere Produktivität, ausgedrückt in LOC/MM, obwohl die reale Produktivität geringer ist (d. h. die Zeit bis zur Fertigstellung des Programms ist länger und der Aufwand in Mitarbeiter-Tagen höher).

Zur Bestimmung des Umfanges eines Softwaresystems ist es daher von Vorteil, die Maßeinheit *Function Point* statt „Quellcodezeile" zu verwenden. Die Anzahl der *Function Points* (*FP*) wird über einen Algorithmus ermittelt, der eine gewichtete Summe aus Eingaben, Ausgaben, Abfra-

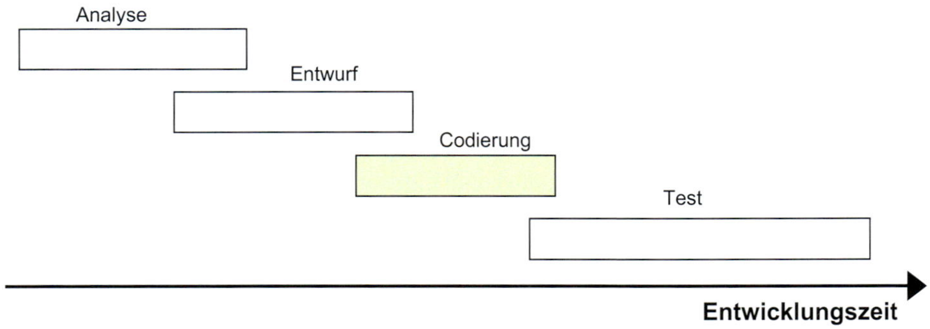

Abb. 37.6
Die Entwicklungsdauer eines Softwareprojektes umfasst nicht nur die Zeiten für die Codierung, sondern auch die Zeiten der anderen Phasen.

gen, Stammdateien und Schnittstellen zu anderen Programmen berechnet. Dieser Algorithmus ist Bestandteil verschiedener Programmpakete für Softwaremetriken und einiger Application Lifecycle Management-Tools (siehe Kap. 37.7.2.1). Der Vorteil der Function-Point-Metrik besteht darin, dass aufgrund des vorliegenden Pflichtenheftes bzw. der Spezifikation eines Programms der Umfang des hierzu erforderlichen Softwaresystems recht genau abgeschätzt werden kann.

Für die unterschiedlichen Programmiersprachen existieren Umrechnungstabellen zur Ermittlung der Quellcodezeilen pro *Function Point* (Tab. 37.5). Man nennt diese stark streuenden Umrechnungsfaktoren auch *Gearing Factors* (Jones 2008/Hummel 2011).

Gemäß den Tabellen 37.6 bis 37.8 hängt die Produktivität in erheblichem Maße von der Größe des zu entwickelnden Softwaresystems, der Programmierumgebung und weiteren Faktoren wie dem Ausmaß der Wiederverwendung und der Managementerfahrung ab (Jones 2008, Plewan/Poensgen 2011).

Untersuchungen haben gezeigt, dass sich der Anteil der unterschiedlichen Phasen der Software-Entwicklung mit der Größe eines Softwareprojektes erheblich verschiebt (Jones 2008). Je größer ein Softwaresystem ist, desto geringer ist der Aufwand für Codierung und desto größer derjenige für Fehlerbeseitigung, Schreibarbeiten sowie Management und Support (Abb. 37.7).

Tab. 37.5 Umrechnung eines Function Point in die Anzahl Lines of Code: Je mächtiger die Programmiersprache, desto weniger Code-Zeilen werden benötigt (Jones 2008/Hummel 2011)

Sprache	Mittelwert	Minimum	Maximum
Makro-assembler	320	200	450
ABAP	18	16	20
Basic	128	70	165
C	128	60	170
C++	53	30	125
Cobol	107	65	150
Pascal	91	50	125
Smalltalk	21	15	40
SQL	12	7	15

Tab. 37.6 Die Produktivität sinkt mit der Größe des Projekts (FP = Function Point, MM = Mitarbeiter-Monat). Die Werte in Klammern geben die Streubreite an (Jones 2008)

Projektgröße (FP)	Produktivität (FP/MM)
10	34,70 (1,66 - 71,62)
100	23,56 (1,56 - 38,46)
1000	13,71 (1,14 - 15,41)
10000	5,68 (0,77 - 9,26)
100000	3,19 (0,49 - 4,64)

Tab. 37.7 Die Produktivität von Projekten in verschiedenen Programmierumgebungen (FP = Function Point, MM = Mitarbeiter-Monat). Die Werte in Klammern geben die Streubreite an (Plewan/Poensgen 2011)

Softwarekategorie	Produktivität (FP/MM)
Mainframe (Cobol)	6,2 (2,3 - 17)
Java	15 (6,4 - 34)
Windows	12 (5,9 - 25)
Durchschnitt aller Projekte	12 (4,4 - 32)

Tab. 37.8 Produktivitätsfaktoren mit positivem und negativem Einfluss (Plewan/Poensgen 2011)

Produktivitätsfaktoren mit positivem Einfluss	Plus	Produktivitätsfaktoren mit negativem Einfluss	Minus
Wiederverwendung hochwertiger Komponenten	350 %	Keine Wiederverwendung oder mit fehlerhaften Komponenten	−300 %
Viel Erfahrung im Projektmanagement	65 %	Wenig Erfahrung im Projektmanagement	−90 %
Erfahrenes Team	55 %	Unerfahrenes Team	−87 %
Klare Anforderungen	40 %	Instabile Anforderungen	−77 %
Effektive Methoden	35 %	Unpassende technische Tools	−75 %
Passende Management-Tools	30 %	Keine Design- und Code-Reviews	−48 %
Passende technische Tools	27 %	Unpassende Management-Tools	−45 %
Höhere Programmiersprache	24 %	Unpassende Methoden	−41 %
Kundenbeteiligung	18 %	Hohe Projektkomplexität	−35 %
Formale Aufwandsschätzung	17 %	Sehr hoher Zeitdruck	−30 %
Design- und Code-Reviews	15 %	Laute, unruhige Büros	−27 %
Qualitätsmessungen	14 %	Geografisch verteilte Teams	−24 %

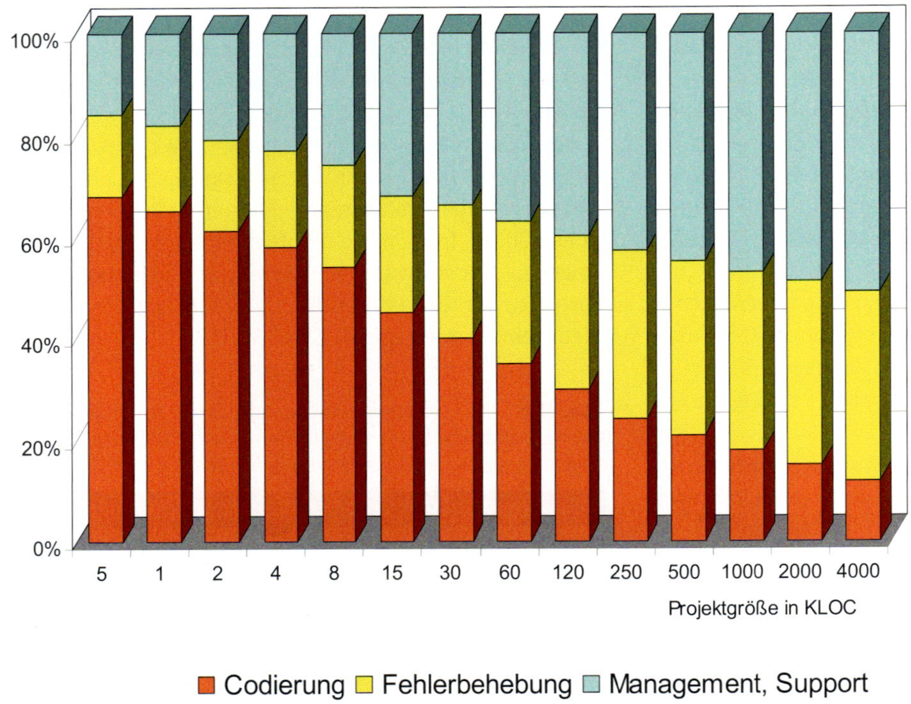

Abb. 37.7 Der Anteil der Codierung am Aufwand der Software-Entwicklung fällt mit der Größe des Softwareprojektes gegenüber dem Aufwand für Fehlerbehebung sowie Management und Support (Jones 2008)

IV

Messungen der Produktivität in der Wartungsphase haben gezeigt, dass die Einarbeitung in das Softwaresystem den größten Aufwand erzeugt. Während die Produktivität der Entwickler bei Sprachen der 3. Generation (3GL) nur 10–20 Quellcodezeilen pro Tag beträgt, ist die der Wartungsprogrammierer mit 1–2 Quellcodezeilen pro Tag sogar noch erheblich geringer (McClure 1993).

Auch für die Wartung gilt das 80:20-Prinzip: 20 % der Softwarekomponenten lösen 80 % aller Wartungsprobleme aus. In manchen Fällen sind es sogar nur 5 % des Codes, die 80 % aller Wartungsarbeiten verursachen.

Eine weitere wichtige Messzahl ist die Anzahl der Fehler bzw. die Fehlerdichte eines Programmes. Umfassende Metrikprogramme unterscheiden zwischen

- Fehlerart
- Fehlerquelle (Verursacher)
- Fehlerschwere (drei Stufen ausreichend)
- Zeitpunkt des Auftretens (Phase des Lebenszyklus).

Weitere Metriken bzw. Messgrößen, deren Einführung und Erfassung sinnvoll sein kann, sind:

- Anteil der Wiederverwendung (siehe Kap. 37.5.6)
- Reengineering: Zeit und Aufwand für Restrukturierung, Reengineering bzw. Reverse Engineering alter Software
- Application Lifecycle Management-Tools (ALM): Durchschnittskosten pro Entwickler, durchschnittliche Einarbeitungsdauer, Nutzungsgrad der ALM-Tools (% der Arbeitszeit), Anzahl der Probleme mit den Tools

Eine hinreichend hohe *Produktivität* kann als wesentliche Voraussetzung für den Projekterfolg gesehen werden. Harry Sneed verdeutlicht dies mit seinem Teufelsquadrat (Abb. 37.8). Die vier Optimierungsziele Zeit, Kosten, Qualität und Leistungsumfang sind nicht unabhängig voneinander. Bei konstanter Fläche bewirkt die Optimierung eines der vier Ziele, d. h. die Verschiebung an einer Ecke, dass die anderen Ziele dadurch beeinflusst werden. Das Teufelsquadrat verdeutlicht die positiven Auswirkungen einer hohen Produktivität auf alle vier Optimierungsziele. Wenn es gelingt, die Produktivität zu verbessern, dann

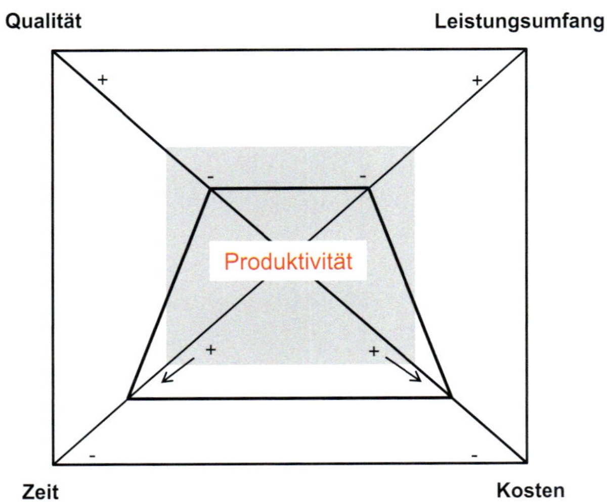

Abb. 37.8 Teufelsquadrat nach Harry Sneed

hat dies positive Auswirkungen auf alle vier Optimierungsziele (Plewan/Foensgen 2011).
Eine hohe Produktivität dient also nicht nur - wie meist angenommen - zur Kostensenkung, sondern ist ein *Schlüsselfaktor* zur Erreichung der anderen erfolgskritischen Ziele: Qualität, Leistungsumfang und Zeit. Dieser Zusammenhang konnte auch empirisch belegt werden. Plewan und Poensgen werteten 150 vergleichbare Projekte verschiedener Unternehmen aus und konnten zeigen, dass die Fehlerhäufigkeit (Fehler/FP) mit zunehmender Produktivität (FP/MM) sinkt, d. h. die Qualität verbessert sich (Plewan/Poensgen 2011). In diesem Sinne plädieren die Autoren für die Messung, Bewertung und Erhöhung der Produktivität als Schlüssel für eine professionelle Software-Entwicklung.
Die Einführung von Metriken ist keine Angelegenheit einzelner Personen oder Projekte, sondern die des Managements und der Entwicklungsleitung eines Unternehmens. Zur Einführung von Metriken ist deshalb eine Metrikgruppe notwendig, die von der Entwicklungsleitung eingesetzt wird. Die einzelnen Projektteams können dabei durchaus zuarbeiten und auch Mitarbeiter zur Verfügung stellen, aber die grundlegende fachliche Ausrichtung wird von der zentralen Metrikgruppe vorgegeben.

37.5.6 Wiederverwendung

Wiederverwendung findet in der IT-Welt auf unterschiedlichen Ebenen und in verschiedenen Phasen des Software-Entwicklungsprozesses statt. Man unterscheidet (BITKOM 2010):

- *Technische Wiederverwendung*: Komponentenbasierte Software-Entwicklung mit Standard- und Programmier-Bibliotheken
- *Konzeptionelle Wiederverwendung*: fachliche und technische Konzepte, Projektpläne, Referenzarchitekturen
- *Organisatorische Wiederverwendung*: Methoden, Prozess- und Tool-Standards, Erfahrungen und Best Practices, eingespielte Entwicklungsteams

Systematische Wiederverwendung basiert auf Wissensmanagement und lernenden Organisationen. Hierfür sind Anfangsinvestitionen in unternehmensweite Regeln, Prozessdefinitionen und Werkzeuge notwendig. Neue Komponenten erfordern einen höheren Entwicklungsaufwand, um sie für die Aufnahme in die gemeinsame Komponentenbibliothek vorzubereiten. Der kurzfristig höhere Aufwand hat langfristig wesentliche Vorteile hinsichtlich Qualität und Produktivität (Abb. 37.10).
Im Folgenden soll auf die komponentenbasierte Software-Entwicklung als Form der technischen Wiederverwendung eingegangen werden.

Objektorientierte Software-Entwicklung

Objektorientierte Methoden der Software-Entwicklung sind nicht neu, haben aber erst in den 90er Jahren durch die Verbreitung von Programmiersprachen wie C++ und Java den Durchbruch erzielt. In vielen Bereichen wie Design von Benutzeroberflächen, Entwicklung von CAD-Programmen, Grafikprogrammen und Internet-Applikationen sowie Client-Server Computing haben sich objektorientierte Methoden auf breiter Front durchgesetzt. Dies gilt inzwischen auch für die kommerzielle Datenverarbeitung, wo Methoden der strukturierten Software-Entwicklung lange Zeit vorherrschend waren.
Das Kernkonzept der objektorientierten Methoden ist die Herstellung von Software aus standardisierten, wiederverwendbaren Komponenten, den sogenannten *Klassen*. Die Wiederverwendung von Klassen als Folge des Aufbaus sogenannter *Klassenbibliotheken* (Abb. 37.9) und weitere Eigenschaften der objektorientierten Methoden wie *Vererbung* und *Polymorphismus* führen zu einer deutlichen Verbesserung der Produktivität, Qualität und Wartbarkeit von Softwareprodukten (siehe Tab. 37.8).
Softwarewiederverwendung umfasst nicht nur die Wiederverwendung von Quellcode, sondern auch die von Projektplänen, Anforderungsspezifikationen, Prototypen, Datenmodellen, Entwürfen und Testdaten. Leider wird systematische Wiederverwendung bei der Software-Entwicklung heute immer noch nicht im erforderlichen Umfang praktiziert.

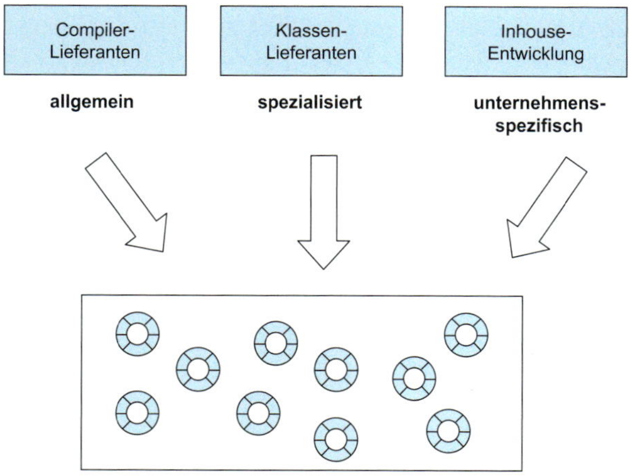

Abb. 37.9 Klassenbibliothek eines Unternehmens

Um die Technik der Wiederverwendung sinnvoll einsetzen zu können, ist eine für den Entwickler einfach nutzbare Bibliothek wiederverwendbarer Komponenten erforderlich. Es müssen in dieser *Klassenbibliothek* auch Informationen darüber enthalten sein, wie diese Komponenten eingesetzt, d. h. wiederverwendet werden können.
Objektorientierte Methoden der Software-Entwicklung begünstigen in natürlicher Weise die systematische Wie-

IV

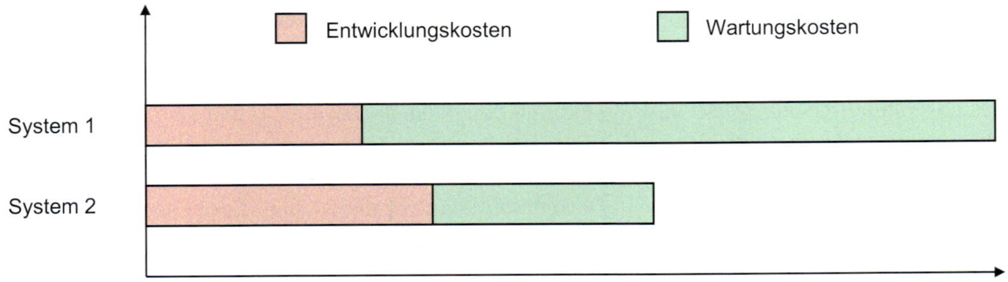

Abb. 37.10 Höhere Aufwendungen bei der objektorientierten Entwicklung ziehen erhebliche Einsparungen bei den Wartungsaufwendungen und eine deutliche Qualitätsverbesserung nach sich

derverwendung von Softwarekomponenten (Objekten, Klassen). Als wesentliche Vorteile der objektorientierten Methoden gelten Verbesserungen bei

- Produktivität
- Qualität
- Änderbarkeit, Wartbarkeit
- Verständlichkeit

Bei der objektorientierten Software-Entwicklung unterscheidet man die objektorientierte Analyse (OOA), den objektorientierten Entwurf (OOD) und die objektorientierte Programmierung (OOP). Ein wichtiger Vorteil objektorientierter Technologien ist die Durchgängigkeit des Konzepts (uniformity): Software-Entwickler verwenden ein einheitliches Modell von der Analyse über den Entwurf bis zur Programmierung. Der von strukturierten Methoden her bekannte sogenannte *Strukturbruch* entfällt hier völlig. Als Modellierungstechnik zur Erstellung objektorientierter Modelle für die Analyse und den Entwurf objektorientierter Software hat sich die *Unified Modeling Language (UML)* durchgesetzt (Balzert 2005, Grässle et al. 2000). UML ist eine grafische Notation zur Darstellung von Objekten und Klassen, die von der Object Management Group (OMG) entwickelt und standardisiert wurde. UML kann heute als der internationale Standard für objektorientierte Notationen angesehen werden. Oft wird UML als Synonym für Objektorientierung verwendet.
In der Vergangenheit sind zahlreiche Software-Entwicklungen mit objektorientierten Methoden durchgeführt worden, und es liegen verschiedene Veröffentlichungen und Berichte über Projekte vor (Harmon/Taylor 1993, Wilkie 1993). Insgesamt wird festgestellt, dass nach einer Einführungsphase und der Durchführung mehrerer Projekte unter Ausnutzung wiederverwendbarer Komponenten Verbesserungen bei Produktivität, Qualität und Wartbarkeit um einen Faktor 2 bis zu einem Faktor von mehr als 10 erreicht werden können (siehe auch Tab. 37.8).

IV

Serviceorientierte Architektur

Das Konzept der sogenannten *Serviceorientierten Architektur* (SOA), wurde von den großen Softwareanbietern in den letzten Jahren in die Praxis umgesetzt. Unter einem *Service* bzw. *Dienst* versteht man eine Softwarekomponente, die anderen Services oder Anwendungen eine wohldefinierte Funktionalität über eine standardisierte *Schnittstelle* zur Verfügung stellt. Werden zur Beschreibung und Datenübertragung für einen Service Internet-Technologien und -Standards eingesetzt, so spricht man auch von *Web-Services*. Geschäftsprozesse lassen sich durch die Aneinanderreihung von Serviceaufrufen realisieren.

> Beispiele für Services:
> - Auslesen eines Lagerbestandes aus einem Warenwirtschaftssystem
> - Bearbeitung von Stammdaten

SOA ist ein Client-Server-Ansatz der Software-Entwicklung. Eine Anwendung setzt sich aus Software-Services und Software-Service-Nutzern (auch Clients oder Service Consumers) zusammen. SOA sieht eine Menge voneinander unabhängiger, lose gekoppelter Services vor. Ein Service wird von einem Service-Provider angeboten. Ein Service-Consumer stellt eine Anfrage (Service Request) an den Service-Provider und bekommt daraufhin eine Antwort (Service Response).
SOA ist das Konzept einer Systemarchitektur, bei der Funktionen in Form von *wiederverwendbaren*, technisch voneinander unabhängigen und fachlich lose gekoppelten Services implementiert werden. Services können, unabhängig von zugrunde liegenden Implementierungen, über offene Schnittstellen aufgerufen werden. Die Services interagieren über eine dafür vorgesehene Kommunikationsinfrastruktur. Mit der SOA werden in der Regel die Gestaltungsziele *Geschäftsprozessorientierung*, *Flexibilität*, *Wiederverwendung* und Unterstützung *verteilter Softwaresysteme* verbunden. Zudem lassen sich historisch gewachsene Systemlandschaften effizient an die Änderungen der Geschäftsprozesse anpassen und Kostenvorteile durch schnelle Optimierung und Flexibilität erreichen (Fröschle/Reinheimer 2007).

37.5.7 Die Mitarbeiter

Unsere technikgläubige Welt und insbesondere die IT-Branche unterliegen häufig der Fehleinschätzung, Erfolg oder Misserfolg der Entwicklung und Anwendung von IT-Systemen hingen in erster Linie von den verwendeten Techniken, Methoden und Werkzeugen ab. Beim *TQM* (Total Quality Management) wird dagegen der Schwerpunkt auf die Einstellung und Motivation der Menschen gelegt. Hierzu gehören kontinuierliche Aus- und Weiterbildung, mitarbeiterbezogene Organisation der Arbeit, Teamarbeit, Entwicklung sozialer Fähigkeiten und kooperativer Führungsstil.

Man spricht in diesem Zusammenhang auch von sogenannten *weichen Faktoren (soft skills)*, die im Vergleich zu den technologischen oder *harten Faktoren* einen erheblich größeren Einfluss auf die Produktivität der Software-Entwicklung haben. Die klassischen Arbeiten von Frederick P. Brooks, „The Mythical Man-Month", (Brooks 1975) sowie von Tom DeMarco und Timothy Lister, „Wien wartet auf Dich! Der Faktor Mensch im DV-Management" (DeMarco/Lister 1999), erläutern diese Zusammenhänge sehr überzeugend und machen nachdenklich.

Neben Qualifikation und Motivation spielen bei der Software-Entwicklung auch Fähigkeiten und Begabungen eine ganz besondere Rolle. Der wissenschaftliche Nachweis für die Bedeutung des menschlichen Faktors *Begabung* bei der Software-Entwicklung begann 1968 mit einem klassischen Beitrag von Sackman, Erickson und Grant (Sackman/Erickson/Grant 1968). In einer Untersuchung, ob Programmierer mit Timesharing-Terminals produktiver entwickeln, stellten die Autoren ganz nebenbei etwas sehr Wichtiges fest: Unabhängig von Tools, Techniken und Entwicklungssystemen sind manche Programmierer extrem viel besser als andere.

> Zwölf erfahrenen Entwicklern wurde eine Programmieraufgabe gegeben und aufgezeichnet, wie lange sie für verschiedene Phasen der Software-Entwicklung benötigten und welche Qualität sie erzielten. Der beste Entwickler der Gruppe codierte das Übungsprogramm einschließlich Fehlersuche und Fehlerbeseitigung um den *Faktor 28* schneller als der schlechteste und das beste Programm war ca. *10-fach effizienter* hinsichtlich Speicherplatzbedarf und Rechenzeitaufwand (CPU-Zyklen) als das schlechteste. ■

Spätere Studien haben diese Ergebnisse bestätigt. DeMarco und Lister z. B. berichten von einem Unterschied in Höhe eines Faktors 10 zwischen den besten und den schlechtesten Entwicklern (DeMarco/Lister 1999). Zudem wurde entdeckt, dass einzelne Mitarbeiter die Produktivität einer Projektgruppe sogar senken können. Das Fehlen von Softwaremetriken in den meisten Software-Organisationen führt dazu, dass dieses Phänomen in aller Regel vollkommen unentdeckt bleibt.

Große Produktivitätsunterschiede betreffen nicht nur einzelne Entwickler, sondern auch ganze Entwicklungsteams und Projekte. Die Auswertung einer Stichprobe von 500 IT-Projekten (Plewan/Poensgen 2011) ergab Produktivitätsunterschiede in der Größenordnung eines Faktors 8. Für Projekte innerhalb eines Unternehmens liegt diese Streuung typischerweise zwischen einem Faktor 4 und einem Faktor 7. Capers Jones errechnet auf der Grundlage der Messdaten von 12 500 Projekten über einen Zeitraum von 20 Jahren in den USA Produktivitätsunterschiede um den Faktor 6. Die besten Firmen sind um den Faktor 3 besser als der Durchschnitt, während die schlechtesten etwa 50 % unter dem Durchschnitt liegen (Jones 2008).

Um diese Erkenntnisse zu berücksichtigen, sind folgende Maßnahmen geeignet:

- Einstellung nur der besten Mitarbeiter, keine Kompromisse eingehen
- Fachliche Schulung und Weiterbildung der Mitarbeiter
- Mitarbeitermotivation durch interessantes Aufgaben- und Arbeitsumfeld
- Auswahl geeigneter Führungskräfte – nicht immer ist der fachlich Beste für eine Leitungsfunktion der Richtige
- Schulung der Führungskräfte auf den Gebieten Mitarbeiterführung, Mitarbeiter- und Bewerbungsgespräche, Konfliktmanagement etc.
- Bildung effektiver Projektteams

Alistair Cockburn, einer der Urheber des Agilen Manifests und Begründer der agilen Crystal-Methoden-Familie, relativiert die Bedeutung der Entwicklungsmethoden, seien sie klassisch oder agil. Er fasst seine Erfahrungen mit zahlreichen Entwicklungsprojekten folgendermaßen zusammen (Plewan/Poensgen 2011):

- Jede Entwicklungsmethode kann funktionieren.
- Jede Entwicklungsmethode kann scheitern.
- Schwergewichtige Wasserfallmodelle können erfolgreich sein.
- Agile Prozesse sind häufiger erfolgreich als traditionelle, aber was noch wichtiger ist: Das Entwicklungsteam agiler Projekte schreibt den Projekterfolg der Agilität zu.

> Es bleibt somit festzuhalten, dass auf absehbare Zeit immer noch der *Mensch* den wichtigsten Wertschöpfungsbeitrag in der Software-Entwicklung durch kreatives Design und effiziente Pro-

IV

grammierung leisten muss. Gute Führung schafft mit Organisation, Umfeld und Arbeitsklima die notwendigen Bedingungen, um die Mitarbeiter mit den unterschiedlichsten Methoden, Tools und mit Spaß zu hervorragenden Ergebnissen zu führen. ■

37.6 Qualitätsbezogene Kosten und Entwicklungsaufwand

Die oberste Leitung eines Softwareherstellers sollte in Übereinstimmung mit einem Qualitätsmanagement-System seine *Qualitätspolitik* sowie die Zielsetzungen und Verpflichtungen zur Qualität erklären und dokumentieren. Dabei stehen neben anderen folgende Ziele im Vordergrund:

- Kundenzufriedenheit: Qualität und Termintreue
- Wettbewerbsfähigkeit
- wirtschaftliche Bedingungen: Kosten der Entwicklung und Produktion
- Produktivität: Mitarbeiter und Methoden
- juristische Belange: Produkthaftung
- Nachweisbarkeit: Dokumentation

IV

Software-Qualitätsmanagement lässt sich daher mit wirtschaftlichen Kosten-Nutzen-Überlegungen begründen. Der Nutzen eines Softwareprodukts wird ganz maßgeblich durch seine Qualität bestimmt, d.h. durch die Übereinstimmung zwischen den Leistungen des Produkts und den tatsächlichen Anforderungen. Die Entwicklungskosten umfassen alle Aufwendungen bis zur Fertigstellung und Auslieferung der Software. Diese Kosten werden ganz wesentlich davon beeinflusst, wie viele Fehler bei der Entwicklung gesucht, gefunden und beseitigt werden müssen. Die Erfahrung zeigt, dass die *Fehlerkosten* über den gesamten Softwarelebenszyklus bis zu 50 % der Gesamtkosten erreichen können (Jones/Bonsignour 2012), während diese bei konventionellen Produkten lediglich zwischen 5 und 15 % liegen (Steinbach 1994).

Die Kosten der Entdeckung und Behebung eines Fehlers steigen mit dem zeitlichen Abstand zwischen Entstehung und Behebung exponentiell an (Tab. 37.9). Wie Abbildung 37.11 zeigt, werden die meisten Fehler aber erst beim Entwicklungs- und Systemtest und somit relativ spät auf-

Tab. 37.9 Kosten der Fehlerbehebung in Abhängigkeit von der Phase der Entdeckung (Möller/Paulish 1993)

Phase der Fehlerauffindung	Fehlerbehebungskosten (in € pro Fehler)
Entwurfsreview	150 - 250
Implementierung/ Entwicklungstest	1500 - 15 000
Systemtest	3000 - 30 000
Feldeinsatz	5000 - 50 000

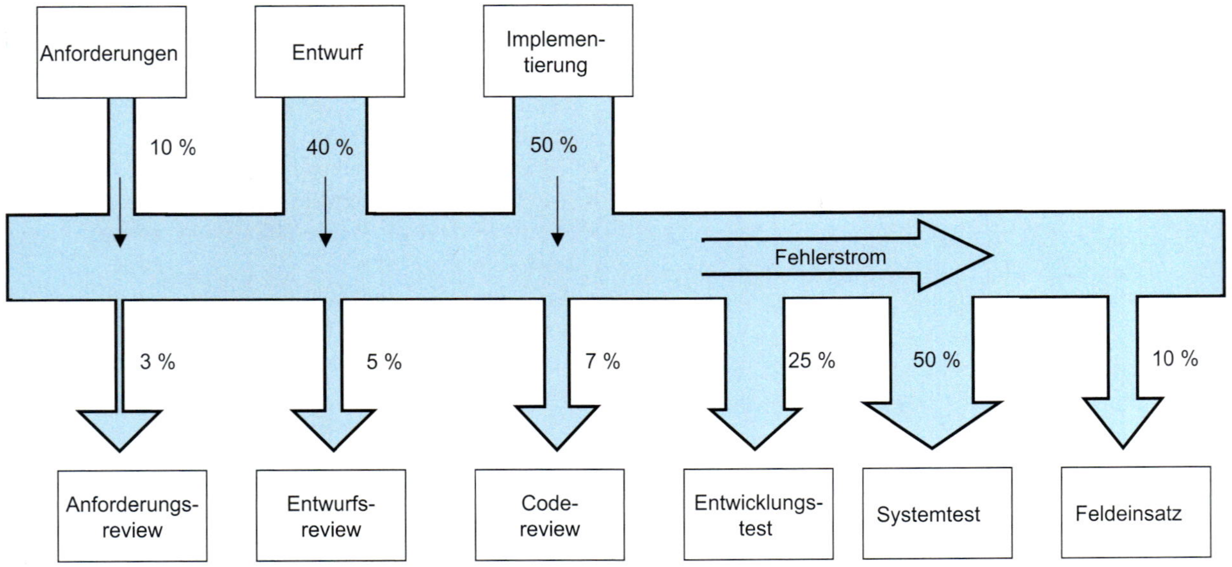

Abb. 37.11 Entstehung und Behebung von Softwarefehlern (Möller/Paulish 1993); die Prozentangaben beruhen auf Schätzungen

gefunden (Möller/Paulish 1993). Wenn es gelingt, Fehler früher zu finden oder ganz zu vermeiden, eröffnet sich ein enormes Einsparpotenzial.
Die beiden obersten Prinzipien des Software-Qualitätsmanagements müssen daher lauten:

- maximale Fehlervermeidung
- frühestmögliche Fehlerentdeckung

Bei der Beurteilung des Entwicklungsaufwandes bis zur Auslieferung (ohne Wartung) wird die Phase der *Codierung*, deren Anteil an den Entwicklungskosten bei größeren Projekten weniger als 20 % beträgt, meist überschätzt (Abb. 37.7). Der Aufwand für das *Testen* hingegen, der sich auf bis zu 50 % belaufen kann, wird oftmals unterschätzt. Die *Integration* mit einem Anteil von ca. 30 % wird nicht selten ganz vergessen.
Betrachtet man jedoch den Gesamtaufwand der Software-Entwicklung über sämtliche Phasen des Softwarelebenszyklus einschließlich der Nutzungsphase, so nehmen die *Wartungskosten* mit ca. 60 % bis 80 % den weitaus größten Teil in Anspruch.

37.7 Maßnahmen des Software-Qualitätsmanagements

37.7.1 Klassifikation der Maßnahmen

Qualitätsmanagement umfasst nach DIN EN ISO 9000 *„aufeinander abgestimmte Tätigkeiten zum Leiten und Lenken einer Organisation bezüglich Qualität. Leiten und Lenken bezüglich Qualität umfassen üblicherweise das Festlegen der Qualitätspolitik und der Qualitätsziele, die Qualitätsplanung, die Qualitätslenkung, die Qualitätssicherung und die Qualitätsverbesserung."*
Ziel des Qualitätsmanagements bei der Software-Entwicklung ist das Erreichen einer hohen *Produktqualität.* Die Produktqualität entsteht beim Software-Entwicklungsprozess, daher ist eine hohe *Prozessqualität* Voraussetzung für die Produktqualität.
Qualitätsmanagement beschreibt Maßnahmen zur Förderung der Prozessqualität. Man kann dabei drei Kategorien von Maßnahmen unterscheiden:

- konstruktive Maßnahmen
- analytische Maßnahmen
- organisatorische Maßnahmen

Konstruktive Maßnahmen haben das Ziel, Qualität zu erzeugen (Fehlerverhütung). *Analytische Maßnahmen* dienen der Bewertung der Qualität (Fehlererkennung). Tabelle 37.10 zeigt verschiedene konstruktive und analytische Maßnahmen sowie Methoden der Fehlerauswertung in Abhängigkeit von den Phasen des Software-Lebenszyklus (DGQ 1995). *Organisatorische Maßnahmen* beziehen sich auf den Aufbau, die Einführung und die Pflege eines Qualitätsmanagementsystems.
Für das Qualitätsmanagement kann man sich heute auf unterschiedlichste Normen und Standards stützen. Abbildung 37.12 gibt beispielhaft einen Überblick über die Gliederung der ISO/IEC 90003. Diese Norm beschreibt die Richtlinien für die Anwendung der international anerkannten, weit verbreiteten ISO 9001:2000 auf Computersoftware und kann als Regelwerk für den Aufbau und die *Zertifizierung von Software-Qualitätsmanagementsystemen* herangezogen werden. ISO/IEC 90003 ist von der Gliede-

IV

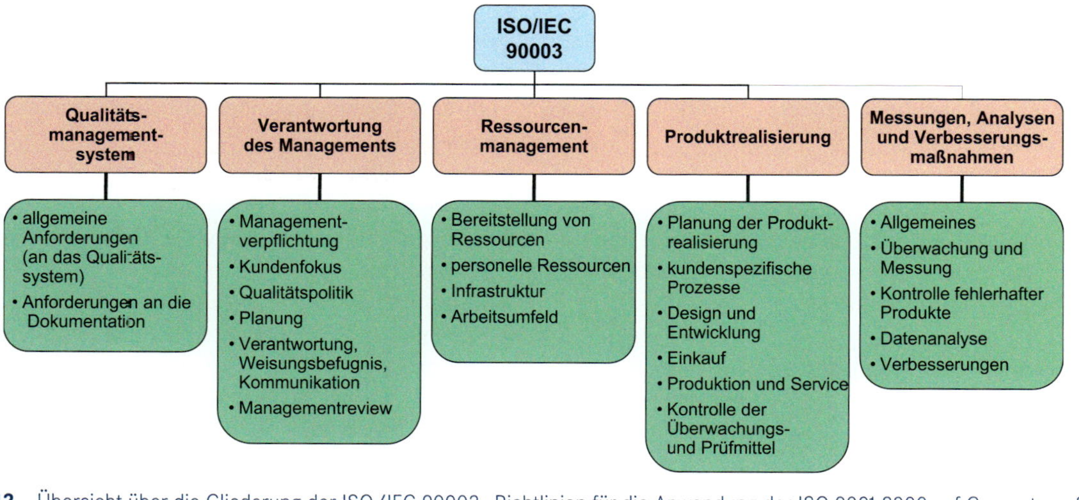

Abb. 37.12 Übersicht über die Gliederung der ISO/IEC 90003 „Richtlinien für die Anwendung der ISO 9001:2000 auf Computersoftware" (Ausgabedatum: 2004-02)

rung her identisch mit der ISO 9001 und ergänzt diese um softwarespezifische Erweiterungen zum jeweiligen Abschnitt. Mit der ISO/IEC 90003 lässt sich eine Brücke von der ISO 9001 zur ISO/IEC 15504 (Software-Prozess-Verbesserung und Reifegradermittlung, SPICE), ISO/IEC 12207 (Software-Lebenszyklus-Prozesse) und ISO/IEC 15288 (System-Lebenszyklus-Prozesse) schlagen, da diese Standards kompatibel zueinander aufgebaut sind. Zwischenzeitlich ist eine geringfügig angepasste Fassung der ISO 9001:2008 erschienen: DIN EN ISO 9001:2008-12.
Im Folgenden wird ein Überblick über konstruktiven und analytischen Maßnahmen des Software-Qualitätsmanagements gegeben, weil sich hier die Entwicklung von Software in einigen Aspekten doch recht deutlich von der Herstellung anderer Produkte unterscheidet.

37.7.2 Konstruktive Maßnahmen

Definition und Ziele konstruktiver Maßnahmen

Konstruktive Maßnahmen *formen* und *gestalten* die Qualität. Sie sind vorbeugend und vermeiden Fehler durch strukturiertes Vorgehen, Einsatz geeigneter technischer Konstruktionsverfahren und Nutzung von Werkzeugen. Konstruktive Maßnahmen sorgen durch definierte und bewährte Regeln für Einschränkungen der Variabilität im Entwicklungsprozess, sodass bestimmte Fehler erst gar nicht auftreten können. Ein gewisses Mindestmaß an Produktqualität ist damit von vornherein erreichbar.
Konstruktiven Maßnahmen umfassen die Anwendung *bewährter* Methoden des Software-Engineering und der Mitarbeiterführung, z. B.

- Konzepte, die dem Entwicklungsprozess zugrunde gelegt werden, z. B. ein geeignetes Vorgehensmodell
- Hilfsmittel, Werkzeuge, Plattformen, Architekturen
- Programmiersprachen
- standardisierte Softwareprodukte und deren Wiederverwendung
- Richtlinien und Standards: Prozess-, Produkt- und organisatorische Standards
- Konfigurationsmanagement
- fachliche Ausbildung und Schulung der Mitarbeiter, auch im Hinblick auf das Qualitätsbewusstsein
- förderliches Arbeitsklima, geeignetes Arbeitsumfeld und Maßnahmen zur Teambildung

Ist der Software-Entwicklungsprozess in Phasen unterteilt, können phasenunabhängige und phasenspezifische konstruktiven Maßnahmen unterschieden werden.

IV

37.7.2.1 Phasenunabhängige konstruktive Maßnahmen

Entwicklungsmethode und Qualitätsplanung

Erfolgskritisch für ein Softwareprojekt ist die *Auswahl der Entwicklungsmethode*. Sind die Anforderungen klar und stabil, dann ist ein *klassisches*, sequenzielles *Vorgehensmodell* angemessen. Beträgt die Projektdauer über neun Monate und die Anforderungen ändern sich, was bei dieser Laufzeit nicht unwahrscheinlich ist, dann sollte ein *iterativer* Ansatz gewählt werden. Bei instabilen und unklaren Anforderungen sind *agile Methoden* sehr gut geeignet, sie können aber auch in einem stabilen Umfeld eingesetzt werden. Agile Methoden sind im Grundsatz *konstruktiv*. Qualität wird in alle Aktivitäten eingebaut und stellt keinen separaten bzw. nachgelagerten Prozess dar. Agil bedeutet jedoch nicht planloses Programmieren *(Code and Fix)*, sondern formales, strukturiertes Vorgehen (siehe Kap. 37.5.2.4).
Die *Qualitätsplanung* ist eine übergreifende konstruktive Maßnahme. Es empfiehlt sich, die für ein Projekt getroffenen Festlegungen in einem *Entwicklungsplan* festzuhalten. Der Entwicklungsplan beschreibt alle durchzuführenden Aufgaben, die für jede Aufgabe benötigten Mittel, die erforderliche Zeit und die Wechselbeziehungen zwischen den Aufgaben. Weitere bewährte Projektdokumente sind:

- Qualitätsmanagementplan
- Konfigurationsmanagementplan
- Integrationsplan
- Testplan
- Wartungsplan

Als konkrete phasenübergreifende konstruktive Maßnahme sei hier das Konfigurationsmanagement bei der Software-Entwicklung beschrieben:
Das *Konfigurationsmanagement* ist ein projektübergreifendes Verfahren zur Identifizierung, Lenkung und Rückverfolgung der verschiedenen Versionen jedes Software-Elements, d. h. jedes identifizierbaren Teiles eines Softwareprodukts. Aufgaben des Konfigurationsmanagements sind:

- alle zum Produkt gehörenden Software-Elemente und deren Aufbewahrungsort zu kennen
- Kennzeichnungen der Software-Elemente zu definieren, zu verwalten und zu überprüfen
- Rückverfolgbarkeit von Änderungen sicherzustellen
- regelmäßige Statusberichte über die Konfiguration abzugeben.

Automatisierung

Aufgrund der Komplexität des Software-Entwicklungsprozesses sind unterstützende Werkzeuge zur Automati-

Tab. 37.10 Zuordnung einiger ausgewählter Methoden der Software-Entwicklung und des Software-Qualitätsmanagements zu den Phasen des Softwarelebenszyklus

Phase	Fehlerverhütung	Fehlererkennung	Auswertung	Methoden
Anforderungs-definition Lastenheft	■ Systematisierung Lastenheft ■ Iteratives/agiles Vorgehen ■ Geschäftsprozessmodellierung ■ Risikomanagement ■ Projektplanung ■ Kreativitätstechniken ■ Erhebungstechniken ■ Ausschreibungsbewertung ■ Use Cases	Lastenheftreview	■ Interview, Fragebogen, Multimomentaufnahme, Selbstaufschreibung, Schätzung, Messung ■ Brainstorming ■ Kosten-Nutzen-Analyse ■ Quality Function Deployment (QFD)	■ Unternehmensstrategie ■ Vision, Mission ■ Unternehmensziele ■ Balanced Scorcard (BSC) ■ Zielvereinbarungen, Mitarbeitergespräche ■ Führungskräfteschulung ■ Kommunikation ■ Konfliktmanagement ■ Mitarbeitergespräch ■ Bewerberauswahl ■ Fachliche Schulung ■ Projektmanagement ■ Servicemanagement ■ Changemanagement ■ Methoden, Techniken ■ Tools ■ Anwendung von Normen und Richtlinien ■ Servicemanagement (ITIL) ■ Prozessanalysen ■ CMMI ■ SPICE ■ EFQM ■ QM-System ■ Q-Politik, Q-Ziele ■ QM-Beauftragter ■ QMS-Dokumentation ■ QMS-Audit ■ Korrektive Maßnahmen ■ Application Lifecycle Managment (ALM) ■ Konfigurationsmanagement ■ Wiederverwendungs-programm ■ Metriken/Messungen ■ Schätzmodelle ■ Function Point-Methode ■ COCOMO-Methode ■ Prozentsatzmethode
Spezifikation Pflichtenheft	■ Formale Spezifikation ■ Rapid Prototyping	Pflichtenheftreview		
Analyse	■ Objektorientierte Analyse (OOA) ■ Geschäftsprozessanalyse (BPA) ■ Schwachstellenanalyse	Analysereview		
Entwurf Architektur-design	■ Objektorientierter Entwurf (COD) ■ Komplexitätsbetrachtungen ■ Simulationen ■ Architekturanalyse	■ Entwurfsreview ■ Entwurfs-inspektion ■ Entwurfs-Walkthrough ■ Testplanreview	■ Fehlerursachenanalyse ■ Fehleranalyse ■ Fehlerbaumanalyse ■ FMEA/FMECA ■ Paretoanalyse ■ Software Architecture Analysis Method (SAAM) ■ Architecture Tradeoff Analysis Method (ATAM)	
Implementierung Realisierung Programmierung	■ Strukturierte Programmierung ■ Objektorientierte Program-mierung (OOP) ■ Paar-Programming ■ Testgetriebene Entwicklung	■ Code-Reading ■ Code-Inspektion ■ Code-Walk-through ■ Modultest	Fehleranalyse	
Integration Systemtest	■ Top-down-Test ■ Bottom-up-Test	■ Pfadtest ■ Black-Box-Test ■ White-Box-Test ■ Integrationstest ■ Stresstest ■ Regressionstest ■ Systemtest ■ Abnahmetest ■ Installationstest	■ Restfehlerabschätzung ■ Reliability-Growth-Model ■ Bayesian-Model ■ Error-Seeding ■ Mutationstest	
Betrieb/Wartung		■ Feldtest ■ Feldbeobachtung	■ Reklamations-bearbeitung ■ Felddatenauswertung	

sierung einzelner Entwicklungsschritte unverzichtbar. Werkzeuge werden in verschiedenster Form in allen wesentlichen Phasen der Entwicklung und darüber hinaus eingesetzt. Bei der Auswahl der Werkzeuge (Tools) ist deren Interoperabilität besonders wichtig. Statt einzelne Tools aufwendig zu integrieren (Best-of-Breed-Strategie) werden vielfach einheitliche Tool-Plattformen eingesetzt (Best-of-Suite-Strategie). In der Regel wird zuerst eine integrierte Application Lifecycle Management-Plattform ausgewählt und dann überprüft, welche Zusatztools noch notwendig sind, um nicht abgedeckte Prozessschritte ebenfalls zu unterstützen.

Application Lifecycle Management (ALM) umfasst Prozesse wie Anforderungsmanagement, Architektur und Entwurf, Codierung, Qualitätssicherung, Wartung, Konfigurationsmanagement, Change Management, Projektmanagement und Release-Management und bietet auch die notwendige Workflow-Unterstützung. ALM erhöht die Transparenz und ermöglicht die Rückverfolgbarkeit *(Traceability)*, d. h. die Entwicklungsschritte eines Softwaresystems können rückwirkend nachvollzogen werden. Mit ALM sind komplexe Prozesse einfacher zu handhaben, der Auslieferungsprozess an den Kunden ist besser planbar und damit zuverlässiger durchführbar. ALM ermöglicht die effiziente Zusammenarbeit zwischen Kunden, Entwicklungsorganisationen und dem Projektmanagement. Auch agile Konzepte können mit ALM erfolgreich ausgerollt werden.
Die Vorteile von ALM-Tools kommen bei folgenden Anforderungen an den Entwicklungsprozess verstärkt zum Tragen:

- *Anwendung agiler Methoden (agile oder lean)*, insbesondere bei großen und langlaufenden Projekten
- *Geografisch verteilte Entwicklungsprojekte*, z. B. virtuelle oder verteilte Teams in verschiedenen Organisationen mit hohen Anforderungen an die Kommunikation und gegebenenfalls auch mit unterschiedlichen Plattformen
- *Komplexe Prozesse und komplexe Produkte*, z. B. Entwicklung von Software zur Steuerung sicherheitskritischer Systeme (Medizingeräte, Fahrzeuge, Flugzeuge) oder Software für regulierte Märkte (Finanzdienstleistungen, pharmazeutische Industrie, Energieversorger etc.)

IV

Die in der Vergangenheit vielfach propagierten, noch in verschiedenen größeren Unternehmen eingesetzten *CASE (Computer Aided Software Engineering)*-Tools werden in den nächsten Jahren durch effizientere, neue Methoden abgelöst wie Geschäftsprozessmanagement (BPM), domänenspezifische Sprachen (DSL) und Serviceorientierte Architekturen (SOA). CASE basierte auf Technologien wie SA/SD (Structured Analysis and Design), 4GL-Sprachen und Client-Server-Architekturen, die alle am Ende des Lebenszyklus angelangt sind (BITKOM 2010).

37.7.2.2 Phasenspezifische konstruktive Maßnahmen

Im Folgenden wird ein Überblick über konstruktive Maßnahmen in den verschiedenen Phasen des Softwarelebenszyklus (siehe auch Tab. 37.4) gegeben. Vorbeugende Maßnahmen sind in den frühen Phasen des Softwarelebenszyklus besonders wichtig, da die Fehlerbehebungskosten nahezu exponentiell mit der Latenzzeit des Fehlers anwachsen (Kap. 37.6, Tab. 37.9).
Bei der *Anforderungsanalyse* werden die Anforderungen an das System ermittelt. Ziel dieser ersten Phase ist die Festlegung der Funktionen, die das System ausführen soll, die Abhängigkeiten und Verbindungen zwischen den Funktionen sowie die Definition der Daten, mit denen das System arbeitet. Ergebnis der Anforderungsanalyse ist die funktionale Beschreibung des Systems. Eine systematische Vorgehensweise mit Anwendung erprobter Interview- und Beobachtungstechniken sowie Methoden der Schwachstellenanalyse, z. B. Brainstorming, Checklisten, FMECA (Failure Mode, Effects and Criticality Analysis), QFD (Quality Function Deployment), und, bei sicherheitskritischer Software, auch durch Fehlerbaum- und Ereignisablaufanalysen, sind Beispiele für bewährte fehlerverhütende Maßnahmen.
Aus den Ergebnissen der Anforderungsanalyse wird in der *Spezifikationsphase* das *Pflichtenheft*, d. h. die detaillierten Anforderungen an die zu entwickelnde Software, abgeleitet. Die bestätigte Spezifikation ist das Konzentrat aller Abstimmungen zwischen Auftraggeber (Anwender) und Auftragnehmer (Entwickler) über die Soll-Eigenschaften des zu entwickelnden Softwareprodukts. Die Spezifikation enthält alle inhaltlichen Vorgaben, die der Software-Entwickler für die nachfolgende Entwurfsphase benötigt, und stellt die Vergleichsbasis für alle späteren Tests und Qualitätskontrollen bis hin zur Abnahmeprüfung durch den Auftraggeber dar.
Spezifikationsfehler oder Fehlinterpretationen der Spezifikation führen zwangsläufig zu fehlerhaften Programmen. Eine Möglichkeit, Spezifikationsfehler zu verhüten oder frühzeitig zu entdecken, besteht darin, die Spezifikation in einer *formalen Sprache* zu verfassen, die es erlaubt, solche Fehler durch maschinelle Prüfung umfassend und schnell aufzudecken. Im Gegensatz zu nicht formalen Sprachen, die vom Benutzer leichter lesbar sind, erlauben formale Spezifikationen eine eindeutige Beschreibung der einzelnen Operationen und Interaktionen. Beispiele für formale Sprachen sind PSL (Problem Statement Language), PSA (Problem Statement Analyzer) oder RSL (Requirement Specification Language) (Ludewig/Lichter 2013). Eine weitere fehlerverhütende Maßnahme in der Spezifikationsphase ist das *Rapid Prototyping.*
Objektorientierte Analyse und Design (OOAD) sind die objektorientierten Varianten der Anforderungsanalyse (OOA) und des Systementwurfs (OOD), die meist zusammen mit der UML (Unified Modeling Language) als formaler Modellierungssprache zur Visualisierung und Dokumentation der Systemarchitektur sowie der Geschäftsmodelle eingesetzt werden (Kap. 37.5.6). Durch den im Allgemeinen werkzeugunterstützten Einsatz dieser Methoden wird die Problemlösung transparent; Fehler werden vermieden oder leichter erkannt. Infolge der möglichen Wiederverwendung von Klassen können sie zu einer erheblichen Verbesserung von Produktivität und Qualität beitragen.
In der daran anschließenden Phase der *Codierung* (manch-

mal auch Programmierung, Implementierung oder Realisierung genannt) werden die Ergebnisse von Analyse und Entwurf in Anweisungen einer gewählten Programmiersprache übertragen. Mit den gängigen objektorientierten Programmiersprachen können die Modellierungskonzepte nahtlos umgesetzt werden und begünstigen zugleich Verständlichkeit, Lesbarkeit, Prüfbarkeit und Wartbarkeit von Programmen. Zur vorbeugenden Prüfung besonders fehlerträchtiger Programmteile können *Komplexitätsbetrachtungen* durchgeführt werden. Zur Identifizierung von Programmteilen mit hoher Komplexität stehen entsprechende Werkzeuge (Programmanalysatoren) zur Verfügung. Weitere konstruktive Maßnahmen sind die Einhaltung von Programmierstandards, die Anwendung *defensiver* Programmiermethoden sowie der Aufbau und die Nutzung von *Programmbibliotheken*. Zur Verbesserung der Wirtschaftlichkeit und zur Reduktion von Fehlern durch menschliches Einwirken werden manchmal *Programmgeneratoren* eingesetzt.

Softwarewartung umfasst alle Maßnahmen, die ein Softwaresystem im Betrieb einsatzfähig halten und verbessern (McClure 1993), wobei Weiterentwicklung, Funktionserweiterung und Leistungsverbesserung den größten Anteil ausmachen (Abb. 37.13).

Aufgrund der hohen Aufwendungen für Wartung (siehe Kap. 37.6) wurde die Technologie des *Reengineering* entwickelt. Unter dem Begriff Reengineering versteht man die Anwendung von Technologien und Werkzeugen bei der Softwarewartung. Reengineering umfasst die Teilgebiete *Restrukturierung, Reverse Engineering* und *Migration*. Mit Reengineering werden Systeme, deren Wartung sich lohnt, identifiziert und von denjenigen Systemen unterschieden, die besser abgelöst werden sollten. Außerdem dient Reengineering dazu, die Lebensdauer bestehender Systeme zu verlängern und Systeme effizienter und korrekter zu warten; man spricht in diesem Zusammenhang von *Softwaresanierung* (McClure 1993, Ludewig/Lichter 2013).

37.7.3 Analytische Maßnahmen

37.7.3.1 Definition und Ziele analytischer Maßnahmen

Die analytischen Maßnahmen, auch Nachweis- oder Prüfmethoden genannt, haben die Zielsetzung, die fertigen Produkte und auch Teilprodukte (Phasenergebnisse) auf die Erfüllung spezifizierter Anforderungen zu überprüfen. Dabei bedeutet *Verifizierung* die Überprüfung von Ergebnissen einzelner Phasen auf Übereinstimmung mit den Vorgaben. Unter *Validierung* versteht man den (umfangreichen) Abnahmetest des fertigen Softwareprodukts. Unter dem Prinzip der *integrierten Qualitätssicherung* versteht man den Einsatz konstruktiver Methoden in jeder Phase. Am Ende jeder Phase wird das Ergebnis mit analytischen Methoden beurteilt. Ein Zwischenprodukt, dessen Qualität unzureichend ist, wird so lange nicht in die folgende Phase übernommen, bis eine definierte, ausreichende Qualität erreicht ist.

Zur Nachweisführung können verschiedene Methoden und Werkzeuge angewandt werden. Man unterscheidet *informelle Nachweisverfahren, statische Analysen* und *Tests*. In der Praxis werden heute überwiegend Tests durchgeführt, obwohl vielfach nachgewiesen wurde, dass man mit informellen Verfahren mit einem Bruchteil der Testkosten mehr als 60 % der Fehler vor Durchführung der Tests entdecken kann (Schneider 2012, Frühauf/Ludewig/Sandmayr 1991). Abbildung 37.14 gibt einen Überblick über die verschiedenen Kategorien der Softwareprüfung.

37.7.3.2 Informelle Nachweisverfahren

Informelle Nachweisverfahren sind die einzigen Prüfmethoden, die bereits in den ersten Phasen der Software-Entwicklung eingesetzt werden können. Dadurch kann ein großer Teil der Fehler bereits sehr früh aufgefunden werden. Man unterscheidet *Inspektionen*, *Reviews* und *Walkthroughs*. Man kann die unterschiedlichsten Arbeitsergebnisse, die in schriftlicher Form vorliegen, einer in-

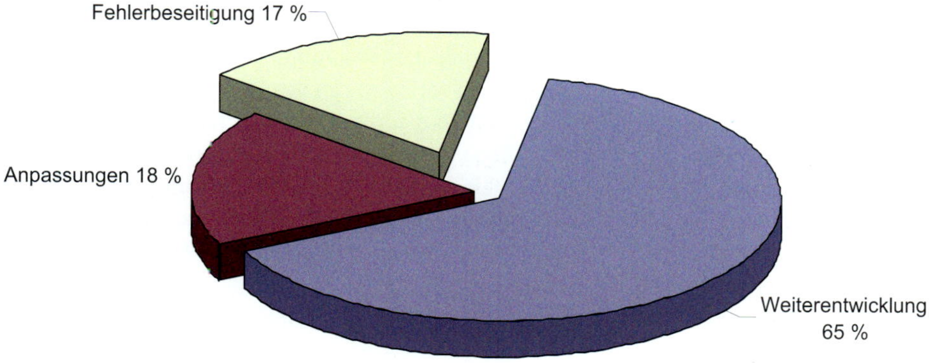

Abb. 37.13
Anteile der Aktivitäten bei der Wartung von Software

IV

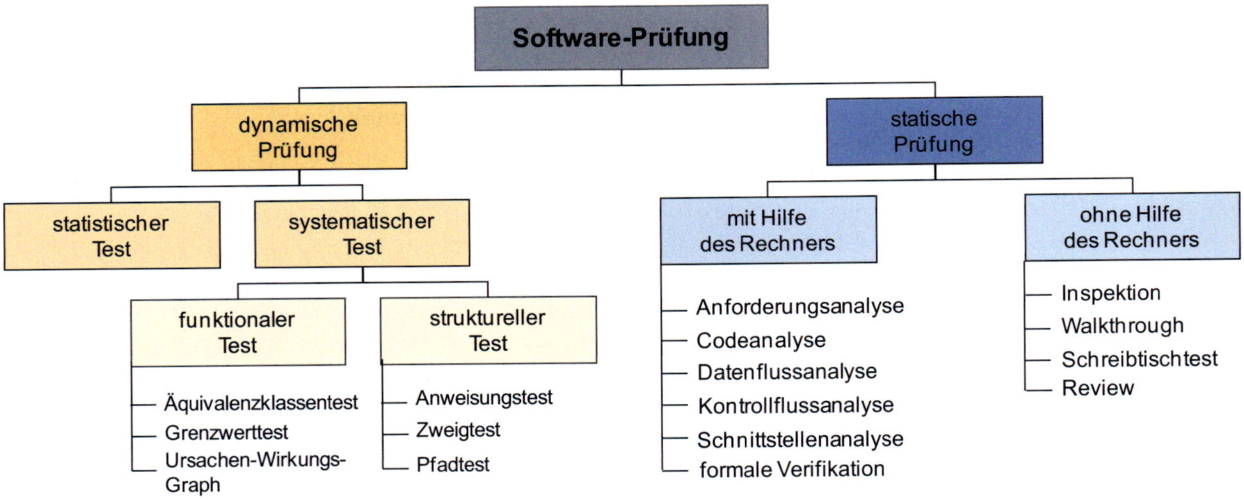

Abb. 37.14 Übersicht über einige Kategorien der Softwareprüfung

formellen Prüfung unterziehen. Beispiele hierfür sind: Projektplanreview, Review der Anforderungsdefinition, Pflichtenheftreview, Entwurfsreview, Testplanreview, Code-Inspektion, Code-Walkthrough, Review der Wartungsdokumentation, Review der Benutzerdokumentation etc. Obwohl sich die Begriffe Inspektion, Review und Walkthrough inhaltlich unterscheiden, kann man sie unter dem Überbegriff *Durchsicht von Dokumenten* zusammenfassen. Im Grundsatz läuft das Verfahren folgendermaßen ab:

Der Autor des zu prüfenden Dokuments stellt sein Ergebnis anderen sachkundigen Personen (Gutachtern) zum Zwecke einer detaillierten Kritik vor. Er muss erklären, was jeder Teil leistet, warum er sich dort befindet, wie er arbeitet, wo die Probleme liegen. Die Gutachter unterbrechen den Vortrag mit gezielten Fragen und versuchen, möglichst viele Mängel, Fehler und Risikofaktoren aufzudecken. Jeder dieser Fehler wird in eine Mängelliste aufgenommen. Ziel ist das Finden und Protokollieren von Mängeln.

IV

37.7.3.3 Statische Analysen

Statische Analysen sind Nachweisverfahren, die Eigenschaften einer Software (meist des Quellcodes) nach einer definierten Bearbeitungsvorschrift systematisch und reproduzierbar ermitteln, ohne das Programm auf dem Rechner ablaufen zu lassen. Es können alle Beschreibungen untersucht werden, die nach formalen Regeln aufgebaut sind. Statische Analysen erfolgen praktisch ausschließlich mit Werkzeugen (Analysatoren), wodurch sie vergleichsweise schnell und kostengünstig durchführbar sind. Die bekanntesten Werkzeuge der statischen Analyse sind *Compiler*, *Interpreter* und *Syntaxprüfer*. Statische Analysatoren werden als Ergänzung von Compilern bei der Fehleranalyse von Quellcode herangezogen. Ziel ihres Einsatzes ist die Aufdeckung von Fehlern folgender Art:

- unerreichbarer (toter) Code
- Variablen, die ohne Initialisierung benutzt werden
- Variablen, die zwar deklariert, aber nicht benutzt werden
- nicht aufgerufene Funktionen und Prozeduren
- Ergebnisse von Funktionsaufrufen, die nicht benutzt werden
- Missbrauch von Zeigervariablen usw.

Die statische Analyse wird in verschiedenen Bereichen eingesetzt, z. B. zur

- Anforderungsanalyse
- Codeanalyse
- Datenflussanalyse
- Kontrollflussanalyse
- Schnittstellenanalyse

37.7.3.4 Testen

Unter dem *dynamischen* Analyseverfahren *Test* versteht man das Ausführen von Funktionen eines Programms in einer definierten Umgebung und das Vergleichen der erzielten mit den erwarteten Ergebnissen, um festzustellen, inwieweit sich das Programm so verhält, wie es seine Spezifikation verlangt. Ziel des Testens ist das Finden von *Fehlern*, um so die Voraussetzung für deren Beseitigung zu schaffen und damit die Qualität des Programms zu verbessern. Ein weiteres Ziel ist die Ermittlung der Zuverlässigkeit mithilfe *statistischer* Testverfahren. Testen kann aber nur die Anwesenheit von Fehlern demonstrieren. Niemals kann Testen nachweisen, dass ein Programm fehlerfrei ist. Abbildung 37.15 zeigt die zum Testen von Software erforderlichen Schritte.

Es gibt zahlreiche *Fehlerdefinitionen*. Nach DIN 66271:1995 „Software-Fehler und ihre Beurteilung durch Lieferanten und Kunden" ist ein Fehler die „Nichterfüllung einer festgelegten Forderung bzw. die Abweichung von einem erwarteten Merkmalswert und führt zu Differenzen zwischen Vertragsparteien". Die *Fehlerklassifizierung* ist an der Bewertung der Fehlerfolgen ausgerichtet und unterscheidet für die Beeinträchtigung des Einsatzes und das Schadensrisiko *drei Stufen*: hoch, mittel, niedrig (BITKOM 2008).

Das Testen steht heute nicht mehr nur am Ende einer Software-Entwicklung, sondern wird als begleitender Prozess von Beginn an im Projekt eingeplant. Dadurch unterliegt der Software-Entwicklungsprozess einer ständigen Kontrolle und Fehler können frühzeitig erkannt werden. Ständiges Testen ist nur werkzeuggestützt durchführbar. Hier verschwimmen die Grenzen zwischen konstruktiver und analytischer Qualitätssicherung.

Testverfahren

Man kann Testverfahren nach unterschiedlichen Kriterien klassifizieren (Abb. 37.14). Die wichtigsten Kategorien sollen hier kurz angesprochen werden:

Beim *Strukturtest* oder *White-Box-Test* wird die interne Struktur, d. h. der Quellcode des Programms, mit in die Prüfung einbezogen. Bei diesem auch Pfadtest genannten Verfahren wird versucht, durch die Auswahl der Testfälle möglichst viele Pfade im Programm zu durchlaufen und so eine möglichst hohe Testabdeckung zu erreichen.

Beim *funktionalen Test* oder *Black-Box-Test* betrachtet der Prüfer das Programm als schwarzen Kasten, d. h. der Quellcode bleibt außer Betracht. Die Testfälle werden anhand der Anforderungsspezifikation konstruiert. Funktionale Testverfahren sind (Frühauf et al. 1991, Myers 1991, Liggesmeyer 2009):

- Äquivalenzklassentest
- Grenzwerttest
- Test mithilfe von Ursache-Wirkungs-Graphen (Cause-Effect-Graphing)
- Intuitive bzw. heuristische Testfallermittlung (Error Guessing)
- Test mit Zufallswerten

Empfehlenswert ist eine Strategie, die sowohl funktionale als auch strukturelle Tests einschließt.

Je nachdem, in welcher Phase des Softwarelebenszyklus ein Test durchgeführt wird, unterscheidet man *Modul-, Integrations-, System- und Abnahmetest*. Der Abnahmetest wird manchmal auch als *Alpha-Test* bezeichnet. Bei Standardsoftware wird oftmals vor Auslieferung der Software ein sogenannter *Beta-Test* durchgeführt, wobei zahlreiche potenzielle Kunden das Programm zur Prüfung und Anwendung im realen Alltagsbetrieb erhalten. Auf diese Weise werden Fehler und Unzulänglichkeiten aufgedeckt, an die der Software-Entwickler nicht gedacht hat.

Testen beseitigt keine Fehler. Die *Fehlerbeseitigung*, auch *Debugging* genannt, besteht aus drei Schritten: Erkennen des Fehlers beim Testen, Lokalisieren, d. h. Auffinden des Fehlers im Quellcode, Korrigieren des Fehlers. Die Prüfung ist strikt von der Korrektur zu trennen: Alle spezifizierten Testfälle sind nacheinander auszuführen, auch wenn Abweichungen aufgefunden werden. Erst danach darf korrigiert werden, denn es ist kaum möglich, zuverlässige Aussagen über ein sich änderndes Programm zu machen. Außerdem erfordert Prüfung Distanz und sollte streng von der Entwicklung getrennt sein. Durch eine Korrektur wird der Ausführende selbst zum Urheber, er verliert seine Distanz und wird weniger effektiv.

Bei der Fehlerkorrektur und bei der Änderung von Programmen werden oftmals neue, möglicherweise schwere Fehler in das Programm eingebaut. Deshalb ist ein sogenannter *Regressionstest* erforderlich. Streng genommen müsste das gesamte Programm nochmals vollständig geprüft werden; aus Kostengründen beschränkt man sich jedoch meist auf eine Untermenge von Testfällen zur Prüfung von Funktionen, die Schnittstellen zu den geänderten Programmteilen aufweisen.

Zur Abschätzung der noch im Programm vorhandenen Fehler (Restfehlerabschätzung) werden das *Reliability-Growth-Model*, das *Bayesian Model*, das *Error Seeding* sowie der parallele Test durch zwei *unabhängige Teams* eingesetzt (Dunn 1984).

Testnormen

Die Internationale Organisation für Normung (ISO) erarbeitet derzeit eine neue *Normenreihe* ISO/IEC/IEEE 29119 für das *Testen von Software*. Zielsetzung ist, die zahlreichen bereits existierenden Test-Normen wie IEEE 829 „Standard for Software Test Documentation", IEEE 1008 „Standard for Software Unit Testing" sowie BS 7925-1 „Software Testing – Vocabulary" und BS 7925-2 „Software Testing – Software Component Testing" in dieser neuen Normenreihe zusammenzuführen. ISO/IEC/IEEE 29119 „Software and systems engineering – Software testing" umfasst derzeit vier Teile:

- Part 1: Concepts and definitions
- Part 2: Test processes
- Part 3: Test documentation
- Part 4: Test techniques

Testautomatisierung

Zahlreiche spezialisierte Tool-Plattformen für *automatisierte Softwarequalitätssicherung* und für das *Testen* wer-

IV

den auf dem Markt angeboten. Unter automatisiertem Testen versteht man die programmgesteuerte Ausführung der unterschiedlichen Testaktivitäten wie
- Erstellung von Testfällen: Testspezifikation, Testdaten, Testabläufe
- Testdurchführung
- Auswertung und Beurteilung der Testergebnisse
- Dokumentation der Abläufe

Vorteile und Nutzenpotenziale sind:
- Wiederverwendung von Testfällen
- Reproduktion von Fehlern
- Einmaliges Erfassen der Testdaten
- Dokumentation und Nachweisführung
- Vergleich von Testergebnissen nach Änderungen (Regressionstest)
- Simulation von nichtfunktionalen Anforderungen: Last- und Performance-Tests

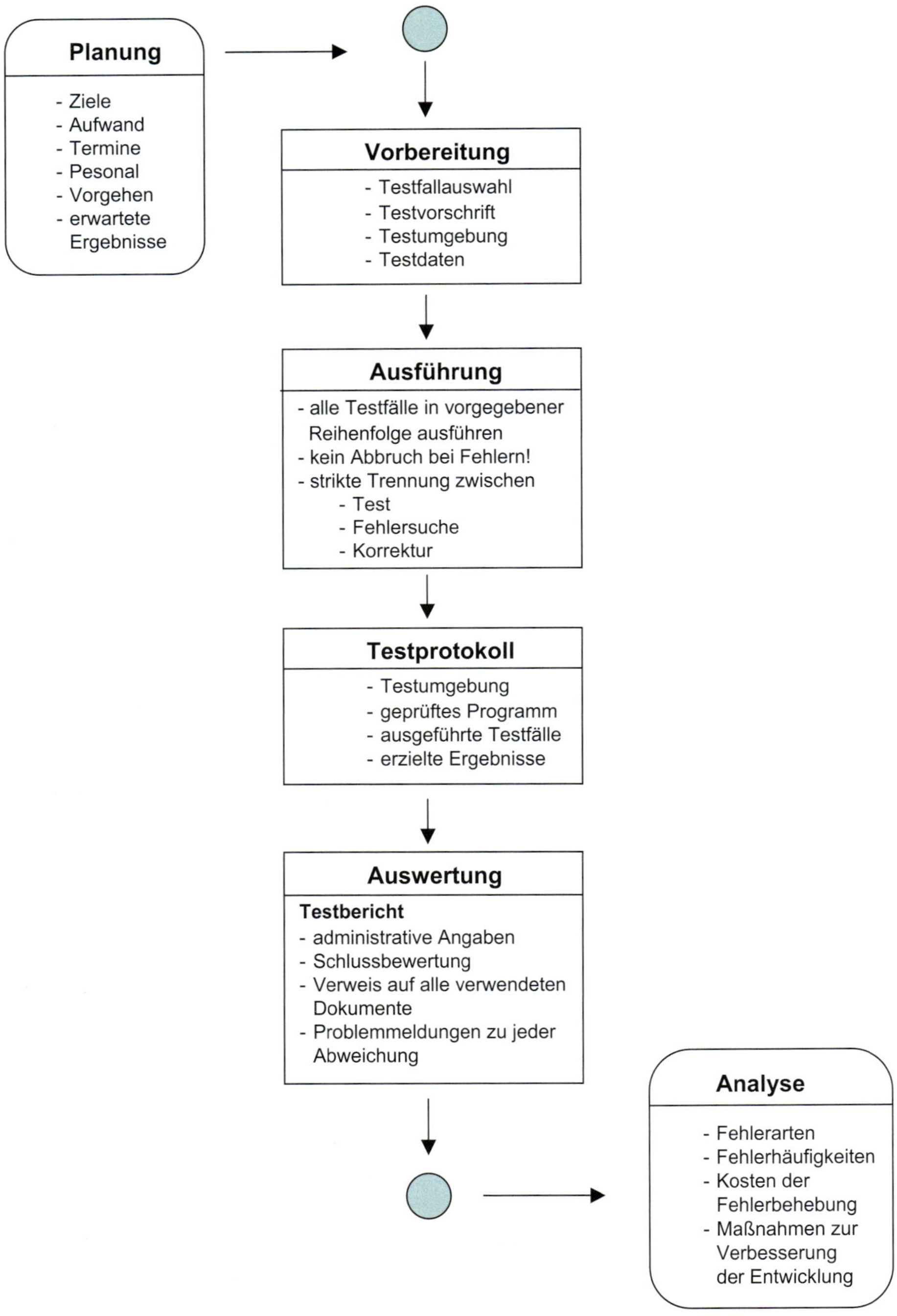

Abb. 37.15 Schritte beim Testen von Software

- Ausblenden der Fehlerkomponente Mensch
- Höhere Testabdeckung
- Testen von Modellen und damit Testen in frühen Entwicklungsphasen
- Ständige Tests: Testen als integrierter Prozess der Software-Entwicklung

Eine vollständige Automatisierung des Testprozesses ist jedoch nicht möglich (BITKOM 2010).

37.8 Prozess-Assessment

Die Voraussetzung für eine gezielte Verbesserung eines Entwicklungsprozesses ist die genaue Kenntnis seiner Stärken und Schwächen. Etablierte Verfahren zur Bewertung von Prozessen sind die sogenannten *Prozess-Assessments*. Ursprünglich wurde das Verfahren am *Software Engineering Institute (SEI)* der Carnegie Mellon University im Auftrag des US Department of Defense zur Bewertung der Qualifikation von Softwarefirmen entwickelt. Das Assessement wird mithilfe einer Frageliste durchgeführt, die auf einem Referenzmodell, dem Capabiltity Maturity Model (CMM) basiert (Hohler 1995, Thaller 1993, Liggesmeyer 2009). Das Modell definiert fünf Stufen der Prozessreife (Process Maturity): *1-initial, 2-repeatable, 3-defined, 4-managed, 5-optimizing.*
In der Vergangenheit gab es zahlreiche Assessement-Verfahren (Kneuper 2006, Hörmann et al. 2006). Sieht man von der ISO 9001-Zertifizierung ab, die ebenfalls ein Assessment darstellt, so sind derzeit nur noch zwei Modelle von Bedeutung:

- CMMI (Capability Maturity Model Integration, Weiterentwicklung von CMM)
- SPICE (Software Process Improvement and Capability Determination).

Das SPICE-Projekt wurde ins Leben gerufen, um die divergierende Entwicklung verschiedener Assessmentverfahren zu stoppen und eine Vergleichbarkeit der Ergebnisse zu gewährleisten. SPICE wurde 1998 als Technischer Report (TR) verabschiedet, der nun als internationaler Standard ISO/IEC 15504 aus derzeit sechs Teilen veröffentlicht ist. SPICE ist jedoch kein weiteres Assessmentverfahren, sondern ein umfassender, ordnender Rahmen.
Kernpunkte des Modells sind die Verbesserung von Prozessen (Process Improvements) und die Bestimmung des Prozessreifegrads (Capability Determination). Es ist mithilfe von SPICE zwar möglich, Organisationen zu bewerten, jedoch steht das Self-Assessment im Mittelpunkt dieser Norm. Das Verfahren bietet insbesondere die Möglichkeit zur gezielten Prozessoptimierung, da die Schwachpunkte der Prozesse ermittelt werden.
Untersuchungen von Humphrey (Humphrey et al. 1989) und des SEI hatten ergeben, dass sich die meisten Software-Unternehmen lediglich auf den unteren Stufen 1 bis 3 des CMM befanden und nur eine geringe Minderheit Stufe 4 oder 5 erreichten. Es ist jedoch ein Trend zur Verbesserung erkennbar und viele Unternehmen haben die Stufen 2 und 3 der CMMI erreicht (Ludewig/Lichter 2013).

37.9 Produkthaftung: Maßnahmen zur Risikominderung bei der Software-Entwicklung

Die Produkthaftung stellt generell ein hohes Risiko für ein Unternehmen dar (vgl. hierzu auch Kap. 8, „Qualitätsmanagement und Recht" und Kap. 36, „Juristische Produktverantwortung"). Der Hersteller haftet für sein in Umlauf gebrachtes Produkt. Der Geschädigte muss lediglich beweisen, dass er durch das fehlerhafte Produkt des Herstellers einen Schaden erlitten hat. Hinsichtlich der Verschuldensfrage wird eine *Beweislastumkehr* angenommen. Der Hersteller muss nachweisen, dass sein Produkt beim Inverkehrbringen frei von Konstruktions-, Fabrikations- und Instruktionsfehlern war. Das ist bei Software kaum möglich.
Hersteller kommerziell eingesetzter Software haben zudem aus rechtlicher Sicht viele Gründe, den Einsatz ihrer Software bei ihren Kunden zu beobachten. Sie sind auch verpflichtet, noch nach der Überlassung bzw. dem Verkauf des Produkts kritische Programmfehler zu beseitigen.
Aus der Literatur lassen sich verschiedene Maßnahmen zur Minderung des Produkthaftungsrisikos entnehmen (Sattler 1995, Liggesmeyer/Rombach 2005). Die Herstellung von Software ist überwiegend eine Tätigkeit der Entwicklung und Konstruktion, die Vervielfältigung des einmal entwickelten Produktes ist vergleichsweise einfach. Notwendige Sorgfaltspflichten bei der Entwicklung und Konstruktion sind insbesondere:

- Beachtung des neuesten Standes von Wissenschaft und Technik
- Anwendung der technischen Normen und Regelwerke
- Berücksichtigung der Erkenntnisse aus der Produktbeobachtung

IV

- Beachtung des möglichen Produktlebenslaufes
- Einbeziehung aller vorstellbaren Risiken und kritischen Situationen durch regelmäßige Risikoanalysen
- sorgfältige Auswahl der zugelieferten Softwarewerkzeuge (Compiler, Debugger, Testtools etc.) und der Hardwarekomponenten (Prozessoren, ASICs, RAM, ROM etc.)
- Erstellung von Einkaufsspezifikationen, die Voraussetzung für ein fehlerfreies Produkt sind, gemeinsam mit den Bereichen Einkauf und Qualitätsmanagement
- Festlegung realisierbarer Grenzwerte für den Einsatz beim Anwender
- Qualitätssicherung im Entwicklungs- und Konstruktionsbereich
- Ausarbeitung von Instruktionen für die gefahrlose Anwendung.

Diese Darlegungen zeigen, dass sich - zusätzlich zu den Anforderungen, die von der Erhaltung der Wettbewerbsfähigkeit herrühren - auch aus Gründen der Produkthaftung Argumente für eine Software-Entwicklung ergeben, die

- gemäß dem Stand von Wissenschaft und Technik,
- unter Einsatz zeitgemäßer Methoden und Tools,
- auf der Grundlage eines operativen Qualitätsmanagementsystems,
- mit motivierten, qualifizierten und produktiven Mitarbeitern.

durchgeführt wird.

IV

Firmen, die sicherheitskritische Software entwickeln, müssen im Schadensfall dennoch erhebliche juristische Konsequenzen befürchten (Liggesmeyer/Rombach 2005). Ein wirksamer Haftungsausschluss setzt voraus, dass der Fehler zum Zeitpunkt des Inverkehrbringens noch nicht vorlag oder dass er nach dem Stand von Wissenschaft und Technik nicht erkennbar war. Die Beweislast für die Unvermeidbarkeit des Fehlers liegt beim Softwarehersteller. Dieser Beweis dürfte in der Praxis nur schwer zu erbringen sein. Der Hersteller kann bestimmten Ersatzansprüchen praktisch kaum ausweichen, wenn die Schäden nachweislich durch Fehler seiner Software verursacht worden sind (Spindler et al. 2005). Daher sollte stets geprüft werden, ob ein ausreichender Versicherungsschutz besteht.

37.10 Ausblick

Die angesichts der weitreichenden und stetig wachsenden Bedeutung dringend erforderliche erhebliche Verbesserung der Qualität und Produktivität bei der Software-Entwicklung kann nur durch den kombinierten Einsatz verschiedenster Methoden und Techniken erreicht werden (Brooks 1987).

Es bestehen gegenläufige Einflüsse auf das Software-Projektmanagement. Einerseits wird die Software-Entwicklung erschwert durch folgende Einflüsse und Defizite:

- mangelnde Professionalität bei der Software-Entwicklung infolge ungenügender Ausbildung in Methoden, Prozessen, Techniken, aber vor allem im Projektmanagement und in Managementkonzepten
- unrealistische Erwartungen des oberen Managements an die Projektleitung, hierdurch wirklichkeitsfremde Terminplanung, vielfach Rückwärtsterminierung, fehlende Risikoanalysen, unzureichende Ressourcen, ständige Kostensenkungsmaßnahmen, etc.
- wachsende Komplexität durch zunehmenden Umfang von Softwaresystemen
- höhere Anforderungen an die Integration und die Schnittstellen
- Umbrüche mit schnellen und extremen Veränderungen bei Technologien und Nutzer-Anforderungen wie Konsumerisierung, Mobilität, Cloud Computing, etc.
- Heterogenität durch mobile Applikationen, App Stores, unterschiedliche mobile Plattformen, wobei keine Plattform auf längere Sicht mehr dominierend ist
- zunehmende Vernetzung durch soziale Netzwerke, mobiles Arbeiten, das Internet der Dinge, ubiquitous Computing (Computer-Allgegenwart), etc.
- explosionsartiges Wachstum der Datenmengen (Big Data)
- kürzere Entwicklungszyklen, daher verringerte Projektdauer
- zunehmende Bedeutung der Sicherheit (Security und Safety)
- wachsende Intoleranz der Anwender gegenüber fehlerhafter Software

Andererseits bieten Software-Engineering und Software-Qualitätsmanagement durch den Einsatz zeitgemäßer Entwicklungsmethoden, durch Standardisierung und Automatisierung durchaus Verbesserungspotenziale. Zu nennen sind hier:

- leistungsfähige Entwicklungs-Tools
- ausgefeilte Entwurfsmethoden wie die Unified Modeling Language (UML) oder Business Process Management (BPM)
- professionelle, vereinheitlichte und konsistente Normen und Standards für sämtliche Bereiche der Software-Entwicklung
- Prozess-Assessments
- automatisierte Testmethoden
- formale Entwicklungsmethoden, vor allem bei sicherheitskritischen Softwaresystemen
- Wiederverwendung von Softwarekomponenten, z. B. bei objektorientierter und serviceorientierter Entwicklung

- agile Methoden dort, wo Anforderungen sich häufig ändern bzw. nicht klar sind, d. h. hohe Flexibilität gefordert wird

Eine universelle Entwicklungsstrategie, die für jede Softwarekategorie optimal geeignet ist, kann es jedoch nicht geben. Die Vielzahl der verfügbaren Organisationsformen, Prozesse, Methoden, Techniken und Werkzeuge kann nur als Grundmenge für die Definition einer im Einzelfall maßgeschneiderten Lösung dienen. Der nun schon seit Jahren beobachtete große Unterschied (Faktor 8) zwischen den leistungsstarken und den schwachen Software-Entwicklungsorganisationen lässt den Schluss zu, dass bereits heute mit einer hohen Motivation der *Mitarbeiter* durch kluge *Führung* mit klaren, leistungsfördernden Zielen und mit einem kooperativem Arbeitsklima der viel zitierte Faktor 10 *(order of magnitude improvement)* erreicht werden kann.
Eine *technische* „Wunderwaffe", d. h. die erhoffte „Silver Bullet" (Brooks 1987), ist leider noch nicht verfügbar und wird möglicherweise nie gefunden werden.

Literatur

Balzert, H.: UML 2 kompakt mit Checklisten. 2. Auflage. Elsevier, München 2005

Beck, K.: Extreme Programming - Das Manifest. Addison-Wesley, München 2000

Beck, K./Fowler, M.: Extreme Programming planen. Addison-Wesley, München 2001

BITKOM - Bundesverband Informationswirtschaft, Telekommunikation und neue Medien: Agiles Software Engineering Made in Germany. Leitfaden. Berlin, 18.06.2013 *(http://www.bitkom.org/)*

BITKOM - Bundesverband Informationswirtschaft, Telekommunikation und neue Medien: Fehlerklassifikation für Software - Leitfaden. Berlin, 18.01.2008 *(http://www.bitkom.org/)*

BITKOM - Bundesverband Informationswirtschaft, Telekommunikation und neue Medien: Industrielle Softwareentwicklung - Leitfaden und Orientierungshilfe. Berlin, 16.09.2010 *(http://www.bitkom.org/)*

Brandt-Pook, H./Kollmeier, R.: Softwareentwicklung kompakt und verständlich. Wie Softwaresysteme entstehen. Vieweg + Teubner, Wiesbaden 2008

Brooks, F. P.: No Silver Bullet. Essence and Accidents of Software Engineering. In: IEEE Computer 20, 4, 1987. S. 10 - 19

Brooks, F. P.: The Mythical Man-Month. Essays on Software Engineering. Addison Wesley, 1975

DeMarco, T./Lister, T.: Wien wartet auf Dich! Der Faktor Mensch im DV-Management („Peopleware" in deutscher Ausgabe). 2. Auflage. Carl Hanser Verlag, München 1999

DGQ-ITG-Band 12 - 51: Software-Qualitätsmanagement - Aufgaben, Möglichkeiten, Lösungen. 2. Auflage. Deutsche Gesellschaft für Qualität/Beuth Verlag, Berlin 1995

Döttinger, K./Hohler, B.: Zertifizierung von Softwaresystemen. In: Hansen, W. (Hrsg.): Zertifizierung und Akkreditierung von Produkten und Leistungen der Wirtschaft. Carl Hanser Verlag, München 1993

Dunn, R.: Software Defect Removal. McGraw-Hill, New York/St. Louis/San Francisco 1984

Eckstein, J.: Agile Softwareentwicklung in großen Projekten - Teams, Prozesse und Technologien - Strategien für den Wandel im Unternehmen. 2. Auflage. dpunkt.verlag, Heidelberg 2012

Engstler, M./Oestereich, B./Wagner, R.: IT-Projektmanagement 2012+ im Spagat zwischen Industrialisierung und Agilität? dpunkt.verlag, Heidelberg 2012

Fröschle, H.-P./Reinheimer, S.: Serviceorientierte Architekturen. HMD 253. dpunkt.verlag, 2007

Frühauf, K./Ludewig, J./Sandmayr, H.: Software-Prüfung - Eine Fibel. Verlag der Fachvereine Zürich, Zürich/Teubner Verlag, Stuttgart 1991

Gibbs, W. W.: Software: chronisch mangelhaft. In: Spektrum der Wissenschaft 12, 1994. S. 56 - 63

Giese, I.: Warum explodierten Mariner 1, Ariane 5, ... oder: Was kümmern mich die Probleme der Datenverarbeitung? Softwarezuverlässigkeit gestern, heute und morgen. 28. Februar 2002 *(http://www-aix.gsi.de/~giese/swr/allehtml.html)*

Glass, R. L.: Software Runaways. Lessons Learned from Massive Software Project Failures. Prentice Hall 1998

Gloger, B.: Scrum. Der Pradigmenwechsel im Projekt- und Produktmanagement - Eine Einführung. In: Informatik Spektrum 33, 2, 2010. S. 195 - 200

Goll, J.: Methoden und Architekturen der Softwaretechnik. Vieweg+Teubner Verlag, Wiesbaden 2011

Grams, T.: Denkfallen und Programmierfehler. Springer, Berlin/Heidelberg 1990

Grässle, P./Baumann, H./Baumann, P.: UML projektorientiert. Galileo Press, Bonn 2000

Grupp, B.: Qualifizierung zum Projektleiter. DV-Management im Wandel. Computerwoche Verlag, München 1995

Hanser, E.: Agile Prozesse. Von XP über Scrum bis MAP. Springer Verlag, Berlin/Heidelberg/Dordrecht/London/New York 2010

Harmon, P./Taylor, D. A.: Objects in Action. Commercial Applications of Object-Oriented Technologies. Addison-Wesley 1993

Hohler, B.: Qualitätssicherung und Zertifizierung von Software. Tagungsband CAT '93; Ident Vision; Quality '93, Quality Systems Technologies. 4. Internationale Fachmesse für Qualitätssicherung und Anwenderkongress. Stuttgart 25. - 28. Mai 1993. S. 301-317

Hohler, B.: Software-Qualitätsmodelle: Capability Maturity Model (SEI), Bootstrap-Methode, ISO 9000 ff. In: Informatik-Spektrum 18, 6, 1995. S. 324 - 334

Höhn, R./Höppner, S.: Das V-Modell XT. Anwendungen, Werkzeuge, Standards. Springer Verlag, Berlin/Heidelberg/New York 2008

Hörmann, K./Dittmann, L./Hindel, B./Müller, M.: SPICE in der Praxis. Interpretationshilfe für Anwender und Assessoren. Basierend auf ISO/IEC 15504 Stand 2006. dpunkt.verlag, Heidelberg 2006

Hummel, O.: Aufwandsschätzungen in der Software- und Systementwicklung. Spektrum Akademischer Verlag, Heidelberg 2011

IV

Humphrey, W. S./Kitson, D. h./Kasse, T. C.: The State of Software Engineering Practice – A Preliminary Report. CMU/SEI-89-TR-1. Software Engineering Institute, Carnegie Mellon University, 1989

Jones, C.: Applied Software Measurement. Global Analysis of Productivity and Quality. 3. Auflage. McGraw-Hill 2008

Jones, C.: Software Engineering Best Practices. Lessons from Successful Projects in the Top Companies. McGraw-Hill 2010

Jones, C./Bonsignour O.: The Economics of Software Quality. Pearson Education, Inc. 2012

Kagermann, H./Wahlster, W./Helbig, J.: Umsetzungsempfehlungen für das Zukunftsprojekt Industrie 4.0. Abschlussbericht des Arbeitskreises Industrie 4.0. Forschungsunion, acatech, April 2013 *(http://www.plattform-i40.de/)*

Kneuper, R.: CMMI – Verbesserung von Softwareprozessen mit Capability Maturity Model Integration. 2. Auflage. dpunkt.verlag, Heidelberg 2006

Kupper, H.: Zur Kunst der Projektsteuerung. Qualifikation und Aufgaben eines Projektleiters – aufgezeigt am Beispiel von DV-Projekten. Oldenbourg Verlag, München/Wien 1993

Lassmann, W. (Hrsg): Wirtschaftsinformatik. Nachschlagewerk für Studium und Praxis. Gabler Verlag, Wiesbaden 2006

Liggesmeyer, P.: Software-Qualität – Testen, Analysieren und Verifizieren von Software. 2. Auflage. Spektrum Akademischer Verlag, Heidelberg 2009

Liggesmeyer, P./Rombach, D. (Hrsg.): Software Engineering eingebetteter Systeme. Grundlagen – Methodik – Anwendungen. Elsevier, München 2005

Littlewood, B./Stigini, L.: Software – das unterschätzte Sicherheitsrisiko. In: Spektrum der Wissenschaft 1, 1993. S. 64 – 72

Ludewig, J./Lichter,H.: Software Engineering. Grundlagen, Menschen, Prozesse, Techniken. 3. Auflage. dpunkt.verlag, Heidelberg 2013

Majchrzak, T. A.: Improving Software Testing. Technical and Organizational Developments. Springer, Heidelberg/New York/ Dordrecht/London 2012

McClure, C.: Software-Automatisierung: Reengineering – Repository – Wiederverwendbarkeit. Carl Hanser Verlag, München 1993 (Originalausgabe: Prentice-Hall, London 1993)

Mellis, W./Herzwurm, G./Stelzer, D.: TQM der Software-Entwicklung. Mit Prozessverbesserung, Kundenorientierung und Change Management zu erfolgreicher Software. 2. Auflage. Vieweg, Braunschweig/Wiesbaden 1998

Möller, K. H./Paulish, D. J.: Software Metrics. A practitioner's guide to improved product development. Chapman & Hall Computing, London/Glasgow/New York/Tokio/Melbourne/ Madras 1993

Moore, J. W.: Software Engineering Standards. A User's Road Map. In: IEEE Computer Society Press, Washington/Brüssel/ Tokio 1998

Myers, G. J.: Methodisches Testen von Programmen. 4. Auflage. Oldenbourg Verlag, München/Wien 1991

Neumann, P. G.: Computer-related risks. ACM Press/Addison-Wesley, New York 1995

Plewan, H.-J./Poensgen, B.: Produktive Softwareentwicklung. Bewertung und Verbesserung von Produktivität und Qualität in der Praxis. dpunkt.verlag, Heidelberg 2011

Pomberger, G./Blaschek, G.: Grundlagen des Software Engineering. Prototyping und objektorientierte Software-Entwicklung. Carl Hanser Verlag, München 1993

RTCA/DO-178B: Software considerations in airborne systems and equipment certification. RTCA, Inc., Washington D. C., 1. Dezember 1992

Sackman, H./Erickson, W. J./Grant, E. E.: Exploratory Experimental Studies Comparing Online and Offline Programming Performance. Communications of the ACM, Januar 1968

Sattler, E.: Produkthaftung und Risikominderung. Eine allgemeinverständliche Einführung. Carl Hanser Verlag, München 1995

Schatten, A./Demolsky M./Winkler D./Biffl S./Gostischa-Franta E./Östreicher T.: Best Practice Software-Engineering. Eine praxiserprobte Zusammenstellung von komponentenorientierten Konzepten, Methoden und Werkzeugen. Spektrum Akademischer Verlag, Heidelberg 2010

Schneider. K.: Abenteuer Software Qualität. Grundlagen und Verfahren für Qualitätssicherung und Qualitätsmanagement. 2. Auflage. dpunkt.verlag, Heidelberg 2012

Schnitter, J./Mackert, M.: Large-Scale Agile Software Development at SAP AG. In: Maciaszek, L. A./Loucopoulos, P. (Hrsg.): Novel Approaches to Software Engineering. 5th International Conference, ENASE 2010. Springer Verlag, Berlin/Heidelberg 2011. S. 209 – 220

Software Productivity Consortium: The Software Measurement Guidebook. International Thomson Computer Press, London/ Bonn/Boston 1995

Sommerville, I.: Software Engineering. 9. Auflage. Pearson Deutschland, München 2012

Spindler, G./Dorschel, J./Sodtalbers, A.: Rechtliche Aspekte eingebetteter Software. In: Liggesmeyer, P./Rombach, D. (Hrsg.): Software Engineering eingebetteter Systeme. Grundlagen – Methodik – Anwendungen. Elsevier, München 2005

Steinbach, W.: Qualitätsbezogene Kosten. In: Masing, W.: Handbuch des Qualitätsmanagement. 3. Auflage. Carl Hanser Verlag, München 1994

Thaller, G. E.: Softwaremetriken einsetzen, bewerten, messen. Heise, Hannover 1994

The Risk Digest: Forum On Risks To The Public In Computers And Related Systems. ACM Committee on Computers and Public Policy. Moderiert von Peter G. Neumann. 22. August 2013 (http://catless.ncl.ac.uk/Risks)

The Standish Group: Chaos Report 2012 *(http://www.standishgroup.com)*

Wallmüller, E.: Software Quality Engineering. 3. Auflage. Carl Hanser Verlag, München 2011

Weber, H.: Die Software-Krise und ihre Macher. Springer Verlag, Berlin/Heidelberg 1992

Wilkie, G.: Object-Oriented Software Engineering. The Professional Developer's Guide. Addison-Wesley 1993

Qualitätsmanagement bei der Entwicklung software-intensiver technischer Produkte

38.1 Ausgangssituation – software-intensive technische Produkte und interdisziplinäre Entwicklungsprozesse . . . 869
38.1.1 Chancen und Herausforderungen softwaregeprägter technischer Produkte . . . 869
38.1.2 Problemstellung bei interdisziplinären Entwicklungsprozessen . . . 869

38.2 Grundlagen software-intensiver technischer Produkte . . . 870
38.2.1 Definition und Eigenschaften . . . 870
38.2.2 Interdisziplinäres Umfeld bei der Entwicklung . . . 872

38.3 Besondere Anforderungen an interdisziplinäre Entwicklungsprozesse . . . 872

38.4 Bestehende Vorgehensmodelle zur Produktentwicklung der beteiligten Einzeldisziplinen . . . 874
38.4.1 Softwaretechnik . . . 874
38.4.1.1 Wasserfallmodell . . . 874
38.4.1.2 V-Modell 97 und V-Modell XT . . . 874
38.4.1.3 Spiralmodell . . . 877
38.4.1.4 Extreme Programming (XP) . . . 877
38.4.2 Mechanik . . . 877
38.4.2.1 Konstruktionsprozess nach Koller . . . 878
38.4.2.2 Konstruktionsprozess nach Pahl/Beitz . . . 878
38.4.2.3 Konstruktionsprozess nach VDI-Richlinie 2221 – Methodik zum Entwickeln und Konstruieren technischer Systeme und Produkte . . . 878
38.4.3 Elektronik . . . 882
38.4.4 Zwischenfazit . . . 885

38.5 Synchronisation der Entwicklungsprozesse für software-intensive technische Produkte . . . 885
38.5.1 VDI 2206 – Entwicklungsmethodik für mechatronische Systeme . . . 885
38.5.1.1 Der Problemlösungszyklus als Mikrozyklus . . . 885
38.5.1.2 V-Modell als Makrozyklus . . . 887
38.5.1.3 Prozessbausteine für wiederkehrende Arbeitsschritte . . . 887
38.5.1.4 Organisation . . . 888
38.5.2 3-Ebenen-Vorgehensmodell . . . 889
38.5.3 ProMiS-Konzept . . . 893
38.5.3.1 Phasenmodell . . . 893
38.5.3.2 Projektmanagement-Regelkreis . . . 894
38.5.3.3 Beschreibungstechniken zur interdisziplinären Zusammenarbeit . . . 896

38.6 Zusammenfassung und Ausblick . . . 897

38 Qualitätsmanagement bei der Entwicklung software-intensiver technischer Produkte

Robert Schmitt, Christoph Hammers,
Johanna Rauchenberger

Der Einsatz von Software in technischen Produkten hat im letzten Jahrzent deutlich an Bedeutung gewonnen. Die anhaltenden Schwierigkeiten der Software-Entwicklung zeigen die Studien der Standish Group International aus den Jahren 2004 und 2009. Laut diesen Studien werden 44 % der Entwicklungsprojekte terminlich oder finanziell überschritten und 24 % sogar frühzeitig abgebrochen (Standish Group International 2009).

Die Komplexität und somit die Schwierigkeit bei der Entwicklung software-intensiver technischer Produkte wird durch die notwendige Integration verschiedener Fachdisziplinen zusätzlich erhöht.

Das systematisch strukturierte Projektmanagement für solche interdisziplinären Entwicklungsprojekte ist daher von zentraler Bedeutung, um eine erfolgreiche Produktentwicklung zu gewährleisten.

Dieses Kapitel zeigt Chancen, Risiken und Problemstellungen bei der Entwicklung software-intensiver technischer Produkte.

Neben der Diskussion der besonderen Anforderungen von Entwicklungsprozessen in einem interdisziplinären Umfeld werden die bestehenden Vorgehensweisen der beteiligten Einzeldisziplinen Softwaretechnik, Mechanik und Elektronik sowie Konzepte für die Absicherung und Synchronisation von interdisziplinären Entwicklungsprojekten dargestellt. Die Konzepte der VDI-Richtlinie 2206 – Entwicklungsmethodik für mechatronische Systeme, das 3-Ebenen-Vorgehensmodell und das ProMiS-Konzept werden hierzu exemplarisch vertieft.

38.1 Ausgangssituation – software-intensive technische Produkte und interdisziplinäre Entwicklungsprozesse

Zahlreiche Funktionalitäten in technischen Produktentwicklungen, die ursprünglich mechanisch oder elektronisch realisiert worden sind, wurden in den letzten Jahren durch Software übernommen (Bender et al. 2005, Pfeifer et al. 2004b). Zusätzlich zur Umverteilung der Aufgabenrealisierung können Funktionen in technischen Systemen durch die Verwendung von Software implementiert werden, deren Umsetzung zuvor nicht möglich gewesen wäre. Man denke hier beispielsweise an Smartphones sowie Tablet-Computer oder die Entwicklung eines Mobiltelefons (Bender at al. 2005, Pfeifer et al. 2004b). Durch die Verwendung von Software bieten sich also neue und verbesserte Möglichkeiten zur Bereitstellung von Funktionalität in technischen Produkten an. So verdankt zum Beispiel das Antiblockiersystem große Teile seiner Leistungsfähigkeit den enthaltenen Softwarekomponenten (Pfeifer et al. 2004b). Insbesondere im Maschinen-, Anlagen- und Kraftfahrzeugbau hat die Bedeutung und Komplexität bei der Verwendung von Software schnell zugenommen und ist zunehmend zur treibenden Kraft für Produktinnovationen geworden (Pfeifer et al. 2004b).

38.1.1 Chancen und Herausforderungen softwaregeprägter technischer Produkte

Anders als in der Vergangenheit, als Software in technischen Produkten „nur“ zuverlässig im Hintergrund und vom Kunden unbemerkt funktionieren sollte, werden bereitgestellte Softwarefunktionen mehr und mehr zum charakteristischen Qualitätsmerkmal (Schmidt 2007) und besitzen sowohl hohe wirtschaftliche als auch technische Bedeutung (Liggesmeyer et al. 2005).
Auf der technologischen Ebene lässt sich die Zunahme der Leistungsfähigkeit anhand des seit 40 Jahren erfüllten Moore'schen Gesetzes[1] erklären. Hinzu kommen Fortschritte der Bauelemente und Software-Algorithmen zur Informationsverarbeitung. Die Realisierung von Funktionalität durch Software birgt den Vorteil eines vergrößerten Funktionsumfangs, der z. B. in erhöhtem Bedienkomfort resultiert. Zusätzlich kommt es zu einer verbesserten Leistung (z. B. Energieeffizienz) sowie zur Reduktion von Bauraum und der Masse des Systems (Schmidt 2007, VDI 2004).
Auf der wirtschaftlichen Ebene erlaubt der beinahe planbare Preisverfall bei mikroelektronischen Bauelementen Kostensenkungen, welche von Unternehmen genutzt werden, um technologische Innovationen in ihren Produkten zu realisieren und trotz eines erweiterten Funktionsumfangs Kosten stabil zu halten oder gar zu senken (Schmidt 2007).
Das große Potenzial, das sich aus dem Zusammenwirken unterschiedlicher Fachgebiete ergibt, erfordert einen gestiegenen Koordinationsbedarf im Rahmen eines Entwicklungsprozesses (Eversheim 2001). Unternehmensprozesse müssen diese Aspekte berücksichtigen (Bender et al. 2005). Ein probates Element ist die Definition von Synchronisationspunkten, an denen disziplinspezifische Zwischenergebnisse der Software-Entwicklung, Mechanik und Elektronik aufeinander abgestimmt werden und der Entwicklungsstand gemeinsam und disziplinübergreifend kritisch bewertet wird (Prefi 2003).
Die effektive Software-Entwicklung und ihre reibungslose Integration in die Entwicklungsprojekte technischer Produkte wird in diesem Kontext entscheidender (Pfeifer et al. 2004b).

38.1.2 Problemstellung bei interdisziplinären Entwicklungsprozessen

Die Problematik bei der Entwicklung software-intensiver technischer Produkte liegt in der Einbindung der Software-Entwicklung in komplexe technische Umgebungen (Pfeifer et al. 2004b). Die Software-Entwicklung wird in den meisten Fällen eher als „Anhängsel“ des Entwicklungsprozesses betrachtet, welches der Hardware-Entwicklung in der Regel zeitlich nachgeschaltet wird. Dies ist für die Abstimmung zwischen den Fachdisziplinen während der Entwicklung fatal (Pfeifer et al. 2002a, Eversheim et al. 2005, Pfeifer et al. 2004a).
Es resultiert eine mangelhafte Synchronisation, die zur Verschleppung von Fehlern und Unklarheiten in allen Projektphasen führen kann. Eine Behebung während der Systemintegration ist mit hohem Aufwand verbunden und eine Ursache für Budget- und Terminüberschreitungen (Bender et al. 2005, Pfeifer et al. 2004a).
Neben ablaufstrukturellen Schwächen führt die Verwendung von unterschiedlichen Fachsprachen und Beschreibungstechniken zusätzlich zu Missverständnissen in der Spezifikation (Bender et al. 2005). Die Kommunikation und Kooperation der Fachleute unterschiedlicher Diszi-

[1] Die Dichte der Transistoren auf einer integrierten Schaltung steigt mit der Zeit exponentiell an (Moore 1965).

IV

plinen stellt eine nicht zu unterschätzende Hürde dar, in der aber auch das Potenzial liegt, ein Produkt zu einem Gesamtoptimum zu führen.

Wenn ein einheitlich genutztes Vorgehensmodell zum Management von interdisziplinären Entwicklungsarbeiten fehlt, kommt es häufig zu den geschilderten Problemen, weil das Gesamtsystem weder gemeinsam spezifiziert wird noch Zwischenergebnisse vereinbart und überprüft werden (Pfeifer et al. 2004a).

Eine integrierte und parallele Entwicklung aller Systembestandteile ist einer sequenziellen Entwicklung, bei der zuerst das technische System und dann erst die Software entwickelt wird, demnach vorzuziehen (Pfeifer et al. 2002a). Während die einzelnen Disziplinen jeweils spezifische Vorgehensweisen zur Durchführung von Entwicklungsprojekten etabliert haben, treffen diese bei interdisziplinären Entwicklungen aufeinander und führen zu erheblichen Problemen bei der Planung und Koordination des Gesamtprojekts (Pfeifer 2002b).

Neben den beschriebenen organisatorischen Schwierigkeiten ergeben sich neue Anforderungen an die Qualifikation der Mitarbeiter in interdisziplinären Entwicklungsprojekten. Einerseits ist das fundierte Fachwissen Grundlage für die Mitarbeit an solchen Projekten. Zusätzlich müssen aber die Bereitschaft und Fähigkeit vorhanden sein, Wissen und Verständnis für die Möglichkeiten der anderen Fachgebiete zu entwickeln (VDI 2206).

Die Heterogenität mechatronischer Systeme kann dazu führen, dass Entwicklungsteams über verschiedene Abteilungen, Unternehmensteile oder ganze Unternehmen verteilt sind. Die Anforderungen des verteilten Entwickelns[2] betreffen damit die Mechatronik in besonderer Weise (VDI 2206).

IV

[2] frühzeitiger Ergebnisaustausch und -abgleich, orts- und zeitunabhängiger Zugriff auf einen aktuellen und konsistenten Datenbestand bzw. Wissensstand, heterogener Modellaustausch etc. (VDI 2206)

38.2 Grundlagen software-intensiver technischer Produkte

Als Grundlage für die spätere Darstellung der einzelnen Vorgehensmodelle im Bereich der interdisziplinären Systementwicklung erfolgt zunächst eine Definition der verwendeten Begriffe.

38.2.1 Definition und Eigenschaften

Es existiert eine Vielzahl unterschiedlicher Begrifflichkeiten in Bezug auf die Entwicklung software-intensiver technischer Produkte. Häufig anzutreffende Bezeichnungen in diesem Zusammenhang sind *eingebettetes System* und *mechatronisches System*. Im Allgemeinen geht man bei der Entwicklung dieser Produkte von der Beteiligung und dem synergetischen Zusammenwirken der Disziplinen Softwaretechnik, Mechanik/Maschinenbau und Elektronik/Elektrotechnik aus (Abb. 38.1).

„Unter einem *software-intensiven technischen System* ist ein technisches System zu verstehen, dessen Funktionalität zu einem wesentlichen Teil durch Software realisiert wird“ (Schmidt 2007). Dabei ist von einem *technischen System* die Rede, „wenn eine Zusammenfassung technischer und organisatorischer Mittel zur autonomen Erfüllung eines Aufgabenkomplexes vorliegt. Ein System kann im Allgemeinen aus Hardware, Software, Menschen und logistischer Unterstützung bestehen.“ (Birolini 1988)

Ist die Funktionalität der Software für den Benutzer nicht offensichtlich, d. h. besteht keine oder lediglich eine schwach ausgeprägte Schnittstelle, spricht man von einem *eingebetteten System* (Bender et al. 2005, Schätz et al.

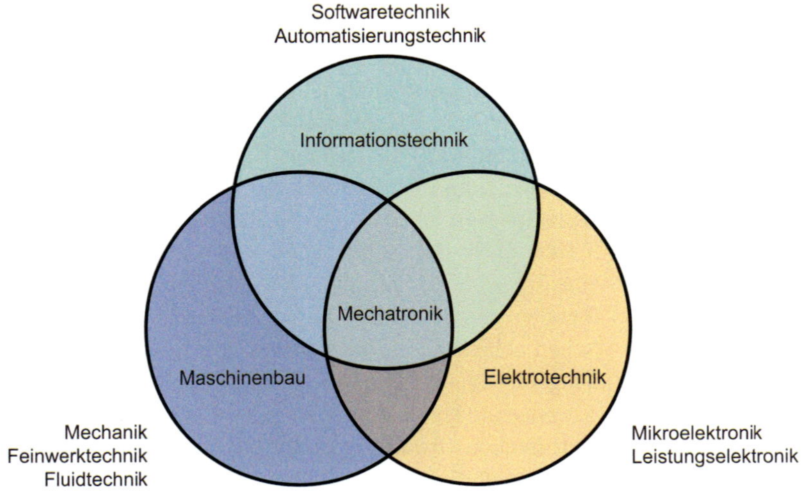

Abb. 38.1
Mechatronik – Synergie aus dem Zusammenwirken verschiedener Disziplinen (Isermann 1999)

2000). Formal ist unter einem eingebetteten System eine „Software/Hardware-Einheit zu verstehen, die integrierter Teil einer Maschine oder eines Geräts und nach außen nicht als Rechner, sondern nur als Träger intelligenter Systemfunktionen erkennbar ist. Es ist über Sensoren und Aktoren mit einem Gesamtsystem verbunden und übernimmt darin Überwachungs-, Steuerungs- und Regelungsaufgaben.“ (Bender et al. 2005)

Ebenfalls wird der Begriff des *mechatronischen Systems* verwendet. Die Anzahl der unterschiedlichen Definitionen des Begriffs *Mechatronik* ist dabei beträchtlich. Erstmals verwendet wurde die Bezeichnung 1969 durch den Japaner Ko Kikuchi, der darunter die elektronische Funktionserweiterung mechanischer Komponenten verstand (VDI 2206). Durch die technologische Erweiterung, d. h. den Einzug der Software in technische Produkte, ist nun unter Mechatronik die Integration von Mechanik, Elektrotechnik und Informationsverarbeitung zu verstehen (Abb. 38.1). Die VDI-Richtlinie 2206 gibt einen Überblick über verschiedene Definitionen. Selbst verwendet sie die Definition von Harashima, Tamizuka und Fukuda: „[Mechatronics is …] the synergetic integration of mechanical engineering with electronic and intelligent computer control in the design and manufacturing of industrial products and processes.“[3] (Harashima et al. 1996)

Im deutschsprachigen Raum ist häufig die Definition von Isermann aus dem Jahr 1999 anzutreffen: „Mechatronik ist ein interdisziplinäres Gebiet, bei dem folgende Disziplinen zusammenwirken: mechanische und mit ihnen gekoppelte Systeme, elektronische Systeme, Informationstechnik. Dabei ist das mechanische System im Hinblick auf die Funktionen dominierend. Es werden synergetische Effekte angestrebt, die mehr beinhalten als die reine Addition der Disziplinen.“ (Isermann 1999)

Ein mechatronisches System setzt sich aus einem mechanischen oder elektrischen Grundsystem, Sensoren, Aktoren und einer Informationsverarbeitung zusammen (siehe Abb. 38.2). Dadurch zeichnet es sich durch die räumliche und/oder funktionale Integration dieser Komponenten aus. Die mit dem Grundsystem verbundenen Sensoren und Aktoren übernehmen Überwachungs-, Steuerungs- und Regelungsaufgaben. Dazu bestimmen die Sensoren ausgewählte Zustandsgrößen des Grundsystems und liefern diese als Eingangsgröße an die Informationsverarbeitung. Diese bestimmt die notwendigen Einwirkungen, mit denen die Zustandsgrößen in gewünschter Weise beeinflusst werden sollen. Die Einwirkungen werden dem Grundsystem über die Aktoren zugeführt (VDI 2206). Manchmal finden sich darin noch zusätzliche Erweiterungen des Begriffs durch Integration weiterer Disziplinen wie beispielsweise opto-mechatronische Systeme oder biomechatronische Systeme.

Die Wechselwirkungen zwischen den Systemkomponenten werden unterschieden in Informationsflüsse (z. B. Messgrößen, Steuerimpulse, Daten), Stoffflüsse (z. B. feste Körper, Prüfgegenstände, Gase, Flüssigkeiten) und Energieflüsse (z. B. mechanische, thermische oder elektrische Energie) (Pahl et al. 2005).

Da keine allgemein akzeptierte Definition des Begriffs Mechatronik bisher erkennbar ist, wird im Weiteren der Begriff des software-intensiven technischen Systems mit der

IV

[3] „Mechatronik bezeichnet das synergetische Zusammenwirken der Fachdisziplinen Maschinenbau, Elektrotechnik und Informationstechnik beim Entwurf und der Herstellung industrieller Erzeugnisse sowie bei der Prozessgestaltung.“ (Übersetzung nach VDI 2206)

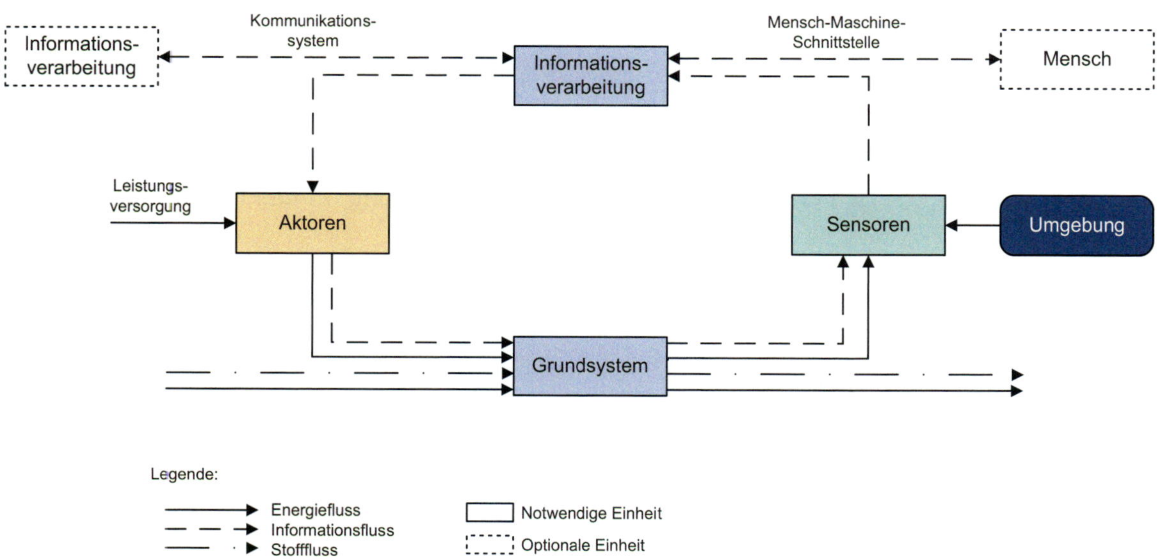

Abb. 38.2 Grundstruktur eines mechatronischen Systems (VDI 2206)

oben gegebenen Definition nach Schmidt verwendet. Dadurch werden Missverständnisse vermieden, welche die Vielzahl und die Variabilität an Definitionen für ein mechatronisches System verursachen könnten.

38.2.2 Interdisziplinäres Umfeld bei der Entwicklung

Der Erfolg eines software-intensiven technischen Produkts ist abhängig von der Kombination der Einzeltechnologien und nicht von den Einzeltechnologien selber (VDI 2206). Das bedeutet, dass das Gesamtsystem und seine Integration im Vordergrund der Entwicklung stehen muss (Liggesmeyer et al. 2005, Eversheim et al. 2005). Aufgrund der Komplexität und des Synchronisationsbedarfs eines solchen Entwicklungsprojekts ist ein disziplinübergreifend genutztes Vorgehensmodell sowie eine konsequente Planung, Verfolgung und Steuerung des Projektverlaufs notwendig.
Die unterschiedlichen Begriffswelten, Methoden und Erfahrungen sind im Idealfall durch gemeinsam verwendete Beschreibungstechniken zu kompensieren. Diese Situation setzt fachkompetente Mitarbeiter voraus, die zudem flexibel und tolerant gegenüber den anderen beteiligten Disziplinen sind. Weiterhin ist ein entscheidender Faktor sowohl die horizontale Kommunikation (zwischen Entwicklern unterschiedlicher Subsysteme auf gleicher Abstraktionsebene) als auch die vertikale Kommunikation (zwischen System-, Subsystem- und Komponentenentwicklern auf unterschiedlichen Abstraktionsebenen) durch den Entwicklungsprozess zu unterstützen (Liggesmeyer et al. 2005).

IV

38.3 Besondere Anforderungen an interdisziplinäre Entwicklungsprozesse

Neben den üblichen Anforderungen an einen Entwicklungsprozess müssen im Entwicklungsprozess für software-intensive technische Produkte zusätzliche Anforderungen berücksichtigt werden: Neben der Grundvoraussetzung, der gleichwertigen Einbindung aller beteiligten Fachgebiete (Unterstützung des Embedded-Charakters), sind die folgenden prozessualen Anforderungen als Mindeststandards geeigneter Entwicklungsprozesse zu verstehen (vgl. Bender et al. 2005).

Anforderungsklärung und Anforderungsverfolgung

Die Klärung und Verfolgung von Anforderungen an ein Produkt müssen durch den Entwicklungsprozess unterstützt werden. Im Gegensatz zu herkömmlichen Produkten existieren Anforderungen aller involvierten Disziplinen.

Früher durchgängige Hardware-, Software- und Systemtests

Dem erhöhten Integrationsrisiko der Arbeitsergebnisse der einzelnen Disziplinen muss durch frühzeitige Systemtests begegnet werden, die anfangs zum Großteil durch Simulationen ausgeführt werden müssen.

Qualitätsförderung/Qualitätsorientierung

Der angewandte Prozess soll qualitätsfördernde Vorgehensweisen berücksichtigen, d. h. notwendige Maßnahmen sollen problemlos im Prozess integriert werden können.

Effektivität und Effizienz

Der Prozess soll die wesentlichen Aufgaben, Kompetenzen und Verantwortlichkeiten („Roles & Responsibilities") zur Entwicklung software-intensiver technischer Produkte festlegen, d. h., er soll bestimmen, wer was wann bearbeitet. Die Rollen und Aufgaben sind entsprechend den Fähigkeiten der Mitarbeiter aufzuteilen und nicht etwa in „Buchungsschlüsseln" über funktionale Einheiten.

Kundenintegration

Bei kundenindividuellen Projekten sollte der Kunde direkt in das Projekt eingebunden werden, um eine Fehlkommunikation zu vermeiden.

Standardisierung für den Firmeneinsatz

Ein gemeinsames Verständnis der Projektinhalte und -ziele aller Beteiligten ist wesentlich. Neben den eher formalen Aspekten der Standardisierung von Dokumenten, Ergebnissen, verwendeten Richtlinien, Methoden sowie des Vokabulars ist ein einheitliches Verständnis des Projektziels und des Weges dorthin wichtig.. Hilfreich hierfür sind sorgfältig durchgeführte Stakeholder-Analysen, eine schriftliche Fixierung der Ziele in einem „Projektvertrag" und eine von allen akzeptierte, institutionalisierte Kommunikationsstruktur (z. B. Jour Fix-Treffen, Kurzberichte etc.).

Robustheit

Der Prozess muss gegenüber internen wie externen Einflüssen hinsichtlich seiner Ergebnisqualität stabil sein.

Flexibilität

Der Grundprozess muss mit vertretbarem Aufwand an spezifische Gegebenheiten, d.h. den jeweiligen Produktentwicklungsprozess, anpassbar sein. In diesem Zusammenhang wird auch oft von „tailoring" gesprochen.

Leicht verständliche Grundidee

Der gesamte Entwicklungsprozess soll leicht verständlich und transparent sein, damit er von Mitarbeitern und Management getragen wird.

Termintreue fördern

Durch die Integration und das resultierende Risiko von unvorhergesehenen interativen Nachbesserungen ist besonders auf die Einhaltung festgelegter Termine zu achten. Sowohl die Aufwandsabschätzung als auch das Ablaufcontrolling und die Ablaufsteuerung sollte mit geeigneten Methoden unterstützt werden. Bewährt haben sich im industriellen Umfeld beispielesweise Meilenstein-Trend-Analysen und Quality-Gate-Systematiken.

Integration etablierter Arbeitsfolgen

Bereits vorhandene, etablierte und erprobte Arbeitsfolgen sollten in den Entwicklungsprozess integriert werden.

Anwendbarkeit

Der eingeführte Entwicklungsprozess soll die Mitarbeiter in ihrer täglichen Arbeit unterstützen und keine zusätzliche Last darstellen.

Nach Schmidt lassen sich die Anforderungen an eine Methode zur Entwicklung software-intensiver technischer Produkte in Kunden-, Unternehmens-, Projektleitungs- und Entwickleranforderungen unterteilen (Schmidt 2007). Aus Sicht der Kunden muss das realisierte Produkt mindestens die richtigen und vollständigen Funktionen enthalten. Das Projektmanagement hat daher sicherzustellen, dass die Anforderungen vollständig und konsistent spezifiziert sowie korrekt umgesetzt werden. Zudem ist ein sicheres, zuverlässiges und robustes System zu implementieren. Die nicht funktionalen Qualitätsmerkmale besitzen eine hohe Priorität und sollten daher besonders hinsichtlich ihrer Erfüllung kontrolliert werden. Dies bedeutet für das Unternehmen, die Abläufe und Methoden des Anforderungsmanagements (*engl.* Requirements Engineering) so auszugestalten, dass die Kommunikation zwischen Kunden und Entwicklungsteams effizient abläuft sowie eindeutig, transparent und nachverfolgbar dokumentiert wird.

Darüber hinaus lassen sich drei weitere Anforderungen formulieren. Zum einen muss die Effizienz des Entwicklungsprozesses gewährleistet sein, d.h. Methoden mit einem günstigen Aufwand/Nutzen-Verhältnis sollten angewandt werden. Zum anderen muss die Effektivität sichergestellt sein. Das Projektmanagement sollte insbesondere für kleine und mittelständische Unternehmen praktikabel sein und von den Mitarbeitern akzeptiert werden. Zusätzlich muss das Projektmanagement die Interdisziplinarität berücksichtigen und unterstützen sowie die beteiligten Disziplinen gleichwertig einbeziehen.

Seitens der Projektleitung bestehen zudem die Forderungen nach einer realistischen Zielsetzung, die terminlichen und inhaltlichen Anforderungen zu erfüllen und transparent darzustellen sowie eine interdisziplinäre Abstimmung und Synchronisation entlang des Prozesses unter Einbindung des Kunden zu gewährleisten.

Für die Entwickler in interdisziplinären Teams stehen wiederum auf technischer Ebene klar definierte Anforderungen und Zwischenergebnisse im Vordergrund. Hier hat sich das Einbeziehen der Teammitglieder in die Bewertung von Erfüllungsgraden der Ergebnisse und die Ableitung akzeptierter, handlungsleitender Vorgaben bewährt. Ein strukturiertes Projektmanagement ist folglich wichtig, aber es sollte darauf geachtet werden, Innovationen nicht durch mangelnde Flexibilität bzw. unnötige Bürokratisierung zu unterdrücken. Letztlich muss die interdisziplinäre Kommunikation gefördert werden, sodass im Idealfall ein effektiver Wissensaustausch stattfinden kann (Schmidt 2007).

Unabhängig von den aufgeführten Anforderungen an einen Entwicklungsprozess betonen zahlreiche Autoren die Notwendigkeit eines übergeordneten System-Entwicklungsprozesses (Eversheim et al. 2005, Liggesmeyer et al. 2005). Hierdurch ist eine Koordination der vielfältigen, parallelen Aktivitäten möglich (Eversheim et al. 2005), bei der die unterschiedlichen Disziplinen aufeinander abgestimmt und synchronisiert werden (Liggesmeyer et al. 2005). Darüber hinaus sind der frühzeitige Austausch sowie ein gemeinsames Verständnis für das zu entwickelnde Produkt und den zu durchlaufenden Prozess zu gewährleisten. Ein solcher Systementwicklungsprozess ist insbesondere im Zuge der Anwendung von Plattformstrategien notwendig, wenn Produktarchitekturen über mehrere Produktfamilien und/oder Produktgenerationen Anwendung finden sollen.

IV

38.4 Bestehende Vorgehensmodelle zur Produktentwicklung der beteiligten Einzeldisziplinen

Die beteiligten Disziplinen Softwaretechnik, Mechanik und Elektronik haben sich weitgehend unabhängig voneinander entwickelt. Daraus resultieren unter anderem fachspezifische Begriffswelten, Methoden und Vorgehensweisen, die im Rahmen einer disziplinspezifischen Produktentwicklung Anwendung finden. In den folgenden Abschnitten wird eine Auswahl domänenspezifischer Vorgehensmodelle[4] vorgestellt.

38.4.1 Softwaretechnik

In der Softwaretechnik existiert eine Vielzahl von verschiedenen Vorgehensmodellen (auch Prozessmodellen). Exemplarisch werden das Wasserfallmodell, das V-Modell 97 und das V-Model XT, das Spiralmodell sowie das Extreme Programming als weitverbreitete Vorgehensmodelle vorgestellt. Für weiterführende Informationen sei auf die jeweils in den einzelnen Abschnitten angegebene Literatur verwiesen.

[4] „Ein Vorgehensmodell unterteilt ein Entwicklungsvorhaben in einzelne Aktivitäten einschließlich ihrer logischen Abfolge und regelt die Verantwortlichkeiten der beteiligten Personen (Rollen). Sie geben eine Antwort auf die Frage: ‚Wer macht was wann?' in einem Entwicklungsprojekt." (Bender 2005)

38.4.1.1 Wasserfallmodell

Im Jahr 1970 wurde von Winston Royce das *Wasserfallmodell* vorgeschlagen, das ursprünglich die in Abbildung 38.3 gezeigten Phasen Systemanforderungen, Softwareanforderungen, Analyse, Entwurf, Codierung, Testen und Betrieb enthielt (Royce 1970).

In einem Top-down-Ansatz wird dabei das System zunächst grob analysiert, anschließend im Detail ausgearbeitet, implementiert und getestet. Am Ende jedes Prozessschritts steht ein Dokument, welches der nachfolgenden Phase als Arbeitsgrundlage übergeben wird. Jede Phase muss in der richtigen Reihenfolge und vollständig ausgeführt werden. Rücksprünge sollten nur zum direkten Vorgänger erfolgen.

38.4.1.2 V-Modell 97 und V-Modell XT

Anfang der 80er Jahre wurde das *V-Modell* als Erweiterung des Wasserfallmodells durch die Berücksichtigung der Qualitätssicherung von Barry W. Boehm (Boehm 1981, Boehm 1984) entwickelt. Aufbauend auf diesem Modell hat die Bundesrepublik Deutschland, ursprünglich das Bundesministerium für Verteidigung und 1993 die Koordinierungs- und Beratungsstelle der Bundesregierung für Informationstechnik in der Bundesverwaltung (KBSt), ein Vorgehensmodell für IT-Projekte der öffentlichen Hand entwickelt und festgeschrieben (KBSt 1992).

Neue Software-Entwicklungsansätze (z. B. die Objektorien-

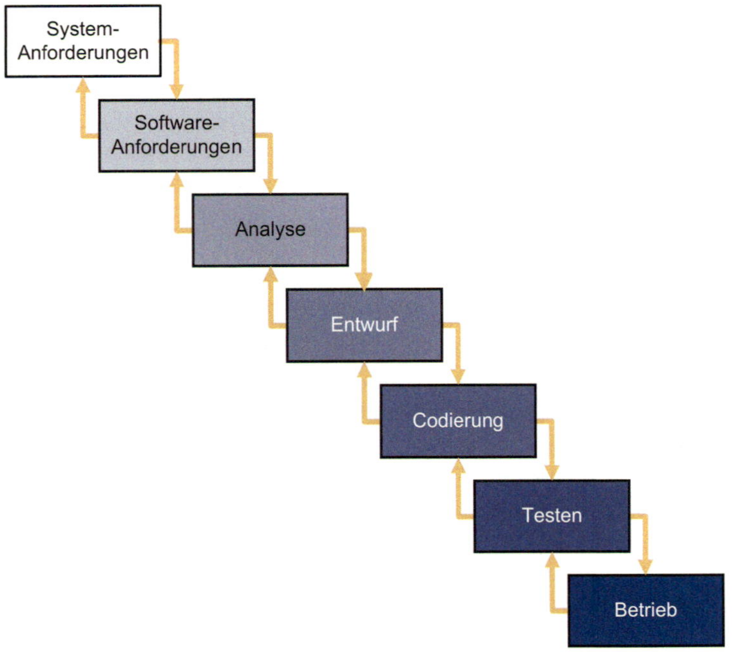

Abb. 38.3
Wasserfallmodell (Royce 1970)

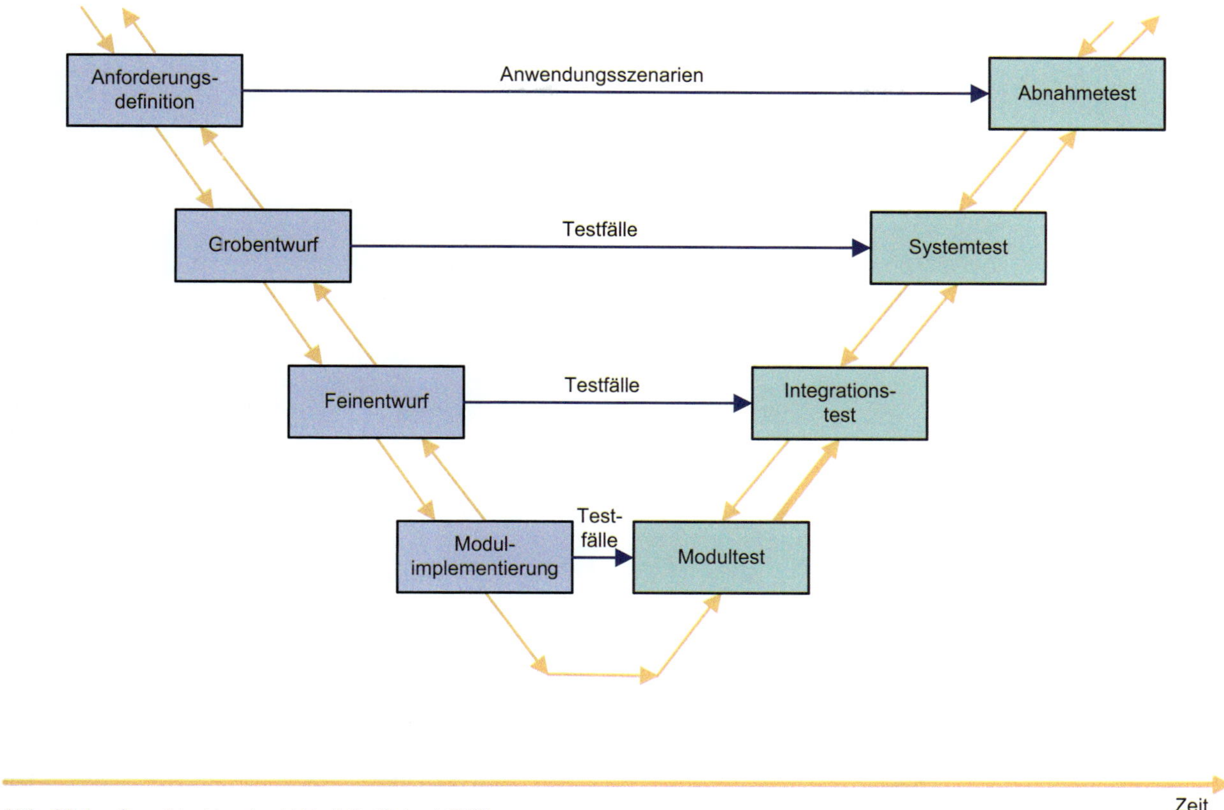

Abb. 38.4 Grundstruktur des V-Modells (Balzert 1998)

tierung) machten eine Überarbeitung des V-Modells notwendig. Als Ergebnis wurde im Juni 1997 das *V-Modell 97* publiziert, welches seitdem für jegliche Software-Entwicklung in der Bundesverwaltung zur Anwendung empfohlen wurde (Bund 1997).

Im 2004 erschienenen *V-Modell XT*[5] sowie in der Revision vom Mai 2012 (Release 1.4) wurden erneut aktuellere Methoden, Technologien und Erfahrungen integriert - jedoch ohne die prinzipielle Struktur zu verändern. Desweiteren existieren inzwischen auch anwendungsspezifische Derivate wie das V-Modell XT Bund, um den Wunsch nach Spezifität für bestimmte Projekttypen nicht zulasten der Anwendbarkeit des Modells zu erfüllen.

Ursprünglich wurden die vorgegebenen Phasen des V-Modells V-förmig angeordnet. Diese Darstellungsweise macht auf das Prinzip aufmerksam, jeder spezifizierenden Aktivität die zugehörigen umsetzenden Tätigkeiten gegenüberzustellen. Die auf dem rechten Ast aufgetragenen Prüfaktivitäten orientieren sich an den gegenüberliegenden Spezifikationen (vgl. Abb. 38.4 und Bender et al. 2005).

Das V-Modell XT besteht aus modularen, aufeinander aufbauenden Vorgehensbausteinen und Projektdurchführungsstrategien. Die einzelnen Bausteine enthalten alle Bestandteile, die zur Bearbeitung einer konkreten Aufgabenstellung benötigt werden, unter anderem „wer was wann" zu erledigen hat.

Vorgehensbausteine, die in jedem Projekt enthalten sein müssen, werden als V-Modell-Kern bezeichnet. Diese sind Projektmanagement, Qualitätssicherung, Konfigurationsmanagement sowie Problem- und Änderungsmanagement. Abhängig von dem Projekttyp, dessen Klassifizierung ebenfalls im V-Modell XT enthalten ist, können bzw. müssen zusätzliche Vorgehensbausteine integriert werden. Insgesamt existieren 21 Bausteine, die sich in die vier Kategorien V-Modell-Kern, Organisationsspezifisches Vorgehensmodell, AG/AN-Schnittstelle[6] und Systementwicklung einteilen lassen (vgl. Abb. 38.5 und KBSt 2004).

Die Projektdurchführungsstrategien orientieren sich ebenfalls an diesen Kategorien. Eine große Neuerung umfasst somit das Tailoring, das die Möglichkeit bietet, jedem Projekttyp unter Berücksichtigung verschiedener Projektmerkmale eine individuelle Projektdurchführungsstrategie zuzuordnen. Es wird dazu eine softwaretechnische Unterstützung in Form eines Tools angeboten (KBSt 2004).

[5] Der Namenszusatz XT steht für „extreme tailoring".

[6] Auftraggeber/Auftragnehmer

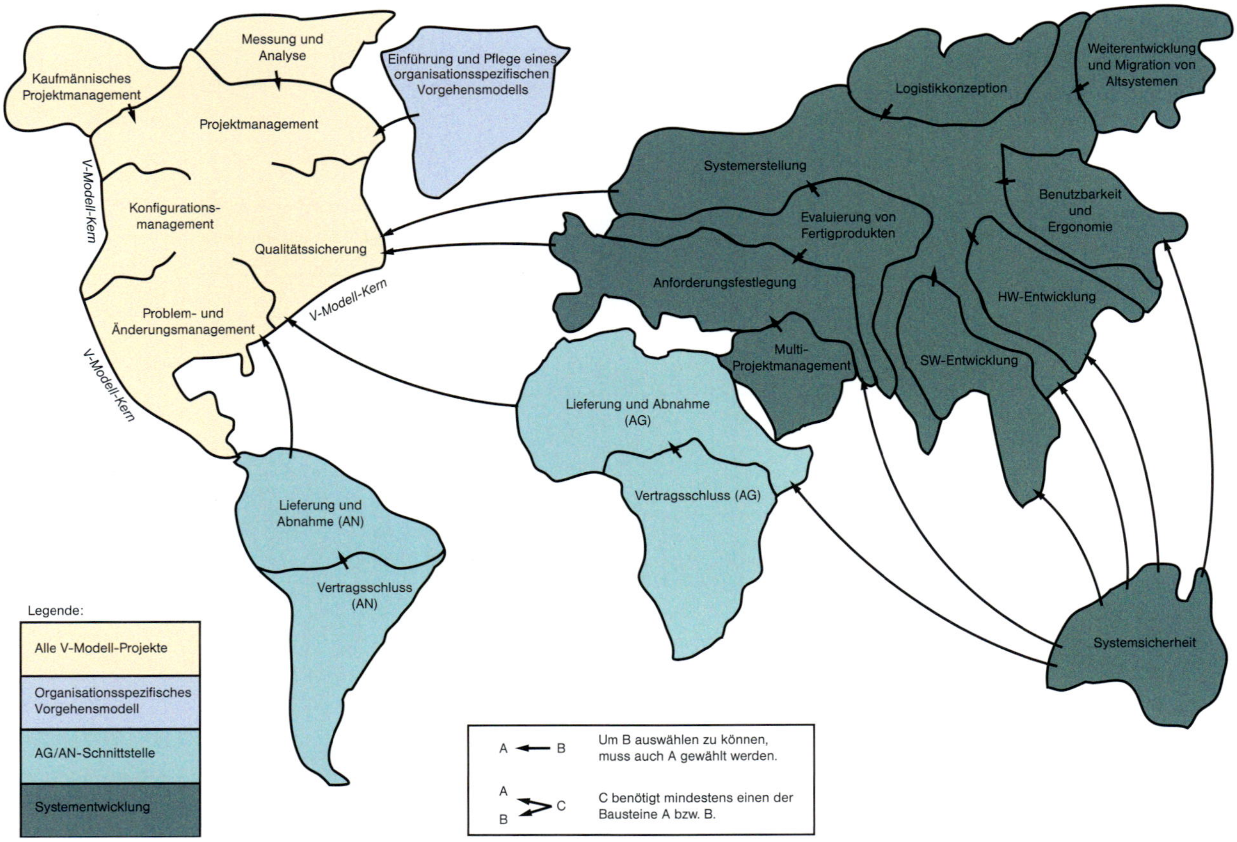

Abb. 38.5 Vorgehensbaustein-Landkarte (KBSt 2004)

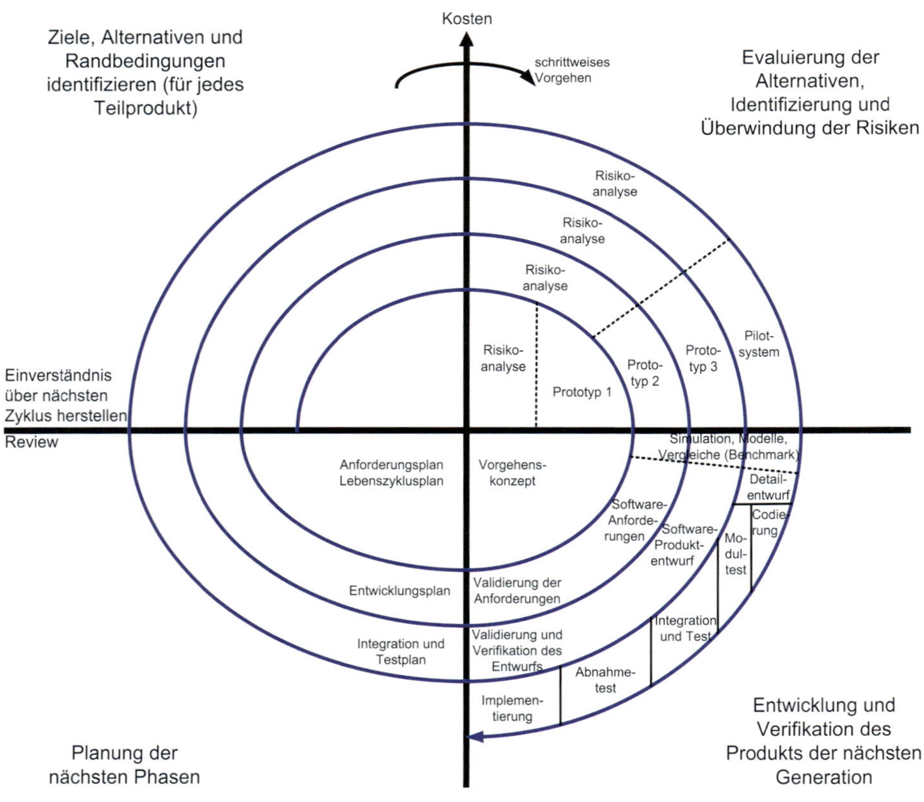

Abb. 38.6 Spiralmodell (Boehm 1988, Balzert 1998)

38.4.1.3 Spiralmodell

Das von Barry W. Boehm Ende der 80er entwickelte *Spiralmodell* ist ein risikogetriebenes Metamodell, dessen oberstes Ziel die Risikominimierung ist (Boehm 1988). Es fasst den Software-Entwicklungsprozess als iterativen Prozess auf, wobei jeder Zyklus aus vier Schritten besteht. Dieser Iterationsprozess wird als Spirale dargestellt (siehe Abb. 38.6).

Ausgehend von der Identifikation der Ziele des Teilprodukts, alternativen Realisierungsmöglichkeiten und den Randbedingungen findet im zweiten Schritt eine Evaluierung der Alternativen und eine Identifizierung sowie Behebung möglicher Risiken statt. Der dritte Schritt umfasst die Realisierung und Überprüfung des Teilprodukts unter Berücksichtigung der verbliebenen Risiken. Dazu wird ein geeignetes Vorgehensmodell festgelegt, das in jeder Iteration der Spirale divergieren kann. Der vierte und letzte Schritt eines Zyklus beinhaltet die Planung des nächsten Zyklus sowie die abschließende Betrachtung der ersten drei Schritte und des Projektfortschritts.

Die Fläche der Spirale repräsentiert die akkumulierten Kosten, die bei der bisherigen Entwicklung angefallen sind. Der Winkel der Spirale zeigt den Entwicklungsfortschritt des jeweiligen Zyklus an.

38.4.1.4 Extreme Programming (XP)

Das *Extreme Programming* (XP) wurde von Kent Beck, Ward Cunningham und Ron Jeffries zwischen 1995 und 2000 entwickelt (Beck et al. 2000).

Es stellt ein agiles, iteratives und inkrementelles Vorgehensmodell zur Software-Entwicklung für kleine Teams dar, die während der Entwicklung mit vagen und sich rasch ändernden Anforderungen – auch in späten Entwicklungsphasen – konfrontiert werden.

Die Bestandteile des XP-Ansatzes sind Werte, Prinzipien und Praktiken, welche für die Entwicklung von Software laut Beck unumgänglich sind (Beck et al. 2000, Beck et al. 2004). Werte bestehen aus den abstrakten Elementen *Kommunikation, Einfachheit, Feedback, Mut* und *Respekt*. Zu den 14 Prinzipien zählen *Menschlichkeit, Wirtschaftlichkeit, beidseitiger Vorteil, Selbstgleichheit, Verbesserungen, Vielfältigkeit, Reflexion, Lauf, Gelegenheiten wahrnehmen, Redundanzen vermeiden, Fehlschläge hinnehmen, Qualität, kleine Schritte* sowie *akzeptierte Verantwortung*. In Tabelle 38.1 werden die traditionellen Praktiken des XP-Ansatzes vorgestellt. Für die evolutionären Praktiken, die sich aus Haupt- und Nebenpraktiken zusammensetzen und in deren Weiterentwicklung neue Erkenntnisse eingeflossen sind, sei auf Beck und Andres verwiesen (Beck et al. 2004).

Der XP-Ansatz eignet sich ausschließlich für die Software-Entwicklung, bei der eine enge Zusammenarbeit durch räumliche Nähe der Entwickler gewährleistet ist.

Tab. 38.1 Traditionelle Praktiken des XP-Ansatzes (Beck et al. 2000)

Traditionelle Praktiken	
Praktik	**Erklärung**
Pair-Programming (Vier-Augen-Prinzip)	Zwei Entwickler teilen sich einen Computer. Somit findet während der Codierung ein ständiger Review und Wissensaustausch statt.
Kollektives Eigentum	Jeder Entwickler im Team ist für die gesamte Aufgabenrealisierung verantwortlich.
Permanente Integration	Es soll täglich eine Integration stattfinden. So werden Integrationsprobleme frühzeitig erkannt und zu jedem Zeitpunkt existiert eine lauffähige Version.
Testgetriebene Entwicklung bzw. permanentes Testen	Noch vor der Codierung einer Funktionalität werden Modultests geschrieben, die vollautomatisch durchgeführt werden.
Kundeneinbeziehung	Der Kunde wird eng eingebunden, z. B. durch die Vorgabe des Iterationsziels.
Refactoring	Refactoring beinhaltet die Restrukturierung, ständige Architektur-, Design- und Code-Verbesserung, um den Code verständlicher zu machen, Code-Duplikate zu entfernen etc.
Keine Überstunden	Überstunden sind zu vermeiden, da durch Müdigkeit die Qualität der Arbeit leidet.
Iterationen	Kurze Iterationen werden angestrebt, um Feedback vom Kunden/Anwender zu erhalten.
Metapher	Ein gemeinsames Vokabular und Verständnis für das System ist festzulegen.
Coding Standards	Standards bei der Programmierarbeit sind anzuwenden, um aussagekräftigen Code zu erhalten.
Einfaches Design	Die einfachste Lösung, die eine gewünschte Anforderung realisiert, soll gewählt werden. Bei Bedarf muss restrukturiert werden.
Planning Game	Entwickler und Anwender handeln „Stories“ aus.

38.4.2 Mechanik

In der Mechanik existieren verschiedene, im Kern aber ähnliche Modelle des Konstruktionsprozesses zum Entwickeln und Konstruieren technischer Systeme. Exemplarisch werden die Konstruktionsprozesse nach Koller (Koller 1994a, Koller 1994b) sowie Pahl und Beitz (Pahl et al.

2005) in den folgenden Abschnitten vorgestellt. In der VDI-Richtlinie 2221 - Methodik zum Entwickeln und Konstruieren technischer Systeme und Produkte (VDI 1993) sind unter anderem diese zusammengefasst und standardisiert worden.

38.4.2.1 Konstruktionsprozess nach Koller

Der allgemeine Konstruktionsprozess nach Koller ist definiert als allgemeine, produktunabhängige Prozessbeschreibung, die für die Konstruktion jeder Art technischer Produkte Gültigkeit hat (Koller 1994a).
Ausgangspunkt für die Durchführung eines Konstruktionsprozesses ist eine Aufgabenstellung, deren Inhalt im Wesentlichen aus einer Vorstellung über den Zweck besteht, den das zu konstruierende Produkt erfüllen soll. Aufgabenstellungen beinhalten zudem Bedingungen (Restriktionen, Forderungen), unter welchen der betreffende Zweck erfüllt werden soll. Konstruieren heißt somit, Zweck und Forderungen einer Aufgabenstellung in entsprechende Funktionen und sonstige Eigenschaften eines technischen Produktes umzusetzen (Koller 1994a). Dabei ist zu beachten, dass unter dem Begriff *Konstruieren* zwei unterschiedliche Tätigkeiten zu verstehen sind, nämlich die des Synthetisierens und die des Analysierens. Als *Synthetisieren* soll die Tätigkeit des Erzeugens von Lösungsalternativen verstanden werden. *Analysieren* beinhaltet das Prüfen, ob Lösungsalternativen bestimmten Bedingungen genügen oder nicht, d.h. als Lösung für eine bestimmte Aufgabenstellung geeignet sind oder nicht.
Unabhängig davon sind technische Produkte eindeutig bestimmt (Koller 1994b) durch die Festlegung von:

- Funktionsstrukturen
- Effektstrukturen
- Effektträgerstrukturen
- Gestalt oder Gestaltparameterwerten
- Oberflächen
- Energieart und -zuständen

Daher müssen Produktentstehungs- oder Konstruktionsprozesse folglich aus Phasen zur Festlegung dieser Strukturen und Parameter bestehen (siehe Abb. 38.7).
In Abbildung 38.8 sind die theorie- und praxisüblichen Bezeichnungen von Entwicklungstätigkeiten sowie Zwischen- und Endergebnissen zusammengefasst (Koller 1994b).

38.4.2.2 Konstruktionsprozess nach Pahl/Beitz

Der Planungs- und Konstruktionsprozess nach Pahl und Beitz (Pahl et al. 2005) ist in vier Hauptphasen unterteilt:

- Planen und Klären der Aufgabe
- Konzipieren
- Entwerfen
- Ausarbeiten

Planen und Klären der Aufgabe dient der Informationsbeschaffung unter anderem über die Anforderungen und bestehenden Bedingungen. Das Ergebnis ist eine Anforderungsliste und somit die informative Festlegung des zu entwickelnden Systems.
Während des *Konzipierens* wird auf die wesentlichen Probleme abstrahiert, Funktionsstrukturen werden aufgestellt sowie geeignete Wirkprinzipien gesucht und deren Kombination in einer prinzipiellen Lösung festgelegt.
Das *Entwerfen* ist der Teil des Konstruierens, bei dem ausgehend von der prinzipiellen Lösung die Baustruktur nach technischen und wirtschaftlichen Aspekten eindeutig und vollständig erarbeitet wird. Diese Phase endet mit der Festlegung der gestalterischen Lösung.
Das *Ausarbeiten* eines technischen Gebildes erfolgt durch Vorschriften für Form, Bemessung und Oberflächenbeschaffenheit aller Einzelteile neben der Bestimmung der Werkstoffe, Überprüfung der Herstellungsmöglichkeit und Berechnung der endgültigen Kosten. Es erfolgt die Erarbeitung der herstellungstechnischen Festlegung.
Innerhalb der genannten Hauptphasen finden feiner strukturierte Hauptarbeitsschritte statt (siehe Abb. 38.9), an deren Ende jeweils bedeutsame Arbeitsergebnisse stehen. Diese Hauptarbeitsschritte sind ebenfalls durch untergeordnete Arbeitsschritte wie Informieren, Suchen, Berechnen, Darstellen usw. gekennzeichnet.
Nach den Hauptphasen und einigen Hauptarbeitsschritten sind Hauptentscheidungspunkte erforderlich, an denen Arbeitsergebnisse zur weiteren Bearbeitung freigegeben werden oder überarbeitet werden müssen. Zudem sollen die Entscheidungspunkte dazu dienen, das weitere Vorgehen zu prüfen und, falls nötig, entsprechend zu modellieren (Pahl et al. 2005).

38.4.2.3 Konstruktionsprozess nach VDI-Richlinie 2221 – Methodik zum Entwickeln und Konstruieren technischer Systeme und Produkte

Die *VDI-Richtlinie 2221* - Methodik zum Entwickeln und Konstruieren technischer Systeme und Produkte wurde 1985 als Entwurf und 1986 in endgültiger Fassung unter Beteiligung von Konstruktionswissenschaftlern verschiedener Ausrichtungen als vereinheitlichte Leitlinie für die Praxis konzipiert.
Im Rahmen dieser Richtlinie wird ein Entwicklungs- und Konstruktionsprozess vorgestellt, der in den Produktentstehungsprozess eingeordnet ist. Der Konstruktionsprozess ist in sieben generelle Arbeitsabschnitte untergliedert, aus denen jeweils ein Arbeitsergebnis hervorgeht. Die Ar-

beitsabschnitte werden je nach Aufgabenstellung vollständig, nur teilweise oder mehrmals iterativ durchlaufen. In der Praxis erfolgt oft eine Zusammenfassung mehrerer Arbeitsabschnitte in Entwicklungs- bzw. Konstruktionsphasen. Abhängig von dem zu entwickelnden Produkt tragen diese Phasen unterschiedliche Bezeichnungen, im Maschinenbau beispielsweise trifft man auf Begriffe wie *Aufgabe klären*, *Konzipieren*, *Entwerfen* und *Ausarbeiten* (siehe auch Pahl et al. 2005). In Abbildung 38.10 sind die Arbeitsabschnitte und Phasen aufgeführt.

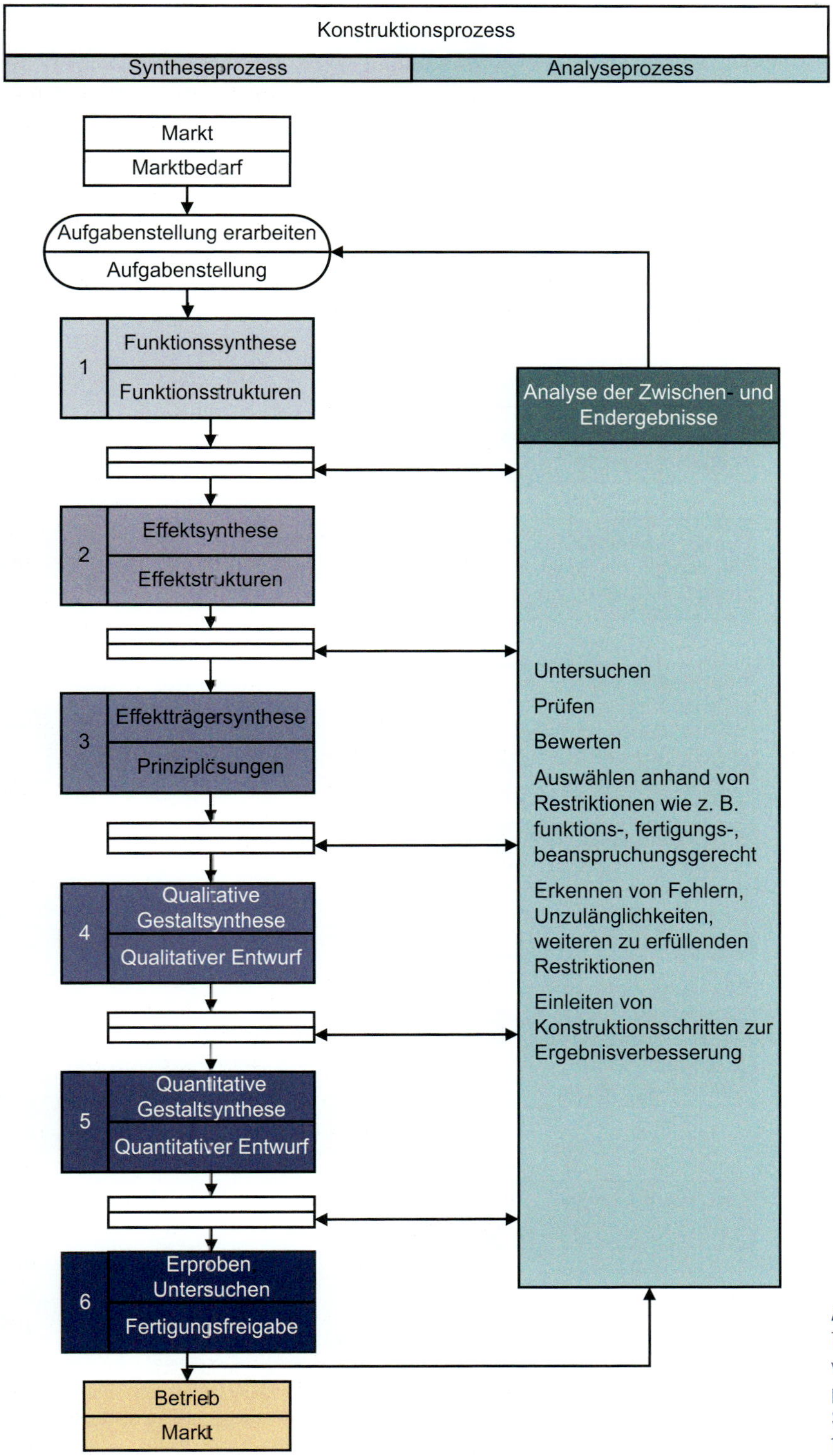

Abb. 38.7
Tätigkeitsschritte und Zwischenergebnisse von Konstruktions- oder Entwicklungsprozessen: Jeder Prozessschritt besteht aus Synthese- und Analyseaktivitäten (Koller 1994b)

IV

In Arbeitsabschnitt 1 werden die Anforderungen der Aufgabenstellung geklärt und mit dem Ergebnis einer Anforderungsliste präzisiert. Diese muss stets dem aktuellen Stand entsprechen, da sie allen nachfolgenden Arbeitsabschnitten als Informationsgrundlage dient.
In Arbeitsabschnitt 2 erfolgt zunächst die Ermittlung der Gesamtfunktion und der wesentlichen Teilfunktionen. Das Arbeitsergebnis sind eine oder mehrere Funktionsstrukturen, die beispielsweise als Beschreibung oder als formale Darstellung festgelegt werden können.

Im Rahmen des Arbeitsabschnitts 3 werden für alle festgelegten Funktionen der Funktionsstrukturen Lösungsprinzipien gesucht. Die für Teilfunktionen gefundenen Lösungsprinzipien müssen anschließend entsprechend den Funktionsstrukturen verknüpft werden. Das Arbeitsergebnis ist eine prinzipielle Lösung, in der die Wirkstruktur zum Erfüllen einzelner Funktionen oder der Funktionsstruktur festgelegt wird.
Im Arbeitsabschnitt 4 erfolgt die Gliederung der aus Arbeitsabschnitt 3 gewonnenen prinzipiellen Lösung in rea-

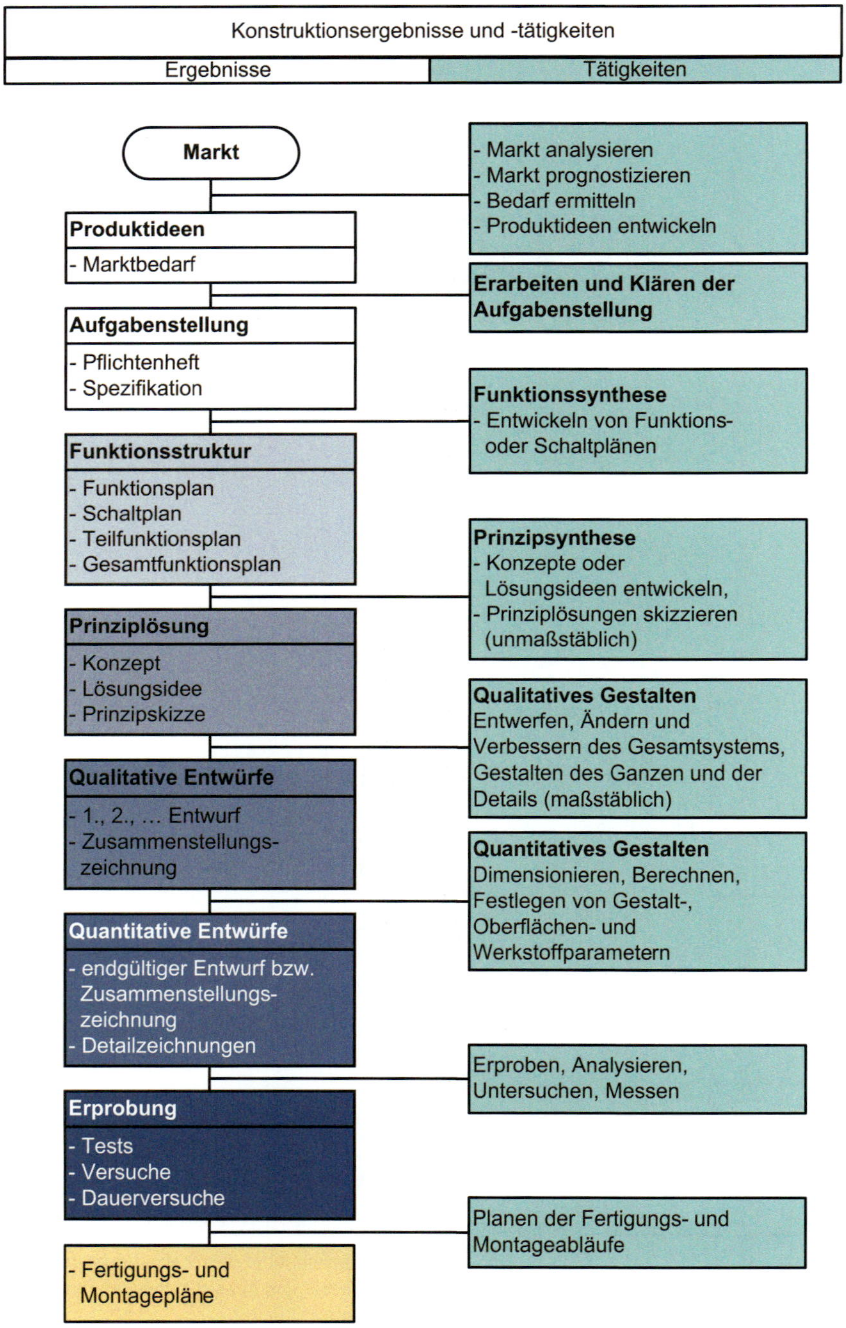

Abb. 38.8
Konstruktionsmethodische und praxisübliche Bezeichnungen von Tätigkeiten und Zwischenergebnissen der Konstruktionsschritte (Koller 1994b)

lisierbare Module. Es entsteht als Arbeitsergebnis eine modulare Struktur. Aus dieser geht eine Aufteilung der Lösung in zu realisierende Gruppen und Elemente sowie ihrer Schnittstellen hervor.

Der Arbeitsabschnitt 5 dient der Konkretisierung und Ausgestaltung der maßgebenden Module in Form von Vorentwürfen, welche das Arbeitsergebnis dieses Abschnittes darstellen.

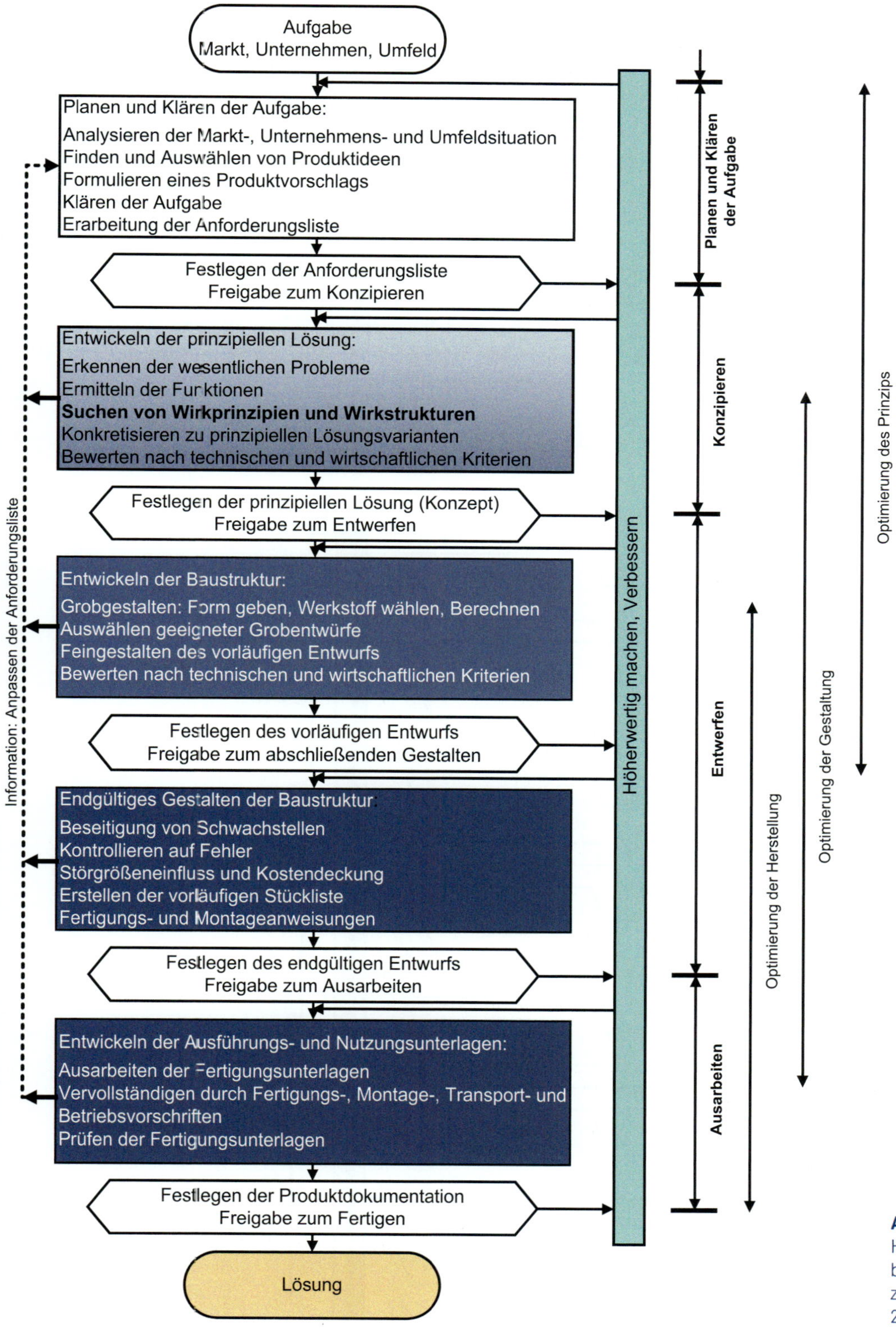

Abb. 38.9 Hauptarbeitsschritte beim Planen und Konzipieren (Pahl et al. 2005)

Im Arbeitsabschnitt 6 folgt die End- oder Feingestaltung durch Ausarbeiten und Ergänzen bisher noch nicht bearbeiteter Gruppen und Teile sowie durch die Verknüpfung aller Gruppen und Elemente. Das Arbeitsergebnis ist ein Gesamtentwurf des zu entwickelnden Produkts, in dem alle wesentlichen gestalterischen Festlegungen enthalten sind.

Der Arbeitsabschnitt 7 umfasst die Produktdokumentation inklusive aller Nutzungsangaben.

Trotz der sequenziellen Darstellungsweise ist kein starrer Ablauf der einzelnen Arbeitsabschnitte durch die VDI-Richtlinie 2221 vorgesehen. Es kann in vorangegangene Abschnitte zurückgesprungen werden, um durch iteratives Durchlaufen eine schrittweise Optimierung zu erhalten.

Kennzeichnend für das Vorgehen der Richtlinie ist zunächst das Aufnehmen von Anforderungen, um so zu einer Präzisierung der Aufgabenstellung zu gelangen. Es schließt sich das Suchen und Entwickeln von Lösungen an, das in unterschiedlichen Konkretisierungs- und Komplexitätsgraden geschieht. Die Auswahl und Optimierung von Lösungsvarianten ist durch eine vergleichende Beurteilung hinsichtlich der Erfüllung der Anforderungen gekennzeichnet (VDI 1993).

38.4.3 Elektronik

Die Entwicklung digitaler Elektronik, die in mechatronischen Systemen überwiegend zum Einsatz kommt, ist durch das Sichtenkonzept geprägt. Im folgenden Abschnitt wird das Y-Diagramm nach Gajski/Walker (Walker et al. 1985) vorgestellt und durch eine Phasendarstellung ergänzt.

Y-Diagramm nach Gajski/Walker

Das Modell wurde von Gajski und Kuhn 1983 (Gajski et al. 1983) entwickelt und von Walker und Thomas 1985 (Wal-

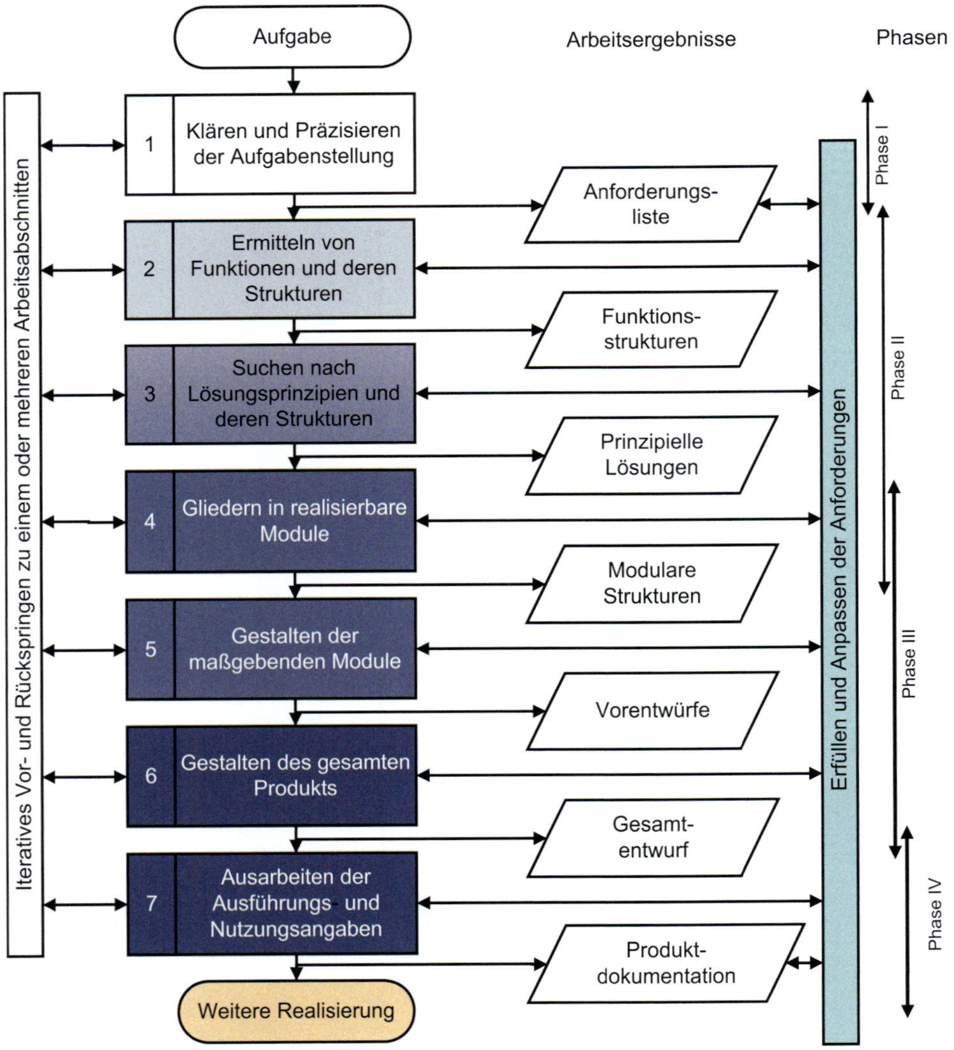

Abb. 38.10 Generelles Vorgehen beim Entwickeln und Konstruieren (VDI 1993)

ker et al. 1985) weiter verfeinert. Es ist das am weitesten verbreitete Entwurfsmodell für digitale Elektronik. Es verwendet Abstraktionsebenen zur Verdeutlichung des Abstraktionsgrads und drei unterschiedliche Sichten (Verhalten, Struktur und Geometrie) zur Repräsentation der Eigenschaften, die einen Entwurfsgegenstand charakterisieren (Abb. 38.11). Die drei unterschiedlichen Sichten Verhalten, Struktur und Geometrie sind als Achsen in Y-Form angeordnet. Die Verhaltenssicht beschreibt Aspekte wie beispielsweise auszuführende Operationen und Zeitverhalten. Die Struktursicht beschreibt die logische Struktur bzw. die abstrakte Implementierung in Form der topologischen Anordnung von Komponenten und deren Verbindung. Die Geometriesicht beschreibt die konkrete Implementierung, d. h. die Realisierung der Komponenten durch physikalische Objekte.

Die fünf Ringe repräsentieren den Abstraktionsgrad, wobei dieser von außen zum Zentrum hin abnimmt. Die unterschiedlichen Abstraktionsebenen (von außen nach innen) sind:

- Systemebene
- algorithmische Ebene
- Register-Transfer-Ebene
- Logikebene
- Schaltkreisebene

Auf der *Systemebene* werden die grundlegenden Charakteristika eines elektronischen Systems beschrieben. Dabei werden die strukturellen Komponenten, z. B. Prozessoren, Speicher, Interface-Einheiten und ihre Verbindungen modelliert. Das gebräuchliche Beschreibungsmittel dieser Ebene ist die natürliche Sprache.

Auf der *algorithmischen Ebene* werden Module durch nebenläufige Algorithmen beschrieben mit Funktionen, Prozeduren, Prozessen und Kontrollstrukturen. Die Struktursicht verwendet dazu Hardwaremodule, während die Verhaltenssicht algorithmische Darstellungen mit Variablen und Operatoren gebraucht.

Die *Register-Transfer-Ebene* ist wesentlich hardwarenäher als die vorangegangene Abstraktionsebene. Sie enthält als

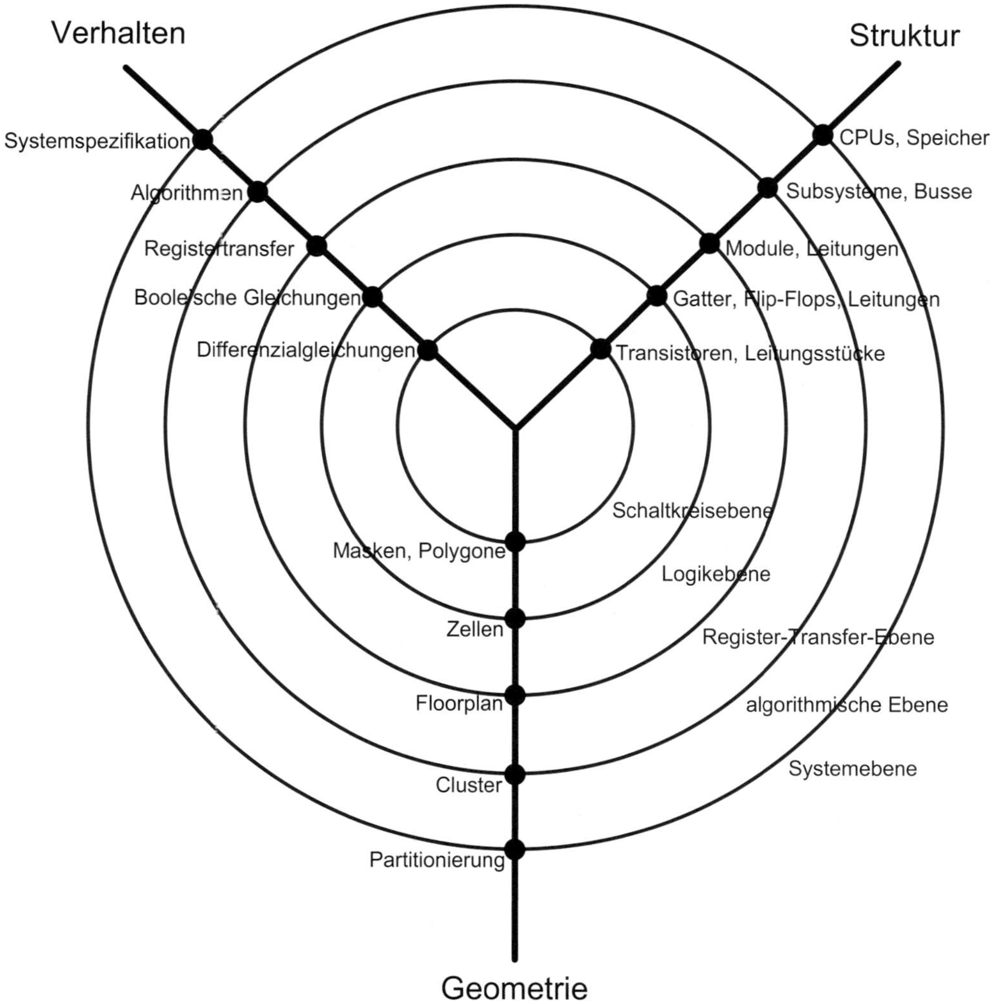

Abb. 38.11
Y-Diagramm nach Gajski/Walker: Abstraktionsebenen und die Sichten Verhalten, Struktur und Geometrie (Walker et al. 1985)

IV

Beschreibungselemente arithmetische oder logische Operatoren und den Transfer von Daten zwischen Registern. Die Struktursicht greift dafür beispielsweise auf die Elemente Addierer, Multiplexer etc. und die Verhaltenssicht auf endliche Automaten zurück. Die Geometriesicht nimmt eine Grobeinteilung des Layouts der strukturellen Elemente vor.

Die *Logikebene* ist eine Detaillierung der Register-Transfer-Ebene. Die Eigenschaften eines elektronischen Systems werden durch logische Verknüpfungen und deren zeitliche Eigenschaften beschrieben. In der Struktursicht finden dazu Verschaltungen von logischen Elementen Verwendung. Die Verhaltenssicht bedient sich Boole'schen Gleichungen.

Auf der *Schaltkreisebene* werden im Gegensatz zu den vorherigen Ebenen wert- und zeitkontinuierliche Größen eingesetzt. Die Verhaltenssicht beschreibt diese mit Differenzialgleichungen, in der Struktursicht kommen die Zusammenschaltung von Transistoren, Widerständen, Kondensatoren etc. und in der Geometriesicht Polygonzüge zum Einsatz.

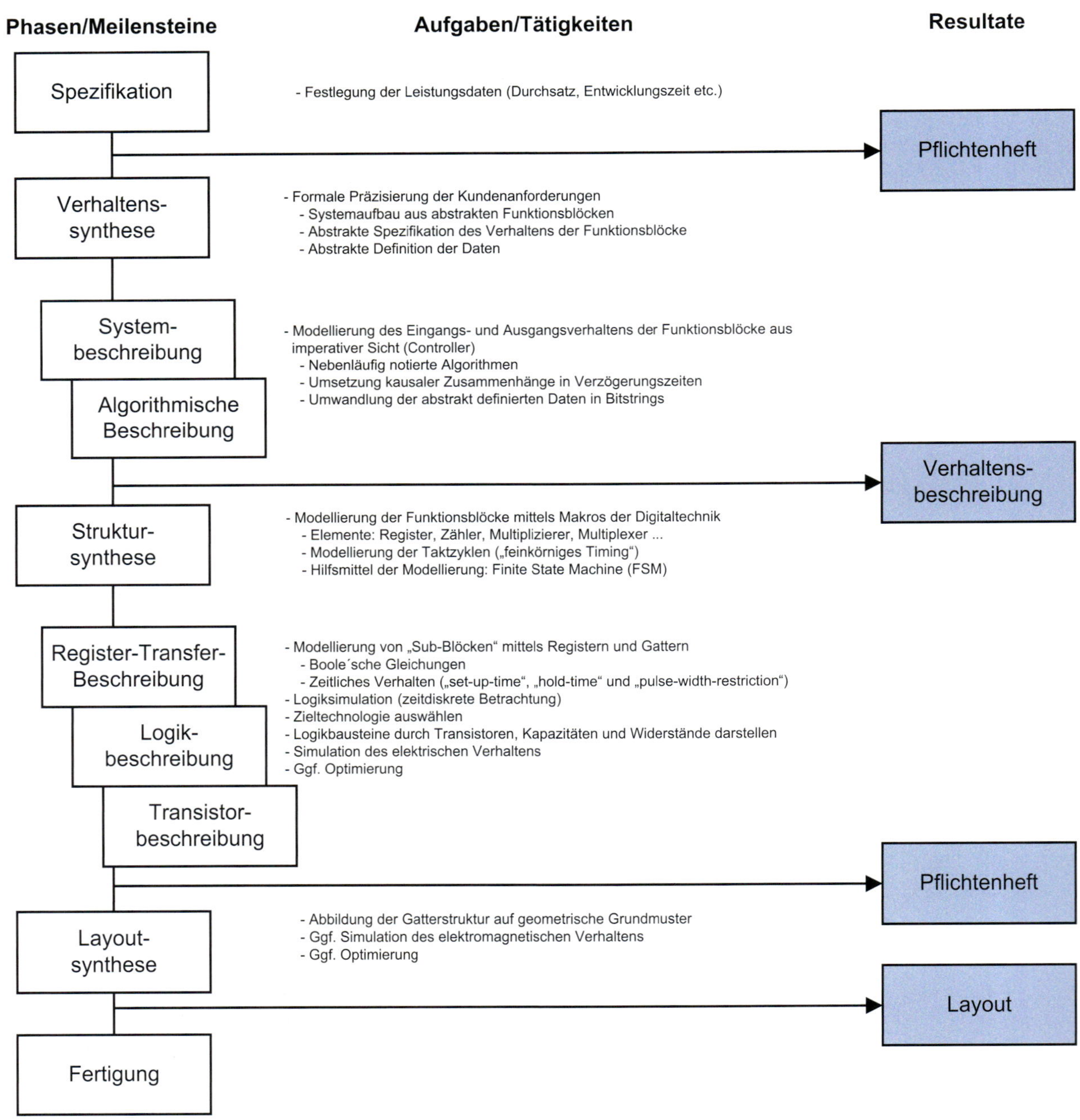

Abb. 38.12 Phasenmodell zur Entwicklung digitaler Schaltungen (Gausemeier et al. 2001)

Ziel des Top-down-Ansatzes ist es, von einer abstrakten Beschreibung des Verhaltens über eine detailliertere Beschreibung der Struktur auf eine geometrische Beschreibung (Layout) für die Fertigung digitaler Elektronik zu gelangen. Dies kann als eine Reihe von Transformationen (Wechsel der Sichtweise auf einem Abstraktionskreis) und Verfeinerungen (Wechsel der Abstraktionsebene innerhalb einer Sichtweise) angesehen werden.
Die Gesamtheit aller Sichten liefert eine vollständige Beschreibung aller relevanten Aspekte des Entwurfsgegenstands (Walker et al. 1985, Bender et al. 2005).
Die im Y-Diagramm beschriebenen Aktivitäten sind in Abbildung 38.12 als Phasenmodell zur Entwicklung digitaler Schaltungen dargestellt.

38.4.4 Zwischenfazit

Auch ohne eine umfassende Bewertung hinsichtlich der Erfüllung der genannten besonderen Anforderungen (Kap. 38.3) lässt sich sagen, dass keines der vorgestellten Vorgehensmodelle der Einzeldisziplinen optimal für das Management software-intensiver technischer Systeme geeignet ist. Die vorgestellten Vorgehensweisen sind jeweils in einer der Fachdisziplinen konzipiert und weiterentwickelt worden. Die Grundvoraussetzung der ganzheitlichen Betrachtung des Gesamtsystems im Entwicklungs- bzw. Konstruktionsprozess ist mit den genannten Modellen nicht gewährleistet. Für eine umfassende Bewertung sei auf (Schmidt 2007) und (Bender et al. 2005) verwiesen. Von Vorteil ist jedoch die praktische Erfahrung, die mit den genannten Vorgehensmodellen im Verlauf ihrer Anwendung gesammelt werden konnte. In den nachfolgend vorgestellten Konzepten finden sich daher Elemente aus den Vorgehensmodellen der Einzeldisziplinen wieder.

38.5 Synchronisation der Entwicklungsprozesse für software-intensive technische Produkte

Hervorgegangen aus bestehenden Schwächen und Problemen bei der Entwicklung software-intensiver technischer Produkte und den Defiziten bei angewandten Vorgehensmodellen der beteiligten Einzeldisziplinen sind in den letzten Jahren Konzepte zur ganzheitlichen Systementwicklung konzipiert worden.

Im folgenden Abschnitt werden als Vertreter dieser Konzepte die VDI-Richtlinie 2206 – Entwicklungsmethodik für mechatronische Systeme, das 3-Ebenen-Vorgehensmodell und die ProMiS-Methodik vorgestellt.

38.5.1 VDI 2206 – Entwicklungsmethodik für mechatronische Systeme

Ziel der *VDI-Richtlinie 2206* (VDI 2004) ist die Bereitstellung einer interdisziplinären Entwicklungsmethodik für mechatronische Systeme, die angesichts der fortschreitenden Entwicklung der Mechatronik methodische Unterstützung liefern soll. Das Wissen der beteiligten Fachdisziplinen soll dadurch systematisch zusammengeführt und die Komplexität mechatronischer Systeme beherrschbar gemacht werden.
Sie ist aus Erkenntnissen zahlreicher Forschungs- und Praxisarbeiten hervorgegangen und hat das Ziel, diese dem Praktiker in Form einer Leitlinie zugänglich zu machen. Nach eigenen Angaben zielt sie auf die Schaffung der wesentlichen Grundlagen für die Kommunikation und Kooperation der Fachleute aus den beteiligten Disziplinen ab. Das von der Richtlinie vorgeschlagene Vorgehensmodell stützt sich im Wesentlichen auf drei Elemente:

- allgemeiner Problemlösungszyklus auf Mikroebene
- V-Modell auf Makroebene
- vordefinierte Prozessbausteine zur Bearbeitung wiederkehrender Arbeitsschritte bei der Entwicklung mechatronischer Systeme.

Zudem beinhaltet die Richtlinie Methoden des modellbasierten Systementwurfs, Klassen unterstützender IT-Werkzeuge und die organisatorischen Aspekte der Zusammensetzung eines interdisziplinären Projektteams sowie die Umsetzung mechatronischer Potenziale im Unternehmen.
Das Vorgehen für die Entwicklung wird mithilfe von Anwendungsbeispielen verschiedener Schwerpunkte illustriert und richtet sich an Entwickler mechatronischer Systeme in der Praxis.

38.5.1.1 Der Problemlösungszyklus als Mikrozyklus

Die Strukturierung des Vorgehens im Entwicklungsprozess erfolgt auf der Grundlage des allgemeinen Problemlösungszyklus (siehe Abb. 38.13), der ursprünglich aus dem Systems Engineering stammt. Er soll vor allem den im Prozess stehenden Produktentwicklern bei der Bearbeitung vorhersehbarer und damit planbarer Teilaufgaben, aber auch bei der Lösung plötzlich auftretender, unvorhersehbarer Probleme unterstützen.

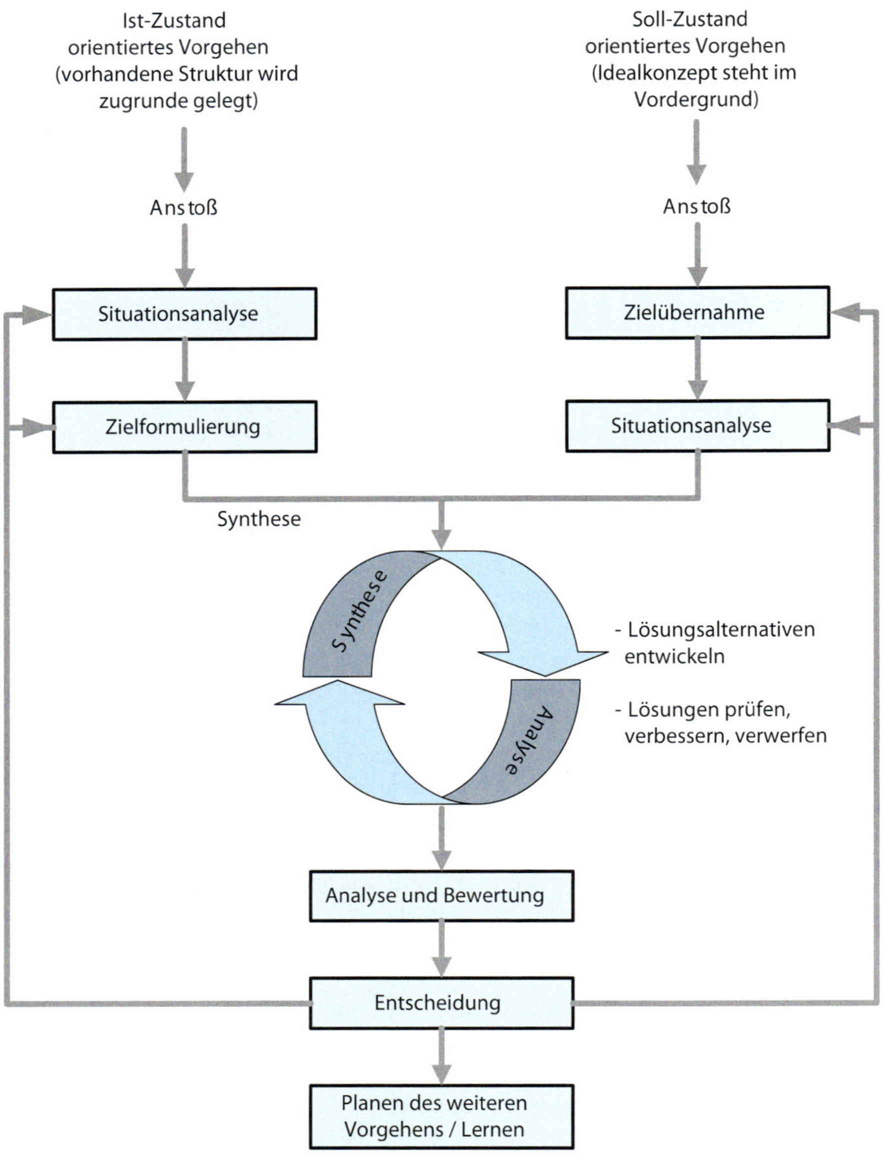

Abb. 38.13
Problemlösungszyklus als Mikrozyklus der VDI-Richtlinie 2206 (VDI 2004)

IV

Der Problemlösungszyklus umfasst zunächst einmal die *Situationsanalyse* bzw. *Zielübernahme*, in der ein vorgegebenes Ziel übernommen oder ein Ziel nach Klärung einer unklaren Situation formuliert wird. Es schließt sich die *Analyse und Synthese* an, die nach der Situationsanalyse bzw. der Zielformulierung die Suche nach Lösungen für das gegebene Problem beinhaltet. Bei der Lösungssuche können zusätzliche Aspekte erkannt werden, die einen Rücksprung zur Situationsanalyse und Zielformulierung notwendig machen oder als ergänzende Kriterien in den nachfolgenden Bewertungsschritten miteinfließen müssen. Nun folgt die *Analyse und Bewertung*, in der die konkretisierten Lösungsvarianten einer detaillierten Evaluation unterzogen werden. Unterscheiden sich einzelne Lösungsansätze in ihrem Konkretisierungsgrad zu stark, um vergleichend bewertet werden zu können, sollte ein Rückschritt zur Lösungssuche erfolgen. Die Bewertung der Lösungsvarianten findet anhand der Bewertungskriterien aus der Zielformulierung und Lösungssuche statt. Das Ergebnis der Bewertung ist eine Empfehlung für eine oder mehrere Lösungsalternativen. In der *Entscheidungsphase* soll sich für eine Lösungsalternative entschieden werden, sofern der bisherige Verlauf der Problemlösung zu einem befriedigenden Ergebnis geführt hat. Andernfalls muss zur Situationsanalyse zurückgekehrt werden. Zuletzt schließt sich das *Planen des weiteren Vorgehens* und neben der rein operativen Bewertung des Handlungsergebnisses auch die kritische Betrachtung des Prozessablaufs an.

38.5.1.2 V-Modell als Makrozyklus

Eine Richtschnur für das Vorgehen auf der Ebene des Produktentwicklungsprozesses bietet das aus der Software-Entwicklung übernommene und modifizierte V-Modell an. Es beschreibt das generische Vorgehen beim Entwickeln mechatronischer Systeme (siehe Abb. 38.14).

Den Ausgangspunkt bilden die *Anforderungen,* anhand derer das spätere Produkt zu bewerten ist. Anschließend findet der *Systementwurf* statt, bei dem domänenübergreifend ein Lösungskonzept festgelegt wird, das die wesentlichen physikalischen und logischen Wirkungsweisen beschreibt. Die Gesamtfunktion eines Systems wird in wesentliche Teilfunktionen zerlegt. Auf Basis des gemeinsam entwickelten Lösungskonzepts und der Zerlegung erfolgt die weitere Konkretisierung im *domänenspezifischen Entwurf* durch die jeweiligen Disziplinen getrennt voneinander. Die Ergebnisse der einzelnen Domänen werden während der *Systemintegration* zu einem Gesamtsystem integriert. Die *Eigenschaftsabsicherung* muss fortlaufend durch Vergleich des spezifizierten Lösungskonzepts und später des integrierten Gesamtsystems mit den Anforderungen überprüft werden. Es ist dabei sicherzustellen, dass die tatsächlichen mit den gewünschten Systemeigenschaften übereinstimmen. Die beschriebenen Phasen werden durch die *Modellbildung und -analyse* flankiert. Dabei werden die Systemeigenschaften mithilfe von Modellen und rechnerunterstützten Werkzeugen zur Simulation abgebildet und untersucht. Das Ergebnis eines durchlaufenen Makrozyklus wird als Produkt bezeichnet, wobei es sich dabei nicht zwingend um das fertige Erzeugnis handelt. Ein komplexes mechatronisches Erzeugnis entsteht in der Regel nicht innerhalb eines Makrozyklus, d. h. der Begriff Produkt ist dabei generisch im Sinne von Ergebnis zu verstehen.

Das Ergebnis ist ein definierter Reifegrad. Die Entwicklung eines komplexen mechatronischen Systems erfordert in der Regel mehrere Makrozyklen (siehe Abb. 38.15), wobei die Anzahl der zu durchlaufenden Makrozyklen von der Entwicklungsaufgabe abhängig ist.

38.5.1.3 Prozessbausteine für wiederkehrende Arbeitsschritte

Die Bearbeitung einzelner Teilschritte des V-Modells erfolgt mithilfe des bereits erwähnten allgemeinen Problemlösungszyklus. Für die immer wieder auftretenden Aufgabenstellungen

- des Systementwurfs,
- der Modellbildung und -analyse,
- des domänenspezifischen Entwurfs,
- der Systemintegration,
- und der Eigenschaftsabsicherung

sind vordefinierte Prozessbausteine in der Richtlinie beschrieben. In Abbildung 38.16 sind exemplarisch die vordefinierten Tätigkeiten für den *Systementwurf* dargestellt.

IV

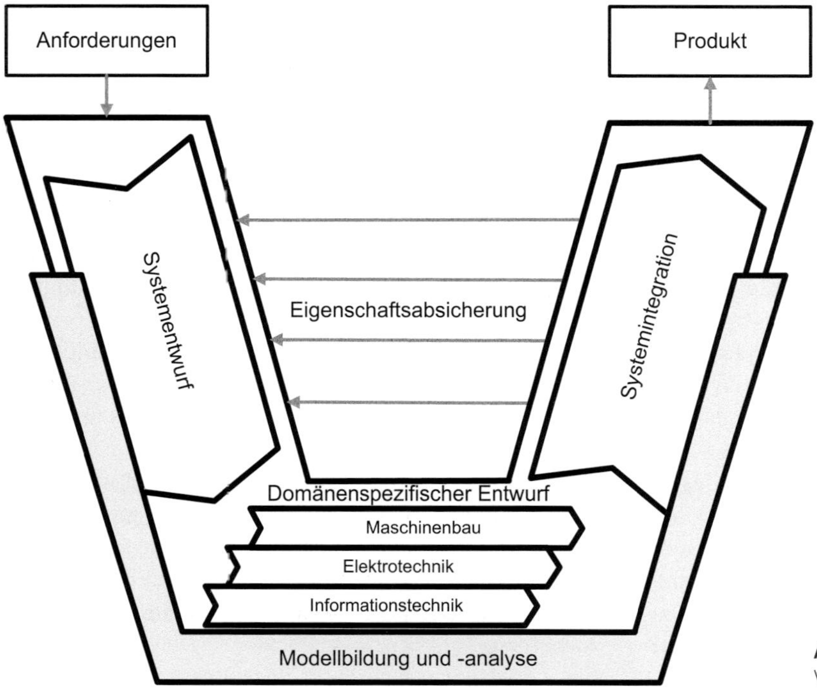

Abb. 38.14
V-Modell als Makrozyklus (VDI 2004)

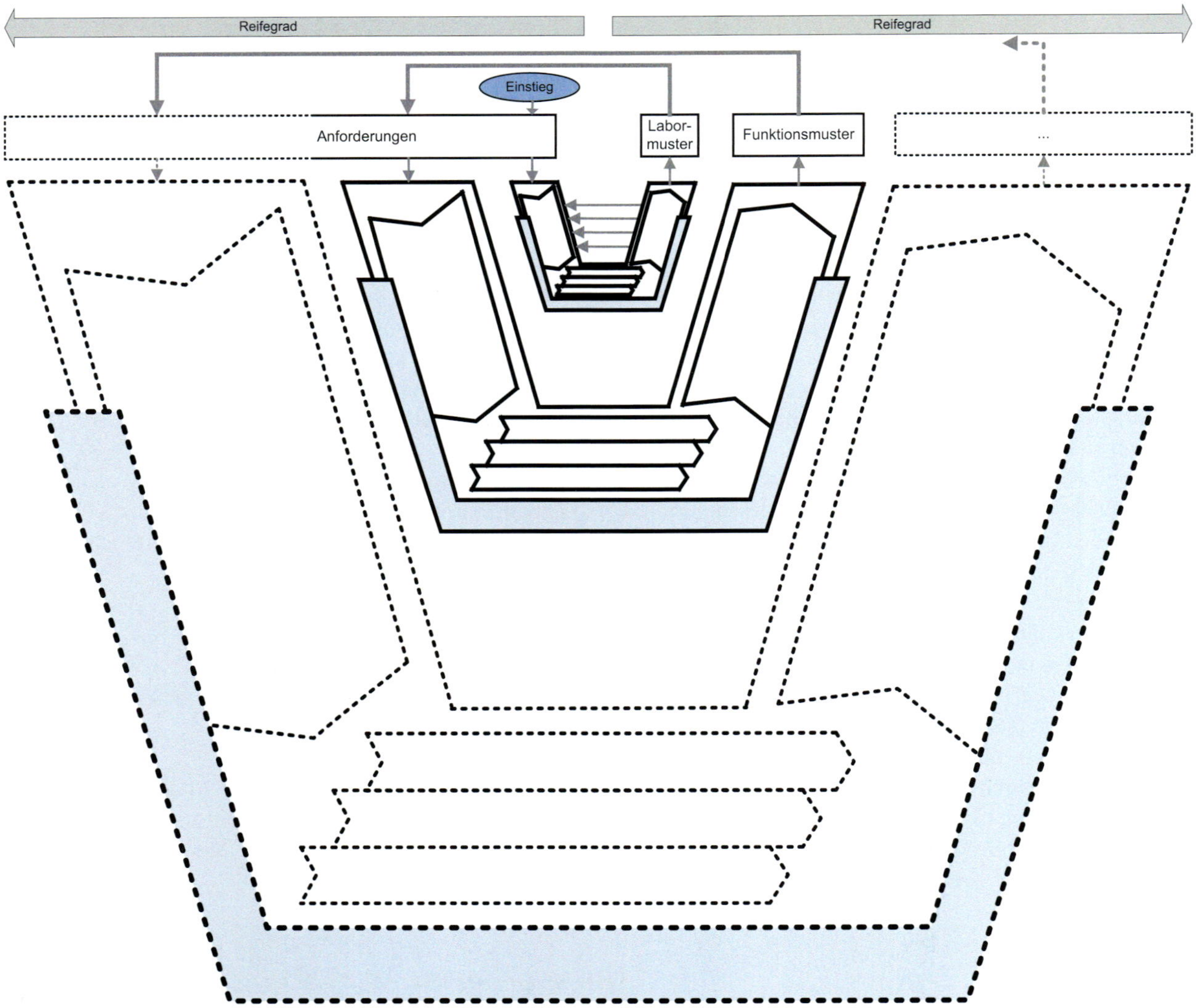

Abb. 38.15 Durchlaufen mehrerer Makrozyklen mit zunehmender Produktreife (VDI 2004)

IV

38.5.1.4 Organisation

Neben den genannten Anleitungen der VDI-Richtlinie wird auf ausgewählte Besonderheiten bei der Bildung eines interdisziplinären Projektteams aufmerksam gemacht und auf Umsetzungspotenziale technischer Ergebnisse innerhalb des Unternehmens hingewiesen. Bei der *Zusammenstellung des Projektteams* sollte auf die Vollständigkeit des Teams besonderen Wert gelegt werden, d.h. alle Stakeholder eines Projekts sollten eingebunden sein. Allerdings wird empfohlen, den Grad der Einbindung zu variieren. So kann beispielsweise ein Kernteam gebildet werden, das aus den Akteuren besteht, die notwendig sind, um alle wichtigen Entscheidungen auf kompetente Weise zu fällen, und das bei Bedarf Spezialisten aus weiteren Bereichen im Sinne einer beratenden Funktion hinzuziehen kann.

Bei der Teambildung ist zudem darauf zu achten, dass möglichst kein Mitglied ein Wissensmonopol bezüglich der im Projekt interessierenden Themen besitzt. Sonst könnte Fachwissen dazu verwendet werden, Entscheidungen im Hinblick auf persönliche Interessen zu beeinflussen.

Die Einbindung eines unabhängigen Moderators kann sich als wirksames Mittel zur Entschärfung von Problemen im Team anbieten. Dieser Moderator sollte einerseits ausreichendes Fachwissen besitzen, um den Entwicklungsprozess immer wieder auf das eigentliche Ziel ausrichten zu können. Andererseits sollte er genügend Distanz zu den Vorgängen im Unternehmen haben, um die Auswirkungen von Abteilungsanimositäten oder den beschriebenen Wissensmonopolen behutsam eindämmen zu können.

Die *Umsetzung technischer Ergebnisse* eines interdiszi-

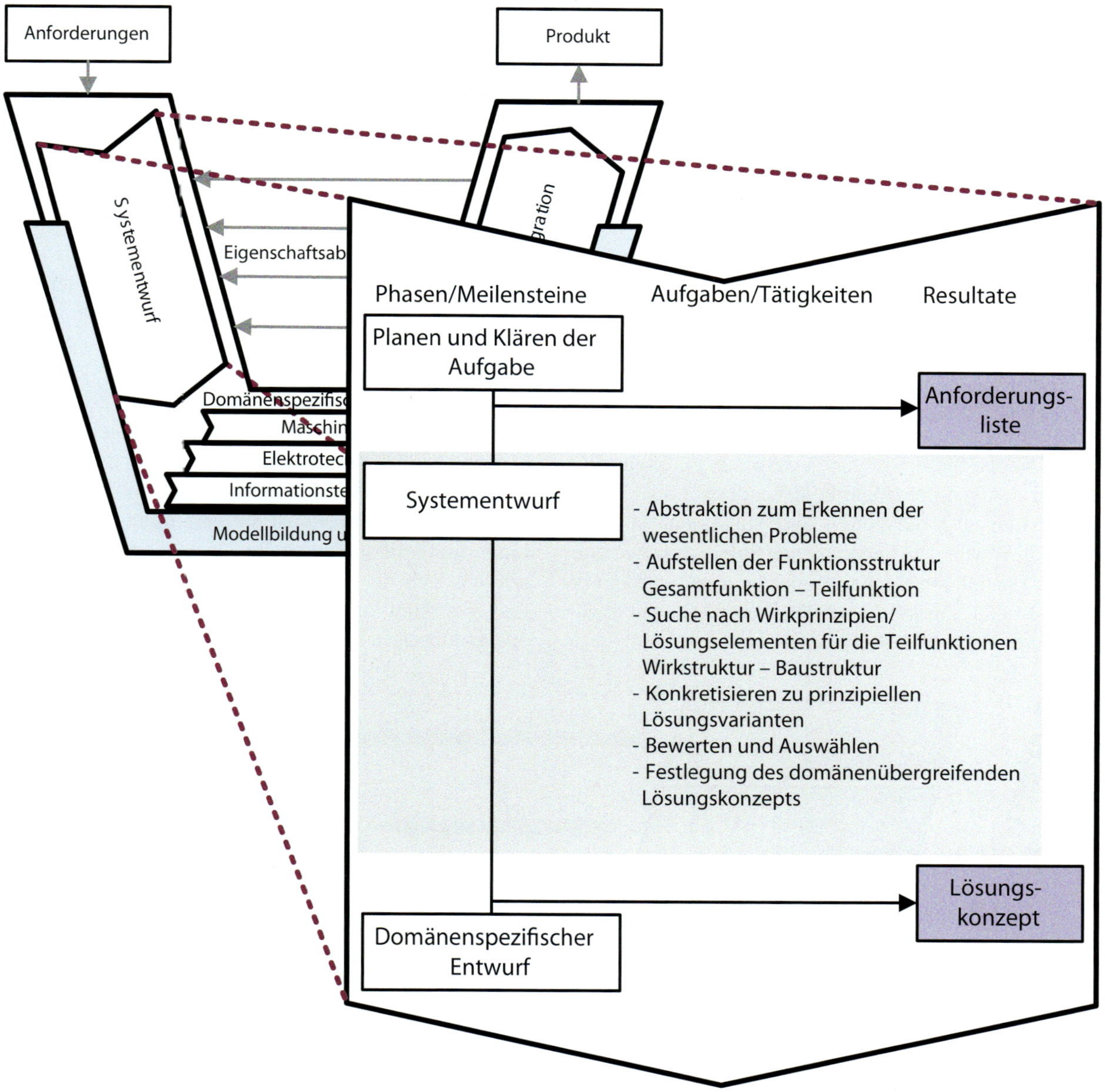

Abb. 38.16 Tätigkeiten beim Systementwurf (VDI 2004 nach (Pahl et al. 1997))

plinären Entwicklungsprojektes muss von vorneherein im Kontext des Unternehmens und in der Gesamtheit der Entwicklungsprozesse berücksichtigt werden. Eine zweite methodische Frage von herausragender Bedeutung ist die Einbindung von externen Entwicklungspartnern in ein solches Vorentwicklungsprojekt.

Insgesamt soll das in dieser Richtlinie vorgestellte Vorgehen die strukturierte Arbeit in interdisziplinär zusammengesetzten Teams erleichtern (VDI 2004). Dazu verbindet die Richtlinie die Bearbeitung inhaltlicher Problemstellungen durch den Problemlösungszyklus mit der ablauforganisatorischen Gestaltung von Entwicklungen mechatronischer Systeme (Schmidt 2007). Die vorgeschlagenen Arbeitsschritte sind jedoch nicht dogmatisch abzuarbeiten, sondern flexibel an die jeweilige Situation anzupassen (VDI 2004).

38.5.2 3-Ebenen-Vorgehensmodell

Das *3-Ebenen-Vorgehensmodell* ist ein unter Qualitätsgesichtspunkten optimiertes Vorgehensschema für die Entwicklung mechatronischer Produkte (Bender et al. 2005). Es ist in V-Anordnung dargestellt, sodass die Querbezüge zwischen der Entwicklungstätigkeit und der entsprechenden Prüftätigkeit leicht herzustellen sind. Es wurde wie

IV

die VDI-Richtlinie 2206 in Anlehnung an das V-Modell entwickelt und berücksichtigt die drei Disziplinen Software, Hardware und Mechanik.

Das Modell ist in drei Ebenen unterteilt: die System-, Subsystem- und Komponentenebene (Abb. 38.17).

Ausgehend von gestellten *Anforderungen* an das zu entwickelnde System wird auf der Systemebene eine *Systemanforderungsanalyse* durchgeführt. Es folgt der *Systementwurf*, der die Erstellung eines abstrakten Plans vorsieht, in dem die (Haupt-)Funktionen und deren Abhängigkeiten aufgeführt werden. Es entsteht daraus eine logische Systemarchitektur, bestehend aus einem Funktionsnetzwerk, Schnittstellen der Funktionen sowie der Kommunikation der Funktionen des gesamten Systems.

Aufbauend folgt eine Partitionierung des Gesamtsystems in Subsysteme. Diese bestehen jeweils aus Funktionsblöcken und stehen miteinander in Verbindung. Dabei ist darauf zu achten, dass die Einteilung in Subsysteme sinnvoll durchgeführt wird. Die entstandenen Subsysteme werden einer der Disziplinen Mechanik oder Informationstechnik (IT) zugeordnet. Zusätzlich werden Anforderungen abgeleitet und an die beiden Disziplinen übergeben.

Die gestellten Anforderungen werden analysiert und die betrachteten Teilsysteme entworfen, indem die auf Systemebene erarbeiteten Funktionen verfeinert werden. Die Mechanik kann ab diesem Zeitpunkt bereits autonom arbeiten. Die verzahnten Disziplinen Software und Elektronik müssen die zugewiesenen Subsysteme weiter in Software- und Hardwaresysteme zerlegen.

Die einer Disziplin zugeordneten Subsysteme werden weiter in Komponenten zerlegt, die dann nur aus jeweils einer Technologie bestehen. Bei verteilten Systemen ist eine Zuordnung einzelner Softwarebausteine auf die Hardwarekomponenten vorzunehmen.

Auf der Komponentenebene erfolgt dann die Umsetzung des Produkts. Durch die vorgenommene Zerlegung in Komponenten und somit einem modularen Aufbau des Systems können die einzelnen Komponenten unabhängig voneinander entwickelt werden.

Die Komponentenebene ist die Verbindung von Entwicklungs- und Prüftätigkeiten. Der Komponentenentwicklung schließt sich der Komponententest an. Die realisierten und getesteten Komponenten werden auf der Subsystemebene integriert. Diese *Integration* erfolgt zunächst domä-

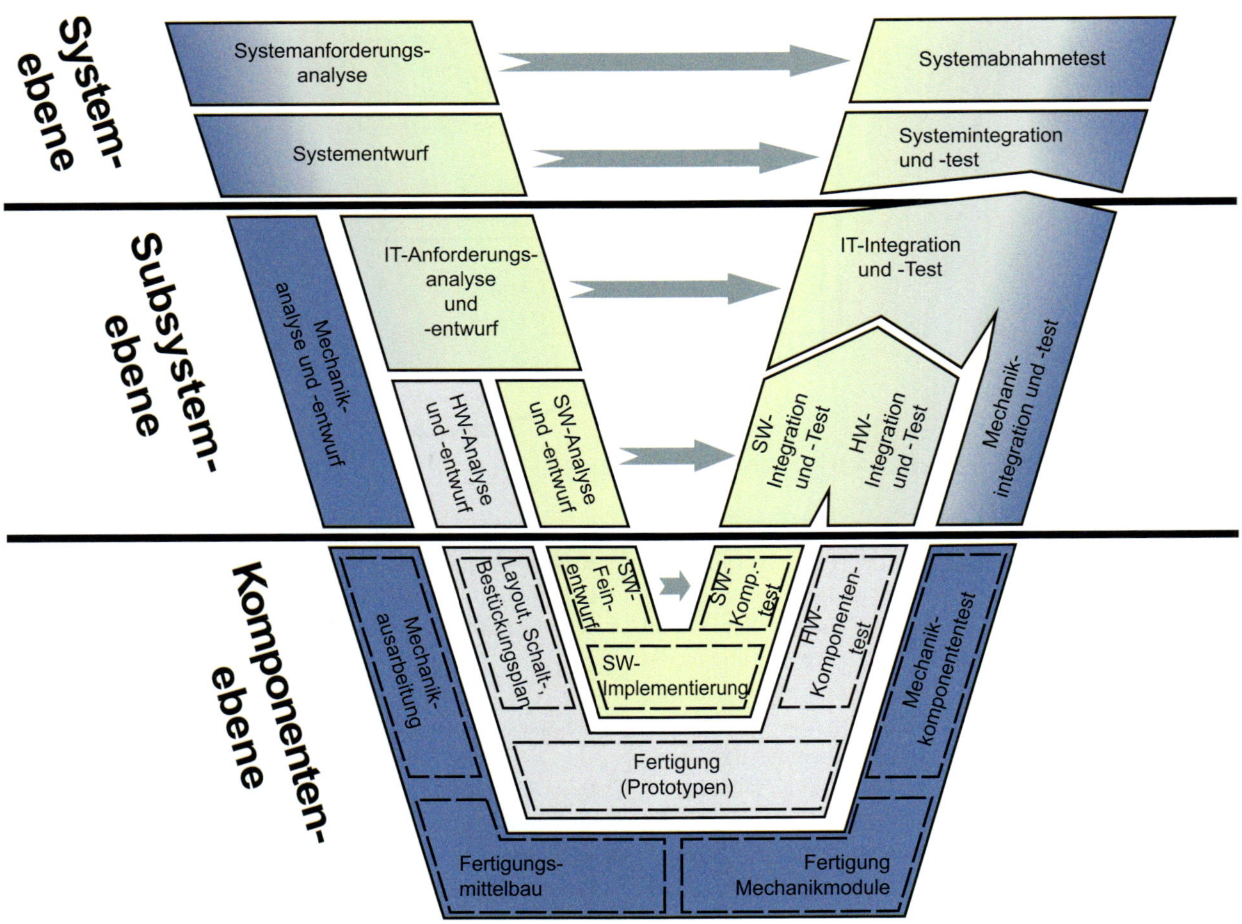

Abb. 38.17 Das 3-Ebenen-Vorgehensmodell (Bender et al. 2005)

nenspezifisch, d. h. es wird eine *Software-*, *Hardware-* und *Mechanikintegration* mit anschließendem Integrationstest durchgeführt. In der Phase *IT-Integration und -Test* werden die Software- und Hardwaresubsysteme zu einem IT-Subsystem zusammengefasst und getestet.

Auf der Systemebene folgt die Integration des IT-Subsystems und des Mechaniksubsystems zu einem Gesamtsystem (*Systemintegration und -test*), dem dann der Systemabnahmetest folgt.

Die disziplinübergreifenden Phasen können als Synchronisationspunkte angesehen werden. Zum einen findet durch die Integration auf dem rechten Ast (Prüftätigkeiten) von (Teil-)Produkten eine technische Synchronisation statt. Zum anderen dienen die disziplinübergreifenden Phasen des linken Asts (Entwicklungstätigkeiten) der organisatorischen Synchronisation, bei der ein gemeinsames Verständnis aller beteiligten Disziplinen für das Entwicklungsvorhaben geschaffen wird. An diesen Punkten sind Arbeitsaufträge für die nachfolgenden Entwicklungsphasen zu erstellen. Es werden dafür aus dem bestehenden Pflichtenheft mehrere Lastenhefte für die darunterliegenden Ebenen generiert. Aus dem eingehenden Lastenheft wird wiederum ein Pflichtenheft für die übergeordnete Ebene erarbeitet, das zur Prüfung der Konsistenz verwendet wird. Zwischen den beteiligten Teams wird auf dieser Grundlage ein Vertrag geschlossen. Änderungen müssen durch die Vertragspartner abgestimmt werden. Dadurch sollen Konflikte mit angrenzenden Subsystemen oder Komponenten durch Änderungen vermieden werden.

Insgesamt beruht das 3-Ebenen-Vorgehensmodell auf einer iterativen Vorgehensweise (siehe Abb. 38.18).

So kann Nacharbeit bei Nichtbestehen eines Tests oder die erst nachgelagert mögliche Entwicklung einer Komponente im Entwicklungsprozess berücksichtigt werden. Die Reihenfolge dieser Entwicklungsschritte muss dafür

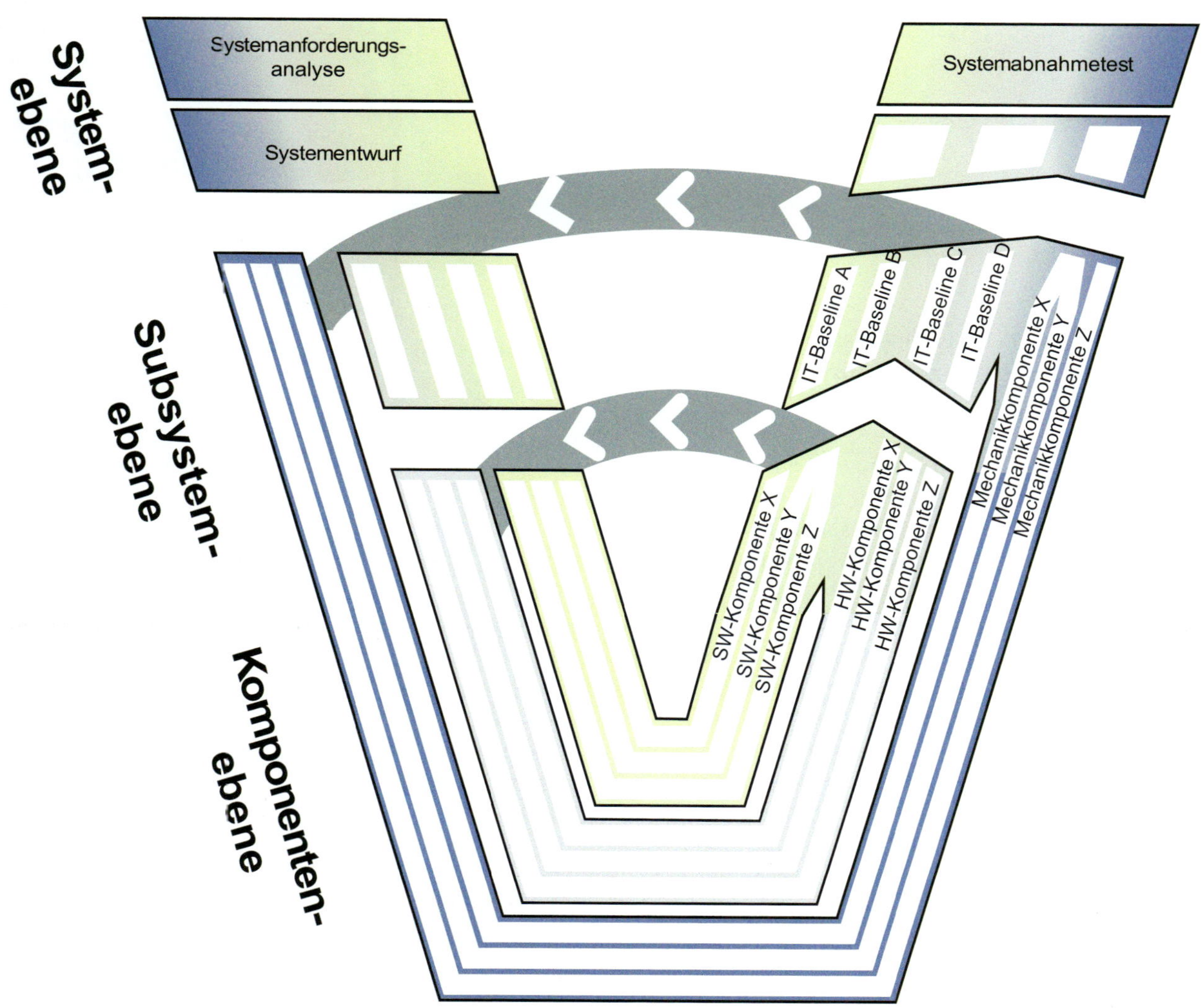

Abb. 38.18 Iterativ/inkrementelle Vorgehensweise (Bender et al. 2005)

IV

in den organisatorischen Synchronisationspunkten geplant werden. Andernfalls findet weder eine optimale Ausnutzung der Ressourcen noch ein reibungsloser Ablauf statt. Bei der Einhaltung dieses Ablaufs sollten die Baselines[7] getestet und als Grundlage für die weitere Entwicklung verwendet werden. Solche Baselines finden sich auf allen Ebenen des 3-Ebenen-Vorgehensmodells. Ihre Integration muss in Form eines Integrationsplans in dem dazugehörigen organisatorischen Synchronisationspunkt (auf dem linken Ast) festgehalten werden.
Zur Absicherung der Entwicklungsergebnisse sind zusätzlich 21 analytische, 14 konstruktive sowie 22 organisatorische Maßnahmen (Tab. 38.2) untersucht worden. Mithilfe von den folgenden 14 Kriterien werden die Qualitätssicherungsmaßnahmen (QS-Maßnahmen) erläutert:

- Bezeichnung
- Synonyme
- Querverweise
- Kurzbeschreibung
- Relevanz
- Klasse
- Ziel
- Entwicklungsphase
- Vorteile
- Nachteile
- Voraussetzungen
- Arbeitsmittel
- Fehlerbezug
- Referenz

Der strukturierte QS-Maßnahmenkatalog bietet eine Übersicht, die den Anwender bei der Auswahl geeigneter produkt- und unternehmensspezifischer QS-Maßnahmen unterstützt.
Die QS-Maßnahmen sollen entlang des Entwicklungsprozesses zum Einsatz kommen. In der zugehörigen Beschreibung jeder Maßnahme wird dabei auf die anzuwendende Phase, bezogen auf das 3-Ebenen-Vorgehensmodell, verwiesen.
Das vorgestellte 3-Ebenen-Vorgehensmodell bietet einen strukturierten und systematischen Ablauf zur Entwicklung interdisziplinärer Produkte. Die durch seine Anwendung erreichbare Absicherung und stetige Synchronisation von Entwicklungsergebnissen ist entscheidend für die termin- und budgetgerechte Produktentwicklung (Bender et al. 2005).

Tab. 38.2 Auflistung der Qualitätssicherungsmaßnahmen aus dem QS-Maßnahmenkatalog (Bender et al. 2005)

Qualitätssicherungsmaßnahmen		
Analytisch	**Konstruktiv**	**Organisatorisch**
Abnahmetest	Anforderungs-analyse	Änderungs-management
Akzeptanztest	Anforderungs-verfolgung	Checklisten
Black-Box-Test	Code-Generierung	Defect Management
Codeanalyse	Defensive Programmierung	Designrichtlinien
Datenflussanalyse	Endliche Automaten	Dokumentation von Entscheidungen
FMEA	Petrinetze	Dokumentations-richtlinien
Inbetriebnahmetest (für eine mechatronische Komponente)	Prototyping	Dokumentations-systeme
In-Circuit-Emulation	Strukturierte Analyse (SA)/ strukturiertes Design (SD)	Dokumentenvorlage
Installationstest	Specification and Description Language (SDL)	Fehlerdatenbank
Instrumentierung	Sequenz-diagramme	Festlegung des Engineering-Modells
Integrationstest	Simulation zur Anforderungs- bzw. Entwurfs-absicherung	Glossar/ Terminologie
Komplexitäts- und Timinganalyse	SW-Architektur-entwurf	Versions- und Konfigurations-management
Metriken	UML	Phasen- und Projektreview
Modultest	Wiederverwen-dung von Projekt-ergebnissen	Programmier-richtlinien
Regressionstest		Projektaudits
Review und Inspektion		Q-Berichterstattung
Schreibtischtest		QS-Handbuch (unter-nehmensspezifisch)
Simulation zu Testzwecken		QS-Handbuch (projektspezifisch)
Stresstest		Qualitätsplanung für den Entwicklungs-prozess
Walkthrough		Risikomanagement
White-Box-Test		Testabdeckungs-matrix
		Unabhängige Testgruppen

IV

[7] Baseline bezeichnet eine genau spezifizierte Menge an Produkten (Dokumente, Software, Hardware und Mechanik) zu einem definierten Zeitpunkt, die bezüglich der gestellten Anforderungen überprüfbar ist und eine verlässliche Basis für die Weiterarbeit bildet.

38.5.3 ProMiS-Konzept

Die Abkürzung ProMiS bedeutet Projektmanagement für interdisziplinäre Systementwicklungen und ist eine umfassende Methodik für die qualitätsgerechte Entwicklung software-intensiver technischer Systeme (Schmidt 2007, Schmidt et al. 2004).
Die vorgeschlagene Methodik beinhaltet:

- ein Phasenmodell für die Entwicklung
- einen Projektmanagement-Regelkreis
- (Beschreibungs-)Techniken zur interdisziplinären Zusammenarbeit

38.5.3.1 Phasenmodell

Das verwendete Phasenmodell für die Entwicklung software-intensiver technischer Systeme besteht aus sieben Phasen (Abb. 38.19).
Beginnend mit der *Initialphase* erfolgt eine sowohl interne als auch externe Umfeldanalyse, eine systematische interdisziplinäre Bedarfserkennung sowie eine Bewertung von Produktideen und Lösungsansätzen mit dem Ziel, eine fundierte Entscheidung über die Durchführung eines Entwicklungsprojekts zu treffen.
Es folgt die *Anforderungsspezifikation*, in der die Anforderungen und Rahmenbedingungen des zu entwickelnden Produkts zusammengestellt, geklärt und bewertet werden. Das Ergebnis dieser Phase ist das lösungsneutrale Dokument der Anforderungsspezifikation, welches alle Anforderungen in konsistenter, vollständiger und interdisziplinär abgestimmter Form enthält. Wichtig sind neben den Hauptfunktionen die funktionalen und nicht funktionalen Qualitätseigenschaften, das globale Verhalten, die Kompatibilität, die Fehlerbehandlung etc. Zur Beschreibung und Erarbeitung der Anforderungen durch alle beteiligten Disziplinen werden grafische Beschreibungstechniken angewandt. Parallel zum Herausarbeiten der Anforderungen werden die Bedingungen der Systemabnahme spezifiziert und die Projektplanung detailliert.
Es schließt sich die Phase der *Lösungsspezifikation* an. Sie umfasst die Aufgabe, einen disziplinübergreifenden Systementwurf zu erarbeiten. Das resultierende Gesamtsystem wird in Teilsysteme strukturiert. Jedes Teilsystem ist einer Disziplin zuzuordnen, mit deren Hilfe es realisiert werden soll. Parallel zur Aufteilung der Funktionen auf die Fachdisziplinen werden die Integrationstests spezifiziert und ein Projektfeinplan erstellt.
Zu Beginn der *Realisierungsphase* werden die auf die Disziplinen verteilten Teilsysteme und Funktionen disziplinspezifisch gestaltet. Diese Phase entspricht den Konzeptions- und Konstruktionsphasen im Maschinenbau, der Entwurfs- und Ausarbeitungsphase für Schaltungen in der Elektrotechnik und der Entwurfs- und Codierungsphase in der Softwaretechnik. Parallel zum disziplinspezifischen Entwurf der Teilsysteme wird die Integration von zu entwickelnden Komponenten geplant. In dieser Phase, in der die Disziplinen weitgehend unabhängig voneinander arbeiten, kommt dem Projektmanagement mit der Steuerungsaufgabe der interdisziplinären Informationsflüsse und der Synchronisation von Zwischenergebnissen besondere Bedeutung zu.
Nach Fertigstellung der teilintegrierten Baugruppen und Module folgt die Phase der *Systemintegration und Inbetriebnahme*. Dazu werden die einzelnen Teilsysteme zu einem Gesamtsystem integriert und dieses basierend auf dem in der Lösungsspezifikation erarbeiteten Integrationstest geprüft. Auftretende Fehler sollten in dieser Phase erfasst, behoben und verfolgt werden.
Als sechste Prozessphase schließt sich die *Abnahmephase* an. Die Durchführung der bereits parallel zur Anforderungsspezifikation geplante Abnahmetest demonstriert mit Beteiligung des Kunden die Erfüllung der beschlossenen Anforderungen.
Die letzte Phase, *Wartung und Service*, beginnt mit dem Abschluss des Entwicklungsprojekts und umfasst den gesamten nachfolgenden Produktlebenszyklus. Diese Phase kann unterschiedliche Aufgaben wie Servicebereitstellung, Sammlung von Felddaten, Analyse und Dokumenta-

IV

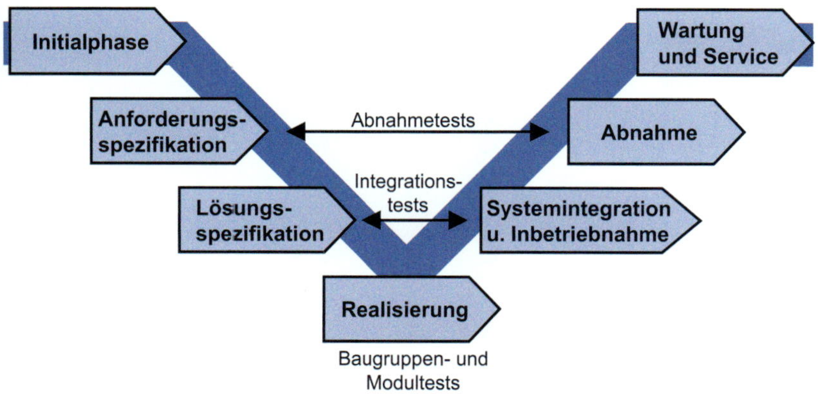

Abb. 38.19
Phasenmodell für die Entwicklung software-intensiver Systeme

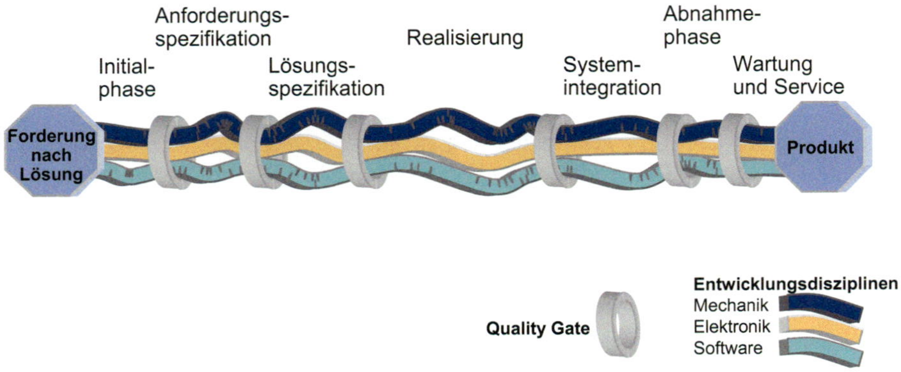

Abb. 38.20
Visualisierung des Phasenmodells für die Entwicklung software-intensiver Systeme mit Quality Gates (Schmidt 2007, Schmidt et al. 2004)

tion der Daten sowie Serienpflege und Weiterentwicklung des Produkts beinhalten.

Jede der genannten Phasen ist mit zugehörigen Aktivitäten weiter detailliert (Schmidt et al. 2004).

Die einzelnen Phasen trennen disziplinübergreifende Entscheidungspunkte, sogenannte Quality Gates[8], voneinander. An den Quality Gates werden die Zielerreichung und die Qualität von zu Phasenbeginn spezifizierten und vereinbarten Zwischenergebnissen disziplinübergreifend bewertet und es wird über den weiteren Projektverlauf entschieden. Die Abnahme der Zwischenergebnisse ist Voraussetzung für das Durchschreiten des Quality Gates und somit den Eintritt in die nächste Prozessphase. Abbildung 38.20 zeigt ein um Quality Gates erweitertes Phasenmodell.

38.5.3.2 Projektmanagement-Regelkreis

Jede Prozessphase selber wird zur Gewährleistung eines umfassenden Projektmanagements durch eine aus sieben Schritten bestehende Vorgehensweise (Abb. 38.21) begleitet.

[8] Ein Quality Gate ist ein Messpunkt im Projekt, an dem zuvor definierte, messbare Zwischenergebnisse disziplinübergreifend bewertet werden (Pfeifer 2001).

Dadurch sollen neben der Betrachtung der allgemeinen Projektgrößen Qualität, Funktion, Kosten und Zeit insbesondere folgende Aufgaben unterstützt werden:

- Aufbau eines interdisziplinären Systemverständnisses bei den Projektbeteiligten
- Ableiten von messbaren Projekt- und Phasenzielen
- Synchronisation von parallelen Entwicklungsschritten
- Reviews von (Zwischen-)Ergebnissen

Der Zusammenhang zwischen dem Phasenmodell und dem Projektmanagement ist in Abbildung 38.22 grafisch dargestellt.

(1) Interdisziplinäres Systemverständnis konsolidieren

Die erste Phase dient zur disziplinübergreifenden Kommunikation der Projektziele. Die Kommunikation über die verschiedenen Betrachtungsweisen des Systems wird durch grafische Beschreibungstechniken erleichtert, z. B. dem Systemstrukturbild und dem Systemstrukturbaum (siehe unten). Dieses Vorgehen klärt neben der Kommunikation die Anforderungen an das Gesamtsystem.

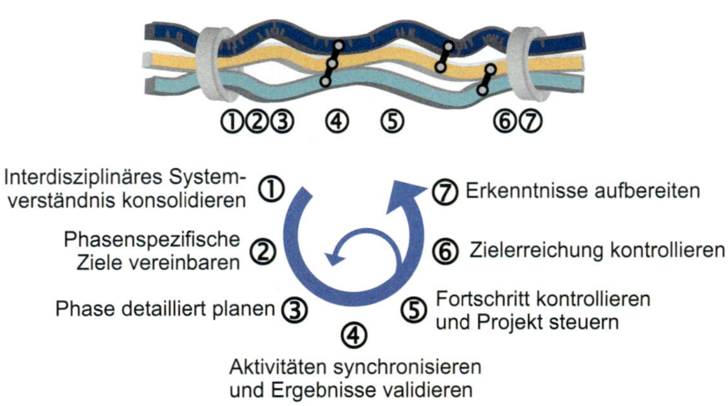

Abb. 38.21
Vorgehensweise für das Projektmanagement zur Entwicklung software-intensiver Systeme (Schmidt 2007)

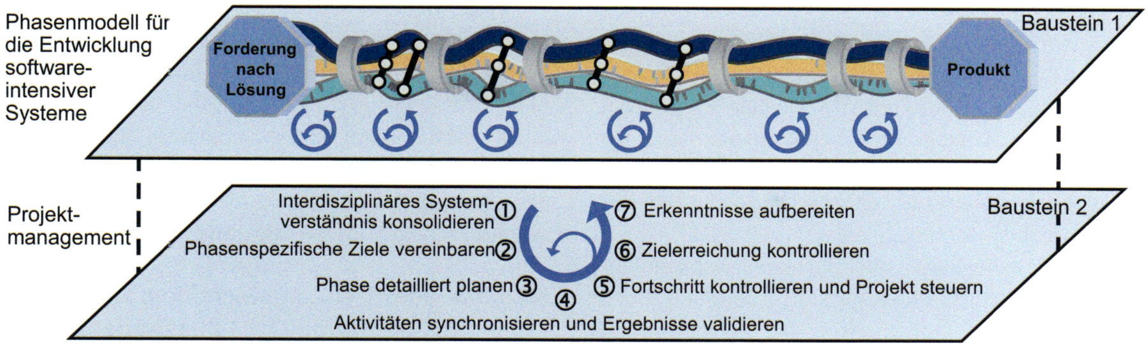

Abb. 38.22 Zusammenhang zwischen Phasenmodell und Projektmanagement

(2) Phasenspezifische Ziele vereinbaren

Im zweiten Schritt werden aus den Systemanforderungen Phasenziele abgeleitet, die für die Beteiligten greifbar und damit handlungsleitend sind und mit messbaren Erfüllungskriterien versehen werden. Die Definition der Phasenziele wird in einem interdisziplinär besetzten Team von den Projektmitarbeitern durchgeführt, wodurch gegenseitige Wechselwirkungen der Ziele oder Zielkonflikte frühzeitig erkannt werden. Neben der Detaillierung der zu erarbeitenden Ergebnisse müssen auch Testverfahren und Abnahmebedingungen festgelegt werden und stellen somit die Grundlage für eine kontinuierliche Bewertung des Produkt- und Projektfortschritts bereit. Nach der Prüfung ihrer Machbarkeit und einer Betrachtung der damit verbundenen Risiken werden die Phasenziele mit den Projektmitarbeitern vereinbart und dienen ihnen als verbindliche, handlungsleitende Vorgaben. Die konkretisierten Phasenziele werden zusammen in einer sogenannten Quality-Gate-Liste festgehalten. Dieses geschieht mit Bezug zu den Systemanforderungen, Kriterien über Fertigstellung und Abnahme sowie Verantwortlichkeiten und bestehende Risiken.
Somit werden in dieser Phase die Phasenziele festgelegt und die Risiken identifiziert, welche die Erreichung der Ziele gefährden können.

(3) Phase detailliert planen

In dieser Phase findet eine terminliche Detailplanung mit der zugehörigen Festlegung der methodischen Absicherung statt. Zunächst sind daher eine Aufwandsschätzung der zu erfüllenden Aktivitäten sowie eine zeitliche und terminliche Abstimmung durchzuführen. Die Absicherung zur Erreichung der Phasenziele erfolgt mithilfe interdisziplinärer Synchronisationspunkte, disziplinspezifischer Meilensteine sowie analysierender und konstruktiver Qualitätsmanagement- und Entwicklungsmethoden für die Hardware- und Softwareumfänge. Zusätzlich werden eine Reifegradbewertung der zu erfüllenden Aufgaben vorbereitet und Risikomaßnahmen bzw. Notfallpläne festgelegt. Die Synchronisationspunkte haben unterschiedliche Ausprägungen und Ziele.

- Zur interdisziplinären Prüfung und Bestätigung bzw. Korrektur von fachspezifisch erarbeiteten Zwischenergebnissen werden Reviews eingesetzt.
- Um die Zusammenführung, Verteilung und Übergabe von Zwischenergebnissen der unterschiedlichen Disziplinen zu gewährleisten, werden Synchronisationspunkte verwendet. Somit wird an solchen Punkten ein Gleichlauf zwischen den disziplinspezifischen Vorgängen und Zwischenergebnissen durch zeitliche und inhaltliche Synchronisation erzeugt.
- Als Preview bezeichnet man Aktivitäten zur Bewertung des aktuellen inhaltlichen Projektfortschritts und die Prognose der Erreichung der Phasenziele hinsichtlich des Quality Gates und der Integration zum Gesamtsystem.

(4) Aktivitäten synchronisieren und Ergebnisse validieren

Die vierte Phase begleitet die Entwicklungstätigkeiten und sichert die interdisziplinäre Kommunikation, die Synchronisation der Aktivitäten und die Validierung von Zwischenergebnissen durch die Umsetzung der im dritten Schritt geplanten Maßnahmen ab. Durch diese Maßnahmen können Unstimmigkeiten an disziplinübergreifenden Schnittstellen der Entwicklung frühzeitig erkannt und gelöst werden. Wie oben bereits erwähnt, stellen Reviews[9] einen wichtigen Bestandteil des Projektmanage-

[9] Ein Review ist hier ein mehr oder weniger formal geplanter, strukturierter Analyse- und Bewertungsprozess, in dem Projektergebnisse eines Entwicklungsabschnitts einer Gruppe präsentiert und von dieser diskutiert und freigegeben werden. Ziel ist das Finden von Fehlern, nicht die Diskussion von Lösungsmöglichkeiten. Die Projektergebnisse können Dokumente wie Konstruktionszeichnungen, Entwurfsmodelle oder SW-Code etc. sein (Balzert 1998).

IV

mentkonzepts dar. Dabei wird zwischen technischen und Quality-Gate-Reviews im ProMiS-Konzept unterschieden. Technische Reviews dienen der inhaltlich-technischen Prüfung, somit dem Aufspüren von potenziellen Fehlern, Mängeln, Inkonsistenzen, Unvollständigkeiten und Unstimmigkeiten. Dadurch kann die Qualität von Zwischenergebnissen abgesichert werden, bevor sie an andere Mitarbeiter übergeben werden.

Die Quality-Gate-Reviews sind formale Managementreviews zum Abschluss einer Phase. Im Rahmen dieser Reviews sind die verbindliche Freigabe von geforderten Ergebnissen und die Bestätigung der Erfüllung der Phasenziele vorgesehen, damit im Anschluss die nächste Phase begonnen werden kann. Gegebenenfalls können Maßnahmen definiert werden, die das Durchschreiten des Quality Gates verhindern, verzögern oder nur eingeschränkt gewähren.

(5) Fortschritt kontrollieren und Projekt steuern

Der fünfte Schritt beschreibt die stetige Erfassung und Bewertung des Projektfortschritts. Dabei ist es Aufgabe des Projektleiters, Abweichungen des Ist-Plans vom Soll-Plan zu analysieren. Im Fall einer Abweichung müssen Steuerungsmaßnahmen definiert, durchgeführt sowie deren Wirksamkeit geprüft werden.

Im Rahmen des vorgestellten Konzepts dient eine Selbstbewertung mit Ampelsystematik auf Basis der erstellten Quality-Gate-Liste unter anderem der Fortschrittskontrolle.

IV

(6) Zielerreichung kontrollieren

Im sechsten Schritt werden am Ende der jeweiligen Phase am Quality Gate zur nächsten Phase die erarbeiteten Ergebnisse mit den im zweiten Schritt definierten Phasenzielen verglichen und hinsichtlich ihrer Zielerfüllung bewertet. Dieses geschieht in Form eines Reviews auf Managementebene durch die Verantwortlichen der unterschiedlichen Disziplinen, der internen Kunden der Entwicklungsergebnisse und gegebenenfalls zusätzlich unter Einbeziehung der externen Kunden. Dabei steht in Erweiterung des klassischen Projektcontrollings neben Kosten und Terminen des Projekts gleichrangig der inhaltliche Projektreifegrad im Vordergrund. Es besteht die Möglichkeit, Aktivitäten der nachfolgenden Phase zu beginnen, ohne das Quality Gate formal durchschritten zu haben. Dieser Vorgang ist jedoch an Bedingungen geknüpft, beispielsweise die nachgelagerte, verbindliche Freigabe von Ergebnissen.

(7) Erkenntnisse aufbereiten

Nach Durchschreiten des Quality Gates werden die Ergebnisse der absolvierten Phase aufbereitet und zur Verfügung gestellt. Dadurch wird einerseits die Vorbereitung und Bearbeitung der nächsten Projektphase, andererseits der disziplinübergreifende Informationsaustausch mit anderen Projektbeteiligten erleichtert.

38.5.3.3 Beschreibungstechniken zur interdisziplinären Zusammenarbeit

Wie bereits erwähnt, werden als letzter Baustein des Gesamtkonzepts Beschreibungstechniken vorgestellt, um eine reibungslose interdisziplinäre Kommunikation zu unterstützen. Diese gestalten sich aufgrund unterschiedlicher Denkweisen, Begriffswelten und Techniken häufig schwierig. Die empfohlenen Beschreibungstechniken, die hierbei angewendet werden können, sind:

- die *Systemskizze* zur Beschreibung der Systemlandschaft und Definition der Systemgrenzen
- der *Systemstrukturbaum* mit Komponenten und Funktionen zur Beschreibung der hierarchischen Systemstruktur
- die *Ablaufskizze* mit Anforderungen an die Hauptfunktionen und repräsentative Abläufe
- das *Sequenzdiagramm* zur Beschreibung der Interaktion und der Informationsflüsse zwischen den Komponenten
- das *Zustandsübergangsdiagramm* zur Beschreibung des Verhaltens einzelner Komponenten bzw. des Systems
- das *Schnittstellendiagramm* zur Definition interner und externer Schnittstellen

Auf eine eingehende Erläuterung der Beschreibungstechniken wird hier verzichtet und stattdessen auf Schmidt und Geisberger (Schmidt et al. 2004) verwiesen. Es sei allerdings darauf hingewiesen, dass sich die auf der Unified Modelling Language basierende Systems Modelling Language (SysML) für die Modellierung komplexer Systeme sehr gut eignet. Aufgrund ihrer standardisierten Semantik sowie ihrer umfangreichen Visualisierungs- und Darstellungsformen bietet sie ein flexibel gestaltbares Anwendungsspektrum. Weiterführende Spezifikationen und Informationen sind im Internet frei zugänglich und unterliegen einer ständigen Weiterentwicklung (OMG 2013).

Das zentrale Dokument zur Strukturierung und Darstellung der disziplinübergreifenden Systembeschreibung und der Systemanforderungen ist die Systemspezifikation bestehend aus der Anforderungs- und Lösungsspezifikation. Sie entspricht somit einer Kombination aus Lasten- und Pflichtenheft. Als Basis für die Realisierung des Systems, der Systemintegration und der Qualitätssicherung muss die Systemspezifikation zum Ende der Phase *Lö-*

sungsspezifikation fertiggestellt sein. Neben der textlichen Erfassung der funktionalen, nicht funktionalen und impliziten Anforderungen können die genannten Beschreibungstechniken zur prinzipiellen Erarbeitung und Beschreibung von Anforderungen und des Systems dienen.
Das vorgestellte ProMiS-Konzept bietet durch das Phasenmodell mit den Quality Gates eine systematische Systementwicklung entlang des gesamten Entwicklungsprozesses. Durch die Quality-Gate-Systematik wird insbesondere dem Projektmanagement die sukzessive Definition und Überprüfung des Projektfortschritts ermöglicht. Zusätzlich gewährleistet sie die zeitliche und inhaltliche Synchronisation von disziplinspezifischen (Zwischen-)Ergebnissen, ohne die kreativen Gestaltungsspielräume der einzelnen Disziplinen zu beschneiden. Um die Abstimmung der Anforderungen und des Gesamtsystems zu unterstützen, sind Beschreibungstechniken als Hilfsmittel zur Spezifikation als dritter Baustein des Konzepts definiert worden (Abb. 38.23).
Insgesamt wird eine konsequente Ausrichtung am technischen Gesamtsystem gefordert, um so eine Optimierung zu erreichen.

38.6 Zusammenfassung und Ausblick

Einer Studie des Massachusetts Institute of Technology aus dem Jahr 2003 zufolge war die Mechatronik eine von zehn „Emerging Technologies“, die innerhalb der nächsten zehn Jahre unser Leben und Arbeiten stark beeinflussen sollte (Buderi 2003). Die aktuellen Diskussionen zu einer Industrie 4.0 und zum Einsatz „cyber-physischer Systeme“ weisen darauf hin, dass die Bedeutung der Mechatronik und die Konvergenz von Informationstechnik, Elektronik und Mechanik sich weiter fortsetzen wird. Den großen Potenzialen und Chancen der Mechatronik stehen auf Projektebene die klassischen Risiken der Termin- und Budgetüberschreitungen gegenüber. Aufgrund der komplexen Strukturen von mechatronischen Systemen und aufgrund des Zusammenwirkens unterschiedlichster Systemelemente über Fachdisziplinen hinweg sind zur Beherrschung der Unwägbarkeiten des Entwickelns geeignete Werkzeuge und Strukturen gegenüberzustellen.
Dieses Kapitel hat sich der Thematik des qualitätsgerechten Projektmanagements zur Entwicklung software-intensiver technischer Produkte angenommen und die grundlegenden Konzepte vorgestellt. Dazu wurden zunächst software-intensive technische Systeme als betrachtetes Objekt definiert. Anschließend wurden die besonderen Anforderungen an einen Entwicklungsprozess für die disziplinübergreifende Systematisierung genannt. Die aus den beteiligten Disziplinen hervorgegangenen Vorgehensmodelle wurden erläutert und ihre bedingte Eignung formuliert.
Die vorgestellten umfassenden Methodiken zum Management interdisziplinärer Entwicklungsprojekte sind die VDI-Richtlinie 2206 – Entwicklungsmethodik für mechatronische Systeme, das 3-Ebenen-Vorgehensmodell und das ProMiS-Konzept. Abschließend bleibt zu erwähnen, dass Vorgehensmodelle für interdisziplinäre Entwicklungsvorhaben sowie insbesondere die Umsetzung und Einführung dieser Modelle im Unternehmen aktueller Gegenstand der Forschung sind. Die größte Herausforderung

IV

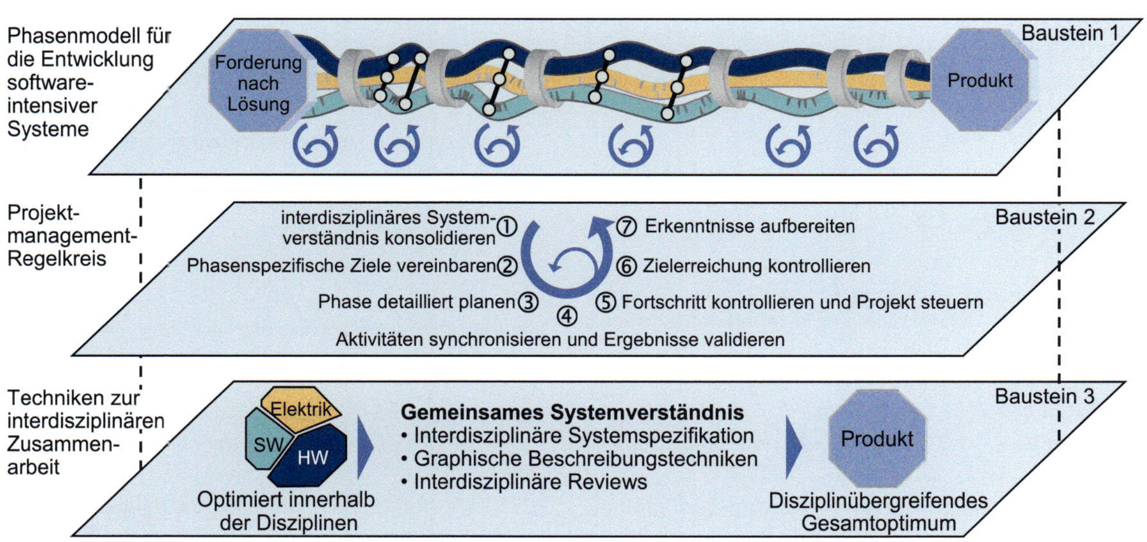

Abb. 38.23 Methodische Unterstützung für die Entwicklung software-intensiver Systeme

liegt in den Veränderungen, die im Unternehmen durch die Einführung der eigentlichen Vorgehensweise verursacht werden. Um eine qualitätsgerechte Entwicklung von software-intensiven technischen Produkten zu garantieren, ist die Anwendung eines Vorgehensmodells, das alle beteiligten Disziplinen gleichwertig einbezieht, allerdings Voraussetzung.

Literatur

Balzert, H.: Lehrbuch der Software-Technik. Software-Management, Software-Qualitätssicherung, Unternehmensmodellierung. Spektrum Akademischer Verlag, Heidelberg/Berlin 1998

Beck, K./Andres, D.: Extreme Programming Explained. Embrace Change. Addison-Wesley, 2000

Beck, K./Andres, D.: Extreme Programming Explained. Embrace Change. 2. Auflage. Addison-Wesley, 2004

Bender, K./Dominka, S./Koç, A./Pöschl, M./Russ, M./Stützel, B.: Embedded Systems – qualitätsorientierte Entwicklung. Springer Verlag, Berlin 2005

Birolini, A.: Qualität und Zuverlässigkeit technischer Systeme. Theorie, Praxis, Management. Springer Verlag, Berlin 1988

Boehm, B.: Software Engineering Economics. Prentice Hall, Englewood Cliffs 1981

Boehm, B.: Verifying and Validating Software Requirements and Design Specifications. In: IEEE Software, Jan. 1984. S. 75 – 88

Boehm, B.: A Spiral Model of Software Development and Enhancement. In: IEEE Computer, Bd. 21, Nr. 5, Mai 1988. S. 61 – 72

Buderi, R. (Hrsg.): 10 Emerging Technologies That Will Change the World. In: Technology Review, 106. Jg., Nr. 1, 2003. S. 33 – 49

Bund: Entwicklungsstandard für IT-Systeme des Bundes. Vorgehensmodell, Teil 1: Regelungsteil, Teil 3: Handbuchsammlung. Allgemeiner Umdruck Nr. 250/1, BWB IT, Koblenz, Juni 1997

Eversheim, W.: Sonderforschungsbereich (SFB) 361 – Modelle und Methoden zur Integrierten Produkt- und Prozessgestaltung. Arbeits- und Ergebnisbericht 1999/2000/2001. RWTH Aachen, Selbstverlag 2001

Eversheim, W./Schuh, G.: Integrierte Produkt- und Prozessgestaltung – Ergebnisse des Sonderforschungsbereiches (SFB) 361 der Deutschen Forschungsgemeinschaft (DFG) an der RWTH Aachen. Springer Verlag, Berlin 2005

Gajski, D./Kuhn, R.: Guest Editor's Introduction. New VLSI Tools. In: IEEE Computer, Bd. 16, Nr. 12, 1983. S. 11 – 14

Gausemeier, J./Ebbesmeyer, P./Kallmeyer, F.: Produktinnovation. Carl Hanser Verlag, München/Wien 2001

Harashima, F./Tomizuka, M./Fukuda, T.: Mechatronics – What Is It, Why, and How? An Editorial. In: IEEE/ASME Transactions on Mechatronics 1, 1996. S. 1 – 4

Isermann, R.: Mechatronische Systeme – Grundlagen. Springer Verlag, Berlin 1999

(a) Koller, R./Kastrup, N.: Prinziplösungen zur Konstruktion technischer Produkte. Springer Verlag, Berlin 1994

(b) Koller, R.: Konstruktionslehre für den Maschinenbau. Grundlagen zur Neu- und Weiterentwicklung technischer Produkte. 3. Auflage. Springer Verlag, Berlin 1994

Koordinierungs- und Beratungsstelle der Bundesregierung für Informationstechnik in der Bundesverwaltung im Bundesministerium des Innern (KBSt): Vorgehensmodell. Bundesanzeiger. Bd. 27/1. Aug. 1992

Koordinierungs- und Beratungsstelle der Bundesregierung für Informationstechnik in der Bundesverwaltung im Bundesministerium des Innern (KBSt): Das neue V-Modell® XT Release 1.2. Der Entwicklungsstandard für IT-Systeme des Bundes. 2004

Liggesmeyer, P./Rombach, D.: Software Engineering eingebetteter Systeme. Grundlagen – Methodik – Anwendung. Elsevier, München 2005

Object Management Group (OMG): The OMG Systems Modelling Language SysML, *http://www.omgsysml.org*

Pahl, G./Beitz W.: Konstruktionslehre. Methoden und Anwendung. 4. Auflage. Springer Verlag, Berlin 1997

Pahl, G./Beitz W.: Konstruktionslehre. Grundlagen erfolgreicher Produktentwicklung: Methoden und Anwendung. 6. Auflage. Springer Verlag, Berlin 2005

Pfeifer, T.: Qualitätsmanagement. Strategien – Methoden – Techniken. 3. Auflage. Carl Hanser Verlag, München/Wien 2001

(a) Pfeifer, T./Scheermesser, S.: Integriert entwickeln in interdisziplinären Projekten. In: QZ – Qualität und Zuverlässigkeit 12, 2002. S. 1255 – 1256

(b) Pfeifer, T.: European Conference on Software Quality. Helsinki, 09. – 12. 06. 2002

(a) Pfeifer, T./Voigt, T.: Leitfaden für das präventive und begleitende Qualitätsmanagement in der integrierten Entwicklung von Soft- und Hardware. Schlussbericht. FQS, Frankfurt a. M. 2004

(b) Pfeifer, T./Scheermesser, S./Müller, T./Voigt, T.: Präventives und begleitendes Qualitätsmanagement in der integrierten Soft- und Hardwareentwicklung. In: Tagungsband der FQS-Forschungstagung 2003. Frankfurt, 16. Oktober 2004

Prefi, T.: Qualitätsorientierte Unternehmensführung. P3, Aachen 2003

Royce, W.: Managing the Development of Large Software Systems. In: IEEE WESCON, Proceedings, August 1970. S. 1 – 9

Schätz, B. et al.: Entwicklung, Produktion und Service von Software für eingebettete Systeme in der Produktion. Abschlussbericht der Vordringlichen Aktion des Bundesministeriums für Bildung und Forschung. VDMA-Verlag, Frankfurt 2000

Schmidt, R./Geisberger, E.: ProMiS – Projektmanagement für interdisziplinäre Systementwicklungen. VDMA-Verlag, Frankfurt a. M. 2004

Schmidt, R.: Qualitätsgerechte Entwicklung software-intensiver technischer Systeme. Dissertation. RWTH, Aachen 2007

Sommerville, I.: Software Engineering. Pearson Education Limited, München 2001

Standish Group International: Extreme Chaos, 1994. URL: *http://www.standishgroup.com/sample_research/index.php* (Stand: 08/2006)

Standish Group International: Chaos Report, 2009. URL: *http://www.standishgroup.com/newsroom/chaos_2009.php* (Stand: 08/2013)

VDI: VDI-Richtlinie 2221 – Methodik zum Entwickeln und Konstruieren technischer Systeme und Produkte. VDI-Verlag, Düsseldorf 1993

IV

VDI: VDI-Richtlinie 2206 – Entwicklungsmethodik für mechatronische Systeme. VDI-Verlag, Düsseldorf 2004

Walker, R./Thomas, D.: A Model of Design Representation and Synthesis. In: 22nd Design Automation Conference, Las Vegas 1985. S. 453 – 459

Moore, G.: Cramming more components onto integrated circuits. In: Electronics, Bd. 38, Nr. 8, 19. April 1965

Software in sicherheitskritischen Systemen

39.1 Motivation **903**

39.2 Software Engineering für sicherheitskritische Systeme **904**
39.2.1 Die Entwicklungsmethoden 905
39.2.1.1 Die Analyse 906
39.2.1.2 Der Entwurf 907
39.2.1.3 Die Implementierung 907
39.2.2 Die Prüfung 907
39.2.2.1 Die Modulprüfung 908
39.2.2.2 Die Integration und die Integrationsprüfung 909
39.2.2.3 Die Systemprüfung 911

39.3 Organisatorische Aspekte **912**

39.4 Dokumentation und Auswertung von Prüfungen **913**

39.5 Standards **914**
39.5.1 Bedeutung von Standards 914
39.5.2 Prozessorientierte Standards 915
39.5.2.1 EN ISO 9001 915
39.5.2.2 ISO/IEC 15504: SPICE 916
39.5.2.3 AQAP-Standards 916
39.5.3 Anwendungsbereichsunabhängige technische Standards 916
39.5.4 Anwendungsbereichsspezifische technische Standards 916
39.5.4.1 DIN EN 50128 916
39.5.4.2 RTCA/DO-178C 917
39.5.4.3 ISO 26262 917

39.6 Zusammenfassung **917**

39 Software in sicherheitskritischen Systemen

Peter Liggesmeyer

Der weitaus größte Anteil der weltweit hergestellten Mikroprozessoren wird in eingebetteten Systemen – vom Haushaltsgerät bis zum Verkehrsflugzeug – verbaut. Viele Geräte, die wir täglich ganz selbstverständlich nutzen, gehören dieser Kategorie an. Eingebettete Systeme besitzen eine enorme technische und wirtschaftliche Bedeutung. Darüber hinaus beeinflussen sie unser tägliches Leben ständig und unausweichlich. Die Qualität derartiger Systeme wird durch das korrekte Zusammenwirken mechanischer und elektronischer Komponenten mit Software bestimmt. Eine Beurteilung von Qualitätsmerkmalen – z. B. Sicherheit – erfordert daher zwingend die Berücksichtigung der Softwarebestandteile. Vereinfacht formuliert, geht von Software allein niemals Gefahr – d. h. ein Sicherheitsrisiko – aus. Erst durch die Integration von Software in ein technisches System können Softwarefehler zu Gefährdungen führen. Die Analyse der Wirkungsweise von Software im Kontext des technischen Systems erfordert daher z. B. auch die Betrachtung der Sensoren und Aktoren. Einerseits reicht die Untersuchung der Software allein nicht aus. Andererseits wird das Verhalten der Software unter Berücksichtigung des Gesamtsystems spezifiziert, sodass Maßnahmen zur Gewährleistung der korrekten Umsetzung der Spezifikation in Software risikomindernd wirken, obwohl sie nur die Software betreffen. Die Entwicklung von Software für sicherheitskritische Systeme erfordert entsprechend angepasste Prozesse, geeignete Konstruktionstechniken und leistungsfähige Analyse- und Prüftechniken. Welche Prozesse, Methoden und Techniken verwendet werden müssen, wird besonders in sicherheitskritischen Anwendungsbereichen durch Standards explizit geregelt. Schließlich gibt es Anwendungsbereiche, in denen eine Zulassung für den Betrieb erforderlich ist. So ist z. B. für den Betrieb von Schienenfahrzeugen in Deutschland eine Zulassung des Eisenbahn-Bundesamtes erforderlich. Die geforderten Nachweise müssen natürlich auch die Software mit einschließen.

39.1 Motivation

Einerseits gibt es unterschiedliche Angaben zu jenem Anteil der weltweit hergestellten Mikroprozessoren, die in technischen Systemen und eben nicht in *General Purpose*-Computern verbaut werden. Andererseits herrscht Einigkeit, dass dieser Anteil größer als 90 Prozent ist. Mindestens neun von zehn Mikroprozessoren verrichten ihren Dienst oft unbemerkt in Geräten unterschiedlichster Art. Kein Mikroprozessor arbeitet ohne eine entsprechende Software. Tatsächlich wird in vielen modernen Systemen der Großteil der Funktionalität durch Software realisiert. So gibt z. B. Siemens an, dass mehr als 60 Prozent der weltweiten Wertschöpfung des Konzerns durch Software geschieht (Achatz/Paulisch 2003). Eingebettete Software wird in Unternehmen der sogenannten Software-Sekundärbranchen (aus Softwaresicht) entwickelt. Software ist dort nicht Produkt, sondern heute meistens unverzichtbarer Produktbestandteil. Beispiele für Produkte der Software-Sekundärbranchen sind Kraftfahrzeuge, Mobiltelefone oder Computer-Tomographen. Im Gegensatz dazu entwickeln Unternehmen der Software-Primärbranche Software als Produkt, z. B. Betriebssysteme oder Textverarbeitungsprogramme.

In Deutschland übersteigt die Anzahl der Arbeitsplätze in den Software-Sekundärbranchen – also in jenen Branchen, in denen eingebettete Systeme entwickelt werden – die der Arbeitsplätze in den Software-Primärbranchen um ein Vielfaches. Eingebettete Systeme besitzen offensichtlich eine beachtliche volkswirtschaftliche Bedeutung (Broy/Rombach 2000).

Neben der betriebs- und volkswirtschaftlichen Rolle kommt eingebetteten Systemen eine besondere technische Bedeutung zu. Die ersten Mikroprozessoren, die mit entsprechender Software in technische Systeme eingebaut wurden, haben sicherlich im Wesentlichen Aufgaben übernommen, die zuvor durch Hardware gelöst wurden. Dies hat sich grundlegend geändert: Die Funktionen, die heute durch Software in technischen Systemen übernommen werden, können in Hardware oft nicht oder nur unter großen Schwierigkeiten realisiert werden. So ist z. B. ein komplett hardwaremäßig realisiertes Mobiltelefon praktisch undenkbar. Einerseits ist festzustellen, dass viele Lösungen, die uns heute selbstverständlich und kostengünstig zur Verfügung stehen, nur in Software realisiert werden können. Es gibt oft keine Alternative. Andererseits wäre dies ohne die beachtlichen Fortschritte in der Hardware nicht denkbar. Die Entwicklung eingebetteter Systeme erfordert gleichermaßen Innovationen in der Hardware und der Software, die im Sinne einer tatsächlichen Systementwicklung aufeinander abgestimmt sein müssen. Darüber hinaus sind praktisch alle heute relevanten Systeme vernetzt. So verfügt z. B. ein Pkw der Oberklasse heute bereits über mehr als 100 Mikrocomputer, die miteinander kommunizieren. Dieser Trend wird sich in Zukunft noch verstärken. Die Verteilung von Funktionalität bietet einerseits Vorteile; sie schafft andererseits aber auch Nachteile, die geeignet adressiert werden müssen.

Eingebettete Systeme beeinflussen praktisch ständig unser Leben. Wir können dies kaum ändern und wollen es wohl auch im Regelfall nicht. Denn eingebettete Systeme tragen dazu bei, die Sicherheit beim Autofahren zu erhöhen, sie ermöglichen Telefongespräche, sie tragen dazu bei, Krankheiten frühzeitig zu erkennen und unterstützen zahlreiche weitere Dienste. Man kann davon ausgehen, dass viele Menschen darauf nicht verzichten wollen.

Eingebettete Systeme interagieren oft ohne klassische Benutzerschnittstelle wie Tastatur, Bildschirm usw. direkt mit ihrer Umgebung. Viele eingebettete Systeme sind oft durch zusätzliche oder gesteigerte Anforderungen charakterisiert. Dies wird z. B. durch Restriktionen (Speicher, Kosten, Energievorrat) oder Anforderungen aufgrund sicherheitskritischer Anwendungsbereiche (Medizintechnik, Luftfahrt) verursacht. Typische Anforderungen eingebetteter Systeme betreffen z. B.:

- *Sicherheit:* keine inakzeptabel hohen Risiken
- *Zuverlässigkeit, Verfügbarkeit:* Datensicherheit, geringe Stillstandszeiten, seltene Ausfälle
- *Effizienz:* geringer Energieverbrauch, niedriges Gewicht und kleine Abmessungen, akzeptable Kosten
- Optimierung für *spezielle Anwendungsdomänen*
- *Echtzeitanforderungen, Reaktivität*

In den Software-Sekundärbranchen wird Software oft zur Realisierung neuer und risikobehafteter Funktionalitäten eingesetzt – z. B. fahrerlose Schienenverkehrssysteme oder automatische Notbremsfunktionen für Kraftfahrzeuge. Gleichzeitig müssen diese Funktionen nach hohen Qualitätsmaßstäben entwickelt werden, da ansonsten finanzielle Verluste, Produkthaftung bzw. Rückrufaktionen oder strafrechtliche Konsequenzen drohen. Deshalb ist die ingenieurmäßige Softwareerstellung insbesondere in diesen Branchen besonders wichtig. Vorreiter waren die Bereiche Luft- und Raumfahrt, Bahn- sowie Medizintechnik.

Software Engineering für sicherheitskritische Systeme ist eine wichtige Disziplin, die zwischen dem „klassischen" Software Engineering und dem System Engineering angesiedelt ist. Sie adaptiert Techniken, Methoden und Prozesse aus diesen Disziplinen und ergänzt zusätzliche Vorgehensweisen und Lösungsmöglichkeiten im Hinblick auf den Umgang mit Sicherheitskritikalität.

Jeder Computer benötigt zuverlässige Software, um die gewünschte Funktion erbringen zu können. Während

Hardware ständig kleiner, leistungsfähiger und kostengünstiger wird, wird die Software umfangreicher, komplizierter und teurer. Die Wertschöpfung wird in vielen Bereichen, die von Laien nicht unbedingt mit Software in Verbindung gebracht werden - z. B. in der Automobiltechnik - im Wesentlichen durch Software erzielt. Software hat sich zu einem zentralen „Werkstoff" des Informationszeitalters entwickelt. Viele Produkte und Dienstleistungen sind ohne zuverlässige Software nicht mehr denkbar. Komplizierte Software kann nicht mehr von wenigen Personen „programmiert" werden. Vielmehr erfordert die arbeitsteilige Erstellung von Software eine geplante, koordinierte, systematische Vorgehensweise, an der die eigentliche Programmierung nur einen vergleichsweise kleinen Anteil besitzt. Derartige systematische Herangehensweisen sind aus traditionellen Ingenieurdisziplinen bekannt. Die „Ingenieurdisziplin der Software-Entwicklung" heißt Software Engineering Sie beschäftigt sich analog zu anderen Ingenieurdisziplinen mit Fragestellungen der Erstellung nach ingenieurmäßigen Prinzipien. Systematische Methoden, System- und Prozesstechnik sowie empirisch fundierte Vorhersagemodelle bilden dabei die Grundlage des Software-Engineering.

IV

39.2 Software Engineering für sicherheitskritische Systeme

Software Engineering ist seit einigen Jahrzehnten eine eigenständige Disziplin. Sie befasst sich mit der Erforschung von Prozessen, Methoden, Techniken und Werkzeugen zur Software-Entwicklung. Software Engineering wird nicht zuletzt aufgrund der starken Produktorientierung und der angestrebten Systematik als Ingenieurdisziplin verstanden.

Im Software Engineering unterscheidet man Entwicklungsprozesse, die die Arbeitsabläufe und die Organisation regeln, von Techniken, die bei der Durchführung von Arbeitsschritten verwendet werden. Bei den Techniken existiert eine Zweiteilung in Konstruktions- und Qualitätssicherungstechniken. Neben den allgemein anerkannten Praktiken zur Entwicklung hochqualitativer Software existieren explizite Regelungen für die Entwicklung und Qualitätssicherung von Software für sicherheitskritische Anwendungsbereiche. So treten zu den „konventionellen" Techniken zur Modellierung von Software z. B. Techniken zur Modellierung und Analyse spezieller Eigenschaften hinzu. Dazu zählen z. B. quantitative Sicherheits- und Zuverlässigkeitsanalysen sowie Verfahren zur Analyse von Zeitverhalten im Zusammenhang mit Echtzeitanforderungen.

Andere Techniken sind grundsätzlich auch auf nicht sicherheitskritische Software anwendbar; ihre Bedeutung für die Entwicklung sicherheitskritischer Software ist aber größer. Dies gilt z. B. für formale Spezifikations- und Verifikationstechniken. Diese profitieren von den oft hohen Korrektheitsanforderungen und Sicherheitsproblemen, die aus Restfehlern resultieren könnten. Um diese weitgehend auszuschließen, werden formale Techniken insbesondere zur Entwicklung sicherheitskritischer Software in gewissem Umfang verwendet.

Softwareentwicklungsprozesse

Entwicklungsprozesse regeln die gesamten Arbeitsabläufe in der Softwareentwicklung. In einigen Anwendungsgebieten ist die Einhaltung bestimmter Entwicklungsprozesse verbindlich. So ist z. B. die Entwicklung entsprechend des Vorgehensmodells der Bundesverwaltung (V-Modell) außer für den Bereich der **Bundesverwaltung** auch für militärische Entwicklungen verbindlich. Die aktuelle Fassung ist das V-Modell XT (Rausch/Broy 2006).

Der klassische Entwicklungsprozess folgt dem sogenannten Wasserfallmodell. Dieses Modell sieht vor, dass der Entwicklungsprozess in Phasen aufgeteilt wird, und dass jede Phase abgeschlossen wird, bevor die nachfolgende Phase begonnen wird. Häufig wird es als nachteilig empfunden, dass Modifikationen an dem zu entwickelnden Softwareprodukt nur schwierig möglich sind. Die Anforderungen müssen zu einem frühen Zeitpunkt erfasst werden und können, nachdem sie festgeschrieben sind, kaum an geänderte Wünsche angepasst werden. Entwicklungsprozesse, die einem Phasenmodell folgen, besitzen für die Software-Qualitätssicherung den Vorteil, dass eine feste Prüfreferenz existiert, gegen die die Prüfung stattfinden kann. Darüber hinaus entstehen zu einem frühen Zeitpunkt Anforderungsdokumente - z. B. Lastenhefte -, die als Vertragsgrundlage dienen können. Aufgrund der expliziten Phasen erhält man eine entsprechende Abgrenzung der Tätigkeiten, die sich als Basis für eine arbeitsteilige Entwicklung anbietet. Die Softwareentwicklung wird in klar abgegrenzte Phasen unterteilt, die weiter in untergeordnete Arbeitspakete aufgeteilt werden. Diese nachvollziehbare Struktur begünstigt ein geeignetes Projektmanagement. Ein Projektplan ist leicht zu erstellen. Aufgrund der deutlich unterscheidbaren Arbeitspakete und Phasen ist die Projektverfolgung unkompliziert. Viele sehr umfangreiche Softwareprodukte und insbesondere sicherheitskritische Software werden mit Entwicklungsprozessen erzeugt, denen ein Phasenmodell zugrunde liegt.

In einigen Fällen ist eine abschließende Festlegung der Anforderungen in einer frühen Phase nicht zu leisten. Hier kann die Nutzung von prototyporientierten Entwicklungsprozessen ein Ausweg sein. Man unterscheidet „Wegwerfprototypen" und „evolutionäre Prototypen". Im Grunde dienen Prototypen der Beseitigung von Unklarheiten z. B. im Hinblick auf Anforderungen oder die technische Machbarkeit. Wegwerfprototypen werden mit speziellen Entwicklungsmethoden erstellt, die eine schnelle Realisierung gewährleisten, aber sich in der Regel für die Entwicklung des realen Zielsystems nicht eignen. Nachdem das Ziel des *Rapid Prototypings* erreicht ist, wird ein derartiger Prototyp „weggeworfen" und die Entwicklung beginnt erneut. Evolutionäre Prototypen werden nicht verworfen, sondern zum vollständigen Produkt ausgebaut. In diesem Zusammenhang findet man auch den Begriff des Pilotsystems, das bereits den Kern des gewünschten Produkts bildet. Falls die Kernfunktionalität festgelegt ist, so kann diese zur Entwicklung eines Produkts dienen, das ausgeliefert wird. Die Erfahrungen aus der Nutzung dieses Kernsystems unterstützen die Definition der Anforderungen für die folgende Ausbaustufe. Man erhält einen evolutionären Entwicklungsprozess. Innerhalb jeder Versionsentwicklung kann z. B. nach einem konventionellen Phasenmodell entwickelt werden. Viele langlebige Softwareprodukte entstammen einem evolutionären Entwicklungsprozess, da ausgehend von einem Kernsystem ständig weitere Funktionen ergänzt werden. Im Gegensatz zum evolutionären Modell versucht man beim inkrementellen Modell, die Anforderungen möglichst vollständig zu ermitteln. Anschließend wird aber nur ein Kernsystem entwickelt und ausgeliefert. Die fehlenden Anforderungen werden in den folgenden Versionen realisiert. Das inkrementelle Modell ist ein evolutionäres Modell, bei dem bereits zu Beginn alle Anforderungen bekannt sind. Das inkrementelle Modell besitzt insbesondere den Vorteil, dass in kurzer Zeit ein Produkt verfügbar ist, das die wichtigsten Funktionen bietet.

Seit einigen Jahren sind sogenannte agile Prozesse in den Fokus des Interesses gerückt. Dieser Ansatz sieht eine Entwicklung in schnellen Iterationen vor, die den Zweck haben, durch Validierung mit dem Kunden ein erwartungskonformes Softwareprodukt zu garantieren. Eine hinreichende Qualität wird durch die konsequente Durchführung von qualitätssichernden Aktivitäten gewährleistet.

39.2.1 Die Entwicklungsmethoden

Man unterscheidet informale, semiformale (auch formatierte) und formale Entwicklungsmethoden. Informale Ansätze – z. B. umgangssprachlicher Text – haben noch eine gewisse Verbreitung. Sie sind einfach und universell einsetzbar, gestatten aber keine unmissverständliche Darstellung. Aufgrund fehlender automatischer Überprüfungsmöglichkeiten, schlechter Visualisierung und unzureichender Abstraktions- und Strukturierungsmechanismen, die besonders für umfangreiche Software erforderlich sind, eignen sie sich im Grunde nur für unkritische Software mit kleinem Umfang. Ein ständig zunehmender Teil der industriellen Softwareproduzenten interessiert sich seit Beginn der 1980er Jahre für sogenannte formatierte Techniken. Kennzeichnend für formatierte Techniken ist, dass ihrer Notation eine feste Syntax zugrunde liegt, zur Interpretation der Inhalte aber Anwendungswissen erforderlich ist. Zu den formatierten Techniken gehören insbesondere die funktional dekomponierenden Techniken, z. B. *Strukturierte Analyse (SA)* und *Strukturierter Entwurf (SD)*, die ihren Höhepunkt in den 1980er Jahren erreichten, und die objektorientierten Analyse- und Entwurfstechniken (z. B. *UML*), die diese seit den 1990er Jahren zunehmend ersetzen.

Formatierte Techniken bestehen stets aus mehreren Basistechniken, die eine Beschreibung aus unterschiedlichen Sichten ermöglichen. Auffallend an formatierten Techniken ist die explizite Bereitstellung von Abstraktions-, Hierarchisierungs- und Modularisierungsmechanismen. Durch die formale Syntax der Struktur sind automatische Konsistenzprüfungen möglich. All dies sind Eigenschaften, die explizit auf die Beherrschung umfangreicher Software ausgerichtet sind. Einerseits sind diese Techniken komplizierter als die informalen Techniken und die Anwendbarkeit ist etwas eingeschränkter. Andererseits erzielt man einen Präzisionsgewinn. Bei den formatierten Techniken werden funktional dekomponierende Techniken zunehmend durch objektorientierte Techniken verdrängt. Der Standard ist zurzeit die sogenannte *Unified Modeling Language (UML)* einschließlich diverser Erweiterungen. Bereits seit den 60er Jahren sind formale Techniken verfügbar. Ihre Beschreibungsmächtigkeit ist begrenzt durch die Notwendigkeit, die Sprache für die formale Semantikdefinition klein zu halten. Die erstellten Beschreibungen sind eindeutig. Aufgrund oft unbefriedigender Eigenschaften im Hinblick auf Abstraktion, Strukturierung und Visualisierung ist der typische Anwendungsbereich die Entwicklung kleiner, kritischer Software. Eine Ausnahme im Hinblick auf die behandelbaren Softwareumfänge bilden bei den formalen Techniken die automatenbasierten Ansätze. Sie sind aufgrund effizienter Darstellungsmöglichkeiten auf extrem große Softwaresysteme anwendbar. Formale Techniken werden in der Praxis eher selten genutzt. Die Verwendung formatierter Techniken ist Stand der Praxis. Diese Techniken werden daher im Folgenden näher dargestellt.

Im Bereich der Softwareentwicklung sind ausgehend von einfachen, strukturierten Methoden (z. B. SADT) zunächst systematische Techniken entstanden, die man im Allgemeinen als formatierte Techniken bezeichnet. Die erste dieser Techniken, die eine nennenswerte Verbreitung in der Praxis gefunden hat, war Ende der 1970er Jahre die *Structured Analysis (SA)* (DeMarco 1985). Diese Technik wurde von den ersten CASE-Werkzeugen unterstützt. Strukturierte Analyse ist eine Technik zur Beschreibung der Funktionsanforderungen an Softwaresysteme. Die Technik basiert auf der Methode der sogenannten funktionalen Dekomposition. Man identifiziert Funktionen, die so lange in Teilfunktionen zerlegt werden, bis die elementaren Funktionen einen hinreichend kleinen, geeigneten Umfang besitzen. Ein Beispiel für eine funktional dekomponierende Entwurfstechnik ist *Structured Design (SD)* (Yourdon/Constantine 1979). *Structured Analysis* setzt sich aus mehreren sogenannten Basistechniken zusammen, z. B. aus Datenflussdiagrammen, Syntaxbeschreibungen in der Backus-Naur-Form und Entity-Relationship-Modellen sowie Beschreibungen in Prosa. Die Struktur von SA-Diagrammen ist klar definiert. Dies erlaubt es, syntaktische Prüfungen automatisch durchzuführen, sodass insbesondere in großen SA-Modellen Konsistenzprüfungen möglich sind. Strukturierte Analyse bietet Abstraktions-, Hierarchisierungs- und Modularisierungsprinzipien und unterstützt so die Entwicklung sehr umfangreicher Softwaresysteme. Die Semantik von SA-Modellen ist nicht formal festgelegt und kann aufgrund der Einbeziehung von Prosabeschreibungen nicht formal festgelegt werden. Zur Interpretation der Bedeutung von SA-Modellen benötigt man Sachverstand aus dem modellierten Anwendungsbereich. Diese Kombination aus präzise definierter Syntax und informeller Semantik ist charakteristisch für formatierte Techniken. *Structured Analysis* wurde später für die Anwendung in technischen Bereichen erweitert. Von mehreren Autoren wurden unterschiedliche Varianten der Technik *Structured Analysis/Real Time Analysis (SA/RT)* vorgeschlagen (siehe z. B. Hatley/Pirbhai 1987).

Heute verdrängen objektorientierte Entwicklungsmethoden die funktional dekomponierenden Techniken in hohem Maße. Das Gleiche gilt für objektorientierte Programmiersprachen. Es ist eine deutliche Tendenz weg von den klassischen prozeduralen Programmiersprachen hin zu objektorientierten Programmiersprachen zu beobachten. Am deutlichsten ist dies vermutlich beim Wechsel von C nach C++ und Java zu erkennen. Obwohl objektorientierte Programmiersprachen bereits seit langem bekannt sind, entstanden die dazu passenden objektorientierten Analyse- und Entwurfstechniken erst erheblich später. Das zunehmende Interesse der Industrie an objektorientierten Entwicklungsmethoden existiert etwa seit Mitte der 1990er Jahre. Auch die objektorientierten Ansätze gehören zu den formatierten Techniken. Die Syntax der Strukturen ist klar definiert, während die Bedeutung der Diagramme nicht vollständig definiert ist. Auch objektorientierte Techniken bieten explizite Abstraktions-, Hierarchisierungs- und Modularisierungsprinzipien. Darüber hinaus unterstützen sie in hervorragender Weise das sogenannte Lokalitäts- und das Geheimnisprinzip durch die Bildung von Klassen, in denen Daten lokal gekapselt werden können. Die Einhaltung dieses Prinzips sorgt für eine hohe Portabilität von Softwaresystemen und begünstigt gleichzeitig deren Änderbarkeit. Objektorientierte Techniken existieren sowohl für die Analyse- als auch für die Entwurfs- und die Implementierungsphase. Im Bereich der Analyse- und Entwurfstechniken hat sich die *Unified Modeling Language (UML)* als Industriestandard herausgebildet.

Die Nutzung einer klar definierten Entwicklungsmethodik ist wichtig für die Softwareprüfung. Für die Prüfaktivitäten müssen Referenzen zur Verfügung stehen. Oft ist gefordert, dass diese Prüfreferenzen bestimmte Eigenschaften besitzen. Daher ist es sinnvoll, insbesondere in die Qualitätssicherung der Entwicklungsdokumente Personen einzubinden, die diese Dokumente zu einem späteren Zeitpunkt als Prüfreferenzen nutzen.

39.2.1.1 Die Analyse

Die klassischen funktional dekomponierenden Techniken besitzen eine relativ einfache Notation zur Beschreibung der Funktionalität. Die Notation der strukturierten Analyse umfasst im Wesentlichen Datenflussdiagramme, ein sogenanntes *Data Dictionary* in Backus-Naur-Form und *Entity-Relationship-Modelle*. In SA/RT treten Zustandsautomaten und Entscheidungstabellen hinzu. Diese relativ kleine und damit überschaubare Notation besitzt insbesondere den Vorteil, dass es für bestimmte zu beschreibende Eigenschaften eine eindeutige Beschreibungsmöglichkeit gibt. Nachteilig ist, dass für einige Eigenschaften keine Notationsmöglichkeit vorhanden ist. Es fehlen entsprechende Beschreibungselemente. Das gilt insbesondere für das Zeitverhalten und für Sicherheits-, Zuverlässigkeits- und Verfügbarkeitseigenschaften. Ebenfalls nachteilig ist die relativ schlechte Abgeschlossenheit der entstehenden Beschreibung aufgrund der funktional dekomponierenden Vorgehensweise. Ein echtes Geheimnisprinzip im Sinne des Verbergens der Interna eines Moduls gegenüber der Umgebung existiert nicht.

Objektorientierte Analysemethoden besitzen eine vergleichsweise umfangreiche Notation. Dies gilt insbesondere für die verbreite Methode UML. Die umfangreiche Notation führt dazu, dass bestimmte Eigenschaften auf unterschiedliche Weise beschrieben werden können. Die Notation bietet Wahlmöglichkeiten. Die Art der Modellierung ist zum Teil von persönlichen Vorlieben abhängig.

Dies ist im Hinblick auf eine eindeutige Systembeschreibung nachteilig. Eine positive Eigenschaft der objektorientierten Analysemethoden ist die hervorragende Unterstützung des Geheimnisprinzips. Darüber hinaus wird erwartet, dass die hervorragenden Modularisierungs- und Hierarchisierungseigenschaften objektorientierter Techniken mehrere Qualitätseigenschaften positiv beeinflussen (z. B. die Wartbarkeit). Außerdem ist es offensichtlich einfacher möglich, geeignete objektorientierte Analyseklassen zu identifizieren, als entsprechend geeignete Analysefunktionen in einer funktional dekomponierenden Methode. Bestimmte Qualitätseigenschaften - z. B. Sicherheit, Zuverlässigkeit, Verfügbarkeit - können auch mit objektorientierten Methoden nur eingeschränkt beschrieben werden. Erweiterungen - z. B. *Real-Time* UML oder SysML - bieten hier gewisse, aber begrenzte Möglichkeiten. Objektorientierte Analysetechniken besitzen im Vergleich zu funktional dekomponierenden Analysetechniken die folgenden Vorteile:

- bessere Realisierung des Geheimnisprinzips
- bessere Modularisierungs- und Hierarchisierungsprinzipien
- einfachere Partitionierung von Systemen in Klassen

Wenige Unterschiede existieren zwischen beiden Welten in Bezug auf die Fähigkeit zur Beschreibung nicht-funktionaler Qualitätseigenschaften wie Sicherheit, Zuverlässigkeit, Verfügbarkeit und Echtzeitfähigkeit. In diesem Bereich wird es erforderlich sein, auch in der objektorientierten Modellierung Erweiterungen vorzunehmen. Nachteilig ist die umfangreiche Notation insbesondere der objektorientierten Methode UML. Es ist zu erwarten, dass Beschränkungen der Notation im Hinblick auf die Anwendbarkeit dieser Technik in kritischen Anwendungsbereichen durchgeführt werden müssen. Die Analysedokumente bilden die Basis für die Prüfung des fertig integrierten Softwaresystems. In der Praxis spricht man vom Systemtest.

39.2.1.2 Der Entwurf

In der klassischen Softwareentwicklung sind zwei unterschiedliche Entwurfsprinzipien verbreitet: Der strukturierte Entwurf *(Structured Design, SD)* und der Entwurf nach Datenabstraktion. Der strukturierte Entwurf ist in allen gängigen klassischen Programmiersprachen einwandfrei umsetzbar. Leider unterstützen derartige Architekturen das Geheimnisprinzip nur sehr eingeschränkt. Modularisierungs- und Hierarchisierungsprinzipien werden unterstützt. Der Entwurf nach Datenabstraktion begünstigt das Geheimnisprinzip. Datenabstraktionen sind jedoch nur in einigen wenigen klassischen Programmiersprachen realisierbar. Ein Beispiel ist die Programmiersprache ADA. Ein Nachteil der funktional dekomponierenden Methoden ist der Bruch beim Übergang von der Analyse zum Entwurf. Eine für die Analyse geeignete Aufteilung der Funktionen muss nicht zwangsläufig eine softwaretechnisch gute Architektur ergeben.

Objektorientierte Entwurfstechniken bieten eine hervorragende Unterstützung des Modularisierungs-, Hierarchisierungs- und Geheimnisprinzips. Alle objektorientierten Techniken enthalten jedoch Möglichkeiten, diese Prinzipien zu durchbrechen. Es ist darauf zu achten, dass dies nicht geschieht. Mit objektorientierten Techniken können leicht sogenannte Entwurfsmuster realisiert werden. Diese Entwurfsmuster besitzen präzise definierte Eigenschaften. Sie können zur zielgerichteten Definition von Architekturen dienen. Diese Architekturen können so konstruiert werden, dass sie bestimmte gewünschte Eigenschaften besitzen. Objektorientierte Entwurfstechniken besitzen einige deutliche Vorteile im Vergleich zu den funktional dekomponierenden Entwurfstechniken. Darüber hinaus bleibt der methodische Bruch zwischen Analyse und Entwurf aus. Die Entwurfsdokumente bilden die Basis für die Prüfung der Interaktion zwischen Modulen. Diese Prüfung wird im Integrationstest durchgeführt. Die während des Entwurfs erstellten Modulspezifikationen sind die Prüfreferenz für den Modultest.

39.2.1.3 Die Implementierung

Sowohl zur Anwendung klassischer nicht-objektorientierter Programmiersprachen wie C, Pascal oder ADA als auch für einige objektorientierte Programmiersprachen (z. B. Java) existieren umfangreiche Erfahrungen. Während Programmiersprachen wie Pascal und ADA softwaretechnisch als besonders gute Sprachen eingestuft werden, gilt dies für die Programmiersprache C nicht. Das hat die weite Verbreitung von C jedoch nicht deutlich behindert. C++ und Java besitzen im Vergleich zu C einige Vorteile. Dennoch sind nicht alle Probleme beseitigt. Zum Teil wird versucht, die Schwächen durch die Definition von Programmierkonventionen zu beheben. Besonders wichtig ist die Beachtung von Programmierkonventionen für die Entwicklung von sicherheitskritischer Software. Der am Ende der Implementierung existierende Programmcode bildet die Basis für den strukturorientierten Test.

39.2.2 Die Prüfung

Die Prüfung von Softwaresystemen findet heute allgemein akzeptiert in Phasen statt. Das Ziel des Modultests ist die Überprüfung einzelner Komponenten (Module) gegen ihre Spezifikation. Die Modulspezifikation ist typischerweise Ergebnis des Feinentwurfs. Im Modultest sind alle

Feinheiten eines zu prüfenden Moduls relevant. Seine Beziehungen zur Umgebung spielen jedoch noch keine Rolle. Das Ziel des Integrationstests ist die Überprüfung des Interagierens verschiedener Module über Schnittstellen. In dieser Phase sind der innere Aufbau von Modulen und von der derzeit betrachteten Schnittstelle weit entfernte Schnittstellen nicht relevant. Insbesondere der Integrationstest wird in der Praxis häufig in mehrere untergeordnete Phasen aufgeteilt. Oft findet man einen Subsystemintegrationstest und einen Systemintegrationstest. Ferner findet sich oft ein sogenannter Hardware-Software-Integrationstest. Es ist allgemein akzeptiert, dass Integrationstests inkrementell schritthaltend zur Integration des Systems durchgeführt werden. Ein sogenannter nicht inkrementeller Integrationstest, bei dem die Module in einem Schritt zum Gesamtsystem zusammengefügt werden, hat sich als nicht geeignet erwiesen. Die Ziele des Systemtests sind die Prüfung der Funktion, Leistung und Qualität des fertig integrierten Systems gegen die Anforderungsdokumente. Im Systemtest werden die inneren Strukturen von Systemen nicht betrachtet.

Die Vorgehensweise in Phasen gestattet eine sinnvolle Prüfung auch großer Systeme, da die Komplexität aufgrund der verwendeten Abstraktionsniveaus jeweils beherrschbar bleibt. Entscheidend ist, dass für die jeweilige Prüfphase die erforderlichen Spezifikationen identifiziert werden können. Diese sind Ergebnisse der frühen Entwicklungsphasen. Daher ist es erforderlich, bei einer Optimierung der Prüfung die frühen Phasen der Entwicklung mitzubetrachten.

IV

39.2.2.1 Die Modulprüfung

In der Praxis wird für die Modulprüfung oft der Begriff Modultest verwendet. Natürlich kann die Modulprüfung auch mit statischen Analysetechniken oder formalen Beweisverfahren durchgeführt werden. Die Bezeichnung Modultest ist aus diesem Grund irreführend. Das Ziel des Modultests ist die Überprüfung eines einzelnen Moduls. Unter einem Modul versteht man im Allgemeinen die kleinste sinnvoll unabhängig testbare Einheit eines Programms. In der funktional dekomponierenden Softwareentwicklung werden die Funktionen bzw. Prozeduren typischerweise als Module verstanden. In der objektorientierten Softwareentwicklung bilden in der Regel die Objekte bzw. Klassen die Module. Ein zu prüfendes Modul wird für die Modulprüfung aus seinem Kontext herausgelöst. Da im Allgemeinen aufrufende Module und aufgerufene Module fehlen, ist ein einzelnes Modul nicht ablauffähig. Die fehlenden überlagerten und unterlagerten Module müssen durch künstliche Module für den Test ersetzt werden. Ersetzende aufrufende Module heißen Treiber (*Driver*). Stellvertreter für fehlende unterlagerte Dienste bezeichnet man als *Dummies*. Weil das zu testende Modul an seinen Schnittstellen in die künstliche Testumgebung eingebettet wird, bezeichnet man Treiber und *Dummies* zusammen auch als Testbett oder Testrahmen. Die Erstellung dieses Testrahmens kann aufwendig sein. Man sollte daher versuchen, Testrahmen, soweit möglich, automatisch zu erzeugen. Die einschlägigen Werkzeuge bezeichnet man als Testrahmen-Generatoren. Eine automatische Testrahmen-Generierung ist oft nicht vollständig möglich. Verantwortlich sind die Eigenschaften vieler Programmiersprachen, die keine vollständige Schnittstellenspezifikation vorsehen. So gestatten viele Programmiersprachen z.B. keine saubere Unterscheidung zwischen Ausgabeparametern und transienten Parametern anhand der Schnittstellensyntax. In einigen Fällen kann der Aufwand für die Erzeugung des Testrahmens durch den gemeinsamen Modultest mehrerer Funktionen bzw. Objekte reduziert werden. Das Modul besteht dann aus einer kleineren Menge von Funktionen bzw. Objekten. Es ist wichtig, beim Modultest nicht zu viele Funktionen bzw. Objekte zusammenzufassen. Dies würde die Testdurchführung erschweren. Im Modultest können nur Fehler gefunden werden, die sich auf das einzelne, betrachtete Modul beziehen. Fehler, die durch die Interaktion mehrerer Module zustande kommen, werden im Modultest nicht erkannt. Im Modultest betrachtet man Realisierungsdetails. Bei einer geeigneten Modularisierung ist die Komplexität beherrschbar, da jedes Modul für sich betrachtet wird und Schnittstellen zu anderen Modulen zunächst unberücksichtigt bleiben.

Für den Modultest – wie für alle anderen Testphasen – gilt, dass die Testfälle die Spezifikation in geeigneter Weise abdecken müssen. Die Gesamtheit der Testfälle muss so beschaffen sein, dass keine Funktionen ungetestet zurückbleiben. Dies erfordert eine sogenannte funktionsorientierte Testplanung und eine explizite Zuordnung zwischen Testfällen und zugehörigen Spezifikationsteilen. Darüber hinaus gilt im Modultest eine sogenannte Zweigabdeckung als minimal zu erreichendes Testvollständigkeitskriterium. Ausführliche Erläuterungen zu Testtechniken sind in (Liggesmeyer 2009) enthalten. Ein vollständiger Zweigüberdeckungstest wird erreicht, wenn jede Entscheidung im Quellcode des zu testenden Moduls mindestens einmal in jeder möglichen Richtung durchlaufen wurde. Dies gewährleistet, dass stets auch jede Anweisung mindestens einmal ausgeführt worden ist. Zu beachten ist allerdings, dass diese Forderung für besonders sicherheitskritische Module in einigen Anwendungsbereichen verschärft werden kann und der Zweigüberdeckungstest dann nicht mehr ausreicht. Es ist daher wichtig, bei der Auswahl der einzusetzenden Techniken die einschlägigen Standards zu beachten.

39.2.2.2 Die Integration und die Integrationsprüfung

Nachdem die Module getrennt geprüft sind, müssen sie integriert werden, um das Softwaresystem aufzubauen. Diese Integration erfolgt schrittweise und wird von prüfenden Aktivitäten begleitet. Für die Integrationsprüfung ist in der Praxis der Begriff Integrationstest üblich. Integrieren und Integrationstest sind parallele Vorgänge. Das Ziel des Integrationstests ist die Prüfung der Interaktion zwischen Modulen über Schnittstellen. Der Integrationstest besitzt oft eine Feinstruktur. Er ist häufig in mehrere Software-Integrationsphasen und bei der Entwicklung eingebetteter Software in eine zusätzliche Hardware-Software-Integrationsphase unterteilt. Für den Integrationstest ist eine Integrationsstrategie festzulegen. Darüber hinaus ist zu entscheiden, welche Techniken bei der Überprüfung angewendet werden. Als Integrationsstrategien können die *Bottom-up-*, die *Top-down-* Integration und Mischformen daraus verwendet werden. Beim Integrationstest müssen wie beim Modultest fehlende unterlagerte Module durch *Dummies* und fehlende aufrufende Module durch Treiber ersetzt werden. Im Allgemeinen können die Dummies bzw. Treiber des Modultests wiederverwendet werden.

Abbildung 39.1 zeigt das Prinzip des *Bottom-up*-Integrationstests. Die folgenden Vorteile charakterisieren den *Bottom-up*-Integrationstest:

- Das Zusammenwirken zwischen der zu prüfenden Software, der Systemsoftware und der Hardware wird früh geprüft. Da es sich hier um Schnittstellen zu Komponenten handelt, die außerhalb der eigenen Anwendung liegen, muss mit Schnittstellenproblemen gerechnet werden. Durch die frühe Prüfung ist noch hinreichend Zeit vorhanden, um Probleme zu beseitigen.
- Da Testdateneingaben über Treiber erfolgen, ist keine Zurückrechnung der Testdaten erforderlich. Testdaten werden stets in unmittelbarer Nähe der zu testenden Schnittstellen eingegeben. Transformationen der Daten über Aufrufhierarchien hinweg finden nicht statt und müssen daher auch nicht berücksichtigt werden.
- Die Eingabe fehlerhafter Testdaten zur Prüfung von Fehlerbehandlungen ist ebenfalls leicht möglich, da die Eingabe über Treiber erfolgt.

Den Vorteilen des *Bottom-up*-Tests stehen einige Nachteile gegenüber:

- Es sind Treiber erforderlich. Diese Treiber müssen, falls sie nicht aus dem Modultest verfügbar sind, erzeugt werden.
- Eine gezielte Prüfung der Fehlerbehandlung bei fehlerhaften Rückgabewerten unterlagerter Routinen ist kaum möglich, da die realen Routinen benutzt werden.
- Ein vorzeigbares Produkt entsteht erst am Ende der Integration, da die koordinierenden Module der obersten Hierarchieebene erst dann hinzugefügt werden.

Während der *Bottom-up*-Integrationstest die Integration bei elementaren dienstanbietenden Modulen beginnt und in Richtung dienstnutzender Module fortführt, geht der *Top-down*-Integrationstest in umgekehrter Richtung vonstatten. Beim *Top-down*-Integrationstest beginnt man mit dem ranghöchsten Modul, das ausschließlich Dienste nutzt und selbst keine weiteren Dienste anbietet. Die Inte-

IV

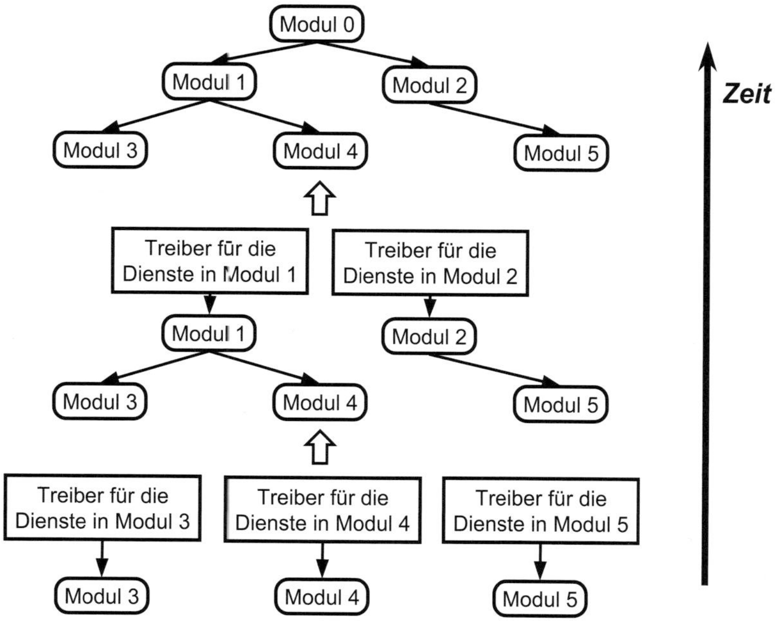

Abb. 39.1
Bottom-up-Integrationstest

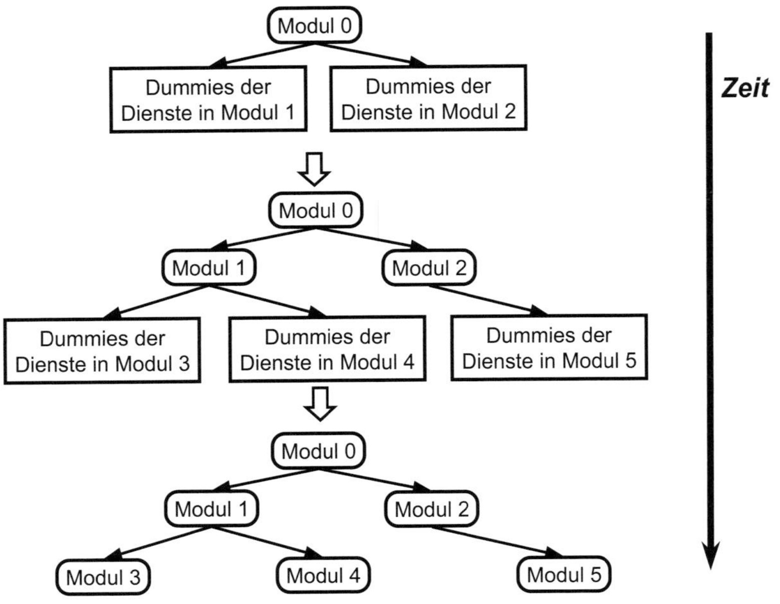

Abb. 39.2
Top-down-Integrationstest

gration schreitet in Richtung der Dienstanbieter voran (Abb. 39.2).
Die folgenden Vorteile charakterisieren den *Top-down*-Integrationstest:

- Durch den Beginn der Integration bei den ranghohen Diensten wird die wichtige Steuerungsfunktionalität zu Beginn geprüft. Dabei entsteht bereits zu Beginn ein Produkt, das die groben Abläufe erkennen lässt.
- Da unterlagerte Routinen durch *Dummies* ersetzt werden, ist die gezielte Prüfung der Fehlerbehandlung bei fehlerhaften Rückgabewerten unterlagerter Routinen möglich.

Die folgenden Nachteile charakterisieren den *Top-down*-Integrationstest:

- Es sind *Dummies* erforderlich.
- Mit zunehmender Integrationstiefe wird die Erzeugung der gewünschten Testsituationen an tiefer angeordneten Schnittstellen schwieriger.
- Das Zusammenwirken zwischen der zu prüfenden Software, der Systemsoftware und der Hardware wird am Ende des Integrationstests geprüft. Da hier erfahrungsgemäß Schnittstellenprobleme existieren, ist die Zeit zur Korrektur dieser Probleme am Ende des Integrationstests oft zu knapp bemessen.

Der *Outside-In*-Integrationstest ist eine Kombination aus Bottom-up- und Top-down-Integrationstest (Abb. 39.3). Der *Outside-In*-Integrationstest kombiniert wichtige Vorteile des *Bottom-up*- und des *Top-down*-Integrationstests und vermeidet einige ihrer Nachteile.
Die folgenden Vorteile charakterisieren den *Outside-In*-Integrationstest:

- Wichtige Steuerungsfunktionalität wird bereits zu Beginn geprüft.
- Bereits zu Beginn entsteht ein Produkt, das die groben Abläufe erkennen lässt.
- Eine gezielte Prüfung der Fehlerbehandlung von fehlerhaften Rückgabewerten unterlagerter Module ist bei Schichten, die von oben nach unten integriert werden, möglich. Rückgabewerte werden hier durch *Dummies* eingegeben. Diese Tests sind bei steuernden Modulen besonders wichtig, da diese oft umfangreiche Fehlerbehandlungen durchführen.
- Das Zusammenwirken zwischen der zu prüfenden Software, der Systemsoftware und Hardware wird früh geprüft, sodass im Falle von Schnittstellenproblemen hinreichend viel Zeit für Korrekturen zur Verfügung steht.
- Da Testdaten bei den Modulen, die von unten nach oben integriert werden, über Treiber erfolgen, ist dort keine Zurückrechnung der Testdaten erforderlich.
- Bewusste Fehleingaben zur Prüfung von Fehlerbehandlungen sind in den Schichten, die *Bottom-up* integriert werden, leicht möglich.
- Der Personalbedarf ist während des Integrationstests konstanter.
- Falls hinreichend viel Integrationstest-Personal zur Verfügung steht, kann ein *Outside-In*-Test durch das parallele Stattfinden von *Bottom-up*- und *Top-down*-Integration in kürzerer Zeit durchgeführt werden als ein reiner *Bottom-up*- bzw. *Top-down*-Test.

Diesen Vorteilen steht im Wesentlichen der einzige Nachteil gegenüber, dass beim *Outside-In*-Test sowohl *Dummies* als auch Treiber erforderlich sind.
Als Prüftechniken kommen für den Integrationstest so-

IV

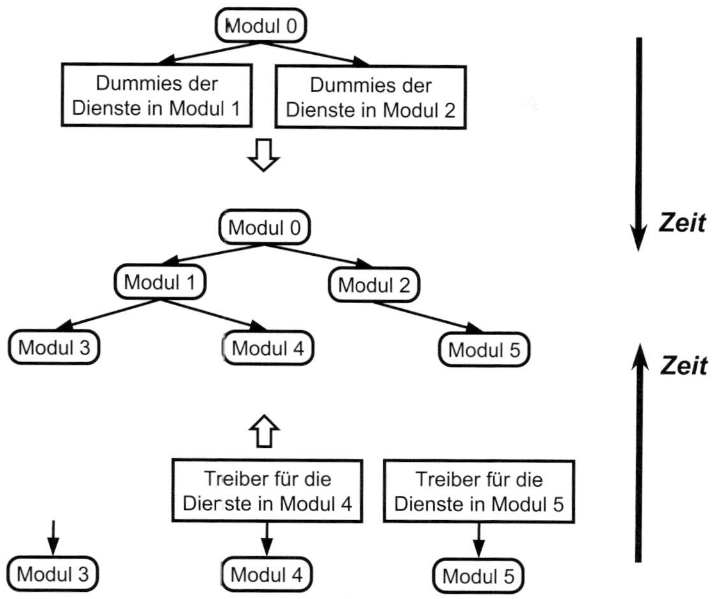

Abb. 39.3
Outside-In-Integrationstest

wohl funktionsorientierte wie auch strukturorientierte Ansätze infrage. Viele Testwerkzeuge für strukturorientiertes Testen unterstützen den Modul- und den Integrationstest. Als funktionsorientierte Testtechnik bietet sich insbesondere die funktionale Äquivalenzklassenbildung an. Sie ist für die Schnittstellen durchzuführen und besteht im Wesentlichen in der Durchführung einer systematischen Fallunterscheidung für die möglichen Aufruf- und Rückgabeparameter.

39.2.2.3 Die Systemprüfung

Die Systemprüfung wird in der Praxis auch als Systemtest bezeichnet. Man versteht darunter den Test des fertigen Systems gegen die in den Anforderungsdokumenten festgelegten Funktions-, Leistungs- und Qualitätsanforderungen. In der Regel werden die folgenden Tätigkeiten des Systemtests unterschieden:

- Funktionstest
- Leistungstest
- Stresstest
- gegebenenfalls Beta-Test
- Regressionstest (insbesondere bei Versionsentwicklungen)

Für den Funktionstest ist eine konventionelle, funktionsorientierte Testplanung durchzuführen. Die Basis für diese Testplanung bilden die Anforderungsdokumente, die systematisch in Testfälle zu übersetzen sind.
Der Leistungstest bringt das Softwaresystem an Grenzbereiche heran, jedoch nicht darüber hinaus. Zu diesem Zweck müssen Lasten erzeugt werden können, und gleichzeitig z. B. Zeiten und Auslastungen gemessen werden können. Dies ist manuell in der Regel nicht möglich. Die Durchführung von Leistungstests ist daher auf eine geeignete Werkzeugunterstützung angewiesen.
Beim Stresstest wird das Softwaresystem unter Wegnahme von Ressourcen überlastet. Stresstests können oft mit denselben Werkzeugen durchgeführt werden, die auch zur Unterstützung von Leistungstests dienen. Der Unterschied ist unter anderem durch die angelegte Last gegeben. Beim Stresstest sollen z. B. die folgenden Fragen beantwortet werden:

- Wie ist das Leistungsverhalten bei Überlast?
- Geht das System nach Rückgang der Überlast wieder in den Normalbereich zurück?
- Werden die Ressourcen wieder freigegeben?

Bei einigen Softwaresystemen können Überlasten aus prinzipiellen Gründen nicht ausgeschlossen werden. Daher ist es z. B. besonders wichtig sicherzustellen, dass nach Überlastungen Softwaresysteme nach Rückgang der Last in ein normales Verhalten zurückkehren. Ein Ziel des Stresstests ist z. B. die Erkennung von Verklemmungen *(Deadlocks)*.
Unter einem Beta-Test versteht man die Installation des Softwaresystems bei einigen speziell ausgewählten Pilotkunden mit dem Ziel, noch vorhandene Fehler zu erkennen und abzustellen, bevor das System für den Markt freigegeben wird. Bei einigen Softwaresystemen kann zuvor ein Test unter Kundenbeteiligung beim Hersteller des Softwaresystems durchgeführt werden. Man bezeichnet dies auch als Alpha-Test. Während es bei Problemen, die während des Beta-Tests auftreten, oft schwierig ist, das Fehlverhalten zu reproduzieren, besteht beim Alpha-Test die Möglichkeit, die Testaktivitäten aufzuzeichnen, sodass

IV

im Falle eines Fehlverhaltens ein Mitschnitt zur Verfügung steht. Alpha-Tests sind daher aus organisatorischen und technischen Gründen den Beta-Tests vorzuziehen.
Besonders wichtig ist die Durchführung von Regressionstests. Alle relevanten Standards für Software-Qualitätssicherung und Software-Qualitätsmanagement betonen die Notwendigkeit wiederholbarer Testfälle. Durch die erforderlichen Fehlerkorrekturen ist jede größere Softwareentwicklung im Prinzip eine Versionsentwicklung, in der Regressionstests unverzichtbar sind. Besonders wichtig sind sie in geplanten Versionsentwicklungen. Dies sind insbesondere Entwicklungen, in denen nach einem inkrementellen oder evolutionären Prozessmodell gearbeitet wird. Eine sinnvolle Regressionstest-Durchführung ist auf eine leistungsfähige Werkzeugunterstützung angewiesen.

39.3 Organisatorische Aspekte

IV

Für das Qualitätsmanagement existieren alternative Organisationsformen, die entsprechend ihrer Eigenschaften auf einer Skala angeordnet werden können. Die beiden Endpunkte der Skala bilden TQM auf der einen und die klassische Qualitätssicherung auf der anderen Seite. Totales Qualitätsmanagement (TQM) ist in der durch die DIN EN ISO 9000 (DIN EN ISO 9000:2005) ersetzten Norm DIN ISO 8402 (DIN EN ISO 8402:1995) definiert als auf der Mitwirkung aller ihrer Mitglieder basierende Führungsmethode einer Organisation, die Qualität in den Mittelpunkt stellt und durch Zufriedenheit der Kunden auf langfristigen Geschäftserfolg sowie auf Nutzen für die Mitglieder der Organisation und für die Gesellschaft zielt. Ein wichtiges Merkmal von TQM ist die verteilte Qualitätsverantwortung, die eine unabhängige Qualitätssicherung überflüssig erscheinen lässt. Die klassische Qualitätssicherung unterscheidet im Gegensatz zu TQM deutlich zwischen der Rolle des Entwicklers und der Rolle des Qualitätssicherers. Die Qualitätsverantwortung nimmt der Qualitätssicherer war, der aus diesem Grund eine starke unabhängige Position benötigt. In der Regel ist die Qualitätssicherung in dieser Organisation nicht der Projektleitung unterstellt.
Die Mehrzahl der Softwarefirmen verwendet Organisationsformen, die einen Kompromiss aus beiden Ansätzen darstellen. Oft existiert – insbesondere in sicherheitskritischen Anwendungen – eine unabhängige Qualitätssicherung zusätzlich zu den qualitätssichernden Maßnahmen, die die Entwickler verantworten. Dies ist in einigen Fällen aufgrund von Forderungen einschlägiger Standards zwingend erforderlich. Für sicherheitskritische Software sehen einige Standards abgestufte Regelungen in Abhängigkeit der Kritikalitätsstufe vor. Die Norm DIN EN 50128 „Bahnanwendungen – Software für Eisenbahnsteuerungs- und Überwachungssysteme“ (DIN EN 50128:2011) unterscheidet in der Qualitätssicherung u. a. die Rollen des Verifizierers und des Validierers. Unter Verifikation wird die Überprüfung der fehlerfreien Umsetzung der Anforderungen einer Phase in das Ergebnis der Phase verstanden. Unter Validation versteht die Norm einen Analyseprozess, gefolgt von einer auf Nachweisen beruhenden Beurteilung, ob ein Objekt (z. B. Prozess, Dokumentation, Software oder Anwendung) den Bedarf des Nutzers erfüllt, insbesondere bezüglich Sicherheit und Qualität, sowie mit einem Schwerpunkt auf die betriebliche Eignung für den Verwendungszweck in der vorgesehenen Betriebsumgebung.
Die Norm enthält folgende Forderungen:

- Für Software, die nicht sicherheitsrelevant ist (Software-Sicherheitsanforderungsstufe 0) dürfen Anforderungsmanager, Entwerfer und Implementierer dieselbe Person sein, die dem Projektmanager unterstellt sein muss. Integrator, Tester, Verifizierer und Validierer dürfen ebenfalls dieselbe Person sein, müssen aber eine andere Person sein, als diejenige, welche die erstgenannten Rollen ausübt. Diese Person darf dem Projektmanager unterstellt sein.
- Für Software der Sicherheitsanforderungsstufen 1 und 2 dürfen Anforderungsmanager, Entwerfer und Implementierer ebenfalls dieselbe Person sein, die dem Projektmanager unterstellt sein muss. Die Rollen des Integrators und Testers dürfen gemeinsam durch eine andere Person ausgeübt werden. Verifizierer und Validierer dürfen dieselbe Person sein, aber sie dürfen nicht identisch mit den Personen sein, welche die anderen Rollen ausüben. Integrator, Tester, Verifizierer und Validierer dürfen dem Projektmanager unterstellt sein.
- Für Software der Sicherheitsanforderungsstufen 3 und 4 existieren die gleichen organisatorischen Regeln wie für die Sicherheitsanforderungsstufen 1 und 2. Zusätzlich ist gefordert, dass der Validierer nicht dieselbe Person sein darf, welche die Rolle des Verifizierers ausübt. Der Validierer darf nicht dem Projektmanager unterstellt sein.

Außerdem muss es in jedem Fall einen organisatorisch unabhängigen Gutachter geben. Diesen Regeln liegt das folgende Prinzip zugrunde: Mit ansteigender Sicherheitskritikalität einer Software muss die personelle und organisatorische Unabhängigkeit der Qualitätssicherung zunehmen. Man kann – etwas vereinfacht – formulieren: Bei sicherheitskritischer Software wird die klassische Organisation der Qualitätssicherung den Prinzipien des *Total Quality Managements* vorgezogen. Diese Regel ist vereinfacht, weil die Existenz einer unabhängigen Qualitätssicherung eine in die Entwicklung integrierte Qualitätssicherung nicht ausschließt. Im Gegenteil: Insbesondere in einer sicherheitskritischen Entwicklung ist dafür zu sorgen, dass der Entwicklung die Qualitätsziele bekannt sind und Verfahren genutzt werden, um sie zu erreichen und die Erreichung zu prüfen. Die Qualität muss in die Software hineinentwickelt werden. Sie kann nicht hineingeprüft werden.

Eine personelle Trennung zwischen der Tätigkeit des Entwickelns und des Prüfens scheint auf den ersten Blick stets sinnvoll zu sein. Bei näherer Betrachtung erweist sich dies als nicht korrekt. Falls z. B. der Modultest durch eine Person durchgeführt wird, die das Modul nicht entwickelt hat, so ist es die Aufgabe des Programmierers, sein Modul bis zur syntaxfehlerfreien Übersetzbarkeit voranzutreiben. Wenn alle Syntaxfehler beseitigt sind, wird der unabhängige Modultester zuständig. Dieser kann bestimmte Fehler erkennen, die der Programmierer nicht bemerken kann, weil ihre Ursache z. B. Missverständnisse der Modulspezifikation sind, die einem unabhängigen Tester nicht in gleicher Weise unterlaufen. Nachteilig ist, dass der unabhängige Tester nicht über die präzise Kenntnis des Programmierers bezüglich der Struktur des Moduls verfügt. Der Programmierer weiß, warum er bestimmte Kontrollstrukturen verwendet, welche Funktionen die Variablen besitzen und wie bestimmte Testfälle verarbeitet werden müssen. Diese Kenntnisse des Programmierers werden nicht genutzt, während der unabhängige Tester sie nicht besitzt. Das Beispiel zeigt, dass es Argumente für die Durchführung der Prüfung durch den Entwickler und andere Argumente für die Prüfung durch eine andere Person geben kann. Systematische Testtechniken bieten eine Lösung für das skizzierte Problem. Man kann beispielsweise folgendermaßen vorgehen:

Falls im Modultest ein Zweigüberdeckungstest durchgeführt wird, so hat der Programmierer eine bestimmte Zweigüberdeckungsrate zu erreichen (z. B. 80 %). Dies nutzt die Sachkenntnis des Programmierers zu Beginn des Tests und gewährleistet, dass ein Modul an den unabhängigen Tester weitergegeben wird, das bereits im Wesentlichen funktioniert. Anschließend wird ein unabhängiger Tester zuständig. Das kann z. B. die gleiche Person sein, die den Integrationstest für das Modul durchführt. Die Verantwortung wechselt in diesem Fall ein wenig vor dem Abschluss der Tätigkeit. Der unabhängige Tester führt den Test zu Ende und gewährleistet dabei die Einhaltung des „Vieraugenprinzips“. Der Integrations- und Systemtest werden in der Regel von unabhängigen Personen durchgeführt. In großen Softwareentwicklungen ist der Systemtest oft nicht der Projektleitung unterstellt.

Es ist sinnvoll, Personen, die die Prüfung durchführen, in die zugeordneten Entwicklungsphasen einzubinden. Der Systemtester sollte in die Analyse, der Integrationstester in den Entwurf und der Modultester in die Implementierung eingebunden sein. Die gleiche Regel gilt auch invers. In die Planung der Systemtestfälle sollte jemand eingebunden sein, der in die Analyse involviert war. Ebenso sollte ein Entwerfer in die Planung des Integrationstests und der Programmierer in den Modultest eingebunden sein.

Die Regelung der Verantwortlichkeiten verlangt, dass systematische Arbeitsweisen sowie definierte Ziele und Möglichkeit zur Überprüfung ihrer Erreichung existieren. Die Zielerreichung ist in der Vorantwortung der Entwickler. Die Aufgabe einer starken organisatorisch unabhängigen Qualitätssicherung ist lediglich, unabhängig vom Projektleiter zu prüfen, ob die definierten Ziele erreicht sind. Eine derartige Organisation der Qualitätssicherung kombiniert die Vorteile der klassischen Qualitätssicherung und des *Total Quality Managements*.

39.4 Dokumentation und Auswertung von Prüfungen

IV

Alle Standards zum Qualitätsmanagement und zur Qualitätssicherung betonen die Bedeutung einer systematischen Vorgehensweise bei der Prüfung. Prüfungen müssen systematisch geplant, durchgeführt, kontrolliert, ausgewertet und dokumentiert werden.

Prüfungen sind insbesondere als Nachweis ihrer ordnungsgemäßen Durchführung zu dokumentieren. Bei dynamischen Tests umfasst die Dokumentation in der Regel die Testplanung, den Nachweis der Durchführung der Testfälle und die Dokumentation der Testergebnisse. Diese Dokumente können in Abhängigkeit der verwendeten Testtechnik unterschiedlich beschaffen sein. Bei einem funktionsorientierten Test kann die Testplanungsunterlage eine Äquivalenzklassenaufstellung mit zugeordneten Testfällen sein. Die Durchführung und die Testergebnisse können durch ein Protokoll nachgewiesen werden. Die ordnungsgemäße Durchführung strukturorientierter Tests kann nur durch das Protokoll eines Testwerkzeugs nachgewiesen werden. Ein Zweigüberdeckungswerkzeug registriert die bereits getesteten Zweige und liefert ein entsprechendes Abdeckungsprotokoll. Zur

Testauswertung gehört zwingend eine sinnvolle Erfassung der Fehlverhalten. Neben dem Zeitpunkt und dem Testfall sind eine Einschätzung der Schwere des Fehlerverhaltens und eine Klassifikation des Fehlverhaltens erforderlich. Diese Daten sollten nach der Identifikation des Fehlers um das Korrekturdatum, eine Fehlerklassifikation und den Korrekturaufwand ergänzt werden.
Derartige Daten sind unverzichtbar für die Optimierung der Entwicklung und der Prüfung, da häufig auftretende Fehlerursachen mit Korrekturaufwänden und der Schwere des Fehlverhaltens in Beziehung gesetzt werden können. Darüber hinaus ermöglichen sie eine Kosten-Nutzen-Analyse der Prüfung. Die Einführung neuer Techniken und Werkzeuge erfordert eine finanzielle Investition, der durch Einsparungen bei der Fehlerkorrektur und reduzierte Auswirkungen von Fehlverhalten ein Nutzen gegenübersteht.

39.5 Standards

39.5.1 Bedeutung von Standards

IV

Standards entscheiden im Zweifelsfall, welche Verfahrensweisen, Methoden und Techniken als Stand der Technik bzw. als Stand von Wissenschaft und Technik zu betrachten sind. Neben den im Folgenden detailliert vorgestellten ausgewählten Standards und Normen sind gesetzliche Regelungen, europäische Richtlinien und Verordnungen relevant (Rothfelder 2002). Gesetze werden vom Gesetzgeber – der Legislative – erlassen und sind verbindlich. Besonders Firmen, die sicherheitskritische Systeme entwickeln, müssen im Schadensfall erhebliche juristische Konsequenzen fürchten. Ursache sind z.B. die mit derartigen Systemen einhergehenden Risiken für die Nutzer oder auch für unbeteiligte Dritte. Im Schadensfall ergibt sich z.B. aus dem Produkthaftungsgesetz die Verpflichtung zum Ersatz eines Schadens, der durch ein fehlerhaftes Produkt entstanden ist. Ein wirksamer Haftungsausschluss ist nicht möglich. Ein Haftungsausschluss setzt voraus, dass der Fehler zum Zeitpunkt des in Verkehrbringens noch nicht vorlag oder dass er nach dem Stand von Wissenschaft und Technik nicht erkennbar war. Die Beweislast für diesen Sachverhalt liegt im Wesentlichen beim Hersteller. Darüber hinaus können Schadensersatzansprüche nach BGB gestellt werden. Auch EU-Richtlinien haben den Charakter eines Gesetzes, weil sie von den Mitgliedsstaaten zwingend in nationales Recht umzusetzen sind. Hinzu kommen Verordnungen, die unter anderem Details zu Ausführungen von Gesetzen regeln. Verordnungen werden meistens von Behörden – der Exekutive – erlassen und sind in der Regel verbindlich.
Normung ist in Deutschland die planmäßige, durch die interessierten Kreise gemeinschaftlich durchgeführte Vereinheitlichung von materiellen und immateriellen Gegenständen zum Nutzen der Allgemeinheit. Deutsche Normen werden in einem privatrechtlichen Verein durch interessierte Kreise erstellt, z.B. DIN Deutsches Institut für Normung e.V. oder Verband Deutscher Elektrotechniker e.V. (VDE). Standards und Normen sind keine Rechtsnormen. Sie sind – im Unterschied zu Gesetzen – nicht rechtsverbindlich, aber sie können als antizipierte Sachverständigengutachten verstanden werden. Durch Einhaltung der jeweils relevanten Normen kann ein Hersteller sicherstellen, dass der Stand der Technik erreicht ist, und er damit seine Sorgfaltspflicht erfüllt hat.
Im Folgenden werden ausgewählte Stellvertreter der folgenden drei unterschiedlichen Arten von Standards betrachtet:

- prozessorientierte Standards
- anwendungsbereichsunabhängige technische Standards
- anwendungsbereichsspezifische technische Standards

Prozessorientierte Standards regeln z.B. die Verfahrensweisen, Abläufe, Aufgaben und Verantwortlichkeiten in der Softwareentwicklung und Software-Qualitätssicherung. Im Wesentlichen enthalten sie organisatorische Forderungen. Sie schließen kaum genaue technische Forderungen ein. Prozessorientierte Standards fordern typischerweise, *dass* eine bestimmte Tätigkeit durchgeführt wird, aber sie beschreiben in der Regel nicht, *wie* das zu geschehen hat. Besonders auffällig ist dies in den Normen der DIN ISO 9000-Reihe. Diese Normen sind auf eine Fülle von stark unterschiedlichen Unternehmen anwendbar und können daher keine spezifischen Techniken fordern. Prozessorientierte Standards definieren ein organisatorisches Gerüst, in das geeignete Methoden, Techniken und Werkzeuge eingefügt werden müssen. Geschieht das nicht, so ist auch das Gerüst nutzlos. Einerseits können prozessorientierte Standards als Basis zur Zertifizierung dienen. Eine unabhängige Zertifizierungsstelle bescheinigt, dass ein Prozess konform zu dem der Zertifizierung zugrunde liegenden Standard ist. Ein typisches Beispiel ist die Zertifizierung eines Unternehmens, das Software entwickelt, gegen den Standard EN ISO 9001. Die Beachtung derartiger Standards ist insbesondere für Unternehmen wichtig, die entsprechend eines solchen Standards zertifiziert werden möchten oder bereits zertifiziert sind und das Zertifikat pflegen wollen. Andererseits existieren prozessorientierte Standards, die nicht als Basis zur Zertifizierung dienen, sondern eine Basis zur Bewertung und Verbesserung von Prozessen bilden. Ein Beispiel ist der Standard ISO/IEC 15504 zum *Assessment*-Verfahren SPI-

CE. Man kann nicht nach diesem Standard zertifiziert werden, aber die Ergebnisse zweier SPICE-*Assessments* sind miteinander vergleichbar. Darüber hinaus zeigen die *Assessment*-Ergebnisse die spezifischen Stärken und Schwächen des bewerteten Unternehmens. Dies kann als geeignete Basis für Verbesserungsaktivitäten dienen. Prinzipiell gibt es einen weiteren Typus der prozessorientierten Standards: Die anwendungsbereichsspezifischen prozessorientierten Standards – z.B. die sogenannten *AQAP-2000-Standards* für den militärischen Anwendungsbereich innerhalb der NATO. Sehr oft sind diese Standards dicht an allgemeine prozessorientierte Standards angelehnt. So existiert z.B. eine deutliche Verwandtschaft zwischen den *AQAP-2000-Standards* und der DIN EN ISO 9001. In der Regel legen anwendungsbereichsspezifische prozessorientierte Standards Modifikationen allgemeinerer Standards im Hinblick auf die besonderen Anforderungen eines bestimmten Anwendungsbereichs fest. Im Folgenden werden stellvertretend für die drei genannten Arten der prozessorientierten Standards die DIN EN ISO 9001, der Standard zu SPICE und die *AQAP-2110* vorgestellt. Als prozessorientierte Standards erfordern sie die ergänzende Berücksichtigung technischer Standards.

Technische Standards können ebenfalls entweder einen bestimmten Anwendungsbereich betreffen – z.B. Luftfahrt oder Schienenverkehr – oder auf bestimmte Arten von Systemen anwendbar sein, die in einer Vielzahl von Anwendungsbereichen auftreten können. Die anwendungsbereichsunabhängigen Standards können insbesondere zur Identifikation allgemein akzeptierter Praktiken dienen. Als Beispiel wird im Folgenden der Standard IEC 61508 aufgeführt. Dies ist ein sehr umfassender Standard zum Thema Sicherheit elektrisch bzw. elektronisch programmierbarer, sicherheitskritischer Systeme, der neben technischen Inhalten auch organisatorische Hinweise enthält.

Darüber hinaus ist es insbesondere bei der Entwicklung von softwareintensiven Systemen, die Zulassungen benötigen, unbedingt erforderlich, die direkt anwendbaren Standards zu beachten. Schienenverkehrssysteme und Flugzeuge für den zivilen Luftverkehr sind Beispiele für sicherheitskritische Systeme aus Anwendungsbereichen, zu denen Standards existieren. Diese anwendungsbereichsspezifischen Standards ergänzen die von der konkreten Anwendung unabhängigen Standards um jene Forderungen, die aufgrund der spezifischen Anforderungen und Rahmenbedingungen eines bestimmten Anwendungsbereichs existieren. Als Beispiele werden im Folgenden einige Standards für Schienenverkehrssysteme und den Bereich der Luftfahrt diskutiert. Welche Vorgehensweisen insgesamt als notwendig bzw. hinreichend gelten müssen, entscheiden neben den Standards eines Anwendungsbereichs auch die Standards vergleichbarer Anwendungsbereiche. Die Bereiche Schienenverkehr und zivile Luftfahrt sind mit Einschränkungen vergleichbar, z.B. weil es sich in beiden Fällen um Anwendungen im Bereich des öffentlichen Personentransports handelt. Darüber hinaus sind für die Beurteilung der Eignung von Prozessen, Methoden und Techniken für zivile softwareintensive Systeme die Standards aus dem militärischen Bereich aufschlussreich.

Außerdem muss ergänzend zu den „offiziellen" Standards unbedingt beachtet werden, welche Arbeitsweise innerhalb einer Disziplin als kompetent – also dem Stand der Technik entsprechend – betrachtet wird. Dieser *common sense* innerhalb einer Disziplin schlägt sich nur indirekt in Standards nieder. Seine Beachtung erfordert daher eine gewisse Übersicht über ein Themengebiet. Zum Teil existieren Veröffentlichungen, die bei der Ermittlung derartiger Inhalte hilfreich sein können. Diese Veröffentlichungen haben in der Regel nicht den Status eines offiziellen Standards.

39.5.2 Prozessorientierte Standards

39.5.2.1 EN ISO 9001

Die EN ISO 9001 (DIN EN ISO 9001:2008) ist eine verbreitet genutzte Norm zum Thema Qualitätsmanagement von Software. Einerseits wird eine Zertifizierung entsprechend der EN ISO 9001 für Unternehmen, die Software entwickeln, oft als notwendig angesehen. Andererseits wird sie insbesondere in sicherheitskritischen Anwendungsbereichen von Software häufig nicht als hinreichender Nachweis der Existenz eines geeigneten Qualitätsmanagementsystems gesehen. Die EN ISO 9001 ist im Wesentlichen frei von konkreten technischen Inhalten. Sie fordert die Durchführung bestimmter Tätigkeiten, z.B. die Beurteilung von Unterlieferanten oder die Existenz von Eingangsprüfungen. Sie legt nicht fest, wie diese Tätigkeiten realisiert werden müssen. Im Wesentlichen definiert die EN ISO 9001 einen organisatorischen Rahmen für das Qualitätsmanagement. Daher ist auf dem technischen Niveau eine Ergänzung des durch die Norm definierten Rahmens erforderlich. Da die EN ISO 9001-Norm in einer Vielzahl unterschiedlicher Branchen verwendbar ist, existiert der Leitfaden ISO/IEC 90003 (ISO/IEC 90003:2004) zur Anwendung der Norm auf Software. Wie in anderen prozessorientierten Normen wird auch hier der Schwerpunkt in den Bereich der gründlichen Planung von Tests, der Festlegung von Zielen und der Reproduzierbarkeit von Tests gelegt. Die Norm fordert keine bestimmten Testtechniken (siehe auch Kap. 10, „Ausgestaltung von QM-Systemen auf Basis der ISO-9000-Reihe").

IV

39.5.2.2 ISO/IEC 15504: SPICE

Der Standard ISO/IEC 15504 (ISO/IEC 15504:2008), oft auch einfach als SPICE bezeichnet, ist ein fünfteiliger internationaler Standard zur Bewertung und Verbesserung der Softwareprozesse einer Organisation. Teil 1 definiert Konzepte und Vokabular, Teil 2 Anforderungen zur Durchführung von Prozess-Assessments als Basis von Prozessverbesserung und Fähigkeitsgradbestimmung. Teil 3 unterstützt die Anwender des Standards dabei, die in Teil 2 gestellten Anforderungen an Assessments zu erfüllen. Teil 4 gibt Hilfestellung bei der Nutzung eines SPICE-konformen Assessments zur Prozessverbesserung oder Fähigkeitsgradbestimmung. Der in den meisten Fällen wichtigste Teil ist Teil 5, der ein exemplarisches Prozess-Assessment-Modell bereitstellt, das die Anforderungen aus Teil 2 erfüllt. Weitere Prozess-Assessment-Modelle existieren für bestimmte Domänen, beispielsweise für den Automotive-Bereich. Ein Ergebnis eines SPICE-Assessments ist das Prozessprofil, das eine geeignete Basis zur Prozessverbesserung bietet.

39.5.2.3 AQAP-Standards

Die sogenannten AQAP-2000-Standards sind prozessorientierte Standards, die eine deutliche Verwandtschaft zur DIN ISO 9000-Normenreihe aufweisen. Die Inhalte sind sehr ähnlich. Zum Teil wird auch direkt auf DIN ISO 9000-Normen verwiesen. Der Standard AQAP-2110 (AQAP-2110:2009) kann als eine Adaption der EN ISO 9001 für den militärischen Anwendungsbereich verstanden werden. An vielen Stellen finden sich explizite Verweise. Darüber hinaus gibt es auch eine Ergänzung für den Bereich der Softwareentwicklung – den Standard AQAP-2210 (AQAP 2210:2006).

IV

39.5.3 Anwendungsbereichsunabhängige technische Standards

IEC 61508

Der Standard IEC 61508 (IEC 61508:2010) ist ein sehr umfassender Standard zum Thema Sicherheit elektrisch bzw. elektronisch programmierbarer, sicherheitskritischer Systeme. Software wird insbesondere in der IEC 61508-3 behandelt. Die generellen Anforderungen betreffen insbesondere organisatorische Aspekte. Dazu zählt z. B. die geforderte Unabhängigkeit der prüfenden Person bzw. Instanz im Rahmen von Sicherheitsnachweisen. Im Hinblick auf die Prüfung von Software liefern die Teile 3 und 7 des Standards eindeutige Hinweise. Teil 3 beschreibt im Wesentlichen die für die Abläufe erforderlichen Daten und Ergebnisse. Teil 7 ist eine Technikbeschreibung, auf die häufig in Teil 3 verwiesen wird.

Der Unterabschnitt *„Requirements for software module testing"* der IEC 61508-3 beschreibt ausgesprochen klar, welche Vorgehensweisen und welche Techniken im Bereich des Modultests zu wählen sind. Ziel ist die Demonstration, dass Softwaremodule die gewünschten Funktionen erbringen und unerwünschte Funktionen nicht eintreten können. Der Standard wählt die Formulierung *„shall show"*. Es ist also explizit kein Beweis, sondern lediglich eine Demonstration gefordert. Darüber hinaus wird explizit darauf hingewiesen, dass es nicht erforderlich ist, alle Eingabe- oder Ausgabekombinationen abzudecken. Vielmehr wird der Test aller Äquivalenzklassen oder strukturorientiertes Testen als ausreichend definiert. Formale Methoden und die Verwendung von Zusicherungen *(assertions)* werden explizit erwähnt.

Im Unterabschnitt *„Requirements for Software Integration Testing"* verlangt der Standard IEC 61508-3 eine dokumentierte Vorgehensweise für den Test. Die Forderungen für die einzusetzenden Techniken sind im Wesentlichen identisch mit den Forderungen für den Modultest. Darüber hinaus werden einige weitere Nachweise verlangt. Dies betrifft insbesondere die Dokumentation von Testergebnissen und die Prüfungswiederholung im Falle von durchgeführten Modifikationen. Im Grunde ist dies eine explizite Forderung nach dokumentierten Regressionstests. Besonders hilfreich für die Identifikation der einzusetzenden Techniken sind die Tabellen im Anhang des Standards IEC 61508-3. Techniken werden in Abhängigkeit des Kritikalitätsniveaus der Software empfohlen. Es werden sogenannte *Safety Integrity Levels (SILs)* verwendet. Sicherheitskritisch sind die SILs 1 bis 4. Die Sicherheitskritikalität steigt von niedrigen zu hohen SILs an.

Die Technikentabellen der aktuellen Fassung der IEC 61508-3 sind gegenüber ihrer Vorversion aktualisiert. Insbesondere werden nun auch in abgestufter Form strukturorientierte Testabdeckungen analog zum Avionik-Standard RTCA/DO-178C gefordert.

39.5.4 Anwendungsbereichsspezifische technische Standards

39.5.4.1 DIN EN 50128

Der Standard DIN EN 50128 (DIN EN 50128:2011) ist für die Anwendung auf Schienenverkehrssysteme vorgesehen. Die Norm DIN EN 50128 „Bahnanwendungen – Software für Eisenbahnsteuerungs- und Überwachungssysteme" ist ein europäischer Standard.

In Kapitel 11 der Norm DIN EN 50128 sind die Softwareverifikation und der Test geregelt. Kapitel 13 der DIN EN

50128 regelt die Software-Validierung. Neben technischen sind einige organisatorische Forderungen enthalten. Für die Softwareverifikation und den Test werden diverse Eingangs- und Ausgangsdokumente gefordert, die insbesondere anzuwendende Verfahren, Verantwortlichkeiten, Testeinrichtungen, Testziele und Testumgebungen definieren. Die Verifikation hat über die verschiedenen Entwicklungsphasen hinweg bis hin zur Softwarequellcode-Verifikation zu erfolgen. Die anzuwendenden Techniken ergeben sich entsprechend der sogenannten Softwaresicherheitsanforderungsstufe (SSAS). Charakteristisch für die Techniken-Tabellen der DIN EN 50128 ist, dass Unterschiede bezüglich der empfohlenen Techniken nur zwischen SSAS 0, SSAS 1 bis 2 und SSAS 3 bis 4 enthalten sind. Den SSAS 1 und 2 bzw. SSAS 3 und 4 sind jeweils gleiche Techniken zugeordnet. Nicht alle Techniken-Definitionen entsprechen den in der Forschung und Praxis verbreiteten Definitionen. Darüber hinaus sind zum Teil deutliche Freiheitsgrade vorhanden. Die Norm DIN EN 50128 ermöglicht ein Zuschneiden der technischen Arbeitsweise anhand der konkret gegebenen Anwendungsbedingungen. Diese Anpassung muss notwendig durchgeführt werden. In vielen Fällen wird z.B. der für die Sicherheitsanforderungsstufe 3 oder 4 anzuwendende formale Beweis aufgrund ungünstiger Rahmenbedingungen nicht durchführbar sein. Alternativ kann z.B. die statische Analyse in Kombination mit dem dynamischen Test eingesetzt werden.

39.5.4.2 RTCA/DO-178C

Der Standard RTCA/DO-178C (RTCA/DO-178C:2011) betrifft Softwareanforderungen im Bereich der Avionik. Der Standard ist ausgesprochen explizit im Hinblick auf Anforderungen an den strukturorientierten Test. Die Sicherheitseinstufung erfolgt über sogenannte „Softwarelevel". Der kritischste Softwarelevel trägt die Bezeichnung A. Er ist anwendbar für Software, deren Fehlfunktion eine katastrophale Ausfallwirkung für ein Luftfahrzeug herbeiführen würde. Die Softwarelevel B, C, D und E sind für entsprechend unkritischere Ausfallwirkungen anwendbar. Neben den üblichen funktionsorientierten Tests für alle Kritikalitätslevel verlangt die Standard RTCA/DO-178C die explizite Erreichung bestimmter struktureller Testabdeckungen im Code. Für Software des Levels A wird explizit die Erreichung einer vollständigen strukturorientierten Testabdeckung nach dem Verfahren *Modified Condition/Decision Test* gefordert (Liggesmeyer 2009). Diese Technik ist oberhalb des Zweigüberdeckungstests angesiedelt und nimmt eine Stellung zwischen den einfachen Bedingungsüberdeckungstest und dem Mehrfachbedingungsüberdeckungstest ein. Grundsätzlich ist das Ziel dieses Verfahrens, zusammengesetzte Entscheidungen, deren Evaluierungsergebnis von mehreren Teilentscheidungen festgelegt wird, umfassend zu prüfen. Der Zweigüberdeckungstest berücksichtigt dieses nicht. Der Zweigüberdeckungstest wird von der Norm RTCA/DO-178C bereits für Software des Levels B zwingend gefordert. Für Software des Levels C wird die Erreichung eines Anweisungsüberdeckungstests empfohlen.

39.5.4.3 ISO 26262

Der Standard ISO 26262 (ISO 26262:2011) ist eine zehnteilige Norm für den Anwendungsbereich Straßenfahrzeuge. Band 1 definiert Begriffe. Die Bände 2 bis 9 enthalten Anforderungen an den Entwicklungsprozess und das Produkt. Band 10 ist ein nicht normativer Anwendungsleitfaden. Auch die ISO 26262 verwendet fünf unterschiedliche Sicherheitsintegritätslevel: Den unkritischen Level QM und mit ansteigender Kritikalität die Stufen ASIL A bis D. Das Kürzel ASIL steht für *Automotive Safety Integrity Level*. Die ASIL-Einstufung erfolgt durch Kombination dreier Einflussparameter: Dies sind die Häufigkeit der betreffenden Fahrsituation, ihre Beherrschbarkeit im Falle des Eintritts des betrachteten Ereignisses sowie die Schwere der Folgen bei Nichtbeherrschung. Software wird in Teil 6 des Standards behandelt. Die Forderungen sind konsistent zu denen anderer Standards, wie der RTCA/DO-178C. Auch die ISO 26262 verlangt explizit eine abgestufte strukturorientierte Codeabdeckung in Abhängigkeit des ASIL. Bemerkenswert sind die in Teil 9 des Standards enthaltenen Regeln für die ASIL-Dekomposition. Diese beschreiben, wie bei der Zerlegung des Systems kritischere ASIL in Kombinationen weniger kritischer ASIL dekomponiert werden können und welche zusätzlichen Prüfungen oder Nachweise dabei gegebenenfalls zu erbringen sind.

39.6 Zusammenfassung

Bei der Entwicklung von Software für sicherheitskritische Anwendungen sind spezielle Rahmenbedingungen, Einschränkungen und Vorgaben für Prozesse, Entwicklungs- und Prüfmethoden zu beachten. Es existieren Standards, die diese Aspekte regeln. Ein definierter Softwareentwicklungsprozess ist eine notwendige Voraussetzung für eine reife, qualitätsorientierte Softwareentwicklung. In der Praxis interessiert man sich seit einigen Jahren zunehmend für Verfahren zur Optimierung von Entwicklungsprozessen. Für die Entwicklung sicherheitskritischer Software werden reife Prozesse als notwendig, aber nicht als hinreichend betrachtet. Reife Prozesse allein reichen nicht aus. Der Rahmen, der durch den Prozess vorgegeben ist, muss mit geeigneten Techniken und Werkzeugen gefüllt werden. Die Tätigkeiten Analysieren, Entwerfen, Kodieren und Prüfen sind Bestandteil aller Prozessmodelle. Entwickelnde und prüfende Tätigkeiten beeinflussen einander, da die Ergebnisse der Entwicklungsphasen als Prüfreferenzen dienen. Eine sinnvolle Prüfung ist in Phasen unterteilt. Standards schreiben zum Teil bestimmte organisatorische und technische Inhalte vor. Mit zunehmender Sicherheitskritikalität der Software wird die Existenz einer organisatorisch und personell unabhängigen Qualitätssicherung wichtiger. Auf die Durchführung qualitätssichernder Maßnahmen durch Entwickler sollte dennoch nicht verzichtet werden. Eine Übersicht der Softwaretechnik für eingebettete Systeme in unterschiedlichen Anwendungsbereichen ist in (Liggesmeyer/Rombach 2005) enthalten.

Literatur

Achatz R./Paulisch F.: Industrial Strength Software and Quality. Software and Engineering at Siemens. In: QSIC 2003. Proceedings of the Third International Conference on Quality Software. Dallas, Texas/USA, 6. bis 7. November 2003

AQAP-2110:2009, NATO Quality Assurance Requirements for Design, Development and Production. NATO Standardization Agency, 2009

AQAP-2210:2006, NATO Supplementary Software Quality. Quality Assurance Requirements to AQAP-2110. 2006

Broy, M./Rombach D.: Analyse und Evaluation der Software-Entwicklung in Deutschland. Studie für das BMBF, 2000

DeMarco, T.: Structured Analysis and System Specification. Prentice Hall, Englewood Cliffs 1985

DIN EN ISO 8402:1995: Qualitätsmanagement – Begriffe (ISO 8402: 1994); Dreisprachige Fassung EN ISO 8402:1995. Beuth Verlag, Berlin August 1995

DIN EN ISO 9000:2005: Qualitätsmanagementsysteme – Grundlagen und Begriffe, Berlin: Beuth Verlag, Juni 2005

DIN EN ISO 9001:2008: Qualitätsmanagementsysteme – Anforderungen. Beuth Verlag, Berlin 2008

DIN EN 50128:2011; VDE 0831-128:2012-03: Bahnanwendungen – Telekommunikationstechnik, Signaltechnik und Datenverarbeitungssysteme – Software für Eisenbahnsteuerungs- und Überwachungssysteme; Deutsche Fassung EN 50128:2011. Beuth Verlag, Berlin 2012

Hatley, D.J./Pirbhai, I.A.: Strategies for real-time system specification. Dorset House Publishing, New York 1987

IEC 61508:2010: Functional safety of electrical/electronic/programmable electronic safety-related systems: Parts 1–7. International Electrotechnical Commission, 2010

ISO/IEC 15504:2008: Information technology – Process assessment. 2008

ISO/IEC 90003:2004: Software Engineering – Guidelines for the Application of ISO 9001:2000 to Computer Software. 2004

ISO 26262:2011: Road Vehicles – Functional safety: Parts 1–10. ISO, 2011

Liggesmeyer, P.: Software-Qualität. 2. Auflage. Spektrum-Verlag, Heidelberg 2009

Liggesmeyer, P./Rombach, D.: Software Engineering eingebetteter Systeme. Spektrum-Verlag, Heidelberg 2005

Rausch, A./Broy, M.: Das V-Modell XT. Grundlagen, Erfahrungen und Werkzeuge. dpunkt Verlag 2006

Rothfelder, M.: Sicherheit und Zuverlässigkeit eingebetteter Systeme. Realisierung, Prüfung, Nachweis (Teil II). Seminarunterlage. Deutsche Informatik Akademie, Bonn 2002

RTCA/DO-178C:2011: Software Considerations in Airborne Systems and Equipment Certification. RTCA, Inc., 2011

Yourdon, E.N./Constantine, L.L.: Structured Design. Prentice Hall, Englewood Cliffs 1979

Integration des Informations-sicherheitsmanagements in ein QM-System

40.1	**Informationssicherheit**	**923**
40.1.1	Heutige Situation	923
40.1.2	Untersuchung und Gewährleistung der Informationssicherheit	923
40.1.3	Systematisches Management der Informationssicherheit	924
40.2	**Integration des Informationsmanagements in ein QM-System**	**925**
40.2.1	Abgleich der Anforderungen	926
40.2.2	Prozessorientierter Ansatz	926
40.3	**Integriertes Managementsystem**	**926**
40.3.1	Allgemeine Anforderungen	926
40.3.1.1	Einrichtung eines ISM-Systems	926
40.3.1.2	Implementierung und Betrieb eines ISM-Systems	927
40.3.1.3	Überwachung und Prüfung eines ISM-Systems	928
40.3.2	Dokumentationsanforderungen	929
40.4	**Verantwortung der Leitung**	**929**
40.4.1	Selbstverpflichtung der Leitung	929
40.4.2	Kundenorientierung	930
40.4.3	Qualitätspolitik	930
40.4.4	Planung	930
40.4.5	Verantwortung, Befugnis und Kommunikation	930
40.4.6	Managementbewertung	930
40.5	**Management von Ressourcen**	**931**
40.5.1	Bereitstellung von Ressourcen	931
40.5.2	Personelle Ressourcen	931
40.5.3	Infrastruktur	932
40.5.4	Arbeitsumgebung	932
40.6	**Produktrealisierung**	**932**
40.6.1	Planung der Produktrealisierung	932
40.6.2	Kundenbezogene Prozesse	932
40.6.3	Entwicklung	933
40.6.4	Beschaffung	933
40.6.5	Produktion und Dienstleistungserbringung	933
40.6.5.1	Sicherheit von Geschäftsprozessen im Rahmen von Notfällen	934
40.6.5.2	Besonderer Geschäftsprozess: IT-Service(s)	934

40.7 Messung, Analyse und Verbesserung 934
40.7.1 Allgemeines 934
40.7.2 Überwachung und Messung 935
40.7.2.1 Kundenzufriedenheit 935
40.7.2.2 Interne Audits 935
40.7.2.3 Überwachung und Messung von Prozessen 935
40.7.3 Lenkung fehlerhafter Produkte 936
40.7.4 Datenanalyse 936
40.7.5 Ständige Verbesserung 936

40 Integration des Informationssicherheitsmanagements in ein QM-System

Bernhard Fischer

... der Verantwortliche für Informationssicherheit und der Hacker wollten um die Wette laufen. Der Hacker lief aber nur drei Schritte, dann duckte er sich und lief nicht weiter. Als der Verantwortliche für Informationssicherheit am Ziel ankam, rief der Hacker ihm entgegen: „Ich bin schon hier!"

(frei nach den Brüdern Grimm)

Wissen und Information haben sich in den letzten Jahren immer mehr zum neuen Produktionsfaktor neben Arbeit, Kapital und Rohstoffen entwickelt. Vor allem die Industrie setzt deshalb im Zeitalter der Globalisierung der Märkte, unter dem Druck der stetig zunehmenden Schnelllebigkeit der Produkte („fast track to market") und der damit verbundenen, immer kürzer werdenden Produktvermarktungszyklen („time to market") verstärkt auf die Hilfe der Informationstechnik (IT).

Das zur Herstellung von Produkten im Unternehmen vorhandene Wissen sowie verwendete Rohstoffe und Hilfsprodukte wecken mitunter auch die Begehrlichkeit von Konkurrenten, wie das Ausspionieren von Windkraftanlagen der Firma Enercon oder der Empfänger der Firma Sennheiser für drahtlose Mikrofone (Ulfkotte 2001) gezeigt haben. In extremen Fällen wirken sogar Geheimdienste an der Beschaffung von Know-how für Landsleute mit, wie das Beispiel Enercon zeigt (Ulfkotte 1997). Die USA sind mittels ihres militärischen Geheimdienstes NSA (National Security Agency) sowie mithilfe des Echelon-Systems in der Lage, illegal Wissen und Informationen aus dem Ausland zu beschaffen und ihren nationalen Unternehmen zur Verfügung zu stellen. Echelon zeichnet alle weltweit erfolgenden Telefonate und Faxkommunikationen auf und wertet sie per KI aus (Medosch 2001, Gauntlett 1999, United Press International 2001). Seit einiger Zeit wird diese Art der Informationsbeschaffung der amerikanischen Dienste durch „privat eingesetzte" Drohnen ergänzt, u. a. zum einfacheren Abhören von Telefonaten (Pursche 2012). Wie erst kürzlich bekannt wurde, hat die NSA vor einigen Jahren das PRISM-Projekt aufgesetzt, das die vollständige Überwachung des weltweiten Internets zum Ziel hat. Damit ist es möglich, Internet-User-Profile hinsichtlich deren Aktionen, z. B. bei Google (u. a. Gmail, YouTube), Facebook, Microsoft (Skydrive, Live, Skype), Yahoo!, Paltalk, AOL oder Apple, anzulegen, um gegebenenfalls bereits in der Frühphase geschäftlicher Aktivitäten eine Abschätzung hinsichtlich der Rentabilität detaillierter (Wirtschafts-)Spionagemaßnahmen vornehmen zu können (Albrecht 2013).

Wichtiges Know-how besteht meist auch hinsichtlich Beschaffung (Lieferanten und Einkaufskonditionen) und Kundenservice (Daten und Kaufverhalten). Es ist deshalb für jedes Unternehmen von existenzieller Bedeutung, sein „Know-how", vor allem Prozesse und Rezepturen, angemessen zu sichern. Aber auch der Kunde hat einen gesetzlich geregelten Anspruch (Datenschutzgesetz), dass seine Daten vom Unternehmen mit der erforderlichen Sorgfalt behandelt werden. Deshalb ist es z. B. für den Ruf eines Krankenhauses nicht vom Vorteil, wenn Patientendaten im Internet einsehbar sind (SWR 2006). Der Lerneffekt in der Gesundheitsbranche ist anscheinend nicht besonders ausgeprägt, da im Jahr 2011 schon wieder „mehrere 1000 sensible Daten psychisch kranker Patienten ins Internet gelangten" (FOCUS Online 2011). Bedrohungen der Informationssicherheit bzw. der Sicherheit von Unternehmenswerten („Assets"), die dazu dienen, vorhandenes Wissen und Informationen zu verarbeiten, sind im Wesentlichen auf negative menschliche Einwirkungen zurückzuführen. Meist sind es unzufriedene Mitarbeiter – aber auch mit dem Unternehmen nicht verbundene Personen (z. B. Hacker) könn(t)en ein Motiv haben. Umwelteinflüsse (natürliche, z. B. Klima, oder technische, z. B. Energieversorgungsprobleme), Katastrophen (Chemieunfälle oder Flugzeugabstürze) und höhere Gewalt (Überschwemmungen oder Lawinen) können, abhängig vom Standort des Unternehmens, ebenfalls eine Bedrohung darstellen. Die im Frühsommer 2013 eingetretenen massiven Überschwemmungen, vor allem entlang den Flüssen Donau, Elbe und Isar, haben dies wieder einmal verdeutlicht.

Seit den Anschlägen des 11. September 2001 in den USA ist offensichtlich, dass sogar terroristische Anschläge zu einer ernsthaften Bedrohung der Unternehmenssicherheit führen können. Durch dezentrale Systeme bzw. Systeme, die von externen Dritten betrieben werden und über Netzwerk zur Verfügung gestellt werden (Cloud Computing), können nicht nur leichter Informationen an verschiedenen Orten weltweit zur Verfügung gestellt und Daten ausgetauscht werden, sondern es bieten sich auch einem Angreifer, der sich Informationen beschaffen will, mehr Möglichkeiten hierzu. Vielfältige Hard- und Softwarekonfigurationen, die von den einzelnen Fachabteilungen eines Unternehmens angeschafft und/oder betrieben werden, erzeugen vor allem an ihren Datenschnittstellen zusätzliche Angriffsflächen für Bedrohungen.

Der schnelle Wandel in der IT, gepaart mit immer komplexer werdenden Strukturen, erfordert aus Sicht der Informationssicherheit das permanente *Am-Ball-bleiben* – ein wirksames Sicherheitskonzept darf deshalb niemals statisch sein. Das Management der Informationssicherheit ist umso erfolgreicher, je präventiver und je systematischer agiert wird. Durch angemessenes Schwachstellenmanagement können die Bedingungen des Wettlaufs weitaus weniger durch den Angreifer (z. B. einen Hacker) bestimmt werden.

40.1 Informationssicherheit

40.1.1 Heutige Situation

Die heutige Situation ist vor allem in größeren Unternehmen vielfach dadurch gekennzeichnet, dass Unternehmensteile eines Unternehmens in einzelne, ergebnisverantwortliche Einheiten („Profitcenter") ausgegliedert werden. Diese können, müssen aber nicht, Dienstleistungen des Konzerns in Anspruch nehmen. Die Integration in den Konzern oder Unternehmensverbund ist deshalb in der Regel unterschiedlich stark ausgeprägt. Zugriffe auf zentrale Datenbestände und Anwendungen sind aus ökonomischer Sicht vorteilhaft, da in der Regel innerhalb eines Konzerns im Rahmen gemeinsamer Projekte eine unternehmensübergreifende Zusammenarbeit erfolgt.

Aus Sicherheitssicht ergibt sich mit der Dezentralisierung der IT das Problem, dass die Einschätzung der Bedrohungen und die Identifikation der Sicherheitsziele in den verschiedenen Unternehmensteilen zu sehr unterschiedlichen Ergebnissen führen kann. Die Etablierung von Zonen unterschiedlicher Sicherheit ist zwar möglich, aber in der Regel teurer, wie z. B. mittels Firewalls zwischen eigenverantwortlich agierenden unternehmerischen Einheiten. Des Weiteren wird das Netzwerk oft von allen genutzt – auch so, dass einzelne Netzsegmente nicht eindeutig einer unternehmerischen Einheit zuordenbar sind und zentrale Server, z. B. für den Betrieb des Intranets innerhalb eines Konzerns, dann oft gemeinsam genutzt werden.

Häufig sind auch die Zuständigkeiten für Informationssicherheit innerhalb eines Konzerns nicht eindeutig festgelegt. Zudem ist entscheidend, wer die notwendige Befugnis besitzt, um nicht nur auf Sicherheitsverletzungen reagieren zu können, sondern auch präventiv und überwachend tätig zu werden.

Die <kes>/Microsoft-Sicherheitsstudie 2012[1] brachte folgende Ergebnisse zutage: Mehr als die Hälfte (56 %) „der Teilnehmer [...] gaben an, dass fehlendes Bewusstsein und mangelnde Unterstützung ihres Top-Managements zu den Problemen gehört, die sie bei der Verbesserung der Informationssicherheit (ISi) ‚am meisten' behindern. Das ist der höchste Wert seit 20 Jahren – nur 1992 hatten mit 57 % noch mehr Befragte einen ‚Mangel an Sensibilisierung der Verantwortlichen' beklagt. Im Jahr 2008 waren es 55 %, in den anderen Jahren schwankten die Werte zwischen 45 % und 51 %".

„Der Stellenwert der Informationssicherheit beim Top-Management zeigt allerdings ein gewohntes Bild: Rund ein Drittel aller Chefetagen sieht nach Einschätzung der Teilnehmer die Security als Mehrwert (15 %) oder ‚vorrangiges Ziel' (19 %). Ein weiteres Drittel sieht darin ein ‚gleichrangiges Ziel' (33 %) oder eher ein ‚lästiges Übel' (33 %)."

Im Allgemeinen ist ein Sicherheitsgefälle entsprechend der Unternehmensgröße festzustellen, wobei mit wachsender Unternehmensgröße in der Regel die Verbreitung formaler Instrumente aufgrund der höheren Finanzkraft zunimmt.

40.1.2 Untersuchung und Gewährleistung der Informationssicherheit

Sicherheit wird fälschlicherweise oft als rein technisches Merkmal gesehen. Maßnahmen zur Sicherung von Informationen, zumeist noch in Form von Insellösungen, wie die Installierung einer Firewall oder eines Virenschutzes, dienen in vielen Fällen nur als Alibi. Wenn Sicherheitsverstöße offenbar werden, wird gerne argumentiert, dass es absolute Sicherheit sowieso nicht gibt oder sie ökonomisch nicht vertretbar wäre, da der eingetretene Schaden (meist) den notwendigen Aufwand zu seiner Vermeidung unterschreitet.

Technische Sicherheitsmaßnahmen gehen stets mit organisatorischen Sicherheitsmaßnahmen einher (z. B. Vergabe von Zugriffsrechten unter Berücksichtigung des „Need-to-do-Prinzips" und „Need-to-know-Prinzips"). Sicherheitsmaßnahmen müssen in jedem Fall aufeinander abgestimmt werden. Der über die Firewall hergestellte Schutz des Hauptzugangs zum Internet darf nicht durch die Benutzung von Nebenzugängen niedrigerer Sicherheit, wie z. B. USB-Sticks, wieder herabgesetzt werden.

Es wäre z. B. auch nicht angemessen, wenn Daten auf der Festplatte eines PCs verschlüsselt werden, der Ausdruck jedoch längere Zeit im Ausgabeschacht des um drei Ecken und mehr als 30 Meter vom Schreibtisch des Benutzers entfernten Abteilungsdruckers liegt. Oder wenn z. B. der Papierkorb des Unternehmensleiters zur Entsorgung wichtiger Finanzdaten des Unternehmens verwendet wird. Die Abstimmung aller Sicherheitsmaßnahmen kann nur durch ein integratives (Gesamt-)Sicherheitskonzept erreicht werden.

Trotz der zunehmenden Abkehr von zentralen Strukturen ist die Festlegung und Abstimmung eines für das gesamte Unternehmen geltenden Sicherheitsniveaus sinnvoll. Damit wird verhindert, dass ein hoher Schutz an einer Stelle durch ein niedrigeres Schutzniveau an einer anderen Stelle ausgehebelt werden kann. Dabei können sehr wohl Zonen unterschiedlicher Sicherheit vorhanden sein; diese dürfen jedoch nicht dazu führen, dass ein insgesamt hohes Schutzniveau umgangen werden kann.

Wirklich griffige Maßzahlen für die Wirksamkeit und da-

[1] *http://www.kes.info/archiv/material/studie2012/index.html*

IV

mit die „Qualität von Sicherheitsmaßnahmen" sind in der Regel nicht vorhanden, da die statistische Basis eines Unternehmens im Allgemeinen zu gering ist (lediglich im Massengeschäft lassen sich Aussagen treffen, wie z. B. beim Missbrauch von Bankkarten). Wahrscheinlichkeiten über das Eintreten von bestimmten Schadensereignissen und zu erwartende Schadenshöhen fehlen weitgehend oder sind im konkreten Kontext nur schwer zu beschaffen. Unstrittig ist, dass ein hohes Sicherheitsbewusstsein in der Organisation die beste Sicherheitsmaßnahme ist. Der Sicherheitsgedanke muss deshalb (wie auch der Qualitätsgedanke) in das Unternehmen hineingetragen und stetig verbreitet und vertieft werden.

Reaktive Sicherheit hinkt hinter dem Angreifer her, deshalb muss das Management der Informationssicherheit mittels vorbeugender Maßnahmen (Präventionen) und Früherkennungsmechanismen auf Problemvermeidung und damit auf Schadensvermeidung, d. h. Vermeidung von finanziellen Verlusten und Vermeidung von Rufschädigung, setzen.

Ein Verfahren zur Untersuchung und Gewährleistung der Informationssicherheit in Anlehnung an das „IT-Sicherheitshandbuch – Handbuch für die sichere Anwendung der Informationstechnik" (BSI 1992) des Bundesamtes für Sicherheit in der Informationstechnik sowie gemäß den Vorschlägen der ISO/IEC 27002 (deutschsprachige Version: DIN EN ISO 27002:2008-09) hinsichtlich einer bewährten Vorgehensweise ist in Abbildung 40.1 dargestellt. Sicherheitsmanagement ist durch mehrere zirkulär aufeinander aufbauende Phasen und Regelkreise (über Rückkoppelungsmechanismen) gekennzeichnet.

IV

Es ist jedoch nicht damit getan, Sicherheitsmaßnahmen lediglich festzulegen, sondern es muss auch durch die Unternehmensleitung sichergestellt werden, dass sie umgesetzt, ihre Wirksamkeit überwacht und sie gegebenenfalls angepasst werden. Falls dies nicht erfolgt, besteht bestenfalls Scheinsicherheit.

Soll es erfolgreich sein, so muss sich das Management der Informationssicherheit kontinuierlich auf externe und interne Einflüsse einstellen. Die Aufbauorganisation von Unternehmen ändert sich durch die Umorganisierungswut oft wechselnder UnternehmensleiterInnen laufend. Deshalb werden auch ständig neue Sicherheitslöcher (Schwachstellen) erzeugt, auf die das Schwachstellenmanagement mit einer ausreichend kurzen Reaktionszeit reagieren muss.

Ein Schnellschuss zum Stopfen von Sicherheitslöchern darf keinesfalls neue Löcher aufreißen. Eine dauerhafte Lösung muss systematisch gesucht, gefunden und umgesetzt werden. Außerdem muss ihre Wirksamkeit bewertet und im Betrieb überwacht werden.

Sicherheitsmanagement ist nur dann erfolgreich, wenn es neben der Strategie auch die Kultur und die Struktur eines Unternehmens ausreichend berücksichtigt. Falls bereits ein QM-System erfolgreich eingeführt wurde, sind hierfür in der Regel bereits optimale Voraussetzungen vorhanden. Ein Hauptziel des Managements von Informationssicherheit in einem (Gesamt-)Managementsystem besteht darin, den finanziellen Aufwand für Informationssicherheit pro Einheit zu reduzieren – damit kann ein gut organisiertes Unternehmen auch bei höherem Sicherheitsniveau angemessene Informationssicherheit kostengünstig „produzieren" und „warten".

40.1.3 Systematisches Management der Informationssicherheit

Das systematische Management der Informationssicherheit auf Basis eines Sicherheitskonzeptes dient der Systematisierung von Wirtschaftlichkeits- und Ordnungsmäßigkeitsentscheidungen zur Herstellung und Aufrechterhaltung der Informationssicherheit im Unternehmen. Die Durchführung von Sicherheitsmaßnahmen und der Einsatz von Sicherheitstechnologie erfolgen unter Berücksichtigung der für das Unternehmen realistischen Bedrohungen und ihren möglichen Auswirkungen in Kenntnis vorhandener Schwachstellen. Erst die Ausnutzung von Schwachstellen kann zu einem Schaden führen.

Sicherheitsmaßnahmen, wie Risikomanagement und Schwachstellenmanagement – mit oder ohne Einsatz von Sicherheitstechnologie *(z. B. Intrusion Detection)* – dienen der Erkennung von Schwachstellen oder ihrer Behebung/Minderung, wie z. B. Zutrittskontrolle, Zugriffskontrolle, Virenprüfung, Firewall oder die Verfügbarkeit von Einrichtungen zur Brandbekämpfung.

Für das systematische Management der Informationssicherheit existieren die beiden weltweit gültigen Standards ISO/IEC 27001 (deutschsprachige Version: DIN EN ISO 27001:2008-09) und ISO/IEC 27002.

Entstanden auf der Basis von Initiativen innerhalb der britischen Industrie in den 90er Jahren des letzten Jahrtausends, hat sich die ISO/IEC 27002 als Sammlung von „Best Practices" für Informationssicherheit zum anerkannten Standard entwickelt. Zusätzlich zu diesen bewährten Praktiken enthält die Norm ISO/IEC 27001 alle Anforderungen an ein umfassendes Informationssicherheitsmanagement (ISM) als Basis für eine Zertifizierung eines nach ISO/IEC 27002 aufgebauten ISM-Systems.

Die Normen der ISO/IEC-27000-Reihe offerieren 11 Elemente (IS-Elemente), 39 Sicherheitsziele und 135 Maßnahmen zur Abdeckung aller wesentlichen Anforderungen an die Informationssicherheit im Unternehmen:

1. Sicherheitspolitik *(Security Policy)*
2. Organisation der Informationssicherheit

3. Wertemanagement *(Asset Management)*
4. Sicherheit personeller Ressourcen *(Human Resources Security)*
5. Physische und umgebungsbezogene Sicherheit
6. Management von Kommunikation und Betrieb
7. Zugangskontrolle *(Access Control)*
8. Informationssysteme: Beschaffung, Entwicklung und Wartung
9. Management von Sicherheitsvorfällen *(Management of Security Indicents)*
10. Management des kontinuierlichen Geschäftsbetriebs *(Business Continuity)*
11. Einhaltung der Verpflichtungen *(Compliance)*

Die dargestellten IS-Elemente alleine helfen noch nicht bei der Implementierung einer systematischen Informationssicherheit im Unternehmen. Die ISO/IEC 27001 verwendet hierzu, ebenso wie die DIN EN ISO 9001:2008 (deutschsprachige Version der ISO 9001:2008; ab hier: ISO 9001), das Plan-Do-Change-Act-Modell (PDCA) in Bezug auf die Struktur aller ISM-Systemprozesse im ISM-Lebenszyklus eines ISM-Systems im Hinblick auf:

- Einrichtung
- Implementierung und Betrieb
- Überwachung und Prüfung
- Aufrechterhaltung und Verbesserung

40.2 Integration des Informationsmanagements in ein QM-System

Es gibt in sehr vielen Unternehmen zwar ein ausgeprägtes Qualitätsmanagement auf Basis eines dokumentierten QM-Systems, aber die IT-Sicherheit oder besser die Informationssicherheit ist nicht ausreichend dokumentiert.

In Unternehmen existieren zwar meist eine Vielzahl von Insellösungen, wie z. B. für Zutrittskontrolle, Zugriffskontrolle, Virenschutz oder Software-Lizenzmanagement – aber es gibt oft kein systematisches und dokumentiertes Management der Informationssicherheit.

Das Erkennen der weitgehenden Analogie bei der Definition und Umsetzung von Qualität und Sicherheit als normative Elemente im Unternehmen ist hilfreich bei der Integration des Informationssicherheitsmanagements (ISM) in ein QM-System zur Erzielung eines integralen Managementsystems.

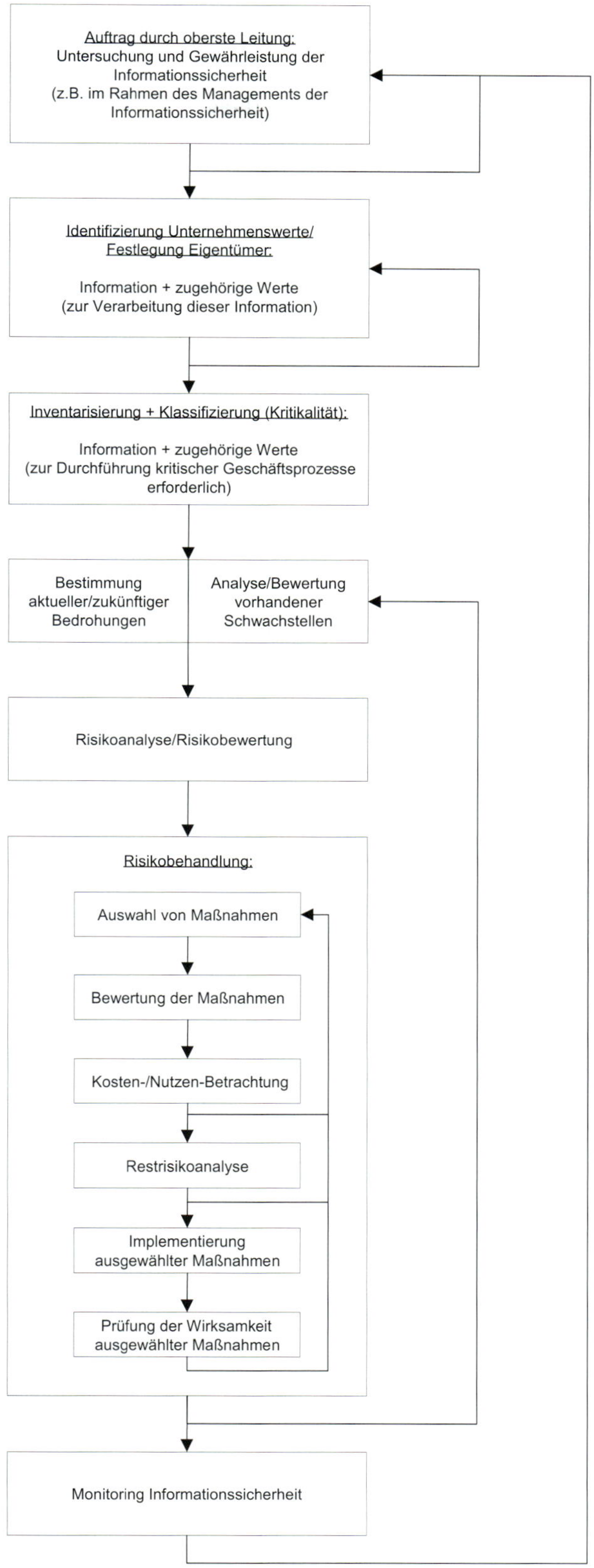

Abb. 40.1 Verfahren zur Untersuchung und Gewährleistung der Informationssicherheit

40.2.1 Abgleich der Anforderungen

Der Fokus der ISO 9001 bezieht sich auf das systematische Management der Qualität von Kundenprodukten zur Ergänzung von Produktanforderungen; der Fokus der Norm ISO/IEC 27001 bezieht sich auf die Anforderungen an das systematische Management der Informationssicherheit im Unternehmen.

Der Abgleich der Anforderungen an das Qualitätsmanagement und Informations-Sicherheits-Management wird durch die Tatsache vereinfacht, dass die am häufigsten angewendeten Normen für den Aufbau, den Betrieb und die Wartung von QM- und ISM-Systemen hinsichtlich ihres Aufbaus bereits weitgehend harmonisiert wurden. Aus dem Anhang C der ISO/IEC 27001 ist z. B. erkennbar, welche Anforderungen der ISO 27001 in Analogie zu den jeweiligen Anforderungen der ISO 9001 stehen und umgekehrt.

Die beschriebene Harmonisierung lässt jedoch noch ausreichend Raum für die Einbeziehung zusätzlicher Aspekte, da sich die Harmonisierung (noch) nicht auf alle Abschnitte beider Normen erstreckt, also quasi hier noch eine „Baustelle“ besteht.

Anmerkung: Das Management der Informationssicherheit muss nicht unbedingt nur nach ISO/IEC 27001 erfolgen. Die Elemente dieser Norm sollen jedoch zeigen, welche Aspekte des Managements der Informationssicherheit wo und wie in ein Gesamtmanagementsystem integriert werden können.

IV

40.2.2 Prozessorientierter Ansatz

Die oberste Leitung des Unternehmens ist dafür verantwortlich, dass geeignete Prozesse installiert sind, um sicherzustellen, dass die angestrebten Sicherheitsziele im Rahmen des Managements der Informationssicherheit dauerhaft, effektiv und wirksam erreicht werden.

In Ergänzung zum QM-System muss das Unternehmen hinsichtlich der Integration eines ISM-Systems Folgendes leisten:

- die Anforderungen an die Informationssicherheit im Unternehmen ermitteln sowie die Notwendigkeit des Aufstellens einer Informationssicherheitspolitik sowie von Zielen bezüglich der Informationssicherheit erkennen
- geeignete Maßnahmen zur Informationssicherheit implementieren und aufrechterhalten, um den informationstechnischen Risiken, die sich für das Unternehmen im Kontext seiner Geschäftsrisiken ergeben, umfassend und angemessen zu begegnen

40.3 Integriertes Managementsystem

40.3.1 Allgemeine Anforderungen

Die ISO/IEC 27001 fordert in Analogie zur ISO 9001, dass die Organisation ein dokumentiertes Managementsystem (hier: ISM-System) in Übereinstimmung mit den Geschäftsaktivitäten und den damit verbundenen Risiken einrichten, implementieren, betreiben, prüfen, aufrechterhalten und verbessern muss (siehe auch Kap. 11, „Integrierte Managementsysteme QM – UM – SIM“). Der hierfür verwendete Prozess basiert auf dem PDCA-Modell der Norm.

40.3.1.1 Einrichtung eines ISM-Systems

Hinsichtlich der „Einrichtung des ISM-Systems“ sind gemäß ISO/IEC 27001 mindestens folgende Aspekte zu beschreiben:

- Anwendungs- und Geltungsbereich sowie Abgrenzung des ISM-Systems
- Informationssicherheit: Politik und Ziele (der Informationssicherheit)
- Prozeduren und Regelungen zur Unterstützung des ISM-Systems
- Beschreibung der Methode zur Durchführung von Risikoanalysen (Identifizierung von Risiken, Analyse und Bewertung der Risiken, Identifikation und Bewertung der Möglichkeiten zur Risikobehandlung, Auswahl von Sicherheitszielen und Sicherheitsmaßnahmen für die Risikobehandlung, Managementzustimmung zur Akzeptanz des festgestellten Restrisikos)
- Managementzustimmung zur Einrichtung und Betrieb eines ISM-Systems
- Erstellung einer Erklärung der Anwendbarkeit („Statement of Applicability“)

Informationssicherheit: Politik und Ziele

Informationssicherheit bedeutet in der Regel zusätzlichen finanziellen Aufwand. Was sie bringt, ist oft ungewiss. Risiko konstituiert ja nur eine Wahrscheinlichkeit für das Eintreten eines Schadens unter Betrachtung der Auswirkung dieses Schadens. Maßnahmen zur Informationssicherheit oder sichere IT-Systeme müssen deshalb genau die Fälle, die sie rechtfertigen, vermeiden. Vorbeugende Maßnahmen, wie z. B. die Behebung von Schwachstellen, reduzieren zwar messbar das Risiko, erfordern aber meist Investitionen, die meist keinen messbaren Return-of-Investment (RoI) bringen, wenn sie wirksam sind. Fehlende

negative Auswirkungen für das Unternehmen („fehlendes Schadensereignis") sind schwer darstellbar.
Wichtig ist letztendlich aber nicht die Wirkung von Sicherheitsverletzungen auf die IT, sondern auf die durch die IT unterstützte Organisation. Auswirkungen können der Verlust der Vertraulichkeit (z. B. von Know-how), der Verlust der Integrität (unerwünscht veränderte Inhalte) oder Einschränkungen der Verfügbarkeit (Verlust von Programmen und/oder Daten) sein.
Informationssicherheit muss Chefsache sein, da die Organisation in der Regel stark vom Schutz des vorhandenen Wissens und der Information sowie dem Funktionieren der IT abhängig ist. Sicherheitsverletzungen können zu erheblichen Vermögensverlusten führen bzw. sogar die Existenz des Unternehmens gefährden. Außerdem kann das Ansehen des Unternehmens oder das Vertrauen in das Unternehmen in der Öffentlichkeit und/oder bei den Kunden massiv beschädigt werden.
Aus diesen Gründen muss die oberste Leitung des Unternehmens ihren Willen zur Einführung und Durchsetzung von sicherheitstechnischen Unternehmensstandards und Zielen eindeutig festlegen, überprüfen und in Kraft setzen, d. h. im Unternehmen ausreichend kommunizieren. Sicherheit wird damit auch für alle erkennbar zu einem festen Bestandteil der Firmenphilosophie. Wenn Sicherheit Chefsache ist, wird die Durchsetzbarkeit von Informationssicherheit im Unternehmen entscheidend unterstützt.
Die Mitarbeiter sind über die Inhalte der Informationssicherheitspolitik *(Information Security Policy)*, in Analogie zur Qualitätspolitik, zu informieren. In dieser Unternehmenspolitik zur Informationssicherheit sollte auch ein Verweis auf wichtige Unternehmensrichtlinien bezüglich der Informationssicherheit enthalten sein (Benutzungsrichtlinie), wie z. B. Zugriffskontrolle, Regeln für das Teleworking, Netzwerkkontrolle sowie Regeln für die E-Mail- und Internetnutzung[2].

Prozeduren und Regelungen zur Unterstützung des ISM-Systems

Zuständigkeiten sowie die Prozesse zur Informationssicherheit sind zu definieren (einschließlich durchzuführender Prozeduren, Arbeitsanweisungen und Checklisten).

[2] In einer Benutzungsrichtlinie für Internetnutzung wird z.B. darauf hingewiesen, welche Gefahren dieses Medium birgt, welche Dienste zulässig sind, zu welchem Zweck dieses Medium freigegeben ist und welche Zuständigkeiten dem/der einzelnen Mitarbeiter/-in obliegen.

Beschreibung der Methode zur Durchführung von Risikoanalysen

Im Zuge der Durchführung von Risikoanalysen wird untersucht, welchen Risiken Geschäftsprozesse oder wichtiges Wissen in physikalischer Form (z. B. Papier, CD-ROMs, USB-Sticks) und elektronischer Form (z. B. Datenbanken, Files) ausgesetzt sind. Die Dokumentation der IT-Landschaft und der durch sie unterstützten Prozesse ist eine wichtige Informationsquelle für die Durchführung von Risikoanalysen (inklusive Zutrittskontrollsysteme, USVs, Notstromversorgungseinrichtungen, bauliche Maßnahmen wie z. B. feuergeschützte Räumlichkeiten, Alarm- und Einbruchsicherung, Räumlichkeiten, Versorgungseinrichtungen wie z. B. Strom, Telefon, Fax, Wasser, Beleuchtung).
Aber erst die Kenntnis aktueller/zukünftiger Bedrohungen, mit Angabe der Wahrscheinlichkeit ihres Eintretens sowie des damit verbundenen Schadens (Abschätzung, z. B. auf Basis von Schadensinformationen von Sachversicherern), lässt eine Bewertung zu, wie sich vorhandene Schwachstellen, festgestellt im Rahmen von Schwachstellenanalysen, auf das jeweilige Teilrisiko auswirken. Das Risiko wird hinsichtlich der drei Grundwerte des Objektes Information: Vertraulichkeit, Integrität und Verfügbarkeit, getrennt ermittelt. Das höchste Risikoniveau eines Grundwertes bestimmt das Gesamtrisiko.
Die vom Unternehmen zur Durchführung von Risikoanalysen angewendete Methode (Wer? Wann? Wo? Wie?) muss so beschrieben werden, wie es das Unternehmen selbst für angemessen erachtet, um das vorhandene „Informationsrisiko" und damit vor allem den Schutzbedarf der Informationswerte *(Information Assets)* zu ermitteln, aber auch die für den Betrieb der IT erforderlichen Unternehmenswerte *(Assets)*.
Die Ergebnisse von Risikoanalysen müssen dokumentiert werden. Die Anforderungen an Form und Inhalt eines solchen Berichts sind im Managementsystem zusätzlich festzulegen, da für Qualitätsmanagement keine derartige Analyse vorgeschrieben ist.

Managementzustimmung zur Einrichtung und Betrieb eines ISM-Systems

In der Informationssicherheitspolitik könnte die oberste Leitung die Einrichtung und den Betrieb eines ISM-Systems im Unternehmen bekannt geben.

40.3.1.2 Implementierung und Betrieb eines ISM-Systems

Hier sind gemäß Kapitel 4.2.2 der ISO/IEC 27001 mindestens folgende Aspekte zu beschreiben:
- Risikobehandlungsplan (Definition, Implementierung)

- Implementierung von Sicherheitsmaßnahmen zur Erreichung der definierten Sicherheitsziele
- Feststellung der Wirksamkeit ausgewählter Sicherheitsmaßnahmen
- Implementierung von Schulungs- und Sensibilisierungsprogrammen
- Management der vom ISM-System benötigten Ressourcen
- Implementierung von Prozeduren und anderen Maßnahmen zur umgehenden Feststellung von sicherheitsrelevanten Ereignissen und zur Reaktion auf Sicherheitsvorfälle

Risikobehandlungsplan

Als erster Schritt ist die Definition eines Risikobehandlungsplans vorzunehmen, der Informationen bezüglich angemessener Managementaktivitäten, Ressourcen, Zuständigkeiten und Prioritäten von Informationssicherheitsrisiken enthält.
Falls in einem Unternehmen bereits seit längerer Zeit systematisches Informationssicherheitsmanagement betrieben wird, existiert in der Regel auch eine angemessene und dokumentierte Vorgehensweise.

Implementierung von Sicherheitsmaßnahmen zur Erreichung der definierten Sicherheitsziele

Auf Basis des Risikobehandlungsplans, der auf den Ergebnissen von Risikoanalysen *(Risk Assessments)* und Risikobewertungen *(Risk Evaluation)* beruht, werden Sicherheitsmaßnahmen zur Erreichung der definierten Ziele bezüglich der Informationssicherheit implementiert.
Die implementierten Sicherheitsmaßnahmen müssen im Managementsystem dokumentiert werden. Dazu gehören auch die Definition und Implementierung von Richtlinien *(Policies)*, wie z.B. bezüglich E-Mail-Benutzung. In Bezug auf mögliche Regelungen zur Informationssicherheit bietet die ISO/IEC 27001 in Anhang A ein Portfolio von 135 Maßnahmen auf Basis von 39 Informationssicherheitszielen an. Es ist anzugeben, wie die Wirksamkeit ausgewählter Maßnahmen zur Informationssicherheit nachvollziehbar und wiederholbar festgestellt werden kann. Außerdem ist zu dokumentieren, wie die Kompetenz von Personal, das Zuständigkeiten bezüglich des ISM-Systems hat, festgestellt und aufrechterhalten wird.
Weiterhin ist festzulegen, wie die Sensibilisierung von Personal hinsichtlich der Relevanz und Wichtigkeit ihrer informationssicherheitsrelevanten Aktivitäten und darüber, wie diese zur Erreichung der ISM-System-Ziele beitragen, erfolgt. Das Unternehmen muss Ressourcen für Aktivitäten innerhalb aller Phasen des ISM-Lebenszyklus bereitstellen und sollte angeben, wie die Bereitstellung erfolgt. Verfahren und Maßnahmen, die es erlauben, Sicherheitsvorfälle umgehend zu erkennen und darauf zu reagieren, müssen dokumentiert werden.

40.3.1.3 Überwachung und Prüfung eines ISM-Systems

Hinsichtlich der Überwachung und Prüfung des ISM-Systems sind mindestens folgende Aspekte zu beschreiben:

- Durchführung von Überwachungs- und Prüfprozeduren sowie anderer Maßnahmen
- Vornahme regelmäßiger Prüfung der Wirksamkeit des ISM-Systems
- Feststellung der Wirksamkeit von Maßnahmen
- Durchführung von Risikoanalysen innerhalb fest vorgegebener Zeiträume
- Durchführung interner ISM-System-Audits zu festgelegten Zeiten
- Durchführung eines regelmäßigen Managementreviews des ISM-Systems
- Update von Sicherheitsplanungen
- Aufzeichnung von Aktionen und Ereignissen mit Auswirkung auf die Wirksamkeit und Funktionsfähigkeit des ISM-Systems

Durchführung von Überwachungs- und Prüfprozeduren sowie anderer Maßnahmen

Die Durchführung von zu dokumentierenden Überwachungs- und Prüfprozeduren soll z.B. ermöglichen,

- versuchte und erfolgreiche Schutzverletzungen und informationssicherheits-relevante Vorfälle umgehend festzustellen, und
- durch die oberste Leitung feststellen zu lassen, ob Aktivitäten bezüglich der Informationssicherheit, die an andere delegiert oder durch IT implementiert wurden, erwartungsgemäß ausgeführt wurden bzw. funktionieren.

Die Prüfung der Wirksamkeit eines ISM-Systems muss die Einhaltung der Informationssicherheitspolitik und die Ziele zur Informationssicherheit und Prüfung der Sicherheitsmaßnahmen beinhalten. Es muss dokumentiert werden, wie die Wirksamkeit von Sicherheitsmaßnahmen geprüft wird, die dem Nachweis dienen, dass Sicherheitsanforderungen eingehalten werden.

Durchführung von Risikoanalysen innerhalb fest vorgegebener Zeiträume

Risikoanalysen müssen zu festgelegten Zeiten wiederholt und das verbleibende Restrisiko sowie die akzeptierbaren Risikoniveaus geprüft werden. Insbesondere Änderungen der Aufbauorganisation, eingesetzter Technologie, Ge-

IV

schäftsziele *(mission)* und Geschäftsprozesse, festgestellte Bedrohungen, Wirksamkeit implementierter Sicherheitsmaßnahmen und externe Ereignisse, wie Änderungen an Gesetzen und Regelungen, veränderte vertragliche Bedingungen und Änderungen des sozialen Klimas müssen berücksichtigt werden.
Die Durchführung interner Audits zu festgelegten Zeiten wird auf die Managementsystemkomponente ISM-System erweitert. Die Einbeziehung des ISM-Systems in die Managementbewertung wird durchgeführt und dokumentiert. Sicherheitsplanungen müssen unter Einbeziehung der Ergebnisse von Überwachungs- und Prüfaktivitäten aktualisiert werden. Aktionen und Ereignisse, die Einfluss auf die Wirksamkeit und den Betrieb des ISM-Systems haben könnten, müssen aufgezeichnet werden.

40.3.2 Dokumentationsanforderungen

Es muss dokumentiert werden, wie Informationssicherheit im Unternehmen untersucht und gewährleistet wird. Die Entscheidungsgrundlage für die Unternehmensleitung kann nur durch Risikotransparenz hergestellt werden, d.h. durch die ausreichend transparente Darstellung der Geschäftsprozesse, der vorhandenen Prozessinfrastruktur einschließlich festgelegter Zuständigkeiten.
Aus sicherheitstechnischer Sicht ist der Ablauforganisation eine besonders hohe Bedeutung beizumessen, denn der tatsächliche Ablauf entscheidet letztendlich über die Sicherheitslage. Sicherheit darf (analog zur Qualität) nicht durch informelle Strukturen oder Informationsflüsse behindert werden.
Die Anforderungen an die Managementsystemkomponente ISM-System werden in das bestehende QM-Handbuch mit aufgenommen. Das Gesamthandbuch sollte anschließend zum Managementhandbuch erhoben werden.
Zusätzlich zu den Anforderungen an ein QM-System ist für die Managementkomponente ISM-System sicherzustellen, dass

- Dokumente für diejenigen verfügbar sind, die sie benötigen, und gemäß den Prozeduren, die entsprechend ihrer Klassifizierung anzuwenden sind, sicher übermittelt, gespeichert und entsorgt werden, und dass
- die Verteilung der Dokumente überwacht wird.

Hinsichtlich der Lenkung von Aufzeichnungen ist vorzugeben, dass das ISM-System in Erweiterung zum QM-System relevante gesetzliche Anforderungen und Regelungen sowie vertragliche Verpflichtungen berücksichtigt.

40.4 Verantwortung der Leitung

Zur Fortschreibung der Sicherheitskonzeption ist Sicherheit bei Entscheidungsprozessen frühzeitig zu berücksichtigen (z.B. bei Einführung neuer Technologien, Software, Hardware sowie organisatorischen, personellen oder baulichen Veränderungen).

40.4.1 Selbstverpflichtung der Leitung

Eine Sicherheitsarchitektur muss durch ein leistungsfähiges Sicherheitsmanagement operativ beherrscht und kontrolliert werden. Die gegenüber der ISO 9001 zusätzlichen Aufgaben für die oberste Leitung des Unternehmens bestehen aus:

- der Identifizierung von Sicherheitszielen unter Berücksichtigung der vom Unternehmen definierten Anforderungen sowie der Integration dieser Sicherheitsziele in die Geschäftsprozesse des Unternehmens
- der Definition, Überprüfung und Freigabe („mittels Unterzeichnung in Kraft setzen") einer formalen Informationssicherheitspolitik des Unternehmens (in Analogie zur Qualitätspolitik des Unternehmens im QM-System)
- der Koordinierung der Implementierung von Informationssicherheit im Unternehmen und Überprüfung ihrer Wirksamkeit auf Basis der veröffentlichten Informationssicherheitspolitik
- der Vorgabe und sichtbaren Unterstützung von Sicherheitsprogrammen
- der Sicherstellung benötigter Ressourcen für Informationssicherheit
- der Zuweisung spezifischer Rollen und Zuständigkeiten für Informationssicherheit (Manager) innerhalb des Unternehmens
- dem Anstoß von Plänen und Programmen für die Erhaltung und gegebenenfalls Verbesserung des Sicherheitsbewusstseins
- der Koordinierung der Implementierung von Maßnahmen zur Informationssicherheit im Unternehmen

Grundlegende Voraussetzung ist, dass die oberste Leitung des Unternehmens ihren Willen zur Durchsetzung der identifizierten Sicherheitsziele sowie deren Integration in die Geschäftsprozesse innerhalb der veröffentlichten Informationssicherheitspolitik eindeutig bekundet.
Zuständigkeiten müssen eindeutig zugeordnet und formal dokumentiert sein, insbesondere dort, wo eine Funktionstrennung sicherheitsrelevanter Tätigkeiten erforderlich ist.

40.4.2 Kundenorientierung

Hierzu besteht keine analoge Anforderung in der ISO/IEC 27001.

40.4.3 Qualitätspolitik

Hier ist die Informationssicherheitspolitik zusätzlich zur Qualitätspolitik des QM-Systems mit aufzunehmen.

40.4.4 Planung

Die Ziele für Informationssicherheit sind in Analogie zu den Qualitätszielen zu beschreiben. Die ISO/IEC 27001 enthält eine Sammlung von 39 Zielen der Informationssicherheit, die als abstrahierfähige Vorlage zur Planung des ISM-Systems dienen können. Es ist in Analogie zum QM-System anzugeben, wie die Funktionsfähigkeit des ISM-Systems erhalten bleibt, wenn Änderungen am ISM-System vorgenommen werden.

40.4.5 Verantwortung, Befugnis und Kommunikation

IV

Hinsichtlich des Managements der Informationssicherheit muss die oberste Leitung des Unternehmens sicherstellen, dass die hier zugehörigen Zuständigkeiten, d. h. Verantwortungen und Befugnisse innerhalb des Unternehmens zusätzlich festgelegt und bekannt gemacht werden. Minimal ist dies die Funktion eines Zuständigen für Informationssicherheit.

Zur Bennennung des Beauftragten der obersten Leitung in der ISO 9001 gibt es keine vergleichbare Forderung in der ISO/IEC 27001.

40.4.6 Managementbewertung

Dazu ist ein geeigneter Informationsfluss zur obersten Leitung des Unternehmens zu etablieren. Durch interne und externe Auditierungen und die Einbeziehung der Ergebnisse in regelmäßige Managementreviews werden Fragestellungen abgedeckt, die im aktuellen Informationsfluss oft nicht zum Tragen kommen. Interne Audits zur Feststellung der Informationssicherheit werden in Analogie zu internen Qualitätsaudits durchgeführt bzw. in diese einbezogen.

Der Informationsfluss sicherheitsrelevanter Informationen zwischen beteiligten Unternehmenseinheiten ist sicherzustellen. Dies schließt sowohl den Informationsfluss in *Top-down-* (aus Ergebnissen interner und externer Audits) als auch *Bottom-up*-Richtung (Problemeskalation, Risikomanagement, Schwachstellenmanagement) mit ein. Das liefert die Grundlage zur Bewertung der Funktionsfähigkeit des ISM-Systems durch die oberste Leitung im Rahmen von Managementbewertungen. Information aus der *Bottom-up*-Richtung wird in der Regel nach oben hin verdichtet bzw. nach dem Eskalationsprinzip durch die jeweilige Managementebene geeignet behandelt. Viele Unternehmen vertrauen bezüglich der Information der obersten Leitung des Unternehmens ausschließlich auf dieses Prinzip. Danach werden Sicherheitsverletzungen, neue nicht abgedeckte Risiken oder eine verzögerte Behebung von Missständen im Extremfall vom einzelnen Mitarbeiter zur obersten Leitung gemeldet. Es ist jedoch wichtig, dass der „Melder" in seiner Eskalationsreichweite nicht beschränkt wird, d. h. dass verhindert wird, dass gegebenenfalls vorhandene Lehmschichten im darüber liegenden Management interessenbedingt die Übermittelung bestimmter Probleme an die übergeordnete Managementschicht behindern oder verhindern.

Eine Verdichtung der Information nach oben ist allerdings in vielen Fällen nur bedingt praktikabel, da die Datenbasis, verglichen mit anderen Merkmalen, wie durchschnittliche Bearbeitungszeit von Anfragen nicht breit genug ist. In Managementbewertungen ist die Thematik Informationssicherheit gleichwertig zu Aspekten wie Qualität oder Umweltschutz mit einzubeziehen, um die Angemessenheit der Maßnahmen zur Informationssicherheit im Managementsystem bewerten zu können.

Der „Beauftragte für Informationssicherheit" erfüllt dabei die Funktion eines Kulminationspunktes für alle Fragen zur Informationssicherheit. Es ist durch geeignete Maßnahmen (z. B. Einbindung in Change-Management) sicherzustellen, dass ihm jede Information bezüglich einer möglichen Verletzung der Informationssicherheit, ähnlich der Information des QM-Beauftragten beim Auftreten von Produktmängeln, zur Kenntnis gebracht wird. Zur Unterstützung des „Bottom-up"-Informationsflusses sollten Mitarbeiter durch eine entsprechende Unternehmenskultur ermuntert werden, festgestellte Sicherheitsprobleme zu melden, was z. B. durch veröffentlichte und gelebte Unternehmensgrundsätze, wie eine „Politik der offenen Tür *(Open Door Policy)*, unterstützt werden kann. Der Informationsfluss ist nicht nur in der Linienorganisation sicherzustellen, sondern auch angemessen an den Geschäftsprozessen zu orientieren.

Durch Maßnahmen, wie interne Audits, sollte das geeignete Funktionieren des Informationsflusses überprüft werden. Dabei sind z. B. folgende Fragen zu stellen: Welchen Kenntnisstand haben die Mitarbeiter? Ist die Information bei ihnen angelangt? Funktionieren Eskalationsprozeduren? Wie wurde die oberste Leitung des Unternehmens informiert? Ist verdichtete Information korrekt,

vollständig und verständlich? Zur Prävention bzw. Früherkennung von Schwachstellen setzen aktive Maßnahmen zur Feed-back-Einholung verstärkt an den Stellen an, wo sicherheitsrelevante Information bevorzugt anfällt.
Die Anforderung, das ISM-System mindestens einmal jährlich zu überprüfen, muss berücksichtigt werden, sofern nicht bereits für das QM-System entsprechende Intervalle spezifiziert wurden. Die ISO 9001 enthält hierzu keine zeitraumspezifische Vorgabe.
Um eine angemessene Bewertung des ISM-Systems zu ermöglichen, sind weitere Quellen mit einzubeziehen, d. h. im Managementsystem zu benennen:

- Rückmeldung interessierter Parteien (statt nur Rückmeldung der Kunden wie bei ISO 9001)
- Techniken, Produkte und Vorgehensweisen, die innerhalb des Unternehmens angewandt werden könnten, um die Leistung und Wirksamkeit des ISM-Systems zu verbessern
- Schwachstellen und Bedrohungen, die in der letzten Risikoanalyse nicht angemessen berücksichtigt wurden
- Ergebnisse von Wirksamkeitsmessungen

Zusätzlich zu den im QM-System gemäß ISO 9001 bereits definierten Entscheidungen und Aktionen als Ergebnisse der Managementbewertung müssen für das ISM-System auch noch folgende Aspekte berücksichtigt werden:

- Aktualisierung von Risikoanalysen und Risikobehandlungsplan
- Änderung informationssicherheits-relevanter Vorgehensweisen und Maßnahmen, soweit nötig, um auf interne oder externe Ereignisse, die einen Einfluss auf das ISM-System haben, reagieren zu können, wie z. B. hinsichtlich erfolgter Änderungen von Geschäftsprozessen, Sicherheitsanforderungen oder vertraglichen Verpflichtungen
- Verbesserung der Messung der Wirksamkeit von Sicherheitsmaßnahmen

40.5 Management von Ressourcen

40.5.1 Bereitstellung von Ressourcen

Zur Vermeidung von Kompetenzstreitigkeiten, Vernachlässigung von Aufgaben oder unzureichender Kontinuität sind Zuständigkeiten für Informationssicherheit explizit, eindeutig und organisationsüberdeckend zuzuweisen. Die generelle Verantwortlichkeit und Befugnis für die Exekutive zur Informationssicherheit ist eindeutig zu benennen, z. B. mittels eines zentralen Beauftragten für Informationssicherheit. Für die einzelnen Organisationsebenen ist eine abgestufte, eindeutige Zuständigkeit zu definieren. Zugehörige Aufgaben für Informationssicherheit müssen definiert, zugewiesen und überwacht werden, um eine ausreichende Unternehmensüberdeckung des Sicherheitsmanagements sicherzustellen.
Zur Vermeidung von Zuständigkeitslücken im Lebenszyklus von IT-Systemen oder IT-Prozessen muss eine formale Vertretungsregelung festgelegt, implementiert und aufrechterhalten werden.
Im Betrieb ist insbesondere darauf zu achten, dass Sicherheitslücken für Systeme nicht nur nach und nach bekannt werden. Es muss stattdessen durch eindeutige Zuweisung von Zuständigkeit dafür gesorgt werden, dass diese Information regelmäßig aktiv beschafft wird.
Es muss sichergestellt werden, dass übertragene Zuständigkeiten und die damit verbundenen Aufgaben auch erfüllt werden können. Die oberste Leitung muss dafür sorgen, dass geeignete und ausreichende Ressourcen (Mittel, Personen, Zeit, Ausbildung) hierfür zur Verfügung stehen.
Bei geografisch verteilten oder international tätigen Unternehmen ist im Besonderen auf die Überdeckung der Zuständigkeiten sowie deren Erfüllbarkeit zu achten. So können dezentrale Beauftragte für Informationssicherheit benannt werden, um die Anwender vor Ort zu unterstützen bzw. um lokaler Mittler zum zentralen (Konzern-) Sicherheitsbeauftragten zu sein. Erfahrungsgemäß ist die Umsetzung vorgesehener Maßnahmen in größeren Organisationen vor Ort am besten möglich. Dem gegenüber macht es u. U. keinen Sinn, in Auslandsniederlassungen mit geringem Personalstand einen eigenen Sicherheitsbeauftragten einzusetzen. In diesem Fall muss durch geeignete Mechanismen sichergestellt werden, dass der zentrale Sicherheitsbeauftragte seiner Verantwortung auch dort entsprechend nachkommen kann (z. B. durch lokalisierte Handlungsanweisungen und Informationen, Informationsfluss bezüglich sicherheitsrelevanter Informationen).

40.5.2 Personelle Ressourcen

Mangelndes Sicherheitsbewusstsein ist der größte Hemmschuh bei der Verbesserung der Sicherheit. In Sicherheitsstudien zeigt sich, dass Fehler, die auf das Konto von Irrtum und Nachlässigkeit der Mitarbeiter gehen. Gemäß einer Studie der Zeitschrift <kes> (<KES>/Microsoft Sicherheitsstudie 2012) ist ein häufiger genanntes Hindernis für eine Verbesserung der Informationssicherheit ein „fehlendes Bewusstsein bei den Mitarbeitern“ (64 %), gefolgt von einem „fehlenden Bewusstsein beim mittleren Management“ (49 %).

Die Einstellung, das Problem der Sicherheit sei alleine mit Technik in den Griff zu bekommen, vergisst den Faktor Mensch. Die Wichtigkeit des Bewusstseins spiegelt sich auch in der Tatsache wider, dass das Arztgeheimnis in der Regel auch ohne technische Maßnahmen funktioniert. Analog dazu ist das Sicherheitsbewusstsein in Branchen, in denen Sicherheit durch die Materie impliziert wird (z. B. Banken), traditionell hoch. Ansonsten ist das Wissen, dass z. B. Neuentwicklungen, Kundenlisten oder Konditionen einen hohen Wert für ein Unternehmen darstellen, nicht überall adäquat vorhanden (Anmerkung: Es ist legitim, dass nach Risikoabschätzung einzelne Risiken akzeptiert werden, wenn der Aufwand für Maßnahmen unverhältnismäßig hoch ist).

Benutzer versenden z. B. auch deshalb vertrauliche Informationen ungeschützt mittels E-Mail über externe und interne Netze, da ihnen gar nicht bewusst ist, dass sie ein nicht vertrauenswürdiges Medium benutzen. Sicherheitsmanagement muss deshalb gewährleisten, dass jeder Mitarbeiter über die Bedeutung der Informationssicherheit für das Unternehmen informiert ist und ihm Handlungshilfsmittel zur Verfügung gestellt werden, die ihn dabei unterstützen, seiner Verantwortung hinsichtlich der Herstellung einer angemessenen Vertraulichkeit nachzukommen. Dazu sind entsprechende Schulungsmaßnahmen einzuführen, damit die Mitarbeiter über Konsequenzen ihrer Handlungen besser informiert werden. Ihnen kann z. B. ein Medium zur Verfügung gestellt werden, das sie bei Bedarf informiert (z. B. sicherheitstechnische Ratschläge in Benutzerhandbüchern, geeignete Faltblätter oder Online-Information im Intranet). Auch die Durchführung von Systemaudits trägt bei Mitarbeitern in der Regel zur Verbesserung des Sicherheitsbewusstseins bei.

Besonderes Augenmerk ist auf den Wissensstand der Zuständigen für Informationssicherheit zu richten, da Sicherheit eine Querschnitttechnologie ist und ein breites Wissen über alle eingesetzten IT-Systeme sowie zugehöriger Aspekte erfordert. Sicherheitseigenschaften von IT-Systemen erfordern zudem oft ein tiefes Verständnis dieser Systeme, da einzelne Konfigurationseinstellungen oder sonstige Interna ihre Verwundbarkeit erheblich beeinflussen können.

Die Aufgaben des Sicherheitsbeauftragten und weiterer Ansprechstellen in allen Fragen der Informationssicherheit sollten im Unternehmen bekannt gemacht werden, wie z. B. im Rahmen von Schulungsmaßnahmen für neu eingestellte Mitarbeiter, für externe, neu im Unternehmen tätige Personen sowie für freiberufliche Mitarbeiter.

Diese Maßnahmen sind im Weiterbildungssystem des Unternehmens zu verankern. Die Regelmechanismen sorgen dafür, dass Schwachstellen und Mängel, z. B. in der Weiterbildung, erkannt werden und eine Behebung angestoßen und umgesetzt werden kann.

40.5.3 Infrastruktur

Die ISO/IEC 27001 enthält Sicherheitsmaßnahmen, die sich auf die Infrastruktur des Unternehmens beziehen. Die im Rahmen der Managementsystemkomponente ISM-System erforderliche Infrastruktur sollte beschrieben werden, wie z. B. für den Betrieb zentraler IT-Einrichtungen in einem Rechenzentrum (RZ) bezüglich der Gestaltung sicherer Bereiche.

40.5.4 Arbeitsumgebung

Die ISO/IEC 27001 enthält Sicherheitsmaßnahmen, die sich auf die Arbeitsumgebung beziehen. Die im Rahmen des ISM-Systems erforderliche Arbeitsumgebung, d. h. die Anforderung an die Informationssicherheit, z. B. innerhalb spezieller Sicherheitsbereiche (RZ, Telekommunikationsräume etc.), sollte beschrieben werden.

40.6 Produktrealisierung

Für diesen Abschnitt gibt es keine Korrespondenz zwischen ISO/IEC 27001 und ISO 9001.

Die im QM-System vorhandenen Vorgaben mit der Ausrichtung auf das „Produkt" können um Vorgaben mit dem Aspekt „systematisches Management der Informationssicherheit" erweitert werden, d. h. dieser Abschnitt der ISO 9001 kann auch sinnvoll auf „Informationssicherheit" angewandt werden.

40.6.1 Planung der Produktrealisierung

Das Unternehmen muss beschreiben, wie sichergestellt wird, dass Prozesse zur Herstellung (Implementierung) und Aufrechterhaltung (Betrieb und Wartung) der Informationssicherheit von Geschäftsprozessen eingeführt und dokumentiert werden sowie für das systematische Management der Informationssicherheit spezifische Ressourcen bereitgestellt werden.

40.6.2 Kundenbezogene Prozesse

Das Unternehmen hat sich z. B. davon zu überzeugen, ob die eigenen sowie die in der Vertragsbeziehung mit dem Kunden zur Geltung kommenden Anforderungen an die Informationssicherheit einschließlich gesetzlicher Anfor-

IV

derungen und Regelungen (z.B. Datenschutzgesetz) erfüllt werden können.

40.6.3 Entwicklung

Die Anforderungen der ISO 9001 können um das „systematische Management der Informationssicherheit" erweitert werden. Die Anforderungen der ISO 9001 bezüglich der Entwicklung werden dabei auf die Informationssicherheit bezüglich geänderter oder neuer Geschäftsprozesse angewandt.

Hierzu gehört gegebenenfalls auch die Einhaltung einer systematischen Informationssicherheit im Rahmen des Geschäftsprozesses „Entwicklung von Kundenprodukten", d.h. die Informationssicherheit des Entwicklungsprozesses. Selbst wenn der Entwicklungsprozess zur Entwicklung von Kundenprodukten sich nicht geändert hat oder neu eingeführt wird, lohnt sich in der Regel eine Analyse und Bewertung der bestehenden Informationssicherheit, z.B. im Zuge der Entwicklung eines neuen Kundenproduktes.

Informationssicherheit muss möglichst früh in neu zu entwickelnde Geschäftsprozesse des Unternehmens einfließen. Eine spätere Integration von Maßnahmen ist in der Regel nicht nur teu(r)er, sondern provoziert an den Schnittstellen auch oft zusätzliche Sicherheitslöcher.

Die Informationssicherheit in der Entwicklung von Kundenprodukten ist durch geeignete Maßnahmen, wie z.B. eine sichere Entwicklungsumgebung, die Auswahl zuverlässiger Unterauftragnehmer mit der expliziten Bedingung keiner weiteren Unterauftragsvergabe ohne Zustimmung des Auftraggebers, Codeinspektionen oder expliziter Anforderungen an die Testphase zu gewährleisten. Vermehrt werden auch in der Entwicklung schon Penetrationstests (BSI 2003) eingesetzt.

Es sollten alle Eingaben einfließen, die erforderlich sind, z.B. auch alle zu berücksichtigenden gesetzlichen und behördlichen Anforderungen, wie z.B. die Einhaltung von Datenschutzgesetzen, Telekommunikationsgesetzen oder des Fernmeldegeheimnisses.

Die Entwicklungsergebnisse müssen gegen die Entwicklungseingaben verifiziert und vor ihrer Freigabe genehmigt werden. Es muss festgelegt werden, in welchen Phasen der Entwicklung eines neuen Geschäftsprozesses die Bewertung der Entwicklung der Informationssicherheit zur Sicherung der Geschäftsprozesse erfolgen soll.

Es muss festgelegt werden, wie beurteilt werden kann, ob die durchgeführte Entwicklung der Informationssicherheit des Geschäftsprozesses diesen tatsächlich so absichert, wie geplant. Es muss beschrieben werden, wie Änderungen der Informationssicherheit eines Geschäftsprozesses (oder aller Geschäftsprozesse) erfolgen müssen. Zusätzlich dazu muss betrachtet werden, wie sich die Änderungen auf die bisherige Informationssicherheit des Geschäftsprozesses auswirken (z.B. nachträgliche Analyse von Aufzeichnungen, wie System Logs oder User Logs).

40.6.4 Beschaffung

Extern zu beschaffende Produkte und Dienstleistungen müssen den Anforderungen des Unternehmens sowie des/der betroffenen Geschäftsprozesse(s) an die Informationssicherheit genügen.

Da der Bereich Einkauf eines Unternehmens in der Regel die Anforderungen an die Informationssicherheit nicht einschätzen kann bzw. eine mögliche Sicherheitsrelevanz gar nicht erkennen kann, sollte für diesen Bereich ein Verfahren geschaffen werden, z.B. über die Verwendung von Checklisten, nach denen entschieden werden kann, ob der jeweils Zuständige für Informationssicherheit einzuschalten ist (z.B. wenn die Mitarbeiter USB-Sticks bestellen und dadurch das bestehende Firewall-Konzept möglicherweise umgangen wird).

Sicherheitsrelevante Kriterien bei der Beschaffung eines Produktes oder einer Dienstleistung sind zu dokumentieren, z.B. durch Aufzeichnungen in einer Checkliste.

Die Anforderungen an die Informationssicherheit müssen auch in der Zusammenarbeit mit externen Dritten, d.h. beim Einkauf von Dienstleistungen oder bei der Inanspruchnahme von „Outsourcing" gewahrt bleiben. Insbesondere ist der Zugang zu Daten/Information des Unternehmens für externe Dritte zu regeln (Vertrag und Sicherheitsmaßnahmen).

Die Einbeziehung des Zuständigen für Informationssicherheit bei der Gestaltung und Überprüfung relevanter Fragestellungen der Informationssicherheit in Verträgen mit Auftragnehmern, Lieferanten und Kunden ist organisatorisch sicherzustellen.

40.6.5 Produktion und Dienstleistungserbringung

Der Abschnitt „Lenkung der Produktion und Dienstleistungserbringung" beschäftigt sich mit den Prozessen zur Herstellung (Implementierung) und Aufrechterhaltung (Betrieb und Wartung) der Informationssicherheit von Geschäftsprozessen.

Die Anforderungen, die an IS-Prozesse und IT-Systeme gestellt werden, müssen eindeutig bestimmbar sein (z.B. für Systemgenerierung, Verwaltung interner und externer Benutzer, Rechtevergabe, Passwortregeln, Backup, Zugangskontrolle, PC-Umgebung, Firewalls etc.). Mithilfe

eines Konfigurationsmanagements ist prüfbar, ob die aktuelle Konfiguration sicherheitstechnisch zulässig ist.
Im Zuge eines sich ständig ändernden Bedrohungsszenarios muss regelmäßig geprüft und bewertet („zertifiziert") werden, ob die Prozesse noch geeignet sind, die Informationssicherheit der Geschäftsprozesse sicherzustellen (Wartungszyklus).

40.6.5.1 Sicherheit von Geschäftsprozessen im Rahmen von Notfällen

Notfallplanung zur Behandlung von Ausnahmezuständen setzt nicht erst in der IT an, sondern in der Fachabteilung, deren Prozesse durch die IT unterstützt werden sollen. Notfallplanung darf sich auch nicht auf den Ausfall der IT beschränken (funktioniert nach dem Brand das Telefon noch?) und sollte zusätzlich zu den Schwerpunkten bei klassischen Ausfällen (Brand, Wasser im Rechenzentrum) Vorkehrungen gegen Schäden z. B. durch Sabotage, Ausfall von Netzwerken, Ausfall dezentraler Komponenten etc. beinhalten.
Anmerkung: Zusätzlich zu den Fragen der Verfügbarkeit der IT und der daraus entstehenden Vermögensschäden für ein Unternehmen gibt es in der Gesetzgebung Anforderungen bezüglich Haftbarmachung des/der Verantwortlichen, z. B. Geschäftsführer einer GmbH, bei Fahrlässigkeit (Gesetz zur Kontrolle und Transparenz im Unternehmensbereich, KonTraG, Mai 1998), wenn er/sie mit dem Schaden rechnen musste, aber dennoch hoffte, dass dieser nicht eintreten würde.
Notfallplanung basiert auf einer definierten Alarm- und Ablauforganisation und sollte möglichst unabhängig von Experten gestaltet werden. Die Notfallplanung ist geeignet zu dokumentieren, damit z. B. auch „Nicht-Know-how-Träger" in der Lage sind, IT-Systeme oder Hilfssysteme, wie z. B. Notstromaggregate, wieder zum Anlauf zu bringen, Kompetenzstreitigkeiten vermieden werden und Handlungsvollmachten (Verfügungsrahmen) belegt sind.
Ein Notfallplan (Notfallhandbuch) wird in der Regel permanenten Änderungen unterworfen sein, da sich Prozesse, Systeme und Berechtigungen im Unternehmen beständig ändern. Deshalb sind Notfallanweisungen einer regelmäßigen z. B. jährlichen Überprüfung auf ihre Vollständigkeit und Korrektheit mittels Durchführung konkreter Übungen zu unterziehen. Sonst bleibt es im Ernstfall eher dem Zufall überlassen, ob das Unternehmen einen Notfall in vertretbarer Zeit überwinden kann *(Disaster Recovery)*.
Ergebnisse aus durchgeführten Projekten zeigen, dass bei diesen Tests immer wieder Fehler entdeckt werden, die dann in Korrekturmaßnahmen und Änderungen des Notfallplanes münden.
Hinweis: Einen systematischen Weg zum Aufbau eines Notfallmanagements beschreibt ein vom Bundesamt für Sicherheit in der Informationstechnik (BSI) herausgegebener Leitfaden (BSI 2008).

IV

40.6.5.2 Besonderer Geschäftsprozess: IT-Service(s)

In größeren Unternehmen ist oft ein Sicherheitsgefälle festzustellen. So sind z. B. Rechenzentren besser gesichert als dezentrale Betriebsstätten, und Großrechner sind besser abgesichert als dezentrale, vernetzte, offene Systeme.
Es sollte ein Verfahren beschrieben werden, das sicherstellt, dass auch unter speziellen Gegebenheiten die Informationssicherheit des Geschäftsprozesses erhalten bleibt, wie z. B. bei Fernwartung von Abteilungsservern, Einsatz von lokalen Komponenten in Netzwerken, Informationssicherheit von Heimarbeitsplätzen, Laptopbenutzung etc.
Bei der Durchführung des Benutzerservices oder bei Veränderungen am laufenden System *(hot fixes)* ist zu beachten, dass dabei Zugriffe auf sensible Daten durch Personen mit hohen Systemrechten und mit der Möglichkeit, „Spuren zu verwischen", möglich sind. Insbesondere in hochsensiblen Bereichen stellt diese Spezialbefugnis ein Problem dar.
Es sollte beschrieben werden, welche Maßnahmen zur Risikoreduktion angewandt werden (z. B. 4-Augen-Prinzip, Trennung von Entwicklungs- und Produktionsumgebung).
Der geregelte Ablauf der internen und externen Wartungsprozesse für Produkte und Systeme (Software, Hardware und Netze) in sicherheitstechnischer Sicht ist durch Vorgaben sicherzustellen (z. B. vor Weitergabe von PCs, auf denen sensitive Daten verarbeitet werden, zur Reparatur nach außen).

40.7 Messung, Analyse und Verbesserung

40.7.1 Allgemeines

Es sollte beschrieben werden, welche statistischen Methoden für das ISM-System sinnvoll eingesetzt werden können.
Ein Beispiel wäre eine Stichprobe über festgestellte Sicherheitsvorfälle *(Incidents)*, die von einem *Intrusion Detection System* festgestellt wurden. Auch hier ist eine Stichprobe nach AQL bezüglich ausgewählter Merkmale denkbar (siehe auch DIN ISO 2859-1).

40.7.2 Überwachung und Messung

40.7.2.1 Kundenzufriedenheit

Hinsichtlich Kundenzufriedenheit ist keine Anforderung definierbar, da die Informationssicherheit durch den Kunden nicht aktiv erlebbar ist. Lediglich fehlende Informationssicherheit wird wahrgenommen, wenn z.B. seine oder ihre persönliche Daten „im Internet auftauchen".

40.7.2.2 Interne Audits

Interne Audits im Rahmen des ISM-Systems muss die Einhaltung rechtlicher Anforderungen mit berücksichtigen (Gesetze, gesetzliche Vorschriften und Regelungen, Kunden- und Lieferantenverträge).

40.7.2.3 Überwachung und Messung von Prozessen

Herzstück eines jeden Managements der Informationssicherheit sind die Regelmechanismen zur Überprüfung der Wirksamkeit von Sicherheitsmaßnahmen. Wenn in der Phase „Bewertung von Maßnahmen" (siehe Abb. 40.1 in Kap. 40.1.3) offenbar wird, dass eine Maßnahme nicht oder nicht mehr wirksam ist, muss diese Maßnahme angepasst oder eine andere Maßnahme ergriffen werden (zurück zur Phase „Auswahl von Maßnahmen"). Ist eine neue Bedrohungslage eingetreten, so wird eine weitergehende Analyse („Bestimmung der Bedrohungen" mit anschließender „Risikoanalyse" etc.) angestoßen. In ähnlicher Art und Weise kann die Überwachung des Restrisikos (Phase „Restrisikoanalyse") zu einer erneuten „Auswahl von Maßnahmen" führen, beziehungsweise wieder in der Phase „Bestimmung der Bedrohungen" einsetzen.

Prinzipiell existieren mehrere Arten der Überwachung:

a) Überprüfung der Wirksamkeit neu ergriffener Maßnahmen nach einem angemessenen Zeitraum nach deren Einführung, um ihre Angemessenheit und Akzeptanz zu beurteilen (Typ A)
b) stichprobenartige oder anlassbezogene Überprüfung der Wirksamkeit von Maßnahmen (Typ B)
c) Prüfungen im Rahmen eingeführter Maßnahmen (Typ C)

Prüfungen vom Typ A und B dienen zur möglichen Aufdeckung von Schwachstellen von Prozeduren des Sicherheitsmanagements und müssen gegebenenfalls in Korrekturzyklen zur Verbesserung des ISM-Systems münden. Prüfungen vom Typ C finden im Rahmen der Durchführung konkreter Maßnahmen statt und dienen z.B. zur Aufdeckung eines Angriffs wie dem Versuch des „Hackens" einer Systemberechtigung und lösen eventuell weitere Maßnahmen des Systems, z.B. zur Abwehr aus. Prüfungen vom Typ C können auch in Korrekturmaßnahmen des ISM-Systems münden, wenn bei ihrer Durchführung die mangelnde Angemessenheit von Maßnahmen offenbar wird (z.B. Systemprotokolle sind nicht geeignet auswertbar).

Die obligatorische Anwendung des Typs A ist essenziell zur Verhinderung von Scheinsicherheit, während Typ B stichprobenartig oder anlassbezogen durchgeführt wird. Fehlende Überprüfung der Wirksamkeit von Maßnahmen führt zu Scheinsicherheit, die u.U. erst beim Auftreten von Sicherheitsvorfällen als solche erkannt wird.

Es müssen z.B. Organisationsfehler erkannt werden (z.B. Zuständigkeiten und Abläufe passen nicht zusammen mit Berechtigungen); auch das Restrisiko muss (nach Bestimmung) überwacht werden, um auf mögliche Vergrößerungen oder bei Erkennen kostengünstigerer Gegenmaßnahmen entsprechend reagieren zu können.

Beispiele für Kontrollmaßnahmen können z.B. die Überprüfung der Ursachen unerlaubter Zugriffe sein, die Überprüfung, ob ein Datenverkehr, der in vertraulicher verschlüsselter Form geschehen soll, wirklich verschlüsselt wurde (wenn dies nicht bereits durch einen automatischen technischen Mechanismus geschieht), die Überwachung von Rechnerprotokollen, an denen erkannt werden kann, ob ein unberechtigter Zugriff wegen falscher Umsetzung der Sicherheitspolitik praktisch doch zugelassen ist.

Prozesse des Managements der Informationssicherheit sind auf Wirksamkeit und Eignung zu überprüfen, wie z.B. ob durch die Prozesse zum Gewähren und Entzug von Zugriffsrechten (z.B. bei Abteilungswechsel) wirklich eine Akkumulation von Rechten verhindert wird bzw. ob spezielle Maßnahmen bei Geheimnisträgern konsequent durchgeführt werden, wie z.B. sofortiger Entzug von Zugriffsrechten nach Kündigung im Zuge der Räumung des Arbeitsplatzes.

Die Informationsrückkopplung zur Systemverbesserung bezüglich Sicherheit aus anderen Bereichen zum Beauftragten für Informationssicherheit sollte institutionalisiert werden, insbesondere aus denjenigen Bereichen, in denen sicherheitsrelevante Fragestellungen mit einer höheren Wahrscheinlichkeit auflaufen (z.B. können beim Anwenderservice mangelhafte Schulungsmaßnahmen auffallen oder bei Virenbefällen Schwachstellen an Netzzugängen entdeckt werden).

Die Überprüfung der Wirksamkeit von Maßnahmen wird regelmäßig gegebenenfalls stichprobenartig mittels interner unabhängiger Auditierung durch geeignetes Personal mit der dazu nötigen Erfahrung und Ausbildung durchgeführt. Kontrolle wird nicht nur von institutionalisierten Einheiten (Revision, Sicherheitsbeauftragten, Datenschutzbeauftragter), sondern auch von Vorgesetzten durchgeführt (z.B. ob regelmäßige Datensicherungsmaßnahmen für kritische Daten erfolgen).

IV

Ein Beispiel sind Systemaudits zur Sicherung von Produktneuentwicklungen bei Automobilherstellern. Diese reichen von geeigneter Kennzeichnung und Speicherung schützenswerter Information in unterschiedlicher Form, wie Papier, Fotografien oder auf Rechnern, über deren Vervielfältigung, Transport und Vernichtung, geeigneten Verteilern, der Zusammenarbeit mit Externen, über Maßnahmen bei Besichtigungen des Modellierstudios bis zum Verhalten im Privatbereich.

In Konzernen mit rechtlich eigenständigen Einheiten mit zentraler Verantwortung für Informationssicherheit muss dieses Recht zur Auditierung etabliert sein und durchgesetzt werden. Die Überprüfung der Wirksamkeit eingeführter Maßnahmen kann nicht nur der Revision überlassen werden, da aufgrund der Prüfungsplanung eine zu lange Frist verstreichen kann und in diesem Zeitraum die Sicherheit möglicherweise nicht gewährleistet ist.

Bei Entdecken nicht wirksamer (Teil-)Mechanismen müssen Korrekturzyklen angestoßen werden, die zur Verbesserung der Sicherheit durch Erweiterung, antizipativer Verbesserung und schnellerer Behebung insbesondere auch beim Auftreten neuer Sicherheitslöcher führen sollen. Dieser Prozess führt zu einem regelmäßigen Fortschreiben des Sicherheitskonzepts des Unternehmens, auch bei technologischen oder organisatorischen Veränderungen. Die Überdeckung der für die Informationssicherheit relevanten Gebiete wird damit ebenfalls besser sichergestellt.

Für die Virenbekämpfung heißt dies z.B., dass nicht nur aufgetretene Viren bekämpft, sondern ihr Eintrittspunkt in das Unternehmen festgestellt werden muss, um dort angemessene Verbesserungsmaßnahmen installieren zu können.

Unverzichtbar zur Überprüfung getroffener Maßnahmen ist eine aktive Informationsbeschaffung über neu aufgetretene Risiken benutzter Hard- und Softwaresysteme aus externen Quellen und die gegebenenfalls damit verbundene Durchführung von Korrekturmaßnahmen (Patch- und Change-Management).

40.7.3 Lenkung fehlerhafter Produkte

Hinsichtlich der Lenkung einer „fehlerhaften Informationssicherheit" muss das Unternehmen Maßnahmen ergreifen, um einen festgestellten Fehler zu dokumentieren und zu beseitigen.

40.7.4 Datenanalyse

Ein metrisches Verfahren – falls vorhanden – zur Messung der Wirksamkeit von Maßnahmen zur Informationssicherheit (zur Erinnerung, die ISO/IEC 27001 enthält 135 Detailmaßnahmen) erlaubt den effizienten Einsatz von Ressourcen.

40.7.5 Ständige Verbesserung

Um mit einem sich ständig verändernden Bedrohungsszenario Schritt zu halten, ist die ständige Verbesserung des ISM-Systems erforderlich. Die Wirksamkeit der eingesetzten Maßnahmen zur Informationssicherheit ist auf Basis der Informationssicherheitspolitik unter Einbeziehung der Ziele der Informationssicherheit ständig zu verbessern.

Mittels Bewertung der Datenanalyse lässt sich erkennen, ob sich das ISM-System seit der letzten Messung verbessert hat. Eine effektive Erkennung setzt aber den Einsatz eines geeigneten metrischen Verfahrens voraus.

Literatur

<KES>/Microsoft Sicherheitsstudie 2012, SecuMedia Verlags-GmbH 2012 (siehe http://www.kes.info/archiv/material/studie2012/index.html)

Albrecht, M.: Surfen unter NSA-Aufsicht. Ist PRISM besorgniserregend? In: ZDNet, 17.06.2013 *(siehe http://www.zdnet.de/88158822/ist-prism-besorgniserregend)*

Bundesamt für Sicherheit in der Informationstechnik (BSI): IT-Sicherheitshandbuch. Handbuch für die sichere Anwendung der Informationstechnik. Version 1.0. Bundesanzeiger Verlagsgesellschaft mbH, Köln 1992

Bundesamt für Sicherheit in der Informationstechnik (BSI): Notfallmanagement. BSI-Standard 100-4 zur Business Continuity. Bundesanzeiger Verlagsgesellschaft mbH, Köln 2008

Bundesamt für Sicherheit in der Informationstechnik (BSI): Durchführungskonzept für Penetrationstests (Studie). Bundesamt für Sicherheit in der Informationstechnik, Köln 2003

Pursche, Olaf: Drohnen heben immer öfter zur privaten Spionage ab. In: DIE WELT, 10.08.2012 *(siehe http://www.welt.de/wirtschaft/webwelt/article108461391/Drohnen-heben-immer-oefter-zur-privaten-Spionage-ab.html)*

DIN EN ISO 9001, 2008-12: Qualitätsmanagementsysteme – Anforderungen (ISO 9001:2008)

DIN ISO 2859-1, 2004-01: Annahmestichprobenprüfung anhand der Anzahl fehlerhafter Einheiten oder Fehler (Attributprüfung)

DIN ISO/IEC 27001, 2008-09: Informationstechnik – IT-Sicherheitsverfahren – Informationssicherheits-Managementsysteme – Anforderungen (ISO/IEC 27001:2005)

DIN ISO/IEC 27002, 2008-09: Informationstechnik – IT-Sicherheitsverfahren – Leitfaden für das Informationssicherheits-Management (ISO/IEC 27002:2005)

FOCUS Online: Datenleck in Schleswig Holstein. Tausende Patientendaten im Internet abrufbar, 4.11.2011 *(siehe http://www.focus.de/politik/deutschland/gesundheitspolitik/datenleck-in-schleswig-holstein-tausende-patientendaten-im-internet-abrufbar_aid_681307.html)*

Gauntlett, A.: Net Spies. Who's Watching You on the Web? Vision Paperbacks, London 1999

Medosch, A./Röttgers, J. (Hrsg.): Netzpiraten. Die Kultur des elektronischen Verbrechens. Heinz Heise Verlag, Hannover 2001

Südwestrundfunk (SWR): „SWR findet Patientendaten des Klinikums Stuttgart im Internet". Beitrag in der Sendung „Ländersache" vom 22. Juni 2006 (siehe *http://www.presseportal.de/pm/7169/838856/*)

Ulfkotte, U.: Verschlusssache BND. Koehler & Amelang, München/Berlin 1997

Ulfkotte, U.: Wirtschaftsspionage. Wie deutsche Unternehmen von ausländischen Geheimdiensten ausgeplündert und ruiniert werden. Goldmann Verlag, München 2001

United Press International: U.S. Makes Cyberwar on Bin Laden, 09.02.2001

IV

TEIL V

Qualitätsmanagement im Produktlebenszyklus immaterieller Produkte

41 Qualitätsmanagement bei immateriellen Produkten . . . 941

42 Qualitätsmanagement von Dienstleistungen 967

43 Qualitätsmanagement im Labor 981

Qualitätsmanagement bei immateriellen Produkten

41.1 Gesamtüberblick über Produkte und andere Einheiten 943
41.1.1 Das Angebotsprodukt und interne Produkte 943
41.1.2 Übergeordnete Kategorien von Angebotsprodukten 944
41.1.3 Beim Management betrachtete Arten von Einheiten 944
41.1.4 Zusammenhang von Tätigkeiten und Ergebnissen 946
41.1.5 Qualitätsmanagement (Beschaffenheitsmanagement) bei immateriellen Produkten und die dabei betrachteten Arten von Einheiten 948

41.2 Beachtenswerte Besonderheiten immaterieller Produkte 948
41.2.1 Besonderheiten zur Software und ihrer Erbringung 948
41.2.2 Allgemeines zu den Besonderheiten einer Dienstleistung und ihrer Erbringung 949
41.2.3 Der dienstleistungsbezogene Kernanteil 950
41.2.4 Der Anteil kundenseitig nötiger Tätigkeiten bei Dienstleistungen 950
41.2.5 Kombination mit der Einheit „Anwendung anderer Produkte“ 951
41.2.6 Kombination mit der Einheit „Transport anderer Produkte“ 952
41.2.7 Kombination mit der Einheit „Lieferung anderer Produkte“ 952

41.3 Begründung zur Einheitlichkeit der Methoden des Beschaffenheitsmanagements 952
41.3.1 Die Fragestellung, ihre Randbedingungen und Verzweigungen 952
41.3.2 Die Antwort und ihre Konsequenzen 954
41.3.3 Die Plausibilität der Antwort 954
41.3.4 Zusammenfassung zur Einheitlichkeit der Methoden des Beschaffenheitsmanagements 955

41.4 Merkpunkte zum Qualitätsmanagement (Beschaffenheitsmanagement) bei immateriellen Produkten mit Beispielen 955
41.4.1 Hinweis zur Benennung „Qualitätsmanagement“ 955
41.4.2 Merkpunkte zur Forderungsplanung (bisher „Qualitätsplanung“) 956
41.3.3 Merkpunkte zur Beschaffenheitslenkung 960
41.4.4 Merkpunkte zu Qualitätsprüfungen 961
41.4.5 Merkpunkte zum Audit 961

41.5 Umfassendes Beschaffenheitsmanagement bei immateriellen Produkten 963

41.6 Zusammenfassung 963

41.7 Terminologische Schlussbemerkung 964

41 Qualitätsmanagement bei immateriellen Produkten

Walter Geiger

Grundausrichtung und Ziel dieses Beitrags ist es,

- den Zusammenhang mit anderen Kapiteln dieses Werkes aufzuzeigen,
- die Begriffe und ihre Herkunft zum Verständnis des Themas vorzustellen,
- die wesentlichen Merkpunkte zu den wichtigsten Tätigkeiten bei der Erbringung immaterieller Produkte zu erläutern.

Das ist insbesondere deshalb erforderlich, weil die nationale und internationale Normung in zunehmender Weise Missverständnisse erzeugt, und zwar wie folgt: Es kommen erstaunlicherweise neuerdings folgende Dinge vor, die es zu erläutern gilt, um dem Leser verständlich zu machen, was „dahintersteckt“:

- irreführende Benennungen und Definitionen
- Streichungen von Grundbegriffen wegen Nichteinigung über ihre Benennung
- unvertretbare Synonymisierungen der Benennungen notwendigerweise zu unterscheidender Begriffe
- ein zunehmender Modetrend der Weglassung wichtigster (Grund)begriffe

Diese Entwicklungen sind national durch eine aus verschiedenen Gründen radikal abnehmende Arbeitskapazität der ehrenamtlichen Mitarbeiter in den Normungsgremien und international durch eine zunehmende Vertretung persönlicher Interessen anstatt derjenigen der nationalen Normungsgremien bedingt.

Die Darstellung des Qualitätsmanagements bei immateriellen Produkten wird daher ergänzt um das Bemühen, Verständnis für die erwähnten Entwicklungen und ihre Folgen sowie für die praxisnahen Zusammenhänge mit der Sache selbst zu vermitteln.

41.1 Gesamtüberblick über Produkte und andere Einheiten

In den Überschriften und auch den Ausführungen der vorausgehenden Teile dieses Buches sind oft spezielle Produkte angesprochen, so etwa die materiellen Produkte in Teil III und das immaterielle Produkt Software mit dem speziellen Aspekt der Entwicklung dieses immateriellen Produkts in Teil IV. Dabei ist wichtig zu erkennen, dass die dort erläuterten Verfahren des Qualitätsmanagements (Beschaffenheitsmanagements) weithin auch für die hier behandelten immateriellen Produkte geeignet sind.

Beim Leser wird in Teil III dennoch der Eindruck entstehen, es werde nur von materiellen Produkten geredet. Er meint vielleicht, in Teil IV handle es sich um eine ganz andere Art von Produktentwicklung als die bei materiellen Produkten. Natürlich gibt es produktspezifische Entwicklungsgesichtspunkte, aber es wäre verfehlt anzunehmen, es gäbe keine Gemeinsamkeiten. Mit seinen im Grunde branchenunabhängigen Verfahren will das moderne Qualitätsmanagement erreichen, dass möglichst viele Grundelemente dieser Verfahren auf alle Produkte angewendet werden können. Das vereinfacht das (wie kein anderes Gebiet multivariate) Qualitätsmanagement (Beschaffenheitsmanagement) erheblich – gedanklich und bei den Tätigkeiten. Ein Durchblättern der Zeitschriften der Stiftung Warentest zeigt, dass für die Volkswirtschaft und auch für das Wohlbefinden jedes Bürgers immaterielle Produkte immer wichtiger werden. Gerade deshalb ist jedoch zu beachten, dass sie – wie auch die materiellen Produkte – prinzipiell Produkte sind. Demzufolge sind sie im Qualitätsmanagement (Beschaffenheitsmanagement) vielen gleichartigen Verfahren und Methoden unterworfen.

Dies zum Nutzen des Qualitätsmanagements (Beschaffenheitsmanagements) bei immateriellen Produkten klarzumachen, ist ein wesentliches Anliegen dieses Kapitels. Das Anliegen gilt nicht nur für Sachmängel bei materiellen und immateriellen Produkten, wie sie rechtlich nach dem zweiten Buch des BGB 2002 neu in § 434 geregelt sind, sondern auch für Tätigkeiten gemäß § 633. Nach 102 Jahren unveränderter Gesetzesformulierungen (seit 1900) sind dort neue Begriffe maßgebend und die Argumentationsrichtung hat sich umgekehrt. Nicht nur immaterielle Produkte aus Finanzdienstleistungen sind im Zusammenhang mit dem Kreditwesengesetz (Gesetz über das Kreditwesen 1976) und der Reichsversicherungsordnung (Reichsversicherungsordnung 1911) einbezogen. Qualitätsmanagement (Beschaffenheitsmanagement) gehört heute zu jeder Branche.

In diesem Kapitel wird daher vorab die gedankliche Ordnung dargelegt, nach der die vielfältigen Arten von Produkten und Einheiten nach dem internationalen und nationalen Stand der Technik für das Qualitätsmanagement (das Beschaffenheitsmanagement) eingeteilt sind; und nicht nur für dieses: Auch die weltweit angewendeten Normen für Managementsysteme (DIN EN ISO 9000 ff. 2000/2005) folgen dieser Ordnung. Außerdem dient dieser Überblick der Erkenntnis, dass in den nachfolgenden drei Abschnitten für das Beschaffenheitsmanagement bei immateriellen Produkten nur ausgewählte Beispiele behandelt werden können.

41.1.1 Das Angebotsprodukt und interne Produkte

Umfassendes Qualitätsmanagement macht klar: Zufriedenstellende Angebotsprodukte können nur dann kostengünstig entstehen, wenn auch die zu diesen Angebotsprodukten führenden Tätigkeiten und internen Produkte mit Erfolg systematischem Qualitätsmanagement (Beschaffenheitsmanagement) unterworfen sind. Die internen Produkte dienen aus betriebswirtschaftlicher Sicht ebenso wie die Tätigkeiten der Aufrechterhaltung der Leistungsbereitschaft zur Erstellung der Angebotsprodukte. Definiert war das Angebotsprodukt in einem Entwurf von 1997 zu einem Vorgänger von DIN EN ISO 9000:2005-12. In dieser Norm selbst war es bereits Opfer der erwähnten Streichung von Begriffen, bei denen man sich auf irgendetwas nicht einigen konnte. Deshalb ist das Angebotsprodukt in DIN 55350-11 wie folgt definiert:

> *Angebotsprodukt* (engl.: *offered product*) = Produkt, das eine Organisation zur Erreichung ihrer Ziele für externe Organisationen oder Personen vorsieht

Dazu gibt es drei Anmerkungen:

Anmerkung 1: Angebotsprodukte werden z. B. auf dem Markt zum Verkauf angeboten oder externen Anwendern oder Kunden als Besitz oder zur Benutzung zur Verfügung gestellt. Es gibt auch Produkte für externe Stellen, die deshalb keine Angebotsprodukte sind, weil sie nicht der Erreichung der Ziele der anbietenden Organisation dienen, sondern vom Empfänger verlangt werden, wie Umsatzsteuervoranmeldung für das Finanzamt oder ein von einem Kunden verlangtes Zertifikat.

Anmerkung 2: Vom Angebotsprodukt sind Produkte zu unterscheiden, welche in der Organisation ausschließlich für die Organisation realisiert werden, beispielsweise der Betriebsabrechnungsbogen.

Anmerkung 3: Auch aus Steuern finanzierte, für den Empfänger aber unmittelbar unentgeltliche Leistungen der öffentlichen Hand sind Angebotsprodukte.

Inwieweit ein Zertifikat gemäß Anmerkung 1 für einen Kunden der Erreichung der Ziele seiner Organisation dient oder nicht, sollte man fallweise prüfen. In vorangehender Anmerkung 2 wäre als Satz 2 nützlich: „Sie heißen ‚interne Produkte'."

41.1.2 Übergeordnete Kategorien von Angebotsprodukten

Eine (nur) logische Systematisierung von Produktkategorien ist kaum möglich. Viele praktische Gesichtspunkte haben die in Abbildung 41.1 gezeigte, international geltende Einteilung für das Qualitätsmanagement (Beschaffenheitsmanagement) bewirkt (siehe auch Geiger 1983). In DIN EN ISO 9000:2005-12 ist dieses Unterscheidungswerkzeug eine Anmerkung zum Begriff Produkt geworden (dort unter der Nummer 3.4.2). Die Definitionen in Normen sind verschwunden. Sie wurden jedoch in Abbildung 41.1 „aufbewahrt". Unter den Definitionen stehen die in DIN EN ISO 9000:2005-12 gegebenen Beispiele.
Im Hinblick auf Qualitätsmanagement und Beschaffenheitsmanagement sind also in diesem Teil V die beabsichtigten, immateriellen Produkte, Software und Dienstleistungen zu betrachten. Sie werden oft mit den Tätigkeiten verwechselt, deren Ergebnis sie sind. Das liegt – vor allem bei der Dienstleistung – an der gemeinsprachlichen Homonymie der Benennung für die Tätigkeit („Dienst") und für deren Ergebnis („Dienst") in vielen Sprachen. Zur Verwechslung trägt weiter bei, dass die Einheit in ISO-Texten häufig und immer noch irreführend mit „product or service" aufgeführt wird (zur Notwendigkeit der betreffenden Unterscheidung siehe Hinweis 3 in 41.1.4).

41.1.3 Beim Management betrachtete Arten von Einheiten

Der Betrachtungsgegenstand des Managements der Beschaffenheit ist ein übergeordneter und daher abstrakter Begriff. International war er definiert als *„das, was einzeln beschrieben und betrachtet werden kann"*. Seine Benennung ist „Einheit". Die sinngleiche, generell empfehlenswerte deutsche Definition im Vorgänger zu DIN 55350-11:1995-08 lautete:

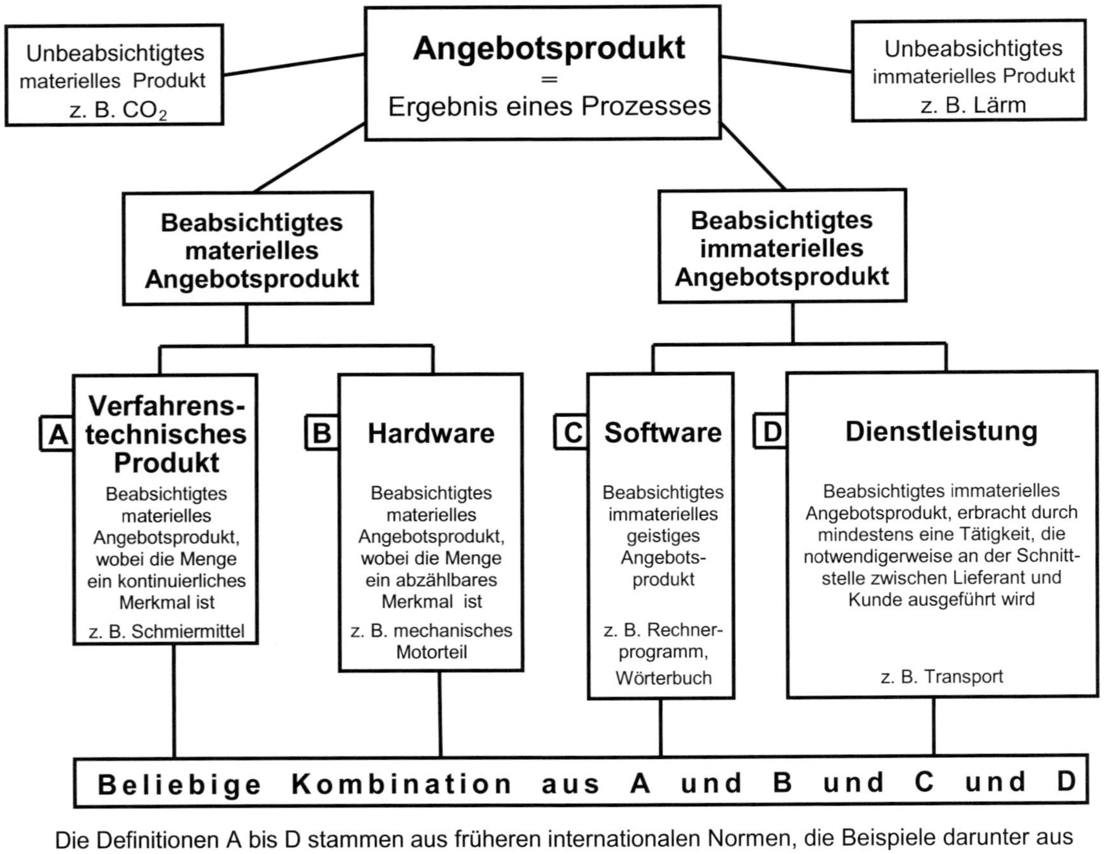

Abb. 41.1 Die vier übergeordneten Kategorien von Angebotsprodukten

Einheit (engl.: entity) = materieller oder immaterieller Gegenstand der Betrachtung

Sie wurde mit sehr instruktiven Erläuterungen auch in die weiterhin geltende Norm DIN 40041:1990-12 übernommen. Diese Definition macht mit ihren Anmerkungen besser als die frühere internationale klar, dass es sich um Anfassbares und Nicht-Anfassbares oder um eine Kombination daraus handeln kann.
Leider gibt es seit der Vorgängerausgabe zu DIN EN ISO 9000:2005-12 und demzufolge auch in dieser Norm selbst diesen Basisbegriff Einheit nicht mehr. Ein Streit um dessen Benennung („entity" oder „object"?) wurde bei den Vorarbeiten zur ISO-9000-Familie von 2000 durch Beseitigung dieses unentbehrlichen Grundbegriffs aufgelöst. Man erkannte nicht, dass dieser Begriff gleichsam die „Inkarnation der Branchenunabhängigkeit der beschaffenheitsbezogenen Normenfamilie" ist. Andererseits blieb der Begriff Einheit in der internationalen Norm ISO 3534-2:2006-11 wie in allen deren Vorgängern unter der Benennung „item" erhalten.
In den Normen der ISO-9000-Familie wurde überall, wo früher in Definitionen die Einheit vorkam, das Wort „entity" ersetzt durch unterschiedliche, aber stets unvollständige Beispielaufzählungen, etwa durch „product, process or system". Diese Aufzählungen müssten nicht nur ausnahmslos umfangreicher sein, sondern ihre Unvollständigkeit hat auch bereits zu zahlreichen Irritationen geführt.
Noch schlimmer ist, dass man nun wichtige Sachverhalte überhaupt nicht mehr formulieren kann. Ein Beispiel ist ein aus Elementen bestehendes System. Dass es „als Ganzes eine Einheit bildet" (womit auch die Notwendigkeit der klaren Abgrenzung der betreffenden Einheit betont wird), ist mit einer Aufzählung nicht mehr formulierbar. Aber auch hier „bewährte" sich erneut die zweifelhafte Lösung des ersatzlosen Weglassens eines Grundbegriffs; scheinbar ist kein Streit über ihn mehr nötig.
Es wird nachdrücklich empfohlen, diesen Begriff Einheit nicht aufzugeben. Er vereinfacht nicht nur alle Definitionen, sondern auch das systematische Denken.
Man hat sich weltweit auf die Unterscheidung von mehreren Arten von Einheiten geeinigt. Abbildung 41.2 zeigt sie unter verschiedenen Blickwinkeln.
Sehr wichtig sind die beiden Kästen in Abbildung 41.2 ganz unten. Die kombinierte Einheit ist heute schon jedem Kind von elektronisch betriebenem Spielzeug her bekannt. Viel zu wenig bekannt ist aber das im untersten Kasten

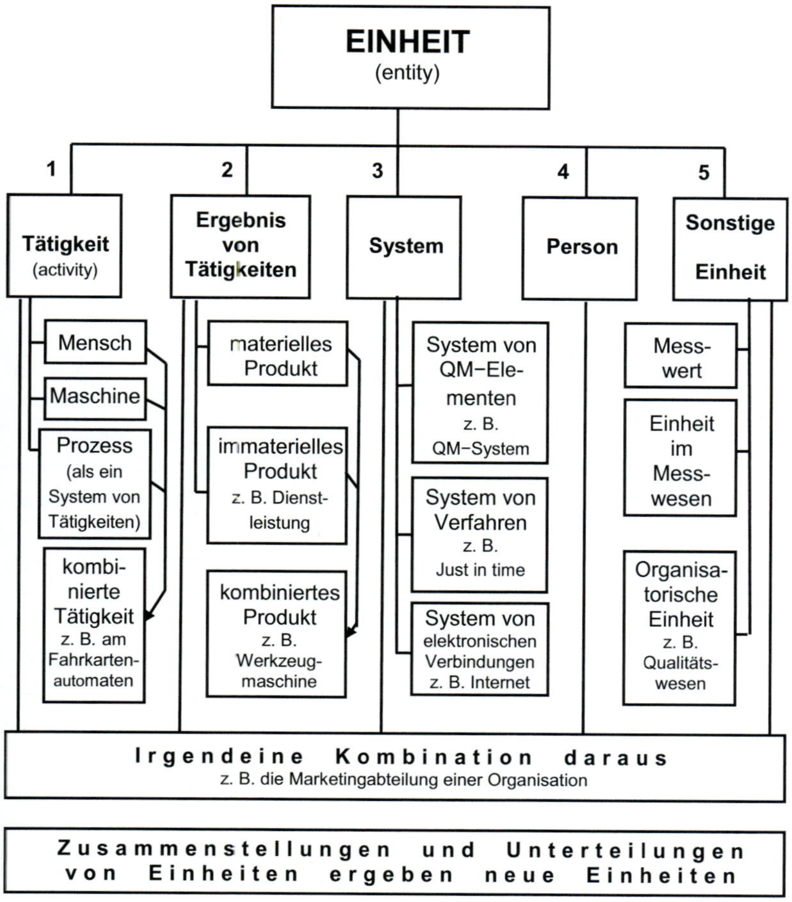

Abb. 41.2
Die Arten von Einheiten nach DIN EN ISO 8402:1995-08

V

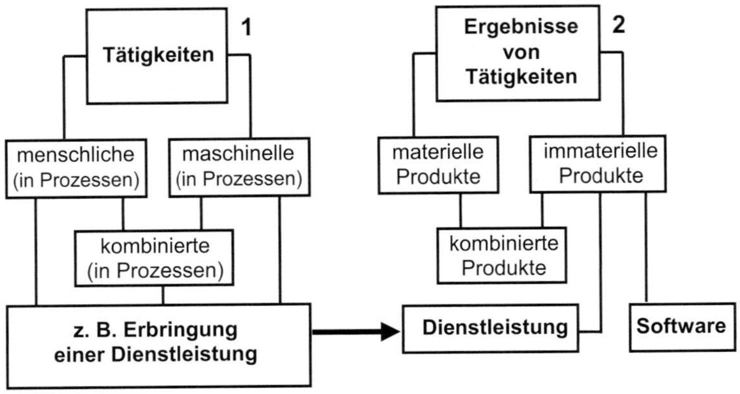

Abb. 41.3
Die Dienstleistung im Rahmen der Arten von Tätigkeiten und ihren Ergebnissen

gezeigte Prinzip der Zusammenstellbarkeit und Unterteilbarkeit von Einheiten. Es kommt ständig zur Anwendung. Beispiele sind Qualitätselemente, Elemente eines QM-Systems (QM-Elemente) und Elemente qualitätsbezogener Kosten (QK-Elemente).

Die erwähnten fünf Arten von Einheiten in Abbildung 41.2 sind sehr sinnvoll: Tätigkeiten und Prozesse (als Systeme von Tätigkeiten) haben als Ergebnisse materielle oder immaterielle Produkte. Die Einzelforderungen an die Beschaffenheiten der Tätigkeiten bzw. Prozesse sind indessen stets andere als die Einzelforderungen an die Beschaffenheiten der Produkte. Letztere heißen im Recht neuerdings „vereinbarte Beschaffenheit", und zwar z. B. im § 434 des BGB (BGB 2002), dem Nachfolger des früheren § 459 mit seinen inzwischen (nur) dort verschwundenen „zugesicherten Eigenschaften". Mit allen diesen Einzelforderungen an die Beschaffenheiten, die man früher auch „Qualitätsforderung" nannte, befasst sich das Qualitätsmanagement (Beschaffenheitsmanagement). Es fasst die beschaffenheitsbezogenen Anteile der *Tätigkeiten* (auch in Prozessen) im *Managementsystem* zusammen. In diesen beschaffenheitsbezogenen Anteilen sind die termin- und kostenbezogenen Anteile stets enthalten (Geiger 1983). Die Einzelforderungen an diese sollte man deshalb nicht „Qualitätsforderung" nennen. Allerdings sind sehr wohl Qualitätsprüfungen möglich und oft auch nötig, um festzustellen, inwieweit die Einzelforderungen an deren termin- und kostenbezogenen Anteile erfüllt sind.

Näher betrachtet werden nun die Tätigkeiten **(1)** und deren Ergebnisse **(2)**, und zwar ebenfalls aus mehreren Blickwinkeln. Zu beachten ist dabei, dass sie auch in Systemen **(3)** und bei Personen **(4)** vorkommen können (siehe Nummern in Abb. 41.2).

V

41.1.4 Zusammenhang von Tätigkeiten und Ergebnissen

Schon bei Tätigkeiten und Prozessen zur Realisierung von materiellen Produkten entsteht oft Unsicherheit bei der Trennung der Ergebnisse von den Tätigkeiten, beispielsweise bei SPC. Man sieht das auch aus der immer wieder anzutreffenden Verwechslung von Qualität und Qualitätsfähigkeit (vgl. Geiger 2008, Kapitel 23).

- Die *Qualität* eines Prozesses, z. B. die eines mechanischen Bearbeitungsprozesses, betrifft die Relation zwischen den ermittelten Werten der Prozessmerkmale und den zugehörigen vorgegebenen Werten, die man auch Einzelforderungen zu den Qualitätsmerkmalen nennt. Beispiel für ein solches Qualitätsmerkmal ist die Positionierunsicherheit eines im Werkzeughalter eingespannten spanabhebenden Werkzeugs.
- Die *Qualitätsfähigkeit* eines Prozesses betrifft seine Eignung zur künftigen Erfüllung einzelner, mehrerer oder aller Einzelforderungen an die Beschaffenheit des Prozessergebnisses.

Auch bei Tätigkeiten zur Erbringung von immateriellen Produkten muss zwischen ihrer Qualität und ihrer Qualitätsfähigkeit unterschieden werden.

Bei einer Dienstleistung sind die Tätigkeiten oft scheinbar kaum von den Ergebnissen zu trennen. Dennoch gilt bei ihr ebenso wie bei allen anderen Produkten die gedankliche und praktische Notwendigkeit der systematischen Trennung. Dies sei mit Abbildung 41.3 erläutert, die mit den Nummern **(1)** und **(2)** an Abbildung 41.2 anknüpft.

Die wesentliche und für das praktische Qualitätsmanagement (Beschaffenheitsmanagement) bedeutsame Konsequenz lautet:

> Eine Tätigkeit ist kein immaterielles Produkt (also auch keine Dienstleistung).

Das besagt auch die spezielle und hier empfohlene Begriffsklärung eines Vorgängers von 1997 zu DIN EN ISO 9000:2005-12 für jene Tätigkeiten, deren Ergebnis eine Dienstleistung ist:

> *Erbringung einer Dienstleistung* (engl.: *provision of a service*) = diejenigen Tätigkeiten eines Lieferanten, die zur Bereitstellung einer Dienstleistung nötig sind

Diese Tätigkeiten umfassen also – logischerweise – *nicht* die gegebenenfalls für die Vervollständigung der Dienstleistung erforderlichen Tätigkeiten des Empfängers (Kunden). In DIN EN ISO 9000:2005-12 gibt es weder für die Dienstleistung selbst noch für ihre Erbringung eine eigenständige Definition. Nur noch mit einem speziellen Aspekt ist ihre Erbringung in Anmerkung 2 zum Begriff Produkt (Nr. 3.4.2) angesprochen, nämlich mit jener Tätigkeit, die „notwendigerweise an der Schnittstelle zwischen dem Lieferanten und dem Kunden ausgeführt wird". Wegen dieses internationalen Verlustes wurde der Begriff bereits in die vorausgehende erste Entwurfsfassung 2004 von E2 DIN 55350-11 aufgenommen. Dort sind zwei Anmerkungen zur Erläuterung hinzugekommen, die sich in dieser Norm wohl nicht ändern werden. Sie werden im Folgenden sachgerecht korrigiert wiedergegeben:

Anmerkung 1: Für die Erbringung einer Dienstleistung können auch Tätigkeiten des Kunden an der Schnittstelle zum Lieferanten der Dienstleistung wesentlich sein. Diese Tätigkeiten des Kunden gehören in der vorangegangenen Definition nicht zur Erbringung der Dienstleistung durch den Lieferanten, werden aber grundsätzlich durch diesen geplant.

Anmerkung 2: Lieferung oder Anwendung materieller Produkte oder von Software können mit der Erbringung der Dienstleistung kombiniert sein.

- *Hinweis 1:* Bevor auf das Ergebnis der Erbringung einer Dienstleistung, nämlich auf die Dienstleistung selbst eingegangen wird, ist hier auf eine bedauerliche neuerliche Entwicklung in der qualitätsbezogenen Normung hinzuweisen. Dazu gilt generell die wichtige Regel: Was man tut, fängt im Kopf an. Bei Dienstleistungen gilt das in besonders ausgeprägtem Maß, und deshalb wird den hier folgenden sechs Hinweisen auch ein angemessener Raum gewährt.
- *Hinweis 2:* Für die nachfolgende Ausgabe der schon traditionsreichen Norm für qualitätsbezogene Grundbegriffe DIN 55350-11, wurde im Oktober 2006 folgende Definition vereinbart: *„Dienstleistungserbringung sind Tätigkeiten oder Prozesse, um ein Dienstleistungsergebnis zu erzielen."* Das ist mehrfach fehlerhaft und unzweckmäßig: Unzweckmäßig ist schon die zusammengefasste Benennung des Begriffs, weil der Begriff Dienstleistung (als Produkt) in ein zusammengesetztes Wort eingemischt ist, das auch eine Tätigkeit enthält (nämlich das Wort „Erbringung"). Eine solche Vermischung wird schon beim Wort „Qualitätsbegriff" durch die Benennung „Begriff Qualität" vermieden. Die seit Langem genormte Benennung „Erbringung einer Dienstleistung" sollte also beibehalten werden.
- *Hinweis 3:* Grundlegend in Hinweis 2 geändert – möglicherweise, ohne dass es die Akteure erkannt haben – ist die Definition infolge der Weglassung der in Anmerkung 1 erwähnten Tätigkeiten des Kunden durch Einschränkung auf die Tätigkeiten des Lieferanten der Dienstleistung. Das ist ein Fehler, schon aus rechtlicher Sicht.
- *Hinweis 4:* Ein weiterer Fehler in der Definition in Hinweis 2 ist der Ausdruck „Tätigkeiten oder Prozesse". Hier gilt Gleiches wie bei „product or service". Dort ist es die (oft besprochene) verbale Kombination aus dem Oberbegriff Produkt und dem Unterbegriff Dienstleistung. Bei „Tätigkeiten oder Prozesse" ist es schon nahezu eine Identität, weil ein Prozess als ein „System von Tätigkeiten, die ..." definiert ist. Man braucht im fehlerhaften Ausdruck „Tätigkeiten oder Prozesse" für „Prozesse" nur die Definition von Prozess einzusetzen (was ja generell immer möglich sein muss), um das entstandene Missverständnis zu begreifen. Zudem wird die Definition für den Begriff Erbringung einer Dienstleistung dadurch unnötigerweise aufgebläht.
- *Hinweis 5:* Des Weiteren ist das Wort „Dienstleistungsergebnis" in der Definition in Hinweis 2 ein Unwort, weil die Dienstleistung selbst ein Ergebnis ist. „Dienstleistungsergebnis" erweckt einen vielfältig in die Irre führenden Anschein, der nicht näher diskutiert zu werden braucht, zumal das Ergebnis des Erbringens einer Dienstleistung gemäß ganz einfacher Logik und gemäß bisher ziemlich unstrittiger Definition die Dienstleistung selbst ist, nicht ein „Dienstleistungsergebnis".
- *Hinweis 6:* Noch unglücklicher ist die gleichzeitig beschlossene (und fehlerbezogen sogar konsequente) Streichung der vorangegangenen, sehr sinnvollen und überaus wichtigen Anmerkung 1. Aus Platzgründen wird unter den vielen möglichen Beispielen nur ein einziges genannt: Wer als Bahnkunde im Reisebüro eine Fahrkarte für die Dienstleistung Bahnreise kauft, ist – eingeschlossen die Inanspruchnahme der Beratung dort – selbst für das verantwortlich, was er tut, selbst wenn es vom Anbieter der Dienstleistung Bahnreise schlecht geplant sein sollte (was zuweilen zutreffen mag).
- *Hinweis 7:* Eine Dienstleistung bleibt Dienstleistung und damit ein immaterielles Produkt, auch wenn dabei materielle Produkte oder Software angewendet oder geliefert werden. Dabei geht es um das in Abbildung 41.2 unten herausgestellte Prinzip der Zusammenstellbarkeit von Einheiten. Die Unterteilbarkeit ist hier nicht gemeint. Die immaterielle Einheit „Dienstleistung" oder auch die Tätigkeit „Erbringung einer Dienstleistung" wird hier kombiniert mit Einheiten wie „angewendetes Hilfswerkzeug" oder „geliefertes Produkt" oder „transportiertes Produkt". Die vorangehend bereits korrigierte Formulierung der Anmerkung 2 lautet irreführenderweise, diese beiden seien „Bestandteil der Dienstleistungserbringung". Dass das nicht so gedacht werden

V

darf, würde noch viel unerkennbarer, wenn ein immaterielles Produkt geliefert wird, etwa Software.

Diese sieben Hinweise bezeugen, welche Probleme mit der zugrunde liegenden Terminologie selbst ein hauptamtlicher Normungsmitarbeiter haben kann. Die Notwendigkeit dieser Hinweise wird durch die weiteren Erläuterungen unterstrichen.
Nützlich erscheint schließlich auch die Wiedergabe einer Definition zum Begriff Dienstleistung mit einem Teilaspekt gemäß Beiblatt 1 zu DIN EN ISO 8402:1995-08, der lange Zeit diskutiert wurde:

Dienstleistung = immaterielles Produkt, das dem Zweck dient, unmittelbar den Zustand des Auftraggebers zu verbessern

Auch die Anmerkungen dazu sind aufschlussreich. Deren Nummerierung berücksichtigte, dass es im genannten Beiblatt 1 zu international definierten Begriffen nur Anmerkungen geben darf. Deshalb wurde die vorangegangene Definition der Dienstleistung die *Anmerkung 1.*
Anmerkung 2: Der Zustand des Kunden bezieht sich auf seine Gesundheit (eingeschlossen die Umweltsituation), auf seinen Informationsstand und sein Wissen, auf seine wirtschaftliche und soziale Situation, auf seine Möglichkeit der Benutzung von Produkten und auf seine Versorgung mit Energie, Verpflegung, Transportmitteln, mit Mitteln zur Verbesserung seiner Sicherheit usw.
Anmerkung 3 bezieht sich auf Software. Dies wird später behandelt.
Anmerkung 4 unterstreicht die Bedeutung von vier Anmerkungen zu diesem Begriff in DIN EN ISO 8402:1995-08. Sie werden an passender Stelle dieser Ausführungen ebenfalls genannt werden.
Anmerkung 5: „Unmittelbar" ist nicht im Sinn von „sofort" zeitlich zu verstehen, sondern wirkungsmäßig.

41.1.5 Qualitätsmanagement (Beschaffenheitsmanagement) bei immateriellen Produkten und die dabei betrachteten Arten von Einheiten

Kapitel 41.1 kann man in folgender Feststellung zusammenfassen: Das Beschaffenheitsmanagement bei immateriellen Angebotsprodukten der Arten Software und Dienstleistung sollte alle Arten von Einheiten in Betracht ziehen: Die Tätigkeiten (also auch die Prozesse), deren Ergebnisse, die genannten immateriellen Produkte und die beteiligten Menschen, deren Fähigkeiten bei der Ausführung der Tätigkeiten maßgeblichen Einfluss auf die Qualität der Ergebnisse haben. Insbesondere das Managementsystem, mit dem die beschaffenheitsbezogenen Tätigkeiten organisiert sind, spielt dabei eine große Rolle.

41.2 Beachtenswerte Besonderheiten immaterieller Produkte

Grundlagen des Beschaffenheitsmanagements können produktunabhängig angewendet werden (DIN EN ISO 9000:2005-12). Aus den vorangegangenen Anmerkungen zur Dienstleistung und ihrer Erbringung gewinnt man indessen auch wertvolle Hinweise auf beachtenswerte Besonderheiten bei Software. Sie sind für die Anwendung der übergeordneten Grundgedanken des Beschaffenheitsmanagements hilfreich. Dies wird nachfolgend im Einzelnen erläutert.

41.2.1 Besonderheiten zur Software und ihrer Erbringung

Die Anmerkung 3 zur Dienstleistung in Beiblatt 1 DIN EN ISO8402:1995-8 erweist sich bei näherem Studium als ergänzende Erläuterung zu Software. Sie lautet, geringfügig umgestellt:
Anmerkung 3: Immaterielle Produkte, die als gespeicherte geistige Werkzeuge nur in Kombination mit materiellen Produkten angewendet werden können, sind nicht Dienstleistungen, sondern Software, beispielsweise ein Rechnerprogramm, ein Entwurf, eine Gebrauchsanleitung.
Hinweis 8: Diese Jahrzehnte alte Anmerkung zeigt, dass damals das Prinzip der Kombination von im Einzelnen zweckmäßig und klar abgegrenzten Einheiten bereits (oder etwa „noch"?) bekannt und klar war.
Das Speichermedium für diese geistigen Werkzeuge ist unerheblich. Es kann beispielsweise Papier, ein Magnetband, ein Plattenspeicher mit magnetischer oder optischer Speicherung sein. Man sieht schon hier viele Arten von Software, unter denen neben sämtlichen Arten von Konstruktionsentwürfen und Ergebnissen der Forderungsplanung zweifellos die Rechnersoftware große Bedeutung hat. Zur Erbringung einer Software finden sich viele Parallelen bei der Erbringung eines materiellen Produkts, sei es bei der Entwicklung (Forderungsplanung) oder bei der Qualitätsprüfung. Es genügt daher, auf diese Analogien hinzuweisen.
Softwarefachleute, die anderer Meinung sind, seien auf Folgendes hingewiesen: Bei der Erbringung materieller Produkte sind die Unterschiede in der Anwendung von Verfahrensanweisungen des Beschaffenheitsmanagements oft größer als zwischen materiellen Produkten und Software. Man denke z. B. an die materiellen Produkte Lippenstift und Hochofen. Dass dennoch fachliche Unterschiede

bestehen, ist selbstverständlich. Hier geht es um die generelle Anwendbarkeit der Verfahren.

41.2.2 Allgemeines zu den Besonderheiten einer Dienstleistung und ihrer Erbringung

Die Intensität der Verknüpfung zwischen Lieferant und Kunde ist bei Dienstleistungen außerordentlich unterschiedlich, jedenfalls aber meist sehr viel unmittelbarer als bei materiellen Produkten und vielen Arten von Software. Die Vielfalt von Dienstleistungen ist kaum überschätzbar. In der zurückgezogenen Dienstleistungsgrundnorm (DIN ISO 9004-2:1992-06) fand sich ein Überblick über die 12 Hauptgebiete, zu denen es jeweils zahllose Untergebiete gibt. Abbildung 41.4 zeigt die seinerzeit in DIN ISO 9004-2:1992-06 aufgeführten 12 Hauptgebiete. Im Grunde ist auch dieser Überblick noch lückenhaft. Beispielsweise wäre ein weiteres Hauptgebiet „Reiseverkehr“ denkbar, wenngleich in „Kommunikationsdienste“ als Untergebiet „Straßen-, Schienen- und Seetransport“ zu finden ist. In dieses Untergebiet könnte man auch alle Möbelspeditionen und den gesamten Personenverkehr einordnen, insbesondere den durchweg als Dienstleistung erbrachten Schienenpersonenverkehr. Aber durchaus auch der Reiseverkehr könnte dort einbezogen werden, eingeschlossen alle Urlaubsreiseangebote. Es fehlt das private Reinigungsgewerbe (Kleidung, Teppiche usw.), auch bei den „Instandhaltungsdiensten“ (siehe Abb. 41.4), denen man es wohl zuordnen könnte.

Als Beispiel zeigt Abbildung 41.5 die Untergebiete für das Hauptgebiet „Öffentliche Einrichtungen“. Untergebiete der anderen Hauptgebiete schlage man erforderlichenfalls in DIN ISO 9004-2:1992-06 nach, sofern diese Norm (z. B. in Bibliotheken) noch verfügbar ist.

Schon diese Vielfalt macht es schwer, generell geltende Regeln zu Dienstleistungen und zu ihrer Erbringung aufzustellen. Deshalb sind die Anmerkungen wertvoll und aufschlussreich, die sich in der Normenliteratur finden. Die ersten davon sind bereits am Ende des Kapitels 41.1.4 und im Kapitel 41.2.1 aufgeführt worden.

Die beiden folgenden Anmerkungen stammen aus DIN EN ISO 8402:1995-08.

1. *Der Lieferant oder der Kunde können an der Schnittstelle zwischen beiden durch Personal oder durch Einrichtungen vertreten sein.*

Oder durchaus zusammengehörig:

2. *Als Ergänzung zur Erbringung einer Dienstleistung durch den Lieferanten können Tätigkeiten des Kunden an der Schnittstelle zum Lieferanten (gegenüber Einrichtungen oder Personal des Lieferanten) wesentlich sein.*

Beispiele zu den alternativen Möglichkeiten sind:

- Fahrkartenautomat/Fahrkartenschalter
- Geldautomat/Bankschalter
- Getränkeautomat/Bordrestaurant
- Schließfach/Hausbriefkasten
- Telefonat/Anrufbeantworter

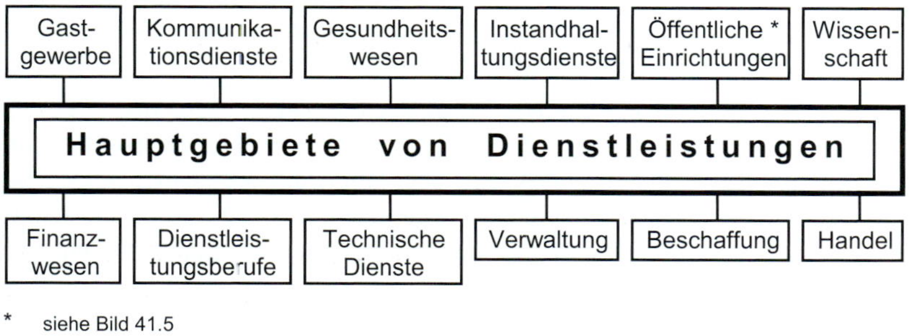

Abb. 41.4
Die zwölf Hauptgebiete von Dienstleistungen

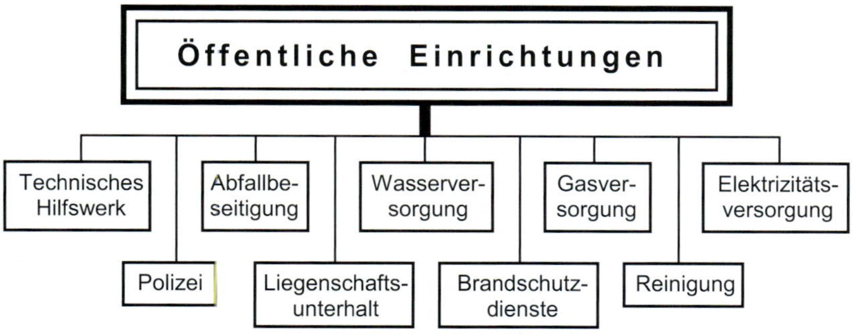

Abb. 41.5
Beispiel für Untergebiete von Dienstleistungen beim Hauptgebiet „Öffentliche Einrichtungen“

Beispiele für Kundentätigkeiten an der Schnittstelle zum Lieferanten sind: Fahrkartenentnahme nach Geldeingabe bei Fahrkartenautomaten, die Tätigkeiten bei einer Geldabhebung am Geldautomaten, aber auch die Personalienangabe zum Bausparvertrag.

3. *Eine Dienstleistung kann mit der Herstellung und Lieferung materieller Produkte kombiniert sein.*

Ein Beispiel ist der Anschluss eines neuen Gasherdes (Dienstleistung): Dazu kann auch die Herstellung des neuen Anschlussrohrs und gegebenenfalls die Lieferung eines neuen Gasanzünders gehören. Ein weiteres Beispiel ist der Fleurop-Blumen-Geschenkdienst.
Auch zur Erbringung einer Dienstleistung findet man in DIN EN ISO 8402:1995-08 eine Anmerkung:

4. *Lieferung oder Gebrauch materieller Produkte können kombiniert sein mit der Erbringung einer Dienstleistung.*

Beispiele sind in einem Krankenhaus Verpflegung (Lieferung), Fieberthermometer, Operationsmesser oder Injektionsspritze (Gebrauch); in einer Kfz-Werkstatt bei der Reparatur eines Pkw Ersatzteile (Lieferung), Werkzeuge und Messgeräte (Gebrauch); in einem Restaurant das Tagesmenü (Lieferung [aus der Küche]), Geschirr und Besteck (Gebrauch).
Aus all diesen Anmerkungen und Beispielen ist folgender Schluss zu ziehen: Prinzipiell kann eine Dienstleistung sowie ihre Erbringung, deren jeweils lieferantenbezogener Anteil zweckmäßig den Namen *„dienstleistungsbezogener Kernanteil“* (siehe Kap. 41.2.3) erhält, in der Regel ergänzt sein durch das Dienstleistungselement *Anteil kundenseitig nötiger Tätigkeiten* (siehe Kap. 41.2.4), durch den die Dienstleistung gegebenenfalls erst vollständig wird. Diese kann kombiniert sein mit der Einheit *Gebrauch anderer Produkte* (siehe Kap. 41.2.5) und/oder mit der Einheit *Transport anderer Produkte* (siehe Kap. 41.2.6) und/oder mit der Einheit *Lieferung anderer Produkte* (siehe Kap. 41.2.7).
Diese fünf Elemente werden in den folgenden Abschnitten im Einzelnen betrachtet.

V

41.2.3 Der dienstleistungsbezogene Kernanteil

Schon in DIN ISO 9004-2:1992-06 war Folgendes vorgezeichnet: Die Systematik des Beschaffenheitsmanagements bei immateriellen Produkten unterscheidet sich auch hier nicht von der bei materiellen Produkten: Das Beschaffenheitsmanagement erstreckt sich auf alle Arten von Einheiten. In Kapitel 4.1 von DIN ISO 9004-2:1992-06 heißt es dazu:

- *„Die Forderungen an die Dienstleistung müssen in Form von Merkmalen, die wahrnehmbar sind und vom Kunden bewertet werden können, eindeutig festgelegt werden.“*
- *„Die Prozesse, durch die eine Dienstleistung erbracht wird, müssen ebenfalls in Form von Merkmalen festgelegt werden, die nicht immer durch den Kunden wahrgenommen werden können, die aber den Leistungsstand der Dienstleistung direkt beeinflussen.“*

Allerdings vermisst man im vorangegangenen Zitat, das nur Tätigkeiten und ihre Ergebnisse anspricht, einen ganz wesentlichen Hinweis zum dienstleistungsbezogenen Kernanteil, der unter keinen Umständen unbeachtet bleiben darf: An die Beschaffenheiten der Einrichtungen und der Menschen, welche die Prozesse realisieren, durch die eine Dienstleistung erbracht wird, sollten in gleicher Weise Forderungen gestellt werden.
Die Erfüllung der Forderungen an die betreffenden Beschaffenheiten sollte im konkreten Einzelfall aktuell erreicht werden. Dass dies möglich ist, wird bei Einrichtungen auch durch deren Instandhaltung bewirkt, bei den Menschen durch deren Schulung und Motivierung.
Die Einzelforderungen an das Managementsystem einer Organisation, die Dienstleistungen erbringt, gelten prinzipiell dauerhaft, auch wenn es unausweichlich ist, sie immer wieder dem Stand der Technik und den Wünschen des Marktes anzupassen.
Alle unterschiedlichen Forderungen an die Beschaffenheiten sind zu planen. Die Qualitätslenkung (Beschaffenheitslenkung) hat dann das Ziel, sie rationell zu erfüllen. Die Qualitätsprüfungen schließlich liefern den Ist-Zustand, auch für die unmittelbare und die mittelbare Beschaffenheitslenkung (siehe Abb. 41.8). Beschaffenheitsbezogene Audits sind ebenfalls erforderlich, interne jedenfalls, und externe bei Interesse des Geschäftspartners.
Deshalb wäre es auch schon in der Vergangenheit ein verhängnisvolles Missverständnis gewesen, zu glauben, die damals noch existente Dienstleistungsnorm DIN ISO 9004-2 allein könnte genügend Information zum Beschaffenheitsmanagement bei Dienstleistungen vermitteln. Sie war zwar eine begrüßte und nützliche Ergänzung zu den Kernnormen der DIN EN ISO 9000-Familie. Diese Kernnormen sind aber die Basisnormen für jede Art von Produkt und damit auch für das immaterielle Produkt Dienstleistung.

41.2.4 Der Anteil kundenseitig nötiger Tätigkeiten bei Dienstleistungen

Dieses Dienstleistungselement ist eine entscheidende Besonderheit nahezu jeder Dienstleistung. Man kann es wie folgt erklären: Es sind *„kundenseitig synchrone oder zeit-*

lich versetzte, zur lieferantenseitigen Erbringung der Dienstleistung nötige Tätigkeiten des Kunden". An die Synchronizität werden dabei unterschiedlich scharfe Forderungen gestellt. Beispiele sind in Kapitel 41.2.2 bei Anmerkung 2 gegeben.

Bezüglich dieser kundenseitig nötigen Tätigkeiten kommt es auf eine zielsichere Forderungsplanung an (siehe Kap. 41.4.2 und Abschnitt A, „Entwicklung", in Teil III, in dessen Kapitel- und Abschnittsüberschriften die international normativ in DIN EN ISO 9000:2005-12 unter Nummer 3.2.9 festgelegte, derzeit noch benutzte Benennung „Qualitätsplanung" dieses Basistätigkeitskomplexes des Beschaffenheitsmanagements nicht vorkommt). Vielfach sind Kundenbefragungen nützlich. Ohne sie mutet man Kunden allzu leicht zu viel zu oder plant zu kompliziert. Die immer neuen Diskussionen um die Fahrkartenautomaten der öffentlichen Verkehrsmittel in verschiedenen Großstädten zeigen die Bedeutung. Aber nicht nur dieser Aspekt gehört zu einer systematischen Forderungsplanung. Insgesamt kann man sagen: Entscheidend ist die Auswahl und Festlegung der erforderlichen und zweckmäßigen kundenseitigen Tätigkeiten und deren Abstimmung auf das Erbringen der Dienstleistung.

Nach diesem wichtigsten Schritt gilt für die Planung der Forderung an die Beschaffenheit der Kundenmitwirkung Gleiches wie für die Forderungsplanung zu den Tätigkeiten zur Erbringung der Dienstleistung durch den Lieferanten selbst.

41.2.5 Kombination mit der Einheit „Anwendung anderer Produkte"

Wer eine Dienstleistung erbringt, muss meist Einrichtungen anwenden. Fast selbstverständlich ist heute bei der Erbringung von Dienstleistungen mindestens eine Datenverarbeitung mit elektronischen Mitteln. Darüber hinaus sind vielfach umfangreiche Vorrichtungen und Einrichtungen sowie Geräte und Maschinen erforderlich. Man denke zum Beispiel an Reinigungsmaschinen, an Fahrkarten- und Geldautomaten, an die Einrichtungen der deutschen Bahn zur Erbringung von Transportleistungen für Güter und Personen bis hin zu den modernsten Multistückelungsautomaten der Bundesbank-Zweigstellen, welche die Bestückung von Geldautomaten ausschließlich mit echten und gut brauchbaren Banknoten sicherstellen und gegenüber den bisherigen Verfahren wesentlich erleichtern.

Für die Instandhaltung all dieser Einrichtungen gelten fast unterschiedslos die gleichen Regeln des Beschaffenheitsmanagements wie für Einrichtungen, mit denen materielle Produkte realisiert werden und bei denen niemand auf die Idee kommt, sie seien Bestandteile dieser Produkte.

Zur „Anwendung anderer Produkte" gehört aber noch viel mehr. In Anmerkung 4 des Kapitels 41.2.2 sind dazu zahlreiche Beispiele gegeben. Es gibt zu diesen bei der Erbringung der Dienstleistung angewendeten anderen

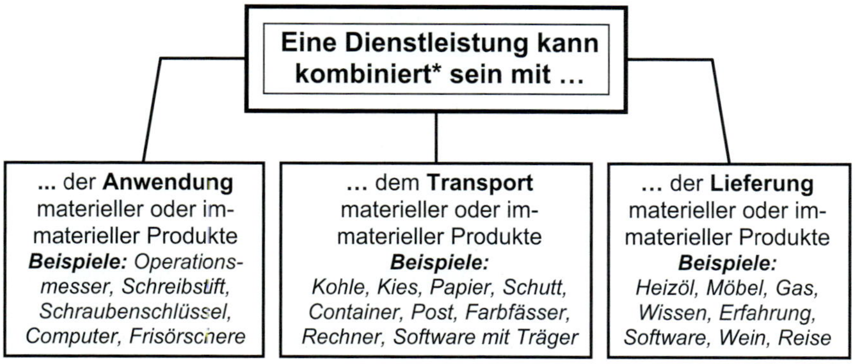

* **Grundsatz:**
Eine Zusammenstellung (Kombination) von Einheiten ergibt eine neue Einheit.
(Auch bei einer Unterteilung einer Einheit ergeben sich neue Einheiten.)

Sehr wichtiger Hinweis:
Bei materiellen Produkten denkt niemand, die Fertigungseinrichtungen für deren Realisierung seien Bestandteile des gefertigten Produkts. Ebenso wäre es unrichtig, die materiellen Mittel (beispielsweise den Lastwagen, mit dem eine [Transport- oder Liefer-]Dienstleistung realisiert wird) als Bestandteile der betreffenden immateriellen Einheit Dienstleistung zu betrachten. Ebenso wenig sind materielle oder immaterielle gelieferte Produkte Bestandteile der immateriellen Dienstleistung Lieferung. Gleiches gilt für die Kombination der Dienstleistung mit Transport und Gebrauch.

Abb. 41.6
Kombination der immateriellen Einheit Dienstleistung mit anderen materiellen oder immateriellen Einheiten

Produkten, die nicht zur Dienstleistung gehören, zur Sicherstellung ihrer jeweiligen Brauchbarkeit keine Besonderheiten des Beschaffenheitsmanagements. Das gilt sowohl für angewendete materielle als auch für angewendete immaterielle Produkte.
Es ist dabei einleuchtend, dass bei einer nicht zufriedenstellenden Qualität der angewendeten anderen Produkte auch die Qualität der Dienstleistung in Mitleidenschaft gezogen werden kann.
Ein spezielles Beispiel dazu ist der Ausfall von Computern. Dadurch kann eine Bank oder ein Verkehrssystem für Stunden lahmgelegt sein, bis hin zum weltweiten Ausfall eines Buchungssystems. So kommt es vor, dass es unmöglich wird, Geld vom eigenen Konto abzuheben oder pünktlich zu einem auswärtigen Termin zu kommen. Auch heute erlebt man bei einer zu erbringenden Bankdienstleistung noch die schicksalhaft anmutenden Aussage: „Unser Computer ist ausgefallen". Die oberste Leitung einer solchen Dienstleistungsorganisation sollte erkennen, dass dies ein Problem der Zuverlässigkeit der Dienstleistung und möglicherweise ein Problem der Redundanzgestaltung der Computerausstattung ist, nicht etwa ein bedauerlicher, unabwendbarer Schicksalsschlag.

41.2.6 Kombination mit der Einheit „Transport anderer Produkte"

Diese Kombination zweier Einheiten ist wohlbekannt und Anlass dazu, dass immer wieder die unzutreffende Ansicht auftaucht, eine Dienstleistung habe auch einen materiellen Anteil (siehe auch den unteren Kasten in Abb. 41.6). Anderweitig hat man längst die systematisch trennende Betrachtung gelernt. Man weiß, dass ein Spielzeug mit Software zwei Arten von Einheiten vereinigt, nämlich eben diese Software und das materielle Produkt dazu, ähnlich wie beim laufenden Bären, beim hüpfenden Frosch oder beim Modellflugzeug. Deshalb gilt auch hier: Was als „anderes Produkt" transportiert wird, das kombiniert sich mit der immateriellen Dienstleistung des Transports, bei der zudem zahlreiche materielle oder kombinierte Einrichtungen wie etwa ein Lkw angewendet werden. Aber weder was transportiert wird, noch womit es transportiert wird, ist deshalb Bestandteil der immateriellen Einheit Dienstleistung Transport.

V

41.2.7 Kombination mit der Einheit „Lieferung anderer Produkte"

Diese Kombination der Dienstleistung Lieferung mit „anderen Produkten" ist für das Beschaffenheitsmanagement ebenfalls ein bekanntes Grundelement. Bei der Erbringung einer Dienstleistung kann diese mit der Dienstleistung kombinierte Einheit „Liefergut" und seine Behandlung ohne Veränderung der Systematik des Beschaffenheitsmanagements betrachtet werden. Alle von Produkten her generell bekannten Verfahrensweisen sind übernehmbar, sofern mehr als der reine Transport der zu liefernden Produkte gefragt sein sollte. Das ist recht häufig der Fall, nicht nur bei Lebensmitteln, die kühl gehalten werden müssen. Es gibt kritische Aufgaben bei solchen Lieferungen. Ein Beispiel ist der Abtransport radioaktiven Abfalls aus der Medizin. Erwähnt sei auch, dass als weitere Kombination die Sicherheit des Transports viele separate Aufwendungen nötig machen kann. Das kennt man von den Gorlebentransporten her, die nun schon seit Jahrzehnten im Kreuzfeuer von Diskussionen stehen.

41.3 Begründung zur Einheitlichkeit der Methoden des Beschaffenheitsmanagements

Vorangehend war mehrfach die Zweckmäßigkeit des Einsatzes einheitlicher Methoden des Beschaffenheitsmanagements bei allen Arten von Einheiten (siehe Abb. 41.2) und bei allen übergeordneten Kategorien von Angebotsprodukten (siehe Abb. 41.1) herausgestellt worden. Diese Einheitlichkeit ist heute noch nicht allgemein erkannt und anerkannt. Deshalb erscheint es erforderlich und nützlich, hier die Begründungen dafür vorzulegen.

41.3.1 Die Fragestellung, ihre Randbedingungen und Verzweigungen

Die Frage lautet: „Können die dem nationalen und internationalen Stand der Technik entsprechenden übergeordneten (branchenunabhängigen) Grundgedanken und prinzipiellen Verfahrensweisen des Beschaffenheitsmanagements auf alle Arten von Einheiten angewendet werden, oder werden für spezielle Teilbereiche (beispielsweise Angebotsprodukte) spezielle Grundgedanken und spezielle Verfahrensweisen des Beschaffenheitsmanagements benötigt?"
Diese Fragestellung wird von zwei vergleichsweise unstrittigen, nur scheinbar gegenläufigen Feststellungen eingerahmt. Die erste Feststellung ist:

- Alle Normungsgremien, nationale, regionale und internationale, zielen auf Branchenunabhängigkeit der Grundgedanken und der prinzipiellen Verfahrensweisen des Beschaffenheitsmanagements.

Beispielsweise heißt es in allen Teilen der Normenreihe DIN 55350 bis heute: „Die Teile von DIN 55350 sollen nach Möglichkeit alle an der Normung interessierten Anwendungsbereiche berücksichtigen. Sie *(also diese Teile)* dürfen deshalb ihre Definitionen nicht so eng fassen, dass sie nur für spezielle Bereiche gelten (z. B. Technik, Landwirtschaft, Medizin)."

Die zweite Feststellung ist:

- Bei jeder Produktart bedarf es bei Anwendung übergeordneter, prinzipieller Grundgedanken und prinzipieller Verfahrensweisen des Beschaffenheitsmanagements ergänzender produktspezifischer Fachkenntnisse.

So benötigt man bei der Planung einer Forderung an die Beschaffenheit eines speziellen Produkts unabdingbar Fachkenntnisse über das betreffende spezielle Produkt und seinen Verwendungszweck.

Die Frage lautet demnach *nicht:* „Benötigt man zur Anwendung dieser übergeordneten Grundgedanken und prinzipiellen Verfahrensweisen des Beschaffenheitsmanagements produktspezifische Fachkenntnisse?" Selbstverständlich benötigt man solche Fachkenntnisse!

Die wirkliche, aktuelle und in höchstem Maße klärungsbedürftige, fünfteilige Fragestellung ist in Abbildung 41.7 veranschaulicht.

Viele um Systematisierung des Beschaffenheitsmanagements bemühte Praktiker beantworten diese fünf Fragen für verschiedene Fälle positiv, verneinen also die Einheitlichkeit der Grundgedanken. Meist ist das Verständnis dann allerdings widersprüchlich. Einige Beispiele zu den fünf Fällen seien deshalb angeführt:

- Zum *Fall A* sind alle nationalen und internationalen Normen gemäß DIN EN ISO 9000 ff. zu betrachten. Sie behandeln QM-Systeme. Die Normen erheben den Anspruch der Branchen- und Produktneutralität. Zwei prinzipiell ungewollte Effekte führen aber dazu, dass in der Praxis immer wieder neue produktspezifische Auslegungen und Ergänzungen erzeugt werden, die mit dem Ausdruck „proliferation" (= Ausuferung) belegt werden: Der eine Effekt ist eine Diktion dieser Normen, die erkennen lässt, dass die Formulierungserzeuger nach wie vor primär in materiellen Produkten denken. Der zweite Effekt ist fast noch schlimmer: Gerade jene Begriffe, welche die Branchen- und Produktneutralität stützen, werden zunehmend verlassen; man kann sogar leider etwas deutlicher sagen: „Sie werden weggeworfen".
- Zum *Fall B* war die Norm E DIN ISO 9004-3 zu *verfahrenstechnischen Produkten* die erste Spezialisierung. Sie betraf die gesamte chemische Industrie; und nicht nur diese. Auch eine zweite, im vorliegenden Zusammenhang besonders bedeutsame Spezialisierung existierte. Sie galt für *Dienstleistungen*: DIN ISO 9004-2:1992-06. Die Eigenständigkeit auch dieser Norm ist aber nur scheinbar. Zwar wurden all diese Spezialnormen zurückgezogen, aber sie haben ihre Nachwirkungen und Beispielfunktion behalten. Sie bewirken, dass viele Praktiker denken: „Das wäre genau das, was wir benötigen!" Objektiv aber wird dadurch nur der Eindruck gefestigt, es sei eine Vielfalt von produktspezifischen Verfahren des Beeschaffenheitsmanagements erforderlich.
- Zum *Fall C* gehörte die ebenfalls zurückgezogene Norm DIN ISO 9000-3:1992-06. Dabei gibt es immer noch terminologische Verwirrung: Diese Norm mit der Überschrift „Software" betraf dem Inhalt nach Computersoftware, nicht etwa die übergeordnete Produktkategorie Software (vgl. Abb. 41.1, dort unter „C").
- Zum *Fall D* gehörte DIN ISO 9000-4:1994-06. Die dort spezifisch behandelte *Merkmalsgruppe Zuverlässigkeit* ist nur wegen ihrer besonderen Herausstellung durch

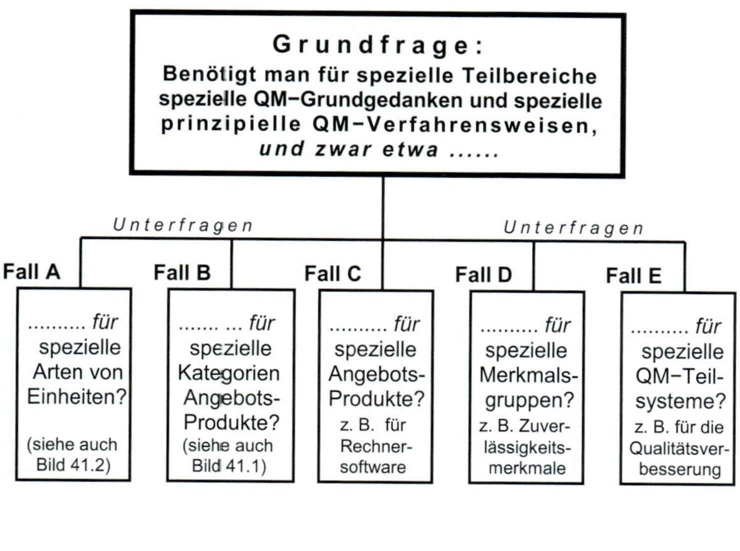

Abb. 41.7
Fünfteilige Fragestellung zur angeblich nötigen Spezialisierung des Beschaffenheitsmanagements

IEC/TC 56 mit dem Arbeitsgebiet *dependability* „zur Ehre“ dieser merkmalsspezifischen Norm gekommen. Selbstverständlich können Zuverlässigkeitsmerkmale Qualitätsmerkmale sein. Damit unterliegen sie allen generell festgelegten Verfahrensweisen des Beschaffenheitsmanagements. Auch andere Merkmalsgruppen wie die *Merkmalsgruppe Umweltschutz* oder die *Merkmalsgruppe Sicherheit* gehören zum Gegenstand des Beschaffenheitsmanagements bei jeder Art von Einheit (siehe Abb. 41.2).

- Zum *Fall E* wird die Frage ebenfalls häufig positiv beantwortet: *Teilsysteme* wie Qualitäts(fähigkeits)verbesserungen, Beschaffenheitsmanagementpläne, das Projektmanagement und das Konfigurationsmanagement, schließlich sogar ökonomische Betrachtungen, wurden zwischenzeitlich Gegenstand spezieller internationaler Normen im Rahmen der ISO 9000-Familie.

Die Tendenz zu Spezialnormen ist mit der im Jahr 2000 erfolgten Zurückziehung aller damals bestehenden Spezialnormen zu den Vorgängern von DIN EN ISO 9001:2000 und DIN EN ISO 9004:2000 grundlegend beendet worden. Daraus folgt: Alle den Fragen A bis E zugeordneten Spezialfälle sind beim Beschaffenheitsmanagement mit demselben Gedankenwerkzeug zu behandeln. Das schließt nicht aus, dass ergänzende Empfehlungen und Anleitungen für spezielle Anwendungen entwickelt werden. Es sollten aber keine fachspezifischen Normen mehr zu Managementsystemen entstehen, weder international noch national. Natürlich sind dennoch fachspezifische Kenntnisse unentbehrlich.

41.3.2 Die Antwort und ihre Konsequenzen

Die Antwort, die schon vor vielen Jahren in der Schrift „Vision 2000“ formuliert wurde, lautet:
Es gibt keine praktikable, rationelle Alternative zum übergreifenden Einsatz der existierenden, einheitlichen und festgeschriebenen Methoden und Terminologie des Beschaffenheitsmanagments.
„Übergreifend“ meint konkret: Nicht nötig ist eine Differenzierung der Grundgedanken, der prinzipiellen Verfahrensweisen und der Terminologie des Beschaffenheitsmanagements entsprechend den genannten Fällen A bis E aus Abbildung 41.7. Eine solche Differenzierung wäre sogar schädlich, wie die bisherige Praxis zeigt. Wie oft werden beispielsweise Forderungen an die Darlegung des Beschaffenheitsmanagements gemäß DIN EN ISO 9001 mit Forderungen an die Beschaffenheit von Angebotsprodukten durcheinandergebracht – trotz der früher noch besser hervorgehobenen Warnung in der Einleitung dieser Normen.

Diese Erkenntnis hatte im Zusammenhang mit der „Vision 2000“ z. B. die Festlegung der folgenden Zielsetzungen für die Entwicklung von DIN EN ISO 9001 und DIN EN ISO 9004 zur Folge:

- Die in den Vorgängern der Grundnormen DIN EN ISO 9000 ff. noch nicht enthaltenen, wichtigen Gesichtspunkte aus den Normen für Teilaspekte (z. B. aus DIN ISO 9004-2:1992-06, E DIN ISO 9004-3, DIN ISO 9000-3:1992-06, DIN ISO 9000-4:1994-06) sollten anlässlich der sogenannten „Phase-2-Revision“ bis zum Jahr 2000 entsprechend der Zielsetzung aus „Vision 2000“ in diese Grundnormen aufgenommen werden.
- Die Grundnormen DIN EN ISO 9000 ff. sollten klarer herausarbeiten, dass die bei der Darlegung des Beschaffenheitsmanagements betrachteten Einheiten die bisher „QM-Elemente“ genannten Einheiten sind, nicht etwa die Angebotsprodukte, und dass die Einzelforderungen an die Beschaffenheit dieser QM-Elemente Darlegungsforderungen sind. Die ausdrückliche Einleitungsformulierung in den Grundnormen bis 2000 zu dieser Unterscheidung genügte dazu offensichtlich nicht. Entsprechend schlimm ist das heutige diesbezügliche Vakuum.
- Die international noch sehr lückenhafte und immer lückenhafter werdende Terminologie des Beschaffenheitsmanagements sollte systematisch auf den nötigen Mindestumfang erweitert werden. Nicht nur Grundbegriffe wie der Begriff „Fähigkeit“ sollten enthalten sein. Teil-Begriffssysteme mit Grafiken sollten die Sachzusammenhänge und Begriffshierarchien erläutern.

Der letzte Satz des letzten der drei Punkte ging 2000 einigermaßen in Erfüllung. Dem Wunsch im mittleren Punkt wurde mit der Hauptüberschrift „Qualitätsmanagementsysteme“ entgegengekommen (obwohl die Beschränkung auf das eine Managementsystem in einer Organisation besser gewesen wäre). Am schlechtesten sind die Wünsche des ersten Punktes erfüllt worden. Beim Wegfall der 20 QM-Elemente sind leider sogar wichtige, bisher vorhandene spezifische Forderungen verschwunden.

41.3.3 Die Plausibilität der Antwort

Die vorangegangene Antwort und ihre Konsequenzen sind in einfachster Weise plausibel: Man betrachte dazu bei materiellen Produkten die Gemeinsamkeiten einer Hundefutterproduktion und einer Messingstangen-Stranggussanlage. Beide bringen verfahrenstechnische Produkte hervor, gehören also zu ein und derselben übergeordneten Kategorie von Angebotsprodukten. Entsprechendes gilt für immaterielle Produkte: Man betrachte die Reparatur oder Ergänzung einer PC-Rechnersoftware (immaterielles

V

Produkt Dienstleistung) und die Erstellung einer ergänzenden Rechnersoftware für einen Computer (immaterielles Produkt Software). Sie gehören zu unterschiedlichen übergeordneten Kategorien von Angebotsprodukten, sind aber ersichtlich wesentlich enger verwandt als die zuerst genannten beiden verfahrenstechnischen Produkte.
Jede Gruppierung von Produkten oder Verfahren in scheinbar – bezüglich des Beschaffenheitsmanagements – zusammengehörige Kategorien bliebe daher willkürlich. Damit fehlte ihr prinzipiell die Begründung für eine Entwicklung unterschiedlicher Methoden und Terminologien. Eine solche Verzweigung würde sogar enormen Schaden verursachen: Sie würde nämlich verschleiern,

- dass man einerseits die Aufgaben des Beschaffenheitsmanagements für alle Arten von Einheiten methodisch in gleicher Weise anwenden kann, und
- dass andererseits überall produkt- und tätigkeitsspezifisches Fachwissen für die Umsetzung dieser Aufgaben des Beschaffenheitsmanagements in die Praxis erforderlich ist.

Grundsätzlich gilt daher: Jede Organisation und ihr Managementsystem ist wegen der unterschiedlichen Produktpaletten verschieden von anderen, obwohl die Verfahren des Beschaffenheitsmanagements prinzipiell übereinstimmen können und sollten.

41.3.4 Zusammenfassung zur Einheitlichkeit der Methoden des Beschaffenheitsmanagements

Die Erläuterungen in den Unterabschnitten von Abschnitt 41.3 zeigen: Die Frage ist nicht, ob branchenübergreifend oder fachspezifisch, sondern wo das eine (nämlich branchenübergreifende Verfahren des Beschaffenheitsmanagements) und wo das andere (nämlich die Einbringung produktspezifischen Fachwissens) angebracht ist. Zur Einheitlichkeit der Verfahren des Beschaffenheitsmanagements gibt es keine Alternative. Wer diesbezüglich fachspezifischen Verfahren oder einer branchen- oder gar produktspezifischen Terminologie das Wort redet, riskiert Komplizierung und Unübersichtlichkeit der Prozesse und damit eine Verminderung ihrer Effizienz und Effektivität. Das bereits erwähnte Prinzip der Unterscheidung der Tätigkeiten zur Erbringung einer Dienstleistung vom Ergebnis dieser Tätigkeiten, nämlich dem immateriellen Produkt Dienstleistung, ergänzt das Prinzip der einheitlichen Anwendbarkeit der Verfahren des Beschaffenheitsmanagements. Es ist ein Spezialfall dieses unabdingbaren Grundprinzips der Trennung von Prozessen (als einer Gesamtheit von Tätigkeiten) und ihren Ergebnissen (die stets Produkte sind, seien es materielle oder immaterielle). Diese Unterscheidung gehört weltweit zum Stand der Technik und zu den in ihrer Anwendung bewährten Grundprinzipien des Beschaffenheitsmanagements. Die Übersichten in DIN ISO 9004-2:1992-06 (siehe Abb. 41.4 und 41.5) lassen die Vielfalt von Dienstleistungen erahnen. Bei jeder sind die gleichen Prinzipien des Beschaffenheitsmanagements auf der Basis fachspezifischer Kenntnisse zur Produktart anzuwenden.

41.4 Merkpunkte zum Qualitätsmanagement (Beschaffenheitsmanagement) bei immateriellen Produkten mit Beispielen

Die Analogie zwischen wesentlichen Elementen des Qualitätsmanagements (Beschaffenheitsmanagements) bei immateriellen Produkten und der Systematik der betreffenden Bestandteile bei materiellen Produkten (siehe Kap. 41.3.2 und 41.3.3) resultieren in den nachfolgenden Ausführungen: Schwerpunkte sind einerseits der dienstleistungsbezogene Kernanteil (siehe Kap. 41.2.3), andererseits die bei Dienstleistungen kundenseitig nötigen Tätigkeiten (siehe Kap. 41.2.4). Vorausgeschickt wird ein auch heute für durchaus noch nötig gehaltener Hinweis zur Problematik der Benennung „Qualitätsmanagement".

41.4.1 Hinweis zur Benennung „Qualitätsmanagement"

Der deutsche Sprachraum – und nur dieser – war zur Jahrtausendwende immer noch betroffen von einer tief greifenden Umbenennung, die damals fünf Jahren zurücklag. Sie führt auch heute noch gelegentlich zu Missverständnissen. Deshalb sei auch etwa 20 Jahre danach verkürzt angemerkt, was man in DIN 55350-11:1995-08 und in (Geiger 1992) näher erläutert findet:
Von 1974 bis 1994 lautete die Benennung für die Gesamtheit aller qualitätsbezogenen Tätigkeiten und Zielsetzungen „Qualitätssicherung". Deshalb hatte dieses Handbuch auch bis zur dritten Auflage ein „übergeordnetes" Wort als Titel: „Qualitätslehre".
Diese wichtige Benennungsentscheidung war durch kanadische und australische Normen präjudiziert: Für jenen Teil der Tätigkeiten des Qualitätsmanagements, der – wie man heute normgerecht sagen würde – auf das Erzeugen

V

von Vertrauen in die Fähigkeit des QM-Systems gerichtet ist, wurde die Benennung „quality assurance“ festgelegt. Damit beantwortet „quality assurance“ eine Frage, die sich auf die Zukunft bezieht. Damals wurde das im Deutschen „Darlegung des QM-Systems“ genannt.

Im November 1990 wurde indessen international der Gesamtheit qualitätsbezogener Tätigkeiten und Zielsetzungen die Benennung „quality management“ zugeordnet. Das wurde allerdings erst mit der Ausgabe August 1994 des Vorgängers von DIN EN ISO 9000:2005-12 normativ „rechtsgültig“.

Auch weil alle Übersetzer die Benennung des Oberbegriffs „quality management“ mit „Qualitätsmanagement“ und des Unterbegriffs „quality assurance“ mit „Qualitätssicherung“ übersetzen würden, konnte die deutsche Benennung „Qualitätssicherung“ für den Oberbegriff nicht Bestand haben.

Kaum zu erwarten war allerdings, dass diese seit 20 Jahren für den Oberbegriff eingeführte, durchgängig in der Praxis benutzte Benennung „Qualitätssicherung“ von allen Fachleuten sofort gedanklich dem neuen, erheblich eingeschränkten Begriffsinhalt von „quality assurance“ zugeordnet werden würde. Deshalb überbrückte die deutsche Normung dieses Problem in DIN 55350-11:1995-08 mit der Möglichkeit, „quality assurance“ zunächst „QM-Darlegung“ zu nennen (was gedanklich der gemeinten „demonstration of supplier's capability“ entsprach).

Die im deutschen Sprachraum neue Benennung „Qualitätsmanagement“ für den Oberbegriff wurde besonders bereitwillig in den Führungsetagen der Organisationen übernommen. Es war (und ist) aber darauf hinzuweisen, dass diese Benennung nur dann als die eines umfassenden Oberbegriffs richtig verstanden wird, wenn zwei Voraussetzungen erfüllt sind:

1. Es muss klar sein, dass „managen“ wie das angloamerikanische Verb „manage“ umfassend die Handhabung von (beschaffenheitsbezogenen) Angelegenheiten in allen Bereichen und Hierarchiestufen einer Organisation bedeutet. So betreiben auch ein Dreher und ein Schweißer Beschaffenheitsmanagement.
2. Es muss klar sein, dass die eingeschränkte Begriffsbedeutung von „quality management“ vorausgehender Ausgaben der internationalen Normen nicht mehr gilt, nämlich die eines „Aspekts der Gesamtführungsaufgabe“. Im Qualitätsmanagement wird zu dieser Benennungsproblematik noch viel terminologische Nacharbeit nötig sein. Vor allem im Gesundheitswesen benennt der geltende § 135 des Sozialgesetzbuchs V den Oberbegriff bis heute geltend immer noch mit „Qualitätssicherung“, obwohl er jetzt „Qualitätsmanagement“ lauten müsste.

V

Ein weiteres Problem sind die „Qualitätssicherungsvereinbarungen“. Umfasst eine solche Vereinbarung mehr als die QM-Darlegung, z. B. die Handhabung und den Austausch von Fertigungsmustern oder festgelegte Qualitätsprüfungen, dann ist es eine Qualitätsmanagementvereinbarung; und dann sollte sie auch so heißen.

41.4.2 Merkpunkte zur Forderungsplanung (bisher „Qualitätsplanung“)

Im Mittelpunkt der Forderungsplanung stehen die Forderungen an die Beschaffenheit der zu betrachtenden Einheiten. Die jeweiligen Einzelforderungen werden geplant, nicht etwa die Qualität. Deshalb ist die Benennung „Qualitätsplanung“ extrem irreführend. Der zweckmäßige Name ist „Forderungsplanung“ („planning of requirements“). Er wird deshalb im Folgenden zur Vermeidung von Missverständnissen jeweils anstelle von „Qualitätsplanung“ gesetzt und diese Benennung (wie in der Überschrift dieses Abschnittes) in Klammern dahinter.

In DIN EN ISO 8402:1995-08 war unter 2.3 noch die „Qualitätsforderung“ als Begriff enthalten („requirements for quality“). Das hatte damals den Vorteil, dass dieser seit 1979 hierzulande eingeführte und früher in zehn Begriffen zum Qualitätsmanagement vorkommende Grundbegriff besser akzeptiert wurde. In DIN EN ISO 8402:1995-08 wurde seine Benennung allerdings 1991 noch nicht in die Definition des Begriffs Qualität übernommen, nur in einige Anmerkungen. Auch deshalb weist Beiblatt 1 zu DIN EN ISO 8402:1995-08 auf Folgendes hin (verkürzt und angepasst wiedergegeben): „In DIN EN ISO 8402 sind die Hauptwörter in der Definition von Qualitätsforderung ‚Formulierung‘ und ‚Umsetzung‘. Das sind nicht die gemeinten ‚requirements‘“. Außerdem fehlt im Englischen ein einigermaßen zweifelsfreies Wort für „Beschaffenheit“, weil man sich nicht entschließen konnte, das in der englischen Gemeinsprache dafür durchaus übliche Wort „nature“ als offizielle Benennung zu normen (was zwischenzeitlich ernsthaft beabsichtigt war). Deshalb ist anzuraten, für die Forderung an die Beschaffenheit die folgende Definition anzuwenden:

> *Forderung an die Beschaffenheit* = Gesamtheit der betrachteten Einzelforderungen an die Qualitätsmerkmale einer Einheit in der betrachteten Konkretisierungsstufe der Einzelforderungen

Diese Empfehlung gilt auch wegen der ziemlich grotesken Situation, dass der Begriff „Qualitätsforderung“ als solcher einerseits aus guten Gründen aus DIN EN ISO 9000:2005-12 verschwunden ist, andererseits aber in einigen Definitionen von DIN EN ISO 9000:2005-12 vorkommt. Bei der Forderung an die Beschaffenheit eines

Terminplans kann man nämlich schlecht von einer „Qualitätsforderung" sprechen, wohingegen es durchaus eine Qualitätsprüfung ist, wenn festgestellt wird, inwieweit diese Forderung an den Terminplan erfüllt ist.

Die Einzelforderungen (vgl. hierzu das Zitat aus DIN ISO 9004-2:1992-06 in Kap. 41.2.3) im Rahmen einer Forderung an die Beschaffenheit richten sich an die Qualitätsmerkmale der betrachteten Einheit. Wie diese Einheit steht die Forderung an ihre Beschaffenheit daher in der Einzahl, die Einzelforderungen aber stehen in der Mehrzahl wie die meist zahlreichen Qualitätsmerkmale, die zu einer Einheit gehören.

Die Erwähnung der „betrachteten Konkretisierungsstufe" hat eine meist unterschätzte Bedeutung: Zahlreiche übliche Benennungen der Forderung an die Beschaffenheit einer Einheit, wie etwa „Lastenheft", „Pflichtenheft", „Realisierungsspezifikation" usw., weisen in aller Regel auf eine spezielle Konkretisierungsstufe der Forderung an die Beschaffenheit hin. Im leider nicht mehr neu aufgelegten DGQ-Band „Qualität und Recht" (DGQ-Band Nr. 19-30 1988) fand sich die aufschlussreiche und studierenswerte Abbildung 7.2 über die Konkretisierungsstufen der Forderung an die Beschaffenheit während ihrer Planung, wobei der Einfluss der Anspruchsklasse einbezogen ist. Dieser DGQ-Band wurde für frühere Auflagen von Geiger (Geiger 2008) und ein QM-Kapitel für Juristen entwickelt. In Kapitel 12 von (Geiger 2008) ist diese Abbildung als letzte des Kapitels für jedermann zugänglich.

Für die Forderungsplanung (bisher „Qualitätsplanung") ist es unabdingbar, dass die *Anspruchsklasse* bekannt ist. Oft wird diese mit der Forderung an die Beschaffenheit oder gar mit der Qualität verwechselt. Das ist verwunderlich. Jedermann kennt doch von Dienstleistungen her die Anspruchsklasse: bei der Bahn die 1. und 2. Klasse, beim Hotelführer oder Restaurantführer die Anzahl der Sterne oder Kochmützen.

Die Anspruchsklasse ist bedingt durch die für die betrachtete Einheit verfügbaren Mittel. Das gilt für Kunden, die auch „Auftraggeber", „Käufer" oder „Abnehmer" genannt werden, wie auch für Lieferanten. Man wählt beim selben Verwendungszweck der Einheit aus einer Rangordnung angebotener oder anzubietender Beschaffenheiten jene aus, die man

- sich als Kunde oder Auftraggeber preislich leisten kann,
- als Lieferant einem dieser Anspruchsklasse zugehörigen Käuferkreis anbieten möchte.

Die Definition für die Anspruchsklasse lautet nach DIN EN ISO 9000:2005-12 mit den erforderlichen Berichtigungen (z. B. der Beseitigung der Aufzählung von Beispielen für die Einheit, weil der Begriff Einheit bei ISO/TC 176 verlassen wurde):

> *Anspruchsklasse* (engl.: *grade*) = Kategorie oder Rang unterschiedlicher Forderungen an die Beschaffenheit von Einheiten für denselben funktionellen Gebrauch

Nicht die Einheiten haben also die unterschiedliche Kategorie oder den unterschiedlichen Rang, sondern die Forderungen an ihre Beschaffenheit.

Ein Überblick über den Zusammenhang zwischen der Anspruchklasse und der Forderung an die Beschaffenheit von Angebotsprodukten für denselben Zweck gibt Abbildung 41.8.

Bezüglich Forderungsplanung (bisher „Qualitätsplanung") findet man in DIN EN ISO 9000:2005-12 die wiederum bereinigte Definition:

> *Qualitätsplanung* = Teil des Qualitätsmanagements, gerichtet auf das Festlegen der qualitätsbezogenen Ziele und der dazu nötigen Ausführungsprozesse sowie der hierfür benötigten Ressourcen

Diese Definition sagt leider nicht, was Qualitätsplanung (Forderungsplanung) selbst ist, sondern auf welche Einheiten sie angewendet werden sollte. Deshalb empfiehlt es sich, gemäß Beiblatt 1 zu DIN EN ISO 8402:1995-08 wiederum auf DIN 55350-11:1987-05 zurückzugreifen. Die dort verzeichnete Definition, die auch im Vorgänger 1995 zum DGQ-Band 2005 zu finden ist, kann fast als Gebrauchsanweisung für die Forderungsplanung (bisher „Qualitätsplanung") gelten. Jedenfalls sagt sie, was diese Tätigkeit ist:

> *Qualitätsplanung* (engl.: *quality planning*) = Auswählen, Klassifizieren und Gewichten der Qualitätsmerkmale sowie schrittweises Konkretisieren aller Einzelforderungen an die Beschaffenheit zu Realisierungsspezifikationen, und zwar im Hinblick
>
> - auf die durch den Zweck der Einheit gegebenen Erfordernisse,
> - auf die Anspruchsklasse, und
> - unter Berücksichtigung der Realisierungsmöglichkeiten.

In Abbildung 41.9 wir das in der Definition erwähnte „schrittweise Konkretisieren aller Einzelforderungen" veranschaulicht, und zwar auch zusammen mit den vielen in der Praxis üblichen Namen für die jeweilige Konkretisierungsstufe der Forderung an die Beschaffenheit der betrachteten Einheit.

Bei immateriellen Produkten, insbesondere bei Dienstleistungen, ist es bei der Forderungsplanung (bisher „Qualitätsplanung") auch empfehlenswert, sich des Hilfsmittels Quality Function Deployment zu bedienen. Es wird auf fast allen Gebieten angewendet. Man erreicht damit, dass bei der Forderungsplanung (Qualitätsplanung) weder etwas vergessen, noch aber auch „zu viel des Guten" getan wird. Im Vorgänger 1995 zum DGQ-Band 11-04 von 2005 ist dieser Begriff Quality Function Deployment (QFD) als *Entfalten der qualitätsbezogenen Funktionstauglichkeit* benannt.

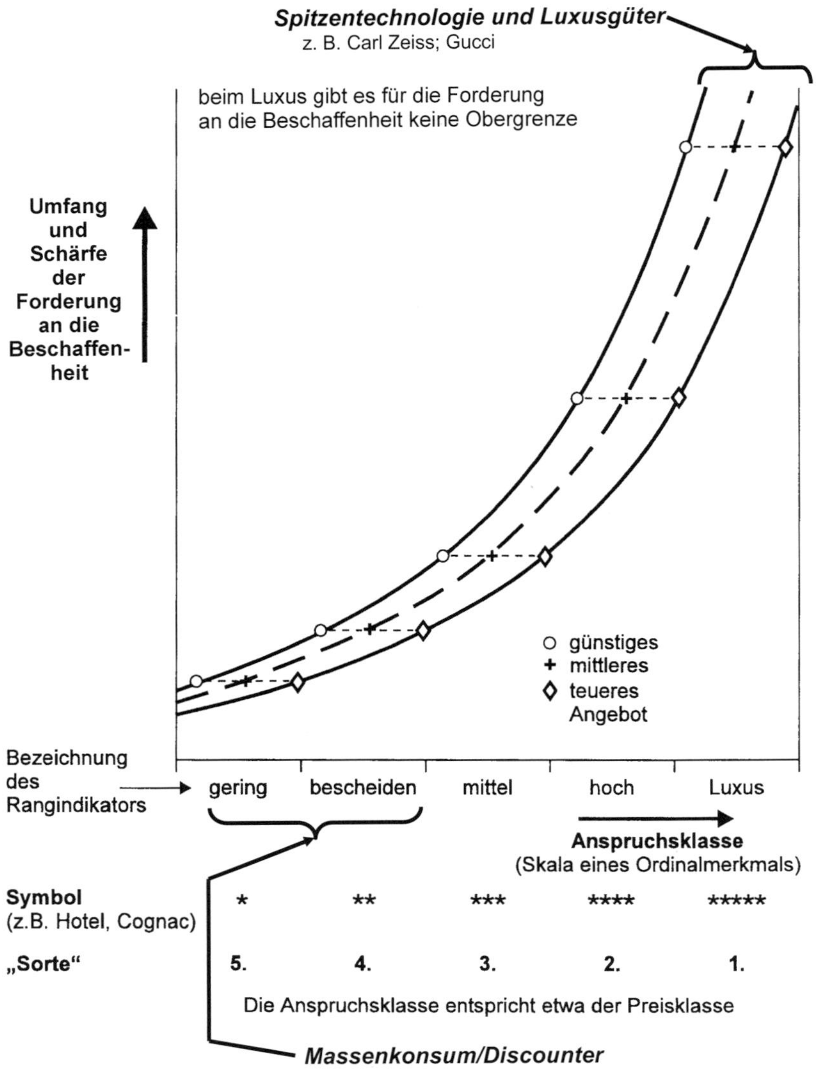

Abb. 41.8
Anspruchsklasse und Forderung an die Beschaffenheit bei Produkten für den gleichen Zweck

V

und näher erklärt. Zu seiner Anwendung in der Forderungsplanung (bisher „Qualitätsplanung") wird im DGQ-Band 11-04 von 2005 auf die umfangreiche Fachliteratur hingewiesen, in der meist der vorangehend erwähnte englische Fachbegriff mit der Abkürzung „QFD" benutzt wird. Nach diesen begrifflichen Merkpunkten sei nun ein Alltagsbeispiel aus der Forderungsplanung (bisher „Qualitätsplanung") bei Dienstleistungen erwähnt, das immer wieder gerne bemüht wird. Es ist die *Qualitätsplanung beim Damen- und Herrenfriseur.*

Entsprechend dem Zitat aus DIN ISO 9004-2:1992-06 in Kapitel 41.2.3 ist zunächst die Forderung an die Beschaffenheit der Tätigkeiten zu betrachten. Wie bei materiellen Produkten gibt es für die Erbringung der Dienstleistung „Haarschnitt" sowohl externe als auch interne Einzelforderungen. Die externen werden vom Kunden kaum genannt, aber sie existieren, wie man bei jeder Nichterfüllung einer Einzelforderung sofort bemerkt: Beim Umhängen des Schutzmantels will der Kunde nicht gewürgt werden, aber dennoch muss der Mantel fest anliegen, damit keine Haare in den Hemden-(oder Blusen-)kragen gelangen. Die Schere oder der Schneidautomat sollte so geführt werden, dass nicht an den Haaren gezogen wird usw. Bei höherer Anspruchsklasse wird eine Tasse Kaffee die Wartedauer überbrücken helfen.

Dass auch derjenige, der die Tätigkeit ausführt, zahlreiche Einzelforderungen an diese Tätigkeit erfüllen muss, deren Aufzählung wohl mehr als eine halbe Seite füllt, macht die Atmosphäre im Friseurladen aus und bedarf einer sorgfältigen Forderungsplanung (bisher „Qualitätsplanung"). Der dienstleistungsbezogene Kernanteil enthält aber noch weitere Einzelforderungen im Sinne der Ergänzung zum Zitat in Kapitel 41.2.3. Sie richten sich an die fachlichen Fähigkeiten des Friseurs, an sein Aussehen, an seine Kleidung, auch an seine Desodorierung und vieles andere mehr, also nicht nur an die Tätigkeiten selbst.

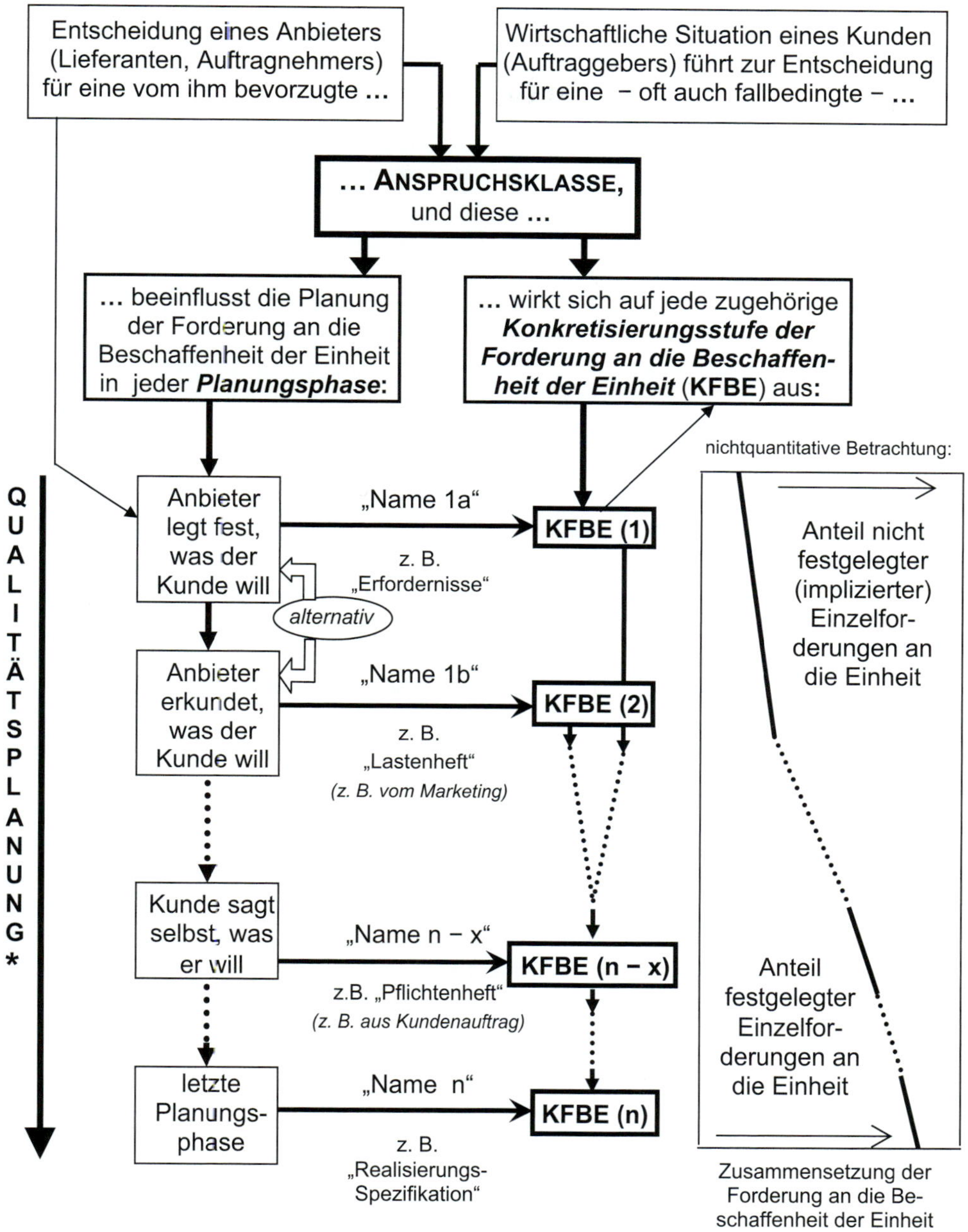

* Die genormte Bezeichnung **„Qualitätsplanung"** ist irreführend, weil nicht die Qualität, sondern die Einzelforderungen an die Beschaffenheit einer Einheit geplant werden. Deshalb wird empfohlen, von der „Forderungsplanung" zu sprechen, was auch unmittelbar verständlich ist.

Abb. 41.9 Konkretisierungsstufen der Forderung an die Beschaffenheit einer Einheit bei der Forderungsplanung unter Einbeziehung der Anspruchsklasse

Schließlich geht es um die Forderung an die Beschaffenheit des Ergebnisses, also an den Haarschnitt. Auch hier gibt es wieder externe und interne Einzelforderungen. Bemerkenswert ist eine Parallele zum materiellen Produkt: Dort ist es oft nicht leicht, herauszubekommen, was der Kunde nun wirklich benötigt. Ähnlich ist es hier: Auch wenn der Kunde genau sagt, wie er den Haarschnitt wünscht, sollte ein guter Friseur berücksichtigen, dass der Haarschnitt letztlich nicht nur dem Kunden selbst, sondern in dessen eigenem Interesse auch seinem Ehepartner, seiner Tanzstundenliebe oder einem oder mehreren anderen Nächsten gefallen sollte. Die betreffenden Einzelforderungen in Erfahrung zu bringen, fordert dem Friseur weit größeres Geschick ab als die genaue Ausführung der geäußerten Haarschnittwünsche. Jedenfalls aber wird deren Miterfüllung die Zufriedenheit des Kunden erhöhen.

41.4.3 Merkpunkte zur Beschaffenheitslenkung

Ähnlich wie bei der Forderungsplanung (bisher „Qualitätsplanung") macht Beiblatt 1 zu DIN EN ISO 8402:1995-08 beim Begriff Qualitätslenkung auf Unterschiede im Begriffsinhalt gegenüber DIN 55350-11:1995-08 aufmerksam. Dort wird empfohlen, Qualitätslenkung als Tätigkeiten aufzufassen. Die Mittel und Verfahren dazu sind andere Betrachtungsgegenstände. Dennoch sei die Definition aus EN ISO 9000:2005-12 zitiert, weil sie die international festgelegte ist: Danach ist Qualitätslenkung „derjenige Teil des Qualitätsmanagements, der auf die Erfüllung von Forderungen an die Beschaffenheit von Einheiten gerichtet ist". Das ist ihr Ziel. Was sie aber ist, wird hier wiederum nicht gesagt. Dementsprechend ist die im DGQ-Band 2005 aufgeführte Definition maßgebend, die sich wie eine Gebrauchsanleitung liest:

> *Qualitätslenkung* (engl.: *quality control*) = die vorbeugenden, überwachenden und korrigierenden Tätigkeiten bei Realisierung der Einheit zur Erfüllung der Forderung an ihre Beschaffenheit

Sehr nützlich ist dabei die Übersicht gemäß Abbildung 41.10 über die Komponenten der unmittelbaren und der mittelbaren Qualitätslenkung.

- Die *unmittelbare Qualitätslenkung* wirkt während der Realisierung der Einheit auf die Tätigkeiten und Mittel der Realisierung ein.
- Die *mittelbare Qualitätslenkung* verbessert aufgrund der Realisierungsergebnisse nötigenfalls die Qualitätsfähigkeit der Personen und der Mittel zur Realisierung der Einheit.

Unmittelbare wie auch mittelbare Qualitätslenkung haben viele Komponenten.
Zum Kernanteil der Dienstleistung gehören außer allen Komponenten der unmittelbaren Qualitätslenkung auch zahlreiche Komponenten der mittelbaren Qualitätslenkung.
Erläutert seien hier drei in Abbildung 41.10 im rechten Teil vorkommende Begriffe:
Qualitätsförderung ist nach DIN 55350-11:1995-08 und dem DGQ-Band 2005 eine der drei Komponenten der Qualitätsverbesserung und dort übereinstimmend definiert als *„Verbessern der Qualitätsfähigkeit"*.
Korrektur- und Vorbeugungsmaßnahmen (nach DIN EN ISO 8402:1995-08) betrachtet man am besten gemeinsam anhand ihrer Definitionen:

> *Korrekturmaßnahme/Vorbeugungsmaßnahme* = Maßnahme zur Beseitigung der Ursachen eines erkannten/möglichen Fehlers oder einer anderen erkannten/möglichen unerwünschten Situation

Früher wurden diese Definitionen außerordentlich informativ ergänzt durch die inzwischen gestrichenen Zusätze „um deren Wiederkehr/Vorkommen vorzubeugen".
Als Beispiel wird die Beschaffenheitslenkung (bisher „Qualitätslenkung") in der telefonischen Reisezugauskunft gewählt. Es zeigt, dass die unmittelbare Beschaffenheitslenkung bei Dienstleistungen weitgehend auf Selbstprüfung aufbaut (siehe DGQ-Band 11-04 aus dem Jahr 2005 und DIN 55350-17:1988-08), die mittelbare aber

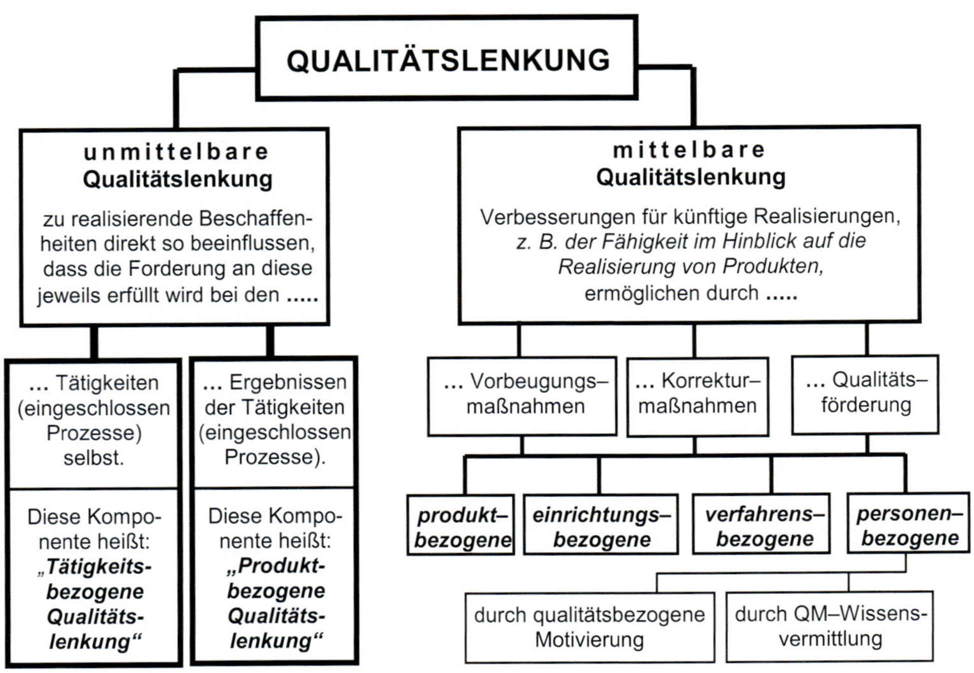

Abb. 41.10
Komponenten der unmittelbaren und der mittelbaren Beschaffenheitslenkung (Qualitätslenkung)

zumeist auf Qualitätsprüfungen durch andere Mitarbeiter als diejenigen, welche die Dienstleistung erbringen.
Die Einzelforderungen an die Tätigkeit der Auskunftserteilung sind in einer Anweisung für den am Auskunftstelefon Tätigen zusammengestellt. Es ist eine Frage seiner Eignung und Motivation, dass er in den vorgegebenen Intervallen selbst prüft, inwieweit er diese Einzelforderungen erfüllt. Dabei kann es sich um generelle Richtlinien für die Auskunftserteilung wie beispielsweise die Reaktion auf eine unklare Fragestellung des Anrufers oder um eine generelle Richtlinie zur Angabe von Ersatz- oder Umwegverbindungen auch ohne Frage danach handeln. Auch festgelegte Antwortformulierungen auf erfahrungsgemäß häufig gestellte Fragen von Anrufern können Gegenstand solcher Richtlinien sein. Selbstverständlich sind die Einzelforderungen bezüglich Höflichkeit und Freundlichkeit der Auskunftserteilung in solchen Richtlinien enthalten. Bei diesen fällt die Selbstprüfung auf Erfüllung schwerer. Deshalb ist eine häufigere neutrale Qualitätsprüfung angebracht.
Der Inhalt der Auskunftserteilung ist das Ergebnis der Tätigkeit des Auskunftserteilenden und zugleich das, was er oder ein von ihm gesteuerter Automat dem Anrufer mitgeteilt hat. Dieses Ergebnis ist im Zeitalter der auf einem Display in Sekundenschnelle sich aufbauenden Verbindungswege mit allen Einzelangaben kaum noch prüfungsbedürftig. Es geht im Wesentlichen um das richtige Aufnehmen der Information durch den Anrufer. Es ist, wie bei materiellen Produkten, während der automatisierten Realisierung kaum noch eine fallbezogene aktuelle Beschaffenheitslenkung und Qualitätsprüfung erforderlich. Ein Beispiel bei materiellen Produkten ist die geforderte Oberflächenbeschaffenheit eines nach dem Kaltfließpressverfahren hergestellten Werkstücks: Das Verfahren selbst stellt die Antwort auf die Frage sicher, inwieweit die Einzelforderungen erfüllt sind.
Für den Kunden gibt es aber noch ein weiteres wichtiges Merkmal der Dienstleistung Telefonauskunft: Es ist die Wartedauer bis zur Herstellung der Verbindung. Dafür gibt es eine Statistik der Ist-Werte, die meist ebenfalls elektronisch erzeugt wird. Für sie gilt ein abgestufter Grenzwert für die Wartedauer. Nur mittelbare Beschaffenheitslenkung kann bezüglich dieses Ergebnismerkmals eingreifen.

41.4.4 Merkpunkte zu Qualitätsprüfungen

Eine Qualitätsprüfung ist gemäß DIN 55350-17:1988-08 das Feststellen, inwieweit eine Einheit die Forderung an ihre Beschaffenheit erfüllt. Ohne die Existenz einer solchen Forderung ist also eine Qualitätsprüfung nicht möglich. Nicht von ungefähr enthält die Definition der Forderung an die Beschaffenheit zweimal das Adjektiv „betrachtet" (siehe Kap. 41.4.2, erster Begriff). Man kann bei einer Qualitätsprüfung eine einzige Einzelforderung innerhalb der Forderung an die Beschaffenheit betrachten, aber natürlich auch alle Einzelforderungen. Daraus folgt die Anzahl der Einzelprüfungen. Die geltende Norm DIN 55350-17:1988-08 zeigt die Arten von Qualitätsprüfungen. Dazu gehört auch die Qualifikationsprüfung. Bei ihr geht es um das Feststellen, ob Qualifikation vorliegt. Qualifikation ist die nachgewiesene Erfüllung der Forderung an die Beschaffenheit der geprüften Einheit. Die häufig benutzten Begriffe „Validierung" und „Verifizierung" meinen die Bestätigung der nachgewiesenen Erfüllung unterschiedlicher, aber nicht genau definierter Konkretisierungsstufen einer Forderung an die Beschaffenheit einer Einheit. Damit sind diese beiden Begriffe sozusagen eine „Qualifikationsprüfung bei Vorliegen der Qualifikation". Der Begriff „verification" wird häufig fälschlich auch für eine Qualitätsprüfung verwendet. Das sollte man vermeiden.
Insgesamt ist also die gegenseitige Zuordnung von Benennungen und Begriffsinhalten bei Qualitätsprüfungen noch in zahlreichen Punkten unklar, auch international. Zur fallweisen Klärung schlage ich die Heranziehung der Abbildung 9.10 aus (Geiger 2008) vor, die hier in vereinfachter Form in Abbildung 41.11 wiedergegeben ist.
Ein Sonderfall der Qualitätsprüfung ist die Produktverhaltensprüfung „nach Übergabe des Produkts an den Kunden". Eine auf Dienstleistungen sinnvoll abgewandelte Form der Produktverhaltensprüfung sei Gegenstand des Beispiels zu Qualitätsprüfungen beim immateriellen Dienstleistungsprodukt Reise. Die Abwandlung besteht darin, dass ein vom Erbringer der Dienstleistung bezahlter, sogenannter Testkunde, der sich als solcher nicht offenbart, die Dienstleistung Reise entgegennimmt und diese nach den ihm bekannt gemachten Einzelforderungen des Anbieters an die Beschaffenheiten der Erbringungstätigkeiten und an deren Ergebnisse beurteilt. Beispielsweise hat er weit über 120 Qualitätsmerkmale zu beachten. Auch hier können die Qualitätsprüfungen wieder selektiv erfolgen, also nur für ausgewählte Qualitätsmerkmale und die zugehörigen Einzelforderungen.

41.4.5 Merkpunkte zum Audit

Qualitätsaudits betreffen ausnahmslos die Verfahren des Managementsystems. Das gilt auch für ein Produktaudit, das speziell die Verfahren zur Erstellung (Planung und Realisierung) eines Angebotsprodukts untersucht. Ein spezielles externes Qualitätsaudit des ganzen QM-Systems (Systemaudit) ist das Zertifizierungsaudit. Ein Qualitätsaudit ist stets das „Gegenstück" zur QM-Darlegung

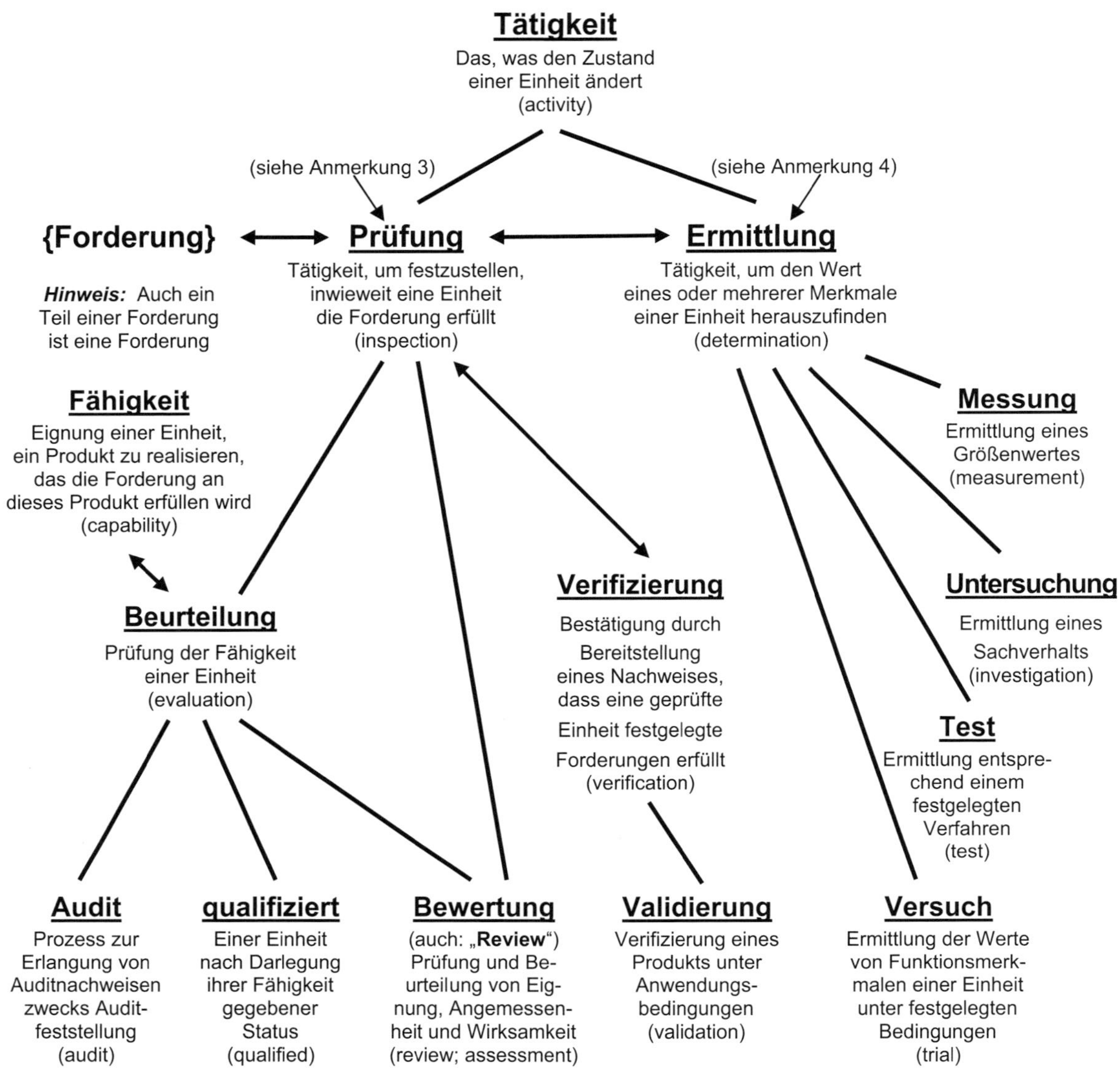

Anmerkungen:

(1) Die Definitionen entstammen [7]; oder wenn sie dort gestrichen wurden, Vorgängern von [7].

(2) ⟷ kennzeichnet assoziative, ——— hierarchische Begriffsbeziehungen.

(3) Alle Prüfungen können bezüglich unterschiedlicher Forderungen durchgeführt werden, z. B. qualitätsbezogen, terminbezogen, kostenbezogen usw. Qualitätsbezogen, terminbezogen, kostenbezogen usw. bedeutet dabei: Die Erfüllung diesbezüglicher Forderungen betreffend.

(4) Besonders gravierend für den deutschen Sprachraum ist die Fehlleistung beim Begriff „determination“. Dessen Unterbegriff mit der englischen Benennung „test“ erhielt durch DIN nämlich die Benennung „Prüfung“, obwohl die Definition eine Ermittlung beschreibt. Bei „determination“ steht in DIN EN ISO 9000:2005-12 in den grafischen Darstellungen: „(not defined)“.

Abb. 41.11 Begriffsdiagramm Prüfung und Ermittlung

(quality assurance). Diese wird ihrerseits ebenfalls für interne und für externe Zwecke eingesetzt.

Bei QM-Systemen zur Erstellung von materiellen Angebotsprodukten kann man prinzipiell und oft auch in der Praxis ein Qualitätsaudit unabhängig vom Produktionsvorgang durchführen. Das ist möglich, weil nicht der Ablauf der Produktion, sondern die dabei eingesetzten Verfahren untersucht werden.

Demgegenüber ist es zweckmäßig, Qualitätsaudits bei Managementsystemen zur Erbringung von Dienstleistungen wenigstens teilweise synchron zur Erbringung der Dienstleistung durchzuführen. Nur dieser „synchrone" Teil gehört zum dienstleistungsbezogenen Kernanteil. Das übliche Qualitätsaudit der Verfahren des Beschaffenheitsmanagements stellt bei immateriellen Produkten keine prinzipielle Besonderheit dar, auch wenn frühere Normen (beispielsweise die zurückgezogene Norm DIN ISO 9000-3:1992-06) einen anderen Eindruck vermittelt haben.

Das nachfolgende Beispiel beschränkt sich auf das interne Qualitätsaudit, ist aber typisch für fast alle Arten von Dienstleistungen. Gewählt ist ein Nahverkehrsverbund einer Großstadt. Dort finden durch besonders geschultes Personal regelmäßige Prüfungen nach einem Zufallsprinzip statt, ob die Fahrgäste ordnungsgemäße Fahrausweise besitzen, ob sie diese ordnungsgemäß in den Automaten entwertet haben und ob die dort eingestempelte Geltungsdauer noch nicht überschritten ist. Dieses Personal ist bei entsprechender Schulung in der Lage, nach einem vorgegebenen Plan gleichzeitig mit diesen Prüfungsaufgaben auch Untersuchungen zum internen Qualitätsaudit durchzuführen. So kann etwa im Omnibusbetrieb überraschend untersucht werden, inwieweit die Busfahrer bei günstigen Verkehrsverhältnissen schneller als nach Fahrplan erlaubt zur Endhaltestelle streben, um dort eine längere Pause zu haben. Ein solcher immer wieder beobachteter Verfahrensverstoß (Nichterfüllung der Fahrplanforderungen) führt nämlich zu berechtigtem Unmut der Kunden, die heute sehr häufig über sekundengenaue Funkuhren verfügen. Freilich kann es auch sein, dass die Busfahrer dazu keine Anweisung erhalten haben, weil man als selbstverständlich vorausgesetzt hat, dass sie den Fahrplan einhalten. Dies würde aber außer Acht lassen, dass sich angestellte Fahrer eines Busses, möglicherweise sogar aus Überzeugung, auf den Standpunkt stellen, dass sie den Fahrplan sogar „übererfüllt" hätten: Sie seien ja schon früher angekommen „als mindestens gefordert". Damit könnten sie sich sogar auf die Bundesbahn berufen, die doch durchaus auch einmal zu früh ankomme (wobei nicht beachtet würde, dass sie nie zu früh abfahren darf). Entsprechend könnten weitere Qualitätsmerkmale des Managementsystems bei einem derartigen „begleitenden internen Qualitätsaudit" untersucht werden.

41.5 Umfassendes Beschaffenheitsmanagement bei immateriellen Produkten

Umfassendes Beschaffenheitsmanagement (Benennung und Begriff siehe E2 DIN 55350-11) wird mit „TQM" (Total Quality Management) abgekürzt, wobei das „T" den Ausdruck „umfassend" abdeckt. Betrüblich ist, dass die DGQ im DGQ-Band 11-04 aus dem Jahr 2005 immer noch eine längst überholte Definition bringt, die sie aus der seit sieben Jahren nicht mehr geltenden Norm DIN EN ISO 8402:1995-08 entnommen hat. Diese überholte Definition stammt aus dem mit großer Euphorie empfundenen Glücksgefühl der erfolgreichen Anwendung in Japan, hat aber mit der Sache nur wenig zu tun. Diese Sache ist in der Definition in E2 DIN 55350-11 einfach erklärt und in Kapitel 16 von (Geiger 2008) ausführlich beschrieben. Für den Bereich Software gelten die dort im Einzelnen ausgeführten Gesichtspunkte. Für immaterielle Produkte ist hervorzuheben, dass hier in ungleich höherem Maße als bei materiellen Produkten (die häufig in Automaten produziert werden) die Verwirklichung des umfassenden Qualitätsmanagements erforderlich ist und daher angestrebt werden sollte. Es kann keinen Zweifel geben, dass mindestens bei der Erbringung einer Dienstleistung „im Angesicht des Kunden" bei jeder betrachteten Einheit der Verlust von qualitätsbezogener Motivation unmittelbar negative Folgen haben wird. Überspitzt gesagt: Eine ohne umfassendes Qualitätsmanagement erbrachte Dienstleistung kann keine gute Dienstleistung sein.

Deshalb ist es auch besonders wichtig, die Regeln und Grundsätze zum umfassenden Beschaffenheitsmanagement sowie zu seiner Entwicklung aus dem üblichen Beschaffenheitsmanagement zu studieren und dann konsequent einzuführen.

41.6 Zusammenfassung

Die übergeordneten Grundgedanken und prinzipiellen Verfahrensweisen des Beschaffenheitsmanagements (Qualitätsmanagements) gelten – ohne praktikable Alternative – unabhängig von den Arten ihrer Teilsysteme, von der Art der betrachteten Einheiten, von Produktkategorien und Merkmalsgruppen. Insofern gelten für immaterielle Produkte die gleichen Grundgedanken und prinzipiellen Verfahrensweisen des Beschaffenheitsmanagements

wie für materielle Produkte. Das ist auch der (angestrebte) Stand der Technik in der Normung.
Ebenso aber, wie für die Anwendung dieser Grundgedanken und prinzipiellen Verfahrensweisen bei materiellen Produkten auf eine spezielle Produktart oder auf ein spezielles Produkt völlig unstrittig die Einbringung von produktspezifischem Wissen nötig ist, so werden auch hier für immaterielle Produkte produktspezifische Eigenheiten betrachtet. Das erfolgt zunächst generell für die übergeordneten immateriellen Produktkategorien Software und Dienstleistungen. Anschließend werden anhand von Beispielen Merkpunkte für die wichtigen Tätigkeiten des Beschaffenheitsmanagements, insbesondere bei Dienstleistungen, skizziert.

41.7 Terminologische Schlussbemerkung

Sie haben sicherlich bemerkt, dass vielfach eingeklammerte und nicht eingeklammerte Benennungen von Begriffen zusammengefügt im Text benutzt werden. Hintergrund ist das BGB 2002. Mit ihm wurde erstmals der Begriff Beschaffenheit eingeführt. Seine Definition hat eine lange Entwicklungsgeschichte in der deutschen Normung. Diese lautet jetzt wie folgt:

Beschaffenheit = Gesamtheit der inhärenten Merkmale und Merkmalswerte einer Einheit

Das Sachmängelrecht im neuen BGB hat 2002 mit den §§ 434 und 633 die seit 1900 geltende Argumentation umgestellt. Während früher zur Abwehr eines Sachmangel-Vorwurfs nachzuweisen war, dass die Einheit (die „Sache") „nicht mit Fehlern behaftet ist, die den Wert oder die Tauglichkeit zu dem gewöhnlichen oder dem nach dem Vertrage vorausgesetzten Gebrauch aufheben oder mindern" und dass diese Einheit (die „Sache") „die zugesicherte Eigenschaft hat" (§ 459 alt). Mit nahezu gleicher Formulierung im § 633 (alt) zu Sachmängeln bei einem „Werk" (Dienstleistung) ist jetzt einerseits nachzuweisen, dass die Einheit (die „Sache") „bei Gefahrübergang die vereinbarte Beschaffenheit hat" (§ 434 neu) und andererseits das Gleiche mit identischer Formulierung bei einem „Werk" (Dienstleistung) gemäß § 633 (neu).

Wann die Praxis dieser Vorgabe des BGB folgt, ist unbekannt. Dies ist der Grund für die zweifachen Begriffshinweise im Text. Sie sollen dazu beitragen, dass der Leser trotz dieser bedauerlichen Entwicklung dennoch „durchblickt". Unabhängige Organisationen berücksichtigen zweckmäßig diese gesetzliche und deshalb letztlich zwingende Vorgabe baldigst.

V

Literatur

Literaturstellen vor 1994 mit dem Titelinhalt oder Bestimmungswort „Qualitätssicherung" oder dem vorgeschalteten Kürzel „QS-" behandeln meist Qualitätsmanagement (vorgeschaltetes Kürzel „QM-").

Beiblatt 1 zu DIN EN ISO 8402:1995-08: Qualitätsmanagement. Anmerkungen zu Begriffen

BGB: Fassung vom 02.01.2002. Zweites Buch, Recht der Schuldverhältnisse. §§ 241 bis 853, insbesondere die §§ 434 und 633

DGQ-Band Nr. 19 - 30: Qualität und Recht. 1. Auflage. Beuth Verlag, Berlin 1988

DGQ-Band Nr. 11 - 04: Managementsysteme. Begriffe: Ihr Weg zu klarer Kommunikation. 8. Auflage. Beuth Verlag, Berlin 2005 (nur als CD lieferbar, die 9. und 10. Auflage sind wieder als Broschüre erschienen)

DIN ISO 9000-3:1992-06: Qualitätsmanagement- und Qualitätssicherungsnormen. Leitfaden für die Anwendung von ISO 9001 auf die Entwicklung, Lieferung und Wartung von Software (zurückgezogen)

DIN ISO 9000-4:1994-06: Normen zu Qualitätsmanagement und zur Darlegung von Qualitätssicherungssystemen. Leitfaden zum Management von Zuverlässigkeitsprogrammen (zurückgezogen)

DIN ISO 9004-2:1992-06: Qualitätsmanagement und Elemente eines Qualitätssicherungssystems. Leitfaden für Dienstleistungen (zurückgezogen)

DIN EN ISO 8402:1995-08: Qualitätsmanagement - Begriffe

DIN EN ISO 9000:2005-12: Qualitätsmanagementsysteme - Grundlagen und Begriffe (wenig veränderte Nachfolgenorm der Ausgabe von 2000)

DIN EN ISO 9001:2000-12: Qualitätsmanagementsysteme - Anforderungen (gemeint sind Forderungen)

DIN EN ISO 9004:2000-12: Qualitätsmanagementsysteme - Leitfaden zur Leistungsverbesserung (zurückgezogen)

DIN 40041:1990-12: Zuverlässigkeit; Begriffe

DIN 55350-11:1995-08: Begriffe zu Qualitätsmanagement und Statistik. Begriffe des Qualitätsmanagements

DIN 55350-14:1985-12: Begriffe der Qualitätssicherung und Statistik. Begriffe der Probenahme

DIN 55350-17:1988-08: Begriffe der Qualitätssicherung und Statistik. Begriffe der Qualitätsprüfungsarten

E DIN ISO 9004-3: Qualitätsmanagement und Elemente eines Qualitätssicherungssystems. Leitfaden für verfahrenstechnische Produkte

E2 DIN 55350-11: Begriffe zum Qualitätsmanagement - Teil 11: Ergänzung zu DIN EN ISO 9000:2005-12

Geiger, W.: Der Qualitäts-Kosten-Termin-Kreis (QTK-Kreis). Ein Modell für das Zusammenwirken aller Tätigkeiten im Unternehmen. In: VDI-Z 125, Heft 9, 1983. S. 313 - 317

Geiger, W.: Qualitätsmanagement und Qualitätssicherung - Achtung! Vorfahrt wird geändert! In: QZ - Qualität und Zuverlässigkeit 37, Heft 5, 1992. S. 236/237

Geiger, W.: Das spezielle immaterielle Produkt „Dienstleistung". Zur Notwendigkeit der Unterscheidung zwischen der Erbringung einer Dienstleistung (Tätigkeiten) und der Dienstleistung selbst (Produkt). In: QZ - Qualität und Zuverlässigkeit 38, Heft 9, 1993. S. 509 - 512

Geiger, W.: Handbuch Qualität. Grundlagen und Elemente des Qualitätsmanagements: Systeme - Perspektiven. 5., vollständig überarbeitete und erweiterte Auflage. Friedr. Vieweg & Sohn/GWV Fachverlage GmbH, Wiesbaden 2008

Gesetz über das Kreditwesen in der Fassung vom 03. 05. 1976 mit mehreren Kreditwesen-Änderungsgesetzen

ISO 3534-2:2006-11: Statistics - vocabulary and symbols - Part 2: Applied statistics

Quality System Requirements QS-9000. 3. Auflage. Chrysler Corporation, Ford Motor Company, General Motors Corporation. Carwin Continuous Ltd. 1998

Reichsversicherungsordnung seit 19. 07. 1911 und Sozialgesetzbuch (seit Gesundheitsreform 1988) mit zehn Teilen

Stiftung Warentest Berlin: Publikationsorgane „test" (ISSN 0040-3946) und „Finanztest" (ISSN 0939-1614)

Vision 2000: Eine Strategie zur Entwicklung Internationaler Normen zu Qualitätsmanagement und Qualitätssicherung für die 90er Jahre. Deutsche Fassung dieser weltweit verbreiteten Zielsetzung. In: Marquardt, D./Chove, J./Jensen, K./Petrick, K./Pyle, J./Strahle, D.: DIN-Mitteilungen 70, Heft 6. Beuth Verlag, Berlin 1991. S. 344 - 351

V

Qualitätsmanagement von Dienstleistungen

42.1 Die Entwicklung des tertiären Sektors 969

42.2 Der Dienstleistungsbegriff 969
42.2.1 Dienstleistungsmerkmale 969
42.2.2 Typologische Einordnung von Dienstleistungen 970

42.3 Dienstleistungsqualität 970
42.3.1 Dimensionen der Dienstleistungsqualität 971
42.3.2 Bedeutung des Qualitätsmanagements für Dienstleistungsunternehmen 972
42.3.3 Erfolgskette der Dienstleistungsqualität 972

42.4 GAP-Modell der Dienstleistungsqualität 973

42.5 Messung der Dienstleistungsqualität 975

42.6 Produktivitätsmodell von wissensintensiven Dienstleistungen 977

42.7 Zusammenfassung 979

42

42 Qualitätsmanagement von Dienstleistungen

Christopher M. Schlick, Andreas Petz,
Alexander Nielen, Susanne Mütze-Niewöhner,
Sönke Duckwitz

Die zunehmende Bedeutung des Dienstleistungssektors für die deutsche Wirtschaft lässt sich im Wesentlichen anhand der steigenden Nachfrage nach Dienstleistungen, der zunehmenden Anzahl an Dienstleistungsanbietern sowie dem stetigen Wachstum der Beschäftigtenzahlen belegen. Für die Anbieter von Dienstleistungen ergibt sich im Zuge der Wettbewerbsintensivierung die Notwendigkeit, ihr Angebot gegenüber Konkurrenten abzugrenzen und Alleinstellungsmerkmale zu entwickeln, um sowohl neue Kunden gewinnen als auch bestehende Kunden langfristig an das eigene Unternehmen binden zu können. Der Einführung und Aufrechterhaltung eines wirksamen Qualitätsmanagements von Dienstleistungen kommt in diesem Zusammenhang eine überragende Bedeutung zu.

Der vorliegende Beitrag stellt zunächst die spezifischen Eigenschaften von Dienstleistungen dar, die in der Fachliteratur meist für eine Abgrenzung gegenüber Sachleistungen herangezogen werden. Die Besonderheiten einer Qualitätsbetrachtung von Dienstleistungen werden ausgehend vom allgemeinen Qualitätsbegriff und am Beispiel des Drei-Dimensionen-Modells der Dienstleistungsqualität aufgezeigt. Die Erfolgskette der Dienstleistungsqualität zeigt anschließend den Zusammenhang zwischen Qualität und Kundenbindung bzw. Unternehmenserfolg auf. Das zur Verbesserung der Dienstleistungsqualität häufig verwendete „GAP-Modell" wird anschaulich erläutert und dargestellt. Es wird deutlich, wie durch die gezielte Interaktion zwischen Anbieter und Kunde den Anforderungen und Wünschen des Kunden entsprochen werden kann. Schließlich wird ein Überblick über Ansätze zur Messung der Dienstleistungsqualität gegeben und es werden wichtige Querbezüge zu einer ganzheitlichen Betrachtung der Dienstleistungsproduktivität hergestellt.

42.1 Die Entwicklung des tertiären Sektors

Der Dienstleistungssektor wächst seit vielen Jahrzehnten fast ungebremst und scheint auch in Zukunft eine bedeutende Stellung mit Blick auf die strukturelle und qualitative Entwicklung der deutschen Wirtschaft einzunehmen. Lag die Bruttowertschöpfung bei Dienstleistungen 1950 noch bei ca. 32,5 %, so nahm sie 2010 bereits 71,2 % ein und dominierte den primären und sekundären Sektor zahlenmäßig weitgehend (Statistisches Bundesamt 2013). Für die Arbeitswelt und die Beschäftigungssituation in Deutschland hat diese Entwicklung weitreichende Auswirkungen. So steigt die Anzahl der Beschäftigten im Dienstleistungssektor seit vielen Jahren kontinuierlich an und beträgt derzeit 73,7 % (Institut der deutschen Wirtschaft 2013). Es ist davon auszugehen, dass sich dieser Trend weiter fortsetzen wird, da Deutschland lediglich im Mittelfeld internationaler Statistiken zu finden ist. So sind in den USA beispielsweise 81,2 % der Beschäftigten im Dienstleistungssektor tätig. In der Europäischen Union sind es durchschnittlich jedoch nur 71,7 %.

Das Wachstum der Unternehmen im Dienstleistungssektor führt zu einem steigenden Konkurrenzdenken und einer deutlichen Zunahme des Wettbewerbs. So wagen neben bereits etablierten, teilweise sogar international tätigen Unternehmen immer wieder neue Unternehmen den Markteintritt, die das bestehende Dienstleistungsangebot entweder durch Innovationen um ausgewählte Aspekte erweitern oder eine Nachahmung bestehender Dienstleistungstypen betreiben. Schutz vor Imitation und „Piraterie“ wird aufgrund der dienstleistungsspezifischen Eigenschaften erschwert, sodass konkurrierende Unternehmen oftmals fast identische Dienstleistungsangebote offerieren. Das Erreichen einer herausragenden Stellung in einem spezifischen Dienstleistungsmarkt erweist sich demnach als äußerst anspruchsvoll. Strategisches Ziel muss es dennoch sein, die angebotenen Dienstleistungen präzise auf die Kundenanforderungen auszurichten, vom Wettbewerb abzugrenzen und kontinuierlich zu verbessern, um sowohl neue Kunden gewinnen als auch bestehende Kunden dauerhaft an das Unternehmen binden zu können. Sowohl die zunehmende Internationalisierung der Leistungserbringung als auch die stetige Weiterentwicklung von Informations- und Kommunikationstechnologien erschweren dabei zusätzlich die Kundenbindung, da sich dem Kunden eine bisher unbekannte Markttransparenz eröffnet (Haller 2005). Andererseits gilt es, den Fokus nicht ausschließlich auf die Dienstleistungsqualität und damit das Endprodukt zu legen, sondern ebenso den Dienstleistungsprozess einer Effizienzbetrachtung zu unterziehen.

42.2 Der Dienstleistungsbegriff

Wenngleich in den vergangenen Jahren eine Vielzahl von Abgrenzungsversuchen unternommen wurde, existiert in der wissenschaftlichen Literatur bislang keine einheitliche Definition zum Dienstleistungsbegriff. Ursache hierfür ist das äußerst große Spektrum an Dienstleistungsangeboten und die schwierige Abgrenzung zu Sachleistungen. Die begriffliche Grenze verläuft hier asymmetrisch, da zwar Dienstleistungen ohne Sachleistungsanteil verbreitet sind (z. B. ärztliche Beratung), selten aber Sachleistungen ohne Dienstleistungsanteil vorkommen (z. B. reine Vertriebstätigkeiten) (Maleri/Frietzsche 2008, S. 2 ff.).

42.2.1 Dienstleistungsmerkmale

Eine Annäherung an eine Definition von Dienstleistung kann über eine Charakterisierung anhand konstitutiver Merkmale erfolgen (siehe auch Kap. 33.2.2). Bereits in den frühen 1980er Jahren wurden vier konstitutive Merkmale von Dienstleistungen herausgearbeitet, die bis heute die Grundlage der wissenschaftlichen Diskussion zum Dienstleistungsbegriff darstellen. Weitere Informationen hierzu finden sich in (Corsten/Gössinger 2007, S. 21 ff.), (Fitzsimmons/Fitzsimmons 2011, S. 19 ff.) und (Maleri/Frietzsche 2008, S. 14 f.). Die vier konstitutiven Merkmale sind:

- **Immaterialität** *(Intangibility):* Im Gegensatz zu Sachleistungen handelt es sich bei Dienstleistungen um immaterielle Wirtschaftsgüter, die vor dem Erwerb nur bedingt sinnlich wahrgenommen werden können.
- **Heterogenität** *(Heterogeneity):* Die Immaterialität von Dienstleistungen hat u. a. zur Folge, dass sich der Leistungserstellungsprozess erst am Kunden konkretisiert. Der Prozess der Leistungserbringung variiert mit jedem Kunden und kann daher als heterogen und individualisiert bezeichnet werden.
- **Untrennbarkeit** *(Inseparability):* Produktion und Konsum einer Dienstleistung erfolgen simultan. Diese Simultanität wird im deutschen Sprachraum stellenweise als „Uno-Actu-Prinzip“ bezeichnet. Demzufolge ist die Einbeziehung des Kunden für die Leistungserbringung notwendig. Man spricht von der Integration

des externen Faktors bzw. Kundenintegrativität. Der informationstechnologische Fortschritt bietet hier sowohl erweiterte Möglichkeiten zur Standardisierung, Modularisierung und Automatisierung von Dienstleistungen als auch zur Kommunikation zwischen Dienstleistungserbringer und Kunde. Demnach muss der Kontakt zwischen Anbieter und Kunde heutzutage nicht mehr zwangsläufig vis-à-vis erfolgen.

- **Vergänglichkeit** *(Perishability):* Infolge der Untrennbarkeit von Produktion und Konsum wird eine Dienstleistung unmittelbar vom Kunden verbraucht. Dienstleistungen sind daher unteilbar und können weder gelagert, zurückgegeben noch weiterverkauft werden.

Diese Merkmale zusammenfassend „lassen sich Dienstleistungen als immaterielle Güter beschreiben, die von personellen oder materiellen Leistungsträgern an externen Faktoren (Personen oder deren Verfügungsobjekten) erbracht werden“ (Kamiske/Brauer 2011, S. 52).

42.2.2 Typologische Einordnung von Dienstleistungen

Eine typologische Einordnung von Dienstleistungen ist aufgrund ihrer Heterogenität nicht trivial. Dennoch finden sich in der Fachliteratur zahlreiche Typologien zur systematischen Einordnung. Für einen Überblick sei an dieser Stelle auf (Meffert/Bruhn 2012, S. 17 ff.) verwiesen. Im Folgenden soll eine in der wissenschaftlichen Literatur häufig referenzierte Typologie zur Beschreibung unterschiedlicher Dienstleistungssegmente herangezogen werden. Die Typologie wird in Tabelle 42.1 dargestellt und findet sich in ähnlicher Weise auch in anderen wissenschaftlichen Publikationen (Baumgärtner/Bienzeisler 2007, Bullinger/Meiren 2001, Hermann 2004).

So lassen sich aus Marketing-Sicht vier Dienstleistungssegmente anhand der Strukturierungshilfen Interaktions- und Komplexitätsgrad unterscheiden, die segmentübergreifend differenzierte, aber innerhalb eines Segments einheitliche Implikationen für das Marketing aufweisen (Meffert/Bruhn 2012, S. 17). Während sich der Interaktionsgrad vorwiegend auf die Intensität der Einbindung des Kunden in den Leistungserstellungsprozess bezieht, kann sich die Komplexität auf die vom Anbieter eingebrachten Ressourcen (z. B. Personal oder Ausstattung), den Dienstleistungsprozess (z. B. die Komplexität der Leistungs-, Support- und Kundenprozesse oder der zu erledigenden Aufgaben) und/oder das Dienstleistungsergebnis (z. B. die Anzahl und Heterogenität der Aufgaben) beziehen (Bruhn/Blockus 2011, S. 63 ff.).

Tab. 42.1 Dienstleistungssegmente (Meffert/Bruhn 2003, S. 37)

Interaktionsgrad		
hoch	Interaktive Dienstleistungen z. B. personenbezogene Dienstleistungen, Callcenter, Schalterdienste	Wissensintensive Dienstleistungen z. B. Consulting-Leistungen. Ingenieursdienstleistungen, Rechtsberatung, medizinische Dienste
niedrig	Standard-Dienstleistungen z. B. Reinigungsleistungen, Sicherheitsdienste, Self-Services	Modulare Dienstleistungen z. B. Versicherungsleistungen, technische Wartungsleistungen, Programmierungsleistungen
	niedrig	**hoch**
	Komplexitätsgrad	

Bei interaktiven Dienstleistungen ist der Kunde unmittelbar in den Leistungserstellungsprozess eingebunden, da die Dienstleistung durch den Anbieter an der Person des Kunden erbracht wird. Einer maschinellen Unterstützung kommt im Zuge der Leistungserstellung eine eher untergeordnete Bedeutung zu. Es handelt sich daher um bilaterale, personenbezogene Dienstleistungen (Baumgärtner/Bienszeisler 2007). Weiter existieren Standard-Dienstleistungen, die sich sowohl durch einen geringeren Interaktionsgrad zwischen Dienstleistungsanbieter und -nachfrager als auch einen geringen Komplexitätsgrad auszeichnen. Findet eine Interaktion zwischen Anbieter und Kunde im Zuge der Dienstleistungserbringung nur sporadisch statt, die zu erbringende Leistung lässt sich jedoch als komplex bezeichnen, so wird von modularen Dienstleistungen gesprochen. Wissensintensive Dienstleistungen zeichnen sich durch eine hohe Interaktionsintensität zwischen internen (z. B. Forschungs- und Entwicklungsabteilung) und externen Akteuren (z. B. Engineering- und Personaldienstleistern) aus. Wissensintensive Dienstleistungen weisen aufgrund der Komplexität und Einmaligkeit der Bedingungen der zu erbringenden Leistung in ihrer Gesamtheit oftmals Projektcharakter auf und werden meist in Form kooperativer Vorhaben geplant und durchgeführt (Duckwitz/Tackenberg/Schlick/Mütze-Niewöhner 2011).

42.3 Dienstleistungsqualität

Der Qualitätsbegriff wird wie auch der Begriff der Dienstleistung in Abhängigkeit von der wissenschaftlichen Disziplin und der praktischen Zielsetzung unterschiedlich umrissen (Kamiske/Brauer 2011; siehe auch Kap. 2.1.2

und 3.1). Die internationale Norm DIN EN ISO 9000:2005 beschreibt den Qualitätsbegriff als einen Grad, „in dem ein Satz inhärenter Merkmale Anforderungen erfüllt.“ In diesem Zusammenhang wird ein Merkmal als eine bezeichnende Eigenschaft verstanden, die einer Einheit innewohnend ist. Der Begriff der Einheit steht dabei sowohl für Produkte als auch Tätigkeiten und ist damit ebenfalls für Dienstleistungen gültig.
Ausgehend von dieser Definition lassen sich zwei wesentliche Ansätze der Qualitätsdefinition unterscheiden (Bruhn 2011):

1. Der *produktbezogene Qualitätsbegriff* versteht Qualität als die Summe bzw. das Niveau vorhandener, objektiver Eigenschaften eines Produkts oder einer Dienstleistung.
2. Der *kundenbezogene Qualitätsbegriff* nimmt eine Qualitätsbetrachtung aus der Perspektive des Kunden vor und zielt demnach auf die Wahrnehmung der Eigenschaften des Produktes bzw. der erbrachten Leistung ab. Es entscheiden nicht ausschließlich objektiv vorhandene Qualitätsmerkmale über die Qualitätswahrnehmung, vielmehr erfolgt ein Abgleich zwischen den objektiv vorhandenen Eigenschaften des Produkts oder der Dienstleistung und den vom Kunden definierten Anforderungen.

Anknüpfend an die beiden Qualitätsdefinitionen und unter Berücksichtigung der konstitutiven Merkmale einer Dienstleistung definiert Bruhn Dienstleistungsqualität als „die Fähigkeit eines Anbieters, die Beschaffenheit einer primär intangiblen und der Kundenbeteiligung bedürfenden Leistung aufgrund von Kundenerwartungen auf einem bestimmten Anforderungsniveau zu erstellen. Sie bestimmen sich aus der Summe der Eigenschaften bzw. Merkmale der Dienstleistung, bestimmten Anforderungen gerecht zu werden“ (Bruhn 2011, S. 38).

42.3.1 Dimensionen der Dienstleistungsqualität

Kunden nehmen eine Dienstleistung differenziert wahr und projizieren ihre Erwartungen nur selten auf die gesamte Dienstleistung. Vielmehr rückt eine Auswahl von Qualitätsmerkmalen (z. B. Personalverfügbarkeit, Zuverlässigkeit etc.) in den Mittelpunkt der Betrachtung (siehe auch Kap. 18.2). Da jedoch eine isolierte Betrachtung von Qualitätsmerkmalen der Vielzahl an branchen- und typenspezifischen Dienstleistungen und deren Heterogenität nicht gerecht wird, werden Merkmale in der wissenschaftlichen Literatur meist durch Zuhilfenahme von Dimensionen der Dienstleistungsqualität strukturiert (Bruhn 2011, S. 50). Ausgehend von einem der ersten dienstleistungsspezifischen Qualitätsmodelle können drei Dimensionen der Dienstleistungsqualität unterschieden werden. Weitere Informationen dazu finden sich auch in (Donabedian 1980, S. 79 ff.), (Meffert/Bruhn 2012, S. 89) und (Corsten/Gössinger 2007). Es handelt sich dabei um die folgenden drei Dimensionen:

- Die *Potenzialdimension* umfasst die Qualität der sachlichen, organisatorischen und persönlichen Leistungsvoraussetzungen des Dienstleistungsanbieters. Sie beschreibt somit die Leistungsfähigkeit und Bereitschaft des Anbieters und stellt den Ausgangspunkt der Leistungserstellung dar.
- Die *Prozessdimension* fokussiert die Einschätzung der Prozessqualität im Zuge der Leistungserstellung unter Beteiligung des Kunden.
- Die *Ergebnisdimension* betrachtet die immaterielle Wirkung und das vorliegende materielle Ergebnis der erbrachten Leistung mit Beendigung des Dienstleistungsprozesses.

Abbildung 42.1 zeigt das Drei-Dimensionen-Modell der Dienstleistungsqualität.

V

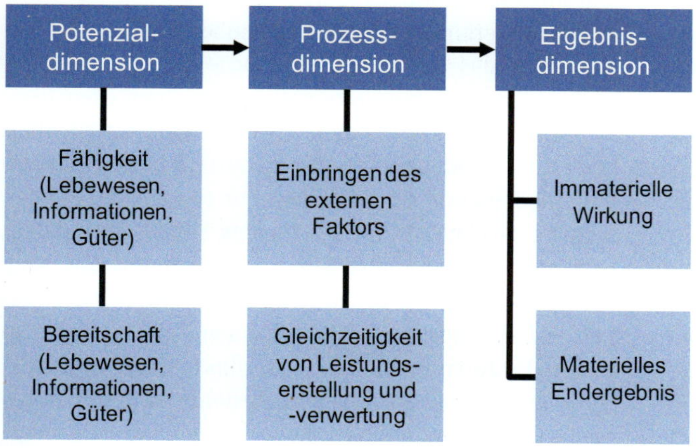

Abb. 42.1
Drei-Dimensionen-Modell der Dienstleistungsqualität (Kamiske/Brauer 2011)

42.3.2 Bedeutung des Qualitätsmanagements für Dienstleistungsunternehmen

Zur Erreichung einer definierten Dienstleistungsqualität bieten sich der Aufbau und die Aufrechterhaltung eines wirksamen Qualitätsmanagements an. In der Wissenschaft hat das Thema Qualitätsmanagement von Dienstleistungen in den letzten Jahren zunehmend an Bedeutung gewonnen und stellt in seiner praktischen Umsetzung oft einen zentralen Wettbewerbsvorteil dar (Kamiske/Brauer 2011, Meffert/Bruhn 2012, S. 220). Erfolgreiche Dienstleistungsunternehmen orientieren sich konsequent an den Anforderungen der Kunden, wobei es gilt, diese zu erkennen, zu identifizieren und schließlich nach der Wichtigkeit zu priorisieren (Luczak 1999, Bruhn 2011). Drei Voraussetzungen müssen erfüllt werden, um die Qualität der geforderten Dienstleistung auf- und auszubauen. Zunächst müssen die Vorteile der Unternehmensleistung für den Kunden erkennbar sein, um diese von Wettbewerbern differenzieren zu können. Nur wenn die Kunden die Qualitätsunterschiede tatsächlich wahrnehmen, haben Unternehmen die Möglichkeit, Kunden langfristig an das Unternehmen zu binden. Des Weiteren sollten die Vorteile eines um Dienstleistungen erweiterten Leistungsspektrums im Vergleich zu anderen Unternehmen für die Kunden bedeutsam sein, da sich das Kaufverhalten nur dann zugunsten des jeweiligen Unternehmens verändert, wenn Kunden den angebotenen Dienstleistungsmerkmalen eine hohe Relevanz beimessen. Ferner muss der Vorteil dauerhaft bestehen und darf für andere Unternehmen nicht oder nur schwer nachzuahmen sein (Bruhn 2011). Qualitätssteigernde Maßnahmen sind so zu gestalten, dass sie sowohl von den Mitarbeitern des Dienstleisters als auch den Kunden einheitlich bzw. widerspruchsfrei wahrgenommen werden und vollständig sind (Maleri/Frietzsche 2008, S. 240).

Im Gegensatz zur Wissenschaft kommt der Dienstleistungsqualität in der unternehmerischen Praxis oftmals nur eine untergeordnete Bedeutung zu. Viele Unternehmen ignorieren gar die Tatsache, dass mangelhafte Dienstleistungsqualität unter Umständen existenzbedrohende Folgen für das Unternehmen haben kann. Vielmehr wird die Kundengewinnung in den Vordergrund gestellt und der Kundenbindung wenig oder keine Aufmerksamkeit geschenkt (Bruhn 2011). Die möglichen Folgen einer mangelhaften Dienstleistungsqualität werden unter Bezugnahme auf eine amerikanische Studie deutlich. So teilt ein zufriedener Kunde nur drei Personen seine Zufriedenheit mit. Hingegen äußert ein unzufriedener Kunde seine Enttäuschung gegenüber neun Personen. Vielen Dienstleistungsunternehmen ist dabei nicht bewusst, dass die Kosten für die Gewinnung eines Neukunden erheblich höher sind als die Bindung eines bereits bestehenden Kunden (Luczak 1999, Bruhn 2011). Eine Möglichkeit, qualitativ hochwertige Dienstleistungen bei zugleich niedrigen Preisen anzubieten, verfolgt die Strategie des Outpacing (Gilbert/Strebel 1987). Hierbei handelt es sich um eine wettbewerbsorientierte Unternehmensstrategie, die auf eine gleichzeitige Kosten-, Leistungs- bzw. Qualitätsführerschaft abzielt. Eine Outpacing-Strategie ermöglicht es den Unternehmen, die Kosten zu verringern, die erwünschten Qualitätsvorteile gegenüber den konkurrierenden Unternehmen zu erzielen und bei einer vorherrschenden Dienstleistungsqualität den Unternehmenserlös zu steigern.

42.3.3 Erfolgskette der Dienstleistungsqualität

Die sogenannte Erfolgskette des Qualitätsmanagements für Dienstleistungen nach (Bruhn 2011) verdeutlicht die erlössteigernden Auswirkungen der Dienstleistungsqualität (siehe Abb. 42.2).

Werden die Erwartungen eines Kunden durch das erzielte Dienstleistungsergebnis in vollem Umfang erfüllt, steigt die Zufriedenheit des Kunden. In der Folge erhöht sich die Wahrscheinlichkeit, dass der Kunde das Leistungspotenzial des Anbieters erneut in Anspruch nimmt oder gar eine verstärkte Geschäftsbeziehung mit diesem eingeht (Bruhn 2011). Die Dienstleistungsqualität stellt somit einen wesentlichen Einflussfaktor für die Kundenzufriedenheit dar und führt im Idealfall zu einer langfristigen Bindung an das Unternehmen. Sobald die Dienstleistungsqualität zum Ziel der ökonomischen Anstrengung führt, wird davon ausgegangen, dass eine weitere Intensivierung qualitätsbezogener Aktivitäten unrentabel wird. Die Verbindungen und Zusammenhänge zwischen den einzelnen Elementen der Erfolgskette werden durch sogenannte moderierende Variablen bestimmt. Diese werden in unternehmensexterne und -interne moderierende Variablen klassifiziert (Bruhn 2011).

Die erste Verbindung der Erfolgskette (siehe Abb. 42.2) beschreibt das Zusammenspiel von externen und internen Faktoren, also der tatsächlich erbrachten Dienstleistungsqualität und der damit verbundenen Zufriedenheit der Kunden. Der Zusammenhang zwischen der Kundenzufriedenheit und der Kundenbindung ist von der Intensität der externen (z. B. Variety-Seeking-Motive der Kunden) und internen Faktoren (z. B. Wechselbarrieren) abhängig. Die letzte Verknüpfung der Elemente ist sowohl von externen (z. B. Ertragspotenzial der Kunden) als auch von internen Faktoren (z. B. Mitarbeiterfluktuation) abhängig. Diese moderierenden Variablen betonen auch die individuelle Entfaltung der Erfolgskette. Es kann bei der Erfolgs-

V

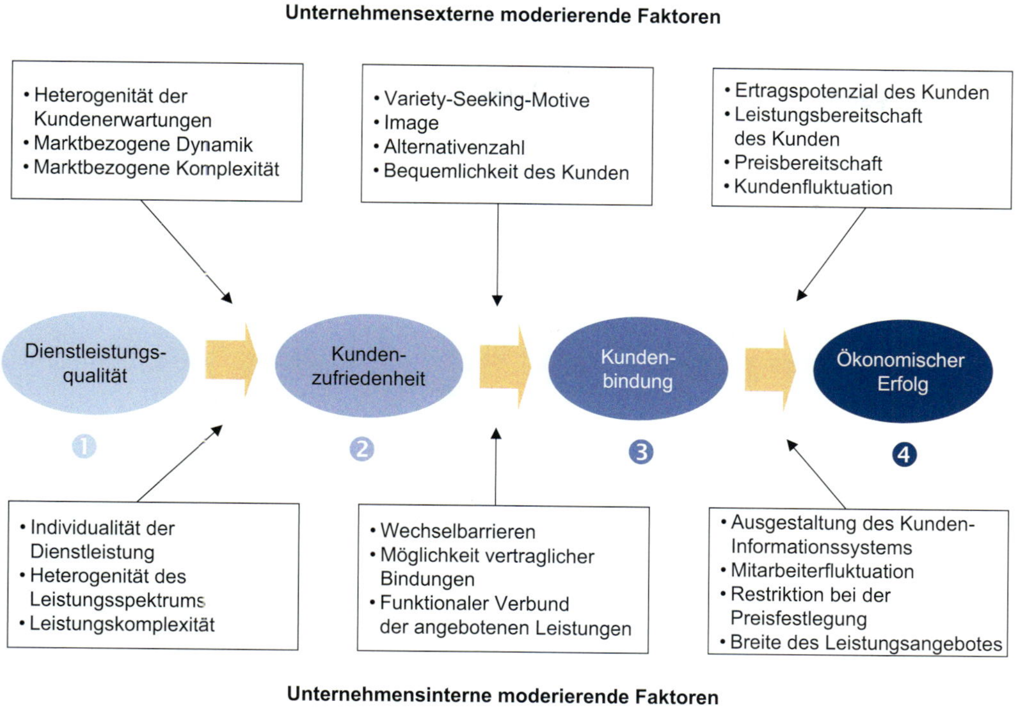

Abb. 42.2 Erfolgskette des Qualitätsmanagements für Dienstleistungen (Bruhn 2011)

kette nicht von einer Allgemeingültigkeit ausgegangen werden, da nicht mit jeder Steigerung der Dienstleistungsqualität zwangsläufig wirtschaftlicher Erfolg verbunden ist. Unternehmen im Dienstleistungssektor haben jedoch Erfolge mittels eines zielgerichteten Managements erzielen können, indem sie die Erfolgskette und die damit zusammenhängenden moderierenden Variablen berücksichtigten. Die Erfolgskette der Dienstleistungsqualität unterstützt demnach Dienstleistungsunternehmen bei der Verknüpfung des Qualitätsmanagements mit der Unternehmensstrategie (Bruhn 2011).

42.4 GAP-Modell der Dienstleistungsqualität

Das GAP-Modell von (Zeithaml/Parasuraman/Berry 2000) ist ein branchenunabhängiges Modell der Dienstleistungsqualität, welches sowohl in der Praxis als auch in der Wissenschaft etabliert ist. Die Autoren haben im Rahmen einer in den USA durchgeführten empirischen Studie aus dem Jahre 1983 sogenannte Qualitätslücken identifiziert. Diese repräsentieren die Differenz (Lücke, Fehler bzw. GAP) zwischen der vom Kunden erwarteten und der vom Anbieter tatsächlich erbrachten Dienstleistungsqualität. Weitere Informationen hierzu finden sich auch in (Parasuraman/Zeithaml/Berry 1985), (Bruhn 2011, S. 89 ff.) und (Corsten/Gössinger 2007, S. 284 ff.). Das Konzept orientiert sich an der Zufriedenheit der Kunden und weist mögliche Konfliktpunkte im Beziehungsgeflecht zwischen Kunde und Anbieter auf. Abbildung 42.3 zeigt, welche Faktoren für die Interaktion zwischen Kunde und Dienstleistungsanbieter von Bedeutung sind und stellt die möglichen Konfliktbereiche mittels der Lücken vom Typ 1 bis 5 dar.

Um die Servicequalität eines Unternehmens zu verbessern, gilt es, diese Lücken zu erkennen und zu schließen. Das Hauptdefizit liegt in der Lücke vom Typ 5, also der Diskrepanz zwischen erwarteter und wahrgenommener Dienstleistung aus Kundensicht, und ist mit der Schließung der spezifischeren Lücken 1 bis 4 kausal verbunden (Zeithaml/Parasuraman/Berry 1992). Im Folgenden werden die Lücken nacheinander beschrieben, ihre Validität im Zusammenspiel herausgearbeitet und mögliche Lösungshilfen aufgezeigt.

GAP 1 entsteht bei vorhandener Diskrepanz zwischen den tatsächlichen Erwartungen der Kunden und den vom Unternehmen wahrgenommenen Erwartungen. Individuelle Bedürfnisse, Wünsche, Vorstellungen, Erfahrungen aus der Vergangenheit und die Kommunikation mit anderen Kunden wirken sich auf die Qualitätswahrnehmung und Zufriedenheit des Kunden aus. Werden diese Punkte nicht hinreichend befriedigt und weichen die wahrgenommenen Kundenerwartungen des Unternehmens von den wirkli-

V

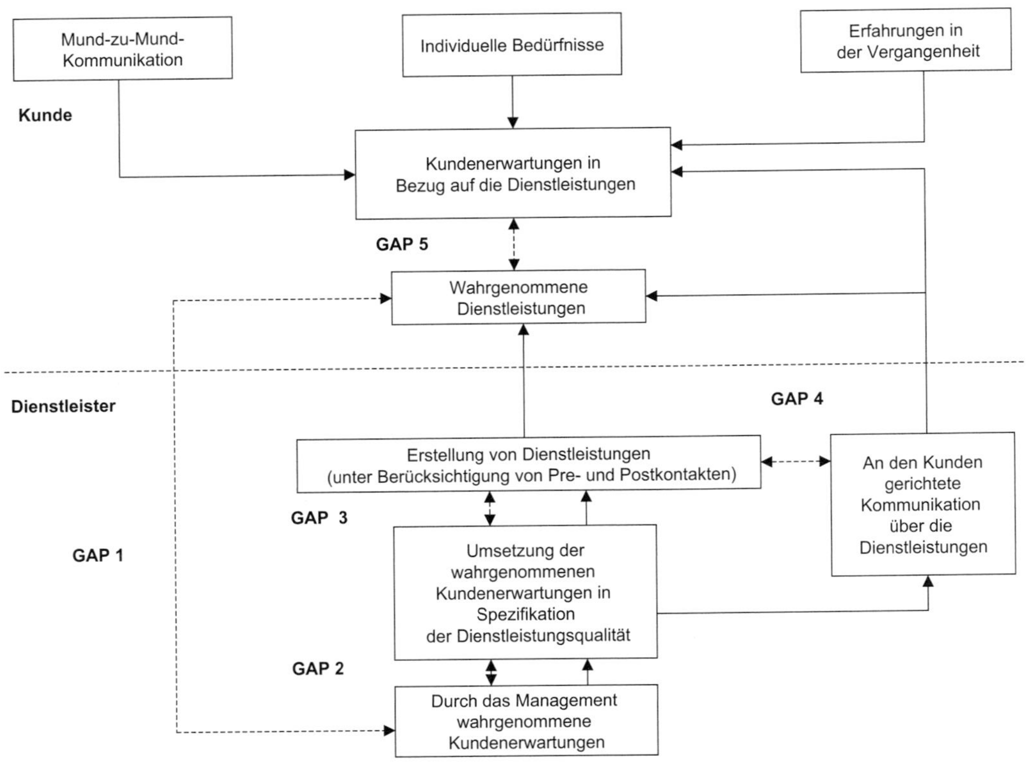

Abb. 42.3 Das GAP-Modell der Dienstleistungsqualität (Zeithaml/Berry/Parasuraman 2000)

chen Erwartungen der Kunden ab, haben Unternehmen ihr Leistungspotenzial nicht richtig eingeschätzt (Zeithaml/Parasuraman/Berry 1992). Ziel ist es, diese Diskrepanz zu minimieren, um so die Auswirkungen auf andere GAPs reduzieren zu können. Mittels Marktforschung haben Manager im Unternehmen die Möglichkeit, einen Einblick in die aktuellen Erwartungen und Vorstellungen der potenziellen Kunden zu bekommen und ihr Verständnis für die Wahrnehmung und Einschätzung der Kundenerwartungen zu trainieren (Bruhn/Stauss 2000, Bruhn 2011, Benkenstein/Holtz 2001). Neben den Marktforschungsmethoden spielt die Aufwärtskommunikation im Unternehmen eine zentrale Rolle. Während das ausführende Personal permanent im Kontakt zu Kunden steht und durch diesen Umgang mit den Bedürfnissen, Erwartungen und Vorstellungen vertraut ist, haben die Top-Manager nicht so häufig Kundenkontakt. Der Informations- und Interessenaustausch zwischen Mitarbeitern und Top-Management kann zu einer besseren Kundeneinschätzung verhelfen (Bruhn 2011, Bruhn/Stauss 2000). In vielen Fällen kommt es jedoch nicht zu einem direkten Kontakt, da die Anzahl der Hierarchieebenen die Interaktion behindert. GAP 1 wird umso größer, je mehr Stufen dazwischen liegen (Bruhn/Stauss 2000, Bruhn 2011).

GAP 2 entsteht bei Diskrepanzen zwischen der Wahrnehmung der Kundenerwartungen und deren Überführung in die Spezifikation zur Sicherung der Dienstleistungsqualität (Zeithaml/Parasuraman/Berry 1992). Schwierigkeiten bezüglich der Umsetzung ergeben sich beispielsweise aus beschränkten Ressourcen der Unternehmen, personellen Engpässen, mangelndem Interesse der Führungskräfte oder kurzfristiger Gewinnorientierung (Zeithaml/Parasuraman/Berry 1992, Bruhn 2011). Um diese Schwierigkeiten zu vermeiden, bietet es sich an, Vorstellungen und Ziele zu formulieren und zu konkretisieren, um sowohl das Ergebnis als auch das gesamte Unternehmen analysieren zu können (Bruhn 2011, Bruhn/Stauss 2000). Das Management muss grundsätzlich davon überzeugt sein, dass eine Erfüllung der Dienstleistungsqualitätsmerkmale möglich ist und sollte sich verpflichtet fühlen, die Qualität stets zu optimieren. Mittels Normen, Prozessstandards und einer Qualitätssteuerung kann GAP 2 geschlossen werden (Bruhn/Stauss 2000, Bruhn 2011, Benkenstein/Holtz 2001).

GAP 3 beschreibt die Divergenz zwischen der Umsetzung der Dienstleistungsqualität bzw. der Qualitätsrichtlinien im Unternehmen und der tatsächlichen Dienstleistungserbringung. Das Management identifiziert die erwünschten Erwartungen der Kunden richtig, jedoch kann das Personal diesen Anforderungen aufgrund mangelnder Qualifikation oder ungeeigneter technischer Hilfsmittel nicht erfüllen. Wichtig für eine qualitativ hochwertige Dienstleistungserstellung ist der „Teamgeist" einer Arbeitsgruppe. Die Mitarbeiter sollten geeignet ausgebildet sein und regelmäßig an Qualitätsschulungen und -trainings teilnehmen. Um Mängel dieser Art beheben zu kön-

V

nen, sollte das Unternehmen sowohl technisch als auch kapazitiv den Anforderungen entsprechend ausgestattet sein. Maßnahmen zur Institutionalisierung einer Qualitätssteuerung und eines Qualitätscontrollings gewährleisten, dass Normen und Standards während der Umsetzung eingehalten werden (Zeithaml/Parasuraman/Berry 1992, Benkenstein/Holtz 2011; siehe auch Kap. 6.4.2).

GAP 4 verweist auf diese Diskrepanz zwischen der tatsächlich erstellten Dienstleistung und der an den Kunden gerichteten Kommunikation (Zeithaml/Parasuraman/Berry 1992). Werbung in Medien trifft oftmals falsche Aussagen und verspricht Kunden ein Maß an Qualität, welches das Unternehmen nicht erfüllen kann. In solchen Fällen werden die Erwartungen der Kunden enttäuscht und sie bilden sich ein negatives Qualitätsurteil bezüglich der angebotenen Dienstleistung. Mittels horizontaler Kommunikation, also einem lateralen Informationsaustausch zwischen den Abteilungen eines Unternehmens, können solche Divergenzen behoben werden (Bruhn/Stauss 2000, Bruhn 2011). Um Werbeaussagen der Realität entsprechend zu formulieren, bedarf es insbesondere einer intensiven Kommunikation zwischen der Werbeabteilung, der Werbeagentur und dem Vertriebspersonal. So können die Erwartungen und das Verhalten der Kunden besser abgeschätzt werden, um bei übertriebenen Werbeversprechungen frühzeitig reagieren zu können (Bruhn/Stauss 2000, Bruhn 2011).

Ziel des GAP-Modells ist es, alle vier Ebenen so zu optimieren, dass den Kunden das höchstmögliche Maß an Servicequalität geboten wird. Demnach müssen die GAPs 1 bis 4 minimiert bzw. geschlossen werden, um letztlich das zentrale **GAP 5** schließen zu können. Gelingt es dem Unternehmen, alle aufgezeigten Lücken zu minimieren, Veränderungen zu berücksichtigen, die Dienstleistungsqualität regelmäßig anzupassen und zu verbessern, so schließt sich auch die zentrale Lücke des GAP-Modells. Daraus folgt, dass die wahrgenommene Dienstleistung die Kundenerwartungen erfüllt und der Kunde mit der erbrachten Dienstleistung zufriedengestellt wird (Zeithaml/Parasuraman/Berry 1992, Bruhn 2011).

42.5 Messung der Dienstleistungsqualität

Die Einführung und Aufrechterhaltung eines ganzheitlichen Qualitätsmanagements für Dienstleistungen unterstützt die Planung und Kontrolle der vom Kunden geforderten Dienstleistungsqualität. Mithilfe von Messverfahren des Qualitätsmanagements gelingt es den Unternehmen, die eigenen Stärken und Schwächen aufzuzeigen, die Stärken weiterzuentwickeln und die Schwächen zu vermeiden (Haller 2005).

Ziel einer systematischen Erfassung der Dienstleistungsqualität ist es, eine Messung der Dienstleistungsqualität sowohl aus der Perspektive des „qualitätsproduzierenden" Anbieters als auch des „qualitätswahrnehmenden" Kunden vorzunehmen (Hentschel 2000). Demnach kann zwischen kunden- und unternehmensorientierten Ansätzen zur Messung der Dienstleistungsqualität unterschieden werden. Abbildung 42.4 zeigt eine Systematisierung zur Unterscheidung von Ansätzen zur Messung der Dienstleistungsqualität, die auf diesen beiden Perspektiven aufbaut. Für die im Folgenden beschriebenen Ansätze gilt, dass kein alleiniger Ansatz eine vollumfängliche Abbildung der Dienstleistungsqualität ermöglicht. Vielmehr ist der Gültigkeitsbereich der Ansätze eingeschränkt. Eine wiederholte Messung ist aufgrund der dienstleistungsspezifischen Eigenschaften (z. B. fehlende Lagerbarkeit) nicht möglich (Maleri/Frietzsche 2008, S. 254). Ferner kann eine Anwendung mehrerer Messansätze zu unterschiedlichen oder gar konträren Ergebnissen führen. Eine kundenorientierte Messung kann nach objektiven oder subjektiven Kriterien erfolgen (Meffert/Bruhn 2012, S. 197 f.). Insbesondere die Komponenten der Potenzialdimension des Dienstleistungsanbieters (z. B. Personal, Sachmittelausstattung) können einer objektiven Überprüfung zugänglich gemacht werden und sind daher aus Anbietersicht nicht zu vernachlässigen. Bei einer kundenorientierten Messung der Dienstleistungsqualität unter Zuhilfenahme objektiver Kriterien handelt es sich um eine intersubjektiv nachprüfbare Bewertung, die mittels Expertenbeobachtung, Silent-Shopper-Verfahren oder Dienstleistungs- und Warentests erfolgen kann (Bruhn 2011). Ferner können Methoden des Data Mining eingesetzt werden, um das Verhalten und die Bedürfnisse der Kunden mithilfe statistischer Modelle systematisch zu analysieren (Hippner/Wilde 2003).

Merkmals-, ereignis- und problemorientierte Verfahren werden den Messansätzen nach subjektiven Kriterien zugeordnet. Bei der merkmalsorientierten Messung erfolgt eine Qualitätsbeurteilung der Dienstleistung aufgrund einer isolierten Bewertung einzelner Qualitätsmerkmale durch den Kunden. Es werden multiattributive und dekompositionelle Verfahren sowie der *Willingness-to-Pay-* und der *Penalty-Reward-Faktoren-Ansatz* unterschieden (Bruhn 2011, S. 137 ff.). Im Zuge einer Längsschnittanalyse kann eine sogenannte *Panel-Befragung* durchgeführt werden, bei der eine bestimmte Gruppe von Personen über einen längeren Zeitraum beobachtet oder zu dem gleichen Untersuchungsgegenstand befragt wird (Albers 2009). Die ereignisorientierte Messung fokussiert eine

V

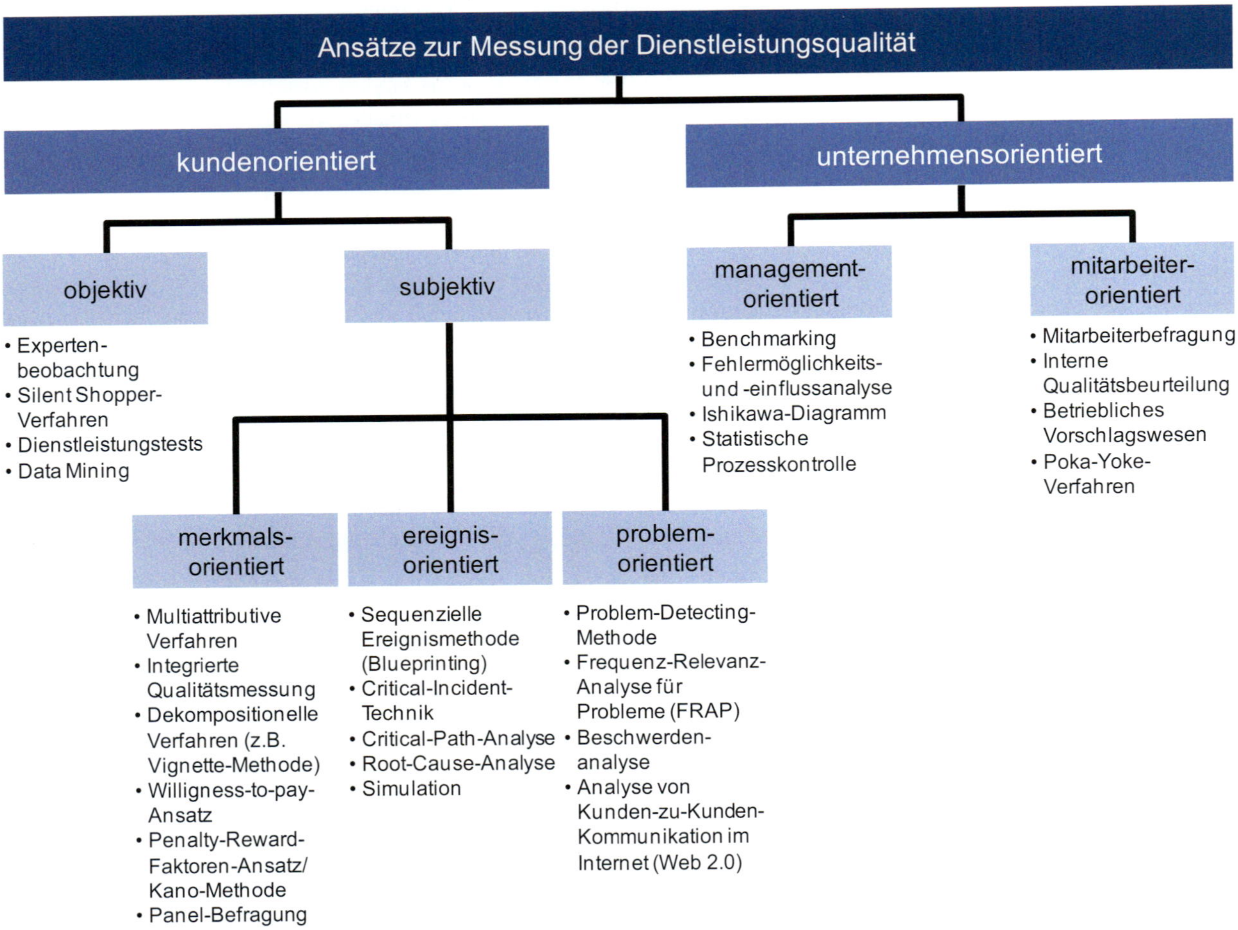

Abb. 42.4 Ansätze zur Messung von Dienstleistungsqualität, modifiziert nach (Bruhn 2011)

Wahrnehmung der Dienstleistungsqualität unter Berufung auf einzelne Interaktionspunkte zwischen Anbieter und Kunde im Zuge der Dienstleistungserbringung. Eine Qualitätsbeurteilung erfolgt durch den Kunden, der anhand von Schlüsselerlebnissen im Dienstleistungsprozess sein Qualitätsurteil bildet (Meffert/Bruhn 2012). Eine ereignisorientierte Messung kann mit der sequenziellen Ereignismethode, der *Critical-Incident-Technik, der Critical-Path-Analyse* oder der *Root-Cause-Analyse* erfolgen. Ferner kann eine prospektive, ereignisorientierte Messung und Analyse mittels *Simulation* erfolgen (Duckwitz/Petz/Tackenberg/Mütze-Niewöhner/Schlick 2012).

Gegenstand problemorientierter Messansätze ist die Betrachtung und Untersuchung qualitätsrelevanter Problemfelder im Zuge der Dienstleistungserbringung. Neben der *Problem-Detecting-Methode* und der *Frequenz-Relevanz-Analyse für Probleme* (FRAP) gehören die *Beschwerdeanalyse und -messung* sowie die *Analyse von Kunde-zu-Kunde-Kommunikation* zu den gängigen Verfahren dieser Gruppe (Meffert/Bruhn 2012).

Bei der Anwendung unternehmensorientierter Messansätze erfolgt eine Qualitätsbeurteilung aus Sicht des Dienstleistungsunternehmens. Eine Messung der Dienstleistungsqualität kann dabei durch das Management oder die Mitarbeiter vorgenommen werden. Ziel der managementorientierten Ansätze ist es, die für den Kunden qualitätsrelevanten Aspekte der Dienstleistungserbringung durch das Management des Anbieters untersuchen zu lassen. Zu den managementorientierten Verfahren gehören das *Benchmarking,* die *Fehlermöglichkeits- und -einflussanalyse,* der *Fishbone-Ansatz* und die *statistische Prozesskontrolle.* Mitarbeiterorientierte „Messansätze" kommen dann zur Anwendung, wenn die Qualitätswahrnehmung der Mitarbeiter des Anbieters von Interesse ist. Als Verfahren stehen hier die externe Qualitätsbeurteilung durch *Mitarbeiterbefragungen, interne Qualitätsbeurteilungen, betriebliches Vorschlagswesen* und das *Poka-Yoke-Verfahren* zur Verfügung (Bruhn 2011, S. 191 ff.).

Für weitere Informationen zu den genannten Ansätzen zur Messung der Dienstleistungsqualität sei an dieser Stelle auf (Meffert/Bruhn 2012, S. 195 ff.) oder (Corsten/Gössinger 2007, S. 300 ff.) verwiesen.

V

42.6 Produktivitätsmodell von wissensintensiven Dienstleistungen

Wenngleich die wissenschaftliche Auseinandersetzung mit dem Thema Dienstleistungsqualität sowohl in der Wissenschaft als auch in Praxis weiterhin Bestand hat, offenbart ein Blick in die jüngere wissenschaftliche Fachliteratur eine verstärkte Hinwendung zu einer ganzheitlichen Produktivitätsbetrachtung von Dienstleistungen. Bedingt durch die kontinuierliche Bedeutungszunahme des tertiären Sektors (siehe Kap. 42.1) besteht die Notwendigkeit kontinuierlicher Produktivitätssteigerungen zur Sicherung der Wettbewerbsfähigkeit von Dienstleistungsunternehmen (Bartsch/Demmelmair/Meyer 2011). Von einem Paradigmenwechsel kann allerdings nur bedingt gesprochen werden, da Dienstleistungsqualität und -produktivität untrennbar miteinander verbunden sind (Parasuraman 2002). So lassen sich Produktivitätssteigerungen u.a. aufgrund langfristiger Kundenbeziehungen realisieren, die infolge einer gleichbleibend hohen Kundenzufriedenheit zustande gekommen sind (Baumgärtner/Bienzeisler 2007). Insbesondere wissensintensive Dienstleistungen, die sich als komplex und interaktionsintensiv klassifizieren lassen (siehe Kap. 42.2.2), rücken derzeit in den Fokus einer intensiven Produktivitätsbetrachtung (Duckwitz/Tackenberg/Schlick/Mütze-Niewöhner 2011). Da sich etablierte Konzepte zur Messung und Steuerung der Produktivität aus dem Bereich der Sachgüterproduktion jedoch nur bedingt auf die Erbringung wissensintensiver Dienstleistungen übertragen lassen (Johnston/Jones 2004), besteht eine zentrale Herausforderung darin, die essentiellen Erfolgsfaktoren auf die Produktivität und deren Wechselwirkungen strukturiert zu bestimmen und in einem Modell abzubilden.

Im Falle wissensintensiver Dienstleistungen, wie z.B. Forschung und Entwicklung oder allgemeine Ingenieurdienstleistungen, ist eine ganzheitliche Bewertung des Erfolgs und implizit des Einflusses der Qualität auf die Produktivität besonders wichtig. Nicht nur die Qualität muss hohen Standards genügen, sondern auch die Leistung muss effizient, das heißt ressourcenoptimal, erbracht werden. Dabei müssen auch die spezifischen Eigenschaften von Dienstleistungen und der daraus resultierenden Veränderlichkeit der Qualität über die Zeit berücksichtigt werden (Jede Dienstleistung ist einzigartig, d.h., dass die Qualität der Erbringung im Zeitverlauf schwankt bzw. Kunden die gleiche Qualität situativ unterschiedlich wahrnehmen).

Das in Abbildung 42.5 dargestellte Modell zur Bewertung der Produktivität von Dienstleistungen (Petz/Duckwitz/Schmalz/Mütze-Niewöhner/Schlick 2013) ermöglicht eine ganzheitliche Analyse entlang der drei spezifischen Qualitätsdimensionen nach Donabedian: Potenzial-, Prozess- und Ergebnisdimension (siehe Kap. 42.3.1). So kann eine explizite, modelgeleitete Bewertung der Qualität und implizit der Produktivität erfolgen (Donabedian 1980).

Im vorliegenden Modell werden Erfolgsfaktoren und Erfolgsmaße zur Bestimmung der Produktivität definiert. Diese stehen kausal, direkt oder indirekt miteinander in Zusammenhang. Dabei stellen Erfolgsfaktoren ein Bündel von Faktoren dar, die direkt in die Dienstleistung eingehen und einen wesentlichen Einfluss auf den Erfolg der Dienstleistung haben (z.B. Personal, Organisation etc.). Die Erfolgsmaße stellen Messpunkte dar, welche die Effizienz oder Effektivität der jeweiligen Erfolgsfaktoren evaluieren. Die Erfolgsmaße werden anhand von fall- und unternehmensspezifischen Kennzahlen operationalisiert. Diese können im vorliegenden Beitrag nur beispielhaft umrissen werden.

Die Potenzialdimension spezifiziert die Struktur der zu erbringenden Dienstleistung im Hinblick auf die geforderten Fähigkeiten und definiert die notwendige Leistungsbereitschaft, die zur Erfüllung eines bestimmten Leistungsversprechens vorgehalten werden muss. Der Anbieter- und Kundeninput als Menge der materiellen und immateriellen Einsatzfaktoren (z.B. menschliche Arbeitsleistung, Arbeitsmittel aber auch Kapital) wird für die Erbringung einer Dienstleistung bereitgehalten und/oder gestellt. Im Gegensatz zu Sachgütern können Dienstleistungen nicht auf Vorrat produziert werden, sodass der Dienstleister dem Kunden lediglich eine bestimmte Leistungsbereitschaft zur Verfügung stellen kann. Durch die interne Kapazitätseffizienz wird der Effizienzgrad der Organisationsgestaltung bezüglich der Bereitstellung eines bestimmten Niveaus an Leistungsfähigkeit aus Dienstleistersicht evaluiert. Analog kann auch die Organisation des Kunden einer Effizienzbetrachtung unterzogen werden. Zudem wird der Grad der optimalen Aufgabenteilung und Ressourcenaufteilung zwischen Dienstleister und Kunden durch die Effektivität der Substitution beurteilt.

In der Prozessdimension wird die tatsächliche Dienstleistung erbracht. Ausgangspunkt ist eine verbindliche Leistungsvereinbarung zwischen Kunde und Dienstleister. In dieser Dimension liegt der Schwerpunkt auf der Interaktion zwischen Dienstleister und Kunde. Dabei wird zwischen einer quantitativen und einer qualitativen Perspektive unterschieden. Die quantitative Perspektive zielt auf die direkt quantifizierbaren Attribute der Leistung ab (z.B. Kosten und Dauer der Erbringung etc.), die qualitative Perspektive auf die indirekten, meist subjektiv erfassbaren Eigenschaften des Erbringungsprozesses (z.B. Einfühlungsvermögen, Kommunikation etc.). Die Erfolgsfaktoren werden analog zum GAP-Modell in quantitativ

V

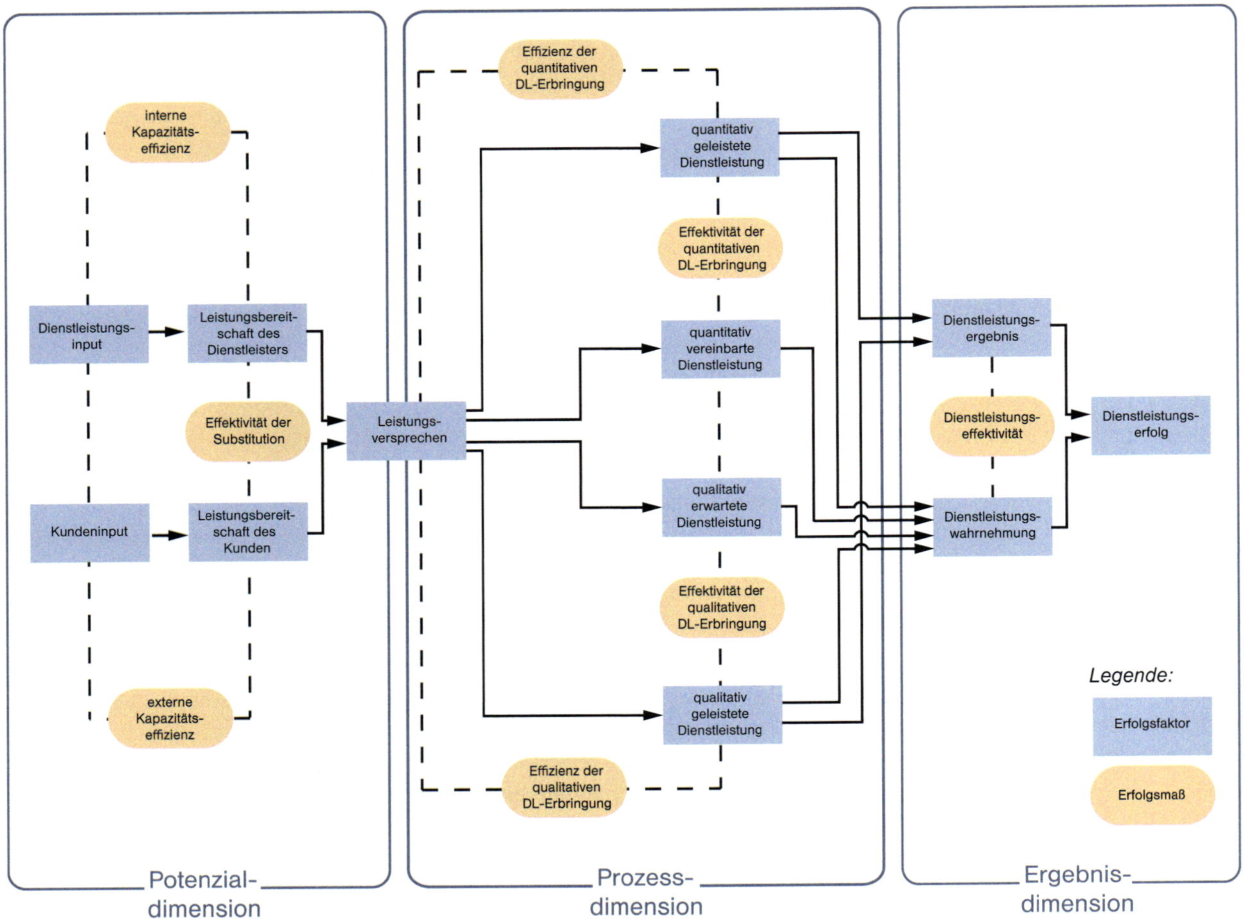

Abb. 42.5 Produktivitätsmodell für wissensintensive Dienstleistungen (Petz/Duckwitz/Schmalz/Mütze-Niewöhner/Schlick 2013)

geleistete und vereinbarte sowie qualitativ erwartete und geleistete Dienstleistungskomponenten aufgeteilt. Zur Bewertung des Dienstleistungserfolges in der Prozessdimension werden die Erfolgsmaße zur Messung der quantitativen und qualitativen Effizienz sowie Effektivität während der Erbringung definiert. Die Effizienz der quantitativen und qualitativen Dienstleistungserbringung evaluiert die Ergiebigkeit der Prozesse (z.B. tatsächlicher Aufwand/geplanter Aufwand, Budgettreue etc.). Die Effektivität der quantitativen und qualitativen Dienstleistungserbringung bewertet den Zielerfüllungsgrad zwischen vereinbarter/erwarteter und tatsächlich erbrachte Dienstleistung (z.B. Einhaltung der Meilensteine, Vollständigkeit der Dokumentation etc.)

Die Ergebnisdimension zielt darauf ab, das Dienstleistungsergebnis der Gesamtwahrnehmung gegenüberzustellen. Daraus ergibt sich der Dienstleistungserfolg des Ergebnisses als Diskrepanz zwischen der qualitativ und quantitativ tatsächlich erbrachten Leistung und der Wahrnehmung der Leistung und der Leistungserbringung. Diese Vorgehensweise ermöglicht eine Erfassung von Substitutionseffekten zwischen qualitativen und quantitativen Leistungsbestandteilen. Auch wenn der Kunde mit dem Vorgehen während der Erbringung nicht zufrieden ist, kann er durch das korrekte und einwandfreie Ergebnis zumindest teilweise zufriedengestellt werden.

Zur Operationalisierung der Erfolgsmaße können Kennzahlen gebildet werden, welche die Erfüllung der situativen Zielsetzung evaluieren. Durch die gleichzeitige Berücksichtigung aller Kennzahlen (siehe Tab. 42.2) kann eine ausgewogene Bewertung und Steuerung einer Dienstleistung bzw. eines Dienstleistungssystems erfolgen. Dabei spiegelt sich die Qualitätsbetrachtung in der Effektivitätsbetrachtung wieder. Mögliche Effektivitätsziele sind eine individuelle, maßgeschneiderte Dienstleistung in einem bestimmten Umfang möglichst vollständig und zum vereinbarten Termin zu erbringen. Im Hinblick auf den finanziellen Erfolg ist neben der Effektivität die Effizienz der Erbringung eine entscheidende Messgröße. Mögliche Effizienzziele sind eine hohe und gleichmäßige Auslastung der Mitarbeiter bei gleichzeitiger Wahrung der zeit- und kostenmäßigen Vorgaben bezüglich Aufwand und Budget.

Tab. 42.2 Beispielhafte Kennzahlen zur Messung der Dienstleistungsproduktivität

Bewertungs-dimension	*Potenzial*	*Prozess*	*Ergebnis*
Effizienz	Auslastung	Arbeitsaufwand/geplanter Aufwand	Budgettreue
Effektivität	Eigenleistung/ Gesamtleistung	Vollständigkeit der Dokumentation	Termintreue

42.7 Zusammenfassung

Infolge des stetigen Wachstums im tertiären Sektor wird es für Unternehmen zunehmend schwerer, ihre Leistungen gegenüber Konkurrenten abzugrenzen und Alleinstellungsmerkmale zu identifizieren. In erster Näherung existieren zwei komplementäre Unternehmensstrategien. Zum einen können Dienstleistungen so kostengünstig wie möglich angeboten und auf diese Weise stetig neue Kunden angesprochen werden. Zum anderen besteht die Möglichkeit, Kunden über eine hohe Dienstleistungsqualität gänzlich zufriedenzustellen und gegebenenfalls langfristig an das Unternehmen zu binden. Da die Aufrechterhaltung eines festen Kundenstamms nachweislich als wirtschaftlich attraktiv für Dienstleistungsunternehmen erachtet werden kann, sollte die Steigerung der Dienstleistungsqualität in den Fokus unternehmerischen Handelns rücken.

Die konstitutiven Merkmale einer Dienstleistung, wie Immaterialität, Simultanität von Produktion und Konsum sowie die Integration des externen Faktors, stellen – im Vergleich zu Sachleistungen – veränderte Anforderungen an ein Qualitätsmanagement. Beginnend mit der regelmäßigen Ausrichtung der Leistungserbringung auf die Erwartungen und Wünschen des Kunden bedarf es u. a. einer gezielten Aufwärtskommunikation bis hin zur Top-Managementebene des Anbieters. Ein systematischer Abgleich zwischen den Kundenwünschen und den Unternehmenszielen gibt dem Anbieter die Möglichkeit, die Spezifikation der angebotenen Dienstleistungen anzupassen und dadurch Qualitätswahrnehmung und Kundenanforderungen zur Deckung zu bringen. Demnach sind sämtliche unternehmerischen Aktivitäten dem Ziel einer Befriedigung von Kundenanforderungen und -wünschen unterzuordnen und alle Instrumente zur Aufrechterhaltung, Messung und Steigerung der Dienstleistungsqualität und -produktivität entsprechend auszurichten.

Literatur

Albers, S./Klapper, D./Konradt, U./ Walter, A./ Wolf, J.: Methodik der empirischen Forschung. 3. Auflage. Gabler Verlag, Wiesbaden 2009

Bartsch, S./Demmelmair, F./Meyer, A.: Dienstleistungsproduktivität – Stand der Forschung und Zusammenhang zu zentralen vorökonomischen Größen im Dienstleistungsmarketing. In: Bruhn, M./Hadwich, K. (Hrsg.): Dienstleistungsproduktivität. Management, Prozessgestaltung, Kundenperspektive Band 1. Gabler Verlag, Wiesbaden 2011

Baumgärtner, M./Bienzeisler, B.: Dienstleistungsproduktivität. Konzeptionelle Grundlagen am Beispiel interaktiver Dienstleistungen. Fraunhofer IRB Verlag, Stuttgart 2007

Benkenstein, M./Holtz, M.: Qualitätsmanagement von Dienstleistungen. In: Bruhn, M./Meffert, H. (Hrsg.): Handbuch Dienstleistungsmanagement. Von der strategischen Konzeption zur praktischen Umsetzung. 2. Auflage. Gabler Verlag, Wiesbaden 2001

Bruhn, M.: Qualitätsmanagement für Dienstleistungen. Grundlagen, Konzepte, Methoden. 8. Auflage. Springer Verlag, Heidelberg 2011

Bruhn, M./Blockus, M.-O.: Komplexität und Produktivität bei Dienstleistungen. In: Bruhn, M./Hadwich, K. (Hrsg.): Dienstleistungsproduktivität. Management, Prozessgestaltung, Kundenperspektive Band 1. Gabler Verlag, Wiesbaden 2011

Bruhn, M./Stauss, B. (Hrsg.): Dienstleistungsqualität. Konzepte – Methoden – Erfahrungen. 3. Auflage. Gabler Verlag, Wiesbaden 2000

Bullinger, H.-J./Meiren, T.: Service Engineering. Entwicklung und Gestaltung von Dienstleistungen. In: Bruhn, M./Meffert, H. (Hrsg.): Handbuch Dienstleistungsmanagement. Von der strategischen Konzeption zur praktischen Umsetzung. 2 Auflage. Gabler Verlag, Wiesbaden 2001

Corsten, H./Gössinger, R.: Dienstleistungsmanagement. 5. Auflage. Oldenbourg Verlag, München 2007

DIN EN ISO 9000: Qualitätsmanagementsysteme – Grundlagen und Begriffe. Normenausschuss Qualitätsmanagement, Statistik und Zertifizierungsgrundlagen 2005

Donabedian, A.: The Definition of Quality and Approaches to its Assessment. Health Administration Press 1980

Duckwitz, S./Tackenberg, S./Schlick, C. M./Mütze-Niewöhner, S.: Simulationsgestützte Bewertung der Produktivität von wissensintensiven Dienstleistungsprozessen. In: Bruhn, M./Hadwich, K. (Hrsg.): Dienstleistungsproduktivität. Innovationsentwicklung, Internationalität, Mitarbeiterperspektive Band 2. Gabler Verlag, Wiesbaden 2011

Duckwitz, S./Petz, A./ Tackenberg S./Mütze-Niewöhner S./ Schlick, C. M.: Arbeitsprozesssimulation zur systematischen Gestaltung komplexer Dienstleistungen. In: Böhmann, T./Knackstedt, R./Leimeister, J. M./Nüttgens, M./Thomas, O.: Service Engineering & Management. Proceedings of the multi-conference in business informatics 2012, Braunschweig.

Fitzsimmons, J. A./Fitzsimmons, M. J.: Service Management. Operations, Strategy, Information Technology. 7. Auflage. McGraw-Hill, New York 2011

Gilbert, X./ Strebel, P.: Outpacing Strategies. In: IMEDE Perspectives for Managers. Vol. 2, 1987

Haller, S.: Dienstleistungsmanagement. Grundlagen – Konzepte – Instrumente. 3. Auflage. Gabler Verlag, Wiesbaden 2005

V

Hentschel, B.: Multiattributive Messung von Dienstleistungsqualität. In: Bruhn, M./Stauss, B. (Hrsg.): Dienstleistungsqualität. Konzepte, Methoden, Erfahrungen. 3 Auflage. Gabler Verlag, Wiesbaden 2000

Hermann, S.: Ressourcen strategisch nutzen: Wissen als Basis für den Dienstleistungserfolg. Fraunhofer IRB Verlag, Stuttgart 2004

Hippner, H./Wilde, K. D.: Data Mining im CRM. In: Helmke, S./ Uebel, M./Dangelmaier, W. (Hrsg.): Effektives Customer Relationship Management. Gabler Verlag, Wiesbaden 2003

Institut der deutschen Wirtschaft: Deutschland in Zahlen 2013. Institut der deutschen Wirtschaft Köln Medien GmbH/Druckhaus Duisburg OMD GmbH, Duisburg 2013

Johnston, R./Jones, P.: Service productivity. Towards understanding the relationship between operational and customer productivity. In: International journal of Productivity and Performance Management. Vol. 53, 2004

Kamiske, G./Brauer, J.-P.: Qualitätsmanagement von A bis Z. Wichtige Begriffe des Qualitätsmanagements und ihre Bedeutung. 7. Auflage. Carl Hanser Verlag, München 2011

Luczak, H.: Service Management mit System. Erfolgreiche Methoden für die Investitionsgüterindustrie. Springer Verlag, Berlin 1999

Maleri, R./Frietzsche, U.: Grundlagen der Dienstleistungsproduktion. 5. Auflage. Springer Verlag, Berlin 2008

Meffert, H./Bruhn, M.: Dienstleistungsmarketing. Grundlagen – Konzepte – Methoden. 7. Auflage. Springer Gabler, Wiesbaden 2012

Parasuraman, A.: Service Quality and Productivity: A Synergistic Perspective. In: Managing Service Quality. Vol. 12, 2002. S. 6 – 9

Parasuraman, A./Zeithaml, V. A./Berry, L. L.: A Conceptual Model of Service Quality and Its Implication for Future Research. In: Journal of Marketing. Vol. 48, 1985. S. 41 – 50

Petz, A./Duckwitz, S./Schmalz, C./Mütze-Niewöhner, S./Schlick, C. M.: Development and Evaluation of a Novel Service Productivity Model. Proceedings of the 5th CIRP International Conference on Industrial Product-Service Systems. Bochum 2013. S. 383 – 394

Statistisches Bundesamt Deutschland: https://www.destatis.de/DE/ZahlenFakten/Indikatoren/LangeReihen/Arbeitsmarkt/lrerw013.html (Stand 08/2013)

Zeithaml, V. A./Parasuraman, A./Berry, L. L.: Qualitätsservice. Campus Verlag, Frankfurt 1992

Zeithaml, V. A./Parasuraman, A./Berry, L. L.: Kommunikations- und Kontrollprozesse bei der Erstellung von Dienstleistungsqualität. In: Bruhn, M./Stauss, B. (Hrsg.): Dienstleistungsqualität. Konzepte – Methoden – Erfahrungen. 3. Auflage. Gabler Verlag, Wiesbaden 2000

V

Qualitätsmanagement im Labor

43.1 Das Labor als Dienstleister **983**

43.2 Genormte und nicht genormte Qualitätsmanagementsysteme **984**

43.3 Anforderungen an das Management **986**
43.3.1 Organisation 986
43.3.2 Qualitätsmanagementsystem und Managementbewertung 987
43.3.3 Umgang mit Dokumenten und Aufzeichnungen 988
43.3.4 Prüfung von Anfragen und Verträgen 989
43.3.5 Vergabe von Prüfungen im Unterauftrag 989
43.3.6 Beschaffung von Dienstleistungen und Ausrüstungen 991
43.3.7 Dienstleistung für den Kunden und Umgang mit Beschwerden 992
43.3.8 Umgang mit fehlerhaften Prüfarbeiten 994
43.3.9 Korrekturmaßnahmen und vorbeugende Maßnahmen 995
43.3.10 Interne Audits 995

43.4 Technische Anforderungen **996**
43.4.1 Personal 998
43.4.2 Räumlichkeiten, Umgebungsbedingungen und Einrichtungen 999
43.4.3 Prüfverfahren und deren Validierung 1000
43.4.4 Messtechnische Rückführung 1000
43.4.5 Probenahme 1001
43.4.6 Umgang mit Prüf- und Kalibriergegenständen 1002
43.4.7 Sicherung der Qualität von Prüfergebnissen 1003
43.4.8 Prüf- oder Ergebnisberichte 1003

43.5 Akkreditierung im Interesse des Kunden **1004**

43 Qualitätsmanagement im Labor

Elvira Moeller

Die Einführung von Qualitätsmanagementsystemen speziell für das Labor geht auf Unregelmäßigkeiten bei der Ermittlung toxischer Labordaten in den 70er Jahren in den USA zurück. Es wurde festgestellt, dass vorgelegte Daten nicht den wirklich durchgeführten Untersuchungen entsprachen und dass Entscheidungsabläufe wegen unklarer Verantwortlichkeiten und schlechter Dokumentation nicht nachvollziehbar waren. Es wurden Instrumente entwickelt, um sicherzustellen, dass Abläufe im Rahmen einer Produktentwicklung nachvollziehbar sind und dass Entscheidungen und Verantwortlichkeiten klar definiert und die erzeugten Daten von angemessener Qualität sind. Das galt zunächst vor allem für den pharmazeutischen Bereich.

Dieses ursprünglich von der amerikanischen Gesundheitsbehörde *Food and Drug Administration* (FDA) erarbeitete Regelwerk wurde als *Good Laboratory Practice* (GLP) bezeichnet und bezog sich – im Unterschied zu den klinischen Prüfungen – nur auf nicht klinische Laborprüfungen. Es waren hier in erster Linie toxikologische Laborprüfungen gemeint. An die Übertragung solcher Richtlinien auf andere Labortypen, z. B. Prüflaboratorien, dachte zu diesem Zeitpunkt niemand.

Die in den 80er Jahren von der OECD (Organization Economic Cooperation and Development) veröffentlichten Richtlinien wurden später in eine EG-Richtlinie übernommen und schließlich nach Neufassung des Chemikaliengesetzes 1990 in deutsches Recht übertragen. Glücklicherweise ist die Abkürzung GLP sowohl für den deutschen (Gute Laborpraxis) als auch für den englischen Begriff (Good Laboratory Practice) passend. Die Ziele von GLP lassen sich kurz zusammenfassen:

- Nachvollziehbarkeit von Untersuchungen durch lückenlose Dokumentation
- Festlegung von Verantwortlichkeiten und klare organisatorische Regelungen
- Erzeugung von Daten angemessener Qualität zur Bewertung eines Produktes

Durch die Globalisierung von Forschung und Entwicklung kommen weitere Ziele hinzu: internationale gegenseitige Anerkennung der Daten und Vermeidung von Mehrfachuntersuchungen (Tierschutz und Kostenersparnis).

Später wurde die ISO 17025 für alle Prüflaboratorien festgelegt, die als DIN EN ISO/IEC 17025 in das deutsche Normenwerk übernommen ist. Sie ist die Basis für die Akkreditierung von Laboratorien.

43.1 Das Labor als Dienstleister

Im Labor werden Materialien auf ihre physikalischen, technischen und chemischen Eigenschaften geprüft. Diese Prüfungen führen zu qualitativen und/oder quantitativen Aussagen, die für den Auftraggeber die Basis für weitere Planungen und Entscheidungen darstellen. Dabei kann es sich im einfachsten Fall um die Überprüfung von Kennwerten im Blick auf die Übereinstimmung mit Vorgaben oder Anforderungen, z.B. bei der Wareneingangskontrolle, im schwierigsten Fall (im medizinischen Labor) um die Basis für die Therapie eines Patienten handeln. Die Ergebnisse von Laboruntersuchungen können zum Anhalten der Produktion, z.B. im Lebensmittellabor, zur Entscheidung über weitere Entwicklungsschritte, z.B. bei der Entwicklung neuer Pharmazeutika, zur Forderung nach dem Austausch von belasteten Böden oder nach verstärkten Umweltschutzmaßnahmen im Rahmen des Emissionsschutzes führen. Alle diese Entscheidungen sind, wenn sie aufgrund der Laborergebnisse falsch getroffen werden, mit hohen Kosten verbunden, sodass der Auftraggeber sich auf die Laborergebnisse absolut verlassen muss. Die Ergebnisse müssen richtig, auch nach längerer Zeit nachvollziehbar und im Ernstfall gerichtsverwertbar sein.

Im Qualitätskreis, mit dessen Hilfe sich die Aufgaben und Ziele des Qualitätsmanagements am besten darstellen lassen, ist das Produkt des Labors kein „Gegenstand", sondern der Prüf- oder Ergebnisbericht (Abb. 43.1). Es ist die Aufgabe des Qualitätsmanagements im Labor, die einzelnen Schritte festzulegen, die zur Entstehung dieses Berichtes führen. Die Einzelheiten umfassen den Ablauf von der Probenahme über die Kennzeichnung und Lagerung der Proben bis hin zu den verwendeten Prüfverfahren und dem Umgang mit den erhaltenen Daten.

Die Anforderungen an einzelne Arten von Laboratorien sind – in Abhängigkeit von der jeweiligen Aufgabenstellung – unterschiedlich. Ein produktionsbezogenes Industrielabor erfüllt seine Aufgabe mit der Überprüfung der hergestellten Produkte auf Übereinstimmung mit den Vorgaben. Ein freies Prüflabor hingegen muss eine Vielzahl von Verfahren und Methoden beherrschen, muss unter Umständen im Zusammenhang mit dem Auftrag eines Kunden sogar neue Verfahren entwickeln, um einen möglichst großen Kundenkreis bedienen und sich so am Markt behaupten zu können.

Ein Labor ist in jedem Fall ein Dienstleister: im Industriebetrieb für die anderen Abteilungen des Unternehmens,

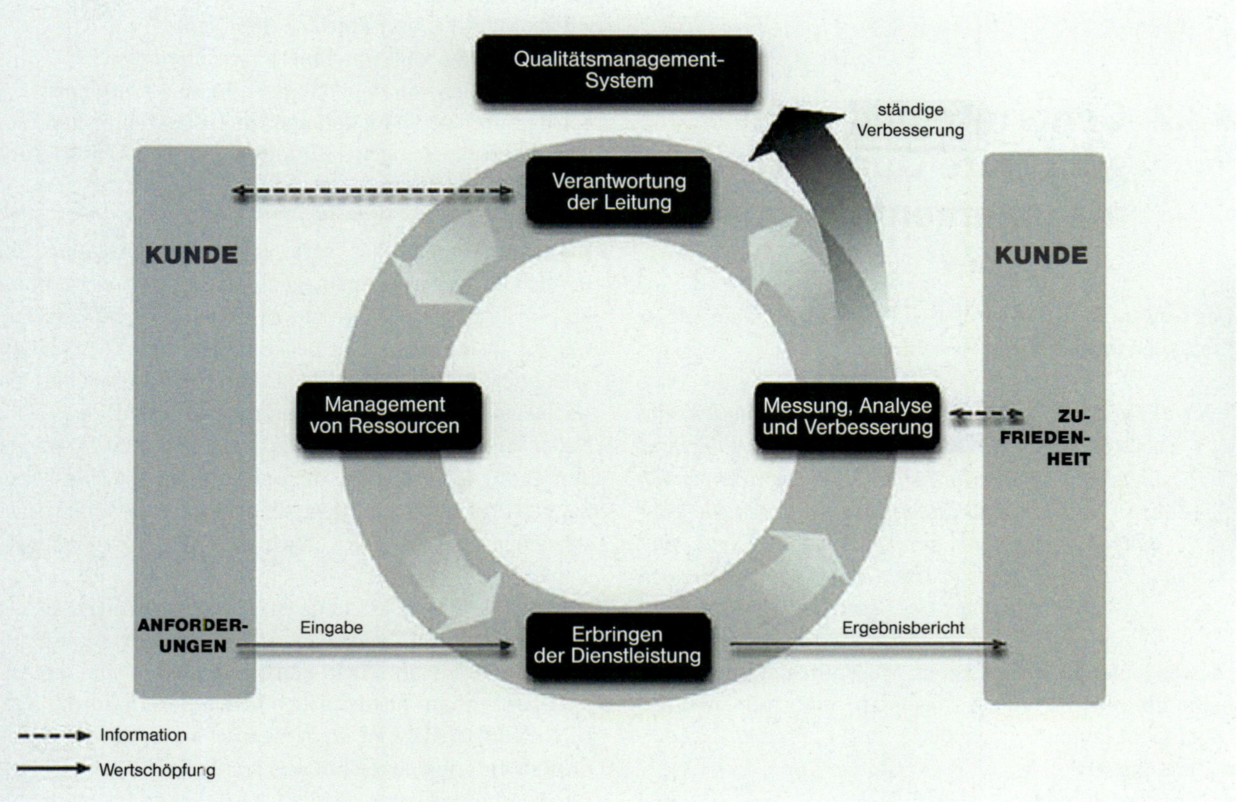

Abb. 43.1 Darstellung der Aufgaben und Ziele anhand des Qualitätskreises

z. B. die Entwicklung oder die Produktion, als freies Labor für private oder öffentliche Auftraggeber. Das Ziel des Qualitätsmanagements ist das Erreichen höchster Kundenzufriedenheit. Der Kunde wird heute in der Mehrzahl der Fälle auf Laboratorien mit eingeführtem Qualitätsmanagementsystem zugreifen, die öffentlichen Auftraggeber müssen es ohnehin.

Ein Labor wird nicht zertifiziert, sondern es wird akkreditiert. Das bedeutet, es muss nicht nur nachweisen, dass es über ein funktionierendes Management verfügt, dass seine Arbeitsabläufe geplant und entsprechend nachvollziehbar ausgeführt werden, sondern es muss nachweisen, dass es kompetent ist, bestimmte Prüfungen nach genau definierten, meist genormten Methoden durchzuführen. Die anerkannten Prüfungen werden als Leistungsprofil zusammengefasst und sind Bestandteil der Akkreditierung, d. h. der Auftraggeber kann sich im Vorfeld darüber informieren, ob das von ihm angesprochene Labor für die von ihm angeforderte Prüfung kompetent ist - ein Lebensmittellabor z. B. ist gegebenenfalls nicht unbedingt für Bodenanalytik oder die Auswertung von Immissionsmessungen geeignet, wenn es nicht auch dafür akkreditiert ist. Dies bedeutet auch, dass ein Industrielabor, das Bestandteil eines zertifizierten Unternehmens ist, noch lange keine Akkreditierung für bestimmte Prüfverfahren hat.

43.2 Genormte und nicht genormte Qualitätsmanagementsysteme

Der Anwendungsbereich der GLP-Vorschrift (Gute Laborpraxis) ist folgendermaßen definiert:

> *„Nichtklinische experimentelle Prüfungen von Stoffen oder Zubereitungen, deren Ergebnisse eine Bewertung ihrer möglichen Gefahren für Mensch und Umwelt in einem Zulassungs-, Erlaubnis-, Registrierungs-, Anmelde- oder Mitteilungsverfahren ermöglichen sollen, sind unter Einhaltung der Grundsätze der Guten Laborpraxis nach Anhang 1 des Gesetzes durchzuführen."*

Dies bedeutet konkret, dass im Wesentlichen nur sicherheitsrelevante Daten bei folgenden Stoffgruppen unter GLP-Pflicht fallen:

- Chemikalien
- Pflanzenschutzmittel
- Pharmazeutika
- Lebensmittelzusatzstoffe
- Sprengstoffe

Laboratorien, die in diesem Geltungsbereich tätig sind, haben keine Freiheit. Sie müssen bei der Bewertungsbehörde eine GLP-Bescheinigung vorlegen, um eine Zulassung der Produkte zu erreichen. Das Inverkehrbringen dieser Produkte unterliegt den gesetzlichen Vorgaben. Man spricht deshalb vom *gesetzlich geregelten Bereich.*

Demgegenüber betrifft der *gesetzlich nicht geregelte Bereich* alle anderen Prüfungen und Untersuchungen, z. B. bei der Produktion von Werkstoffen jeder Art, Lebensmitteln und polymeren Materialien oder bei der Überwachung des Umweltschutzes. Derartige Prüflaboratorien können sich nach der DIN EN ISO/IEC 17025 akkreditieren lassen. Im Gegensatz zur früheren ISO 45001 wird in DIN EN ISO/IEC 17025 deutlich *gefordert.* Es heißt sehr oft: „Das Labor muss (engl. *shall*) ..." anstelle von: „Das Labor sollte oder könnte (engl. *should*) ..." Deshalb wird auch in den folgenden Beschreibungen das Wort „muss" beibehalten, obgleich es sehr streng und wenig flexibel klingt.

Die Norm umfasst die Durchführung von Prüfungen und/oder Kalibrierungen einschließlich der Probenahme. Sie bezieht sich auf genormte und auf sogenannte „Hausverfahren", die im Labor selbst entwickelt oder aus genormten Verfahren modifiziert wurden. Die Norm gilt für

- Laboratorien von Anbietern *(first party),*
- Laboratorien von Abnehmern *(second party),*
- Laboratorien von unabhängigen Dritten *(third party),*
- Laboratorien, die im Rahmen von Inspektionen und Produktzertifizierungen Prüfungen und/oder Kalibrierungen durchführen.

Die Anwendung dieser Norm erlaubt es den Labors, im Bereich des Qualitätsmanagements, in der Verwaltung und im Prüfbereich Systeme zu entwickeln und Arbeitsweisen festzulegen, die bei Kunden, bei Vorschriften setzenden Behörden und bei Akkreditierungsstellen als Nachweis ihrer Kompetenz herangezogen werden.

Neben den angesprochenen „klassischen" QM-Systemen gibt es für Laboratorien auch eine staatliche Zulassung. Sie betrifft Untersuchungen, die von Gesetzesseite vorgeschrieben sind, wie z. B. Klärschlamm, Abwasser, Rohwasser, Trinkwasser usw.

DIN EN ISO/IEC 17025 umfasst die Anforderungen an das Management und Technische Anforderungen an die Prüftätigkeit des Labors. Nicht ganz so eindeutig sind die Anforderungen an medizinische Laboratorien formuliert. DIN EN ISO 15189 ist im Wesentlichen an die Norm für Prüflaboratorien angelehnt und beinhaltet bei den Technischen Anforderungen zusätzliche Aspekte des medizinischen Labors (Tab. 43.1).

Tab. 43.1 Gegenüberstellung der Struktur von DIN EN ISO/IEC 17025 und DIN EN ISO 15189

DIN EN ISO/IEC 17025	DIN EN ISO 15189
1 Anwendungsbereich	**1 Anwendungsbereich**
2 Normative Verweisungen	**2 Normative Verweisungen**
3 Begriffe	**3 Begriffe**
4 Anforderungen an das Management	**4 Anforderungen an das Management**
4.1 Organisation	4.1 Organisation und Management
4.2 Qualitätsmanagementsystem	4.2 Qualitätsmanagementsystem
4.3 Lenkung der Dokumente	4.3 Lenkung der Dokumentation
4.4 Prüfung von Anfragen, Angeboten und Verträgen	4.4 Prüfung von Verträgen
4.5 Vergabe von Prüfungen im Unterauftrag	4.5 Untersuchung durch Auftragslaboratorien
4.6 Beschaffung von Dienstleistungen und Ausrüstungen	4.6 Externe Dienstleistungen und Lieferungen
4.7 Dienstleistungen für den Kunden	4.7 Beratungsleistungen
4.8 Beschwerden	4.8 Klärung von Beschwerden
4.9 Lenkung bei fehlerhaften Prüfarbeiten	4.9 Feststellung und Bearbeitung von Fehlern
4.10 Korrekturmaßnahmen	4.10 Korrekturmaßnahmen
4.11 Vorbeugende Maßnahmen	4.11 Vorbeugende Maßnahmen
	4.12 Ständige Verbesserung
4.12 Lenkung von Aufzeichnungen	4.13 Qualitäts- und technische Aufzeichnungen
4.13 Interne Audits	4.14 Interne Audits
4.14 Managementbewertungen	4.15 Überprüfungen durch das Management
5 Technische Anforderungen	**5 Technische Anforderungen**
5.1 Allgemeines	
5.2 Personal	5.1 Personal
5.3 Räumlichkeiten und Umgebungsbedingungen	5.2 Räumlichkeiten und Umgebungsbedingungen
5.4 Prüfverfahren und deren Validierung	5.5 Untersuchungsverfahren
5.5 Einrichtungen	5.3 Laboratoriumsausrüstung
5.6 Messtechnische Rückführung	
5.7 Probenahme	5.4 Präanalytische Maßnahmen
5.8 Handhabung von Prüfgegenständen	
5.9 Sicherung der Qualität von Prüfergebnissen	5.6 Sicherstellung der Qualität der Untersuchungsverfahren
	5.7 Postanalytische Maßnahmen
5.10 Ergebnisberichte	5.8 Befundberichte
	Anhang B (informativ) Empfehlungen zum Schutz von Laborinformationssystemen
	Anhang C (informativ) Ethische Aspekte in der Laboratoriumsmedizin
Anhang B (informativ) Leitlinien für die Erstellung von Anforderungen für besondere Gebiete	

Die Forderungen im Einzelnen – vor allem an das Management – sind hier wesentlich unpräziser formuliert, sodass mehr Spielraum für das einzelne Labor bleibt, was sich gerade im medizinischen Bereich nicht immer positiv auswirken muss. Während fast alle naturwissenschaftlichen und technischen Labors akkreditiert sind (weil der Kunde es verlangt), gilt das für medizinische Laboratorien nicht im gleichen Maße.

Hier wird überwiegend nicht nach der Norm, sondern nach den Vorschriften der Bundesärztekammer (RiLiBÄK) gearbeitet und der Druck durch den „Kunden" ist natürlich geringer.

Die RiLiBÄK sind angefüllt mit Details über spezifische Untersuchungen, z. B. prä- und postanalytische Untersuchungen, Blut, Gewebe usw., deren ausführliche Beschreibung den Rahmen dieser Darstellung sprengen würde. In

V

den Literaturangaben am Ende dieses Beitrages findet sich der Hinweis auf die Fundstelle.

43.3 Anforderungen an das Management[1]

43.3.1 Organisation

Das Labor muss rechtlich verantwortlich gemacht werden können und es muss seine Tätigkeit so ausführen, dass die Zufriedenheit des Kunden sichergestellt ist. Die Organisation umfasst die Tätigkeiten innerhalb des Labors und Arbeiten, die in zeitweiligen oder mobilen Anlagen ausgeführt werden, die Verantwortungen und Befugnisse von Mitarbeitern einschließlich der Leitung sowie die Beschreibung und Zuordnung des Personals.

Ein Industrielabor muss unabhängig von anderen Einheiten des Unternehmens, z.B. Entwicklung, Produktion, Marketing und Einkauf sein. Ein selbstständiges Prüflabor soll unparteiisch und frei von Einflüssen sein, die das unabhängige Urteil beeinflussen könnten. Das Personal muss über die Kenntnisse und Befugnisse verfügen, um die übernommenen Aufgaben ausführen zu können. Das Labor muss sicherstellen, dass Informationen des Kunden vertraulich behandelt und seine Eigentumsrechte geschützt werden.

Der Aufbau der Organisation wird am besten in einem Organigramm dargestellt, so u.a. die Stellung der Leitung, die Beziehungen zum Qualitätsmanager und die Einbin-

[1] Die Darstellung folgt in ihrer Nummerierung nicht den Aufteilungen der Norm, die jeweiligen Normabschnitte sind angegeben und auch Tabelle 43.1 zu entnehmen.

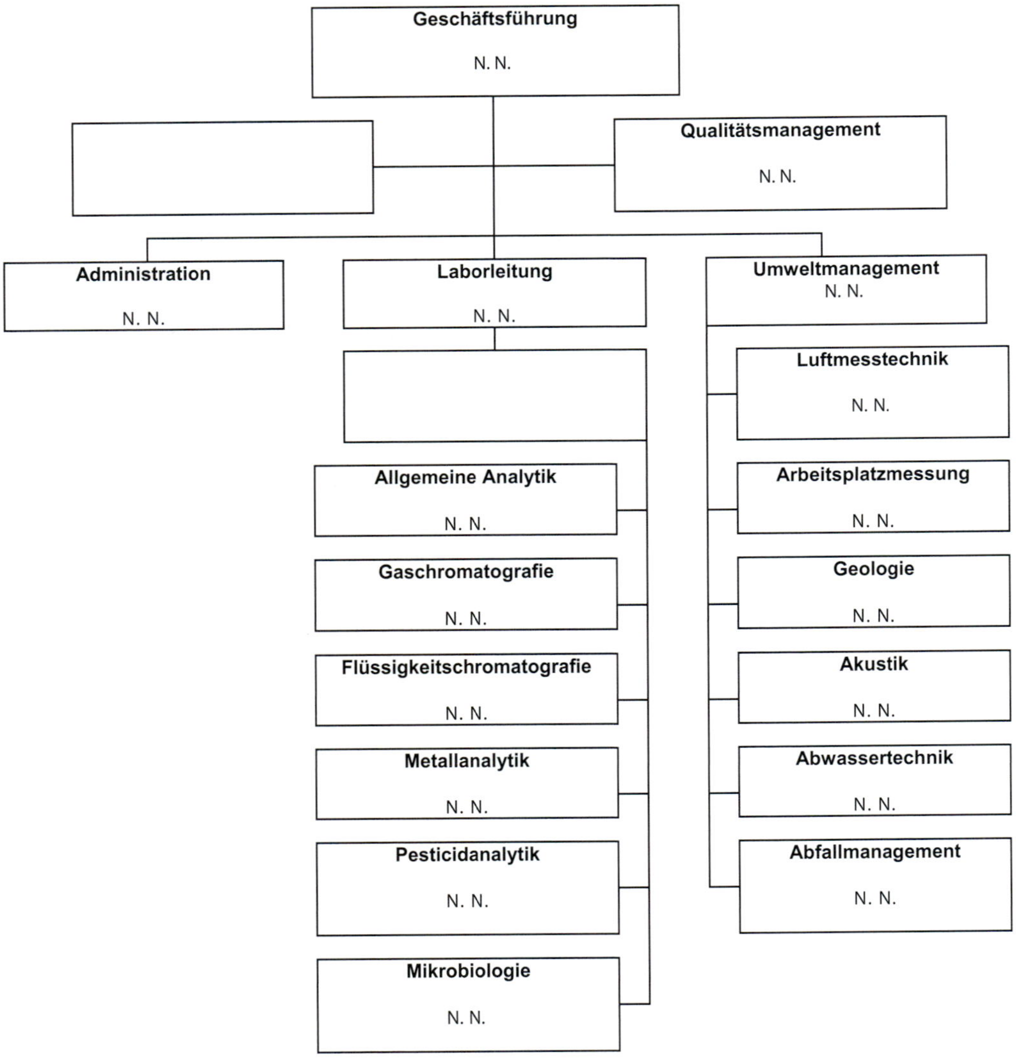

Abb. 43.2
Muster für das Organigramm eines Labors

dung der einzelnen Abteilungen (Abb. 43.2). Verantwortlichkeiten und Befugnisse aller Mitarbeiter müssen festgelegt und für leitende Mitarbeiter müssen Stellvertreter benannt sein. Die Leitung des Labors trägt die Verantwortung dafür, dass die Qualität des Laborbetriebes durch Sicherung der technischen Abläufe sichergestellt ist und dass die erforderlichen Mittel zur Durchführung der Prüfungen bereitgestellt werden. **Ein** Mitarbeiter muss als Qualitätsmanager benannt werden, der dafür verantwortlich ist, dass ein QM-System eingeführt und kontinuierlich aufrechterhalten wird. Er muss unabhängig von anderen Aufgaben und Verantwortungen sein und Zugang zur Obersten Leitung haben.

Das Labor muss:

- die Organisation in einem Organigramm darstellen
- eine Erklärung der Geschäftsführung zur Einhaltung dieser Norm erstellen
- Verantwortlichkeiten und Befugnisse aller Mitarbeiter regeln und Stellenbeschreibungen anlegen
- einen Qualitätsmanager und seinen Stellvertreter benennen
- die Unabhängigkeit aller Mitarbeiter von irgendwelchen Zwängen garantieren

(Teil 4.1 aus DIN EN ISO/IEC 17025)

43.3.2 Qualitätsmanagementsystem und Managementbewertung

Das Labor muss ein Qualitätsmanagementsystem einführen, umsetzen und aufrechterhalten, in dem die grundsätzlichen Regelungen, Systeme, Programme und Verfahren schriftlich niedergelegt sind. Das QM-System muss dem Tätigkeitsbereich und der Größe des Labors entsprechen. Die grundsätzlichen Regelungen dieses Systems beinhalten die Qualitätspolitik und die Qualitätsziele, die jedes Labor für sich definieren muss, wie die Verpflichtung des Labors zu guter fachlicher Arbeit mit dem Ziel der Kundenzufriedenheit, das Festlegen von Qualitätszielen, die Forderung an alle Mitarbeiter, die festgelegte Qualitätspolitik in ihrer Arbeit umzusetzen, und die Verpflichtung der Leitung zur Einhaltung dieser Norm. Diese Grundsätze werden im Qualitätsmanagementhandbuch niedergelegt, in dem auch die Aufgaben und Verantwortungen der Leitung und des von der Leitung benannten Qualitätsmanagers festgelegt sind.

Das Labor muss ein Verfahren entwickeln, mit dessen Hilfe regelmäßig alle Bereiche des Managements und der Prüftätigkeit bewertet werden. In dieser Bewertung müssen berücksichtigt werden:

- Übereinstimmung der grundsätzlichen Regelungen und Verfahren mit der täglichen Praxis
- die Berichte von leitendem und aufsichtführendem Personal
- Ergebnisse des letzten internen Audits
- Ergebnisse von Korrektur- und vorbeugenden Maßnahmen
- Begutachtungen externer Stellen
- Ergebnisse von Ringversuchen
- Aufnahme neuer Prüfungen bzw. Wegfall von Prüfungen
- Informationsrückfluss von Kunden sowie Anzahl und Ursachen von Beschwerden
- Schulung des Personals

Im Anschluss an die Managementbewertung werden Maßnahmen festgelegt, die zu ergreifen sind, um sichtbar gewordene Mängel zu beheben. Die Laborleitung muss sicherstellen, dass diese Maßnahmen innerhalb des vereinbarten Zeitraums umgesetzt werden, und sie muss ihre Wirksamkeit in der nächsten Managementbewertung überprüfen.

Das Prinzip eines QM-Systems ist die ständige Verbesserung. Verbesserungen können nur in Angriff genommen werden, wenn man die Schwachstellen kennt, die verschiedene Ursachen haben können. Bei dieser Gesamtbewertung werden auch diejenigen Institutionen mit einbezogen, die die Verantwortung tragen, nämlich die Geschäftsleitung und der Qualitätsmanager.

Das Labor muss:

- Qualitätspolitik und langfristige Qualitätsziele definieren, die Einhaltung dieser Norm garantieren
- ein Leistungsangebot erstellen
- jährlich kurzfristige Qualitätsziele definieren
- eine systematische Dokumentation erstellen
- eine jährliche Managementbewertung durchführen
- alle relevanten Unterlagen für die Bewertung sammeln
- das Ergebnis der Bewertung zur Basis für die Qualitätsziele des kommenden Jahres machen

(Teile 4.2 und 4.14 aus DIN EN ISO/IEC 17025)

43.3.3 Umgang mit Dokumenten und Aufzeichnungen

Das Labor muss über ein Verfahren zur Lenkung von *Qualitätsdokumenten* verfügen (Qualitätsmanagementhandbuch, alle Verfahrens- und Arbeitsanweisungen, gegebenenfalls Normen, Prüfvorschriften, Handbücher von Herstellern, Spezifikationen und Software). Alle Dokumente haben eine einheitliche Form, die eine eindeutige Identifikation zulässt, und werden in einer Stammliste geführt. Das Labor legt fest, wer befugt ist, die QM-Dokumentation zu verwalten, neue Dokumente zu erstellen und herauszugeben sowie alte Dokumente außer Kraft zu setzen. Dies wird im Normalfall der Qualitätsmanager sein. Das Labor stellt sicher, dass an jedem Arbeitsplatz die benötigten Dokumente in schriftlicher oder elektronischer Form verfügbar sind und dass notwendige Aktualisierungen gewährleistet sind. Ebenso sind der Ablauf zur Änderung von Dokumenten und die dafür befugten Personen festgelegt (Abb. 43.3).

Bei den *Aufzeichnungen* ist zu unterscheiden zwischen Qualitätsaufzeichnungen, wie Pläne für Korrekturmaßnahmen, Ergebnisse interner Audits und Pläne für vorbeugende Maßnahmen, und kundenbezogenen Aufzeichnungen, wie Rohdaten, zugelieferte Daten, Zwischenergebnisse, Prüfberichte usw.

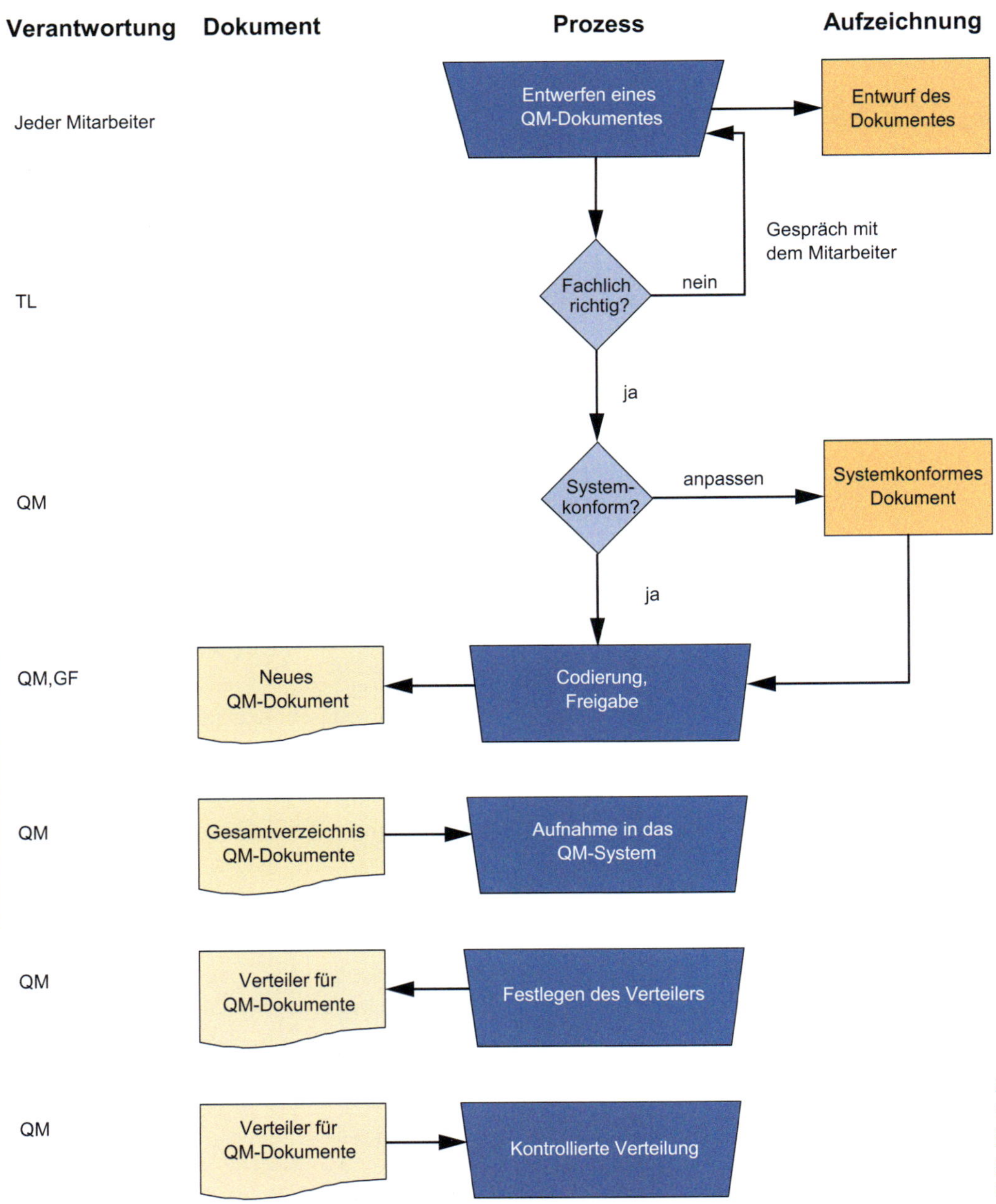

Abb. 43.3 Verfahrensablauf zum Erstellen, Prüfen, Freigeben und Verteilen von Dokumenten

Das Labor muss Verfahren einführen zur Kennzeichnung, Sammlung, Registrierung und Ordnung, Lagerung und Pflege von Aufzeichnungen, und es muss sicherstellen, dass alle Aufzeichnungen bei Bedarf jederzeit zugänglich und verfügbar sind. Alle Aufzeichnungen müssen leserlich sein, sie müssen über einen bestimmten, festgelegten Zeitraum aufbewahrt werden, und zwar so, dass sie nicht beschädigt werden können. Sie sind vertraulich zu behandeln. Elektronisch gespeicherte Daten müssen vor unberechtigtem Zugriff (Zugangssicherung) geschützt sein.

Aufzeichnungen müssen parallel zu den Beobachtungen gemacht werden. Sie müssen eindeutig den Prüfaufgaben zuzuordnen sein und die Identität des verantwortlichen Mitarbeiters ausweisen. Fehlerhafte Aufzeichnungen dürfen nur so korrigiert werden, dass die Korrektur zu erkennen ist. Sie muss mit Datum und Namen, gegebenenfalls mit der Angabe des Grundes für die Änderung, gekennzeichnet sein. Elektronische Daten müssen so gespeichert sein, dass z.B. bei einem Update der Software keine Originaldaten verloren gehen oder geändert werden können. **Jede nachträgliche Änderung muss ausgeschlossen sein.** Alle auf elektronischem Datenträger befindlichen Aufzeichnungen werden über ein Sicherungssystem vor unbefugtem Zugriff geschützt, alle nachträglich durchgeführten Änderungen/Korrekturen sind nachvollziehbar. Es erfolgt eine tägliche Datensicherung.

Das Labor muss:

- Verfahren zur Lenkung von Dokumenten und Aufzeichnungen erstellen
- eine einheitliche Form mit eindeutiger Codierung festlegen
- Abläufe und Befugnisse zum Erstellen, Prüfen, Genehmigen, Aktualisieren, Vernichten und Archivieren von QM-Dokumenten festlegen
- die Aktualität und Verfügbarkeit von Dokumenten und Aufzeichnungen sicherstellen
- den Umgang mit ungültigen Dokumenten regeln
- ein System zur Verwaltung von Aufzeichnungen einschließlich des Zeitraums der Aufbewahrung erstellen
- jede unkontrollierte Änderung von Aufzeichnungen ausschließen
- das Archiv der Aufzeichnungen pflegen
- ein Datenschutzkonzept erstellen

(Teile 4.3 und 4.12 aus DIN EN ISO/IEC 17025)

43.3.4 Prüfung von Anfragen und Verträgen

Das Labor muss Verfahren zur Prüfung der „Machbarkeit“ von Prüfaufträgen einführen und aufrechterhalten. Dabei werden technische, rechtliche und finanzielle Aspekte ebenso überprüft wie die vom Kunden gewünschten Termine. Um einen Auftrag annehmen zu können, muss das Labor über die notwendigen Fähigkeiten, die materiellen Mittel, die Prüfeinrichtungen und das geeignete Personal verfügen (Abb. 43.4).

Das festgelegte Verfahren muss sicherstellen, dass bei Auftragserteilung durch den Kunden und Auftragsannahme durch das Labor diese Voraussetzungen erfüllt sind. Der Vertrag, der mündlich oder schriftlich vereinbart werden kann, muss für den Kunden und für das Labor akzeptabel sein. Alle Unklarheiten müssen vor Beginn der Arbeiten ausgeräumt sein. Von allen Prüfungen und den dabei erhaltenen Ergebnissen werden Aufzeichnungen angefertigt, die bei vereinfachten Prüfungen (interne Kunden, Wiederholung von Aufträgen unter gleichen Bedingungen, Routineaufträge) aus Datum und Namenskürzel bestehen können. Die Aufzeichnungen sind umfangreicher, wenn es sich um solche Prüfaufgaben handelt, bei denen gegebenenfalls neue Verfahren entwickelt werden müssen. Die Prüfung von Aufträgen muss auch den Teil der Arbeiten umfassen, der gegebenenfalls als Unterauftrag vergeben wird. Alle Änderungen des festgelegten Verfahrens, die sich während der Bearbeitung des Prüfauftrags ergeben – aus welchen Gründen auch immer –, sind allen Beteiligten, vor allem aber dem Kunden mitzuteilen.

Das Labor muss:

- alle Abläufe für Kundenanfragen und für die Abgabe von Angeboten regeln
- alle Vorgänge – auch mündliche Anfragen – dokumentieren
- vor Abgabe eines Angebots eine Machbarkeitsprüfung durchführen
- alle Methoden und Verfahren zur Prüfung vor Beginn der Arbeiten festlegen

(Teil 4.4 aus DIN EN ISO/IEC 17025)

43.3.5 Vergabe von Prüfungen im Unterauftrag

Das Labor ist zuweilen, z.B. bei Personalengpässen, gezwungen, Teile eines Auftrages als Unterauftrag an ein anderes Labor zu vergeben. Es muss eine Liste solcher Unterauftragnehmer erstellen, die entweder akkreditiert

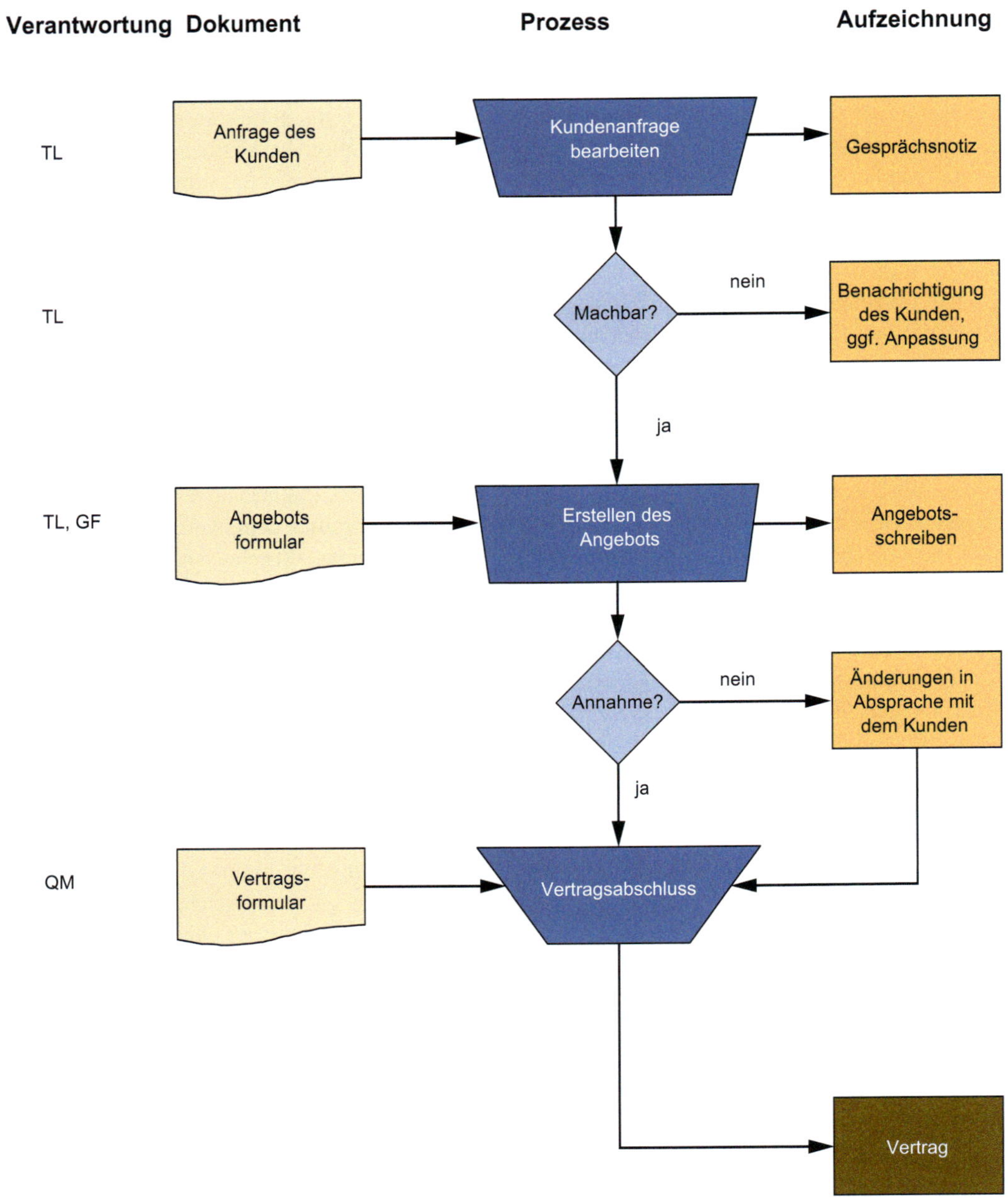

Abb. 43.4 Verfahrensablauf zur Prüfung von Kundenanfragen

sind oder mindestens nachweisen können, dass sie nach DIN EN ISO/IEC 17025 arbeiten (Abb. 43.5). Aus dieser Liste wird für die jeweilige Aufgabe ein Unterauftragnehmer ausgewählt. Über die Vergabe eines Unterauftrages muss das Labor den Kunden schriftlich informieren und gegebenenfalls seine Zustimmung einholen. Das Labor ist gegenüber dem Kunden für die Leistung des Unterauftragnehmers mitverantwortlich. Die Ergebnisse des Unterauftragnehmers müssen im Prüfbericht eindeutig gekennzeichnet sein. Angabe von Namen, Anschrift usw. des Unterauftragnehmers sind nicht erforderlich.

Das Labor muss:

- eine Liste von Unterauftragnehmern erstellen
- die Vorgehensweise bei der Vergabe von Unteraufträgen regeln
- den Kunden über die Vergabe von Unteraufträgen informieren
- im Prüfbericht auf die Vergabe von Unteraufträgen hinweisen

(Teil 4.5 aus DIN EN ISO/IEC 17025)

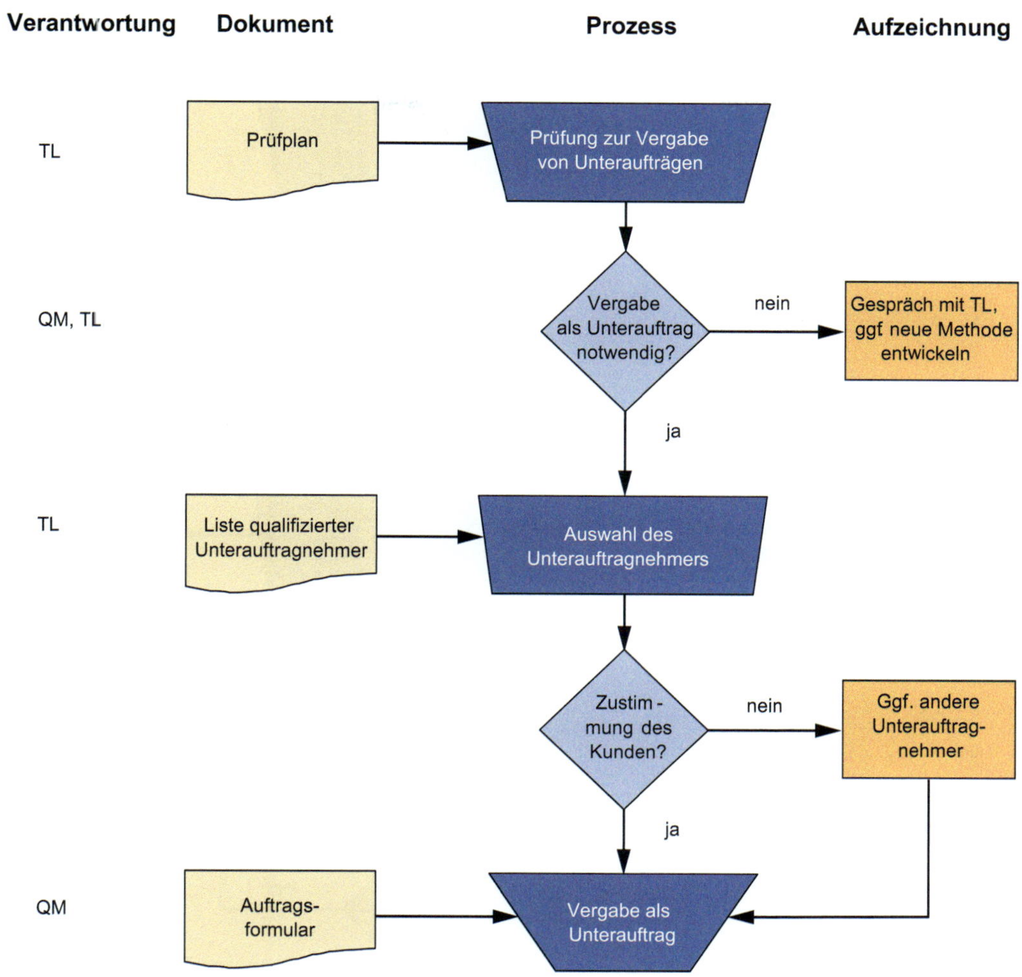

Abb. 43.5 Verfahrensablauf zur Vergabe von Unteraufträgen

43.3.6 Beschaffung von Dienstleistungen und Ausrüstungen

Das Labor muss sicherstellen, dass alle beschafften Dienstleistungen und Ausrüstungen, die das Prüfergebnis beeinflussen können, vorgegebenen Anforderungen entsprechen. Dazu gehören Geräte, Chemikalien, Gase und andere Verbrauchsmaterialien. Es muss geprüft werden, ob die gelieferten Materialien mit den Anforderungen übereinstimmen. Über diese Prüfungen müssen Aufzeichnungen angefertigt werden (Abb. 43.6). Es muss geregelt sein, wer zuständig ist für die Beschaffung von Dienstleistungen, für die Beschaffung von Prüfeinrichtungen, für die Beschaffung von Software und damit auch für die Definition der jeweiligen Anforderungen. Je genauer diese Beschreibung ist, desto einfacher ist die Eingangsprüfung. Das Labor muss alle Lieferanten und Dienstleister regelmäßig beurteilen und die Ergebnisse der Beurteilung in eine Liste qualifizierter Lieferanten und Dienstleister eintragen. Diese Liste wird jährlich im Rahmen der Managementbewertung aktualisiert.

Das Labor muss festlegen, dass Prüfeinrichtungen und Verbrauchsmaterialien erst dann für Prüfungen eingesetzt werden, wenn nachgewiesen ist, dass sie funktionstüchtig sind und den Anforderungen entsprechen. Diese Bewertungen müssen dokumentiert werden. In den Beschaffungsunterlagen müssen die technischen Anforderungen geprüft und festgeschrieben sein.

Das Labor muss:

- eine Checkliste zur Beurteilung von Dienstleistern und Lieferanten erstellen
- eine Liste qualifizierter Dienstleister und Lieferanten erstellen
- die Vorgehensweise bei der Annahme von Lieferungen festlegen

V

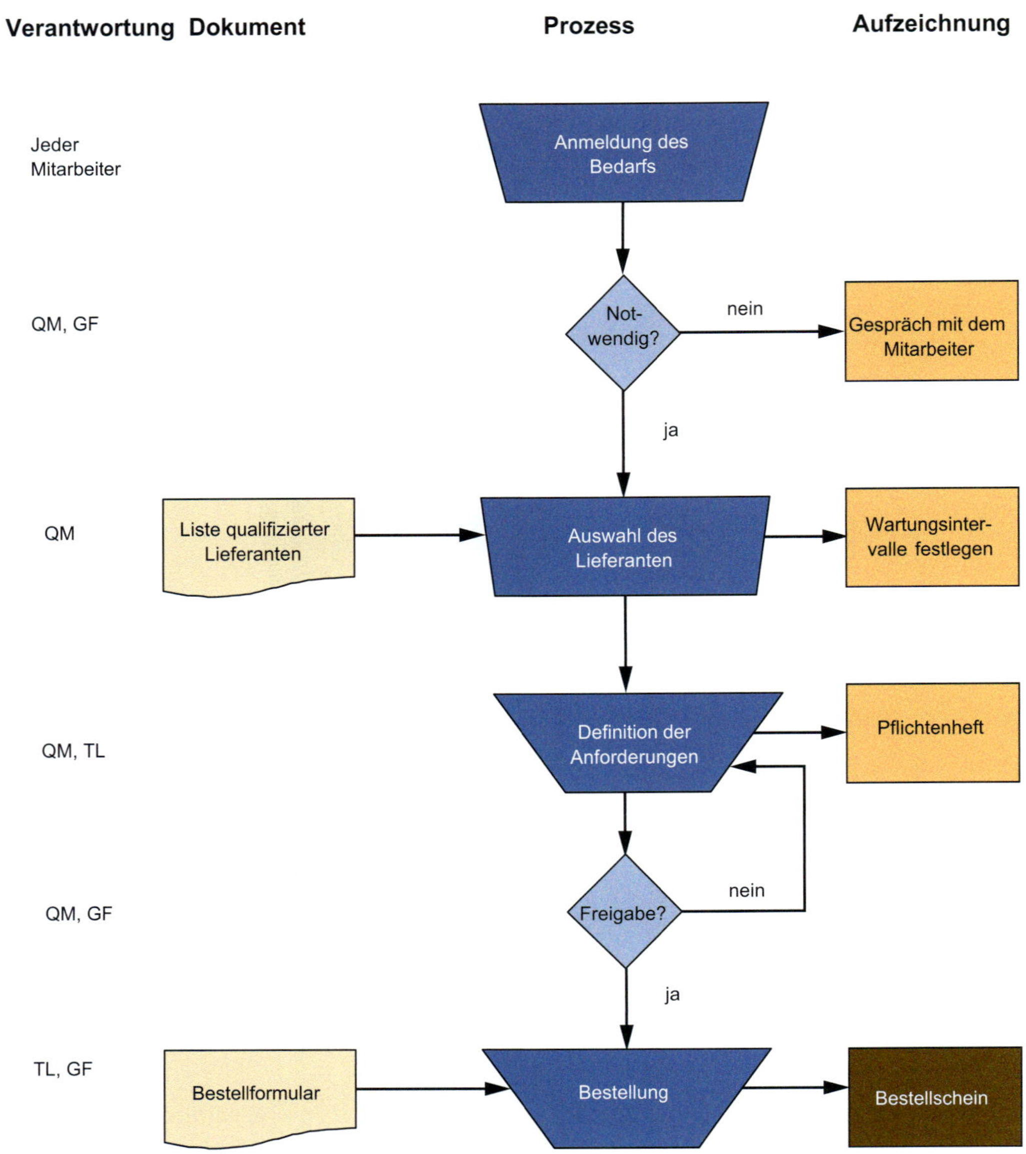

Abb. 43.6 Verfahrensablauf zur Beschaffung von Verbrauchsmaterial und Prüfeinrichtungen

- die Vorgehensweise für Reklamationen beim Lieferanten festlegen
- Prüfgeräte vor ihrem ersten Einsatz überprüfen
- alle Vorgänge dokumentieren

(Teil 4.6 aus DIN EN ISO/IEC 17025)

43.3.7 Dienstleistung für den Kunden und Umgang mit Beschwerden

In diesem Punkt, der die eigentliche Dienstleistung für den Kunden beschreibt, ist die Forderung der Norm wenig aussagekräftig. Es wird nur verlangt, dass der Kunde seinen Auftrag erläutern muss und dass er die Leistung des Labors in Bezug auf die durchzuführende Arbeit verstehen muss. Das Labor muss die Vertraulichkeit gegenüber anderen Kunden wahren. Es wird empfohlen, dass der Kunde nach Absprache während der für ihn durchgeführten Arbeiten im Labor anwesend sein kann. Außerdem sollte die Kommunikation mit dem Kunden weitgehend aufrechterhalten werden (Abb. 43.7).

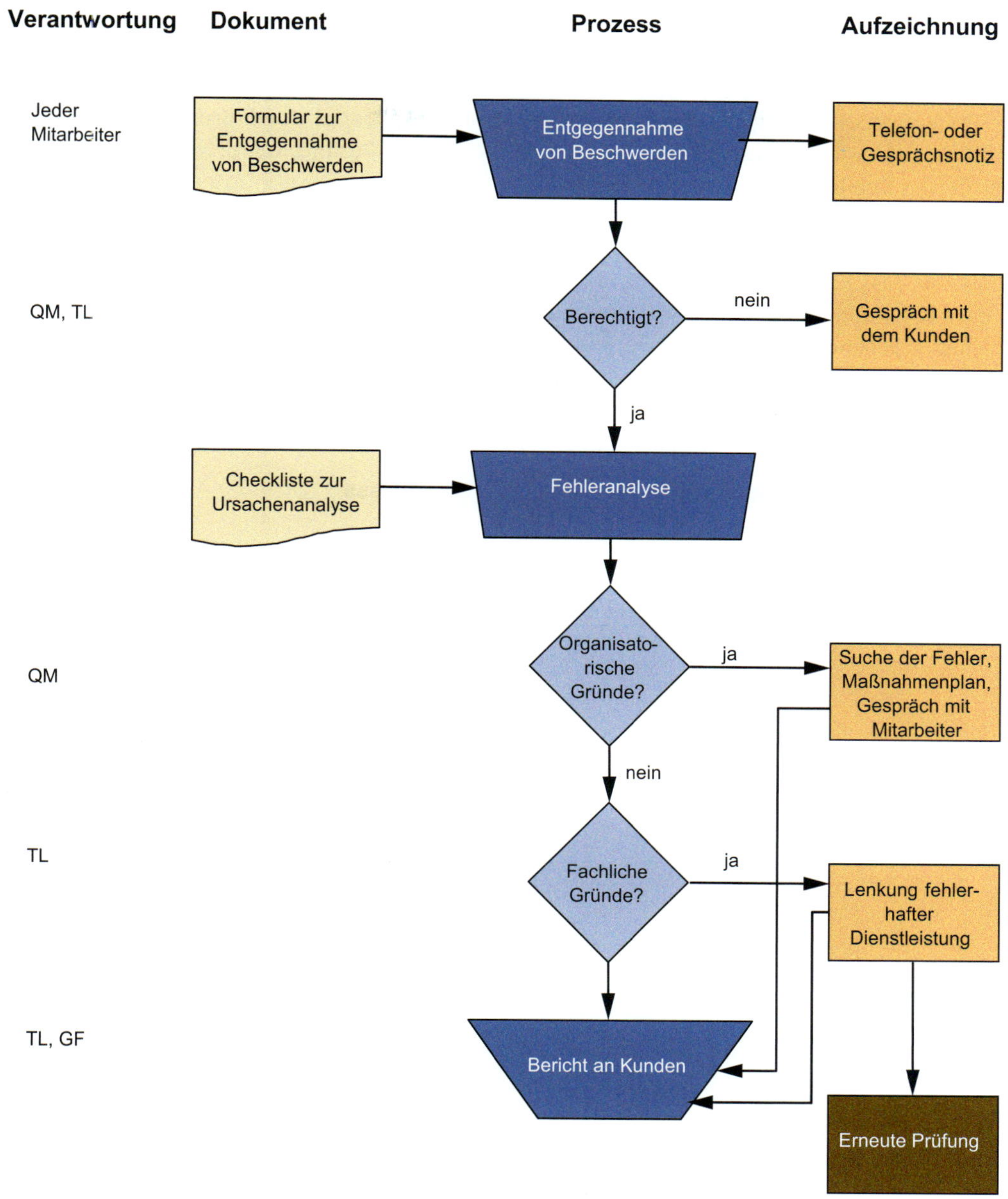

Abb. 43.7 Verfahrensablauf zum Beschwerdemanagement

Ebenso mager sind die Forderungen zum Umgang mit Beschwerden. Das Labor muss Regelungen und Verfahren zur Behandlung von Beschwerden einführen und aufrechterhalten. Über die Beschwerden und die dadurch veranlassten Maßnahmen müssen Aufzeichnungen angefertigt werden. Die Norm macht **keine** Aussage darüber, wie diese Regelungen gestaltet sein müssen.

Das Labor muss:

- alle Bedingungen des Auftrags schriftlich fixieren
- dem Kunden die Anwesenheit im Labor während der Durchführung seiner Prüfungen ermöglichen
- Vertraulichkeit gegenüber anderen Kunden wahren
- den Umgang mit Beschwerden regeln

(Teile 4.7 und 4.8 aus DIN EN ISO/IEC 17025)

V

43.3.8 Umgang mit fehlerhaften Prüfarbeiten

Das Labor muss Verfahren beschreiben, nach denen mit fehlerhaften Prüfergebnissen umgegangen wird. Diese Verfahren müssen sicherstellen, dass die eigenen Anforderungen und die des Kunden erfüllt werden, dass Verantwortlichkeiten und Befugnisse festgelegt sind, nach denen fehlerhafte Ergebnisse bewertet und Maßnahmen ergriffen werden müssen, dass Korrekturmaßnahmen eingeleitet werden, dass der Kunde unterrichtet wird und dass laufende Arbeiten gegebenenfalls unterbrochen und erst wieder aufgenommen werden, wenn der Fehler behoben ist (Abb. 43.8).

Die fehlerhaften Ergebnisse können auf verschiedene Weise festgestellt werden, nämlich durch Reklamation des Kunden, durch Qualitätslenkung, durch Prüfung von Verbrauchsmaterial, durch Beobachtung durch das Personal, durch die Prüfung von Ergebnisberichten oder durch Ergebnisse interner oder externer Audits. Die Ursachen fehlerhafter Ergebnisse können im System des Qualitätsmanagements begründet sein oder in der Prüftätigkeit. In beiden Fällen könnten sich falsche Ergebnisse wiederholen. Wenn diese Möglichkeit besteht, müssen angemessene Korrekturmaßnahmen eingeleitet werden.

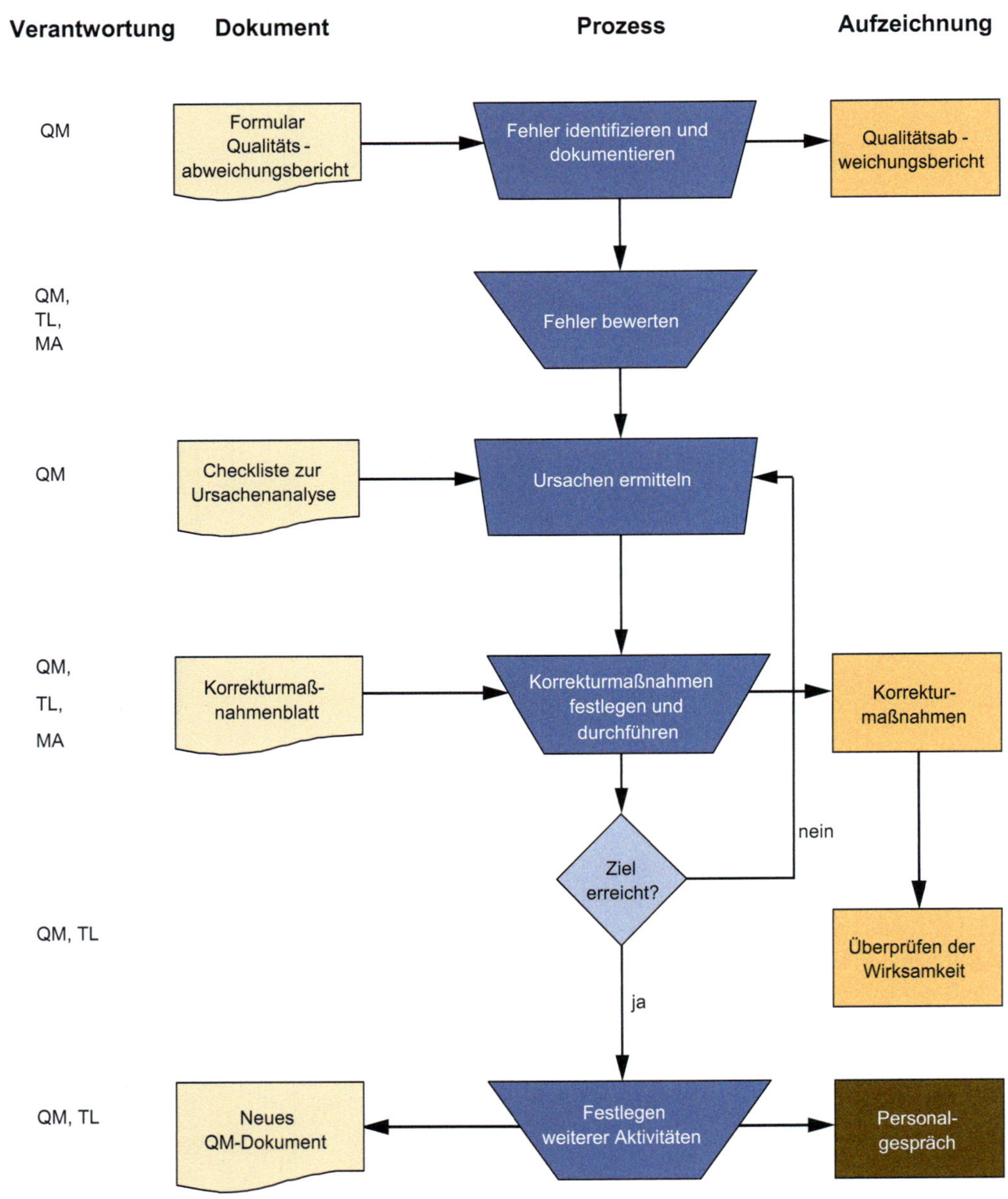

Abb. 43.8 Verfahrensablauf zur Behandlung von Qualitätsabweichungen

Das Labor muss:
- fehlerhafte Prüfarbeiten als Warnsignal betrachten
- die Ursachen analysieren und Korrekturmaßnahmen einleiten
- ein Gespräch mit dem betroffenen Kunden führen und prüfen, ob weitere Kunden betroffen sind
- gegebenenfalls Arbeiten einstellen

(Teil 4.9 aus DIN EN ISO/IEC 17025)

43.3.9 Korrekturmaßnahmen und vorbeugende Maßnahmen

Das Labor muss Regelungen und Verfahren einführen, um *Korrekturmaßnahmen* zu verwirklichen, wenn sich fehlerhafte Arbeiten oder Abweichungen von organisatorischen oder technischen Abläufen herausgestellt haben. Die Maßnahmen müssen mit der Ursachenforschung – dem oft schwierigsten Teil der Aufgabe – beginnen. Korrekturmaßnahmen müssen so ausgewählt werden, dass sie dem Ausmaß und dem Risiko des Problems angemessen sind. Sie müssen das Problem beseitigen und ein Wiederauftreten des Fehlers verhindern. Alle Maßnahmen müssen dokumentiert und ihre Wirksamkeit muss innerhalb festgelegter Termine überwacht werden. Sollte sich herausstellen, dass organisatorische Regelungen die Ursache sind, d. h. dass ein Fehler im System vorhanden ist, muss der betroffene Tätigkeitsbereich nach der Durchführung von Korrekturmaßnahmen einer zusätzlichen Auditierung unterzogen werden (Abb. 43.9).

Vorbeugende Maßnahmen sind im Voraus durchgeführte Prozesse, um Verbesserungsmöglichkeiten zu ermitteln. Sie sind – im Gegensatz zu Korrekturmaßnahmen – keine Reaktion auf Beschwerden oder auf die Feststellung von Problemen. Im Labor müssen Pläne und Maßnahmen entwickelt werden, mit denen die Wahrscheinlichkeit des Auftretens von Fehlern ermittelt werden kann. Vorbeugend heißt, diese Wahrscheinlichkeit zu verringern und Verbesserungsmöglichkeiten zu nutzen. Als vorbeugende Maßnahmen sollen gewertet werden: Einsatz von Referenzmaterialien, Führen von Kontrollkarten sowie Teilnahme an Ringversuchen. Sinnvoll, in der Norm aber nicht gefordert, sind Risikoanalyse, Fehlerbaumanalyse und statistische Prozesslenkung.

Vorbeugende Maßnahmen müssen geplant, überwacht und auf ihre Wirksamkeit innerhalb festgelegter Termine überprüft werden. Alle vorbeugenden Maßnahmen werden dokumentiert und beim Qualitätsmanagement archiviert.

Das Labor muss:
- ein Organigramm zur Fehleranalyse erarbeiten
- einen Maßnahmenplan mit allen Betroffenen gemeinsam erstellen
- die Einhaltung und Wirksamkeit des Maßnahmenplans überwachen
- im Rahmen der Vorbeugung Möglichkeiten von auftretenden Fehlern suchen
- vorbeugende Maßnahmen zur Vermeidung dieser Fehler festlegen
- ein Verfahren zum betrieblichen Vorschlagswesen erstellen

(Teile 4.10 und 4.11 aus DIN EN ISO/IEC 17025)

43.3.10 Interne Audits

Das Labor muss nach einem festgelegten Plan regelmäßig interne Audits durchführen, um nachzuweisen, dass die Arbeiten in der täglichen Praxis noch dem installierten Qualitätsmanagementsystem entsprechen. Das Programm der Audits muss alle Bereiche des Qualitätsmanagementsystems umfassen. Die Planung und Organisation obliegt dem Qualitätsmanager. Als Auditoren müssen geschulte und qualifizierte Mitarbeiter herangezogen werden, die möglichst vom auditierten Bereich unabhängig sind. Wenn das Ergebnis des Audits zu der Befürchtung Anlass gibt, die Prüfergebnisse des Labors könnten fehlerhaft werden, müssen Korrekturmaßnahmen ergriffen werden und der betroffene Kunde muss, wenn notwendig, darüber informiert werden (Abb. 43.10).

Die Ergebnisse des Audits und die daraus folgenden notwendigen Korrekturmaßnahmen einschließlich der Termine müssen aufgezeichnet werden. Die Wirksamkeit der ergriffenen Maßnahmen muss im folgenden Audit überprüft werden. Alle Audits, ihre Ergebnisse und daraus abgeleitete Maßnahmen werden dokumentiert. Sie fließen in den Bericht der Managementbewertung ein.

Das Labor muss:
- in allen Bereichen jährlich interne Audits durchführen
- gemeinsam mit den Mitarbeitern einen Auditplan erstellen
- die Ergebnisse der Korrekturmaßnahmen als Folge der Audits überwachen

(Teil 4.14 aus DIN EN ISO/IEC 17025)

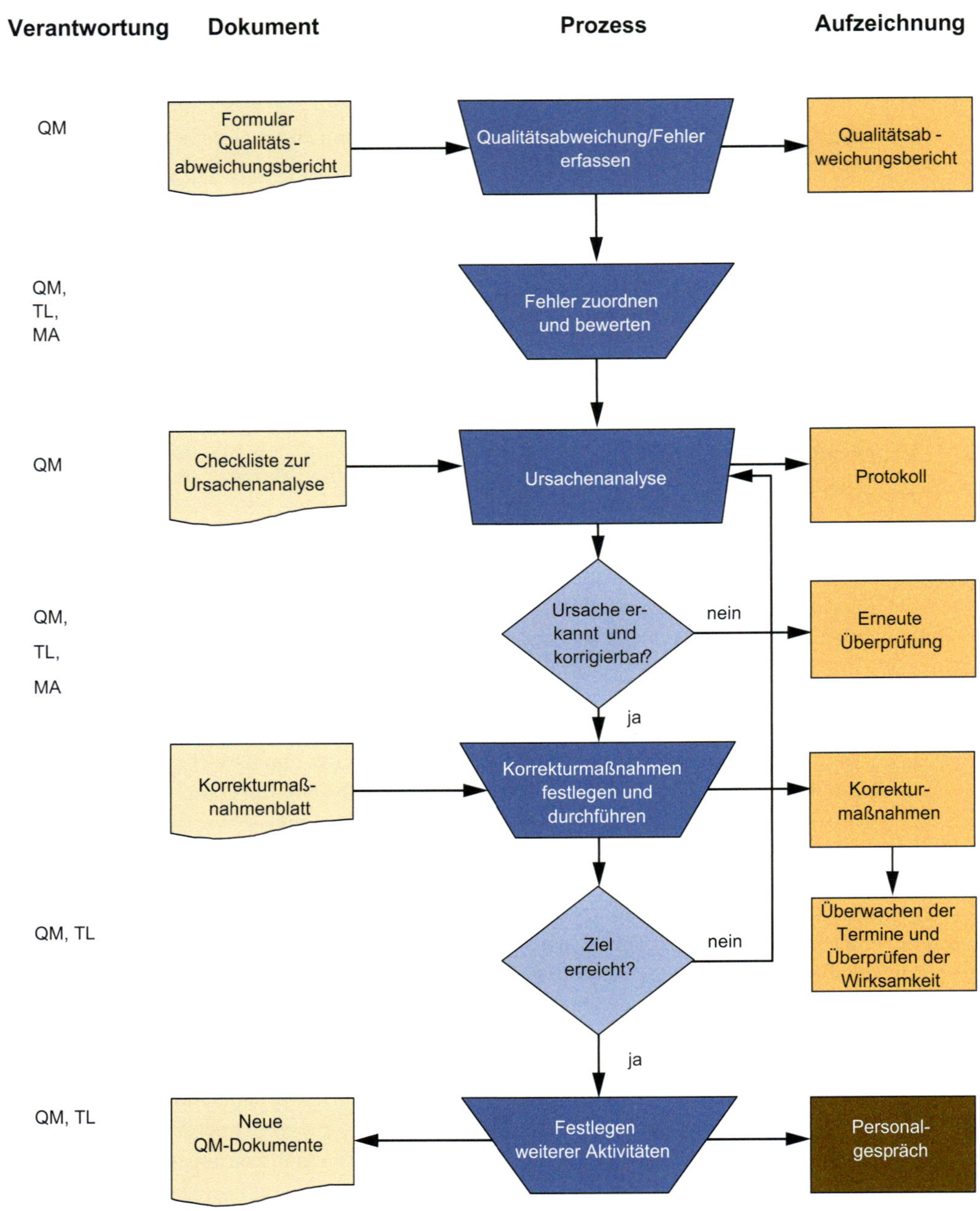

Abb. 43.9 Verfahrensablauf zur Entwicklung von Korrekturmaßnahmen

V

43.4 Technische Anforderungen

Diese Vorschriften betreffen die Prüfungen selbst. Es werden die Einflüsse definiert, die die Richtigkeit und Zuverlässigkeit der Prüfergebnisse bestimmen. Zu diesen Faktoren gehören:

- menschliche Einflüsse (Personal)
- Räumlichkeiten und Umgebungsbedingungen
- Prüfverfahren und deren Validierung
- Einrichtungen
- messtechnische Rückführung
- Probenahme
- Handhabung von Prüfgegenständen
- Sicherung der Qualität der Prüfergebnisse
- Erstellen von Ergebnisberichten

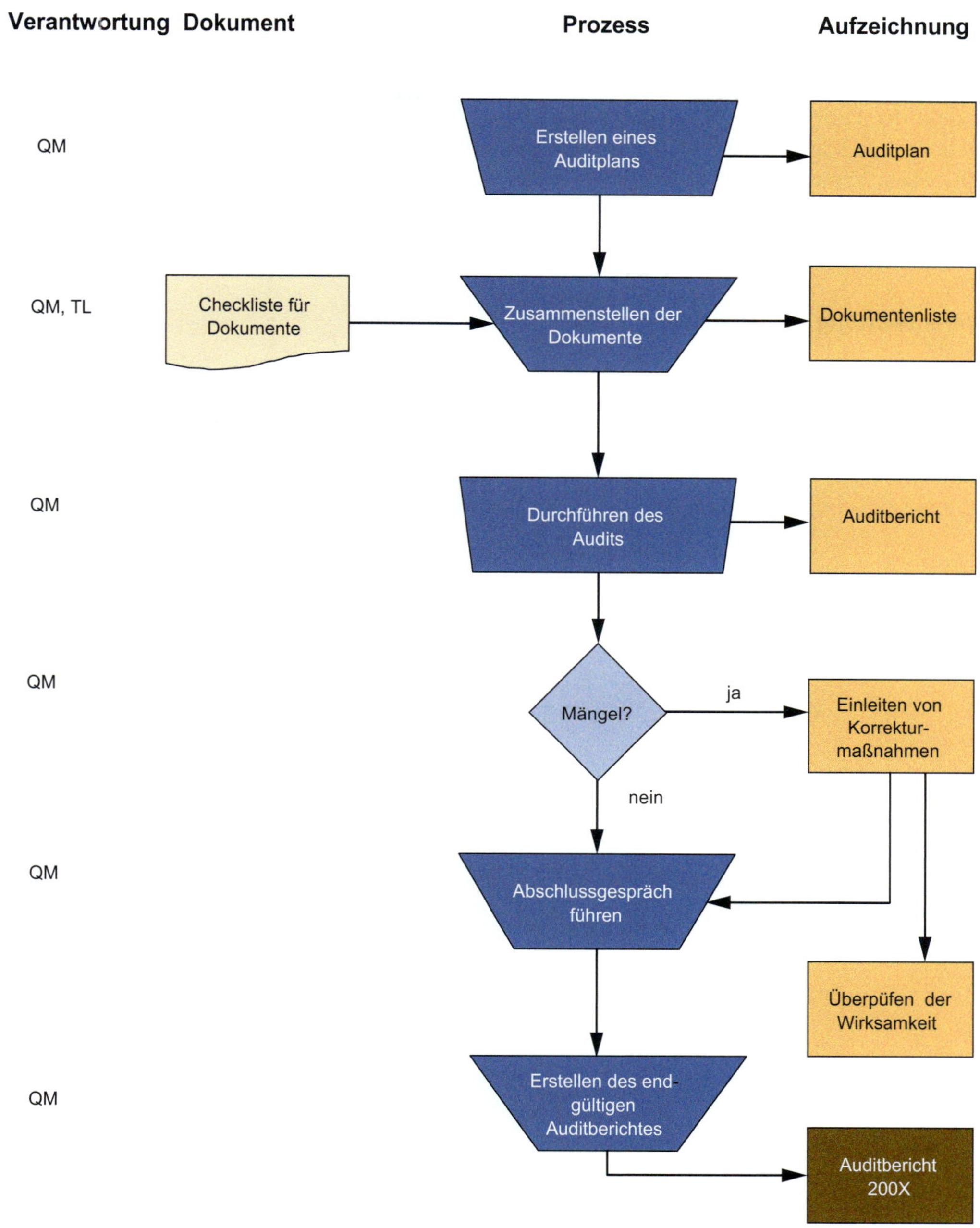

Abb. 43.10 Verfahrensablauf zur Durchführung interner Audits

Jedes Messergebnis ist mit einem Unsicherheitsfaktor, der so genannten *Gesamtmessunsicherheit*, behaftet, die in Abhängigkeit von der Art der Prüfung stark differiert. Sie ist die Summe aller Unsicherheiten, die sich aus einer Reihe von Faktoren ergeben. Je nachdem, wie groß der Einfluss eines bestimmten Faktors ist, z. B. der Probenahme, geht die Messunsicherheit, die aus der Probenahme resultiert, entsprechend in die Gesamtmessunsicherheit ein. Das Labor muss Verfahren entwickeln, um die einzelnen Komponenten dieser Größe zu ermitteln. Sie müssen bei der Entwicklung von Verfahren berücksichtigt werden.

Das Labor muss:

- Einflussgrößen auf die Prüfergebnisse einschließlich ihrer Messunsicherheiten ermitteln
- Gesamtmessunsicherheit abschätzen

(Teil 5.1 aus DIN EN ISO/IEC 17025)

V

43.4.1 Personal

Die zuverlässige Arbeit des Personals bestimmt wesentlich die Qualität der Prüfergebnisse. Deshalb muss das Labor sicherstellen, dass alle Mitarbeiter die notwendige Qualifikation haben. Mitarbeiter, die sich in der Ausbildung befinden oder die kurzzeitig beschäftigt sind, müssen von ausgebildeten Personen beaufsichtigt werden. Das Personal muss im Labor angestellt oder anderweitig vertraglich gebunden sein, und es muss in Übereinstimmung mit dem QM-System des Labors arbeiten. Personen, die in den Prüfberichten für Interpretationen verantwortlich sind, müssen über Kenntnisse der Methoden, der Materialien und Einrichtungen verfügen, die Normung und gegebenenfalls die Rechtsgrundlagen beherrschen, und sie müssen Verständnis für den Einfluss von Abweichun-

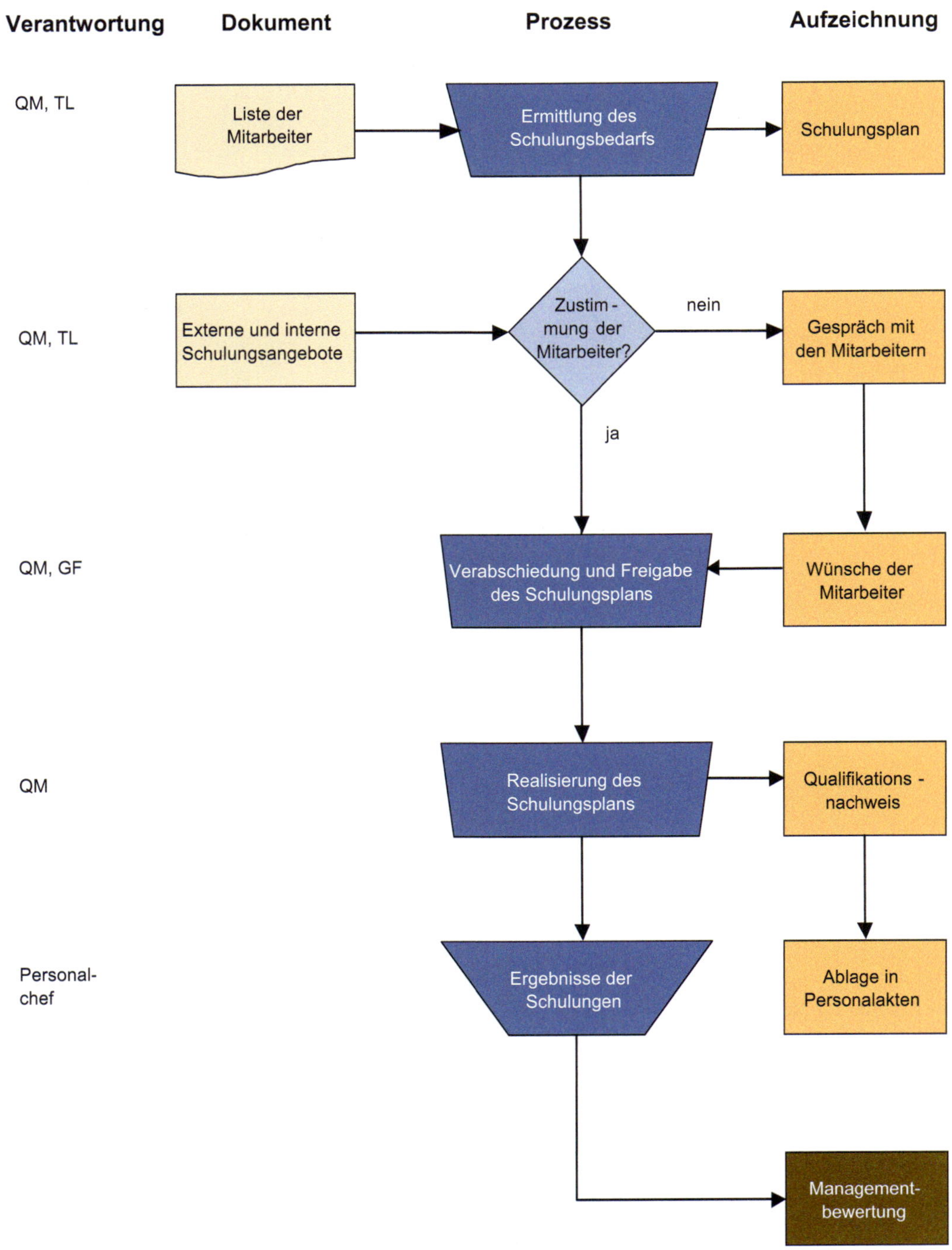

Abb. 43.11 Schulung von Mitarbeitern

gen aufbringen. Die Leitung des Labors muss für das Personal Schulungsziele formulieren, den Schulungsbedarf ermitteln und die notwendigen Schulungen durchführen bzw. das Personal zu externen Schulungen schicken (Abb. 43.11).

Das Labor muss für das Leitende und das Technische Personal Tätigkeitsbeschreibungen mit Verantwortlichkeiten und Befugnissen führen, aus denen der Zeitpunkt zu erkennen ist, zu dem diese Verantwortlichkeiten und Befugnisse erteilt wurden. Es ist zu unterscheiden zwischen

- der Verantwortung für die Durchführung von Prüfungen,
- der Verantwortung für die Planung von Prüfungen und die Auswertung der Ergebnisse,
- der Verantwortung für die Abgabe von Meinungen und Interpretationen,
- der Verantwortung zur Änderung und Entwicklung von Verfahren und deren Validierung.

Das Labor muss:

- qualifiziertes Personal mit vertraglicher Bindung beschäftigen
- den Schulungsbedarf ermitteln
- Schulungen planen und planmäßig durchführen
- systematische Weiterbildung an die Bedürfnisse des Labors anpassen
- Verantwortlichkeiten und Befugnisse für alle Mitarbeiter festlegen
- Mitarbeiter durch Übertragung von Befugnissen motivieren

(Teil 5.2 aus DIN EN ISO/IEC 17025)

43.4.2 Räumlichkeiten, Umgebungsbedingungen und Einrichtungen

Die Räumlichkeiten und die Ausstattung des Labors müssen so gestaltet sein, dass die Prüfergebnisse nicht verfälscht und nicht negativ beeinflusst werden. Es ist dafür zu sorgen, dass keine unbefugten Personen in das Labor kommen und dass Ordnung und Sauberkeit sichergestellt sind. Das Labor muss dafür sorgen, dass die Laborausstattung und die Umgebungsbedingungen eine korrekte Ausführung der Prüfungen ermöglichen. Die Einhaltung festgelegter Regelungen muss überwacht werden. Besondere Sorgfalt muss auf solche Probenahmen und Prüfungen verwendet werden, die nicht im Labor erfolgen, z. B. Probenahme Luft oder Boden im Außenbereich. Je nach Art des Labors können folgende Faktoren schädliche Einflüsse ausüben: biologische Organismen, Staub, elektromagnetische oder andere Strahlung, Feuchtigkeit, Stromversorgung, Temperaturwechsel, Schall und Schwingung. Kommt einer dieser Faktoren zur Wirkung und könnten die Prüfergebnisse dadurch beeinflusst werden, müssen die Arbeiten eingestellt werden, und es müssen Maßnahmen zur Behebung der Beeinflussung getroffen werden. Querkontaminationen sind zu vermeiden, gegebenenfalls müssen Prüfbereiche gegeneinander abgetrennt werden. Der Zugang zu den Prüfbereichen muss geregelt sein.

Das Labor muss mit allen Mess- und Prüfeinrichtungen ausgestattet sein, die es zur Durchführung der Prüfungen einschließlich Probenahme benötigt. Die Prüfeinrichtungen und die dazugehörende Software müssen den Spezifikationen des Verfahrens genügen und die erforderliche Genauigkeit erreichen. Für Schlüsselgrößen müssen Kalibrierprogramme eingeführt werden. Alle Prüfeinrichtungen werden bei der Anlieferung – bevor sie eingesetzt werden – überprüft. Das Personal muss in der Bedienung der Prüfeinrichtungen unterwiesen werden, die entsprechenden Arbeits- und Wartungsanleitungen müssen für das Personal jederzeit verfügbar sein.

Jede Prüfeinrichtung muss eindeutig gekennzeichnet sein. Es werden Gerätekarten angelegt, die folgende Angaben enthalten:

- Bezeichnung des Einrichtungsgegenstandes und seiner Software
- Name des Herstellers, Typ-Bezeichnung, Serien-Nr.
- Prüfung der Übereinstimmung mit der Spezifikation
- Anleitung des Herstellers zur Bedienung
- Daten, Ergebnisse und Kopien von Berichten und Bescheinigungen über Kalibrierungen, Justierungen, Zulassungskriterien und Termin für die nächste Kalibrierung
- Wartungsplan und durchgeführte Wartungsarbeiten
- Schäden, Funktionsstörungen, Änderungen oder Reparaturen der Prüfeinrichtung

Das Labor verfügt über Verfahrensanweisungen für die sichere Handhabung und den Transport, die Lagerung, den Gebrauch und die vorgesehene Wartung, die die Funktionsfähigkeit der Einrichtungen sicherstellen. Mangelhafte Prüfeinrichtungen werden außer Betrieb genommen, als nicht gebrauchsfähig gekennzeichnet, repariert und erneut kalibriert. Prüfeinrichtungen müssen gegen Veränderung der Einstellung gesichert sein. Wenn sie eine Kalibrierung erfordern, existiert ein Kalibrierprogramm. Der Kalibrierstatus ist am Gerät erkennbar.

Das Labor muss:
- eine Beeinflussung der Prüfergebnisse durch äußere Bedingungen vermeiden
- eine Abtrennung bestimmter Bereiche installieren
- Querkontamination vermeiden
- Prüfeinrichtungen mit Anforderungsprofil bestellen
- Prüfeinrichtungen bei der Lieferung überprüfen (verifizieren)
- Prüfeinrichtungen inventarisieren und Wartungsplan erstellen

(Teile 5.3 und 5.5 aus DIN EN ISO/IEC 17025)

43.4.3 Prüfverfahren und deren Validierung

Das Labor muss für Probenahme und Prüfungen geeignete Verfahren verwenden, die den Anforderungen des Kunden entsprechen, und es muss über Anleitungen für den Gebrauch und Betrieb wichtiger Einrichtungen verfügen. Die Anleitungen sowie alle Normen, Handbücher und Referenzdaten gelten als Qualitätsdokumente. Sie müssen auf dem aktuellen Stand und den Mitarbeitern leicht zugänglich sein. Abweichungen von diesen Verfahren beim Arbeiten müssen begründet und dokumentiert sein. Nationalen und internationalen Normen ist der Vorrang zu geben. Werden andere Verfahren angewendet, muss der Kunde darüber informiert werden.

Verfahren, die das Labor selbst entwickelt oder übernommen hat, oder modifizierte genormte Verfahren, müssen validiert sein. Die *Validierung* ist die Bestätigung durch Untersuchung und Bereitstellung eines Nachweises, dass die besonderen Anforderungen für einen speziellen beabsichtigten Gebrauch erfüllt werden. Der Umfang der Validierung und Verfahrensmerkmale sind beispielhaft anzugeben, die Ergebnisse aufzuzeichnen, und es ist festzulegen, ob das Verfahren für den beabsichtigten Gebrauch geeignet ist (Abb. 43.12). Der Bereich und die Genauigkeit der mit validierten Verfahren erreichbaren Werte müssen festgelegt werden. Zu berücksichtigen sind: Ergebnisunsicherheit und Nachweisgrenze, Selektivität des Verfahrens und Linearität, Wiederholgrenze und/oder Vergleichsgrenze, Robustheit gegen äußere Einflüsse und Querempfindlichkeit gegenüber Beeinflussungen der Probe.

Die Messunsicherheit wird aufgrund von Erfahrung und mithilfe der Validierungsdaten geschätzt. Ist eine strenge metrologische oder statistisch gültige Schätzung auszuschließen, müssen mindestens die Haupteinflussgrößen der Messunsicherheit ermittelt werden, anhand derer die Gesamtmessunsicherheit geschätzt werden kann. Im Prüfbericht darf kein falscher Eindruck bezüglich der Messunsicherheit erweckt werden.

Kommerziell erworbene Software und Software in/an Prüfungen muss nicht validiert werden. Selbst hergestellte oder von externen Firmen im Auftrag entwickelte Software muss validiert werden. Die entsprechenden Aufzeichnungen sind nachzuweisen.

Das Labor muss:
- standardisierte Verfahren verifizieren
- selbst entwickelte oder modifizierte Verfahren validieren, ehe sie zur Prüfung eingesetzt werden
- Schätzung der Messunsicherheit als Teil des Verfahrens behandeln

(Teil 5.4 aus DIN EN ISO/IEC 17025)

43.4.4 Messtechnische Rückführung

Um die Vergleichbarkeit von Prüfergebnissen auf einem ausreichenden Genauigkeitsniveau zu gewährleisten, werden Festlegungen zum Gebrauch von zertifizierten Bezugsnormalen getroffen. Bezugsnormale gewährleisten die Rückführung auf nationale bzw. internationale Normale. Alle Prüfeinrichtungen, die einen Einfluss auf Genauigkeit und Gültigkeit eines Prüfergebnisses haben können, werden vor ihrer Inbetriebnahme kalibriert. Das Labor verfügt über entsprechende Verfahren.

Die Rückführung auf SI-Einheiten kann durch Bezug auf ein geeignetes Primärnormal oder auf eine Naturkonstante erreicht werden, z. B. mit ähnlichen Normalen metrologischer Staatsinstitute. Im Kalibrierlabor werden die eigenen Normale oder Messgeräte auf das SI-System mittels einer ununterbrochenen Kette von Kalibrierungen und Vergleichen zurückgeführt. Können Kalibrierungen nicht streng in SI-Einheiten durchgeführt werden, erfolgt die Rückführung auf geeignete Normale, z. B. mit einem zertifizierten Referenzmaterial oder unter Anwendung spezieller Normale. Das muss über ein Programm und Verfahren für die Kalibrierung seiner Bezugsnormale durch eine staatliche Stelle verfügen. Bezugsnormale dürfen nur für Kalibrierungen und für keinen anderen Zweck verwendet werden. Referenzmaterialien werden auf ein zertifiziertes Referenzmaterial zurückgeführt. Interne Referenzmaterialien müssen geprüft werden. Für Prüfeinrichtungen und Referenzmaterialien werden Kalibrierpläne erstellt und es wird sichergestellt, dass Bezugsnormale und Referenzmaterialien durch Transport, Lagerung oder Gebrauch nicht verschmutzt oder beschädigt werden.

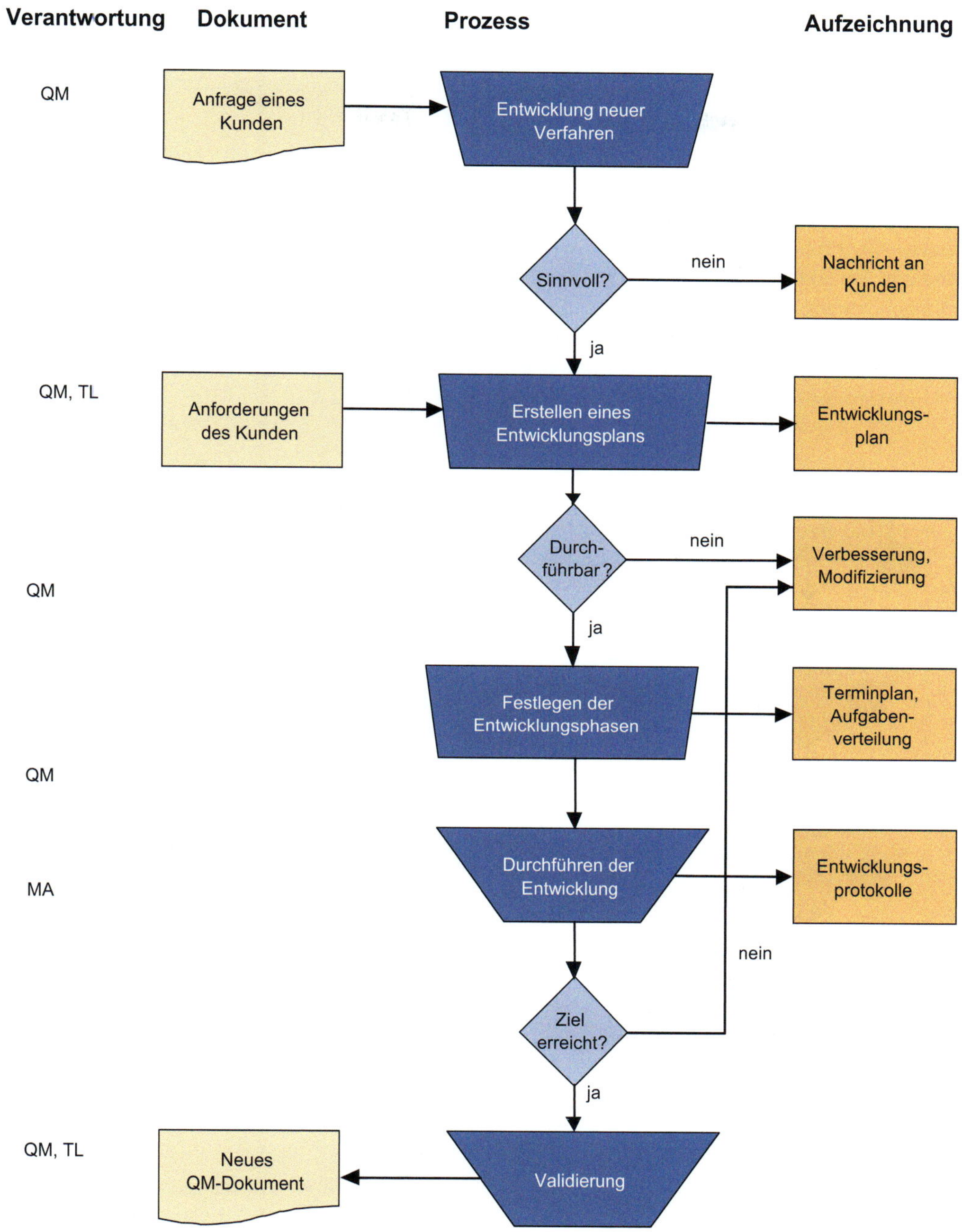

Abb. 43.12 Weg zur Entwicklung eigener Verfahren im Labor

Das Labor muss:

- Messwerte auf SI-Einheiten über Kalibrierung zurückführen
- Messwerte über Referenzmaterialien zurückführen
- den Umgang mit Referenzmaterialien und Referenzstämmen festlegen

(Teil 5.6 aus DIN EN ISO/IEC 17025)

V

43.4.5 Probenahme

Bei der Probenahme wird ein Teil einer Substanz, eines Materials oder eines Produktes entnommen und als repräsentative Probe für das Ganze behandelt. Eine Probe kann auch nicht repräsentativ, sondern durch Verfügbarkeit bestimmt sein. Die Probenahme ist Teil des Prüfauftrages, wenn sie vom Labor vorgenommen wird. Will der Kunde selbst die Probe ziehen, kann er entsprechend angewiesen werden. Das Labor verfügt über Probenahmepläne und über Verfahrensanweisungen zur Durchführung der Probenahme, die am Ort der Probenahme vorliegen müssen. Diese Verfahrensanweisungen sollen die Auswahl, den Probenahmeplan, Hinweise zur Entnahme und Verpackung sowie die Vorbereitung einer oder mehrerer Proben enthalten (Abb. 43.13).

Das Labor muss Verfahren entwickeln, nach denen die Aufzeichnungen zur Probenahme erstellt werden. Sie müssen enthalten: Verfahren der Probenahme, Identifikation des Probenehmers, die Umweltbedingungen (sofern relevant), Beschreibung des Ortes der Probenahme und die statistische Methode, auf der das Verfahren beruht, wenn es relevant ist.

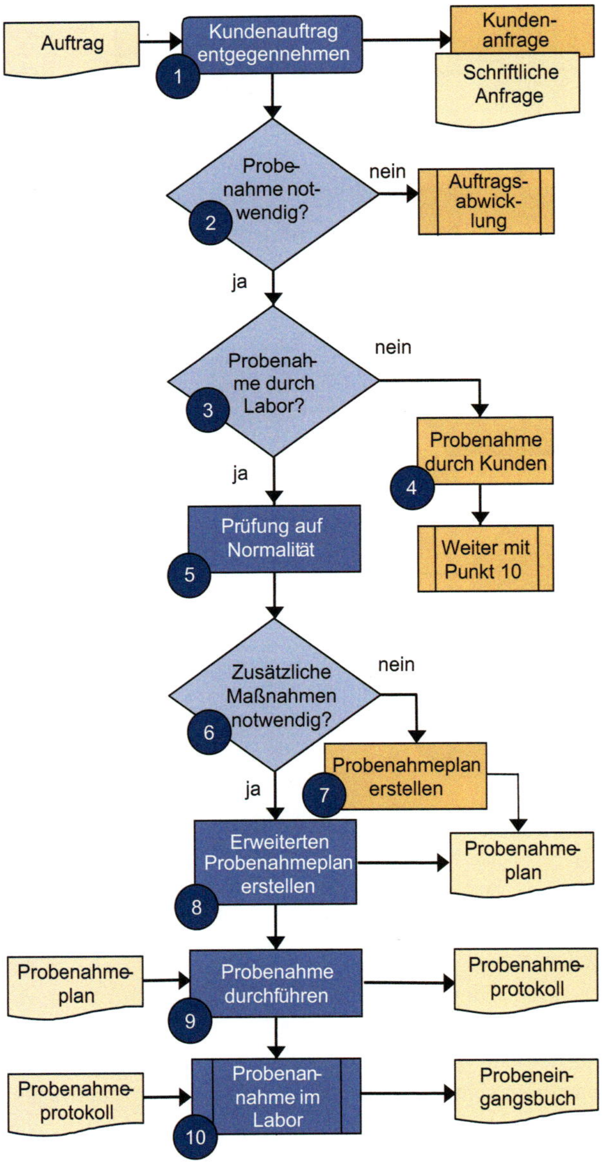

Abb. 43.13 Allgemeine Vorgehensweise zur Probenahme

Das Labor muss:

- generelle Anweisungen zur Probenahme erstellen
- individuelle Anweisungen für jeden Bereich erstellen
- Formblatt für das Probenahmeprotokoll erstellen
- eventuelle Probenahme durch den Kunden berücksichtigen

(Teil 5.7 aus DIN EN ISO/IEC 17025)

43.4.6 Umgang mit Prüf- und Kalibriergegenständen

Der Umgang mit Proben beginnt bei der Anlieferung und endet bei der Archivierung bzw. Entsorgung. Durch falschen Umgang mit Proben können die Prüfergebnisse erheblich beeinträchtigt werden. Das Labor muss über Verfahren zu Transport, Eingang, Handhabung, Schutz, Lagerung, Aufbewahrung und/oder Beseitigung von Prüfgegenständen verfügen. Vorrang haben die Unversehrtheit der Proben und der Schutz der Interessen des Labors und des Kunden. Das Labor muss über ein System zur Kennzeichnung der Prüfgegenstände verfügen, das sicherstellt, dass keine Gegenstände verwechselt werden, dass die Kennzeichnung der Probe während der gesamten Bearbeitungszeit erhalten bleibt und dass die Weiterleitung der Probe, z. B. in andere Abteilungen, möglich ist. Das Labor muss außerdem ein Rückstellmuster archivieren, falls aufgrund von Unstimmigkeiten eine Wiederholung der Prüfung notwendig ist. Beim Eingang der Probe müssen alle Besonderheiten aufgezeichnet werden. Erscheint die Probe aufgrund ihres Einlieferungszustandes ungeeignet zur Prüfung, muss dies dem Kunden mitgeteilt werden. Alle Vorgänge und Vereinbarungen sind aufzuzeichnen.

Das Labor muss sicherstellen, dass die Probe keinen Verlust und keine Beschädigung erleidet, dass alle Behandlungsanweisungen eingehalten werden und dass geeignete Lagermöglichkeiten zur Verfügung stehen.

Das Labor muss:

- den Zustand der Probe beim Eingang beurteilen
- die Probe(n) eindeutig kennzeichnen
- nach der Bearbeitung Rückstellmuster anlegen
- Reste von Proben und Chemikalien ordnungsgemäß entsorgen

(Teil 5.8 aus DIN EN ISO/IEC 17025)

43.4.7 Sicherung der Qualität von Prüfergebnissen

Um die Qualität der Prüfergebnisse generell zu sichern, müssen alle einzelnen Verfahrensschritte einer regelmäßigen Überprüfung unterzogen werden. Das Labor muss über Verfahren verfügen, die die Gültigkeit der durchgeführten Prüfungen überwachen. Die Ergebnisse der Überwachung müssen aufgezeichnet werden, eventuelle Tendenzen müssen statistisch ausgewertet werden. Diese Überwachung muss Folgendes enthalten:

- regelmäßige Verwendung von zertifizierten Referenzmaterialien und interne Qualitätslenkung unter Verwendung von sekundärem Referenzmaterial
- Teilnahme an Laborabgleichen und Ringversuchen
- Wiederholungsprüfungen oder Prüfungen unter Verwendung derselben oder anderer Verfahren
- erneute Prüfung von Rückstellmustern
- Korrelation von Ergebnissen für verschiedene Merkmale eines Gegenstandes

Das Labor muss:

- die Einhaltung der festgelegten Arbeitsabläufe sicherstellen
- die Ergebnisse von Unterauftragnehmern überprüfen
- zertifizierte Referenzmaterialien verwenden
- regelmäßige Teilnahme an Ringversuchen festlegen
- Wiederholungsprüfungen durchführen (wenn erforderlich)

(Teil 5.9 aus DIN EN ISO/IEC 17025)

43.4.8 Prüf- oder Ergebnisberichte

Die Ergebnisse der einzelnen Prüfungen werden in einem Prüfbericht zusammengefasst. Dieser Bericht muss alle Informationen enthalten, die der Kunde verlangt hat und die er für die Interpretation der Ergebnisse benötigt. Nach Absprache mit dem Kunden können Ergebnisse auch in vereinfachter Form berichtet werden. Die Gestaltung von Prüfberichten ist einheitlich. Prüfberichte werden schriftlich übermittelt, für Übermittlung auf elektronischem Weg gelten besondere Regelungen (Abb. 43.14).
Der Prüfbericht enthält folgende Angaben:

- Titel
- Name und Anschrift des Laboratoriums
- eindeutige Codierung und die Angabe „Seite X von Y“
- Namen und Anschrift des Auftraggebers
- Bezeichnung des angewendeten Prüfverfahrens
- Datum des Eingangs des Prüfgegenstandes und Beschreibung seines Zustandes
- Probenahmeplan und -verfahren
- Prüfergebnisse mit Angabe der Einheit
- Name und Stellung der unterschreibenden Person.

Für die Interpretation der Ergebnisse sind folgende Angaben nötig:

- Abweichungen vom Prüfverfahren und spezielle Prüfbedingungen
- Aussage zur Übereinstimmung mit der Spezifikation
- gegebenenfalls Angabe zur geschätzten Messunsicherheit
- eventuell Meinungen und Interpretationen

Der Prüfbericht darf auch Meinungen und Interpretationen (M + I) enthalten, die aber eindeutig als solche gekennzeichnet und gegebenenfalls belegt sein müssen. Die Qualifikation des Personals, das M + I abgibt, kann überprüft werden.
Wenn die Probenahme vom Labor ausgeführt wurde, können auch Angaben zur Probenahme von Bedeutung sein. Wenn ein Teil der Prüfungen von Unterauftragnehmern ausgeführt wurde, muss dies im Prüfbericht angegeben werden.
Änderungen des Prüfberichtes müssen in Form eines gesonderten Schriftstücks erfolgen mit dem Hinweis: „Ergänzung zu Prüfbericht Nr. ...“ Gegebenenfalls muss ein völlig neuer Prüfbericht erstellt werden.

Das Labor muss:

- die Form für Prüfberichte festlegen
- Meinungen und Interpretationen nur begrenzt abgeben
- Prüfberichte schriftlich übermitteln
- Korrekturen im Prüfbericht deutlich kennzeichnen

(Teil 5.10 aus DIN EN ISO/IEC 17025)

V

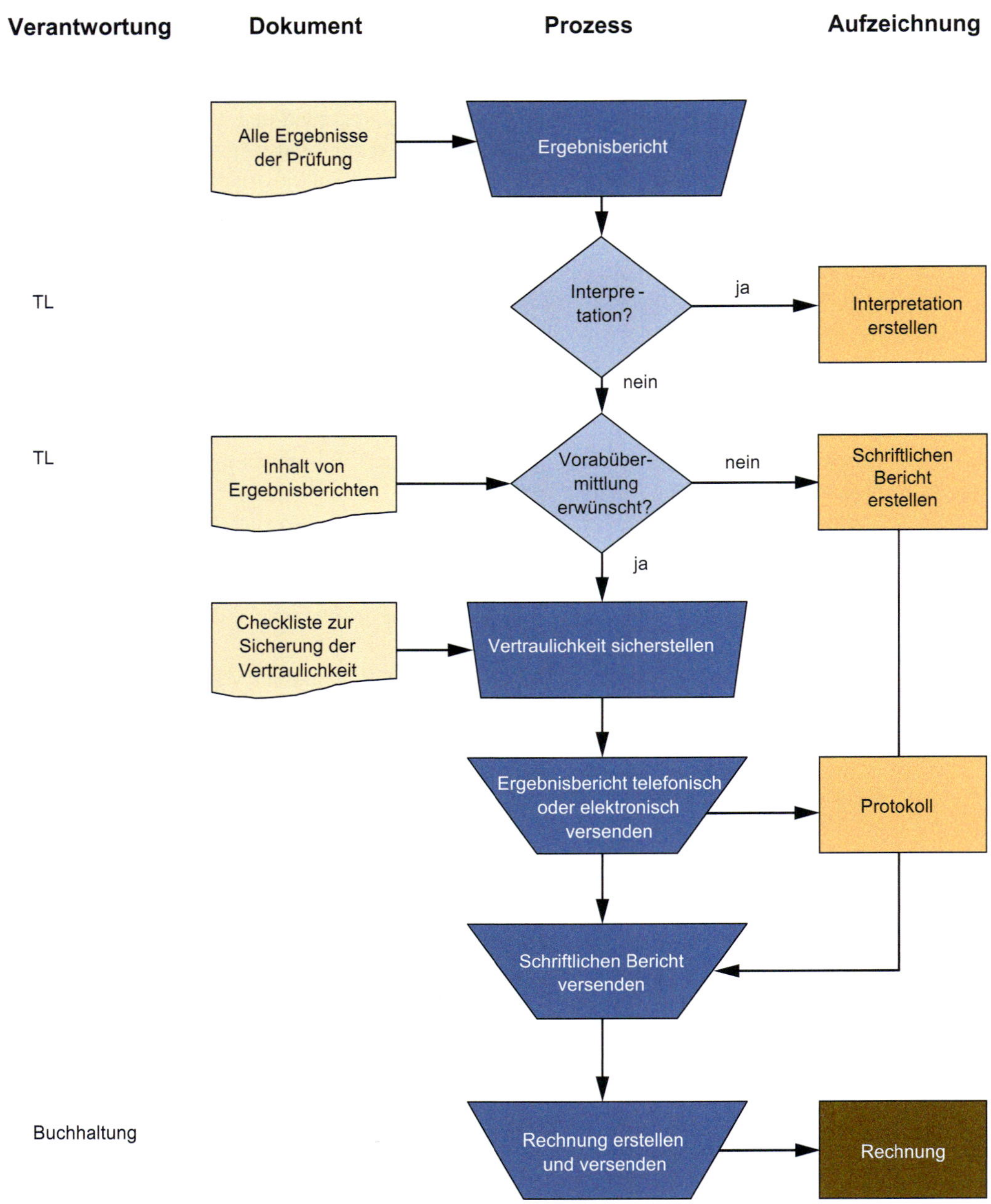

Abb. 43.14 Vorgehensweise beim Erstellen von Ergebnisberichten

V

43.5 Akkreditierung im Interesse des Kunden

Das Qualitätsmanagement im Labor ist durch die Vorgaben der Norm relativ eng gefasst. Eine Akkreditierung kostet viel Geld und wurde deshalb von den meisten Labors nur widerwillig angestrebt. Es ist jedem Labor unbenommen, bei sich ein System einzuführen, dass es ihm ermöglicht, den Ablauf seiner Tätigkeiten genau nachzuvollziehen, den Durchlauf der Proben durch verschiedene Abteilungen auch noch nach einem halben Jahr zu verfolgen und auch – wenn nötig vor Gericht – das genaue Verfahren anzugeben, nach dem ein bestimmter Wert bei den verdorbenen Wurstwaren vor einem Jahr ermittelt wurde. Aber dies kann teuer werden.

Im Ernstfall werden nicht nur Kunden, sondern auch Gutachter einem akkreditierten Labor mehr vertrauen. Die geforderten Darlegungen von Abläufen, die präzise Beschreibung von Prüfverfahren (und deren Einhaltung) wird in den meisten Labors ohnehin praktiziert. Warum

dann nicht auch den letzten Schritt gehen und das Label „Akkreditiert nach ...“ erwerben?
Sollte dies in einem Labor noch nicht der Fall sein, ist der offizielle Weg zur Akkreditierung eine gute Gelegenheit, gründlich aufzuräumen.
Andererseits soll das Qualitätsmanagement in einem Labor kein Selbstzweck sein. Das einmal implementierte und im Laufe der Zeit ausgebaute System soll den Erfordernissen des Labors angepasst sein. Prüfungen, die nicht mehr durchgeführt werden, werden ausgemustert. Aber die eingehenden Beschwerden werden sorgfältig beobachtet, denn das Ziel eines jeden QM-Systems ist die ständige Verbesserung mit dem Ziel der höchsten Kundenzufriedenheit.

Literatur

DIN EN ISO 15189, Ausgabe 2013-03: Medizinische Laboratorien – Anforderungen an die Qualität und Kompetenz

DIN EN ISO/IEC 17025, Ausgabe 2005-08: Allgemeine Anforderungen an die Kompetenz von Prüf- und Kalibrierlaboratorien

Richtlinie der Bundesärztekammer zur Qualitätssicherung laboratoriumsmedizinischer Untersuchungen, zuletzt geändert/ergänzt durch Beschluss des Vorstands der Bundesärztekammer vom 14.12.2012, veröffentlicht im Deutschen Ärzteblatt Jg.110, Heft 12, 22.03.2013, Seite A 575 - 582

TEIL VI

Qualitätsmanagement und Unternehmensführung

44 Qualitätsmanagement in der Unternehmensführung – Management der Qualität oder Qualität des Managements? 1009

45 Führung und Qualität 1021

46 Total Quality Management als Grundlage für die Entwicklung der Unternehmenskultur 1041

47 Aus-, Fort- und Weiterbildung 1055

48 Qualitätsmanagement und Motivation 1067

49 Die Transformation des Qualitätsmanagers 1079

Qualitätsmanagement in der Unternehmensführung – Management der Qualität oder Qualität des Managements?

44.1 Standort Deutschland wettbewerbsfähig gestalten und halten 1012

44.2 Die Qualität der Führung ist ganz entscheidend 1012

44.3 Führen heißt Motivation zur Entfaltung kommen lassen 1013

44.4 Von der Pflicht zur Kür 1015

44.5 Ist Qualität nur ein Kostenfaktor? 1016

44.6 Wertschöpfung durch Wertschätzung 1017

44.7 Auch die Politik ist gefordert 1018

44.8 Mit Konsequenz zum Erfolg! 1018

44.9 Resümee 1020

44

44 Qualitätsmanagement in der Unternehmensführung – Management der Qualität oder Qualität des Managements?

Herbert Schnauber

Fast jeder in Deutschland kann eine Geschichte über schlechte Qualität erzählen. Doch nicht nur aus Sicht des Qualitätsmanagements ist es absolut unverständlich, in welch laienhafter Abwicklung Großprojekte wie der Berliner Großflughafen in Schönefeld, Stuttgart 21, die Elbphilharmonie, der Nürburgring, die U-Bahn in Köln oder früher bereits Toll Collect in Angriff genommen wurden. Jüngstes Beispiel unglaublicher Fahrlässigkeit im Umgang mit öffentlichen, vom Steuerzahler stammenden Mitteln ist der geplante Drohneneinsatz. So viel Schlafmützigkeit ist kaum noch zu überbieten.

All diese Projekte offenbaren eines nur zu deutlich: Es fehlt die gezielte Nutzung längst bekannter Methoden der Qualitätssicherung, von umfassendem Qualitätsmanagement ganz zu schweigen. Was veranlasst öffentliche Instanzen immer wieder zu solch fahrlässig geplanten und in Angriff genommenen Projekten? Wo bleibt die Verantwortung unserer Politiker, die sich doch dazu verpflichten, „ihre Kraft dem Wohle des deutschen Volkes zu widmen, seinen Nutzen zu mehren und Schaden von ihm zu wenden …“?

Es ist nicht von der Hand zu weisen, dass Großprojekte komplex sind. Dies kann man jedoch kaum als Entschuldigung gelten lassen. Solche Projekte müssen deshalb nicht zwangsläufig – wie beim Bau des Berliner Flughafens – im Chaos enden und das Qualitätslabel „Made in Germany“ konterkarieren. Um die Komplexität zu beherrschen, werden Methoden verlangt, die bekannt sind. Dazu zählt zum einen die Risikoanalyse als Grundlage der Projektplanung und zur Identifizierung von Risiken, zum anderen einfach nur der Blick über den „eigenen Gartenzaun“. Gab es da nicht ähnliche Bauvorhaben in München oder bei der Installation von modernem Brandschutz in Düsseldorf? So wurden z. B. unter Nutzung der Fehler-Möglichkeits- und -Einfluss-Analyse (FMEA) Menschen auf den Mond und wieder zurück gebracht. Doch bei der Planung und dem Bau des Berliner Großflughafens scheinen derlei Methoden der Qualitätssicherung völlig außer Acht gelassen worden zu sein. Wie soll man sonst die fortwährenden Änderungen an den Planungen und den bereits erstellten Bauabschnitten verstehen? Oder war etwa die laienhafte Begleitung und Aufsicht durch Politiker, die sowohl als Bauherren als auch als Aufsichtsräte im Einsatz waren, der „Master of Desaster“?

Wieso gelingt es anderswo, etwa in der Schweiz, technische Höchstleistungen und wirtschaftliche Solidität in Einklang zu bringen? So geschehen bei der Durchdringung des Gotthard-Massivs im gegenläufigen Tunnelbau, der auf wenige Dezimeter genau war. Dabei generierte der im Vorfeld aufgestellte Kostenrahmen selbst bei unerwartet aufgetretenen geologischen Problemen keinerlei Zusatzkosten. Dies hat Dr. Renzo Simoni (CEO der AlpTransit Gotthard AG) 2012 in einem Vortrag anlässlich des 60-jährigen Jubiläums der Deutschen Gesellschaft für Qualität (DGQ) in Frankfurt eindrucksvoll dargestellt. Der Unterschied zum Flughafenprojekt in Berlin dürfte darin liegen, dass der Öffentliche Dienst beim Schweizer Großprojekt nicht

Bauherr und Aufsichtsinstanz zugleich war, sondern es in Finanzhoheit und Durchführung unterschiedliche Verantwortlichkeiten durch hochkarätige Fachleute gab.

Die genannten Beispiele zeigen eindrucksvoll, wie sehr es darauf ankommt, höchste Qualität von Anfang an zu praktizieren. Dies wiederum verlangt Führungskräfte, die in der Lage sind, sich für die Lösung der obliegenden Probleme den nötigen Sachverstand durch entsprechende Fachleute zu beschaffen. Erst die Qualität des Managements schafft umfassendes Qualitätsmanagement und damit die Voraussetzung, Projekte zeit- und kostengerecht umzusetzen.

44.1 Standort Deutschland wettbewerbsfähig gestalten und halten

Immer wieder treten Unzulänglichkeiten zutage, die eigentlich – so wie im Vorspann bereits erwähnt – zu vermeiden gewesen wären, wenn man die Qualität des eigenen Tuns von Anfang an in den Vordergrund gestellt hätte. Unbeschadet dessen gibt es sie noch, die Qualität auf hohem Niveau. Hierzu braucht man sich nur die vielfältigen Entwicklungen und Funktionalitäten unserer Produkte anzusehen. „Made in Germany", dieses Markenzeichen par excellence, sollte durch die Negativ-Beispiele von Großprojekten nicht in Mitleidenschaft gezogen werden. Vielmehr sollten derartige Beispiele Anlass sein, sich auf die eigenen Fähigkeiten zu besinnen, sie bewusst einzusetzen und dann erfolgreich durchzustarten. Wir haben keine andere Wahl, als uns in allen Bereichen zu engagieren und stets zu verbessern. Dies gilt im Übrigen insbesondere für den Dienstleistungsbereich.

Die Qualität ist in Deutschland nicht neu zu erfinden, das Qualitätsbewusstsein jedoch bedarf der ständigen Erneuerung, um den Standort Deutschland auch weiterhin auf hohem Niveau zu halten und kontinuierlich zu verbessern. Denn wo erfolgreich auf hohem Qualitätsniveau gehandelt wird, steht die wirtschaftlich erfolgreiche Erfüllung von Kundenwünschen und Marktforderungen auch nachhaltig im Mittelpunkt des Denkens und Handelns.

In Deutschland hatte die Qualität stets einen hohen Stellenwert. Seit es 1887 in England im Merchandise Marks Act, quasi als „Brandmark" für deutsche Produkte, zur Schöpfung des Begriffes „Made in Germany" kam, hat sich dieser Begriff als herausragendes Qualitätssynonym weltweit verfestigt. Erfolgreich wird ein Land ebenso wie ein Unternehmen nur sein, wenn es den Qualitätsgedanken als allumfassende Maxime aufgreift und ständig nach höchster Qualität strebt. Und exzellent wird man erst dann, wenn Qualität nicht immer neu hinterfragt wird, sondern eine Selbstverständlichkeit darstellt.

44.2 Die Qualität der Führung ist ganz entscheidend

Im Rahmen der dringend gebotenen Intensivierung ganzheitlicher Qualitätsaktivitäten kommt insbesondere der Qualität der Führung – auch der politischen Führung – eine ganz entscheidende Bedeutung zu. „In Zukunft wird der Erfolg im Wettbewerb fast ausschließlich auf die Qualität des Managements zurückzuführen sein", diese Aussage des ehemaligen Nestlé-Chefs Helmut Maucher verdeutlicht das Folgende: Wenn die eigene Organisation Hervorragendes leisten soll, muss das Management die Herausforderung zur höchsten Qualität insbesondere der eigenen Führung unbedingt annehmen. Leider entziehen sich Führungskräfte nur allzu oft der unmittelbaren und persönlichen Beteiligung und geben die Probleme an nachgeordnete Ebenen weiter. Im Falle des Scheiterns ist man dann „fein heraus" und nicht als Schuldiger zu identifizieren.

Den Erfolg sichert immer noch der Kunde. Seine Zufriedenheit, seine Loyalität und damit sein Beitrag zum positiven wirtschaftlichen Ergebnis der eigenen Organisation aber werden entscheidend durch die Zufriedenheit und die Fähigkeiten der eigenen Mitarbeiter beeinflusst. Die Mitarbeiter wiederum unterliegen in ihrer Motivation und damit ihrer Leistung ganz entscheidend dem Führungsverhalten ihrer Vorgesetzten. Allein schon deshalb kommt es zuallererst einmal auf die Qualität des Managements an, um den Erfolg durch Qualität im Sinne von Exzellenz und damit die Wettbewerbsfähigkeit des Unternehmens sicherzustellen. Dieser Herausforderung an die Qualität der eigenen Führung muss sich das Management unbedingt stellen, es muss sich damit identifizieren, es muss sie zur Chefsache erklären und entsprechend handeln, um die eigene Organisation zu hervorragenden Leistungen zu führen. So bedeutet Qualität im umfassenden und nachhaltigen Sinne nicht nur gute und zuverlässige, benutzerfreundliche Produkte, sondern vor allem den Mehrwert, den der Kunde durch hilfreiche Unterstützung am Telefon, bei Beratung und Service, bei eventuellen Reklamationen oder Beschwerden erfährt. Umfassende Qualität beinhaltet damit eine Unternehmenskultur, in der sich Innovationen und Partnerschaften mit allen am Gesamtprozess Beteiligten entwickeln können, und in die auch das Einhalten von Gesetzen und Umweltauflagen, Arbeitssicherheit und Gesundheitsschutz sowie gesellschaftliche Verantwortung integriert sind. Um diese Herausforderungen zu bewältigen und dabei den Unternehmenserfolg zu fördern und nachhaltig zu sicher, wird gerade am Standort Deutschland die Frage der Nutzung personeller Ressourcen von immer entscheidender Bedeutung. Denn in jedem Unternehmen, in jeder Organisation liegt vorhandenes, oft aber völlig unerkanntes Wissen brach. Dies gilt es seitens der Führungskräfte in Erfahrung zu bringen und nach Möglichkeit sinnvoll zu nutzen. Gerade dieser Aspekt wird eine mitentscheidende Frage der Zukunftssicherung sein, zumal gerade Deutschland über keine nennenswerten anderen „Bodenschätze" als dem geistigen, kreativen und innovativen Potenzial seiner Menschen verfügt, dessen „Nachwachsen" besonderes Augenmerk zu gelten hat.

Leider haben uns viele negative Beispiele der jüngeren Vergangenheit nur zu deutlich gezeigt, wie schnell durch unachtsames, oft allzu menschenverachtendes Reden und Handeln verantwortlicher Personen an entscheidenden Positionen in den Organisationen und Unternehmen Demotivation unter den Betroffenen nicht nur der eigenen, sondern durchaus auch in vielen anderen Organisationen erzeugt wird.

Qualität im umfassenden Sinne muss unbedingt Chefsache sein und bleiben. Nur dann, wenn die Führung einer Organisation alles dafür tut, dieses Thema permanent zu besetzen und zu verfolgen, das Thema antreibt und ein entsprechendes Klima schafft – nur dann wird der Rest mitziehen.

Um Ludwig Georg Braun (früherer DIHK-Präsident) zu zitieren:

„Die Krise Deutschlands manifestiert sich in allen seinen Teilen, auch im Management. Es ist tödlich, wenn Manager sich nichts Neues einfallen lassen, sich auf die Verwaltung bestehender Märkte und Produkte reduzieren. Deshalb braucht Deutschland erheblich mehr unternehmerische Dynamik als bisher. Gleichzeitig brauchen wir weniger Eitelkeit und mehr Demut. Die Unbescheidenheit der Manager sollte sich bei den Ansprüchen an der eigenen Leistung niederschlagen".

Es ist durchaus nicht so, dass der qualitätsorientierte Führungsauftrag von Vorgesetzen neu definiert werden müsste. Orientiert man sich als Führungskraft z. B. daran, dass der Mitarbeiter in der Regel ein Eigeninteresse daran hat, bei seiner Arbeit keine Fehler zu machen, dann sollte es auch eine klare und die Prozesse fördernde Fehlerkultur geben. Nicht das Verschweigen lohnt sich, sondern das Erkennen und Weitergeben von Fehlern oder solchen Ereignissen, die noch zu Fehlern führen könnten. Nicht die Suche nach dem Schuldigen, sondern die gemeinsame Suche nach der Ursache von Fehlern ist der richtige Weg zum Erfolg. Welch wertschöpfendes Potenzial man in der Wertschätzung der Arbeit der einzelnen Mitarbeiter zu finden in der Lage ist, beweisen die zahlreichen Erfolge derartigen Vorgehens.

Wie vorangehend bereits erwähnt, ist es sehr sinnvoll, den Mitarbeitern gegenüber Transparenz über die Ziele, auch die Qualitätsziele der eigenen Organisation, zu zeigen. Dies erst setzt oft unerkanntes Leistungsvermögen frei.

44.3 Führen heißt Motivation zur Entfaltung kommen lassen

Es ist davon auszugehen, dass die meisten Ideen der Mitarbeiter in deren Freizeit entstehen (Abb. 44.1). Das gilt allerdings nur für den Fall, dass die Beschäftigten mit ihren Arbeitsbedingungen, dem Betriebsklima und dem Führungsverhalten ihrer Vorgesetzten zufrieden sind, sie Anerkennung und eine leistungsgerechte Entlohnung erfahren dürfen.

Es ist ein typisches Phänomen, das die obersten Führungskräfte zu einem hohen Prozentsatz davon überzeugt sein lässt, es geschafft zu haben, ihre Vision und Mission im eigenen Unternehmen allen Mitarbeitern zu verdeutlichen (Abb. 44.2).

Die Wirklichkeit aber sieht dann doch etwas anders aus (Abb. 44.3).

Gleiches gilt sicherlich auch für viele andere Aspekte, so z. B. für zu vereinbarende Ziele und die zugehörigen Strategien einschließlich der regelmäßigen Überprüfung des Arbeitsfortschritts.

Ständiges Hinterfragen erst schafft die Garantie dafür, dass die Dinge, die man den Mitarbeitern verdeutlichen möchte, die man von ihnen erwartet, auch tatsächlich verstanden wurden. Und dies ist noch lange kein Garant dafür, dass die erforderlichen Handlungen auch danach ausgerichtet werden. Führungskräfte müssen sich auch als „Helfer in der Not" beweisen, d. h. Unterstützung den eigenen Mitarbeitern angedeihen lassen, insbesondere dann, wenn diese mit ihrer Arbeit und den gesteckten Zielen nicht recht vorankommen.

Einer Umfrage des Jahres 2004 unter 2500 repräsentativ ausgewählten Vorständen, Geschäftsführern und leitenden Angestellten zufolge wurden als sehr wichtige Erfolgsfaktoren folgende Kriterien angesehen, die nach wie vor Gültigkeit haben (Abb. 44.4).

Qualität sowohl als Produktqualität als auch als Managementqualität wird nach der Kundenorientierung als der wichtigste Erfolgsfaktor genannt. Damit entspricht diese Umfrage zugleich anderen Ergebnissen, z. B. der neuesten ExBa-Studie oder den noch zu erwähnenden Analysen US-amerikanischer Experten.

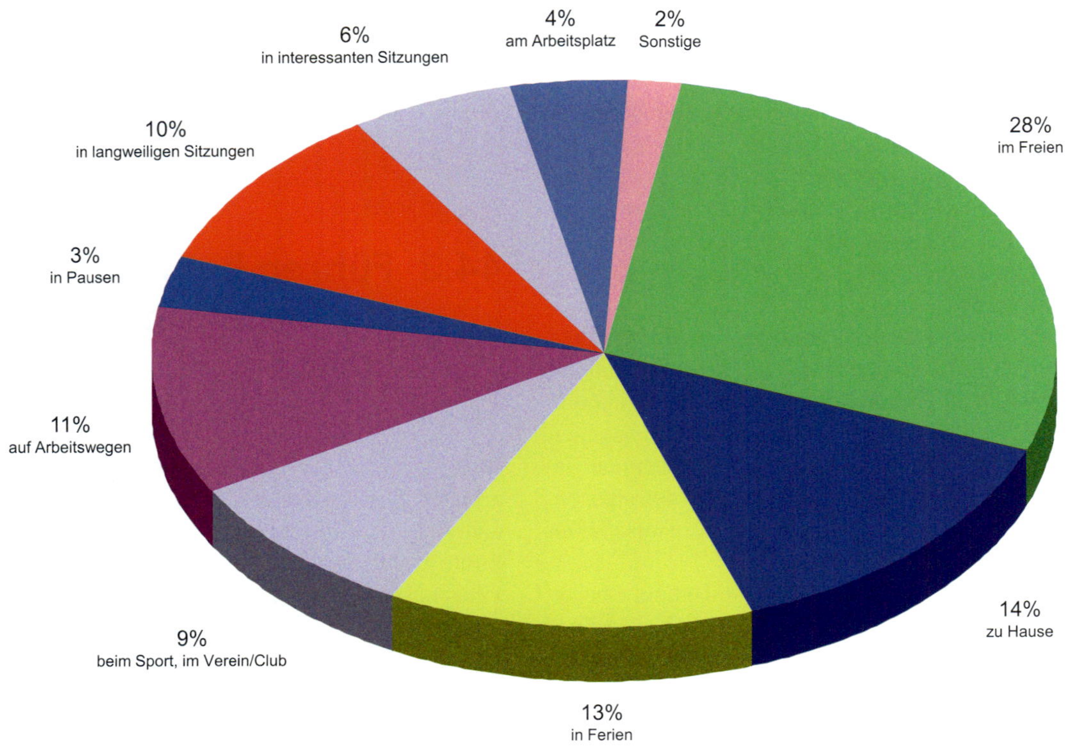

Abb. 44.1 Wo entstehen die Ideen? Nach (DIW, Zeitschrift für Vorschlagswesen 5/96)

Ein Großteil der CEO's ist im Glauben, dass eine klare Vision/Mission in ihrem Unternehmen existiert.

USA	91 %
UK	87 %

Abb. 44.2
Vision/Mission umgesetzt? Nach (Viethen 2001/Survey Conductor by CFO Magazine and Renaissance Consulting)

. . . aber die Vision/Mission ist nicht in die Organisation umgesetzt!

Prozentsatz der Mitarbeiter, der die Vision/Mission verstanden hat

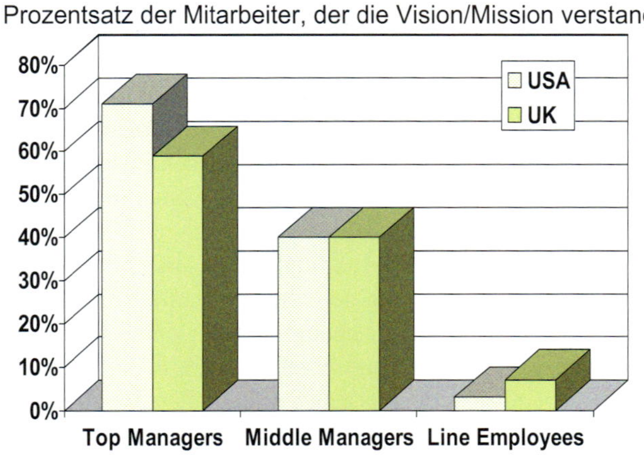

Abb. 44.3
Wie sieht es in Wirklichkeit aus? (Quelle: siehe Abb. 44.2)

Abb. 44.4 Sehr wichtige Erfolgsfaktoren; nach (Manager Magazin 2/04)

Nur dann, wenn in der gesamten Organisation gleiches Qualitätsverständnis herrscht, lassen sich herausragende Ergebnisse erzielen. Deshalb ist eine unternehmensweite Qualitätsstrategie, ein umfassendes Qualitätsmanagement erforderlich, wenn der Unternehmenserfolg auch nachhaltig gesichert werden soll.

44.4 Von der Pflicht zur Kür

Einen Trend, Qualitätsstrategien im gesamten Unternehmen zu verankern, gibt es natürlich insofern schon längere Zeit, als durch die verschiedenen Normen und Richtlinien in der Vergangenheit Tatsachen geschaffen wurden, die im Anschluss an die „Pflicht" durch die geforderte DIN EN ISO 9000 bei vielen Weiterdenkenden den Wunsch nach der „Kür" entstehen ließen. Sehr viele Lieferanten mussten und müssen sich ständig wiederkehrend zertifizieren lassen. Sie nutzten auch nicht immer die hierin liegenden Chancen. Doch dort, wo der externe Druck deutlich über die gewöhnlichen Anforderungen der DIN EN ISO hinausgeht und gegangen ist, dies gilt vor allem für die Automobilzuliefererindustrie, denkt man schon seit Langem über weitere Maßnahmen des Besserwerdens nach. So hat der VDA „Automotive Excellence" propagiert und hierzu als Grundlage das Excellence-Modell der European Foundation for Quality Management (EFQM) empfohlen. Dem lag nicht nur der Wunsch nach weniger Audits zugrunde, sondern vor allem die Entwicklung hin zu dauerhaftem Unternehmenserfolg.

Es wäre für unser Land sehr förderlich, wenn nicht nur in einigen Industriebetrieben, sondern allenthalben in der Öffentlichkeit anerkannt würde, dass Qualität in allem, was wir tun, eine „conditio sine qua non" sein muss, wenn wir unseren gewohnten Lebensstandard auch weiterhin aufrechterhalten wollen. Ohne das Bemühen um Qualität im Sinne exzellenter Vorgänge, Prozesse und Handlungsweisen ist alles Tun nur unvollständig, infolgedessen keineswegs wertschöpfend und damit wenig nützlich im internationalen wie nationalen Wettbewerb.

Die positive Entwicklung unseres Lebensstandards in den zurückliegenden Jahren wird heute als verbriefte Selbstverständlichkeit angesehen, was bei unserer Spaß- und

VI

Vergnügungsgesellschaft ohne Berücksichtigung des immer schärfer werdenden weltweiten Wettbewerbs morgen mit drastischen Abstrichen am Lebensstandard verbunden sein könnte.
Anzeichen hierzu existieren bereits. Doch wir haben nach wie vor enorme Möglichkeiten, Deutschland neu zu ergründen, wenn wir nicht auf Durchschnitt, sondern auf Spitzenleistungen setzen.
Allerdings bedarf dies auch im öffentlichen Leben der konsequenten Anwendung des Leistungsgedankens, wie er ja auch von allen Unternehmen verlangt wird, vor allem aber der Umkehr vom „Anspruchsdenken hin zum Anspruch ans Denken“ im Sinne Ludwig Erhards, der es so formulierte:

> *„Öffentliche Voraussicht und private Initiative müssen sich verbünden, um Deutschland gegen Krisen gefeit sein zu lassen und für die Mehrung seiner politischen Kraft, seiner geistigen und technischen Leistung, seines ökonomischen Fortschritts einstehen zu können“.*[1]

Leider wurde in der Vergangenheit politisch zu viel des vermeintlich Guten getan und uns suggeriert, die politisch Verantwortlichen würden es schon richten. Übrigens ein gravierendes Beispiel für reichlich wenig Weitsicht, zudem wenig Qualität im Handeln, sollte jeder doch aus eigener Erfahrung wissen, dass Saturiertheit noch nie eine Quelle von innovativem, leistungsbezogenem Handeln war. Ob und in welcher Zeit es gelingt, zur besseren Einsicht zurückzufinden, vermag ich nicht zu sagen. Bekannt ist, dass personal-organisatorische Veränderungen auch in Unternehmen die längste Zeit in Anspruch nehmen. Um wie viel schwerer ist es erst, Besitzstände, die aus politisch intendiertem Grunde versprochen wurden, rückgängig zu machen bzw. zu relativieren. Dies erleben wir gegenwärtig jeden Tag. Ich meine jedoch, „zur Einsicht ist es nie zu früh und nie zu spät, zur Einsicht ist es immer höchste Zeit“.
„Mittelmaß darf nicht das Maß aller Dinge werden“. Dies hat zu allererst einmal der bildungspolitische Sektor zu begreifen. Hier ist die Führung aller politischen Parteien gefordert, überzeugend und nachhaltig zu verdeutlichen, dass man in unserem Lande der „nachwachsenden Ressource Mensch“ alle Aufmerksamkeit widmen muss. Andere „Bodenschätze“ haben wir nun einmal nicht in nennenswertem Umfang zur Verfügung.

[1] Das Zitat stammt aus Ludwig Erhards Programmrede beim Düsseldorfer Parteitag aus dem Jahre 1965.

44.5 Ist Qualität nur ein Kostenfaktor?

In Industriebetrieben und anderswo wird Qualität leider des Öfteren als unnötiger Kostenfaktor gesehen, eine völlig unnütze Diskussion, die durchaus dazu führen kann, dass die Qualität auf der Strecke bleibt. Allein deshalb darf es diesen Gegensatz zwischen Qualität und Kosten schon nicht geben.
Wie bereits ausgeführt, besteht gegenüber der Forderung der Kunden nach höchster Qualität keine Alternative. Dies bedeutet, dass der Hersteller von Produkten auch für höchste Qualität Sorge tragen muss und überhaupt keine andere Wahl hat, von diesem Grundsatz abzuweichen, sofern er auch weiterhin bestehen und seine Produkte absetzen möchte. Die Automobilzulieferindustrie hat dies über Jahre erfahren müssen und erfährt es täglich neu.
Jedem von uns ist klar, dass man in Produktionsanlagen investieren muss, wenn sie auf dem Stand der Technik bleiben und hohe Produktivität erreichen sollen. Investitionen in die Mitarbeiter aber werden sehr oft als unnötige Kosten gesehen, die z. B. der Qualitätssicherung anzulasten sind. Wenn Mitarbeiter wissen, worum es geht, sie entsprechend geführt und qualifiziert werden, können sie eher „Qualität von Anfang an“ erzeugen als umgekehrt. Dies ist die kostengünstigste Variante überhaupt und führt zu einem hohen Qualitätsbewusstsein mit entsprechend geringen Fehlerraten. „6 Sigma“, 3,4 fehlerhafte Einheiten auf eine Million Vorgänge, bedeutet einen Kostenfaktor von unter 1 % des Umsatzes, während man bei nur 5 Sigma (233 Fehler auf eine Million Vorgänge) schon 5 – 15 % und bei 4 Sigma (6210 Fehler) bereits 15 bis 25 % des Umsatzes in Anrechnung bringen muss, um die jeweilige Qualitätsgarantie überhaupt abgeben zu können.
Was also verursacht die Kosten, die man der Qualität ungerechtfertigterweise immer wieder zuschreibt? Es sind der Ausschuss und die sonstigen Fehler sowie die unausweichlich damit verbundenen Fehler-Entdeckungs- und -Beseitigungsmaßnahmen, d. h. es sind die Kosten für inakzeptable „Nicht-Qualität“.
Es geht kein Weg daran vorbei: Die entscheidende Rolle für eine erfolgreiche Organisation mit hohem Qualitätsstandard spielen vor allem die Führungskräfte, die ihr Ziel und die damit verbundenen Wege aufzeigen müssen, um diese mit ihren Mitarbeitern zu besprechen und zu vereinbaren. Sie müssen sich persönlich dafür einsetzen, dass jeder Mitarbeiter im Unternehmen ein möglichst hohes Qualitätsbewusstsein verinnerlicht, er Fehler jederzeit aufdecken darf, um unnötige Verschwendungen, Kosten und Imageverluste zu vermeiden, d. h. um rechtzeitig

Fehlerquellen zu entdecken und sie als Chance für ständige Verbesserungen zu nutzen.

44.6 Wertschöpfung durch Wertschätzung

Qualitätsbewusstsein bei den Mitarbeiter zu erzeugen oder deutlicher zum Ausdruck gebracht, die Mitarbeiter dazu zu bringen, dass sie sich mit ihrer Aufgabe voll identifizieren, bedeutet vor allem, Wertschöpfung durch Wertschätzung zu erzielen. Denn ohne diese Identifizierung kann eine Organisation, ein Unternehmen kaum auf Dauer erfolgreich agieren. Hierbei wird seitens der Führungskräfte Überzeugungs- und Durchsetzungskraft, Konsequenz im Reden und im Handeln erwartet.

Untersuchungen von Hendricks und Singhal zeigen, vorausgesetzt Total Quality Management wird von den Führungskräften konsequent praktiziert - auch über einen längeren Zeitraum -, deutlich bessere wirtschaftliche Ergebnisse als bei vergleichbaren Unternehmen (siehe Abb. 44.5 und Abb. 44.6).

Auch die Ergebnisse von Joyce, Nohria und Roberson, im Buch „The (Really) Works" dargelegt, zeigen ähnliche Werte der sogenannten Sieger gegenüber den Verlierern, wie wir sie bei Hendricks und Singhal gesehen haben. Es ist schon von großem Vorteil für jede Organisation, sich um „Total Quality Management" zu bemühen.

Bemerkenswert hierbei ist zudem, dass sich diese Erfolge auf einige wenige Managementmethoden zurückführen lassen. Dazu zählen die Strategie, die Prozessgestaltung, die Kultur und die Struktur sowie die Qualifikation, die Führung, die Innovation und die Allianzen oder Partnerschaften. Die Nähe zu den Hauptkriterien des EFQM-Modells ist unverkennbar. Joyce, Nohria und Roberson nennen das Ergebnis ihrer Studien zu nachhaltigem Geschäftserfolg „The 4 + 2-Formula for Sustained Business Success". Von den genannten acht Managementmethoden realisieren die Sieger wenigstens sechs.

Damit wird zugleich der Beweis dafür angetreten, dass der nachhaltigste „Shareholder-Value" auf dem „Stakeholder-Ansatz" beruht.

Gründe für das Scheitern von Führungskräften lassen sich ebenfalls nach einer US-amerikanischen Studie vielfach in der fehlenden Vision, der schlechten Kommunikation, der Führungsschwäche, dem geringen Verständnis für die Kunden, der nicht vorhandenen sozialen Kompetenz und der Unfähigkeit zur Teambildung finden. Bestätigt werden diese Ergebnisse übrigens auch durch die ExBa-Studie 2003, die hinsichtlich der Qualifikation des Managements - auf deutsche Verhältnisse bezogen - ebenfalls verdeutlicht, dass es insbesondere an der sozialen Kompetenz fehlt.

Bei den vielen negativen Aspekten, die uns immer wieder begegnen, soll nicht verschwiegen werden, dass es auch in Deutschland zahlreiche vorzeigenswerte Unternehmen und Organisationen gibt, die eine Vorreiterrolle für den ganzheitlichen Qualitätsansatz übernehmen könnten. Bekannt sind die von Hermann Simon in seinem Buch „The Hidden Champions" beschriebenen Weltmarktführer. Das

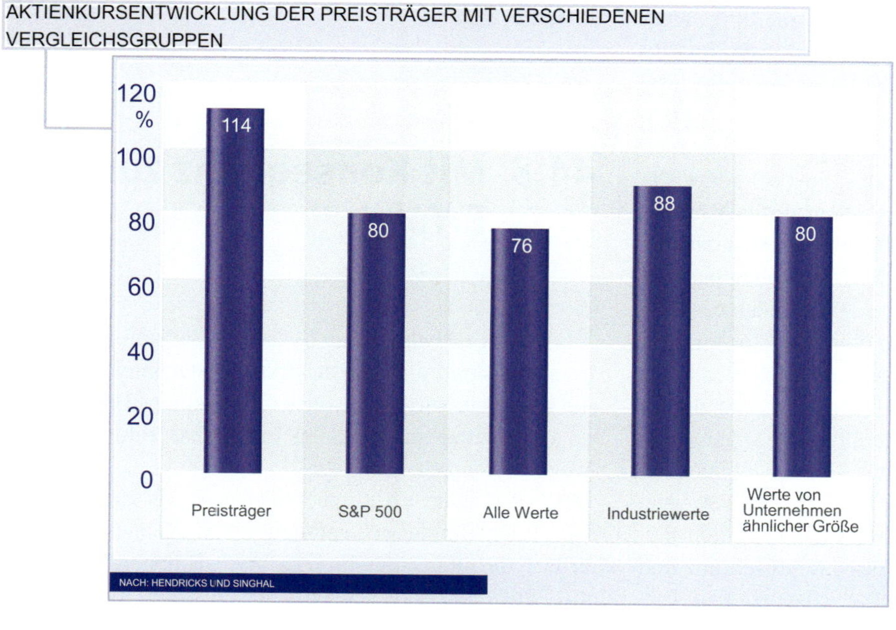

Abb. 44.5
Vergleich der Aktienkursentwicklung (nach Hendricks und Singhal)

VI

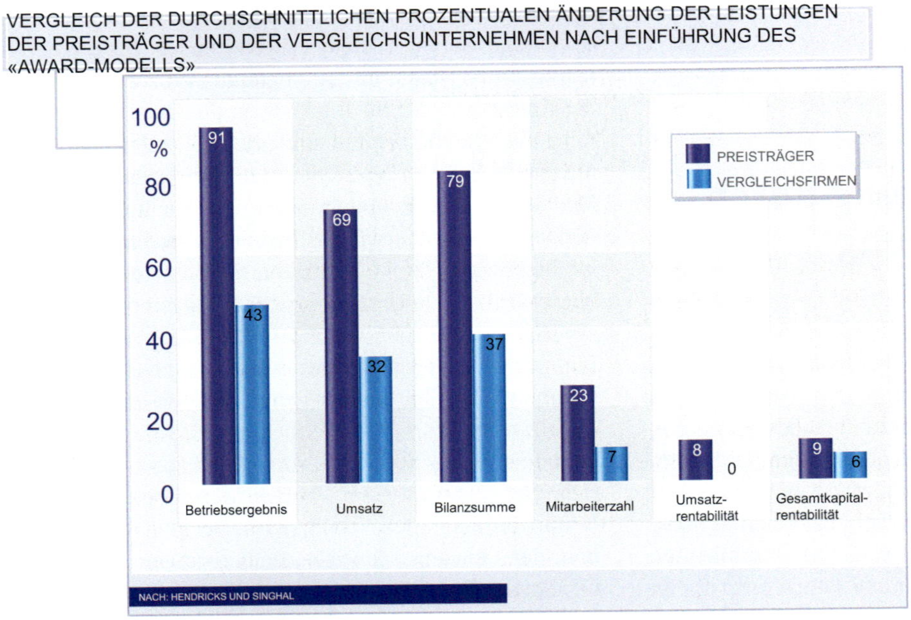

Abb. 44.6
Betriebswirtschaftliche Daten (Quelle: siehe Abb. 44.5)

Prägende dieser Unternehmen lässt sich in Anlehnung an Hermann Simon durch die Aussage: „Autorität in den Grundwerten – partizipativ in den Details“ auf den Punkt bringen.

44.7 Auch die Politik ist gefordert

Verschweigen sollte man an dieser Stelle allerdings auch nicht, dass einer der Gewinner des European Quality Award (EQA) der European Foundation for Quality Management (EFQM) im Jahr 2003 ein türkisches Unternehmen innerhalb der Bosch-Gruppe war. Es lässt sich auch nicht von der Hand weisen, dass uns längst bekannte Methoden in anderen Ländern allein schon deshalb besser umgesetzt werden, weil man den bisherigen Abstand zwischen den typischen Industrienationen und dem eigenen (Entwicklungs-)Land schnell reduzieren möchte. Viele andere Beispiele belegen dies sehr deutlich. Umso wichtiger ist es, bei uns zu Lande höchstes Qualitätsbewusstsein zu schärfen, es einzufordern und immer wieder darauf hinzuweisen, dass umfassende Qualität alle angeht. Warum sollte dies in unserem Lande denn nicht möglich sein? Die Gewinner verschiedener Wettbewerbe beweisen dies doch. Allerdings fehlt es in Deutschland an der nötigen Unterstützung durch die politische Repräsentanz und damit an der Durchdringung dieses existenziellen Themas in der Bevölkerung. Wenn man sieht, wie ernst man in anderen Staaten das Bemühen um höchste Qualität in allen Bereichen des öffentlichen wie des industriellen Lebens nimmt und in welch großer Zahl die Medien bei den diesbezüglichen Verleihungsveranstaltungen zugegen sind, dann kann man sich über das teilweise erschreckende Desinteresse unserer politischen Repräsentanten an umfassender Qualität nur wundern. Hier wäre wirklich einmal die Chance in nachhaltiger Weise gegeben, sich zu profilieren.

Viele Wege führen sicherlich nach Rom. Doch der gemeinsam im Führungskreis ausgewählte Weg ist der beste und sollte konsequent verfolgt werden. Das Motto kann deshalb nur heißen:

44.8 Mit Konsequenz zum Erfolg!

Zugegeben, es ist nicht leicht, bei der Vielzahl der angebotenen, sogenannten „todsicheren“ Managementmethoden die geeignete Vorgehensweise für die eigene Organisation zu finden und anschließend unbeirrbar seinen eigenen Weg zu gehen.

Deshalb möchte ich Ihnen zeigen, dass es zur Verbesserung nicht immer wieder neuer Managementmethoden bedarf, die oft doch mehr verwirren als helfen. Wenn sich die Führungskräfte konsequent selbst der Aufgabe stel-

VI

len, ihre Organisation zu analysieren, und hierbei gezielt ihre Mitarbeiter einbinden, werden sie der Durchführung erkannter Verbesserungspotenziale sicherlich weit weniger im Wege stehen als das oft der Fall ist, wenn von Externen Maßnahmen empfohlen wurden. Und gemeinsam wird man mit Sicherheit die Methoden herausfinden, mit deren Hilfe die erkannten Schwächen dann auch konsequent ausgemerzt werden können.

Ansätze zur Selbstbewertung der eigenen Organisation liegen z. B. mit dem Excellence-Modell der European Foundation for Quality Management nunmehr schon seit mehr als 20 Jahren vor. Dieses Modell sollte konsequent genutzt werden, wenn man nach einem ganzheitlichen Ansatz strebt und in kontinuierlichen Schritten besser werden möchte. Im Übrigen lassen sich alle bekannten Werkzeuge darin integrieren. Eigene Erfahrungen mit dem EFQM-Modell zeigen z. B. sehr deutlich, dass der Vergleich zwischen der Selbst- und der Fremdbewertung die hohe Kompetenz der Führungskräfte in der Beurteilungsfähigkeit ihres Unternehmens sehr gut erkennen lässt und allein schon deshalb ganz gezielt genutzt werden sollte. Was sehr oft fehlt, das sind die Kapazitäten zur Umsetzung der erkannten Potenziale. Warum also sollten Externe das eigene Unternehmen analysieren, wenn die Führungskräfte dies selbst doch genauso gut, vielleicht sogar noch besser tun können, da sie ja „Herr des Geschehens" sind oder sein sollten. Beweisen möchte ich diese Feststellung anhand des in Abbildung 44.7 dargestellten Ergebnisses.

Es ist bemerkenswert und einleuchtend zugleich, wie eng Selbsteinschätzung und Fremdbewertung beieinanderliegen, wenn die Führungskräfte sich im Denken und Handeln voll und ganz mit ihrem Unternehmen identifizieren. Sie kennen sich aus, sie schätzen nicht nur sich, sondern ihre gesamte Organisation richtig ein. Sie sind zudem in der Lage, die Verbesserungspotenziale zu erkennen und daraus die richtigen Verbesserungsmaßnahmen abzuleiten und konsequent umzusetzen.

Wenn ich davon sprach, dass sich die Führungskräfte persönlich einbringen müssen, so sollte man sie damit aber auch nicht allein lassen. Umfangreiche Erfahrungen in der praxisnahen Anwendung arbeitswissenschaftlichen Gedankengutes und des Qualitätsmanagements in der Vergangenheit haben uns vor einigen Jahren dazu gebracht, eine Vorgehensweise zu entwickeln, die auf dem europaweit anerkannten Excellence-Modell der EFQM beruht. Bereits in weit über 200 Fällen in der Industrie, im Handel, an Krankenhäusern und im Öffentlichen Dienst wurde sie erfolgreich eingesetzt.

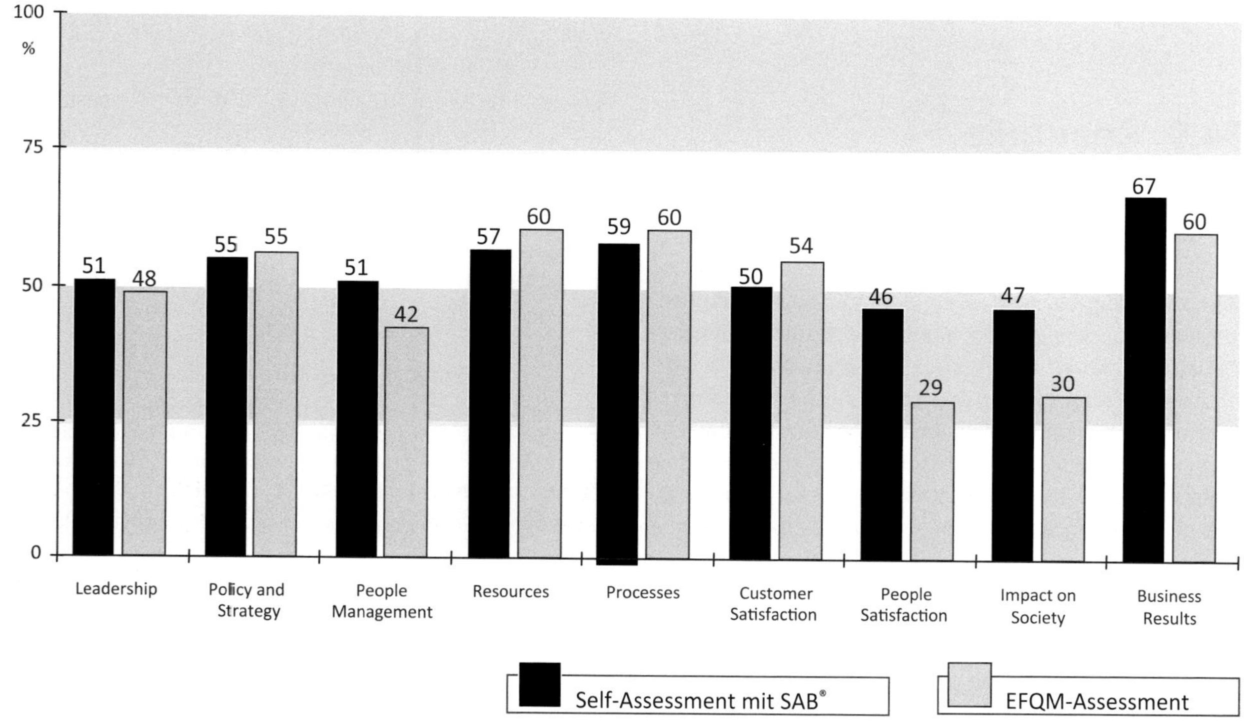

Abb. 44.7 Vergleich Self-Assessment vs. externes EFQM-Assessment

VI

Bei dieser Art der Analyse bzw. „Diagnose“ wird Zeit und Geld gespart, um der Umsetzung, der „Therapie“ die nötige zeitliche und finanzielle Zuwendung widmen zu können, denn nicht die Analyse verbessert die Situation innerhalb der jeweiligen Organisation, sondern nur die diesbezüglichen, alsbald in Angriff genommenen und erfolgreich abgeschlossenen Maßnahmen.

Abschließend betone ich noch einmal: Nur dann, wenn sich die Führungskräfte persönlich mit der Analyse und Bewertung ihrer Organisation gemeinsam auseinandersetzen und sie nicht externen Dienstleistern überlassen, wird sich eine Kultur entwickeln, die das Gemeinsame in den Vordergrund stellt und die eigenen Ressourcen gezielt nutzt. Doch, wie viele Führungskräfte wissen überhaupt, zu welchen Leistungen ihre Mitarbeiter außerhalb ihres Arbeitsplatzes fähig sind? Dauerhafte Erfolge sind nur in einem positiven, innovationsförderlichen und einem hoch qualitätsbewussten Betriebsklima erreichbar. Diese wiederum werden nur durch die Kompetenz und die Konsequenz der Führung einerseits sowie eine hohe Identifikation der Mitarbeiter mit ihrem Unternehmen andererseits erreichbar sein. Nur mit der Verpflichtung des Managements zur höchsten Qualität der eigenen Führung wird die Organisation in die Lage versetzt, wirkliche Qualität in allen Belangen des Unternehmens dauerhaft zu erzielen und den Mehrwert, der auf der Wertschätzung der Partnerschaften mit Kunden und Lieferanten sowie der eigenen Mitarbeiter beruht, auch nutzbar zu machen.

44.9 Resümee

Der Weg zu nachhaltigem Qualitätsmanagement im Sinne ganzheitlicher Unternehmensqualität ist steinig, beschwerlich und wenig spektakulär. Er kann mit Normen nur unzureichend gesichert werden. Entscheidender Erfolgsfaktor ist das zu keiner Zeit nachlassende und für alle Mitarbeiter sichtbare Engagement der Unternehmensleitung und ihrer Führungsmannschaft. Nur wenn dieses Engagement aus Überzeugung und nicht irgendwelcher Zertifizierungsnotwendigkeiten entsprechend gelebt wird, gelingt es, Total Quality Management als eine die ganze Organisation erfassende und dauerhafte Vorgehensweise und Geisteshaltung zu etablieren.

Jede Führungskraft muss sich stets dessen bewusst sein, dass umfassendes Qualitätsmanagement zwar das Managen, d. h. Sicherstellen der Qualität aller materiellen und immateriellen Güter beinhaltet, aber an erster Stelle die Qualität des eigenen Führungsverhaltens, des Managements sieht. Und diese Management-Qualität wird darin deutlich, dass die Führung eines Unternehmens die ihr zur Verfügung stehenden Ressourcen, an vorderster Stelle die personellen Ressourcen, kennt und zielgerichtet, aber auch fördernd einzusetzen weiß und die optimalen Rahmenbedingungen für Kreativität schafft. Das bedeutet, dass die Führung durch Zielvereinbarungen mit den Mitarbeitern den Weg gemeinsam vorzeichnet, auf dem Weg dorthin stets helfend und unterstützend zur Seite steht und sich zudem regelmäßig über den Stand des Fortschritts anhand von Zahlen, Daten und Fakten berichten lässt. Wertschöpfung durch Wertschätzung muss die oberste Maxime des Handelns sein.

Die Kunst der erfolgreichen Unternehmensführung besteht also darin, den gesamten Organismus der eigenen Organisation in die Lage zu versetzen, den Anforderungen der Kunden in all ihren Facetten zu genügen. Dies stellt vor allem an die Qualität des Managements permanent hohe Anforderungen. Für den Standort Deutschland brauchen wir diese Qualität des Managements aber dringender denn je.

Literatur

DIW, Zeitschrift für Vorschlagswesen 5/96

Heist, W./Alschner, W./Schnauber, H.: Brake through Excellence. In: QZ – Qualität und Zuverlässigkeit 48 (2003), S. 701–704

Joyce, W./Nohria, N./Robertson, B.: What (Really) Works. The 4 + 2 Formula for Sustained Business Success. HarperBusiness 2004

Manager-Magazin 2/2004

Simon, H.: Hidden Champions des 21. Jahrhunderts. Die Erfolgsstrategien unbekannter Weltmarktführer. Campus Verlag 2007

Singhal, V. und Hendricks, K.: Mit Geduld zum Erfolg. In: QZ – Qualität und Zuverlässigkeit 45 (2000), S. 1537–1540

Viethen, U.: Lust auf Leistung – Strategieorientierte Führung mit Balanced Scorecard und Six Sigma. 10. Bochumer Management-Forum 2001 (aus Survey Conductor by CFO Magazine and Renaissance Consulting)

Zeitschrift für Vorschlagswesen 3/1996, S. 145

VI

Führung und Qualität

45.1 Einführung **1023**
45.1.1 Ziel: Eine Stoffsammlung 1023
45.1.2 Klärung der Begriffe 1023
45.1.3 Wie müssen sich Führungskräfte verhalten, damit Qualität entstehen kann? 1024

45.2 Vorbedingungen **1025**
45.2.1 Wirtschaftliche Rahmenbedingungen 1025
45.2.2 Der Kunde im Fokus der Leistung 1026
45.2.3 Die positive Vorannahme über den Mitarbeiter und seine Fähigkeiten 1026

45.3 Die Motivation der Mitarbeiter positiv unterstützen **1028**
45.3.1 Grundlagen zum Motivationsbegriff 1028
45.3.2 Die Eigenmotivation der Mitarbeiter fördern 1029
45.3.3 Die Mitarbeiter wenigstens nicht demotivieren 1030

45.4 Über Normen und Werte das soziale Dürfen für Qualität vermitteln **1031**
45.4.1 Grundlagen zum Begriff der Unternehmenskultur 1031
45.4.2 Die Organisation mit den Mitteln der entpersonalisierten Führung positiv gestalten 1032
45.4.3 Die Unternehmenskultur positiv beeinflussen 1033

45.5 Durch sichtbares Handeln für Qualität überzeugen **1035**
45.5.1 Qualität als zentraler Inhalt bei der Anwendung der Führungsinstrumente 1035
45.5.2 Vorbild für die Mitarbeiter sein und Qualität vorleben 1036

45.6 Fazit: Qualität muss zentraler Bestandteil der Führung sein **1038**

45 Führung und Qualität

Wolfgang Schirmer

Führung und Qualität – dieses Begriffspaar wird häufig in der Bedeutung „Qualität von Führung" verwendet. Mindestens ebenso interessant ist jedoch die Bedeutung „Führung für Qualität", also die Frage, wie mit Mitteln der Führung für Qualität gesorgt werden kann.

Was muss gesagt, getan und organisiert werden? Was muss vermieden oder unterlassen werden? Was muss belohnt, was muss bestraft werden? Wie müssen sich Führungskräfte verhalten, damit Qualität entstehen kann? In diesem Beitrag aus der Praxis wird eine Stoffsammlung für das Betrachtungsfeld gegeben. Diese Sammlung erhebt keinen Anspruch auf Vollständigkeit – vielmehr werden, an Basiserkenntnissen der Führungslehre ausgerichtet, Forderungen an Führungskräfte aufgestellt. Des Weiteren werden konkrete Handreichungen gegeben, wie Führungskräfte diesen Forderungen entsprechen können.

Im Beitrag werden zunächst die wenigen Vorbedingungen genannt, ohne die Qualität schwer möglich ist. Weitere Überlegungen drehen sich dann um die Fähigkeiten und die Motivation der Mitarbeiter, welche im Merksatz vom „Wollen, Können und Dürfen" des Mitarbeiters ihren Ausdruck finden. Führungskräfte können sehr viel tun, um Qualität zu fördern: Im Kern geht es darum, die Motivation der Mitarbeiter positiv zu unterstützen und die Normen und Werte der Organisation zu prägen. Dazu gestalten Führungskräfte zum einen die Organisation des Unternehmens (die „hard facts") und beeinflussen zum anderen die Unternehmenskultur (die „soft facts"). Das Wichtigste ist indes, dass sie die Mitarbeiter durch eigenes Handeln begeistern und ihnen Qualität jeden Tag vorleben.

45.1 Einführung

45.1.1 Ziel: Eine Stoffsammlung

Die Werbung zeigt gerne das Ideal der handwerklich erstellten Produkte und Dienstleistungen, die den Konsumenten „ehrliche Qualität“ versprechen: Lebensmittel aus bäuerlicher Landwirtschaft, handwerklich gefertigte Gegenstände im Haushalt, für Einzelpersonen individualisierte Dienstleistungen, frei nach dem Motto einer Handelskette: „Es gibt sie noch, die guten Dinge“. Zu dieser Modellvorstellung eines nur wenige Menschen umfassenden Handwerksbetriebes gehört auch die Idee der persönlichen Verantwortung des Inhabers für Qualität. Oft begegnen einem auch die Attribute „Familienbetrieb“ oder „inhabergeführtes Unternehmen“. Was sagt uns diese Beobachtung in Bezug auf den Zusammenhang von Führung und Qualität?

Warum gibt es Führung? Neben der anthropologischen Begründung von Führung – „Menschen sind so, sie wollen geführt werden“ – steht die funktionale Begründung von Führung: „Mehrere Menschen müssen zusammenarbeiten, damit etwas Großes entsteht“ (vgl. dazu Neuberger 2002, S. 58 ff. bzw. zur evolutionstheoretischen Fundierung Weibler 2012, S. 3 ff.). In der treffenden Formulierung von Comelli/von Rosenstiel: „Führung heißt: Jemand hat mehr zu tun, als er alleine schaffen kann!“ (Comelli/von Rosenstiel 2009, S. 107). Für große, arbeitsteilig organisierte, aus einer Vielzahl von Menschen bestehende Organisationen ist mithin Führung eine grundlegende, alltägliche Notwendigkeit.

Gilt die vorangehend skizzierte Vorstellung aus der Werbung, dass eine kleine Organisation gleichsam von selbst für Qualität sorgt? Diese Frage wird hier zunächst offen bleiben. Mindestens gilt aber für eine große Organisation (die „mehr zu tun hat, als einer alleine schaffen kann“): Es braucht Führung, damit die Organisation ihre Ziele erreicht und damit Qualität entstehen kann. Führung muss für Qualität sorgen.

Wie aber geht das genau – als Führungskraft mit den Mitteln der Führung für Qualität sorgen? Was muss gesagt, getan und organisiert werden? Was muss vermieden oder unterlassen werden? Was muss belohnt, was muss bestraft werden? Wie müssen sich Führungskräfte verhalten, damit Qualität entstehen kann? Man könnte annehmen, dass alle diese Fragen schon wissenschaftlich eindeutig beantwortet wären. Dem scheint aber nicht so zu sein: Es gibt nur wenige Beiträge zu diesem Thema (u. a. Kamiske 1994). Das hängt möglicherweise damit zusammen, dass es keine einheitliche, umfassende Theorie der Führung gibt (Wunderer 2011, S. 270 ff. sowie Weibler 2012, S. 105 ff.). Vielmehr stehen viele Beschreibungs- und Erklärungsmodelle nebeneinander, die jeweils einen unterschiedlichen Grad an theoretischer Begründung, empirischem Nachweis und praktischer Relevanz aufweisen.

Im vorliegenden Beitrag soll eine Stoffsammlung zum Thema „Führung und Qualität“ gegeben werden. Beobachtungen und Erfahrungen werden mit den Erkenntnissen über Grundzusammenhänge in den Bereichen „Führung“ und „Qualität“ kombiniert, um daraus heuristische Erkenntnisse zu gewinnen. Im Idealfall können daraus dann Handlungsempfehlungen abgeleitet werden, die eine Antwort auf die gestellte Frage geben, wie denn eine Führungskraft für Qualität sorgen kann. Diese Handlungsempfehlungen sind im Weiteren als (An-)forderungen an Führungskräfte formuliert.

45.1.2 Klärung der Begriffe

Zum weiteren Verständnis ist es hilfreich, die wesentlichen der verwendeten Begriffe etwas näher zu definieren. *Führung* heißt, andere durch eigenes, sozial akzeptiertes Verhalten so zu beeinflussen, dass dies bei den Beeinflussten mittelbar oder unmittelbar ein intendiertes Verhalten bewirkt (Weibler 2012, S. 19).

- Führung bedeutet also, Verhalten zu beeinflussen. Verhalten hat dabei ganz allgemein als Bestimmungsgrößen das *persönliche Wollen* (die Motivation), das *individuelle Können* (die Kompetenz), das *soziale Dürfen* (die Werte und Normen) und die *situative Ermöglichung* (die harten Bedingungen der konkreten Situation, Comelli/von Rosenstiel 2009, S. 1 ff.).
- Führung bedarf der Akzeptanz bei den Geführten und der Umgebung, d. h. Führung entsteht nicht dadurch, dass der Führende den Führungsanspruch anmeldet, sondern dadurch, dass der Geführte bereit ist dem Anspruch zu folgen und dann tatsächlich folgt.

Das *Führungsverhalten* – also das eigene, sozial akzeptierte Verhalten, das beim Beeinflussten ein intendiertes Verhalten bewirken soll – wird von der Führungskraft im Rahmen eines Führungsstils durch Anwendung von Führungsinstrumenten gezeigt. Die Grundlagen zu folgenden Themen sollen vorausgesetzt und nicht vertieft werden (siehe hierzu u. a. die angeführte Literatur):

- *Führungsstil*: ein innerhalb von Bandbreiten und Führungskontexten konsistentes, typisiertes und wiederkehrendes Führungsverhalten (Wunderer 2011, S.204)
- *Führungsinstrumente*: die Mittel, Methoden und Werkzeuge zur Verhaltensbeeinflussung (z. B. Anerkennung und Kritik, Mitarbeitergespräch)

Führung in einer Organisation kann weiter methodisch unterschieden werden in

- *direkte, personal-interaktive Führung* durch persönliche, unmittelbare Interaktion zwischen der Führungskraft und dem Mitarbeiter und
- *indirekte, strukturell-systemische Führung*, bei der dem Mitarbeiter die Führungshandlungen der Führungskraft unpersönlich und zeitlich vor einer konkreten Situation entgegentreten, z. B. in Form von allgemeinen Organisationsanweisungen (Weibler 2012, S. 97 sowie Wunderer 2011, S. 5 f.).

Organisationen im Sinne des institutionalen Organisationsbegriffs sind soziale Systeme, die eine formale Struktur aufweisen und auf die Erreichung eines bestimmten Ziels gerichtet sind (Schulte-Zurhausen 2014, S. 1 ff.). Unternehmen sind eine auf Gewinn ausgerichtete Form von Organisation; nicht auf Gewinn ausgerichtet sind z. B. Behörden oder gemeinnützige Betriebe. Gemeinsam ist diesen Organisationen, dass sie auf die Erreichung eines Ziels ausgerichtet sind und dazu der Führung bedürfen. In diesem Sinne gelten die Ausführungen dieses Beitrags für alle Formen von Organisationen und Unternehmen, wenn auch manchmal vereinfachend nur von Unternehmen gesprochen wird.

Für den vieldeutigen Begriff „Qualität" folgt eine praktisch bewährte Definition, die weniger durch Präzision und Vollständigkeit überzeugt als mehr durch einfache Verständlichkeit, Verwendbarkeit und Akzeptanz: *Qualität* ist die Erfüllung vereinbarter Forderungen und berechtigter Erwartungen des Kunden. Vereinbarte Forderungen finden sich in den explizit schriftlich oder mündlich getroffenen Absprachen mit dem Kunden wieder und sind somit – scheinbar – einfach zu erfüllen. Schwieriger wird es mit den vom Kunden nicht geäußerten Erwartungen, die für ihn subjektiv mit zum Leistungsversprechen dazugehören und damit auch zur Erfüllung des Leistungsversprechens – zur Qualität – wesentlich beitragen. Von mindestens einem Teil dieser Erwartungen – eben den berechtigten Erwartungen – würden Kunde und Lieferant nach Offenlegung und Erörterung gemeinsam feststellen, dass sie quasi objektiv und eindeutig mit zur Leistung zählen. Qualität im engeren Sinne ist also die Erfüllung von Forderungen und Erwartungen, die unmittelbare Produkt- oder Dienstleistungsqualität.

In einem weiter gefassten Sinne meint „Qualität" mehr: Im Dreiklang von „Time, Cost, Quality" aus dem Projektmanagement wird klar, dass Qualität auch die Erbringung von Produkt und Dienstleistung zum richtigen Zeitpunkt und zu den geplanten Kosten beinhaltet. Die Anwendung der in diesem Buch ausführlich beschriebenen Methoden des Qualitätsmanagements ermöglicht die Beherrschung der Geschäftsprozesse und stellt damit „Time, Cost, Quality" sicher. Qualität in einem weiteren Sinne meint also auch Prozessqualität und gutes Vorgehen.

Qualität im ganzheitlichen Sinne schließlich, wie sie z. B. in den Wettbewerben zu den (Qualitäts-)preisen European Excellence Award oder Ludwig-Erhard-Preis gesehen wird, bezieht sich auf die gesamte Organisation: Nicht nur die Geschäftsprozesse und damit das Vorgehen werden auf die Erfüllung der Kundenforderungen und -erwartungen hin bewertet, sondern das ganze Unternehmen kommt in den Fokus: Von der Grundidee (Vision, Mission) über die Strategie, die Interessengruppen (die Stakeholder) und die Prozesse bis hin zur nachhaltigen Erreichung der Ziele. In diesem Qualitätsverständnis geht es also um gutes Vorgehen, gute Ergebnisse und um die Fähigkeit, sich ständig dem Wandel des Umfeldes anzupassen (vgl. Zink 2004 sowie Moll 2013). Eine Messung der erreichten Qualität im ganzheitlichen Sinne kann nur teilweise über die Kennzahlen der internen Geschäftsprozesse erfolgen. Zur vollständigen Beurteilung sind immer Aussagen des Kunden nötig. Hierzu zählen auch veröffentlichte Meinungen wie Artikel in Zeitschriften, Warentests und Ergebnisse von externen Prüforganisationen.

Letztlich ist jedoch Erfolg nur dann gegeben, wenn ein Unternehmen mittel- bis langfristig wirtschaftlich gesund ist und Geld verdient bzw. eine Organisation nachhaltig ihre Ziele erreicht.

45.1.3 Wie müssen sich Führungskräfte verhalten, damit Qualität entstehen kann?

Erzeugt nun Qualitätsorientierung Erfolg oder haben erfolgreiche Unternehmen bessere Möglichkeiten, sich an Qualität zu orientieren? Treten ganzheitliche Qualität und wirtschaftlicher Erfolg nur gleichzeitig auf, bedingen oder begünstigen sie einander oder gibt es klare Ursache-Wirkungs-Beziehungen? Die Antwort ist nicht eindeutig, zumindest gilt jedoch als Erfahrungswert: Ohne Qualität für den Kunden kann ein Unternehmen mittel- bis langfristig nicht erfolgreich sein.

Für Qualität zu sorgen, ist demnach eine zentrale Aufgabe für eine Organisation und ihre Führungskräfte. Die unmittelbaren Forderungen und Erwartungen des Kunden hier und jetzt müssen erfüllt werden, die Aufbau- und Ablauforganisation muss so gesteuert werden, dass sie sicher Qualität erbringt, und die ganze Organisation ist auf die Stakeholder und auf mittel- bis langfristigen Erfolg auszurichten. Aus allen dazu notwendigen Aufgaben der Unternehmensführung soll hier der Teil der (Personal-)führung herausgegriffen werden: Wie müssen sich Führungskräfte verhalten, damit Qualität entstehen kann?

Ein Teil der Antwort ist im Qualitätsmanagement in dem

Merksatz „Qualität ist Geisteshaltung und Technik" zusammengefasst (Kamiske 1990). Mit den Ergänzungen

- „Fehlt eins von beiden, kann Qualität nicht entstehen" und
- „Während fehlende Technik zu erlernen ist, ist fehlende Geisteshaltung meist schwer zu ersetzen"

kann dieser Satz auf die vorangehend erwähnten Bestimmungsgrößen des Verhaltens zurückgeführt werden: Wollen, Können und Dürfen.

- „Technik" steht dabei für das Können, das Verstehen, was zu tun ist, und die Fähigkeit, es umzusetzen (Fähigkeiten, Fertigkeiten, Wissen, Erfahrung, vgl. Comelli/von Rosenstiel 2009, S. 1 ff.). Im weiteren Sinne zum Können gehört auch die situative Ermöglichung (kann ich z. B. einen Arbeitsschritt nicht durchführen, weil eine Maschine defekt ist, so muss ich für Reparatur sorgen). Zum Aspekt "Technik" und Können finden sich in diesem Handbuch zahlreiche Beiträge. Er wird daher hier nicht weiter verfolgt.
- „Geisteshaltung" verweist auf das Wollen (des Mitarbeiters) und auf das soziale Dürfen, das wesentlich von der Führungskraft des Mitarbeiters bestimmt wird – diese beiden Aspekte sollen hier im Fokus stehen.

Die Anmerkungen und Impulse aus der Praxis sollen in vier Schritten wiedergegeben werden: Zunächst ist kurz auf drei Vorbedingungen einzugehen, dann befasst sich der Beitrag ausführlich mit dem „Wollen" (der Motivation) und mit dem „Dürfen", um sich schließlich der Frage des sichtbaren Handelns, des Führungsverhaltens, zuzuwenden. Um den Erfahrungscharakter hervorzuheben, haben die Anmerkungen die Form von Thesen und Forderungen.

45.2 Vorbedingungen

45.2.1 Wirtschaftliche Rahmenbedingungen

Um Qualität zu erstellen und zu fördern, müssen einige Vorbedingungen erfüllt sein. Wie die Praxis zeigt, fühlen sich längst nicht alle Unternehmen der Qualität verpflichtet. Manche verbreiten den Eindruck „(noch) keine Zeit bzw. kein Geld" für Qualität zu haben.
Zunächst muss sich ein Unternehmen innerhalb von wenigstens mittelfristig aussichtsreichen wirtschaftlichen Rahmenbedingungen bewegen. Betriebswirtschaftlich gesprochen: Das industrieökonomische Umfeld muss stimmen (vgl. Mintzberg et al. 2012, S. 145 ff.). Nach dem Modell der Wettbewerbsanalyse von Porter sind Unternehmen den Spannungsfeldern der Verhandlungsmacht der Zulieferer einerseits und der Kunden andererseits ausgesetzt. Hinzu kommt die Intensität des Wettbewerbs in der betreffenden Branche. Des Weiteren sind Unternehmen durch Neueinsteiger im Wettbewerb und durch Substitutionsgüter bedroht.
Ist in diesem Umfeld schlecht Geld zu verdienen, bleibt den Unternehmen praktisch nicht genug Raum, um sich positiv mit dem Thema Qualität zu befassen. Unabhängig von dem sicher zutreffenden Merksatz „Quality is free" ist in der Praxis eine gewisse Tragfähigkeit eines Business-Modells notwendig, um den Start und die Nachhaltigkeit von Qualitätsmanagement-Aktivitäten zu ermöglichen. Als negative Beispiele können hier Geschäftszweige mit notorisch geringer Marge oder mit Wettbewerbern aus Niedriglohnländern gelten.
Ähnliche Effekte entstehen, wenn das Umfeld zu gut ist oder gar kein Wettbewerb gegeben ist, z. B. in Monopolen oder monopolähnlichen Strukturen. Produkte und Dienstleistungen „verkaufen sich" (sic!) unabhängig von der Leistung des Anbieters. Die deutschen Staatsunternehmen Bahn und Post der früheren Zeiten mögen da als vergangenes Beispiel dienen. Aber auch in der Gegenwart zeigen sich entsprechende Erscheinungen: Tablet-PCs der neuesten Bauart lassen sich z. B. auch ohne Service und mit inkompetenten, unfreundlichen Mitarbeitern verkaufen – zahlungsbereite Kunden scheint es genug zu geben. In diesen Situationen ist der Kunde abhängig, es entsteht kein Wettbewerb und somit kein Anreiz, sich über Qualität zu differenzieren.
Des Weiteren gibt es eine Abhängigkeit der Qualitätsstrategie von der Unternehmensstrategie. Ebenfalls von Porter stammen die sogenannten „Normstrategien" Kostenführerschaft, Differenzierung/Qualitätsführerschaft sowie Fokus/Nische (Mintzberg et al. 2012, S. 147 ff.). Die Überlegungen zu Qualität und Führung gelten insbesondere für diejenigen Unternehmen, die Qualitätsführerschaft in ihren Märkten anstreben. Der Kostenführer und seine Kunden orientieren sich vor allem und zunächst an der Preissetzung des Wettbewerbs. Qualität droht hier in die zweite Priorität zurückzufallen. Natürlich müssen auch Kostenführer die Basisanforderungen an ihre Produkte und Dienstleistungen erfüllen. Dennoch haben Produkte, die rein über den Preis verkauft werden, oft keinen hohen Qualitätsanspruch. Das gilt etwa für so manches Werkzeug, das in einem deutschen Baumarkt verkauft wird. In der Nische wiederum ist der Wettbewerb oft nicht sehr ausgeprägt. Das gilt insbesondere dann, wenn die Nische so „eng" ist, dass die Eintrittsbarriere für neue Wettbewerber hoch ist, etwa bei speziellen Industrieausrüstungen.
Qualität wird also nur in den Fokus des unternehmerischen Handelns und der Führung eines Unternehmens oder einer Organisation kommen, wenn es die wirtschaft-

lichen Rahmenbedingungen, die Markt- und Wettbewerbssituation sowie die strategische Ausrichtung zulassen und erfordern.

45.2.2 Der Kunde im Fokus der Leistung

Wofür ist ein Unternehmen letztlich da? Für seine Eigentümer - die Shareholder - oder alle Interessengruppen - die Stakeholder? Ohne die bekannte Diskussion zu vertiefen, soll hier davon ausgegangen werden, dass es zum Zweck eines Unternehmens gehört, die Bedürfnisse aller seiner Stakeholder angemessen zu befriedigen. Das bedeutet, dass die Stakeholder prinzipiell gleichmäßig im Blickfeld sein müssen, wenngleich der Kunde der erste aller Stakeholder und der Ausgangspunkt des wirtschaftlichen Erfolgs ist. Für ein Unternehmen und seine Führungskräfte ist es also sinnvoll, sich zu allererst nach den Bedürfnissen seiner Kunden zu richten, sich also um Kundenorientierung zu kümmern.
Zur Definition von Kundenorientierung und in der weiteren Argumentation folgt dieser Beitrag den Überlegungen von Bruhn: „Kundenorientierung ist die umfassende, kontinuierliche Ermittlung und Analyse der individuellen Kundenerwartungen sowie deren interne und externe Umsetzung in unternehmerische Leistungen [...] mit dem Ziel, langfristig stabile und ökonomisch vorteilhafte Kundenbeziehungen zu etablieren“ (Bruhn 2012 S. 14f.). Weiter heißt es, in Abgrenzung zur allgemeineren Marktorientierung: „Primäres Ziel der Kundenorientierung ist die Erfüllung des individuellen Kundenwunsches bzw. der Erwartungen der Kunden (...)“. Das Ziel der Kundenorientierung ist also gleich dem, was vorangehend als unmittelbare Produkt- oder Dienstleistungsqualität definiert wurde! Ziel der Kundenorientierung ist es, Qualität für den Kunden zu erbringen.

> Führungskräfte müssen den Kunden in den Fokus ihrer Leistung stellen.

Freilich weist Bruhn auf die erheblichen Diskrepanzen zwischen Anspruch und Wirklichkeit in der Praxis hin (Bruhn 2012, S. 15 ff.). Häufig findet sich Kundenorientierung nur als „Worthülse“ in Unternehmensleitbildern, ohne dass konkrete Maßnahmen daraus abgeleitet werden, die für den Kunden von Nutzen wären. Der wesentliche Grund hierfür ist die mangelnde Fähigkeit von Führungskräften, den bisher erreichten Realisierungsgrad der Kundenorientierung realistisch einzuschätzen. Das alles sollte Grund genug für Führungskräfte sein, sich um Kundenorientierung zu kümmern - und zwar nicht nur als Lippenbekenntnis.

Es ist mithin eine Voraussetzung für Qualität, dass Führungskräfte die Kunden des Unternehmens kennen - am besten persönlich - und eine klare Vorstellung von deren Anforderungen und Erwartungen haben. Vor allem müssen Führungskräfte bereit sein, sich diesen Erwartungen zu öffnen und die Bedienung der Kunden als das wesentliche Element des Unternehmensgeschehens und als Ziel der eigenen Leistung zu begreifen.
Natürlich ist das alles nicht neu. Schon die bekannte Aufzählung „Was ist ein Kunde?“ von Kaufhof aus dem Jahre 1958 (vgl. Hartwig/Maser 2007, S. 13) listet die Forderungen an uns als Lieferanten trefflich auf, z. B.:

- Ein Kunde ist die wichtigste Person für das Unternehmen.
- Ein Kunde hängt nicht von uns ab, sondern wir von ihm.
- usw.

Es geht um das Einverständnis und das Umsetzen, also um das Wollen von Führungskräften und Mitarbeitern.

45.2.3 Die positive Vorannahme über den Mitarbeiter und seine Fähigkeiten

„Führung heißt, [...] andere, durch eigenes, sozial akzeptiertes Verhalten [...] zu beeinflussen“ (Weibler 2012, S. 19). Die Führungsbeziehung ist eine Beziehung zwischen zwei Menschen - Führender und Geführter -, die in Interaktion treten. Dazu werden zunächst beide, unabhängig von der konkreten anderen Person, eine Grundannahme darüber haben, wie Menschen sind und wie sie arbeiten: Sie werden ein bestimmtes Menschenbild verinnerlicht haben. Darüber hinaus werden beide bereits vor der ersten Begegnung konkrete Vorannahmen über den jeweils anderen mitbringen. Dazu zählen Vorabinformationen, seien es unpersönliche Informationen aus öffentlich zugänglichen Quellen (z. B. Position, Tätigkeit, Lebenslauf) oder aus vertraulichen Quellen (Bewerbungsunterlage, Bewerbungsgespräch), seien es mündlich zugetragene Dinge (Hörensagen, Gerüchte). Hinzu kommen die Wahrnehmungen des ersten Zusammentreffens - der erste Eindruck der anderen Person, die ersten Gespräche. Danach folgen die ersten Arbeitsbeziehungen mit den ersten Rollenbeispielen beider Seiten.
Zum Menschenbild: Als Ergebnis unserer Prägungen und Erfahrungen haben wir alle bestimmte Grundannahmen über Menschen, vgl. (Lilge 1981), (Weibler 2012, S. 31 ff.) sowie (Comelli/von Rosenstiel 2009, S. 107 ff.). Diese Grundannahmen wirken als subjektive „Hinterkopftheorien“, nach denen Führungskräfte ihr Verhalten ausrichten, manchmal auch ohne sich dieser Grundannahmen bewusst zu sein. Das bekannteste dieser Modelle ist die

Charakterisierung in Theorie X/Theorie Y von McGregor (vgl. Weibler 2012, S. 32 f.).
Theorie X ist die pessimistische Grundannahme:
- Der Mensch hat eine angeborene Abscheu von der Arbeit und versucht, sie soweit wie möglich zu vermeiden.
- Die meisten Menschen müssen kontrolliert, geführt und mit Strafandrohung gezwungen werden, einen produktiven Beitrag zur Erreichung der Organisationsziele zu leisten.
- Der Mensch möchte gerne geführt werden, er möchte Verantwortung vermeiden, hat wenig Ehrgeiz und wünscht sich vor allem Sicherheit.

Dem steht als optimistische Alternative die Theorie Y gegenüber:
- Der Mensch hat keine angeborene Abneigung gegen Arbeit, im Gegenteil, Arbeit kann eine wichtige Quelle der Zufriedenheit sein.
- Wenn der Mensch sich mit den Zielen der Organisation identifiziert, sind externe Kontrollen unnötig. Er wird Selbstkontrolle und eigene Initiative entwickeln.
- Die wichtigsten Arbeitsanreize sind die Befriedigung von Ich-Bedürfnissen und das Streben nach Selbstverwirklichung.
- Der Mensch sucht bei entsprechender Anleitung eigene Verantwortung. Einfallsreichtum und Kreativität sind weit verbreitete Eigenschaften in der arbeitenden Bevölkerung; sie werden jedoch in industriellen Organisationen kaum aktiviert.

Es ist damit noch nichts ausgesagt über die Frage, welche Theorie nun „richtig“ sei und welches Menschenbild den Menschen zutreffend beschreiben würde. Zunächst ist die reine Existenz beider Grundannahmen festzustellen. Der hervorzuhebende Aspekt ist: Beide Menschenbilder haben die Tendenz, sich selbst zu bestätigen und zu einer sich selbst erfüllenden Prophezeiung zu werden (Comelli/von Rosenstiel 2009, S. 108 sowie Schreyögg 2008, S. 192 ff.). Die Erwartungen des Führenden führen zu entsprechendem Führungsverhalten, welches als Reaktion beim Mitarbeiter das jeweils entsprechende Mitarbeiterverhalten erzeugt und so die Erwartungen des Führenden bestätigt oder verstärkt. In der Praxis sind entsprechende „Negativspiralen“ zu beobachten: Hält ein Vorgesetzter einen Mitarbeiter für unzuverlässig, so wird er seine Arbeit genau kontrollieren. Der Mitarbeiter erkennt, dass er genau beobachtet wird, wird daraufhin unsicher und macht mehr Fehler. (Eine andere – aber im Ergebnis gleiche – Reaktion könnte sein, dass er es wegen der ohnehin folgenden Kontrolle mit seiner eigenen Arbeitsleistung nun nicht mehr so genau nimmt.) Als Resultat findet der Führende bei der Kontrolle viele Fehler: Er wird in seiner Annahme bestätigt, es mit einem unzuverlässigen Mitarbeiter zu tun zu haben und wird weitere Konsequenzen restriktiver Art erwägen – und so weiter. So entsteht die besprochene Negativspirale. Umgekehrt wird ein Vorgesetzter in einer Positivspirale schlummernde Potentiale in einem Mitarbeiter sehen und durch die Übertragung neuer Aufgaben wecken wollen, um die Leistung der Organisation zu verbessern. Der Mitarbeiter wird sich bestätigt und motiviert fühlen, sich besonders anstrengen und versuchen, die Ziele zu erreichen. Das wiederum nimmt die Führungskraft als Merkmale eines leistungsbereiten und kompetenten Mitarbeiters wahr – was seine anfängliche Einschätzung verstärkt.
Wenn Führungskräfte es in der Praxis vermeiden wollen, unnötige, für alle Beteiligten und im Ergebnis unerfreuliche „Negativspiralen“ zu drehen, sollten sie sich zuerst einmal der Bedeutung und der Wirkung der „Hinterkopftheorien“ auf sich selbst und auf die Mitarbeiter bewusst werden. Des Weiteren gilt: Wollen sie Mitarbeiter zur Qualität anhalten und zum selbstständigen Handeln in Richtung Kunde ermutigen, so sollten sie versuchen, mit den Mitarbeitern in die „Positivspirale“ zu kommen.

> Führungskräfte müssen ihre Beziehung zum Mitarbeiter mit einer positiven Vorannahme über den Mitarbeiter und seine Fähigkeiten beginnen. ■

Führungskräfte sollen also erst einmal davon ausgehen, dass Mitarbeiter zum Erfolg der Organisation beitragen wollen, dass sie etwas leisten wollen, dass sie etwas können, ihre Ideen und Fähigkeiten gerne einbringen, dass sie den Kunden bedienen und zu seiner Zufriedenheit beitragen wollen. Mit anderen Worten: Führungskräfte sollen mit der Theorie Y starten.
Diese Forderung soll nicht falsch verstanden werden. Führungskräfte sollen nicht naiv sein. Leider gibt es erfahrungsgemäß in einer großen Organisation meistens auch Schlechtleistung, Demotivation, Obstruktion bis hin zum Betrug. Ein Beispiel: Vielleicht ist (als Annahme) ein Anteil von 2 % der Mitarbeiter zu dem Betrug verursachenden Personenkreis zu rechnen. Führungskräfte dürfen nun nicht in die Falle tappen, den Großteil der anderen Mitarbeiter so zu behandeln, wie es für die Minderheit von 2 % richtig wäre. So würde eine Organisation ihre Leistungspotentiale bei Weitem nicht ausschöpfen. Zum Start der Beziehung mit einem Mitarbeiter darf eine Führungskraft auch nicht annehmen, dass dieser Mitarbeiter zu den 2 % gehört. Dies würde nicht nur dem Mitarbeiter wahrscheinlich nicht gerecht werden, sondern würde auf jeden Fall den Weg zu einer Positivspirale verstellen. Fazit: Es ist einfach nützlich, mit einer Theorie-Y-Annahme zu beginnen, um gute und bessere Arbeitsergebnisse der Mitarbeiter zu erhalten.

Ein Blick auf eine Führungstheorie, die sich mit dem Austauschverhältnis in der Zweierbeziehung (Dyade) „Führungskraft - Geführter“ beschäftigt, kann weitere Zusammenhänge herstellen. Die Dyadentheorie beschreibt an Hand von Untersuchungsergebnissen, wie sich die Austauschbeziehungen, das Geben und das Nehmen, zwischen einer Führungskraft und ihren Mitarbeitern entwickeln (daher auch LMX-Theorie, Leader Member Exchange Theory, vgl. Weibler 2012, S. 162 ff.). Im Kern beschreibt die Theorie, wie sich in den Beziehungen zwischen der Führungskraft und ihren Mitarbeitern auf Grund der begrenzten Ressourcen der Führungskraft zwei Klassen herausbilden:

- Es gibt Mitarbeiter, mit denen die Führungskraft in einem regelmäßigen intensiven Austausch steht. Diese Mitarbeiter sind motiviert, qualifiziert und arbeiten sehr loyal und mit hoher Leistung. Die Führungskraft ist an deren Meinungen und Ideen interessiert und hört ihnen gerne zu. Es besteht hohes Vertrauen. Die Mitarbeiter werden über zukünftige Vorhaben und Pläne informiert. Die Dyadentheorie nennt das die „In-Group“.
- Dem gegenüber steht die „Out-Group“: Führungskraft und Mitarbeiter stehen in einem rein formalen Verhältnis, die Mitarbeiter sind in Qualifikation und Motivation bestenfalls Standard. Es gibt keinen Austausch über Ideen und Pläne. Treffen und Informationsübergaben geschehen nach dem Dienstplan. An der Meinung dieser Mitarbeiter hat die Führungskraft kein Interesse. Zur Zielerreichung der Führungskraft leisten sie keinen Beitrag.

Während die Mitglieder der In-Group intensiv eingebunden sind und die Führungskraft ihnen gegenüber Führung („Leadership“) ausübt, werden die Mitarbeiter der Out-Group nur beaufsichtigt. Es liegt auf der Hand, dass mit einer solchen Teilung der Mitarbeiterschaft ungenutzte Potenziale in der Organisation bestehen. Die Existenz einer „Out-Group“ ist sowohl unter wirtschaftlichen als auch unter führungsethischen Gesichtspunkten nicht akzeptabel.

Wie entsteht diese Situation? Die Theorie besagt, dass die Zugehörigkeit zu einer der Gruppen von Führungskraft und Mitarbeiter beidseitig danach festgelegt wird, wie die ersten Aufgaben in der Beziehung angegangen werden und wie beide diese ersten Austauschsituationen einschätzen und erleben. Die Führungskraft prädestiniert mit ihren ersten Festlegungen, welche Art des Austausches die Beziehung prägen wird (sozusagen „in welche Richtung die Spirale gedreht wird“, positiv oder negativ). Wird z. B. die erste, sorgfältig delegierte und vom Anspruch her passende Aufgabe vom Mitarbeiter erfolgreich erledigt und von der Führungskraft positiv gewürdigt, besteht eine günstige Ausgangsposition für die nächste Führungsepisode. Das Rollenverständnis („In“ oder „Out“) verfestigt sich von Fall zu Fall. Änderungen an den Rollen sind nicht ausgeschlossen, bedürfen aber einer gewissen Anstrengung.

Positiv zu beginnen ist also nicht nur eine Voraussetzung für motivierte und engagierte Mitarbeiter, es ist auch eine zwingende Notwendigkeit, um zu einer guten Qualität der Führungsbeziehung selbst zu gelangen.

Nachdem die Vorbedingungen geklärt sind, wendet sich der Beitrag dem Kern der Frage zu, wie Führungskräfte für Qualität sorgen können. Es geht um Verhaltensausrichtung - also das Wollen und das soziale Dürfen der Mitarbeiter.

45.3 Die Motivation der Mitarbeiter positiv unterstützen

45.3.1 Grundlagen zum Motivationsbegriff

Zunächst sollen in aller Kürze einige Grundlagen zum Motivationsbegriff vermittelt werden. Der Beitrag folgt hier der Darstellung von Comelli/von Rosenstiel (Comelli/von Rosenstiel 2009, S. 5 ff.). Zu diesem Thema sei auch auf Kapitel 48, „Qualitätsmanagement und Motivation“, verwiesen.

Verhalten und Handeln entsteht, wenn jemand Antrieb und Gelegenheit hat, etwas zu tun. Die Motivation der Person ist dabei von ihr selbst und von der Situation abhängig. Übersteigt die Motivstärke der Person ihre Bewusstseinsschwelle, so wird ihre Handlung ausgelöst. Durch Gestaltung der Situation (z. B. durch Anreize) kann das Motiv intensiver und früher aktiviert werden. Es wird unterschieden in extrinsische und intrinsische Motivation:

- **Extrinsische Motivation:** Hier motiviert nur das Ziel, z. B. arbeitet jemand, weil Geld zu verdienen nötig ist und es attraktiv ist, Geld zum Lebensunterhalt und zur sonstigen Verwendung zur Verfügung zu haben. Die konkrete Arbeit motiviert aber nicht, die Handlungen beim Arbeiten entspringen bestenfalls dem Willen, der sich aus der erwarteten Erfüllung der extrinsischen Motivation speist.
- **Intrinsische Motivation:** Hier macht die Tätigkeit selbst, der Weg zum Ziel, Freude. Im Beispiel ist also das Arbeiten selbst schon attraktiv.

In der Praxis liegt meistens eine Mischung aus extrinsischer und intrinsischer Motivation vor.

VI

Die Modelle zur Motivation der Person gliedern sich in Bedürfnistheorien, Anreiztheorien, kognitive Theorien und Wachstumstheorien. Sehr bekannt ist etwa die Bedürfnistheorie von Maslow. Im Folgenden wird kurz die ERG-Theorie von Alderfer skizziert (nach Franken 2010, S. 90 ff.). Alderfer unterscheidet drei Gruppen von Motiven bzw. Bedürfnissen:

- E – **„Existence“** (Existenzbedürfnisse), z. B. physiologische Bedürfnisse, materielle Sicherheit, Belohnung, Entlohnung,
- R – **„Relatedness“** (Beziehungsbedürfnisse), z. B. soziale Bedürfnisse, wie Zugehörigkeit zu einer Gruppe und soziale Sicherheit sowie Anerkennung in dieser Gruppe,
- G – **„Growth“** (Wachstums-/Selbsterfüllungsbedürfnisse), z. B. Selbstverwirklichung, Selbstachtung, Autonomie, Kreativität.

Die ERG-Theorie hat den Vorteil, dass sie sich für die Praxis leicht veranschaulichen lässt: Warum nehmen Führungskräfte die Diskussionen mit ihren Chefs, den Ärger mit den Mitarbeitern, den Leistungsdruck und die ständige Knappheit von Zeit und Geld auf sich? Um die eigenen Arbeitsplätze und die der Mitarbeiter zu sichern (= **E**), um Teil eines erfolgreichen Teams zu sein (= **R**) und um beruflich voranzukommen und ein erfülltes, berufliches Leben zu haben (= **G**).
Was wir motiviert tun, tun wir gerne und mit Freude. Insofern ist es aus Sicht des Unternehmens wünschenswert, zur Arbeit motivierte Mitarbeiter zu haben. Führungskräfte sollen daher die Motivation ihrer Mitarbeiter managen – soweit das möglich ist. Dies umfasst die vier Teilaufgaben (vgl. von Rosenstiel 2003, S. 17 f. sowie Comelli/von Rosenstiel 2009, S. 27 ff.):

a) Barrieren beseitigen und Demotivation vermeiden,
b) für anregende Bedingungen sorgen und Anreize schaffen, Motive aktivieren,
c) Mitarbeiter entwickeln, das Entwicklungsmotiv ansprechen, Motive prägen,
d) Identifikation fördern, Mitarbeiter begeistern.

Ein Blick auf die Teilaufgaben b) bis d) schließt sich an, im übernächsten Schritt folgen dann Ausführungen zu Punkt a).

45.3.2 Die Eigenmotivation der Mitarbeiter fördern

Die Unterscheidung zwischen intrinsischer und extrinsischer Motivation spiegelt sich im Alltag gut in dem Leitsatz „Keiner kann Sie motivieren, außer Sie sich selbst“ wider. Im engeren Sinne können Führungskräfte ihre Mitarbeiter nicht motivieren, aber Motivation managen.

> Führungskräfte sollen die Eigenmotivation der Mitarbeiter fördern. ■

Geht man davon aus, dass ein Mitarbeiter ein latent vorhandenes Motiv hat, Qualität zu erbringen (Theorie Y), dann ist es die Teilaufgabe gemäß dem vorangegangenen Punkt b), für dieses Motiv Anreize über die Gestaltung der Situation zu aktivieren, damit die entsprechenden Handlungen für Qualität früher oder intensiver einsetzen. Darüber hinaus können auch andere bestehende Bedürfnisse des Mitarbeiters für die Förderung von Qualität aktiviert werden. Dies setzt voraus, dass die Führungskraft die mindestens kurzfristig nicht veränderbaren Motive des Mitarbeiters kennt und aktivieren kann.
Häufig werden diese kurz- oder langfristig wirkenden Anreize mehrheitlich auf das Existenzbedürfnis (= **E**) abzielen. Beispiele hierzu: Geldprämien für qualitativ gute Arbeitsausführung, etwa die rechtzeitige Fertigstellung eines Kundenauftrages, sind kurzfristige monetäre Anreize. Sie wirken zwar unmittelbar bei ihrer ersten Verwendung, gehen aber schnell in Gewöhnung über. Im Endergebnis zahlt das Unternehmen Prämien für etwas, was ohnehin schon abgegolten sein sollte. Besser ist es, langfristige monetäre Anreize zu setzen. Es macht also durchaus Sinn, dass Elemente qualitativ guter Arbeitsausführung Bestandteil der Entlohnungssystematik sind, z. B. mit dem Thema Arbeitsqualität verbundene Teile der Leistungsbeurteilung. Monetäre Anreize wirken erfahrungsgemäß mindestens extrinsisch. Nur ein Teil der Mitarbeiter hat allerdings Geld für sich als „persönlichen Engpass“ definiert und ist auch intrinsisch über Geld zu motivieren. Sachprämien sind insofern schwierig, als die Prämie zu den Motiven der Mitarbeiter passen muss – nicht jeder findet ein Abendessen beim Chef zu Hause oder eine Konzertkarte als attraktiv. Prämierungen mit künstlicher Verknappung wie bestimmte Qualitätstrophäen oder die Auszeichnung des unter Qualitätsgesichtspunkten besten Mitarbeiters zum „Mitarbeiter des Monats“ sind möglich, aber deren Wirkung ist sehr von der Unternehmenskultur abhängig.
Nicht-monetär und intrinsisch motivierend sind vor allem Anreize, die darauf abzielen, die Arbeitsbedingungen qualitätsfördernd zu gestalten. So können sich etwa Mitarbeiter in Produktionssystemen an der Gestaltung der Arbeitsplätze beteiligen oder in den kontinuierlichen Verbesserungsprozess einbringen (dieser „KVP“ ist meistens eine Mischform zwischen monetär und nicht-monetär). Qualitätsfördernd wirkt auch die (unter Qualitätssicherungsaspekten ohnehin notwendige) Personalisierung

der Verantwortung für die Arbeitsschritte: Der Mitarbeiter bezeichnet seine Verantwortung für einen bestimmten Teil der Arbeit mit seinem Namen – sei es durch seine Unterschrift oder durch eine sonstige Kennzeichnung. Prinzipiell ist es auch förderlich, wenn Mitarbeiter möglichst große, in sich abgeschlossene Arbeitsinhalte haben, also z.B. ein Produkt ganz selbst fertig stellen oder eine Dienstleistung vom Anfang bis zum Ende erbringen.

Auf die Beziehungsbedürfnisse (= **R**) zielt die Teilaufgabe d), die sich zum Ziel setzt, Identifikation zu fördern und Mitarbeiter zu begeistern. Hierzu zählt etwa das Arbeiten in der Gruppe oder im Team, das den Mitarbeitern Zugehörigkeit bietet. Führungskräfte sollen sich – abhängig von der Situation – um einen teamförderlichen Führungsstil bemühen, z.B. um einen kooperativen Stil. Die positive Wirkung auf Qualität tritt eher indirekt dadurch ein, dass die Mitarbeiter ihr Wissen und Können in der Gruppe gerne einbringen (auch Wachstumsbedürfnisse werden mit angesprochen). Weitere Beispiele: Den erfolgreichen Abschluss eines Kundenprojekts „on time, on quality, on cost" zu feiern, spricht das Beziehungsbedürfnis an. Mitarbeiter lassen sich für und durch die Teilnahme an einem Qualitätswettbewerb in einem hohen Maß begeistern.

Wachstumsbedürfnisse (= **G**) werden am besten durch die Maßnahmen der Personalentwicklung angesprochen (vgl. Teilaufgabe c) oben). Mitarbeiter wollen ihre Fähigkeiten weiterentwickeln. Insofern fördern gute Aus- und Weiterbildungsangebote ganz allgemein die Qualität der Arbeit und im Besonderen, wenn es um Weiterbildung im Qualitätsmanagement geht. Im Rahmen einer QM-Ausbildung werden nicht nur fachliche Inhalte vermittelt, sondern auch Schlüsselqualifikationen gestärkt. Dabei gibt es einen interessanten Zusammenhang zu beachten (Comelli/von Rosenstiel 2009, S. 32f.): Menschen tun gerne, was sie glauben, gut zu können. So stärkt die Vermittlung von Kompetenzen zugleich die Motivation, diese anzuwenden und auszuüben. Durch Qualifizierung in Qualität ist also Motivation für Qualität entwickelbar.

Weiter bedeutet dies: Karrierepfade sind so zu gestalten, dass Qualität inhaltlich vorkommt und die Beschäftigung mit Qualität ein förderlicher Karriereschritt ist. Beispiel: Im Rahmen der Job Rotation ist es zumindest für Generalisten förderlich, wenn Funktionsbereiche gewechselt werden und dabei Qualitätsmanagement eine Rolle spielt. Gute Produktions- und Entwicklungsleiter etwa waren im Verlauf ihres Berufsweges häufig eine Zeit lang Qualitätsleiter. Ebenso hilfreich sind Wechsel zwischen dem Stab, „wo man alle Zeit der Welt hat, es richtig zu machen und anderen zu sagen, wie sie es machen sollen" und der Linie, „wo man keine Zeit hat, irgend etwas richtig zu machen, weil man ja alles jetzt und heute machen muss". Durch das Wechseln entsteht ein gewisses Verständnis, unter welchen Bedingungen die jeweils andere „Seite" Qualität erzeugen muss und zum gemeinsamen Erfolg des Unternehmens beiträgt. Dieses Verständnis wird besonders vertieft, wenn die Karrierestationen von der internen „Kundenposition" in die interne „Lieferantenposition" führen, also z.B. aus der Montageleitung in die Fertigungsleitung oder aus der Projektabwicklung für den Kunden in die Leistungserstellung im Betrieb. Für die Erfüllung der Wachstumsbedürfnisse von Spezialisten ist es meist ausreichend, ihrer Selbstverwirklichung die entsprechende Wertschätzung entgegen zu bringen. Einen Spezialisten für System Safety kann man z.B. nicht dadurch motivieren, dass man ihm eine Kundenprojektleitung anbietet. Er wird eher motiviert, wenn man sich mit seiner Sicht auf das Unternehmen und seinen Beiträgen befasst und sich Zeit dafür nimmt. Durch die Maßnahmen der Personalentwicklung kann die intrinsische Motivation für Qualität also langfristig geprägt werden.

45.3.3 Die Mitarbeiter wenigstens nicht demotivieren

Nun bleibt von den Teilaufgaben des Motivationsmanagements noch die Teilaufgabe a) übrig: die Beseitigung von Barrieren und das Vermeiden von Demotivation. Weshalb verdient dieser Aspekt eine eigene Forderung? Zum einen weil, wie vorangehend angesprochen, die Motivation eines Mitarbeiters von außen nur eingeschränkt möglich ist und die Eigenmotivation des Mitarbeiters deswegen besonders zu schützen ist. Zum zweiten ist es in der Praxis leider häufig so, dass das größte Hindernis für die Motivation der Mitarbeiter die Demotivation ist, die sie durch ihre Führungskräfte erfahren.

> Führungskräfte sollen ihre Mitarbeiter wenigstens nicht demotivieren. ■

Ein negatives Praxisbeispiel soll dies vertiefen: Ein Mitarbeiter, der mit der Auslieferung von Produkten beschäftigt ist, stellt fest, dass ein bestimmtes Produkt in einem Merkmal der Qualitätsanmutung nicht dem Firmenstandard entspricht. Weist ihn nun seine Führungskraft ohne nähere Erläuterung oder – schlimmer noch – allein mit der Bemerkung „Das ist jetzt nicht wichtig" an, das Produkt ohne Nacharbeit im beanstandeten Zustand an den Kunden auszuliefern, dann wird beim Mitarbeiter eine gewisse Demotivation eintreten: Er konnte seine Arbeit nicht so fertig machen, wie er es gerne gewollt hätte. Er wird das entsprechende Qualitätsmerkmal dann in Zukunft für nicht mehr so wichtig erachten und es vernachlässigen (wie bald Anderes auch). Die Führungskraft hat

VI

durch ihr Verhalten vermittelt, dass das Unternehmen dem Mitarbeiter keine Zeit gibt, es richtig zu machen und dass Qualität nicht wichtig ist.

Ein möglicher ergänzender Kontext: Vielleicht hat die Führungskraft in Teilen richtig gehandelt, weil sie weiß, dass der betreffende Kunde in diesem Fall auf das konkrete Merkmal der Qualitätsanmutung keinen Wert legt oder die pünktliche Lieferung in der konkreten Situation die höhere Bedeutung für den Kunden hat. Dann wäre es das bessere Führungsverhalten, dem Mitarbeiter die besondere Situation samt der Begründung zu erläutern und mit ihm zu besprechen, wie diese Abweichung vom Firmenstandard in den Nachweisdokumenten des Unternehmens geeignet dokumentiert und von Führungskraft und Mitarbeiter frei gegeben wird.

Nicht nur schlechtes eigenes Verhalten von Führungskräften in der direkten Führung kann negativ sein, auch die strukturell-systemische, indirekte Führung kann Mitarbeitern die Motivation nehmen, mit hoher Qualität zu arbeiten. Die Hauptquellen solcher Demotivation sind Technologie, EDV und Bürokratie (vgl. Kap. 45.4.2):

- Wo Arbeitsabläufe durch Technologie geführt und gestützt werden, z.B. durch ein Fließband oder durch Workflows, ist der Faktor Zeit meist das in Sachen Qualität demotivierende Element. Wenn Mitarbeiter am Fließband nicht genügend Zeit für die Arbeitsschritte haben, werden sie keine Qualität produzieren. Nicht umsonst ist die aus der japanischen Automobilindustrie bekannte „Reißleine" am Montageband, mit der jeder Mitarbeiter bei Problemen das Band anhalten kann, primär ein Instrument der Qualitätssicherung.
- Bei den Workflows in der EDV ist es oft das Zusammenspiel bzw. das Nicht-Zusammenspiel verschiedener Softwareelemente und Datenbanken. Wer früher einmal bei einem großen deutschen Telekommunikationsunternehmen versucht hat, in der Filiale Dienstleistungen für Internet und Telefon gleichzeitig zu bestellen, kann die Frustration der damit täglich beschäftigten Mitarbeiter verstehen, die sich daraus ergab, dass die Kundendatenbanken nicht zusammengeführt waren.
- Führungskräfte können ihre Mitarbeiter auch durch eine überbordende Bürokratie demotivieren. Einmal sind die bürokratischen Elemente des QM-Systems selbst zu erwähnen, insbesondere was Verfahrensschritte und Nachweisdokumente angeht. Hier ist für die Mitarbeiter häufig nicht mehr erkennbar, worin der Nutzen mancher Schritte für die Qualität beim Kunden besteht. Zum anderen wirken allgemein bürokratische Verfahren ab einer gewissen Komplexität unverständlich, gerade wenn sie auch noch intransparent gestaltet sind. Genehmigungsdokumente aus Papier mit sieben und mehr Unterschriften und unklarem Verteiler bzw. Genehmigungsablauf wirken erfahrungsgemäß nicht positiv auf die Motivation der Mitarbeiter und die Qualität ihrer Arbeit.

Der wesentliche Punkt ist: Diese schädlichen Elemente indirekter Führung sind von Führungskräften gemacht, sie können also auch von Führungskräften wieder entfernt werden.

Ein weiterer, nicht so einfach zu erkennender Sachverhalt sorgt häufig für Demotivation: Die Anreize, mit denen Führungskräfte ihre Mitarbeiter motivieren wollen, müssen auch zu deren Motiven passen, sonst tritt schnell Demotivation ein. Dazu ein sehr einfaches, allgemeines Beispiel: Eine Führungskraft möchte dem Wachstumsmotiv eines jungen Mitarbeiters einen Anreiz geben, indem sie den Mitarbeiter nach einer erfolgreichen Projektleitung in Deutschland nunmehr für einen Projekt in Brasilien vorsieht. Leider ist der Mitarbeiter damit gar nicht zu motivieren, weil seine Partnerin gerade ein Kind erwartet und er geplant hat, ein Haus in Deutschland zu bauen. Weiteres Beispiel: Vertriebsmitarbeiter beziehen ihre berufliche Befriedigung meist daraus, den Kunden zufrieden zu stellen und beim Kunden den Erlös für das Unternehmen einzuholen. Was das Thema „Qualität" angeht, so sind sie eher zu motivieren, Kundenforderungen und Kundenerwartungen in das Unternehmen einzuspeisen als Analysen über verlorene Angebote auszuführen oder Prozesskennzahlen zu ermitteln. Die letzten beiden Aufgaben übergibt eine Führungskraft besser den Unterstützungsfunktionen in der Zentrale.

Zur Motivation gehört also neben der Unterstützung der Eigenmotivation der Mitarbeiter die Vermeidung von Demotivation dazu. Beides kann nur dann zielgerichtet erfolgen, wenn Führungskräfte ihre Mitarbeiter und deren Motive gut kennen.

45.4 Über Normen und Werte das soziale Dürfen für Qualität vermitteln

45.4.1 Grundlagen zum Begriff der Unternehmenskultur

Neben dem Wollen ist das soziale Dürfen ein elementarer Bestandteil des Verhaltens. Eine wesentliche Grundlage der Vermittlung des sozialen Dürfens ist die Unternehmenskultur. Eine gute Übersicht zu diesem Thema geben (Mayrhofer/Meyer 2004) unter dem Stichwort „Organisationskultur": Das Konzept der Unternehmenskultur hat sich als Gegenposition zur positivistisch-funktionalen Sichtweise des Unternehmens etabliert, quasi als Codewort für die „weiche Seite". In der Diskussion über Unternehmenskultur haben sich einige Spannungsfelder herausgebildet:

- Unternehmenskultur umfasst „Percepta", d. h., empirisch beobachtbare kulturelle Artefakte (z. B. Kleidung) und soziale Kultur (z. B. Rituale) sowie „Concepta", d. h. kollektiv geteilte Normen, Werte und Einstellungen.
- Es gibt Kontroversen darüber, ob Unternehmenskultur gestaltbar ist. In der interventionistischen Meinung wird behauptet, dass Kultur sehr wohl gestaltbar ist und deswegen durch Unternehmensprogramme oder andere Formen des Change Managements geformt werden kann. Andere sehen in Kultur ein sich entwickelndes, emergentes Sinnsystem einer Organisation, das sich nicht durch Eingriffe gestalten lässt.
- Die Wirkungen einer starken Unternehmenskultur und ihr positiver/negativer Einfluss werden nicht einheitlich gesehen.
- Der Zusammenhang von Unternehmenskultur und Landeskultur ist nicht endgültig geklärt. Nach (Hofstede 2011, S. 3 ff.) ist Kultur allgemein „mentale Software" und wird in einem Sozialisationsprozess „programmiert". Sie ist ein Orientierungssystem für eine Nation, ein Land, eine Gesellschaft. Innerhalb einer Landeskultur gibt es verschiedene Ebenen (Subkulturen), die z. B. für eine bestimmte sprachliche oder räumliche Region stehen. Unternehmenskultur ist in dieser Sichtweise auch immer Subkultur einer Landeskultur, was besonders in internationalen Unternehmen zu beachten ist.

Eine Definition für Unternehmenskultur gibt Franken: „Unternehmenskultur ist die Gesamtheit der verhaltensbeeinflussenden Werte, Normen und Symbole in einem Unternehmen, die in der Interaktion gemeinsam geschaffen, geteilt und weiterentwickelt werden und die Basis für die Unternehmensidentität bilden." (Franken 2010, S. 208 f.). Diese Definition enthält alle wichtigen Aspekte (siehe auch Schreyögg 2008, S. 363 ff.):

- Unternehmenskultur ist ein kollektives Phänomen. Sie entsteht in gemeinsamer Interaktion der Mitglieder eines Unternehmens und kann daher nicht „von oben" konstruiert oder angewiesen werden.
- Unternehmenskultur ist implizit. Sie liegt in der Form selbstverständlicher Annahmen dem Alltagshandeln zugrunde und wird nur in Ausnahmefällen explizit bewusst gemacht.
- Unternehmenskultur ist das Ergebnis historischer Lernprozesse des Unternehmens im Umgang mit der Umwelt und der internen Koordination und damit nie abgeschlossen und immer in Entwicklung.
- Unternehmenskultur beeinflusst das Verhalten der Mitarbeiter kognitiv über das gemeinsame Bild, das sie sich vom Unternehmen und seinem Umfeld machen und wirkt emotional über Muster wie „Freund und Feind", „richtig und falsch".

Es gibt verschiedene Modelle, die Unternehmenskultur beschreiben. Das bekannteste ist das Drei-Ebenen-Modell („Eisberg"-Modell) von Schein (vgl. Franken 2010, S. 201 ff. sowie Schreyögg 2008, S. 366 ff.). In der obersten sichtbaren Ebene der Unternehmenskultur („über Wasser") stehen das Symbolsystem, die Artefakte und die „Percepta": Sprache, Kleidung, Umgangsformen, Rituale und „Corporate Identity". Diese Ebene ist zwar unmittelbar sichtbar, kann aber von außen nicht ohne Weiteres interpretiert werden. Darunter liegen in der mittleren Ebene, bereits zum größten Teil „unter Wasser", die Normen und Standards, die bekundeten Werte, d. h., was „man tut" und „man nicht tut". Zum Teil sind diese explizit vorhanden, zum Teil auch implizit als „ungeschriebene Gesetze". Das Fundament bilden die Basisannahmen, die Grundprämissen, welche die Mitarbeiter des Unternehmens gewöhnlich verfolgen, ohne sie besonders anzusprechen oder sich ihrer bewusst zu sein. Dazu gehören insbesondere kollektive Weltbilder, z. B. über die Umwelt (als unveränderliches Schicksal oder als gestaltbare Herausforderung), über die Natur des Menschen (Theorie Y oder Theorie X) und über die Wahrheit (durch Fakten oder durch Autoritäten bestimmt).

Wenn Unternehmenskultur möglicherweise nicht gestaltbar ist, wie können dann Führungskräfte über Normen und Werte das soziale Dürfen für Qualität im Unternehmen vermitteln? Hierzu gibt es im Folgenden zwei Ansätze: Führungskräfte können auf jeden Fall die oberste Ebene des „Eisbergs" beeinflussen, die sichtbaren Elemente des Unternehmens, die Artefakte. Es wird sichtbar, was das Unternehmen zum Thema Qualität erwartet und wie gearbeitet werden soll. Führungskräfte bewirken dies mit den Mitteln der indirekten, strukturell-systemischen Führung und leisten dadurch einen Normen bestimmenden Beitrag. Zum anderen beeinflussen Führungskräfte die Werte und Normen im Umgang mit Qualität auch direkt ganz wesentlich durch die von ihnen gelebte Fehlerkultur, die in ihrem Handeln implizit enthaltene Beantwortung der Frage, was „man" im Unternehmen im Umgang mit Fehlern „tut oder nicht tut".

45.4.2 Die Organisation mit den Mitteln der entpersonalisierten Führung positiv gestalten

Die Definition „Führung heißt, andere [...] durch eigenes [...] Verhalten zu beeinflussen" bezeichnet Weibler als

Führung im engeren Sinne (Weibler 2012, S. 97 ff.). Die Führungskraft führt direkt, durch ihr eigenes Verhalten, in der konkreten Situation und angepasst an die konkrete Führungsaufgabe. Wie in Kapitel 45.1.2 erwähnt, gibt es auch die indirekte Führung, bei der die Verhaltensbeeinflussung des Mitarbeiters zeitlich weit vor der konkreten Führungssituation durch organisationale Vorsteuerung erfolgt. Dies geschieht mithilfe von allgemeinen Regeln, die für eine Vielzahl von Fällen aufgestellt sind, ohne persönliche Anwesenheit der Führungskraft in der Führungssituation. Die Führungskraft führt indirekt mit den Medien der entpersonalisierten Führung (vgl. Türk 1995 sowie Weibler 2012 S. 97 ff.):

- Technologie, z. B. in Form von Fließbändern oder Workflows,
- Bürokratie, z. B. meist mit Regeln, Verfahren, Vorschriften,
- Differenzierung, z. B. über hierarchischen Status oder Segmentierung des Personals,
- Unternehmenskultur.

> Führungskräfte sollen die Organisation mit den Mitteln der entpersonalisierten Führung positiv gestalten.

Im Folgenden noch einige Ausführungen zu den ersten drei Medien:

- Technologie lässt sich sehr gut verwenden, um die Qualität von Produkten und Dienstleistungen zu sichern. Automatisierte Prozesse und Prozesskontrollen sind hierfür ein hervorragendes Beispiel, etwa abgesicherte Verfahrensschritte bei speziellen Produktionsprozessen oder die automatisierte Verankerung des Vier-Augen-Prinzips bei kaufmännischen Geschäftsprozessen. Weitere Beispiele sind die EDV-gestützte Arbeitszeiterfassung oder die automatisierte Zutrittskontrolle zu den Räumen des Unternehmens im Rahmen des Sicherheitsmanagements. Möglicherweise entsteht nicht der Eindruck, es dabei mit Führung zu tun zu haben. Doch das Unternehmen „sagt" dem Mitarbeiter mit all diesen Maßnahmen, dass Qualität und Regeleinhaltung gewünscht sind.
- Das Gleiche gilt für Bürokratie, also für die Regeln, mit denen das Verhalten in wiederkehrenden Geschäftsvorfällen im Vorhinein geregelt wird, unabhängig von einzelnen Personen. Das ganze QM-System ist ein solches bürokratisches Element, wobei das Adjektiv „bürokratisch" nicht negativ besetzt sein sollte. Geregelte Prozesse für eine ordnungsgemäße Geschäftsführung zu besitzen, ist selbstverständlich ein positiver Sachverhalt für das Unternehmen. Der negative Klang des Wortes „Bürokratie" rührt häufig von einem Zuviel an diesen Regeln her, insbesondere von einem Zuviel an unnötig empfundenen Regeln.
- Interessant sind auch die Möglichkeiten der Differenzierung für die Betonung der Wichtigkeit von Qualität: Wie die Differenzierung in Hierarchieebenen über die verschiedenen Karrierepfade zum Einbezug von Qualität genutzt werden kann, wurde in Kapitel 45.3.2 schon im Rahmen der Personalentwicklung beschrieben. Manche Unternehmen arbeiten mit einer Differenzierung ihrer Mitarbeiter in unbefristete Stamm-Mitarbeiter, befristete Mitarbeiter und Leihmitarbeiter. Diese Differenzierung nach der Enge der Bindung zum Unternehmen – und damit nach der Arbeitsplatzsicherheit – lässt sich auch für Qualität nutzen: Führungskräfte sollen die Qualität der Arbeitsleistung und den Einsatz für das Zusammenwirken mit den (internen) Kunden zum Bestandteil der Beurteilung machen, ob Mitarbeiter von einer Stufe geringerer Arbeitsplatzsicherheit nach oben wechseln dürfen.

Für die Medien der entpersonalisierten Führung gilt allerdings der Hinweis, dass der Weg zur Demotivation der Mitarbeiter durch eine Übertreibung der Anwendung kurz ist. Führungskräfte sollen daher sparsam von der indirekten Führung Gebrauch machen und mehr mit den Mitteln der direkten Führung arbeiten.

45.4.3 Die Unternehmenskultur positiv beeinflussen

Zu den Medien der indirekten Führung wird auch die Unternehmenskultur gerechnet. Ob Kultur gestaltbar ist, ist umstritten – insofern geht es hier nur um einen Versuch.

> Führungskräfte sollen versuchen, Unternehmenskultur positiv zu beeinflussen.

Insbesondere die Fehlerkultur der Organisation als Bestandteil der Unternehmenskultur ist der wesentliche Schlüssel für Führungskräfte, Qualität zu fördern. Eine zusammenfassende Darstellung zum Thema Fehlerkultur findet sich bei (Schüttelkopf 2008). Dort wird darauf hingewiesen, dass der traditionelle Fehlerbegriff „Fehler ist gleich Normabweichung" zu eng und für das Verständnis der Wirkung von Fehlerkulturen nicht hilfreich ist. Stattdessen wird vorgeschlagen, Fehler nach einer Definition von Weingardt als „suboptimale Variante" zu definieren, als „jene Variante, die von einer Person oder einem Personenkreis im Vergleich zu einer alternativen Lösungsmöglichkeit als wesentlich ungünstiger und folglich auch als unerwünscht beurteilt wird" (Schüttelkopf 2008, S. 230).

Schüttelkopf spannt Portfolios mit den Dimensionen „Fehlervermeidung“ und „Fehlerfreundlichkeit“ auf und zeigt, dass es je nach Branche und Produkt, nach Funktion oder nach Aufgabe unterschiedliche Positionierungen geben kann. Während z. B. in einem Krankenhaus Fehlervermeidung lebenswichtig sein kann und Fehlerfreundlichkeit nicht gegeben ist, kann in einem Kindergarten im Rahmen des Lernens Fehlermachen erwünscht sein und Fehlervermeidung unwichtig. Eine Forschungsinstitution ist fehlerfreundlich, weil innovativ, wird aber Fehler in den Forschungsergebnissen vermeiden wollen. Der Umgang mit Fehlern ist also nicht so „schwarz/weiß“, wie es im Qualitätsmanagement traditionell gelehrt wird und erfordert von den Führungskräften Fehlerkompetenz, d. h. das Beherrschen unterschiedlicher Fehlerstrategien und die Fähigkeit, diese situationsadäquat einzusetzen (Schüttelkopf 2008, S. 203). Fehlerkultur wird von Schüttelkopf als „die Art und Weise, wie ein soziales System mit Fehlern, Fehlerrisiken und Fehlerfolgen umgeht“ definiert (Schüttelkopf 2008, S. 233) und anhand von vier Dimensionen beschrieben:

- **Fehlerfreundlichkeit:** Das Ausmaß, in dem Fehlersituationen gefördert werden, damit neue Entdeckungen und Entwicklungen fruchtbaren Boden finden,
- **Fehlervermeidung:** Alle Bestrebungen, um bedrohliche Fehler frühzeitig zu erkennen, zu verhindern sowie weitestgehend auszuschließen,
- **Entwicklung:** Die Bestrebungen, das Potential der Mitarbeiter laufend zu verbessern, insbesondere durch Lernen,
- **Vertrauen:** Die Grundvoraussetzung für eine produktive Fehlerkultur.

Vertrauen ist notwendige Basis, denn in einer Kultur, die Fehler als Blamagen brandmarkt und bestimmten Menschen zuordnet („Culture of blame“), wird keine Bereitschaft zum produktiven Handeln gedeihen können. Abgesehen davon ist nach Schüttelkopf eine Bewertung der Fehlerkultur als „positiv“ oder als „negativ“ nicht möglich, weil die Ausprägung der Fehlerkultur von Organisation zu Organisation sehr unterschiedlich sein kann (Schüttelkopf 2008, S. 259). Eine Fehlerkultur kann für unterschiedliche Situationen mehr oder weniger förderlich sein.

Wie ist die Sicht der praktischen Erfahrung auf Fehlerkultur? Führungskräfte können die Fehlerkultur als Teil der Unternehmenskultur durchaus in eine förderliche Richtung bewegen, und zwar in folgenden Punkten:

- **Transparenz:** Das Auftreten eines Fehlers ist nichts Peinliches, was vertuscht und versteckt werden müsste. Der Fehler zeigt uns eine Abweichung, d. h., dass ein Sachverhalt nicht so ist, wie es der Kunde erwarten darf und wie wir es aus professioneller Sicht annehmen würden. Insofern ist der Fehler die allererste Information darüber, dass etwas nicht entspricht und korrigiert werden muss. Führungskräfte müssen Transparenz als etwas Positives und Erwünschtes leben.
- **Kontrolle:** Dieser beschriebenen Sichtweise auf den Fehler entspricht die bekannte Sichtweise auf die Kontrolle: „Die Kontrolle ist dein Freund: Geht sie auf, hast du die Gewissheit, das alles o. k. ist. Geht sie nicht auf, hast du die frühestmögliche Information darüber, dass du etwas korrigieren musst.“ Kontrollen helfen.
- **Klärung der Schuldfrage?** Was könnte das Ergebnis der Klärung der Schuldfrage sein? Höchstens Erkenntnisse, wie der Fehler aufgetreten ist und wie er künftig vermieden werden kann. Ansonsten bringt die Klärung der Schuldfrage eher wenig: Ein Gefühl von Peinlichkeit und Minderwertigkeit beim „Schuldigen“, eher Passivität und Distanzierung bei den „Passanten“, in der Regel keine Hilfe für das „Opfer“ und meistens gar keine nützliche Aktivität. Vor allem klärt sie nicht, wer die Auswirkungen des Fehlers beseitigen wird.
- **ARD statt ZDF:** Die Diskussionen nach dem Motto „Alle reden durcheinander“ sind von Führungskräften freundlich, aber schnell zu stoppen. Vielmehr müssen „Zahlen, Daten, Fakten“ zum Fehlergeschehen auf den Tisch.
- **Vorwärtsstrategie:** Die Auswirkungen des Fehlers für den Kunden zu beseitigen, ist die erste Aufgabe für Führungskräfte. Rückwärtsgewandte Diskussionen helfen dabei nicht. Auch müssen die Ursachen für den Fehler in diesem Stadium oft noch nicht geklärt sein. Es reicht, zu ermitteln, was zu tun ist und wer es leisten kann. Häufig ist der Verursacher des Fehlers gar nicht der beste Lösungsverantwortliche. Es geht primär darum, wer die Leistung der Fehlerbeseitigung für den Kunden am besten erbringen kann (Time, Quality, Cost).
- **Und dann: Tun!** Die Auswirkungen des Fehlers auf den Kunden sind so schnell wie möglich zu beseitigen.
- **Fehlerursachen-Analyse:** Danach erst folgt eine sorgfältige Fehlerursachen-Analyse. In deren Verlauf wird dann die Frage nach dem Verursacher relevant, weil der potentielle Verursacher womöglich am besten erklären kann, wie der Fehler passieren konnte und warum. Die Ergebnisse der Ursachenanalyse vermeiden ein Wiederauftreten des Fehlers.
- **Lernen:** Die Ursachenanalyse kann auch lehren, welche anderen Fehler vermieden werden können und wie der Geschäftsprozess noch zu verbessern ist.

Die hier beschriebene Haltung zur Fehlerkultur sollen Führungskräfte verinnerlichen und ihr Führungsverhalten danach ausrichten. So erkennen die Mitarbeiter, dass Qualität kein Extra obenauf ist, sondern integraler und normaler Bestandteil des Arbeitsprozesses.

Wie korrespondieren nun praktische Erfahrung und theoretisches Konzept? Dies geschieht mit einigen Übereinstimmungen:

- Vertrauen zu erzeugen, ist für Führungskräfte die wichtigste Basis. Eine „Culture of blame" ist tunlichst zu vermeiden.
- Im Umgang mit Fehlern ist Kompetenz, Können und Know-how nötig. Führungskräfte müssen sich und ihre Mitarbeiter diesbezüglich weiterbilden („Entwicklung" nach Schüttelkopf 2008).
- Vor diesem Hintergrund mögen dann die Einschätzungen zu den richtigen Ausprägungen von Fehlervermeidung und Fehlerfreundlichkeit z. B. von Produkt zu Produkt unterschiedlich sein.

Führungskräfte sollten sich also Gedanken zur Fehlerkultur im Unternehmen machen.

45.5 Durch sichtbares Handeln für Qualität überzeugen

45.5.1 Qualität als zentraler Inhalt bei der Anwendung der Führungsinstrumente

Führungskräfte üben ihr Führungsverhalten aus, indem sie Führungsinstrumente anwenden. Es gibt eine große Zahl dieser Instrumente und sie tragen mehr oder weniger dazu bei, dass die Geführten das zur Erreichung der Ziele notwendige Verhalten zeigen. Weibler schlägt vor, die Führungsinstrumente danach zu gruppieren, wie viel Gestaltungsspielraum sie der Führungskraft in einer konkreten Situation lassen (Weibler 2012, S. 395 ff.). Hohen Gestaltungsspielraum weisen z. B. Kommunikation oder Anerkennung und Kritik auf, niedrigen Gestaltungsspielraum Mitarbeiterjahresgespräche, Führen mit Zielen, Führungsgrundsätze oder Anreizsysteme. Die Anwendung von Führungsinstrumenten ist die tägliche Praxis der Führungskraft.

> Führungskräfte müssen Qualität zum zentralen Inhalt bei der täglichen Anwendung der Führungsinstrumente machen. ■

Qualität muss immer *ein* wichtiges Thema, oft *das* wichtigste Thema sein. Hierzu werden im Folgenden ein paar praktische Hinweise zu ausgewählten Führungsinstrumenten angeführt.

In **Anerkennung und Kritik** zeigen Führungskräfte den Mitarbeitern, was das Unternehmen von ihnen erwartet – denn die Führungskräfte repräsentieren das Unternehmen gegenüber den Mitarbeitern (vgl. Weibler 2012, S. 402 ff.). Lob für gute Qualität darf viel und ehrlich gegeben werden. Es stärkt die Eigenmotivation und verstärkt das erwünschte Verhalten. Es darf öffentlich im Team gegeben werden – aber dann bitte teamförderlich: Ein Herausheben des Einzelnen und seines positiven Verhaltens zum Thema Qualität sollte nur so erfolgen, dass das Team nicht abgewertet wird und durch das Lob das erwünschte Verhalten für alle im Team gekennzeichnet wird. Lob wird meist zu selten gegeben, obwohl es meistens kostenfrei ist. Tadel und Kritik werden in aller Regel unter vier Augen und sofort verteilt: Führungskräfte sollen keine negativen „Rabattmarkenheftchen" anlegen, worin sie nicht förderliche Verhaltensepisoden „einkleben" und „am Tag der Abrechnung präsentieren". Denn: Ziel der Kritik ist nicht Strafe und Herabsetzung, sondern das Verbessern der Situation für das Unternehmen, also das Erreichen von Qualität. Es wird demnach nicht die Person getadelt, sondern ihr Verhalten. Wichtig: Immer Kritik anmelden, wenn es notwendig ist, d. h., wenn eine Führungskraft unerwünschtes Verhalten erkennbar bemerkt, muss sie es auch ansprechen. Standard ist, was der Chef duldet!
Immaterielle Anerkennung und Kritik betreffen auch die Beziehungsebene und zielen beim Mitarbeiter auf das Zugehörigkeitsmotiv (= **R**) und das Entwicklungsmotiv (= G) ab. Die Währung ist hier Zeit und Aufmerksamkeit, die härteste Kritik ist Nicht-Befassung und Ignorieren. Die beste Anerkennung ist es, wenn eine Führungskraft viel Zeit für die Vermittlung von Qualitätsthemen gegenüber den Geführten aufwendet. Ein Beispiel: Eine Führungskraft sollte Audits nutzen, um durch ihre Teilnahme Wichtigkeit zu demonstrieren, und bei dieser Gelegenheit gewünschtes Verhalten ausführlich und öffentlich als solches zu kennzeichnen und im Anschluss unerwünschtes Verhalten gegenüber den betroffenen Mitarbeitern unter vier Augen klar zu missbilligen.
Sanktionen sind das härteste Mittel der Kritik. Dazu zählen z. B. die Wegnahme freiwilliger Leistungen und die Anwendung der tarifvertraglich dafür vorgesehenen Instrumente. Zunächst zielen Sanktionen auch auf Verhaltensänderung, bei fortgesetzten Qualitätsproblemen dann aber auf Versetzung vom Arbeitsplatz oder auf Trennung. Diese – nicht alltäglichen – Instrumente haben aus guten Gründen enge arbeitsrechtliche Grenzen. Sanktionen müssen von Führungskräften genau bedacht werden und erfordern eine genaue Motivforschung im Sinne des „Wollens, Könnens, Dürfens". Andererseits sind Verstöße gegen die Regeln des Qualitätsmanagements keine Lappalien und im Unternehmen muss jedermann klar sein, dass z. B. eine unterlassene, aber dennoch quittierte Prüfung

Betrug darstellt und arbeitsrechtliche Konsequenzen hat. (Wie passt das mit der in Kapitel 45.2.3 angesprochenen positiven Vorannahme zusammen? Leider ist die positive Vorannahme in diesem Beispiel widerlegt worden und Führungskräfte haben dann die Aufgabe, die für die „2 %" vorgesehenen Maßnahmen umzusetzen.)

Das zentrale Instrument zur Erreichung konkreter Ziele ist **Führen mit Zielvereinbarungen** (vgl. Weibler 2012, S. 428 ff.). Das Vorgehen dabei darf hier als bekannt vorausgesetzt werden. Zu den vier bis sechs Jahreszielen eines Mitarbeiters gehören natürlich auch Qualitätsziele:

- Mitarbeiter mit direkter Produktverantwortung erhalten ein Qualitätsziel für dieses Produkt, z. B. ein ppm-Ziel.
- Mitarbeiter mit Prozessverantwortung können an den Kennzahlen des Prozesses gemessen werden. Jeder Prozess muss eine Effektivitätskennzahl haben („Kommt das Richtige raus?") und eine Effizienzkennzahl („Passiert das auch verschwendungsfrei?"), z. B. hat ein Auftragsabwicklungsprozess klassisch als Effektivitätskennzahl die Liefertreue und als Effizienzkennzahl die Durchlaufzeit.
- Mitarbeiter mit Projektverantwortung sind an den Projektzielen zu messen. Ist das Projekt „on time", d. h. im Zeitplan? Ist es „on cost", d. h. innerhalb des vereinbarten Projektbudgets? Ist es „on quality", auch „on scope", d. h. liefert es alle vereinbarten Inhalte?
- Auch betriebswirtschaftliche Ziele, z. B. die Erreichung von Auftragseingangs-, Umsatz- oder Ergebniszahlen, haben etwas mit Qualität zu tun – nämlich mit der Qualität, mit der das Unternehmen die Erwartungen der Eigentümer trifft.
- Für Bereiche, die Managementsupport oder Ressourcensupport leisten, wie Accounting/Buchhaltung, Controlling oder z. B. die Personalabteilung, bieten sich Zufriedenheitskennzahlen der internen Kunden als Effektivitätskennzahl an und als Effizienzkennzahl die Durchlaufzeiten charakteristischer Geschäftsprozesse („Am wievielten Tag des Folgemonats liegt der Monatsabschluss vor?").

Das Bildungsprinzip ist erkennbar: Es geht bei Qualität um die Bedienung des (internen) Kunden und um ihre Messbarkeit in Kennzahlen. Beurteilungen (z. B. Auditnoten) und Prädikate („hervorragend erfüllt") sind zweite Wahl. Führen mit Zielvereinbarungen ist insgesamt zur Erreichung von Qualität ein sehr solides Instrument in definierter Umgebung.

Symbole sind ein Führungsinstrument, das gut geeignet ist, Mitarbeitern in unsicherem Umfeld die Vorstellungen der Führungskraft über Werte und Überzeugungen zu vermitteln (vgl. Weibler 2012, S. 415 f.). Wenn z. B. der Geschäftsführer dem Pförtner – wie jeder andere Mitarbeiter auch – am Werkstor seinen Ausweis vorzeigt, dann ist dies eine symbolische Handlung (eine Handlung „mit Überschussbedeutung"), deren Kontext die Mitarbeiter gut verstehen können: „Regeln gelten hier für jeden und wenn der Geschäftsführer den Ausweis zeigen kann, dann können Sie das auch". Wie können Symbole nun Qualität fördern?

Bekannte Engpässe in einer Organisation sind Zeit und Geld. Führungskräfte können hier mit symbolischen Handlungen ansetzen: Wofür verwenden die obersten Führungskräfte ihre Zeit? Wenn der oberste Chef Zeit hat, sich in einem Produktaudit den Stand der Produktqualität zeigen zu lassen oder regelmäßig an Abschlussbesprechungen von Prozess- oder Systemaudits teilzunehmen, dann erkennt jeder im Unternehmen: Dabei muss es sich um etwas Wichtiges handeln. Die Basisbedeutung der Handlung: Die Führungskraft informiert sich über Sachverhalte zur Qualität (was auch unschädlich ist). Die Überschussbedeutung: „Es ist mir so wichtig, meine Zeit darauf zu verwenden – also sollte es Euch auch wichtig sein!" Ein anderes Beispiel: Was zeigen Führungskräfte den Kunden bei einer Besichtigung des Unternehmens, z. B. einer Produktion? Eine Führungskraft sollte die Qualitätsbegleitdokumente zeigen und diese erläutern. Sie sollte auf die grünen Ampeln in der Produktion hinweisen, welche die aktuelle Auditnote anzeigen (erst danach kommt die Stückzahl). Ebenso signalisieren Führungskräfte mit ihrem Ausgabeverhalten an Geld, was ihnen wichtig ist. Wird das aktuell verdiente Geld für Qualitätsfördermaßnahmen oder für neue Repräsentationsräume ausgegeben? Mitarbeiter haben eine feine Antenne für solche Fragen. Den Handlungen von Führungskräften wird auch manchmal Symbolbedeutung beigemessen, selbst wenn sie gar nicht intendiert war. Führungskräfte werden als Vorbilder wahrgenommen.

45.5.2 Vorbild für die Mitarbeiter sein und Qualität vorleben

Wenn von Führungskräften gefordert wird, „Vorbild zu sein" oder „leadership-by-example" zu zeigen, so stellt sich die Frage, wie entsprechendes Führungsverhalten das intendierte Verhalten beim Mitarbeiter bewirken soll. Dazu schreibt Weibler: Es „bildet die sozial-kognitive Lerntheorie einen geeigneten theoretischen Hintergrund, wenn es beständig heißt, Vorgesetzte müssten Vorbilder sein" (Weibler 2012, S. 309). Diese sozial-kognitive Lerntheorie von Bandura (Beobachtungslernen) kann hier nicht annähernd vollständig dargestellt werden – in aller Kürze soll jedoch ein Überblick gegeben werden (weiterführende Informationen finden sich z. B. bei Weibler 2012, S. 291 ff. oder Lefrancois 2006).

Menschen lernen Verhalten an einem Modell, das eine reale Person oder eine gespielte Darstellung (z.B. ein Film) sein kann. Sie imitieren das Verhalten des Modells, wobei vier Teilprozesse wichtig sind:

- **Aufmerksamkeitsprozesse:** Das Verhalten eines Modells muss die Aufmerksamkeit des Beobachtenden erregen. Dies geht umso einfacher, je attraktiver oder bedeutsamer das Modell dem Beobachter erscheint.
- **Behaltensprozesse:** Das Verhalten des Modells muss im Gedächtnis des Beobachtenden als visuelle oder verbale Repräsentation gespeichert werden.
- **Motorische Reproduktionsprozesse:** Der Beobachtende führt das vom Modell gezeigte Verhalten selbst aus und übt es ein. Er erlebt dabei das Verhalten und kann sich selbst korrigieren.
- **Motivationale Prozesse:** Der Beobachtende muss motiviert sein, das gelernte Verhalten zu zeigen, was durch Verstärkungsprozesse befördert werden kann, z.B. durch direkte Verstärkung durch das Modell, durch die erlebten positiven Konsequenzen des Verhaltens oder auch nur durch die bloße Annahme, dass das Modell selbst Verstärkung erfährt.

Modelle erzeugen so drei mögliche Arten von Effekten:

- **Modelleffekte:** Das Verhalten des Modells wird vom Beobachtenden gelernt. Er zeigt ein neues, vorher von ihm nicht gezeigtes Verhalten.
- **Hemmungs- und Enthemmungseffekte:** Beim Hemmungseffekt wird ein vorher gezeigtes unerwünschtes Verhalten gehemmt; beim Enthemmungseffekt wird ein vorher gehemmtes, unerwünschtes Verhalten nach der Beobachtung des Modells wieder gezeigt.
- **Auslöseeffekte:** Der Beobachtende zeigt ähnliches Verhalten wie das am Modell beobachtete.

Die Theorie des Beobachtungslernens bietet einen vielfältigen und komplexen Hintergrund für die an sich recht einfach klingende Forderung: „Vorbild sein!“.

> Führungskräfte müssen Vorbild für die Mitarbeiter sein und Qualität vorleben. ■

Wie können Führungskräfte dieser Forderung im Alltag entsprechen? Der Lerntheorie folgend ergeben sich diese Möglichkeiten:

- Aufmerksamkeit durch modellhaftes Verhalten: Zunächst ist die Führungskraft selbst Modell. Sozialer Status und Aufmerksamkeit für sie sind gegeben, also kann eine Führungskraft als Modell „Qualitätsführer“ überzeugend sein. Einige Beispiele dazu finden sich im Kapitel 45.5.1 unter dem Führungsinstrument „Symbole“. Des Weiteren kann eine Führungskraft sichtbares oder erlebbares Verhalten eines anderen, attraktiven Modells herausstellen. Dazu sollte die Führungskraft einen glaubhaften, überzeugenden oder engagierten Mitarbeiter aus dem Team aussuchen und seinen positiven Einsatz für Qualität öffentlich wertschätzen. Das kann z.B. bei einem „Tüchtigkeitsführer“ aus dem Team eine besondere gute Leistung für den Kunden sein (die sprichwörtliche „Extrameile“) oder bei einem „Beliebtheitsführer“ ein Beitrag zur Leistung des Teams, welcher der Arbeitsqualität zugute kommt (eine Prozessverbesserung etwa, die Zeit für alle spart). Die Präsentation des modellhaften Verhaltens kann direkt sein, durch sichtbares Verhalten (Vormachen, Vorzeigen), oder indirekt durch Kommunikationsmedien (z.B. Intranet: Die Führungskraft spricht in einem Interview darüber, was die Qualitätspolitik des Unternehmens für sie selbst bedeutet). So einfach der persönliche Einsatz der Führungskraft für Qualität ist – er hat auch seine Tücken: Die Mitarbeiter richten sich nach dem, was die Führungskraft tut, nicht nach dem, was sie sagt. Führungskräfte sind „always on stage“ und müssen sich dessen bewusst sein. Folgender Merksatz verdeutlicht dies mit einem Augenzwinkern: „Und sind Sie auch kein Vorbild, so geben Sie doch Beispiel!“
- Um Behaltensprozesse auszulösen und das modellhafte Verhalten im Gedächtnis zu speichern, benötigt es einfach viele Wiederholungen, denn: „Viel hilft viel“. Die Mittel der internen Kommunikation im Unternehmen sind dazu gut nutzbar. Auch helfen symbolische Repräsentationen bei der Unterstützung des Behaltens, z.B. Werbung, Bilder, einfache Geschichten, Slogans, Merksätze („Quality first!“).
- Schwieriger ist die motorische Reproduktion. Die Mitarbeiter sollen das modellhafte Verhalten üben. Dies kann durch Trainings oder in „Pilotanwendungen“ (z.B. bei veränderten Prozessen) erfolgen. Hier ist sicher die größte Hürde zu überwinden, denn dabei soll tatsächlich neues Verhalten ausgeübt werden – z.B. sollen Information direkt durch Besuch einer Projektteamsitzung ausgetauscht werden statt durch Drücken des Knopfes „E-Mail senden“. Dies erfordert attraktive Modellbildung zuvor und Überwindung im Üben.
- Motivationale Prozesse sollen das neu gelernte Verhalten verstärken. Positives Feedback und auf Verbesserung gerichtete Korrekturen von Teammitgliedern sind dabei hilfreich.

Die vorangehend beschriebenen Effekte verstärken das Verhalten. Am stärksten wirken die Modelleffekte, also die positive Verstärkung über das Modell selbst. Führungskräfte loben ihre Mitarbeiter, wenn sie das neue Verhalten zeigen. Etwas salopp formuliert: Führungskräfte

„erwischen" ihre Mitarbeiter am besten, wenn sie etwas richtig machen und loben sie dann kräftig öffentlich. Als Verstärkung fungiert z.B. ein Dankschreiben des Kunden oder eine Statistik über gesunkene Fehlerkosten seit Einführung einer neuen Arbeitsweise. Hemmungs- und Enthemmungseffekte werden durch Anerkennung und Kritik ausgelöst (siehe Kap. 45.5.1): Ein Beispiel für einen Hemmungseffekt ist das Lob für den Mitarbeiter, wenn die Führungskraft feststellt, das unerwünschtes Verhalten unterblieben ist, z.B. das „Abstempeln" eines Arbeitsinhaltes zeitlich vor dessen Ausführung. Der Hemmungseffekt sorgt dafür, dass das unerwünschte Verhalten weiter unterbleibt. Führungskräfte sollten sorgfältig auf Enthemmungseffekte achten. Wird unerwünschtes Verhalten erkennbar geduldet, wird es enthemmt. Zum Ausdruck kommt dieser Zusammenhang in den Sätzen „Standard ist, was der Chef duldet" oder „Der Chef hat es gesehen und sagt nichts – also wird es schon in Ordnung sein". Auslöseeffekte können Führungskräfte bewirken, wenn sie die ihnen wiederum unterstellten Führungskräfte zu beispielhaftem, qualitätsförderlichem Verhalten anhalten, positive Konsequenzen von selbständigem Verhalten aufzeigen und wertschätzen.

Die sozial-kognitive Lerntheorie beschreibt sehr gut den etwas nebelhaften Begriff der „Vorbildwirkung". Die Beispiele zeigen, dass etwas so theoretisch Anmutendes wie diese Theorie sehr konkret durch ihre Anwendung in der Praxis helfen kann („Nichts ist praktischer als eine gute Theorie").

45.6 Fazit: Qualität muss zentraler Bestandteil der Führung sein

Zu Beginn standen folgende Fragen im Raum: Wie geht das genau – als Führungskraft mit den Mitteln der Führung für Qualität sorgen? Was muss gesagt, getan und organisiert werden? Was muss vermieden oder unterlassen werden? Was muss belohnt, was muss bestraft werden? Wie müssen sich Führungskräfte verhalten, damit Qualität entstehen kann?

Als Voraussetzung gilt, dass die wirtschaftlichen Rahmenbedingungen in einem Unternehmen so geartet sind, dass Raum für Qualität bleibt, und dass Qualität ein bestimmendes Element der Unternehmensstrategie ist. Dann lassen sich aus den Überlegungen zu den Grundlagen der Führung, der Motivation, der Unternehmenskultur und des Vorbildlernens acht Forderungen an Führungskräfte ableiten, welche die Frage beantworten: Wie müssen sich Führungskräfte verhalten, damit Qualität entstehen kann? Diese Forderungen sind:

1. Führungskräfte müssen den Kunden in den Fokus ihrer Leistung stellen.
2. Führungskräfte müssen ihre Beziehung zum Mitarbeiter mit einer positiven Vorannahme über den Mitarbeiter und seine Fähigkeiten beginnen.
3. Führungskräfte sollen die Eigenmotivation der Mitarbeiter fördern.
4. Führungskräfte sollen ihre Mitarbeiter wenigstens nicht demotivieren.
5. Führungskräfte sollen die Organisation mit den Mitteln der entpersonalisierten Führung positiv gestalten.
6. Führungskräfte sollen versuchen, Unternehmenskultur positiv zu beeinflussen.
7. Führungskräfte müssen Qualität zum zentralen Inhalt bei der Anwendung der Führungsinstrumente machen.
8. Führungskräfte müssen Vorbild für die Mitarbeiter sein und Qualität vorleben.

Dabei haben die Forderungen durchaus eine gewisse Hierarchie und die Formulierungen zum „Müssen" und „Sollen" sind mit Bedacht gewählt:

Die Forderungen **1** und **2** sind elementare Bedingungen. Ohne Kundenorientierung und ohne positives Bild von den Fähigkeiten und dem Engagement der Mitarbeiter ist Qualität im Unternehmen auf Dauer nicht gestaltbar.

Die Forderungen **3** bis **6** sind starke Empfehlungen. Die vorgetragenen Theorien, Heuristiken und Erfahrungen legen nahe, dass es Sinn macht, sich nach diesen Empfehlungen zu richten.

Die Forderungen **7** und **8** fassen alles zusammen. Die Umsetzung im täglichen Leben mit den gegebenen und bekannten Führungsinstrumenten, eingesetzt für Qualität, sowie das eigene Vorbildverhalten, durch die Erkenntnisse über Beobachtungslernen gestützt, sind die Schlüssel der Führungskraft zur positiven Beeinflussung der Mitarbeiter in Sachen Qualität. Führungskräfte können ihre Mitarbeiter nur durch eigenes Handeln und durch Vorleben für Qualität begeistern.

Wissenschaftliche Beweise bleibt der Beitrag Ihnen schuldig. Er möchte lediglich Anregungen für die Praxis und Einsichten aus der Erfahrung heraus geben, denn echte Ursache-Wirkungs-Beziehungen sind für viele der vorgetragenen Wirkungszusammenhänge nicht final geklärt. Die auf Korrelation und Beobachtung beruhenden heuristischen Zusammenhänge sind dennoch gegeben – was vorangehend angesprochen wurde, funktioniert in der Regel auch.

Auch wenn die Bemerkungen im Beitrag öfters auf größere Organisationen oder Unternehmen abzielen, so ist dies

keine Beschränkung. Vielmehr sind die meisten Zusammenhänge in den in der Einleitung angesprochenen kleinen Betrieben auch gültig. Dort ist nur Vieles durch die überschaubarere Zahl von Mitarbeitern und das in der Praxis häufige Zusammenfallen von Eigentümer, Geschäftsleitung und Führungskraft in einer Person quasi implizit gegeben.
In der Führung für Qualität sollten Führungskräfte immer aufmerksam und selbstkritisch bleiben. Die Verfolgung von „Zahlen, Daten und Fakten" und das von den Mitarbeitern ehrlich gegebene Feedback bieten genügend Stoff zum Lernen und für Verbesserung. Der letzte Beweis für Qualität in der Führung und Führung für Qualität ist in einer sozialen Marktwirtschaft jedoch der nachhaltige, wirtschaftliche Erfolg eines Unternehmens durch und für seine Kunden.

Literatur

Bruhn, M.: Kundenorientierung. Bausteine für ein exzellentes Customer Relationship Management (CRM). 4. Auflage. Deutscher Taschenbuch Verlag, München 2012

Comelli, G./von Rosenstiel, L.: Führung durch Motivation. Mitarbeiter für Organisationsziele gewinnen. 4. Auflage. Verlag Franz Vahlen, München 2009

Franken, S.: Verhaltensorientierte Führung. Handeln, Lernen und Diversity in Unternehmen. 3. Auflage. Gabler, Wiesbaden 2010

Hartwig, T./Maser, E.: Kundenakquise. Redline Wirtschaft, Heidelberg 2007 (siehe auch: *http://www.handelswissen.de/data/themen/Kundenbindung/Grundsaetzliches/definition_kunde.php*, zitiert aus: BBE-Chef-Telegramm, abgerufen am 16.02.14)

Hofstede, G.: Lokales Denken, Globales Handeln. Interkulturelle Zusammenarbeit und globales Management. 5.Auflage. Deutscher Taschenbuch Verlag, München 2011

Kamiske, G. F.: Qualität = Technik + Geisteshaltung. In: QZ – Qualität und Zuverlässigkeit, Jg. 35, 1990, S. 251 f.

Kamiske, G. F.: Führen mit Qualität – der Weg zur schlanken Fabrik. In: Kamiske, G. F. (Hrsg.): Die hohe Schule des Total-Quality-Management. Springer, Berlin 1994. S. 177 – 192

Lefrancois, G. R.: Psychologie des Lernens. 4. Auflage. Springer Medizin Verlag, Heidelberg 2006

Lieb, H.: Qualitätsmanagement und Motivation. In: Pfeifer, T./Schmitt, R.: Masing Handbuch Qualitätsmanagement. 6. Auflage. Hanser, München 2014

Lilge, H.-G.: Menschenbilder als Führungsgrundlage. In: Zeitschrift für Organisation, 1981, S. 14 – 22

Mayrhofer, W./Meyer, M.: Organisationskultur. In: Schreyögg, G./von Werder, A. (Hrsg.): Handwörterbuch Unternehmensführung und Organisation. 4. Auflage. Schäffer-Poeschel, Stuttgart 2004. Sp. 1025 – 1033

Mintzberg, H./Ahlstrand, B./Lampel, J.: Strategy Safari. Der Wegweiser durch den Dschungel des strategischen Managements. 2. Auflage. FinanzBuch Verlag, München 2012

Moll, A.: Excellence – die Entwicklung in Deutschland seit 1995. In: Moll, A./Kohler, G. (Hrsg.): Excellence-Handbuch. Grundlagen und Anwendungen des EFQM Excellence Modells. 2. Auflage. Symposion Publishing, Düsseldorf 2013. S. 29 – 44

Neuberger, O.: Führen und Führen lassen. Ansätze, Ergebnisse und Kritik der Führungsforschung. 6. Auflage. Lucius & Lucius, Stuttgart 2002

von Rosenstiel, L.: Motivation managen. Psychologische Erkenntnisse ganz praxisnah. Beltz Verlag, Weinheim 2003

Schreyögg, G.: Organisation. Grundlagen moderner Organisationsgestaltung. 5. Auflage. Gabler, Wiesbaden 2008

Schüttelkopf, E. M.: Erfolgsstrategie Fehlerkultur. Wie Organisationen durch einen professionellen Umgang mit Fehlern ihre Performance optimieren. In: Ebner, G./Heimerl, P./Schüttelkopf, E. M.: Fehler – Lernen – Unternehmen. Wie Sie die Fehlerkultur und Lernreife Ihrer Organisation wahrnehmen und gestalten. Verlag Peter Lang, Frankfurt am Main 2008

Schulte-Zurhausen, M.: Organisation. 6. Auflage. Verlag Franz Vahlen, München 2014

Türk, K.: Entpersonalisierte Führung. In: Kieser, A./Reber, G./Wunderer, R.: Handwörterbuch der Führung. Schäffer-Poeschel, Stuttgart 1995

Weibler, J.: Personalführung. 2. Auflage. Verlag Franz Vahlen, München 2012

Wunderer, R.: Führung und Zusammenarbeit. Eine unternehmerische Führungslehre. 9. Auflage. Wolters Kluwer, Köln 2011

Zink, K. J.: TQM als integratives Managementkonzept. Das EFQM Excellence Modell und seine Umsetzung. 2. Auflage. Hanser, München 2004

Total Quality Management als Grundlage für die Entwicklung der Unternehmenskultur

46.1 Total Quality Management (TQM) – Führungsmodell einer qualitätsorientierten Unternehmenskultur . . . 1043

46.2 Hemmende und fördernde Faktoren auf dem Weg zu einer qualitätsorientierten Unternehmenskultur . . . 1043

46.2.1 Inhalte nicht richtig verstanden . . . 1044

46.2.2 Stellhebel nicht erkannt . . . 1044

46.2.3 Fehlende Voraussetzungen . . . 1045

46.2.4 Programmorientierte Sichtweise . . . 1045

46.2.5 Fehlende Orientierung . . . 1045

46.2.6 Frühzeitiger Abbruch . . . 1045

46.3 Entwicklung einer qualitätsorientierten Unternehmenskultur . . . 1046

46.3.1 Voraussetzungen für eine qualitätsorientierte Unternehmenskultur schaffen – Bewusstseinswandel einleiten . . . 1047

46.3.2 Unternehmensweite Anwendung und Entfaltung des TQM-Konzepts – Führungs- und Strukturwandel umsetzen . . . 1050

46.3.3 Beschleunigung des Verbesserungsprozesses – Einzelmaßnahmen vernetzen . . . 1051

46.3.4 Kontinuität und Konvergenz des TQM-Konzepts – Verfeinerung des Qualitätsprozesses . . . 1053

46

46 Total Quality Management als Grundlage für die Entwicklung der Unternehmenskultur

Christian Malorny

Es besteht kein Zweifel: Unternehmen befinden sich weltweit in einem grundlegenden Veränderungsprozess. Die zu bewältigenden strukturellen Herausforderungen, insbesondere die Globalisierung der Wertschöpfungsketten, gehen weit über das hinaus, was in den vergangenen Jahrzehnten üblicherweise an Anpassungen erforderlich war. Angesichts des immer schnelleren technischen Fortschritts und des immer intensiveren Wettbewerbs sind Führungskräfte auf der Suche nach neuen Managementmodellen, die helfen, den Wandel zu meistern. Dabei scheint sich zunehmend die Ansicht durchzusetzen, dass eine hohe Qualität der vielversprechendste Weg zum Erfolg ist – gerade in einer vom Premium bestimmten Angebotsstruktur deutscher Unternehmen.

Die Erfahrungen zeigen allerdings, dass sich Erfolg nur dann einstellt, wenn Qualität in erster Linie prozessbezogen (Prozessqualität – ausgerichtet am Kundennutzen) verstanden wird. Prozessqualität beeinflusst direkt die gesamte Kosten- und Wertschöpfungsstruktur eines Unternehmens. Die McKinsey Untersuchung „Excellence in Quality Management" in der Automobilindustrie zeigt, dass Unternehmen mit einer durchschnittlichen Prozessqualität von Cpk >1,67 eine jährliche Umsatzrendite (11,4 %) haben, die um 7,4 Prozentpunkte höher ist als der Branchendurchschnitt (4 %).

Hohe Prozessqualität wird ergänzt durch hohe Produktqualität – die Ausrichtung des Unternehmens auf einen hohen Kundennutzen durch überlegene Produktmerkmale und Serviceleistungen. In diesem Bereich ist das gesamte Instrumentarium des qualitätsorientierten Innovationsmanagements zu sehen. Unternehmen der Automobilindustrie, die unter Einsatz geeigneter Instrumente in der Lage sind, Kundenanforderungen und -wünsche in entsprechenden Produkten so gut wie vollständig zu verwirklichen, weisen im Durchschnitt ein jährliches Umsatzwachstum (14,9 %) auf, das um 6,9 Prozentpunkte über dem Branchendurchschnitt (8 %) liegt.

Prozess- und Produktqualität müssen dabei in eine Unternehmenskultur eingebettet sein, die Qualitätsmanagement nicht als bloße Aufgabe einer Abteilung sieht, sondern dieses über die gesamte Wertschöpfungskette hinweg als integralen Bestandteil des Handelns jedes einzelnen Mitarbeiters fordert und fördert. Eine solche Unternehmenskultur wird auch mit dem Fachbegriff „Total Quality Management (TQM)" beschrieben.

46.1 Total Quality Management (TQM) – Führungsmodell einer qualitätsorientierten Unternehmenskultur

Für traditionelle, betriebswirtschaftlich definierte Führungsmodelle ist Qualität ein – wenn auch wichtiges – Zielkriterium unter vielen anderen. Zudem sehen diese Modelle Qualität eher auf der operativen als auf der strategischen Ebene eines Unternehmens angesiedelt. Im Gegensatz dazu stellt TQM Qualität und Qualitätsmanagement in den Mittelpunkt der gesamten Unternehmenskultur. Qualität ist der gemeinsame Wertmaßstab.

Die Kernaussagen des Total Quality Management (Abb. 46.1) spiegeln sich in den drei Buchstaben TQM wider (Kamiske/Brauer 2011):

- „T“ steht für **Total**, d. h. Einbeziehen aller Mitarbeiter, aber auch ganz besonders der Kunden; weg vom isolierten Funktionsbereich, hin zum ganzheitlichen Denken.
- „Q“ steht für **Qualität,** Qualität der Arbeit, der Prozesse und des Unternehmens, woraus die Qualität der Produkte wie selbstverständlich erwächst.
- „M“ steht für **Management** und damit sowohl für die Führungsaufgabe Qualität wie auch für die Qualität der Führung. Insofern kann TQM aus Sicht der Wissenschaft als *Führungslehre*, aus Sicht der Unternehmen als *Führungsmodell* gelten.

46.2 Hemmende und fördernde Faktoren auf dem Weg zu einer qualitätsorientierten Unternehmenskultur

Die Entscheidung, TQM umzusetzen und sich damit auf den Weg zu einer qualitätsorientierten Unternehmenskultur zu machen, setzt zunächst eine qualifizierte Beschäftigung mit der Thematik voraus. Da TQM wesentlich auf ein Management des Wandels abzielt, orientiert an einem umfassenden Qualitätsverständnis, ist es als ein Führungsmodell zu verstehen, das in eine kontinuierliche Weiterentwicklung und ständige Verbesserung einmündet. Schon Kamiske verwies darauf, dass TQM mit Beharrlichkeit verfolgt werden muss und Strategieänderungen zu vermeiden sind (Kamiske 2013). Dies gilt umso mehr, als solche Änderungen in der Regel von Mitarbeitern ohnehin nicht oder nur mit großer Verzögerung nachvollzogen werden. Paradebeispiel für Konstanz in der Unternehmensphilosophie ist der Automobilhersteller Toyota, der seit nunmehr 30 Jahren den Kerngedanken des Total Quality Control folgt.

Erfolgreiche Veränderungen im Sinne des TQM beginnen in der Regel damit, dass sich eine Gruppe von Führungskräften und Mitarbeitern mit der Situation des Unternehmens auseinandersetzt. Die Beteiligten erkennen die Notwendigkeit zu handeln und sind in der Lage, schnell auch andere von ihren Argumenten zu überzeugen. Gelingt es der Gruppe in der Folge, weitere wichtige Führungsper-

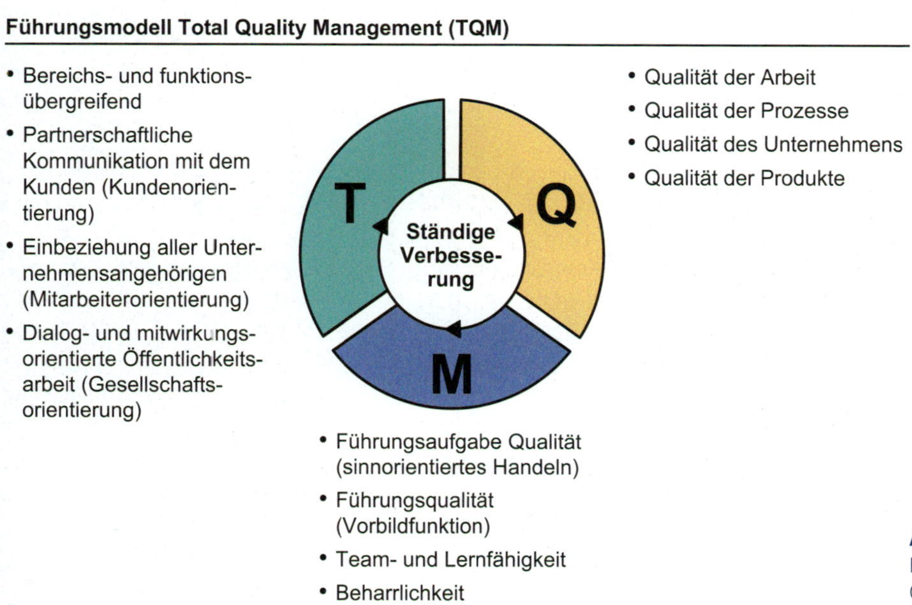

Abb. 46.1
Inhaltliches Verständnis des Total Quality Management

VI

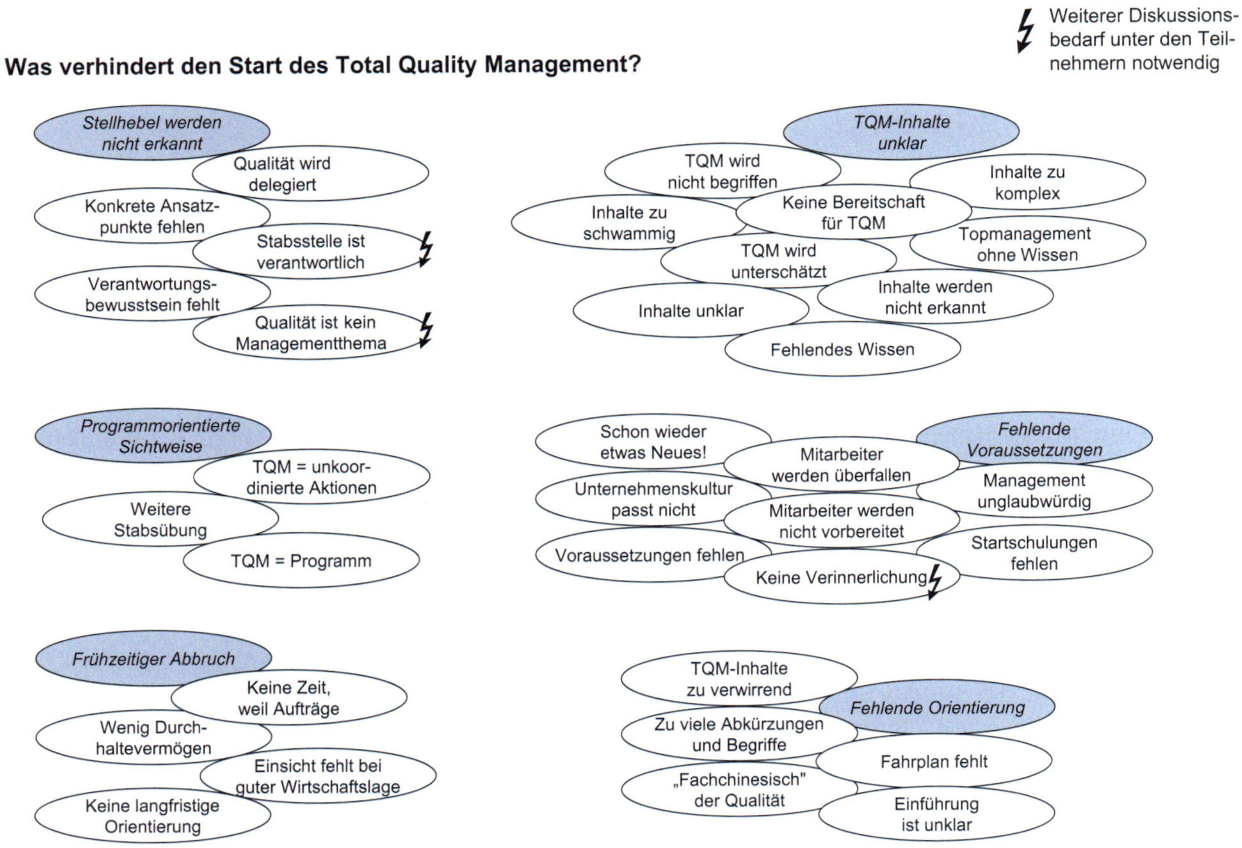

Abb. 46.2 Hemmende Faktoren bei der Umsetzung des TQM

sönlichkeiten für sich zu gewinnen, hat die Einführung des TQM – auch langfristig – Aussicht auf Erfolg. Voraussetzung ist allerdings, dass auch der höchste Entscheidungsträger mit im Boot ist; ohne seine aktive Unterstützung lässt sich ein solch bedeutender Entwicklungsprozess kaum durchführen.

Führungskräfte, die über ihre Erfahrungen berichten, nennen im Wesentlichen sechs Faktoren, die Start und Durchführung des TQM im Unternehmen oftmals behindern. In Abbildung 46.2 sind diese hemmenden Faktoren zu sechs Clustern zusammengestellt.

46.2.1 Inhalte nicht richtig verstanden

Auf den ersten Blick scheinten die Prinzipien des TQM selbstverständlich zu sein. Äußerungen auf Workshops wie „Wir haben doch schon immer die Produktivität verbessert!" oder „Kundenorientiert ist doch jedes Unternehmen!" zeigen, wie schwer es ist, Denkmuster zu verändern. Collins und Porras führen aus, dass einer der wichtigsten Schritte nicht das Handeln selbst, sondern die Veränderung der Sichtweise ist (Collins/Porras 1995, S. 65):

„Und genau darum geht es: Wir verlangen von ihnen ein Umdenken, das genauso fundamental ist wie die Paradigmenwechsel, die der Newton'schen Revolution in der Physik, der Darwin'schen Revolution in der Biologie und der Gründung der USA vorausgingen."

Wer glaubt, dass TQM einfach ist, meint in der Regel, dass auch die Umsetzung im Unternehmen einfach ist – und irrt ein zweites Mal.

46.2.2 Stellhebel nicht erkannt

Komplex und subtil – mit diesen Begriffen lassen sich die Ansätze des TQM treffend beschreiben. Denn sie zielen nicht einfach auf eine direkte Verbesserung der Produktqualität ab, sondern haben das Verhalten von Führungskräften und Mitarbeitern im Blick. Ein kontinuierlicher Verbesserungsprozess kann nur bei Einbeziehung der gesamten Belegschaft funktionieren – was bedeutende Änderungen im Denken und Verhalten des Managements verlangt (Kostka/Mönch 2009). Die Notwendigkeit, ein qualitätsorientiertes Führungsverständnis zu entwickeln, wird jedoch oft nicht hinreichend erkannt. Man geht davon aus, dass Qualität delegiert werden kann und Kompetenz und Einflussnahme insbesondere des Topmanagements nicht oder nur begrenzt erforderlich sind.

46.2.3 Fehlende Voraussetzungen

Eine weitere Ursache für Misserfolg ist das Beharrungsvermögen von Organisationen. Schon Seghezzi führte aus, dass eine Strategie großer Veränderung – um die es sich bei TQM handelt – oft an den vorhandenen Strukturen mit ihren zahlreichen Hierarchiestufen scheitert oder an einer opportunistischen Unternehmenskultur, verknüpft mit einem autoritären Führungsverhalten (Seghezzi 2003). Ein weiteres Problem ist, dass die Führungskräfte der verschiedenen Ebenen häufig nicht an einem Strang ziehen. Auch wird der Start des TQM oft mit unrealistischen Erwartungen verbunden: Bleiben schnelle Ergebnisse aus, ist der vorzeitige Abbruch vorprogrammiert. Nach Erfahrungen von McKinsey schlagen acht von zehn Qualitätsprogrammen fehl, weil die Unternehmen zumindest im ersten Anlauf nicht in der Lage sind, die neuen Ansätze zu verinnerlichen und im Alltag umzusetzen. Dahinter verbirgt sich häufig die tiefe Skepsis der Mitarbeiter, ob sich das Unternehmen tatsächlich in Richtung mehr Qualität bewegen wird.
Soll die Einführung des TQM gelingen, müssen Führungskräfte und Mitarbeiter im Vorfeld so vorbereitet werden, dass sich die notwendigen Veränderungen bei Strukturen, Positionen und Verhaltensweisen weitgehend harmonisch vollziehen und dann auch Bestand haben. Dazu gehört insbesondere, die gewünschten Verhaltensweisen in der Aufbau- und Ablauforganisation zu verankern. In letzter Konsequenz geht es darum, die hierarchisch geprägte Organisation so umzubauen, dass flache, teamorientierte Strukturen entstehen können.

46.2.4 Programmorientierte Sichtweise

Zu Fehlschlägen bei der Einführung kann es auch kommen, wenn das TQM zu sehr als Programm gesehen wird – mit einem festen Anfangs- und Endpunkt. In der vorgegebenen Zeit werden dann hektisch Aktivitäten entfaltet, die meist jedoch nur kurzfristigen Charakter haben. Mangelnder Erfolg lässt die Bemühungen schon bald wieder versanden. Der Eindruck der Mitarbeiter, es handele sich lediglich um eine weitere Stabsübung, verstärkt sich. Ein kontinuierlicher Lernprozess, der die Qualitätsfähigkeit fortlaufend steigert, kommt gar nicht erst in Gang.

46.2.5 Fehlende Orientierung

Vielen Führungskräften fällt es schwer, aus der Fülle von modernen Managementbegriffen und -instrumenten diejenigen herauszufinden und anzuwenden, die für das Unternehmen wirklich nützlich sind. Die meisten Instrumente lassen sich unter dem Dach des TQM einordnen oder sind Bestandteil davon. Dies macht die Einführung des TQM nicht leichter – im Gegenteil. „Wer nicht weiß, wo die Reise hingehen soll, bewegt sich höchstens per Zufall in die richtige Richtung.“ So fasste ein Unternehmer seine TQM-Erfahrungen prägnant zusammen. Sein erster „halbherziger“ Versuch, TQM einzuführen, war gescheitert. Erst im zweiten Anlauf gelang es dann, die Anfangsschwierigkeiten zu überwinden.
Das Wissen um die Inhalte des TQM, die Zusammenhänge und das Zusammenspiel der einzelnen Instrumente ist daher von entscheidender Bedeutung. In der Praxis hat es sich bewährt, noch vor dem Start einen Umsetzungspfad in Form eines ausreichend detaillierten Strategiepapiers zu erarbeiten – damit die Orientierung auf dem mehrjährigen Weg nicht verloren geht.

46.2.6 Frühzeitiger Abbruch

Auch die Umfeldbedingungen können den Erfolg beeinträchtigen. So wird nicht nur oft der richtige Zeitpunkt für den Start verpasst, also der Wandel zu spät eingeleitet. Häufig wird auch die Einführung abgebrochen. Gerade wenn TQM zur Überwindung akuter wirtschaftlicher Schwierigkeiten eingeleitet wurde, ist die Versuchung groß, die Bemühungen bei den ersten Anzeichen einer Besserung einzustellen oder zumindest zu verringern. Denn in dem Maße, wie Nachfrage, Umsatz und Ergebnis steigen, nimmt die Bereitschaft von Führungskräften und Mitarbeitern ab, die Lasten der Anpassung weiter zu tragen. Negativ können sich auch übereilt angesetzte „Siegesfeiern“ auswirken. Kotter wies darauf hin, dass die Initiatoren einer Erneuerung dazu neigen, schon erste Anzeichen eines Fortschritts überschwänglich zu begrüßen. Die Gegner stimmen in den Jubel ein – und beschließen, nun wieder Ruhe in das Unternehmen einkehren zu lassen. Schon nach kurzer Zeit stockt der Veränderungsprozess und alte Gewohnheiten schleichen sich wieder ein. Gefahr droht dabei nach Einschätzung vieler Autoren besonders vom mittleren Management. Damit es gar nicht erst so weit kommt, müssen eingeführte Veränderungen so abgesichert werden, dass sie praktisch unumkehrbar sind. Auch ist es Aufgabe des Topmanagements, immer wieder deutlich zu machen, dass das Ziel der Umstrukturierung noch lange nicht erreicht ist, auch wenn sich schon viel verbessert haben mag.

Ausgehend von den genannten sechs Faktoren lassen sich einige Empfehlungen und Hinweise für die Umsetzung des TQM ableiten:

- Die obersten Führungskräfte des Unternehmens sollten sich im Vorfeld der Einführung umfassend mit dem Thema TQM auseinandersetzen – noch bevor das Unternehmen darauf eingeschworen wird.
- Im Unternehmen ist ein Grundkonsens zu schaffen; dazu gehört auch die Entwicklung eines einheitlichen Begriffsverständnisses samt Abgleich mit der firmeneigenen Sprache und Terminologie.
- Von Anfang an muss klargemacht werden, dass das Bemühen um kontinuierliche Verbesserungen ein langfristiger Prozess ist, der ein erhebliches Maß an Ausdauer und Durchhaltevermögen erfordert.
- Die Einführung des TQM sollte nicht durch zu hoch gesteckte kurzfristige Ziele belastet werden. Anspruchsvolle langfristige und auch innovative Ziele dagegen bieten Orientierung, mobilisieren und spornen an.
- Bewährt hat sich, einen strategisch ausgerichteten Einführungspfad zu erarbeiten und zu formulieren, der u. a. wichtige Meilensteine enthält. Dabei geht es anfangs weniger darum, die Reihenfolge einzelner Schritte festzulegen, als vielmehr eine Orientierungshilfe zu geben, die es nicht zuletzt erlaubt, regelmäßig eine Standortbestimmung durchzuführen.

46.3 Entwicklung einer qualitätsorientierten Unternehmenskultur

Bei der Entwicklung einer qualitätsorientierten Unternehmenskultur durch TQM sind vier grundsätzliche Phasen zu unterscheiden (Malorny 2001):

- *Sensibilisierungsphase:* Schaffung der Voraussetzungen
- *Realisierungsphase:* unternehmensweite Anwendung und Entfaltung des TQM
- *Stabilisierungsphase:* Beschleunigung des Verbesserungsprozesses und innovative Ausrichtung
- *Phase der Exzellenz:* Kontinuität, Verfeinerung und Konvergenz

Jede Phase hat ihre eigenen Merkmale (Abb. 46.3). Sie helfen, Schwerpunkte für die Umsetzung des TQM festzulegen und Anforderungen an die Ausgestaltung der künftigen Unternehmenskultur zu formulieren. Die einzelnen Phasen sind zwar in sich abgeschlossen, der gesamte Umsetzungspfad des TQM ist jedoch – anders als bei klassischen Entwicklungsmodellen – als ein ganzheitlicher Prozess aufzufassen. Neben einem systematischen, ziel-

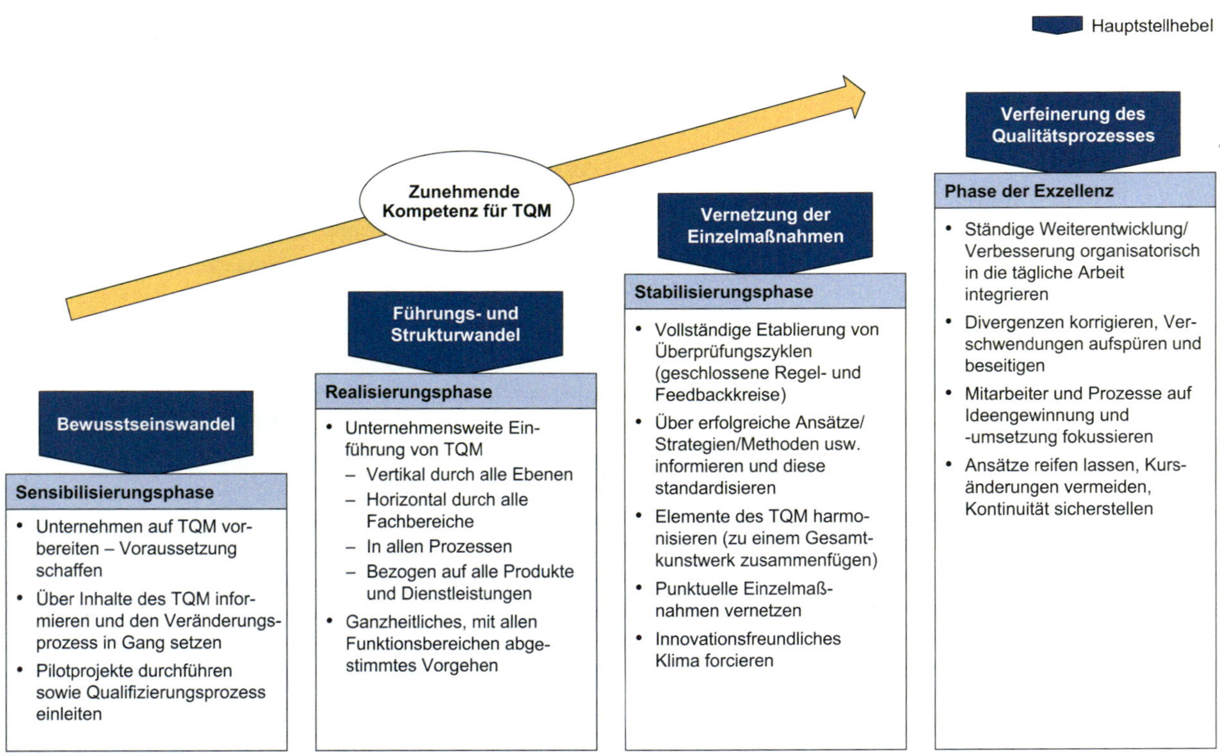

Abb. 46.3 Entwicklungsstufen einer qualitätsorientierten Unternehmenskultur

gerichteten Vorgehen in jeder Phase ist daher besonders auf die Gestaltung der Schnittstellen (oder besser: Nahtstellen) zwischen den Phasen zu achten.
Meist wird ein Unternehmen, wie dargestellt, den Umsetzungspfad aufgrund äußerer Zwänge, z.B. einer Ertragsschwäche, beschreiten. Es wird also mit der Sensibilisierungsphase beginnen. Ist diese Phase erfolgreich abgeschlossen, ändern sich die Motive: Hauptgrund für TQM ist dann nicht mehr die Bewältigung der Krise, sondern das Vermeiden neuer Krisen, die Prävention. Diese Verschiebung spiegelt sich in den inhaltlichen Kernaufgaben der einzelnen Phasen wider. Werden die von außen einwirkenden Veränderungszwänge während der Sensibilisierungsphase nicht bewältigt und die Motive nicht überdacht, kann es zu einem Verharren in der Sensibilisierungsphase oder zu einem Abbruch der Einführung des TQM kommen.
Die Verantwortung für die Gestaltung der Phasen übernehmen die Geschäftsführung und die zweite Führungsebene oder Teile von ihnen. Die Umsetzung des TQM dauert im Durchschnitt drei bis fünf Jahre, wobei die Zeitspanne, wie im Folgenden deutlich wird, letztlich von einer Vielzahl von Randbedingungen abhängt.

46.3.1 Voraussetzungen für eine qualitätsorientierte Unternehmenskultur schaffen – Bewusstseinswandel einleiten

Veränderungsbereitschaft wecken und fördern

Die Erfahrung zeigt, dass Veränderungsprozesse in den ersten ein bis zwei Jahren erheblich von den Handlungsmustern im Unternehmen bestimmt werden. Die Bereitschaft und den Willen zur Veränderung zu schaffen erfordert immer dann besonders viel Aufwand, wenn die mit der Umsetzung des TQM verbundenen Verhaltenserwartungen in starkem Kontrast zu den bisherigen Handlungsmustern stehen. Doppler führt hierzu aus (vgl. Malorny 2001), dass Menschen, die jahrelang auf Anpassung, Gehorsam und Unterwürfigkeit gedrillt und konditioniert wurden, eine aus dieser Erfahrung erworbene „Klugheit“ verbietet, sich ohne Mehrfachvergewisserung auf Veränderungen einzulassen. Aus Abbildung 46.4 geht hervor, welche Fehler, Hürden und inneren Hemmnisse die Organisationspsychologie beim Management von Veränderungen identifiziert hat.
Auch für die Einführung des TQM muss im Unternehmen zunächst ein Klima geschaffen werden, das Veränderungen erlaubt und begünstigt; dies setzt voraus, dass eine kritische Anzahl von Führungskräften mit der Situation des Unternehmens nicht mehr zufrieden ist. Kotter führt aus, dass ungefähr 75 % der Führungskräfte eines Unternehmens aufrichtig davon überzeugt sein müssen, dass es nicht weitergeht wie bisher (Kotter 1995). Liegt die Zahl

Fehler und Hürden im Management der Veränderung

- Kaltstart, da ungenügende Vorbereitung
- Diffuse Zielsetzung
- Von innen nach außen (von den eigenen Bedürfnissen her) statt von außen nach innen (von den Bedürfnissen des Kunden) denken und organisieren
- Unrealistische Zeitplanung
- „Hausieren“ mit Lieblingslösungen anstelle echter Diagnosen
- Fertige Lösungen „aufdrücken“ statt gemeinsam erarbeiten
- Ungenügende Informationspolitik (es wird nur über getroffene Entscheidungen informiert, wo der „Buschfunk" unschlagbar schnell ist, die Zeit dazwischen, wo am meisten spekuliert wird, wird sträflich vernachlässigt)
- Widerstände bekämpfen anstatt verstehen, übersetzen, die Vernunft darin entdecken
- Auf die Technik der Lösung setzen statt auf die dazu notwendige Mentalitätsveränderung der Betroffenen

Innere Hemmnisse für innovative Veränderungsstrategien

- In der Vergangenheit geprägte Denk- und Handlungsmuster; entsprechende Verschlossenheit; „Erfahrung macht blind"
- Hoher Bedarf an Sicherheit
- Fehlendes Problembewusstsein; die Angst vor der möglichen Verunsicherung
- Das Wissen um die Macht der bestehenden Strukturen; Scheu vor der Auseinandersetzung mit den „mächtigen" Interessengruppen (Ohnmachtsgefühl)
- Hoher Profilierungs- und Selbstdarstellungsbedarf (Industrieschauspielerei) verhindern Sensibilität und eigenes Infragestellen

Abb. 46.4 Beispielhafte Hemmnisse in nachhaltigen Veränderungsprozessen wesentlich darunter, sind laut Kotter später im Veränderungsprozess schwerwiegende Probleme zu erwarten. Andere Autoren berichten, dass es kaum möglich sei, TQM einzuführen, ohne dass zumindest ein Teil der Führungskräfte und der Mitarbeiter wechselt. Das deckt sich weitgehend mit den Erkenntnissen der Qualitätswissenschaft (Malorny 1999, S. 386):

„Das Abwarten einzelner Führungskräfte und Beobachten der anderen ist nicht zulässig – Mitmachen oder Konsequenzen ziehen ist unumgänglich."

Insofern ist ein wesentliches Merkmal der Sensibilisierungsphase das Herbeiführen eines Veränderungswillens. Nach Lewin kann dies als das „Auftauen und Infragestellen der gegenwärtigen Gewohnheiten" beschrieben werden. Maßgeblicher Stellhebel der Phase ist der Bewusstseinswandel (Abb. 46.5). Auslöser und Treiber von Veränderungsprozessen sind:

- erheblicher Problemdruck
- neue Gelegenheiten und Chancen, aus denen sich ein persönlicher Nutzen ableiten lässt
- eine verstärkte Kommunikationsorientierung und kritische Reflexion
- die partizipative Suche nach einem umfassenden Kontext
- die Möglichkeit der Selbstentwicklung des Einzelnen

Dabei darf die Betroffenheit von Führungskräften und Mitarbeitern nicht im Emotionalen stecken bleiben. Problembewusstsein bedeutet, dass Probleme, wie wirtschaftliche Schwierigkeiten eines Unternehmens, auch als solche erkannt, empfunden und offen diskutiert werden. Die Artikulierung der Betroffenheit muss zu einem gemeinsamen Verständnis und zum Verbünden von Leidensgenossen im Sinne der Unternehmensgemeinschaft führen. Erst dann besteht die Chance, dass nicht nur der Wunsch nach Veränderung erwacht, sondern auch der Wille, die Herausforderung gemeinsam anzunehmen.

Unwritten Rules diskutieren

Bei der Suche nach einer neuen Orientierung kommt dem Offenlegen und Diskutieren der so genannten Unwritten Rules eine besondere Rolle zu. Aus den Unwritten Rules, den persönlichen Maximen der Mitarbeiter, lassen sich Katalysatoren ableiten, die die spätere Implementierung des TQM unterstützen können. Während der Suche nach neuen Orientierungsmustern sollte das Topmanagement darauf achten, dass mögliche „Schattenkulturen", die das Unternehmen vom neuen Kurs abbringen, keinen zu großen Einfluss gewinnen.

Der sich anbahnende Veränderungsprozess lässt sich am besten abstützen, wenn ein hohes Maß an Vertrauen und

Typische Phasen während des Bewusstseinswandels

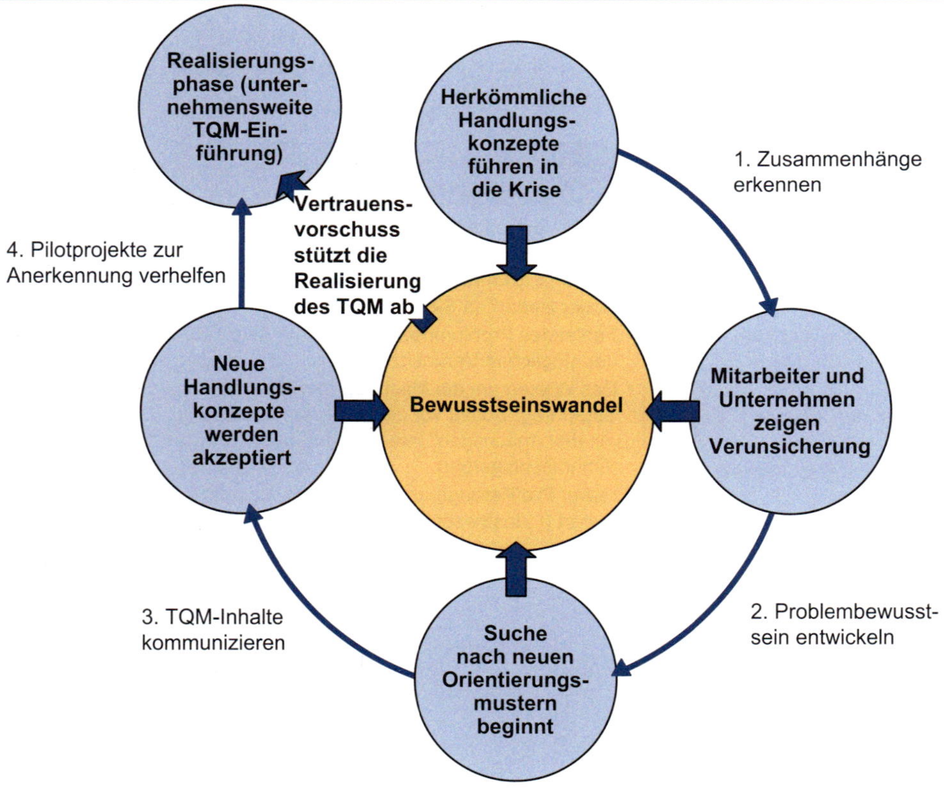

Abb. 46.5
Ablauf des Bewusstseinswandels zu einer qualitätsförderlichen Unternehmenskultur

Sicherheit gegeben ist; ein Vertrauensvorschuss erleichtert insbesondere die Durchführung der nachfolgenden Realisierungsphase. In der Sensibilisierungsphase kann Vertrauen vor allem dadurch aufgebaut werden, dass sich Führungskräfte mit dem persönlichen Wohlbefinden der Mitarbeiter auseinandersetzen. Dazu gehören alle Werte, Einstellungen, Antriebskräfte und Ideen, die die Mitarbeiter akzeptieren, ertragen oder verarbeiten können. Dahinter steht die Intention, die Mitarbeiter dort abzuholen, wo sie gedanklich stehen.

Unternehmen in produktive Unruhe versetzen

Doch was ist mit Unternehmen, denen es zwar nicht schlecht geht, die aber trotzdem das TQM einführen wollen? Auch für sie gelten die gleichen Gesetzmäßigkeiten. Soll ein Veränderungswille geweckt werden, muss das Unternehmen Selbstgewissheit und Selbstzufriedenheit überwinden und in Unruhe versetzt werden. Dazu bieten sich Workshops an, in denen Führungskräfte mit möglichen negativen Zukunftsszenarien für das Unternehmen konfrontiert werden. Derartige Workshops müssen interaktiv konzipiert sein und auf Bewusstseinsbildung und Verhaltensbeeinflussung abzielen. Dabei hat sich gezeigt, dass die Einsicht in die Notwendigkeit von Veränderungen besonders groß ist, wenn die beteiligten Führungskräfte Worst-Case-Szenarien selbständig erarbeiten.

Durch Pilotprojekte Erfahrungen sammeln

Ein weiteres Merkmal der Sensibilisierungsphase ist die Durchführung konkreter Pilotprojekte. Solche Projekte haben oftmals Experimentiercharakter. Sie ermöglichen es dem Unternehmen, in einem kleinen Rahmen zunächst Erfahrungen zu sammeln und damit mehr Sicherheit für die unternehmensweite Umsetzung zu gewinnen.
Bei Pilotprojekten geht es nicht darum, das TQM in einem abgeschlossenen Fachbereich komplett einzuführen, sondern einzelne Elemente, wie die Etablierung von Gruppenarbeit oder Qualitätszirkeln, in einem ausgewählten organisatorischen Teilbereich wie einem Werk zu testen. Erfolgreiche Pilotprojekte geben dem Veränderungsprozess wichtige Impulse: Indem über ihre Aktivitäten und Fortschritte in vielfältiger Form informiert und gesprochen wird, durchdringen sie das gesamte Unternehmen – auch wenn sich die Durchführung auf einzelne Bereiche beschränkt. Pilotprojekte verändern etablierten Strukturen, ohne die traditionelle Identität infrage zu stellen. Sie bringen die Unruhe, die für das Auftauen der Organisationsstrukturen benötigt wird.
Allerdings bergen Pilotprojekte auch Risiken. So kann es sein, dass sich die quasi unter Laborbedingungen gewonnenen Erkenntnisse in der Praxis nicht auf die gesamte Organisation übertragen lassen. Insbesondere sind Pilotprojekte in der Regel dann zum Scheitern verurteilt, wenn sie nicht von Führungskräften der obersten Hierarchieebene im Sinne einer Patenschaft gewollt und aktiv gefördert werden. Da sich der Start von Pilotprojekten meist mit dem Beginn des Bewusstseinswandels überschneidet, benötigen sie engagierte Führungskräfte, die als Vorreiter und Multiplikatoren – so genannte Change Agents – fungieren.

Qualifizierungsprozess einleiten

Zur Sensibilisierungsphase gehört auch die Einleitung einer umfassenden Qualifizierung. Dabei geht es zunächst vor allem um Lerninhalte, die die Bewusstseinsbildung fördern. Die Erfahrung zeigt, dass allen voran die Führungskräfte intensiv zu schulen sind. Denn solange sie nicht selbst von der Notwendigkeit von Veränderungen überzeugt sind und dafür sichtbar einstehen, können sie ihre Mitarbeiter nur ungenügend motivieren.
Ferner müssen die Mitglieder der Pilotprojekte fachspezifisch geschult werden, etwa in der Anwendung der Qualitätstechniken oder in der Moderation von Teams. Gerade die Bedeutung fachspezifischer Schulungsinhalte wird oft unterschätzt.
Der eingeleitete Qualifizierungsprozess zieht sich dann wie ein roter Faden durch alle weiteren Phasen. Während das Lernen zu Beginn der TQM-Einführung meist keine direkte Verbindung zu den Aufgaben am Arbeitplatz hat und von außen initiiert wird, sollte sich im weiteren Verlauf der TQM-Einführung eine permanent lernende Organisation herausbilden.
Die Sensibilisierungsphase benötigt vor allem Zeit – damit die Führungskräfte ausreichend informieren und Zusammenhänge erläutern können. Erst wenn jeder Mitarbeiter spürt, dass das Unternehmen – und damit letztlich auch er selbst – tatsächlich vor einem (lösbaren) Problem steht, kann zur nächsten Phase übergegangen werden.
Zusammenfassend ergeben sich für die Einleitung des Wandels folgende allgemeine Empfehlungen:

- Informationsveranstaltungen zur Situation des Unternehmens durchführen (z. B. Geschäftsbericht mit den Mitarbeitern diskutieren)
- Workshops zur Notwendigkeit neuer Handlungsmuster durchführen (Problembewusstsein und breite Akzeptanz für Veränderungen schaffen, Verbesserungspotenziale sichtbar machen, Grenzen des bisherigen Systems aufzeigen)
- Mitarbeiter in die Suche nach neuen Lösungsansätzen einbeziehen (Vertrauen entwickeln, Ängste abbauen, Sicherheit geben)
- umfassenden Qualitätsbegriff als neue Orientierung etablieren (die Inhalte des TQM verbreiten)

- Pilotprojekte durchführen (experimentieren, Wissen aneignen, Fähigkeiten trainieren); scheitert ein Pilotprojekt, sollten die Ursachen untersucht und diskutiert werden, um daraus zu lernen
- Qualifizierungsprozess schrittweise einleiten (mit Handwerkszeug, wie Qualitätstechniken, vertraut werden)

46.3.2 Unternehmensweite Anwendung und Entfaltung des TQM-Konzepts – Führungs- und Strukturwandel umsetzen

Ist die notwendige Sensibilisierung bei ausreichend vielen Führungskräften und Mitarbeitern erreicht, wird TQM unternehmensweit verankert. Der Erfolg dieser Phase ergibt sich zunächst maßgeblich aus der Verinnerlichung und Anwendung des zuvor entwickelten neuen Wissens und Denkens. Dabei sind zunächst die Führungskräfte gefordert. Auf Basis ihrer neuen Einsichten sollen sie ein für die Mitarbeiter sichtbares qualitätsorientiertes Führungsverständnis ableiten und praktizieren.

Strukturen qualitätsorientiert ausrichten

Hauptmerkmal dieser Phase ist eine weitreichende Veränderung des bisherigen Organisationsaufbaus und -ablaufs. Die Erzeugung von Qualität verlangt das Arbeiten in Teams, die in vollständiger und ganzheitlicher Verantwortung die Wertschöpfung erbringen. Das bedeutet für zahlreiche Unternehmen, ihre eher auf zentrale Lenkung ausgerichtete Struktur zu einer stark dezentralen, das eigenverantwortliche Handeln aller Mitarbeiter fördernden Struktur weiterzuentwickeln. Ziel ist eine auf den Kunden fokussierte, prozessorientierte Organisationsstruktur. Der Produktionsbereich orientiert sich dabei an den Prinzipien der Just-in-Time-Philosophie. Im Entwicklungsbereich geht es um eine enge Verzahnung der Entwicklungstätigkeiten im Sinne des Simultaneous Engineering bzw. der synchronen Produktentwicklung, abgestützt durch weitreichende PLM-IT-Systeme.

Hierarchieebenen abflachen

Begleitet wird der Umstrukturierungsprozess meist durch einen Abbau von Hierarchieebenen: Ein hierarchisches Führungsmodell geht davon aus, dass Mitarbeiter weder willens noch fähig sind, ihre eigene Arbeit zu organisieren und zu kontrollieren. Die Verantwortung wird bewusst in die obersten Hierarchieebenen getragen und dort gebündelt. In einer solchen Struktur sind Selbstverantwortung, Kreativität und Innovationen kaum möglich. Sprenger führt dazu aus (Sprenger 2005, S. 24 ff.):

> *„Es ist schwer, das Lied der Selbstverantwortung auf der Leier der Hierarchie zu spielen: denn Hierarchie entantwortlicht."*

Allerdings entstehen – und das sei ganz deutlich gesagt – immer informelle Hierarchien, wenn sich Menschen für ein gemeinsames Ziel in Gruppen zusammenfinden. Insofern sind Hierarchien etwas Natürliches. Sie jedoch tief zu staffeln und funktionell gegeneinander abzugrenzen, wie es sich in vielen Unternehmen noch immer beobachten lässt, widerspricht heutiger Best Practice.
Der Hauptstellhebel in dieser Phase ist also der Führungs- und Strukturwandel. Das angestrebte qualitätsorientierte Führungsverhalten muss von Strukturveränderungen begleitet werden, wenn es Bestand haben soll. Nur so lässt sich ein Rückfall in alte Verhaltensmuster verhindern, wenn der Veränderungsdruck nachlässt. Führungs- und Strukturwandel sollten gesamtheitlich betrachtet und umgesetzt werden. Nach Ansicht vieler Autoren kommt es entscheidend darauf an, eine Balance zu finden zwischen Maßnahmen zur Weiterentwicklung der Führungskräfte und Mitarbeiter (innere Einstellung, Verhalten u. ä.) und Maßnahmen zur Änderung der strukturellen und organisatorischen Rahmenbedingungen. Dieses Gleichgewicht zu finden und aufrechtzuerhalten ist Aufgabe der Führungskräfte.

Flankierende Maßnahmen ergreifen

Zur Realisierungsphase gehört auch die Umsetzung vielfältiger Maßnahmen, mit denen die als negativ empfundenen Konsequenzen der Strukturveränderungen ausgeglichen werden. Insbesondere wenn Arbeitsplätze bedroht sind, ist mit beträchtlichen Abwehrreaktionen zu rechnen – trotz aller in der Sensibilisierungsphase geführten Diskussionen über die Notwendigkeit von Veränderungen. Widerstände sind natürlich. Sie entstehen gewöhnlich durch Angst, wenn sich das bisherige Gleichgewicht der Kräfte im Unternehmen verschiebt oder sich Arbeitsinhalte verändern. Gerade bei Führungskräften kann es während der Realisierung zu verdeckten Widerständen kommen, die ihren Ursprung oft in der Grundhaltung „wehret den Anfängen" haben. Den Grundbedürfnissen des seelischen Wohlbefindens ist während der Realisierungsphase daher besondere Beachtung zu schenken:

- Sicherheit in mehrfacher Hinsicht (siehe oben)
- Geborgenheit als Gefühl der inneren Gewissheit, zu einer Gemeinschaft und anderen Menschen zu gehören
- Anerkennung als grundlegende Wertschätzung der eigenen Person durch Kollegen und Vorgesetzte

VI

Wissenschaftler der Organisationspsychologie weisen darauf hin, dass Zufriedenheit und Glück im privaten und beruflichen Bereich nur möglich sind, wenn alle drei Voraussetzungen erfüllt sind. Bleiben diese grundlegenden Bedürfnisse unbeachtet, wird die Realisierungsphase mit einer Hypothek belastet, die so hoch sein kann, dass die Einführung des TQM wegen der (verständlichen) Verweigerung der Mitarbeiter abgebrochen werden muss. Die unzureichende Beachtung der Grundbedürfnisse ist die Hauptursache für das Scheitern des TQM.

Doch was soll mit den Mitarbeitern geschehen, die aufgrund der höheren Wertschöpfung freigesetzt werden? Literatur zum Thema „Lean Production“ sieht in der frühzeitigen Beantwortung dieser Frage einen wesentlichen Erfolgsfaktor der Realisierungsphase. Einige Autoren plädieren dafür, Mitarbeitern mit der Einführung des TQM eine Arbeitsplatzgarantie zu geben oder die Zusage zu machen, dass es bei verbesserter Wertschöpfung keine Entlassungen geben wird. Andere Autoren vertreten die Ansicht, dass die Einführung des TQM in einer Phase des Mitarbeiterabbaus nicht gelingen kann. Kamiske führt dazu aus (Kamiske 1994, S. B8):

„So erkennt man die Grenzen des Erreichbaren, wollte man das Erfolgsmodell fragile/lean – schlankes Management – in wirtschaftlich schwierigen Zeiten einführen. Fatal wäre es, wenn sich bei den Mitarbeitern festsetzen würde, schlank sein heißt nicht: wettbewerbsfähiger, sondern entlassen zu werden.“

Selbst wenn in einem Unternehmen Entlassungswellen bereits länger zurückliegen, ist in der Regel zunächst eine mehrjährige Sensibilisierungsphase einzuplanen, mit Schwerpunkt auf einem Bewusstseinswandel. Denn häufig ist die Demotivation unter den Mitarbeitern so ausgeprägt, dass sie selbst bei einer verbesserten Wirtschaftslage nicht unmittelbar nachlässt. Das Vertrauen fehlt, die Unternehmenskultur hat nachhaltig Schaden genommen.

Einigkeit herrscht unter den Autoren, dass die unternehmensweite Realisierung des TQM von vielen Mitarbeitern als einschneidender Eingriff empfunden wird. Während der Realisierung zeigt sich, wie gründlich die Mitarbeiter auf die sich vollziehenden Veränderungen vorbereitet wurden.

Für die Realisierungsphase lassen sich u. a. die folgenden allgemeinen Handlungsempfehlungen ableiten:

- Mitarbeiter im TQM-Einführungspfad schulen, um Identifikation zu schaffen
- Neustrukturierung des Arbeitsplatzes und Arbeitsumfelds den Mitarbeitern übertragen
- Hierarchieebenen abbauen, dezentrale Teamstrukturen einführen und Zusammenarbeit üben
- umfassendes Training on the Job in den neuen Strukturen betreiben
- Möglichkeiten zur Diskussion und Reflexion über das neue qualitätsorientierte Führungsverhalten für Führungskräfte schaffen
- Meinungsbildner, Mentoren, Autoritätsträger gewinnen und in Veränderungsprozessen trainieren
- ständigen Verbesserungsprozess kontinuierlich weiterentwickeln
- Kommunikations- und Informationsdichte erhöhen
- Entscheidungskompetenz an Teams delegieren, Selbstverantwortung trainieren
- neue Werkzeuge und Techniken anwenden
- Infrastruktur zur Unterstützung des ständigen Verbesserungsprozesses etablieren.

46.3.3 Beschleunigung des Verbesserungsprozesses – Einzelmaßnahmen vernetzen

Erfahrungsgemäß kommt es bei weitreichenden Veränderungsprozessen nach einigen Jahren zu Ermüdungserscheinungen. Wie dem am besten entgegenzuwirken ist, darüber liegen bisher nur wenige Erkenntnisse vor. Erst vereinzelt befinden sich deutsche Unternehmen in der Stabilisierungsphase der TQM-Einführung. Stabilisierung bedeutet, die Einführung zu dynamisieren, d. h. den Prozess auf hohem Niveau weiter voranzutreiben, die Stagnation zu überwinden.

Fachbereichsspezifische Einzelmaßnahmen organisationsweit vernetzen

Beherrschen weite Teile des Unternehmens die neuen Ansätze des TQM-Konzepts – sind also Leistungssteigerungen erkennbar –, müssen die vielfältigen Einzelmaßnahmen harmonisiert und vernetzt werden. In dieser Phase lassen sich erhebliche Synergieeffekte realisieren. Verschiedene Autoren weisen in neueren Studien darauf hin, dass es erst durch das Ausbalancieren unterschiedlicher, bereits erprobter Maßnahmen zum gewünschten langfristigen Unternehmenserfolg kommt. Dabei geht es weniger um die Suche nach einem Kompromiss oder Mittelweg, als vielmehr um das Streben nach gleichzeitiger Verwirklichung teilweise gegensätzlicher Intentionen. In der Phase der Stabilisierung sollte ein Unternehmen lernen, die schöpferische Kraft des „und“ zu nutzen und den Zwang des „oder“ zu überwinden. TQM-geführte Unternehmen weisen viele scheinbare Widersprüche auf, die jedoch bei genauer Betrachtung für das nötige Maß an Flexibilität bei gleichzeitiger Stabilität sorgen (Abb. 46.6).

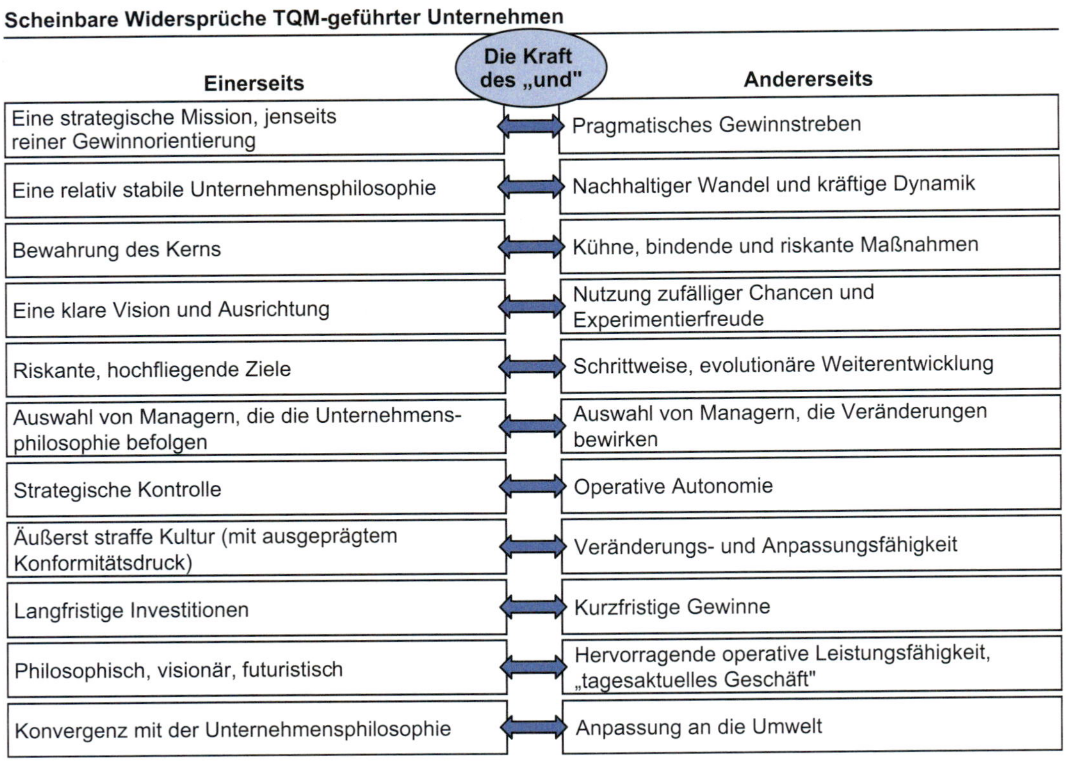

Abb. 46.6 Typische Spannungsfelder in fortgeschrittenen TQM-Prozessen

Dazu gehört auch, dass ein Unternehmen nach einer genauen Ursachenanalyse die Einzelmaßnahmen und Ansätze aufgibt, die während der Realisierung nicht den beabsichtigten Erfolg gebracht haben. Entscheidend ist immer die Frage, ob eine Maßnahme oder Technik dem Unternehmen nützt oder nicht.

Trotz der voranschreitenden Harmonisierung der Einzelmaßnahmen sind in der Stabilisierungsphase Regeln in der Organisation zu verankern, die Flexibilität und Innovation der Mitarbeiter fördern. Im Unternehmen 3M finden sich hierfür zahlreiche Beispiele:

- *15%-Regel:* eine langjährige Tradition, die es Mitarbeitern erlaubt, bis zu 15% ihrer Zeit an Projekten ihrer Wahl zu arbeiten (Ziel: Förderung des Innovationsdrangs der Mitarbeiter)
- *25%-Regel:* Jeder Geschäftsbereich soll 25% seines Jahresumsatzes mit Produkten erwirtschaften, die nicht länger als fünf Jahre auf dem Markt sind (Ziel: Förderung der Entwicklung von Neuprodukten)
- *Golden-Step-Auszeichnung* für Mitarbeiter, die neue Ideen erfolgreich umgesetzt haben (Ziel: Förderung von internem Unternehmertum)
- *Technische Foren*, auf denen Mitarbeiter von 3M Referate halten und sich gegenseitig über neue Ergebnisse informieren (Ziel: gegenseitige Förderung und Information)
- *Genesis Grants:* Wagnis-Kapitalfonds, aus dem Mitarbeiter einen bestimmten Betrag erhalten, um Prototypen entwickeln und Markttests durchführen zu können (Ziel: Förderung von Innovationen)
- *Frühzeitige Beteiligung* (seit 1937) der Mitarbeiter am Gewinn (Ziel: Förderung des Bewusstseins der Mitarbeiter, einen individuellen Beitrag zum Unternehmenserfolg zu leisten).

Hier zeigt sich der Schlüssel zur Stabilisierung des Einführungspfads TQM: die Ausrichtung der Unternehmenskultur auf Innovationen. Dazu gehört nicht zuletzt, die Entscheidungsprozesse im Unternehmen durch gezielte Maßnahmen weiter zu demokratisieren.

Auch die kompromisslose Förderung der Kreativität eines jeden Mitarbeiters trägt zur Stabilisierung des TQM bei. Darin liegt der Unterschied zwischen der Realisierungs- und Stabilisierungsphase: Wurde die Realisierung des TQM von den Führungskräften top-down angeführt und unter Beteiligung der Mitarbeiter gestaltet, geht es in der Stabilisierungsphase um die vollständige Übergabe der Verantwortung und Initiative an die Mitarbeiter. Für Führungskräfte und Mitarbeiter bedeutet das abermals erhebliche Veränderungen im Verständnis ihrer bisherigen Aufgaben. Werden die Mitarbeiter in die Selbstverantwortung entlassen, müssen Führungskräfte die Rolle eines Coachs übernehmen.

Ein weiteres Merkmal der Stabilisierungsphase ist die Etablierung geschlossener Regelkreise, für die die Mitarbeiter Eigenverantwortung tragen. So liegt ein Schwerpunkt der Phase auf der Entwicklung und Anwendung von Messinstrumenten, die die benötigten Daten zum Navigieren der Prozesse bereitstellen. Erst wenn über einen bestimmten Zeitraum hinweg ausreichend fundierte Daten vorliegen, können kontinuierliche Verbesserungen angestrebt und ihre Auswirkungen beobachtet werden. Unverzichtbar ist die Offenlegung der Daten – das gilt auch für Leistungsdaten. So ist es üblich, dass sich beispielsweise Teams ihre Mitglieder selbstständig auswählen oder Teams untereinander konkurrieren, wodurch ein gesunder (Gruppen-)Leistungsdruck entsteht. Ziel der Bemühungen ist das uneingeschränkte Streben nach Prävention und Verbesserung. TQM-geführte Unternehmen, die sich in der Phase der Stabilisierung befinden, nutzen die Daten, um immer wieder positive Signale zu senden, die sich gegenseitig so verstärken, dass es Mitarbeitern und Kunden praktisch unmöglich ist, sich der Unternehmensphilosophie zu entziehen.

Für die Stabilisierungsphase lassen sich u. a. die folgenden allgemeinen Handlungsempfehlungen ableiten:

- kurze, geschlossene Regelkreise unternehmensweit etablieren (vollständige Eigenverantwortung erreichen durch Ergebnisrückführung und -veranschaulichung)
- Fortschritte messen und Daten besprechen/verbreiten (Fakten schaffen)
- Nahtstellen in den Prozessen konsequent minimieren (Funktionsgrenzen auflösen, Vernetzung der Einzelmaßnahmen betreiben)
- Innovationsgedanken verbreiten und durch Innovationsregeln u. ä. in der Organisation verankern
- Mitarbeiter am Unternehmensergebnis beteiligen
- Beurteilungssysteme und Karriereentwicklungsmöglichkeiten an der ständigen Weiterentwicklung und dem kontinuierlichen Verbesserungsprozess ausrichten (qualitätsförderliche Verhaltensweisen begünstigen)
- positive Kettenreaktionen fördern, um den ständigen Verbesserungsprozess auf eigene Füße zu stellen

  Beispiel der Carl Edelmann GmbH: Das Führungskräfteentwicklungsprogramm für das mittlere Management förderte das Selbstbewusstsein dieser Ebene unerwartet stark und weckte den Wunsch nach mehr Eigenverantwortung. Die oberste Hierarchieebene unterstützte den Wunsch. Neue Strukturen, z. B. Teamarbeit, wurden eingeführt, was wiederum zusätzliche Schulungen zu Problemlösungstechniken notwendig machte – die Kompetenz und die Fähigkeiten des Unternehmens wachsen so kontinuierlich.
- auch „kleine" Maßnahmen mit Signalcharakter umsetzen

  Beispiel: Auf der Tagesordnung der Vorstandssitzungen von Toyota stehen Berichte über Qualitätsverbesserungen an erster Stelle. Die Geschäftsberichte nehmen eine nachrangige Stelle ein. So wird allen Vorstandsmitgliedern signalisiert, dass Qualitätsverbesserungen das wirklich wichtige Ziel sind.

46.3.4 Kontinuität und Konvergenz des TQM-Konzepts – Verfeinerung des Qualitätsprozesses

Hauptmerkmal dieser vierten Phase ist die Konvergenz: Sämtliche Ziele, Maßnahmen und Techniken sollen im Einklang mit der qualitätsorientierten Unternehmensphilosophie stehen. Dazu gehört insbesondere das Handeln der Mitarbeiter. Die Verankerung des Innovationsgedankens in der Organisationsstruktur hat zentralen Stellenwert. Die Prozesse werden noch stärker auf Ideengewinnung und -umsetzung fokussiert. Für jeden Mitarbeiter muss es selbstverständlich sein, sich neben seiner eigentlichen (Tages-)Aufgabe in Projekten an der Weiterentwicklung und Verbesserung des Unternehmens zu beteiligen. Unternehmen, die schon heute zur Qualitätsspitze gehören, wie die Gewinner des Deming Application Prize, des Baldrige Award oder des European Quality Award, geben Mitarbeitern das Gefühl, zu einer besonderen Gemeinschaft zu gehören. Diesen Unternehmen ist es gelungen, ihre Maßnahmen weiter zu verfeinern und sich in ihrer qualitätsorientierten Ausrichtung konsequent an formulierte Leitbilder und Leitlinien zu halten. Zahlreiche Maßnahmen in dieser Phase dienen der Pflege der Unternehmenskultur.

Im Folgenden ist beispielhaft ausgeführt, welche grundsätzlichen Maßnahmen den TQM-Prozess in der Phase der Exzellenz weiter voranbringen können:

- strenges Auswahlverfahren für neue Mitarbeiter auf Basis der qualitätsorientierten Philosophie
- umfassende Schulung neuer Mitarbeiter zum Thema Unternehmensphilosophie; sie werden über Werte, Einstellungen, Normen, Firmengeschichte und -tradition informiert und darauf eingeschworen
- Schulung der eigenen Mitarbeiter auf Spitzenniveau: Unternehmen wie Motorola (Motorola University) oder Merk (Merk Campus) haben eigene Ausbildungsstätten gegründet, die hohe Standards erfüllen.
- möglichst innerbetriebliche Rekrutierung von Führungskräften; anerkanntes Führungskräfteentwicklungsprogramm für Nachwuchskräfte mit internationaler, organisationsweiter Ausrichtung
- Übertragung von Verantwortung auf Teams, auch auf den höheren Hierarchieebenen, bis hin zur vollständi-

VI

gen Teamorganisation mit einem Minimum an Nahtstellen
- Prinzip der Einstimmigkeit bei Entscheidungen
- Flexibilisierung von Arbeitszeiten
- vollständige Koppelung von Gratifikations- und Beförderungskriterien an die qualitätsorientierte Unternehmensphilosophie
- Entwicklung einer firmeneigenen Sprache und Terminologie (wie etwa die Bezeichnung der Mitarbeiter von Carl Edelmann als die „Edelfrauen und Edelmänner"); die Sprache gibt einen Bezugsrahmen und vermittelt das Gefühl, einer besonderen Gemeinschaft anzugehören
- Vermittlung von Erfolgsgeschichten, Anekdoten und Liedern sowie Feiern von Festen, Gelöbnissen u. Ä. zur Stärkung der Bindung an die Firma
- Wettbewerbe und öffentliche Anerkennung von Mitarbeitern, die sich um die Verwirklichung der Unternehmensphilosophie besonders verdient gemacht haben; deutliche Sanktionen, wenn die Unternehmensphilosophie verletzt wird (etwa bei Mettler-Toledo, wenn der für den Kunden zugesagte Liefertermin eines Produkts überschritten wird)
- Gestaltung von Büros und Gebäuden aus dem Blickwinkel der Unternehmensphilosophie mit dem Ziel, Werte und Normen zu verfestigen

Viele dieser Maßnahmen haben präventiven Charakter. Das Führungskräfteentwicklungsprogramm und die streng an den Unternehmenswerten ausgerichtete Auswahl von Mitarbeitern sollen u. a. verhindern, dass ein Führungsvakuum entsteht. Führungskontinuität muss im Rahmen der TQM-Umsetzung unbedingt gewährleistet sein.

Die in TQM-geführten Unternehmen visionär ausgerichtete Unternehmenskultur fördert eine kontinuierliche Weiterentwicklung und ständige Verbesserung. Beide sind zwingend erforderlich, damit Unternehmen in dieser Phase nicht in Stagnation zurückfallen. Beide verstärken sich gegenseitig: je reifer die Qualitätskultur, desto größer der Drang zu Weiterentwicklung, unterstützt durch einen immer effizienter werdenden Verbesserungsprozess. Beschränkungen und Grenzlinien sind aufgehoben bzw. an die Unternehmenskultur angepasst. Der Austausch von Ideen zwischen Mitarbeitern läuft auf Hochtouren. Überall im Unternehmen wird experimentiert und dazugelernt. Fehler aufzudecken und über sie zu sprechen ist ausdrückliche Pflicht eines jeden Mitarbeiters. Der ständige Verbesserungsprozess verläuft praktisch reibungslos. Spitzenunternehmen des TQM bestätigen, dass letztlich allein die Geschwindigkeit des Verbesserungsprozesses über dauerhafte Wettbewerbsvorteile entscheidet.

Literatur

Collins, J. C./Porras, J. I.: Visionary Companies. Visionen im Management. Artemis & Winkler, München 1995

Kamiske, G. F.: Nutzeffekte können nur vermutet werden. In: FAZ, Sonderbeilage Qualität, Nr. 225, 27. September 1994, S. B8

Kamiske, G. F./Brauer, J.-P.: Qualitätsmanagement von A – Z. Wichtige Begriffe des Qualitätsmanagements und ihre Bedeutung. 7. Auflage. Carl Hanser Verlag, München 2011

Kamiske, G. F.: Handbuch QM-Methoden. Die richtige Methode auswählen und erfolgreich umsetzen. 2. Auflage. Carl Hanser Verlag, München 2013

Kostka, C./Mönch A.: Change Management. 7 Methoden für die Gestaltung von Veränderungsprozessen. Carl Hanser Verlag, München, 2009

Kotter, J. P.: Acht Kardinalfehler der Transformation. In: Harvard Business Review, 3/1995. S. 21 – 28

Malorny, C.: TQM umsetzen. 2. Auflage. Schäffer-Poeschel, Stuttgart 1999

Seghezzi, H. G.: Integriertes Management. Das St. Galler Konzept. 2. Auflage. Carl Hanser Verlag, München 2003

Sprenger, R. K.: Mythos Motivation. Wege aus einer Sackgasse. Campus Verlag, Frankfurt a. M. 2005

Aus-, Fort- und Weiterbildung

47.1 Einleitung **1057**

47.2 Ziele der Bildungsmaßnahmen **1057**

47.3 Kompetenz- und Qualifikationsprofile **1058**

47.4 Aus-, Fort- und Weiterbildungsmöglichkeiten **1059**
47.4.1 Berufliche Erstausbildung 1059
47.4.2 Tertiäre berufliche Bildung 1059
47.4.3 Firmenneutrale Lehrgangssysteme 1060
47.4.3.1 Das Lehrgangssystem der Deutschen Gesellschaft für Qualität 1060
47.4.3.2 Weitere Lehrgangssysteme 1061
47.4.3.3 Internationalisierung der Zertifikate 1061
47.4.4 Firmeninterne Weiterbildung 1062

47.5 Durchführung der Weiterbildung **1062**
47.5.1 Strategische Überlegungen 1062
47.5.2 Systematisierung der Weiterbildung 1063
47.5.3 Gestaltung von Bildungsmaßnahmen 1063

47.6 Ausblick **1063**

47

47 Aus-, Fort- und Weiterbildung

Horst Methner

Ein funktionierendes Qualitätsmanagementsystem, das sich an der Qualitätspolitik und den gesteckten Qualitätszielen des Unternehmens, aber auch an den vielfältigen Normen und Vorschriften orientieren soll, ist ohne gut ausgebildetes Personal nicht denkbar. Diese Aussage gilt für Großunternehmen und Konzerne wie für Mittel- und Kleinunternehmen gleichermaßen; insbesondere dann, wenn sie als Zulieferer in das Qualitätsmanagementsystem des Kunden eingebunden sind. Dabei geht es nicht nur um das Personal in den einzelnen Abteilungen des Qualitätsmanagements, sondern um alle Mitarbeiter und Mitarbeiterinnen des Unternehmens; denn für eine möglichst optimale Abwicklung der betrieblichen Prozesse sind alle Betriebsangehörigen verantwortlich.

Diese Aussagen sind branchenunabhängig; sie gelten für den Produktionsbetrieb genauso wie für das Handels- und Dienstleistungsunternehmen, für private und öffentliche Unternehmen und Institutionen.

Wenn Produktqualität und Kundenorientierung zur Unternehmensphilosophie gehören und wenn beide zum strategischen Erfolgsfaktor werden sollen, werden entsprechende Bildungsmaßnahmen zu einer betriebsumspannenden interdisziplinären Aufgabe.

47.1 Einleitung

Es werden zunächst die Gründe aufgezeigt, die gerade im Bereich des Qualitätswesens für eine systematische Aus- und Weiterbildung sprechen. Insbesondere wird auf die international verbindlichen Normen hingewiesen, die im Rahmen eines auf ihnen aufbauenden Qualitätsmanagementsystems eine Personalförderung zwingend vorsehen. Nach einer kurzen Information über den Stand der Berufsbildung im Qualitätswesen auf Facharbeiter-, Fachschul- und Hochschulebene werden die verschiedenen Wege einer zielorientierten Weiterbildung dargestellt. Am Beispiel der Konzeption der Deutschen Gesellschaft für Qualität e. V. (DGQ) werden die verschiedenen Möglichkeiten aufgezeigt: die fach-, sparten- und branchenspezifischen Lehrgänge und Seminare, die dabei erreichbaren Zertifikate und deren Entsprechungen auf europäischer Ebene durch die Richtlinien der Europäischen Organisation für Qualität, EOQ.

Ein weiterer Abschnitt ist der Durchführung von Bildungsmaßnahmen gewidmet, da vielfach Weiterbildungsmaßnahmen in den Unternehmen direkt veranstaltet werden. Es werden Hinweise auf eine erwachsenengerechte, interaktive, handlungsorientierte und multimediale Pädagogik und Didaktik gegeben, mit denen die Weiterbildungstrainer vertraut sein sollten.

Einen Ausblick auf die wahrscheinlichen Entwicklungen im Qualitätswesen soll eine Abschätzung erlauben, welche Themen die Weiterbildung im Qualitätswesen im nächsten Jahrzehnt bestimmen werden.

47.2 Ziele der Bildungsmaßnahmen

Eine den jeweiligen Aufgaben angepasste umfassende Aus-, Fort- und Weiterbildung ist die Grundlage für das Erreichen der folgenden Betriebs- bzw. Unternehmensziele:

- *Einhalten von Vorschriften und Normen*
  Normenwerke zum Aufbau, zur Darlegung und Zertifizierung von Qualitätsmanagementsystemen enthalten unter dem Thema „Personalressourcen" auch Hinweise über die Qualifikation des Personals (DIN EN ISO 9001: 2008-12, ISO 9004:2009-12). Schulungsmaßnahmen werden empfohlen oder verbindlich vorgeschrieben. Ein Qualitätsmanagementsystem, das auf diesen Normen aufbaut, hat damit auch einen entsprechenden Ausbildungsstand des Personals sicherzustellen. Strebt das Unternehmen ein Zertifizierungsverfahren an, sind Maßnahmen zur Personalförderung im Auditierungsverfahren und den folgenden Wiederholungsaudits nachzuweisen (siehe auch Kap. 10.2).
- *Erhalten bzw. Steigern der Produktqualität und der Produktivität des Unternehmens*
  Ein von sachkundigen und kompetenten Mitarbeitern getragenes Qualitätsmanagement ist ein wesentlicher Faktor bei der Erhaltung bzw. Steigerung der Produktivität. Ein „lebendes" Qualitätsmanagement liefert u. a. Anhaltspunkte zum Einsatz verbesserter oder neuer Fertigungsprozesse, zur Erhöhung der Flexibilität der Fertigung, zur Optimierung betrieblicher Prozesse, zur Reduzierung von Gewährleistungskosten, zur Erhöhung der Termintreue und zur Verkürzung der Entwicklungszeiten neuer Produkte (Time to Market). Insbesondere ist es eine wesentliche Akquisitionshilfe für das Marketing zum Erhalt oder Aufbau eines Firmen-, Produkt- oder Markenimage. In sinngemäßer Umsetzung gelten diese Aussagen nicht nur für den Produktionsbetrieb, sondern auch für Dienstleitungsunternehmen und öffentliche Verwaltungsorganisationen, wie z. B. die öffentliche Verwaltung, das Hochschulwesen, das Gesundheitswesen usw.
- *Sichern der Kundennähe*
  In einem enger werdenden Markt zählen Kundennähe und Kundenzufriedenheit zu den wichtigsten Erfolgsfaktoren, die u. a. nur durch ein geschultes, kundenorientiertes Personal zu erreichen sind. Nicht von ungefähr ist in den Kriterien der verschiedenen Qualitätspreise (z. B. EFQM oder LEP) der Faktor „Mitarbeiter" Bestandteil der Unternehmensbewertung (siehe auch Kap. 2.4.3 und Kap. 9.2.1).
- *Schaffen einer günstigen Position bei Produkthaftungsfällen*
  Rückrufaktionen und gegebenenfalls Produkthaftungsprozesse können für ein Unternehmen existenziell gefährlich werden. Denn an die Produkthaftung reihen sich nicht nur strafrechtliche und öffentlich-rechtliche, sondern auch zivilrechtliche, d. h. finanzielle Ansprüche an; von den Markteinbußen durch Imageschäden ganz abgesehen (ProdGS). Bei der Urteilsfindung in Produkthaftpflichtprozessen ist die Frage nach der Befähigung des Personals oftmals ausschlaggebend. Denn trotz ordnungsgemäßer technischer Bedingungen (State of the Art!) geht die Haftung für den eingetretenen Schaden dann zu Lasten des Unternehmens, wenn es die fehlende Befähigung des Personals gekannt hat oder hätte erkennen müssen. Die fehlende Befähigung kann sich ausdrücken in einer Diskrepanz zwischen Kompetenz- und Qualifikationsprofil (Qualifikationshöhe der Berufsbildung) oder in einer fehlenden Eignung, die

VI

in einer nicht qualifizierten bzw. untauglichen Ausbildung (Quantität und Qualität der Ausbildung) begründet sein kann. Nach § 831 BGB tritt diese Ersatzpflicht nicht ein, wenn das Unternehmen nachweisen kann, dass das beschäftigte Personal richtig ausgesucht, angeleitet und überwacht wurde. Im Rahmen der europäischen Rechtsnormen wurde diese Verfahrenssituation noch verschärft. Und die Rechtsauffassung in den USA in Fragen der Produkthaftung ist bekannt. Die hohe und steigende Zahl der Rückrufaktionen drückt die Sorge der Unternehmen aus, in derartige Verfahren verwickelt zu werden und gegebenenfalls zu unterliegen (siehe auch Kap. 8.2 und Kap. 36.1).

- *Sicherstellen einer effizienten Personalförderung*
  Ständige Weiterbildung ist unter den Bedingungen des modernen Personalmanagements zu einem wesentlichen Führungsinstrument und damit zu einer Bedingung erfolgreicher Unternehmensentwicklung geworden. Ferner ist Weiterbildung eine der Voraussetzungen zur Erhöhung der Flexibilität internen Personaleinsatzes und zur Firmenbindung des Fachpersonals.
- *Verbesserung der individuellen Arbeitsplatzsicherheit*
  Auch aus Sicht des einzelnen Arbeitnehmers ist der Nachweis gezielter Weiterbildung ein wichtiges Argument für Erhalt oder Gewinnung eines Arbeitsplatzes. Gerade die Weiterbildung im Bereich des Qualitätswesens hat sich in den letzten Jahren als erfolgreicher Weiterbildungssektor erwiesen, z. B. bei individuellen Umschulungen oder bei der Qualifizierung in Beschäftigungsgesellschaften. Es handelt sich dabei um Maßnahmen, die teilweise auch von der Agentur für Arbeit gefördert werden.

Diese Ziele und ihre Begründungen sind eine ausreichende Legitimation für eine intensive und vor allem systematische Aus-, Fort- und Weiterbildung und sicherlich auch eine stichhaltige Begründung für ihre nicht unerheblichen Aufwendungen (QZ 2013).

47.3 Kompetenz- und Qualifikationsprofile

VI

In der *Competence Specification* der Europäischen Organisation für Qualität (EOQ CoS 9000) haben sich die 32 europäischen Vollmitglieder auf folgende Begriffsdefinitionen geeinigt:

- *Kompetenzen* als nachzuweisende Fähigkeit *(ability)*, bestehend aus Wissen *(knowledge)*, praktischen Fachkenntnissen *(skills)* und persönlichen Eigenschaften *(personal attributes)*.
- *Qualifikationen* als individueller Nachweis dieser Fähigkeit

Die Kompetenzen sind im sogenannten *Certification Scheme* inhaltlich definiert und je nach Tätigkeitsfeld taxonomiert. Abbildung 47.1 zeigt einen Ausschnitt aus diesem Schema. Die taxonomischen Bewertungskriterien sind in Tabelle 47.1 enthalten.

Tab. 47.1 Taxonomie nach EOQ CoS 9000

Taxonomiestufe *(taxonomy level)*	Definition *(definition)*
A	verstehen und erklären *(to understand, to explain)*
B	auswählen und anwenden *(to indicate, to apply)*
C	ausarbeiten, Schlüsse ziehen und entwickeln *(to elaborate, to interpret)*

Im Idealfall erfüllt der Mitarbeiter die von den Funktionen und Aufgaben des Arbeitsplatzes bestimmten erforderlichen Kompetenzen. Um sich diesem Idealzustand anzunähern, ist es notwendig,

- die erforderlichen Kompetenzprofile im Qualitätsplan des Unternehmens festzuschreiben.
- das Personal für diese Anforderungen auszusuchen.
- die bestehenden Diskrepanzen durch Bildungsmaßnahmen auszugleichen.
- die sich durch Innovationen ergebenden Veränderungen in den Kompetenzen durch Weiterbildungsmaßnahmen aufzufangen.

Die Erhebung eines Kompetenzsprofils und seine Umsetzung in ein Qualifikationsprofil ist eine schwierige und komplexe Aufgabe, die in den Unternehmen wegen des hohen Aufwandes vielfach unterbleibt. Trotzdem bleibt die Forderung nach einer integralen Kompetenzbeschreibung bestehen. Das gilt für den operativ arbeitenden Mitarbeiter, der z. B. einen Qualitätszirkel leiten oder Selbstprüfungen durchführen muss genauso wie für das Mittel- und Top-Management.

	Topic	QMT	QMS
1	**Quality management**		
1.1	Basic management principles • Decision making • Planning • Organising • Human resources • Reviewing	A	B
1.2	Standards: (ISO 9000, ISO 9001, ISO 9004	B	C
1.3	Quality management principles • Importance of systematic quality approach • Use of management principles • The role of quality managers	A	C
3	**Process management principles**		
	• Process identification • Process planning • Process management • Process measurement and improvement	B	C

Abb. 47.1
Qualifikationskriterien nach EOQ CoS 9000 (Auszug)

47.4 Aus-, Fort- und Weiterbildungsmöglichkeiten

47.4.1 Berufliche Erstausbildung

Obwohl Qualitätswesen und Qualitätsmanagement inzwischen zu stehenden Begriffen und festen betrieblichen Funktionen geworden sind, ist es bislang nicht gelungen, allgemeine staatliche oder länderbezogene Beruferegelungen im Qualitätswesen durchzusetzen. Zwar sind Lernziele des Qualitätswesens heute Bestandteile einiger Curricula in der beruflichen Erstausbildung auf Lehrberufsebene; aber eigenständige Berufe des Qualitätswesens wurden im Rahmen der Berufeneuordnung nicht geschaffen. Im Gegensatz dazu wurde die Möglichkeit einer Berufsausbildung im Qualitätswesen als eine Chance im Bereich der Umschulung und der beruflichen Rehabilitation erkannt und aufgegriffen. Seit 1970 wurden etliche Tausend Personen nach den §§ 47 und 48 BBiG im Berufsbild „Qualitätsprüfer“ bzw. nach Länderregelungen als Aufstiegsfortbildung zum „Qualitätstechniker“ ausgebildet und in Industrie und Wirtschaft erfolgreich integriert.

47.4.2 Tertiäre berufliche Bildung

Studiengänge an Hochschulen mit einschlägigem Abschluss im Qualitätswesen gibt es bis heute nicht.
Lediglich einzelne Fächer oder Studienschwerpunkte – gegebenenfalls mit entsprechender Zertifikatsarbeit – haben sich an einzelnen Hochschulen oder Fachbereichen bzw. Instituten etabliert. Um eine inhaltlich verbindliche und vor allem zertifizierbare Basis zu haben, lehnen sich diese Studienangebote weitgehend an das Lehrgangssystem der Deutschen Gesellschaft für Qualität e. V. (DGQ) oder an das *Competence Scheme* der Europäischen Organisation für Qualität (EOQ) an (siehe Kap. 47.3). Zwei seit einigen Jahren eingeführte und erfolgreiche Bildungsangebote auf Hochschulebene sind das „Weiterbildungsprogramm durch Fernstudien“ der Hochschule Berlin (Fachhochschule) oder anderer Veranstalter und das Programm zur Erlangung des Zertifikats „DGQ Qualitätsmanager/in Junior“, auf das sich inzwischen Studienbereiche aus 13 Hochschulen (Stand: 2013) verständigt haben.
Eine Öffnung für das Qualitätswesen im tertiären Bildungsbereich werden sicher die neuen Studienabschlüsse – insbesondere der Studiengang mit „Master“-Zertifikat – bringen. Die dazu zwingend notwendige Modularisierung

VI

der Studieninhalte kommt diesen Bestrebungen entgegen, zumal der Masterstudiengang von seiner Struktur her überwiegend als wissenschaftlicher, themenbezogener Aufbaustudiengang angelegt ist. Es könnte daher in Zukunft durchaus eine Abschlussbezeichnung „Master of Quality Management“ geben.
Eine neue Studienmöglichkeit ist das Kontaktstudium zum „Master of Arts, M.A.“, das die Hochschule Heidelberg in Zusammenarbeit mit der DGQ anbietet.

47.4.3 Firmenneutrale Lehrgangssysteme

47.4.3.1 Das Lehrgangssystem der Deutschen Gesellschaft für Qualität

Als Beispiel eines firmenneutralen Lehrgangs- und Zertifizierungssystems wird exemplarisch das der Deutschen Gesellschaft für Qualität e.V. (DGQ) vorgestellt (DGQ 2013). Dieses System umfasst nicht allein das Qualitätsmanagement im engeren Sinne, sondern auch andere Felder und Branchen wie die Umwelttechnik, die Gesundheitswirtschaft, die Arbeitssicherheit (Occupational Health and Safety Management, OHS), die Messtechnik, Automotive, Six Sigma etc. Die DGQ ist auch der deutsche Vertreter bei der European Organization for Quality (EOQ). Sie ist damit verantwortlich für die Erteilung der EOQ-Zertifikate, die bei Besitz äquivalenter deutscher Zertifikate von der EOQ vergeben werden (siehe Kap. 47.4.3.3). Die DGQ und ihre akkreditierte Personalzertifizierung (DIN EN ISO/IEC 17024:2012-10) bietet ihre Bildungsleistungen nicht nur in der Bundesrepublik, sondern auch in europäischen und außereuropäischen Ländern an; meistens in Kooperation mit der Industrie, den dortigen Qualitätsgesellschaften und gegebenenfalls staatlichen Institutionen.
Das Lehrgangssystem der DGQ ist nach folgenden Prinzipien aufgebaut:

- Einzellehrgänge über spezifische Themen werden zu funktionalen Lehrgangsblöcken zusammengefasst.
- Alle Lehrgangsblöcke schließen mit einer Prüfung und Zertifikatsvergabe ab (Tab. 47.2). Die mündlich-praktischen Prüfungen werden als Präsentationsprüfung, Gruppenmoderation und/oder Simulation handlungsorientiert gestaltet. Das theoretische Wissen wird schriftlich durch Multiple-Choice-Fragen abgerufen. Die Gültigkeit des Zertifikats kann zeitlich befristet sein.
- Die fachliche Relevanz der Lehrgangsinhalte werden über Lernziele definiert, aus denen von Fachleuten das Kursbegleitmaterial entwickelt wird. Für jeden Lehrgangsblock mit Zertifikatsabschluss existiert ein Zertifikatsprogramm.
- Der fachdidaktische Ansatz besteht darin, vornehmlich Methoden und Verfahren sowie den Normenbezug (9000-Familie) so zu vermitteln, dass die Inhalte weitgehend branchenneutral gehalten sind. Durch spezifische Beispiele können sie an praktisch alle Branchen und Sparten der Industrie- und Dienstleistungsunternehmen angepasst werden (siehe oben).
- Das Lehrgangssystem wird ständig validiert und evaluiert, um eine Anpassung an die technischen, organisatorischen und normenbedingten Entwicklungen zu gewährleisten.
- Zur Sicherung der Lehrgangs- und Prüfungsqualität werden die Lehrgangsdozenten geschult und die Prüfer einem Monitoring unterzogen.
- Optionale Vertiefungslehrgänge, Seminare, Workshops und Camps flankieren den jeweiligen Lehrgangsblock.

Tab. 47.2 Zertifikate im DGQ-Lehrgangssystem (Auswahl)

Lehrgangsblock	Zertifikate
Qualitätssicherung	DGQ-Qualitätsfachkraft DGQ-Qualitätsassistent Technik DGQ-Qualitätsbeauftragter Qualitätssicherung
Qualitätsmanagement	DGQ-Qualitätsbeauftragter und interner Auditor DGQ-Qualitätsmanager DGQ-Auditor Qualität DGQ-Lead Auditor Qualität
Statistische Methoden	DGQ-Statistiker
Messtechnik	DGQ-Messtechniker DGQ-Koordinatenmesstechniker 3D-plus
Umweltmanagement	DGQ-Umweltmanagementbeauftragter DGQ-Umweltmanager/Umweltbetriebsprüfer DGQ-Auditor Umwelt

Das Lehrgangssystem der DGQ besteht derzeit aus 14 verschiedenen Blöcken mit 36 möglichen Abschlüssen. Einen Ausschnitt aus dem System zeigt Abbildung 47.2, in der der Block „Q-Management“ exemplarisch dargestellt ist.
Die Lehrgänge bzw. die Prüfungen werden von der DGQ bundesweit an verschiedenen Orten und zu verschiedenen Zeiten durchgeführt. Die Prüfungen unterliegen einer Prüfungs- und Zertifizierungsordnung (DGQ 2013) mit prüfungsspezifischen Durchführungsbestimmungen, deren jeweils gültiger Stand im Internet unter *http://www.dgq.de* hinterlegt ist. Zur Förderung des Qualitätsgedankens in allen Bereichen gestattet die DGQ, dass eine große Zahl der Lehrgänge bzw. Lehrgangsblöcke gegen entsprechende Lizenz von Unternehmen in deren Eigenverantwortung oder als Inhouse-Veranstaltung durchgeführt werden kann. Die Prüfungen und die Zertifikatsvergabe bleiben jedoch der Personalzertifizierung der DGQ vorbehalten.

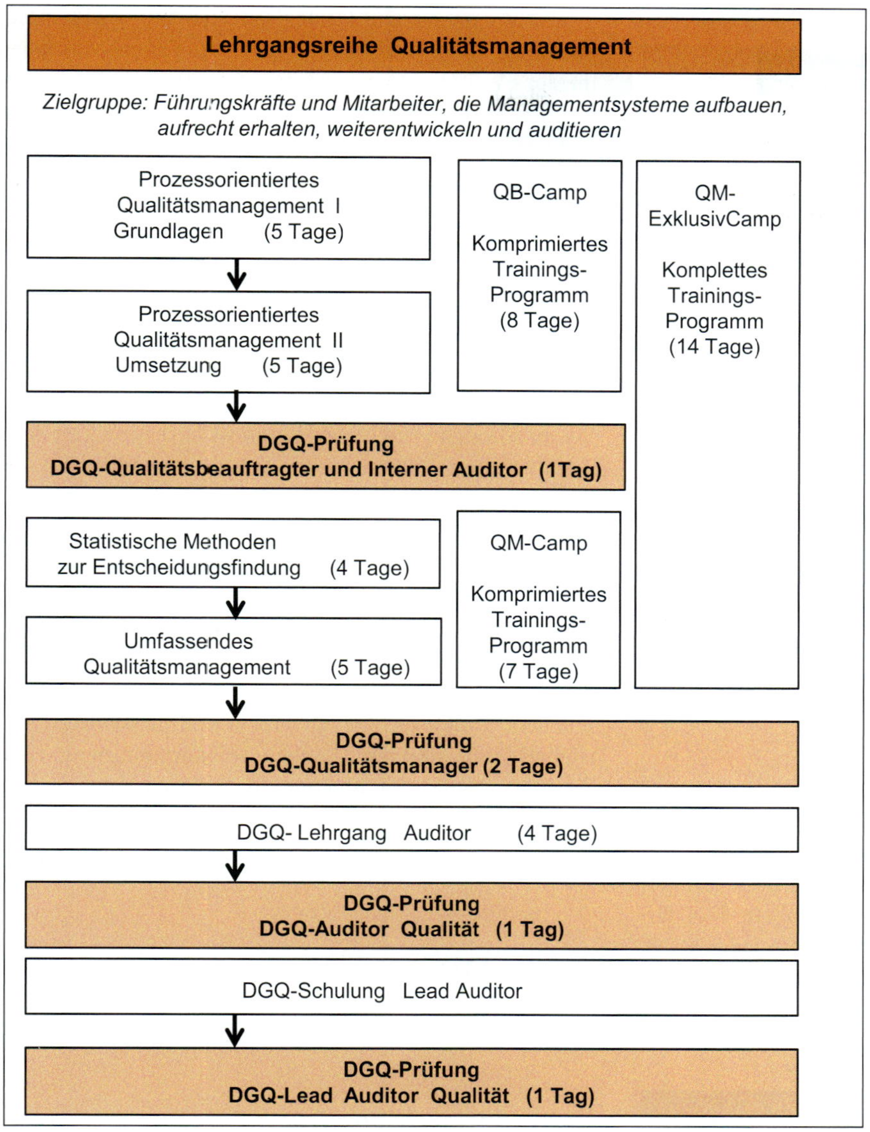

Abb. 47.2
DGQ-Block Qualitätsmanagement (Auszug)

47.4.3.2 Weitere Lehrgangssysteme

Neben der DGQ gibt es weitere Anbieter entsprechender Lehrgänge bzw. Lehrgangssysteme so u.a. der TÜV, die Akademie des VDA, REFA, die Technischen Akademien, Technologietransferzentren sowie private Consulting-Firmen und einschlägige Softwarehäuser. Im deutschsprachigen Raum werden Lehrgangssysteme, die dem der DGQ ähneln, angeboten von der Schweizerischen Arbeitsgemeinschaft zur Qualitätsförderung (SAQ) bzw. von der Quality Austria in Österreich.

Während einerseits die Entwicklung des Qualitätsmanagements zu einer umfassenden und betriebsumspannenden Sparte zu beobachten ist, nimmt man andererseits eine Spezialisierung in konkreten Einzelthematiken wahr. Das führt neben den genannten Regelsystemen zu Entwicklung und Angebot spezifischer Einzellehrgänge; oftmals als Seminar oder Seminarfolge konzipiert. Eine Auswahl aktueller Einzelthemen ist in Tabelle 47.3 dargestellt.

47.4.3.3 Internationalisierung der Zertifikate

Die internationale Akzeptanz der ISO- und EN-Normenwerke und die darauf aufbauenden Forderungen zur Personalzertifizierung waren Anlass zur Entwicklung von Qualifikationsprofilen durch die EOQ. Diese Profile, die im sogenannten *Certification Scheme* (EOQ 2009) dargelegt sind, sollen zu Folgendem beitragen:

- Harmonisierung der nationalen Weiterbildungskonzepte
- Standardisierung der daraufhin erteilten Zertifikate im europäischen Raum

Tab. 47.3 Schwerpunktthemen im Seminarbereich (Auswahl)

Gebiet	Thema
Kommunikation	■ Visualisieren, Präsentieren, Moderieren ■ Gesprächsführung und Argumentation ■ Change Management
Qualitäts-management	■ Lean Management ■ Prozessoptimierung, Prozess-Excellence ■ Lieferantenmanagement ■ Kennzahlsysteme ■ Qualitätssicherungsvereinbarungen ■ Quality Function Deployment (QFD) ■ Produkthaftung ■ Lieferantenmanagement ■ Audit und Wertschöpfung
Automotive	■ Automotive-Methoden nach ISO/TS 16949 ■ Prozessaudit nach VDA 6.3 ■ Advanced Product Quality Planning (APQP) ■ 8D-Report ■ Lasten- und Pflichtenheft
Risikomanagement	■ FMEA ■ Produkthaftung ■ Effektives Risikomanagement ■ Quality Gates ■ Compliance Management
Six Sigma	■ Green Belt Training ■ Black Belt Training

Bezogen auf das Lehrgangssystem der DGQ bestehen Zertifikatanalogien, wie sie auszugsweise in Tabelle 47.4 dargestellt sind. Mit dem Erwerb des entsprechenden DGQ-Zertikats kann die DGQ auf Antrag das korrespondierende EOQ-Zertifikat ausstellen.

Tab. 47.4 Zertifikatsentsprechungen DGQ – EOQ

Zertifikate des DGQ-Lehrgangssystems	Zertifikate nach den EOQ-Richtlinien
DGQ-Qualitätsfachkraft DGQ-Qualitätsassistent Technik DGQ-Qualitätsbeauftragter/Interner Auditor DGQ-Qualitätsmanager DGQ-Auditor Qualität Umweltmanager/Umweltbeauftragter DGQ-Auditor Umwelt	EOQ Quality Operator EOQ Quality Assistant EOQ Quality Management Technician EOQ Quality Systems Manager EOQ Quality Auditor EOQ Environmental Systems Manager EOQ Environmental Systems Auditor

47.4.4 Firmeninterne Weiterbildung

VI

Die Bereitschaft zur Weiterbildung beim Personal und die Einsicht in die Notwendigkeit für den Betrieb sind heute vorhanden, was sich z. B. in vielfältigen Formen innerbetrieblicher Vereinbarungen und Abschlüssen der Tarifparteien ausdrückt. Da insbesondere der Weiterbildung im Qualitätswesen eine strategische Bedeutung zukommt, haben vor allem Großunternehmen ein eigenes, betriebsinternes Weiterbildungssystem aufgebaut; und zwar nicht nur aus Kostengründen, sondern auch aus Gründen der Sicherung eines konzernweit homogenen Qualitätswesens. Bedingt durch firmenspezifische Belange sind diese Systeme unterschiedlich strukturiert. Sie lehnen sich jedoch meistens inhaltlich so an das DGQ-System an, dass die jeweiligen Endqualifikationen der DGQ-Zertifikate erreicht werden. In Fällen betriebsinterner Weiterbildung wird das Unternehmen auch eigene Trainer bzw. Multiplikatoren einsetzen. Klein- und Mittelbetriebe werden dagegen mehr auf die o. g. Lehrgangsangebote oder auf Inhouse-Veranstaltungen durch die Lehrgangsträger zurückgreifen. Ansätze einer computerunterstützten Weiterbildung im Betrieb mit eigenen oder mit auf dem Markt befindlichen Softwaresystemen (eLearning) sind ebenfalls vorhanden. Der Schwerpunkt betriebsinterner Weiterbildung im Qualitätswesen liegt auf der Qualifizierung des Personals der unteren operativen Ebene; Grundlagenwissen zum Qualitätsmanagement, Prüftechnik und die einfachen Werkzeuge zur Qualitätssteuerung sind die vorherrschenden Themen. In den oberen operativen und dispositiven Betriebsebenen sind es Themen der normenorientierten Qualitätsorganisation und des Qualitätsmanagements sowie der Auditierung.

47.5 Durchführung der Weiterbildung

47.5.1 Strategische Überlegungen

Erfahrungen aus Analysen des Weiterbildungsbedarfs haben gezeigt, dass erfolgreiche strategische Konzepte zur Personalförderung u. a. folgende Eckpunkte beachten:

- den Wandel im Bildungsverständnis innerhalb einer lernenden Gesellschaft, innerhalb eines lernenden Betriebes
- die sich ändernden Anforderungen an ein funktionales und funktionierendes Qualitätsmanagement
- die Bedingungen einer strengen Bildungsökonomie
- die Bedingungen einer effektiven und effizienten Personalförderung
- die Eigenschaften einer innerbetrieblichen Kommunikationskultur.

In der Art und Weise, wie ein Unternehmen gerade die Weiterbildung im Bereich des Qualitätswesens organisiert und umsetzt, wird etwas spürbar von der Qualitätsphilosophie, die in diesem Unternehmen herrscht und wie sie von der „Oberen Leitung" top-down vertreten wird (siehe auch Kap. 1.2 und Kap. 46.2).

47.5.2 Systematisierung der Weiterbildung

Eine systemische und systematische Weiterbildung sollte folgende Planungs-, Umsetzungs- und Controllingelemente enthalten:

- Erfassen des Weiterbildungsbedarfs auf der Basis einer Zieldefinition
- Erstellen eines konkreten Weiterbildungsplans, bestehend aus den geplanten Maßnahmen und den für diese Maßnahmen vorgesehenen Mitarbeitern
- Abschätzen des erforderlichen Zeitaufwands und der benötigten Finanzmittel
- Erstellen eines Realisierungskonzepts
- Einführen eines Ergebnis- und Erfolgscontrollings
- Auswerten der Erfahrungen und Aufbau einer prospektiven qualitativen und quantitativen Bedarfsschätzung unter Beachtung einer validen Dokumentation

Die hier beschriebene Vorgehensweise ist heute Teil eines betrieblichen Wissens- und Informationsmanagements, einer Komponente in der Unternehmensführung, die zunehmend an Bedeutung gewinnt (Krämer 2007, Maier 2008 sowie Kap. 13.5).

47.5.3 Gestaltung von Bildungsmaßnahmen

Bei der Gestaltung von Bildungsmaßnahmen sind die modernen Erkenntnisse der Erwachsenenpädagogik zu berücksichtigen (Aebli 2011). Folgende Hinweise sollen Anregungen für die Trainer, Moderatoren und gegebenenfalls Prüfer in den Bildungsmaßnahmen sein:

- Methodenvielfalt in der Gestaltung erhöht die Aufmerksamkeit und Motivation des Lerners; allerdings unter Beachtung einer lernstoffgerechten Auswahl der Methoden. Zur Verfügung stehen z.B. Gruppenarbeit, Planspiele, Rollenspiele, Metaplantechniken, Scenario-Techniken, Infomärkte, Kreativitätsübungen, Simulationen usw. (Knoll 2003).
- Adressatengerechte Präsentationen, insbesondere der Einsatz von Bildern als Informationsträger und von Aktionen, bei denen der Teilnehmer selbst handlungsorientiert in den Lehrprozess einbezogen wird, verbessern beim Teilnehmer die Lern- und Merkfähigkeit (Diemer 2002, Seifert 2011).
- Variationen beim Medieneinsatz bieten neue Möglichkeiten in der Didaktik, wobei ein sinnvoller Medienmix aus der großen Palette verfügbarer Medien anzustreben ist. Diese Palette reicht von der Projektionsfolie oder -kamera, einem Flipchart, einer Pinnwand oder einem einfachen oder rechnergekoppelten Whiteboard über den Laptop mit oder ohne Beamer bis zu den interessanten Möglichkeiten des Internets (Stickel-Wolf et al. 2010).
- Besondere Bedeutung ist der Gestaltung der Prüfung beizumessen. In ihrer Form und Art muss sie es gestatten, dass die entsprechenden Qualifikationen auch nachgewiesen werden können. Ferner hat sie sich am Personenkreis – in der Regel Erwachsene – auszurichten.
- Der Erfolg, d.h. die Zufriedenheit der Teilnehmer mit der Bildungsmaßnahme hängt nicht unwesentlich ab von einer professionellen Organisation und Durchführung. Das beginnt mit so trivialen Dingen wie einer reibungslosen Registrierung, einer kurzen und doch umfassenden Information, einer als angenehm empfundenen Raumgestaltung etc. und endet beim situativen Verhalten des Trainers bzw. gegebenenfalls des Prüfers.

Die berechtigte Forderung der Teilnehmer an die Qualität der Bildungsmaßnahme macht eine Qualifizierung und Vorbereitung der Trainer notwendig (Birkenbihl 2005). Das gilt nicht nur, aber im besonderen Maße für die Trainer in den Management- und Auditlehrgängen. Denn sie sind die Vorbilder für das Personal, das genau diese Qualifikationen in ihren Unternehmen später ausüben soll. Dabei ist für dieses Personal zu beachten, dass zur erfolgreichen Ausübung dieser Kompetenzen eine gewisse Routine gehört, die z.B. durch eine ständige einschlägige Tätigkeit und/oder durch Wiederholungskurse *(refreshings, upgrades)* erworben werden kann.

47.6 Ausblick

Um mittel- bis langfristig Weiterbildung planen zu können, wäre eine valide Prognose der Entwicklungen im Qualitätswesen für die Unternehmen und die Anbieter von Weiterbildungsmaßnahmen gleichermaßen erforderlich. Das ist jedoch nur bedingt möglich. Die einzige wirksame Strategie, auf schnelle und unerwartete Entwicklungen reagieren zu können, ist, eine ständige Aufmerksamkeit zu entwickeln und die Voraussetzungen für flexible Reaktionen zu schaffen.

Dennoch können aus heutiger Sicht einige Rahmenbedingungen prognostiziert werden, die zwar nicht eine Vorhersage im Detail zulassen, aber die Entwicklungen der nächsten Jahre wenigstens prognostisch eingrenzen können. Zu diesen Rahmenbedingungen gehören u.a.:

VI

- Die statistischen Methoden sind abgesichert. Grundlegende Neuerungen auf diesem Gebiet mit Einfluss auf die betriebliche Praxis sind nicht zu erwarten. Wohl aber ist festzustellen, dass gerade statistische Methoden deutlich erkennbar wieder an Bedeutung zunehmen.
- Das Kommen und Gehen neuer oder scheinbar neuer Qualitätsphilosophien ist abzusehen, ohne dass sich daraus wesentliche Änderungen für das Qualitätsmanagement ergeben werden.
- Das Qualitätswesen erlebt derzeit eine Generalisierung. Seine Inhalte werden weitgehend zu Meta-Qualifikationen. Das bedeutet, dass die bisherige Professionalisierung des Qualitätswesens als eigenständige Disziplin sich verlangsamen wird, dass sich andererseits jedoch notwendige qualitätsorientierte Fähigkeiten in vielen oder gar allen Disziplinen sich ausbreiten werden. Ein entsprechender Weiterbildungsbedarf ist daher abzusehen.
- Ökologische Fragen, ganz besonders die Frage nach der Nachhaltigkeit von Entscheidungen und Handlungen, treten gleichberechtigt neben das genuine Qualitätsmanagement. Zusammen mit Fragen der Arbeitssicherheit bilden sie einen integrierten Bestandteil des Unternehmensmanagements.
- Der Einsatz von CAQ-Systemen als integrierte Systeme in Prozessabläufen und damit eine weitere Apersonalisierung in der Operative wird zunehmen.
- Die Konzentration des Qualitätsmanagements auf die Optimierung der Prozesse (Engineering und Re-engineering) wird zur zentralen Aufgabe. Das Streben nach Prozessexzellenz und damit nach Exzellenz ganz allgemein wird weiter zunehmen.
- Die verstärkte Einführung von Methoden und Maßnahmen für ein effektives Kosten- und Erfolgscontrolling wird weiter Platz greifen.
- Die Internationalisierung des Qualitätsmanagements ist bedingt durch die Globalisierung der Märkte nicht aufzuhalten. Damit gewinnen die internationalen Normenwerke weiter an Bedeutung, zumindest so lange, wie eine Grenze der Umsetzbarkeit nicht überschritten wird.
- Kundennähe und damit Kundenzufriedenheit wird immer mehr zum zentralen Unternehmensthema, weil nicht zuletzt davon der zukünftige Erfolg des Unternehmens abhängt. Innovation und Qualität sind dafür die entscheidenden Eckpunkte.
- Die Beschäftigung mit dem Risiko, d.h. mit Risikoabschätzung, Risikoprognose und Restrisiko, wird die Unternehmen immer häufiger beschäftigen.
- Die Anwendung qualitätsorientierter Verfahren und Methoden bei der Planung und Abwicklung von Großprojekten wird zukünftig zur Voraussetzung werden.

Themen zu diesen Fragen sind bzw. werden sicherlich Gegenstand von Weiterbildungslehrgängen oder -seminaren werden. Ob diese Entwicklungen als Herausforderung gesehen und ob bzw. wie sie wahrgenommen werden, hängt davon ab, ob die Unternehmen und deren Mitarbeiter Aus- und Weiterbildung als eine verpflichtende Notwendigkeit zur existenziellen Sicherung erkennen.

Literatur

Aebli, H.: Grundformen des Lehrens. 14. Auflage. Verlag Klett-Cotta, Stuttgart 2011

BAS/BIBB (Bundesministerium für Arbeit und Soziales): Die anerkannten Ausbildungsberufe. Berlin, Stand: 01.08.2012

BBiG – Berufsbildungsgesetz der BRD

Birkenbihl, M.: Train the Trainer. 18. Auflage. mi-Fachverlag/Redline 2005

DAkkS – Deutsche Akkreditierungsgesellschaft (*www.dakks.de*)

DGQ – Deutsche Gesellschaft für Qualität (*www.dgq.de*)

DGQ (Deutsche Gesellschaft für Qualität): Weiterbildungsprogramm. Frankfurt a. M. 2013

DGQ (Deutsche Gesellschaft für Qualität): Zertifizierungs- und Prüfungsordnung (ZPO). Frankfurt a. M., Stand 2013

Diemer v., R.: Memory Moderation. DGQ-Bd. 15 – 51. Beuth Verlag, Berlin 2002

DIN EN ISO 9001:2008-12

DIN EN ISO 9004:2009-12

DIN EN ISO/IEC 17024:2012-10

DIN ISO 19011:2011-12

EFQM – European Foundation for Quality Management (*www.efqm.org*)

EFQM (European Foundation for Quality Management): Die Grundkonzepte der EFQM. EFQM Publications, Brüssel

EOQ – European Organisation for Quality (*www.eoq.org*)

EOQ (European Organisation for Quality): EOQ Certification Scheme – EOQ CS 9000. Brüssel 2009

EOQ (European Organisation for Quality): Requirements – EOQ CoS 9000. Brüssel 2009

IPC (International Personnel Certification Association): Framework 2010

Knoll, J.: Kurs- und Seminarmethoden. 10. Auflage. Beltz Verlag, Weinheim 2003

Krämer, M.: Grundlagen und Praxis der Personalentwicklung. Verlag Vandenhoek und Ruprecht, Göttingen 2007

Meier, R.: Bildungscontrolling. Gabal-Verlag, Offenbach 2008

ProdGS – Produktsicherheitsgesetz der BRD (Stand: 2011)

Quality Austria (*www.qualityaustria.com*)

QZ – Qualität und Zuverlässigkeit: Organ der Deutschen Gesellschaft für Qualität und der Quality Austria. Hanser Verlag, München

QZ – Qualität und Zuverlässigkeit: Karriere und Berufsberatung (*www. qz-online.de/karriereberatung*)

QZ – Qualität und Zuverlässigkeit: Weiterbildungsbarometer. Jhrg. 58/2013, Nr. 4.

SAQ – Swiss Association for Quality (*www.saq.ch*)

Seifert, J. W.: Visualisieren, Präsentieren, Moderieren. 30. Auflage. Gabal-Verlag, Offenbach 2011

Stickel-Wolf, C./Wolf, J.: Lerntechniken. 6. Auflage. Gabler-Verlag, Wiesbaden 2010

TÜV (Technischer Überwachungsverein): Weiterbildungsprogramm 2013

VDA (Verein der Deutschen Automobilindustrie): Weiterbildungsprogramm 2013

VI

Qualitätsmanagement und Motivation

48.1 Ausgangssituation 1069

48.2 Implikationen für die Praxis 1070

48.3 Motivation 1071

48.4 Motivationstheorien 1072
48.4.1 Bedürfnistheorie von Maslow 1072
48.4.2 Zwei-Faktoren-Theorie von Herzberg 1072
48.4.3 XY-Theorie von McGregor 1073
48.4.4 Fazit zu den Motivationstheorien 1073

48.5 Motivation und Qualitätsmanagementsysteme 1073

48.6 Umgang mit diesen Erkenntnissen in der Praxis 1075

48.7 Fazit 1076

48

48 Qualitätsmanagement und Motivation

Helmut Lieb

Wenn Qualitätsmanagement und Motivation im Zusammenhang betrachtet werden, wird dies häufig als Kombination zweier „per Natur" gegensätzlicher Themenbereiche aufgefasst. QM-Systeme sind in der Praxis oft mit dem Stereotyp konfrontiert, lästige, eher realitätsferne Dokumentationsgebilde zu sein. Man betrachtet sie oft nicht als motivationsfördernde Führungsinstrumente oder als Leitplanken bzw. Hilfsmittel zum Leiten und Lenken eines Unternehmens.

Das vorliegende Kapitel möchte diesem Stereotyp entgegentreten und, ausgehend von der in der Praxis vorzufindenden Ist-Situation, herleiten, warum QM-Systeme ihr Dasein keineswegs in dieser vorurteilsbehafteten Nische fristen müssen und durchaus die Rolle motivationsfördernder Gestaltungsmechanismen einnehmen können. Anhand von drei Theorien werden exemplarisch der Charakter sowie die relevanten Einflussgrößen menschlicher Motivation nähergebracht und deren Wirkmechanismen im Unternehmenskontext thematisiert. Darüber hinaus wird theoretisch aufgezeigt, dass QM-Systeme durchaus Schnittstellen zu potentiell motivationsfördernden Aspekten aufweisen. Im Anschluss wird die motivationsgerechte Gestaltbarkeit dieser Schnittstellen in der Praxis beschrieben.

48.1 Ausgangssituation

Die Einführung und Pflege von ganzheitlichen Ansätzen zum Qualitätsmanagement und zu qualitätsorientierten Unternehmensphilosophien ist in der Praxis sehr zeitaufwendig und kostenintensiv. Umso schwerer wiegt für Unternehmen die Erkenntnis, dass die eingeführten Maßnahmen sehr oft hinter ihren intendierten Wirkungen zurückbleiben. Häufig scheitern diese daran, dass zwar neue Prozesse definiert, Regeln eingeführt, Arbeitsanweisungen dokumentiert werden, die praktische Umsetzung jedoch mangelhaft ist. Die eingeführten QM-Systeme erfüllen die an sie gestellten Effektivitätsanforderungen aus Unternehmenssicht nicht. Diese Situation ist unbefriedigend.

Ein Grund hierfür ist die Art der Nutzung der Systeme in der unternehmerischen Praxis. Diese beschränkt sich oft auf ein formales Abarbeiten oder dient im Extremfall nur der Aufrechterhaltung einer Zertifizierung (Anderson/Sohal 1999; Freiling 2001; Huppertz 2005; Rayner/Porter, 1991; Withers/Ebrahimpour 2000), um am Markt agieren zu können oder entsprechende (Image-)Vorteile zu genießen. In diesen Fällen werden QM-Systeme nicht aktiv von der Gesamtbelegschaft eines Unternehmens getragen, sondern nur von wenigen Experten, die sich mit den Systemen identifizieren und sie am Leben halten (Huarng et al. 1999; Meegan/Taylor 1997). So können die Systeme nicht die in sie gesetzten Erwartungen erfüllen.

Nicht selten sind der (alleinige) Fokus einer technischen Eignung und die Konzentration auf die technische Erfüllung von Mindestanforderungen bei der Systemeinführung mitursächlich. Denn die technische Eignung von QM-Systemen zum qualitätsorientierten Leiten und Lenken ist keine hinreichende Bedingung dafür, dass diese Systeme ihren gewünschten Nutzen im Unternehmen auch entfalten werden. QM-Systeme sind soziotechnische Systeme, deren Wirkung, neben den technischen Faktoren, auch sehr von sozialen Faktoren geprägt ist. Beispielhaft seien hier die Vorbildfunktion der Leitung, die Informations- und Kommunikationspolitik und die kompetenzbasierte Weiterentwicklung von Personal zu nennen. Sind Bereiche wie diese aus technischer Sicht (Durchgängigkeit von Prozessen, Verfügbarkeit von Dokumentationsmaterial etc.) gut gestaltet, garantieren sie noch keine praktische Wirksamkeit. Auch die tägliche Interpretation der mit den technischen Prozessen einhergehenden Rollen und Verantwortlichkeiten durch die Rolleninhaber und die Führung ist hier von essentiellerer Wichtigkeit (Nohria et. al 2008).

Die Nicht-Realisierung der Potentiale einer kostenintensiven, technisch hochqualitativen Systemeinführung alleine den vermeintlich unwilligen Mitarbeitern zuzuschreiben, ist aus Führungsperspektive zwar einfach und eventuell naheliegend, jedoch mit hoher Wahrscheinlichkeit inkorrekt. Solche Kausalbilder entstehen unter anderem deshalb, weil unternehmerische Entscheider zwar die Einführung und Pflege von Systemen verantwortet und finanziert haben, die verbindliche Anwendung aber in ihren Augen oft eher Mitarbeiteraufgabe ist. Menschen auf diese Weise durch bzw. für Systemanwendung zu motivieren ist relativ unwahrscheinlich.

Ein Grund für das häufige Auffinden dieses ungünstigen Verhaltens ist, dass in Führungskreisen von Unternehmen in der Regel zwar sehr hohes Fachwissen anzutreffen ist, dieses aber leider nicht selten von einem Mangel an Wissen zu sogenannten „weichen Themen“ wie Mitarbeitermotivation und Führung (Amabile/Kramer 2010) oder von einem überwiegend antiquierten Führungsverständnis begleitet wird. „Gute [systemseitige] Arbeitsbedingungen nützen [jedoch] wenig, wenn Vorgesetzte nicht die Fähigkeiten besitzen, Mitarbeiter zu fordern und zu fördern [...] und dafür zu sorgen, dass jeder von sich aus das Beste geben will.“ (Deutsche Gesellschaft für Qualität e.V./forum! Marktforschung GmbH 2009, S. 49 f.).

Problematisch ist hierbei, dass sich viele Führungskräfte dieses Sachverhalts nicht bewusst sind. Sie gestalten die akzeptanz-, motivations- und umsetzungsrelevanten Rahmenbedingungen in den QM-Systemen am Arbeitsplatz deshalb nicht gut, teils sogar kontraproduktiv. Die Interpretation ihrer Rolle als Führungskraft erfordert es, die betriebliche Umwelt und die soziotechnischen Rahmenbedingungen so zu gestalten, dass Mitarbeitermotivation gefördert, nicht aber verhindert wird, und die entsprechenden Managementsysteme u.a. hierdurch zum Leben erwachen. Mitarbeiterorientierung ist hierbei ein zentraler Erfolgsfaktor für Unternehmen der leider zu oft vernachlässigt wird (Schmitt 2011).

Sehen Führungskräfte ihre Aufgabe in der technischen Systemeinführung bzw. in der Finanzierung und verschließen sich dem ganzheitlichen und kulturstiftenden Charakter von QM-Systemen, wird in der Folge häufig bereits die Systemeinführung von negativer Kommunikation und Stimmung geprägt.

Diese Kommunikation und die entsprechend für die Systemeinführung ursächlichen Kausalitäten legen den ersten Grundstein für den Erfolg oder das Scheitern von QM-Systemen. In der Praxis überwiegen hier oft misserfolgsförderliche Einflüsse.

Solch negative Ausgangsbedingungen für den Erfolg von QM-Systemen finden sich vor allem in den Fällen, in denen die Systemeinführung hauptsächlich externen Beweggründen zugeschrieben wird. Eine Studie der DGQ zeigt deutlich, dass viele Systemeinführungen hauptsächlich aufgrund externer Kundenforderungen oder aufgrund von Wettbewerbs- bzw. Imagevorteilen am Markt, nicht aber intern motiviert, veranlasst werden (vgl. Abb. 48.1).

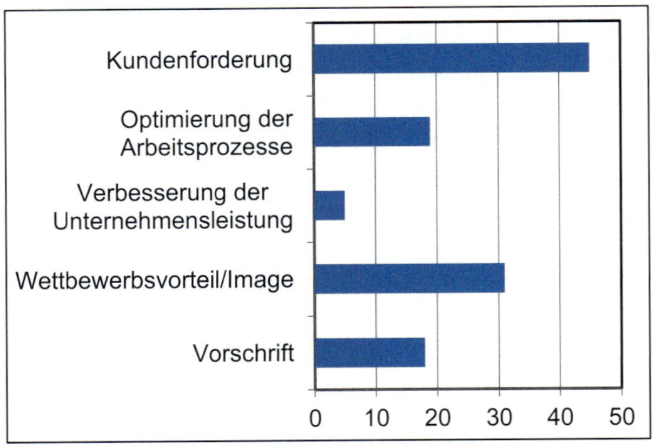

Abb. 48.1 Gründe für QM-System-Zertifizierungen aus der Sicht von Führungskräften in %; Auszug (Deutsche Gesellschaft für Qualität e. V., 2006). Anmerkung: Mehrfachnennungen waren möglich.

Die Mehrzahl der betrachteten Unternehmen scheint das QM-System primär für den Marktauftritt bzw. -eintritt oder aufgrund expliziter Kundenforderungen zu benötigen (Deutsche Gesellschaft für Qualität e.V. 2006). Der interne Nutzen für die Unternehmen, deren Produkte, Dienstleistungen, Prozesse oder Mitarbeiter steht nicht im Vordergrund. Interne Weiterentwicklungen, z.B. durch effektivere und effizientere interne Prozesse, eine durch kontinuierliche Verbesserung geprägte Unternehmensphilosophie und -kultur oder eine nachhaltige Einbindung von Mitarbeitern in prozessuale Weiterentwicklungen sind eher mit der Systemeinführung einhergehende Worte als expliziter Einführungsgrund und so weniger wahrscheinlich realisierbar. Die schlichte Existenz eines QM-Systems führt also nicht zum Hervorrufen positiver Effekte (Deutsche Gesellschaft für Qualität/forum! Marktforschung GmbH 2004). Das Gegenteil ist der Fall – Mitarbeiter erleben derartig implementierte und umgesetzte QM-Systeme als belastend, störend, demotivierend und hinderlich für ihre Aufgaben (Lieb et al. 2009). In der Folge ist der Nutzungsgrad der Systeme gering. Die Pflege obliegt einigen wenigen Personen und nach kurzer Zeit besteht die stereotype Diskrepanz zwischen der Arbeitsrealität und den dokumentierten Prozessen. Spätestens dann bestätigen sich die vorangehend genannten Vorurteile der Belegschaft in der Praxis und das QM-System verfehlt seine erwünschte Wirkung.

Die hier beschriebene Situation zeigt, dass neben der technischen Einführung von Systemen eine stärkere Fokussierung auf holistische, akzeptanzförderliche, umsetzungsförderliche und damit motivierende Einflussgrößen benötigt wird, um die Effektivität und den wirtschaftlichen Nutzen eingeführter QM-Systeme zu verstärken (Nielen et al. 2009; Schmitt et al. 2010). Hierbei müssen intakte technische Systemmerkmale (z.B. Durchgängigkeit von Prozessen, Verfügbarkeit von Fach- und Arbeitsanweisungen etc.) als Grundvoraussetzung und Fundament einer motivationsförderlichen Systemlandschaft dienen. Der Erfolg bei der Gestaltung und Implementierung von QM-Systemen wird, wie vorangehend bereits erläutert, nicht nur durch die technischen Systemeigenschaften, sondern maßgeblich durch die Einstellungen und das Verhalten der Führungskräfte und Beschäftigten determiniert. Qualitätsbewusstsein, eine der wichtigsten Einflussgrößen für den Erfolg von QM-Systemen, beginnt „im Kopf der Mitarbeiter" (Borgward 1987, S. 577). Doch wie kann den hier erläuterten Herausforderungen in der Praxis begegnet werden? Welche Implikationen bringen sie mit sich? Wie können QM-Systeme motivierende Rahmenbedingungen für unternehmerisches Handeln bereitstellen und so eine ganzheitlich qualitätsorientierte Unternehmenskultur aktiv unterstützen?

48.2 Implikationen für die Praxis

Eine wichtige Einflussgröße für dieses Ziel, die motivationsgerechte Gestaltung von QM-Systemen, ist die im jeweiligen Unternehmen etablierte Leitungs- und Lenkungskultur inklusive der entsprechend genutzten institutionalisierten Führungswerkzeuge, welche die technische Seite der Führung von Mitarbeitern und des Unternehmens repräsentieren.

Betrachtet man Unternehmen als Organisationen im Sinne von (Nerdinger/Blickle/Schaper 2008), nämlich als „soziale Systeme, die bestimmte Ziele verfolgen und Regeln sowie Strukturen aufweisen, mit deren Hilfe sie die Aktivitäten ihrer Mitglieder auf diese Ziele ausrichten" (S. 6), so wird deutlich, welchen Zweck sozio-technische Führungsstrukturen und damit auch QM-Systeme verfolgen. Sie dienen dem Leiten und Lenken der gesamten Organisation und damit jedes Belegschaftsmitgliedes. Sie richten Individualziele und Aktivitäten von Organisationsmitgliedern arbeitsteilig auf das Erreichen organisatorischer Ergebnisse aus, die für ein einzelnes Individuum unrealistisch wären. Voraussetzung hierfür ist ein kollektives Commitment gegenüber den gesetzten Unternehmenszielen. Die Mitarbeiter im Unternehmen müssen diese Ziele und die unternehmerischen Leitungs- und Lenkungsstrukturen also zu einem Mindestmaß akzeptieren und sich damit identifizieren (Commitment), denn nur so erlangen Unter-

VI

nehmensziele den Charakter eines positiv bewerteten Zielzustands – und damit erlangen sie auch die wichtigste motivationsförderliche Eigenschaft, die Ausrichtung des Denken und Handelns auf diesen Zustand: Motivation.

48.3 Motivation

Rheinberg, einer der bedeutendsten Motivationsforscher im deutschsprachigen Raum, definiert Motivation genau so, nämlich als „eine aktivierende Ausrichtung des momentanen Lebensvollzugs auf einen positiv bewerteten Zielzustand" (Rheinberg, 2006a, S. 15). Da Unternehmen die Ausrichtung dieses Lebensvollzuges mittels Managementsystemen immer auf ein organisatorisches Ziel, das Unternehmensziel, lenken, möchten sie damit auch ganz klar motivieren.

Da Motivation im Alltagsverständnis zwar ein vermeintlich einfaches und klares Konzept ist, der bewusste Umgang mit Motivation sich in der Realität jedoch nicht trivial gestaltet, werde ich Ihnen im Folgenden einige etablierte und im industriellen Umfeld beachtete Motivationstheorien vorstellen, um ein Grundverständnis für menschliche Motivation zu schaffen[1].

[1] Bei einer detaillierten Analyse wissenschaftlicher Motivationstheorien zeigt sich, dass die darin postulierten Wirkmechanismen, seien sie hinreichend empirisch bestätigt oder nicht, immer nur im Kontext verschiedener paradigmatischer Rahmenbedingungen und Implikationen in ihrer Gänze zu verstehen sind. Dieser Beitrag verzichtet, mit Rücksicht auf die fokussierte Zentralthematik „Qualitätsmanagement und Motivation", bewusst auf den Aufbau solcher Bezüge und erlaubt sich deshalb ein gewisses Maß an pragmatischer Verallgemeinerung.

Determinanten von Motivation im Unternehmenskontext

Einflussgrößen auf menschliche Motivation können sowohl in der Person selbst als auch in der Umwelt dieser Person verortet sein. Kurt Lewin postulierte 1946 auf Basis dieser Grundannahme die sogenannte Lewin'sche Verhaltensgleichung ($V = f(P; U)$), die Verhalten (V) als eine Funktion aus Personen- (P) und Umgebungsfaktoren (U) bezeichnet (Lewin 1946).

Bezieht man Lewins auf den ersten Blick sehr eingängliche und global erscheinende Grundannahme auf den betrieblichen Kontext, so zeigen sich bereits erste relevante Einflussgrößen auf menschliche Motivation. Die Handlungsmöglichkeiten eines Menschen sind determiniert durch das „Soziale Dürfen und Sollen", das jeweilige „Individuelle Wollen", die „Situative Ermöglichung" und das vorhandene „Persönliche Können" (Comelli/Rosenstiel 2009). Abbildung 48.2 veranschaulicht diese Zusammenhänge.

Diese Variablen finden sich in Organisationen jeglicher Art wieder. So ist das „Soziale Dürfen und Sollen" durch die im Unternehmen gelebte Kultur und die offenen bzw. impliziten Verhaltensregeln repräsentiert. Diese sind sozial etabliert und werden bei Nichteinhaltung in der Regel auch sozial sanktioniert. Handlungs- und Entscheidungsspielräume, sei es im Rahmen von Rollen, Prozessbeschreibungen oder Führungs- bzw. Verhaltensrichtlinien, vertreten die „Situativen Ermöglichungen". Diese regeln klar den Aktionsradius und Einflussbereich eines Mitarbeiters. „Individuelles Wollen" repräsentiert das vorhandene Werte- und Denkmuster jedes Menschen, z. B. das Selbstbild, die persönlichen Einstellungen, Motive und Ziele. Das „Persönliche Können" steht entsprechend für das vorhandene Fähigkeits- und Fertigkeitsrepertoire, das

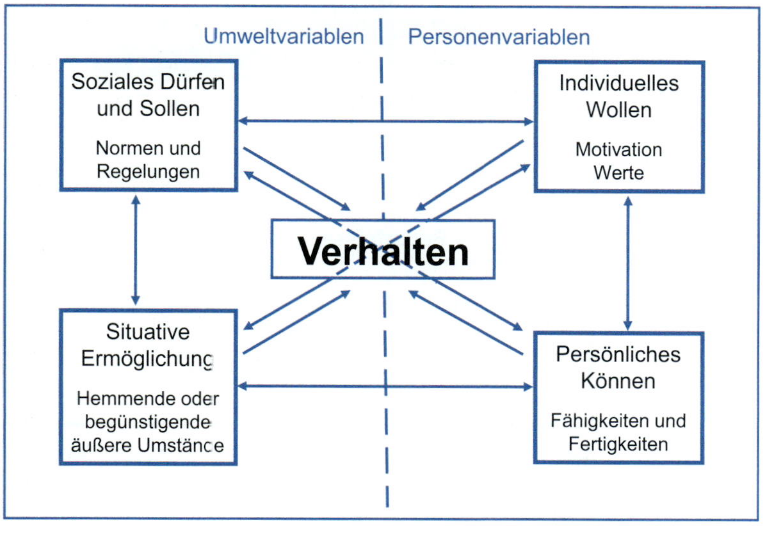

Abb. 48.2
Bedingungen des Verhaltens nach (Comelli/Rosenstiel 2009, S. 3), erweitert um Umwelt- und Personenvariablen

der jeweiligen Person zum Denken und Handeln zur Verfügung steht.
Schon diese einfachen Erläuterungen zeigen, dass in jeder Organisation sowohl Personen- als auch Umweltfaktoren die menschliche Motivation beeinflussen, und dass das in der Praxis leider zu häufig vorzufindende monokausale, eher technische Motivationsdenken (z. B. der Trugschluss, dass höhere Incentivierung zu dauerhaft höherer Leistung führt) in keiner Weise der real vorliegenden Komplexität entspricht.

48.4 Motivationstheorien

Um dem Leser den Charakter menschlicher Motivation, vor allem im Unternehmenskontext, näher zu bringen, werden in den folgenden Abschnitten einige Motivationstheorien in ihren Grundzügen erläutert. Weiterhin erfolgt, aufbauend auf motivationstheoretischer Basis, eine Ableitung von Implikationen und Empfehlungen für den Umgang mit Motivation in der unternehmerischen Praxis.

48.4.1 Bedürfnistheorie von Maslow

Maslows Bedürfnistheorie (Maslow 1954) zählt zu den am weitesten verbreiteten und etabliertesten Motivationstheorien (Hoffman 1988; Leontiev 2008). Sie wird, sowohl im wissenschaftlichen als auch im praxisorientierten Umfeld, häufig als Grundlagentheorie der Motivation verwendet.
Maslows Theorie fußt auf der Annahme grundsätzlicher menschlicher Bedürfnisse, die entsprechend ihres Befriedigungsgrades determinieren, welche Motive eines Menschen handlungs- und verhaltensrelevant werden. Maslow unterscheidet fünf Bedürfnisarten: Physiologische Bedürfnisse, Sicherheitsbedürfnisse, soziale Bedürfnisse, Individualbedürfnisse und Selbstverwirklichung[2]. Er ordnete diese hierarchisch in Pyramidenform an (vgl. Abb. 48.3).
Die ersten vier dieser Bedürfnisse – die physiologischen Bedürfnisse, die Sicherheitsbedürfnisse, die sozialen Bedürfnisse und die Individualbedürfnisse – bezeichnet Maslow als Defizitbedürfnisse, denn sie werden gemäß seiner Theorie dann aktiviert, wenn ihre Erfüllung vom Individuum als defizitär erlebt wird. Selbstverwirklichung stellt die höchste Pyramidenstufe dar und ist ein sogenanntes Wachstumsmotiv. Sie wird erst nach relativer Sättigung der Defizitmotive erreicht und kann nie vollständig gesättigt werden (Hoffmann 1988; Maslow 1954).

[2] Nach (Maslow 1954) – Übersetzung erfolgte durch den Autor

Obwohl sich Maslows Theorie mit wissenschaftlicher Kritik konfrontiert sieht (vgl. Staehle 1999; Weinert 2004; Holtbrügge 2007), hat sie sich vor allem im praxisnahen unternehmerischen Umfeld etabliert. Die Theorie hat ohne Zweifel einen großen Beitrag zur Verbreitung von Motivationstheorien in der wirtschaftlichen Praxis geleistet. Sie zeigt, dass unter Berücksichtigung gewisser Freiheitsgrade jede Bedürfnisstufe im betrieblichen Kontext praktisch relevant und im unternehmerischen Rahmen beeinflussbar ist (Comelli/Rosenstiel 2009).

48.4.2 Zwei-Faktoren-Theorie von Herzberg

Herzbergs Zwei-Faktoren-Theorie (1966) wird, wie Maslows Bedürfnishierarchien, den wichtigsten und einflussreichsten Motivationstheorien zugerechnet (Basset-Jones/Lloyd 2005; Sachau 2007). Nach der Zwei-Faktoren-Theorie entsteht Arbeitszufriedenheit aus dem Zusammenwirken zweier verschiedener Einflussdimensionen, den Hygienefaktoren und den Motivatoren, deren Zusammenwirken zu individuell unterschiedlichen motivationalen Zuständen führt (Herzberg et al. 1959; Herzberg 1966).

Maslow´sche Bedürfnis-Pyramide

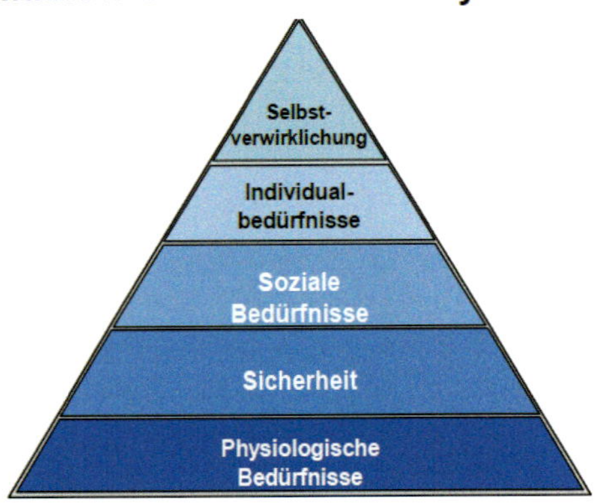

- **Physiologische Bedürfnisse:** Essen, Trinken, Schlafen
- **Sicherheitsbedürfnisse:** Recht und Ordnung, Einkommen
- **Soziale Bedürfnisse**: Liebe, Familie, Kommunikation
- **Individualbedürfnisse**: Anerkennung, Respekt, Status
- **Selbstverwirklichung:** Talententfaltung, Perfektion

Abb. 48.3 Maslow'sche Bedürfnispyramide ergänzt um Beispiele für die jeweiligen Bedürfnisse; nach (Lieb 2011) in enger Anlehnung an (Maslow 1954)

Hygienefaktoren

Nach (Herzberg 1966) werden Hygienefaktoren benötigt, um Unzufriedenheit aufzuheben oder das Entstehen von Unzufriedenheit zu vermeiden. Die Erzeugung von Motivation mittels Hygienefaktoren ist allerdings nicht möglich (Albs 2005; Sander 1982). Herzberg schreibt den Hygienefaktoren die Rahmenbedingungen von Arbeit zu. Beispielhaft seien hier die Bezahlung, das Verhältnis zwischen Führungskräften und Angestellten, die Arbeitsbedingungen oder die Unternehmenspolitik genannt (Albs 2005; Hackman/Oldham 1980; Hungenberg/Wulf 2004).

Motivatoren

Sogenannte Motivatoren können Menschen motivieren und so relativ direkten Einfluss auf die Arbeitszufriedenheit und Motivationslage eines Menschen nehmen. Ihr Vorhandensein verursacht nicht direkt die Entstehung von Motivation, macht deren Entstehung aber wahrscheinlicher. Zu den Motivatoren zählen z.B. Anerkennung, Verantwortungsgefühl, Erfolgserlebnisse und subjektiv empfundene Wachstumschancen (Herzberg 1968). Die Zwei-Faktoren-Theorie findet, auch aufgrund ihrer guten Verständlichkeit, regen Anklang in der Praxis. Sie leistete einen großen Beitrag zur stärkeren Berücksichtigung von Arbeitsinhalten im betrieblichen Kontext und stützte so die Weiterentwicklung klassischer Managementauffassungen (vom arbeitskontextualen Fokus zum arbeitsinhaltlichen Fokus).
Aber auch Herzbergs Theorie unterliegt wissenschaftlicher Kritik. Hier sind z.B. die zu geringe Berücksichtigung situativer Einflussfaktoren auf die Motivation als auch eine zu enge Verknüpfung von Methode und Theoriebildung zu nennen (Holtbrügge 2007).

48.4.3 XY-Theorie von McGregor

McGregors XY-Theorie ist weniger eine klare Motivationstheoerie, sondern eher eine Führungstheorie. Sie entstand aus der Grundannahme, dass jede Führungsentscheidung das Menschenbild des Führenden beinhaltet (McGregor 1960). Denkt eine Führungskraft nach Theorie X, so geht sie von einem passiven Menschen aus, der ohne künstliche Motivation nicht gut arbeitet, der Führungsstil ist also „Lenkung und Kontrolle durch Autorität" (Holling/Kanning 2004, S. 63). Werden Menschen nach Theorie Y geführt, hinterliegt der führenden Person ein Menschenbild, das dadurch geprägt ist, dass ein Mensch grundsätzlich sehr proaktiv und verantwortungsbewusst handelt. Die entsprechend angewandten Führungswerkzeuge bzw. -prinzipien, die mit der jeweiligen Theorie-Präferenz einhergehen, liegen auf der Hand. Theorie X fokussiert sich z.B. eher auf Kontrolle und enge Handlungsspielräume, Theorie Y dagegen mehr auf Vertrauen und Eigenverantwortung der Mitarbeiter.
In der praktischen Anwendung in Organisationen genießt diese Theorie einen hohen Stellenwert. Sie ist sehr eingänglich und erlaubt ein direktes Ableiten von Führungsverhalten ohne umfangreiche diagnostische Vorarbeiten, wie sie für andere Führungsmodelle angeraten sind. Ihre Grundannahmen eignen sich sowohl für die Anwendung von persönlicher als auch institutioneller Führung (z.B. durch Prozesse, Arbeitsanweisungen etc.).
Kritiken zu McGregors Theorie weisen darauf hin, dass keine klaren Kausalitätsketten hinsichtlich der Mitarbeitereigenschaften und dem Führungsverhalten herstellbar sind. Vielmehr kann es auch sein, dass das Managerverhalten dazu führt, dass Mitarbeiter sich gemäß Theorie X bzw. Theorie Y verhalten. In diesem, durchaus denkbaren Beispiel, wären die Kausalketten umgekehrt (Kopelmann et al. 2008).

48.4.4 Fazit zu den Motivationstheorien

Betrachtet man die kleine Auswahl der hier kurz erläuterten Motivationstheorien unter den eingangs genannten Gesichtspunkten, so finden sich in den Theorien sowohl verhaltensrelevante Einflussgrößen aus den Personen- als auch aus den Umweltfaktoren. Diese lassen sich auch in den vorangehend genannten Verhaltensbedingungen (vgl. Abb. 48.2) verorten. Die Theorien geben Anhaltspunkte bzw. Empfehlungen für die Gestaltung von persönlichen und institutionalisierten Führungsinstrumenten und weisen auf potentiell motivationsrelevante Sachverhalte und Wirkmechanismen hin. Analysiert man ein – im Vergleich zu dem hier vorgestellten – wesentlich breiteres Spektrum von Motivationstheorien hinsichtlich ihrer Implikationen für das Leiten und Lenken von Unternehmen mit QM-Systemen, so lassen sich eine große Anzahl sehr motivationsrelevanter Einflussgrößen identifizieren, die eindeutig im Kontext dieser Systeme allokierbar sind.

48.5 Motivation und Qualitätsmanagementsysteme

Nach DIN EN ISO 9001:2008 zertifizierte QM-Systeme fokussieren sich klar auf die kontinuierliche Verbesserung von Produkten, Dienstleistungen und organisatorischen

Abläufen und streben eine stetige Verbesserung der Kundenzufriedenheit an (Deutsches Institut für Normung e. V. 2008). Möchte man diese Systeme so gestalten, dass sie potentiell Mitarbeitermotivation erzeugen und nicht demotivieren, gilt es, die Schnittstellen zwischen Motivation und QM-Systemen zu berücksichtigen. Dies geschieht durch einen Abgleich von Normanforderungen an QM-Systeme mit direktem oder indirektem Mitarbeiterbezug und den vorangehend genannten Erkenntnissen aus den Motivationstheorien.

Beispielsweise leiten sich aus Kapitel 6.1 der DIN EN ISO 9001:2008 bzw. der DIN EN ISO 9004:2009 und entsprechender Fachliteratur (z. B. Stratmann 2002) die Forderungen nach der proaktiven Bereitstellung geeigneter Infrastruktur durch das Unternehmen ab. Anwenderfreundliche Arbeitsbedingungen sind auch ein Hygienefaktor in der Theorie Herzbergs. Die im gleichen Normkapitel geforderte Entwicklung und Schulung von Personal findet sich im Rahmen des Anbietens neuer Wachstumsperspektiven als Anreiz und motivierender Faktor bei (Maslow 1954) und (Alderfer 1972) wieder.

Diese beiden, hier sehr vereinfacht dargestellten Beispiele verdeutlichen dem Leser, wie zwischen Anforderungen an QM-Systeme und motivationsbeeinflussenden Determinanten inhaltliche Schnittstellen zu finden sind und welche inhaltlichen Bezüge ursächlich für die Schnittstelle sind[3]. Bei einem vollständigen analytischen Abgleich der DIN EN ISO 9001:2008 mit den elf relevantesten Motivationstheorien ergeben sich die im Folgenden dargestellten Schnittstellen[4].

Schnittstellen

- Die Schnittstelle „Arbeitsbedingungen" gibt Aufschluss darüber, ob die Mitarbeiter die Umgebungsfaktoren ihres Arbeitsplatzes als angenehm empfinden.
- Die Schnittstelle „Anerkennung und Rückmeldung" beschreibt, in welchem Maße die Mitarbeiter Rückmeldung bzw. Anerkennung für ihre geleistete Arbeit erhalten. Dies kann sowohl positive (Lob) als auch negative Anerkennung (Kritik) sein.
- Die Schnittstelle „Arbeitsinhalt" trifft eine Aussage hinsichtlich des Arbeitsinhalts als Quelle einer positiven oder negativen Einstellung gegenüber der Arbeitsaufgabe bzw. des Tätigkeitsfeldes der Mitarbeiter.
- Die Schnittstelle „Erfolg" beschreibt, ob die Mitarbeiter subjektiv die Möglichkeit haben, ihre erbrachten Leistungen zu bewerten und sie damit als Erfolg oder Misserfolg zu empfinden.
- Die Schnittstelle „Privatleben" beschreibt, ob die Arbeit negative Auswirkungen auf das Privatleben, Familie oder Freizeitgestaltung hat.
- Die Schnittstelle „Unterstützung" beschreibt, in welchem Maße die Mitarbeiter Unterstützung durch ihre Vorgesetzten erleben.
- Die Schnittstelle „Commitment und Unternehmenspolitik" vermittelt einen Gesamteindruck über die Vertrauenswürdigkeit des Unternehmens aus Mitarbeitersicht.
- Die Schnittstelle „Verantwortung" beschreibt, inwieweit die Mitarbeiter ihren Verantwortungsbereich als klar definiert erleben und ob ihnen die Grenzen ihrer Verantwortung bewusst sind.
- Die Schnittstelle „Weiterentwicklungsmöglichkeiten" beschreibt die subjektive Einschätzung der Mitarbeiter hinsichtlich ihrer impliziten und expliziten Weiterbildungsmöglichkeiten.
- Die Schnittstelle „Zwischenmenschliche Beziehungen" beschreibt, wie Mitarbeiter die Möglichkeit erleben, sich mit Kollegen, Vorgesetzten oder Untergebenen auszutauschen bzw. zwischenmenschliche Belange anzubringen.
- Die Schnittstelle „Qualitätsbewusstsein" erfasst, in welchem Maße die Mitarbeiter das Thema „Qualität" im Unternehmen erleben und wie bewusst sie sich ihrer jeweils persönlichen Verantwortung für die Qualität des Gesamtproduktes sind.
- Die Schnittstelle „Qualitätsmanagementsystem" erfasst die von den Mitarbeitern subjektiv wahrgenommene Funktionstüchtigkeit und Effektivität des vorhandenen QM-Systems.

Abgeleitet aus den vorangegangenen Erläuterungen und den aufgezeigten Schnittstellen zwischen Motivationstheorien und Anforderungen an DIN EN ISO zertifizierte QM-Systeme zeigt sich, dass die Systeme ihren potentiell höchsten Wirkungsgrad dann entfalten, wenn sowohl die technisch-prozessualen als auch die sozialen Systemkomponenten und Rahmenbedingungen möglichst optimal aufeinander abgestimmt sind (Lieb 2011). Da QM-Systeme relativ große Gestaltungs- und Entscheidungspielräume auf den verschiedenen Unternehmensebenen bieten, bestehen, vor allem für Führungskräfte, viele Möglichkeiten, ihre Rolle entsprechend motivationsförderlich zu nutzen bzw. zu interpretieren. Die vorangehend aufgezeigten Schnittstellen bieten teils konkrete, teils relativ generelle Ansatzpunkte für die Einführung einer motivations- und qualitätsfördernden Unternehmenskultur (Lieb 2011).

3 Für eine ausführliche methodische Beschreibung einer vollumfänglichen Schnittstellenanalyse und -dokumentation sei an dieser Stelle auf (Lieb 2011) verwiesen

4 Zugunsten der Lesbarkeit gekürzt dargestellter wörtlicher, teils paraphrasierter bzw. geringfügig ergänzter Auszug aus (Lieb 2011)

48.6 Umgang mit diesen Erkenntnissen in der Praxis

Wie vorangehend dargestellt, bestehen klare Schnittstellen zwischen QM-Systemen und menschlicher Motivation. Die detaillierte Gestaltung der Schnittstellen kann nicht pauschalisiert beschrieben werden, da ihr Idealzustand für die jeweilige Organisation und Belegschaft sehr unterschiedlich ausgeprägt sein kann. Hier spielen unternehmensindividuelle Größen, wie z. B. die Historie des Unternehmens, die im Unternehmen vorhandene Kultur, die Führungsauffassung, die Belegschaft und die Unternehmenspolitik eine zentrale Rolle, um an dieser Stelle nur einige zu nennen.

Weiterhin kann die motivationsförderliche bzw. -hinderliche Wirkung einer Schnittstellenausprägung nicht direkt auf die gesamte Belegschaft übertragen werden. Hier kommen die Personenvariablen (z. B. die kulturell beeinflusste Lern- und Sozialisierungshistorie oder das individuelle Fähigkeits- und Fertigkeitsrepertoire) der beteiligten Individuen zum Tragen. Beispielsweise können hohe Freiheitsgrade und Handlungsspielräume manche Menschen überfordern, während andere Menschen sich durch sie angespornt und motiviert fühlen. An dieser Stelle zeigt sich der direkte Bezug zwischen motivationsgerechter Systemgestaltung zu Rollen- und Stellenbesetzungen im Unternehmen. Je höher ausgeprägt die Passung zwischen Mensch und Aufgabe ist, desto wahrscheinlicher entsteht bei diesem Menschen Motivation (Rheinberg 2006b). Es gilt daher ein Mindestmaß an Wissen über die eigenen Mitarbeiter und deren individuelle Fähigkeiten, Fertigkeiten und Ziele zu berücksichtigen. Hier entstehen sowohl Interaktionspunkte zu Bereichen der Personalauswahl (z. B. realistische Stellenausschreibungen und -bewertungen, Passung zwischen Kompetenzprofil und Stelle etc.) als auch der Personalentwicklung (z. B. Schulungsmaßnahmen, Qualifizierungsprogramme, Karrierepfade). Denn Verhalten ist immer beeinflusst durch Personen- und Umweltfaktoren und die vorangehend genannten Variablen sind klare Verbindungen zu den entsprechend relevanten Personenfaktoren.

Um diese Schnittstellen möglichst motivationsförderlich ausprägen zu können, ist es in der unternehmerischen Praxis notwendig, den aktuellen Status quo kritisch zu reflektieren, um eine Bewertung des Ist-Zustandes der eigenen Organisation vornehmen zu können. Diese Aufgabe gestaltet sich in der Regel sehr anspruchsvoll, da sie die Einnahme einer kritischen Metaperspektive erfordert, um das eigene Unternehmen und das darin etablierte Führungsverhalten und -system zu reflektieren. Hierbei können die die Schnittstellen repräsentierenden Aspekte in Bezug auf institutionalisierte bzw. persönliche Leitungs- und Lenkungsmechanismen hinterfragt werden. Im Folgenden seien hierfür konkrete Beispiele für fünf Themenbereiche aufgeführt, die dem Leser eine realistische Vorstellung entsprechender Fragen verdeutlichen sollen.

Themenbereich Rückmeldung und Anerkennung

In welchem Maße und wie regelmäßig erhalten Mitarbeiter Anerkennung bzw. Rückmeldung zur geleisteten Arbeit? Sind die Aufgaben/Rollen im Unternehmen so definiert, dass die ausführenden Personen selbst erkennen können, wie gut sie gearbeitet haben? Welche prozessualen bzw. führungstechnischen Anerkennungs- und Rückmeldeschleifen sind in den jeweiligen Prozessen im Unternehmen etabliert? Sind diese für die Mitarbeiter eindeutig und nachvollziehbar?

Häufig existieren diese Schleifen sehr klar für Produktionsmitarbeiter im Seriengeschäft, nicht aber für die unteren Hierarchien indirekter Bereiche (hier sind z. B. eindeutige Anforderungen und Qualitätskriterien wesentlich seltener definiert, sodass auch klare prozessuale Rückmeldungen schwerer identifizierbar sind). Ist dies im betrachteten Unternehmen der Fall?

Themenbereich Verantwortung

Gehen mit der Verantwortung, die eine Rolle im Unternehmen mit sich bringt, auch die entsprechenden Kompetenzen und Aufgaben einher – sowohl organisatorisch als auch disziplinarisch? Kann der Rolleninhaber mit dem ihm zur Verfügung stehenden Handlungsrahmen, mit den Methoden und den Tools die Rolle adäquat abbilden? Ist der Rolleninhaber fähig, die übertragenen Aufgaben adäquat abzubilden? Sind eventuell Schulungs- bzw. Ausbildungsmaßnahmen erforderlich?

Themenbereich Commitment & Unternehmenspolitik

Lebt die Führung das Einhalten der Regeln vor? Wie hoch ist die beim Mitarbeiter empfundene Integrität und Vertrauenswürdigkeit des Unternehmens? Ist hier, hierarchieunabhängig, eine klare Linie und damit eine gewisse Berechenbarkeit für die Belegschaft vorhanden? Oder tendiert ein Unternehmen bzw. dessen Führung eher dazu, ad hoc unberechenbar und inkonsistent zu agieren? Ist „Walk the Talk" die Regel oder die Ausnahme? Existiert eine nachhaltige Personalpolitik oder eine „Hire & Fire"-Kultur? Gelten Regeln und Prozesse für jede hierarchische Ebene oder verändert sich der im Unternehmen akzeptierte Richtliniencharakter und Gültigkeitsgrad über Hierarchien, Funktionen, Abteilungen, Personen(-gruppen) hinweg?

Themenbereich QM-System

Ist das QM-System aus Sicht der Mitarbeiter funktionstüchtig und vertrauensstiftend? Bildet das System die Bedarfe der Systemanwender ab? Ist es z.B. logisch, sprachlich verständlich und nachvollziehbar abgebildet? Kann ein Funktions- bzw. Rolleninhaber die für ihn relevanten Prozesse, Checklisten, Fach- und Arbeitsanweisungen finden und inhaltlich bzw. sprachlich verstehen? Ist es im Unternehmen etabliert, dass Prozesse zwar dokumentiert, nicht aber gelebt werden? Welche Konsequenzen hat ein derartiges Verhalten im Unternehmen?

Themenbereich Qualitätsbewusstsein

Herrscht im Unternehmen auf allen Ebenen ein einheitliches Qualitätsverständnis? Sind sich die Mitarbeiter ihrer Rolle und ihres Beitrags bei der Schaffung von Qualität bewusst? Ist Qualitätsbewusstsein und entsprechendes Handeln Teil der betrieblichen Regelkommunikation?
Die hier dargestellten Beispiele zeigen, dass ein adäquates Maß an Zeit eingeplant werden muss bzw. gegebenenfalls auf externe Unterstützung zurückgegriffen werden sollte, wenn man ein QM-System wirklich motivationsförderlich gestalten will[5]. Der holistische Charakter und die enge Verzahnung der motivationsrelevanten Themenbereiche führen im Praxisumfeld in der Regel zu einer Art „Domino-Effekt“. Verändert man einen inhaltlichen Bereich bewusst, hat dies ebenfalls Implikationen auf die angrenzenden bzw. entsprechend steuernden Prozesse und Menschen – die etablierten (nicht zwingend intendierten) Wirkzusammenhänge im System werden ersichtlich und können bewusst adressiert werden.
Eine Veränderung mittels evolutorischer Ansätze ist in der Praxis realistischer als ein revolutionäres Vorgehen. Veränderungen sollten, mit guten Vorbildern aus den Reihen der Führungskräfte, unter Umständen unter bewusster Begleitung durch ein Change-Projekt, welches die (neue) Rolle des QM-Systems für diese Veränderung hervorhebt, Einzug ins Unternehmen finden. Ein klarer, kontrollierter und kontinuierlicher Verbesserungsprozess in einer dem Unternehmen und der jeweils aktuellen Auslastungssituation entsprechend angepassten Geschwindigkeit ist hier am ehesten erfolgsversprechend.

[5] Vor allem die vollumfängliche reliable Beurteilung der Ist-Situation mit Berücksichtigung organisatorischer Subgruppen wie z.B. Abteilungen ist sehr anspruchsvoll, weshalb automatisierte Lösungen entwickelt wurden (vgl. Schmitt et al. 2012)

48.7 Fazit

Die genannten Schnittstellen zwischen Qualitätsmanagement und Motivation und die damit einhergehenden Gestaltungsaspekte für QM-Systeme zeigen sehr deutlich, dass jedes der genannten Beispiele für sich nachvollziehbar ist und auch ohne die Ausführungen in diesem Beitrag bekannt gewesen wäre. QM ist ein in Strukturen abgebildetes „Gestalten und Handeln mit gesundem Menschenverstand“ – nicht mehr, nicht weniger.
Es stellt sich also die Frage, warum die Thematik passiv gelebter, motivationshinderlicher QM-Systeme, Führungsstrukturen und -prinzipien weiterhin derartige Aufmerksamkeit genießt. Eine mögliche Antwort auf diese Frage ist in der Praxis oft genannt. Unternehmen und Entscheider können diese Maßnahmen nur in bedingtem Maße käuflich erwerben. Die Erstellung und Einführung eines QM-Systems kann entsprechend abgebildet werden, aber die Führung und das (Vor)leben muss etabliert und verstetigt sein, um nachhaltige Wirksamkeit zu entfalten. Dies erfordert Verhaltensänderungen auf jeder Ebene, und damit auch die Veränderungen von Gewohnheiten und etablierten Mustern. Die Greifbarkeit und Simplizität obiger Aspekte erlauben keine Ausrede im Sinne von „praxisfern“, „zu theoretisch“, „dem Elfenbeinturm der Wissenschaft entsprungen“ etc. Sie sind einfach umsetzbar – in kleinen, realistischen Schritten, mit wenig Risiko und ohne große finanzielle Ressourcen. Es ist also mehr eine Frage des Wollens als des Könnens, solche Systeme zu etablieren – eine Frage nach dem eigenen Commitment, nach Glaubhaftigkeit und Integrität der Führung und des Selbstverständnisses eines Unternehmens und seiner Leitung.
Der erfolgreiche Weg zu einem QM-System, das motivations- und umsetzungsförderliche Rahmenbedingungen für eine ganzheitliche Qualitätskultur bereitstellt, steht jedem Unternehmen offen. Die vermeintlichen inhaltlichen Widersprüche sind widerlegbar und meist durch verhältnismäßig geringe Aufwände aufzuheben. Es gilt lediglich den Anfang zu machen, denn um es mit Dante Alighieri zu halten: „Eine mächtige Flamme entsteht aus einem winzigen Funken“.

Literatur

Albs, N.: Wie man Mitarbeiter motiviert. Motivation und Motivationsförderung (1). Cornelsen Verlag Scriptor GmbH & Co KG, Berlin 2005

Alderfer, C. P.: Existence, relatedness and growth. Human needs in organisational settings. Free Press, New York 1972

Amabile, R./Kramer, S.: Was Mitarbeitern wirklich hilft. In: Harvard Business Manager 32(5), 2010. S. 36 – 38

Anderson, M./Sohal, A. S.: A study of the relationship between quality managment practices and performance in small busi-

VI

ness. In: International Journal of Quality & Reliability Management 16(9), 1999. S. 359 – 877

Basset-Jones, N./Lloyd, G., C.: Does Herzberg's motivation theory have staying power? In: Journal of Management Development 24(11), 2005. S. 929 – 943

Borgward, C.: Qualität beginnt im Kopf. In: QZ – Qualität und Zuverlässigkeit, Jg. 32, Nr. 12, 1987. S. 577

Comelli, G./Rosenstiel, L. v.: Führung durch Motivation (4). Franz Vahlen GmbH, München 2009

Deutsche Gesellschaft für Qualität e. V./forum! Marktforschung GmbH: Erfolg hat seine eigenen Gesetze (ExBa-Studie). forum! Marktforschung GmbH, Mainz 2004

Deutsche Gesellschaft für Qualität e. V./forum! Marktforschung GmbH: Erfolgreich in starken Zeiten (ExBa-Studie). forum! Marktforschung GmbH, Mainz 2009

Deutsche Gesellschaft für Qualität e. V.: QM-Spezialstudie 2005 (ExBa). Deutsche Gesellschaft für Qualität e.V, Frankfurt am Main, 2006

Deutsches Institut für Normung e. V.: ISO 9001:2008, Qualitätsmanagementsysteme – Anforderungen. Beuth Verlag, Berlin 2008

Freiling, J.: Die Ausbreitung von Managementkonzepten als Diffusionsprozess. Das Beispiel Qualitätsmanagement. In: Wächter, H./Vedder, G. (Hrsg.): Qualitätsmanagement in Organisationen. DIN ISO 9000 und TQM auf dem Prüfstand. Gabler, Wiesbaden 2001. S. 27–49

Hackman, J. R./Oldham, G. R.: Work redesign. Addison-Wesley, Boston 1980

Herzberg, F.: Work and the Nature of Man. World Publishing Co., Cleveland 1966

Herzberg, F.: One more time: How do you motivate employees? In: Ott, S. J. (Hrsg.): Classical readings in organizational behavior. Harcourt Brace & Company, Orlando 1996. S. 76 – 85 (Original 1968 veröffentlicht)

Herzberg, F./Mausner, B./Snyderman, B. B.: The motivation to work (1). Transaction Publishers, New Brunswick 1959

Hoffman, E.: Abraham Maslow. Father of Enlightened Management. In: Training Magazine 79 – 82, 1988

Holling, H./Kanning, U.: Theorien der Organisationspsychologie. In: Schuler, H. (Hrsg.): Organisationspsychologie. 3. Auflage. Verlag Hans-Huber, Bern 2004. S. 59 – 89

Holtbrügge, D.: Personalmanagement (3). Springer, Heidelberg 2007

Huarng, F./Hong, C./Chen, C.: A study of ISO 9000 process, motivation and performance. In: Total Quality Management 10(7), 1999. S. 1009 – 1025

Hungenberg, H./Wulf, T.: Grundlagen der Unternehmensführung. Springer, Heidelberg 2004

Huppertz, M.: Nutzen von zertifizierten QM-Systemen. In: Kamiske, Gerd F. (Hrsg.): Digitale Fachbibliothek Qualitätsmanagement. Symposion Publishing, 2005

Kopelman, R. E./Prottas, D. J./Davis, A. L.: Douglas McGregor's Theory X and Y: Toward a Construct-valid Measure. In: Journal of Managerial Issues 20(2), 2008. S. 255 – 271

Leontiev, D. A.: Maslow Yesterday, Today, and Tomorrow. In: Journal of Humanistic Psychology 48, 2008. S. 451 – 453

*Lewin, K.:*Action research and minority problemes. In: Journal of Social Issues 2, 1946. S. 34 – 46

Lieb, H.: Motiviertes Qualitätsmanagement. Apprimus, Aachen 2011

Lieb, H./Vetter, S./Nielen, A./Schlick, C./Schmitt, R.: Motivating quality management – a synergy of quality management systems and motivational systems. Paper presented at the 12th International QMOD and Toulon-Verona Conference on Quality and Service Sciences (ICQSS), Verona/Italien 2009

Maslow, A. H.: Motivation and Personality. Harper & Row, New York 1954

McGregor, D. M.: The Human Side of Enterprise. McGraw-Hill, New York 1960

Meegan, S. T./Taylor, W. A.: Factors influencing a successful transition from ISO 9000 to TQM. The influence of understanding and motivation. In: International Journal of Quality & Reliability Management, 14, 1997. S. 100 – 117

Nerdinger, F. W./Blickle, G./Schaper, N.: Arbeits-, Betriebs- und Organisationspsychologie. Springer Medizin Verlag, Heidelberg 2008

Nielen, A./Vetter, S./Lieb, H./Schlick, C./Schmitt, R.: Enhancing Organizational Quality Efforts through Incorporating of Motivational Aspects. Paper presented at the IEEE International Conference on Industrial Engineering and Engineering Management (IEEM), Hong Kong 2009

Nohria, N./Groysberg, B./Lee, L-E.: Mitarbeiter richtig motivieren. In: Harvard Business Manager 30(8), 2008. S. 20 – 29

Rayner, P./Porter, L. T.: BS5750/ISO 9000 – the experience of small and medium sized firms. In: International Journal of Quality & Reliability Management 8, 1991. S. 16 – 28

Rheinberg, F.: Motivation (6.). W. Kohlhammer, Stuttgart 2006a

Rheinberg, F.: Intrinsische Motivation und Flow-Erleben. In: Heckhausen, H./Heckhausen, J. (Hrsg.): Motivation und Handeln. Springer Medizin Verlag, Heidelberg 2006b. S. 331 – 354

Sachau, D. A.: Resurrecting the Motivation-Hygiene Theory. Herzberg and the Positive Psychology Movement. In: Human Resource Development Review 6, 2007. S. 377 – 393

Sander, K.: Die Motivationstheorien von Maslow und Herzberg. In: Harvard Business Manager 4(4), 1982. S. 44 – 68

Schmitt, R.: Qualität in produzierenden Unternehmen Deutschlands 2010. Fraunhofer-Institut für Produktionstechnologie (IPT), Aachen 2011

Schmitt, R./Lieb, H./Schlick, C./Nielen, A.: Motiviertes QM. Methodik zur Gestaltung eines gelebten Qualitätsmanagement-Systems. Forschungsgemeinschaft Qualität e. V., Frankfurt 2012

Schmitt, R./Mütze-Niewöhner, S./Vetter, S./Lieb, H./Nielen, A.: Mehr Leben im Spiel. Motivationsgerechte Gestaltung von QM-Systemen. In: QZ – Qualität und Zuverlässigkeit 55(8), 2010. S. 56 – 57

Staehle, W. H.: Management. Eine verhaltenswissenschaftliche Perspektive (8). Vahlen, München 1999

Stratmann, W. (Hrsg.): Die ISO 9001:2000. Interpretation der Forderungen der Norm DIN EN ISO 9001:2000. 4. Auflage. TÜV-Verlag, Köln 2002

Weinert, A. B.: Organisations- und Personalpsychologie (5). Psychologie Verlags Union, Basel 2004

Withers, B./Ebrahimpour, M.: Does ISO 9000 affect the dimensions of quality used for competetive advantage? In: European Management Journal 18(4), 2000. S. 431 – 443

49

Die Transformation des Qualitätsmanagers

49.1 Status quo 1081

49.2 Qualität neu denken 1082

49.3 Arbeitsmarktsituation im Qualitätswesen 1089

49.4 Interim-Management 1094

49 Die Transformation des Qualitätsmanagers

Hans Weber

Die Komplexität im Qualitätswesen – sowohl in der Qualitätssicherung als auch im Qualitätsmanagement – hat in den letzten Jahren immer stärker zugenommen und ist heutzutage für Qualitätsmanager kaum noch adäquat zu handeln. In der Qualitätssicherung hat die Komplexität durch technisch hochwertige Messtechnikverfahren und IT-gestützte, qualitätssichernde Maßnahmen enorm zugenommen. Heute ist die Qualitätsbeurteilung eines Produkts wesentlich schwieriger als noch vor zwanzig Jahren. Durch Hightech-Materialien und die komplizierteren Zusammensetzungen der einzelnen Komponenten werden die an die Qualitätssicherung gestellten Anforderungen bei den Kontrollen erheblich erhöht und ausgedehnt.

Vor allem im Qualitätsmanagement hat die Komplexität in den letzten Jahren einen deutlichen Zuwachs zu verzeichnen. Inzwischen gibt es eine Vielzahl von branchenspezifischen Qualitätsnormen, -werkzeugen- und -methoden. Ein Unternehmen, das Kunden aus unterschiedlichen Branchen hat, z.B. aus der Automobilindustrie, der Medizintechnik, dem Maschinenbau sowie der Luft- und Raumfahrttechnik, muss oftmals nach mehreren Qualitätsnormen zertifiziert sein. Darüber hinaus gibt es mittlerweile eine Vielzahl von Qualitätsmethoden und -werkzeugen, die so umfangreich sind, dass Qualitätsmanager gar nicht mehr in der Lage sind, alle detailliert zu beherrschen. Der Aufwand, der für den Aufbau und die Aufrechterhaltung eines Qualitätsmanagementsystems betrieben werden muss, bedeutet in der Zwischenzeit einen enormen Kraftakt.

49.1 Status quo

Durch die zunehmende Komplexität herrschen unruhige Zeiten für Qualitätsmanager. Starke Veränderungen sind im Gange und eine große Transformation des Berufsbildes „Qualitätsmanager“ hat begonnen. In diesem Beitrag wird untersucht, wie sich diese Entwicklung im Einzelnen auswirkt.

Anforderungen an Qualitätsmanager sind drastisch gestiegen

Die Steigerungen der Komplexität haben die Tätigkeiten im Qualitätswesen und die daraus resultierenden Anforderungen an Qualitätsmanager stark beeinflusst. Unternehmen wünschen sich Mitarbeiter, die sowohl die operative Qualitätssicherung als auch das strategische Qualitätsmanagement sehr gut beherrschen (Abb. 49.1). Die Mitarbeiter sollen auf der einen Seite exakte Kenntnisse der Produkte und der Produktionsverfahren sowie Kenntnisse der modernen Qualitätssicherung besitzen. Überdurchschnittlich gute technische Kenntnisse sind deswegen erforderlich. Hinzu kommen Aufgaben in der Reklamationsbearbeitung, die sowohl die Kunden- als auch die Lieferantenseite betrifft. Darunter fällt insbesondere auch die technische Ursachenforschung. Der Aufgabenbereich umfasst also alle Facetten des operativen Tagesgeschäfts in der Qualitätssicherung.
Auf der anderen Seite beinhaltet die Aufgabenstellung das ganzheitliche, strategische Qualitätsmanagement – also den Aufbau und die Weiterentwicklung eines Qualitätsmanagementsystems und die Etablierung einer Qualitätsphilosophie. Hinzu kommen oftmals noch Tätigkeiten im Bereich Umweltmanagement, Arbeitssicherheit, Datenschutz, Compliance Management, Risikomanagement, IT-Sicherheit etc. Die Tätigkeit umfasst des Weiteren das gesamte Auditwesen und die Analyse, Optimierung sowie Dokumentation aller Geschäftsprozesse in allen Unternehmensbereichen (z. B. Vertrieb, Entwicklung, Logistik, Einkauf usw.) – nicht nur im Produktionsbereich.
Die Veränderungen betreffen nicht nur die fachliche Komponente, sondern ganz besonders die persönlichen Eigenschaften der Qualitätsmanager, an die in der Zwischenzeit wesentlich höhere Erwartungen von den Unternehmen gestellt werden.
Neben den fachlichen Kenntnissen wird von den Qualitätsmanagern auch immer mehr erwartet, dass sie über ein gutes Auftreten und eine ausgeprägte Persönlichkeit verfügen, mit der sie sowohl Kunden als auch Lieferanten überzeugen können. Auch das Thema Führung ist für Qualitätsmanager mit Personalverantwortung zu einem essentiellen Bestandteil geworden. Denn nur mit einer gelungenen Mitarbeiterführung sind das Umsetzen von Strategien sowie das Erreichen gesteckter Ziele möglich. Daher sollten Führungskräfte über eine ausgeprägte Führungserfahrung verfügen, um die Mitarbeiter im Qualitätswesen gut und erfolgreich zu führen. Es wird nicht nur eine umfassende Managementerfahrung, sondern auch eine ausgeprägte Führungs- sowie interkulturelle Kompetenz erwartet, um die richtigen Teams auszuwählen und auf ein Ziel einzuschwören. Daher erwarten heutzutage viele Unternehmen das absolute Multitalent im Qualitätswesen, das sowohl die operative Qualitätssicherung als auch das strategische Qualitätsmanagement einwandfrei beherrscht, aber auch die zum Unternehmen passende Persönlichkeit mitbringt.

> Qualitätsmanager müssen Multitalente sein.

Für diese facettenreichen Aufgaben benötigt man nicht nur unterschiedliche fachliche Qualifikationen, sondern vor allem bestimmte persönliche Eigenschaften. Denn für die Qualitätssicherung braucht man eher die detail- und technikorientierte Persönlichkeit, für das Qualitätsmanagement eher den kommunikationsstarken, visionären Manager. Es ist also nicht von der Hand zu weisen, dass für die Qualitätssicherung und das Qualitätsmanagement jeweils ein anderer Menschentyp notwendig ist. Wenn man die Erwartungen der Unternehmen an die Qualitätsmanager auf den Sport überträgt, würde dies bedeuten, dass man einen Fußballtrainer sucht, der selbst noch als Stürmer tätig ist und nebenbei als Torwart fungiert. Es handelt sich also um ein Profil, das nur ganz selten existiert und in der Kombination der Aufgabenstellungen oftmals auch keinen Sinn ergibt. Unternehmen suchen in den meisten Fällen die „Eier legende Wollmilchsau“. Auf-

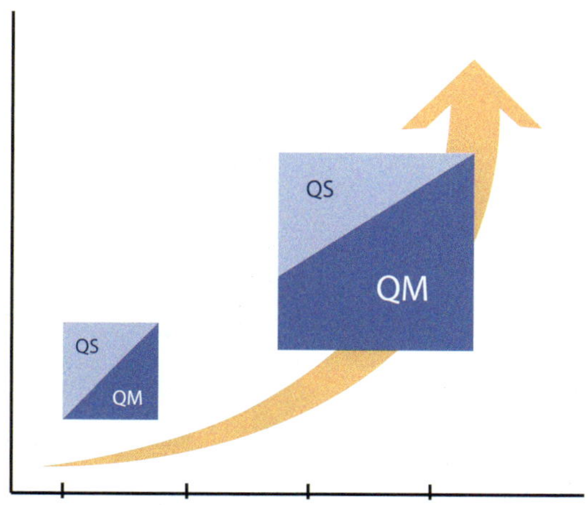

Abb. 49.1 Anforderungen an Qualitätsmanager

VI

grund der hohen Erwartungshaltung der Unternehmen, welche die Qualitätsmanager kaum erfüllen können, hat die Unzufriedenheit mit den Qualitätsmanagern in den Unternehmen deutlich zugenommen (Abb. 49.2).

Unzufriedenheit von Unternehmen mit Qualitätsmanagern nimmt zu

In den Unternehmen führt dieser Umstand immer stärker zu Verstimmungen und sorgt somit für eine unnötige Schwächung des Qualitätswesens. Dies führt nicht nur zu Frust bei der Unternehmensführung, sondern vor allem auch bei den Qualitätsmanagern. Denn diese erhalten permanent von allen Seiten Anforderungen, die sie nicht erfüllen können, was zwangsläufig zu Frustration führt. Dies ist die Situation, in der sich Unternehmen und Qualitätsmitarbeiter immer häufiger befinden. Aufgrund der Unzufriedenheit hat das Berufsbild des Qualitätsmanagers bereits deutliche Imageverluste erlitten und verliert konstant an Bedeutung in den Unternehmen.
Die Ursachen hierfür liegen hauptsächlich darin, dass es kein klares Berufsbild des Qualitätsmanagers gibt. Ergo fassen die Unternehmen in den meisten Fällen unterschiedliche, sich teilweise widersprechende Aufgaben zusammen. Oftmals wird der Begriff Qualitätsmanager inflationär verwendet. Das eine Unternehmen definiert darunter den Leiter Qualitätsmanagement für die strategische Ausrichtung der Qualität, ein anderes Unternehmen den Leiter Qualitätssicherung für die operative Sicherung. Wieder andere Unternehmen verstehen darunter den Sachbearbeiter für die Produktionsprüfungen oder für das Auditwesen. Die Diskrepanzen zwischen dem, was Unternehmen als Aufgaben im Qualitätswesen definieren und von Qualitätsmanagern erwarten, und dem, was Qualitätsmanager selbst als ihre Aufgaben betrachten, sind enorm.

> Es fehlt ein klares Berufsbild.

Die zunehmende Unzufriedenheit und der Bedeutungsverlust sind daher nicht auf eine mangelnde Qualifikation der Qualitätsmanager zurückzuführen, sondern auf ein falsches Jobdesign und die bis dato ungünstige Organisationsform des Qualitätswesens. Unternehmen benötigen keine anderen oder neuen Qualitätsmanager, sondern eine Neuorganisation des Qualitätswesens, denn das Berufsbild des heutigen Qualitätsmanagers, der alles abdecken soll, ist ein Auslaufmodell.

49.2 Qualität neu denken

„Auslaufmodell" des Qualitätsmanagers des heutigen Formats

Veränderungen im Berufsbild des Qualitätsmanagers und in der Qualitätsorganisation sind unbedingt erforderlich, um das Qualitätswesen sowie das Berufsbild des Qualitätsmanagers nachhaltig zukunftsfähig auszurichten.
Es ist wichtig zu erkennen, dass nicht nur fachliche Kenntnisse erforderlich sind, um eine Aufgabe optimal zu lösen, sondern vor allem persönliche Eigenschaften. So kann man sich kaum vorstellen, dass ein auf Zahlen fokussier-

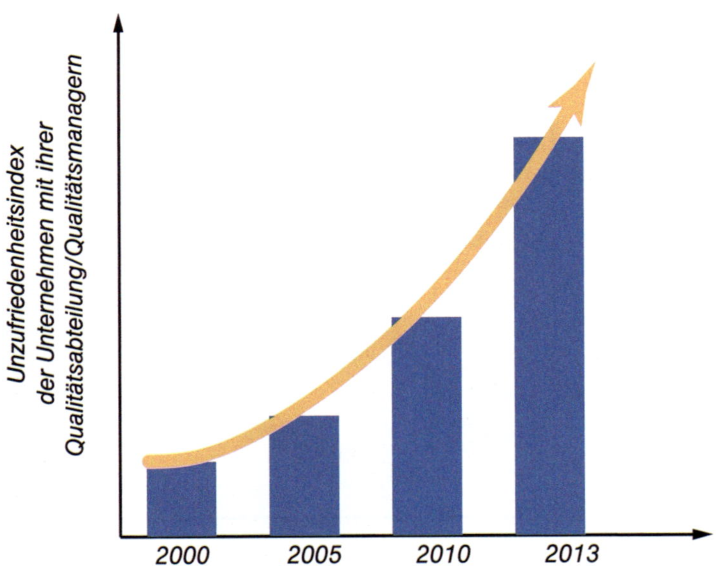

Abb. 49.2
Unzufriedenheit mit Qualitätsmanagern

VI

ter Buchhalter nebenbei noch als Vertriebler in die Kaltakquise gehen kann. Dies scheint für fast alle auf den ersten Blick unlogisch zu sein. Im Qualitätswesen erwartet man diesen Spagat allerdings. Auf der einen Seite sucht man den operativen Qualitätssicherer, der eher der „hands-on-Typ“ ist. Auf der anderen Seite sucht man den strategischen Qualitätsmanager, der ein visionärer Vordenker und Kommunikator ist. Wenn dann noch eine Abteilung geführt werden muss, sucht man zusätzlich noch die Führungskraft mit den notwendigen Führungseigenschaften. Für die unterschiedlichen Tätigkeiten innerhalb des Qualitätswesens benötigt man daher nicht nur unterschiedliche Qualifikationen, sondern auch verschiedene Charaktere. Die Unzufriedenheit der Unternehmen mit den Qualitätsmitarbeitern liegt also nicht an mangelnder Qualifikation, sondern am falschen Jobdesign.

Es scheitert nicht an der mangelnden Qualifikation, sondern am falschen Jobdesign.

Aufgrund der Schnelllebigkeit sowie der Komplexität des Qualitätswesens stellt sich zunehmend die Frage, ob es tatsächlich Multitalente gibt, die sich über einen längeren Zeitraum in allen Bereichen auf dem Laufenden halten sowie neue Trends erkennen und umsetzen können. Die Komplexität hat in solch einem Maße zugenommen, dass immer auf einer Seite – entweder Qualitätssicherung oder Qualitätsmanagement – Schwächen gezeigt werden. Unternehmen benötigen allerdings Experten und keine Halbwisser. Die Lösung kann deshalb nicht sein, dass man Mitarbeiter schnell austauscht. Wichtiger ist es, dass die Qualitätsorganisationen und Tätigkeiten sich ändern.

Veränderungen in Qualitätsorganisation und Aufgabenstellung sind erforderlich.

Deshalb ist es unbedingt erforderlich, die Aufgabenstellungen im Qualitätswesen zu überdenken, neu zu organisieren und klar definierte Berufsbilder zu schaffen. Qualitätsmanager sollten sich über die Aufgabenstellungen im Klaren sein, die eigenen Stärken und Schwächen analysieren und selbst feststellen, welche Tätigkeit zur ihrer Persönlichkeit passt – die operative Qualitätssicherung oder das strategische Qualitätsmanagement. Beides sind für ein Unternehmen extrem wichtige Tätigkeitsbereiche. Es geht nicht darum, welcher Bereich bedeutender ist, sondern in welchem die persönlichen Stärken am Besten zum tragen kommen. Die Persönlichkeit und die Stärken der Einzelnen werden in Zukunft ein immer wichtigeres Kriterium werden und somit auch das Berufsbild „Qualitätsmanager“ entscheidend verändern.

Die Trennung von QS und QM ist unausweichlich.

Die Aufgaben und der Tätigkeitsbereich müssen eindeutiger umrissen werden. Die klare Trennung zwischen Qualitätssicherung und Qualitätsmanagement und die daraus resultierende Neuorganisation des Qualitätswesens sind unausweichlich (Abb. 49.3). Bedingt dadurch, wird sich ein neues Berufsbild herauskristallisieren – und zwar das des „Qualitäts- und Prozessmanagers“. Hier sind insbesondere Menschen mit ausgeprägter Persönlichkeit gefragt. Ein betriebswirtschaftlicher Background, das Talent, Menschen für eine Idee zu begeistern, ein gutes Gespür, Fingerspitzen- und Taktgefühl sowie einen Hang zur Organisation sind wichtig. Der Qualitätsmanager in seiner heutigen Form, der sowohl im Bereich Qualitätssicherung als auch im Qualitätsmanagement tätig ist, wird schon in naher Zukunft ein „Auslaufmodell“ sein.

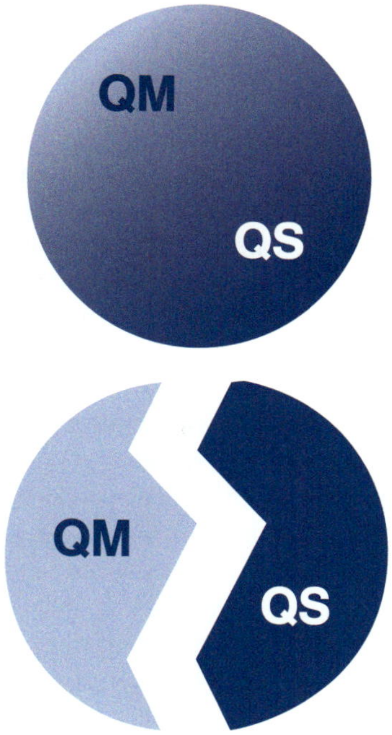

Abb. 49.3 Trennung QS und QM

Neuorganisation des Qualitätswesens

In den meisten Unternehmen gibt es heute nach wie vor die übliche Verflechtung der Qualitätssicherung und des Qualitätsmanagements. Das wichtige Qualitätsmanagement kommt dabei oftmals viel zu kurz. Meistens wird erst das Dringende (QS) erledigt, für das Wichtige (QM) fehlt dann die Zeit – so geht QS letztlich vor QM. Dass dies nicht dem Qualitätsgedanken entspricht, nämlich „Qualität zu produzieren und nicht zu prüfen“, müssen nun immer mehr Unternehmen feststellen.

Mit einer optimalen Qualitätsorganisation fit für die Zukunft

Hinter dem Qualitätsgedanken verbirgt sich nämlich die „optimale Unternehmensorganisation“. Die vorhandene Organisation bietet dafür oft keinen Spielraum. Dies hat dazu geführt, dass sich das Qualitätswesen in einigen Unternehmen bereits zu einer Parallelorganisation entwickelt hat. Viele Mitarbeiter gehen davon aus, dass für die Qualität der Produkte und der Prozesse einzig das Qualitätswesen zuständig und verantwortlich ist. Diese Einstellung ist allerdings nicht im Sinne des Qualitätsgrundgedankens. Denn jeder einzelne Mitarbeiter im Unternehmen – von der Reinemachfrau bis zum Geschäftsführer – ist dafür verantwortlich, dass „Qualität“ produziert werden kann. Nur Unternehmen, denen es gelingt, den Gedanken der kontinuierlichen Verbesserung, der Vermeidung von Verschwendung und der Optimierung aller Tätigkeiten in den Köpfen aller Mitarbeiter fest zu verankern, sind auf dem Weg zu einem exzellenten Unternehmen. Die aktuellen Strukturen im Qualitätswesen unterstützen die Optimierung der Gesamtorganisation allerdings oftmals nicht ausreichend. Es ist daher empfehlenswert, dem Thema Qualitätsmanagement mehr Bedeutung zukommen zu lassen. Dies ist aber nur möglich, wenn Qualitätsmanagement sich von den qualitätssichernden Aufgaben löst. Eine eindeutige Trennung von Qualitätsmanagement und Qualitätssicherung ist in vielen Fällen sinnvoll.

Für die Qualitätssicherung gibt es zwei Varianten: zum einen kann eine eigene Abteilung für die Qualitätssicherung etabliert werden, zum anderen können die operativen Qualitätstätigkeiten in den entsprechenden Abteilungen, wie z. B. Produktion, Einkauf, Vertrieb, Entwicklung etc., positioniert werden. Die Chancen, dass sich jeder Mitarbeiter mit dem Thema Qualität mehr identifiziert, steigen bei Variante 2 um ein Vielfaches. So kann das Ziel einer optimalen und nachhaltigen Unternehmensorganisation erreicht werden. Denn eins ist klar: Qualitätsnormen, Werkzeuge und Methoden, um dieses Ziel erfolgreich in die Praxis umzusetzen, sind ausreichend vorhanden. Die meisten Unternehmen haben nur leider vergessen, alle Mitarbeiter in den Qualitätsgedanken einzubinden. Nur wenn es gelingt, den Gedanken der optimalen Organisation in Kombination mit der Vermeidung von Verschwendung in Unternehmen zu etablieren, werden diese dauerhaft erfolgreich sein können.

Es ist deshalb vorteilhaft, wenn das Thema Qualitätsmanagement und Organisation ein selbständiger und unabhängiger Unternehmensbereich wird. Die Aufgabe dieser Funktion ist dann, für eine nachhaltige Verbesserung und Optimierung aller Prozesse und Tätigkeiten im Unternehmen zu sorgen. Eine Neustrukturierung des Qualitätswesens ist dabei von Vorteil.

Nutzen einer Neuorganisation im Qualitätswesen

Mit der Einführung einer neuen Organisation im Qualitätswesen bietet sich die Chance, sowohl die Qualitätssicherung als auch das Qualitätsmanagement optimaler betreiben zu können. Dadurch ergibt sich die Möglichkeit, dass sich alle Unternehmensbereiche besser mit den Qualitätsthemen identifizieren. Dies kann in der Folge zu einer deutlichen Verbesserung der allgemeinen Unternehmensorganisation führen. Hierfür gibt es allerdings kein Patentrezept. Jedes Unternehmen muss seinen individuellen Weg finden. Die nachstehend genannten Fallbeispiele zeigen nur eine von mehreren Möglichkeiten auf (Abb. 49.4 bis 49.6).

Die Veränderungen betreffen die einzelnen Abteilungen wie folgt:

Produktion

Oft liegt der Fokus vor allem darauf, möglichst hohe Stückzahlen in kürzester Zeit zu produzieren – und nicht auf den i. O.-Teilen. Viele Produktionsmanager werden ausschließlich nach quantitativen und nicht nach qualitativen Kennzahlen vergütet. Anfallende Reklamationen und Ausschüsse werden nicht von der Produktionsabteilung bearbeitet, sondern landen automatisch auf dem Tisch der Qualitätsmanager in der Qualitätsabteilung. Es ist deshalb nicht verwunderlich, dass der Qualitätsgedanke des Öfteren auf der Strecke bleibt.

Die Mitarbeiter in der Qualitätsabteilung müssen sich dann mit den unzufriedenen Kunden beschäftigen und das Fehlverhalten der Produktion ausbaden. Daher sollte die Verantwortung für Qualität und das Vergütungssystem in der Produktionsabteilung umgestellt werden und die Mitarbeiter dort nicht mehr nach der produzierten Stückzahl bezahlt werden, sondern in Abhängigkeit von der Ausschussmenge. Bei der variablen Komponente der Vergütung würde das bedeuten, dass für produzierte Ausschüsse anteilig Abzüge am variablen Gehalt vorgenommen werden. Dies sollte die Verantwortung sowie das Bewusstsein für einen von allen gelebten Qualitätsgedanken schärfen. Denn nur wer qualitativ hochwertige Produkte herstellt, ist in der Lage seine variable Gehaltskomponente positiv zu beeinflussen.

Einkauf

Für viele Mitarbeiter im Einkauf ist die Kostenersparnis beim Einkauf von Rohstoffen und Komponenten von jährlich ca. 5 % als Ziel vorgegeben. Erreicht der Mitarbeiter

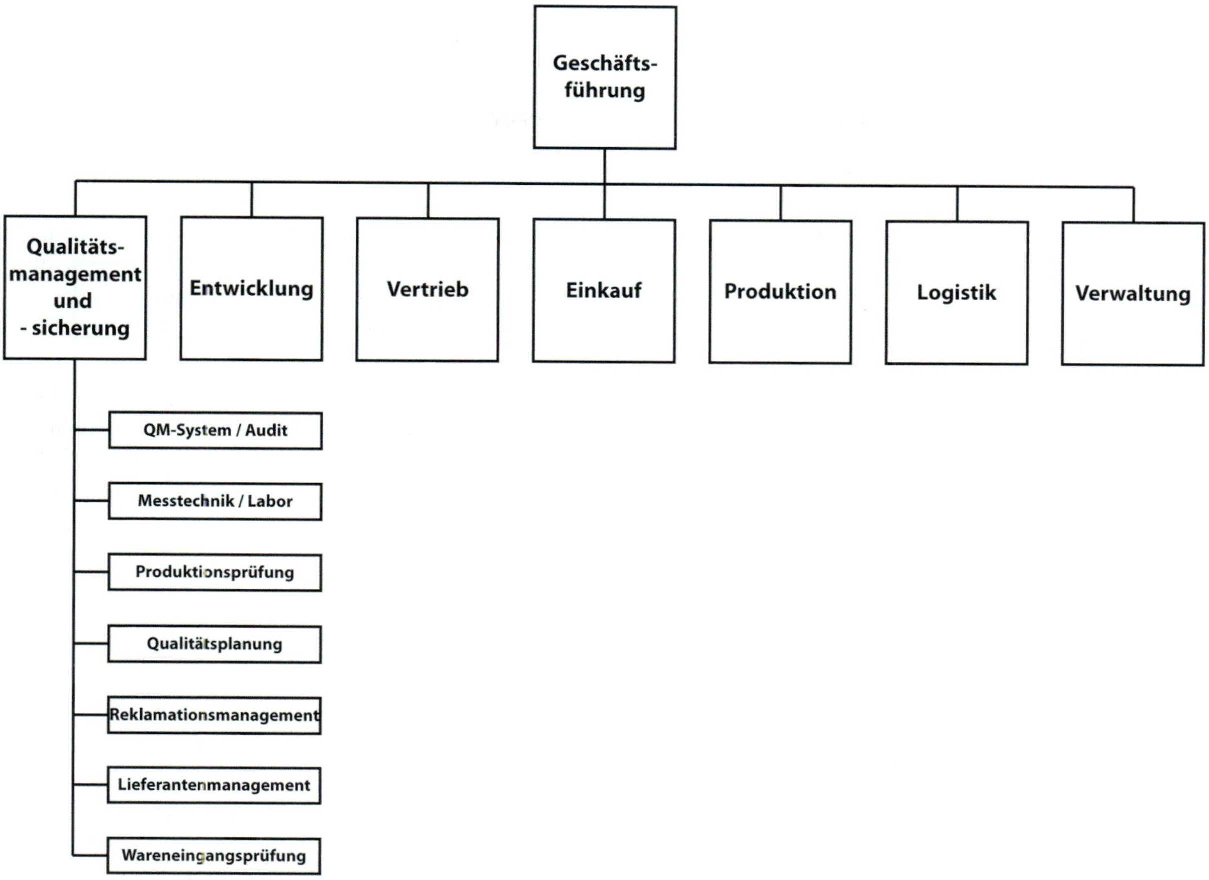

Abb. 49.4 Organigramm: Ist-Situation in der Unternehmensorganisation

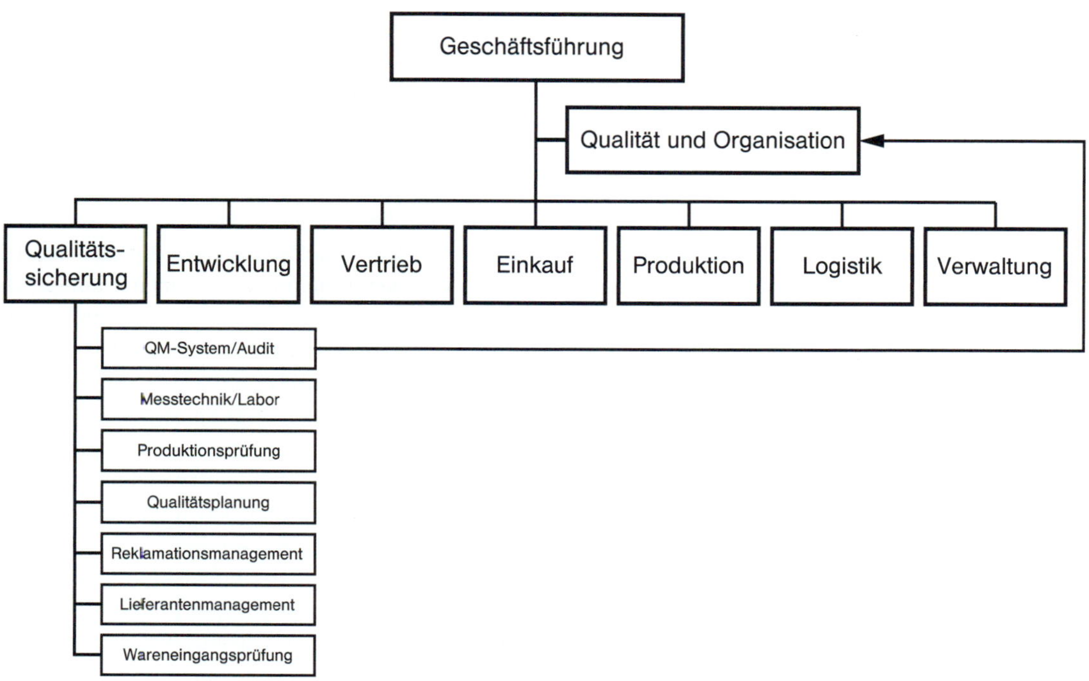

Abb. 49.5 Organigramm 2: Neue Unternehmensorganisation Vorschlag 1

VI

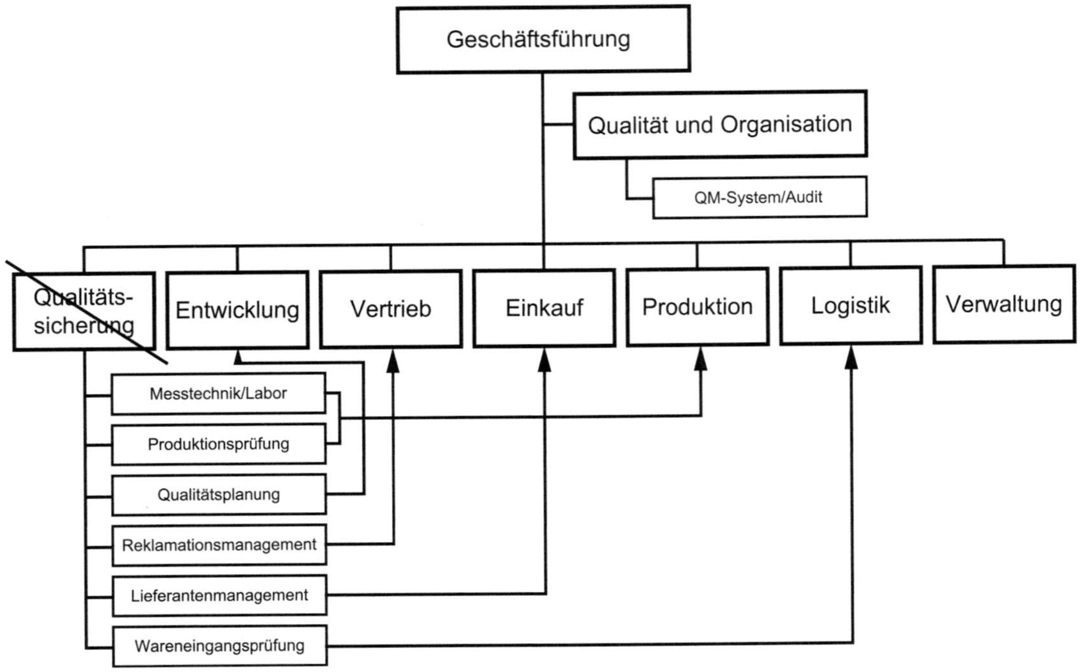

Abb. 49.6 Organigramm 3: Neue Unternehmensorganisation Vorschlag 2

das vorgegebene Ziel, so erhält er in der Regel eine Bonuszahlung, die den variablen Anteil des Gehalts bildet. Je besser die Einkaufskonditionen, desto sicherer die Ausschüttung der variablen Komponente im vollen Umfang. Um dieses Ziel zu erreichen, werden oftmals auch Rohstoffe eingekauft, die nicht der erforderlichen Qualität entsprechen, um einwandfreie Produkte herstellen zu können. Denn mit minderwertigen Rohstoffen und Komponenten lassen sich nun mal keine qualitativ hochwertigen Erzeugnisse produzieren. Somit bewegt sich die produzierte Qualität in einem teilweise mehr als grenzwertigen Bereich und kann unter Umständen zu enormen Folgekosten führen. Kundenreklamationen sind in so einem Fall noch das kleinste Übel. Daher sollte bei einem neu organisierten Qualitätswesen auch im Einkauf die variable Komponente des Einkommens an der Qualität der eingekauften Ware festgemacht werden. Die Einsparungen, die bei der Verringerung der Konditionen für qualitativ nicht ausreichend gute Ware vorgenommen werden, führen schlussendlich gerade zum Gegenteil. Durch Reklamationen, anfallende Ausbesserung der Produkte, Rückrufaktionen, die durchgeführt werden müssen, kann es zu erheblichen, aber vermeidbaren Folgekosten kommen. Vertraut man den Einkäufern zudem die Sicherstellung der Qualität an, so wird es aller Wahrscheinlichkeit nach zu einem veränderten Einkaufsverhalten kommen.

Entwicklung

Mitarbeiter in der Entwicklungsabteilung sehen sich gerne als die kreativen Köpfe und Freigeister im Unternehmen, die sich kaum an Vorgaben halten müssen. Immerhin kann hier durch eine gute Idee für den nächsten Branchentrend gesorgt werden. Daher wirkt die Abteilung innerhalb eines Unternehmens in vielen Fällen autark. Qualitätsmanager, die im Rahmen von neuen Projekten bzw. Entwicklungen hierhin entsandt werden, werden meistens als Störenfriede gesehen, die immer gegen eine Idee oder Realisierung aus qualitativ nicht umsetzbaren Gründen sprechen. Noch siegt in vielen Fällen die Entwicklungsabteilung und das Qualitätswesen muss schauen, wie die Idee qualitativ hochwertig umgesetzt werden kann, ohne Kompromisse eingehen zu müssen. Dabei ist es enorm wichtig, dass sich in der Entwicklung der Qualitätsgedanke durchsetzt, um die Quote der nicht zu realisierenden Projekte aufgrund von zu großen qualitativen Mängeln zu verringen. Ändern sich die Ansichten hier nicht, kann es nach wie vor zu Fehlinvestitionen durch unüberlegte Abwicklung von Projekten kommen, die durch die intensivere Berücksichtigung des qualitativen Faktors hätte verhindert werden können. Sensibilisiert man die Mitarbeiter in der Entwicklung auch für die qualitätsplanerischen Ansätze eines Produkts, ist die Chance größer, dass der ganze Lebenszyklus eines Produkts in den Fokus gerät.

Alles in allem ist festzuhalten, dass der Qualitätsgedan-

VI

ken nicht nur vom Qualitätswesen getragen und gelebt werden muss, sondern von jedem einzelnen Mitarbeiter im Unternehmen, unabhängig von Funktion und Hierarchieebene.
Die Etablierung einer unabhängigen Abteilung für Qualitätsmanagement und Organisation ist deshalb empfehlenswert.

Neue Berufsbilder im Qualitätswesen

Im Zuge der Veränderung in den Qualitätsorganisationen werden sich neue Tätigkeitsfelder und Aufgabenstellungen in den Qualitätsabteilungen der Unternehmen ergeben. Neben der klassischen Qualitätssicherung wird sich insbesondere im Qualitätsmanagement ein neues Berufsbild entwickeln.

> Das zukünftiges Berufsbild „Qualitäts- und Prozessmanager"

Aufgrund der Umstrukturierung im Qualitätswesen wird ein neues Berufsbild, das des „Qualitäts- und Prozessmanagers", zu etablieren sein. Dieses hat mit der klassischen Funktion eines Qualitätsmanagementbeauftragten wenig zu tun (Abb. 49.7). Ein QMB kümmert sich in der Regel darum, dass die Einhaltung der erforderlichen Normen gewährleistet ist und die Zertifizierungen ohne Abweichungen ablaufen. Für Qualitäts- und Prozessmanager ist dies allerdings nur ein Teilbereich des umfangreichen Aufgabengebietes. Denn Qualität bedeutet mehr als nur die Aufrechterhaltung eines Zertifikates. Es bedeutet vielmehr die Weiterentwicklung und Optimierung aller Geschäftsprozesse sowie die Vermeidung von Verschwendung, nicht nur beschränkt auf die Produktion, sondern auch auf Geschäftsbereiche wie z.B. Vertrieb, Entwicklung, Supply Chain Management, Verwaltung, Personal etc. Denn hier schlummern meistens die größten Verbesserungspotenziale. Die Hauptaufgabe eines Qualitäts- und Prozessmanagers ist also insbesondere die Analyse und Optimierung sowie die Dokumentation aller Geschäftsprozesse. Dieses beinhaltet auch die Schulung der Mitarbeiter sowie die Sensibilisierung für das Thema Qualität. Kernaufgabe ist außerdem die Sicherstellung der nachhaltigen Umsetzung der veränderten Prozesse. Zudem kümmern sich Qualitäts- und Prozessmanager auch um die Weiterentwicklung, die Aufrechterhaltung der Zertifizierungen von anderen Normen, wie z.B. im Bereich

Abb. 49.7
Aufgaben und Anforderungen an Qualitäts- und Prozessmanager

VI

Umweltmanagement, Arbeitssicherheit, Risikomanagement, IT-Sicherheit und Energiemanagement. Im Großen und Ganzen lässt sich sagen, dass eine solche Position mit der eines internen Unternehmensberaters zu vergleichen ist. Die Fähigkeit, die einen guten Qualitäts- und Prozessmanager ausmacht, ist vor allem, dass Schwachpunkte in der Organisation erkannt werden, diese gemeinsam mit den betroffenen Abteilungen behoben werden, die Sicherstellung der korrekten Umsetzung gewährleistet wird und die betroffenen Mitarbeiter für das Thema Qualität weiter sensibilisiert werden. Für diese Position sind besonders gute Kommunikationsfähigkeit und ein hoher Grad an sozialer Kompetenz von entscheidender Bedeutung. Schlussendlich haben besonders diese Manager das Ziel, den Leitsatz „Qualität zu produzieren, nicht zu prüfen" aktiv im gesamten Unternehmen zu implementieren. Wegen ihrer von Natur aus kommunikativen Art, der sozialen Kompetenz und der Eigenschaft, sich schnell auf neue Leute einzustellen bzw. sensibel auf sich verändernde Stimmungen zu reagieren, eignen sich für dieses Berufsbild besonders Frauen. Des Weiteren kommen Persönlichkeiten für das Qualitätswesen in Frage, die man als „Quereinsteiger" bezeichnet. Denn aufgrund des fortschreitenden Wandels müssen viele Unternehmen flexibler bei der Besetzung ihrer Vakanzen im Qualitätswesen werden. Dies gibt Firmen die Chance, qualifizierte Persönlichkeiten am Arbeitsmarkt zu finden und diese für eine solche Tätigkeit zu begeistern. Für Unternehmen ist die Öffnung des Qualitätswesens für „fachfremde" Personen ein wichtiger Aspekt, da die technikorientierten Qualitäter derzeit kaum noch vorhanden sind. Durch die Veränderungen im Qualitätswesen und die damit einhergehende deutlichere Abgrenzung der Bereiche Qualitätssicherung und Qualitätsmanagement wird die Möglichkeit für Unternehmen geschaffen, sich dem Können interessanter Quereinsteiger in diesem Bereich zu bedienen. Bringen diese die für das Qualitätswesen wichtigen persönlichen Eigenschaften mit, ist ein Einstieg für Kandidaten hochinteressant. Das Optimieren von Prozessen, die Motivation der Mitarbeiter für Qualitätsbelange sowie die Neuausrichtung und -strukturierung gelingt auch erfahrenen Persönlichkeiten, die einen guten Überblick über die Gesamtheit eines Unternehmens haben, ohne dass ein extrem tiefes technisches Wissen notwendig ist.

„Experte für Qualitätssicherung"

Im Gegensatz zum Berufbild „Qualitäts- und Prozessmanager" kann man das des „Experten für Qualitätssicherung" in unterschiedliche technische Fokussierungen aufteilen.

VI

Produktionsqualitätssicherer

Qualitäter, die in der operativen Qualitätssicherung tätig sind, betreuen innerhalb eines Unternehmens vor allem die Produktion bzw. den produktionsnahen Bereich. Hier gehören zu den täglichen Aufgaben vor allem die produktionsbegleitenden Prüfungen. Diese erfolgen meist mittels hochmodernen Messtechnikverfahren, wie z.B. der 3D-Messtechnik. Des Weiteren gehören dazu auch Prüfungen, die im Labor vorgenommen werden müssen. Die Art der Prüfungen ist stark von den Branchen bzw. dem jeweiligen Produktbereich abhängig. Da hier Abweichungen in den kleinsten Einheiten ermittelt werden, benötigen Qualitätssicherer, die in der produktionsnahen Qualitätssicherung arbeiten, ganz spezielle Eigenschaften. Grundvoraussetzungen um in diesen Bereichen erfolgreich zu sein, sind Technikbegeisterung, technikorientierte Arbeitsweise, Detailverliebtheit und der Hang zum „Perfektionismus".

Qualitätsplaner

Qualitätsplaner sind in Unternehmen dafür verantwortlich, in Neuprojekten die Qualitätsfahne hochzuhalten und dafür zu sorgen, dass die Mitarbeiter aus anderen Abteilungen den qualitativen Aspekt bei der Planung und der späteren Realisierung von Komponenten oder Produkten nicht aus dem Auge verlieren. Dies gehört zu den Kernaufgaben innerhalb der Projektteams. Aufgrund dessen und wegen der kontinuierlichen Erinnerung an die qualitativen Anforderungen im Rahmen des Projekts gehören Qualitätsplaner nicht selten zu den „ungeliebteren" Mitgliedern von Projektteams. Sie sind verantwortlich für die Erarbeitung von Kontrollplänen, deren korrekte Umsetzung und die Kontrolle der Einhaltung von produktionsentstehungsspezifischen Vorgaben. Dazu ist es notwendig, den anderen Kollegen regelmäßig auf die Füße zu treten und diese immer wieder an die einzuhaltenden Qualitätsvorgaben zu erinnern. Nur dadurch kann eine korrekte Abwicklung unter qualitätspolitischen Vorgaben gewährleistet werden.

Lieferantenmanager

Der Lieferantenmanager im Unternehmen ist zuständig für die Betreuung der externen Lieferanten und für die Auswahl von infrage kommenden Produzenten bzw. Zulieferern. In den entsprechenden Unternehmen vor Ort muss er die Einhaltung der geforderten Qualitätsstandards überprüfen, Missstände aus dem Weg räumen und die Interessen des Unternehmens in puncto Qualität vertreten. In dieses Aufgabengebiet fällt auch die regelmäßige Bewertung der Lieferanten anhand von definierten Kriterien. Auch das Aussprechen von Abmahnungen gegenüber den Lieferanten ist hin und wieder Bestandteil des Lieferantenmanagements. Der hierfür zuständige Qualitätsmanager ist somit verantwortlich für die Qualität bei den Lieferanten vor Ort. Er muss einen hohen Grad an Kommunikationsstärke, Verhandlungsgeschick, Durchsetzungsvermögen und soziale Kompetenz mitbringen, um in diesem Ableger des Qualitätswesens erfolgreich zu werden.

49.3 Arbeitsmarktsituation im Qualitätswesen

Angebot und Nachfrage nach Qualitätsmanagern

Betrachtet man die Arbeitsmarktsituation im Qualitätswesen, so hat man auf den ersten Blick den Eindruck, dass die Nachfrage nach Qualitätsmanagern weiterhin stark vorhanden ist und dies in absehbarer Zeit auch nicht nachlassen wird. Doch der Schein trügt! Wirft man einen zweiten, genaueren Blick auf die Situation, ist zu erkennen, dass der Boom, der in den vergangenen Jahren im Qualitätswesen geherrscht hat, längst vorbei ist. Es ist festzustellen, dass die Gesamtzahl der Mitarbeiter im Qualitätswesen (branchen- und unternehmensübergreifend) nicht mehr steigt, sondern stagniert und in den kommenden Jahren eher von rückläufigen Beschäftigungszahlen auszugehen ist (Abb. 49.8).

Dies liegt insbesondere daran, dass viele Unternehmen bereits ein funktionierendes Qualitätsmanagement implementiert haben und die Unternehmen, die bisher noch keine Aktivitäten in diesen Bereich unternommen haben, dies aller Wahrscheinlichkeit auch nicht mehr tun werden. Die vorhandenen Qualitätsorganisationen werden in der Regel nur noch optimiert und weiterentwickelt. Daher werden hier Stellen eher reduziert als neu geschaffen. Bei den meisten der zu besetzenden Positionen handelt es sich zudem um sogenannte „Austauschpositionen“, das heißt, die Stelle ist noch vergeben. Die Unternehmen möchten den Stelleninhaber ersetzen. Die Stelle wird daher nicht neu geschaffen. Des Weiteren ist festzustellen, dass sich das Einstellungsverhalten der Unternehmen im Vergleich zu den letzten Jahren stark verändert hat. Wurden vor ein paar Jahren noch Abstriche bei Fachkenntnissen oder Persönlichkeit gemacht, um eine offene Vakanz im Qualitätswesen besetzen zu können, so sind Unternehmen heute nicht mehr bereit, Kompromisse einzugehen. Eingestellt werden nur noch Kandidaten, die aus der Sicht des jeweiligen Unternehmens die gestellten Anforderungen sowohl im fachlichen als auch im persönlichen Bereich zu annähernd 100 % erfüllen.

Nur „perfekte“ Kandidaten werden eingestellt.

Vor allem bei den Positionen, die im Zuge eines „Mitarbeiteraustausches“ besetzt werden sollen, muss der neue Qualitätsmanager als die „Eier legende Wollmilchsau“ für das Unterehmen fungieren. Es gibt kaum Kandidaten, die diesen Anforderungen gerecht werden, daher werden die offenen Vakanzen im Qualitätswesen auch immer seltener besetzt. Folglich wird es für viele Qualitätsmanager, im Gegensatz zur allgemeinen Annahme, immer schwieriger eine neue Herausforderung zu finden. Gemessen an den teilweise übertriebenen und unrealistischen Anforde-

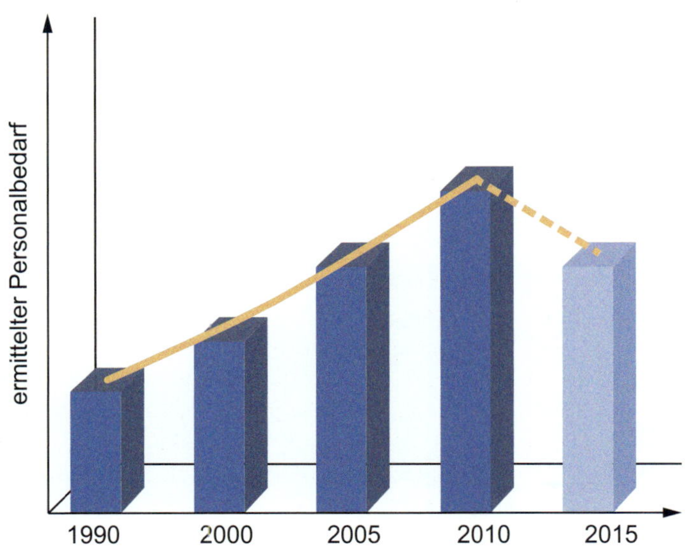

Abb. 49.8
Personalbedarf an Qualitätsmanagern

VI

rungsprofilen der Unternehmen (siehe Kap. 49.1) ist es daher nicht verwunderlich, dass die Schere auf dem Arbeitsmarkt im Qualitätsbereich immer weiter auseinander driftet. Pradoxerweise führt dies zu der Situation, dass beide Parteien, Unternehmen als auch Qualitätsmanager, entweder neue Mitarbeiter oder eine neue Herausforderung suchen, aber nicht zusammenfinden. Zudem muss berücksichtigt werden, dass es deutliche Unterschiede bei Nachfrage und Angebot innerhalb der Funktionen im Qualitätswesen gibt.

Zwischen den einzelnen Berufsbildern muss daher stark differenziert werden. Bei Qualitätsexperten wie Qualitätsplanern, Lieferantenmanagern, operativen Qualitätssicherern, Messtechnikern usw., die sich bei einem Jahreseinkommen von 40 000 € bis 65 000 € bewegen, ist die Nachfrage erheblich größer als das Angebot an infrage kommenden Mitarbeitern, wohingegen bei Positionen ab 65 000 € bis 80 000 € das Angebot an Qualitätsmanagern zunimmt. Bei Führungkräften, die bei einem Einkommen zwischen 80 000 € und 100 000 € liegen, halten sich Angebot und Nachfrage fast die Waage. Für Positionen mit einem Einkommen deutlich über 100 000 € gibt es mehr Kandidaten als offene Vakanzen (Abb. 49.9).

Darüber hinaus ist die Nachfrage nach Qualitätsmanagern stark an zwei weitere Faktoren, nämlich Region und Branche, gekoppelt.

Nachfrage nach Regionen

Besonders auffällig ist, dass in allen Regionen Baden-Württembergs, wie auch in den letzten Jahren im Vergleich zum bundesweiten Durchschnitt, die Nachfrage nach Qualitätsmanagern unangefochten am höchsten ist. Mehr als 50 % der zu besetzenden Positionen in allen Hierarchieebenen des Qualitätswesens sind hier zu finden. Dies liegt vor allem an der hohen Ballung von produzierenden Unternehmen, wie z. B. Automobilindustrie, Maschinenbau- und Anlagenbau, Medizintechnik etc. In Bayern, Hessen und Nordrhein-Westfalen dagegen ist die Nachfrage nach Qualitätsmitarbeitern niedriger als in Baden-Württemberg. Dies liegt vor allem daran, dass z. B. Bayern ein starker Dienstleistungsstandort ist und in dieser Branche der Bedarf an Qualitätsmitarbeitern nicht in diesem Umfang vorhanden ist (Abb. 49.10).

Bundesländer wie Hessen und Nordrhein-Westfalen sind im Gegensatz zu den südlichen Regionen wirtschaftlich nicht so stark aufgestellt. In Norddeutschland sowie den östlichen Bundesländern ist der Arbeitsmarkt aufgrund der wirtschaftlichen Gegebenheiten deutlich schwächer als in Süddeutschland. Zusammenfassend ist festzustellen, dass die Region einen erheblichen Einfluss auf die Nachfrage nach Mitarbeitern für das Qualitätswesen hat.

Nachfrage nach Branchen

Auch die Branche ist bei der Beurteilung der Nachfrage von entscheidender Bedeutung. Nach wie vor ist die Automobil- bzw. Automobilzulieferindustrie die Branche, in der der größte Bedarf an Qualitätsmanagern herrscht. Die Qualitätsabteilungen sind dort nach der klassischen Organisationsform aufgebaut. Die Anforderungen von Normen und von Kundenseite sind in diesen Qualitätsabteilungen besonders hoch. Dies führt automatisch zu einem erhöhten Personalbedarf. Zwischenzeitlich haben allerdings weitere Branchen, wie z. B. Maschinen- und Anlagenbau, Medizintechnik, Luft- und Raumfahrt, Pharma/Chemie die Bedeutung des Qualitätswesens erkannt und gleichen sich dem Niveau der Automobilbranche an. Im Gegensatz

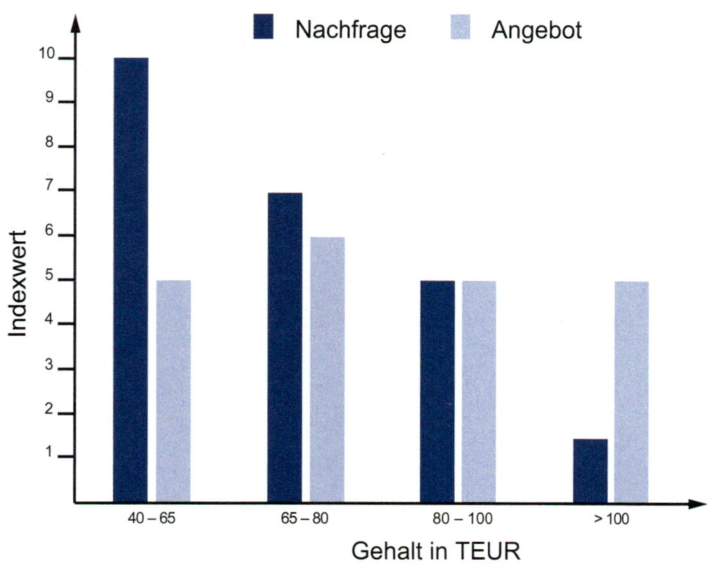

Abb. 49.9
Angebot und Nachfrage an Qualitätsmanagern

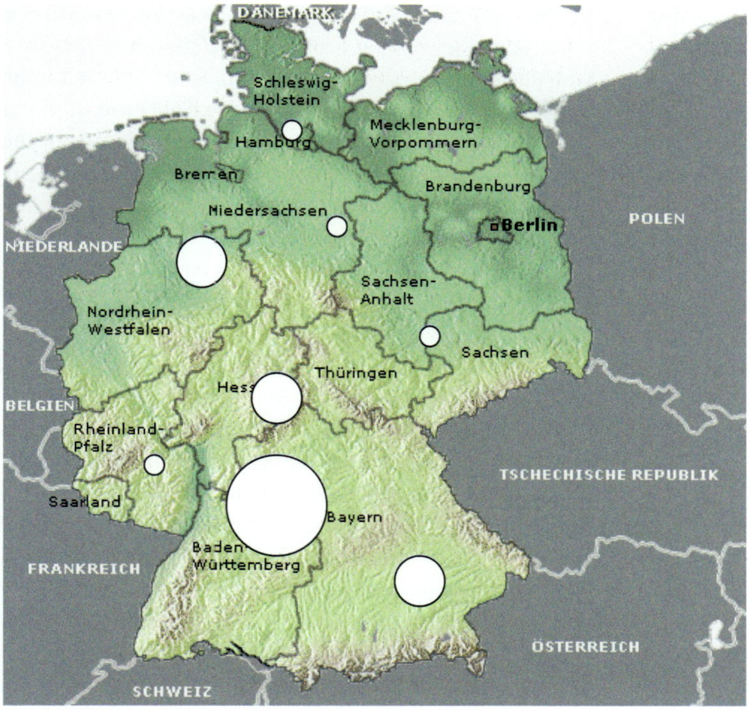

Abb. 49.10
Nachfrage nach Regionen

dazu ist die Nachfrage nach qualifizierten Qualitätsmitarbeitern im Dienstleistungssektor und im Handel eher verhalten.

Es bereits zu erkennen, dass im Gesundheitswesen (Krankenhäuser, Pflegeheime, Arztpraxen etc.) der Qualitätsgedanken Einzug erhält und in Zukunft an Stellenwert gewinnen wird. Daher ist anzunehmen, dass hier in den nächsten Jahren mit einer erhöhten Nachfrage zu rechnen ist. In der Lebensmittel- und Getränkeindustrie ist nach wie vor eine konstante Situation von Angebot und Nachfrage vorhanden (Abb. 49.11).

Die attraktivsten Branchen für Qualitätsexperten

Für viele Qualitätsmanager stellt sich immer wieder die Frage, in welcher Branche die Bedeutung des Qualitätswesens am höchsten ist, und wo die Funktion des Qualitätsmanagers einen hohen Stellenwert mit viel Gestaltungsspielraum hat. In den letzten Jahren gab es bei der Bewertung der Attraktivität der Branchen einen Wechsel. Branchen, die in der Vergangenheit als Vorreiter für Qualität und als attraktive Arbeitgeber für Qualitäter galten, haben deutlich an Stellenwert verloren. Dagegen haben andere Branchen stark an Attraktivität für Mitarbeiter des Qualitätswesens gewonnen. Bis vor einigen Jahren galten die Unternehmen der Automobilbranche noch als die at-

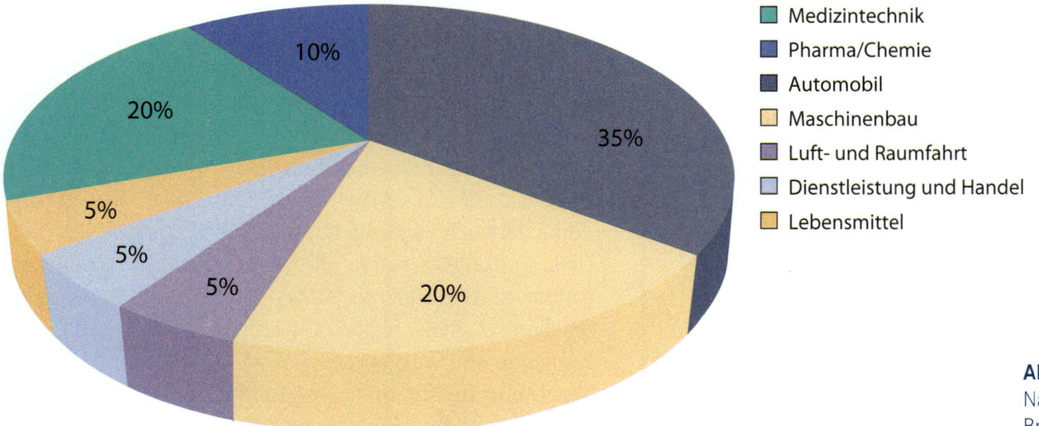

Abb. 49.11
Nachfrage nach Branchen

VI

traktivsten und angesehensten Arbeitgeber für Qualitäter. Die Automobilbranche galt als Vorzeigebranche in Sachen Qualität und als Entwicklungschance für Qualitäter. Trends wurden geschaffen, es wurden immer die neuesten Normen implementiert, umgesetzt sowie teilweise entwickelt. Für Mitarbeiter des Qualitätswesens war die Automobilindustrie am Anfang eine große grüne Wiese mit viel Potenzial. Karriere bei bester Bezahlung zu machen, war relativ schnell möglich. Andere Branchen, wie z.B. Maschinen- und Anlagenbau, Medizintechnik, Chemie etc., hatten im Vergleich dazu für Qualitäter wenig Attraktives zu bieten. Doch in den letzten Jahren hat sich hier das Blatt gewendet (Abb. 49.12).

Die Automobilbranche verliert zunehmend an Attraktivität.

Viele Qualitätsexperten kehren der Automobilbranche mittlerweile den Rücken. Für viele ist die Branche wegen der hohen Dynamik und des enormen Drucks von externer Seite unattraktiv geworden. Der Gestaltungsspielraum für Qualitäter ist daher sehr klein geworden. In den meisten Fällen sind sie nicht mehr die Treiber, sondern die Getriebenen, da die Kundenanforderungen bereits ein fast nicht mehr erfüllbares Niveau erreicht haben. Eine wirkliche Entfaltung innerhalb des Qualitätswesens ist schon länger nicht mehr möglich. Meistens handelt es sich im Tagesablauf um die kurzfristige Lösung von anfallenden Problemen. Die Möglichkeit, langfristige Konzepte zur Optimierung der Qualitätsprozesse zu entwickeln, zu implementieren und umzusetzen, haben viele Qualitätsexperte im Automotive-Bereich nicht mehr. Oft ist es nur noch das Reagieren auf immens wachsende Kundenanforderungen und das Vermeiden der Weitergabe des vom Kunden ausgeübten Drucks auf die restliche Belegschaft. Daher ist eine der wichtigsten Eigenschaften für Qualitäter im Automotive-Sektor der Umgang mit Druck geworden. Oftmals fungieren die Qualitätsmitarbeiter von heute nur noch als Puffer zwischen Kunden und interner Abteilung. Sie müssen die Anforderungen des Kunden weitergeben, den Rest aber von den Mitarbeitern fernhalten. Auf der anderen Seite stehen sie auch unter der Erwartungshaltung des jeweiligen Kundens, alle gestellten Anforderungen exakt zu erfüllen. Auch aufgrund dieser Veränderungen in der Automotive-Branche wenden sich in der Zwischenzeit viele Qualitätsexperten von dieser ab und suchen sich neue, herausfordernde Wirkungskreise in anderen Branchen, wie z. B. Maschinenbau, Medizintechnik, Pharma, Chemie oder Elektronik.

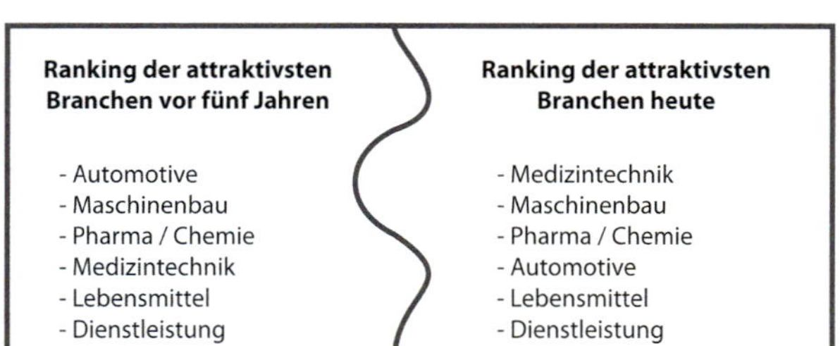

Abb. 49.12 Ranking

Weitere Industriezweige gewinnen an Attraktivität.

Gerade die genannten Branchen haben in den vergangenen Jahren einen starken Qualitätsgedanken entwickelt, setzen diesen auch konsequent um und sind daher besonders für Qualitäter aus dem Automobilbereich attraktiv geworden. Die Methodenkompetenz der Automotive-Qualitäter ist hier besonders heiß begehrt. Qualitätern werden hier Aufgaben bzw. Tätigkeitsfelder geboten, die wesentlich mehr bieten als das Weitergeben von Kundenanforderungen. Die Möglichkeit, den Qualitätsgedanken durch alle Unternehmensebenen und -prozesse zu entfalten, andere Mitarbeiter davon zu begeistern und die Chance von Grund auf Neues zu implementieren, machen hier den großen Reiz aus. Für das Streben nach langfristigen, optimalen Qualitätsprozessen ist in diesen Branchen noch ausreichend Spielraum und Verwirklichung möglich. Insbesondere in der Medizintechnik hat in den letzten Jahren „Qualität" enorm an Bedeutung gewonnen. Der Stellenwert von Qualitätsmanagern in den Unternehmen ist dadurch sprunghaft gestiegen. Durch den noch deutlich vorhandenen Handlungsbedarf haben Qualitäter hier die Chance, vieles zu bewegen, und können von einem großen Gestaltungsspielraum ausgehen. Dies betrifft auch den Bereich Maschinen- und Anlagenbau. Auch hier haben viele Unternehmen erkannt, dass ein professionelles Qualitätswesen dem Unternehmen echten Nutzen bringt. In diesen Unternehmen werden mehr und mehr die modernen Qualitätsmethoden und -werkzeuge angewandt – für Qualitätsmanager mit guten Kenntnissen in diesem Bereich ein äußerst reizvolles Betätigungsfeld. Im Bereich Chemie/Pharma gibt es zwar viele regulatorischen Anforderungen, die ein Qualitäter bewältigen muss, das Kunden-Lieferantenverhältnis baut allerdings auf mehr Fairness auf. Das Arbeitsumfeld für Qualitäter ist hier demnach noch wesentlich angenehmer.

Dies sind alles Gründe, die diese Branchen neben dem Automotive-Bereich so attraktiv für Qualitätsmanager machen. Zudem bieten Unternehmen der genannten Branchen eine ausgewogene Work-Life-Balance. Auch die Vergütung im Qualitätswesen steht der in der Automobilbranche in nichts mehr nach. Durch das Bestreben anderer Branchen, einen tadellosen Qualitätsstandard zu implementieren, haben sich hier auch die Verdienstmöglichkeiten um ein Vielfaches gesteigert. Durch die Gehaltsstagnation in der Automotivebranche wird sich das Gehaltsgefälle früherer Jahre nach und nach angleichen. Branchen wie Medizintechnik, Maschinenbau- und Anlagenbau, Luft- und Raumfahrt, Pharma/Chemie etc. ziehen mit der Automotive-Branche gleich und sorgen so für die Abwanderung der Qualitätsexperten in die anderen Wirtschaftszweige. Sparten wie Medizintechnik und Pharma/Chemie sind im Gegensatz zur Automotive-Branche auch nicht so sehr von starken konjunkturellen Schwankungen betroffen. Des Weiteren ist speziell in Europa, aber auch in Deutschland die Automobilsparte von massiven Überproduktionen betroffen. Dies hat zur Folge, dass die Arbeitsplatzssicherheit in den letzten Jahren deutlich ins Wanken geraten ist. Mittlerweile sind auch viele andere Branchen für Qualitäter reizvolle Arbeitgeber geworden.

Einflussfaktoren für das Einkommen

Das Einkommen ist neben der Aufgabenstellung und Perspektive eines der wichtigsten Kriterien für Mitarbeiter im Qualitätswesen. Oft stellen sich Qualitätsmanager die Frage, ob ihre Leistung im Arbeitsalltag auch marktgerecht entlohnt wird. Um dies objektiv beurteilen zu können, müssen unterschiedliche Faktoren, welche die Einkommenssituation von Qualitätsmanagern beeinflussen, einbezogen werden. Neben der Aufgabenstellung gehören Region, Branche und Unternehmensgröße zu den wichtigsten Einflussgrößen.

Regionale Einflussfaktoren

Für die Gehaltsfindung ist nach wie vor die Region einer der wichtigsten Faktoren. So sind die Einkommen für Qualitätsmanager in Baden-Württemberg 15 % bis 20 % höher als in anderen Bundesländern, dicht gefolgt von den Einkommen von Qualitätsmanagern aus Bayern und Nordrhein-Westfalen. Die Einkommen in Regionen wie Mittel- und Norddeutschland (ausgenommen Ballungsgebiete wie Hamburg, Hannover, Frankfurt usw.) sind um ca. 10 bis 15 % niedriger als die südlicher Bundesländer. Weit abgeschlagen, mit 25 bis 30 % niedrigerem Einkommen rangieren die östlichen Bundesländer.

> Die Region sorgt für große Gehaltsdiskrepanzen.

Generell muss auch in den wirtschaftlich stärkeren Bundesländer mit Gehaltsschwankungen gerechnet werden. Auch hier gibt es Schwankungen zwischen den Einkommen in den Ballungsgebieten sowie den ländlichen Regionen. Unumstritten ist die Region einer *der* wichtigsten Faktoren in Bezug auf die Gehaltsstruktur.

Einkommensunterschiede bei Branchen

Neben der Region lassen sich auch innerhalb der Branchen in Deutschland gravierende Einkommensunterschiede feststellen. Besonders gut dotiert werden derzeit noch Qualitätsmanager, die in der Automobilbranche ihren Wirkungskreis haben. Im Gegensatz zu anderen Branchen verdienen sie bis zu 15 % mehr als ihre Kollegen. Eine Anstellung lohnt sich allerdings auch in den Branchen Pharma/Chemie, Medizintechnik und Maschinenbau.

> Die Branche ist eine wichtige Einflussgröße bei der Einkommensmöglichkeit.

In den letzten Jahren hat das Qualitätswesen in diesen Industriezweigen deutlich an Bedeutung gewonnen und holt im Vergleich zur Automobilindustrie stark auf. Aufgrund der weiter zunehmenden Attraktivität dieser Branchen für Qualitätsmanager wird die Automobilindustrie- und Zulieferindustrie über kurz oder lang von der Spitze verdrängt und von einer der anderen Branchen um diesen Platz beerbt werden.

Einkommen in Abhängigkeit der Unternehmensgröße

Die Verdienstmöglichkeiten des Qualitätsmanagers sind auch abhängig von der Unternehmensgröße. In Großkonzernen lässt sich im Durchschnitt ein höheres Einkommen erzielen als in vergleichbaren Positionen bei einem mittelständischen Unternehmen. Die Spannweite des Gehalts kann 5 % bis 10 % von dem eines Großkonzerns abweichen. Die größeren Aufstiegschancen und die Übernahme von Mitarbeiterverantwortung, die in der Regel schon aufgrund der Strukturen im Qualitätswesen weitaus umfangreicher ist, als bei einem mittelständischen Unternehmen, tragen auch zu diesen Gehaltsdifferenzen bei.

> Großkonzerne bieten bessere Verdienstmöglichkeiten.

Neben den persönlichen Qualifikationen haben also auch externe Faktoren Einfluss auf die Einkommensmöglichkeiten von Qualitätsmanagern. Diese sind bei der Annahme einer Herausforderung nicht zu verachten. Allerdings muss man anmerken, dass die Einstufung des Gehalts nur

als subjektive Aussage getroffen werden kann, denn grundsätzlich ist das Einkommen abhängig von Angebot und Nachfrage auf dem Arbeitsmarkt.
Eine pauschalierte Bewertung der Einkommensverhältnisse ist daher nicht möglich und muss immer individuell betrachtet werden.

49.4 Interim-Management

Bei Interim-Management (*ad interim*, zu Deutsch: unterdessen, einstweilen) handelt es sich um eine im Voraus zeitlich befristete Variante aus dem betriebswirtschaftlichen Management. Diese Art des Managements entwickelte sich in den 1970er Jahren in den Niederlanden und sorgte für eine Flexibilisierung des dortigen Arbeitsmarktes. Erst viele Jahre später, in den 1980er Jahren, schaffte es diese Idee auch nach Deutschland. Im Vergleich zu anderen Ländern hat Deutschland hier allerdings noch ein deutliches Aufholpotential, das es zu nutzen gilt. Heutzutage beschränkt sich der Einsatz von Interim-Managern nicht mehr wie ursprünglich auf den Bereich der Sanierung. In allen Branchen und in fast allen Unternehmensfunktionen finden sich Einsatzmöglichkeiten für Interim-Manager. Vorreiter bei der Beauftragung von Interim-Managern in Deutschland waren bzw. sind nach wie vor der Maschinen- und Anlagenbau sowie die Automobilindustrie. Durch die Spezialisierung der Manager und deren Zunahme, haben sich in der Zwischenzeit auch andere Branchen, wie z. B. Medizintechnik, Luft- und Raumfahrt, Chemie/Pharma etc., mit dem Einsatz von Interim-Managern angefreundet. Dies trifft besonders im Qualitätswesen zu, in dem es in den letzten Jahren einen rapiden Anstieg der Nachfrage nach Interim-Managern gab.

> Die Nachfrage nach Interim-Managern im Qualitätswesen nimmt zu.

Es werden in erster Linie erfahrene Qualitätsmanager von den Unternehmen nachgefragt. Die Größenordung der Unternehmen, die interimsweise externe Spezialisten einsetzen, reicht vom Mittelstand bis zum Großkonzern. Der Trend in den Unternehmen, verstärkt auf externes Know-How zurückzugreifen, wird in den nächsten Jahren weiter steigen. So gab es Ende 2012 etwa 5500 professionelle Interim-Manager. Ende 2013 soll die Anzahl bereits auf ca. 6200 Manager steigen. Zudem wird mit einem durchschnittlichen Marktwachstum von 10 bis 30% pro Jahr gerechnet. Wie viele Interim-Manager sich auf das Qualitätswesen spezialisiert haben, ist allerdings nicht bekannt. Die Schwerpunkte der Interim-Management-Einsätze für das Qualitätswesen lagen in den letzten Jahren im Maschinen- und Anlagenbau, der Automobilindustrie- und Zulieferindustrie sowie in der Luft- und Raumfahrtindustrie. Die Einsatzgebiete für Interim-Manager sind dabei vielfältig geworden. Die Unternehmen haben den Nutzen, den die externen Qualitätsmanager mitbringen, erkannt und setzen diesen vermehrt ein. Unternehmen erhalten so gezielt Fachwissen, das bis dato unter Umständen noch nicht in ausreichendem Maße vorhanden war. Interim-Manager für das Qualitätswesen übernehmen in den meisten Fällen Führungsaufgaben in den Qualitätsabteilungen der Unternehmen. Die Beauftragung eines Interim-Managers erfolgt immer dann, wenn kurzfristig Bedarf an Expertenwissen gefragt ist.

> Der Einsatz von Interim-Managern erfolgt bei kurzfristigem Bedarf.

Dies ist vor allem dann der Fall, wenn die eigentliche Führungskraft im Qualitätswesen durch Krankheit oder durch Ausscheiden aus dem Unternehmen kurzfristig nicht mehr zur Verfügung steht. Wenn eine Neubesetzung der offenen Vakanz unter Umständen mehrere Monate, teilweise sogar bis zu einem halben Jahr oder länger in Anspruch nehmen kann, und im Unternehmen keine ausreichenden Kapazitäten vorhanden sind, bietet sich der Einsatz von Interim-Managern besonders an. Darüber hinaus werden Qualitätsmanager nicht mehr nur für Führungsaufgaben, sondern immer häufiger auch in anderen Bereichen, wie z. B. der Qualitätsplanung, des QM-Lieferantenmanagements, der Prozessoptimierung, der Managementsystem-Betreuung und Audits, der Neustrukturierung des Qualitätswesens sowie im Bereich Reklamation und Gewährleistung eingesetzt. Des Weiteren kommen Interim-Manager oft zum Tragen, wenn Produktionsstätten ins Ausland verlagert werden sollen. Im Durchschnitt beträgt die Einsatz für Interim-Manager drei bis neuen Monate, kann projektabhängig allerdings auch kürzere oder längere Laufzeiten haben. Möglich ist auch die tage- oder wochenweise Beauftragung. Die Vergütung erfolgt überlicherweise nach Tagessätzen. Dieser Satz ist abhängig von der Projektlaufzeit, der Aufgabenstellung, der Auslastung sowie dem Einsatzort. Die Bandbreite variiert dabei von ca. 400 € bis 1200 € pro Tag. Variable Komponenten wie z. B. Reise- oder Übernachtungskosten müssen individuell verhandelt werden.
Die Möglichkeit, für Qualitätsmanager als Interimer tätig zu werden, ist besonders interessant, da das über die Jahre erworbene Wissen und Know-How in den unterschiedlichsten Unternehmen eingebracht und an die dortigen

Mitarbeiter vermittelt werden kann. Dabei muss berücksichtigt werden, dass die Erwartungen an Interim-Manager im Qualitätswesen besonders hoch sind. Sie stehen unter hohem Erfolgsdruck und müssen kurzfristig für adäquate, individuell auf das Unternehmen zugeschnittene Lösungen sorgen.

> Die Erwartungen an Interim-Manager sind sehr hoch.

Hierfür sind folgende Eigenschaften besonders wichtig:

- Eine ausgeprägte Führungspersönlichkeit
- Fachliche und soziale Kompetenz
- Engagement
- Überdurchschnittliche Motivation
- Die Fähigkeit, andere zu Höchstleistungen anzuspornen
- Großes Interesse daran, etwas zu verändern
- Bereitschaft für wechselnde Einsatzorte
- Stressresistenz
- Durchsetzungsvermögen

Eine besondere Gruppe innerhalb der Interimmanager für das Qualitätswesen bilden die sogenannten „Senior-Experten". Diese Gruppe verzeichnet in letzter Zeit einen enormen Aufschwung an Engagements.

Karriere nach der Karriere

Immer mehr Qualitätsmanager möchten nach einem erfolgreichen Arbeitsleben nicht gleich zu 100% in den wohlverdienten Ruhestand wechseln – ganz im Gegenteil: Sie möchten ihr vorhandenes Know-how in Projekten zielgerichtet einsetzen bzw. an die jüngere Generation weitergeben. Oftmals fällt es Ihnen auch schwer, das Ruder aus der Hand zu geben und aus dem aktiven Berufsleben auszuscheiden. Die ältere Generation heutzutage ist immer länger fit und gesund. Viele Ruheständler gestalten ihren Lebensabend wesentlich aktiver als noch die Vorgängergeneration. Bei vielen Unternehmen ist ein Sinneswandel im Gange und sie lernen den Erfahrungsschatz der „Generation Silber" zu schätzen (Abb. 49.13 sowie Abb. 49.14).

> In den Unternehmen ist ein Sinneswandel im Gange – die „Generation Silber" ist gefragt.

Schaut man zehn bis fünfzehn Jahre zurück, so war es damals fast ein Ding der Unmöglichkeit, Arbeitnehmer über 50 erfolgreich zu vermitteln. Diese Einstellung der Unternehmen hat sich in den letzten Jahren gravierend verändert. Gründe für diesen Sinneswandel gibt es viele. Der Mangel an Fach- und Führungskräften im Qualitätswesen entwickelt sich immer stärker zu einem ernstzunehmenden Problem. Der demografische Wandel hat die deutsche Wirtschaft voll im Griff und trifft insbesondere das Qualitätswesen hart. Dies ist eine dramatische Situation, da den Unternehmen aufgrund des Geburtenrückgangs und der gestiegenen Anforderungen weniger Fach- und Führungskräfte zur Verfügung stehen. Doch auch solch eine Situation bietet Chancen und Möglichkeiten, besonders für qualifizierte ältere Qualitätsmanager. Viele Unternehmen sind in der Zwischenzeit für diese Thematik sensibilisiert und setzen ehemalige ältere Qualitätsexperten ganz bewusst ein. Dies geschieht meist für einen befristeten Zeitraum oder im Rahmen von Projekten. So werden Senior-Qualitätsexperten häufig bei der Vermittlung von Qualitäts-Know-how in ausländischen Werken eingesetzt oder bei der Einführung von neuen Normen. Darüber hinaus übernehmen sie auch häufig im Bereich der Qualitätsplanung die Projektleitung bzw. übernehmen diese, wenn sich Projekte in einer kritischen Phase befinden. Senior Experten kommen auch bei der Bearbeitung von größeren Reklamations- oder Garantiefällen ins Spiel. Oftmals erfolgt auch ein Einsatz bei kurzfristigem Ausfall von Mitarbeitern durch Krankheit oder Kündigung. Das Expertenwissen der Senior-Qualitätsexperten dient häufig auch der Unterstützung von jüngeren Kollegen.

> Senior-Experten unterstützen jüngere Kollegen.

Dabei entsteht ein generationenübergreifender Austausch im Sinne eines gemeinsamen Lernens. Gerade dem Qualitätswesen mit seinen Nachwuchssorgen kommt dies zu gute. Nicht nur das Unternehmen profitiert vom umfangreichen Wissen, der sozialen Kompetenz und der Berufs- und Lebenserfahrung des Senior-Experten, sondern auch seine Arbeitnehmer. So bereichern viele ältere Senior-Experten Projektteams und unterstützen diese bei der erfolgreichen Umsetzung. Es ist festzustellen, dass Diversity Management für alle Beteiligten von Vorteil ist und daher zunehmend an Bedeutung in den Unternehmen gewinnt.

> Diversity Management hat für alle Vorteile.

Das liegt vor allem am steigenden Bedarf an tiefem Erfahrungswissen, das inbesondere ältere Arbeitnehmer vorweisen können. Dies betrifft nicht nur Top-Führungskräfte im Qualitätswesen, sondern auch Qualitätsexperten in der Qualitätsplanung, im QM-Lieferantenmanagement, in der QM-Systembetreuung und der operativen Qualitätssicherung. Qualitätsmanager, die nach ihrem eigentlichen Berufsleben noch aktiv sein möchten, sollten sich rechtzeitig ein aussagekräftiges Profil erstellen. Die Stärken und speziellen Kenntnisse bzw. Fähigkeiten sollten dabei besonders hervorgehoben werden. Bevor spezialisierte Berater kontaktiert werden, empfiehlt es sich, sich intensive Gedanken darüber zu machen, welche Projekte man vergeben möchte. Im Gegenzug sollte sich der Senior-Experte die Frage stellen, ob er nur nationale oder auch internationale Beauftragungen annehmen will, und über welchen Zeitraum bzw. bei welcher Entlohnung er dies tun möchte. Ist der Senior-Experte sich darüber im Klaren, kann Kontakt zum Berater aufgenommen und über eine Zusammenarbeit gesprochen werden. Eine andere Möglichkeit ist es, den aktuellen Arbeitgeber aktiv auf einen Einsatz im Rahmen von Projekten anzusprechen. Viele Unternehmen reagieren positiv und nehmen dieses Angebot gerne an. Mit der richtigen Vorbereitung ist ein reibungsloser Übergang zwischen aktivem Berufsleben und dem Einsatz als Senior-Quality-Experte möglich.

Die Tätigkeit als Senior-Quality-Experte muss gut vorbereitet werden.

Das Qualitätswesen kann es sich bereits heutzutage nicht mehr erlauben, die Erfahrungen und das Wissenspotenzial der Qualitätsexperten im Ruhestand verkommen zu lassen. Vor allem qualifizierte und engagierte Persönlichkeiten aus der Generation Silber sollten sich engagieren und ihr Wissen an nachfolgende Qualitäter weitergeben. Qualitäter, die den Weg des Interim-Managers nach der Beendigung ihre Karriere aufnehmen möchten, sollten sich intensiv mit diesem Thema beschäftigen. Eine gute Vorbereitung um hier erfolgreich zu sein, ist unabdingbar. Dabei gilt es, den aktuell herrschenden Anforderungen des Marktes sowie den Vorstellungen bzw. Erwartungen des Unternehmens zu entsprechen. Daher sollten sich interessierte Kandidaten vorher genau überlegen, welches Portfolio sie den Unternehmen offerieren. Denn Unternehmen erwarten vor allem eines von Interimern: Dass sie für Stabilität und Kontinuität im (operativen) Geschäft sorgen. Dazu müssen fremde Mitarbeiter für neue Wege gewonnen und motiviert werden, es müssen Widerstände ausgehalten werden und erfolgreich die richtigen Fäden gezogen werden.

Senior-Qualitäts-Experten bieten für Unternehmen viele Vorteile:

- Kurzfristig verfügbar
- Reich an Lebenserfahrung und sozial kompetent
- Seit Jahrzehnten erfahren im Qualitätswesen
- Praxiserprobt und motiviert, ihr Wissen weiterzugeben
- Losgelöst von unternehmenspolitischen Konstellationen
- Flexibel in Art, Dauer und Ort des Einsatzes
- Nicht ausschließlich auf monetäre Aspekte fokussiert

Abb. 49.13 Vorteile von Senior-Experten für Unternehmen

Für Senior-Qualitätsexperten bietet solch ein Einsatz nach dem offiziellen beruflichen Werdegang folgende Vorteile:

- Weitergabe Ihres Erfahrungs- und Wissensschatzes
- Flexible Gestaltung von Einsatzzeit, Rahmen, Ort und Verdienst
- Mitarbeit und/oder Leitung von national und international ausgelegten Projekten
- Selbstbestimmtes Arbeiten in unterschiedlichsten Unternehmen
- Aus- und Aufbau des persönlichen Kontaktnetzwerks sowie Pflege und Teilnahme am täglichen Berufsleben
- Attraktiver zusätzlicher Verdienst

Abb. 49.14 Vorteile für Senior-Experten

Die Karriere nach der Karriere wird in Zukunft kontinuierlich an Bedeutung gewinnen und Senior-Experten werden vom Arbeitsmarkt nicht mehr wegzudenken sein. Interessierte Qualitätsmanager sollten sich daher auf alle Fälle mit dieser Thematik befassen und den Schritt in die Selbständigkeit wagen.

Literatur

Weber, H.: Auslaufmodell Qualitätsmanager. In: Qualität und Zuverlässigkeit – QZ, 58, 5, 2013. S. 166–169

Weber, H.: Qualitäts- und Prozessmanager. In: Qualität und Zuverlässigkeit – QZ 58, 7, 2013. S. 72–73

Weber, H.: Karriere nach der Karriere? In: Qualität und Zuverlässigkeit - QZ, 58, 6, 2013. S. 72–73

VI

Stichwortverzeichnis

Symbole

3-Ebenen-Vorgehensmodell 889
8-D-Report 582
8 Grundsätze des Qualitätsmanagement 182

A

Aachener Qualitätsmanagement-Modell 61
ABC-Analyse 556
Abhängigkeit der Leistung 752
Ablauforganisation 53, 241
Ablehnung einer Technologie 616
Abnahmetest 861
Abnehmerrisiko 538
Accepted Quality Level 764
Adaption 55
Adhocratie 54
Agile Methoden 838
Agiles Manifest 842
Agile Vorgehensmodelle 841
Agilität 55
Akao 30
Akkreditierung 142, 352, 721, 736
Akkreditierungskriterien 737
ALARP (as low as reasonable practicable) 495
Algorithmische Schätzverfahren 847
Allgemeine Geschäftsbedingungen 133, 136
ALM (Application Lifecycle Management) 858
Alpha-Test 861
American Society for Quality Control (ASQC) 27
Analytische Maßnahmen 855, 859
Anerkennungsverfahren 782
Anerkennung und Kritik 1035
Anforderungen 162 f., 165, 469, 471, 487, 489 f.
Anforderungsanalyse 858
Anforderungsmanagement 41
ANOVA-Methode 673
Anreizsysteme 1035
Anspruchsgruppen 160, 169
Anspruchsklassen 388
Anwendungssoftware 832
Application Lifecycle Management 858
AQAP-2000-Standard 916
Arbeitsplatzsicherheit 1058
AS5037 301
Audit 203, 338
Audit-Checkliste 341
Auditierung 565
Auditor 339, 565
Aufbauorganisation 53, 240
Aufbewahrungsdauer 727
Auflösung 679
Aufräumarbeiten nach dem Phase-Out 620
Aufwand 87
Aufwandsbetrachtung 228
Aufwands- und Kostenschätzung 847
Aufwendungen ohne und mit IMS 229
Aufzeichnungen 194, 988
– Lenkung von 584
Ausbildung 1057
Ausfall 470
Ausfallrate 476 f., 487
Ausfallverteilung 475, 477
Ausreißer 808
Auswahl von Managementsystemen 224
Autofokussensoren 646
Automobiltechnik 904
Automobilzulieferer 801
Average-Range-Methode (ARM) 673
Awards 157, 361 f.

B

Back Office 753
Badewannenkurve 392
Baldrige Award 367
Baldrige Executive Fellows Program 375
Basiseinheit 735
Bauartzulassung 740
Baumusterprüfung 145
Bayerischer Qualitätspreis 362
Bayesian Model 861
Beauftragten-Aufgaben 243
Beauftragter der Obersten Leitung 196
Bediener 680
Bedienereinfluss 672
Bedürfnisse 160, 164
Bedürfnistheorie von Maslow 1072
Befähigung des Entwicklungsprozesses 423
Begabung 853
Begeisterungsmerkmale 390

Begriffsnormung 107
Benannte Stelle 742
Benutzungsqualität 837
Beobachtungslernen 1036
Berichte 334
Berichtswesen 85
Berufsausbildung
- im Qualitätswesen 1059
Berufsbild
- Qualitätsmanager 1082
Berufsbilder im Qualitätswesen 1087
Beschaffung 199, 451, 456, 933, 991
Beschaffungsangaben 585
Beschaffungsobjekte 561
Beschaffungsprozess 133, 585
Beschwerdemanagement 764
Bestandsaufnahme 225
Bestätigung 671, 719
Bestätigungsversuch 521
Bestimmungsgemäße Verwendung 820 f.
Beta-Test 861
Beteiligung des Kunden 753
Betriebsperspektive 64
Betriebssteuerung 758
Beweislast 864
Beweislastumkehr 863
Beweislastverteilung 814 f.
Bewertungssystem für die Projektreife 426
Bewertungszahlen 793
Bewertung und Auswahl 226
Bewusstseinswandel 1047
Bias-Studie 674
Big Bang 461
Bildungsmaßnahmen 1057, 1063
Bioland-Markenzeichen 777
Bio-Siegel 777, 781
Black-Box-Test 861
Bleihaltige Lötmaterialien 609
Blockbildung 510
Boehringer Mannheim
- Beispiel Lieferantenbewertung 572
Bottom-up-Integrationstest 909
Brauchbarkeitsdauer 471
Break-Even-Punkt 458
Bürokratie 1033

C

C 907
C++ 907
Call Center 756
Capability Maturity Model 863
Capability Maturity Model Integration 863
Capability of Measurement Processes 667
CASE (Computer Aided Software Engineering) 858
CE-Kennzeichnung 114, 774, 779, 823
CEN (Comité Européen de Normalisation) 779
CENELEC (Comité Européen de Normalisation Eletrotechnique) 779
Certification Scheme 1061
Chlorherstellung
- Quecksilber-Zelle 616
Chromatisch-konfokale Sensoren 647
COCOMO (Constructive Cost Model) 847
Codierung 858
Commitment 1075
Committed to Excellence 372
Company-wide Quality Control 163
Compaq 453
Competitive Award 367
Conjoint-Analyse 389
Consumer Awareness 807
Conti Temic microelectronic
- Beispiel Lieferantenbewertung 574
Controlling 570
- im Kundendienst 765
Control Objectives for Information Technology 757
COTS (Commercial Off-The-Shelf software products) 838
Crosby 99
Culture of blame 1034
Customizing 833

D

DAkks (Deutsche Akkreditierungsstelle) 775, 785
DAR (Deutscher Akkreditierungsrat) 352
Datenabstraktion 907
Datenanalyse 586
Debugging 861
Deming 28
Deming Prize 170, 364
- Deming Application Prize 35, 364
- Deming Grand Prize 364
Deming-Zyklus 264
Design of Experiments (DoE) 28, 30
Deutsche Gesellschaft für Qualität (DGQ) 41, 690, 1059
Deutsches Institut für Normung e. V. 108
D-FMEA (Design Failure Mode and Effects Analysis) 424
Diagnose 485, 487
- Diagnosefunktion 473
- Störungsdiagnose 485
- Zustandsdiagnose 485
Dienstleistung 767, 968
- Definition 969
- produktbegleitende 749
Dienstleistungserbringung 933

Dienstleistungsmerkmale 752
Dienstleistungssektor 969
Differenzierung 162, 1033
DIN 55319 698
DIN CERTCO 772
DIN EN 50128 916
DIN EN ISO 9001 318, 915 f.
- 2008 583
DIN EN ISO 14001 152
DIN EN ISO 15189 985
DIN EN ISO/IEC 17025 985
DIN-Geprüft barrierefrei 773
DIN-Geprüft-Zeichen 772 f.
DIN ISO 2859 764
DINplus-Zeichen 773
DIN-Zertifizierungssystem 772
Diversifikation 59
Diversitär-redundante Programmierung 835
Diversity Management 1096
DKD (Deutscher Kalibrierdienst) 736
DNA für Qualität 46
Dokumentation 191, 316, 929
- des Umweltmanagement-Systems 154
- Messbericht 658
Dokumentationsanforderungen 320
Dokumentationsarten 322
Dokumentationsmittel 447
Dokumente 988
- Lenkung der 584
Dokumentenpyramide 230
Dokumentenstrukturen 323
DRBFM (Design Review Based on Failure Mode) 428
Drittparteien-Audits 339
Drucker, Peter 688
Druck zum Phase-Out 615
Durchsicht von Dokumenten 860
Durchsuchung 817
Dürfen 1023, 1031
DVGW CERT GmbH 774
DVGW (Deutscher Verein des Gas- und Wasserfaches e.V.) 772, 774
Dyadentheorie 1028

E

Effektivitätskennzahl 1036
Effizienzkennzahl 1036
EFQM-Assessment 1019
EFQM Excellence Award 370
EFQM Excellence Model 371, 373
EFQM-Modell mit dem European Excellence Award (EEA) 35
EG-Richtlinien 803, 820
Eichbehörde 741
Eichen 629
Eichpflicht 740
Eichwesen 740
Eigentumsverletzung 802, 804
Eignungserklärung 728
Eignungsnachweis
- Kennwerte 679
Eignungsnachweise für Messprozesse 666
Eignungsnachweis gemäß VDA 5 676
Einfaktorenvergleich 561
Einfaktorversuche 503
Einflussgrößen-Zielgrößen-Matrix 507
Eingangsprüfung 204, 595
Eingebettete Software 833
Einheiten 631
- SI 632
Einkauf 1084
Einsatz von Technologien 606, 613
Einsparungspotenziale 94
Einsparungspotenziale durch IMS 228
Elektrizität 606
Elektrizitätstypus 162
Elektronik
- Bleihaltige Elektronik 609
EMAS (Environmental Management and Audit Scheme) 147, 218, 779
Endmaße 638
End-of-Pipe-Lösungen 616
Endprüfung 204
ENERGY STAR 781
Enterprise Resource Planning 759
Entwicklung 198, 933, 1086
Entwicklung komplexer Produkte 406
Entwicklungsaufwand 848, 854
Entwicklungsfehler 806, 811
Entwicklungskosten 848
Entwicklungsphasen 60
Entwicklungsplan 459
Entwicklungsprojekt 443, 449, 451, 453, 459, 460
Entwicklungsprozess 444, 447, 459, 904
Entwicklungsqualität controllen 426
Entwicklungsteam 460
Entwicklungsthemen 416, 417
Entwicklungszeit 457 f.
Entwurfsphase 858
Erfolgsfaktoren 76, 1015
Ergebnisbericht 1003
- als Produkt 983
Ergonomie 488
ERG-Theorie (Existence, Relatedness, Growth) 1029
Error Seeding 861
Ersatzteile 488
Ersatzteillagerhaltung 482

Erstmuster 449
Erstparteien-Audits 339
Erwartungen 164
Erweiterte Messunsicherheit 679, 723
EU-Bio-Siegel 781
EU-Energieverbrauchsetikett 780
Europäische Organisation für Qualität 1059
Europäischer Leitfaden zur erfolgreichen Praxis im Wissensmanagement 301
Europäisches Umweltzeichen 780
European Foundation for Quality Management 370
European Organization for Quality 370
European Quality Award 370, 763
Excellence 163, 168 ff., 176
Existence 1029
Exit-Strategie 452
Experimentieren 503
Exponentialverteilung 476 f., 488
Externe Audits 339
Externe Faktoren 752
Externe Lieferanten 719
Extreme Programming 877

F

Fabrikationsfehler 806 ff.
Fähigkeitsindex 668
Fähigkeitsnachweis 669
Fähigkeitsnachweise gemäß Firmenrichtlinie 669
Fähigkeitsuntersuchung gemäß MSA 674
Fahrerlose Schienenverkehrssysteme 903
fail-safe 480, 483
Fairtrade-Siegel 777
Faktische Organisation 53
Faktorstufenkombination 505
FDA 728
Fehlanwendung 807, 809
Fehler 130, 162, 166, 511, 587
Fehleranfälligkeit 834
Fehlerbaumanalyse 494
Fehlerbeseitigung 861
Fehlerdefinitionen 861
Fehlerdichte 848, 850
Fehlererkennung 855
Fehlerfreundlichkeit 1034
Fehlergruppen 806
Fehlerhafte Prüfarbeiten 994
Fehlerklassifizierung 861
Fehlerkorrektur 861
Fehlerkosten 94, 854
Fehlerkultur 1033
Fehlermöglichkeits- und Einflussanalyse 764
Fehleroffenbarung 485
Fehlertoleranz 473, 835
Fehlerursachen-Analyse 1034
Fehlerverhütung 855
Fehlervermeidung 1034
Fehlgebrauch 807 ff.
Fertigungsmesstechnik 25, 625
- Goldene Regel der 535
Fertigungstechnologie 60
Firmenrichtlinien 671
Fischgrätendiagramm 764
Fisher, R.A. 27
Flexibilität 620
Flussdiagramm 328
FMEA (Failure Mode and Effects Analysis), FMECA (Failure Mode, Effects and Criticality Analysis) 487, 582
Fokussensoren 646
Fokusvariation 647
Ford 29
Formale Organisation 53
Formale Spezifikationen 858
Formale Sprache 858
Formprüfgeräte 641
Forschung und Entwicklung 451
Fortbildung 1057
Fortschritt synchronisieren 424
Fremdüberwachung 784
Front Office 753
Frühausfälle 476, 491
FSC®-Label 778
Führen mit Zielvereinbarungen 1036
Führung 1021, 1022
- Definition 1023
- Mittel der entpersonalisierten 1032
Führungsgrundsätze 1035
Führungsinstrumente 1035
Führungskräfte 1019
Führungsperspektive 64
Führungsverhalten 1013
Führungswandel 1050
Function Deployment (QFD) 31
Function Point 848
Function Point-Methode 847
Funktionaler Test 861
Funktion prüfen 449
Funktionsmuster 449
Funktionstest 483 f.

G

GAP-Modell 973
Gap-Verfahren 561
Gebrauchanweisung 809
Gebrauchstauglichkeit und Gebrauchswert 788

Gefährdungshaftung 801 f., 804, 808
Gefahrenanalyse 495
Gefährlichkeit 807, 811
Geschäftskunden-Markt 751
Geschäftsleitung 801, 804 f., 814, 816 ff.
Geschäftsprozesse
- Sicherheit von 69, 72, 934
Geschäftsprozessmanagement 68
Geschäftsprozessmanagement-Konzepte 70
Gesetzliche Auflagen 173
Gesundheitsverletzung 802, 804
Gewährleistung 138
GEZE
- Beispiel Lieferantenaudit 564
Glaxos 461
Gliederung IMS-Handbuch 239
Globalisierung 605
Global Purchasing Management Teams 559
Good Design 428
Growth 1029
Grundsätze für Gütezeichen 781
Gruppenbewertung 795
GS-Zeichen 770, 772 ff., 823
GUM (Guide to the Expression of Uncertainty in Measurement) 667, 724
Gütegemeinschaften 784
Gute Laborpraxis 984
Gütesicherung 784
Güteüberwachung 784
Gütezeichen 782
Gütezeichenwesen 781
Gutteil 537

H

Haftung 801, 803, 805 f.
Haftungsarten 801
Haftungsausschluss 864
Haftungsvermeidungsstrategie 129
Haftungsverteilungsfunktion 134
Harmonisierung 113
HAZOP (Hazard and Operability Study) 495
Herstellerrisiko 538
Hersteller- und Produktinformation 822
Hewlett-Packard 458, 462
Horvath 801
House of Quality 445
- Konfliktmatrix 447
Hühnerpestfall 815

I

IBM 461
IEC 61508 916
Immaterialität 752
Implementierung 84
Implementierung von QM-Systemen 1070
Importeur 806, 822
IMS-Dokumentation
- Aufbau 232
IMS-Einführung 213
IMS-Handbuch, firmenspezifisch 238
IMS- Handbuch Teil I 229
IMS- Handbuch Teil II 230
IMS- Handbuch Teil III 230
IMS-Standardgliederung 234
Individualsoftware 833
Industrial Design 396
Industrielle Revolution 19
Informationsdefizit 7
Informationsressourcen 669, 717
Informationssicherheit 923, 925
Informationssicherheitsmanagement 921
Informationstechnologie 60
Information Technology Infrastructure Library (ITIL) 757
Informelle Nachweisverfahren 859
Innovation 11, 443, 454
Innovationsprozess 443, 448, 453, 459
Input 164
Input-Output-Workshops 423
In-Sourcing 566
Inspektion 860
Instandhaltungsanalyse 494
Instandsetzbarkeit 494
Instandsetzung 473, 482, 487, 494
Instruktionsfehler 806, 809
Integrationsprüfung 909
Integration von QM, UM und SIM 222
Integrierte Qualitätssicherung 859
Integriertes Managementsystem 926
Integriertes Managementsystem, Grundlagen 222
Integriertes Management-System, Übersicht 213
Interferometer 645
- Laserinterferometer 645
- Weißlichtinterferometer 645
Interim-Management 1094
Interne Faktoren 751
Internes Audit 213, 339, 935, 995
Investitionsbedarf für Planung und Einführung von QM-Systemen 229
Ishikawa-Diagramm 764
Ishikawa, Kaoru 28
ISM-System 926

ISO 9000 163, 173f.
ISO-9000-Familie 110
ISO-9000-Normenreihe 181
ISO 9001 164f., 175f.
ISO 9001-Regelwerk 24
ISO 9004 163, 165, 175
ISO 12207 856
ISO 15504 (SPICE) 856
ISO 21747 698
ISO/IEC 90003 855
ISO/IEC/IEEE 29119 861
ISO-Norm 9000/1 772
IT-Service 934
IT-Sicherheit 925

J

Japan Quality Medal 364
Job-Rotationen 447
Juran, Joseph M. 99
Justieren 629
Just in Time 34

K

Kaizen 34, 166
Kalibrieren 629
Kalibrierergebnisse 721
Kalibrierhierarchie 720
Kalibrierlabor 719
Kalibrierschein 719
Kalibrierung 736
Kalibrierunsicherheit 679
Kameramesstechnik 648
Kanban 34, 842
Kano-Modell 390
Kärcher
- Beispiel Lieferantenstrategie 556
Kennzeichnung 201, 585, 717
Keymark 779
Klassen 851
Klassenbibliotheken 851
Kleinster potenzieller Prozessleistungsindex 706
Kleinster Prozessfähigkeitsindex 706
Kommunikation 1035
- interne 584
Kommunikationsmittel 450
Kommunikationstechnologie 60
Kompetenzprofil 1058
Komplexität 833
Komplexitätsbetrachtungen 859
Komponentenbasierte Softwaremethoden 851
Komponententausch 516
Konfiguration 58
Konfigurationsmanagement 856
Konfokale Sensoren 646
Konformität 162, 165
Konformitätsbewertung 142, 742
Können 1023
Konstruktionsfehler 806, 808
Konstruktionsprozess
- nach Koller 878
- nach Pahl/Beitz 878
- nach VDI-Richtlinie 2221 878
Konstruktive Maßnahmen 855f.6
Konsumenten-Markt 751
Kontinuierliche Verbesserung 162
Kontrolle 1034
Kontroverse um eine Technologie 612
Konzepterstellung 229
Konzeption mit IMS-Modulen 226
Konzeptteam 455
Koordinatenmessgeräte
- optisch 647
- taktil 639
Koordination 58
Koppelung
- von Produktion und Absatz 753
Körperverletzung 803f., 817
Korrekturmaßnahmen 586, 995
Korrelation von Fehlerzuständen 835
Kosten
- Qualitätskosten 443
Kostenfaktor
- Qualität 1016
Kostenschätzung durch Analogie 847
Kritik 1035
Kunde 5, 444, 454, 1026
Kundenanforderungen 75, 404, 446
Kundenbedürfnisse 443f., 449, 455
Kundenbefragungen 764
Kundenbezogene Prozesse 932
Kundenbindung 972
Kundendienst 749
- Leistungsmerkmale 751
- Softwarelösung 760
Kundendienst-Controlling 764
Kundendienstfunktionen 757
Kundendienstmarkt 750
Kundendienstphasen 750
Kundendienstqualität 760
Kundendienstvertrieb 766
Kundenforderungen 390
Kunden-Lieferantenverhältnisse 420
Kundennähe 1057, 1058
Kundenorientierung 163, 195, 1026

Kundenperspektive 63
Kundenreklamation 447
Kundenzufriedenheit 164, 166, 391, 935, 973
Kurzzeitfähigkeit 697

L

Labor
- QM im 982
Lagerung 201
Landeskultur 59, 1032
Langzeit-Prozessfähigkeit 697
Langzeitzuverlässigkeit 620
Lastenheft 454 f., 582
LCC (Life Cycle Costing, Lebenszykluskosten) 472, 489, 496
Lead Concept 461
Lead Countries 461
Lead Customer 461
leadership-by-example 1036
Lean 842
Lebensdauer 43, 392, 475
Lebensdauerprüfung 477 f.
Lebensdauerstatistik 471
Lebensdauerverteilung 475, 477
Lebensqualität 42
Lederspray 816 f.
Lehren 634
- Formlehren 635
- Grenzlehren 635
- Lagelehren 635
- Maßlehren 635
- Sonderlehren 636
- Taylorscher Grundsatz 635
Lehrgangssysteme 1060
Leistungsarten 94
Leistungsfaktoren 751
Leistungsparameter 80
Leistungssteigerung 69
Leistungsvereinbarung 82
Leistungsziele 80
Leitbild 47
Lenkungsausschuss 846
Lenkung von Dokumenten 320
Lernen 1034
Lerntheorie
- sozial-kognitive 1036
Levels of Excellence 371
LGA-Zeichen 778
Lieferanten 5, 199, 444, 451, 806
Lieferantenauditierung 564
Lieferantenbasis 555, 557
- Management der 560
- Reduzierung der 562
- Segmentierung 556
Lieferantenbeurteilung 141, 560
Lieferantenbewertung 571
Lieferantenbeziehungen 554, 558
Lieferantenentwicklung 566
Lieferantenentwicklungsprozess 568
Lieferantenintegration 569
Lieferantenmanagement 553
Lieferantenmanager 1088
Lieferantenportfolio 555, 557
Lieferantenstrategien 555
Linearitätsabweichung 680
Linearitäts-Studie 674
Linienorganisation 54
Lob 1035
Lock-In-Situation 616
Logistik 562
Lötmaterialien
- bleihaltig 609
Ludwig-Erhard-Preis 370

M

MacArthur, General Douglas 32
Made in Germany 43
Malcolm Baldrige National Quality Award 35, 163, 169, 366, 763
Malcolm Baldrige National Quality Improvement Act 366
Managementbewertung 196, 930, 987
Managementlehre 169
Managementmethoden 1017
Managementprozess 71
Managementqualität 1013
Managementsystem 331
Mangel 587
Marken
- Qualitätsmerkmale 397
Marketing 811
Markoff-Modell 484, 494
Markt 387
- Signale des Marktes 454
Marktausstieg 618
Markteinführung 443, 453 f., 456, 458, 460 ff.
- Budget-Ansatz 462
- Controlling 462
- Time-to-Money-Ansatz 462
Markteintritt 458, 461
Marktforschung 391, 462
Marktsegment 454 f., 461
Marktüberwachung 823
Maschinenfähigkeit 583

Maschinen- und Prozessqualifikation 697
Maslow'sche Bedürfnispyramide 1072
Mass-Customization 455
Massenproduktion 20
Maßnahmenverfolgung 582
Maßstäbe 639
Maßverkörperungen 639
Materialressourcen 671, 718
Materialwirtschaft 759
Matrixorganisation 54, 84
„means end"-Theorie 388
Measurement Systems Analysis (MSA) 667
Mechatronik 871
Medizinproduktgesetz 773
Megatrends 76
Mehrfaktorenvergleich 561
Menschenbild 1026
Menschliche Handlungen 488, 494 f.
- Analysen: HEART, THERP 495
Merk 1053
Merkmal 626
Merkmalgruppen 789
Messabweichung 653
- systematische 680
Messen 624, 626 f.7
- direkt 627
- indirekt 627
Messergebnis 676, 724
Messgröße 166, 627
Messmanagementsystem 714
Messmethoden 627
- Nachweis von Veränderungen 607
Messmittelüberwachungssystem 202
Messprinzip 627
Messprozess 723
Messräume 650
Messstellen 680
Messsystem 25, 733
Messsystemanalyse 667
Messtechnik 25
Messung 732, 734
Messung, Analyse und Verbesserung 934
Messunsicherheit 632, 649, 654, 659, 669, 677, 737
Messverfahren 628, 975
Messwesen
- Grundlagen 734
- industrielles 736
- internationale Harmonisierung 743
- wirtschaftliche Bedeutung 733
Methoden 74
Metriken 847
Metrologie 25, 716
Metrologieorganisation 743
Mettler Toledo 1054
- Beispiel Lieferantenmanagement 563
Microsoft 461
Microsoft Operations Framework 757
MID (Measuring Instruments Directive) 742
Migration 859
Mitarbeiter 853, 1026, 1053
Mitarbeiterjahresgespräche 1035
Mittelwert-Spannweiten-Methode 673
Moderierende Variable 972
Modulare Organisation 55
Modularisierung 416
Module 145
Modulkonzept
- Global Approach 742
Modultest 908
Moore'sches Gesetz 830
MOT-Ansatz (Mensch, Organisation, Technik) 300
MOTEx-Analyse (Mensch, Organisation, Technik, Externa) 304
Motivation 1013, 1028
- Motivationsmanagement 1029
Motivationstheorien 1072
Motivation und QM 1068
Motivatoren 1073
Motorola 1053
MRA (Mutual Recognition Arrangement)
- des CIPM 744
MSA (Measurement System Analysis) 724
Multi-Vari-Bild 515
Münchener Modell 326

N

Nachhaltigkeit 42
Nachweismethoden 859
Nachweispflicht 595
Nachweis von Veränderungen 607
National Institute for Standards and Technology (NIST) 367
ndc-Faktor 675
Nebeneffekte 606
Neigungsbedingter Fehler 835
Neue Konzeption 113
New Approach 742
New Legislative Framework 144
Nikkei QC Literature Prize 364
Normale 638, 679
Normen 804, 807, 836, 1031
- Arten von 109
- Bedeutung in der EU 112
- fachübergreifende 110
Normenausschuss Informationstechnik und Anwendungen (NIA) 836

Normenübersicht 115
Normung 22, 104, 835
Notfallplanung 934
Nutzen 87, 227
Nutzen und Aufwand 227

O

Oberflächenprüfgeräte 643
Objektorientierte Analyse und Design 858
Objektorientierte Software-Entwicklung 851
Obsoleszenz 43
Occupational Health and Risk Management (OHRIS) 220
Occupational Health and Safety Assessment Series (OHSAS 18001) 219
Öffentlichkeit 610
- Risikowahrnehmung 610
OHRIS-Elemente 220
Öko-Audit-Verordnung (EWG Nr. 761/2001) 218
Ökologie 562
Optimumsuche 514
Organigramm
- Technischer Kundendienst 758
Organisationsstruktur 53, 1050
Organisatorische Maßnahmen 855
Outpacing 972
Outside-In-Integrationstest 910
Over Engineering 444 f.

P

Paarweiser Vergleich 516
Parallelisierung 447, 458, 460
Partizipation 325
PDCA-Kreis (Plan, Do, Check, Act) 186
PDCA-Zyklus (Plan, Do, Check, Act) 30, 582
PEFC-Zeichen 778
People-Management 454
Perceived Quality 394
Personal 998
Personalförderung 1058
Perzeption 41, 42
Pflichtenheft 450 f., 453 ff., 582, 858
P-FMEA (Process Failure Mode and Effects Analysis) 424
Phase-In einer Technologie 614
Phasenmodell 838
Phasenmodelle der Produktentstehung 415
Phase-Out 615
Phase-Out einer umstrittenen Technologie 618
Philips 461
Photogrammetrie 648
Plattformen 455
Polymorphismus 851
Positionierung 59
Potenzieller Prozessleistungsindex 706
Präventionsfunktion 134
Primärleistung 749
Primärorganisation 55
Probenahme 1001
process capability index 706
process performance index 706
ProdSG 146
Produkt 444, 448, 453, 581, 585
Produktaudit 341
Produktauswahl 502
Produktbeobachtung 812, 815
Produktbeschreibung 806, 809
Produktentstehungsprozess 404
Produktentwicklung 444, 448 f., 453, 502, 803, 806, 808
Produktfehler 805 f., 812 f.
Produkthaftung 129, 800 f., 817, 863
Produkthaftungsfälle 1057
Produkthaftungsgesetz 727, 800, 802, 805 f.
Produkthaftungsrisiko 140
Produktion 200, 449, 456, 933, 1084
Produktionsqualitätssicherer 1088
Produktivität 848
Produktkonzeption 455 f.
Produktmerkmale 790
Produktnormen 109
Produktoptimierung 502
Produktqualität 837, 1013, 1057
Produktrealisierung 132, 584 f., 932
Produktrisiken 812
Produktsicherheitsgesetz 773 f.
Produktspezifikation 405
Produkt- und Dienstleistungsrealisierung 198
Produktverantwortung 819, 1036
Produktverbesserung 807
Produzentenhaftung 129, 800
Programm-Generatoren 859
Projekt 56, 845
Projektausschuss 846
Projektberichte 846
Projektdatenbank 847
Projektleiter 461, 846
Projektmanagement 74, 845
Projektmanagement-Regelkreis 894
Projektphase 453 f., 458
Projektplan 419
Projektsteuerung 846
Projektüberwachung 846
Projektverantwortung 1036
Projektvorbereitung 70
Projektziele 450
ProMiS-Konzept 893

Protective Quality 392
Prototyp 448, 449
Prozess 56, 185
Prozessanalyse vor/nach Serienanlauf 697
Prozessarchitektur 78
Prozess-Assessment 86, 863
Prozessaudit 86, 344
Prozessbeschreibung 191
Prozess-Cockpit 82
Prozesscontrolling 84
Prozessdefinition 78
Prozessdokumentation 78
Prozesse 162, 164, 165, 166
Prozessfähigkeit 706
Prozessfähigkeitsindex 538, 583, 668, 706
Prozessgestaltung 78
Prozesskarte 80
Prozesslandkarte 78
Prozesslandschaft 331, 598
Prozessleistung 706
Prozessmanagement 413
Prozessmatrix 419
Prozessmodell 71, 186, 419, 698
Prozessoptimierung 85, 502
Prozessorganisation 69, 83
Prozessorientierte Darstellung 223
Prozessorientierter Ansatz 184
Prozessphasen 413
Prozessqualität 8, 760, 1042
Prozessreifegrad 863
Prozessstabilität 704
Prozessvalidierung 200, 585
Prozessverantwortung 1036
Prozessziele 203
Prüfart 539
Prüfdaten 542
Prüfdatenverarbeitung 532
Prüfdurchführung 793
Prüfen 624, 626
Prüfmerkmale 526
Prüfmethode 530
Prüfmittel 633
- Fokussensoren 646
- Formprüfgeräte 641
- Handmessmittel 636
- Hilfsmittel 638
- Interferometer 645
- Kameramesstechnik 648
- Koordinatenmessgeräte 639
- Lehren 634
- Messschieber 636
- Messschraube 637
- Messuhr 637
- Normale 638
- Oberflächenprüfgeräte 643
- Optische Koordinatenmessgeräte 647
- Optische Verfahren 644
- Pneumatische Handmessmittel 637
- Taktile Messgeräte 639
Prüfmittelauswahl 530, 533, 536
Prüfmittelfähigkeitsuntersuchung 535
Prüfmittelmanagement 714
Prüfmittelüberwachung 658, 715
Prüfnotwendigkeit 526
Prüfobjekt 680
Prüfplakette 717
Prüfplan
- Aufbau von 532
- Beispiel 538
Prüfplanung 524
Prüfprogramm 792
Prüfprozesse 666
Prüfprozesseignung 726
Prüfrhythmen 721
Prüfstelle
- staatlich anerkannte 741
Prüfstrategie 530
Prüfungen im Unterauftrag 989
Prüfverfahren und deren Validierung 1000
Prüfzeitpunkt 539
Prüfzyklus 723

Q

Q7 28
QM-Dokumentation 316
QM-Handbuch 191, 320
QM-Nachweisführung 112
QM-Planung 424
QM-Regelwerke 23
QM-Softwaresysteme 330
QM-System 1069, 1076
- Pflege 332
QS-Prüfzeichen 777 f.
Qualifizierung 1049
Qualität 5, 41, 562, 753, 760
- Definition 1024
- Qualität des Entwurfes 443
Qualität neu denken 1082
Qualitätsaudit 112
Qualitätsauszeichnungen 157, 361 f.
Qualitätsbegriff 17
Qualitätsbewusstsein 162, 1076
Qualitätsbezogene Kosten 854
Qualitätscontrolling 98, 340
Qualitätsdiskussion 42

Qualitätselemente ISO 9001
- 2008 214
Qualitätsführerschaft 43
Qualitätsgebote 31
Qualitätsimage 44
Qualitätskosten 93
Qualitätskreis 9, 983
Qualitätskultur 1054
Qualitätsleitbild 47
Qualitätsmanagement 972, 1084
- Aufbau 326
Qualitätsmanagementelemente VDA 6.1 217
Qualitätsmanagement im Labor 982
Qualitätsmanagement-Maßnahmen 114
Qualitätsmanagementsysteme 775
- Anforderungen 131
Qualitätsmanagementsystem ISO 9001:2008
- Modell 215
Qualitätsmanager 1080
Qualitätsmerkmale 387, 531
- Gewichtungen 389
Qualitätsmerkmale von Software 837
Qualitätsorganisation 1083 f.
Qualitätsplaner 1088
Qualitätsplanung 443 f., 464, 525
Qualitätspolitik 6, 165, 195, 326
Qualitätsprobleme 760
Qualitätsprozess 1053
Qualitätspyramide 9
Qualitätsregelkarte 30, 541, 689, 704
Qualitätssicherung 1083
- Produkt 146
- Produktion 145
Qualitätssicherungsvereinbarungen 133, 580
Qualitätsstrategie 1015
Qualitätstrends 606
Qualitäts- und Prozessmanager 1087
Qualitätswesen 1083
- Arbeitsmarktsituation 1089
Qualitätswissenschaft 18
Qualitätszertifikat 452
Qualität von Prüfergebnissen 1003
Quality Backward Chain 63
Quality Control Award for Operating Business Units 364
Quality Effect Model on Value Added (QEMOVA) 100
Quality Forward Chains 63
Quality Function Deployment (QFD) 444, 446
Quality Gates 412, 894
Quality Stream 63
Quecksilber-Zelle 616

R

RADAR (Result, Approach, Deployment, Assessment and Review) 374
Rahmenvertragswerk 591
RAL Deutsches Institut für Gütesicherung und Kennzeichnung e. V. 781
RAL Gütezeichen 770, 775 f., 781 ff.
RAL Registrierung 775 f.
Randomisierung 510
Rapid Prototyping 841, 858
Rasterversuche 504
Rationalisierungsfunktion 134
Rational Unified Process 841
Rauchmelder 815
RCM (Reliability Centred Maintenance) 494
Realisierungsphase 1046
Rechtsgutsverletzung 802, 804, 814
Recognised for Excellence 372
Redundanz 473, 480 f., 483, 485, 493
Reengineering 859
Referenzprozess 412
Regelkreise 1053
Regelwerke, Übersicht 214
Regressionsanalyse 512
Regressionstest 861, 912
Regulatoren 610
- Interventionsmöglichkeiten der Regulatoren 611
Rehau
- Beispiel Integration in Fuzzy Front End 569
Reifegrad 425
Reifegradkriterien 415
Reifegradmodelle 99
Reifegradstufen des Testens 408
Reklamation 582
Rekonfiguration 473, 487, 494
Relatedness 1029
Reliability-Growth-Model 861
Reparatur 482, 756
Requirement Engineering 404
Re-Sourcing 566
Ressourcen 197
- Bereitstellung von 584
- Management von 931
Ressourcen & Dienste 63
Ressourcenmanagement 669, 716
Restrukturierung 859
Reverse Engineering 859
Reviews 450, 860
Risiko 88, 495, 538
- Abnehmer-/Herstellerrisiko 490
- Risiken für unsere Wohlstandsgesellschaft 443
- Risikoakzeptanz 495

- Risikoanalyse 487
- Risikobewertung 495
- Risikowahrnehmung 610
- Technologierisiken 606
Risikoanalyse 927 f.
Risikobehandlungsplan 928
Risikominimierung
- bei Lieferantenauswahl 560
Robert Bosch
- Lieferantenpyramide 559
Robuste Prozesse 503, 514
Robustes Produkt 503
Robustheit 43
Rollen 83
RTCA/DO-178B 917
RTCA/DO-178C 917
Rückführbarkeit 720
Rückführung
- messtechnische 734
Rückmeldung und Anerkennung 1075
Rückruf 800 f., 815, 817, 823
Rückrufaktion 1057
Rückrufmanagement 822
Rückverfolgbarkeit 201, 585, 715
RUP (Rational Unified Process) 841
Rüstungsindustrie 21

S

Sachleistung 968
Sachmangel 587
Sanktionen 1035
Sarasohn, Homer 32
SCC (Sicherheits Certifikat Contraktoren)-Checkliste 221
Schaden 482
Schätzung 477
- Intervallschätzer 477
- Punktschätzer 477
Schlüsselprozesse 327
Schnittstellen 82, 327, 410, 1074
Schuldfrage 1034
Schutz 480, 483
- Schutzfunktion 473, 494
- Schutzsystem 484
- Überfunktion, Unterfunktion 483
Schutzgesetz 803
Schwierige Prüfbarkeit 834
Scoring-Verfahren 561
Screening-Versuch 519
Scrum 842
Sekundärleistung 749
Sekundärorganisation 55
Self-Assessment 863, 1019
Senior-Experten 1095
Sensibilisierungsphase 1046
Seriestruktur 480, 493
Servicecontrolling
- Kennzahlen 765
Serviceorientierte Architektur (SOA) 852
Serviceprodukte 755
Servicequalität 973
Shainin, Dorian 30, 515
Shewhart 27, 688
Shingo Prize 35
Sicherheit 470, 473, 480
- Sicherheitsbericht 490
- Sicherheitsmanagement 219, 490
SI-Einheit 25, 720, 734
Siemens
- Beispiel Lieferantenbewertung 573
Siemens Power Generation
- Beispiel Lieferantenbewertung 573
Siltronic
- Beispiel Lieferantenstrategie 556
Simultaneous Engineering 447, 458
Six Sigma 28
Skaleneffekte 605
Software 448, 727, 832, 903
- für Versuchsplanung 517
Software-Anforderungskatalog 73
Software-Engineering 838, 904
Software Engineering Institute (SEI) 863
Software-Entwicklung 838
Softwarefehler 848
Softwarekrise 831, 838
Softwarelebenszyklus 838, 858
Software-Primärbranche 833
Softwareprodukt 832
Softwarequalität 837
Software-Qualitätsmanagement 855
Software-Sanierung 859
Software-Sekundärbranchen 833
Softwaretechnik 838
Softwareumfang 848
Software-Wartung 859
Software-Wiederverwendung 851
Sony 461
Spezialisierung 58
Spezifikationsfehler 858
Spezifikationsphase 858
SPICE (Software Process Improvement and Capability Determination) 836, 863
Spiralmodell 877
Sprint 842
SQuaRE (Software Product Quality Requirements and Evaluation) 836

Stabilisierungsphase 1046
Stage-Gate-Prozess 451
Standard-Anwendungssoftware 833
Standards 162, 836
Standardsoftware 833
Standardunsicherheit 677
Standardunsicherheitskomponenten 679 f.
Stand der Technik 13
Standort Deutschland 1012
Statische Analysatoren 860
Statische Analysen 860
Statistical Process Control 696
Statistical Process Control (SPC) 30, 696
Statistical Quality Control (SQC) 28
Statistik 26, 511
Statistische Methoden 26
Statistische Prozessregelung 530, 696
Statistische Testverfahren 860
Stereolithographie 450
Stichprobe 690
Stichprobenprüfung 528, 764
Stiftung Warentest 778, 782, 792
Störgrößen 507
Störungsmanagement 473, 487
Strafrecht 817
Strategie 77
Strategieorientierung 75
Streifenprojektionsverfahren 648
Strukturtest 861
Struktur und Gliederung eines prozessorientieren Management-Handbuches 224
Strukturwandel 1050
Substitution 618
Supplier Development 566
Supplier Evaluation System 573
Supportprozess 72
SWOT-Analyse (Strenghts, Weaknesses, Opportunities, Threats) 76
Symbole 1036
Synchronisation des Entwicklungsfortschritts 411
Synchronisation parallel arbeitender Entwicklungsteams 410
Synergieeffekte durch IMS 223
System
- eingebettetes 870
- mechatronisches 871
- software-intensives technisches 870
- technisches 870
Systemanalyse 355
Systemarchitektur 473, 480
Systembegutachtung 355
System-, Prozess- und Produktaudits 252
Systemsoftware 832
Systemspezifikation 405
Systemtest 911
Systemübersicht mit Management-Modulen 226

T

Tadel 1035
Tagesgeschäft 460
Taguchi, Gen'ichi 30, 514
Taiichi, Ohno 32
Target Costing 446
Task-Force 460
Tastschnittgeräte 643
Taylorscher Grundsatz 635
Taylor, William 29
Teamkommunikation 460
Technikrecht 128
Technologie 562, 1033
- Einsatz von Technologien 606
- Lock-In 616
- Umstrittene Technologien 602
Technologieakzeptanz erhöhen 616
Technologieeinsatz 613
- Marktausstieg 618
- Phase-Out 618
- Substitution 618
- Trade-off 617
Technologien
- Betroffene von Technologien 609
- Nebeneffekte von Technologien 606
Technologierisiken 606
Technologievielfalt 451
Technologischer Lock-In 616
Teilevielfalt 563
Test 860
TESTA 690
Testen 861
Testfälle 407, 861
Testmanagement 409
Testplanung 406
Testverfahren 860
Teufelsquadrat 850
TGA (Trägergemeinschaft für Akkreditierung) 352
Theorie X/Y 1027
Threshold Award 367
Time-to-Market 448, 458
Time-to-Money 462
Toleranz(en) 536, 834
- minimale 677
Top-down-Integrationstest 910
Total Quality Control 364
Total Quality Management 163, 168, 362, 912, 1042
Toyoda, Sakichi 33

Toyota Produktionssystem (TPS) 33
TQM, *Siehe* Total Quality Management
TQM-Modelle 362
TQM-Prozesse 1052
Trade-off 617
Transparenz 1034
Trends
- Qualitätstrends 606
TS 16949:2009 218
t-Test 674

U

Übereinstimmungsbereich 724
Überlappung 454
Überlebenswahrscheinlichkeit 471, 475, 477
Überwachung und Messung 586
UML (Unified Modeling Language) 858, 905
Umstrittene Technologie 602
- Einfluss auf die Qualität 603
Umwelt-Audit-Zyklus 151
Umwelt-Handbuch 155
Umweltmanagement ISO 14001:2009 218
Umweltmanagement-System 151
Umweltmanagementsystem ISO 14001:2009
- Anforderungen 218
- Modell 219
Umweltrecht 147
Umweltzeichen Der Blaue Engel 776
Umweltziele 153
Union of Japanese Scientists and Engineers (JUSE) 364
Uno-Actu-Prinzip 753, 761, 969
Unsicherheitsbudget 724
Unternehmensführung 1009
Unternehmenskultur 456, 1031, 1033, 1043
Unternehmensleitbild 48
Unternehmensorganisation 53, 1085
Unternehmenspolitik 1075
Unternehmensstrategie 224
Unternehmensziele 77, 1070
Unternehmerisches Qualitätsmanagement 61
Untersuchungsziel 506
Unwritten Rules 1048
US-Risiko 824

V

Validation 490
Validierung 721, 726, 728, 859
Validierung der Prozesse 133
Variablenvergleich 517
Varianzanalyse 512
VDA Band 5 676
VDA QMC 667
VDE-EMV-Zeichen 773
VDE-GS-Zeichen 773
VDE-Zeichen 770, 773
VDI-Richtlinie
- 2206 - Entwicklungsmethodik für mechatronische Systeme 885
- 2221 - Methodik zum Entwickeln und Konstruieren technischer Systeme und Produkte 878
Veränderungsprozesse 1047
Verantwortung 1075
Verantwortung der Leitung 929
Verantwortungsmatrix 242
Verbesserung 205
Verbesserungsprozess
- kontinuierlicher 1044
Verbesserungsstrategien 515
Verbraucherprodukte 822
Verbraucherschutz 45, 818
Vererbung 851
Verfahren 2 (MSA) 680
Verfahrensaudit 344
Verfahrensnormen 109
Verfügbarkeit 470, 474, 480, 488
Vergleichspräzision 675, 724
Verhalten 1023
Verifikation 490
Verifizierung 859
Verkauf 462 f.
Verkehrssicherungspflichten 129, 131
Verschleiß 487
Verschuldenshaftung 801 ff., 808
Verschwendung 34
Versicherungsschutz 864
Verständigungsnormen 109
Versuchsergebnisse auswerten 511
Versuchspläne 508
Versuchsplanung 30, 501
Versuchsumfang 510
Versuchswerkstatt 449
Verteilungsmodelle 698 ff.
Vertrag 452
Vertragsgegenstände 593
Vertrauensbereich 708
Vertrauensintervall 477 f.
Vertrieb
- Aufgaben 245
- von Kundendienstleistungen 766
- Ziele und Kennzahlen, Übersicht zu Verfahrensanweisungen 246
Verzugsschaden 137
Visualisieren 85

VMI-Matrix (Verantwortung, Mitwirkung, Information) 423
V-Modell 404, 874 f.
V-Modell nach Boehm 840
V-Modell XT 835, 875, 904
Vorbegutachtung 355
Vorbehandlung 491
Vorbeugende Maßnahmen 995
Vorbild 1036
Vorgehensmodelle 838, 874
Vorläufige Prozessfähigkeit 697
Vorprojektphase 453 f., 457, 459
Vorsichtsprinzip 610
Vorwärtsstrategie 1034

W

Wahrscheinlichkeitsdichtefunktion 537
Walkthrough 860
Wareneingangskontrolle 134
Warentest 791
Warenverkehrsfreiheit 143
Wartung 473, 476, 482, 485, 487 f., 494
Wartungskosten 855
Wasserfallmodell 839, 874
Web-Services 852
Weibull-Kurve 392
Weibullverteilung 476
Weiterbildung 1056
- firmeninterne 1062
Werkskalibrierung 720
Werkzeuge des Wissensmanagements 302, 305 f.
Werte 1031
Wertfunktion 7
Wertschöpfung 1017
Wertschöpfungskette 94
- Modularisierung 605
- Trends 604
Wettbewerb 3
Wettbewerberanalyse 76
White-Box-Test 861
Whitney, Eli 29
Wiederholbarkeit 679
Wiederholmessungen 679
Wiederholpräzision 672, 675, 724
Wiederholungsbegutachtung 356
Wiederverwendbare Komponenten 851
Wiederverwendung 852
Wiederverwendung von Klassen 851
Wirtschaftlichkeit 11, 562, 689
Wirtschaftlichkeitsbetrachtung 96
Wissenschaft 609
Wissensmanagement 294
Wissensmanagement-Kreislauf 298
Wissenstransfer 456
Wollen 1023

X

XY-Theorie von McGregor 1073

Y

Y-Diagramm 882

Z

Zählen 629
Zehnerregel 94
Zeitabhängige Verteilungsmodelle 697 ff.
Zeitpunkte 680
Zertifikat 163 f., 772
- Nutzen 358
Zertifizierung 142, 157, 170, 349, 772 ff., 778 f.
- von QM-Systemen 157, 349
Zertifizierungsaudit 346
Ziele
- betriebswirtschaftliche 1036
Zielfindung 77
Zielgrößen 507
Zielvorstellungen 225
Zufallsstreuung 504
Zugzwang 617
Zustandsdiagramm 494
Zuverlässigkeit 470 f.
- Komponenten 474
- System 473, 480
Zuverlässigkeitsblockdiagramm 481, 493
Zuverlässigkeitsnachweis 478, 490
Zuverlässigkeitssicherung 471, 489
Zweidimensionale Normalverteilung 707
Zwei-Faktoren-Theorie von Herzberg 1072
Zweitparteien-Audits 339